Inorganic Chemistry

6TH EDITION

无机化学 第6版

Weller Overton Rourke Armstrong 原著

李　珺　雷依波　刘　斌　王文渊　曾凡龙　等译

史启祯　审

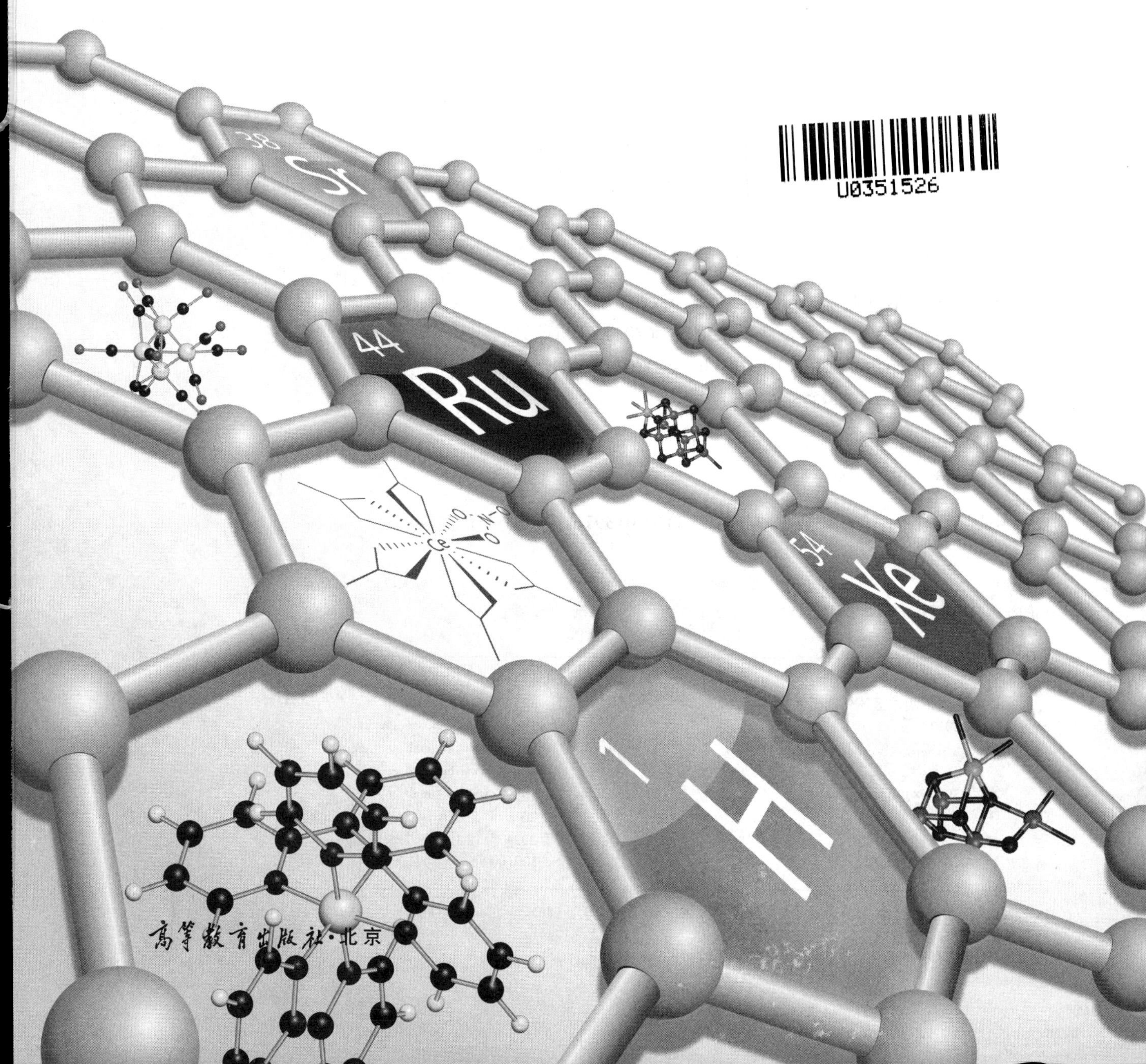

高等教育出版社·北京

图字:01-2016-3519号

The authors of Inorganic Chemistry, sixth edition. gratefully acknowledge the contribution made by Peter Atkins to the first five editions of the book—an extensive input without which those editions would not have happened. In recent previous editions, he shaped the final prose and originated the artwork programme; his contribution continues to pervade Inorganic Chemistry, and has provided the solid foundation on which this edition is built.

Inorganic Chemistry, Sixth Edition 的作者们，衷心感谢 Peter Atkins 为此书前五版做出的贡献，没有他的巨大付出，前五版不会问世。 他曾为最近的前几个版本定稿润色，并制作了插图程序。 对于 Inorganic Chemistry，他的贡献无处不在，而且，他为这一版的 Inorganic Chemistry 奠定了坚实的基础。

内容提要

本书译自 M.Weller 等人编写的 Inorganic Chemistry (6th edition)，由西北大学李珺等翻译，史启祯审稿。 全书分为三篇：基础、元素及其化合物、前沿，共 27 章。 每章内还设有提要、应用相关文段、例题和自测题，章后附有延伸阅读资料、练习题和辅导性作业。

读者可通过扫描书内二维码查看彩色插图。

本书可作为化学化工类相关专业的无机化学双语教材，亦可作为其他相关专业的教学参考书，并可供有关科研单位和工程技术人员参考使用。可使读者在学习无机化学基础知识的同时提高专业英语水平。

图书在版编目(CIP)数据

无机化学:第6版 / (英)威勒(M. Weller)等著;李珺等译.--北京:高等教育出版社,2018.5 (2024.12重印)

书名原文:INORGANIC CHEMISTRY, SIXTH EDITION
ISBN 978-7-04-049275-0

Ⅰ.①无… Ⅱ.①威… ②李… Ⅲ.①无机化学-高等学校-教材 Ⅳ.①O61

中国版本图书馆 CIP 数据核字(2018)第013916号

策划编辑 曹 瑛　责任编辑 曹 瑛　封面设计 王 洋　版式设计 马敬茹
插图绘制 杜晓丹　责任校对 陈 杨　责任印制 张益豪

出版发行	高等教育出版社	咨询电话	400-810-0598
社 址	北京市西城区德外大街4号	网 址	http://www.hep.edu.cn
邮政编码	100120		http://www.hep.com.cn
印 刷	北京鑫海金澳胶印有限公司	网上订购	http://www.hepmall.com.cn
			http://www.hepmall.com
开 本	850mm×1168mm 1/16		http://www.hepmall.cn
印 张	62	版 次	2018年5月第1版
字 数	1850千字	印 次	2024年12月第8次印刷
购书热线	010-58581118	定 价	100.00元

物 料 号 49275-00

前言（原著）

本书第六版综合介绍当代无机化学这一内容多样且令人着迷的学科。无机化学讨论周期表中所有元素的性质。这些元素包括极活泼的金属（如钠）到极不活泼的贵金属（如金）；非金属则涉及固体、液体和气体，包括氧化性极强的元素（如氟）到无反应活性的元素（如氦）。任何学习无机化学的人都要面对这种多样性和多变性特征，但还是存在一些基本模式和变化趋势帮助我们提高对该学科的了解。元素及其化合物的反应性能、结构和性质的变化趋势能够帮助人们理解周期表的形貌，后者又为深入学习无机化学提供了基础。

无机物既包括离子固体，也包括共价化合物和金属。前一类物质可用简单的静电作用力描述，描述后两类物质的最好方法则来自量子力学模型。量子力学的定性模型能够解释大多数无机化合物的性质，如原子轨道和由其组合而成的分子轨道。虽然这些定性成键模型和反应活性模式能够阐明相关事实并使之系统化，无机化学本质上仍然是一门实验学科。相关的研究领域（特别是金属有机化学、材料化学、纳米化学和生物无机化学等前沿研究领域）不断合成和表征出新的无机化合物，不但让无机化学内容更丰富，而且更新着人们对结构、成键、反应性能和性质的认识。

无机化学对百姓生活和其他学科的发展具有重要影响。该学科不但有力地支撑着化学工业，对现代材料（如催化剂材料、半导体材料、光学材料、能源生产和储存材料、超导材料和现代陶瓷材料）的阐释和材料性能的改进也至关重要。无机化学对环境和生物圈的影响也是巨大的，本书通篇都会看到论述当代工业、生物学和可持续发展方面的化学课题，这种论述在较后几章更全面。

新版优化了编写体例、图形和可视图像。文字修订涉及全书，很多地方是重写的，并添加了一些全新资料。修订中既考虑到学生学习的实际，也考虑到教师教学的方便。

第一篇“基础”部分的修订着眼于让读者更易读懂，采用了更多的定性说明并伴随以更多的数学处理。部分章节的内容有所扩大，特别是扩大了对讨论可持续发展化学问题具有支持作用的基础性内容。

第二篇“元素及其化合物”的内容被大大加强。该篇以“周期性变化趋势”一章开始，课文相关段落注明了“交叉参考”的后继的描述性章节。考虑到氢经济学逐渐显示出来的重要性，接下来的一章介绍氢。然后按周期表依次介绍 s 区元素、p 区元素、d 区元素和 f 区元素。元素化学各章大都按“基本面”和“详述”两部分组织材料，前者介绍元素化学的基本方面，后者则提供更为详尽和深入的叙述。叙述各族元素及其化合物的性质时，注意到这些性质在当代研究领域和应用领域的价值。课文中出现模式和变化趋势之类的表述时，尽量用第一篇介绍的原理给以解释。

第三篇是“前沿”，考察对工业、材料科学和生物学有重要意义的若干课题。内容包括催化、固态化学、纳米材料、金属酶和用做药物的无机化合物。

我们相信，本书能为本科大学生提供良好的服务。它提供的理论模块能够帮助学生构建自己的无机化学知识体系，甚至还能帮助学生理顺描述性章节中令人感到不知所措的繁杂性。它还能将学生带至学科最前沿，因而能对许多后继课程提供支撑。

作　者

致谢

我们努力确保教材不出错误,但要做到此点并非易事。因为面对一个快速变化的领域,今天的知识很快会被明天的知识所代替。第 26 章和第 27 章许多图形的绘制使用了 PyMOL 软件(W.L.DeLano,The PyMOL Molecular Graphics System,DeLano Scientific,San Carlos,CA,USA,2002)。我们感谢牛津大学出版社过去和现在的同事 Holly Edmundson、Jonathan Crowe 和 Alice Jennifer,以及在 W.H.Freeman 工作的朋友 Heidi Bamatter、Jessica Fiorillo 和 Dave Quinn 在教材编写过程中提供的帮助和支持。Mark Weller 也感谢 the University of Bath 给了他从事编写工作的时间。我们还要感谢花费时间和精力仔细阅读各阶段书稿的所有朋友。

Mikhail V.Barybin,*University of Kansas*
Byron L. Bennett,*Idaho State University*
Stefan Bernhard,*Carnegie Mellon University*
Wesley H. Bernskoetter,*Brown University*
Chris Bradley,*Texas Tech University*
Thomas C. Brunold,*University of Wisconsin-Madison*
Morris Bullock,*Pacific Northwest National Laboratory*
Gareth Cave,*Nottingham Trent University*
David Clark,*Los Alamos National Laboratory*
William Connick,*University of Cincinnati*
Sandle Dann,*Loughborough University*
Marcetta Y. Darenbourg,*Texas A&M University*
David Evans,*University of Hull*
Stephen Faulkner,*University of Oxford*
Bill Feighery,*Indiana Uinversity-South Bend*
Katherine J. Franz,*Duke University*
Garmen Valdez Gauthier,*Florida Southern College*
Stephen Z. Goldberg,*Adelphi University*
Christian R. Goldsmith,*Auburn University*
Gregory J. Grant,*University of Tennessee at Chattanooga*
Craig A. Grapperhaus,*University of Louisville*
P. Shiv Halasyamani,*University of Houston*
Christopher G. Hamaker,*Illinois State University*
Allen Hill,*University of Oxford*
Andy Holland,*Idaho State University*
Timothy A. Jackson,*University of Kansas*
Wayne Jones,*State University of New York-Binghamton*
Deborah Kays,*University of Nottingham*
Susan Killian VanderKam,*Princeton University*
Michael J. Knapp,*University of Massachusetts-Amherst*
Georgios Kyriakou,*University of Hull*
Christos Lampropoulos,*University of North Florida*
Simon Lancaster,*University of East Anglia*
John P. Lee,*University of Tennessee at Chattanooga*
Ramón López de la Vega,*Florida International University*
Yi Lu,*University of Illinois at Urbana-Champaign*
Joel T. Mague,*Tulane University*
Andrew Marr,*Queen's University Belfast*
Salah S. Massoud,*University of Louisiana at Lafayette*
Charles A. Mebi,*Arkansas Tech University*
Catherine Oertel,*Oberlin College*
Jason S. Overby,*College of Charleston*
John R. Owen,*University of Southampton*
Ted M. Pappenfus,*University of Minnesota,Morris*
Anna Peacock,*University of Birmingham*
Carl Redshaw,*University of Hull*
Laura Rodríguez Raurell,*University of Barcelona*
Professor Jean-Michel Savéant,*Université Paris Diderot-Paris 7*
Douglas L. Swartz Ⅱ,*Kutztown University of Pennsylvania*
Jesse W. Tye,*Ball State University*
Derek Wann,*University of Edinburgh*
Scott Weinert,*Oklahoma State University*
Narthan West,*University of the Sciences*
Denyce K. Wisht,*Suffolk University*

致谢

译者的话

1997 年，高等教育出版社出版了由高忆慈、史启祯、曾克慰和李丙瑞等人翻译的《无机化学》(第 2 版)，对国内无机化学的教学和科研起了很好的作用，译著曾获 2001 年国家级教学成果二等奖。20 年过去了，《无机化学》出版到第 6 版，内容也发生了巨大变化。根据高等教育出版社鲍浩波先生的建议，我们组织西北大学的 6 位教师翻译了这本书。

像前 5 个版本一样，第 6 版也是为本科高年级学生编写的。在我们看来，不论从广度还是深度，国内本科生的无机化学教学总体上还没有达到这个水平。这也许是出版此译本的价值所在。我们将主要读者群定位在本科高年级学生，从事普通化学和无机化学教学工作的教师，学习无机化学、金属有机化学和无机材料化学的研究生，以及从事无机化学研究工作的学者。

各章翻译工作分别由李珺(共承担 189 页；按原书计，下同)、雷依波(173 页)、刘斌(167 页)、王文渊(120 页)、曾凡龙(119 页)和史启祯教授(63 页)承担。全书由李珺统稿，资源节也是由她整理的。史启祯教授负责审稿。

现就本书体例做如下说明：

1. “提要” 用加黑字体表示，排在各节(段)课文最前面，扼要指出该节(段)起码要掌握的主要信息，提示本节(段)将要介绍的主要概念。

2. “应用相关文段” 放在方框中的“Boxing”是本书的一个重要平台，它将主体课文的内容与先进材料、工业过程、环境化学和日常生活中的应用相关联。中译本采用了“应用相关文段”这个标题，以期引起读者对应用领域的更大关注。

3. “例题和自测题” 给出答案的例题或者用来说明相关主题的某个重要方面，或者提供问题供学生练习。例题之后紧随一个自测题，帮助学生了解自己对课程内容掌握的程度。

4. “延伸阅读资料” 每章列出一些供阅读的资料，学生们可以从中获得更多的信息。原作者尽力选用容易找到的资料，并指出每条资料属于哪种类型。

5. “练习题” 每章章末列出一些简单的练习题，用来检验学生对课程内容理解的程度，并获得解决问题的实际体验，如平衡反应方程式、判断分子形状并绘出其结构和处理数据等。

6. “辅导性作业” “辅导性作业”比“练习题”要求更高，往往是以研究论文或其他信息来源为基础设计的。它们通常需要做出发挥性回答，正确答案往往也不止一个。“辅导性作业”还可用作小论文的题目或课堂讨论题。

7. 原书各章首页都有两条内容相同的脚注。中文版将其安排在这里，各章首页不再出现。两条脚注是①在线可找到图题标有星号(*)的那些图的互动 3D 结构。②在线可找到许多编号结构图的互动 3D 结构。

互动 3d 结构网址

8. “Inorganic Chemistry”(6th ed)在国内授权的版本的作者为 Weller、Overton、Rourke 和 Armstrong。原版前 5 版的主编为 Shriver 教授。这一信息有利于读者了解本书的传承。

李 珺

史启祯

2017 年 6 月于西安

元素

英文名称	符号	原子序数	摩尔质量/(g·mol^{-1})	英文名称	符号	原子序数	摩尔质量/(g·mol^{-1})
Actinium	Ac	89	227	Manganese	Mn	25	54.94
Aluminium(aluminum)	Al	13	26.98	Meitnerium	Mt	109	268
Americium	Am	95	243	Mendelevium	Md	101	258
Antimony	Sb	51	121.76	Mercury	Hg	80	200.59
Argon	Ar	18	39.95	Molybdenun	Mo	42	95.94
Arsenic	As	33	74.92	Neodymium	Nd	60	144.24
Astatine	At	85	210	Neon	Ne	10	20.18
Barium	Ba	56	137.33	Neptunium	Np	93	237
Berkelium	Bk	97	247	Nickel	Ni	28	58.69
Beryllium	Be	4	9.01	Niobium	Nb	41	92.91
Bismuth	Bi	83	208.98	Nitrogen	N	7	14.01
Bohrium	Bh	107	264	Nobelium	No	102	259
Boron	B	5	10.81	Osmium	Os	76	190.23
Bromine	Br	35	79.90	Oxygen	O	8	16.00
Cadmium	Cd	48	112.41	Palladium	Pd	46	106.42
Caesium(cesium)	Cs	55	132.91	Phosphorus	P	15	30.97
Calcium	Ca	20	40.08	Platinum	Pt	78	195.08
Californium	Cf	98	251	Plutonium	Pu	94	244
Carbon	C	6	12.01	Polonium	Po	84	209
Cerium	Ce	58	140.12	Potassium	K	19	39.10
Chlorine	Cl	17	35.45	Praseodymium	Pr	59	140.91
Chromium	Cr	24	52.00	Promethium	Pm	61	145
Cobalt	Co	27	58.93	Protactinium	Pa	91	231.04
Copernicum	Cp	112	277	Radium	Ra	88	226
Copper	Cu	29	63.55	Radon	Rn	86	222
Curium	Cm	96	247	Rhenium	Re	75	186.21
Darmstadtium	Ds	110	271	Rhodium	Rh	45	102.91
Dubnium	Db	105	262	Roentgenium	Rg	111	272
Dysprosium	Dy	66	162.50	Rubidium	Rb	37	85.47
Einsteinium	Es	99	252	Ruthenium	Ru	44	101.07
Erbium	Er	68	167.27	Rutherfordium	Rf	104	261
Europium	Eu	63	151.96	Samarium	Sm	62	150.36
Fermium	Fm	100	257	Scandium	Sc	21	44.96
Flerovium	Fl	114	289	Seaborgium	Sg	106	266
Fluorine	F	9	19.00	Selenium	Se	34	78.96
Francium	Fr	87	223	Silicon	Si	14	28.09
Gadolinium	Gd	64	157.25	Silver	Ag	47	107.87
Gallium	Ga	31	69.72	Sodium	Na	11	22.99
Germanium	Ge	32	72.64	Strontium	Sr	38	87.62
Gold	Au	79	196.97	Sulfur	S	16	32.06
Hafnium	Hf	72	178.49	Tantalum	Ta	73	180.95
Hassium	Hs	108	269	Technetium	Tc	43	98
Helium	He	2	4.00	Tellurium	Te	52	127.60
Holmium	Ho	67	164.93	Terbium	Tb	65	158.93
Hydrogen	H	1	1.008	Thallium	Tl	81	204.38
Indium	In	49	114.82	Thorium	Th	90	232.04
Iodine	I	53	126.90	Thulium	Tm	69	168.93
Iridium	Ir	77	192.22	Tin	Sn	50	118.71
Iron	Fe	26	55.84	Titanium	Ti	22	47.87
Krypton	Kr	36	83.80	Tungsten	W	74	183.84
Lanthanum	La	57	138.91	Uranium	U	92	238.03
Lawrencium	Lr	103	262	Vanadium	V	23	50.94
Lead	Pb	82	207.2	Xenon	Xe	54	131.29
Lithium	Li	3	6.94	Ytterdium	Yb	70	173.04
Livermorium	Lv	116	293	Yttrium	Y	39	88.91
Lutetium	Lu	71	174.97	Zinc	Zn	30	65.41
Magnesium	Mg	12	24.31	Zirconium	Zr	40	91.22

化学词汇缩写

Ac	acetyl, CH_3CO
acac	acetylacetonato
aq	aqueous solution species
bpy	2,2′-bipyridine
cod	1,5-cyclooctadiene
cot	cyclooctatetraene
Cy	cyclohexyl
Cp	cyclopentadienyl
Cp^*	pentamethylcyclopentadienyl
cyclam	tetraazacyclotetradecane
dien	diethylenetriamine
DMSO	dimethylsulfoxide
DMF	dimethylformamide
η	hapticity
edta	ethylenediaminetetraacetato
en	ethylenediamine(1,2-diaminoethane)
Et	ethyl
gly	glycinato
Hal	halide
^{i}Pr	isopropyl
L	a ligand
μ	signifies a bridging ligand
M	a metal
Me	methyl
mes	mesityl, 2,4,6-trimethylphenyl
Ox	an oxidized species
ox	oxalato
Ph	phenyl
phen	phenanthroline
py	pyridine
Red	a reduced species
Sol	solvent, or a solvent molecule
soln	nonaqueous solution species
tBu	tertiary butyl
THF	tetrahydrofuran
TMEDA	*N*,*N*,*N*′,*N*′-tetramethylethylenediamine
trien	2,2′,2″-triaminotriethylene
X	generally halogen, also a leaving group or an anion
Y	an entering group

要目

第一篇 基础

第二篇 元素及其化合物

3 第三篇 前沿

资源节

索引

目录

第一篇　基　　础

第二篇 元素及其化合物

第三篇 前 沿

资 源 节

第一篇 基础

本篇为学习无机化学奠定基础，共八章。前三章分别介绍原子、分子和固体的结构。第 1 章用量子论介绍原子结构，并叙述原子性质重要的周期性变化趋势。第 2 章用复杂性不断增加的共价成键模型介绍分子结构。第 3 章介绍典型固体的离子性成键作用、结构和性质，介绍缺陷在材料中的作用及固体的电子性质。接下来的两章集中讨论两类重要反应。第 4 章说明酸碱性质是如何定义、如何测量及如何广泛应用于化学。第 5 章介绍氧化和还原，讨论电化学数据如何用于预言和解释电子转移反应的结果。第 6 章介绍分子对称性因素如何用于讨论分子的成键作用和结构，这种讨论还有助于解释第 8 章某些测量技术所得的数据。第 7 章介绍元素的配位化合物，这里讨论络合物的成键、结构和反应，了解对称性因素如何帮助人们深入了解这类重要化合物。第 8 章提供了研究无机化学的工具箱：介绍用来识别和测定无机化合物结构和组成的仪器分析技术。

1 章

原子结构

本章为学习无机化合物的物理和化学性质奠定了基础。为了了解各种分子和固体的行为，首先需要了解原子：学习无机化学必须从了解原子的结构和性质开始。先讨论太阳系中物质的起源，介绍我们对原子结构的理解及原子中电子的行为。接下来定性介绍量子论，并用量子论的结论合理解释如原子半径、电离能、电子亲和能和电负性等原子性质。对这些属性的了解使我们能够理顺已知110多种元素多样的化学性质。

宇宙正在膨胀的现象导致了这样一种观点：大约140亿年前，目前所能观察到的物质都集中在一个点状区域里，后来在一次称之为**大爆炸**(big bang)的事件中爆炸开来。据认为，爆炸刚刚过后的初始温度高达 10^9 K。爆炸产生的基本粒子动能太大，以致无法以当今所知的物质形式结合在一起。然而，宇宙的温度随着它的不断膨胀而下降，运动速度减慢了的粒子在各种力的影响下很快黏结在一起。**强力**(strong force)是存在于核子(质子和中子)之间的短程、强吸引力，这种力将粒子结合起来形成原子核。**电磁力**(electromagnetic force)是存在于电荷之间的一种相对较弱的、长程作用力，这种力随着宇宙温度的下降将电子与原子核结合为原子。有了原子，宇宙就出现了复杂的化学过程和生命存在的可能(应用相关文段1.1)。

应用相关文段 1.1　元素的核合成

最早的星体是由H原子和He原子云团在引力作用下收缩而成的。收缩导致星体内部产生高温和高密度，核合成反应就是在这种条件下发生的。

轻核融合为更高原子序数的元素时释放能量。核反应释放的能量比一般化学反应高得多，这是因为将质子和中子结合在一起的**强力**比核吸引电子的电磁力强得多。一般的化学反应大约释放 10^3 kJ·mol^{-1} 的能量，而一个典型的核反应释放的能量要高出百万倍，约为 10^9 kJ·mol^{-1}。

$Z=26$ 及其之前的元素都是在星体内部形成的，它们实际上是核聚变反应(通常称之为“核燃烧”)的产物。不要将核燃烧与化学燃烧混淆，前者涉及H和He原子核复杂的融合循环，这种循环是由C原子核催化的。早期宇宙演化过程中星体的形成不存在C原子核，那时发生的是非催化的氢燃烧。核合成反应在5~10 MK(1 MK=10^6 K)的温度区间进行得相当快。这里提供化学反应与核反应的另一种对比，前者发生的温度比后者低数十万倍。不同物种之间的适度碰撞可导致化学变化，但只有高度激烈的碰撞才可为大多数核过程提供所需的能量。

重元素的大量产生依赖于如下条件：随着氢核燃烧的完成，星体中心发生坍塌导致密度和温度升高：密度升至 10^8 kg·m^{-3}(约为水的密度的 10^5 倍)，温度升至100 MK。氦燃烧就是在这种极端条件下开始发生的。

宇宙中拥有非常丰富的铁和镍，这一现象是由于所有原子核中以此二元素的原子核最稳定。这种稳定性用**结合能**(binding energy)表达，是指原子核本身的能量与相同数目的单个质子和中子能量总和之差。结合能往往表示为原子核的质量与构成核的单个质子和中子质量总和之差，因为根据爱因斯坦的相对论，质量与能量之间存在关系式 $E=mc^2$，式中的 c 为光速。因此，如果原子核的质量与其组成粒子总质量之差为 $\Delta m=m$(全部核子)$-m$(原子核)，结合能则为 $E_{bind}=(\Delta m)c^2$。例如，^{56}Fe的结合能就是 ^{56}Fe的原子核能量与核子(26个质子和30个中子)总能量的差值。正的结合能相当于原子核的能量(也是质量)比其组成核子的总能量更低、更有利。

图B1.1示出所有元素每个核子的结合能 E_{bind}/A(总结合能除以核子的数目)。铁和镍处于曲线的最高处，这一事实说明它们的原子核比其他核的结合力更强。从图B1.1中插入的小图可以发现，随着奇数核与偶数核的互变，结合能发生交替变化,偶数核要比与之相邻的奇数核稳定些。宇宙中元素的丰度也存在相应的变化,原子序数为偶数的核相对丰富于奇数的核。偶数核的稳定性归因于原子核中核子配对导致能量降低。

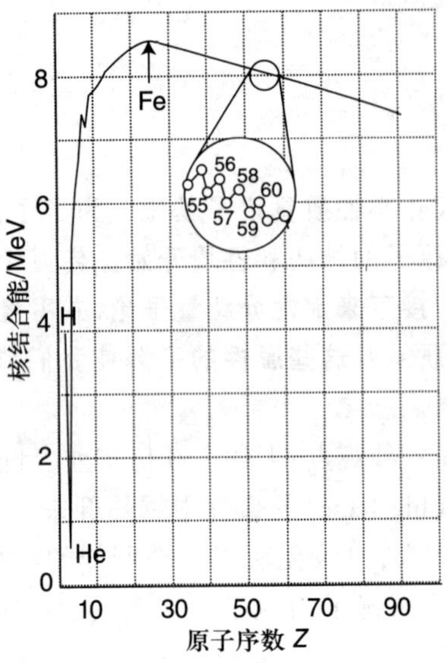

图 B1.1 核结合能

结合能越大,原子核越稳定;注意插图所示的稳定性交替变化

大约在宇宙形成的 2 h 后,温度的下降就足以使大多数物质以 H 原子(89%)和 He 原子(11%)形式存在了。从某种意义上讲,那时以后的变化倒不大,H 和 He 当今仍然是宇宙中含量最丰的元素,如图 1.1 所示。然而,核反应产生了其他各种元素和无可计数的各种物质,从而产生了化学的整个领域(应用相关文段 1.2 和应用相关文段 1.3)。

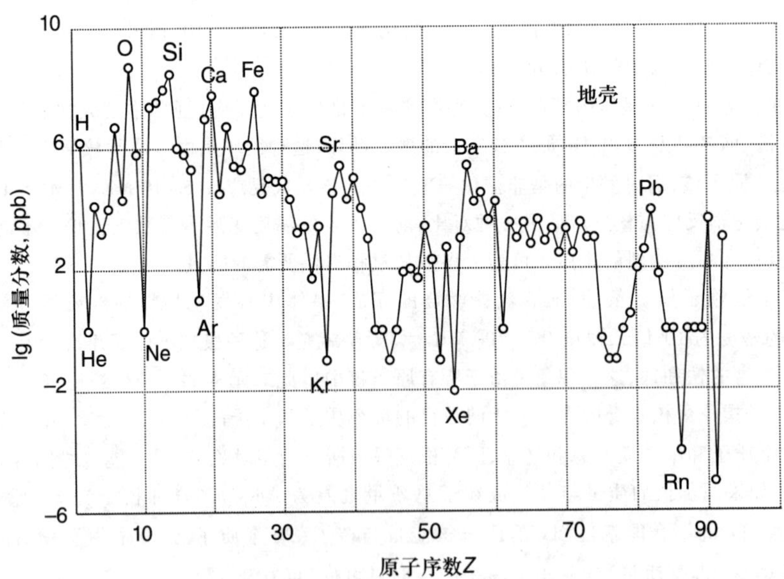

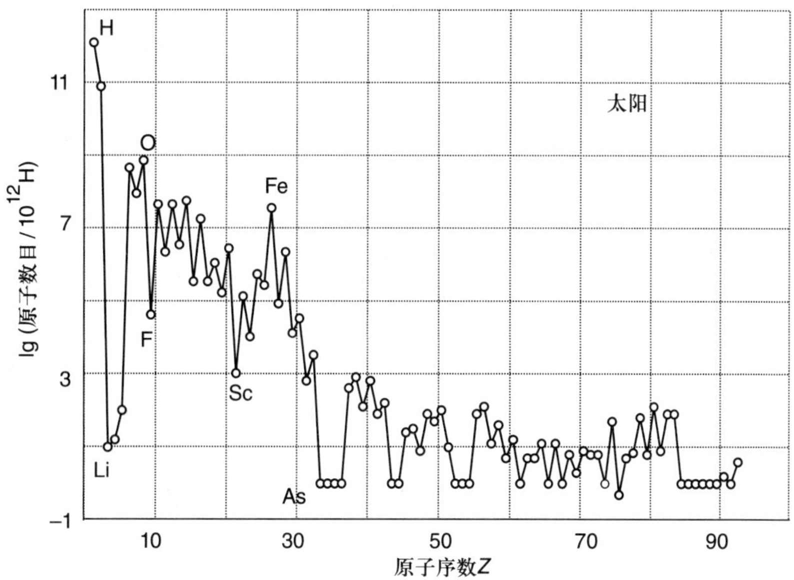

图 1.1 地壳和太阳中元素的丰度,Z 为奇数的元素不如 Z 为偶数的元素稳定

应用相关文段 1.2 核聚变与核裂变

如果质量数低于 56 的两个原子核以较大的核结合能结合为一个新原子核,过剩的能量就会被释放出来。这样的过程叫核聚变。例如,两个氖 20 核融合生成钙 40 核:

$$2\,^{20}_{10}\mathrm{Ne} \rightarrow ^{40}_{20}\mathrm{Ca}$$

对氖而言,每个核子的结合能(E_{bind}/A)约为 8.0 MeV。因此,方程左边物种的总结合能为 2×20×8.0 MeV = 320 MeV。钙的每个核子的结合能接近 8.6 MeV,方程右边物种的总结合能为 40×8.6 MeV = 344 MeV。产物与反应物总结合能的差值为 24 MeV。

对 $A>56$ 的核而言,分裂为具有较高 E_{bind}/A 值的较轻产物时会释放能量,这一过程叫核裂变。例如,铀 236 可有多种裂变模式,如裂变为氙 140 和锶 93:

$$^{236}_{92}\mathrm{U} \rightarrow ^{140}_{54}\mathrm{Xe} + ^{93}_{38}\mathrm{Sr} + 3\,^{1}_{0}\mathrm{n}$$

^{236}U、^{140}Xe 和 ^{93}Sr 三种核的 E_{bind}/A 值分别为 7.6 MeV、8.4 MeV 和 8.7 MeV。上述反应中每个 ^{236}U 发生裂变释出的能量为[(140×8.4)+(93×8.7)−(236×7.6)] MeV = 191.5 MeV。

中子轰击重元素也可导致核裂变:

$$^{235}_{92}\mathrm{U} + ^{1}_{0}\mathrm{n} \rightarrow \text{裂变产物} + \text{中子}$$

^{235}U 裂变产物的动能大约为 165 MeV,中子的动能为 5 MeV,产生的 γ 射线的能量约为 7 MeV。裂变产物本身具有放射性,以 β 射线、γ 射线和 X 射线辐射的形式发生衰减,释放出大约 23 MeV 的能量。在核裂变反应堆中,裂变反应中没有消耗的中子被捕获并释放大约 10 MeV 的能量。裂变产生的能量以辐射形式从反应堆中逸散而减少约 10 MeV,另有 1 MeV 的能量留在乏燃料中未衰减的裂变产物中。因此,一次核裂变产生的总能量大约是 200 MeV 或 32 pJ。这就是说,约 1 W 的反应堆热量($1\ \mathrm{W} = 1\ \mathrm{J \cdot s^{-1}}$)相当于每秒发生 3.1×10^{10} 次核裂变。一个产生 3 GW 热量的反应堆的电力输出将近 1 GW,相当于每天 3 kg ^{235}U 发生核裂变。

核能利用的风险存在很大争议,这与其高放射性、长寿命及核废料有关。然而化石燃料的存储量急剧减少使其又显示出很大的吸引力,因为铀矿的存储量估计还可持续使用数百年。铀矿当今的价格很低,一小珠氧化铀产生的能量与三桶石油或一吨煤一样多。核能的使用也会大大降低温室气体的排放。利用核能的不利条件主要包括放射性废料的存储和处理,以及公众对于可能发生的核事故(如 2011 年的福岛核电站事故)持续紧张的情绪。

应用相关文段 1.3 锝:第一个合成元素

合成元素是指在地球自然界不存在但可通过核反应人工合成的元素。第一个合成的元素叫锝(Tc,$Z=43$),是以希腊词语“人工”命名的。它的发现(或者更准确地说是它的制备)填补了周期表中的一个缺位,其性质符合 Mendeleev 预测的结果。锝同位素中寿命最长的半衰期为 420 万年,所以地球形成时所产生的这种元素都已经衰变了。锝是在红巨星中形成的。

应用最广泛的锝同位素是^{99m}Tc,“m”表示它是个亚稳态同位素。^{99m}Tc 能够放出高能 γ 射线,但其半衰期相对较短(仅 6.01 h)。这种性质吸引人们将其用于活体中,该同位素 γ 射线的能量足以在体外检测出来,这样的半衰期意味着其大部分可在 24 h 内衰变。因此,^{99m}Tc 被广泛用于核医疗,如应用放射性药物成像功能研究大脑、骨骼、血液、肺、肝、心脏、甲状腺及肾等(节 27.9)。^{99m}Tc 可通过核电站的核裂变产生,而更有用的一种实验室来源则是锝发生器,后者用^{99}Mo 衰变产生^{99m}Tc。^{99}Mo 的半衰期为 66 h,这一性质使得^{99}Mo 比^{99m}Tc 本身更方便存储和运输。大多数商品化的锝发生器以吸附在 Al_2O_3上的钼酸盐离子($[^{99}MoO_4]^{2-}$)中的 Mo 为基础。$[^{99}MoO_4]^{2-}$衰变为高锝酸盐离子($[^{99m}TcO_4]^{2-}$),后者较弱地吸附在 Al_2O_3 上。采用无菌生理盐水洗涤固定有^{99}Mo 的柱子,收集含有^{99m}Tc 的溶液。

表 1.1 列出化学中通常会遇到的亚原子粒子的性质。直至 2012 年,114 号、116 号和 118 号元素已经被确认,尽管不包括 115 号、117 号及若干需要确认的候选元素。这些元素都是由表中的亚原子粒子形成的,相互之间的区别在于它们的**原子序数**(atomic number)Z:该元素原子核中的质子数。许多元素都有若干种**同位素**(isotopes),同位素是原子序数相同而原子质量不同的原子。同位素是通过**质量数**(mass number)A 区分的,质量数是原子核中质子和中子的总数。有时候将质量数叫作**核子数**(nucleon number)更恰当。例如,氢有三种同位素。三种同位素的 Z 都等于 1,是指原子核中都有一个质子。丰度最高的同位素的 $A=1$(表示为^1H),核中只含一个质子。丰度较低的同位素叫氘(6 000 个氢原子中只有一个氘原子),其 $A=2$。这个质量数表明,核中除了一个质子外还含有一个中子。氘的官方表示为^2H,但通常用 D 表示。氢的第三种、短寿命的放射性同位素叫氚,表示为^3H 或 T。氚的原子核含有一个质子和两个中子。在某些情况下,用左下标标出元素的原子序数是有助益的,氢的三种同位素被表示为^1_1H,^2_1H 和^3_1H。

表 1.1 化学相关的亚原子粒子

粒子	符号	质量/m_u^*	质量数	电荷/$e^†$	自旋值
电子	e^-	5.486×10^{-4}	0	−1	1/2
质子	p	1.007 3	1	+1	1/2
中子	n	1.008 7	1	0	1/2
光子	γ	0	0	0	1
微中子	v	c.0	0	0	1/2
正电子	e^+	5.486×10^{-4}	0	+1	1/2
α 粒子	α	$^4_2He^{2+}$核	4	+2	0
β 粒子	β	原子核发射的 e^-	0	−1	1/2
γ 粒子	γ	原子核发出的电磁辐射	0	0	1

* 质量表示为相对于原子质量常量($m_u=1.660\ 54\times10^{-27}$ kg)的值。

† 元电荷 $e=1.602\times10^{-19}$ C。

类氢原子的结构

周期表结构是原子中电子结构周期性变化的直接结果。这里先讨论**类氢原子**(hydrogenic atoms),是指只含一个电子的原子,因而不存在电子间排斥力造成的复杂影响。类氢原子包括氢原子本身,也包括像 He^{+} 和 C^{5+}(发现于星体内部)这样的离子。接下来通过从类氢原子得来的概念近似描述**多电子原子**(many-electron atoms 或 polyelectron atoms)的结构。

1.1 光谱信息

提要:氢原子的光谱观测表明,电子只能占据确定的能级,能级间发生跃迁时发射出频率不连续的电磁辐射。

氢气放电时发射电磁辐射。科学家发现光透过棱镜或衍射光栅时其由多组谱线组成:一组落在电磁波谱的紫外光区,一组落在可见光区,其余的落在红外光区(见图 1.2 和应用相关文段 1.4)。19 世纪的光谱学家 Johann Rydberg 发现所有谱线的波长(λ)都可表示为

$$\frac{1}{\lambda}=R\left(\frac{1}{n_1^2}-\frac{1}{n_2^2}\right) \tag{1.1}$$

式中,R 为 **Rydberg 常量**(Rydberg constant),该经验常量值为 $1.097\times10^{7}\ m^{-1}$。$n$ 为整数,$n_1=1,2,\cdots$ 和 $n_2=n_1+1,n_1+2,\cdots$。$n_1=1$ 的序列叫 **Lyman 系**(Lyman series),位于紫外光区。$n_1=2$ 的序列叫 **Balmer 系**(Balmer series),位于可见光区。红外光区包括 **Paschen 系**(Paschen series,$n_1=3$)和 **Brackett 系**(Brackett series,$n_1=4$)。

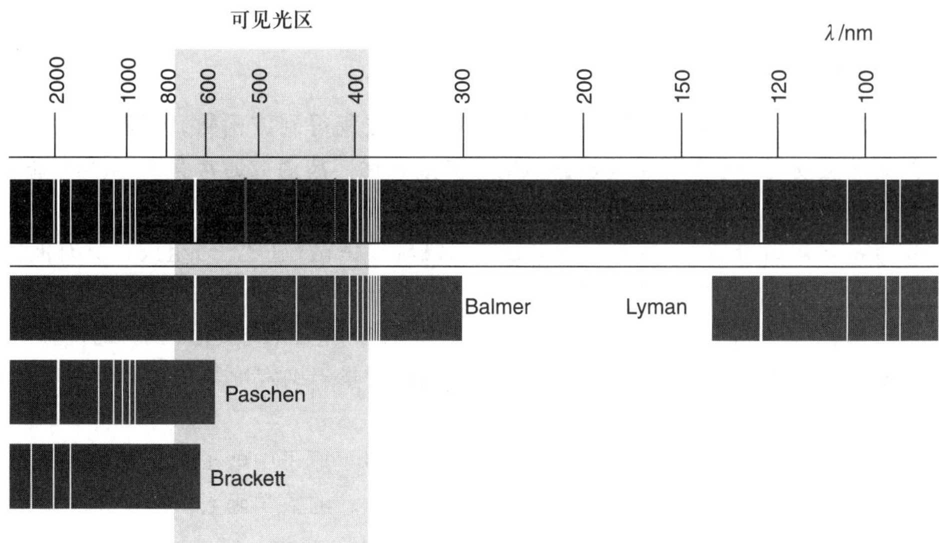

图 1.2 氢原子光谱及其序列分析

对光谱结构的解释如下。假定辐射发生在下述情况:电子从 $-hcR/n_2^2$ 能态跃迁到 $-hcR/n_1^2$ 能态,而且两能态的能差 $hcR(1/n_1^2-1/n_2^2)$ 以一个光子的能量(hc/λ)转化。联立两个能量表达式(消掉公因子 hc)得式(1.1)。式中常用波数 $\tilde{\nu}$ 表示,它指的是在给定距离内波的数目。波数 $1\ cm^{-1}$ 表示 1 cm 距离内完整波长波的数目($\tilde{\nu}=1/\lambda$,单位常用 cm^{-1},波长单位常用 nm 或 pm)。一个相关的术语叫频率 ν,它是指波在 1 s 内通过完整周期的次数,单位为赫兹(Hz,$1\ Hz=1\ s^{-1}$)。电磁辐射的波长和频率之间的关系通过等式 $\nu=c/\lambda$ 相关联,式中的 c 为光速($c=2.998\times10^{8}\ m\cdot s^{-1}$)。

上述结果提出了这样的问题:原子中电子的能量为什么受到 $-hcR/n^2$ 值的限制?为什么 R 具有观测到的那个数值?1913 年,Niels Bohr 运用早期量子论的公式首次尝试解释这些问题,他认为电子只能在某些圆形轨道上运行。尽管得到的 R 值是正确的,但后来证明他的模型站不住脚,并与 Erwin Schrödinger 和 Werner Heisenberg 于 1926 年提出的修正后的量子论(量子力学)相矛盾。

例题 1.1 预测氢原子光谱线的波长

题目:预测 Balmer 系前三条线的波长。

答案:Balmer 系的 $n_1=2, n_2=3、4、5、6、\cdots$。将 $n_1=2, n_2=3$ 的值代入公式(1.1)得到第一条线波长的求解公式 $\frac{1}{\lambda}=R\left(\frac{1}{2^2}-\frac{1}{3^2}\right)$,算得 $1/\lambda=1\ 513\ 888\ \text{m}^{-1}$ 或 $\lambda=661\ \text{nm}$。采用 $n_2=4$ 和 5 可得其他两条线的波长分别为 $\lambda=486\ \text{nm}$ 和 434 nm。

自测题 1.1 预测 Paschen 系第二条线的波数和波长。

应用相关文段 1.4 钠路灯

原子受到激发后会发射出光线,世界许多地方利用这一性质于街头照明。应用最为广泛的黄色路灯就是激发钠原子所发射的光。

低压钠(LPS)灯是由镀了铟锡氧化物(ITO)的玻璃灯管构成的。铟锡氧化物反射红外线和紫外线后发射出可见光。两个内灯管放有固体钠和少量氖与氩(与霓虹灯中的混合物相类似)。街灯打开时氖和氩发射的红光加热金属钠。不多几分钟后钠开始汽化,放电激发钠原子发黄光。

相比于其他类型的街灯而言,这种灯的优点之一是光输出不会随着使用年限的增长受影响。但在寿命结束之际会耗费更多的能量,导致从环境和经济角度没有太大的吸引力。

1.2 量子力学的某些原理

提要:电子可表现出粒子或波的行为;求解 Schrödinger 方程得到波函数,波函数描述原子中电子的位置和性质。给定位置发现电子的概率与波函数的平方成正比。波函数通常有正、负两种振幅的区域,波函数之间可能发生相长干涉或相消干涉。

Louis de Broglie 于 1924 年提出:既然可将电磁辐射既看作由微粒(光子)组成也具有波的性质(如干涉和衍射);电子也应可以这样看待,即所谓的**波粒二象性**(wave-particle duality)。波粒二象性导致的直接结果是,不可能同时知道电子的线动量(质量与速度的乘积)和电子(或其他粒子)的位置。这一限制就是 Heisenberg 的**不确定原理**(uncertainty principle)的内容,即动量不确定度与位置不确定度的乘积不能低于 Planck 常量($1/2\hbar$,其中$\hbar=h/2\pi$)。

Schrödinger 提出了一个方程,既考虑了波粒二象性,也解释了原子中电子的运动。为此他引入了**波函数**(wavefunction)ψ,它是一个描述电子行为的位置坐标(x、y 和 z)的数学函数。电子在一维空间自由运动的 **Schrödinger 方程**(Schrödinger equation)是

$$\overbrace{-\frac{\hbar^2}{2m_e}\frac{d^2\psi}{dx^2}}^{\text{动能的贡献}}+\overbrace{V(x)\psi(x)}^{\text{势能的贡献}}=\overbrace{E\psi(x)}^{\text{总能量}} \tag{1.2}$$

式中,m_e为电子的质量,V 为电子的势能,E 为电子的总能量,波函数是该方程的解。Schrödinger 方程是个二阶微分方程,对许多简单体系(如氢原子)而言可以精确求解,对许多复杂体系(如多电子原子和分子)则可以数值求解。我们只需要求解所得的定性结果。方程(1.2)可以直接表达为三维体系,这里无须做详细叙述。

方程(1.2)和三维空间的其他类似方程及其约束性限制(边界条件)的一个关键特征是,具有物理意义的解只能在某些特定能量 E 下存在。因此,能量**量子化**(quantization)这一事实(即原子中的电子只能具有某些特定的不连续能量)是求解 Schrödinger 方程的自然结果。

波函数包含了有关电子的所有可能的动力学信息,包括位置和移动速度。由于 Heisenberg 的不确定原理意味着不可能同时知道所有这些信息,这样自然就会导致一个概念:某一给定位置只能找到电子出现的概率。具体地说,就是一个电子在给定位置出现的概率正比于该点波函数的平方(ψ^2)。按照这种解

释，ψ^2越大，发现该电子的概率就越大；ψ^2为零时（见图 1.3），电子就不会出现。ψ^2称为该电子的**概率密度**(probability density)。ψ^2与无穷小体积元（$d\tau = dxdydz$）的乘积与该体积内发现电子的概率成正比，从这个意义上说可将ψ^2看作一种"密度"。如果波函数是"归一化"的，该概率就等于$\psi^2 d\tau$。归一化波函数是指在某一位置发现电子的总概率为 1。原子中电子的波函数叫**原子轨道**(atomic orbital)。为了记录不同区域波函数的相对符号，图中使用深色阴影和浅色阴影分别表示相反符号（+和-）的区域。

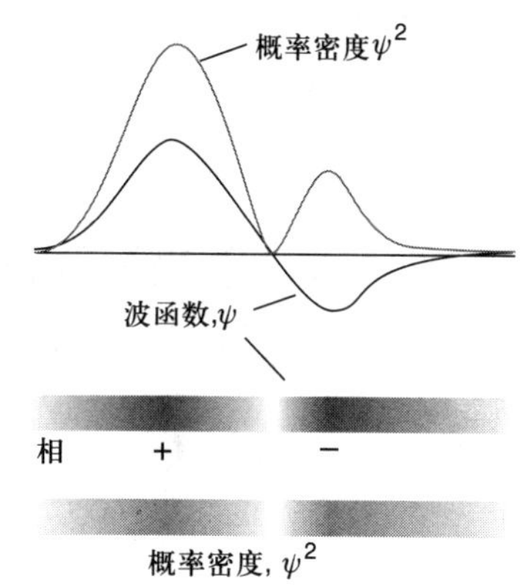

图 1.3 波函数的 Born 解释：波函数的平方是概率密度

节点的概率密度为 0，两个阴影条分别表示波函数值和概率密度值

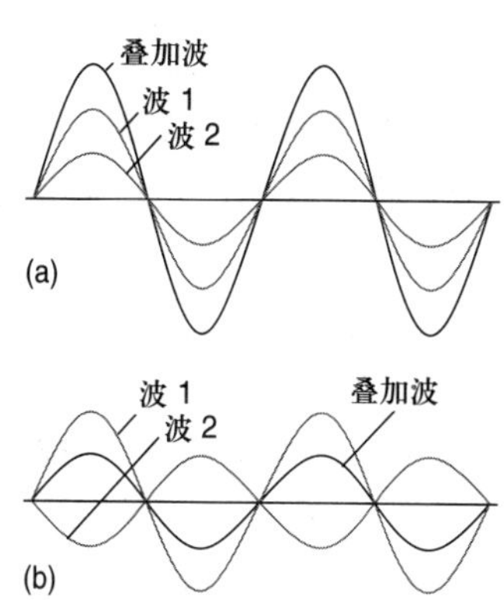

图 1.4 两个波函数伸向空间同一区域时的干涉：(a) 符号相同时发生相长干涉，总波函数振幅增强；(b) 符号相反时发生相消干涉，总波函数振幅减小

像其他波一样，波函数一般有正、负两种振幅区域或符号。两个波函数伸向空间同一区域并发生相互作用时，波函数的正、负号就有了至关重要的意义。一个波函数的正号区域叠加另一波函数的正号区域会增大其振幅，振幅的这种增强作用叫**相长干涉**(constructive interference)，见图 1.4(a)。这意味着两个波函数伸向空间同一区域时（如两原子彼此靠近时发生的那样），该区域找到这些电子的概率就会显著增大。相反，一个波函数的正号区域可能会被另一个波函数的负号区域所抵消，见图 1.4(b)。波函数之间的这种**相消干涉**(destructive interference)降低了该区域发现电子的概率。我们将会看到，波函数的干涉对解释化学成键有重要意义。

1.3 原子轨道

化学家利用类氢原子轨道发展起多种原子轨道模型，这些模型对理解无机化学至关重要。这里花费较大篇幅描述它们的形状和含义。

(a) 类氢原子的能级

提要：电子的能量由主量子数 n 决定；l 决定轨道角动量的大小；m_l 决定角动量的取向。

求解类氢原子 Schrödinger 方程所得的每个波函数都用称为**量子数**(quantum numbers)的三个整数唯一标记。这些量子数是 n、l 和 m_l：n 称为**主量子数**(principle quantum number)，l 称为**轨道角动量量子数**(orbital angular momentum quantum number)，m_l称为**磁量子数**(magnetic quantum number)。每种量子数都决定电子的一种物理性质：n 决定能量大小；l 标记轨道角动量的大小；m_l标记角动量的取向。n 的数值也表示轨道的大小。n 越大，轨道能量越高、越弥散；n 越小，轨道能量越低、越密实、受原子核的束缚力越强。l 值也决定轨道的形状，随着 l 的增大波瓣的数目也增加。m_l值的大小决定着这些波瓣的取向。

允许的能量是由主量子数 n 决定的。对原子序数为 Z 的类氢原子而言，能量表达式为

$$E_n = -\frac{hcRZ^2}{n^2} \tag{1.3}$$

式中，$n=1,2,3,\cdots$；以及

$$R=\frac{m_e e^4}{8h^3 c\varepsilon_0^2} \tag{1.4}$$

计算得到的 R 值为 $1.097\times10^7\ m^{-1}$，与光谱学确定的经验值相符合。为了做参考，hcR 值取为 1 312.196 $kJ\cdot mol^{-1}$ 或 13.6 eV。（注：1 eV 相当于一个电子通过 1 V 电位加速所得到的动能的大小。这个单位很有用，但却不是国际单位。在化学中，1 mol 电子通过 1 V 电位所得到的动能是 96.485 $kJ\cdot mol^{-1}$。）

能量的零点（$n=\infty$ 处）对应原子核与电子无限远离的定态。能量为正值表示电子处于自由状态，可以任一速度运动，具有任意大小的能量。式（1.3）中给出的能量都是负值，说明电子处于束缚状态的能量低于原子核与电子处于无限远离定态时的能量。由于能量与 $1/n^2$ 成正比，因而能级随 n 的增大（变得负得较少）而密集（见图 1.5）。

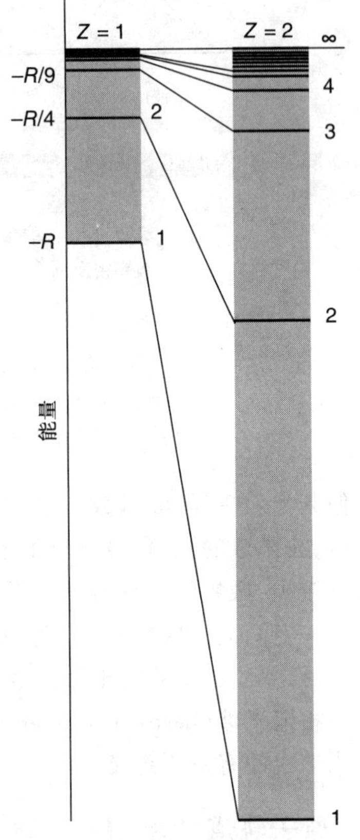

图 1.5　H 原子（$Z=1$）和 He^+（$Z=2$）的量子化能级（类氢原子的能级与 Z^2 成正比）

l 的值通过公式 $[l(l+1)]^{1/2}\hbar$（$l=0,1,2,\cdots$）表示轨道角动量的大小。可以认为 l 是通过电子沿轨道波瓣围绕原子核旋转来决定动量的。正如很快将会看到的那样，第三个量子数 m_l 表示该动量的取向。例如，是顺时针旋转还是逆时针旋转。

（b）层、亚层和轨道

提要：n 值一定的所有轨道属于同一层；同一层中 l 值相等的轨道属于同一亚层；同一轨道以 m_l 值相区分。

在类氢原子中，n 值相同的所有轨道具有相同的能量并称之为**简并**（degenerate）。因此，主量子数决定了原子的**层**（shells）。$n=1,2,3,\cdots$ 的层有时又被称为 K，L，M，…层。层与层之间的电子跃迁形成 X 射线光谱。

每层中的轨道还可分为亚层，亚层以 l 不同相区分。给定 n 值时 l 可具有以下值：$l=0,1,\cdots,n-1$。例如，$n=1$ 的电子层仅包含一个 $l=0$ 的亚层；$n=2$ 的电子层包含两个亚层，其中一个为 $l=0$ 的亚层，另一个是 $l=1$ 的亚层；$n=3$ 的电子层包含三个亚层，l 值分别为 0、1、2。亚层习惯上用字母表示：

l 值	0	1	2	3	4	…
亚层名称	s	p	d	f	g	…

化学上通常只需考虑 s、p、d、f 亚层①。

量子数为 l 的亚层由 $2l+1$ 个独立的轨道组成，这些轨道因磁量子数 m_l 不同而不同，m_l 取 $+l$ 到 $-l$ 的整数值。磁量子数是指轨道角动量在穿过原子核的任一轴向（通常指 z 轴）上的分量。例如，原子的 d 亚层（$l=2$）包含有 $m_l=+2,+1,0,-1,-2$ 五个不同的轨道；原子的 f 亚层（$l=3$）包含有 $m_l=+3,+2,+1,0,-1,-2,-3$ 七个不同的轨道。

记住下面这个对化学有用的结论：一个 s 亚层（$l=0$）只有一条轨道（$m_l=0$），叫作 **s 轨道**（s orbital）；一个 p 亚层（$l=1$）有三条轨道（$m_l=+1,0,-1$），它们叫作 **p 轨道**（p orbital）；d 亚层（$l=3$）有五条轨道，叫作 **d 轨道**（d orbital），等等（见图 1.6）。

---

①　轨道符号 s，p，d 和 f 源于原子光谱中用于描述一组谱线的光谱项，分别代表 sharp，principal，diffuse 和 fundamental 四个单词。

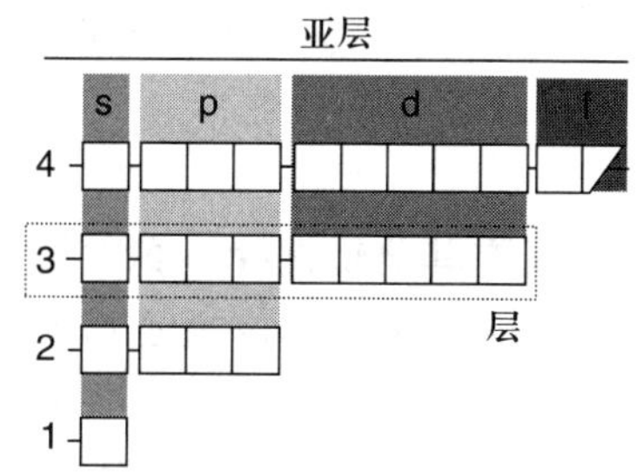

图 1.6　轨道分为亚层（l 值相同）和层（n 值相同）两大类

例题 1.2　从量子数识别轨道

题目：量子数 $n=4$ 和 $l=1$ 规定了哪一组轨道？该组轨道有多少条？

答案：需要记住，主量子数 n 能够识别层，量子数 l 用于识别亚层。$l=1$ 的亚层由 p 轨道组成，m_l 的允许值（$m_l=l, l-1, \cdots, -l$）给出这类轨道的数目。本题中 $m_l=+1, 0$ 和 -1，因此有三条 4p 轨道。

自测题 1.2　量子数 $n=3$ 和 $l=2$ 规定了哪一组轨道？该组轨道有多少条？

(c) 电子自旋

提要：一个电子的固有自旋角动量由两个量子数 s 和 m_s 决定。类氢原子中电子的状态需要由四个量子数决定。

类氢原子中除用以上三个量子数描述电子在空间的分布外，还需要两个量子数描述电子的状态。两个额外的量子数与电子的固有角动量有关，即与电子的**自旋**（spin）有关。电子具有自旋运动而产生的角动量，就像地球围绕太阳公转时的自转一样。对这一类比必须非常谨慎，因为自旋具有量子力学性质。

自旋由 s 和 m_s 两个量子数描述。前者类似于轨道运动中的 l，但它是个不变的单值（$s=1/2$）。自旋角动量的大小由公式 $[s(s+1)]^{1/2}\hbar$ 给出，因此任何一个电子自旋角动量大小都是 $\frac{1}{2}\sqrt{3}\hbar$。第二个量子数叫**自旋磁量子数**（spin magnetic quantum number）m_s，只能取两个值即 $+1/2$（逆时针自旋）和 $-1/2$（顺时针自旋）。这两种状态通常用两个箭头来表示：↑（向上自旋，$m_s=+1/2$）和 ↓（向下自旋，$m_s=-1/2$），或者分别用希腊字母 α 和 β 表示。

如果想要充分描述一个原子的状态，就必须指出电子的自旋状态。所以通常说，类氢原子中电子的状态用四个量子数（n, l, m_l, m_s）表征。

(d) 节点

提要：波函数经过零的区域叫节点。无机化学家通常会找到比数学表达式更合适的可视化表现形式描述原子轨道。然而，我们需要了解这些数学公式，因为它们是可视化表现形式的基础。

由于电子在原子核场中的势能为球形对称（它与 Z/r 成正比，并独立于对原子核的取向），原子轨道最好用球极坐标（见图 1.7）表示。在这些坐标中，轨道都有以下的表达式：

$$\psi_{nlm_l} = \overbrace{R_{nl}(r)}^{\text{随半径变化}} \times \overbrace{Y_{lm_l}(\theta,\phi)}^{\text{随角度变化}} \tag{1.5}$$

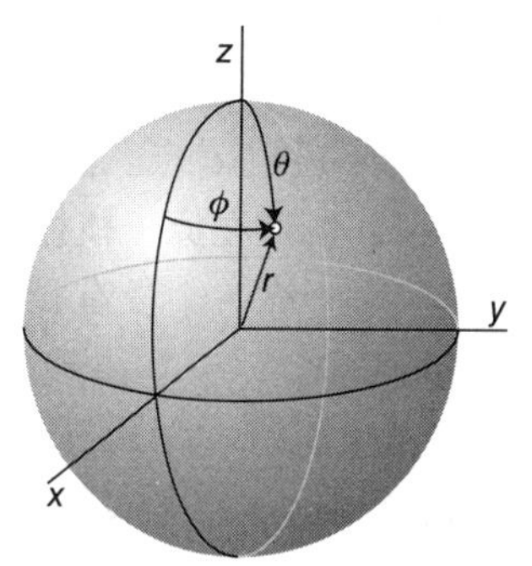

图 1.7　球极坐标：r 为半径，θ 是仰角，ϕ 是方位角

该式表达了一个简单的观点：类氢原子的轨道可以写成径向函数 $R(r)$ 和角向函数 $Y(\theta,\phi)$ 的乘积。波函数的任一分量经过零的那个位置叫**节点**

(nodes)。因此存在两类节点:波函数的径向分量经过零时形成**径向节点**(radial nodes),波函数的角向分量经过零时形成**角向节点**(angular nodes)。两类节点的数量随着能量的增大而增加,并与量子数 n 和 l 有关。

(e) 原子轨道的径向变化

提要:s 轨道在原子核处为非零振幅,所有其他轨道($l>0$ 的轨道)在原子核处消失。

图 1.8 和图 1.9 示出某些原子轨道的径向变化。1s 轨道($n=1,l=0$ 和 $m_l=0$)的波函数随着离核距离的增加以指数形式衰减,但始终不通过零点。所有轨道在离核足够大的距离时都以指数形式衰减,这个距离随 n 的增大而增大。有些轨道在接近核的位置会振荡通过零点,因此它们在以最终的指数形式衰减开始之前存在一个或多个节点。随着主量子数的增加,电子可能出现在离核更远的地方,能量也随之增加。

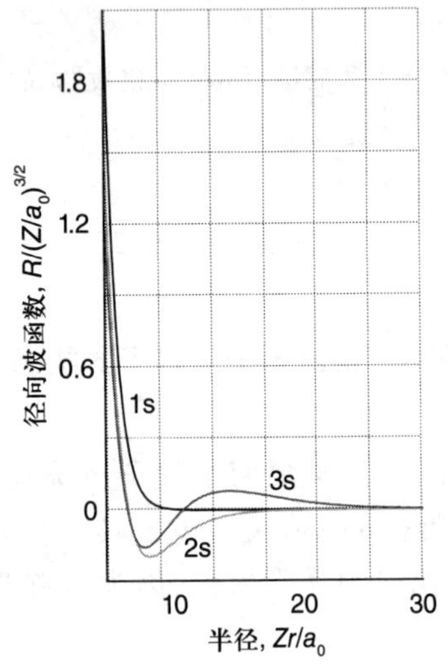

图 1.8　1s,2s 和 3s 类氢原子轨道的径向波函数

径向节点的数分别是 0,1 和 2,每个轨道在原子核处($r=0$)为非零振幅

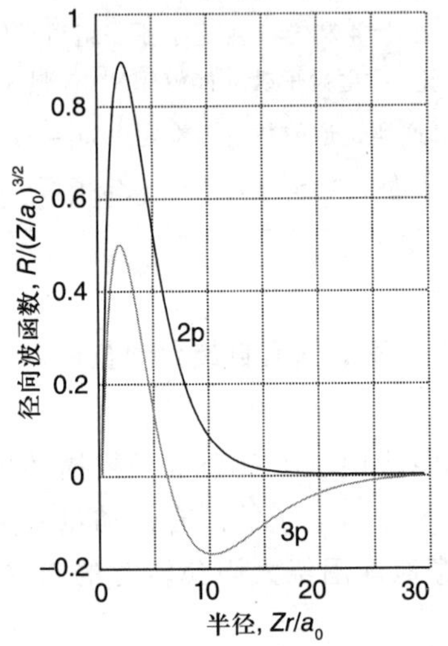

图 1.9　2p 和 3p 类氢原子轨道的径向波函数

径向节点的数分别是 0 和 1,每个轨道在原子核处($r=0$)为零振幅

量子数为 n 和 l 的轨道有 $n-l-1$ 个径向节点。这种振荡现象在 2s 轨道($n=2,l=0,m_l=0$)中较为明显,它仅通过零点一次,因此有一个径向节点。3s 轨道通过零点两次,因此有两个径向节点(见图 1.10)。2p 轨道($n=2,l=1$ 的三条轨道之一)没有径向节点,因为它的径向函数在任何地方都不通过零点。然而类似于除 s 轨道外的其他所有轨道,2p 轨道在原子核处为零。对于任何系列相同类型的轨道而言,第一个没有径向节点,第二个有一个径向节点,以此类推。

虽然 s 轨道中的电子可能出现在原子核处,但其他类型轨道中的电子却没有出现在那里。我们很快将会看到这个明显的细节(这是 $l=0$ 时角动量为 0 导致的结果),这一点对理解元素周期表布局和元素的化学行为至关重要。

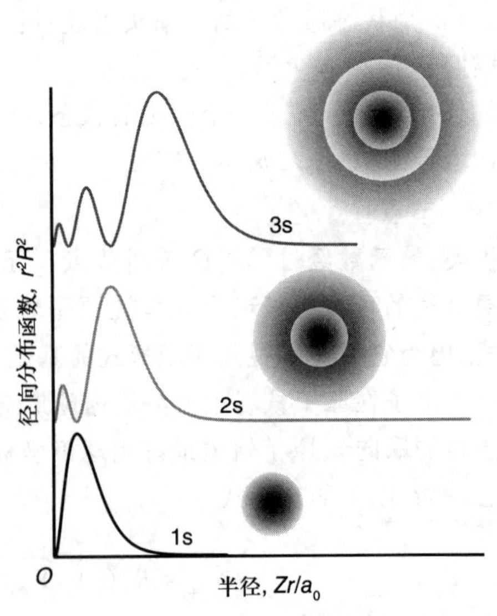

图 1.10　1s,2s 和 3s 轨道,图上示出径向节点

例题 1.3 预测径向节点数

题目:3p、3d 和 4f 轨道各有多少个径向节点?

答案:这里需要用到径向节点数为 $n-l-1$ 这个表达式,并找出 n 和 l 的值。3p 轨道的 $n=3,l=1$,径向节点数为 $n-l-1=1$。3d 轨道的 $n=3,l=2$,径向节点数为 $n-l-1=0$。4f 轨道的 $n=4,l=3$,径向节点数为 $n-l-1=0$。因为 3d 和 4f 轨道分别是首次出现的 d 轨道和 f 轨道,因此它们没有径向节点。

自测题 1.3 5s 轨道有多少个径向节点?

(f) 径向分布函数

提要:径向分布函数描述距原子核给定距离处发现电子的概率,与方向无关。

由于束缚电子的库仑力(静电作用力)来自原子核,因此我们感兴趣的往往是了解一定半径的空间内电子出现的概率,而不考虑方向。这种信息有助于判断电子与核结合的紧密程度。在半径为 r、厚度为 dr 的球壳中电子出现的总概率等于 $\psi^2 d\tau$ 在全方位角度的积分。这一结果可以写成 $P(r)dr$,$P(r)$ 叫**径向分布函数**(radial distribution function)。通常写成

$$P(r)=r^2R(r)^2 \tag{1.6}$$

对 s 轨道而言,该表达式等价于 $P=4\pi r^2\psi^2$。如果某一半径 r 的 P 值已知,就可以说该半径下厚度为 dr 的球壳中电子出现的概率为 P 乘以 dr。

由于 1s 轨道的波函数随着与核之间距离的增大以指数形式减小及式(1.6)中 r^2项在增大,所以 1s 轨道的径向分布函数通过一个极大值(见图 1.11)。因此,在距核某一距离处发现电子的概率最大。一般情况下,这个距离随着核电荷数的增加而减小(这是因为电子被原子核的吸引随核电荷数增加而增强),具体表示为

$$r_{max}=a_0/Z \tag{1.7}$$

式中,a_0是**玻尔半径**(Bohr radius),$a_0=\varepsilon_0\hbar^2/\pi m_e e^2$ 它是玻尔原子模型公式中的一个物理量,数值为52.9 pm。这个最可能的距离随 n 的增加而增大,这是因为能量越高,在离核较远处发现电子的概率就越大。

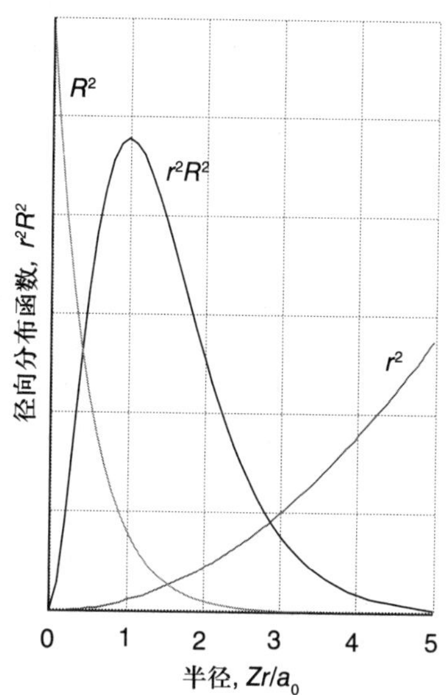

图 1.11 类氢体系 1s 轨道的径向分布函数 r^2R^2

r^2R^2 是 r^2(随 r 的增加而增大)与波函数 ψ 径向分量的平方(图中标记为 R^2,它以指数方式减小)的乘积;这个距离随核电荷数的增加而增大,并在 $r=a_0/Z$ 处通过最大值

例题 1.4 解释径向分布函数

题目：图 1.12 给出了类氢原子轨道 2s 和 2p 的径向分布函数，哪一个轨道的电子在原子核附近出现的概率较大？

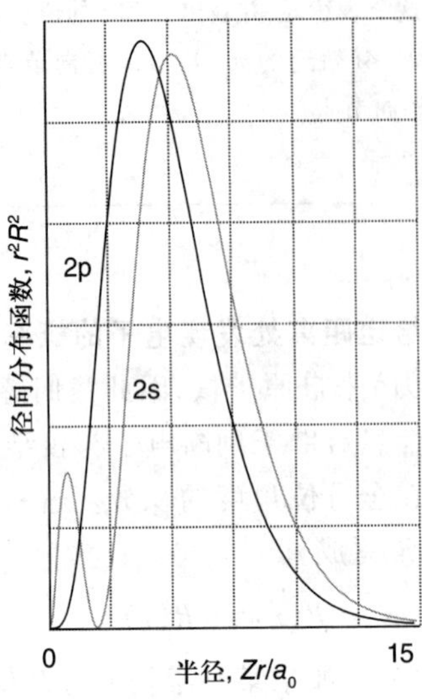

图 1.12 类氢原子轨道的径向分布函数

虽然从平均程度上 2p 轨道离原子核更近（注意最大值的位置），但 2s 轨道在更靠近原子核处出现了一个高概率（极大值）

答案：从图 1.12 可知，2p 轨道的径向分布函数在原子核附近趋于零的速度比 2s 快。这一差别是由下述事实造成的：2p 轨道的轨道角动量导致该轨道在原子核处有零振幅。2s 电子在靠近原子核处出现的概率较大，如图中靠左的极大值所示。

自测题 1.4 3p 和 3d 中哪一个轨道中的电子在原子核附近出现的概率较大？

(g) 原子轨道的角向变化

提要：轨道边界表面内的区域是电子出现概率最大的空间区域，角量子数为 *l* 的轨道有 *l* 个节面。

角向波函数描述轨道绕原子核的角度变化和描述轨道的角向形状。s 轨道在距核相同的距离上振幅相同（无论何种角坐标），这意味着 s 轨道是球形对称轨道。这种轨道通常表示为以核为中心的球面。图的表面叫轨道的**界面**（boundary surface），表示在界面包着的区域内电子出现的概率最大（有代表性的概率是 90%）。化学家利用界面表示轨道的形状。角向波函数通过零的平面叫**角向节**（angular nodes）或**节面**（nodal planes）。节面的任何一点都不会出现电子。节面通过原子核将波函数分割成正号和负号两个区域。

一般而言，角量子数为 l 的轨道有 l 个节面。s 轨道的 $l=0$，因此没有节面，其界面为球形（见图 1.13）。$l>0$ 的所有轨道都有振幅，并随角度和 m_l(-1、0、+1) 的不同而变化。在最常见的图形中，同一壳层 3 个 p 轨道的界面相同，只是其轴线分别平行于以原子核为中心的三个不同的笛卡尔坐标，各自具有一个穿过原子核的节面（见图 1.14）。每条轨道两个波瓣分别表示正、负振幅，图中涂为不同的阴影（深色和浅色）或用"+"、"−"号标记。每条 p 轨道（$l=1$）都有一个节面。

d 轨道和 f 轨道的界面和标注分别见图 1.15 和图 1.16。d_{z^2}轨道看起来不同于其他 d 轨道。事实上，双哑铃形轨道绕三个轴线存在六种可能的组合：其中三个的波瓣（d_{xy}，d_{yz} 和 d_{zx}）位于轴与轴之间，另外三个的波瓣沿着轴线。然而只允许存在五条 d 轨道，其中 $d_{x^2-y^2}$轨道处于 x 轴和 y 轴上。剩余的 $d_{2z^2-x^2-y^2}$轨道可简化为 d_{z^2}轨道。d_{z^2}轨道可看成是由两部分叠加而成的：一部分是沿 z 轴和 x 轴的波瓣，另一部分是沿 z 轴和 y 轴的波瓣。注意，每条 d 轨道（$l=2$）有两个节面，两个节面在原子核处相交。有代表性的 f 轨道（$l=3$）有三个节面。

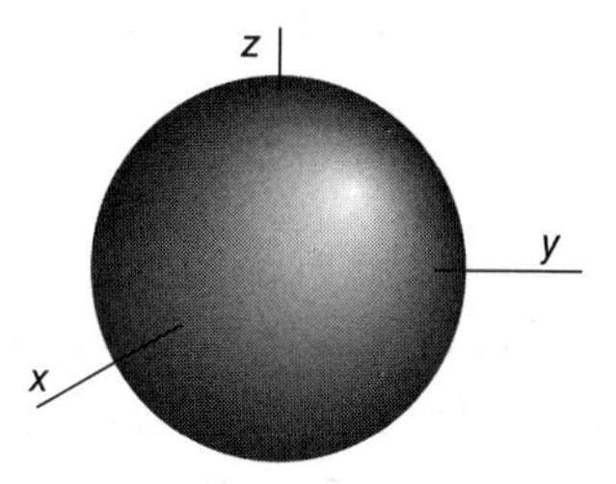

图 1.13　s 轨道的球形界面

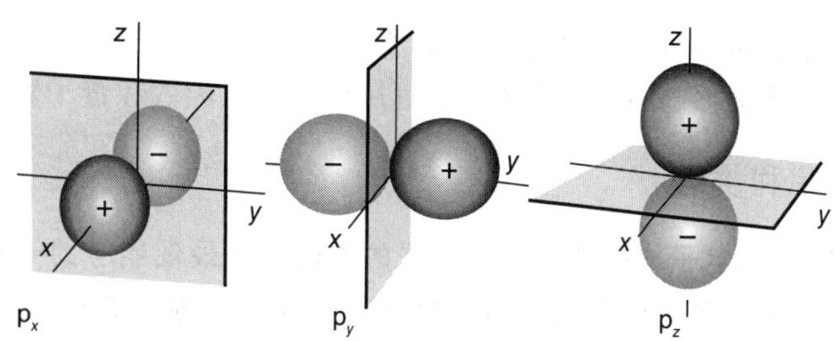

图 1.14　p 轨道界面的图示法

每个轨道有一个通过核的节面，例如，p_z 轨道的节面是 xy 平面，深色阴影波瓣表示正振幅，浅色阴影波瓣表示负振幅

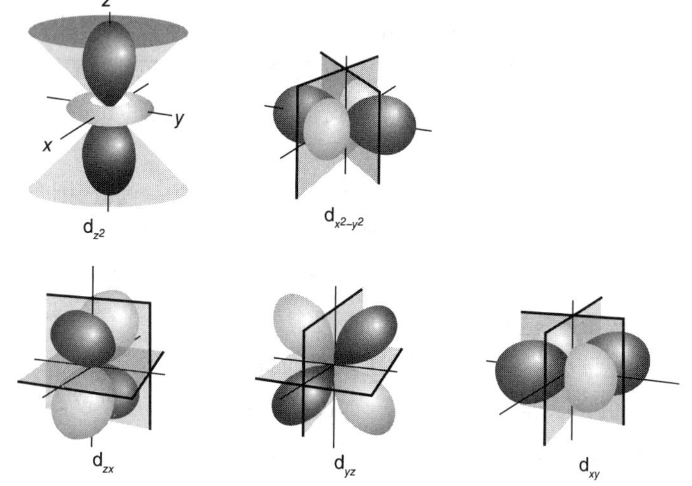

图 1.15　d 轨道界面的一种图示法

其中四个轨道各有两个相互垂直的节面，其交线通过原子核，d_{z^2} 轨道有两个在原子核处相遇的锥形节面

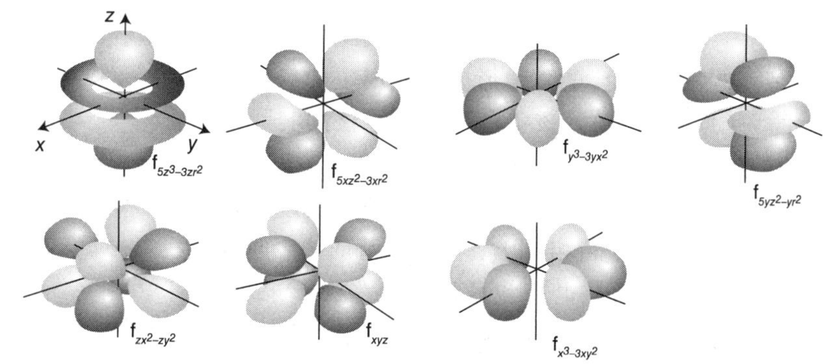

图 1.16　f 轨道界面的一种图示法

有时也会遇到其他表示法，它们具有不同的形状

多电子原子

正如前面讲过的那样，“多电子原子”是指多于一个电子的原子。即使只有两个电子的 He 原子也是个多电子原子。N 电子原子 Schrödinger 方程的精确解将依赖于所有电子的 $3N$ 个坐标的波函数。为如此复杂的函数找到一个精确的表达式具有很大的挑战性，然而利用软件进行数值运算可以直接得到精确的能量和概率密度。这类软件也可做出轨道的图形以帮助解释原子的性质。无机化学主要依赖**轨道近似法**

(orbital approximation),该法让每个电子占据原子的一条轨道(类似于类氢原子的轨道)。我们说一个电子"占据"一条原子轨道时,意味着它可用相应的波函数和量子数来描述。

1.4　钻穿和屏蔽

要点:基态电子构型是原子被占据的轨道处于最低能态的一种形式。不相容原理禁止两个以上的电子占据同一条轨道。一个电子所经受的核电荷小于原子核的真实电荷,这是因为核电荷被其他电子(包括处于同一层的电子)所屏蔽。有效核电荷的变化趋势可使许多性质的变化趋势得到合理解释。作为钻穿和屏蔽联合作用的结果,多电子原子同一壳层中的能级顺序为 s<p<d<f。

阐明**基态**(ground state)氦原子的电子结构相当容易,基态是指能量最低的状态。根据轨道近似法,我们假设两个电子都占据与类氢原子 1s 轨道具有相同球形对称的原子轨道。然而此轨道将会更加密实,这是因为氦的核电荷大于氢的核电荷,电子被核吸引得更近。一个原子的基态**组态**(configuration)描述该原子中的电子处于基态时的轨道。以氦为例,1s 轨道上有两个电子,基态组态表示为 $1s^2$。

对周期表中紧接着的一个原子锂($Z=3$)而言,我们会遇到一些重要的新特性。**Pauli 不相容原理**(Pauli exclusion principle)是其中之一:

- 不能有两个以上的电子占据同一轨道,如果两个电子占据同一轨道,则自旋必须配对。

该原理使 $1s^3$ 组态为禁阻组态。所谓"配对",是指一个电子自旋为↑($m_s=+½$),另一个电子自旋为↓($m_s=-½$),配对电子表示为↑↓。该原理的另一种表达方式则注意到一个事实:原子中每个电子是由四个量子数(n、l、m_l 和 m_s)描述的。这种表述方式是,两个电子不可能具有四个完全相同的量子数。Pauli 原理最早是为了解释氦原子光谱中不存在某些跃迁现象而提出的。

因为 $1s^3$ 组态为 Pauli 不相容原理所禁阻,第三个电子必须占据下一个较高能级壳层($n=2$)的一条轨道。立即出现了这样的问题:这个电子是占据 2s 轨道,还是占据三条 2p 轨道之一?为了回答这一问题,我们需要考察这两个亚层的能量和该原子中其他电子的影响。虽然 2s 和 2p 轨道在类氢原子中具有相同的能量,但光谱数据和计算结果表明多电子原子中并非如此。

轨道近似法中采用如下的近似法处理电子之间的排斥作用:假定电子的电荷以球形方式分布在原子核周围。每个电子都在原子核的吸引力场中运动,同时也经受着其他电子的平均排斥力。根据经典静电理论,电荷球形分布而产生的场等价于由球中心点电荷产生的场(见图 1.17)。该负电荷将原子核的实际电荷 Z 降至 Z_{eff},Z_{eff} 叫**有效核电荷**(effectine nuclear charge)。有效核电荷取决于相关电子的 n 和 l 值,因为不同层和亚层的电子与原子核接近的程度不同。由其他电子所导致的有效核电荷相对于真实核电荷的减少叫**屏蔽**(shielding)。有效核电荷有时以真实核电荷和经验屏蔽常数 σ 来表达,即 $Z_{eff}=Z-\sigma$。确定屏蔽常数的方法是拟合类氢轨道使其近似等于数值计算的结果。屏蔽常数也可用一套叫作 Slater 规则的经验规则近似地确定(应用相关文段 1.5)。

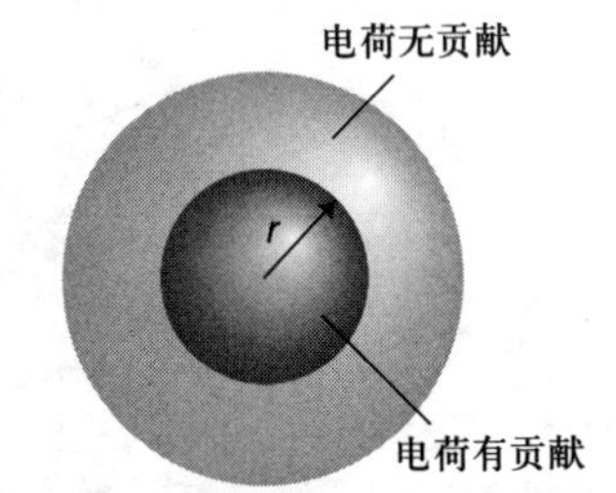

图 1.17　处在半径为 r 的电子受到半径范围内总负电荷的排斥力,半径球外的电荷没有排斥力

应用相关文段 1.5　Slater 规则

屏蔽常数可由 Slater 规则来估计,它是从经验上得来的。该规则对原子中的电子提出了以下取值方法:

按下述形式写出该原子的电子组态和轨道分组:(1s)(2s2p)(3s3p)(3d)(4s4p)(4d)(4f)(5s5p)…

如果最外层电子处在 s 或 p 轨道,则

- 处在($nsnp$)组的每个其他电子对 σ 的贡献为 0.35;
- 处在($n-1$)层的每个电子对 σ 的贡献为 0.85;
- 处在更低电子层的每个电子对 σ 的贡献为 1.0。

如果最外层电子处在 d 或 f 轨道,则

- 处在(nd)或(nf)组的每个其他电子对 σ 的贡献为 0.35;
- 处在更低电子层或左方各组中的每个电子对 σ 的贡献为 1.0。

例如,为了计算 Mg 的最外层电子的屏蔽常数(接着计算 Mg 的有效核电荷),首先写出分组合适的电子组态:

$$(1s^2)(2s^22p^6)(3s^2)$$

$$\sigma=(1\times0.35)+(8\times0.85)+(2\times1.0)=9.15, Z_{eff}=Z-\sigma=12-9.15=2.85$$

用此方法算得的数值一般低于表 1.2 中给出的数值,虽然这些数值的确遵循同样的变化模式。这种近似处理自然没有考虑 s 轨道和 p 轨道之间的差别或自旋相关的影响。

表 1.2　有效核电荷,Z_{eff}

	H							He
Z	1							2
1s	1.00							1.69
	Li	Be	B	C	N	O	F	Ne
Z	3	4	5	6	7	8	9	10
1s	2.69	3.68	4.68	5.67	6.66	7.66	8.65	9.64
2s	1.28	1.91	2.58	3.22	3.85	4.49	5.13	5.76
2p			2.42	3.14	3.83	4.45	5.10	5.76
	Na	Mg	Al	Si	P	S	Cl	Ar
Z	11	12	13	14	15	16	17	18
1s	10.63	11.61	12.59	13.57	14.56	15.54	16.52	17.51
2s	6.57	7.39	8.21	9.02	9.82	10.63	11.43	12.23
2p	6.80	7.83	8.96	9.94	10.96	11.98	12.99	14.01
3s	2.51	3.31	4.12	4.90	5.64	6.37	7.07	7.76
3p			4.07	4.29	4.89	5.48	6.12	6.76

电子越接近原子核,Z_{eff}就越接近 Z 本身;这是因为该电子受到原子中其他电子的排斥越少。基于这一条来讨论 Li 原子的 2s 电子。由于存在非零概率,2s 电子可能出现在 1s 壳层内部并经受全部核电荷的吸引(见图 1.18)。电子出现在其他电子内壳层的可能性叫**钻穿**(penetration)。**原子实**(core)是填满了电子的内壳层。2p 电子不能如此有效地穿透原子实,是因为它的波函数在原子核处趋于零。其结果是,原子实的电子可以更加充分地屏蔽原子核。可以得出这样的结论:多电子原子中的 2s 电子比 2p 电子能量低(结合更紧密),因此 2s 轨道将在 2p 轨道之前被填充,Li 的基态电子组态为 $1s^22s^1$。该组态通常标记为[He]$2s^1$,其中[He]表示与 He 类似的 $1s^2$原子实。

Li 原子轨道能量的模式(2s 低于 2p)是多电子原子的普遍特征,一般情况下 ns 低于 np。在表 1.2 中可以看到这种模式,表中给出了原子的基态电子组态中所有原子轨道 Z_{eff}的计算值。有效核电荷典型的变化趋势是同周期自左向右增大。大部分情况下,元素核电荷的逐个增加不会被增加的电子完全抵消。表中的数值也能证实原子最外层的 s 电子通常比同层 p 电子受到的屏蔽小。例如,F 原子中一个 2s 电子的 $Z_{eff}=5.13$,而一个 2p 电子的 $Z_{eff}=5.10$(数值更小)。同样,np 电子经受的有效核电荷大于 nd 电子。

作为钻穿效应和屏蔽效应共同作用的结果,多电子原子能量增大有代表性的顺序是 ns、np、nd、nf,这是因为在给定壳层中,s 轨道的钻穿效应最强,而 f 轨道则最弱。图 1.19 给出中性原子能级示意图,它是钻穿和屏蔽两种效应的总结果。

图 1.20 总体表示出周期表中元素的轨道能量。轨道顺序强烈依赖于原子中电子的数目,发生电离时顺序可能变化。例如,K 和 Ca 中 4s 电子的钻穿效应十分明显,4s 轨道的能量低于 3d 轨道。然而从 Sc 到

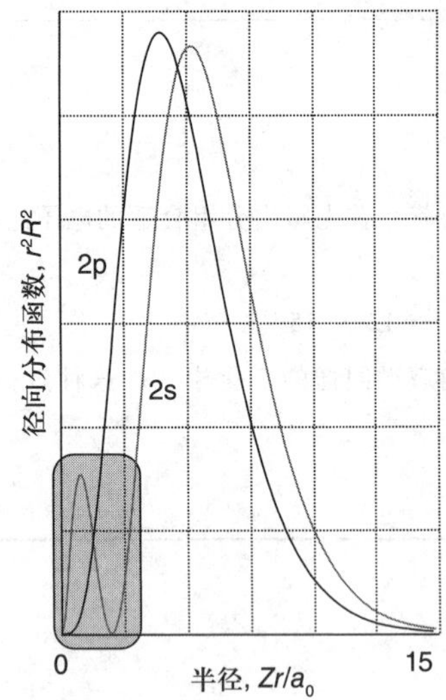

图 1.18　由于 2p 电子在核处为零，2s 电子穿过原子实的钻穿效应大于 2p 电子；因此，2s 电子较 2p 电子受到的屏蔽小

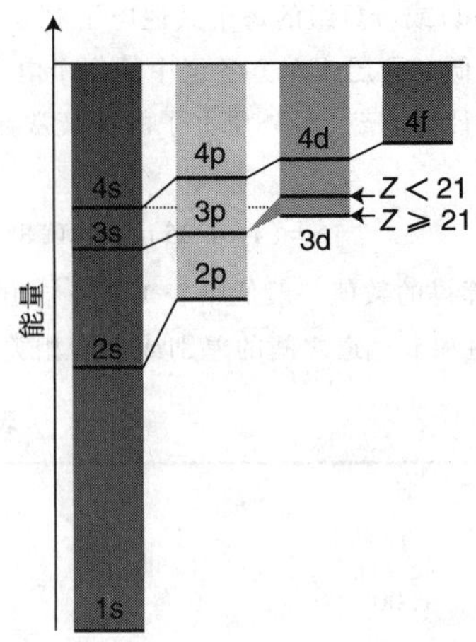

图 1.19　$Z<21$ 的多电子原子（钪之前）的能级示意图；$Z\geqslant21$ 的原子（从钪开始）的能级顺序有变化；该图是构造原理的证明，每条轨道只允许两个电子所占据

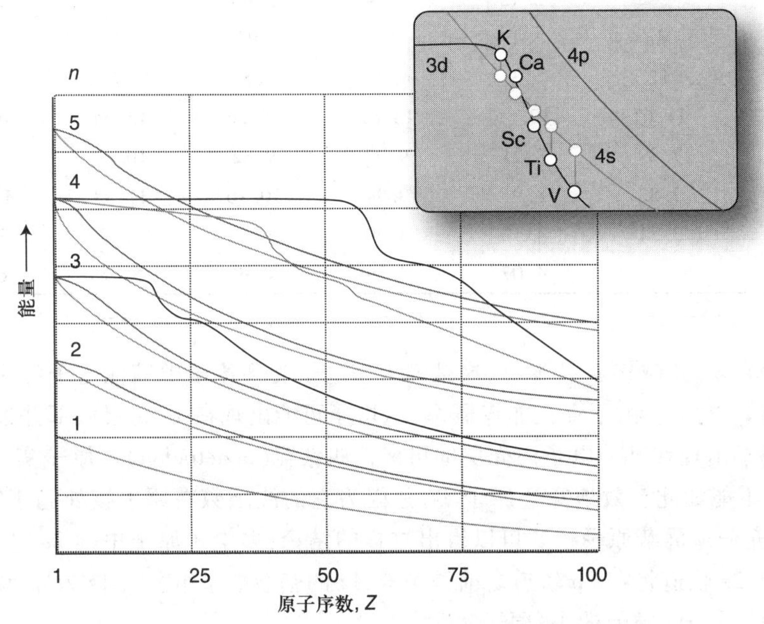

图 1.20　周期表中多电子原子能级的详细描述

插图显示 $Z=20$ 附近放大了的顺序图

Zn，中性原子 3d 轨道的能量接近，但却低于 4s 轨道。从 Ga 开始，$Z\geqslant31$ 的原子 3d 轨道的能量明显低于 4s 轨道，最外层电子明确为 4s 和 4p 亚层的电子。

1.5　构造原理

光谱法从实验上确定了基态多电子原子的电子组态（见资源节 2）。为了解释这些组态，需要考虑屏蔽效应和钻穿效应对轨道能级的影响以及 Pauli 不相容原理。**构造原理**（building-up principle）也叫 **Aufbau 原理**（Aufbau principle），它是构建似乎合理的基态电子组态的流程。虽然该流程并非完全可靠，但毕竟为讨论提供了一个良好的开端。正如将会看到的那样，它还为理解元素周期表的结构和含义提供了一个基本框架。

(a) 基态电子组态

提要:电子占据原子轨道的顺序为 1s 2s 2p 3s 3p 4s 3d 4p…,成对占据轨道之前先单占简并轨道,占据 d 和 f 轨道时顺序有些变化。

根据构造原理,中性原子轨道的填充顺序部分决定于主量子数,部分决定于屏蔽效应和钻穿效应:

填充顺序　1s 2s 2p 3s 3p 4s 3d 4p…

每个轨道最多可容纳两个电子。因此,p 亚层的三个轨道总共可容纳 6 个电子,d 亚层的五个轨道可容纳 10 个电子。前 5 个原子预期中的基态电子组态为

H	He	Li	Be	B
$1s^1$	$1s^2$	$1s^22s^1$	$1s^2s^2$	$1s^22s^22p^1$

该顺序与实验结果相一致。

能量相同的可占轨道不止一个时(如电子开始填充 C 和 Be 的 2p 轨道时)需要遵守 **Hund 规则**(Hund's rule):

- 当一个以上轨道具有相同能量时,电子分占不同轨道并具有相同的自旋(↑↑)。

电子分占相同角量子数 l 的不同轨道(如 p_x 轨道和 p_y 轨道)可以这样理解:占据不同空间区域(轨道)的排斥作用低于占据相同空间区域(轨道)的排斥作用。电子以自旋平行方式分别占据不同轨道是量子力学效应作用的结果。这种效应叫**自旋相关**(spin correlation):两个自旋平行的电子趋向于互相远离,从而减少互相之间的排斥。

交换能(exchange energy)是电子以自旋平行方式排列得以稳定的另一因素。由于电子彼此不可区分而且可以相互交换,交换能是自旋平行组态(↑↑)获得的额外稳定性。如果自旋平行的一对电子失去一个时,交换能也随之消失。因此,电子在简并轨道上以大数目自旋平行方式排列比非自旋排列方式更稳定。最高的交换能出现在**半满层**(half-filled shell),这时以自旋平行方式存在的电子数目最大。导致的一个结果是半满层(如 d^5 和 f^7)是一种稳定的排布,从这种排布移除一个电子时需要额外提供能量以克服这一最大的交换能。优先选择半满层排列组态的一个结果是铬原子基态组态为 $4s^13d^5$ 而非 $4s^23d^4$,这是因为前者具有最大的交换能。

由于 p 轨道的三个亚层轨道的能量简并,先占其中哪一个是任意的。但一般情况下采用按字母顺序的占据方式(先占 p_x,再占 p_y,最后占 p_z)。根据构造原理,C 原子的基态组态因此写为 $1s^22s^22p_x^12p_y^1$,或简单地写为 $1s^22s^22p^2$。若将内层轨道 $1s^2$ 看作像 He 原子一样的原子实,上述组态可更加简化地标记为 $[He]2s^22p^2$。我们可将该原子电子的价态结构看作是由两个成对的 2s 电子和两个平行的 2p 电子围绕闭壳层的类 He 原子实构成的。第二周期其他原子的电子组态与之相类似:

C	N	O	F	Ne
$[He]2s^22p^2$	$[He]2s^22p^3$	$[He]2s^22p^4$	$[He]2s^22p^5$	$[He]2s^22p^6$

其中,氖的 $2s^22p^6$ 组态是另一**闭壳层**(closed shell)的例子,壳层中是填满电子的。作为原子实时将 $1s^22s^22p^6$ 组态表示为[Ne]。

例题 1.5　考察有效核电荷的变化趋势

题目:从表 1.2 可知,一个 2p 电子的 Z_{eff} 从 C 到 N 增加了 0.69,但从 N 到 O 只增加了 0.62。解释为什么一个 2p 电子的 Z_{eff} 从 N 到 O 的增加量比从 C 到 N 的少,并给出上述原子的组态。

答案:首先确认一般的变化趋势,接着考虑其他影响这个趋势的因素。在这个例子中,我们预期看到该周期的有效核电荷自左向右逐渐增大。但是从 C 到 N 增加的一个电子需要占据一个空的 2p 轨道,而从 N 到 O 增加的一个电子则需要占据已有一个电子的 2p 轨道,这个电子因此经受了较强的电子-电子排斥力。这种排斥作用贡献于总屏蔽效应,因而从 N 到 O 有效核电荷的增大趋缓。

自测题 1.5　解释为什么一个 2p 电子的有效核电荷从 B 到 C 增加量比一个 2s 电子从 Li 到 Be 的增加量大。

给类似 Ne 的原子实外再加一个电子得到基态 Na 原子的组态([Ne]$3s^1$),该组态表示它是由全充满的 $1s^22s^22p^6$原子实外再加一个电子组成的。从此又一次开始了一个新序列,直至 3s3p 轨道全充满的氩。氩的电子组态为[Ne]$3s^23p^6$,标记为[Ar]。由于 3d 轨道的能量如此之高,组态有效地闭合起来无法填充,4s 轨道是接下来要被占据的轨道,因此 K 的组态类似于 Na:稀有气体原子实外加一个电子,标记为[Ar]$4s^1$。对 Ca 而言,下一个电子也占据 4s 轨道,表示为[Ar]$4s^2$,与 Mg 相类似。然而对接下来的一个元素 Sc 而言,增加的一个电子占据 3d 轨道,d 轨道的填充由此开始。

(b) 例外

图 1.19 和图 1.20 给出每个原子轨道的能级,它们是在没有充分考虑电子间排斥作用的情况下得到的。对 d 亚层未充满的元素而言,光谱测定和计算方法确定实际基态的结果表明,电子优先占据预期中能量"较高"的轨道(如 4s 轨道)。对此所做的解释是,占据高能级轨道,减少了占据能级较低的 3d 轨道所导致的电子之间的排斥力。光谱数据显示,第一排过渡金属原子的基态组态大都可表示为 $3d^n4s^2$,尽管 3d 轨道的能量较低,先被完全占据的仍然是 4s 轨道。

同样作为自旋相关和交换能的结果,另一个特征是在一些实例中形成半满或全满 d 亚层可以获得较低的总能量,即使这意味着将一个 s 电子转移到 d 亚层。因此,当 d 壳层接近半满状态时,基态组态很可能是 d^5s^1而不是 d^4s^2(如 Cr)。当 d 壳层接近全满状态时,电子组态很可能是 $d^{10}s^1$而不是 d^9s^2(如 Cu)或 $d^{10}s^0$而不是 d^8s^2(如 Pd)。电子填充 f 轨道时会发生类似现象,一个 d 电子可能转移到 f 亚层以便形成 f^7或 f^{14}电子组态,净结果是能量降低。例如,基态 Gd 的电子组态为[Xe]$4f^75d^16s^2$而不是[Xe]$4f^86s^2$。

对 d 区元素的阳离子和络合物而言,移去电子降低了电子之间的排斥力,使 3d 轨道的能量明显低于 4s 轨道。因此,所有 d 区元素的阳离子和络合物都为 d^n组态,最外层 s 轨道上没有电子。例如,Fe 的组态是[Ar]$3d^64s^2$,而 $Fe(CO)_5$和 Fe^{2+}分别是[Ar]$3d^8$和[Ar]$3d^6$。对化学而言,d 区离子的电子组态比中性原子的组态更重要。从第 19 章开始的各章中,我们将会看到 d 金属离子电子组态的重要性,因为能量的微小调节为解释化合物的重要性质提供了基础。

例题 1.6　推导电子组态

题目:写出(a)Ti 和(b)Ti^{3+}的基态电子组态。

答案:这里要用到构造原理和 Hund 规则。(a)中性原子的 $Z=22$,我们必须将 22 个电子按照以上规定顺序填到轨道上,任何一个轨道都不能超过两个电子。得到的电子组态为[Ar]$4s^23d^2$,其中两个电子以自旋平行方式分占不同的 3d 轨道。由于 Ca 之后的 3d 轨道处于 4s 轨道之下,报道的书写顺序为[Ar]$3d^24s^2$。(b)阳离子有 19 个电子,应当按照以上规定顺序填到轨道上。不过需要记住:阳离子为 d^n组态,s 轨道上没有电子,Ti^{3+}的组态为[Ar]$3d^1$。

自测题 1.6　写出(a)Ni 和(b)Ni^{2+}的基态电子组态。

1.6　元素的分类

提要:根据它们的物理和化学性质可大致将元素分为金属、非金属和类金属。现代周期表将元素系统地排列在一起,创建周期表的荣誉归于 Dmitri Mendeleev。

元素按大类分为**金属**(metals)和**非金属**(nonmetals)。金属元素(如铁和铜)典型的特征是具有光泽、延性、展性,室温附近能导电。非金属往往是气体(氧)、液体(溴)或没有明显导电性的固体(硫)。在导论性化学教材中,这种分类在化学上的含义应当是清楚的:

- 金属与非金属化合形成有代表性的化合物是硬的、不具挥发性的固体(如氯化钠);
- 非金属与另一非金属化合通常会形成易挥发的化合物(如三氯化磷);
- 金属与金属结合(或只是简单的混合)形成合金(如铜与锌形成黄铜),合金具有金属的大部分物理特征。

有些元素按性质很难区分是金属还是非金属,这些元素被称为**类金属**(metalloids),如硅、锗、砷和锑。有时将类金属叫作"半金属",但应该避免使用这一术语,因为在固体物理中半金属有非常明确的定义和物理意义(见节 3.19)。

(a) 周期表

1869 年,Dmitri Mendeleev 设计了更为详尽的元素分类法,即当今每位化学家都熟悉的**周期表**(periodic table)。Mendeleev 将已知元素按原子量(摩尔质量)增大的顺序排列。这种排列导致化学性质相似的元素落入同一类,Mendeleev 将它们排在周期表的同一族。例如,C、Si、Ge、Sn 都能形成通式为 EH_4 的氢化物,表明它们属于同一族;N、P、As、Sb 都能形成通式为 EH_3 的氢化物,表明它们属于另一个不同的族。这些元素的其他化合物也显示出族相似性,如前面第一组元素形成的 CF_4 和 SiF_4,第二组元素形成的 NF_3 和 PF_3。

Mendeleev 关注的是元素的化学性质,德国科学家 Lothar Meyer 大约在同一时期则研究了元素的物理性质。他发现,随着摩尔质量的增加,周期性地重复出现着相似的数值。图 1.21 给出一个有代表性的实例:在 1 bar① 压力和 298 K 温度下元素的摩尔体积(每摩尔原子的体积)与原子序数的关系。

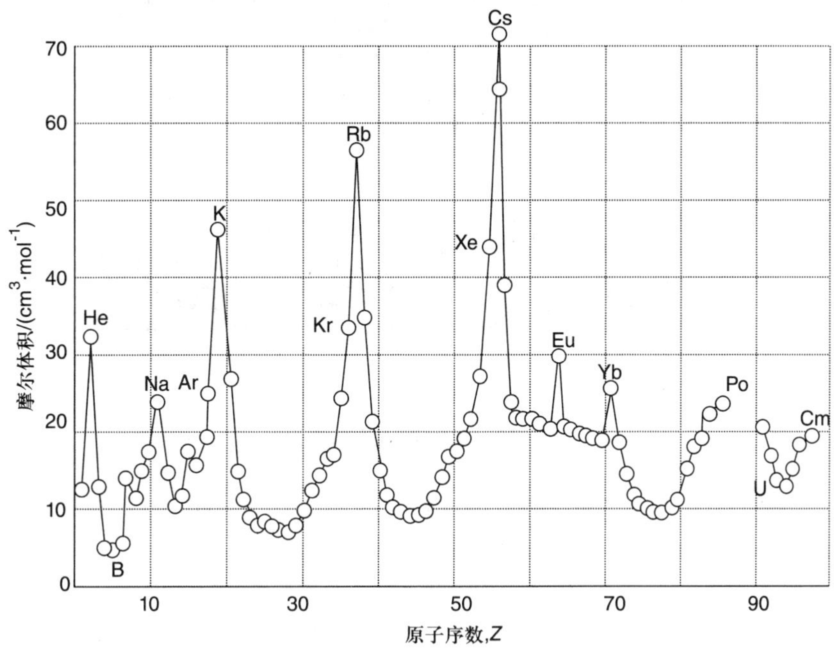

图 1.21　摩尔体积随原子序数的周期性变化

通过对未知元素(如镓、锗、钪,它们在当时的周期表中都是空白)一般化学性质(如形成化学键的数目)的预言,Mendeleev 为周期表的用途提供了引人注目的证据。他还预言了一些我们现在认为不存在的元素,否认了一些我们现在知道的确存在的元素。但这些问题都被他的卓越成就所掩盖,并且逐渐被遗忘。对周期性变化趋势进行的推理过程现在仍被许多无机化学家用于合理解释化合物的化学和物理性质的变化趋势,并用于合成未知的化合物。例如,由于碳和硅处于同一族,既然存在着化学式为 $R_2C{=}CR_2$ 的烯烃,可以预期 $R_2Si{=}SiR_2$ 同样会存在。含硅-硅双键的化合物的确存在,但化学家直到 1981 年才成功分离出第一个这样的化合物。第 9 章将进一步探讨元素性质的周期性变化趋势。

(b) 周期表的格式

提要:周期表的"区"反映了构造过程中最后被占据轨道的属性;周期数是价层的主量子数;族数与价

① 1 bar = 100 kPa。

电子数有关。

周期表的排布反映了元素所对应原子的电子结构(见图 1.22)。例如,表中同一个**区**(blocks)表示正在按照构造原理填充的亚层类型。表的每个**周期**(period)相应于完成了给定壳层中 s、p、d 和 f 亚层的填充。周期数等于壳层(指主族元素按照构造原理正在填充的壳层)主量子数 n 的值。例如,第二周期相应于 $n=2$ 的壳层,填充的是 2s 和 2p 亚层。

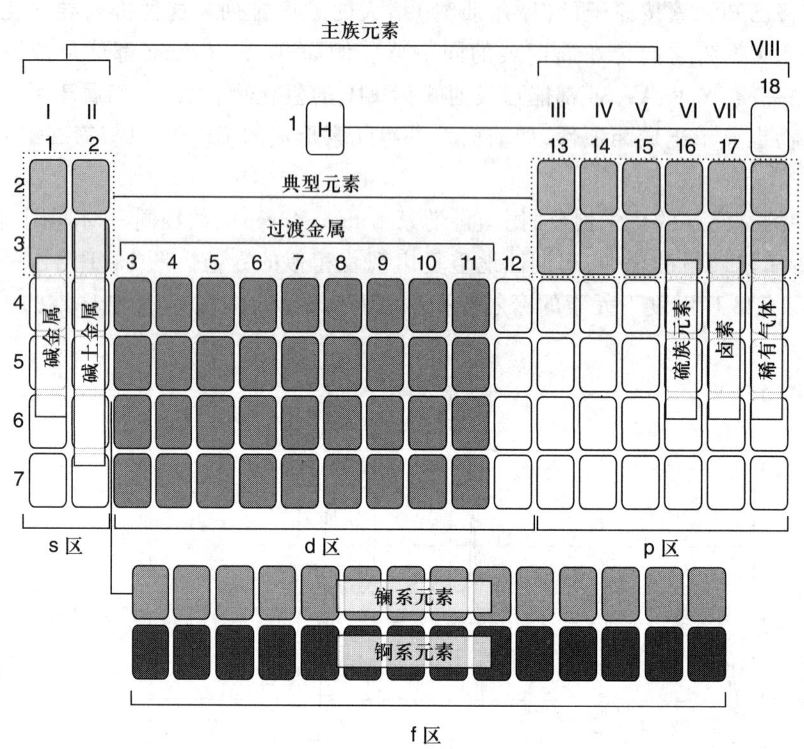

图 1.22　周期表的总体结构

族(group)数(G)与**价层**(valence shell)电子数(原子的最外层电子数)密切相关。IUPAC 推荐的"1~18"族号命名系统为

区:	s	p	d
价层电子数:	G	$G-10$	G

按照这种表示方式,d 区元素的"价层"由 ns 和 $(n-1)$d 轨道组成,所以 Sc 原子有 3 个价电子(两个 4s 电子和一个 3d 电子)。元素 Se(第 16 族)的价电子数是 16−10=6,相应于原子的电子组态 s^2p^4。

例题 1.7　确认周期表中的元素

题目:电子组态为 $1s^22s^22p^63s^23p^4$ 的元素属于周期表中哪个周期、哪个族和哪个区,并指认此元素。

答案:记住,周期数是由主量子数 n 确定的,族数可由价电子数确定,元素所在的区要根据按构造原理顺序最后占据的轨道类型确认。此电子组态中价电子的 $n=3$,因而元素处在第三周期。6 个价电子表明元素的族数为 16。最后添加的一个电子是 p 电子,因而该元素在 p 区。最终确认此元素为硫。

自测题 1.7　确认电子组态为 $1s^22s^22p^63s^23p^64s^2$ 的元素属于周期表中哪个周期、哪个族和哪个区,并指认此元素。

1.7　原子性质

原子的某些特性(特别是其半径及与增减电子相关的能量)随原子序数变化表现出周期性的规律变

化。原子的这些特性对理解元素的化学性质相当重要，本书将在第 9 章进一步做讨论。这些趋势性变化的知识让化学家们能够合理解释观察到的现象并预测原子可能的化学和结构行为，而不需参考手册中为每个元素所列的数据。

(a) 原子半径和离子半径

提要：s 区和 p 区同一族中的原子半径自上至下依次增大，同一周期的原子半径从左至右依次减小。镧系收缩导致 f 区元素的原子半径依次减小。所有的单原子阴离子的半径都大于原子本身，而单原子阳离子则小于原子本身。

元素最有用的原子特性之一是其原子和离子的大小。正如后面一些章中将会看到的那样，几何因素是解释许多固体和单个分子结构的关键。此外，形成阳离子过程中从原子移除一个电子所需的能量与该电子到核的平均距离有关。

由于远离原子核的电子密度仅以指数方式（但很迅速）下降，所以原子没有精确的半径。不过从某种意义上可以预料，电子数多的原子大于仅仅只有几个电子的原子。这样考虑问题让化学家根据经验为原子半径提出了多种多样的定义。

金属元素的**金属半径**（metallic radius）定义为固态金属中两个最邻近原子中心之间实验测定值的一半［见图 1.23(a)，更详尽的定义参见节 3.7］。非金属元素的**共价半径**（covalent radius）用类似的方法定义：分子中同种元素邻近原子核间距的一半［见图 1.23(b)］。金属半径和共价半径统称**原子半径**（atomic radii）。从表 1.3 给出的数值不难看出金属半径和共价半径的周期性变化趋势，图 1.24 就是根据这些数据绘制的。正如导论性化学课程介绍的那样，原子之间可被单键、双键或三键结合在一起，同一元素之间的重键短于单键。元素的**离子半径**（ionic radius）与离子化合物中相邻阴、阳离子中心之间的距离有关［见图 1.23(c)］。如何将两个离子之间的距离分配给阴、阳离子显然带有任意性。人们为此提出多种建议，一个常见的分配方法是将 O^{2-} 的半径确定为 140 pm（见表 1.4；详见节 3.7）。例如，确定 MgO 中 Mg^{2+} 离子半径的方法是，从相邻的 Mg^{2+} 和 O^{2-} 的核间距减去 140 pm。

$2r_M$

(a) 金属半径

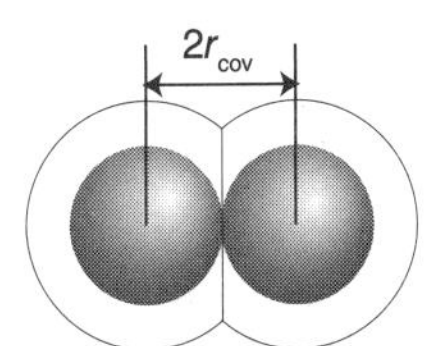

(b) 共价半径

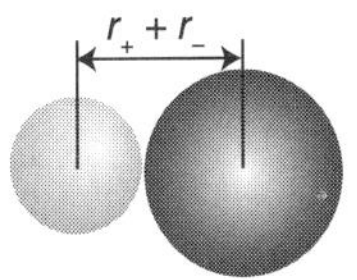

(c) 离子半径

图 1.23 金属半径、共价半径和离子半径

表 1.3 原子半径，r/pm*

Li	Be											B	C	N	O	F
157	112											88	77	74	73	71
Na	Mg											Al	Si	P	S	Cl
191	160											143	118	110	104	99
K	Ca	Sc	Ti	V	Cr	Mn	Fe	Co	Ni	Cu	Zn	Ga	Ge	As	Se	Br
235	197	164	147	135	129	137	126	125	125	128	137	140	122	122	117	114
Rb	Sr	Y	Zr	Nb	Mo	Tc	Ru	Rh	Pd	Ag	Cd	In	Sn	Sb	Te	I
250	215	182	160	147	140	135	134	134	137	144	152	150	140	141	135	133
Cs	Ba	La	Hf	Ta	W	Re	Os	Ir	Pt	Au	Hg	Tl	Pb	Bi		
272	224	188	159	147	141	137	135	136	139	144	155	155	154	152		

* 金属半径是指配位数为 12 的值，参见节 3.2。

表 1.3 中的数据显示，同族从上至下原子半径依次增大，同周期从左至右原子半径依次减小。这些变化趋势不难从原子的电子结构得到解释。同族自上而下，价电子处在主量子数更高的轨道上。自上而下具有更多的电子满壳层，因此半径通常是依次增大的。同周期自左向右价电子进入相同壳层的轨道；然而，有效核电荷的增大使其对电子的吸引增强从而导致原子更加密实。学生们应该记住这种变化趋势，因为它们可以解释许多化学性质的变化趋势。

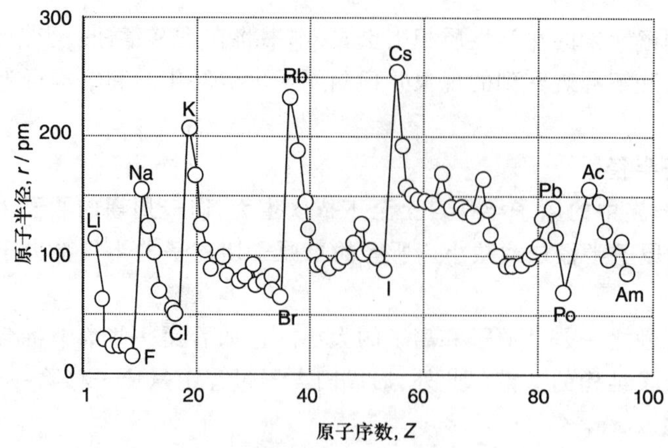

图 1.24　周期表中原子半径的变化

注意第六周期镧系元素半径的收缩；作图时金属元素采用金属半径，非金属元素采用共价半径

表 1.4　离子半径，r/pm*

Li^{+}	Be^{2+}	B^{3+}			N^{3-}	O^{2-}	F^{-}
59(4)	27(4)	11(4)			146	135(2)	128(2)
76(6)						138(4)	131(4)
						140(6)	133(6)
						142(8)	
Na^{+}	Mg^{2+}	Al^{3+}			P^{3-}	S^{2-}	Cl^{-}
99(4)	49(4)	39(4)			212	184(6)	181(6)
102(6)	72(6)	53(6)					
132(8)	103(8)						
K^{+}	Ca^{2+}	Ga^{3+}			As^{3-}	Se^{2-}	Br^{-}
138(6)	100(6)	62(6)			222	198(6)	196(6)
151(8)	112(8)						
159(10)	123(10)						
160(12)	134(12)						
Rb^{+}	Sr^{2+}	In^{3+}	Sn^{2+}	Sn^{4+}		Te^{2-}	I^{-}
148(6)	118(6)	80(6)	83(6)	69(6)		221(6)	220(6)
160(8)	126(8)	92(8)	93(8)				
173(12)	144(12)						
Cs^{+}	Ba^{2+}	Tl^{3+}					
167(6)	135(6)	89(6)					
174(8)	142(8)	Tl^{+}					
188(12)	175(12)	150(6)					

* 括号中的数字是离子的配位数。更多的数值参见资源节 1。

第六周期显示出不同于一般变化趋势的一种有趣而重要的变化。从图 1.24 不难看出，d 区第三排的金属半径与第二排的金属半径非常接近，而不是预期中的那样（电子更多，原子半径显著更大）。例如，Mo（$Z=42$）和 W（$Z=74$）的原子半径分别为 140 pm 和 141 pm，尽管后者的电子数多得多。原子半径减小至外推法预期的半径之下，这种现象是由所谓的**镧系收缩**（lanthanoid contration）引起的。镧系收缩这个名词说明了造成收缩的原因。第三排 d 区元素(第六周期)之前插入了 f 区第一排的镧系元素。它们占据的是屏蔽能力较差的 4f 轨道,价电子受到核电荷的引力大于外推法预期的引力。f 区从左至右逐个添加的电子产生的排斥力不足以抵消增加的核电荷,因此 Z_{eff}从 La 到 Lu 逐渐增大。由于核电荷增大的效应占据支配地位,从而导致后面的镧系元素及其之后的 d 区第三排元素的原子更加密实。由于同样的原因,d 区后元素也观察到类似的收缩。例如,虽然从 C 到 Si 原子半径(分别为 77 pm 和 118 pm)的增大非常明显,但是 Ge 的原子半径(122 pm)仅略大于 Si。

相对论效应(特别是粒子运动速度接近光速时其质量增加)对第六周期及其之后的元素起着重要作用(尽管这种效应相当微弱)。s 和 p 轨道上的电子(它们接近高电荷的原子核并受到强烈加速)质量增大并伴随着轨道半径的收缩,而钻穿效应较小的 d 轨道和 f 轨道却在扩展。扩展导致的一个结果是,d 轨道和 f 轨道的电子有效屏蔽其他电子的能力变弱,从而导致最外层的 s 电子轨道进一步收缩。相对论效应对轻元素而言可以忽略,但对原子序数大的重元素却能导致原子体积约 20%的收缩。

从表 1.4 看出的另一个特征是,所有单原子阴离子都大于其母体原子,所有单原子阳离子都小于其母体原子。形成阴离子导致的半径增大是由于添加一个额外电子导致电子-电子排斥力增大,Z_{eff}值也随之减小。形成阳离子导致的半径减小不仅是由于丢失电子造成电子-电子排斥力减小,而且还有价电子丢失和 Z_{eff}值增大的影响。这种丢失往往只留下更加密实的电子闭壳层。考虑到这些因素,周期表中离子半径的变化实际上映射了原子半径的变化。

虽然原子半径的较小变化似乎没有那么重要,事实上原子半径对元素的化学性质起着核心作用。在第 9 章将会看到,这种较小的变化可以造成显著的结果。

(b) 电离能

提要:第一电离能的最小值出现在周期表的左下角(铯附近),最大值则出现在周期表的右上角(氦附近)。物种的连续电离需要更高的能量。

从原子中移去一个电子的难易程度是用该原子的**电离能**(ionization energy) I 或电离焓 $\Delta_{ion}H$ 衡量的。电离能是从气相原子移去一个电子所需要的最小能量:

$$A(g) \rightarrow A^+(g) + e^-(g) \qquad I = E(A^+, g) - E(A, g) \tag{1.8}$$

第一电离能(first ionization energy)用符号 I_1表示,是指移去被中性原子束缚最松的那个电子所需要的能量;**第二电离能**(second ionization energy)用符号 I_2表示,是指从正一价阳离子中移去束缚得最不紧密的那个电子所需要的能量,等等。电离能可以方便地用电子伏特(eV)来表示,它不难转化为 kJ/mol 这样的单位(1 eV=96.485 kJ/mol)。H 原子的电离能为 13.6 eV,从 H 原子中移去一个电子等价于拖拽一个电子通过 13.6 eV 电位差的电场。热力学计算中使用**电离焓**(ionization enthalpy)更合适,电离焓即反应式(1.8)在 298 K 的标准焓。电离能与电离焓之间的差值很小,往往可以忽略。

元素的第一电离能很大程度上决定于基态原子最高占有轨道的能量。周期表中第一电离能的变化非常有规律(见表 1.5 和图 1.25),最小的电离能出现在左下角(铯附近),最大的出现在右上角(氦附近)。这种变化遵循有效核电荷的变化,同一亚层中电子-电子排斥效应引起的微小变化也有所反映。

表 1.5　元素的第一、第二、第三(和一些第四)电离能[$I/(kJ \cdot mol^{-1})$]

H							He
1312							2 373
							5 259
Li	Be	B	C	N	O	F	Ne
513	899	801	1 086	1 402	1 314	1 681	2 080
7 297	1 757	2 426	2 352	2 855	3 386	3 375	3 952
11 809	14 844	3 660	4 619	4 577	5 300	6 050	6 122
		25 018					

续表

Na	Mg	Al	Si	P	S	Cl	Ar
495	737	577	786	1 011	1 000	1 251	1 520
4 562	1 476	1 816	1 577	1 903	2 251	2 296	2 665
6 911	7 732	2 744	3 231	2 911	3 361	3 826	3 928
		11 574					
K	Ca	Ga	Ge	As	Se	Br	Kr
419	589	579	762	947	941	1 139	1 351
3 051	1 145	1 979	1 537	1 798	2 044	2 103	3 314
4 410	4 910	2 963	3 302	2 734	2 974	3 500	3 565
Rb	Sr	In	Sn	Sb	Te	I	Xe
403	549	558	708	834	869	1 008	1 170
2 632	1 064	1 821	1 412	1 794	1 795	1 846	2 045
3 900	4 210	2 704	2 943	2 443	2 698	3 197	3 097
Cs	Ba	Tl	Pb	Bi	Po	At	Rn
375	502	590	716	704	812	926	1 036
2 420	965	1 971	1 450	1 610	1 800	1 600	
3 400	3 619	2 878	3 080	2 466	2 700	2 900	

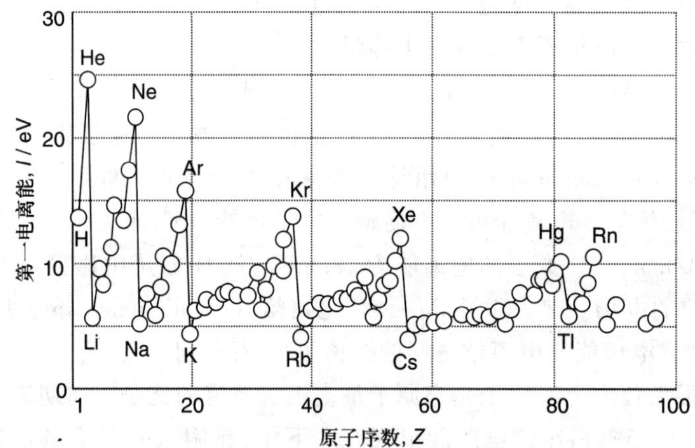

图 1.25 第一电离能的周期性变化

一个有用的近似处理是,对处于主量子数为 n 的壳层的电子而言,

$$I \propto \frac{Z_{\text{eff}}^2}{n^2}$$

电离能也与原子半径密切相关,原子半径小的元素电离能通常较高。这是因为小原子中的电子距离原子核较近,因而感受到较强的库仑引力。同族从上至下随着原子半径的增大电离能依次减小,而同周期中随着原子半径的减小电离能逐渐增大。

电离能偏离一般变化趋势的某些不规则现象容易得到解释。例如,硼的第一电离能小于铍,尽管前者的核电荷更高些。这是因为硼的最外层电子占据的是 2p 轨道,不像进入 2s 轨道束缚得那么紧。因此从

Be 到 B 第一电离能 I_1减小。从 N 到 O 第一电离能也减小，但解释略有不同。两个原子的电子组态为

$$N[He]2s^2 2p_x^1 2p_y^1 2p_z^1 \qquad O[He]2s^2 2p_x^2 2p_y^1 2p_z^1$$

不难看到，O 原子中有两个电子处于同一 2p 轨道上，它们之间强烈的排斥使得核电荷更多地被抵消。造成这种差别的另一种贡献是，从 O 原子移除一个电子生成 O^+并不减少交换能，因为电离掉的那个电子是唯一一个自旋取向为↓的电子。此外，N 原子 p 轨道的半满状态是一个特别稳定的状态，$2s^2 2p^3$组态电子的电离会使交换能明显减小。

对第二周期右部的 F 和 Ne 而言，最后填充的电子进入已经半满的轨道上，使得从 O 开始电离能更高的变化趋势得以延续。此二元素具有更高电离能的事实反映了更高的 Z_{eff}值。从 Ne 到 Na 第一电离能 I_1急剧下降，这是因为后者的最外层电子占据主量子数更大的壳层，从而离核更远。

另一个重要的变化模式是同一元素的连续电离需要逐渐增大的电离能（见图 1.26）。即元素的第二电离能（从阳离子 E^+中移去一个电子所需的能量）高于第一电离能；第三电离能（从阳离子 E^{2+}中除去一个电子所需的能量）高于第二电离能。对此所做的解释是，物种所带的正电荷越高，被移除电子受到的静电引力越大。也就是说，具有更大的质子/电子比。此外，移去一个电子后 Z_{eff}增大且原子收缩。从更小、更密实的阳离子中移去一个电子会更难。从原子的闭壳层（如 Li 和它的同族元素的第二电离能）中移除电子的电离能大得多，这是因为必须从更为密实的轨道中抽取电子，这种轨道上的电子与原子核的相互作用很强。例如，Li 的第一电离能为 513 kJ/mol，而第二电离能却为 7 297 kJ/mol，比第一电离能高出 10 倍以上。

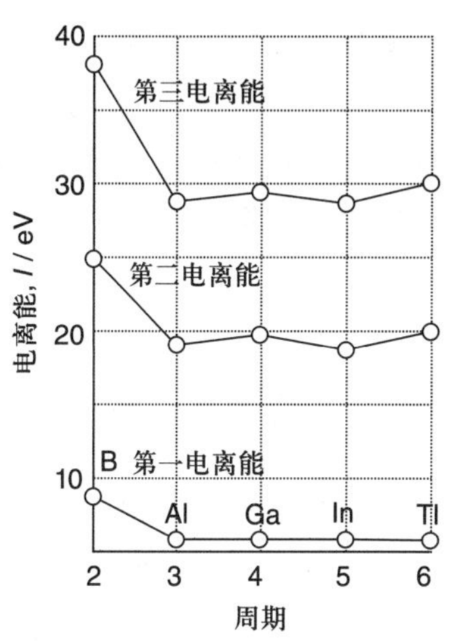

图 1.26　第 13 族元素的第一、第二和第三电离能

电离能依次增大，但该族从上而下电离能的变化并无明显模式

同族元素从上至下，分级电离能没有单一的变化趋势。图 1.26 给出了第 13 族（硼族）元素的第一、第二和第三电离能。虽然仍遵循 $I_1<I_2<I_3$的规律，但没有单一的变化趋势。这一事实提醒人们，当电离能的微小差别存在争议时，最好去查阅实际数据而不要根据变化趋势猜测可能出现的结果（节 9.2）。

例题 1.8　解释电离能的变化趋势

题目：解释 S 的第一电离能为什么小于 P。

答案：两个原子的基态组态为

$$P[Ne]3s^2\ 3p_x^1\ 3p_y^1\ 3p_z^1 \qquad S[Ne]3s^2\ 3p_x^2\ 3p_y^1\ 3p_z^1$$

与 N 和 O 的情况相类似，基态 S 原子的两个电子占着同一条 3p 轨道。两个电子靠得如此之近，以致引起强烈的排斥。这种增大了的排斥作用抵消了 S 原子具有更大核电荷（与 P 原子相比）造成的结果。与 N 和 O 之间的差异相似，S^+的半满亚层也有助于降低离子的能量，因而导致较小的电离能。

自测题 1.8　解释 Cl 的第一电离能为什么小于 F。

例题 1.9　解释分级电离能的值

题目：合理解释 B 的下列分级电离能的值，其中，$\Delta_{ion}H(N)$是第 N 级电离焓。

N	1	2	3	4	5
$\Delta_{ion}H(N)/(kJ \cdot mol^{-1})$	807	2 433	3 666	25 033	32 834

答案：讨论电离能变化趋势时，一个明智的出发点是原子的电子组态。B 的电子组态为 $1s^2 2s^2 2p^1$。第一电离能对应移除 2p 轨道上那个电子所需要能量。此电子与中心核电荷的相互作用被内层轨道和全充满的 2s 轨道所屏蔽。第二电离能对应从 B^+阳离子中移除一个 2s 轨道电子所需要的能量。有效核电荷的增加使得移去此电子更加困难。移去该电子使

有效核电荷进一步增加，导致从 $\Delta_{ion}H(2)$ 到 $\Delta_{ion}H(3)$ 增大。从 $\Delta_{ion}H(3)$ 到 $\Delta_{ion}H(4)$ 的急剧增大是因为 1s 层的能量很低，该层电子经受了几乎所有核电荷的吸引而且轨道的 $n=1$。最后移除的那个电子经受着没有屏蔽的核电荷的吸引，因而 $\Delta_{ion}H(5)$ 非常高。$\Delta_{ion}H(5)$ 可通过 $hcRZ^2$ 进行计算（$Z=5$），相当于{13.6 eV}×25 = 340 eV（32.8 MJ/mol）。

自测题 1.9　考察下面这个元素前 5 级电离能的值，推断该元素属于周期表的哪一族，并说明理由。

N	1	2	3	4	5
$\Delta_{ion}H(N)/(\mathrm{kJ\cdot mol^{-1}})$	1 093	2 359	4 627	6 229	37 838

(c) 电子亲和能

提要：周期表中 F 附近的元素电子亲和能最高。

得电子焓（electron-gain enthalpy）$\Delta_{eg}H^{\ominus}$ 是气态原子得到一个电子的标准摩尔焓变：

$$A(g)+e^-(g)\rightarrow A^-(g)$$

获得电子的过程可以是放热的也可以是吸热的。尽管得电子焓在热力学上是个恰当的术语，但在讨论许多无机化学问题时却用另一个与之相关的术语：元素的**电子亲和能**（electron affinity）E_a（见表 1.6）。E_a 为 $T=0$ K 时气态原子和气态离子的能量差：

$$E_a=E(A,g)-E(A^-,g) \tag{1.9}$$

虽然确切的关系式为 $\Delta_{eg}H^{\ominus}=-E_a-(5/2)RT$，但 $(5/2)RT$ 一项的贡献通常可忽略不计。正的电子亲和能表示离子 A^- 比中性 A 具有更低（更负）的能量。第二得电子焓（电子结合于负一价原子的焓变）总是正值，这是因为电子的排斥作用大于核的吸引作用。有人将"电子亲和能"和"得电子焓"两个术语互换使用，这时正的电子亲和能可能表示 A^- 比 A 具有更正的能量。

表 1.6　主族元素的电子亲和能，$E_a/(\mathrm{kJ\cdot mol^{-1}})$ *

H							He
72							-48
Li	Be	B	C	N	O	F	Ne
60	≤0	27	122	-8	141	328	-116
					-780		
Na	Mg	Al	Si	P	S	Cl	Ar
53	≤0	43	134	72	200	349	-96
					-492		
K	Ca	Ga	Ge	As	Se	Br	Kr
48	2	29	116	78	195	325	-96
Rb	Sr	In	Sn	Sb	Te	I	Xe
47	5	29	116	103	190	295	-77

* 第一行值是指从中性原子形成 X^-；第二行值是从 X^- 形成 X^{2-}。

元素的电子亲和能主要取决于基态原子最低未填充（或半满）轨道的能量。该轨道是原子的两个**前线轨道**（frontier orbitals）之一，另一个是原子的最高占据轨道。形成化学键时电子配布的许多变化都发生在前线轨道，我们将会通过本节了解前线轨道的重要性。如果电子进入受到有效核电荷强烈吸引的壳层，元素的电子亲和能就较高。正如已经解释过的那样，周期表右上角的元素就是如此。因此可以预料，接近 F 的元素（特别是 O 和 Cl，但不是稀有气体）应当具有最高的电子亲和能，因为它们的 Z_{eff} 很大，而且其价层有可能加进电子。N 的电子亲和能很低，这是因为电子进入半充满轨道时电子排斥作用很大，并且由于进入的电子与其他 2p 轨道电子自旋方向相反而没有获得交换能。

例题 1.10 解释电子亲和能的变化

题目：解释虽然从 Li 到 Be 核电荷增大，但电子亲和能却明显减小。

答案：与讨论电离能变化趋势相类似，讨论电子亲和能变化趋势时一个明智的出发点也是原子的电子组态。Li 和 Be 的电子组态分别为[He]$2s^1$和[He]$2s^2$。外加的那个电子进入 Li 的 2s 轨道，但对 Be 而言就必须进入 2p 轨道，因此结合得比较松。事实上，Be 的核电荷被屏蔽得如此之好，以致得电子过程是吸热过程。

自测题 1.10 说明 N 的电子亲和能小于 C 的原因。

(d) 电负性

提要：元素的电负性是指元素的原子作为化合物的一部分时对电子的吸引力。同周期从左至右电负性总体增大，同族从上至下电负性总体减小。

元素的**电负性**(electronegativity)的符号为χ(读音"chi")，它是指分子中的某一元素的原子将电子吸引向自身的能力。电负性的大小总是表示分子中的原子而非孤立原子。如果一个原子有获得电子的强烈趋势，就说该原子电负性高(如接近 F 的元素)。电负性在化学中是个很有用的概念并有许多用途，包括键能的合理解释、物质所发生的反应类型及键极性和分子极性的推测(见第 2 章)。

即使电负性是指化合物中原子的电负性，其周期性变化趋势仍然可通过原子大小和电子组态的变化趋势推测出来。如果是小原子而且具有近乎闭壳的电子层，就可能具有高电负性。因此，元素电负性的变化趋势通常是同周期从左至右增大，同族从上至下减小。

多种不同的方法用于定义电负性。Linus Pauling 电负性的原始公式(由该公式得到表 1.7 中的χ_P值)建立在键形成过程能量关系的概念上，本书将在第 2 章做讨论①。本章的另一个定义是由 Robert Mulliken 基于单个原子的性质提出的。他观察到一种现象：如果原子的电离能(I)和电子亲和能(E_a)都高，处于化合物中时则可能获得而不是失去电子，因而归入高负电性；相反，如果电离能和电子亲和能都低，化合物中的该原子会失去而不是得到电子，因而被归入电正性。这些观察结果为定义 **Mulliken 电负性**(Mulliken electronegativity)提供了基础。Mulliken 电负性的符号为χ_M，χ_M 等于元素电离能和电子亲和能(两者均用电子伏特表示)的平均值：

$$\chi_M=(I+E_a)/2 \tag{1.10}$$

表 1.7 Pauling 电负性(χ_P)、Mulliken 电负性(χ_M)和 Allred-Rochow 电负性(χ_{AR})

H							He
2.20							5.5
3.06							
2.20							
Li	Be	B	C	N	O	F	Ne
0.98	1.57	2.04	2.55	3.04	3.44	3.98	
1.28	1.99	1.83	2.67	3.08	3.22	4.43	4.60
0.97	1.47	2.01	2.50	3.07	3.50	4.10	5.10
Na	Mg	Al	Si	P	S	Cl	Ar
0.93	1.31	1.61	1.90	2.19	2.58	3.16	
1.21	1.63	1.37	2.03	2.39	2.65	3.54	3.36
1.01	1.23	1.47	1.74	2.06	2.44	2.83	3.30

① 后续各章全都使用 Pauling 电负性。

续表

K	Ca	Ga	Ge	As	Se	Br	Kr
0. 82	1. 00	1. 81	2. 01	2. 18	2. 55	2. 96	3. 0
1. 03	1. 30	1. 34	1. 95	2. 26	2. 51	3. 24	2. 98
0. 91	1. 04	1. 82	2. 02	2. 20	2. 48	2. 74	3. 10
Rb	Sr	In	Sn	Sb	Te	I	Xe
0. 82	0. 95	1. 78	1. 96	2. 05	2. 10	2. 66	2. 6
0. 99	1. 21	1. 30	1. 83	2. 06	2. 34	2. 88	2. 59
0. 89	0. 99	1. 49	1. 72	1. 82	2. 01	2. 21	2. 40
Cs	Ba	Tl	Pb	Bi			
0. 79	0. 89	2. 04	2. 33	2. 02			
0. 70	0. 90	1. 80	1. 90	1. 90			
0. 86	0. 97	1. 44	1. 55	1. 67			

Mulliken 电负性定义隐含的复杂性在于：定义中的电离能和电子亲和能都与**价态**(valence state)有关，即与作为分子一部分时原子被假定的电子组态有关。由于计算 χ_M 所需的电离能和电子亲和能是原子中各种光谱观测实际结果的混合值，因而需要进行一些计算。我们不准备讨论这种计算，但可将表 1.7 给出的数值与 Pauling 电负性(见图 1.27)进行对比。不难发现，两种标度给出了相似的数值，而且具有相同的变化趋势。两种标度相互换算的一个比较可靠的公式为

$$\chi_P = 1.35\,\chi_M^{1/2} - 1.37 \tag{1.11}$$

因为 F 附近的元素(除了稀有气体)电离能和电子亲和能都较高，因此这些元素的 Mulliken 电负性也最高。因为 χ_M 与原子能级(特别是与最高占据轨道和最低未占轨道的位置)有关，如果原子的这两种前线轨道能量低，那么元素的电负性就大。

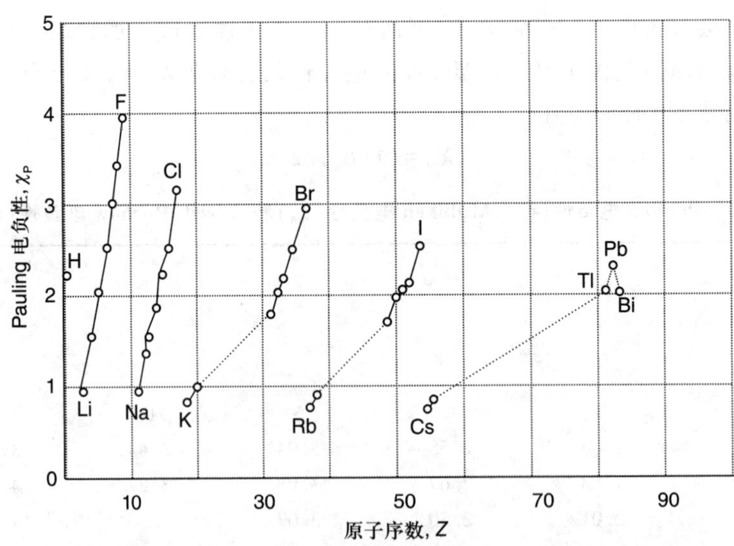

图 1.27 Pauling 电负性的周期性变化

人们提出了各种其他电负性的“原子”定义。由 A.L.Allred 和 E.Rochow 提出的一种广泛使用的标度基于下述观点：电负性是由原子表面的电场决定的。正如已经看到的那样，原子中的电子受到有效核电荷 Z_{eff} 的作用力。这样一个原子表面的库仑势与 Z_{eff}/r 成正比，那里的电场与 Z_{eff}/r^2 成正比。**Allred-Rochow**

电负性(Allred-Rochow electronegativity)的符号为χ_{AR},假定χ_{AR}与该电场成正比,其中r的取值为该原子的共价半径:

$$\chi_{AR}=0.744+\frac{35.90Z_{eff}}{(r/pm)^2} \tag{1.12}$$

式中,所选的两个数值常数可使计算值与 Pauling 电负性值相接近。根据 Allred-Rochow 电负性定义,电负性高的元素是有效核电荷高而共价半径小的元素,即 F 附近的元素。Allred-Rochow 电负性值接近 Pauling 电负性值,对讨论化合物中的电子布居非常有用。

(e) 极化率

提要:可被极化的原子(或离子)是前线轨道能量接近的原子或离子;大的、重的原子(或离子)倾向于具有高的可被极化性。

原子的**极化率**(polarizability)α 是指原子被电场(如相邻离子的电场)扭曲的能力。如果电子云可轻易被扭曲,该原子或离子就是高度**可被极化的**(polarizable)原子或离子。电荷密度低和有效核电荷低的大阴离子被极化的能力往往更强。可以有效扭曲邻近原子或阴离子电子云的物种被描述为具有**极化能力**(polarizing ability),有代表性的物种是具有高电荷密度的、小的、高电荷阳离子(见图 1.28)。

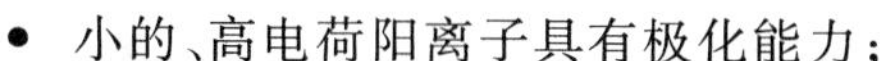

节 2.2 讨论成键的本质,那里将会看到极化率的重要性。但这里仍可合理判断出极化作用导致的共价性。**Fajan 规则**(Fajan's rules)总结了影响极化作用的因素:

- 小的、高电荷阳离子具有极化能力;
- 大的、高电荷阴离子容易被极化;
- 不具稀有气体电子组态的阳离子容易被极化。

最后一条规则对 d 区元素特别重要。

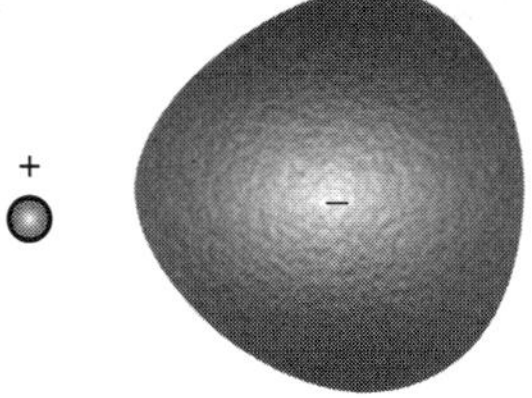

图 1.28　阴离子电子云被相邻阳离子极化的示意图

例题 1.11　识别可被极化的物种

题目:F^-和I^-哪个更易被极化?

答案:可以使用大的、高电荷阴离子易被极化这一规则做解释。F^-小并且带单电荷,I^-带有相同的电荷但很大。因此,I^-更易被极化。

自测题 1.11　Na^+和Cs^+哪个的极化能力强?

延伸阅读资料

H. Aldersley-Williams, *Periodic tales: the curious lives of the elements*. Viking(2011).这不是一本学术著作,而是提供了元素用途和发现的社会和文化背景。

M. Laing, The different periodic tables of Dmitrii Mendeleev. *J. Chem. Educ.*, 2008, **85**, 63.

M. W. Cronyn, The proper place for hydrogen in the periodic table. *J. Chem. Educ.*, 2003, **80**, 947.

P. A. Cox, *Introduction to quantum theory and atomic structure*. Oxford University Press(1996).

P. Atkins and J. de Paula, *Physical chemistry*. Oxford University Press and W. H. Freeman & Co. (2010).第 7、8 两章介绍了量子论和原子结构。

J. Emsley, *Nature's building blocks*. Oxford University Press(2011).一本介绍元素的有趣指南。

D. M. P. Mingos, *Essential trends in inorganic chemistry*. Oxford University Press(1998).详细讨论了水平方向、垂直方向和对角线方向原子性质的变化趋势。

P. A. Cox, *The elements: their origin, abundance, and distribution*. Oxford University Press(1989).考察了元素的起源、元素具有不同丰度的控制因素及它们在地球、太阳系和宇宙中的分布。

N. G. Connelly, T. Danhus, R. M. Hartshoin, and A. T. Hutton, *Nomenclature of inorganic chemistry: recommendations 2005*. Royal Society of Chemistry(2005). 此书是对周期表和无机物质的概述，因其鲜艳的红色封面而被称之为“红书”。

M. J. Winter, *The Orbitron*. 原子轨道和分子轨道的插图。

练习题

1.1　He^+ 与 Be^{3+} 的基态能量比值是多少?

1.2　按照 Born 的解释，体积元 $d\tau$ 中发现一个电子的概率与 $\psi^2 d\tau$ 成正比。(a) 在基态 H 原子中，电子出现在哪里的可能性最大？(b) 这个电子与原子核最可能相距多少？为什么？(c) 2s 轨道上的一个电子离核最可能的距离是多少？

1.3　H 原子的电离能是 13.6 eV，其 $n=1$ 和 $n=6$ 电子层的能量差为多大?

1.4　铷和银的电离能分别为 4.18 eV 和 7.57 eV。如果 H 原子的电子处于与这两个原子相同的最外层轨道上，试计算其电离能，并解释这种计算值为什么不同于铷和银的电离能。

1.5　用氦放电管产生的光(58.4 nm)直接照射氪和铷，发射出来的电子速度分别为 $1.59\times10^6\ m\cdot s^{-1}$ 和 $2.45\times10^6\ m\cdot s^{-1}$。这两种元素的电离能(以 eV 为单位)各为多少?

1.6　计算对应于 $n_1=1$ 和 $n_2=3$ 的 H 原子光谱线的波长。两个轨道之间电子跃迁的能量变化是多少?

1.7　计算 H 原子光谱可见光区第一跃迁的波数($\tilde{\nu}=1/\lambda$)和波长(λ)。

1.8　示出从方程(1.1)可以得出的 Lyman 线系下述 4 条谱线：91.127 nm，97.202 nm，102.52 nm 和 121.57 nm。

1.9　主量子数与可能的角动量量子数值之间存在什么关系?

1.10　主量子数为 n 的壳层中有多少条轨道？(提示：从 $n=1$、2 和 3 开始，看看能否找到某种模式。)

1.11　填充下表的空格。

n	l	m_l	轨道名称	轨道数
2			2p	
3	2			
			4s	
4		+3, +2, …, −3		

1.12　5f 轨道的量子数 n, l 和 m_l 值各是多少?

1.13　用 2s 和 2p 轨道略图区分下列概念：(a) 径向波函数，(b) 径向分布函数。

1.14　绘出 2p, 3p 和 3d 轨道径向分布函数的略图，参考你的图形解释为什么 3p 轨道能量比 3d 轨道能量低?

1.15　判断 4p 轨道有多少个节点和节面。

1.16　绘出投影到纸面的 xy 平面上的两个 d 轨道图形，用适当的数学函数进行标记(包括两个直角坐标轴)，并标出轨道的“+”和“−”。

1.17　以 Be 为例讨论原子的屏蔽：什么是被屏蔽？屏蔽什么？如何屏蔽?

1.18　计算从 Li 到 F 的最外层电子的屏蔽常数，并讨论所得的结果。

1.19　一般情况下同一周期电离能从左向右增大。为什么 Cr 的第二电离能比 Mn 的更高而不是更低?

1.20　比较 Ca 和 Zn 的第一电离能。用增加 d 层电子数造成的屏蔽和增加核电荷数造成的效应解释其差别。

1.21　比较 Sr、Ba 和 Ra 的第一电离能。关联镧系收缩的不规则性。

1.22　第四周期部分元素的第二电离能/($kJ\cdot mol^{-1}$)如下：

Ca	Sc	Ti	V	Cr	Mn
1 145	1 235	1 310	1 365	1 592	1 509

指出电离发生的轨道并解释数值变化趋势。

1.23　写出下列原子或离子的基态电子组态：(a) C，(b) F，(c) Ca，(d) Ga^{3+}，(e) Bi，(f) Pb^{2+}。

1.24　写出下列原子或离子的基态电子组态：(a) Sc，(b) V^{3+}，(c) Mn^{2+}，(d) Cr^{2+}，(e) Co^{3+}，(f) Cr^{6+}，(g) Cu，(h) Gd^{3+}。

1.25　写出下列原子或离子的基态电子组态：(a) W，(b) Rh^{3+}，(c) Eu^{3+}，(d) Eu^{2+}，(e) V^{5+}，(f) Mo^{4+}。

1.26 指出具有下述基态电子组态的元素：(a) [Ne]$3s^2 3p^4$，(b) [Kr]$5s^2$，(c) [Ar]$4s^2 3d^3$，(d) [Kr]$5s^2 4d^5$，(e) [Kr]$5s^2 4d^{10} 5p^1$，(f) [Xe]$6s^2 4f^6$。

1.27 不用参考资料，绘出周期表的形式并标明族号、周期号及 s 区、p 区和 d 区。尽你所知标出元素符号（学习无机化学的过程中应该了解 s、p 和 d 区元素的位置，并将元素在周期表中的位置与元素的化学性质联系起来）。

1.28 解释第三周期元素下列每种性质的变化趋势：(a) 电离能，(b) 电子亲和能，(c) 电负性。

1.29 铌（第五周期）和钽（第六周期）这两个第 5 族元素为什么具有相同的原子半径？

1.30 识别基态 Be 原子的前线轨道。

1.31 用表 1.6 和表 1.7 中的数据验证 Mulliken 的建议，即电负性值与 $I+E_a$ 成正比。

辅导性作业

1.1 在论文"What can the Bohr-Sommerfeld model show students of chemistry in the 21st century?"(M. Niaz and L. Cardellini, *J. Chem. Educ.*, 2011, **88**, 240.) 中，作者运用原子结构模型的发展仔细讨论了科学的本质。Bohr 原子模型的缺点是什么？Sommerfeld 如何完善 Bohr 模型？Pauli 是如何解决新模型的某些缺点的？这些进展教给我们什么是科学的本质。

1.2 纵观早期和现代关于周期表结构的各种建议（包括比较实用的二维结构及螺旋式和锥形结构），根据你的判断评价各种形式的优缺点。

1.3 就哪些元素应该归入 f 区的问题一直存在一些争议，W. B. Jensen (*J. Chem. Educ.*, 1982, **59**, 635.) 和 L. Lavalle (*J. Chem. Educ.*, 2008, **85**, 1482.) 先后提出了自己的观点，试对这一争议和各自提出的观点进行归纳。

1.4 1999 年，科学文献上发表了多篇论文声称实验可以观察到 Cu_2O 的 d 轨道。在论文"Have orbitals really been observed?"(*J. Chem. Educ.*, 2000, **77**, 1494.) 中，Eric Scerri 评论了这些报道并且讨论了轨道是否可被观察到。请简要总结他的论点。

1.5 哪些元素属于第三族元素，不同时期提出过两种不同的观点：(a) Sc, Y, La, Ac；(b) Sc, Y, Lu, Lr。由于离子半径强烈影响金属元素的化学性质，人们认为离子半径可以当作元素周期性排列的一种判据。根据这一判据，叙述两种观点哪种更好些。

1.6 在论文"Ionization energies of atoms and atomic ions"(P. F. Lang and B. C. Smith, *J. Chem. Educ.*, 2003, **80**, 938.) 中，作者讨论了 d 区和 f 区元素第一电离能和第二电离能明显的不规则性。如何合理解释这些不规则性？

1.7 W. H. E. Schwarz 在论文"The full story of the electron configurations of the transition elements"(*J. Chem. Educ.*, 2010, **87**, 4444.) 中描述了过渡金属的电子组态。它提出了充分理解这些元素电子组态所必需的 5 个特征。分别讨论这些特征并总结每一特征对理解电子组态的影响。

（雷依波 译，文振翼 审）

2 章

分子结构和成键

无机化学中通常用半定量模型解释结构和反应。本章通过价键理论和分子轨道理论的概念讨论分子结构模型的发展。此外,还要讨论预测分子形状的方法。我们将介绍一些概念,本书从头至尾将会用这些概念解释各种不同物种的结构和反应。本章也将阐述定性模型、实验和计算之间相互影响的重要性。

Lewis 结构

物理化学家 G. N. Lewis 于 1916 年提出,两个相邻原子通过共享电子对形成**共价键**(covalent bond)。共享一对电子(A:B)的**单键**(single bond)表示为 A—B;共享两对电子(A∷B)的**双键**(double bond)表示为 A═B,共享三对电子(A∶∶∶B)的**三键**(triple bond)表示为 A≡B。原子上未共用的价电子对(A∶)叫**孤对**(lone pair)。孤对尽管不直接参与成键,但的确影响着分子的形状并在分子性质方面起着重要作用。

2.1 八隅律

提要:原子共用电子直至价电子满足八隅体。

Lewis 发现,他提出的**八隅律**(octet rule)能够解释存在着的大部分分子("八隅体"):

每个原子与其邻近原子共享电子以达到价电子总数为 8。

正如节 1.5 中看到的那样,8 个电子占据价层中的 s 和 p 亚层时可达到闭壳层的稀有气体结构。氢原子是个例外,它用 2 个电子填充自己的价层 1s 轨道("二隅体")。

八隅律为构建 **Lewis 结构**(Lewis structure)提供了一个简便方法,Lewis 结构是表示分子中键和孤对电子的模式。构建 Lewis 结构大多数情况下可通过以下三个步骤:

1. 将各原子提供的价电子数加在一起,以确定该结构中将要包括的电子数。

每个原子提供其全部价电子数[如 H 提供 1 个,O(组态为$[He]2s^2 2p^4$)提供 6 个]。离子中每个负电荷相应于外加一个电子;每个正电荷相应于少提供 1 个电子。

2. 写出原子的化学符号,其排布方式是将要成键的原子排在一起。

大多数情况下人们知道应该怎样排布,或者能够做出有根据的猜测。电负性较小的元素通常是分子的中心原子(如 CO_2 和 SO_4^{2-}),但也存在许多人所共知的例外(如 H_2O 和 NH_3)。

3. 成对地配置电子,使每对成键原子之间存在一对电子(形成单键)。然后配置电子对(形成孤对或多重键)直到每个原子都满足八隅体。

每个成键电子对(∶)用一条短线(—)表示。人们认为多原子分子离子的电荷属于该离子整体所有而不是属于某个特定原子。

表 2.1 给出一些常见分子和离子的 Lewis 结构式。除一些简单情况外,Lewis 结构并不代表分子的构型,只是代表了成键方式和孤对电子的数目,即只表明了连接的数目,没有给出物种的几何形状。例如,BF_4^- 实际上是四面体结构(**2**)而不是平面结构,PF_3 是三角锥结构(**3**)。

表 2.1　一些常见分子和离子的 Lewis 结构式*

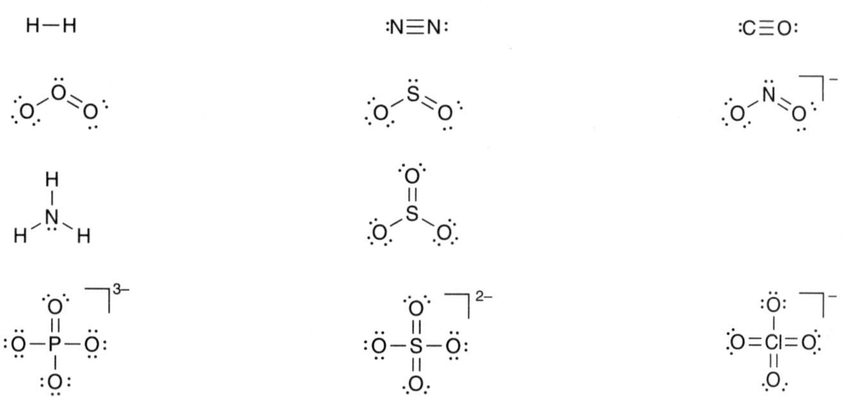

* 只给出有代表性的共振结构及双原子和三原子分子的形状。

例题 2.1　Lewis 结构式的书写

题目：写出 BF_4^- 的 Lewis 结构式。

答案：这里需要考虑提供电子的总数及它们如何被原子共享使每个原子满足“八隅体”。原子共提供 3+(4×7) = 31 个电子，负一价离子说明得到 1 个电子。因此，5 个原子周围分布着 32 个(16 对)电子。答案见(**1**)。离子的负电荷属于整个离子，而不是属于离子中的个别原子。

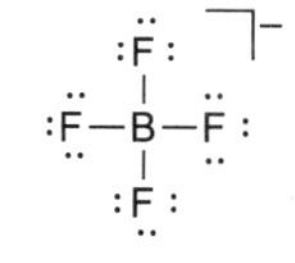

(**1**) BF_4^-

自测题 2.1　写出 PCl_3 分子的 Lewis 结构式。

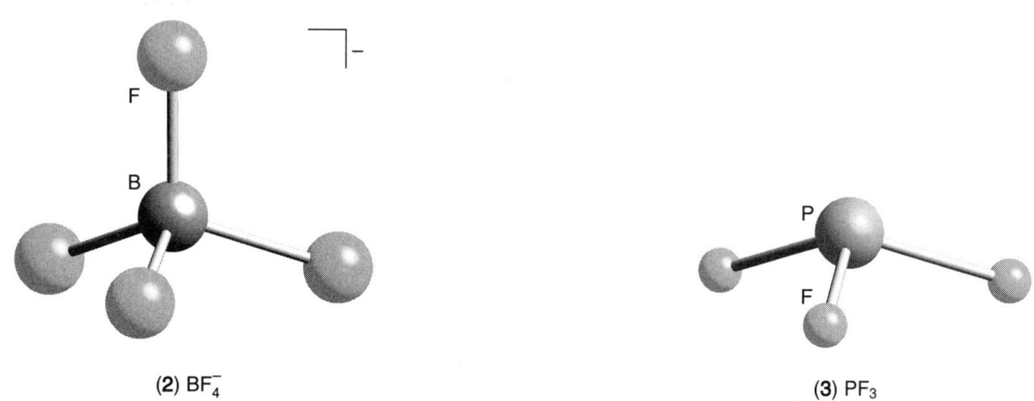

(**2**) BF_4^-　　(**3**) PF_3

2.2　共振

提要：Lewis 结构之间的共振降低了由计算得到的分子能量，均衡分配了整个分子中电子的成键特征；相近能量的 Lewis 结构提供了最大的共振稳定作用。

一种 Lewis 结构往往不能对分子进行充分描述：如臭氧分子 O_3(**4**)，其形状后面将会做说明。Lewis 结构错误地表明一个 O—O 键不同于另一个。两个键长事实上都是 128 pm，介于有代表性的 O—O 单键和 O ═O 双键(分别为 148 pm 和 121 pm)之间。Lewis 结构的这一缺陷由于引入**共振**(resonance)概念得以克服。共振概念认为：原子排布方式给定后，分子的实际结构是所有可能的 Lewis 结构的叠加(或平均)。

(**4**) O_3

共振用双向箭头表示：

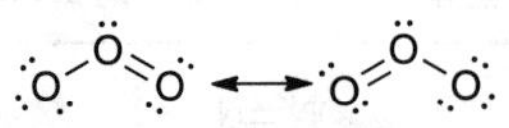

应该将共振想象为结构的混合,而不是它们之间的交替闪现。在量子力学术语中,每个结构的电子分布都由波函数表示,而分子的实际波函数 ψ 则是每个结构所对应的波函数的叠加(该函数未被归一化,参见节 1.2):

$$\psi = \psi(\mathrm{O{-}O{=}O}) + \psi(\mathrm{O{=}O{-}O})$$

因为两种结构具有相同的能量,总波函数可以写成具有同等贡献的两种结构的叠加。两种或两种以上Lewis 结构的混合叫**共振杂化**(resonance hybrid)。需要注意的是,共振只发生在电子排布不同的结构之间;而不发生在原子自身处于不同位置的结构之间。例如,SOO 和 OSO 两种结构之间不存在共振。

共振导致两个主要结果:

- 分子中键的特征平均化:
- 共振杂化结构的能量低于每种共振结构的能量。

例如,O_3 共振杂化结构的能量低于任何一种单个结构的能量。当可以写出几种能量相同的结构对分子(如对 O_3)进行描述时,共振就显得非常重要。在这样的情况下,所有能量相同的结构对整体结构的贡献也相等。

能量不同的结构也可对总体共振杂化做贡献。但一般而言,两种 Lewis 结构之间的能量差越大,能量高的结构的贡献就越小。例如,BF_3 分子可以被看作(**5**)中所示结构的共振杂化。第一种结构虽未满足八隅体,但其贡献却占主导地位。因而人们认为 BF_3 主要含有单键那种结构,并少量混合有双键结构的特征。相反,NO_3^-(**6**)中的后三种结构起主导作用,人们认为该离子具有相当大的双键特征。

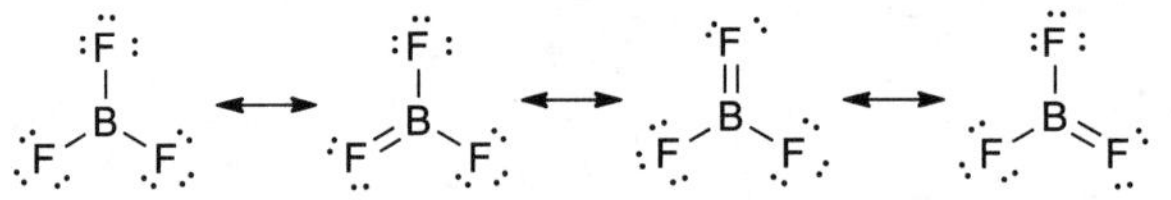

(**5**) BF_3

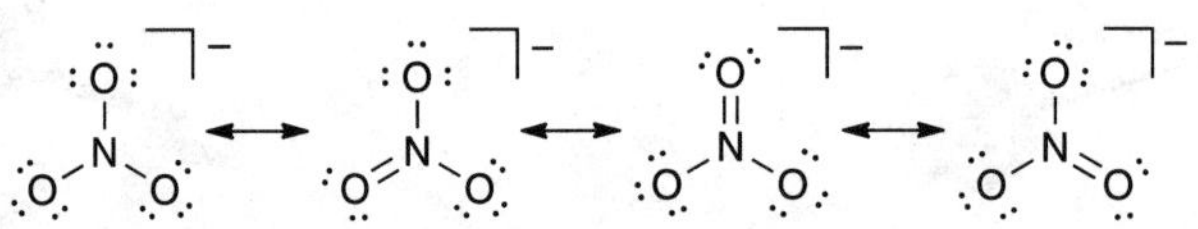

(**6**) NO_3^-

2.3　VSEPR 模型

除了由对称性支配的形状外,即使简单分子也不存在简便方法预测键角值。然而,分子形状的**价层电子对互斥**(valence shell electron pair repulsion,缩写为 VSEPR)模型却非常有用,它是在简单的静电斥力的基础上建立的,孤对电子存在与不存在也出奇地影响着分子形状。

(a) 基本形状

提要:在 VSEPR 模型中,电子密度增强的区域其位置尽可能彼此远离,分子的形状由所得结构中原子的位置确定。

VSEPR 模型的主要假定是,电子密度增强的区域(由键对电子、孤对电子或与多重键有关的电子密度所产生)的位置尽可能远离,以使它们之间的斥力最小化。例如,四个具有这种电子密度的区域处于正四面体的四个角,五个这样的区域位于三角双锥体的顶角,等等(见表 2.2)。

表 2.2　根据 VSEPR 模型得到的电子密度区域的基本排布

电子密度区域的数目	排布	电子密度区域的数目	排布
2	线形	5	三角双锥体
3	平面三角形	6	八面体
4	四面体		

虽然电子密度区域(包括键对电子区域和孤对电子区域)的排布支配着分子的形状,但形状的名称是由原子的排列决定的,而不是由电子密度区域决定的(见表 2.3)。例如,NH_3 分子具有按四面体结构排布的 4 个电子对,但由于其中一对是孤对,因此分子本身为三角锥形,三角锥顶点被孤对占据。与此相类似,H_2O 也有按四面体结构排布的 4 个电子对,但其中 2 对是孤对,因而分子为角形(或"弯形")。

表 2.3　分子形状的描述

形状	举例	形状	举例
线形	HCN,CO_2	四方平面形	XeF_4
角形(弯形)	H_2O,O_3,NO_2^-	四方锥体	$Sb(Ph)_5$
平面三角形	BF_3,SO_3,NO_3^-,CO_3^{2-}	三角双锥体	$PCl_5(g)$,SOF_4^+
三角锥形	NH_3,SO_3^{2-}	八面体	SF_6,PCl_6^-,$IO(OH)_5^*$
四面体	CH_4,SO_4^{2-}		

* 大致形状。

为了系统应用 VSEPR 模型,首先需要写下分子或离子的 Lewis 结构并识别出中心原子。接下来计算原子和孤对数目,这是因为每个原子(无论与中心原子的键合是通过单键还是多重键)和每一孤对所处位置被视为高电子密度区域。为了使能量最低,这些区域占据尽可能相互远离的位置,因此可参照表 2.2 确定其基本形状。最后关注原子的位置并依据表 2.3 识别分子的形状。因此,PCl_5 分子就可推测为(实际上也是如此)三角双锥体(**7**)。因为它有 5 个单键,有 5 个电子密度区域环绕中心原子。

例题 2.2　用 VSEPR 模型推测分子的形状

题目:推测下述分子或离子的形状:(a) BF_3,(b) SO_3^{2-},(c) PCl_4^+。

答案:首先写出各物种的 Lewis 结构,然后计算键对电子和孤对电子的数目及它们在中心原子周围的排布方式。(a) BF_3 的 Lewis 结构如(**5**)所示。中心原子 B 与三个 F 原子键合,没有孤对。BF_3 分子三个电子密度区域排布为平面三角形。因为每个位置有一个 F 原子,因此分子的形状也是平面三角形(**8**)。(b)SO_3^{2-} 的两个 Lewis 结构示于(**9**):它们对总共振结构有贡献的各种结构具有代表性。每种情况下都具有与中心 S 原子结合的三个原子和一个孤对,相应于基本排布方式为四面体的四个电子密度区域。其中三个区域对应于三个原子,因此该离子的形状为三角锥(**10**)。需要注意的是,以这种方式推演出的形状不依赖于所考察的共振结构。(c) P 有 5 个价电子,其中 4 个电子与 4 个 Cl 原子成键。失去 1 个电子成为+1 价离子,所以 P 原子提供的所有电子都用于成键且没有孤对。4 个区域按四面体方式排布,由于每个区域都与一个 Cl 原子相对应,因而该离子为四面体(**11**)。

自测题 2.2　推测下述分子的形状:(a) H_2S,(b) XeO_4,(c) SOF_4。

VSEPR 模型非常成功,但如果能量相近的形状多于一个,有时也会遇到困难。例如,围绕中心原子存在 5 个电子稠密区的四方锥体排布的能量略高于三角双锥体排布。四方锥分子的例子如(**12**)。同样,具有 7 个电子稠密区的基本形状比其他形状更难预测，部分原因是相近的能量往往对应于多种不同的构象。然而在 p 区，七配位结构主要形成五角双锥体。例如，IF_7形成五角双锥体，而 XeF_5^-（具有 5 个键对和两个孤对）却形成平面五边形。对 p 区重元素而言，孤对的立体化学影响不大。例如，尽管 Se 和 Te 原子上都有孤对，但 SeF_6^{2-} 和 $TeCl_6^{2-}$ 两个离子都是八面体。不影响分子几何形状的孤对被叫作**立体化学惰性**（stereochemically inert）的孤对，它们往往处在没有方向性的 s 轨道上。

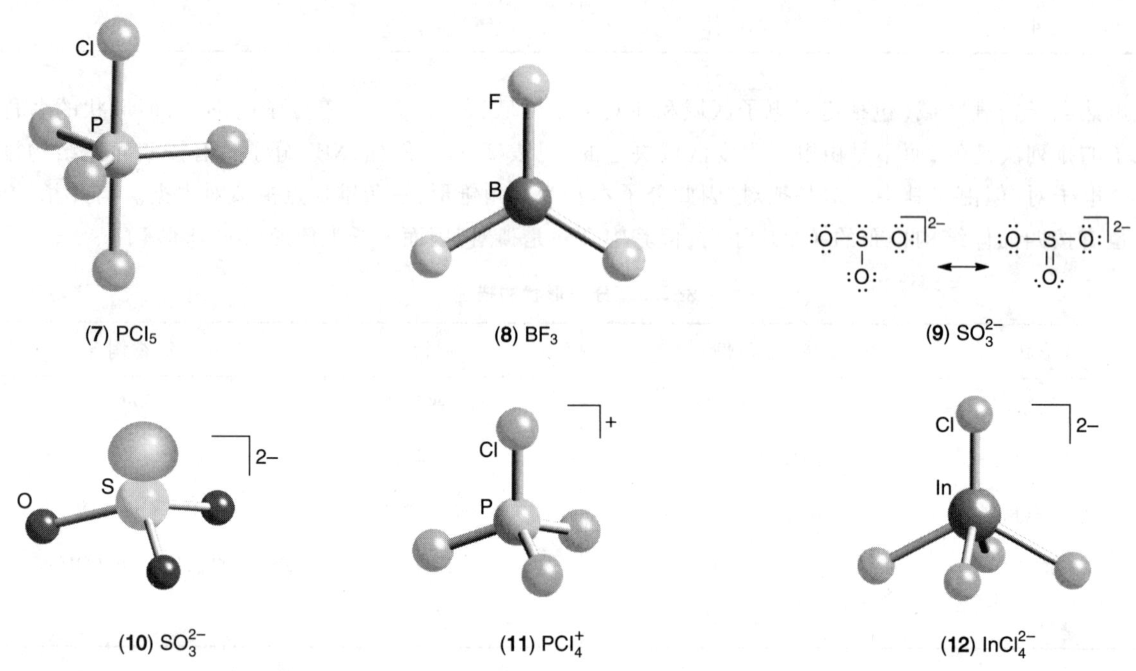

（b）基本形状的调整

提要：孤对比键对更强烈地排斥其他电子对。

一旦分子的基本形状被确定，就可根据成键区域与孤对之间静电斥力的差别对基本形状做调整。这种斥力的大小被认为具有下述顺序：

孤对/孤对>孤对/成键区域>成键区域/成键区域

孤对排斥力更大的事实被解释为，人们假定与键对相比，孤对平均离核更近些，因而对其他电子对的排斥作用更强烈。然而这种差别的真正原因并不清楚。对上述顺序的另一种解释是，对三角双锥体中的孤对而言，如果可以在轴向位置和赤道位置做出选择的话，孤对会优先占据赤道位置。在赤道位置上，孤对受到 90°位置上两个键对的排斥，而轴向位置上的孤对则在 90°位置上受到三个键对的排斥（见图 2.1）。基本形状为八面体时，第一个孤对可占据任何位置，但第二个孤对将首先占据直接反位于第一个孤对的位置，从而导致形成平面四方形结构。

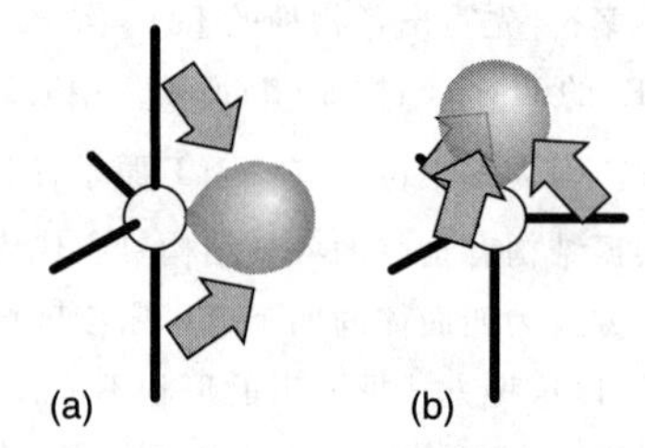

图 2.1　在 VSEPR 模型中，三角双锥体排列（a）中处在赤道位置的孤对与两个键对有强烈相互作用，（b）中处在轴向位置的孤对则与三个键对有强烈相互作用。前一种排布的能量通常较低

在具有两个相邻键对和一个（或多个）孤对的分子中，其键角比全是键对时所预期的键角小。因此，NH_3 分子中 HNH 键角小于基本形状的四面体角（109.5°），实际测得的 HNH 键角为 107°。同样，H_2O 分子中 HOH 键角小于四面体夹角的事实是由两个孤对的排斥作用引起的，实际测得的 HOH 键角为 104.5°。VSEPR 模型的缺点是不能预测出分子的实际键角。

例题 2.3　解释孤对对分子形状的影响

题目：判断 SF_4 分子的形状。

答案：先绘出分子的 Lewis 结构并识别键对数目和孤对数目，然后识别分子的形状，最后考虑孤对的存在对形状的影响。SF_4 的 Lewis 结构如(**13**)所示。中心 S 原子与 4 个 F 原子和一个孤对结合。分子的基本形状为三角双锥体。如果孤对占据赤道位置生成跷跷板那样的分子（轴向键形成跷跷板的“板”，赤道方向的键形成跷跷板的“支架”），则势能最小。S—F 键偏离孤对(**14**)。

自测题 2.3　判断下述物种的形状：(a) XeF_2，(b) ICl_2^+。

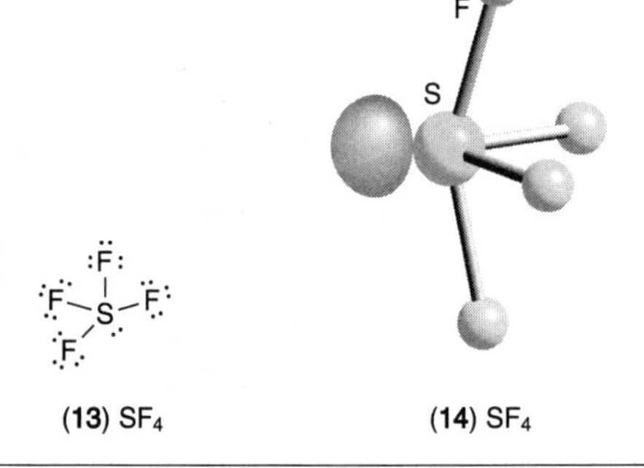

(**13**) SF_4　　(**14**) SF_4

价键理论

价键理论[valence bond (VB) theory]是科学家发展起来的关于成键的第一个量子力学理论。价键理论讨论孤立原子结合在一起形成分子时原子轨道之间的相互作用。虽然所涉及的计算技术已在很大程度上被分子轨道理论所代替，但价键理论的描述方式和一些观点仍被保留下来并用于整个化学领域。

2.4　氢分子

提要：价键理论中，电子对的波函数是通过将该分子孤立碎片的波函数相叠加而形成的；分子的势能曲线表示出该分子的能量随核间距变化而变化的情况。

两个远远分开的 H 原子的二电子波函数是 $\psi=\chi_A(1)\chi_B(2)$。式中，χ_A 和 χ_B 分别是 A 原子和 B 原子的 H1s 轨道（虽然 χ 也用于表示电负性，但根据上下文含义不会使两种用法相混淆：χ 在计算化学中通常表示原子轨道）。当两个原子接近时，无法知道 A 上的电子是电子 1 还是电子 2，因此一个同样有效的表达是 $\psi=\chi_A(2)\chi_B(1)$，式中电子 2 在 A 原子上而电子 1 在 B 原子上。两个结果具有同样可能性时，量子力学告诉我们用每个可能的波函数的叠加来描述该体系的真实状态。因此，比单独使用任何一个波函数更好的描述方法是采用两种可能性的线性组合：

$$\psi=\chi_A(1)\chi_B(2)+\chi_A(2)\chi_B(1) \tag{2.1}$$

对 H—H 键而言，该函数（未归一化的）是 VB 波函数。H—H 键的形成可被描述为是由于两核之间发现两个电子的概率高，因此将它们约束在一起（见图 2.2）。更为正式的说法是，$\chi_A(1)\chi_B(2)$ 所表示的波形与 $\chi_A(2)\chi_B(1)$ 所表示的波形发生相长干涉，核间区域波函数的振幅增加。由于 Pauli 原理产生的技术原因，只有自旋成对电子可用方程(2.1)所表示类型的波函数进行描述，所以只有成对电子在 VB 理论中对化学键有贡献。因而我们说，VB 波函数是由有贡献的两个原子轨道中电子的**自旋配对**(spin pairing)形成的。方程(2.1)中波函数描述的电子排布叫 **σ 键**(σ bond)。如图 2.2 所示，σ 键绕核间轴具有圆柱形对称，其中电子绕轴的轨道角动量为零。

分子的势能曲线(the moleculr potential energy curve)是表示分子能量随核间距而变化的图形，对 H_2 而言，这种曲线是通过改变核间距 R 并在每个选定位置对能量进行估算计算出来的（见图 2.3）。当两个单个 H 原子接近至成键距离之内且每个电子可以自由迁移至另一原子时，其能量降至两个单个 H 原子能量之下。然而，上述能量的降低可被两个带正电荷的原子核之间的库仑（静电）斥力的增加而抵消，随着 R 值变小，这种正值对能量的贡献变大。总势能曲线先经过一个最小值，然后在小的核间距爬升至很大的正值。处于核间距 R_e 的曲线最小值的深度表示为 D_e。最小值越深，原子结合在一起的键越强。势阱的陡度表明键被拉伸或压缩时分子能量是如何快速上升的。因此，曲线的陡度（键的硬度的一个标志）决定着分子的振动频率（节 8.5）。

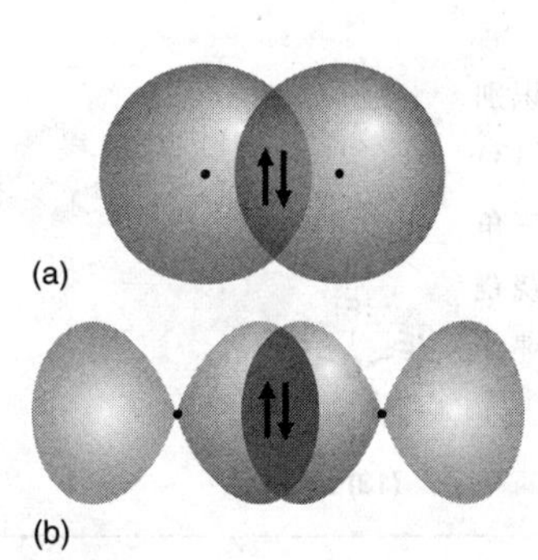

图 2.2 σ 键的形成:(a) s 轨道重叠,(b) p 轨道重叠;σ 键绕核间轴为圆柱形对称

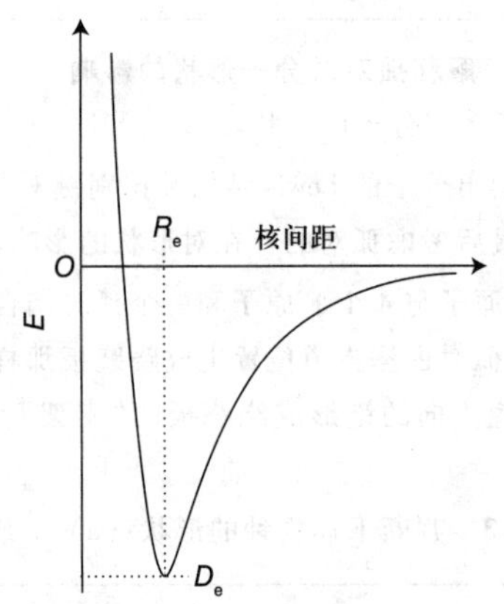

图 2.3 分子的势能曲线

曲线表示分子的总能量如何随核间距而改变

2.5 同核双原子分子

提要:与相邻原子上具有相同对称性的原子轨道上的电子配对形成 σ 和 π 键。

类似的描述可以用到比 H_2 更复杂的分子。首先讨论**同核双原子分子**(homonuclear diatomic molecules),同核双原子分子是指两个原子属于同一种元素的分子(如二氮分子,N_2)。为了构建 N_2 的 VB 理论描述,首先考察每个原子的价电子组态。由节 1.6 可知,N 原子的价电子组态为 $2s^2 2p_z^1 2p_y^1 2p_x^1$。通常采用 z 轴为核间轴,因此可以想象一个原子的 $2p_z$ 轨道指向另一个原子的 $2p_z$ 轨道,$2p_x$ 和 $2p_y$ 轨道垂直于这个轴。两个对向 $2p_z$ 轨道上的两个电子自旋配对形成 σ 键。其空间波函数仍然由方程(2.1)给出,只是此时的 χ_A 和 χ_B 代表两个 $2p_z$ 轨道。识别 σ 键的一个简单方法是设想该键绕核间轴旋转:如果波函数保持不变,该键则被归类为 σ 键。

剩余的 2p 轨道不能结合形成 σ 键,因为它们绕核间轴不具有圆柱状对称性。这些轨道代之结合形成两个 π 键,π 键是由肩并肩靠近的两个 p 轨道上电子的自旋配对形成的(见图 2.4)。π 键之所以这样命名是因为,沿核间轴观察时它很像 p 轨道上的电子对。更精确地说,π 键中的一个电子绕核间轴具有一个单位的轨道角动量。识别 π 键的一种简单方法是设想该键绕核间轴旋转 180°。如果轨道叶瓣的符号(图上用阴影表示)发生互换,该键则被归类为 π 键。

N_2 有两个 π 键,一个由两个相邻 $2p_x$ 轨道上的电子自旋配对形成,另一个由两个相邻 $2p_y$ 轨道上的电子自旋配对形成。因此,N_2 的总成键模式是一个 σ 键加两个 π 键(见图 2.5),与 N≡N 的三键结构相一致。对三键中总电子密度进行的分析表明:电子密度绕核间轴具有圆柱形对称,两个 π 键中的 4 个电子围绕中心 σ 键形成电子密度环。

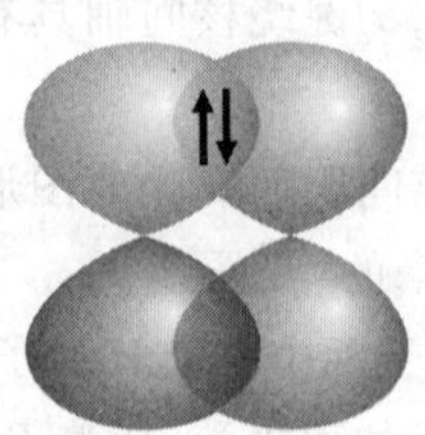

图 2.4 π 键的形成

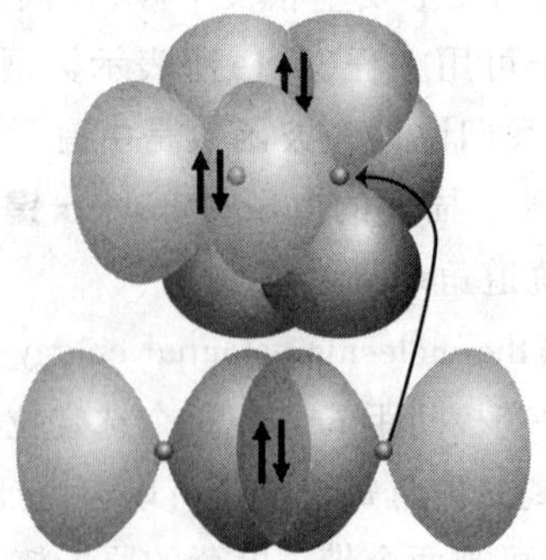

图 2.5 N_2 分子的 VB 描述:两个电子形成 σ 键,另外两对电子形成两个 π 键;在 x 和 y 轴未指明的线性分子中,π 键的电子密度绕核间轴具有圆柱形对称

2.6　多原子分子

提要：多原子分子中的每个 σ 键都由绕相关的核间轴具有圆柱形对称性的任意邻近原子轨道上的电子自旋配对形成；π 键由处在合适对称性的邻近原子轨道上的电子配对形成。

本书通过对 H_2O 分子 VB 理论的描述介绍多原子分子。H 原子的价电子组态为 $1s^1$，O 原子的价电子组态为 $2s^2 2p_z^2 2p_y^1 2p_x^1$。O2p 轨道上的两个未配对电子每个都可与 H1s 轨道上的电子配对，每一组合都形成一个 σ 键（每个键具有绕各自的 O—H 核间轴的圆柱形对称）。由于 $2p_y$ 和 $2p_x$ 轨道互为 90°，因此两个 σ 键也互为 90°（见图 2.6）。因此预测 H_2O 应为角形分子，的确如此。然而理论预言键角应为 90°，但实际却为 104.5°。同样，为了预测 NH_3 分子的结构，首先注意到前面给出的 N 原子的电子组态，三个 H 原子可与半充满的三个 2p 轨道的电子自旋配对成键。三个 2p 轨道彼此互相垂直，因此可预测 NH_3 分子键角为 90°的三角锥体分子。NH_3 分子确实是个三角锥体，但实验测得的键角为 107°。

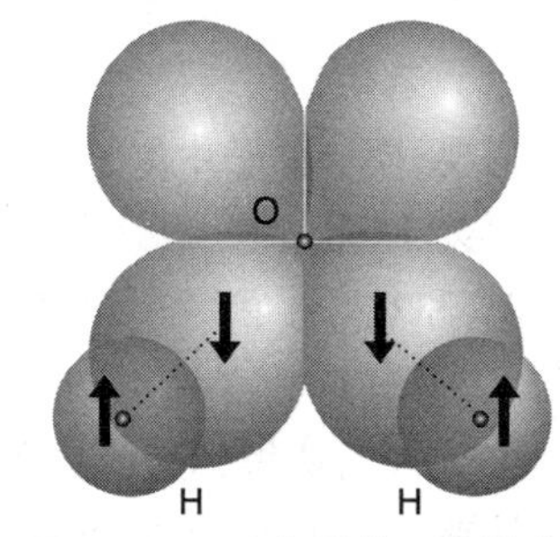

图 2.6　H_2O 分子的 VB 描述：通过 O2p 和 H1s 轨道上的电子配对形成两个 σ 键，该模型预测 H_2O 分子的键角为 90°

VB 理论存在的另一个缺陷是不能解释碳形成四价的能力。人们熟悉碳能形成四个键，如甲烷形成类似于 PCl_4^+（**11**）那样的四面体结构。C 原子的基态电子组态为 $2s^2 2p_z^1 2p_y^1$，这一事实表明 C 原子仅能形成两个键而非四个。

VB 理论的两个缺陷（不能解释键角和碳的化合价）可通过两个新特征的引入得以克服。这两个特征是受激和杂化。

（a）受激

提要：为了得到更多、更强的键和更低的体系能量这样的结果，可能会发生电子的受激。

受激（promotion）是指成键过程中将电子激发到能量更高的轨道。虽然电子受激需要能量方面的投入，但如果因形成更强或数目更多的化学键而获得的能量超过投入的能量，这种投入还是值得的。受激并非原子以某种方式受到激发并形成化学键的"实际"过程：它是对键形成过程中总能量变化的一种贡献。

例如，在碳原子中，人们认为 2s 电子受激至 2p 轨道导致价电子组态变成 $2s^1 2p_z^1 2p_y^1 2p_x^1$，使轨道中存在 4 个未配对电子。这些电子可与四个其他原子在轨道（如果是 CH_4 分子，则为四个 H1s 轨道）中提供的四个电子配对形成四个 σ 键。尽管电子受激需要投入能量，但形成四个键所获得的能量超过了未受激原子形成两个键所获得的能量。因为受激所需的能量非常小，受激和形成四个键是碳和其同族元素（第 14 族，参见第 14 章）的特征：受激电子离开成双占据的 *n*s 轨道进入空着的 *n*p 轨道，因此显著释放了在基态受到的电子-电子排斥力。沿第 14 族向下，电子受激在能量上变得更不利，锡和铅的二价化合物因而更常见（节 9.5）。

（b）超价

提要：超价和八隅体的扩展发生在第二周期以下的元素。

第二周期元素（从 Li 到 Ne）都很好地服从八隅律，但其后各周期的元素却不尽如此。例如，PCl_5 的成键需要 P 原子在其价层有 10 个电子，每个 P—Cl 键需要一对电子（**15**）。同样，SF_6 中如果每个 F 原子通过一对电子与中心 S 原子相键合，S 原子则需要有 12 个电子（**16**）。像上述两个例子那样，Lewis 结构中至少一个原子周围需要存在多于 8 个价电子时叫**超价**（hypervalent）。

(15) PCl_5　　**(16)** SF_6

对超价的一种解释需要求助于低位能级的未满 d 轨道，这种轨道可以容纳更多的电子。根据这一解释，P 原子如果用上未占据电子的 3d 轨道，就可容纳 8 个以上的电子。PCl_5 中有 5 对成键电子，除了价电子层的一个 3s 和三个 3p 轨道（共四个）外，至少一个 3d 轨道被占用。因此，人们将第二周期元素罕见有超价分子的现象归因于不存在 2d 轨道。然而，第二周期罕有超价化合物的真正原因可能是几何因素造成的：小的中心原子周围围绕四个以上的原子有困难，事实上与中心原子有无可用的 d 轨道几乎无关。本章后面关于分子轨道成键理论的讨论中，描述了不求助 d 轨道参与的超价化合物的成键过程。

(c) 杂化

提要：同一原子中原子轨道相互干涉形成杂化轨道；具体的杂化方式对应于每个定域分子的几何构型。

对第 14 族 AB_4 型分子成键作用的描述仍然不完全，因为它似乎暗示存在着一种类型的 3 个 σ 键（形成于χ_B 和χ_{A2p}轨道）和第四个具有明显不同特征的 σ 键（形成于χ_B 和χ_{A2s}轨道），而所有实验证据（键长和键强度）都指向一个结论：四个 A—B 键均等价（如 CH_4 中）。

由于人们认识到受激原子的电子密度分布等价于每个电子占据一个杂化轨道（通过 A2s 和 A2p 轨道的干涉或“混合”而形成）的电子密度，从而克服了这一难题。杂化概念最初之所以获得认可，是由于人们想象四个原子轨道以核为中心发生波动（就像湖面上以一个点扩散开来的涟漪）：这些波纹在不同区域发生相长和相消干涉，从而产生了四个新的形状。

产生四个等价杂化轨道的具体线性组合为

$$h_1 = s+p_x+p_y+p_z \qquad h_2 = s-p_x-p_y+p_z$$
$$h_3 = s-p_x+p_y-p_z \qquad h_4 = s+p_x-p_y-p_z \tag{2.2}$$

作为成分轨道之间相互干涉的结果，每个杂化轨道由指向正四面体一角方向的一个大波瓣和指向相反方向的小波瓣组成（见图 2.7）。杂化轨道轴间夹角的角度是四面体角的角度（109.5°）。由于每个杂化都是由一个 s 轨道和三个 p 轨道构成，因此称为 **sp^3 杂化轨道**（sp^3 hybrid orbital）。

现在不难看出，CH_4 分子的 VB 描述与具有四个等价 C—H 键的四面体一致，每个受激碳原子的杂化轨道含有一个未成对电子；χ_{H1s}的电子可与每个杂化轨道上的未成对电子配对，生成指向四面体顶角的 σ 键。因为每个 sp^3 杂化轨道具有同样的成分，除了空间取向不同而外，四个 σ 键完全相同。

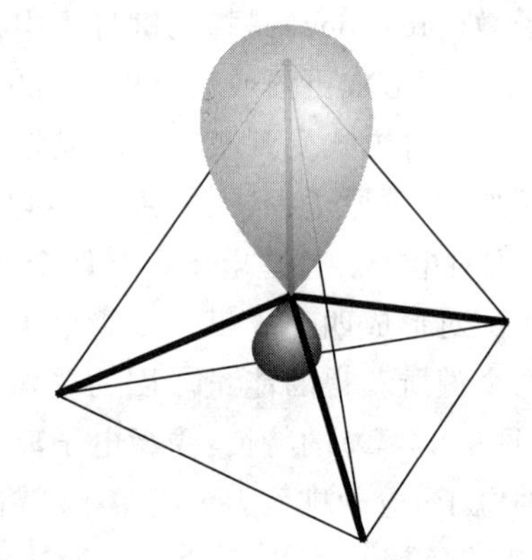

图 2.7 四个等价 sp^3 杂化轨道之一，每个杂化轨道指向正四面体的不同顶点

杂化的另一个特点是，杂化轨道在核间区的振幅有所增强。从这个意义上说，它们具有明显的方向性。这一方向性是由 s 轨道和 p 轨道正波瓣之间的相长干涉产生的。作为核间区振幅增强的结果，键的强度大于单独存在的 s 轨道和 p 轨道。键强度的这种增加是补偿受激能的另一个因素。

不同组成的杂化轨道用来匹配不同的分子几何形状，并为它们提供 VB 描述的基础。例如，sp^2 杂化用于再现平面三角形物种所需的电子布居（如 BF_3 中 B 和 NO_3^- 中的 N）；sp 杂化则再现线形布居。表 2.4 给出了匹配各种不同电子布居的所需要杂化方式（包括了含有 d 轨道的杂化方式），从而解释了节 2.6(b) 中讨论的超价现象。

表 2.4 某些杂化方式

配位数	形状	杂化方式
2	线形	sp, pd, sd
	角形	sd
3	平面三角形	sp^2, p^2d
	非对称平面形	spd

续表

配位数	形状	杂化方式
	三角锥体	pd^2
4	四面体	sp^3，sd^3
	不规则四面体	spd^2，p^3d，pd^3
	四方平面形	p^2d^2，sp^2d
5	三角双锥体	sp^3d，spd^3
	四方锥体	sp^2d^2，sd^4，pd^4，p^3d^2
	五角平面形	p^2d^3
6	八面体	sp^3d^2
	三方棱柱体	spd^4，pd^5
	三方反棱柱体	p^3d^3

分子轨道理论

VB 理论对简单分子的成键提供了合理描述，然而并不能很好地处理多原子分子。**分子轨道(MO)理论**(molecular orbital theory)是更为复杂的成键模式，能够同样成功地用于简单和复杂化合物。在 MO 理论中，我们以一种非常自然的方式将原子的原子轨道描述推广到分子的分子轨道描述，分子轨道描述中电子分布在分子中所有原子上，并将这些原子结合在一起。根据本章确定的目标，我们将继续定性处理一些概念，并为无机化学家提供如何用 MO 理论讨论分子电子结构的意识。几乎所有无机分子和离子的定性讨论和计算都是在 MO 理论的框架下进行的。

2.7　理论简介

首先讨论由相同元素的两个原子形成的同核双原子分子和双原子离子。对同核双原子物种介绍的概念很容易推广到由两种不同元素的两个原子或离子形成的异核双原子分子，也容易推广到多原子分子和由众多原子或离子组成的固体。本节还将讨论分子片：如讨论 SF_6 分子中的 SF 二原子基团或 H_2O_2 分子中 OO 二原子基团，类似概念也适用于较大分子中结合在一起的二原子基团。

(a) 理论近似

提要：分子轨道是由原子轨道的线性组合构筑的；线性组合中系数大的原子轨道上发现电子的概率高；每个分子轨道最多可排布 2 个电子。

像描述原子的电子结构一样也从**轨道近似**(orbital approximation)开始。假定分子中 N_e 个电子的波函数 ψ 可以写为单电子波函数的乘积：$\psi=\psi(1)\psi(2)\cdots\psi(N_e)$。该表达式的解释是，电子 1 用波函数 $\psi(1)$ 描述，电子 2 用波函数 $\psi(2)$ 描述，等等。这些单电子波函数就是本理论中的**分子轨道**(molecular orbital)。像原子一样，单电子波函数的平方给出了分子中那个电子的概率分布：分子轨道中的电子可能在具有大振幅的轨道中被发现，不可能在任何节点位置被发现。

产生下一个近似的动因是人们注意到，电子靠近一个原子的原子核时，其波函数就非常像那个原子的原子轨道。例如，当电子接近分子中 H 原子的原子核时，其波函数就像 H 原子的 1s 轨道。因此可以推测，通过每个有贡献原子的原子轨道相叠加的方法为分子轨道构筑合理的一级近似。用有贡献的原子轨道构筑分子轨道的模式叫**原子轨道线性组合**(linear combination of atomic orbital，缩写为 LCAO)近似法。“线性组合”是指按各种权重系数求和。简单讲，是将有贡献原子的原子轨道结合给出延伸到整个分子的分子轨道。

MO 理论最基本的形式中只有价层原子轨道用于形成分子轨道。因此，H_2 的分子轨道采用分别属于两个氢原子的两个 1s 轨道近似：

$$\psi = c_A \chi_A + c_B \chi_B \tag{2.3}$$

此例中的**基组**(basis set)(即构筑分子轨道的原子轨道χ)由两个 H1s 轨道(一个在原子 A 上，另一个在原子 B 上)组成。该原则也完全适用于更复杂的分子。例如，甲烷分子的基组由碳的 2s 和 2p 轨道与氢的四个 1s 轨道组成。线性组合中的系数 c 表示各原子轨道对分子轨道贡献的程度：c 值越大，原子轨道对分子轨道的贡献越大。为了解释方程(2.3)中的系数，我们需要注意 c_A^2 是轨道χ_A 中发现电子的概率，而 c_B^2 是轨道χ_B 中发现电子的概率。两个原子轨道都对分子轨道有贡献的事实意味着它们之间存在干涉，振幅不是零，概率分布由下式给出：

$$\psi^2 = c_A^2 \chi_A^2 + 2c_A c_B \chi_A \chi_B + c_B^2 \chi_B^2 \tag{2.4}$$

其中，$2c_A c_B \chi_A \chi_B$ 一项代表这种干涉对概率密度的贡献。

由于 H_2 是同核双原子分子，其电子在每个核附近可能同等程度地被发现，因而每个 1s 轨道对生成最低能量的线性组合将具有同等的贡献($c_A^2 = c_B^2$)，从而打开了 $c_A = +c_B$ 或 $c_A = -c_B$ 的可能性，因此忽略归一化条件，这两个分子轨道为

$$\psi_\pm = \chi_A \pm \chi_B \tag{2.5}$$

在 LCAO 中，系数的相对符号对确定轨道能量起着非常重要的作用。正如我们将要看到的那样，它们决定原子轨道伸向同一区域时发生相长干涉或相消干涉，进而导致这些区域中的电子密度是积累还是减少。

预先要注意两点。从这些讨论中知道，两个分子轨道可能是由两个原子轨道构筑的。在适当的时候将会看到下述论点的重要性：N 个分子轨道可由 N 个原子轨道构筑而成。例如，如果我们使用 O_2 分子中每个 O 原子的 4 个价轨道，则 8 个原子轨道可以构筑 8 个分子轨道。此外，像原子中那样，Pauli 不相容原理意味着每个分子轨道最多能为两个电子所占据；如果存在两个电子，则自旋必须配对。因此，由第二周期两个原子构成的双原子分子中有 8 个分子轨道可供占用，最多可容纳 16 个电子。电子填充原子轨道的规则(构造原理和 Hund 规则，节 1.5)在分子轨道中同样适用。

由 N 个原子轨道形成的分子轨道能量采取如下一般模式：一个分子轨道低于原来原子轨道的能级，另一个则高于原来原子轨道的能级，其余的分布在这两个极端之间。

(b) 成键轨道和反键轨道

提要：成键轨道是由邻近原子轨道的相长干涉构筑的；反键轨道是由邻近原子轨道的相消干涉构筑的，就像原子间的节点那样。

轨道 ψ_+是**成键轨道**(bonding orbital)的一个例子。之所以叫作成键轨道是因为，如果轨道被电子所占据，分子的能量低于两个孤立存在的原子的能量。ψ_+的成键特征归因于两个原子轨道之间的相长干涉并导致两核间振幅增大(见图 2.8)。占据 ψ_+的电子在核间的概率增大，大大增强了两核的相互作用。因此轨道重叠(一个轨道伸进另一轨道占据的区域，导致电子在核间概率增大)被看作键强的由来。

轨道 ψ_-是**反键轨道**(antibonding orbital)的一个例子。之所以叫作反键轨道是因为，如果轨道被电子占据，分子的能量高于两个孤立存在原子的能量。这种轨道中电子能量较高是由两个原子轨道之间的相消干涉造成的，两个原子轨道的振幅相互抵消并在两核之间产生一个节面(见图 2.9)。占据 ψ_-的电子很大程度上被排除出核间区，被迫占据能量上不利的位置。一般说来，多原子分子中分子轨道的能级越高，核间拥有的节面数就越多，能量增大反映核间区电子排斥力的增大。值得注意的是，比起与其配对的成键轨道的成键作用来，反键轨道略微具有更强的反键作用：这种不对称性部分源自电子布居的详细情况，部分源自核间排斥力推动整个能级图向上的事实。正如后面将会看到的那样，占据反键轨道的不平衡成本与解释富电子 2p 元素之间形成弱键有特殊关系。

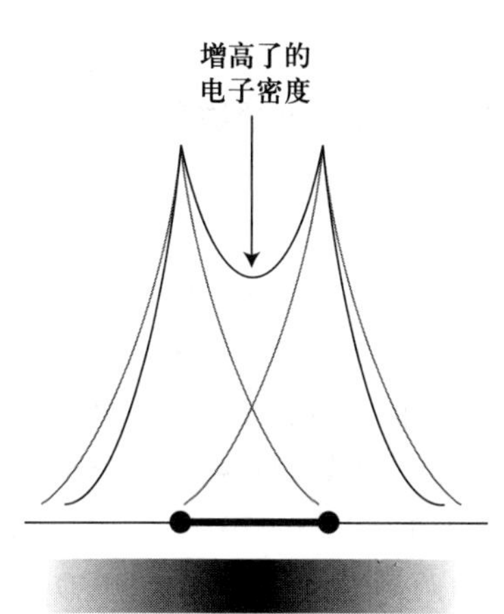

图 2.8　相邻原子的原子轨道发生相长干涉导致核间区域电子密度增高

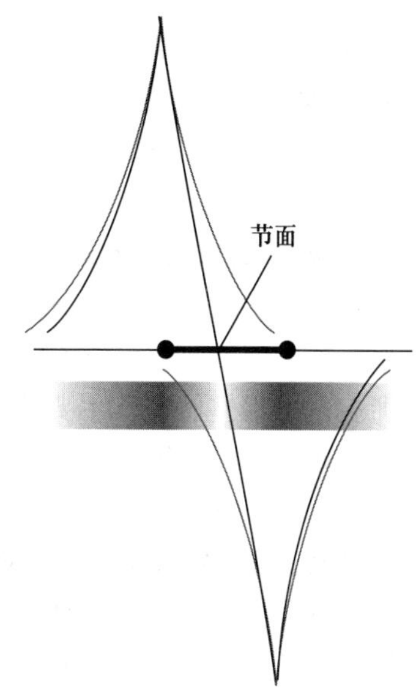

图 2.9　如果发生重叠的轨道具有相反符号，则发生相消干涉
这种干涉导致反键分子轨道中出现节面

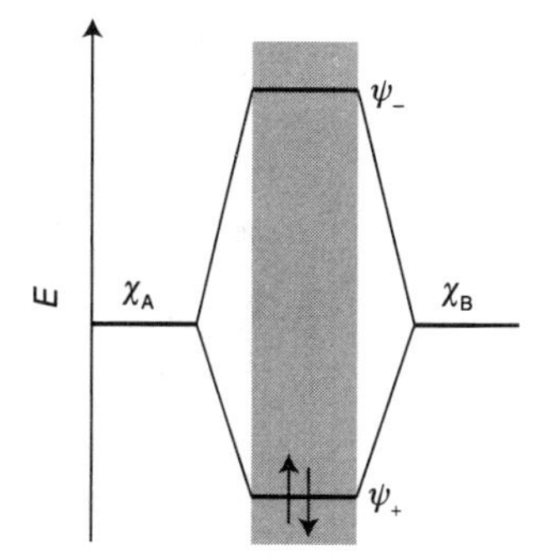

图 2.10*　H_2 和类似分子的分子轨道能级图

图 2.10 给出 H_2 分子中两个分子轨道的能量。它是**分子轨道能级图**(molecular orbital energy-level diagrams)的一个例子，描绘了分子轨道的相对能量。两个电子占据了较低能量的分子轨道。分子轨道之间的能隙大小指的是 H_2 在 11.4 eV(紫外光 109 nm)光谱吸收的观测值，可归因于从成键轨道至反键轨道的电子跃迁。H_2 的解离能为 4.5 eV (434 kJ · mol^{-1})，该值给出了成键轨道相对于孤立原子的位置。

Pauli 不相容原理有两条限制：占据任何分子轨道的电子数目为 2；并要求 2 个电子必须配对(↑↓)。就像 VB 理论一样，在 MO 理论中，不相容原理是键形成时电子配对重要性的根源：在 MO 理论中，能占据轨道的最大电子数是 2，正是这种占据使分子得以稳定。例如，H_2 分子比两个孤立原子具有较低的能量，是因为两个电子占据轨道 ψ_+，两个电子都有助于降低其能量(见图 2.10)。如果成键轨道只有一个电子，可以预料会形成一个较弱的键。H_2^+ 是个瞬态的气态离子，其解离能为 2.6 eV(250.8 kJ · mol^{-1})。比起 2 电子占据的物种来，3 电子物种(如 H_2^-)也不太稳定。这是因为第三个电子必须占据反键轨道 ψ_-，因而降低了分子的稳定性。对 4 电子体系而言，ψ_-上两个电子的反键效果抵消了 ψ_+上两个电子的成键效果，因而不存在净键合作用。这就是说，对于只有 1s 轨道参与成键的 4 电子分子(如 He_2)而言，不能指望它稳定而不解离为形成分子的原子。

迄今已经讨论了产生分子轨道的原子轨道的相互作用，这些分子轨道的能量低于(成键)和高于(反键)孤立原子的能量。此外，也可能产生与初始原子轨道能量相同的分子轨道。在这种情况下，占据此轨道的电子既不能使分子更稳定，也不能使分子去稳定，因而叫**非键轨道**(nonbonding orbital)。通常情况下，非键轨道是由一个原子的一个轨道形成的分子轨道。这可能是因为对它而言，邻近原子轨道没有恰当的对称性而与其重叠。

2.8　同核双原子分子

虽然双原子分子的结构可用商业软件毫不费力地计算出来，但任何这种计算的有效性在某些重要之处必须通过实验数据来验证。而且，对分子结构的阐述往往是在实验信息的基础上通过绘制实现的。电子结构最直接的图像之一是由紫外光电子能谱(UPS,节 8.9)获得的。在这种方法中,电子从分子中占据着的轨道射出,其能量接着被测定。因为光电子能谱的峰对应于从分子不同轨道上射出的光电子的动能,所以谱图能够给出分子轨道能级图的具体图像(见图 2.11)。

(a) 轨道

提要:分子轨道根据绕核间轴的旋转对称性分为 σ、π 或 δ 轨道;对中心对称的物种而言,根据其反演对称性分为 g 或 u。

本书的任务是要弄明白如何用分子轨道理论阐明由光电子能谱和用于研究双原子分子的其他技术(如吸收光谱)所揭示的那些特征。主要关注外层价轨道而不是芯层轨道。像讨论 H_2 分子那样,这里也将**最小基组**(minimal basis set)作为理论讨论的出发点,最小基组是用以构成实用分子轨道的、最小的一组原子轨道。对第二周期双原子分子而言,最小基组由每个原子的 1 个 s 价轨道和 3 个 p 价轨道组成,总共形成了 8 个原子轨道。现在需要知道的是如何用最小基组的 8 个价层原子轨道(来自每个原子的 1 条 s 和 3 条 p)构筑 8 个分子轨道。然后用 Pauli 原理预测分子的基态电子组态。

用于形成基组的原子轨道的能量示于图 2.12 分子轨道能级图的两侧,该能级图适用于 O_2 和 F_2。绕两核连线呈圆柱形对称的两个原子轨道重叠形成 **σ 轨道**(σ orbital),如前面说过的那样,该核间轴按照传统标记为 z。符号 σ 表示轨道为圆柱形对称;能够形成 σ 分子轨道的原子轨道包括两个原子上的 2s 和 $2p_z$ 轨道(见图 2.13)。从 4 个圆柱形对称的轨道(A 原子的 2s 和 $2p_z$ 轨道和 B 原子相应的轨道)可以构筑 4 个 σ 分子轨道,其中两个主要来自 2s 轨道的相互作用,另外两个主要来自 $2p_z$ 轨道的相互作用。这些分子轨道分别标记为 $1\sigma_g$,$1\sigma_u$,$2\sigma_g$ 和 $2\sigma_u$。

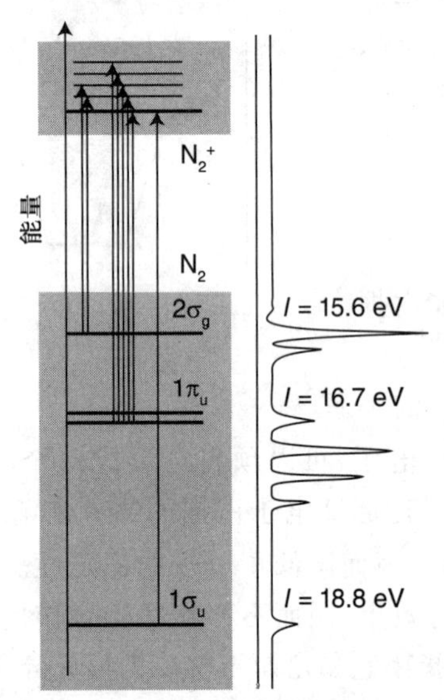

图 2.11　N_2 的紫外光电子能谱:图上的精细结构产生于光子照射过程中生成的正离子的振动激发

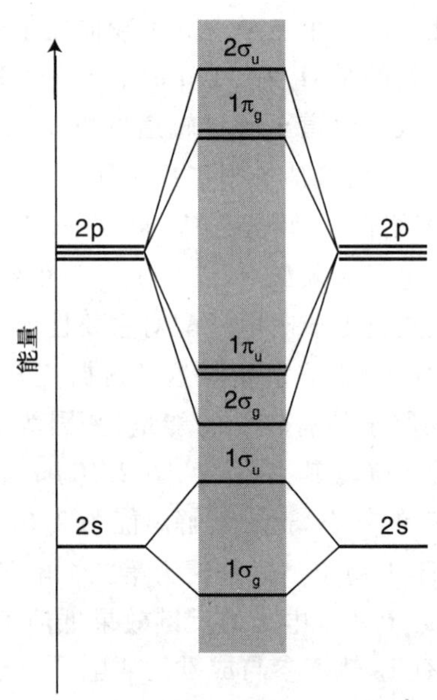

图 2.12*　后第二周期同核双原子分子的分子轨道能级图

该图适用于 O_2 和 F_2

每个原子上余下的两个 2p 轨道(它们具有包含 z 轴的节面)发生重叠形成 **π 轨道**(π orbital),见图 2.14。两个 $2p_x$ 轨道相互重叠形成成键和反键 π 轨道,两个 $2p_y$ 轨道相互重叠也得到同样结果。这种重叠模式产生如图 2.12 所示的两对二重简并能级(相同能量的两个能级),标记为 $1\pi_u$ 和 $1\pi_g$。

对同核双原子分子而言,标出分子轨道相对于分子对称中心的反演对称性有时是非常有用的(尤其是对光谱讨论而言)。反演操作是指从分子中的任一点出发画一条通向分子中心的直线,然后将该直线延伸至分子中心另一侧与中心等距离的另一点。此过程由图 2.15 和图 2.16 的箭头指示。反演操作后符号不发生变化的轨道标记为 g(gerade,偶);符号发生变化的轨道则标记为 u(ungerade,奇)。因此,成键 σ 轨道是 g,而反键 σ 轨道是 u(见图 2.15)。另一方面,成键 π 轨道是 u,而反键 π 轨道为 g(见图 2.16)。注意,σ 轨道应与 π 轨道分开而单独编号。

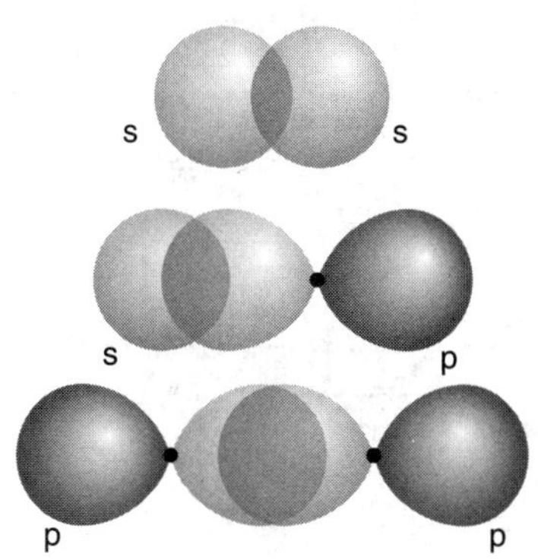

图 2.13　几种方式能够形成键,包括 s,s 重叠、s,p 重叠和 p,p 重叠,p 轨道沿着核间轴的方向

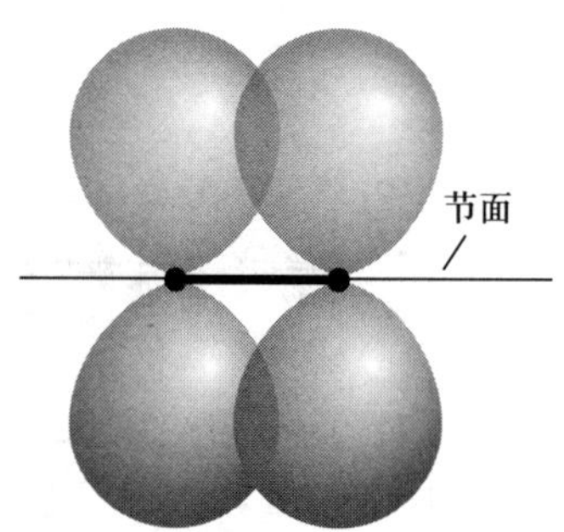

图 2.14　两个 p 轨道重叠形成 π 轨道
该轨道有包括核间轴在内的一个节面

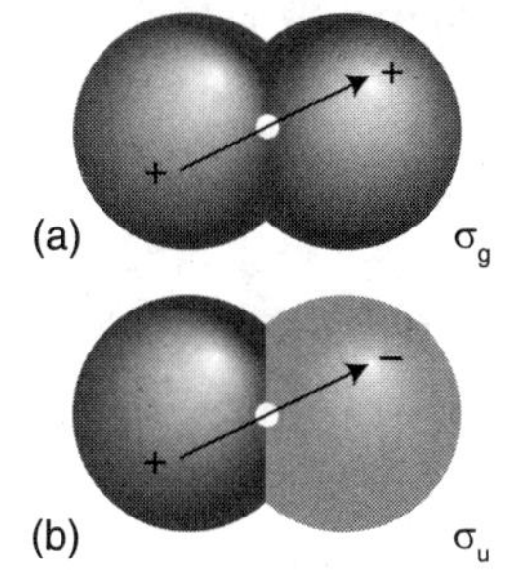

图 2.15　成键(a)和反键(b)σ 轨道相互作用,箭头表示反演

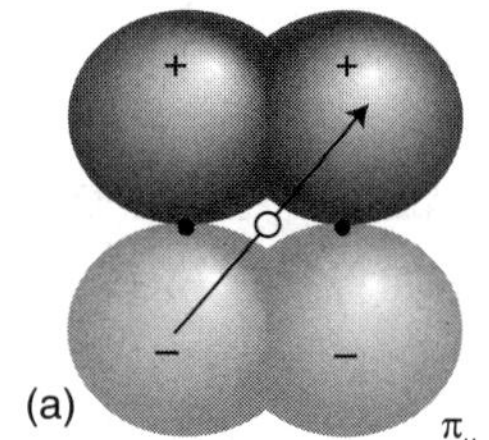

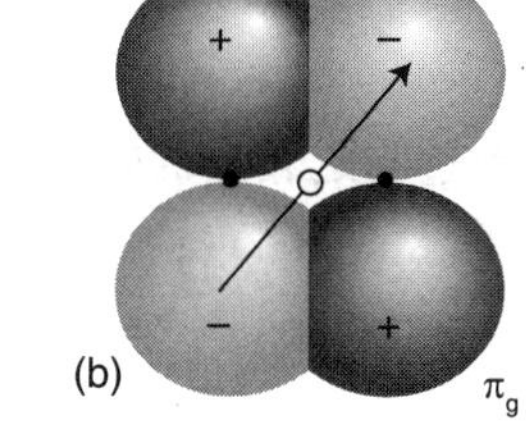

图 2.16　成键(a)和反键(b)π 轨道相互作用,箭头表示反演

上述程序可归纳如下:

1. 以每个原子的 4 个原子轨道为基组,构筑 8 个分子轨道;

2. 8 个分子轨道中的 4 个是 σ 轨道,4 个是 π 轨道;

3. 4 个 σ 轨道的能量跨度很大,1 个是强成键轨道,1 个是强反键轨道,另外两个轨道的能级处于上述两种极端之间;

4. 4 个 π 轨道形成一对二重简并的成键轨道和一对二重简并的反键轨道。

为了确定能级的实际位置,必须使用电子吸收光谱、光电子能谱或进行详细的计算。

光电子能谱和详细计算(分子 Schrödinger 方程的数值解)使我们能够构筑如图 2.17 所示的轨道能级图。正如图上看到的那样,从 Li_2 到 N_2 轨道的排布如图 2.18 所示;但对 O_2 和 F_2 而言,$2\sigma_g$ 和 $1\pi_u$ 轨道的顺序颠倒了过来(见图 2.12)。能级顺序颠倒的现象与第二周期右部元素 2s 和 2p 轨道能差加大有关。量子力学的一般原则是,能量接近的波函数之间混合程度最强;如果它们的能量差超过约 1 eV,混合就不再重要。s、p 轨道能差小时,每个 σ 分子轨道是每个原子 s 和 p 轨道的混合。随着 s 和 p 轨道能差的增大,分子轨道越来越像纯 s 或纯 p 轨道。

讨论含两个相邻的 d 区原子的物种(如 Hg_2^{2+} 和 $[Cl_4ReReCl_4]^{2-}$)时还应考虑 d 轨道成键的可能性。d_{z^2}轨道相对于核间轴(z)呈圆柱形对称,因此对 s 和 p_z 轨道形成的 σ 轨道有贡献。d_{yz}和 d_{zx}轨道沿键轴看上去很像 p 轨道,因此对由 p_x 和 p_y 形成的 π 轨道有贡献。新特征是 $d_{x^2-y^2}$和 d_{xy}所起的作用,讨论到现在

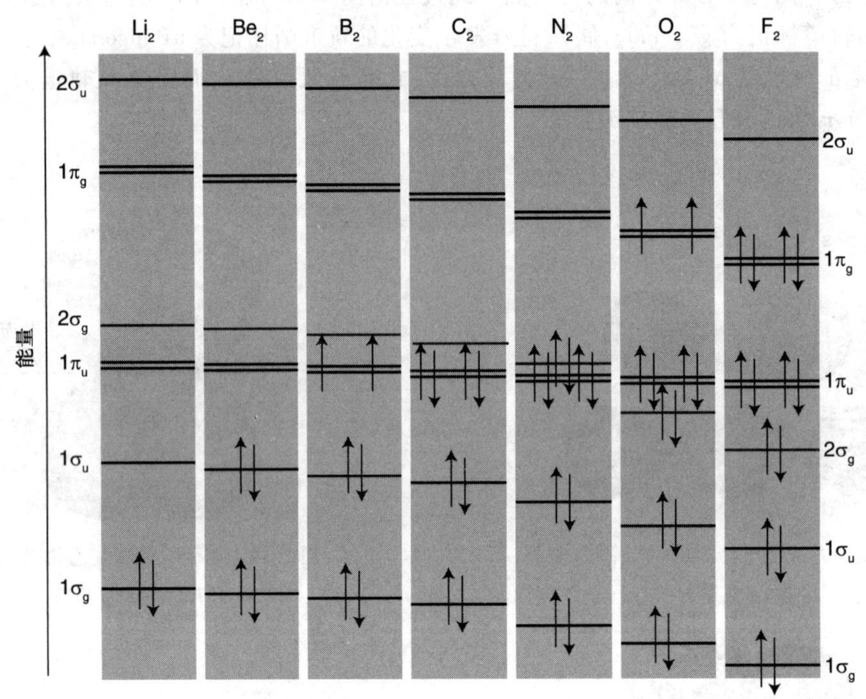

图 2.17　第二周期同核双原子分子从 Li_2 到 F_2 轨道能量的变化

还未遇到过与之相应的轨道。该二轨道可与其他原子上相匹配的轨道重叠形成一组二重简并的成键和反键 **δ 轨道**(δ orbital),见图 2.19。正如将要在第 19 章看到的那样,δ 轨道在讨论 d 金属络合物和金属有机化合物中 d 金属原子之间的化学键时很重要。

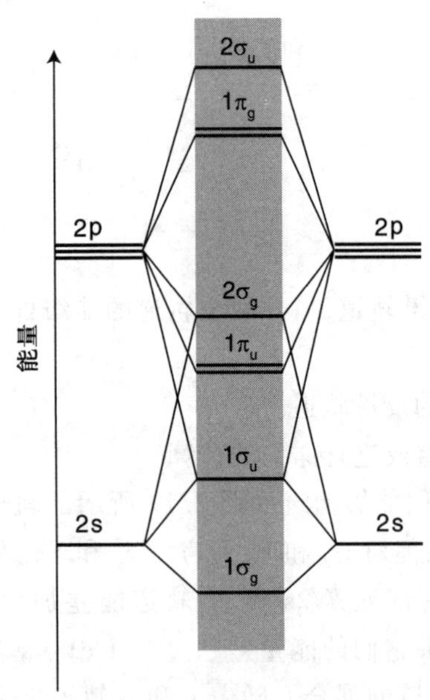

图 2.18　第二周期同核双原子分子从 Li_2 到 N_2 轨道能级图

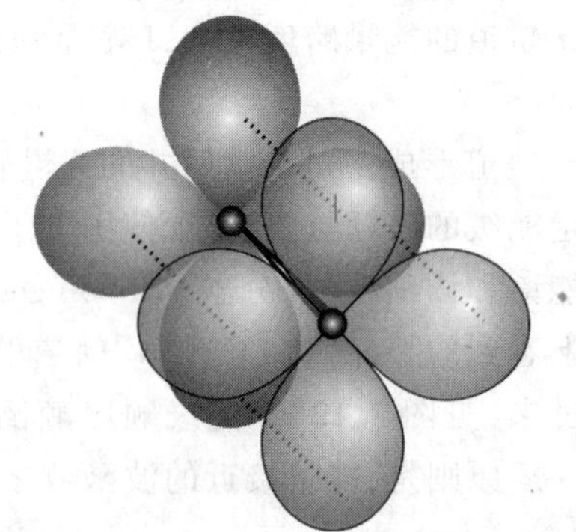

图 2.19　d 轨道重叠形成 δ 轨道:轨道具有两个相互垂直的节面,其交线为分子的核间轴

(b) 用于分子的构造原理

提要:构造原理用来预测基态电子的排布,排布操作是在图 2.12 或图 2.18 所示的分子轨道序列中进

行的,并要服从 Pauli 原理的限制。

与讨论原子时使用的方法一样,这里结合轨道能级图讨论分子的构造原理。像图 2.12 或图 2.18 中描述的那样,占据轨道的顺序是能量递增的顺序。每个轨道最多可容纳两个电子。如果有一个以上的轨道可供占据(因为轨道碰巧具有相同的能量,如存在成对 π 轨道),则要被分别占据。在这种情况下,半满轨道中的电子自旋要平行(↑↑),一个轨道只排布一个电子,正如原子那里 Hund 规则所要求的那样[节 1.5(a)]。除了极少数例外,这些规则可导出第二周期双原子分子实际的基态组态。例如,N_2(10 价电子)的电子组态是

$$N_2:\ 1\sigma_g^2 1\sigma_u^2 1\pi_u^4 2\sigma_g^2$$

分子轨道组态的写法也像原子轨道组态一样:将轨道按能量递增的顺序列出,每个轨道上电子的数量用上标标明。需要注意的是,π^4 是两个不同 π 轨道完全被占据时的简写。

例题 2.4 写出双原子分子的电子组态

题目:写出氧分子(O_2)超氧离子(O_2^-)和过氧离子(O_2^{2-})的基态电子组态。

答案:首先需要确定价电子数,然后根据构造原理将电子布居在分子轨道上。O_2 有 12 个价电子。填入前 10 个价电子得到类似于 N_2 的组态,只是 $1\pi_u$ 和 $2\sigma_g$ 轨道的顺序要颠倒(见图 2.17)。下一个应该占据的轨道是二重简并的 $1\pi_g$ 轨道。最后两个电子以自旋平行的方式分占此二轨道,因此组态是

$$O_2:\ 1\sigma_g^2 1\sigma_u^2 2\sigma_g^2 1\pi_u^4 1\pi_g^2$$

O_2 是个有趣的分子,基态组态含有 2 个处于不同 π 轨道上的未成对电子。因此具有顺磁性(被磁场吸引的趋势)。$1\pi_g$ 轨道还可以容纳两个电子,形成

$$O_2^-:1\sigma_g^2 1\sigma_u^2 2\sigma_g^2 1\pi_u^4 1\pi_g^3$$

$$O_2^{2-}:\ 1\sigma_g^2 1\sigma_u^2 2\sigma_g^2 1\pi_u^4 1\pi_g^4$$

这里假定轨道顺序仍然按图 2.17 所示,实际情况可能不是这样。

自测题 2.4 (a) 确定 O_2、O_2^- 和 O_2^{2-} 的未成对电子数,(b) 写出 S_2^{2-} 和 Cl_2^{2-} 的价电子组态。

最高占有分子轨道(hightest occupied molecular orbital, HOMO)是按照构造原理最后被占据的分子轨道。**最低未占分子轨道**(lowest unoccupied molecular orbital, LUMO)是紧随其后能量更高的分子轨道。在图 2.17 中,F_2 的 HOMO 是 $1\pi_g$,LUMO 是 $2\sigma_u$;N_2 的 HOMO 是 $2\sigma_g$,LUMO 是 $1\pi_g$。我们将会越来越多地看到这些**前线轨道**(frontier orbitals,即 LUMO 和 HOMO)在解释结构和动力学研究中发挥的特殊作用。有时还会遇到**单占分子轨道**(singly occupied molecular orbital, SOMO)这一术语,单占分子轨道对自由基物种的性质至关重要。

2.9 异核双原子分子

异核双原子分子的分子轨道不同于同核双原子分子的分子轨道,这是因为每个原子轨道对分子轨道的贡献不同。每个分子轨道的形式为

$$\psi = c_A \chi_A + c_B \chi_B + \cdots \tag{2.6}$$

未写出的轨道包括对形成 σ 或 π 键对称性匹配的所有其他轨道,但它们的贡献较我们考察的这两个轨道小得多。与同核物种轨道不同的是,系数 c_A 和 c_B 的大小不一定相等。如果 $c_A^2>c_B^2$,轨道主要成分是 χ_A,占据轨道的电子在原子 A 附近较在原子 B 附近出现的概率大。$c_A^2<c_B^2$ 时情况恰好相反。异核双原子分子中电负性较大的元素对成键轨道的贡献更大,电负性较小的元素对反键轨道的贡献更大。

(a) 异核分子轨道

提要:异核双原子分子具有极性;成键电子倾向于出现在电负性较大的原子附近,而反键电子倾向于出现在电负性较小的原子附近。

对成键分子轨道的较大贡献通常来自电负性较大的原子:成键电子在该原子附近出现的概率更大些,因而此处是能量上有利的区域。极性共价键的极端情况是形成离子键,前者的电子对不同程度地为两个原子所共有,后者的电子对由一个原子完全控制。电负性较小的原子通常对反键轨道贡献更大(见图 2.20);也就是说,反键电子更多地出现在能量上不利的、靠近低电负性原子的区域。

同核和异核双原子分子轨道之间的第二个不同是由后者中两组原子轨道之间能量不匹配造成的。我们已经指出两个波函数的相互作用随着能差的增大而迅速减小。对能量不同的依赖性意味着,异核分子中由不同的原子轨道重叠引起的能量降低不像同核分子中由相同能级轨道重叠引起的能级下降那样显著。然而不能得出结论:A—B 键弱于 A—A 键。这是因为其他因素(包括轨道大小和接近的程度)也很重要。例如,异核的 CO 分子(N_2 的等电子化合物)的键焓(1 070 $kJ \cdot mol^{-1}$)大于 N_2 分子的键焓(946 $kJ \cdot mol^{-1}$)。

(b) 氟化氢

提要:氟化氢中的成键轨道较为集中在 F 原子上,而反键轨道较为集中在 H 原子上。

作为一般性的例子,这里介绍一个简单的异核双原子分子 HF。可用于形成分子轨道的 5 个价轨道是 H 的 1s 轨道和 F 的 2s 和 2p 轨道;8(1+7)个价电子填充在由 5 个基轨道构筑的 5 个分子轨道中。

HF 的 σ 轨道由 H1s 轨道与 F2s 和 F2p_z 轨道(z 是核间轴)重叠构成。三个原子轨道组合得到 $\psi = c_1\chi_{H1s}+c_2\chi_{F2s}+c_3\chi_{F2p}$ 的三个 σ 分子轨道。此组合过程留下未受影响的 F2p_x 和 F2p_y 轨道,因为它们具有 H 原子轨道所没有的 π 对称性。因此,这些 π 轨道是前面提到的非键轨道的例子,是局限于单个原子的分子轨道。需要提醒的是,因为异核双原子分子没有反演中心,故不用 g 和 u 分类分子轨道。

图 2.21 示出得到的能级图。1σ 成键轨道主要具有 F2s 轨道的性质,这是因为它与 H1s 轨道之间的能差太大。因此它主要局限在 F 原子上,基本上是非键性质的轨道。2σ 轨道比 1σ 轨道成键性质更强,具有 H1s 和 F2p 两种轨道的性质。3σ 轨道是反键轨道,主要具有 H1s 轨道的特征:1s 轨道与 F 轨道相比具有相对较高的能量,因而主要贡献于高能级的反键分子轨道。

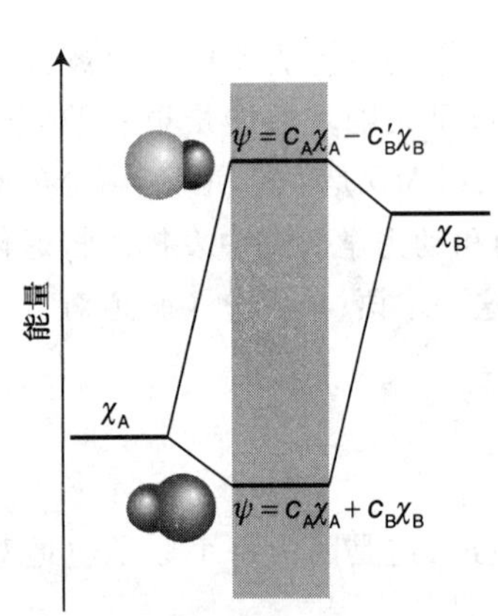

图 2.20　不同能量的两个原子轨道相作用而产生的分子轨道能级图:能量较低的分子轨道主要由能量较低的原子轨道组成,反之亦然、能级能量的位移小于原子轨道具有相同能量时造成的位移

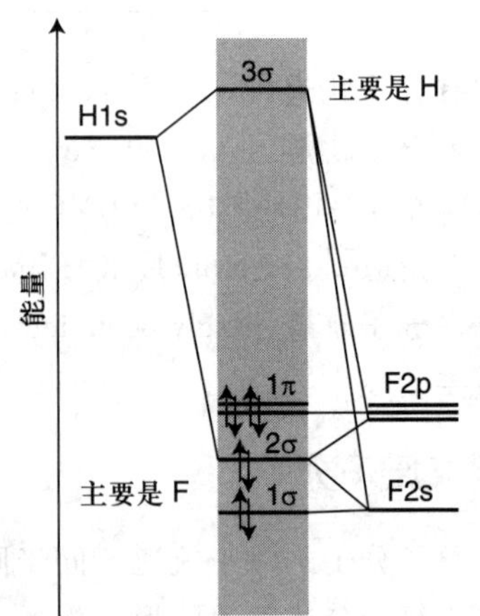

图 2.21* 　HF 的分子轨道能级图:原子轨道的相对位置反映了原子的电离能

8 个价电子中的 2 个进入 2σ 轨道形成两个原子间的键。6 个进入 1σ 和 1π 轨道;此二轨道基本上是非键轨道,并主要局限于 F 原子上。这与 F 原子的三个孤对电子的传统模型相一致。所有的电子现在已经被排布,所以 HF 分子的组态是 $1\sigma^2 2\sigma^2 1\pi^4$。需要注意的一个重要特征是,所有电子占据主要属于 F 原子的轨道。不难预料 HF 是极性分子,F 原子带有部分负电荷,正如实验所发现的那样。

(c) 一氧化碳

提要：一氧化碳分子的 HOMO 是主要定域于 C 原子的、几乎是非键性质的 σ 轨道；LUMO 是反键 π 轨道。

比起 HF 来，一氧化碳分子轨道能级图是个有点复杂的例子，因为参与形成 σ 和 π 轨道的是两个原子的 2s 和 2p 轨道。能级图示于图 2.22 中。其基态组态是

$$CO: 1\sigma^2 2\sigma^2 1\pi^4 3\sigma^2$$

1σ 轨道主要定域在 O 原子上，因此本质上是非键或弱成键轨道。2σ 轨道是成键轨道。1π 轨道是二重简并的一对 π 成键轨道，主要具有 C2p 轨道的性质。CO 的 HOMO 轨道是 3σ 轨道，主要具有 $C2p_z$ 轨道的性质，基本上是非键轨道，并定域于 C 原子。LUMO 是二重简并的一对反键 π 轨道，主要具有 C2p 轨道的性质（见图 2.23）。前线轨道的这种组合方式（基本定域于 C 的全充满 σ 轨道和一对空的 π 轨道）是 d 区元素容易形成金属羰基化合物的原因之一。在叫作 d 金属羰基化合物中，CO 的 HOMO 孤对轨道参与形成 σ 键，而 LUMO 反键 π 轨道参与与金属原子形成的 π 键（第 22 章）。

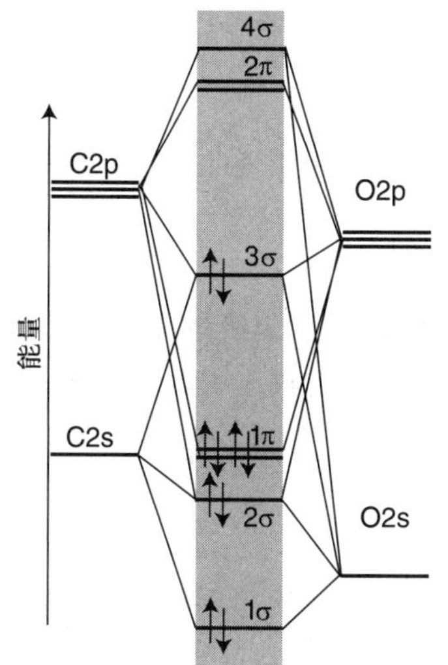

图 2.22* CO 的分子轨道能级图

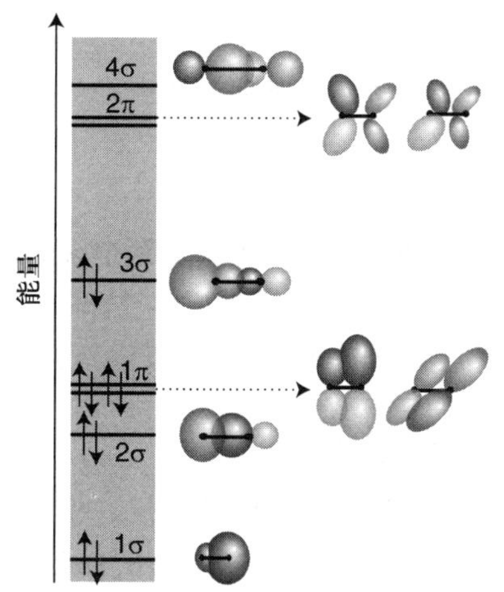

图 2.23 CO 的分子轨道示意图，用原子轨道的大小表示其对分子轨道贡献的大小

虽然 C 和 O 之间的电负性差较大，但 CO 分子电偶极矩的实验值却很小（0.1 D，D 是电偶极矩的单位“德拜”）。此外，尽管 C 的电负性较小，偶极的负端却在 C 原子上。产生这种奇怪状况的原因是孤对电子和键对电子复杂的分配关系。如果因为键对电子主要集中在 O 原子一侧而推断 O 必然是偶极的负端，那就错了。因为这种推断忽略了 C 原子上孤对电子的平衡效应。当反键轨道被占时，根据电负性推断极性特别不可靠。

例题 2.5　解释异核双原子分子的结构

题目： 卤素原子间形成卤素互化物，如氯化碘（ICl）。计算表明 ICl 的轨道顺序是 1σ，2σ，1π，3σ，2π，4σ。其基态电子组态是什么？

答案： 首先需要确定用于构筑分子轨道的原子轨道：它们是 Cl 原子的 Cl3s 和 Cl3p 价轨道和 I 原子的 I5s 和 I5p 价轨道。与第二周期元素类似，σ 和 π 轨道的构筑如图 2.24 中所示。成键轨道主要具有 Cl 的特征（因为 Cl 是电负性更大的元素），而反键轨道主要具有 I 的特征。共有 14（7+7）个价电子待填充，ICl 的基态电子组态为 $1\sigma^2 2\sigma^2 1\pi^4 3\sigma^2 2\pi^4$。

自测题 2.5　判断次氯酸根离子 ClO^- 的基态电子组态。

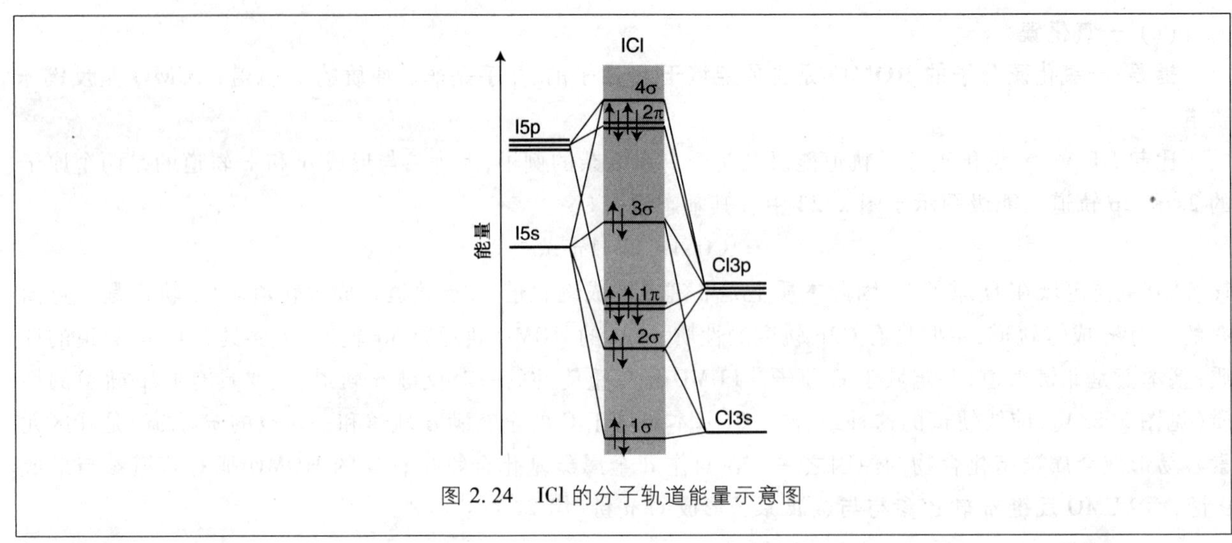

图 2.24　ICl 的分子轨道能量示意图

2.10　键的性质

前面已经看到电子对重要性的由来：能够占据成键轨道的最大电子数为 2，并因此形成化学键。下面引入“键级”以扩充这个概念。

(a) 键级

提要：键级给出分子轨道形式中两个原子之间键的净数量；给定的一对原子间的键级越大，键强度就越大。

键级(bond order)的符号为 b，它是作为两原子间“键”的共用电子对和反键轨道中两原子间“反键”电子对的计数。更为准确地说，键级被定义为

$$b=\frac{1}{2}(n-n^{*}) \tag{2.7}$$

式中，n 是成键轨道的电子数，n^{*} 是反键轨道的电子数。计算键级时不考虑非键轨道的电子数。

例如，二氟分子(F_2)的组态为 $1\sigma_g^2 1\sigma_u^2 2\sigma_g^2 1\pi_u^4 1\pi_g^4$，由于 $1\sigma_g$、$1\pi_u$ 和 $2\sigma_g$ 轨道是成键轨道而 $1\sigma_u$ 和 $1\pi_g$ 是反键轨道，所以 F_2 的键级是 1[$b=1/2(2+2+4-2-4)$]。这与传统的 F—F 结构相一致，传统上将 F_2 分子描述为含一个单键。又如，二氮分子(N_2)的组态为 $1\sigma_g^2 1\sigma_u^2 1\pi_u^4 2\sigma_g^2$ 和键级为 3[$b=1/2(2+2+4-2)$]。键级 3 对应一个三重键合的分子，与传统的 N≡N 结构相一致。N_2 的高键级反映在分子的高键焓上(946 kJ · mol^{-1})。它是所有分子中键焓最高的一个。

等电子分子和离子具有相同的键级，所以 F_2 和 O_2^{2-} 的键级都为 1。一氧化碳分子(N_2 的等电子体)的键级为 3，类似的结构为 C≡O。然而，评估键级的这种方法是原始的，特别是对异核化合物而言。例如，检查计算出来的分子轨道表明，基本上定域在 O 和 C 上的 1σ 和 3σ 最好被视为非键轨道，因此应该在计算 b 时不予考虑。计算方法改变后得到的键级保持不变。经验告诉我们，键级的定义给键的多重性提供了一个有用的指标，但对 b 值做出贡献的任何解释都需要遵循计算所得轨道的组分。

键级的定义考虑到了电子单占轨道的可能性。例如，O^{2-} 的键级为 1.5，因为三个电子占据了 $1\pi_g$ 反键轨道。N_2 失去电子形成瞬态物种 N_2^+，其键级从 3 降至 2.5。键级的这种减少伴随着键强度的相应下降(从 946 kJ · mol^{-1}降至 855 kJ · mol^{-1})，并伴随着键长从 N_2 的 109 pm 增至 N_2^+ 的 112 pm。

例题 2.6　确定键级

题目：确定氧分子(O_2)、超氧离子(O_2^-)和过氧离子(O_2^{2-})的键级。

答案：首先确定价电子数，将它们布居在分子轨道上，然后根据公式(2.7)计算 b。O_2、O_2^-、O_2^{2-} 分别有 12、13、14 个价

电子。它们的组态是

$$O_2:1\sigma_g^2 1\sigma_u^2 2\sigma_g^2 1\pi_u^4 1\pi_g^2$$

$$O_2^-:1\sigma_g^2 1\sigma_u^2 2\sigma_g^2 1\pi_u^4 1\pi_g^3$$

$$O_2^{2-}:1\sigma_g^2 1\sigma_u^2 2\sigma_g^2 1\pi_u^4 1\pi_g^4$$

$1\sigma_g$、$1\pi_u$、$2\sigma_g$ 是成键轨道，$1\sigma_u$、$1\pi_g$ 是反键轨道，因此键级是

$$O_2: b=1/2(2+2-2+4-2)=2$$

$$O_2^-: b=1/2(2+2-2+4-3)=1.5$$

$$O_2^{2-}: b=1/2(2+2-2+4-4)=1$$

自测题 2.6　判断碳阴离子 C_2^{2-} 的键级。

(b) 键性质的相关性

提要：对给定的一对元素而言，随着键级的增加，键强增加而键长减小。

键强与键长之间及它们二者与键级之间都具有很好的相关性。对给定的一对原子而言：

键焓随键级的增加而增加；

键长随键级的增加而缩短。

这些趋势表示于图 2.25 和图 2.26 中。键强随元素而变化。在第二周期中，碳碳键的相关性相对较弱，其结果是 C ═C 双键的强度小于 C—C 单键强度的 2 倍。这种差异在有机化学中产生显著的结果，特别是对不饱和有机化合物的反应而言。例如，这一事实暗示，乙烯和乙炔聚合在能量上是有利的（但无催化剂存在的情况下反应慢）：在这一过程中，消耗了适当数量的重键后形成了 C—C 单键。

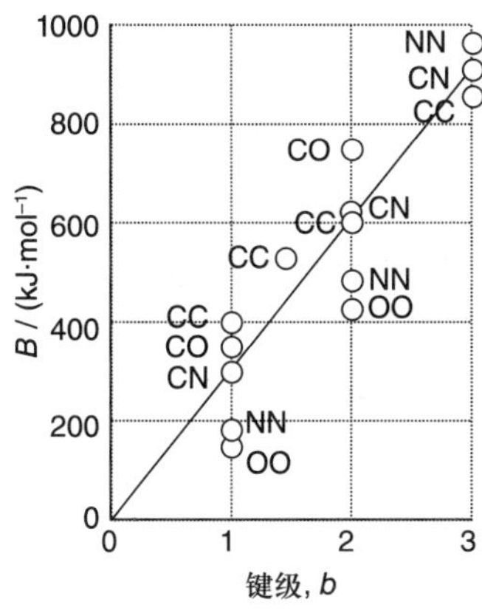

图 2.25　键焓（B）和键级之间的关系

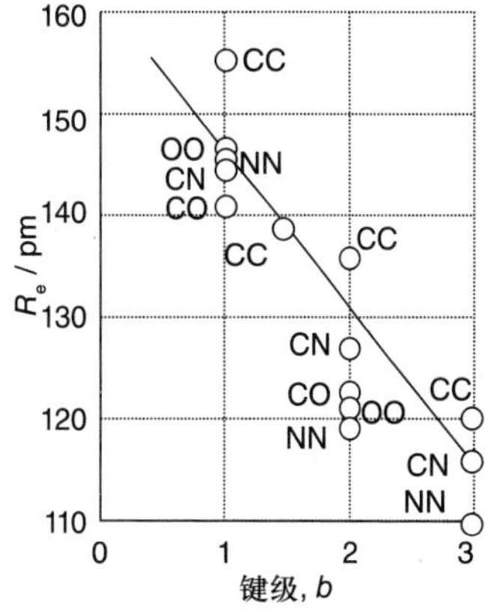

图 2.26　键长和键级之间的关系

然而，绝不能将人们熟悉的碳的性质轻率地外推至其他元素的化学键。N ═N 双键（409 kJ · mol^{-1}）的强度高于 N—N 单键（163 kJ · mol^{-1}）的 2 倍，而 N≡N 三键（946 kJ · mol^{-1}）比 5 倍 N—N 单键的强度还要强。基于这种趋势，具有氮氮重键的化合物比仅具有单键的聚合物或三维化合物更稳定。磷却不是如此，P—P、P ═P 和 P≡P 键的键焓分别为 200 kJ · mol^{-1}、310 kJ · mol^{-1}和 490 kJ · mol^{-1}。对磷而言，单键比键数目相同的重键更稳定。因此磷以 P—P 单键形式存在于各种固体中，包括白磷的正四面体 P_4 分子。二磷分子（P_2）是高温和低压下产生的瞬态物种。

结合键级的这两个相关性可知，对给定的一对元素而言，*键焓随着键长的减小而增加*。

这种相关性示于图 2.27 中：讨论分子稳定性时牢记这一特点将非常有用，因为键长数据不难从各种相互独立的资料中得到。

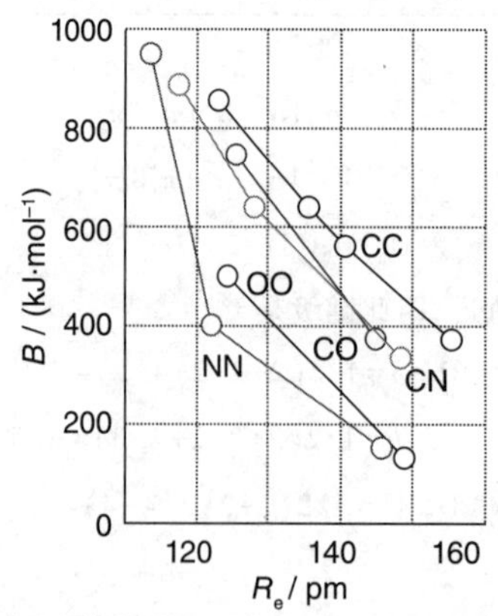

图 2.27 键焓(B)和键长之间的关系

例题 2.7 预测键级、键长、键强之间的关系

题目:用例题 2.6 中算得的氧分子(O_2)、超氧离子(O_2^-)和过氧离子(O_2^{2-})的键级预测键长和键强之间的关系。

答案:需要记住:键焓随着键级的递增而增加。O_2,O_2^-,O_2^{2-} 的键级分别为 2,1.5 和 1。因此可以预测键焓递增的顺序是 $O_2^{2-}<O_2^-<O_2$。由于键长随键焓的增加而减小,因此键长应遵循相反的趋势:$O_2^{2-}>O_2^->O_2$。这些预测得到支持:气相 O—O 键键焓和 O═O 键键焓分别为 146 kJ · mol^{-1} 和 496 kJ · mol^{-1},对应的键长分别为 132 pm 和 121 pm。

自测题 2.7 预测 C—N、C═N 和 C≡N 键键焓和键长的顺序。

2.11 多原子分子

分子轨道理论以前后一致的方式讨论三原子分子、有限原子团和固体中几乎无限排列原子的电子结构。每种情况下的分子轨道都类似于双原子分子的轨道,唯一重要的区别是轨道是由更多的原子轨道基组构筑的。正如前面所说,需要记住的一个关键之点是,N 个原子轨道可以构筑出 N 个分子轨道。

节 2.5 看到,将轨道按形状进行分组(σ 和 π 轨道)的方法可以得到分子轨道能级图的一般结构。相同的方法也可用于讨论多原子分子的分子轨道。然而,由于它们的形状比双原子分子更复杂,因而需要一个更有效的近似方法。多原子分子的讨论将分两个阶段进行。本章根据分子形状的直观概念构筑分子轨道,第 6 章讨论分子的形状和使用其对称性特征构造分子轨道并说明其他属性。第 6 章的讨论使这里介绍的步骤合理化。

NH_3 的光电子能谱(见图 2.28)表明了一些多原子分子结构理论必须阐明的特征。谱图上显示出两个谱带。具有较低电离能的谱带(11 eV 的区域)具有明显的振荡结构,该结构表明(见后)其上射出电子的那个轨道对决定分子形状起着相当大的作用。16 eV 那个区域宽的谱带是由结合得更为紧密的电子导致的。

(a) 多原子分子轨道

提要:分子轨道由相同对称性的原子轨道线性组合构筑;它们的能量可通过实验从气相光电子能谱确定,并用轨道重叠的模式做解释。

双原子分子那里介绍的特征都适合于所有的多原子分子。在每种情况下,我们都将给定对称性的分子轨道(如线性分子的 σ 轨道)写成**所有**原子轨道(它们可以重叠形成对称性的轨道)的总和:

$$\psi = \sum_i c_i \chi_i \tag{2.8}$$

在这个线性组合中,χ_i 是原子轨道(通常是分子中每个原子的价轨道),下标 i 用于所有对称性合适的原子轨道。N 个原子轨道可以构筑出 N 个分子轨道:

- 分子轨道中节点的数目越多,反键特征越明显,轨道能量越高。
- 由能量较低的原子轨道构筑的轨道能量较低(所以 s 原子轨道与同壳层 p 原子轨道相比,通常会产生能量更低的分子轨道)。

- 如果非最邻近相邻原子的原子轨道叶瓣具有相同的符号(并发生相长干涉),原子间则为弱成键(能量稍有降低)。如果符号相反(并发生相消干涉),原子间则为弱反键。

为了说明 NH_3 的光电子能谱特征,需要构筑能够容纳分子中 8 个价电子的分子轨道。每个分子轨道是 7 个原子轨道的组合:3 个 H1s 轨道,1 个 N2s 轨道和 3 个 N2p 轨道。从这 7 个原子轨道可构筑出 7 个分子轨道(见图 2.29)。

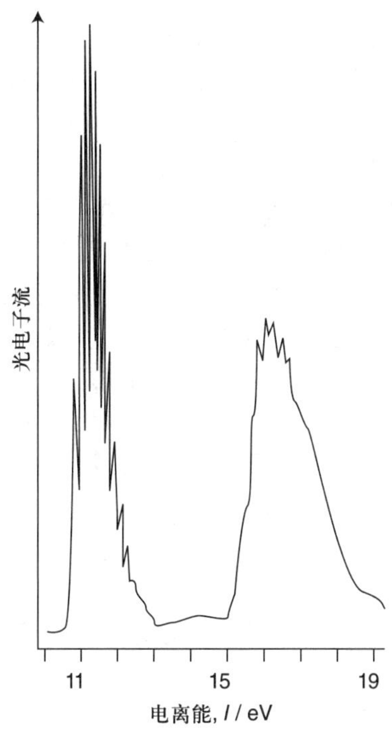

图 2.28　使用 He 21 eV 辐射得到的 NH_3 的光电子光谱

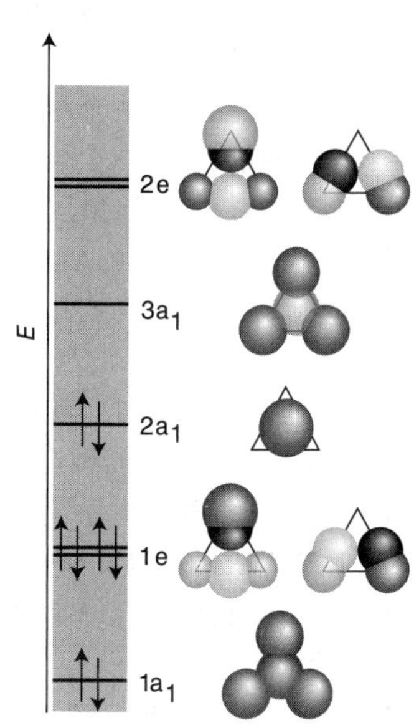

图 2.29　NH_3 的分子轨道示意图:原子轨道的大小表示对分子轨道贡献的大小;这是沿 z 轴方向的视图

从严格意义上讲,多原子分子中使用 σ 和 π 这样的标记并不总是合适的。这是因为这些标记适用于线性分子。然而,如果关注点放在分子轨道的**局部**形式(轨道的形状与两个相邻原子间的核间轴有关系)时,沿用这些标记通常比较方便(这是价键理论在 MO 理论中为何生存下来的一个实例)。按照对称性对多原子分子中轨道进行标记的步骤将在第 6 章做介绍。现在需要掌握的全部知识如下:

- a,b 表示非简并轨道;
- e 表示二重简并轨道(相同能量的两个轨道);
- t 表示三重简并轨道(相同能量的三个轨道)。

这些字母有时加有上标或下标(如 a_1,b″,e_g,t_2),这是因为根据对称性更为详细的分析,有必要对 a,b,e,t 轨道进行区分。

第 6 章介绍了构筑轨道的规则,但如果沿着 NH_3 分子的三重轴(指定为 z 轴)的方向观察,就可能获得原来的意义。N2p_z 和 N2s 轨道都沿 z 轴呈圆柱形对称。如果 3 个 H1s 轨道彼此以相同的符号叠加(以至于它们在图上都有相同的大小和色彩,见图 2.29),那么它们就能与这种圆柱形对称相匹配。这意味着可形成如下形式的分子轨道:

$$\psi = c_1\chi_{N2s}+c_2\chi_{N2p_z}+c_3[\chi_{H1sA}+\chi_{H1sB}+\chi_{H1sC}] \tag{2.9}$$

从这三个基轨道(H1s 轨道的组合算一个对称性匹配的基轨道)可能构筑三个分子轨道,N 原子和 H 原子间不存在节面的轨道能量最低,所有 NH 相邻原子间有节面的轨道能量最高,第三个轨道位于两者之间。

三个轨道是非简并轨道，按能量递增的方式标记为 $1a_1$，$2a_1$ 和 $3a_1$。

$N2p_x$ 和 $N2p_y$ 对 z 轴具有 π 轨道对称性，可与具有匹配对称性的 H1s 轨道组合形成分子轨道。例如，下述形式的叠加：

$$\psi = c_1\chi_{N2p_x} + c_2[\chi_{H1sA} + \chi_{H1sB}] \tag{2.10}$$

如图 2.29 看到的那样，H1s 组合轨道的符号与 $N2p_x$ 轨道的符号匹配。N2s 轨道对此叠加无贡献，所以只能形成两个组合，一个组合中 N 和 H 之间没有节面，另一个则有节面。两个轨道能量不同，前者更低。与 $N2p_y$ 轨道也能形成类似的组合轨道。根据第 6 章讲到的对称性论据，组合所得两个轨道是刚刚提到的两个简并轨道。这种组合是 e 轨道的实例(因为它们形成二重简并对)，按能量递增的顺序标记为 1e 和 2e。

该分子轨道能级图的一般形式示于图 2.30 中。轨道的实际位置(特别是 a 组和 e 组的相对位置)只能通过详细的计算或通过这些轨道与光电子能谱的对应关系确认。我们指认了 11 eV 和 16 eV 的峰，从而确定了 2 个被占轨道的位置，但第 3 个被占轨道超出了用于得到谱图的 21 eV 的辐射范围。

光电子谱图与轨道需要容纳 8 个电子的事实相一致。电子按能级从低到高的顺序填入分子轨道，并且不违背 Pauli 不相容原理，任何一个轨道上布居的电子数不超过 2。最先的 2 个电子填入 $1a_1$ 轨道，接下来 4 个电子填入 1e 二重简并轨道，最后 2 个电子填入 $2a_1$ 轨道。计算表明此轨道几乎为非键轨道，主要定域在 N 原子上。所得 NH_3 分子的基态电子组态因此为 $1a_1^2 1e_1^4 2a_1^2$，没有占据反键轨道，所以分子较孤立原子具有较低的能量。NH_3 具有孤对电子的传统描述也可在该组态中反映出来：HOMO 是 $2a_1$，在很大程度上只局限于 N 原子上，对成键的贡献较小。节 2.3 中看到孤对电子对分子形状起着很大作用。光电子能谱图上 11 eV 谱带的振动结构与此观察相一致，$2a_1$ 电子的光致射出使该孤对不再有效，电离后分子的形状明显不同于 NH_3 分子本身。光致电离从而导致谱图上明显的振荡结构。

(b) 分子轨道意义上的超价

提要：分子轨道的离域化意味着电子对可以贡献于两个以上原子的成键作用。

节 2.3 中基于使用 d 轨道允许原子价层容纳 8 个以上电子的理由解释了价键理论中的超价。分子轨道理论的解释则更精致。

以 SF_6 为例。SF_6 是个超价化合物，因为分子中含有 6 个 S—F 键，参与成键的电子数为 12。用于构筑分子轨道的简单原子轨道基组包括硫原子价层的 s 和 p 轨道及 6 个 F 原子各自提供的一个指向硫原子的 p 轨道。这里使用 F2p 轨道而非 F2s 原子轨道是因为它们在能量上与 S 原子更匹配。用 10 个原子轨道能够构筑 10 个分子轨道。计算表明，其中的 4 个为成键轨道，4 个为反键轨道，其余 2 个为非键轨道(见图 2.31)

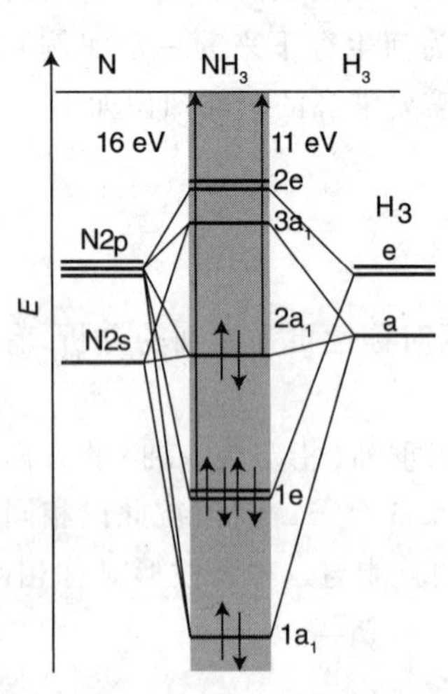

图 2.30　NH_3 分子具有观测到的键角(107°)和键长时的分子轨道能级图

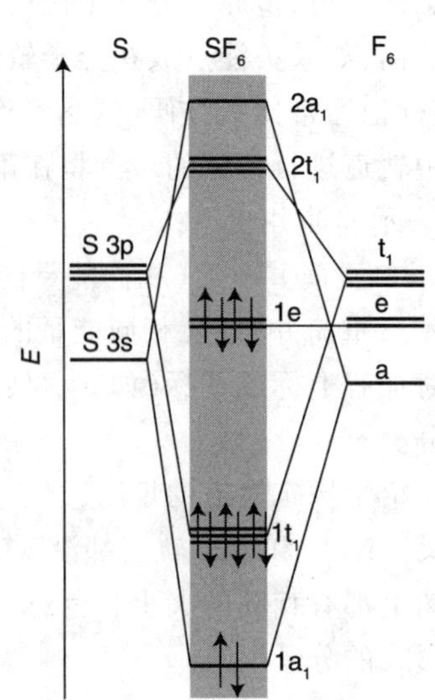

图 2.31　SF_6 的分子轨道能级示意图

共有 12 个电子待容纳。最先的 2 个电子填入 $1a_1$ 轨道，其后 6 个电子填入 $1t_1$ 轨道。剩下的 4 个电子填入非键轨道对，得到的组态为 $1a_1^2 2t_1^6 1e^4$。正如所看到的那样，没有占据反键轨道（$2a_1$ 和 $2t_1$）。因此分子轨道理论能够解释 SF_6 的形成（4 个成键轨道和 2 个非键轨道被占据），而不需求助于 S3d 轨道和扩展的八隅体。这并不意味着 d 轨道不能参与成键，但确实表明不必限定与中心 S 原子成键的 F 原子是 6 个。价键理论的局限性在于假设中心原子的每个原子轨道只能形成一个化学键。分子轨道理论的一大进步是，有大量可供利用的轨道（并非所有都是反键轨道）参与形成超价化合物。因此，对于形成超价化合物而言，似乎取决于比有无 d 轨道可用更加重要的其他因素（如在大原子周围排列小原子的能力）。

（c）定域化

提要：键的定域描述和离域描述在数学上是等价的，但其中一种描述更加适用于描述一些特定性质（如表 2.5 列出的性质）。

价键理论的显著特征是化学上的直观性。例如，可将分子中 A 原子和 B 原子之间的结合力叫作"A—B 键"。H_2O 分子中的两个 O—H 键可被看作结构等价的定域键，各自都由 O 和 H 之间共享的电子对形成。分子轨道理论没有这一特性，因为分子轨道是离域轨道，占据其中的电子将分子中所有原子结合在一起，而不是属于相邻的一对特定的原子。根据分子轨道理论，似乎不存在 A—B 键独立存在于分子中其他键的概念，似乎也不存在从一个分子转移到另一分子的概念。现在我们将会看到，分子轨道的描述在数学上几乎等价于由单个化学键对总体电子分布的描述。

这里以 H_2O 分子为例来讨论。采用离域描述的两个被占成键轨道（$1a_1$ 和 $1b_2$）示于图 2.32 中。若取两者之和（$1a_1+1b_2$），$1a_1$ 轨道的一半几乎被 b_2 的负端完全抵消，留下 O 原子和另一个 H 原子之间的一条定域轨道。同样若取两者之差（$1a_1-1b_2$），$1a_1$ 轨道的另一半几乎完全被抵消，留下另一对原子间的一条定域轨道。因此，取离域轨道的和与差都产生定域轨道（反之亦然）。由于离域与定域两种方法对于总体电子布居的描述是等价的，很难说哪一种方法更好些。

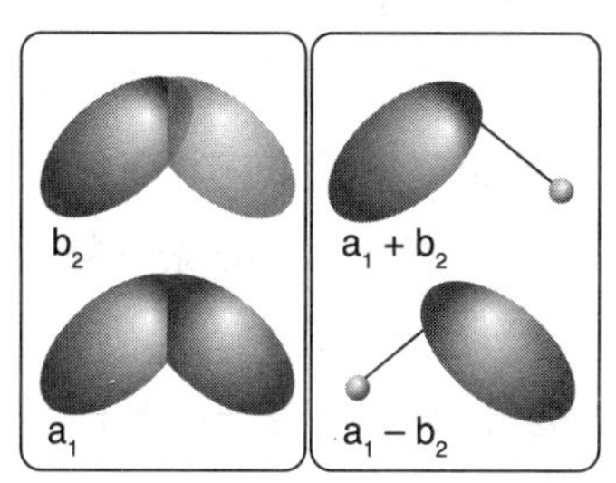

图 2.32　H_2O 分子两个被占轨道（$1a_1$ 和 $1b_2$）及它们的和（$1a_1+1b_2$）与差（$1a_1-1b_2$）

每种情况下，一对原子间形成几乎完全定域化的轨道

表 2.5 为哪种场合选择离域描述和哪种场合选择定域描述提供了建议。一般来说，离域描述适用于研究整个分子的综合性质，包括电子光谱（紫外和可见跃迁，见节 8.3）、光致电离谱、电离和电子亲和能（节 1.7）及还原电位（节 5.1）。与此相反，定域描述主要适用于讨论总分子中分子片的性质，这些性质包括键强、键长、键的力常数和化学反应的某些方面（如酸碱中和反应）：这些方面选用定域描述更合适，因为这种描述侧重于某一特定化学键及其附近的电子分布。

表 2.5　适用于定域描述和离域描述的性质

定域描述	离域描述
键强	电子光谱
力常数	光致电离
键长	结合电子的性能
Brønsted 酸性 *	磁性
VSEPR 描述	标准电位 †

* 第 4 章；† 第 5 章。

(d) 定域键和杂化

提要:杂化原子轨道有时用于讨论定域分子轨道。

定域分子轨道概念对成键作用的描述可看作是杂化概念的一种延伸。严格地讲,杂化属于 VB 理论,但通常可用它对分子轨道进行简单的定性描述。

一般说来,分子轨道是由对称性合适的所有原子轨道构筑的。然而有些场合,先将同一原子(如 H_2O 中的 O 原子)中的轨道相混合,然后再用这些杂化轨道去构筑定域分子轨道也很方便。以 H_2O 为例,每个 O—H 键可看作是 H1s 轨道与 O2s 和 O2p 轨道组成的杂化轨道重叠形成的(见图 2.33)。

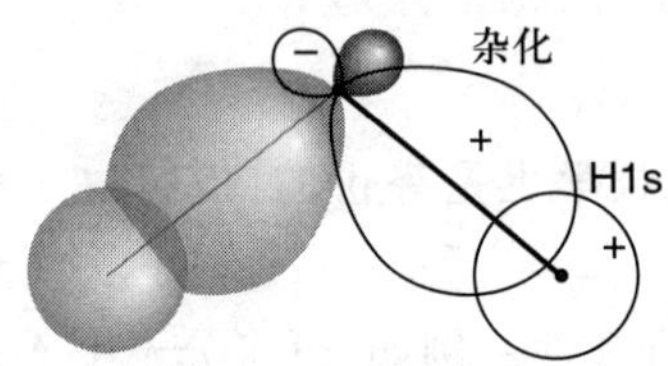

图 2.33 O 原子的杂化轨道与 H1s 轨道重叠形成 H_2O 分子中的定域 OH 轨道

杂化轨道近似于图 2.6 中的 sp^3 杂化

给定原子 s 和 p 轨道的混合产生了空间具有确定方向的杂化轨道(如形成四面体杂化)。一旦选定了杂化轨道,就可构筑定域分子轨道了。例如,由 C 的每条 sp^3 杂化轨道与直接指向它的 1 条 F2p 轨道重叠构筑成键和反键定域轨道形成 CF_4 中的 4 个键。与此相类似,为了描述 BF_3 的电子布居,可将每个定域的 BFσ 轨道看作是 sp^2 杂化轨道与 F2p 轨道重叠形成的。PCl_5 分子定域轨道的描述与 5 条 PCl σ 轨道有关,可将其看作是由按三角双锥体排布的 5 条 sp^3d 杂化轨道各与 1 条 Cl 原子的 2p 轨道重叠而成的。同样,如果想要构成以正八面体排布的 6 条定域轨道(如 SF_6 中的轨道),则需动用 2 条 d 轨道:得到 6 条指向所要求方向的 sp^3d^2 杂化轨道。

(e) 缺电子现象

提要:存在缺电子物种的现象可由遍布多个原子的电子导致键的离域来解释。

成键的 VB 模型不能说明**缺电子化合物**(electron-deficient compounds)的存在。缺电子化合物是指这样一类化合物:它们的电子数不够按 Lewis 法形成化学键的数目所需的电子数。这里以乙硼烷 B_2H_6(**17**)为例做说明。乙硼烷只有 12 个电子,但按照 Lewis 法,至少需要 8 对(16 个)电子才能将 8 个原子结合在一起。

由几个原子轨道形成的分子轨道容易说明这类化合物的存在。乙硼烷分子中的 8 个原子提供了 14 个价轨道(每个 B 原子提供 4 个共 8 个,6 个 H 原子各提供 1 个共 6 个),14 个原子轨道用于构筑 14 个分子轨道。如果注意到成键和非键轨道约占一半(7 个)的事实,容纳原子提供的 12 个价电子富足有余。

如果将分子轨道的形成与端基 BH 分子片或桥式 BHB 分子片相联系,则可更好地理解乙硼烷分子的成键。与端基 BH 分子片有关的定域分子轨道可由两个原子(B 和 H)的原子轨道(H1s 轨道和 $B2s2p^n$ 杂化轨道)构筑。与两个 BHB 分子片有关的定域分子轨道是由两个 B 原子中每一个的 $B2s2p^n$ 杂化轨道与处于两者之间的 H 原子的 H1s 轨道线性组合而来的(见图 2.34)。从这 3 个原子轨道形成 3 个分子轨道:一个成键轨道、一个非键轨道,第 3 个是反键轨道。成键轨道中容纳 2 个电子,将该 BHB 分子片维系在一起。同样的讨论也适用于第 2 个 BHB 分子片,两个被占的“桥式”成键轨道将 B_2H_6 分子结合在一起。所以,总体上 12 个电子能够说明该分子的稳定性,因为 12 个电子的影响遍布 6 对以上的原子。

不但在硼化合物那里看到了缺电子现象(最先是在硼化合物中被明确认识的),这种现象也出现在本书后面将会遇到的碳正离子和其他类型的化合物中。

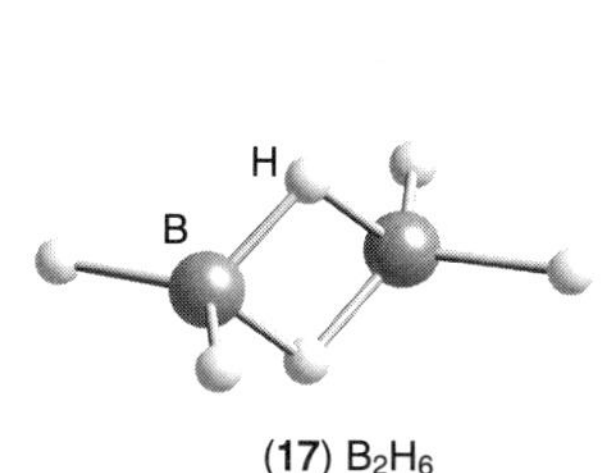

(17) B_2H_6

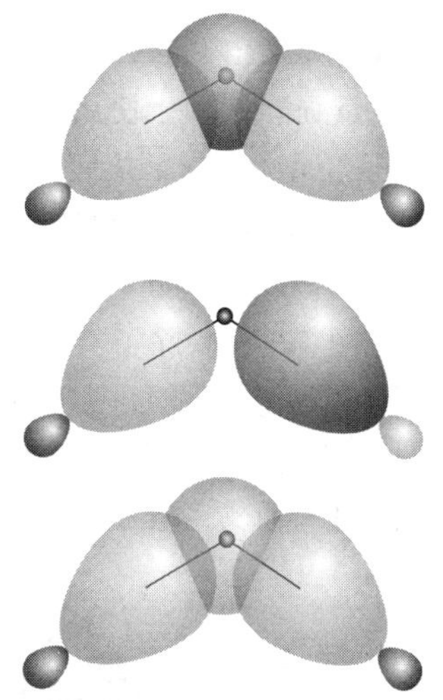

图 2.34　两个 B 原子与处于其间的一个 H 原子形成的分子轨道(如在 B_2H_6 中):2 个电子占据着成键组合将 3 个原子维系在一起

2.12　计算方法

提要:用从头算法或参数化的半经验法计算分子和固体的性质。图形技术可用于显示结果。

事实表明计算是化学中最重要的技术之一。**计算机模拟**(computer modelling)是使用数值模型探索单个分子和材料的结构和性质。计算使用的方法涉及进行严格处理的"从头算法"到更加快速而不那么详尽的"半经验法"。从头算法基于体系 Schrödinger 方程的数值解,而半经验法采用近似或"有效"函数来描述粒子之间的作用力。**分子力学**(molecular mechanics)方法使用"小球和弹簧"模型处理分子,将每个原子看作一个粒子或"小球",将每个键看作一个"弹簧"(其长度等于键长的计算值或实验值)。该法将经典力学用于模拟体系(其大小从小分子到蛋白质)中原子的运动。

从头算法(*ab initio* methods)试图从基本原理开始计算结构,只使用原子的原子序数及其在空间的一般排布。这种方法基本上是可靠的,但计算的要求很高。对复杂问题(这类问题是由含大量原子的分子或材料产生的)的解决而言,该法的计算过于耗时,需要采用包括实验数据在内的替代方法。**半经验法**(semi-empirical methods)将 Schrödinger 方程正常求解所需的积分设置等于一些参数,选定的参数能够最大限度地拟合实验上的物理量(如生成焓)。半经验法广泛用于几乎无限原子数的分子体系,且深受欢迎。

这两种方法通常采用**自洽场**(self-consistent field,缩写为 SCF)程序。在 SCF 程序中,最初所做的关于构筑分子轨道使用的原子轨道线性组合(LCAO)的构成可以不断优化更新,直至这些构成和相应的能量在某一次计算循环中保持不变。最常见的一种从头算法是以 **Hartree-Fock 法**(Hartree-Fock method)为基础的方法,主要的近似用于电子-电子排斥力。精确的电子-电子排斥力问题叫作**相关问题**(correlation problem),多种描述这种精确斥力的修正方法包括 Møller-Plesset 微扰理论(MPn,n 是修正的阶次)、广义价键(GVB)法、多组态自洽场(MCSCF)法、组态相互作用(CI)和偶合簇理论(CC)。

用于替代从头算法最常用的是**密度泛函理论**(density functional theory,缩写为 DFT)法,总能量被表示为总电子密度($\rho = |\psi|^2$)而不是波函数 ψ 本身。当 Schrödinger 方程表示为 ρ 的函数时,它就变成叫作 **Kohn-Sham 方程**(Kohn-Sham equations)的一组方程,可对此方程组反复求解,从最初的估计开始直至自洽。DFT 法的优点是计算量相对较小,而且在一些情况(特别是 d 金属络合物)下能得到比其他方法更符合实验值的结果。

半经验法是建立在与 Hartree-Fock 计算大致相同的方式之上,但在该框架里某些信息(如表示两个电子之间相互作用的积分)由引入经验数据或只做忽略的方法做了近似处理。为了弱化这些近似造成的影响,表示其他积分的参数需要做出调整以实现与实验数据最佳的一致。半经验法的计算速度远远超过从头算法,但计算结果的质量强烈依赖于使用一套适合于各种结构的实验参数。因此,半经验计算只在有机化学(只有为数不多的几类元素和分子几何体)中非常成功。半经验法也被设计用于描述无机物种。

分子结构计算的原始输出是每个分子轨道中原子轨道的一系列系数和这些轨道的能量。任一点的总电子密度(该点被估算出来的波函数平方的总和)通常用**等密度面**(isodensity surface)表示,等密度面是具有恒定总电子密度的面(见图 2.35)。除了其几何形状外,分子的一个重要方面是表面上的电荷分布。一个常用的计算程序是从计算等密度面上每一点的净电势开始,该净电势可用这样的方法得到:从原子核造成的电势减去电子密度造成的电势。该结果是**静电电势表面**(electrostatic potential surface),净正电势用一种颜色表示,净负电势用另一种颜色表示,中间采用渐变色。

图 2.35

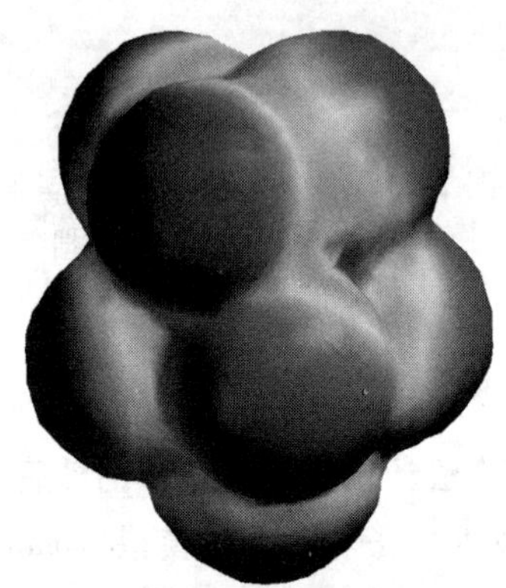

图 2.35 分子电子结构的计算结果可用多种方式表达

这里展示的是 SF_5CF_3 的电势表面,人们发现 SF_5CF_3 是个非常强的温室气体,但尚未确定它在大气中的来源;红色区表示负电势,绿色区表示正电势(扫描二维码打开彩色图)

计算机模拟除用于单个分子外也用于各种固体,对材料性质的判断非常有用。例如,判断化合物的哪种晶体结构在能量上最有利,预测相变,计算热膨胀系数,指认离子掺杂的最好位点,以及计算穿过晶格的扩散路径等。

计算方法在无机化学中应用的一个例子是研究钌的链烯基络合物中配体(**18**)的成键模式。该配体可能通过两个 S 原子与金属键合,也可能通过一个 S 原子和其中的 N 原子与金属键合。晶体学研究(节 8.1)确认配体通过 N 原子和末端 S 原子与钌键合生成四元环。用 Hartree-Fock 法和 DFT 法研究了另一种配位方式(S,S 配位方式),研究发现这种配位方式较 S,N 配位方式所观察到的能量高得多。Hartree-Fock 法和 DFT 法算得两种配位模式在能量上的差值分别为 92.35 kJ · mol^{-1} 和 65.93 kJ · mol^{-1}。键长计算结果与实验观测到的结果进行的比较表明,两种计算结果都与 S,N 成键模式吻合较好。

S N HS

(18)

值得注意的是无机化学可以精确计算的方面很少。虽然模拟计算可为材料化学提供非常有用的理解,但它还未发展到能可靠预测复杂化合物精确结构或性质的阶段。

结构和键的性质

键的某些性质在这些元素形成的不同化合物中大致相同。如果知道 H_2O 中 O—H 键的强度,就有一定信心将此 O—H 键的值用于 CH_3OH 中。本阶段讨论的关注点限于键的两个最重要的特征:键长和键强。我们也将扩展对键的了解以预测简单无机分子的形状。

2.13　键长

提要：分子中的平衡键长是指两个键合原子中心之间的距离。周期表中共价半径的变化规律与金属半径和离子半径的变化规律非常类似。

分子中的**平衡键长**(equilibrium bond length)是指两个键合原子中心之间的距离。文献中提供了大量有关键长的精确而有用的信息,大多数来源于固体的 X 射线衍射(节 8.1)。气相中分子的平衡键长通常是通过红外或微波光谱确定的,更直接的方法是通过电子衍射来确定。一些典型的值见表 2.6。

表 2.6　平衡键长,R_e/pm

H_2^+	H_2	HF	HCl	HBr	HI	N_2	O_2	F_2	Cl_2	I_2
106	74	92	127	141	160	109	121	144	199	267

作为合理的一级近似,平衡键长可以划分给对成键有贡献的原子对中的每个原子。原子对共价键的贡献叫作该元素的**共价半径**(covalent radius),见(**19**)。例如,可用表 2.7 中的共价半径值预测 P—N 键的键长为 110 pm+74 pm = 184 pm;这个键在许多化合物中的实验键长接近 180 pm。只要有可能,都应该使用实验键长;但当实验数据难以获得时,共价半径对谨慎估计键长则非常有用。

表 2.7　共价半径,r/pm*

H			
37			
C	N	O	F
77(1)	74(1)	66(1)	64
67(2)	65(2)	57(2)	
60(3)	54(3)		
70(a)			
Si	P	S	Cl
118	110	104(1)	99
		95(2)	
Ge	As	Se	Br
122	121	117	114
	Sb	Te	I
	141	137	133

* 除括号中另有说明外,其余数值均来自单键;( )标注的数值来自芳香化合物。

周期表中共价半径的变化规律与金属半径和离子半径[节 1.7(a)]的变化规律非常相似。基于相同的原因,共价半径在 F 附近变得最小。共价半径近似地等于两个原子芯层处于接触状态时两核之间的距离,是价电子将两个原子吸引在一起,直至吸引力等于芯层之间的排斥力。共价半径表达了两个*键合*原子相互接近的程度。相互接触的分子中两个非键合原子的接近程度用元素的 **van der Waals 半径**(van der Waals radius)表示,它是两个非键合原子价层相接触时的半径(**20**)。van der Waals 半径对于理解晶体中分子化合物的堆积,理解体积小而具有柔性的分子所采取的构象,以及理解生物大分子的形状都至关重要。

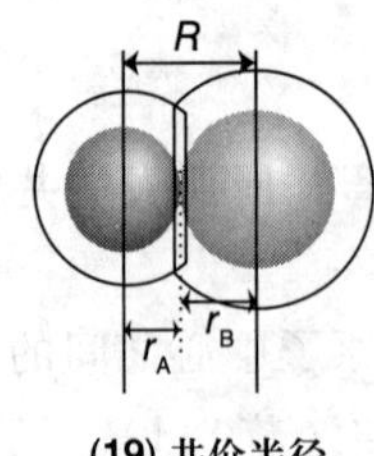

(19) 共价半径

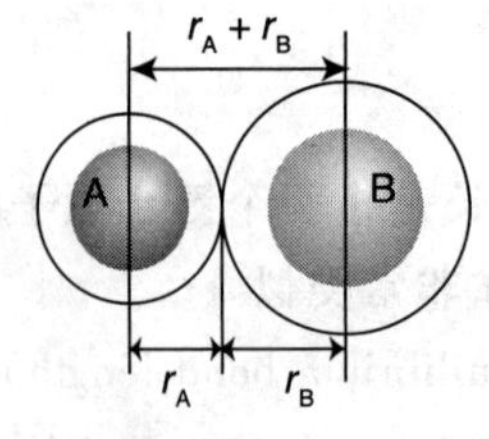

(20) van der Waals半径

2.14 键强

提要:键强用键的解离焓量度,平均键焓用来评估反应焓。

键解离焓(bond dissociation enthalpy)是量度 A—B 键强度一种方便的热力学方法[$\Delta H^{\ominus}$(A—B)],键解离焓是下述过程的标准反应焓:

$$AB(g) \rightarrow A(g) + B(g)$$

由于破坏化学键需要能量,所以键解离焓总是正值。**平均键焓**(mean bond enthalpy)B 是不同分子中一系列 A—B 键的键解离焓的平均值(见表 2.8)。

表 2.8 平均键焓,$B/(\mathrm{kJ \cdot mol^{-1}})$*

	H	C	N	O	F	Cl	Br	I	S	P	Si
H	436										
C	412	348(1)									
		612(2)									
		837(3)									
		518(a)									
N	388	305(1)	163(1)								
		613(2)	409(2)								
		890(3)	946(3)								
O	463	360(1)	157	146(1)							
		743(2)		497(2)							
F	565	484	270	185	155						
Cl	431	338	200	203	254	242					
Br	366	276				219	193				
I	299	238				210	178	151			
S	338	259	464	523	343	250	212		264		
P	322(1)									201	
										480(3)	
Si	318			466							226

* 除括号中另有说明外,其余数值均来自单键;( )标注的数值来自芳香化合物。

平均键焓可用来估算反应焓。然而只要能够在文献中查到物种的实际数据,就应使用查到的数据。这是由于平均键焓数据可能产生误导。例如,Si—Si 键的键焓范围变化就很大,从 Si_2H_6 中的 226 kJ · mol^{-1} 到 $Si_2(CH_3)_6$ 中的 322 kJ · mol^{-1}。表 2.8 中的数据应当作最后的选择:只有当生成焓或真实键焓很难得到的情况下,才用这种数据粗略估算反应焓。

例题 2.8 用平均键焓估算反应焓

题目:试估算从 $SF_4(g)$ 生成 $SF_6(g)$ 的反应焓。已知 25 ℃时 F_2、SF_4、SF_6 的平均键焓分别为 158 kJ · mol^{-1}、343 kJ · mol^{-1} 和 327 kJ · mol^{-1}。

答案:反应焓等于断开键的键焓之和减去生成键的键焓之和。所涉及的反应如下:

$$SF_4(g)+F_2(g) \rightarrow SF_6(g)$$

反应过程中,1 mol F—F 键和 SF_4 中的 4 mol S—F 键必须断开,相应的焓变为 158 kJ+(4×343 kJ)= +1 530 kJ。因为断开键需要能量,所以焓变为正值。然后形成 SF_6 中 6 mol S—F 键,相应的焓变为 6×(−327 kJ)= −1 962 kJ。此焓变为负值,表明形成键时会释放能量。净焓变值为

$$\Delta H^{\ominus} = +1\ 530\ \text{kJ} - 1\ 962\ \text{kJ} = -432\ \text{kJ}$$

因此反应是个强放热反应,实验值为−434 kJ,与估算得到的数值高度一致。

自测题 2.8 估算从 S_8(环状分子)和 H_2 生成 H_2S 的生成焓。

2.15 电负性和键焓

提要:Pauling 电负性可用于估计键焓,也可用于评估键的极性。

节 1.7(d)介绍了电负性概念,它被定义为化合物中元素的原子将电子吸引向自身的能力。两元素 A 和 B 的电负性差值越大,A—B 键的离子性就越强。

Pauling 电负性的原始形式借用了与键形成能量相关的概念。例如,从双原子分子 A_2 和 B_2 形成 AB 分子的反应:

$$A_2(g)+B_2(g) \rightarrow 2AB(g)$$

他认为,A—B 键与 A—A 键和 B—B 键平均能量相比超出的能量(ΔE)可归因于离子性的存在对共价成键的贡献。他定义的电负性差为

$$|\chi_P(A)-\chi_P(B)| = 0.102[\Delta E/(\text{kJ} \cdot \text{mol}^{-1})]^{1/2} \tag{2.11a}$$

式中,

$$\Delta E = B(A—B) - \frac{1}{2}[B(A—A)+B(B—B)] \tag{2.11b}$$

式中,B(A—B)是 A—B 键的平均键焓。因此,如果 A—B 键的键焓明显大于非极性的 A—A 键和 B—B 键的平均值,就说明波函数中含有显著的离子性成分,亦即两个原子的电负性差较大。Pauling 电负性随着元素氧化数的升高而增大,表 1.7 中的值为相关元素最常见的氧化态。

Pauling 电负性对估算不同电负性元素之间的键焓十分有用,而且可以定性评估键的极性。通常认为二元化合物中两个元素的电负性差值大于 1.7 时离子性占主导地位。然而 Anton van Arkel 和 Jan Ketelaar 在 1940 年代修订了这一粗略的定义,他们绘制了一个三角图形,其三个顶角分别表示离子、共价和金属成键。将 **Ketelaar 三角**(Ketelaar triangle)称为 van Arkel−Ketelaar 三角也许更恰当,该三角已被 Gordon Sproul 所优化。Gordon Sproul 基于二元化合物中元素之间的电负性差($\Delta\chi$)和它们的平均电负性(χ_{mean})构建了一个三角形(见图 2.36)。第 3 章广泛使用了 Ketelaar 三角,那里将会看到基于这个概念是怎样将不同化合物进行分类的。

离子性成键作用是用大的电负性差表征的。因为大的差值表明其中一个元素的电负性高,另一个元素

的电负性低，平均电负性值必定处于两个值之间。例如，化合物 CsF($\Delta\chi=3.19$, $\chi_{mean}=2.38$)处于三角形"离子性"的顶角。共价性成键作用是用小的电负性差表征的，这类化合物处于三角形的底部。以共价键合为主的二元化合物通常是由电负性高的非金属元素形成的，这意味着三角形的共价区域是在较低的右角。这个角的顶点由 F_2 占据，$\Delta\chi=0$, $\chi_{mean}=3.98$(Pauling 电负性的最大值)。金属性成键作用也由小的电负性差所表征，也处于三角的底部。然而金属性成键中电负性低，因而平均值也低，该区处于三角形左边较低的角落。顶角由 Cs 占据，$\Delta\chi=0$, $\chi_{mean}=0.79$(Pauling 电负性的最小值)。使用 Ketelaar 三角比只使用电负性差的优点在于，它让我们能够区分共价性成键和金属性成键，两者的电负性差都很小。

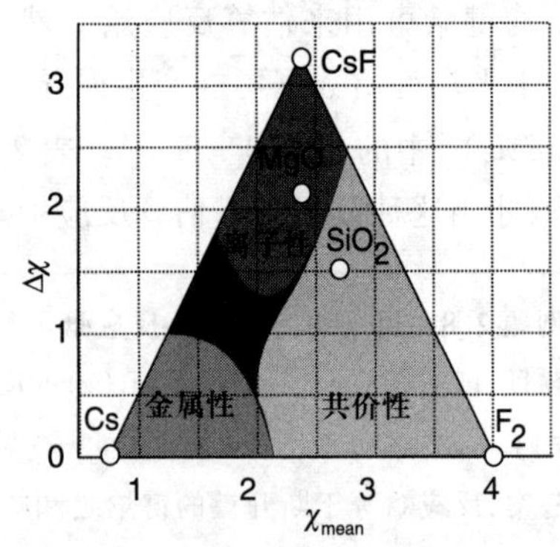

图 2.36 Ketelaar 三角：显示出平均电负性对电负性差做出的图形是如何用于分类二元化合物的键合类型的

2.16 氧化态

提要：用表 2.9 中给出的规则指定氧化数。

氧化数(oxidation number，没有正式认可的符号，这里表示为 N_{ox})是通过夸大键的离子特性而得到的参数。如果电负性大的原子完全得到了两个成键电子，就可认为是该原子具有的电荷。**氧化态**(oxidation state)是与氧化数对应的、元素的物理状态。这就是说，原子可以指认一个氧化数，并处于相应的氧化态。无机化学家在实践中可以相互替换地使用"氧化数"和"氧化态"两个术语，但本书中将保持这种区别。碱金属是周期表中电正性最大的元素。所以假定它们将总是以 M^+ 的形式存在并指定氧化数为+1。由于氧的电负性仅低于 F 的电负性，除 F 之外，任何其他元素与氧之间是以 O^{2-} 的形式化合的，其氧化数被认为是-2。同样，NO_3^- 夸大了的离子性结构是 $N^{5+}(O^{2-})_3$，该化合物中氮的氧化数是+5，表示为 N(Ⅴ)或 N(+5)。这些习惯甚至可用于负氧化数。大多数氧的化合物中 O 的氧化数为-2，表示为 O(-2)，但也有极少情况下表示为 O(-Ⅱ)。

实践中可用一套简单的规则指认氧化数(见表 2.9)。这些规则反映了"夸大了离子性"结构的化合物中的电负性，也与人们所预期的结果相一致：化合物中随着氧原子数目的递增，氧化程度增大(如从 NO 到 NO_3^-)。氧化数的这一方面将在第 5 章进一步做介绍。许多元素(如氮、卤素和 d 区元素)可以以多种氧化态存在(见表 2.9)。

表 2.9 确定氧化数[*]

	氧化数
1. 物种中所有原子氧化数的总和等于其总电荷	
2. 元素形式的原子	0
3. 第 1 族原子	+1
第 2 族原子	+2
第 13 族原子(除 B 外)	+3(EX_3)，+1(EX)
第 14 族原子(除 C、Si 外)	+4(EX_4)，+2(EX_2)
4. 氢	+1(与非金属化合)
	-1(与金属化合)
5. 氟	-1(在所有化合物中)

续表

	氧化数
6. 氧	−2(除了与氟化合)
	−1(在过氧化物中)
	−½(在超氧化物中)
	−⅓(在臭氧化物中)
7. 卤素	−1(在大多数化合物中,除了与包括氧和电负性更大的其他卤素元素化合)

* 按给定顺序的规则确定氧化数,一旦确定就停止。这些规则虽不是详尽无遗,但却适用于范围广泛的常见化合物。

例题 2.9　指认元素的氧化数

题目:试指认:(a) S 在 H_2S 中的氧化数;(b) Mn 在 $[MnO_4]^-$ 中的氧化数。

答案:按表 2.9 中给定的规则顺序进行指认:(a) 化合物氧化数的总和为 0,所以 $2N_{ox}(H)+N_{ox}(S)=0$。因为与非金属化合的 $N_{ox}(H)=+1$,所以 $N_{ox}(S)=-2$。(b) 中所有原子的氧化数总和是 −1,所以 $N_{ox}(Mn)+4N_{ox}(O)=-1$。因为 $N_{ox}(O)=-2$,所以 $N_{ox}(Mn)=-1-4(-2)=+7$。也就是说,$[MnO_4]^-$ 是个 Mn(Ⅶ)化合物。它的正式名称为四氧合锰酸根(Ⅶ)离子。

自测题 2.9　试指认:(a) O 在 O_2^+ 中的氧化数;(b) P 在 PO_2^{3-} 中的氧化数;(c) Mn 在 $[MnO_4]^{2-}$ 中的氧化数;(d) Cr 在 $[Cr(H_2O)_6]Cl_3$ 中的氧化数。

延伸阅读资料

R. J. Gillespie and I. Hargittai, *The VSEPR model of molecular geometry*. Prentice Hall(1992). 有关 VSEPR 理论现状的一本优秀导论。

R. J. Gillespie and P. L. A. Popelier, *Chemical bonding and molecular geometry: from Lewis to electron densities*. Oxford University Press(2001). 有关化学成键和几何形状现代理论方面的一本综合论著。

M. J. Winter, *Chemical bonding*. Oxford University Press(1994). 这是采用描述性的非数学方法介绍化学成键概念的一本小篇幅著作。

T. Albright, *Orbital interactions in chemistry*. John Wiley & Sons(2005). 这是一本教科书,内容涉及分子轨道理论在有机化学、金属有机化学、无机化学和固态化学中的应用。

D. M. P. Mingos, *Essential trends in inorganic chemistry*. Oxford University Press(1998). 这是一本讨论结构和成键作用的无机化学评述。

I. D. Brown, *The chemical bond in inorganic chemistry*. Oxford University Press(2006).

K. Bansal, *Molecular structure and theory*. Campus Books International(2000).

J. N. Murrell, S. F. A. Kettle, and J. M. Tedder, *The chemical bond*. John Wiley & Sons(1985).

T. Albright and J. K. Burdett, *Problems in molecular orbital theory*. Oxford University Press(1993).

G. H. Grant and W. G. Richards, *Computational chemistry*. Oxford Chemistry Primers, Oxford University Press(1995). 一本很有用的导论性教材。

J. Barratt, *Structure and bonding*. RSC Publishing(2001).

D. O. Hayward, *Quantum mechanics*. RSC Publishing(2002).

练习题

2.1　写出(a) NO^+,(b) ClO^-,(c) H_2O_2,(d) CCl_4,(e) HSO_3^- 的 Lewis 结构。

2.2　给出 CO_3^{2-} 的共振结构。

2.3　给出下列物种的形状：(a) H_2Se，(b) BF_4^-，(c) NH_4^+。

2.4　给出下列物种的形状：(a) SO_3，(b) SO_3^{2-}，(c) IF_5。

2.5　给出下列物种的形状：(a) IF_6^+，(b) IF_3，(c) $XeOF_4$。

2.6　给出下列物种的形状：(a) ClF_3，(b) ICl_4^-，(c) I_3^-。

2.7　ICl_6^- 和 SF_4 中哪个物种的键角最接近于 VSEPR 模型的预测值？

2.8　固体五氯化磷是一种由 PCl_4^+ 阳离子和 PCl_6^- 阴离子组成的离子型固体，但其蒸气是分子。给出固体中的离子形状。

2.9　利用表 2.7 的共价半径计算下列分子中的键长，括号中给出实验键长供比较。(a) CCl_4(177 pm)，(b) $SiCl_4$(201 pm)，(c) $GeCl_4$(210 pm)。

2.10　利用第 1 章介绍的概念（尤其是论述径向波函数的钻穿效应和屏蔽效应的概念），说明单键共价半径沿周期表的变化趋势。

2.11　已知 $B(Si{=}O) = 640\ kJ\cdot mol^{-1}$，试从键焓因素判断硅氧化合物可能含有 Si—O 单键四面体网状结构而不是含 Si═O 双键的独立分子。

2.12　氮和磷通常分别以 $N_2(g)$ 和 $P_4(s)$ 的形式存在。用单键和多重键键焓的差异对此现象作解释。

2.13　利用表 2.8 中的数据计算反应 $2H_2(g)+O_2(g)\rightarrow 2H_2O(g)$ 的标准焓。实验值为 $-484\ kJ\cdot mol^{-1}$。对估算值与实验值的偏离作解释。

2.14　合理解释下表中给出的双原子气相化合物的解离能(D)和键长数据，并指出服从八隅律的原子。

化合物	$D/(kJ\cdot mol^{-1})$	键长/pm
C_2	607	124.3
BN	389	128.1
O_2	498	120.7
NF	343	131.7
BeO	435	133.1

2.15　利用平均键焓数据预测下列反应的标准焓（假定未知物种 O_4^{2-} 是简单键合的 S_4^{2-} 的链状类似物）：

(a) $S_2^{2-}(g)+\frac{1}{4}S_8(g)\rightarrow S_4^{2-}(g)$　　　(b) $O_2^{2-}(g)+O_2^-(g)\rightarrow O_4^{2-}(g)$

2.16　确定下列物种中加黑表示的元素的氧化态：(a) $\mathbf{S}O_3^{2-}$，(b) $\mathbf{N}O^+$，(c) $\mathbf{Cr}_2O_7^{2-}$，(d) $\mathbf{V}_2O_5$，(e) $\mathbf{P}Cl_5$。

2.17　任意标记为 A，B，C 和 D 等四个元素的电负性值分别为 3.8，3.3，2.8 和 1.3。将化合物 AB，AD，BD 和 AC 按共价性递增的顺序排序。

2.18　使用图 2.36 中的 Ketelaar 三角和表 1.7 中的电负性值预测下列物质可能由何种类型的成键方式所主导：(a) BCl_3，(b) KCl，(c) BeO。

2.19　预测下列物种所需的杂化轨道：(a) BCl_3，(b) NH_4^+，(c) SF_4，(d) XeF_4。

2.20　利用分子轨道图确定下列物种的未成对电子数：(a) O_2^-，(b) O_2^+，(c) BN，(d) NO_2。

2.21　利用图 2.17 写出下列物种的电子组态，并给出各自 HOMO 的形式：(a) Be_2，(b) B_2，(c) C_2^-，(d) F_2^+。

2.22　电石气（乙炔）通过氯化铜(Ⅰ)溶液形成 CuC_2 红色沉淀，这是检测存在乙炔的一种常见方式。用分子轨道理论描述 C_2^{2-} 的成键作用并比较 C_2^{2-} 和 C_2 的键级。

2.23　绘出并标记气态同核双原子分子 C_2 的分子轨道能级图。用图形表示注释所涉及分子轨道。给出 C_2 的键级。

2.24　绘出气态异核双原子分子氮化硼(BN)的分子轨道能级图。它与 C_2 的能级图有何不同？

2.25　假定 IBr 的 MO 图与 ICl（见图 2.24）相类似。(a) 用于构筑 IBr 分子轨道的原子轨道基是什么？(b) 计算 IBr 的键级。(c) 讨论 IBr 和 IBr_2 的相对稳定性和键级。

2.26　用分子轨道组态确定(a) S_2，(b) Cl_2，(c) NO^+的键级，并与 Lewis 结构确定的键级进行比较（NO 的轨道与 O_2

的轨道相似)。

2.27　下述电离过程中键级和键距可能发生什么样的变化?

(a) $O_2 \to O_2^+ + e^-$,(b) $N_2 + e^- \to N_2^-$ (c) $NO \to NO^+ + e^-$

2.28　指认图 2.37 中 CO 的紫外光电子能谱上的谱线,并预测 SO 分子紫外光电子能谱的外观(参见节 8.3)。

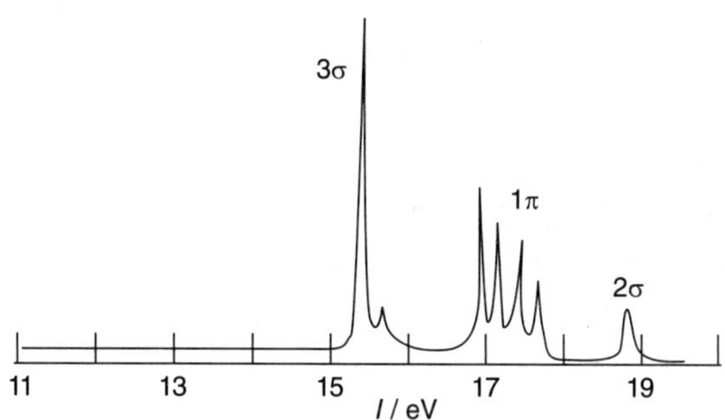

图 2.37　用 21 eV 辐射得到的 CO 紫外光电子谱图

2.29　(a) 4 个 1s 轨道可能形成多少种独立的线性组合?

(b) 绘出假想的线性 H_4 分子 H1s 轨道的线性组合图。

(c) 根据非键相互作用和反键相互作用的数目按能量递增的顺序排列这些分子轨道。

2.30　(a) 用每个原子的 1s 轨道并考虑节面的连续增加构筑出线性$[HHeH]^{2+}$中每条分子轨道的形式;(b) 按能级增大顺序排列分子轨道;(c) 给出分子轨道上的电子布居;(d) 离析出来或溶液中的$[HHeH]^{2+}$稳定吗? 解释你的答案。

2.31　He 原子吸收光子形成激发组态 $1s^1 2s^1$(称为 He^*),该原子与另一 He 原子形成弱键合的双原子分子 $HeHe^*$。构筑该物种成键作用的分子轨道描述。

2.32　根据书中关于 NH_3 分子轨道的讨论,计算 NH_3 中 N—H 键的平均键级(先算出净键级,然后除以 NH 基的数目)。

2.33　根据图 2.31 中原子轨道和分子轨道的相对能量说明 SF_6 中前线轨道 e(HOMO)和 2t(LUMO)主要具有 F 的还是 S 的特征,为什么?

2.34　构筑和标注 N_2、NO 和 O_2 的分子轨道图,给出所用原子轨道的主要线性组合。解释下述键长:N_2,110 pm;NO,115 pm;O_2,121 pm。

2.35　假想物种(a) 四方形的 H_4^{2+} 和(b) 角形的 O_3^{2-} 是否符合二隅律或八隅律? 解释你的答案,并决定它们当中的哪一个可能存在。

辅导性作业

2.1　价键理论中,超价分子通常用 d 轨道参与成键来解释。但在论文"On the rule of ortibal hybridization"(*J.Chem.Educ.*,2007,**84**,783)中作者认为情况并非如此,简要总结作者使用的方法并给出作者的解释。

2.2　Si—O 键在地壳常见物质中比 Si—Si 或 Si—H 键更重要,试从键焓角度对此现象进行评论。Si 的这种性质与 C 的性质有何不同? 原因何在?

2.3　Van Arkel-Ketelaar 三角自 1940 年代以来一直在使用。此三角 1994 年由 Gordon Sproul 进行定量处理(*J.Phys.Chem.*,1994,**98**,6699)。Sproul 研究了多少电负性标度和多少种化合物? 他用什么标准来选择所研究的化合物? 哪两种电负性标度将三角形区域划分得最好? 这两种标度的理论依据是什么?

2.4　P.C.Hiberty,F.Volatron 和 S.Shaik 在他们的短文"In defense of the hybrid atomic orbitals"(*J.Chem.Educ.*,2012,**89**,575)中为继续使用杂化原子轨道概念做了辩护,试总结他们给出的批评和推崇杂化轨道的论点。

2.5　J.F.Harrison 和 D.Lawson 在他们的文章"Some observations on molecular orbital theory"(*J.Chem.Educ.*,2005,**82**,1205)中讨论了该理论的几个局限性。这些局限性是什么? 绘出文章中给出的 Li_2 的 MO 图。你觉得这个图为什么不会出现在教科书中? 使用文章给出的数据构筑 B_2 和 C_2 的 MO 图。这两个图是否不同于本书中的图 2.17? 讨论其中的变化。

2.6　为假想中的平面 NH_3 分子构筑近似分子轨道能级图。你可参考资源节 4 确定中心 N 原子和三个角上 H 原子合适的轨道形式,根据原子轨道能级将 N 原子和 H_3 轨道放在分子轨道能级图的两侧。然后判断成键和反键相互作用和原来原子轨道能级的影响在图的中间构筑分子轨道能级,并划线将对每一分子轨道有贡献的原子轨道与此分子轨道相连。电

离能是 $I(\mathrm{H1s})=13.6\ \mathrm{eV}$,$I(\mathrm{N2s})=26.0\ \mathrm{eV}$,$I(\mathrm{N2p})=13.4\ \mathrm{eV}$。

2.7 (a) 用分子轨道程序或教师提供软件的输入和输出构筑分子轨道能级图从而将 MO 能量(输出)和 AO 能量(输入)相关联,并给出下列分子之一中 MOs(见图 2.17)的占有情况:HF(键长 92 pm)、HCl(127 pm)或 CS(153pm)。(b) 使用输出绘制占据轨道的形式,采用阴影区展示 AO 叶瓣的符号,并用轨道大小表示其振幅。

2.8 使用辅导性作业 2.6 中提供的 H 的能量及 NH_3 中 H—H 的距离(N—H 键长 102 pm,HNH 键角 107°)通过软件来计算 H_3 的 MO,接着采用相同的方法计算 NH_3。后一计算中要用到辅导性作业 2.6 中提供的 N2s 轨道和 N2p 轨道的能量值。根据输出绘制具有适当对称性标记的分子轨道能级,并将它们与具有相应对称性的 N 轨道和 H_3 轨道相关联。将计算结果与辅导性作业 2.6 中的定性描述进行比较。

2.9 对锡和铅化合物[如 $Sr(MX_3)_2\cdot 5H_2O$(M=Sn 或 Pb,X=Cl 或 Br)]阴离子中非成键孤对电子的影响已采用晶体学和电子结构计算做了研究(I.Abrahams,et al.*Polyhedron*,2006,**25**,996)。概述制备这些化合物的方法并指出哪个化合物不能被制备。解释这个化合物在没有实验结构数据可用时是怎么进行电子结构计算的。说明$[MX_3]^-$阴离子的形状并描述非键孤对电子的影响在气相和固相 Sn 和 Pb 之间是如何变化的。

(雷依波　译,史启祯　审)

3 章

简单固体的结构

学习固态化合物化学的重点是研究重要的无机材料(如合金、简单金属盐、石墨烯、无机颜料、纳米材料、沸石和高温超导体)。本章概述简单固体结构中原子和离子所采用的结构,并探讨某一种排布方式为什么优先于另一种。讨论从最简单的模型开始,模型中的原子用硬球表示,固体结构是球体紧密堆积在一起的结果。这种“密堆积”模型能够很好地描述许多金属和合金,并是讨论许多离子固体非常有用的出发点。这些简单的固体结构可以当作构建复杂无机材料的基块。在成键中引入部分共价性质将会影响结构的选择,因而采取的结构类型与组成原子的电负性有关。本章还将介绍一些能量方面的因素,这些因素可用来解释结构和反应活性的变化趋势。这些论据还能使第 1 族和第 2 族元素形成的离子固体的热稳定性和溶解度的讨论系统化。最后讨论材料的电子结构,其方法是将分子轨道理论扩展到介绍能带理论的固体之中,原子在能带理论中几乎是无限排布的。能带理论描述固体中电子可以占据的能级,并可将无机固体分为导体、半导体和绝缘体。

大多数元素和无机化合物以固体形式存在,它们由有序排列的原子、离子或分子组成。大多数金属的结构可描述为金属原子在空间有规律的填充。这些金属原子通过**金属性成键**(metallic bonding)相互作用,这种成键作用的电子离域在整个固体中(即这些电子不与特定原子或键相关联)。这相当于将金属看作具有众多原子轨道的巨形分子,多个原子轨道相重叠形成扩展至整个固体的分子轨道(节 3.19)。金属性成键作用是电离能低的元素(如处在周期表左部的元素及穿过 d 区并靠近 d 区的部分 p 区元素)的特征。这类元素大部分是金属,但金属性成键作用也发生在许多其他固体中,特别是 d 金属的化合物(如氧化物和硫化物)中。具有红色光泽的氧化铼(ReO_3)和“愚人金”(黄铁矿,FeS_2)是两个例子,它们能够说明化合物中的金属性成键作用。金属元素性质的相似性源自它们的金属性成键作用,尤其是源自电子离域在整个固体中。金属具有展性(受压易变形)和延性(能够拉成丝),这既是因为电子可以快速调节位置(相对于原子的核),也是因为金属性成键没有方向性。金属具有光泽,是因为电子几乎无限制地响应电磁辐射的入射波并将入射波反射回来。

离子性成键(ionic bonding)作用中,不同元素的离子由于相反电荷之间吸引的结果,被刚性地、对称性地排布在一起。离子性成键也依赖于电子的失去和获得,所以通常发现于金属与负电性元素形成的化合物中。然而也存在许多例外:不是金属的所有化合物都是离子性的,还有一些非金属的化合物(如硝酸铵)除具有共价相互作用外还含有离子性成键的特征。也有一些材料既显示出离子键的特征也显示出金属性成键的特征。

离子性成键和金属性成键都没有方向性,以这些键型出现的结构采用空间填充模型非常容易理解。这些固体结构中的原子、离子或分子的规则排布可由重复单元生成,这些重复单元叫晶胞,它们是空间高效率填充的结果。

固体结构描述

简单固体结构中原子或离子往往用硬球的不同排列方式来表示。用于描述金属性结构的球体代表中性原子,这是因为仍可将每个阳离子看作被它自身的电子所围绕。用于描述离子性结构的球体代表阳离子和阴离子,这是因为一种形式的原子和另一种形式的原子之间存在明显的电子转移。

3.1　晶胞和晶体结构的描述

元素或化合物的晶体可视为由规律重复着的结构基元构成，这种结构基元可以是原子、分子或离子。"晶格"是由点（代表重复结构基元的位置）形成的几何模型。

（a）晶格和晶胞

提要：晶格定义了相同的点（具有结构的平移对称性）组成的网格。晶胞是晶体的亚结构，沿平移方向将其堆叠在一起可以重新产生该晶体。

晶格（lattice，又译为点阵、格子）是点的三维无限排列。这些点叫**格子点**（lattice points），每个格子点都以相同的方式被周围的点所包围。格子定义了晶体的重复性质。**晶体结构**（crystal structure）本身是由相关的一个或多个相同的结构基元（如原子、离子或分子）形成的，这些结构基元具有各自的格子点。许多情况下可将结构基元集中在格子点上，但并不是必需的。

三维晶体的**晶胞**（unit cell）是一个假想中的、具有平行棱边的区域（"平行六面体"），仅仅通过平移就能构建整个晶体；这样产生的晶胞完美地、没有多余空间地堆放在一起。存在多种选择晶胞的方式，但通常优先选择具有最大对称性的最小晶胞。图 3.1 的二维图中可以选出多种晶胞（二维的平行四边形），每一种通过平移都能重复方框的内容。图中示出两种可能的重复单元，但（b）更小因而比（a）更优先。三维点阵参数之间的关系产生了 7 个**晶系**（crystal systems），参见表 3.1 和图 3.2。化合物采用的所有有序结构都属于这些晶系之一。本章涉及简单的组成和化学计量，所描述的大部分晶系属于高对称性的立方和六方晶系。用于确定晶胞大小和形状（相对于原点）的角度（α,β,γ）和长度（a,b,c）叫**晶胞参数**（unit cell parameters），又叫"晶格参数"；a 和 b 之间的夹角标记为 γ，b 和 c 之间的夹角标记为 α，a 和 c 之间的夹角标记为 β。图 3.2 给出了一个三斜晶胞。

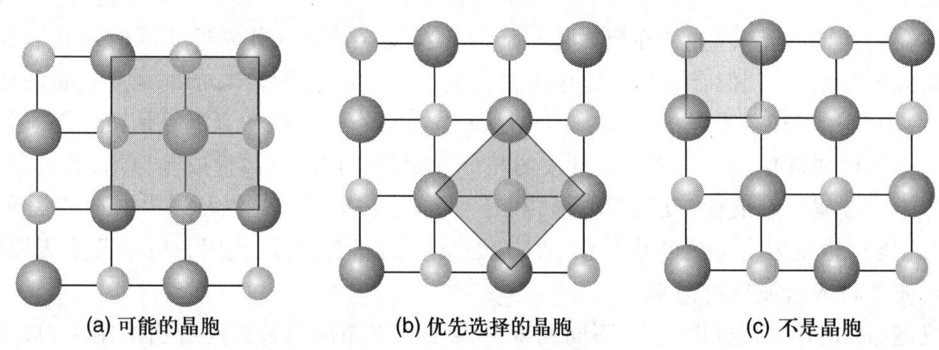

图 3.1　二维固体和晶胞的两种选择方法：整个晶体是由任意晶胞平移产生的，但（b）通常优先于（a），因为（b）较小

表 3.1　7 个晶系

体系	晶格参数之间的关系	定义晶胞的参数	对称性
三斜	$a\neq b\neq c,\alpha\neq\beta\neq\gamma\neq 90°$	$abc\alpha\beta\gamma$	无
单斜	$a\neq b\neq c,\alpha=\gamma=90°,\beta\neq 90°$	$abc\beta$	一个二重旋转轴和/或镜面
正交	$a\neq b\neq c,\alpha=\beta=\gamma=90°$	abc	三个垂直的二重轴和/或镜面
三方	$a=b=c,\alpha=\beta=\gamma\neq 90°$	$a\alpha$	一个三重旋转轴
四方	$a=b\neq c,\alpha=\beta=\gamma=90°$	ac	一个四重旋转轴
六方	$a=b\neq c,\alpha=\beta=90°,\gamma=120°$	ac	一个六重旋转轴
立方	$a=b=c,\alpha=\beta=\gamma=90°$	a	四个按四面体排列的三重旋转轴

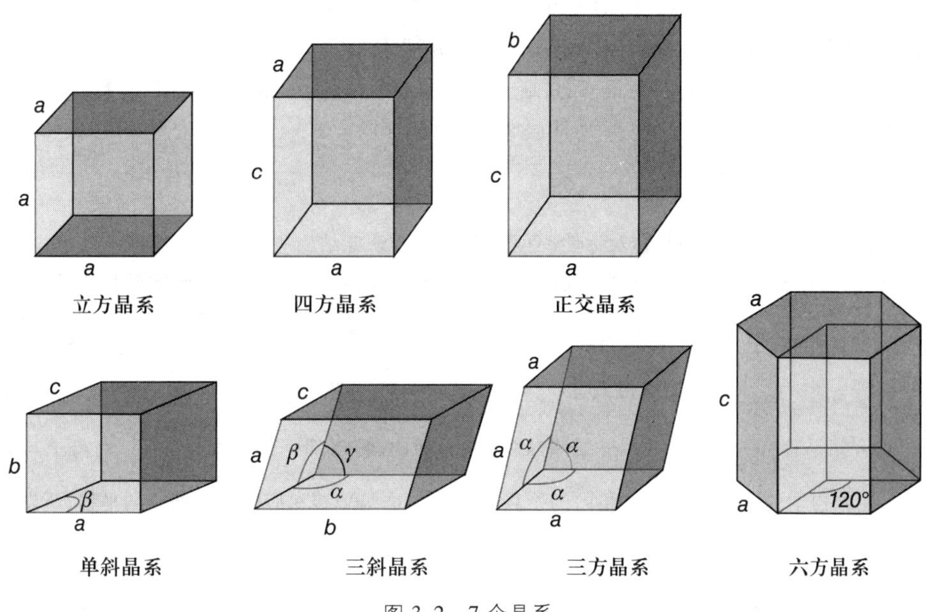

图 3.2　7 个晶系

素(primitive)晶胞又叫简单晶胞,由符号 P 表示。素晶胞中只有一个点阵点(见图 3.3),存在的平移对称性就是重复晶胞的对称性。较复杂的点阵类型是**体心**(body-centred,用符号 I 表示,I 来自德语 *innenzentriert*,指点阵点在晶胞中心)和**面心**(face-centred,用符号 F 表示),每个晶胞中分别有 2 个和 4 个点阵点;除晶胞外还有另外的平移对称性(见图 3.4 和图 3.5)。**体心立方**(body-centred cubic,bcc)格子中额外的平移对称性(相当于从晶胞原点(0,0,0)位移到$\left(+\frac{1}{2},+\frac{1}{2},+\frac{1}{2}\right)$)在晶胞中心产生一个点阵点;注意,每个点阵点所处的环境都是相同的,立方体顶角的点阵点周围有 8 个其他点阵点。有时会选择中心点阵而不是素点阵(尽管总是可以对任意结构使用素点阵),这样,晶胞的所有结构对称性会更明显。

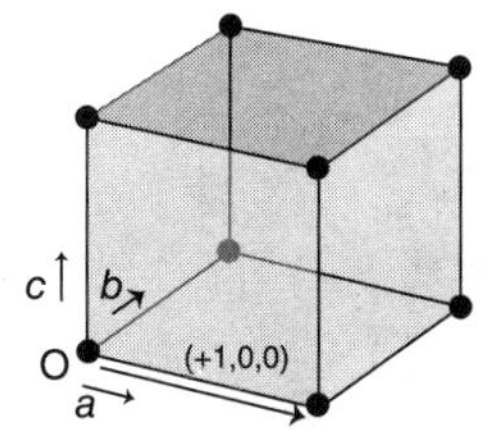

图 3.3　描述素立方晶胞平移对称性的点阵点

平移对称性就是晶胞的平移对称性;如原点 O 的格子点平移(+1,0,0)到晶胞的另一角

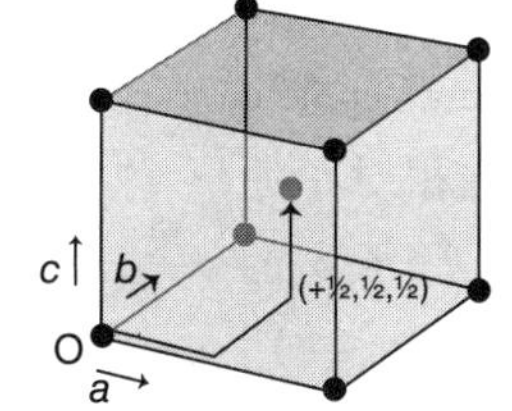

图 3.4　描述体心立方晶胞平移对称性的点阵点

平移对称性是晶胞和$\left(+\frac{1}{2},+\frac{1}{2},+\frac{1}{2}\right)$的平移对称性,因此原点 O 的格子点平移到晶胞的体心

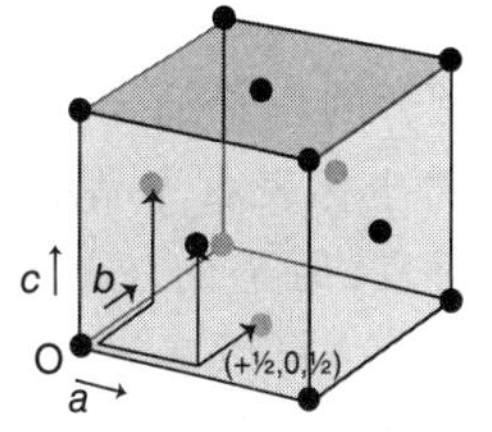

图 3.5　描述面心立方晶胞平移对称性的点阵点

平移对称性是晶胞和$\left(+\frac{1}{2},+\frac{1}{2},0\right)$,$\left(+\frac{1}{2},0,+\frac{1}{2}\right)$,$\left(0,+\frac{1}{2},+\frac{1}{2}\right)$的平移对称性,因此原点 O 的格子点平移到晶胞每个面的面心

用以下规则来计算三维晶胞中点阵点的数目。相同的方法也可用来计算晶胞中原子、离子或分子的数目(节 3.9)。

- 晶胞体内的格子点完全属于该晶胞,并计为 1;

- 面上的格子点由两个晶胞共用，对每个晶胞的贡献为 1/2；
- 棱上的格子点由四个晶胞共享，对每个晶胞的贡献为 1/4；
- 顶角的格子点由八个晶胞共享，对每个晶胞的贡献为 1/8。

因此，对图 3.5 中的面心立方晶胞而言，晶胞中格子点的总数是(8×1/8)+(6×1/2)= 4。对图 3.4 中的体心立方晶胞而言，晶胞中格子点的总数是(8×1/8)+(1×1)= 2。

例题 3.1　指认格子的类型

题目：确定存在于立方 ZnS 结构的平移对称性(见图 3.6)，并指认此结构所属的格子类型。

答案：我们需要确定使整个晶胞中每个原子到达等效位置(同样的原子类型具有相同的配位环境)的位移。这种情况下，位移$\left(0,+\frac{1}{2},+\frac{1}{2}\right)$、$\left(+\frac{1}{2},+\frac{1}{2},0\right)$和$\left(+\frac{1}{2},0,+\frac{1}{2}\right)$具有这样的效果，$x$、$y$ 或 z 坐标上的$+\frac{1}{2}$代表沿合适的晶胞方向平移 $a/2$、$b/2$ 或 $c/2$ 的距离。例如，从该晶胞靠近底部左侧的一角(原点)标记为 Zn^{2+}(该离子被处在四面体 4 个角的 S^{2-} 所包围)的一点开始平移$\left(+\frac{1}{2},0,+\frac{1}{2}\right)$，得到该晶胞靠近前面右侧顶部一角的那个 Zn^{2+}(此离子具有相同的四面体 S 配位环境)。此结构中的所有离子具有相同的平移对称性。这些平移相应于面心格子的平移，所以格子类型为 F。

自测题 3.1　确定 CsCl 的格子类型(见图 3.7)。

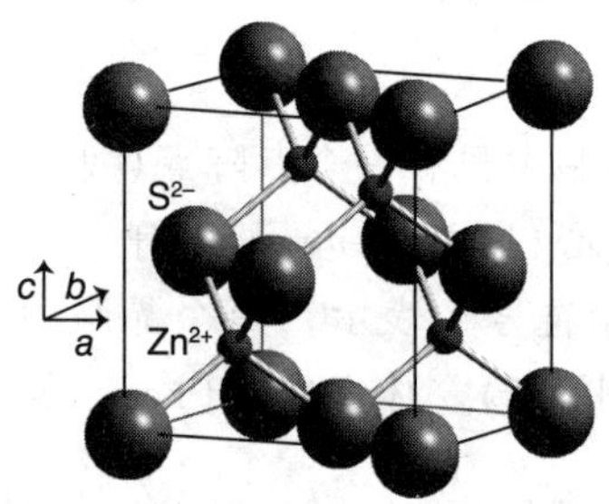

图 3.6*　立方 ZnS 结构

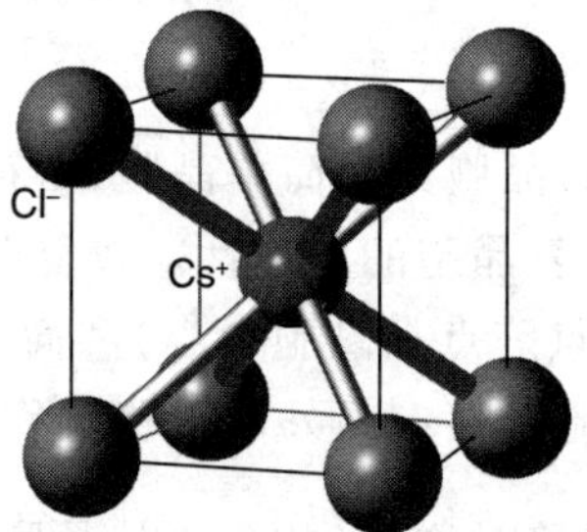

图 3.7*　立方 CsCl 结构

(b) 分数原子坐标和投影

提要：结构可以通过投影表示，采用分数坐标表示原子的位置。

晶胞中原子的位置通常可用**分数坐标**(fractional coordinates)表示(将坐标表示为晶胞棱长的分数)。因此相对于原点(0,0,0)而言，原子的位置(平行于 a 的 xa、平行于 b 的 yb、平行于 c 的 zc)可以表示为(x,y,z；其中 $0\leqslant x,y,z\leqslant 1$)。复杂结构的三维表示往往难以在二维图上绘制和解释。一种在二维面上表示三维结构的较为清晰的方法是绘制投影结构，其方法是从晶胞的一个方向(通常选择晶胞一个轴的方向)往下看。投影平面上原子的位置用底平面上方的分数坐标表示，并且写在被投影的那个原子符号的旁边。如果两个原子在投影图上重叠，两个分数坐标都表示在括号中。例如，图 3.8(a) 中钨的三维体心结构可用图 3.8(b) 中的投影图表示。

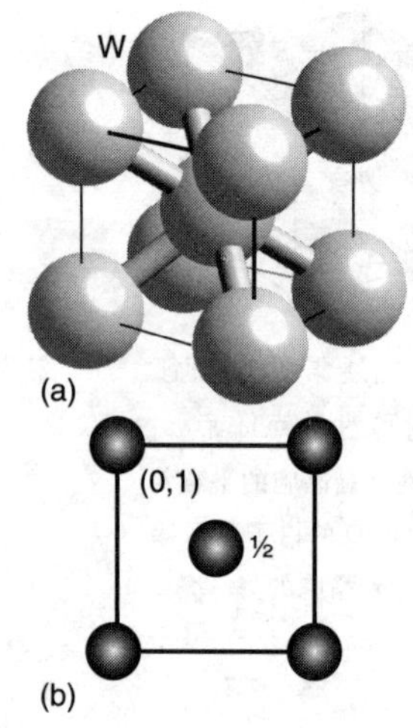

图 3.8　(a)* 金属钨的结构及其(b)投影表示

例题 3.2　绘出三维结构的投影表示

题目:将图 3.5 中的面心立方晶胞转化为投影图。

答案:从垂直于晶胞一个面的方向透视该晶胞以确定点阵点的位置。立方晶胞的面是正方形,所以直接从晶胞上方透视所得的投影图是正方形。所述晶胞的每个顶角都有一个点阵点,所以正方形投影图角上的点可以标记为(0,1)。每个垂直的面上具有一个点阵点,投影到投影四边形棱边上处于分数坐标½的位置。晶胞的上、下水平面上具有点阵点,它们分别投影于处在 0 和 1 位置的四边形的中心。所以我们将最后一个点放在正方形的中心,并标记为(0,1)。得到的投影示于图 3.9 中。

自测题 3.2　将 SiS_2 晶胞结构的投影图(见图 3.10)转化为三维图。

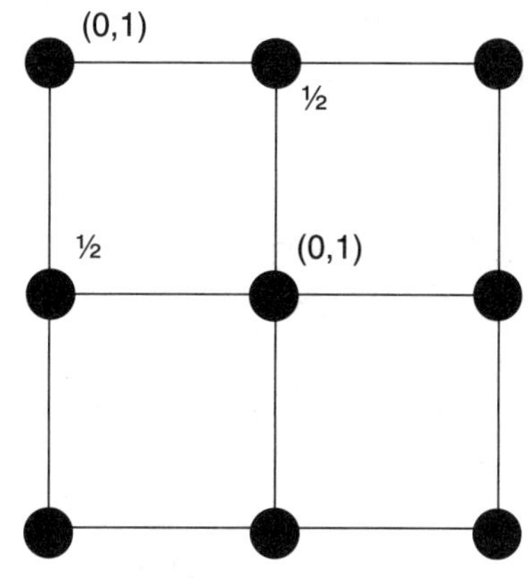

图 3.9　fcc 晶胞的投影表示

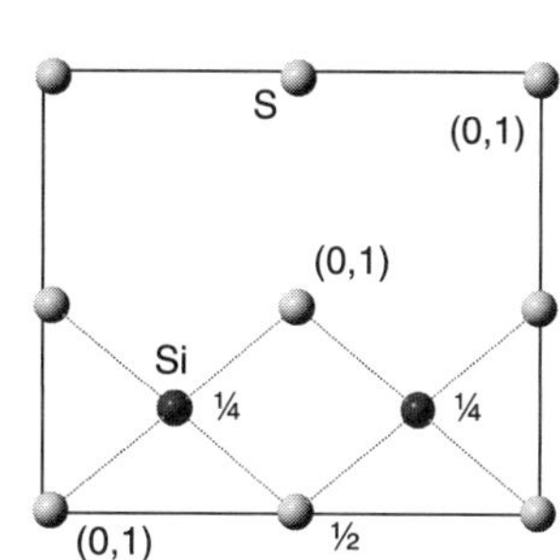

图 3.10*　硫化硅(SiS_2)的结构

3.2　球的密堆积

提要:等径圆球的密堆积存在多种堆积类型,六方和立方密堆积结构最常见。

许多金属性和离子性晶体可看作是由原子和离子的硬球构成的。如果没有定向的共价成键作用,这些球体在几何形状允许的情况下尽可能自由地密堆积在一起,得到**密堆积结构**(close-packed structure),密堆积结构是空余空间最小的一种结构。

先讨论等径圆球构成的单层结构[见图 3.11 和图 3.12(a)]。与一个球相邻的球体最大的数目是 6,而且仅有这样一种方式构成密堆积层。注意,层中每个球体所处的环境相同,周围以六角形方式放置着 6 个球体。圆球的第二个密堆层是这样形成的:第一层球的凹陷处放置第二层球,以便它们与第一层的三个球相接触[见图 3.12(b)],注意,第一层球的凹陷处只有一半被占用,没有足够空间将球放满所有凹陷。第二层中球的排列方式与第一层相同,每个球有 6 个最近的球体。第三个密堆积层的放置可用两种放置方式之一(记住,前一层中的凹陷处只有一半被占据)。两种放置方式产生两种**多型体**(polytype)或两种结构当中的一种,它们在二维方向上(这里指平面方向)完全相同,但三维方向上则不同。稍后我们将会看到可以形成多种不同的多型体,这里描述的是两个非常重要的特殊情况。

一种多型体中第三层球位于第一层球的正上方,第二层中的每个球得到第三层中更邻近的三个球。这种 ABAB…的层堆积方式(A 表示球体直接处于另一层球体正上方的层,B 也表示同样的层)给出六方晶胞的结构,因此被称为**六方密堆积**[hexagonally close-packed, hcp,见图 3.12(c) 和图 3.13]。在第二种多型体中,第三层球体放在第一层中未被占据的凹陷上方。第二层占据第一层凹陷的一半,第三层占据剩余凹陷的上方。这种排布得到 ABCABC…的排布方式,

图 3.11*　硬球的密堆积层

图 3.12

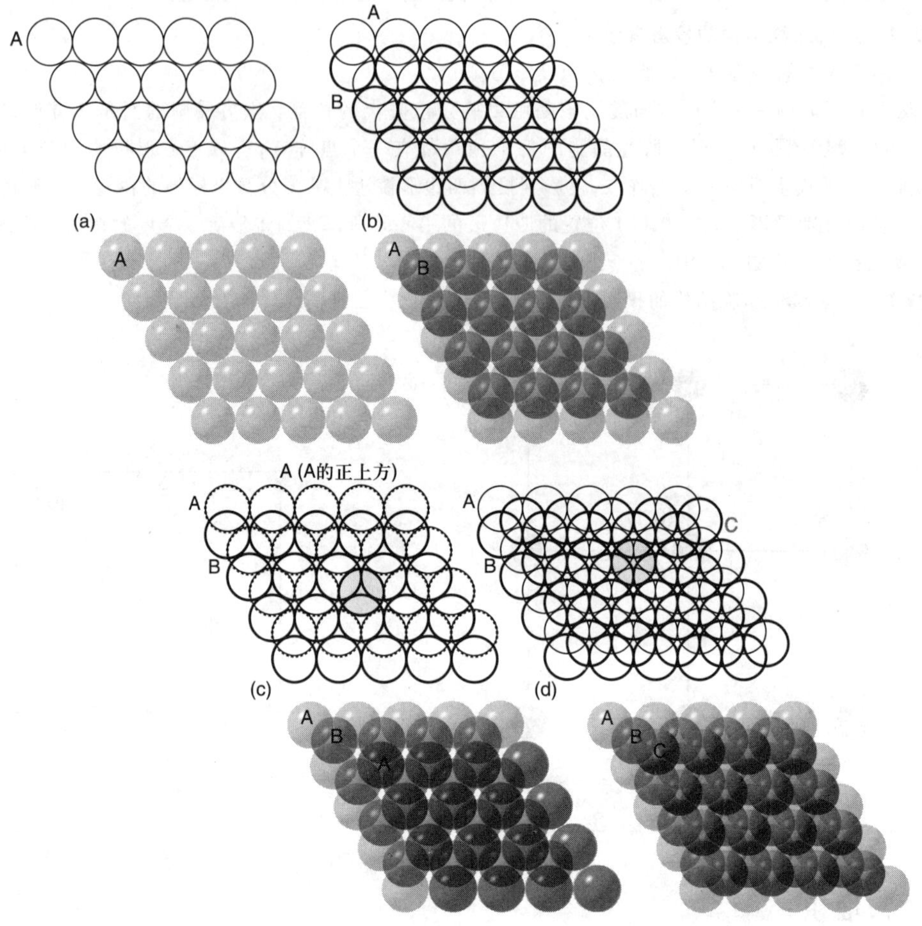

图 3.12* 两种密堆积多型体的形成：(a) 单密堆积层 A；(b) 第二个密堆积层 B，处在 A 的上方；(c) 第三层重复了第一层形成 ABA 结构(hcp)；(d) 第三层位于第一层间隙的上方形成 ABC 结构(ccp)

不同的颜色区别出相同球体形成的不同层(扫描二维码打开彩色图，下同)

图 3.13

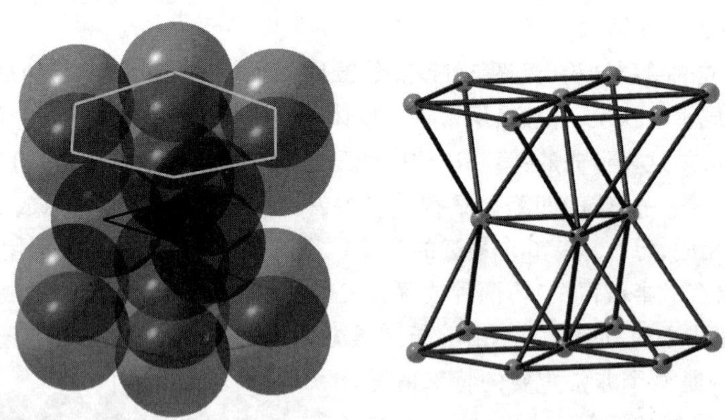

图 3.13* ABAB…多型体的六方密堆积(hcp)晶胞

球体颜色对应于图 3.12(c) 中球层的颜色

其中 C 表示不在 A 层或 B 层圆球位置正上方的层(但却处在另一个 C 型层球体的正上方)。这种排列方式相应于立方晶胞的结构，因此被称为**立方密堆积**[cubic close-packed，ccp，见图 3.12(d)和图 3.14]。由于每个 ccp 晶胞的顶角和面心被小球占据，立方密堆积有时也被称为**面心立方**(face-centred cubic，fcc)。密堆积排列中球体的**配位数**(coordination number，CN，即最邻近圆球的数目)为 12，来自相同密堆层中与之相接触的球为 6 个,来自上方和下方密堆积层的球各 3 个。这是几何学上允许的最大配位数。如果定向成键作用显著,所得的结构不再是密堆积结构,配位数也将小于 12。

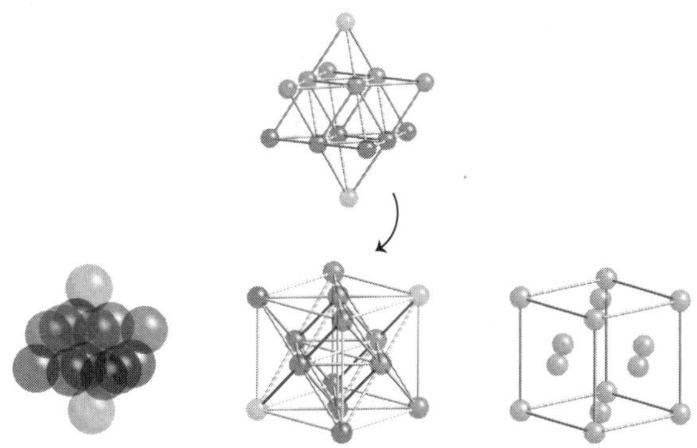

图 3.14

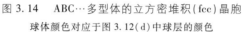

图 3.14　ABC…多型体的立方密堆积(fcc)晶胞
球体颜色对应于图 3.12(d)中球层的颜色

需要说明的是,ccp 和 fcc 的描述经常交替使用,虽然从严格意义上讲 ccp 仅代表密堆积排列,而 fcc 指的是 ccp 常见表示方法的晶格类型。本书通篇用 ccp 这一术语描述密堆积的排布方式。它将被绘成具有 fcc 格子类型的立方晶胞,因为这种表示看起来最简单。

密堆积结构的空间占用率达到总空间的 74%(见例题 3.3)。然而剩下的未占空间(26%)在实际固体中并不是空的,这是因为原子的电子密度不会像硬球模型表示的那样突然消失。硬球之间的空间(叫空穴)类型和分布很重要,这是因为许多结构(包括某些合金和许多离子性化合物的结构)可看作是由空穴被额外的原子或离子占据而形成的扩展的密堆积排列结构。

例题 3.3　计算密堆积排布的被占空间

题目: 计算相同球体密堆积结构未占空间的百分比。

答案: 因为硬球在 ccp 和 hcp 排布中占据的空间相同,故可选择较为简单的几何结构(ccp)进行计算。参考图 3.15:半径为 r 的圆球跨过立方体的面而相互接触,因此该对角线的长度为 $r+2r+r=4r$。由 Pythagoras 定理可得晶胞的边长是$\sqrt{8}r$[对角线长度的平方$(4r)^2$等于两边边长 a 的平方之和 $2\times a^2=(4r)^2$,所以 $a=\sqrt{8}r$],晶胞体积为$(\sqrt{8}r)^3=8^{3/2}r^3$。晶胞含有每个顶点圆球的 1/8[共有 8×(1/8)= 1]和每个面心圆球的一半[共有 6×(1/2)= 3]共计 4 个圆球。由于每个球的体积为$(4/3)\pi r^3$,被球体占据的总体积的比率为$(16\pi r^3/3)/(8^{3/2}r^3)=16\pi/(3\times 8^{3/2})$,即 0.740。

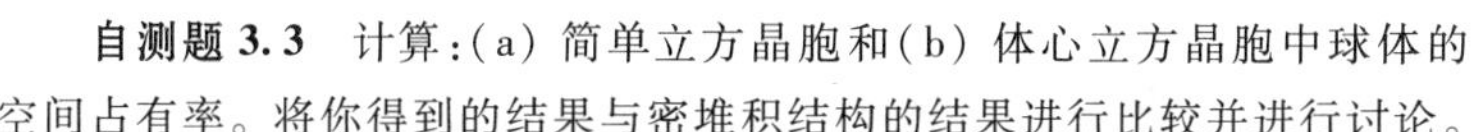

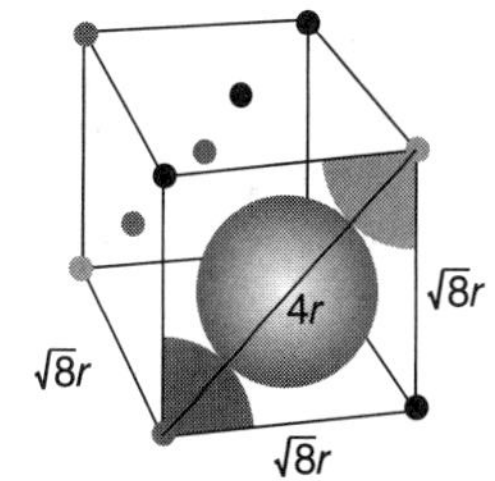

图 3.15　计算等径圆球(半径为 r)密堆积结构占据空间百分比所涉及的维度

自测题 3.3　计算:(a) 简单立方晶胞和(b) 体心立方晶胞中球体的空间占有率。将你得到的结果与密堆积结构的结果进行比较并进行讨论。

ccp 和 hcp 排布是等径圆球填充空间最有效且最简单的方式。它们的区别仅在于密堆积层的堆叠顺序,如果以不同位置(相对于邻层)放置层平面,则可能形成其他(较复杂)的密堆积层堆叠顺序(见节 3.4)。相同原子的任意组合(如金属元素或接近球状的分子的组合)很可能会采取这些密堆积结构,除非还有额外的能量因素(如共价成键作用)让其采取另一种排布方式。实际上许多金属采取这样的密堆积结构(见节 3.4),如稀有气体的固态形式即采取这种结构(ccp)。几乎所有球形分子(如富勒烯,C_{60})在固态也采用 ccp 结构(见图 3.16),许多小分子(在固态能围绕其中心发生旋转而形如球形)也采用此种堆积方式,如 H_2、F_2和固态 O_2中的一种形式。

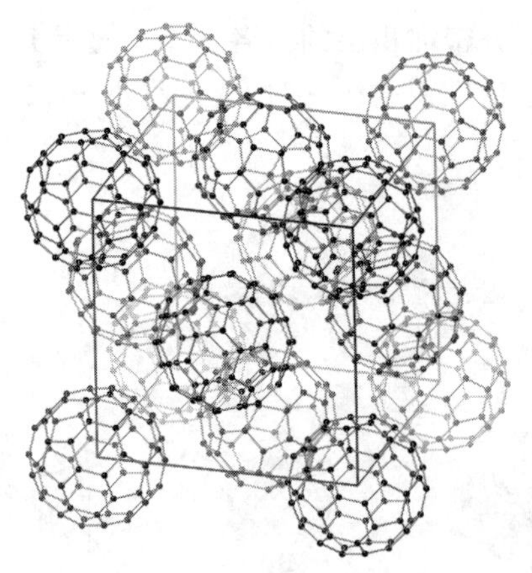

图 3.16* 固体 C_{60}的结构

示出 C_{60}多面体在 fcc 晶胞中的排布

3.3 密堆积结构中的空穴

提要：许多固体的结构可用一种密堆积结构进行讨论，其中一种原子的四面体或八面体空穴被另一种原子或离子所占据。密堆积结构中球数：八面体空穴数：四面体空穴数=1：1：2。

密堆积结构让人们能够将概念延伸以描述比金属更为复杂的结构，密堆积结构的特征是存在两类空穴（或球体之间未被占据的空间）。相邻两层的两个三角形构成**八面体空穴**（octahedral hole），见图 3.17（a）。密堆积结构中由 N 个球组成的晶体中存在 N 个八面体空穴。图 3.18（a）示出 hcp 晶胞中的八面体空穴，而 ccp 晶胞中的八面体空穴示于图 3.18（b）。图上还可看出这种空穴具有局域的八面体对称性，被 6 个最近邻的球体（中心位于八面体的顶角）所包围。如果每个硬球半径为 r 并且如果密堆积球体保持接触，那么每个八面体空穴可容纳一个半径不超过 $0.414r$ 的硬球（代表另一类原子）。

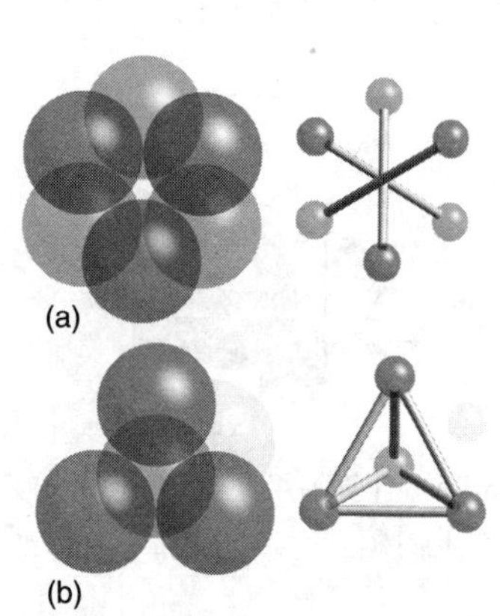

图 3.17 密堆积球体排列形成的（a）八面体空穴和（b）四面体空穴

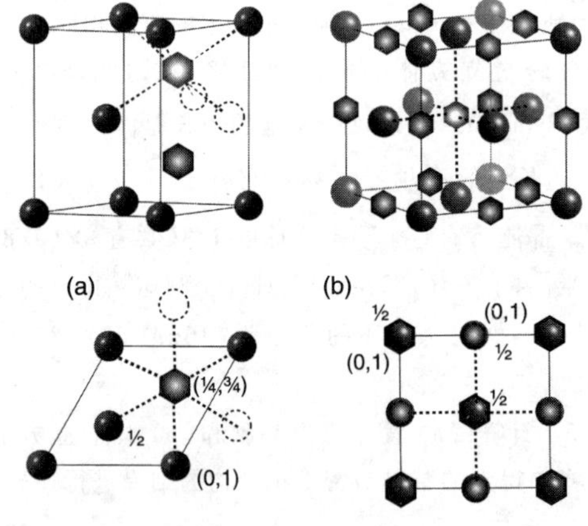

图 3.18 （a）hcp 晶胞中两个八面体空穴（用六方形表示）的位置和（b）ccp 晶胞中八面体空穴（用六方形表示）的位置

相邻晶胞中密堆积球的位置在 hcp 这个例子中用点线圆表示以说明八面体配位；每个结构类型中的一个八面体空穴用点线表示配位几何构型

例题 3.4 计算八面体空穴的大小

题目：计算由半径为 r 的球体围成的密堆积固体中八面体空穴所能容纳的球的最大半径。

答案：空穴（移去了上部球体）的结构示于图 3.19（a）。如果球体半径是 r 而空穴的半径是 r_h，由 Pythagoras 定理可知

$(r+r_h)^2+(r+r_h)^2=(2r)^2$，因此$(r+r_h)^2=2r^2$，这意味着 $r+r_h=\sqrt{2}r$。即 $r_h=(\sqrt{2}-1)r$，计算结果为 $0.414r$。注意，这是保持接触的密堆积球所允许的最大空穴尺寸；如果球体被允许略微分开且保持它们的相对位置，那么此空穴则可容纳更大的球体。

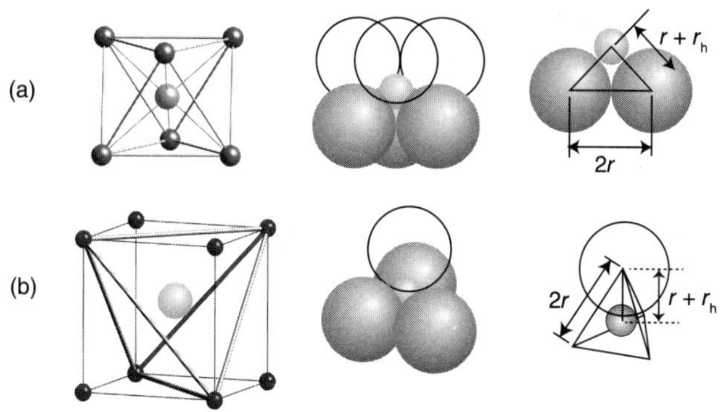

图 3.19　用于计算(a) 八面体空穴和(b) 四面体空穴尺寸的距离

自测题 3.4　参考图 3.19(b)，计算证明可嵌入圆球围成的四面体空穴的最大球半径为 $r_h=0.225r$。注意，四面体可以使用四个不相邻顶点内接在立方体中，空穴的中心与四面体中心重合。

平面中三个邻接球围成的三角形空隙上方帽盖另一个球形成**四面体空穴**(tetrahedral hole)，见图 3.17(b)。任何密堆积固体中的四面体空穴可分为两类：一类四面体的顶点指向上方(T)，另一类四面体的顶点指向下方(T′)。在 N 个球所形成的密堆积排列中，每种四面体空穴有 N 个，总数为 $2N$ 个。在半径为 r 的球的密堆积结构中，四面体空穴可容纳半径不超过 $0.225r$ 的另一种硬球(见自测题 3.4)。hcp 结构中四面体空穴和构成该空穴的四个邻接球的位置示于图 3.20(a)，ccp 结构中类似的关系示于图 3.20(b)。ccp 和 hcp 结构中的四面体空穴是相同的(因为这是两个相邻密堆积层的特性)，但在 hcp 结构中相邻的 T 和 T′空穴共享一个四面体面。它们靠得如此之近，以致从未被同时占据。

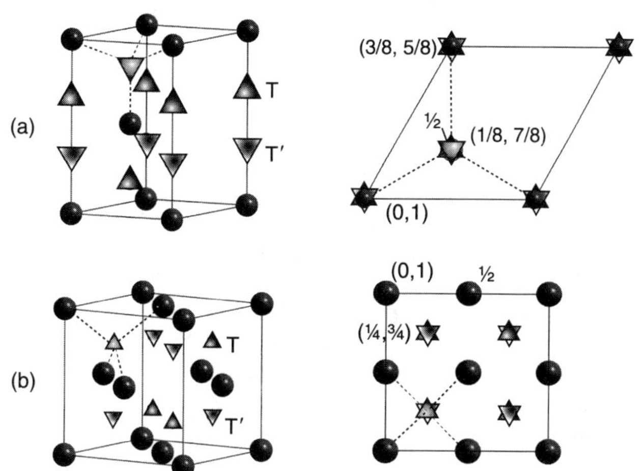

图 3.20　(a) hcp 晶胞中四面体空穴的位置(用三角形表示)，(b) ccp 晶胞中四面体空穴的位置
点线表示每种结构类型中一个四面体空穴的配位几何体

两种不同半径的球体(如阳离子和阴离子)堆积在一起时，较大的球体(通常为阴离子)形成密堆积骨架，小球体占据八面体空穴或四面体空穴。因此，简单离子性结构可用密堆积结构的占据空穴方式来描述(见节 3.9)。

例题 3.5　证明 ccp 中密堆积球与八面体空穴的比例是 1 ∶ 1

题目：确定 ccp 结构中密堆积球体和八面体空穴的数量，由此证明其比例是 1 球 ∶ 1 空穴。

答案：标出了八面体空穴位置的 ccp 晶胞示于图 3.18(b) 中。对晶胞中密堆积球体数目的计算而言，要依据节 3.1 给出的 F-心格子中点阵点数量(每个点阵点对应于一个球体)的计算方法。计算结果为 $(8\times1/8)+(6\times1/2)=4$。八面体空穴的位置沿立方体的棱边(共计 12 条棱边)由四个晶胞共享，还有一个空穴(处于立方体中心)由晶胞独占。晶胞中八面体空穴的总数是 $(6\times1/2)+1=4$。所以晶胞中密堆积球和空穴数目的比为 4 ∶ 4(相当于 1 ∶ 1)。由于晶胞是整个结构的重复单元，上述计算结果适用于整个密堆积结构，通常的说法是"N 个密堆球有 N 个八面体空穴"。

自测题 3.5　证明 ccp 中密堆积球与四面体空穴的比为 1 ∶ 2。

金属和合金的结构

X 射线衍射研究(节 8.1)揭示许多金属元素具有密堆积结构，表明原子间的化学键几乎没有定向的共价键特征(见表 3.2，图 3.21)。因为在最小的体积中堆积了最大的质量，密堆积的结果之一是金属通常具有高密度。实际上，d 区下方的元素(靠近铱和锇的位置)包含了正常温度和压力下密度最大的固体。锇在所有元素中密度最大($22.61\ g\cdot cm^{-3}$)；钨的密度($19.25\ g\cdot cm^{-3}$)几乎是铅密度($11.3\ g\cdot cm^{-3}$)的 2 倍，因此是捕鱼设备和高性能轿车压重物的重要材料。

表 3.2　通常条件下金属所采取的晶体结构

晶体结构	元素
六方密堆积(hcp)	Be，Ca，Co，Mg，Ti，Zn
立方密堆积(ccp)	Ag，Al，Au，Cd，Cu，Ni，Pb，Pt
体心立方(bcc)	Ba，Cr，Fe，W，碱金属
简单立方(cubic-P)	Po

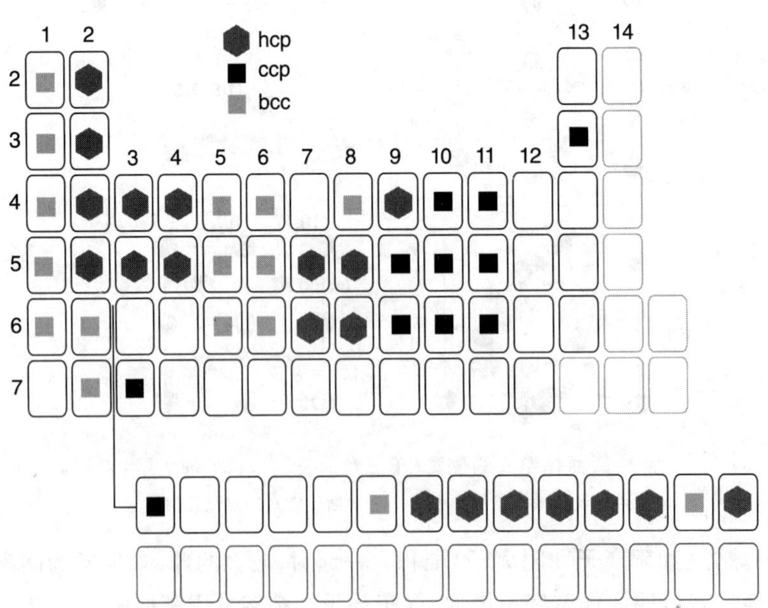

图 3.21　室温下金属性元素的结构(复杂结构的元素处留白)

例题 3.6　从结构计算物质的密度

题目：计算立方密堆积结构中金的密度。金原子的摩尔质量 $M=196.97\ g\cdot mol^{-1}$，晶格参数 $a=409\ pm$。

答案：密度是强度性质，因此晶胞的密度与任何宏观样品的密度相同。我们将 ccp 堆积表示为面心格子，其中每个格点上都有一个球；每个晶胞含 4 个球。每个原子的质量为 M/N_A（N_A 是 Avogadro 常量），含 4 个金原子的晶胞总质量为 $4M/N_A$。立方晶胞的体积是 a^3，晶胞的质量密度是 $\rho=4\ M/(N_A a^3)$。代入有关数据得

$$\rho=\frac{4\times(196.97\times10^{-3}\ kg\cdot mol^{-1})}{(6.022\times10^{23}\ mol^{-1})\times(409\times10^{-12}\ m)^3}=1.91\times10^4\ kg\cdot m^{-3}$$

即晶胞（及块金）的密度为 $19.1\ g\cdot cm^{-3}$。实验值（$19.2\ g\cdot cm^{-3}$）与计算值相当一致。

自测题 3.6　计算银的晶格参数。假设银的结构与金元素相同，但密度为 $10.5\ g\cdot cm^{-3}$。

3.4　多型现象

提要：多型性涉及某些金属中密堆积层的复杂排列。

金属采用常见多型体（hcp 或 ccp）中的何种排布方式取决于多种因素，包括原子的电子结构、次邻近原子间的相互作用及在成键中显示定向性质的潜力。人们发现较软的、展性较大的金属（如铜和金）采用 ccp 结构，而较硬、较脆的金属（如钴和镁）则采用 hcp 排布方式。这种性质与原子堆积层之间相互滑动的难易程度有关。hcp 中仅有相邻的密堆积层 A 和 B，相对滑动较容易；但对 ccp 结构（如图 3.14 所示）而言，ABC 各层可以选择不同的垂直方向，使原子的密堆积层在多个方向上轻松移动。

密堆积结构不需要是常见 ABAB…或 ABCABC…排列的多型体之一。因为密堆积层会以更复杂的方式重复 A、B 和 C 层（甚至在一定允许范围内随机排列），事实上存在着无限种多型体。不过人们不能完全随机选择 A、B 和 C 序列，这是因为相邻层不可能有完全相同的圆球位置。例如，不能发生 AA、BB 和 CC，这是因为一层中的圆球必须占据相邻一层的凹陷处。金属中的钴是一个例子，它表现出较为复杂的多型性。500 ℃以上时为 ccp 结构，但在冷却时结构会发生改变。形成的结构中几乎是钴原子密堆积层的随机堆叠（如 ABACBABABC…）。但在钴的一些样品中不是随机排布的，原子层的序列会在数百层之后重复。长程重复现象也许是晶体螺旋式生长的结果，即原来的堆叠模式在重复之前需要经过数百层原子。

3.5　非密堆积结构

提要：常见的一种非密堆积金属结构是体心立方；简单立方结构偶尔也会遇到这种情况。有些金属（其结构比迄今介绍过的结构更复杂）有时可看作略有变形的简单结构。

并非所有的金属元素都形成密堆积，某些其他堆积方式使用空间的效率几乎相同。加热或原子发生大振幅的振动时，即使密堆积结构的金属也可能发生相变形成较为松散的结构。

一种常见的排布方式具有体心立方格子的平移对称性，叫作**体心立方**（body-centred cubic）结构（立方-I 或 bcc），其立方体体心和每个顶角各有一个圆球[见图 3.22(a)]。具有这种结构的金属配位数为 8，这是因为晶胞的中心原子与 8 个顶角原子相接触。虽然 bcc 结构没有 ccp 和 hcp 结构（两种结构的配位数为 12）那样紧密，但差别不是很大。这是因为中心原子还有 6 个次邻近的原子位于相邻晶胞的中心，只比最邻近原子的距离大了 15%。这种排布方式留下 32% 的未占空间（最密堆积结构的未占空间为 26%，参见例题 3.3）。15 种元素在标准条件下形成 bcc 结构，包括所有的碱金属和第 5 族、第 6 族中的金属。因此，原子的这种简单排布有时被称为“钨型”。

最不常见的金属性结构是**简单立方**(primitive cube,立方-P)结构(见图 3.23),其圆球位于简单立方格子的点阵点(取立方体的顶点)。立方-P 结构的配位数为 6。正常条件下具有这种结构的唯一例子是钋的一种形式(α-Po),尽管铋在压力下也采用这种结构。然而固态汞(α-Hg)具有与之密切相关的结构:它是沿立方体的一条体对角线拉长而得的[见图 3.24(a)];另一种固态汞(β-Hg)的结构是在 bcc 排布的基础上沿晶胞的一个方向压缩而得的[见图 3.24(b)]。

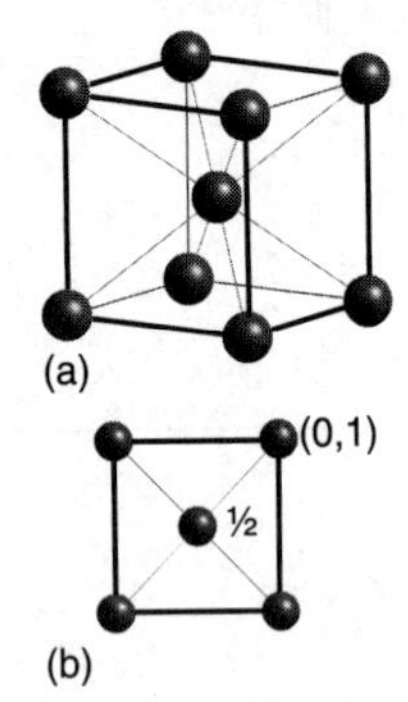

图 3.22 (a)* bcc 结构晶胞和(b) 晶胞的投影表示

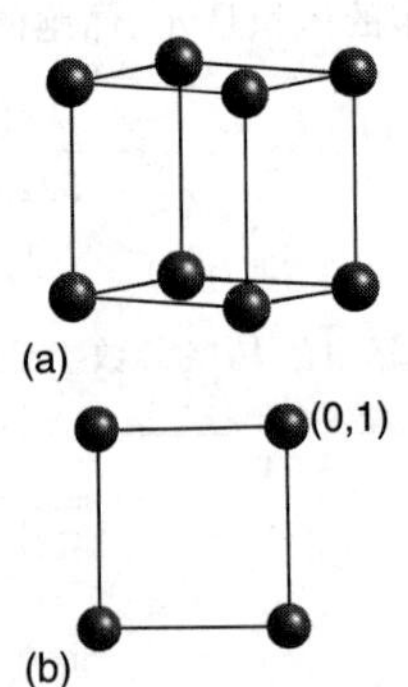

图 3.23 (a)* 简单立方晶胞和(b) 晶胞的投影表示

比迄今描述过的结构具有更复杂结构的金属(如固态汞)有时可看作略有畸变的简单结构。例如,锌和镉几乎是 hcp 结构,只是原子密堆积层的层间距较完美的 hcp 的层间距稍大。

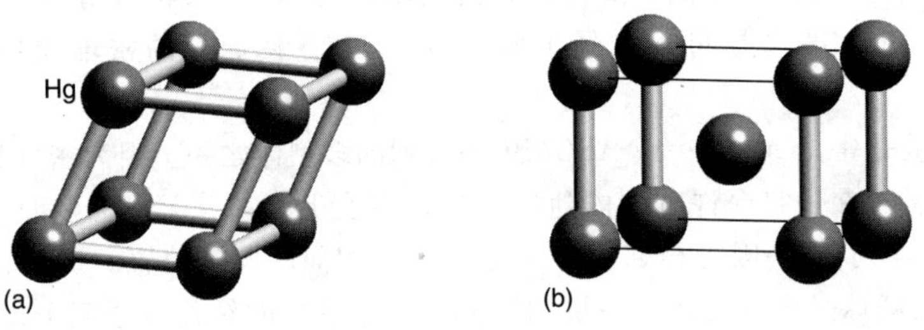

图 3.24 (a) α-汞和(b) β-汞的结构分别与简单立方晶胞和体心立方晶胞的格子密切相关

3.6 金属的多晶现象

提要:多晶现象是金属性成键低方向性导致的一个常见结果。由于原子振动振幅的增大,低温下密堆积的金属在高温时常采取 bcc 结构。

金属原子间相互作用缺乏方向性是广泛存在**多晶现象**(polymorphism)的原因,多晶现象是在不同压力和温度条件下采取不同晶形能力的一种表现。人们往往(但并非总是)发现,低温下最密堆积的物相在热力学上更有利,而高温下密堆程度较小的物相在热力学上更有利。同样,高压下得到堆积密度更大的结构(如 ccp 和 hcp)。

金属的多晶体随温度升高通常标记为 α,β,γ,…某些金属在高温下回复到低温结构,如铁显示出多个固-固相变;906 ℃以下为 α-Fe(bcc 结构);1 401 ℃以下为 γ-Fe(ccp 结构);直至熔点(1 530 ℃)之前又为 α-Fe。β-Fe(hcp 结构)是在高压下形成的,人们认为它是存在于地心的结构。但新近的研究表明更可能是 bcc 多晶体(应用相关文段 3.1)。

应用相关文段 3.1 高压下的金属

地心是直径约为 1 200 km 的固体铁,地球强大的磁场就是由它产生的。据计算,温度在 5 000~6 500 ℃时地球中心的压力大约为 370 GPa(约 370 万个大气压)。根据理论计算和地震学测量的结果,这种条件下存在的铁的晶形一直备受争议。目前认为铁芯是由体心立方的多晶组成的。人们认为,以巨型晶体或大量定向晶体形式而存在导致 bcc 晶胞的长对角线与地球的自转轴成一条线(见图 B3.1)。

高压条件下对元素和化合物结构的研究已经超过对地心的研究。氢在受到类似于地心的压力时估计会变成类似于碱金属那样的金属性固体,人们假定行星(如木星)中心含有这种形式的氢。加压超过 55 GPa 时,碘分子会发生解离并采取简单的面心立方结构;此时该元素显示金属性并在低于1.2 K时是个超导体。

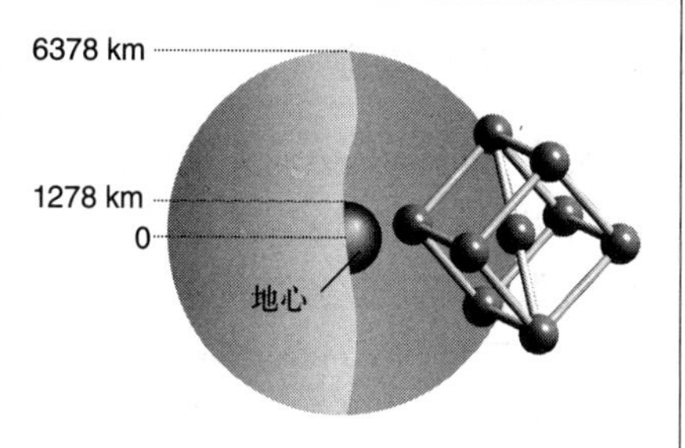

图 B3.1　地球的自转轴

低温下密堆积的金属在高温下通常为 bcc 结构。这是因为热固体中原子振动的振幅增加,导致形成密堆积程度较小的结构。许多金属(包括 Ca、Ti 和 Mn)的相变温度在室温以上;另一些金属(包括 Li 和 Na)的相变温度则低于室温。经验上还发现,每个轨道中价电子数少的金属有利于形成 bcc 结构。

3.7　金属的原子半径

提要:Goldschmidt 修正将金属的原子半径转化为 12 配位的密堆积结构的值。

节 1.7 给出了金属性元素原子半径的非正式定义:固体中相邻原子中心之间距离的一半。然而人们发现该距离通常随着晶格的配位数增加而增大。因此相同原子在不同配位数结构中可能会具有不同的半径,如配位数为 12 的原子半径似乎大于配位数为 8 的原子半径。对大量元素和合金的核间距进行的广泛研究中,V. Goldschmidt 发现平均相对半径与配位数具有相关性(见表 3.3)。

表 3.3　半径随配位数的变化

配位数	相对半径
12	1
8	0.97
6	0.96
4	0.88

例如,Na 的经验原子半径是 185 pm,但该数值是对配位数为 8 的 bcc 结构而言的。如果它为密堆积结构,用系数 1.03(即 1/0.97)乘以这个半径就得到配位数为 12 的钠原子半径。

Goldschmidt 半径就是表 1.3 中列出的"金属半径",并用于讨论原子半径的周期性变化趋势(节 1.7)。人们现在牢记着的基本概念是,同族自上而下金属半径通常逐渐增大,同周期从左向右半径减小。对金属元素而言,这里的"原子半径"指的是 Goldschmidt 校正过的金属半径。正如节 1.7 中提到的那样,原子半径的变化趋势揭示了第六周期存在着镧系收缩:紧随镧系之后的元素其原子半径小于从上一周期通过简单外推所得出的结果。那里还指出,这种收缩可归因于 f 电子较差的屏蔽效应。d 区每一周期也存在类似的收缩。

例题 3.7　计算金属半径

题目:钋(α-Po)的简单立方结构的晶胞参数(a)为 335 pm。使用 Goldschmidt 校正法计算该元素的金属半径。

答案:先从晶胞的大小和配位数推出原子半径,然后校正为 12 配位的半径。由于半径为 r 的钋原子沿晶胞的棱边相接触,简单立方晶胞的边长为 $2r$。因此,6 配位钋的金属半径是 $a/2$(a = 335 pm)。从 6 配位到 12 配位的转换系数由表 3.3 给出,钋的金属半径为 $(1/2)\times 335\ \text{pm}\times(1/0.960) = 174\ \text{pm}$。

自测题 3.7　如果钋采取 bcc 结构,试预测其晶格参数。

3.8 合金和填隙

合金(alloy)是金属元素的混合物,它是将熔化了的组分混合然后冷却该混合物而得到的金属固体。合金可以是均匀的固溶体(一种金属原子随机分布在另一种金属原子中);也可以是具有确定组成和内部结构的化合物。合金通常由两种电正性金属形成,所以它们可能位于**Ketelaar 三角**(Ketelaar triangle)左侧底部(见图 3.25)。多数简单合金可以归入"置换型"或"填隙型"类型中。置换型固溶体是个溶液,其中溶质金属原子代替了部分母体纯金属原子(见图 3.26)。置换型合金的例子包括黄铜(Cu 中的 Zn 原子高达 38%)、青铜(Cu 中含有除 Zn 或 Ni 以外的一种金属;如铸青铜含有 10%的 Sn 原子和 5%的 Pb 原子)和不锈钢(Fe 中含有超过 12%的 Cr 原子)。**填隙型固溶体**(interstitial solid solutions)往往是由金属与小原子(如硼、碳、氮)形成的。这些小原子能占据金属原子间的空穴(如八面体空穴和四面体空穴),母体金属中填充了少量小原子,同时保持其原来的晶体结构(如碳钢)。

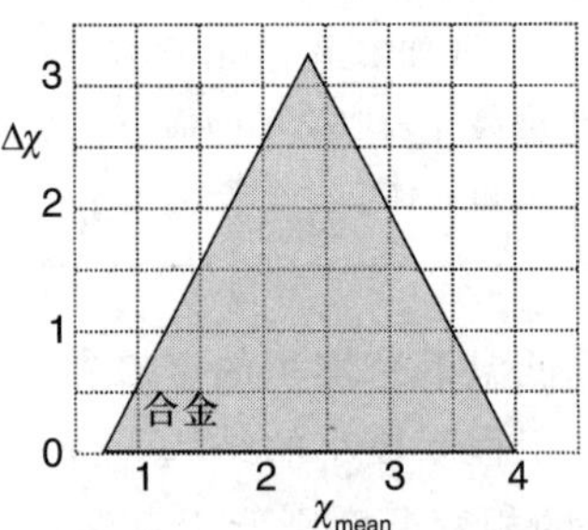

图 3.25 Ketelaar 三角形内是形成合金的大致位置

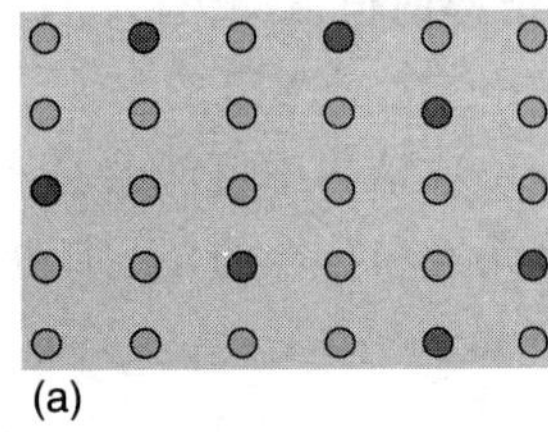

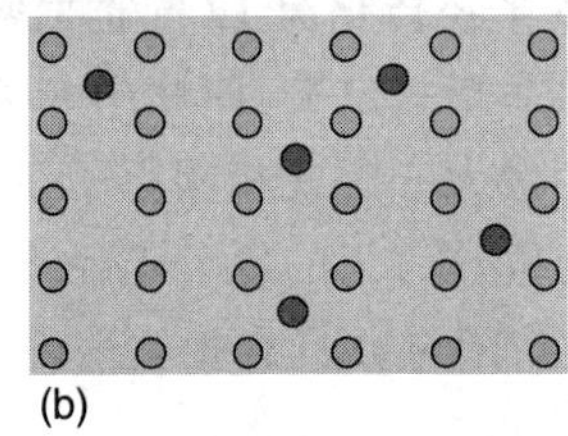

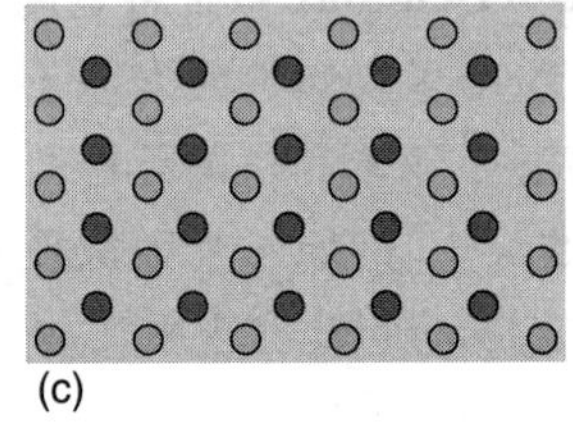

图 3.26 (a) 置换型和(b) 填隙型合金;(c) 填隙原子的规律排布可形成新结构

(a) 置换型合金

提要:置换型固溶体或合金涉及结构中的一类金属原子被另一类所置换。

如果下述三个标准能得到满足,通常可形成置换型固溶体:

- 元素的原子半径相差不超过 15%。
- 两种纯金属的晶体结构相同;这种相似性表明两类原子之间的定向力彼此相容。
- 两个组分的电正性相似;否则电子在物种之间发生转移容易形成化合物。

例如,虽然钠和钾的化学性质相似而且都具有 bcc 结构,但 Na 的原子半径(191 pm)比 K(235 pm)小 19%,两个金属不形成固溶体。然而铜和镍(后 d 区的相邻元素)具有相似的电正性、类似的晶体结构(均为 ccp)和类似的原子半径(Ni 125 pm,Cu 128 pm,仅相差 2.3%),因而从纯镍到纯铜可形成一系列连续的固溶体。锌(第四周期中铜的另一个相邻元素)也有类似的原子半径(137 pm,大 7%),但它是 hcp 而不是 ccp。在这里,锌与铜形成的含有少量锌的固溶体,即形成叫作"α-黄铜"的物相(组成为 $Cu_{1-x}Zn_x$,$0 \leqslant x \leqslant 0.38$),但结构与纯铜相同。如果合金采取与纯金属不同的晶体结构时,所得的材料通常叫作金属互化物[节 3.8(c)]。

(b) 金属中的填隙原子

提要:在填隙型固溶体中,外来小原子占据原金属结构的晶格空穴。

填隙型固溶体通常是由金属和小原子(如硼、碳、氮)之间形成的,小原子占据结构中的间隙位置(通常是四面体空穴或八面体空穴)。小原子进入宿主固体,后者保持原来的金属晶体结构。也不发生电子转移、不形成离子性物种。金属和填隙原子之间或者具有简单的整数比(如碳化钨,WC),或者小原子随机分布在结构中可利用的空间或者分布在被堆积原子之间的空穴中。前者是真正的化合物,而后者可被看作是填隙固溶体或非化学计量化合物(两元素的原子比在变化),见节 3.17。

体积因素可以帮助我们决定是否可能形成填隙型固溶体。能够进入密堆积固体而不引起密堆积结构显著变形的最大溶质原子是恰好能填满八面体空穴的原子，前面已经讲过其半径为 $0.414r$。对小原子（如 B、C 或 N）而言，可能作为宿主金属原子结构的原子半径包括 d 区金属（如 Fe、Co、Ni）的原子半径。这类材料中重要的一类是碳钢，碳原子占据铁的 bcc 格子的部分八面体空穴。碳钢通常包含 0.2%～1.6%的 C 原子，随着含 C 量的增大，材料更硬、更强但延展性变弱（应用相关文段 3.2）。

应用相关文段 3.2　钢

钢是铁、碳和其他元素的合金。根据含碳量的百分数分为低碳钢、中碳钢和高碳钢。低碳钢含有最高 0.25%的 C 原子，中碳钢含有 0.25%～0.45%的 C 原子，而高碳钢含有 0.45%～1.50%的 C 原子。碳钢中加入其他金属会对结构、性能产生重大影响，从而产生不同的应用。下表列出加于碳钢中的金属的一些例子（形成"不锈钢"）。不锈钢也可以以其晶体结构分类，这种结构是由某些因素（如在炉中形成后的冷却速率和添加金属的种类）控制的。因此，纯铁因温度不同而采取不同的晶形（节 3.6），某些高温结构可在室温下的钢中或通过淬火（快速冷却）得以稳定。

不锈钢产量的 70%以上为**奥氏体**（austenite）结构。奥氏体是钢在 723 ℃以上时存在的碳和铁的固溶体，ccp 结构的铁中有约 2%的八面体空穴被碳所填充。冷却后由于碳在铁中溶解度下降到低于 1%的原子数，奥氏体分解为包括铁素体和马氏体在内的其他材料。冷却速率决定着这些材料的相对比例，因此决定着钢的机械属性（如硬度和拉伸强度）。加入某些其他金属（如 Mn、Ni 和 Cr）能使奥氏体结构在冷至室温后仍旧存在。这些钢包含最多 0.15%的 C 原子，通常含有 10%～20%的 Cr 原子加 Ni（或 Mn）原子作为取代固溶体；它们可以在从低温到合金熔化温度的区间内一直保持奥氏体结构。一种有代表性的组成是铁中加入 18%的 Cr 原子和 8%的 Ni 原子，这种钢叫作 18/8 不锈钢。

铁素体是仅含很少量碳（原子百分数小于 0.1%）的 α-Fe，其中铁晶体为 bcc 结构。铁素体不锈钢高度耐腐蚀，但耐用性远不及奥氏体不锈钢。它们含有原子百分数为 10.5%～27%的 Cr 和一些 Mo、Al 或 W。马氏体不锈钢不如其他两类钢耐腐蚀，但强度、韧性和可加工性好，通过热处理可使其硬化。它们含有 11.5%～18%的 Cr 原子和 1%～2%的 C 原子，后者是淬火过程中被奥氏体结构类型的铁结构捕集的。马氏体晶体结构与铁素体密切相关，但晶胞为四方形而不是立方形。

金属	添加的原子百分数/%	对性质的影响
铜	0.2～1.5	改善耐大气腐蚀性能
镍	0.1～1	优化表面性质
铌	0.02	提高抗拉强度和屈服点
氮	0.003～0.012	改善强度
锰	0.2～1.6	改善强度
钒	高至 0.12	改善强度

（c）金属互化物

提要：金属互化物是合金，其结构不同于成分金属的结构。

一些液态金属混合物冷却时形成结构明确的相，相的结构往往与母体结构无关。这种相被叫作**金属互化物**（intermetallic compounds）。例如，β-黄铜（CuZn）和组分为 $MgZn_2$、Cu_3Au、NaTl、Na_5Zn_{21} 的化合物。组分为 $Cu_{0.52}Zn_{0.48}$ 的 β-黄铜高温时采用 bcc 结构，而在较低温度下采用 hcp 结构。

Hume-Rothery 在 1926 年提出特定金属间合金的结构具有特定的电子-原子比（e/a）并提出一系列规

则,从而可以预测选定的合金组成所允许采取的最稳定结构(通常是 bcc、hcp 或 fcc)。这些规则(需要详细了解节 3.19 介绍的能带结构)预言具有 e/a<1.4 的 Cu : Zn 合金(α-黄铜 $Cu_{1-x}Zn_x$, $0\leqslant x\leqslant 0.38$)应该具有 ccp 格子,而 e/a 为 1.5 的合金(β-黄铜 CuZn)应为 bcc 格子。这些规则将纯 Cu(电子组态为 $3d^{10}4s^1$)算作贡献 1 个电子,将纯 Zn($3d^{10}4s^2$)算作贡献 2 个电子,所以铜锌合金(组分在纯铜和纯锌之间)的 e/a 值变化在 1 到 2 之间。组成接近 $Cu_{0.5}Zn_{0.5}$(e/a = 1.5)的 β-黄铜据预测应为 bcc 结构,正如上面所看到的那样,高温时的确采取这种结构。

一些合金(包括化学计量为 $Cu_{0.39}Zn_{0.61}$ 的铜/锌系合金 γ-黄铜)形成非常复杂的结构(这是由于铜和锌原子的排布和一些空位造成的);γ-黄铜的晶胞体积是 β-黄铜的 27 倍。其他合金(如 $Al_{0.88}Mn_{0.12}$)形成的结构中包含了五重对称性的元素,因此通过晶胞平移不能实现完美重复。这些材料被称为准晶,Shechtman 基于这些合金方面的研究工作获得了 2011 年诺贝尔化学奖(应用相关文段 3.3)。

应用相关文段 3.3 准晶

大多数晶形固体具有长程周期有序性,这种有序性可用以一定距离重复的晶胞来描述(节 3.1)。对堆积和能够完全充满三维空间的晶胞而言,晶胞的对称性是有限制的:二、三、四和六重旋转对称是允许的,但五、七和所有更高阶对称轴则是禁阻的(7 个不同晶系的基本对称性见表 3.1)。对称性受到限制的原因不难通过下述类比得以理解:用地砖平铺二维空间可使地砖之间不留空隙,但需要使用正方形和正六边形地砖(分别为四重和六重旋转对称),但不能使用五边形地砖(五重对称)。

准晶(准周期晶体)具有较为复杂的长程序列。在准周期结构中,晶体中沿每个方向上的原子位置以非理性的晶胞数在重复(晶体材料中晶胞以整数值重复)。这种差异免除了准晶结晶出来的限制,他们可以表现出对晶体禁阻的旋转对称性(包括五重对称性)。不像正常晶体,这种晶体永远不会精确地重复自身;图 B3.2 示出一个例子。尽管如此,准晶仍是相当有序的材料,往往是能产生锐利衍射花纹(见节 8.1)的金属互化物。准晶的概念是在对铝锰合金(铝 86%、锰 14%,显示出二十面体对称性)进行快速淬火研究的基础上于 1984 年提出的,D. Shechtman 因这项工作被授予 2011 年的诺贝尔化学奖。最近 25 年间,超过 100 种不同的准晶体系已经被确认,包括具有复杂组成和结构的准晶,如十角形的 $Al_{70.5}Mn_{16.5}Pd_{13}$。

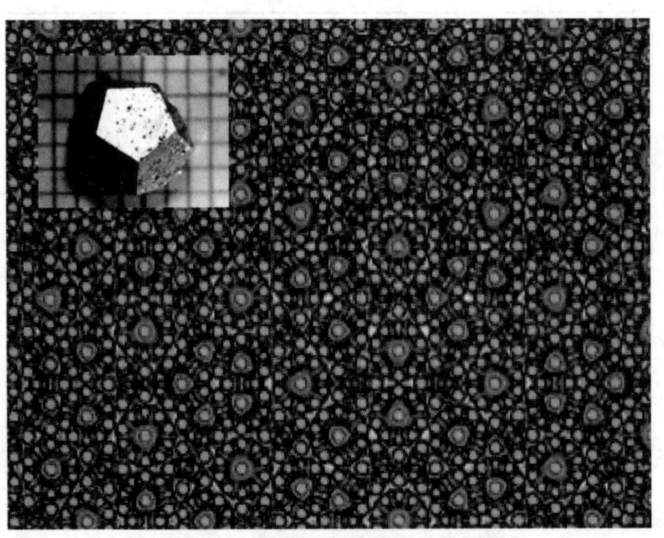

图 B3.2 计算机生成的准晶表示

示出五重对称的插图(十二面体准晶照片)

准晶材料往往很硬,但导热性(金刚石和石墨烯中原子是有规律地周期性排列的,这种排列使热能的传导率最高)和导电性相对较差。这些性质使它们可用作煎锅的涂层和电线的绝缘材料。还可用在最耐用的钢、剃须刀刀片和眼科手术的超细针上。

金属互化物通常是高熔点、质硬的材料，但比大多数金属和合金更脆。例子包括铝镍钴合金（磁钢）、A_3B 型铌-锡和铌-锗超导化合物、A15 系的材料（如可用作储氢材料的 $LaNi_5$）、超级合金 NiAl 和 Ni_3Al，以及钛镍形状记忆合金。应用相关文段 3.4 中提供了更多的信息。有些金属互化物中涉及电正性非常高的金属（如 K 或 Ba）与电正性弱的金属或准金属（如 Ge 或 Zn）之间的结合，在 Ketelaar 三角中位于真实合金之上（见图 3.27）。这种组合叫作 **Zintl 相**（Zintl phases）。这些化合物不是完全的离子性；尽管往往比较脆，但却具有一定的金属性（包括光泽）。它们被认为含有金属或复杂的金属阳离子和阴离子（如 Cs^+ 或 $[Tl_4]^{8-}$）。Zintl 相的一个典型例子是 KGe（K_4Ge_4），其结构示于图 3.28 中。这种类型的其他化合物包括 Ba_3Si_4、KTl 和 $Ca_{14}Si_{19}$。

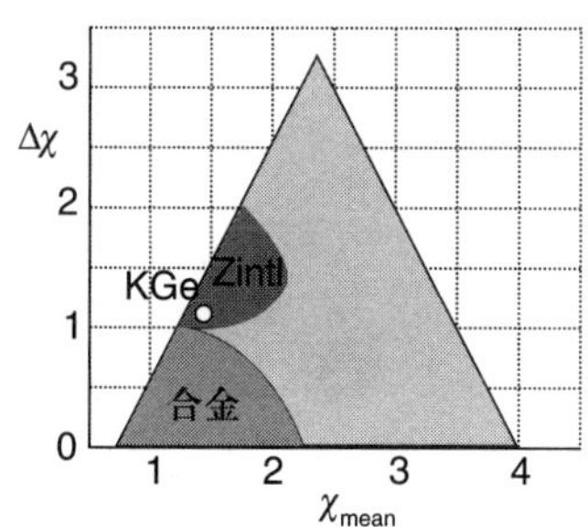

图 3.27　Ketelaar 三角中 Zintl 相的大致位置，点标出的是样品 KGe 的位置

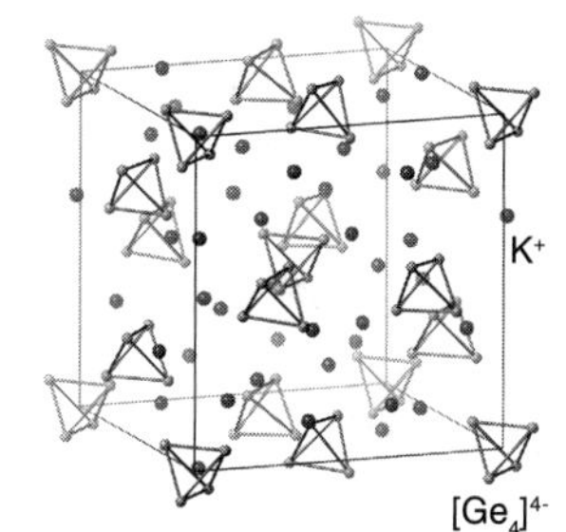

图 3.28*　Zintl 相 KGe 的结构，示出了 $[Ge_4]^{4-}$ 四面体单元和散布其间的 K^+

应用相关文段 3.4　金属互化物

缩写为“alnico”的金属互化物为铝镍钴合金，主要由铁与 Al、Ni 和 Co 形成，有时也含少量的 C 和 Ti。铝镍钴合金是一种铁磁体，抵抗磁性损失的性质（高矫顽性）即使在高温下也很好，被广泛用作永久磁体。1970 年代稀土磁体（节 23.3）得到发展之前，它们是人们使用的最强磁体。这样的一种金属互化物是铝镍钴-500，其中含有 50% 的铁，其余为 24% 的钴，14% 的镍，8% 的铝，3% 的铜和 0.45% 的铌。铝镍钴合金的结构基本上为简单的 bcc 晶胞［随机分布着各种金属原子的组分（节 3.5）］，但此结构在微观上比较复杂，小部分晶体（畴）中某种组分多一些而其他组分少一些。

称作 **A15 相（A15 phases）**的物种是组分为 A_3B 的一系列金属互化物（式中 A 是过渡金属而 B 可以是过渡金属，也可以是第 13 族或第 14 族元素）。其结构示于图 B3.3 中，立方体的顶角和体心由 B 原子占据，立方体的每个面上包含 2 个 A 原子（整个晶胞的化学计量为 $2\times B+6\times 2\times\frac{1}{2}\times A=A_6B_2$ 或 A_3B）。该族金属互化物包括 Nb_3Ge，Nb_3Ge 在低于 23.2 K 时为超导体，直至 1986 年发现铜酸盐超导体之前，23.2 K 是超导温度的最高值［节 24.6(f)］。

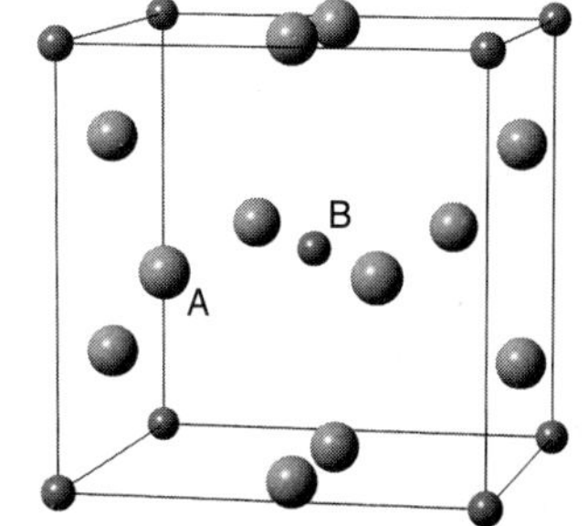

图 B3.3　A15 金属互化物相的结构

组成为 $\mathbf{AB_5}$ 的金属互化物（A = 镧系元素、碱土金属或过渡元素；B = d 区或 p 区元素），特别是以六方晶胞结晶的互化物已被研究用于各种技术用途。在 300 K 和 1.5 个 $H_2(g)$ 的大气压下，$LaNi_5$ 的每个化学式单元吸收高达 6 个 H 原子，引起人们对该物相在储氢应用上的关注。加热至 350 K 时氢被释放出来。氢在 $LaNi_5H_6$ 中的质量百分数（1.4%）相对比较低，可能使该材料不适于运输方面的应用，但进一步加镁合金化改善了这个值。

几种金属互化物相显示出**形状记忆合金（shape-memory alloy，SMA）**的性质，其中也许以 Cu-Al-Ni（Cu_3Al 中掺有很少量的镍）和**镍钛金属互化物（Nitinol，Nickel Titanium Naval Ordnance Laboratory，NiTi）**最重要。镍钛金属互化物可在马氏体（四方晶胞）和奥氏体（面心立方）两种形式之间发生相变（也见应用相关文段 3.2）。马氏体镍钛金属互化物可以弯曲成各种形状，但加热后转变为刚性的奥氏体结构。将奥氏体相冷却，SMA 将会恢复到马氏体的形式，但“记住”

了高温下奥氏体形式的形状。如果在高于特定的温度加热，它将复原马氏体结构，这个温度称为转变温度（M_s）。改变 Ni ： Ti 比例可在-100 ℃和+150 ℃之间调节 M_s。因此，如果一个 M_s = 50 ℃且预先加热到 500 ℃的镍钛金属互化物直丝室温下被弯成一种复杂的形状，在平常条件下将会无限期地保持这种形状；然而加热到超过 50 ℃后将会弹回其原来的直线形式。这种循环可以重复百万次。SMA 可用在某些制动器上，这些制动器需要一种材料以响应温度变化而改变其形状、挺度或位置。这类应用包括用作飞机引擎上可以改变几何形状的零件以减少随温度升高而增加的噪声，牙科手术中用作托架和线，用作有弹性的眼镜架和可扩张的冠状动脉支架。一种可插入静脉的可折叠支架加热时会恢复其原始膨胀的形状从而改善血流。

例题 3.8　铁及其合金的组分、格子类型和晶胞中的原子数

题目：给出（a）金属铁［见图 3.29（a）］和（b）铁/铬合金 FeCr［见图 3.29（b）］的格子类型和晶胞中的原子数。

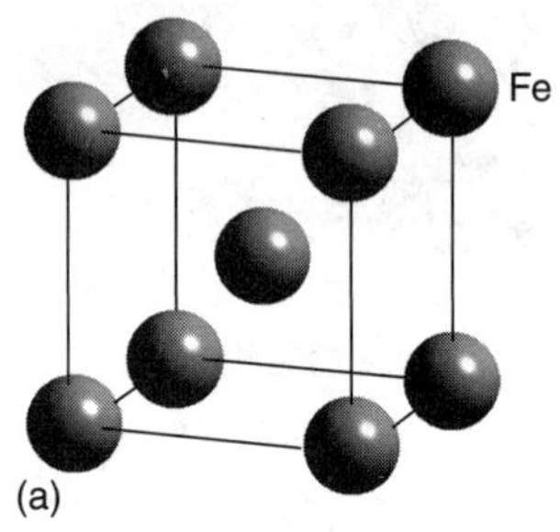

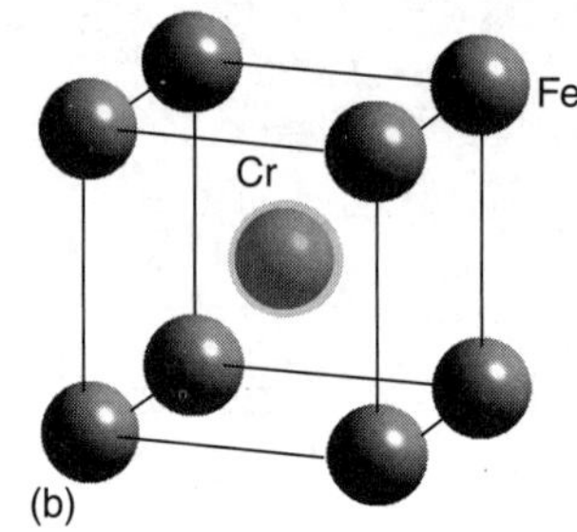

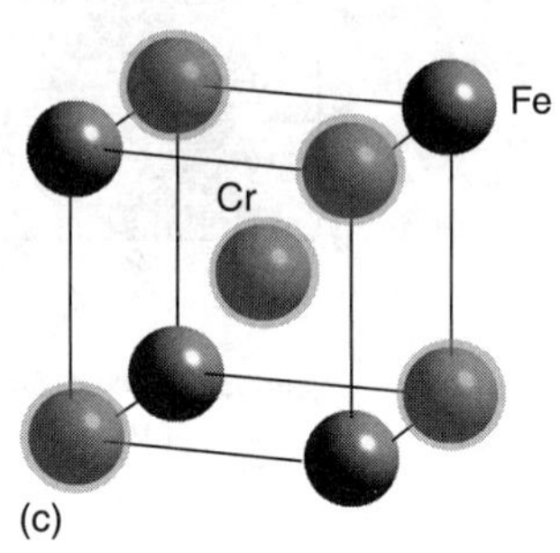

图 3.29*　（a）铁、（b）FeCr 和（c）Fe/Cr 合金的结构

答案：我们需要辨别晶胞的平移对称性和原子的净数目。（a）铁的结构由分布在立方晶胞体心和顶点位置的 Fe 原子构成，与最邻近的原子为 8 配位。所有被占位点是等价的，所以该结构具有 bcc 格子的平移对称性，结构类型是 bcc。体心的 Fe 原子计为 1，顶点的 8 个 Fe 原子计为 8×（1/8）= 1，所以晶胞中有 2 个 Fe 原子。（b）对 FeCr 而言，晶胞体心的原子（Cr）与顶点的原子（Fe）不同，所以存在的平移对称性为整个晶胞（而不是 bcc 结构特有的半个晶胞的位移）的平移对称性，所以格子类型为简单立方（P）。在晶胞中有 1 个 Cr 原子和 8×（1/8）= 1 个 Fe 原子，符合化学计量式 FeCr。

自测题 3.8　图 3.29（c）所示的 Fe/Cr 合金的化学计量是什么？

离子性固体

提要：离子模型将固体看作是由带相反电荷的球体通过非定向的静电力组装的；如果根据此模型计算的该固体的热力学性质与实验结果相一致，化合物通常就被认为是离子性化合物。

离子性固体（如 NaCl 和 KNO_3）通常是由脆性识别的，这是因为形成阳离子时失去的电子位于相邻的阴离子上；撞击固体会导致相同电荷的离子转移到相邻位置，由此产生的排斥力导致固体破裂。离子性固体通常也是高熔点物质，这是由于熔化时必须克服相反电荷离子之间的强库仑力。大多数离子固体溶于极性溶剂（尤其是溶于水中），在那里形成溶剂化程度很高的离子。不过也有例外，如氟化钙（CaF_2）是一种高熔点的离子性固体，但却不溶于水；硝酸铵（NH_4NO_3）是铵离子与硝酸根离子相互作用生成的离子性固体，但熔点仅为 170 ℃。二元离子性材料通常由电负性差大（通常 $\Delta\chi>3$）的元素形成，这样的化合物很可能在 Ketelaar 三角（见图 3.27）靠上部角的区域里出现。

一个固体是否归入离子性固体，是基于其性质是否符合**离子模型**（ionic model）固体的性质。离子模型将固体看作是由带相反电荷的硬球组装起来的，硬球之间主要通过非定向的静电力（库仑力)相互作用。如果使用该模型计算得到的固体热力学性质与实验结果相符,该固体就可能是离子性固体。然而需要指出的是,已知存在与离子模型相巧合的许多例子。因此,只在数值上符合并不意味着一定是离子性成键。离子性固体中离子间静电相互作用的无方向性不同于共价性固体中的作用力,后者中原子轨道对称性在确定结构的几何形状时起着重要作用。然而,将离子看作成键时无方向性的完美硬球的假定与真实离子相差甚远。例如,可以预期卤素阴离子成键时具有一定的方向性,这是由于 p 轨道在空间具有不同的伸展方向。此外,大离子(如 Cs^+ 和 I^-)容易被极化,所以不会像硬球那样显示其性质。即使如此,离子模型作为描述许多简单结构的出发点仍是有用的。

本书用不同大小和相反电荷的硬球堆积开始描述一些常见的离子性结构,然后讨论如何从形成晶体的能量角度合理解释这些结构。所描述的结构都是用 X 射线衍射法(节 8.1)获得的,而且是用这种方法测定的第一批物质。

3.9　离子性固体的特征结构

本节描述的离子性结构是许多固体的原型。例如,尽管岩盐结构的名称来自 NaCl 的矿物形式,但它也是许多其他固体的特征(见表 3.4)。许多结构可看作来自离子的排列方式:较大的离子(通常是阴离子)以 ccp 或 hcp 模式堆积在一起,较小的相反离子(通常是阳离子)占据着格子中的八面体空穴或四面体空穴(见表 3.5)。下面讨论中请回头参照图 3.18 和图 3.20,这样将会有助于理解所述的结构与那里叙述的空穴类型有关。密堆积层通常需要扩张以容纳异号离子,但这种扩张往往只是对阴离子排布的一种微扰,阴离子排布仍然被称为 ccp 和 hcp。这种扩张不但避免了相同电荷离子之间的一些强烈的排斥力,也允许更大的物种插入较大阴离子之间的空穴。总之,对较大离子密堆积结构的空穴填充情况进行考察,为描述许多简单离子的结构提供了一个很好的出发点。

表 3.4　标准条件下(除非另有说明)化合物的晶体结构

晶体结构	实例*
反萤石型	K_2O,K_2S,Li_2O,Na_2O,Na_2Se,Na_2S
氯化铯型	**CsCl**,TlI(低温),CsAu,CsCN,CuZn,NbO
萤石型	**CaF_2**,UO_2,HgF_2,LaH_2,PbO_2(高压,>6 GPa)
砷化镍型	**NiAs**,NiS,FeS,PtSn,CoS
钙钛矿型	**$CaTiO_3$**(畸变),$SrTiO_3$,$PbZrO_3$,$LaFeO_3$,$LiSrH_3$,$KMnF_3$
岩盐型	**NaCl**,KBr,RbI,AgCl,AgBr,MgO,CaO,TiO,FeO,NiO,SnAs,UC,ScN
金红石型	**TiO_2**(一种多晶),MnO_2,SnO_2,WO_2,MgF_2,NiF_2
闪锌矿型(立方型)	**ZnS**(一种多晶),CuCl,CdS(Hawleyite 多晶),HgS,GaP,AgI(高压(>6 GPa)下转变为岩盐型结构),InAs,ZnO(高压,>6 GPa)
尖晶石型	**$MgAl_2O_4$**,$ZnFe_2O_4$,$ZnCr_2S_4$
纤锌矿型(六方型)	**ZnS**(一种多晶),ZnO,BeO,AgI(一种多晶,Iodargyrite),AlN,SiC,NH_4F,CdS(Greenockite 多晶)

* 以黑体表示的是该结构以此化合物命名。

表 3.5　结构与空穴填充的关系

密堆积类型	空穴填充类型	结构类型(典例)
立方(ccp)	所有八面体空穴	岩盐(NaCl)
	所有四面体空穴	萤石(CaF_2)
	一半八面体空穴	$CdCl_2$
	一半四面体空穴	闪锌矿(ZnS)
六方(hcp)	所有八面体空穴	砷化镍(NiAs);完美的 hcp(CdI_2)发生一定畸变
	一半八面体空穴	金红石(TiO_2);从完美的 hcp 发生一定畸变
	所有四面体空穴	不存在这种结构:四面体空穴共享四面体的面
	一半四面体空穴	纤锌矿(ZnS)

(a) 二元相,AX_n

提要:能用空穴占据表示的重要结构包括岩盐结构、氯化铯结构、闪锌矿结构、萤石结构、纤锌矿结构、砷化镍结构和金红石结构。

最简单的离子性化合物是只含一种类型阳离子(A)和一种类型阴离子(X)的化合物,其中两类离子可以各种比例存在(如 AX 和 AX_2)。每种组成的化合物可能存在若干种不同的结构,这取决于阳离子和阴离子的相对大小、被填充的空穴的类型及密堆积排列的程度(见表 3.5)。先讨论同等数目阴离子和阳离子组成的化合物 AX,然后讨论其他常见的化学计量 AX_2。

岩盐结构(rock-salt structure)以大体积阴离子形成的 ccp 排布为基础,阳离子占据了结构中所有的八面体空穴(见图 3.30)。换一种方式也可看作以阳离子的 ccp 排布为基础,阴离子占据了结构中所有的八面体空穴。由于密堆积排布中八面体空穴的数目等于形成这种排布的离子(X 离子)数,因此所有 A 离子填充后得到的化学计量式为 AX。因为每个离子被六个异号离子以八面体方式所包围,每种类型离子的配位数都是 6,因而这种结构被称为 **6 : 6 配位**(6 : 6 coordination)结构。这类表示中的第一个数是阳离子的配位数,第二个数是阴离子的配位数。空穴被填充后的岩盐结构也可描述为面心立方格子,因为所有八面体空穴被占后,这种格子的平移对称性得以保持。

为了显现岩盐结构中离子的局域环境,我们应该关注图 3.30 所示的最靠近中心离子的 6 个离子位于晶胞的面心,并绕中心离子形成一个八面体。最靠近中心离子的所有 6 个离子都带有相反于中心离子的电荷。中心离子的 12 个次邻近离子处于棱心,并具有与中心离子相同的电荷。第三近的 8 个离子位于晶胞的顶角,具有与中心离子相反的电荷。我们可以使用节 3.1 中叙述的规则去确定所述晶胞的组成和每种类型原子(或离子)的数目。图 3.30 所示的晶胞中具有相同数目的 Na^+[$(8\times1/8)+(6\times1/2)=4$]和 Cl^-[$(12\times1/4)+1=4$]。因此每个晶胞包括四个 NaCl 式单元。晶胞中化学式单元的数量通常表示为 Z,此例子中的 $Z=4$。

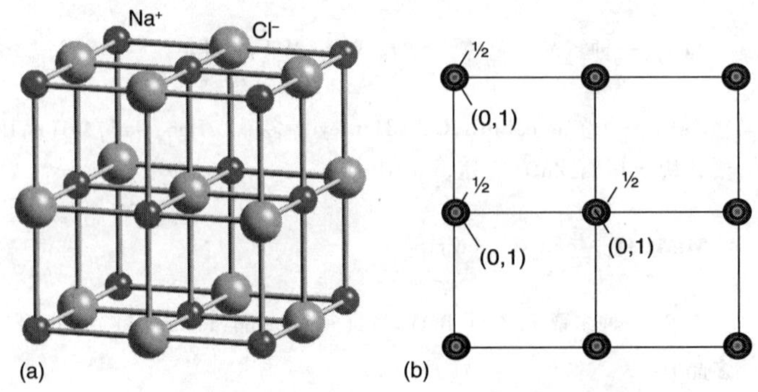

图 3.30　(a)* 岩盐结构,(b) 岩盐结构的投影图

注意该结构与图 3.18 中 ccp 结构(每个八面体空穴中有一个原子)的关系

岩盐排列方式不只由简单的单原子物种(如 M^+和 X^-)形成,许多 1 : 1 化合物中的离子为复合单元,如[$Co(NH_3)_6$][$TlCl_6$]。该化合物的结构可被视为八面体阴离子[$TlCl_6$]$^{3-}$的密堆积排列,阳离子[$Co(NH_3)_6$]$^{3+}$填充了所有的八面体空穴。同样,一些化合物(如 CaC_2、CsO_2、KCN 和 FeS_2)都采取与岩盐结构密切相关的结构,只是具有其他阳离子和复杂阴离子(分别为 C_2^{2-}、O_2^-、CN^-和 S_2^{2-})。这些线性双原子物种的取向会导致晶胞被拉长,从而失去立方对称性(见图 3.31)。而且,组成的可变性(仍保持岩盐结构)可能来自多于一种阳离子或阴离子(相反电荷离子总数的比值仍为 1 : 1)。因此,岩盐结构中 A 位置的一半被 Li^+填充而另一半被 Ni^{3+}填充得到化学式($Li_{1/2}Ni_{1/2}$)O,该组成通常被写为 $LiNiO_2$,这一化学计量的已知化合物采用这一结构类型。

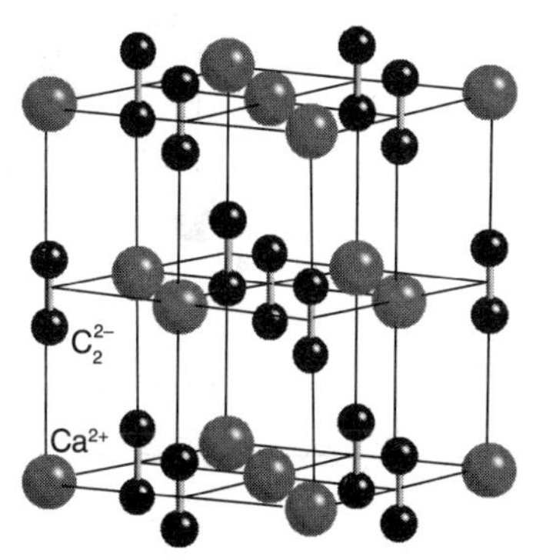

图 3.31*　CaC_2的结构是以岩盐结构为基础,但在平行于 C_2^{2-} 轴的方向上被拉长

对化学计量为 AX 的化合物而言,图 3.32 所示的**氯化铯结构**(caesium-chloride structure)比岩盐结构少见得多。CsCl、CsBr、CsI 和由半径类似于它们的离子形成的化合物(包括 TlI)具有这种结构,见表 3.4。

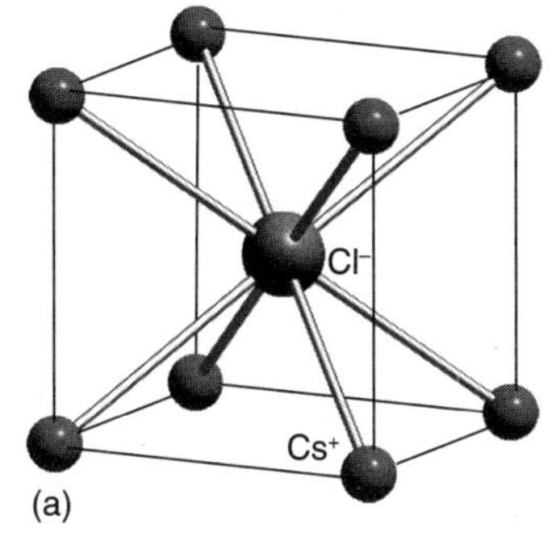

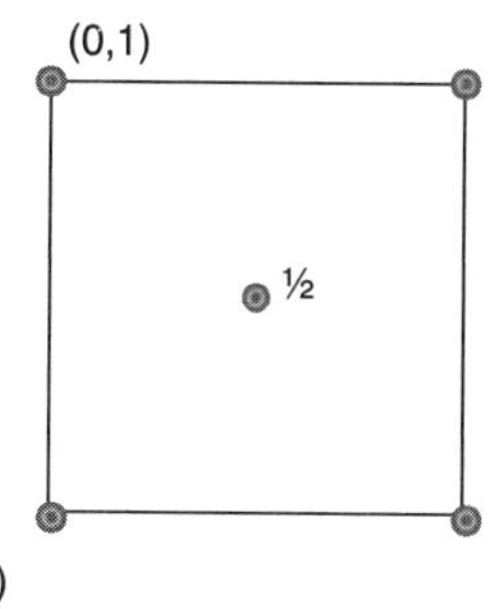

图 3.32　(a)*CsCl 结构,角上的格子点(由 8 个相邻晶胞共享)被 8 个最近邻的格子点所包围,阴离子占据着简单立方格子中的立方空穴;(b) 它的投影图

氯化铯结构为简单立方晶胞,每个角都被阴离子占据,阳离子占据着晶胞中心的"立方空穴"(反之亦然);结果是 $Z=1$。另一种观点是将这种结构看作两个相互穿插的简单立方晶胞:一个是 Cs^+的晶胞而另一个则是 Cl^-的晶胞。两类离子的配位数都是 8,所以将其描述为 8 : 8 配位的结构。两类离子的半径是如此接近,以致可以形成能量上非常有利的配位(众多的异号离子邻近给定离子)。注意:尽管NH_4^+ 相对较小,但 NH_4Cl 也形成这种结构。这是因为阳离子可以与立方体顶角的四个 Cl^-形成氢键(见图 3.33)。许多 1 : 1 合金(如 AlFe 和 CuZn)具有两种金属原子形成的氯化铯结构。

图 3.34 示出的**闪锌矿结构**(sphalerite structure,也叫 zinc-blende structure)是以 ZnS 的一种矿物形式命名的。像岩盐结构一样,它也以扩张了的 ccp 阴离子排布为基础,但这里的阳离子占据了一种类型的四面体空穴(密堆积结构中四面体空穴的一半)。每个离子被四个相邻离子所包围,所以这种结构具有 4 : 4 配位方式,$Z=4$。

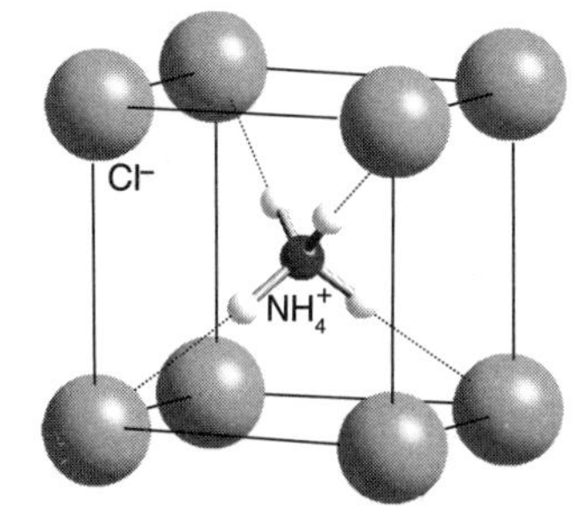

图 3.33*　氯化铵(NH_4Cl)的结构绘出了四面体NH_4^+与它周围呈四面体排列的 Cl^-形成氢键的能力

为了计算图 3.34 中闪锌矿晶胞中的离子数,我们给出下面这张表:

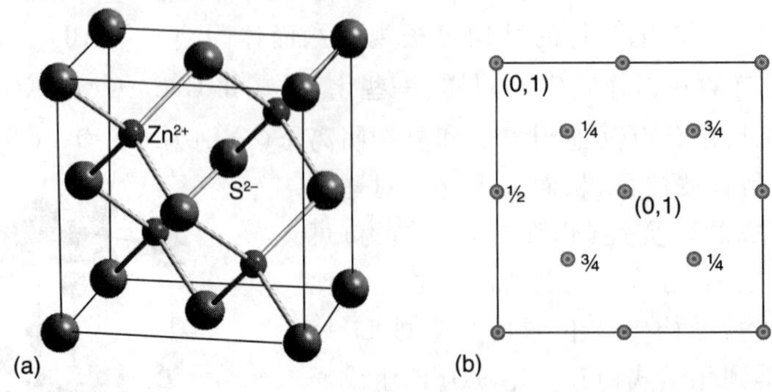

图 3.34 (a)* 闪锌矿结构和(b) 它的投影图

注意它与图 3.18(a) 中 ccp 结构的关系:一半的四面体空穴被 Zn^{2+} 占据

位置(共享)	阳离子数	阴离子数	贡献
中心(1)	4×1	0	4
面(1/2)	0	6×1/2	3
棱(1/4)	0	0	0
顶点(1/8)	0	8×1/8	1
总计	4	4	8

晶胞中有四个阳离子和四个阴离子,比例与化学式 ZnS 相一致,$Z=4$。

图 3.35 示出**纤锌矿结构**(wurtzite structure),它是由自然界存在的另一种多晶形式的硫化锌矿取名的。与闪锌矿结构不同,它是由扩张了的 hcp 阴离子排布(而不是 ccp 排布)得来的。与闪锌矿相同的是,阳离子占据一半的四面体空穴;这种空穴恰是两种类型中的一种(T 或 T′,见节 3.3 的讨论)。该结构为 4 : 4 配位结构,ZnO、一种形式的 AgI、SiC 的一种多型体及另外几种其他化合物采取这种结构(见表 3.4)。纤锌矿和闪锌矿中阳离子和阴离子对最邻近离子的局域对称性相同,而与次邻近离子则不同。许多化合物显示多晶现象,依赖于它们的形成条件和它们所承受的温度和压力以闪锌矿结构或纤锌矿结构结晶出来。

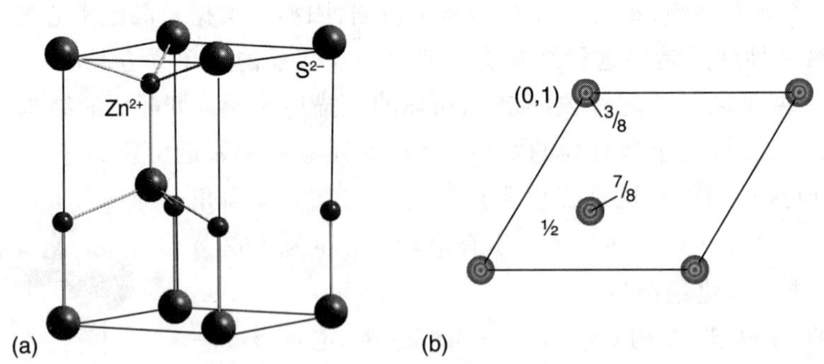

图 3.35 (a)* 纤锌矿结构和(b) 它的投影图

砷化镍结构(nickel-arsenide structure,NiAs)见图 3.36,这种结构也以膨胀并畸变了的 hcp 阴离子排布为基础,但 Ni 原子在这里占据的是八面体空穴,每个 As 原子处于 Ni 原子形成的三棱柱体的中心。NiS、FeS 和许多其他硫化物也采用这种结构。砷化镍结构是 MX 化合物的典型结构,该结构包含可被极化的离子,并且是由电负性差较小的元素(与以离子形式存在的、采用岩盐结构的元素相比)形成的。形成这种结构类型的化合物处于 Ketelaar 三角的“可被极化离子盐区”(见图 3.37)。这种化合物相邻层之间的金属原子在一定程度上也具有金属-金属成键作用的可能性[见图 3.36(c)],这种结构类型(和它的畸变形式)在 d 区和 p 区元素形成的大数目的合金中也是常见的。

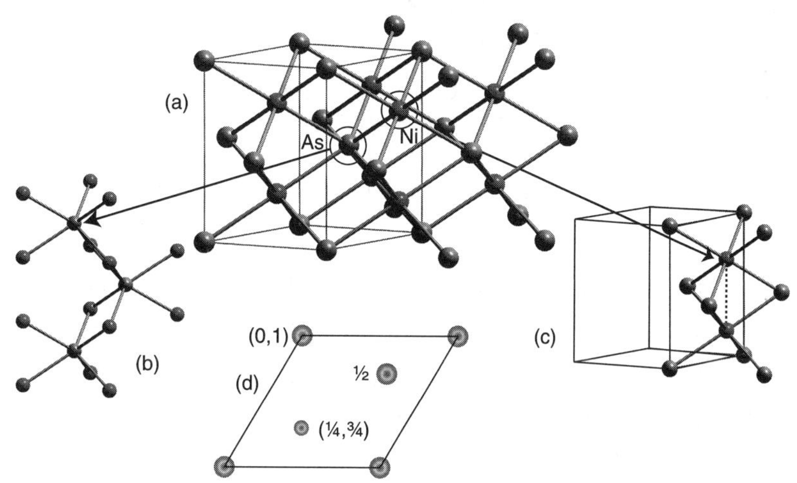

图 3.36　(a)*砷化镍结构;(b)*和(c)分别展示了 As(三棱柱)和 Ni(八面体)的六配位几何体;(c)中虚线表示短的 M-M 相互作用;(d)晶胞结构投影图

化学计量为 AX_2的一种常见结构类型是**萤石结构**(fluorite structure),名称取自自然界的矿物萤石(CaF_2)。萤石中 Ca^{2+}形成膨胀了的 ccp 排布,F^-占据所有的四面体空穴(见图 3.38)。因为 F^-阴离子很小,此种描述中由阳离子形成密堆积。格子为 8 ∶ 4 配位,这种配位方式与阴离子数目是阳离子数目的 2 倍相一致。四面体空穴中的阴离子有 4 个最邻近离子,阳离子部位被 8 个阴离子以立方体的形式所包围。

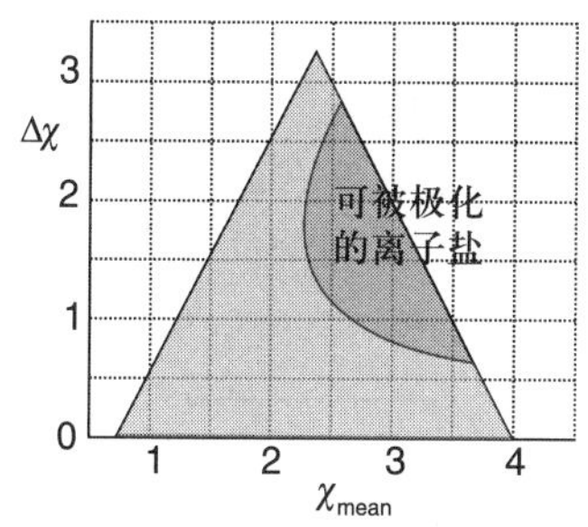

图 3.37　Ketelaar 三角中可被极化离子盐的位置

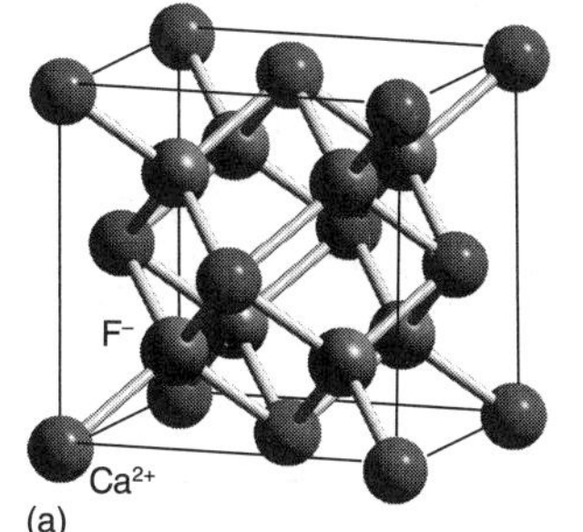

图 3.38　(a)*萤石结构和(b)它的投影图(此结构中阳离子按 ccp 方式排列,所有的四面体空穴被阴离子占据)

反萤石结构(antifluorite structure)是萤石结构的反转,其中阳离子和阴离子的位置被颠倒。这反映了一个事实:阳离子最小(如 Li^+,四配位的 $r=59$ pm)的化合物将采取这种结构。某些碱金属氧化物(包括 Li_2O)采取这种结构。在 Li_2O 中,阳离子(阴离子数量的 2 倍)占据阴离子 ccp 排布的所有四面体空穴。配位结构为 4 ∶ 8,而不是萤石自身的 8 ∶ 4。

图 3.39 所示**金红石结构**(rutile structure)的名称取自金红石,它是钛(Ⅳ)氧化物(TiO_2)矿物的一种形式。这种结构也可看作 hcp 阴离子排布中空穴填充的一个例子,但此时的阳离子仅仅占据一半的八面体空穴,密堆积阴离子层发生了显著变形。每个 Ti^{4+}被 6 个 O 原子包围,尽管 Ti—O 之间的距离不同并可被分为两组,所以其配位关系可以更准确地描述为(4+2)。每个 O 原子被 3 个 Ti^{4+}所包围,因此金红石结构具有 6 ∶ 3 配位关系。锡的主要矿石(锡石 SnO_2)具有金红石结构,许多金属的二氟化物也具有这种结构(见表 3.4)。

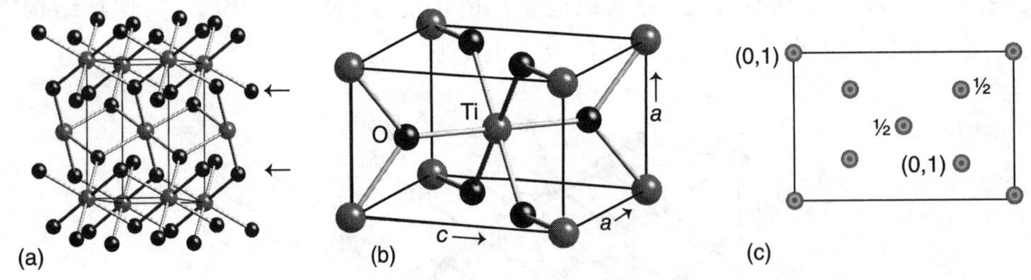

图 3.39 TiO_2的一种多型体采取的金红石结构:(a) 变形了的氧负离子密堆积层,钛离子占据一半的八面体空穴(晶胞已做过概述);(b)* 晶胞,示出钛与氧负离子的配位关系;(c) 它的投影图

图 3.40 示出的**碘化镉结构**(cadmium-iodide structure)因具有 CdI_2那样的结构而得名。每一对由碘离子形成的 hcp 层之间的八面体空穴(八面体空穴总数的一半)被 Cd^{2+}所填充。CdI_2结构往往被称为“层结构”,这是因为垂直于密堆积层的原子的重复层形成 I—Cd—I…I—Cd—I…I—Cd—I 序列,序列中相邻层之间的碘原子以弱的 van der Waals 作用力相结合。该结构具有(6,3)配位关系,阳离子为八面体,阴离子为三角锥体。许多 d 金属卤化物和硫族化合物(如 $FeBr_2$,MnI_2,ZrS_2和 $NiTe_2$)中常会发现这种结构类型。

图 3.40* CdI_2 结构

图 3.41* $CdCl_2$ 结构

图 3.41 示出的**氯化镉结构**(cadmium-chloride structure)因具有 $CdCl_2$那样的结构而得名。与碘化镉结构相类似,只是阴离子为 ccp 排布;位于阴离子交替层之间的一半八面体空穴被占据。这种层结构与 CdI_2 结构类型中的离子具有相同的配位数(6,3)和几何体,许多 d 金属二氯化物(如 $MnCl_2$ 和 $NiCl_2$)优先采取这种结构。

例题 3.9 确定结构(空穴被填充)的化学计量

题目:指认如下结构(阳离子 A 占据阴离子 X 形成的密堆积空穴)的化学计量式:(a) hcp 排布中三分之一的八面体空穴被填充;(b) ccp 排布中所有的四面体空穴和所有的八面体空穴被填充。

答案:首先需要知道 N 个圆球密堆积排列可得到 $2N$ 个四面体空穴和 N 个八面体空穴(节 3.3)。因此,阳离子(A)填入阴离子(X)密堆积排布所得的八面体空穴中阳离子和阴离子比例为 1 : 1,对应于化学计量式 AX。(a) 既然只有三分之一的空穴被填充,则 A : X 的比值是(1/3) : 1,对应于化学计量式 AX_3。此类结构的一个例子是 BiI_3。(b) A 物种的总数是 $2N+N=3N$(N 个 X 物种),因此 A : X 的比值是 3 : 1,对应于化学计量式 A_3X。此类结构的一个例子是 Li_3Bi。

自测题 3.9 hcp 排布中三分之二的八面体空穴被占据,试确定其化学计量式。

(b) 三元相,$A_aB_bX_n$

提要:化学计量式为 ABO_3和 AB_2O_4的许多化合物分别采用钙钛矿和尖晶石结构。

一旦组成增加到三个离子种类,结构的可选择性会迅速增加。与二元化合物不同,根据离子的大小和优先选择的配位数去预测三元化合物最可能的结构类型是很困难的。本节叙述由三元氧化物形成的两个重要结构;O^{2-}是最常见的阴离子,所以氧化物化学是固态化学重要组成部分的核心。

钙钛矿($CaTiO_3$)是许多 ABX_3 固体(特别是氧化物)的结构原型(见表 3.4)。**钙钛矿结构**(perovskite structure)的理想形式为立方型:每个 A 阳离子周围有 12 个 X 阴离子,每个 B 阳离子周围有 6 个 X 阴离子(见图 3.42)。事实上,钙钛矿结构也可描述为 A 阳离子和 O^{2-} 阴离子的密堆积排列[排布的方法是,让每个 A 阳离子被源自最初密堆积层的 12 个 O^{2-} 阴离子所包围;见图 3.42(d)],所有八面体空穴(它们是由六个 O^{2-} 形成的)中的 B 阳离子生成等价于 ABO_3 的 $B_{n/4}[AO_3]_{n/4}$。

图 3.42

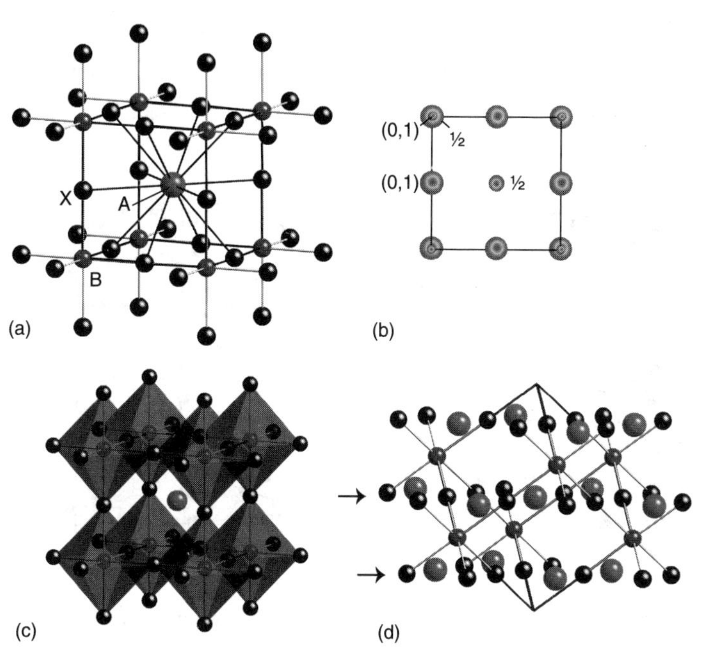

图 3.42　钙钛矿结构(ABX_3):(a) 立方晶胞用蓝色绘出轮廓,以强调 A(12 配位)和 B(6 配位八面体)两种阳离子对 X 的配位几何形状;(b) 该晶胞的投影图;(c)* 同一结构,强调 B 位点的八面体配位和将结构描述为连接在一起的 BX_6 八面体;(d) 钙钛矿结构与 A 和 X(箭头所指)形成的密堆积排布(B 处在八面体空穴中)的关系;概略绘出的晶胞与(a) 中的晶胞相同

氧化物中的 X=O,而且 A 和 B 离子电荷的总和必须为+6。这个总数(其中的 $A^{2+}B^{4+}$ 和 $A^{3+}B^{3+}$)可通过几种方法实现,包括化学式为 $A(B_{0.5}B'_{0.5})O_3$ 的混合氧化物[如 $La(Ni_{0.5}Ir_{0.5})O_3$]出现的可能性。因此,钙钛矿中的 A 阳离子通常是低电荷的大离子(半径大于 110 pm),如 Ba^{2+} 或 La^{3+},而 B 阳离子是高电荷的小离子(半径小于 100 pm,一般半径为 60~70 pm),如 Ti^{4+}、Nb^{5+} 或 Fe^{3+}。

采用钙钛矿结构的材料往往表现出有趣和有用的电学性质,如压电性、铁电性及高温超导性(节 24.6)。

例题 3.10　确定配位数

题目: 证明钙钛矿 $CaTiO_3$ 中 Ti^{4+} 的配位数为 6。

答案: 我们需要想象如图 3.42 中这样的 8 个晶胞堆叠在一起(Ti 原子为 8 个晶胞所共享)。图 3.43 是该结构的局部片段。此结构表明处于中心的 Ti^{4+} 周围有 6 个 O^{2-},所以钙钛矿结构中 Ti 的配位数为 6。观察钙钛矿结构的另一种方法是作为在三个垂直方向上共享顶点的 BO_6 八面体,A 阳离子位于这样形成的立方体的体心[见图 3.42(c)]。

自测题 3.10　$CaTiO_3$ 中 O^{2-} 的配位环境是什么?

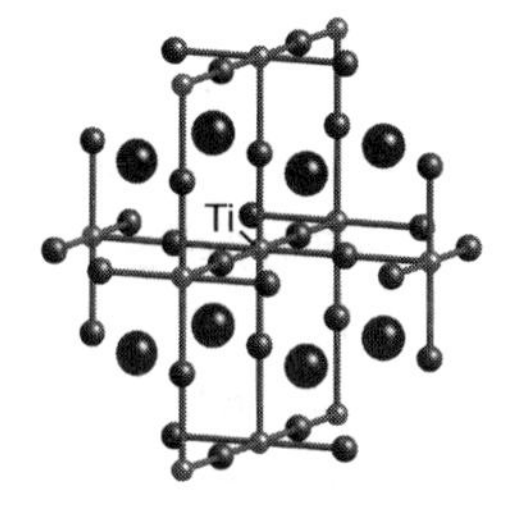

图 3.43　钙钛矿中 Ti 原子的局部配位环境

尖晶石本身是 $MgAl_2O_4$,复合氧化物尖晶石化学式的通式为 AB_2O_4。**尖晶石结构**(spinel structur)是由 O^{2-} 的 ccp 排布(A 阳离子占据其中八分之一的四面体空穴,B 阳离子占据一半八面体空穴)组成的(见图 3.44)。尖晶石化学式有时写为 $A[B_2]O_4$,方括号中的阳离子是占据八面体空穴的阳离子(通常是 A 和 B 中电荷较高和半径较小的阳离子)。例如,$ZnAl_2O_4$ 可写为 $Zn[Al_2]O_4$,表示所有的 Al^{3+} 阳离子占据八面体空穴。具有尖晶石结构的例子包括许多化学计量式为 AB_2O_4 的三元氧化物,这些三元氧化物中包含 3d 系金属的氧化物(如 $NiCr_2O_4$ 和 $ZnFe_2O_4$)和一些简单的 d 区二元氧化物(如 Fe_3O_4、Co_3O_4 和 Mn_3O_4);需要注意的是,这些结构中 A 和 B 是相同的元素但氧化态不同(如 $Mn^{2+}[Mn^{3+}]_2O_4$)。还存在许多组成称之为**反尖晶石**(inverse spinels)的化合物,其中阳离子按 $B[AB]O_4$ 方式分布,并且更多的阳离子分布在四面体和八面体两种空穴。节 20.1 和节 24.8 将会再次讨论尖晶石和反尖晶石。

图 3.44

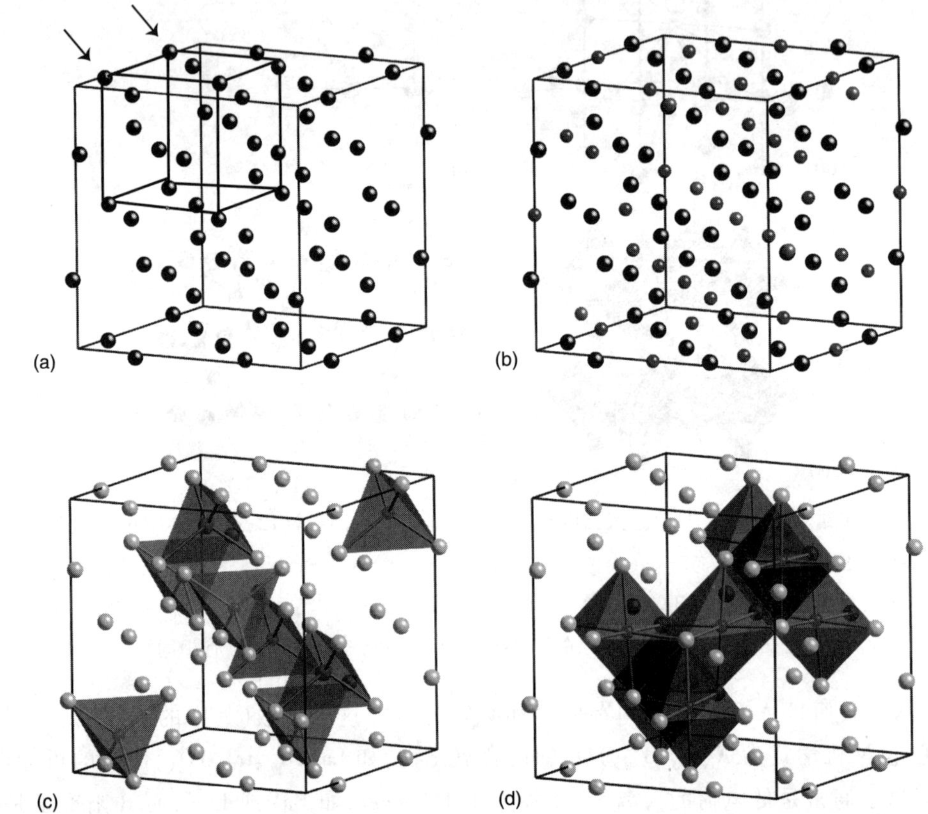

图 3.44　尖晶石结构 AB_2O_4:(a) 整个晶胞中阴离子(O^{2-})的密堆积排列(箭头指向密堆积层);较小的简单 ccp 晶胞用蓝色勾画;(b) 整个晶胞内阳离子和阴离子的排布,品红色表示 A 阳离子,红色表示 B 阳离子;(c)* 和(d) 整个晶胞内由氧配位的阳离子 A(四面体)和 B(八面体)的多面体配位

例题 3.11　预判可能存在的三元相

题目: 可能合成包含 Ti^{4+}、Zn^{2+}、In^{3+} 和 Pb^{2+} 阳离子的、具有钙钛矿或尖晶石结构的三元氧化物吗(参考资源节 1 给出的离子半径)?

答案: 对每对阳离子而言,需要考虑离子的尺寸是否允许这两种结构存在。从 Zn^{2+} 和 Ti^{4+} 开始,可以预判 $ZnTiO_3$ 不存在,因为对 B 型位点为 Ti^{4+} 的钙钛矿而言,A 型位点排布的 Zn^{2+} 半径太小;与此相类似,$PbIn_2O_4$ 不能采用尖晶石结构,因为 Pb 阳离子对四面体位点而言半径过大。允许的结构是 $PbTiO_3$(钙钛矿)、$TiZn_2O_4$(尖晶石)和 $ZnIn_2O_4$(尖晶石)。

自测题 3.11　如果 La^{3+} 被添加到这些阳离子的名单中,会得到其他的三元氧化物吗?

3.10 结构的合理化

离子模型(离子被视为硬的带电荷球体)可以非常简单地处理热力学稳定性和离子晶体结构的关系。然而用静电作用处理带电荷球体的离子模型是粗糙的,不难预料这一模型预言的结果对有些固体会发生显著偏离,这是因为这些固体中涉及一定程度的共价成键作用。甚至传统上认为是"好"的离子晶体(如碱金属卤化物)也存在一定的共价键特征。尽管如此,离子模型提供了一个极具吸引力的、简单而有效的方案将许多性质与结构相关联。

(a) 离子半径

提要:同一族中离子的大小(即离子半径)通常自上而下增大,同一周期中通常自左向右减小。离子半径也随配位数的增加而增大,随电荷的增大而减小。

一开始我们就面临"离子半径"含义方面的困难。正如节 1.7 讲过的那样,有必要将两种不同种类的最邻近离子(如 Na^+和与之接触的 Cl^-)的核间距合理地分配给每种离子。解决这一问题最直接的方法是假定一个离子的半径,然后用该假定值为所有其他离子编写一组自洽值。O^{2-}具有与其他众多元素化合的优势,也在合理的范围内不能被极化,所以其大小不会随着阳离子的变化而发生太大的变化。因此,许多汇编是以 $r(O^{2-})=140$ pm 为基础而编写的。但是,该值绝不是神圣不可侵犯的:由 Goldschmidt 编辑的一组数值即以 $r(O^{2-})=132$ pm 为基础,还有以 F^-为基础的其他数值体系。

离子半径对某些目的(如预测晶胞大小)有帮助,但只有基于相同的基本选择(如 O^{2-}的半径都选用 140 pm 为基础)才可靠。如果离子半径值使用了不同的来源,就必须证实它们基于相同的规定。最先由 Goldschmidt 注意到的另一种现象是,表观离子半径随配位数的增大而增大(见图 3.45),介绍金属时已经看到这种现象。这是因为将较大数目的相反电荷离子置于中心离子周围时,排斥力将推动它们更加远离中心离子,从而导致表观半径增大。因此,比较离子半径时应使用同一配位数(一般为 6)的半径值。

早期人们遇到的问题已为 X 射线衍射技术的发展(节 8.1)部分得到解决。现在有可能测得两个相邻离子之间的电子密度,并识别出最小值作为将距离分配给两种离子的界线。然而如图 3.46 可以看出的那样,电子密度穿过非常宽泛的最小值,且确切位置可能对实验上的不确定性和两个相邻离子的性质非常敏感。通过对数千个化合物(特别是氧化物和氟化物)X 射线衍射数据的分析,人们编纂了数值自洽的数据表,表 1.4 和资源节 1 中给出了一些数据。

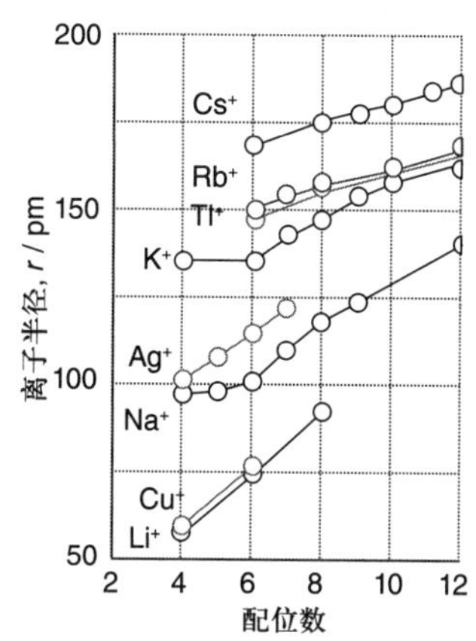

图 3.45　离子半径与配位数的关系

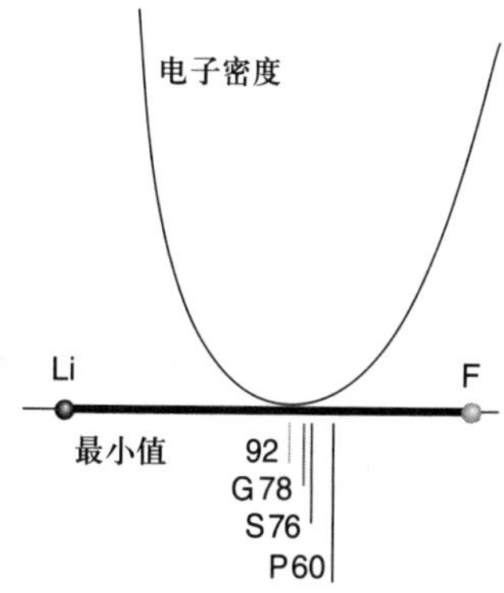

图 3.46　LiF 中电子密度沿着 Li—F 轴的变化:P 指两个离子的 Pauling 半径,G 指原始的(1927) Goldschmidt 半径,S 指 Shannon 半径(资源节 1)

离子半径总的变化趋势与原子半径相同:

- 同族自上而下离子半径增大(节 1.7 讨论过的镧系收缩限制了从 4d 金属离子到 5d 金属离子半径

的增大)；

- 同一周期相同电荷的离子半径自左向右减小；
- 如果一个元素形成带不同电荷的阳离子，给定配位数的离子的半径随电荷的增高而减小；
- 由于正电荷表示电子数减少(因此导致核的吸引力更强)，元素的阳离子小于相同原子序数元素的阴离子；
- 当离子存在于不同配位数的环境时，观察到的半径(即测量的到最邻近离子的平均距离)随配位数的增加而增大。这种增大反映了一个事实：如果周围离子移得更远导致它们之间的排斥力减少，就会留给中心离子更大的空间。

(b) 半径比

提要：半径比暗示出二元化合物中离子可能具有的配位数。

离子的**半径比**(radius ratio)是无机化学文献(特别是在导论性教科书)中广泛引用的一个参数，符号为 γ(读音为伽马)。它是较小的离子半径($r_{小}$)与较大的离子半径($r_{大}$)的比值：

$$\gamma=\frac{r_{小}}{r_{大}} \tag{3.1}$$

大多数情况下，$r_{小}$ 为阳离子半径，而 $r_{大}$ 为阴离子半径。能支持给定配位数的最小半径比可通过不同尺寸球体堆在一起时遇到的几何问题进行计算(见表 3.6)。人们认为，如果半径比落入给定的最小值以下，相反电荷的离子将不会接触而相同电荷的离子将接触在一起。根据简单的静电论点，低配位数(相反电荷的离子得以恢复接触)将变得有利。观察该论据的另一种方法是，随着 M^+ 离子半径的增大，周围可以排列更多的负离子，所以产生了更多的库仑作用力。需要注意的是，这种简单的静电论点只考虑最邻近的相互作用。为了预言离子的堆积，一个更好的模型需要考虑到整个离子阵列的更详尽的计算；这些都在节 3.12 中讨论。

表 3.6 结构类型与离子半径的关系

半径比 γ	化学计量为 1 : 1 和 1 : 2 的配位数	二元物种 AB 的结构类型	二元物种 AB_2 的结构类型
1	12	尚未发现	尚未发现
0.732~1	8 : 8 和 8 : 4	CsCl	CaF_2
0.414~0.732	6 : 6 和 6 : 3	NaCl(ccp)，NiAs(hcp)	TiO_2
0.225~0.414	4 : 4	ZnS(ccp 和 hcp)	

我们可以采用之前计算空穴尺寸的方法(例题 3.4)将这些想法置于更稳固的基础上。半径为 0.225r 或低于该数值的阳离子将能填入四面体空穴。需要注意的是，0.225r 是能够填入四面体空穴的最大阳离子，半径在 0.225r 和 0.414r 之间的阳离子将使阴离子稍微分开。因此，半径在 0.225r 和 0.414r 之间的阳离子只占据半径为 r 的阴离子密堆积排列稍有膨胀的四面体空穴，但这种稍有膨胀的阴离子排布在能量上仍然是有利的。然而一旦阳离子的半径达到 0.414r，阴离子被迫分开得足够远，以致八面体配位成为可能而且更有利。直到阳离子半径达到 0.732r 周围能排布 8 个阴离子之前，这种排布将继续成为最有利的排布。总之，阳离子和阴离子接触良好的情况下，直到半径大于 0.414r 时配位数才能增加到 6，$0.414<\gamma<0.732$ 时将优先选择 6 配位排布。类似的论点也适用于四面体空穴，这种空穴可以填充半径在 0.225r 和 0.414r 之间的小离子。

在半径比基础上建立的离子堆积观念往往可用于预测阳离子和阴离子最有可能选择的结构(见表 3.6)。举个例子：TlCl 的离子半径分别为 $r(Tl^+)=159$ pm 和 $r(Cl^-)=181$ pm($\gamma=0.88$)，不难预言可能会采取氯化铯的配位结构(8 : 8)。这种结构是实际上发现的结构。阳离子配位数为 8 时半径比大都是可靠的；6 配位和 4 配位时可靠性较小。这是因为对这些低配位数的化合物而言，定向的共价成键作用变得更重要。对较大的离子而言极化作用也很重要。对这些与离子电负性和可极化性有关的因素将在节 3.10(c)中详细讨论。

例题 3.12　预言结构

题目：利用半径比规则并参考资源节 1 中 6 配位离子的半径数值预言离子性化合物 RbI、BeO 和 PbF_2 的结构。

答案：先计算每一种化合物的半径比 γ，然后根据表 3.6 去选择最可能的结构类型。对 RbI 而言，Rb^+ 和 I^- 的离子半径为分别 148 pm 和 220 pm，所以 $\gamma=0.672$。此值落在 0.414~0.732 内，故可预言配位数为 6 ∶ 6 的岩盐结构(也可能为 NiAs 堆积类型，但这种堆积通常只有存在一定程度上的共价成键时才出现)。同样的方法算得 BeO 和 PbF_2 的半径比(γ)分别为 0.321 和 0.894。因此预言 BeO 具有配位数为 4 ∶ 4 的结构[实际上采用以 4 ∶ 4 配位的锌的硫化物(纤锌矿)结构]。可以预言 AB_2 型化合物 PbF_2 为萤石结构(配位数 8 ∶ 8)，实验上再次发现此化合物的一种形式采用这种结构类型。

自测题 3.12　利用半径比规则并参考资源节 1 中 6 配位离子的半径数值预言 CaO 和 BkO_2(Bk = 锫，一种锕系元素)的结构。

这类计算中使用的离子半径是结构在正常条件下的离子半径。高压下可能选择不同的结构，尤其是那些具有更高配位数和更大密度的结构。高压下许多简单化合物的结构在 4 ∶ 4，6 ∶ 6 和 8 ∶ 8 配位方式之间转变。具有这种行为的实例包括大部分较轻碱金属的卤化物，在 5 kbar(铷的卤化物)或 10~20 kbar(钠和钾的卤化物)压力下从 6 ∶ 6 配位的岩盐结构转变为 8 ∶ 8 配位的氯化铯结构。预言高压下化合物结构的能力对于了解离子化合物在这种条件下(如在地球化学上)的行为具有重要性。例如，人们预言氧化钙在约 600 kbar 的压力(地球低层地幔的压力)下会从岩盐结构转化为氯化铯结构。

涉及阳离子和阴离子相对离子半径和优先选择的配位数(即优先选择八面体、四面体或立方体几何形状)的论点可用于整个结构固体化学，并帮助预言哪种离子可能被掺入特定的结构类型中。对更复杂的化学计量(如具有钙钛矿和尖晶石结构类型的三元化合物)而言，预言阳离子和阴离子采取哪种组合方式将产生特定结构类型的能力已被证明是非常有用的。例如，高温超导体铜酸盐(节 24.8)特定结构特征的设计(如八面体中 Cu^{2+} 与氧的配位)可通过考虑离子半径来实现。

(c) 结构分布图

提要：结构分布图是晶体结构随成键特征而变化的一种表示方法。

使用半径比规则不完全可靠(它仅预测化合物实验结构的约 50%)。然而，通过进一步收集足够的经验性信息并寻找其模式以合理选择化合物的结构则是可能的。这一概念促使人们编制了**结构分布图**(structure maps)。一个例子是晶体结构对两元素间电负性差和两者的价电子层平均主量子数的依赖关系的经验图。因此，可将结构分布图看作 Ketelaar 三角(第 2 章)这一思路的扩展。正如所看到的那样，电负性差($\Delta\chi$)大的两个元素形成二元离子性盐，但随着差值的减少，被极化的离子性盐和更多共价结合的网状结构逐渐成为首选。现在我们可以聚焦在三角形的这个区域并探讨除了离子半径因素外，电负性和可被极化性的微小改变是如何影响离子排布方式的选择的。

键的离子特性随 $\Delta\chi$ 增大而增大，沿结构分布图横轴从左向右过渡时成键作用中的离子性成分增大。主量子数是离子半径的指示，沿纵轴向上相应于离子平均半径的增大。因为原子的能级随着原子变大变得更接近，原子的可被极化性也增大[节 1.7(e)]。因此，结构分布图的纵轴相应于键合原子的尺寸和可被极化性的增大。图 3.47 是 MX 化合物结构分布图的一个实例。可以看到，我们正在讨论的 MX 化合物的结构落入图的不同区域。$\Delta\chi$ 大的两元素具有 6 ∶ 6 配位(如在岩盐结构中发现的那样)；$\Delta\chi$ 小的两元素(因此存在预期中的共价性)具有较低的配位数。根据结构分布图的表示，GaN 比 ZnO 在图 3.47 中处在共价性更强的区域，这是因为前者中两个元素的 $\Delta\chi$ 明显更小些。例如，预言 MgS 的晶体结构类型：镁和硫的电负性分别为 1.3 和 2.6($\Delta\chi=1.3$)；平均主量子数为 3(两元素均处于第三周期)，$\Delta\chi=1.3$、$n=3$ 的点在图 3.47 中处于 6 配位区，与 MgS 观察到的岩盐结构相一致。

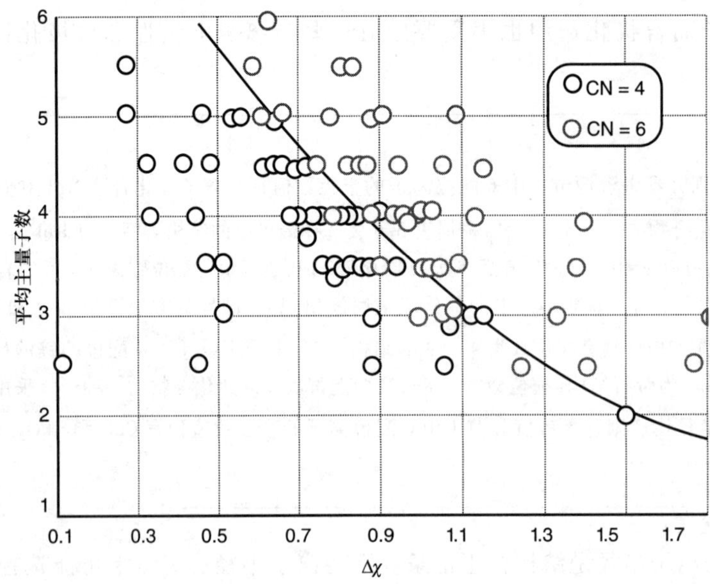

图 3.47　通式为 MX 的化合物的结构分布图，图中的点是根据 M 和 X 之间的电负性差（$\Delta\chi$）和它们的平均主量子数确定的，在图上的位置表明那两个性质所预期的配位数（引自：E. Mooser 和 W. B. Pearson，*Acta Crystallogr*，1959，12，1015）

离子性成键的能量关系

化合物倾向于采取对应于最低 Gibbs 能的晶体结构。因此，对过程

$$M^+(g)+X^-(g)\rightarrow MX(s)$$

而言，如果形成结构 A 比形成结构 B 的标准 Gibbs 反应自由能变（$\Delta_r G^\ominus$）的负值更大，从 B 到 A 的转化在通常条件下是自发的，不难指望固体将采用 A 结构。

从气体离子形成固体的过程中如果大量放热，以致在室温或接近室温的条件下熵对 Gibbs 能变的贡献（像 $\Delta G^\ominus=\Delta H^\ominus-T\Delta S^\ominus$ 表示的那样）可以忽略不计；这种忽略在 $T=0$ 时是严格的。因此，对固体热力学性质的讨论通常只关注焓变。既然如此，我们寻找形成过程中最放热的结构并将其认为是热力学上最稳定的形式。表 3.7 列出一些简单离子性化合物晶格焓有代表性的数值。

表 3.7　一些简单无机固体的晶格焓

化合物	结构类型	$\Delta_L H^{exp}/(kJ\cdot mol^{-1})$	化合物	结构类型	$\Delta_L H^{exp}/(kJ\cdot mol^{-1})$
LiF	岩盐	1 030	$SrCl_2$	萤石	2 125
LiI	岩盐	757	LiH	岩盐	858
NaF	岩盐	923	NaH	岩盐	782
NaCl	岩盐	786	KH	岩盐	699
NaBr	岩盐	747	RbH	岩盐	674
NaI	岩盐	704	CsH	岩盐	648
KCl	岩盐	719	BeO	纤锌矿	4 293
KI	岩盐	659	MgO	岩盐	3 795
CsF	岩盐	744	CaO	岩盐	3 414
CsCl	氯化铯	657	SrO	岩盐	3 217
CsBr	氯化铯	632	BaO	岩盐	3 029
CsI	氯化铯	600	Li_2O	反萤石	2 799
MgF_2	金红石	2 922	TiO_2	金红石	12 150
CaF_2	萤石	2 597	CeO_2	萤石	9 627

3.11 晶格焓和 Born-Haber 循环

提要:晶格焓是通过 Born-Haber 循环的焓数据确定的;化合物最稳定的晶体结构一般是在通常条件下晶格焓最大的那个结构。

晶格焓(lattice enthalpy, $\Delta_L H^\ominus$)是从固体形成气态离子过程中伴随的标准摩尔焓变:

$$MX(s) \rightarrow M^+(g) + X^-(g) \qquad \Delta_L H^\ominus$$

由于晶格破坏过程总是吸热过程,所以晶格焓总是正值(放在数值之前的正号通常被省略)。如上所述,如果熵的因素被忽略,化合物最稳定的晶体结构就是一般条件下晶格焓最大的结构。

晶格焓是通过 **Born-Haber 循环**(Born-Haber cycle)从经验焓数据确定的。Born-Haber 循环是包括晶格形成一步在内的闭路循环,如图 3.48 所示的循环。化合物分解为各自参考态(一般条件下最稳定的状态)元素的标准焓是其标准生成焓($\Delta_f H^\ominus$)的负值:

$$M(s) + X(s,l,g) \rightarrow MX(s) \qquad \Delta_f H^\ominus$$

同样,从气体离子形成晶格的标准焓是晶格焓的负值。固态元素的原子化标准焓($\Delta_{atom} H^\ominus$)就是下述过程的升华标准焓:

$$M(s) \rightarrow M(g) \qquad \Delta_{atom} H^\ominus$$

对气体元素而言,标准原子化焓是标准解离焓($\Delta_{dis} H^\ominus$),如下式所示:

$$X_2(g) \rightarrow 2X(g) \qquad \Delta_{dis} H^\ominus$$

从中性原子到离子的标准生成焓是电离焓(对形成阳离子而言,$\Delta_{ion} H^\ominus$)和得电子焓(对形成阴离子而言,$\Delta_{eg} H^\ominus$):

$$M(g) \rightarrow M^+(g) + e^-(g) \qquad \Delta_{ion} H^\ominus$$

$$X(g) + e^-(g) \rightarrow X^-(g) \qquad \Delta_{eg} H^\ominus$$

晶格焓的值(精心选择的循环中唯一的未知值)是从一个规定中求得的。这一规定是,整个循环过程中焓变的总和为零(因为焓是状态性质)。从 Born-Haber 循环所得的晶格焓值取决于所有过程的测量精度,这就导致表 3.7 中所列的值可能存在较大的偏差,通常为±10 kJ · mol^{-1}。

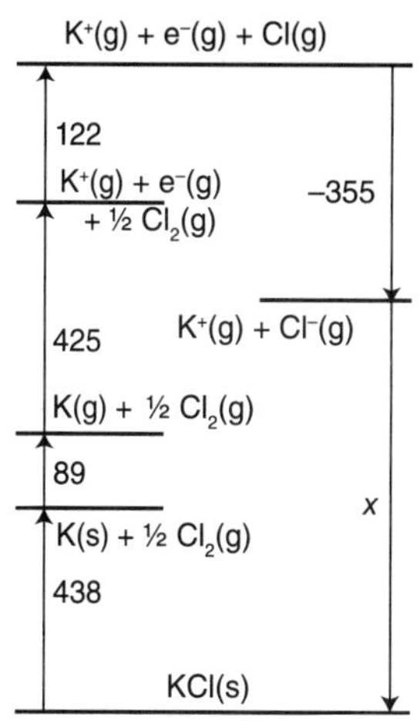

图 3.48 KCl 的 Born-Haber 循环:晶格焓等于$-x$,所有数值都以 kJ · mol^{-1}为单位

例题 3.13 用 Born-Haber 循环计算晶格焓

题目:使用 Born-Haber 循环计算 KCl(s)的晶格焓,计算中用到的 $\Delta H^\ominus$ 值(单位为 kJ · mol^{-1})如下:K(s)的升华焓,+89;K(g)的电离焓,+425;Cl_2(g)的解离焓,+244;Cl(g)的得电子焓,-355;KCl(s)的形成焓,-438。

答案:所涉及的循环如图 3.48 所示,绕循环一周焓变的总和为零,所以

$$\Delta_L H^\ominus = 438\ kJ \cdot mol^{-1} + 425\ kJ \cdot mol^{-1} + 89\ kJ \cdot mol^{-1} + 244/2\ kJ \cdot mol^{-1} - 355\ kJ \cdot mol^{-1} = 719\ kJ \cdot mol^{-1}$$

注意,如果绘出能级图表示各步循环的符号,计算过程会变得更加明显;所有的晶格焓为正值。也由于形成 KCl 时只需要来自 Cl_2(g)的 1 个 Cl 原子,计算中使用 Cl_2 的一半解离能,即 1/2×244 kJ · mol^{-1}。

自测题 3.13 从下面给出的 $\Delta H^\ominus$/(kJ · mol^{-1})数据计算溴化镁的晶格焓:Mg(s)的升华焓,+148;Mg(g)的电离焓,+2 187;

Br_2(l)的汽化焓,+31;Br_2(g)的解离焓,+193;Br(g)的得电子焓,-331;$MgBr_2$(s)的形成焓,-524。

3.12 晶格焓的计算

一旦晶格焓为已知,就可用以判断固体中成键作用的性质。如果根据假定(晶格中的作用力是离子的静电作用)计算得到的数值与测量值相一致,该化合物主要采取离子模型可能就是合适的。如果不一致,就表明存在一定程度的共价性。正如前面提到的那样,重要的是要记住:数字上的巧合在这种评估中

可能造成误导。

(a) Born-Mayer 方程

提要:Born-Mayer 方程用来估算离子晶格的晶格焓。Madelung 常数反映了晶格的几何形状对净库仑相互作用强度的影响。

计算假定的离子固体中的晶格焓需要考虑多种贡献,其中包括离子间的库仑吸引力和排斥力,以及离子的电子密度发生重叠时的排斥作用。$T=0$ 时,晶格焓的计算服从 **Born-Mayer 方程**(Born-Mayer equation):

$$\Delta_L H^\ominus = \frac{N_A |z_A z_B| e^2}{4\pi\varepsilon_0 d}\left(1-\frac{d^*}{d}\right)A \tag{3.2}$$

式中,$d(=r_1+r_2)$为相邻阳离子和阴离子中心之间的距离,因此是晶胞"尺度"的量度。N_A 是 Avogadro 常量,z_A 和 z_B 分别是阳离子和阴离子的电荷数,e 是基本电荷,ε_0 是真空介电常数,d^* 是用来表示短程离子间排斥作用的一个常量(通常为 34.5 pm)。物理量 A 叫作 **Madelung 常数**(Madelung constant),取决于离子所采取的结构(具体讲是取决于离子的相对分布,见表 3.8);参见应用相关文段 3.5。Born-Mayer 方程事实上给出了与晶格焓不同的晶格能。晶格能和晶格焓在 $T=0$ 时相同,通常温度下这种差别实际上可不予考虑。

表 3.8　Madelung 常数

结构类型	A	结构类型	A
氯化铯	1.763	金红石	2.408
萤石	2.519	闪锌矿	1.638
岩盐	1.748	纤锌矿	1.641

以氯化钠晶格焓的估算为例。将数值 $z(Na^+)=+1$,$z(Cl^-)=-1$,$A=1.748$(见表 3.8),$d=r_{Na^+}+r_{Cl^-}=283$ pm(见表 1.4)代入可得

$$\Delta_L H^\ominus = \frac{(6.022\times10^{23}\ \mathrm{mol^{-1}})\times|(+1)\times(-1)|\times(1.602\times10^{-19}\ \mathrm{C})^2}{4\pi\times(8.854\times10^{-12}\ \mathrm{J^{-1}\cdot C^2\cdot m^{-1}})\times(2.83\times10^{-10}\ \mathrm{m})}\times\left(1-\frac{34.5\ \mathrm{pm}}{283\ \mathrm{pm}}\right)\times1.748$$
$$=7.56\times10^5\ \mathrm{J\cdot mol^{-1}}$$

转换单位后变成 756 $\mathrm{kJ\cdot mol^{-1}}$。该值与从 Born-Mayer 循环得到的实验值(788 $\mathrm{kJ\cdot mol^{-1}}$)相比比较合理。

用来计算晶格焓的 Born-Mayer 方程中看到了晶格焓对固体中离子电荷和半径的依赖关系。因此方程的核心部分是

$$\Delta_L H^\ominus \propto \frac{|z_A z_B|}{d}$$

应用相关文段 3.5　Madelung 常数

对电荷数(确保阳离子和阴离子电荷的符号是正确的)分别为 z_A 和 z_B、相距 r_{AB} 的离子而言,计算晶体的总库仑能需要加和所有各种库仑势能项:

$$V_{AB} = \frac{(z_A e)\times(z_B e)}{4\pi\varepsilon_0 r_{AB}}$$

这种求和操作适用于离子的任何排布方式或结构类型,只是实践中收敛得非常缓慢。这是因为随着 r_{AB} 的增大(对应着对 V_{AB} 贡献的减小),晶体中处于那个距离的离子对的数目也在增加。还应该注意到,围绕中心点周围的离子的"壳"通常带有相反的电荷,因此正负电荷相互交替对 V_{AB} 做出贡献。

Madelung 常数的计算可以通过下述讨论做说明。这种讨论只涉及阳、阴离子等距离交替分开的一维线性排布（见图 B3.4）。最短的两个等价相互作用对库仑势能的贡献正比于 $-2z^2/d$，第二对正比于 $+2z^2/2d$，等等。因此得到下式：

$$\frac{4\pi\varepsilon_0 V}{e^2}=-\frac{2z^2}{d}+\frac{2z^2}{2d}-\frac{2z^2}{3d}+\frac{2z^2}{4d}-\frac{2z^2}{5d}\cdots=-\frac{2z^2}{d}\left(1-\frac{1}{2}+\frac{1}{3}-\frac{1}{4}+\frac{1}{5}\cdots\right)$$

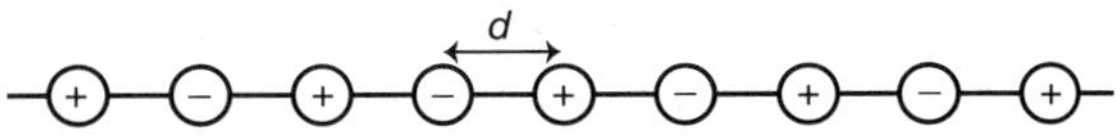

图 B3.4　一维线性分布

缓慢收敛的序列可表示为等于 ln 2。所以，对不同电荷交替出现的 z、相距为 d 的一行离子而言，下述通式是成立的：

$$V=\frac{e^2}{4\pi\varepsilon_0}\times\frac{z^2}{d}\times 2\ln 2$$

式中，$2\ln 2=1.386$，即这种离子排布方式的 Madelung 常数。对所有结构类型进行类似计算得到表 3.8 中的值。可从图 B3.5 中看到对岩盐结构进行计算的基础。对围绕中心阳离子、相距为 d（两个离子半径之和）的 6 个阴离子而言，12 个阳离子的距离为 $\sqrt{2}d$，8 个阴离子的距离为 $\sqrt{3}d$，等等：

$$\frac{4\pi\varepsilon_0 V}{e^2}=-\frac{6z^2}{d}+\frac{12z^2}{\sqrt{2}d}-\frac{8z^2}{\sqrt{3}d}+\frac{6z^2}{2d}\cdots$$

在这个例子中，该系列项相加得到岩盐结构类型的 Madelung 常数为 1.748。

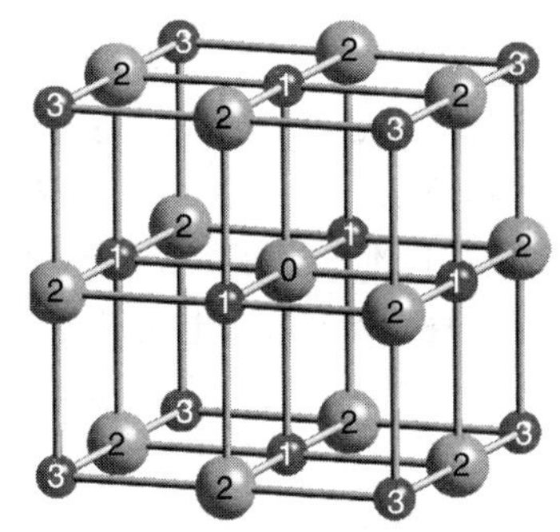

图 B3.5　岩盐结构类型 Madelung 常数计算的基础，显示出距离中心离子（标记为 0）不同距离处的离子壳层

因此，大 d 值会导致低晶格焓，而高的离子电荷会导致高晶格焓。这种依赖关系可从表 3.7 中的一些数据看出来。对碱金属卤化物而言，晶格焓从 LiF 到 LiI 不断下降，这是由于卤素离子的半径按同一顺序不断增加造成的；从 LiF 到 CsF 也不断下降，则是由于碱金属离子半径的增大造成的。

还能看到，MgO 的晶格焓（$|z_Az_B|=4$）恰恰超过氯化钠晶格焓（$|z_Az_B|=1$）的 4 倍。这是在 d 值相近的条件下电荷增大造成的（注意，Madelung 常数相同）。

Madelung 常数通常随配位数增加而增大。例如，6∶6 配位的岩盐结构 $A=1.748$；8∶8 配位的氯化铯结构 $A=1.763$；而 4∶4 配位的闪锌矿结构 $A=1.638$。这种依赖关系反映了一个事实：最邻近的原子对晶格焓的贡献大，配位数大时这种原子的个数也多。然而，高配位数并不必然意味着氯化铯型结构中的相互作用更强，因为势能也与晶格的大小有关。因此，那些离子大得足以采取 8 配位的晶格中的 d 可能如此之大，以致离子之间的距离使增加不大的 Madelung 常数造成的影响发生倒转，从而导致晶格焓减小。对较高配位数而言，大的 Madelung 常数表现出的一个现象是，当简单的半径比规则［节 3.10(b)］预言采取较低配位数的结构时，往往会采取这种高配位数的结构。例如，LiI 根据半径比（$\gamma=0.34$）预测应为 4∶4 配位，但实验却发现它采取 6∶6 配位的岩盐结构。

(b) 对晶格焓的其他贡献

提要：对晶格焓的非静电贡献包括 van der Waals 作用，特别是色散作用。

对晶格焓的另一种贡献来自离子和分子之间的 **van der Waals 作用**（van der Waals interaction），即电中性物种形成凝聚相的分子间弱作用力。这种弱作用力中一种重要的、有时起主导作用的是**色散作用**（dispersion interaction），又叫“伦敦作用”。色散作用来自一个分子中电子密度的瞬间变化（因而瞬间偶极矩发生变化）驱动相邻分子中电子密度（和偶极矩）的瞬间变化，两个瞬时电偶极之间产生吸引作用。这种作用的摩尔势能（V）预计将按下式变化：

$$V=-\frac{N_AC}{d^6} \tag{3.3}$$

式中的常数 C 取决于物质本身。对极化率低的离子而言，这种贡献只有静电作用的 1%，因而在离子固体晶格焓的计算中可忽略不计。然而对高度可极化性的离子（如 Tl^+ 和 I^-）而言。其贡献可以达到百分之几。像 LiF 和 CsBr 这样的化合物，其色散作用的贡献估计分别为 16 kJ · mol^{-1}和 50 kJ · mol^{-1}。

3.13　实验和理论值的比较

提要：$\Delta\chi>2$ 的元素形成的化合物通常是离子性化合物，通过 Born-Mayer 方程和通过 Born-Haber 循环得到的晶格焓值是相似的。对电负性差小和变形性大的元素形成的结构而言，成键作用中可能存在其他的非离子性贡献。晶格焓的计算也可能用来预测化合物的稳定性和其他未知化合物。

晶格焓的实验值与计算值（用离子模型对固体进行计算，实际是用 Born-Mayer 方程进行计算）之间的符合程度往往提供固体离子性程度的一种量度。表 3.9 列出了电负性差不同的元素的一些晶格焓的实验值和理论值。如果 $\Delta\chi>2$，离子模型是合理的，但如果 $\Delta\chi<2$，成键作用的共价性则增大。然而应该记得，电负性标准忽略了离子变形性所起的作用。碱金属卤化物较好地符合离子模型。高电负性的 F 原子形成变形性最小的 F^-，电负性低的 I 原子形成变形性高的 I^-，这种变化趋势在表 3.9 中卤化银晶格焓数据那里也可看到。碘化物的实验值和理论值之间的差值最大，这一事实表明离子模型对这类化合物存在重大缺陷。总的来说，金属银的这种一致性比金属锂低得多，这是因为银的电负性（$\chi=1.93$）远高于锂的电负性（$\chi=0.98$），可以预期成键作用中存在明显的共价成分。

表 3.9　岩盐结构实验和理论晶格焓的对比

化合物	$\Delta_L H^{calc}$/(kJ · mol^{-1})	$\Delta_L H^{exp}$/(kJ · mol^{-1})	($\Delta_L H^{exp}-\Delta_L H^{calc}$)/(kJ · mol^{-1})
LiF	1 029	1 030	1
LiCl	834	853	19
LiBr	788	807	19
LiI	730	757	27
AgF	920	953	33
AgCl	832	903	71
AgBr	815	895	80
AgI	777	882	105

究竟是原子的电负性还是离子（从原子得到）的变形性应被用作判据，这一问题并非总是清楚的。最不符合离子模型的化合物是由变形性强的阳离子和变形性强的阴离子结合形成的化合物（实质上是共价化合物）。这里再次强调，虽然母体元素之间的电负性差值小，下面这个问题仍然不确定：究竟是元素的电负性还是离子的变形性能提供更好的判据？

例题 3.14　用 Born-Mayer 方程确定未知化合物在理论上的稳定性

题目：确定固体 ArCl 是否可能存在。

答案：答案在于 ArCl 的生成焓是明显具有正值还是负值。如果为明显的正值（吸热），则不可能稳定（当然存在例外）。考虑到讨论 ArCl 的合成时 Born-Haber 循环中存在 ArCl 的生成焓和晶格焓两个未知数，我们可通过 Born-Mayer 方程估算纯离子性 ArCl 的晶格焓（假设 Ar^+ 的半径处在 Na^+ 和 K^+ 的中间值）。也就是说，该化合物的晶格焓处在氯化钠和氯化钾之间大约 745 kJ · mol^{-1}处。由于需要产生 1 mol 的 Cl 原子，因而可以取值 Cl_2 解离焓的一半（122 kJ · mol^{-1}）。Ar 的电离焓为 1 524 kJ · mol^{-1}，Cl 原子的电子亲和焓为 356 kJ · mol^{-1}，得到 $\Delta_f H$(ArCl,s) = (1 524−745−356+122) kJ · mol^{-1} = +545 kJ · mol^{-1}。也就是说，可以预言该化合物相对元素而言非常不稳定。这主要是因为晶格焓不能补偿 Ar 很大的电离焓。

自测题 3.14　预言具有萤石结构的 $CsCl_2$ 能否存在。

像例题 3.14 那样的计算曾被用于预言第一个稀有气体化合物的稳定性。此前已通过 PtF_6 与氧的反应制得了 $O_2^+PtF_6^-$ 这个离子化合物。考虑到 O_2 的电离能(1 176 kJ · mol^{-1})和 Xe 的电离能(1 169 kJ · mol^{-1})几乎相同并且 Xe^+ 和 O_2^+ 的大小也应该相似,这暗示二者的化合物的晶格焓也类似。由于之前已经发现 O_2 能与六氟化铂起反应,所以 Xe 也应该起反应。事实上也确实得到一个据认为含有 XeF^+ 和 PtF_6^- 的离子性化合物。

类似的计算可用于预言化合物的稳定性和其他各种化合物,如预言碱土金属的一卤化物(如 MgCl)。基于 Born-Mayer 晶格焓和 Born-Haber 循环进行的计算显示,这样的化合物预料将会发生歧化生成 Mg 和 $MgCl_2$。讨论反应

$$2MgCl(s) \rightarrow MgCl_2(s) + Mg(s)$$

并估计 MgCl 晶格焓与 NaCl 的晶格焓(+786 kJ · mol^{-1})相类似,歧化反应的焓变可用下式估算:

$$\Delta_{disprop}H = [+(2\times786)(\Delta_L H \text{ of MgCl}) - 737(1_{st}\text{ IE of Mg}) + 1\,451(\text{2nd IE of Mg}) - 148(\Delta_{sub}H \text{ of Mg}) - 2\,526(\Delta_L H \text{ of } MgCl_2)]\ \text{kJ}\cdot\text{mol}^{-1} = -388\ \text{kJ}\cdot\text{mol}^{-1}$$

所以预期反应将会向右进行。注意,此类计算提供的只是离子性化合物生成焓的估计值,只对化合物热力学稳定性提出了一种看法。如果分解过程非常缓慢,或许可以得到一个热力学上不稳定的化合物。实际上,2007 年已经报道了一类含有 Mg(Ⅰ)的化合物(节 12.13),虽然该化合物中的成键作用主要显示共价性。

3.14 Kapustinskii 方程

提要:Kapustinskii 方程用以估计离子化合物的晶格焓并测量组成离子的热化学半径。

A. F. Kapustinskii 发现,如果许多结构的 Madelung 常数除以每个化学式单元中的离子数(N_{ion}),所有情况下都得到几乎相同的值。他还注意到,这样得到的值随配位数的增加而增大。由于离子半径也随配位数的增加而增大,因此从一种结构变为另一种结构时,$A/(N_{ion}d)$ 的变化预料将会相当小。这种现象导致 Kapustinskii 提出一个假设:存在一种假想中的岩盐结构,这种结构在能量上等价于任何离子性固体的真实结构。因此,其晶格焓可用岩盐结构的 Madelung 常数和 6 : 6 配位的离子半径来计算。得到的表达式叫 **Kapustinskii 方程**(Kapustinskii equation):

$$\Delta_L H^{\ominus} = \frac{N_{ion}|z_A z_B|}{d}\left(1 - \frac{d^*}{d}\right)\kappa \tag{3.4}$$

方程中的 $\kappa = 1.21\times10^5$ kJ · pm · mol^{-1},d 的单位是 pm。

Kapustinskii 方程可用来描述非球形分子离子的"半径"值,因为这些值可以进行调整直到晶格焓的计算值与从 Born-Haber 循环得到的实验值相一致。以这种方法获得的自洽参数叫作**热化学半径**(thermochemical radii),表 3.10 给出一些离子的热化学半径值。一旦列入表中,它们就可用来估算许多未知结构化合物的晶格焓并进而估算生成焓,这里假设化学键基本上是离子键。

表 3.10　离子的热化学半径*,r/pm

主族元素				
BeF_4^{2-}	BeF_4^-	CO_3^{2-}	NO_3^-	OH^-
(245)	232	178	179	133
		CN^-	NO_3^-	O_2^{2-}
		191	(189)	173

续表

主族元素					
			PO_4^{3-}	SO_4^{2-}	ClO_4^-
			(238)	258	240
			AsO_4^{3-}	SeO_4^{2-}	BrO_3^-
			(248)	249	154
			SbO_4^{3-}	TeO_4^{2-}	IO_3^-
			(260)	(254)	182
络合物离子			*d* 金属含氧阴离子		
$[TiF_6]^{2-}$	$[PtCl_6]^{2-}$	$[SiF_6]^{2-}$	$[SnCl_6]^{2-}$	$[CrO_4]^{2-}$**	$[MnO_4]^{2-}$**
289	313	269	326	(256)	(240)
$[TiCl_6]^{2-}$	$[PtBr_6]^{2-}$	$[GeF_6]^{2-}$	$[SnBr_6]^{2-}$	$[MoO_4]^{2-}$**	
331	342	265	363	(254)	
$[ZrCl_6]^{2-}$			$[PbCl_6]^{2-}$		
358			348		

* 数据引自：H. D. B. Jenkins and K. P. Thakur, *J. Chem. Educ.*, 1979, **56**, 576; A. F. Kapustinskii, *Q. Rev.*, *Chem. Soc.*, 1956, **10**, 283（括号中的值）。

** d 金属含氧阴离子，不是主族元素。

例如，为了估算硝酸钾（KNO_3）的晶格焓，首先需要知道每个化学式单元的离子数（这里 $N_{ion}=2$）、它们的电荷数[$z(K^+)=+1$，$z(NO_3^-)=-1$]和它们的热化学半径的总和（138 pm+189 pm=327 pm），这样算得的 $d^*=34.5$ pm。代入此值可求得晶格焓：

$$\Delta_L H^{\ominus}=\frac{2|(+1)(-1)|}{327\ \text{pm}}\times\left(1-\frac{34.5\ \text{pm}}{327\ \text{pm}}\right)\times(1.21\times10^5)\ \text{kJ}\cdot\text{pm}\cdot\text{mol}^{-1}$$

$$=622\ \text{kJ}\cdot\text{mol}^{-1}$$

3.15　晶格焓导致的结果

Born-Mayer 方程表明，对给定的晶格类型（即给定 A 值）而言，晶格焓随着离子电荷数（$|z_A z_B|$）的增加而增大。晶格焓也随离子相互靠近程度和晶格尺寸减小而增大。能量随**静电参数**（electrostatic parameter）

$$\xi=\frac{|z_A z_B|}{d} \tag{3.5}$$

的变化而变化。ξ（读作 xi）是静电参数的符号（往往简写为 $\xi=z^2/d$），无机化学中广泛用于表示离子模型。本节讨论晶格焓导致的三种结果及与静电参数的关系。

(a) 离子性固体的热稳定性

提要：晶格焓可用来解释许多离子性固体的化学性质，包括它们的热分解性质。

这里具体讨论第 2 族元素碳酸盐分解所需的温度（所涉及的论据不难推广至许多无机固体）：

$$MCO_3(s) \longrightarrow MO(s)+CO_2(g)$$

例如，碳酸镁加热至约 300 ℃ 即分解，而碳酸钙在温度上升至 800 ℃ 以上才分解。热不稳定化合物（如碳酸盐）的分解温度随阳离子半径增加而增高（见表 3.11）。一般来说，大阳离子稳定大阴离子（反之亦然）。

表 3.11　碳酸盐的热分解数据*

碳酸盐	$MgCO_3$	$CaCO_3$	$SrCO_3$	$BaCO_3$
$\Delta G^{\ominus}/(kJ\cdot mol^{-1})$	+48.3	+130.4	+183.8	+218.1
$\Delta H^{\ominus}/(kJ\cdot mol^{-1})$	+100.6	+178.3	+234.6	+269.3
$\Delta S^{\ominus}/(J\cdot K^{-1}\cdot mol^{-1})$	+175.0	+160.6	+171.0	+172.1
$\theta_{decomp}/℃$	300	840	1 100	1 300

* 表中数据是 298 K 时反应 $MCO_3(s) \longrightarrow MO(s)+CO_2(g)$ 的数据，θ 是 $p(CO_2)=1$ bar 时所需的温度。

大阳离子使不稳定阴离子稳定化的影响可通过晶格焓的变化趋势作解释。首先注意到，固体无机化合物的分解温度可通过分解为指定产物的 Gibbs 自由能来讨论。对固体分解反应的标准 Gibbs 自由能 $\Delta G^{\ominus}=\Delta H^{\ominus}-T\Delta S^{\ominus}$ 而言，等式右端的第二项大于第一项时 $\Delta G^{\ominus}$ 变成负值。即温度超过

$$T=\Delta H^{\ominus}/\Delta S^{\ominus} \tag{3.6}$$

时 $\Delta G^{\ominus}$ 变成负值。如果只讨论反应焓的变化趋势，这个温度在许多情况下也就足够了。这是因为反应熵本质上与 M 无关（CO_2 气体的生成起主导作用）。因此，固体的标准分解焓可由下式给出：

$$\Delta H^{\ominus}=\Delta_{decomp}H^{\ominus}+\Delta_L H^{\ominus}(MCO_3,s)-\Delta_L H^{\ominus}(MO,s)$$

式中的 $\Delta_{decomp}H^{\ominus}$ 是 CO_3^{2-} 在气相中的标准分解焓（见图 3.49）：

$$CO_3^{2-}(g) \longrightarrow O^{2-}(g)+CO_2(g)$$

由于 $\Delta_{decomp}H^{\ominus}$ 数值大而且是正值，所以总反应焓也是正值（分解是吸热过程）。但如果氧化物的晶格焓显著大于碳酸盐的晶格焓［$\Delta_L H^{\ominus}(MCO_3,s)-\Delta_L H^{\ominus}(MO,s)$ 为负值］，总反应焓的正值就不会很大。其结果是，氧化物晶格焓高于母体碳酸盐晶格焓时，碳酸盐的分解温度会较低。适于这种情况的化合物是由半径小、电荷高的阳离子（如 Mg^{2+}）组成的。图 3.50 用来说明随着阳离子体积的变化，小阳离子为什么对晶格焓变化的影响更显著。当母体化合物最初是大阳离子时，距离的变化相对较小。该图以放大的方式显示，阳离子很大时，阴离子大小的变化几乎不影响晶格的尺寸。因此，对给定的不稳定的多原子阴离子而言，半径小的阳离子比半径大的阳离子晶格焓差值更大，更有利于分解。

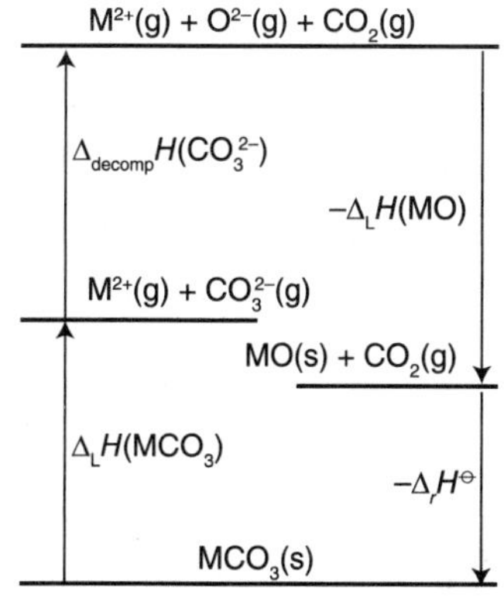

图 3.49　涉及固体碳酸盐 MCO_3 分解过程焓变的热力学循环

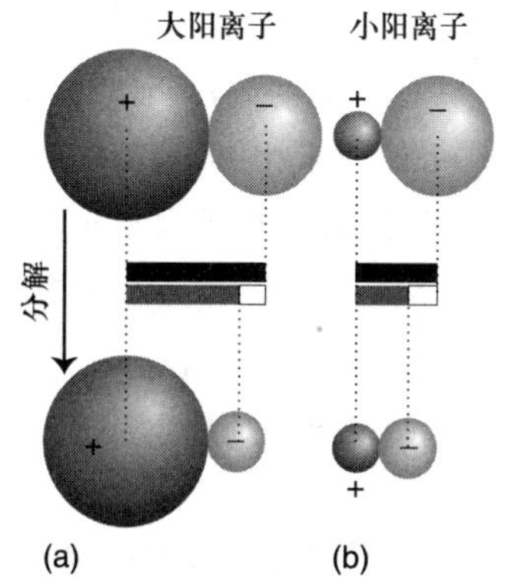

图 3.50　不同半径阳离子晶格参数 d 的变化的放大图：(a) 阴离子改变尺寸（如 CO_3^{2-} 分解为 O^{2-} 和 CO_2）和阳离子大时，晶格参数的变化相对较小.(b) 然而如果阳离子小，晶格参数的相对变化就较大，从而导致晶格焓增加较大，从热力学角度更有利于分解

MO_n 和 $M(CO_3)_n$ 之间的晶格焓差也被阳离子上更高的电荷所扩大。由于 $\Delta_L H^{\ominus} \propto |z_A z_B|/d$，所以如果它含有较高电荷的阳离子，碳酸盐的热分解就会在较低的温度下发生。已经观察到这种对阳离子电荷的依赖性。事实上，碱土金属（M^{2+}）碳酸盐比相应的碱金属（M^+）碳酸盐更倾向于在较低温度下分解。

例题 3.15　评价化合物稳定性对离子半径的依赖关系

题目：提出理由以说明下述事实：在氧气中燃烧时锂形成氧化物 Li_2O，而钠则形成过氧化钠 Na_2O_2。

答案：确定化合物的稳定性时，需要考虑阳离子和阴离子的相对大小所起的作用。因为小的锂离子形成比 Na_2O 晶格焓更有利的 Li_2O（与 M_2O_2 相比），Li_2O_2 比 Na_2O_2 更有利于发生分解反应 $M_2O_2(s) \longrightarrow M_2O(s)+O_2(g)$。

自测题 3.15　预言碱土金属硫酸盐在反应 $MSO_4(s) \longrightarrow MO(s)+SO_3(g)$ 中发生分解的温度顺序。

用大阳离子稳定大阴离子（否则后者容易分解形成较小的阴离子物种）的方法被无机化学家广泛用于制备化合物（否则得到热力学不稳定的化合物）。例如，I^- 被 Cl_2 氧化可制得卤素互化物阴离子 ICl_4^-，但易分解为一氯化碘和 Cl^-：

$$MI(s)+2Cl_2(g) \longrightarrow MICl_4(s) \longrightarrow MCl(s)+ICl(g)+Cl_2(g)$$

为了对分解过程不利，用大阳离子减少 $MICl_4$ 和 MCl/MI 之间的晶格焓差。某些情况下可以使用碱金属大阳离子（如 K^+、Rb^+、Cs^+），而使用大体积的烷基铵离子（如 $N^tBu_4^+$）甚至更好些。

(b) 氧化态的稳定性

提要：固体中不同氧化态的相对稳定性往往可从晶格焓的角度做判断。

类似的论据可用来解释一种现象：小阴离子可稳定金属的高氧化态。特别是 F 稳定高氧化态金属的能力比其他卤素离子更强。因此，已知的 Ag(Ⅱ)、Co(Ⅲ) 和 Mn(Ⅳ) 的卤化物只有氟化物。高氧化态金属较重卤化物稳定性下降的另一个迹象是，放置在室温下的 Cu(Ⅱ) 和 Fe(Ⅲ) 的碘化物会分解（为 CuI 和 FeI_2）。因为 O^{2-} 体积小和电荷高，所以氧也是稳定元素最高氧化态非常有效的物种。

为了解释这类现象，让我们讨论下述反应：

$$MX(s)+\frac{1}{2}X_2(g) \longrightarrow MX_2(s)$$

式中，X 代表卤素，旨在表明 X=F 时为什么这一反应具有强烈的自发性。如果忽略熵的贡献，就必须表明氟的这一反应是个强放热反应。对反应焓的贡献之一来自 $1/2X_2$ 转化为 X^- 的过程。尽管 F 的电子亲和势比 Cl 低，但这一步中 X=F 比 X=Cl 时放热更多。这是因为 F_2 的键焓低于 Cl_2。然而晶格焓起主要作用。MX 变成 MX_2 时阳离子电荷从+1 增加到+2，因此增大了晶格焓。然而由于阴离子半径增加，两个晶格焓的差值减少，所以总反应的放热贡献也减小。因此随着卤素从 F 变到 I，晶格焓和 X^- 的生成焓都导致反应放热较少。如果熵的因素相似（这似乎是可能的），就能做出这样的预判：随着第 17 族向下从 X=F 到 X=I，MX 相对于 MX_2 的热力学稳定性增加。因此，许多高氧化态金属的碘化物都不存在［如 $Cu^{2+}(I^-)_2$、$Tl^{3+}(I^-)_3$ 和 VI_5 等化合物均属未知］，而相应的氟化物（CuF_2、TlF_3 和 VF_5）都可制得。实际上，即使这些碘化物可以形成，热力学却表明高氧化态金属也会将 I^- 氧化为 I_2，导致形成较低的金属氧化态，如形成 Cu(Ⅰ)、Tl(Ⅰ) 和 V(Ⅲ) 的碘化物。

(c) 溶解度

提要：盐在水中的溶解度可通过对晶格焓和水合焓的讨论得到合理解释。

因为溶解过程涉及晶格的破坏，所以晶格焓对溶解度有影响。不过分析这种变化趋势要比分析分解反应困难得多。遵循得较好的一条规则是，离子半径相差大的化合物在水中的溶解能力高。相反，离子半径相近的盐在水中不易溶解。一般来说，离子大小不同有利于在水中的溶解度。经验发现，离子化合物 MX 中的 M^+ 半径比 X^- 半径大约小 80 pm 时该化合物易溶解。

化合物中两个熟悉的系列能够说明这些趋势。在重量分析中 Ba^{2+} 用于沉淀 SO_4^{2-}，第二族元素硫酸盐的溶解度从 $MgSO_4$ 到 $BaSO_4$ 依次降低。相反，第二族元素的氢氧化物自上而下则增大。$Mg(OH)_2$ 是微溶的“镁乳”，但 $Ba(OH)_2$ 作为可溶性氢氧化物以制备含 OH^- 的溶液。第一种情况表明，大阴离子需要大阳离子沉淀。第二种情况表明，小阴离子需要小阳离子沉淀。

试图合理解释上述现象之前，首先应该注意到离子化合物的溶解度取决于反应

$$MX(s) \longrightarrow M(aq)^+ + X(aq)^-$$

的标准反应 Gibbs 自由能。在这一过程中，MX 晶格焓的作用被离子的水合作用（溶剂化）所代替。然而，焓效应和熵效应的精确平衡十分微妙并且很难评估。特别是因为熵变也取决于溶质存在时溶剂分子的有序程度。图 3.51 中的数据表明，某些情况下焓的因素至少是重要的。因为该图显示，盐的溶解焓与两种离子水合焓差之间存在某种关系。如果阳离子的水合焓大于阴离子的水合焓（反映了两种离子大小的不同）或者相反，那么盐的溶解过程就是放热过程（反映了有利的溶解平衡）。

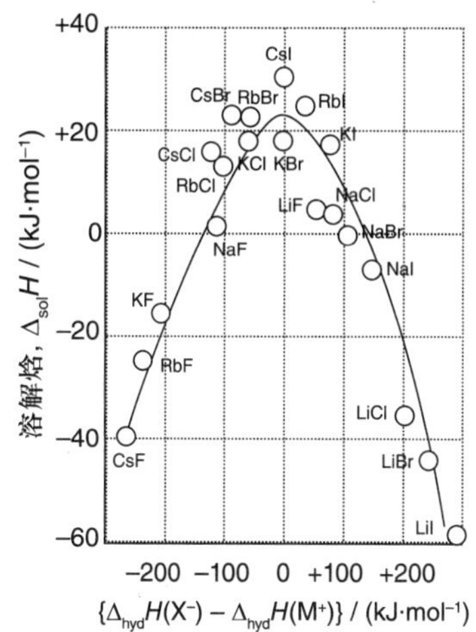

图 3.51　卤化物的溶解焓与离子水合焓差的关系（差值大时溶解过程放热多）

焓的变化可用离子模型做解释。晶格焓与阴、阳离子中心之间的距离成反比：

$$\Delta_L H^{\ominus} \propto 1/(r^+ + r^-)$$

然而水合焓（每个离子各自发生水合）却是各自离子贡献的加和：

$$\Delta_{hyd} H \propto (1/r^+) + (1/r^-)$$

如果离子半径小，该离子水合焓一项就会大。然而在晶格焓的表达式中，小离子靠它本身不能使表达式的分母变小。因此，一个小离子可以导致大的水合焓，但不一定会导致高的晶格焓，所以离子大小的不对称性可导致溶解过程放热。如果两个都是小离子，晶格焓和水合焓可能都较大，溶解过程就不会放出太多的热。

例题 3.16　说明 s 区化合物溶解度的变化趋势

题目：第二族从 Mg 到 Ra 金属碳酸盐溶解度有何变化趋势？

答案：这里需要考虑阳离子和阴离子相对大小所起的作用。CO_3^{2-} 阴离子半径大，与第二族元素阳离子 M^{2+} 所带的电荷相同，故可预言溶解度最低的碳酸盐的阳离子最大（即 Ra^{2+}），最易溶解的碳酸盐的阳离子是 Mg^{2+}。尽管碳酸镁比碳酸镭易溶于水，它仍然是微溶的：其溶解度常数（即溶度积，K_{sp}）只有 3×10^{-8}。

自测题 3.16　判断 $NaClO_4$ 和 $KClO_4$ 哪个在水中更易溶。

缺陷和非化学计量

提要：缺陷、空位和原子错位是所有固体的特征，这是因为它们的形成在热力学上有利。

所有固体都含**缺陷**（defects），即结构或组成的不完美性。由于缺陷会影响固体的性质（如机械强度、导电性和化学反应性能），因而显得重要。缺陷包括**本征缺陷**（intrinsic defects）和**外赋缺陷**（extrinsic defects），前者是指纯物质中存在的缺陷，后者是指因存在杂质而造成的缺陷。通常也需要将**点缺陷**（point defects）与**扩展缺陷**（extended defects）相区分，前一种缺陷发生在一个个位点，后一种缺陷发生在一维、二维和三维方向。点缺陷是周期性晶格结点的随机误差（如原子在正常位置的缺位或原子占用不正常的位点），扩展缺陷涉及原子平面的各种不规则堆积。

3.16　缺陷的由来和类型

固体含有缺陷,这是因为将混乱度引进完美结构从而增加了熵。含缺陷固体的 Gibbs 自由能($G=H-TS$)是由样品的焓和熵贡献的。缺陷的形成通常是吸热过程,这是因为晶格被破坏导致固体的焓值增加。然而随着缺陷的形成($-TS$)一项会变得更负,这是因为将混乱度引入晶格导致熵值升高。因此如果 $T>0$,缺陷为非零浓度时 Gibbs 自由能将具有最小值,缺陷的形成将是自发的[见图 3.52(a)]。此外,随着固体温度的升高,G 的最小值向更高缺陷浓度的方向移动[见图 3.52(b)]。随着温度接近熔点,固体将具有更多的缺陷。

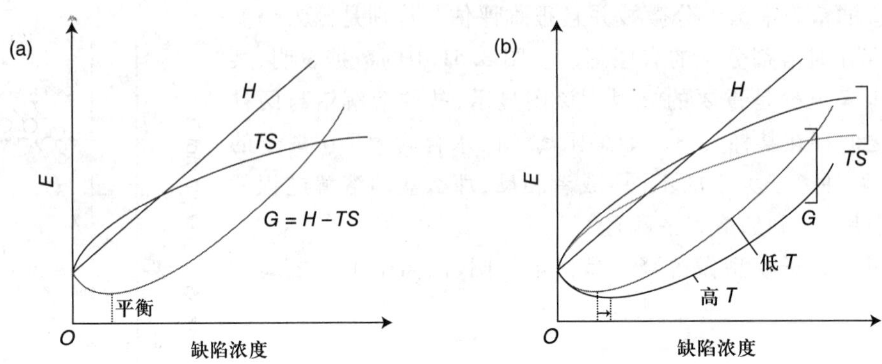

图 3.52　(a) 晶体的焓和熵随缺陷数目增加而发生的变化,由此产生的 Gibbs 自由能($G=H-TS$)在非零浓度具有最小值,因此缺陷形成是自发过程;(b) 随着温度升高,Gibbs 自由能的最小值向缺陷浓度更高的方向移动,所以高温下的平衡比低温下的平衡形成更多的缺陷

(a) 本征点缺陷

提要:Schottky 缺陷是由阳离子/阴离子对形成的点位空缺,而 Frenkel 缺陷是由一种原子移动到间隙位置形成的;固体的结构影响形成的缺陷类型,低配位数和更多共价成分的固体形成 Frenkel 缺陷,离子性物质更多形成 Schottky 缺陷。

固态物理学家 W. Schottky 和 J. Frenkel 识别出两种类型的点缺陷。**Schottky 缺陷**(Schottky defects)是原子或离子在完美排列结构中留下的空位(见图 3.53)。也就是说它是一种点缺陷,原子或离子从它正常应该出现的位置上消失。固体的整体化学计量不受 Schottky 缺陷的影响,这是因为在化学计量化合物(MX)中的缺陷是阴、阳离子成对发生的(确保了电荷平衡),阳离子和阴离子位点上存在同等数目的空缺。在 MX_2 这种组成的固体中,缺陷的产生必须确保电荷平衡,两个阴离子空位必须失去一个阳离子。Schottky 缺陷以低浓度发生在纯离子性固体(如 NaCl)中,它们更多发生在高配位数的结构中(如密堆积的离子和金属),剩余原子的平均配位数下降(如从 12 降至 11)对焓造成的不利后果相对比较低。

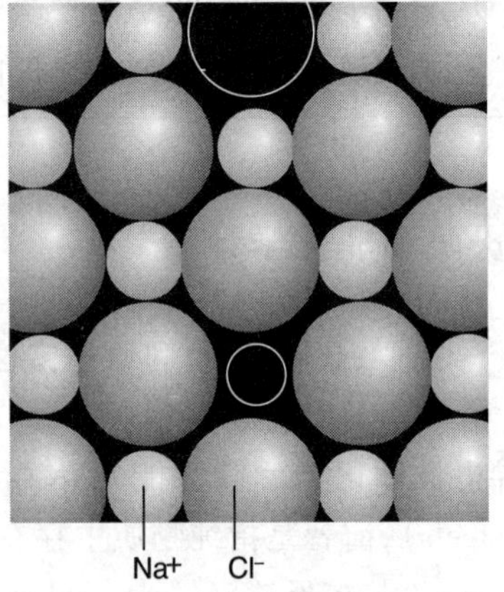

图 3.53　Schottky 缺陷是离子在其正常位点的缺失(为了保持电中性,阴、阳离子空位的数目在 1∶1 化合物中必须相等)

Frenkel 缺陷(Frenkel defect)也是一种点缺陷,其中的一种原子或离子移动到间隙位点(见图 3.54)。例如,氯化银(岩盐结构),为数不多的 Ag^+ 将通常占据的八面体位点留空而占据四面体位点(**1**)。形成 Frenkel 缺陷时化合物的化学计量不变,离子性二元化合物(MX)中的 Frenkel 缺陷可能涉及一种离子(M 或 X)的移位或两种离子(某些 M 和某些 X)都发生移位。例如,存在于 PbF_2 中的 Frenkel 缺陷涉及为数不多的 F^- 从它们在萤石结构中的正常位点(Pb^{2+} 密堆积排布形成的四面体空穴)位移至相应的八面体空穴。一个有价值的概括是,Frenkel 缺陷在像纤锌矿和闪锌矿这种低配位数结构中(6 或者更低,两者的配位方

式为 4∶4)往往最常遇到,这种较为开放的结构提供了容纳间隙原子的位点。这不是说 Frenkel 缺陷只存在于这种结构,正如已经看到的那样,以 8∶4 方式配位的萤石结构可以容纳这样的间隙原子。虽然为了安置位移了的阴离子,部分相邻的阴离子需要重新找到位置。

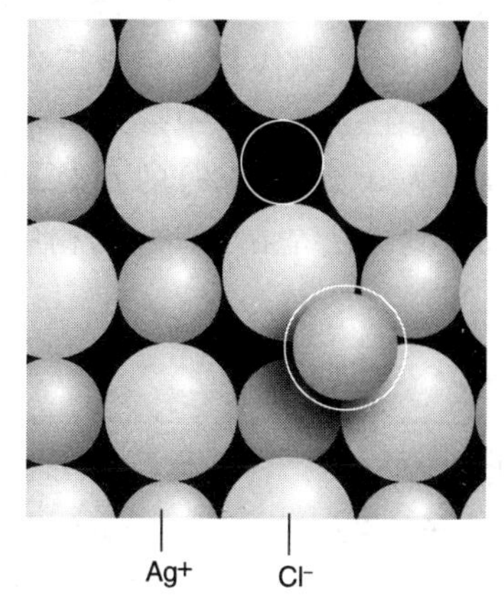

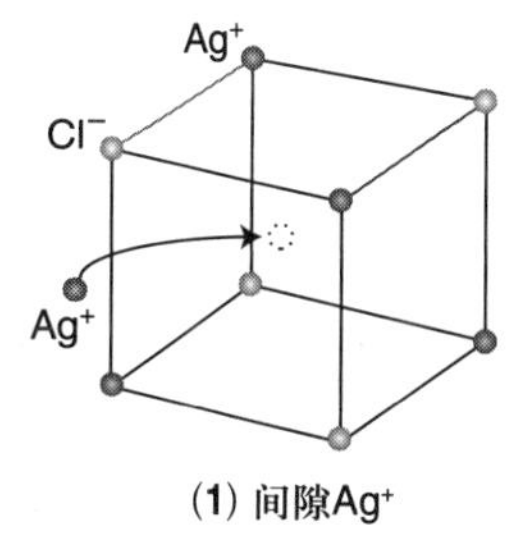

图 3.54　一种离子移动到间隙位置形成 Frenkel 缺陷

化合物从一种类型变为另一种类型时,Schottky 缺陷的浓度发生显著变化。碱金属卤化物中的空穴浓度很低:130 ℃时为 10^6 cm^{-3}数量级,相应于每 10^{14}个化学式单元含 1 个缺陷。相反,一些 d 区金属的氧化物、硫化物和氢化物的空穴浓度很高。TiO 的高温形式是个极端的例子,阳离子和阴离子位点都有空缺,相应于每 7 个化学式单元大约有 1 个缺陷。

大量缺陷可能会影响固体的密度。以空位形式存在的大数量的 Schottky 缺陷导致密度降低。例如,TiO 中阴离子和阳离子位点都有 14%的空缺,测量密度(4.96 g · cm^{-3})远低于完美 TiO 结构的 5.81 g · cm^{-3}。Frenkel 缺陷对密度几乎没有影响,因为它们涉及原子或离子的位移,晶胞中物种的数目未变。

例题 3.17　预言缺陷类型

题目:根据你的判断,下列两个化合物中存在哪种类型的本征缺陷? (a) MgO,(b) CdTe。

答案:形成缺陷的类型取决于配位数和成键作用共价性程度等因素,高配位数和离子性成键有利于 Schottky 缺陷,低配位数和成键作用的部分共价性有利于 Frenkel 缺陷。(a) 氧化镁的岩盐结构和离子性成键有利于 Schottky 缺陷,(b) CdTe 采用 4∶4 配位的纤锌矿结构,有利于形成 Frenkel 缺陷。

自测题 3.17　判断下列两个化合物最可能的本征缺陷的类型:(a) HgS,(b) CsF。

Schottky 缺陷和 Frenkel 缺陷只是许多可能缺陷类型中的两类。另一种类型是**原子互换缺陷**(atom-interchange defect)或叫**反位点缺陷**(anti-site defect),是由交换了位置的一对原子形成的。这类缺陷常见于金属合金中中性原子的交换。人们认为二元离子化合物非常不利于形成这种缺陷,因为带有相同电荷的离子之间引入了强烈的排斥作用。例如,总组成为 CuAu 的铜/金合金在高温下存在较大程度的无序性,相当一部分 Cu 和 Au 原子交换了位置(见图 3.55)。三元化合物和组成更复杂的化合物中不同位点带有相同电荷的物种之间常常会看到这种交换,如尖晶石(见 24.7)中往往会看到部分金属离子在四面体空穴和八面体空穴之间发生的交换。

图 3.55　原子互换也可生成点缺陷,如在 CuAu 合金中

图 3.55

(b) 外赋点缺陷

提要:外赋缺陷是向固体中掺入杂质原子而导致的缺陷。

外赋缺陷(extrinsic defect)是存在杂质而导致的缺陷。这种缺陷是不可避免的,因为任何大小的晶体实际上不可能实现完全纯净。外赋缺陷常见于天然界存在的矿物。低浓度 Cr 掺入 Al_2O_3 结构形成红宝石,而一些 Al 被 Fe 和 Ti 置换后产生蓝宝石(应用相关文段 3.6)。取代物种与被取代物种通常具有相似的原子或离子半径,如红宝石中的 Cr^{3+} 与 Al^{3+}。杂质也可通过在一种材料中掺入另一种的方法引入。**掺杂剂**(dopant)是替换了结构中另一种元素的、量级很小(通常为 0.1%到 5%)的元素,如 As 掺入 Si 可以改变 Si 的半导体性质。红宝石和蓝宝石也不难在实验室合成,其方法是在 Al_2O_3 结构中掺杂少量的 Cr(或 Fe 和 Ti)取代 Al。

应用相关文段 3.6　宝石和缺陷

缺陷和掺杂剂离子是造成许多宝石具有颜色的原因。纯氧化铝(Al_2O_3)、二氧化硅(SiO_2)和萤石(CaF_2)为无色,颜色鲜艳的材料可通过小量级掺杂离子的取代作用或者能产生捕获电子的空穴来形成。自然界的材料中存在杂质和缺陷往往产生于它们形成的地质条件和环境条件。例如,d 金属离子往往存在于宝石生长的溶液或熔体中,自然环境中放射性物种的电离辐射能够产生捕获所需电子的结构。

宝石颜色最常见的来源是 d 金属离子掺杂剂(见表 B3.1)。红宝石是 Al^{3+}被原子百分数为 0.2%～1%的 Cr^{3+}所取代的氧化铝,红色是由可见光谱中的绿色光被吸收导致的,而这种绿色光正是激发了 Cr 的 3d 电子产生的(节 20.4)。同样的离子还可以产生祖母绿的颜色;不同颜色反映了掺杂剂不同的局域配位环境。宿主结构为绿柱石[铍硅酸铝,$Be_3Al_2(SiO_3)_6$]中的 Cr^{3+}被 6 个硅酸根离子(不是在红宝石中的 6 个 O^{2-})所围绕,从而在不同能量的波长产生吸收。其他 d 金属离子产生了其他宝石的颜色。铁(Ⅱ)产生石榴石的红色和橄榄石的黄绿色。锰(Ⅱ)产生某些碧玺的粉红色。

表 B3.1　宝石及其颜色的来源

矿物或宝石	颜色	母体的化学式	形成颜色的掺杂剂或缺陷
红宝石	红	Al_2O_3	Cr^{3+}取代八面体位点的 Al^{3+}
翡翠	绿	$Be_3Al_2(SiO_3)_6$	Cr^{3+}取代八面体位点的 Al^{3+}
碧玺	绿或粉红	$Na_3Li_3Al_6(BO_3)_3(SiO_3)_6F_4$	Cr^{3+}或 Mn^{2+}分别取代八面体位点的 Li^{+}和 Al^{3+}
石榴石	红	$Mg_3Al_2(SiO_4)_3$	Fe^{2+}取代 8 配位位点的 Mg^{2+}
橄榄石	黄-绿	Mg_2SiO_4	Fe^{2+}取代 6 配位位点的 Mg^{2+}
蓝宝石	亮蓝	Al_2O_3	Fe^{2+}和 Ti^{4+}之间的电子转移取代相邻八面体位点的 Al^{3+}
钻石	无色、淡蓝或黄	C	来自 N 的色心
紫水晶	紫	SiO_2	基于 Fe^{3+}/Fe^{4+}的色心
萤石	紫	CaF_2	基于被捕获电子的色心

红宝石和祖母绿的颜色是单掺杂剂 d 金属离子 Cr^{3+}的电子被激发而导致的。当存在一种以上的掺杂剂(可能是不同的类型或氧化态)时,掺杂剂之间可能发生电子转移。蓝宝石即具有这种性质。蓝宝石像红宝石一样都是氧化铝,但其中某些相邻的 Al^{3+}离子对被 Fe^{2+}和 Ti^{4+}的离子对所置换。随着电子从 Fe^{2+}转移至 Ti^{4+},这种材料吸收波长相应于黄光的可见光,从而产生亮蓝色(黄色的互补色)。

在其他宝石和矿物质中,颜色是在宿主结构中掺杂了不同电荷的离子物种或形成空穴(Schottky 缺陷)而产生的。两种情况下都形成了色心或 F-中心(F 来自德语单词 *Farbe*,意为颜色)。由于 F-中心的电荷不同于相同结构中正常被占有位点的电荷,因而不难向另外一个离子提供电子(或接受另外一个离子提供的电子)。该电子其后可被吸收的可见光激发而产生颜色。例如,纯萤石(CaF_2)中的 F-中心是由正常情况下被 F^- 占据的空穴形成的。然后该位点捕获由该矿物在自然环境中受到电离辐射而产生的电子。电子(其行为就像盒子中的质点)的激发吸收波长范围在 530~600 nm 的可见光,使矿物产生紫罗兰的紫色。

在紫晶(石英 SiO_2 的紫色衍生物)中,一些 Si^{4+} 被 Fe^{3+} 所取代。这种取代留下一个空穴(缺少一个电子)并激发(如被电离辐射所激发),这个空穴被石英基体中正在形成的 Fe^{4+} 或 O^- 所捕获。这种材料中的电子通过吸收可见光(波长为 540 nm)进一步被激发,产生人们所看到的紫色。如果将紫晶晶体加热至 450 ℃,该空穴从被捕获状态释放出来。晶体的颜色恢复为铁掺杂二氧化硅的典型黄色,即黄水晶(次贵重宝石)的特征颜色。黄水晶受到照射后重新形成被捕获的空穴而恢复原来的颜色。

色心也可通过核转化的方式产生。这种转化的一个例子是金刚石中 ^{14}C 的 β 衰变。衰变产生的 ^{14}N 原子(多了一个价电子)嵌入金刚石的结构中。与这些 N 原子有关的电子能级允许吸收光谱的可见区从而产生蓝色和黄色的钻石。

结构中引入掺杂剂物种时,原结构基本上应保持不变。尝试引入较大量的掺杂剂时往往会出现形成新结构或掺杂剂不能被插入的情况,这种性质通常将外赋点缺陷限制于低浓度。有代表性的红宝石组成为$(Al_{0.998}Cr_{0.002})_2O_3$,只有 0.2%的金属部位被外赋掺杂剂 Cr^{3+} 所占据。某些固体可以容忍更高浓度的缺陷[节 3.17(a)]。掺杂剂往往能够改变固体的电子结构。因此当 As 原子取代 Si 原子时,每个 As 原子多带的一个电子可能通过热激发而进入导带,使半导体的总导电性得到改善。在离子性更显著的物质 ZrO_2 中引入掺杂剂 Ca^{2+} 以取代 Zr^{4+} 时,伴随着形成 O^{2-} 空穴以保持电中性(见图 3.56)。被感应的空穴允许氧离子通过结构发生迁移,从而提高了固体的离子导电性。

外赋点缺陷的另一例子是**色心**(colour centre)。色心是一类缺陷的通用术语,正是这类缺陷能够改变固体(已做过照射或化学处理)的 IR、可见或 UV 吸收性质。一种类型的色心是在碱金属蒸气中加热碱金属卤化物晶体产生的,生成该体系特有颜色的一种材料:NaCl 变为橙色,KCl 变为紫色,KBr 变为蓝绿色。这种处理过程导致在正常的阳离子位点引入碱金属阳离子,金属原子上的电子占据卤离子的空穴。由卤离子空穴的电子组成的色心叫作 **F-心**(F-centre),见图 3.57。观察到的颜色来自周围离子局部环境中电子的激发。产生 F-心的另一种方法涉及将材料暴露于 X 射线束环境中,X 射线将电子电离进入阴离子空穴。F-心和外赋缺陷是产生宝石颜色的重要因素(应用相关文段 3.6)。

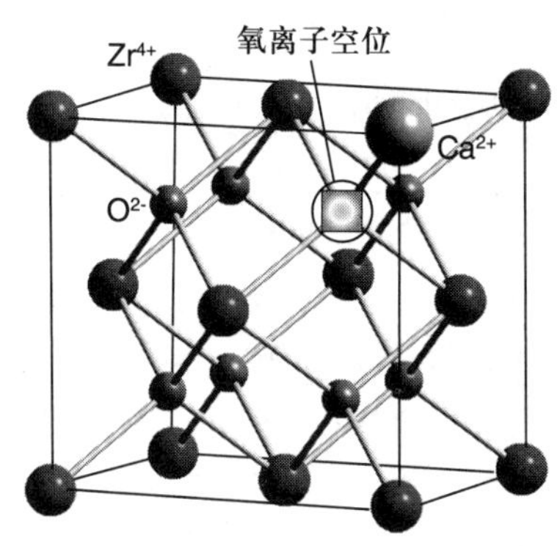

图 3.56* Ca^{2+} 掺入 ZrO_2 晶格在 O^{2-} 亚晶格上产生空穴(这种取代有助于稳定 ZrO_2 的立方萤石结构)

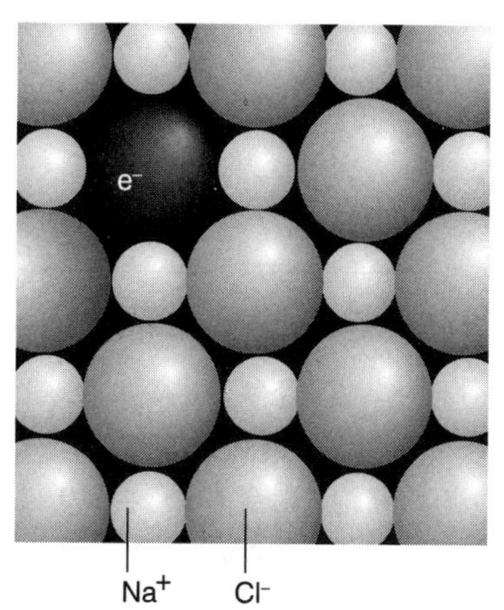

图 3.57 F-心是占据阴离子空穴的一个电子(电子的能级类似于三维方形势阱中粒子的能级)

例题 3.18　预言可能作为掺杂剂的离子

题目:哪种过渡金属离子可能取代绿柱石 $Be_3Al_2(SiO_3)_6$ 中的铝离子形成外赋缺陷?

答案:我们需要找到具有相似电荷和相似大小的离子(离子半径参见资源节 1)。离子半径与 Al^{3+}(r=53 pm)相近的正三价阳离子应该适合用作掺杂剂离子。候选离子可能包括 Fe^{3+}(r=55 pm)、Mn^{3+}(r=65 pm)和 Cr^{3+}(r=62 pm)。实际上,亮绿色绿柱石材料(祖母绿宝石)的外赋缺陷是 Cr^{3+}。外赋缺陷为 Mn^{3+} 的材料为红色或粉红色的绿柱石,外赋缺陷为 Fe^{3+} 的材料是黄色的绿柱石。

自测题 3.18　除 As 以外的何种元素可用于形成硅的外赋缺陷?

3.17　非化学计量化合物和固溶体

对固体来说,用化学式将化合物的化学计量固定下来的做法并不总是正确的。这是因为晶胞中原子数不同的现象在整个固体中可能存在。晶胞组成的变化可能来自原子应该出现的位点上存在一个或多个空穴、存在间隙原子或者一种原子被另一种原子所取代。

(a) 非化学计量

提要:d 区、f 区和 p 区较重元素固态化合物常常偏离化学计量组成。

非化学计量化合物(nonstoichiometric compound)是指具有可变组分但却保留了相同结构类型的物质。例如,1 000 ℃下"铁的一氧化物"(有时被称为方铁矿)的组成($Fe_{1-x}O$)在 $Fe_{0.89}O$ 到 $Fe_{0.96}O$ 之间变化。晶胞的大小随着组成的变化而逐渐变化,但在整个组成区间仍保持岩盐结构的所有特征。事实上,该化合物的晶格参数随化合物组成而发生的平滑变化是定义非化学计量化合物的判据,因为晶格参数值的不连续性表示新晶相的形成。此外,非化学计量化合物的热力学性质也随组成变化而连续变化。例如,随着金属氧化物上方氧分压的变化,氧化物的晶格参数和平衡组成都在连续变化(见图 3.58 和图 3.59)。作为组成的函数,固体晶格参数逐渐变化的现象叫 **Vegard 规则**(Vegard's rule)。

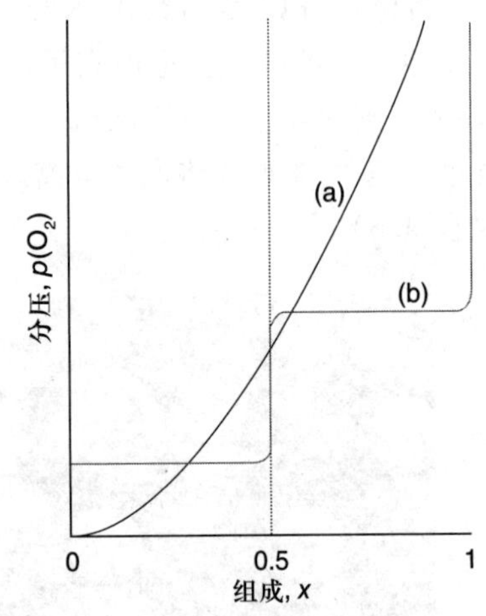

图 3.58　恒温下氧分压随组成变化的示意图:(a) 非化学计量氧化物 MO_{1+x};(b) 化学计量的一对金属氧化物 MO 和 MO_2

x 轴是 MO_{1+x} 中的原子比

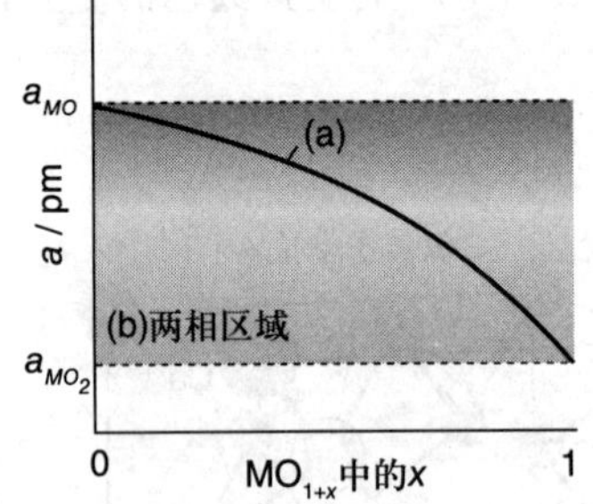

图 3.59　一个晶格参数随组成变化的示意图:(a) 非化学计量组成氧化物 MO_{1+x};(b) 化学计量的一对金属氧化物 MO 和 MO_2,没有中间化学计量相($0<x<1$ 时将产生两相混合物,混合物中的每个相都有各自的晶格参数)

表 3.12 列出一些有代表性的非化学计量氢化物、氧化物和硫化物。注意,随着非化学计量化合物的形成,要求总组成发生变化;也需要至少一个元素以一个以上的氧化态存在。在方铁矿($Fe_{1-x}O$)中随着

x 值增大,结构中的一些 Fe(Ⅱ)必须被氧化至 Fe(Ⅲ)。因此,偏离化学计量的现象通常发生在能采取两个或多个氧化态的 d 区和 f 区元素及可存在两个氧化态的 p 区较重的金属元素。

表 3.12　非化学计量氢化物、氧化物和硫化物有代表性的组成范围*

d 区		f 区		
氢化物				
TiH_x	1~2		萤石型	六方型
ZrH_x	1.5~1.6	GaH_x	1.9~2.3	2.85~3.0
HfH_x	1.7~1.8	ErH_x	1.95~2.31	2.82~3.0
NbH_x	0.64~1.0	LuH_x	1.85~2.23	1.74~3.0
氧化物				
	岩盐型	金红石型		
TiO_x	0.7~1.25	1.9~2.0		
VO_x	0.9~1.20	1.8~2.0		
NbO_x	0.9~1.04			
硫化物				
ZrS_x	0.9~1.0			
YS_x	0.9~1.0			

* 被表示为 x 可能取值的范围。

(b) 化合物中的固溶体

提要:固溶体发生在化学计量连续变化但结构类型不变的化合物中。这种性质可在许多离子性固体(如金属氧化物)中看到。

因为许多物质采取同一种结构类型,一类原子或离子取代另一类原子或离子在能量上通常是可行的。许多简单金属合金(如节 3.8 讨论过的那些合金)中已经看到过这种行为。例如,由锌和铜组成的黄铜存在于 $Cu_{1-x}Zn_x$($0<x<0.38$)的整个组成范围里,结构中的 Cu 原子逐渐被 Zn 原子所取代。这种取代在整个固体中是随机发生的,单个晶胞中含有任意数目的 Cu 原子和 Zn 原子(其含量总和给出黄铜的化学计量)。

另一个很好的例子是化学计量式为 ABX_3 的许多化合物所采取的钙钛矿型结构(节 3.9)。这类化合物由 A^{n+}、B^{m+} 和 X^{x-} 所组成,改变这些离子(它们占据着 A、B 和 X 的部分或全部位点)可使组成发生连续变化。例如,LaFe(Ⅲ)O_3 和 SrFe(Ⅳ)O_3 二者都采取钙钛矿结构,可以指望由 $SrFeO_3$ 晶胞(Sr^{2+}在 A 型阳离子位点)和 $LaFeO_3$ 晶胞(La^{3+}在 A 型位点)各半随机分布而形成的钙钛矿型晶体。化合物的总化学计量式为 $LaSrFe_2O_6$($LaFeO_3$+$SrFeO_3$),该式可写为($La_{0.5}Sr_{0.5}$)FeO_3 以对应正常 ABO_3 的化学计量关系。两种晶胞也可能以其他比例相组合,人们已经制备了 $0\leqslant x\leqslant 1$ 的系列化合物 $La_{1-x}Sr_xFeO_3$。这样的系列叫**固溶体**(solid solution),随 x 变化而形成的所有相都具有相同的钙钛矿结构。固溶体中结构的所有位点仍被完全占据,化合物的总化学计量保持不变(尽管在某些位点上原子类型的比例不同),晶格参数跨整个组成范围平滑变化。

固溶体频频出现在 d 金属化合物中,这是因为一种组分的变化可能需要另一种组分氧化态发生变化以保持电荷平衡。随着 $La_{1-x}Sr_xFeO_3$ 中 x 值的增加和 La(Ⅲ)被 Sr(Ⅱ)所取代,铁的氧化态必须从 Fe(Ⅲ)变为 Fe(Ⅳ)。这种变化可通过下述方式发生:结构中部分阳离子位点上的一种氧化态[这里是 Fe(Ⅲ)]逐渐被另一种氧化态[这里是 Fe(Ⅳ)]所取代。某些其他固溶体包括组成为 $La_{2-x}Ba_xCuO_4$($0\leqslant x\leqslant 0.4$)的高温超导体(在 $0.12\leqslant x\leqslant 0.25$ 区间显示超导性)和组成为 $Mn_{1-x}Fe_{2+x}O_4$($0\leqslant x\leqslant 1$)的尖晶石。

另外，也有可能将阳离子位点的固溶体行为与不同离子位点上缺陷所造成的非化学计量相结合。一个例子是体系 $La_{1-x}Sr_xFeO_{3-y}$($0\leqslant x\leqslant 1.0;0.0\leqslant y\leqslant 0.5$)，体系中 O^{2-} 位点的空穴与 La/Sr 位点上占有情况变化而形成的固溶体相偶合。

固体的电子结构

前面各节已经介绍过离子性固体与结构和能量学相关的概念，那里需要讨论离子几乎无限排列的事实及它们之间的相互作用。与此相类似，了解固体的电子结构和与电子结构相关的性质(如导电性、磁性和许多光学效应)也需要讨论电子的相互作用及原子或离子的扩展性排列。一种简单方法是将固体看作一个巨分子，并将第 2 章介绍的分子轨道理论概念延伸至很大数目的轨道。以后各章中也用类似概念了解电子相互作用中心的大型三维网状排列而导致的其他重要性质(如铁磁性、超导性和固体的颜色)。

3.18 无机固体的电导率

提要：金属导体为导电性随温度升高而降低的物质；半导体则是导电性随温度升高而升高的物质。

小分子的分子轨道理论可推广至解释固体(无限数目原子构成的聚集体)的性质。这种方法用于金属非常成功，能够解释金属特有的光泽，良好的导电、导热性和延展性。所有这些性质都是由于原子向"电子海"提供电子的能力。光泽和导电性或者来自电子流动性对入射光振荡电场的相应，或者来自对外加电位差的响应；高导热性也是电子流动性的结果，因为电子可与振动着的原子发生碰撞，从一个原子上获得能量传给固体中的另一个原子。金属在受到机械外力时容易变形的事实是电子流动性的另一个结果，因为电子海在固体变形过程中能够迅速重新调整使原子继续结合在一起。

电导也是半导体的特征。区分金属导体和半导体的判据是电导率对温度的依赖关系(见图 3.60)：

- **金属性导体**(metallic conductor)是电导率随温度升高而下降的物质；
- **半导体**(semiconductor)是电导率随温度升高而上升的物质。

金属的电导率在室温下通常高于半导体，但这不是区分它们的判据。图 3.60 中给出有代表性的电导率值。固体**绝缘体**(insulator)是电导率很低的物质。然而像半导体一样，绝缘体的电导率在可测量的范围内也随温度的升高而上升。出于某些目的，人们不必将"绝缘体"单独看作一类物质，而将固体仅区分为金属性导体和半导体。**超导体**(superconductors)则是低于临界温度时具有零电阻的一类特殊物质。

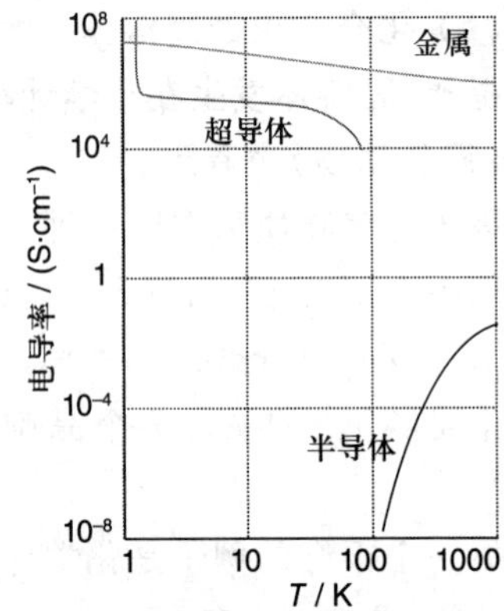

图 3.60 物质的电导率随温度的变化是将其分为金属性导体、半导体或超导体的基础

3.19 由原子轨道重叠形成的能带

对固体电子结构进行描述的一个概念是，由原子所提供的价电子散布在整个结构中。更为正式的一种表述方法是将固体看作无限数目原子组成的大分子，然后将 MO 理论推广到固体上。这种方法在固体物理学中叫作**紧束近似法**(tight-binding approximation)。根据电子离域观点所作的这种描述也适用于非金属固体。因此，这里首先说明如何用分子轨道对金属进行描述，然后说明同样的原理也适用于离子性和分子性固体(但得到的结果不同)。

(a) 轨道重叠形成能带

提要：固体中原子轨道的重叠生成被带隙所隔开的能带。

固体中大量原子轨道重叠得到能量密集的大量分子轨道，这些轨道组成了能级几乎连续的**能带**

(band),见图 3.61。能带之间由**带隙**(band gap)分开,带隙是指没有分子轨道存在的能量区间。

为了了解能带的形成,让我们讨论由若干个原子组成的链,并假定每个原子都有一个 s 轨道与最邻近原子的 s 轨道相重叠(见图 3.62)。如果该链仅由两个原子组成,就形成 1 条成键分子轨道和 1 条反键分子轨道。第 3 个原子参加进来形成 3 条分子轨道,中间 1 条为非键轨道,剩余两条分别是低能级和高能级轨道。增加更多的原子时,每个原子都贡献 1 条原子轨道,就多形成 1 条分子轨道。链上存在 N 个原子时共有 N 条分子轨道。最低能量的轨道在相邻原子间不存在节面,最高能量的轨道在每对相邻原子间都有节面,其余的轨道由下而上依次含有 1 个、2 个、3 个……节面,其能量处于上述两种极端情况之间。

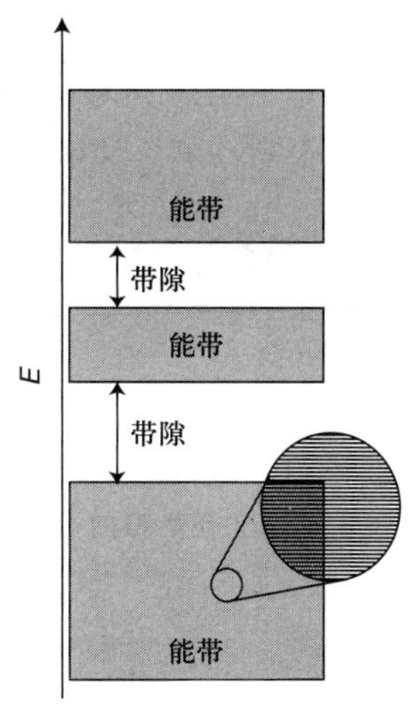

图 3.61　用轨道一系列能带所表征的固体电子结构,能带之间被带隙所隔开

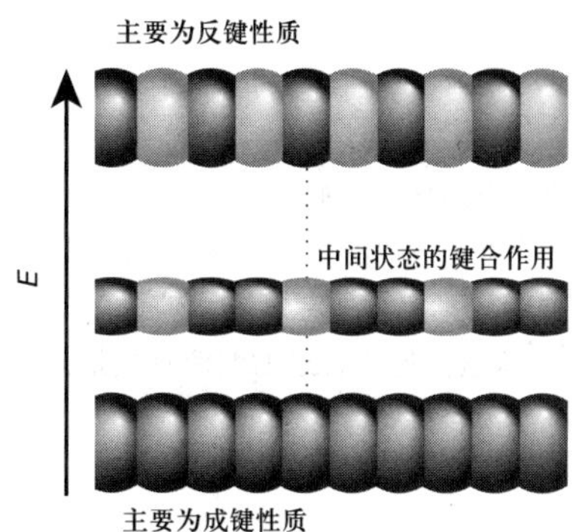

图 3.62　能带可看作是让原子连接成链而形成的,N 个原子轨道形成 N 个分子轨道

能带总宽度(即使 N 值趋于无穷大的情况下仍保持有限值,见图 3.63)取决于相邻原子间相互作用的强度。相互作用的强度越大(即相邻原子的重叠程度越大),无节面轨道和全节面轨道之间的能级分裂也越大。然而,不论形成分子轨道的原子轨道数有多少,轨道能级只能在有限的范围内展开(如图 3.63 所描述的那样)。其结果是,相邻原子轨道能量之间的间隔随着 N 值趋于无限而逐渐趋于零,否则轨道能量的分布范围就不可能是有限的。这就是说,能带是由一定数量但近乎连续的许多能级组成的。

上述由 s 轨道构筑而成的能带叫 **s 带**(s band)。如果有可用的 p 轨道,它们也能重叠形成 **p 带**(p band),如图 3.64 所示。由于 p 轨道的能量高于同一价层的 s 轨道,s 带与 p 带之间往往存在能隙,如图 3.65 所示。然而,如果 s 带和 p 带跨了较宽的能量范围而且 s 和 p 原子轨道的能级相近(实际上往往是这样),两个能带就会相互重叠。d 轨道可用类似的方法相互重叠以构筑 **d 带**(d band)。能带的形成不限制于同一种类型的原子轨道,化合物中的能带也可在不同类型的轨道间形成。例如,金属原子的 d 轨道可与邻近 O 原子的 p 轨道重叠。

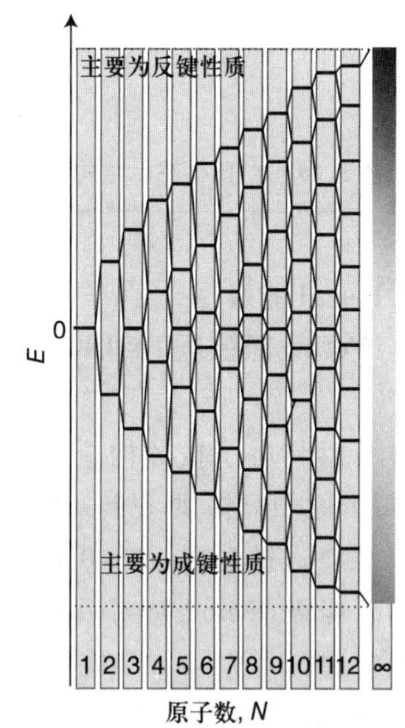

图 3.63　N 个原子形成一维阵列时轨道的能量这样产生了一个与图 3.68 相似的态密度图

一般而言,任何固体都能产生能带结构图,而且都是由所有原子的前线轨道构筑而成的。这些能带的能量及它们是否能够重叠都取决于对其有贡献的原子轨道的能量,取决于体系中的电子总数,能带可以是空的、满的或部分充满的。

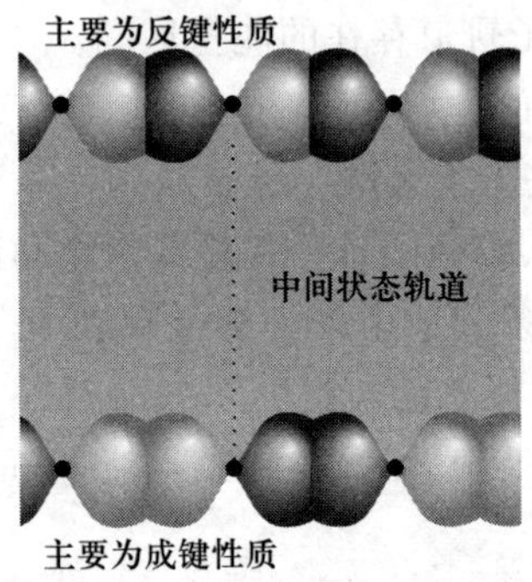

图 3.64　一维固体中 p 带的一个实例

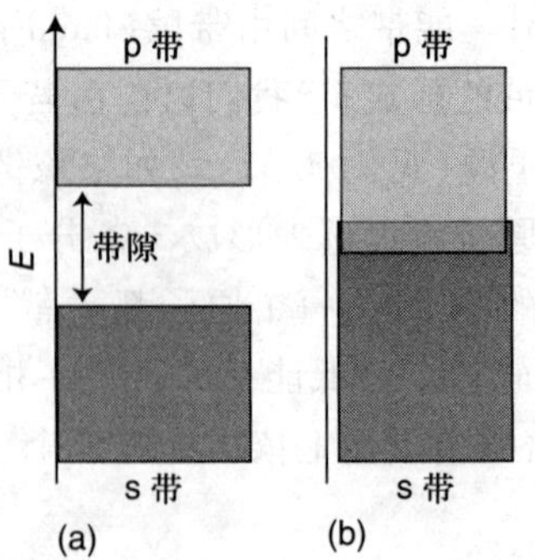

图 3.65　(a) 固体中的 s 带和 p 带及它们之间的带隙，实际上是否存在带隙取决于原子 s 轨道和 p 轨道的能级间隔及原子间相互作用的强度；(b) 原子间相互作用强时能带变宽并可能相互重叠

例题 3.19　识别轨道重叠

题目： 确定 TiO(岩盐结构)中钛原子的 d 轨道是否能够重叠形成能带。

答案： 我们需要确定相邻金属原子是否存在可以彼此重叠的 d 轨道，图 3.66 示出岩盐结构的一个面，其中绘出了每个 Ti 原子的 d_{xy} 轨道。这些轨道的波瓣直接指向彼此，将相互重叠形成能带。d_{zx} 和 d_{yz} 轨道采用类似的方式在垂直于 xz 面和 yz 面的方向上重叠。

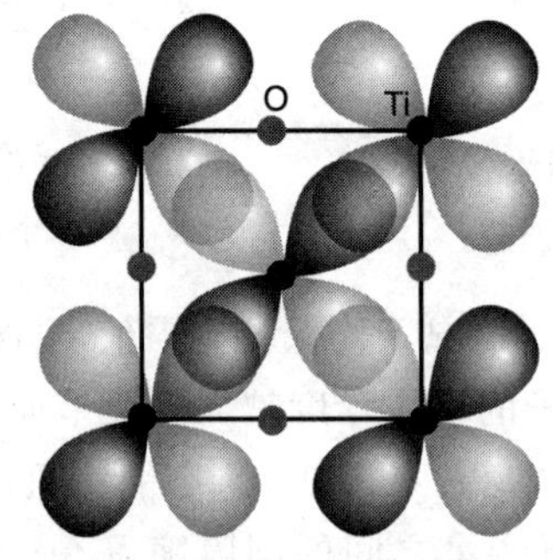

图 3.66　TiO 岩盐结构的一个面，示出 d_{xy}、d_{zx} 和 d_{yz} 轨道能够发生重叠

自测题 3.19　在具有简单结构的金属中哪些 d 轨道能够重叠？

(b) Fermi 能级

提要：Fermi 能级是 $T=0$ K 时固体中的最高被占能级。

$T=0$ K 时将电子按照构造原理填入能带的能级，如果每个原子只提供 1 个 s 电子，则 $T=0$ K 时最低的 N 条轨道被占据。$T=0$ K 时的最高被占轨道叫 **Fermi 能级**(Fermi level)；它位于能带靠近中部的位置(见图 3.67)。如果能带未完全充满，接近 Fermi 能级的电子易于被提至附近的空能级，电子是流动的并可相对自由地在固体中运动，这种物质就是电导体。

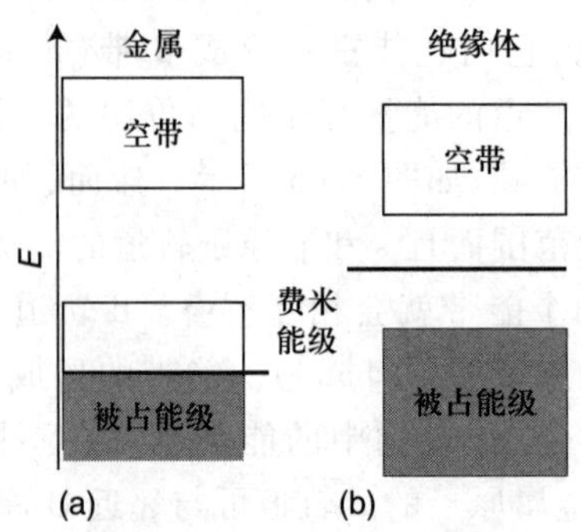

图 3.67　(a) 金属的典型能带结构(示出了 Fermi 能级)，如果 N 个原子中的每个原子提供一个 s 电子，$T=0$ K 时较低的 $1/2N$ 条轨道被占据，Fermi 能级大致位于能带中部；(b) 绝缘体典型的能带结构，Fermi 能级处于带隙的正中间

该固体事实上是一种金属性导体。前面已经知道,金属性传导的判据是电导率随温度上升而下降。如果电导率被高于 Fermi 能级的电子热激发所支配,这种行为就与我们所预期的情况相反。只要认识到导带中电子平滑流过固体的能力取决于原子排列的均匀性,就不难识别出竞争效应。某一位置上剧烈振动的原子等价于扰乱轨道秩序的一种杂质。均匀性减少的现象削弱了电子从固体一端流向另一端的能力,所以固体的电导率小于 $T=0$ K 时的电导率。如果将电子看作是流过固体而运动,那么也可以说电子被原子振动所"散射"。这种载流子的散射随温度上升引起的晶格振动加剧而增大,能够说明金属电导率为什么随温度上升而下降。

(c) 态密度和带宽

提要:能带从上到下的态密度不均一。在多数情况下接近能带中心的态密度最大。

能量范围内的能级数除以该范围的宽度叫作**态密度**(density of states),符号为ρ,参见图 3.68(a)。能带从上到下的态密度不均一,即以某些能量堆在一起的能级较另一些能量的能级更密集。三维体系中态密度的变化示于图 3.69 中,最大的态密度靠近能带的中部,最低的态密度处在边缘。这种现象与原子轨道形成特定线性组合方式的多少有关。完全以成键方式组合的分子轨道(能带的下边缘)和完全以反键方式组合的分子轨道(能带的上边缘)都只有一种方式,而形成能带内部那些轨道(原子沿三维方向排列)的组合方式却有许多种。

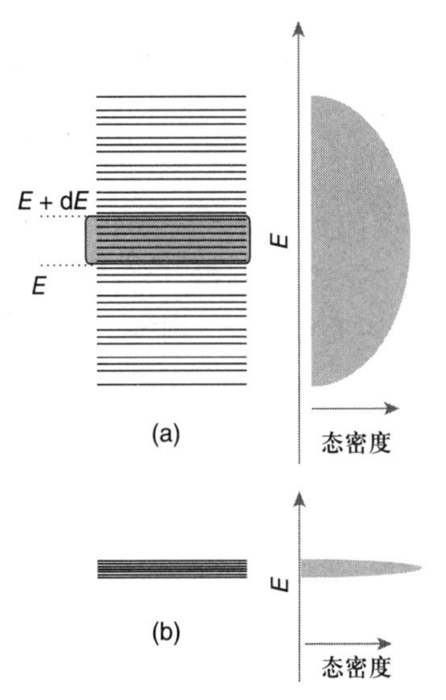

图 3.68　(a) 金属的态密度是 E 和 $E+dE$ 这个无限小的能量范围内的能级数;(b) 与低浓度掺杂剂相关的态密度

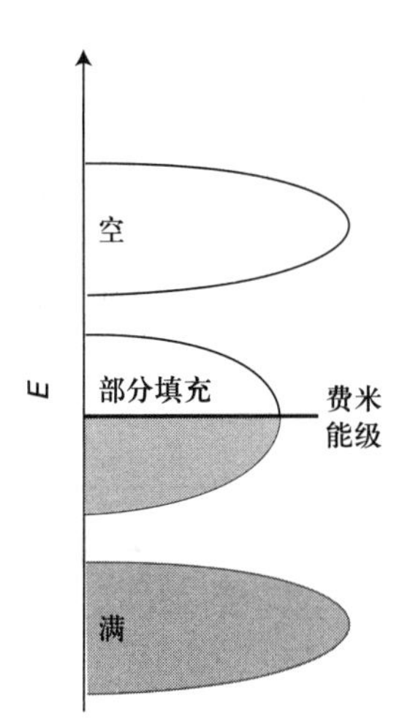

图 3.69　三维金属典型的态密度示意图

对能带有贡献的轨道数决定了能带中态的总数(即被态密度曲线所包围的面积)。大量具有强重叠性的原子轨道产生了具有高态密度的较宽能带。如果只有相对较少的原子贡献于能带的形成而且它们在固体中离得较远(作为掺杂剂的物种就是这样),那么与掺杂剂原子类型有关的能带就较窄,只包含为数不多的几个态[见图 3.68(b)]。

带隙本身的态密度为零:那里不存在能级。某些特殊情况下满带与空带在能量上可能恰好相接(见图 3.70),但在相接处的态密度为零。具有这种能带结构的固体叫**半金属**(semimetals)。一个重要的实例是石墨,它在平行于碳原子层的方向上是半金属。"半金属"这一术语有时也作为"类金属"的同义词,但本书中避免这样使用。读者不要将两个术语的含义相混淆。

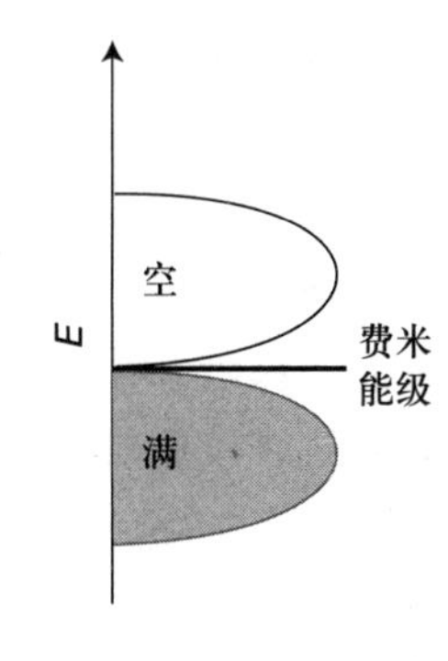

图 3.70　半金属的态密度

(d) 绝缘体

提要：绝缘体是具有很大带隙的固体。

如果有足够的电子使能带填满且该满带与邻近空带之间在空轨道和与其相关的能带变得可利用之前存在较大的带隙，该固体就是**绝缘体**(insulator)，参见图 3.71。例如，在 NaCl 晶体中，N 个 Cl^- 几乎相接触，其 3s 和三个 3p 价轨道重叠形成由 $4N$ 个能级组成的一条狭窄能带。Na^+ 之间也几乎相接触而且也形成一条能带。氯的电负性远大于钠的电负性，以致其能带大大低于钠的能带，带隙高达 7 eV。待容纳的电子总数为 $8N$ 个(每个 Cl 原子 7 个，每个 Na 原子 1 个)，$8N$ 个电子全部进入并填满能量较低的氯能带而让钠能带空置。由于室温下可利用的热运动能量为 $kT\approx0.03$ eV(k 为 Boltzmann 常量)，所以几乎没有电子存在足够大的能量占据钠能带的轨道。

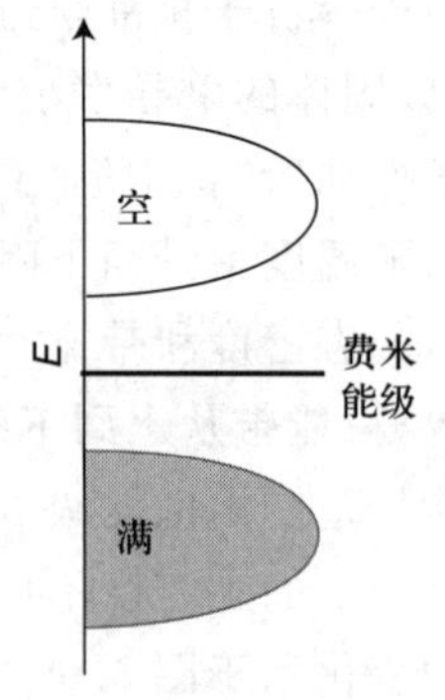

图 3.71　典型绝缘体的结构：满带和空带之间具有较大的带隙

绝缘体中含有电子的能量最高的能带($T=0$ K 时)通常称为**价带**(valence band)，下一个能量较高的能带($T=0$ K 时为空带)叫**导带**(conduction band)。NaCl 中由 Cl 轨道而得的能带为价带，由 Na 轨道而得的能带为导带。

我们通常把离子性固体或分子性固体看作是由分立的离子或分子组成的。然而按照刚刚描述的图像，它们也可看作具有能带结构。上述两种图像可以统一起来，因为可以证明满带等价于定域电子密度之和。例如，NaCl 中由 Cl 轨道构建的满带等价于分立的 Cl^- 的集合，而由 Na 轨道构建的空带等价于 Na^+ 的阵列。

3.20　半导性

半导体特有的物理性质是电导率随温度升高而增大，室温下典型的数值介于金属与绝缘体之间。绝缘体和半导体的界线在于带隙的宽度(见表 3.13)；电导率本身是个不可靠的判据，因为随着温度的升高，给定物质可能具有低的、中等程度的及高的电导率。取作半导性(而不是绝缘性)判据的带隙和电导率数据取决于所考虑的用途。

表 3.13　某些典型带隙(298 K)

物质	E_g/eV
碳(钻石)	5.47
碳化硅	3.00
硅	1.11
锗	0.66
砷化镓	1.35
砷化铟	0.36

(a) 本征半导体

提要：半导体的带隙通过类 Arrhenius 关系式支配着电导率对温度的依赖关系。

本征半导体(intrinsic semiconductor)的带隙是如此之小，以致热能可使价带的一些电子分配到上部的空带中(见图 3.72)。导带中电子的这种布居方式在较低能带中留下等价于电子缺失的**正空穴**(positive hole)从而使固体产生导电性，这是因为空穴和受激电子都可移动。由于只有极少数电子和空穴可以作为载荷子，室温下半导体的导电性通常远小于金属性导体。电导率对温度的强烈依赖性遵循指数形式的类 Boltzmann

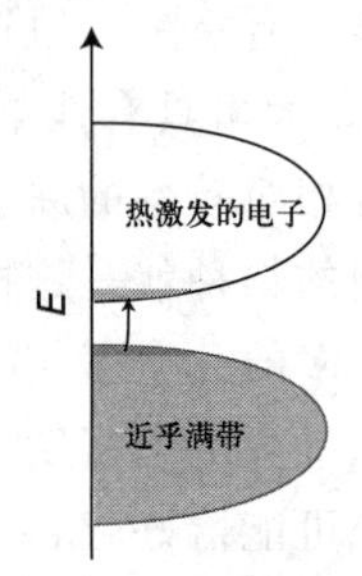

图 3.72　本征半导体的带隙如此之小，以致 Fermi 分布导致电子分布到上部能带的一些轨道中

表达式,该式表达了上部能带中电子布居对温度的依赖关系。

从导带布居的指数形式可知,半导体电导率应该表现出如下形式的类 Arrhenius 温度依赖性:

$$\sigma = \sigma_0 e^{-E_g/2kT} \tag{3.7}$$

式中,E_g 为带隙宽度。这就是说,人们可以预期半导体电导率对温度的依赖关系是活化能等于带隙的一半($E_a = 1/2E_g$)的类 Arrhenius 形式。实际上也是如此。

(b) 外赋半导体

提要:p 型半导体是掺杂原子从价带夺去电子的固体,n 型半导体是掺杂原子给导带提供电子的固体。

外赋半导体(extrinsic semiconductor)是人为掺入杂质的半导体物质。如果通过掺杂能够引入比基质元素电子更多的其他原子,就能增加电子载流子的数目。由于所需掺杂剂的浓度极低(大约每 10^9 个基质原子中掺入 1 个杂质原子),所以掺杂前母体元素必须达到极高的纯度。

如果将 As 原子($[Ar]4s^24p^3$)掺进 Si 晶体($[Ne]3s^23p^2$),每个替换上来的掺杂原子就额外多提供了一个电子。注意:从掺杂剂原子取代 Si 结构中的 Si 原子这个意义上讲,掺杂过程就是取代过程。如果施主原子(As 原子)相互远离,它们的电子将被定域化而且具有狭窄的施主能带[见图 3.73(a)]。而且,外来原子的能级将高于主晶格价电子的能级,填满电子的掺杂剂能带通常靠近空的导带。$T>0$ K 时,施主能带上的部分电子受热激发而进入空的导带。换言之,热激发使 As 的一个电子转移到邻近 Si 原子的空轨道,进而能够在 Si—Si 重叠形成的带的结构中迁移。这一过程产生 **n 型半导性**(n-type semiconductivity),n 表示载荷子为负电荷(即电子)。

另一种取代方法是在 Si 中掺入电子较少的元素如 Ga 原子($[Ar]4s^24p^1$)。这种掺杂剂原子能将空穴有效地引入固体。更正式地讲,这种掺杂剂原子在 Si 的满带上方附近形成一个非常窄的、空的**受主能带**(acceptor band),见图 3.73(b)。该能带在 $T=0$ K 时为空带,温度升高时可以接受来自硅的价带的热激发电子。这一过程相当于从 Si 的价带中取走电子而引入空穴,从而使留在价带中的电子成为流动电子。由于载荷子是较低能带中的正空穴,所以这种半导性叫作 **p 型半导性**(p-type semiconductivity)。半导体材料是所有现代电子线路的重要组成部分,应用相关文段 3.7 中描述了基于半导体材料的某些装置。

包括 ZnO 和 Fe_2O_3 在内的几种 d 金属氧化物是 n 型半导体。它们的这种性质归因于化学计量的微小变化和少量 O 原子的亏空。本应占据定域了的 O 原子轨道(生成一个非常窄的氧离子能带,基本定域在各个 O^{2-})的电子占据了金属轨道形成的空导带(见图 3.74)。这些固体在氧中加热并慢慢冷却至室温后电导率下降,这是因为 O 原子空缺的位置上部分被 O 原子重新放回,并且随着氧原子数的增加,电子从导带被拉回形成 O 的负离子。然而在高温下进行测量时,随着 O 原子进一步从结构中消失,导带中电子数增大导致 ZnO 电导率增大。

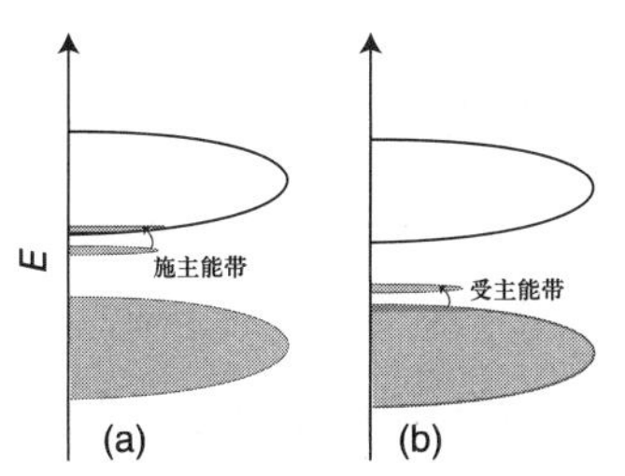

图 3.73　(a) n 型半导体和(b) p 型半导体的能带结构

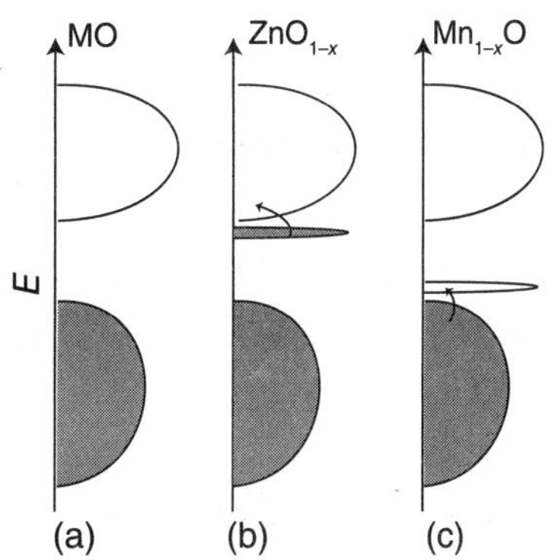

图 3.74　氧化物的能带结构:(a) 化学计量氧化物,(b) 阴离子缺陷氧化物,(c) 阴离子过剩氧化物

人们发现某些氧化数较低的 d 金属硫族化物和卤化物(包括 Cu_2O、FeO、FeS 和 CuI)具有 p 型半导性。这些化合物中电子的空缺等价于某些金属原子的氧化,结果在主要为金属的能带中形成空穴。这些化合物在氧(对 FeS 和 CuI 分别为硫和卤素)中加热时电导率增加,这是由于随着氧化过程的进行金属能带中形成了更多的空穴。n 型半导性则倾向于出现在较高氧化态的金属氧化物中,这是因为由金属轨道形成的导带上电子的占据可使金属还原到较低氧化态。因此,典型的 n 型半导体包括 Fe_2O_3、MnO_2 和 CuO。相反,低氧化态金属形成 p 型半导体(如 MnO 和 Cr_2O_3)。

应用相关文段 3.7 半导体的应用

半导体具有许多用途,这是因为它们的性质容易用加入杂质的方法进行修饰以形成 n 型和 p 型半导体。而且,其电导率可以通过电场、光照、加压或加热的途径予以控制。因此,可用于许多传感器装置中。

二极管和光电二极管

p 型和 n 型半导体结点处在“反向偏压”状态(即 p 端具有较低的电位)时电流非常小,但结点处在“正向偏压”状态(即 p 侧具有较高的电位)时电流则高。光照半导体可以产生电子-空穴对,从而通过自由载流子(电子或空穴)数量的增加而导致电导率增大。以这种现象为原理的二极管叫**光电二极管**(photodiodes)。化合物半导体二极管也可用来产生光,如发光二极管和激光二极管(节 24.28)。

晶体管

双极结晶体管(bipolar junction transistors,缩写为 BJT)是由两个 p-n 结(用 npn 或 pnp 组态)形成的,其间具有一个狭窄的中间区域叫基极。其他区域及它们相关的端点称为发射极和集电极。外加到基极和发射极之间微小电位差能够改变基极-集电极结点的性质以致可以传导电流,即使它属反向偏压。因此,晶体管可通过电位差的微小变化来控制电流,从而可用于放大器。由于流过 BJT 的电流依赖于温度,因而可以用作温度传感器。另一种类型的晶体管叫**场效应晶体管**(field effect transistor,缩写为 FET),其操作原理是通过电场使半导体的导电性增大或减小。电场能够增大荷流子的数目从而改变其导电性。FET 使用数字和模拟电路以放大或切换电子信号。

例题 3.20 预测外赋半导性

题目:WO_3、MgO 和 CdO 三种氧化物哪一种可能显示 p 型或 n 型外赋半导性?

答案:半导性的类型依赖于可能引入的缺陷的浓度,而缺陷浓度反过来又取决于存在的金属是否容易被氧化或还原。如果金属容易被氧化(氧化数较低时可能是这种情况),就可预言为 p 型半导性。另一方面,如果金属容易被还原(氧化数较高时可能是这种情况),就可预言为 n 型半导性。WO_3 中的钨为高氧化态的 W(Ⅵ),容易被还原和接受来自 O^{2-} 的电子,O^{2-} 以元素氧的形式逸出。多余的电子进入 W 的 d 轨道形成的能带,产生 n 型半导性。与此相类似,像 ZnO 一样,CdO 容易失去氧而被预测为 n 型半导体。相反,Mg^{2+} 既不容易被氧化也不容易被还原,所以 MgO 既不能失去也不能获得氧(即使是少量的),因而是个绝缘体。

自测题 3.20 预测 V_2O_5 和 CoO 具有 p 型还是 n 型外赋半导性。

补充信息 Born-Mayer 方程

正如在应用相关文段 3.5 中看到的那样,间距为 d,阳离子(电荷为 $+e$)和阴离子(电荷为 $-e$)交替出现的一维链中单个阳离子的库仑势能由下式给出:

$$V=-\frac{2e^2\ln 2}{4\pi\varepsilon_0 d}$$

所有离子的总摩尔贡献是该势能乘以 Avogadro 常数 N_A(转化为摩尔值)再除以 2(避免将彼此之间的相互作用计算两次):

$$V=-\frac{N_A e^2}{4\pi\varepsilon_0 d}A$$

总摩尔势能也需要包括离子之间的排斥相互作用,我们可通过短程指数函数的形式(Be^{-d/d^*},式中 d^* 为定义排斥相互作用区间的常数,B 为定义其量值的常数)进行模拟。相互作用的总摩尔势能因此为

$$V=-\frac{N_A e^2}{4\pi\varepsilon_0 d}A+Be^{-d/d^*}$$

势能在 $\mathrm{d}V/\mathrm{d}d=0$ 时通过最小值,$\mathrm{d}V/\mathrm{d}d=0$ 发生在:

$$\frac{\mathrm{d}V}{\mathrm{d}d}=\frac{N_A e^2}{4\pi\varepsilon_0 d^2}A-\frac{B}{d^*}e^{-d/d^*}=0$$

因此,在最小值时,

$$Be^{-d/d^*}=\frac{N_A e^2 d^*}{4\pi\varepsilon_0 d^2}A$$

将该式代入 V 的表达式得到

$$V=-\frac{N_A e^2}{4\pi\varepsilon_0 d}\left(1-\frac{d^*}{d}\right)A$$

由于 $-V$ 等同于晶格焓(更准确地说,$T=0$ K 时的晶格能),可以得出单电荷离子这一特定情况下的 Born-Mayer 方程(方程 3.2)。此式可直接推广到其他电荷类型。

如果离子间的排斥作用采用另一种表达式,上述 V 的表达式将需要加以修正。一个替代的表达式如 $1/r^n$,式中的 n 值大(通常为 $6\leqslant n\leqslant 12$),由此得到叫作 **Born-Landé 方程**(Born-Landé equation)的稍微不同的 V 的表达式:

$$V=-\frac{N_A e^2}{4\pi\varepsilon_0 d}\left(1-\frac{1}{n}\right)A$$

半经验 Born-Mayer 方程($d=34.5$ pm 与实验值最一致)通常比 Born-Landé 方程更好使用。

延伸阅读资料

R. D. Shannon, *Encyclopaedia of inorganic chemistry*, ed. R. B. King. John Wiley & Sons(2005). 概述离子半径及其测定方法。

A. F. Wells, *Structural inorganic chemistry*. Oxford University Press(1985). 概述大量无机固体结构的标准参考书。

J. K. Burdett, *Chemical bonding in solids*. Oxford University Press(1995). 详细介绍固体的电子结构。

以下是几本固态无机化学导论性教材:

U. Müller, *Inorganic structural chemistry*. John Wiley & Sons(1993).

A. R. West, *Basic solid state chemistry*, 2nd ed. John Wiley & Sons(1999).

S. E. Dann, *Reactions and characterization of solids*. Royal Society of Chemistry(2000).

L. E. Smart and E. A. Moore, *Solid state chemistry: an introduction*, 4th ed. CRC Press(2012).

P. A. Cox, *The electronic structure and chemistry of solids*. Oxford University Press(1987).

D. K. Chakrabarty, *Solid state chemistry*, 2nd ed. New Age Science Ltd(2010).

以下是两本非常有用的教材,介绍热力学观点在无机化学中的应用:

W. E. Dasent, *Inorganic energetics*. Cambridge University Press(1982).

D. A. Johnson, *Some thermodynamic aspects of inorganic chemistry*. Cambridge University Press(1982).

练习题

3.1 简述单斜晶系中晶胞参数之间的关系。

3.2 绘出四方晶胞并标出一组点来定义(a)面心格子;(b)体心格子。通过对两个相邻晶胞的讨论说明,尺寸为 a 和 c 的四方面心格子总是可以重新绘制成尺寸为 $a/\sqrt{2}$ 和 c 的体心四方格子。

3.3 图 3.5 中示出的面心立方晶胞的格子点的分数坐标是什么?通过统计格子点的数目及其对立方晶胞的贡献确认面心(F)晶格包含 4 个格子点而体心(I)晶格包含 2 个格子点。

3.4 (a) 以投影方式(示出原子的分数高度),(b) 以三维表示法[其中原子处于如下位置:Ti(1/2,1/2,1/2),O(1/2,1/2,0)、(0,1/2,1/2)、(1/2,0,1/2)和Ba(0,0,0)]绘制立方晶胞。记住:晶胞面上、棱上和顶角具有一个原子的立方晶胞将会具有通过任意方向平移晶胞能够复原的等价原子。该晶胞是什么结构类型?

3.5 下列哪些密置层排列方式不能形成密堆积晶格?

(a) ABCABC…　(b) ABAC…　(c) ABBA…　(d) ABCBC…　(e) ABABC…　(f) ABCCB…

3.6 确定通过如下方式形成的化合物的化学式:(a) 将阳离子M填入阴离子X六方密堆积排列而形成的一半四面体空穴;(b) 将阳离子M填入阴离子X立方密堆积排列而形成的一半八面体空穴。

3.7 K和C_{60}反应(见图3.16)生成的化合物中所有的八面体和四面体空穴都被钾离子填充。推导该化合物的化学计量。

3.8 MoS_2结构中,S原子密置层按AAA…排列,占据空穴的Mo原子为6配位。试说明每个Mo原子周围的S原子呈三棱柱形排布。

3.9 绘制金属钨的bcc晶胞并添加相邻的晶胞。原晶胞面上位点的配位数约为多少?当这些点都被碳原子填充时此化合物的化学计量可能是什么?

3.10 金属钠采用密度为970 kg·m^{-3}的bcc结构,试问晶胞的棱长是多少?

3.11 铜金合金的结构如图3.75所示,试计算该晶胞的组分。此结构属于哪种格子类型?已知24-克拉(24-carat)的金是纯金,这种合金是多少克拉的金?

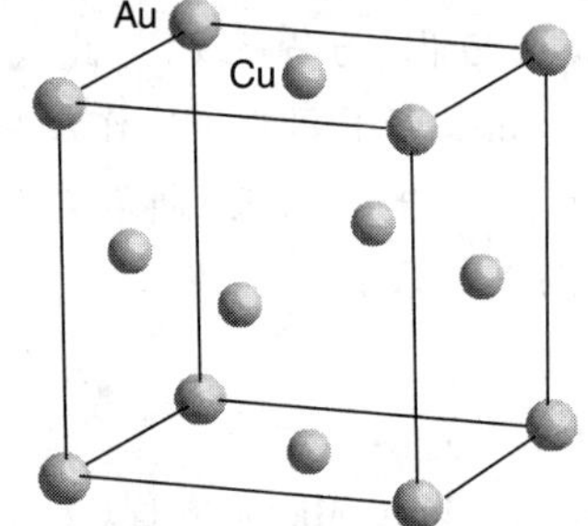

图3.75* Cu_3Au的结构

3.12 根据Ketelaar三角,你将把Sr_2Ga[$\chi(Sr)=0.95$;$\chi(Ga)=1.81$]归入哪一类?归入合金还是Zintl相?

3.13 根据温度不同,RbCl可能以岩盐结构或氯化铯结构存在。(a) 两种结构中阳离子和阴离子的配位数各为多少?(b) 哪一种结构中铷的表观半径较大?

3.14 讨论氯化铯结构。多少个Cs^+占据了Cs^+的次邻近位点?多少个Cl^-占据了第三邻近位点?

3.15 ReO_3具有立方结构,Re原子处于晶胞顶角,O原子处于晶胞每条棱上两个Re原子的正中央。绘出该晶胞的结构并确定:(a) 离子的配位数;(b) 如果一个阳离子被嵌入ReO_3晶胞结构中心,将得到何种类型的结构。

3.16 依据A型和B型阳离子配位方式,描述钙钛矿ABO_3结构中氧化物离子周围的配位情况。

3.17 设想从CsCl结构中除去一半Cs^+使Cl^-周围成为四面体配位,这样得到的MX_2是何种结构?

3.18 确定下列密堆积排列中填充空穴所得结构的化学式(MX_n或M_nX):(a) 填充一半八面体空穴,(b) 填充1/4四面体空穴,(c) 填充2/3八面体空穴。(a)和(b)中M和X的平均配位数是多少?

3.19 使用半径比规则和资源节1中给出的离子半径判断下列化合物的结构:(a) PuO_2,(b) FrI,(c) BeS,(d) InN。

3.20 下列晶体为岩盐型结构(括号中给出立方晶胞的边长),试确定阳离子半径:MgSe(545 pm),CaSe(591 pm),SrSe(623 pm),BaSe(662 pm)。(提示:为了确定Se^{2-}的半径,假定MgSe中的Se^{2-}相互接触。)

3.21 利用图3.47的结构分布图判断下列化合物中阳离子和阴离子的配位数:(a) LiF,(b) RbBr,(c) SrS,(d) BeO。实验发现LiF、RbBr和SrS为(6,6)配位而BeO为(4,4)配位,试解释这种差异。

3.22 叙述K_2PtCl_6、$[Ni(H_2O)_6][SiF_6]$和CsCN的结构如何用表3.4中的简单结构类型做描述。

3.23 方解石($CaCO_3$)的结构如图3.76所示,描述此结构如何与NaCl结构相关。

3.24 对Ca_3N_2的生成而言,Born-Haber循环中最重要的项是哪些?

3.25 通过对Born-Mayer表达式中参数变化的讨论估算MgO和AlN的晶格焓。已知MgO和AlN采取盐岩结构,其晶格参数与NaCl的晶格参数非常相似,而且已知$\Delta_L H^{\ominus}(NaCl)=786\ kJ\cdot mol^{-1}$。

3.26 (a) 计算假想化合物KF_2(假定为CaF_2结构)的生成焓。用Born-Mayer方程求出晶格焓并由表1.4和资源节1的离子半径变化趋势外推出K^{2+}的半径。从表1.5和表1.6中查出有关的电离焓和得电子焓。(b) 尽管晶格焓是有利的,是什么因素妨碍了这种化合物的形成?

3.27 碱土金属的常见氧化数为+2。借助Born-Mayer晶格焓方程和Born-Haber循环证明CaCl是一种放热化合物(Ca^+半径可用适当的类推法求

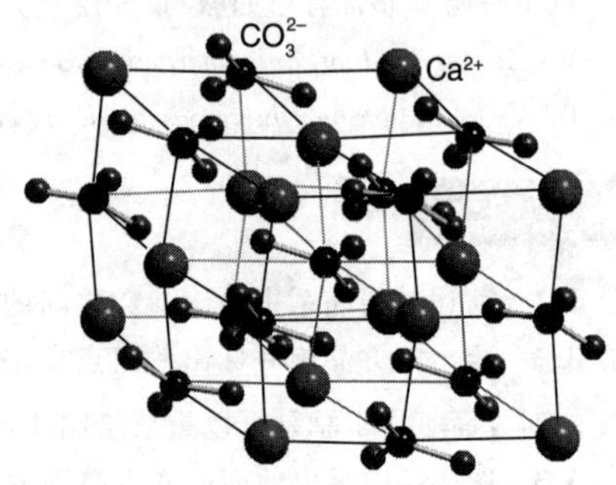

图3.76* $CaCO_3$的结构

出)。Ca(s)的升华焓为 176 kJ · mol^{-1}。试用下列反应的焓变解释不存在 CaCl 这一事实:

$$2CaCl(s) \longrightarrow Ca(s)+CaCl_2(s)$$

3.28　硫化锌有立方和六方两种常见的多晶体。只根据 Madelung 常数的分析预测哪种多晶体更稳定。假定两种多晶体中 Zn—S 的距离相同。

3.29　(a) 已知 LiCl 和 AgCl 两种化合物都具有岩盐结构,解释根据 Born-Mayer 方程计算的晶格能为什么以不同的误差(LiCl 为 1%,而 AgCl 为 10%)重现实验值。(b) 识别可能存在相似行为的、含有 M^{2+} 的一对化合物。

3.30　使用 Kapustinskii 方程、资源节 1 和表 3.10 给出的离子半径和热化学半径及 $r(Bk^{4+})$ = 96 pm 计算下列化合物的晶格焓:(a) BkO_2,(b) K_2SiF_6,(c) $LiClO_4$。

3.31　下列每对化合物中哪一个在水中的溶解度可能更大些?(a) $SrSeO_4$ 或 $CaSeO_4$,(b) NaF 或 $NaBF_4$。

3.32　根据对晶格焓的贡献,按照晶格能升高的顺序排列下列具有岩盐结构的物质:LiF、CaO、RbCl、AlN、NiO 和 CsI。

3.33　推荐一个具体的阳离子以定量沉淀水中的硒酸根离子 SeO_4^{2-};提出两种不同的阳离子,一种形成可溶性磷酸盐(PO_4^{3-}),另一种形成高度不溶性磷酸盐。

3.34　下列各对同结构化合物中哪一个可能在较低温度下发生热分解反应?并说明原因。

(a) $MgCO_3$ 和 $CaCO_3$(分解产物为 $MO+CO_2$);(b) CsI_3 和 $N(CH_3)_4I_3$(两者都含有 I_3^-,分解产物为 $MI+I_2$)。

3.35　预言下列两个化合物中更可能存在哪种类型的本征缺陷?(a) Ca_3N_2,(b) HgS。

3.36　通过对掺杂剂离子产生蓝宝石蓝色的讨论,为蓝色绿柱石(叫海蓝宝石)颜色产生的原因提供解释。

3.37　下列哪种化合物可能发现是非化学计量化合物:是氧化镁?是碳化钒?还是氧化锰?

3.38　为什么固体的高浓度缺陷发生在高温下和接近其熔点的温度?压力如何影响固体中缺陷的平衡数量?

3.39　掺入大量缺陷和由此产生的化合物中离子氧化数发生变化对晶格能产生影响,通过对这一问题的讨论预判下列哪些体系在 x 值的较大范围里表现出非化学计量:$Zn_{1+x}O$,$Fe_{1-x}O$,UO_{2+x}。

3.40　下列物质可归入 n 型还是 p 型杂质半导体?(a) Ga 掺杂 Ge,(b) As 掺杂 Si,(c) $In_{0.49}As_{0.51}$。

3.41　你会指望 VO 和 NiO 显示金属性性质吗?

3.42　描述半导体和半金属之间的差别。

3.43　将下列化合物按显示 n 型或 p 型半导性进行分类:Ag_2S、VO_2、CuBr。

3.44　石墨是个半金属,其能带结构类型如图 3.70 所示。石墨与钾反应生成 C_8K,而与溴反应生成 C_8Br,假定石墨片层保持完整,而钾和溴分别以 K^+ 和 Br^- 的形式进入石墨结构,你可否预言化合物 C_8K 和 C_8Br 显示金属的、半金属的、半导体的或绝缘体的性质?

辅导性作业

3.1　Kapustinskii 方程表明晶格焓与离子间的距离成反比。之后的研究表明 Kapustinskii 方程的简化形式允许从分子的(化学式)单位体积(晶胞体积除以所含的式单元数 Z)或质量密度(参见 H. D. B. Jenkins and D. Tudela, *J. Chem. Educ.*, 2003,**80**,1482)估算晶格焓。你预言晶格焓如何以(a) 分子单位体积、(b) 质量密度的函数而变化?已知碱土金属碳酸盐 MCO_3 和氧化物的晶胞体积(全以 $Å^3$ 为单位,1 Å = 10^{-10} m)如下所示,预言碳酸盐的分解行为。

$MgCO_3$	$CaCO_3$	$SrCO_3$	$BaCO_3$
47	61	64	76
MgO	CaO	SrO	BaO
19	28	34	42

3.2　通过对岩盐结构、围绕一个中心离子的电荷和距离的讨论可知 Na^+ 的 Madelung 序列中的前六项为

$$6/\sqrt{1}-12/\sqrt{2}+8/\sqrt{3}-6/\sqrt{4}+24/\sqrt{5}-24/\sqrt{6}$$

讨论此数列收敛为 1.748 的方法。参考 R. P. Grosso, J. T. Fermann, and W. J. Vining, *J. Chem. Educ.*, 2001,**78**,1198。

3.3　1~10 nm 尺度的纳米晶体在技术应用方面的重要性日益凸显(参见第 24 章),对特定结构类型的 Madelung 常数的计算需要无穷数列所有项的加和,这种方法不能应用于纳米尺度的晶体。讨论如何将 Madelung 因子 A^* 的概念用于描述纳米晶体中总的离子相互作用。讨论(a) NaCl 结构类型和(b) CsCl 结构类型中 A^* 如何随纳米晶体尺寸的变化而变化?

作为一种结果，纳米晶体的性质可能如何不同于块状固体？参见 M. D. Baker and A. D. Baker, *J. Chem. Educ.*, 2010, **87**, 280。

3.4　众所周知 CuO 是个稳定的 Cu(Ⅱ)氧化物，而 AgO 则为混合价氧化物 Ag(Ⅰ)Ag(Ⅲ)O_2。讨论这一现象背后的热力学因素。参见 D. Tudela, *J. Chem. Educ.*, 2008, **85**, 863。AgF_2 是个稳定的 Ag(Ⅱ)化合物，什么因素可能有助于 Ag(Ⅱ)与氟离子形成稳定的氟化物？

3.5　与异构体性质有关的一条"规则"(isomegethic rule)是这样表述的："异构体离子盐的式单元体积(V_m)大体相同"(参见 H. D. B. Jenkins, et al., *Inorg. Chem.*, 2004, **43**, 6238; L. Glasser, *J. Chem. Educ.*, 2011, **88**, 581)。对该"规则"的基础和它在固态化学中的应用进行讨论。

（雷依波　译，史启祯　审）

4 章

酸和碱

本章讨论为数众多的酸、碱物种。第一部分介绍 Brφnsted 定义，Brφnsted 将酸和碱分别定义为质子给予体和质子接受体。质子转移平衡可通过酸性常数进行定量讨论，后者是质子给予能力的一种量度。第二部分介绍酸、碱的 Lewis 定义，它所讨论的反应涉及给予体（碱）和接受体（酸）之间的电子对共享。定义上的这一扩展使我们能将讨论扩大至不含质子的酸、碱物种和非质子介质中的反应。由于存在多种多样的 Lewis 物种，无法用单一尺度衡量其强度。衡量强度通常采用两种方法：一种方法是将酸碱按“硬”或“软”分类；另一种方法是用热力学数据为每一物种获得一套特征参数。最后几节文字介绍非水溶剂和酸碱化学最重要的一些应用。

人们最早以味道和感觉作为区分酸碱的判据：酸有酸味而碱则有滑腻感。Arrhenius 于 1884 年提出的概念才从化学观点认识酸和碱，他将酸定义为能在水中解离出氢离子的化合物。本章讨论的现代定义基于更宽泛的化学反应。Brφnsted 和 Lowry 提出的定义关注质子的转移；Lewis 提出的定义则基于电子对接受体（分子或离子）与电子对给予体（分子或离子）之间的相互作用。

酸碱反应是一类常见反应，虽然人们并不总能立即意识到是这种反应（特别是涉及难以捉摸的酸碱定义时）。例如，酸雨的形成源于二氧化硫与水之间发生的一个非常简单的反应：

$$SO_2(g) + H_2O(l) \longrightarrow HOSO_2^-(aq) + H^+(aq)$$

该反应是一类酸碱反应。皂化（制造肥皂的过程）也是一类酸碱反应：

$$NaOH(aq) + RCOOR'(aq) \longrightarrow RCO_2Na(aq) + R'OH(aq)$$

这样的反应很多，到时候将会明白为什么将它们看作酸与碱之间发生的反应。

Brφnsted 酸性

提要：Brφnsted 酸是质子给予体，Brφnsted 碱是质子接受体。质子在化学上不能单独存在，总是与其他物种结合在一起。水中的氢离子简单表示为水合离子 H_3O^+。

丹麦人 Johannes Brφnsted 和 Thomas Lowry 于 1923 年提出：酸碱反应的实质是氢离子（H^+）从一物种向另一物种的转移。定义中的氢离子往往叫**质子**（proton）。他们提出，任何可充当质子给予体的物质都应归入酸，任何可充当质子接受体的物质都应归入碱。以这种方式起作用的物质分别叫“Brφnsted 酸”和“Brφnsted 碱”。

Brφnsted 酸（Brφnsted acid）是质子给予体；

Brφnsted 碱（Brφnsted base）是质子接受体。

该定义不涉及发生质子转移的环境，因而适用于任何溶剂（甚至完全没有溶剂）中发生的质子转移。

HF 能为另一种分子提供质子，因而是个 Brφnsted 酸。例如，溶于水时将质子转予 H_2O 分子：

$$HF(g) + H_2O(l) \longrightarrow H_3O^+(aq) + F^-(aq)$$

NH_3是个 Brφnsted 碱，它能接受酸的一个质子：

$$H_2O(l) + NH_3(aq) \longrightarrow NH_4^+(aq) + OH^-(aq)$$

上述两个例子表明水是个两性物质，既可充当 Brφnsted 酸，也可充当 Brφnsted 碱。

酸向水分子转移一个质子使后者生成水合氢离子 H_3O^+（**1**）。（**1**）中的参数来自 $H_3O^+ClO_4^-$晶体结构的测定结果，然而以其描述溶液中的水合氢离子无疑过于简单化，因为它广泛参与氢键的形成。一个更好

的表达是 $H_9O_4^+$(**2**)。质谱法对水分子簇进行的气相研究表明存在 $H^+(H_2O)_{21}$这样的物种，即 H_3O^+周围的 H_2O 分子形成正五角十二面体笼。这些结构表明，对水中质子最合适的描述方法随环境变化而不同；为简单起见，本书自始至终以 H_3O^+表示。

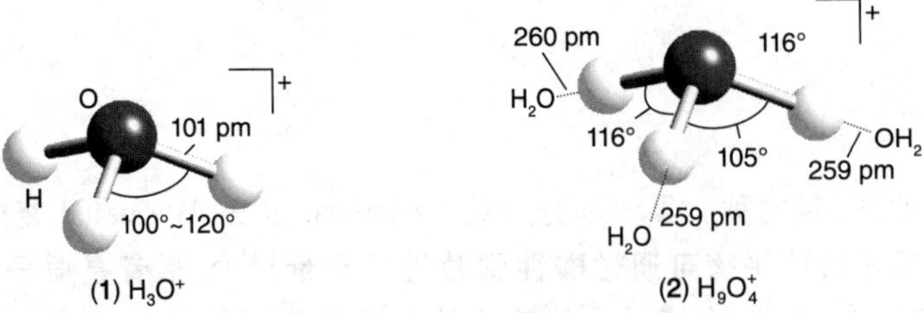

4.1　水中的质子转移平衡

酸和碱之间在正逆两个方向的质子转移都很快，因此与单向正反应相比，动态平衡

$$HF(g)+H_2O(l) \rightleftharpoons H_3O^+(aq)+F^-(aq)$$

$$H_2O(l)+NH_3(aq) \rightleftharpoons NH_4^+(aq)+OH^-(aq)$$

能为酸（如 HF）和碱（如 NH_3）在水中的行为给出更完整的描述。水溶液中 Brφnsted 酸碱化学的核心特征是质子转移反应能够快速达到平衡，这也是我们将要讨论的重点。

(a) 共轭酸和共轭碱

提要：物种给出质子后变成它的共轭碱，物种得到质子后变成它的共轭酸，共轭酸和共轭碱在溶液中处于平衡状态。

上面给出的两个正逆反应都是自酸至碱的质子转移，其 Brφnsted 平衡的通式可以写为

$$酸_1+碱_2 \rightleftharpoons 酸_2+碱_1$$

碱$_1$称为酸$_1$的**共轭碱**，酸$_2$称为碱$_2$的**共轭酸**。酸的共轭碱是酸失去质子后留下的物种，碱的共轭酸则是碱得到质子后形成的物种。所以 F^-是 HF 的共轭碱，H_3O^+是 H_2O 的共轭酸。酸与共轭酸之间、碱与共轭碱之间没有本质区别；共轭酸不过是另一种酸，共轭碱不过是另一种碱。

例题 4.1　识别酸和碱

题目：识别下列反应中的 Brφnsted 酸及其共轭碱：

(a) $HSO_4^-(aq)+OH^-(aq) \longrightarrow H_2O(l)+SO_4^{2-}(aq)$

(b) $PO_4^{3-}(aq)+H_2O(l) \longrightarrow HPO_4^{2-}(aq)+OH^-(aq)$

答案：我们需要识别失去质子的物种和它的共轭物种。(a) HSO_4^-为 OH^-提供一个质子，因此是酸；产生的 SO_4^{2-}是它的共轭碱。(b) H_2O 分子向充当碱的 PO_4^{3-}转移一个质子，因而 H_2O 分子是酸，OH^-是它的共轭碱。

自测题 4.1　指出下列反应中的酸、碱、共轭酸、共轭碱：

(a) $HNO_3(aq)+H_2O(l) \longrightarrow H_3O^+(aq)+NO_3^-(aq)$

(b) $CO_3^{2-}(aq)+H_2O(l) \longrightarrow HCO_3^-(aq)+OH^-(aq)$

(c) $NH_3(aq)+H_2S(aq) \longrightarrow NH_4^+(aq)+HS^-(aq)$

(b) Brφnsted 酸的强度

提要：Brφnsted 酸的强度是由酸度常数衡量的，而 Brφnsted 碱的强度则由碱度常数衡量。碱越强，其共轭酸就越弱。

这里所有讨论都涉及 pH 概念，它应该是学生在导论性化学课程中已经熟悉了的概念：

$$pH=-\log[H_3O^+] \quad 或 \quad [H_3O^+]=10^{-pH} \tag{4.1}$$

水溶液中 Brφnsted 酸的强度用酸度常数（或"酸的电离常数"）K_a表达。以 HF 为例：

$$HF(aq)+H_2O(l) \rightleftharpoons H_3O^+(aq)+F^-(aq) \quad K_a=\frac{[H_3O^+][F^-]}{[HF]}$$

通式为

$$HX(aq)+H_2O(l) \rightleftharpoons H_3O^+(aq)+X^-(aq) \quad K_a=\frac{[H_3O^+][X^-]}{[HX]} \tag{4.2}$$

式中的$[X^-]$表示物种X^-物质的量浓度的数值。例如,HF分子的物质的量浓度为0.001 $mol \cdot dm^{-3}$时,$[HF]=0.001$。$K_a \ll 1$意味着$[HX]$比$[X^-]$大得多,酸(HX)倾向于留住质子。水中氟化氢K_a的实验值为3.5×10^{-4},表明在正常条件下只有很少部分HF分子脱去质子。实际脱去质子的份额可由K_a值和酸的浓度计算出来。

例题4.2 计算酸度常数

题目:0.145 $mol \cdot dm^{-3}$ $CH_3COOH(aq)$的pH为2.80,试计算乙酸的K_a。

答案:为计算K_a,先要计算溶液中H_3O^+、$CH_3CO_2^-$和CH_3COOH的浓度。H_3O^+的浓度是由给出的pH($[H_3O^+]=10^{-pH}$)得到的,为1.6×10^{-3} $mol \cdot dm^{-3}$。每脱去1个质子产生1个H_3O^+和1个$CH_3CO_2^-$,所以$CH_3CO_2^-$的浓度与H_3O^+的浓度相同(假设水的自质子解作用可忽略不计)。剩余的酸的物质的量浓度为(0.145−0.001 6) $mol \cdot dm^{-3}$=0.143 $mol \cdot dm^{-3}$。将上述数据代入计算酸度常数的公式,得$K_a=1.7\times10^{-5}$,相应于$pK_a=4.77$。

自测题4.2 氢氟酸的$K_a=3.5\times10^{-4}$,试计算0.10 $mol \cdot dm^{-3}$ HF(aq)的pH。

同样,水溶液中碱的质子转移平衡可用碱度常数K_b表达。以NH_3为例:

$$NH_3(aq)+H_2O(l) \rightleftharpoons NH_4^+(aq)+OH^-(aq) \quad K_b=\frac{[NH_4^+][OH^-]}{[NH_3]}$$

通式为

$$B(aq)+H_2O(l) \rightleftharpoons HB^+(aq)+OH^-(aq) \quad K_b=\frac{[HB^+][OH^-]}{[B]} \tag{4.3}$$

如果$K_b \ll 1$,意味着正常浓度下$[HB^+] \ll [B]$,只有很小一部分B分子加和了质子。因此,该碱是个弱质子接受体,其共轭酸在溶液中的浓度很低。水中氨的K_b实验值为1.8×10^{-5},表明在正常浓度下只有很少一部分氨分子加和质子。像酸的计算方法一样,实际发生了质子化的碱的份额可由K_b值确定。

由于水是两性物质,即使没有外加酸或碱的情况下也存在质子转移平衡。从一个水分子向另一水分子发生的质子转移叫**自质子解**(autoprotolysis)或"自电离"(autoionization)。水中发生的质子转移速度快,这是因为过程涉及相邻分子间的弱氢键互换(节10.6)。平衡状态下自质子解的程度和溶液的组成,可用水的**质子自递常数**(autoprotolysis constant)或"**自电离常数**"(autoionization constant)描述:

$$2H_2O(l) \rightleftharpoons H_3O^+(aq)+OH^-(aq) \quad K_w=[H_3O^+][OH^-]$$

25 ℃时K_w的实验值为1.0×10^{-14},表明纯水中只有很少份额的水分子以离子形式存在。我们知道,由于纯水的pH=7.00($[H_3O^+]=[OH^-]$),所以$[H_3O^+]=1.0\times10^{-7}$ $mol \cdot dm^{-3}$。由于其中溶解有CO_2,自来水和瓶装水的pH略低于7。

溶剂质子自递常数的一个重要作用是,能让人们将碱的强度与其共轭酸的强度关联起来,从而用一个常数既表达酸性强度也表达碱性强度。因此,上面氨作为碱的那个平衡的K_b值可与下述平衡的K_a值相关联:

$$NH_4^+(aq)+H_2O(l) \rightleftharpoons H_3O^+(aq)+NH_3(aq)$$

式中,NH_4^+是NH_3的共轭酸。K_a和K_b的关系式为

$$K_aK_b=K_w \tag{4.4}$$

方程(4.4)表明:K_b值越大,K_a值就越小。这就是说,碱越强,其共轭酸就越弱。文献中习惯上用共轭酸的酸

性常数 K_a 表达碱的强度。例如，氨在水中的 K_b 值为 1.8×10^{-5}，习惯上表达为共轭酸 NH_4^+ 的 K_a（$K_w/K_b = 1\times10^{-14}/1.8\times10^{-5} = 5.6\times10^{-10}$）。

像物质的量浓度那样，酸性常数跨了多个数量级。就像 pH 那样的表达式一样，用酸性常数的常用对数表达更方便：

$$pK = -\log K \tag{4.5}$$

式中的 K 可以是我们介绍过的任何常数。例如，25 ℃时 $pK_w = 14.00$。根据这一定义和方程(4.4)所表达的关系式可知：

$$pK_a + pK_b = pK_w \tag{4.6}$$

类似的表达式可将任何溶剂中共轭酸、碱的强度关联起来，只要将 pK_w 用那个溶剂的质子自递常数 pK_{sol} 所代替。

(c) 酸碱的强弱

提要：根据酸性常数的大小将酸碱按强弱分类。

表 4.1 列出水中某些常见酸和某些碱的共轭酸的酸性常数。如果一物质在其质子转移平衡中强烈倾向于将质子转给溶剂，则归入**强酸**(strong acid)之列。$pK_a<0$（相应于 $K_a>1$，实际上通常 $K_a\gg1$）的物质为强酸。通常认为这种酸在溶液中完全脱去质子（但是绝不要忘记，这只是一种近似）。例如，盐酸被认为是 H_3O^+、Cl^- 和浓度几乎可忽略不计的 HCl 分子组成的溶液。$pK_a>0$（相应于 $K_a<1$）的物质被归入**弱酸**(weak acid)；对这类物种而言，质子转移平衡中更有利于不发生电离的酸。氟化氢在水中是弱酸，氢氟酸是由水合氢离子、氟离子和大量 HF 分子组成的。碳酸（H_2CO_3，CO_2 的水合物）也是种弱酸。

表 4.1　某些物种在水溶液中的酸性常数(25 ℃)

酸	HA	A^-	K_a	pK_a
氢碘酸	HI	I^-	10^{11}	−11
高氯酸	$HClO_4$	ClO_4^-	10^{10}	−10
氢溴酸	HBr	Br^-	10^9	−9
氢氯酸	HCl	Cl^-	10^7	−7
硫酸	H_2SO_4	HSO_4^-	10^2	−2
硝酸	HNO_3	NO_3^-	10^2	−2
水合氢离子	H_3O^+	H_2O	1	0.0
氯酸	$HClO_3$	ClO_3^-	10^{-1}	1
亚硫酸	H_2SO_3	HSO_3^-	1.5×10^{-2}	1.81
硫酸氢根离子	HSO_4^-	SO_4^{2-}	1.2×10^{-2}	1.92
磷酸	H_3PO_4	$H_2PO_4^-$	7.5×10^{-3}	2.12
氢氟酸	HF	F^-	3.5×10^{-4}	3.45
甲酸	HCOOH	HCO_2^-	1.8×10^{-4}	3.75
乙酸	CH_3COOH	$CH_3CO_2^-$	1.74×10^{-5}	4.76
吡啶鎓离子	$HC_5H_5N^+$	C_5H_5N	5.3×10^{-6}	5.25
碳酸	H_2CO_3	HCO_3^-	4.6×10^{-7}	6.37
硫化氢	H_2S	HS^-	9.1×10^{-8}	7.04
磷酸二氢根离子	$H_2PO_4^-$	HPO_4^{2-}	6.2×10^{-8}	7.21
硼酸*	$B(OH)_3$	$B(OH)_4^-$	7.2×10^{-10}	9.14
铵离子	NH_4^+	NH_3	5.6×10^{-10}	9.25
氢氰酸	HCN	CN^-	4.9×10^{-10}	9.31

续表

酸	HA	A^-	K_a	pK_a
碳酸氢根离子	HCO_3^-	CO_3^{2-}	4.8×10^{-11}	10.32
砷酸氢根离子	$HAsO_4^{2-}$	AsO_4^{3-}	3.0×10^{-12}	11.53
磷酸氢根离子	HPO_4^{2-}	PO_4^{3-}	2.2×10^{-13}	12.67
硫氢根离子	HS^-	S^{2-}	1.1×10^{-19}	19

* 质子转移平衡为 $B(OH)_3(aq)+2H_2O(l) \rightleftharpoons B(OH)_4^-(aq)+H_3O^+(aq)$

在水中几乎完全质子化的物种叫**强碱**(strong base)。例如,O^{2-}在水中立即转化为OH^-。在水中只发生部分质子化的物种叫**弱碱**(weak base)。例如,NH_3在水中几乎全部以NH_3分子存在,只存在很少的NH_4^+。任何强酸的共轭碱都是弱碱,它们从热力学角度不利于与质子结合。

(d) 多质子酸

提要:多质子酸能连续失去质子,而且一步比一步更困难。分布图能够看出:每个物种的存在量与溶液的 pH 有关。

多质子酸(polyprotic acid)是能给出 1 个以上质子的物质。例如,硫化氢(H_2S)是个二质子酸。二质子酸能连续给出两个质子,因而有两个酸性常数。

$$H_2S(aq)+H_2O(l) \rightleftharpoons HS^-(aq)+H_3O^+(aq) \qquad K_{a1}=\frac{[H_3O^+][HS^-]}{[H_2S]} \tag{4.7}$$

$$HS^-(aq)+H_2O(l) \rightleftharpoons S^{2-}(aq)+H_3O^+(aq) \qquad K_{a2}=\frac{[H_3O^+][S^{2-}]}{[HS^-]} \tag{4.8}$$

由表 4.1 可知 $K_{a1}=9.1\times10^{-8}$($pK_{a1}=7.04$),$K_{a2}=1.1\times10^{-19}$($pK_{a2}=19$)。第二个酸性常数(K_{a2})几乎总是小于 K_{a1}(pK_{a2}通常大于 pK_{a1})。K_a值下降符合酸的静电模型,与第一步相比,给出第二个质子的物种多了 1 个负电荷。这意味着必需做静电功,不利于荷正电的质子离去。

例题 4.3 计算多质子酸中的离子浓度

题目:计算 0.10 mol·dm^{-3} $H_2CO_3(aq)$中碳酸根离子的浓度。已知 $K_{a2}=4.6\times10^{-11}$,K_{a1}值见表 4.1。

答案:碳酸的分步质子平衡和酸性常数如下:

$$H_2CO_3(aq)+H_2O(l) \rightleftharpoons HCO_3^-(aq)+H_3O^+(aq) \qquad K_{a1}=\frac{[H_3O^+][HCO_3^-]}{[H_2CO_3]}$$

$$HCO_3^-(aq)+H_2O(l) \rightleftharpoons CO_3^{2-}(aq)+H_3O^+(aq) \qquad K_{a2}=\frac{[H_3O^+][CO_3^{2-}]}{[HCO_3^-]}$$

假定第二步给出质子的数量是如此之少,以致不影响第一个平衡产生的 H_3O^+的浓度,从而可以写出等式 $[H_3O^+]=[HCO_3^-]$。这意味着 K_{a2}表达式中的这两项可以消去,结果是

$$K_{a2}=[CO_3^{2-}]$$

K_{a2}与酸的起始浓度无关,溶液中碳酸根离子的浓度为 4.6×10^{-11} mol·dm^{-3}。

自测题 4.3 计算 0.20 mol·dm^{-3} $HOOC(HCOH)_2COOH(aq)$(酒石酸)溶液的 pH。已知 $K_{a1}=1.0\times10^{-3}$,$K_{a2}=4.6\times10^{-5}$。

分布图(distribution diagram)是以溶质实际存在物种的分数$f(X)$为纵坐标、以 pH 为横坐标做出的图形,它是表示多质子酸分步质子转移平衡的最清晰的方法。例如,三质子酸 H_3PO_4,它分步释放出 3 个质子生成 $H_2PO_4^-$,HPO_4^{2-}和 PO_4^{3-},溶液中存在的 H_3PO_4分子的分数为

$$f(H_3PO_4)=\frac{[H_3PO_4]}{[H_3PO_4]+[H_2PO_4^-]+[HPO_4^{2-}]+[PO_4^{3-}]}$$

在给定 pH 条件下，每种溶质的浓度可从 pK_a值进行计算。图 4.1 给出 4 个溶质物种分数随 pH 的变化，给出每种酸及其共轭碱在任何 pH 条件下的相对含量。反过来，如果某物种的分数为已知，溶液的 pH 也就知道了。例如，如果 pH<pK_{a1}（相应于水合氢离子浓度高），主要物种为完全质子化了的 H_3PO_4分子。然而，如果 pH>pK_{a3}（相应于水合氢离子浓度低），主要物种则是完全脱质子的 PO_4^{3-}。pH 处于上述两个 pK_a值之间时，则主要以中间物种存在。

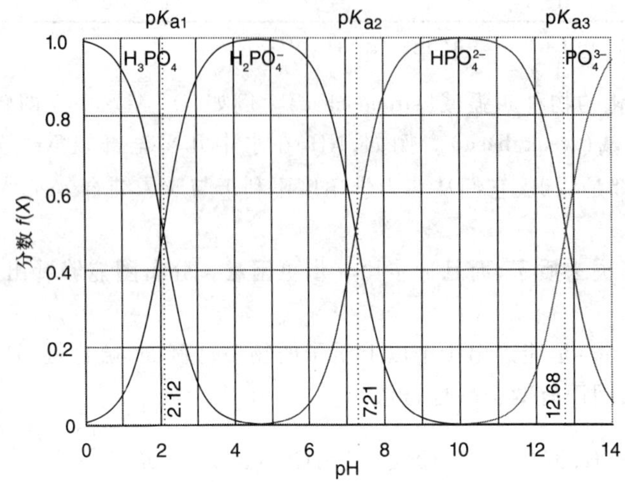

图 4.1　磷酸（三质子酸）的各物种分数随 pH 变化的分布图

(e) 影响 Brφnsted 酸碱强度的因素

提要：质子亲和能是气相得质子焓的负值。p 区共轭碱的质子亲和能沿同一周期向右和沿同族向下减小。溶剂化作用能使带电荷的物种更稳定，因而能够影响质子亲和能，即影响碱的强度。

通过对伴随着质子转移过程而发生的焓变的讨论，可以定量了解 H—X 中质子的相对酸性。下面先讨论气相质子转移反应，接下来讨论溶剂的影响。

质子最简单的反应是与气相碱 A^-（这里虽然表示为带负电荷的物种，但也可以是电中性物种，如 NH_3）相结合的反应：

$$A^-(g)+H^+(g) \longrightarrow HA(g)$$

该反应的标准焓叫**得质子焓**（proton-gain enthalpy，$\Delta_{pg}H^{\ominus}$），其负值常报道为**质子亲和能**（proton affinity），符号为 A_p（见表 4.2）。当 $\Delta_{pg}H^{\ominus}$为大的负值时（相应于放热的质子结合过程），质子亲和能高，表明气相的强碱性特征。如果得质子焓负值很小，质子亲和能低，表明气相为弱碱性（或者显一点酸性）特征。

表 4.2　气相质子亲和能和溶液质子亲和能*

共轭酸	碱	A_p/(kJ·mol^{-1})	A'_p/(kJ·mol^{-1})
HF	F^-	1 553	1 150
HCl	Cl^-	1 393	1 090
HBr	Br^-	1 353	1 079
HI	I^-	1 314	1 068
H_2O	OH^-	1 643	1 188
HCN	CN^-	1 476	1 183
H_3O^+	H_2O	723	1 130
NH_4^+	NH_3	865	1 182

* A_p和 A'_p分别表示碱的气相质子亲和能和水中的溶液质子亲和能。

对 p 区 HA 酸而言，共轭碱的质子亲和能沿同一周期向右和沿同族向下减小，表明气相酸性按同一方向增大。例如，HF 的酸性强于 H_2O，HI 的酸性则是氢卤酸中最强的。换言之，其共轭碱的质子亲和能的顺序是 $I^- < OH^- < F^-$。这种变化趋势可用如图 4.2 所示的热力学循环做解释。图中质子的获得是通过如下三个过程完成的：

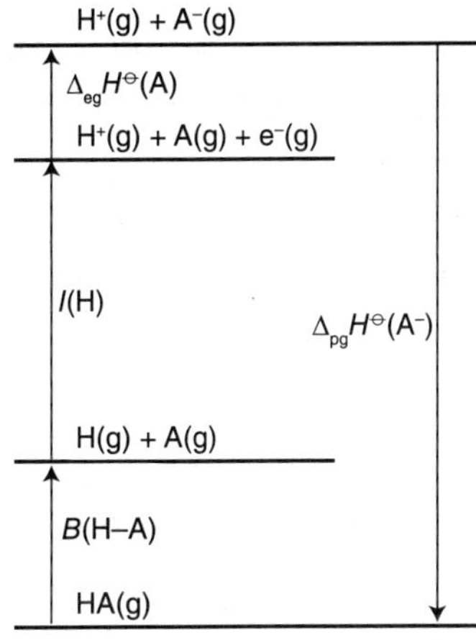

图 4.2　得质子反应的热力学循环

A^-失去电子（A 得电子的逆过程）：

$$A^-(g) \longrightarrow A(g) + e^-(g) \qquad -\Delta_{eg}H^\ominus(A) = A_e(A)$$

H^+得到电子（H 发生电离的逆过程）：

$$H^+(g) + e^-(g) \longrightarrow H(g) \qquad -\Delta_i H^\ominus(H) = -I(H)$$

H 和 A 结合（H—A 键发生解离的逆过程）：

$$H(g) + A(g) \longrightarrow HA(g) \qquad -B(H-A)$$

共轭碱 A^-的得质子焓是这些焓变的加和：

$$总：H^+(g) + A^-(g) \longrightarrow HA(g) \qquad \Delta_{pg}H^\ominus(A^-) = A_e(A) - I(H) - B(H-A)$$

因此，A^-的质子亲和能是

$$A_p(A^-) = B(H-A) + I(H) - A_e(A)$$

同一周期影响质子亲和能发生变化的主要因素是 A 的电子亲和能自左向右增大的变化趋势，因而 A^-的质子亲和能按同一方向降低。由于 A^-的质子亲和能降低，横过周期时 HA 的气相酸性随 A 的电子亲和能的增大而增大。由于增大着的电子亲和能与增大着的电负性（节 1.7）有关，HA 的气相酸性也随 A 的电负性增大而增大。同族向下的主要影响因素是 H—A 键解离焓的下降，解离焓降低了 A^-的质子亲和能，因而导致 HA 的气相酸强度减弱。这些影响的总结果是 A^-的气相质子亲和能降低，因此从 p 区左上部向右下部过渡时，HA 的气相酸性增加。以此不难明白，HI 的酸性为何比 CH_4强得多。

溶剂（如水）存在时上面描述的关系有所变化。原来的气相过程 $A^-(g) + H^+(g) \longrightarrow AH(g)$变成了

$$A^-(aq) + H^+(aq) \longrightarrow HA(aq)$$

新过程得质子焓的负值叫**有效质子亲和能**（effective proton affinity），即 $A^-(aq)$的 A'_p。

如果物种 A^-表示的是 H_2O 本身，H_2O 有效质子亲和能则是下述过程的焓变：

$$H_2O(l) + H^+(aq) \longrightarrow H_3O^+(aq)$$

气相水分子结合质子的过程如下：

$$n\ H_2O(g) + H^+(g) \longrightarrow H(H_2O)_n^+(g)$$

过程中放出的能量可用质谱法测得，并用于评估溶液中水合过程的能量变化。研究发现，随着 n 值的增大，释出能量的最大值为 1 130 $kJ \cdot mol^{-1}$，该值被取作 H_2O 的有效质子亲和能。OH^-在水中的有效质子亲和能就是下述反应反应焓的负值：

$$OH^-(g) + H^+(aq) \longrightarrow H_2O(l)$$

该值可用传统方法（如平衡常数 K_w对温度的依赖关系）进行测量，测得的数值为 1 188 $kJ \cdot mol^{-1}$。

如果 $A^-(aq)$的有效质子亲和能低于 H_2O 的有效质子亲和能（即小于 1 130 $kJ \cdot mol^{-1}$），下述反应就是个放热反应：

$$HA(aq) + H_2O(l) \longrightarrow H_3O^+(aq) + A^-(aq)$$

如果只用焓变（即熵变可忽略不计）判断反应的自发性，HA(aq)就会将质子给予 H_2O 分子而显强酸性。

同样，如果 $A^-(aq)$的有效质子亲和能高于 $OH^-(aq)$的有效质子亲和能（即大于 1 188 $kJ \cdot mol^{-1}$），下述反应就是一个放热反应：

$$A^-(aq) + H_2O(l) \longrightarrow HA(aq) + OH^-(aq)$$

如果用焓变作为自发性判据，$A^-(aq)$就会从 H_2O 分子接受质子而显强碱性①。

溶剂化效应可用静电模型得到合理解释，这种模型将溶剂看作连续的介电介质。气相离子的溶剂化总是强放热过程。水中溶剂化焓 $\Delta_{solv}H^{\ominus}$（水合焓 $\Delta_{hyd}H^{\ominus}$）的大小依赖于离子半径、溶剂的相对介电常数及离子和溶剂间可能存在的成键作用（特别是形成氢键）。

讨论气相时曾假定质子转移过程的熵贡献很小（即 $\Delta G^{\ominus}=\Delta H^{\ominus}$）。溶液中熵的效应不能忽略，因而必需使用 $\Delta G^{\ominus}$。离子的 Gibbs 溶剂化能可看作将该阴离子从真空中转移至相对介电常数为 ε_r的溶剂中所涉及的能量。使用这一模型可推导出 Born 方程②：

$$\Delta_{solv}G^{\ominus}=-\frac{N_A z^2 e^2}{8\pi\varepsilon_0 r}\left(1-\frac{1}{\varepsilon_r}\right) \tag{4.9}$$

式中，z 是离子电荷数，r 是它的有效半径（包括了溶剂分子那部分的半径），N_A是阿伏加德罗常数，ε_0是真空介电常数，ε_r是相对介电常数。

Gibbs 溶剂化能正比于 z^2/r（也叫静电参数，ξ），所以小半径、高电荷的离子能被极性溶剂所稳定（见图 4.3）。从 Born 方程还能看出，相对介电常数越大，$\Delta_{solv}G^{\ominus}$值就越负。比起对非极性溶剂（ε_r低达 2，括号中一项的数值接近 0.5）来，这种稳定作用对水特别重要，因为水的 $\varepsilon_r=80$（括号中一项的数值接近 1）。

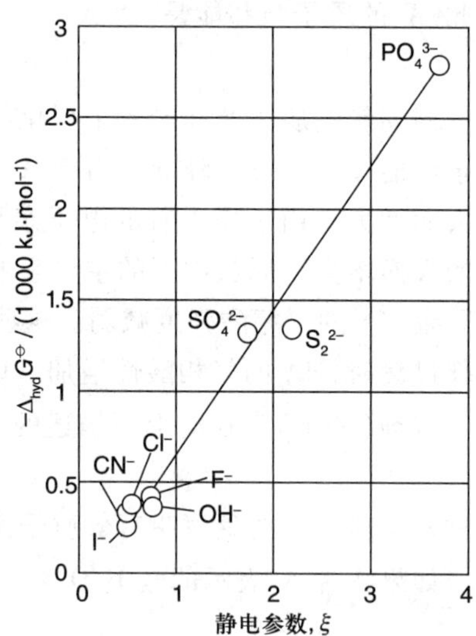

图 4.3 $\Delta_{solv}G^{\ominus}$和某些阴离子的量纲为 1 静电参数 ξ[$=100\ z^2/(r/\mathrm{pm})$]之间的关系

由于 $\Delta_{solv}G^{\ominus}$是离子从气相转入水溶液的摩尔 Gibbs 能变，$\Delta_{solv}G^{\ominus}$大的负值在溶液中比在气相（见图 4.3）更有利于形成离子。相对于母体酸 HA 而言，极性溶剂分子更能稳定带电荷的离子，导致极性溶剂提高了 HA 的酸性。另一方面，电中性的碱（B）的有效质子亲和能高于气相，是因为溶剂化作用稳定了它的共轭酸 HB^+。由于溶剂化作用稳定了阳离子酸（如 NH_4^+），其共轭碱（如 NH_3）的有效质子亲和能高于气相，极性溶剂因此能降低阳离子酸的酸性。

Born 方程用库仑力描述了溶剂化的稳定作用。然而在质子溶剂（如水）中，氢键则是一个重要的影响因素。氢键的形成导致某些溶质周围形成以氢键合的簇。其结果是，水对小半径、高电荷离子显示较 Born 方程预期更大的稳定作用。这种稳定作用对具有高电荷密度的离子 OH^-、F^-和 Cl^-特别大，水的作用是作为氢键给予体。H_2O 分子的 O 原子上有孤对电子，故也可以是氢键的接受体。酸离子（如 NH_4^+）可被氢键的形成所稳定，因而酸性低于 Born 方程预期的结果。

Brϕnsted 酸的性质

提要：周期表不同区域元素形成的有代表性的物种包括水合酸、羟合酸和氧合酸。

这里集中讨论水中的 Brϕnsted 酸和碱。迄今为止我们集中讨论了 HX 型的酸，然而水中最大一类酸给出的质子却来自与中心原子结合的—OH 基团。这类可以给出的质子叫**酸性质子**（acidic proton），以区别于分子中可能存在的其他质子，如 CH_3COOH 中的甲基质子。

下面讨论三类酸：

---

① I^-在水中的有效质子亲和能为 1 068 kJ · mol⁻¹，与气相数值（1 314 kJ · mol⁻¹）进行比较表明，水合作用稳定了 I^-。该有效质子亲和能也小于水的有效质子亲和能（1 130 kJ · mol⁻¹），这与 HI 在水中为强酸的事实相一致。除 F^-以外的所有卤素离子的有效质子亲和能都小于水的有效质子亲和能，这与除 HF 以外的所有卤化氢在水中是强酸的事实相一致。

② Born 方程的推导参见 P. Atkins and J. de Paula. *Physical Chemistry*. Oxford University Press and W. H. Freeman & Co.,2010.

1. **水合酸**(aqua acid),其酸性质子处在与中心金属离子配位的水分子上。

$$E(OH_2)(aq)+H_2O(l) \rightleftharpoons E(OH)^-(aq)+H_3O^+(aq)$$

例如,

$$[Fe(OH_2)_6]^{3+}(aq)+H_2O(l) \rightleftharpoons [Fe(OH_2)_5OH]^{2+}(aq)+H_3O^+(aq)$$

水合酸六水合铁(Ⅲ)离子的结构参见(**3**)。

2. **羟合酸**(hydroxoacid),其酸性质子处在没有氧基(=O)为邻的羟基上,如 $Te(OH)_6$(**4**)。

3. **氧合酸**(oxoacid),其酸性质子处在同一原子上结合有氧基的羟基上,如硫酸 $H_2SO_4[O_2S(OH)_2]$(**5**)。

三类酸可看作水合酸连续脱去质子的不同阶段:

$$\text{水合酸}\xrightarrow{-H^+}\text{羟合酸}\xrightarrow{-H^+}\text{氧合酸}$$

中间氧化态的 d 区金属[如 Ru(Ⅳ)]提供了这方面的例子:

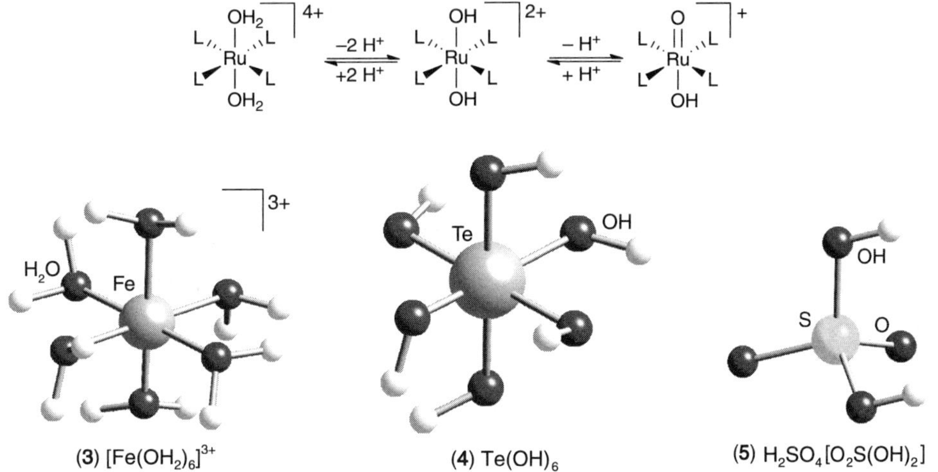

(**3**) $[Fe(OH_2)_6]^{3+}$　(**4**) $Te(OH)_6$　(**5**) $H_2SO_4[O_2S(OH)_2]$

形成水合酸是低氧化态中心原子的特征,包括 s 区和 d 区的金属和 p 区左部的金属。高氧化态中心原子通常形成氧合酸。中间氧化态的 p 区右部元素也能形成氧合酸,如 $HClO_2$。

4.2 水合酸强度的周期性变化趋势

提要:水合酸的强度通常随中心金属离子正电荷的增高和半径的减小而增大,例外通常是由共价成键作用引起的。

水合酸的强度通常随中心金属离子正电荷的增高和半径的减小而增大。这种变化趋势在一定程度上可用离子模型(此模型将金属阳离子表示为半径为 r_+、正电荷为 z 的圆球)做解释。由于质子更容易从高电荷和小半径的阳离子附近移去,所以酸性应该随着 z 的增大和 r_+ 的减小而增高。

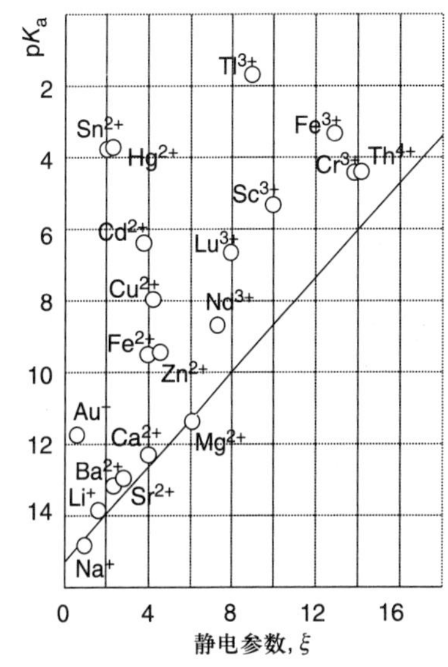

图 4.4　水合离子的酸性常数与量纲为 1 静电参数 $\xi[=100\,z^2/(r/\text{pm})]$ 之间的关系

离子模型用来讨论酸强度的有效性可由图 4.4 做出判断。对形成离子性固体的元素(主要是 s 区元素)而言,其水合离子的 pK_a 值基本符合该模型。几个 d 区离子(如 Fe^{2+} 和 Cr^{3+})也处在同一直线附近,但许多离子(特别是相应于酸强度高的低 pK_a 值离子)显著偏离了该直线。这种偏离表明,金属离子排斥质子的能力强于模型的预期。如果假定阳离子的正电荷不是局限在中心离子上而是离域于配体(距离将要离开的质子更近),排斥力的上升就能得到合理解释。这种离域等价于提高了元素-氧

键的共价性。事实上,对于处理为形成共价键的离子而言,离子模型的关联也是最差的。

对靠后的 d 区金属离子(如 Cu^{2+})和 p 区金属离子(如 Sn^{2+})而言,水合酸强度较离子模型预言的强度大得多。对这些物种而言,共价成键作用比离子成键作用更重要,离子模型不符合实际。同族元素向下,金属 d 轨道与氧配体轨道的重叠程度增加,所以与第 1 排相比,第 2 和第 3 排 d 区金属的水合离子的酸性往往更强。

例题 4.4　说明水合酸强度的变化趋势

题目:对酸性变化序列 $[Fe(OH_2)_6]^{2+} < [Fe(OH_2)_6]^{3+} < [Al(OH_2)_6]^{3+} \approx [Hg(OH_2)]^{2+}$ 做说明。

答案:这里需要考虑金属中心的电荷密度和它对 H_2O 配体脱质子难易程度的影响。Fe^{2+} 络合物的酸性最弱,是因为它的半径相对较大和电荷相对较低。电荷增至+3 时提高了酸的强度。Al^{3+} 的酸性较强可由较小的半径做解释。序列中的反常离子是 Hg^{2+} 络合物,该络合物表明离子模型的失败,因为络合物中金属离子的正电荷明显转移至氧原子,从而导致共价成键作用。

自测题 4.4　按酸性增大的顺序排列以下物种:$[Na(OH_2)_6]^{+}$、$[Sc(OH_2)_6]^{3+}$、$[Mn(OH_2)_6]^{2+}$、$[Ni(OH_2)_6]^{2+}$。

4.3 简单氧合酸

最简单的氧合酸是**单核酸**(mononuclear acids),单核酸只含一个母体元素的原子。它们包括了 H_2CO_3、HNO_3、H_3PO_4 和 H_2SO_4。这些氧合酸是由周期表右上部的电负性元素形成的,高氧化态的其他元素也形成这种酸(见表 4.3)。表中一个有趣的特征是存在着平面分子 H_2CO_3 和 HNO_3,但下部各周期不存在类似的平面化合物。正如第 2 章讲过的那样,第二周期元素间的 pπ-pπ 成键作用较重要,它们的原子更可能被安排在同一平面上。

表 4.3　氧合酸和羟基酸的结构和 pK_a 值*

$p=0$	$p=1$		$p=2$	$p=3$
Cl—OH 7.2	$OC(OH)_2$ 3.6		$O_2N(OH)$ −1.4	
$Si(OH)_4$ 10	$OP(OH)_3$ 2.1, 7.4, 12.7	$OCl(OH)$ 2.0	$O_2S(OH)_2$ −1.9, 1.9	$O_3Cl(OH)$ −10
$Te(OH)_6$ 7.8, 11.2	$OI(OH)_5$ 1.6, 7.0	$OPH(OH)_2$ 1.8, 6.6	$O_2Cl(OH)$ −1.0	
$B(OH)_3$ 9.1⁺	$OAs(OH)_3$ 2.3, 6.9, 11.5	$OSe(OH)_2$ 2.6, 8.0	$O_2Se(OH)_2$ −2, 1.9	

* *p* 是非质子化的氧原子数;　+硼酸是一种特殊情况,见节 13.8。

(a) 取代氧合酸

提要：取代氧合酸的强度可用取代基的吸电子能力做解释；在为数不多的例子中，非酸性 H 原子直接与氧合酸的中心原子相结合。

氧合酸的一个或多个—OH 基团被其他基团取代生成一系列取代氧合酸，如氟磺酸 $O_2SF(OH)$ 和氨基磺酸 $O_2S(NH_2)OH$(**6**)。因为 F 是高电负性元素，能吸引中心 S 原子的电子，使 S 原子的有效正电荷更高，使该取代酸的酸性强于 $O_2S(OH)_2$。另一个取代基—CF_3 也是电子接受体，取代产物为三氟甲基磺酸 CF_3SO_3H[即 $O_2S(CF_3)OH$]这样的强酸。与之相反，—NH_2 基带有孤对电子，能够通过 π-成键作用将电子密度转予 S 原子，这种电荷转移降低了中心原子的正电荷，从而使酸性减弱。

往往容易忽略的一个陷阱是，并非所有氧合酸都遵循中心原子被—OH 基和═O 基围绕这一结构模式。H 原子有时直接键合于中心原子，就像亚磷酸 H_3PO_3 中的 H 原子那样。亚磷酸实际上是个二质子酸，其中含有 2 个—OH 基和一个 P—H 键(**7**)，后者中的质子为非酸性质子。该结构与 NMR 谱和振动光谱的结果相一致，结构化学式为 $OPH(OH)_2$。非酸性的 H—P 键反映出一个事实：中心 P 原子的吸电子能力比 O 原子低得多[节 4.1(e)]。结构发生变化的另一种可能是氧基（而不是羟基）被取代，一个重要实例是硫代硫酸根离子 $S_2O_3^{2-}$(**8**)，它是硫酸根离子中的一个 O 原子被 S 原子取代的产物。

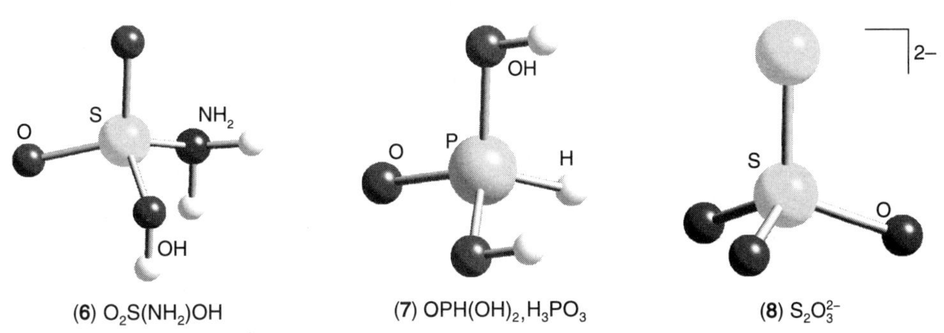

(**6**) $O_2S(NH_2)OH$　　(**7**) $OPH(OH)_2$, H_3PO_3　　(**8**) $S_2O_3^{2-}$

(b) Pauling 规则

提要：Pauling 规则总结了一组氧合酸的强度，这些氧合酸含有同一种中心原子，而周围带有的氧基和羟基的数目则不同。

对元素 E 的一组单核氧合酸而言，其强度随 O 原子数目的增加而增强。这种趋势可用氧的吸电子性质做出定量解释。O 原子能够吸电子，从而使每个 O—H 键变弱，质子更容易离开。对任何系列的氧合酸而言，氧原子最多的氧合酸酸性通常也最强。例如，氯的氧合酸的强度按下列顺序减小：$HClO_4 > HClO_3 > HClO_2 > HClO$。与之相类似，$HNO_3$ 的酸性强于 HNO_2。

(**9**)

另一重要因素是，不同数目末端氧基阴离子的共振作用使脱去质子的碱（共轭碱）得以稳定的程度。例如，HSO_4^- 阴离子（H_2SO_4 的共轭碱）可描述为三种共振杂化结构(**9**)，而 HSO_3^- 阴离子（H_2SO_3 的共轭碱）只有两种共振杂化贡献(**10**)，因而 H_2SO_4 的酸性强于 H_2SO_3。后面还要讨论这种比较，这种比较得出了与 H_2SO_3 性质有关的一个有趣推论。

(**10**)

Linus Pauling 提出的两条经验规则可以半定量地系统总结这一趋势，规则中的 p 是氧基的数目，q 是羟基的数目：

1. 氧合酸 $O_pE(OH)_q$ 的 $pK_a \approx 8-5p$；
2. 对多质子酸（$q>1$）而言，多步质子转移的 pK_a 值逐级增加 5 个单位。

根据规则 1，电中性羟基酸（$p=0$）的 $pK_a \approx 8$，含 1 个氧基的酸的 $pK_a \approx 3$，含 2 个氧基的酸的 $pK_a \approx -2$。例如，硫酸 $O_2S(OH)_2$ 的 $p=2, q=2$；$pK_{a1} \approx -2$（意味着硫酸是强酸）。根据经验规则预言 $pK_{a2} \approx +3$，而实验值却是 1.9。这一事实提醒我们，该规则只是近似规则。

Pauling 规则的成功可由表 4.3 得到体现,表中的酸是按 p 分组的。同一组酸的强度自上而下变化不大,结构变化而产生的复杂影响也许相互抵消,从而使这些规则的应用还算有效。周期表中从左到右的某些重要变化及氧化数变化造成的影响通过氧基的数目体现出来。例如,第 15 族元素的氧化数为+5,酸中含 1 个氧基[如 $OP(OH)_3$],第 16 族元素的氧化数为+6,酸中含 2 个氧基[如 $OS(OH)_2$]。

(c) 结构异常

提要:某些情况下(如 H_2CO_3和 H_2SO_3),描述非金属氧化物水溶液组成的简单分子式是错的。

Pauling 规则一个有趣的用途是检出结构异常。例如,该规则预言碳酸 $OC(OH)_2$的 $pK_{a1}=3$,而报道的 pK_{a1}通常却为 6.4。实验数据表示出反常低的酸性,是由于把溶解的 CO_2浓度当成了 H_2CO_3浓度。对下面这个平衡而言,

$$CO_2(aq)+H_2O(l) \rightleftharpoons OC(OH)_2(aq)$$

溶解的 CO_2实际上仅约 1%转化为 $OC(OH)_2$,碳酸的实际浓度大大低于 CO_2浓度。考虑到这一差别,H_2CO_3的真实 pK_{a1}约为 3.6,接近 Pauling 规则的预言。

亚硫酸(H_2SO_3) pK_{a1}的实验值为 1.8,这提供了另外一种反常。实际上,光谱研究未能从溶液中检出 $OS(OH)_2$分子,下述反应的平衡常数小于 10^{-9}:

$$SO_2(aq)+H_2O(l) \rightleftharpoons H_2SO_3(aq)$$

SO_2的溶解平衡比较复杂,简单化的分析显然不合适。已检出的离子包括 HSO_3^-和 $S_2O_5^{2-}$,而且有证据表明亚硫酸氢根离子的固体盐中含有 S—H 键。

对 CO_2和 SO_2水溶液组成所做的讨论提醒我们,不是所有非金属氧化物都能与水充分反应生成酸。又如一氧化碳,它在形式上是甲酸(HCOOH)的酸酐,事实上室温下并不与水反应。这种情况也出现在金属氧化物中,如 OsO_4在溶液中能以中性分子的形式存在。

例题 4.5 使用 Pauling 规则

题目: 给出符合下述 pK_a值的结构式:H_3PO_4,2.12; H_3PO_3,1.80; H_3PO_2,2.0 。

答案: 首先根据 Pauling 规则用 pK_a值预言氧基的数目。三个 pK_a值都接近 Pauling 第一规则中氧基数为 1 的数值,这表明结构式分别为$(HO)_3P{=}O$、$(HO)_2HP{=}O$ 和$(HO)H_2P{=}O$。第二和第三个结构式是由 H 取代键合于 P 原子上的—OH 基得来的(参见结构图 7)。

自测题 4.5 判断下列化合物的 pK_a值:(a) H_3PO_4,(b) $H_2PO_4^-$,(c) HPO_4^{2-}。

4.4 无水氧化物

前面将氧合酸看作母体水合酸脱质子的产物,反过来也可认为中心元素的氧化物通过水合作用形成水合酸和氧合酸。后一观点强调氧化物的酸碱性及酸碱性与元素在周期表中位置的关系。

(a) 酸性氧化物和碱性氧化物

提要:金属元素主要形成碱性氧化物;非金属元素主要形成酸性氧化物。

酸性氧化物(acidic oxide)是溶于水后能与水分子结合并将质子转移给溶剂分子的氧化物:

$$CO_2(g)+H_2O(l) \rightleftharpoons OC(OH)_2(aq)$$

$$OC(OH)_2(aq)+H_2O(l) \rightleftharpoons H_3O^+(aq)+O_2C(OH)^-(aq)$$

或者说是能与水溶液中的碱起反应的氧化物:

$$CO_2(g)+OH^-(aq) \longrightarrow O_2C(OH)^-(aq)$$

碱性氧化物(basic oxide)是溶于水后能接受质子的氧化物:

$$BaO(s)+H_2O(l) \longrightarrow Ba^{2+}(aq)+2OH^-(aq)$$

或者说是能与酸起反应的氧化物:

$$BaO(s)+2H_3O^+(aq) \longrightarrow Ba^{2+}(aq)+3H_2O(l)$$

由于氧化物的酸碱性往往与其他化学性质有关联，因而许多其他性质可由氧化物酸碱性的知识出发做判断。一般来说，碱性氧化物主要以离子化合物出现，而酸性氧化物则主要以共价化合物出现。例如，形成酸性氧化物的元素主要形成挥发性共价卤化物，而形成碱性氧化物的元素则主要形成固态离子性卤化物。简言之，氧化物的酸碱性是元素为金属还是非金属的一种化学标识。在通常情况下，金属形成碱性氧化物，非金属则形成酸性氧化物。

（b）两性现象

提要：周期表中处于金属和非金属边界线附近的元素以形成两性氧化物为特征，两性现象也随元素氧化态的变化而变化。

两性氧化物（amphoteric oxide）是既能与酸、又能与碱反应的氧化物。Al_2O_3与酸和碱的反应如下：

$$Al_2O_3(s)+6H_3O^+(aq)+3H_2O(l) \longrightarrow 2[Al(OH_2)_6]^{3+}(aq)$$

$$Al_2O_3(s)+2OH^-(aq)+3H_2O(l) \longrightarrow 2[Al(OH)_4]^-(aq)$$

第2族和第13族上部元素能观察到两性现象（如 BeO、Al_2O_3和 Ga_2O_3）。某些 d 区元素的高氧化态也观察到这一现象，如 MoO_3和 V_2O_5，其中心原子吸电子能力非常强。第14族和第15族下部的某些元素也形成两性氧化物，如 SnO_2和 Sb_2O_5。

图4.5示出族氧化态形成两性氧化物的元素在周期表中的位置。它们处在酸性和碱性氧化物之间的交界区，此图是识别元素金属性和非金属性的重要指引。两性现象也与元素形成的化学键中共价性的重要程度有关，这既是因为金属离子具有强的极化力（如 Be），也是因为金属离子能被与之结合的 O 原子所极化（如 Sb）。

d 区元素的两性现象与氧化数有重要关系。图4.6示出第一过渡系元素形成两性氧化物的氧化数。在 d 区左部（从钛到锰，也许到铁），+4 氧化数形成两性氧化物（高于+4 形成酸性氧化物，低于+4 形成碱性氧化物）。在 d 区右部，两性现象发生在较低的氧化数：钴和镍为+3，而+2 氧化态的铜和锌则显示充分的两性。现在还没有简单方法对两性现象的起因进行判断，然而两性现象可能反映了金属阳离子极化与其结合的氧负离子的能力：将共价成分引入了金属-氧键。随着阳离子正电荷的增高，极化能力变得越强，化学键中的共价成分随氧化数的增大而增大。

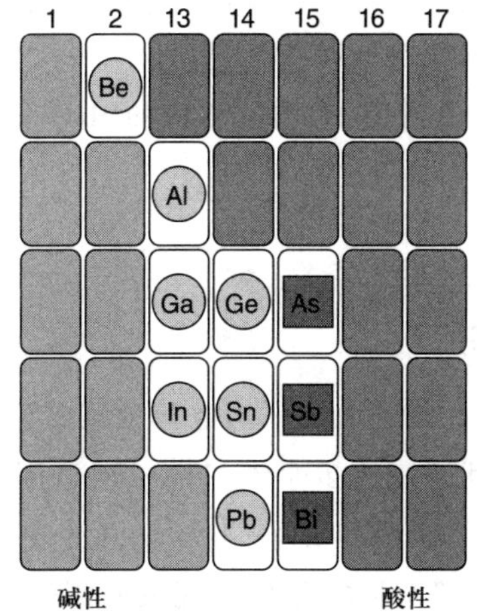

图4.5　生成两性氧化物的元素在周期表中的位置：圆圈中的元素在所有氧化态都生成两性氧化物；方框中的元素在其最高氧化态都生成酸性氧化物，较低氧化态时生成两性氧化物

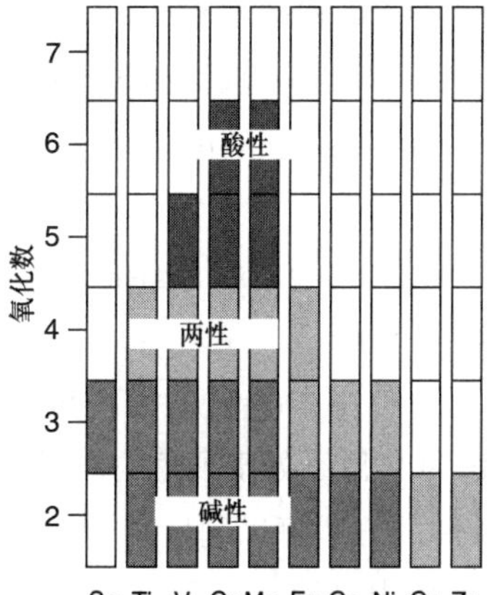

图4.6　d 区第一排生成两性氧化物的元素的氧化数：粉红色区域的氧化数主要形成酸性氧化物；蓝色区域的氧化数主要形成碱性氧化物

图4.6

例题 4.6　利用氧化物的酸性进行定性分析

题目：根据传统定性分析方案，先将金属离子的溶液进行氧化然后加入氨水以提高 pH。此时 Fe^{3+}、Ce^{3+}、Al^{3+}、Cr^{3+}和V^{3+}以水合氢氧化物形式沉淀下来。加入 H_2O_2和 NaOH，铝、铬和钒的氧化物重新溶解。试从氧化物酸性的角度讨论这些步骤。

答案：氧化数为+3 时，所有金属氧化物的碱性足以使它们不溶于 pH ≈10 的溶液中。Al(Ⅲ)氧化物显两性，在强碱中重新溶解生成铝酸根离子$[Al(OH)_4]^-$。钒(Ⅲ)和铬(Ⅲ)的氧化物被 H_2O_2氧化为钒酸根离子$[VO_4]^{3-}$和铬酸根离子$[CrO_4]^{2-}$，它们分别是酸性氧化物 V_2O_5和 CrO_3形成的阴离子。

自测题 4.6　如果样品中存在 Ti(Ⅳ)离子，情况会怎样？

4.5　聚氧化合物的形成

提要：聚氧合阴离子是由含—OH 基的酸发生缩聚形成的，而聚阳离子则由简单水合阳离子失去 H_2O 分子生成。pH 降低导致形成氧合阴离子聚合物，而 pH 升高则导致水合离子形成聚合物。形成聚氧合阴离子的事实能够说明为什么地壳中氧的含量高。

随着溶液 pH 的升高，能生成碱性或两性氧化物的金属水合离子通常会发生聚合并沉淀。由于不同金属定量沉淀出来的 pH 各不相同，这种性质被用于金属离子的分离。

除显示两性的 Be^{2+}外，第 1 和第 2 族元素只形成水合离子 $M^+(aq)$和 $M^{2+}(aq)$而不形成其他重要的溶液物种。靠近周期表两性（"amphoteric"一词来自希腊语"both"）区时元素的溶液化学就变得十分丰富。两个最常见的例子是 Fe(Ⅲ)和 Al(Ⅲ)形成聚合物，二者在地壳中的丰度都很高。酸性溶液中两者分别形成八面体水合离子$[Fe(OH_2)_6]^{3+}$和$[Al(OH_2)_6]^{3+}$，在 pH>4 的溶液中，两者都沉淀为胶状水合氢氧化物：

$$[Fe(OH_2)_6]^{3+}(aq)+n\ H_2O(l) \longrightarrow Fe(OH)_3 \cdot n\ H_2O(s)+3H_3O^+(aq)$$

$$[Al(OH_2)_6]^{3+}(aq)+n\ H_2O(l) \longrightarrow Al(OH)_3 \cdot n\ H_2O(s)+3H_3O^+(aq)$$

新沉淀的聚合物往往为胶态颗粒（尺寸在 1 nm 到 1 μm 之间），然后缓慢结晶为稳定的矿物形式。铝的聚合物几乎是三维方向上堆积的网状结构，而铝的离子性类似物则形成线性聚合物。

氧阴离子发生缩合形成聚氧阴离子时既涉及 O 原子结合质子的过程，也涉及生成的 H_2O 分子离开的过程。最简单的一个例子是正磷酸根离子(PO_4^{3-})缩合生成焦磷酸根离子($P_2O_7^{4-}$)：

$$2\,PO_4^{3-} + 2\,H_3O^+ \longrightarrow {}^-O_3P{-}O{-}PO_3^{-}\ (P_2O_7^{4-}) + 3\,H_2O$$

反应中消除了 H_2O 分子，H_2O 分子的消除既消耗了质子，也将每个 P 原子上的平均电荷数减少至−2。如果将每个磷酸根表示为 O 原子处于顶角的四面体，$P_2O_7^{4-}$就可绘成相互连接的多面体(**11**)。通过固体磷(Ⅴ)氧化物(P_4O_{10})水解的方法可以制取磷酸。开始先用少量水形成偏磷酸根离子，其化学式为 $P_4O_{12}^{4-}$(**12**)。该反应只是许多反应中最简单的一个，色谱法对磷(Ⅴ)氧化物水解产物的分离研究表明，其中含 1 个至 9 个 P 原子的链物种。产物中还存在含更多 P 原子的物种，这些物种可通过水解的方法从色谱柱上除去。图 4.7 给出一个二维纸色谱示意图：上部的点序列相应于线性多聚体，下部的点序列相应于环状多聚体。n=10−50 的链状聚合物(P_n)能以无定形玻璃体混合物的形式离析出来，这种玻璃体类似于硅酸盐形成的玻璃体（节 14.15）。

(13b) ADP^{3-}

(11) $P_2O_7^{4-}$　　(12) $P_4O_{12}^{4-}$　　(13a) ATP^{4-}

聚磷酸盐在生物学上具有重要意义。生理 pH 条件下 P—O—P 结构易水解,水解过程可以用来说明驱动反应进行的能量(Gibbs 自由能)传递机理。与之相类似,P—O—P 键的形成则是储存 Gibbs 自由能的一种方法。腺苷三磷酸 ATP(**13a**)水解为腺苷二磷酸 ADP(**13b**)是新陈代谢过程中能量交换的关键步骤:

$$ATP^{4-}+2H_2O \longrightarrow ADP^{3-}+HPO_4^{2-}+H_3O^+$$

$$\Delta_r G^{\ominus}=-41\ \mathrm{kJ\cdot mol^{-1}} \qquad (\mathrm{pH}=7.4)$$

由 ADP 转化为 ATP 的途径中产生了代谢过程的能量流,该能量被新陈代谢过程用来提供 ATP 发生水解的热力学驱动力。

聚氧阴离子几乎包括了所有的硅酸盐矿物,因而可用来解释氧在地壳中的丰度。非金属氧阴离子缩聚而成的高核性(多核)物种通常为环状和链状,如第 14 章将要详尽讨论的硅酸盐中的聚氧阴离子。$MgSiO_3$是聚硅酸盐矿物的一个实例,它含有由 SiO_3^{2-} 单元组成的无限链。

聚氧阴离子的形成对具有最高氧化态的前 d 区元素[特别是 V(Ⅴ)、Mo(Ⅵ)和 W(Ⅵ),一定程度上还有 Nb(Ⅴ)、Ta(Ⅴ)和 Cr(Ⅵ)]也很重要,讨论这些元素的聚氧阴离子时使用“聚氧合金属酸盐”这一术语。聚氧合金属酸盐形成多种 3D 网状结构,这些结构不易被氧化,在催化和分析化学中的应用正在增加。聚氧合金属酸盐中可杂入不同的金属和非金属(如 P),形成所谓的“杂聚氧金属酸盐”化合物,该主题将在应用相关文段 19.1 中详细做讨论。

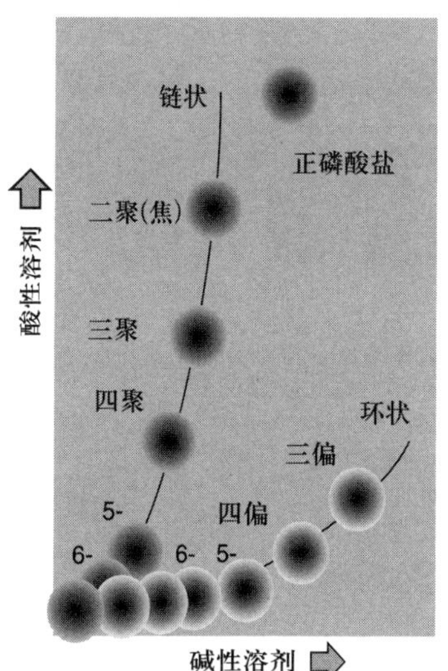

图 4.7　通过缩聚反应形成的一个复杂磷酸盐混合物体系的二维纸色谱:样品的点在左下角。先用碱性溶剂分离,再用酸性溶剂从垂直于碱性溶剂的方向分离;这种方法能将链状聚合物和环状聚合物分开;高位和低位的点序列分别相应于链状聚合物和环状聚合物

Lewis 酸性

提要:Lewis 酸是电子对接受体,Lewis 碱是电子对给予体。

Brϕnsted-Lowry 酸碱理论是 1923 年提出的,其核心概念涉及物种之间的质子转移。就在同一年,G. N. Lewis 提出了一个概括性更强的理论,但直到 1930 年代才开始产生影响。

Lewis 酸(Lewis acid)和 **Lewis 碱**(Lewis base)分别是指可充当电子对接受体和电子对给予体的物质,各自用 A 和 :B 表示(常略去可能存在的其余孤对电子)。Lewis 酸和碱之间的基本反应是形成**络合物**(complex)或加合物 A—B 的反应,其中 A 和 :B 通过共用由碱提供的电子对结合在一起,形成的化学键往往被称之为**给予键**(dative bond)或**配位键**(coordinate bond)。Lewis 酸和 Lewis 碱两术语用来讨论反应的平衡性质(即反应的热力学性质),讨论反应速率问题(即动力学问题)时将电子对给予体叫**亲核试剂**(nucleophile),将电子对接受体叫**亲电试剂**(electrophile)。

Lewis 酸和 Lewis 碱之间的成键可用图 4.8 中的分子轨道表示法做说明。Lewis 酸提供一条空轨道(通常是那个成分的最低未占分子轨道,LUMO),Lewis 碱则提供满轨道(通常是各自的最高占有分子轨道,HOMO)。新生成的成键轨道布居着由碱提供的两个电子,而新生成的反键轨道则空着。成键作用导致能量的净降低。

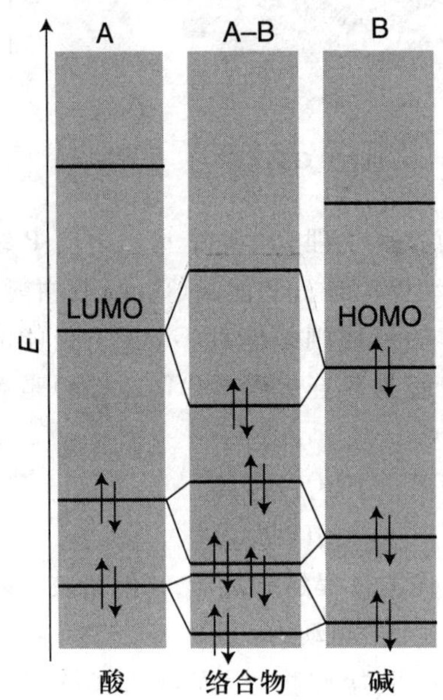

图 4.8　Lewis 酸(A)与 Lewis 碱(:B)形成络合物时轨道相互作用的分子轨道表示法

4.6　Lewis 酸碱实例

提要:Brϕnsted 酸碱显示 Lewis 酸性和碱性,Lewis 定义可用于非质子体系。

质子能够结合电子对,所以是个 Lewis 酸(如质子与 NH_3结合形成 NH_4^+)。这就是说,任何 Brϕnsted 酸因其能够提供质子而显示 Lewis 酸性。注意,Lewis 酸 HA 是由 Lewis 酸(H^+)与 Lewis 碱(A^-)形成的络合物。我们说 Brϕnsted 酸"显示"Lewis 酸性,而不说 Brϕnsted 酸"是"Lewis 酸。因为质子接受体也是电子对给予体,所以 Brϕnsted 碱都是 Lewis 碱。例如,NH_3分子是个 Brϕnsted 碱,同时也是个 Lewis 碱。因此,本章前面各节给出的全部内容可以看作 Lewis 模式的特例。不过由于质子不是定义 Lewis 酸或碱所必需的物种,与 Brϕnsted 模式相比,Lewis 模式中的酸和碱涉及范围更广的物质。酸碱络合物的稳定性可能受到空间效应(酸和碱造成相反的空间效应)的强烈影响。

后面会遇到 Lewis 酸的许多实例,这里提醒注意以下可能性:

1. 价层未满足八隅律结构的分子能接受一个电子对完成这种结构。例如,$B(CH_3)_3$能接受 NH_3或其他给予体的孤对电子,因此 $B(CH_3)_3$是个 Lewis 酸。

2. 金属阳离子能接受碱提供的电子对形成配位化合物。Lewis 酸碱在这方面的性质将在第 7 章和第 20 章详细做讨论。如 Co^{2+}的水合作用。作为 Lewis 碱的 H_2O 分子将孤对电子给予中心离子生成 $[Co(OH_2)_6]^{2+}$,因而此处的 Co^{2+}是个 Lewis 酸。

3. 具有八隅律结构的分子或离子能够通过价层电子重排而接纳外来电子对。例如，作为 Lewis 酸的 CO_2能接受 OH^-中 O 原子上的孤对电子形成 HCO_3^-（更精确地说应为 $HOCO_2^-$），因而是个 Lewis 酸。

$$O{=}C{=}O + {}^-O{-}H \longrightarrow {}^-O{-}C({=}O){-}OH$$

4. 分子或离子可通过扩展其价层（或本身足够大）而接受电子对。例如，SiF_4（Lewis 酸）与两个 F^-（Lewis 碱）键合形成络合物$[SiF_6]^{2-}$。

$$SiF_4 + 2F^- \longrightarrow [SiF_6]^{2-}$$

这种类型的 Lewis 酸性对 p 区较重元素的卤化物较常见，如 SiX_4、AsX_3和 PX_5（化学式中的 X 代表卤素）。

例题 4.7　识别 Lewis 酸和碱

题目：指出下列反应中的 Lewis 酸和碱：(a) $BrF_3+F^- \longrightarrow BrF_4^-$；(b) $KH+H_2O \longrightarrow KOH+H_2$。

答案：需要识别的是反应中的电子对接受体（酸）和电子对给予体（碱）。(a) 酸 BrF_3接受碱 F^-的一对电子，因此 BrF_3是 Lewis 酸，F^-是 Lewis 碱。(b) 似盐氢化物 KH 中的 H^-置换 H_2O 中的 H^+生成 H_2和 OH^-，净反应是

$$H^-+H_2O \longrightarrow H_2+OH^-$$

H^-提供了一对孤对电子因此是 Lewis 碱，它与 H_2O 反应驱出另一个 Lewis 碱 OH^-。

自测题 4.7　识别下列反应中的 Lewis 酸和碱：(a) $FeCl_3+Cl^- \longrightarrow FeCl_4^-$；(b) $I^-+I_2 \longrightarrow I_3^-$。

4.7　Lewis 酸的族性质

了解 Lewis 酸性和 Lewis 碱性的变化趋势能让我们预判 s 区和 p 区元素许多反应的结果。

(a) s 区元素的 Lewis 酸和碱

提要：碱金属离子遇水是 Lewis 酸，生成水合离子。

水中存在的碱金属水合离子可看作它们的 Lewis 酸性质（H_2O 是 Lewis 碱）。实际上，碱金属离子不能充当 Lewis 碱，但可以间接如此作为。一个例子是，碱金属氟化物中所含的未络合的 Lewis 碱（F^-）能与 Lewis 酸（如 SF_4）形成氟络合物：

$$CsF+SF_4 \longrightarrow Cs[SF_5]$$

作为 Lewis 酸，二氯化铍中的 Be 原子在固态形成多聚链结构(**14**)。在这个结构中，作为 Lewis 碱的卤离子将孤对电子投入 Be 原子的 sp^3空杂化轨道形成一个 σ 键。四面体加合物（如 $BeCl_4^{2-}$）的形成也显示了氯化铍的 Lewis 酸性。

(b) 第 13 族元素的 Lewis 酸

提要：作为 Lewis 酸，三卤化硼的酸性通常按 $BF_3<BCl_3<BBr_3$的顺序增强；气相的卤化铝为二聚体，在溶液中被用作催化剂。

平面分子 BX_3和 AlX_3具有未完成的八隅结构，垂直于平面的空 p 轨道能够接受 Lewis 碱的孤对电子：

$$BX_3 + :NMe_3 \longrightarrow X_3B{-}NMe_3$$

随着络合物的形成,原来的酸分子变为锥形,三个 B—X 键朝着远离新邻居的方向弯曲。

BX_3与：$N(CH_3)_3$形成络合物的热力学稳定性顺序为 $BF_3<BCl_3<BBr_3$。该顺序相反于根据卤素元素相对电负性预期的顺序。按照电负性的预期:F(电负性最强的卤素元素)应该使 BF_3中的 B 原子最缺电子,B 原子因而与进入的碱分子形成最强的键。当今化学家所接受的解释是,BX_3分子中的卤素原子能与空的 B 的 2p 轨道形成 π 键(**15**),这些键在形成络合物需要的接受体轨道时必须被破坏。这种 π 键也有利于分子的平面结构,为了形成加合物,平面结构必须转化为锥形。体积小的 F 原子与 B 的 2p 轨道形成最强的 π 键:记住,第 2 周期元素的 p-p π 成键作用是最强的,说明了这些元素的小原子半径和密实的 2p 轨道(节 2.5)为什么能发生明显的重叠。因此,与胺形成 N—B 键时 BF_3分子需要破坏的 π 键最强。

三氟化硼广泛用作工业催化剂。其作用是抽取结合于 C 原子上的碱,产生了正碳离子：

$$BF_3 + X{-}CR_3 \longrightarrow [F_3B{-}X]^- + [CR_3]^+$$

三氟化硼在室温常压下为气体,但能溶于乙醚生成便于使用的溶液。这种溶解作用也是 Lewis 酸性质的表现,因为 BF_3溶解时通过溶剂分子的：O 原子形成络合物。

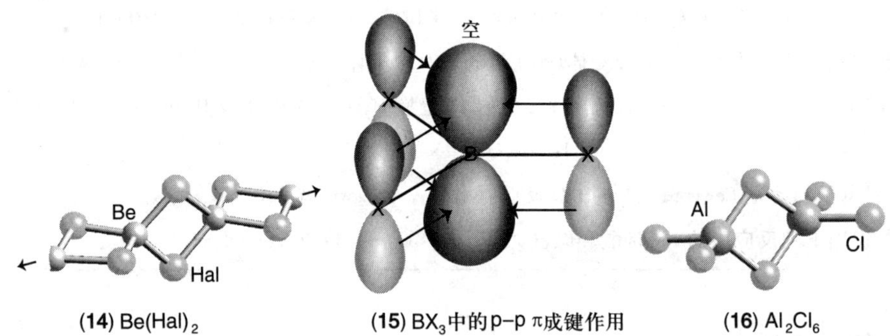

(**14**) $Be(Hal)_2$　　(**15**) BX_3中的p-p π成键作用　　(**16**) Al_2Cl_6

卤化铝在气相为二聚物,蒸气状态的三氯化铝的分子式为 Al_2Cl_6(**16**)。对原本属于另一 Al 原子的 Cl 原子而言,Al 原子是个 Lewis 酸。氯化铝广泛用作有机反应的 Lewis 酸催化剂。Friedel-Crafts 烷基化反应(将 R^+结合于芳环)和酰化反应(结合于 RCO)是个典型实例,过程中生成 $AlCl_4^-$。这类反应的催化循环见图 4.9。

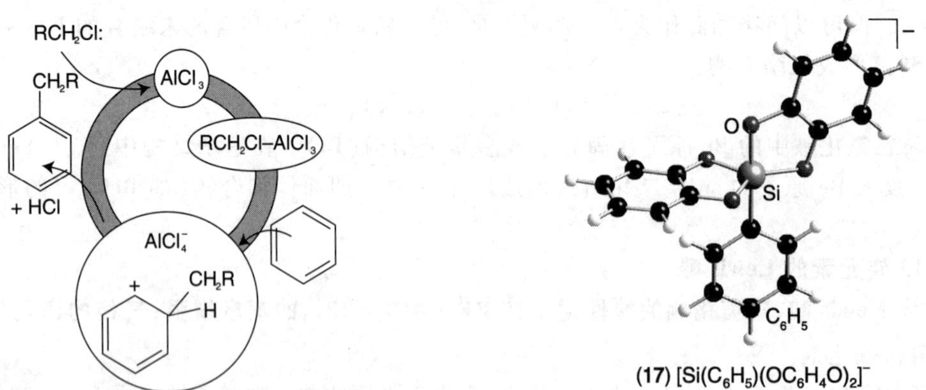

(**17**) $[Si(C_6H_5)(OC_6H_4O)_2]^-$

图 4.9　Friedel-Crafts 烷基化反应的催化循环

(c) 第 14 族元素的 Lewis 酸

提要:除碳以外的第 14 族元素显示出形成超价性质,作为 Lewis 酸时形成五配位或六配位化合物;

锡(Ⅱ)氯化物既是 Lewis 酸,也是 Lewis 碱。

与碳不同,Si 原子可以扩展其价层(或者是本身足够大)而显示超价。五配位三角双锥体的稳定结构可被离析出来(**17**),Lewis 酸 SiF_4与 2 个 F^-反应生成六配位加合物:

$$SiF_4 + 2\,F^- \longrightarrow [SiF_6]^{2-}$$

锗和锡的氟化物能发生类似反应。由于 Lewis 碱 F^-在质子帮助下能取代硅酸盐中的 O^{2-},氢氟酸可以腐蚀玻璃(SiO_2)。SiX_4酸性变化的趋势($SiF_4>SiCl_4>SiBr_4>SiI_4$)与卤素元素由 F 到 I 吸电子能力减小有关,与 BX_3的酸性变化趋势相反。

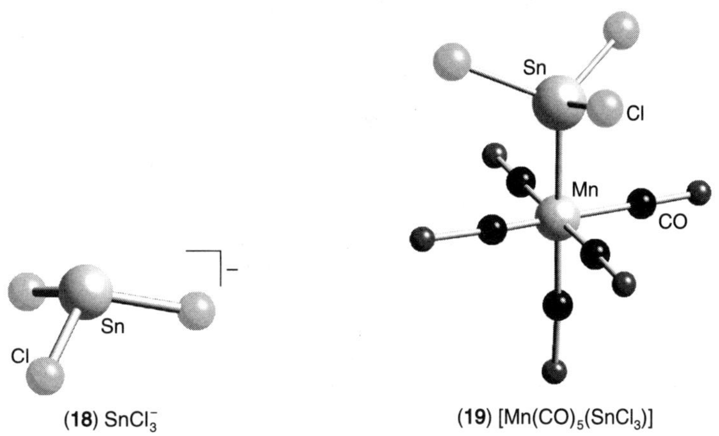

(**18**) $SnCl_3^-$ (**19**) $[Mn(CO)_5(SnCl_3)]$

锡(Ⅱ)氯化物既是 Lewis 酸,也是 Lewis 碱。作为酸的 $SnCl_2$能与 Cl^-结合生成 $SnCl_3^-$(**18**)。该络合物仍保留有一对孤对电子,化学式有时被写为:$SnCl_3^-$。作为碱时还能生成金属-金属键,如络合物 $(CO)_5Mn—SnCl_3$中的金属-金属键(**19**)。含金属-金属键的化合物是当今无机化学关注的焦点之一,本书后面将要做讨论(节 22.20)。锡(Ⅳ)卤化物是 Lewis 酸,与卤离子反应生成 SnX_6^{2-}:

$$SnCl_4+2Cl^- \longrightarrow SnCl_6^{2-}$$

SnX_4的 Lewis 酸性强度遵循类似的顺序:$SnF_4>SnCl_4>SnBr_4>SnI_4$。

例题 4.8 判断化合物的相对 Lewis 碱性

题目:解释下述两对化合物的相对 Lewis 碱性:(a) $(H_3Si)_2O<(H_3C)_2O$;(b) $(H_3Si)_3N<(H_3C)_3N$。

答案:第三周期和第三周期下方的非金属元素能够通过 O 或 N 上孤对电子的离域扩展其价层,从而形成多重键(O 和 N 原子因此起着 π 给予体的作用)。所以,每对化合物中的甲硅烷基醚和甲硅烷基胺是较弱的 Lewis 碱。

自测题 4.8 假定 Si 与 N 的孤对电子之间存在 π 成键作用,你认为 $(H_3Si)_3N$ 和 $(H_3C)_3N$ 的结构有何差别?

(d) 第 15 族元素的 Lewis 酸

提要:第 15 族较重元素的氧化物和卤化物可充当 Lewis 酸。

五氟化磷是个强 Lewis 酸,能与醚和胺形成络合物。第 15 族较重元素形成一些最重要的 Lewis 酸,SbF_5是研究得最广的化合物之一。SbF_5与 HF 反应生成**超强酸**(superacid,节 4.14):

$$SbF_5 + 2\,HF \longrightarrow [SbF_6]^- + H_2F^+$$

(e) 第 16 族元素的 Lewis 酸

提要：二氧化硫的 S 原子能接受一对孤对电子起到 Lewis 酸的作用。作为 Lewis 碱，SO_2 分子既能将 S 原子，又能将 O 原子上的孤对电子给予 Lewis 酸。

二氧化硫既是 Lewis 酸，也是 Lewis 碱。与三烷基胺（Lewis 碱）形成络合物的事实能够用来说明其 Lewis 酸性：

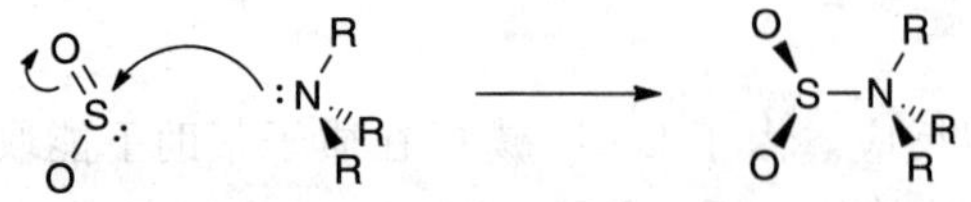

作为 Lewis 碱，SO_2 分子既能将 S 原子、又能将 O 原子上的孤对电子给予 Lewis 酸。当酸为 SbF_5 时，SO_2 的 O 原子是电子对给予体；当 Ru(Ⅱ)为酸时，S 原子则是电子对给予体(**20**)。

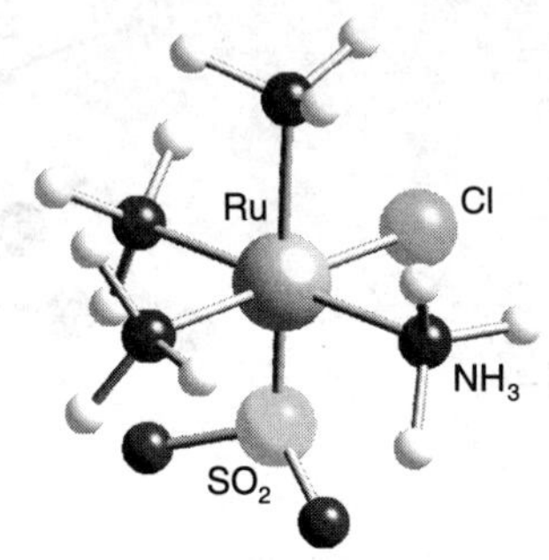

(**20**) $[RuCl(NH_3)_4(SO_2)]^+$

三氧化硫是强 Lewis 酸，也是很弱的（O 为给予原子）Lewis 碱。其酸性可用下述反应做说明：

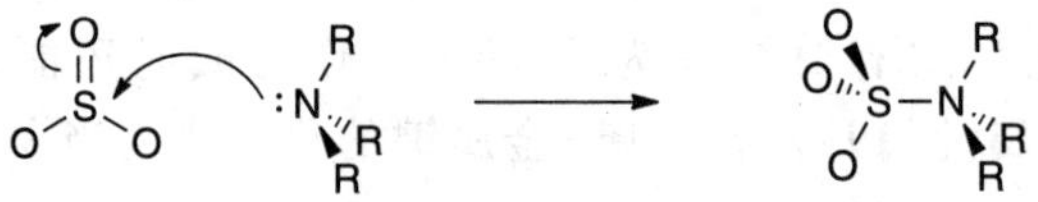

SO_3 最典型的酸性是与水生成硫酸的强放热反应。这样就产生一个问题：必须从硫酸工业生产的反应器中移去大量热。利用 SO_3 的酸性通过两步反应进行水合，可以缓和放热过程。稀释之前，先将 SO_3 溶于 H_2SO_4 形成人们叫做"发烟硫酸"的混合物，该反应是 Lewis 酸、碱之间络合物形成反应的一个实例：

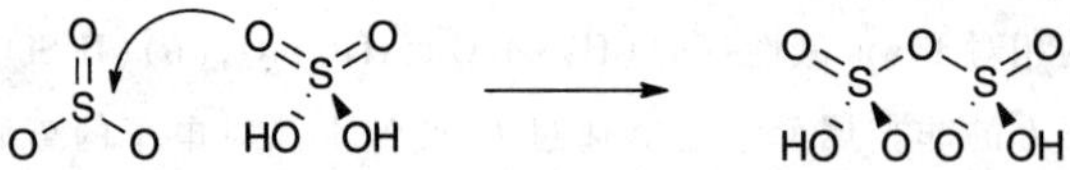

生成的 $H_2S_2O_7$ 通过一个放热较少的反应水解为 H_2SO_4：

$$H_2S_2O_7 + H_2O \longrightarrow 2H_2SO_4$$

(f) 第 17 族元素的 Lewis 酸

提要：溴和碘是温和的 Lewis 酸。

Br_2 和 I_2 都是深色物质，它们显示的 Lewis 酸性非常有趣。Br_2 和 I_2 的可见吸收光谱都很强，这种光谱是由满轨道向两个低能未满反键轨道跃迁产生的。物种所显示的颜色表明，空轨道的能量可能足够低，在 Lewis 酸碱络合物形成反应中可作为接受体轨道。碘在固态、气相和非给体溶剂（如三氯甲烷）中为紫色，在水、丙酮、乙醇和所有 Lewis 碱溶剂中则为棕色。颜色的变化是由于给予体分子中 O 原子的孤对电子与二卤素分子的低位 σ^* 轨道形成了溶剂-溶质络合物。

Br_2 与丙酮羰基的相互作用示于图 4.10。图中也标出了形成络合物时与新吸收带相对应的跃迁。电子跃迁的起始轨道主要是碱(丙酮)的孤对轨道,而接受跃迁电子的轨道则主要是酸(二卤素分子)的LUMO。作为一级近似,可以认为电子由碱移至酸,即所谓的**电荷转移跃迁**(charge-transfer transition)。

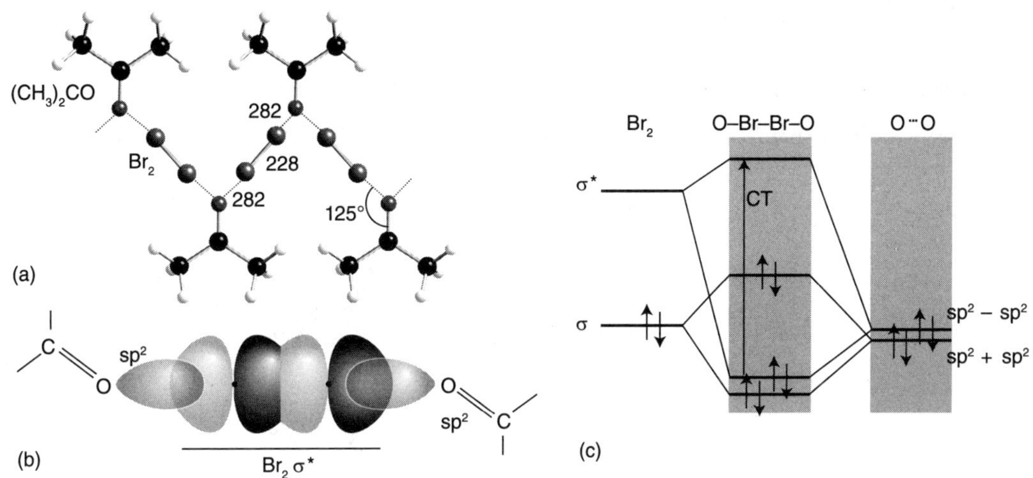

图 4.10　Br_2与丙酮羰基的相互作用:(a) X 射线衍射得到的$(CH_3)_2COBr_2$的结构;(b) 形成络合物发生的轨道重叠;(c) 部分分子轨道能级图:一方为 Br_2的 σ 和 σ* 轨道,一方为两个 O 原子 sp^2轨道的适当组合(CT 表示电荷转移跃迁)

Lewis 酸碱的反应和性质

化学、化学工业和生物学中到处都能遇到 Lewis 酸碱反应。例如,水泥是将石灰石($CaCO_3$)和某种铝硅酸盐(如黏土、页岩或砂)一起磨细然后在水泥转窑中于 1 500 ℃加热制成的。石灰石加热分解生成石灰(CaO),后者与铝硅酸盐反应生成熔融的硅酸钙和铝酸钙(如 Ca_2SiO_4、Ca_3SiO_5和 Ca_3AlO_6):

$$2CaO(s)+SiO_2(s) \longrightarrow Ca_2SiO_4(s)$$

在工业上,烟道气中的二氧化碳可用液体胺洗涤的方法除去。由于需要减少温室气体的排放,该过程正在变得重要起来:

$$2RNH_2(l)+CO_2(g)+H_2O(l) \longrightarrow (RNH_3)_2CO_3$$

一氧化碳对动物的毒性是 Lewis 酸碱反应的一个例子。正常情况下,氧与血红蛋白中的 Fe(Ⅱ)形成化学键,并能可逆地释氧(第 26 章):CO 是个比氧强得多的 Lewis 酸,也能与 Fe(Ⅱ)形成这种稳定的化学键,其络合作用几乎不可逆:

$$Hb—Fe^{II}+CO \longrightarrow Hb—Fe^{II}CO$$

d 区金属原子或离子形成配位化合物(第 7 章)的所有反应都是 Lewis 酸和 Lewis 碱之间的反应:

$$Ni^{2+}(aq)+6\ NH_3 \longrightarrow [Ni(NH_3)_6]^{2+}$$

Friedel-Crafts 烷基化和酰化反应广泛用于合成有机化学,这种反应要使用强 Lewis 酸催化剂,如 $AlCl_3$和 $FeCl_3$:

C6H6 + RCl —催化剂→ C6H5R + HCl

反应第一步就是 Lewis 酸与烷基卤化物之间的反应:

$$RCl+AlCl_3 \longrightarrow R^{+}+[AlCl_4]^{-}$$

4.8 反应的基本类型

Lewis 酸碱能发生多种特征反应。

(a) 络合物形成反应

提要：络合物形成反应中，Lewis 酸和 Lewis 碱以配位键相结合。

最简单的 Lewis 酸碱反应是气相(或非配位溶剂中)发生的**络合物形成**(complex formation)反应：

$$A + :B \longrightarrow A—B$$

下面是两个例子：

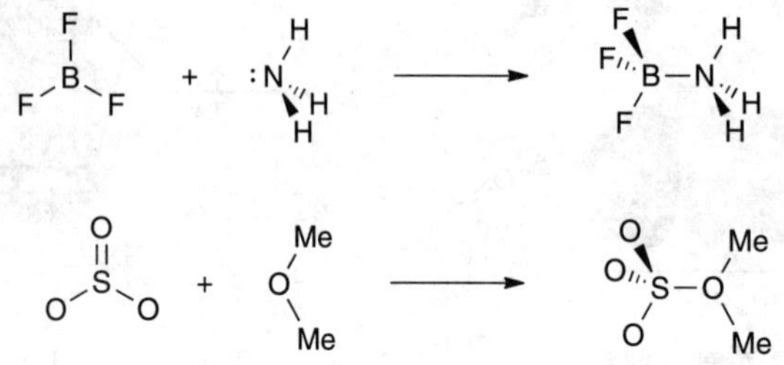

$$BF_3 + :NH_3 \longrightarrow F_3B—NH_3$$

$$SO_2 + O(Me)_2 \longrightarrow O_2S—O(Me)_2$$

两个反应都涉及在气相或不与之络合的溶剂中各自独立稳定存在的 Lewis 酸和碱。因此，可对每个物种进行实验研究。络合物形成反应是个放热过程：正如图 4.8 中看到的那样，占据络合物 HOMO 的电子较形成络合物的 Lewis 碱的 HOMO 能量低。

(b) 取代反应

提要：取代反应中，一个酸或一个碱置换了络合物中另一个酸或碱。

一个 Lewis 碱被另一个所**取代**(displacement)的反应形式是

$$B—A + :B' \longrightarrow :B + A—B'$$

例如：

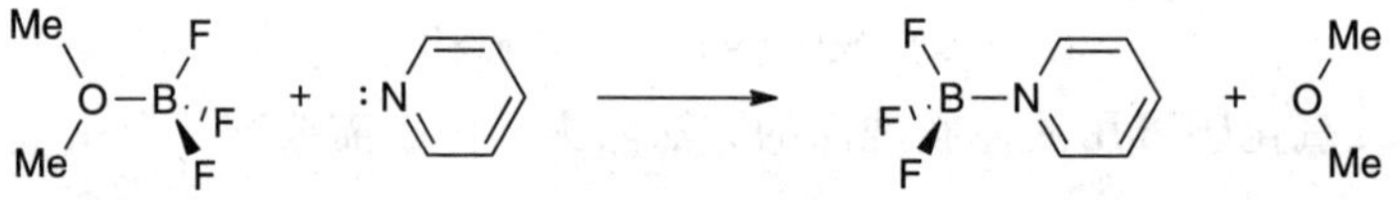

$$Me_2O—BF_3 + :NC_5H_5 \longrightarrow F_3B—NC_5H_5 + OMe_2$$

所有 Brϕnsted 质子转移反应都属这一类型的反应。例如：

$$HF(aq) + HS^-(aq) \longrightarrow H_2S(aq) + F^-(aq)$$

这个反应中，Lewis 碱 HS^-取代 Lewis 碱 F^-后与 H^+形成络合物。也可能发生一个酸被另一个酸所取代的反应：

$$A' + B—A \longrightarrow A'—B + A$$

例如：

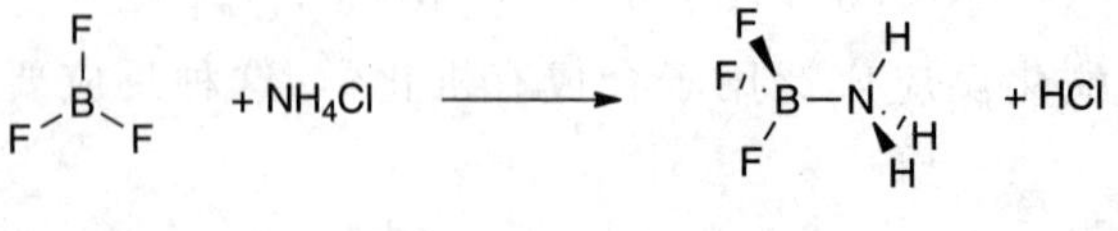

$$BF_3 + NH_4Cl \longrightarrow F_3B—NH_3 + HCl$$

d 金属络合物化学中，络合物中一个配体被另一个配体取代的反应通常叫**取代反应**(substitution reaction)。

(c) 复分解反应

提要：复分解反应是在形成另一络合物的帮助下发生的取代反应。

复分解反应(metathesis reaction 或 double displacement reaction)是参与反应的反应物成分相互交换的

反应：

$$A—B+A'—B' \longrightarrow A—B'+A'—B$$

碱：B 被碱：B′所取代是在酸 A′抽取了碱：B 的帮助下完成的。例如：

$$Me_3Si—I + AgBr(s) \longrightarrow Me_3Si—Br + AgI(s)$$

反应中 Br^-取代了 I^-,抽取作用是由于形成了更难溶解的 AgI。

4.9　支配 Lewis 酸碱相互作用的因素

质子(H^+)是 Brϕnsted 酸碱强度讨论中关键的电子对接受体。讨论 Lewis 酸碱时,我们将涉及更多的电子对接受体,因此会有更多因素影响电子对接受体与电子对给予体之间的相互作用。

(a) 按"硬"/"软"分类的酸和碱

提要：酸碱的硬软是靠它们形成的络合物的稳定性变化趋势从经验上识别的:硬酸倾向于结合硬碱;软酸倾向于结合软碱。

如果考虑到整个周期表范围内元素的酸碱反应,至少可将物质分为"软"、"硬"酸碱两大类。这种分类法是由 R. G. Pearson 提出的,实际上是对 S. Ahrland、J. Chatt 和 N. R. Davies 原先命名为"a 类"和"b 类"两类性质的一种归纳和重命名。

两类物质是靠它们与卤离子碱形成络合物表现的相反强度顺序(通过测定平衡常数 K_f)从经验上识别的：

- 硬酸形成络合物时的稳定性顺序是 $I^- < Br^- < Cl^- < F^-$;
- 软酸形成络合物时的稳定性顺序是 $F^- < Cl^- < Br^- < I^-$。

图 4.11 示出 K_f(络合物形成常数)随不同卤离子碱的变化趋势。当酸为 Hg^{2+}时,K_f值自 F^-至 I^-急剧增大,表明 Hg^{2+}属软酸。当酸为 Pb^{2+}时,K_f值增大得不是那么快,但仍具有相同的变化趋势,表明 Pb^{2+}是个边界软酸。Zn^{2+}具有相反方向的变化趋势,所以是个边界硬酸。Al^{3+}在图上的斜率陡而向下,表明是个硬酸。一条有用的经验规律是,小阳离子(不易被极化)为硬离子,与小阴离子形成络合物。大阳离子容易被极化,因而是软离子。

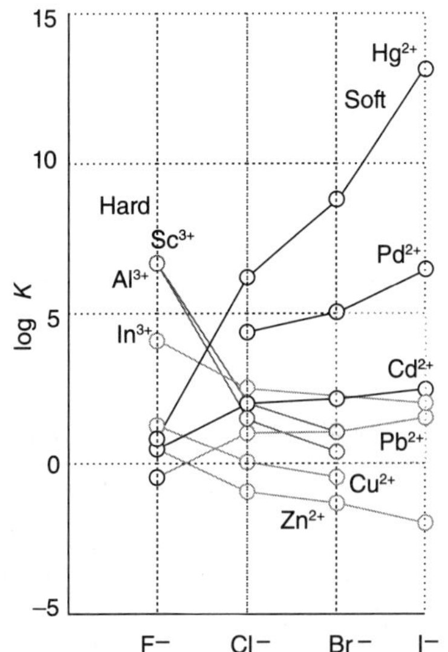

图 4.11

图 4.11　不同卤离子碱形成的络合物的稳定常数变化趋势：硬离子用蓝线表示,软离子用红线表示,边界硬离子和边界软离子用绿线表示

对 Al^{3+} 而言，其键合强度随负离子静电参数（z^2/r）的增大而增大，与成键作用的离子模型相一致。对 Hg^{2+} 而言，其键合强度随负离子极化度的增大而增大。两种不同的相关性表明，硬酸阳离子形成以简单库仑力（离子间作用力）为主的络合物，软酸阳离子形成更多的络合物，这种络合物具有明显的共价成键作用。

类似的分类法也适用于电中性酸碱分子。例如，酚（Lewis 酸）与 $(C_2H_5)_2O$：形成的络合物要比与 $(C_2H_5)_2S$：形成的络合物更稳定。这与 Al^{3+} 更喜欢与 F^- 而不是与 Cl^- 结合的情况相类似。相反，I_2（Lewis 酸）与 $(C_2H_5)_2S$：形成的络合物更稳定。可以得出结论：酚是硬酸而 I_2 是软酸。

一般来说，酸的软硬是根据它们形成的络合物的热力学稳定性识别的。就像上面通过卤素离子和下面用其他物种所说明的那样：

- 硬酸形成络合物的稳定性顺序是 $R_3P \ll R_3N$；$R_2S \ll R_2O$；
- 软酸形成络合物的稳定性顺序是 $R_2O \ll R_2S$；$R_3N \ll R_3P$。

碱也可用软硬来定义。像卤素离子和氧阴离子这样的碱被归入硬碱，因为离子性成键作用在它们形成的大多数络合物中占优势。许多软碱通过碳原子成键，如 CO 和 CN^- 中的碳原子。除通过 σ 相互作用向金属提供电子密度外，这些小的、多重键合的配体还有能力通过碱物种上存在的低位空 π 轨道（LUMO）接受电子密度[参见节 2.9(c)]。这种碱因此主要具有共价性质。这些软碱有能力接受电子密度进入 π 轨道而被称之为 **π 酸**（π-acid），其性质将在第 20 章做探讨。

根据硬度定义所得的结果是

- 硬酸倾向与硬碱结合；
- 软酸倾向与软碱结合。

用表 4.4 归纳出来的分类讨论酸碱反应时，记住这些规则不无益处。

表 4.4　Lewis 酸碱的分类*

硬	边界	软
酸		
H^+, Li^+, Na^+, K^+	Fe^{2+}, Co^{2+}, Ni^{2+}	Cu^+, Ag^+, Au^+, Tl^+, Hg_2^{2+}
Be^{2+}, Mg^{2+}, Ca^{2+}	Cu^{2+}, Zn^{2+}, Pb^{2+}	Pd^{2+}, Cd^{2+}, Pt^{2+}, Hg^{2+}
Cr^{2+}, Cr^{3+}, Al^{3+}	SO_2, BBr_3	BH_3
SO_3, BF_3		
碱		
F^-, OH^-, H_2O, NH_3	NO_2^-, SO_3^{2-}, Br^-	H^-, R^-, CN^-, CO, I^-
CO_3^{2-}, NO_3^-, O^{2-}	N_3^-, N_2^-	$\underline{S}CN^-$, R_3P, C_6H_6
SO_4^{2-}, PO_4^{3-}, ClO_4^-	C_6H_5N, $SC\underline{N}^-$	R_2S

＊下划线的元素符号是键合原子。

(b) 硬度的解释

提要：硬酸与硬碱的相互作用主要是静电作用力；软酸与软碱的相互作用主要是共价作用力。

硬酸与硬碱之间的成键可近似地采用离子间（或偶极间）的相互作用来描述。软酸和软碱比起硬酸和硬碱更易被极化，它们之间的结合含有更显著的共价性质。

值得注意的是，尽管我们将软酸与软碱的相互作用以共价成键相关联，而键本身却可能出奇地弱。这一点可由包含 Hg^{2+}（有代表性的软酸）在内的反应做说明。像软硬规律所预言的那样，下述复分解反应是个放热反应：

$$BeI_2 + HgF_2 \longrightarrow BeF_2 + HgI_2$$

相关分子在气相测得的离解能(单位为 $kJ \cdot mol^{-1}$)为

Be—F	Hg—F	Be—I	Hg—I
632	268	289	145

因此,确保反应放热的不是 Hg—I 键键能大,而是 Be 与 F 之间形成特别强的键。这是硬-硬相互作用的一个实例。事实上,Hg 原子与任何原子只形成弱键。在水溶液中,Hg^{2+} 与碘负离子形成的络合物较与氯负离子形成的络合物稳定得多,原因是 Cl^- 的水合能比 I^- 大得多。

(c) 硬度概念在化学上的应用

提要:硬-硬和软-软相互作用可以帮助人们将络合物的形成系统化,但必须考虑影响成键的其他观点。

硬度和软度概念有助于解释无机化学的许多事实。例如,用于选择制备条件和预言反应方向,也可用于解释复分解反应的结果。然而,应用这些概念时必须注意可能影响反应结果的其他因素。本书后面的内容将会帮助学生加深对化学反应的了解,此处将讨论局限于为数不多的几个直接的例子。

分子和离子按软硬酸碱分类的概念能帮助我们解释第 1 章介绍过的元素在地球上的分布。硬阳离子(如 Li^+、Mg^{2+}、Ti^{3+}、Cr^{3+})被发现与硬碱 O^{2-} 相结合,软阳离子(Cd^{2+}、Pb^{2+}、Sb^{3+}、Bi^{3+})被发现与软阴离子(特别是与 S^{2-}、Se^{2-} 和 Te^{2-})相结合。这种关系造成的结果将在节 9.3 中做详尽讨论。

多原子阴离子可能含有两个或多个硬-软性质不同的电子对给予体原子。例如,SCN^- 这个碱中既含有较硬的 N 原子,也含有较软的 S 原子。它与硬 Si 原子通过 N 原子结合。然而遇到软酸(如低氧化态金属离子)时则通过 S 原子结合。例如,络合物 $[Pt(SCN)_4]^{2-}$ 中的铂(Ⅱ)形成 Pt—SCN 键。

(d) 影响络合物形成的其他因素

虽然软硬酸碱之间的区别是形成何种类型化学键的主要原因,而其他因素也影响络合物形成反应的 Gibbs 自由能,即影响平衡常数。重要的影响因素包括

- 溶液中的反应存在溶剂间的竞争。溶剂可能是个 Lewis 酸,可能是个 Lewis 碱,也可能两者都是。
- 形成络合物的酸和碱取代基的重排。例如,CO_2 与 OH^- 反应形成 $HOCO_2^-$ 时发生的重大结构变化。

(21) 噁唑硼烷

(22) $(C_6H_2Me_3)_2P(C_6F_4)B(C_6F_5)_2$

- 酸和碱上取代基之间的空间排斥作用,这些酸碱也能产生手性相互作用(第 6 章)。化合物噁唑硼烷(**21**)是酮类化合物选择性对映体还原反应重要的催化剂。像(**22**)这样的双功能基化合物可用来说明"受阻 Lewis 对"的概念:具有一对孤对的 P 原子是强 Lewis 碱,而具有空轨道的 B 原子则是强 Lewis 酸。由于存在空间约束力,这些膦基硼烷化合物中的酸碱中心之间的相互作用很弱。但它们可以通过本身的异裂而与分子 H_2 反应生成加合物,后者可进一步与醛发生反应。

$$(Me_3C_6H_2)_2P{\longrightarrow}B(C_6F_5)_2 \rightleftharpoons (Me_3C_6H_2)_2P\diagup\!\!\diagdown B(C_6F_5)_2$$

$$(Me_3C_6H_2)_2P\diagup\!\!\diagdown B(C_6F_5)_2 \xrightarrow{H_2} (Me_3C_6H_2)_2P^+(H)\cdots{}^-B(C_6F_5)_2(H)$$

$$(Me_3C_6H_2)_2P^+(H)\cdots{}^-B(C_6F_5)_2(H) \xrightarrow{PhCHO} (Me_3C_6H_2)_2P^+(H)\cdots{}^-B(C_6F_5)_2(OCH_2Ph)$$

4.10　热力学酸性参数

提要：络合物形成反应的标准焓可用 Drago-Wayland 方程中的参数 *E* 和 *C* 表达，该方程部分影响着络合物中化学键的离子性和共价性。

不同于按软硬进行分类的另一种重要处理方法是，将电子因素、结构重排因素和空间因素归入一组参数。络合物形成反应的标准反应焓

$$A(g)+B(g) \longrightarrow A{-}B(g) \qquad \Delta_f H^{\ominus}(A{-}B)$$

可用 Drago-Wayland 方程表达：

$$-\Delta_f H^{\ominus}(A{-}B)/(kJ \cdot mol^{-1}) = E_A E_B + C_A C_B \tag{4.10}$$

引入的参数 *E* 和 *C* 分别表示“静电性”和“共价性”因子，而事实上它们包含了除溶剂化之外的所有因素。表 4.5 所列化合物的参数满足上述方程，其误差小于 ±3 kJ · mol^{-1}。原文给出的大量实例都未超出这个误差。

表 4.5　某些酸和碱的 Drago-Wayland 参数*

酸	*E*	*C*	碱	*E*	*C*
五氟化锑	15.1	10.5	丙酮	2.02	4.67
三氟化硼	20.2	3.31	氨	2.78	7.08
碘	2.05	2.05	苯	0.57	1.21
一氯化碘	10.4	1.70	甲硫醚	0.70	15.26
苯酚	8.86	0.90	二甲亚砜	2.76	5.83
二氧化硫	1.88	1.65	甲基胺	2.66	12.00
三氯甲烷	6.18	0.32	对二噁烷	2.23	4.87
三甲基硼	12.6	3.48	吡啶	2.39	13.10
			三甲基膦	1.72	13.40

* 文献报道的 *E* 和 *C* 的 $\Delta H^{\ominus}$ 单位通常为 kcal · mol^{-1}，本表将其分别乘以 4.184 换算为 kJ · mol^{-1}。

Drago-Wayland 方程(4.10)是个半经验方程，但却十分成功而且适用于许多反应。原文给出了 1 500 多个络合物生成焓的估计值，在此基础上计算置换反应和复分解反应的反应焓，表明许多反应中的硬软相互作用可能也很强。方程不仅适用于气相反应，而且适用于非极性、非配位溶剂中的酸碱反应。方程的主要局限性在于只能用于研究气相或非配位溶剂中的物质，这意味着基本上只能用于研究电中性分子。

非水溶剂

不是所有的无机化学反应都发生在水介质中，本节探讨使用非水溶剂时酸和碱的性质发生怎样的变化。

4.11　溶剂的拉平效应

提要:质子自递常数大的溶剂可大范围用于区分酸碱强度。

在更有效的质子接受体溶剂中,水中的 Brφnsted 弱酸可以变强,反之亦然。事实上,在很强的碱性溶剂(如氨)中不可能区分这些酸的强度,因为它们会完全脱除质子。同样,水中的 Brφnsted 弱碱在更强的质子给予体溶剂(如无水醋酸)中可以变强。在酸性溶剂中不可能按照强度排出碱的序列,因为这些碱会有效而充分地结合质子。测定 Brφnsted 酸碱强度范围时需要选择合适的溶剂,下面将会明白,溶剂的质子自递常数对区分酸碱强度所起的关键作用。

在水中酸性强于 H_3O^+ 的任何 Brφnsted 酸都能将质子给予 H_2O 分子而生成 H_3O^+。因此,任何显著强于 H_3O^+ 的酸在水中都不能留住质子。水中进行的任何实验都不能告诉我们 HBr 和 HI 哪个更强些,因为二者都能基本完全将质子转移给 H_2O 分子。实际上,不管 HX 和 HY 两个强酸的固有酸度哪个更强些,它们的溶液都是 H_3O^+ 的溶液。因此人们说水有**拉平效应**(levelling effect),将所有强酸向下拉平到 H_3O^+ 的酸性。如果使用碱性较低的溶剂,这些强酸的酸性就可被区分开来。例如,虽然在水中不能区分 HBr 和 HI 的强度,它们在醋酸中却都是弱酸,从而能够将强度区分开来。使用这种方法发现,HI 是比 HBr 更强的质子给予体。

酸的 pK_a 可用来表示拉平效应。如果溶解在质子溶剂(HSol)中的酸(如 HCN)的 $pK_a<0$,则被归入强酸,K_a 是该酸在该溶剂(Sol)中的酸性常数。

$$\mathrm{HCN(sol)+HSol(l) \rightleftharpoons H_2Sol^+(sol)+CN^-(sol)}$$

$$K_a=\frac{[\mathrm{H_2Sol^+}][\mathrm{CN^-}]}{[\mathrm{HCN}]}$$

这就是说,溶解于溶剂 HSol 中的 $pK_a<0$(相应于 $K_a>0$)的所有酸显示 H_2Sol^+ 的酸性。

碱在水中也可得到一个类似的效应。对能被水完全质子化的、足够强的任何碱而言,每个加入水中的碱分子都能产生一个 OH^-。因此,无法在水中区分这类碱接受质子的能力,或者说它们被拉平至一个共同的强度。实际上,OH^- 是水中能够存在的最强碱,这是因为质子接受能力更强的任何物种都会通过水的质子转移立即形成 OH^-。正因为如此,我们不能将碱金属胺化物或甲基化物溶于水中研究 NH_2^- 或 CH_3^-。因为两个阴离子都能产生 OH^-,并充分与质子结合为 NH_3 和 CH_4。

$$\mathrm{KNH_2(s)+H_2O(l) \longrightarrow K^+(aq)+OH^-(aq)+NH_3(aq)}$$

$$\mathrm{Li_4(CH_3)_4(s)+4\ H_2O(l) \longrightarrow 4\ Li^+(aq)+4\ OH^-(aq)+4\ CH_4(g)}$$

碱的拉平效应可用该碱的 pK_b 表示。如果 $pK_b<0$,溶解在 HSol 中的碱被归入强碱,K_b 是该碱在 HSol 中的碱性常数:

$$\mathrm{NH_3(sol)+HSol(l) \rightleftharpoons NH_4^+(sol)+Sol^-(sol)}$$

$$K_b=\frac{[\mathrm{NH_4^+}][\mathrm{Sol^-}]}{[\mathrm{NH_3}]}$$

这就是说,溶解于溶剂 HSol 中的 $pK_b<0$(相应于 $K_b>0$)的所有碱显示 Sol^- 的碱性。由于 $pK_{sol}=pK_a+pK_b$,拉平效应的判据故可表示如下:$pK_a>pK_{sol}$ 的所有碱的 pK_b 为负值,其行为与溶剂 HSol 中的 Sol^- 相同。

从共同溶剂(HSol)中酸和碱的讨论中不难得出结论:由于在 HSol 中 $pK_a<0$ 的任何酸和同一溶剂中 $pK_a>pK_{sol}$ 的任何碱将会被拉平,该溶剂中不能被拉平的强度窗口变化在 $pK_a=0$ 和 pK_{sol} 之间。对水而言,$pK_w=14$。对液氨而言,自质子解平衡为

$$\mathrm{2NH_3(l) \rightleftharpoons NH_4^+(sol)+NH_2^-(sol)} \qquad pK_{am}=33$$

上述数据得出的结论是,酸碱在水中比在氨中更难被区分。图 4.12 给出多种溶剂的酸碱分辨窗。因为二甲亚砜的 $pK_{DMSO}=37$,所以窗口宽。因此,二甲亚砜[DMSO,$(CH_3)_2SO$]可用来对多种酸(从 H_2SO_4 到

PH_3)进行研究。如图所示,水的窗口窄于其他某些溶剂的窗口。原因之一是水的相对介电常数较高,有利于形成 H_3O^+ 和 OH^-。介电常数是物质抵抗生成内部电场的能力。

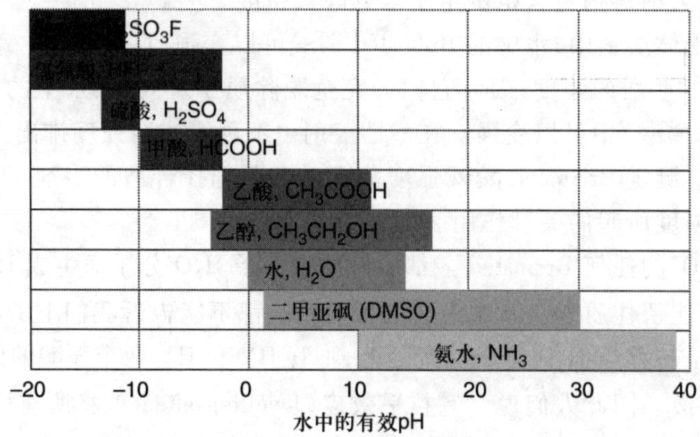

图 4.12　多种溶剂的酸碱分辨窗,各个窗的宽度正比于那个溶剂的质子自递常数

可选用合适的非水溶剂研究容易发生水解的分子的反应(以免被水所拉平),也可用来提高溶质的溶解度。溶剂的选择往往以其液体存在的范围和相对介电常数为依据。某些常见非水溶剂的物理性质见表 4.6。

表 4.6　某些常见非水溶剂的物理性质

溶剂	熔点/℃	沸点/℃	相对介电常数
水	0	100	78
液氨	-77.7	-33.5	24(-33 ℃)
乙酸	16.7	117.9	6.2
硫酸	10.4	290(分解)	100
氟化氢	-83.4	19.5	84
乙醇	-114.5	78.3	25
四氧化二氮	-11.2	21.1	2.4
三氟化溴	8.8	125.8	107
二甲亚砜(DMSO)	18.5	189	46

例题 4.9　分辨不同溶剂中的酸性

题目:图 4.12 中的哪种溶剂可用来分辨 HCl($pK_a=-6$)和 HBr($pK_a=-9$)的酸性?

答案:首先需要找到-6 和-9 之间的分辨窗。表中覆盖着-6 和-9 的分辨窗只有甲酸 HCOOH 和氢氟酸 HF。

自测题 4.9　图 4.12 中的哪种溶剂可用来分辨 PH_3($pK_a=27$)和 GeH_4($pK_a=25$)的酸性?

4.12　酸碱的溶剂体系定义

提要:酸碱的溶剂体系定义将 Brφnsted-Lowry 定义扩展至不参与质子转移的物种。

酸碱的 Brφnsted-Lowry 定义用质子描述酸和碱。水的自质子解反应是

$$2H_2O(l) \rightleftharpoons H_3O^+(aq)+OH^-(aq)$$

只要认可与该反应的类比,就能将体系扩展至包括不参与质子转移的物种。水中的酸能增高 H_3O^+ 的浓度,水中的碱能增高 OH^- 的浓度。某些非质子溶剂的自电离反应中可以看到类似的模式,如三氟化溴

BrF_3的自电离反应：

$$2\ BrF_3(l) \rightleftharpoons BrF_2^+(sol)+BrF_4^-(sol)$$

式中，sol 表示未电离物种（本例中为 BrF_3）的溶液。在**溶剂体系定义**（solvent-system definition）中，任何能增大由溶剂自电离产生的阳离子浓度的溶质被定义为酸，任何能增大相应阴离子浓度的溶质被定义为碱。溶剂体系定义适用于能够发生自电离的任何溶剂，既适用于质子非水溶剂，也适用于非质子非水溶剂。

例题 4.10　用溶剂体系法识别酸和碱

题目：盐 BrF_2AsF_6可溶于 BrF_3，它在该溶剂中是酸还是碱？

答案：首先需要识别溶剂的自电离产物，然后确定溶质是增加了阳离子（酸）的浓度，还是增加了阴离子（碱）的浓度。BrF_3的自电离产物为 BrF_2^+和 BrF_4^-，溶质电离产生 BrF_2^+和 AsF_6^-。由于盐增大了阳离子的浓度，所以在该溶剂中为酸。

自测题 4.10　在 BrF_3中，$KBrF_4$是酸还是碱？

4.13　酸碱溶剂

溶剂体系定义基于溶剂的自电离产物将溶质定义为酸和碱，而大多数溶剂同时也是电子对接受体（即 Lewis 酸）或电子对给予体（即 Lewis 碱）。溶剂的酸碱性在化学上有重要影响，有助于用来说明水溶液中的反应与非水溶剂中的反应之间的差别。溶质溶于溶剂时首先发生的往往是置换反应，后继反应通常也是置换或复分解反应。例如，五氟化锑溶于三氟化溴时发生如下置换反应：

$$SbF_5(s)+BrF_3(l) \rightleftharpoons BrF_2^+(sol)+SbF_6^-(sol)$$

强 Lewis 酸 SbF_5在反应中抽取了 BrF_3中的 F^-。我们可以找到溶剂参与反应的更熟悉的例子，如可将 Brφnsted 酸看作质子（H^+）与溶剂分子结合而成的络合物（如果溶剂为水，络合物则为 H_3O^+），相关反应则可看作酸（即质子）从碱性溶剂分子向另一个碱分子的转移。在常见溶剂中，只有饱和烃没有明显的酸碱性。

(a) 碱性溶剂

提要：碱性溶剂是常见溶剂。它们可与溶质形成络合物，可以参与置换反应。

具有 Lewis 碱性的溶剂很常见，人们所熟悉的多数极性溶剂如水、醇类、醚类、胺类、二甲亚砜[DMSO，$(CH_3)_2SO$]、二甲基甲酰胺[DMF，$(CH_3)_2NCHO$]和乙腈（CH_3CN）都是硬 Lewis 碱。二甲亚砜的例子很有趣，其中既有硬给予体原子 O，又有软给予体原子 S。这些溶剂中的酸碱反应通常为置换反应：

$$O_2S{-}O{=}SMe_2 + {:}NH_3 \longrightarrow O_2S{-}NH_3 + O{=}SMe_2$$

例题 4.11　用溶剂的 Lewis 碱性说明性质

题目：$AgClO_4$在苯中的溶解性明显高于在烷烃中的溶解性，试用 Lewis 酸碱性质对此现象作解释。

答案：这里要考虑溶剂与溶质的相互作用。苯（软碱）的 π 电子可与 Ag^+（软酸）的空轨道形成络合物，因而 Ag^+可与苯发生溶剂化。$[Ag{-}C_6H_6]^+$这一物种是酸（Ag^+）与弱碱（苯）的 π 电子形成的络合物。

自测题 4.11　实验室常将三氟化硼 BF_3（硬酸）以乙醚 $(C_2H_5)_2O$：（硬碱）溶液的形式使用，绘出 $BF_3(g)$溶于 $(C_2H_5)_2O(l)$后形成的络合物的结构式。

(b) 酸性和中性溶剂

提要：氢键的形成也是 Lewis 络合物形成反应；其他溶剂也可显示 Lewis 酸性。

形成氢键(节 10.2)可看作络合物形成反应的一个实例。习惯上将 A—H(Lewis 酸)与 B：(Lewis 碱)之间“反应”形成的络合物表示为 A—H…B。由于形成了络合物,能与溶剂形成氢键的许多溶质因此可看作溶解过程。这一观点导致的结果是,如果发生质子向碱的转移,酸性溶剂分子通常则被置换出来:

$$\underset{A-B}{HO-H\cdots NH_3} + \underset{A'B'}{H_3O^+} \longrightarrow \underset{A'-B}{[H-NH_3]^+} + \underset{AB'}{2\,H_2O}$$

液态 SO_2是溶解苯(软碱)的良好的酸性溶剂。以 π 或 π^* 轨道为前线轨道的不饱和烃可以作为酸或碱。带有电负性取代基的烷烃(如卤代烷 $CHCl_3$)中的氢原子也有明显酸性。

(c) 液氨

提要:液氨是有用的非水溶剂。液氨中进行的许多反应类似于水中进行的反应。

液氨广泛用作非水溶剂,1 atm① 下在-33 ℃沸腾。虽然相对介电常数($\varepsilon_r = 24$)低于水,仍然是无机化合物(如铵盐、硝酸盐、氰化物、硫氰化物)和有机化合物(如胺类、醇类和醚类)的良好溶剂。如自电离过程所显示的那样,它与水溶液体系非常相似:

$$2NH_3(l) \rightleftharpoons NH_4^+(sol) + NH_2^-(sol)$$

能增大 NH_4^+(溶剂化的质子)浓度的溶质为酸,能减少 NH_4^+浓度的溶质或能增大 NH_2^-浓度的溶质为碱。

液氨是个碱性比水强的碱性溶剂,它能提高水中为弱酸的许多化合物的酸性,如乙酸在液氨中几乎完全电离:

$$CH_3COOH(sol) + NH_3(l) \longrightarrow NH_4^+(sol) + CH_3COO^-(sol)$$

液氨中的许多反应类似于水中的反应,如下述酸碱中和反应:

$$NH_4Cl(sol) + NaNH_2(sol) \longrightarrow NaCl(sol) + 2NH_3(l)$$

液氨是碱金属和碱土金属(铍例外)非常好的溶剂。碱金属的溶解性特别好,-50 ℃温度下,100 g 液氨能溶解 336 g 铯。金属可在液氨蒸发后回收。金属的液氨溶液导电性很好,稀溶液为蓝色,浓缩后为青铜色。电子顺磁共振光谱(节 8.7)表明溶液中含有未成对电子。溶液的典型蓝色是 IR 附近存在一个很宽的光吸收带(最大吸收约为 1 500 nm)造成的。金属在液氨溶液中发生电离生成“溶剂化电子”:

$$Na(s) + NH_3(l) \longrightarrow Na^+(sol) + e^-(sol)$$

蓝色溶液在低温下能够长时间保存,但会缓慢分解生成氢和氨基钠($NaNH_2$)。从蓝色溶液出发能够准备叫作“电子化物”的化合物,这方面的内容将在节 11.14 做讨论。

(d) 氟化氢

提要:氟化氢是个酸性和反应活性都很高的有毒溶剂。

液体氟化氢(bp 19.5 ℃)是个相对介电常数($\varepsilon_r = 84$,0 ℃)与水($\varepsilon_r = 78$,25 ℃)接近的酸性溶剂,是离子性物质的良好溶剂。然而,反应活性高和毒性的缺点带来操作上的问题(包括腐蚀玻璃的能力)。实际上,聚四氟乙烯(PTFE)和聚氯三氟乙烯容器中通常含有液体氟化氢。氟化氢因能快速穿透组织和干扰神经功能而特别危险。这种病引起的发烧可能无法查出而延误治疗。它也能腐蚀骨质,并与血液中的钙发生反应。

液体氟化氢是个高酸性溶剂,它的质子自递常数高,非常容易产生溶剂化质子:

$$3HF(l) \longrightarrow H_2F^+(sol) + HF_2^-(sol)$$

虽然 HF 的共轭碱在形式上应为 F^-,HF 与 F^-形成强氢键的能力意味着最好将共轭碱看作二氟化物离子

---

① 1 atm = 101 325 Pa。

HF_2^-。在 HF 中，只有非常强的酸才能给出质子而显示酸的功能，如氟磺酸：

$$HSO_3F(sol)+HF(l) \rightleftharpoons H_2F^+(sol)+SO_3F^-(sol)$$

有机化合物（如酸、醇、醚和酮）在 HF 中的能接受质子而充当碱。其他碱也能提高 HF_2^- 的浓度而产生碱性溶液：

$$CH_3COOH(l)+2HF(l) \rightleftharpoons CH_3COOH_2^+(sol)+HF_2^-(sol)$$

乙酸在该反应中是个碱（在水中为酸）。

由于形成 HF_2^- 离子，许多氟化物可溶于液体 HF 中，如 LiF：

$$LiF(s)+HF(l) \longrightarrow Li^+(sol)+HF_2^-(sol)$$

(e) 无水硫酸

提要：无水硫酸的自电离是个复杂过程，涉及几个竞争性副反应。

无水硫酸是个酸性溶剂，相对介电常数高，因氢成键作用的广泛存在而黏稠（节 10.6）。尽管存在着这种缔合作用，室温下仍能发生一定程度的自电离。主要的自电离过程是

$$2H_2SO_4(l) \rightleftharpoons H_3SO_4^+(sol)+HSO_4^-(sol)$$

除此之外，还存在另一种自电离方式和其他平衡：

$$H_2SO_4(l) \rightleftharpoons H_2O(sol)+SO_3(sol)$$

$$H_2O(sol)+H_2SO_4(l) \rightleftharpoons H_3O^+(sol)+HSO_4^-(sol)$$

$$SO_3(sol)+H_2SO_4(l) \rightleftharpoons H_2S_2O_7(sol)$$

$$H_2S_2O_7(sol)+H_2SO_4(l) \rightleftharpoons H_3SO_4^+(sol)+HS_2O_7^-(sol)$$

氢成键作用而产生的高黏度和高缔合水平通常会导致低流动性。然而，$H_3SO_4^+$ 和 HSO_4^- 的流动性却大体相当于水中 H_3O^+ 和 OH^- 的流动性。这一事实表明发生了相似的质子转移机理，参与质子转移的主要物种为 $H_3SO_4^+$ 和 HSO_4^-：

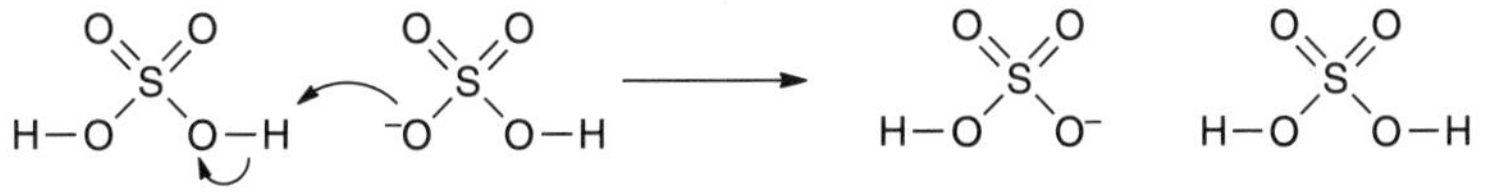

大多数强氧合酸能接受无水硫酸的一个质子而充当碱：

$$H_3PO_4(sol)+H_2SO_4(l) \rightleftharpoons H_4PO_4^+(sol)+HSO_4^-(sol)$$

一个重要反应是与硝酸生成硝鎓离子（NO_2^+），硝鎓离子是芳香硝化反应中的活性物种：

$$HNO_3(sol)+2H_2SO_4(l) \rightleftharpoons NO_2^+(sol)+H_3O^+(sol)+2HSO_4^-(sol)$$

某些在水中非常强的酸（如高氯酸 $HClO_4$ 和氟磺酸 $HFSO_3$）在无水硫酸中成为弱酸。

(f) 四氧化二氮

提要：四氧化二氮发生两个自电离反应，优先选取其中一个反应的方法是加入电子对给予体或接受体。

四氧化二氮（N_2O_4）以液体存在的温度范围很窄（熔点和沸点分别为-11.2 ℃和 21.2 ℃）。它发生两个自电离反应：

$$N_2O_4(l) \rightleftharpoons NO^+(sol)+NO_3^-(sol)$$

$$N_2O_4(l) \rightleftharpoons NO_2^+(sol)+NO_2^-(sol)$$

加入 Lewis 碱（如二乙基醚）能促进前一个自电离：

$$N_2O_4(l) + :X \rightleftharpoons XNO^+(sol) + NO_3^-(sol)$$

加入 Lewis 酸（如 BF_3）能促进后一个自电离：

$$N_2O_4(l) + BF_3(sol) \rightleftharpoons NO_2^+(sol) + F_3BNO_3^-(sol)$$

四氧化二氮的相对介电常数低，该溶剂对无机化合物不是很有用。然而，它却是酯类、羧酸类、卤化物和有机硝基化合物的良好溶剂。

(g) 离子液体

提要：离子液体是极性的非挥发性溶剂。作为许多反应的催化剂，它能提供高浓度的 Lewis 酸或碱。

离子液体为低熔点（通常低于 100 ℃）盐，典型的离子液体含有不对称的季（烷基）铵盐阳离子和络阴离子（如$[AlCl_4]^-$）及各种链长的羧酸根离子。离子液体具有挥发性低、热稳定性高、在很宽的电极电位范围内表现惰性、导电性高等特点。这些性质使其具有多种可能的用途，如为有机合成和电化学提供代替性溶剂。这些离子性化合物在温和条件下能以液态存在的能力归因于离子体积大和结构上显示的柔韧性，从而导致小的晶格能及伴随熔化过程的熵增比较大。离子液体自身可作为催化剂，如下面这个反应生成的氯铝酸根离子液体能在不高的温度下提供高浓度的强 Lewis 酸$[Al_2Cl_7]^-$。

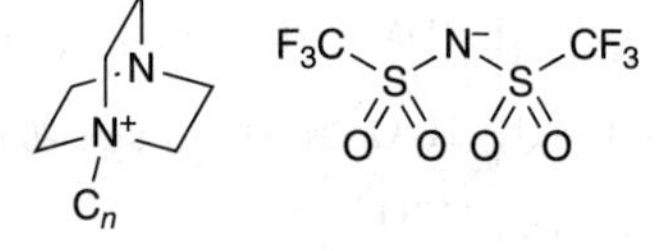

离子液体的阴离子往往是 Lewis 碱。例如，酰化反应的催化剂二氰胺离子$[(NC)_2N^-]$。有些情况下阳离子可能具有碱性基团，如称作$[C_n badco]^+$的 1-烷基-4-氮杂-1-氮鎓双环[2.2.2]辛烷，其中含有一个能形成氢键、让化合物显示水溶性的叔氮原子。$[C_n badco]^+$与二（三氟甲烷）胺化物阴离子（TFSA）组成的盐（**23**）在 $n=2$ 时与水可以混溶，$n=8$ 时与水则不能混溶，熔点也随 n 值增大而下降。盐[如 $Cu(NO_3)_2$]在离子液体中通常不溶解，但能溶解在$[C_n badco]^+$ TFSA 中。这是因为 Cu^{2+}被叔氮给予体所络合。

N
N⁺
C_n
F_3C S N⁻ S CF_3
O O O O

(**23**) $(C_n dabco)^+TFSA^-$

(h) 超临界流体

提要：用作溶剂的超临界流体具有某些特殊性质，在环境友好工业过程中的应用正在增加。

超临界（supercritical，sc）流体是物质的液相和气相无法区分的一种状态：这种状态的物质黏度低，对多种溶质的溶解能力高，并能与多种气体完全混溶。超临界流体是在超过临界点温度和压力的条件下形成的（见图 4.13）。

最重要的实例是超临界二氧化碳（$scCO_2$），其临界点为 $p_c=72.8$ atm 和 $T_c=30.95$ ℃。CO_2 分子中的化学键为极性键，因而既能充当 Lewis 碱（**24**），也能充当 Lewis 酸。实际上，同一个 CO_2分子能同时发生两种类型的作用（**25**）。作为溶剂的 $scCO_2$具有一些重要应用，如除去咖啡中的咖啡因。工业过程中使用的有机溶剂造成多种环境问题，以 $scCO_2$代替有机溶剂的绿色工业过程数目正在逐渐增加。与使用有机溶剂不同，工业过程结束时可将 $scCO_2$通过减压的办法除去并回收循环使用。$scCO_2$用作溶剂的另一优点是不燃烧。

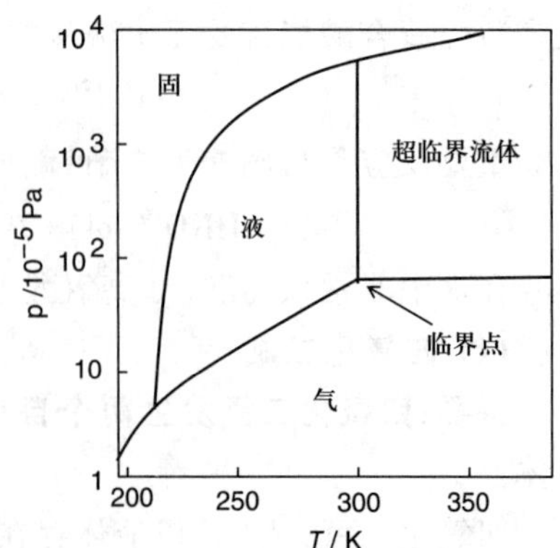

图 4.13　二氧化碳的压力-温度相图，示出了二氧化碳用作超临界流体的条件（$1\ atm=1.01\times10^5$ Pa）

与正常水相比，超临界水（scH_2O）是有机化合物的良好溶剂和离子的不良溶剂。在临界条件（$p_c=218$ atm，$T_c=374$ ℃）附近，水的性质发生显著变化。接近临界点时发生很高程度的质子解反应（pK_w由原来的 14 变为 11 左右），临界点以上发生质子解的程度则要低得多(600 ℃和 250 atm 时 pK_w 约为 20)。因此,调整温度和压力可使具体化学反应使用的溶剂实现最优化。scH_2O 一个特别重要的用途是氧化有机废物材料,该过程利用了有机化合物与 O_2 在溶剂中完全混溶的性质。

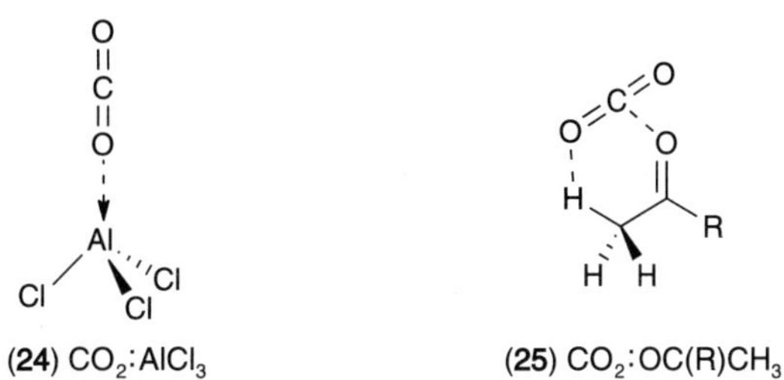

(24) CO_2:$AlCl_3$ (25) CO_2:OC(R)CH_3

酸碱化学的应用

酸碱化学的许多应用同时涉及 Brφnsted 酸碱和 Lewis 酸碱,因而不必分开讨论。

4.14 超强酸和超强碱

提要:超强酸是较无水硫酸更有效的质子给予体,超强碱是较氢氧根离子更有效的质子接受体。

超强酸是较纯硫酸(无水硫酸)更有效的质子给予体物质。它们是黏稠的腐蚀性液体,酸性较 H_2SO_4 高出可达 10^{18} 倍。超强酸是由强 Lewis 酸溶于强 Brφnsted 酸中形成的,最常见的超强酸是将 SbF_5 溶于氟磺酸(HSO_3F)或溶于无水 HF。等摩尔 SbF_5 和 HSO_3F 的混合物叫"魔酸",获得这一名称是由于其溶解烛蜡的能力。酸性的提高是由于形成了溶剂化质子,后者是个更有效的质子给予体:

$$SbF_5(l)+2HSO_3F(l) \longrightarrow H_2SO_3F^+(sol)+SbF_5SO_3F^-(sol)$$

SbF_5 与无水 HF 混合甚至能生成更强的超强酸:

$$SbF_5(l)+2HF(l) \longrightarrow H_2F^+(sol)+SbF_6^-(sol)$$

其他五氟化物也能与 HSO_3F 和 HF 形成超强酸,这些化合物的酸性按 $SbF_5>AsF_5>TaF_5>NbF_5>PF_5$ 的顺序减小。

超强酸几乎能使任何有机化合物加合质子并因此而著名。George Olah 及其同事于 1960 年代发现烃类化合物溶于超强酸后形成稳定的正碳离子。超强酸在无机化学中用于观察多种反应活性强的阳离子(如 S_8^{2+}、$H_3O_2^+$、Xe_2^+ 和 HCO^+),其中一些离子已被离析出来并对结构进行了表征。

超强碱是较 OH^-(水溶液中能够存在的最强碱)更有效的质子接受体化合物,与水反应生成 OH^-。无机超强碱通常是第 1 族和第 2 族阳离子与小的高电荷阴离子形成的盐。高电荷阴离子与充当酸的溶剂(如水和氨)起反应。例如,氮化锂(Li_3N)与水发生猛烈反应:

$$Li_3N(s)+3H_2O(l) \longrightarrow 3LiOH(aq)+NH_3(g)$$

氮化物阴离子比氢负离子的碱性更强,它能脱去氢中的质子:

$$Li_3N(s)+2H_2(g) \longrightarrow LiNH_2(s)+2LiH(s)$$

氮化锂可能是个储氢材料,270 ℃时上述反应是可逆反应(参见应用相关文段 10.4)。

氢化钠是个超强碱,有机化学中用于脱除羧酸、醇、酚和硫醇中的质子。氢化钙与水反应放出氢:

$$CaH_2(s)+2H_2O(l) \longrightarrow Ca(OH)_2(s)+2H_2(g)$$

钙的氢化物用作干燥剂,为气象气球充气,实验室用于制纯氢。

4.15 非均相酸碱反应

提要:许多催化材料和矿物表面具有 Brφnsted 酸部位和 Lewis 酸部位。

许多涉及无机化合物 Lewis 酸性和 Brφnsted 酸性的某些最重要的反应发生在固体表面。例如,**表面酸**

(surface acid)这种具有高表面积和 Lewis 酸部位的固体物质,在石油化学工业上用作实现烃类化合物转化的催化剂。土壤化学和天然水化学中非常重要的许多材料表面也具有 Brφnsted 酸部位和 Lewis 酸部位。

硅石表面不易产生 Lewis 酸部位,这是因为—OH 基顽强地结合于 SiO_2 衍生物表面,导致 Brφnsted 酸性占优势。硅石本身表面只具有中等强度的 Brφnsted 酸性(相当于乙酸的酸性),然而正如已经指出的那样,铝硅酸盐却显示强 Brφnsted 酸性。加热脱除表面—OH 基后,其表面则具强的 Lewis 酸部位。铝硅酸盐中最著名的一类物质是**沸石**(zeolites,节 14.3 和节 14.15),广泛用作环境友好型非均相催化剂(节 25.14)。沸石的催化活性来自它们所具有的酸性,人们称其为**固体酸**(solid acid)。负载的杂多酸和酸性黏土也是固体酸。这些催化剂上发生的某些反应对是否存在 Brφnsted 酸部位或 Lewis 酸部位非常敏感。例如,甲苯在膨润土黏土催化剂上方能发生 Friedel-Crafts 烷基化反应:

$$C_6H_5CH_3 + C_6H_5CH_2X \longrightarrow CH_3C_6H_4CH_2C_6H_5 + HX$$

苄基氯的反应涉及 Lewis 酸部位,苄醇的反应则涉及 Brφnsted 酸部位。

利用硅胶 Brφnsted 酸性部位上发生的表面反应可制备多种有机薄层,如表面改性反应:

$$\equiv Si{-}OH + HOSiR_3 \longrightarrow \equiv Si{-}OSiR_3 + H_2O$$

$$\equiv Si{-}OH + ClSiR_3 \longrightarrow \equiv Si{-}OSiR_3 + HCl$$

对硅胶表面进行改性可使硅胶对某种类型的分子显示亲和力,此法可扩大用于色谱法的固定相。玻璃表面的—OH 基团也可进行类似的改性,处理过的玻璃器皿在实验室用于研究质子敏感化合物。

固体酸在绿色化学中找到了新用途。传统工业过程在其最后阶段(产物与反应物和副产物分离阶段)产生大体积的危险废物,使用固体催化剂容易实现与液体产物分离,反应条件往往更温和,选择性往往也更好。

延伸阅读资料

W. Stumm and J. J. Morgan, *Aquatic Chemistry: Chemical equilibria and rates in natural waters.* John Wiley & Sons(1995). 关于天然水化学的经典教科书。

N. Corcoran, *Chemistry in non-aqueous solvents.* Kluwer Academic Publishers(2003). 一本综合性叙述。

J. Burgess, *Ions in solution: basic principles of chemical interactions.* Ellis Horwood(1999).

T. Akyiama, Stronger Brφnsted acid. *Chem. Rev.*, 2007, **107**, 5744.

E. J. Corey, Enantioselective catalysis based on cationic oxazaborolidines. *Angew. Chem. Int. Ed.*, 2009, **48**, 2100.

D. W. Stephan, 'Frustrated Lewis pairs': a concept for new reactivity and catalysis. *Org. Biomol. Chem.*, 2008, **6**, 1535.

D. W. Stephan and G. Erker, Frustrated Lewis pairs: metal-free hydrogen activation and more. *Angew. Chem. Int. Ed.*, 2010, **49**, 46.

P. Raveendran, Y. Ikushima, and S. L. Wallen, Polar attributes of supercritical carbon dioxide. *Acc. Chem. Res.*, 2005, **38**, 478.

F. Jutz, J.-M. Andanson, and A. Baiker, Ionic liquid and dense carbon dioxides: a beneficial biphasic system for catalysis. *Chem. Rev.*, 2011, **111**, 322.

D. R. Macfarlane, J. M. Pringle, K. M. Johansson, S. A. Forsyth, and M. Forsyth, Lewis base ionic liquids. *Chem. Commun.*, 2006, 1905.

R. Sheldon, Catalytic reactions in ionic liquids. *Chem. Commun.*, 2006, 2399.

I. Krossing, J. M. Slattery, C. Daguenet, P. J. Dyson, A. Oleinikova, and H. Weingärtner, Why are ionic liquids liquid? : a simple explanation based on lattice and solvation energies. *J. Am. Chem. Soc.*, 2006, **128**, 13427.

G. A. Olah, G. K. Prakashi, and J. Sommer, *Superacids*. John Wiley & Sons(1985).

R. J. Gillespie and J. Laing, Superacid solutions in hydrogen fluoride. *J. Am. Chem. Soc.*, 1988, **110**, 6053.

E. S. Stoyanov, K. -C. Kim, and C. A. Reed, A Strong acid that does not protonate water. *J. Phys. Chem. A.*, 2004, **108**, 9310.

练习题

4.1　绘出周期表 s 区和 p 区的轮廓图，并在图上标出：(a) 形成强酸性氧化物的元素，(b) 形成强碱性氧化物的元素，(c) 经常出现两性现象的区域。

4.2　写出下列各种酸的共轭碱：$[Co(NH_3)_5(OH_2)]^{3+}$，HSO_4^-，CH_3OH，$H_2PO_4^-$，$Si(OH)_4$，HS^-。

4.3　写出下列各种碱的共轭酸：C_5H_5N（吡啶），HPO_4^{2-}，O^{2-}，CH_3COOH，$[Co(CO)_4]^-$，CN^-。

4.4　计算 0.10 mol·L^{-1}丁酸（$K_a=1.86\times10^{-5}$）溶液中 H_3O^+的平衡浓度，该溶液的 pH 是多少？

4.5　乙酸（CH_3COOH）在水中的 $K_a=1.8\times10^{-5}$，试计算其共轭碱（$CH_3CO_2^-$）的 K_b。

4.6　吡啶（C_5H_5N）的 $K_b=1.8\times10^{-9}$，试计算其共轭酸（$C_5H_5NH^+$）在水中的 K_a。

4.7　F^-在水中的有效质子亲和能 A'_p为 1 150 kJ·mol^{-1}，它在水中是酸还是碱？

4.8　绘出氯酸和亚氯酸的结构，用 Pauling 规则判断其 K_a值。

4.9　借助图 4.12（考虑溶剂的拉平效应），识别下列碱中哪些(a) 太强，以致不能进行实验研究；(b) 太弱，以致不能进行实验研究；(c) 碱的强度可以直接测定。

(ⅰ) CO_3^{2-}，O^{2-}，ClO_4^-和 NO_3^-在水中；(ⅱ) HSO_4^-，ClO_4^-和 NO_3^-在 H_2SO_4中。

4.10　HOCN、H_2NCN 和 CH_3CN 水溶液的 K_a分别约为 4、10.5 和 20（估计值），解释这些氰衍生物酸性的变化趋势，并与 H_2O、NH_3、CH_4做比较。—CN 是吸电子基团还是推电子基团？

4.11　H_3PO_4、H_3PO_3和 H_3PO_2的 pK_a都是 2，而 HClO、$HClO_2$和 $HClO_3$的 pK_a却分别为 7.5、2.0 和−3.0。解释这一现象。

4.12　按水溶液酸性增强的顺序为下列离子排序：Fe^{3+}，Na^+，Mn^{2+}，Ca^{2+}，Al^{3+}，Sr^{2+}。

4.13　按照酸性增强的顺序，用 Pauling 规则为下列酸物种在不拉平的溶剂中排序：HNO_2，H_2SO_4，$HBrO_3$，$HClO_4$。

4.14　下列各对物种中哪一个酸性更强？并说明理由。(a) $[Fe(OH_2)_6]^{3+}$或$[Fe(OH_2)_6]^{2+}$；(b) $[Al(OH_2)_6]^{3+}$或$[Ga(OH_2)_6]^{3+}$；(c) $Si(OH)_4$或 $Ge(OH)_4$；(d) $HClO_3$或 $HClO_4$；(e) H_2CrO_4或 $HMnO_4$；(f) H_3PO_4或 H_2SO_4。

4.15　从酸性最强到两性再到碱性最强的顺序为下列氧化物排序：Al_2O_3，B_2O_3，BaO，CO_2，Cl_2O_7，SO_3。

4.16　按酸性增强的顺序为下列酸物种排序：HSO_4^-，H_3O^+，H_4SiO_4，CH_3GeH_3，NH_3，HSO_3F。

4.17　Na^+和 Ag^+半径相近，其水合离子哪个酸性更强？为什么？

4.18　一对水合阳离子消除水分子形成 M—O—M 桥时，离子上每个 M 原子电荷发生改变有何一般规律？

4.19　写出下述两对物质在水介质中混合时发生的主要反应的平衡方程式：(a) H_3PO_4和 Na_2HPO_4；(b) CO_2和 $CaCO_3$。

4.20　氟化氢在无水硫酸中是个酸，而在液氨中则是个碱，写出两个反应的方程式。

4.21　硒化氢的酸性为什么强于硫化氢？

4.22　四卤化硅的酸性顺序为 $SiI_4<SiBr_4<SiCl_4<SiF_4$，而三卤化硼的酸性顺序则为 $BF_3<BCl_3<BBr_3<BI_3$，试解释之。

4.23　识别下述每个过程所涉及的酸和碱。各过程是络合物形成反应，还是酸碱取代反应？指出显示 Brϕnsted 酸性和 Lewis 酸性的物种。

(a) $SO_3+H_2O \longrightarrow HSO_4^-+H^+$

(b) $CH_3[B_{12}]+Hg^{2+} \longrightarrow [B_{12}]^++CH_3Hg^+$（$[B_{12}]$表示 Co 的大环化合物维生素 B_{12}，见节 26.11）

(c) $KCl+SnCl_2 \longrightarrow K^++[SnCl_3]^-$

(d) $AsF_3(g)+SbF_5(l) \longrightarrow [AsF_2]^+[SbF_6]^-(s)$

(e) 乙醇溶于吡啶产生一个不导电的溶液

4.24　在下述两列化合物中按题目要求进行选择，并说明所依据的理由。

(a) 最强的 Lewis 酸

BF_3 BCl_3 BBr_3 $BeCl_2$ BCl_3 $B(n\text{-}Bu)_3$ $B(t\text{-}Bu)_3$

(b) 对 $B(CH_3)_3$的碱性最强

NMe_3 NEt_3 $2\text{-}CH_3C_5H_4N$ $4\text{-}CH_3C_5H_4N$

4.25 根据硬软概念判断下列反应中哪些反应的平衡常数大于1？状态未标明者为气相或25 ℃的烃类溶液。

(a) $R_3PBBr_3+R_3NBF_3 \rightleftharpoons R_3PBF_3+R_3NBBr_3$

(b) $SO_2+(C_6H_5)_3PHOC(CH_3)_3 \rightleftharpoons (C_6H_5)_3PSO_2+HOC(CH_3)_3$

(c) $CH_3HgI+HCl \rightleftharpoons CH_3HgCl+HI$

(d) $[AgCl_2]^-(aq)+2\ CN^-(aq) \rightleftharpoons [Ag(CN)_2]^-(aq)+2\ Cl^-(aq)$

4.26 给出下列各对试剂反应的产物，指出每个反应中充当 Lewis 酸或 Lewis 碱的物种：(a) $CsF+BrF_3$；(b) ClF_3+SbF_5；(c) $B(OH)_3+H_2O$；(d) $B_2H_6+PMe_3$

4.27 三甲基硼与 NH_3CH_3、NH_3、$(CH_3)_2NH$ 和 $(CH_3)_3N$ 反应的反应焓分别为 $-58\ kJ\cdot mol^{-1}$、$-74\ kJ\cdot mol^{-1}$、$-81\ kJ\cdot mol^{-1}$和$-74\ kJ\cdot mol^{-1}$，与三甲基胺反应的反应焓为什么偏离变化趋势？

4.28 根据表 4.5 中的 E、C 值，讨论下述两对化合物的相对碱性：(a) 丙酮和二甲亚砜；(b) 二甲基硫化物和二甲亚砜。评述二甲亚砜可能存在的两可性。

4.29 写出 HF 溶解 SiO_2玻璃的反应方程式，用 Brϕnsted 和 Lewis 酸碱概念对反应做说明。

4.30 Al_2S_3遇潮放出硫化氢特有的恶臭，写出反应方程式并用酸碱概念做讨论。

4.31 叙述满足下列要求的溶剂的性质：(a) 有利于I^-从酸中心取代Cl^-；(b) 有利于 R_3As 的碱性高于 R_3N；(c) 有利于 Ag^+的酸性高于 Al^{3+}；(d) 促进反应 $2\ FeCl_3+ZnCl_2 \longrightarrow Zn^{2+}+2\ [FeCl_4]^-$向右进行。为每种场合建议一个合适的溶剂。

4.32 节 4.7(b)叙述了 Lewis 酸 $AlCl_3$对芳基化合物酰化反应的催化过程，试为具有类似反应的氧化铝表面催化建议一个机理。

4.33 用酸碱概念解释下述事实：汞只有朱砂(HgS)这样一种重要矿物，而锌在自然界却以硫化物、硅酸盐、碳酸盐和氧化物的形式存在。

4.34 写出下列化合物溶于液体氟化氢的 Brϕnsted 酸碱方程式并平衡：(a) CH_3CH_2OH，(b) NH_3，(c) C_6H_5COOH。

4.35 硅酸盐溶于 HF 的反应是个 Lewis 酸碱反应，还是 Brϕnsted 酸碱反应，或两者皆是？

4.36 f 区元素是从硅酸盐中以 M(Ⅲ)的亲石性发现的，这一事实对其软硬度而言意味着什么？

4.37 利用表 4.5 的数据计算碘与苯酚之间反应的焓变。

4.38 气相胺的碱性按 $NH_3<CH_3NH_2<(CH_3)_2NH<(CH_3)_3N$ 的顺序有规律地增大。对建立此顺序时—CH_3的空间位阻效应和推电子能力所起的作用进行讨论。上述顺序在水溶液中颠倒了过来，溶剂化效应可能起了什么作用？

4.39 羟合酸 $Si(OH)_4$弱于 H_2CO_3，用平衡方程式表示水溶液上方的 CO_2压力为何能在溶解固体 M_2SiO_4时下降？大洋中的硅酸盐沉积为什么能限制大气中 CO_2含量的增加？

4.40 本章讨论过的 $Fe(OH)_3$沉淀可用来澄清废水，这是因为胶态氢氧化物可有效地使一些污染物共沉淀，而使另一些污染物被吸附。$Fe(OH)_3$的溶度积常数 $K_s=[Fe^{3+}][OH^-]^3 \approx 1.0\times10^{-38}$。由于水的自质子解常数 $K_w=[H_3O^+][OH^-]=1.0\times10^{-14}$将$[H_3O^+]$与$[OH^-]$联系在一起，故可改写出$[Fe^{3+}]/[H^+]^3=1.0\times10^4$。(a) 写出 Fe(Ⅲ)硝酸盐与水反应生成 $Fe(OH)_3$沉淀的化学方程式并平衡；(b) 将 6.6 kg 的 $Fe(NO_3)_3\cdot9H_2O$ 溶于 100 dm^3的水中，如果忽略 Fe(Ⅲ)的其他存在形式，溶液的最终 pH 和 Fe^{3+}的物质的量浓度是多少？写出计算中被忽略的两个 Fe(Ⅲ)物种。

4.41 八面体水合离子$[M(OH_2)_6]^{2+}$的对称 M—O 伸缩振动频率沿 $Ca^{2+}<Mn^{2+}<Ni^{2+}$的顺序增大，为什么说该变化趋势与酸性相关？

4.42 $AlCl_3$溶于碱性极性溶剂 CH_3CN 得一导电溶液，写出导电物种最可能的化学式，并用 Lewis 酸碱概念叙述导电物种的形成。

4.43 络阴离子$[FeCl_4]^-$为黄色而$[Fe_2Cl_6]$却是淡红色。将 $0.1\ mol\cdot L^{-1}$ $FeCl_3(s)$溶于 1 dm^3 $POCl_3$或 $PO(OR)_3$中产生一淡红色溶液，该溶液稀释后变成黄色。用 Et_4NCl 溶液滴定 $POCl_3$作溶剂的红色溶液，$FeCl_3/Et_4NCl$ 摩尔比为 1∶1 时出现颜色从红到黄的突变。振动光谱表明，氧氯化物溶剂与典型的 Lewis 酸通过氧配位的方式形成加合物。比较下述两组反应，并解释观察到的现象：

(a) $Fe_2Cl_6+2\ POCl_3 \rightleftharpoons 2\ [FeCl_4]^-+2\ [POCl_2]^+$

$POCl_2^+ + Et_4NCl \rightleftharpoons Et_4N^+ + POCl_3$

(b) $Fe_2Cl_6 + 4\ POCl_3 \rightleftharpoons [FeCl_2(OPCl_3)_4]^+ + [FeCl_4]^-$

稀释时上述两个平衡都向生成产物的方向移动。

4.44 从溶液中分离金属的传统模式(这种模式是定性分析的基础)中,Au、As、Sb、Sn 的离子以硫化物形式沉淀,但加入过量多硫化铵后又重新溶解。Cu、Pb、Hg、Bi、Cd 的离子则不同,能生成硫化物沉淀却不能重新溶解。用本章使用的语言表达,第一组离子对涉及 SH^-代替 OH^-的反应而言是两性的,第二组离子酸性则较弱。这一信息意味着硫化物在周期表中处于两性边界线上。将此边界线与图 4.5 中水合氧化物的两性边界线作比较。我们将 S^{2-}描述为比 O^{2-}软的碱,这种描述与上述事实一致吗?

4.45 SO_2和 $SOCl_2$两化合物能发生放射性标记硫原子的交换反应,该交换反应可被 Cl^-和 $SbCl_5$催化。试为两个交换过程提出机理(机理第一步形成合适的络合物)。

4.46 与 SO_2相比,吡啶与 SO_3形成更强的 Lewis 酸碱络合物。然而,吡啶与 SF_6形成的络合物却弱于与 SF_4形成的络合物。试对这一差别做解释。

4.47 判断下述反应的平衡常数应该大于 1,还是小于 1:

(a) $CdI_2(s) + CaF_2(s) \rightleftharpoons CdF_2(s) + CaI_2(s)$

(b) $[CuI_4]^{2-}(aq) + [CuCl_4]^{3-}(aq) \rightleftharpoons [CuCl_4]^{2-}(aq) + [CuI_4]^{3-}(aq)$

(c) $NH_2^-(aq) + H_2O(l) \rightleftharpoons NH_3(aq) + OH^-(aq)$

4.48 下列三组的两个溶液哪个 pH 较低?

(a) 0.1 $mol \cdot L^{-1}$ $Fe(ClO_4)_2(aq)$ 或 0.1 $mol \cdot L^{-1}$ $Fe(ClO_4)_3(aq)$

(b) 0.1 $mol \cdot L^{-1}$ $Ca(NO_3)_2(aq)$或 0.1 $mol \cdot L^{-1}$ $Mg(NO_3)_2(aq)$

(c) 0.1 $mol \cdot L^{-1}$ $Hg(NO_3)_2(aq)$或 0.1 $mol \cdot L^{-1}$ $Zn(NO_3)_2(aq)$

4.49 为什么强酸性溶剂(如 SbF_5/HSO_3F)用于制备 I_2^+和 S_8^{2+}这样的阳离子,而稳定阴离子物种(如 S_4^{2-}和 Pb_9^{4-})却需要强碱性溶剂?

4.50 为了更好地判断强酸滴定弱碱的化学计量点,一个标准方法是使用乙酸作溶剂。解释方法所依据的原理。

辅导性作业

4.1 Gillespie 和 Liang 在他们的论文"Superacid solutions in hydrogen fluoride"(*J. Am. Chem. Soc.*,1988,**110**,6053)中讨论了多种无机化合物在 HF 中的酸性。(a) 排出他们研究中测定的五氟化物酸性强度的顺序;(b) 写出 SbF_5和 AsF_5与 HF 反应的方程式;(c) SbF_5在 HF 中形成物种 $Sb_2F_{11}^-$,写出两物种之间平衡的方程式。

4.2 在叔丁基溴化物与 $Ba(NCS)_2$的反应中,91%的产物为以 S 键合的 *t*-Bu—SCN。然而如果将 $Ba(NCS)_2$浸于固体 CaF_2,则产率升高,且产物的 99%为 *t*-Bu—NCS。试讨论以碱土金属盐为载体对两可亲核试剂 SCN^-硬度产生的影响。(参阅:T. Kimura, M. Fujita, and T. Ando, *Chem. Commun.*, 1990, 1213.)

4.3 R. Schmid 和 A. Miah 在他们的论文"The strengths of hydrohalic acids"(*J. Chem. Educ.*,2001,**78**,116)中讨论了文献报道过的 HF、HCl、HBr 和 HI 的 pK_a值的有效性。(a) 评估文献值的基础是什么?(b) 相对于 HCl 而言,HF 显示的低酸性是怎样解释的?(c) 作者认为 HCl 酸性强的原因是什么?

4.4 超强酸化学的地位已确立,而超强碱也存在,且通常都是第 1 族和第 2 族元素的氢化物。试为超强碱的化学写一段叙述。

4.5 E. J. Corey 在他的评述文章(*Angew. Chem. Int. Ed.*,2009,**48**,2100)中描述了手性硼烷的非对称催化,这些 Lewis 酸手性硼烷为何也能够显示 Brϕnsted 酸性?

4.6 Poliakoff 及其合作者在文章中描述了如何用 $scCO_2$代替传统溶剂开始了一个新的工业化学过程(*Green Chem.*, 2003,**5**,99)。试说明对传统技术的这种改变带来的好处和面临的挑战。

4.7 CO_2气体与长链烷基脒化合物水乳浊液之间的可逆反应具有重要的实际用途。叙述这个叫作"可开关的表面活性剂"的演示所涉及的化学问题。(参阅:*Science*,2006,**313**,958)

4.8 Krossing 及其合作者在文章(*J. Am. Chem. Soc.*,2006,**128**,13427)中用热力学循环法解释了离子液体的行为。叙述文章所使用的原理,总结所做出的判断。

(曾凡龙 译,史启祯 审)

5 章

氧化和还原

氧化是指从物种移去电子，还原则指添加电子。几乎所有元素及其化合物都能发生氧化和还原反应，元素在反应中显示一种或多种不同氧化态。本章介绍氧化还原化学的一些实例并建立一些概念，主要从热力学角度帮助学生理解氧化还原反应是能发生的。本章将介绍溶液中的氧化还原反应，了解电化学活性物种的电极电位并提供一些数据，这些数据对了解物种的稳定性和盐类的溶解性非常有用。还将介绍表示氧化态稳定性变化趋势的方法（包括 pH 的影响），同时介绍这些信息在环境化学、化学分析和无机合成中的应用。最后从热力学角度考察某些重要的工业氧化还原过程所需的条件，特别是从矿物提取金属的条件。

无机化合物的一大类反应可看作一物种将电子转移给另一物种的反应。得电子的过程叫**还原**（reduction），失电子的过程叫**氧化**（oxidation），总过程叫**氧化还原反应**（redox reaction）。提供电子的物种叫**还原剂**（reducing agent 或 reductant），得到电子的物种叫**氧化剂**（oxidizing agent 或 oxidant）。许多氧化还原反应伴随能量的大量释放，释放出来的能量用于燃烧或电池技术。许多氧化还原反应发生在相同物理状态的反应物之间。例如，发生在气相的反应：

$$2NO(g)+O_2(g) \longrightarrow 2NO_2(g)$$

$$2C_4H_{10}(g)+13O_2(g) \longrightarrow 8CO_2(g)+10H_2O(g)$$

发生在溶液中的反应：

$$Fe^{3+}(aq)+Cr^{2+}(aq) \longrightarrow Fe^{2+}(aq)+Cr^{3+}(aq)$$

$$3CH_3CH_2OH(aq)+2CrO_4^{2-}(aq)+10H^+(aq) \longrightarrow 3CH_3CHO(aq)+2Cr^{3+}(aq)+8H_2O(l)$$

发生在生物体系中的反应：

$$\text{‘}Mn_4\text{’}(\text{V},\text{IV},\text{IV},\text{IV})+2H_2O(l) \longrightarrow \text{‘}Mn_4\text{’}(\text{IV},\text{III},\text{III},\text{III})+4H^+(aq)+O_2(g)$$

发生在固相中的反应：

$$LiCoO_2(s)+6C(s) \longrightarrow LiC_6(s)+CoO_2(s)$$

$$CeO_2(s) \xrightarrow{\Delta} CeO_{2-\delta}(s)+\delta/2O_2(g)$$

上述发生在生物体系的那个例子是植物将水转化为 O_2 的反应，该反应是由植物的光合复合物中的辅酶（Mn_4CaO_5）催化的（见节 26.10）。固态反应第一个例子中的 LiC_6 是个**嵌入化合物**（intercalation compound），Li^+ 嵌在石墨碳原子片层之间。反应表达锂离子电池的充电过程，其逆反应则是放电过程。固态反应的第二个例子是热能将水转化为 H_2 和 O_2 的热循环的一部分，热能可由聚焦的太阳光提供。氧化还原反应也可发生在界面（相边界）上，如气/固界面或固/液界面。这方面的例子包括金属的溶解反应和发生在电极上的反应。

为了便于对种类繁多的氧化还原反应进行讨论，化学上引入有关氧化数的一套规则（节 2.16），而不再考虑实际发生的电子转移。氧化过程相应于元素氧化数升高，而还原过程则表示元素氧化数下降。如果元素的氧化数未发生变化，则不是氧化还原反应。

元素形成其阳、阴离子的反应是最简单的氧化还原反应。金属锂在空气中燃烧生成 Li_2O 时元素被氧化为 Li^+；氯与钙反应生成 $CaCl_2$ 时氯被还原为 Cl^-。对第 1 族和第 2 族元素而言，通常只会看到元素本身的氧化数（0）和离子的氧化数（分别为+1 和+2）。然而，许多其他元素在其化合物中却存在不止一种氧化态，如铅在化合物中的常见氧化数有 Pb(Ⅱ)（PbO）和 Pb(Ⅳ)（PbO_2）。d 金属（特别是第 6、7、8 族金属）

的化合物具有丰富的氧化态，如锇在化合物中显示从-2(如在$[Os(CO)_4]^{2-}$中)到+8(如在OsO_4中)的多种氧化数。由于元素的氧化态往往体现在形成的化合物中，如何定量表达元素形成特定氧化态化合物的能力，在无机化学中就显得非常重要。

还原电位

由于氧化还原反应涉及电子在不同物种之间的转移，电化学方法成为研究这类反应的重要方法。电化学方法是在规定的热力学条件下通过一对电极对电子转移反应进行测量的方法，正是通过这种方法构筑出“标准电位”表，标准电位的差值可以表示出电子从一个物种转移至另一物种的趋势。

5.1　氧化还原半反应

提要：氧化还原反应可表示为两个还原半反应之差。

氧化还原反应可方便地看作是由两个概念上的**半反应**(half-reactions)组合而成的。半反应可以明确示出电子的失(氧化)和得(还原)：还原半反应中物质获得电子，氧化半反应中物质失去电子。例如：

$$2H^+(aq)+2e^- \longrightarrow H_2(g)$$

$$Zn(s) \longrightarrow Zn^{2+}(aq)+2e^-$$

由于电子“处于转移过程中”，半反应方程中不标出物理状态。同一半反应中的氧化态物种和还原态物种构成一个**氧化还原电对**(redox couple)，书写电对时氧化态物种先于还原态物种(通常不标出物相)。例如，上述两个半反应的电对写为H^+/H_2和Zn^{2+}/Zn。

氧化半反应通常也表示为还原半反应。改变表示方法其实很简单，只需将前者的反应物和产物换位就行了。例如，上述锌的氧化半反应改写为

$$Zn^{2+}(aq)+2e^- \longrightarrow Zn(s)$$

氢离子氧化锌的氧化还原反应是两个还原半反应之差：

$$Zn(s)+2H^+(aq) \longrightarrow Zn^{2+}(aq)+H_2(g)$$

有些情况下需要将半反应乘以某个系数，以确保转移的电子数相匹配。

例题 5.1　用合并半反应的方法写化学反应方程式

题目：写出酸性溶液中MnO_4^-氧化Fe^{2+}的反应方程式并配平。

答案：平衡氧化还原反应方程式时除考虑反应物和产物外，还需考虑到其他物种(如电子和氢离子)。平衡一个系统的步骤如下：

写出两物种未平衡的还原半反应；

配平除氢以外的其他元素；

通过给箭头的另一端加H_2O配平 O 原子；

如果是酸性溶液，通过加H^+的方法配平 H 原子；如果是碱性溶液，则通过箭头一端加OH^-和另一端加H_2O的方法配平 H 原子；

加e^-来配平半反应两端的电荷；

两个半反应分别乘以适当因子以确保电子数相等；

用含氧化性最强物种的半反应减去含还原性最强物种的半反应的方法合并两个半反应并消除多余项。

Fe^{3+}的还原半反应只涉及电荷的平衡，可一步完成：

$$Fe^{3+}(aq)+e^- \longrightarrow Fe^{2+}(aq)$$

未配平的MnO_4^-的还原半反应是

$$MnO_4^-(aq) \longrightarrow Mn^{2+}(aq)$$

通过加 H_2O 的方法配平 O 原子：

$$MnO_4^-(aq) \longrightarrow Mn^{2+}(aq)+4H_2O(l)$$

通过加 $H^+(aq)$ 的方法配平 H 原子：

$$MnO_4^-(aq)+8H^+(aq) \longrightarrow Mn^{2+}(aq)+4H_2O(l)$$

用 e^- 平衡电荷：

$$MnO_4^-(aq)+8H^+(aq)+5e^- \longrightarrow Mn^{2+}(aq)+4H_2O(l)$$

Fe^{3+} 的还原半反应两边分别乘以 5，使其与 MnO_4^- 的还原半反应的电子数相等；MnO_4^- 的还原半反应减去 Fe^{3+} 的还原半反应，重排后让所有化学计量系数为正值。得到答案：

$$MnO_4^-(aq)+8H^+(aq)+5Fe^{2+}(aq) \longrightarrow Mn^{2+}(aq)+5Fe^{3+}(aq)+4H_2O(l)$$

自测题 5.1 用还原半反应法写出酸性溶液中高锰酸根离子氧化金属锌的化学方程式并配平。

5.2 标准电位与反应自发性

提要：$K>1$（即 $E^\ominus>0$）的氧化还原反应是热力学上有利的（自发的）反应。这里的 $E^\ominus$ 是由氧化还原总反应拆分而成的两个半反应标准电位之差。

热力学判据可用来判定反应的自发性（即反应自然发生的趋势）。自发性的热力学判据是，等温等压下反应的 Gibbs 自由能变（$\Delta_r G$）为负值。一般情况下，只需考虑标准反应 Gibbs 自由能（$\Delta_r G^\ominus$）也就足够了，它与平衡常数之间具有下述关系：

$$\Delta_r G^\ominus = -RT\ln K \tag{5.1}$$

负的 $\Delta_r G^\ominus$ 相应于 $K>1$。"有利的"反应是指平衡状态下产物（相对于反应物）占主体的反应。不过需要指出的是 $\Delta_r G^\ominus$ 值与组成有关，而且所有反应在适当条件下最终都可成为自发反应（即 $\Delta_r G<0$）。这一含义的另一种表述方法是，任何平衡常数数值都不可能是无穷大。

因为总化学方程是两个还原半反应方程之差，所以总反应的标准 Gibbs 自由能是两个半反应的标准 Gibbs 自由能之差。实际反应中的还原半反应总是成对发生的，因而只有标准 Gibbs 自由能的差值才有意义。我们总是选定一个半反应的 $\Delta_r G^\ominus=0$，其他半反应的 $\Delta_r G^\ominus$ 都是前者的相对值。传统上选定 pH = 0、H_2 压力为 1 bar 时（任何温度下）H^+ 的还原半反应的 $\Delta_r G^\ominus$ 为零：

$$H^+(aq)+e^- \longrightarrow 1/2H_2(g) \quad \Delta_r G^\ominus = 0$$

下面以锌为例说明其半反应的相对值是怎样得到的。Zn^{2+} 被氢还原的标准 Gibbs 自由能可由实验测定：

$$Zn^{2+}(aq)+H_2(g) \longrightarrow Zn(s)+2H^+(aq) \quad \Delta_r G^\ominus = +147\ kJ\cdot mol^{-1}$$

既然 H^+ 的还原半反应对反应 Gibbs 自由能的贡献为零，锌离子还原半反应的结果自然是

$$Zn^{2+}(aq)+2e^- \longrightarrow Zn(s) \quad \Delta_r G^\ominus = +147\ kJ\cdot mol^{-1}$$

反应的标准 Gibbs 自由能可通过搭建**原电池**（galvanic cell）的方法进行测量。电化学电池是通过化学反应产生电流的装置（见图 5.1），这里的化学反应是指驱动电流通过外电路的那个反应。**阴极**（cathode）是指发生还原反应的电极，**阳极**（anode）则指发生氧化反应的电极，两电极之间的电位差可以测量出来。实际测量中必须确保电池运行是热力学可逆的，这意味着要在无电流通过的情况下测定电位差。如果需要，测得的电位差可由公式 $\Delta_r G=-\nu FE$ 换算成反应的 Gibbs 自由能，公式中的 ν 是反应中转移电子的计量系数（本书用

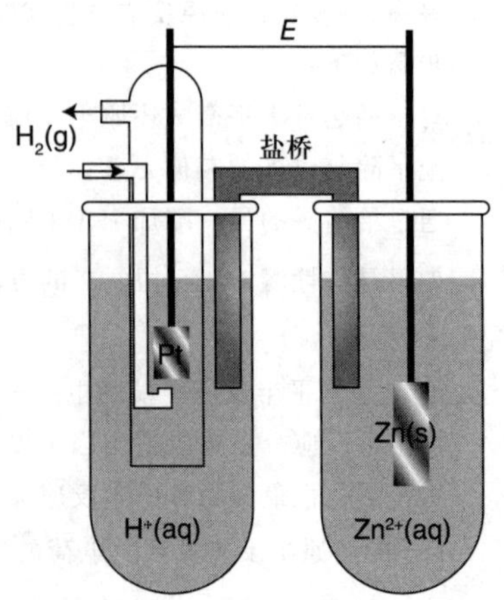

图 5.1 原电池示意图。标准电位 $E^\ominus_{cell}$ 是指电池不产生电流且所有物质都处于标准状态时的电位差

ν(读音 nu)表示电子的计量系数,但在无机化学的电化学方程中通常也用 n。我们用"ν"而不用"n",是要强调它是一个量纲为 1 的数,而不是以 mol 为单位的物理量。F 是法拉第常数(F=96.48 kC·mol^{-1})。列在表中的数据通常是在标准条件[标准条件是指所有物质处于 100 kPa(1 bar)压力之下而且活度为 1。如果反应涉及 H^+,标准条件相应于 pH=0,即 H^+浓度接近 1 mol·L^{-1}的酸性溶液]下测得的,单位为伏(V)。

与半反应的 $\Delta_r G^\ominus$相对应的电位符号为 $E^\ominus$,二者的关系是

$$\Delta_r G^\ominus = -\nu F E^\ominus \tag{5.2}$$

$E^\ominus$叫**标准电位**(standard potential)或标准还原电位,后一叫法强调半反应为还原过程,氧化态物种和电子写在半反应方程中箭头的左方。因为人为规定了 H^+还原半反应的 $\Delta_r G^\ominus$为零,所以任何温度下 H^+/H_2电对的标准电位也为零:

$$H^+(aq)+e^- \longrightarrow 1/2H_2(g) \quad E^\ominus(H^+,H_2)=0$$

对 Zn^{2+}/Zn 电对(ν=2)而言,在 25 ℃下测得的 $\Delta_r G^\ominus$值可以得到:

$$Zn^{2+}(aq)+2e^- \longrightarrow Zn(s) \quad E^\ominus(Zn^{2+},Zn)=-0.76\ V$$

因为总反应的 Gibbs 自由能是两个半反应 $\Delta_r G^\ominus$的差值,那么 $E^\ominus_{cell}$也应为两个半反应标准电位之差:

$$2H^+(aq)+Zn(s) \longrightarrow Zn^{2+}(aq)+H_2(g) \quad E^\ominus_{cell}=+0.76\ V$$

需要提醒的是,电对(和对应的半反应)的 $E^\ominus$叫标准电位,其差值则用符号 $E^\ominus_{cell}$表示,并叫作**标准电池电位**[standard cell potential;过去将电池电位叫"electromotive force",中译名"电动势",实际上如今也广泛这样叫。但电位不是"force"("力"),IUPAC 支持"电池电位"这个叫法]。如果相应的标准电池电位是正值,由公式(5.2)可知 $\Delta_r G^\ominus$为负值,即反应为热力学上允许的反应(K>1)。上述那个例子的 $E^\ominus$>0($E^\ominus$=+0.76 V),锌在标准条件下(水溶液,pH=0,Zn^{2+}活度为 1)还原 H^+的反应是热力学允许的反应。或者说,金属锌能溶于酸。与锌一样,其他所有金属电对的标准电位都是负值。

例题 5.2　计算标准电极电位

题目:用下面的标准电位计算铜-锌电池的标准电位。

$$Cu^{2+}(aq)+2e^- \longrightarrow Cu(s) \quad E^\ominus(Cu^{2+},Cu)=+0.34\ V$$

$$Zn^{2+}(aq)+2e^- \longrightarrow Zn(s) \quad E^\ominus(Zn^{2+},Zn)=-0.76\ V$$

答案:从两个半反应的标准电位可知 Cu^{2+}是氧化性更强的物种(电对的电位较高),将会被具有较低电位的物种(Zn)还原,因此该自发反应为

$$Cu^{2+}(aq)+Zn(s) \longrightarrow Zn^{2+}(aq)+Cu(s)$$

反应的电池电位是两个半反应的电位差:

$$E^\ominus_{cell}=E^\ominus(Cu^{2+},Cu)-E^\ominus(Zn^{2+},Zn)=+0.34\ V-(-0.76\ V)=+1.10\ V$$

该电池将产生 1.1 V 的电位差(标准条件下)。

自测题 5.2　金属铜能与稀盐酸反应吗?

燃烧是一类人们熟悉的氧化还原反应,反应释放出的能量可驱动发动机的运转。**燃料电池**(fuel cell)则是将化学燃料直接转化为电力的装置(应用相关文段 5.1)。

应用相关文段 5.1　燃料电池

燃料电池是用 O_2或空气作氧化剂将化学燃料直接转化为电能的装置。例如,满足大功率电力需求时用氢作化学燃料,小型便携电池则用甲醇。与充电电池或内燃机相比,以燃料电池为电源具有几个方面的优势,而且使用范围正在逐步增加。普通电池有更换或充电问题;而燃料电池则不同。只要有燃料供应,就能一直运行下去。此外,燃料电池虽含有少量作为电催化剂的 Pt 或其他金属,但却不含大量对环境有害的 Ni 和 Cd。燃料电池的运行效率较燃烧装置更高,几

乎可将燃料定量地转化为 H_2O 和 CO_2（对甲醇而言）。燃料电池的工作温度相对较低，不产生氮氧化物，所以污染也要小得多。单个燃料电池的电位小于 1 V，为了产生实用电压，通常是将多个电池串联在一起（叫做"层叠"）。

重要的氢燃料电池包含质子交换膜燃料电池（PEMFC）、碱性燃料电池（AFC）和固态氧化物燃料电池（SOFC），其区别在于不同的电极反应模式、化学电荷转移模式和运行温度。下表列出它们的详细信息。

燃料电池	阳极反应	电解质	迁移离子	阴极反应	温度范围/℃	压力/atm	效率/%
PEMFC	$H_2 \to 2H^+ + 2e^-$	H^+-导电聚合物（PEM）	H^+	$2H^+ + \frac{1}{2}O_2 + 2e^- \to H_2O$	80～100	1～8	35～40
AFC	$H_2 \to 2H^+ + 2e^-$	碱性水溶液	OH^-	$H_2O + \frac{1}{2}O_2 + 2e^- \to 2OH^-$	80～250	1～10	50～60
SOFC	$H_2 + O^{2-} \to H_2O + 2e^-$	固态氧化物	O^{2-}	$\frac{1}{2}O_2 + 2e^- \to O^{2-}$	800～1 000	1	50～55
DMFC	$CH_3OH + H_2O \to CO_2 + 6H^+ + 6e^-$	H^+-导电聚合物	H^+	$2H^+ + \frac{1}{2}O_2 + 2e^- \to H_2O$	0～40	1	20～40

燃料电池的基本原理通过 PEMFC 来说明（见图 B5.1），这种电池运行温度不高（80～100 ℃），适合用作道路车辆的车载电源。在阳极，连续供应的 H_2 被氧化为 H^+，后者作为化学电荷的载体穿膜进入阴极，在那里将 O_2 还原为 H_2O。该过程产生从阳极流到阴极的电流，通过负载（如电动机）的正是这种电流。阳极（H_2 氧化的部位）和阴极（O_2 还原的部位）上都需负载 Pt 催化剂，以便燃料和氧化剂能有效进行电化学转化。制约 PEM（和其他燃料电池）效率的主要因素是 O_2 在阴极的还原速率慢，损耗约十分之几伏的电压（超电位）。工作电压通常约为 0.7 V。膜组成为允许 H^+ 通过的全氟磺酸钠聚合物（Du Pont 公司发明，商业名称为"Nafion"）。

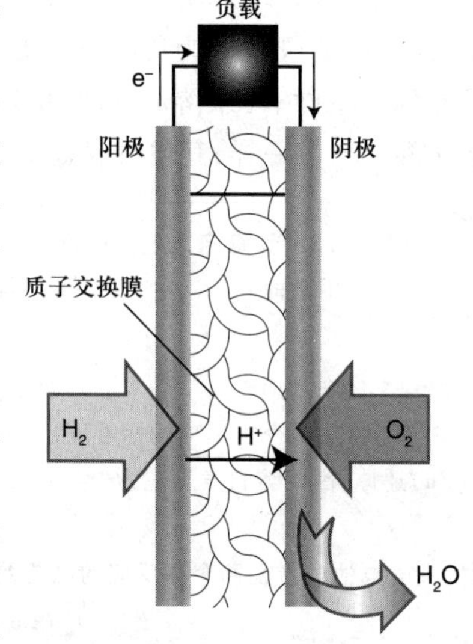

图 B5.1　质子交换膜（PEM）燃料电池示意。负载有催化剂（Pt）的阳极和阴极分别将燃料 H_2 和氧化剂 O_2 转化为 H^+ 和水。质子交换膜通常为叫做 Nafion 的材料，这种膜允许阳极产生的 H^+ 转移到阴极

碱性燃料电池 AFC 比 PEMFC 更有效，因为碱性条件下 O_2 在 Pt 阴极上更易被还原。代表性的工作电压一般高于 0.8 V。PEMFC 中使用的隔膜被两电极间的碱性水溶液泵流所取代。碱性燃料电池被用来为探月的阿波罗宇宙飞船提供电能。

SOFC 的工作温度高得多（800～1 100 ℃），用于为建筑物提供电能和热能（热电联供，CHP）。有代表性的阴极材料是基于 $LaCoO_3$ 的复合氧化物［如 $La_{(1-x)}Sr_xMn_{(1-y)}Co_yO_3$］，有代表性的阳极则是混有 RuO_2 的 NiO 和一种镧系元素氧化物［如 $Ce_{(1-x)}Gd_xO_{1.95}$］。化学电荷由陶瓷氧化物（如掺钇的 ZrO_2）携带，通过 O^{2-} 在高温下的迁移而导电（节 24.4）。过高的操作温度阻滞了对像 Pt 这样的高效催化剂的需求。

采用下述两种方法之一将甲醇用作电池燃料。一种是用甲醇作为"H_2 载体"，将甲醇重整反应（节 10.4）产生的 H_2 原位提供给前述的氢燃料电池。这种间接方法绕开了 H_2 的高压存储。另一方法是采用叫作直接甲醇燃料电池（DMFC）的装置，该装置由阳极、阴极（均负载有 Pt 或 Pt 合金）和 PEM 组合而成。甲醇以水溶液（1 mol · dm^{-3}）形式提供到阳极。DMFC 电池特别适合于小的、低功率电器（如移动电话和便携式电子设备），也是有前途的锂离子电池替代品。DMFC 电池的主要缺点是效率相对较低。低效率主要来自于降低工作电压的两个因素：阳极上发生的反应（CH_3OH 氧化为 CO_2 和 H_2O）及前面提及的阴极动力学过程都十分缓慢；此外由于甲醇容易渗透亲水的 PEM，导致其跨膜迁移至阴极（"跨界"）。用固载于碳上的 Pt/Ru（50/50）混合物作为阳极催化剂能提高甲醇氧化的速率。

阅读材料：

C. Spiegel, *Design and Building of fuel cells*. McGraw-Hill(2007).

J. Larminie and A. Dicks, *Fuel cell systems explained*. John Wiley & Sons(2003).

A. Wieckowski and J. Norskov(eds), *Fuel cell science: theory, fundamentals, and biocatalysis*. John Wiley & Sons(2010).

5.3 标准电位的变化趋势

提要：标准电位数值中包括了金属原子化、原子电离和金属离子水合焓的贡献。

影响电对(M^+/M)标准电位的因素可通过热力学循环和相应的 Gibbs 自由能变对下述总反应的贡献来说明：

$$M^+(aq)+1/2H_2(g) \longrightarrow H^+(aq)+M(s)$$

图 5.2 是简化了的热力学循环（忽略了与 M 性质大体无关的反应熵）。熵的贡献（$T\Delta S^\ominus$ 值）在 −20 ~ −40 kJ · mol^{-1}，与反应焓[H^+(aq)和 M^+(aq)标准生成焓之差]相比数值较小。在这里，我们用的是 H^+ 和 M^+ 生成焓的绝对值，而不是按常规 $\Delta_f H^\ominus(H^+,aq)=0$ 而得的值。即 $\Delta_f H^\ominus(H^+,aq)=+445$ kJ · mol^{-1}，它是通过 $1/2H_2(g)$ 形成 1 个 H 原子(+218 kJ · mol^{-1})，H 原子电离为 $H^+(g)$(+1 312 kJ · mol^{-1})，$H^+(g)$ 发生水合(约−1 085 kJ · mol^{-1})等三个过程计算得到的。

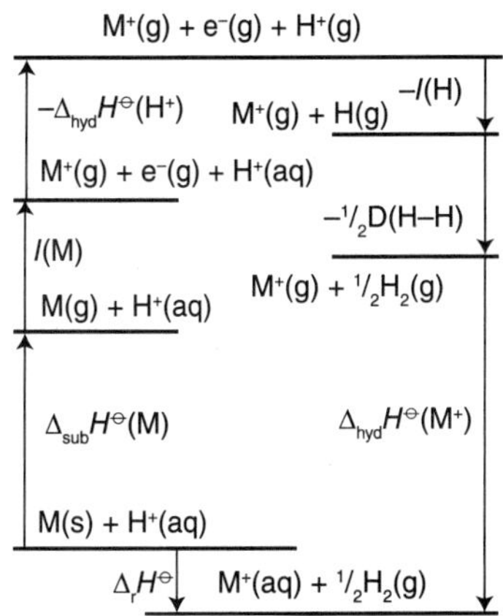

图 5.2　表示金属电对标准电位的热力学循环：向上箭头表示吸热过程，向下箭头表示放热过程

用热力学贡献对电池电位进行讨论的做法有助于解释标准电位的变化趋势。例如，第 1 族中，Cs^+/Cs 电对和 Li^+/Li 电对的标准电位值似乎与电负性预期的结果相反。尽管 Li 的电负性($\chi=2.20$)比 Cs($\chi=0.79$)大，但 Cs^+/Cs 的标准电位($E^\ominus=-3.03$ V)却与 Li^+/Li($E^\ominus=-3.04$ V)相近。锂的升华焓和电离能比 Cs 高，这一差别暗示前者更不易形成离子，其标准电位的负值更小些。然而 Li^+ 水合焓的负值很大，这是因为 Li^+ 半径(90 pm)比 Cs^+(181 pm)小得多，与水分子之间的静电作用强得多。总体说来，Li^+ 更负的水合焓上超过了形成 $Li^+(g)$ 的两个能量项，使其标准电位更负。此外，Na^+/Na 电对的标准电位(−2.71 V)比第 1 族其他金属(接近−2.9 V)相对较低，这是由 Na 的高升华焓和中等大小的水合焓两个因素一起造成的(见表 5.1)。

表 5.1　几种金属的热力学因素对 $E^\ominus$ 的贡献(298 K)*

热力学因素	Li	Na	Cs	Ag
$\Delta_{sub}H^\ominus$/(kJ · mol^{-1})	+161	+109	+79	+284
I/(kJ · mol^{-1})	520	495	376	735
$\Delta_{hyd}H^\ominus$/(kJ · mol^{-1})	−520	−406	−264	−468
$\Delta_f H^\ominus(M^+,aq)$/(kJ · mol^{-1})	+167	+206	+197	+551
$E^\ominus$/V	−3.04	−2.71	−3.03	+0.80

* $\Delta_f H^\ominus(H^+,aq)=+455$ kJ · mol^{-1}.

$E^\ominus(Na^+,Na)$值(−2.71 V)也可与 $E^\ominus(Ag^+,Ag)$值(+0.80 V)做比较。两种离子的六配位半径($r_{Na^+}=116$ pm，$r_{Ag^+}=129$ pm)相近，所以离子的水合焓也接近。然而，Ag 具有高得多的升华焓，特别是 4d 电子的

弱屏蔽作用而造成的高电离能,导致 Ag^+/Ag 的标准电位为正值。这种差别表现在金属与稀酸的反应上:钠剧烈反应并放出氢气而溶解,银则不反应。类似的热力学分析可用来解释很多列在表 5.2 中的标准电位数据的变化趋势。例如,贵金属具有正电位,主要因为它们中的多数具有高升华焓。

表 5.2　标准电极电位选录(298 K)*

电对	$E^{\ominus}$/V
$F_2(g)+2e^- \longrightarrow 2F^-(aq)$	+2.87
$Ce^{4+}(aq)+e^- \longrightarrow Ce^{3+}(aq)$	+1.76
$MnO_4^-(aq)+8H^+(aq)+5e^- \longrightarrow Mn^{2+}(aq)+4H_2O(l)$	+1.51
$Cl_2(g)+2e^- \longrightarrow 2Cl^-(aq)$	+1.36
$O_2(g)+4H^+(aq)+4e^- \longrightarrow 2H_2O(l)$	+1.23
$[IrCl_6]^{2-}(aq)+e^- \longrightarrow [IrCl_6]^{3-}(aq)$	+0.87
$Fe^{3+}(aq)+e^- \longrightarrow Fe^{2+}(aq)$	+0.77
$[PtCl_4]^{2-}(aq)+2e^- \longrightarrow Pt(s)+4Cl^-(aq)$	+0.60
$I_3^-(aq)+2e^- \longrightarrow 3I^-(aq)$	+0.54
$[Fe(CN)_6]^{3-}(aq)+e^- \longrightarrow [Fe(CN)_6]^{4-}(aq)$	+0.36
$AgCl(s)+e^- \longrightarrow Ag(s)+Cl^-(aq)$	+0.22
$2H^+(aq)+2e^- \longrightarrow H_2(g)$	0
$AgI(s)+e^- \longrightarrow Ag(s)+I^-(aq)$	-0.15
$Zn^{2+}(aq)+2e^- \longrightarrow Zn(s)$	-0.76
$Al^{3+}(aq)+3e^- \longrightarrow Al(s)$	-1.68
$Ca^{2+}(aq)+2e^- \longrightarrow Ca(s)$	-2.87
$Li^+(aq)+e^- \longrightarrow Li(s)$	-3.04

* 更多数据参见资源节 3。

5.4　电化学序列

提要:如果电对的 $E^{\ominus}$ 是大的正值,其氧化型是强氧化剂;如果电对的 $E^{\ominus}$ 是大的负值,其还原型是强还原剂。

负的标准电位($E^{\ominus}<0$)意味着电对中的还原型(如 Zn^{2+}/Zn 中的 Zn)在标准条件下的水溶液中是 H^+ 的还原剂。即如果 $E^{\ominus}$(氧化型,还原型)<0,还原型物种的还原性就强得足以将 H^+ 还原($K>1$)。表 5.2 给出了 298 K 的一些 $E^{\ominus}$ 值,表中由上而下的顺序即**电化学序列**(electrochemical series):

$E^{\ominus}$ 正值高的氧化型/还原型(氧化型为强氧化剂)

⋮

$E^{\ominus}$ 负值高的氧化型/还原型(还原型为强还原剂)

电化学序列的一个重要特征是,电对中的还原型在热力学上能够还原位于它上方的任何一个电对的氧化型。需要指出的是,这一特征仅指反应的热力学方面,即指标准条件下反应的自发性和反应的 K 值,而不是反应速率。这就是说：根据电化学序列做出的判断只是热力学结果；如果在动力学上不利，实际反应可能不会发生或者进行得极慢。

例题 5.3　学会使用电化学序列

题目：表 5.2 电对中的高锰酸根离子$[MnO_4]^-$是氧化还原法滴定铁的常用分析试剂，酸性溶液中的 Fe^{2+}、Cl^- 和 Ce^{3+} 哪个离子可被高锰酸根氧化？

答案：能够还原$[MnO_4]^-$的试剂必须是氧化还原电对的还原型，该电对必须比$[MnO_4]^-/Mn^{2+}$电对具有负值更大的标准电位。酸性溶液中$[MnO_4]^-/Mn^{2+}$电对的标准电位是+1.51 V，电对 Fe^{3+}/Fe^{2+}、Cl_2/Cl^- 和 Ce^{4+}/Ce^{3+} 的标准电位分别为+0.77 V、+1.36 V 和+1.76 V。这意味着，酸性溶液（pH＝0）中的$[MnO_4]^-$是足够强的氧化剂，能够氧化 Fe^{2+} 和 Cl^-。但不能氧化 Ce^{3+}，因为 Ce^{4+}/Ce^{3+} 的标准电位值更正。应当注意的是，溶液中存在其他离子时可能改变还原电位值从而改变上述结论。存在 H^+ 时特别如此，pH 对电位的影响将在节 5.10 中讨论。$[MnO_4]^-$可以氧化 Cl^- 的事实意味着，不能用 HCl 酸化涉及高锰酸盐的氧化还原反应体系，得用 H_2SO_4 进行酸化。

自测题 5.3　分析化学上另一个常用氧化剂为 $Cr_2O_7^{2-}$ 的酸性溶液，其 $E^{\ominus}([Cr_2O_7]^{2-}, Cr^{3+}) = +1.38V$，可否用这种溶液滴定 Fe^{2+}？Cl^- 存在时是否会有副反应？

5.5　能斯特方程

提要：能斯特方程给出任意组成反应混合物的电池电位。

为了判断任意组成下反应在特定方向发生的可能性，需要知道该组成下 $\Delta_r G$ 的符号和数值。为此可使用下述热力学关系式：

$$\Delta_r G = \Delta_r G^{\ominus} + RT\ln Q \tag{5.3a}$$

式中，Q 叫反应商。反应

$$a\mathrm{Ox_A} + b\mathrm{Red_B} \longrightarrow a'\mathrm{Red_A} + b'\mathrm{Ox_B} \tag{5.3b}$$

的反应商为

$$Q = \frac{[\mathrm{Red_A}]^{a'}[\mathrm{Ox_B}]^{b'}}{[\mathrm{Ox_A}]^{a}[\mathrm{Red_B}]^{b}}$$

对涉及气相物种的反应而言，用气体的相对分压（相对于 $p^{\ominus} = 1$ bar）代替物质的量浓度。反应商与平衡常数 K 的形式相同，但物质的浓度指的是反应在任意阶段的浓度；平衡状态时 $Q = K$。表达 Q 和 K 时，方括号表示的量是物质的物质的量浓度的数值。所以，Q 和 K 都是量纲为 1 的量。如果 $\Delta_r G<0$，反应在任何阶段都是自发的。该判据也可用相应电池的电位来表示，将 $E_{cell} = -\Delta_r G/\nu F$ 和 $E^{\ominus}_{cell} = -\Delta_r G^{\ominus}/\nu F$ 代入式（5.3a）即得**能斯特方程**（Nernst equation）：

$$E_{cell} = E^{\ominus}_{cell} - \frac{RT}{\nu F}\ln Q \tag{5.4}$$

如果当时条件下的 $E_{cell}>0$（即 $\Delta_r G<0$），则反应自发。平衡时 $E_{cell}=0$、$Q=K$，所以式（5.4）暗示温度为 T 时，电池的标准电位与电池反应的平衡常数之间存在一个非常重要的关系式：

$$\ln K = \frac{\nu F E^{\ominus}_{cell}}{RT} \tag{5.5}$$

表 5.3 给出电池电位处于−2 V 到+2 V 之间（25 ℃，$\nu=1$）时与之对应的 K 值。表中的数据表明当 $\nu=1$ 的情况下，电化学数据的变化范围虽然很窄（从−2 V 到+2 V），平衡常数值却变化了 68 个数量级。

如果将电池电位 E_{cell} 看成两个还原电位之差，就像 $E^{\ominus}_{cell}$ 是两个标准还原电位之差一样，则可模仿方程（5.4）写出每个贡献于电池反应的电对的电位 E：

表 5.3　K 与 $E^{\ominus}$ 的关系

$E^{\ominus}$/V	K
+2	10^{34}
+1	10^{17}
0	1
−1	10^{-17}
−2	10^{-34}

$$E=E^{\ominus}-\frac{RT}{\nu F}\ln Q \tag{5.6a}$$

半反应 $a\mathrm{Ox}+\nu e^{-}\longrightarrow a'\mathrm{Red}$ 的反应商表达为

$$Q=\frac{[\mathrm{Red}]^{a'}}{[\mathrm{Ox}]^{a}} \tag{5.6b}$$

按照习惯,电子不出现在 Q 表达式中。

标准电池电位对温度的依赖关系为许多氧化还原反应提供了一种直接确定标准熵的方法。从方程(5.2)可以写出

$$-\nu FE^{\ominus}_{\mathrm{cell}}=\Delta_r G^{\ominus}=\Delta_r H^{\ominus}-T\Delta_r S^{\ominus} \tag{5.7a}$$

假定研究涉及的不大的温度区间内 $\Delta_r H^{\ominus}$ 和 $\Delta_r S^{\ominus}$ 不随温度而变化,则有下式:

$$-\nu FE^{\ominus}_{\mathrm{cell}}(T_2)-[-\nu FE^{\ominus}_{\mathrm{cell}}(T_1)]=-(T_2-T_1)\Delta_r S^{\ominus}$$

不难得出:

$$\Delta_r S^{\ominus}=\frac{\nu F[E^{\ominus}_{\mathrm{cell}}(T_2)-E^{\ominus}_{\mathrm{cell}}(T_1)]}{T_2-T_1} \tag{5.7b}$$

换句话说,$\Delta_r S^{\ominus}$ 正比于标准电池电位-温度图上线段的斜率。

标准反应熵变 $\Delta_r S^{\ominus}$ 往往反映出伴随氧化还原反应而发生的溶剂化程度的变化:对每个半电池反应而言,如果相应的还原过程导致电荷减少(溶剂分子的结合变得更松弛,混乱度更大),可以预期熵项的贡献为正值。相反,电荷增加时,熵项的贡献则是负值。节 5.3 曾经看到,比较电荷变化相同的氧化还原电对时,熵对标准电位的贡献通常很接近。

例题 5.4　燃料电池产生的电位

题目:一燃料电池涉及 H_2 和 O_2 之间发生的下述反应:

$$2H_2(g)+O_2(g)\longrightarrow 2H_2O(l)$$

每种气体的温度和压力都是 25 ℃和 100 kPa[注意:为了改善效能,电池质子交换膜(PEM)的工作温度通常为 80~100 ℃],试计算电池电位(测量时使用高电阻负载,使通过的电流忽略不计)。

答案:在零电流条件下,电池电位等于两氧化还原电对标准电位之差。对上述反应而言,可以写出:

$$右:O_2(g)+4H^{+}(aq)+4e^{-}\longrightarrow 2H_2O(l)\quad E^{\ominus}=+1.23\ \mathrm{V}$$

$$左:2H^{+}(aq)+2e^{-}\longrightarrow H_2(g)\quad E^{\ominus}=0\ \mathrm{V}$$

$$总(右-左):2H_2(g)+O_2(g)\longrightarrow 2H_2O(l)$$

电池的标准电位为

$$E^{\ominus}_{\mathrm{cell}}=(+1.23\ \mathrm{V})-0\ \mathrm{V}=+1.23\ \mathrm{V}$$

反应按纸面所写方向是自发的,右侧的电极为阴极(发生还原的部位)。

自测题 5.4　氢和氧两种气体压力均为 5.0 bar 的燃料电池将会产生多大的电位差?

氧化还原稳定性

评估溶液中物种的稳定性时,必须记住可能存在的所有反应物,包括溶剂、其他溶质、物种本身和溶解在溶液中的氧。下面的讨论聚焦于由溶质的热力学不稳定性而导致的反应类型。也简短讨论动力学因素,但动力学上的变化趋势通常不如稳定性变化趋势那样有规律。

5.6　pH 的影响

提要:水溶液中的许多反应除涉及电子转移外还涉及 H^+ 的转移,因而电极电位也与溶液的 pH 有关。

水溶液中许多反应的电极电位随 pH 而变化,这是因为电对中还原型物种的 Brϕnsted 碱性比氧化型物种强得多。对转移 ν_e 个电子和 ν_p 个质子的氧化还原电对而言,从方程(5.6b)可得

$$\mathrm{Ox}+\nu_e \mathrm{e}^- +\nu_p \mathrm{H}^+ \longrightarrow \mathrm{RedH}_{\nu_p}^+ \quad Q=\frac{[\mathrm{RedH}_{\nu_p}^+]}{[\mathrm{Ox}][\mathrm{H}^+]^{\nu_p}}$$

和

$$E=E^{\ominus}-\frac{RT}{\nu_e F}\ln\frac{[\mathrm{RedH}_{\nu_p}^+]}{[\mathrm{Ox}][\mathrm{H}^+]^{\nu_p}}=E^{\ominus}-\frac{RT}{\nu_e F}\ln\frac{[\mathrm{RedH}_{\nu_p}^+]}{[\mathrm{Ox}]}+\frac{\nu_p RT}{\nu_e F}\ln[\mathrm{H}^+]$$

将还原型浓度、氧化型浓度与 $E^{\ominus}$结合起来将 E'定义为

$$E'=E^{\ominus}-\frac{RT}{\nu_e F}\ln\frac{[\mathrm{RedH}_{\nu_p}^+]}{[\mathrm{Ox}]}$$

并用 $\ln[\mathrm{H}^+]=\ln 10\times\log[\mathrm{H}^+]$ 和 $\mathrm{pH}=-\log[\mathrm{H}^+]$ 两个关系式进行转化,则可将电极电位写为

$$E=E'-\frac{\nu_p RT\ln 10}{\nu_e F}\mathrm{pH} \qquad (5.8a)$$

25 ℃时,

$$E=E'-\frac{(0.059\ \mathrm{V})\nu_p}{\nu_e}\mathrm{pH} \qquad (5.8b)$$

也就是说,pH 增高(溶液碱性增大)时电位下降(负值更大)。例如,电对 ClO_4^-/ClO_3^-的半反应是

$$\mathrm{ClO_4^-(aq)+2H^+(aq)+2e^-\longrightarrow ClO_3^-(aq)+H_2O(l)}$$

pH=0 时,$E^{\ominus}=+1.201$ V,pH=7 时电对的还原电位为 1.201 V−(2/2)(7×0.059)V=+0.788 V。所以,高氯酸根阴离子在酸性条件下是个强氧化剂。

中性溶液(pH=7)中的标准电位用符号 $E_w^{\ominus}$表示。因为细胞液的 pH 被缓冲至接近 7,$E_w^{\ominus}$数据在生物化学讨论中显示出重要性。pH=7 这个条件相应于所谓的**生物标准态**(biological standard state);生物化学上有时将其表示为 $E^{\oplus}$或 E_{m7},“m7”表示 pH=7 的**“中点”电位**(‘midpoint’ potential)。例如,为了确定 pH=7 时 H^+/H_2电对的还原电位(其他物种处于标准状态),需要记住 $E'=E^{\ominus}(H^+,H_2)=0$。还原半反应是 $2H^+(aq)+2e^-\longrightarrow H_2(g)$,所以 $\nu_e=2,\nu_p=2$。生物标准电位是

$$E^{\oplus}=0-(2/2)(0.059\ \mathrm{V})\times 7.0=-0.41\ \mathrm{V}$$

5.7　与水的反应

水可作为氧化剂,作为氧化剂时被还原为 H_2:

$$\mathrm{H_2O(l)+e^-\longrightarrow 1/2H_2(g)+OH^-(aq)}$$

化学家所指的“水的还原”,其实质等同于水中鎓离子发生还原的反应,其半反应和任何 pH 条件下(H_2的分压为 1 bar)的能斯特方程如下:

$$H^+(aq)+e^- \longrightarrow 1/2H_2(g) \quad E=-0.059\ V\times pH \tag{5.9}$$

水也可作为还原剂,作为还原剂时被氧化为 O_2:

$$2H_2O(l) \longrightarrow O_2(g)+4H^+(aq)+4e^-$$

O_2的分压为 1 bar 时,因为 $\nu_p/\nu_e=4/4=1$,电对 O_2,$4H^+/2H_2O$ 半反应的能斯特方程为

$$E=1.23\ V-(0.059\ V\times pH) \tag{5.10}$$

由此可见,H^+的还原半反应和 O_2的还原半反应对 pH 的依赖关系相同,二者的电位随 pH 的变化表示在图 5.3 中。

(a) 被水氧化

提要:标准电位负值大的金属与酸的水溶液反应生成 H_2,除非金属表面形成氧化物钝化膜。

金属与水或与酸的水溶液之间的反应涉及下述两种过程之一,实质上是金属被水或被氢离子所氧化:

$$M(s)+H_2O(l) \longrightarrow M^+(aq)+1/2H_2(g)+OH^-(aq)$$

$$M(s)+H^+(aq) \longrightarrow M^+(aq)+1/2H_2(g)$$

金属在两个式子中生成电荷为+1 的阳离子 M^+,生成高电荷金属离子时具有类似过程。对 s 区金属、3d 系中从第 3 族至少至第 8 或第 9 族的金属及镧系金属而言,上述反应都是热力学允许的反应。第 3 族元素的一个例子是

$$2Sc(s)+6H^+(aq) \longrightarrow 2Sc^{3+}(aq)+3H_2(g)$$

如果金属离子还原为金属的标准电位为负值,该金属在 1 mol · L^{-1}的酸中就会发生氧化释出氢。

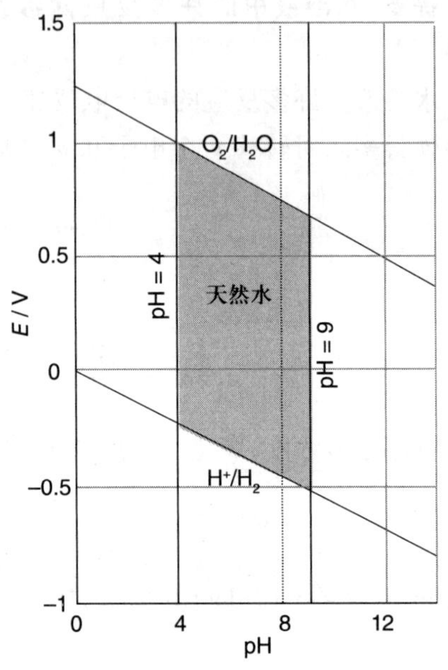

图 5.3　水的还原电位随 pH 的变化。两条斜线分别为两个电对(O_2/H_2O 和 H^+/H_2)的电位,是热力学上水稳定的上限和下限

镁和铝与潮湿空气的反应虽是自发反应,但在水和氧存在的条件下,两种金属都能安全使用许多年。这是因为它们被**钝化**(passivated),或者说受到不能被穿透的氧化物薄膜的保护而不能发生反应。两种金属表面分别形成氧化镁和氧化铝保护层,铁、铜和锌也发生类似的钝化作用。金属“阳极极化”的过程是将该金属作为电解池的阳极使之发生部分氧化,表面生成一层平滑而坚硬的钝化膜的过程。阳极极化对铝的保护特别有效,使金属表面形成一层惰性的、与表面紧密结合的、不透水不透气的 Al_2O_3层。

电解水(或光解水)制取氢的方法被看作是解决再生能源的方案之一,第 10 章将做详尽的讨论。

(b) 被水还原

提要:水可以是还原剂,即可被其他物种所氧化。

电对 O_2,$4H^+/2H_2O$ 具有很高的正电位(方程 5.10),这表明酸化水是个很弱的还原剂,除非遇到了强氧化剂。强氧化剂的一个例子是 $Co^{3+}(aq)$,$E^{\ominus}(Co^{3+},Co^{2+})=+1.92$ V。$Co^{3+}(aq)$被水还原放出 O_2,因而不能存活于水溶液中:

$$4Co^{3+}(aq)+2H_2O(l) \longrightarrow 4Co^{2+}(aq)+O_2(g)+4H^+(aq) \qquad E^{\ominus}_{cell}=+0.69\ V$$

因为反应中产生 H^+,降低 H^+浓度有利于生成产物,低酸性(高 pH)有利于氧化过程。

只有为数不多的氧化剂(另一个例子是 Ag^{2+})能够足够快地将水氧化并产生显著的释氧速率。水溶液中标准氧化还原电位大于+1.23 V 的电对包括 Ce^{4+}/Ce^{3+}电对($E^{\ominus}=+1.76$ V)、酸化的重铬酸根离子电对$[Cr_2O_7]^{2-}/Cr^{3+}$($E^{\ominus}=+1.38$ V)和酸化的高锰酸根电对$[MnO_4]^-/Mn^{2+}$($E^{\ominus}=+1.51$ V)。不过,反

应受到动力学因素的阻滞，这种因素包括反应需要转移 4 个电子，需要由两个水分子形成一个 O—O 键。

由于氧化还原反应速率往往由慢步骤（在这里是形成 O—O 键的步骤）控制，无机化学家面临的挑战仍然是寻找好的释氧催化剂。该过程的重要性不是由于对 O_2的经济需求，而是希望通过电解或光解的方法由水制取“绿色”燃料氢。当今工业电解水使用的催化剂包括阳极涂层，对其机理的了解相对还较少。也包括植物光合活性中心释氧机制中发现的酶催化体系，该体系涉及含有 4 个 Mn 原子和 1 个 Ca 原子的一种特殊辅酶（见 26.10）。虽然大自然的行为精致而有效，但也相当复杂。光合作用只是缓慢地被生物化学家和生物无机化学家所解释。在模仿大自然的效率方面，Ru、Ir 和 Co 络合物的研究已取得重要进展。

(c) 水的稳定区

提要：水的稳定区是指由 pH 和电位限定的一个区域，水在该区域里既不能被氧化为 O_2，也不能被还原为 H_2。

能快速将水还原为 H_2的还原剂和能快速将水氧化为 O_2的氧化剂都不能存活于水溶液中。水的**稳定区**（stability field）是指水在热力学上稳定（既不发生氧化，也不发生还原）的电位值和 pH 区间（见图 5.3）。

求解相关半反应电位对 pH 的依赖关系，可以确定稳定区上部和下部边界。正如前面已经看到的那样，水的氧化（至 O_2）和还原具有相同的 pH 依赖关系（25 ℃时 E 对 pH 作图的斜率为 0.059 V），稳定区被限在两条平行线所划定的边界线之间。电位负值大于方程（5.9）给出的数值的任何物种都能将水还原（具体地说是还原 H^+）产生 H_2；因此，下部一条线规定了稳定区的低电位边界线。与之相类似，电位正值大于方程（5.9）给出的数值的任何物种都能从水中释出 O_2；因此，上部一条线规定了高电位边界线。水中热力学不稳定的那些电对处在图 5.3 中两条斜率线所规定的区域之外（之上或之下）：能被水氧化的物种其电位处在产生 H_2的那条线的下方；能被水还原的物种其电位处在产生 O_2 的那条线的上方。表示“天然”水稳定区时增加了 pH=4 和 pH=9 的两条竖线，它们划定了湖水和河水通常显示的 pH 的范围。说明这种状况的图形叫 **Pourbaix 图**（Pourbaix diagram）。正如节 5.14 将会看到的那样，环境化学中广泛用到这种图。

5.8　被大气氧氧化

提要：空气中的和溶解于水中的 O_2能氧化溶液中的金属和金属离子。

溶液装在敞口烧杯或暴露于空气中时，必须考虑溶质与溶解氧之间发生反应的可能性。下面讨论含 Fe^{2+}水溶液与惰性气氛（如 N_2）相接触的情况。由于 $E^\ominus(Fe^{3+},Fe^{2+})=+0.77$ V 处在水的稳定区之内，可以指望 Fe^{2+}能在水溶液中存活。然而也可做出推论：金属铁被 $H^+(aq)$氧化为 Fe(Ⅱ)后不应继续被氧化，因为标准条件下继续氧化为 Fe(Ⅲ)是热力学不利的反应（差 0.77 V）。然而在 O_2存在条件下，这种反应模式发生显著变化，许多元素成为能被氧化的物种，被氧化为可溶性氧合阴离子（如 SO_4^{2-}、NO_3^- 和 $[MoO_4]^{2-}$），或者被氧化为矿物（如 Fe_2O_3）。事实上，Fe(Ⅲ)是铁在地壳中最常见的存在形式。从水环境中沉积出来的铁的大多数沉积物是以 Fe(Ⅲ)存在的。反应

$$4Fe^{2+}(aq)+O_2(g)+4H^+(aq) \longrightarrow 4Fe^{3+}(aq)+2H_2O(l)$$

是下述两个半反应之差：

$$O_2(g)+4H^+(aq)+4e^- \longrightarrow 2H_2O(l) \qquad E^\ominus=+1.23\ \text{V}$$

$$Fe^{3+}(aq)+e^- \longrightarrow Fe^{2+}(aq) \qquad E^\ominus=+0.77\ \text{V}$$

这意味着 pH=0 的条件下 $E^\ominus_{cell}=+0.46$ V。因此，该条件下 O_2氧化 $Fe^{2+}(aq)$的反应是自发反应（$K>1$ 的反应），pH 升高时 Fe(Ⅲ)发生水解，并以“铁锈”的形式沉淀下来（节 5.14）。

例题 5.5　了解大气氧化作用的重要性

题目:铜包屋顶被氧化为一种绿色物质(代表性成分为碱式碳酸铜)是潮湿环境中大气氧化作用的一个例子。试估判酸性到中性水溶液中大气氧氧化金属铜的电位。pH=0~7 的溶液中,$Cu^{2+}(aq)$不存在脱质子反应,因而可以假定 H^+ 不参与半反应。

答案:金属铜与大气氧之间的反应涉及以下两个半反应:

$$O_2(g)+4H^+(aq)+4e^- \longrightarrow 2H_2O(l) \qquad E^\ominus=+1.23\ V-(0.059\ V)\times pH$$

$$Cu^{2+}(aq)+2e^- \longrightarrow Cu(s) \qquad E^\ominus=+0.34\ V$$

电位差是

$$E_{cell}=0.89\ V-(0.059\ V)\times pH$$

即 pH=0 时,$E_{cell}=+0.89$ V;pH=7 时,$E_{cell}=+0.48$ V。所以,大气将铜氧化的反应

$$2Cu(s)+O_2(g)+4H^+(aq) \longrightarrow 2Cu^{2+}(aq)+2H_2O(l)$$

在中性和酸性环境下的 K 值都大于 1。不过,铜包屋顶还是耐久的,人们熟悉的绿色表面是个钝化层,是几乎不能被渗透的铜(Ⅱ)的碳酸盐和硫酸盐水合物,靠海地区还形成氯化物。大气中的 CO_2、SO_2或盐水参与氧化过程形成了这些化合物。氧化还原化学中也涉及阴离子。

自测题 5.5　硫酸根离子(SO_4^{2-})转化为 $SO_2(aq)$的半反应[$SO_4^{2-}(aq)+4H^+(aq)+2e^- \longrightarrow SO_2(aq)+2H_2O(l)$]的标准电位为+0.16 V。从热力学观点,释放至云雾中的 SO_2可能会发生什么反应?

5.9　歧化和反歧化

提要:发生歧化和反歧化的标准电位可用来定义不同氧化态的固有稳定性和不稳定性。

因为 $E^\ominus(Cu^+,Cu)=+0.52$ V 和 $E^\ominus(Cu^{2+},Cu^+)=+0.16$ V,而且两个电位值都处在水的稳定区之内,所以 Cu^+既不能氧化水,也不能还原水。但是,水溶液中的 Cu(Ⅰ)不稳定,能发生**歧化**(disproportionation),歧化反应是同一元素的氧化数同时升、降的氧化还原反应。换言之,发生歧化的元素自身既是氧化剂,又是还原剂。

$$2Cu^+(aq) \longrightarrow Cu^{2+}(aq)+Cu(s)$$

该反应是下述两个半反应之差:

$$Cu^+(aq)+e^- \longrightarrow Cu(s) \qquad E^\ominus=+0.52\ V$$

$$Cu^{2+}(aq)+e^- \longrightarrow Cu^+(aq) \qquad E^\ominus=+0.16\ V$$

该歧化反应的 $E^\ominus_{cell}=0.52\ V-0.16\ V=+0.36\ V(K=1.3\times10^6,298\ K)$,因而热力学上非常有利。次氯酸也能发生歧化反应:

$$5HClO(aq) \longrightarrow 2Cl_2(g)+ClO_3^-(aq)+2H_2O(l)+H^+(aq)$$

该反应是下述两个半反应之差:

$$4HClO(aq)+4H^+(aq)+4e^- \longrightarrow 2Cl_2(g)+4H_2O(l) \qquad E^\ominus=+1.63\ V$$

$$ClO_3^-(aq)+5H^+(aq)+4e^- \longrightarrow HClO(aq)+2H_2O(l) \qquad E^\ominus=+1.43\ V$$

总反应的 $E^\ominus_{cell}=1.63\ V-1.43\ V=+0.20\ V,K=3\times10^{13}(298\ K)$。

例题 5.6　评估发生歧化的可能性

题目:解释 Mn(Ⅵ)在酸性水溶液中不稳定而歧化为 Mn(Ⅶ)和 Mn(Ⅱ)的事实。

答案:首先需要考虑涉及 Mn(Ⅵ)物种的两个半反应:一个是氧化半反应,另一个是还原半反应。根据节 4.3 介绍的 Pauling 规则,pH=0 的条件下,Mn(Ⅵ)的氧合阴离子$[MnO_4]^{2-}$应该是质子化了的阴离子,因而总反应为

$$5[HMnO_4]^-(aq)+3H^+(aq) \longrightarrow 4[MnO_4]^-(aq)+Mn^{2+}(aq)+4H_2O(l)$$

它是下述两个半反应之差：

$$[HMnO_4]^-(aq)+7H^+(aq)+4e^- \longrightarrow Mn^{2+}(aq)+4H_2O(l) \quad E^{\ominus}=+1.66\ V$$

$$4[MnO_4]^-(aq)+4H^+(aq)+4e^- \longrightarrow 4[HMnO_4]^-(aq) \quad E^{\ominus}=+0.90\ V$$

标准电位的差值为+0.76 V，所以，总反应表达的歧化反应进行得基本完全（$K=10^{52}$，298 K）。歧化的实际结果是，酸性溶液中不能得到高浓度的$[HMnO_4]^-$。节 5.12 将会看到，碱性溶液中却能得到这种离子。

自测题 5.6　Fe^{2+}/Fe 和 Fe^{3+}/Fe^{2+} 两电对的标准电位分别为-0.44 V 和+0.77 V。水溶液中的 Fe^{2+} 发生歧化吗？

反歧化（comproportionation）是歧化的逆过程，即同一元素不同氧化态的两物种反应后，产物中的元素处于中间氧化态。例如：

$$Ag^{2+}(aq)+Ag(s) \longrightarrow 2Ag^+(aq) \quad E^{\ominus}_{cell}=+1.18\ V$$

高的正电位值表明，水溶液中的 Ag(Ⅱ)和 Ag(0)完全转化为 Ag(Ⅰ)，$K=1\times10^{20}$(298 K)。

5.10　络合作用的影响

提要：金属处于电对的较高氧化态时，形成热力学上更稳定的络合物有利于它的氧化作用，从而导致标准电位负值更高；金属处于该电对的较低氧化态时，形成更稳定的络合物有利于它的还原作用，从而导致标准电位正值更高。

金属络合物的形成（参见第 7 章）影响标准电位，这是因为配体（L）通过配位形成络合物（ML）后接受或给出电子的能力不同于相应的水合离子（M）。

$$M^{\nu+}(aq)+e^- \longrightarrow M^{(\nu-1)+}(aq) \quad E^{\ominus}(M)$$

$$ML^{\nu+}(aq)+e^- \longrightarrow ML^{(\nu-1)+}(aq) \quad E^{\ominus}(ML)$$

氧化还原电对 ML 的标准电位相对于 M 发生了变化，反映了配体 L（相对于水合离子中的配位 H_2O 分子）更强配位于 M（氧化型或还原型）的程度。依赖于所选配体的不同，与特定氧化态相关的标准电位的变化有时可超过 2 V。例如，Fe(Ⅲ)络合物发生一电子还原时，标准电位变化在 $E>1$ V[L=bpy(**1**)]和 $E<1$ V(L 为叫作肠杆菌素的配体，该配体存在于自然界)之间（节 26.6）。含有类似 bpy 配体的 Ru 络合物用于染料增感光伏电池（参见应用相关文段 21.1），其还原电位可通过有机环上添加不同取代基加以调节。

通过对图 5.4 中通用热力学循环的讨论，可对络合作用造成标准电位的变化进行分析。由于完成整个循环的反应 Gibbs 自由能的总和为零，不难写出

$$-FE^{\ominus}(M)-RT\ln K^{red}+FE^{\ominus}(ML)+RT\ln K^{ox}=0 \tag{5.11}$$

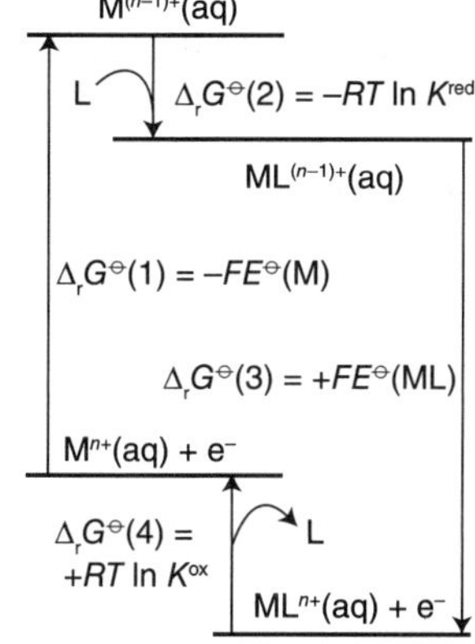

图 5.4　热力学循环。该循环示出配体 L 的存在是如何改变电对 $M^{\nu+}/M^{(\nu-1)+}$ 的标准电位的

(1) 2,2′-联吡啶(bpy)

式中,K^{ox}和K^{red}分别是L结合于$M^{\nu+}$和$M^{(\nu-1)+}$的平衡常数,每种情况下都使用了$\Delta_r G^{\ominus}=-RT\ln K$这个关系式。式(5.11)可重排为

$$E^{\ominus}(M)-E^{\ominus}(ML)=\frac{RT}{F}\ln\frac{K^{ox}}{K^{red}} \quad (5.12a)$$

25 ℃和$\ln x=\ln10\times\log x$时,

$$E^{\ominus}(M)-E^{\ominus}(ML)=(0.059\ V)\log\frac{K^{ox}}{K^{red}} \quad (5.12b)$$

因此,配体结合于$M^{\nu+}$的平衡常数每增大10倍[相对于结合$M^{(\nu-1)+}$],还原电位减小0.059 V。例如,半反应$[Fe(CN)_6]^{3-}(aq)+e^- \longrightarrow [Fe(CN)_6]^{4-}(aq)$的标准电位为0.36 V,也就是说,比水合氧化还原电对$[Fe(H_2O)_6]^{3+}(aq)+e^- \longrightarrow [Fe(H_2O)_6]^{2+}(aq)$的标准电位更负0.41 V,这相当于配体$CN^-$对Fe(Ⅲ)的亲和力[相对于与Fe(Ⅱ)的亲和力]增大了10^7倍($K^{ox}=10^7K^{red}$)。

例题 5.7 对电位数据与络合物成键趋势相一致的事实做解释

题目:钌在周期表中紧靠铁的下方。下面给出水溶液中测得的钌物种的还原电位:

$$[Ru(OH_2)_6]^{3+}+e^- \longrightarrow [Ru(OH_2)_6]^{2+} \quad E^{\ominus}=+0.25\ V$$

$$[Ru(CN)_6]^{3-}+e^- \longrightarrow [Ru(CN)_6]^{4-} \quad E^{\ominus}=+0.80\ V$$

将上述数值与Fe的对应数值进行比较时能说明什么?

答案:回答该问题需要注意下述事实。配体的络合作用使金属离子的还原电位向正值增大的方向变化,而且这个新配体必须能稳定这个被还原了的金属离子。本例中的CN^-更能稳定Ru(Ⅱ),这种现象完全与Fe那里发现的现象形成对照。在Fe那里,CN^-更能稳定Fe(Ⅲ),这一结果与Fe—CN键具有更强的离子性相一致。对同样电荷物种显示出不同效果的事实暗示,CN^-和Ru(Ⅱ)之间的成键作用特强。这是因为与3d轨道相比,4d轨道的径向扩张更大些(参见第19章)。

自测题 5.7 配体bpy(**1**)与Ru(Ⅲ)和Ru(Ⅱ)都形成络合物,电对$[Ru(bpy)_3]^{3+}/[Ru(bpy)_3]^{2+}$的标准电位为+1.26 V。试问:bpy更倾向于与Ru(Ⅲ)还是与Ru(Ⅱ)结合?相对于与Ru(Ⅱ)的结合力,3个bpy与Ru(Ⅲ)结合力提高(或减少)了多少个数量级?

5.11 溶解度与标准电位之间的关系

提要:标准电池电位可用来确定难溶化合物的溶度积。

难溶化合物的溶解度用一个叫做**溶度积**(solubility product)的平衡常数(K_{sp})表达。将溶度积与标准电位相关联的方法类似于上面介绍的络合作用的影响。对溶于水生成金属离子$M^{\nu+}(aq)$和阴离子X^-的化合物MX_ν而言,可以写出

$$M^{\nu+}(aq)+\nu X^-(aq) \rightleftharpoons MX_\nu(s) \quad K_{sp}=[M^{\nu+}][X^-]^\nu \quad (5.13)$$

为了得到溶解反应(非氧化还原反应)的总反应,可用两个还原半反应

$$M^{\nu+}(aq)+\nu e^- \longrightarrow M(s) \quad E^{\ominus}(M^{\nu+}/M)$$

$$MX_\nu(s)+\nu e^- \longrightarrow M(s)+\nu X^-(aq) \quad E^{\ominus}(MX_\nu/M,X^-)$$

相减的方法,然后得到

$$\ln K_{sp}=\frac{\nu F[E^{\ominus}(MX_\nu/M,X^-)-E^{\ominus}(M^{\nu+}/M)]}{RT} \quad (5.14)$$

例题 5.8 从标准电位计算溶度积

题目:核装置可能泄漏钚废料是个严重的环境问题。根据酸性或碱性溶液中测得的下述电位数据计算 $Pu(OH)_4$ 的溶度积。

$$Pu^{4+}(aq)+4\,e^- \longrightarrow Pu(s) \quad E^\ominus=-1.28\ V$$

$$Pu(OH)_4(s)+4\,e^- \longrightarrow Pu(s)+4\,OH^-(aq) \quad E^\ominus=-2.06\ V \quad (pH=14)$$

并据此评判 Pu(Ⅳ)废料漏至低 pH 环境时导致的后果(与漏至高 pH 环境导致的后果做比较)。

答案:这里要考虑的热力学循环是由 pH=0 和 pH=14 时电极反应的 Gibbs 自由能变(用题给电位表示)和 $Pu^{4+}(aq)$ 与 $OH^-(aq)$ 反应的标准 Gibbs 自由能组成的。$Pu(OH)_4$ 的溶度积为 $K_{sp}=[Pu^{4+}][OH^-]^4$,所以相应的 Gibbs 自由能项为 $-RT\ln K_{sp}$。由于热力学循环的 $\Delta G=0$,所以得到下式:

$$-RT\ln K_{sp}=4FE^\ominus(Pu^{4+}/Pu)-4FE^\ominus[Pu(OH)_4/Pu]$$

$$\ln K_{sp}=\frac{4F[(-2.06\ V)-(-1.28\ V)]}{RT}$$

$$K_{sp}=1.7\times10^{-53}$$

$Pu(OH)_4$ 的溶度积表明,钚废料溶解度很小,高 pH 条件下对环境危害较小。

自测题 5.8 已知 Ag^+/Ag 电对的标准电位为+0.80 V,计算 $[Cl^-]=1.0\ mol\cdot dm^{-3}$ 条件下 AgCl/Ag,Cl^- 电对的电位(已知 $K_{sp}=1.77\times10^{-10}$)。

电位数据的图形表示

水溶液中不同氧化态的相对稳定性可用几种图形表示。"Latimer 图"归纳了单个元素的定量数据,"Frost 图"描绘多个元素氧化态的相对稳定性和固有稳定性。本书后面一些章节将会频频使用两种图形表述同族元素氧化还原性质的变化趋势。Pourbaix 图(E-pH 图)表示还原电位对 pH 的依赖关系,用于判断一组特定条件下存在的主要物种。

5.12 Latimer 图

元素的 **Latimer 图**(Latimer diagram)也叫"还原电位图",标准电位的数值(单位为 V)写在那个元素不同氧化态物种水平连线(或水平箭头)的上方。元素最高的氧化型写在最左部,右方依次写出逐渐降低的氧化态。Latimer 图以简洁的形式给出许多信息,以特别清晰的方式表达出不同物种之间的关系。

(a) 构成

提要:Latimer 图中,氧化数从左向右下降,以 V 为单位的 $E^\ominus$ 值写在相关电对两物种连线的上方。

例如,氯在酸性溶液中的 Latimer 图如下:

$$\underset{+7}{ClO_4^-}\xrightarrow{+1.20}\underset{+5}{ClO_3^-}\xrightarrow{+1.18}\underset{+3}{HClO_2}\xrightarrow{+1.67}\underset{+1}{HClO}\xrightarrow{+1.63}\underset{0}{Cl_2}\xrightarrow{+1.36}\underset{-1}{Cl^-}$$

此例中的氧化数写在物种的下方,但也可写在上方。将 Latimer 图转化为半反应方程时需要考虑反应涉及的所有物种,其中有些物种(H^+ 和 H_2O)没有包含在 Latimer 图中。例如,Latimer 图

$$HClO\xrightarrow{+1.63}Cl_2$$

表示的半反应是

$$2HClO(aq)+2H^+(aq)+2e^- \longrightarrow Cl_2(g)+2H_2O(l) \quad E^\ominus=+1.63\ V$$

与之相类似,Latimer 图

$$ClO_4^- \xrightarrow{+1.20} ClO_3^-$$

表示的半反应是

$$ClO_4^-(aq)+2H^+(aq)+2e^- \longrightarrow ClO_3^-(aq)+H_2O(l) \qquad E^\ominus=+1.20\ V$$

注意,两个半反应都包括了 H^+,即电位与溶液的 pH 有关。

氯在碱性溶液(相应于 pOH=0,即 pH=14)中的 Latimer 图如下:

$$\underset{+7}{ClO_4^-} \xrightarrow{+0.37} \underset{+5}{ClO_3^-} \xrightarrow{+0.30} \underset{+3}{ClO_2^-} \xrightarrow{+0.68} \underset{+1}{ClO^-} \xrightarrow{+0.42} \underset{0}{Cl_2} \xrightarrow{+1.36} \underset{-1}{Cl^-} \qquad (ClO^- \xrightarrow{+0.89} Cl^-)$$

注意,电对 Cl_2/Cl^- 的电位值与酸性溶液中相同,这是因为半反应不涉及质子转移。

(b) 不相邻物种

提要:如果一个电对由其他两个电对组合而成,则标准电位可由两个半反应的标准 Gibbs 自由能组合而得,而不能将两个电对标准电位直接相加的方法得到。

上面给出的 Latimer 图中包括了两个不相邻物种(ClO^-/Cl^-)的标准电位。该信息在一定意义上说是多余的,因为它能从相邻物种的相关数据推得。Latimer 图中往往将其包括进来,是为了常用电对使用起来更方便。为了得到未明确列出的不相邻电对的标准电位,通常不能通过简单相加的办法,而必须利用方程 5.2($\Delta_r G^\ominus=-\nu FE^\ominus$)和下述原理进行计算。该原理是,连续两步($a$ 和 b)的 $\Delta_r G^\ominus$ 值等于每步 $\Delta_r G^\ominus$ 值之和:

$$\Delta_r G^\ominus(a+b)=\Delta_r G^\ominus(a)+\Delta_r G^\ominus(b)$$

为求得组合起来的标准电位,应先将每步的 $E^\ominus$ 值乘以相关因子($-\nu F$)转化为 $\Delta_r G^\ominus$,再将它们加和在一起,最后将和值除以$-\nu F$(ν 为总电子转移数)转化回 $E^\ominus$:

$$-\nu FE^\ominus(a+b)=-\nu(a)FE^\ominus(a)-\nu(b)FE^\ominus(b)$$

由于$-F$ 这个因子可以相消及 $\nu=\nu(a)+\nu(b)$,因而净结果为

$$E^\ominus(a+b)=\frac{\nu(a)E^\ominus(a)+\nu(b)E^\ominus(b)}{\nu(a)+\nu(b)} \tag{5.15}$$

例如,为了用 Latimer 图计算碱性水溶液中 ClO_2^-/Cl_2 电对的 $E^\ominus$ 值,我们首先关注下述两个标准电位:

$$ClO_2^-(aq)+H_2O(l)+2e^- \longrightarrow ClO^-(aq)+2OH^-(aq) \qquad E^\ominus(a)=+0.68\ V$$

$$ClO^-(aq)+H_2O(l)+e^- \longrightarrow 1/2Cl_2(g)+2OH^-(aq) \qquad E^\ominus(b)=+0.42\ V$$

两式相加得到所要求得的电对的半反应:

$$ClO_2^-(aq)+2H_2O(l)+3e^- \longrightarrow 1/2Cl_2(g)+4OH^-(aq)$$

不难看到 $\nu(a)=2$ 和 $\nu(b)=1$。从方程(5.15)算得 ClO_2^-/Cl_2 电对的标准电位是

$$E^\ominus=\frac{(2)(0.68\ V)+(1)(0.42\ V)}{3}=+0.59\ V$$

(c) 歧化作用

提要:如果 Latimer 图中物种右方的电位比左方电位的正值更高,该物种则趋向于歧化为与它相邻的两个物种。

讨论下述歧化过程:

$$2M^+(aq) \longrightarrow M(s)+M^{2+}(aq)$$

如果 $E^\ominus>0$,则反应的 $K>1$。为了用 Latimer 图对该判据进行分析,不妨用下述两个半反应之差表达这个总反应:

$$M^+(aq)+e^- \longrightarrow M(s) \qquad E^\ominus(R)$$

$$M^{2+}(aq)+e^- \longrightarrow M^+(aq) \qquad E^\ominus(L)$$

符号 L 和 R 是“左”和“右”的英文字头，指的是 Latimer 图中相关电对的相对位置（记住，较高氧化态的物种排在左方）。总反应的标准电位是 $E^\ominus = E^\ominus(\mathrm{R}) - E^\ominus(\mathrm{L})$，如果 $E^\ominus(\mathrm{R}) > E^\ominus(\mathrm{L})$，$E^\ominus$则为正值。从而可以得出结论：如果物种右方电位比左方电位的正值更高，该物种则不稳定（即倾向于歧化为它的两个相邻物种）。

例题 5.9 识别发生歧化反应的倾向

题目：氧的部分 Latimer 图如下：

$$O_2 \xrightarrow{+0.70} H_2O_2 \xrightarrow{+1.76} H_2O$$

过氧化氢在酸性溶液中有发生歧化的倾向吗？

答案：可以这样推理：如果 H_2O_2是比 O_2强的氧化剂，它应该将自身氧化产生 O_2，而自身则发生还原产生 2 分子的 H_2O。H_2O_2右方的电位高于左方的电位，可以预期 H_2O_2在酸性条件下能够歧化为左右两物种。从下述两个半反应

$$2H^+(aq) + 2e^- + H_2O_2(aq) \longrightarrow 2H_2O(l) \qquad E^\ominus = +1.76\ \mathrm{V}$$

$$O_2(g) + 2H^+(aq) + 2e^- \longrightarrow H_2O_2(aq) \qquad E^\ominus = +0.70\ \mathrm{V}$$

可以得到总反应

$$2H_2O_2(aq) \longrightarrow 2H_2O(l) + O_2(g) \qquad E^\ominus = +1.06\ \mathrm{V}$$

是个自发反应，即 $K>1$ 的反应。

自测题 5.9 利用下述酸性溶液中的 Latimer 图讨论：(a) 水溶液中的 Pu(Ⅳ)是否能歧化为 Pu(Ⅲ)和 Pu(Ⅴ)；(b) Pu(Ⅴ)是否能歧化为 Pu(Ⅳ)和 Pu(Ⅵ)。

$$\underset{+6}{PuO_2^{2+}} \xrightarrow{+1.02} \underset{+5}{PuO_2^{+}} \xrightarrow{+1.04} \underset{+4}{Pu^{4+}} \xrightarrow{+1.01} \underset{+3}{Pu^{3+}}$$

5.13 Frost 图

元素 X 的 **Frost 图**(Frost diagram)也叫“氧化态图”，是电对 $X(N)/X(0)$的 $\nu E^\ominus$对氧化数 N 所作的一种图形（ν 是从 $N=0$ 开始形成每种氧化态时所转移的净电子数）。图 5.5 给出了 Frost 图的一般形式。Frost 图可以看出某一特定物种 $X(N)$是否是个良好的氧化剂或良好的还原剂，也为识别元素的氧化态是稳定还是不稳定提供重要指导。

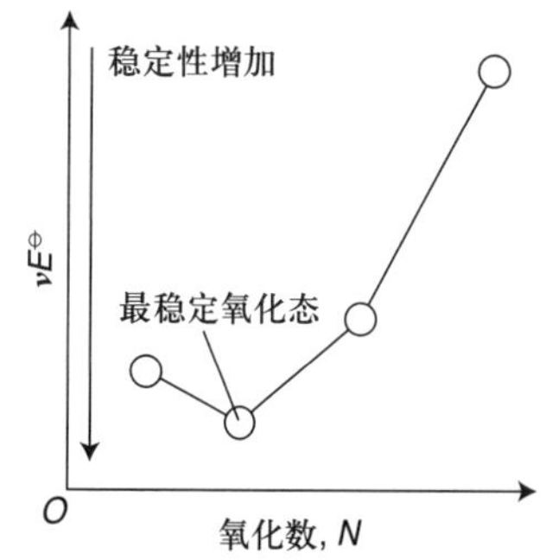

图 5.5 用 Frost 图判断氧化态的稳定性

(a) 不同氧化态的 Gibbs 生成自由能

提要：Frost 图示出元素不同氧化态的 Gibbs 生成自由能随氧化数是如何变化的。元素最稳定的氧化态相应于图上位置最低的物种。Frost 图可由电极电位数据方便地构筑起来。

氧化数为 N 的物种 X 转化为元素的还原半反应可写为

$$X(N) + \nu e^- \longrightarrow X(0)$$

由于 $\nu E^\ominus$正比于半反应的标准反应 Gibbs 自由能（$\nu E^\ominus = -\Delta_r G^\ominus / F$，式中 $\Delta_r G^\ominus$是半反应的标准反应 Gibbs 自由能），Frost 图也可看作标准反应 Gibbs 自由能（除以 F）对氧化数作的图。因此，元素在水溶液中最稳定的氧化态就是图中位置最低的那个物种。图 5.6 中给出 pH = 0 和 pH = 14 的水溶液中生成氮物种的相关数据。其中只有 $NH_4^+(aq)$的生成是放热的（$\Delta_f G^\ominus < 0$），其他物种都是吸热的（$\Delta_f G^\ominus > 0$）。该图显示，酸性溶液中较高氧化态的氧化物和氧合酸强烈吸热，但在碱性溶液中则相对稳定。相反的情况一般也正确：$N<0$ 的物种（羟胺物种例外）特别不稳定，与 pH 无关。

图 5.6

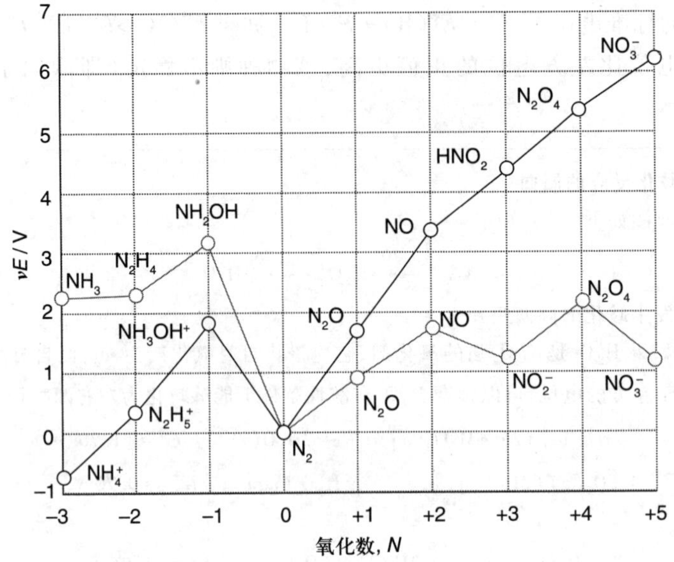

图 5.6　氮的 Frost 图：线段越陡，氧化还原电对的标准电位越高

红线指标准（酸）条件（pH=0），蓝线指 pH=14 的条件；注意：由于 HNO_3 是强酸，其存在的共轭碱为 NO_3^-，甚至在 pH=0 时也如此

例题 5.10　构筑 Frost 图

题目：根据例题 5.9 中的 Latimer 图构筑氧的 Frost 图。

答案：将零氧化态的元素（O_2）放在 $\nu E^{\ominus}$ 和 N 轴的原点。O_2 还原至 H_2O_2（$N=-1$）的 $E^{\ominus}$ 值为+0.70 V，所以 $\nu E^{\ominus}=-0.70$ V。因为 H_2O 中 O 的氧化数为−2 和电对 O_2/H_2O 的 $E^{\ominus}=+1.23$ V，$N=-2$ 时的 $\nu E^{\ominus}=-2.46$ V。该结果绘制在图 5.7 中。

图 5.7

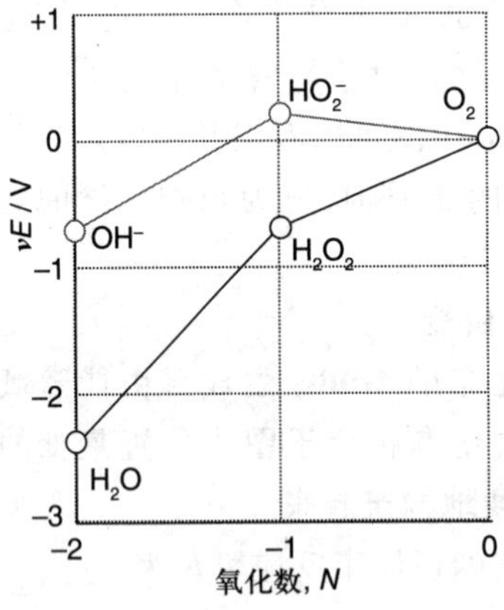

图 5.7　氧在酸性溶液（红线，pH=0）和碱性溶液（蓝线，pH=14）中的 Frost 图

自测题 5.10　根据 Tl 的 Latimer 图构筑 Frost 图。

$$Tl^{3+}\xrightarrow{+1.25}Tl^{+}\xrightarrow{-0.34}Tl$$

（b）解释

提要：Frost 图用来度量元素不同氧化态的固有稳定性，并确定某一特定物种是否是个好的氧化剂或还原剂。连接不同氧化数两物种连线的斜率是那个氧化还原电对的还原电位。

图 5.8 中，氧化数为 N'' 和 N' 两物种连线的斜率是 $\nu E^{\ominus}/(N'-N'')=E^{\ominus}$（因为 $\nu=N'-N''$）。这一事实对理

解 Frost 图中给出的信息非常重要，它导致 Frost 图具有下述特征：

- Frost 图中左、右两点的连线越陡，相应电对的标准电位正值就越高［见图 5.9(a)］；
- 斜率正值更大（$E^{\ominus}$值更正）的电对中的氧化剂更易发生还原［见图 5.9(b)］；
- 斜率正值更小（$E^{\ominus}$值更负）的电对中的还原剂更易发生氧化［见图 5.9(b)］；

例如，图 5.6 中连接 NO_3^-与较低氧化数物种的连线斜率很陡，说明硝酸根在标准条件下是个良好的氧化剂。

讨论 Latimer 图时曾经看到，如果一物种从 X(N)还原至 X(N-1)的电位大于它从 X(N)氧化至 X(N+1)的电位，就容易发生歧化。同样的判据也可用 Frost 图表达［见图 5.9(c)］。

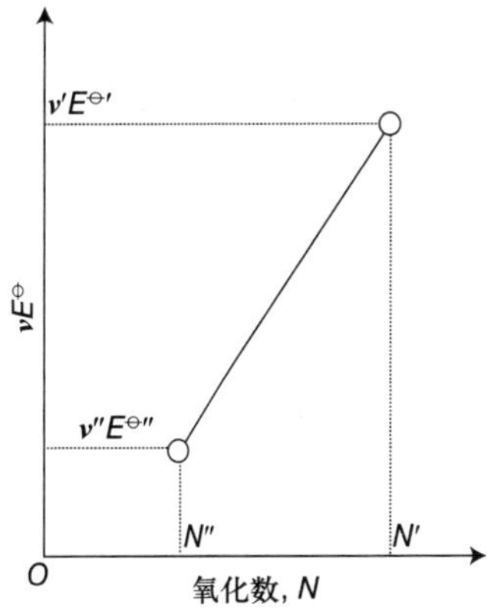

图 5.8　Frost 图的结构：这种图形表示出（连接不同氧化数两物种的）线段斜率和（相应氧化还原电对的）标准电位之间的关系

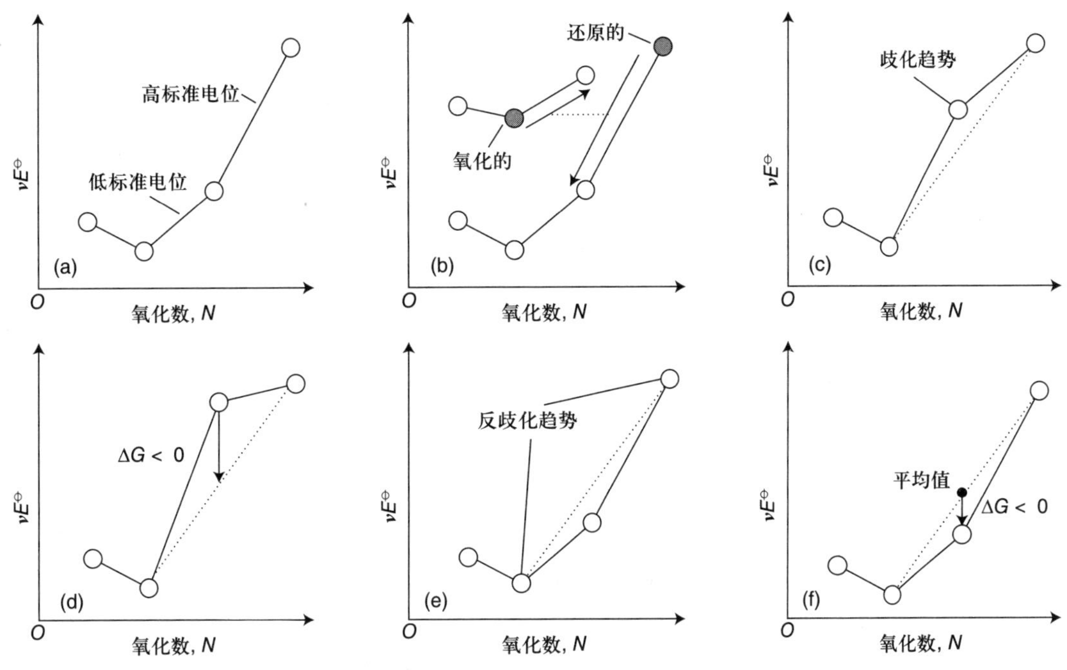

图 5.9　六个图形分别用以说明：(a)还原电位高低；(b)发生氧化和还原的趋势；(c)和(d)发生歧化反应；(e)和(f)发生反歧化反应

- 如果某物种的点在 Frost 图中处于相邻两物种连线的上方（凸形曲线），该物种就不稳定，易发生歧化；

满足这条判据时，物种左方电对的标准电位大于右方电对的标准电位。例如，图 5.6 中看到的 NH_2OH，该化合物不稳定，歧化生成 NH_3和 N_2。这条规则可用图 5.9(d)做说明，图中用几何方法示出中间氧化数物种的反应 Gibbs 自由能处于两边二物种平均值的上方。结果是中间物种具有歧化为两旁物种的趋势。

反歧化作用自发性的判据可用类似的方式表达［见图 5.9(e)］。

- 如果中间物种处于连接两侧物种的线段下方，两侧物种则倾向于反歧化为中间物种（凹形曲线）。

如果处于左右两邻物种连线下方的物种较两邻物种更稳定，两邻物种的平均摩尔 Gibbs 自由能较高，因而反歧化过程在热力学上有利。例如，NH_4NO_3中的氮为氧化数为-3（NH_4^+）和+5（NO_3^-）的两种离子，由于 N_2O 处于 NH_4^+和 NO_3^-连线的下方，它们之间的反歧化反应是自发的：

$$NH_4^+(aq)+NO_3^-(aq) \longrightarrow N_2O(g)+2H_2O(l)$$

然而，这个标准条件下热力学上自发的反应在动力学上却是禁阻的，溶液中不会发生这样的反应。固态发生的反应是

$$NH_4NO_3(s) \longrightarrow N_2O(g)+2H_2O(g)$$

固态时反应不但热力学上是自发的（$\Delta_r G^\ominus = -168\ kJ \cdot mol^{-1}$），而且一旦经起爆引发就会迅速爆炸。实际上，硝酸铵常被用来代替甘油炸药炸裂岩石。

例题 5.11　用 Frost 图判断溶液中离子的热力学稳定性

题目：图 5.10 为锰的 Frost 图。讨论酸性水溶液中 Mn^{3+} 的稳定性。

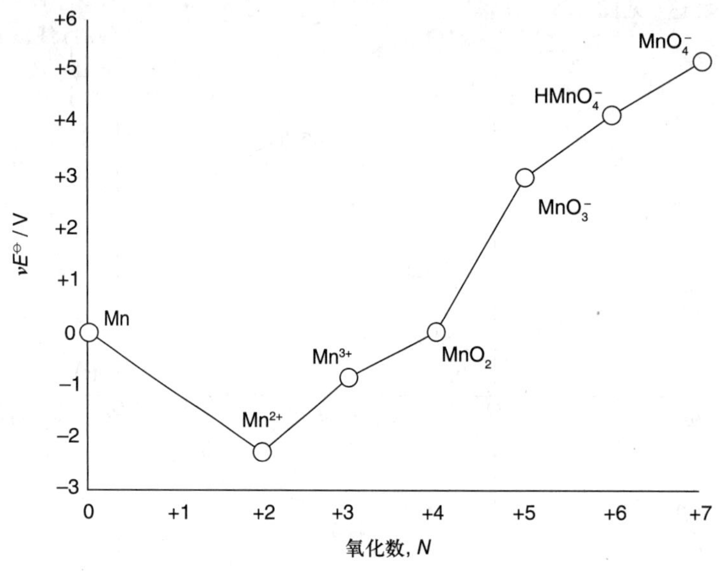

图 5.10　酸性溶液（pH＝0）中锰的 Frost 图

由于 $HMnO_3$、H_2MnO_4 和 $HMnO_4$ 都是强酸，溶液中存在的共轭碱为各自的酸根，甚至在 pH＝0 时也如此

答案：比较 Mn^{3+}（$N=+3$）和与其紧邻的两侧物种（$N<+3, N>+3$）的 $\nu E^\ominus$ 值。因为 Mn^{3+} 位于 Mn^{2+} 和 MnO_2 连线的上方，它应当歧化为这两个物种。化学反应为

$$2Mn^{3+}(aq)+2H_2O(l) \longrightarrow Mn^{2+}(aq)+MnO_2(s)+4H^+(aq)$$

自测题 5.11　$[MnO_4]^-$用作酸性水溶液中的氧化剂时，产物中 Mn 的氧化数是多少？

经过修饰的 Frost 图表示出具体 pH 条件下的电位数据。对这种图的解释与 pH＝0 的 Frost 图相同，但氧合阴离子往往显示出明显不同的热力学稳定性。

完全相同的方法可用来构筑其他条件下的 Frost 图。pH＝14 时的电位用符号 $E_B^\ominus$表示，图 5.6 中的蓝线为氮的"碱性 Frost 图"。与酸性溶液中的重要区别是，NO_2^-对歧化稳定：它的点在碱性 Frost 图中不再处于两相邻物种连线的上方。金属亚硝酸盐在中性和碱性溶液中稳定并可以离析出来，而亚硝酸则不能（HNO_2分解过程的动力学很慢，短时间内稳定）。某些情况下，强酸性和碱性溶液之间存在显著差别，如磷的氧合阴离子。这个例子能够说明关于氧合阴离子的一条重要通则：当还原过程需要脱去氧原子时反应需要消耗 H^+，所有酸性溶液中的氧合阴离子都是比碱性溶液中更强的氧化剂。

例题 5.12　不同 pH 的 Frost 图的应用

题目:碱性溶液中的亚硝酸钾是稳定的,但该溶液在空气中酸化时放出棕色气体,这里发生了什么反应?

答案:这里需要使用 Frost 图(见图 5.6)比较 N(Ⅲ)在酸性溶液和碱性溶液中的稳定性。碱性溶液中表示 NO_2^-的点位于 NO 和 NO_3^-连线的下方。因此,NO_2^-不发生歧化。溶液酸化后,通过 NO、HNO_2和 N_2O_4(二聚 NO_2)的线段接近直线,这暗示三物种平衡存在于溶液中。棕色气体是溶液中释放出来的 NO 与空气反应生成的 NO_2。在溶液中,氧化数为+2 的物种(NO)有歧化的趋势。然而 NO 会从溶液中逸出,阻止它歧化为 N_2O 和 HNO_2。

自测题 5.12　参考图 5.6,对作为氧化剂的 NO_3^-在酸性和碱性溶液中的强度进行比较。

5.14　Pourbaix 图

提要:Pourbaix 图是物种在水中稳定存在的电位和 pH 条件图。水平线隔开只发生电子转移的相关物种,竖直线隔开只发生质子转移的相关物种,斜线隔开既发生电子转移又发生质子转移的相关物种。

Pourbaix 图(Pourbaix diagram)也叫 E-pH 图,表示物种在热力学上稳定的 pH 和电位条件。Pourbaix 图用来讨论有质子转移参与的电子转移反应。Marcel Pourbaix 于 1938 年提出这种图,作为讨论天然水体中物种化学性质的方便方法,现在也用于环境科学和腐蚀科学。

铁对几乎所有生命形式都至关重要,26.6 将进一步从环境角度做讨论。图 5.11 是铁的简化 Pourbaix 图,略去了像氧桥连的 Fe(Ⅲ)二聚物这样的低浓度物种。因为铁的总浓度低,该图适于用来讨论天然水体(参见节 5.15)中的铁物种;高浓度下铁可能形成复杂的多核物种。我们将会看到,Pourbaix 图是怎样通过讨论相关反应构筑起来的。

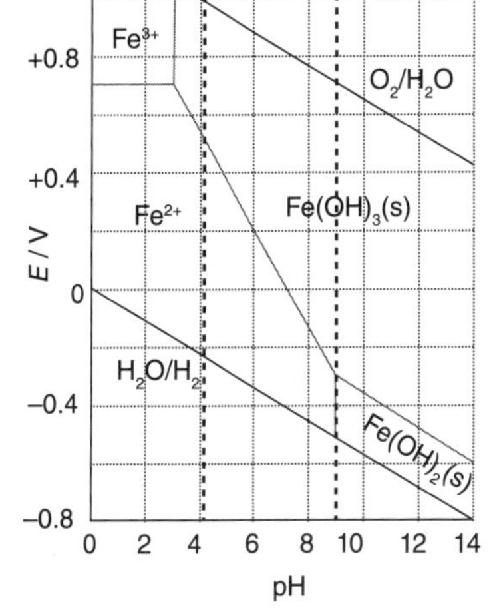

图 5.11　自然界存在的铁的某些重要水合物种的简化 Pourbaix 图

下面这个还原半反应不涉及 H^+,

$$Fe^{+3}(aq)+e^- \longrightarrow Fe^{2+}(aq)\qquad E^{\ominus}=+0.77\ V$$

所以电位与 pH 无关,相应于图上的平线。如果环境中存在电位处于此线上方的氧化剂(正值更高的氧化电对),氧化型物种 Fe^{3+}将会是主要物种。因此,图中左上部水平方向的线段是将 Fe^{3+}为主的区域与 Fe^{2+}为主的区域分隔开来的线。

接下来讨论形成 $Fe(OH)_3$(水合 Fe_2O_3)的反应:

$$Fe^{3+}(aq)+3H_2O(l) \longrightarrow Fe(OH)_3(s)+3H^+(aq)$$

该反应不是氧化还原反应(各元素的氧化数均未变化),对环境中因电子转移而发生的电位变化不敏感,图上为一条竖线。然而这条边界线的确随 pH 而变化,低 pH 有利于 Fe^{3+}(aq)存在,高 pH 则有利于 $Fe(OH)_3$(s)存在。按照传统习惯,如果浓度超过 10 μmol · dm^{-3}(淡水的代表性数值),Fe^{3+}就是溶液中占优势的物种。Fe^{3+}的平衡浓度随 pH 而变化,按照上述定义,pH = 3 的竖线边界表示 Fe^{3+}成为主要物种的 pH。一般情况下,Pourbaix 图上的竖线不涉及氧化还原反应,但表示氧化型或还原型状态随 pH 而变。

随着 pH 增高,Pourbaix 图还涉及诸如下面的反应[按照方程(5.8b),电位对 pH 作图的斜率是 ν_p/ν_e = −3(0.059 V)]:

$$Fe(OH)_3(s)+3H^+(aq)+e^- \longrightarrow Fe^{2+}(aq)+3H_2O(l)$$

Fe^{2+}(aq)最终也沉淀为 $Fe(OH)_2$。如果将金属溶解的电对[Fe^{2+}/Fe(s)]包括在内,就会构筑起水合铁物种完整的 Pourbaix 图。

5.15　环境化学中的应用:天然水体

提要:电化学数据对环境科学非常重要。对天然水体系、淡水或海水而言,通常都是测量含氧量和

pH,两个指标决定着溶解在水体中的物质(包括营养物和污染物)可开发利用的程度。Pourbaix 图是一种有用工具,如用来预言不同环境中溶解的金属离子(如 Fe^{2+})是否可以利用。

Pourbaix 图可用来解释天然水体中发生的化学现象。例如,与大气接触的淡水被 O_2 饱和,其中的许多物种可被氧所氧化。缺氧环境下可能发现多种还原性物质,存在有机质还原剂的情况下更是如此。控制介质 pH 的主要酸体系是 $CO_2/H_2CO_3/HCO_3^-/CO_3^{2-}$,体系中提供酸的是大气 CO_2,提供碱的则是水中溶解的碳酸盐矿物。生物活性也是个重要因素,生物体通过呼吸作用释出 CO_2,这个酸性氧化物使 pH 降低,从而导致电位正值更高。与呼吸作用相反的过程是光合作用,光合作用使 pH 升高,从而导致电位负值更高。图 5.12 给出代表性天然水体所处的 pH 和氧化还原电对电位区间。

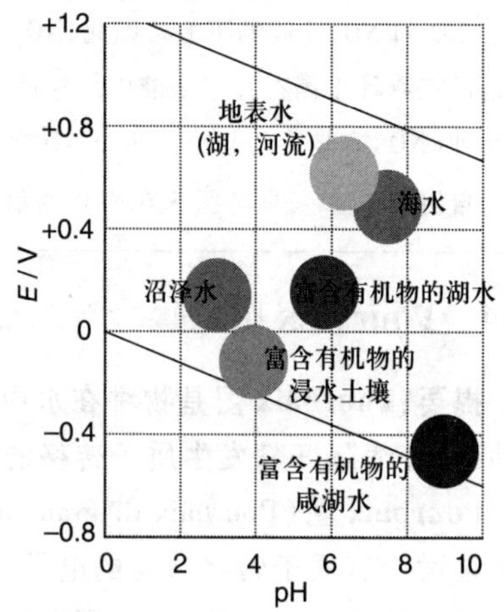

图 5.12　水的稳定区:有代表性的天然水体的存在区间

从图 5.11 不难看出,如果水体处于氧化性环境(富氧环境)而且 pH 较低(低于 3),其中可能只存在简单阳离子 Fe^{3+}。由于很少看到酸性如此之高的天然水体,水环境中未发现 $Fe^{3+}(aq)$ 的存在。如果 Fe^{3+} 被还原(水条件处于斜的边界线之下),Fe_2O_3 或其他不溶性水合形式[如 FeO(OH) 或 $Fe(OH)_3$]中的铁可能以 Fe^{2+} 的形式进入溶液。应该能够看到的现象是,高 pH 和存在强还原电对时,应该只形成富氧水中不可能存在的 Fe^{2+}。对图 5.11 和图 5.12 进行比较不难看出,铁在沼泽水体和富含有机物的浸水土壤中(两种情况下 pH 都接近 4.5,相应的 E 值分别接近+0.03 V 和−0.1 V)将会被还原,而且以 Fe^{2+} 的形式被溶解。

将 Pourbaix 图与水中发生的物理过程结合起来进行讨论,可以得到有启发性的结果,如讨论因温度梯度(底部冷而上部较暖)而不利于垂直混合的湖水。浅表湖水溶解有充分的氧,铁以 Fe_2O_3 和其他难溶物颗粒存在,且有下沉趋势。较深部位湖水中氧含量较低,如果有机物或其他还原剂来源充分,该氧化物将会被还原,铁将会溶解为 Fe^{2+}。Fe(Ⅱ)离子扩散至浅表并在那里与 O_2 相遇,重新被氧化为不溶性的 Fe(Ⅲ)物种。

例题 5.13　学会使用 Pourbaix 图

题目: 图 5.13 是锰的部分 Pourbaix 图。指出适于固体 MnO_2 或与其相应的含水氧化物存在的环境。适当条件下能形成 Mn(Ⅲ)物种吗?

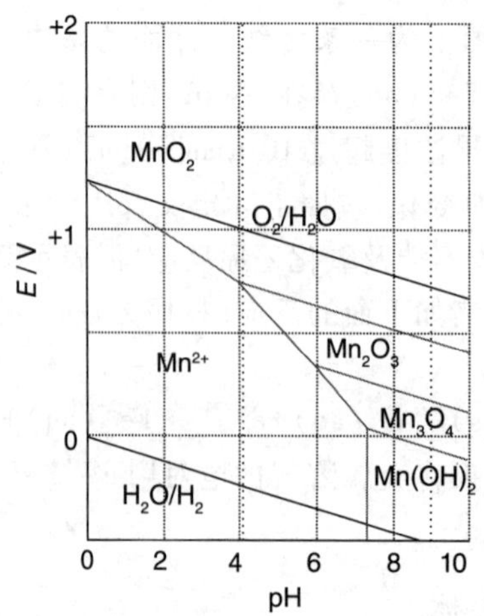

图 5.13　锰的部分 Pourbaix 图,黑色竖直虚线之间的区域表示天然水体正常的 pH 范围

答案:回答此问题,首先要找出 Pourbaix 图中的 MnO_2稳定区,并观察 MnO_2相对于 O_2和 H_2O 之间边界线的位置。充氧水体中,二氧化锰在很宽的 pH 条件下(pH<1 的强酸中例外)是热力学上有利的存在状态。温和还原性条件下中性到酸性 pH 的水体中,稳定的物种为 $Mn^{2+}(aq)$。Mn(Ⅲ)物种只在充氧的高 pH 水体中稳定。

自测题 5.13　利用图 5.11 和图 5.12 评估浸水土壤中找到 $Fe(OH)_3(s)$的可能性。

元素的化学提取

"氧化"最早的定义是元素与氧化合转化为氧化物的反应;"还原"则定义为氧化的逆反应,即金属氧化物转化为金属。虽然此两个术语当今已用电子转移和氧化态改变的语言来表达,但原定义仍是化学工业和实验化学的重要基础。以下各节介绍元素的提取,即将自然界化合物中元素氧化数的数值变为零。

5.16　化学还原

自然界只有为数不多的几种金属(如金)以元素形式存在。大多数金属以氧化物(如 Fe_2O_3)或三元化合物(如 $FeTiO_3$)形式出现,硫化物也很常见,特别是在无水和缺氧条件下沉积的矿脉中。史前人类逐渐学会了如何将矿物转化为金属(以制造工具和武器)。大约 6000 年前,人类就开始用远古炉膛所能达到的温度通过空气氧化的方法从铜矿提取铜:

$$2Cu_2S(s)+3O_2(g) \longrightarrow 2Cu_2O(s)+2SO_2(g)$$

$$2Cu_2O(s)+Cu_2S(s) \longrightarrow 6Cu(s)+SO_2(g)$$

约 3000 年前,人类才能获得更高温度以提取较难还原出来的元素(如铁),从而导致铁器时代的到来。生产这些金属是通过矿物与还原剂(如碳)一起加热至熔化状态完成的,因而被称之为**熔炼**(smelting)。直到 19 世纪末,碳仍然是主要还原剂,仍然不能达到生产某些金属所需的更高温度,虽然这些金属的矿物资源非常丰富。

电力的出现拓展了碳还原的范围,因为电炉能够达到的温度比燃炭炉(如鼓风炉)高得多。**Pidgeon 法**(Pidgeon process)的出现使镁成为 20 世纪的一种金属,该法也涉及用碳还原氧化物的过程,只是使用了温度更高的电热还原法:

$$MgO(s)+C(s) \xrightarrow{\triangle} Mg(l)+CO(g)$$

注意,碳仅被氧化至一氧化碳。在如此高的反应温度下,热力学上有利于生成该产物。19 世纪,电解法(电能驱动非自发反应的方法,包括矿物的还原)的引入而实现的技术突破,使铝由稀缺金属成为重要的结构金属。

(a) 热力学分析

提要:Ellingham 图给出金属氧化物的标准生成 Gibbs 自由能对温度的依赖关系,该图用于识别金属氧化物被碳或一氧化碳还原,由非自发反应成为自发反应的温度。

正如已经看到的那样,标准反应 Gibbs 自由能($\Delta_r G^\ominus$)与平衡常数(K)有关($\Delta_r G^\ominus = -RT\ln K$),$\Delta_r G^\ominus$的负值相应于反应平衡常数 $K>1$。需要注意的是,工业过程很少能达到平衡状态,许多这样的体系处于动态,如生成的产物在短时间里就与反应物分开了。而且,即使 $K<1$ 的平衡过程,最终也能达到平衡。如果产物(气体)从反应器中不断被移去,反应将继续追逐永远不存在的平衡状态组成。原则上,判断一个反应实际上是否可行时也要考虑反应速率,但在高温下反应往往都很快,热力学上允许的反应往往都可发生。粗大颗粒之间的反应非常缓慢,通常需加入流动相(气体或溶剂)来加速。

为了使碳或一氧化碳还原金属氧化物的 $\Delta_r G^\ominus$为负值,在同样反应条件下,反应(a)、(b)、(c)之一必须具有比反应(d)负值更大的 $\Delta_r G^\ominus$。

(a) $C(s)+1/2O_2(g) \longrightarrow CO(g)$　　　　$\Delta_r G^\ominus(C,CO)$

(b) $1/2C(s)+1/2O_2(g) \longrightarrow 1/2CO_2(g)$　　$\Delta_r G^\ominus(C,CO_2)$

(c) $CO(g)+1/2O_2(g) \longrightarrow CO_2(g)$　　$\Delta_r G^\ominus(CO,CO_2)$

(d) xM(s 或 l)$+1/2O_2(g) \longrightarrow M_xO(s)$　　$\Delta_r G^\ominus(M,M_xO)$

如果能这样,则下述反应之一将具有负的标准反应 Gibbs 自由能,相应于 $K>1$。

(a-d) $M_xO(s)+C(s) \longrightarrow x$M(s 或 l)$+CO(g)$　　$\Delta_r G^\ominus(C,CO)-\Delta_r G^\ominus(M,M_xO)$

(b-d) $M_xO(s)+1/2C(s) \longrightarrow x$M(s 或 l)$+1/2CO_2(g)$　　$\Delta_r G^\ominus(C,CO_2)-\Delta_r G^\ominus(M,M_xO)$

(c-d) $M_xO(s)+CO(g) \longrightarrow x$M(s 或 l)$+CO_2(g)$　　$\Delta_r G^\ominus(CO,CO_2)-\Delta_r G^\ominus(M,M_xO)$

上面使用的方法类似于讨论水溶液中半反应时所采取的方法(节 5.1),只是这里的所有反应都写成与 $1/2O_2$之间发生的氧化过程,$1/2O_2$代替了 $2e^-$,总反应是氧原子数相匹配的两反应之差。相关信息通常显示在图 5.14 给出的 **Ellingham 图**(Ellingham diagram)中,它是 $\Delta_r G^\ominus$对温度所做的一种图。

如果注意到 $\Delta_r G^\ominus=\Delta_r H^\ominus-T\Delta_r S^\ominus$这个关系式并记得反应焓和反应熵与温度无关(这是合理的近似处理)这个事实,就不难理解 Ellingham 图上曲线的形状了。Ellingham 图上线段的斜率因此应该等于相关反应的 $\Delta_r S^\ominus$。由于气体的标准摩尔熵远大于固体的标准摩尔熵,(a)的反应熵为正值(1 mol CO 代替了 1/2 mol O_2,净生成气体),其线段为负斜率。反应(b)中的气体量没有净变化,其标准反应熵接近零,图中的线段是水平的。反应(c)中 3/2 mol 的气体分子被 1 mol CO_2所代替,因而反应熵为负值,图上的线段为正斜率。反应(d)中气体为净消耗,标准反应熵为负值,图上线段为正斜率(见图 5.15)。线段上的折点是金属发生相变(特别是熔化)造成的,反应熵随之相应发生变化。在 C/CO 线(a)处于金属氧化物线(d)上方的温度时,$\Delta_r G^\ominus(M,M_xO)$较 $\Delta_r G^\ominus(C,CO)$负值更大。在这样的温度区间,$\Delta_r G^\ominus(C,CO)-\Delta_r G^\ominus(M,M_xO)$为正值,所以反应(a-d)的 $K<1$。然而,如果 C/CO 线处于金属氧化物线下方的温度时,金属氧化物被碳还原的 $K>1$。类似的表述也适用于另外两条碳氧化线段(b 和 c)处于金属氧化物线段上方和下方的温度区间,归纳如下:

- C/CO 线段处于金属氧化物线段下方的温度区间时,碳可用于还原金属氧化物,本身则氧化为一氧化碳;
- C/CO_2线段处于金属氧化物线段下方的温度区间时,碳可用于完成还原,但本身氧化为二氧化碳;
- CO/CO_2线段处于金属氧化物线段下方的温度区间时,一氧化碳可将金属氧化物还原为金属,本身氧化为二氧化碳。

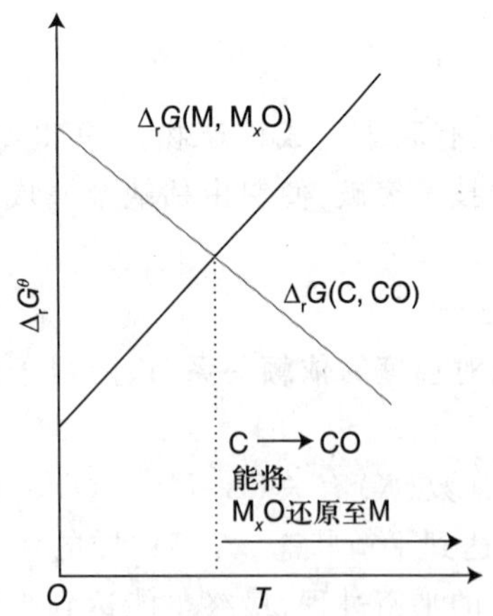

图 5.14　金属氧化物和一氧化碳两个生成反应的标准反应 Gibbs 自由能随温度的变化:温度高于两线段交叉点时,由碳形成一氧化碳的过程可将金属氧化物还原为金属;具体地说,温度上升至交叉点温度时,原来小于 1 的平衡常数变得大于 1;这种表示方式是 Ellingham 图的一个实例

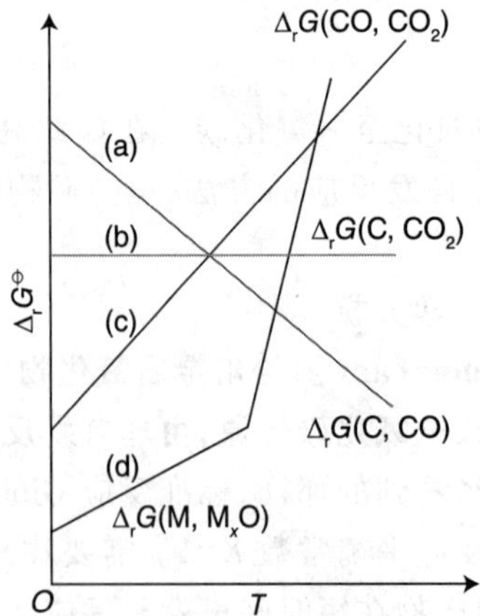

图 5.15　表示金属氧化物生成反应和涉及碳素的三个氧化反应的 Ellingham 图:线段斜率主要取决于反应过程的净结果是生成还是消耗气体;因为物质的熵发生了变化,相变通常导致线段出现折点

图5.16为某些常见金属的Ellingham图。原则上,图上示出的所有金属(甚至镁和钙)的生产都可通过**火法冶金**(pyrometallurgy)完成,即与还原剂一起加热的方法。然而,实际上存在严格的限制。火法冶炼生产铝的努力(多数在电力昂贵的日本进行)均以失败告终,因为生产过程需要的温度甚高而导致Al_2O_3挥发性太大。火法提取金属钛遇到另一类困难,反应中生成碳化钛(TiC)而不是金属钛。实际上,金属的火法提取主要限于镁、铁、钴、镍、锌和各种铁合金。

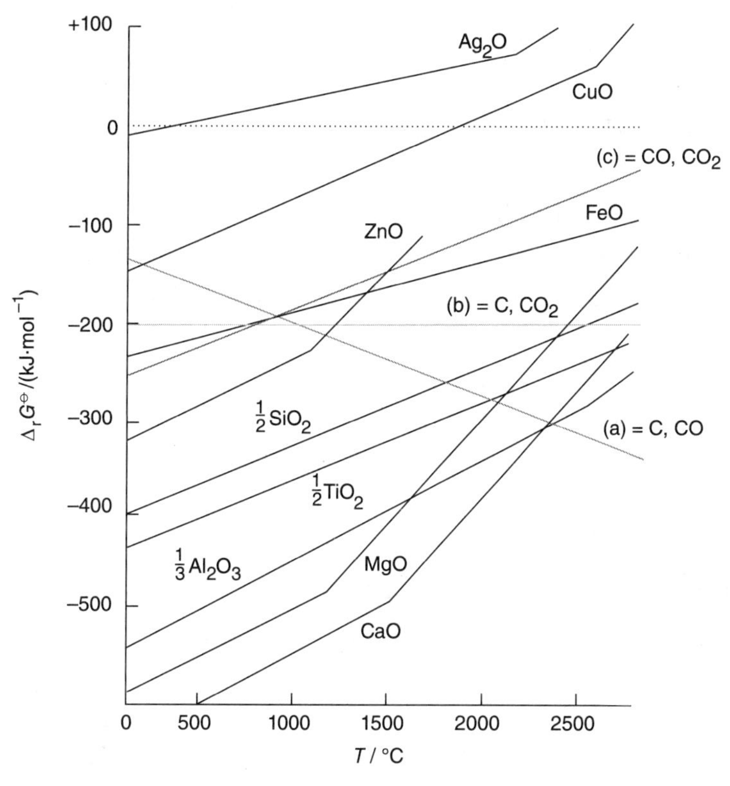

图5.16　还原金属氧化物的Ellingham图

例题5.14　学会使用Ellingham图

题目:碳将ZnO还原为金属锌的最低温度是多少?写出该温度下的总反应。

答案:回答此问题时需要考察图5.16的Ellingham图,并估出ZnO线段与C/CO线段交叉点的温度。1 200 ℃附近,C/CO线段处于ZnO线段下方,高于这个温度时金属氧化物的还原是自发的。相关的反应是课文中的反应(a)和下述反应的逆反应:

$$Zn(g)+1/2O_2(g) \longrightarrow ZnO(s)$$

总反应的两者之差,或

$$C(s)+ZnO(s) \longrightarrow CO(g)+Zn(g)$$

反应式中锌的物理状态标为气体,是因为该元素的沸点为907 ℃(相应于图5.16中ZnO线段的拐点)。

自测题5.14　碳还原MgO的最低温度是多少?

类似原理也适用于使用其他还原剂的还原过程。例如,Ellingham图用于探讨一种金属(M′)是否可用来还原另一种金属(M)的氧化物。这种情况下,碳所起的作用被M′所代替。需要从图上关注的是,在感兴趣的温度下,M′/M′O线段是否处于M/MO线段的下方。用$\Delta_r G^\ominus$(M′,M′O)和$\Delta_r G^\ominus$(M,MO)分别表示下述两个反应的Gibbs自由能:

(a) $M'(s或l)+1/2O_2(g) \longrightarrow M'O(s)$　　　$\Delta_r G^\ominus(M',M'O)$

(b) $M(s或l)+1/2O_2(g) \longrightarrow MO(s)$　　　　$\Delta_r G^\ominus(M,MO)$

当

$$\Delta_r G^\ominus = \Delta_r G^\ominus(M',M'O) - \Delta_r G^\ominus(M,MO)$$

为负值时，下述反应（和生成 MO_2 等类似反应）是可行的（即反应的 $K>1$）。

$$(a-b)\ MO(s)+M'(s或l) \longrightarrow M(s或l)+M'O(s)$$

例如，2 400 ℃以下，图 5.16 中 MgO 线段处于 SiO_2 线段下方，意味着该温度下可用镁还原 SiO_2。该反应事实上已被用于生产低等级的硅（见节 5.17）。

(b) 方法评述

提要：鼓风炉能提供用碳还原铁的氧化物所需的条件。像从铝矿提取金属铝那样，电解法可用于驱动非自发还原。

实现金属还原提取的工业方法比热力学分析提供的途径更多样。一个重要因素是，矿物和碳都是固体，两种固体之间的反应快不起来；多数方法可以利用气/固或液/固非均相反应。确保经济效益、充分利用原料和避免造成环境问题，是当代工业方法采取的策略。本段文字通过 3 个重要实例（还原难度分别为低、中和高）探讨这一策略。

最容易的还原包括铜矿的还原。焙烧和熔炼的方法在铜的火法提炼中仍广泛使用。然而，近些年人们在努力寻找避免大量 SO_2 排入大气而带来的环境问题。一个有前途的发展是铜的**湿法冶金提取**（hydrometallurgical extraction），这种方法以 H_2 或铁屑为还原剂还原水溶液中的铜离子提取铜，被还原的是经酸或细菌作用从低品位矿中沥取出来的铜离子：

$$Cu^{2+}(aq)+H_2(g) \longrightarrow Cu(s)+2H^+(aq)$$

如果作为副产物的酸能循环使用或就地中和而不是作为酸性污染物排入大气，该法对环境的危害就会小得多。该法也有利于低品位矿的经济利用。

铁的提取具有中等难度，这是铁器时代处于青铜器时代之后的原因。在经济方面，铁矿还原是碳的火法冶金最重要的应用。鼓风炉（见图 5.17）仍是生产铁的主要装置，铁矿石（Fe_2O_3，Fe_3O_4）、焦炭（C）和石灰石（$CaCO_3$）的混合物通过鼓入的热空气在炉中加热，焦炭燃烧可将温度提高至 2 000 ℃。在鼓风炉较低部位燃烧生成一氧化碳，原料 Fe_2O_3 在炉子顶部遇到由下部上升而来的热的一氧化碳，Fe（Ⅲ）氧化物被还原，先生成 Fe_3O_4，然后在 500～700 ℃的温度下生成 FeO，CO 被氧化为 CO_2。最后在炉子中部，FeO 于 1 000 ℃至 1 200 ℃之间被 CO 还原为铁。总反应为

$$Fe_2O_3(s)+3CO(g) \longrightarrow 2Fe(l)+3CO_2(g)$$

碳酸钙受热分解生成石灰（CaO），后者与矿石中存在的硅酸盐结合，在炉温最高的部位（最下部）生成硅酸钙（炉渣）熔化层。炉渣密度小于铁熔体而浮于其上，从而可被分离排放。由于含有溶解的碳，生成的铁在低于纯金属熔点约 400 ℃的温度下熔化。这种含有杂质的铁（密度最大的物相）沉在炉底，排出后固化为“生铁”（其中碳的质量百分数高达 4%）。制钢过程涉及一系列减少碳含量并用其他金属与铁形成合金的反应（见应用相关文段 3.1）。

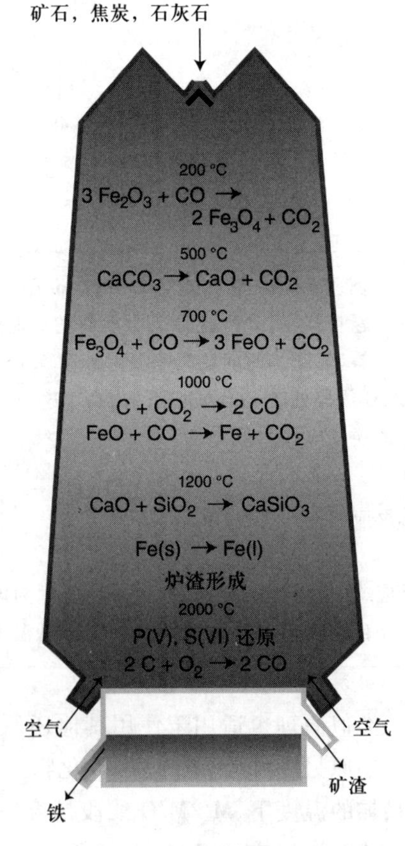

图 5.17　鼓风炉示意图，图上标示出有代表性的组成和温度剖面

从硅的氧化物提取硅的过程比铜和铁的提取更困难。实际上，硅才真正称得上 20 世纪元素。纯度为 96% 至 99% 的硅是用高纯度焦炭还原石英岩或沙子（SiO_2）的方法制备的。图 5.16 的

Ellingham 图显示,温度高于约 1 700 ℃时反应才是可行的。如此高的温度是在电弧炉中实现的,炉中存在过量硅石,为的是抑制 SiC 积累:

$$SiO_2(l)+2C(s)\xrightarrow{1\ 500\ ℃}Si(l)+2CO(g)$$
$$2SiC(s)+SiO_2(l)\longrightarrow 3Si(l)+2CO(g)$$

由粗硅制备半导体用纯硅时需要先将其转化为挥发性化合物(如 $SiCl_4$)。后者通过分级蒸馏法提纯,然后用纯氢将其还原至硅。将得到的半导体级硅加热熔化,然后从熔体的冷表面将其拉成大块单晶,该过程叫 **Czochralski 法**(Czochralski process)。

正如已经看到的那样,Ellingham 图显示,用碳直接还原 Al_2O_3的反应只有在高于 2 400 ℃才能进行,经济上难以接受,使用任何化石燃料进行加热都是浪费。不过,该还原过程可通过电解法实现(节 5.18)。

5.17　化学氧化

提要:用化学氧化法制备的元素包括重卤素元素和硫;化学氧化法也用于纯化某些贵金属。

空气分级蒸馏的方法可以得到氧,因而没有必要用化学方法生产。硫的情况较为有趣,元素硫既可通过直接采矿的方法、也可通过氧化 H_2S(从"含硫"天然气和原油中脱除而得)的方法进行生产。氧化过程是由两阶段实行的 **Claus 法**(Claus process)完成的。第一阶段,部分硫化氢被氧化为二氧化硫:

$$2H_2S+3O_2\longrightarrow 2SO_2+2H_2O$$

第二阶段,催化剂存在条件下由二氧化硫与更多硫化氢反应:

$$2H_2S+SO_2\xrightarrow{\text{氧化物催化剂},300\ ℃}3S+2H_2O$$

有代表性的催化剂为 Fe_2O_3或 Al_2O_3。Claus 法对环境有益,避免将有毒的硫化氢燃烧生成污染物二氧化硫排入大气。

自然界以元素形式存在的金属元素中,只在提取重要金属时才使用氧化过程。例如,金的提取,简单"淘金"的方法难以从低品位矿中分离出金的微粒。将金溶解的过程得助于氧化作用,与 CN^-发生的络合作用有利于氧化:

$$Au(s)+2CN^-(aq)\longrightarrow [Au(CN)_2]^-(aq)+e^-$$

该络合物与另一种活泼金属(如锌)反应还原为金属:

$$2[Au(CN)_2]^-(aq)+Zn(s)\longrightarrow 2Au(s)+[Zn(CN)_4]^{2-}(aq)$$

由于氰化物有毒,该法已开始被其他方法所代替。其中一种方法涉及使用硫循环的细菌(应用相关文段 16.4),这种细菌可将金从硫化物矿中释放出来。

如节 5.18 将要叙述的那样,较轻的卤素(强氧化性卤素)是用电解法提取的。较易被氧化的卤素(Br_2和 I_2)用水溶液中的卤化物被氯化学氧化而获得。例如:

$$2NaBr(aq)+Cl_2(g)\longrightarrow 2NaCl(aq)+Br_2(l)$$

5.18　电化学提取

提要:用电化学还原法制备的元素包括铝;用电化学氧化法制备的元素包括氯。

从矿物提取金属的电化学方法主要限于电正性较高的元素,如本节稍后将要讨论的金属铝。对其他大量生产的金属(如铁和铜)而言,工业上实际使用的能效更高、更清洁的路线(化学还原法)在节 5.16(b)中已做过介绍。在某些特殊场合,电化学还原法也用于分离小量铂族金属。例如,氧化性条件下用酸处理废弃的催化转化器得到含有 Pt(Ⅱ)和其他铂族金属络合物的溶液,然后将此溶液进行电化学还原。金属在阴极沉积,这种方法可以提取出陶制催化转化器中 80%的铂族金属。

节 5.16 中的 Ellingham 图显示,2 400 ℃以上的温度才可能用碳还原 Al_2O_3,经济上十分昂贵。然而该还原反应可由电解法完成。铝的所有现代化生产都在使用 **Hall-Héroult 法**(Hall-Héroult process),它是

1886 年由 Charles Hall 和 Paul Héroult 各自独立发明的。该法的原料为 **Bayer 法**(Bayer process)从铝矿提取的纯氢氧化铝。Bayer 法中作为铝源的铝土矿是酸性氧化物 SiO_2、两性氧化物和氢氧化物(如 Al_2O_3、AlOOH)及 Fe_2O_3的混合物。将 Al_2O_3溶于热的氢氧化钠水溶液中,使铝与难溶的 Fe_2O_3相分离,虽然硅酸盐在如此强的碱性条件下仍可溶。冷却铝酸钠溶液得到 $Al(OH)_3$沉淀,将硅酸盐留在溶液中。Hall-Héroult 法的最后阶段是将氢氧化铝溶于熔化的冰晶石(Na_3AlF_6)中,熔体在钢为阴极、石墨为阳极的电解槽中进行电解还原。阳极本身参与电化学反应,与放出的氧原子反应生成 CO_2。总反应为

$$2Al_2O_3+3C \longrightarrow 4Al+3CO_2$$

由于电力消耗巨大,工厂通常建在电力廉价地区(如水电价廉的加拿大)而不是建在铝土矿产地(如牙买加)。

轻卤素是通过电化学氧化法提取的最重要的元素。从浓碱中氧化 Cl^-的标准反应 Gibbs 自由能是个很大的正值:

$$2Cl^-(aq)+2H_2O(l) \longrightarrow 2OH^-(aq)+H_2(g)+Cl_2(g) \qquad \Delta_r G^\ominus=+422\ kJ\cdot mol^{-1}$$

这一事实表明需要使用电解法。氧化 Cl^-的最小电位差约为 2.2 V(根据 $\Delta_r G^\ominus=-\nu FE^\ominus$和 $\nu=2$ 计算得到)。

这里似乎存在一个释氧的竞争反应:

$$2H_2O(l) \longrightarrow 2H_2(g)+O_2(g) \qquad \Delta_r G^\ominus=+474\ kJ\cdot mol^{-1}$$

驱动该反应的电位差只需 1.2 V(此反应中 $\nu=4$)。然而,在刚刚达到热力学上可行的电解水的电位时,水发生氧化的速率却很慢。通常的说法是反应需要较高的**超电压**(η,读音为 eta),它是反应达到明显速率前需要施加的较平衡电压高出的额外电压。因此,电解盐卤时得到 Cl_2、H_2和 NaOH 水溶液,产生的 O_2则很少。

氟化物水溶液电解得到氧而非氟。制备 F_2要靠电解氟化钾和氟化氢的非水混合物,该混合物是个离子性导体,高于 72 ℃即熔化。

延伸阅读资料

A. J. Bard, M. Stratmann, F. Scholtz, and G. J. Pickett, *Encyclopedia of electrochemistry: Inorganic Chemistry*, Vol. 7b. John Wiley & sons(2006).

J. -M. Savéant, *Elements of molecular and biomolecular electrochemistry: an electrochemical approach to electron-transfer chemistry*. John Wiley & sons(2006).

R. M. Dell and D. A. J. Rand, *Understanding batteries*. Royal Society of Chemistry(2001).

A. J. Bard, R. Parsons, and R. Jordan, *Standard potentials in aqueous solution*. M. Dekker(1985). 带有讨论的有关电池电位数据的一本集子。

I. Barin, THERMOCHEMICAL DATA OF PURE SUBSTANCES, vols 1 and 2. VCH(1989). 无机物热力学数据的一本综合资料。

J. Emsley, *The elements*, Oxford University Press(1998). 关于元素数据的一本优秀资料。

A. G. Howard, *Aquatic environmental chemistry*. Oxford University Press(1998). 讨论了淡水和海水体系的组成,解释了氧化过程和还原过程对组成的影响。

M. Pourbaix, *Atlas of electrochemical equilibria in aqueous solution*. Pergamon Press(1966). 早期的、现在仍然不错的有关 Pourbaix 图的一本资料。

W. Stumm and J. J. Morgan, *Aquatic Chemistry*. John Wiley & sons(1996). 关于天然水化学的一本标准参考书。

P. Zanello and F. Fabrizi de Biani, *Inorganic electrochemistry: theory, practice and applications*, 2nd *ed*. Royal Society of Chemistry(2011). 一本关于电化学研究的导论。

P. G. Tratnyek, T. J. Grundl, and S. B. Haderlien(eds), *Aquatic redox chemistry*. American Chemical Society Symposium Series, vol. 1071(2011). 叙述该领域新近进展的一本文集。

练习题

5.1 指出参与下述各反应的元素的氧化数：

$$2NO(g)+O_2(g) \longrightarrow 2NO_2(g)$$

$$2Mn^{3+}(aq)+2H_2O(l) \longrightarrow MnO_2(s)+Mn^{2+}(aq)+4H^+(aq)$$

$$LiCoO_2(s)+6C(s) \longrightarrow LiC_6(s)+CoO_2(s)$$

$$Ca(s)+H_2(g) \longrightarrow CaH_2(s)$$

5.2 利用资源节 3 的资料，提出适于实现下述变化的化学品，并写出相关反应的平衡方程式：(a) 将 HCl 氧化为气体 Cl_2，(b) 将 $Cr^{3+}(aq)$还原为 $Cr^{2+}(aq)$，(c) 将 $Ag^+(aq)$还原为 Ag(s)，(d) 将 $I_2(aq)$还原为 $I^-(aq)$。

5.3 以资源节 3 的标准电位数据为依据，写出在鼓空气的酸的水溶液中下列物种可能发生的反应的平衡方程式，不发生反应的物种写为“NR”。(a) Cr^{2+}，(b) Fe^{2+}，(c) Cl^-，(d) HClO，(e) Zn(s)。

5.4 利用资源节 3 提供的信息，写出在鼓空气的酸性水溶液中下列物种可能发生的反应(包括歧化反应)的平衡方程式：(a) Fe^{2+}，(b) Ru^{2+}，(c) $HClO_2$，(d) Br_2。

5.5 为什么下列两个半电池反应的标准电位随温度按相反方向变化？

$$[Ru(NH_3)_6]^{3+}(aq)+e^- \rightleftharpoons [Ru(NH_3)_6]^{2+}(aq)$$

$$[Fe(CN)_6]^{3-}(aq)+e^- \rightleftharpoons [Fe(CN)_6]^{4-}(aq)$$

5.6 平衡下述酸性溶液中的氧化还原反应：

$$MnO_4^-+H_2SO_3 \longrightarrow Mn^{2+}+HSO_4^-$$

定性判断 pH 对该反应净电位的依赖关系。(是增加？减小？还是维持不变？)

5.7 利用下表提供的热力学数据，估判氧化还原电对 $M^{3+}(aq)/M^{2+}(aq)$的标准还原电位。估判时必须做何种假定？

	Cr	Mn	Fe	Co	Ni	Cu
$\Delta_{hyd}H^\ominus(3+)/(kJ \cdot mol^{-1})$	4 563	4 610	4 429	4 653	4 740	4 651
$\Delta_{hyd}H^\ominus(2+)/(kJ \cdot mol^{-1})$	1 908	1 851	1 950	2 010	2 096	2 099
$I_3/(kJ \cdot mol^{-1})$	2 987	3 249	2 957	3 232	3 392	3 554

5.8 写出下述过程的能斯特方程：

(a) $O_2(g)$的还原：

$$O_2(g)+4H^+(aq)+4e^- \longrightarrow 2H_2O(l)$$

(b) $Fe_2O_3(s)$的还原：

$$Fe_2O_3(s)+6H^+(aq)+6e^- \longrightarrow 2Fe(s)+3H_2O(l)$$

写出的式子要用 pH 表示。在 pH=7 和 $p(O_2)=0.20$ bar(空气中氧的分压)的条件下，前一半反应的电位是多少？

5.9 利用图 5.18 中的 Frost 图回答下列问题：(a) Cl_2溶于碱性水溶液中会产生什么结果？(b) Cl_2溶于酸性水溶液中会产生什么结果？(c) $HClO_3$在水溶液中不发生歧化是一种热力学现象还是一种动力学现象？

5.10 参考标准电位数据，根据你的判断写出下列实验中主要净反应的方程式：(a) N_2O 气体鼓入 NaOH 水溶液，(b) 金属锌加于三碘化钠水溶液，(c) I_2加于过量的 $HClO_3$水溶液。

5.11 NaOH 加含 Ni^{2+}的水溶液产生 $Ni(OH)_2$沉淀。Ni^{2+}/Ni 电对的标准电位为+0.25 V，溶度积 $K_{sp}=[Ni^{2+}][OH^-]^2=1.5\times10^{-16}$。计算 pH=14 时的电极电位。

5.12 给出水溶液中最有利于下述转化过程的酸性或碱性条件：

(a) $Mn^{2+} \longrightarrow MnO_4^-$，(b) $ClO_4^- \longrightarrow ClO_3^-$，(c) $H_2O_2 \longrightarrow O_2$，(d) $I_2 \longrightarrow 2I^-$。

5.13 根据下面给出的 Latimer 图计算反应 $2HO_2(aq) \longrightarrow O_2(g)+H_2O_2(aq)$的 $E^\ominus$值，并讨论 HO_2发生歧化的热力学趋势。

$$O_2 \xrightarrow{-0.125} HO_2 \xrightarrow{+1.510} H_2O_2$$

5.14 利用氯的 Latimer 图确定 ClO_4^-还原为 Cl_2的电位，写出这个半反应的平衡方程式。

图 5.18

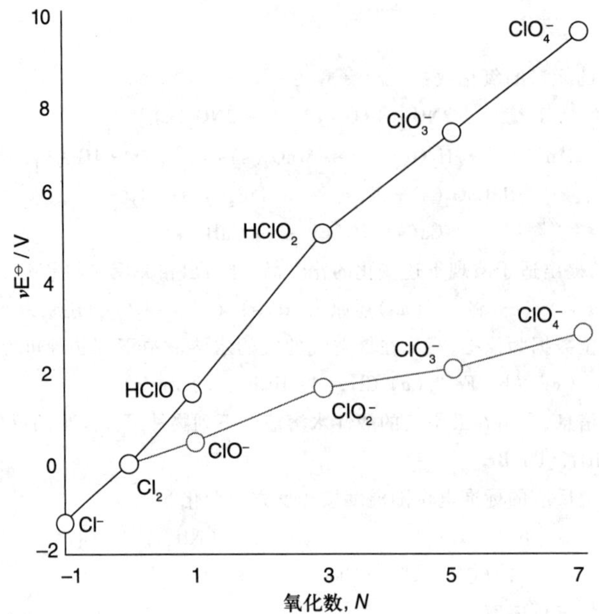

图 5.18　氯的 Frost 图：红线和蓝线分别表示酸性条件下(pH = 0)和 pH = 14 条件下的结果；由于 $HClO_3$ 和 $HClO_4$ 都是强酸，溶液中存在的共轭碱为各自的酸根，甚至在 pH = 0 时也如此

5.15　利用下面给出的 Latimer 图(该图示出 pH = 0 的酸性溶液中硫物种的标准电位)构筑 Frost 图，并计算电对 $HSO_4^-/S_8(s)$ 的标准电位。

$$HSO_4^- \xrightarrow{+0.16} H_2SO_3 \xrightarrow{+0.40} S_2O_3^{2-} \xrightarrow{+0.60} S \xrightarrow{+0.14} H_2S$$

5.16　已知 $E^\ominus(MnO_4^-/MnO_2) = +1.69$ V，计算 pH = 9.0，1 mol · L^{-1} $MnO_4^-(aq)$ 的 25 ℃水溶液中 MnO_4^-转化为 MnO_2的还原电位。

5.17　已知酸性水溶液中的还原电位 $E^\ominus(Pd^{2+}, Pd) = +0.915$ V 和 $E^\ominus([PdCl_4]^{2-}, Pd) = +0.60$ V，计算 1 mol · L^{-1} HCl 溶液中反应 $Pd^{2+}(aq) + 4Cl^-(aq) \rightleftharpoons [PdCl_4]^{2-}$ 的平衡常数。

5.18　根据下面给出的两个半反应的标准电位

$$Au^+(aq) + e^- \longrightarrow Au(s) \qquad E^\ominus = +1.68 \text{ V}$$

$$[Au(CN)_2]^-(aq) + e^- \longrightarrow Au(s) + 2CN^-(aq) \qquad E^\ominus = -0.60 \text{ V}$$

计算下述反应的平衡常数：

$$Au^+(aq) + 2CN^-(aq) \rightleftharpoons [Au(CN)_2]^-(aq)$$

5.19　配体 EDTA 与硬的酸中心原子形成稳定络合物，EDTA 的络合作用是怎样影响 3d 系 M^{2+} 还原为 M 的？

5.20　从下面给出的汞的 Latimer 图绘制酸性溶液中的 Frost 图，并讨论各物种作为氧化剂、还原剂或发生歧化的趋势。

$$Hg^{2+} \xrightarrow{0.911} Hg_2^{2+} \xrightarrow{0.796} Hg$$

5.21　利用图 5.12 找出 pH = 6、充有空气的湖水的近似电位。以此信息和资源节 3 中给出的 Latimer 图为基础，判断平衡状态下下列各元素存在的物种：(a) 铁，(b) 锰，(c) 硫。

5.22　溶有高浓度二氧化碳并暴露在大气氧中的水为什么对铁具有腐蚀性？

5.23　物种 Fe^{2+} 和 H_2S 的存在对缺氧湖底非常重要，如果 pH = 6，表征这种环境的最大 *E* 值是多少？

5.24　图 5.11 中，哪条边界线是选定 Fe^{2+} 浓度为 10^{-5} mol · dm^{-3} 得到的？

5.25　参考图 5.16 回答：是否存在 MgO 被铝还原的条件？并对这些条件进行讨论。

5.26　资源节 3 中给出了 pH = 0 和 pH = 14 的水溶液中磷物种的标准电位。(a) 解释 pH = 0 和 pH = 14 两种条件下为什么具有不同的还原电位，(b) 用两组数据构筑一个的 Frost 图，(c) 磷与碱的水溶液一起加热制得磷化氢(PH_3)，试讨论可行的化学反应并估计其平衡常数。

5.27　碱性溶液中下述半反应的标准电位为

$$CrO_4^{2-}(aq)+4H_2O(l)+3e^- \longrightarrow Cr(OH)_3(s)+5OH^-(aq) \qquad E^\ominus=-0.11\ V$$

$$[Cu(NH_3)_2]^+(aq)+e^- \longrightarrow Cu(s)+2NH_3(aq) \qquad E^\ominus=-0.10\ V$$

假定合适的催化剂存在的条件下能建立起可逆反应，试计算下述情况下的 $E^\ominus$、$\Delta_rG^\ominus$ 和 K 值：(a) 还原 CrO_4^{2-}，(b) 于碱性溶液中还原 $[Cu(NH_3)_2]^+$。尽管两个反应的 $E^\ominus$ 值非常接近，而 $\Delta_rG^\ominus$ 值和 K 值的差别却很大，对此现象进行讨论。

5.28 许多标准电位数据是由热化学数据计算得来的，而非来自电化学方法直接测量电池电位的结果。从下表给出的热力学数据，计算半反应 $Sc_2O_3(s)+3H_2O(l)+6e^- \rightleftharpoons 2Sc(s)+6OH^-(aq)$ 的标准电位。

	$Sc^{3+}(aq)$	$OH^-(aq)$	$H_2O(l)$	$Sc_2O_3(s)$	$Sc(s)$
$\Delta_fH^\ominus/(kJ\cdot mol^{-1})$	−614.2	−230.0	−285.8	−1 908.7	0
$S_m^\ominus/(J\cdot K^{-1}\cdot mol^{-1})$	−255.2	−10.75	69.91	77.0	34.76

5.29 已知 25 ℃下酸性溶液(pH=0)中铟和铊的标准电位如下：

$$In^{3+}(aq)+3e^- \rightleftharpoons In(s) \qquad E^\ominus=-0.338\ V$$

$$In^+(aq)+e^- \rightleftharpoons In(s) \qquad E^\ominus=-0.126\ V$$

$$Tl^{3+}(aq)+3e^- \rightleftharpoons Tl(s) \qquad E^\ominus=+0.741\ V$$

$$Tl^+(aq)+e^- \rightleftharpoons Tl(s) \qquad E^\ominus=-0.336\ V$$

利用上述数据构筑二元素的 Frost 图，并讨论各物种的相对稳定性。

5.30 下面给出第 8 族元素 Fe 和 Ru 的氧化还原电对的 $E^\ominus$ 值：

$$Fe^{2+}(aq)+2e^- \rightleftharpoons Fe(s) \qquad E^\ominus=-0.44\ V$$

$$Fe^{3+}(aq)+e^- \rightleftharpoons Fe^{2+}(aq) \qquad E^\ominus=+0.77\ V$$

$$Ru^{2+}(aq)+2e^- \rightleftharpoons Ru(s) \qquad E^\ominus=+0.80\ V$$

$$Ru^{3+}(aq)+e^- \rightleftharpoons Ru^{2+}(aq) \qquad E^\ominus=+0.25\ V$$

(a) 讨论酸性水溶液中 Fe^{2+} 和 Ru^{2+} 的相对稳定性，(b) 铁屑加进 Fe^{3+} 盐的酸性水溶液后发生化学反应，写出反应的平衡方程式。(c) $Fe^{2+}(aq)$ 与酸化的高锰酸钾水溶液在标准条件下发生反应，计算该反应的平衡常数(参考资源节 3)。

5.31 用标准电位数据解释：HCl 存在条件下定量测定 Fe^{2+} 时，高锰酸盐(MnO_4^-)为什么不能用作氧化剂；但溶液中加入足量 Mn^{2+} 和磷酸根离子后，MnO_4^- 就是合适的氧化剂了。(提示：磷酸根离子与 Fe^{3+} 形成络合物并使其稳定。)

辅导性作业

5.1 说明还原电位在无机化学中的重要性。概略叙述它们在研究水溶液中的稳定性、溶解度和反应性时的应用。

5.2 L.H.Berka 和 I.Fishtik 在他们的论文"Variability of the cell potential of a given chemical reaction"(*J. Chem. Educ.*, 2004, **81**, 84)中得出结论：化学反应的 $E^\ominus$ 不是状态函数，因为其半反应是任意选取的，可能含有不同数目的转移电子。试对这一异议进行讨论。

5.3 参考资源节 1~3 给出的信息和元素的原子化数据(Cr：$\Delta_fH^\ominus=+397\ kJ\cdot mol^{-1}$；$Mo$：$\Delta_fH^\ominus=+664\ kJ\cdot mol^{-1}$)构筑 Cr 或 Mo 与稀酸反应的热力学循环，从而注意到金属形成阳离子的金属性成键作用对确定标准还原电位的重要意义。

5.4 离子(如 OH^-)的还原电位可能受溶剂的强烈影响。(a) 参考 D.T.Sawyer 和 J.L.Roberts 的评论性文章(*Acc. Chem. Res.*, 1988, **21**, 469)，叙述溶剂由水改为乙腈 CH_3CN 时，电对 OH/OH^- 的电位发生的重大变化。(b) 为 OH^- 在两个溶剂中不同的溶剂化程度提出定性解释。

5.5 如何利用 Cl^- 的络合作用使 $Cu^{2+}(aq)+Cu(s) \rightleftharpoons 2Cu^+(aq)$ 的平衡发生移动，试讨论之(参考 J.Malyyszko and M. Kaczor, *J. Chem. Educ.*, 2003, **80**, 1048)。

5.6 肠肝菌素(Ent)是某些细菌分泌的，能从环境中将 Fe 分离出来的一种特殊配体(Fe 几乎是所有活物种的基本营养成分，参见第 26 章)。形成[Fe(Ⅲ)(Ent)]的平衡常数($10^{52}\ mol^{-1}\cdot dm^3$)比相应 Fe(Ⅱ)络合物的平衡常数至少高出 40 个数量级。试回答：在中性 pH 条件下，可否通过还原至 Fe(Ⅱ)的方法将 Fe 从[Fe(Ⅲ)(Ent)]中释放出来。注意，可供细菌利用的最强还原剂通常为 H_2。

5.7 在论文"Enzymes and bio-inspired electrocatalysts in solar fuel devices"(*Energy Environ. Sci.*, 2012, **5**, 7470)中，Woolerton 等人用"通用 Frost 图"(见图 5.19)说明化学能的储存和释放。文中所谓"富能物质"是指其中储存了化学能的化合

物(燃料和氧化剂):燃料(如碳氢化合物,硼烷,金属氢化物)安排在左上位,而强氧化剂(如 O_2)则安排在右上位。所谓"贫能物质"都是稳定化合物:还原产生的化合物(如 H_2O)安排在左下位,氧化产生的化合物(如 CO_2和灰中的组分)安排在右下位。左上位物种与右上位物种反应生成反应产物(图上沿各自对角线向下的箭头所指的物质)时释放能量。能量储存过程(如光合作用,电池充电)中,太阳光或电力将左下位和右下位的化合物转化为产物(图上沿各自对角线向上的箭头所指的物质)。参考资源节 3 的数据,对该概念在甲醇/氧体系和铅-酸电池中的应用进行评估。

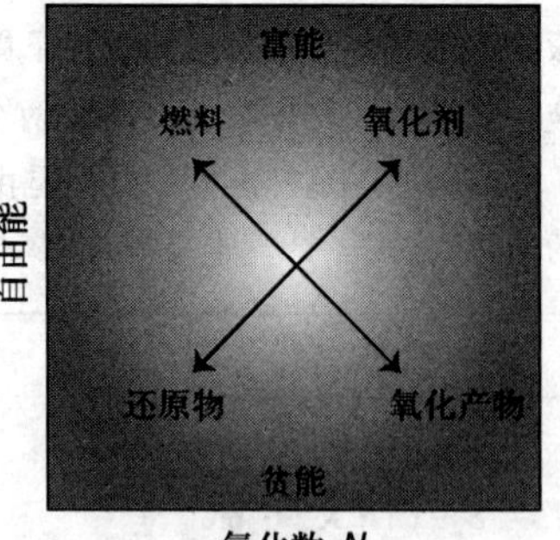

图 5.19 描述富能化合物(如燃料、氧化剂)和贫能化合物(如水,二氧化碳和灰)之间关系的通用 Frost 图

5.8 已知 $\Delta_r H^{\ominus}=+260\ \mathrm{kJ\cdot mol^{-1}}$和 $\Delta_r S^{\ominus}=+60\ \mathrm{J\cdot K^{-1}\cdot mol^{-1}}$,试构筑水的热裂解反应[$H_2O(g) \longrightarrow H_2(g)+1/2O_2(g)$]的 Ellingham 图(假定 $H^{\ominus}$与温度无关)。计算通过水的自发分解释放出 H_2的温度(*Chem. Rev.*, 2007, 107, 4048)。用该法生产 H_2的方案是否可行?试进行讨论。

5.9 在论文"A thermochemical study of ceria: Exploiting an old material for new modes of energy conversion and CO_2 mitigation"(*Philos. Trans. R. Soc. London*, 2010, **368**, 3269)中,Chueh 和 Haile 叙述了用 CeO_2将水转化为 H_2和 O_2的方法。对此项发明的化学原理和热力学原理做解释。

(李珺 译,史启祯 审)

6 章

分子的对称性

分子的对称性和成键密切相关，本章探讨分子对称性的某些结果并介绍群论的系统论点。我们将会看到，讨论对称性对分子轨道的构筑和分子振动的分析至关重要，特别是对那些不能立即得出结论的情况而言更是如此。分子对称性还能帮助人们从光谱数据提取有关分子结构和电子结构方面的信息。

系统讨论对称性问题要用到数学上叫作**群论**(group theory)的一个分支。群论是内容丰富且强有力的一门学科，但我们现阶段只将对称性方面的性质用于分子的分类、构筑分子轨道、分析分子振动和选律(用于控制激发)。我们也将看到：在不做任何计算的情况下，利用群论就可能得出有关分子性质的某些一般结论(如极性和手性)。

对称性分析导论

有些分子直观上显然比另一些分子"更对称"。虽然我们的目标是精确定义单个分子的对称性而非仅仅提供一个确认对称性的方案。后续章节将会看到，对称性分析是无机化学中用得最普遍的方法之一。

6.1 对称操作、对称元素和点群

提要：对称操作是使分子回到原来状态的一种动作；每个对称操作都联系着一个对称元素。分子点群的识别是通过指认对称元素和将该对称元素与定义每种点群的元素进行比较而完成的。

群论应用于化学的一个基本概念是**对称操作**(symmetry operation)，对称操作是一种动作(如旋转某一角度)，经过这种操作后的分子与原来相比表面上未发生任何变化，如 H_2O 分子绕 HOH 角平分线旋转 180°(见图 6.1)。每个对称操作都联系着一个**对称元素**(symmetry element)，对称元素是对称操作据以进行的点、直线或平面。表 6.1 列出最重要的对称操作和与之相应的对称元素。进行这些操作时分子中至少有一个点保持不动，因此叫**点群对称**(point-group symmetry)操作。

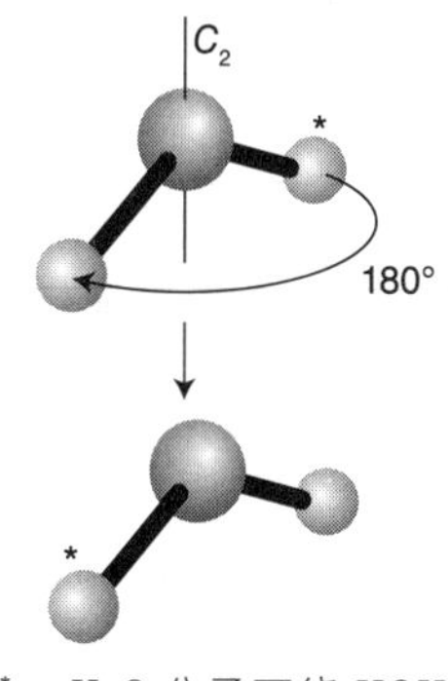

图 6.1* H_2O 分子可绕 HOH 键角的平分线旋转任意角度，但只有 180°的旋转(C_2 操作)使它表面上没有变化

表 6.1 对称操作和对称元素

对称操作	对称元素	符号
恒等操作	"整个空间"	E
旋转 360°/n	n 重对称轴	C_n
反映	镜面	σ
反演	反演中心	i
先旋转 360°/n，再对垂直于轴的面进行反映	n 重非真转轴 *	S_n

* 注意 $S_1=\sigma$ 和 $S_2=i$ 的等价关系。

恒等操作(identity operation)E 是对分子不作任何改变。每个分子至少都有这个操作,某些分子只有这个操作。如果要按对称性对所有分子进行分类,就需要这个操作。

H_2O 分子绕 HOH 角平分线旋转 180°(见图 6.1)是一个对称操作,表示为 C_2。一般情况下,如果分子旋转 360°/n 后未变,那么 ***n* 重旋转**(n-fold rotation)就是一个对称操作。相应的对称元素是一条直线,即 ***n* 重转轴**(n-fold rotation axis),符号为 C_n。与 C_2 轴相关的旋转操作(如 H_2O 分子的旋转)只有一个,这是因为顺时针和逆时针旋转 180°是等同的。三角锥体 NH_3 分子具有三重转轴(表示为 C_3),但与该轴相关的旋转操作有两个:一个是顺时针旋转 120°,另一个是逆时针旋转 120°(见图 6.2)。两个操作分别表示为 C_3 和 C_3^2(两个连续的顺时针旋转 120°等效于一个逆时针旋转 120°)。

平面四方形分子 XeF_4 具有四重转轴(C_4),此外还有两对垂直于 C_4 轴的二重转轴:一对(C_2')穿过每个 *trans*-FXeF 单元,另一对(C_2'')穿过 FXeF 角的角平分线(见图 6.3)。按照惯例,最高阶的转轴被称为**主轴**(principal axis)并定为 z 轴(通常在垂直方向绘出)。该 C_4^2 操作等效于 C_2 旋转,并通常从 C_4 操作中单独列出为"$C_2(=C_4^2)$"。

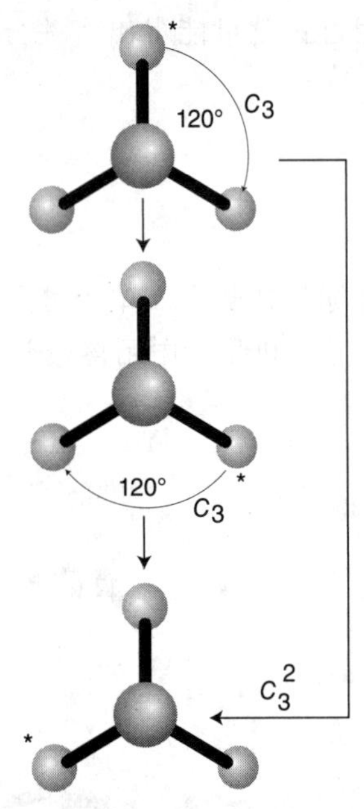

图 6.2* NH_3 的三重旋转和相应的 C_3 轴,与此轴相关的旋转有两个:一个是旋转 120°(C_3),一个是旋转 240°(C_3^2)

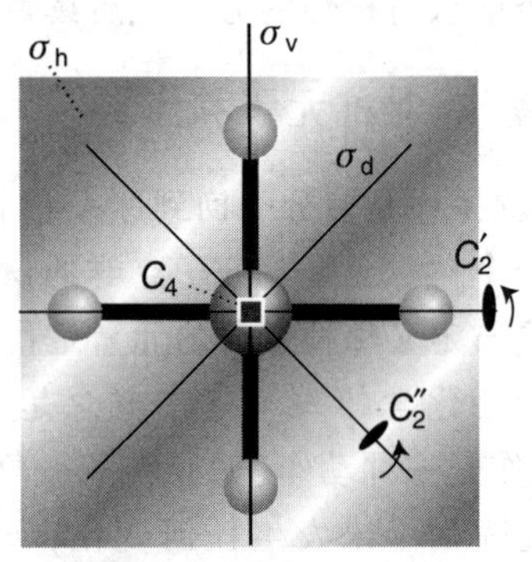

图 6.3* 平面四方形分子(如 XeF_4)的一些对称元素

H_2O 分子在两个平面中的任一个所发生的反映(见图 6.4)是一种对称操作。相应的对称元素是**镜面**(mirror plane),表示为 σ。H_2O 分子有两个镜面,它们相交于 HOH 角的角平分线。由于两个平面是"垂直"方向的(含有分子的转轴 z),所以用下标"v"标记,如 σ_v 和 σ_v'。图 6.3 中 XeF_4 在分子平面上具有镜面 σ_h。下标"h"表示该面处在"水平"方向(分子垂直方向的主转轴垂直于该镜面)。该分子还有两组镜面(σ_v 和 σ_d),每组含有两个镜面,这些镜面相交于四重轴。对通过 F 原子的平面而言,其对称元素(和相关的操作)表示为 σ_v;对平分 F 原子之间夹角的平面而言则表示为 σ_d。符号中的"d"表示"二面角",意指该平面平分两个 C_2'轴(FXeF 轴)之间的角。

为了理解**反演操作**(inversion operation)i,需要想象分子中每个原子都能通过分子中心的一个点投射到该点另一侧等距离的位置上(见图 6.5)。八面体分子(如 SF_6)反演操作的结果是中心点两侧的原子互换了位置。一般来说,坐标为 x、y、z 的一个原子反演后变为 $-x$、$-y$、$-z$。这里的对称元素(通过它完成反演

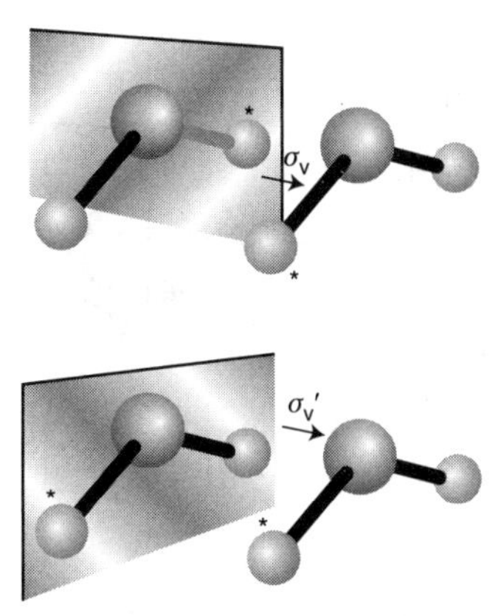

图 6.4* H_2O 分子两个垂直的镜面(σ_v 和 σ_v')和相应的操作,两个镜面的交线为 C_2 轴

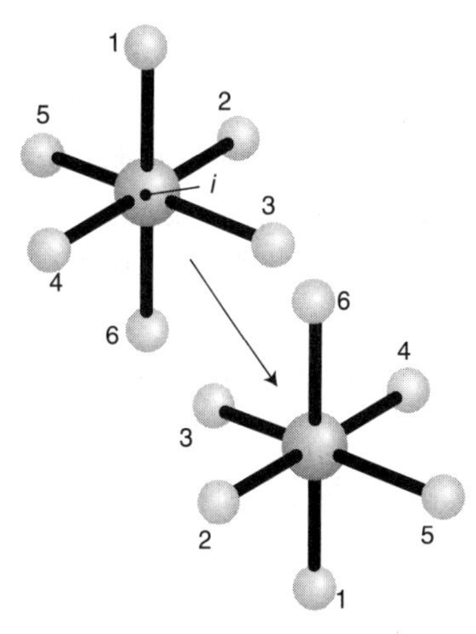

图 6.5* SF_6 中的反演操作和反演中心 i

的那个点)被称为**反演中心**(center of invertion),符号为 i。对 SF_6 而言,反演中心处在 S 原子的原子核。同样,CO_2 分子的反演中心处在 C 原子的原子核。然而,反演中心不一定要处在原子上:N_2 分子的反演中心处在两个 N 原子核的中点,S_4^{2+}(**1**)的反演中心处在正方形离子的中心。H_2O 分子没有反演中心,四面体分子都没有反演中心。尽管反演和二重旋转有时可达到同样的效果,但这不是一般情况,必须将两种操作相区分(见图 6.6)。

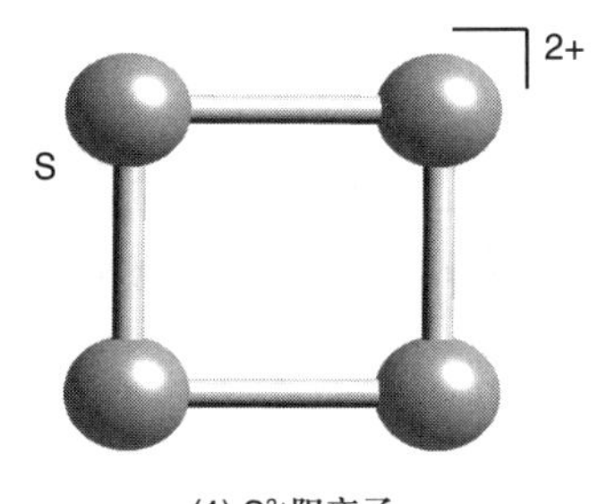

(**1**) S_4^{2+}阳离子

非真旋转(improper rotation)是一种复合操作:先将分子绕一个轴旋转一定角度,随后对垂直于该转轴的平面进行反映(见图 6.7)。图 6.7 显示

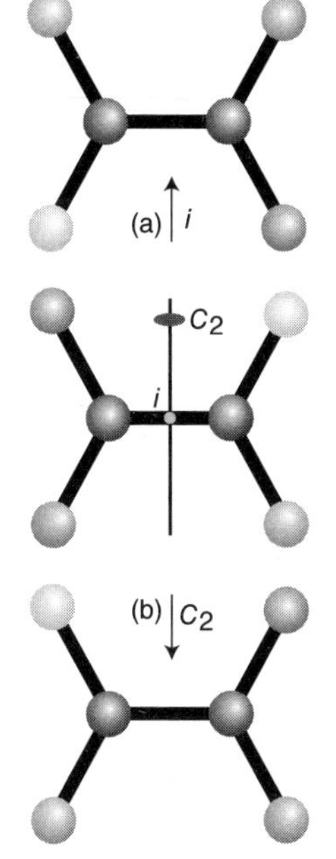

图 6.6* 注意不要将(a)反演操作和(b)二重旋转相混淆:尽管两个操作有时具有相同的效果,但通常并非如此;就像图上看到的那样,四个相同的端点原子被染成不同的颜色

图 6.7* CH_4 分子的四重非真转轴 S_4:四个相同对称操作元素的原子被染不同的颜色,帮助读者追踪它们移动的轨迹

图 6.6

图 6.7

了 CH_4 分子的四重非真旋转。在这个例子中,操作包括一个平分两个 HCH 键角的 90°(即 360°/4)绕轴旋转,然后按垂直于该轴的平面进行反映。对 CH_4 而言,无论是单独的 90°(C_4)旋转操作还是单独的反映操作都不是一种对称操作,但总效果则是。四重非真旋转操作表示为 S_4。作为对称元素的**非真转轴**(improper-rotation axis)S_n(此例中为 S_4)是相应的 n 重转轴与垂直镜面的组合。

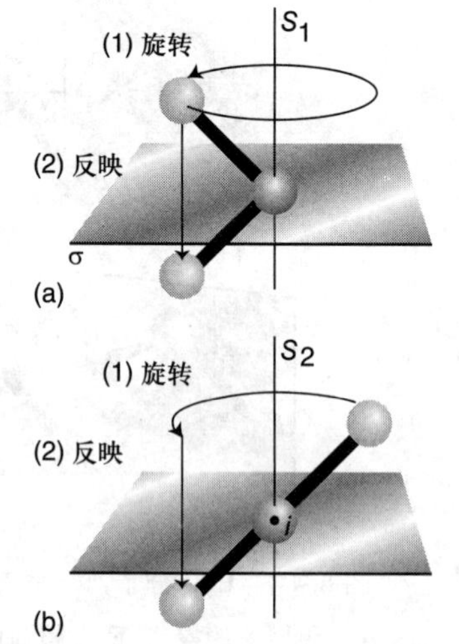

图 6.8*　(a)S_1 轴等价于一个镜面,(b)S_2 轴等价于一个反演中心

旋转 360°(S_1 轴)然后按垂直于轴的平面进行反映等价于一个单独的反映,所以 S_1 和 σ_h 相同;采用符号 σ_h 而非 S_1。与此类似,旋转 180°(S_2 轴)然后按垂直于轴的平面进行反映等价于一个反演 i(见图 6.8);采用符号 i 而非 S_2。

通过识别分子的对称元素并参照表 6.2,能够确认分子所属的**点群**(point group)。实际上,表中给出的形状为识别分子属于哪个点群提供了很好的线索,至少在简单例子中是如此。图 6.9 中的判定树也可以通过回答每个决策点的问题来系统指认最常见的点群。点群的名称通常为它的 **Schoenflies 符号**(Schoenflies symbol),如氨分子的 Schoenflies 符号为 C_{3v}。

表 6.2　一些常见群的组成

点群	对称元素	形状	举例
C_1	E		SiHClBrF
C_2	E, C_2		H_2O_2
C_s	E, σ		NHF_2
C_{2v}	$E, C_2, \sigma_v, \sigma_v'$		SO_2Cl_2, H_2O

续表

点群	对称元素	形状	举例
C_{3v}	$E,2C_3,3\sigma_v$		NH_3,PCl_3,$POCl_3$
$C_{\infty v}$	$E,2C_\varphi,\infty\sigma_v$		OCS,CO,HCl
D_{2h}	$E,3C_2,i,3\sigma$		N_2O_4,B_2H_6
D_{3h}	$E,2C_3,3C_2,\sigma_h,2S_3,3\sigma_v$		BF_3,PCl_5
D_{4h}	$E,2C_4,C_2,C_2',2C_2'',i,$ $2S_4,\sigma_h,2\sigma_v,2\sigma_d$		XeF_4,*trans*-[MA_4B_2]
$D_{\infty h}$	$E,\infty C_2',2C_\varphi,i,\infty\sigma_v,2S_\varphi$		CO_2,H_2,C_2H_2
T_d	$E,8C_3,3C_2,6S_4,6\sigma_d$		CH_4,$SiCl_4$
O_h	$E,8C_3,6C_2,6C_4,3C_2,$ $i,6S_4,8S_6,3\sigma_h,\sigma_d$		SF_6

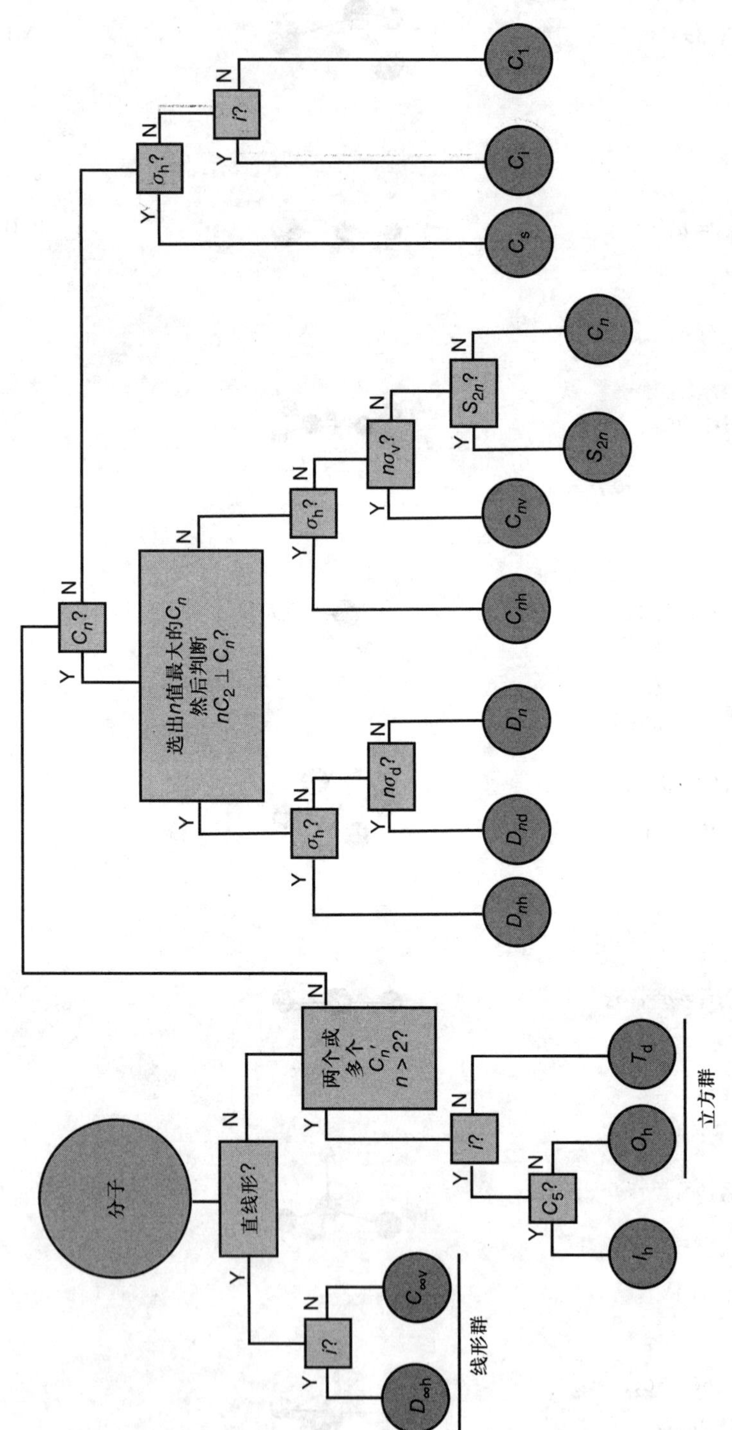

图 6.9　确定分子点群的判定树。在需要做出判断的那些地方的符号是指对称元素而不是对称操作。Y 代表“是”，N 代表“否”

例题 6.1　识别对称元素

题目：识别乙烷分子重叠构象的对称元素。

答案：这里需要识别使分子表面上保持不变的旋转、反映和反演。不要忘记“恒等”是一种对称操作。通过分子模型检验，可知 CH_3CH_3 分子的重叠构象(**2**)具有对称元素 $E, C_3, 3C_2, \sigma_h, 3\sigma_v$ 和 S_3。可以看到，交错构象(**3**)还有对称元素 i 和 S_6。

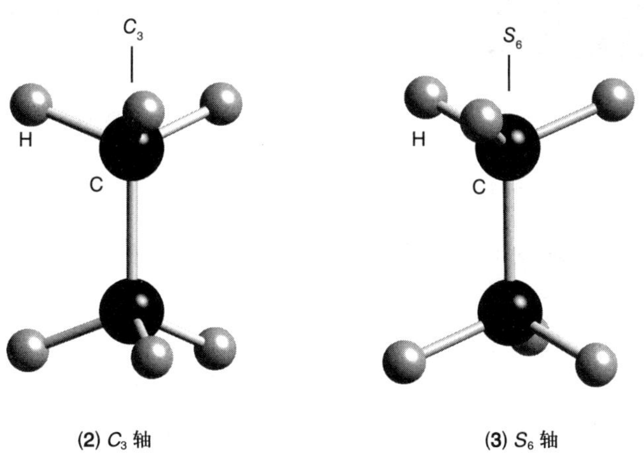

(**2**) C_3 轴　　(**3**) S_6 轴

自测题 6.1　绘出NH_4^+ 的 S_4 轴，该离子有多少个这样的轴？

例题 6.2　识别分子的点群

题目：H_2O 和 XeF_4 属于什么点群？

答案：指认需要用到表 6.2 或图 6.9。(a) H_2O 的对称元素示于图 6.10。H_2O 具有恒等(E)、二重转轴(C_2)和两个垂直镜面(σ_v 和 σ_v')。这组元素($E, C_2, \sigma_v, \sigma_v'$)对应于表 6.2 中给出的 C_{2v}点群。我们也可通过图 6.9 来确认：H_2O 分子不是线性分子；不具有两个或更多的 $n>2$ 的 C_n；有一个 C_n(一个 C_2 轴)；没有垂直于 C_2 的 $2C_2$；没有 σ_h；没有 $2\sigma_v$；因此它是 C_{2v}点群。(b) XeF_4 的对称元素示于图 6.3。XeF_4 有恒等(E)、一个四重轴(C_4)、两对垂直于 C_4 主轴的二重转轴、处于纸平面上的水平反映平面 σ_h、σ_v 和 σ_d 两组镜面且每组含有两个相互垂直的反映面。使用表 6.2，可以根据这组元素认定点群为 D_{4h}。也可通过图 6.9 进行认定：分子不是线性分子，不具有两个或更多的 $n>2$ 的 C_n，有一个 C_n(C_4 轴)，有垂直于这个 C_4 轴的 $4C_2$，有 σ_h；因此点群是 D_{4h}。

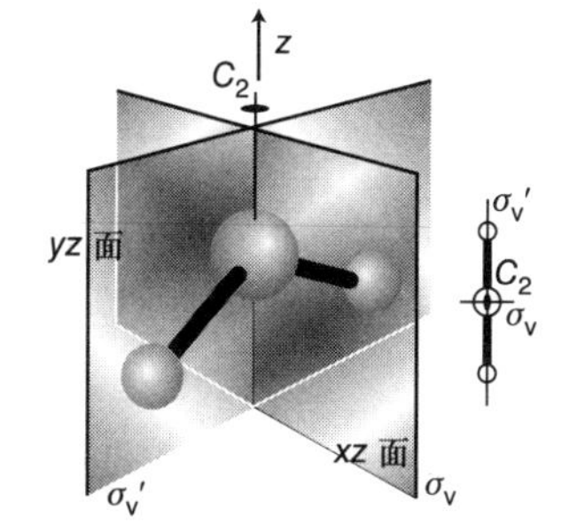

图 6.10*　H_2O 分子的对称元素：左部为全图，右部为俯视图

自测题 6.2　指认(a) 三角平面分子 BF_3 和(b) 四面体SO_4^{2-} 的点群。

能够迅速识别一些常见分子的点群非常有用。具有对称中心的线性分子(如 H_2、CO_2(**4**)和 HC≡CH)属于 $D_{\infty h}$。无对称中心的线性分子[如 HCl 或 OCS(**5**)]属于 $C_{\infty v}$。四面体(T_d)和八面体(O_h)分子有不止一个主对称轴(见图 6.11)。例如，四面体 CH_4 分子具有沿着 4 个 C—H 键的 4 个 C_3 轴。O_h 和 T_d 点群因与立方对称性密切相关而被称之为立方体群。与此密切相关的是二十面体所特有的**二十面体群**(icosahedral group) I_h，具有 12 个五重轴(见图 6.12)。二十面体群对硼化物(节 13.11)和 C_{60}富勒烯分子(节 14.6)很重要。

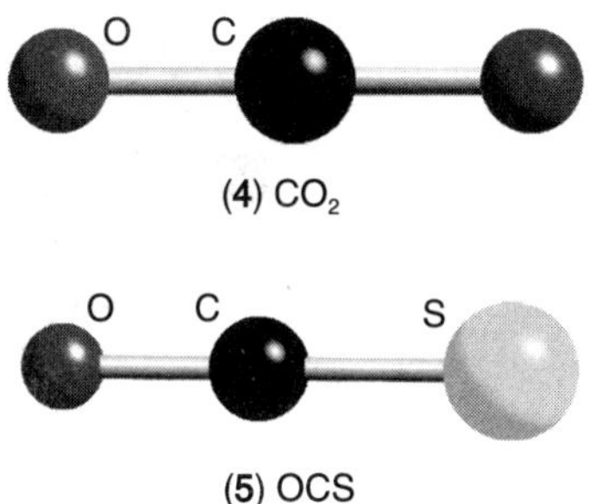

(**4**) CO_2

(**5**) OCS

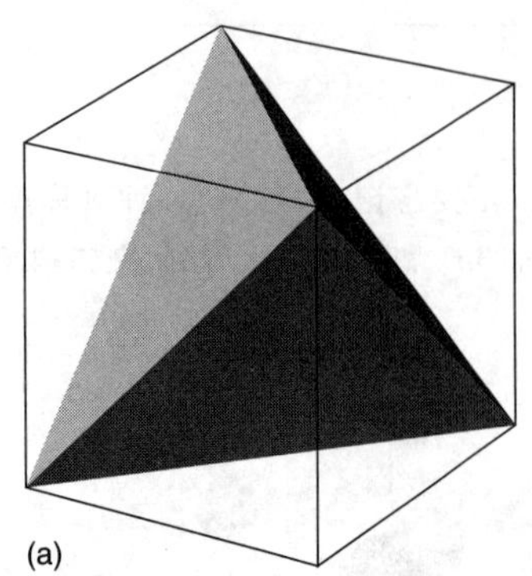

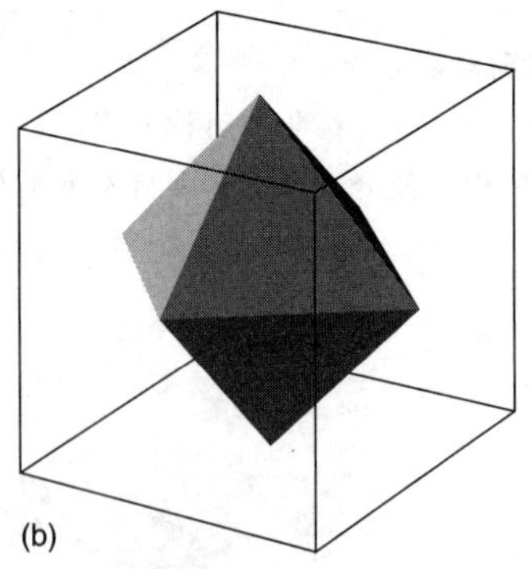

图 6.11* 具有立方对称性的形状：(a) 四面体，点群 T_d；(b) 八面体，点群 O_h

分子在各种点群之间的分布极不均衡。分子最常见的某些群是低对称性群 C_1 和 C_s。许多分子属于 C_{2v}（如 SO_2）和 C_{3v}（如 NH_3）群。存在属于 $C_{\infty v}$（HCl，OCS）和 $D_{\infty h}$（Cl_2 和 CO_2）群的许多线性分子，不少平面三角形分子（如 BF_3，**6**）为 D_{3h} 群，三角双锥分子（如 PCl_5，**7**）也属 D_{3h} 群，平面四方形分子为 D_{4h} 群（**8**）。仅当"八面体分子"所有六个基团都相同、它们与中心原子之间的键长都相同，并且所有的键角都是 90°时才属于八面体点群（O_h）。例如，具有彼此处于相对位置的两个相同取代基的"八面体分子"（如 **9**）为 D_{4h} 群。最后这个例子表明，分子按点群分类比随便使用"八面体"或"四面体"这样的术语（只考虑几何形状而不考虑对称性）更精确。

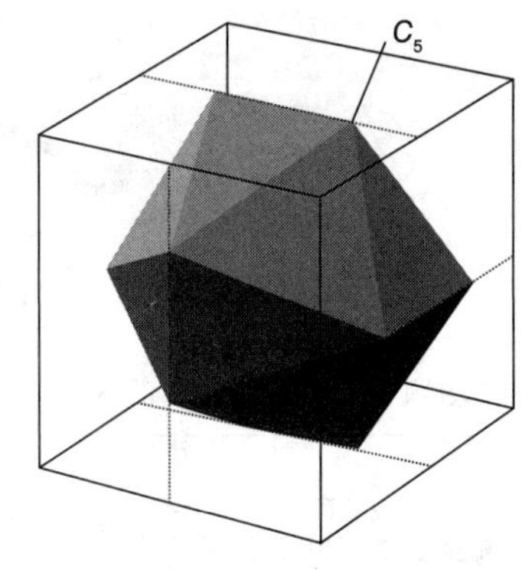

图 6.12* 正二十面体点群 I_h 和它与立方体的关系

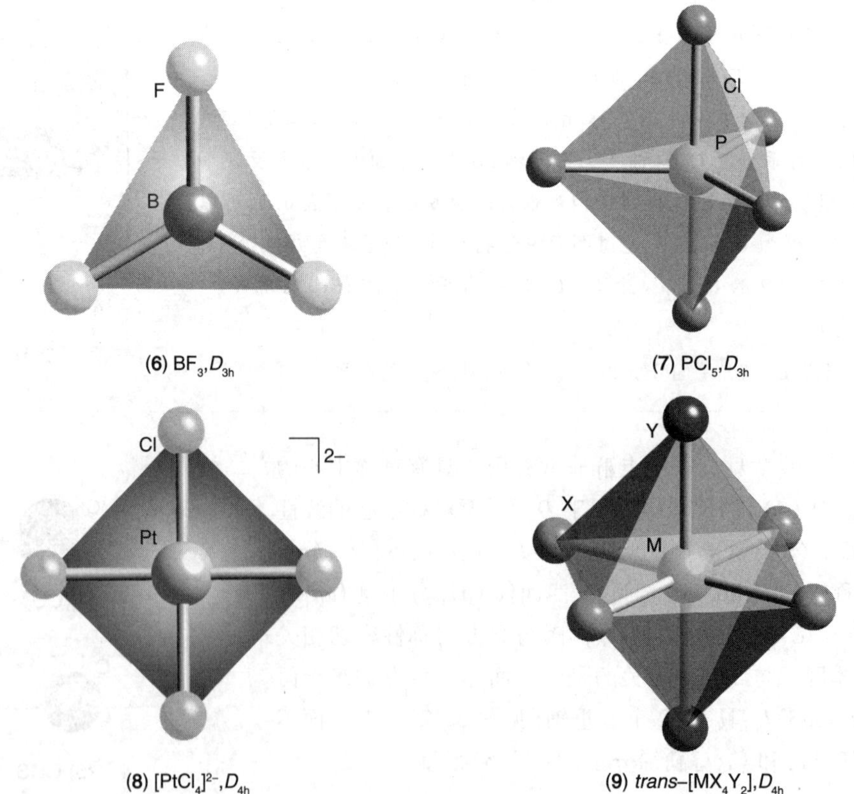

(**6**) BF_3，D_{3h}

(**7**) PCl_5，D_{3h}

(**8**) $[PtCl_4]^{2-}$，D_{4h}

(**9**) *trans*-$[MX_4Y_2]$，D_{4h}

6.2 特征标表

提要:系统分析分子的对称性质是用特征标表进行的。

我们已经介绍了如何用分子的对称性性质定义其点群,也介绍了如何用 Schoenflies 符号对点群进行标注。每个点群都与**特征标表**(character table)相关。特征标表显示点群所有的对称元素,并描述在相应的对称操作下各种各样对象或数学函数是如何变换的。特征标表包括了所有的研究对象:每个与特定点群的分子相关联的对象或数学函数都必须像这个点群特征标表中某一行那样变换。

特征标表有代表性的结构示于表 6.3。表中各主要栏中录入**特征标**(characters)χ(读 chi)。每个特征标显示出一个对象或数学函数(如一个原子轨道)是如何受到该点群对称性操作影响的。

表 6.3　特征标表的组成

点群名称*	按类排列对称操作 $R(E,C_n$ 等)	函数	其他函数	群的阶,h
对称性类型(Γ)	特征标(χ)	平动向量和与 IR 活性相关的偶极矩向量(x,y,z);转动	与 Raman 活性相关的二次函数如 z^2,xy 等	

* Schoenflies 符号

例如,p_z轨道绕 z 轴的转动表面上不发生变化(因此特征标为 1);p_z轨道在 xy 平面上反映时改变它的符号(特征标为-1)。某些特征标表中用数字(如 2 和 3)作为特征标,此特征将在后面作解释。

特征标	含义
1	轨道没有变化
-1	轨道改变符号
0	轨道发生复杂变化

相同几何类型对称操作所形成的特定组是操作的一个类:两个(顺时针和逆时针)绕轴的三重旋转构成一类,在镜面的反映形成另一类,等等。每类操作的数目表示在表中每一列的顶部,如 $2C_3$ 表示该类三重转轴有两个操作。相同类型的所有操作具有相同的特征标。特征标的每一行对应于该群的一个特定**不可约表示**(irreducible representation)。不可约表示在群论中具有技术上的意义,但从广义上讲,它是该群中对称性的基本类型。第一列的标记是不可约表示的**对称性类型**(symmetry spicies),右边两列为展示各对称性类型特性函数的例子。其中一列包含由单一轴定义的函数[如平动(x,y,z)或 p 轨道(p_x,p_y,p_z)或绕轴的旋转(R_x,R_y,R_z)],另一列包含二次函数(如表示 d 轨道的函数 xy 等)。参考资源节 4 给出用于选定常见点群的特征标表。

例题 6.3　识别轨道的对称性类型

题目:识别具有 C_{2v} 对称性的 H_2O 分子中 O 原子所有价层原子轨道的对称性类型。

答案:H_2O 分子的对称元素参见图 6.10,C_{2v} 的特征标表见表 6.4。需要知道的是在这些对称操作下轨道是如何行为的。O 原子的 s 轨道在所有四种操作下不变,特征标是(1,1,1,1),因此对称性类型为 A_1。同样,O 原子的 $2p_z$轨道在该点群的所有操作下不变,在 C_{2v}操作下是完全对称的:因此对称性类型为 A_1。O 的 $2p_x$轨道在 C_2 操作下的特征标为-1,意味着二重旋转操作下改变符号。p_x 轨道反映至 yz 平面(σ_v')时也改变符号(因此特征标为-1),但反映至 xz

平面(σ_v)时符号不变(特征标为 1)。结果是 $O2p_x$ 轨道的特征标为(1,-1,1,-1),因此对称性类型为 B_1。C_2 操作下 $O2p_y$ 轨道的特征标是-1,与反映至 xz 平面(σ_v)的特征标一致。$O2p_y$ 轨道反映至 yz 平面(σ_v')时符号不变(特征标为 1)。结果是 $O2p_y$ 轨道的特征标为(1,-1,-1,1),因此对称性类型为 B_2。

表 6.4　C_{2v} 的特征标表

C_{2v}	E	C_2	$\sigma_v(xz)$	$\sigma'_v(yz)$	$h=4$	
A_1	1	1	1	1	z	x^2,y^2,z^2
A_2	1	1	-1	-1	R_z,	xy
B_1	1	-1	1	-1	x,Ry	zx
B_2	1	-1	-1	1	y,Rx	yz

自测题 6.3　识别 H_2S 中心 S 原子的所有 5 个 d 轨道的对称性类型。

用于标记 C_{2v} 点群中对称性类型的字母 A 表示它所指的函数绕二重转轴旋转操作是对称的(即特征标为 1)。字母 B 表示在旋转操作下函数改变符号(特征标为-1)。A_1的下标 1 表示它所指的函数也对称于对主垂直平面的反映操作(对 H_2O 而言该平面是包含所有 3 个原子的平面)。下标 2 用来表示反映操作后函数改变符号。

下面讨论 NH_3 这一较为复杂的例子,它属于 C_{3v} 点群(见表 6.5)。NH_3 分子具有比 H_2O 更高的对称性。较高的对称性可用点群的阶(order)来表示。阶的符号为 h,表示可进行的对称操作的总数。H_2O 的 $h=4$,NH_3 的 $h=6$。高对称性分子的 h 较大,如 O_h 点群的 $h=48$。

表 6.5　C_{3v} 的特征标表

C_{3v}	E	$2C_3$	$3\sigma_v$	$h=6$	
A_1	1	1	1	z	x^2+y^2,z^2
A_2	1	1	-1	R_z	
E	2	-1	0	$(R_x,R_y)(x,y)$	$(zx,yz)(x^2-y^2,xy)$

对 NH_3 分子(见图 6.13)的考察表明,与独特的 $N2p_z$轨道(具有 A_1对称性)不同,$N2p_x$ 和 $N2p_y$轨道都属于对称性表示 E。换句话说,$N2p_x$ 和 $N2p_y$轨道具有相同的对称性特征,为简并轨道,且必须一起处理。

特征标表中恒等操作 E 开头的列的特征标给出了轨道的简并度:

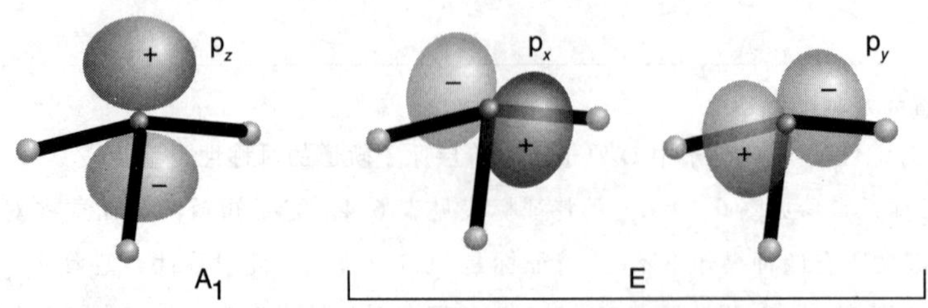

图 6.13　氨分子中氮原子 $2p_z$轨道在 C_{3v}点群所有操作下是对称的,因此具有 A_1 对称性:$2p_x$ 和 $2p_y$ 轨道在所有操作下具有同等的表现(不能被区分),因而对称性标记为 E

对称性符号	简并度
A,B	1
E	2
T	3

注意区分表示操作的斜体 *E* 和表示对称标记的罗马字体 E:所有操作都用斜体表示,而所有标记都用罗马字体表示。

对一些操作而言,简并的不可约表示也包含零值,这是因为此特征标是一组中两个或更多轨道特征标的总和,如果一个轨道改变符号而另一个不变,总特征标则为 0。例如,通过 NH_3 分子中包含 *y* 轴的垂直镜面进行反映导致 p_y轨道不变,但 p_x 轨道则发生反转。

例题 6.4 确定简并度

题目:BF_3 分子中是否存在三重简并轨道?

答案:为了确定 BF_3 中是否存在三重简并轨道,请注意该分子为 D_{3h} 点群。该点群的特征标表(参考资源节 4)显示,由于 *E* 开头的列中没有超过 2 的特征标,最大简并度为 2。因而不可能存在三重简并轨道。

自测题 6.4 SF_6 分子是正八面体。其轨道最大可能的简并度是多少?

对称性的应用

对称性在无机化学中的重要应用包括构筑和标记分子轨道及解释光谱数据以确定结构。然而在确定某些分子性质方面却存在几种较为简单的应用,如只需根据分子所属点群的知识就可以推断出分子的极性和手性。其他一些属性(如分子振动的分类及 IR 和 Raman 活性的识别)则需要知道特征标表的详细信息。这里将对这两方面的应用进行说明。

6.3 极性分子

提要:如果分子属于下述任何一个点群,该分子就不是极性分子。这些点群包括反演中心、任何 *D* 群及其衍生群、立方群(*T*,*O*)、二十面体群(*I*)或它们的变形。

极性分子(polar molecule)是具有永久电偶极矩的分子。如果分子具有反演中心,则不可能具有极性。反演意味着,在通过分子中心点的直径上方向恰好相反的点上具有同样的电荷分布,从而排除了存在偶极矩的可能。出于类似的理由,偶极矩不能垂直于分子可能具有的任何镜面或转轴。例如,镜面要求在镜面两侧存在相同的原子,因此不可能有偶极矩穿过镜面。同样,对称轴意味着通过相应旋转得到的点上具有相同的原子,从而排除了偶极矩垂直于该轴的可能性。

综上所述:

- 具有反演中心的分子不可能是极性分子;
- 分子不可能具有垂直于任何镜面的电偶极矩;
- 分子不可能具有垂直于任何转轴的电偶极矩。

有些分子具有这样的对称轴,这种对称轴能够排除在一个平面内的偶极矩;同时具有另一个对称轴或镜面,它们能够排除另一个方向上的偶极矩。所述两个或多个对称元素共同禁止了任何方向上存在偶极矩的可能性。因此,具有 C_n 轴和垂直于 C_n 轴的 C_2 轴(像所有属于 *D* 点群的分子那样)的分子在任何方向都不存在偶极矩,如 BF_3 分子(D_{3h})是非极性分子。同样,属于四面体、八面体、二十面体点群的分子具有能够排除所有三个方向偶极矩的多个垂直转轴,所以相关分子[如 SF_6(O_h)和 CCl_4(T_d)]必定为非极性分子。

例题 6.5　判断分子是否具有极性

题目：二茂钌分子(**10**)为两个 C_5H_5 环间夹着 Ru 原子的五角棱柱体，该分子具有极性吗？

答案：首先应该判断分子是否属 D 点群或立方点群，这两种情况下都不可能具有永久电偶极。参考图 6.9 可知，五角棱柱体属于 D_{5h} 点群。因此该分子一定是非极性分子。

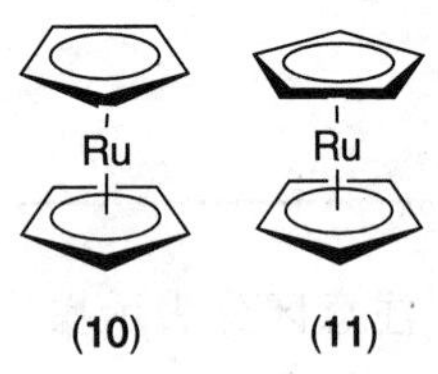

自测题 6.5　二茂钌分子的一种构象（处于最低能量构象的上方）为五角反棱柱体(**11**)，该分子点群为 D_{5d}，此种构象具有极性吗？

6.4　手性分子

提要：具有非真转轴(S_n)的分子不可能具有手性。

手性分子(chiral molecule，“chiral”一词来自希腊字的“手”)是一种不能与自身镜像重叠的分子。从左手和右手具有镜像关系这个意义上说，实际的手具有手性，两只手不能重叠。手性分子和它的镜像图形合称为**对映体**(enantiomers，希腊字中该词的含义是“两部分”)。从它们可使偏振光平面发生旋转这个意义上说，不能迅速在对映体形式之间互变的手性分子是**光学活性**(optically active)分子。分子的对映对使偏振光平面在相反方向转动相同的角度。

具有镜面的分子显然不具手性，然而也有少数无镜面的分子也不具手性。说得准确一点是，具有非真转轴(S_n)的分子不具手性。镜面为非真旋转的 S_1 轴，而反演中心等价于 S_2 轴；因此，具有镜面或反演中心的分子因具有非真转轴而无手性。存在 S_n 轴的群包括 D_{nh}、D_{nd} 和一些立方群（特别是 T_d 和 O_h）。因此，像 CH_4 和 $[Ni(CO)_4]$ 这样的分子因属于 T_d 群而无手性。“四面体”碳原子（如 CHClFBr）具有光学活性的事实再次提醒人们：群论在术语方面是严格的而不是随意的。这样，CHClFBr(**12**)属于 C_1 群而不是 T_d 群；它具有四面体几何构型但却不具四面体的对称性。

判断手性时非常重要的是，警惕可能不会立即显现出来的非真转轴。既无反演中心也无镜面（因此没有 S_1 或 S_2 轴）的分子通常是手性分子，但重要的是需要证实也不存在高阶非真转轴。例如，季铵离子(**13**)既无镜面(S_1)也无反演中心(S_2)，但它确实有个 S_4 轴，所以不具手性。

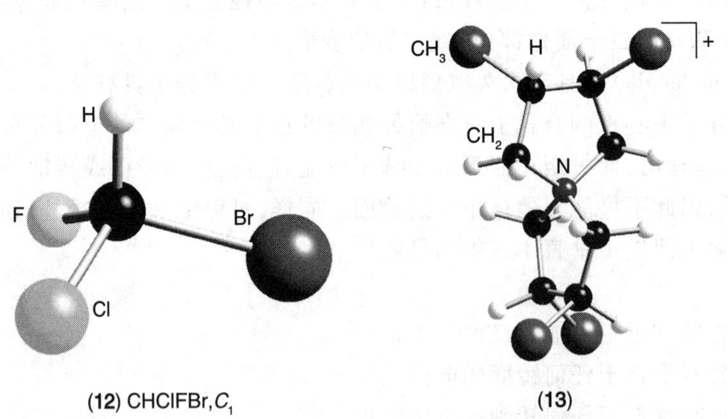

(12) CHClFBr, C_1　　　　(13)

例题 6.6　判断分子是否具有手性

题目：络合物 $[Mn(acac)_3]$（“acac”表示乙酰丙酮配体 $CH_3COCHCOCH_3^-$）的结构见(**14**)。它是手性的吗？

答案：首先需要识别点群，以判定它是否包含非真转轴（包括显非真转轴或隐非真转轴）。从图 6.9 的分析表明

该络合物属于 D_3 点群，由对称元素 E、C_3 和 $3C_2$ 组成，因而既不显含也不隐含 S_n 轴。该络合物具有手性；因为寿命长，因而显示光学活性。

自测题 6.6　示于(**15**)的 H_2O_2 构象有手性吗？该分子通常可绕 O—O 键自由旋转，试讨论观察到光学活性 H_2O_2 的可能性。

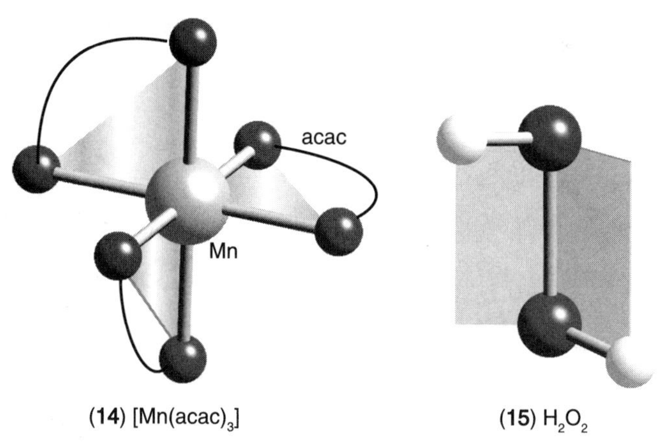

(**14**) [Mn(acac)$_3$]　　(**15**) H_2O_2

6.5　分子的振动

提要：如果分子具有反演中心，它的任何振动都不可能同时具有 IR 活性和 Raman 活性；如果具有与电偶极矢量相同的对称性，振动模式则具有 IR 活性；如果具有与分子极化率相同的对称性，振动模式则具有 Raman 活性。

分子对称性方面的知识可以帮助和大大简化 IR 光谱和 Raman 光谱分析的难度（第 8 章）。我们可以非常方便地讨论对称性的两个方面。一个方面是通过分子（作为一个整体）所属的点群可以直接得到的信息，另一个方面是从每种振动模式的对称性类型所获得的附加信息。需要知道的全部要点是，振动导致分子电偶极矩发生变化时吸收 IR 辐射；振动导致分子极化率发生变化时可能产生 Raman 跃迁。

由于原子在三个相互垂直的方向（x，y 和 z）上发生移动，N 个原子的分子存在 $3N$ 个位移。对非线性分子而言，其中的三个位移对应于分子作为一个整体而发生的平动（在 x，y 和 z 的每一方向上），另有三个相应于该分子的整体旋转（分别绕 x，y 和 z 方向）。因此，剩下的（$3N-6$）个原子位移必然相应于分子的变形或振动。如果分子是线性的，则没有绕轴转动。所以线性分子仅有两个转动自由度而不是 3 个，剩下（$3N-5$）个振动位移。

(a) 不相容规则

三原子非线性分子 H_2O 具有 3 个（3×3－6）振动模式（见图 6.14）。直观上显然可以推知（并可由群论得到确认）所有 3 个振动位移都可导致偶极矩发生改变（见图 6.15）。因此，这一 C_{2v} 分子的所有三种振动模式都具有 IR 活性。直观判断振动模式是否具有 Raman 活性要困难得多，这是因为很难知道分子的某一特定的畸变是否导致极化率发生改变。**不相容规则**（exclusion rule）的引入部分克服了这一困难，该规则的表述方式如下：

如果分子具有反演中心，它的任何振动模式都不可能同时具有 IR 活性和 Raman 活性。模式可能在两方面都无活性。

此规则有时非常有用。

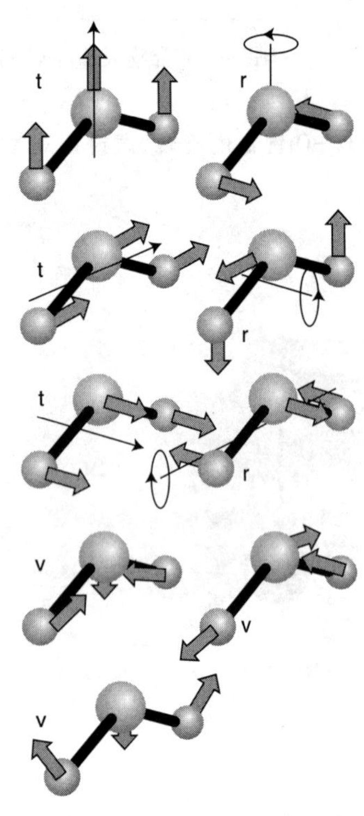

图 6.14　非线性分子中原子位移计数流程图解

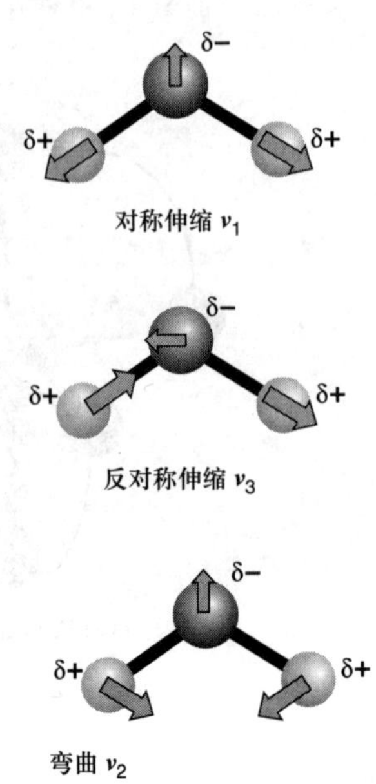

图 6.15　H_2O 分子的振动，所有振动都改变偶极矩

例题 6.7　不相容规则的应用

题目：线性三原子 CO_2 分子存在四种振动模式（见图 6.16）。它们当中哪些具有 IR 或 Raman 活性？

答案：要确定一种伸缩振动是否具有 IR 活性，需要考虑这种振动对分子偶极矩的影响。如果是对称伸缩 ν_1，不难发现这种振动使零值的电偶极矩不变，因而不具 IR 活性：因此它可能具有 Raman 活性（的确如此）。相反，对反对称伸缩 ν_3 而言，C 原子沿着相对于两个氧原子相反的振动方向移动，结果导致电偶极矩在振动过程中偏离零，因而振动模式具有 IR 活性。由于 CO_2 分子具有反演中心，根据不相容规则，该模式不具 Raman 活性。两个弯曲模式导致偶极矩偏离零值，因而具有 IR 活性。根据不相容规则，这两个弯曲模式（它们是简并模式）无 Raman 活性。

自测题 6.7　线性分子 N_2O 的弯曲模式具有 IR 活性，它也具有 Raman 活性吗？

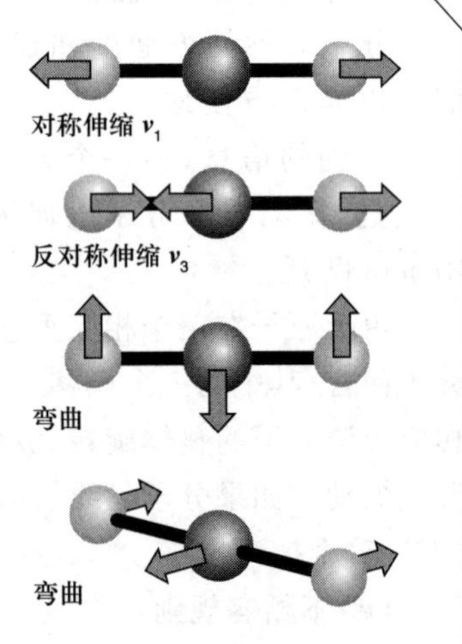

图 6.16　CO_2 分子的伸缩振动和弯曲振动

(b) 从简正模式对称性获得的信息

前面提到，往往仅从直观上就能判断某一振动模式是否改变电偶极（即是否具有 IR 活性）。如果直观判断不可靠（如由于分子比较复杂或者振动模式不容易辨认等情况），则要使用对称性分析。下面以两个平面四方形钯络合物（**16**）和（**17**）为例说明此流程。它们的类似物 Pt 络合物及两个 Pt 络合物的明显差别具有重要的社会和实践意义，因为 *cis* 异构体可用作某些癌症的化疗试剂，而 *trans* 异构体则不具治疗活性（见节 27.1）。

Cl
|
$H_3N—Pd—Cl$
|
NH_3

(16) *cis*–$[PdCl_2(NH_3)_2]$

Cl
|
$H_3N—Pd—NH_3$
|
Cl

(17) *trans*–$[PdCl_2(NH_3)_2]$

首先我们注意到 *cis* 异构体(**16**)具有 C_{2v} 对称性,而 *trans* 异构体(**17**)则为 D_{2h}。两个物种都在 200 cm^{-1}和400 cm^{-1}之间的 Pd—Cl 伸缩区出现 IR 吸收带,而且是我们将要讨论的仅有的吸收带。如果孤立地考察 $PdCl_2$ 分子片,并将 *trans* 异构体中的此分子片与 CO_2(图 6.16)进行比较,就能看到存在两种伸缩振动模式;*cis* 异构体同样也具有一个对称伸缩和一个反对称伸缩。从不相容规则立即可知,*trans* 异构体(具有对称中心)的两种伸缩振动模式不可能既有 IR 活性又有 Raman 活性。然而,为了确定哪种模式具有 IR 活性而哪种模式具有 Raman 活性,则需要考虑振动模式本身的特征标。从偶极矩和极化率的对称特性(这里不做验证)可知:

对具有 IR 活性的振动而言,振动的对称性类型必须与特征标表中 x、y 或 z 的对称性类型相同;对具有 Raman 活性的振动而言,振动的对称性类型必须与特征标表中二次函数(如 xy 或 x^2)的对称性类型相同。

因此,首要任务是根据其对称性类型对简正模式进行分类,然后参照分子点群特征标表的最后一列识别哪些模式具有像 x 等那样的对称类型,哪些模式具有像 xy 等那样的对称类型。

图 6.17 示出了每种异构体 Pd—Cl 键的对称(左)和反对称(右)伸缩,NH_3基团被当作一个质点。图中的箭头表示振动,或更加正式地说,它们表示振动的位移矢量。为了根据各自点群的对称性类型对它们进行分类,识别这种位移与构筑分子轨道时识别原子轨道的 SALCs(见节 6.10)需要解决的问题类似。

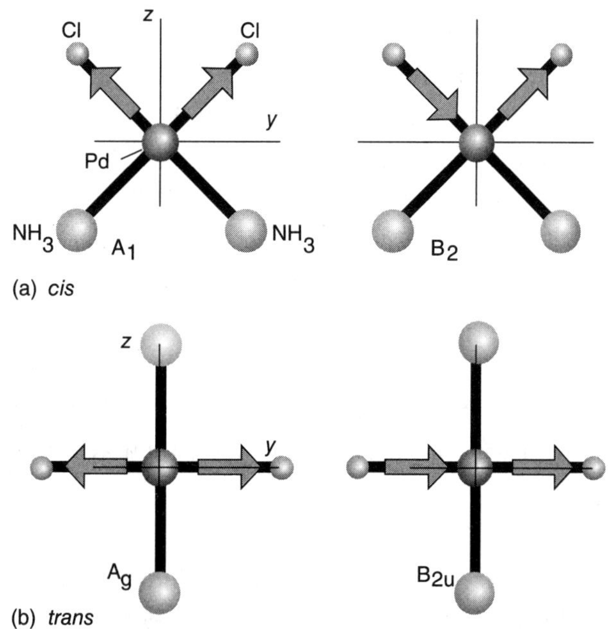

图 6.17　$[PdCl_2(NH_3)_2]$顺、反两种形式的 Pd—Cl 伸缩模式:Pd 原子(保持分子的质心)的移动未示出

这里讨论 *cis* 异构体和它的点群 C_{2v}(见表 6.4)并请注意这里用箭头表示振动。对对称伸缩而言不难看到,代表振动的一对位移矢量对该群的每个操作都显然不变。例如,二重旋转只是简单互换了两个等价的位移矢量。因此每种操作的特征标是 1:

E	C_2	σ_v	σ_v'
1	1	1	1

因而这种振动的对称性为 A_1。对反对称伸缩而言,恒等操作 E 使位移矢量不变,并且 σ_v'(处于含两个氯原子的平面)也使位移矢量不变。然而,C_2 和 σ_v 都交换了两个相反指向的位移矢量,将总位移转换为本身的-1 倍。因此特征标为

E	C_2	σ_v	σ_v'
1	-1	-1	1

C_{2v}特征标表列出该模式的对称性类型为 B_2。对 *trans* 异构体进行类似分析(但使用 D_{2h}群)得到对称和反对称 Pd—Cl 伸缩振动的标记分别为 A_g和 B_{2u},见例题 6.8。

例题 6.8　识别振动位移的对称性类型

题目:图 6.17 中的 *trans* 异构体具有 D_{2h}对称性。证实 Pd—Cl 反对称伸缩振动的对称性类型为 B_{2u}。

答案:首先需要考虑该群各种元素对 Cl^-配体位移矢量的影响,注意所述分子处在 yz 平面上。D_{2h}的元素是 $E,C_2(x)$,$C_2(y)$,$C_2(z)$,i,$\sigma(xy)$,$\sigma(yz)$和 $\sigma(zx)$,其中 $E,C_2(y)$,$\sigma(xy)$,$\sigma(yz)$使位移矢量不变,所以特征标为 1。剩余操作使矢量改变方向,因此特征标为-1:

E	$C_2(x)$	$C_2(y)$	$C_2(z)$	i	$\sigma(xy)$	$\sigma(yz)$	$\sigma(zx)$
1	-1	1	-1	-1	1	1	-1

将这组特征标与 D_{2h}特征标表相对照,不难确定对称性类型为 B_{2u}。

自测题 6.8　确认 *trans* 异构体中 Pd—Cl 伸缩振动的对称模式所对应的对称性类型为 A_g。

正如已经提到的那样,如果一个振动模式具有与位移 x,y 或 z 相同的对称性类型,则其具有 IR 活性。在 C_{2v}中,z 是 A_1 和 y 是 B_2。因此,*cis* 异构体中的 A_1 和 B_2 振动都具有 IR 活性。在 D_{2h}中,x,y 和 z 分别是 B_{3u},B_{2u}和 B_{1u},而只有这些对称性类型的振动可以具有 IR 活性。*trans* 异构体的反对称 Pd—Cl 伸缩具有对称性 B_{2u},因而具有 IR 活性。*trans* 异构体的 A_g对称模式不具有 IR 活性。

确定 Raman 活性时你会看到,C_{2v}中的二次形 xy 等变换为 A_1、A_2、B_1 和 B_2,因此 *cis* 异构体中的 A_1、A_2、B_1 和 B_2 对称性模式具有 Raman 活性。然而,D_{2h}中只有 A_g、B_{1g}、B_{2g}和 B_{3g}具有 Raman 活性。

实验上也显示出 *cis* 异构体与 *trans* 异构体之间的区别。在 Pd—Cl 伸缩区域,*cis* 异构体(C_{2v})在 Raman 和 IR 谱中都有两个谱带。与此相反,*trans* 异构体(D_{2h})在 Raman 和 IR 谱中都具有一个不同频率的谱带。两种异构体的 IR 谱见 R. Layton, D. W. Sink, and J. R. Durig, *J. Inorg. Nucl. Chem.*, 1966, **28**, 1965.

(c) 从振动光谱指认分子对称性

振动光谱的一个重要应用是识别分子对称性,进而指认分子的形状和结构。金属羰基化合物提供了特别重要的例子。这种化合物在 1 850 cm^{-1}和 2 200 cm^{-1}的区间里显示出 CO 伸缩振动的强特征吸收(见节 22.5),因而振动光谱特别有用。

讨论一组振动时,往往发现通过考察原子位移的对称性而得到的特征标并不对应于特征标表中任一特定的行。然而,由于特征标表是研究对象对称性质的完整表达,已被确定的特征标必定对应于表中两行或多行的总和。在这种情况下,我们就说此位移涵盖**可约表示**(reducible representation)。我们需要找到它们所涵盖的**不可约表示**(irreducible representation)。要做到这一点,需要指认特征标表中的哪些行必须被加在一起以重现已经得到的那组特征标。此过程叫**约化一个表示**(reducing a representation)。某些情况下约化过程是显而易见的;其他一些情况下可能需要采用 6.9 节中表述的流程系统进行。

例题 6.9　约化一个表示

题目：四面体(T_d)分子[$Ni(CO)_4$]是第一批被表征的金属羰基化合物之一。该分子的振动模式源于 CO 基团的伸缩运动(4 个 CO 位移矢量的 4 种组合)。哪些模式具有 IR 或 Raman 活性？[$Ni(CO)_4$]的 CO 位移示于图 6.18。

答案：首先考察 4 个位移矢量的移动，然后查询 T_d 的特征标表(表 6.6)。恒等操作下所有 4 个矢量保持不变，C_3 操作下只有一个仍然不变，C_2 和 S_4 操作下没有一个矢量保持不变，σ_d 操作下两个仍然不变。特征标因此为

E	$8C_3$	$3C_2$	$6S_4$	$6\sigma_d$
4	1	0	0	2

这组特征标不对应于任何一个对称性类型。但却对应于对称性类型 A_1 和 T_2 中特征标的加和：

	E	$8C_3$	$3C_2$	$6S_4$	$6\sigma_d$
A_1	1	1	1	1	1
T_2	3	0	−1	−1	1
A_1+T_2	4	1	0	0	2

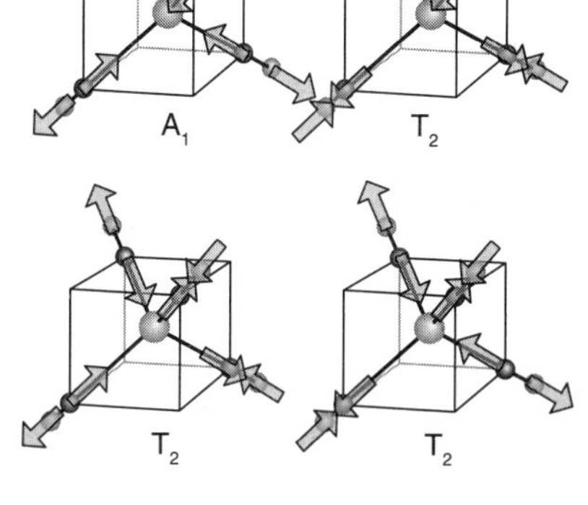

图 6.18　[$Ni(CO)_4$]中相应于 C—O 键伸缩的振动模式

由此可见 CO 位移矢量变换为 A_1+T_2。查询 T_d 特征标表可知，标记为 A_1 的组合像 $x^2+y^2+z^2$ 那样变换，表明它为 Raman 活性但不具 IR 活性。与此相反，x，y 和 z 及乘积 xy，yz 和 zx 像 T_2 那样变换，所以 T_2 模式既具 Raman 活性又具 IR 活性。所以，四面体羰基化合物分子可通过处于 CO 伸缩区的一个 IR 谱带和 2 个 Raman 谱带所识别。

自测题 6.9　示出四方平面(D_{4h})阳离子[$Pt(CO)_4$]$^{2+}$的 4 个 CO 位移以 $A_{1g}+B_{1g}+E_u$ 的形式变换。对[$Pt(CO)_4$]$^{2+}$的 IR 和 Raman 谱图而言，可能存在多少个谱带？

表 6.6　T_d 的特征标表

T_d	E	$8C_3$	$3C_2$	$6S_4$	$6\sigma_d$	$h=24$	
A_1	1	1	1	1	1		$x^2+y^2+z^2$
A_2	1	1	1	−1	−1		
E	2	−1	2	0	0		$(2z^2-x^2-y^2, x^2-y^2)$
T_1	3	0	−1	1	−1	(R_x, R_y, R_z)	
T_2	3	0	−1	−1	1	(x, y, z)	(xy, xz, yz)

分子轨道的对称性

现在可以更为详细地了解节 2.7 和节 2.8 介绍的分子轨道标记的含义并深入了解分子轨道的构筑。此阶段仍进行非正式的、图形化讨论，目标是从群论角度提供介绍但不涉及计算细节。具体目标是给出如何采用如参考资源节 5 中的图形那样识别分子轨道的对称性标记，反过来评估对称性标记的重要性。本书后面的论证都是为了简单地定性“读懂”分子轨道图。

6.6　对称性匹配的线性组合

提要：轨道的对称性匹配线性组合是符合分子对称性的原子轨道组合，采用这种组合构筑给定对称性

类型的分子轨道。

双原子分子 MO 理论(2.7)的一个基本原则是分子轨道是由相同对称性的原子轨道构筑的。因而在双原子分子中，s 轨道可与第二个原子的 s 轨道或 p_z轨道(而不是与 p_x 或 p_y轨道)存在非零重叠积分(其中 z 是核间轴的方向，见图 6.19)。形式上，第二个原子的 p_z轨道与第一个原子的 s 轨道具有相同的旋转对称性和相同的反映(相对于包含核间轴在内的镜面)对称性，而 p_x 和 p_y轨道则没有这种对称性。之所以有这种限制(即 σ、π 或 δ 键可从对称性类型相同的原子轨道形成)是由于如果存在非零重叠，分子轨道的所有组分在发生任何变换(如反映、旋转)时都必须一致行动。

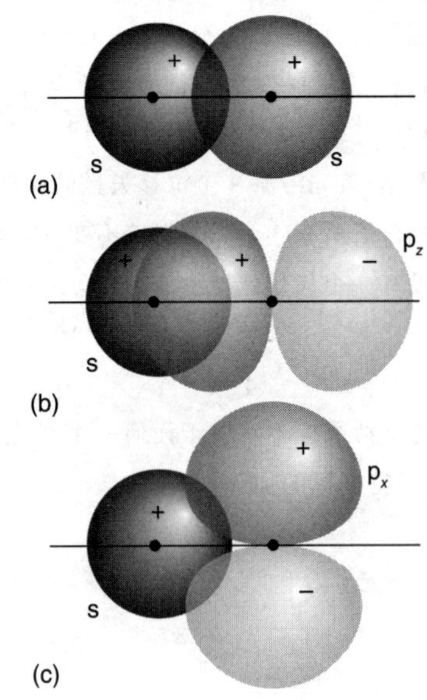

图 6.19 s 轨道与另一原子的 s 轨道相干重叠(a)或与另一原子的 p_z 轨道相干重叠(b)：s 轨道与 p_x 或 p_y 轨道的净重叠为零(c)，这是因为原子轨道相干重叠的那部分恰好等于相消重叠的那部分

相同的原则也完全适用于多原子分子，其对对称性的讨论可能更加复杂，需要采用群论提供的系统流程。一般的流程是，将原子轨道分组(如 NH_3 的 3 个 H1s 轨道)一起形成特定对称性的组合，然后让不同原子相同对称性的组合相重叠以形成分子轨道(如一条 N2s 轨道和 3 个 H1s 轨道合适的组合)。用于构筑给定对称性的分子轨道的原子轨道特定组合被称为**对称性匹配的线性组合**(symmetry-adapted linear combinations，缩写为 SALCs)。通常遇到的轨道的 SALCs 分类示于参考资源节 5；通常只要将轨道组合与那里提供的图形简单地进行对照，就可指认轨道组合的对称性。

例题 6.10 识别 SALC 的对称性类型

题目：识别由 NH_3 的 H1s 轨道可能构成的 SALCs 对称性类型。

答案：首先确定 H1s 轨道在适当的分子对称群操作下如何变换。NH_3 分子具有 C_{3v}对称性，3 个 H1s 轨道在恒等操作 E 下都保持不变。C_3 旋转操作下没有一个 H1s 轨道保持不变，垂直反映操作 σ_v 下只有一个保持不变。作为一个总体，它们因此涵盖了具有如下特征标的表示：

E	$2C_3$	$3\sigma_v$
3	0	1

现在需要约化这个特征标的总体，通过检查可以看到它们对应于 A_1+E。由此可见 3 个 H1s 轨道贡献于两类 SALCs，一类具有 A_1 对称性，另一类具有 E 对称性。E 对称性的 SALC 具有相同能量的两个成员。在更为复杂的例子中，约化过程可能并不那么显而易见，需要采用 6.10 讨论的系统流程。

自测题 6.10 CH_4 中 SALC$\phi=\psi_{A1s}+\psi_{B1s}+\psi_{C1s}+\psi_{D1s}$(式中，$\psi_{J1s}$是原子 J 上的 H1s 轨道)的对称性标记是什么？

正如节 6.10 中将要提到的那样，群论的一个任务是产生给定对称性的 SALCs。然而它们往往具有直观明显的形式。例如，NH_3 的 H1s 轨道完全对称 A_1 的 SALC(图 6.20)是

$$\phi_1=\psi_{A1s}+\psi_{B1s}+\psi_{C1s}$$

为了验证 SALC 的确是 A_1 对称性，需要注意到在恒等操作 E、每个 C_3 旋转操作和三个垂直反映操作中的任何一个操作后它仍然保持不变，所以它的特征标是(1,1,1)，因此涵盖了 C_{3v}的完全对称的不可约表示。对称性 E 的 SALCs 不明显，但正如我们将要看到的那样，它们是

$$\phi_2=2\psi_{A1s}-\psi_{B1s}-\psi_{C1s}$$

$$\phi_3=\psi_{B1s}-\psi_{C1s}$$

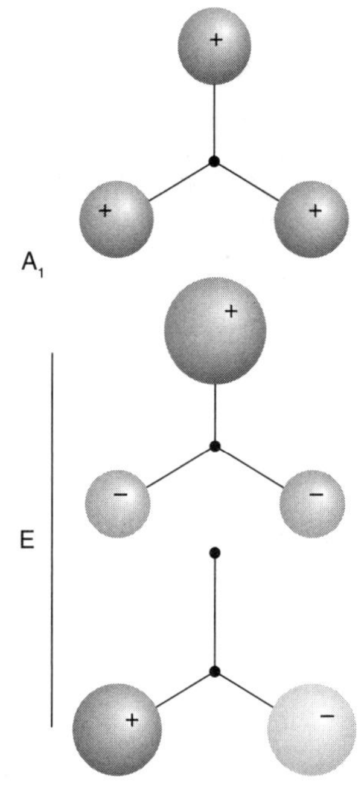

图 6.20　NH_3 中 H1s 轨道的对称性匹配线性组合：(a) A_1，(b) E

例题 6.11　识别 SALCs 的对称性类型

题目：识别 C_{2v} 分子 NO_2 中 SALC$\phi=\psi_o'-\psi_o''$ 的对称性类型，式中，ψ_o' 是一个 O 原子的 $2p_x$ 轨道，ψ_o'' 是另一个 O 原子的 $2p_x$ 轨道。

答案：为了确定 SALC 的对称性类型，首先需要了解它在该群的对称性操作下如何变换。该 SALC 的图形见图 6.21，不难看到 C_2 操作下 ϕ 变成它自身，意味着特征标为 1。σ_v 操作下两个原子轨道都改变符号。因此 ϕ 变换为 $-\phi$，意味着特征标为 -1。σ_v' 操作下该 SALC 也改变符号，特征标也是 -1。因此特征标为

E	C_2	σ_v	σ_v'
1	1	-1	-1

查 C_{2v} 的特征标表可知这些特征标对应对称性类型 A_2。

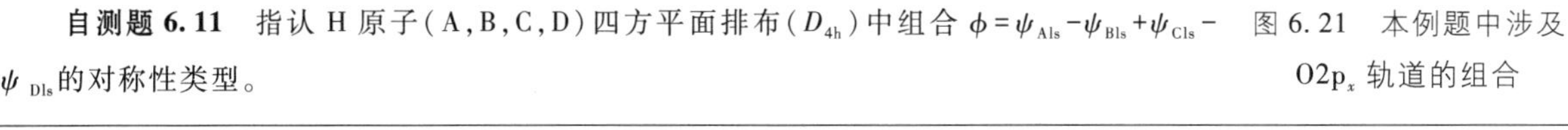

自测题 6.11　指认 H 原子(A，B，C，D)四方平面排布(D_{4h})中组合 $\phi=\psi_{A1s}-\psi_{B1s}+\psi_{C1s}-\psi_{D1s}$ 的对称性类型。

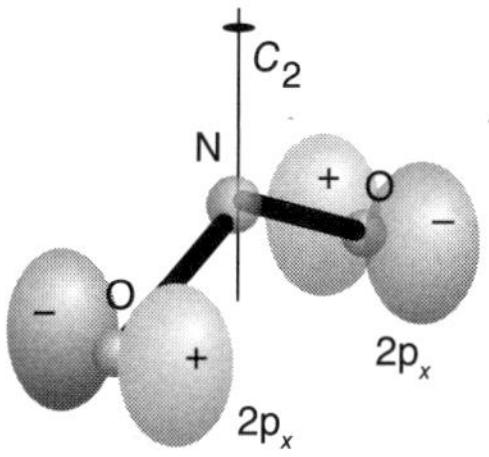

图 6.21　本例题中涉及 $O2p_x$ 轨道的组合

6.7　构筑分子轨道

提要：分子轨道可由 SALCs 和具有相同对称性类型的原子轨道构筑。

前面已经看到 NH_3 中 H1s 轨道的 SALCϕ_1 具有 A_1 对称性。该分子的 N2s 和 N2p_z 轨道也具有 A_1 对称性，因此所有这 3 个轨道可以贡献于相同的分子轨道。这些分子轨道的对称性类型将会是 A_1，与其组分轨道一样，它们也被称为 a_1 轨道(**a_1 orbitals**)。需要注意的是，分子轨道的标记是轨道对称性标记的小写形式。可能存在 3 个这样的分子轨道，每个的形式为

$$\psi=c_1\psi_{N2s}+c_2\psi_{N2Pz}+c_3\phi_1$$

系数 c_i 可通过计算方法得到，符号可正可负。按照能量增大的顺序(核间节面数增加的顺序)被标记为 $1a_1$、$2a_1$ 和 $3a_1$，相应于成键、非键和反键组合(见图 6.22)。

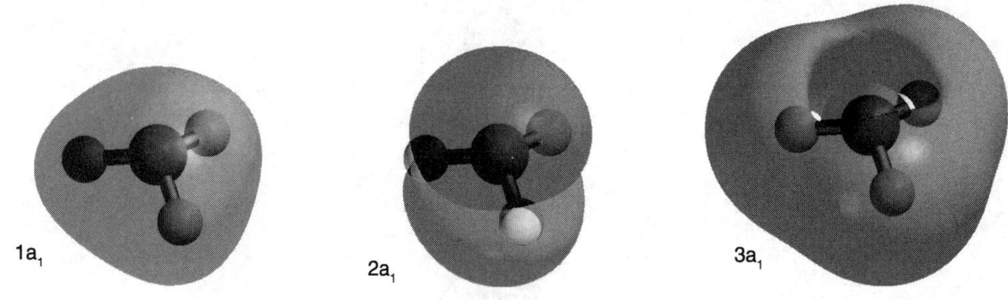

图 6.22* 分子模型软件计算的 NH_3 的三个 a_1 分子轨道

我们也能看到(也可参照参考资源节 5 进行确认),在 C_{3v} 分子中 H1s 轨道的 SALCsϕ_2 和 ϕ_3 具有 E 对称性。C_{3v} 的特征标表表明 $N2p_x$ 和 $N2p_y$ 轨道也是如此(见图 6.23)。由此可见,ϕ_2 和 ϕ_3 可以与这两个 N2p 轨道组合得到二重简并的成键和反键轨道,其形式为

$$\psi=c_4\psi_{N2p_x}+c_5\phi_2 \text{ 和 } c_6\psi_{N2p_y}+c_7\phi_3$$

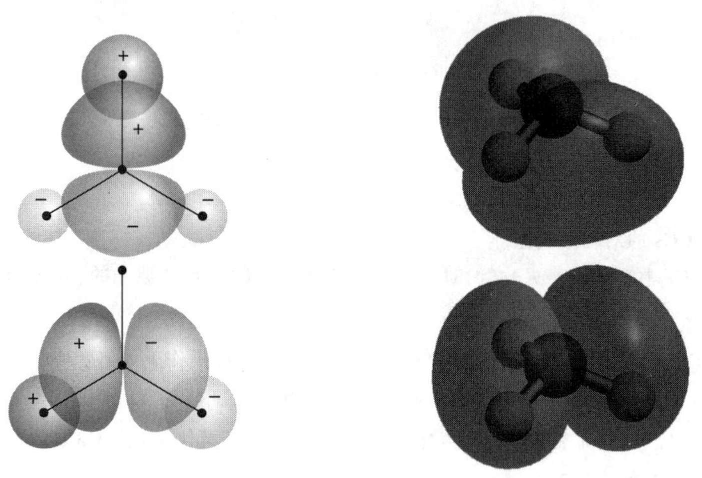

图 6.23　NH_3 的两个成键 e 轨道的示意图和分子模型软件计算图

这些分子轨道具有 E 对称性,因此称为 **e 轨道**(e orbitals)。能量较低的一对轨道表示为 1e,是成键轨道(系数具有相同的符号);能量较高的一对是反键轨道(系数具有相反的符号),表示为 2e。

例题 6.12　用 SALCs 构筑分子轨道

题目:H_2O 分子(C_{2v})中 H1s 轨道的两个 SALCs 是 $\phi_1=\psi_{A1s}+\psi_{B1s}$(**18**)和 $\phi_2=\psi_{A1s}-\psi_{B1s}$(**19**),哪一个 O 轨道可用来与它们形成分子轨道?

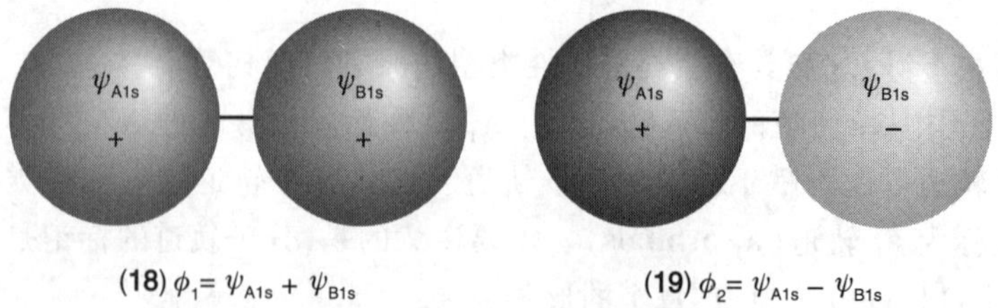

答案:首先要识别 SALCs 在该群(C_{2v})的对称操作下是如何变换的。E 操作下 SALCs 不改变符号,它们的特征标是 1。C_2 操作下 ψ_1 不改变符号但 ψ_2 却改变,它们的特征标分别是 1 和−1。σ_v 操作下 ψ_1 不改变符号但 ψ_2 改变,

它们的特征标分别也是 1 和-1。反演操作(σ_v')下无 SALC 改变符号,它们的特征标是 1。因此,特征标如下:

	E	C_2	σ_v	σ_v'
ψ_1	1	1	1	1
ψ_2	1	−1	−1	1

查阅特征标表,识别其对称性标记分别为 A_1 和 B_2。参照资源节 5 可更为直接地获得相同的结论。根据特征标表右部的记录可知,O2s 和 O2p_z轨道也有 A_1 对称性;O2p_y则有 B_2 对称性。因此可以形成的线性组合是

$$a_1 \quad \psi = c_1\psi_{O2s} + c_2\psi_{O2p_z} + c_3\phi_1$$

$$b_2 \quad \psi = c_4\psi_{O2p_y} + c_5\phi_2$$

依据系数 c_1、c_2 和 c_3 相对符号所得的特征标可知,三个 a_1 轨道分别为成键轨道、中间轨道和反键轨道。同样,根据系数 c_4 和 c_5的相对符号,两个 b_2 轨道中的一个为成键轨道而另一个为反键轨道。

自测题 6.12 平面四方形(D_{4h})$[PtCl_4]^{2-}$阴离子中由 Cl3s 轨道构筑的四个 SALCs 具有对称性类型 A_{1g}、B_{1g}和 E_u。其中哪个 Pt 原子轨道可与 SALCs 中的哪些轨道组合?

对称性分析能够确定轨道的简并度,却不能导出轨道的能量。为了计算能量(甚至是按顺序排布轨道)必需求助于量子力学;从实验上估算能量则需用到光电子能谱之类的技术。即使如此,在简单的例子中仍可用节 2.8 叙述的一般规则判断轨道的相对能量。例如,NH_3 分子中由低能级的 N2s 轨道组成的 $1a_1$ 轨道能级最低,与之对应的反键轨道 $3a_1$ 可能最高,而非键轨道 $2a_1$ 可能处于它们之间接近二分之一的位置上。$1a_1$ 之上的是次高轨道为成键轨道 1e,相应 2e 轨道的能量低于 $3a_1$ 轨道。这样的定性分析得出图 6.24 所示的能级模式。采用各种软件包中的从头算方法或半经验法直接计算轨道能量当今已经不存在困难;图 6.24 中所示的相对能量实际上已经用这种方法计算出来了。尽管如此,不能因为容易得到计算值而忽视从研究轨道结构所得到的能级顺序。

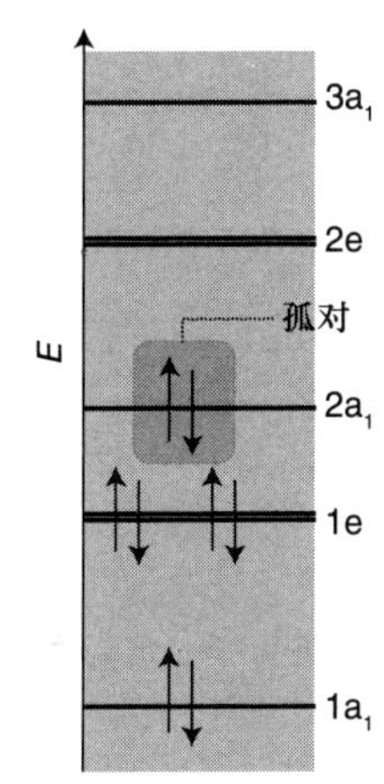

图 6.24 NH_3 分子轨道能级示意图及其基态电子组态

对不很复杂的分子而言,构筑分子轨道示意图的一般流程可归纳如下:

1. 指认分子的点群;
2. 查阅资源节 5 中 SALCs 的形状;
3. 按能量增高的顺序安排每个分子片的 SALCs,先考虑它们与何种轨道(s,p 或 d 轨道)有关(按 s<p<d 排序),然后考虑核间节面的数目;
4. 将两个分子片对称性类型相同的 SALC 相组合,N 个 SALCs 构成 N 个分子轨道;
5. 根据重叠情况和母体轨道的相对能量判断分子轨道的相对能量,在分子轨道能级图上绘出能级(如果需要,同时给出分子轨道的来源);
6. 采用合适的软件通过计算确认和修正此定性顺序。

6.8 振动类似

提要:SALCs 的形状类似于伸缩位移。

群论的一大强项是可以对不同现象进行类似处理。我们已经看到对称性论证如何应用于分子振动,所以 SALCs 与分子的简正模式具有类似性就毫不为奇了。事实上,参考资源节中阐述的 SALCs 可以解释为对分子简正振动模式的贡献。下面的例子说明如何做到这一点。

例题 6.13 预言八面体分子的 IR 和 Raman 谱带

题目：讨论属于 O_h 点群的 AB_6 分子（如 SF_6），绘出 A—B 伸缩的简正模式并评论其 IR 或 Raman 光谱活性。

答案：通过与 SALCs 形状进行类比和识别八面体构型中由 s 轨道构筑的 SALCs 进行论证（参见资源节 4）。这些轨道是 A—B 键伸缩位移的类似物而符号表示它们的相对位相。它们的对称性类型为 A_{1g}、E_g 和 T_{1u}。得到的伸缩振动的线性组合示于图 6.25。A_{1g}（完全对称）和 E_g 模式具有 Raman 活性，而 T_{1u} 模式具有 IR 活性。注意，O_h 分子具有反演中心，不能指望这种模式既具 IR 活性又具 Raman 活性。

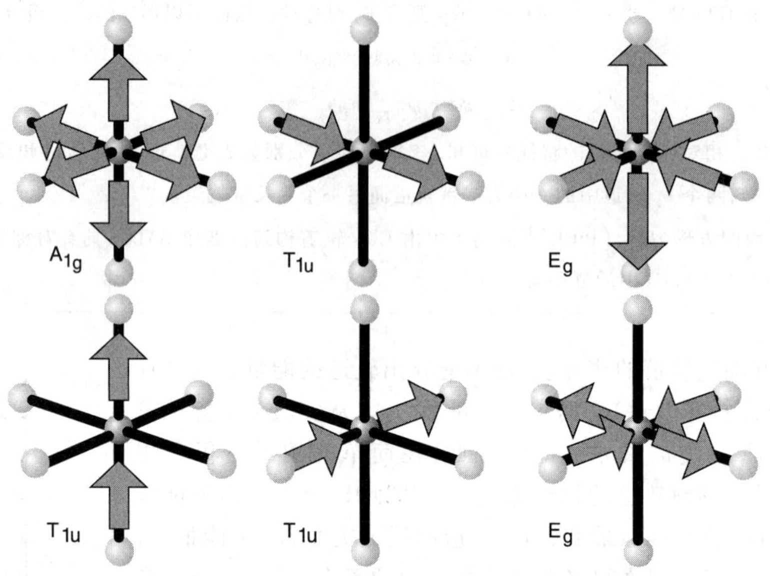

图 6.25* 八面体 ML_6 络合物的 A_{1g}、E_g 和 T_{1u} M—L 伸缩振动模式：未表示出中心金属原子 M（它是分子的质心）的运动（这种运动在 A_{1g} 和 E_g 两种模式中都是静止的）

自测题 6.13 预言 D_{4h} 点群的 *trans*-SF_4Cl_2 的 IR 和 Raman 谱图如何不同于 SF_6 的谱图，只考虑由 S—F 伸缩振动产生的谱带。

表示方法

现在转向定量成分更高的一种处理方法，并介绍应用对称性论据系统处理分子轨道和光谱两个方面的内容。

6.9 表示的约化

提要：使用约化公式可将可约表示拆解为不可约表示（构成可约表示的成分）。

前面已经看到 NH_3 分子的 3 个 H1s 轨道产生（专业术语叫“span”，中译为“涵盖”）C_{3v} 中的两个不可约表示，一个是对称性类型 A_1，另一个是对称性类型 E。这里提出一个系统化的方法以实现一组轨道或原子位移所涵盖的对称性类型的识别。

NH_3 分子的 3 个 H1s 轨道涵盖两个特定的不可约表示的事实被表示为 $\Gamma = A_1 + E$，其中 Γ（大写的伽马）表示可约表示的对称性类型。一般来说可写成

$$\Gamma = c_1\Gamma_1 + c_2\Gamma_2 + \cdots \tag{6.1}$$

式中，Γ_i 表示该群的各种对称性类型，c_i 表示每一种对称性类型在约化过程中出现的次数。高等群论（见延伸阅读资料）通过不可约表示 Γ_i 的特征标 χ_i 和原始可约表示 Γ 相应的特征标 χ 提供了一个明确的计

算系数 c_i 的公式：

$$c_i=\frac{1}{h}\sum_{C} g(C)\chi_i(R)\chi(R) \tag{6.2}$$

式中，h 是该点群的阶（对称元素的数目；在特征标表最上面一行给出），总和为该群每一类的 C，其中 $g(C)$ 是此类中元素的数目。下面的例子说明该表达式是如何使用的。

例题 6.14 可约化公式的使用

题目：如果忽略分子中的氢原子，*cis*-$[PdCl_2(NH_3)_2]$ 的点群为 C_{2v}。该分子中原子位移所涵盖的对称性类型是什么？

答案：解题时需要考虑 5 个非氢原子的 15 个位移（见图 6.26），并通过考查该点群的对称操作得到可约表示 Γ 的特征标。然后使用公式(6.2)以识别不可约表示的对称性类型，此不可约表示可由可约表示约化得来。为了识别 Γ 的特征标，我们注意到在特定的对称操作下，移动到新位置的每个位移对该操作特征标的贡献都为 0；保持不变的那些位移的贡献为 1，发生位移逆转的贡献为 -1。为了简化分析，这里只考虑对称操作下没有改变平衡位置的那些原子位移。首先是确定每类操作下不改变平衡位置的原子数量，第二步是乘以该操作的特征贡献数。这样一来，因为恒等操作下所有 5 个原子和这些原子三个位移中的每一个位移都不动，$\chi(E)=5\times3=15$。绕 C_2 轴的旋转只让 1 个原子（Pd）不变，这使得那个原子的 z 位移不发生改变（贡献为 1），原子的 x 和 y 位移发生反转（贡献为 -2），因此 $\chi(C_2)=1\times(1-2)=-1$。在 σ_v 反映操作下，仍然只有 Pd 的位置没有改变，Pd 的 z 和 x 位移不变（贡献为 2），而 y 位移发生反转（贡献为 -1），因此 $\chi(\sigma_v)=1\times(2-1)=1$。最后，对任何通过原子平面的垂直平面上的反映操作而言，所有 5 个原子都保持不动。5 个原子中每一个的 z 位移保持不变（贡献为 1），y 位移也是如此（又一个 1），但 x 位移发生了反转（贡献为 -1）；因此 $\chi(\sigma_v')=5\times(1+1-1)=5$。因此 Γ 的特征标为

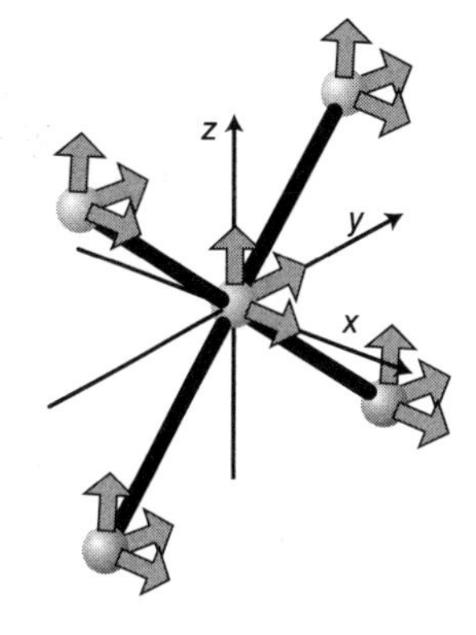

图 6.26* *cis*-$[PdCl_2(NH_3)_2]$ 的原子位移，H 原子未示出

E	C_2	σ_v	σ_v'
15	-1	1	5

现在可以使用方程(6.2)［留意该群的 $h=4$，同时留意所有 C 的 $g(C)=1$］。为了求得对称性类型 A_1 在可约表示中出现的次数，可以写出

$$c_1=[1\times15+1\times(-1)+1\times1+1\times5]/4=5$$

对其他类型重复上述操作，我们发现

$$\Gamma=5A_1+2A_2+3B_1+5B_2$$

对 C_{2v} 而言，整个分子的平动涵盖 $A_1+B_1+B_2$（如在特征标表最后一列给出的函数 x,y 和 z）而转动涵盖 $A_2+B_1+B_2$（如在特征标表最后一列给出的函数 R_x,R_y 和 R_z）。从中减去这些我们发现的平动和转动对称性种类则可得出结论：分子的振动涵盖 $4A_1+A_2+B_1+3B_2$。

自测题 6.14 确定 $[PdCl_4]^{2-}$（D_{4h}）所有振动模式的对称性。

例题 6.14 中看到 *cis*-$[PdCl_2(NH_3)_2]$ 中许多模式是很难想象的复合运动：它们包括 Pd—N 的伸缩振动和平面的扭曲运动。然而即使很难想象，仍可立刻做出如下推断：A_1、B_1 和 B_2 模式具有 IR 活性，因为函数 x、y 和 z（因此电偶极分量）都涵盖这些对称性类型；所有模式都具有 Raman 活性，因为二次形式涵盖所有这四种类型。

6.10 投影算符

提要：投影算符用于从轨道基产生 SALCs。

为了从任意一组基原子轨道生成特定对称性类型的未归一化的 SALC，选定该组中的任何一个并形成以下总和：

$$\varphi = \sum_R \chi_i(R) R\psi \tag{6.3}$$

式中，$\chi_i(R)$是想要产生的 SALC 对称性类型的操作 R 的特征标。也通过一个例子说明使用该表达式的方法。

例题 6.15　生成 SALC

题目：生成$[PtCl_4]^{2-}$ Clσ 轨道的 SALC。基轨道表示为 ψ_1，ψ_2，ψ_3 和 ψ_4 并示于图 6.27 中。

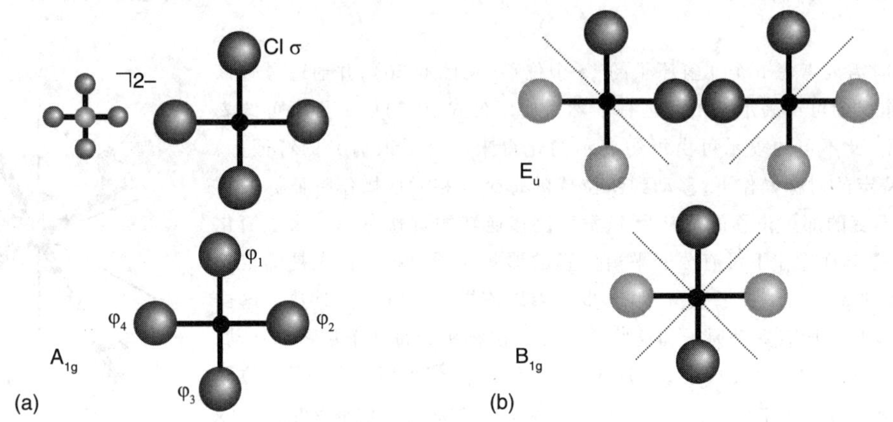

图 6.27　(a)$[PtCl_4]^{2-}$中用于构筑 SALCs 的 Cl 的基轨道，(b) 构筑成的$[PtCl_4]^{2-}$的 SALCs

答案：从基轨道之一入手使用方程(6.3)，并用 D_{4h}点群的所有对称性操作作用于此基轨道，写出变换而来的基函数 $R\psi$。例如，C_4 操作将 ψ_1 移动到被 ψ_2 占据的位置，C_2 操作将其移动到 ψ_3，C_4^3 操作将其移动到 ψ_4。继续所有操作可得到：

操作 R	E	C_4	C_4^3	C_2	C_2'	C_2'	C_2''	C_2''	i	S_4	S_4^3	σ_h	σ_v	σ_v	σ_d	σ_d
$\boldsymbol{R\psi_1}$	ψ_1	ψ_2	ψ_4	ψ_3	ψ_1	ψ_3	ψ_2	ψ_4	ψ_3	ψ_2	ψ_4	ψ_1	ψ_1	ψ_3	ψ_2	ψ_4

现在添加所有新的基函数，并对每类操作中我们感兴趣的不可约表示的特征标$\chi_i(R)$进行加和，这样一来，对 A_{1g}(所有的特征标都是 1)而言，得到 $4\psi_1+4\psi_2+4\psi_3+4\psi_4$，故未归一化的 SALC 为

$$\phi(A_{1g}) = 4(\psi_1+\psi_2+\psi_3+\psi_4)$$

归一化的形式为

$$\phi(A_{1g}) = (\psi_1+\psi_2+\psi_3+\psi_4)/4$$

继续按照特征标表使用各种对称性类型，SALCs 显现如下：

$$\phi(B_{1g}) = (\psi_1-\psi_2+\psi_3-\psi_4)/4$$

$$\phi(E_u) = (\psi_1-\psi_3)/2$$

其他所有不可约表示下投影算符消失(因此那些对称性不存在 SALCs)。然后继续使用 C_2 作为基函数，于是得到相同的 SALCs，如下形式是例外：

$$\phi(B_{1g}) = (\psi_2-\psi_1+\psi_4-\psi_3)$$

$$\phi(E_u) = (\psi_2-\psi_4)$$

完成 ψ_3 和 ψ_4 的过程给出相似的 SALCs(只有一些组分轨道的符号发生改变)。因此 SALCs 的形式为 $A_{1g}+B_{1g}+E_u$ [见图 6.27(b)]。

自测题 6.15　使用 SF_6 中的投影算符确定八面体络合物中 σ 成键的 SALCs。

通过如上那样的分析，可为任何想要讨论的分子构建 SALCs。参考资源节 5 给出最常用点群的 SALCs 图形表示，包括那些既对 σ 成键相互作用又对 π 成键相互作用所必需的图形表示。

延伸阅读资料

P. Atkins and J. de Paula, *Physical chemistry*. Oxford University Press and W. H . Freeman & Co (2010). 概述了没有太多数学背景的特征标表的生成和用法。

更严格的介绍可参阅：1. J .S . Ogden, *Introduction to molecular symmetry*. Oxford University Press (2001); 2. P. Atkins and R. Friedman, *Molecular quantum mechanics*. Oxford University Press (2005).

练习题

6.1　绘出下列物种中对称元素的示意图：(a) NH_3 分子的 C_3 轴和 σ_v 对称面；(b) 平面四方形 $[PtCl_4]^{2-}$ 的 C_4 轴和 σ_h 对称面。

6.2　下列哪些分子(或离子)具有(a)反演中心，(b) S_4 轴？

(i) CO_2，(ii) C_2H_2，(iii) BF_3，(iv) SO_4^{2-}。

6.3　确定下列分子或离子的对称元素并指认其点群：(a) NH_2Cl，(b) CO_3^{2-}，(c) SiF_4，(d) HCN，(e) SiFClBrI，(f) BrF_4^-。

6.4　苯分子具有多少个对称面？化学式为 $C_6H_nCl_{6-n}$ 的氯代苯中哪个精确地具有四个对称面？

6.5　确定下列具有相同形状对象的对称元素：(a) p 轨道，(b) d_{xy} 轨道，(c) d_{z^2} 轨道。

6.6　(a) 确定 SO_3^{2-} 的点群；(b) 其分子轨道的最大简并度是多少？(c) 如果 S 的轨道为 3s 和 3p，它们哪个对这种最大简并度的分子轨道有贡献？

6.7　(a) 确定 PF_5 分子的点群(若有必要，可用 VSEPR 理论指认其几何形状)；(b) 其分子轨道的最大简并度是多少？(c) P 的哪一个 3p 轨道对这种简并度的分子轨道有贡献？

6.8　讨论三角双锥体分子 PF_5 中的原子位移。计算其振动模式的数目和对称性。

6.9　(a) SO_3 分子在其原子核平面内有多少种振动模式？(b) 在垂直于分子平面的方向上有多少种振动模式？

6.10　已知(a) SF_6，(b) BF_3 两个分子既有 IR 活性又有 Raman 活性，它们的振动对称性类型是什么？

6.11　讨论 CH_4 分子。使用投影算符方法构建 A_1+T_2 对称性(来自 4 个 H1s 轨道)的 SALCs。C 的哪个原子轨道可能与 H1s 的 SALCs 形成分子轨道？

6.12　使用投影算符方法确定形成(a) BF_3，(b) PF_5 中 σ 键所需的 SALCs。

辅导性作业

6.1　IF_3O_2 分子(I 为中心原子)可能有几种异构体？指认每种异构体的点群名称。

6.2　化学式为 MA_3B_3(式中 A 和 B 为单原子配体)的“八面体”分子有多少种异构体？每种异构体的点群是什么？其中有异构体具有手性吗？对化学式为 $MA_2B_2C_2$ 的分子重复这个练习。

6.3　化学家经常借助群论解释 IR 谱。例如，NH_4^+ 有 4 个 N—H 键，可能具有 4 种伸缩振动模式。存在数种振动模式具有相同频率(简并)的可能性。快速扫视特征标表将会告知你简并是否可能。(a) 对正四面体 NH_4^+ 而言是否有必要考虑简并的可能性？(b) $NH_2D_2^+$ 的振动模式中有可能简并吗？

6.4　IR 和 Raman 活性伸缩模式的数目是否可单独用来确定一个气体样品是 BF_3、NF_3 还是 ClF_3？

6.5　$AsCl_3$ 与 Cl_2 低温反应生成产物被认为是 $AsCl_5$，它显示的 Raman 谱带处于 437 cm^{-1}，369 cm^{-1}，295 cm^{-1}，220 cm^{-1}，213 cm^{-1} 和 83 cm^{-1}。详细分析表明处于 369 cm^{-1} 和 295 cm^{-1} 的谱带源自完全对称的振动模式。试说明 Raman 谱与三角双锥几何构型相一致。

6.6　说明你将如何使用 Raman 和 IR 光谱区分六配位物种 ML_6 的正八面体和正三棱柱体两种几何构型体。讨论在任何一种情况下可能出现的畸变(不需要你确定畸变态的振动对称性)。

6.7　讨论四面体 $[CoCl_4]^-$ 中 4 个氯原子的 p 轨道(每个 Cl 的一个 p 轨道直接指向中心金属原子)。(a) 确认指向金属中心的 Cl 原子的 4 个 p 轨道与这些 Cl 原子上的 4 个 s 轨道具有相同的变换方式。这些 p 轨道如何贡献于络合物的成键作用？(b) 剩下的 8 个 p 轨道如何变换。约化可约表示可让你推导出这些轨道对 SALCs 对称性的贡献。这些 SALCs 能与哪些金属轨道键合？(c) 参考(b)生成 SALCs。

6.8 讨论平面四方形络合物(如$[PtCl_4]^{2-}$)4 个氯原子上的所有 12 个 p 轨道。(a) 确定在 D_{4h}下这些 p 轨道如何发生变换并约化可约表示。(b) 这些 SALCs 能与哪些金属轨道键合？(c) 哪些 SALCs 和哪些金属轨道对 σ 键的形成有贡献？(d) 哪些 SALCs 和哪些金属轨道对平面内 π 键的形成有贡献？(e) 哪些 SALCs 和哪些金属轨道对平面外 π 键的形成有贡献？

6.9 讨论八面体络合物并构建所有的 σ 成键和 π 成键的 SALCs。

（雷依波　译，史启祯　审）

7 章

配位化合物导论

多个配体围绕一个中心金属原子(或离子)而形成的金属络合物在无机化学中起着重要作用,特别是对 d 区元素而言。本章介绍单个中心金属原子周围配体的结构排列和可能存在的异构形式。

在金属配位化学这个领域,络合物这个术语是指一组配体围绕中心金属原子(或离子)而形成的化合物,而**配体**(ligand)则是能独立存在的离子或分子。例如,$[Co(NH_3)_6]^{3+}$,6 个 NH_3配体围绕着 Co^{3+};又如$[Na(OH_2)_6]^+$,6 个 H_2O 配体围绕着 Na^+。**配位化合物**(coordination compound)这个术语则用来表示电中性络合物,或其中至少一个离子为络合物的离子化合物。例如,$[Ni(CO)_4]$(**1**)和$[Co(NH_3)_6]Cl_3$(**2**)二者都是配位化合物。络合物是由一个 Lewis 酸(中心金属原子)与多个 Lewis 碱(配体)形成的。Lewis 碱配体中与中心原子形成化学键的原子叫**给予体原子**(donor atom),因为它给出用于成键的电子。因此,NH_3作为配体时 N 是给予体原子,H_2O 作为配体时 O 是给予体原子。金属原子或离子(络合物中的 Lewis 酸)是**接受体原子**(acceptor atom)。周期表所有各区的所有金属元素都能形成络合物。

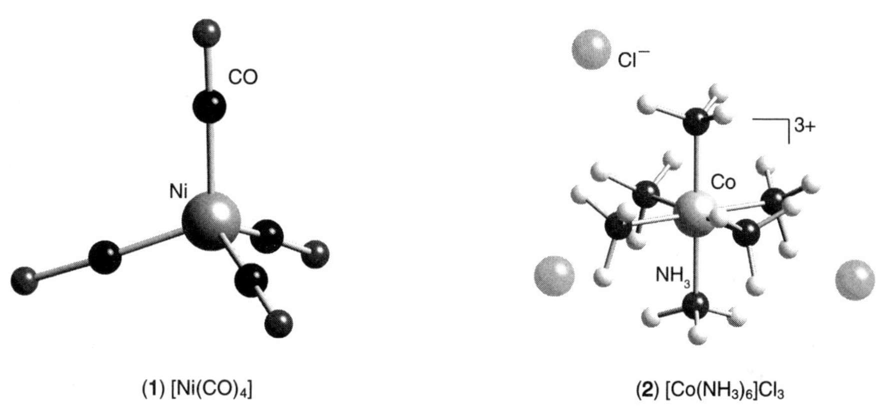

(1) $[Ni(CO)_4]$　　**(2)** $[Co(NH_3)_6]Cl_3$

金属络合物几何结构的主要特征是 19 世纪末到 20 世纪初由研究有机立体化学的维尔纳确定的。维尔纳综合阐释了旋光异构现象、几何异构现象、化学反应模式和电导数据,有效而富有想象力地开启了如何使用物理和化学证据建立结构模型的工作,但许多 d 金属和 f 金属配位化合物的颜色当时仍让他迷惑不解。颜色是化合物电子结构的反映,只是到 1930—1960 年代这一时期,才用电子结构的轨道描述阐释了这一特征。本书将在第 20 章和第 23 章分别讨论 d 金属和 f 金属络合物的电子结构。

现在可以使用比维尔纳时期更多的方法来确定金属络合物的几何结构。如果能长出化合物的单晶,则可用 X 射线衍射法(节 8.1)得到精确的形状、键距和键角。核磁共振法(节 8.6)用来研究寿命长于微秒级的络合物。寿命很短的络合物(与溶液中扩散对的寿命相当,即寿命为几个纳秒的络合物)可用振动光谱和电子光谱进行研究。对溶液中的长寿命络合物[如 Co(Ⅲ)、Cr(Ⅲ)、Pt(Ⅱ)的经典络合物和许多金属有机化合物]而言,有可能通过分析反应模式和异构现象的方法推断其几何结构。维尔纳当年使用的就是这种方法,这种方法除能帮助人们确定结构外,对指导化合物的合成仍不失教益。

配位化学用语

提要:内层络合物是指配体直接结合于中心金属离子的络合物;外层络合物则是阳离子和阴离子在溶液中或离子性固体中缔合形成的。

通常概念中的络合物更确切地应叫**内层络合物**(inner-sphere complex),其配体直接结合于中心金属原子或离子。这些配体形成络合物的**主配位层**(primary coordination sphere),配体的数目叫中心金属原子的**配位数**(coordination number)。固态时配位数变化范围更大,最高可达 12 的配位数使络合物的结构和化学性质更显示出多样性。

尽管本章通篇主要讨论内层络合物,但要记住:络合物阳离子能够通过静电作用与阴离子配体(以及通过其他弱作用力与溶剂分子)发生缔合而不取代业已存在的配体。这种缔合作用的产物叫**外层络合物**(outer-sphere complex)。例如,水溶液中由$[Mn(OH_2)_6]^{2+}$与SO_4^{2-}缔合形成外层络合物$\{[Mn(OH_2)_6]^{2+}SO_4^{2-}\}$(**3**),其平衡浓度可能(这要依赖于浓度)超过SO_4^{2-}配体直接与金属离子结合而形成的内层络合物$[Mn(OH_2)_5SO_4]$。需要记住:测定络合物形成平衡的大多数方法不把外层络合物从内层络合物那里区分出来,只是简单测出结合的所有配体的总量。在晶态固体中,带相反电荷的阴离子和电中性的溶剂(或配体)分子以两种方式配位(内层配位和外层配位)都是可能的。未直接配位于络阳离子的水分子叫"结晶水",这种水分子相当于外层配体分子。在硫酸锰(Ⅱ)的五水合物$\{[Mn(H_2O)_4]SO_4\}\cdot H_2O$固体中,每个锰离子配位着 1 个硫酸根阴离子和 4 个水分子,未配位的那个水分子是结晶水。在硫酸铁(Ⅱ)的七水合物$\{[Fe(H_2O)_6]^{2+}\}\cdot SO_4^{2-}\cdot H_2O$晶体中,铁阳离子只由水分子配位,硫酸根阴离子处外层,还有 1 个结晶水。

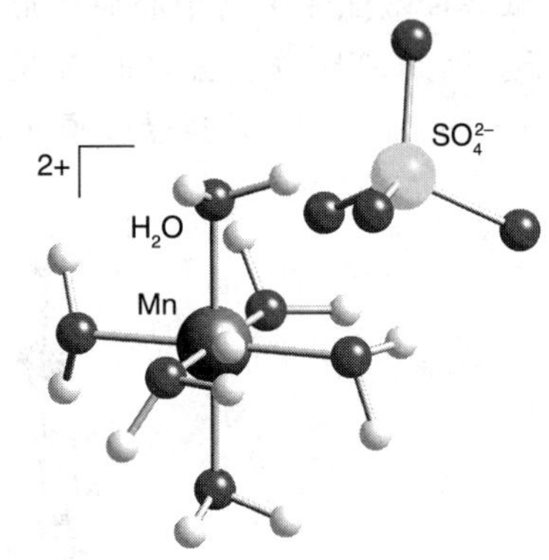

(**3**) $[Mn(OH_2)_6]SO_4$

许多分子和离子可以用作配体,许多金属离子能够形成络合物。下面介绍某些代表性配体和络合物的命名。

7.1 代表性配体

提要:多齿配体能形成螯合物;小咬角二齿配体能使结构发生畸变而偏离标准结构。

表 7.1 给出一些常见简单配体的名称和化学式,表 7.2 列出常用的前缀。一些配体是**单齿**(monodentate,来自拉丁语,意为"one-toothed")配体,这种配体只有一对给予电子,与金属原子之间只有 1 个连接点。多于 1 个连接点的配体叫**多齿**(polydentate)配体,其中含 2 个连接点的叫**二齿**(bidentate)配体,含 3 个连接点的叫**三齿**(tridentate)配体,等等。

表 7.1 代表性配体及其名称

名称	化学式	缩写	给予原子	给予原子数目
乙酰丙酮	[结构式: O, O]	$acac^-$	O	2
氨	NH_3		N	1
水	H_2O		O	1
2,2'-联吡啶	[结构式: N, N]	bpy	N	2

续表

名称	化学式	缩写	给予原子	给予原子数目
溴离子	Br^-		Br	1
碳酸根	CO_3^{2-}		O	1 或 2
羰基	CO		C	1
氯离子	Cl^-		Cl	1
1,4,7,10,13,16-六氧环十六烷	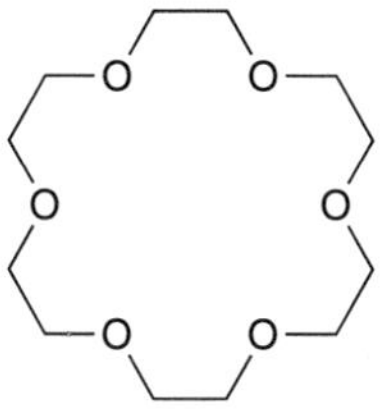	18-冠-6	O	6
4,7,13,16,21-五氧-1,10-二氮双环[8.8.5]二十三烷	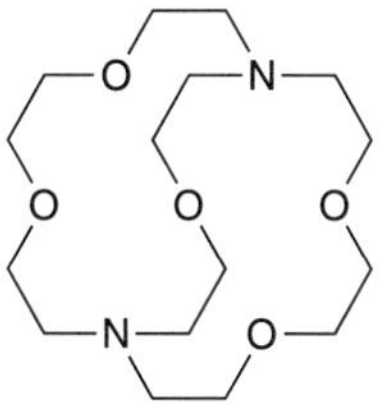	2.2.1 crypt	N,O	2N，5O
氰根	CN^-		C	1
二乙三胺	$NH(CH_2CH_2NH_2)_2$	dien	N	3
二(二苯基膦)乙烷	 Ph_2P　PPh_2	dppe	P	2
二(二苯基膦)甲烷	 Ph_2P　PPh_2	dppm	P	2
环戊二烯基	$C_5H_5^-$	Cp^-	C	5
乙二胺（1，2-二氨基乙烷）	$NH_2CH_2CH_2NH_2$	en	N	2
乙二胺四乙酸根	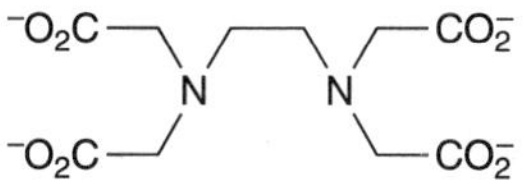 ^-O_2C, CO_2^-, N, N, ^-O_2C, CO_2^-	$edta^{4-}$	N,O	2N，4O
氟离子	F^-		F	1
甘氨酸根	$NH_2CH_2CO_2^-$	gly^-	N,O	1N，1O
氢负离子	H^-		H	1
氢氧根	OH^-		O	1
碘离子	I^-		I	1
硝酸根	NO_3^-		O	1 或 2
亚硝酸根-κ*O*	NO_2^-		O	1
亚硝酸根-κ*N*	NO_2^-		N	1
氧负离子	O^{2-}		O	1

续表

名称	化学式	缩写	给予原子	给予原子数目
草酸根	$^{-}OOC-COO^{-}$	Ox^{2-}	O	2
吡啶	C_5H_5N	Py	N	1
硫负离子	S^{2-}		S	1
四氮环十四烷		cyclam	N	4
硫氰根-κ*N*	NCS^-		N	1
硫氰根-κ*S*	SCN^-		S	1
巯基	RS^-		S	1
三(2-氨基乙基)胺	$N(CH_2CH_2NH_2)_3$	tren	N	4
三环己基膦*	$P(C_6H_{11})_3$	PCy_3	P	1
三甲基膦*	$P(CH_3)_3$	PMe_3	P	1
三苯基膦*	$P(C_6H_5)_3$	PPh_3	P	1

* 配体 PR_3 形式上是 PH_3 的取代物，但“膦”这一老名称仍在广泛使用。

表 7.2 络合物命名中使用的前缀

前缀	含义	前缀	含义	前缀	含义
mono-	1	penta-	5	nona-	9
di-, bis-	2	hexa-	6	deca-	10
tri-, tris-	3	hepta-	7	undeca-	11
tetra-, tetrakis-	4	octa-	8	dodeca-	12

两可(ambidentate)配体含有一个以上不同的潜在给予体原子。例如，硫代氰酸根离子(NCS^-)，既能以 N 原子与金属配位生成硫代氰酸根-κ*N* 络合物，也能以 S 原子与金属配位生成硫代氰酸根-κ*S* 络合物。又如 NO_2^-，M—NO_2^-(**4**)中的配体是亚硝酸根-κ*N* 配体，M—ONO^-(**5**)中的配体则是亚硝酸根-κ*O* 配体。[注：字母 κ(kappa)是新近引入的一个符号，用来表示发生配位作用的原子。表示 N 原子配位的异硫代氰酸根和表示 S 原子配位的硫代氰酸根两个老名称仍在广泛使用；同样，表示 N 原子配位的硝基和表示 O 原子配位的亚硝基两个老名称也能经常遇到。]

多齿配体能够形成**螯合物**(chelate，来自希腊语，意为“蟹虾的钳”)，螯合物是包括配体和金属原子在内的环状络合物。例如，二齿配体乙二胺(缩写为 en，化学式为 $NH_2CH_2CH_2NH_2$)，两个 N 原子连接于同一金属原子形成五元环(**6**)。需要注意的是，正常螯合配体只能在两相为邻的配位点与金属键合形成顺式络合物。六齿配体乙二胺四乙酸的酸根阴离子($edta^{4-}$)能以六个点与金属原子配位形成一个精心设计的、含五个五元环的络合物(**7**)。该配体用于捕获“硬”水中的离子如 Ca^{2+}。与非螯合配体形成的络合物相比，螯合配体形成的络合物往往更稳定，这种现象叫**螯合效应**(chelate effect)，本章稍后(节 7.14)将讨论产生螯合效应的原因。表 7.1 中包括了一些最常见的螯合配体。

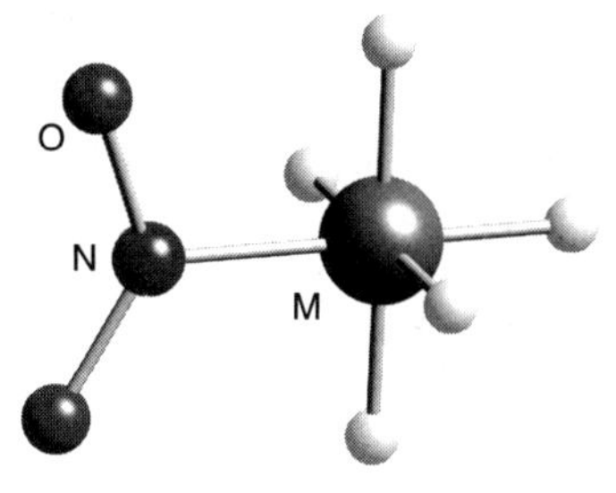

(**4**) Nitrito-κ*N* ligand

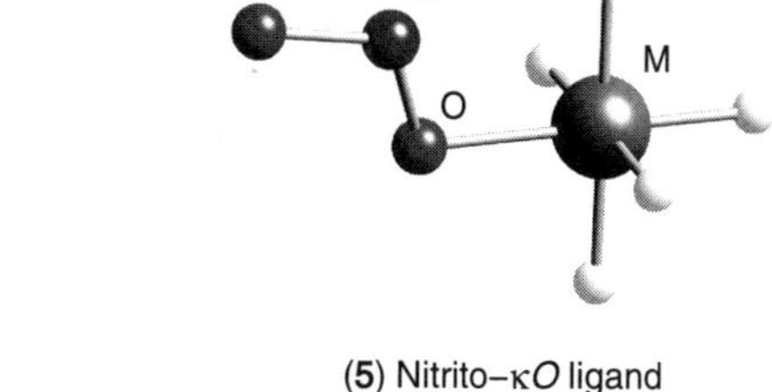

(**5**) Nitrito-κ*O* ligand

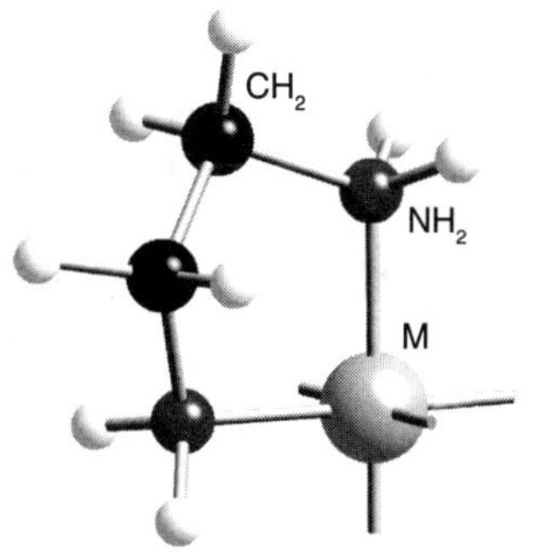

(**6**) 1,2-Diaminoethane (en) ligand attached to M

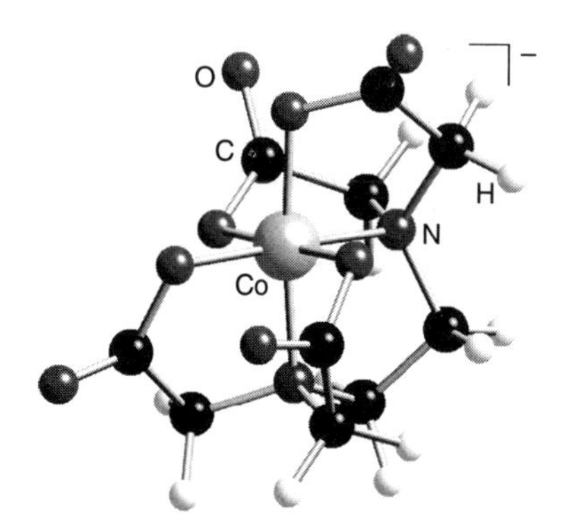

(**7**) $[Co(edta)]^-$

饱和有机配体(如乙二胺)螯合物中的五元环能发生折叠,以维持配体本身四面体角的构象。L—M—L 角仍能满足八面体络合物的典型角度(90°)。空间因素或 π 轨道的电子离域作用可能使六元环的形成更有利。例如,β-二酮类二齿配体就是以烯醇阴离子配位的(**8**),一个重要的例子是乙酰丙酮阴离子($acac^-$,**9**)。氨基酸(重要的生物化学配体)能形成五元环或六元环,因而也易形成螯合物。螯合配体受应力的程度往往用**咬角**表示,如螯环(**10**)中的 L—M—L 角。

(**8**)

(**9**)

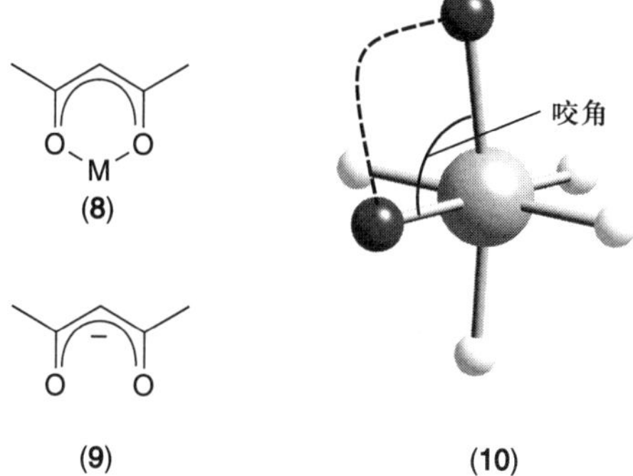

(**10**)

7.2　命名法

提要:按一套规则命名络合物的阳离子和阴离子;先命名阳离子,按英文字母顺序命名配体。

命名法的详细指南不属本书讨论的范畴,这里仅做一般介绍。络合物的名称事实上已经变得如此累赘,以致无机化学家往往更喜欢直接写出化学式而不是拼写全名。

对一个或多个离子组成的化合物而言,不管哪种离子是络合物,都是先命名阳离子,后命名阴离子(与命名简单离子性化合物一样)。命名络离子时按英文字母顺序先后命名配体,而不考虑数字前缀。配体名称之后继以金属的名称,金属名称之后或者用括号内的罗马数字注明金属的氧化数,或者用括号内的阿拉伯数字(带正、负号)注明络合物的总电荷数。例如,$[Co(NH_3)_6]^{3+}$或命名为 hexaamminecobalt(Ⅲ),或命名为 hexaamminecobalt(3+)。如果络合物是阴离子,金属名称之后需加后缀"ate",例如,$[PtCl_4]^{2-}$的名称为 tetrachloridoplatinate(Ⅱ)。有些金属的阴离子名称来自拉丁文元素名称。例如,铁、铜、银、金、锡和铅的阴离子名称分别为 ferrate、cuprate、argentate、aurate、stannate 和 plumbate。

络合物中的一类配体要加 mono-、di-、tri-、tetra-等前缀。如果络合物中的金属原子不止一个,也用同样的前缀表示其数目,如$[Re_2Cl_8]^{2-}$(**11**)的名称 octachloridodirhenate(Ⅲ)。配体名称可能出现混乱的情况下(多半是名称本身已经有前缀,如 1,2-diaminoethane),可用 bis-、tris-和 tetrakis-等作为替代前缀,而将配体名称放在括号中。例如,dichloride-是个含糊的表示,而 tris(1,2-diaminoethane)则明确表示存在三个 1,2-diaminoethane 配体。例如,$[Co(en)_3]^{2+}$的名称为 tris(1,2-diaminoethane)cobalt(Ⅱ)。桥连两个金属中心的配体在相关配体名称加前缀 μ(读作 mu)表示,如 μ-oxido-bis(pentaamminecobalt(Ⅲ))(**12**)。如果被桥连的中心多于两个,则用下脚标表示其数目;如桥连三个金属原子的氢负离子配体表示为 μ_3-H。

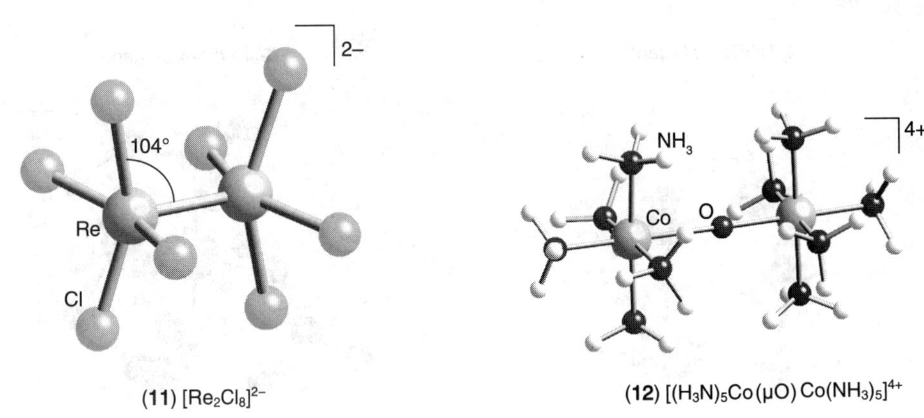

(11) $[Re_2Cl_8]^{2-}$ **(12)** $[(H_3N)_5Co(\mu O)Co(NH_3)_5]^{4+}$

此外,字母 κ 也用来表示连接点的数目。例如,二齿配体 1,2-二氨基乙烷通过它的两个 N 原子与金属配位,故表示为 κ^2N。字母 η(读作 eta)用来表示某些金属有机配体的成键模式(节 22.4)。

化学式中的方括号用来表示结合于金属原子的基团,不论络合物是否带有电荷都应使用。方括号内先写金属符号,接下来按英文字母顺序写出配体名称(现已废弃阴离子配体先于电中性配体的规则),如将 tetraamminedichloridocobalt(Ⅲ)写成$[Co(Cl)_2(NH_3)_4]^+$。这种顺序有时会有一些变化,以突出反应中所涉及的配体。多原子配体的化学式有时以人们不熟悉的顺序写出,如将 hexaaquairon(Ⅱ)的化学式写成$[Fe(OH_2)_6]^{2+}$,其中 H_2O 分子的给予体 O 原子紧靠金属原子,使络合物的结构显得更清晰。两可配体中的给予体原子有时用下划线标出,如$[Fe(OH_2)_5(\underline{N}CS)]^{2+}$。注意:一定程度上会造成混乱的是,化学式中配体的先后顺序是指结合元素的英文字母顺序。这就是说,配体出现在络合物化学式和络合物名称中的顺序可能不同。

例题 7.1 命名络合物

题目:给下列络合物命名:(a) $[Pt(Cl)_2(NH_3)_4]^{2+}$;(b) $[Ni(CO)_3(py)]$;(c) $[Cr(edta)]^-$;(d) $[Co(Cl)_2(en)_2]^+$;(e) $[Rh(CO)_2I_2]^-$。

答案:命名络合物时,先算出中心金属原子的氧化数,然后按英文字母顺序写出配体的名称。(a) 络合物含 2 个阴离子配体(Cl^-)、4 个电中性配体(NH_3),总电荷为+2,Pt 的氧化数必为+4。按配体排序规则,络合物的名称应是 teraamminedichloridoplatinum(Ⅳ)。(b) 配体 CO 和 py(吡啶)均为电中性,因此 Ni 的氧化数必为 0,络合物的名称应为 tricarbonylpyridinenickel(0)。(c) 络合物以六齿 $edta^{4-}$为唯一配体,中心金属离子为 Cr^{3+}时,配体的 4 个负电荷使络合物的总电荷为-1,故名称为 ethylenediaminetetraacetatochromate(Ⅲ)。(d) 络合物含 2 个阴离子配体(Cl^-)和 2 个电中性配体(en),总电荷为+1,钴的氧化数应为+3,故名称为 dichloridobis(1,2-diaminoethane)cobalt(Ⅲ)。(e) 络合物含 2 个阴离子配体(I^-)和 2 个电中性配体(CO),总电荷为-1,铑的氧化数应为+1,因而名称应是 dicarbonyldiiodidorhodate(Ⅰ)。

自测题 7.1 写出下列络合物的化学式:(a) diaquadichloridoplatinum(Ⅱ);(b) diamminetetra(thiocyanato-κ*N*) chromate(Ⅲ);(c) tris(1,2-diaminoethane)rhodium(Ⅲ);(d) bromidopentacarbonylmanganese(Ⅰ);(e) chloridotris(triphenyl phosphine)rhodium(Ⅰ)。

组成方式和几何形状

提要:络合物中配体的数目依赖于金属原子的大小、配体的性质和电性相互作用。

金属原子或离子的配位数并不总像固体组成中那样明确,因为溶剂分子和潜在配体物种可以填充在结构空隙中,虽然与金属离子不直接成键。例如,X 射线衍射表明,$CoCl_2 \cdot 6H_2O$ 晶体中存在着电中性络合物$[Co(Cl)_2(OH_2)_4]$和占有确定位置却未直接配位(即处在外层)的两个 H_2O 分子。这种额外的溶剂分子叫**结晶溶剂**(solvent of crystallization)。

络合物的配位数受控于三个因素:

1. 中心金属原子或离子的大小;
2. 配体之间在空间的相互作用;
3. 中心金属原子或离子与配体之间的电性相互作用。

一般说来,周期表较低位置的大半径原子或离子有利于较高配位数。基于类似原因,大体积配体往往导致低配位数,特别是带有电荷的大配体(对配位数不利的静电相互作用也起了作用)。周期表左部元素的离子半径较大,因而也更易出现高配位数。特别是对于电子数少的金属离子而言更是如此,因为这意味着金属离子能够接受来自 Lewis 碱的更多电子(如$[Mo(CN)_8]^{4-}$)。d 区右部金属容易出现较低配位数,特别是电子数多的金属(如$[PtCl_4]^{2-}$)。这种原子接受来自 Lewis 碱(它们都是潜在配体)的电子的能力较小。如果配体能与中心金属形成多重键,也会导致低配位数(如$[MnO_4]^-$和$[CrO_4]^{2-}$),即每个配体提供的电子倾向于排斥更多配体的配位。第 20 章将更详尽地讨论配位数。

7.3 低配位数

提要:Cu^+和 Ag^+形成二配位络合物;这些络合物往往能容纳更多配体(如果能得到的话)。络合物的配位数可能高于经验式中的配位数。

在实验室通常条件下,溶液中最著名的二配位金属络合物是第 11 族离子的线形络合物。含两个相同的对称配体的线形二配位络合物为 $D_{\infty h}$对称。例如,$[AgCl_2]^-$是固体氯化银溶于含过量 Cl^-的水溶液形成的;另一个例子是二甲基汞 Me—Hg—Me。已知存在一系列通式为 LAuX 的线形 Au(Ⅰ)络合物,式中 X 代表卤素,L 代表电中性 Lewis 碱(如磷化氢的取代物 R_3P 或硫醚 R_2S)。二配位络合物往往能结合更多配体形成三配位或四配位络合物。

对固体化合物而言,某种配位数的化学式可能隐藏了配位数较高的多聚链。例如,看上去 CuCN 的配位数为 1,实际上却以线形—Cu—CN—Cu—CN—链存在,其中铜的配位数为 2。

三配位金属络合物不多见,但体积庞大的配体能形成这种络合物。例如,(**13**)中的$[Pt(PCy_3)_3]$,式中的配体为三角形排列的三环己基膦,Cy 表示环己基($—C_6H_{11}$)。MX_3(X 代表卤素)通常为具有更高配位数和共享配体的链状或网状化合物。含 3 个完全相同的对称配体的三配位络合物通常具有 D_{3h}对称性。

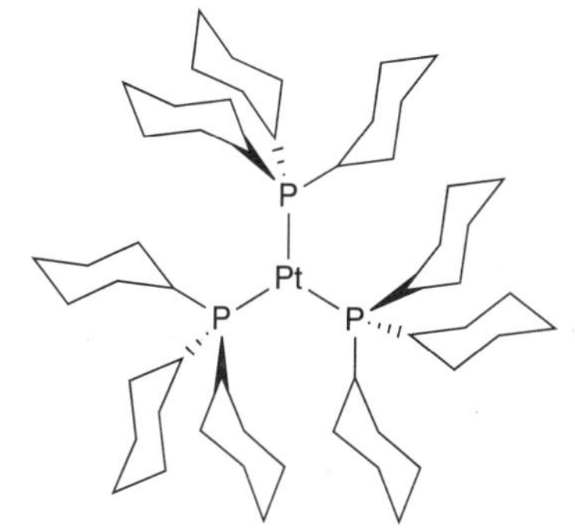

(**13**) $[Pt(PCy_3)]$,Cy=*cyclo*–C_6H_{11}

7.4 中间配位数

具有中间配位数(4、5、6)的金属离子络合物是最重要的络合物类型。它们包括存在于溶液中的绝大多数络合物和几乎所有在生物学上的重要络合物。

(a) 四配位

提要:如果是小体积中心原子或大体积配体,则四面体络合物优先于更高配位数的络合物;典型的四

方平面络合物是由 d^8 组态的金属形成的。

众多化合物属四配位络合物。在中心原子小和配体大（如 Cl^-、Br^- 和 I^-）的情况下，对称性接近 T_d 的四面体络合物（**14**）优先于更高配位数的络合物。这是因为配体相互间的排斥力超过形成更多金属-配体键而获得的能量。中心原子上没有孤对电子的四配位 s 区和 p 区络合物（如 $[BeCl_4]^{2-}$、$[AlBr_4]^-$ 和 $[AsCl_4]^+$）几乎总是四面体，d 区左部高氧化态金属原子的氧合阴离子也常形成四面体络合物（如 $[MoO_4]^{2-}$）。第 5~11 族金属元素形成四面体络合物的例子有 $[VO_4]^{3-}$、$[CrO_4]^{2-}$、$[MnO_4]^-$、$[FeCl_4]^{2-}$、$[CoCl_4]^{2-}$、$[NiBr_4]^{2-}$ 和 $[CuBr_4]^{2-}$。

另一种类型的四配位络合物是 4 个配体绕中心金属以四方平面形排布的络合物（**15**）。这类络合物当初之所以被确认，是因为化学式为 MX_2L_2 的络合物形成了不同的异构体。节 7.7 将讨论这种异构现象。含 4 个相同对称配体的四方平面络合物的对称性为 D_{4h}。

s 区和 p 区元素很少形成四方平面形络合物，而 d^8 组态的 4d 系和 5d 系金属元素（如 Rh^+、Ir^+、Pd^{2+}、Pt^{2+} 和 Au^{3+}）的这种络合物却很多，而且这种组态形成的络合物几乎全是四方平面形。对 d^8 组态的 3d 系金属（如 Ni^{2+}）而言，那些能接受金属电子形成 π 键的配体（如 $[Ni(CN)_4]^{2-}$ 中的 CN^-）优先形成四方平面几何体。第 9、10 和 11 族金属元素四方平面络合物的例子有 $[RhCl(PPh_3)_3]$，*trans*-$[Ir(CO)Cl(PMe_3)_2]$，$[Ni(CN)_4]^{2-}$，$[PdCl_4]^{2-}$，$[Pt(NH_3)_4]^{2+}$ 和 $[AuCl_4]^-$。金属原子也可通过络合作用与含 4 个给予体原子的刚性环状配体结合形成四方平面几何体，如卟啉络合物（**16**）的形成。节 20.1 将会详细说明有助于稳定四方平面络合物的那些因素。

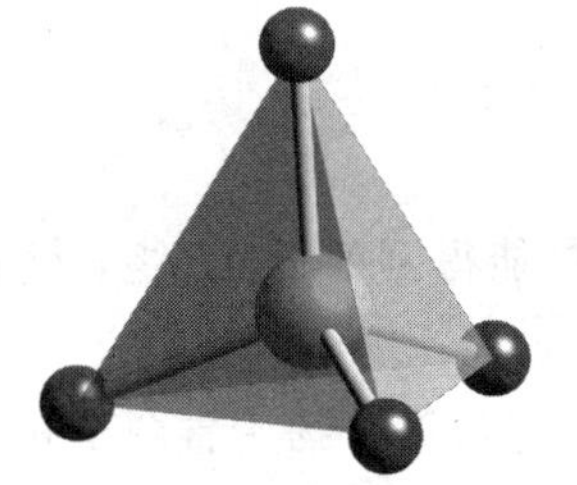
(14) 四面体络合物

(15) 四方平面络合物

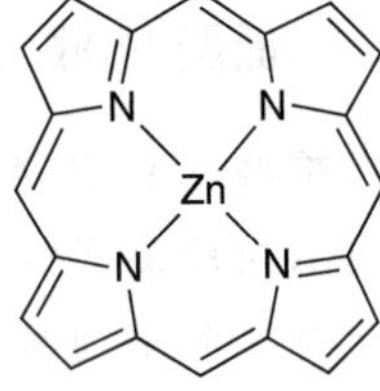

(16) 锌卟啉络合物

(b) 五配位

提要：如果不是支配几何体形状的多齿配体，五配位络合物几何体往往具有瞬变性；这是各种五配位几何体能量差别甚微造成的。

正常情况下的五配位络合物（数量大大少于四配位和六配位络合物）为四方锥体或三角双锥体。所有配体都相同的四方锥络合物具有 C_{4v} 对称性；配体相同的三角双锥络合物则为 D_{3h} 对称。与理想几何体发生畸变的现象很常见，只要键角发生小小改变，其结构就能从一种理想几何体变成另一种理想几何体，或者变成中间组态。三角双锥形状能将配体之间的排斥力降至最小，但能以多于一个部位与金属原子键合的那些配体的空间张力则有利于形成四方锥结构。例如，生物学上有重要意义的卟啉化合物能形成四方锥五配位络合物，其中的配体环强制形成四方平面结构，第 5 个配体结合于平面上方。结构（**17**）示出肌红蛋白（氧转移蛋白）的部分活性中心，处在环平面上方的 Fe 原子的位置对氧转移功能甚为重要（节 27.7）。有些情况下，多齿配体也能导致五配位（**18**），多齿配体的一个给予原子结合于三角双锥体的轴向位置，剩余的给予原子下伸结合于 3 个赤道位置。以这种方式强制形成三角双锥结构的配体叫**三脚架配体**（tripodal）。

(c) 六配位

提要：压倒多数的六配位络合物为八面体，或为略有畸变的八面体。

六配位是金属络合物最为常见的配位数，s 区、p 区、d 区和相对较少的 f 区金属都能形成六配位络合物。几乎所有的六配位络合物都是八面体(**19**),至少用无结构的几何点表示配体时是如此。正八面体(O_h)排布是高度对称的排布(见图 7.1),其特殊重要性不仅因为通式为 ML_6的许多络合物为八面体,而且因为它是讨论低对称性络合物的起点,如图 7.2 所示。四方对称(D_{4h})是 O_h对称最简单的畸变,八面体某一轴上的两个配体不同于其余 4 个配体时发生这种畸变。与其他 4 个配体到中心原子的距离相比,两个相互处于反位的配体可能靠得更近,但变得更远的情况更常见。对 d^9组态(特别是 Cu^{2+})络合物而言,甚至在所有配体都相同的情况下也会发生四方畸变,这是由所谓的 Jahn-Teller 畸变(节 20.1)引起的。如果一对互为反位的配体相互靠近而另一对互为反位的配体相互远离,则可能发生斜方(D_{2h})畸变。如果八面体中相对的两个面相互远离发生三方(D_{3d})畸变,得到的结构有时被称为菱形结构。菱形结构包括了处于正八面体和三方棱柱体(**20**)之间的一大组结构。

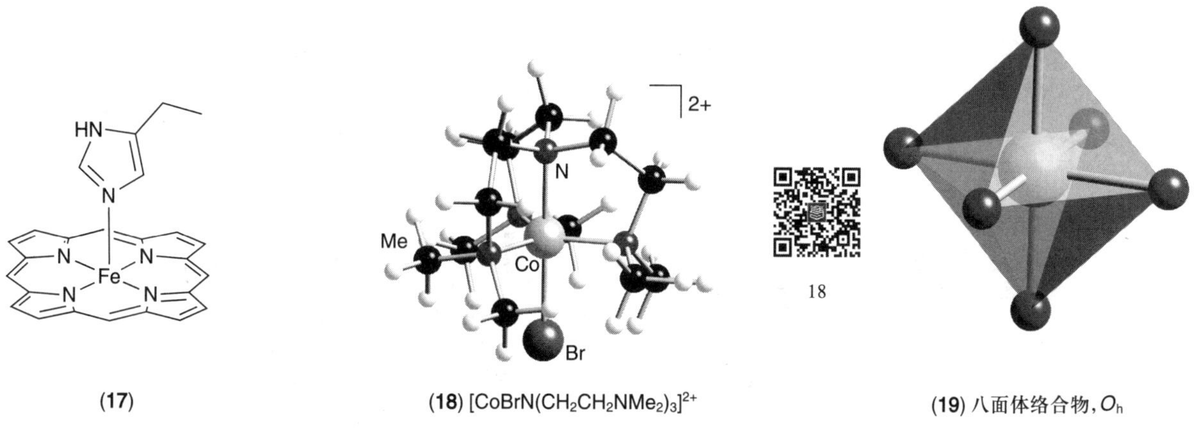

(**17**)　(**18**) $[CoBrN(CH_2CH_2NMe_2)_3]^{2+}$　(**19**) 八面体络合物,O_h

三方棱柱体(D_{3h})络合物不多见,但固体 MoS_2和 WS_2中发现了这种结构。化学式为$[M(S_2C_2R_2)_3]$(**21**)的几个络合物也具有三方棱柱体形状。三方棱柱体 d^0络合物(如$[Zr(CH_3)_6]^{2-}$)也已离析出来。形成这种结构或者需要很小的**σ-给予体配体**(σ-donor ligands, 与中心原子形成 σ 键结合的配体),或者需要配体之间的相互作用力恰好能强使络合物成为三棱柱,含有 S 原子的配体(其中的 S 原子相互间形成长而弱的共价键)往往能提供这样的相互作用力。六配位络合物中,只能以小咬角配位的螯合配体能使八面体畸变为三方棱柱体(见图 7.3)。

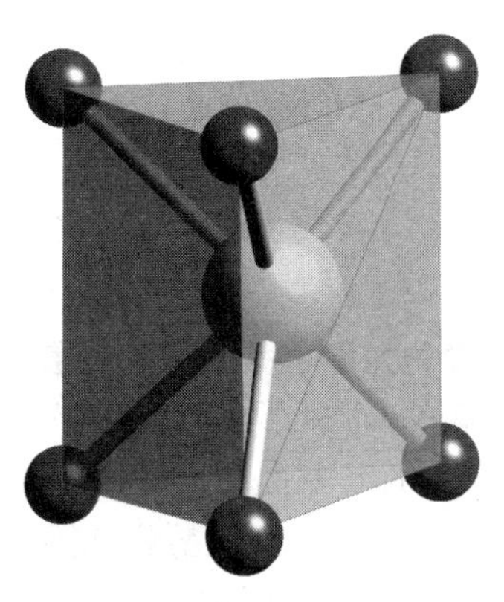

(**20**) 三方棱柱体,D_{2h}

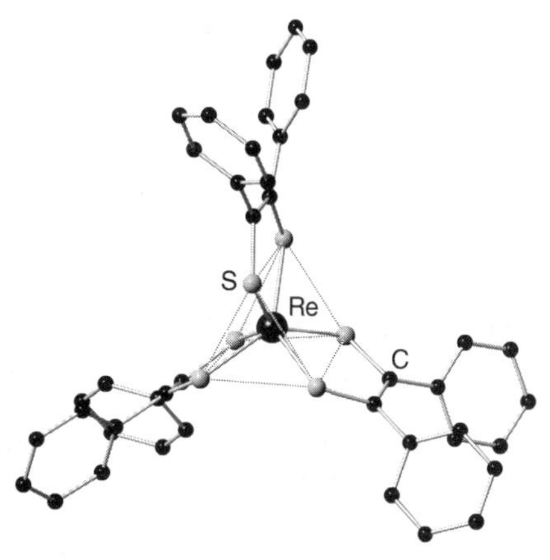

(**21**) $[Re(SCPh{=}CPhS)_3]$

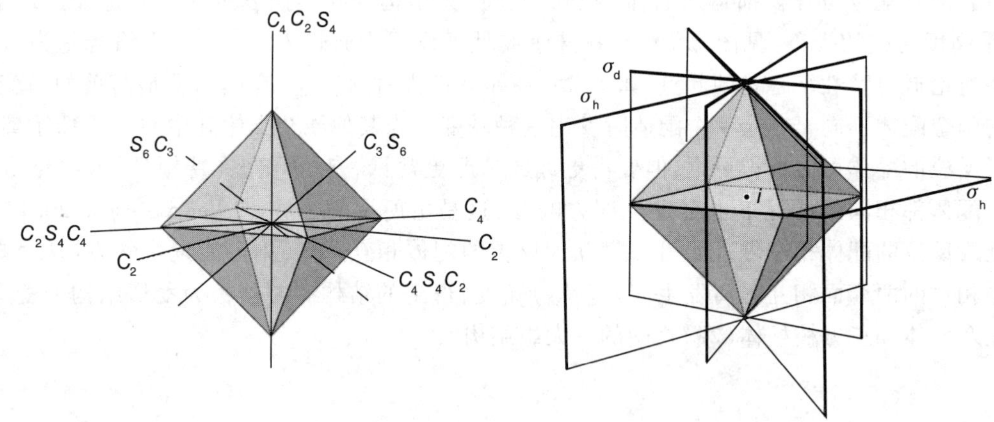

图 7.1* 八面体(六个配体绕中心金属原子排布)的高对称性和相应的对称元素(注意,图上未示出所有的 σ_d)

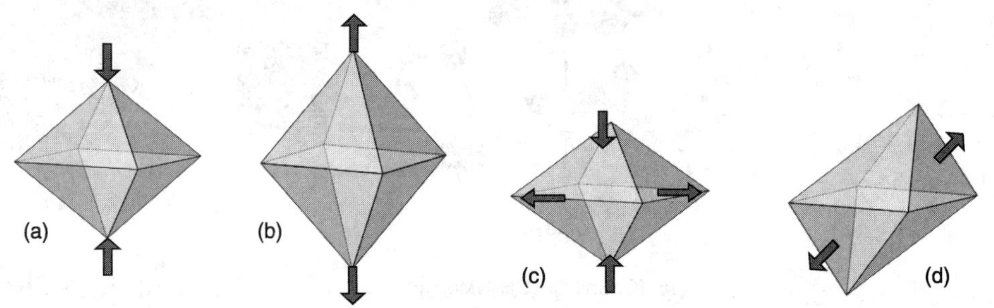

图 7.2* 正八面体的畸变:(a)和(b) 四方畸变;(c) 菱形畸变;(d) 三方畸变

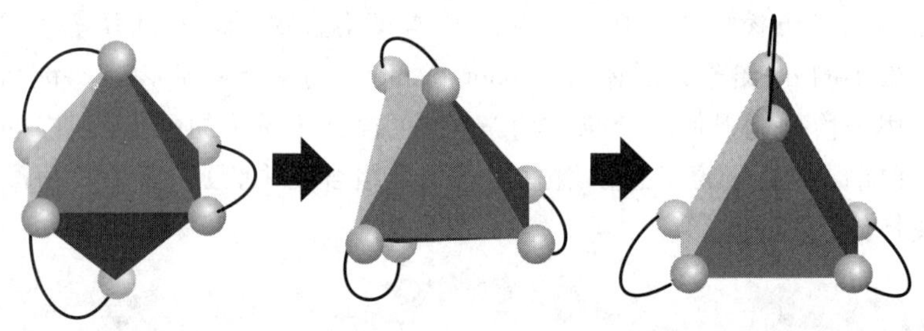

图 7.3* 只能以小咬角配位的螯合配体能使八面体络合物畸变为三方棱柱体

7.5　高配位数

提要:较大的原子和离子倾向于形成高配位数络合物;f 区元素的九配位络合物特别重要。

较大的第 2 族金属、为数不多的 3d 金属和数量大得多的 4d 和 5d 金属形成七配位络合物,这些络合物因中心原子体积较大从而能容纳数目大于 6 的配体。各种几何体的七配位络合物能量相似,这一点相似于五配位络合物。七配位络合物的有限"理想"几何体包括五角双锥体(**22**)、盖帽八面体(**23**)和盖帽三方棱柱体(**24**),后二者中第七个盖帽配体都占着一个面。还存在多种中间结构,它们之间在室温下往往很快地发生相互转化。例如,d 区元素形成的$[Mo(CNR)_7]^{2+}$、$[ZrF_7]^{3-}$、$[TaCl_4(PR_3)_3]$、$[ReCl_6O]^{2-}$和 f 区元素形成的$[UO_2(OH_2)_5]^{2+}$,也可强制较轻中心原子形成七配位而不形成六配位络合物,其方法是先合成含 5 个给予体原子的环状化合物(**25**),然后让其占据赤道位置,留下 2 个轴向空位以接纳另两个配体。

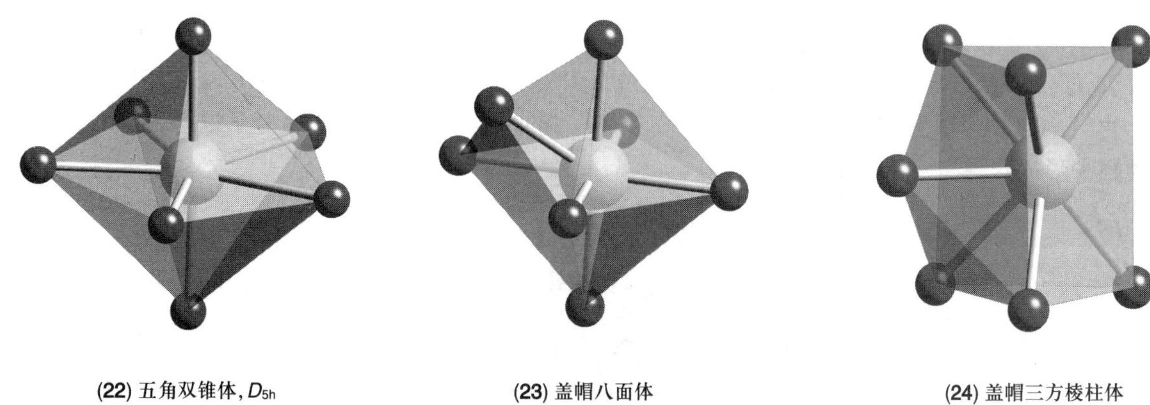

(22) 五角双锥体,D_{5h} (23) 盖帽八面体 (24) 盖帽三方棱柱体

八配位化合物也出现立体化学的非刚性现象。这种络合物在一个晶体中可能是四方反棱柱体(**26**),在另一个晶体中则是十二面体(**27**)。具有这种几何形状的两例络合物分别示于(**28**)和(**29**)。立方体(**30**)不多见,但镧与4个联吡啶二氧化物形成的络合物(**31**)具有这样的结构。

f区元素的离子相对较大,作为主体原子能接纳数目较多的配体。九配位络合物对f区元素很重要,镧系元素的一个简单例子是$[Nd(OH_2)_9]^{3+}$。较复杂的例子如MCl_3固体(M代表La至Gd),它们通过金属-卤素-金属桥实现九配位(节23.6)。d区元素九配位的一个例子是$[ReH_9]^{2-}$(**32**),足够小的配体使九配位得以实现,几何形状可看作一个盖帽四方反棱柱体。

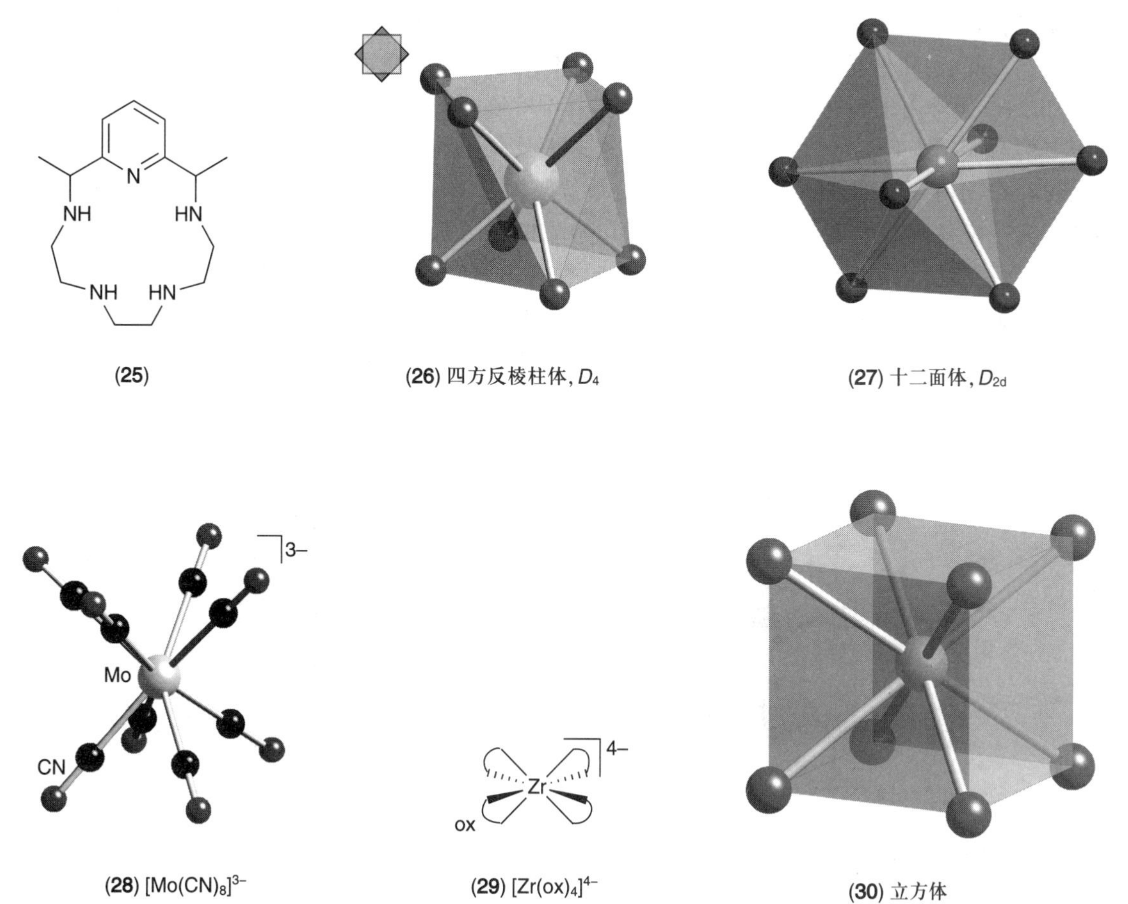

(25) (26) 四方反棱柱体,D_4 (27) 十二面体,D_{2d}

(28) $[Mo(CN)_8]^{3-}$ (29) $[Zr(ox)_4]^{4-}$ (30) 立方体

f 区金属的 M^{3+} 发现有 10 配位、11 配位和 12 配位的络合物。$[Th(ox)_4(OH_2)_2]^{4-}$ 是个 10 配位络合物，其中的每个草酸根离子（ox^{2-}，$C_2O_4{}^{2-}$）提供两个给予体 O 原子。化学式为 $[Th(NO_3)_4(OH_2)_3]$ 的硝酸钍是个 11 配位络合物，其中的每个硝酸根离子以两个 O 原子与金属结合。$[Ce(NO_3)_6]^{2-}$（**33**）是个 12 配位络合物，它是 Ce(Ⅳ)盐与硝酸反应形成的，每个 NO_3^- 通过两个 O 原子与金属原子键合。s 区、p 区和 d 区离子很少形成这种高配位数络合物。

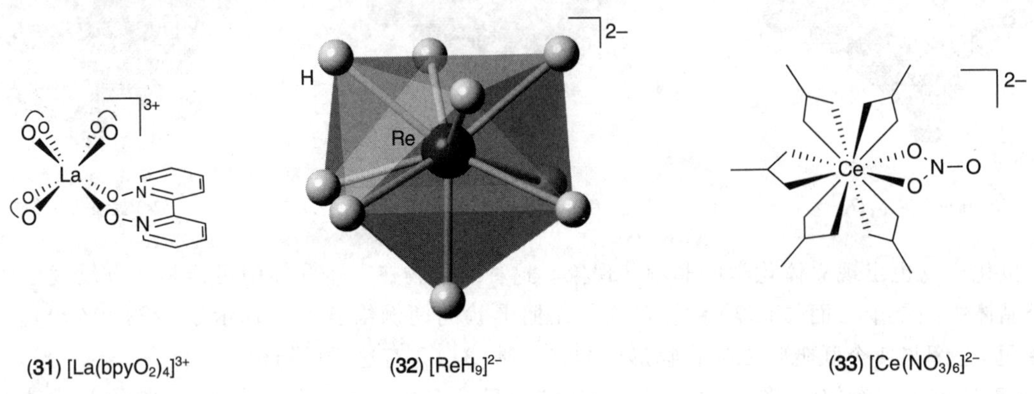

(**31**) $[La(bpyO_2)_4]^{3+}$　　(**32**) $[ReH_9]^{2-}$　　(**33**) $[Ce(NO_3)_6]^{2-}$

7.6　多金属络合物

提要：多金属络合物可分为两大类：一类是含有 M—M 键的金属簇，另一类是配体桥连金属原子的笼状络合物。

多金属络合物（polymetallic complexes）是含有一个以上金属原子的络合物。有些情况下，金属原子被桥配体维系在一起，另一些情况下则直接形成 M—M 键，此外还有两种连接方式共存的情况。术语**金属簇**（metal cluster）通常用来表达一类多金属络合物，其中存在因金属-金属直接键合而形成的三角结构或原子数更多的封闭结构。然而，人们通常并不喜欢这一严格的定义，因为它将线形 M—M 化合物排除在外。我们将存在 M—M 键的任何体系同样看作金属簇。

多种阴离子配体可形成多金属络合物。例如，醋酸根离子桥可将两个 Cu^{2+} 连接在一起（**34**）。RS^- 配体可将 4 个 Fe 原子桥连起来形成立方结构（**35**），这种结构在生物学上具有巨大重要性，许多生物化学的氧化还原反应都会涉及该结构（节 26.8）。随着现代结构测定技术（如 X 射线衍射技术和多核 NMR 技术）的应用，发现了许多含金属-金属键的多金属簇，产生了一个活跃的研究领域。一个简单的例子是 Hg(Ⅰ)阳离子 $Hg_2{}^{2+}$ 和由它形成的络合物如 $[Hg_2(Cl)_2]$（**36**），通常将其简写为 Hg_2Cl_2。由 10 个 CO 配体和 2 个锰原子形成的金属簇见（**37**）。

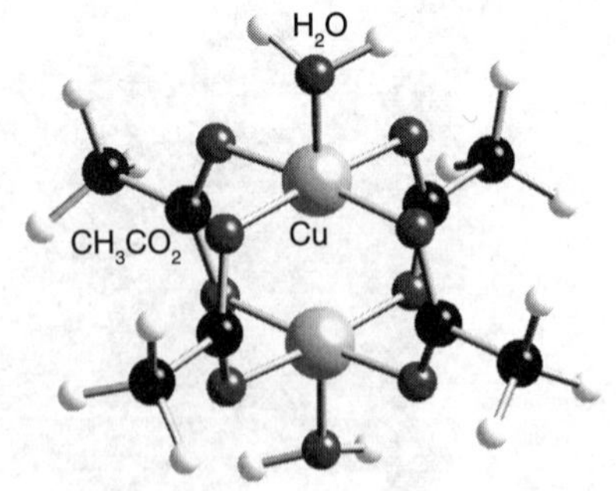

(**34**) $[(H_2O)Cu(\mu\text{-}CH_3CO_2)_4Cu(OH_2)]$

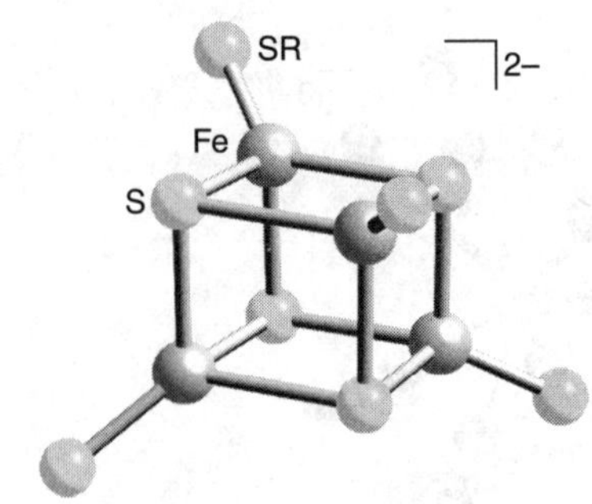

(**35**) $[Fe_4S_4(SR)_4]^{2-}$

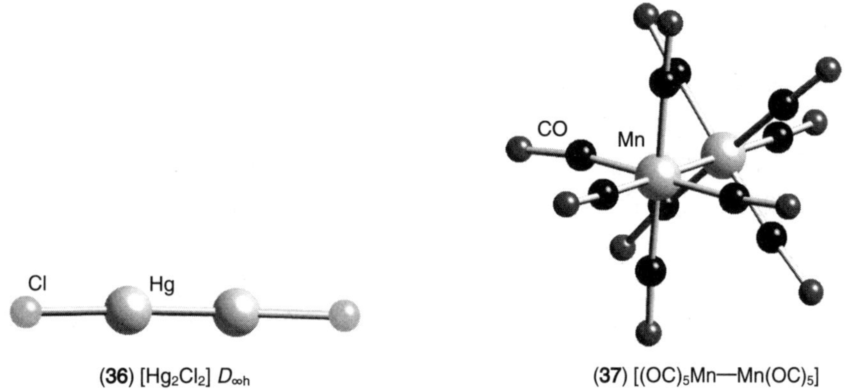

(36) $[Hg_2Cl_2]$ $D_{\infty h}$

(37) $[(OC)_5Mn—Mn(OC)_5]$

异构现象和手性

提要:配位化合物有时不足以通过分子式明确识别:键合异构,电离异构,水合异构和配位异构都可能发生。

分子式给出的信息往往不足以明确识别一个化合物。前面已经看到两可配体形成络合物时存在**键合异构现象**(linkage isomerism)的可能性。键合异构是指同一配体通过不同原子与金属相键合,这类异构现象也能对$[Co(NH_3)_5(NO_2)]^{2+}$存在红色和黄色两种异构体做解释:红色化合物含有由亚硝酸根-κ*O* 形成的 Co—O 键(**5**),黄色异构体则含由亚硝酸根-κ*N* 形成的 Co—N 键(**4**),后者是由不稳定的红色异构体经过一段时间转化而来的。较为深入地讨论几何异构现象和旋光异构现象之前,在此先简单介绍其他三类异构现象。同一化合物中的配体与相反离子换位的现象叫**电离异构**(ionization isomerism),如$[PtCl_2(NH_3)_4]Br_2$和$[PtBr_2(NH_3)_4]Cl_2$互为电离异构体。如果该化合物可溶,则两种异构体在溶液中以不同的离子物种存在(此例中分别存在游离的 Br^- 和 Cl^-)。**水合异构**(hydrate isomerism)与电离异构现象非常相似,其中一种配体为 H_2O 分子。例如,分子式为 $CrCl_3 \cdot 6H_2O$ 的化合物有三种不同颜色的水合异构体:紫色的$[Cr(OH_2)_6]Cl_3$,淡绿色的$[CrCl(OH_2)_5]Cl_2 \cdot H_2O$ 和暗绿色的$[CrCl_2(OH_2)_4]Cl \cdot 2H_2O$。**配位异构**(coordination isomerism)是指配位化合物的分子式相同,但却由不同络离子所组成的现象,如$[Co(NH_3)_6][Cr(CN)_6]$和$[Cr(NH_3)_6][Co(CN)_6]$互为配位异构体。

一旦确定哪种配体结合哪种金属原子,并确定是通过哪种给予体原子结合的,就能讨论在空间如何排布这些配体。金属络合物的三维性导致配体的多种排布方式,下面逐个讨论常见几何体中因配体排布方式不同而导致的异构现象,即**几何异构**(geometric isomerism)。

配位数大于 6 的络合物可能存在数目更多的异构体(包括几何异构体和旋光异构体)。它们往往是立体化学上的非刚性络合物,异构体通常无法被分离,本书不做进一步讨论。

例题 7.2　金属络合物的异构现象

题目:分子式为(a) $[Pt(PEt_3)_3SCN]^+$,(b) $CoBr(NH_3)_5SO_4$,(c) $FeCl_2(H_2O)_6$的络合物各自可能存在何种类型的异构现象?

答案:(a) 络合物含有两可配体硫氰酸根(SCN^-),既能以 S 原子,也能以 N 原子配位,从而产生两种键合异构体$[Pt(\underline{S}CN)(PEt_3)_3]^+$和$[Pt(\underline{N}CS)(PEt_3)_3]^+$;(b) 作为五氨合八面体几何构型,该络合物可能存在两种电离异构体$[Co(NH_3)_5SO_4]Br$ 和$[CoBr(NH_3)_5]SO_4$;(c) 可能存在化学式为$[Fe(H_2O)_6]Cl_2$、$[FeCl(H_2O)_5]Cl \cdot H_2O$ 和$[FeCl_2(H_2O)_4] \cdot 2H_2O$ 等三种水合异构体。

自测题 7.2　分子式为 $Cr(NO_2)_2(H_2O)_6$的六配位络合物可能存在两类异构现象,给出所有异构体。

7.7　四方平面络合物

提要:四方平面络合物只有顺式和反式异构体。

维尔纳研究了由 $PtCl_2$ 与 NH_3 和 HCl 反应而形成的一系列四配位 Pt(Ⅱ)络合物。对化学式为 MX_2L_2 的络合物而言,如果为四面体物种,就只会有一种异构体;如果为四方平面形物种,就应有两种异构体(**38**,**39**)。由于维尔纳得到了化学式为[$PtCl_2(NH_3)_2$]的两种非电解质,由此得出结论:它们不可能是四面体而应是(事实上也确是)四方平面形。四方形相邻两角为同样配体占据的络合物叫顺式异构体(**38**,点群 C_{2v}),相对两角为同样配体占据的络合物则叫反式异构体(**39**,点群 D_{2h})。对几何异构现象的兴趣远不止学术界:用于癌症化学疗法的 Pt(Ⅱ)络合物,只有顺式能以足够长的时间与 DNA 的碱基有效结合。

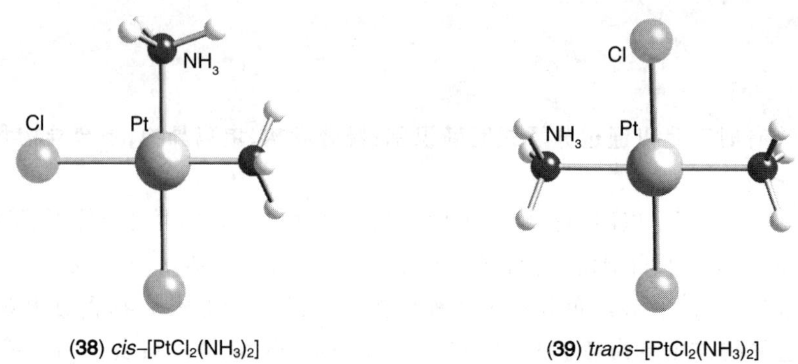

(38) *cis*-[$PtCl_2(NH_3)_2$]　　**(39)** *trans*-[$PtCl_2(NH_3)_2$]

对两组两个不同的单齿配体(如[MA_2B_2]中的配体)而言,只存在顺-反异构现象(**40**,**41**)。如果存在 3 种不同配体(如[MA_2BC]中的配体),也能通过两个 A 配体的位置将几何异构体区分为顺式(**42**)和反式(**43**)。如果存在 4 种不同配体(如[MABCD]中的配体),则能形成 3 种异构体。遇到这种情况,就必须具体指明配体之间的顺反关系(**44**,**45**,**46**)。具有不同端基的二齿配体(如[$M(AB)_2$]中的配体)也能形成几何异构体,这种异构体也可区分为顺式(**47**)和反式(**48**)。

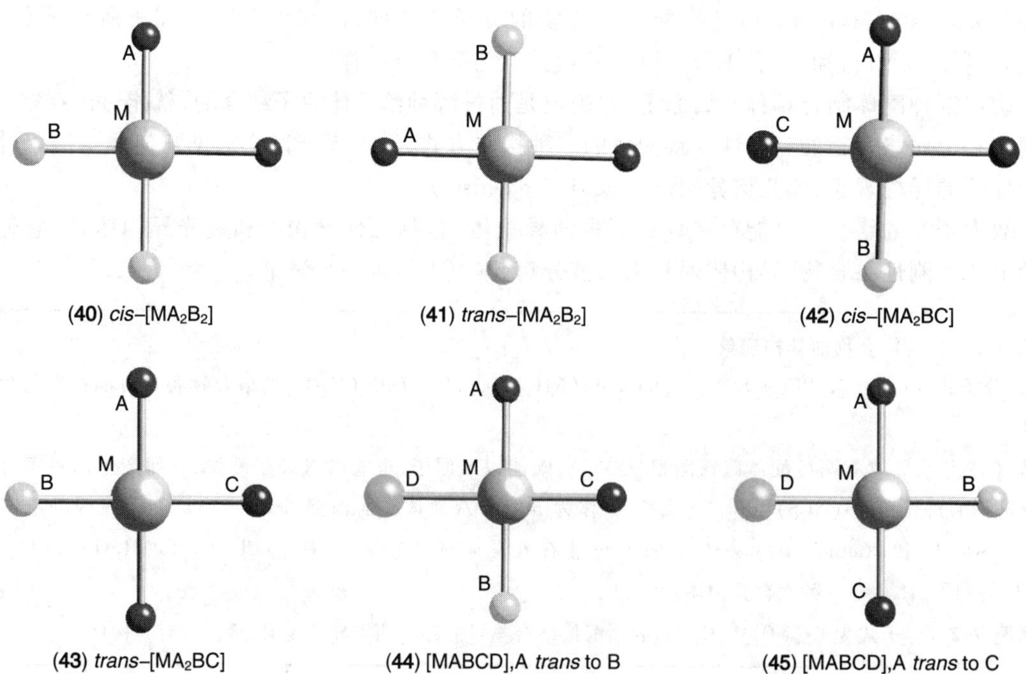

(40) *cis*-[MA_2B_2]　　**(41)** *trans*-[MA_2B_2]　　**(42)** *cis*-[MA_2BC]

(43) *trans*-[MA_2BC]　　**(44)** [MABCD],A *trans* to B　　**(45)** [MABCD],A *trans* to C

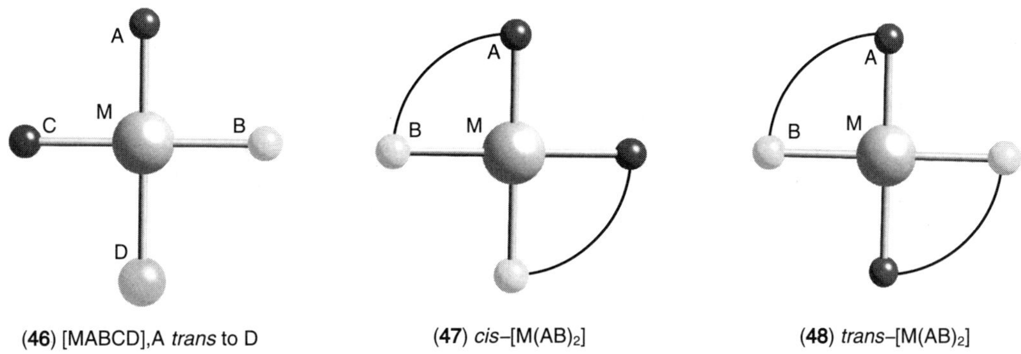

(46) [MABCD],A *trans* to D　(47) *cis*-[M(AB)$_2$]　(48) *trans*-[M(AB)$_2$]

例题 7.3　用化学证据识别异构体

题目：参照图7.4给出的反应回答：如何指派一对铂络合物的顺式和反式几何体？

答案：顺式二氨二氯异构体与1,2-二氨基乙烷(en,6)反应取代两个NH_3配体，二齿的en配体处在相邻位置上。反式异构体与en配体反应不能取代两个NH_3配体。一种站得住脚的解释是，en配体不能横跨四方平面的对角键合于两个反位位置上。X射线晶体学研究支持这一结论。顺式异构体能够发生反应的驱动力来自有利的熵变，参见讨论螯合效应的课文（节7.14）。

自测题 7.3　[$PtBrCl(PR_3)_2$]（式中PR_3是三烃基膦）的两个四方平面形异构体具有不同的^{31}P-NMR谱（见图7.5）。一个异构体（A）显示单一的^{31}P共振，另一个异构体（B）则显示2个^{31}P共振（二者都因另一个^{31}P核的存在而分裂为双峰）。试回答：哪一个是顺式，哪一个是反式？注意，为做题简单起见，这里不考虑与^{195}Pt($I=1/2$，丰度33%)的偶合（节8.6）。

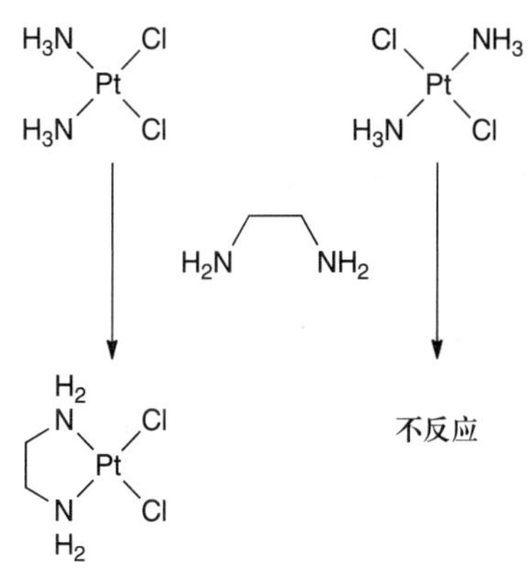

图7.4　顺式和反式二氨二氯铂(Ⅱ)的制备和两种异构体的化学识别方法

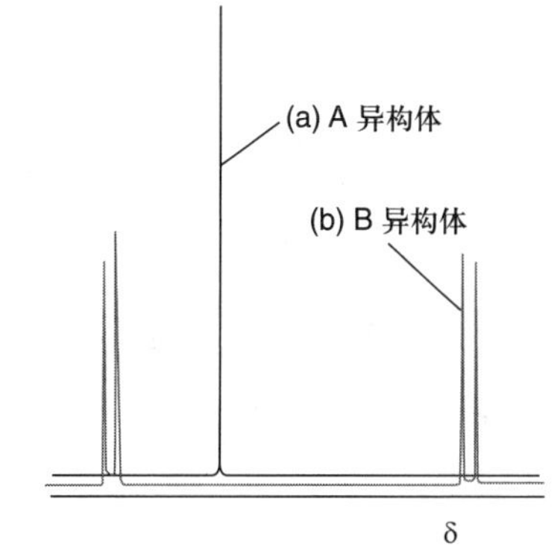

图7.5　[$PtBrCl(PR_3)_2$]的两种异构体理想的^{31}P-NMR谱。未显示Pt产生的精细结构

7.8　四面体络合物

提要：四面体络合物只有旋光异构体。

四面体络合物只在两种情况下形成异构体：要么所有4个配体都不同；要么是两个非对称的二齿螯合配体。两种情况下(**49,50**)都形成**手性**(chiral)分子，即不能与镜像相重合的分子（节6.4）。两种镜像异构体组成**对映对**(enantiomeric pair)。存在一对互为镜像（类似于左、右手的关系）而且寿命长得足以进行分离的手性络合物的现象叫**旋光异构现象**(optical isomerism)。之所以叫作旋光异构体，是因为它们具有**光学活性**(optically active)：一种对映体将偏振光平面旋转向某一方向，另一种对映体则将其以同样角度旋转至相反方向。

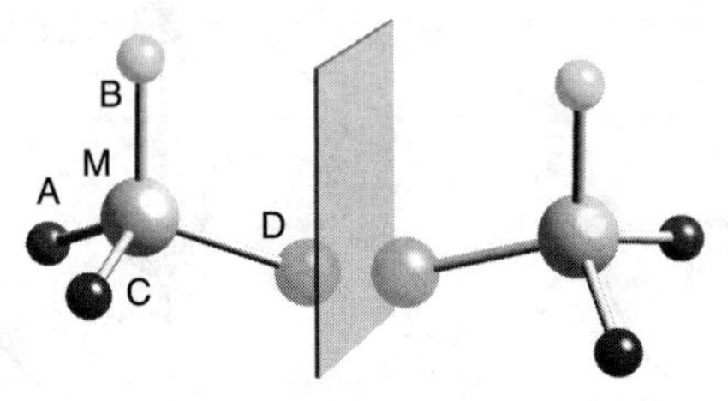

(49) [MABCD] 对映体

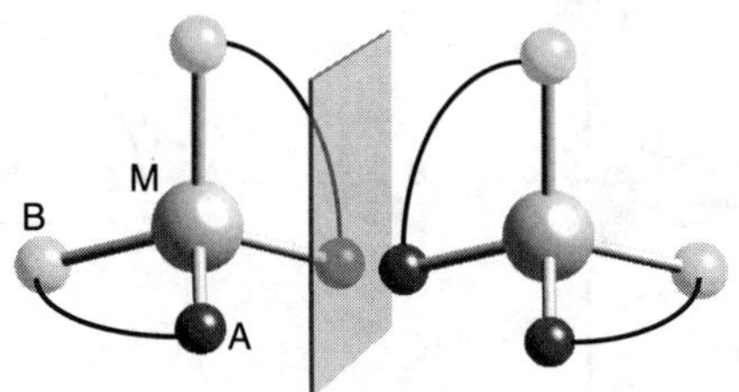

(50) $[M(AB)_2]$ 对映体

7.9　三角双锥和四方锥络合物

提要：五配位络合物是立体化学上的非刚性络合物；三角双锥络合物和四方锥络合物中都存在化学上不同的配位位置。

五配位络合物不同几何体的能量相互间往往差别甚微，不同几何体之间的这种微妙平衡体现在下述事实上：$[Ni(CN)_5]^{3-}$以四方锥体(**51**)和三角双锥体(**52**)两种构象存在于同一晶体中。在溶液中，单齿配体形成的三角双锥络合物往往具有高瞬变性(即能够转变成不同形状)，这一瞬间处在轴向位置的配体，另一瞬间又变至赤道位置，从而通过所谓的 **Berry 假旋转**(Berry pseudorotation)将一种化学配位位置转化为另一种(见图 7.6)。这就是说，五配位络合物虽然的确存在着异构体，但通常不能将其分离。不过应该知道，三角双锥络合物和四方锥络合物都有两种不同的配位位置，即三角双锥体(**53**)的轴向位置(符号a)和赤道位置(符号为 e)；四方锥体(**54**)的轴向位置(符号为 a)和底面位置(符号为 b)。某些配体会因自身的空间条件和电子条件而优先选择某种位置。

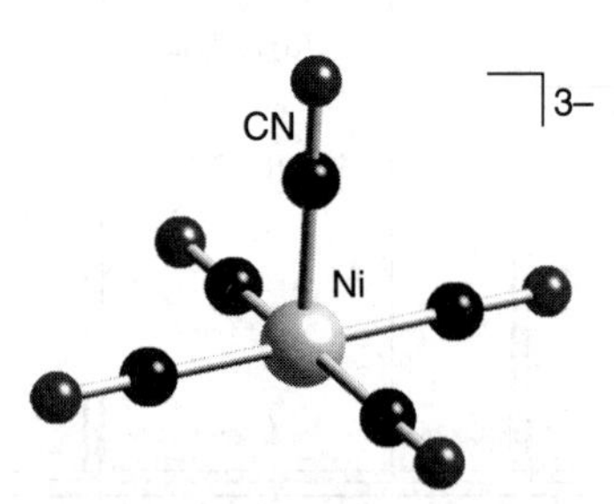

(51) $[Ni(CN)_5]^{3-}$，四方锥体

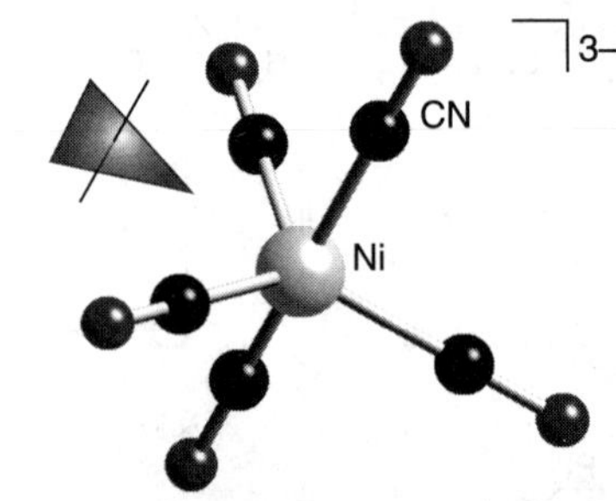

(52) $[Ni(CN)_5]^{3-}$，三角双锥体

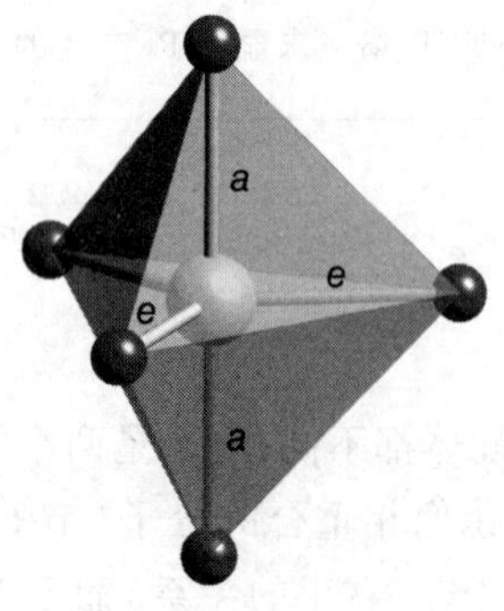

(53) $[ML_5]$，三角双锥体

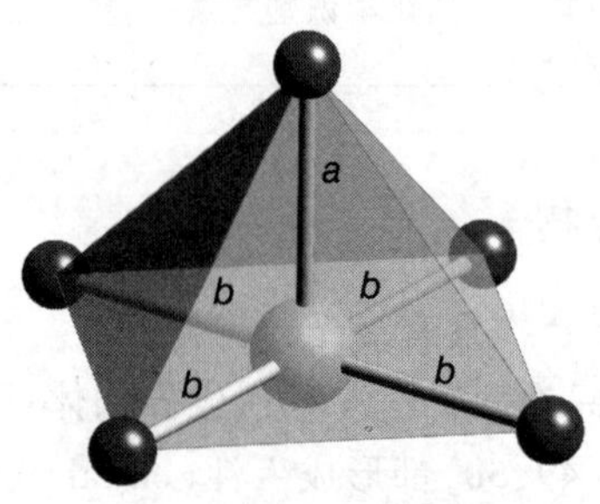

(54) $[ML_5]$，四方锥体

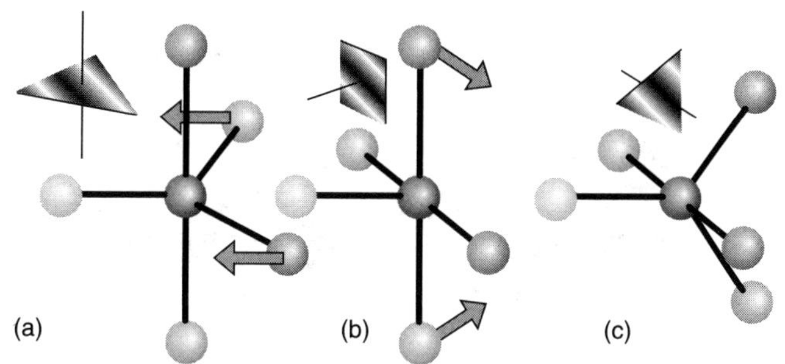

图 7.6 Berry 假旋转:(a)中的 $Fe(CO)_5$三角双锥络合物畸变为(b)中的四方锥异构体,后者再变成(c)中的三角双锥体;尽管(a)和(c)中都是三角双锥体,但前者中两个轴向配体在后者中则是赤道配体了

7.10 八面体络合物

为数众多的络合物具有名义上的八面体几何体。所谓名义上的"ML_6"是指6个配体围绕一个中心金属原子而形成的结构,不要求所有6个配体都相同。

(a) 几何异构现象

提要:通式为[MA_4B_2]的络合物存在顺式和反式异构体;通式为[MA_3B_3]的络合物可能存在经式和面式异构体。更复杂的配体组合能形成其他异构体。

通式为[MA_6]或[MA_5B]的八面体络合物只有一种方式排列配体,而[MA_4B_2]络合物中的两个B配体既可排在八面体相邻顶角产生顺式异构体(**55**),也可排在八面体正好相反的顶角产生反式异构体(**56**)。如果将配体当作无结构的几何点处理,反式和顺式异构体的对称性则分别为D_{4h}和C_{2v}。

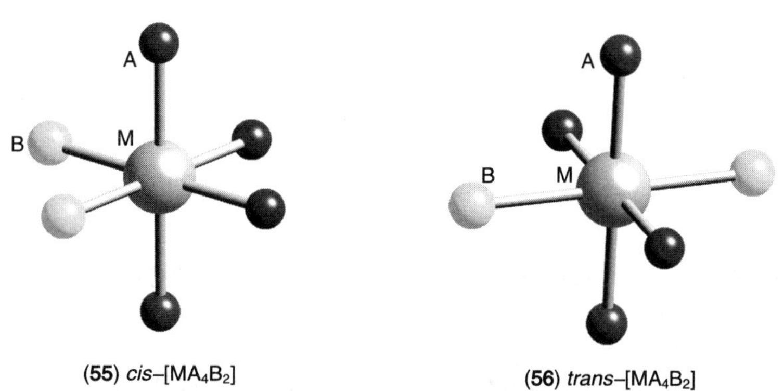

(**55**) *cis*-[MA_4B_2]　　(**56**) *trans*-[MA_4B_2]

[MA_3B_3]中的配体有两种排列方式:一种异构体中的3个A配体处在一个平面上,而3个B配体则处在与之垂直的平面上(**57**)。每组配体被看作处在球体的子午线上,因而叫经式(*mer*,来自 meridional)异构体。另一种异构体中的3个A(和B)配体都相互为邻而且占据着八面体一个三角面的顶点(**58**),因而叫做面式(*fac*,来自 facial)异构体。如果将配体当作无结构的几何点处理,经式和面式异构体的对称性分别为C_{2v}和C_{3v}。

组成为[$MA_2B_2C_2$]的络合物有5种不同的几何异构体:一种是全反位异构体(**59**);三种是各自有一对配体互为反位,另两对则互为顺位的异构体(**60,61,62**);一种是全顺位的对映对(**63**)。组成更复杂的络合物(如通式为[MA_2B_2CD]或[MA_3B_2C]的络合物)会出现其他几何异构现象,如铑的化合物[$RhH(C\equiv CR)_2(PMe_3)_3$]以面式(**64**),经-反式(**65**)和经-顺式(**66**)等三种不同的异构体存在。虽然八面体络合物的立体化学通常显刚性,但有时的确能发生异构化反应(节21.9)。

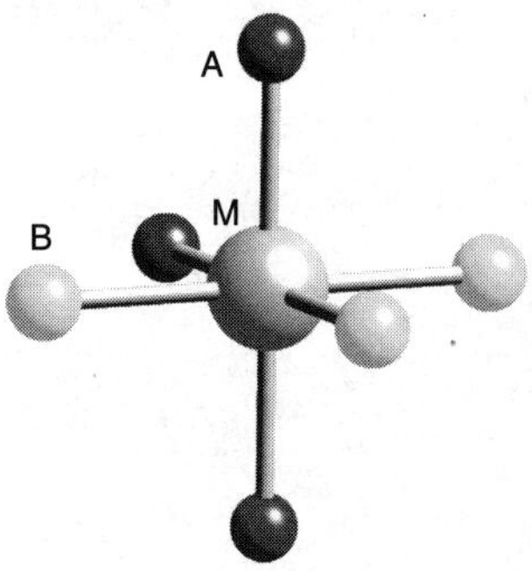

(**57**) *mer*–[MA_3B_3] 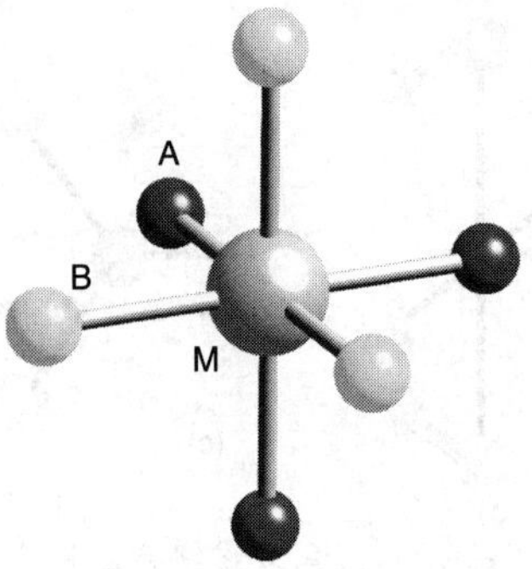　(**58**) *fac*–[MA_3B_3] 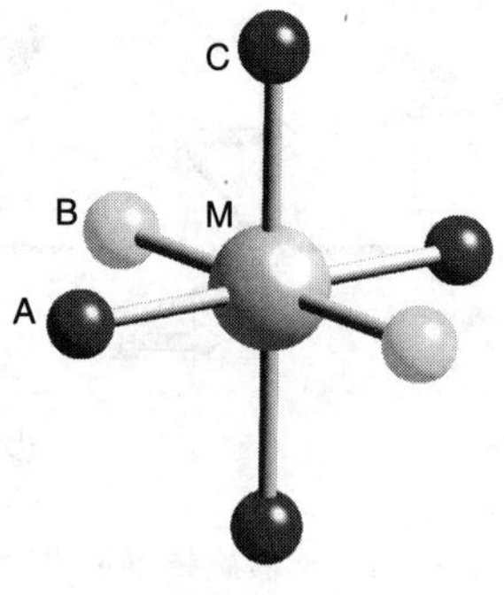　(**59**) [$MA_2B_2C_2$] 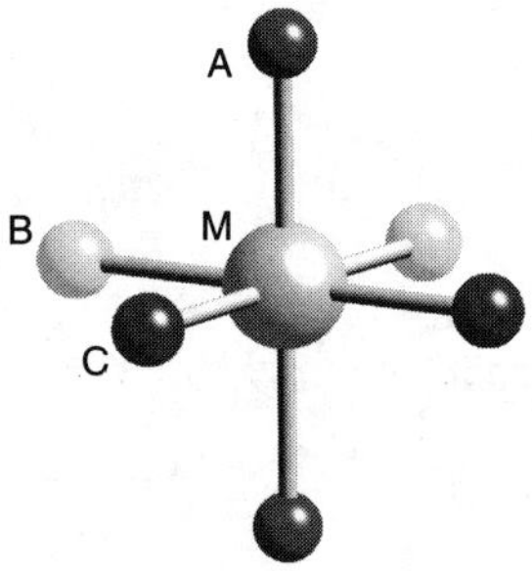　(**60**) [$MA_2B_2C_2$]

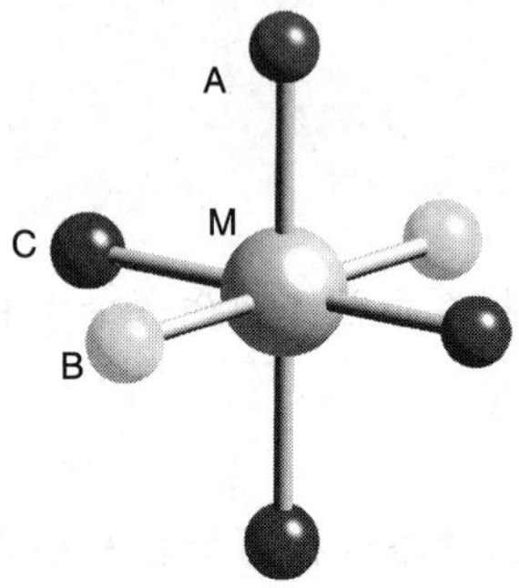

(**61**) [$MA_2B_2C_2$] 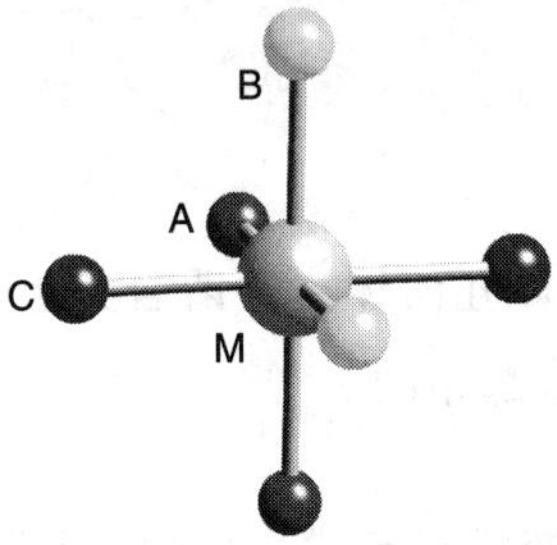　(**62**) [$MA_2B_2C_2$] 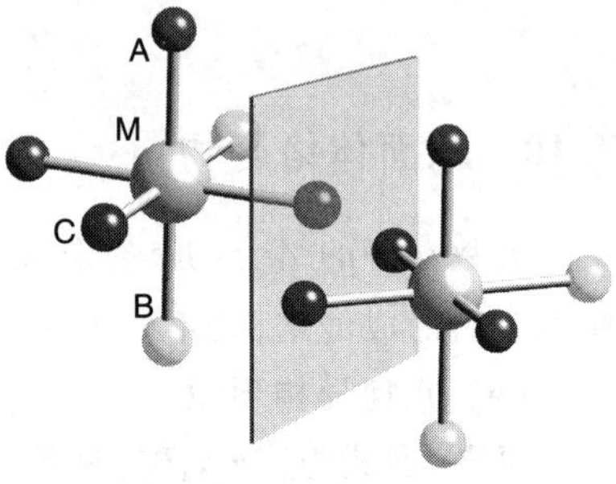　(**63**) [$MA_2B_2C_2$] 对映体

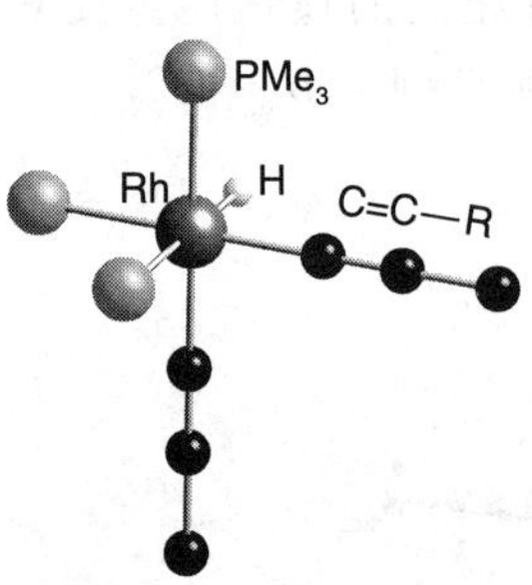

(**64**) *fac*–[RhH(C≡CR)$_2$(PMe$_3$)$_3$] 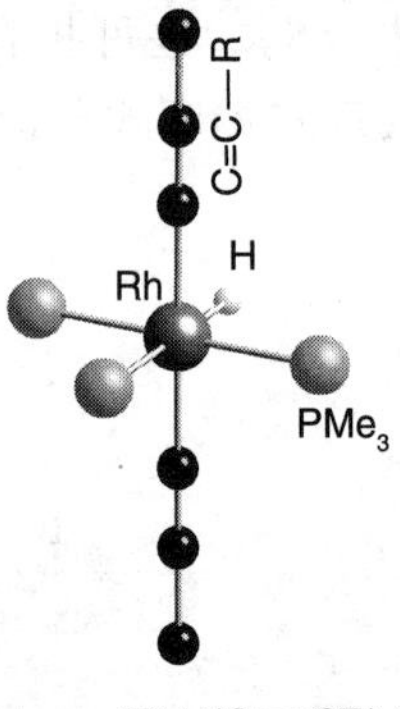　(**65**) *mer–trans*–[RhH(C≡CR)$_2$(PMe)$_3$)$_3$] 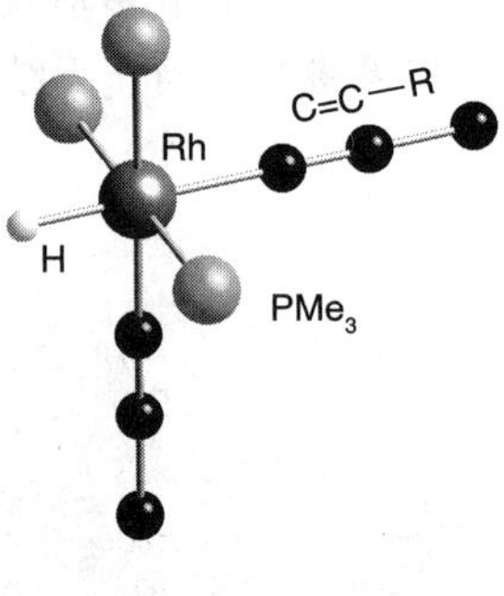　(**66**) *mer–cis*–[RhH(C≡CR)$_2$(PMe)$_3$)$_3$]

(b) 手性和旋光异构现象

提要:围绕八面体中心排布的许多配体能得到手性化合物;根据构型不同将异构体标称为 Δ 或 Λ 异构体。

八面体化合物除了为数众多的几何异构现象外,有些还具有手性。一个很简单的例子是[Mn(acac)$_3$](**67**),三个二齿的乙酰丙酮(acac)配体导致形成对映体。识别这种旋光异构体的一种方法是沿一个三重轴下视,能够看到配体是按想象中的螺旋桨状或螺纹状排布的。

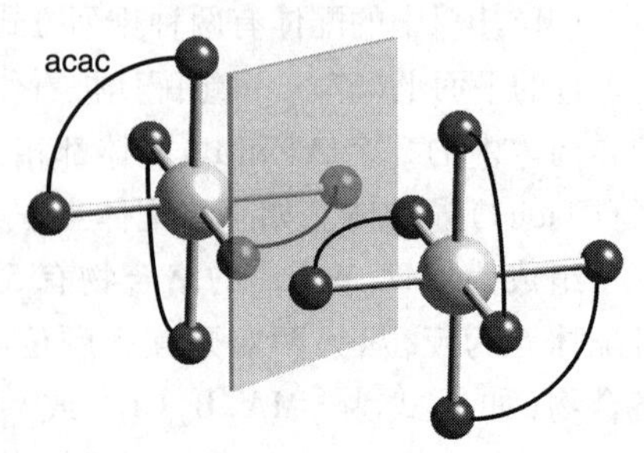

(**67**) [Mn(acac)$_3$]对映体

如果每对中的两个配体互为顺位(**63**),则通式为[$MA_2B_2C_2$]的络合物也存在手性。事实上,不论是单齿或多齿配体形成的八面体络合物,都有许多旋光异构的例子,必须时刻警觉存在旋光异构现象的可能性。

作为旋光异构现象的另一个例子，这里讨论钴(Ⅲ)氯化物与1,2-二氨基乙烷按摩尔比 1∶2 反应的产物。产物包括一对二氯合络合物：一个为紫色(**68**)，另一个为绿色(**69**)，分别为二氯二(1,2-二氨基乙烷)合钴(Ⅲ)($[CoCl_2(en)_2]^+$)的顺式和反式异构体。正如从其结构看到的那样，顺式异构体无法与其镜像重合。因此，顺式异构体是个手性络合物，也是个具有旋光活性的络合物(因为寿命长)。反式异构体存在一个镜面并能与其镜像相重合，因此是个非手性的和不具旋光活性的络合物。

手性八面体络合物绝对构型的描述方法是，沿着正八面体三重轴方向观察并想象由配体形成的螺旋的手性(见图 7.7)。螺旋的顺时针旋转标称为 Δ(读作 delta)，逆时针旋转标称为 Λ(读作 lambda)。必须将绝对构型的标称与实验测得的偏振光旋转方向区分开来：某些 Λ 化合物的偏振光平面沿一个方向旋转，另一些 Λ 化合物的偏振光平面的旋转方向则相反，旋转方向还可能随波长不同而改变。在指定波长下对着光线射来方向观察时，将偏振面按顺时针方向旋转的异构体叫 *d*-异构体或(+)-异构体；将偏振面按逆时针方向旋转的异构体叫 *l*-异构体或(-)-异构体。应用相关文段 7.1 叙述了特定异构体的合成，应用相关文段 7.2 叙述了金属络合物对映体的拆分。

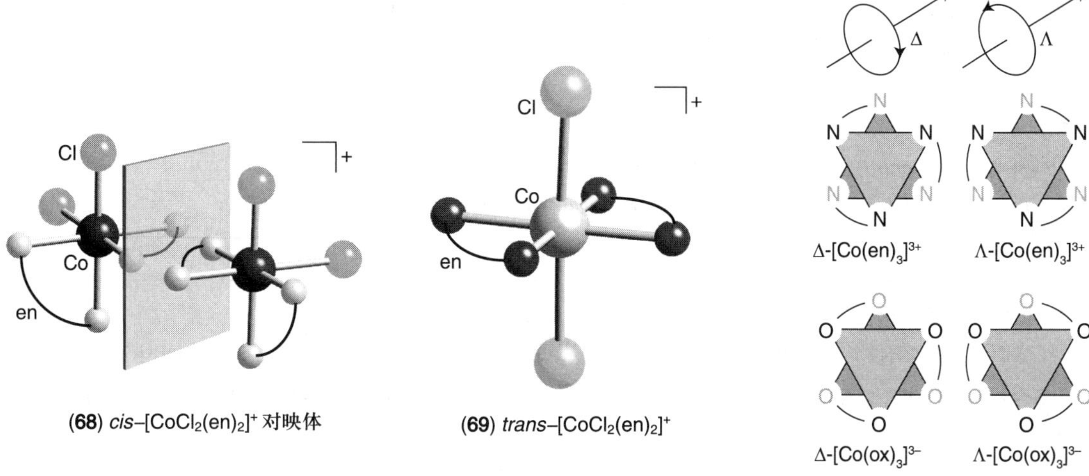

(**68**) *cis*-$[CoCl_2(en)_2]^+$ 对映体

(**69**) *trans*-$[CoCl_2(en)_2]^+$

图 7.7　络合物 $M(L—L)_3$的绝对构型：Δ 和 Λ 分别用于表示螺旋的顺时针和逆时针旋转

应用相关文段 7.1　特定异构体的合成

合成特定异构体往往需要微调合成条件。例如，在充氨的 Co(Ⅱ)盐溶液中，最稳定的 Co(Ⅱ)络合物$[Co(NH_3)_6]^{2+}$只是缓慢地被氧化。因此，将空气鼓入含氨和 Co(Ⅱ)盐的溶液时，除生成含氨配体的络合物外还能生成多种其他配体的络合物。以碳酸铵为起始物时生成$[Co(CO_3)(NH_3)_4]^+$，其中的 CO_3^{2-} 是个占着相邻配位位置的二齿配体。酸性溶液中可通过取代 CO_3^{2-} 配体的方法制得顺式络合物 *cis*-$[CoL_2(NH_3)_4]$。使用浓盐酸时可离析出紫色化合物 *cis*-$[CoCl_2(NH_3)_4]Cl$(**B1**)：

$$[Co(CO_3)(NH_3)_4]^+(aq) + 2\ H^+(aq) + 3\ Cl^-(aq) \longrightarrow cis\text{-}[CoCl_2(NH_3)_4]Cl(s) + H_2CO_3(aq)$$

与之形成对照的是，$[Co(NH_3)_6]^{2+}$与 HCl/H_2SO_4混合物在空气中直接反应则得到亮绿色的反式异构体 *trans*-$[CoCl_2(NH_3)_4]Cl$(**B2**)。

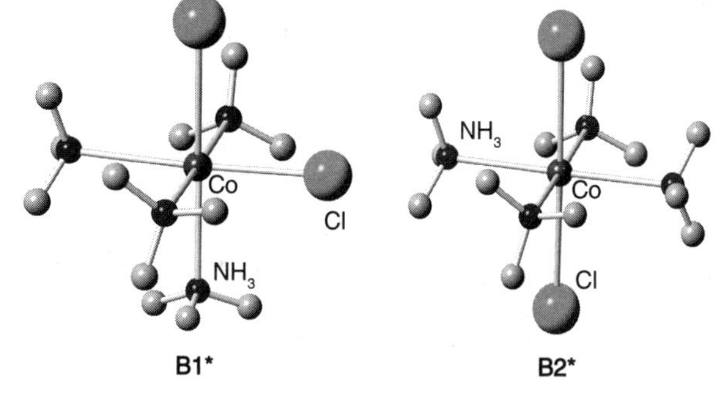

应用相关文段 7.2 拆分对映体

对单一手性中心的化合物而言,旋光活性是其唯一的物理现象。然而,如果化合物的手性中心不止一个,其他物理性质(如溶解度和熔点)就会有所反映。这是因为这些性质与分子间的作用力有关,而不同异构体之间的分子间力不同。这种状况恰似一个给定螺母与左手螺旋线螺栓和右手螺旋线螺栓间的作用力不同那样。因此,将一对对映体拆分为单个异构体的一种方法是制备**非对映体**(diastereomers)。这里提到的非对映体是含有两个手性中心的异构化合物:一种情况是两个组分具有同样的绝对构型,另一种情况是两组分互为对映体。非对映体的一个例子如一对对映异构阳离子(A)与一个旋光纯阴离子(B)形成的两种盐[Δ-A][Δ-B]和[Λ-A][Δ-B]。非对映体具有不同的物理性质(如溶解度),因而可用传统方法进行分离。

一种经典的手性拆分程序是,先从生物化学资源中离析出具有旋光活性的物种(许多天然化合物具有手性),如从葡萄中提取羧酸类化合物 *d*-酒石酸(**B3**)。*d*-酒石酸分子是能与 Sb 发生络合的螯合剂,单电荷的 *d*-酒石酸锑阴离子的钾盐是个拆分试剂。用来拆分$[Co(en)_2(NO_2)_2]^+$的方法如下:将 Co(Ⅲ)络合物的对映体混合物溶于温水,然后加入 *d*-酒石酸锑的钾盐溶液并迅速冷却以诱发结晶过程。溶解度小的非对映体{*l*-$[Co(en)_2(NO_2)_2]$}{*d*-$[SbOC_4H_4O_6]$}即以细粒黄色晶体形态从溶液中析出。滤液重新用来离析 *d*-对映体。将固体的非对映体与水和碘化钠一起研磨,则分离出溶解度小的化合物 *l*-$[Co(en)_2(NO_2)_2]I$,而将酒石酸锑阴离子的钠盐留在溶液中。以溴化物(盐)沉淀的形式从滤液中得到 *d*-异构体。

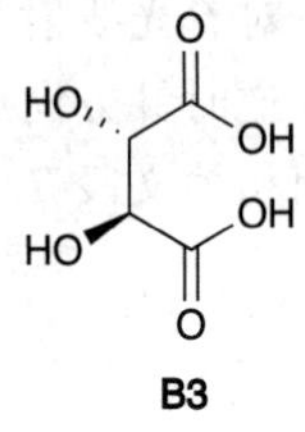

B3

参考读物:

A. von Zelewsky, *Stereochemistry of coordination compounds*. John Wiley &Sons (1996).

W. L. Jolly, *The synthesis and characterization of inorganic compounds*. Waveland Press (1991).

例题 7.4 识别异构现象的类别

题目: 四配位四方平面络合物$[IrCl(PMe_3)_3]$(式中 PMe_3是三甲基膦)与 Cl_2反应生成化学式为$[Ir(Cl)_3(PMe_3)_3]$的两个六配位络合物。^{31}P-NMR 谱显示,一种异构体的 P 只有一种化学环境,而另一种异构体中的 P 却有两种。试回答,可能是何种异构体?

答案: 由于$[Ir(Cl)_3(PMe_3)_3]$是$[MA_3B_3]$型络合物,预料可能是经式异构体和面式异构体。结构图(**70**)和(**71**)分别示出面式和经式异构体中 3 个 Cl^-的排布。面式异构体中所有 P 原子是等价 P 原子,而经式异构体中的 P 原子则有两种化学环境。

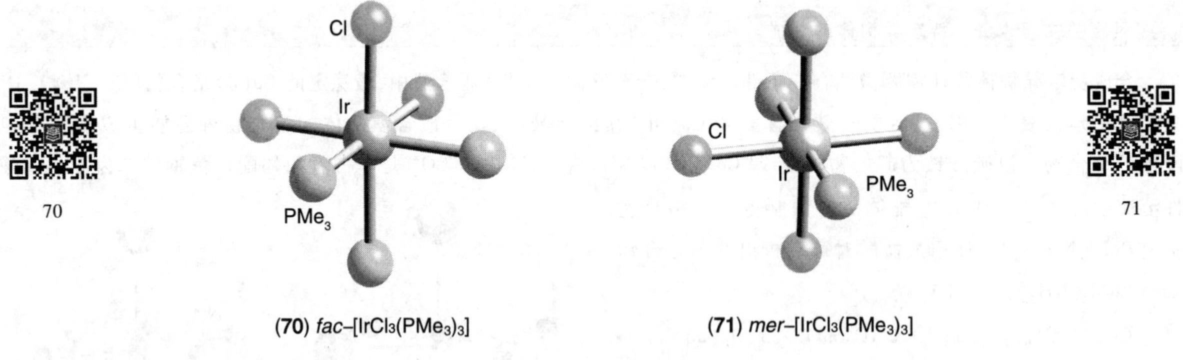

(**70**) *fac*-$[IrCl_3(PMe_3)_3]$　　(**71**) *mer*-$[IrCl_3(PMe_3)_3]$

自测题 7.4 甘氨酸阴离子($H_2NCH_2CO_2^-$, gly^-)与钴(Ⅲ)氧化物反应时,gly^-的 N 原子和 O 原子一起配位,生成化学式为$[Co(gly)_3]$的两种 Co(Ⅲ)非电解质异构体(面式和经式)。绘出两种异构体的结构图。绘出两种异构体的镜像,镜像可重合吗?

7.11　配体的手性

提要：与金属配位能阻止配体反转，因而可将其锁定在手性结构中。

有些情况下，通过与金属配位可将非手性配体变成手性配体，从而形成手性络合物。非手性配体在自由状态下通常含有一个能快速反转的给予体，但配位后则被锁定在某种结构中。例如，$MeNHCH_2CH_2NHMe$ 中的两个 N 原子与金属原子配位后变成手性中心。对四方平面络合物而言，这种强加的手性导致形成 4 种异构体，其中的一对为手性对映体(**72**)，另两种为不具手性的络合物(**73**,**74**)。

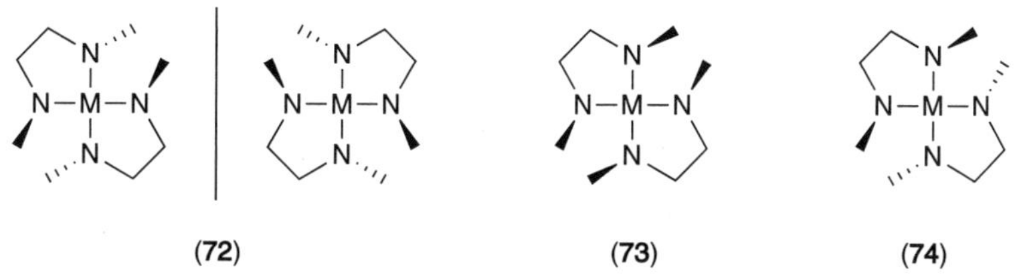

(**72**)　(**73**)　(**74**)

例题 7.5　识别手性

题目：下列络合物中哪个是手性络合物？(a) $[Cr(edta)]^-$；(b) $[Ru(en)_3]^{2+}$；(c) $[Pt(dien)Cl]^+$。

答案：具有镜面或反转中心的络合物不可能是手性络合物。观察(**75**)、(**76**)和(**77**)三个示意图，前二者既无镜面也无反转中心，所以都是手性络合物(它们也没有较高的 S_n 轴)。相反，(**77**)有一对称面，因而是非手性络合物(虽然二乙三胺配体中的 CH_2 基团不在镜面里，却能在镜面上下振荡)。

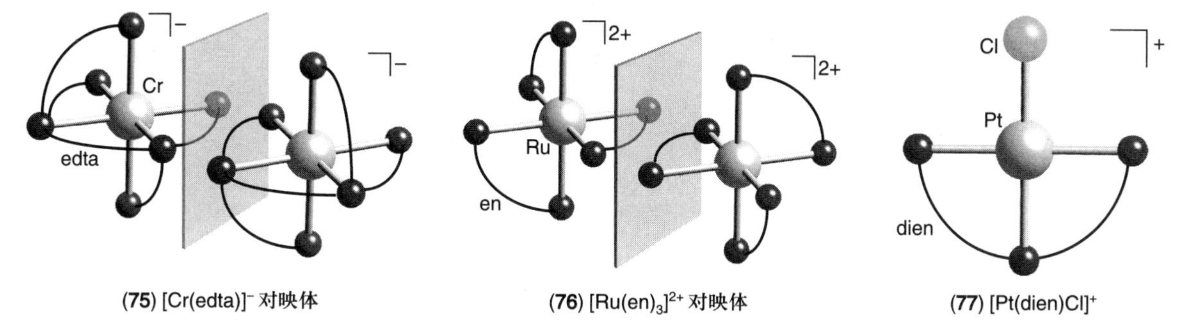

(**75**) $[Cr(edta)]^-$ 对映体　(**76**) $[Ru(en)_3]^{2+}$ 对映体　(**77**) $[Pt(dien)Cl]^+$

自测题 7.5　下列络合物中哪个是手性络合物？(a) *cis*-$[Cr(Cl)_2(ox)_2]^{3-}$；(b) *trans*-$[Cr(Cl)_2(ox)_2]^{3-}$；(c) *cis*-$[RhH(CO)(PR_3)_2]$。

金属络合物在生物学和医学上都有重要作用(应用相关文段 7.3)。

应用相关文段 7.3　生物学和医学中的金属络合物

金属络合物在许多已知最重要的生物学过程中起着作用。为人们所熟悉的例子包括镁的络合物叶绿素(**B4**)和铁的络合物血红蛋白(**B5**)，它们分别涉及植物的光合作用和人体内的氧转移过程。新近做出的估计认为，全部酶的大约 20%在其活性部位含有被配位的金属。许多酶具有不止一个活性中心，它们含有不同的金属。例如，细胞色素 *c* 氧化酶(**B6**)合成模型中的铜和铁活性中心。其他多金属酶包括如(**B7**)所示的氢化酶，其中含有 6 个铁中心，并含有多种类型的配体。

金属络合物在医学中也具有重要用途。顺铂(**B8**)用于治疗某些癌症已为人们所熟知，其他金属也被广泛用于药物。例如，镓的络合物(**B9**)用作抗癌药的研究正在进行之中，金的络合物(**B10**)对治疗关节炎有效，钆的络合物(**B11**)和锝的络合物(**B12**)用来帮助成像。

在第 26 和第 27 两章中将会与许多其他络合物一起更为详尽地讨论这些络合物。

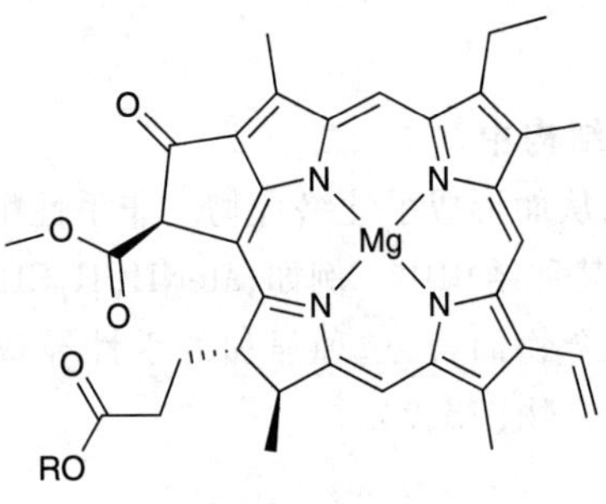

B4 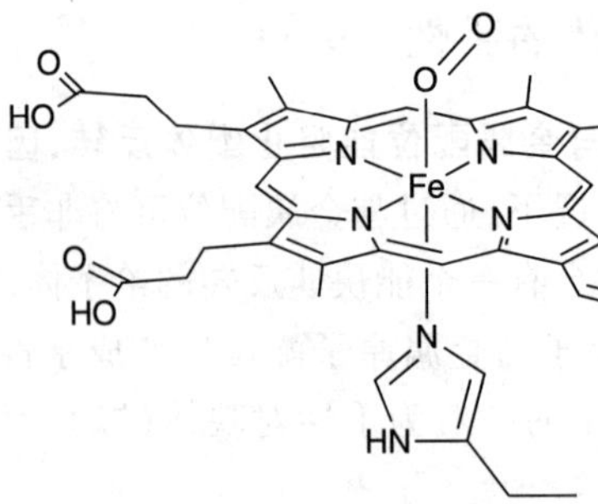　B5

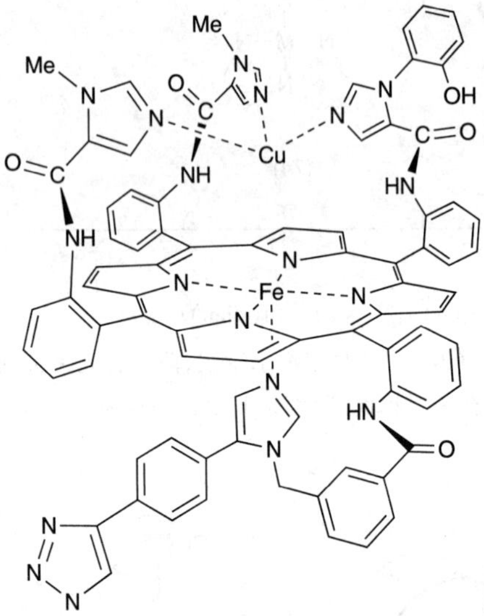

B6 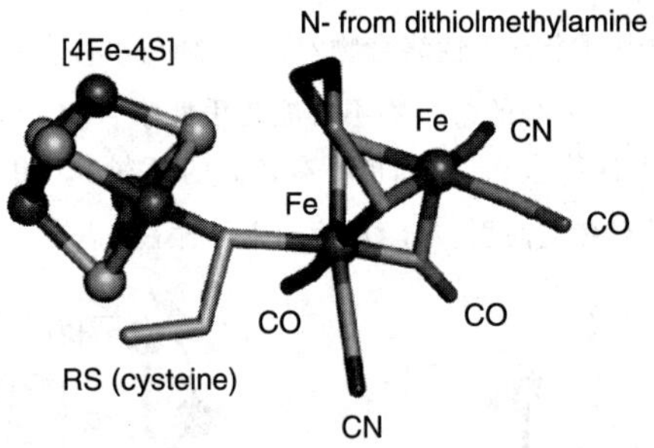　B7 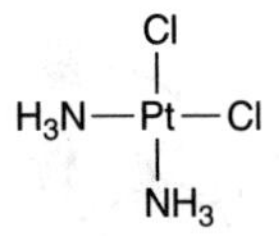　B8

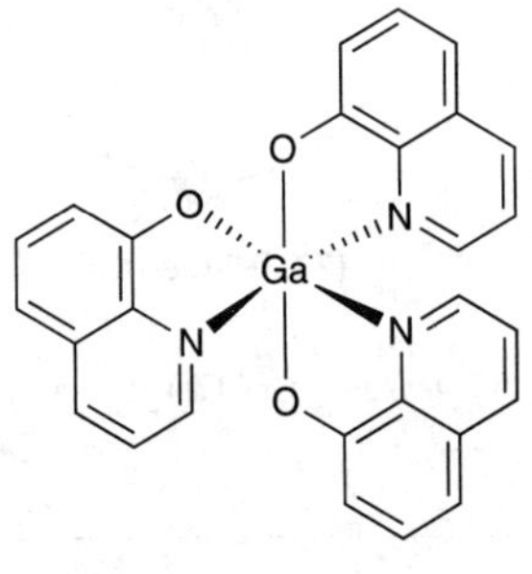

B9 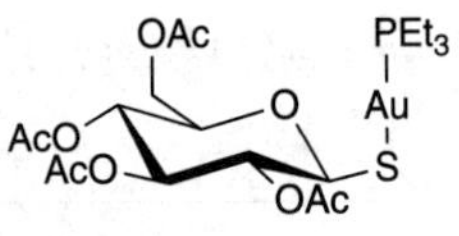　B10 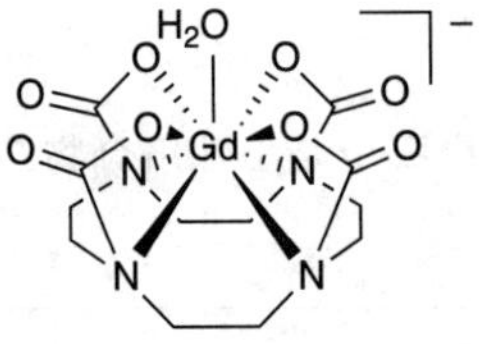　B11 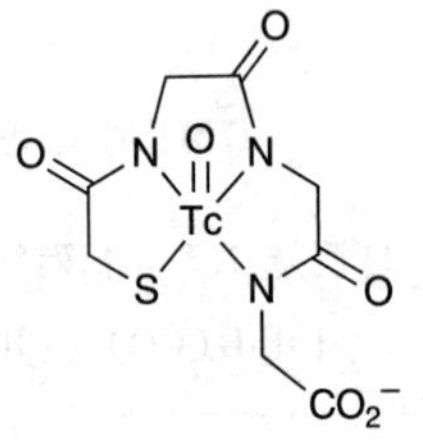　B12

络合物形成的热力学

评估化学反应能否进行，热力学和动力学两种因素都要考虑。热力学上可行的反应，动力学上却可能受阻。

7.12　形成常数

提要：形成常数表达某一配体（相对于作为配体的溶剂分子，通常是 H_2O 分子）与金属原子相互作用的强度。逐级形成常数是络合物形成过程中置换每个溶剂分子的形成常数；总形成常数等于逐级形成常数的乘积。

让我们讨论 Fe(Ⅲ) 与 SCN^- 生成 $[Fe(SCN)(OH_2)_5]^{2+}$ 的反应，产物是个既能检测铁(Ⅲ)，又能检测硫氰酸根离子的红色络合物：

$$[Fe(OH_2)_6]^{3+}(aq) + SCN^-(aq) \rightleftharpoons [Fe(SCN)(OH_2)_5]^{2+}(aq) + H_2O(l)$$

$$K_f = \frac{[Fe(SCN)(OH_2)_5{}^{2+}]}{[Fe(OH_2)_6{}^{3+}][SCN^-]}$$

该反应的平衡常数 K_f叫产物络合物的**形成常数**(formation constant)。表达式中不出现溶剂(通常为 H_2O)的浓度,是因为它在稀溶液中为常数且活度取 1。K_f值表示配体相对于 H_2O 的键合强度:K_f值大,意味着进入配体比溶剂(H_2O)分子结合得强;K_f值小,则意味着进入配体比溶剂(H_2O)分子结合得弱。由于 K_f值变化范围太大(见表 7.3),所以常用其对数($\log K_f$)表示。本书在平衡常数和速率方程表达式中略去了络合物化学式中的方括号,式中的方括号表示相关物种的物质的量浓度。

表 7.3 反应$[M(H_2O)_n]^{m+}+L \rightleftharpoons [M(L)(H_2O)_{n-1}]^{m+}+H_2O$ 的形成常数

离子	配体	K_f	$\lg K_f$	离子	配体	K_f	$\lg K_f$
Mg^{2+}	NH_3	1.7	0.23	Pd^{2+}	Cl^-	1.25×10^5	5.1
Ca^{2+}	NH_3	0.64	−0.2	Na^+	SCN^-	1.2×10^4	4.08
Ni^{2+}	NH_3	525	2.72	Cr^{3+}	SCN^-	1.2×10^3	3.08
Cu^+	NH_3	8.50×10^5	5.93	Fe^{3+}	SCN^-	234	2.37
Cu^{2+}	NH_3	2.0×10^4	4.31	Co^{2+}	SCN^-	11.5	1.06
Hg^{2+}	NH_3	6.3×10^8	8.8	Fe^{2+}	pyridine	5.13	0.71
Rb^+	Cl^-	0.17	−0.77	Zn^{2+}	pyridine	8.91	0.95
Mg^{2+}	Cl^-	4.17	0.62	Cu^{2+}	pyridine	331	2.52
Cr^{3+}	Cl^-	7.24	0.86	Ag^+	pyridine	93	1.97
Co^{2+}	Cl^-	4.90	0.69				

如果被取代的配体不止一个,对稳定性的讨论变得更为复杂些。例如,$[Ni(OH_2)_6]^{2+}$转化为$[Ni(NH_3)_6]^{2+}$的反应:

$$[Ni(OH_2)_6]^{2+}(aq) + 6\,NH_3(aq) \longrightarrow [Ni(NH_3)_6]^{2+}(aq) + 6\,H_2O(l)$$

即使不考虑顺-反异构化反应,至少也包括了六个步骤。对通式为 ML_n的络合物而言,其总反应为:

$$M + n\,L \longrightarrow ML_n$$

逐级形成常数(stepwise formation constant)为

$$M + L \rightleftharpoons ML \qquad K_{f1} = \frac{[ML]}{[M][L]}$$

$$ML + L \rightleftharpoons ML_2 \qquad K_{f2} = \frac{[ML_2]}{[ML][L]}$$

等等,写成通式则为

$$ML_{n-1} + L \rightleftharpoons ML_n \qquad K_{fn} = \frac{[ML_n]}{[ML_{n-1}][L]}$$

逐级形成常数可以帮助我们探讨结构与反应活性之间的关系。

计算最终产物(络合物 ML_n)的浓度时要用**总形成常数**(overall formation constant) β_n:

$$M + n\,L \rightleftharpoons ML_n \qquad \beta_n = \frac{[ML_n]}{[M][L]^n}$$

总形成常数等于逐级形成常数的乘积:

$$\beta_n = K_{f1}\,K_{f2}\cdots K_{fn}$$

有时也会用到**解离常数**(dissociation constant) K_d,它是形成常数的倒数。如果想要得到某种浓度的络合物,则需知道取用何种浓度的配体。这时人们更喜欢使用 K_d:

$$\mathrm{ML} \rightleftharpoons \mathrm{M} + \mathrm{L} \qquad K_{d1} = \frac{[\mathrm{M}][\mathrm{L}]}{[\mathrm{ML}]} = \frac{1}{K_{f1}}$$

对 1∶1 的反应(如上面的反应)而言,如果一半金属离子被络合而另一半未被络合([M]=[ML]),那么 K_{d1} 就等于 [L]。实际操作中如果起始浓度[L]≫[M],溶液中加进 M 并发生络合后,L 的浓度不发生明显变化,K_d 就等于 50% 发生络合所需的配体浓度。

由于 K_d 和酸的 K_a 形式相同(M 代替了 H^+),这为将金属络合物和 Brϕnsted 酸进行比较提供了方便。如果将质子简单看作一般阳离子,K_d 值和 K_a 值就可列在一张表上。例如,HF 可看做 H^+(Lewis 酸)与起配体作用的 F^-(Lewis 碱)形成的络合物。

7.13　逐级形成常数的变化趋势

提要:像统计方法预测的那样,逐级形成常数有代表性的顺序为 $K_{fn} > K_{fn+1}$,偏离该顺序则表明结构发生了重大变化。

形成常数的大小也是标准生成 Gibbs 自由能大小和符号的直接反映(因为 $\Delta_f G^\ominus = -RT\ln K_f$)。通常看到的逐级形成常数的顺序为 $K_{f1} > K_{f2} > \cdots > K_{fn}$。这个顺序不难解释:随着形成反应的进行,配体的数目和可被置换的 H_2O 分子的数目都在减少。从下述两个反应的比较中不难看出这一点:

$$[\mathrm{M(OH_2)_5L}](aq) + \mathrm{L}(aq) \rightleftharpoons [\mathrm{M(OH_2)_4L_2}](aq) + \mathrm{H_2O}(l)$$

$$[\mathrm{M(OH_2)_4L_2}](aq) + \mathrm{L}(aq) \rightleftharpoons [\mathrm{M(OH_2)_3L_3}](aq) + \mathrm{H_2O}(l)$$

逐级形成常数的减小反映了一个事实:随着配体置换过程的进行,统计因子不断减小。同时也要考虑另一个事实:随着键合配体数目的增加,也增大了逆反应的可能性。表 7.4 列出系列络合物(从 $[Ni(H_2O)_6]^{2+}$ 到 $[Ni(NH_3)_6]^{2+}$)的相关数据或多或少能说明上述解释的正确性。六步连续反应的反应焓的变化小于 2 kJ · mol^{-1}。

表 7.4　Ni(Ⅱ)氨络合物 $[Ni(NH_3)_n(H_2O)_{6-n}]^{2+}$ 的形成常数

n	K_f	$\lg K_f$	K_n/K_{n-1}(实验值)	K_n/K_{n-1}(统计结果)*
1	525	2.72		
2	148	2.17	0.28	0.42
3	45.7	1.66	0.31	0.53
4	13.2	1.12	0.29	0.56
5	4.7	0.63	0.35	0.53
6	1.1	0.03	0.23	0.42

* 假定反应焓为常数,根据可被取代配体数目的比值得到。

$K_{fn} > K_{fn+1}$ 关系的倒转通常是一种暗示:随着更多进入配体的配位,络合物电子结构发生了重要变化。一个例子是,Fe(Ⅱ)的三(联吡啶)络合物($[Fe(bpy)_3]^{2+}$)明显比二(联吡啶)络合物($[Fe(bpy)_2(OH_2)_2]^{2+}$)稳定。这一现象可能与电子组态的变化有关:二(联吡啶)络合物(注意,其中存在弱场配体 H_2O 分子)从高自旋(弱场)$t_{2g}^4e_g^2$ 组态转化为低自旋(强场)t_{2g}^6 组态,配位场稳定能(LFSE,参见节 20.1 和节 20.2)显著增加。

$$[\mathrm{Fe(OH_2)_6}]^{2+}(aq) + \mathrm{bpy}(aq) \rightleftharpoons [\mathrm{Fe(bpy)(OH_2)_4}]^{2+}(aq) + 2\,\mathrm{H_2O}(l) \qquad \log K_{f1} = 4.2$$

$$[\mathrm{Fe(bpy)(OH_2)_4}]^{2+}(aq) + \mathrm{bpy}(aq) \rightleftharpoons [\mathrm{Fe(bpy)_2(OH_2)_2}]^{2+}(aq) + 2\,\mathrm{H_2O}(l) \qquad \log K_{f2} = 3.7$$

$$[\mathrm{Fe(bpy)_2(OH_2)_2}]^{2+}(aq) + \mathrm{bpy}(aq) \rightleftharpoons [\mathrm{Fe(bpy)_3}]^{2+}(aq) + 2\,\mathrm{H_2O}(l) \qquad \log K_{f3} = 9.3$$

Hg(Ⅱ)的卤络合物可用来做对照,K_{f3} 反常地低于 K_{f2}:

$$[\mathrm{Hg(OH_2)_6}]^{2+}(aq) + \mathrm{Cl^-}(aq) \rightleftharpoons [\mathrm{HgCl(OH_2)_5}]^{+}(aq) + \mathrm{H_2O}(l) \qquad \log K_{f1} = 6.74$$

$$[\mathrm{HgCl(OH_2)_5}]^{+}(aq) + \mathrm{Cl^-}(aq) \rightleftharpoons [\mathrm{HgCl_2(OH_2)_4}](aq) + \mathrm{H_2O}(l) \qquad \log K_{f2} = 6.48$$

$$[\mathrm{HgCl_2(OH_2)_4}](aq) + \mathrm{Cl^-}(aq) \rightleftharpoons [\mathrm{HgCl_3(OH_2)}]^{-}(aq) + 3\,\mathrm{H_2O}(l) \qquad \log K_{f3} = 0.95$$

K_{f3}反常低于K_{f2}的事实是从统计学上解释的,络合物性质的重大变化被认为是从六配位变成了四配位:

$$[HgCl_2(OH_2)_4] + Cl^- \longrightarrow [HgCl_3(OH_2)]^- + 3\,H_2O$$

例题 7.6　解释不规则的逐级形成常数

题目:镉与 Br^- 形成的络合物的逐级形成常数为 $K_{f1}=36.3$,$K_{f2}=3.47$,$K_{f3}=1.15$,$K_{f4}=2.34$。为什么 $K_{f4}>K_{f3}$?

答案:这种反常表明结构发生了变化,需要考虑发生了何种变化。M^{2+}的水合络合物通常为六配位,而卤络合物通常则为四面体。含 3 个 Br^-配体的络合物加合第 4 个 Br^-的反应是

$$[CdBr_3(OH_2)_3]^-(aq) + Br^-(aq) \longrightarrow [CdBr_4]^{2-}(aq) + 3\,H_2O(l)$$

之所以发生这步反应,是因为从受约束相对较大的配位层中释放出 3 个 H_2O 分子,从而导致 K_f值增大。

自测题 7.6　假定配体(L)取代 H_2O 的反应是如此有利以致逆向反应可忽略不计,试计算由$[M(OH_2)_6]^{2+}$形成$[ML_6]^{2+}$所有各步反应的逐级形成常数和总形成常数。已知 $K_{f1}=1\times10^5$。

7.14　螯合效应和大环效应

提要:螯合效应和大环效应都是一种现象:多齿配体络合物比数目相当的类似单齿配体络合物更稳定。螯合效应主要是熵效应,大环效应还包括了焓的贡献。

将二齿螯合配体(如 1,2-二氨基乙烷,en)络合物的 K_{f1}与相关的二氨络合物的 β_2进行比较不难发现,通常情况下前者大于后者:

$$[Cd(OH_2)_6]^{2+}(aq) + en(aq) \rightleftharpoons [Cd(en)(OH_2)_4]^{2+}(aq) + 2\,H_2O(l)$$

$$\lg K_{f1}=5.84 \qquad \Delta_r H^{\ominus}=229.4\ kJ\cdot mol^{-1} \qquad \Delta_r S^{\ominus}=113.0\ J\cdot K^{-1}\cdot mol^{-1}$$

$$[Cd(OH_2)_6]^{2+}(aq) + 2\,NH_3(aq) \rightleftharpoons [Cd(NH_3)_2(OH_2)_4]^{2+}(aq) + 2\,H_2O(l)$$

$$\lg\beta_2=4.95 \qquad \Delta_r H^{\ominus}=229.8\ kJ\cdot mol^{-1} \qquad \Delta_r S^{\ominus}=25.2\ J\cdot K^{-1}\cdot mol^{-1}$$

两个反应都形成了两个相似的 Cd—N 键,但显然更有利于形成含有螯合配体的络合物。螯合络合物比非螯合类似物更稳定的现象叫**螯合效应**(chelate effect)。

螯合效应主要产生于稀溶液中两种络合物(螯合和非螯合)反应熵的差别。螯合反应导致溶液中独立分子数的增加,而非螯合反应分子数的净变化则为零(比较上述两个化学方程式)。前者因此具有正值更大的反应熵,因此是个更有利的过程。稀溶液中反应熵的测定结果支持上述解释。

熵对螯合作用的利好影响不限于二齿配体,原则上适用于任何多齿配体。事实上,多齿配体的给予体部位越多,取代单齿配体的熵利好就越大。含有多个给予体原子的大环配体[如酞菁(**78**)和冠醚]配位时生成的络合物甚至比预期的更稳定。这就是所谓的**大环效应**(macrocyclic effect),它被认为是螯合效应中看到的熵效应和额外的能量项贡献一起导致的。能量项之所以有贡献,是因为配位基团被预先组织成大环,配体配位时不再引入额外的张力。

(78)

螯合效应和大环效应在实用上非常重要。络合滴定中使用的大多数试剂为多齿螯合剂(如 $edta^{4-}$);大多数生物化学上金属原子的结合部位都是螯合配体或大环配体。螯合效应和大环效应起作用的标志通常是高达 10^{12} 至 10^{25}的形成常数。

除了对螯合效应的热力学解释外,动力学因素也在起作用。多齿配体

的一个结合基团一旦与金属配位,会导致受缚的其他结合基团更靠近金属原子,从而有利于后续的配位作用。所以,形成螯合物在动力学上也是有利的。

7.15　空间效应和电子离域

提要:二亚胺 d 金属螯合物的稳定性来自两个方面:一是螯合效应的贡献,二是配体除作为 σ 给予体外还有作为 π 接受体的能力。

空间效应对形成常数有重要影响。对螯合物的形成更是如此,这是因为几何因素可能导致成环较难。通常情况下五元螯环很稳定,因为五元环的键角接近没有环张力的理想键角。六元环也是稳定的,如果成环能导致电子离域,则可能有利于形成六元环。三元、四元、七元(和更大的)螯环很少遇到,因为形成这类环时通常会导致键角发生畸变,产生不利的空间相互作用。

对含离域电子结构螯合配体的络合物而言,除成环作用的熵利好外,还可能被电子效应所稳定。例如,与金属原子配位的二亚胺配体(**79**)[如联吡啶(**80**)和菲咯啉(**81**)]被强制形成五元环。它们与 d 金属形成的络合物稳定性很高,多半是由于配体除作为 σ 给予体外还有作为 π 接受体的能力,从而通过金属满 d 轨道和空环 π^* 轨道的重叠形成 π 键(见 20.2)。金属 t_{2g} 轨道上布居的电子有利于 π 键的形成,这些电子让金属原子起到 π 给予体的作用,将电子密度转移到配体环,如络合物 $[Ru(bpy)_3]^{2+}$(**82**)中发生的那样。形成的螯环有时具有明显的芳香性,这种性质甚至使螯环更稳定。

应用相关文段 7.4 叙述了复杂螯合配体和大环配体的合成方法。

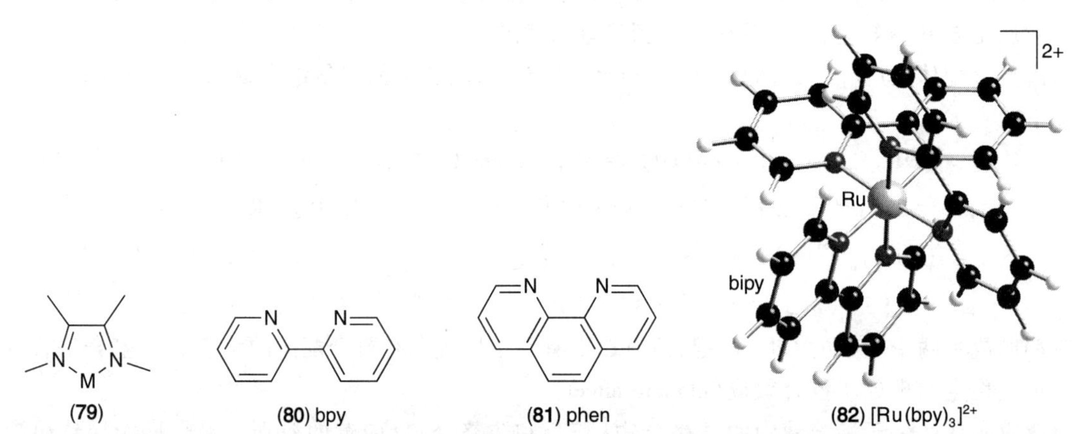

(**79**)　(**80**) bpy　(**81**) phen　(**82**) $[Ru(bpy)_3]^{2+}$

应用相关文段 7.4　成环和成结

金属离子[如 Ni(Ⅱ)]可将一组配体组装在一起,配体之间接着发生反应形成"大环配体",大环配体是含有多个给予体原子的环状分子。一个简单例子是

这种叫作**模板效应**(template effect)的现象可以用来制备众多的大环配体。上述反应是个**缩合反应**(condensation reaction),即两分子间发生化学结合同时消除一个小分子(此例中为 H_2O 分子)的反应。如果没有这个金属离子,组分配体将会是个难以明确表示的、聚合在一起的混合物,而不是大环。大环一旦形成,其自身就能稳定存在,除去金属离子后留下可用来络合其他金属离子的多齿配体。

模板法可用来合成多种大环配体，下面给出两个较复杂的大环配体的合成反应：

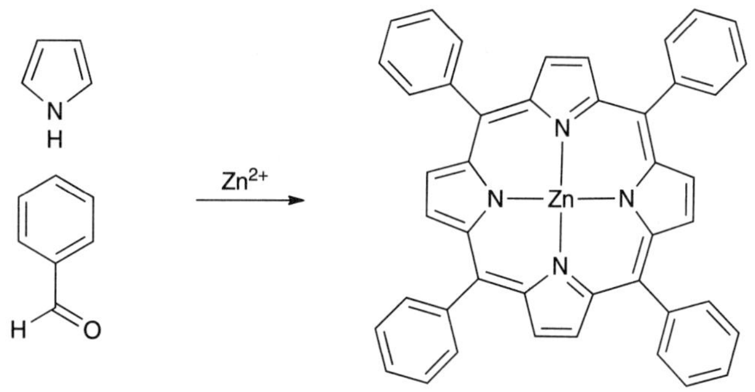

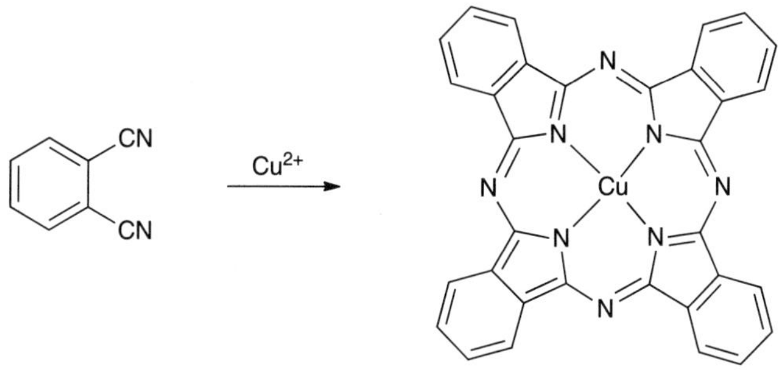

模板效应既可能是动力学原因造成的，也可能是热力学原因造成的。例如，发生缩合既可能由于配位了的配体之间的反应速率增大，也可能由于最终的螯环产物导致了额外稳定性。

更复杂的模板合成可以用来构筑拓扑学上的复杂分子，如合成类链状的、由连环组成的索烃分子。下面给出合成索烃的一例反应，产物索烃含有两个环：

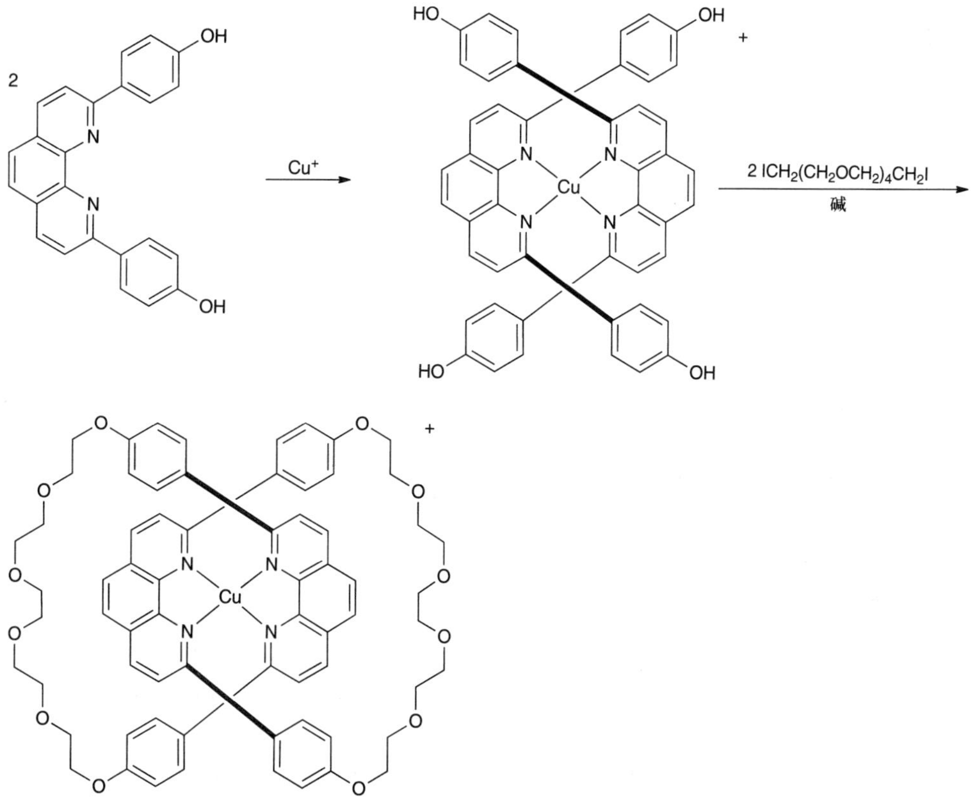

在这里，以联吡啶为基础的两个配体与铜离子配位，然后每个配体末端被一个柔性链相连，最后除去金属离子得到可用来络合其他金属离子的**索烃**(catenand)配体。

甚至可用多金属构筑更复杂的体系(等价于结-链体系*)。下述合成反应的产物是被三叶结束紧的单分子链：

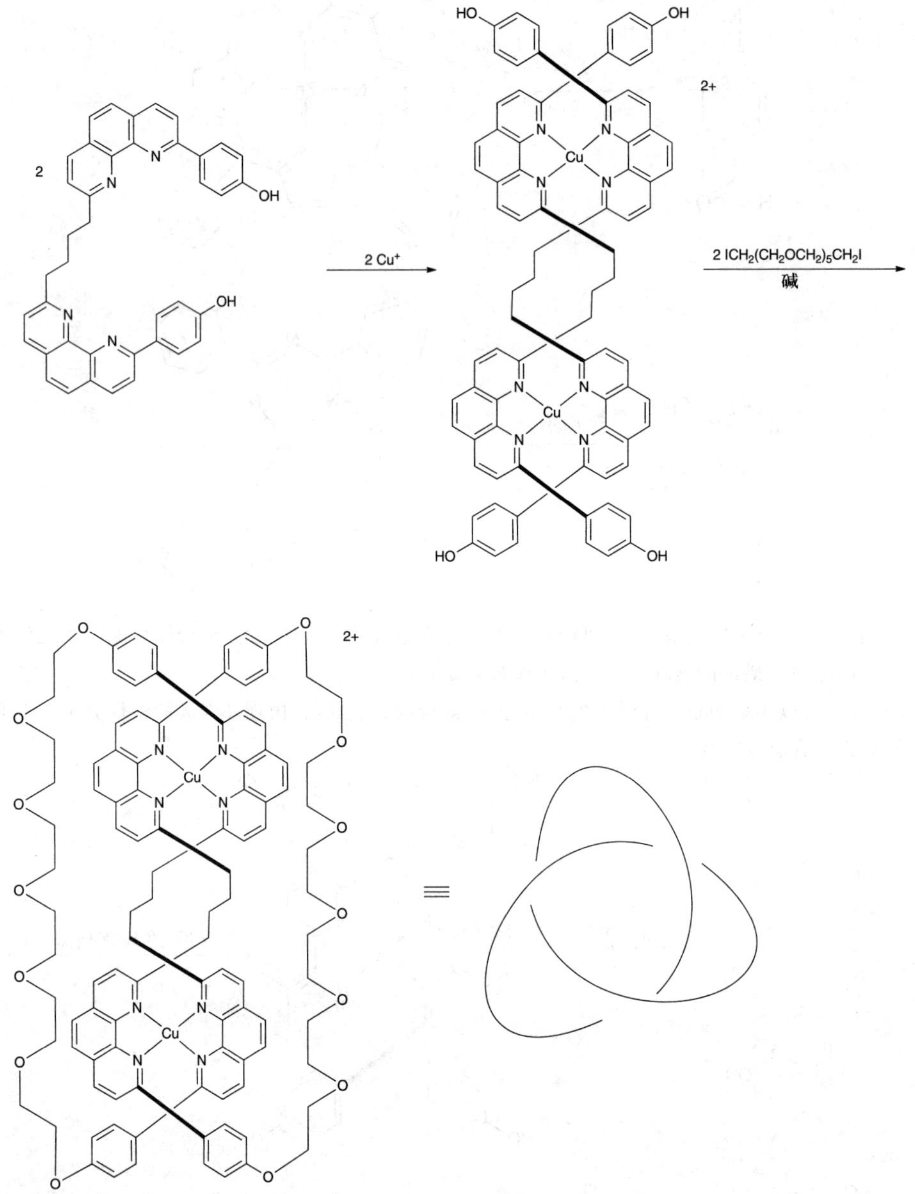

2 Cu^+

2 $ICH_2(CH_2OCH_2)_5CH_2I$

碱

≡

* 从纯学术角度，人们对结-链体系兴趣不大，这里做点介绍，仅因为许多蛋白质以这种体系的形式存在。参见：C. Liang and K. Wislow, *J.Am.Chem. Soc.*, 1994, **116**, 3588 和 1995, **117**, 4201.

延伸阅读资料

G. B. Kauffman, *Inorganic coordination compounds*. John Wiley&Sons (1981). 关于结构配位化学历史的精彩叙述。

G. B. Kauffman, *Classics in coordination chemistry*: Ⅰ. *Selected papers of Alfred Werner*. Dover (1968). 提供了维尔纳重要论文的译文。

G. J. Leigh and N. Winterbottom (ed.), *Modern coordination chemistry*: *the legacy of Joseph Chatt*. Royal Society of Chemistry (2002). 从历史角度讨论配位化学的一本可读性读物。

A. von Zelewsky, *Stereochemistry of coordination compounds*. John Wiley &Sons (1996). 一本具有可读性的书，书中对手性做了详细介绍。

J. A. McCleverty and T. J. Meyer (eds.), *Comprehensive coordination chemistry* Ⅱ. Elsevier (2004).

N. G. Connelly, T. Damhus, R. M. Hartshorn, and A. T. Hutton, *Nomenclature of Inorganic chemistry*, *IUPAC recommendations* 2005. Royal Society of Chemistry (2005). 也叫"IUPAC 红书"，它是命名无机化合物的权威性指南。

R. A. Marusak, K. Doan, and S. D. Cummings, *Integrated approach to coordination chemistry*: *an inorganic laboratory guide*. John Wiley &Sons (2007)。一本与众不同的教科书，叙述了配位化学的概念，并用设计的实验阐明这些概念。

J.-M. Lehn (ed.), *Transition metals in supramolecular chemistry*, *Volume 5 of Perspectives in supramolecular chemistry*. John Wiley &Sons (2007). 介绍了配位化学的新进展和应用。

练习题

7.1　给下列络合物命名并绘出其结构：(a) $[Ni(CN)_4]^{2-}$，(b) $[CoCl_4]^{2-}$，(c) $[Mn(NH_3)_6]^{2+}$。

7.2　写出下列络合物的化学式：(a) chloridopentaamminecobalt(Ⅲ) chloride，(b) hexaaquairon(3+) nitrate，(c) *cis*-dichloridobis(ethylenediamine) ruthenium(Ⅱ)，(d) μ-hydroxidobis(penta-amminechromium(Ⅲ)) chloride.

7.3　给下列八面体络离子命名：(a) *cis*-$[CrCl_2(NH_3)_4]^+$，(b) *trans*-$[Cr(NH_3)_2(\kappa N\text{-}NCS)_4]^-$，(c) $[Co(C_2O_4)(en)_2]^+$。

7.4　(a) 绘出大多数四配位络合物的两种结构示意图，(b) 对化学式为 MA_2B_2 的络合物而言，哪种结构可能存在异构体？

7.5　绘出大多数五配位络合物的两种结构示意图，标出每种结构中两种不同的配位位置。

7.6　(a) 绘出大多数六配位络合物的两种结构示意图，(b) 其中哪一种不多见？

7.7　说明"单齿"、"二齿"和"四齿"三个术语的含义。

7.8　两可配体可能产生何种异构现象？举两例。

7.9　给出下列分子的齿合性。哪个能用作桥配体，哪个能用作螯合配体？

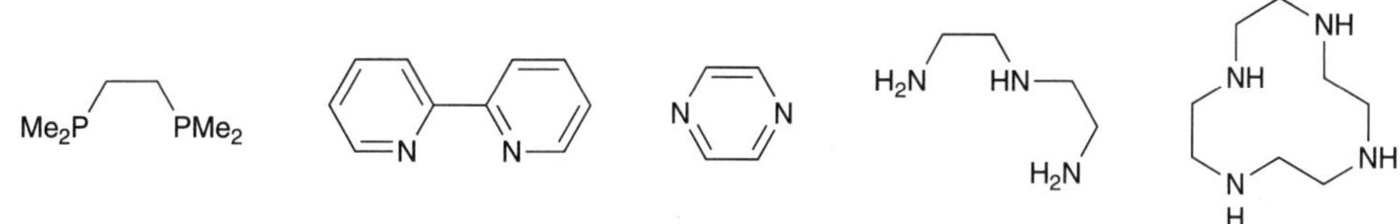

7.10　绘出含下列各配体的代表性络合物的结构：(a) en，(b) ox^{2-}，(c) phen，(d) 12-冠-4，(e) tren，(f) terpy，(g) $edta^{4-}$。

7.11　$[RuBr(NH_3)_5]Cl$ 和 $[RuCl(NH_3)_5]Br$ 两个化合物是哪种类型的异构体？

7.12　$[CoBr_2Cl_2]^-$、$[CoBrCl_2(OH_2)]$ 和 $[CoBrClI(OH_2)]$ 三个四面体络合物中哪个可能存在异构体？绘出所有异构体的结构。

7.13　$[Pt(NH_3)_2(ox)]$、$[PdBrCl(PEt_3)_2]$、$[IrH(CO)(PR_3)_2]$ 和 $[Pd(gly)_2]$ 四个四方平面络合物中哪个可能存在异构体？绘出所有异构体的结构。

7.14　$[FeCl(OH_2)_5]^{2+}$、$[Ir(Cl)_3(PEt_3)_3]$、$[Ru(bpy)_3]^{2+}$、$[Co(Cl)_2(en)(NH_3)_2]^+$ 和 $[W(CO)_4(py)_2]$ 五个八面体络合物中哪个可能存在异构体？绘出所有异构体的结构。

7.15　通式为 $[MA_2BCDE]$ 的八面体络合物可能存在多少种异构体？绘出所有可能的异构体的结构。

7.16　下列络合物中哪些是手性的？(a) $[Cr(ox)_3]^{3-}$，(b) *cis*-$[Pt(Cl)_2(en)]$，(c) *cis*-$[Rh(Cl)_2(NH_3)_4]^+$，(d) $[Ru(bpy)_3]^{2+}$，(e) *fac*-$[Co(NO_2)_3(dien)]$，(f) *mer*-$[Co(NO_2)_3(dien)]$。绘出您确认为手性络合物的对映异构体，并确认非手性络合物结构的对称面。

7.17　以下为三个乙酰丙酮配体形成的络合物，它是哪种异构体？

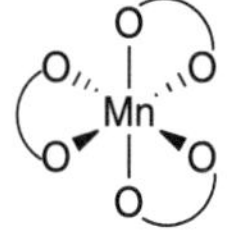

7.18　绘出阳离子[$Ru(en)_3$]$^{2+}$的 Λ 异构体和 Δ 异构体。

7.19　NH_3与[$Cu(OH_2)_6$]$^{2+}$(aq)络合物的逐级形成常数是 $\log K_{f1}=4.15$，$\log K_{f2}=3.50$，$\log K_{f3}=2.89$，$\log K_{f4}=2.13$，$\log K_{f5}=-0.52$，试解释，K_{f5}为什么有如此大的差别。

7.20　$NH_2CH_2CH_2NH_2$(en)与[$Cu(OH_2)_6$]$^{2+}$(aq)形成的络合物的逐级形成常数是 $\log K_{f1}=10.72$，$\log K_{f2}=9.31$。将这些数值与习题 **7.19** 中氨络合物的数值做比较，解释差别为什么如此之大。

辅导性作业

7.1　化合物 Na_2IrCl_6与三苯基膦在二甘醇溶液和 CO 气氛下反应生成"Vaska's 化合物"*trans*-[$IrCl(CO)(PPh_3)_2$]。CO 过量时生成五配位物种，在乙醇溶液中后者与 $NaBH_4$反应得到[$IrH(CO)_2(PPh_3)_2$]。写出该"Vaska's 化合物"的正式名称。绘出两个五配位络合物所有异构体的结构并为其命名。

7.2　一粉红色固体的化学式为 $CoCl_3\cdot 5NH_3\cdot H_2O$，其溶液也为粉红色，用硝酸银溶液滴定时立即生成 3 mol AgCl。粉红色固体加热时失去 1 mol H_2O 生成紫色固体，加热前后两固体 NH_3 : Cl : Co 的比值没有变化。将紫色固体溶解并用硝酸银溶液滴定，氯离子中的 2 个被沉淀出来。用推理方法给出这两个八面体络合物的结构、绘出结构图并命名。

7.3　商品水合氯化铬的组成为 $CrCl_3\cdot 6H_2O$。在溶液中加热至沸颜色变紫，其摩尔电导相当于[$Co(NH_3)_6$]Cl_3的摩尔电导。然而，$CrCl_3\cdot 5H_2O$ 为绿色，溶液的摩尔电导也较低。将该绿色络合物酸化的稀溶液静置数小时即变为紫色。试用结构图解释这些现象。

7.4　起初被表示为 β-[$PtCl_2(NH_3)_2$]的络合物被确认是个反式异构体（顺式异构体当时用 α 表示）。该络合物与固体 Ag_2O 缓慢反应生成[$Pt(NH_3)_2(OH_2)_2$]$^{2+}$，后者不与乙二胺反应生成螯合物。绘出此二水合络合物的结构并为其命名。组成为 $PtCl_2\cdot 2NH_3$的第 3 种异构体是个不溶于水的固体，与 $AgNO_3$一起研磨时，生成含[$Pt(NH_3)_4$]$(NO_3)_2$和组成为 Ag_2[$PtCl_4$]的新固相的混合物。给出这三个 Pt(Ⅱ)化合物的结构和名称。

7.5　将 Co(Ⅱ)碳酸盐和 NH_4Cl 的水溶液进行空气氧化生成一种粉红色氯化物，其中 NH_3和 Co 的比例为 4 : 1。该盐溶液中加入 HCl 即迅速放出气体，溶液加热时缓慢变紫色，紫色溶液蒸干后得到 $CoCl_3\cdot 4NH_3$。在浓盐酸中加热该化合物离析出组成为 $CoCl_3\cdot 4NH_3\cdot HCl$ 的绿色盐。写出继空气氧化之后的所有反应过程的平衡反应方程式，给出尽可能多的有关异构现象的信息并解释原因。如果告诉您可拆分为对映异构体的[$CoCl_2(en)_2$]$^+$为紫色，对您回答问题会有帮助吗？

7.6　在含有 NH_3和 $NaNO_2$的溶液中对 Co(Ⅱ)进行空气氧化析出黄色固体[$Co(NO_2)_3(NH_3)_3$]，该化合物在溶液中不导电。用 HCl 处理后生成另一种络合物 *trans*-[$Co(Cl)_2(NH_3)_3(OH_2)$]$^+$，*cis*-[$Co(Cl)_2(NH_3)_3(OH_2)$]$^+$只有用一条完全不同的合成路线才能制得。黄色化合物是面式结构还是经式结构？为了得出您的结论，必须做出什么假定？

7.7　[$ZrCl_4(dppe)$](dppe 是双齿膦配体）与 $Mg(CH_3)_2$反应生成[$Zr(CH_3)_4(dppe)$]，NMR 谱表明所有 CH_3等价，绘出该络合物的八面体和三棱柱体结构，并说明 NMR 的结论为什么支持三棱柱体结构。（参阅：P. M. Morse and G. S. Girolami, *J. Am. Chem. Soc.*, 1989, **111**, 4114.）

7.8　拆分试剂 *d*-*cis*-[$Co(NO_2)_2(en)_2$]Br 与 $AgNO_3$一起在水中研磨转化为可溶性硝酸盐，如何用该物种拆分由 K[Co(edta)]的 *d* 和 *l* 对映体组成的外消旋混合物？（注：对映异构体 *l*-[Co(edta)]$^-$形成溶解度较小的非对映异构体。参阅：F. P. Dwyer and F. L. Garvan, *Inorg. Synth.*, 1965, **6**, 192.）

7.9　两个 $MeHNCH_2CH_2NH_2$配体怎样配位于一个四方平面络合物中的金属原子，才能形成不但有顺式和反式异构体，而且还有旋光异构体的络合物？并识别非手性异构体中的镜面。

7.10　用群论分析法指派[$MA_2B_2C_2$]的所有顺式异构体和所有反式异构体的点群；用各自相关的特征标表决定它们是否为手性。

PPh₂
PPh₂

7.11　BINAP 是右图所示的双膦螯合配体，讨论 BINAP 为什么是手性配体，它的络合物为什么是手性络合物。

7.12　1,2-二氨基乙烷与 Co^{2+}、Ni^{2+}、Cu^{2+}的逐级反应平衡常数如下：

$$[M(OH_2)_6]^{2+} + en \rightleftharpoons [M(en)(OH_2)_4]^{2+} + 2\,H_2O \qquad K_1$$

$$[M(en)(OH_2)_4]^{2+} + en \rightleftharpoons [M(en)_2(OH_2)_2]^{2+} + 2\,H_2O \qquad K_2$$

$$[M(en)_2(OH_2)_2]^{2+} + en \rightleftharpoons [M(en)_3]^{2+} + 2\,H_2O \qquad K_3$$

离子	$\lg K_1$	$\lg K_2$	$\lg K_3$
Co^{2+}	5.89	4.83	3.10
Ni^{2+}	7.52	6.28	4.26
Cu^{2+}	10.72	9.31	-1.0

这些数据是否支持课文中叙述的关于逐级平衡常数的变化规律？Cu^{2+}的 K_3值为什么这样低？

7.13　螯环的芳香性为何能为络合物提供额外的稳定作用？（参阅：A. Crispini and M. Ghedini, *J. Chem. Soc.*, *Dalton Trans.* 1997, 75.）

7.14　利用互联网查找并回答什么是“轮烷”，配位化学为何可用来合成这样一类分子。

（李　珺　译，史启祯　审）

8 章

研究无机化学的物理方法

本书中所介绍的分子和材料的结构都是通过一种或多种物理方法测定的。有些仪器是为满足特殊需要设计的,其复杂程度和价格也各不相同。测量所得的数据用于确定化合物的结构、组成或性质。现代无机化学研究中,多种物理方法的基本原理都是在电磁辐射与物质间相互作用的基础上建立的,只有少数是例外。本章择要介绍几种方法,它们是用来研究无机化合物的原子和电子结构及研究无机化合物反应的。

衍射法

衍射技术(特别是 X 射线衍射技术)是无机化学家测定化合物结构最重要的方法。X 射线衍射法已用来测定了 20 多万种不同物质的结构,包括数万种纯无机化合物和许多金属有机化合物。该法用来确定原子和离子在固体化合物中的位置,通过一些特征性质(如键长、键角及晶胞中离子和分子之间的相对位置)对结构进行描述。获得的结构信息可从原子和离子半径得到解释,化学家可以利用原子和离子半径对结构进行判断,从而解释多种性质的变化趋势。衍射法通常是一种非破坏性的方法:测试后的样品仍然未变,可用于其他的分析方法。

8.1 X 射线衍射法

提要:用波长约为 100 pm 的射线照射晶体,衍射是由照射产生的散射引发的;对衍射图案进行诠释能够提供结构方面的定量信息,许多情况下可提供完整的分子结构或离子结构的信息。

衍射(diffraction)是指波在传播过程中遇到障碍物时波与波之间的干涉。X 射线受到原子中电子的弹性散射(能量不变的散射),衍射导致围绕散射中心的周期性排布,其距离接近 X 射线的波长(约 100 pm),如晶体中存在的那样。如果我们将散射看作两个平行且相邻的原子平面(间距为 d)上的反射(见图 8.1),则波(波长为 λ)发生相长干涉的角度(以产生衍射强度的极大值)可由下述 **Bragg's 方程**(Bragg's equation)得到:

$$2d\sin\theta = n\lambda \tag{8.1}$$

式中,n 是整数。X 射线束照射晶体化合物(具有原子有序阵列)时将会产生叫作**衍射图案**(diffraction pattern)的一组衍射最大值。每个最大值对应**反射**(reflection),反射发生在角度 θ 上,该角度对应于晶体中不同原子平面的间距 d。

原子或离子散射 X 射线的能力与其电子数成正比,而测得的衍射最大值的强度正比于该数值的平方。衍射图案是晶体化合物中原子位置和原子类型(依原子中电子数的不同而不同)的特征,X 射线衍射角和衍射强度的测量提供了结构方面的信息。由于与电子数目有关,X 射线衍射法对化合物中任何富电子原子都很敏感。例如,$NaNO_3$的 X 射线衍射显示,三种原子(所含的电子数几乎相同)的衍射强度接近;而 $Pb(OH)_2$的散射和结构信息则主要是由铅原子决定的。

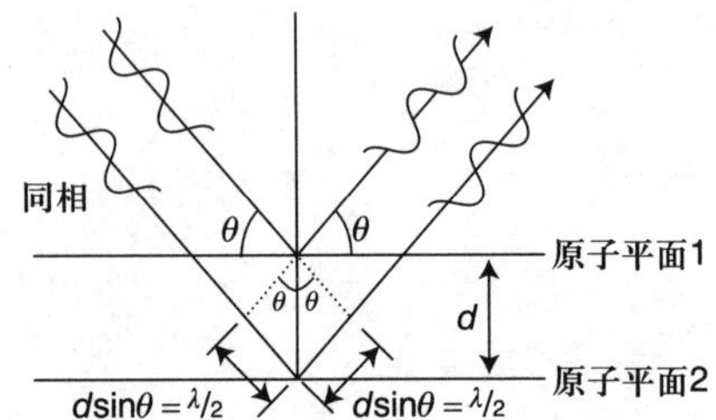

图 8.1 推导 Bragg's 方程时将原子层当作反射面处理。波程差 $2d\sin\theta$ 等于波长 λ 的整数倍时 X 射线发生相长干涉

X 射线衍射技术主要有两种：第一种叫**粉末法**（powder method），主要用于研究多晶材料；第二种叫**单晶衍射**（single-crystal diffraction），样品为数十微米或更大尺寸的单晶。［晶体学仍在普遍使用 Å（1 Å = 10^{-10} m = 10^{-8}cm = 10^{2} pm）作为计量单位。该单位使用起来比较方便，因为键长通常在 1~3 Å，而用于得到它们的 X 射线波长范围通常在 0.5~2.5 Å。］

（a）粉末 X 射线衍射法

提要：粉末 X 射线衍射法主要用于物相鉴定，也用于测定晶格参数和晶格类型。

粉状样品（多晶）含有很多小微晶，其尺寸通常在 0.1~10 μm 并随机取向。射至多晶样品上的 X 射线束被散射至所有方向，在满足 Bragg's 方程的某一角度发生相长干涉。其结果是每一组晶格间距为 d 的原子平面产生一种衍射强度的锥体。每个锥体由一组密集的衍射线构成，其中每条衍射线代表粉末样品中单个晶粒的衍射（见图 8.2）。大量晶粒的衍射线聚在一起形成衍射锥。图 8.3（a）中的**粉末衍射仪**（powder diffractometer）用电子检测器测量衍射光束的角度。围绕样品沿圆周线扫描，该检测器在不同衍射最大值位置切过衍射锥，记录 X 射线强度随检测器角度的变化［见图 8.3（b）］。

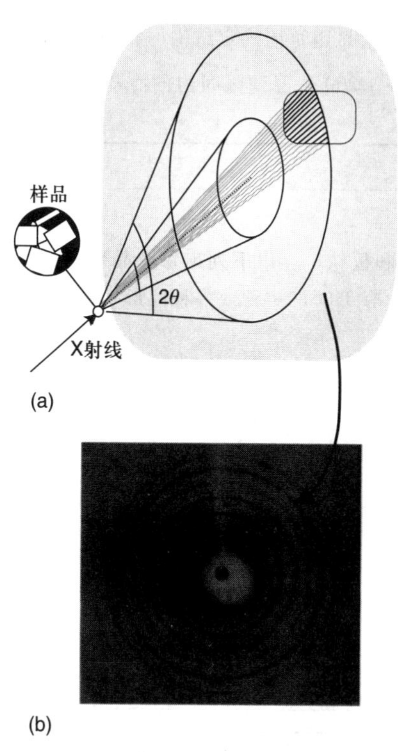

图 8.2　（a）粉末样品 X 射线散射产生的衍射锥，由每个微晶产生的成千上万个独立衍射点聚集而成；（b）粉末样品衍射图案的影像。未衍射的直通光束处于图像中心，对应于不同间距 d 的各个衍射锥在图上为同心圆

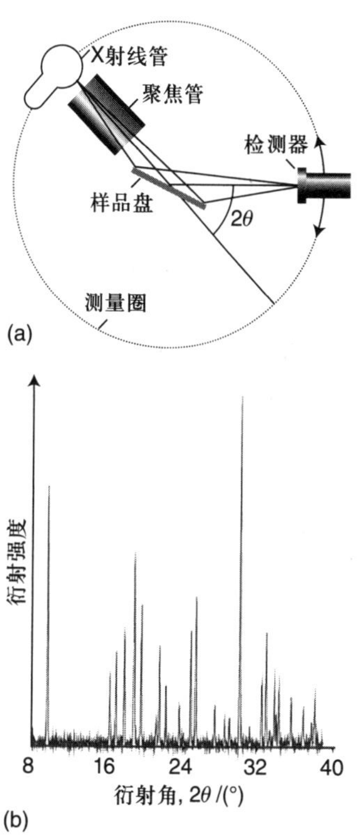

图 8.3　（a）反射模式下粉末衍射仪操作示意图，X 射线散射来自安装在平板上的样品（弱吸收化合物的样品可安放在毛细管内，并在透射模式下收集衍射数据）；（b）典型的粉末衍射图案，示出作为角度函数的一系列反射

反射的数量和位置取决于晶胞参数、晶系、晶格类型及用于收集数据的波长；峰的强度依赖于晶体中原子的类型和位置。几乎所有的晶态固体在反射角和强度方面具有特征的粉末 X 射线衍射图案。对混合化合物的样品而言，各物相仍然保持着各自特征的衍射角和强度。一般说来，该法的灵敏度足以检测混合样品中小剂量（质量分数 5%~10%）的晶体组分。

粉末 X 射线衍射的有效性使其已经成为表征多晶无机材料的主要技术（见表 8.1）。粉末衍射标准联合委员会（JCPDS）已将收集到的许多无机化合物、金属有机化合物和有机化合物的粉末 X 射线衍射数据编入数据库。该数据库收集了 50 000 个以上粉末 X 射线衍射图，可像指纹库一样只用粉末 X 射线衍射图就能对未知材料进行识别。粉末 X 射线衍射法通常用于研究固态结构中相的形成和变化。某一金属氧化物的合成是否成功，可将采集到的粉末 X 射线衍射图与该氧化物单一纯相的衍射数据进行比较得到验证。实际上，在反应物被消耗的同时对产物相的形成进行观测，可以监控化学反应的进程。

表 8.1　粉末 X 射线衍射的应用

应用	典型应用和提取的信息
鉴定未知材料	多数晶相物质的快速鉴定
确定样品纯度	监测固相中化学反应的进程
确定和精修晶格参数	相鉴定和监测作为组分函数的结构
研究相图/新材料	绘制组分和结构的相图
测定微晶大小/压力	粒子大小的测定和冶金学上的应用
结构精修	从已知的结构类型提取晶体学数据
结构测定的从头算	某些情况下没有初始晶体结构信息也可能确定结构（通常在高精度）
相变/膨胀系数	作为温度的函数（通常在 100~1 200 K 温度区间内的冷却或加热）的研究工作；观察结构转化

例题 8.1　使用粉末 X 射线衍射

题目：二氧化钛存在几种多晶形物，其中最常见的是锐钛矿、金红石和板钛矿。以下列出每个晶形中六个最强的反射所对应的实验衍射角。使用 154 pm 的 X 射线从白色油漆样品（其中含有 TiO_2 的一种或多种晶形）收集了粉末 X 射线衍射图（见图 8.4）。请指认二氧化钛存在的晶形。

金红石	锐钛矿	板钛矿
27.50	25.36	19.34
36.15	37.01	25.36
39.28	37.85	25.71
41.32	38.64	30.83
44.14	48.15	32.85
54.44	53.97	34.90

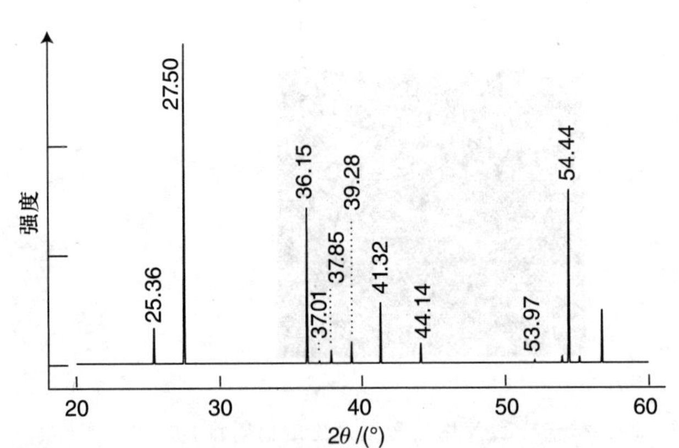

图 8.4　从二氧化钛多晶混合物得到的粉末 X 射线衍射图

答案：将测得的图谱与标准粉末 X 射线衍射图谱进行对照以鉴定其多晶物相。图上的线与金红石（最强的反射）和锐钛矿（几个较弱的反射）的衍射图案最匹配，因此涂料中含有这两种物相，其中金红石为 TiO_2 的主要物相。

自测题 8.1　铬（Ⅳ）氧化物也采取金红石结构。通过 Bragg's 方程及 Ti^{4+} 和 Cr^{4+} 的离子半径（参见资源节 1）预测 CrO_2 粉末 X 射线衍射图的主要特点。

基本晶体学信息（如晶格参数）通常不难从具有高精密度的粉末 X 射线衍射数据中提取。衍射图中存在或缺失某些反射点的事实可用于确定晶格类型。近些年，拟合衍射图中峰强度的技术已成为提取结构信息（如原子位置）的常用方法。这种分析叫作 **Rietveld 法**（Rietveld method），该法涉及用计算的衍射图对实验信息进行拟合。该技术虽不如单晶法那样强大(确定出的原子位置准确度较小),但其优点是不需要培养单晶。

(b) 单晶 X 射线衍射法

提要:对单晶 X 射线衍射图进行解析可以确定分子和扩展晶格的结构,虽然无机化合物中的氢原子往往无法定位。

解析单晶 X 射线衍射数据是获得无机固体结构最重要的方法。只要能将化合物培养成足够尺寸和品质的晶体,衍射数据就能提供分子和扩展晶格结构的确定信息。

单晶衍射数据的采集由衍射仪(见图 8.5)完成,操作中晶体绕三个相互垂直的方向(分别表示为 ω,ϕ 和 χ)旋转。**四圆衍射仪**(four-circle diffractometer)中使用闪烁检测器测量被衍射 X 射线束的强度(它是衍射角 2θ 的函数)。大多数现代衍射仪使用对 X 射线灵敏的**面探测器**(area detector)或**影像板**(image plate);这种探测器可同时测量大量散射极大值,因而在短短几个小时内就能完成完整的数据采集(见图 8.6)。

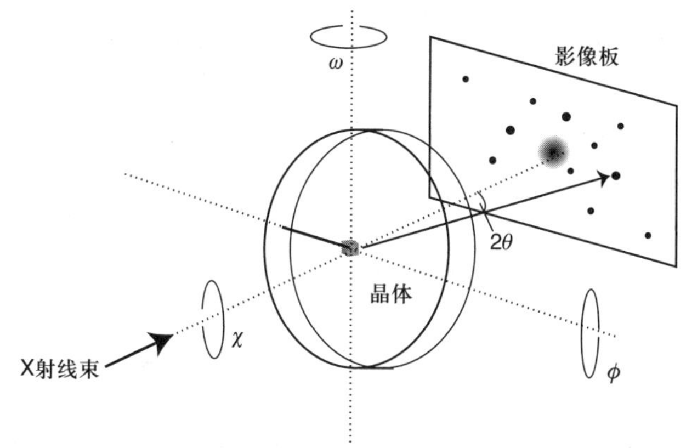

图 8.5　四圆衍射仪示意图。计算机控制着检测器的位置,使其中的四个角度协调变化

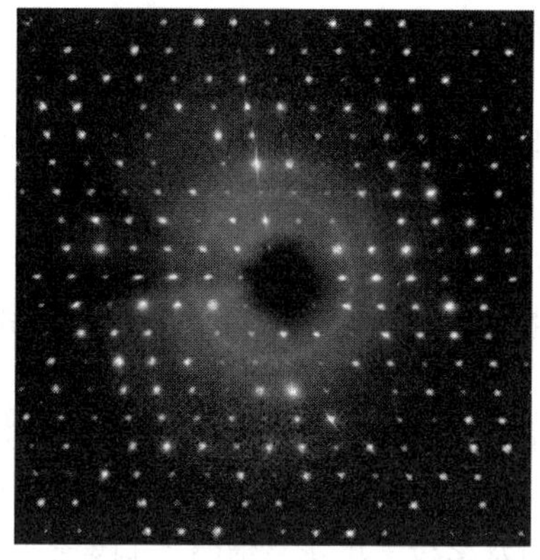

图 8.6　单晶 X 射线衍射的部分图案:图上各点源自晶体内不同原子平面的 X 射线散射所导致的衍射

单晶 X 射线衍射数据的解析看上去是个涉及数千反射点的位置和强度的复杂过程,但随着计算能力的迅速提升,一个熟练的晶体学家可在一小时内完成一个无机小分子结构的确定。单晶 X 射线衍射可用于确定绝大多数无机化合物的结构,只要它们能长成约 50 μm×50 μm×50 μm 或更大尺寸的晶体。大多数无机化合物中的大多数原子(包括 C、N、O 和金属原子)的位置都可准确地确定下来,键长的误差不到 1 pm。例如,单斜硫中 S—S 键长的报道数值为 204.7(3) pm 或 2.047(3) Å,括号中给出估计的标准偏差。

在只含轻原子(Z 约小于 18,即 Ar 之前)的无机化合物中,氢原子的位置可以被确定;但在同时含有重原子(如 4d 和 5d 系元素)的许多无机化合物中,氢原子位置的确定非常困难或者不可能。问题在于氢原子电子数目少(只有一个),甚至 H 原子与其他原子成键时往往被还原。此外,由于这个电子通常是化学键的一部分,单晶 X 射线衍射确定的电子密度的位置往往沿键的方向发生位移,使键的长度短于真实的核间距。无机化合物中氢原子的位置往往是用其他技术(如节 8.2 将要介绍的中子衍射技术)测定的。

单晶 X 射线衍射获得的分子结构通常用 ORTEP 图(Oak Ridge Thermal Ellipsoid Program 首字母的缩写)表示(见图 8.7)。ORTEP 图中的椭球表示散射电子密度最可能出现的空间的体积,考虑到热运动这一因素,椭球更正确的称谓应该是位移椭球。椭球大小随温度升高而增加,从而导致从数据获得的键长误差也随之增大。

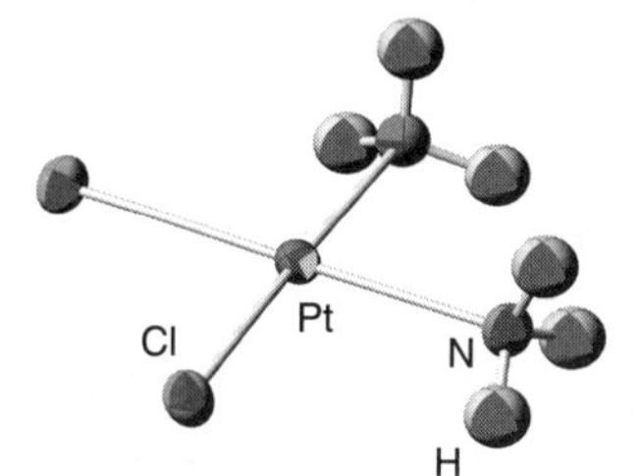

图 8.7　顺铂[$Pt(NH_3)_2Cl_2$]的 ORTEP 图:椭球相应于原子位置处散射电子密度为 90% 的概率

(c) 同步加速器光源的 X 射线衍射法

提要:由同步加速器光源产生的高强度 X 射线束可用于测定复杂的分子结构。

由**同步加速器辐射**(synchrotron radiation)可以得到比实验室光源更强的 X 射线束。同步加速器辐射是由存储环中以接近光速运动的电子产生的,通常比实验室光源要强好几个数量级。由于体积较大,同步加速器 X 射线源通常是国家的或国际的设施。利用这种 X 射线源的衍射仪可以测定更小的样品,晶体样品可以小到 10 μm×10 μm×10 μm。此外,数据收集也要快得多,更复杂的结构(如酶的结构)更易被测定。

8.2　中子衍射法

提要:晶体的中子散射产生的衍射数据能够提供确定结构的其他信息,特别是轻原子的位置。

晶体能够衍射具有一定速度、波长相当于晶体中原子(或离子)间距离的任何粒子(根据 de Broglie 关系式,速度与波长的关系为 $\lambda=h/mv$)。以合适速度运行的、波长数量级为 100~200 pm 的中子和电子束可被晶态无机化合物所衍射。

适当波长的中子束是由核反应堆产生的"慢化"中子组成的,也可通过一个叫作**散裂**(spallation)的过程(用加速的质子束剥离重元素原子核中中子的过程)产生。用于收集数据和分析单晶(或粉末)中子衍射图案的设备往往类似于 X 射线衍射所用的设备。区别在于规模大得多,这是因为中子束的通量比实验室 X 射线源的通量低得多。尽管不少化学实验室都拥有用于结构表征的 X 射线衍射仪,而全球范围内只有为数不多的专业实验室才能从事中子衍射研究。因此,这种技术很少用于研究无机化合物,仅限于研究一些重要的、结构中含有氢原子(X 射线衍射无法确定)的样品。随着含氢化合物在能量储存和能量形成方面日益增长的重要性(第 10 章),对无机化合物中氢原子的测定变得越来越重要。

中子衍射法的优点源自这样的事实:中子是被核而不是被核周围的电子散射的。其结果是,中子对结构参数(这些结构参数往往是对 X 射线信息的补充)比较灵敏。特别是这种散射不受重元素支配,重元素的支配作用对多数无机化合物的 X 射线衍射而言是个没有解决的问题。例如,若材料中含有 Pb 原子,则不可能通过 X 射线衍射确定其中轻元素(如 H 或 Li)的位置,这是因为几乎所有的电子密度都与材料中的 Pb 原子有关。相对而言,轻原子对中子的散射往往与重元素对中子的散射相类似,轻原子对衍射图谱中强度的贡献也很显著。因此,中子衍射法频频与 X 射线衍射法结合使用,在较重的、富电子金属原子存在的条件下更为准确地确定诸如 H、Li 和 O 等原子的无机结构。有代表性的应用包括研究复合金属氧化物(如高温超导体,需要在如金属 Ba 和 Tl 存在时确定氧离子的准确位置)和研究对 H 原子位置有兴趣的那些体系。

中子衍射法的另一个用途是区分几乎为等电子体的物种。周期表中同一周期相邻两元素(如 O 和 N;Cl 和 S)几乎等电子,对 X 射线的散射程度相接近;晶体结构中同时存在两种元素时,X 射线衍射法很难将它们相区分。然而,这些相邻原子对中子的散射却迥然不同(N 比 O 强 50%多,Cl 大约是 S 的四倍),所以,中子衍射法比 X 射线衍射法更容易对原子进行识别。

自旋 I 为 1/2 的中子的另一个特性是,它们也能被自旋 I 同样为 1/2 的未成对电子所散射。在那些含有有序排列的未成对电子的无机化合物(如铁磁材料和反铁磁材料,节 20.8)中,这种散射会产生附加衍射峰。为了与核的散射相区别,将这种散射叫作磁性散射(见图 8.8)。通过对磁性散射的解析能够提供所谓**磁结构**(magnetic structure)的详细信息。

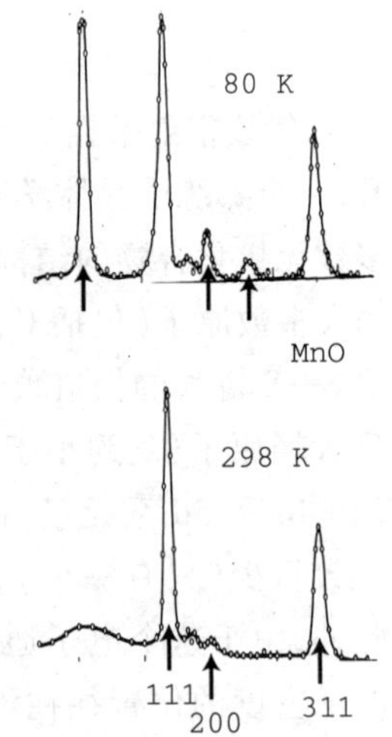

图 8.8　MnO 的粉末中子衍射图。图上示出低温(80 K)下电子自旋有序反铁磁性排列所产生的附加磁性反射。MnO 在室温下是顺磁性物质(不存在长程有序的磁矩),因而在 298 K 下观察不到磁性反射

例题 8.2　选择适合于解决无机化学结构问题的衍射技术

题目:为了获得如下信息,您将在实验上使用哪种衍射技术?(i) K_2Se_5中准确的 Se—Se 键长,误差低于 0.3 pm;(ii) $[(CpY)_4(\mu\text{-H})_7(\mu\text{-H})_4WCp^*(PMe_3)]$中氢的准确位置。

答案:需要将所需的信息与不同衍射技术的灵敏度联系起来。(i) 钾和硒都是"重原子",都会强烈散射 X 射线。因此,只要有合适的晶体,单晶 X 射线衍射法就可提供准确度很高的键长。该化合物的结构已被报道,其中 Se—Se 键长范围在(2.335 至 2.366±0.002) Å。(ii) 重原子(如 Y 和 W)的存在意味着它们将支配 X 射线衍射实验中的散射。2011 年报道了单晶中子衍射实验(样品为 9 mm^3)测得的结构,其中氢的位置具有合理的准确度。

自测题 8.2　若手头仅有大小为 5 μm×10 μm×20 μm 的 K_2Se_5晶体,应当怎样调整所用的实验技术?

吸收光谱法和发射光谱法

大多数用于检测无机化合物的物理技术涉及电磁辐射的吸收,有时也会涉及电磁辐射的再发射。被吸收的光的频率能够提供无机化合物能级的有用信息,而吸收强度往往用于提供定量分析的信息。吸收光谱技术通常是一种非破坏性技术,样品检测后可回收用于其他的分析操作。

化学中使用的电磁辐射谱图的范围包括从波长短的 γ 和 X 射线(约 1 nm)到波长达数米的无线电波(见图 8.9)。它覆盖了与原子和分子特有现象(如电离、振动、旋转和原子核的重新取向)有关的整个能量范围。X 射线和紫外(UV)辐射用于测定原子和分子的电子结构,而红外(IR)辐射则用于考察它们的振动行为。核磁共振(NMR)中的射频(RF)辐射用于探测磁场中与原子核重新取向相关的能量和那些对原子核的化学环境敏感的能量。一般来说,吸收光谱法利用分子或材料对特征频率(相应于相关能级之间的跃迁能)的电磁辐射的吸收。光谱强度与跃迁概率有关,而跃迁概率在某种程度上又决定于对称性规则(如第 6 章中对振动光谱所描述的那些规则)。

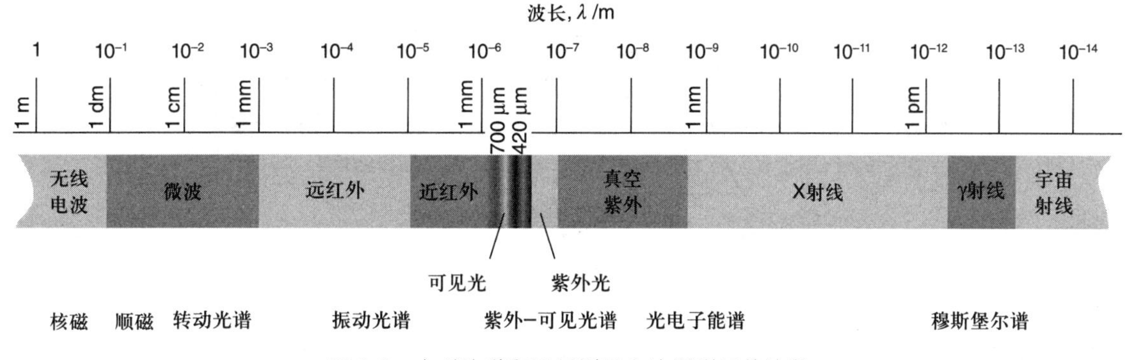

图 8.9　电磁波谱和不同测量方法所利用的波段

涉及电磁辐射的各种光谱技术具有不同的时间标度,而时间标度可能影响所采集的结构信息。当光子与原子或分子发生作用时,需要考虑如激发态寿命和此时间段内分子如何形变等因素。表 8.2 总结了与这里所讨论的各种光谱技术相关的时间标度。可以看出,与 NMR 相比,IR 光谱能够获取分子结构更快的"快照"。如果分子可在纳秒范围内重新取向或改变形状,区分不同态时要使用 IR 技术而不是 NMR 技术。NMR 观测到的是该分子的平均结构,如红外光谱表明$[Fe(CO)_5]$具有 D_{3h}对称性(轴向羰基和赤道羰基不同);而核磁共振表明所有的羰基都是等同的。这样的物种在 NMR 时间标度上叫作具有"瞬变性"。采集数据时的温度也应予以考虑,因为分子重新取向的速率随温度升高而增大。

表 8.2 一些常见表征方法的代表性时间标度

表征方法	时间标度/s
X 射线衍射	10^{-18}
穆斯堡尔	10^{-18}
紫外-可见电子光谱	10^{-15}
红外/拉曼振动光谱	10^{-12}
核磁共振	$c.10^{-3} \sim 10^{-6}$
电子顺磁共振	10^{-6}

8.3 紫外-可见光谱法

提要:电子跃迁的能量和强度能够提供有关电子结构和化学环境方面的信息;光谱性质的变化可用来监控反应进程。

紫外-可见光谱法(Ultraviolet-visible spectroscopy 或 UV-visible spectroscopy)是在光谱的 UV 区和可见区观察电磁辐射吸收的方法。有时也叫**电子光谱法**(electronic spectroscopy),这是因为能量被用来将电子激发到更高的能级。UV-Vis 光谱是研究无机化合物及其反应使用最广泛的技术,大多数实验室拥有紫外-可见分光光度计(见图 8.10)。电子跃迁有时发生在能量接近的能级之间,特别是那些含有 d 电子和 f 电子的跃迁。这些跃迁也发生在电磁波谱中可见区之外的近红外区($\lambda = 800 \sim 2\ 000$ nm)。本节仅介绍基本原理,详细的叙述安排在后续各章(特别是第 20 章)。

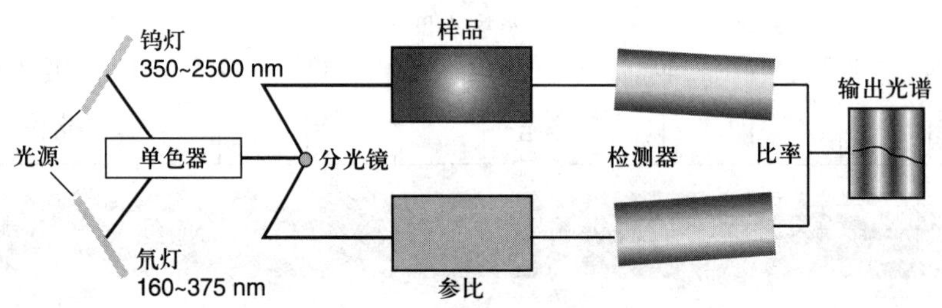

图 8.10 有代表性的紫外-可见分光光度计原理图

(a) 光谱测量

紫外-可见光谱法测定的样品通常是溶液,但也可以是气体或固体。气体或液体放置在一个由透光材料(如玻璃或纯二氧化硅,后者用于波长低于 320 nm 的紫外辐射)制作的小器皿(比色皿)中。入射光束通常被分成两部分,一部分射过样品,而另一部分射过同样容器但不含样品的空白。穿过容器的光束在检测器中进行对比,进而得到作为波长函数的光吸收。传统分光光度计通过改变衍射光栅的角度扫描入射光束的波长,但现在更常见的是通过二极管阵列一次记录整个频谱的方法。对固体样品而言,从样品反射的紫外-可见光的强度比透过固体的光更易测量,从入射光强度减去反射光强度可得到吸收光谱(见图 8.11)。

吸收强度以**吸光度**(absorbance,A)的形式进行测量,A 定义为

$$A = \log_{10}\left(\frac{I_0}{I}\right) \tag{8.2}$$

式中，I_0为入射光强度，I 为通过样品后所测得的强度[光强度衰减 10%（$I_0/I=100/90$）的样品吸光度为 0.05，衰减 90%（$I_0/I=100/10$）的为 1.0，衰减 99%（$I_0/I=100/1$）的为 2.0 等]。检测器限定用于吸收强的物种，对低光子流的测量结果不可靠。

经验上的 **Beer–Lambert 定律**（Beer–Lambert law）将吸光度、吸光物质 J 的物质的量浓度[J]和光路长度（L）相关联：

$$A=\varepsilon[\mathrm{J}]L \tag{8.3}$$

式中，ε 是**摩尔吸收系数**（molar absorption coefficient），通常也叫"消光系数"，有时还叫作"摩尔吸收率"。ε 值的变化范围很大：最大值可以大于 $10^5\ \mathrm{dm^3\cdot mol^{-1}\cdot cm^{-1}}$（对完全的允许跃迁是如此，如从原子的 3d 能级转移至 4p 能级，$\Delta l=1$），最小值可以小于 $1\ \mathrm{dm^3\cdot mol^{-1}\cdot cm^{-1}}$（对"禁阻"的原子跃迁是如此，如 $\Delta l=0$ 的跃迁）。在分子中，这些选律可扩展到以分子轨道为基础的态–态之间的跃迁，它们可能变得不严格，特别是轨道对称性发生改变的振动（第 20 章）。摩尔吸收系数小的物种可能难以通过实验进行观察，除非增大浓度或增加光路的长度。

图 8.12 示出 d 金属化合物一个典型的溶液紫外–可见光谱，这里的 d 金属为 d^1组态的 Ti(Ⅲ)。从吸收光的波长可以推断化合物的能级，包括配体环境对 d 金属原子的影响。所涉及的跃迁类型往往可从 ε 值作出推断。吸光度与浓度之间的正比关系为一些依赖于浓度的性质（如平衡状态的组成和反应速率）提供了测量方法。

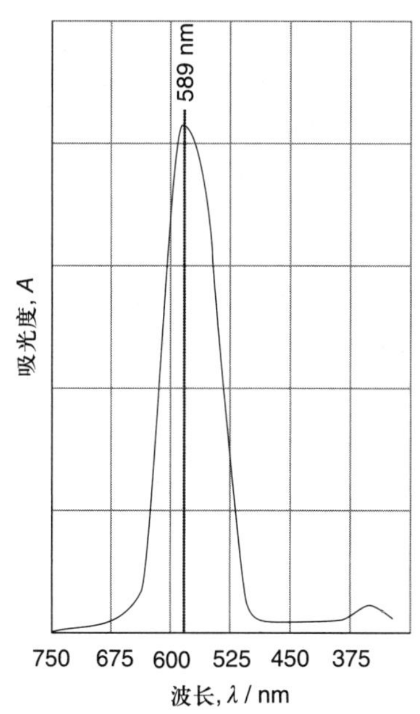

图 8.11　深蓝色固体 $Na_7[SiAlO_4]_6(S_3)$ 的紫外–可见光谱

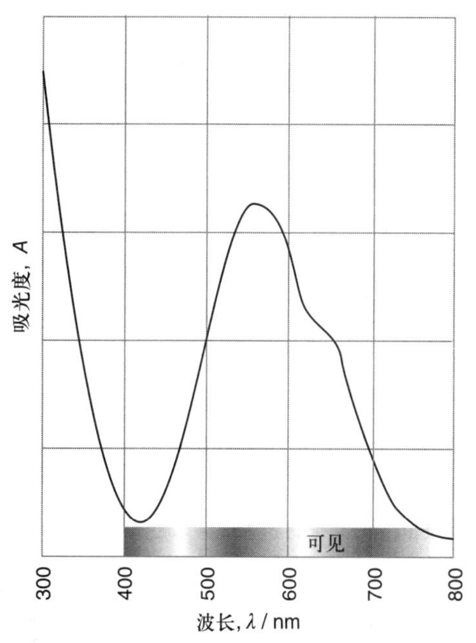

图 8.12　$[Ti(OH)_6]^{3+}(aq)$的紫外–可见光谱：吸光度为波数的函数

例题 8.3　紫外–可见光谱和颜色

题目：图 8.13 给出铬酸铅和二氧化钛的紫外–可见光谱，请判断铬酸铅的颜色。

答案：从入射白光中除去特定波长的光导致出现其他光，后者具有与特定波长的光的互补色。互补色是艺术家色盘上跨过直径彼此处于对面的颜色（见图 8.14）。在可见光区，铬酸铅唯一的吸收处于光谱的蓝色区域，根据图 8.14，射入眼帘的互补色为黄色。

自测题 8.3　试解释，二氧化钛为什么被广泛用于防晒剂以防止 UVA 的有害辐射（UVA 是波长处于 320～360 nm 的辐射）。

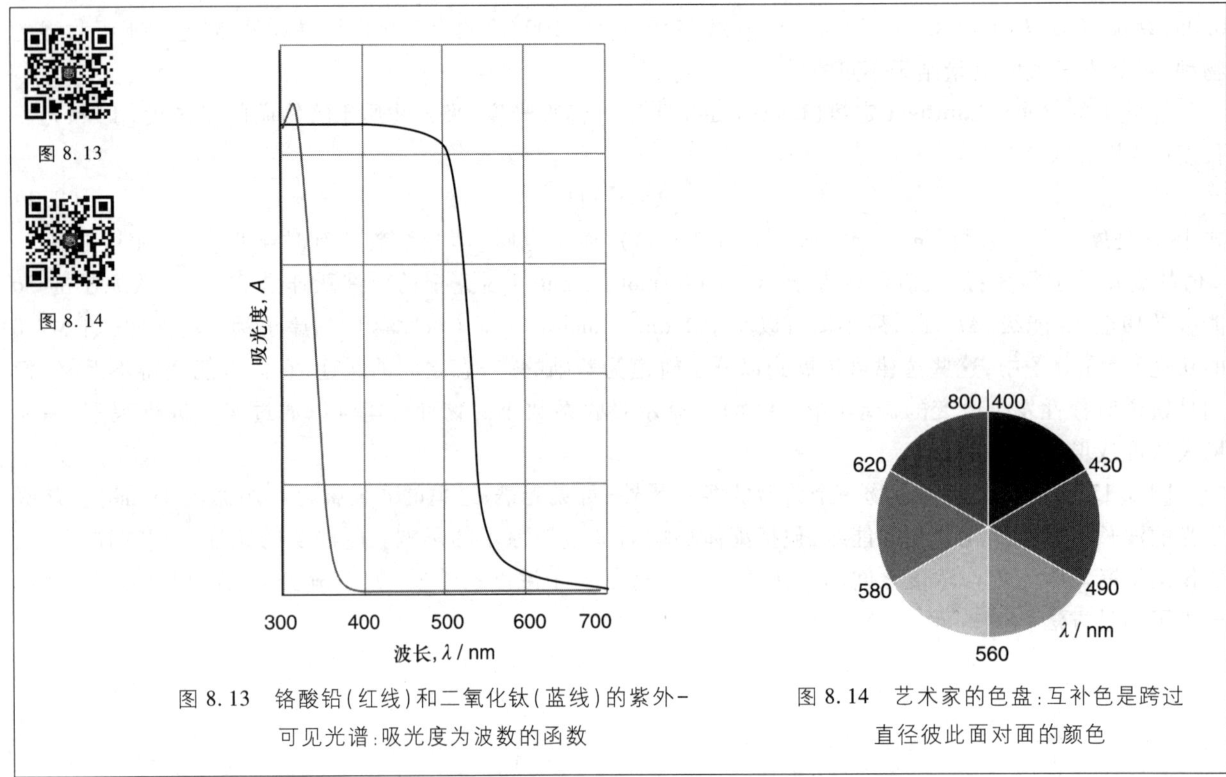

图 8.13　铬酸铅(红线)和二氧化钛(蓝线)的紫外-可见光谱:吸光度为波数的函数

图 8.14　艺术家的色盘:互补色是跨过直径彼此面对面的颜色

(b) 滴定操作和动力学上的光谱监测

重点在于测量强度(而不是测量跃迁能)的光谱研究通常叫作**分光光度法**(spectrophotometry)。只要至少一个物种具有合适的吸收带,通常就可直接进行"光度滴定",通过测量混合物中被滴定成分的浓度变化监测反应进行的程度。测定溶液物种的紫外-可见光谱还能监测反应进程和测定速率常数。

紫外-可见光谱监测技术可用于监测极快的(由超快激光脉冲引发的光化学反应,半衰期为皮秒量级)和缓慢的(半衰期为几小时甚至几天)反应。图 8.15 给出**停流法**(stopped-flow technique)设备的框图,该法通常用于研究半衰期在 5 ms 到 10 s 之间的反应(用混合的方法引发)。通过气动推动的手段将各自含有一种反应物的两种溶液迅速混合,流动并反应着的溶液进入"停止注射器"室后突然停止,并触发对吸光度进行监测的操作。反应可在某一固定波长下进行监测,也可使用二极管阵列检测器非常迅速地测量连续光谱。

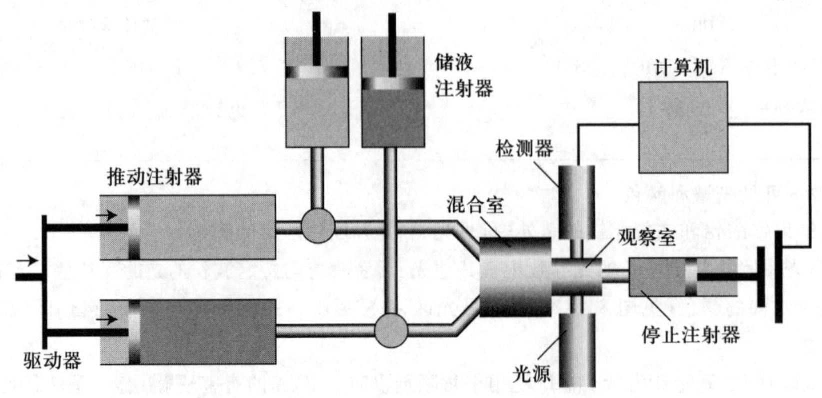

图 8.15　研究溶液中快速反应的停流法设备的框图

滴定过程或反应过程导致的光谱变化也能提供有关反应过程中形成的物种数方面的信息。一个重要的例子是出现一个或多个**等吸光点**(isosbestic points),等吸光点出现在两物种摩尔吸收系数相等的波长上(见图8.16)。滴定过程或反应过程中等吸光点的出现是溶液中只存在两个主要物种(反应物和产物)的证据。溶液中存在三个物种(除反应物和产物外还有一个中间体)时绝不可能在一个或多个波长处具有相同的摩尔吸收系数。

8.4　荧光或发射光谱法

荧光或发射光谱法(fluorescene or emission spectroscopy)有时也叫荧光分析法或荧光分光光度法,它关注的是化合物受到电子激发(一般是受紫外光激发)时所发射的电磁辐射(通常在光谱的可见区或近红外区)。由于被研究的化合物在非辐射过程(如振动模式)中损耗了能量,所发射的光子能量通常低于激发光光子的能量。图8.17总结了化合物吸收光谱和发射光谱的产生及它们之间的关系。发射光谱或荧光光谱依赖于激发光的能量,实验上在多种激发光的波长下都可获得这种光谱。电子吸收光谱和电子发射光谱往往是被一起收集并进行分析的。荧光光谱仪(见图8.18)通常使用氙灯作为激发光源,通过单色器后的激发光波长处在200~800 nm。用于激发的单色光束射向待测化合物,而其发射光谱用第二个单色器进行解析,其光子能量处在200~900 nm。

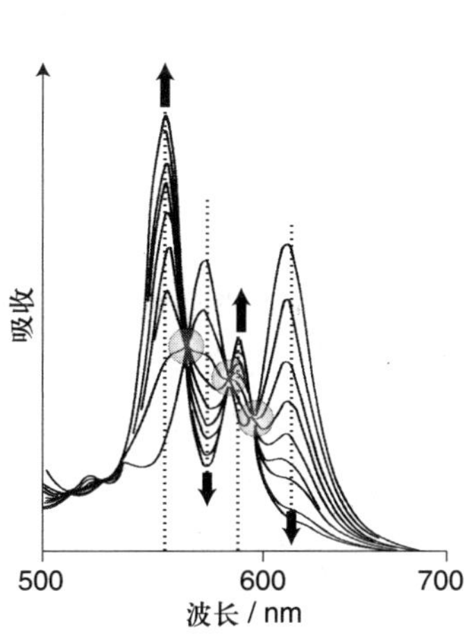

图8.16　HgTPP(TPP=四苯基卟啉)与Zn^{2+}反应(锌取代大环中的汞)过程中吸收光谱的变化,圆圈圈住的是观测到的等吸光点:最初和最终的谱线分别是由反应物和产物产生的,这表明TPP在反应过程中未达到可检测的浓度。引用自C. Grant and P. Hambright, *J. Am. Chem. Soc.*, 1969, **91**, 4195.

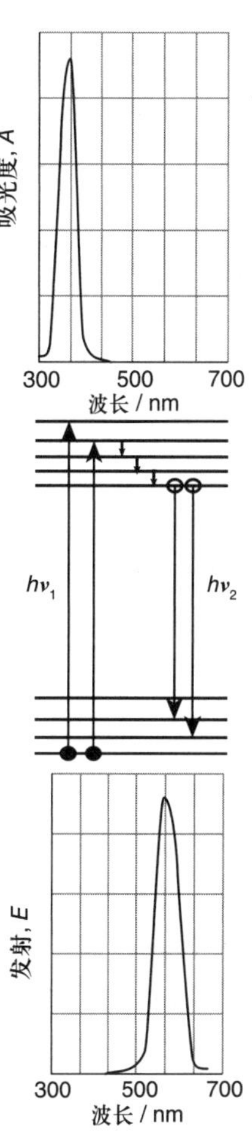

图8.17　典型无机化合物的紫外-可见光谱和发射光谱的产生和能级示意图

在无机化学中，发射光谱在用作磷光体和显示屏的材料中具有特殊意义，这些材料中由汞蒸气放电产生的紫外辐射可以转化为可见光。像紫外-可见光谱那样，过渡元素和 f 区元素（它们含有未成对电子）电子能级之间的跃迁频频导致在电磁波谱可见区和近红外区的发射。因此，镧系离子（如 Eu^{3+} 和 Tm^{3+}，见节 23.5）的化合物和一些掺杂有过渡金属离子的硫化物（如掺杂 Mn^{2+} 的 ZnS）通常出现在这类应用中。图 8.19 示出了作为颗粒大小函数的、被称为量子点（参见应用相关文段 24.5）的 CdSe/ZnS 纳米粒子的发射光谱。颗粒越小，发射的波长越短（由于激发态与基态能级间隙越大）。

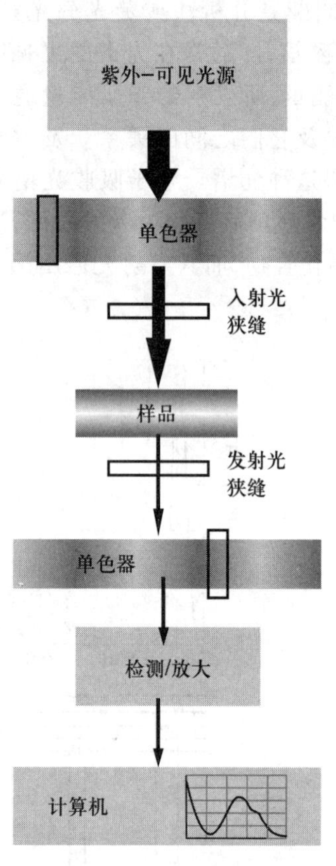

图 8.18　荧光光谱仪有代表性的设计图

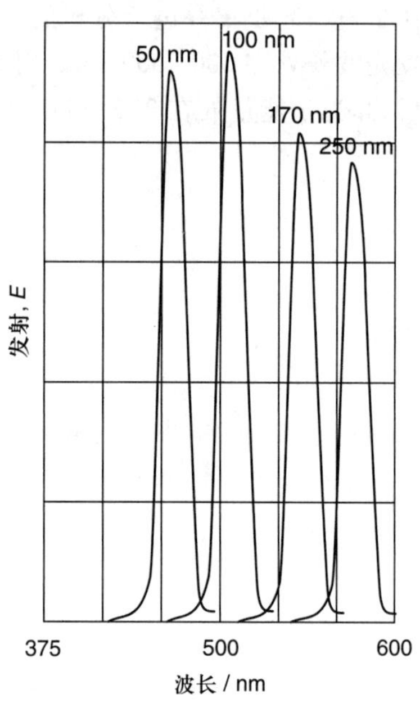

图 8.19　CdSe/ZnS 纳米粒子的发射光谱是颗粒大小的函数：所用激发光的波长为 320 nm

8.5　红外光谱法和 Raman 光谱法

提要：红外光谱法和 Raman 光谱法往往互相补充，这是因为特定类型的振动可能只出现在其中一种之中，而在另一种中则不会出现；获得的信息用在从结构测定到反应动力学研究的许多方面。

振动光谱法用来表征化合物中键的强度、刚性和数目。也用于检测已知化合物的存在（指纹法）、监测反应中物种浓度的变化、测定未知化合物的组分（如 CO 配体的存在）、测定化合物可能具有的结构、测量键的性质（键的力常数）等。获得振动光谱的两个主要实验技术是**红外光谱法**（infrared spectroscopy）和 **Raman 光谱法**（Raman spectroscopy）。

(a) 分子振动的能量

分子中的化学键类似于弹簧，拉伸一个距离（x）后会产生回复力（F）。如果位移不大，回复力与位移成正比，即 $F=-kx$。式中，k 为键的**力常数**（force constant）：键越强，力常数就越大。这样的系统叫谐振子，求解 Schrödinger 方程给出的能量为

$$E_\nu=\left(\nu+\frac{1}{2}\right)\hbar\omega \tag{8.4a}$$

式中，$\omega=(k/\mu)^{1/2}$，$\nu=0,1,2,\cdots$，μ 是振子的**有效质量**(effective mass)。对由质量为 m_A 和 m_B 的原子组成的双原子分子而言，

$$\mu=\frac{m_A m_B}{m_A+m_B} \tag{8.4b}$$

同位素体(由一种元素不同同位素组成的分子)具有不同的有效质量，该事实反过来又导致 E_ν 值发生变化。如果 $m_A \gg m_B$，则 $\mu \approx m_B$，即仅 B 原子在振动过程中发生明显移动。在这种情况下，振动能级主要由较轻原子的质量 m_B 决定。当力常数大(硬的键)而振子的有效质量小(仅轻原子在振动过程中发生移动)时，相应频率(ν)就高。振动能通常用波数($\tilde{\nu}=\omega/2\pi c$)表示，有代表性的 $\tilde{\nu}$ 值范围是 300～3 800 cm^{-1}(见表 8.3)。

表 8.3　一些常见分子物种(如游离分子或离子，或配位至金属中心的分子)特征的基本伸缩波数

物种	波数范围/cm^{-1}
OH	3 400～3 600
NH	3 200～3 400
CH	2 900～3 200
BH	2 600～2 800
CN^-	2 000～2 200
CO(端基)	1 900～2 100
CO(桥基)	1 800～1 900
>C=O	1 600～1 760
NO	1 675～1 870
O^{2-}	920～1 120
O_2^{2-}	800～900
Si—O	900～1 100
金属—Cl	250～500
金属-金属键	120～400

由 N 个原子组成的非线性分子可取($3N-6$)种独立的振动方式，而线性分子则有($3N-5$)种。这些不同的独立振动被称为**正则模式**(normal modes)。例如，CO_2 分子具有四种振动的正则模式(见图 6.16)，其中两个对应键的伸缩，另外两个对应互相垂直的两个平面内的分子弯曲。弯曲模式通常发生在比伸缩模式较低的频率，它们的有效质量(因而它们的频率)以一种复杂的方式(这种方式反映了各种原子以每种模式运动的程度)依赖于原子的质量。这些振动模式被标记为 ν_1、ν_2 等，而且有时被冠以引人注意的名字(如“对称伸缩”和“反对称伸缩”)。只有对应于电偶极矩发生变化的正则模式可以吸收红外辐射，因此只有这些模式具有 **IR 活性**(IR active)，才能产生 IR 谱。如果正则模式对应于极化率的变化，这种模式则具有 **Raman 活性**(Raman active)。正如第 6 章中看到的那样，群论是预测分子振动的 IR 活性和 Raman 活性的强大工具。

任何正则模式的最低能级($\nu=0$)对应于 $E_0=\frac{1}{2}\hbar\omega$，即对应于所谓的**零点能**(zero-point energy)，零点能是化学键可具有的最低振动能。除了 $\Delta\nu=+1$ 的基本跃迁外，振动光谱也可能在 $2\tilde{\nu}$ 处显示由双量子跃迁($\Delta\nu=+2$)所产生的被称为**泛频**(overtones)的谱带和两种不同振动模式(如 $\nu_1+\nu_2$)的**组合**(combinations)谱带。这些特殊的跃迁可能有用，这是因为，即使在基本跃迁因跃迁选律而被禁阻的情况下，它们往往也能发生。

(b) 方法

获得化合物 IR 谱图的方法是，将样品置于红外辐射的光路上，记录吸光度随频率、波数或波长的变

化。“波数”（长度的倒数，常表示为 cm^{-1}）使用得非常广泛，不过需要注意一个概念：它不是一个“单位”，仅是与频率有关（$\tilde{\nu}=\nu/c$）的一个物理名称。

早期的红外光谱仪测量的是透射光，透射光的强度随红外辐射在两个极限频率之间的扫描而变化。红外图谱现在可由 **Fourier 变换**（Fourier transformation）得到的干涉谱提取，Fourier 变换将时间域的信息（基于沿不同长度光路传播的波的干涉）转化为频率域。样品必须置于不吸收 IR 辐射的材料制作的容器中，这意味着不能使用玻璃容器；水溶液也不合适，除非感兴趣的光谱带发生在不被水吸收的频率。光学窗口通常是由 CsI 或 CaF_2 制作的。样品制备的传统方法包括制成 KBr 压片（将样品用干燥 KBr 稀释后压制成半透明片）和石蜡糊（将样品制成悬浮液，然后将其以液滴形式放置在两片光学窗之间）。这些方法仍然被人们广泛使用，虽然越来越流行全内反射装置，这种装置只需将样品简单地放置在适当位置上。IR 谱的范围通常在 4 000 到 250 cm^{-1} 之间（对应于 2.5 到 40 μm 的波长），该范围涵盖了无机键许多重要的振动模式。图 8.20 给出一个代表性谱图。

Raman 光谱测定中，样品受到光谱可见区强激光的照射。大部分光子发生弹性散射（频率无变化），但有些光子发生非弹性散射，释放了一些能量以激发振动。非弹性散射光子的频率不同于入射光的频率（ν_0），减少量等于被激发分子的振动频率（ν_i）。相比于 IR，Raman 的缺点是线宽通常大得多。在常规 Raman 光谱法中，光子先将分子中的电子激发至一个“虚”激发态，然后折回到真实的、能级较低的状态，被检测的光子是在返回过程中发射出来的。这种方法的灵敏度低，但如果被研究的物种有颜色而且将激发用激光调节至电子跃迁所需的实际频率，灵敏度就可大大提高。后一种方法叫作**共振 Raman 光谱法**（resonance Raman spectroscopy），对研究酶中 d 金属原子的环境特有价值（第 26 章）。这是因为只有接近电子生色基团（主要负责电子激发的基团）的振动被激发，而分子中成千上万的其他键对激发无响应。

Raman 光谱的范围类似于 IR 光谱（200～4 000 cm^{-1}），图 8.21 示出了一个典型的 Raman 光谱。注意，能量可以被转移至样品，也可从样品转出。前者产生 **Stokes 线**（Stokes lines），谱线处于比激发能更低的位置（较小的波数和更长的波长）；后者产生**反 Stokes 线**（anti-Stokes lines），谱线处于比激发能更高的位置。Raman 光谱法与 IR 光谱法往往互相补充，这是因为两种技术探测的振动模式具有不同的活性：一

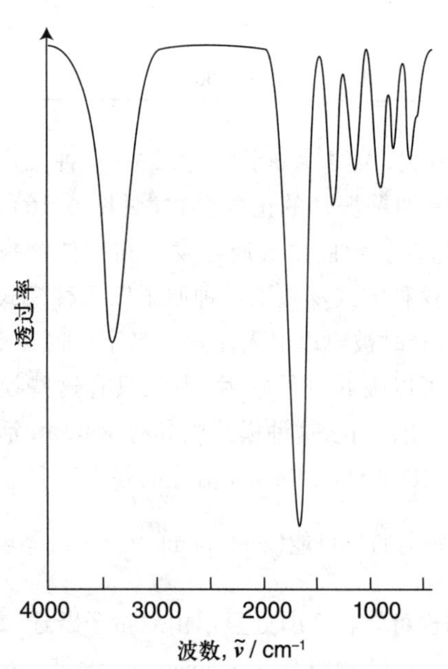

图 8.20　乙酸镍四水合物的红外光谱，示出由水（—OH 的伸缩发生在 3 600 cm^{-1}）和羰基（伸缩发生在 1 700 cm^{-1} 附近）导致的特征吸收

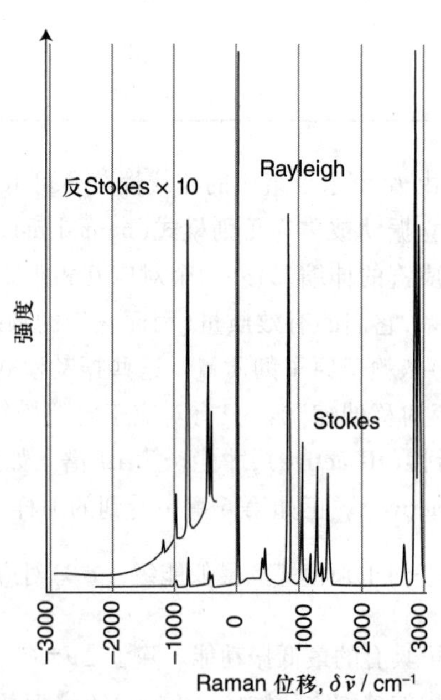

图 8.21　有代表性的 Raman 光谱，图中显示出 Rayleigh 散射（初始波长不变的激光散射）、Stokes 线和反 Stokes 线

种模式对应偶极矩的变化，可用 IR 光谱法检测；另一种模式对应极化率的变化（在外加电场作用下分子的电子分布发生变化），Raman 光谱中可以看到。节 6.5 曾经介绍，由于群论方面的原因，具有反演中心的分子不存在既具 IR 活性又具 Raman 活性的振动模式（排除规则）。

(c) IR 和 Raman 光谱的应用

振动光谱的一个重要应用是测定无机分子的形状。例如，五配位结构的 AX_5（其中 X 是同一种元素）可以采取四方锥结构（C_{4v}对称）或三角双锥结构（D_{3h}对称）。节 6.6 中对这些几何形状正则模式的分析表明，三角双锥 AX_5分子具有五种伸缩模式（对称性指标为 $2A_1'+A_2''+E'$，最后一个是二重简并的一对振动模式），其中三种具有 IR 活性（$A_2''+E'$，考虑到 E'为二重简并的模式，对应于两个吸收带），四种具有 Raman 活性（同理 $2A_1'+E'$对应于三个吸收带）。对四方锥几何结构进行的类似分析表明，它具有四个 IR 活性伸缩模式（$2A_1+E$ 对应于三个吸收带）和五个 Raman 活性伸缩模式（$2A_1+B_1+E$ 对应于四个吸收带）。BrF_5 的振动光谱显示 Br—F 键具有三个 IR 伸缩吸收带和四个 Raman 伸缩吸收带，表明该分子为四方锥几何构型，与 VSEPR 理论（节 2.3）的预测相一致。

例题 8.4　识别分子几何形状

题目：图 8.22 给出同一波数范围内 XeF_4的 IR 和 Raman 光谱。试问 XeF_4采用平面四方形还是四面体几何构型？

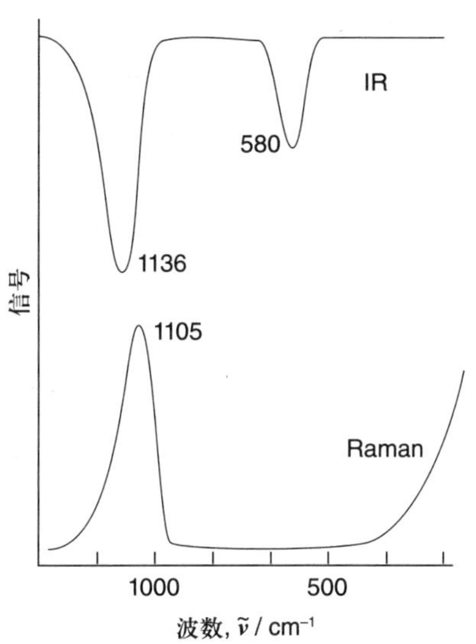

图 8.22　XeF_4的 IR 和 Raman 光谱

答案：AB_4分子可能是四面体（T_d）或平面四方形（D_{4h}），它们是四方锥（C_{4v}）或跷跷板形（C_{2v}）的基础。光谱没有共同的吸收能，因此该分子可能具有对称中心。在可以得到的对称群中，仅有平面四方形几何结构（D_{4h}）具有对称中心。

自测题 8.4　用 VSEPR 理论预测 XeF_2分子的形状，并由此确定该分子的 IR 和 Raman 光谱中可观测到的振动模式的总数。是否有吸收发生在 Raman 和 IR 光谱的同一频率？

IR 和 Raman 光谱的一个主要用途是研究含有羰基配体的、为数众多的 d 区化合物，这些化合物在其他一些分子很少发生吸收的区域产生强烈的振动吸收带。游离 CO 在 2 143 cm^{-1}处发生吸收，但当与化合物中的金属原子配位后伸缩频率降低（波数也相应降低），降低程度依赖于金属原子通过反馈作用使其电子密度转移至 2 个 π 反键轨道（LUMOs）的程度（节 22.5）。CO 的伸缩吸收还可用来区分端基配体与桥基配体，后者的吸收发生在更低的频率。同位素标记的化合物通过有效质量[式(8.4b)]的变化导致吸收带发生位移（CO 基团中的^{12}C 被^{13}C 取代时导致向低波数位移约 40 cm^{-1}），这种效应可用于指认光谱并用于探讨涉及该配体的反应机理。

Fourier 变换红外光谱法（FTIR）可以提高数据采集的速度，这意味着该法可与快速动力学技术（包括超快激光光解和停流法）结合使用。

Raman 和 IR 光谱法也是研究那些能在惰性基质中形成并被惰性基质所捕获的分子的良好方法。**基质隔离**(matrix isolation)的原理是,那些通常不会存在的、高度不稳定物种能在惰性基质(如固体氩)中生成。

共振法

研究结构的多种方法依赖于使能级间距与电磁辐射之间发生共振,这种间距有时是通过磁场控制的。其中两种方法涉及**磁共振**(magnetic resonance):一种方法的能级是磁核(具有非零自旋的核,$I>0$)的能级;另一种方法的能级是未成对电子的能级。

8.6　核磁共振法

提要:核磁共振法适于研究含磁核元素(尤其是氢)的化合物,它能提供分子结构(包括化学环境、连接关系和核间距)方面的信息。核磁共振法还用于探讨分子动态学,是研究发生在毫秒级重排反应的重要工具。

核磁共振(nuclear magnetic resonance,NMR)是测定溶液和纯液体中分子结构最有力、使用最广泛的一种光谱方法。在许多情况下,它提供的关于形状和对称性方面的信息比其他光谱技术(如 IR 和 Raman 光谱)具有更大的确定性。它也能提供瞬变分子中有关配体交换速率和性质的信息,用来跟踪反应时在许多情况下能够提供反应机理方面的细节。该技术已用于获取摩尔质量高达 30 kg · mol^{-1}(相应于相对分子质量为 30 k)的蛋白分子的结构,并能对 X 射线单晶衍射所得结构信息补充更多的静态描述。然而不像 X 射线衍射法那样,研究溶液中的分子时一般不能提供精确的键长和键角(虽然也可提供有关核间距的一些信息)。核磁共振是一种非破坏性技术,样品可在收集共振谱之后从溶液中回收。

NMR 的灵敏度依赖于多种因素,包括同位素丰度和同位素核磁矩的大小。例如,^{1}H 比 ^{13}C 在图上更易看到,这是因为前者的天然丰度为 99.98%而且磁矩大,后者的天然丰度只有 1.1%而且磁矩小。使用现代多核 NMR 技术特别容易观测 ^{1}H、^{19}F 和 ^{31}P 谱,也可获得许多其他同位素的有用光谱。表 8.4 列出某些重要的 NMR 核及其灵敏度。对奇异核的一个常见限制是存在核四极矩,电荷的不均匀分布(存在于所有核自旋量子数 $I>1/2$ 的核中)使信号变宽并使谱图变差。原子序数为偶数和质量数为偶数的核(如 ^{12}C 和 ^{16}O)具有零自旋,NMR 上看不到相关信号。

表 8.4　用于 NMR 的常见核的核自旋特性

原子核	天然丰度/%	灵敏度*	自旋值	NMR 频率/MHz†
^{1}H	99.98	5 680	$\frac{1}{2}$	100.00
^{2}H	0.015	0.008 21	1	15.351
^{7}Li	92.58	1 540	$\frac{3}{2}$	38.863
^{11}B	80.42	754	$\frac{3}{2}$	32.072
^{13}C	1.11	1.00	$\frac{1}{2}$	25.145
^{15}N	0.37	0.021 9	$\frac{1}{2}$	10.137
^{17}O	0.037	0.061 1	$\frac{3}{2}$	13.556
^{19}F	100	4 730	$\frac{1}{2}$	94.094
^{23}Na	100	525	$\frac{3}{2}$	26.452

续表

原子核	天然丰度/%	灵敏度*	自旋值	NMR 频率/MHz†
^{29}Si	4.7	2.09	$\frac{1}{2}$	19.867
^{31}P	100	377	$\frac{1}{2}$	40.481
^{89}Y	100	0.668	$\frac{1}{2}$	4.900
^{103}Rh	100	0.177	$\frac{1}{2}$	3.185
^{109}Ag	48.18	0.276	$\frac{1}{2}$	4.654
^{119}Sn	8.58	28.7	$\frac{1}{2}$	37.272
^{183}W	14.4	0.058 9	$\frac{1}{2}$	4.166
^{195}Pt	33.8	19.1	$\frac{1}{2}$	21.462
^{199}Hg	16.84	5.42	$\frac{1}{2}$	17.911

* 灵敏度是设定 $^{13}C=1$ 的相对值，是同位素的相对灵敏度与天然丰度的乘积；

† 在 2.349 T（"100 MHz 的分光仪"）的 NMR 频率值。大多数现代分光仪在更大的磁场下操作，因此具有更高的频率，一般为 200～600 MHz。这些分光仪的 NMR 频率值不难从 100 MHz 分光仪的值计算出来，其方法是已知频率乘以（分光仪频率）(100 MHz) 这个比值。

(a) 谱图观测

自旋为 I 的核相对于外加磁场方向可有 $2I+1$ 个取向。每个取向具有不同的能级（见图 8.23），其中最低能级的布居最高。自旋为 1/2 的核（如 ^1H 或 ^{13}C）的两个状态（$m_I=+\frac{1}{2}$ 和 $m_I=-\frac{1}{2}$）的能差为

$$\Delta E=\hbar\gamma B_0 \tag{8.5}$$

式中，B_0 是外磁场的大小［磁感应以 T(tesla) 为单位，$1\ T=1\ kg\cdot s^{-2}\cdot A^{-1}$］；$\gamma$ 是核的磁旋比，即磁矩与其自旋角动量之比。由于现代超导磁体能产生 5～23 T 的磁场，可以实现 200～1 000 MHz 电磁辐射的共振。由于外磁场中 $m_I=+\frac{1}{2}$ 和 $m_I=-\frac{1}{2}$ 两个态之间的能差小，较低能级的布居只略大于较高能级。这一原因导致 NMR 的灵敏度较低，但可通过使用更强的磁场来提高。强磁场增大了能差，从而增大了布居的差别和信号的强度。

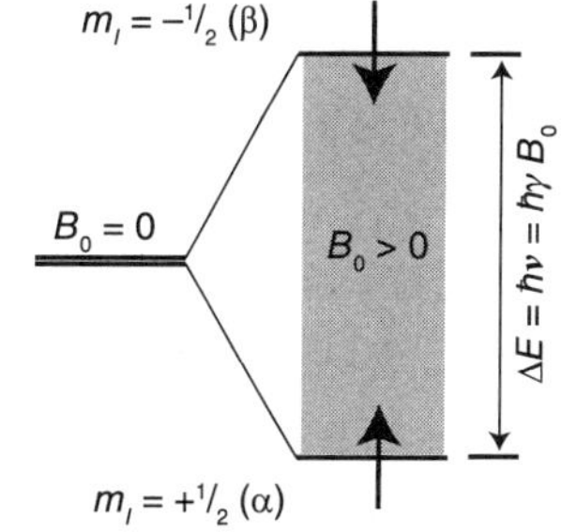

图 8.23 当自旋 $I>0$ 的核处于磁场中时，其 $2I+1$ 个取向（标记为 m_I）具有不同的能量。此图表示出 $I=1/2$ 的核（如 ^1H、^{13}C、^{31}P）的能级

原先得到的谱图是连续波（CW）模式下的共振，实验中或者在恒定射频照射样品的条件下提高磁场，或者保持磁场不变而扫过射频。当代分光仪确认能量间距的方法是用一系列射频脉冲激发样品中的核，然后观察核磁化到平衡位置产生的回应。用 Fourier 变换将时域数据转换为频域数据，从而在对应于不同核能级之间的跃迁频率处出现尖峰。图 8.24 示出 NMR 分光仪的装置。

(b) 化学位移

NMR 的跃迁频率取决于原子核受到的局部磁场，表示为**化学位移**（chemical shift, δ）。化学位移是样品中核的共振频率（ν）与参考化合物共振频率（ν^0）之间的差：

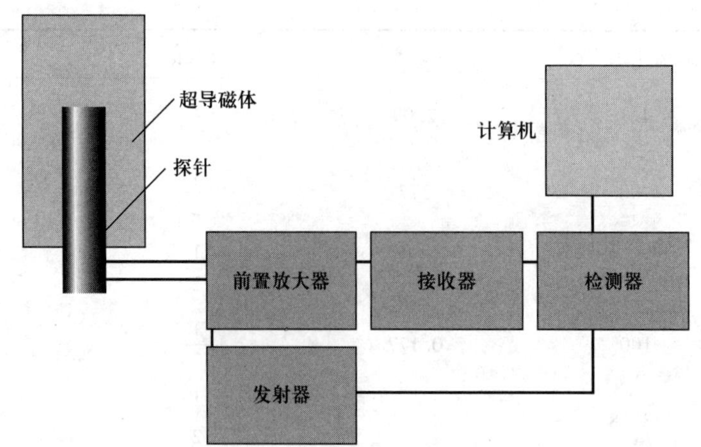

图 8.24 代表性 NMR 分光仪的框图。发射器和检测器之间安排的连接只处理低频信号

$$\delta=\frac{\nu-\nu^0}{\nu^0}\times10^6 \tag{8.6}$$

化学位移为一量纲为 1 的物理量(为了强调定义中"10^6"这个因子,报道中在数字之后常缀以"ppm",这显然是不必要的)。^{1}H、^{13}C 或^{29}Si 谱的通用标准物为四甲基硅 $Si(CH_3)_4$(TMS)。$\delta<0$ 时,核被说成是相对于此标准物被**屏蔽**(shielded,涉及"低频"发生的共振);$\delta>0$ 时,对应于相对于标准物被**去屏蔽**(deshielded,涉及"高频"发生的共振)。人们发现结合于闭壳层、低氧化态、6 至 10 族 d 区元素化合物(如 $[HCo(CO)_4]$)中的 H 原子通常是高度被屏蔽,而含氧酸(如 H_2SO_4)中的 H 原子则被去屏蔽。从所举实例不难得到这样的推断:核周围的电子密度越大,屏蔽就越强。然而,由于多种因素影响屏蔽,只考虑电子密度影响化学位移的简单物理解释一般不可行(见 10.3)。

各种化学环境中^{1}H 和其他核的化学位移已制成表格,通常利用经验上得到的相关性就可以识别化合物或与共振核结合的元素。例如,CH_4中 H 的化学位移只有 0.1(这是因为 H 核所处的化学环境与标准物四甲基硅烷中 H 原子的化学环境相类似),而 GeH_4中 H 的化学位移则为 $\delta=3.1$(见图 8.25)。同一分子内处于不等价位置的相同元素具有不同的化学位移,这是因为绕核的局域电子密度在不同位点上是不同的。例如,ClF_3中一个^{19}F 核的化学位移与其余两个 F 核的化学位移相差值 $\Delta\delta=120$(见图 8.26)。

溶液中引入顺磁性物种而产生的局部磁场可以改变化学位移。测定化学位移的这种变化可能用于确定顺磁性物种中未成对电子的数目(参见本章后面的"磁量法和磁化率")。

(c) 自旋-自旋偶合

核自旋之间的相互作用会在谱图中产生多重峰,对自旋-自旋偶合的观测往往有助于结构指认。附近核的自旋取向影响另一核的能量并导致后者共振位置发生微小变化时产生自旋-自旋偶合。自旋-自旋偶合的强度(自旋-自旋偶合常数 J,单位为 Hz)与外加磁场的强度无关,并沿着化学键的延伸而迅速减小。在许多情况下,两原子彼此直接键合时自旋-自旋偶合强度最大。此处所讨论的**一阶谱**

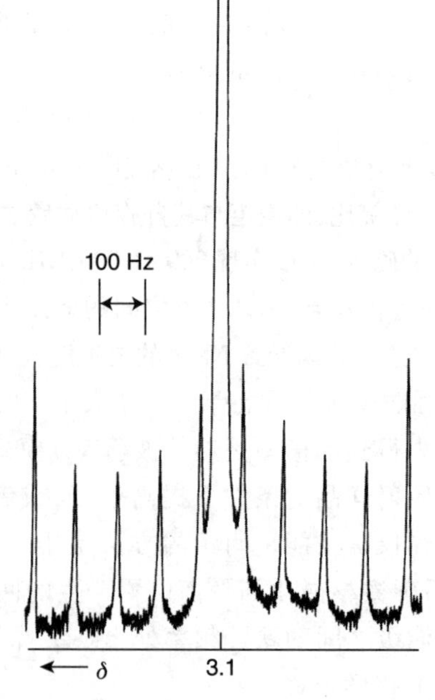

图 8.25 GeH_4 的^{1}H-NMR 谱:主共振处于 $\delta=3.1$,其他卫星峰是 $J(^1H-^{73}Ge)$自旋-自旋偶合[节 8.5c]产生的

(first-order spectra)中,偶合常数等于多重峰中相邻两条线之间的距离。例如,图 8.25 中的 $J(^{1}H-^{73}Ge) \approx 100$ Hz。对化学上处于等价位置的核的共振而言,相互之间的自旋-自旋偶合没有影响。因此,即使存在 H 核之间的偶合,CH_3I 分子中也只看到一个^{1}H 信号。

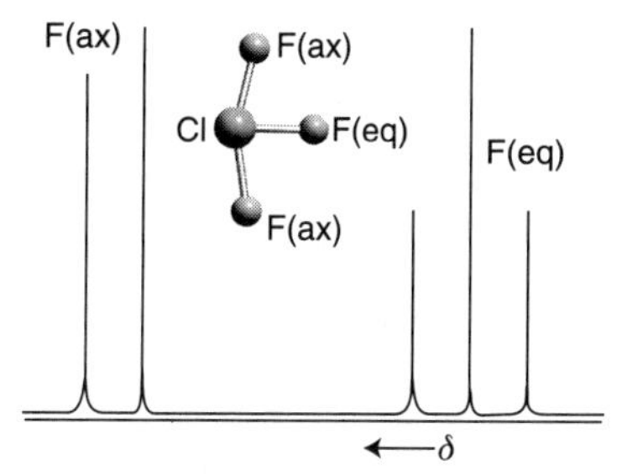

图 8.26　ClF_3 的^{19}F-NMR 谱:两个轴向 F 核(每个 $I=1/2$)的信号被赤道^{19}F 核分裂为两个信号,后者被两个轴向^{19}F 核(^{19}F 的丰度为 100%)分裂为三重峰,因此,^{19}F 共振谱的不对称结构容易与三角平面和三角锥结构的共振谱相区分,后两种结构都具有等价 F 核,只有一个^{19}F 共振峰

自旋为 1/2 的核(或一组对称相关的 $I=1/2$ 的核)与自旋为 I 的核偶合时,得到$(2I+1)$条线的多重峰。图 8.25 中的 GeH_4谱中,处于中心的一条线是由 GeH_4分子中 4 个等价的 H 核产生的,GeH_4分子中 Ge 同位素的自旋 $I=0$。中心线两侧有 10 条间隔均匀但强度较小的线,这些线是由一小部分 GeH_4(其中含有 $I=9/2$ 的^{73}Ge)产生的;4 个^{1}H 核与^{73}Ge 核偶合产生 10 条线的多重峰$[2\times(9/2)+1=10]$。

不同同位素核自旋的偶合叫**异核偶合**(heteronuclear coupling);上述 Ge-H 偶合就是一个例子。相同同位素核之间偶合叫**同核偶合**(homonuclear coupling),核在化学上处于不等价位置时可以检测出这种偶合。

有机分子中^{1}H-^{1}H 同核偶合常数的大小通常为 18 Hz 或更小。相比之下,^{1}H-X 异核偶合常数可能是数百 Hz。除^{1}H 之外的其他核之间的同核偶合和异核偶合可导致若干 kHz 的偶合常数。经验性的变化趋势表明,偶合常数的大小通常与分子的几何形状有关。在平面四方形铂(Ⅱ)络合物中,偶合常数 J(Pt-P)随反位于磷配体的基团而变化,其数值按下述反位配体的顺序而增大:

$$R^-,\quad H^-,\quad PR_3,\quad NH_3,\quad Br^-,\quad Cl^-$$

例如,顺式$[PtCl_2(PEt_3)_2]$(Cl^-处于 P 的反位)的 J(Pt-P)= 3.5 kHz,而反式$[PtCl_2(PEt_3)_2]$(P 处于另一个 P 的反位)的 J(Pt-P)= 2.4 kHz。这些规律性变化可用来非常容易地区分顺式和反式异构体。上述偶合常数数值的变化可由下述事实得到合理解释:反位影响(节 21.4)大的配体大大削弱了处于自身反位的化学键,从而减弱了核之间的 NMR 偶合。

(d) 强度

由化学上处于等价位置的核组成的基团所产生信号的积分强度与基团中核的数目成正比。对被观测核的完全松弛状态而言,只要有足够的时间获取谱图,积分强度就可用来帮助大多数核实现频谱指认。[然而,对具有低灵敏度的核(如^{13}C)而言,让完全松弛状态具有足够的时间可能不现实,从信号强度难以获得定量信息。]例如,在 ClF_3频谱图 8.26 中,^{19}F 积分强度的比例为 2∶1(分别对应于二重峰和三重峰)。^{19}F 共振的图谱表明,存在两个等价 F 核和一个不等价 F 核,并能将这一对称性较低的结构与平面三角结构(D_{3h})相区分,后者中所有 F 核处于等价环境中,因而只有一个共振峰。

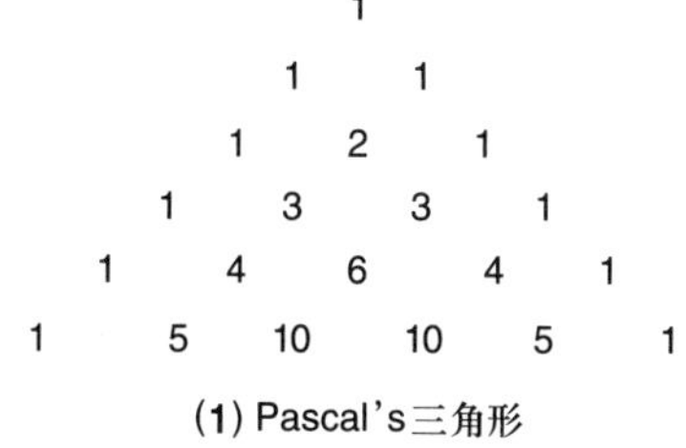

(1) Pascal's三角形

在 N 个等价 $I=1/2$ 核相偶合而产生的多重峰中,Pascal's 三角形(**1**)给出了 $2N+1$ 条线的相对强度;即三个等价质子给出 1∶3∶3∶1 的四重峰。具有更高自旋量子数的核基团给出不同模式的图形。例如,HD 的^{1}H-NMR 谱是由三个强度相等的线组成的,这是与^{2}H 核($I=1$,$2I+1=3$ 个取向)偶合的结果。

例题 8.5　解释 NMR 谱

题目:解释:(i) SF_4的^{19}F-NMR 谱为什么由两个 1∶2∶1 的相等强度的三重峰组成;(ii) SeF_4的^{77}Se-NMR 谱为什么由三组三重峰组成(^{77}Se,$I=1/2$)。

答案：(i) 需要回顾 SF_4分子(**2**)为"跷跷板"结构：电子对按三角双锥方式排列，其中一对是孤对，占据着赤道位置。轴向位置的两个 F 核与赤道位置的两个 F 核的化学环境不同，生成强度相同的两个信号。这些信号是 1∶2∶1 的三重峰，因为每个^{19}F 核偶合到两个化学环境不同的^{19}F 核。(ii) 注意，SeF_4具有与 SF_4相同的分子几何结构，Se 核将偶合两种不同化学环境的 F 核（赤道 F 核和轴向 F 核）；$J(Se-F_{eq})$类型的偶合将会产生一个三重峰，每一个这样的共振都分裂为 $J(Se-F_{ax})$的一个三重峰，从而生成三组三重峰。

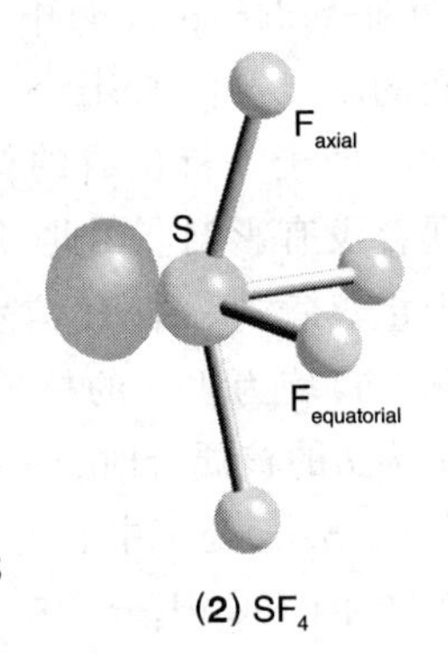

(**2**) SF_4

自测题 8.5 (a) 描述您所预期的 BrF_5的^{19}F-NMR 谱的形式。(b) 使用表 8.4 中给出的同位素信息，解释顺式[$Rh(CO)H(PMe_3)_2$]中氢配体(H^-)的^{1}H 共振为什么由相同强度的 8 条线组成。

(e) 瞬变性

只要结构的寿命不小于几毫秒，就可用 NMR 确定。从这个意义上讲，核磁共振的时间标度是慢的。例如，[$Fe(CO)_5$]只有一个^{13}C 共振峰，这一事实表明所有 5 个 CO 基团按时间标度都是等价的。然而 IR 光谱（时间标度约为 1 ps）表明，CO 基团处于轴向和赤道两种不同位置上，暗示具有三角双锥结构。实验上观察到的[$Fe(CO)_5$]^{13}C-NMR 谱是两类共振的加权平均。

由于不难改变记录 NMR 谱的温度，样品往往被冷却至一定温度进行测定。在这样的温度下，两种共振互相转化的速率变得足够慢，以致两种共振都能观察到。例如，图 8.27 给出室温和 −80℃ 下[$RhMe(PMe_3)_4$](**3**)理想化的^{31}P-NMR 谱。低温下的谱图由双组双重峰组成，$\delta=-24$ 附近的相对强度为 3，是由赤道 P 原子（偶合至^{103}Rh 和那个唯一的轴向^{31}P 原子）产生的；强度为 1 的双重分裂的四重峰是由轴向 P 原子（偶合至^{103}Rh 和三个赤道^{31}P 原子）产生的。在室温下，PMe_3基团的扰频使得它们都成为等价基团，因而观测到一个双峰（偶至^{103}Rh）。

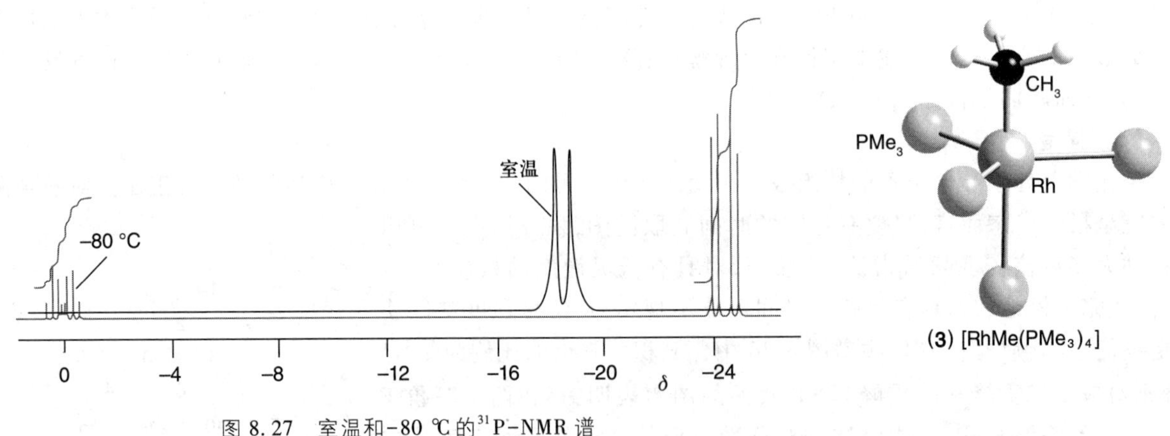

(**3**) [$RhMe(PMe_3)_4$]

图 8.27 室温和−80 ℃的^{31}P-NMR 谱

作为温度的函数采集谱图，可以确定光谱从高温形式变为低温形式的温度（合一化温度）。对变温 NMR 数据进一步详细分析，可以提取互相转化能垒的数值。

(f) 固态 NMR

固态 NMR 谱比溶液 NMR 谱的分辨率低得多。这种差异主要是由各向异性相互作用产生的，如核之间的偶极磁偶合（这种偶合在溶液中由于分子翻滚而被均化）和固定的原子位置而产生的长程磁相互作用。这些效应意味着，固态中化学上处于等价位置的核可能会处于不同的磁环境，并因此具有不同的共振频率。这种额外偶合作用的典型结果是产生非常宽的共振谱带，带宽往往超过 10 kHz。

为了各向异性相互作用得以均化，可将样品在相对于磁场轴的“魔角”(54.7°)高速(一般为 10~25 kHz)旋转。在这一角度上，平行磁偶极子的相互作用和四极相互作用[通常在$(1-3\cos^2\theta)$变化]为零。这种所谓的**魔角自旋**(magic-angle spinning, MAS)大幅降低了各向异性效应，但往往仍然会留下比溶液中信号显著宽化了的信号。信号加宽有时会如此之大，以致某些核的信号宽度与其化学位移的范围相当。这种加宽对^1H(化学位移范围通常为$\Delta\delta=10$)而言是个问题，但对如^{195}Pt这样的核(化学位移范围为$\Delta\delta=16\ 000$)而言问题却不大。四极核($I>1/2$的核)还存在其他问题，这是由于峰的位置依赖于外磁场。除非核是处在高对称性环境(如四面体或八面体环境)中，否则峰值不再能通过化学位移去识别。

尽管存在这些困难，技术的发展还是让固态高分辨率 NMR 谱的观测成为可能，并在许多化学领域显出重要性。一个例子是用^{29}Si-MAS-NMR 测定天然和合成硅酸盐和铝硅酸盐(如沸石)中 Si 原子的环境(见图 8.28)。同核和异核的“去偶合”技术提高了光谱的分辨率，利用多重脉冲序列则可观测一些难处理样品的光谱。高分辨率技术 CPMAS-NMR 已被用于研究含有^{13}C、^{31}P、^{29}Si的许多化合物，它是一种 MAS 与**交叉极化**(cross-polarization, CP)相组合的技术，该技术也用于研究固态分子化合物。例如$[Fe_2(C_8H_8)(CO)_5]$的^{13}C-CPMAS 光谱(-160℃)表明，C_8环中所有 C 原子在实验时间标度都是等价的。对此所做的解释是，即使在固态，该分子也是瞬变分子。

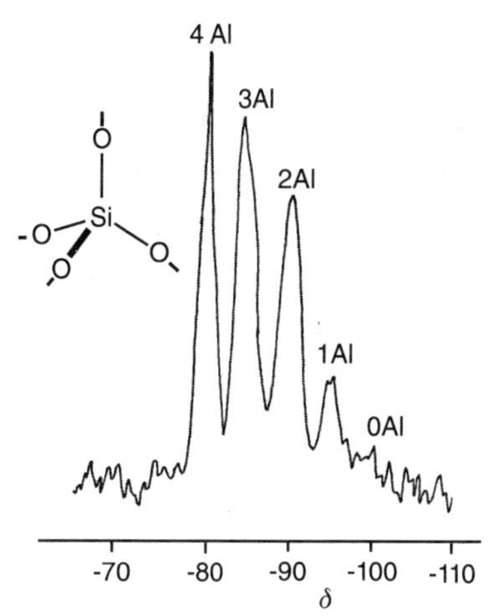

图 8.28　从一种硅铝酸盐沸石得到的^{29}Si-MAS-NMR 谱；各共振峰表示$Si(—OAl)_{4-n}(—OSi)_n$沸石结构中 n 从 0 变化到 4 时不同的硅环境

例题 8.6　解释 MAS-NMR 谱

题目：$(Ca^{2+})_3[Si_3O_9]^{6-}$的$^{29}Si$-MAS-NMR 谱显示单一共振峰，而$(Mg^{2+})_4[Si_3O_{10}]^{8-}$的$^{29}Si$-MAS-NMR 谱包括强度比为 2∶1 的两个共振峰。描述阴离子$[Si_3O_9]^{6-}$和$[Si_3O_{10}]^{8-}$与这些观测结果相一致的结构(^{29}Si, $I=1/2$，丰度 5%)。

答案：记住，MAS-NMR 谱的分辨率无法用来解析偶极偶合，谱图中共振的数目告诉我们的是核存在多少种不同的环境。因此，对$[Si_3O_9]^{6-}$阴离子而言，需要提出一种其中所有硅核都处于相同环境的结构，只有环状结构(**4**)才能满足这个条件。对具有 3 个硅核的$[Si_3O_{10}]^{8-}$阴离子而言，共振数目显示两个核处于等价位置，另一个核处于不同的环境；只有线性结构(**5**)才能满足这个条件。

自测题 8.6　预测化合物$Tm_4(SiO_4)(Si_3O_{10})$的^{29}Si-MAS-NMR 谱，其中三硅酸根阴离子是线性的(A)。

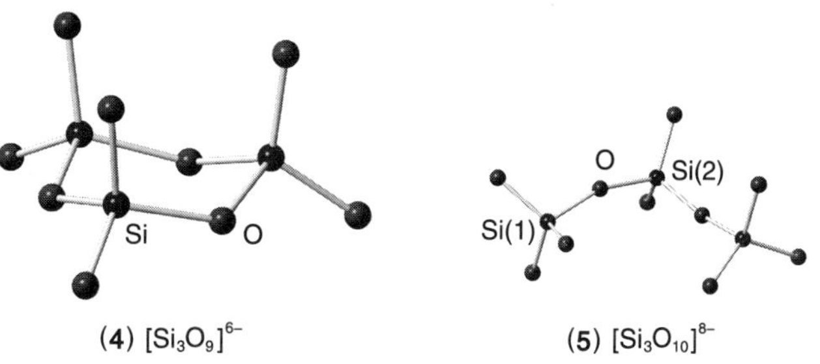

(**4**) $[Si_3O_9]^{6-}$　　(**5**) $[Si_3O_{10}]^{8-}$

8.7　电子顺磁共振法

提要：电子顺磁共振法用来研究含有未成对电子的化合物，特别是那些含有 d 区元素的化合物；这种方法往往被用来识别和研究金属酶活性部位的金属(如 Fe 和 Cu)。

电子顺磁共振(electron paramagnetic resonance,EPR)又叫电子自旋共振(ESR),该法是通过观察未成对电子在磁场中的共振吸收来研究顺磁性物种(如有机自由基和主族自由基)的一种技术。无机化学中主要用于表征含有 d 区和 f 区元素的化合物。

最简单的用途是研究只含一个未成对电子($s=1/2$)的物种:与 NMR 相类似,利用外磁场(B_0)在该电子的两个态($m_s=+1/2$ 和 $m_s=-1/2$)之间产生能差:

$$\Delta E=g\mu_B B_0 \tag{8.7}$$

式中,μ_B为玻尔磁子,g 是个数值因子,简称为 **g** 值(g value,见图 8.29)。记录 EPR 谱的传统方法是使用连续波(CW)EPR 分光仪(见图 8.30),其中样品用恒定的微波频率照射,而外加磁场是可变的。大多数分光仪的共振频率约为 9 GHz,因而设备被称为“X 波段分光仪”。X 波段分光仪的磁场约为 0.3 T。EPR 谱的专业实验室往往具有多台仪器,各自具有不同的磁场。S 波段(共振频率 3 GHz)的分光仪和在高场中操作的分光仪——Q 波段(35 GHz)和 W 波段(95 GHz)的分光仪,被用来补充从 X 波段分光仪获得的信息。

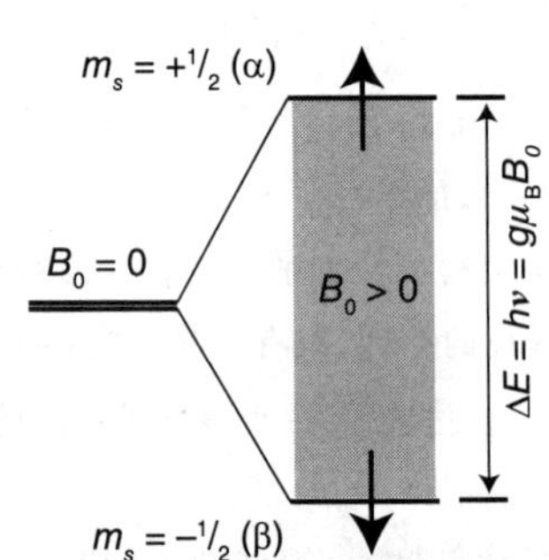

图 8.29　未成对电子处于磁场中时两个取向(α,$m_s=+1/2$;β,$m_s=-1/2$)具有不同的能量:能量差与入射微波光子的能量匹配时发生共振

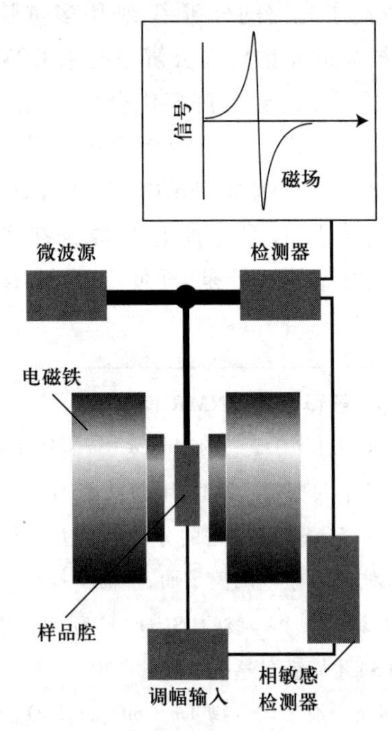

图 8.30　连续波 EPR 分光仪的典型设计图

脉冲 EPR 分光仪的使用在增加,它提供了与脉冲 Fourier 变换技术彻底改变 NMR 一样的新机遇。脉冲 EPR 技术提供时间分辨,使得测量顺磁体系的动态学性质成为可能。

(a) g 值

自由电子的 $g=2.002\ 3$,但化合物中的 g 值因自旋-轨道偶合而改变。这是因为偶合改变了电子所经受的局部磁场。许多物种(特别是 d 金属络合物)的 g 值可能有高度各向异性,这使得共振条件与顺磁性物种和外加磁场的夹角有关(见图 8.31)。该图示出冻结液或“玻璃态”各向同性(所有三个沿着互相垂直轴的 g 值相同)、轴向(两个相同)、和正交晶系(所有三个都不同)自旋系统所预期的EPR 谱。

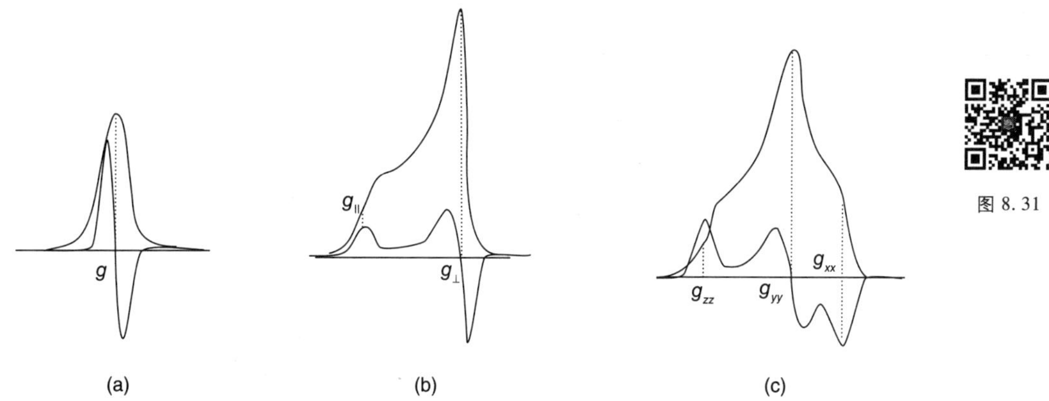

图 8.31　预期中的 EPR 粉末（冻结液）谱：(a)、(b)和(c)表示不同类型 g 值的各向异性。蓝线是吸收，红线是吸收的一阶导数（吸收的斜率）。由于相关检测技术的原因，EPR 谱仪通常观测的是一阶导数

样品（通常放在石英管中）为稀释状态（或者是掺杂的晶体或粉末状固体，或者是溶液）的顺磁性物种。d 金属离子的弛豫是如此高效，以致光谱往往太宽而无法检测；因此需要用液氮（有时用液氦）冷却样品。冻结液的行为类似于无定形粉末，所以共振是在该化合物所有 g 值下观测的，有点类似于粉末 X 射线衍射（节 8.1）。更详尽的研究可使用定向的单晶。如果弛豫慢，EPR 谱也可用液体在室温观察。

多于 1 个未成对电子的体系（如三重态）也能得到谱图，但其理论背景复杂得多。尽管具有奇数电子的物种通常可以被检测，但对具有偶数电子的体系而言，观测图谱可能非常困难。表 8.5 给出用 EPR 检测常见顺磁性物种的适用性。

表 8.5　常见 d 金属离子的 EPR 可检测性

通常容易研究的物种	S	通常难以研究的或抗磁性的物种	S
Ti(Ⅲ)	$\frac{1}{2}$	Ti(Ⅱ)	1
Cr(Ⅲ)	$\frac{3}{2}$	Ti(Ⅳ)	0
V(Ⅳ)	$\frac{1}{2}$	Cr(Ⅱ)	2
Fe(Ⅲ)	$\frac{1}{2},\frac{5}{2}$	V(Ⅲ)	1
Co(Ⅱ)	$\frac{3}{2},\frac{1}{2}$	V(Ⅴ)	0
Ni(Ⅲ)	$\frac{3}{2},\frac{1}{2}$	Fe(Ⅱ)	2,1,0
Ni(Ⅰ)	$\frac{1}{2}$	Co(Ⅲ)	0

续表

通常容易研究的物种	S	通常难以研究的或抗磁性的物种	S
Cu(Ⅱ)	$\frac{1}{2}$	Co(Ⅰ)	0
Mo(Ⅴ)	$\frac{1}{2}$	Ni(Ⅱ)	0,1
W(Ⅴ)	$\frac{1}{2}$	Cu(Ⅰ)	0
		Mo(Ⅵ)	0
		Mo(Ⅳ)	1,0
		W(Ⅵ)	0

(b) 超精细偶合

EPR 谱的超精细结构(共振线的多重结构)是电子自旋与存在的任何磁性核相偶合产生的。自旋为 I 的原子核将 EPR 线分裂为相同强度的 $2I+1$ 条线(见图 8.32)。两种超精细结构(未成对电子与其主要定域的那个原子的核而产生的超精细结构和未成对电子与配体原子的核相偶合而产生的"超级超精细偶合"结构)之间有时会造成差别。与配体核的超级超精细偶合被用于测量电子离域的程度和金属络合物的共价性(见图 8.33)。

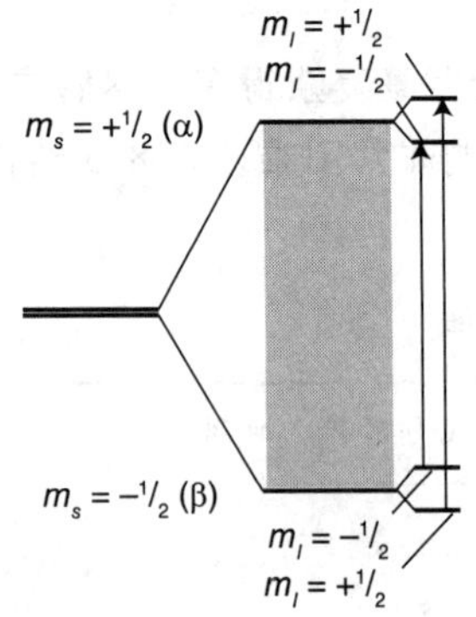

图 8.32 磁核存在时,其 $2I+1$ 个取向产生的局部磁场将每个电子的自旋态分裂成 $2I+1$ 个能级。允许跃迁($\Delta m_s=1, \Delta m_I=0$)产生 EPR 谱的超精细结构

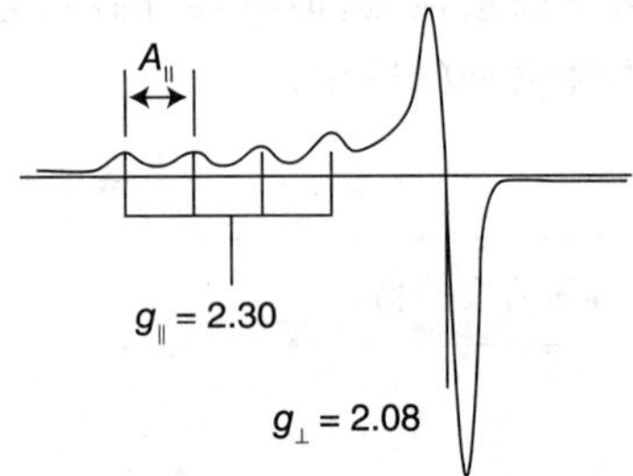

图 8.33 Cu^{2+}(d^9,一个未成对电子)在冻结水溶液中的 EPR 谱:四方畸变的 Cu^{2+} 给出轴向对称的谱图,图中对 Cu 的超精细偶合($I=3/2$,四条超精细线)是 $g_{\parallel}$ 组分清晰的证据

例题 8.7 解释超级超精细偶合

题目:用表 8.4 提供的数据判断:一个 OH^- 配体被 F^- 配体取代时,Co(Ⅱ)络合物的 EPR 谱可能发生怎样的变化?

答案:需要注意到:^{19}F(丰度 100%)具有核自旋 $I=1/2$,而 ^{16}O(丰度接近 100%)的 $I=0$。因此,EPR 谱的任何部分都可能分裂为两条线。

自测题 8.7 你如何示出一种新材料由钨产生的特征 EPR 信号?

通过分光仪在不同磁场(X,Q,W 等)中的操作可能区分两种谱图的特征:一种是由 g 值各向异性所导致的光谱特征,这种谱在更高的磁场中更能得到伸展;一种是由超精细偶合所导致的光谱特征,这种谱在更高的磁场中变得相对不那么显著。

8.8 Mössbauer 光谱法

提要：Mössbauer（穆斯堡尔）光谱法基于核对 γ 射线的共振吸收，利用了核能敏感于电子环境和磁环境这一事实。

Mössbauer（穆斯堡尔）效应是利用原子核对 γ 辐射的吸收和发射反冲力较少而产生的一种效应。为了理解所涉及的内容，这里选用放射性核 ^{57}Co 做讨论。^{57}Co 通过电子捕获发生衰变产生 ^{57}Fe 的激发态（$^{57}Fe^{**}$），（见图 8.34），该核素衰变至另一个激发态 $^{57}Fe^{*}$。后者处在比基态高出 14.41 eV 的能级上，因此衰变时发射出能量为 14.41 eV 的 γ 射线。如果发射核（源头）受到刚性晶格的牵制，该核就没有反冲力，产生高单色性的辐射。

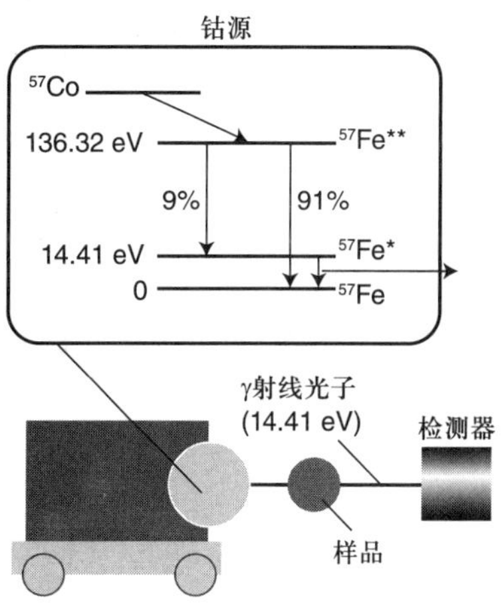

图 8.34 Mössbauer 分光仪的设计图：调整滑架的速度，直到所发射 γ 射线的多普勒频移频率与样品中相应的核跃迁相匹配。插图表示核跃迁产生 γ 射线的发射

如果将含 ^{57}Fe（天然丰度为 2%）的样品放在接近发射源的地方，按照预期，由 $^{57}Fe^{*}$ 发射的单色 γ 射线能够以共振的方式被吸收。然而由于精确的电子环境和磁性环境的改变对核的能级产生了小的影响，只有当样品 ^{57}Fe 的环境在化学上等同于发出射线的 $^{57}Fe^{*}$ 的环境时，共振吸收才会发生。这似乎是，γ 射线的能量不能轻易被改变，但以相对于样品的速度 v 移动发射核时，**Doppler 效应**（Doppler effect）则可被利用，导致频移幅度为 $\Delta\nu=(v/c)\nu_{\gamma}$。这种移动（甚至以每秒几毫米的速度移动）足以使吸收频率匹配发射频率。**Mössbauer 谱**（Mössbauer spectrum）是共振吸收峰强度（纵坐标）对发射源移动速度变化（横坐标，单位为 $mm \cdot s^{-1}$）而作的图形。

在单一化学环境中，预期中含铁样品的 Mössbauer 谱由一条线组成，这是因为辐射的吸收处于将核从基态激发至激发态所需的能量（ΔE）位置。样品的 ΔE 与金属 ^{57}Fe 的 ΔE 之差叫**异构体位移**（isomer shift），表达为 Doppler 位移产生共振所需的速度。ΔE 值依赖于原子核处电子密度的大小，虽然这种效应主要是由 s 电子（波函数在原子核处为非零）产生的，但屏蔽效应导致 ΔE 也随 p 电子和 d 电子的数目而变。其结果是，不但可以区分离子成键和共价成键，也可以区分不同的氧化态[如 Fe(Ⅱ)、Fe(Ⅲ)和 Fe(Ⅳ)]。

Mössbauer 光谱法最适合于研究铁元素，这是因为多种因素使实验相对容易操作，且获得的数据也有用。这些因素包括 ^{57}Co 的半衰期为 272 天（由发射源产生的 γ 射线强度一年以上仍较强）、吸收峰比较锐且容易解析。铁在化学中非常重要，在矿物、氧化物、合金和生物样品中都很常见，其他许多表征技术（如核磁共振）研究含铁样品的效果都不佳。Mössbauer 光谱法也用于研究其他一些核（包括 ^{119}Sn、^{129}I 和 ^{197}Au），这些核都具有合适的核能级和 γ 发射半衰期。

$^{57}Fe^{*}$ 核的 $I=3/2$，因而具有电四极矩（电荷的非球形分布），电四极矩与围绕核的电荷分布产生的电场梯度发生相互作用。其结果是，为核提供的电子环境不是各向同性的，Mössbauer 谱分裂为相距 ΔE_Q 的两条线（见图 8.35）。由于这种分裂依赖于氧化态和 d 电子密度的分布，所以对蛋白质和矿物中铁的状态是个良好的信号。由大磁铁或内部由一些铁磁材料制作的磁体产生的磁场也会导致 $^{57}Fe^{*}$ 核的各个自旋取向能级的变化。结果导致 Mössbauer 谱分裂为 6 条线，能级之间的允许跃迁来自磁场中的 $I=3/2$ 态（$m_I=+3/2,+1/2,-1/2,-3/2$）和 $I=1/2$ 态（$m_I=+1/2,-1/2$），$\Delta I=1$，见图 8.35(c)。

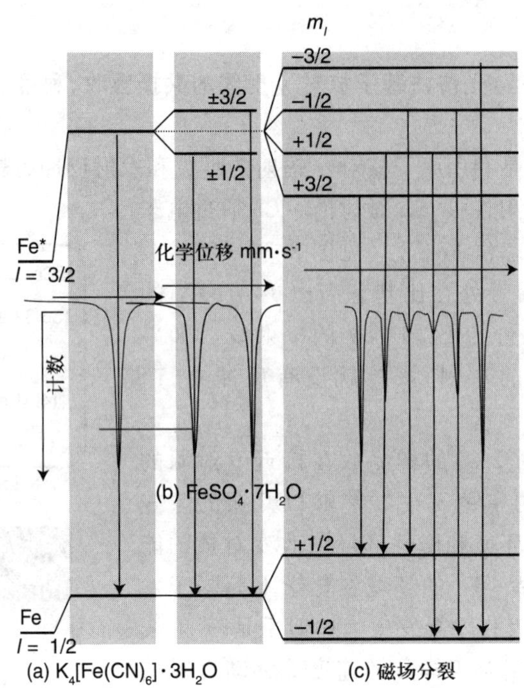

图 8.35　Mössbauer 光谱法测定铁样品时电场梯度和磁场梯度对能级的影响；谱图自左至右分别为异构体位移的起源、四极偶合和磁性超精细偶合（但无四极分裂）：(a) $K_4Fe(CN)_6 \cdot 3H_2O$（八面体低自旋 d^6）谱图，它对高对称环境具有代表性，展示出异构体位移的单峰、(b) $FeSO_4 \cdot 7H_2O$（非对称环境中的 d^6）谱图，展示出四极分裂。(c) 磁场中产生的谱图

例题 8.8　解释 Mössbauer 谱

题目：Fe(Ⅱ)化合物相对于金属铁[Fe(0)]的异构体位移一般处于+1 到+1.5 $mm \cdot s^{-1}$的范围，而 Fe(Ⅲ)化合物的异构体位移则处于+0.2 到+0.5 $mm \cdot s^{-1}$的范围。从 Fe(0)、Fe(Ⅱ)和 Fe(Ⅲ)的电子组态解释上述范围。

答案：Fe(0)、Fe(Ⅱ)和 Fe(Ⅲ)的最外层电子组态在形式上分别是 $4s^2 3d^6$，$3d^6$和 $3d^5$。相比于 Fe(0)，Fe(Ⅱ)在核处的 s 电子密度降低，产生数值大的正异构体位移。从 Fe(Ⅱ)移除一个 3d 电子产生 Fe(Ⅲ)时核处的 s 电子密度小幅增加，这是因为 3d 电子部分屏蔽了核对其余内层 s 电子(1s，2s 和 3s；见第 1 章)的引力，使异构体位移变成较小的正值。

自测题 8.8　判断 Sr_2FeO_4中铁可能具有的异构体位移。

基于电离作用的方法

高能辐射或粒子轰击导致样品电离，基于电离的技术用于测量产物、电子或分子碎片的能量。

8.9　光电子能谱法

提要：光电子能谱法通过分析光电子的动能以测定分子和固体中轨道的能量和能级顺序。

光电子能谱法(photoelectron spectroscopy，PES)用于测量由高能单色辐射照射样品导致样品电离而发射的电子(光电子)的动能(见图 8.36)。根据能量守恒定律，发射出的光电子的动能(E_k)与其从轨道射出的电离能 E_i有关：

$$E_k = h\nu - E_i \tag{8.8}$$

式中,ν 为入射光的频率。**Koopmans'定理**(Koopmans' theorem)指出电离能等于轨道能量的负值,所以光电子的动能可用来确定轨道能量。该定理假定:电离后电子重组所涉及的能量被轨道收缩而导致的电子-电子排斥能所抵消。这种近似处理通常是合理有效的。

光电离技术的两种主要类型是 **X 射线光电子能谱**(X-ray photoelectron spectroscopy,XPS)和**紫外光电子能谱**(ultraviolet photoelectron spectroscopy,UPS)。虽然使用同步加速器光束线可以获得更强的光源,标准的实验室 XPS 光源通常是受高能电子束轰击的镁阳极或铝阳极。由于一个 2p 电子跃迁至 1s 轨道因发射电子而产生的空位,这种轰击分别产生 1.254 keV 和 1.486 keV 的辐射。这些含能光子导致样品中其他元素原子实轨道发生电离;而电离能则是相关元素及其氧化态的特征。XPS 由于线宽较高(一般为1~2 eV)而不适于仔细探测价轨道,但可用于研究固体的带结构。固体中电子的平均自由路径仅约 1 nm,所以 XPS 适于进行固体表面的元素分析。用在这种场合时其通常叫作**化学分析电子光谱法**(electron spectroscopy for chemical analysis,ESCA)。

UPS 光源通常是一个典型的氦放电灯,发射出 He(Ⅰ)辐射(21.22 eV)或 He(Ⅱ)辐射(40.8 eV)。其线宽较 XPS 线宽小得多,所以分辨率也大得多。该技术用于研究价层能级,振动的精细结构往往可提供发射电子的那个轨道的成键或反键特征(见图 8.37)。电子从非键轨道移除时形成的产物处于振动基态,图上显示一条窄线。然而当电子从成键或反键轨道移除时生成的离子处于几种不同的振动态,图上则显示大量的精细结构。成键轨道和反键轨道可以通过确定生成离子的振动频率是高于或低于原来分子的振动频率进行区分。

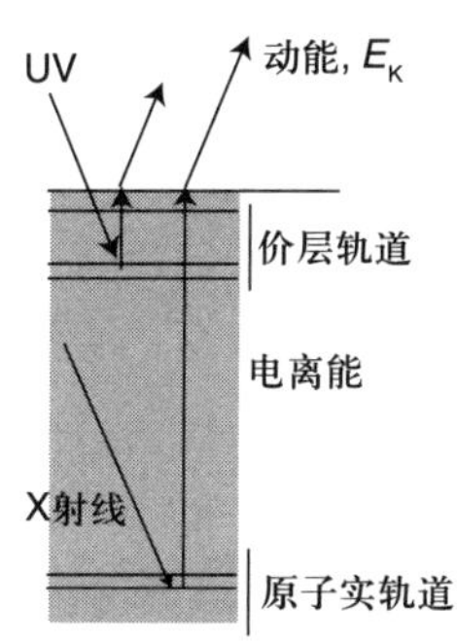

图 8.36　在光电子能谱中,高能电磁辐射从轨道中逐出电子(UV 逐出价电子,X 射线逐出原子实中的电子),光电子的动能等于该光子的能量与该电子电离能之间的差值

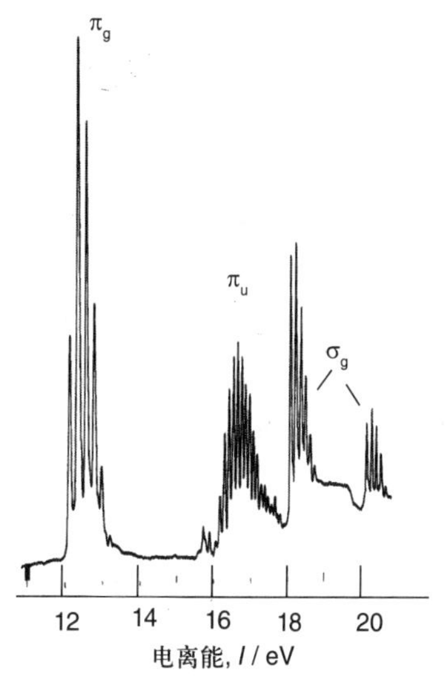

图 8.37　O_2的 UV 光电子能谱:从 $2\sigma_g$ 丢失一个电子(见图 2.12 的 MO 能级图)产生两个带,这是因为此轨道上剩余的那个未成对电子可能平行于或反平行于 $1\pi_g$轨道上的两个未成对电子

另一个用途是对比 He(Ⅰ)和 He(Ⅱ)照射样品产生的不同光电子强度。能量较高的光源优先从 d 或 f 电子轨道发射电子,从而可以与 s 和 p 轨道相区分[He(Ⅰ)导致更高的强度]。这种效应源于吸收截面的差异(参见延伸阅读材料)。

8.10　X 射线吸收光谱法

提要:X 射线吸收光谱法用来测定化合物中元素的氧化态,并探讨元素所处的环境。

如 8.9 提到的那样，从同步加速器发出的强 X 射线辐射可从化合物中元素的原子实逐出电子。改变光子能量（通常在 0.1 keV 和 100 keV 之间）可使化合物中不同原子的电子被激发和被电离，此范围内改变光子能量可以获得 **X 射线吸收谱**（X-ray absorption spectra，XAS）。特征吸收能对应于各种元素不同内层电子的结合能。因此，X 射线束的频率可以跨越选定元素的吸收边界进行扫描，从而获得该化学元素氧化态及其周围的一些信息。

图 8.38 示出一个有代表性的 X 射线吸收谱。图上每个区域为对象元素的化学环境提供了不同的有用信息：

1. 紧靠边界之前的区域标为“pre-edge”，原子实的电子在这一区域被激发至较高的空轨道但不射出。这种“边界前结构”可以提供电子激发态的能量和原子的局部对称性方面的信息。

2. 边界区域光子的能量（E）介于 E_i 和（E_i+10）eV 之间（E_i 为电离能），图上看到的是“X 射线吸收的近边界结构”（X-ray absorption near-edge structure，XANES）。从 XANES 区域提取的信息包括氧化态和配位环境，配位环境包括任何微小的几何畸变。近边界结构是特定环境和价态的特征，因而也可用作“指纹”。对该区域谱图进行分析可以确定混合物中一化合物是否存在和存在数量。

3. “近边界 X 射线吸收精细结构”（near-edge X-ray absorption fine structure，NEXAFS）区处于（E_i+10）eV 和（E_i+50）eV 之间。它特别适用于表面上化学吸附的分子，有可能推断出有关被吸附分子取向方面的信息。

4. “扩展 X 射线吸收精细结构”（extended X-ray absorption fine structure，EXAFS）区处于能量大于（E_i+50）eV 的区域。某一特定原子吸收了处于该能量范围的 X 射线光子而发射的光电子可能被任何相邻原子反向散射。这一效应可能产生一种能量刚刚高于吸收边界的干涉图案，能量强度发生周期性变化。分析 EXAFS 的这些变化能够揭示附近原子的性质（通过其电子密度）和数量，以及吸收原子和散射原子之间的距离。该法的一个优点是可提供无定形样品和溶液中样品的键长。

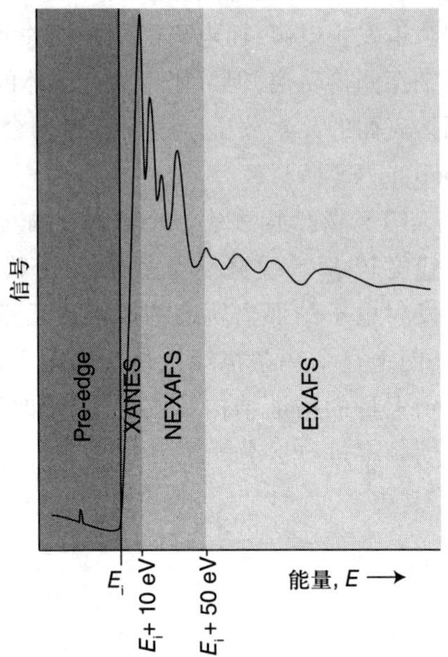

图 8.38　定义不同区域有代表性的 X 射线边界吸收光谱

例题 8.9　X 射线吸收谱中边界前与边界特征提供的信息

题目：解释下列数据，它们给出了锰的 K 边界 X 射线吸收谱（K 边界代表 1s 电子的电离）的主要“边界前”特征的能量（eV）：

Mn（Ⅱ）	Mn（Ⅲ）	Mn（Ⅳ）	Mn（Ⅴ）	Mn（Ⅵ）	Mn（Ⅶ）
6 540.6	6 541.0	6 541.5	6 542.1	6 542.5	6 543.8

含锰的氧化物在其由两个峰[6 540.6 eV（强度 1）和 6 540.9 eV（强度 2）]组成的 X 射线吸收谱中显示出边界前特征。解释边界前特征中观察到的能量变化并提出这个锰氧化物的化学式。

答案：我们需要了解随着锰氧化态的增高，产生边界前特征的轨道能量是如何变化的。K 边界的边界前特征产生于 1s 电子至更高能量轨道（如空的 3d 轨道）的激发（可能有对应于不同激发态的几种重叠特性）。锰的氧化态越高，1s 电子经受的有效核电荷越大，激发或电离这个电子所需的能量就越大。该趋势反映在实验上观察到的一个事实：边界前特征能量从 Mn（Ⅱ）到锰（Ⅶ）单向增大。这一锰氧化物在能量上显示的边界前特征相应于强度比为 1 : 2 的 Mn（Ⅱ）和 Mn（Ⅲ）的边界前特征，因此该氧化物可能是 Mn_3O_4（即 MnO : Mn_2O_3）。

自测题 8.9　描述化合物中硫氧化态从 S^{2-}（硫化物）到 SO_4^{2-}[硫酸根，S（Ⅵ）]的 X 射线吸收谱 K 边界能量预期的变化趋势。

8.11　质谱分析法

提要:质谱分析是测定相对分子质量和分子碎片质量的一种技术。

质谱分析测定气体离子的质荷比。这些离子既可带正电荷也可带负电荷,在推断离子的实际电荷及其物种的质量方面通常并不重要。这是一种破坏性分析技术,样品不能回收用于进一步分析。

离子质量测定的精确度随所用光谱仪(见图 8.39)的不同而不同。如果需要进行粗略的质量测量(如在$\pm m_u$范围内的测量,m_u是原子质量常量 $1.660\ 54\times10^{-27}$ kg),则质谱仪的分辨率只需要 $1/10^4$。相反,如果需要测定单个原子的质量以确定质量亏损,精确度必须接近 $1/10^{10}$。这种精确度的质谱仪可将$^{14}N_2$(质量为 28.006 1 m_u)与名义上具有相同质量的分子如$^{12}C^{16}O$(质量为 27.994 9 m_u)区分开来,名义质量小于 1 000 m_u的离子的元素组成和同位素组成可明确地测定出来。

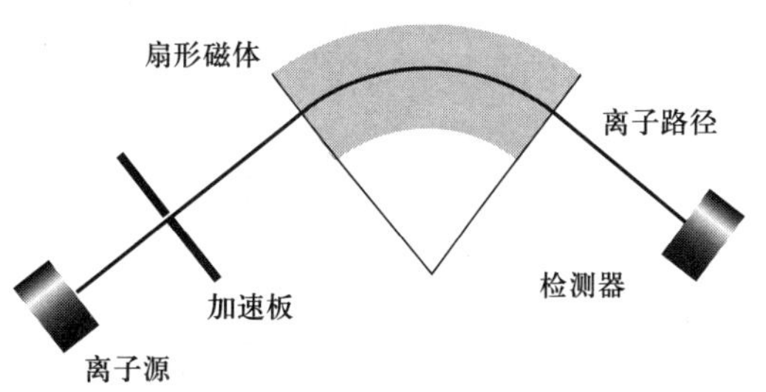

图 8.39　磁扇形质谱仪:分子碎片按质荷比不同发生偏转,在检测器中进行分离

(a) 电离和检测方法

质谱分析实际上面临的主要挑战是如何将样品转化为气体离子。用于进行分析的化合物通常小于毫克量级。人们设计了多种不同的方法产生气相离子,共同之处是将目标化合物碎片化。**电子碰撞电离**(electron impact ionization,EI)的方法以高能电子轰击样品使其汽化和电离,缺点之一是电子碰撞可能导致大分子分解。**快速原子轰击**(fast atom bombardment,FAB)法类似于 EI,不同的是以快速中性原子轰击样品使其汽化和电离;但碎片化作用小于 EI。另一种类似于 EI 的方法是**基质辅助激光脱附/电离**(matrix-assisted laser desorption/ionization,MALDI),不同的是使用了短激光脉冲产生同样的效果;这种技术用于聚合物样品特别有效。在**电喷雾离子化**(electrospray ionization,ESI)法中,将含有目标离子物种的溶液微滴喷入真空室,溶剂在那里蒸发导致产生带有电荷的离子。这种方法往往在研究溶液中的离子化合物时被选用,而且用得越来越广泛。

在传统的离子分离方法中,质荷比的分辨是通过外加电场将离子加速、再用磁场使离子的移动发生偏转的方法实现的:具有较低质荷比的离子发生的偏转超过重离子。随着磁场的变化,具有不同质荷比的离子被导向检测器(见图 8.39)。在**时间飞行**(time-of-flight,TOF)质谱仪中,样品中的离子被电场在固定的时间内加速后自由飞行(见图 8.40)。由于具有相同电荷的所有离子受到的力相同,与重离子相比,轻离子被加速至更高的运行速度,因而更快地到达检测器。在**离子回旋加速器共振**(ion cyclotron resonance,ICR)质谱仪(Fourier transformation-ICR,通常写为 FTICR)中,离子被收集在强磁场内部的一个小的回旋加速器单元。离子环绕磁场做圆周运动,有效地表现为电流。由于加速的电流能产生电磁辐射,从而能够检测离子产生的信号并用于确定其质荷比。

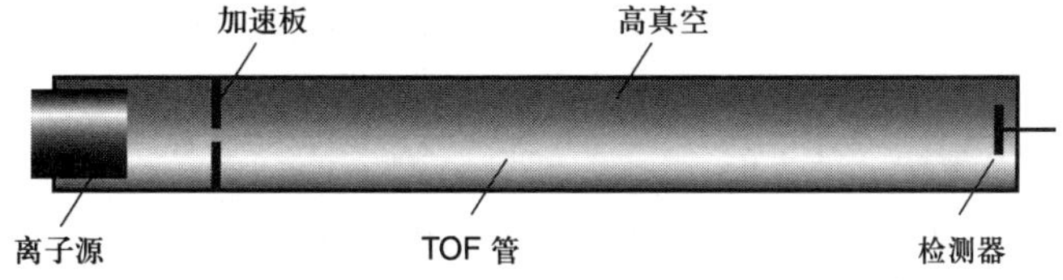

图 8.40　时间飞行(TOF)质谱仪:电位差将分子碎片加速至不同速度,以不同时间到达检测器

质谱分析广泛用于有机化学,但也用于分析无机化合物。然而许多无机化合物(如那些具有离子结构或如二氧化硅那样具有共价网状结构的化合物)因不具挥发性而不能碎片化为分子离子单元(甚至用 MALDI 技术也不能),所以不能采用这种方法进行分析。相反,某些无机配位化合物的成键作用较弱,意

味着它们在质谱仪中比有机化合物更易碎片化。

(b) 解释

图 8.41 给出一个典型的质谱图。为了解释此谱图，不妨对带有单电荷的、完整的分子离子峰进行检测。有时会在 1/2 分子质量的位置出现一个峰，此峰归属于一个双电荷离子。多电荷离子的峰通常易于辨认，因为不同同位素峰之间的间隔不再是 m_u，而是其质量的分数。例如，双电荷离子中同位素峰相距 $1/2m_u$，三电荷离子中同位素峰相距 1/3 m_u，等等。

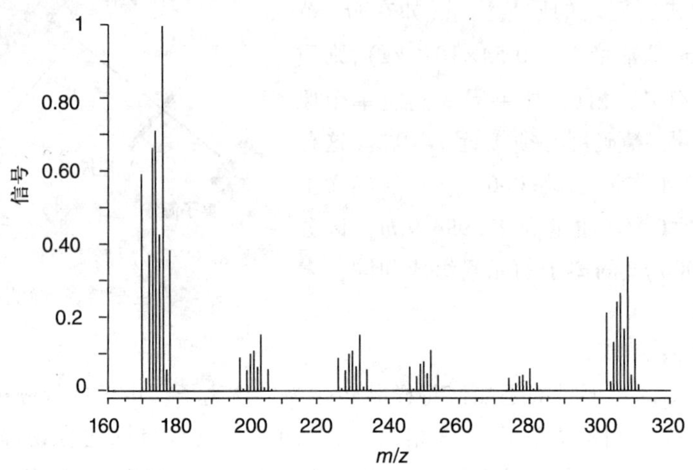

图 8.41　$[Mo(\eta^6-C_6H_6)(CO)_2PMe_3]$的质谱图:谱图中峰值的详细解读见例题 8.10

除给出被研究中分子或离子的质量(因此也给出摩尔质量)外，质谱图也提供有关分子碎片化路径的信息。这种信息可用于确认被指认的结构，如络离子往往会失去配体，人们可以观察到比完整离子少一个或多一个配体的物种产生的峰。

以多种同位素形式存在的元素(例如，氯中 75.5%为^{35}Cl，24.5%为^{37}Cl)可观察到多个峰。对含氯的分子而言，质谱图上将显示相隔 $2m_u$的两个峰，强度比约为 3∶1。对具有更复杂的同位素组成的元素而言，可以得到不同模式的峰形，峰形可用来识别未知组分化合物中某一元素的存在。例如，Hg 原子具有丰度较高的 6 种同位素(见图 8.42)。元素同位素的实际比例随来源不同而改变，这种细微的变化不难通过高分辨质谱仪鉴别出来。因此，可以通过精确测定同位素比例的方法确定样品的来源。

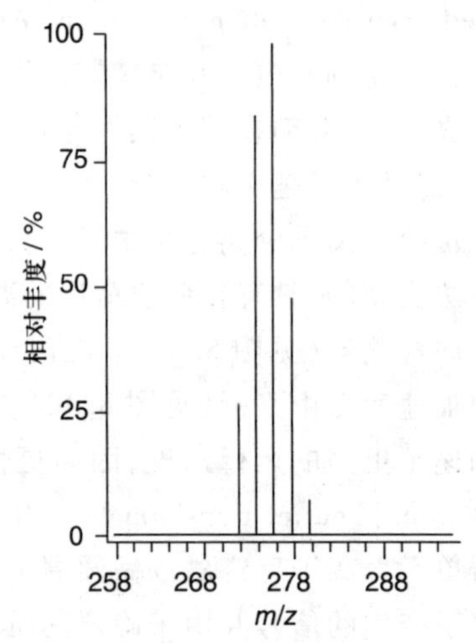

图 8.42　含汞样品的质谱图，示出原子的同位素组成

例题 8.10　解释质谱图

题目:图 8.41 展示了$[Mo(\eta^6-C_6H_6)(CO)_2PMe_3]$的部分质谱图，试指认其主峰。

答案:络合物的平均分子质量为 306 m_u，但由于 Mo 具有多种同位素，图上看到的不是单一的分子离子峰。306 m_u 处探测到 10 个峰。丰度最高的 Mo 同位素为^{98}Mo(24%)，其分子离子峰具有最高的强度。除该分子离子的峰外，还能看到 M^+-28、M^+-56、M^+-76、M^+-104 和 M^+-132 的峰，它们表示从母体化合物分别失去了 1 个 CO、2 个 CO、1 个 PMe_3、PMe_3+CO 和 PMe_3+2CO 配体。

自测题 8.10　为什么 $ClBr_3$(见图 8.43)的质谱由 5 个相间 $2m_u$的峰组成?

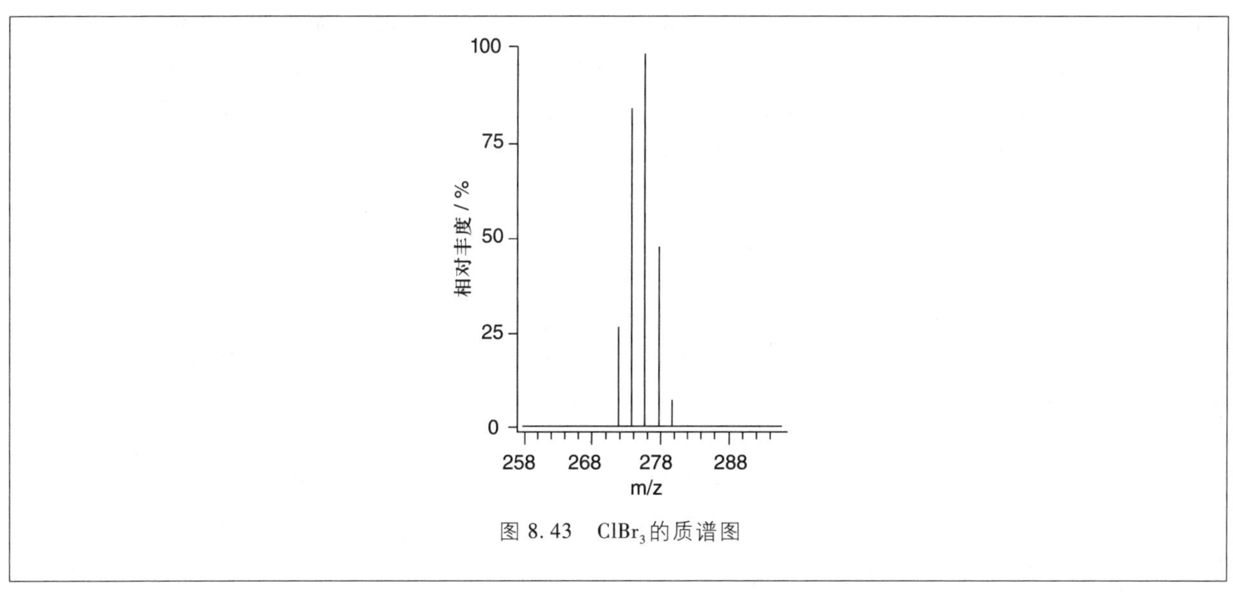

图 8.43　$ClBr_3$的质谱图

化学分析法

物理技术的经典应用之一是测定化合物中元素的组成。当今可供使用的技术非常精致，许多情况下可以实现自动化，既快速又可靠地取得结果。这里也将热技术包括在内，热技术用于跟踪物质的相变过程（不改变组分）和物质组分改变的过程。热技术在分析过程中通常都会破坏化合物。

8.12　原子吸收光谱法

提要：利用原子的光谱吸收特征几乎可定量测定所有金属元素。

原子吸收光谱法的原理类似于紫外-可见光谱法，只是起吸收作用的物质为自由原子（包括中性和带电荷的原子）而已。原子与分子不同，它们不具有转动或振动能级，跃迁只发生在电子能级之间。因此，原子吸收光谱由清晰的线条组成而不是分子光谱的宽的谱带。

图 8.44 展示出原子吸收分光光度计的基本组件。充有氖气的密封管中装有由特定元素构成的阴极和钨阳极，这种“中空阴极”灯以特定波长的光照射气体样品。如果样品中存在某一特定元素，灯光中该元素特有的频率在检测器上的强度就会减弱。这是因为该频率激发了样品中的电子跃迁并部分地被吸收。测定吸收的多少（相对于标准物）就可定量确定该元素的量。每种待测元素需要使用不同的灯。由于电离过程可能产生来自被分析物中其他组分的谱线，雾化器之后的单色仪将所需的波长分离出来传输至检测器。

不同仪器之间的主要区别在于将样品转化为自由的、未结合的原子或离子的方法。**火焰原子化**（flame atomization）法中待测物溶液与燃料通过“喷雾器”相混合生成气溶胶。气溶胶进入灯头在那里变成燃料-氧化剂混合物的火焰。典型的燃料-氧化剂混合物是乙炔 - 空气混合物，产生的火焰温度高达 2 500 K。乙炔 - 一氧化二氮混合物的火焰温度高达 3 000 K。一种常见的“电热式雾化器”是石墨炉。石墨炉达到的温度可与火焰雾化器相比，但检测限比后者更优 1 000 倍。灵敏度增加归因于快速生成原子并使其较长时间处于光路上的能力。石墨炉的另一优点是可用于分析固体样品。

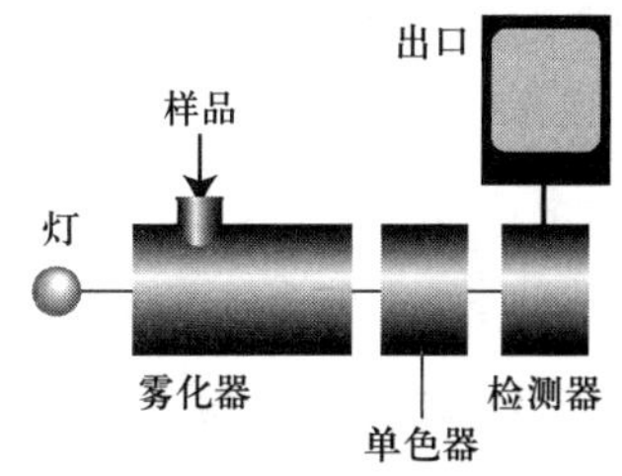

图 8.44　有代表性的原子吸收分光光度计示意图

几乎每种金属元素都可用原子吸收光谱进行分析，虽然并非都具有高灵敏度和低检测限。例如，镉在火焰离子化器中的检测限为 1 ppb①（$1/10^9$），而汞只有 500 ppb。使用石墨炉时检测限可低至 $1/10^{15}$。对可用空心阴极灯源的任何元素而言都可直接测定，其他物种的测定则可通过间接方法。例如，PO_4^{3-} 与 MoO_4^{2-} 在酸性条件下反应生成 $H_3PMo_{12}O_{40}$，可将其萃取到有机溶剂中进行钼的分析。为了分析某一特定元素，需要制备一组与样品类似的基准物，并在相同条件下分析基准物和样品。

8.13　CHN 分析法

提要：用高温分解的方法测定样品中碳、氢、氮、氧、硫的含量。

市场上能购得对 C、H、N、O、S 进行自动分析的仪器。图 8.45 展示出用于分析 C、H 和 N 的仪器装置图，有时也叫 **CHN 分析**（CHN analysis）。将样品在氧气中加热至 900 ℃，生成二氧化碳、一氧化碳、水、氮气和氮氧化物的混合物。氦气流将产物吹进一个 750 ℃的管式炉，在那里用铜将氮氧化物还原为氮并去除多余的氧气，氧化铜将一氧化碳转化为二氧化碳。所得 H_2O、CO_2和 N_2的混合物流过由三个热传导检测器组成的序列进行分析。第一对检测器的第一单元测定气体混合物的总热导率，捕集器除去水后再次测量热导率。两个热导率的差值对应于气体中水的量，并由此得到样品中氢的含量。第二对检测器被二氧化碳捕集器分开，从而得到碳的含量；剩下的氮的测量由第三个检测器完成。该法得到的数据以 C、H 和 N 的质量百分数发出分析报告。

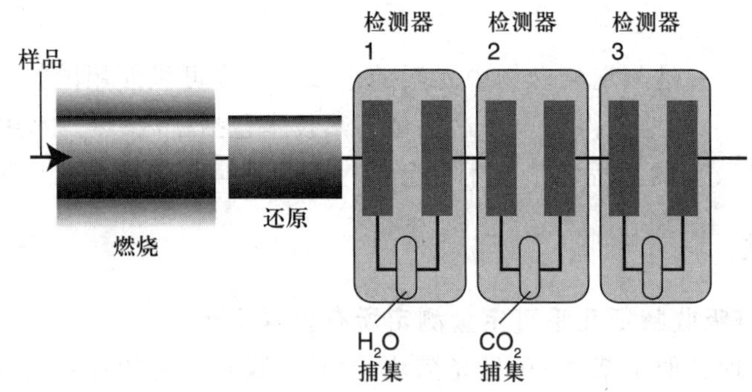

图 8.45　CHN 分析装置图

如果反应管被替换为填充了碳（涂有催化剂铂）的石英管，则可用来分析氧。气体产物扫过石英管时氧转化为一氧化碳，后者通过热的氧化铜上方转化为二氧化碳。其余过程同上。如果样品在填有氧化铜的管中被氧化，则可用于测定硫。水被冷却管捕获而除去，二氧化硫通常在氢检测器中被测定。

例题 8.11　解释 CHN 分析数据

题目：铁化合物的 CHN 分析给出了其中各元素的质量百分数：C 为 64.54，N 为 0，H 为 5.42，残渣为 Fe。确定该化合物的经验式。

答案：C、H 和 Fe 的摩尔质量分别为 12.01 g · mol^{-1}，1.008 g · mol^{-1}和 55.85 g · mol^{-1}。100 g 样品中含 C 64.54 g，H 5.42 g，Fe 30.04 g（从 100 g 中差减而来）。因此各元素的物质的量分别为

$$n(\mathrm{C}) = 64.54\ \mathrm{g}/12.01\ \mathrm{g\cdot mol^{-1}} = 5.37\ \mathrm{mol}$$

$$n(\mathrm{H}) = 5.42\ \mathrm{g}/1.008\ \mathrm{g\cdot mol^{-1}} = 5.38\ \mathrm{mol}$$

$$n(\mathrm{Fe}) = 30.04\ \mathrm{g}/55.85\ \mathrm{g\cdot mol^{-1}} = 0.538\ \mathrm{mol}$$

比值为 5.37 : 5.38 : 0.538≈10 : 10 : 1。化合物的经验式为 $C_{10}H_{10}Fe$，对应的分子式为 $[Fe(C_5H_5)_2]$。

自测题 8.11　CHN 分析在测定 5d 系化合物中氢的质量百分数时不如测定 3d 系化合物那样准确，为什么？

---

①　ppb 意为 10^{-9}在国内已不使用，为与原版教材一致，本书仍使用 ppb。

8.14 X 射线荧光元素分析法

提要:激发和解析 X 射线发射光谱可获得化合物中元素的定性和定量信息。

如节 8.9 讲到的那样,物质受到短波长的 X 射线照射时原子实的电子可能发生电离。电子以这种方式被逐出时,较高能级轨道的电子可以占据由其腾出的位置,其能量差以光子的形式释放出来。释放的光子通常也处于 X 射线区,其能量为被测原子所特有。能量分散分析或波长分散分析的方法可用来分析这种荧光辐射。谱图上的峰为该元素所特有,用来识别特定元素的存在,这是 X 射线荧光(XRF)技术的基础。特征辐射的强度也与材料中相应元素的含量直接有关。以合适的标准物校准过的仪器可用于定量测定 $Z>8$(氧)的大多数元素。图 8.46 给出一个典型的 XRF 能量分散谱图。

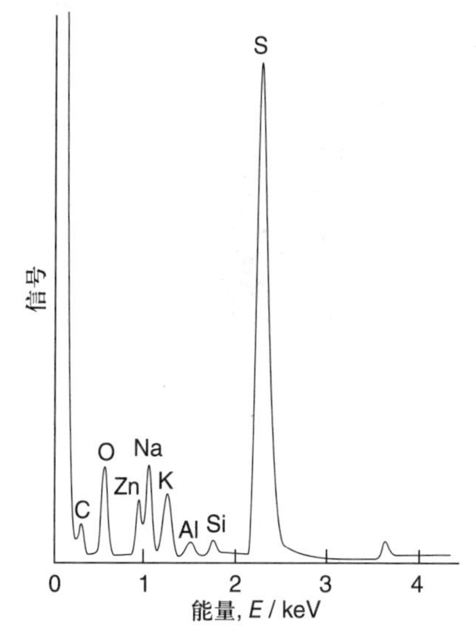

图 8.46 由金属硅酸盐样品得到的 X 射线荧光光谱,各自特有的 X 射线发射线展示了各元素的存在

一项与 XRF 技术相类似的技术用于电子显微镜测量(节 8.17),叫做 X 射线能量分散分析(EDAX)或能量分散光谱(EDS)。在这里,高能电子轰击样品产生的 X 射线从原子实逐出电子,外层电子落入原子实能级留下的空位时发射 X 射线。这些 X 射线是相关元素的特征线,线的强度则代表该元素的量。选用合适的标准物时,这种谱图可对材料中大部分元素(一般是 $Z>8$ 的元素)进行定性和定量分析。不过,即使小心地选用标准物,定量信息的精确度也不高。典型的测定误差至少也有几个百分数。如果被测元素的 X 射线谱发生重叠,精确度将会进一步降低。

例题 8.12 解释 EDAX 分析数据

题目:采用扫描电子显微镜研究样品的 EDAX 谱时给出以下原子百分含量:Ca 29.5%、Ti 35.2%、O 35.3%。试确定该化合物的经验式。

答案: Ca、Ti 和 O 的摩尔质量分别为 $40.08\ \text{g}\cdot\text{mol}^{-1}$,$47.87\ \text{g}\cdot\text{mol}^{-1}$ 和 $16.00\ \text{g}\cdot\text{mol}^{-1}$。因此:

$$n(\text{Ca}) = 29.5\ \text{g}/40.08\ \text{g}\cdot\text{mol}^{-1} = 0.736\ \text{mol}$$

$$n(\text{Ti}) = 35.2\ \text{g}/47.87\ \text{g}\cdot\text{mol}^{-1} = 0.735\ \text{mol}$$

$$n(\text{O}) = 35.3\ \text{g}/16.00\ \text{g}\cdot\text{mol}^{-1} = 2.206\ \text{mol}$$

比例为 $0.736:0.735:2.206\approx1:1:3$。该化合物的经验式为 $CaTiO_3$(具有钙钛矿结构的复合氧化物,见第 3 章)。

自测题 8.12 铝镁硅酸盐的 EDAX 分析给出较差的定量信息,为什么?

8.15 热分析法

摘要:热分析包括热重分析、差热分析和差示扫描量热。

热分析(thermal analysis)是通过加热方法导致样品性质发生变化而进行的分析。样品通常为固体,发生的变化包括熔化、相变、升华和分解。

加热样品使其质量发生变化的分析叫**热重分析**(thermogravimetric analysis,TGA)。热重分析用热天平(电子微量天平)、温度程控炉和控制器(使样品同时加热和称重)组成的装置进行测量(见图 8.47)。样品称量后放进样品架,然后将其悬挂在炉里的天平上。炉温通常是线性升高的,也可使用更复杂的加热方式,如使用等温加热和冷却程序。为使气氛得到控制,将天平和炉子置于封闭系统中。可以是惰性的或具有反应活性(取决于从事研究的性质)的气氛,可以是静止的或流动的气氛。流动性气氛的优点是可带走挥发性或腐蚀性物种,并能防止反应产物的凝结。此外,产生的任何物种都可送入质谱仪进行鉴别。

热重分析是研究解吸附、分解、脱水和氧化过程非常有用的一种方法。例如,$CuSO_4 \cdot 5H_2O$ 从室温至 300 ℃的热重曲线展示出三个分步的质量损失(见图 8.48),它们对应于脱水过程的三个阶段:先后生成 $CuSO_4 \cdot 3H_2O$、$CuSO_4 \cdot H_2O$ 和 $CuSO_4$。

图 8.47　热重分析仪:随温度的上升监控样品质量的变化

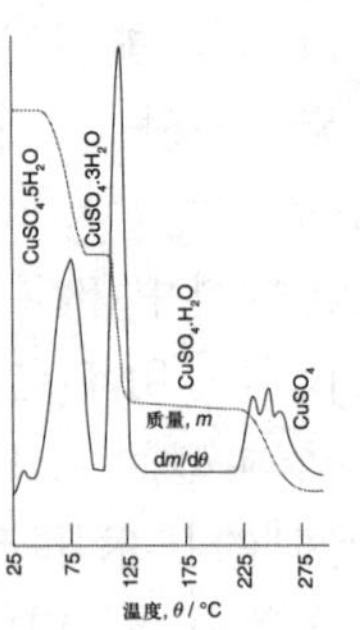

图 8.48　20 ℃至 500 ℃区间 $CuSO_4 \cdot 5H_2O$ 的热重曲线:红线为样品的质量,绿线为其一阶导数(红线的斜率)

图 8.48

广泛使用的另一种热分析法是**差热分析**(differential thermal analysis, DTA)。这种技术中的样品和参照物受到相同加热过程,并对其温度的变化进行比较。DTA 实验中的样品和参照物都放置在低热导率的样品架上,样品架则置于炉中的块状空腔内。分析无机化合物时通常以氧化铝(Al_2O_3)和碳化硅(SiC)为参照物。以样品与参照物的温差对线性上升的炉温作图。如果样品发生了吸热过程,其温度上升将滞后于参照物温度的上升,DTA 曲线上出现最小值。如果样品发生了放热过程,其温度将高于参照物的温度,曲线上出现最大值。吸热或放热曲线的面积与热过程的焓变有关。DTA 对研究诸如相变这样的过程非常有用,相变是固体从一种形式转变为另一个形式,且在 TGA 实验中观察不到质量的变化。例如,无定形玻璃的晶化过程及物质从一种结构转变为另一种[例如,TlI(碘化铊)的岩盐结构加热至 175 ℃转变为 CsCl 结构]的过程。

与 DTA 密切相关的一种技术叫**差示扫描量热**(differential scanning calorimetry, DSC)。样品和参照物在 DSC 测量过程中始终保持相同的温度,这一条件是通过分别加在样品和参照物支架上的两个电源实现的。仪器记录着提供给两个电源的任何差值对炉温的变化。发生吸热或放热过程时 DSC 曲线偏离基线,从而决定了是否需要提供更多或更少的功率给样品(相对于参照物)。吸热反应通常表现为对基线的正偏离,这种偏离对应于增加供给样品的功率;放热过程则表现为对基线的负偏离。

DTA 和 DSC 得到的信息非常相似。虽然从 DSC 获得的定量数据(如相变过程的焓值)更可靠,但 DTA 可以做到的温度更高。DTA 和 DSC 都被用于对获得的结果(样品相对于参照物)进行"指纹"对照。

例题 8.13　解释热分析数据

题目:100 mg 硝酸铋水合物[$Bi(NO_3)_3 \cdot nH_2O$]样品加热至 500 ℃而后干燥,观察到的质量损失为 18.56 mg。求 n。

答案:首先对反应

$$Bi(NO_3)_3 \cdot nH_2O \rightarrow Bi(NO_3)_3 + nH_2O$$

进行化学计量分析以确定 n 值。$Bi(NO_3)_3 \cdot nH_2O$ 的摩尔质量是$(395.01+18.02n)\ g \cdot mol^{-1}$,因此 $Bi(NO_3)_3 \cdot nH_2O$ 在加热前的量为 100 mg/$[395.01+18.02n)\ g \cdot mol^{-1}]$。由于每个化学式单元[$Bi(NO_3)_3 \cdot nH_2O$]含 $n$mol 的 H_2O,固体在加

热前水的物质的量是 $Bi(NO_3)_3 \cdot nH_2O$ 中的 n 倍，即 100 n mg/[395.01+18.02n) g · mol^{-1}] = 100n/[395.01+18.02n] mmol。质量损失 18.56 mg 完全是由失去水而造成的，因此失去的 H_2O 的物质的量是(18.56 mg)/(18.02 g · mol^{-1}) = 1.030 mmol。我们将这个量等同于固体加热前水的物质的量：

$$100n/(395.01+18.02n)=1.030$$

单位 mmol 已消去，求解得 $n=5$，该固体的化学式为 $Bi(NO_3)_3 \cdot 5H_2O$。

自测题 8.13　600 ℃下在氢气中还原 10.000 mg 锡氧化物样品生成 7.673 mg 金属锡。确定锡氧化物的化学计量。

磁量法和磁化率

提要：磁量法用于测定样品对外磁场的特征响应。磁化率提供金属络合物中未成对电子数量方面的信息。

监测样品磁性质的经典方法是测量非均匀磁场对样品的拉引和推斥：以 **Gouy 天平**(Gouy balance)测量样品在外磁场作用下表观质量的变化[见图 8.49(a)]。样品用一根细丝挂在天平的一侧：一端处于强电磁场中，另一端就处于地球磁场中。在外加磁场中称量样品，然后将磁场关闭。由表观质量的变化可以确定磁场作用在样品上产生的力，由力的数值和仪器本身的各种常量、样品的体积、摩尔质量可以得到摩尔磁化率。材料中 d 金属或 f 区离子的有效磁矩可由磁化率推导出来，并用来推断未成对电子的数目和自旋态(第 20 章)。**Faraday 天平**(Faraday balance)中的磁场梯度是两个弯曲磁铁之间产生的；这种技术能对磁化率进行精确测量，并能收集磁化强度的数据(磁化强度是外加磁场大小和方向的函数)。

更现代的**振动样品磁强计**[vibrating sample magnetometer，见 VSM；见图 8.49(b)]使用一种改进了的 Gouy 天平测量材料的磁性质。样品置于均匀磁场(导致净磁化强度)中。样品振动时，在适当放置的接收线圈处诱导产生电信号。该信号具有相同的振动频率，其振幅正比于感应磁化强度。振动样品可通过冷却或加热的方法研究磁性质随温度的变化。

超导量子干涉仪(superconducting quantum interference device，SQUID；见图 8.50)已经成为当今测量磁性质的常用工具。SQUID 利用了磁通量量子化和作为电路一部分的超导体电流线圈的性质。流入磁场中线圈的电流可由磁通量的值确定，因此也由样品的磁化率确定。

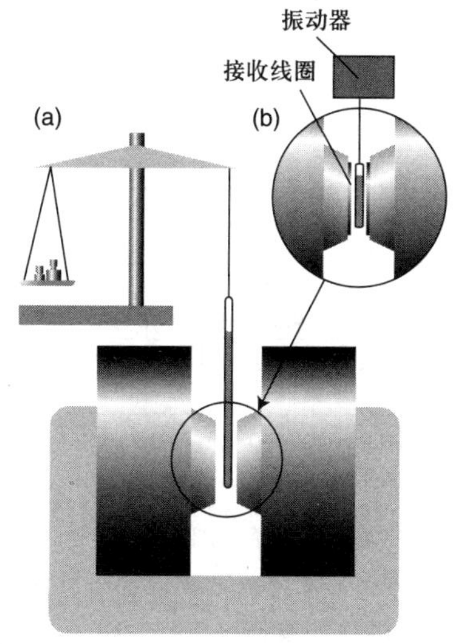

图 8.49　(a) Gouy 天平示意图，(b) 这是插图，改良了的振动样品磁强计示意图

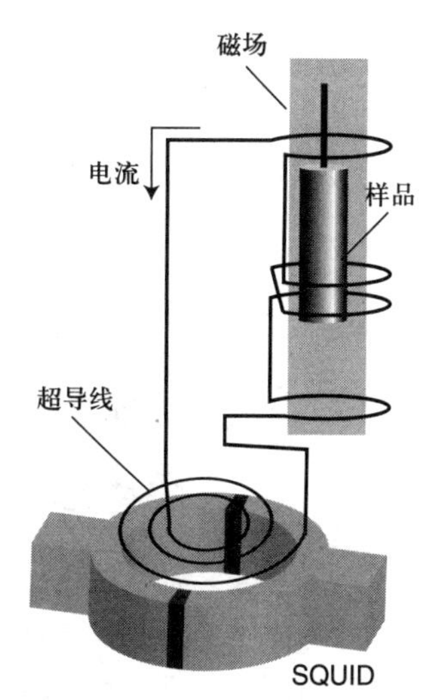

图 8.50　SQUID 测定样品的磁化率：置于磁场中的样品通过线圈缓慢发生移动，监控 SQUID 两端的电位差

Evans 法(Evans method)可用于测定溶液中顺磁性物种的磁矩,从而确定未成对电子的数目。该法利用溶解在溶液中的顺磁性物种 NMR 化学位移的变化(节 8.6)。观测到的共振频率位移($\Delta\nu$,单位为 Hz)与溶质的特征磁化率χ_g($cm^3 \cdot g^{-1}$)之间的关系为

$$\chi_g=\frac{-3\Delta\nu}{4\pi\nu m}+\chi_0+\frac{\chi_0(d_0-d_s)}{m}$$

式中,ν 为分光计频率(Hz),χ_0 为溶剂的质量磁化率($cm^3 \cdot g^{-1}$),m 为每立方厘米溶液中溶解的物质的质量,d_0和 d_s 分别为溶质和溶液的密度($g \cdot cm^{-3}$)。由于配位几何学上的原因,溶液中过渡金属物种得到的磁化率值与磁天平获得的固相过渡金属物种的值可能不同,因此,未成对电子的数目在溶解过程中可能发生改变。

电化学技术

提要:循环伏安法用来测量还原电位,并研究氧化还原活性物种相关的化学反应。

循环伏安法(cyclic voltammetry)中,外加至电极的电位差在两个电位限值之间随时间来回线性变化,测量电极和溶液物种之间界面电子转移产生的电流流动。循环伏安法能够为还原电位、相关氧化还原化学(如催化)的反应,以及氧化或还原产物的稳定性提供直接信息。这种技术能够快速定性地了解电活性化合物的氧化还原性能,并给出热力学和动力学性能方面可靠的定量信息。含有待测物种(通常是过渡金属络合物)的溶液装在内置三个电极的电化学电池中(见图 8.51)。发生待测电化学反应的"工作电极"通常由铂、银、金或石墨构成。参考电极通常为银/氯化银电极,而反电极通常为金属铂。反电极的作用是联通电路,以确保电子不需流过参考电极与溶液之间的界面。电活性物种的浓度通常相当低(小于 0.001 $mol \cdot dm^{-3}$),而溶液含有相对较高浓度的惰性"支撑"电解质(浓度约大于 0.1 $mol \cdot dm^{-3}$)以提供导电性。电位差加在工作电极和参考电极之间,在两个限值之间来回扫描追踪出三角波形。随仪器和电极尺寸不同,电位扫描速率可在 1 $mV \cdot s^{-1}$和 100 $V \cdot s^{-1}$之间变化。

为了了解所涉及的问题,这里讨论简单的氧化还原电对$[Fe(CN)_6]^{3-}/[Fe(CN)_6]^{4-}$,该电对中最初只存在还原型的 Fe(Ⅱ)络合物(见图 8.52)。电极电位相对于还原电位足够负,氧化还原电对此时无电流

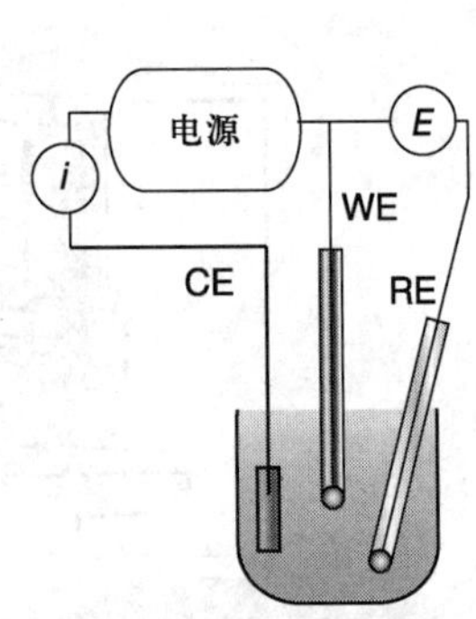

图 8.51　三电极电化学电池:待测半电池反应发生在工作电极(WE),其电位是相对于参考电极(RE)控制的、WE 和 RE 之间无电流流过:电流在 WE 和反电极(CE)之间流过,反电极上发生的反应(如溶剂或电解质分解)被驱动以平衡流过 WE 的电荷

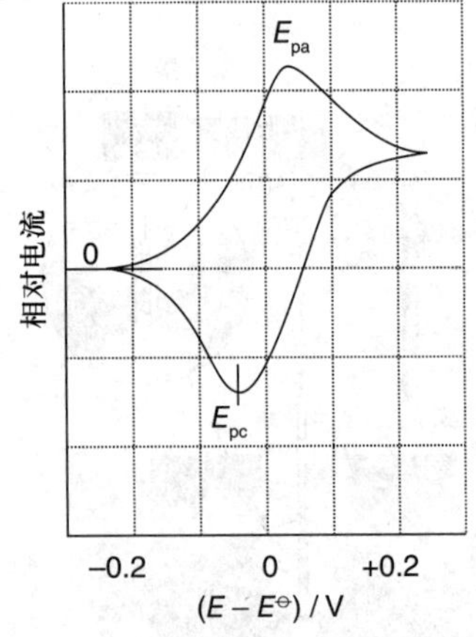

图 8.52　溶液中以还原形存在的电活性物种的循环伏安图,表示出电极上发生的可逆一电子反应:氧化过程和还原过程的峰电位(E_{pa}和 E_{pc})相差 0.06 V;还原电位为 E_{pa}和 E_{pc}的平均值

流过。随着电位接近 Fe(Ⅲ)/Fe(Ⅱ)电对的还原电位,Fe(Ⅱ)必须被氧化以维持工作电极附近的 Nernstian 平衡,电流开始流动。电流先上升至一个峰值然后逐渐下降,这是因为电极附近的 Fe(Ⅱ)开始大量减少(溶液未搅拌),需要从溶液中越来越远的区域扩散而来的物种加以补充。电位达到上限后即开始反向扫描。起初,扩散到电极的 Fe(Ⅱ)继续被氧化,但最终的电位差变得足够负以还原生成的 Fe(Ⅲ);电流达到峰值后,随着电位趋向低限值而逐渐减小至零。

在实验条件下,两个峰电位的平均值非常接近还原电位 E(由于通常采用非标准条件,一般情况下 E 不是标准电位)。理想情况下氧化峰与还原峰的大小相类似,两个峰的位置相距一个小的电位增量(25 ℃时通常为 59 mV/ν_e,其中 ν_e 是电极反应中转移的电子数。参见节 5.5)。上述情况是可逆氧化还原反应的一个实例。这类反应在电极上的电子转移进行得足够快,以致电位扫描期间总能保持平衡。在这种情况下,电流通常是受电活性物质向电极的扩散过程控制的。

如果电极上发生的动力学过程比较慢,氧化峰与还原峰之间的距离会增大,而且随扫描速率的增大而增大。这是因为需要超电位克服每个方向上电子转移的能垒。此外,循环过程最初产生的氧化峰(或还原峰)往往没有相应的逆向峰相匹配。不存在逆向峰是因为最初产生的物种在循环过程中进一步发生了化学反应,反应产生的物种或者具有不同的还原电位,或者在被扫描的电位区域内不具电活性。无机化学家往往将这种行为叫做“不可逆性”。

后面跟有化学反应的电化学反应叫 **EC 过程**(EC process)。用类推法可知,**CE 过程**(CE process)也是一种反应,其中能够发生电化学(E)反应的物种必须先由化学(C)反应产生。因此,对一个被怀疑氧化后发生分解的分子而言,可能观察到 E 过程生成的最初的不稳定物种(只要扫描速率足够快,在物种发生进一步反应之前重新还原它)。所以,通过改变扫描速率,可以测定该化学反应的动力学。

CE 过程的化学步(C)往往是比电子转移更快的质子转移反应,因而无法测定反应过程的动力学。即便如此,循环伏安法也能为质子偶合的电子转移过程的热力学(参见节 5.6 和节 5.14 的讨论)提供大量信息。图 8.53(a)示出含一个 H_2O 配体的 Os(Ⅱ)络合物的循环伏安图,该图表明这是两个一电子过程[先生成 Os(Ⅲ),然后生成 Os(Ⅳ)]。发生每一过程的电位间间距很大,反向扫描先生成 Os(Ⅲ)后生成 Os(Ⅱ),这些事实表明所有物种都是稳定的。图 8.53(b)的 Pourbaix 图是在宽 pH 范围(0~10)进行实验

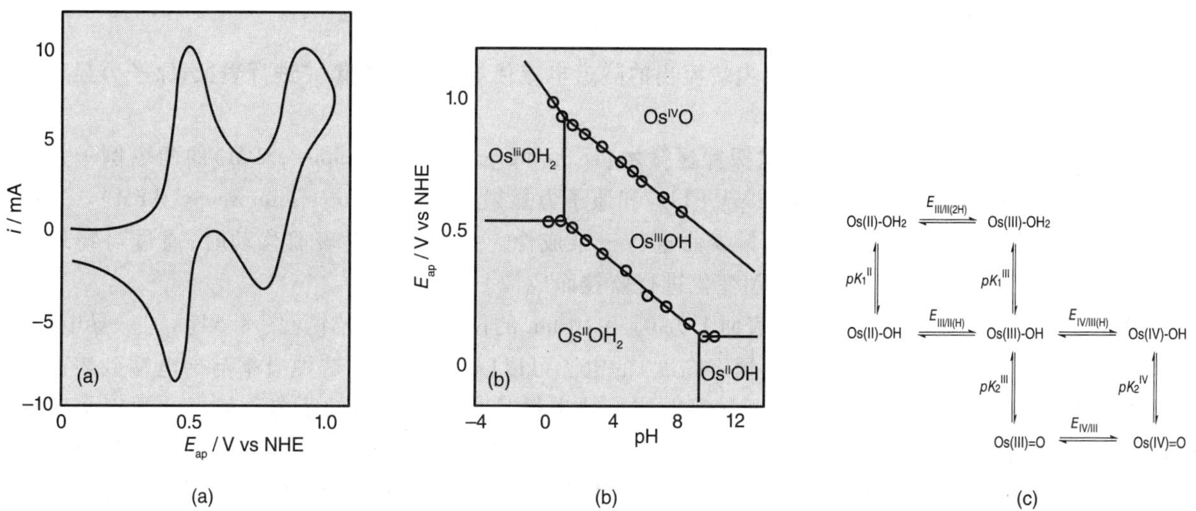

图 8.53　(a)pH 为 3.1 时 Os(Ⅱ)络合物$[Os^{II}(bpy)_2py(OH_2)]^{2+}$](简写为 Os-$OH_2$)的循环伏安图,先生成 Os(Ⅲ)然后生成 Os(IV)物种的两个一电子过程,扫描速率为 0.2 V/s;(b)通过宽的 pH 范围(0~10)进行实验而构建的 Pourbaix 图;(c)Os(Ⅱ)络合物$[Os^{II}(bpy)_2py(OH_2)]^{2+}$]在电极上发生的氧化过程中可能的基元反应

谢谢 J.-M. Saveant 教授提供的原图,文章发表在 *Proc. Natl. Acad. Sci. USA.*,2009,**106**,11829-11836

的基础上构建的。在 pH 2~9 范围内，Os(Ⅱ)氧化至 Os(Ⅲ)导致失去 1 个质子(斜率为-59 mV/pH 单位)，随后氧化至 Os(Ⅳ)导致失去全部两个质子并形成一个氧配体。Os(Ⅲ)/Os(Ⅱ)数据线在 pH 1.9 和 pH 9.2 处发生的弯曲归因于 Os(III)和 Os(II)分别第一次脱去质子的 pK 值，但 Os(Ⅳ)/Os(Ⅲ)的数据线没有观察到这样的偏离，这一事实表明 Os(Ⅲ)第二次脱去质子或 Os(Ⅳ)加合质子的 pK 值超出了范围。

例题 8.14　用循环伏安法对质子和电子转移反应进行动力学分析

题目：图 8.53(c)展示了 Os(Ⅱ)络合物$[Os^{II}(bpy)_2py(OH_2)]^{2+}$在电极上发生的氧化过程中可能存在的基元反应。在 pH 3.1 的溶液中，当扫描速率增加到非常大的值时图 8.53(a)所示的伏安值发生变化，并最终组成了以 $E_{III/II(2H)}$ 为中心的一对宽空间的还原和氧化峰。这一事实告诉我们质子转移速率方面的什么信息？(提示："E"过程的速率随电位差的增大而增大，而"C"过程的速率却否。)

答案：要回答这一问题，我们需要注意到图 8.53(c)中的横向箭头表示 E 过程，而竖向箭头表示 C 过程。对 C 过程必须先发生的物种而言，增加电位扫描速率将不利于物种的形成。最终在 $E_{III/II(2H)}$ 观察到的单一偶合意味着配位的水配体的脱质子慢于界面电子转移。

自测题 8.14　如果涉及 Os 系列的界面电子转移速率总是快于质子转移，试判断：从 Os(Ⅲ)或 Os(Ⅳ)络合物溶液开始，扫描速率很高时伏安图的表观形状。

显微技术

显微技术能够观察的材料(通常为固体)尺寸小于无辅助条件下人类肉眼可以解析的尺寸。单晶 X 射线衍射结构测定(节 8.1)之前，由透镜组成并使用可见光的普通光学显微镜广泛用于从结晶学上评估晶体的质量。除光学显微术外，还有两种重要的显微检测法也适于研究无机化合物和材料，它们是**电子显微术**(electron microscopy)和**扫描探针显微术**(scanning probe microscopy)。这些技术能够在小得多的距离(小至 1 nm)上将材料可视化。如果没有能力表征纳米尺寸材料的结构性质、化学性质和物理性质，纳米科学和纳米技术的许多进展(第 24 章)将不会发生。

8.16　扫描探针显微术

提要：扫描隧道显微术利用从导电尖端流出的隧道电流使导电表面成像并进行表征；原子力显微术则利用分子间力使这种表面成像。

发现得最早、当今广泛使用的**扫描探针显微术**(scanning probe microscopies, SPM)的两个例子是**扫描隧道显微术**(scanning tunnelling microscopy, STM)和**原子力显微术**(atomic force microscopy, AFM)。这些技术使用锐探针接近(或接触)样品对材料表面进行三维成像。探针沿材料表面移动时，通过对物理参数(如电位差、电流、磁场或机械力)的空间变化进行监控而成像。

STM 以原子级的锐导电端在样品表面上方 0.3~10 nm 的位置进行扫描[见图 8.54(a)]。导电端(要么保持恒定电位，要么在样品上方处于恒定高度)的电子可以以一定概率(这种概率与导电端到表面的距离呈指数相关)隧穿间隙，其结果是电子隧穿电流反映出样品与针端之间的距离。如果针端以恒定的高度扫描表面，电流则表示表面拓扑结构的变化。针端在恒定高度以高精密度移动是通过压电陶瓷使其发生位移实现的。图 8.54(b)示出石墨基材的一个 STM 研究结果。AFM 中探针针端的原子与样品表面的原子通过分子间力(如范德华力)相互作用。举着探针的悬臂上下弯曲以响应这种分子间力，而弯曲程度通过反射激光束进行监控。AFM 的形式包括：

- **摩擦力显微术**(frictional force microscopy)，测量针端横向力的变化，这种变化基于表面上发生的化学变化；

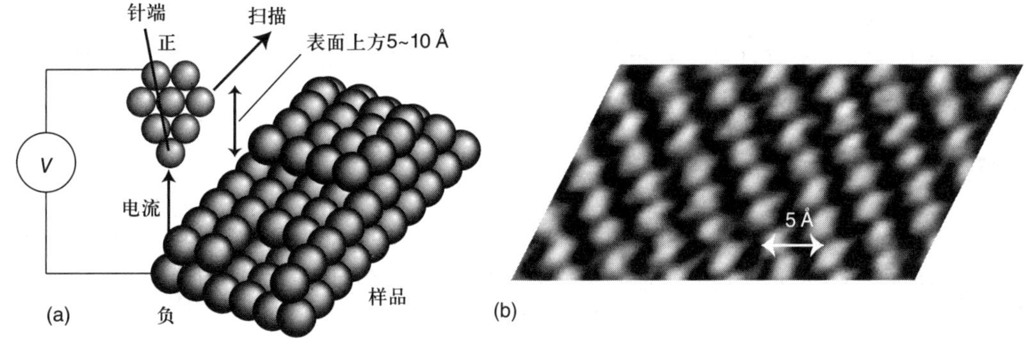

图 8.54　(a) 扫描隧道显微镜(STM)操作示意图;(b) 石墨表面的 STM 成像

- **磁力显微术**(magnetic force microscopy),使用磁性针端使磁结构成像;
- **静电力显微术**(electrostatic force microscopy),使用能感知电场的针端;
- **扫描电容显微术**(scanning capacitance microscopy),其中的针端被用作电容器的一个电极;
- **分子识别** AFM(molecular recognition AFM),正处在研究之中,其中的针端用特殊配体官能化,测定的是针端与表面之间的相互作用。这种显微镜能够提供表面化学性质的解析。原子力显微术也可用作一种绘制图案的工具。

8.17　电子显微镜术

提要:透射电子显微镜和扫描电子显微镜用电子使样品成像。成像原理与光学显微镜相类似,但其分辨率高得多。

成像电子显微镜的操作类似于传统光学显微镜,但前者用电子代替了可见光显微镜中用于成像的光子。这类仪器中的电子束通过 1~200 kV 进行加速,使用电场和磁场聚焦电子。**透射电子显微术**(transmission electron microscopy,TEM)以电子束穿过被检查的样品薄片在磷光屏上成像。**扫描电子显微术**(scanning electron microscopy,SEM)以电子束扫描被测物,利用反射(或散射)光束在检测器成像(见图 8.55)。扫描电镜的分辨率取决于入射电子束如何集中地聚焦在样品上、如何移过样品,以及被反射之前有多少照进样品内部。但可以分辨的尺寸通常为 1 μm 或更小。两种显微镜中,电子探针能使材料中的某些组成元素产生 X 射线。因此,这些特征 X 射线的**能量分散光谱法**(energy-dispersive spectroscopy)可采用电子显微镜定量测定材料的化学组成(8.14)。

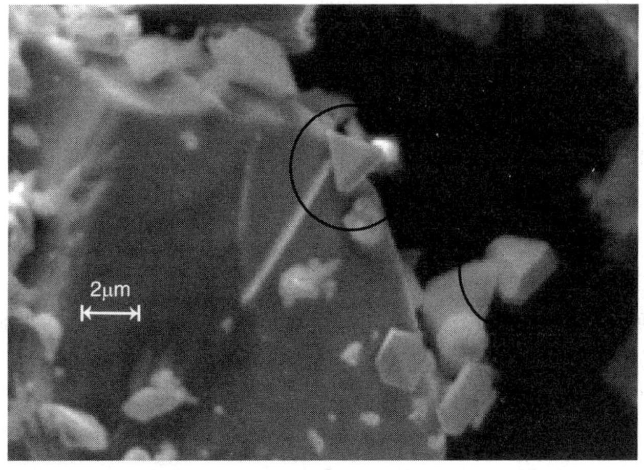

图 8.55　金晶体(圆圈内)的 SEM 图像,晶体尺寸约为 2 μm

与 TEM 相比,SEM 的主要优点是它能使电子不透明样品形成图像,而无须难以进行的样品制备操作。因此,SEM 是可选来用于对材料进行直接表征的电子显微镜法。然而 SEM 样品需要具有导电性,否则电子聚集在样品上而与电子束自身发生相互作用,导致图像模糊不清。对非导电性样品而言,需要涂覆薄薄一层导电材料(通常是金或石墨碳)。

延伸阅读资料

尽管本章已经介绍了化学家用以表征无机化合物的多种方法,但并非全部(用于研究固体和溶液中结构和性质的其他方法还有核四极共振和非弹性中子散射等)。本书参考了下列文献,并择要做了更深层次的讨论。

A. K. Brisdon, *Inorganic spectroscopic methods*. Oxford Science Publications (1998).

R. P. Wayne, *Chemical instrumentation*. Oxford Science Publications (1994).

D. A. Skoog, F. J. Holler, and T. A. Nieman, *Principles of instrumental analysis*. Brooks Cole (1997).

R. S. Drago, *Physical methods for chemists*. Saunders (1992).

F. Rouessac and A. Rouessac, *Chemical analysis: modern instrumentation and techniques*, 2nd ed. Wiley-Blackwell (2007).

S. K. Chatterjee, *X-ray diffraction: its theory and applications*. Prentice Hall of India (2004).

B. D. Cullity and S. R. Stock, *Elements of X-ray diffraction*. Prentice Hall (2003).

B. Henderson and G. F. Imbusch, *Optical spectroscopy of inorganic solids*. Monographs on the Physics & Chemistry of Materials. Oxford University Press (2006).

E. I. Solomon and A. B. P. Lever, *Inorganic electronic structure and spectroscopy, vol. 1: methodology*. John Wiley & Sons (2006).

E. I. Solomon and A. B. P. Lever, *Inorganic electronic structure and spectroscopy, vol.2: applications and case studies*. John Wiley & Sons (2006).

J. S. Ogden, *Introduction to molecular symmetry*. Oxford University Press (2001).

F. Siebert and P.Hildebrandt, *Vibrational spectroscopy in life science*. Wiley-VCH (2007).

J. R. Ferraro and K. Nakamoto, *Introductory Raman spectroscopy*. Academic Press (1994).

K. Nakamoto, *Infrared and Raman spectra of inorganic and coordination compounds*. Wiley-Interscience (1997).

J. K. M. Saunders and B. K. Hunter, *Modern NMR spectroscopy: a guide for chemists*. Oxford University Press (1993).

J. A. Iggo, *NMR spectroscopy in inorganic chemistry*. Oxford University Press (1999).

J. W. Akitt and B.E.Mann, *NMR and chemistry*. Stanley Thornes (2000).

K. J. D. MacKenzie and M.E.Smith, *Multinuclear solid-state nuclear magnetic resonance of inorganic materials*. Pergamon Press (2004).

D. P. E. Dickson and F. J.Berry, *Mössbauer spectroscopy*. Cambridge University Press (2005).

M. E. Brown, *Introduction to thermal analysis*. Kluwer Academic Press (2001).

P. J. Haines, *Principles of thermal analysis and calorimetry*. Royal Society of Chemistry (2002).

A. J. Bard and L. R. Faulkner, *Electrochemical methods: fundamentals and applications*, 2nd ed.John Wiley & Sons (2001).

O. Kahn, *Molecular magnetism*. VCH (1993).

R. G. Compton and C. E. Banks, *Understanding voltammetry*. World Scientific Publishing (2007).

练习题

8.1 需要确定犯罪现场得到的白色粉末中存在的晶形组分,你会用哪种(些)技术?

8.2 实验室单晶衍射仪可以研究的最小晶体尺寸通常是 50 μm×50 μm×50 μm。同步加速器作为 X 射线源的射线强度为实验室源的 10^6 倍,试计算同步加速器源在这种衍射仪上进行研究时立方形晶体的最小尺寸。中子通量弱 10^3 倍时,试计算使用单晶中子衍射仪可以研究的最小的晶体尺寸。

8.3 单晶 X 射线衍射测定 $(NH_4)_2SeO_4$ 中 N—H 键长的报道误差远大于 Se—O 键长的报道误差,为什么?

8.4 试计算以 2.20 km·s^{-1} 移动的中子相关的波长。这一波长是否适用于衍射研究($m_n = 1.675\times10^{-27}$ kg)?

8.5 X 射线衍射法获得的 O—H 键长平均为 85 pm,而中子衍射法获得的平均键长则为 96 pm,为什么?用这两种方法测定 C—H 键的键长,能得到类似的结果吗?

8.6　用 ^{15}N 代替 $N(CH_3)_3$ 中的 ^{14}N 后,归属于 N—C 伸缩振动的 Raman 谱带向低频方向偏移;但 $N(SiH_3)_3$ 中的 N—Si 对称伸缩却观察不到这种偏移。为什么?

8.7　已知 N—H 伸缩振动的波数通常为 3 400 cm^{-1},计算 N—D 伸缩振动的波数应是多少?

8.8　下述双原子物种伸缩频率的顺序为 $CN^- > CO > NO^+$,试解释其原因。

8.9　用表 8.3 中的数据估算化合物(其中确信含有氧物种 O_2^+)中 O—O 伸缩振动的波数。你指望能在 IR 光谱(i)或 Raman 光谱(ii)中观测到这种振动吗?

8.10　预测 $^{77}SeF_4$ 的 ^{19}F-NMR 谱和 ^{77}Se-NMR 谱的形式(已知 ^{77}Se 的 $I = 1/2$)。

8.11　实验观察到 XeF_5^- 的 ^{19}F-NMR 谱由一个主峰和两个对称分布的肩峰组成,每个肩峰的强度约为主峰的 1/6。试对该谱图做解释。

8.12　$[Co_2(CO)_9]$ 室温下的 ^{13}C-NMR 谱为什么只显示一个单峰?

8.13　PCl_5 的 ^{31}P MAS-NMR 谱显示出两个共振,其中之一的化学位移类似于 $CsPCl_6$ 中 ^{31}P 的化学位移。请做出解释。

8.14　确定 EPR 谱(见图 8.56)的 g 值(该图是用 9.43 GHz 的微波频率测定冷冻样品得到的)。

8.15　哪一种技术敏感于最快的过程,是 NMR 还是 EPR?

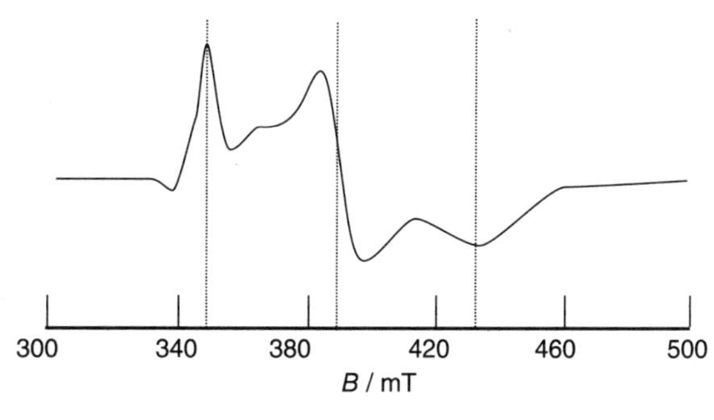

图 8.56　习题 8.14 附图

8.16　对含有一个未成对电子的 d 金属顺磁性化合物而言,室温水溶液中测得的 EPR 谱与冷冻液中记录的 EPR 谱不同,试概述它们之间的主要区别。

8.17　预判 $Na_3Fe^{(V)}O_4$ Mössbauer 谱中铁的同分异构体位移值。

8.18　如何确定化合物 $Fe_4[Fe(CN)_6]_3$ 中是否含有分立的 Fe(Ⅱ)和 Fe(Ⅲ)位点?

8.19　尽管银的平均原子质量为 107.9 m_u,但纯银的质谱图上却未观察到 108 m_u 的峰,为什么?什么因素导致银化合物质谱图的这一缺失?

8.20　$[Mo(C_6H_6)(CO)_3]$ 质谱图中会出现哪些峰?

8.21　组分为 $CaAl_2Si_6O_{16} \cdot nH_2O$ 的沸石在热重分析中加热干燥损失 25%的质量,求 n 值。

8.22　解释图 8.57 中的循环伏安图[该图记录的是水溶液中的 Fe(Ⅲ)络合物]。

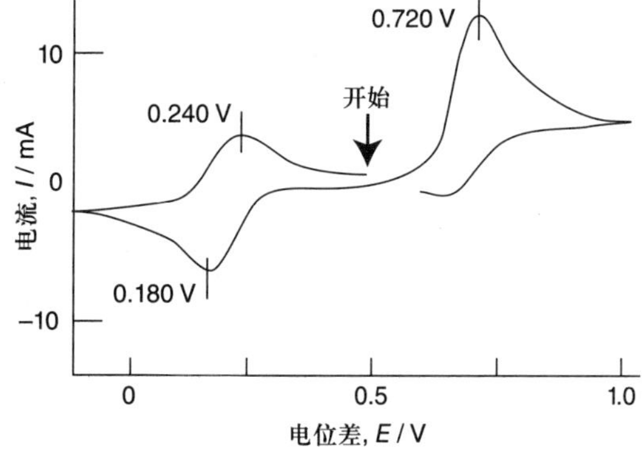

图 8.57　习题 8.22 附图

8.23　碳酸钠、氧化硼和二氧化硅一起加热并迅速冷却产生硼硅酸盐玻璃。为什么这种产品的粉末衍射图不显示衍射最大值。在 DTA 仪器中加热该硼硅酸盐玻璃显示 500 ℃时发生放热过程,此时所得的粉末 X 射线衍射图中出现衍射最大值。解释这一现象。

8.24　将钴(II)盐溶解于水并与过量乙酰丙酮(2,4-戊二酮,$CH_3COCH_2COCH_3$)和过氧化氢反应。形成绿色固体的元素分析结果为:C,50.4%;H,6.2%;Co,16.5%(全部以质量计)。确定产物中钴与乙酰丙酮离子的比值。

8.25　下述两种情况下图 8.53(a)所示的循环伏安图将有何不同?(a) 该 Os(Ⅳ)络合物迅速分解;(b) Os(Ⅲ)通过单一的、快速的二电子步骤氧化为 Os(Ⅴ)。

辅导性作业

8.1　讨论 X 射线晶体学在无机化学研究中的重要性。参读 W.P.Jensen, G.J.Palenik, and I.-H.Suh, The history of molecular structure determination viewed through the Nobel Prizes, *J.Chem.Educ.*, 2003, **80**, 753.

8.2　无机化学中如何使用单晶中子衍射?

8.3　如何使用本章所讨论的各种分析方法表征储氢用途中所关注的金属杂化材料?

8.4　对古董油画所用颜料进行分析时,可从下述方法得到哪些信息?(i) 粉末 X 射线衍射,(ii) IR 和 Raman 光谱,(iii) UV-vis 光谱,(iv) X 射线荧光光谱。

8.5　对进行下述测定工作所面临的挑战进行讨论:(a) 分析火山喷出的无机气体,(b) 测定海床污染物。

8.6　如何从^{31}P 的化学位移和^{1}H 的偶合常数区分八面体络合物$[Rh(CCR)_2H(PMe_3)_3]$中的同分异构体?(参读 J.P. Rourke, G.Stringer, D.S.Yufit, J.A.K.Howard, and T.B.Marder, *Organometallics*, 2002, **21**, 429.)

8.7　质谱电离技术经常诱发碎片化和其他不良反应,但某些情况下这些反应却是有益的。以富勒烯为例讨论这一现象。(参读 M.M.Boorum, Y.V.Vasil'ev, T.Drewello, and L.T.Scott, *Science*, 2001, **294**, 828.)

8.8　试讨论如何开展以下分析:(a) 早餐谷物中的钙含量,(b) 贝类体内的汞,(c) BrF_5,(d) d 金属络合物中有机配体的数目,(e) 无机盐中结晶水的数目。

8.9　用原子吸收光谱法对某种膳食补充剂片剂的铁含量进行测定。将片剂(0.4878 g)磨成细粉并称取 0.1123 g 溶于稀硫酸后进而转移到一个 50 cm^3的容量瓶中。从溶液中抽取 10 cm^3样品加至另一体积为 100 cm^3的容量瓶稀释至刻度。配成一系列分别含 1.00、3.00、5.00、7.00 和 10.0 ppm① 铁的标准溶液。在铁的吸收波长测量样品和标准溶液的吸收。根据下述测量记录计算片剂中铁的质量。

浓度/ppm	1.00	3.00	5.00	7.00	10.00	样品
吸光度	0.095	0.265	0.450	0.632	0.910	0.545

8.10　分析水库水样中的铜含量。将样品过滤并用去离子水稀释 10 倍。制备铜浓度在 100 至 500 ppm 之间的一系列标准溶液。将标准溶液和样品分别置入原子吸收光度计在铜的吸收波长测定吸光度。根据下述测量记录计算水库水样中铜的浓度。

浓度/ppm	100	200	300	400	500	样品
吸光度	0.152	0.388	0.590	0.718	0.865	0.751

8.11　从污水口取样并分析其中磷酸盐的浓度。将稀盐酸和过量的钼酸钠加至 50 cm^3污水样品中,将生成的磷钼酸($H_3PMo_{12}O_{40}$)萃入两份 10 cm^3的有机溶剂中。用相同的溶剂制备浓度为 10 ppm 的钼标准溶液。将合并的萃取液和标准溶液各自置入设定为测量钼的原子吸收光度计中。萃取液和标准溶液的吸光度分别为 0.573 和 0.222。计算污水中磷酸盐的浓度。

(雷依波　译,史启祯　审)

①　ppm 意为 10^{-6},在国内已不使用,为与原版教材一致,本书仍使用 ppm。

第二篇 元素及其化合物

本篇按照周期表的体系叙述元素的物理性质和化学性质。这种“描述性化学”章节能够揭示出丰富的变化模式和变化趋势，其中许多模式和趋势可由第一篇介绍的原理得到解释和说明。

第 9 章总体介绍周期性变化趋势，多处涉及第一篇讨论过的基本原理。该章介绍的变化趋势在后续各章都能找到实例。第 10 章讨论氢元素的化学，接下来的八章（第 11 章至第 18 章）系统介绍周期表的主族元素。主族元素化学体现出无机化学内容的多样性、复杂性和迷人的性质。

d 区元素的化学性质如此丰富，以致需要用四章篇幅来讨论。第 19 章介绍 d 区三系列元素的描述性化学。第 20 章和第 21 章两章讨论 d 区金属络合物，前者涉及电子结构对物理性质和化学性质的影响，后者则涉及络合物在溶液中的反应。第 22 章讨论 d 区金属的金属有机化合物，它们在工业上至关重要。第 23 章介绍 f 区元素重要而非同寻常的性质，至此结束了这次周期表之旅。

第9章

周期性变化趋势

周期表将百余种元素多种多样的物理性质和化学性质系统化。周期性是指元素的物理性质和化学性质随原子序数发生规律性变化的方式。本章多次涉及第1章的内容并以某种方式总结这些变化趋势,应当记住,本篇其余各章的课文都会涉及周期性变化趋势。

元素的化学性质看起来似乎杂乱无章,但周期表却能帮助人们将这些性质系统化。一旦掌握了变化趋势和模式,元素性质就不再被看似无关事实和反应地随意堆积。本章总结元素物理性质和化学性质的某些变化趋势,并用第1章讲述的原理对其作解释。

元素的周期性

节1.6讨论了现代周期表的结构。元素性质方面几乎所有变化趋势都与原子的电子组态、原子半径及它们随原子序数的变化有关。

9.1 价电子组态

提要:主族元素的电子组态可从它们在周期表中的位置做出判断。d区元素填充(*n*-1)轨道,f区元素填充(*n*-2)轨道。

从元素所在的族号可以推知其原子的基态价电子组态。例如,第1族所有元素的价电子组态为 ns^1,n 表示元素所处的周期数。正如第1章看到的那样,价电子组态随族号的变化如下:

1	2	13	14	15	16	17	18
ns^1	ns^2	ns^2np^1	ns^2np^2	ns^2np^3	ns^2np^4	ns^2np^5	ns^2np^6

d区的电子组态不那么规律,但却涉及(n-1)d轨道的填充。第四周期的价电子组态如下:

3	4	5	6	7	8	9	10	11	12
$4s^23d^1$	$4s^23d^2$	$4s^23d^3$	$4s^13d^5$	$4s^23d^5$	$4s^23d^6$	$4s^23d^7$	$4s^23d^8$	$4s^13d^{10}$	$4s^23d^{10}$

请注意轨道填充的方式:半满d亚层和全满d亚层的填充更有利(见节1.7)。f区的电子组态涉及(n-2)f轨道的填充。请再次注意半满亚层和全满亚层更稳定的现象(见节1.7):

Ce	Pr	Nd	Pm	Sm	Eu	Gd
$6s^24f^15d^1$	$6s^24f^3$	$6s^24f^4$	$6s^24f^5$	$6s^24f^6$	$6s^24f^7$	$6s^24f^75d^1$
Tb	Dy	Ho	Er	Tm	Yb	Lu
$6s^24f^9$	$6s^24f^{10}$	$6s^24f^{11}$	$6s^24f^{12}$	$6s^24f^{13}$	$6s^24f^{14}$	$6s^24f^{14}5d^1$

9.2 原子参数

本节讨论的内容虽是元素及其化合物的化学性质,但不要忘记,这些化学性质与原子的物理特征密切相关。如第1章中看到的那样,这些物理特征(包括原子和离子的半径,与形成离子相关的能量变化等)发生着周期性的变化。

(a) 原子半径

提要:同族中原子半径自上而下增大,s区和p区同一周期原子半径自左向右减小。d区中5d系元素

的原子半径与 4d 系同族元素的原子半径相近。

正如节 1.7 中看到的那样,同族原子半径自上而下增大,同一周期原子半径自左向右减小。作为贯穿效应和屏蔽效应联合作用的一个结果,同周期原子的有效核电荷自左向右增大。有效核电荷增大意味着对电子的吸引力增大,从而导致原子逐个减小。同族自上而下半径增大(见图 9.1),是因为电子占据了满壳层实心的外壳层。由于存在着屏蔽作用弱的 d 电子,d 区元素自上而下原子半径的增加相对较少。例如,虽然原子半径从 C(77 pm)到 Si(117 pm)增加得较大,Ge 的原子半径(123 pm)却仅仅略大于 Si。同一周期自左向右,d 金属孤立原子和离子的半径变化总体上减小,这是 d 电子弱屏蔽效应和有效核电荷增大的反映。固态元素中金属原子的半径是由两种因素(金属键的强度和离子的大小)联合决定的。因此在固态,原子中心之间的距离通常遵循与熔点变化相类似的模式:到达 d 区中部之前半径逐渐减小,随后又增大直至第 12 族元素,最小距离出现在第 7 族和第 8 族附近。

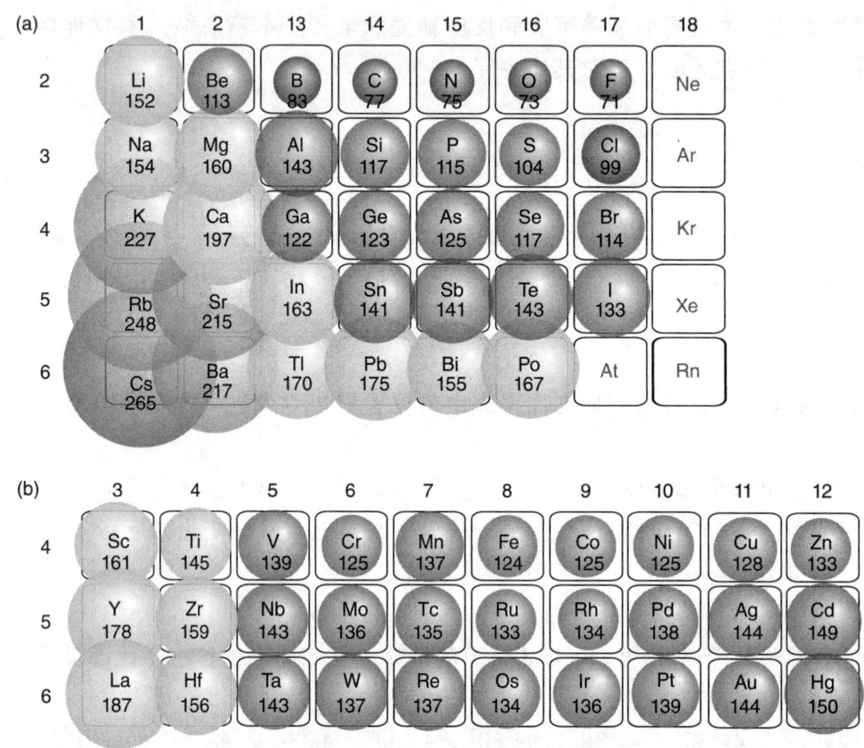

图 9.1　周期表中原子半径(单位:pm)的变化:(a)主族,(b)d 区

对 d 金属络合物而言,某些微效应(电子占据 d 轨道的顺序)也影响着离子半径,第 20 章将对此作出充分解释。图 9.2 示出 3d 系金属六配位络合物中 M^{2+} 离子半径的变化。为了理解图中示出的两种变化趋势,首先需要知道 3 个 3d 轨道指向两个配体之间,其余 2 个 3d 轨道直接指向配体(这一特征将在节 20.1 作出更为充分的解释)。对所谓的"低自旋络合物"(电子首先逐个占据指向两配体之间的 3 个低能轨道的络合物)而言,自左至右直至 d^6 离子(Fe^{2+})半径通常逐渐减小。减小的数值大于单独由有效核电荷增加而预期的值。Fe^{2+} 之后,增加的电子占据直接指向配体有微小排斥力的 2 个 d 轨道。如果离子半径用金属至配体的距离进行定义,实验上就会观察到离子半径的增大。对所谓的"高自旋络合物"(电子在与业已存在的电子成对之前,单占 5 个 3d 轨道而形成的络合物)而言,其变化趋势较复杂。从 Ti^{2+}(d^2)和 V^{3+}(d^3)开始,电子占据 3 个指向两配体之间的 3 个 3d 轨道,半径相对快速地减小。接下来 2 个电子占据指向配体的两条轨道,半径因而增大,Mn^{2+}(d^5,每条轨道只有 1 个电子)的半径回到只根据有效核电荷增高所预期的数值。然后该序列从 Fe^{2+}(d^6)再开始,电子先填入 3 个"非排斥"轨道,后填入两个"排斥"轨道,使业已存在的单电子成对。

5d 系元素(Hf,Ta,W,…)的原子半径比 4d 系同族元素(Zr,Nb,Mo,…)大得不多。事实上,尽管 Hf 处在下一个周期,其原子半径却小于 Zr。为了理解这一反常现象,需要考虑镧系元素(第一排 f 区元素)的影响。第六周期插入了镧系元素,电子占据的是屏蔽作用弱的 4f 轨道。由于原子序数从 Zr(第五周期)到 Hf(第六周期)增加了 32,而屏蔽作用却增加不大。总的结果是,5d 系元素的原子半径大大小于预期。节 7.1(a)中将半径的这种减小叫作镧系收缩。

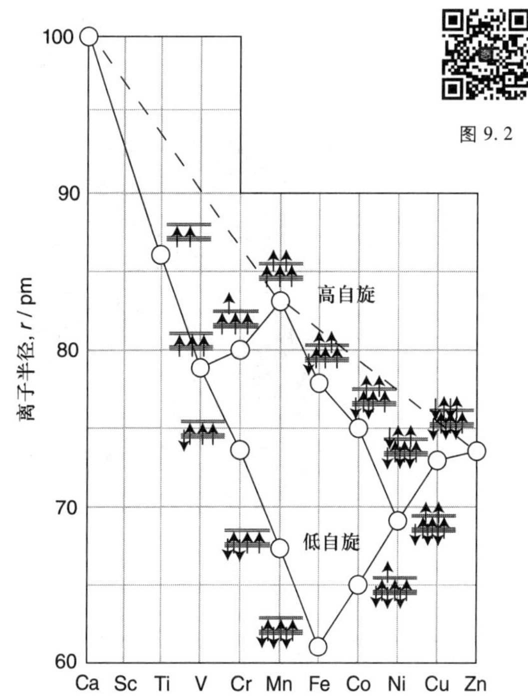

图 9.2　3d 金属 M^{2+} 的离子半径

出现两种半径时,红色和蓝色分别表示高自旋和低自旋络合物,在轨道能量图中,三个低能级指向两个配体之间的 d 轨道;两个高能级直接指向配体的 d 轨道

(b) 电离能和电子亲和能

提要:同一周期自左至右电离能增大,同族元素自上而下电离能减小。电子亲和能最高的元素是氟和氟附近的元素(特别是卤素)。

我们往往需要知道元素形成阳离子和阴离子所需的能量,电离能和电子亲和能分别是与阳、阴离子形成有关的能量。

元素的电离能是指从气相原子移去一个电子所需的能量(节 1.7)。电离能与原子半径密切相关,原子半径小的元素其电离能通常较高。因此,随着同族元素原子半径自上而下逐渐增大,其电离能相应减小。第 13 族元素存在一个例外:Ga 的电离能大于 Al。这是**交替效应**(alteration effect)的一个证明,交替效应是第四周期 Ga 之前插入了 3d 亚层造成的。3d 亚层的插入导致 Ga 的 Z_{eff} 增加而原子半径却较小。该效应也出现在第 13 族、第 14 族和第 15 族电负性的变化趋势上[节 9.2(c)]。同样,随着同周期原子半径自左向右减小,还伴随着电离能的增大(见图 9.3)。正如节 1.7 提到的那样,存在着对这一趋势的偏离:这种偏离特别是指从半满、全满壳层或亚层移去电子的高电离能。氮([He]$2s^2 2p^3$)的第一电离能为 1 402 kJ·mol^{-1},高于氧([He]$2s^2 2p^4$)的电离能(1 314 kJ·mol^{-1})。同样,磷的电离能(1 011 kJ·mol^{-1})高于硫的电离能(1 000 kJ·mol^{-1})。镧系收缩影响着 5d 系元素的电离能,使其高于由直接外推而得的预期值。某些金属(特别是 Au、Pt、Ir 和 Os)的电离能如此之高,以致在通常条件下极不活泼。

类氢原子中电子的能量与 Z^2/n^2 成正比。按照一级近似结果,多电子原子中电子能量正比于 Z_{eff}^2/n^2(Z_{eff}为有效核电荷,见节 1.4),虽然对待这种正比关系不能太认真。图 9.4 和图 9.5 分别示出元素 Li 至 Ne($n=2$)和 Hf 至 Hg($n=6$)最外层电子的第一电离能对 Z_{eff}^2/n^2 的依赖关系。图形表明正比关系大体上是存在的,特别当 n 值高时更是如此。n 值高时,最外层电子与原子实之间的相互作用几乎类似于点与点之间的相互作用。

电子亲和能用来估计形成阴离子所需的能量。正如节 1.7(c)中看到的那样,如果外来电子能够进入受有效核电荷强裂吸引的壳层,元素的电子亲和能就较高。因此,同一周期中右部元素(稀有气体除外)的电子亲和能最高(Z_{eff}大)。如果电子加进带有单电荷的阴离子(如由 O^- 形成 O^{2-}),电子亲和能总是负值(总是吸热过程),这是因为负电荷物种会排斥电子。然而,这并不意味着电子进入阴离子的情况不会发生。固体中就会遇到这种情况:高电荷离子之间相互作用放出的能量能够补偿形成高电荷离子所需的额外能量而有余。评估形成化合物的能量时必须综合考虑,不能仅仅因为某一步是吸热过程而不考虑总过程。您所感兴趣的转化过程的热力学往往决定于形成副产物的热力学,如形成固体往往是因为固体较高的晶格能。

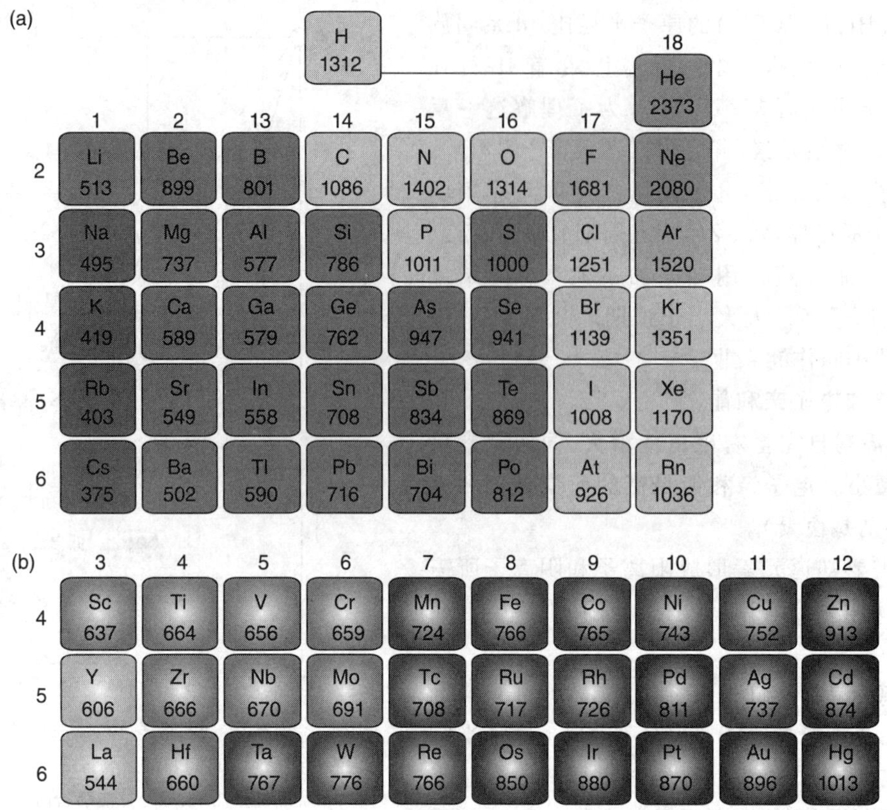

图 9.3 周期表中第一电离能(单位:kJ·mol^{-1})的变化:(a) 主族,(b) d 区

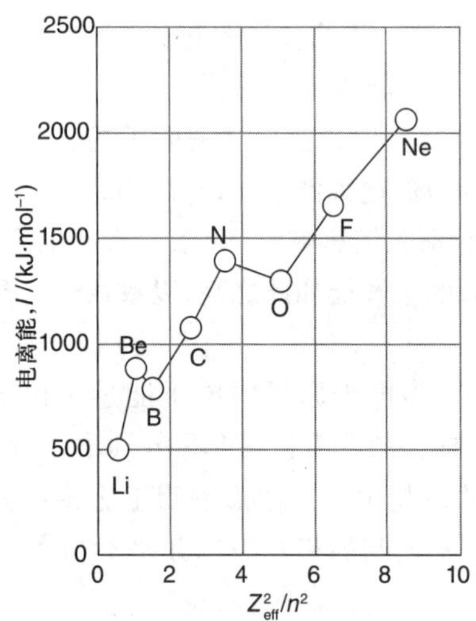

图 9.4 元素锂至氖($n=2$)最外层电子的第一电离能对 Z_{eff}^2/n^2 作出的图形

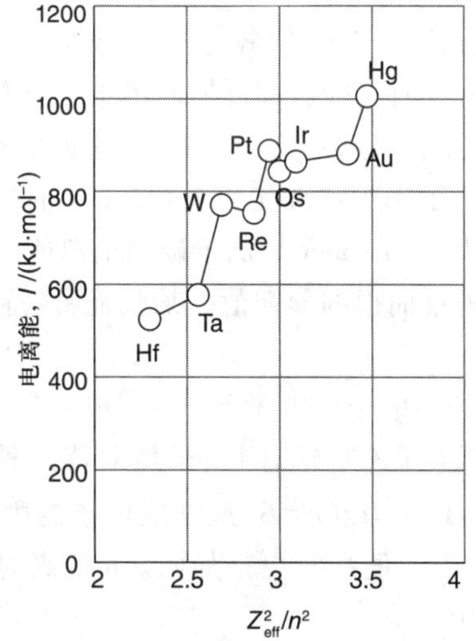

图 9.5 元素铪至汞($n=6$)最外层电子的第一电离能对 Z_{eff}^2/n^2 作出的图形

(c) 电负性

提要:同周期元素的电负性自左至右增大,同族元素的电负性自上而下减小。

节 1.7 中定义了电负性χ,它是指作为化合物一部分时,某元素的原子将电子吸向自身一方的能力。正如节 1.7(b)中看到的那样,电负性的变化趋势与原子半径的变化趋势有关。从电负性的 Mulliken 定义(元素电离能和电子亲和能的平均值)不难理解这种关系。如果一元素的电离能和电子亲和能都高,意味着它更有能力将电子吸向自身。元素电负性的典型变化趋势是,同周期自左至右增大,同族自上而下减小。元素电负性遵循着电离能和电子亲和能的变化趋势,而电离能和电子亲和能又遵循着原子半径的变化趋势。尽管存在多种电负性数值,最常用的则是 Pauling 电负性(见图 9.6)。

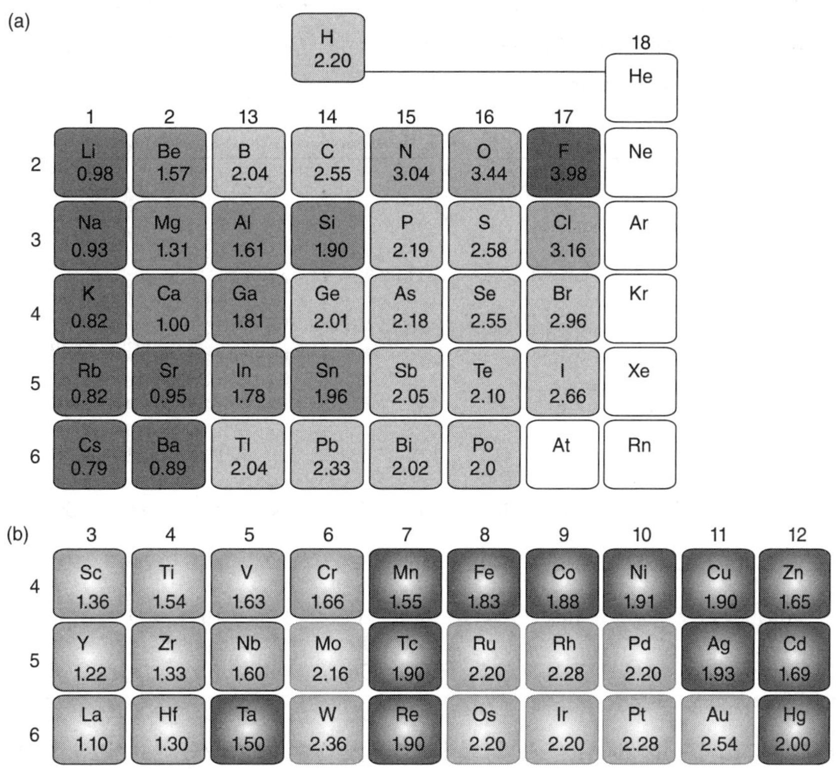

图 9.6　周期表中 Pauling 电负性的变化:(a)主族,(b)d 区

上述总变化趋势也存在例外,如第 13 族和第 14 族两族元素的电负性:

Al	1.61	Si	1.90
Ga	1.81	Ge	2.01
In	1.78	Sn	1.96
Tl	2.04	Pb	2.33

同族自上而下,Ga 和 Ge 的电负性都高于上下两元素,这是 3d 亚层插入第四周期后产生交替效应的另一证明。Tl 和 Pb 的电负性数值也偏高,是因为 4f 亚层插入了第六周期。化学上交替效应也以其他方式出现,以这种方式可以找出(但不是解释)第 13 族至第 15 族元素迄今尚不存在的化合物。下面列出第 15 族的一些例子,其中用黑体表示未知的化合物($AsCl_5$高于−50 ℃时不稳定),您可以看到交替出现的稳定与不稳定物种:

NF_5	**NCl_5**	**NBr_5**
PF_5	PCl_5	PBr_5
AsF_5	**$AsCl_5$**	**$AsBr_5$**
SbF_5	$SbCl_5$	$SbBr_5$
BiF_5	**$BiCl_5$**	**$BiBr_5$**

这些例子中,像电负性这样的电子因素无疑起着作用。但空间因素也是重要的,对 N 而言特别是如此。

(d) 原子化焓

提要:同周期自左至右,原子化焓随着不断填充成键轨道而增大,然后随着不断填充反键轨道而减小。

元素的原子化焓($\Delta_a H^\ominus$)用来度量形成气态原子所需的能量。对固体而言,原子化焓是与固体原子化相关的焓变;对分子物种而言,则是分子的解离焓。正如表 9.1 看到的那样,对第二周期和第三周期而言,原子化焓自左至右先增大而后减小,在第二周期的 C 和第三周期的 Si 达到最大值。从 C 到 N、从 Si 到 P 数值减小,这是涉及成键的电子数减少的缘故:尽管 N 和 P 各自都有 5 个价电子,但其中 2 个价电子形成孤对,只有 3 个涉及成键。从 N 到 O 也存在类似的效应,尽管 O 有 6 个价电子,但其中 4 个价电子形成孤对,只有 2 个价电子涉及成键。这些变化趋势示于图 9.7 中。

表 9.1　原子化焓,$\Delta_a H^\ominus$　　单位 $kJ \cdot mol^{-1}$

Li	Be											B	C	N	O	F
161	321											590	715	473	248	79
Na	Mg											Al	Si	P	S	Cl
109	150											314	439	315	223	121
K	Ca	5c	Ti	V	Cr	Mn	Fe	Co	Ni	Cu	Zn	Ga	Ge	As	Se	Br
90	193	340	469	515	398	279	418	427	431	339	130	289	377	290	202	112
Rb	5r	Y	Zr	Nb	Mo	Tc	Ru	Rh	Pd	Ag	Cd	In	Sn	Sb	Te	I
86	164	431	611	724	651	648	640	556	390	289	113	244	301	254	199	107
Cs	Ba	La	Hf	Ta	W	Re	Os	Ir	Pt	Au	Hg	Tl	Pb	Bi	Po	
79	176	427	669	774	844	791	782	565	565	369	61	185	196	208	144	

d 区元素的原子化焓高于 s 区和 p 区,这与其价电子数较多(因而较强的成键作用)的事实相一致。原子化焓的最大值出现在第 5 族和第 6 族(见图 9.8),两族金属可用于形成化学键的未成对电子数也最大。d 区元素各系列中部显示的不规律性是由与自旋相关的原因[节 1.5(a)]造成的,系列中部的自由原子有利于 d 亚层半充满。3d 系的这种效应表现得特明显,该系列中 Cr($3d^5 4s^1$)和 Mn($3d^5 4s^2$)的原子化焓明显低于只从价电子数作出的判断。

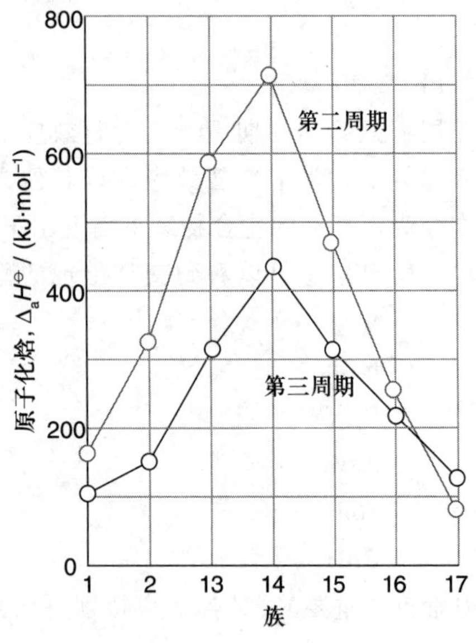

图 9.7　s 区和 p 区元素原子化焓的变化

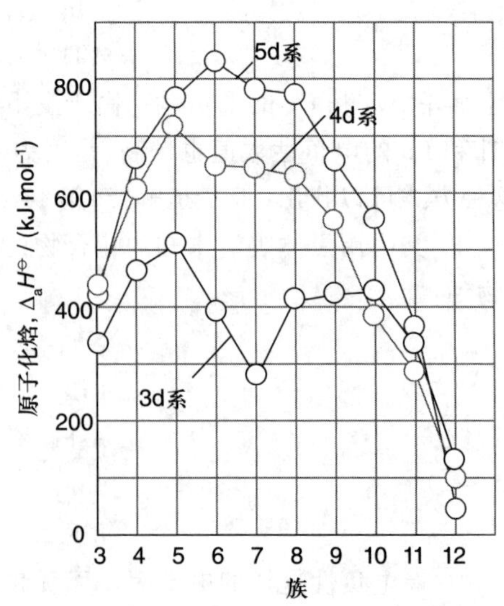

图 9.8　d 区元素原子化焓的变化

s 区和 p 区同族元素的原子化焓自上而下减小，但 d 区同族元素却自上而下增大。随着周期数的增大，d 区元素形成化学键时 s 轨道和 p 轨道越来越不起作用，而 d 轨道却变得更有效。这种趋势被归因于同族元素 p 轨道自上而下膨胀，从最适宜重叠的轨道变成过于松散而不利重叠的轨道。相反，d 轨道却由收缩过度的轨道扩展为最适宜重叠的轨道。元素标准熔点的变化（见表 9.2）也可看到同样的趋势，数目较多的价电子导致更大的结合能和更高的熔化温度。第 15 族至第 17 族元素的熔点更多地受分子间作用力而不是价电子数目的影响。

表 9.2 元素的标准熔点 θ_{mp} 单位：℃

Li	Be											B	C	N	O	F
180	1 280											2 300	3 730	−210	−218	−220
Na	Mg											Al	Si	P	S	Cl
97.8	650											660	1 410	44*	113	−110
K	Ca	5c	Ti	V	Cr	Mn	Fe	Co	Ni	Cu	Zn	Ga	Ge	As†	Se	Br
63.7	850	1 540	1 675	1 900	1 890	1 240	1 535	1 492	1 453	1 083	420	29.8	937	817	217	−7.2
Rb	Sr	Y	Zr	Nb	Mo	Tc	Ru	Rh	Pd	Ag	Cd	In	Sn	Sb	Te	I
38.9	768	1 500	1 850	2 470	2 610	2 200	2 500	1 970	1 550	961	321	2 000	232	630	450	114
Cs	Ba	La	Hf	Ta	W	Re	Os	Ir	Pt	Au	Hg	Tl	Pb	Bi	Po	
28.7	714	920	2 220	3 000	3 410	3 180	3 000	2 440	1 769	1 063	13.6	304	327	271	254	

* 白色同素异形体，† 灰色同素异形体（28 atm）。

9.3 存在

提要：硬－硬和软－软相互作用能帮助我们了解元素在地球上的分布规律。

虽然某些元素（如以气体存在的氮和氧、以非金属存在的硫、以金属存在的金和银）的确以元素状态存在于自然界，大多数元素则与其他元素形成化合物。

软度和硬度概念（节 4.12）能帮助我们合理解释许多无机化学现象，包括元素在自然界形成化合物的类型。软酸倾向于与软碱结合，硬酸倾向于与硬碱结合。这种概念能够部分解释 **Goldschmidt 分类**（Goldschmidt classification），它是地球化学上广泛使用的一种分类模式，自然界的化合物被分为下面四大类（见图 9.9）：

亲岩元素（lithophiles）主要是在地壳（岩石层）的硅酸盐矿物中以元素阳离子的形式发现的，这些元素包括 Li、Mg、Ti、Al 和 Cr。它们形成硬阳离子，与硬碱阴离子（O^{2-}）相结合。

亲硫元素（chalcophiles）往往是在硫化物（以及硒化物和碲化物）矿物中发现的，这些元素包括 Cd、Pb、Sb 和 Bi。它们形成软阳离子，与软碱阴离子（S^{2-}、Se^{2-} 或 Te^{2-}）相结合。锌的阳离子是软于 Al^{3+} 和 Cr^{3+} 的边界硬离子，往往也以硫化物形式存在。

亲铁元素（siderophiles）的软硬度处于中间状态，既表现出对氧的亲和力，也表现出对硫的亲和力。它们主要以元素状态存在，包括 Pt、

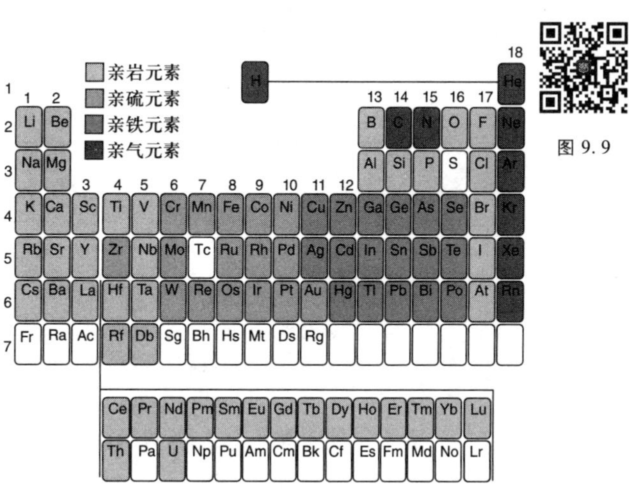

图 9.9

图 9.9 元素的 Goldschmidt 分类

Pd、Ru、Rh 和 Os。

亲气元素(atmophiles)是以气体状态存在的元素,如 H、N 和第 18 族元素(稀有气体)。

例题 9.1　对 Goldschmidt 分类作解释。

题目:Ni 和 Cu 的常见矿物为硫化物,而 Al 的矿物却是水合氧化物和氧化物的混合物,Ca 的矿物是碳酸盐。您能从硬度角度对此现象作出解释吗?

答案:从表 4.4 可知,OH^-、O^{2-} 和 CO_3^{2-} 是硬碱,S^{2-} 是软碱。该表也显示阳离子 Ni^{2+} 和 Cu^{2+} 较 Al^{3+} 和 Ca^{2+} 软得多。因此,硬-硬和软-软规律可以用来说明观察到的现象。

自测题 9.1　在 Cd、Rb、Cr、Pb、Sr 和 Pd 几种金属中,请判断哪些可能形成硅铝酸盐矿物(与 SiO_4^{4-} 和 AlO_4^{5-} 配位),哪些可能形成硫化物?

9.4　金属性

提要:同周期元素自左至右金属性减弱,同族元素自上而下金属性增强。

人们认为金属的化学性质基于元素给出电子和形成金属键的能力(节 3.18)。因此,电离能低的元素可能是金属,电离能高的元素可能是非金属。随着电离能的减小,同族元素自上而下金属性增强;随着电离能的增大,同周期元素自左向右金属性减弱(见图 9.10)。这种变化趋势也可直接关联于原子半径的变化趋势,因为大体积原子的电离能低,且金属性较强。从第 13 族到第 16 族的这种趋势看得最明显,它们的第一个元素都是非金属,最下部一个元素都是金属。这一总趋势里存在着同素异形问题,有些元素既是金属又是非金属,如第 15 族:N 和 P 是非金属,As 则以非金属、类金属和金属的同素异形体存在,Sb 和 Bi 都是金属。p 区元素形成多种同素异形体的现象具有典型性(见表 9.3)。所有 d 区元素为金属,但性质变化范围很大。例如,钛质轻而强度大,铜的导电性强,金和铂的展性强,锇和铱的密度高。这些性质很大程度上与金属键(金属键将原子键合在一起)及不同金属之间成键状况的变化有关。

图 9.10

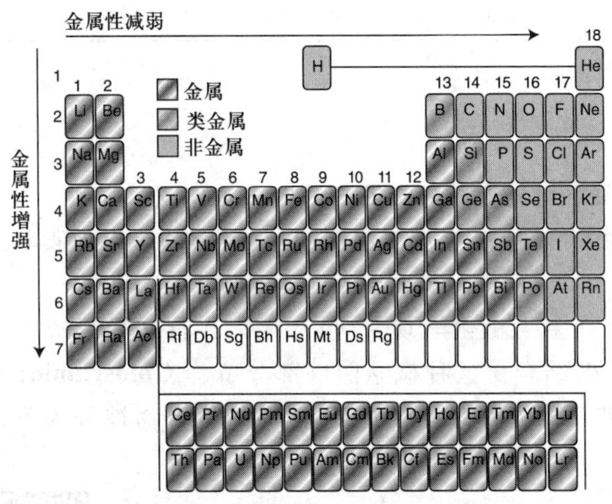

图 9.10　周期表中金属性的变化

表 9.3　p 区元素的某些同素异形体

C 金刚石,石墨,无定形,富勒烯		
	P 白磷,红磷,黑磷	O 氧分子,臭氧
	As 黄砷,灰砷/金属砷,黑砷	S 连在一起的多种环状硫,链状硫,无定形硫
Sn 灰锡,白锡	Sb 蓝锑,黄锑,黑锑	Se 红硒(α,β,γ),灰硒,黑硒
	Bi 无定形铋,晶形铋	

第 3 章介绍过能带结构概念。一般来说,所有金属存在同样的能带结构,主族金属由 ns 和 np 轨道重叠形成一个 s 能带和一个 p 能带,d 区金属由 ns 和$(n-1)$d 轨道重叠形成一个 s 能带和一个 d 能带。金属之间的主要差别在于占据这些能带可供利用的电子数:K($4s^1$)有 1 个成键电子,Ti($3d^24s^2$)有 4 个,V($3d^34s^2$)有 5 个,Cr($3d^54s^1$)有 6 个成键电子,等等。因此,该区自左向右过渡时,电子逐渐填充在低位的价带净成键区域,导致较强的成键作用;直到第 7 族(Mn,Tc,Re)附近,电子才开始布居高位的能带净反键部分。键合强度的这种变化趋势反映在熔点变化趋势上,从低熔点的碱金属(每个原子只有 1 个成键电子,导致熔点通常低于 100 ℃)到铬升高,然后又下降至低熔点的第 12 族金属(Hg 在室温下为液体,见表 9.2)。钨的金属键是如此之强,以致其熔点(3 410 ℃)只低于一个元素(碳)。

9.5　氧化态

周期表中稳定氧化态的变化趋势一定程度上可由电子组态得到解释,像电离能和自旋相关这样的因素也在起作用。全充满和半充满价层比部分充满的壳层更稳定,原子因此倾向于得到或失去电子达到全满和半满组态。

(a) 主族元素

提要:元素的电子组态可预言 s 区和 p 区元素的族氧化数。惰性电子对效应使较重元素低氧化态(比族氧化态小 2)的稳定性增加。

主族元素的价层轨道包括 s 亚层和 p 亚层,它们被 8 个电子占据后达到稀有气体组态。对第 1 族、第 2 族和第 13 族元素而言,输入相对较小的能量就能失去电子留下全满的内壳层。此三族元素有代表性的族氧化数分别为+1、+2 和+3。对第 14 族至第 17 族的首个元素而言,通过接受外来电子以填满价层的方式在能量上更有利(如果我们考虑能量的总贡献,如考虑相反电荷离子相互作用释放出的能量)。接受外来电子的结果是,它们的族氧化数(与电负性较小的元素结合时的族氧化数)分别为-4、-3、-2 和-1。第 18 族元素已经满足八隅律,既不易被氧化,也不易被还原。

p 区较重元素还能形成较族氧化态小 2 的化合物。**惰性电子对效应**(inert-pair effect)导致这种氧化态的相对稳定性,这方面的内容是讨论 p 区元素时反复出现的一个主题。例如,尽管第 13 族的族氧化态为+3,但下部元素+1 氧化态的稳定性增大。铊的最常见氧化态事实上为 Tl(Ⅰ)。解释惰性电子对效应的方法不止一种,常将其归因于移去 np^1 电子之后,需要较大能量才能移去 ns^2 电子。然而,Tl 的前三步电离能之和(5 438 kJ · mol^{-1})并不比 Ga 的数值(5 521 kJ · mol^{-1})高,而且只略高于 In 的值(5 038 kJ · mol^{-1})。事实上,本应预期该值低于 Ga 和 In 的值。Tl 的值相对较高的事实与 6 s 轨道的相对稳定性有关[节 1.7(a)]。对惰性电子对效应的另一种贡献可能来自 p 区较重元素的 M—X 键焓低,同族向下随着原子半径的增大,晶格能在减小。

(b) d 区和 f 区元素

提要:d 区左部元素能够达到族氧化态,而右部元素则不能。为了达到最高氧化态,氧通常比氟更有效,这是因为氧配位时空间拥挤程度比较小。3d 系左部元素的常见氧化态为+3,中部至右部金属的常见氧化态为+2。同族元素自上而下,最高氧化态变得更稳定。

d 区元素中只有第 3 族至第 8 族能达到族氧化态。即使如此,也需要与氧化性强的 F 和 O 反应才能实现[节 20.2(b)]。对第 7 和第 8 两族而言,只有 O 能与氧化数为+7 和+8 的元素形成阴离子(如高锰酸根离子 MnO_4^-)或电中性氧化物(如 OsO_4)。氧比氟更易使多种元素达到族氧化态,这是因为达到同一氧化态所需的 O 原子少于 F 原子,从而减小了空间拥挤程度。表 9.4 给出迄今观察到的 3d 系元素的氧化态。正如表中看到的那样,直到元素 Mn,所有 3d 和 4s 电子都能参与成键,最大氧化态相应于族氧化数。一旦超过 d^5组态,由于有效核电荷增大,d 电子参与成键的倾向减小,尚未观察到高氧化态的形成。4d 系和 5d 系也存在类似的变化趋势。

表 9.4 3d 系元素已知的正氧化态

Sc	Ti	V	Cr	Mn	Fe	Co	Ni	Cu	Zn
d^1s^2	d^2s^2	d^3s^2	d^5s^1	d^5s^2	d^6s^2	d^7s^2	d^8s^2	$d^{10}s^1$	$d^{10}s^2$
		+1					+1	+1	
+2	+2	+2	+2	+2	+2	+2	+2	+2	+2
+3	+3	+3	+3	+3	+3	+3	+3	+3	
	+4	+4	+4	+4	+4	+4	+4		
		+5	+5	+5	+5	+5			
			+6	+6	+6				
				+7					

图 9.11 为酸性水溶液中 3d 系元素的 Frost 图，示出 3d 系元素族氧化态的热力学稳定性趋势。不难看到，Sc、Ti 和 V 的族氧化态落在图的下部，这种位置意味着相关各族的元素和任何中间氧化态物种已被氧化为族氧化态。相反，Cr 和 Mn 的族氧化态(分别为+6 和+7)物种处于图的上部，这种位置意味着它们容易被还原。该图还示出 8~12 族 3d 元素(Fe、Co、Ni、Cu 和 Zn)达不到族氧化态，也示出酸性环境下最稳定的氧化态(Ti^{3+}、V^{3+}、Cr^{3+}、Mn^{2+}、Fe^{2+}、Co^{2+}和 Ni^{2+})。

图 9.12 示出 3d 金属的第二电离能和第三电离能，不难看出自左向右预期中的增大趋势，这种趋势与核电荷增大的趋势相一致。锰和铁的数值反常，这是因为 Mn^{2+}和 Fe^{2+}的 d^5组态很稳定。正如第三电离能所预期的那样，周期左部元素的常见氧化态为+3，而且通常是钪所看到的唯一氧化态。钛、钒和铬全都形成一系列+3 氧化态的化合物，+3 氧化态通常条件下比+2 氧化态更稳定。锰(Ⅱ)对氧化作用特别稳定，这是由它的半满 d 壳层导致的。已知的锰(Ⅲ)化合物相对较少。在锰之后，铁(Ⅲ)存在许多已知络合物，但往往具有氧化性。酸性水溶液中的 $Co^{3+}(aq)$是强氧化剂，能将 H_2O 氧化放出 O_2：

$$4Co^{3+}(aq)+2H_2O(l) \longrightarrow 4Co^{2+}(aq)+4H^+(aq)+O_2(g) \qquad E^\ominus_{cell}=+0.58\ V$$

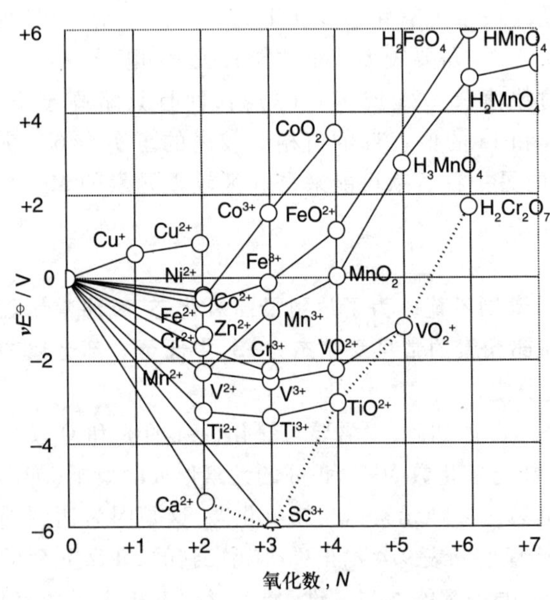

图 9.11 酸性水溶液(pH=0)中 3d 系元素的 Frost 图
虚线连接了族氧化态物种

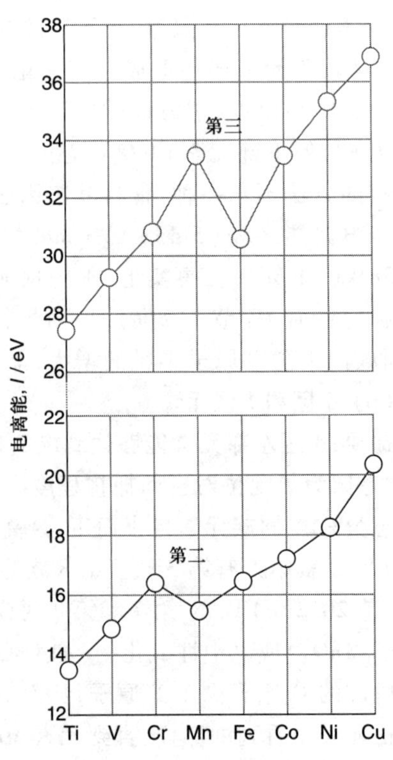

图 9.12 3d 金属的第二和第三电离能

Ni^{3+}和Cu^{3+}的水合离子尚未制备成功。

相反，沿系列自左向右 M(Ⅱ)变得越来越常见。例如，3d 系左部的元素中，Sc^{2+}(aq)尚属未知，Ti^{2+}(aq)也只有在一种叫作**脉冲幅解**(pulse radiolysis)的技术中用电子轰击Ti^{3+}的溶液才能制备出来。第 5 族的V^{2+}(aq)和第 6 族的Cr^{2+}(aq)热力学不稳定，能被H^+所氧化：

$$2V^{2+}(aq)+2H^+(aq) \longrightarrow 2V^{3+}(aq)+H_2(g) \qquad E^{\ominus}_{cell}=+0.26\ V$$

处于 Cr 之后的Mn^{2+}、Fe^{2+}、Co^{2+}、Ni^{2+}和Cu^{2+}对水稳定，只有Fe^{2+}能被空气所氧化。

例题 9.2 判断 d 区氧化还原稳定性的变化趋势。

题目：根据 3d 系元素性质的变化趋势，指出哪些M^{2+}水合离子可能用作还原剂，并写出其中一个离子在酸性溶液中与O_2反应的化学反应方程式。

答案：后 3d 系元素的 M(Ⅱ)氧化态很稳定，水溶液中的Co^{2+}(aq)、Ni^{2+}(aq)和Cu^{2+}(aq)没有还原性。系列左部的金属离子[如V^{2+}(aq)和Cr^{2+}(aq)]则是过强的还原剂，以致不能在水溶液中使用。Fe^{2+}(aq)具有弱还原性，Latimer 图表明酸性溶液中可能存在的较高氧化态只有Fe^{3+}。

$$Fe^{3+} \xrightarrow{+0.77} Fe^{2+} \xrightarrow{-0.44} Fe$$

氧化反应的化学方程式为

$$4Fe^{2+}(aq)+O_2(g)+4H^+(aq) \longrightarrow 4Fe^{3+}(aq)+2H_2O(l)$$

自测题 9.2 参考资源节 3 中合适的 Latimer 图，写出V^{2+}在酸性水溶液中暴露于O_2时所形成物种的氧化态和化学式，此物种的形成在热力学上是有利的。

对第 4 族到第 12 族元素而言，高氧化态的稳定性自上而下随原子半径的增大而增大，配位数也可能更高。高氧化态化合物通常是卤化物或氧化物。这些化合物中的配体将电子给予金属，这种给予作用能使高氧化态得以稳定。第 12 族元素的化合物中+2 氧化态占优势。各族中 4d 系和 5d 系成员氧化态的相对稳定性相似，其原因是镧系收缩导致半径相似。正如已经讲过的那样，具有自旋平行电子的半满壳层由于自旋相关(节 1.4)而特别稳定。对具有半满壳层的 d 区元素的化学而言，这种额外稳定性产生了重要后果。随轨道变得更大，自旋相关这一因素的重要性减至最小。因为对于更为弥散的 4d 和 5d 轨道而言，电子排斥作用(这种排斥作用促成高自旋组态)的重要性减小。例如，Tc 和 Re(与 Mn 同族的 4d 和 5d 元素)不形成 M(Ⅱ)化合物。d 区元素还形成金属氧化态为零的化合物，这类化合物通常是被 π 酸配体(如 CO)所稳定。π 酸配体是通过与金属形成 π 键而接受电子密度的一类配体。

从卤化物的化学式不难看到较重 d 金属的高氧化态稳定性在增大(见表 9.5)。极限化学式MnF_4、TcF_6、ReF_7表明，4d 系和 5d 系金属比 3d 系金属更易被氧化。第 6 族至第 10 族较重 d 金属(Pd 除外)的六氟化物(如PtF_6)已经制备出来。WF_6的氧化性使它不足以成为一个有效的氧化剂，这一事实与较重金属高氧化态较稳定的事实相一致。然而同周期靠右元素六氟化物的氧化性增强，PtF_6的氧化性是如此之强，以致能将O_2氧化为O_2^+：

表 9.5 d 区二元卤化物的最高氧化态*

族							
4	5	6	7	8	9	10	11
TiI_4	VF_5	$CrF_5^{\dagger}$	MnF_4	$FeBr_3$	CoF_4	NiF_4	$CuBr_2$
ZrI_4	NbI_5	$MoCl_6$	$TcCl_6$	RuF_6	RhF_6	PdF_4	AgF_3
HfI_4	TaI_5	WBr_6	ReF_7	OsF_6	IrF_6	PtF_6	AuF_5

* 化学式示出电负性最小的卤素形成的卤化物，其中的 d 金属元素处于最高氧化态。

† 室温下，CrF_6 在钝化了的蒙乃尔室中可存在数天。

$$O_2(g)+PtF_6(s) \longrightarrow (O_2)PtF_6(s)$$

甚至 Xe 也可被 PtF_6所氧化(节 18.5)。

低氧化态 d 金属化合物往往以离子型固体存在,而高氧化态 d 金属化合物则为共价型。例如,OsO_2为金红石结构的离子型固体,OsO_4则为共价型分子物种(节 19.8)。节 1.7(e)中讨论过这种现象。

对配位化合物或溶液中的镧系元素离子而言,唯一容易观察到的氧化态为稳定的 Ln(Ⅲ)氧化态。+3 以外的氧化态出现在相对稳定的全空(f^0)、半满(f^7)和全满(f^{14})亚壳层。因此,Ce^{3+}易被氧化为 $Ce^{4+}(f^0)$,而 Eu^{3+}则能被还原为 $Eu^{2+}(f^7)$。锕系中几个靠前的元素(第 23 章)形成多种氧化态(高至+6),Am 和 Am 后元素则主要形成+3 氧化态。镧系元素氧化态的一致性反映在还原电位上,还原电位值仅变化于-1.99 V (Eu^{3+}/Eu)到-2.38 V(La^{3+}/La)之间(La 是 f 区的名誉成员)。

从钍(Th,$Z=90$)至铹(Lr,$Z=103$)诸元素的基态电子组态涉及 5f 亚层的填充。从这个意义上,它们类似于镧系元素。然而,锕系元素在化学上并未显示出镧系元素的一致性,而存在丰富的多种氧化态。5f 轨道的能量高于 4f 轨道,对靠前的锕系元素而言,5f 轨道能量仍接近 6d 和 7s 轨道。导致的结果是,直到元素锫,6d 和 7s 轨道都能参与成键。

化合物的周期性

元素形成化学键的数目和类型很大程度上依赖于键的相对强度和原子的相对大小。

9.6　配位数

提要:对小体积原子而言,低配位数通常占优势;同族自上而下配位数可能增高。4d 系和 5d 系元素的配位数往往高于 3d 系同族元素。高氧化态 d 金属的化合物倾向于形成共价结构。

原子在化合物中的配位数强烈依赖于中心原子与周围原子的相对大小。在 p 区,第二周期元素的低配位数最常见,各族向下随中心原子半径的增大,都能观察到更高的配位数。例如,第 15 族的 N 形成 3 配位分子(如 NCl_3)和 4 配位离子(如 NH_4^+),而同族的 P 则形成配位数为 3 和 5 的分子(如 PCl_3和 PCl_5)和 6 配位的离子物种(如 PCl_6^-)。第 3 周期元素这种高配位数现象叫超价,有时将超价归因于 d 轨道参与成键。然而,正如节 2.3(b)讲到的那样,这种现象更可能是由于较大的中心原子周围可能排下更多的原子(或分子)和填充低能成键分子轨道。

由于 4d 系和 5d 系元素半径较大,较 3d 系元素显示出较高的配位数。对小配体 F^-而言,3d 系金属倾向于形成 6 配位络合物,但同一氧化态较大的 4d 系和 5d 系金属则倾向于形成 7 配位、8 配位和 9 配位络合物。$[Mo(CN)_8]^{3-}$是 4d 系金属 Mo 与密实配体形成高配位数络合物的一个实例。

镧系离子(Ln^{3+})的半径自左向右逐渐收缩。半径的这种减少部分归因于有效核电荷(Z_{eff})随电子填入 4f 亚层而增加,但相对论效应也作出了显著贡献[节 1.7(a)]。f 区大原子和离子也已观察到非常高的配位数。例如,Nd 形成 9 配位的$[Nd(OH_2)_9]^{3+}$,Th 形成 10 配位的$[Th(C_2O_4)_4(OH_2)_2]^{4-}$。11 配位和 12 配位物种的例子有如$[Th(NO_3)_4(OH_2)_3]$和$[Ce(NO_3)_6]^{2-}$,两物种中的 NO_3^-是通过两个 O 原子与金属结合的(节 7.5)。

9.7　键焓

提要:对不含孤对电子的原子(E)而言,同族元素自上而下 E—X 键的键焓减小;对含有孤对电子的原子而言,同族元素自上而下有代表性的变化趋势是,第二周期到第三周期增加,往下接着减小。

对含有孤对电子的 p 区同族元素的原子而言,典型的平均 E—X 键焓变化趋势是自上而下减小。然而,第二周期各族第一个元素的键焓反常,小于第三周期元素的相应值:

	$B/(kJ\cdot mol^{-1})$		$B/(kJ\cdot mol^{-1})$
N—N	163	N—Cl	200
P—P	201	P—Cl	319
As—As	180	As—Cl	317

第二周期元素原子间单键相对较弱,这一事实往往归因于相邻原子上的孤对电子靠得太近而产生的排斥作用。分子轨道法则认为,同族自上而下 p-p 重叠逐渐不那么有效,反键轨道将成为被占据轨道;占据反键轨道的不利影响实际上只对各族第 1 个元素比较显著。对不含孤对电子的 p 区元素 E 而言,同族元素自上而下 E—X 键的键焓减小:

	$B/(kJ\cdot mol^{-1})$		$B/(kJ\cdot mol^{-1})$
C—C	348	C—Cl	338
Si—Si	226	Si—Cl	391
Ge—Ge	188	Ge—Cl	342

较小的原子形成较强的化学键,是因为共享电子更接近每个原子的原子核。强的 Si—Cl 键被归因于两元素的原子轨道能量相近,从而能够实现有效重叠。高键焓值有时也归因于 d 轨道 π 成键作用的贡献。

例题 9.3 利用键焓解释结构

题目:试解释:元素硫形成以 S—S 单键相连的环状或链状结构,而氧却以双原子分子存在?

答案:这里涉及单键键焓和双键键焓的大小:

$B/(kJ\cdot mol^{-1})$		$B/(kJ\cdot mol^{-1})$	
O—O	142	O═O	498
S—S	263	S═S	431

因为 O═O 双键比 O—O 单键强 3 倍,形成 O═O 双键比形成 O—O 单键的趋势强得多,从而形成二氧分子 O_2。S═S 双键比 S—S 单键强不到 2 倍,形成 S═S 双键的倾向不像形成 O═O 双键那样强,更大的可能是形成 S—S 单键。

自测题 9.3 为什么硫形成化学式为 $[S—S—S]^{2-}$ 和 $[S—S—S—S]^{2-}$ 的多硫化物离子,而氧的多阴离子(除 O_3^- 之外)却是未知的?

键焓论据的用途之一涉及**次价化合物**(subvalent compound):键的数目小于化合价规则所规定的数目的化合物。例如,PH_2 虽然是热力学稳定的化合物(不能自发解离为组成原子),但却易发生歧化:

$$3PH_2(g) \longrightarrow 2PH_3(g) + 1/4P_4(s)$$

该反应为自发反应,是因为磷分子(P_4)中的 P—P 键比较强。虽然反应物与产物中 P—H 键的数目相同(都为 6 个),但反应物中没有 P—P 键。

d 区同族元素的键焓通常自上而下增加,这一变化趋势相反于 p 区的一般变化趋势。例如,下面给出的 M—H 键和 M—C 键的强度:

	$B/(kJ\cdot mol^{-1})$		$B/(kJ\cdot mol^{-1})$
Cr—H	258	Fe—C	390
Mo—H	282	Ru—C	528
W—H	339	Os—C	598

正如节 9.2(d)中看到的那样,同族元素 d 轨道的体积自上而下不断扩展,与碳和氢的 1s、2s 和 2p 轨道的重叠更有效。

9.8　二元化合物

简单二元化合物的结构和性质显示出有趣的变化趋势。氢、氧和卤素与大多数元素形成化合物,这里介绍氢化物、氧化物和卤化物成键和性质的变化趋势。

(a) 元素的氢化物

提要:元素的氢化物分为分子型氢化物、似盐型氢化物和金属型氢化物三大类。

氢与大多数元素反应形成氢化物,它们可按分子型、似盐型和金属型三大类进行描述,有些氢化物不易进行分类,故叫作中间型氢化物(见图 9.13)。

图 9.13

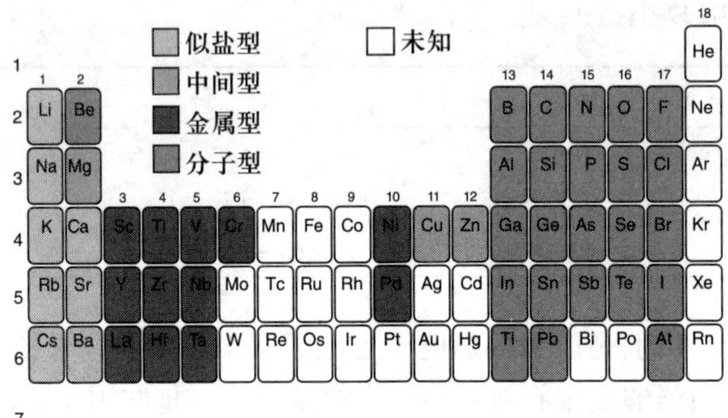

图 9.13　s 区、p 区和 d 区元素二元氢化物的分类

第 13 族至第 17 族非金属的电负性元素通常形成分子型氢化物,如 B_2H_6、CH_4、NH_3、H_2O 和 HF。除水之外(由于存在广泛的氢键),这些化合物都为气体。第 1 族和除 Be 之外的第 2 族电正性元素形成似盐型氢化物,它们为高熔点的离子型固体。第 3 族、第 4 族和第 5 族的所有元素和 f 区元素都形成非化学计量的金属型氢化物。

(b) 元素的氧化物

提要:金属和非金属分别形成碱性氧化物和酸性氧化物。这些元素能够形成正常氧化物、过氧化物、超氧化物、次氧化物和非化学计量氧化物。d 区元素形成多种不同氧化物,具有从离子晶格到共价分子的多种结构。

氧的活泼性和高电负性使它能形成大量的二元氧化物,其中许多与氧结合的元素采取高氧化态。表 9.6 给出可能存在的氧化物。

表 9.6　元素可能的氧化物

H_2O						
H_2O_2		B_2O_3	CO	N_2O	O_2	OF_2
Li_2O	BeO	网状	CO_2	NO	O_3	O_2F_2
		固体	C_3O_2	N_2O_3		
		玻璃体		NO_2		
				N_2O_4		
				N_2O_5		

续表

Na_2O	MgO											Al_2O_3	SiO_2	P_4O_6	SO_2	Cl_2O	
Na_2O_2	MgO_2												玻璃体	P_4O_{10}	SO_3	Cl_2O_3	
													矿物			ClO_2	
																Cl_2O_4	
																Cl_2O_6	
																Cl_2O_7	
K_2O	CaO	Sc_2O_3	TiO	VO	Cr_2O_3	MnO	FeO	CoO	NiO	Cu_2O	ZnO	Ga_2O_3	GeO	As_2O_3	SeO_2	Br_2O	
K_2O_2	CaO_2		Ti_2O_3	V_2O_3	Cr_3O_4	Mn_2O_3	Fe_2O_3	Co_3O_4	Ni_2O_3	CuO			GeO_2	As_2O_5	SeO_3	Br_2O_3	
KO_2			TiO_2	V_3O_5	CrO_2	Mn_3O_4	Fe_3O_4									BrO_2	
KO_3				VO_2	CrO_3	MnO_2											
				V_2O_5		Mn_2O_7											
Rb_2O	SrO	Y_2O_3	ZrO_2	NbO	MoO	TcO_2	RuO_2	RhO_2	PdO	AgO	CdO	In_2O_3	SnO	Sb_2O_3	TeO_2	I_2O_4	XeO_3
Rb_2O_2	SrO_2			NbO_2	Mo_2O_3	Tc_2O_7	RuO_3	Rh_2O_3	PdO_2	Ag_2O			SnO_2	Sb_2O_5	TeO_3	I_2O_4	XeO_4
RbO_2				Nb_2O_5	MoO_2											I_2O_5	
RbO_3					Mo_2O_5											I_4O_9	
Rb_9O_2					MoO_3												
Cs_2O	BaO	La_2O_3	HfO_2	TaO	WO_2	Re_2O_3	OsO_2	Ir_2O_3	PtO	Au_2O_3	Hg_2O	Tl_2O	PbO	Bi_2O_3			
Cs_2O_2	BaO_2			TaO_2	WO_3	ReO_2	OsO_4	IrO_2	PtO_2		HgO	Tl_2O_3	Pb_3O_4	Bi_2O_5			
CsO_2				Ta_2O_3		ReO_3			PtO_3				PbO_2				
CsO_3				Ta_2O_5		Re_2O_7											

金属主要形成碱性氧化物。电正性金属形成阳离子，氧阴离子抽取水中的一个质子形成 OH^-（节 4.4）。例如，氧化钡与水的反应：

$$BaO(s)+H_2O(l) \longrightarrow Ba^{2+}(aq)+2OH^-(aq)$$

非金属形成酸性氧化物。电负性原子从配位 H_2O 分子吸引电子释放出 H^+。例如，三氧化硫与水反应产生鎓离子[这里简单表示为 $H^+(aq)$]：

$$SO_3(g)+H_2O(l) \longrightarrow 2H^+(aq)+SO_4^{2-}(aq)$$

对给定氧化态而言，同一周期氧化物的酸性自左向右增强，同一族自上而下减弱（见图 9.14）。第 13 族第 1 个元素 B 是非金属，形成酸性氧化物 B_2O_3。该族底部元素的金属性已经增大，惰性电子对效应使其稳定氧化态由+3 下降至+1。铊的氧化物包括了 Tl_2O。

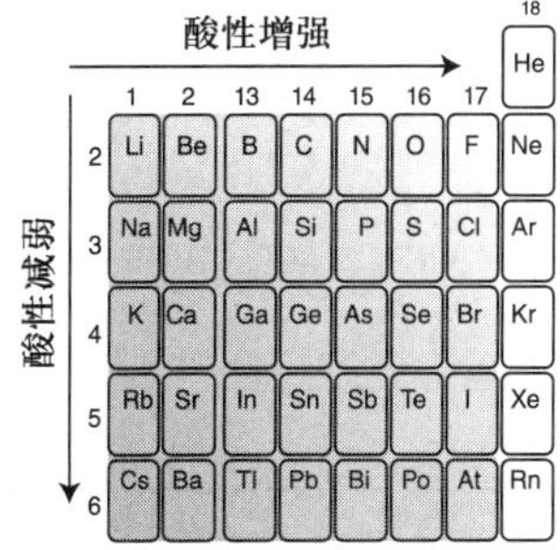

图 9.14　周期表中元素氧化物酸性的变化

d 区元素形成多种不同的氧化物，具有多种不同的结构。我们已经注意到氧使某些元素达到最高氧化态的能力，但某些元素在氧化物中却以很低的氧化态存在。例如，Cu_2O 中的铜为 Cu(Ⅰ)。除 Cr 以外，所有 3d 系金属的一氧化物都是已知的。一氧化物具有岩盐结构的离子型固体特征，但其性质(第 24 章将详细讨论)却明显偏离了简单离子模型($M^{2+}O^{2-}$)。例如,TiO 显示金属性导电,FeO 中的 Fe 总是达不到化学计量(实际化学计量为 $Fe_{1-x}O_x$)。前 d 区元素的一氧化物为强还原剂。TiO 容易被水或氧所氧化;MnO 是个方便的除氧剂,实验室用于除去惰性气体中的氧杂质,可将氧含量降至 ppb 数量级。

像已经看到的那样,很高氧化态的氧化物显示共价结构。例如,四氧化钌和四氧化锇都是低熔点、高挥发性、有毒的分子化合物,用作选择性氧化剂。实际上,四氧化锇是将烯烃氧化为 *cis*-二醇的标准试剂:

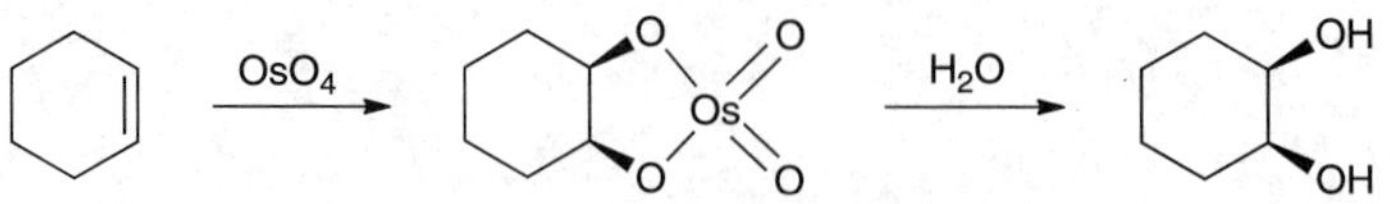

高氧化态 d 区元素在水溶液中存在的典型形式是含氧阴离子。例如,$[MnO_4]^-$ 和 $[CrO_4]^{2-}$,其中分别含有 Mn(Ⅶ)和 Cr(Ⅵ)。与含氧阴离子这种存在形式形成对照的是,同一金属低氧化态以简单水合离子的形式存在(如 $[Mn(OH_2)_6]^{2+}$ 和 $[Cr(OH_2)_6]^{3+}$)。

(c) 元素的卤化物

提要:s 区卤化物主要为离子型,p 区主要为共价型。d 区低氧化态卤化物倾向为离子型,而高氧化态卤化物则倾向为共价型。d 区所有金属和大多数氧化态都能形成二卤化物;二卤化物是典型的离子型固体,较高的卤化物显示共价特征。

卤素能与大多数元素形成化合物,但并不总是直接形成的。表 9.7 给出形成氯化物的范围。除 Li 和 Be 外,s 区卤化物是离子型卤化物,p 区元素的氟化物主要为共价型。F 和 Cl 与大多数元素达到族氧化态,例外的是 N 和 O。

表 9.7　元素的简单氯化物

HCl																
LiCl	$BeCl_2$											BCl_3	CCl_4	NCl_3	OCl_2	ClF
NaCl	$MgCl_2$											$AlCl_3$	$SiCl_4$	PCl_3	S_2Cl_2	Cl_2
														PCl_5	SCl_2	
KCl	$CaCl_2$	$ScCl_3$	$TiCl_2$	VCl_2	$CrCl_2$	$MnCl_2$	$FeCl_2$	$CoCl_2$	$NiCl_2$	CuCl	$ZnCl_2$	$GaCl_3$	$GeCl_4$	$AsCl_3$	$SeCl_4$	BrCl
			$TiCl_3$	VCl_3	$CrCl_3$	$MnCl_3$	$FeCl_3$	$CoCl_3$		$CuCl_2$				$AsCl_5$		
			$TiCl_4$	VCl_4	$CrCl_4$											
RbCl	$ScCl_2$	YCl_3	$ZrCl_2$	$NbCl_3$	$MoCl_2$	$TcCl_4$	$RuCl_2$	$RhCl_3$	$PdCl_2$	AgCl	$CdCl_2$	InCl	$SnCl_2$	$SbCl_3$	$TeCl_4$	ICl
			$ZrCl_4$	$NbCl_4$	$MoCl_3$	$MoCl_6$	$RuCl_3$					$InCl_2$	$SnCl_4$	$SbCl_5$		ICl_3
				$NbCl_5$	$MoCl_4$							$InCl_3$				I_2Cl_6
					$MoCl_5$											
					$MoCl_6$											
CsCl	$BaCl_2$	$LaCl_3$	$HfCl_4$	$TaCl_3$	WCl_2	$ReCl_4$	$OsCl_4$	$IrCl_2$	$PtCl_2$	AuCl	$HgCl_2$	TlCl	$PbCl_2$	$BiCl_3$		
				$TaCl_4$	WCl_4	$ReCl_5$	$OsCl_5$	$IrCl_3$	$PtCl_4$		Hg_2Cl_2	$TlCl_2$	$PbCl_4$	$BiCl_5$		
				$TaCl_5$	WCl_6	$ReCl_6$	$OsCl_6$	$IrCl_4$				$TlCl_3$				

d 区元素形成多种氧化态的卤化物。较高氧化态的卤化物是与 F 和 Cl 形成的。较低氧化态的卤化物为离子型固体。高氧化态卤化物的共价性质变得更常见,特别是与较重卤素形成的卤化物。例如,第 4

族中，TiF_4是熔点为 284 ℃的固体，$TiCl_4$在−24 ℃熔化、136 ℃沸腾。在第 6 族，甚至氟化物也不具离子特征，室温下的 MoF_6和 WF_6都是液体。

9.9　更广意义上的周期性变化趋势

元素及其化合物化学性质各不相同，这种差别来自各种周期性变化趋势复杂的相互影响。本节介绍这些变化趋势是如何相互补偿、相互冲突和相互增强的。

(a) 离子型氯化物

提要：离子型化合物的晶格焓、电离能和原子化焓显著影响着这类卤化物的生成焓。

如表 9.8 中看到的那样，第 1 族卤化物的 $\Delta_f H^{\ominus}$值自上而下大体保持不变。同族自上而下随着原子半径的增大，电离能和原子化焓的正值都在减小，但上述两种变化趋势都被晶格焓的变化所抵消（晶格焓随阳离子体积的增大而变得更不利，参见节 3.11）。第 2 族卤化物的 $\Delta_f H^{\ominus}$值高达第 1 族卤化物的 2 倍，晶格焓抵消不了电离能的增加值。

表 9.8　第 1 族和第 2 族氯化物的标准生成焓，$\Delta_f H^{\ominus}$　　单位：$kJ \cdot mol^{-1}$

LiCl	−409	$BeCl_2$	−512
NaCl	−411	$MgCl_2$	−642
KCl	−436	$CaCl_2$	−795
RbCl	−431	$SrCl_2$	−828
CsCl	−433	$BaCl_2$	−860

同周期元素的电离能和原子化焓自左向右正值变得更大，然而一个更重要的因素是，随着半径的减小和离子电荷的增加，晶格焓增加很大。下述数据可以看出上述因素的联合影响：KCl、$CaCl_2$和 $ScCl_3$的 $\Delta_f H^{\ominus}$值分别为−436 $kJ \cdot mol^{-1}$、−795 $kJ \cdot mol^{-1}$和−925 $kJ \cdot mol^{-1}$。

(b) 共价型卤化物

提要：键焓和熵效应是决定第 16 族元素卤化物能否存在的最重要因素。

硫与卤素形成的化合物可以用来对影响共价卤化物 $\Delta_f H^{\ominus}$值的因素作讨论。硫与 F 形成几种不同的化合物，它们大多数都是气体。已知存在着六氟化硫（SF_6）、二氟化硫（SF_2）和二氯化硫（SCl_2），但 SCl_6却是未知的。从键焓数据计算得到的 $\Delta_f H^{\ominus}$值为

	SF_2	SF_6	SCl_2	SCl_6
$\Delta_f H^{\ominus}/(kJ \cdot mol^{-1})$	−298	−1 220	−49	−74

虽然形成 SCl_6比形成 SCl_2放热更多，其他因素却导致标准条件下制备不出 SCl_6。通过对硫-卤素键键焓及 F—F 键、Cl—Cl 键键焓的讨论可以找到对这一事实的解释。

	F—SF	F—SF_5	Cl—SCl	F—F	Cl—Cl
$B/(kJ \cdot mol^{-1})$	367	329	271	155	242

从 SF_2到 SF_6键焓值下降，可能是由于 SF_6中 S 原子周围空间上过于拥挤，F 原子之间的排斥力所致。SCl_2和 SCl_6之间预期应有同样的趋势。SCl_6中的弱化学键是它不存在的一个因素，另一个因素则是 Cl—Cl 键比 F—F 键强得多。这里再次强调下述思路的重要性：必须考虑反应中可能涉及的**所有**物种。对 SCl_6分解过程（放出 Cl_2）的热力学与 SF_6的类似过程进行比较时发现，SF_6稳定也是因为 F—F 键较 Cl—Cl 键弱了将近 90 $kJ \cdot mol^{-1}$。与之形成对照的是，含 PCl_6^-的化合物则是已知的。因为 P 的电负性低于 S，P 和 Cl 之间的化学键应该强于 S 和 Cl 之间的化学键。含 PCl_6^-的化合物也会被晶格能所稳定。

例题 9.4　讨论影响形成化合物的因素

题目：已知 $B(H—H)$ 值为 436 kJ · mol^{-1}，$B(S—S)$ 值为 263 kJ · mol^{-1}，并假定 $B(H—S)$ 值等同于 H—SH$_5$ 的值（采用 H—SH 的值，375 kJ · mol^{-1}），对 $\Delta_f H^\ominus(SH_6, g)$ 值做出估计，并提出化解计算结果与实际相矛盾的一种方法。

答案：从下述反应中的键断裂焓和键形成焓之差估计 $\Delta_f H^\ominus(SH_6, g)$ 值：

$$1/8S_8(s)+3H_2(g) \longrightarrow SH_6(g)$$

伴随键断裂的焓变为 263 kJ · mol^{-1}+3×436 kJ · mol^{-1} = 1 571 kJ · mol^{-1}；伴随键形成的焓变为 6×375 kJ · mol^{-1} = −2 250 kJ · mol^{-1}。因此，

$$\Delta_f H^\ominus(SH_6, g) = 1\ 571\ kJ \cdot mol^{-1} - 2\ 250\ kJ \cdot mol^{-1} = -679\ kJ \cdot mol^{-1}$$

计算结果表明化合物的形成是放热过程，因而预期该化合物能够存在。然而 SH_6 的确不存在，其原因必定是 S—H 键比计算中使用的 S—H 键弱得多。对 Gibbs 生成自由能的其他贡献是从 3 个 H_2 分子（而不是形成 SH_2 时只用 1 个 H_2 分子）形成产物分子时的不利熵变。

自测题 9.4　对下述 $\Delta_f H^\ominus/(kJ \cdot mol^{-1})$ 值作讨论。

S(g)	Se(g)	Te(g)	SF_4	SeF_4	TeF_4	SF_6	SeF_6	TeF_6
+223	+202	+199	−762	−850	−1 036	−1 220	−1 030	−1 319

(c) 离子型氧化物

提要：离子模型用于 3d 系元素氧化物比用于 4d 系元素氧化物更合适。

表 9.9　金属氧化物（MO）的一些热力学数据　　单位：kJ · mol^{-1}

	$\Delta_{ion(1-2)}H^\ominus$	$\Delta_2 H^\ominus$		$\Delta_f H^\ominus$	$\Delta_L H^\ominus$(calc*)	$\Delta_L H^\ominus$(exp)
Ca	1 735	177	CaO	−636	3 464	3 390
V	2 064	514	VO	−431	3 728	4 037
Ni	2 490	430	NiO	−240	4 037	4 436
Nb	2 046	726	NbO	−406	4 000	4 154

根据 Kapustinskii 方程进行计算。

比较化学式为 MO 的各种金属氧化物的生成焓（见表 9.9），可对周期性的其他不同方面给出一些有趣的见解。s 区金属相对较低的电离能和较低的原子化焓导致第 2 族氧化物的高放热性。晶格焓的实验值非常接近 Kapustinskii 方程的计算值，表明化合物很好地符合离子模型。3d 系元素的 $\Delta_f H^\ominus$(MO) 值自左向右负值减小。该系列元素的电离能和原子化焓自左至右的变化趋势相反：前者增大，后者减小。4d 系氧化物的实验晶格焓偏离了 Kapustinskii 方程的计算值，表明离子模型不再充分。虽然 4d 系元素的电离能低于 3d 系同族元素，但其原子化焓高得多。这一事实反映出元素具有较强的金属性成键作用，其原因显然与轨道重叠程度有关：4d 轨道之间的重叠较 3d 轨道之间更好。

例题 9.5　判断 d 区氧化物的热稳定性

题目：已知 Nb_2O_5 和 V_2O_5 的生成焓分别为 1 901 kJ · mol^{-1} 和 1 552 kJ · mol^{-1}，结合使用表 9.8 的数据，比较 V_2O_5 和 Nb_2O_5 对热分解反应 $M_2O_5(s) \longrightarrow 2MO(s)+3/2O_2(g)$ 的稳定性。

答案：我们需要考虑每个氧化物的反应焓。反应焓可从产物生成焓与反应物生成焓之差计算出来：

对 Nb_2O_5 而言：$\Delta_r H^\ominus = 2(-406\ kJ \cdot mol^{-1}) - (-1\ 901\ kJ \cdot mol^{-1}) = +1\ 089\ kJ \cdot mol^{-1}$

对 V_2O_5 而言：$\Delta_r H^\ominus = 2(-431\ kJ \cdot mol^{-1}) - (-1\ 552\ kJ \cdot mol^{-1}) = +690\ kJ \cdot mol^{-1}$

两化合物的反应焓表明，与 Nb_2O_5 的分解反应相比，V_2O_5 的分解反应吸热较少。因而 V_2O_5 的热稳定性较小。

自测题 9.5　已知 $\Delta_f H^\ominus(P_4O_{10}, s) = -3\ 012\ kJ \cdot mol^{-1}$，如果想要与 V_2O_5 的值进行比较，其他何种数据将是需要的？

(d) 惰性

提要:d 区右部金属倾向于以低氧化态存在,并与软配体形成化合物。

除第 12 族元素外,d 区右下部金属具有抗氧化能力。这种能力主要是由于原子间形成金属键的能力较强和电离能较高。Au、Ag 及第 8~10 族 4d 和 5d 金属(见图 9.15)的这种性质更明显。第 8~10 族的 4d 和 5d 金属叫**铂系金属**(platinum metals),因为它们与铂共生于同一种矿物中。鉴于 Cu、Ag 和 Au 的传统用途,将它们叫作**货币金属**(coinage metals)。金在自然界能以金属形式存在,银、金和铂系金属也可从电解精炼铜的过程中提取。

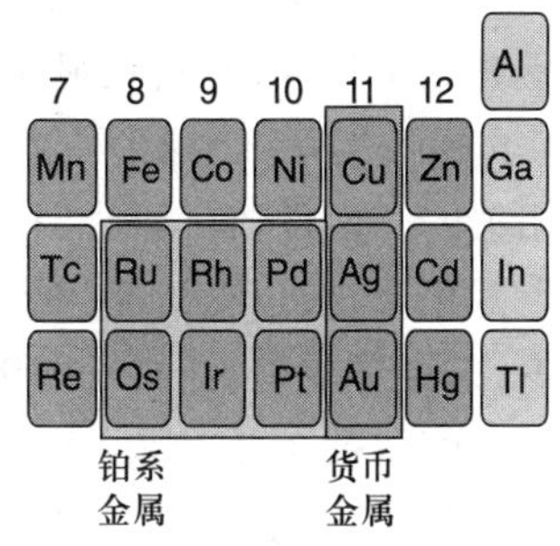

图 9.15　铂系金属和货币金属在周期表中的位置

铜、银和金在标准条件下不能被 H^+ 氧化,这种惰性使它们曾经用作货币,与铂一起也用于珠宝和装饰品。王水(浓盐酸与浓硝酸铵 3 : 1 的混合物)是古老而有效的氧化金和铂的试剂。这种功能来自两个方面:NO_3^- 提供氧化力,Cl^- 作为络合剂。总反应是

$$Au(s)+4H^+(aq)+NO_3^-(aq)+4Cl^-(aq) \longrightarrow [AuCl_4]^-(aq)+NO(g)+2H_2O(l)$$

溶液中的活性物种被认为是 Cl_2 和 NOCl,是通过下面这个反应产生的:

$$3HCl(aq)+HNO_3(aq) \longrightarrow Cl_2(aq)+NOCl(aq)+2H_2O(l)$$

第 11 族元素的氧化态飘移不定。Cu 的最常见氧化态为+1 和+2,Ag 的典型氧化态为+1,而 Au 则以+1 和+3 最常见。简单水合离子 $Cu^+(aq)$ 和 $Au^+(aq)$ 在水溶液中发生歧化:

$$2Cu^+(aq) \longrightarrow Cu(s)+Cu^{2+}(aq)$$

$$3Au^+(aq) \longrightarrow 2Au(s)+Au^{3+}(aq)$$

Cu(Ⅰ)、Ag(Ⅰ)、Au(Ⅰ)的络合物往往是线性络合物。例如,水溶液中形成 $[H_3NAgNH_3]^+$,线性的 $[XAgX]^-$ 已为 X 射线晶体衍射所证实。科学上是这样解释线性配位的:外层 d 轨道、$(n+1)$s 轨道和 $(n+1)$p 轨道能量相近,从而形成共线的 spd 杂化(见图 9.16)。

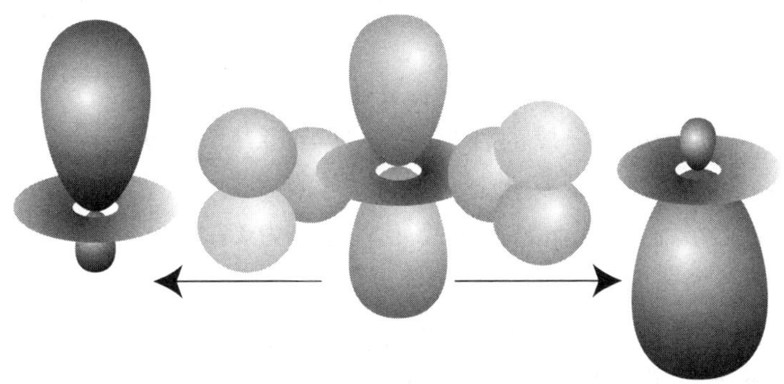

图 9.16　s,p_z 和 d_{z^2} 按这里选用的相位进行杂化,产生一对可用于形成强 σ 键的线性轨道

Cu^+、Ag^+、Au^+ 显示软 Lewis 酸性,这种性质在它们与卤素离子的亲和性顺序($I^- > Br^- > Cl^-$)上体现出来。络合物的形成(如形成 $[Cu(NH_3)_2]^{2+}$ 和 $[AuI_2]^-$)为水溶液中稳定这些+1 氧化态金属提供了一种方法。Cu(Ⅰ)、Ag(Ⅰ)、Au(Ⅰ)也形成多种四面体络合物(节 7.8)。

氧化态为 d^8 电子组态的铂系金属和金也常形成四方平面络合物(如 $[Pt(NH_3)_4]^{2+}$),这种氧化态包括 Rh(Ⅰ)、Ir(Ⅰ)、Pd(Ⅱ)、Pt(Ⅱ)和 Au(Ⅲ)[节 20.1(f)]。这种络合物的特征反应是配体取代(节 21.3),除 Au(Ⅲ)外也发生氧化加成(节 22.22)。

d 区金属自左至右不断增大的惰性到第 12 族(Zn、Cd、Hg)突然消失,第 12 族的 3 个元素重新变得容易被大气氧化。它们容易被氧化,是由于金属键减弱和 d 区末尾元素的 d 轨道能量突然降低,能量较高的 $(n+1)$s 电子参与反应。

9.10 各族首个元素的反常性质

提要：p 区各族第 1 个元素的性质不同于同族其余元素，这一事实被归因于较小的原子半径和不存在低能 d 轨道。与 4d 和 5d 金属相比，3d 金属能够形成较低配位数和较低氧化态的化合物。某些第二周期元素的原子半径（因而也显示在某些化学性质上）相似于处在其右下方的元素。

p 区各族第 1 个元素的性质明显不同于该族其余元素。这种反常现象可归因于较小的原子半径及与之相关的一些性质（高电离能、高电负性和低配位数）。例如，第 14 族的碳形成众多含有强 C—C 键的链状碳氢化合物，也在烯烃和炔烃中形成重键。随着 E—E 键键焓的减小，同族其他元素这种成链趋势大大减少，硅也形成硅烷，最长的链只含 4 个 Si 原子。氮显示出与磷和第 15 族其他元素明显不同的性质。氮常显示配位数 3（如 NF_3）和 4 的物种（如 NH_4^+ 和 NF_4^+），而磷则形成 3 配位和 5 配位化合物（如 PF_3 和 PF_5）及 6 配位物种（如 PF_6^-）。各族第 1 个元素的化合物中更易形成氢键，这是因为较大的电负性导致极性更强的 E—H 键。例如，氨的沸点为 −33 ℃，高于第 15 族其他元素氢化物的沸点。同样，水和氟化氢在室温下为液体，而 H_2S 和 HCl 则为气体。

此前我们都是讨论各族元素化学性质在垂直方向、各周期元素化学性质在水平方向的变化趋势，然而各族第 1 个元素与其右下方元素之间通常也存在所谓的**对角线关系**（diagonal relationship）。原子半径、电荷密度和电负性导致呈现对角线关系，从而导致两元素的许多化学性质相似（见图 9.17）。最明显的对角线关系出现在 Li 和 Mg 之间。例如，虽然第 1 族元素形成基本上为离子特征的化合物，Li 盐和 Mg 盐中的化学键却具有某种程度的共价性。Be 和 Al 之间也存在较强的对角线关系：两个元素都形成共价氢化物和共价卤化物，第 2 族元素的类似化合物却主要为离子型。下述事实显示出 B 和 Si 之间的对角线关系：两元素都形成可燃性的气体氢化物，而铝的氢化物却为固体。主族元素的对角线关系主要出现在第 1 族、第 2 族和第 13 族。

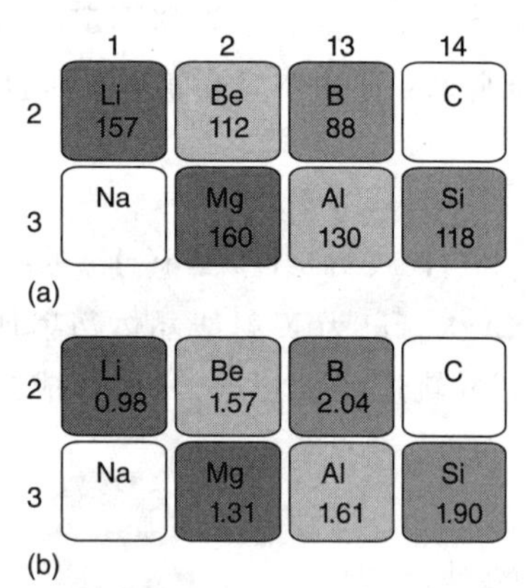

图 9.17　第二周期和第三周期中的对角线关系：(a) 原子半径（单位为 pm），(b) Pauling 电负性

第 2 族元素与同族其他元素之间的明显区别在 d 区也有所反映，不过没有那么明显。因此，3d 系金属的性质不同于 4d 系和 5d 系。3d 系金属简单化合物中的较低氧化态较稳定，各族中较高氧化态的稳定性自上而下增加。例如，铬的最稳定氧化态为 Cr(Ⅲ)，而 Mo 和 W 的最稳定氧化态则为 M(Ⅵ)。3d 系化合物的共价性和配位数也小于 4d 系和 5d 系。例如，3d 系元素形成离子型固体（如 CrF_2），而 4d 系和 5d 系元素则形成较高的卤化物如 MoF_6 和 WF_6，二者在室温下为液体。这种差别可归因于 3d 系元素较小的离子半径、4d 系和 5d 系元素半径相当接近（镧系收缩造成），以及卤离子通过电子反馈稳定高氧化态金属的能力。

f 区第 1 排元素（镧系元素）的性质明显不同于第 2 排（锕系元素）。从 Ce 到 Lu（总符号为 Ln）全为高电正性元素，Ln^{3+}/Ln 电对的标准电位处于 Li 和 Mg 的标准电位之间。这些元素容易形成 Ln(Ⅲ) 氧化态，这种一致性在周期表中没有其他先例。人们将这一事实归因于 4f 轨道“埋入”了原子实。锕系元素性质的一致性不如镧系元素，因为 5f 轨道可用于成键。

除各族第 1 个元素与同族其他元素表现出的差别外，还存在原子序数为 Z 的 p 区元素与原子序数为 $Z+8$ 的 d 区元素之间的相似性。例如，Al($Z=13$) 与 Sc($Z=21$) 的相似性。这种相似性从电子组态角度是可以理解的，因为第 13 族的 Al 和第 3 族的 Sc 都有 3 个价电子。它们的原子半径也相当接近（Al 为 143 pm，Sc 为 160 pm），Al^{3+}/Al 电对的标准电位（−1.66 V）与 Sc^{3+}/Sc 电对（−1.88 V）接近，而不是更接近 Ga^{3+}/Ga 电对（−0.53 V）。下列各对元素之间也存在相似性：

Z	14	15	16	17
	Si	P	S	Cl
Z+8	22	23	24	25
	Ti	V	Cr	Mn

例如,S 形成 SO_4^{2-}、$S_2O_7^{2-}$阴离子,Cr 也形成相似的阴离子$[CrO_4]^{2-}$和$[Cr_2O_7]^{2-}$。Cl 和 Mn 都形成强氧化性的 ClO_4^-和$[MnO_4]^-$氧阴离子。元素在其最高氧化态时才能观察到这些相似性,d 区元素还有 d^0组态。当讨论 5p 元素(In 至 Xe)时,由于中间插入了 14 个镧系元素,上述关系就成了 Z 和 $Z+22$ 之间的关系。

例题 9.6 判断 $Z+8$ 元素的化学性质

题目:高氯酸根离子(ClO_4^-)是强氧化剂,其化合物触碰或加热时能发生爆炸。试判断,化学反应中是否可用 $Z+8$ 元素的类似化合物代替高氯酸根化合物?

答案:首先需要知道 $Z+8$ 元素是何种元素。由于 Cl 的原子序数为 17,所以 $Z+8$ 元素是 Mn($Z=25$)。类似于 ClO_4^-的化合物是高锰酸根离子$[MnO_4]^-$,该离子事实上也是氧化剂,但不太容易发生爆炸。高锰酸盐可能适于代替高氯酸盐。

自测题 9.6 氙极不活泼,但却能与氧或氟形成一些化合物,如形成 XeO_4。判断 XeO_4的形状,指出具有同样结构的 $Z+22$ 化合物。

延伸阅读资料

P. Enghag, *Encyclopedia of the elements*. John Wiley &Sons (2004).

D. M. P. Mingos, *Essential trends in inorganic chemistry*. Oxford University Press (1998). 从成键和结构角度讨论无机化学。

N. C. Norman, *Periodicity of the s- and p-block elements*. Oxford University Press (1997). 包括了主要变化趋势和 s 区化学的特征。

E. R. Scerri, *The periodic table: its story and its significance*. Oxford University Press (2007).

C. Benson, *The periodic table of the elements and their chemical properties*. Kindle edition. MindMelder. com (2009)

练习题

9.1 给出下列元素最高的稳定氧化态:(a) Ba, (b) As, (c) P, (d) Cl, (e) Ti, (f) Cr.

9.2 某族元素除一个成员外,其余都形成似盐型氢化物,也形成氧化物和过氧化物,所有元素的碳化物与水反应生成烃。试问这是哪一族元素?

9.3 某族元素从金属经准金属变为非金属,形成氧化态为+5 和+3 的氯化物,氢化物全部为有毒气体。试问这是哪一族元素?

9.4 某族元素全为金属,该族第 1 个元素最稳定的氧化态为+3,最下部元素最稳定的氧化态为+6。试问这是哪一族元素?

9.5 假设形成了化合物 $NaCl_2$,试绘出形成过程的 Born-Haber 循环,指出哪一个热化学步骤使 $NaCl_2$不能存在。

9.6 试判断第 15 族之后惰性电子对效应如何起作用,将您的判断结果与相关元素的化学性质做比较。

9.7 总结离子半径、电离能和金属性之间的关系。

9.8 下列各对元素中哪一个的第一电离能较高?(a) Be 或 B, (b) C 或 Si, (c) Cr 或 Mn。

9.9 下列各对元素中哪一个的电负性更大些?(a) Na 或 Cs, (b) Si 或 O。

9.10 将下列氢化物分别归入似盐型、分子型或金属型:(a) LiH, (b) SiH_4, (c) B_2H_6, (d) UH_3, (e) PdH_x($x<1$)。

9.11 将下列氧化物分别归入酸性、碱性或两性:(a) Na_2O, (b) P_2O_5, (c) ZnO, (d) SiO_2, (e) Al_2O_3, (f) MnO。

9.12 将下列卤化物按共价型增大的顺序排列:CaF_2, CrF_3, CrF_6。

9.13 给出从中提取下列元素的矿物名称:(a) Mg, (b) Al, (c) Pb, (d) Fe。

9.14　磷的 $Z+8$ 元素是何元素？简要总结两元素的相似性。

9.15　用下述数据计算 SeF_4 和 SeF_6 中 $B(Se—F)$ 的平均值：

$$\Delta_a H^{\ominus}(Se) = +227\ kJ \cdot mol^{-1};\ \Delta_a H^{\ominus}(F) = +159\ kJ \cdot mol^{-1};\Delta_f H^{\ominus}(SeF_6,\ g) = -1\ 030\ kJ \cdot mol^{-1};$$

$$\Delta_f H^{\ominus}(SeF_4,\ g) = -850\ kJ \cdot mol^{-1}$$

从 SF_4($+340\ kJ \cdot mol^{-1}$)和 SF_6($+329\ kJ \cdot mol^{-1}$)中 $B(S—F)$ 相应数值评论您的答案。

辅导性作业

9.1　在论文“Diffusion cartograms for the display of periodic table data”(*J. Chem. Educ.*, 2011, 88(11), 1507)中,M. J. Winter 叙述了地理学上用于描述周期性变化趋势的一种技术。通过文中两个图形与本章的两个图形的比较,写一段对这种方法的评论。

9.2　在论文“What and how physics contributes to understanding the periodic law”(*Found. Chem.*, 2001, 3, 145)中,V. Ostrovsky 叙述了物理学家解释周期性所用的哲学观点和方法学。请对物理学和化学解释化学周期性的方法进行比较和对照。

9.3　P. Christiansen 等人在他们 1985 年发表的论文(*Ann. Rev. Phys. Chem.*, 2001, 36, 407)中叙述了“化学中的相对论效应”。他们是如何定义相对论效应的？对化学中的相对论效应最重要的结论进行简单总结。

9.4　从 Mendeleev 发表第一个周期表以来,迄今已提出许多新形式。对新近提出的版本做出评论,并对各种版本的理论基础进行讨论。

(史启祯　译,李　珺　审)

10章

氢

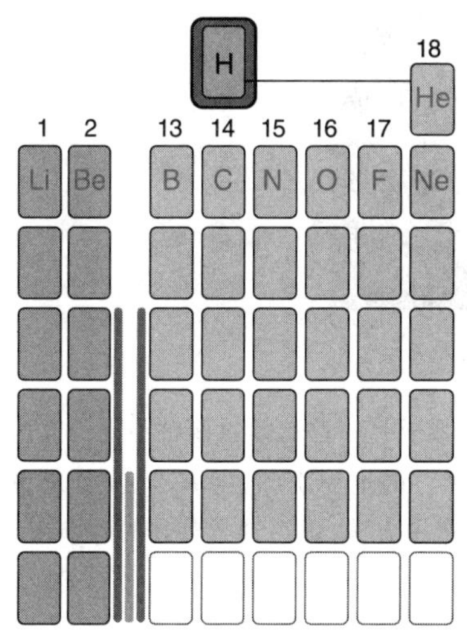

氢的原子结构虽然简单,但氢化学却相当丰富。本章讨论氢物种的反应,既涉及它特别有趣的基础化学,也涉及包括能源在内的重要应用领域。我们将会叙述 H_2 的实验室制备方法,也要介绍工业上如何从化石燃料生产,还要从日益受到关注的可再生资源角度展望未来。本章将解释氢键如何稳定 H_2O 和 DNA 的结构。扼要介绍二元化合物的合成和性质,这些二元化合物包括挥发性分子型化合物、似盐型固体和金属型固体化合物。您将会看到,这些化合物的许多性质与它们提供 H^- 或 H^+ 的能力有关,而且往往还能判断提供哪一种离子的趋势可能占优势。我们还会讨论 H_2 分子如何被催化剂所活化,介绍利用太阳能从水产生 H_2 的过程,还要介绍人们为汽车提供方便燃料方面所做的努力。

A. 基本面

氢是宇宙中丰度最大的元素。在地球上的丰度按质量计占第 10 位,存在于大洋、矿石和所有生命体。元素氢部分从地球逃逸的事实与星体形成过程中氢的挥发性有关。元素氢在正常条件下的稳定形式为**氢气**(dihydrogen,H_2),它以痕量(0.5 ppm)存在于地球低层大气中,基本上是极为稀薄的外层大气中的唯一成分。氢气的用途十分广泛(见图 10.1)。在自然界,H_2 是发酵过程的产物,也是生物合成氨的副产物(应用相关文段 10.1)。由于容易从丰富的可再生资源(水和太阳光)中获得,也由于与 O_2 的反应清洁而且放热高,氢气往往被列为“未来燃料”。H_2 具有挥发性和低的能量密度,这两个缺点对直接用作车辆燃料提出挑战。但可用来生产能量密度大的烃类燃料,而且是工业上生产氨的基本原料。

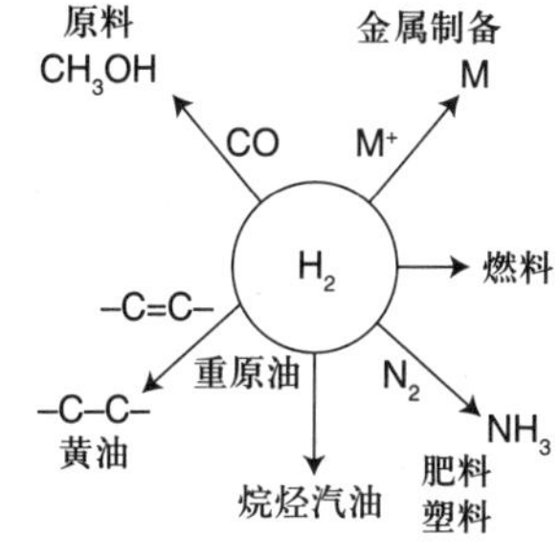

图 10.1　H_2 的主要用途

应用相关文段 10.1　生物氢的循环

金属酶(节 26.14)可使微生物有机体的氢发生循环。虽然地球表面的 H_2 只有约 0.5 ppm,厌氧环境(如湿地土壤、温泉和湖底沉积)中氢的含量却是这个数值的数百倍。厌氧菌(起发酵作用)将无氧地带的有机物质(生物质)分解产生的氢以废物形式排空,H^+(作为氧化剂)在该过程中充作最终的电子接受体。嗜热有机体(从 CO 获得它们所需的全部碳和能量)能够产生 H_2。固氮菌作用下也能产生 H_2,此时产生的 H_2 是氨的副产物。某些微生物(其中许多是需氧微生物)以 H_2 为“食物”(即燃料),生成人们熟悉的 CH_4 气体(受甲烷菌作用)、H_2S 气体(受脱硫弧菌作用)、亚硝酸根和其他产物。图 B10.1 给出发生在淡水环境中的一些过程。

动物大肠(包括人类的大肠)是某些细菌的宿所,这些细菌在厌氧环境下使糖类分解生成 H_2(鼠肠黏液层 H_2 含量高达 0.04 $mmol \cdot dm^{-3}$ 以上),进而又被甲烷菌(如存在于反刍类哺乳动物体里的甲烷菌)转化为 CH_4。包括存在危险的病原体(如沙门氏菌类病原体和导致胃溃疡的幽门螺杆菌病原体)在内,其他细菌也能完成这一转化过程。呼吸过程产生的气体中含有大量 H_2,这种 H_2 被用作诊断乳糖不耐症的条件。乳糖不耐症患者吞下乳糖后,呼出气体中 H_2 的含量可能高达 70 ppm 以上。

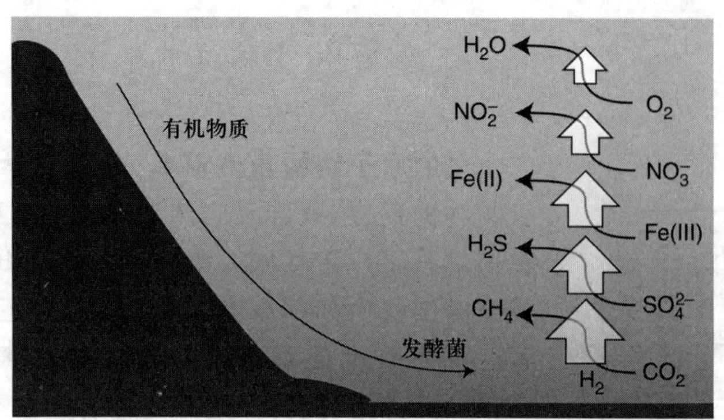

图 B10.1　淡水环境中生物氢循环的某些过程

工业上利用微生物生产的 H_2 叫生物氢,这是一个处于研究和发展之中的重要领域。这里涉及两种不同的方法,但都要用到可再生能源。第一种方法是利用厌氧有机体发酵生物质,其资源涉及种植的生物质(包括海藻)到家庭垃圾。第二种方法涉及有机体(如绿藻和青菌)通过光合作用产生 H_2 和生物质。不论哪种方法,都可通过气体过滤装置连续地(无须中断期)得到 H_2。

10.1　元素

基态组态为 $1s^1$ 的氢原子只有 1 个电子,人们猜想元素的化学性质将会很有限,但实际情况远非如此。氢的化学性质丰富而多变,几乎能与其他每种元素形成化合物。它能形成强 Lewis 碱(氢化物离子,H^-),也能形成强 Lewis 酸(氢阳离子 H^+,质子;节 4.1)。氢原子有时还能与 1 个以上的其他原子同时形成化学键。H 原子桥连两个电负性原子而形成的"氢键"是生命的基础,这是因为水以液态(而不是以气态)存在靠的是氢键,蛋白质和核酸折叠为既复杂又高度有组织的三维结构(它决定着蛋白质和核酸的功能)也是靠氢键。

(a) 原子及其离子

提要:人们看到的质子(H^+)总是与 Lewis 碱结合在一起,而且具有高的极化力;氢负离子(H^-)具有高的被极化能力。

氢有三种同位素:氢本身(^1H)、氘(D,^2H)和氚(T,^3H);氚是放射性同位素。丰度最高的同位素是最轻的 ^1H(非常偶然的场合也叫氕)。氘在自然界的丰度是变化不定的,平均 100 000 个原子中有 16 个原子。氚的丰度更低,大约 10^{21} 个原子中只有 1 个原子。三种同位素具有不同的名称和符号,这一事实不仅反映了质量之间的重大差异,也反映与质量相关的化学性质(如扩散速率和键断裂反应)明显不同。^1H 的核自旋($I=1/2$)用于 NMR 光谱(节 8.6),以识别含氢的分子并测定其结构。

自由的氢阳离子(H^+,质子)的电荷/半径比很高,因而是个强 Lewis 酸的事实就不足为奇了。气相的 H^+ 容易与其他分子或原子结合,甚至能与 He 结合形成 HeH^+。人们发现 H^+ 在凝聚相总是与 Lewis 碱结合在一起,它在不同 Lewis 碱之间的转移能力在化学上起着特殊作用(详见第 4 章)。迄今尚不知道溶液中存在分子阳离子 H_2^+ 和 H_3^+,只是瞬间存在于气相中。与具有高极化能力的 H^+ 不同,氢负离子(H^-)中 1 个质子结合了 2 个电子,因而被极化能力很高。H^- 的半径随与其结合的原子不同而变化。H^- 的原子实中没有散射 X 射线的电子,意味着化合物中涉及 H 原子的键距和键角难以用 X 射线衍射法测定。如果精确测定 H 原子的位置至关重要而不能回避,就需使用中子衍射法。

(b) 性质和反应

提要：氢具有特殊的原子性质，因而安排在周期表中的特殊位置。氢分子（H_2）相当不活泼，其反应需要使用催化剂或由自由基引发。

氢的特殊性质使它区别于周期表中的其他所有元素。它往往被排在第1族第一个元素的位置上，因为像碱金属元素一样，其价层只有一个电子。然而，那个位置的确不能真实反映该元素的化学性质或物理性质，特别是其电离能远高于第1族其他元素。氢因此而不是金属，虽然人们预言在极端的压力条件下（如在木星的中心）以金属态存在于自然界。某些版本的周期表中将氢排在第17族的最上部，这是因为像卤素一样，只需1个电子就能完成其价层。但是氢的电子亲和能远低于第17族任何一个元素，而且只有某些化合物中才能遇到独立的氢负离子（H^-）。为了反映氢的独特性，我们将氢单个排在整个周期表上方的特殊位置上。

由于 H_2 的电子如此之少，H_2 分子之间的分子间力很弱，气体压力为1 atm时只在冷至20 K时才凝聚为液体。如果在低压下放电，H_2 分子则发生解离、电离、再结合等一系列过程从而形成等离子体。等离子体中除含 H_2 分子外，光谱上还能观察到 H、H^+、H_2^+ 和 H_3^+。

H_2 分子的键焓高（436 kJ · mol^{-1}）而键长短（74 pm）。键强度高导致 H_2 是一种相当不活泼的分子。除非提供了特殊的活化途径，H_2 分子是不易发生反应的。使气相 H_2 分子发生异裂解离（化学键非对称断裂生成两种不同的产物）要比发生均裂解离（化学键对称断裂生成同一种产物）难得多，这是因为前者需要耗费大量的额外能量将相反电荷的粒子分开：

$$H_2(g) \longrightarrow H(g)+H(g) \qquad \Delta_r H^{\ominus}=+436\ kJ\cdot mol^{-1}$$

$$H_2(g) \longrightarrow H^+(g)+H^-(g) \qquad \Delta_r H^{\ominus}=+1\ 675\ kJ\cdot mol^{-1}$$

因此，异裂解离需要借助能与 H^+ 和 H^- 形成强键的化学试剂。不论是均裂解离还是异裂解离，都需要经分子催化或活性表面催化。H_2 与 O_2 在气相发生爆炸反应：

$$2H_2(g)+O_2(g) \longrightarrow 2H_2O(g) \qquad \Delta_r H^{\ominus}=-242\ kJ\cdot mol^{-1}$$

反应是按复杂的自由基链机理进行的。氢的比焓（标准燃烧焓除以氢的质量）高（接近典型烃类燃料比焓的3倍），因而是大型火箭的优良燃料（应用相关文段10.2）。

除了造成H—H键解离的反应外，不解离的氢也能发生形成d金属氢分子络合物的可逆反应[节10.6(d)和节22.7]。

应用相关文段10.2 H_2 用作运输用燃料

1970年代石油价格第一次猛涨，人们从那时起就开始认真研究用氢作为燃料的可能性。考虑到继续使用化石燃料将会造成的环境压力，近些年对氢燃料的兴趣迅速上升。氢是一种清洁燃烧的燃料、无毒，而且以化石碳为原料的生产过程终将不可避免地被以可再生资源为原料的生产过程所代替，尽管这一代替过程将是缓慢的。表B10.1列出 H_2 和其他能量载体（包括烃类燃料和锂离子电池）的相关数据。H_2 在所有燃料中的比焓（氢的标准燃烧焓除以氢的质量）最高，这一事实使它成为用作太空飞行（如用于火箭）的良好燃料。然而氢的能量密度（氢的标准燃烧焓除以氢的体积）却远低于烃类燃料。

表B10.1 常见能量载体的比焓和能量密度（1 MJ=0.278 kWh）

燃料	比焓/(MJ · kg^{-1})	能量密度/(MJ · dm^{-3})
液 H_2*	120	8.5
H_2(200 bar)*	120	1.9
液化天然气	50	20.2
天然气(200 bar)	50	8.3
汽油	46	34.2

续表

燃料	比焓/(MJ · kg^{-1})	能量密度/(MJ · dm^{-3})
柴油*	45	38.2
煤	30	27.4
乙醇*	27	22.0
甲醇	20	15.8
木柴*	15	14.4
锂离子电池*†	2.0	6.1

* 易得的或能从可持续电源充电的能量载体;† $Li_{1-x}CoO_2$;参见应用相关文段 11.2 和节 24.6(h)。

只要车载问题得到解决(参见应用相关文段 10.4、12.3 和节 24.13),氢显然是用于车辆的优异燃料。除用作火箭燃料外,H_2 也可用于传统内燃机。如果说此时需要对内燃机设计或技术规范进行修改的话,这种修改也将很小。然而用作车辆燃料时,最重要的方法则是让 H_2 在燃料电池中反应直接产生电(节 5.5)。氢燃料电池(应用相关文段 5.1)的功率输出既有效又可靠,从而使甲醇蒸气转化"车载"产 H_2 变得可行,而甲醇则是一种可携载的密能燃料。应用相关文段 5.1 中讨论过直接的甲醇燃料电池,这种电池产生的功率小于氢燃料电池,因而对用于车辆的吸引力较小。**自动蒸气转化装置**(automotive steam reformer,见图 B10.2)将甲醇蒸气与水(蒸汽)和氧(以空气形式)混合通过下述反应产生 H_2:

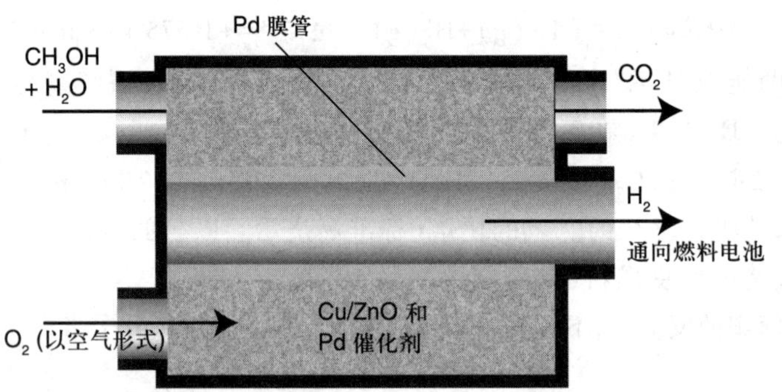

图 B10.2 车载甲醇转化装置横截面示意图

$$CH_3OH(g)+H_2O(g) \xrightleftharpoons{Cu/ZnO} CO_2(g)+3H_2(g)$$

$$CH_3OH(g)+1/2O_2(g) \xrightleftharpoons{Pd} CO_2(g)+2H_2(g)$$

前者为一吸热反应($\Delta_r H^\ominus = 49\ kJ \cdot mol^{-1}$),而后者则是放热的($\Delta_r H^\ominus = -155\ kJ \cdot mol^{-1}$)。反应在 200~350 ℃的温度范围内进行,通过温度控制以确保那个放热氧化反应产生的热量恰能与甲醇和水蒸气反应所需的热量及将所有成分汽化所需的热量持平。热量过剩则会产生 CO,从而使 PEM 燃料电池中的 Pt 催化剂中毒。CO_2 和 H_2 两种产物用 Pd 膜分隔。

10.2 简单化合物

二元氢化合物(即与其他元素 E 形成的化合物 EH_n)中键的本质大体上可从两个因素得到合理解释:一是 H 原子的高电离能(1 310 kJ · mol^{-1});一是低的但却为正值的电子亲和能(77 kJ · mol^{-1})。虽然二元氢化合物常被叫作"氢化物"(本章自始至终使用这一术语),但实际上没有几个化合物含有独立的 H^- 阴离子。氢的 Pauling 电负性(2.2,参见节 2.15)是个不大不小的中等数值,所以在与金属形成的化合物(如 NaH 和 AlH_3)中将氧化数指定为-1,与非金属形成的化合物(如 H_2O 和 HCl)中将氧化数指定为+1。

(a) 二元化合物的分类

提要:氢与其他元素形成性质不同的化合物。与金属化合时往往将氢看作氢化物阴离子(氢负离子);与电负性相近的元素形成的化合物具有低极性。

尽管存在众多的结构类型、严格地说不能将氢与某些元素形成的化合物归入某一类,但氢的二元化合物总体上仍分为三大类:

分子型氢化物(molecular hydrides)以单个、独立的分子存在,它们通常是与电负性与 H 相近或高于 H 的 p 区元素形成的。最好将分子型氢化物中的 E—H 键看作共价键,人们熟悉的例子包括甲烷(CH_4,**1**)、氨(NH_3,**2**)和水(H_2O,**3**)。

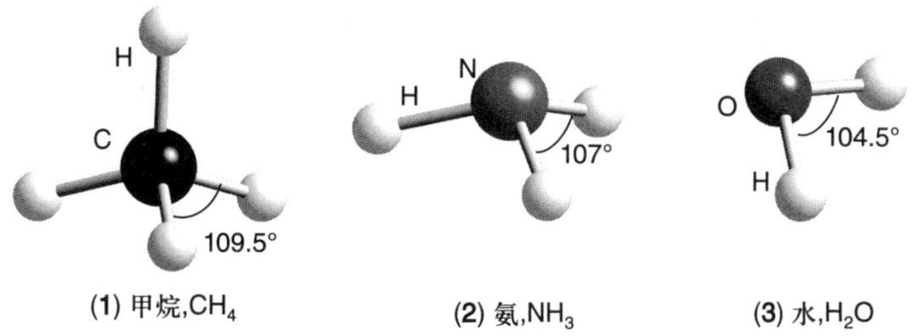

(1) 甲烷,CH_4　　**(2)** 氨,NH_3　　**(3)** 水,H_2O

似盐型氢化物(saline hydrides)也叫离子型氢化物,它们是与最具电正性的那些元素形成的。似盐型氢化物(如 LiH 和 CaH_2)是非挥发性、不导电的晶形固体,虽然只有第 1 族和第 2 族较重元素的氢化物应被看成含独立 H^-的"盐"。

金属型氢化物(metallic hydrides)是非化学计量的、具有金属光泽的导电性固体。许多 d 区和 f 区元素形成金属型氢化物。人们通常认为 H 原子占据着金属结构的间隙位置,虽然这种占据很少不伴随膨胀和相变,并导致金属的延展性丧失和产生断裂的趋势(一种叫做脆化的过程)。图 10.2(该图是由图 9.13 重制的)给出了这种分类和各类氢化物在周期表中的分布。图中也给出"中间型"氢化物(不能严格地归入上述任何一类之中的氢化物)和二元氢化物尚未被表征的元素。

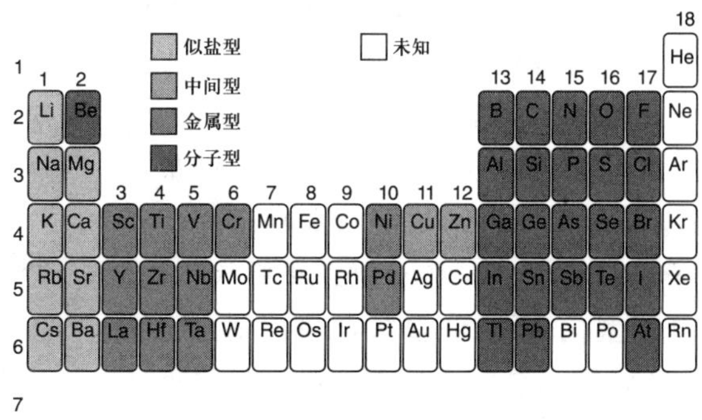

图 10.2

图 10.2　s 区、p 区和 d 区元素二元氢化合物的分类

虽然某些 d 区元素(如铁和钌)不形成二元氢化物,但的确能形成含有氢化物离子配体的金属络合物

除形成二元化合物外,某些 p 区元素的络合阴离子中也含氢。例如,$NaBH_4$ 中的 BH_4^-(四氢合硼酸根,也叫硼烷酸根,老教科书中叫"硼氢化物离子")和 $LiAlH_4$ 中的 AlH_4^-(四氢合铝酸根,也叫铝烷酸根,老教科书中叫"铝氢化物离子")。

(b) 热力学稳定性

提要:s 区和 p 区各族元素 E—H 键的强度自上而下减弱,d 区各族元素 E—H 键的强度自上而下增大。

标准生成 Gibbs 自由能数据表明，s 区和 p 区元素氢化合物的稳定性有规律地发生着变化（见表 10.1）。

表 10.1　25 ℃时 s 区和 p 区二元氢化合物的标准生成 Gibbs 自由能，$\Delta_f G^{\ominus}$　单位：kJ · mol^{-1}

周期	族						
	1	2	3	14	15	16	17
2	LiH(s)	BeH_2(s)	B_2H_6(g)	CH_4(g)	NH_3(g)	H_2O(l)	HF(g)
	−68.4	(+20)	+37.2	−50.7	−16.5	−237.1	−273.2
3	NaH(s)	MgH_2(s)	AlH_3(s)	SiH_4	PH_3(g)	H_2S(g)	HCl(g)
	−33.5	−85.4	+48.5	+56.9	+13.4	−33.6	−95.3
4	KH(s)	CaH_2(s)	Ga_2H_6(s)	GeH_4(g)	AsH_3(g)	H_2Se(g)	HBr(g)
	(−36)	−147.2	>0	+113.4	+68.9	+15.9	−53.5
5	RbH(s)	SrH_2(s)		SnH_4(g)	SbH_3(g)	H_2Te(g)	HI(g)
	(−30)	(−141)		+188.3	+147.8	>0	+1.7
6	CsH(s)	BaH_2(s)					
	(−32)	(−140)					

s 区的氢化物都是放能化合物（$\Delta_f G^{\ominus}<0$），室温下相对于元素而言热力学上都是稳定的。BeH_2 可能是个例外，人们得不到可靠的数据。室温下第 13 族元素的氢化物都不是放能化合物。p 区其余各族第一个元素的氢化物（CH_4、NH_3、H_2O 和 HF）都是放能化合物，但同族类似化合物的稳定性自上而下却逐渐减弱，图 10.3 中 E—H 键键能的下降表明了这一趋势。从第 14 族向右过渡到卤素，重元素氢化物越来越稳定。例如，SnH_4 是个高吸能化合物，而 HI 则是低吸能化合物。

热力学上这些变化趋势可从原子性质的变化得到解释。H—H 键是已知同核单键中最强的化学键（D—D 或 T—T 键除外），为使氢化物是放能化合物（相对于形成化合物的元素而言是稳定的），需要形成甚至强于 H—H 键的 E—H 键。对 p 区元素的氢化物而言，第二周期元素形成的键最强，同族自上而下则逐渐变弱。p 区重元素形成弱键是由于相对密实的 H1s 轨道与重元素原子比较松散的 s 和 p 轨道重叠较少。虽然 d 区元素不能形成二元分子型化合物，许多络合物中则含有一个或多个氢负离子配体。d 区同族元素形成的 M—H 键的强度自上而下增大，是因为 3d 轨道过于收缩而不利于与 H1s 轨道重叠，4d 和 5d 轨道与 H1s 轨道的重叠程度大一些。

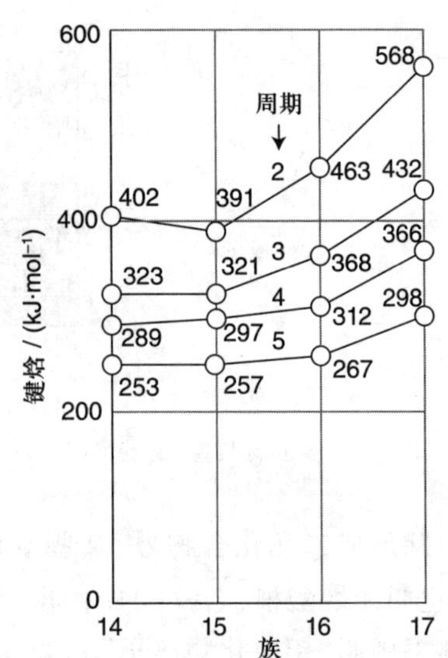

图 10.3　p 区元素二元分子氢化物的平均键能（kJ · mol^{-1}）

（c）二元化合物的反应

提要：根据 E—H 键极性的不同，可将二元氢化合物的反应分别归入三大类中的某一类。

E 和 H 电负性相近的化合物的 E—H 键倾向于发生均裂，先产生一个 H 原子和一个自由基，其中的任何一个都能继续与其他遇到的自由基结合。

$$\chi(\mathrm{E}) \approx \chi(\mathrm{H}) \qquad \mathrm{E{-}H} \longrightarrow \mathrm{E}\cdot + \mathrm{H}\cdot$$

常见均裂的实例包括热裂解和烃的燃烧。

E 的电负性大于 H 的化合物发生异裂释出质子：

$$\chi(\mathrm{E}) > \chi(\mathrm{H}) \qquad \mathrm{E{-}H} \longrightarrow \mathrm{E}^- + \mathrm{H}^+$$

化合物 Brφnsted 酸按这种方式行为，而且能将 H^+ 转移至碱。这类化合物中的 H 原子叫**酸性**（protonic）H 原子。

E 的电负性小于 H 的化合物也发生键的异裂，这种化合物包括似盐型氢化物：

$$\chi(\mathrm{E}) < \chi(\mathrm{H}): \qquad \mathrm{E{-}H} \longrightarrow \mathrm{E}^+ + \mathrm{H}^-$$

这种 H 原子叫**碱性**（hydridic）H 原子。H^- 可转移至 Lewis 酸，如含硼试剂（见 4.6）。有机合成中使用的还原剂 $NaBH_4$ 和 $LiAlH_4$ 是氢负离子转移试剂的两个例子。通过与 Brφnsted 酸性（某物种给质子能力的量度）的类比，**碱性**（hydridicity）标度［节 10.6(d)］可看作物种给出 H^- 能力的量度。这一标度既可根据对气相物种进行的计算得到，也可根据适当溶剂中氢负离子转移平衡的实验数据得到。由于 H 原子有既以酸态（H^+）又以碱态（H^-）存在的能力，化合物中的氢原子能以二电子氧化还原剂起作用。

B. 详述

本部分较为详细地讨论氢的化学性质，讨论并解释性质的变化趋势。这里将要介绍 H_2 的制备（或生产）方法，包括实验室规模的制备、工业规模从化石燃料进行的生产，以及利用可再生能源从水制取氢。这里还将介绍 H_2 与其他元素发生的反应，并将形成的化合物分为不同类型。最后介绍合成各种含氢化合物的策略。

10.3　核的性质

提要：三种同位素（H、D 和 T）的原子质量差异很大而且有不同的核自旋。不同的核自旋导致一个结果：对含有不同同位素的分子而言，不难从 IR、Raman 和 NMR 谱上观察出变化来。

^1H 和 ^2H（氘，D）都没有放射性，但 ^3H（氚，T）失去 1 个 β 粒子衰变产生氦的一种不多见的、但却稳定的同位素：

$$^{3}_{1}\mathrm{H} \longrightarrow {}^{3}_{2}\mathrm{He} + \beta$$

此衰变的半衰期为 12.4 年。氚在地表水中的丰度为每 10^{21} 个氢原子含 1 个氚原子，这一事实表明由宇宙射线轰击高层大气所产生的氚与由放射性衰变所损失的氚保持着稳态平衡。氚可由中子轰击 ^6Li 或 ^7Li 的方法合成：

$$^{1}_{0}\mathrm{n} + {}^{6}_{3}\mathrm{Li} \longrightarrow {}^{3}_{1}\mathrm{H} + {}^{4}_{2}\mathrm{He} + 4.78\ \mathrm{MeV}$$

$$^{1}_{0}\mathrm{n} + {}^{7}_{3}\mathrm{Li} \longrightarrow {}^{3}_{1}\mathrm{H} + {}^{4}_{2}\mathrm{He} + {}^{1}_{0}\mathrm{n} - 2.87\ \mathrm{MeV}$$

如何不断地从锂生产氚，是从核聚变（核融合）解决未来能源问题的关键一步。在核聚变反应堆中，氚和氘被加热至 100 MK 以上生成等离子体，两种核在等离子体中反应生成 ^4He 和一个中子：

$$^{2}_{1}\mathrm{H} + {}^{3}_{1}\mathrm{H} \longrightarrow {}^{4}_{2}\mathrm{He} + {}^{1}_{0}\mathrm{n} + 17.6\ \mathrm{MeV} \qquad (\Delta H = 1\,698\ \mathrm{MJ\cdot mol^{-1}})$$

此中子用来轰击富集了 ^6Li 的锂以产生更多的氚。这一过程给环境带来的危险远小于 ^{235}U 的裂变过程，而且基本上是可再生能源：用到的两个主要燃料中，氘容易从水制得，锂的分布也较广（第 11 章）。不同的**同位素取代体**（isotopologues）之间的差别仅在于它们是由不同同位素组成的分子实体。同位素取代体与未取代的母体化合物通常具有非常相似的物理性质和化学性质，但 D 置换了 H 的分子并非如此，因为 D 原子的质量比 H 原子大了一倍。表 10.2 列出了 H_2 和 D_2 的沸点和键焓，它们之间的差别不难测量出来。H_2O 和 D_2O 之间沸点的差异反映了 O···D—O 氢键比 O···H—O 氢键更强些，这是因为前者的零点能较低。化合物 D_2O 又叫“重水”，核动力工业上用其作为减速剂，以减慢释放出来的中子速率并增大诱导裂变的速率。

表 10.2　氘化作用对物理性质的影响

物理性质	H_2	D_2	H_2O	D_2O
标准沸点/℃	−252.8	−249.7	100.0	101.4
平均键焓/($kJ\cdot mol^{-1}$)	436.0	443.3	463.5	470.9

E—H 键和 E—D 键断裂、生成或重排过程的反应速率是不同的，这种不同是由**动力学同位素效应**(kinetic isotope effect)引起的，其差别往往可以测量出来。这种测量结果往往用来支持为反应建议的机理。活化络合物中 H 原子从一个原子转移至另一个原子时常能观察到这种效应。例如，$H^+(aq)$ 还原为 $H_2(g)$ 的电化学过程中发生的同位素效应使 H_2 更容易释放出来。H_2 和 D_2 显示出不同的生成速率，这种差别导致 D_2O 在电解过程中被浓缩，从而有利于两种同位素的分离：积累起来的纯 D_2O 通过与 $LiAlH_4$ 的反应生产纯 HD，或通过电解法生产纯 D_2。一般情况下，涉及 D_2O 的反应往往慢于涉及 H_2O 的反应，因而高等生物大量摄入 D_2O 或氘代食物后会中毒。

分子振动频率与原子质量有关。化合物中的 H 被 D 取代的过程叫氘化，这种取代强烈影响频率值。较重的同位素导致较低的频率(节 8.5)，如水中的 O—H 伸缩发生在 3 550 cm^{-1}，而 D_2O 中 O—D 伸缩发生在 2 440 cm^{-1}。通过 IR 谱图的对比，利用这种同位素效应可以确定特定的 IR 吸收是否涉及分子中氢原子明显的移动。

同位素这种独特的性质使其可以用作**示踪物**(tracers)。H 和 D 在一系列反应中的行踪可用红外光谱(IR，节 8.5)或质谱(节 8.11)和 NMR 谱(节 8.6)进行跟踪。放射性测定可以检出氚，因而可能是较光谱法更为灵敏的探针。

自旋是氢核的另一重要性质。氢核(质子)的 $I=1/2$，D 和 T 的核自旋分别为 1 和 1/2。正如节 8.6 中讲过的那样，^{1}H-NMR 谱能够检出化合物中氢核的存在，是测定分子结构的有力方法，甚至能测定相对分子质量超过 20 kDa 的蛋白质分子。图 10.4 示出 p 区和 d 区元素某些化合物有代表性的^{1}H-NMR 化学位移的区间。虽然键合于电负性原子的氢原子(酸性 H 原子)比配位于具有未完成 d 亚层(d^n，$n>0$)的金属离子倾向于显示更正的化学位移，其他因素(如与氢原子结合的其他原子的质量和溶解化合物所用的溶剂)的贡献也不能忽略。

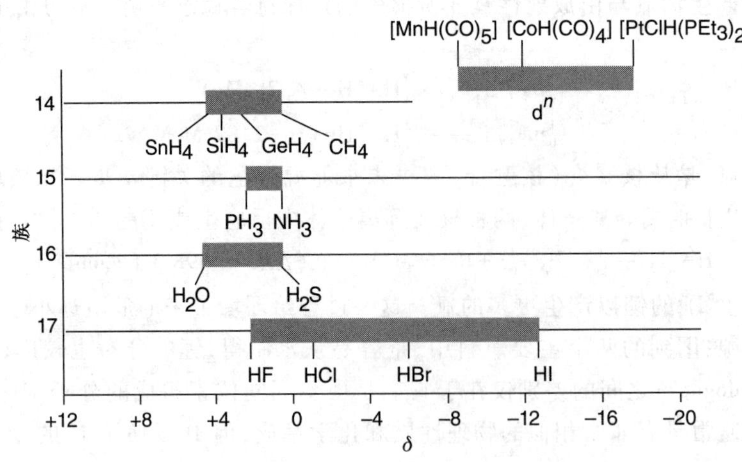

图 10.4　有代表性的^{1}H-MNR 化学位移

染色的方块表示同归一组的元素

分子氢(H_2)以两个核自旋相对取向不同的两种不同形式存在。*ortho*-氢中的两个核自旋平行($I=1$),*para*-氢中的两个核自旋反平行($I=0$)。氢在 $T=0$ 时 100%为 *para*-氢;随着温度的升高,*ortho*-氢在平衡混合物中的比例上升,室温时达到 75%(其余 25%为 *para*-氢)。两种形式的大多数物理性质都相同,但 *para*-氢的熔点和沸点低于正常氢 0.1 ℃,热导性较 *ortho*-氢高约 50%。两者的热容也显著不同。

10.4　H_2 的生产

氢对人类非常重要:它不仅是化学工业的重要原料,也是用量日益增大的燃料。尽管 H_2 在地球大气层和地下气体沉积中的含量都不大,但其生物周转率较高,这是因为各种微生物或者以 H^+为氧化剂,或者以 H_2 为燃料(应用相关文段 10.1)。在工业上,大部分氢是用蒸气转化法从天然气生产的(在美国,氢产量的 95%用此法生产)。氢的生产越来越多地使用其他方法,特别是煤气化(理想状况下该法应配以二氧化碳捕集,参见应用相关文段 14.5)和热助电解。2012 年,全世界 H_2 的产量超过 65 Mt。生产的大部分 H_2 被原地消耗,包括氨的合成(Haber 法)、不饱和脂肪加氢、原油加氢裂解和大规模制造有机化学品。H_2 在未来可能完全从可再生资源(如水)制造,并利用太阳光的能源。CO_2 或 CO 与"绿色"H_2 产生液体烃类燃料的反应总称碳中和技术(carbon-neutral technology)。

(a) 小量制备

提要:在实验室,H_2 容易通过电正性元素与酸(或碱)的水溶液反应或似盐型氢化物水解的方法制备,也可使用电解法。

有多种制备少量纯氢的直接方法。实验室用 Al 或 Si 与热的碱溶液反应的方法制取 H_2:

$$2Al(s)+2OH^-(aq)+6H_2O(l) \longrightarrow 2Al(OH)_4^-(aq)+3H_2(g)$$

$$Si(s)+2OH^-(aq)+H_2O(l) \longrightarrow SiO_3^{2-}(aq)+2H_2(g)$$

或者在室温下利用 Zn 与矿物酸的反应:

$$Zn(s)+2H_3O^+(aq) \longrightarrow Zn^{2+}(aq)+H_2(g)+2H_2O(l)$$

金属氢化物与水的反应为实验室外制取少量 H_2 提供了一种方便的方法。价廉的二氢化钙容易从市场购得,因而特别适于远地、现场产氢。室温下它与水的反应是

$$CaH_2(s)+2H_2O(l) \longrightarrow Ca(OH)_2(s)+2H_2(g)$$

简单电解池也可用于制备少量纯 H_2;重水电解也是制备纯 D_2 一种方便的方法。

(b) 从化石资源生产

提要:工业上主要采用 H_2O 与 CH_4 在高温下的反应或 H_2O 与焦炭的类似反应生产 H_2。

氢被大量生产以满足工业需要,事实上,氢的生产往往与以 H_2 为原料的化学过程直接组合在一起(不需要运输)。当今生产 H_2 的主要工业过程是烃(蒸气)的转化,这是水(蒸汽)与烃类(以天然气中的甲烷为代表)在高温下进行的催化反应:

$$CH_4(g)+H_2O(g) \longrightarrow CO(g)+3H_2(g) \qquad \Delta_r H^{\ominus}=+206.2\ kJ \cdot mol^{-1}$$

用煤或焦炭进行的生产正在增加,煤气化反应在 1 000 ℃进行:

$$C(s)+H_2O(g) \rightleftharpoons CO(g)+H_2(g) \qquad \Delta_r H^{\ominus}=+131.4\ kJ \cdot mol^{-1}$$

CO 与 H_2 的混合物(水煤气)进一步与水反应(水煤气变换反应)产生更多的 H_2:

$$CO(g)+H_2O(g) \rightleftharpoons CO_2(g)+H_2(g) \qquad \Delta_r H^{\ominus}=-41.2\ kJ \cdot mol^{-1}$$

将煤气化反应(和烃的转化反应)与水煤气变换反应加合在一起,总结果得到 CO_2 和 H_2:

$$C(s)+2H_2O(g) \rightleftharpoons CO_2(g)+2H_2(g) \qquad \Delta_r H^{\ominus}=+90.2\ kJ \cdot mol^{-1}$$

该法用于化石燃料产 H_2 时需要增加一个从混合物中捕获 CO_2 的装置(应用相关文段 14.5),将排入大气的温室气体 CO_2 减至最小。然而由于原料使用了化石燃料,该法不属可再生资源路线。驱动汽车的燃料电池是以甲醇为原料,通过自动蒸气转化装置产生氢气供即时消耗(应用相关文段 10.2)。

(c) 从可再生资源生产

提要：电解水生产 H_2 耗资不小，只有在电力便宜的地区或作为经济上重要过程的副产物时才适用。环境压力更为有效地驱动了从剩余物和可再生能源（包括生物资源和太阳能）生产 H_2。

电解生产 H_2 的方法无污染：

$$H_2O(l) \longrightarrow H_2(g)+1/2O_2(g) \qquad E^{\ominus}_{cell}=-1.23\ V \qquad \Delta_rG^{\ominus}=+237\ kJ\cdot mol^{-1}$$

为了推动反应进行，需要大的超电压来抵消惰性的电极动力学，特别是产生 O_2 的电极动力学。最好的催化剂是以铂为基础的催化剂，但价格太高，用在大型工厂显然不合适。这就是说，只有使用廉价的、由可再生资源生产的或为了利用满足需求后剩余的电力时，水的电解才算是既经济又环境友好的途径。这些条件在那些有丰富水电和核电的国家已经得到满足。电解在数百个串联在一起的电解池中进行，每个电解池的操作电压为 2 V，电极材料为铁和镍，电解质为 NaOH 水溶液（见图 10.5）。电解温度保持 80~85 ℃，以增大电解电流并降低驱动反应所需的超电压（节 5.18）。电解法产 H_2 最重要的方法是氯碱法（应用相关文段 11.3），生产的 H_2 是制造 NaOH 的副产物。该过程的另一气体产物为 Cl_2，电极上释出 Cl_2 的超电压低于 O_2。

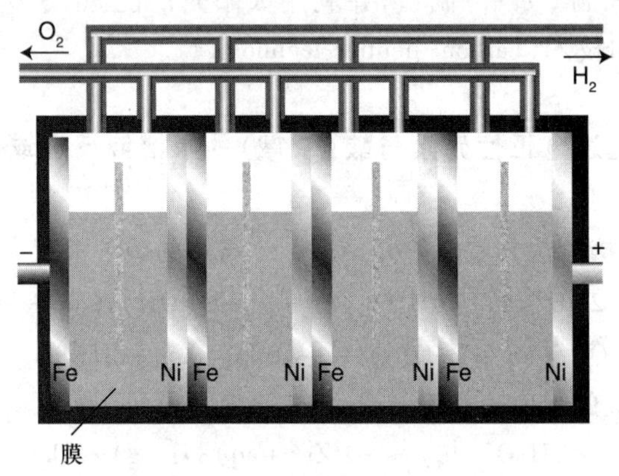

图 10.5　生产 H_2 的工业电解池，Ni 阳极和 Fe 阴极串联相接

然而包括氯碱法生产的 H_2 在内，全球仅有约 0.1% 的 H_2 需求量是用电解法生产的，这一需求还过度依赖着化石资源。展望未来，用水生产 H_2 的方法越来越被看作储存太阳光能量（光伏发电、太阳热、风）的一种方法；然而新技术的成本需要降低，速率需要改善。应用相关文段 10.3 中概略给出太阳能分解水的某些物理方法。生产 H_2 的新的电催化剂必须以丰产元素为基础，如在光电化学装置中已经用作阴极的 NiMoZn 合金。在介绍过 d 金属二氢络合物和氢合络合物之后，本章将在节 10.6 中描述另一个例子：活性很高的 Ni 络合物。

氢也可通过厌氧菌进行发酵的方法生产，这些厌氧菌以栽培的生物质或生物废物作为它们的能量来源（应用相关文段 10.1）。生物产氢也可在“氢农场”中完成，其途径是给光合成的微生物以营养。利用这种方法不但能产 H_2，还能生产有机分子。该法正在得到不断改进。

应用相关文段 10.3　太阳能产氢

地球从太阳接收的能量大约为 100 000 TW，高出当今全球的能耗速率（15 TW）约 7 000 倍。人类已经通过多种方法（如风动叶轮机、生物质的光合作用、光伏电池等）利用着太阳能，但最终还是要利用太阳能从水产生 H_2（即水的裂解），为终止世界对化石燃料的依赖、帮助人类控制全球气候变化提供最大的机会。处于发展中的技术有两种：一种是太阳能高温产 H_2，另一种是太阳能光电化学产 H_2。

在所谓的“阳光带“地区（包括澳大利亚、南部欧洲、撒哈拉沙漠和美国西南部各州），接收的太阳能约为 1 kW/m^2。这些地方适合使用前一种方法：利用阳光收集系统将阳光反射并聚焦至接收炉上，从而产生超过 1 500 ℃ 的温度（核反应堆外罩亦可达到这样高的温度），得到的强热用于驱动叶轮机产生电力将水分解为 H_2 和 O_2。

水的一步法直接热解需要的温度在 4 000 ℃以上,远高于阳光浓缩器所能达到的极限,还需耐高温材料和工程措施相匹配。多步法制 H_2 的温度可能低得多,多种这样的体系处于研究和发展之中,其中以涉及金属氧化物的两步法体系最简单。例如:

$$Fe_3O_4(s) \xrightarrow{\triangle} 3FeO(s)+1/2O_2(g) \qquad \Delta_r H^{\ominus}=+319.5\ kJ\cdot mol^{-1}$$

$$H_2O(l)+3FeO(s) \xrightarrow{冷} Fe_3O_4(s)+H_2(g) \qquad \Delta_r H^{\ominus}=-33.6\ kJ\cdot mol^{-1}$$

此法产 H_2 仍需 2 200 ℃以上的温度。能在 2 000 ℃以下实行热解循环的铈氧化物体系仍处于发展之中:

$$CeO_2(s) \xrightarrow{\triangle} CeO_{2-\delta}(s) \quad +\delta/2O_2(g)$$

$$CeO_{2-\delta}(s)+\delta H_2O(g) \xrightarrow{冷} CeO_2(s)+\delta H_2(g)$$

热化学反应与电化学反应结合起来的过程能在较低温度下裂解水。例如:

$$2Cu(s)+2HCl(g) \longrightarrow H_2(g)+2CuCl(s) \qquad (425\ ℃)$$

$$4CuCl(s) \longrightarrow 2Cu(s)+2CuCl_2(s) \qquad (电化学)$$

$$2CuCl_2(s)+H_2O \longrightarrow Cu_2OCl_2(s)+2HCl(g) \qquad (325\ ℃)$$

$$Cu_2OCl_2(s) \longrightarrow 2CuCl(s)+1/2O_2(g) \qquad (550\ ℃)$$

太阳能光电化学产 H_2 法("人工光合作用")将相似于光伏电池中使用的原理与植物天然光合作用的原理结合在一起。为了使水发生电化学裂解,电池电动势必须大于 1.23 V,这样的电动势需要波长在 1 000 nm 以下的光来提供。基于光敏微粒的光电化学水裂解体系的基本原理示于图 B10.3。主要部分包括(a) 俘获光子产生一个激发态电子,(b) 电子在激发部位和催化部位之间的有效转移,(c) 产 H_2 半反应的催化部位,(d) 产 O_2 半反应的催化部位。有代表性的光激发发生在半导体上。产生 H_2 和产生 O_2 的催化部位必须具有充分的活性,以便与光激发态跳回至基态的速度竞争。对 H_2 而言,该催化剂可以是 Pt(工业规模体系中显然需要一种价廉的替代材料)。光电化学法水裂解面临的主要挑战是实现快速而有效地生成 O_2,科学家正在付出极大努力寻找某种能够模拟植物光合作用(应用相关文段 16.2 和节 26.10)中 Mn 催化剂的物质。

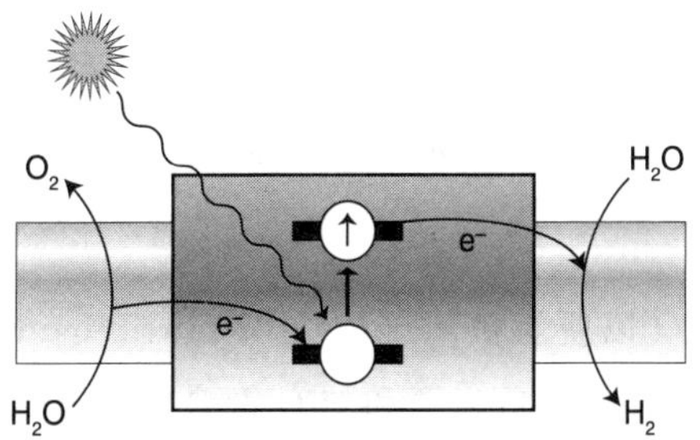

图 B10.3 太阳能水裂解产氢装置示意图:可见光将一个电子激发至上部能级(导带);该"热"电子被传递至能将 H^+(来自 H_2O)转化为 H_2 的催化剂上;低能级(价带)的"空穴"被催化剂(将 H_2O 转化为 O_2 的催化剂)上传递来的电子所填充

为了用最简单的语言表述过程的原理,课文中相关的氧化还原反应方程式未配平

10.5 H_2 的反应

提要:分子氢或者在金属表面或金属氧化物表面发生均裂或异裂活化,或者通过与 d 金属的配体发生活化。H_2 与 O_2 和卤素的反应涉及自由基链机理。

H_2 虽是个相当不活泼的分子,在特殊条件下的反应却很快。活化 H_2 的条件包括:

- 被某些金属表面所吸附,诱导发生均裂解离生成 H 原子:

$$H_2 \quad -Pt-Pt-Pt-Pt- \rightleftharpoons -Pt-\overset{H}{Pt}-\overset{H}{Pt}-Pt-$$

- 被杂原子(如金属氧化物)表面所吸附,诱导发生异裂解离生成 H^+ 和 H^-:

$$H_2 \quad -Zn-O-Zn-O- \rightleftharpoons -Zn-\overset{H^+}{O}-\overset{H^-}{Zn}-O-$$

或者与既能提供接受 H^+ 的 Brϕnsted 碱,又能提供氢负离子接受体的分子反应。

- 引发自由基链反应:

$$H_2 \xrightarrow{X} XH^\bullet + H^\bullet \xrightarrow{O_2} HOO^\bullet \xrightarrow{XH^\bullet} 2\,OH^\bullet \xrightarrow{H_2} H_2O + H^\bullet \ldots$$

(a) 均裂解离

使 H_2 分子解离为原子需要高温。正常温度下均裂解离的一个重要例子是 H_2 在细 Pt 粉或 Ni 粉上发生的反应(节 25.11 和节 25.16)。H_2 在这类反应中以氢原子形式发生了化学吸附,实用中包括催化烯烃加氢和醛还原为醇的反应。铂也被用作质子交换膜燃料电池(这种电池适用于运输目的,应用相关文段 5.1)中氧化 H_2 的电催化剂。H_2 在 Pt 阳极上发上了最优化了的化学吸附(不是太强也不是太弱),从而导致 H_2 的氧化和高速率释放(见图 25.25)需要的超电位最小。科学家有兴趣寻找 Pt 的替代品,节 10.6 中将再次讨论这一主题。

均裂的另一个例子涉及分子 H_2 在独立的金属络合物中以 η^2-H_2 物种的初步配位,这类络合物将在节 10.6(d) 中作简单描述,并在节 22.7 中做出更为详尽的讨论。二氢络合物为分子氢和二氢络合物之间的中间物种提供了实例。迄今尚未发现前 d 区(第 3 族、第 4 族和第 5 族)、f 区和 p 区金属形成的二氢络合物。如果络合物中的金属足够富电子,并将 d 电子反馈至 $1\sigma_u$ 轨道撕裂 H—H 键,就会形成顺式二氢络合物,其中金属的形式氧化数增加 2:

$$M^{n+} + H_2 \longrightarrow \underset{M^{n+}}{H{-}H} \longrightarrow \underset{M^{(n+2)+}}{{}^-H \quad H^-}$$

(b) 异裂解离

H_2 的异裂解离依赖于金属离子(以便氢负离子配位)和 Brϕnsted 碱的近距离接触。H_2 与 ZnO 表面发生的反应似乎产生了与 Zn(Ⅱ)键合的氢负离子和与 O 键合的质子。用 $Cu/ZnO/Al_2O_3$ 催化剂催化 CO 加氢生产甲醇的反应中涉及这种解离:

$$CO(g) + 2H_2(g) \longrightarrow CH_3OH(g)$$

异裂解离的另一个例子是金属酶(加氢酶,节 26.14)活性部位发生的 H_2 的氧化。正如节 10.6(e)所叙述的那样,在为 H_2 氧化和 H_2 生产而发展合成催化剂的过程中模拟了这一酶反应。

(c) 自由基链反应

自由基链机理认为:在热或光化学引发的 H_2 与卤素的反应中产生了自由基原子。这种自由基是增殖链反应的载体,自由基重新相互结合时发生链终止:

引发(受热或光): $Br_2 \longrightarrow Br\cdot + Br\cdot$

增殖: $Br\cdot + H_2 \longrightarrow HBr + H\cdot$

$H\cdot + Br_2 \longrightarrow HBr + Br\cdot$

终止: $H\cdot + H\cdot \longrightarrow H_2$

$Br\cdot + Br\cdot \longrightarrow Br_2$

反应一旦引发,自由基攻击的活化能低。这是因为随着一个化学键断裂,就有一个新键的形成。

H_2 与 O_2 的高放热反应也是按自由基链机理发生的,一定比例的气体混合物引爆时发生剧烈爆炸:

$$2H_2(g)+O_2(g) \longrightarrow 2H_2O(g) \qquad \Delta_r H^{\ominus}=-242\ \mathrm{kJ\cdot mol^{-1}}$$

10.6　氢的化合物

氢能与大多数元素形成化合物。这些化合物分为分子型氢化物、似盐型氢化物(氢化物阴离子的盐)、金属型氢化物(d 区元素的间隙化合物)和 d 区元素以氢负离子或二氢为配体的独立络合物。

(a) 分子型氢化物

p 区元素和 Be 形成分子型氢化物。分子型氢化物的化学键是共价键,但键的极性依赖于与 H 结合的原子的电负性。极性变化导致它们发生不同类型的反应,即氢以 H^-、H^+或 H 原子形式转移的反应。

(i) 术语和分类

提要:氢的分子化合物分为富电子、足电子和缺电子化合物。缺电子氢化物在分子结构和成键作用方面提供了一些让人好奇的实例,最简单的氢化物单元倾向于通过桥氢原子缔合形成二聚体或多聚体。

根据系统命名规则,分子型氢化合物的名称是由元素名称加后缀"ane"构成的,如 PH_3 叫作 phosphane。然而更为传统的名称仍在广泛使用(见表 10.3),如将 PH_3 叫膦,将 H_2S(sulfane)叫硫化氢。NH_3 和 H_2O 常见的名称仍是氨和水,而不是系统命名法规定的氮烷(azane)和氧烷(oxidane)。

表 10.3　某些分子型氢化物*

族	化学式	传统名称		IUPAC 名称	
13	B_2H_6	diborane	乙硼烷	diborane[6]	乙硼烷(6)
	AlH_3	alane	甲铝烷	alane	铝烷
	Ga_2H_6	digallane	乙镓烷	digallane	乙镓烷
14	CH_4	methane	甲烷	methane	甲烷
	SiH_4	silane	硅烷	silane	硅烷
	GeH_4	germane	锗烷	germane	锗烷
	SnH_4	stannane	锡烷	stannane	锡烷
15	NH_3	ammonia	氨	azane	氮烷
	PH_3	phosphine	膦	phosphane	磷烷
	AsH_3	arsine	胂	arsane	砷烷
	SbH_3	stibine	锑化氢	stibane	锑烷
16	H_2O	water	水	oxidane	氧烷
	H_2S	hydrogen sulfide	硫化氢	sulfane	硫烷
	H_2Se	hydrogen selenide	硒化氢	selane	硒烷
	H_2Te	hydrogen telluride	碲化氢	tellane	碲烷
17	HF	hydrogen fluoride	氟化氢	hydrogen fluoride	氟化氢
	HCl	hydrogen chloride	氯化氢	hydrogen chloride	氯化氢
	HBr	hydrogen bromide	溴化氢	hydrogen bromide	溴化氢
	HI	hydrogen iodide	碘化氢	hydrogen iodide	碘化氢

* 译者:译文保留了英文原名称,供读者对照参考。

氢的分子化合物进一步可分为三个亚类：

- **足电子**(electron-precise)氢化物：中心原子的所有价电子参与形成化学键；
- **富电子**(electron-rich)氢化物：中心原子上较需要形成化学键存在更多的电子对(即中心原子上存在孤对电子)；
- **缺电子**(electron-deficient)氢化物：电子太少，不足以填满成键和非键轨道。

足电子分子型氢化物包括烃类化合物(如甲烷和乙烷)、烃类的较重类似物硅烷(SiH_4)和锗烷(GeH_4)(节 14.7)。所有这些分子的特征是，存在二中心二电子键(2*c*,2*e* 键)，中心原子上不存在孤对电子。第 15 族至第 17 族元素形成富电子化合物，重要的实例包括氨、水和卤化氢。硼和铝常形成缺电子氢化物。类似的硼的简单氢化物(BH_3)尚未发现，代之而存在的是二聚体 B_2H_6(乙硼烷，**4**)。乙硼烷中的两个硼原子被两个三中心二电子键(3*c*,2*e* 键)中的一对 H 原子桥连。

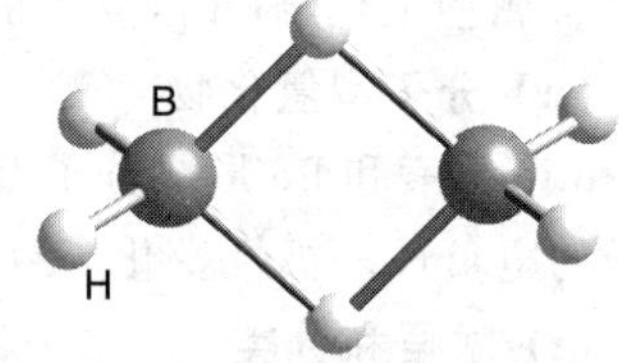

(4) 乙硼烷，B_2H_6

足电子和富电子化合物的分子形状全都可由 VSEPR 规则(节 2.3)作判断。例如，CH_4 为四面体(**1**)，NH_3 为三角锥体(**2**)，H_2O 为角形(**3**)。

缺电子化合物提供了最有趣且不同寻常的结构和成键实例。按照 Lewis 结构，乙硼烷(B_2H_6)至少需要 14 个价电子将 8 个原子结合在一起，实际上只有 12 个价电子。对其结构做出的简单解释是，B—H—B 这样的三中心二电子键[3*c*,2*e*；节 2.11(e)]作为两个 B 原子之间的桥，两个电子将三个原子结合在一起。与末端 B—H 键相比，这种桥式 B—H 键较长、较弱。观察乙硼烷结构的另一种方法是，每个 BH_3 半体是个强 Lewis 酸，从另一个 BH_3 半体的 B—H 键那里共享一对电子。H 原子是如此之小，对二聚体的形成几乎很少有或没有空间障碍。第 13 章还将较充分地介绍硼氢化物的结构。

正如预期中的那样，铝也表现出与硼相关的性质。不过铝这个第三周期元素的半径较大，导致与硼的性质有所不同。化合物 AlH_3 不能以单体存在而是形成多聚体，每个相对较大的 Al 原子周围以八面体方式围绕着 6 个 H 原子。铍(不像它的同族元素)与铝显示出对角线关系，也形成多聚共价氢化物 BeH_2。虽然 BH_3 和 AlH_3 不能以单体存在，但的确能与氢负离子结合形成重要的络合阴离子。常用试剂四氢合硼酸钠($NaBH_4$)和四氢合铝酸锂($LiAlH_4$)是两个例子，它们都是 BH_3 或 AlH_3(均是 Lewis 酸)与 H^-(Lewis 碱)形成的加合物。

(ii) 分子型氢化物的反应

提要：p 区重元素氢化物的 E—H 键容易发生均裂解离生成自由基 E· 和 H 原子。与电负性元素结合的氢具有酸性特征，其化合物是典型的 Brϕnsted 酸。与电正性元素结合的氢可以氢负离子的形式转移至接受体。

如节 10.2 中简要归纳的那样，二元分子型氢化物的反应是按发生均裂解离的能力进行讨论的；如果发生异裂解离，则按酸性(protic)和碱性(hydridic)进行讨论。

某些 p 区元素(特别是那些较重的元素)的氢化物容易发生均裂解离。例如，由于形成了自由基 $R_3Sn\cdot$，作为引发剂的自由基才大大促进了三烷基锡烷(R_3SnH)与卤代烷(RX)的反应：

$$R_3SnH+R'X \longrightarrow R'H+R_3SnX$$

分子型氢化物通过热分解反应能产生 H_2 和相应的元素，反应过程也涉及均裂解离。分解温度通常与 E—H 键的键能有关(与生成焓具有相反的关系)。例如，吸热氢化物 AsH_3(As—H 键键焓为 297 kJ·mol^{-1})在 250~300 ℃发生定量分解：

$$AsH_3(g) \longrightarrow As(s)+3/2H_2(g) \qquad \Delta_r H^\ominus=-66.4\ kJ\cdot mol^{-1}$$

与之形成对照的是，高放热氢化物 H_2O(O—H 键键焓为 464 kJ·mol^{-1})在 2 200 ℃只有 4%分解为 H_2 和 O_2：

$$H_2O(g) \longrightarrow 1/2O_2(g)+H_2(g) \qquad \Delta_r H^{\ominus}=+242\ kJ\cdot mol^{-1}$$

因此,通过直接热分解水生产 H_2 的方案在实际上不可行。

如节 10.5 中看到的那样,通过给出质子而发生反应的化合物被认为是酸性化合物。换句话说,这些化合物是 Brφnsted 酸。节 4.1 曾经看到,同一周期 p 区元素的 Brφnsted 酸强度自左向右(按电子亲和能增加的顺序)增大(如从 CH_4 到 HF),同族自上而下(按键能减小的顺序)增大(如从 HF 到 HI)。这是周期表右部元素二元氢化物发生的典型反应。

氢与电正性更高的元素结合而形成的化合物可以作为氢负离子给予体。重要实例包括氢合络合阴离子 BH_4^- 和 AlH_4^-,它们用于多重键化合物的加氢反应。其他的例子包括 d 区元素形成的众多化合物,其中许多化合物用作催化剂。

类似于质子的亲和性,氢负离子的亲和性也可以计算出来。例如,硼化合物 BX_3 的氢负离子亲和性是下述反应焓($\Delta_H H^{\ominus}$)的负值:

$$BX_3(g)+H^-(g) \longrightarrow HBX_3(g)$$

相反,一个强的氢负离子给予体与低的 $-\Delta_H H^{\ominus}$ 值有关。

碱性(hydridicity)的实际大小也可通过实验测定,其方法是比较特定非质子溶剂(如乙腈)中不同物种(HY)作为氢负离子给予体的能力。其数值可通过对下述平衡(其中包括了 H_2 的异裂)的讨论得到:

$$HA(solv)+HY(solv) \rightleftharpoons A^-(solv)+Y^+(solv)+H_2(g) \tag{10.1}$$

$$HA(solv) \rightleftharpoons H^+(solv)+A^-(solv) \tag{10.2}$$

$$H_2(g) \rightleftharpoons H^+(solv)+H^-(solv) \tag{10.3}$$

$$HY(solv) \rightleftharpoons H^-(solv)+Y^+(solv) \tag{10.4}$$

反应(10.1)和反应(10.2)的平衡常数(因而 $\Delta_r G^{\ominus}$)数值可由实验测定,298 K 时反应(10.3)在乙腈中的 $\Delta_r G^{\ominus}$ 值为 317 kJ·mol^{-1}。对反应(10.4)而言,HY 的氢负离子给予体能力($\Delta_H G^{\ominus}$)从而可被确定下来(注意,利用 ln 10=2.3 这个关系式):

$$\Delta_H G^{\ominus}=\Delta G^{\ominus}_{(1)}-2.3RTpK_{HA}+317$$

即强的氢负离子给予体与低的 $\Delta_H G^{\ominus}$ 值有关。

例题 10.1 确定分子中哪个 H 原子的酸性最强

题目:亚磷酸(H_3PO_3)是个二质子酸,将化学式写为 $OP(H)(OH)_2$ 看得更清楚。试解释:与结合于 O 原子的两个 H 原子相比,结合于 P 原子的 H 原子为什么酸性弱得多?

答案:回答这一问题需要采用解释简单分子的 Brφnsted 酸性时用过的原理。节 4.1 曾经看到,一个酸(EH)的 Brφnsted 酸性依赖于 E—H 键的键焓和 E 的电子亲和能。电子亲和能直接与 Mulliken 电负性有关(节 1.7)。$OP(H)(OH)_2$ 中的 P—H 键(在 PH_3 中的键焓等于 321 kJ·mol^{-1})显著地弱于 O—H 键(在 H_2O 中的键焓等于 464 kJ·mol^{-1})。据此判断,似乎 P—H 键中的 H 原子酸性应该更强些。但决定性的因素是,O 的电负性比 P 高得多(O 的电子亲和能也高于 P),因此有更好的能力容纳由于 H^+ 离去而留下的电子。甲酸[HCO(OH)]是另一个例子,分子中含有酸性大不相同的两个 H 原子。

自测题 10.1 在 CH_4、SiH_4 和 GeH_4 三个化合物中,(a) 哪个是最强的 Brφnsted 酸?(b) 哪个是最强的氢负离子给予体?

(iii) 氢的键合作用

提要:H 原子与电负性元素(该元素至少含一对孤对电子)结合而形成的化合物和官能团往往通过氢键相结合。

电负性元素 E 与氢之间形成的 E—H 键具有很高的极性($^{\delta-}E—H^{\delta+}$),带有部分正电荷的 H 原子能与另一分子中 E 原子的孤对电子相互作用形成叫作**氢键**(hydrogen bond)的桥。标准沸点变化趋势(见

图 10.6)为这种结合提供了引人注目的证据,图中以强氢键键合的分子(如含有 O—H···O 键的水,含有 N—H···N 键的氨和含有 F—H···F 键的氟化氢)的沸点高得反常。PH_3、H_2S、HCl 和 p 区重元素分子型氢化物相对较低的沸点表明这些分子不形成强氢键。氢键通常虽然比传统化学键弱得多(见表 10.4),但其总体作用却能使复杂结构稳定化,如稳定冰的开放式网状结构(见图 10.7)。总体的氢键合作用对维持蛋白质分子结构起着主要作用(节 26.2)。它们也用来识别 DNA 的具体碱基:腺嘌呤和胸腺嘧啶相互识别,鸟嘌呤和胞嘧啶相互识别,并构成基因复制(见图 10.8)的基础。与此相似,固体 HF 由链结构组成,这种结构甚至能在蒸气中部分存在(**5**)。

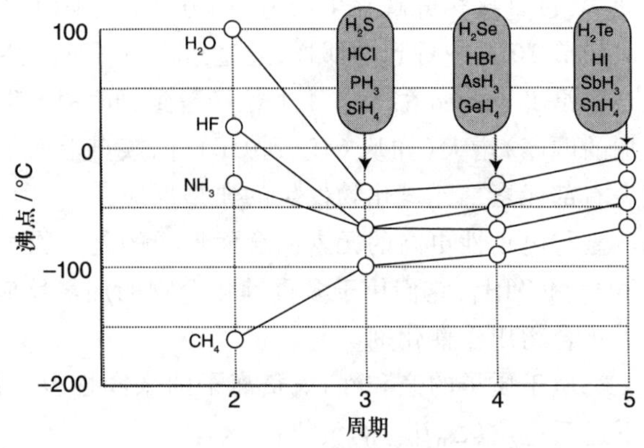

图 10.6　p 区二元氢化物的标准沸点

表 10.4　氢键键焓与相应的 E—H 共价键键焓的比较　　单位:$kJ \cdot mol^{-1}$

氢键		共价键	
HS—H···SH_2	7	S—H	367
H_2N—H···NH_3	17	N—H	390
HO—H···OH_2	22	O—H	464
F—H···FH	29	F—H	567
HO—H···Cl^-	55	Cl—H	431
F···H···F^-	>155	F—H	567

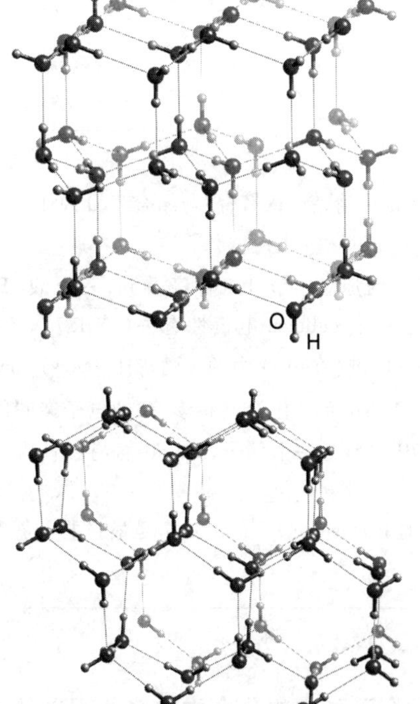

图 10.7*　两个方向表示的冰的六方结构(I_h)

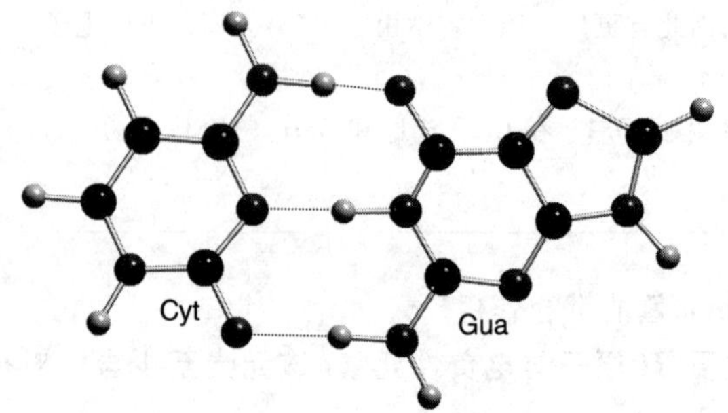

图 10.8*　DNA 中的碱对
胞嘧啶通过形成三个氢键识别鸟嘌呤

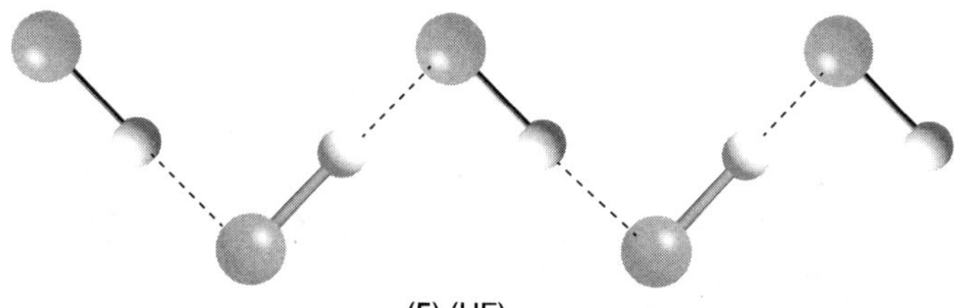
(5) $(HF)_n$

氢键可能对称也可能不对称。在不对称氢键中,即使两个较重的结合原子相同,H 原子也不处在两核之间中点的位置。例如,$[ClHCl]^-$虽为线性离子,H 原子也不在两个 Cl 核之间的中点(见图 10.9)。与之形成对照的是二氟化物离子($[FHF]^-$),H 原子处于两个 F 原子间中点的位置,F—F 距(226 pm)远小于 F 原子 van der Waals 半径的 2 倍(2×135 pm)。

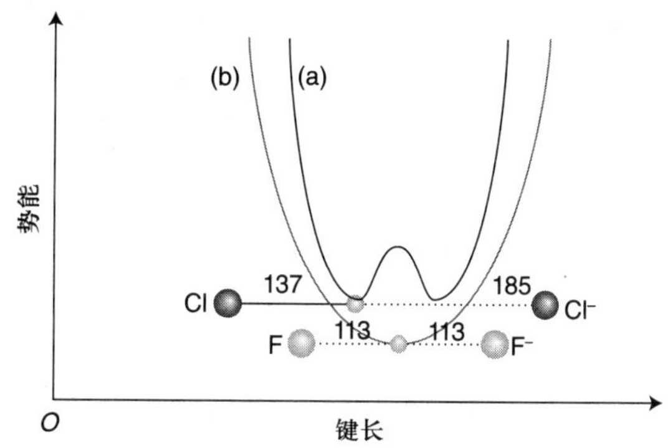

图 10.9 随氢键中两原子间的质子位置不同而发生的势能变化:(a) 弱氢键的双最小值特征曲线;(b) 强氢键的单最小值特征曲线

通过红外光谱中 E—H 伸缩带向低频移动并加宽(见图 10.10)或^{1}H-NMR 谱上反常的质子化学位移都不难检测出氢键的存在。微波光谱上已在气相观察到键合氢的络合物的结构。VSEPR 理论(节 2.3)所暗示的富电子化合物中孤对电子的取向与 HF 的取向基本一致(见图 10.11)。例如,HF 沿 NH_3 和 PH_3 的三重轴取向(与第 15 族原子孤对电子的方向相一致),在与 H_2O 形成的络合物中离开了 H_2O 的平面,在 HF 二聚体中离开了该 HF 的轴。X 射线单晶结构测定往往显示出同样的模式(如在冰的结构和固体 HF 的结构中),但固体中的紧束力对相对较弱的氢键的取向可能有较强的影响。

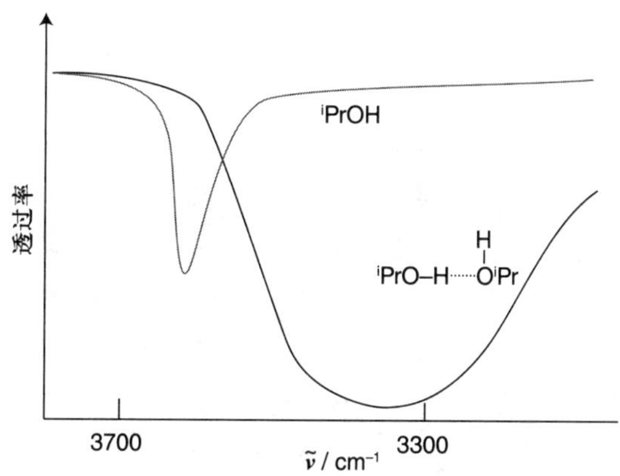

图 10.10 2-丙醇的红外光谱

上部曲线表示稀溶液中未缔合的 2-丙醇分子产生的,下部曲线表示两个丙醇分子通过氢键缔合;缔合作用导致频率下降和 O—H 键的伸缩振动带变宽[引自:N.B.Colthrup, L.H.Daly, and S.E.Wiberley, *Introduction to infrared and Raman spectroscopy*, Academic Press(1975).]

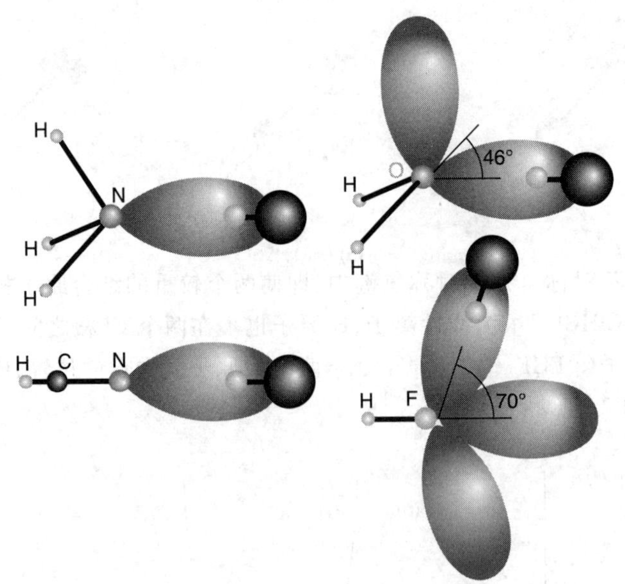

图 10.11* 由 VSEPR 理论得到的孤对电子取向与 HF 形成的气相含氢键络合物的比较
HF 分子沿 NH_3 和 PH_3 的三重轴取向，与 H_2O 形成的络合物中离开了
H_2O 分子的平面，与 HCN 分子共线，偏离了 HF 二聚体的 HF 轴

氢键最有趣的证据之一是冰的结构。冰至少存在 10 种不同的相，但平常条件下只有一种是稳定的。人们熟悉的冰的低压相（冰-I_h）结晶为六方单元晶胞，每个 O 原子周围以四面体方式围绕着其他 4 个 O 原子（如图 10.7 所示的那样）。这些 O 原子被氢键维系在一起，其 O—H···O 键和 O···H—O 键基本上无序分布在固体中。这就导致相当开放的结构，从而解释了冰的密度为什么低于水。冰融化时，氢键结构部分发生垮塌。

水也能形成**包合水合物**（clathrate hydrates），它是由氢键结合的水分子笼包合外来分子或离子组成的。例如，组成为 $Xe_4(CCl_4)_8(H_2O)_{68}$ 的包合水合物（见图 10.12）。在这一结构中，O 原子占据了由 14 面体和 12 面体（比例为 3 : 2）组成的笼的角位置。这些 O 原子通过氢键维系在一起，客体分子处于多面体内部。除了它们有趣的结构（这种结构示出了由氢键支配的体制）外，包合水合物往往还被用作一种模型。按照这种模型，水似乎是绕着非极性基团（如蛋白质中的非极性基团）组织起来的。高压条件下地球内部存在甲烷的包合水合物。据估计，大量 CH_4 被这种形式的笼所捕集（参见应用相关文段 14.3）。

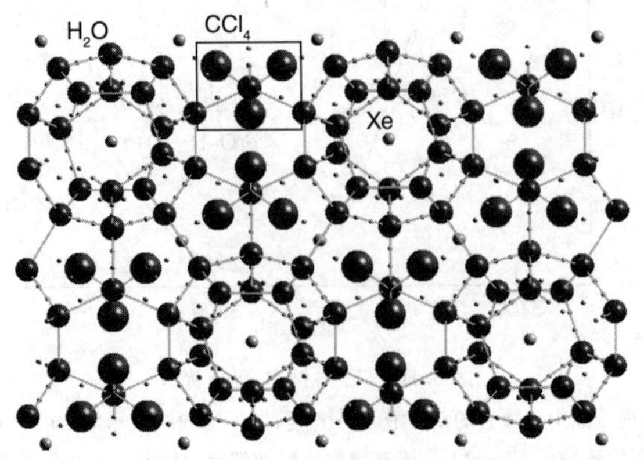

图 10.12 包合水合物 $Xe_4(CCl_4)_8(H_2O)_{68}$ 中的水分子笼

某些离子化合物能够形成包合水合物，其中阴离子掺合于氢键形成的骨架中。这种类型的包合水合物特别常见于非常强的氢键接受体 F^- 和 OH^-，如 $N(CH_3)_4F \cdot 4H_2O$(**6**)。

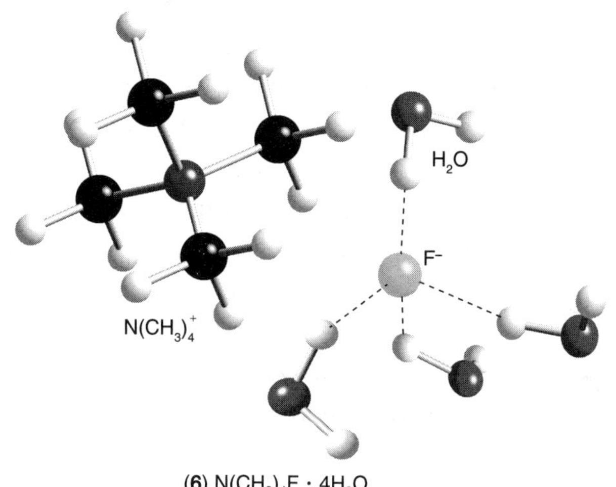

(**6**) $N(CH_3)_4F \cdot 4H_2O$

(b) 似盐型氢化物

提要：可将大多数电正性金属的氢化物看作离子型氢化物。与 Brϕnsted 酸接触时放出 H_2，并能将 H^- 转移至亲电试剂。作为直接的氢负离子给予体，它们能与卤化物反应形成氢负离子络合物阴离子。

似盐型氢化物与相应卤化物盐相类似，是含有独立 H^- 的固体。H^- 的半径变化于 LiH 的 126 pm 和 CsH 的 154 pm 之间。变化范围如此之大反映了单电荷的质子对外围两个电子的控制力比较弱，并导致 H^- 的可压缩性和可极化性都很高。除 Be 以外的第 1 族和第 2 族元素的氢化物是离子型化合物。所有第 1 族元素氢化物为岩盐结构。除 MgH_2 为金红石结构外，第 2 族元素氢化物高温下为萤石结构，低温下为相关的 $PbCl_2$ 结构(见表 10.5)。

表 10.5 s 区氢化物的结构

化合物	晶体结构类型
LiH，NaH，RbH，CsH	岩盐
MgH_2	金红石
CaH_2，SrH_2，BaH_2	畸变 $PbCl_2$

似盐型氢化物不溶于常见的非水溶剂，但能溶于熔融的碱金属卤化物和碱金属氢氧化物(如熔点为 318 ℃的 NaOH)中。这些稳定的盐熔体电解时在阳极(发生氧化的部位)产生氢：

$$2H^-(\text{熔体}) \longrightarrow H_2(g) + 2e^-$$

反应提供了独立 H^- 存在的化学证据。相反，似盐型氢化物与水的反应剧烈而危险。例如：

$$NaH(s) + H_2O(l) \longrightarrow NaOH(aq) + H_2(g)$$

碱金属氢化物是制备其他氢化物十分方便的试剂，因为它们能为下述有用的合成反应直接提供 H^-：

- 与卤化物的复分解反应。例如，粉状氢化锂与干燥二乙醚(et)溶液中的四氯化硅之间的反应：

$$4LiH(s) + SiCl_4(et) \longrightarrow 4LiCl(s) + SiH_4(g)$$

- 加合于 Lewis 酸的反应。例如，与三烷基硼反应产生氢负离子络合物，后者是个有用的还原剂和有机溶剂中的氢负离子源：

$$NaH(s) + B(C_2H_5)_3(et) \longrightarrow Na[HB(C_2H_5)_3](et)$$

- 与质子源反应产生 H_2：

$$NaH(s)+CH_3OH(et) \longrightarrow NaOCH_3(s)+H_2(g)$$

可供方便使用的溶剂不多,这一缺点限制了氢化物用作化学试剂。但是由于有了粉状 NaH 在油中的商用分散液,这一问题已部分得到解决。粉得更细、更具活性的碱金属氢化物可从金属烷基化合物和氢制备。

似盐型氢化物具有引火性,暴露于潮湿空气中的粉状氢化钠实际上能着火。产生的火焰难以扑灭,即使二氧化碳在与热的氢化物接触时也会被还原(水当然会生成更多的可燃性气体氢)。然而,这种火焰可用惰性固体(如沙子)覆盖。

除二氢化钙用于手提式 H_2 发生器外,作为运输用储氢介质的二氢化镁(MgH_2)处于研究之中。MgH_2 较轻,这一性质对用于运输而言是非常重要的(应用相关文段 10.4,也参见应用相关文段 12.3)。在给定体积的 MgH_2 中,H 原子的量比同体积液氢约高出 50%。

应用相关文段 10.4 探寻可逆性储氢材料

发展车载实用储氢体系被认为是 H_2 用作车辆能载体的一大难题。压缩和液化技术的发展仅仅解决了部分难题。将压缩至 200 bar 的气体 H_2(能密度为 0.53 kWh · dm^{-3})经冷冻变成液体 H_2(能密度为 2.37 kWh · dm^{-3}),在能量和设备方面耗资较大,特别是不利于小型私人车辆的发展。对这类车辆而言,车辆造价和车内空间大小都是受到关心的主要问题。人们面临着寻找和发展合理温度和压力条件下能够完全可逆运作的高效率储 H_2 材料的挑战。组成为 $LaNi_5H_6$ 的材料能够实现可逆储 H_2,储氢的质量密度为 2%。对运输用途而言,仍然显得过重。正在研究中的材料包括由最轻的金属形成的氢化物、硼氢化物和氨化物。这种化合物的实例和储 H_2 的质量密度为 MgH_2(8%)、$LiBH_4$(20%)、$LiNH_2$(10%)和 $Al(BH_4)_3$(17%)。$Al(BH_4)_3$ 是个液体,其固体在 −65 ℃熔化。应用相关文段 12.3 中描述了 MgH_2 的结构。

$LiNH_2$ 体系可用来对某些原理做说明,该体系用于可逆性储氢是按两步反应发生的:

$$Li_3N(s)+H_2(g) \underset{\text{真空},>320\ ℃}{\overset{3\ bar\ H_2,210\ ℃}{\rightleftharpoons}} Li_2NH(s)+LiH(s) \qquad (\Delta_r H^\ominus = +148\ kJ \cdot mol^{-1})$$

$$Li_2NH(s)+H_2(g) \underset{\text{真空},<200\ ℃}{\overset{3\ bar\ H_2,255\ ℃}{\rightleftharpoons}} LiNH_2(s)+LiH(s) \qquad (\Delta_r H^\ominus = +45\ kJ \cdot mol^{-1})$$

两个反应中,$Li_2NH/LiNH_2$-LiH 的平衡在热力学上较易接近。

通过对 Li_2NH 和 $LiNH_2$ 结构进行的比较(见图 B10.4)能够说明吸附和解吸附对离子迁移性的依赖关系。Li_2NH 结构与 $LiNH_2$ 结构密切相关,二者均为反萤石结构,但后者却是个缺陷结构(Li 部位只有一半被占)。在后一结构中,半径小的 Li^+ 通过瞬间存在的缺陷部位按跳跃机理发生迁移,从而使 NH^{2-} 能够加合质子继而形成一个组成接近 LiH 的新相而吸收 H_2。氨合物和其他复杂氢化物必须克服的一个问题是,它们具有分解为人们不希望得到的产物(如 NH_3)的趋势。

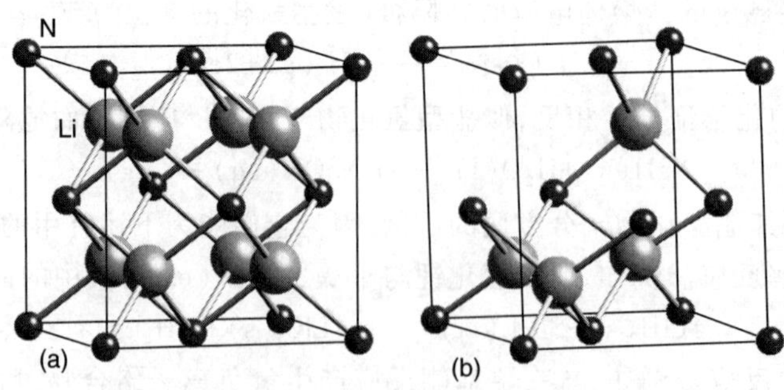

图 B10.4 (a)* Li_2NH(反萤石结构)和(b)* $LiNH_2$(注意 Li 的空位)在结构上的关系。后者有利于 H^+ 的输送并可逆地捡起 H_2,同时形成一个组成接近 LiH 的新相(未示出)。为清晰起见,图上略去了氢原子

金属有机骨架(MOFs,节 24.12)是一类低密度多孔材料,这种材料吸收 H_2 分子时不需要断裂 H—H 键。在 77 K 和 40 bar 的条件下,MOF-5[Zn_4O(1,4 benzene dicarboxylate)$_3$]以完全可逆的方式物理吸附 7.1% 的 H_2(按质量计),降低压力和提高温度都可将氢释放出来。但由于骨架与 H_2 分子之间的作用力很弱,吸氢过程需要在低温下操作。因而这类体系不可能具有商业用途。

能够可逆吸收 H_2 的液体有机含氮杂环化合物也在研究之中。咪唑类化合物易于操作和易于加氢,释氢后的产物可在更换站用加氢产物更换。

除了发展完全可逆的储 H_2 材料外,科学家面临的另一项重要任务是寻找适于制作容器和连接件的材料,因为 H_2 能使金属或合金变脆。

(c) 金属型氢化物

提要:第 7 族至第 9 族金属尚未发现稳定的二元金属氢化物。金属型氢化物具有金属性导电能力,许多金属型氢化物中的氢具有很高的流动性。

许多 d 区和 f 区元素与 H_2 反应生成金属型氢化物。这些化合物(以及合金的氢化物)中的大多数具有金属光泽和金属的导电性,并由此原因而得名。金属型氢化物的密度低于母体金属并且会变脆,后一性质对构建输氢管道提出了挑战。大多数金属型氢化物具有可变组成(它们是非化学计量化合物)。例如,550 ℃时锆的氢化物组成变化在 $ZrH_{1.30}$ 到 $ZH_{1.75}$之间,其萤石结构(见图 3.38)中数目可变的阴离子部位是空着的。解释可变化学计量和金属性导电能力的一种模型是,由离域轨道组成的能带(产生导电性的原因)能够容纳外来 H 原子提供的电子。根据该模型,H 原子和金属原子采取电子海中的平衡位置。金属型氢化物的导电性随氢的含量而变化,这种变化与导带被填充或留空(相应于氢原子的添加或移去)的程度有关。不难理解,与 CeH_{2+x}(x 值可高达 0.75)是金属性导体不同,CeH_3 却是个绝缘体,更像似盐型氢化物。

第 3 族、第 4 族、第 5 族的全部 d 金属和几乎全部 f 区金属都能形成金属型氢化物(见图 10.13)。然而第 6 族元素的氢化物只有 CrH,第 7 族、第 8 族、第 9 族三族的非合金金属的氢化物尚属未知。周期表中第 7 族、第 8 族、第 9 族这个区域有时被称作**氢化物空白区**(hydride gap),因为这些元素极少(如果有的话)形成稳定的氢的二元化合物。然而,这些金属能够活化氢,因而是重要的加氢催化剂。

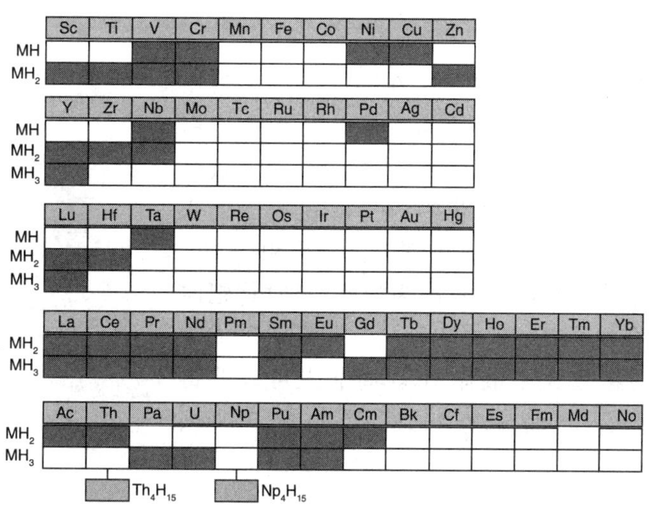

图 10.13 d 区和 f 区元素形成的氢化物

化学式是根据结构类型写出的化学计量极限式

第 10 族金属(特别是 Ni 和 Pt)往往用作加氢催化剂,据认为形成了表面氢化物(节 25.11 和节 25.16)。然而多少有点让人惊奇的是,在中等压力下,只有 Pd 形成稳定的宏观物相,相的组成为 PdH_x($x<1$)。镍在非常高的压力下形成氢化物相,而 Pt 则根本不形成。显然,Pt—H 键的键焓大得足以拆开 H—H 键,但却强得不足以抵消 Pt—Pt 成键作用的损失。与这种解释相一致,反映 M—M 键键焓的升华焓按 Pd($378\ kJ\cdot mol^{-1}$)<Ni($430\ kJ\cdot mol^{-1}$)<Pt($565\ kJ\cdot mol^{-1}$)的顺序而增大。M—H 键键焓是设计金属氢化物电池的关键要素,应用相关文段 10.5 中将会叙述这方面的内容。

应用相关文段 10.5　金属氢化物电池

镍的金属氢化物电池是一类可反复充电电池,它们类似于广泛使用的镍-镉(Ni-Cd)电池。金属氢化物电池胜过 Ni-Cd 电池的主要优点是容易再循环,也不含毒性很高的 Cd 元素。然而,镍的金属氢化物电池具有很高的自放电速率(每月接近 30%),高于 Ni-Cd 电池的放电速率(每月约 20%)。尽管如此,镍的金属氢化物电池仍在作为电动车辆可能的动力源而处于研究之中。与以内燃机为动力的车辆不同,电动车辆无排放(如果异地发电产生的排放被忽略)。此外对车辆而言,其发电能效几乎是内燃机能效的 2 倍。使用电动力也能减少社会对燃油的依赖,增加利用可再生能源的机会,也能以 CO_2 得到捕集的方式利用煤和天然气(参见应用相关文段 14.5)。

镍的金属氢化物电池有吸引力的性质包括高功率、长寿命、运行温度范围宽、充电时间短,以及密封而不用维修地运行。电池阴极由混合金属的合金制成,阴极上可逆地生成金属氢化物。阳极由氢氧化镍制成。电解质为 30%(质量分数)KOH 的碱性溶液。电极反应为

阴极:　$M+H_2O+e^- \longrightarrow M—H+OH^-$

阳极:　$Ni(OH)_2+OH^- \longrightarrow Ni(O)OH+H_2O+e^-$

电解质在充电-放电循环中浓度没有变化。

氢化物中 M—H 键的强度是电池运行的关键。理想的键焓范围为 $25\sim50\ kJ\cdot mol^{-1}$。如果键焓太低,则 H_2 释放出来而不与合金反应。如果键焓太高,则反应不可逆。其他因素也影响金属的选择。例如,合金必须不与 KOH 溶液起反应,必须抗氧化和抗腐蚀,必须耐过度充电[过度充电时 Ni(O)OH 电极上产生 O_2]和过度放电[过度放电时 $Ni(OH)_2$ 电极上产生 H_2]。为了满足各种各样的条件,使用的合金具有无序的结构,合金组成为那些不适合单独使用的金属(包括 Li、Mg、Al、Ca、V、Cr、Mn、Fe、Cu 和 Zr)。使用 Mg、Ti、V、Zr 和 Nb 时可以增加每个金属原子的 H 原子数,使用 V、Mn 和 Zr 可以调节 M—H 键的键焓。充电和放电反应可用 Al、Mn、Co、Fe 和 Ni 进行催化,Cr、Mo 和 W 可以改善抗腐蚀性。如此宽广的性质使镍的金属氢化物电池在不同应用中的性能处于最优化。

许多金属型氢化物的另一显著性质是,在略高温度下氢在材料内部的高迁移性。氢气穿过钯-银合金管发生的扩散作用利用了这种迁移性制备高纯氢(见图 10.14)。氢在金属型氢化物中的高迁移性和可变组成使金属氢化物成为潜在的储氢介质。红热状态的钯冷却后能吸收高达 900 倍于自身体积的 H_2,被吸收的 H_2 在加热时重新释放出来。正因为如此,有时将钯叫做"氢海绵"。金属间化合物 $LaNi_5$ 形成的氢化物相极限组成为 $LaNi_5H_6$,这种组成中氢的密度大于液体 H_2。商业上可以购得一种较廉价的、用于低温的储氢材料,其组成为 $FeTiH_x$($x<1.95$)。

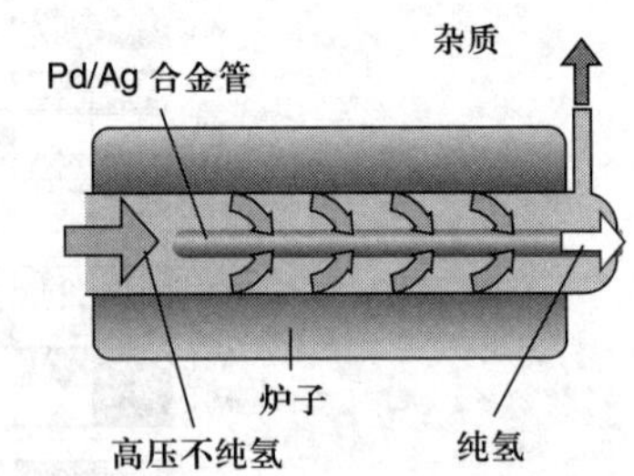

图 10.14　氢纯化装置示意图

此法是利用压力差和氢原子在金属钯中的迁移性设计的,氢以原子形式扩散穿过钯-银合金管而杂质则不能

例题 10.2　关联氢化物的类型和性质

题目:将化合物 PH_3、CsH 和 B_2H_6 进行归类,并讨论它们可能具有的物理性质。对分子型化合物而言,需要具体指出属于哪个亚类(缺电子、足电子或富电子)。

答案：我们需要考虑元素 E 属于哪一族。CsH 是第 1 族元素的化合物，所以应该是 s 区金属有代表性的似盐型氢化物。它是具有岩盐结构的电绝缘体。像其他 p 区元素的氢化物一样，氢化物 PH_3 和 B_2H_6 是具有低摩尔质量和高挥发性的分子型化合物。正常条件下事实上为气体。Lewis 结构表明 PH_3 的 P 原子上有一对孤对电子，因而是富电子分子型化合物，而乙硼烷（B_2H_6）则是缺电子化合物。

自测题 10.2 写出平衡的化学方程式（不反应时用“NR”表示）：(a) $Ca+H_2$，(b) NH_3+BF_3，(c) $LiOH+H_2$。

(d) d 金属的氢合络合物和氢分子络合物

提要：d 区金属形成以氢分子或氢负离子（H^-）为配体的众多络合物。这些络合物在催化和活化氢方面起着重要作用。

H 原子和 H_2 分子在金属有机化学中（特别是在烯烃加氢和羰基加氢的均相催化中）起着重要作用（参见节 22.7、节 25.4 和节 25.5）。单独结合的 H 原子通常被认为是 H^- 配体：H^- 可高度被极化，是个软的、二电子 σ 给予体（参见节 22.7）。d 区和 f 区元素形成数目很大的、含有一个或多个 H^- 为配体的络合物；这些络合物包括空白带中元素（它们不形成二元金属型氢化物）形成的络合物。氢合络合物可通过多种路线合成，如金属离子或络合物与合适的氢源（如水）和还原剂（通常要用到）起反应：

$$Rh^{3+}(aq) \xrightarrow{Zn(s)/NH_3(aq)} [RhH(NH_3)_5]^{2+}$$

$$[FeI_2(CO)_4]+2NaBH_4 \xrightarrow{THF} [Fe(H)_2(CO)_4]+B_2H_6+2NaI$$

式中，THF 是四氢呋喃。像主族元素的二元化合物一样，配位的 H 既可能是酸性 H，也可能是碱性 H，这依赖于金属原子是吸电子性质或给电子性质。金属原子的这种性质又依赖于其他配体的性质。配位层中吸电子的 CO 配体使 H 原子显酸性，因为它们能稳定释放质子后而形成共轭碱。正如节 22.18 中详尽解释的那样，像 $[CoH(CO)_4]$ 这样的化合物按其 pK_a 值排序属于 Brφnsted 酸，乙腈中测得的 pK_a 值为 8.3。与之形成对照，给电子配体倾向于授予更大的碱性。Rh 的双（二膦）d 金属络合物转移氢负离子的能力与三卤化硼接近：

$$[RhH(R_2P\frown PR_2)_2] + BX_3 \rightleftharpoons [Rh(R_2P\frown PR_2)_2]^+\ HBX_3^-$$

图 10.15 给出碱性变化的某些趋势。图的右部给出某些硼化合物的氢负离子亲和焓（$-\Delta_H H^\ominus$），其数值是由密度泛函理论（节 2.12）计算出来的；图的左部给出双（二膦）d 金属络合物的氢负离子和其他物种的给予能力（$\Delta_H G^\ominus$），其数值是根据溶液中的实验数据计算的。由于实验测得 $[HRh(dmpe)_2]$ 与 BEt_3 之间的平衡常数接近 1，故可将两个排序并肩放在一张图上。氢负离子的给予能力随配体-给体强度（dmpe>depe>dppe）、族（第 17 族大于等电子的第 18 族）和周期（有趣的顺序是 3d<4d>5d）而变化。图 10.15 中也给出 HCO_2^- 和苄基烟酸胺的数据，后者是 NADH（生物学上使用的有机氢化物转移试剂）的类似物。

像某些主族氢化物那样，H 原子也占据着两个金属原子间的桥位置（在 3*c*，2*e* 键中），络合物中通常还存在金属-金属键。络合物 $[(OC)_5W-\mu H-W(CO)_5]^-$（**7**）提供了 H 原子桥连两个金属原子的一个难得的实例，否则两个金属原子间不会形成化学键。

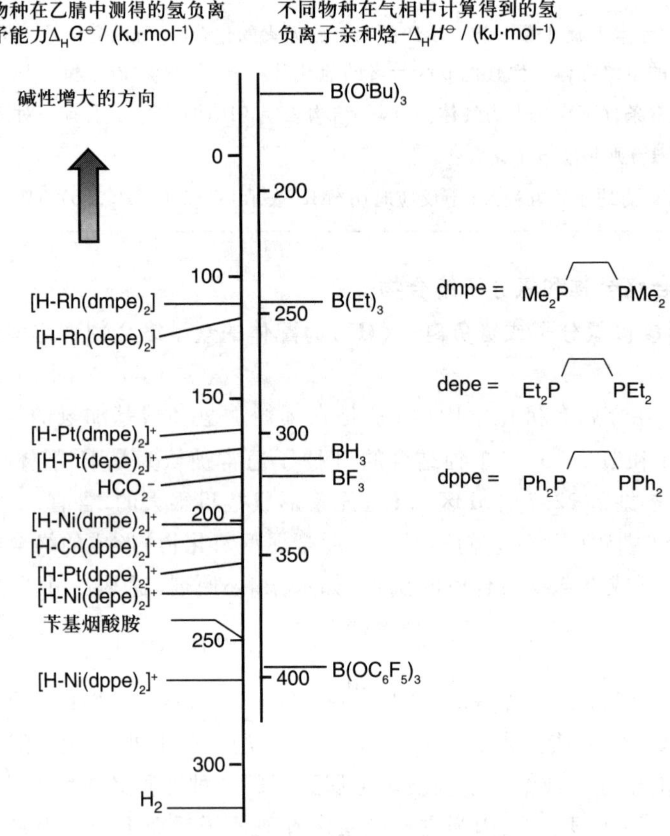

图 10.15　碱性(hydridicity)大小的排序

右部排序示出的是通过密度泛函理论计算的某些硼化合物中氢负离子的亲和焓($-\Delta_H H^\ominus$);左部排序示出的是双(二膦)d 金属络合物和其他物种的氢负离子给予能力($\Delta_H G^\ominus$),相关数据是根据溶液中的实验数据计算出来的。实验测得[$HRh(dmpe)_2$]与 BEt_3 之间的平衡常数接近 1,利用这一事实将两个排序并肩放在一张图上

(该图取自 Mock et al., *J.Am.Chem.Soc.*, 2009, 131, 14454, 也取自其他数据)

例题 10.3　从非质子溶剂中的氢负离子转移平衡测定 d 金属络合物的碱性。

题目:络合物[$Pt(PNP)_2$]$^{2+}$($PNP = Et_2PCH_2N(Me)CH_2PEt_2$)与 H_2 和 NEt_3 在乙腈溶液中反应后处于平衡,产生了含有 $HNEt_3$ 和[$PtH(PNP)_2$]$^+$的混合物。在 H_2 的压力(用^{31}P-NMR 测定)为 1 atm 的条件下,从平衡状态下[$Pt(PNP)_2$]$^{2+}$和[$PtH(PNP)_2$]$^+$的浓度可知,反应

$$[Pt(PNP)_2]^{2+} + H_2 + NEt_3 \rightleftharpoons [PtH(PNP)_2]^+ + HNEt_3^+$$

的平衡常数为 790 atm^{-1}。已知 $HNEt_3$ 在乙腈中的 pK_a 为 18.8,试计算[$PtH(PNP)_2$]$^+$的氢负离子的给予能力($\Delta_H G^\ominus$)。

答案:已知 H_2 在乙腈中的异裂值 317 kJ·mol^{-1},通过节 10.6(a)(ⅱ)中叙述的热力学论据可得:

$$\Delta_H G^\ominus = 2.3RT\log(790) - 2.3RT\log(18.8) + 317\ \text{kJ}\cdot\text{mol}^{-1} = 232\ \text{kJ}\cdot\text{mol}^{-1}$$

自测题 10.3　NEt_3 存在的条件下类似络合物[$Pd(PNP)_2$]$^{2+}$与 H_2 不起反应,但 298 K 时氢负离子交换反应

$$[PdH(PNP)_2]^+ + [Pt(PNP)_2]^{2+} \rightleftharpoons [Pd(PNP)_2]^{2+} + [PtH(PNP)_2]^+$$

的平衡常数为 450,计算[$PdH(PNP)_2$]$^+$的氢负离子给予能力。

同种配体络合物(homoleptic complex)是只含一种类型配体的络合物。例如,Fe、Rh 和 Tc 形成的同种配体氢合金属络合物。在压力下通过元素之间的相互反应形成暗绿色化合物 Mg_2FeH_6,其中含有八面体的[FeH_6]$^{4-}$络合阴离子。乙醇溶液中用 K 或 Na 还原高铼酸根离子([ReO_4]$^-$)形成络阴离子[ReH_9]$^{2-}$(**8**),

固态化合物中 H 原子围绕 Re 原子(形式氧化态为+7)形成盖帽四方反棱柱体。络合物$[TcH_9]^{2-}$具有同样的结构。

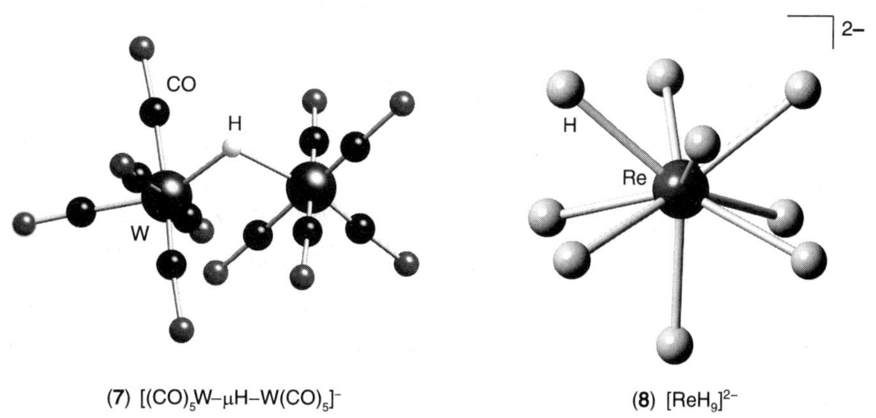

(**7**) $[(CO)_5W-\mu H-W(CO)_5]^-$　　(**8**) $[ReH_9]^{2-}$

氢也能以完整分子的形式发生配位(通过 $1\sigma_g$ 轨道给出一对电子并通过 $1\sigma_u$ 轨道接受从金属原子反馈的一对电子),节 22.7 中将会介绍这种所谓的 **π 反馈给予作用**(π-backdonation)或**协同成键作用**(synergic bonding)。如果是富电子金属而且氧化态足够低,π 反馈给予作用将导致 H—H 键的均裂,伴随着金属的氧化,两个 H 原子被还原为 H^- 配体。这种过程叫**氧化加成**(oxidative addition),本书将在节 22.22 详细讨论。H_2 与"Vaska's 化合物"$[IrCl(CO)(PPh_3)_2]$(**9**)发生的氧化加成是一个例子,产物(**10**)中的两个 H 原子被认为是氢合配体(H^-),Ir 的形式氧化数增加了 2。人们已经离析出许多含有稳定而完整的 H_2 分子为配体的 d 区金属络合物。第一个被识别的这种化合物是$[W(CO)_3(H_2)(P^iPr_3)_2]$(**11**),化学式中的^{i}Pr 为异丙基,即—$CH(CH_3)_2$。

H 原子和 H_2 分子可能配位于同一个金属原子。络合物$[Ru(H)_2(H_2)_2(PCyp_3)_2]$(**12**)的内配位层含有 6 个 H 原子,它们属于 H^- 和 H_2 这样两类配体,中子衍射法可将其区分开来。

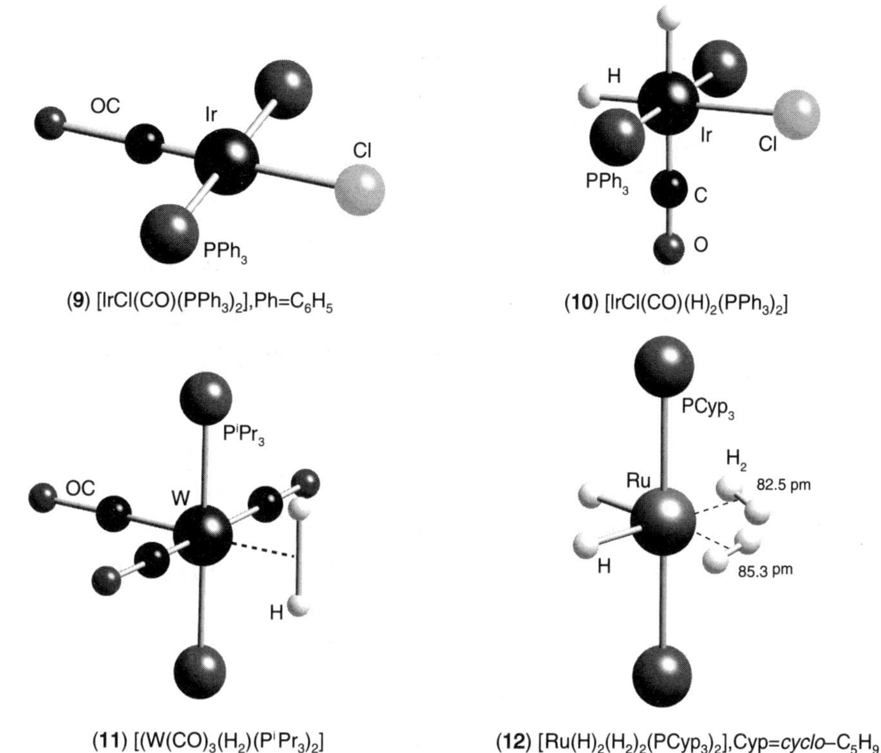

(**9**) $[IrCl(CO)(PPh_3)_2]$, $Ph=C_6H_5$　　(**10**) $[IrCl(CO)(H)_2(PPh_3)_2]$

(**11**) $[(W(CO)_3(H_2)(P^iPr_3)_2]$　　(**12**) $[Ru(H)_2(H_2)_2(PCyp_3)_2]$, Cyp=*cyclo*–$C_5H_9$

(e) 高效电化学法生产 H_2 或 H_2 氧化使用的催化剂

提要：人们以极大兴趣寻找一些简单化合物或材料，这些化合物或材料能够像 Pt 那样承担起高效电解产 H_2 或 H_2 氧化的任务。加氢酶（含有 Ni 和 Fe）容易完成这一任务，无机化学家将此确定为他们要实现的一个目标。

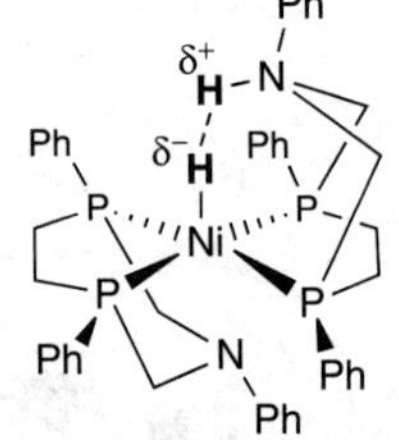

(13) 一种加氢酶的功能类似物

可再生 H_2 降低价格的一条途径是学习一点生物学课程，设计出具有像加氢酶活性中心（节 26.14）那样的催化剂，以实现 H_2 与 H^+/H^- 之间的异裂互变。实现快捷互变要求 H^- 和 H^+ 靠近到恰好有利于形成 H—H 键的那种能量。这样的一个化合物被表示为一个可能存在的过渡态（**13**）。Ni 周围配位着两个七元环状二膦配体（1,3,6-triphenyl-1-aza-3,6-diphosphacycloheptane，非正式地缩写为 $P^{Ph}{}_2N^{Ph}$），配体定位于 Ni 原子上方"悬垂的"一个碱性 N 原子。Ni 原子在 Ni(0) 和 Ni(Ⅱ) 之间的电化学循环使悬垂 N 原子从溶剂捕获的一个质子转移至 Ni，并在那里变成 H^-。转移至悬垂 N 原子碱的第二个质子导致 H—H 键的形成，H_2 释放之后循环继续进行。

10.7　合成二元氢化合物的一般方法

提要：合成二元氢化合物的一般路线包括 H_2 与元素的直接反应、非金属阴离子加合质子、氢负离子源与卤化物（或拟卤化物）的复分解反应。

生成 Gibbs 自由能为负值暗示：氢与元素的直接化合可能是合成氢化合物优先选择的路线。如果一化合物热力学上不稳定（相对于元素而言），往往可以找到以其他化合物为起始物的间接合成路线，但间接合成中的每一步必须是热力学有利的反应。

合成二元氢化合物的常见路线有三种：

- 元素直接化合（氢解）：

$$2E+H_2(g) \longrightarrow 2EH$$

- Brϕnsted 碱性阴离子加合质子：

$$2E^-+H_2O(l) \longrightarrow 2EH+OH^-(aq)$$

- 离子型氢化物或氢负离子给予体（MH）与卤化物反应（复分解）：

$$MH+EX \longrightarrow EH+MX$$

上述通式中，E 也可能表示价态较高的元素。这种情况下，化学式和物种之前的化学计量数发生相应变化。

工业上使用直接反应方法合成生成 Gibbs 自由能为负值的化合物，包括 NH_3 和锂、钠、钙的氢化物。然而某些情况下需要高温、高压和催化剂条件以克服不利的动力学势垒。如高温下锂的反应：高温导致金属熔化，从而有助于破坏氢化物的表面层，否则这种表面层会钝化锂。加热无疑会造成不方便，但在许多实验室制备中可以避免。其方法是采用替代的合成路线，这种路线也可用于制备生成 Gibbs 自由能为正值的化合物。

Brϕnsted 碱（如氮化物离子）加合质子的一个例子是

$$Li_3N(s)+3H_2O(l) \longrightarrow 3LiOH(aq)+NH_3(g)$$

氮化锂过于昂贵，工业上不适于通过上述反应生产氨，但在实验室制备 ND_3（用 D_2O 代替 H_2O）时却非常有用。对 N^{3-}（强碱）的质子化而言，水是一个足够强的酸；然而对 Cl^-（弱碱）的质子化而言，则需要更强的酸（如 H_2SO_4）。

$$NaCl(s)+H_2SO_4(l) \longrightarrow NaHSO_4(s)+HCl(g)$$

硅烷制备是复分解法合成氢化物的一个例子：

$$LiAlH_4(s)+SiCl_4(l) \longrightarrow LiAlCl_4(s)+SiH_4(g)$$

高电正性元素的氢化物（LiH、NaH 和 AlH_4^- 阴离子）是最具活性的 H^- 源。像 $LiAlH_4$ 和 $NaBH_4$ 这样的盐可溶于能使碱金属离子溶剂化的乙醚中。两个络阴离子中，AlH_4^- 的氢负离子给予能力高得多。

例题 10.4 用氢的化合物进行合成

题目：用 $LiAlH_4$ 和你选择的溶剂和其他试剂，提出合成 $Li[Al(OEt)_4]$ 的步骤。

答案：AlH_4^- 是个强的 H^- 给予体。因为 H^- 甚至是较乙氧基（$CH_3CH_2O^-=EtO^-$）更强的 Brφnsted 碱，它应当能与乙醇反应生成 H_2 并产生 EtO^-，后者将会取代 H^-。略带酸性的化合物乙醇与强碱性的 AlH_4^- 反应应当产生我们所希望得到的烷基氧化物和氢。操作方法是，先将 $LiAlH_4$ 溶于四氢呋喃，然后缓慢滴入乙醇：

$$LiAlH_4(thf)+4C_2H_5OH(l) \longrightarrow Li[Al(OEt)_4](thf)+4H_2(g)$$

这类反应应在惰性气体（N_2 或 Ar）缓气流中进行，以稀释易发生爆炸性燃烧的 H_2 气体。

自测题 10.4 使用三乙基锡烷（Et_3SnH）和你选择的一种试剂，为三乙基甲基锡烷（$MeEt_3Sn$）提出一种合成方法。

延伸阅读资料

T. I. Sigfusson, Pathways to hydrogen as an energy carrier. *Philos. Trans. R. Soc.*, *A.*, 2007, **365**, 1025.

B. Sørensen, *Hydrogen and feul cells*. Elsevier Academic Press(2005).

W. Grochala and P. P. Edwards, Thermal decomposition of the non-interstitial hydrides for the storage and production of hydrogen. *Chem. Rev.*, 2004, **104**, 1283.

G. A. Jeffrey, *An introduction to hydrogen bonding*. Oxford University Press(1997).

G. A. Jeffrey, *Hydrogen bonds in biological systems*. Oxford University Press(1994).

R. B. King, *Inorganic chemistry of the main group elements*. John Wiley & Son(1994).

J. S. Rigden, *Hydrogn: the essential element*. Harvard University Press(2002).

P. Enghag, *Encyclopedia of the elements*. John Wiley & Son(2004).

P. Ball, *H_2O: a biography of water*. Phoenix(2004). 介绍水化学和物理学的一本书。

G. W. Crabtree, M. S. Dresselhaus, and M. V. Buchanan, The hydrogen economy. *Phys. Today*, 2004, **39**, 57.

W. Lubitz and W. Tumas(eds), Hydrogen. *Chem. Rev.* (100th thematic issue), 2007, **107**.

S.-I. Orimo, Y. Nakamori, J. R. Eliseo, A. Züttel, and C. M. Jensen, Complex hydrides for hydrogen storage. *Chem. Rev.*, 2007, **107**, 4111.

R. H. Crabtree, Hydrogen storage in liquid organic heterocycles. *Energy Environ Sci.*, 2008, **1**, 134.

L. J. Murray et al., Hydrogen storage in metal organic frameworks. *Chem. Soc. Rev.*, 2009, **38**, 1294.

T. Kodama and N. Gokon. Thermochemical cycles for high-temperature solar hydrogen production. *Chem. Rev.*, 2007, **107**, 4048.

N. S. Lewis and D. G. Nocera, Powering the planet: chemical challenges in solar energy utilization. *Proc. Natl. Acad. Sci. U S. A.*, 2006, **103**, 157.

A. Kudo and Y. Miseki, Heterogeneous photocatalyst materials for water splitting, *Chem. Soc. Rev.*, 2009, **38**, 253.

M. L. Helm, M. P. Stewart, R. M. Bullock, M. R. DuBois, and D. L. DuBois, A synthetic Ni electrocatalyst with a turnover frequency above 100 000 s^{-1} for H_2 production. *Science*, 2011, **333**, 863.

W. C. Chueh and S. M. Haile, A thermochemical study of ceria: exploiting an old material for new modes of energy conversion and CO_2 mitigation. *Philos. Trans. R. Soc.*, *A.*, 2010, **386**, 3269.

S. Y. Reece, J. A. Hamel, K. Sung, T. D. Jarvi, A. J. Esswein, J. J. H. Pijpers, and D. G. Nocera, Wireless solar water splitting using silicon-based semiconductors and earth-abundent catalysts, *Science*, 2011, **334**, 645.

A. J. Price, R. Ciancanelli, B. C. Noll, C. J. Curtis, D. L. DuBois, and M. R. DuBois, HRh(dppb)$_2$, a powerful hydride donor, *Organometallis*, 2002, **21**, 4833.

M. Kosa, M. Krack, A. K. Cheetham, and M. Parrinello, Modeling the hydrogen storage materials with exposed M^{2+} coordination sites. *J. Phys. Chem.*, *C*, 2008, **112**, 16171.

A. Bocarsly and D. M. P. Mingos(eds), *Fuel cells and hydrogen storage*. Structure and Bonding, **141**. Springer(2011).

M. J. Schultz, T. H. Vu, B. Meyer, and P. Bisson, Water: a responsive small molecule. *Acc. Chem. Res.*, 2012, **45**, 15.

练习题

10.1 有人建议氢可排在周期表的第 1 族、第 14 族和第 17 族，给出支持和反对这种安排的论据。

10.2 标出下列化合物中元素的氧化态：(a) H_2S，(b) KH，(c) $[ReH_9]^{2-}$，(d) H_2SO_4，(e) $H_2PO(OH)$。

10.3 用平衡了的化学方程式表示 $H_2(g)$ 的三种主要工业制法和两种较为方便的实验室制法。

10.4 绘出周期表框架，填上元素符号并(a) 标出似盐型、金属型和分子型氢化物的位置；(b) 用箭头标出 p 区元素氢化合物 $\Delta_f G^\ominus$ 的变化趋势；(c) 标出能够形成缺电子、足电子和富电子分子型氢化物的区域。

10.5 如果不存在氢键，您预期水会有哪些物理性质？

10.6 两个氢键 S—H⋯O 和 O—S⋯H 中哪一个更强些？为什么？

10.7 给下列氢化物命名并分类：(a) BaH_2，(b) SiH_4，(c) NH_3，(d) AsH_3，(e) $PdH_{0.9}$，(f) HI。

10.8 从练习题 10.7 的几种化合物中选出具有下述性质的化合物并用化学方程式作说明：(a) 碱性(hydridic character)，(b) Brϕnsted 酸性，(c) 可变组成，(d) Lewis 碱性。

10.9 按室温和常压下的状态(液态、气态、固态)将练习题 10.7 中给出的化合物分类，哪一种固体可能是电的良导体？

10.10 下表给出从离子型化合物结构计算出来的 H^- 的半径，试对这一计算结果做评论。

	LiH	NaH	KH	CsH	MgH_2	CaH_2	BaH_2
半径/pm	114	129	134	139	109	106	111

10.11 下述哪一反应生成 HD 的比率可能最大？并作出解释。(a) H_2+D_2(在 Pt 表面达到平衡)；(b) D_2O+NaH；(c) 电解 HDO。

10.12 下列化合物中哪一种最可能与烷基卤化物发生自由基反应？并解释原因：H_2O，NH_3，$(CH_3)_3SiH$，$(CH_3)_3SnH$。

10.13 给出 BH_4^-、AlH_4^- 和 GaH_4^- 碱性大小的变化趋势，哪一个离子是最强的还原剂？写出 GaH_4^- 与过量 HCl(c=1 mol · dm^{-3})反应的方程式。

10.14 第二周期与第三周期 p 区元素氢化物的物理性质和化学性质有哪些主要差别？

10.15 锑烷 SbH_3($\Delta_f H^\ominus$=+145 kJ · mol^{-1})在-45 ℃以上发生分解。试讨论制备 BiH_3($\Delta_f H^\ominus$=+278 kJ · mol^{-1})样品所面临的困难，提出制备该样品的一种方法。

10.16 在低温和升高 Kr 的压力时，H_2O 与 Kr 反应生成何种类型的化合物？并叙述其结构。

10.17 给出 H_2O 与 Cl^- 形成氢键的近似势能图，并绘出 $[FHF]^-$ 中氢键的势能图作对照。

10.18 H_2 是人们熟悉的还原剂，但也是一种氧化剂。对此作出解释并给出实例。

10.19 将氢气导入络合物 *trans*-$[W(CO)_3(PCy_3)_2]$(Cy=cyclohexyl)中生成相互处于平衡的两个络合物，其中一个是形式氧化态为 W(0)的钨络合物，另一个则是形式氧化态为 W(2+)的络合物。移去 H_2 气氛后重新生成起始物。讨论这一实验现象。

10.20 改正下述对氢化物的错误描述：

(a) 氢(最轻的元素)能与所有金属和大多数非金属形成热力学稳定的化合物。

(b) 氢有质量数分别为 1、2 和 3 的三种同位素，质量数为 2 的一种具有放射性。

(c) 因为 H^- 结构密实且有确定的半径，第 1 族和第 2 族元素氢化物的结构是典型的离子型化合物。

(d) 非金属氢化物的结构可由 VSEPR 理论得到充分描述。

(e) 化合物 $NaBH_4$ 是个多用途试剂，这是因为其碱性强于第 1 族元素的简单氢化物(如 NaH)。

(f) 重元素的氢化物(如锡的氢化物)常发生自由基反应，部分原因在于 E—H 键键能比较低。

(g) 硼的氢化物被称为缺电子化合物，因为它们容易被氢还原。

10.21 已知 $^1H^{35}Cl$ 的红外伸缩振动波数为 2 991 cm^{-1}，$^3H^{35}Cl$ 相应的数值应是多少？

10.22 参阅第 8 章，定性描述 PH_3 的每组 ^{1}H-NMR 和 ^{31}P-NMR 光谱的分裂方式和相对强度。

10.23 (a) H 的电离能和 He 的第一电离能分别为 13.6 eV 和 24.6 eV，试绘出 HeH^+ 这个分子离子的分子轨道能级图并指出分子轨道能级与原子能级之间的关系。(b) 估计 H 的 1s 轨道和 He 的 1s 轨道对成键轨道的相对贡献并判断该极性分子中部分正电荷的位置。(c) 与常见溶剂或固体表面接触时,HeH^+ 为什么显得不稳定?

辅导性作业

10.1 Jeffrey Long 及其合作者在论文"Hydrogen storage in metal-organic frameworks"(*Chem. Soc. Rev.*,2009,**38**,1294)中讨论了设计储氢材料的某些原理。与强键合作用相比,利用弱键合作用有哪些优点和缺点?

10.2 M. W. Cronyn 在论文"The proper place for hydrogen"(*J. Chem. Educ.*,2003,**80**,947)中认为氢应该排在第 14 族紧邻碳上方的首个元素,简述他提出此观点的理由。

10.3 已经获得$[Ir(C_5H_5)(H_3)(PR_3)]^+$存在的光谱证据,该络合物存在一个形式上的 H_3^+ 配体。如果假定角形 H_3^+ 占据一个配位位置并与金属的 e_g 和 t_{2g}轨道相互作用,试设计该络合物的成键分子轨道简图。然而该络合物也可看作偶合常数很大的三氢合物种,试讨论这种结构的证据。(参见 *J. Am. Chem. Soc.*,1991,**113**,6074 及其参考文献,特别是 *J. Am. Chem. Soc.*,1990,**112**,909 和 920.)

10.4 Douglas Stephan 等人在他们的论文(Reversible,metal-free hydrogen activation,*Science*,2006,**314**,1124)中描述了只含主族元素的分子是如何帮助 H_2 分子实现异裂的。请同时参考 4.9,说明反应的原理、用于研究机理的方法和用于储氢的可能性。

(史启祯 译,李 珺 审)

11 章

第 1 族元素

第 1 族所有元素都是金属,但不像大多数金属,它们的密度低而且反应活性高。本章扼要介绍这些元素的化学,简要介绍性质的相似性和性质的变化趋势,并讨论锂的某些反常性质。接下来详细讨论碱金属的化学,包括在自然界的存在及提取方法和用途。本章还将使用离子模型说明简单二元化合物的性质变化趋势,介绍元素形成络合物和金属有机化合物的性质。

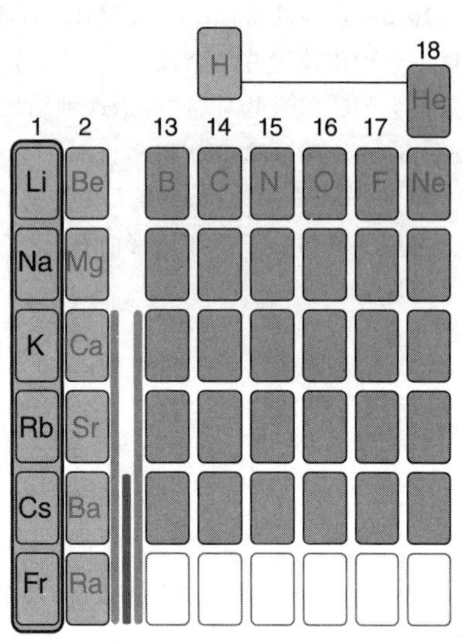

A. 基本面

第 1 族元素叫**碱金属**(alkali metals),包括锂、钠、钾、铷、铯和钫。钫在自然界的存在量极少而且放射性高,所以不在本章讨论之列。所有元素都是金属,能形成多数可溶于水的简单离子型化合物。本族元素形成的络合物和金属有机化合物数目有限。下面第 1 节介绍第 1 族元素化学的关键特征。

11.1 元素

提要:第 1 族金属及其化合物的性质变化趋势可从原子半径和电离能的变化趋势得到解释。

钠和钾在自然界的丰度较高,以像氯化物盐这样的形式广泛存在。锂的丰度相对较低,主要的存在形式为锂辉石($LiAlSi_2O_6$)矿物。铷和铯的丰度更低,但在某些矿物(如铯榴石 $Ca_2Al_2Si_4O_{12} \cdot nH_2O$)中却有一定浓度。金属钠和金属锂用电解熔融金属氯化物的方法提取,金属钾则由 KCl 与金属钠反应的方法得到。通过金属氯化物与钙或钡的反应得到铷和铯。

所有第 1 族元素都是价电子组态为 ns^1的金属,能导电、导热,质软,熔点低而且自上而下下降。质软和熔点低两个性质是由金属键成键较弱造成的,每个原子只能向价带提供 1 个电子(节 3.19)。Cs 质软的性质更突出,29 ℃就熔化。液态钠和钠/钾混合物的导热性极好,在核动力工厂用作冷却剂。所有元素采取体心立方结构(节 3.5)。因为不是密堆积结构及原子半径比较大,所以密度低。同族金属间及本族金属与其他许多金属间容易形成合金,前者例如 NaK 合金,后者例如钠/汞齐。表 11.1 归纳出第 1 族元素的某些重要性质。

表 11.1 第 1 族元素的某些性质

元素	Li	Na	K	Rb	Cs
金属半径/pm	152	186	231	244	262
离子半径/pm(配位数)	59(4)	102(6)	138(6)	148(6)	174(8)
电离能/($kJ \cdot mol^{-1}$)	519	494	418	402	376
标准电位/V	−3.04	−2.71	−2.94	−2.92	−3.03

续表

元素	Li	Na	K	Rb	Cs
密度/($g\cdot cm^{-3}$)	0.53	0.97	0.86	1.53	1.90
熔点/℃	180	98	64	39	29
$\Delta_{hyd}H^{\ominus}(M^+)/(kJ\cdot mol^{-1})$	-519	-406	-322	-301	-276
$\Delta_{sub}H^{\ominus}/(kJ\cdot mol^{-1})$	161	109	90	86	79

常用焰色反应检验碱金属及其化合物是否存在。火焰中形成金属原子和离子,其电子跃迁的能量落在光谱的可见部分,导致火焰产生特有的焰色:

Li	Na	K	Rb	Cs
绯红色	黄色	红色到紫色	紫色	蓝色

碱金属盐溶液发射光谱的强度可用火焰光度计测量,从而定量测定溶液中元素的浓度。

第 1 族元素的化学性质与原子半径的变化趋势(见图 11.1)密切相关。原子半径从 Li 到 Cs 增大(价层与核之间的距离增大),导致第一电离能按同一方向减小(见图 11.2,节 1.7)。第一电离能全都很低,而且自上而下金属越来越活泼,越来越容易形成 M^+。金属与水之间的反应

$$2M(s)+2H_2O(l) \longrightarrow 2MOH(aq)+H_2(g)$$

可用来说明这种趋势:

Li	Na	K	Rb	Cs
反应温和	反应剧烈	反应剧烈并着火	爆炸性反应	爆炸性反应

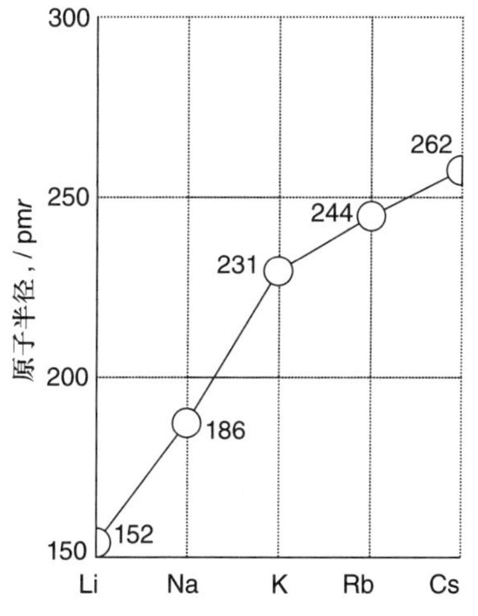

图 11.1　第 1 族元素原子半径的变化

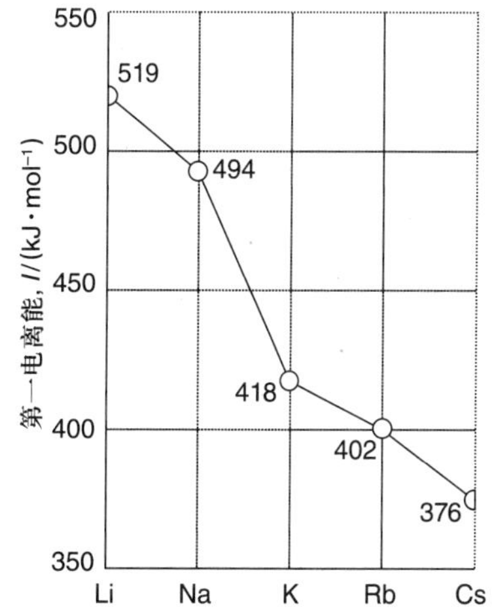

图 11.2　第 1 族元素第一电离能的变化

Rb 和 Cs 与水的反应具有爆炸性特征,部分原因在于两种金属都比水重而沉于水面之下,氢的突然着火使水剧烈分散开来。

M^+/M 电对的标准电位(见表 11.1)能够证实元素在水中形成 M^+的热力学趋势。标准电位全为很大的负值,表明这些金属容易被氧化。令人想不到的是不同碱金属的标准电位不相上下,这一事实可通过对半反应热力学循环(见图 11.3)的研究作出解释。升华焓和电离焓自上而下都减小(更有利于氧化);而这一趋势却被随离子半径增大而减小的水合焓(更不利于氧化)所抵消。

所有元素都应保存在烃类油中,以防止与大气氧发生反应。虽然 Li、Na 和 K 可短时间里在空气中操作,但 Rb 和 Cs 的操作必须在惰性气氛保护下进行。

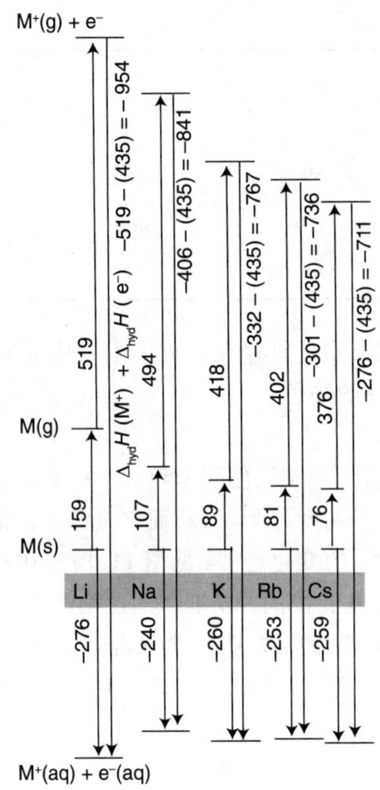

图 11.3 氧化半反应 $M(s) \longrightarrow M^+(aq)+e^-(aq)$ 的热力学循环(标准焓变单位为 $kJ \cdot mol^{-1}$)
电子水合焓中包括了理论值 435 $kJ \cdot mol^{-1}$,以便让 1/2 $H_2(g)+H_2O \longrightarrow H^+(aq)+e^-(aq)$
这个半反应的水合焓数值能与表 11.1 提供的数值做比较

11.2 简单化合物

提要:碱金属二元化合物中含有元素的阳离子,主要显示离子型成键模式。

第 1 族元素形成具有岩盐结构的离子型(似盐型)氢化物,其中的阴离子为氢负离子(H^-)。节 10.6(b)中较详尽地讨论了这种氢化物。所有第 1 族元素都能形成卤化物 MX。元素之间直接化合可以得到卤化物,但更多是从溶液中制备的。例如,通过金属氢氧化物(或碳酸盐)与氢卤酸(HX,X=F,Cl,Br,I)的反应。卤化物在自然界广泛存在,如 1 L 海水中含 NaCl 约 35 g。大多数卤化物具有 6∶6 配位的岩盐结构(见图 11.4),但 CsCl、CsBr 和 CsI 却为 8∶8 配位的 CsCl 结构(见图 11.5),这是因为半径较大的铯离子周围能排布数量较多的卤素阴离子(节 3.9)。

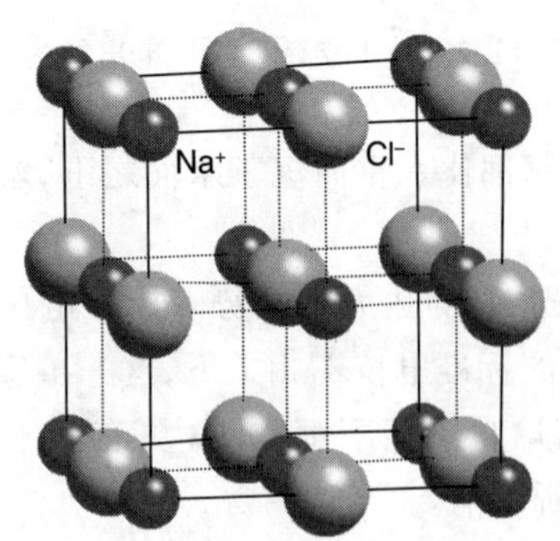

图 11.4* 大多数第 1 族金属卤化物采取的岩盐结构

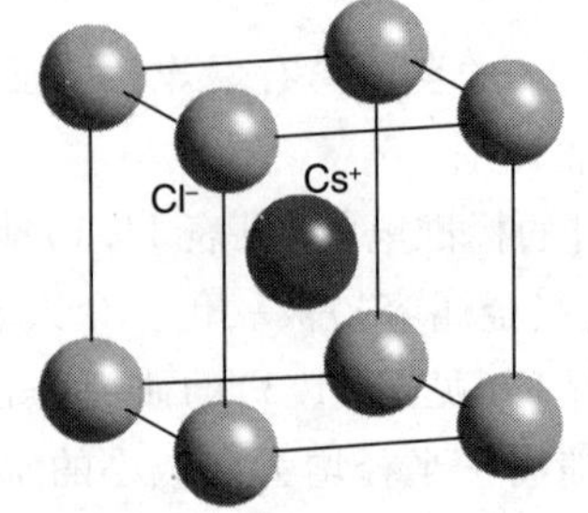

图 11.5* 通常条件下 CsCl、CsBr 和 CsI 采取的 CsCl 结构

第1族元素与氧发生剧烈反应。与氧直接反应时只有Li生成简单氧化物Li_2O。钠与氧反应生成过氧化物Na_2O_2,其中含有过氧离子O_2^{2-}。其他第1族元素形成其中含有超氧离子O_2^-的超氧化物。所有氢氧化物是白色、半透明、易潮解的固体,能吸收大气中的水分同时放出热。LiOH形成稳定水合物$LiOH \cdot 8H_2O$。第1族元素的氢氧化物易溶于水,这一性质使其成为实验室和工业上方便的OH^-离子源。金属与硫反应形成化学式为M_2S_x(x变化于1~6)的化合物。简单硫化物Na_2S和K_2S具有反萤石结构,而$n \geqslant 2$的多硫化物结构中则含S_n^{2-}链。锂在氮气中加热时(室温下反应较慢)容易形成氮化物Li_3N,而其他碱金属与氮气不起反应。

只有Li直接与碳反应形成具有化学计量式为Li_2C_2的碳化物,其中含有二碳化物(又叫乙炔化物)阴离子C_2^{2-}。其他碱金属在乙炔中加热时也形成类似碳化物。K、Rb和Cs与石墨反应形成如C_8K这样的插入化合物(节14.5)。碱金属与p区金属(从第13族至第15族)化合时显示出强还原性,其产物往往是Zintl相;Zintl相中含有碱金属阳离子和被还原了的、复杂的阴离子物种(如Ge_4^{4-})。

第1族金属的所有常见盐类都能溶于水,虽然大多数固体盐是无水盐。半径较小的Li^+和Na^+存在少数例外,如存在着水合物$LiX \cdot 3H_2O$(X=Cl,Br,I)和$LiOH \cdot 8H_2O$。碘化锂易潮解,容易吸收空气中的水分先形成$LiI \cdot 3H_2O$,后又形成溶液。

钠溶于液氨时不放出氢,低浓度下得到含有溶剂合电子的深蓝色溶液。在不接触空气的条件下,这些溶液在氨的标准沸点(-33 ℃)和低于标准沸点的条件下能够存活很长时间。金属-氨体系的浓溶液具有金属的青铜色,其电导与固体金属相接近(约$10^7 S^1$)。从金属胺类溶液中可能离析出碱金属化合物的阴离子M^-,它是由元素歧化为M^+和M^-而形成的。

第1族元素的离子是硬Lewis酸,主要与小的硬给予体(如O原子和N原子)形成络合物。碱金属离子的硬度自上而下随离子半径的增大而减小。有证据显示大阳离子成键作用存在更多的共价性,如S和P配位于Cs而形成的络合物。金属离子与单齿配体的作用力较弱,水合物种$M(H_2O)_n^+$中的H_2O配体容易与周围的溶剂分子发生交换。螯合配体(如乙二胺四乙酸根离子,$edta^{4-}$)的形成常数则要高得多。只要离子半径适合配体的配位环境,第1族元素则能与大环配体和冠醚配体形成强络合物(节7.14)。

第1族较轻元素能形成反应活性高的金属有机化合物。这些化合物遇水发生水解、释放出氢、在空气中产生火花(自发燃烧)。酸性(能给出质子的)有机化合物能被碱金属还原生成离子型金属有机化合物,如环戊二烯与金属Na在THF溶剂中反应生成$Na^+[C_5H_5]^-$。锂的烷基化合物和芳基化合物是第1族元素最重要的金属有机化合物。这些化合物对热稳定、能溶于有机溶剂和非极性溶剂(如THF),有机合成中广泛用来提供亲核烷基和亲核芳基基团。

11.3 锂的不规则性质

提要:锂的化学性质有些反常,这是因为离子半径小、倾向于显示共价成键。

正如第9章看到的那样,周期表中元素化学性质的大多数变化趋势最好用同族元素的垂直变化趋势和同周期元素的水平变化趋势来讨论。然而同族中最轻的成员(这里是Li)的性质往往显著不同于它的同族元素。最轻成员与周期表中右下方的元素往往显示出对角线关系(节9.10)。与其他第1族元素相比,Li的反常可留意以下各点:

- 锂的成键可能显示高度的共价性。这是由Li^+的高极化力(这种高极化力与高电荷密度相关)造成的(节1.7)。
- 锂在氧气中燃烧生成正常氧化物,而第1族其他元素则生成过氧化物或超氧化物。
- 锂在氮气中加热时是第1族中唯一生成氮化物Li_3N的元素;与石墨一起加热时是该族中唯一能生成碳化物Li_2C_2的元素。
- 某些锂盐(如碳酸盐、磷酸盐和氟化物)在水中的溶解度极低;其他锂盐以水合物形式结晶或者生成吸湿性固体。

- 锂能生成许多稳定的金属有机化合物。
- 锂的硝酸盐能直接分解为氧化物;其他第 1 族元素的硝酸盐分解时先生成亚硝酸盐 MNO_2。
- 锂的氢化物加热至 900 ℃仍稳定;其他第 1 族元素的氢化物高于 400 ℃即分解。

锂的摩尔质量很小,从而使锂成为密度最小的金属(0.53 g · cm^{-3})。正因为如此,它在需要考虑质量因素的场合找到了用途。例如,用于可充电电池($LiCoO_2$,$LiFePO_4$,LiC_6)和储氢体系(如锂的氢化物、硼氢化物、胺化物和亚胺化物,见应用相关文段 10.4)。

B. 详述

以下各节较为详细地讨论第 1 族元素的化学,并从热力学角度对某些化学性质予以解释。由于化合物通常采用离子型成键,所以用离子模型概念做讨论。

11.4 存在和提取

提要:第 1 族元素可用电解法提取。

锂的名称来源于希腊词"lithos"(意为"石头")。锂在自然界的丰度不高,蕴藏最丰的矿物是锂辉石($LiAlSi_2O_6$,过去常用来提取锂)和鳞云母[近似化学式为 $K_2Li_3Al_4Si_7O_{21}(F,OH)_3$]。当今主要从盐卤中以碳酸锂的形式提取锂(应用相关文段 11.1)。

应用相关文段 11.1 锂的分布和提取

锂在技术上不断增长的重要性[特别是用于原电池和可充电电池(见应用相关文段 11.2),更具体地说是用于车辆]使其储存和提取受到世界范围的关注。全球年耗量接近 24 000 吨,供应安全已成为技术公司和汽车公司最优先考虑的问题。锂是地壳中相对丰度排在第 25 位的元素(20 ppm),海水中的含量约为 0.2 ppm,相当于 2 300 亿吨。少部分锂生成像锂辉石和透锂长石这样的火成岩,水辉石黏土是由火成岩风化而来的,所有这些物质从前都是商业上可用的资源。现在大部分锂是从盐卤或**智利硝**(caliche)提取的。盐卤是碱金属卤化物、硝酸盐和硫酸盐的水溶液;智利硝又名生硝,是固化了的沉积盐。生硝的主要成分通常为 $CaCO_3$,但在世界某些地区则是由碱金属盐构成的。智利北部、阿根廷和玻利维亚的矿物中富含锂和钾。生硝岩溶解后产生盐卤,后者经太阳光蒸发浓缩。由于锂盐具有更高的溶解度(节 11.7),溶液中的锂较其他第 1 族元素更富集。将碳酸钠溶液加至富集了锂的热盐卤得到碳酸锂沉淀。通过反向渗透也能富集盐卤中的锂,反向渗透是给稀溶液施以压力,使水通过半透膜发生迁移,从而增加溶液中盐的含量。在刚刚过去的几年内,用废旧电池再循环生产锂的工业迅速发展。世界范围里得到确认的锂资源约为 3 500 万吨,如果车辆用电池按现在的速度迅速增加,如果车辆使用的电池都为 24 kWh,这些资源将足够装置 30 亿辆汽车,相当于现在汽车数量的 3 倍。然而其他工业对锂的需求也需要得到满足,包括非汽车用电池方面的应用。当今生产的锂大量用于陶瓷和玻璃工业(29%,生产低熔点材料),以及基于氢氧化锂的润滑脂(12%)。因此需要研究从低浓度资源中更有效地提取锂的方法,需要研究含锂电池材料的循环再利用。其他研究领域包括寻找锂基体系的替代体系以储存能源。对质量因素不是十分重要的应用领域(即非移动领域的应用,如储存间歇产生的风能)而言,则使用钠基可充电电池。

钠在自然界以岩盐矿(NaCl)的形式存在,也存在于盐湖和海水中,往往还以古代干涸盐湖沉积埋藏于地下。NaCl 占生物圈质量的 2.6%,大洋中含 NaCl 为 4×10^{19} kg。地下沉积可用传统方法开采,或者将水泵入地下以溶解岩盐,然后将饱和盐卤泵出。金属钠用 Down's 法(电解熔融 NaCl 的方法)提取:

$$2NaCl(l) \longrightarrow 2Na(l) + Cl_2(g)$$

熔体温度为 600 ℃,该温度大大低于氯化钠的熔点(808 ℃)是因为电解质中加入了氯化钙。碳阳极和铁阴极浸于熔盐中并施以高电位差(通常在 4~8 V),阴极产生的液体金属钠浮至熔体表面并在惰性气氛保护下予以收集。该过程也用于氯的工业生产,氯气是在阳极产生的。

钾以钾碱(K_2CO_3)和光卤石($KCl \cdot MgCl_2 \cdot 6H_2O$)的形式存在于自然界,自然界的钾中含有 0.012% 的^{40}K 放射性同位素,它能发生 β 衰变生成^{40}Ca(半衰期 12.5 亿年)。^{40}K 也通过电子俘获生成^{40}Ar,比值$^{40}K/^{40}Ar$ 用于岩石纪年,以确定岩石固化(即岩石开始捕获^{40}Ar)的年代。钾从原理上可通过电解法提取,但由于钾的反应活性高而导致太危险。代替电解过程的反应是钠熔体和氯化钾熔体一起加热时生成钾和氯化钠:

$$Na(l)+KCl(l) \longrightarrow NaCl(l)+K(g)$$

操作温度下钾为蒸气,钾从体系离开驱动平衡向右进行。

铷(来自拉丁文 *rubidus*,意为深红色)和铯(来自 *caesius*,意为天蓝色)是由 Robert Bunsen 于 1861 年发现、并根据盐在火焰中产生的颜色命名的。鳞云母矿物[组成为$(K,Rb,Cs)Li_2Al(Al,Si)_3O_{10}(F,OH)_2$]中含有少量二元素,Rb 和 Cs 是从矿物提取锂的副产物。硫酸处理鳞云母时得到碱金属的矾 $M_2SO_4 \cdot Al_2(SO_4)_3 \cdot nH_2O$(M=K,Rb,Cs),生成的矾先用多次分级结晶的方法进行分离,然后用 $Ba(OH)_2$将其转化为氢氧化物,最后用离子交换法将其转化为氯化物。金属是用钙或钡还原熔融氯化物的方法获得的:

$$2RbCl(l)+Ca(s) \longrightarrow CaCl_2(s)+2Rb(s)$$

铯也存在于铯榴石($Cs_4Al_4Si_9O_{26} \cdot H_2O$)矿物中。从铯榴石提取该元素的方法是经硫酸沥取形成矾[$Cs_2SO_4 \cdot Al_2(SO_4)_3 \cdot 24H_2O$],接着与碳一起焙烧转化为硫酸盐,再用离子交换法得到氯化物,最后像制备 Rb 的方法一样用钙或钡还原。电解熔融 CsCN 也可得到金属铯。

11.5　元素和化合物的用途

提要:锂的用途通常与其低密度有关。第 1 族中用途最广的化合物是氯化钠和氢氧化钠。

金属锂的用途大部分与其低原子质量而导致的低密度有关。锂用于制造质量受到关注的合金(如航空器部件),含锂约 2%的金属铝其质量密度较纯铝低 6%,用于制造飞机机翼部件以减轻飞机的总质量从而减少油耗。类似的含锂合金已用于制造发射航天飞机的一级火箭容器。

锂的摩尔质量($6.94\ g \cdot mol^{-1}$)仅是铅的 3.3%,再由于 Li^+/Li 电对标准电位的负值很大(见表 11.1),使锂电池成为铅酸电池有吸引力的替代品(应用相关文段 11.2)。碳酸锂广泛用于治疗情绪反复无常的状态(狂躁型抑郁症,节 27.4),硬脂酸锂则广泛用作汽车工业中的润滑剂。Li^+具有很高的极化力,这意味着某些复合氧化物(如 $LiMO_3$,M=Nb 或 Ta)会显示非线性光学效应和吸光效应,并广泛用于移动通讯装置。

应用相关文段 11.2　锂电池

锂具有负值很大的标准电位和低的摩尔质量,这使它成为理想的电极阳极材料。由于金属锂和含锂化合物轻于电池使用的其他材料(如铅和锌),锂电池的比能(能产量除以电池的质量)相对较高。锂电池的应用非常广泛,但存在以不同化合物和反应为基础的多种类型。含有锂但使用一次就废弃的电池叫一次锂电池,而可充电体系则叫二次锂电池或锂离子电池。

一次锂电池

大多数这类电池涉及锂与 MnO_2之间的反应。这种电池产生的电压为 3 V,二倍于锌-碳电池或碱性电池(利用的是电正性较小的锌与 MnO_2之间的反应)产生的电压。相关的反应如下:

阳极:　$Li \longrightarrow Li^+ + e^-$

阴极:　$Mn(\text{IV})O_2 + Li^+ + e^- \longrightarrow LiMn(\text{III})O_2$

这种电池在日本被广泛使用,占一次电池市场的 30%,但只占英国和欧盟市场很小的一部分。工业上还生产锂-硫化铁(FeS_2)电池,其容量为碱性电池的二倍,产生约 1.5 V 的电压。这种电池的自放电速率较低,因而储存期限比较长。

另一种常见的锂电池用到亚硫酰氯($SOCl_2$)。这种体系能得到一种质轻的、能量输出稳定的高电压电池。电池总反应是

$$4Li(s)+2\ SOCl_2(l)\longrightarrow 4LiCl(s)+S(s)+SO_2(l)$$

因为 $SOCl_2$ 和 SO_2 在电池内部压力下都是液体,因而电池不需要外加溶剂。由于 LiCl 和 S 都沉淀了出来,所以也不能充电。这种电池主要用于军事上和航天事业上。另一种电池体系基于 SO_2 的还原反应:

$$2Li(s)+2SO_2(l)\longrightarrow Li_2S_2O_4(s)$$

固体 $Li_2S_2O_4$ 在阴极沉积,该体系也不是可充电体系。电池用乙腈(CH_3CN)作为共溶剂,操作这个化合物和 SO_2 存在安全风险。电池是密封的,用在军事通讯上而不向普通公众供应。

可充电锂电池

手提式计算机和电话上使用的锂充电电池主要采用 $Li_{1-x}CoO_2$($x\leqslant 1$)为阴极,锂/石墨(LiC_6)为阳极。阳极在电池放电过程中产生锂离子。为了维持电荷平衡,Co(Ⅳ)在阴极被还原至 $LiCoO_2$ 中的 Co(Ⅲ)。放电过程发生的反应是

$$\text{阴极}:Li_{1-x}CoO_2(s)+x\ Li^+(sol)+xe^-\longrightarrow LiCoO_2(s)$$

$$\text{阳极}:C_6Li\longrightarrow 6\ C(\text{石墨})+Li^+(sol)+e^-$$

电池是可充电电池,因为阴极和阳极都可作为 Li^+ 的宿主,充电和放电时 Li^+ 可在两电极之间来回移动。锂电池也可使用其他电极材料,这些材料主要是能像钴那样参与氧化还原反应的 d 金属化合物。最新一代电动汽车使用锂电池而不是铅-酸电池(应用相关文段 14.7)。

锂-空气电池也处于研究之中。这种电池能产生很高的能量密度($12\ kWh\cdot kg^{-1}$),大约 5 倍于先前叙述的 $Li_{1-x}CoO_2$ 体系。这种充电电池以大气氧为阴极(放电过程中氧在阴极被还原为锂的氧化物)和金属锂为阳极。然而这种电池尚需进行很多研究,因为存在许多副反应,如阴极在空气中生成锂的过氧化物、碳酸盐和氢氧化物。涉及电解质(处于阴极和阳极之间)的许多反应都可能发生,从而导致电池效率降低。

第 24 章将进一步讨论充电电池。

钠和钾的生理功能至关重要(节 26.3),NaCl 的一个重要用途是对食物进行调味。金属钠用于提取稀有金属,如从四氯化钛提取金属钛。NaCl 的重要用途还包括道路消冰和在氯碱工业(应用相关文段 11.3)中用来生产 NaOH。然而由于担心对环境造成的影响,正在考虑减少作为道路消冰剂的用途,而代之以其他物质,如有些地方已开始使用 NaCl 和糖浆的混合物。以年产吨位计,氢氧化钠是十大工业化学品之一。钠及其化合物常见的其他用途包括,金属钠用于某些类型的街灯(电流通过金属钠的蒸气时放电产生特有的黄色辉光,见应用相关文段 1.4),食盐、小苏打和苛性钠(NaOH)都是钠的化合物。有些化合物中的钠盐和化合物(其中含有 Na^+)可发生离子交换,广泛用于水的软化装置(应用相关文段 11.4)。

应用相关文段 11.3 氯碱工业

氯碱工业兴起于工业革命,当时制造肥皂、纸张和加工纺织品都需要大量碱。按产量计,NaOH 是当今十大重要无机化学品之一,而且在制造其他无机化学品及制造纸浆和纸张的工业中继续居于重要地位。氯和氢都是气体产物。氯在工业上非常重要,用于制造 PVC、提取钛,也用于纸浆和纸张工业。

氯碱工业的工业过程基于电解氯化钠的水溶液。水在阴极被还原为氢气并留下氢氧根离子,氯离子在阳极被氧化为氯气:

$$2H_2O(l)+2e^-\longrightarrow H_2(g)+2OH^-(aq)$$

$$2Cl^-(aq)\longrightarrow Cl_2(g)+2e^-$$

电解过程使用三种不同类型的电解池。**隔膜电解池**(diaphragm cell)中的隔膜阻止阴极产生的 OH^- 与阳极产生的 Cl_2 气相接触。隔膜过去用石棉制造,现在则用聚四氟乙烯网制成。阴极的溶液在电解过程中保持流动和蒸发状态,以便杂质氯化钠结晶出来。得到的氢氧化钠产品通常含有约 1% 的 NaCl 杂质(按质量计)。

薄膜电解池(membrane cell)的功能类似于隔膜电解池,不同的是阳极溶液和阴极溶液是被微孔高分子膜隔开的,而这种膜只允许 Na^+ 透过。生产的氢氧化钠溶液通常约含 50 ppm 的 Cl^-。这种电解池的缺点是膜的价格昂贵,而且可能被存在的痕量杂质所填塞。

汞电解池(mercury cell)以液体汞为阴极。氯气是在阳极产生的,而阴极产生金属钠:

$$Na^+(aq)+e^- \longrightarrow Na(Hg)$$

钠-汞齐在石墨表面与水反应:

$$2Na(Hg)+2H_2O(l) \longrightarrow 2NaOH(aq)+H_2(g)$$

该法生产的氢氧化钠纯度高,是生产高质量固体氢氧化钠优先的方法。遗憾的是汞以多种方式释放至环境,所以氯碱工业受到不再使用汞电极的压力。

应用相关文段 11.4　钠离子交换材料

硬水中存在高含量的 Ca^{2+} 和 Mg^{2+},加热时以水垢形式(主要成分为 $CaCO_3$)从水中沉淀出来。Ca^{2+} 和 Mg^{2+} 使肥皂和洗衣粉不形成泡沫,从而降低洗涤效果。国产水软化剂包括沸石和离子交换树脂,其中含有能与 Ca^{2+} 和 Mg^{2+} 发生交换的 Na^+。沸石往往也是洗涤剂的成分,在洗涤剂中起着同样的作用。

沸石是微孔铝硅酸盐,孔穴中含有结合得很弱的阳离子和水分子(节 14.15)。沸石包括天然沸石和人工沸石,人工合成的含钠沸石叫"钠-沸石"。硬水遇到钠-沸石后发生的离子交换反应是

$$Na_2\text{-沸石}(s)+Ca^{2+}(aq) \longrightarrow Ca\text{-沸石}(s)+2Na^+(aq)$$

溶液中的 Ca^{2+} 通过上述反应转移至固相。软化水中溶解的阳离子物种主要为 Na^+。由于碳酸钠、肥皂和洗涤剂的钠盐都易溶于水,软化水用于洗涤更有效,避免了像水壶、洗碗机和洗衣机加热时产生水垢那样的问题。

逆反应能使 Ca-沸石再生得到 Na-沸石,其方法是让用过的沸石与高浓度的 Na^+ 溶液(如氯化钠溶液)接触:

$$Ca\text{-沸石}(s)+2Na^+(aq) \longrightarrow Na_2\text{-沸石}(s)+Ca^{2+}(aq)$$

如果是加于洗衣粉中的沸石,由于生成的 Ca-沸石为细粉状固体,只能随污水一起排掉。不过这种操作属于环境友好型操作,因为流出物中含有钙、硅、铝、氧和水,与自然界许多矿物的成分相同。

某些离子交换树脂可代替沸石软化水。它是一类多孔性的有机聚合物,由以官能团(如羧酸根和磺酸根)修饰过的苯乙烯交联而成。阴离子基团的负电荷被树脂表面的 Na^+ 所平衡,正是这些 Na^+ 与溶液中的 Ca^{2+} 和 Mg^{2+} 发生交换。

肥皂业中用氢氧化钾制造"软"液体皂。氯化钾和硫酸钾用作肥料;硝酸钾和氯酸钾用于烟火业。溴化钾已被用作一种抗壮阳药(导致性欲下降的化合物)。氰化钾用于金属提取和电镀工业,以获得或帮助铜、银和金的沉积。

铷和铯往往具有同样的用途,二元素可相互替代。市场对它们的需求较小,应用高度专业化,包括远程通信工业中纤维光学用的玻璃、夜视装置和光电池。"铯钟"(原子钟)用于时间的国际标准测量中,也用来定义秒和米。铯盐也用作高密度钻孔液体:Cs 的高原子质量导致溶液的高密度。

11.6　氢化物

提要:第1族元素的氢化物是离子型的、含有 H^- 的化合物。

第1族元素与氢反应形成离子型(似盐型)的、具有岩盐结构的氢化物,其中的阴离子以氢负离子形式(H^-)存在。这些氢化物曾在节 10.6(b)中详细讨论过。

氢化物与水发生剧烈反应:

$$NaH(s)+H_2O(l) \longrightarrow NaOH(aq)+H_2(g)$$

将粉碎得很细的氢化钠置于潮湿空气中甚至可能着火。这种火难以扑灭,甚至二氧化碳接触到热的金属氢化物时也会被还原。氢化物是非常有用的非亲核性碱和还原剂:

$$NaH(s)+NH_3(l) \longrightarrow NaNH_2(am)+H_2(g)$$

式中,"am"表示物种处在氨溶液中。

11.7　卤化物

提要：同族自上而下，氟化物生成焓的负值变得越来越小，但氯化物、溴化物和碘化物生成焓的负值却变得越来越大。

所有第1族元素都能通过元素直接化合生成卤化物MX。大多数卤化物具有6∶6配位的岩盐结构，但CsCl、CsBr和CsI却具有8∶8配位的CsCl结构（节3.9）。节3.10介绍的半径比论据可以解释化合物采取不同结构的合理性。表11.2给出不同碱金属卤化物的半径比（γ）。正如节3.10中看到的那样，6∶6配位的岩盐结构的半径比预期在0.414到0.732之间，而CsCl结构的预期值大一些；4∶4配位的硫化锌结构的比值预期低于0.414。CsCl结构与岩盐结构晶格能的差别只有很小的百分数，另外一些因素（如极化作用，节3.12）能够帮助稳定大多数碱金属卤化物的岩盐结构而不是CsCl结构。CsCl结构在445 ℃时变为岩盐结构，冷至室温以下时RbCl转化为CsCl结构。

表11.2　不同碱金属卤化物的半径比（γ）*

元素	F	Cl	Br	I
Li	**0.57**	**0.42**	**0.39**	**0.35**
Na	**0.77**	**0.56**	**0.52**	**0.46**
K	**0.96**	**0.76**	**0.70**	**0.63**
Rb	**0.90**	**0.82**	**0.76**	**0.67**
Cs	**0.80**	0.92	0.85	0.76

* 采用配位数为6的离子半径，加黑的数值是采取岩盐结构的化合物。

例题11.1　用粉末X射线衍射法研究压力诱导的相变

题目：标准条件下RbI的粉末X射线衍射数据表明其晶格类型属面心立方，晶格参数为734 pm。4 kbar压力下粉末X射线衍射花纹发生变化，表明晶格变为简单立方（晶格参数为446 pm）。已知Rb^+和I^-的6配位半径分别为148 pm和220 pm，8配位半径分别为160 pm和232 pm，试对这些数据作解释。

答案：根据半径比规则和$\gamma=0.67$，预期RbI应为6∶6配位的岩盐结构［节3.10(b)］。这种结构的晶格类型为面心立方，与衍射数据相一致。用离子半径也可预言这种结构的晶格参数。在岩盐结构中，晶格参数等于Rb—I—Rb的总距离（参考图11.4），二倍于阴离子半径与阳离子半径的总和。因此晶格参数应为736 pm，与实验值基本相一致。压力下的结构显示出排布为较密结构的热力学趋势。对碘化铷而言，半径比向0.732靠近，高于此值时预期应为CsCl结构。因此在受到压力时，RbI会发生相变。CsCl结构的晶格类型是简单立方（见图11.5），与X射线衍射数据相一致，这种类型结构的晶格参数可用8配位环境中Rb^+和I^-的离子半径（分别为160和232 pm）进行计算，利用的公式为$2(r_++r_-)/3^{1/2}$，计算结果为453 pm。这一结果与实验数据接近：衍射数据是在4 kbar条件下收集的，所以晶格参数稍小于计算值，计算中取用的离子半径是1 bar条件下的半径值。

自测题11.1　(a) 在室温和600 ℃两种条件下从实验上收集CsCl的粉末X射线衍射图，判断两种花纹有何不同？(b) X射线衍射数据表明FrI采取简单立方单元晶胞，晶格参数为490 pm。这些实验数据与资源节1中提供的离子半径所预言的结构一致吗？

所有卤化物的生成焓都是很大的负值，对每个元素而言，从氟化物到碘化物负值都在减小。对该族元素而言，氟化物的生成焓自上而下负值减小，而氯化物、溴化物和碘化物的负值却按同一方向增大（见图11.6）。通过讨论元素形成卤化物的Born-Haber循环（见图11.7），可以合理解释上述变化趋势。计算中是以纯离子模型处理碱金属化合物的成键问题的，然而对较重的金属离子而言，随着离子变得越来越大、越来越软和越来越易被极化，共价性的贡献也在增大。

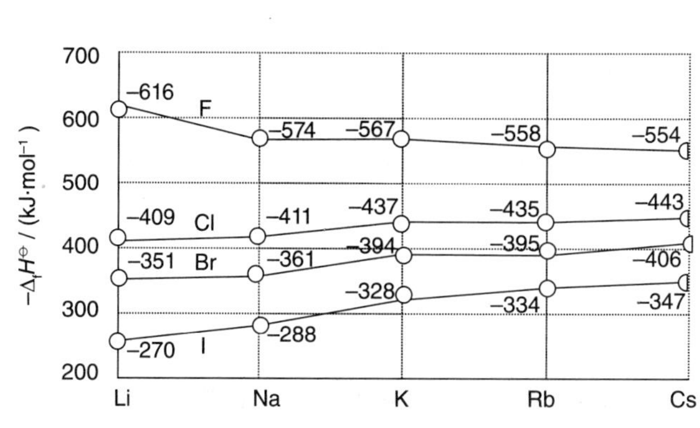

图 11.6　第一族元素卤化物的标准生成焓(298 K)

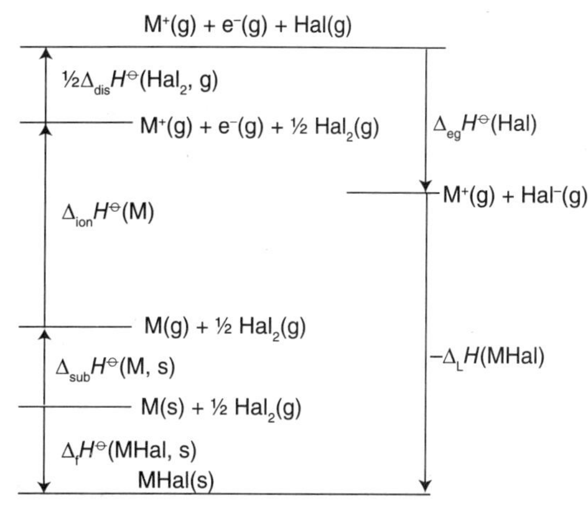

图 11.7　生成第 1 族卤化物的 Born-Haber 循环，循环的总焓变等于零(Hal 表示卤原子)

正如节 3.11 中看到的那样，绕着 Born-Haber 循环循环一周的必要条件是总焓变为零，该条件暗示化合物的生成焓为

$$\Delta_f H^\ominus = \Delta_{sub} H^\ominus + \Delta_{ion} H^\ominus + 1/2\Delta_{dis} H^\ominus + \Delta_{eg} H^\ominus - \Delta_L H^\ominus \tag{11.1}$$

对给定元素生成的不同卤化物而言，式(11.1)右方的前两项是固定值，接下来的两项从氟化物到碘化物发生变化，从表 11.3 中的数据可以看到，从 F 到 I，总和的负值变得越来越小。最后一项为晶格焓，从节 3.12(a)中介绍的 Born-Mayer 方程可知，该项数值反比于离子半径的加和。由于阴离子半径从 F^- 到 I^- 增大，晶格焓越来越小。因此，$\Delta_f H^\ominus$ 的负值越来越小。

表 11.3　讨论第 1 族元素卤化物的某些数据

卤化物	F	Cl	Br	I
离子半径，r/pm	133	181	196	220
$1/2\Delta_{dis}H^\ominus$/(kJ · mol^{-1})	79	121	112	107
$\Delta_{aq}H^\ominus$/(kJ · mol^{-1})	−328	−349	−325	−295
$(1/2\Delta_{dis}H^\ominus+\Delta_{aq}H^\ominus)$/(kJ · mol^{-1})	−249	−228	−213	−188

如果讨论的是不同金属的卤化物的形成反应，则 $\Delta_{dis}H^\ominus$ 和 $\Delta_{eg}H^\ominus$ 两项为常数。$\Delta_{sub}H^\ominus$ 和 $\Delta_{ion}H^\ominus$ 两项的数值随金属不同而变化。如表 11.1 中看到的那样，该族卤化物数值的总和自上而下减小。随着阳离子半径自上而下增大，晶格焓也减小。生成焓的变化趋势依赖于这些数值之间的相对差值，即依赖于$(\Delta_{sub}H^\ominus+\Delta_{ion}H^\ominus)-\Delta_L H^\ominus$。对氯化物、溴化物和碘化物而言，总和值$(\Delta_{sub}H^\ominus+\Delta_{ion}H^\ominus)$的变化大于 $\Delta_L H^\ominus$ 值的变化，生成焓自上而下变得越来越负。然而对氟化物而言，F^- 较小的半径确保 $\Delta_L H^\ominus$ 的差值大于$(\Delta_{sub}H^\ominus+\Delta_{ion}H^\ominus)$的差值，生成焓自上而下负值越来越小。

除微溶于水的 LiF 外，卤化物全都溶于水。LiF 溶解度较小是因为离子半径较小，晶格焓不能被水合焓所抵消。

例题 11.2　计算生成焓

题目：用表 11.1 和表 11.3 提供的数据计算 NaF(s) 和 NaCl(s) 的生成焓，并讨论得到的结果。

答案：化合物的晶格能可用 Kapustinskii 方程(3.4)进行计算，算得 NaF 和 NaCl 的值分别为 879 kJ · mol^{-1}、751 kJ · mol^{-1}。然后从方程(11.1)可知：

$$\Delta_f H^\ominus(\text{NaF}) = (109+494+79-328-879)\ \text{kJ}\cdot\text{mol}^{-1} = -525\ \text{kJ}\cdot\text{mol}^{-1}$$

$$\Delta_f H^\ominus(\text{NaCl}) = (109+494+121-349-751)\ \text{kJ}\cdot\text{mol}^{-1} = -376\ \text{kJ}\cdot\text{mol}^{-1}$$

NaF 的生成焓更负，因此可以预期氟化物比氯化物更稳定。在这个例子中，$\Delta_f H^\ominus$表达式中最重要的一项是晶格焓($\Delta_L H^\ominus$)，由于阴离子体积较小，氟化物的晶格焓大于氯化物。

自测题 11.2　用 Kapustinskii 方程计算 LiF(s) 和 CsF(s) 的晶格焓。用算得的数值和 M^+的水合焓解释两个碱金属盐溶解度的差别。

11.8　氧化物及相关化合物

提要：直接与氧反应时只有 Li 形成正常氧化物；Na 形成过氧化物，更重的元素形成超氧化物。

如前所述，所有第 1 族元素都能与氧发生剧烈反应。只有 Li 与过量氧的反应生成反萤石结构的氧化物 Li_2O：

$$4\ \text{Li(s)} + \text{O}_2\text{(g)} \longrightarrow 2\ \text{Li}_2\text{O(s)}$$

钠与氧的反应生成含有过氧离子 O_2^{2-}的过氧化物 Na_2O_2：

$$2\ \text{Na(s)} + \text{O}_2\text{(g)} \longrightarrow \text{Na}_2\text{O}_2\text{(s)}$$

其他第 1 族元素形成超氧化物：

$$\text{K(s)} + \text{O}_2\text{(g)} \longrightarrow \text{KO}_2\text{(s)}$$

超氧化物中含有顺磁性超氧离子 O_2^-，并采取以岩盐结构为基础的 CaC_2结构类型(见图 3.31；图 11.8 是从另一个角度观察的)。

氧化物、过氧化物和超氧化物都是碱性氧化物，与水反应(Lewis 酸碱反应)时抽取 H_2O 中的 H^+后留下 OH^-：

$$\text{Li}_2\text{O(s)} + \text{H}_2\text{O(l)} \longrightarrow 2\ \text{Li}^+\text{(aq)} + 2\ \text{OH}^-\text{(aq)}$$

$$\text{Na}_2\text{O}_2\text{(s)} + 2\ \text{H}_2\text{O(l)} \longrightarrow 2\ \text{Na}^+\text{(aq)} + 2\ \text{OH}^-\text{(aq)} + \text{H}_2\text{O}_2\text{(aq)}$$

$$2\ \text{KO}_2\text{(s)} + 2\ \text{H}_2\text{O(l)} \longrightarrow 2\ \text{K}^+\text{(aq)} + 2\ \text{OH}^-\text{(aq)} + \text{H}_2\text{O}_2\text{(aq)} + \text{O}_2\text{(g)}$$

氧化物和过氧化物在与 H_2O 发生的反应中发生了质子转移。而在超氧化物的反应中，H_2O 先将质子转移至超氧离子生成“超氧化氢”(HO_2)，后者立即歧化为 O_2和 H_2O_2。

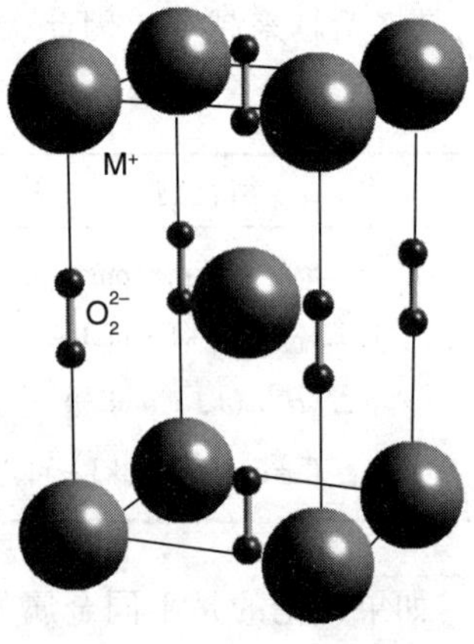

图 11.8*　第 1 族元素超氧化物(MO_2)的结构

Na、K、Rb 和 Cs 的正常氧化物可采用下述两种方法之一制备：一种方法是将金属与一定量的氧反应，另一种则是利用过氧化物或超氧化物的热分解：

$$\text{Na}_2\text{O}_2\text{(s)} \longrightarrow \text{Na}_2\text{O(s)} + 1/2\ \text{O}_2\text{(g)}$$

Na_2O、K_2O 和 Rb_2O 采取反萤石结构。第 1 族元素的过氧化物和超氧化物对上述分解反应的稳定性自上而下增大：Li_2O_2最不稳定，而 Cs_2O_2最稳定。过氧化钠加热时能方便地提供氧，因而广泛用作氧化剂。过氧化物或超氧化物具有分解为正常氧化物的趋势，这种趋势可从晶格焓的角度得到解释。像前面提到的那样，晶格焓与正、负离子半径的加和呈反比。由于 O^{2-}的半径既小于 O_2^{2-}也小于 O_2^-，任何氧化物的晶格焓都大于相应过氧化物或超氧化物。阳离子半径自上而下增大，氧化物和过氧化物(或超氧化物)的晶格焓都在减小。总之，两个晶格焓之间的差值在减小，过氧化物和超氧化物发生分解的趋势自上而下也减小。

超氧化钾能够吸收 CO_2并放出氧气：

$$4\ \text{KO}_2\text{(s)} + 2\ \text{CO}_2\text{(g)} \longrightarrow 2\ \text{K}_2\text{CO}_3\text{(s)} + 3\ \text{O}_2\text{(g)}$$

该反应用于净化空气，如用在潜艇和呼吸装置中。航天工业中往往以过氧化锂代替 KO_2以减轻质量。

含臭氧离子(O_3^-)的化合物叫臭氧化物,第1族所有元素都能生成这类化合物。K、Rb 和 Cs 的过氧化物或超氧化物与臭氧一起加热可以制得臭氧化物,液氨溶液中通过与 CsO_3之间发生的离子交换可以制得钠和锂的臭氧化物。这些化合物非常不稳定,会发生剧烈爆炸:

$$2\ KO_3(s) \longrightarrow 2\ KO_2(s) + O_2(g)$$

Rb 和 Cs 发生部分氧化生成不同组成的次氧化物,其中碱金属元素的平均氧化数低于+1。形成这些化合物需要特殊条件,并严格排除空气、水和其他氧化剂。Rb 或 Cs 与限量氧的反应形成一系列富金属氧化物。这些化合物都是暗色的、高反应活性的金属性导体,如 Rb_6O、Rb_9O_2、Cs_4O 和 Cs_7O。Rb_9O_2的结构可作为了解此类化合物性质的一条线索:Rb_9O_2中的 O 原子被 6 个 Rb 原子以八面体方式所围绕,两个相邻的八面体共享一个三角面(见图 11.9)。这些化合物属于最早合成和表征的一些金属簇化合物(其中含有金属-金属键),虽然也发现了包括 Zintl 相(节 11.15)在内的其他体系,但这些体系具有金属性导电的性质,从而表明价电子的离域超出了单个 Rb_9O_2簇的范围。

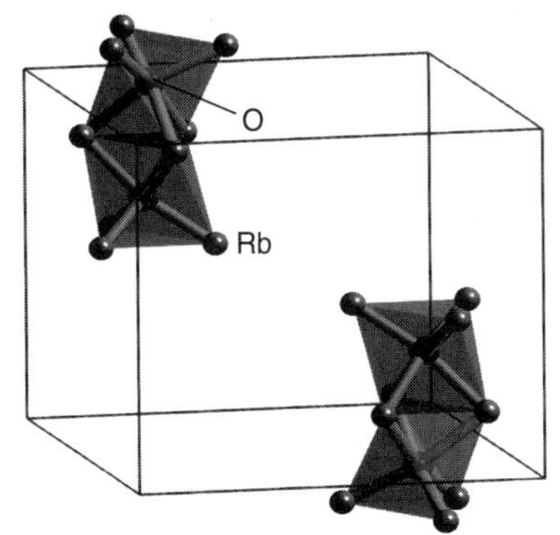

图 11.9 Rb_9O_2的结构
图上示出两个单元,每个单元的 O 原子被 Rb 原子以八面体方式所围绕,相邻两个八面体共享三角面。图上绘出的是单元晶胞的轮廓

例题 11.3 用热力学数据判断过氧化物的稳定性

题目:O_2^-和 O_2^{2-}的离子半径分别为 126 pm 和 180 pm。以此信息为基础,确认第 1 族元素过氧化物的分解趋势自上而下减小。

答案:评估稳定性需要比较晶格焓。为此可利用表 11.1 提供的数据,并通过用 Kapustinskii 方程计算 Na_2O/Na_2O_2 和 Rb_2O/Rb_2O_2同一元素两物种之间晶格焓的差值。需要记住的是,过氧化物的化学式为$(M^+)_2(O_2^{2-})$,所以 Kapustinskii 方程中的离子数为 3,电荷数为+1 和-2。代入这些数据可得如下结果(单位:$kJ \cdot mol^{-1}$):

Na_2O	Na_2O_2	Rb_2O	Rb_2O_2
2 702	2 260	2 316	1 980

Na_2O 和 Na_2O_2、Rb_2O 和 Rb_2O_2之间的差值分别为 442 $kJ \cdot mol^{-1}$和 336 $kJ \cdot mol^{-1}$。这些结果表明,该族元素的差值自上而下减小,表明过氧化物分解形成氧化物的热力学趋势按同一方向降低(假定熵因素的影响相似)。

自测题 11.3 除非低温保存,第 1 族所有元素的臭氧化物都不稳定且易发生分解。试判断自上而下分解温度的变化趋势。

11.9 硫化物、硒化物和碲化物

提要:第 1 族元素与硫化合生成简单硫化物(M_2S)和多硫化物。

所有第 1 族元素都能形成化学计量式为 M_2S 的简单硫化物。离子半径较小的金属(从 Li 到 K)硫化物采取反萤石结构,其中的硫为简单的 S^{2-}。对较重的碱金属而言,多硫化物 M_2S_n(n=2~6)也是已知的,这些碱金属离子(M^+)是软酸,从而能够稳定软碱离子(S_n^{2-})。对 $n \geqslant 3$ 的多硫化物而言,结构中含有被碱金属阳离子隔开的锯齿形链状多硫化物阴离子(见图 11.10)。钠-硫电池可用作固定的储能体系,与风力和太阳能发电厂结合起来一起使用(应用相关文段 11.5)。硒和碲与碱金属反应分别形成硒化物(如 K_2Se)和碲化物;多硒化物(如 K_2Se_5)和多碲化物(如 Cs_2Te_5)也是已知的。

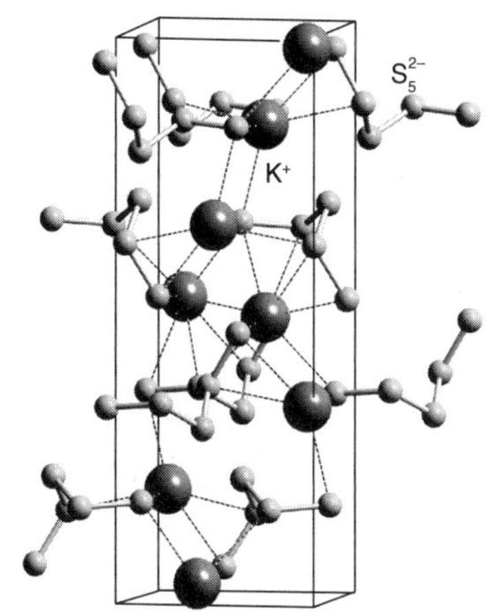

图 11.10* K_2S_5的结构

应用相关文段 11.5 钠-硫电池

钠-硫电池通过钠与硫之间的反应产生功率。这种电池具有高的能量密度、良好的充电和放电效率(90%)、较长的循环寿命,以及使用相对廉价的材料制造。熔化的金属钠为阳极,阴极为钢(与吸收了硫的多孔碳相接触),阳极和阴极以 β-氧化铝固体电解质隔开。钠 β-氧化铝是一种离子导体,但却是一种不良的电导体,所以避免了电池自放电。电池放电时钠将电子释放给外电路,产生的 Na^+穿过钠 β-氧化铝迁移至硫。来自外电路的电子在阴极与硫反应形成多硫化钠(S_2^{2-})。电池放电的总过程是

$$2Na(l)+4\ S(l) \longrightarrow Na_2S_4(l) \qquad E_{cell}=2.1\ V$$

充电过程发生逆反应,体系损失少量热以使操作温度保持在 300~350 ℃。由于高温条件下操作及电池成分的高腐蚀性,这种电池主要适于用电荷量大的、静止态(而不是移动态)的场合。钠-硫电池提供了一种能量储存体系,与只能间歇运转的可再生能源工厂一起配合使用,如风力发电厂、波浪能发电厂及太阳能发电厂。用在风力发电厂时,电池在风大时储存能量,高峰负荷期将能量从电池中释放出来。

11.10 氢氧化物

提要:所有第 1 族元素的氢氧化物能溶于水,并能吸收大气中的水分和二氧化碳。

所有第 1 族元素的氢氧化物为白色、半透明、易潮解的固体,以放热反应的方式吸收大气中的水分和二氧化碳。锂形成稳定的氢氧化物水合物 $LiOH \cdot 8H_2O$。第 1 族元素氢氧化物的可溶性使其成为实验室和工业上方便的 OH^-离子源。氢氧化钾(KOH)溶于乙醇生成的"乙醇 KOH"溶液是有机合成的有用试剂。碱金属氢氧化物溶液容易吸收空气中的二氧化碳:

$$2MOH(aq)+CO_2(g) \longrightarrow M_2CO_3(aq)+H_2O(l)$$

因而置于空气中的溶液容易被碳酸盐所污染,用于容量分析的溶液使用前应核查其浓度。室温下 MOH 浓溶液也会与硅酸盐玻璃缓慢发生反应生成碱金属硅酸盐。加热时反应进行得更快,高温下实验室里的反应应在塑料质惰性容器中进行。

氢氧化钠是通过氯碱工业生产的(应用相关文段 11.3),在有机化学工业和其他无机化学品的制备中用作试剂。它也用于造纸工业,以及食品工业中用来分解蛋白质,如将橄榄浸于氢氧化钠溶液使外壳变软以便食用。挪威美味的碱渍鱼(Lutefish)是由碱分解干的鳕鱼制成的果冻状黏稠物。美国国内的应用领域主要基于 NaOH 对油脂的作用,如广泛用作炉灶和下水道的清洁剂。某些发泡的下水道清洁剂中混有铝粉,铝与水中的 OH^-反应放出氢气。

11.11 氧合酸的化合物

第 1 族元素与大多数氧合酸形成盐。工业上最重要的氧合酸盐是碳酸钠(通常叫苏打粉)和碳酸氢钠(通常叫小苏打)。

(a) 碳酸盐

提要:第 1 族元素碳酸盐可溶于水,强热时分解为氧化物。

第 1 族元素形成可溶性碳酸盐(碳酸锂微溶)。

多年来持续使用 Solvay 法生产碳酸钠,原料 NaCl 和 $CaCO_3$价廉易得,总反应可表示为下述平衡:

$$2NaCl(aq)+CaCO_3(s) \rightleftharpoons Na_2CO_3(s)+CaCl_2(aq)$$

然而由于 $CaCO_3$晶格能较高,平衡更有利于反应式左端。实际过程中涉及氨,操作需要分步完成。由碳酸钙热分解而产生的氧化钙与氯化铵反应产生氨:

$$2NH_4Cl(s)+CaO(s) \longrightarrow 2NH_3(g)+CaCl_2(s)+H_2O(l)$$

将 $CaCO_3$和 $NaHCO_3$热分解产生的氨和二氧化碳通入饱和的氯化钠溶液生成含有 NH_4^+、Na^+、Cl^-和 HCO_3^-的溶液:

$$NaCl(aq)+CO_2(g)+NH_3(g)+H_2O(l) \longrightarrow Na^+(aq)+HCO_3^-(aq)+NH_4^+(aq)+Cl^-(aq)$$

冷却至低于15 ℃过滤沉淀出来的$NaHCO_3$,然后加热得到目的产物Na_2CO_3并放出CO_2。将残渣NH_4Cl分离出来重新用于起始阶段与CaO的反应。该法耗能较高而且产生大量$CaCl_2$副产物。这些问题意味着,从钠的倍半碳酸盐矿物[$Na_3(CO_3)(HCO_3)\cdot 2H_2O$]中提取$Na_2CO_3$的途径仍有存在价值。

碳酸钠主要用于玻璃制造,与二氧化硅反应生成硅酸钠($Na_2O\cdot xSiO_2$)。也用作水的软化剂,以碳酸钙的形式(硬水地区形成的锅垢)除去Ca^{2+}。碳酸钾是用二氧化碳处理KOH的方法生产的,用于玻璃和陶瓷制造业中。

加热高于650 ℃时碳酸锂发生分解:

$$Li_2CO_3(s) \xrightarrow{\triangle} Li_2O(s)+CO_2(g)$$

加热高于800 ℃时其他较重元素的碳酸盐才发生显著分解。更高的稳定性归因于大阳离子作用于大阴离子,这种影响可用晶格能的变化趋势作解释(参见节3.15)。

例题11.4 判断碳酸盐的热稳定性

题目:第1族元素碳酸盐的热稳定性自上而下增大,这种说法对吗?

答案:这里需要再一次聚焦晶格能。为了确认这种变化趋势,可用Kapustinskii方程估算Na_2CO_3/Na_2O和Rb_2CO_3/Rb_2O同一元素两物种之间晶格焓的差值。表11.1给出了相关的离子半径,氧化物和碳酸根离子的离子半径和热化学半径分别为126 pm和185 pm。将有关数据代入方程(3.4)可得如下结果:

	Na_2CO_3	Na_2O	Rb_2CO_3	Rb_2O
$\Delta_L H^\ominus/(kJ\cdot mol^{-1})$	2 246	2 732	1 954	2 316
差值/($kJ\cdot mol^{-1}$)	486		362	

计算结果表明,碳酸盐和氧化物之间晶格焓的差值自上而下减小,表明碳酸盐分解为氧化物的热力学趋势按同一方向降低(假定熵效应相似)。分解温度也按同一方向增高:碳酸钠在800 ℃以上开始分解,碳酸铷开始分解需要加热至近1 000 ℃。

自测题11.4 绘出第1族元素碳酸盐分解为氧化物和二氧化碳的热力学循环。

(b) 碳酸氢盐

提要:碳酸氢钠在水中的溶解度小于碳酸钠,加热时分解放出CO_2。

碳酸氢钠(小苏打)在水中的溶解度小于碳酸钠,将CO_2通入碳酸盐饱和溶液可以制得这种化合物:

$$Na_2CO_3(aq)+CO_2(g)+H_2O(l) \longrightarrow NaHCO_3(s)$$

碳酸氢盐加热时发生上述反应的逆反应:

$$NaHCO_3(s) \longrightarrow Na_2CO_3(s)+CO_2(g)+H_2O(l)$$

该反应为碳酸氢盐用作灭火剂提供了基础。粉状盐覆盖火焰,受热分解产生的二氧化碳和水都是灭火剂。碳酸氢钠用作焙粉同样以上述反应为基础,发酵过程中放出的二氧化碳和水蒸气使面团发胀。一种更为有效的膨胀剂叫发酵粉,它是碳酸氢钠和二磷酸氢钙的混合物:

$$2NaHCO_3(s)+Ca(H_2PO_4)_2(s) \longrightarrow Na_2HPO_4(s)+CaHPO_4(s)+2CO_2(g)+2H_2O(l)$$

碳酸氢钾用作葡萄酒生产和水处理中的缓冲剂,也用作低pH液体洗涤剂中的缓冲剂、软饮料中的添加剂和治疗消化不良的抗酸药。

(c) 其他氧合酸盐

提要:第1族元素的硝酸盐用作肥料和炸药。

硫酸钠(Na_2SO_4)的溶解度很大,而且容易形成水合物。硫酸钠的一个重要商业来源是从氯化钠生产氢氯酸的副产物:

$$2NaCl(aq)+H_2SO_4(aq) \longrightarrow Na_2SO_4(aq)+2HCl(aq)$$

硫酸钠也可从其他工业过程以副产品形式获得，包括烟道气脱硫和人造纤维制造业。硫酸钠的主要用途是处理木浆，这种木浆用于制造包装用牛皮纸和纸板。硫酸钠在处理木浆的过程中被还原为亚硫酸钠，后者能够溶解木材中的木质素（木浆中的木质素回收后用作黏合剂）。它也用于玻璃制造业、洗衣粉的添加剂和温和的泻剂。

硝酸钠（$NaNO_3$）易潮解，用于制造其他硝酸盐、肥料和炸药。硝酸钾以硝石矿存在于自然界。硝酸钾在冷水中微溶，在热水中溶解度很大。从 12 世纪起就广泛用于制造火药，也用作炸药、烟火、火柴和肥料。

例题 11.5　用热重分析法研究碱金属硝酸盐的热分解

题目：加热至 900 ℃以上时，质量为 100.0 mg 的硝酸锂（$LiNO_3$）样品一次性失重 71.76%。加热至同样温度时硝酸钾（KNO_3）发生了两阶段失重，350 ℃时失去样品总质量的 15.82%，加热至 950 ℃以上时失去起始样品总质量的 53.42%。确定硝酸锂和硝酸钾分解形成的不同产物的组成。

答案：这里需要考虑摩尔质量的变化以识别相应的经验式（节 8.15）。$LiNO_3$的摩尔质量为 68.95 $g \cdot mol^{-1}$，100.0 mg 相应于（100.0 mg）/（68.95 $g \cdot mol^{-1}$）= 1.450 mmol。由于 1 mol 硝酸锂产生 1 mol 含锂的固体分解产物 X，1.450 mmol $LiNO_3$产生 1.450 mmol X。然而我们知道产生的 X 的质量为 28.24 mg，所以摩尔质量为（28.24 mg）/（1.450 mmol）= 19.48 $g \cdot mol^{-1}$。这样的摩尔质量相应于经验式 $LiO_{0.5}$（或 Li_2O）。由于失去的是 $NO_2(g)$ 和 $O_2(g)$，硝酸锂分解反应的总方程是

$$2\ LiNO_3(s) \longrightarrow Li_2O(s) + 2\ NO_2(g) + 1/2\ O_2(g)$$

对 KNO_3进行类似计算的结果表明，开始的质量损失相应于 350 ℃时形成 KNO_2，450 ℃时形成 K_2O。两步反应分别是

$$KNO_3(s) \longrightarrow KNO_2(s) + 1/2\ O_2(g)$$

$$2\ KNO_2(s) \longrightarrow K_2O(s) + 2\ NO(g) + 1/2\ O_2(g)$$

硝酸锂和硝酸钾通过不同路线分解为各自的氧化物，这是锂性质反常的另一实例。半径较大的 K^+能够稳定 NO_2^-，使 KNO_2不能立即分解为氧化物。分解路线和分解温度的类似区别也发生在碳酸锂那里，它是加热时容易分解的唯一碱金属碳酸盐。

自测题 11.5　用类似的论据合理说明两种碱金属硝酸盐分解为最终产物时具有不同的温度。

11.12　氮化物和碳化物

提要：第 1 族元素只有 Li 分别与氮和碳直接反应生成氮化物和碳化物。

Li 虽是本族中最不活泼的金属，却是能与氮直接反应形成氮化物（通常为红色）的唯一元素：

$$6\ Li(s) + N_2(g) \longrightarrow 2\ Li_3N(s)$$

这一性质倒是与 Mg 相似。氮化锂的结构（见图 11.11）是由组成为 Li_2N 的片层组成的，片层中含有被其他 Li^+分隔开来的六配位 N^{3-}。固体氮化锂中的这种 Li^+具有很高的移动性，这是因为结构中存在可供 Li^+跳跃的空位，氮化锂也因此被归入"快离子导体"。氮化锂在充电电池中用作固体电解质和阳极材料的可能性正处在研究之中。

氮化锂也显示出用作储氢材料的前景（应用相关文段 10.4）。在温度和压力都升高的条件下，放在氢气中的氮化锂的储氢量可达 11.5%（按氢的质量计）。Li_3N 与氢通过下述可逆反应生成 $LiNH_2$和 LiH：

$$Li_3N(s) + 2H_2(g) \rightleftharpoons LiNH_2(s) + 2LiH(s)$$

加热至 170 ℃时，$LiNH_2$与 LiH 反应生成 Li_3N 并放出氢。

氮化钠于新近被合成出来，其方法是在液氮温度下让 Na 原子和 N 原子沉积在冷却的蓝宝石表面上。氮化钠的结构类似于 ReO_3 的结构类型（节 24.7），N^{3-}和 Na^+分别占据着 Re(Ⅵ) 和 O^{2-}的位置。

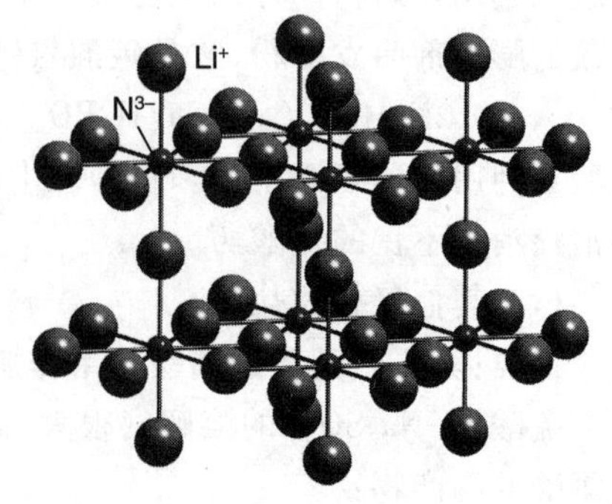

图 11.11*　Li_3N 的结构

其他第 1 族元素不能形成氮化物，虽然可通过下述反应得到含有 N_3^- 的叠氮化物：

$$2NaNH_2(s)+N_2O(g) \longrightarrow NaN_3(s)+NaOH(s)+NH_3(g)$$

锂与碳在高温下直接反应生成化学计量式为 Li_2C_2 的碳化物，其中含有二碳化物（乙炔化物）阴离子 C_2^{2-}。其他碱金属不能通过元素之间的直接化合反应生成碳化物，虽然在乙炔中加热金属可以获得化学计量式为 M_2C_2 的碳化物。K、Rb 和 Cs 与石墨在低温下反应生成诸如 C_8K 那样的插入型化合物（节 14.5）。锂可通过电化学方法插入石墨形成 LiC_6，该化合物在某些可充电电池体系（应用相关文段 11.2）中起着重要作用。碱金属从 Na 到 Cs 都可与富勒烯 C_{60} 发生反应生成诸如 Na_2C_{60}、Cs_3C_{60} 和 K_6C_{60} 的富勒化物，其中含有碱金属阳离子和富勒化物阴离子 C_{60}^{n-}。节 14.6 将会介绍 K_3C_{60} 的结构，C_{60}^{3-} 阴离子以密堆积方式排列而产生的所有八面体空穴和四面体空穴都被 K^+ 所占据；这种材料在 30 K 以下显示超导性。

例题 11.6 用 NMR 研究第 1 族元素化合物

题目：所有第 1 族元素都有四极核，如 $I(^{23}Na)=3/2$ 和 $I(^{133}Cs)=7/2$。然而我们却可以得到这些原子核的 NMR 谱（包括固态的 MASNMR 谱，见节 8.6），特别是当这些核处于高对称环境下。金属钠与富勒烯 C_{60} 反应生成富勒化物 Na_3C_{60}，后者的 ^{23}Na-NMR 谱在 170 K 显示两个共振峰，高于室温时谱图上的两个峰则合二为一。试对这一信息作出解释，并叙述 Na_3C_{60} 结构与 C_{60} 结构的相关性。

答案：低温光谱上出现两个峰表明化合物中的 Na 有两种不同的环境。我们知道，C_{60} 采取 C_{60} 分子立方密堆积形成的结构（节 3.9）。在与金属钠发生的反应中，C_{60} 分子被还原为阴离子；小体积的 Na^+ 阳离子可能占据所有可供利用的、稍微有所扩大的四面体和八面体空穴，而 C_{60}^{3-} 阴离子的排列仍然是密堆的。每一种空穴类型对应于 NMR 检测到的一种环境。高温下钠离子在四面体部位和八面体部位之间快速迁移，在 NMR 的时间标度上变得不可区分，从而导致只能看到一个共振峰。

自测题 11.6 预言高温和低温下 Li_3N（见图 11.11）的 ^7Li-NMR 谱（假定可以获得这种谱）。

11.13 溶解度和水合作用

提要：常见盐的溶解度变化很大；只有 Li 和 Na 形成水合盐。

第 1 族元素所有的常见盐可溶于水。溶解度数值变化很大，某些最易溶的盐是那些半径差值最大的阳离子和阴离子组成的盐。因此，卤化锂的溶解度从氟化物至溴化物增大，而铯的卤化物的变化趋势则相反（参见节 3.15）。

不是所有碱金属盐都能以水合物形式存在。水合盐的晶格焓低于无水盐，这是因为水合层有效地增大了阳离子的半径，导致阳离子距离它周围的阴离子更远。如果水合焓能够抵消晶格焓的减少值，则有利于形成水合盐。水合焓依赖于阳离子与水分子之间的离子-偶极子相互作用。电荷密度高的阳离子这种相互作用是最强的。第 1 族金属阳离子电荷密度低（离子半径大而电荷低），它们的大多数盐因此而是无水盐。半径较小的 Li^+ 和 Na^+ 存在一些例外，如 $LiOH \cdot 8H_2O$ 和 $Na_2SO_4 \cdot 10H_2O$（Glauber 盐，芒硝）。

11.14 液氨溶液

提要：金属钠可溶于液氨，低浓度溶液显蓝色，高浓度溶液显青铜色。

钠可溶于纯的无水液氨中（不放出氢），得到的稀溶液为深蓝色。**金属-氨溶液**（metal-ammonia solutions）的这种颜色是由靠近红外区的强吸收峰峰尾产生的（包括 Ca 和 Eu 在内，其他升华焓低的电正性金属溶于液氨也产生蓝色，但这种蓝色与金属无关）。钠溶于液氨得到很稀溶液的溶解过程可用下述方程表示：

$$Na(s) \longrightarrow Na^+(am)+e^-(am)$$

在液氨的沸点温度（-33 ℃）和隔绝空气的环境中溶液可长期放置。然而这种溶液是介稳状态的溶液，某些 d 金属化合物能催化其分解：

$$Na^+(am)+e^-(am)+NH_3(l) \longrightarrow NaNH_2(am)+1/2H_2(g)$$

浓的金属-氨溶液具有金属的青铜色，电导接近于金属电导。有人将其描述为“扩展了的金属”，其中 $e^-(am)$ 将氨合阳离子缔合在一起。这种描述受到下述事实的支持：在饱和溶液中，氨与金属之比在 5~10，这样的数字大体相应于金属原子的配位数。

蓝色的金属-氨溶液是优良还原剂。例如，用液氨溶液中的钾还原 Ni(Ⅱ)可以制得 Ni(Ⅰ)络合物 $[Ni_2(CN)_6]^{4-}$，其中的镍处于非正常的低氧化态 Ni(Ⅰ)：

$$2K_2[Ni(CN)_4]+2K^+(am)+2e^-(am) \longrightarrow K_4[Ni_2(CN)_6](am)+2KCN$$

反应是在隔绝空气和液氨沸点温度的条件下进行的。M(am)作为强还原剂的反应还包括了形成嵌入型石墨化合物(节 14.5)、富勒化物(节 14.6)和 Zintl 相(节 11.15)的反应。制备反应的两个例子如下：

$$8C(\text{石墨})+K^+(am)+e^-(am) \longrightarrow [K(am)]^+[C_8]^-(s)$$

$$C_{60}(s)+3Rb^+(am)+3e^-(am) \longrightarrow [Rb(am)]_3C_{60} \xrightarrow{\triangle} Rb_3C_{60}(s)$$

碱金属也能溶于醚类和烷基胺类化合物，所得溶液的吸收光谱依赖于金属的性质。对金属性质的依赖性表明，产生的光谱与从碱金属化物离子(M^-，如钠化物离子 Na^-)至溶剂的电荷转移有关。以乙二胺(en)为溶剂时溶解方程可写为

$$2Na(s) \longrightarrow Na^+(en)+Na^-(en)$$

存在碱金属化物离子的其他证据是，指派为 M^- 的物种(具有自旋成对的 ns^2 价电子组态)显示反磁性。符合这种解释的另一个实验现象是，当溶解于溶剂中的物质是钠/钾合金时，依赖于金属性质的吸收带与金属 Na 溶液的吸收带相同。

$$NaK(l) \longrightarrow K^+(en)+Na^-(en)$$

11.15　含碱金属的 Zintl 相

提要：碱金属还原第 13 族至第 16 族金属得到含有聚阴离子的 Zintl 相。

第 1 族元素与 p 区第 13 族至第 16 族金属反应生成 Zintl 相。碱金属液氨溶液是强还原剂，能与金属反应形成这种相。或者说，Zintl 相是第 1 族元素与 p 区元素在高温下直接反应得到的。第 1 族的 Zintl 相是离子型化合物，电子从碱金属原子转移至由 p 区原子组成的簇形成多聚阴离子；生成的化合物通常是质脆的、反磁性的半导体或弱导体。

与第 14 族元素(E)反应时，得到化学计量式为 M_4E_4(其中含有 E_4^{4-} 四面体阴离子)和 M_4E_9(如 Cs_4Ge_9，其中含有 Ge_9^{4-} 单盖帽四方反棱柱体阴离子)的化合物(见图 11.12)。对第 13 族元素而言，已知存在着诸如 Rb_2In_3(含有 In_6 八面体)和 KGa(含有 Ga_8 多面体阴离子)这样的化合物。化合物 Cs_5Bi_4 中含有化学计量式为 Bi_4^{5-} 的四聚链。第 1 族元素甚至能形成更为奇异的 Zintl 相，其中包括富勒烯型结构的 $Na_{96}In_{91}M_2$ 和 $Na_{172}In_{192}M_2$，化学式中的 M=Ni,Pd,Pt(见图 11.13)。

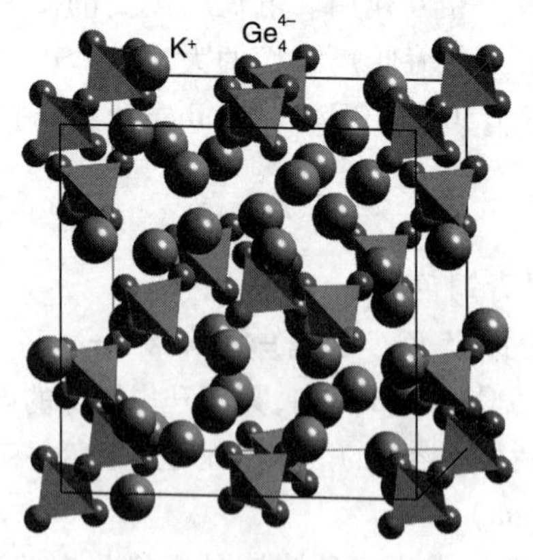

图 11.12*　K_4Ge_4 的结构

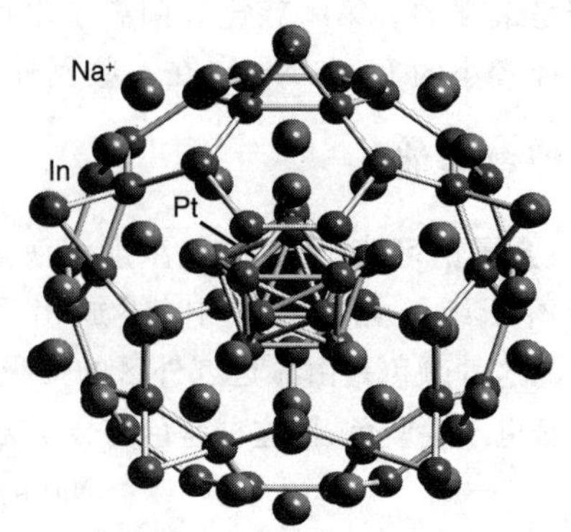

图 11.13*　$Na_{172}In_{192}Pt_2$ 的部分结构，示出了 In 原子围绕 Na^+ 而形成的类富勒化物的复杂网状结构

11.16　配位化合物

提要:第 1 族元素与多齿配体形成稳定的络合物。

第 1 族离子(特别是从 Li^+ 到 K^+)是硬 Lewis 酸(节 4.9),因而与小体积的、硬给予体(如具有 O 原子和 N 原子的给予体)形成的大多数络合物是靠库伦作用力结合的。由于这些离子的库伦作用力较弱及没有明显的共价成键作用,它们与单齿配体的结合力很弱。然而许多现象(如较重的碱金属形成过氧化物或臭氧化物而不形成氧化物、高氯酸盐的难溶性)表明,本族金属的硬度自上而下减小。

$M(OH_2)_n^+$ 中的 H_2O 配体容易与周围的溶剂 H_2O 分子发生交换。虽然对硬度很大的 Li^+ 而言这种交换过程进行得很慢,但随着 Rb^+ 和 Cs^+ 硬度变小,交换却变得稍快些。乙二胺四乙酸根离子($[(O_2CCH_2)_2NCH_2CH_2N(CH_2CO_2)_2]^{4-}$)的形成常数高得多,特别是与较大的碱金属阳离子形成的络合物。大环配体和相关配体与碱金属离子形成最稳定的络合物。冠醚(如 18-冠-6,**1**)与碱金属离子在非水溶剂中形成有一定稳定性的络合物。双环的穴醚配体(如 2.2.1-穴,**2** 和 2.2.2-穴,**3**)形成的络合物更稳定,甚至能存活于水溶液中(**4**)。这些配体对特定金属离子显示出选择性,主要因素是满足阳离子和容纳阳离子的配体空穴相匹配(见图 11.14)。

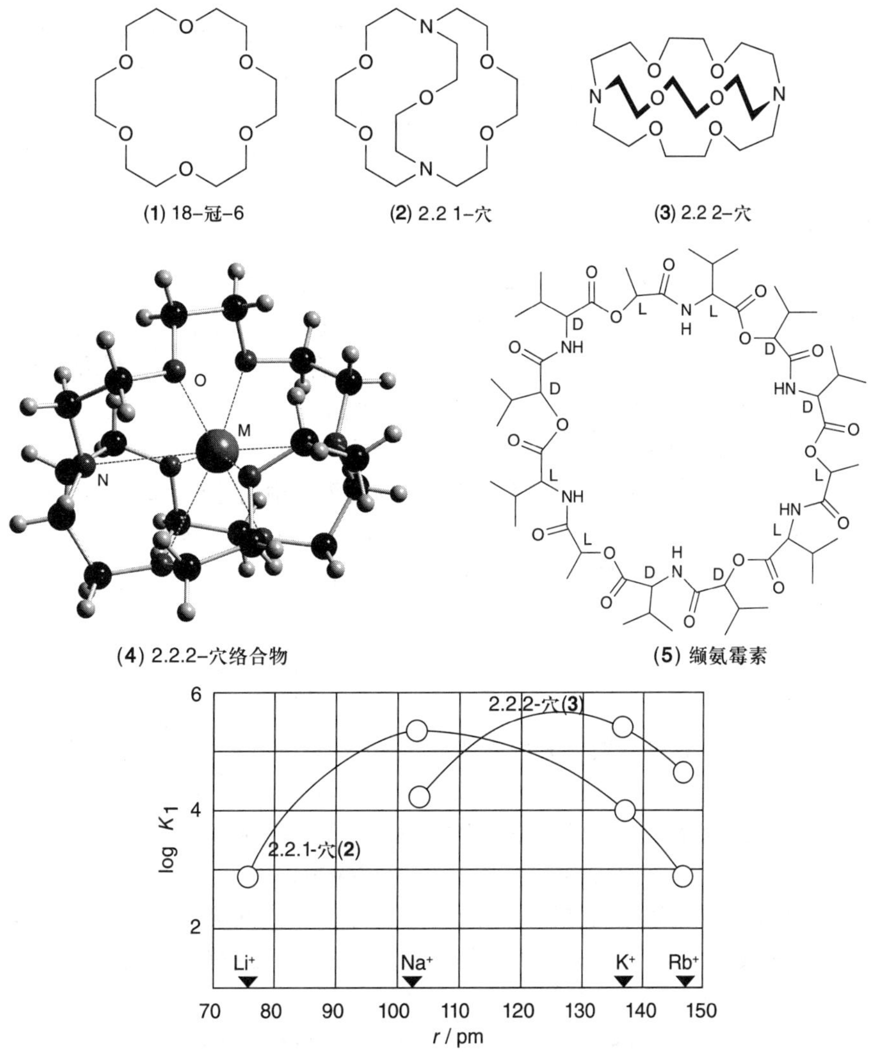

图 11.14　第 1 族金属与穴醚配体络合物的形成常数对阳离子体积作出的图形

注意,空穴体积较小的 2.2.1-穴有利于与 Na^+ 形成络合物,空穴体积较大的 2.2.2-穴有利于与 K^+ 形成络合物

阳离子和配体空穴相匹配的另一个例子被认为是 Na^+ 和 K^+ 能发生跨细胞膜转移的原因所在(节 26.3)。离子能够跨过疏水细胞膜,利用的是蛋白质分子中由给予体原子所规定的空穴。给予体原子安排出一个空穴,空穴大小决定了结合 Na^+ 还是结合 K^+。这样的**离子通道**(ion channels)能够调节细胞膜两侧 Na^+/K^+ 的浓度差别,细胞膜则是细胞具有这一特定功能的关键。自然界存在的缬氨霉素(**5**)是个选择与 K^+ 配位的抗生素,生成 1∶1 的疏水络合物使 K^+ 能够穿过细菌的细胞膜发生转移,消除离子差异并导致细胞死亡。

钠与穴醚之间的络合作用可用来制备固体钠化物。例如,制备 $[Na(2.2.2)]^+Na^-$,式中的(2.2.2)是指穴醚配体。X 射线结构测定表明结构中存在着 $[Na(2.2.2)]^+$ 和 Na^-,后者处于晶体的空穴中。反应产物的精准性质随钠与穴醚比例不同而变化。反应也能结晶出含有溶剂合电子的所谓**电子化物**(electrides)的固体,并得到 X 射线晶体结构。图 11.15 中示出这种固体中推断出来的电子密度最大的位置。成功制备钠化物和其他碱金属化物的事实证明,溶剂和络合剂强烈影响着金属的化学性质。这种影响的例子还包括冠醚在有机溶剂中能够产生活泼 Cl^- 的能力。在分液漏斗中将 NaCl 水溶液与溶解于有机溶剂的 18-冠-6 一起摇动时,Na^+ 拉着 Cl^- 一起进入有机相,溶剂化作用很弱的 Cl^- 显示出高反应活性。

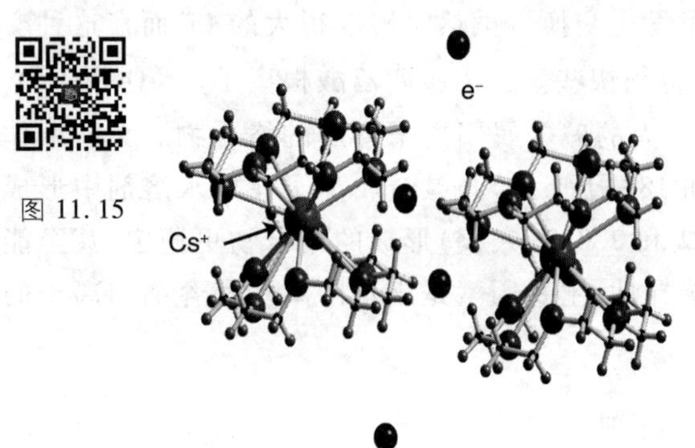

图 11.15* $[Cs(18\text{-冠-}6)_2]^+e^-$ 的晶体结构
蓝色球绘出最高电子密度的位置,因而表示的是电子这个“阴离子”的位置

11.17　金属有机化合物

提要:第 1 族元素的金属有机化合物容易与水反应,而且易生火花。

第 1 族元素形成许多金属有机化合物,水存在时这些化合物不稳定,而且在空气中生火花。这些化合物是在有机溶剂(如四氢呋喃,THF)中制备的。质子型有机化合物(能给出质子的化合物)与第 1 族金属形成离子型金属有机化合物,如环戊二烯与金属钠在 THF 中的反应:

$$Na(s)+C_5H_6(l) \longrightarrow Na^+[C_5H_5]^-(sol)+1/2H_2(g)$$

反应得到的环戊二烯基阴离子是合成 d 区金属有机化合物的重要中间体(第 22 章)。

锂、钠和钾与芳香族物种形成深色化合物。金属的氧化导致一个电子转移至芳香体系产生**自由基阴离子**(radical anion),自由基阴离子是具有未成对电子的阴离子:

$$Na + C_{10}H_8 \longrightarrow Na^+[C_{10}H_8]^-$$

钠和钾的烷基化合物是不溶于有机溶剂的无色固体,稳定化合物具有相当高的熔化温度。它们是通过**金属转移反应**(transmetallation reaction)产生的,这种反应涉及一种金属-碳键的断裂和与另一种不同金属的金属-碳键的形成。反应起始物往往使用烷基汞化合物,如金属钠与烷基汞在烃类溶液中反应生成甲基钠:

$$Hg(CH_3)_2+2Na \longrightarrow 2NaCH_3+Hg$$

有机锂是迄今最重要的第 1 族金属有机化合物。它们是液体或低熔点固体、最具热稳定性的进入基团、可溶于有机溶剂和非极性溶剂(如 THF)中的化合物。有机锂可由烷基卤化物和金属锂合成,或由有机物种与丁基锂 $Li(C_4H_9)$ 反应制备,后者通常简写为 BuLi:

$$BuCl(sol)+2Li(s) \longrightarrow BuLi(sol)+LiCl(s)$$

$$BuLi(sol)+C_6H_6(l) \longrightarrow Li(C_6H_5)(sol)+C_4H_{10}(g)$$

许多主族金属有机化合物的一个特征是存在桥式烷基基团。如果醚类作为溶剂，甲基锂则以 $Li_4(CH_3)_4$存在，其中包括了 Li 原子四面体和桥 CH_3基团(**6**)。烃类溶剂中形成 $Li_6(CH_3)_6$(**7**)，结构中的 Li 原子按八面体方式排布。其他烷基锂也采取类似结构，烷基基团很大时例外。例如，如果烷基为叔丁基[$—C(CH_3)_3$]，则四聚体为形成的最大物种。这些烷基锂中不少是缺电子化合物，含有这种化合物特有的 3*c*,2*e* 键(节 2.11)。

有机锂化合物在有机合成中非常重要。最重要的反应是作为亲核试剂进攻羰基的反应：

$$R^{-} \quad {>}C{=}O \longrightarrow R{-}C{-}O^{-}$$

正如后面章节将会看到的那样，有机锂化合物也用于将 p 区卤化物转化为元素有机化合物。例如，三氯化硼与丁基锂在 THF 中反应生成有机硼化合物：

$$BCl_3(sol) + 3BuLi(sol) \longrightarrow Bu_3B(sol) + 3LiCl(s)$$

上述反应和 s 区、p 区金属有机化合物的其他许多反应的驱动力是，电负性较小的金属生成了不溶解的卤化物。

烷基锂在烯烃立体选择聚合制造合成橡胶工业上非常重要。丁基锂也用作溶液聚合反应的引发剂，从而得到一系列高弹体和聚合物。有机锂化合物也用于合成多种药物，包括维生素 A 和 D、止痛药、抗抑郁剂和抗凝血剂。烷基锂可用来合成其他金属有机化合物，如将烷基引入 d 金属的金属有机化合物(节 22.8)：

$$(C_5H_5)_2MoCl_2 + 2CH_3Li \longrightarrow (C_5H_5)_2Mo(CH_3)_2 + 2LiCl$$

加入螯合配体(如四甲基乙二胺，TMEDA，**8**)可以提高烷基锂的反应活性和溶解度。TMEDA 可破开任何四聚体生成像$[BuLi(TMEDA)]_2$这样的络合物。

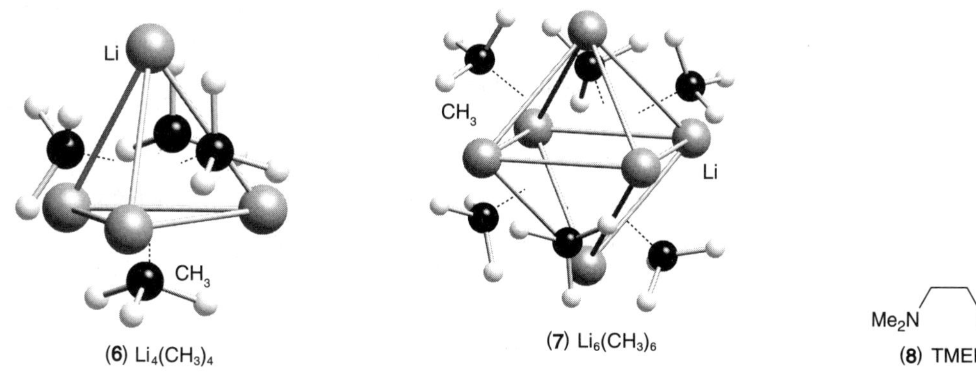

(**6**) $Li_4(CH_3)_4$　(**7**) $Li_6(CH_3)_6$　(**8**) TMEDA

延伸阅读资料

R. B. King, *Inorganic chemistry of the main group elements*. John Wiley & Son(1994).

P. Enghag, *Encyclopedia of the elements*. John Wiley&Son (2004).

D. M. P. Mingos, *Essential trends in inorganic chemistry*. Oxford University Press(1998). 从成键和结构角度讨论无机化学的一本书。

V. K. Grigorovich, *The metellic bond and the structure of metals*. Nova science publishers(1989).

N. C. Norman, *Periodicity and the s-and p-block elements*. Oxford University Press(1997). 全面总结了 s 区化学的基本变化趋势和特征。

A. Sapse and P. V. Schleyer(eds.), *Lithium chemistry: a theoretical and experimental overview*. John Wiley&Son(1995).

练习题

11.1　第 1 族元素为什么是(a) 强还原剂？(b) 络合力弱？

11.2　叙述从自然界矿物提取金属铯所涉及的主要过程。

11.3　用半径比规则预言碱金属氢化物的结构，H^-半径使用 146 pm。

11.4　用表 11.1 和表 11.3 给出的数据计算第 1 族氟化物和氯化物的生成焓。将得到的数据绘在图上并讨论看到的变化趋势。

11.5　下列各对物种中哪一个最有可能生成所希望得到的化合物？为您的答案描述周期性变化趋势并从物理角度给予解释。(a) 乙酸根离子/edta 离子与 Cs^+，(b) Li^+/K^+ 与 2.2.2-穴形成络合物。

11.6　(ⅰ) M 为 Li，(ⅱ) M 为 Cs 时下列反应中含金属的化合物 A、B、C、D 各是什么？

$$A \xleftarrow{H_2O} M \xrightarrow{O_2} B \xrightarrow{\Delta} C$$
$$M \xrightarrow{NH_3(l)} D$$

11.7　解释下述事实：LiF 和 CsI 在水中的溶解度很低，而 LiI 和 CsF 却易溶。

11.8　铯的何种盐类最难溶，并因此可用于从溶液中离析该元素。

11.9　试解释：LiH 较其他第 1 族氢化物有更高的热稳定性，而 Li_2CO_3 较其他第 1 族碳酸盐在更低的温度下分解。

11.10　绘出 NaCl 和 CsCl 的结构，并给出各自情况下金属的配位数，解释两个化合物为什么采取不同的结构。

11.11　判断下列反应的产物：

(a) $CH_3Br+Li \longrightarrow$

(b) $MgCl_2+LiC_2H_5 \longrightarrow$

(c) $C_2H_5Li+C_6H_6 \longrightarrow$

辅导性作业

11.1　叙述 Li 和 Mg 存在对角线关系的原因。

11.2　锂和钠在环境条件下采取简单的 bcc 结构。高压下这两个碱金属发生一系列复杂相变先生成 fcc，然后生成对称性较低的结构(M. I. McMahon et al., *Proc. Natl. Acad. Sci. U. S. A.*, 2007, 104(44) 17297; B. Rousseau et al., *Eur. Phys. J. B*, 2011, 81, 1-14)。讨论这些相变和与之伴随的电子性质的变化。

11.3　解释烷基性质是怎样影响锂的烷基化合物结构的。

11.4　讨论锂的工业用途和未来对锂化合物可能的需求。这些需求如何才能得到满足？

11.5　识别下列表述中不正确的短语并解释您的答案：(a) 钠能溶解于氨和胺中生成钠阳离子和溶剂化电子或钠负离子；(b) 溶解于液氨中的钠因为与溶剂发生了强的氢键合作用，所以将不与 NH_4^+ 起反应。

11.6　Z. Jedlinski 和 M. Sokol 描述了碱金属在非水超分子体系中的溶解性(*Pure Appl. Chem.*, 1995, **67**, 587)，他们将金属溶于含有冠醚或穴醚的 THF 中制备了这种溶液。试绘出 18-冠-6 配体的草图，给出为溶解过程建议的方程，概略叙述用于制备碱金属溶液的两种方法。什么因素影响这种溶液的稳定性？

11.7　固体"双功能盐受体"可从水溶液中提取碱金属卤化物(J. M. Mahoney, A. M. Beatty, and B. D. Smith, *Inorg. Chem.*, 2004, **43**, 7617)，阅读相关文献并回答：(a) 什么是双功能受体？(b) 从水溶液中提取碱金属离子的选择性顺序是什么？(c) 从固相提取的选择性顺序是什么？(d) 解释您提出的选择性顺序。

11.8　冠醚衍生物的分子几何形状在捕获和输送碱金属离子方面起着重要作用。K. Okano 及其合作者(K. Okano et al., *Tetrahedron*, 2004, 60, 10877)研究了 12-冠-O3N 的稳定构象及它在水溶液和乙腈溶液中的 Li^+ 络合物。阅读相关文献并回答：(a) 作者在他们的研究中用了哪三个程序，每个程序用来计算什么？(b) 他们发现哪个 Li^+ 络合物在水溶液中(ⅰ)和乙腈溶液中(ⅱ)最稳定？

(史启祯　译，李　珺　审)

12 章

第 2 族元素

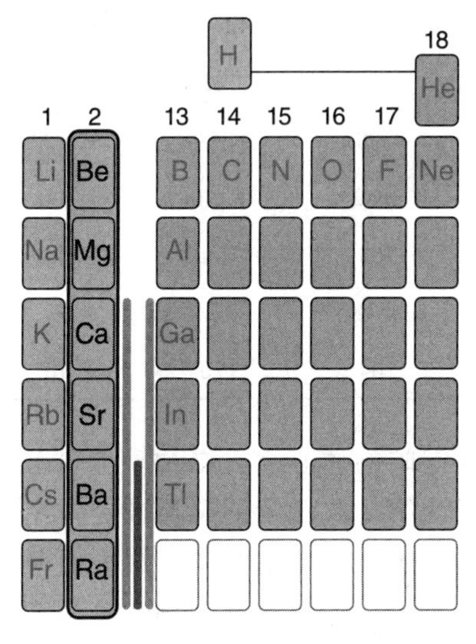

本章讨论第 2 族元素的存在及分离，并介绍其简单化合物、络合物及金属有机化合物的化学性质。通章都会关注与第 1 族元素进行对比，并关注铍的化学性质与其他第 2 族元素的不同。某些钙化合物显示的难溶性具有特殊重要性，使得许多无机矿物能够以稳定态长期存在。这些矿物给人们提供了基础设施建设的原材料，也是生物体构建硬质结构器官所必需的材料来源。

钙、锶、钡和镭被称为**碱土金属**(alkaline earth metals)，但碱土金属这一术语往往又通指第 2 族元素。所有这些元素都是银白色金属，其化合物中的成键作用通常用离子模型来描述(节 3.9)。铍化学性质的某些方面更像准金属，其成键特征具有一定的共价性。与第 1 族元素相比，本族元素的密度稍大、硬度稍高、金属活泼性稍低，但仍比许多典型的金属要活泼。本族较轻的铍和镁能形成许多络合物和金属有机化合物。

A. 基本面

本章第一部分概述第 2 族元素化学的关键特征。

12.1 元素

提要：影响第 2 族元素化学性质最重要的因素是其电离能和离子半径。

铍在自然界以次珍贵的矿物绿柱石[$Be_3Al_2(SiO_3)_6$]存在。镁在地壳中的丰度位列第 8，在海水中的丰度则位列第 3。工业上从海水和白云石矿($CaCO_3 \cdot MgCO_3$)中提取镁。钙元素在地壳中的丰度位列第 5，而在海水中的丰度则由于 $CaCO_3$ 难溶仅位列第 7。钙广泛存在于碳酸盐(如石灰岩、大理石和白垩)中，也是生物矿石(如贝壳和珊瑚)的重要成分。钙、锶和钡都是通过电解其熔融氯化物的方法提取的。镭可从含铀矿物中提取，虽然镭的所有同位素都有放射性。

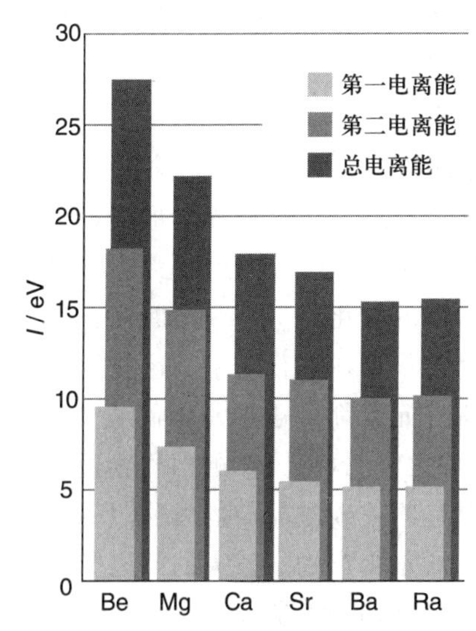

图 12.1　第 2 族元素第一电离能、第二电离能和总电离能的变化，总电离能等于前两项相加

第 2 族金属的机械硬度和熔点都高于第 1 族金属，这一事实表明从第 1 族到第 2 族金属成键作用增强，这种增强可归因于成键可利用的电子数增加(节 3.19)。第 2 族元素的原子半径小于第 1 族，这种减小是造成密度增高和电离能增大的原因(见表 12.1)。元素的电离能自上而下随着原子半径的增大而减小(见图 12.1)；但由于自上而下更易生成+2

价离子，元素的反应活性和电正性都按此方向而增大。电对(M^{2+}/M)标准电势的变化趋势(自上而下变得更负)反映了电离能的这种下降。事实上，钙、锶、钡和镭易与冷水起反应，而镁只与热水起反应：

$$M(s)+2H_2O(l) \longrightarrow M(OH)_2(aq)+H_2(g)$$

表 12.1　第 2 族元素的部分性质

元素	Be	Mg	Ca	Sr	Ba	Ra
金属半径/pm	112	150	197	215	217	220
离子半径 $r(M^{2+})$/pm(配位数)	27(4)	72(6)	100(6)	126(8)	142(8)	170(12)
第一电离能 $I/(kJ \cdot mol^{-1})$	900	736	590	548	502	510
$E^{\ominus}(M^{2+},M)/V$	−1.85	−2.38	−2.87	−2.89	−2.90	−2.92
密度 $\rho/(g \cdot cm^{-3})$	1.85	1.74	1.54	2.62	3.51	5.00
熔点/°C	1 280	650	850	768	714	700
$\Delta_{水合}H^{\ominus}(M^{2+})/(kJ \cdot mol^{-1})$	−2 500	−1 920	−1 650	−1 480	−1 360	—
$\Delta_{升华}H^{\ominus}/(kJ \cdot mol^{-1})$	321	150	193	164	176	130

除钡和镭之外的所有其他元素均为六方密堆积，钡和镭则采取比较空旷的体心立方结构。金属密度从 Be 到 Mg 再到 Ca 的顺序而减小(与较轻的第 1 族元素相反)，这是因为第 2 族元素的金属成键作用强得多，从而导致较轻元素 M—M 距离更短(如铍为 225 pm)，形成更小的晶胞。铍在空气中形成表面薄层氧化膜(BeO)而钝化，因而显示惰性。金属镁和钙在空气中产生氧化层而失去光泽，加热时则完全燃烧生成相应的氧化物和氮化物。锶和钡(特别是粉状)在空气中能着火，因而存储在烃类油中。

与第 1 族元素的鉴别方法相类似(节 11.1)，通常用焰色反应鉴别第 2 族较重元素及其化合物的存在。第 2 族元素的化合物用于制造烟花。

Ca	Sr	Ba	Ra
橙红色	洋红色	黄绿色	深红色

12.2　简单化合物

提要：第 2 族金属的二元化合物含有该族元素的阳离子，主要显示离子型成键作用。

所有元素以 M(Ⅱ)出现在它们形成的简单化合物中，这一事实与其价电子组态(ns^2)相一致。除 Be 以外，各元素的化合物主要显示离子性。除 Be 以外，第 2 族元素形成离子型(似盐型)氢化物，其中的阴离子为氢负离子(H^-)。铍的氢化物为 BeH_4 四面体连接起来的三维网状共价结构。镁的氢化物(MgH_2)加热到 250 ℃以上时失去氢，用作储氢材料的研究工作正在进行之中。这些氢化物与水反应生成氢。

所有元素都可通过元素间直接化合的方法生成卤化物(MX_2)。然而除 Be 之外，这些元素的卤化物通常都是在溶液中生成的。例如，用金属氢氧化物或碳酸盐与氢卤酸[HX(aq)，X = Cl、Br、I]反应得到水合盐，后者经脱水得产物。较大的阳离子(从 Ca 到 Ba)的氟化物采取 8 : 4 配位的萤石结构(见图 12.2)，然而较小的 Mg^{2+} 则结晶为金红石结构(6 : 3 配位)的 MgF_2。铍的卤化物为共价网状结构，其中的四面体通过棱边或角连接在一起。

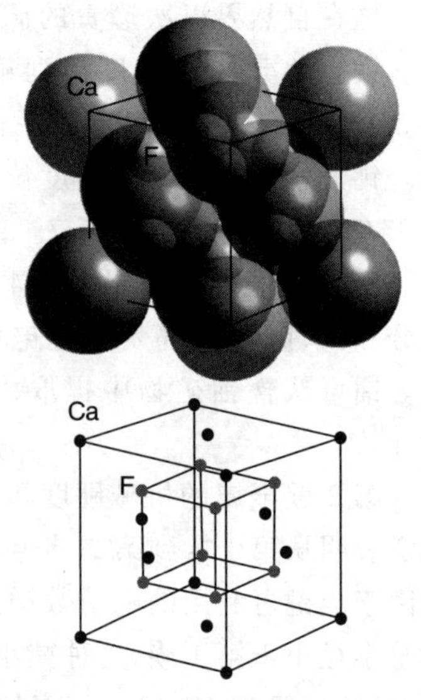

图 12.2* CaF_2、SrF_2、BaF_2 和 $SrCl_2$ 采取的萤石结构

如对 Be^{2+}(半径较小)所预期的那样,氧化铍(BeO)为具有纤锌矿结构(4∶4 配位)的白色、难溶性固体。其他第 2 族元素的氧化物均采取 6∶6 配位的岩盐结构。镁的氧化物难溶,但可与水缓慢反应生成 $Mg(OH)_2$。同样,CaO 与水反应形成部分溶解的 $Ca(OH)_2$。Sr 和 Ba 的氧化物(SrO 和 BaO)溶于水生成强碱性的氢氧化物溶液:

$$BaO(s)+H_2O(l) \longrightarrow Ba^{2+}(aq)+2OH^-(aq)$$

$Mg(OH)_2$ 显碱性但微溶于水;$Be(OH)_2$ 显两性,在强碱性溶液中形成四羟基合铍酸根离子($[Be(OH)_4]^{2-}$):

$$Be(OH)_2(s)+2OH^-(aq) \longrightarrow [Be(OH)_4]^{2-}(aq)$$

人们已离析出该离子的盐 $SrBe(OH)_4$。

硫化物可通过元素间直接反应的方法制备,除 Be 的硫化物(闪锌矿结构,见图 3.34)之外均采取岩盐结构。碳化铍(Be_2C)是含有 Be^{2+} 和 C^{4-}(甲烷化物离子)的反萤石结构。本族其他元素碳化物的通式为 MC_2,其中含有二碳阴离子 C_2^{2-}(乙炔化物离子);它们与水反应生成乙炔(C_2H_2)。元素从 Mg 到 Ra 在加热下直接与氮气反应生成氮化物(M_3N_2),后者与水反应生成氨。

除氟化物外,单电荷阴离子盐一般可溶于水。尽管铍盐在水溶液中容易水解生成 $[Be(OH_2)_3(OH)]^+$ 和 H_3O^+(这里也是由于 Be^{2+} 具有较高的极化能力)。本族卤化物中以镭卤化物的溶解度最小,通过这一性质可用分级结晶法提取镭。一般来说,第 2 族元素盐的水溶性小于第 1 族元素,这是由于含有双电荷阳离子的结构具有更高的晶格焓,尤其是与高电荷阴离子结合时。例如,碳酸盐、硫酸盐和磷酸盐都不溶或微溶。

第 2 族元素的碳酸盐和硫酸盐对天然水系统和岩石的形成有重要作用,也是形成硬质结构的重要材料。由于"2+"与"2−"离子形成的结构具有高的晶格能,这些碳酸盐和硫酸盐都不溶。如果像雨水那样在水中溶有 CO_2,碳酸钙的溶解度就会因形成低电荷的 HCO_3^- 而增大。水的"暂时硬度"是由于存在镁或钙的碳酸氢盐造成的,两种阳离子在将水加热至沸腾时生成碳酸盐沉淀。碳酸钙被活体生物用于构建硬质的结构性生物材料如贝壳、骨骼和牙齿(节 26.17)。碱土金属碳酸盐受热分解为氧化物,尽管 Sr 和 Ba 碳酸盐的分解温度需要在 800 ℃以上。硫酸钙(石膏)广泛用于建筑业,自然界以石膏矿(硫酸钙的二水合物 $CaSO_4 \cdot 2H_2O$)的形式存在。

第 2 族元素的阳离子与带电荷的多齿配体[如分析上使用的乙二胺四乙酸根离子 EDTA(见表 7.1)、冠醚配体和穴醚配体]形成络合物。最重要的大环络合物是叶绿素,叶绿素是 Mg 的卟啉络合物,将会在讨论光合作用的相关章节(节 26.2 和节 26.10)做介绍。

铍形成广泛系列的金属有机化合物。烷基和芳基镁卤化物是著名的 Grignard 试剂,作为烷基和芳基阴离子的来源广泛用于合成有机化学。

12.3　铍的反常性质

提要:铍化合物显示出高的共价性,铍和铝具有对角线关系。

Be^{2+} 的体积小(离子半径为 27 pm)和由此产生的高电荷密度和极化力导致 Be 化合物主要显示共价性;该离子是个强 Lewis 酸。这种小原子的配位数多数情况下为 4,局部几何体为四面体。与铍同族的其他元素配位数一般为 6 或更高。配位数对性质的某些影响包括

- 共价性对化合物(如卤化铍 $BeCl_2$、$BeBr_2$ 和 BeI_2 及氢化物 BeH_2)中的成键作用有较大贡献。
- 具有更大倾向形成络合物和分子型化合物[如 $Be_4O(O_2CCH_3)_6$]。
- 铍盐在水溶液中发生水解(去质子化)形成如 $[Be(OH_2)_3OH]^+$ 这样的物种和酸性溶液。水合铍盐倾向于通过水解反应发生分解生成含氧或含羟基的铍盐而不是简单失去水。
- 铍的氧化物和其他氧族元素的二元化合物采取定向性更大的 4∶4 配位结构。

• 铍生成多种稳定的金属有机化合物，包括甲基铍[$Be(CH_3)_2$]、乙基铍、叔丁基铍和二茂铍[$(C_5H_5)_2Be$]。

铍的另一个重要通性是和 Al 较强的对角线关系(节 9.10)：

• 铍和铝都形成共价氢化物和卤化物；其他同类化合物都具有显著的离子性。

• 铍和铝的氧化物都具两性，第 2 族其余元素的氧化物均显碱性。

• 过量 OH^-存在时，Be 和 Al 分别形成[$Be(OH)_4$]$^{2-}$和[$Al(OH)_4$]$^-$，Mg 不存在这样的化学行为。

• 两元素均形成以相连四面体单元为基础的结构：Be 形成[BeO_4]$^{n-}$和[BeX_4]$^{n-}$(X＝卤素)四面体构筑而成的结构，Al 形成众多包含[AlO_4]$^{n-}$单元的铝酸盐和硅铝酸盐。

• 两种元素均形成含有 C^{4-}的碳化物，与水反应生成甲烷；其他第 2 族元素的碳化物都含 C_2^{2-}，与水反应生成乙炔。

• Be 和 Al 的烷基化合物都是含 M—C—M 桥的缺电子化合物。

Be 和 Zn 的化学性质之间同样存在相似性。例如，Zn 也溶于强碱生成锌酸盐。锌酸盐的结构通常为连接在一起的[ZnO_4]$^{n-}$四面体。

B. 详述

这里更为详细地讨论第 2 族元素及其化合物的化学。因为这些元素形成的化合物中的键通常为离子型(时刻不要忘记 Be 的个性)，故往往可用离子模型解释其性质。

12.4　存在和提取

提要：镁是第 2 族元素中唯一实现工业规模提取的金属；镁、钙、锶和钡都可从熔融氯化物提取。

铍在自然界以次珍贵的矿物绿柱石[$Be_3Al_2(SiO_3)_6$]形式存在，铍的名称即来自绿柱石的名称“beryl”。绿柱石是翡翠绿宝石的基本成分，其中一小部分 Al^{3+}被 Cr^{3+}所取代。将绿柱石和六氟硅酸钠(Na_2SiF_6)一起加热生成 BeF_2，然后用镁还原得到元素铍。

镁在地壳中的丰度位列第八，自然界存在多种矿物如白云石($CaCO_3 \cdot MgCO_3$)和菱镁矿($MgCO_3$)。海水中镁的丰度列第三位(仅次于 Na 和 Cl)，工业上从海水提取镁。1 L 海水中含有 1 g 以上的镁离子。从海水中提取镁是基于氢氧化镁的溶解度小于氢氧化钙，负一价阴离子与本族元素形成化合物的溶解度自上而下增加(节 12.11)。将 CaO(生石灰)或 $Ca(OH)_2$(熟石灰)加进海水中即形成 $Mg(OH)_2$沉淀。氢氧化物经盐酸处理转化为氯化物：

$$CaO(s)+H_2O(l) \longrightarrow Ca^{2+}(aq)+2OH^-(aq)$$

$$Mg^{2+}(aq)+2OH^-(aq) \longrightarrow Mg(OH)_2(s)$$

$$Mg(OH)_2(s)+2HCl(aq) \longrightarrow MgCl_2(aq)+2H_2O(l)$$

然后用电解熔融氯化镁的方法制备金属镁：

阴极：$Mg^{2+}(l)+2e^- \longrightarrow Mg(s)$

阳极：$2Cl^-(l) \longrightarrow Cl_2(g)+2e^-$

镁也可从白云石提取。先在空气中将白云石加热得到镁和钙的氧化物，再将混合氧化物与硅铁合金(FeSi)加热反应产生硅酸钙(Ca_2SiO_4)、铁和镁。高温下的镁为液体，因而可用蒸馏法分离。

金属镁生产中的一个重要问题是镁与水、氧气和潮湿空气之间容易起反应。通常可为生产其他活泼金属提供惰性环境的氮气不适用于提取镁，这是因为它与镁反应生成氮化物 Mg_3N_2。干燥空气中加入六氟化硫或二氧化硫气体用来代替氮气，它们能抑制 MgO 的生成。尽管热的液态镁非常易于与水和氧起反应，但由于金属表面存在钝化的氧化物薄膜，故可在常温常压条件下安全地进行操作。

钙在地壳中的丰度位列第五,以石灰岩的形式($CaCO_3$)广泛存在于自然界。“calcium”这一名称来自拉丁词“calx”,意为“石灰”。钙在海水中的浓度低于镁,原因来自两个方面:一是 $CaCO_3$ 的溶解度比 $MgCO_3$ 更低,二是钙被海洋生物利用得更多。钙元素是生物矿石(如骨骼、贝壳、牙齿)的主要成分,也是细胞信号传输过程的中枢(如高等生命体中的激素或酶的电激活,参见节 26.4 和节 26.17)。成年人体里平均约含 1 kg 钙。钙能与草酸根离子强烈结合生成不溶性的 CaC_2O_4,该反应如果发生在肾中就会造成肾结石。

钙用电解熔融氯化物的方法提取,氯化钙是作为 solvay 法(生产碳酸钠)的副产物得到的(节 11.11)。钙在空气中失去光泽,加热点燃生成钙的氧化物和氮化物。锶是以最先发现含锶矿的苏格兰村庄命名的。锶可用电解熔融 $SrCl_2$ 的方法提取,也可用 Al 还原 SrO:

$$6SrO(s)+2Al(s) \longrightarrow 3Sr(s)+Sr_3Al_2O_6(s)$$

金属锶与水发生剧烈反应。锶粉在空气中燃烧最初生成 SrO,一旦燃烧,同样也会生成氮化物 Sr_3N_2。钡可以通过电解熔融氯化物或将 BaO 用 Al 还原的方法制备。金属钡与水剧烈反应,在空气中易燃烧。

镭的所有同位素具有放射性。衰变时放射出 α、β 和 γ 射线,半衰期从 42 min 到 1599 年不等。镭元素是 Pierre 和 Marie Curie 在 1898 年从含铀的沥青矿中经过艰苦的提取发现的。沥青铀矿是含有多种元素的复合矿,10 t 矿石中约含 1 g Ra,Curies 夫妇用了三年时间才提取出 0.1 g $RaCl_2$。

12.5　元素和化合物的用途

提要:镁及其化合物在烟花制造、合金和常用药物中有重要用途;钙化合物广泛用于建筑业;镁和钙都有着十分重要的生物学功能。

金属铍表面存在惰性氧化物钝化膜,这种钝化膜不但使金属铍在空气中稳定,也使它耐腐蚀。这种惰性(加上铍属于最轻的金属之一)导致其用于合金以制造精密仪器、飞行器和导弹。铍容易透过 X 射线(由于原子序数低,即电子数少),因而被用作 X 射线管的窗口。铍与铜和铝的合金有着极好的弹性和抗压性(能耐疲劳与耐破坏),其应用包括汽车悬架、机电设备、计算机键盘和打印机弹簧。铍也用作核反应的减速剂(通过非弹性碰撞使快速移动的中子运动速度减慢),这是因为铍核是非常弱的中子吸收剂,也因为金属具有高熔点。

金属镁主要用于制造轻合金(尤其是与铝形成的合金),广泛用于对质量有苛求的场合(如制造飞行器)。镁铝合金曾经用在军舰上,后来发现军舰遭受导弹袭击时十分易燃而弃用。一些用途基于金属镁在空气中燃烧时产生强烈的白光,如制造烟花和照明弹。

由于铍氧化物被人体吸入后有剧毒并致癌,以及可溶性铍盐也有一定毒性,所以铍化合物在工业上的应用有限。BeO 用作大功率电器设备(这种设备同时必须具有高热导率)中的绝缘体。镁化合物的各种应用包括“镁乳”[$Mg(OH)_2$]常用于治疗消化不良;“泻盐”($MgSO_4 \cdot 7H_2O$)经常用于各种保健疗法(包括治疗便秘,浸泡扭伤和瘀青);镁的氧化物(MgO)用作炉子的耐火内衬。有机镁化合物作为 Gridnard 试剂广泛用于有机合成(见 12.13)。

钙化合物比钙本身有用得多。氧化钙(石灰或生石灰)是沙浆和水泥的主要成分(应用相关文段 12.1),此外还应用于炼钢和造纸。硫酸钙二水合物($CaSO_4 \cdot 2H_2O$)广泛用作建筑材料,无水硫酸钙是常用的干燥剂。碳酸钙在 Solvay 法(节 11.11)中用于生产碳酸钠(美国例外,那里的碳酸钠是作为天然碱开采的)也是生产 CaO 的原料。氟化钙不溶,可以透过很宽波长范围的光,用来作为红外和紫外光度计的液池和窗口。

锶常用于制造烟花(应用相关文段 12.2)、荧光粉和当今市场快速下滑的彩色电视显像管的玻璃产业。由于 Ba^{2+} 电子数多,钡化合物在吸收 X 射线方面十分有效,用在“钡餐法”和“钡灌肠法”对肠道系统做研究。由于钡的毒性较大,上述过程采用不溶性的硫酸盐。碳酸钡用于玻璃制造业,并作为助熔剂以帮助釉料和瓷釉流动。此外还可用作鼠药。硫化钡用作脱毛剂脱掉不想要的体毛。硫酸钡为纯白色(电磁波谱的可见区无吸收),因此在紫外-可见光谱中用作标准参照物(节 8.3)。

应用相关文段 12.1　水泥和混凝土

水泥是将石灰石和硅铝酸盐（如黏土、页岩或沙子）一起研磨，然后将混合物在水泥转窑中加热至 1 500 ℃而成。窑的低温区（900 ℃）首先发生的重要反应是石灰石的煅烧（加热至高温使物质氧化或分解转化为粉末的过程），此时碳酸钙（石灰石）分解为氧化钙（石灰）和二氧化碳，后者被排出窑体。更高温度时氧化钙与硅铝酸盐和硅酸盐发生反应生成熔融的 Ca_2SiO_4、Ca_3SiO_5 和 $Ca_3Al_2O_6$。这些化合物的相对比例决定着水泥的性质。混合物冷却后固化形成叫做“熟料”的产物。熟料研磨成粉后加入少量硫酸钙（石膏）即生成水泥（Portland 水泥）。

混凝土是将水泥与沙子、砾石或碎石块与水混合形成的。加入少量添加剂往往可得到一些特殊性质。加入聚合材料（如酚醛树脂）能够改善流动性和分散性，加入表面活性剂能够改善抗霜冻性质。水泥遇水时发生复杂的水合反应生成水合物 $Ca_3Si_2O_7 \cdot H_2O$、$Ca_3Si_2O_7 \cdot 3H_2O$ 和 $Ca(OH)_2$：

$$2Ca_2SiO_4(s)+2H_2O(l) \longrightarrow Ca_3Si_2O_7 \cdot H_2O(s)+Ca(OH)_2(aq)$$

$$2Ca_2SiO_4(s)+4H_2O(l) \longrightarrow Ca_3Si_2O_7 \cdot 3H_2O(s)+Ca(OH)_2(aq)$$

这些水合物形成胶体或泥浆涂覆在沙子或集料表面，或填充空洞形成固体混凝土。混凝土的性质取决于所用水泥中硅酸钙和硅铝酸钙的相对比例，以及添加剂和水（导致不同程度的水合）的用量。

制造水泥的原料中往往包含痕量的硫酸钠和硫酸钾，它们在水合过程中形成氢氧化钠和氢氧化钾。这些氢氧化物导致很多老化混凝土结构的开裂、膨胀和变形。氢氧化物参与了与集料发生的一系列复杂反应生成碱性硅酸盐胶体。这种胶体易吸潮，吸水后发生膨胀造成混凝土内部的应力进而导致开裂和变形。混凝土对这种碱性硅酸盐反应的敏感性可通过计算生产混凝土时的总碱量来监测，通过某些方法（如将燃煤电厂产生的废物“飘尘”加进混合物中）可将这种不利影响降至最小。

应用相关文段 12.2　烟花和照明弹

烟花利用放热反应产生热、光和声。常用的氧化剂是硝酸盐和高氯酸盐，它们受热时分解放出氧。常用的燃料是碳、硫黄、粉状铝或镁和有机材料[如聚氯乙烯（PVC），淀粉和各种树胶]。烟花最常用的成分是火枪药或黑火药，即硝酸钾、硫黄和木炭的混合物（既是氧化剂又是燃料）。特殊效果（颜色、闪光、烟雾、声音等）是烟花中混入的添加剂产生的。常用第 2 族元素制造烟花的颜色效果。

钡的化合物添加到烟花中能够提供绿色火焰。这种颜色是由 Ba^{2+} 与 Cl^- 结合而生成的 $BaCl^+$ 产生的。Cl^- 产生于氧化剂高氯酸盐的分解或燃料 PVC 的燃烧：

$$KClO_4(s) \longrightarrow KCl(s)+2O_2(g)$$

$$KCl(s) \longrightarrow K^+(g)+Cl^-(g)$$

$$Ba^{2+}(g)+Cl^-(g) \longrightarrow BaCl^+(g)$$

氯酸钡[$Ba(ClO_3)_2$]曾被用来代替 $KClO_4$ 和钡化合物，但它对震动和摩擦过于不稳定。与此相类似，硝酸锶和碳酸锶被用来生成组成为 $SrCl^+$ 的一种红色焰火。氯酸锶和高氯酸锶能够有效生成红色焰火，但日常使用中同样对摩擦和震动过于不稳定。

遇险时的信号弹也是使用锶的化合物。硝酸锶与木屑、蜡、硫黄和 $KClO_4$ 混合后装在防水管中即成为信号弹。信号弹点燃后燃烧并伴随着强烈的红色火焰持续时间长达 30 min。

镁粉加入到烟花或信号弹中不仅作为燃料，还能使发光效果最大化。镁燃烧的氧化反应产生的炽热高温发出白光，过程中产生的 MgO 颗粒还能提高光的强度。

镭发现之后不久便被用来治疗恶性肿瘤。镭化合物现在仍用作释放氡的前体。发光的镭涂料曾一度广泛用于钟和表的表面，但后来被危险性小的磷光物质所替代。

钙和镁对生命体有重要意义。镁不仅是叶绿素的组成成分，而且与生物学上许多重要配体形成络合物，包括与 ATP（三磷酸腺苷，节 26.2）。它对人体健康至关重要，许多酶的活性就是由它产生的。为成年人推荐的镁摄入量每日约为 0.3 g，成年人体里平均含 25 g 镁。钙的生物无机化学将在 26.4 中做详细讨论。

12.6　氢化物

提要：除铍之外的所有第 2 族元素形成似盐型氢化物，只有铍形成聚合的共价化合物。

与第 1 族元素相似，除铍之外的第 2 族元素都形成含 H^- 的离子型似盐型氢化物。离子型氢化物可通过金属与氢直接反应制备。铍的氢化物是共价化合物，需要用烷基铍制备（节 12.13）。BeH_2 为含桥氢原子的三维网状结构（见图 12.3）。长期以来认为它是线形化合物的观点是错误的。

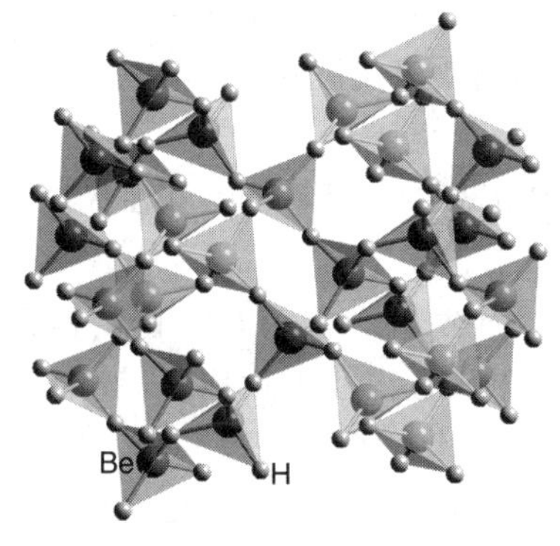

图 12.3　BeH_2 的结构

较重元素的离子型氢化物与水剧烈反应产生氢气：

$$MgH_2(s)+2H_2O(l) \longrightarrow Mg(OH)_2(s)+2H_2(g)$$

该反应不像第 1 族元素氢化物那样剧烈，可用作燃料电池中氢的来源。就氢的储存而言，需要在接近室温条件下能吸收氢的可逆反应。氢化镁加热至 250 ℃时失去氢，所以过程

$$Mg(s)+H_2(g) \longrightarrow MgH_2(s)$$

是其逆过程。加上镁的摩尔质量低（$24.3\ g\cdot mol^{-1}$），使 MgH_2 成为潜在的优质储氢材料。人们试图将氢化镁的分解温度降低至接近室温，采取的措施包括掺杂其他金属以制备氢化镁复合材料、制成纳米颗粒状材料、形成以氢化镁为核心的分子络合物等（应用相关文段 12.3）。

氢化钙用作胺类溶剂的干燥剂，通过形成 $Ca(OH)_2$ 和氢气的途径以除去溶剂中的水。与水发生的这一反应也是产生氢气的方便来源，产生的氢气用于气象探测气球和救生筏。

应用相关文段 12.3　以氢化镁为基础的储氢材料

发展可逆储氢材料对运输业具有重要意义（应用相关文段 10.4）。MgH_2 中氢的质量分数为 7.7%，在 300 ℃以上显示出吸氢和释氢的可逆性，但这是一个缓慢的动力学过程：

$$MgH_2(s) \rightleftharpoons Mg(s)+H_2(g)$$

将过渡金属掺入 MgH_2（特别是将 Ti 以 TiH_2 的形式掺入）可以大大改善这种动力学状态。固体颗粒可通过球磨变细，或用含氟化物的溶液处理。从热力学角度考虑，MgH_2 分解反应的焓变为正值（$74.4\ kJ\cdot mol^{-1}$），这是因为 $MgH_2(s)$ 的晶格焓（$\Delta_L H=2\ 718\ kJ\cdot mol^{-1}$）远高于 Mg(s) 的晶格焓（$\Delta_L H=147\ kJ\cdot mol^{-1}$）。然而熵变（$\Delta S=135\ J\cdot mol^{-1}\cdot K^{-1}$）非常有利于氢的释出，该熵值意味着凝聚态的 MgH_2 只在显著高于室温时才分解，通常条件下 MgH_2 不能可逆地储氢。

理论计算表明 MgH_2 或 $(MgH_2)_n$（$n<20$）亚纳米簇合物固体的分解焓急剧下降。这是由于高表面积颗粒的晶格焓下降造成的。表面离子的配位数低，因而在 Born-Mayer 方程（节 3.12）中对晶格焓的贡献较少。对非常微小的 $(MgH_2)_n$ 簇合物而言，分解温度估计约为 200 ℃。实验表明，与晶粒尺度约为 1 μm 的材料相比，1~10 nm 的 MgH_2 纳米颗粒分解产生氢气的温度略有降低。

制备亚纳米尺度“氢化镁”涉及完全不同的另一类方法（即合成以镁和氢负离子为核心的分子），目标在于使亚纳米单元在室温或接近室温时可逆释出氢。已经报道了具有阳离子核心 $[Mg_8H_{10}]^{6+}$（**B1**）的络合物（S. Harder, J. Spielmann, J. Intemann and H. Bandmann, *Angew. Chem. Int. Ed.*, 2011, **50**, 4156）。

（B1）

该分子在 200 ℃时能充分释氢，比固态 MgH_2 晶体释氢的温度低很多。

12.7　卤化物

提要：铍的卤化物属共价化合物；除 BeF_2 外的所有氟化物都不溶于水；其他所有卤化物均可溶。

铍的所有卤化物都是共价化合物。氟化铍由 $(NH_4)_2BeF_4$ 热分解的方法制备。与 SiO_2 相似（节 14.10），氟化铍是物相随温度而改变的玻璃状固体。它可溶于水，在水中形成水合物 $[Be(OH_2)_4]^{2+}$。$BeCl_2$ 可由氧化铍制备：

$$BeO(s)+C(s)+Cl_2(g) \longrightarrow BeCl_2(s)+CO(g)$$

$BeCl_2$（$BeBr_2$ 和 BeI_2）也可在提高温度的条件下由元素直接反应制备。

固态 $BeCl_2$ 具有聚合链结构（**1**）。围绕 Be 原子的局域结构几乎是正四面体，成键作用可认为是通过 Be 原子的 sp^3 杂化实现的。在 $BeCl_2$ 中，氯离子具有充分的电子密度使二中心二电子共价键合作用能够发生。氯化铍是个 Lewis 酸，容易与电子对给予体（如乙醚）形成加合物（**2**）。

在气相，该化合物倾向于通过 sp^2 杂化形成二聚体（**3**）。温度高于 900 ℃时形成直线形单体，表明是 sp 杂化（**4**）。

(1) $(BeCl_2)_n$

(2) $BeCl_2(O(C_2H_5)_2)_2$

(3) $(BeCl_2)_2$

(4) $BeCl_2$

镁的无水卤化物可由元素直接反应制得，而锶和钡的无水卤化物需要通过水合卤化物脱水的方法制备。水溶液中析出的卤化物为水合盐，较轻元素的水合卤化物受热发生部分水解。除 BeF_2 外，其余所有的氟化物微溶于水，尽管溶解度自上而下略有增加。阳离子半径从 Be 到 Ba 增大，氟化物的配位数也由 4 增至 8。BeF_2 形成类似于 SiO_2 的结构（如石英的结构，4∶2 配位），MgF_2 采取金红石结构（6∶3），CaF_2、SrF_2 和 BaF_2 则采取萤石结构（8∶4）（节 3.9）。第 2 族的其他卤化物形成层状结构，反映出卤离子递增着的可极化性。氯化镁采取 $CdCl_2$ 层状结构，其中每层的氯离子采取立方密堆积排列（见图 12.4）。MgI_2 和 CaI_2 都采取与碘化镉密切相关的结构，其中碘离子层是六方密堆积。

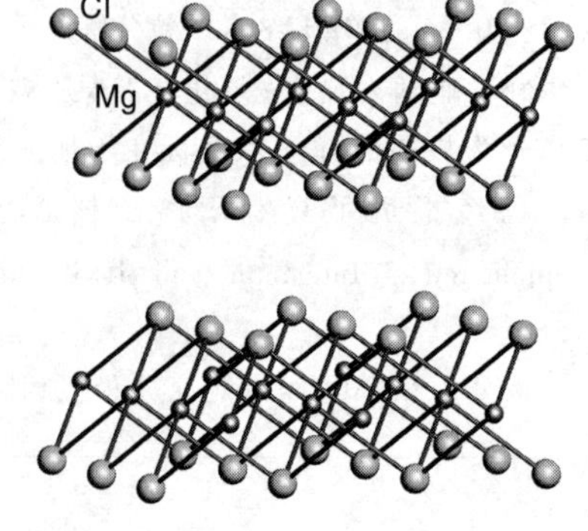

图 12.4　$MgCl_2$ 采用 $CdCl_2$ 结构

本族最重要的氟化物是 CaF_2，其矿物（萤石或氟石）是大规模制氟的唯一来源。浓硫酸与萤石反应制备无水氟化氢：

$$CaF_2(s)+H_2SO_4(l) \longrightarrow CaSO_4(s)+2HF(l)$$

所有的氯化物易潮解并形成水合物，它们的熔点低于氟化物。氯化镁是工业上和应用中最重要的氯化物。氯化镁从海水中提取，然后用于生产金属镁。氯化钙也具有重要用途,工业上大量生产氯化钙。易潮解性使其在实验室广泛用作干燥剂。$MgCl_2$和 $CaCl_2$也用作道路融冰剂,两个原因使它们比 NaCl 更有效。原因之一是溶解过程为放热过程:

$$CaCl_2(s) \longrightarrow Ca^{2+}(aq)+2Cl^-(aq) \quad \Delta_{sol}H^{\ominus}=-82\ kJ\cdot mol^{-1}$$

产生的热量有助于融冰。原因之二是 $CaCl_2$与冰水混合物的凝固点最低可达-55 ℃,而 NaCl 与冰水混合物的最低凝固点为-18 ℃。氯化钙和氯化镁对城市道路附近植被的毒性和对钢铁的腐蚀性较氯化钠小。瞬时加热包装和自热饮料容器利用的就是氯化物溶解放出的热。

卤化镭的溶解度最小,这是大的 Ra^{2+}阳离子水合焓较低造成的。20 ℃时,$RaCl_2$和 $BaCl_2$的溶解度分别为≈200 g · dm^{-3}和≈350 g · dm^{-3},该性质用于氯化物或溴化物的分级结晶以分离 Ra^{2+}和 Ba^{2+}。

例题 12.1 预判卤化物的性质

题目:用表 1.7 和图 2.38 的数据预判 CaF_2主要显离子性还是共价性。

答案:一种方法是比较化合物中两个原子的电负性,并参考 Ketelaar 三角(节 2.15)来判定化学键的类型。Ca 和 F 的 Pauling 电负性值分别为 1.00 和 3.98。所以平均电负性值是 2.49,差值为 2.98。图 2.36 的 Ketelaar 三角表明 CaF_2应该是离子化合物。

自测题 12.1 预判下述两个化合物主要显离子性还是共价性:(a) $BeCl_2$;(b) BaF_2。参考预判结果讨论两个化合物采取的结构。

12.8 氧化物、硫化物和氢氧化物

第 2 族元素与氧反应生成氧化物。除 Be 之外的所有元素也形成不稳定的过氧化物。从 Mg 到 Ra 的氧化物与水反应生成碱性的氢氧化物。BeO 和 $Be(OH)_2$是两性化合物。

(a) 氧化物、过氧化物和复合氧化物

提要:除 Ba 之外的所有第 2 族元素与氧反应生成正常氧化物,Ba 则生成过氧化物。所有过氧化物分解生成氧化物,过氧化物的稳定性自上而下增加。

氧化铍由金属铍在氧气中燃烧制得。它是一种白色不溶性固体,具有纤锌矿结构(节 3.9)。它具有高熔点(2 570 ℃)、低活性、良好的热导率(所有氧化物中最高),因此被用作耐火材料。铍吸入肺部后毒性极大,导致慢性铍中毒症和癌症。铍的低密度(3.0 g · cm^{-3})导致其毒性更易传播,这是因为其粉尘会在空气中长时间悬浮。但烧结成块后的 BeO 用作耐火材料不再是安全的。氧化铍与电正性金属氧化物化合形成复合氧化物铍酸盐(如 K_2BeO_2和 $La_2Be_2O_5$),其中存在 BeO_4四面体,与硅酸盐结构相类似。

第 2 族其他元素的氧化物可由元素直接反应直接制得(Ba 除外,它形成过氧化物),但通常是通过相应碳酸盐分解的方法制备的:

$$MCO_3(s) \longrightarrow MO(s)+CO_2(g)$$

从 Mg 到 Ba 的氧化物均采用岩盐结构(节 3.9)。同族自上而下随着阳离子半径增大晶格焓减小、熔点降低。氧化镁在 2 852 ℃才熔化,在工业炉中用作耐火材料。与 BeO 类似,MgO 具有高的热导率和低的导电性。两种性质结合在一起导致它被用作包裹家用发热元件和电线的绝缘材料。

氧化钙也叫生石灰,广泛用于钢铁工业以去除 P、Si 和 S。加热的 CaO 为热发光体,会发出一种亮白色的光(称作石灰光)。氧化钙也被用作水的软化剂,与可溶性碳酸盐和酸式碳酸盐反应生成不溶性的 $CaCO_3$以降低水的硬度。CaO 与水反应生成 $Ca(OH)_2$(有时叫作熟石灰),该性质被用来中和酸性土壤。

SrO_2和 BaO_2两种过氧化物可由元素直接反应得到,而 Mg 和 Ca 的过氧化物(均不溶于水)则用过氧化钠(Na_2O_2)加入相关金属水溶液的方法制备。所有过氧化物都是强氧化剂,分解产物为氧化物:

$$MO_2(s) \longrightarrow MO(s)+1/2O_2(g)$$

随着阳离子半径增大,该族过氧化物的热稳定性自上而下增加。这种变化趋势可用过氧化物和氧化物的

晶格焓及它们当中阴、阳离子相对半径的关系来解释。由于 O^{2-} 小于 O_2^{2-}，氧化物的晶格焓大于相应过氧化物的晶格焓。两种晶格焓之差自上而下减小(由于两个数值均随着阳离子半径增加而减小)，所以分解的趋势减弱。因此，过氧化物中以过氧化镁最不稳定，在多种场合(如污染水渠的生物治理)用作即时供氧源。CaO_2 在水的消毒和面粉漂白方面有类似用途。

例题 12.2　解释过氧化物的热稳定性

题目：估算 Mg 和 Ba 的过氧化物和氧化物晶格焓的差值，并对所得的数值做讨论。

答案：晶格焓可用 Kapustinskii 方程(3.4)进行估算，计算中利用表 12.1 的离子半径及氧离子和过氧离子的半径(分别为 126 pm 和 180 pm)。记住，过氧离子是简单阴离子(O_2^{2-})，代入上述数值得到

	MgO	MgO_2	BaO	BaO_2
$\Delta_L H/(kJ \cdot mol^{-1})$	4 037	3 315	3 147	2 684
差值/$(kJ \cdot mol^{-1})$	722		463	

计算结果表明：氧化物和过氧化物晶格焓之差自 Mg 至 Ba 减小。

自测题 12.2　计算 CaO 和 CaO_2 的晶格焓，对上述结果进行验证。

较重的第 2 族元素也形成多种复合氧化物，如形成钙钛矿型的 $SrTiO_3$ 和尖晶石 $MgAl_2O_4$(节 3.9)。阳离子半径从 Mg^{2+}(72 pm，6 配位)到 Ba^{2+}(142 pm 或更大，8 配位或更高)的变化区间大，该事实意味着，这些阳离子可用于合成多种不同结构类型的复合氧化物。这种复合氧化物的重要实例包括铁电性钙钛矿型的 $BaTiO_3$、磷光体 $SrAl_2O_4$:Eu 和许多高温超导体如 $YBa_2Cu_3O_7$ 和 $Bi_2Sr_2CaCu_2O_8$(节 24.6)。阳离子配位数的选择决定着许多复合氧化物的构型类型，因而在固体化学中非常重要。如果需要一个双电荷离子占据钙钛矿结构(配位数为 12)中 A 的位置(节 3.9)，通常就选择 Sr^{2+}(如在 $SrTiO_3$ 中)或 Ba^{2+}。另一方面，对尖晶石结构(通式为 AB_2O_4，具有 6 配位的 B 型部位)而言，Mg^{2+} 则是个不错的选择(如在 $GeMg_2O_4$ 中)。

通过对 $Tl_2Ba_2Ca_2Cu_3O_{10}$ 超导相结构的讨论可看出第 2 族离子对局域配位数的控制作用。较大的 Ba^{2+} 要求的配位数(对 O)比 Ca^{2+} 高，所以前者形成特有的 9 配位而后者是 8 配位。用 Ca^{2+} 取代 Ba^{2+} 来合成 $Tl_2Ca_2Ca_2Cu_3O_{10}$ 是不可能的，这样做在热力学上不利。

(b) 硫化物

提要：硫化物大多采用岩盐结构，应用包括用作荧光粉。

铍的硫化物为闪锌矿结构，而较重元素的硫化物全都结晶为岩盐结构。硫化钡用焦炭还原自然界存在的重晶石($BaSO_4$)的方法制得：

$$BaSO_4(s) + 2C(s) \longrightarrow BaS(s) + 2CO_2(g)$$

硫化钡显示强磷光，是第一例人工合成的磷光体。掺杂铋的钙锶混合硫化物具有长效磷光性，应用在发光颜料中。

例题 12.3　判断并识别第 2 族硫属化物的结构

题目：对 CaSe 的粉末 X 射线衍射图进行分析得知其为面心格子类型(晶格参数 592 pm)，已知 Ca^{2+} 和 Se^{2-} 的离子半径分别为 100 pm 和 184 pm，试预判该化合物的结构类型。你的预判与观察到的结果一致吗？

答案：首先需要知道像 CaSe 这样的二元化合物可能采用节 3.9 中描述的简单 AX 结构类型之一，然后用半径比规则来推测出可能的结构。两种 AX 结构类型包括面心格子类型(即岩盐结构)和闪锌矿结构类型。半径比为(100 pm)/(194 pm)= 0.52，根据表 3.6 推测应该优先采取岩盐结构。通过对图 3.30 中单元晶胞的讨论可以计算岩盐结构的晶格参数，因为它等于晶胞的边长。像图上可以看到的那样，边长是 $r(Ca^{2+})+r(Se^{2-})$ 的 2 倍，所以从离子半径可以预判晶格参数为 2×(100+194) pm = 588 pm，该值与 X 射线衍射值相一致，因此 CaSe 采用岩盐结构。

自测题 12.3　用离子半径判断 BeSe 的结构类型。

(c) 氢氧化物

提要:氢氧化物的溶解度自上而下增大。

Be^{2+}水溶液中加入氢氧化钠可沉淀出两性的氢氧化铍[$Be(OH)_2$],它是由 $Be(OH)_4$四面体通过共享氢氧根离子而形成的无限网状结构。第 2 族其余氢氧化物是由氧化物与水反应制得的。溶解度从 $Mg(OH)_2$到 $Ba(OH)_2$而增加,所以氢氧化物的碱性自上而下显著增大。氢氧化镁在水中微溶,由于饱和溶液中 OH^-的浓度低,所以形成温和的碱性溶液。$Ca(OH)_2$的溶解度大于 $Mg(OH)_2$,饱和溶液中 OH^-浓度较大,溶液被描述为中强碱。$Ca(OH)_2$的饱和溶液俗称石灰水,用来检测 CO_2气体的存在。CO_2通入石灰水中形成 $CaCO_3$白色沉淀,后者与 CO_2发生进一步反应形成碳酸氢根离子导致 $CaCO_3$沉淀消失:

$$Ca(OH)_2(aq)+CO_2(g) \longrightarrow CaCO_3(s)+H_2O(l)$$

$$CaCO_3(s)+CO_2(g)+H_2O(l) \longrightarrow Ca^{2+}(aq)+2HCO_3^-(aq)$$

氢氧化钡[$Ba(OH)_2$]可溶,其水溶液为强碱。

例题 12.4 氢氧化铍的两性

题目:写出 $Be(OH)_2$在(i)稀硫酸中和(ii)氢氧化锶中的溶解平衡方程式。讨论(ii)中的两个第 2 族元素的酸碱性。

答案:(i) $Be(OH)_2(s)+H_2SO_4(aq) \longrightarrow Be^{2+}(aq)+[SO_4]^{2-}(aq)+2H_2O(l)$

这里氢氧化铍是个碱,形成了硫酸盐。产物是水合硫酸铍,四水合盐中含有溶剂化的 Be^{2+}。

(ii) $Be(OH)_2(s)+Sr(OH)_2(aq) \longrightarrow SrBe(OH)_4(s)$

反应(ii)中的氢氧化锶是强碱,反应生成 Sr^{2+}[$Sr(OH)_2$的共轭酸]和四羟基合铍阴离子($[Be(OH)_4]^{2-}$)的盐。该反应说明第 2 族金属氧化物和氢氧化物的碱性自上而下增强。

自测题 12.4 将上述两反应中的产物加热到 500 ℃失水后生成什么?

12.9 氮化物和碳化物

提要:第 2 族的氮化物和碳化物与水反应分别产生氨和甲烷或乙炔。

所有元素在氮气中加热生成组成为 M_3N_2的氮化物,后者与水反应生成氨和金属氢氧化物:

$$M_3N_2(s)+6H_2O(l) \longrightarrow 3M(OH)_2(s,aq)+2NH_3(g)$$

镁在氮气中燃烧生成黄绿色的 Mg_3N_2,后者已被用作制备立方 BN 的催化剂(节 13.9)。Ca_3N_2在 400 ℃与氢反应生成 CaNH 和 CaH_2。氮化铍在 2 200 ℃熔化,可用作耐火材料。

本族所有元素都能形成碳化物。碳化铍(Be_2C)含有甲烷化物离子(C^{4-}),虽然人们认为此化合物的成键作用中有共价成分;它是具有反萤石结构的晶形固体(见图 12.5)。Mg、Ca、Sr 和 Ba 碳化物的最简式为 MC_2,其中含有二碳阴离子(乙炔化物,C_2^{2-})。Ca、Sr 和 Ba 的碳化物是用氧化物或碳酸盐与碳一起在 2 000 ℃的炉子中加热制得的:

$$MO(s)+3C(s) \longrightarrow MC_2(s)+CO(g)$$

$$MCO_3(s)+4C(s) \longrightarrow MC_2(s)+3CO(g)$$

所有这些碳化物与水反应均生成碳氢化合物,与碳离子的存在相吻合:碳化铍生成甲烷,其他元素的二碳化物则生成乙炔:

$$Be_2C(s)+4H_2O(l) \longrightarrow 2Be(OH)_2(s)+CH_4(g)$$

$$CaC_2(s)+2H_2O(l) \longrightarrow Ca(OH)_2(s)+C_2H_2(g)$$

甲烷和乙炔都易燃,乙炔燃烧产生炽热的碳微粒使其火焰明亮。

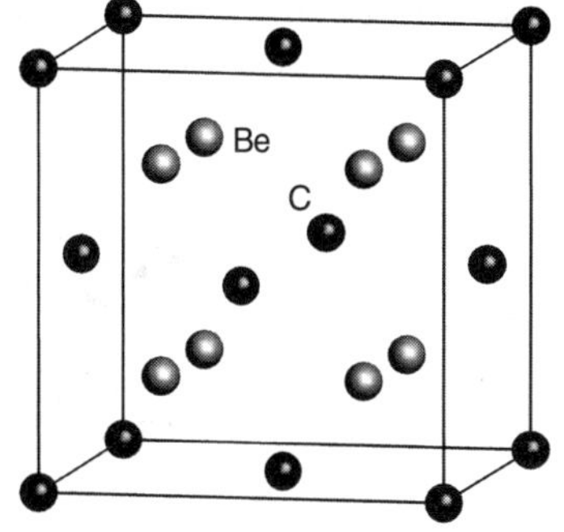

图 12.5 Be_2C 采取的反萤石结构

19 世纪末发现的这个反应使碳化钙在车辆照明上得到广泛应用以确保夜间行车的安全，并为矿工和洞穴提供照明。

12.10　氧合酸的盐

第 2 族最重要的含氧化合物是碳酸盐、碳酸氢盐和硫酸盐。

(a) 碳酸盐和碳酸氢盐

提要：除 $BeCO_3$外，其他的碳酸盐微溶于水；碳酸盐加热时分解为氧化物。碳酸氢盐的溶解性比碳酸盐好。

碳酸铍遇水容易生成 CO_2和$[Be(OH_2)_4]^{2+}$，后者由于 Be^{2+}的高电荷密度和水合 H_2O 分子中 O—H 键的极化作用而立即发生水解：

$$[Be(OH_2)_4]^{2+}(aq)+H_2O(l) \longrightarrow [Be(OH_2)_3(OH)]^{+}(aq)+H_3O^{+}(aq)$$

其他元素的碳酸盐都微溶于水，加热分解生成氧化物：

$$MCO_3(s) \xrightarrow{\triangle} MO(s)+CO_2(g)$$

碳酸盐的分解温度从 Mg 的 350 ℃升高至 Ba 的 1 360 ℃（见图 12.6）。第 2 族元素碳酸盐的热稳定性与第 1 族碳酸盐类似。由节 3.15 的讨论可知，这种变化趋势可用晶格焓的变化趋势做解释，本质上与离子半径的变化趋势相关。

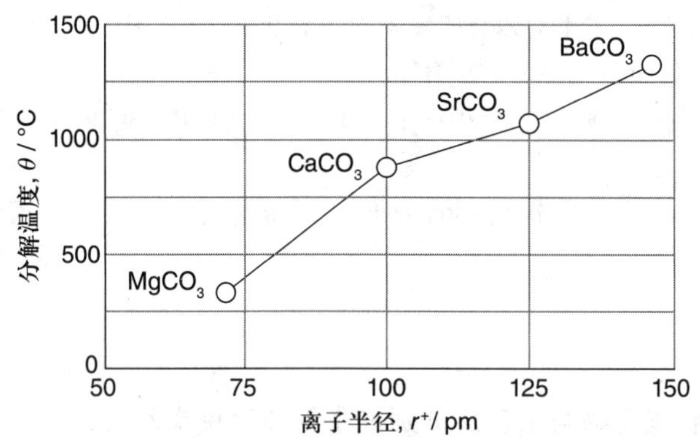

图 12.6　第 2 族碳酸盐的分解温度随离子半径的变化

碳酸钙是本族元素中最重要的含氧化合物，自然界广泛存在于石灰岩、白垩、大理石、白云石（与镁一起）、珊瑚、珍珠和贝壳中。碳酸钙结晶为多种多晶。最常见的类型有方解石、霰石和球霰石（见图 12.7；应用相关文段 12.4）。碳酸钙是重要的生物矿石，是骨骼和贝壳的重要成分（应用相关文段 12.5），在建筑和筑路中广泛使用。$CaCO_3$也用作抗酸剂，牙膏和泡泡糖中的磨料，保持骨密度以辅助健康。粉状石灰石叫作农用石灰，用以中和酸性土壤：

$$CaCO_3(s)+2H^{+}(aq) \longrightarrow Ca^{2+}(aq)+CO_2(g)+H_2O(l)$$

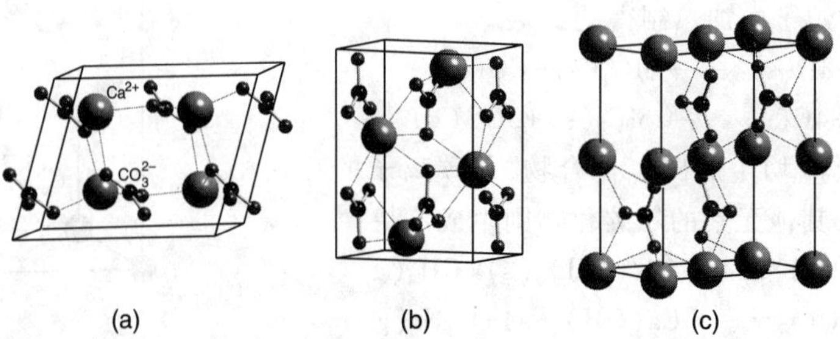

图 12.7　$CaCO_3$ 的几种多晶形：(a) * 方解石，(b) * 霰石，(c) * 球霰石

碳酸钙微溶于水，但水中含有 CO_2 时（如雨水）溶解度增加。因此，洞穴中的石灰岩受到侵蚀后形成更易溶解的碳酸氢盐：

$$CaCO_3(s)+H_2O(l)+CO_2(g) \longrightarrow Ca^{2+}(aq)+2HCO_3^-(aq)$$

该反应可逆进行，长时间就会形成组成为碳酸钙的钟乳石和石笋。

应用相关文段 12.4　碳酸钙的多晶

碳酸钙以沉积岩的形式大量存在，这些沉积岩是由海底生物的矿化遗迹形成的。最常见和稳定的形式是具有多种不同晶型的六方方解石。地壳中含有约 4%（按质量计）的方解石，它们是在多种不同地质环境中形成的。方解石形成巨大的岩石群，由三类岩石组成：火成岩、沉积岩和变质岩。方解石是火成岩（叫作碳酸盐岩）的重要成分，也是许多水热岩脉的组成部分。石灰岩是方解石的沉积形式。

石灰岩在高温高压下密度增大、原来的结构遭到破坏而转变为大理石。纯白大理石是由非常纯的石灰岩转变而来的。许多大理石的特征纹理和色彩通常是掺杂了各种矿物杂质（如黏土、淤泥、沙石和铁的氧化物）造成的。冰岛石最早是在冰岛发现的，它是一种无色透明的方解石，显示双折射性质。双折射是一束光线通过某种材料时由于光的偏振而分成两束的现象。双折射行为是由材料对不同偏振光具有不同的折射率而产生的。两个光束从晶面射出时以不同的折射角偏转。

方解石中的霰石是丰度较少的多晶物质，是具有三种晶型的斜方晶系。霰石的稳定性不如方解石，400 ℃时转化为方解石。如果时间足够长，大自然环境中的霰石就会变为方解石。许多双壳类动物（如牡蛎、蛤蚌、贻贝）和珊瑚都能分泌霰石，它们的硬壳及珍珠主要都由霰石组成。海贝（如鲍鱼）的珍珠化过程和彩色条纹是形成多层霰石所致（应用相关文段 12.5）。温泉和火山岩洞穴中也含有霰石。

霰石也可人工合成并用作造纸工业的填料，细致的纹理、白度和吸附性能可提高纸张的质量。石灰石在窑中加热生成 CaO（石灰），后者加水调浆生成石灰乳，通入二氧化碳直至形成霰石：

$$CaCO_3(s) \xrightarrow{\triangle} CaO(s)+CO_2(g)$$

$$CaO(s)+H_2O(l) \longrightarrow Ca(OH)_2(s)$$

$$Ca(OH)_2(s)+CO_2(g) \longrightarrow CaCO_3(s)+H_2O(l)$$

反应条件（如温度、二氧化碳的流速）决定产物的粒度分布和晶型。

球霰石甚至是更稀有的碳酸钙多晶，也采用六方晶胞。其溶解性大于方解石和霰石，遇水逐渐转变为这两种形态。它是从寒冷气候条件下的矿泉中沉积而成的；胆石往往是由这种形式的 $CaCO_3$ 组成的。钙华是自然形成的一种白色、质地很硬的碳酸钙，它是从热矿泉水或富含钙的溪流中沉积出来的。

碳酸钙的两种主要多晶可由红外光谱加以区分（节 8.5），方解石和霰石中的 CO_3^{2-} 阴离子被钙离子包围形成明显的局域环境，红外光谱图中看到的 CO_3^{2-} 的振动频率稍有不同。而且由于局域对称性不同，每种多晶都检出了某些振动模式（见下表）。IR 或 Raman 光谱谱图可用来迅速区分两种形式。例如，图 B12.1 示出蜗牛壳的红外光谱图，$\tilde{\nu}$ 1 080 cm^{-1} 附近的强峰属于霰石类碳酸钙的特征。

波数/cm^{-1}	
方解石	霰石
714	698
876	857
	1 080
1 420（宽峰）	1 480（宽峰）
1 800	1785

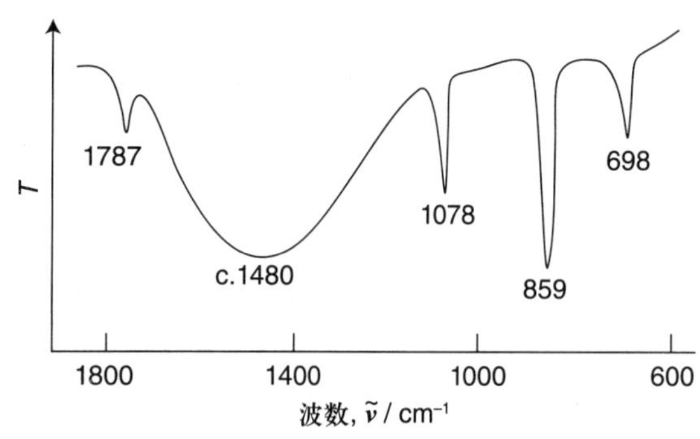

图 B12.1　蜗牛壳的红外谱图

应用相关文段 12.5　碳酸钙的生物矿石和矿物

生物成矿作用涉及无机固体中的各种生物体的造矿过程，迄今共确认了 50 种以上的生物矿，其中碳酸钙是最常见者之一。大自然擅长控制这种形成单晶、多晶和无定形结构的成矿过程，这种矿物具有奇异的形态和机械性质(节 26.17)。这些生物矿往往能起到生物体中的结构性作用(如牙齿、骨骼或贝壳)。许多种贝壳主要都由碳酸钙组成，其中蛋白质的最高含量也仅约 2%。

当今发现的大多数碳酸钙矿石是由海洋生物形成的。这些动物死亡后的硬壳沉积在海床上，受压形成石灰岩和白垩。英格兰 Dover 港的白色断崖就是由白垩组成的，是生活在 1.36 亿年前一种叫作有孔虫的海洋微生物的甲壳演变而成的。

在珍珠和母体珍珠中，微小的 $CaCO_3$ 晶体发生沉积形成坚硬、光滑、色彩绚丽的方解石和霰石的叠层。不同结构形式的碳酸钙叠层因断裂朝向不同(压力下叠层可抗断裂)导致甲壳非常坚硬。各层的厚度与光的波长相类似，导致干涉效应并产生珠光。

科学家尝试着在实验室复现碳酸钙复杂的结晶条件。晶体有时可围绕模板生长，然后从模板刮下以产生多孔结构；或者加入某种化学试剂使晶体在特定的溶液中长出不同的形状。与此相类似，骨骼[主要成分是羟基磷灰石 $Ca_5(PO_4)_3OH$]的生长(包括发展合成骨骼材料)也在研究之中。

因为 HCO_3^- 的电荷比 CO_3^{2-} 低，第 2 族的碳酸氢盐不能从含有这种离子的溶液中沉淀出来。水的临时硬度(使水沸腾可消除的硬度)是由于水中存在碳酸氢钙和碳酸氢镁造成的。沸腾时以下平衡向右移动，使碳酸氢盐以碳酸盐的形式沉淀下来：

$$Ca(HCO_3)_2(aq) \rightleftharpoons CaCO_3(s)+CO_2(g)+H_2O(l)$$

加入 $Ca(OH)_2$ 也可沉淀出碳酸盐，从而降低水的临时硬度：

$$Ca(HCO_3)_2(aq)+Ca(OH)_2(aq) \longrightarrow 2CaCO_3(s)+2H_2O(l)$$

如果不除去硬水中的 Ca^{2+} 和 Mg^{2+}，它们可与肥皂(硬脂酸钠，$NaC_{17}H_{35}CO_2$)或洗涤剂分子形成沉淀物(垢)，从而降低洗涤剂的作用：

$$2NaC_{17}H_{35}CO_2(aq)+Ca^{2+}(aq) \longrightarrow Ca(C_{17}H_{35}CO_2)_2(s)+2Na^+(aq)$$

(b) 硫酸盐和硝酸盐

提要：最重要的硫酸盐是硫酸钙，自然界以石膏和雪花石膏的形式存在。

“永久硬度”(获得这一名称是因为通过沸腾方法不能消除)是由水中的硫酸镁和硫酸钙引起的。这时要让水通过离子交换树脂来进行软化，用 Na^+ 取代水中的 Ca^{2+} 和 Mg^{2+}。

硫酸钙是第 2 族元素最重要的硫酸盐，自然界以石膏(二水合物，$CaSO_4 \cdot 2H_2O$)的形式存在(见图 12.8)。雪花石膏是致密的细粒石膏，与大理石相似可用于雕塑。二水合物加热到高于 150 ℃ 时失水形成半水合物 $CaSO_4 \cdot \frac{1}{2}H_2O$(即熟石膏)，熟石膏又叫巴黎烧石膏，因最先开采于巴黎的 Montmartre 区而得名。熟石膏与水混合后因生成二水合物而膨胀，可用作固定断肢的强度材料。石膏也用作建筑材料。用作防火壁板，遇到火情时二水石膏脱水变成半水石膏并释放出水蒸气：

$$2CaSO_4 \cdot 2H_2O(s) \longrightarrow 2CaSO_4 \cdot \tfrac{1}{2}H_2O(s)+3H_2O(g)$$

这是一个吸热反应($\Delta_r H^\ominus = +117\ kJ \cdot mol^{-1}$)，所以能吸收火灾放出的热量。此外，产生的水也能吸收热量并蒸发，水蒸气提供的惰性屏障能减少氧对火情的支持。

$BaSO_4$ 的不溶性加上钡强烈吸收 X 射线的性质[钡的原子序数(56)高]，因而用作胃肠道系统的 X 射线成像剂。白色颜料立德粉是 $BaSO_4$ 和 ZnS 的混合物，立德粉有着优良的化学稳定性，不像铅白($PbCO_3$)那样易受硫化物的侵蚀。硫酸钡具有高密度($4.5\ g \cdot cm^{-3}$)，作为许多钻浆的成分以清洁和冷却钻头并且带走井里的岩石。

水合硝酸盐[如 $Ca(NO_3)_2 \cdot 4H_2O$]由氧化物、氢氧化物或碳酸盐与硝酸的反应制得，然后再从反应溶液中结晶出来。利用加热脱水的方法不难制得从 Mg 到 Ba 的无水盐。水合硝酸铍[$Be(NO_3)_2 \cdot 4H_2O$]加热时

发生分解并放出 NO_2。无水硝酸铍[$Be(NO_3)_2$]的制备方法是将 $BeCl_2$ 溶解在 N_2O_4 中，然后加热生成的溶剂化物 $Be(NO_3)_2 \cdot 2N_2O_4$ 以缓慢驱除 NO_2。加热 $Be(NO_3)_2$ 进一步生成碱式硝酸盐 $Be_4O(NO_3)_6$，后者含有 BeO_4 四面体单元中心，以棱边桥连着硝酸根基团。这种结构类似于碱式醋酸盐的结构(**5**)。

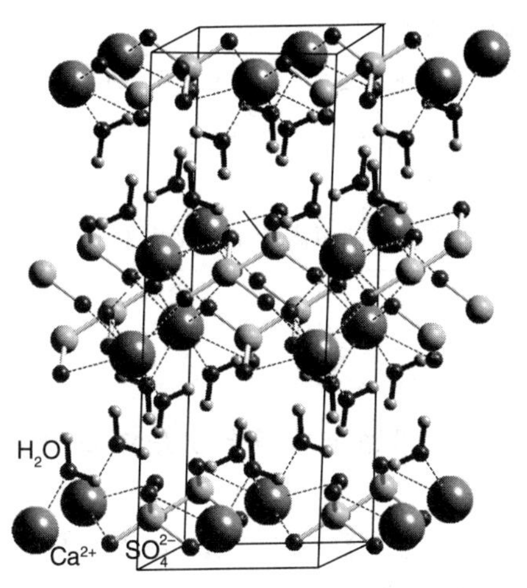

图 12.8　$CaSO_4 \cdot 2H_2O$ 的结构，简明示出 150 ℃以上失去的水分子

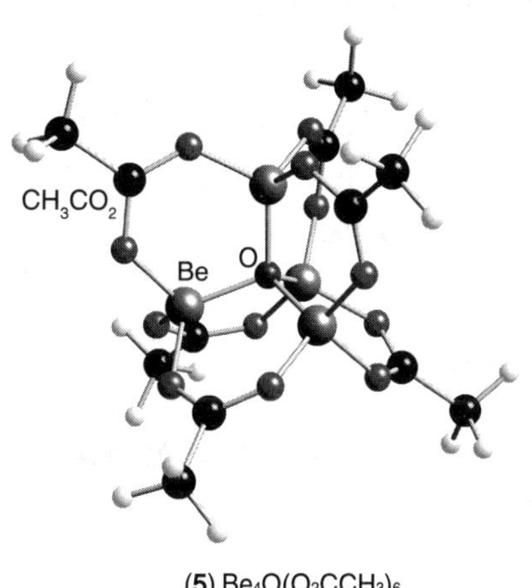

(**5**) $Be_4O(O_2CCH_3)_6$

12.11　溶解度、水合作用和铍酸盐

提要：负一价离子盐水合焓的负值大，使这类盐在水中易溶。对二价负离子形成的盐而言，晶格焓的影响更大，这类盐不溶于水。

第 2 族元素化合物在水中的溶解度通常远小于第 1 族化合物，尽管其水合焓负值更大：

	Na^+	K^+	Mg^{2+}	Ca^{2+}
$\Delta_{hyd}H^{\ominus}/(kJ \cdot mol^{-1})$	−406	−322	−1 920	−1 650

除氟化物外，单电荷阴离子的盐通常在水中易溶，而双电荷阴离子(如氧化物)的盐在水中微溶。对后者(如碳酸根和硫酸根)而言，来自高电荷阴离子的高晶格焓是决定因素，超过了水合焓的影响。这种难溶性是巨量含钙、含镁的矿物沉积(如广泛用在建筑业的石灰石、石膏和白云石)能够存在的原因。除 BeF_2 外，所有氟化物都不溶于水，这是因为 F^- 的半径小，造成氟化物的晶格焓较大。因为在小阳离子上集中了高的电荷密度，氟化铍的水合焓很高，因而水合焓(而不是晶格焓)起主导作用：

$$BeF_2(s)+4H_2O(l) \longrightarrow [Be(OH_2)_4]^{2+}(aq)+2F^-(aq) \qquad \Delta_rH^{\ominus}=-250\ kJ \cdot mol^{-1}$$

水溶液中直接与 Be^{2+} 配位的 H_2O 分子结合得很紧，与自由水分子的交换速率非常慢。水合 Be^{2+} 阳离子($[Be(OH_2)_4]^{2+}$)在水中显酸性：

$$[Be(OH_2)_4]^{2+}(aq)+H_2O(l) \longrightarrow [Be(OH_2)_3(OH)]^+(aq)+H_3O^+(aq)$$

该反应可以认为是半径小的二价阳离子强的极化力所导致。较重元素水合盐的溶液显中性。

溶解度和水解的这些变化趋势也可以用软/硬酸碱理论来解释。该族离子自上而下硬度降低，F^- 和 OH^-(小而硬的阴离子)是硬碱，与 Be^{2+}、Mg^{2+} 这类较硬的酸形成的化合物不溶，但 Ba^{2+} 的化合物可溶。H_2O 分子中硬的 O 原子与 Be^{2+} 的结合力很强，但与较软的 Ba^{2+} 的结合力就很弱。

Be 的两性性质决定了在强碱性条件下形成 $[Be(OH)_4]^{2-}$，这意味着能够广泛形成以 BeO_4 四面体为基础的铍酸盐。阴离子 $[Be(OH)_4]^{2-}$ 已在化合物 $SrBe(OH)_4$ 中离析出来。

铍的矿物家族 $Be_3Al_2(SiO_3)_6$(包括绿宝石、海蓝宝石、绝绿柱石)含有这一单元，其他许多复杂的铍酸盐(如硅铍石 Be_2SiO_4,沸石中的 $Na_2BeSi_4O_{10}\cdot 4H_2O$)都含有这一单元。化合物 $BeAl_2O_4$ 在自然界以矿物金绿玉存在,金绿玉矿物的一种形式为掺杂铬的紫翠玉,将日光下的绿色改变为白炽灯下的紫色。

例题 12.5　评估影响溶解度的因素

题目:估算 $MgCl_2$ 和 $MgCO_3$ 的晶格焓,讨论晶格焓对溶解度可能产生的影响。

答案:这里再一次要用到表 12.1 中的数据和 Kapustinskii 方程(3.4),还需要知道 Cl^- 和 CO_3^{2-} 的半径分别为 167 pm 和 185 pm(资源节 1)。代入这些数据给出 $MgCl_2$ 和 $MgCO_3$ 的晶格焓分别为 2 478 $kJ\cdot mol^{-1}$ 和 3 260 $kJ\cdot mol^{-1}$。$MgCO_3$ 的晶格焓比较大,可能抵消水合焓的影响,因此溶解度比 $MgCl_2$ 小。

自测题 12.5　计算 MgF_2、$MgBr_2$ 和 MgI_2 晶格焓,讨论第 2 族卤化物溶解度随卤离子半径增大而变化的趋势。

12.12　配位化合物

提要:只有 Be 能与简单配体(如卤离子)形成配位化合物;最稳定的络合物是由多齿螯合配体(如 EDTA)形成的。

Be 的化合物较同族其他元素的化合物显示更多的共价性,它与普通配体形成的某些络合物是稳定的。铍络合物通常为四面体,然而遇到大体积配体时配位数降低到 3 或 2。铍与卤素离子或以氧为给予原子的螯合配体(如草酸根、烷氧基和二酮酸根负离子)形成动力学上最不活泼的络合物。例如,在碱式醋酸铍[氧合醋酸铍,$Be_4O(O_2CCH_3)_6$]的结构中,中心 O 原子被四个 Be 原子以四面体方式所包围,后者又被醋酸根离子所桥连(**5**)。$Be_4O(O_2CCH_3)_6$ 可通过 $BeCO_3$ 与醋酸反应制得:

$$4BeCO_3(s)+6CH_3COOH(l) \longrightarrow 4CO_2(g)+3H_2O(g)+Be_4O(O_2CCH_3)_6(s)$$

碱式醋酸铍为无色、可升华的分子化合物,可溶解在氯仿中并从其中再结晶。

第 2 族阳离子可与冠醚和穴醚配体形成络合物,其中动力学活性最小的是较大体积的阳离子 Sr^{2+} 和 Ba^{2+} 所形成的络合物。所有这些络合物都比体积较小的第 1 族络合物更稳定。最稳定的络合物是与分析化学上较为重要的带电荷的多齿配体(如乙二胺四乙酸根离子 $EDTA^{4-}$)形成的。EDTA 络合物形成常数的顺序为 $Ca^{2+}>Mg^{2+}>Sr^{2+}>Ba^{2+}$。固态时 Mg^{2+} 的 EDTA 络合物为 7 配位(**6**),其中 H_2O 占据一个配位点。

Ca^{2+} 络合物随相反离子不同可能是 7 配位或 8 配位,其中 1 个或 2 个 H_2O 分子为配体。

自然界存在许多种 Ca^{2+} 和 Mg^{2+} 的络合物。最重要的是大环络合物叶绿素(**7**),叶绿素是 Mg^{2+} 的卟啉络合物,它是光合作用的核心[节 26.10(d)]。

镁参与磷酸根转移和糖类的代谢过程。钙是生物矿的组分,也被蛋白质所配位,特别是细胞中负责信号传递和肌肉收缩的蛋白质(节 26.4)。第 2 族金属氢化物络合物(如$[(DIPP\text{-}nacnac)CaH(THF)]_2$,式中 $DIPP\text{-}nacnac=CH\{(CMe)(2,6\text{-}iPr_2C_6H_3N)\}_2$)中含有被两个桥氢负离子分开的两个钙原子,对储氢材料的发展有重要意义(应用相关文段 10.4 和应用相关文段 12.3)。

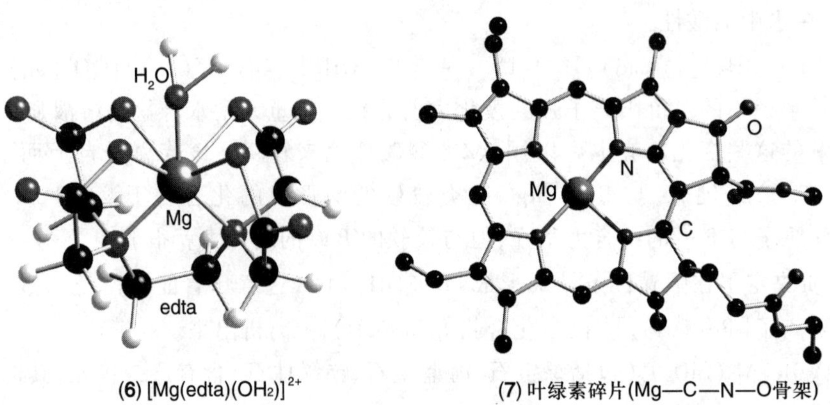

(6) $[Mg(edta)(OH_2)]^{2+}$　　**(7)** 叶绿素碎片(Mg—C—N—O骨架)

12.13　金属有机化合物

提要：烷基铍化合物在固相发生聚合；Grignard 试剂属于最重要的主族金属有机化合物。

铍的金属有机化合物在空气中自燃，在水中不稳定。甲基铍可通过甲基汞在烃类溶剂中的金属转移反应来制备：

$$Hg(CH_3)_2(sol)+Be(s) \longrightarrow Be(CH_3)_2(sol)+Hg(l)$$

另一条合成路线是卤化铍与烷基锂之间的卤素交换反应或复分解反应，产物是卤化锂和烷基铍化合物。在这种方法中，卤素原子和有机基团在两个金属原子之间发生转移，发生这一反应和类似反应的驱动力是生成电正性更大的金属的卤化物：

$$2n\text{-}BuLi(sol)+BeCl_2(sol) \longrightarrow (n\text{-}Bu)_2Be(sol)+2LiCl(s)$$

Grignard 试剂的醚溶液也可用来合成有机铍化合物：

$$2RMgCl(sol)+BeCl_2(sol) \longrightarrow R_2Be(sol)+2MgCl_2(s)$$

甲基铍[$Be(CH_3)_2$]在气相和烃类溶剂中主要以单体形式存在。它采取线形结构，与 VSEPR 模型预测的结果相一致。在固相形成聚合链，其中通过桥甲基形成三中心二电子键[节 2.11(e)；**8**]。

较大体积的烷基基团导致聚合度下降；乙基铍（$(BeEt_2)_2$）为二聚体(**9**)，叔丁基铍[$(t\text{-}Bu)_2Be$]为单体(**10**)。

二茂铍[$(C_5H_5)_2Be$]是个有趣的有机铍化合物。尽管化学式表明它是二茂铁（节 22.19）的类似物，晶态实际上具有完全不同的结构。Be 原子直接位于一个环戊二烯基中心的上方和另一个环的一个碳原子的下方(**11**)。

然而二茂铍溶液的低温（-135 ℃）NMR 谱图表明两个环是等价的，这一事实表明在如此低的温度下，Be 原子和两个 C_5H_5 环依然在快速重排。

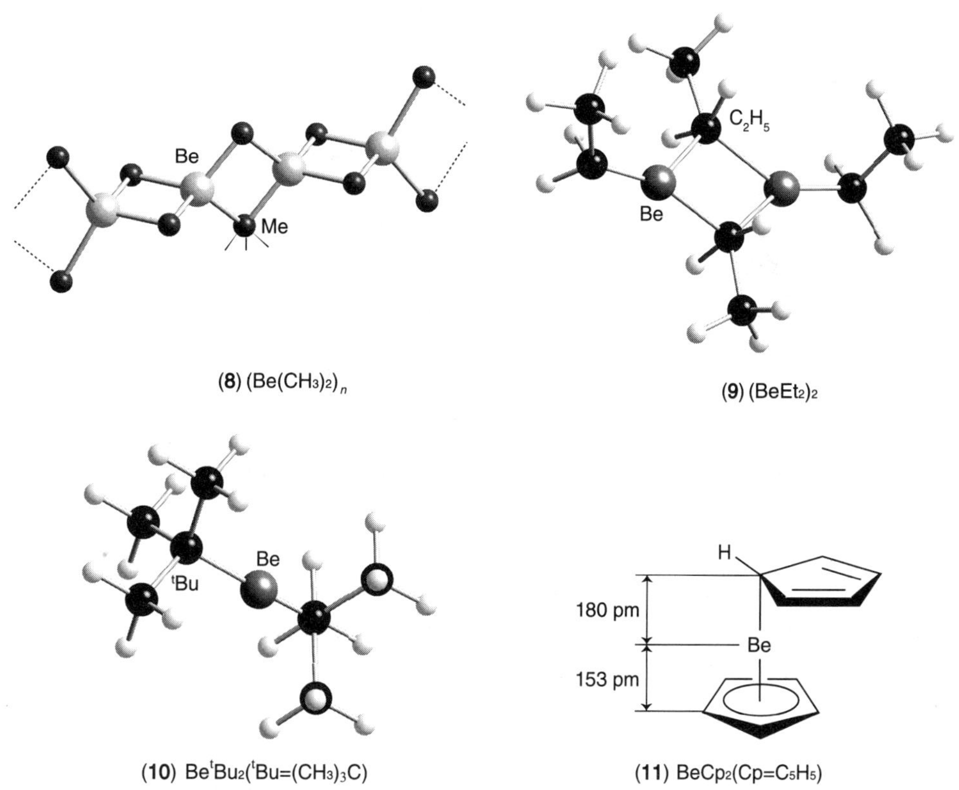

(**8**) $(Be(CH_3)_2)_n$

(**9**) $(BeEt_2)_2$

(**10**) $Be^tBu_2(^tBu=(CH_3)_3C)$

(**11**) $BeCp_2(Cp=C_5H_5)$

烷基和芳基卤化镁是非常知名的 **Grignard 试剂**(Grignard reagents),广泛用于有机合成作为 R^- 源。Grignard 试剂通过有机卤化物与金属镁反应制备。由于镁表面覆有一层钝态氧化膜,反应进行之前首先必须进行活化。通常在反应物中加入微量碘以形成碘化镁,后者在所用的溶剂中可溶,溶解后将活化了的金属镁表面暴露出来。也可用钾在 THF 中还原 $MgCl_2$ 制备高活性的金属镁细粉。产生 Grignard 试剂的反应是在乙醚或 THF 中进行的:

$$Mg(s)+RBr(sol) \longrightarrow RMgBr(sol)$$

Grignard 试剂的结构远非那样简单。烷基基团很大时溶液中金属原子的配位数仅为 2。然而它被镁原子周围按四面体排列的溶剂分子溶剂化(**12**)。

另外,溶液中复杂的平衡叫 **Schlenk 平衡**(Schlenk equalibria),该平衡导致多个物种同时存在,其精确的性质取决于温度、浓度和溶剂。例如,R_2Mg、RMgX 和 MgX_2 均在溶液中被检出:

$$2RMgX(sol) \longrightarrow R_2Mg(sol)+MgX_2(sol)$$

Grignard 试剂广泛用于其他金属的金属有机化合物的合成,如合成上面提到的烷基铍化合物。它们也广泛用于有机合成领域。一个反应叫**有机镁化**(organomagnesiation)反应,该反应涉及 Grignard 试剂对不饱和键的加成:

$$R^1MgX(sol)+R^2R^3C{=}CR^4R^5(sol) \longrightarrow R^1R^2R^3CCR^4R^5MgX(sol)$$

Grignard 试剂发生副反应[如 **Wurtz 偶合**(Wurtz coupling)]形成碳-碳键:

$$R^1MgX(sol)+R^2X(sol) \longrightarrow R^1R^2(sol)+MgX_2(sol)$$

Ca、Sr、Ba 的金属有机化合物通常为离子型而且很不稳定。它们都是用金属细粉和有机卤化物直接作用产生的 Grignard 试剂的类似物。

最后,尽管本族元素各成员在其化合物中几乎都呈现+2 氧化态,然而通过钾将 Mg(Ⅱ)还原至 Mg(Ⅰ)的反应已经合成了化合物 LMg—MgL。LMg—MgL 中的 $L=[Ar(NC)(N^iPr_2)N(Ar)]^-$,Ar=2,6-二异丙基苯基。该化合物的结构中心含有一个 Mg—Mg 键(**13**),键长为 285 pm,短于金属镁中 Mg—Mg 之间的距离(320 pm)。

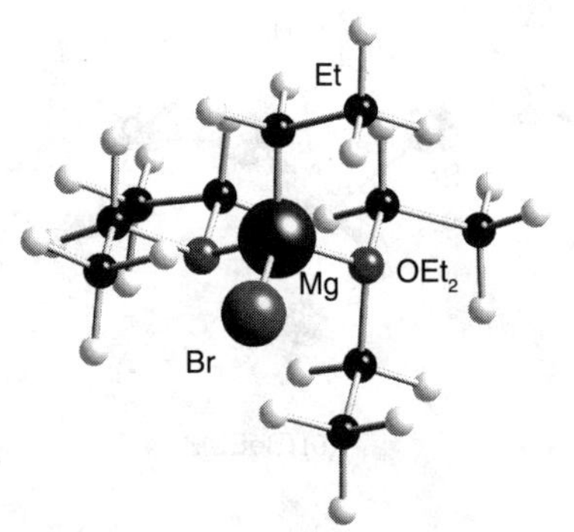

(**12**) $MgEtBr(OEt_2)_2$

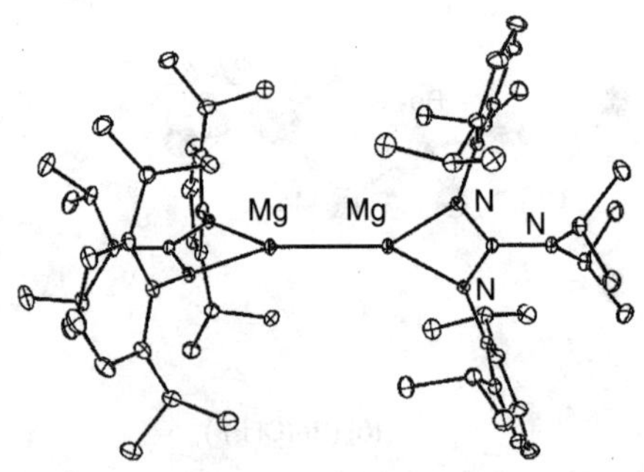

(**13**) LMgMgL ($L=[Ar(NC)(N^iPr_2)N(Ar)]^-$, Ar=2,6-二异丙基苯基,$^iPr$=异丙基)

延伸阅读资料

R. B. King, *Inorganic chemistry of the main group elements*. John Wiley & Sons(1994).

P. Enghag, *Encyclopedia of the element*. John Wiley & Sons(2004).

D. M. P. Mingos, *Essential trends in inorganic chemistry*. Oxford University Press(1998). 从成键和结构角度讨论无机化学的一本书。

N. C. Norman, *Periodicity and the s-and p-block elements*. Oxford University Press(1997). 全面总结了 s 区和 p 区化学的基本变化趋势和特征。

J. A. H. Oates, *Lime and limestone: chemistry and technology, production and uses*. John Wiley & Sons(1998).

练习题

12.1　为什么铍的化合物主要为共价型,而第 2 族其他元素化合物主要为离子型?

12.2　为什么铍的性质与铝和锌而不是与镁更相似?

12.3　使用电负性数据(Be 为 1.57,Cs 为 0.79)和 Ketelaar 三角(图 2.36),预测两元素间可能形成化合物的类型。

12.4　如下所示,识别出含金属的 A、B、C、D 四种化合物:

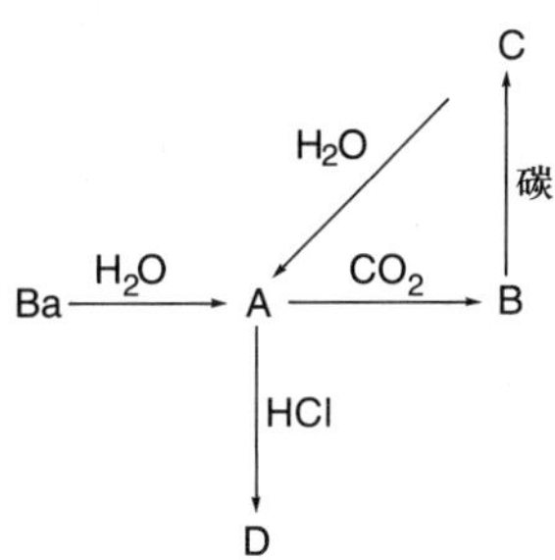

12.5　为什么熔融氟化铍冷却时形成玻璃态?

12.6　计算每种第 2 族元素氢化物中氢的质量分数。研究储氢材料时为什么研究 MgH_2 的可行性而不是研究 BeH_2?

12.7　为什么第 1 族元素的氢氧化物比第 2 族元素的氢氧化物对金属更具腐蚀性?

12.8　$MgSeO_4$ 和 $BaSeO_4$ 两个盐中哪一个在水中溶解度更大?

12.9　如何将 Ra 从含有其他第 2 族金属阳离子的溶液中分离出来?

12.10　哪些第 2 族元素的盐被用作干燥剂?为什么?

12.11　已知 Te^{2-} 的离子半径为 207 pm,试预测 BeTe 和 BaTe 的结构。

12.12　用表 1.7 的数据和 Ketelaar 三角(图 2.36)预测 $BeBr_2$、$MgBr_2$ 和 $BaBr_2$ 的成键性质。

12.13　两个 Grignard 化合物 C_2H_5MgBr 和 2,4,6-$(CH_3)_3C_6H_2MgBr$ 都能溶解在 THF 中,你预期两个物种在溶液中的结构会有何不同?

12.14　写出下列反应的生成物:

(a) $MgCl_2+LiC_2H_5 \longrightarrow$

(b) $Mg+(C_2H_5)_2Hg \longrightarrow$

(c) $Mg+C_2H_5HgCl \longrightarrow$

辅导性作业

12.1　大理石和石灰石建筑物易被酸雨腐蚀。什么是酸雨?讨论酸性的成因。描述大理石和石灰石被酸雨腐蚀的过程。请列出哪些化合物可以作为发电厂的淋洗剂将导致酸雨的排放物减至最小,并描述其原理。

12.2　在论文"Noncovalent interaction of chemical bonding between alkaline earth cations and benzene?"(*Chem. Phys. Lett.* 2001, **349**, 113)中,Tan 与合作者进行了铍、镁和钙离子与苯形成的络合物的理论计算。碱土金属和苯的键合归因于哪些轨道的相互作用?这种轨道相互作用对苯中的 C—C 键长有何影响?用键焓增加的顺序排列 M—C 键。与第 1 族元素与苯作用的键强相比,这里的键强如何?示意绘出金属-苯络合物的几何构型。

12.3　讨论氟化铍玻璃。注意 BeF_2 的化学行为与 SiO_2 的类似性。

12.4　高温氧化铜复合物超导体(如 $YBa_2Cu_3O_7$、$Bi_2Sr_2Ca_2Cu_3O_{10}$、$HgBa_2Ca_2Cu_3O_x$)通常含有一个或多个第 2 族元素(C. N. R. Rao and A. K. Ganguli, *Acta Cryst.*, 1995, **B51**, 604)。请叙述 Ca^{2+}、Sr^{2+} 和 Ba^{2+} 在这些化合物中所起的作用,包括分析阳离子大小对氧原子的配位有何关系。

12.5　P. C. Junk 和 J. W. Steed 用 Mg、Ca、Sr、Ba 的硝酸盐制备了冠醚络合物(*J. Chem. Soc., Dalton. Trans.*, 1999, 407)。概括叙述合成这些化合物的一般程序。绘出用到的两个冠醚的结构。讨论这些络合物的结构及它们如何随阳离子的不同而变化。

12.6　根据你对第 2 族元素化学性质变化趋势的了解并参照表 12.1 的数据预测镭的化学性质。并将预测结果与观测到的结果做比较。参考下列资料：H. W. Kirby and M. L. Salutsky, *The radiochemistry of radium*. Nuclear Science Series, National Academy of Sciences, National Research Council. National Bureau of Standards, US Department of Commerce (1964).

12.7　以 AlO_4 和 SiO_4 四面体结构单元交联起来的硅铝酸盐形成了多种矿石，其中包括组成可写成 $M^{(4+x)+}[Al_xSi_{1-x}O_4]^{(4+x)-}$ 的多种黏土矿和沸石矿。讨论天然矿物中 BeO_4 结构单元存在的情况。铍磷酸盐 $M^{3(1+x)+}[Be_xP_{1-x}O_4]^{3(1+x)-}$ 在结构和组成上是硅铝酸盐 $M^{(4+x)+}[Al_xSi_{1-x}O_4]^{(4+x)-}$ 的类似物，多大程度上有可能制备以 BeO_4 和 PO_4 四面体结构单元交联起来的铍磷酸盐？

12.8　通过下述实验测定了生活用水的硬度。向 100 cm^3 水样中加入几滴 pH = 10 的缓冲溶液，铬黑 T 作指示剂，用 0.01 $mol \cdot L^{-1}$ 的 EDTA 滴定样品，消耗 EDTA 溶液 33.8 cm^3，此时 Mg^{2+} 和 Ca^{2+} 都与 EDTA 起反应。向第二份 100 cm^3 的水样中先加入 0.1 $mol \cdot L^{-1}$ 的 NaOH 5.0 cm^3 和几滴紫脲酸铵指示剂。此时仅有 Ca^{2+} 与 EDTA 起反应，消耗 EDTA 为 27.5 cm^3。用 Mg^{2+} 和 Ca^{2+} 的浓度表示该水样的硬度。

12.9　Mg(Ⅰ)化合物的合成已有报道（*Science*, 2007, **318**, 1754）。请描述该合成是怎样进行的，并叙述第 2 族元素这个不寻常的氧化态是如何稳定的。

（王文渊　译，史启祯　审）

13 章
第 13 族元素

本族元素的化学性质有明显的规律性，如氧化数和两性特征。本章将介绍第 13 族元素的存在和提取，并讨论这些元素及其简单化合物、配位化合物和金属有机化合物的化学性质。此外也将全面介绍硼的簇化合物。

本族元素（硼、铝、镓、铟、铊）具有多种物理性质和化学性质。第一个元素（硼）本质上是个非金属，而其他较重元素明显地具有金属性。铝是工业领域中最重要的一种元素，因用途广泛而大规模进行生产。硼与氢、金属、碳形成大量簇化合物。含有镓和铟的合金与化合物具有重要的光学性质和电子学性质。

H
18 He
1 2 13 14 15 16 17
Li Be B C N O F Ne
Mg Al Si
Ca Ga Ge
Sr In Sn
Ba Tl Pb
Ra

A. 基本面

本部分论述第 13 族元素的基本化学性质。

13.1 元素

提要：硼是本族中唯一的非金属元素。铝是第 13 族中丰度最高的元素。

本族各元素在地壳岩石、海洋和大气中的丰度变化很大。铝的丰度较高，但硼在宇宙中和地球上的丰度却很低。像锂和铍一样，这一事实反映出核合成反应中避开了这些轻元素（应用相关文段 1.1）。第 13 族较重元素丰度低的事实与铁后元素核稳定性递降的趋势相一致。硼在自然界以硼砂[$Na_2B_4O_5(OH)_4 \cdot 8H_2O$]和四水硼砂[$Na_2B_4O_5(OH)_4 \cdot 2H_2O$]的形式存在，人们从中提取硼的粗产品。铝存在于许多黏土和铝硅酸盐矿物中，但工业上最重要的则是铝土矿。铝土矿是水合氢氧化铝和氧化铝的复杂混合物，它被用来大规模地制备铝。氧化镓以杂质形式存在于铝土矿中，通常作为生产铝的副产品而回收。痕量的铟和铊存在于许多矿物中。

s 区和 d 区都是金属元素，而 p 区元素的范围则包括非金属、准金属和金属。这一事实导致 p 区元素化学性质的多样性和一些明显的变化趋势（节 9.4）。从 B 到 Tl 金属性增强：B 是非金属；Al 基本上是金属（虽然因具有两性往往被归入准金属）；Ga、In、Tl 是金属。与之相关的变化趋势是，化合物中的成键趋势从硼的共价键主导过渡到重元素的离子键主导。这一事实可通过自上而下原子半径增加和与之相关的电离能的减小给出合理解释（见表 13.1）。因为较重元素的电离能低，金属自上而下越来越容易形成阳离子。Ga 的电负性比 Al 大[与预期中的变化趋势相左，节 1.7(d)]，这是交替效应[节 9.2(c)]的体现。

正如节 9.8 中所讨论的那样，由于原子半径小，各族第一个元素的性质与同族其他元素显著不同。这种差异在第 13 族中尤为明显，B 的化学性质明显不同于同族其他元素。但是 B 与第 14 族的 Si 存在明显的对角线关系：

- 硼和硅都形成酸性氧化物（如 B_2O_3 和 SiO_2）；铝形成两性氧化物。
- 硼和硅都形成多种氧化物的聚合结构和玻璃。

- 硼和硅都形成易燃的气态氢化物;铝的氢化物是固体。

本族元素的价电子组态为 ns^2np^1。像电子组态所表明的那样,所有元素在其化合物中均显示+3 氧化态。然而本族较重元素也能以+1 氧化态形成化合物,+1 氧化态的稳定性自上而下逐渐增加。事实上,Tl 的最常见氧化态是 Tl(Ⅰ)。这一趋势在卤化物中尤为明显,这是惰性电子对效应(节 9.5)造成的结果。Tl(Ⅰ)有强烈的毒性,其离子半径与钾离子非常接近,能进入细胞并破坏钾离子和钠离子的输送机制(节 26.3)。

表 13.1　第 13 族元素的某些性质

性质	B	Al	Ga	In	Tl
共价半径/pm	80	125	125	150	155
金属半径/pm		143	141	166	171
离子半径(配位数为 6),$r(M^{3+})$/pm	27	53	62	80	89
熔点/℃	2 300	660	30	157	304
沸点/℃	3 930	2 470	2 403	2 000	1 460
第一电离能,$I_1/(kJ\cdot mol^{-1})$	799	577	577	556	590
第二电离能,$I_2/(kJ\cdot mol^{-1})$	2 427	1 817	1 979	1 821	1 971
第三电离能,$I_3/(kJ\cdot mol^{-1})$	3 660	2 745	2 963	2 704	2 878
电子亲和能,$E_a/(kJ\cdot mol^{-1})$	26.7	42.5	28.9	28.9	
Pauling 电负性	2.0	1.6	1.8	1.8	2.0
$E^{\ominus}(M^{3+},M)/V$	−0.89	−1.68	−0.53	−0.34	+0.72

硼存在多种同素异形体。无定形 B 是一种棕色粉末,但坚硬且难熔的晶态 B 是亮黑色晶体。已测定了晶体结构的三种固相中均含有二十面体 B_{12} 基元(见图 13.1)。这种二十面体结构基元在硼化学中反复出现,在金属硼化物和硼氢化合物结构中还会再次遇到。二十面体单元也出现在与第 13 族之外的元素形成的某些金属互化物(如 Al_5CuLi_3、$RbGa_7$ 和 K_3Ga_{13})中。硼显示惰性,通常情况下粉状硼只能与 F_2 和 HNO_3 起反应。

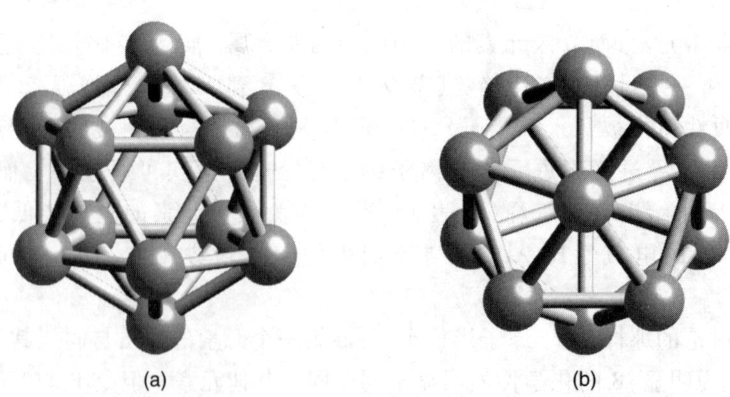

图 13.1　菱形硼中的 B_{12} 二十面体:(a) 沿三重对称轴观察的侧视图;(b) 垂直该轴观察的俯视图。二十面体之间通过三中心二电子键(3*c*,2*e*)相连

尽管 Al 是电正性金属(活泼金属),却由于存在表面钝化的氧化膜而非常稳定。如果移除表面氧化膜,Al 则会迅速被空气氧化。铝粉末具有很高的反射度,因此可用作银色油漆中的填料。铝也是电和热的良导体。

镓在低温下是脆性固体,但在 30 ℃时会熔化。镓的低熔点归因于它的晶体结构,其中每个 Ga 原子只有 1 个最邻近原子和 6 个次邻近的相邻原子:这样,Ga 原子倾向于形成 Ga—Ga 双原子对。镓的液态范围很大(30~2 403 ℃),能够润湿玻璃和皮肤因而难以操作。镓容易与其他金属形成合金,能扩散到其他金属晶格中使其变脆。铟形成畸变的立方密堆积晶格(ccp),铊则是六方密堆积晶格(hcp)。

13.2　化合物

提要:本族所有元素能形成+3 氧化态的氢化物、氧化物和卤化物。+1 氧化态的稳定性自上而下逐渐增加,+1 氧化态也是铊化合物的最稳定氧化态。

第 13 族较轻元素一个非常显著的特点是其具有 ns^2np^1 电子组态。这种组态使其通过电子共享形成 3 个共价键时价层最多只能含 6 个电子。因此,许多化合物都不能形成完整的八隅体结构而显示 Lewis 酸性。作为 Lewis 酸,能够从给予体接受一对电子完成八隅体。此外,作为第 13 族的第一个元素,B 及其化合物与同族其他元素的化学性质明显不同。

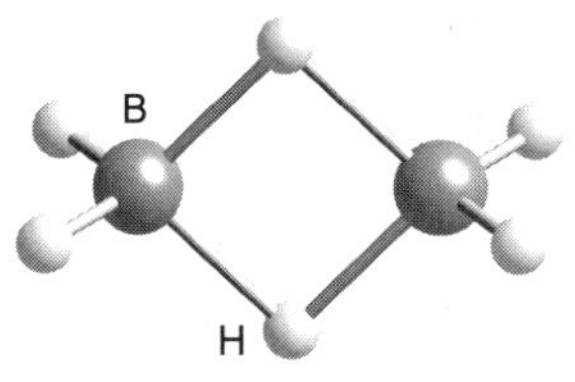

(1) 乙硼烷, B_2H_6

应该注意区分"缺电子"和"不完整的八隅体"两种表述。前者是指缺乏足够的电子来形成原子间正常的共价键;后者是指主族原子最外层电子数少于 8。

硼的二元氢化合物叫硼烷。硼烷系列中最简单的乙硼烷(**1**,B_2H_6)是个典型的缺电子化合物,其结构通常用二中心二电子键(2*c*,2*e*)和三中心二电子键(3*c*,2*e*)两个术语来描述(节 2.11):桥式的 3*c*,2*e* 键在硼烷化学中是反复出现的一种键合方式。所有的硼氢化物燃烧产生特征的绿色火焰,其中有些与空气接触发生燃爆。碱金属的四氢合硼酸盐($NaBH_4$和 $LiBH_4$)是实验室中常用的还原剂,也用作合成大多数硼氢化物的前体。碱金属和碱土金属的四氢合硼酸盐及氨硼烷(NH_3BH_3)都是有用的储氢材料(应用相关文段 13.1)。

应用相关文段 13.1　储氢与第 13 族元素

氢燃料电池是碳基燃料的替代品并开始应用于移动技术和汽车。高效的燃料电池需要高效的氢源,人们对许多储氢方法都进行了研究。其中包括高压储氢和使用多孔材料,但也关注着加热或遇水时能生成 H_2的物质。硼和铝的氢化物即属此类。有吸引力的化合物中含氢的质量分数高,$LiBH_4$、$NaBH_4$、$LiAlH_4$和 AlH_3中氢的质量分数分别约为 18%、11%、11%和 10%。四氢合硼酸钠($NaBH_4$)与水反应生成氢气的反应是放热反应:

$$NaBH_4(aq)+4H_2O(l) \longrightarrow 4H_2(g)+NaB(OH)_4(aq) \qquad \Delta_r H^\ominus=-2\ 300\ kJ\cdot mol^{-1}$$

该反应需要以镍或铂作为催化剂,能快速为发动机或燃料电池产生潮湿的氢气。$NaBH_4$是以质量分数为 30%的水溶液形式使用的,因此在大气压下是非挥发性的、不易燃的液体。由于没有副反应或挥发性副产物,该硼酸盐产物可以回收再利用。

氨硼烷(BH_3NH_3)含氢 21%,也用于产氢研究。1950 年代曾经研究过将氨硼烷用作火箭燃料,但后来放弃了。将氨硼烷加热至 500 ℃时分解并放出氢气,但残余物是不易回收的氮化硼。最近有研究探讨了硼氢化镁氨络合物 $Mg(BH_4)_2\cdot 2NH_3$的储氢潜能。该化合物含氢 16%,其溶液流过钌催化剂时释放出氢。它在 150 ℃开始分解,205 ℃时释氢速率最大,这些性质使它成为对氨硼烷(BH_3NH_3)有竞争力的储氢材料。

三卤化硼(BX_3)是平面三角形分子,与本族其他元素的卤化物不同,三卤化硼在气态、液态和固态都是单体。三氟化硼和三氯化硼是气体,三溴化硼是挥发性液体,三碘化硼是固体(见表 13.2)。挥发性的这种变化趋势与分子中电子数增多而导致色散力增加的趋势相一致。三卤化硼是不完整的八隅体,也是

Lewis 酸。Lewis 酸性的强度顺序是 $BF_3<BCl_3\leqslant BBr_3$，与从卤素电负性角度预期的结果正相反（节 4.7）。卤素原子和 B 原子之间通过 X—B π 成键作用部分降低了缺电子性，导致 B 原子的空 p 轨道部分地被卤素原子提供的电子所占据（见图 13.2）。Lewis 酸性的变化趋势源于较轻、较小的卤素原子的 X—B π 成键作用更有效，F—B 键是形式上已知的最强单键之一。

表 13.2　三卤化硼的性质

性质	BF_3	BCl_3	BBr_3	BI_3
熔点/℃	−127	−107	−46	50
沸点/℃	−100	13	91	210
键长/pm	130	175	187	210
$\Delta_f G^{\ominus}/(kJ\cdot mol^{-1})$	−1 112	−339	−232	+21

氧化硼（B_2O_3）是最重要的硼氧化物，由硼酸的脱水反应制备：

$$4B(OH)_3(s) \xrightarrow{\Delta} 2B_2O_3(s)+6H_2O(l)$$

玻璃状氧化硼是由三角形 BO_3 单元构成的、部分有序的网状体。晶形 B_2O_3 则是由 BO_3 单元通过 O 原子相连而构成的有序网状体。金属氧化物溶于熔融的 B_2O_3 产生有色玻璃。氧化硼和二氧化硅是硼硅酸盐玻璃的主要成分。由于强的 B—O 键，这种玻璃的热膨胀性较低，用于制造耐热的实验室玻璃器皿。

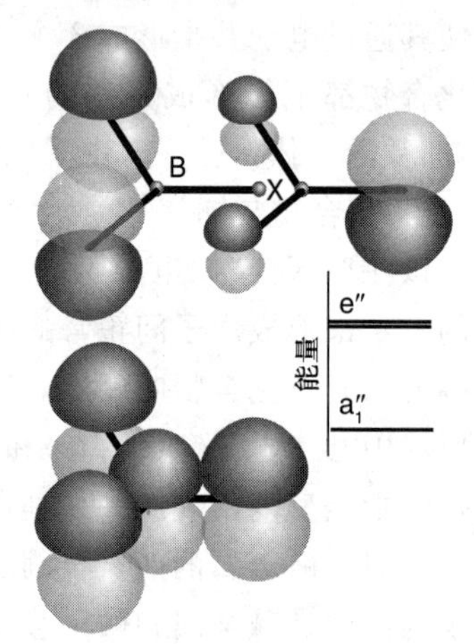

图 13.2　三卤化硼的成键 π 轨道主要定域于大电负性的卤素原子上，但在 a_1'' 轨道中，与硼 p 轨道的重叠是重要的

许多分子化合物中都含有 B—N 键，其中很多是碳化合物的类似物。含有 B—N 和 C—C 单元的化合物之间的相似性可用它们为等电子单元的事实来解释。B 和 N 组成的最简单的化合物是氮化硼 BN，它不难用加热氧化硼与氮化合物的方法来合成（应用相关文段 13.2）：

$$B_2O_3(l)+2NH_3(g) \xrightarrow{1\,200\ ℃} 2BN(s)+3H_2O(g)$$

应用相关文段 13.2　氮化硼的应用

六方氮化硼最初被用来满足航空航天工业的需求，它在氧气中稳定，并在低于 900 ℃时不与水蒸气起反应。它是一个好的热绝缘体，热膨胀性低，还能耐受热冲击。这些性质使它在工业上用来制作高温坩埚。硼粉末可用作脱模剂（分型粉）和热绝缘体。氮化硼纳米管是在高真空条件下将硼和氮沉积在钨的表面形成的。这些纳米管适用于高温条件，同样温度下碳纳米管则会被烧蚀。BN 纳米管也提供了室温储氢的可能性，已经发现它能吸收质量分数为 2.6% 的 H_2。

粉状氮化硼质软而有光泽，在化妆品和个人护理行业应用最广泛。它无毒且不存在已知的危险，许多产品中都加入了高达 10% 的氮化硼粉。它使指甲油和口红等产品增添了珠光光泽，还被添加到粉底中用以遮掩皱纹。它对光的反射性可以散射光，使皱纹不易被察觉。

一种形式的氮化硼结构是由类似石墨片层的平面原子层构成的（节 14.5），某些物理性质也与石墨类似。例如，石墨和 BN 都有滑腻感，都能用作润滑剂。但 BN 是一种白色、不导电的固体，而不是黑色的金属性导体。除片层结构的氮化硼外，B 与 N 最著名的不饱和化合物是环硼氮三烯 $B_3N_3H_6$（**2**），它与苯等电子而且同结构。与苯相类似，也是无色液体（沸点 55 ℃）。

Al、Ga、In、Tl 都是化学性质存在许多相似之处的金属元素。它们类似硼，形成作为 Lewis 酸的缺电子化合物。铝能与许多金属形成合金，制造既轻又耐腐蚀的器材。Ga 在 Al-Ga 合金中能防止 Al 表面形成紧密的钝化膜。这种合金遇水时铝与水反应生成氢氧化铝并放出氢气。氢化铝（AlH_3）是固体，最好将其看作似盐化合物（类似 s 区金属的氢化物）。AlH_3 在实验室用得很少，不像 CaH_2 和 NaH 那样容易从市场购得。然而 $NaAlH_4$ 是个广泛使用的还原剂。烷基铝氢化物[如 $Al_2(C_2H_5)_4H_2$]是众所周知的分子化合物，其中含有 Al—H—Al 3*c*,2*e* 键（节 2.11）。

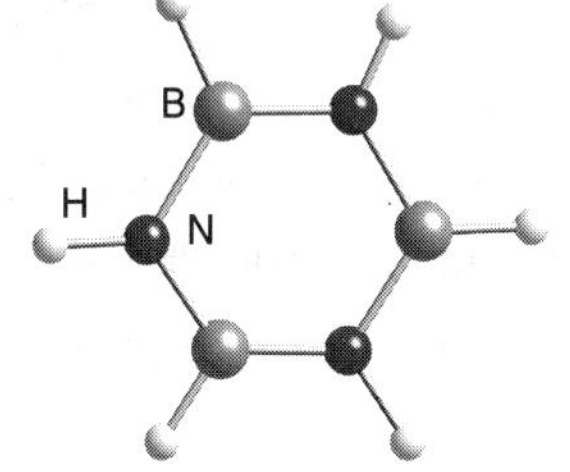

(2) 环硼氮三烯，$B_3N_3H_6$

所有第 13 族元素都能形成三卤化物，其中金属的氧化态为+3。然而正如惰性电子对效应（节 9.5）所预期的那样，该族自上而下+1 氧化态变得更常见，Tl 形成稳定的一卤化物。Ga、In 和 Tl 也形成混合氧化态（Ⅰ/Ⅲ）的卤化物。F^- 体积是如此之小，以致三氟化物是物理上的硬离子固体（比其他卤化物的熔点和升华焓高得多）。高晶格焓也导致三氟化物在大多数溶剂中的溶解度很小；对简单给予体而言也起不到 Lewis 酸的作用。Al、Ga、In 这些较重的三卤化物可溶于各种极性溶剂，是优良的 Lewis 酸。平面三角形 MX_3 单体只出现在高温气相中，否则三卤化物在气相和溶液中均以 M_2X_6 二聚体的形式存在。挥发性固体也是二聚物。$AlCl_3$ 是一个例外，它在固相为六配位的层状结构，熔点温度转化为四配位的分子型二聚体。该二聚体含有 M—X 配位键，其中属于一个 AlX_3 单元中 X 上的孤电子对让第二个 MX_3 单元的 M 完成八隅体（**3**）。这种配位方式使每个 M 原子周围的 X 原子按四面体排布。与本族其他元素不同，Tl（Ⅰ）是其卤化物中最稳定的氧化态。

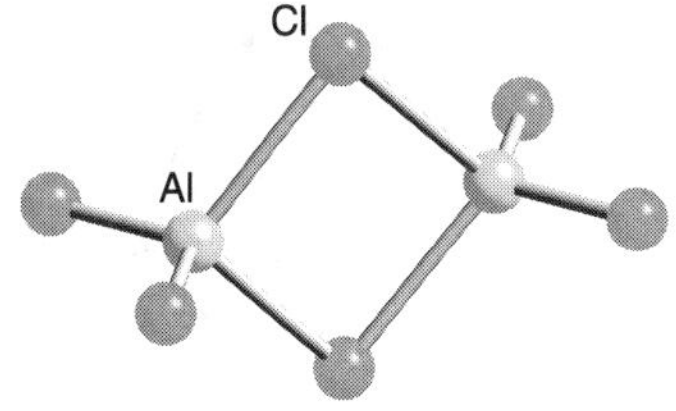

(3) Al_2Cl_6

α-氧化铝是 Al_2O_3 最稳定的形式，它是一种质硬的、耐火的两性物质。氢氧化铝在低于 900 ℃温度下脱水形成 γ-氧化铝，后者是个介稳的多晶形式[有缺陷的尖晶石结构，节 3.9(b)]，而且比表面积非常高。Ga_2O_3 的 α 和 γ 形式与氧化铝对应的形式具有同样的结构。铟和铊分别形成 In_2O_3 和 Tl_2O_3。铊也形成 Tl（Ⅰ）的氧化物和过氧化物，化学式分别为 Tl_2O 和 Tl_2O_2。

第 13 族最重要的氧合酸盐是明矾类化合物 $MAl(SO_4)_2\cdot 12H_2O$，式中 M 是一价阳离子如 Na^+、K^+、Rb^+、Cs^+、Tl^+ 或 NH_4^+。镓和铟也形成类似这种类型的系列盐，但 B 和 Tl 则不能：B 离子太小，而 Tl 原子又太大。明矾类化合物被看作含有三价水合阳离子（$[Al(OH_2)_6]^{3+}$）的复盐，其余的水分子在阳离子和硫酸根离子之间形成氢键。明矾矿 $KAl(SO_4)_2\cdot 12H_2O$（铝的名称来自于它）是唯一常见的水溶性含铝矿物。自古以来被用作媒染剂将染料固定在纺织品上。媒染剂与染料形成配位络合物附着在纺织品上，从而防止染料在清洗时被洗掉。术语"矾"被广泛用于描述其他通式为 M（Ⅰ）M'（Ⅲ）$(SO_4)_2\cdot 12H_2O$ 的化合物，其中 M 往往是 d 金属，如"铁矾"$KFe(SO_4)_2\cdot 12H_2O$ 中的 Fe。

13.3　硼的簇化合物

提要：硼可形成多种聚合的笼状化合物，包括硼氢化物、金属硼烷和碳硼烷。

硼不仅形成简单氢化物，还形成多个系列的电中性和阴离子型聚合的笼状硼氢化合物。形成硼氢化合物的硼原子数最多可达 12 个，这些化合物被分为闭合型（*closo*）、巢形（*nido*）和蛛网形（*arachno*）三大类。

化学式为 $[B_nH_n]^{2-}$ 的硼氢化物为**闭合型结构**（*closo* structure），"*closo*"这个名称来源于希腊词，意为"cage"。该系列阴离子中的 *n* 值从 5 到 12，如三角双锥体 $[B_5H_5]^{2-}$（**4**）、八面体 $[(B_6H_6)]^{2-}$（**5**）和二十面体 $[B_{12}H_{12}]^{2-}$（**6**）。化学式为 B_nH_{n+4} 的硼簇合物采用**巢形结构**（*nido* structure），"*nido*"这个名称来源于拉丁词，意为"nest"，如 B_5H_9（**7**）。化学式为 $[B_nH_{n+6}]$ 的硼簇合物为**蛛网形结构**（*arachno* structure），"*arachno*"这个名称来源于希腊词，意为"spider"（因为它们类似于不整齐的蜘蛛网）。戊硼烷（11）（B_5H_{11}，**8**）属于

此类。

硼形成叫作**金属硼烷**(metallaboranes)的许多含金属的簇合物。在某些情况下，金属通过氢桥连接至硼氢化物负离子。更常见也更牢固的金属硼烷含有直接的 M—B 键。

碳硼烷(carboranes,更正式的名称为 carbaboranes)与多面体硼烷和硼氢化物密切相关，是一大族含有 B 原子和 C 原子的簇合物。$[B_6H_6]^{2-}$(**5**)的一个类似物是电中性的碳硼烷 $B_4C_2H_6$(**9**)。其他杂原子(如 N、P 和 As)也可引入硼烷分子中。

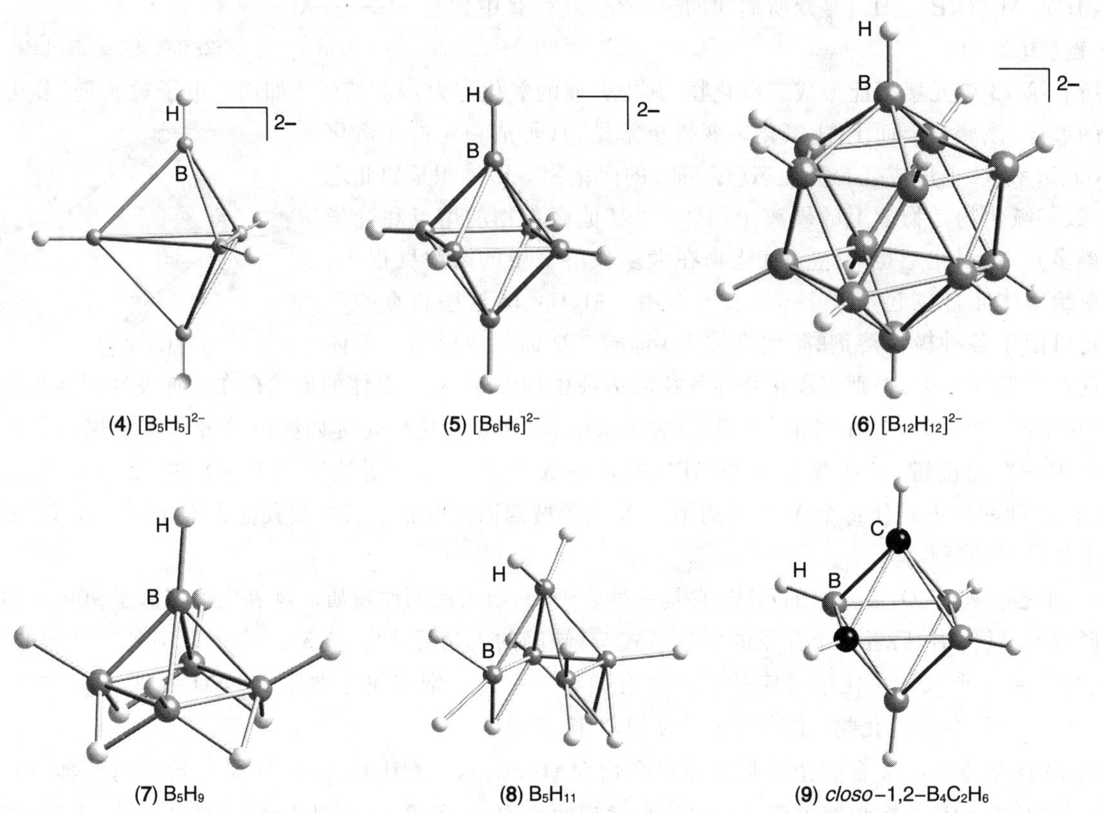

B. 详述

这里将详细讨论第 13 族元素的化学性质，按非金属到金属的变化趋势、不完整八隅体及与之相关的 Lewis 酸性来解释所观察到的性质。硼的特性将分在不同节中做讨论。

13.4　存在和提取

提要：铝的丰度高；铟和铊是第 13 族中丰度最低的元素。

硼存在数种质硬而难熔的同素异形体。晶体结构已知的三种固相均含二十面体 B_{12} 这样的基本单元(见图 13.1)。这种二十面体是硼化学中反复出现的结构单元，会在金属硼化物和硼氢化物的结构中再次遇到它。二十面体单元在其他第 13 族元素形成的金属间化合物和 Zintl 相[节 3.8(c)]中也有发现，如 Al_5CuLi_3、$RbGa_7$ 和 K_3Ga_{13}。

硼在自然界以硼砂[$Na_2B_4O_5(OH)_4 \cdot 8H_2O$]和四水硼砂[$Na_2B_4O_5(OH)_4 \cdot 2H_2O$]的形式存在，它们也是制备粗硼的原料。先是将硼砂转化为硼酸[$B(OH)_3$]，再制成硼的氧化物(B_2O_3)。氧化硼用 Mg 还原，然后分别用碱液和氢氟酸洗涤。纯硼是用 H_2 还原 BBr_3 蒸气制得的：

$$2BBr_3(g)+3H_2(g) \longrightarrow 2B(s)+6HBr(g)$$

铝是地壳中丰度最高的金属元素，约占地壳岩体质量的 8%。铝元素存在于多种黏土和硅铝酸盐矿物中。工业上最重要的是铝土矿，它是水合氢氧化铝和氧化铝的复杂混合物。采用 Hall-Heroult 法大量地从铝土矿提取铝（节 5.18）。过程中先将 Al_2O_3溶于熔融的冰晶石（Na_3AlF_6），混合物电解时在阴极沉积出金属铝。生产铝是个高耗能产业，但其耗费可通过规模化生产、原材料成本低和采用水电等措施得到补偿。氧化铝在自然界中以红宝石、蓝宝石和刚玉等形式存在，而且还是金刚砂的一种成分。

氧化镓以杂质存在于铝土矿中，通常作为生产铝的副产物而回收。镓在该过程中富集于残渣中，可通过电解提取出来。铟是提取铅和锌的副产品，也用电解法回收。铊化合物是在烟道尘中发现的，细颗粒的铊化合物随冶炼尾气一起排出。先将烟道灰溶于稀硫酸，然后加入盐酸以沉淀氯化铊（Ⅰ），再经电解法提取金属铊。

13.5　元素及其化合物的用途

提要：最有用的硼化合物是硼砂；工业上最重要的元素是铝。

硼主要用在硼硅酸盐玻璃中。硼砂有很多日常用途，如用作水的软化剂、清洁剂和温和的杀虫剂。硼酸[$B(OH)_3$]被用作温和的防腐剂。无定形的棕色硼掺入烟火可以产生明亮的绿色。硼还是植物所必需的微量营养物。质量轻而强度大的硼纤维用于航空航天工业所需的合成材料和体育器材。B 的许多化合物是超硬材料，其硬度接近金刚石。立方氮化硼是在高压下合成的，从而导致价格昂贵。生成二硼化铼不需要高压，所以产品比较便宜，但 Re 是个昂贵的金属。一种叫作“杂钻石”的材料（有时会标上“BCN”）是金刚石和氮化硼通过爆炸冲击合成的。这些化合物作为金刚石的代用品制备切削工具和刀片。过硼酸钠（$NaBO_3 \cdot H_2O$）以二聚体 $Na_2B_2O_4(OH)_4$形式用作洗衣业的无氯漂白剂、清洗材料和牙齿增白剂。与含氯漂白剂相比，它对纺织品的腐蚀性更小，在低温下与活化剂（如四乙酰乙二胺，TAED）混合会变得更具活性。硼氢化钠（$NaBH_4$）用于大规模漂白木浆。硼烷曾经是常用的火箭燃料，但后来发现太易燃烧而无法安全操作。目前正在研究硼烷用作储氢材料的可能性，将氢存储在氨硼烷复合物（NH_3:BH_3）中（应用相关文段 10.4、12.3 和 13.1）。

铝是使用最广泛的有色金属。金属铝在新技术上的应用是由于它具有质轻、耐腐蚀和易回收的性质。铝用于罐头业、箔纸和炊具，也用于建筑业和航空合金（应用相关文段 13.3）。许多铝化合物用作媒染剂，用于水和污水处理、造纸、食品添加剂和防水的纺织材料。氯化铝和氯代氢化铝用作止汗剂，氢氧化铝用作抗酸剂。掺杂了 TiF_3的四氢合铝酸钠（$NaAlH_4$）可用作储氢材料。

Ga 的熔点（30 ℃）刚刚高出室温，因此被用于高温温度计。镓和铟形成低熔点合金，可用作自动喷水灭火系统的安全装置。两种元素都能沉积在玻璃表面制成耐腐蚀的镜子，掺杂了锡的 In_2O_3用于电子显示器的透明导电涂层和灯泡的热反射涂层。氮化镓用于蓝色激光二极管，是蓝光技术的基础。它对电离辐射不敏感，用于卫星上的太阳能电池。砷化镓是半导体，用于集成电路、发光二极管和太阳能电池。铊的化合物一度曾用来治疗癣菌病，也作为灭鼠灭蚁的有毒药物，然而已因高毒性（Tl^+能与 K^+一起穿过细胞膜实现跨膜传输，节 26.3）而禁止使用。铊能被肿瘤细胞更有效地吸收，已在核医学上用作成像剂。

应用相关文段 13.3　铝的循环使用

生产铝是能源密集型的高耗资产业，铝的回收具有很强的吸引力。回收铝的产业已有数十年历史，尤其是铝制易拉罐的流行和日用铝制品的回收大大增加了产业的活力。铝经济学是循环经济学的一个典范，循环经济学是将一个过程的废品变成另一个过程的原料，从而将对环境和自然资源造成的不利影响减至最小。铝产品在寿命期内并未被消耗，而是被多次回收再利用，这种再利用对金属的物理性质或化学性质不产生负面影响。

即便将收集和分离铝的成本考虑在内，回收铝的成本也只有从铝土矿提取铝成本的 5%。另外还要考虑减少垃圾填埋和节约铝或铝土矿运输成本带来的效益。回收铝的方法相当简单：将饮料罐等铝制品与其他垃圾分开、粉碎成小片、然后清洗压块(压块可以降低铝的再氧化)。将压成块状的铝置于炉中加热至 750 ℃ 生成熔态铝,除去固体废渣,加入高氯酸铵赶走溶解在其中的氢。高氯酸铵分解放出氮气、氧气和氯气,后者与氢反应将其除去。然后加入添加剂以改变最终合金的性质再浇铸成锭。从废机动车辆回收铝的产业也已经建立起来,该产业遵循着相同的基本流程。只是过程的分离阶段较复杂,因为需要捡出其他金属、聚合物和纺织品等。

全球易拉罐的回收率为 70%,巴西以 97%的回收率领跑全球。全球用在建筑和运输业的铝的回收率接近 90%,回收铝在满足社会对金属的需求上起着越来越重要的作用。

13.6　硼的简单氢化物

硼最简单的氢化物是气态的乙硼烷(B_2H_6)。也存在更大的硼烷,它们可能是液体(如 B_5H_9)或固体($B_{10}H_{14}$)。硼烷可被 Lewis 碱所裂解。

(a) 硼烷

提要:乙硼烷可用卤化硼和氢负离子源之间的复分解反应来合成;许多更大的硼烷可通过乙硼烷部分热解的方法制备;所有的硼氢化物都可燃,有时甚至会发生爆炸,其中很多易水解。

在实验室中,乙硼烷(B_2H_6)可通过卤化硼与 $LiAlH_4$(或 $LiBH_4$)在醚溶液中的反应制备:

$$3LiBH_4(et)+4BF_3(et) \longrightarrow 3LiBF_4(et)+2B_2H_6(g)$$

这是一个复分解反应。为了体现组分之间发生交换的关系,可写成下述简化形式:

$$\tfrac{3}{4}BH_4^-(et)+BF_3(et) \longrightarrow \tfrac{3}{4}BF_4^-(et)+BH_3(g)$$

像 LiH 一样,$LiBH_4$和 $LiAlH_4$都是 H^-转移的良好试剂,但因为可溶于醚类溶剂通常优于 LiH 和 NaH。因为乙硼烷在接触空气时会燃烧,合成反应需要严格排除空气的条件下进行操作(通常是在真空线上操作)。室温下乙硼烷的分解非常缓慢,分解生成更大的硼烷和一种非挥发性的、难溶的黄色固体(其中含有 $B_{10}H_{14}$和BH_n聚合物种)。

更大的硼烷分两类:一类的化学式是 B_nH_{n+4},另一类的化学式是 B_nH_{n+6}(含氢较多但稳定性较低)。例如戊硼烷(11)(B_5H_{11},**8**)、丁硼烷(10)(B_4H_{10},**10**)和戊硼烷(9)(B_5H_9,**7**)。读者需要留意硼烷的系统命名法:B 原子的数目用 B 原子的下标表示,H 原子数用括号中的数字表示。按照这种方法乙硼烷应该命名为乙硼烷(6);然而由于不存在乙硼烷(8),所以"乙硼烷"这个比较简单的名称就沿用下来。

所有硼烷都是无色的抗磁性物质。其物理状态涉及气体(B_2H_6、B_4H_8)、挥发性液体(B_5H_9、B_6H_{10})和可升华固体($B_{10}H_{14}$)。所有硼氢化物都是可燃的,其中几个较小的硼烷(包括乙硼烷)能自发与空气反应,往往伴随剧烈爆炸并产生绿色的闪光(反应中间体 BO 的激发态发射的光)。反应的最终产物是硼酸:

$$B_2H_6(g)+3O_2(g) \longrightarrow 2B(OH)_3(s)$$

H
B

(10) B_4H_{10}

硼烷遇水容易水解生成硼酸和氢:

$$B_2H_6(g)+6H_2O(l) \longrightarrow 2B(OH)_3(aq)+6H_2(g)$$

如下所述,B_2H_6是个 Lewis 酸,水解机理涉及 H_2O 作为 Lewis 碱而配位。氢分子是 O 上带部分正电荷的 H 原子与 B 上带部分负电荷的 H 原子结合生成的。

(b) Lewis 酸性

提要:大体积软 Lewis 碱使乙硼烷发生对称裂解;小体积硬 Lewis 碱非对称地切开氢桥键。尽管乙硼烷能与许多硬 Lewis 碱起反应,但最好将其看作软 Lewis 酸。

正如水解机理所暗示的那样,乙硼烷和许多较轻的硼氢化物可作为 Lewis 酸通过与 Lewis 碱反应而裂解。迄今已经观察到两种不同的裂解模式,即对称裂解和非对称裂解。在**对称裂解**(symmetrical cleavage)中,B_2H_6裂解为两个对称的 BH_3碎片,每个 BH_3碎片都与 Lewis 碱形成络合物:

$$2\ NMe_3: \ B_2H_6 \longrightarrow 2\ H_3B{-}NMe_3$$

存在多种这样的络合物，它们与碳氢化合物具有等电子关系。例如，上述反应的产物与 2,2-二甲基丙烷 $[C(CH_3)_4]$ 等电子。稳定性变化趋势表明 BH_3 是个软 Lewis 酸，如下述反应所表明的那样：

$$H_3B{-}N(CH_3)_3+F_3B{-}S(CH_3)_2 \longrightarrow H_3B{-}S(CH_3)_2+F_3B{-}N(CH_3)_3$$

反应中 BH_3 转移到软给予体原子 S 上，而硬 Lewis 酸 BF_3 则与硬给予体原子 N 相结合。

乙硼烷与氨直接反应导致**非对称裂解**(unsymmetrical cleavage)，生成了离子型产物：

$$B_2H_6 \xrightarrow{2\ NH_3} [BH_4]^- + [BH_2(NH_3)_2]^+$$

乙硼烷和为数不多的其他硼氢化物在低温下与强的、空间拥挤程度不大的碱反应时通常能观察到非对称裂解。只要 Lewis 碱足够小且能避免空间排斥，反应过程中两个配体就能进攻同一个 B 原子。

例题 13.1　用 NMR 识别反应产物

题目：如何用 ^{11}B-NMR 确定乙硼烷与 NMR 非活性 Lewis 碱的反应是对称裂解还是非对称裂解(节 8.6)?

答案：首先需要确定两个反应可能的产物，然后确定其 NMR 谱的特征有何不同。B_2H_6 的对称裂解与 L 生成 BH_3L+BH_3L，不对称裂解则产生 $BH_2L_2^+$ 和 BH_4^-。BH_3L 中的 ^{11}B 与三个 ^1H 核相连，因此会在 NMR 谱中观察到四重峰。非对称裂解的第一个产物中 ^{11}B 与两个 ^1H 核偶合，会出现三重峰。第二个产物中 ^{11}B 与四个 ^1H 核偶合，会出现五重峰。

自测题 13.1　^{11}B 核的自旋量子数 $I=3/2$。预言 BH_4^- 在 ^1H-NMR 中谱线的数目和相对强度。

(c) 硼氢化反应

提要：硼氢化反应(乙硼烷与烯烃在醚类溶剂中的反应)生成有机硼烷，有机硼烷是有机合成化学中非常有用的中间体。

硼氢化反应是化学合成手段中的重要组成部分，其本质是 HB 跨重键的加成：

$$H_3B{-}OR_2+H_2C=CH_2 \xrightarrow{\triangle,醚} CH_3CH_2BH_2+R_2O$$

在有机化学家看来，硼氢化反应主要产物中的 C—B 键是通过立体选择形成 C—H 键或 C—OH 键的中间体。在无机化学家看来，该反应是制备一系列有机硼烷的便捷方法。硼氢化反应是 EH 跨重键加成反应中的一个；硅氢化反应[节 14.7(b)]则是另一个重要的例子。

(d) 四氢合硼酸根离子

提要：四氢合硼酸根离子是制备金属氢化物络合物和硼烷加合物的有用中间体。

乙硼烷与碱金属氢化物反应生成含四氢合硼酸根离子(BH_4^-)的盐。由于乙硼烷和 LiH 对水和氧敏感，合成反应必须在排除空气和非水溶剂(如短链聚醚 $CH_3OCH_2CH_2OCH_3$)中进行(这里将 polyether 缩写为"polyet")：

$$B_2H_6(polyet)+2LiH(polyet) \longrightarrow 2LiBH_4(polyet)$$

我们将此反应看作具有强 Lewis 酸性的 BH_3 与具有强 Lewis 碱性的 H^- 反应的又一个例证。BH_4^- 与 CH_4、NH_4^+ 是等电子物种，三物种化学性质随中心原子电负性增加的变化如下：

	BH_4^-	CH_4	NH_4^+
性质	碱性(hydridic)	—	酸性(protic)

表中的"hydridic"和"protic"分别表示 Brønsted 碱性(接受质子)和 Brønsted 酸性(给予质子)。通常条件下 CH_4在水溶液中既不显酸性也不显碱性。

碱金属的四氢合硼酸盐是非常有用的工业和实验室试剂。它们往往被用作温和的 H^-离子源、还原剂和合成多种硼氢化合物的前体,也用作储氢材料(应用相关文段 10.4、12.3 和 13.1)。这些反应大都是在极性非水溶剂中进行的。例如,前面提到的制备乙硼烷的反应:

$$3\ NaBH_4(s)+4\ BF_3(g) \longrightarrow 2\ B_2H_6(g)+3\ NaBF_4(s)$$

四氢呋喃(THF)溶液中用 $NaBH_4$可将醛和酮还原为醇。尽管 BH_4^-对水解显示热力学不稳定性,但在高 pH 条件下水解进行得非常缓慢。人们已经设计出在水溶液中进行合成的一些方法。例如,可将 GeO_2和 KBH_4溶解于氢氧化钾的水溶液、然后进行酸化的方法制备锗烷(GeH_4):

$$HGeO_3^-(aq)+BH_4^-(aq)+2\ H^+(aq) \longrightarrow GeH_4(g)+B(OH)_3(aq)$$

BH_4^-在水溶液中也可用作简单的还原剂。例如,将 $Ni^{2+}(aq)$或 $Cu^{2+}(aq)$水合离子还原为金属或金属硼化物。四氢合硼酸根离子通过与 4d 和 5d 元素卤素络合物(也含有起稳定作用的配体,如膦)在非水溶剂中的复分解反应向络合物引入氢负离子配体:

$$RuCl_2(PPh_3)_3+NaBH_4+PPh_3 \xrightarrow{\triangle,苯/醇} RuH(PPh_3)_4+其他产物$$

通过瞬态 BH_4^-络合物的形成进行许多此类复分解反应也是可能的。事实上,已知存在氢和硼酸根的络合物,尤其是与高电正性金属形成的络合物:它们当中包括 $Al(BH_4)_3$(**11**)和 $Zr(BH_4)_4$(**12**),前者含有类似乙硼烷中的氢负离子双重桥,后者中存在氢负离子三重桥。这些化合物中的成键作用可用 $3c,2e$ 键描述。

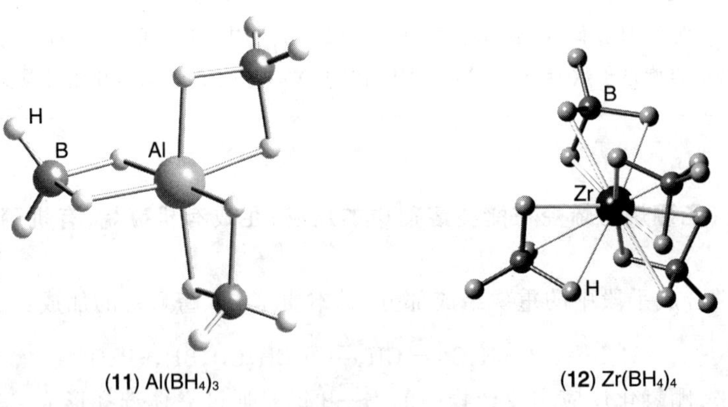

(11) $Al(BH_4)_3$　　**(12)** $Zr(BH_4)_4$

例题 13.2　预言硼氢化合物的反应

题目:用化学方程式表述等量的$[HN(CH_3)_3]Cl$与 $LiBH_4$在四氢呋喃(THF)中相互作用的产物。

答案:由于 LiCl 的晶格焓高,应该预期最可能生成的产物是氯化锂。如果是这样,溶液中就会剩下 BH_4^-和$[HN(CH_3)_3]^+$。碱性的 BH_4^-和酸性的$[HN(CH_3)_3]^+$相互作用放出氢并生成三甲胺和 BH_3。在没有其他 Lewis 碱的情况下,BH_3分子将与四氢呋喃配位;然而,较强的 Lewis 碱三甲胺在最初反应时已经生成,所以总反应将是

$$[HN(CH_3)_3]Cl+LiBH_4 \longrightarrow H_2+H_3BN(CH_3)_3+LiCl$$

自测题 13.2　写出下述两个反应的方程式:(1) B_2H_6与丙烯在乙醚溶剂中以化学计量 1 : 2 反应;(2) B_2H_6与氯化铵在四氢呋喃中以相同的化学计量反应。

13.7　三卤化硼

提要：三卤化硼是有用的 Lewis 酸，BCl_3 比 BF_3 的酸性强。对硼-元素键的形成而言，三卤化硼也是重要的亲电试剂。具有 B—B 键的低价卤化物（如 B_2Cl_4）也已被发现。

除 BI_3 外，其他三卤化硼都可由元素之间的直接反应得到。然而制备 BF_3 的首选方法是 B_2O_3 与 CaF_2 在 H_2SO_4 中的反应。该反应的驱动力部分来自 H_2SO_4 和 CaF_2 反应生成 HF 和 $CaSO_4$ 的稳定性：

$$B_2O_3(s)+3\ CaF_2(s)+6\ H_2SO_4(l) \longrightarrow$$
$$2\ BF_3(g)+3\ [H_3O^+][HSO_4^-](soln)+3\ CaSO_4(s)$$

所有三卤化硼与合适的碱可形成简单的 Lewis 络合物，如反应：

$$BF_3(g)+:NH_3(g) \longrightarrow F_3B—NH_3(s)$$

然而氯化硼、溴化硼和碘化硼敏感于温和质子源（如水、醇，甚至胺）而发生质子转移。如图 13.3 所示，这种反应（与复分解反应）在制备化学中非常有用。例如，BCl_3 快速水解得到硼酸 $B(OH)_3$：

$$BCl_3(g)+3\ H_2O(l) \longrightarrow B(OH)_3(aq)+3\ HCl(aq)$$

反应的第一步可能是形成络合物 $Cl_3B—OH_2$，消除 HCl 后再与水进一步起反应。

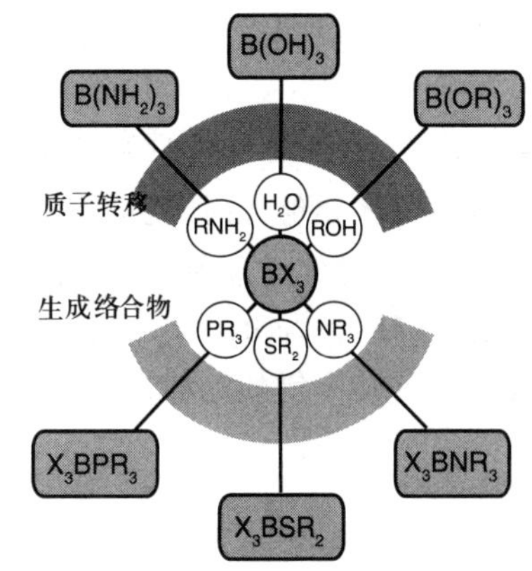

图 13.3　硼卤素化合物的反应（X = 卤素）

例题 13.3　推断三卤化硼反应的产物

题目：推断以下反应可能的产物并写出配平的化学方程式：(a) BF_3 和过量氟化钠在酸性水溶液中；(b) BCl_3 和过量氯化钠在酸性水溶液中；(c) BBr_3 和过量 $NH(CH_3)_2$ 在烃类溶剂中。

答案：判断时需要充分考虑 B—X 键是否对水解敏感。(a) F^- 是化学上相当强的硬碱；BF_3 是强的硬 Lewis 酸，对 F^- 有较高的亲和力。因此反应会生成络合物：

$$BF_3(g)+F^-(aq) \longrightarrow BF_4^-(aq)$$

过量的 F^- 和酸能防止在高 pH 下生成水解产物（如 BF_3OH^-）。(b) 不像 B—F 键（这种键对水解只是温和的敏感），其他 B—X 键发生强烈的水解反应。故可预期 BCl_3 会发生强烈水解，而不是与水溶液中的 Cl^- 配位：

$$BCl_3(g)+3\ H_2O(l) \longrightarrow B(OH)_3(aq)+3\ HCl(aq)$$

(c) 三溴化硼将发生质子转移反应形成 B—N 键：

$$BBr_3(g)+6\ NH(CH_3)_2 \longrightarrow B[N(CH_3)_2]_3+3\ [NH_2(CH_3)_2]Br$$

该反应中，质子转移反应生成的 HBr 使过量的二甲胺加合质子。

自测题 13.3　解释下列物质之间可能发生的化学反应并写出配平的反应方程式：(a) BCl_3 和乙醇；(b) BCl_3 和吡啶在烃类溶液中；(c) BBr_3 和 $F_3BN(CH_3)_3$。

制备化学中如果需要相对较大的、无配位能力的阴离子，则要用到四氟合硼酸根阴离子（BF_4^-）。四卤合硼酸根阴离子 BCl_4^- 和 BBr_4^- 可在非水溶剂中制备。由于 B—Cl 和 B—Br 键容易发生溶剂解，它们在水和醇中都不稳定。

卤化硼是合成许多硼碳和硼拟卤素化合物的起始物（节 17.7）。例如，制备烷基硼和芳基硼化合物。由 BF_3 和甲基 Grignard 试剂在醚溶液中反应可制备三甲基硼：

$$BF_3+3\ CH_3MgI \longrightarrow B(CH_3)_3+\text{卤化镁}$$

过量 Grignard 试剂（或有机锂试剂）存在时会形成四烷基或四芳基硼酸盐：

$$BF_3+Li_4(CH_3)_4 \longrightarrow Li[B(CH_3)_4]+3\ LiF$$

含 B—B 键的硼卤化物已经制备出来，其中最著名化合物的化学式为 B_2X_4（X = F、Cl、Br），还有四面体簇化

合物 B_4Cl_4。B_2Cl_4分子在固态时为平面结构(**13**),这种结构能实现空间的高效堆积;而在气态时则为交错结构(**14**)。构象上的差异表明 B—B 键易旋转,只有单键可预期到这种现象。

制备 B_2Cl_4的一种方法是,在 Cl 原子清除剂(如汞蒸气)存在的条件下对 BCl_3气体进行放电。光谱数据表明 BCl 是电子撞击 BCl_3而产生的:

$$BCl_3(g) \xrightarrow{\text{电子撞击}} BCl(g)+2\ Cl(g)$$

氯原子被汞蒸气以 $Hg_2Cl_2(g)$的形式清除掉,人们认为 BCl 碎片与 BCl_3结合生成 B_2Cl_4。复分解反应可用来制备从 B_2Cl_4衍生出来的 B_2X_4。随着 X 基团与 B 形成 π 键的趋势增大,这些衍生物的热力学稳定性也增加:

$$B_2Cl_4<B_2F_4<B_2(OR)_4\ll B_2(NR_2)_4$$

过去曾经认为,带孤对电子的 X 基团对 B_2X_4的存在至关重要,但一些烷基、芳基二硼化合物也已经被合成出来。当 X 基团足够大时,就可获得在室温下稳定存在的二硼化合物,如 $B_2(^tBu)_4$。

合成 B_2Cl_4时分离得到的副产物是 B_4Cl_4,B_4Cl_4是由分子组成的一种浅黄色固体,分子中四个 B 原子形成四面体(**15**)。与 B_2Cl_4一样,B_4Cl_4不存在类似于硼烷分子(如 B_2H_6)那样的化学式。这种区别可能在于卤素与硼形成 π 键的趋势,卤离子提供的孤对电子投入硼的空 p 轨道,如图 13.2[节 4.7(b)]。

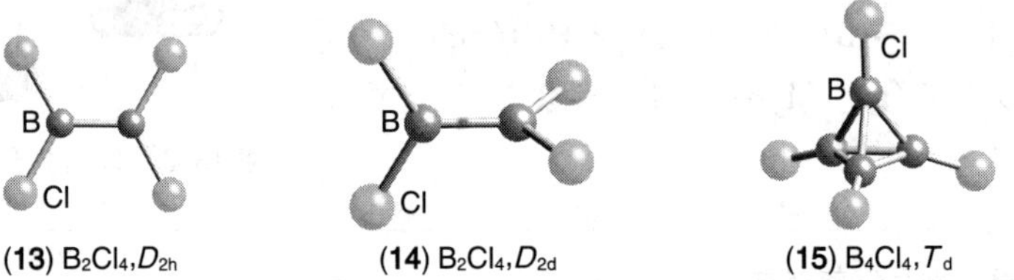

(13) B_2Cl_4, D_{2h}　**(14)** B_2Cl_4, D_{2d}　**(15)** B_4Cl_4, T_d

13.8　硼氧化合物

提要:硼形成硼酸、B_2O_3、多聚硼酸盐和硼硅酸盐玻璃。

硼酸[$B(OH)_3$]在水溶液中是个非常弱的 Brønsted 酸。然而与后 p 区简单氧合酸所特有的 Brønsted 质子转移反应相比,其电离平衡更复杂。硼酸事实上主要是个弱的 Lewis 酸,它与 H_2O 形成的络合物[$H_2OB(OH)_3$]是个真正的质子源:

$$B(OH)_3(aq)+2\ H_2O(l) \rightleftharpoons H_3O^+(aq)+[B(OH)_4]^-(aq) \qquad pK_a=9.2$$

这是许多 p 区较轻元素的典型特征,阴离子有通过缩合(脱水)发生聚合的趋势。因此,中性或碱性浓溶液中形成多核阴离子(**16**),如下述平衡:

$$3\ B(OH)_3(aq) \rightleftharpoons [B_3O_3(OH)_4]^-(aq)+H^+(aq)+2\ H_2O(l) \qquad pK_a=0.85$$

硼酸与醇在硫酸存在条件下发生反应生成简单硼酸酯[$B(OR)_3$]:

$$B(OH)_3+3\ CH_3OH \xrightarrow{H_2SO_4} B(OCH_3)_3+3\ H_2O$$

硼酸酯是比三卤化硼弱得多的 Lewis 酸,可能是由于 O 原子作为分子内的 π 电子给予体(类似于 BF_3中的 F 原子),将电子密度提供给 B 的 p 轨道。因此,从 Lewis 酸性的角度判断,作为对 B 原子的 π 电子给予体,O 原子比 F 原子更有效。由于存在螯合效应(节 7.14),1,2-二醇(包括糖类)形成环硼酸酯(**17**)的趋势很强。

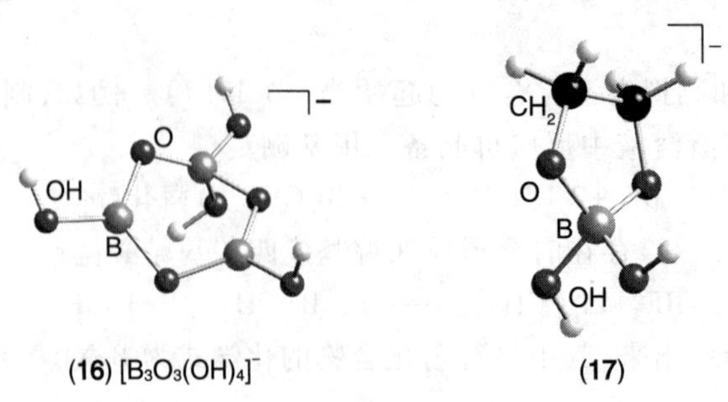

(16) $[B_3O_3(OH)_4]^-$　**(17)**

与硅酸盐和铝酸盐一样，也存在许多多核硼酸盐，其中环状和链状两类物种都是已知的，如环状多聚硼酸根阴离子 $B_3O_6^{3-}$(**18**)。多聚硼酸根显著的特征是存在同时含有三配位 B 原子(如 **18** 中)和四配位 B 原子(如$[B(OH)_4]^-$中)的可能性。矿物硼砂中含有$[B_4O_5(OH)_4]^{2-}$阴离子(**19**)，其结构中同时存在三配位和四配位的 B 原子。多聚硼酸根是相邻 B 原子共用一个 O 原子形成的(如 **18** 中)。两个相邻 B 原子共用 2 个或 3 个 O 原子的结构还未发现。

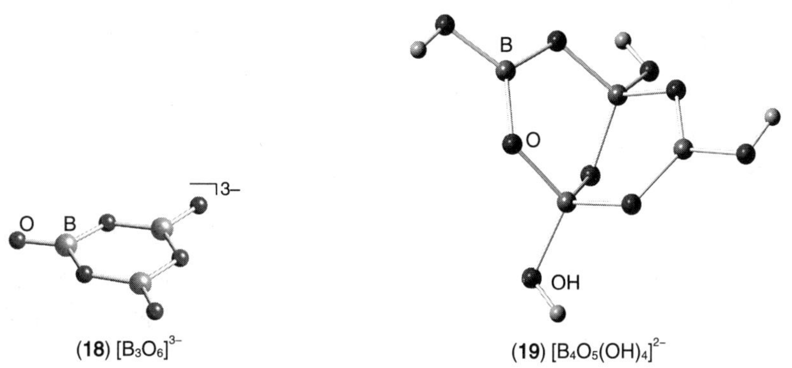

(**18**) $[B_3O_6]^{3-}$　　(**19**) $[B_4O_5(OH)_4]^{2-}$

氧化硼(B_2O_3)是酸性氧化物，可通过硼酸的脱水反应制得：

$$2\ B(OH)_3(s) \xrightarrow{\Delta} B_2O_3(s) + 3\ H_2O(g)$$

熔融的 B_2O_3或金属硼酸盐通过迅速冷却往往可形成硼酸盐玻璃。尽管这种玻璃本身在技术上不重要，硼酸钠和二氧化硅一起熔融却能形成硼硅酸盐玻璃(如 Pyrex®)。硼硅酸盐玻璃能抵抗热冲击，并且可在火焰或其他直接热源上加热。

过硼酸钠用于洗衣粉、自动洗碗机粉、美白牙膏的漂白剂。尽管过硼酸钠的化学式往往写成 $NaBO_3 \cdot H_2O$ 或 $NaBO_3 \cdot 4H_2O$，但其中含有过氧阴离子(O_2^{2-})，更准确地应该描述为 $Na_2[B_2(O_2)_2(OH)_4] \cdot 6H_2O$。该化合物在很多应用中胜过过氧化氢，这是因为它更稳定，只在升高温度后才能放出氧。

13.9　硼与氮形成的化合物

提要：含有 BN(CC 的等电子体)的化合物包括氨硼烷 H_3NBH_3(乙烷的类似物)、$H_3N_3B_3H_3$(苯的类似物)及 BN(石墨和金刚石的类似物)。

氮化硼(BN)的热力学稳定相具有原子呈平面片层排布的类石墨结构(节 14.5)。层内交替排布的 B 原子和 N 原子像石墨那样形成共边六角形，层内 B—N 之间的距离(145 pm)比层间距离(333 pm；见图 13.4)短很多。氮化硼与石墨结构的不同在于相邻片层原子对准的方式：在 BN 中，六元环相互正对着堆叠在一起，堆叠层之间 B 和 N 交替出现；而石墨中的六元环是交错堆积的。分子轨道计算表明 BN 的堆叠方式是由 B 上所带的部分正电荷和 N 上所带的部分负电荷造成的。这种电荷分布方式与两种原子电负性的差别$[\chi^P(B) = 2.04, \chi^P(N) = 3.04]$相一致。

与含有杂质的石墨一样，层状氮化硼也是一种有滑腻感的物质，故可用作润滑剂。然而不同于石墨，它是个无色的电绝缘体。这是由于满带与空的 π 带之间存在宽的能隙。宽的能隙与氮化硼的高电阻率和不吸收可见光的性质相符合。也是由于宽的能隙，BN 形成的嵌入化合物比石墨少得多。与石墨不同，层状氮化硼在空气中加热到 1 000 ℃仍是稳定的，使它成为实用的耐火材料。

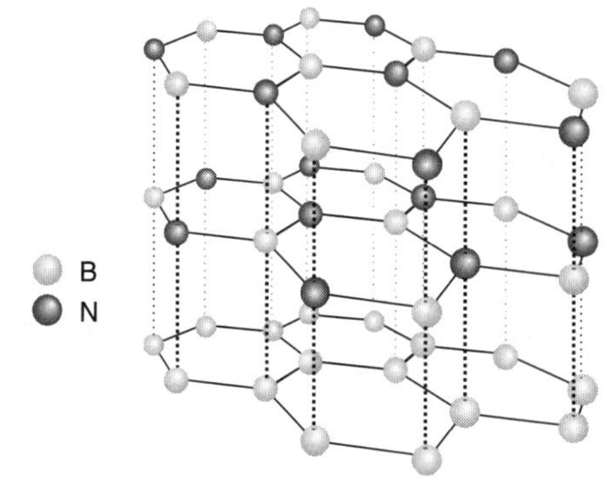

图 13.4　氮化硼的层状六方结构
注意层间六元环的对准方式

层状氮化硼在高温和高压(60 kbar 和 2 000 ℃;见图 13.5)下转化为密度较大的立方相。这种相是金刚石坚硬的晶态类似物,但由于晶格焓较低,其机械硬度略小于金刚石(见图 13.6)。立方氮化硼是合成产品,在不能使用金刚石(生成碳化物)的情况下用作高温使用的磨料。

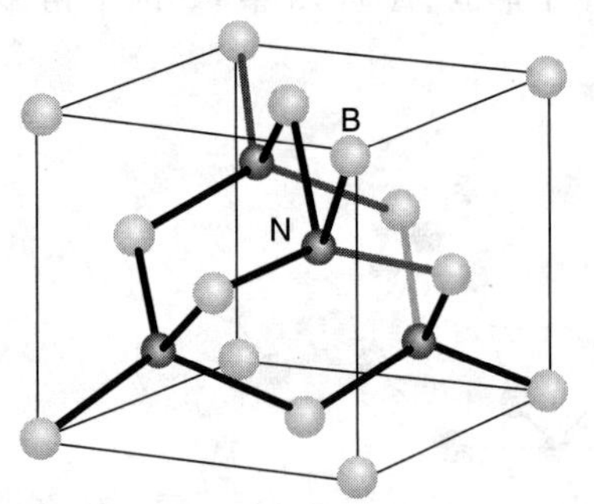

图 13.5　立方氮化硼的闪锌矿结构

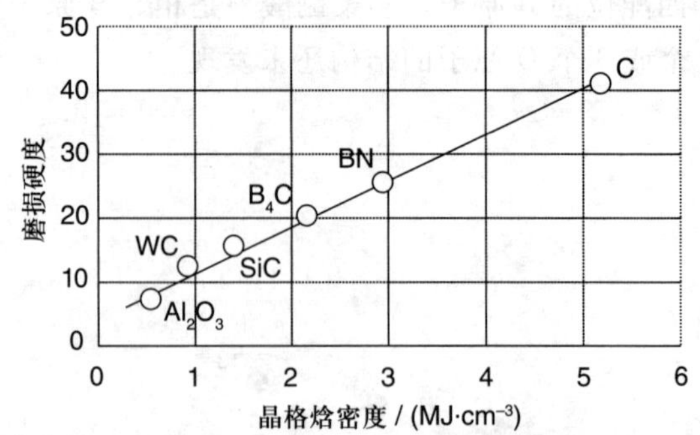

图 13.6　硬度和晶格焓密度(晶格焓除以物质的摩尔体积)之间的关系

碳的点代表金刚石;氮化硼的点代表类似金刚石的闪锌矿结构

BN 与 CC 等电子的事实表明硼氮化合物与烃类之间应该存在相似性。许多**有机胺硼烷**(amine-boranes)是饱和烃的硼氮类似物,可以通过含氮 Lewis 碱和含硼 Lewis 酸的反应来制备:

$$\tfrac{1}{2}B_2H_6+N(CH_3)_3 \longrightarrow H_3BN(CH_3)_3$$

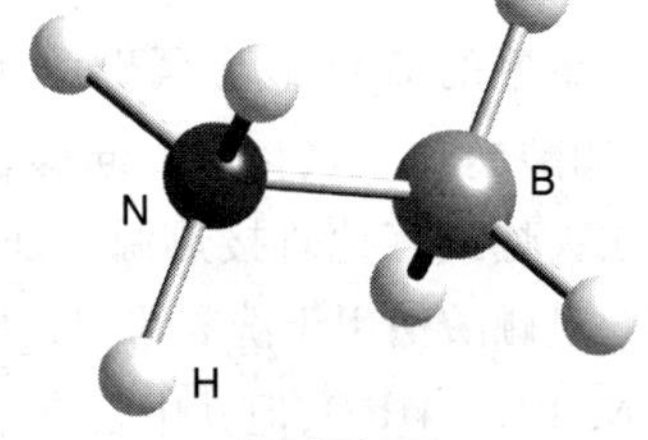

(20) NH_3BH_3

然而,尽管有机胺硼烷与烃等电子,其性质却有显著差别。这在很大程度上是由 B 和 N 电负性不同造成的。例如,氨硼烷(H_3NBH_3)在室温(几个 pascal 的蒸气压)下是固体,而它的类似物乙烷(H_3CCH_3)却是-89 ℃才能液化的气体。这种差别可归因于两个分子的极性不同:乙烷为非极性分子,而氨硼烷(**20**)却有高达 5.2 D 的偶极矩。

已经合成成功氨基酸的几种 BN 类似物,包括甘氨酸(NH_2CH_2COOH)的类似物氨羧基硼烷(H_3NBH_2COOH)。这类化合物具有重要的生理活性,包括抑制肿瘤和降低血清胆固醇。

最简单的不饱和硼氮化合物是乙烯的等电子体氨基硼烷(H_2NBH_2)。因为容易生成环状化合物(如生成环己烷的类似物,**21**),所以在气相中只能瞬间存在。然而如果双键被 N 原子上的大体积烷基和 B 原子上的 Cl 原子所保护,氨基硼烷确实存在单体(**22**)。例如,氨基硼烷的单体不难通过二烷基氨和卤化硼的反应来合成:

$$((CH_3)_2CH)_2NH + BCl_3 \longrightarrow Cl_2B{=}N(CH(CH_3)_2)_2 + HCl$$

用 2,4,6-三甲基苯基取代反应物中的异丙基后,该反应也可以发生。

除层状氮化硼外,人们了解最多的不饱和硼氮化合物是环硼氮三烯($B_3N_3H_6$,**2**),它与苯不仅等电子而且同结构。环硼氮三烯是 1926 年由 Alfred Stock 首次通过乙硼烷与氨之间的反应制备出来的。从那以后,人们利用铵盐使 BCl_3 中 B—Cl 键发生质子迁移的方法制备出多种对称的三取代衍生物(**23**):

$$3\,NH_4Cl + 3\,BCl_3 \xrightarrow{\triangle} (ClBNH)_3 + 9\,HCl$$

利用烷基氯化铵反应制出的是 *N*-烷基被取代的 B,B′,B″-三氯环硼氮三烯。

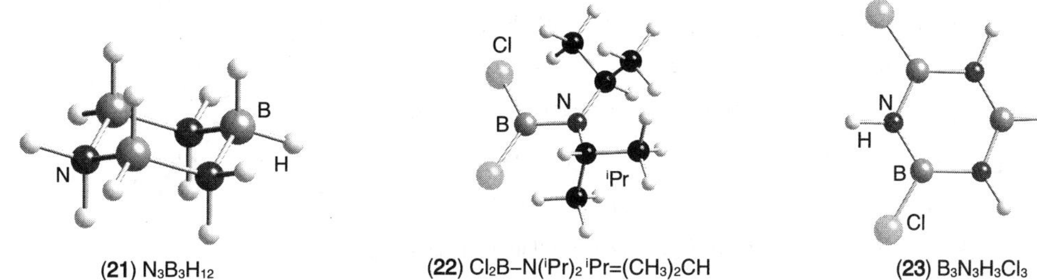

(21) $N_3B_3H_{12}$　　**(22)** $Cl_2B–N(^iPr)_2$ $^iPr=(CH_3)_2CH$　　**(23)** $B_3N_3H_3Cl_3$

尽管结构相似,但环硼氮三烯和苯的化学相似性并不多。这里再一次指出,硼和氮的电负性差异是主要影响因素。三氯环硼氮三烯中的 B—Cl 键比氯苯中的 C—Cl 键活泼得多。在环硼氮三烯中,π 电子集中在 N 原子上,B 原子带部分正电荷,导致 B 容易受亲核试剂的进攻。这种差异的标志是,氯代环硼氮三烯与 Grignard 试剂或氢化物的反应导致 Cl 被烷基、芳基或氢负离子所取代。差异的另一个例子是 HCl 容易对环硼氮三烯发生加成,生成三氯环己烷的类似物(**24**):

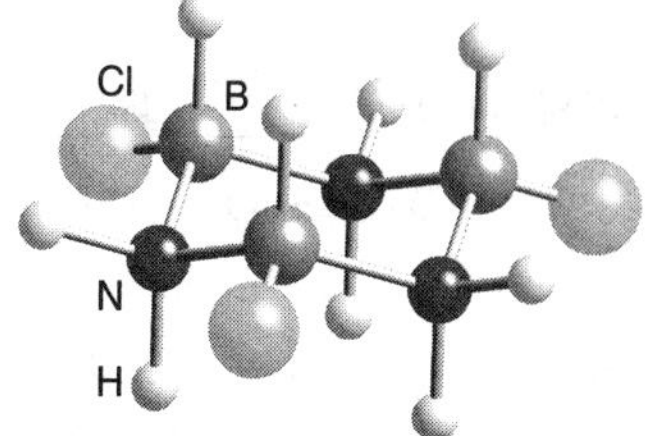

(24) $B_3N_3H_9Cl_3$

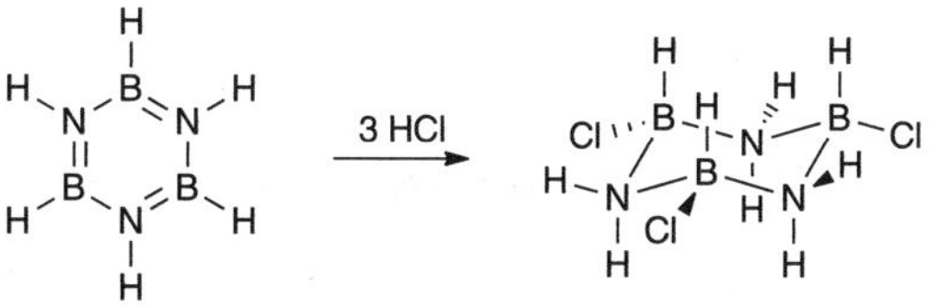

3 HCl

反应中 H^+(亲电试剂)进攻带部分负电荷的 N 原子;Cl^-(亲核试剂)则进攻带部分正电荷的 B 原子。

例题 13.4　环硼氮三烯衍生物的制备

题目:以 NH_4Cl、BCl_3和您选择的其他合适试剂合成环硼氮三烯,并写出配平的反应方程式。

答案:正如刚刚看到的那样,反应的第一步将是 BCl_3中的 B—Cl 键被铵离子作用而发生的质子转移。NH_4Cl 和 BCl_3 的反应如下:

$$3\ NH_4Cl+3\ BCl_3 \longrightarrow H_3N_3B_3Cl_3+9\ HCl$$

B,*B*′,*B*″-三氯环硼氮三烯中的氯原子能被试剂(如 $LiBH_4$)中的氢负离子所取代生成环硼氮三烯:

$$3\ LiBH_4+H_3N_3B_3Cl_3 \xrightarrow{THF} H_3N_3B_3H_3+3\ LiCl+3\ THF \cdot BH_3$$

自测题 13.4　设计一个或系列反应以甲基胺和三氯化硼为起始物合成 *N*,*N*′,*N*″-三甲基-*B*,*B*′,*B*″-三甲基环硼氮三烯。

13.10　金属硼化物

提要:金属硼化物包括各种硼阴离子,如单独的 B 原子、交联的闭合硼多面体和六方网状硼簇。

元素硼和金属在高温下直接反应为合成许多金属硼化物提供了有效途径。例如,Ca 或其他高电正性金属与 B 反应生成组成为 MB_6的相:

$$Ca(l)+6\ B(s) \longrightarrow CaB_6(s)$$

金属硼化物的组成范围很广,这是因为 B 能呈现出包括单独的 B 原子、链状的、平面的、折叠网状和簇在内的多种结构类型。最简单的金属硼化物是包含单独 B^{3-}的富金属化合物。此类化合物中最常见的例子具有化学式 M_2B,式中 M 是 3d 中部至后部(从 Mn 到 Ni)低氧化态金属中的某一个。另一类重要的金属硼化物的组分为 MB_2,其中包括平面的或折叠的六方网状结构(见图 13.7)。这类化合物主要由电正性金属所形成，包括 Mg、Al、前 d 区金属（如从 Sc 到 Mn 的第四周期元素）和 U（应用相关文段 13.4）。

富硼的金属硼化物（如 MB_6 和 MB_{12}，其中 M 是电正性金属）甚至在结构方面的意义更大。这类金属硼化物中，B 原子相互交联形成连接成笼的复杂网状结构。在 s 区电正性金属（如 Na、K、Ca、Sr、Ba）和 f 区金属形成的 MB_6 型化合物中，B_6 八面体通过顶点相互连接形成立方框架（见图 13.8）。随着与其结合的阳离子的不同，连接在一起的 B_6 簇分别带有 -1、-2 或 -3 的电荷。在 MB_{12} 型化合物中，B 原子的网状结构以十四面体（**25**）为结构基元相互交联，而不是人们熟悉的二十面体。这类化合物由较重的电正性金属（尤其是 f 区金属）形成。

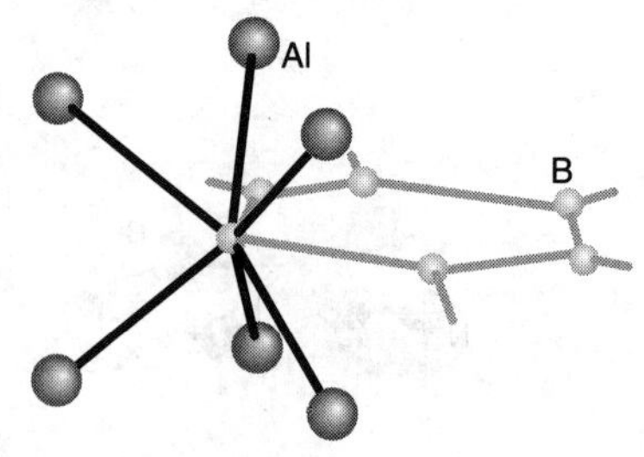

图 13.7　AlB_2 的结构

清晰地显示了六角形层结构的图像，也示出晶胞之外的 B 原子

应用相关文段 13.4　二硼化镁超导体

二硼化镁（MgB_2）是一种廉价化合物，实验室合成这个化合物的历史已经超过 50 年。2001 年发现这个简单化合物具有超导性（节 24.6）。Jun Akimitsu 及其同事偶然发现 MgB_2 在低温下失去电阻。当时他们正在表征用于提高已知高温超导体性能的材料。这一发现导致世界范围里对这种新超导体进行研究的热潮。

块状 MgB_2 材料的转变温度是 38 K，超过这一温度的只有更复杂的钙钛矿铜酸盐结构的材料（节 24.6）。起初的许多测量工作都是直接用瓶中的 MgB_2 粉末进行的。高质量的 MgB_2 可以通过高压下将硼粉和镁粉一起加热至 950 ℃左右来合成。薄膜、线状和带状产品在超导磁体、微波通信和动力装置上具有潜在的应用价值。

二硼化镁结构简单：B 原子像石墨片层一样排列，Mg 原子在层间交替。Mg 原子为 B 原子网提供了它的两个价电子。改变镁提供给硼导带中的电子数，可以显著影响二硼化镁的转变温度。如果部分 Mg 原子被 Al 所取代，转变温度会降低；若掺杂一些铜，转变温度则会升高。MgB_2 的转变温度（T_c）比理论预期约高出 15 K。这种差别被认为是由晶格振动造成的，晶格振动允许两个电子形成 Cooper 对，从而能够无阻碍地在材料中流动。

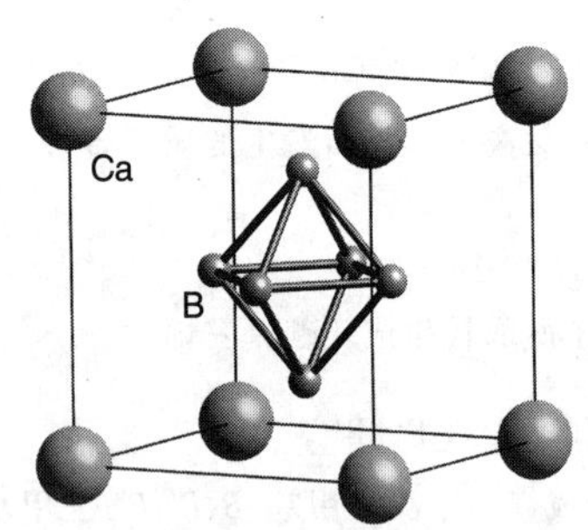

图 13.8　CaB_6 的结构

所有 B_6 八面体由相邻的 B_6 单元的顶点相连接；其晶体是与 CsCl 类似的简单立方晶形；八个 Ca 原子环绕在中心 B_6 八面体的周围

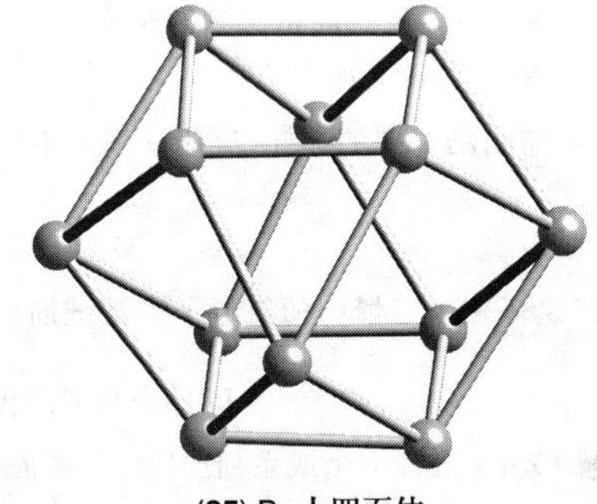

(25) B_{12} 十四面体

13.11　相对分子质量更高的硼烷和硼氢化物

提要：硼氢化物和多面体硼氢根离子的成键作用可用传统的 2*c*，2*e* 键结合 3*c*，2*e* 键来描述。

本节讨论类笼状硼烷和硼氢化物的结构和性质，包括 Stock 系列的 B_nH_{n+4} 和 B_nH_{n+6}，以及最新发现的 $B_nH_n^{2-}$ 闭合多面体。硼氢化物作为一类值得关注的化合物已被研究了许多年，但仅仅在最近才被发掘出多种应用（应用相关文段 13.5）。

应用相关文段 13.5　硼化合物用于癌症治疗

具有前景的一种新型放射疗法(针对脑、头、颈部肿瘤)叫硼中子俘获疗法(BNCT),该法涉及利用低能中子照射硼化合物。将^{10}B标记的硼化合物(优先与肿瘤细胞结合)注射到患者体内,用中子照射时^{10}B发生核裂变产生氦核(α粒子)和$^{7}Li^{+}$核,同时释放大约 2.4 MeV 的能量:

$$^{10}_{5}B+^{1}_{0}n \longrightarrow ^{4}_{2}He+^{7}_{3}Li$$

最有应用前途的含硼化合物是多面体硼氢化物,已经用于临床的化合物是 $Na_2B_{12}H_{11}SH$。限制其发展的一个因素是进入肿瘤细胞中硼的量,这个量必需不对正常细胞产生毒性。最近对碳化硼纳米粒的研究可能带来突破。纳米粒被引入患者自身的 T 细胞(肿瘤细胞)样品中,然后将样品回注到患者体内,样品在那里运行至肿瘤区并将纳米粒传递出去。用肽涂覆在纳米粒表面以促进细胞的吸收,并用荧光标记以便在体里追踪。

讨论硼的簇化合物最好是从完全离域的分子轨道角度出发(分子轨道理论中,电子贡献于整个分子的稳定性)。不过对三原子组合而言,采用乙硼烷本身(**1**)那种 $3c,2e$ 键讨论键合作用也就足够了。在更复杂的硼烷中,$3c,2e$ 键的三中心可以是 BHB 桥键,但也可以是另一种键合方式:三个 B 原子处在等边三角形的角,以其 sp^3 杂化轨道在三角形的中心相重叠(**26**)。为了减少结构图的复杂性,后面的图示中不再标出结构中的 $3c,2e$ 键。

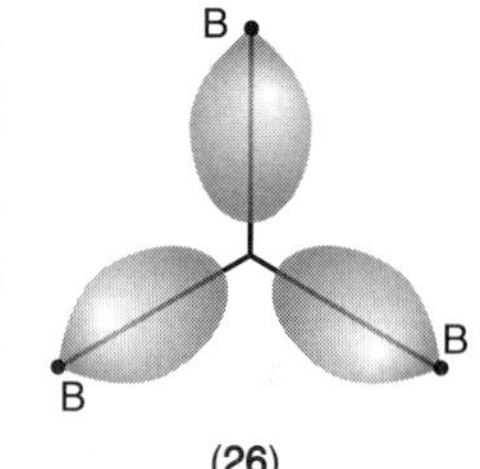

(26)

(a) Wade 规则

提要:Wade 规则可用来判断多面体硼氢化物的结构;硼氢化物的结构包括简单多面体闭合型结构和开放程度逐渐增大的巢形和蛛网形结构。

1970 年代,Kenneth Wade 建立了电子数(用特定方法计数)、化学式和分子形状之间的相关性。所谓的 **Wade 规则**(Wade's rule)适用于 **Δ 多面体**(deltahedra),这种多面体是由类似于希腊字母 Δ 的三角面围成的,并有两种用法。对硼烷分子和硼烷阴离子而言,Wade 规则能让我们从化学式判断分子或阴离子的一般形状。然而由于该规则也用电子数来表达,故其应用可扩展至存在非硼原子的类似物种(如碳硼烷和其他 p 区簇合物)。这里集中讨论硼的簇合物,只要知道化学式就足以判断其形状。然而为了处理其他簇合物,这里也要介绍骨架电子数的计数方法。

构成 Δ 多面体的结构基元被认为是贡献两个电子的 BH 基团(**27**)。计数时不考虑 B—H 键的电子,而所有其他的电子都要计算在内,无论其是否对维系整个骨架有明显作用。"骨架"(skeleton)是指簇合物的框架(framework),框架中每个 BH 基团算作一个单元。如果一个 B 原子偶然连接着两个 H 原子,两个 B—H 键中只有一个 B—H 键被当作单元。第二个 B—H 键像 B 原子那样位于同一球面之内,并被包括在骨架电子计数之内。例如,在 B_5H_{11} 中,有一个 B 原子连有两个"末端"H 原子,但只有一个 BH 实体被当作单元,另外的一对电子算作骨架的一部分,因此叫"骨架电子"。每个 BH 基有两个电子可为骨架所用(B 原子有 3 个价电子,H 原子有 1 个,但这 4 个电子中的 2 个已用于形成 B—H 键)。

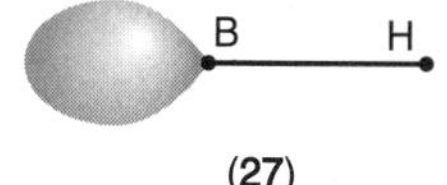

(27)

这里以 B_4H_{10}(**10**)为例来计算骨架电子数。首先讨论 BH 单元和 H 原子的个数:有 4 个 BH 单元,提供 4×2=8 个电子;另外的 6 个 H 原子提供另外 6 个电子,总共 14 个。7 对电子的分布见(**28**):两对用于额外的终端 B—H 键,4 对用于四个 BHB 桥,1 对用于中心的 B—B 键。

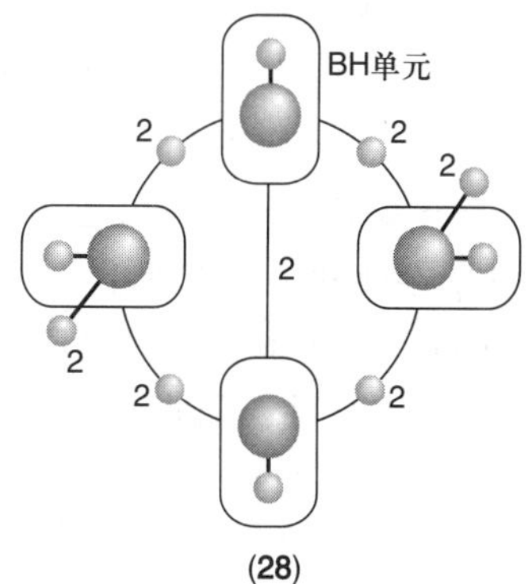

(28)

根据 Wade 规则(见表 13.3),化学式为$[B_nH_n]^{2-}$、骨架电子数为$(n+1)$对,物种形成闭合型结构,B 原子处于具有 n 个顶点的闭合 Δ 多面体的顶角,Δ 多面体中也不存在 B—H—B 键。该系列阴离子具有来自 n 个 BH 基团的 n 对骨架电子外加来自 2 个负电荷的 2 个电子。系列化合物已知

的 n 值从 5 到 12，如三角双锥的 $[B_5H_5]^{2-}$ 阴离子、八面体 $[B_6H_6]^{2-}$ 阴离子和二十面体 $[B_{12}H_{12}]^{2-}$ 阴离子。闭合型硼氢化物和它们的碳硼烷类似物（节 13.12）通常显示出热稳定性和中等程度的化学不活泼性。

化学式为 B_nH_{n+4} 的硼簇合物具有巢形结构。可将它们看作失去一个顶点的闭合型硼烷，但除具有 B—B 键外还具有 B—H—B 键。例如，B_5H_9 中含有 $(5\times2)+4=14$ 个（即 7 对）骨架电子。$(n+1)$ 规则（见表 13.3）认为，硼氢化物结构的基础是顶点数为 n 的 Δ 多面体。这里 $n=6$，由于只有 5 个 B 原子，所以这个簇合物为缺少一个顶点的八面体（**7**）。巢形硼烷的热稳定性一般介于闭合型和蛛网形硼烷之间。注意：这里使用的变量 n 存在两种不同的语境。硼氢化物通式中有 n（如 B_nH_{n+4}）；计算簇电子对数目时也用 n。

表 13.3　硼氢化物的分类

类型	化学式*	示例
闭合型（*Closo*）	$[B_nH_n]^{2-}$	$[B_5H_5]^{2-}$ 到 $[B_{12}H_{12}]^{2-}$
巢形（*Nido*）	B_nH_{n+4}	B_2H_6、B_5H_9、B_6H_{10}
蛛网形（*Arachno*）	B_nH_{n+6}	B_4H_{10}、B_5H_{11}
高级硼烷（*Hypho*†）	B_nH_{n+8}	无‡

* 有些情况下可以去掉质子，这样，$[B_5H_8]^-$ 就是由 B_5H_9 去质子得到的。

†名称来自希腊词，意为"net"。

‡已知存在一些衍生物。

化学式为 B_nH_{n+6} 的簇合物为蛛网形结构。它们可以看作缺失两个顶点的闭合型硼烷多面体（必定具有 B—H—B 键）。例如，戊硼烷（11）（B_5H_{11}），该化合物有 $(5\times2)+6=16$ 个（即 8 对）骨架电子。根据 $(n+1)$ 规则，$n=7$ 说明其结构为移除两个顶点的七顶点多面体（**8**）。像多数蛛网形硼烷一样，戊硼烷（11）在室温下对热不稳定，并且非常活泼。

例题 13.5　学会使用 Wade 规则

题目：从化合物的化学式和电子计数推断 $[B_6H_6]^{2-}$ 的结构。

答案：首先注意 $[B_6H_6]^{2-}$ 属于化学式为 $[B_nH_n]^{2-}$ 的闭合型硼氢化物阴离子。也可计算骨架电子对数并由骨架电子对数推断结构类型。假定每个 B 原子形成一个 BH 单元（$[B_6H_6]^{2-}$ 共有 6 个），因此有 12 个骨架电子外加两个负电荷的 2 个电子共 14 个（7 对）电子，即 $n+1=7$，$n=6$。因此，该化合物为不缺顶点的八面体，即闭合型簇合物。

自测题 13.5　(a) B_4H_{10} 有多少骨架电子对？属于哪种结构类型？简述其结构。(b) 判断 $[B_5H_8]^-$ 的结构。

(b) Wade 规则的由来

提要：闭合型硼烷的分子轨道可由 BH 单元构建，每个 BH 单元贡献一个指向簇中心的径向原子轨道和相切于多面体的两个垂直的 p 轨道。

Wade 规则的合理性已由分子轨道计算所确认。首先应当讨论 $(n+1)$ 规则的合理性，具体地说是要说明：如果 $[B_6H_6]^{2-}$ 像 Wade 规则所预言的那样为闭合八面体，它将处于低能态。

B—H 键要使用 B 原子的一个电子和一个轨道，为骨架的成键留下三个轨道和两个电子。其中的一个轨道叫**径向轨道**（radial orbital），它可认为是指向碎片内部的硼的 sp 杂化轨道（如 **26** 中的轨道）。剩下的两个切线方向的硼 p 轨道叫**切线轨道**（tangential orbitals），它们垂直于径向轨道（**29**）。八面体 $[B_6H_6]^{2-}$ 簇中的 18 个原子轨道通过对称性匹配的线性组合产生 18 个分子轨道，其形状可从资源节 4 的图形中推导出来。图 13.9 给出具有净成键能力的几组分子轨道。

H

B

(29)

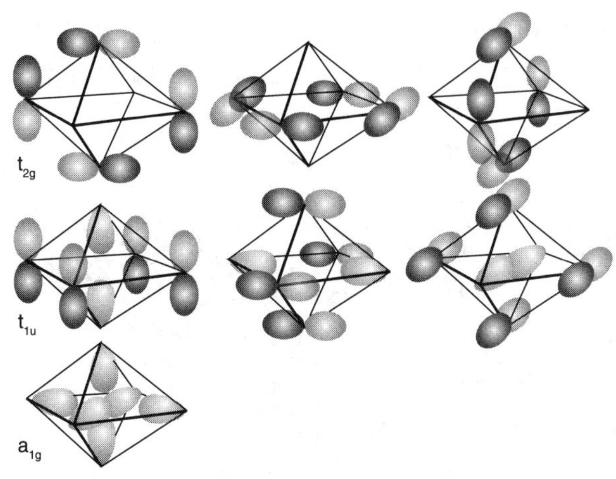

图 13.9 $[B_6H_6]^{2-}$中径向和切线方向的成键分子轨道

相对能量大小：$a_{1g}<t_{1u}<t_{2g}$

能量最低的分子轨道是完全对称的轨道(a_{1g})，它产生于所有径向轨道的同相贡献。计算表明能量次高的分子轨道是三个 t_{1u} 轨道，每个 t_{1u} 轨道都是 4 个切线轨道和 2 个径向轨道的组合。比三个 t_{1u} 简并轨道更高的是另外三个 t_{2g} 分子轨道(具有切线方向的特征)。这样总共产生 7 个成键分子轨道。这样共有 7 个具有净成键能力的轨道离域在整个骨架上。它们与剩余的 11 个主要为反键性质的轨道之间存在较大的能隙间隔(见图 13.10)。

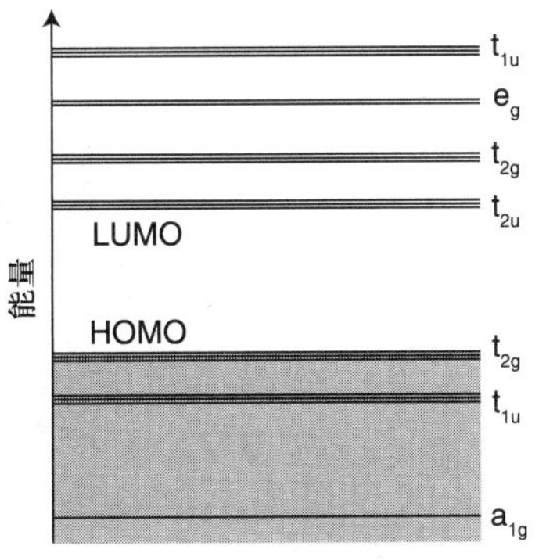

簇合物总共要容纳 7 对电子，来自 6 个 B 原子各一对，来自总负电荷的一对。7 对电子进入并填满全部 7 个骨架的成键分子轨道形成稳定的结构，与(n+1)规则相符合。值得注意的一个事实是，八面体中性分子 B_6H_6 也许是因为电子数太少而不能填满 t_{2g} 成键轨道从而为未知物种。此处的论证方法可用于所有的闭合型结构。

图 13.10 $[B_6H_6]^{2-}$硼原子骨架的分子轨道能级示意图

成键轨道的形式见图 13.9

(c) 结构相关性

提要：从概念上讲，闭合型、巢形和蛛网形结构可用连续移去 BH 单元再加上 H 原子或电子的方法相关联。

闭合型、巢形和蛛网形物种之间非常有用的结构相关性基于对下述现象的观察：具有相同数目骨架电子数的簇合物可用连续移除 BH 单元再加上适当数目的 H 原子或电子的方法相关联。这种概念性的方法为理解各种硼簇合物的结构提供了一种很好的途径，但并非它们之间的化学转化方式。

图 13.11 中展开描述这一概念：移除一个 BH 单元和两个电子、再加上四个 H 原子可将八面体闭合型阴离子$[B_6H_6]^{2-}$转变为四方锥巢形硼烷 B_5H_9，再通过一个相似的过程(移除一个 BH 单元、再加上两个 H

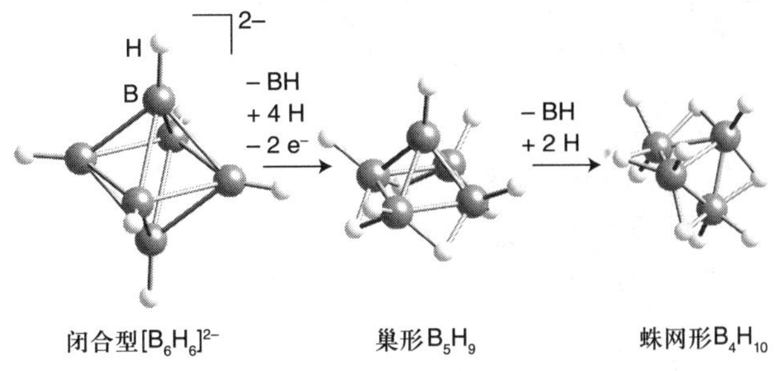

图 13.11 B_6 的闭合型八面体结构、B_5 的巢形四方锥体结构和 B_4 的蝶形蛛网形结构之间的相关性

原子)将巢形 B_5H_9转变为蝶形蛛网形硼烷 B_4H_{10}。三个硼氢化物各自都有 14 个骨架电子,但随着每个 B 原子上平均骨架电子数的增加,其结构越开放。图 13.12 给出不同硼烷在结构上更为系统的相关性。

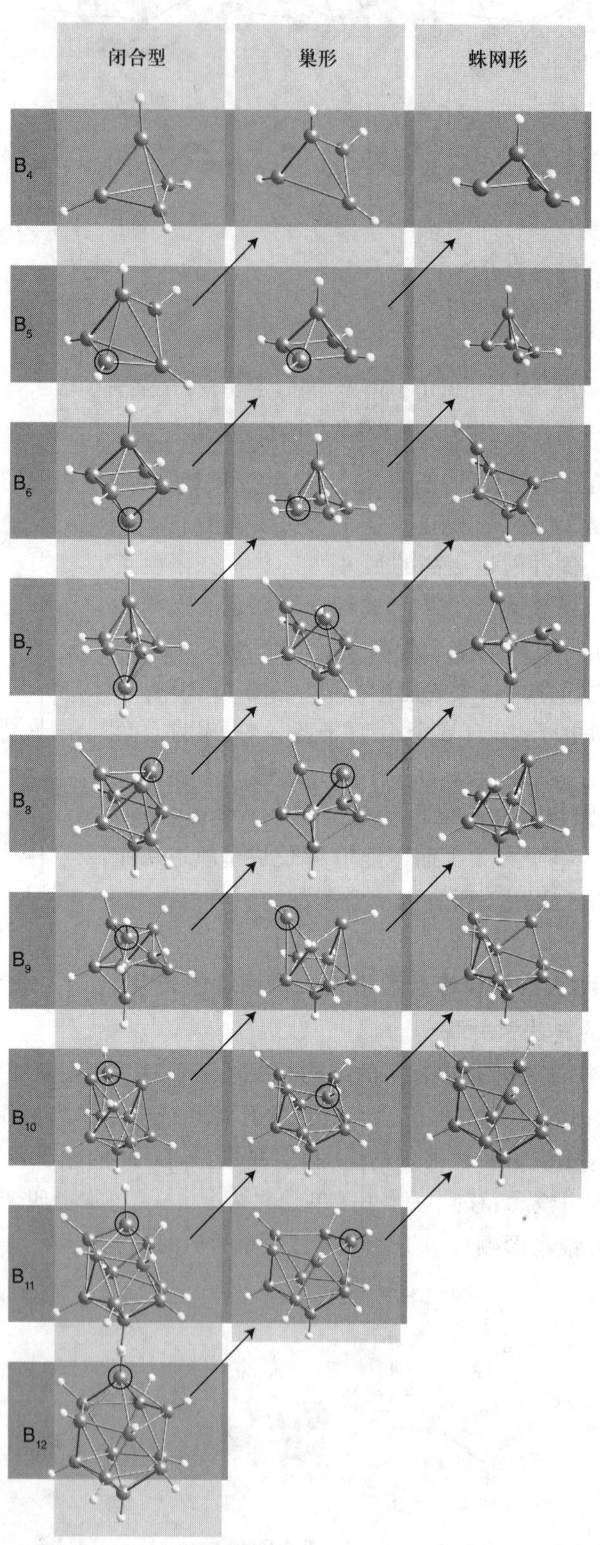

图 13.12　闭合型、巢形、蛛网形硼烷和杂原子硼烷结构之间的关系

对角线联结了具有相同骨架电子数的物种;图中略去了 BH 单元以外的氢原子和电荷;移除圈内原子示意将演变为右上方的结构(参考文献:R.W.Rudolph, *Acc. Chem. Res.*, 1976, **9**, 446.)

(d) 相对分子质量较大的硼烷和硼氢阴离子的合成

提要:高温热解后快速冷却为将小硼烷转变为相对分子质量较大的硼烷提供了一种方法。

气相中 B_2H_6 的受控热解为大多数较大硼烷(如 B_4H_{10}、B_5H_9 和 $B_{10}H_{14}$)和硼氢阴离子的合成提供了一条合成路线。此法最初为 Stock 所发现,之后为许多化学家所完善。所建议的反应机理中关键的第一步是 B_2H_6 的解离和所得 BH_3 碎片与硼烷碎片之间的缩合。例如,乙硼烷热解生成丁硼烷(10)的机理似乎是

$$B_2H_6 \longrightarrow BH_3+BH_3$$

$$B_2H_6+BH_3 \longrightarrow B_3H_7+H_2$$

$$BH_3+B_3H_7 \longrightarrow B_4H_{10}$$

但丁硼烷(10)(B_4H_{10})的合成尤其困难,因为蛛网形物种(B_nH_{n+6})的稳定性都不高。为了提高产率,要使热的反应器中浮现的产物立即在低温表面上冷却。热解法合成更稳定的巢形系列化合物(B_nH_{n+4})时产率较高,而且不需要骤冷。因此,B_5H_9 和 $B_{10}H_{14}$ 容易通过热解反应来制备。就是在最近,以强力热解为基础的路线已经发展了一些更为特效的方法,本章后面将会进行讨论。

(e) 硼烷和硼氢化物的特征反应

提要:硼烷的特征反应包括 NH_3 使乙硼烷和丁硼烷裂解产生 BH_2 基的反应,相对分子质量大的硼氢化物遇碱脱去质子的反应,硼氢化合物与硼氢化物离子生成更大硼氢阴离子的反应,戊硼烷和一些更大硼氢化合物中发生的 Friedel-Crafts 反应(烷基取代氢)。

硼的簇合物与 Lewis 碱发生的特征反应包括从簇合物裂解出 BH_n 到簇合物脱质子、簇扩大、抽取一个或多个质子的反应。所有的硼烷都活泼、对空气和湿气敏感而且易水解。硼烷水解生成硼酸和氢气,该反应的结果可用于确定硼烷的化学计量式:

$$B_nH_m+3nH_2O \longrightarrow nB(OH)_3+[(3n+m)/2]H_2$$

例题 13.6 确定硼烷或硼氢化物的化学计量式

题目: 1 mol 硼氢化物水解生成 11 mol 的 H_2 和 4 mol 的 $B(OH)_3$。试确定其化学计量式。

答案: 水解反应是

$$B_nH_m+3nH_2O \longrightarrow nB(OH)_3+[(3n+m)/2]H_2$$

所以 $n=4$,$(3n+m)/2=11$,故可得到 $m=10$。该化合物为 B_4H_{10}。

自测题 13.6 1 mol 硼氢化物水解产生 12 mol 的 H_2 和 5 mol 的 $B(OH)_3$。确认该化合物并给出其结构。

Lewis 碱裂解反应已从乙硼烷角度在节 13.6(b)中做过介绍。对相对分子质量较大的硼烷 B_4H_{10} 而言,裂解反应可能破坏某些 B—H—B 键,导致簇合物部分碎片化:

$$B_4H_{10} \xrightarrow{2\,NH_3} [BH_2(NH_3)_2]^+ + [B_3H_8]^-$$

相对分子质量大的硼烷 $B_{10}H_{14}$ 容易发生脱质子而不是裂解:

$$B_{10}H_{14}+N(CH_3)_3 \longrightarrow [HN(CH_3)_3]^+[B_{10}H_{13}]^-$$

产物阴离子的结构表明脱质子是从 $3c,2e$ BHB 桥发生的,使硼簇合物上的电子计数保持不变。BHB $3c,2e$ 键的这种脱质子过程生成 $2c,2e$ 键,成键作用没有发生明显的破坏:

$$B{-}H{-}B \longrightarrow [B{-}B]^- + H^+$$

硼的氢化物的 Brønsted 酸性大致随体积增大而增强：$B_4H_{10}<B_5H_9<B_{10}H_{14}$。这一变化趋势与电荷在较大簇合物中具有更大的离域效应相关。同理，苯酚酸性强于甲醇的现象也可用离域效应做解释。酸性变化可用下面观察到的现象作说明：弱碱三甲基胺使癸硼烷(14)脱质子(如上所述)，然而使 B_5H_9 脱质子则要使用甲基锂这个强得多的碱：

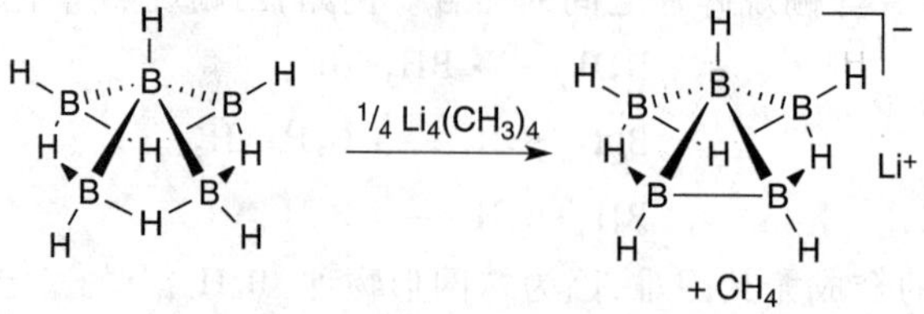

1/4 Li4(CH3)4
Li+
+ CH4

碱性(hydridic)是小硼氢化物阴离子的主要特征。下述事实可以作为说明：BH_4^- 阴离子容易在反应

$$BH_4^- + H^+ \longrightarrow \tfrac{1}{2}B_2H_6 + H_2$$

中给出 H^-，而较大的 $[B_{10}H_{10}]^{2-}$ 甚至可存在于强酸性溶液中。事实上，水合离子盐 $(H_3O)_2B_{10}H_{10}$ 甚至也可从溶液中结晶出来。

硼烷和硼氢化物阴离子之间的簇构建反应是合成更大硼氢化物离子的方便路线：

$$5\ K[B_9H_{14}] + 2\ B_5H_9 \xrightarrow{\text{聚醚},85\ ℃} 5\ K[B_{11}H_{14}] + 9\ H_2$$

类似的反应也用于合成其他硼氢化物如 $[B_{10}H_{10}]^{2-}$。这种反应已用于合成多种多核硼氢化物。^{11}B-NMR 图谱揭示 $[B_{11}H_{14}]^-$ 的硼骨架是由二十面体失去一个顶点形成的(见图 13.13)。

2~6
7~11
1
10
11
7
9
8
5
4
6
3
2
1
−5
−15
−25
δ

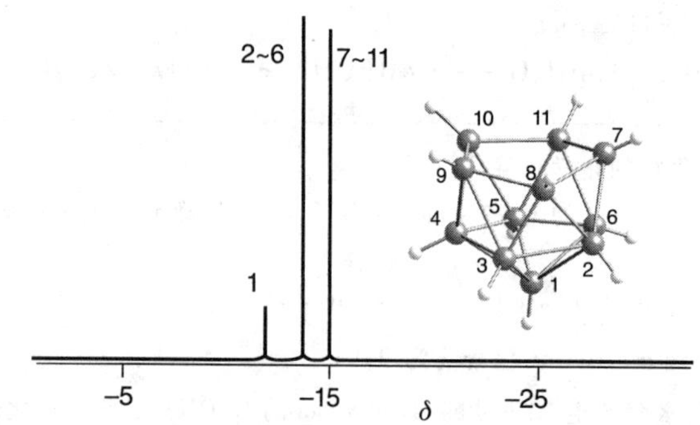

图 13.13 质子去偶合的 $[B_{11}H_{14}]^-$ ^{11}B-NMR 谱

1 : 5 : 5 的模式表明为巢形结构(削去顶点的二十面体)

H^+ 的亲电取代反应为合成烷基化物种和卤代物种提供了一条合成路线。像 Friedel-Crafts 反应那样，H 的亲电取代被 Lewis 酸(如三氯化铝)所催化，取代通常发生在硼簇合物的闭合部分：

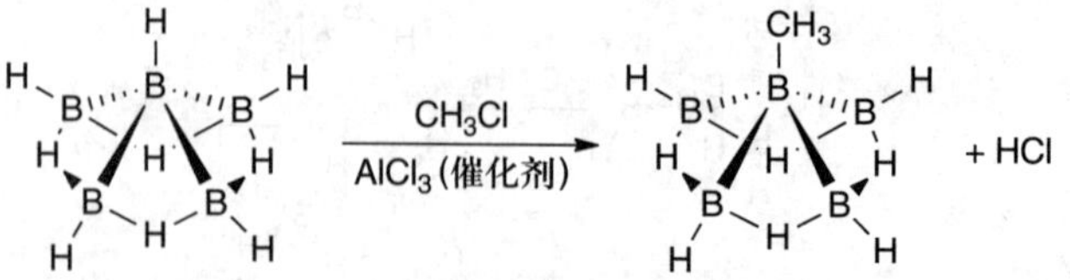

CH3Cl
AlCl3(催化剂)
+ HCl

例题 13.7 提出硼簇合物反应产物的结构

题目：为 $B_{10}H_{14}$ 和 $LiBH_4$ 在聚醚 $CH_3OC_2H_4OCH_3$ 中回流的产物提出结构。

答案：判断硼簇合物反应可能的产物比较困难，因为虽然有几种产物看似合理，但实际产物又会因微小的条件变化而不同。本题中我们注意到酸性的硼烷($B_{10}H_{14}$)与碱性的 BH_4^- 阴离子在相当激烈的反应条件下相接触。因此可以预期该过程会产生氢气：

$$B_{10}H_{14}+Li[BH_4] \xrightarrow{\text{醚},R_2O} Li[B_{10}H_{13}]+R_2OBH_3+H_2$$

这组产物预示发生进一步反应的可能性，中性的 BH_3醚络合物与$[B_{10}H_{13}]^-$发生缩合生成更大的硼氢化物。给定条件下的实际反应是

$$Li[B_{10}H_{13}]+R_2OBH_3 \longrightarrow Li[B_{11}H_{14}]+R_2O+H_2$$

事实表明在 $LiBH_4$持续过量的条件下，继续发生簇构建反应生成非常稳定的二十面体阴离子$[B_{12}H_{12}]^{2-}$：

$$Li[nido\text{-}B_{11}H_{14}]+Li[BH_4] \longrightarrow Li_2[closo\text{-}B_{12}H_{12}]+3\ H_2$$

自测题 13.7　请为 $Li[B_{10}H_{13}]$和 $Al_2(CH_3)_6$反应提出可能得到的产物。

13.12　金属硼烷和碳硼烷

提要：主族元素和 d 区金属可以通过 BHM 桥或更强的 B—M 键引入硼氢化物。引入 CH 取代多面体硼氢化物的 BH 单元时，得到的碳硼烷就多出一个正电荷；碳硼烷阴离子是制备含硼金属有机化合物有用的前体。

金属硼烷(metallaboranes)是含金属的硼簇合物。有些时候金属通过氢桥附着在硼氢阴离子上，但更常见、也是更牢固的金属硼烷则涉及金属-硼的直接键合。例如，具有二十面体框架的主族金属硼烷为闭合型$[B_{11}H_{11}AlCH_3]^{2-}$(**30**)。它是由 $Na_2[B_{11}H_{13}]$与三甲基铝在酸性条件下反应制备的：

$$2\ [B_{11}H_{13}]^{2-}+Al_2(CH_3)_6 \xrightarrow{\triangle} 2\ [B_{11}H_{11}AlCH_3]^{2-}+4\ CH_4$$

B_5H_9与 $Fe(CO)_5$混合并加热时生成戊硼烷的类似物：金属化硼烷(**31**)。一般来说，硼烷对含金属的试剂相当活泼，进攻可以发生在多面体笼的数个位点上。因而反应生成多种金属硼烷的复杂混合物，从中可以分离得到特定的产物。

碳硼烷(carborane；更准确的名称是 carbaborane)与多面体硼烷和硼氢化物密切相关，它们是含有硼原子和碳原子的一大族簇合物。至此我们可以看到 Wade 的电子计数规则的通适性：由于 BH^-和 CH(**32**)等电子和等叶瓣，可以预期多面体硼氢化物和碳硼烷是相关的。例如，$C_2B_3H_5$骨架有(5×2)个电子来自 BH 和 CH 单元，每个 C 原子还额外提供 1 个电子，共 12 个(或 6 对)电子。根据$(n+1)$规则预言该分子是基于 5 个顶点的多面体或三角双锥体(**33**)。Wade 规则不能判断出碳原子的位置。进一步阐明结构必须依靠光谱方法。

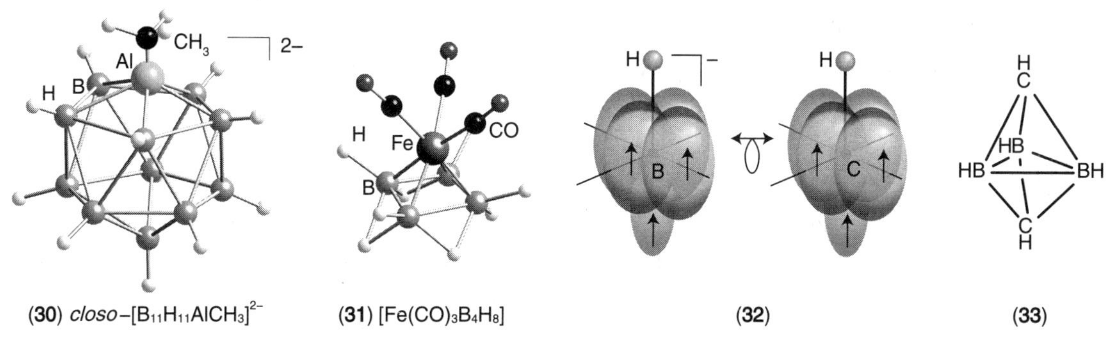

(**30**) *closo*-$[B_{11}H_{11}AlCH_3]^{2-}$　(**31**) $[Fe(CO)_3B_4H_8]$　(**32**)　(**33**)

例题 13.8　运用 Wade 规则判断碳硼烷的结构

题目：判断 $C_2B_5H_7$的结构。

答案：骨架电子数为(7×2)+2=16(或 8 对)。$(n+1)$规则判断其结构为基于 7 个顶点的多面体即五角双锥体(**34**)。因为有 7 个顶点原子，所以为闭合型结构。

自测题 13.8　判断 $C_2B_4H_6$的结构。

(**34**)

碳硼烷往往是用硼烷和乙炔之间的反应制备的：

$$B_5H_9+C_2H_2\xrightarrow{C_2H_2,500\sim600\ ℃}1,5\text{-}C_2B_3H_5+1,6\text{-}C_2B_4H_6+2,4\text{-}C_2B_5H_7$$

一个有趣的反应是癸硼烷(14)转变成闭合型 1,2-$B_{10}C_2H_{12}$(**35**)。第一步反应是用硫醚从癸硼烷上取代出一个 H_2分子：

$$B_{10}H_{14}+2\ SEt_2\longrightarrow B_{10}H_{12}(SEt_2)_2+H_2$$

反应中失去的两个 H 原子被来自硫醚的电子对所补偿，所以电子计数不变。反应产物用乙炔转化为碳硼烷：

$$B_{10}H_{12}(SEt_2)_2+C_2H_2\longrightarrow B_{10}C_2H_{12}+SEt_2+H_2$$

乙炔的四个 π 电子取代两个硫醚分子(两个二电子给予体)并释放一个 H_2分子(留下额外两个电子)。净失去两个电子与结构的变化有关：从反应物的巢形结构转变为产物的闭合型结构。C 原子处在相邻位置(1,2 位)是它们来自乙炔的一种反映。这种闭合型碳硼烷可存在于空气中，加热也不分解。在惰性气氛中加热到 500 ℃时异构化为 1,7-$B_{10}C_2H_{12}$(**36**)，后者在 700 ℃时又异构化为 1,12-异构体(**37**)。

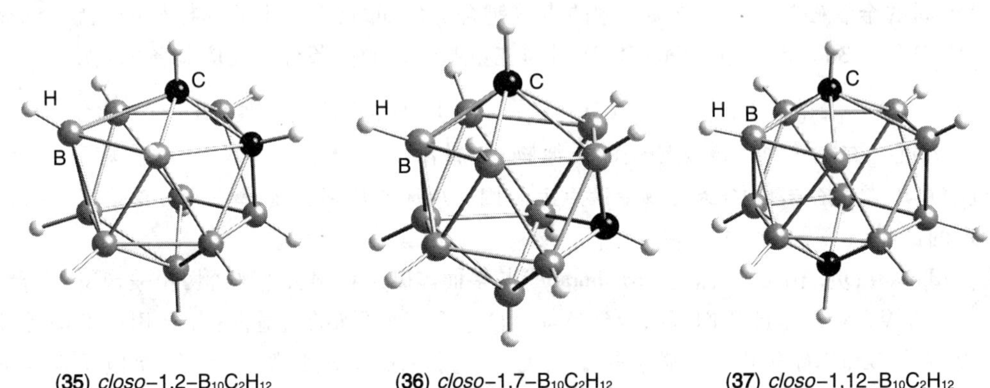

(**35**) *closo*-1,2-$B_{10}C_2H_{12}$　　(**36**) *closo*-1,7-$B_{10}C_2H_{12}$　　(**37**) *closo*-1,12-$B_{10}C_2H_{12}$

闭合型碳硼烷 $B_{10}C_2H_{12}$中与碳结合的 H 原子具有很温和的酸性，所以能被丁基锂所锂化：

$$B_{10}C_2H_{12}+2\ LiC_4H_9\longrightarrow B_{10}C_2H_{10}Li_2+2\ C_4H_{10}$$

这种锂化了的碳硼烷是良好的亲核试剂，能发生有机锂试剂所特有的许多反应(节 11.17)。这样一来，就能合成出一系列碳硼烷的衍生物。例如，与 CO_2反应得到碳硼烷基二羧酸：

$$B_{10}C_2H_{10}Li_2\xrightarrow{①\ 2\ CO_2;\ ②\ 2\ H_2O}B_{10}C_2H_{10}(COOH)_2$$

与此相类似，二碘合碳硼烷与 NOCl 反应生成 $B_{10}C_2H_{10}(NO)_2$。

尽管 1,2-$B_{10}C_2H_{12}$非常稳定，但强碱可使其部分碎片化，然后用 NaH 使其脱氢，制得巢形$[B_9C_2H_{11}]^{2-}$：

$$B_{10}C_2H_{12}+EtO^-+2\ EtOH\longrightarrow[B_9C_2H_{12}]^-+B(OEt)_3+H_2$$

$$Na[B_9C_2H_{12}]+NaH\longrightarrow Na_2[B_9C_2H_{11}]+H_2$$

该反应的重要性在于巢形$[B_9C_2H_{11}]^{2-}$[图 13.14(a)]是个优良的配体。它与环戊二烯基阴离子配体[$[C_5H_5]^-$,图 13.14(b)]极为相似，广泛用在金属有机化学中：

$$2\ Na_2[B_9C_2H_{11}]+FeCl_2\xrightarrow{THF}2\ NaCl+Na_2[Fe(B_9C_2H_{11})_2]$$

$$2\ Na[C_5H_5]+FeCl_2\xrightarrow{THF}2\ NaCl+Fe(C_5H_5)_2$$

这里虽然不去详细讨论合成方法，但的确可合成出一系列配位于金属的碳硼烷化合物。一个引人注目的特征是容易形成包含碳硼烷配体的多平台夹心化合物(**38** 和 **39**)。高负电荷阴离子配体$[B_3C_2H_5]^{4-}$形成堆叠式夹心化合物的趋势比低负电荷阴离子(因而也是较弱配体)的$[C_5H_5]^-$大得多。

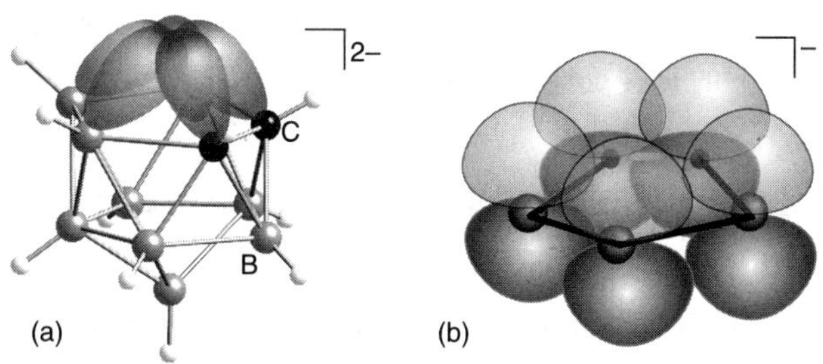

图 13.14　(a) $[B_9C_2H_{11}]^{2-}$和(b) $[C_5H_5]^-$的等叶瓣关系

为清晰起见略去了 H 原子

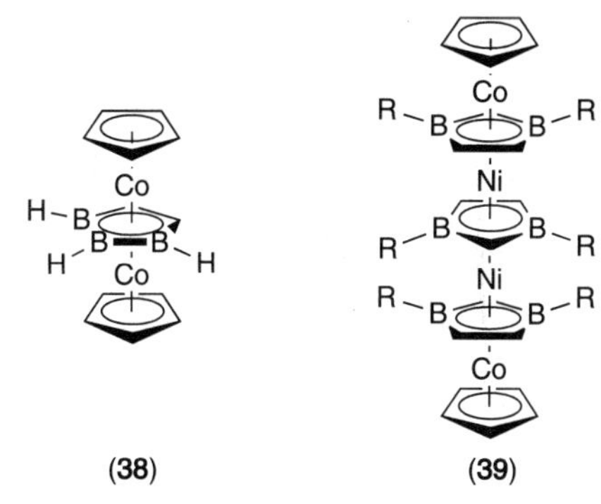

例题 13.9　设计合成碳硼烷衍生物

题目:以癸硼烷(14)和您选择的其他合适试剂为起始物,写出合成 $1,2\text{-}B_{10}C_2H_{10}(Si(CH_3)_3)_2$的化学方程式并配平。

答案:需要注意到连接在闭合型 $B_{10}C_2H_{12}$碳原子上的 H 原子具有很温和的酸性,故可用丁基锂对其进行锂化。首先从癸硼烷制备 $1,2\text{-}B_{10}C_2H_{12}$:

$$B_{10}H_{14}+2\ SR_2 \longrightarrow B_{10}H_{12}(SR_2)_2+H_2$$

$$B_{10}H_{12}(SR_2)_2+C_2H_2 \longrightarrow B_{10}C_2H_{12}+2\ SR_2+H_2$$

产物用烷基锂进行锂化,过程中烷基碳负离子夺取 $B_{10}C_2H_{12}$中的弱酸性氢原子将其换为 Li^+:

$$B_{10}C_2H_{12}+2\ LiC_4H_9 \longrightarrow B_{10}C_2H_{10}Li_2+2\ C_4H_{10}$$

所得碳硼烷与 $Si(CH_3)_3Cl$ 通过亲核取代反应生成预期产物:

$$B_{10}C_2H_{10}Li_2+2\ Si(CH_3)_3Cl \longrightarrow B_{10}C_2H_{10}(Si(CH_3)_3)_2+2\ LiCl$$

自测题 13.9　请提出用 $1,2\text{-}B_{10}C_2H_{12}$和您选择的其他合适试剂合成聚合物前体 $1,7\text{-}B_{10}C_2H_{10}(Si(CH_3)_2Cl)_2$的方法。

13.13　铝和镓的氢化物

提要:$LiAlH_4$和 $LiGaH_4$是合成 MH_3L_2型络合物的前体;$LiAlH_4$也用作合成类金属氢化物(如 SiH_4)的 H^-离子源。烷基氢化铝用于偶联烯烃。

氢化铝(AlH_3)是聚合型固体,而烷基氢化铝[如 $Al_2(C_2H_5)_4H_2$]则是分子化合物,并且含有 Al—H—Al 3*c*,2*e* 键(节 2.11)。这种氢化物用于偶联烯烃,初始步骤是将 AlH 实体加合在 C═C 双键上[类似于节 13.6(c)中的硼氢化反应]。最近制备出纯 Ga_2H_6,但其衍生物较早就已被发现。铟和铊的氢化物非常不稳定。

Al、Ga 的卤化物与 LiH 通过复分解反应生成氢化铝锂($LiAlH_4$)或氢化镓锂($LiGaH_4$):

$$4\ LiH+ECl_3 \xrightarrow{\triangle,醚} LiEH_4+3\ LiCl \quad (E=Al、Ga)$$

Li、Al 和 H_2根据不同反应条件下的直接反应生成 $LiAlH_4$或 Li_3AlH_6。注意,它们在形式上类似于卤离子形成的络合物(如 $AlCl_4^-$和 AlF_6^{3-})。

AlH_4^-和 GaH_4^-阴离子为四面体,比 BH_4^-的碱性大得多。这样高的碱性与下述两个事实相一致:一是 B 的电负性大于 Al 和 Ga,二是 BH_4^-中化学键的共价成分高于 AlH_4^-和 GaH_4^-。例如,$NaAlH_4$遇水剧烈反应,但如前所述,$NaBH_4$的碱性水溶液却能用于化学合成。它们也都是强得多的还原剂;$LiAlH_4$是市场购得到的试剂,广泛用作氢负离子源,也用作还原剂。

对许多非金属元素卤化物而言,AlH_4^-在复分解反应中作为氢负离子源。例如,四氢合铝锂与四氯化硅在四氢呋喃中反应生成硅烷:

$$LiAlH_4+SiCl_4 \xrightarrow{THF} LiAlCl_4+SiH_4$$

此类重要反应遵循的规律是,H^-由电负性较小的元素(此反应中为 Al)迁移到电负性较大的元素(Si)上。

在可控的质子迁移反应中,AlH_4^-和 GaH_4^-都生成铝、镓氢化物的络合物:

$$LiEH_4+[(CH_3)_3NH]Cl \xrightarrow{THF} (CH_3)_3N—EH_3+LiCl+H_2 \quad (E=Al、Ga)$$

明显不同于 BH_3的络合物,这些络合物会加合第二个碱分子生成五配位的铝、镓氢化物的络合物:

$$(CH_3)_3N—EH_3+(CH_3)_3N \longrightarrow ((CH_3)_3N)_2EH_3 \quad (E=Al、Ga)$$

这种行为与第三周期和更重的 p 区元素形成五或六配位超价化合物的趋势[节 2.6(b)]相一致。

13.14　铝、镓、铟、铊的三卤化物

提要:铝、镓、铟有利于形成+3 氧化态,其三卤化物是 Lewis 酸。三卤化铊不如同族其他三卤化物稳定。

虽然铝、镓、铟可以与卤素直接反应生成卤化物,但这些电正性金属也可与 HCl 或 HBr 气体反应,而后一种方法通常是更为便捷的制备途径:

$$2\ Al(s)+6\ HCl(g) \xrightarrow{100\ ℃} 2\ AlCl_3(s)+3\ H_2(g)$$

AlF_3和 GaF_3可以形成 Na_3AlF_6(冰晶石)和 Na_3GaF_6类型的盐,其中含有八面体$[MF_6]^{3-}$络离子。冰晶石存在于自然界,熔融的合成冰晶石在工业制铝中用作 Al_2O_3的溶剂。

三卤化物的 Lewis 酸性反映了第 13 族元素的化学硬度。因而对 Lewis 硬碱(如乙酸乙酯,它之所以是硬碱是因为 O 为给予体原子)而言,这些卤化物的 Lewis 酸性随接受体元素软度的增加而减弱,所以 Lewis 酸性按 $BCl_3 > AlCl_3 > GaCl_3$的顺序而降低。相反,对 Lewis 软碱[如二甲硫烷(Me_2S),它之所以是软碱是因为 S 为给予体原子]而言,这些卤化物的 Lewis 酸性则随接受体元素软度的增加而增强:$GaX_3 > AlX_3 > BX_3$(X=Cl 或 Br)。

三氯化铝是合成其他铝化合物有用的起始物:

$$AlCl_3(sol)+3\ LiR(sol) \xrightarrow{100\ ℃} AlR_3(sol)+3\ LiCl(s)$$

该反应是**金属转移**(transmetallation)反应的一个实例,这类反应对制备主族有机金属化合物十分重要。在金属转移反应中,电正性更高的元素形成卤化物,它的高晶格焓被认为是反应的“驱动力”(如例题 13.9 中看到的那样)。$AlCl_3$的主要工业用途是在有机合成中用作 Frieder-Crafts 催化剂。

三卤化铊的稳定性远低于同族其他元素的三卤化物。这里有个容易受到欺骗的陷阱:三碘化铊其实是铊(Ⅰ)的而不是铊(Ⅲ)的化合物,因为其中包含了 I_3^-而非 I^-。这可从标准电位的讨论得到确认,标准电位表明铊(Ⅲ)能迅速被碘化物还原为铊(Ⅰ):

$$Tl^{3+}(aq)+2e^- \longrightarrow Tl^+(aq) \qquad E^\ominus=+1.25\ V$$

$$I_3^-(aq)+2e^- \longrightarrow 3\ I^-(aq) \qquad E^\ominus=+0.55\ V$$

然而当碘化物过量时,会使铊(Ⅲ)形成络合物而稳定下来:

$$TlI_3(s)+I^-(aq) \longrightarrow [TlI_4]^-(aq)$$

记住 p 区大原子配位数增高的总趋势,铝和更重的同族元素的卤化物因此可以结合一个以上的 Lewis 碱:

$$AlCl_3+N(CH_3)_3 \longrightarrow Cl_3AlN(CH_3)_3$$

$$Cl_3AlN(CH_3)_3+N(CH_3)_3 \longrightarrow Cl_3Al(N(CH_3)_3)_2$$

13.15 铝、镓、铟、铊的低氧化态卤化物

提要:+1 氧化态从铝到铊逐渐变得更稳定。

所有的 AlX 化合物、GaF、InF 都不稳定,在固相中发生歧化:

$$2\ AlX(s) \longrightarrow 2\ Al(s)+AlX_3(s)$$

镓、铟、铊的其他一卤化物较稳定。一卤化镓可由 GaX_3与金属 Ga 按 1∶2 反应得到:

$$GaX_3(s)+2\ Ga(s) \longrightarrow 3\ GaX(s) \qquad (X=Cl、Br、I)$$

一卤化物的稳定性从氯化物到碘化物逐渐增大。通过形成像 $Ga[AlX_4]$这样的化合物提高了+1 氧化态的稳定性。表观上的二价化合物 GaX_2可通过 GaX_3与金属 Ga 按照 2∶1 反应加热来制备:

$$2\ GaX_3(s)+Ga(s) \xrightarrow{\triangle} 3\ GaX_2(s) \qquad (X = Cl、Br、I)$$

GaX_2是个有欺骗性的化学式,因为该固体和其他大多数表观上的二价盐不含 Ga(Ⅱ),而是含有 Ga(Ⅰ)和 Ga(Ⅲ)的混合氧化态化合物 Ga(Ⅰ)[Ga(Ⅲ)Cl_4]。较重的金属也存在混合氧化态卤素化合物(如 $InCl_2$和 $TlBr_2$)。M—X 距离较短的这些盐中存在着络合物 MX_4^-,这一事实表明其中存在 M^{3+};而 M—X 距离较长和距离不规则的现象则说明存在着 M^+。事实上,形成混合氧化态的离子化合物与形成 M—M 键的化合物仅有一线之隔。例如,将$[N(CH_3)_4]Cl$ 与 $GaCl_2$在非水溶剂中混合生成化合物$[N(CH_3)_4]_2[Cl_3Ga—GaCl_3]$,其中阴离子含有结构类似于乙烷的 Ga—Ga 键。

一卤化铟是由元素间直接反应或通过加热金属与 HgX_2的方法制备的。其稳定性从一氯化铟到一碘化铟逐渐增加,稳定性也通过形成络合物(如形成 $In[AlX_4]$)而提高。Ga(Ⅰ)和 In(Ⅰ)的卤化物溶于水发生歧化:

$$3\ MX_3(s) \longrightarrow 2\ M(s)+M^{3+}(aq)+3\ X^- \qquad (M=Ga、In;X=Cl、Br、I)$$

铊(Ⅰ)在水中稳定而不歧化,这是因为难以转化为 Tl^{3+}。铊(Ⅰ)卤化物是用 HX 作用于酸化了的可溶性 Tl(Ⅰ)盐溶液制备的。氟化铊(Ⅰ)具有畸变的岩盐结构,而 TlCl 和 TlBr 则为氯化铯结构(节 3.9)。黄色碘化铊(TlI)具有斜方晶系的层状结构,但加压时转变为氯化铯结构类型的红色碘化铊。碘化铊(Ⅰ)被用于检测电离辐射的光电倍增管。

已知存在铟和铊的其他低氧化态卤化物:TlX_2 实际上是 Tl(Ⅰ)[Tl(Ⅲ)X_4];Tl_2X_3 则是 $Tl(Ⅰ)_3$[Tl(Ⅲ)X_6]。

例题 13.10 第 13 族卤化物的反应

题目:写出下述两种物质之间的化学反应方程式(或指出其不反应)并说明原因:(a) $AlCl_3$和$(C_2H_5)_3NGaCl_3$在甲苯中;(b)$(C_2H_5)_3NGaCl_3$和 GaF_3在甲苯中;(c) TlCl 和 NaI 在水中。

答案:(a) 需要注意到下述事实:三氯化物是强 Lewis 酸,Al(Ⅲ)是比 Ga(Ⅲ)较强、较硬的 Lewis 酸。因此预料会发生下述反应:

$$AlCl_3+(C_2H_5)_3NGaCl_3 \longrightarrow (C_2H_5)_3NAlCl_3+GaCl_3$$

(b) 回答此题需要注意到氟化物是离子型化合物，因而 GaF_3 具有很高的晶格焓，并且不是个好的 Lewis 酸，所以不会发生反应。

(c) Tl(Ⅰ)是个 Lewis 交界软酸，所以与较软的 I^- 而不是与 Cl^- 相结合：

$$TlCl(s)+NaI(aq) \longrightarrow TlI(s)+NaCl(aq)$$

类似于卤化银，Tl(Ⅰ)的卤化物难溶于水，因而反应可能进行得非常缓慢。

自测题 13.10　请写出下述两种物质之间的化学反应方程式(或指出其不反应)并说明原因：(a) $(CH_3)_2SAlCl_3$ 和 $GaBr_3$；(b) $TlCl_3$ 和甲醛(HCHO)在酸性水溶液中。(提示：甲醛易被氧化为 CO_2 和 H^+。)

13.16　铝、镓、铟、铊的氧化物

提要：铝和镓形成+3 氧化态的 α 型和 β 型氧化物；铊形成+1 氧化态的氧化物和过氧化物。

α-Al_2O_3(氧化铝中最稳定的形式)是非常坚硬的耐火材料。它的矿物叫刚玉，作为宝石有蓝宝石和红宝石之分。宝石颜色取决于所含的杂质金属离子：蓝宝石的蓝色是由于杂质离子从 Fe^{2+} 到 Ti^{4+} 的电荷转移产生的(节 20.5)。红宝石是 α-氧化铝，其中少量的 Al^{3+} 被 Cr^{3+} 所代替。α-氧化铝和氧化镓(Ga_2O_3)的结构都是由 O^{2-}(按 hcp 排列)和金属离子一起组成的，其中金属离子占据了八面体穴的三分之二。

氢氧化铝在低于 900 ℃的温度下脱水形成 γ-氧化铝。γ-氧化铝是介稳态多晶，具有带缺陷的尖晶石结构[节 3.9(b)]和高的比表面积。这种材料用作色谱柱的固相填料，并用作非均相催化剂和催化剂载体(节 25.10)，这些用途部分是基于材料表面的酸性和碱性部位。

α-Ga_2O_3 和 γ-Ga_2O_3 与同型氧化铝具有同样的结构。β-Ga_2O_3 是介稳形态，具有 ccp 结构，Ga(Ⅲ)处在畸变八面体和四面体的位点上。一半的 Ga(Ⅲ)离子为四配位，尽管其半径大于 Al(Ⅲ)。如前所述，这种配位方式可能是由于 $3d^{10}$ 轨道充满电子的影响。铟和铊分别形成 In_2O_3 和 Tl_2O_3。铊也会形成 Tl(Ⅰ)的氧化物(Tl_2O)和过氧化物(Tl_2O_2)。

铟锡氧化物(ITO)是 In_2O_3 中掺入质量分数为 10% 的 SnO_2 而形成的 n 型半导体。该材料在可见光区透明而且可导电。多种方法(如物理气相沉积和离子束溅射)可使其形成表面膜。这种膜主要用作液晶显示器、等离子体显示器、触摸板、太阳能电池、有机发光二极管的透明导电涂层。它们也被用作红外反射镜和作为增透膜用于双筒望远镜、天文望远镜和眼镜上。ITO 的熔点为 1 900 ℃，所以 ITO 膜应变测量仪常用在恶劣环境(如喷气发动机和燃气轮机)中。

13.17　铝、镓、铟、铊的硫化物

提要：镓、铟、铊形成多种构型的硫化物。

Al 的硫化物只有 Al_2S_3，是由两种元素在加热条件下直接化合生成的：

$$2\ Al(s)+3\ S(s) \xrightarrow{\Delta} Al_2S_3(s)$$

Al_2S_3 在水溶液中快速水解：

$$Al_2S_3(s)+6\ H_2O(l) \longrightarrow 2\ Al(OH)_3(s)+3\ H_2S(g)$$

硫化铝存在 α、β 和 γ 三种形式。α、β 形式以纤锌矿结构(见 3.9)为基础：在 α-Al_2S_3 中，S^{2-} 以 hcp 方式排列，Al^{3+} 有规律地占据着四面体三分之二的位点。在 β-Al_2S_3 中，Al^{3+} 随机地占据着四面体三分之二的位点。γ-Al_2S_3 采用与 γ-Al_2O_3 相同的结构。

Ga、In、Tl 的硫化物比铝的硫化物数量和种类更多，也具有更多的结构类型。表 13.4 列出一些实例。这些硫化物中很多都是半导体、光导体或发光体，应用于电子设备中。

表 13.4　镓、铟和铊的某些硫化物

硫化物	结构
GaS	含 Ga—Ga 键的层状结构
α-Ga_2S_3	含缺陷的纤锌矿结构(六方)
γ-Ga_2S_3	含缺陷的闪锌矿结构(立方)
InS	含 In—In 键的层状结构
β-In_2S_3	含缺陷的尖晶石结构(与 γ-Al_2O_3同结构)
TlS	共享 Tl(Ⅲ)S_4四面体棱的链结构
Tl_4S_3	[Tl(Ⅲ)S_4]和 Tl(Ⅰ)[Tl(Ⅲ)S_3]四面体的链结构

13.18　与第 15 族元素形成的化合物

提要:铝、镓、铟与磷、砷、锑反应生成用作半导体的材料。

第 13 族和第 15 族元素(氮族)之间形成的化合物由于与 Si 和 Ge 等电子也用作半导体(节 14.1 和节 24.19),因而在工业和技术上有重要应用。氮化物采取纤锌矿结构,而磷化物、砷化物和锑化物全都采取闪锌矿结构(节 3.9)。所有 13/15 族(仍叫作"Ⅲ/Ⅴ族")二元化合物可在高温、高压下通过元素直接化合来制备:

$$Ga(s)+As(s) \longrightarrow GaAs(s)$$

使用最广的 13/15 族半导体是砷化镓(GaAs),用于制造集成电路、发光二极管和激光二极管等设备。砷化镓的带隙与 Si 的带隙相近,但大于其他 13/15 族化合物的带隙(见表 13.5)。砷化镓在一些应用领域优于 Si,这是因为它的电子迁移率更高,允许在 250 GHz 以上的频率工作。砷化镓器件比硅器件在工作中产生的电子噪声小。13/15 族半导体的缺点是在潮湿空气中分解,必须在惰性气氛下使用,通常使用氮气氛或将其完全密封。

表 13.5　298 K 时的带隙

13/15 族化合物	E_g/eV
GaAs	1.35
GaSb	0.67
InAs	0.36
InSb	0.16
Si	1.11

13.19　Zintl 相

提要:第 13 族元素与第 1 族、第 2 族元素形成 Zintl 相,后者是不良导体并具有抗磁性。

第 13 族元素与第 1 族、第 2 族金属形成 Zintl 相[节 3.8(c)]。Zintl 相是两类金属的化合物,具有质脆、抗磁性性质并为不良导体。因此它们明显不同于合金。Zintl 相是在电正性很强的第 1 族或第 2 族金属与电负性适度的 p 区金属或准金属之间形成的。它们为离子型,电子从第 1 族、第 2 族金属转移到电负性较大的元素上。Zintl 相中的阴离子(叫"Zintl 离子")具有完全的八电子价层结构并且聚合在一起;阳离子处在阴离子晶格内。NaTl 的结构中包含金刚石构型的共价聚合阴离子和嵌入到阴离子晶格中的

Na^+。在 Na_2Tl 中，聚阴离子为四面体的 Tl_4^{8-}。Zintl 阴离子可通过四烷基季铵盐取代第 1 族、第 2 族金属离子的反应离析出来，也可通过穴醚的包封作用而离析。某些化合物似乎是 Zintl 相，但能导电并具有顺磁性。例如，K_8In_{11} 含有 In_{11}^{8-} 阴离子，其中每个化学式单元含一个离域电子。

13.20　金属有机化合物

第 13 族元素中最重要的金属有机化合物是 B 和 Al 的金属有机化合物。虽然 B 不是金属，但有机硼化合物通常也当金属有机化合物看待。

(a) 有机硼化合物

提要：有机硼化合物是缺电子化合物，可当作 Lewis 酸；四苯硼酸根是个重要的阴离子。

BR_3 型有机硼烷可通过乙硼烷与烯烃的硼氢化反应来制备：

$$B_2H_6+6\ CH_2{=}CH_2 \longrightarrow 2\ B(CH_2CH_3)_3$$

制备有机硼烷的另一种方法是使用 Grignard 试剂（节 12.13）：

$$(C_2H_5)_2O{:}BF_3+3\ RMgX \longrightarrow BR_3+3\ MgXF+(C_2H_5)_2O$$

烷基硼不水解但能引火。芳基取代的有机硼烷更稳定，它们都是单体分子和平面构型。与其他硼化合物类似，有机硼物种也缺电子，因而都是 Lewis 酸，易于形成加合物。

一个重要的阴离子是四苯基硼酸根离子（$[B(C_6H_5)_4]^-$，通常写为 BPh_4^-），它类似于四氢合硼酸根离子 BH_4^-（节 13.6）。通过简单的加成反应可制得其钠盐：

$$BPh_3+NaPh \longrightarrow Na^+BPh_4^-$$

四苯基硼酸根的钠盐可溶于水，但一价大阳离子盐不溶。该阴离子因此作为沉淀剂用在质量分析上。

(b) 有机铝化合物

提要：甲基铝和乙基铝是二聚体，大取代基导致形成单体。

实验室规模制备烷基铝化合物可以利用烷基汞和铝之间的金属转移反应：

$$2Al+3Hg(CH_3)_2 \longrightarrow Al_2(CH_3)_6+3Hg$$

工业制备三甲基铝是使用金属铝与氯甲烷反应得到中间产物 $Al_2Cl_2(CH_3)_4$，然后用 Na 将其还原，再通过分级蒸馏得到 $Al_2(CH_3)_6$(**40**)。

烷基铝二聚体在结构上类似于二聚卤化物，但成键作用不同。在卤化物中，Al—Cl—Al 桥是两个 2*c*,2*e* 键，即每个 Al—Cl 键涉及一对电子。在二聚烷基铝中，Al—C—Al 两个键长于端位 Al—C 键，表明 Al—C—Al 键是 3*c*,2*e* 键，键电子对被 Al—C—Al 所共享，一定程度上类似于乙硼烷（B_2H_6）中的成键作用（节 13.6）。

(40) $Al_2(CH_3)_6$

三乙基铝和更长链的烷基铝是利用金属铝、氢气与相应烯烃在加热和加压条件下制备的：

$$2\ Al+3\ H_2+6\ CH_2{=}CH_2 \xrightarrow{60\sim110\ ℃,10\sim20\ MPa} Al_2(CH_2CH_3)_6$$

这种合成路线在经济上相对廉价，为许多工业生产提供廉价的烷基铝。三乙基铝（往往写成单体 $Al(C_2H_5)_3$ 是具有工业重要性的、主要的 Al 的金属有机化合物。它用作 Ziegler-Natta 烯烃聚合催化剂（节 25.18）。

空间因素是影响烷基铝构型的重要因素。形成二聚体时，长而弱的桥键容易断裂。这种趋势随着配体的增大而增大。例如，三苯基铝是二聚体，但三(2,4,6-三甲苯基)铝却是单体，这是因为有三个非常大的 2,4,6-三甲苯基[$2,4,6-(CH_3)_3C_6H_2$]。

(c) 镓、铟、铊的金属有机化合物

提要：只与环戊二烯基配体形成+1 氧化态的金属有机化合物。

平面三角构型的 Ga(Ⅲ)、In(Ⅲ)和 Tl(Ⅲ)的有机化合物（如 R_3Tl，R = Me、Et、Ph）是活泼的、对空气敏感的化合物，可溶于有机溶剂（如 THF 和醚）。Ga(Ⅲ)和 In(Ⅲ)的有机化合物可由金属和 R_2Hg 之间的直接反应来制备。该合成反应不需要溶剂，所以 R_3Ga 或 R_3In 容易离析出来。有机铊的一卤化物（R_2TlX）对空气和水稳定也不溶于有机溶剂，可用来制备其他有机铊化合物：

$$R_2TlX+R'Li \longrightarrow R_2TlR'+LiX$$

R_3Tl 可用于形成 C—C 键：

$$R_3Tl+R'COCl \longrightarrow R_2TlCl+R'COR \qquad (R=Me、Et、Ph；R'=烷基、芳基)$$

Me_3Ga 和 Me_3In 在气态是平面三角形单体分子，但在固相中以四聚体存在。Ph_3Ga 和 Ph_3In 由堆叠的平面三角形单元组成，Ga 或 In 位于上下三角单元上的苯基环之间。两个一卤化物（R_2GaX 和 R_2InX）在固相中按堆叠方式排列（**41**）。两个氟化物（Me_2GaF 和 Et_2GaF）采取六元环结构（**42**）。

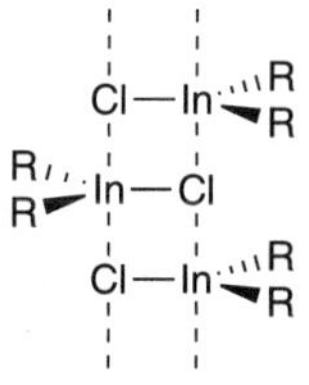

(**41**) 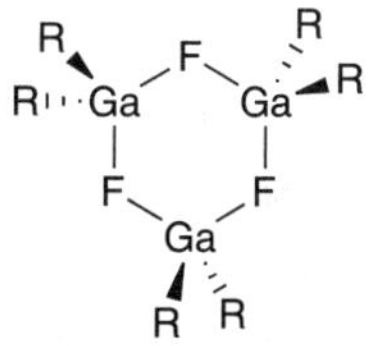　(**42**) 　(**43**)

Ga（Ⅰ）、In（Ⅰ）、Tl（Ⅰ）只与环戊二烯基配体（$C_5H_5^-$）形成稳定的金属有机化合物（**43**）。这类化合物是提供环戊二烯基配体合成其他金属有机化合物的常用来源：

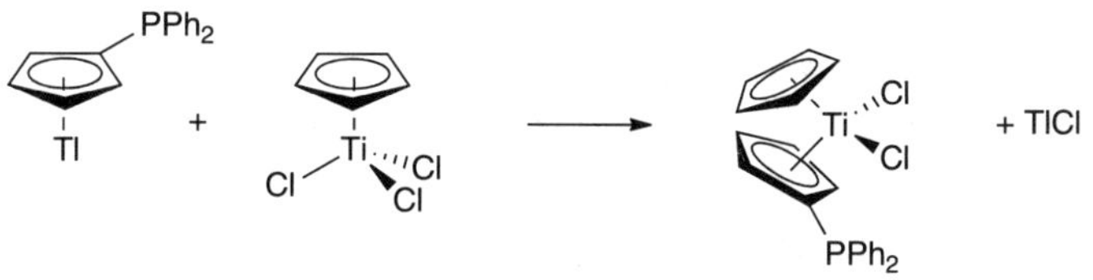

$(C_5H_5)In$ 是经由 In（Ⅲ）中间体制备的：

$$InCl_3+3\ NaC_5H_5 \longrightarrow (C_5H_5)_3In+3\ NaCl$$

$$(C_5H_5)_3In \longrightarrow (C_5H_5)In+(C_5H_5)_2$$

$(C_5H_5)In$ 是唯一稳定并可溶的 In（Ⅰ）金属有机化合物，与氢卤酸（HX）反应生成 C_5H_6 和 InX。

延伸阅读资料

R. B. King, *Inorganic chemistry of the main group elements*. John Wiley&Sons (1994).

D. M. P. Mingos, *Essential trends in inorganic chemistry*. Oxford University Press (1998). 从成键和结构角度讨论无机化学。

N. C. Norman, *Periodicity and the s- and p-block elements*. Oxford University Press (1997). 涵盖元素性质的基本变化趋势和特征。

R. B. King (ed.), *Encyclopedia of inorganic chemistry*. John Wiley&Sons (2005).

C. E. Housecroft, *Boranes and metalloboranes*. Ellis Horwood (2005). 介绍硼烷化学。

C. Benson, *The periodic table of the elements and their chemical properties*. Kindle edition. MindMelder.com (2009).

练习题

13.1　写出并配平提取硼的反应方程式和反应条件。

13.2　描述下列化合物中的成键作用：(a) BF_3、(b) $AlCl_3$、(c) B_2H_6。

13.3　按 Lewis 酸性增强的顺序排列 BF_3、BCl_3、$AlCl_3$。根据这一顺序表达的观点完成并配平下列化学反应方程式（或标出不反应）：

(a) $BF_3N(CH_3)_3+BCl_3 \longrightarrow$

(b) $BH_3CO+BBr_3 \longrightarrow$

13.4 三溴化铊(1.11 g)与 NaBr(0.257 g)定量反应生成产物 A。推定 A 的化学式并识别其阳离子和阴离子。

13.5 请识别如下所示的含硼化合物 A、B、C。

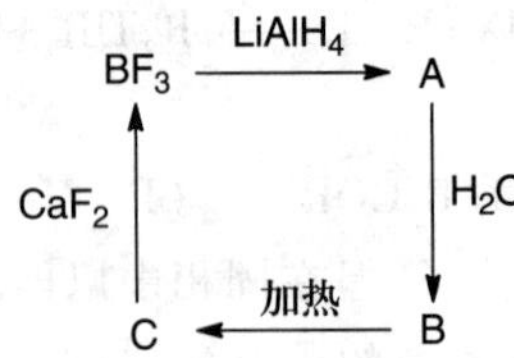

13.6 B_2H_6在空气中稳定吗？如果不稳定,请写出该反应的方程式。

13.7 判断下述两个化合物质子去偶合时存在多少种^{11}B-NMR 环境？

(a) B_5H_{11},(b) B_4H_{10}。

13.8 判断下列化合物发生硼氢化反应所生成的产物:(a) $(CH_3)_2C{=}CH_2$,(b) $CH{\equiv}CH$。

13.9 乙硼烷被用作火箭推进剂。计算 1.00 kg 乙硼烷释放的能量。已知 $\Delta_f H^{\ominus}/(kJ \cdot mol^{-1})$:$B_2H_6$为 31;$H_2O$ 为 -242;B_2O_3为 -1 264。燃烧反应是 $B_2H_6(g)+3\ O_2(g) \longrightarrow 3\ H_2O(g)+B_2O_3(s)$。用乙硼烷作燃料会有什么问题？

13.10 以 BCl_3与其他您选择的合适试剂作起始物,设计合成螯合型 Lewis 酸 $F_2B—C_2H_4—BF_2$的方法。

13.11 给出用 $NaBH_4$、一种合适的碳氢化合物、适当的辅助试剂和溶剂合成下列化合物的反应方程式和反应条件:

(a) $B(C_2H_5)_3$,(b) Et_3NBH_3。

13.12 绘出硼的 B_{12}基本结构单元沿 C_2轴的透视图。

13.13 硼氢化合物 B_6H_{10}和 B_6H_{12}哪个热稳定性更好些？给出判断硼烷热稳定性的规则。

13.14 B_5H_9中有多少个骨架电子？

13.15 (a) 写出并配平空气氧化戊硼烷(9)的反应方程式(包括所有反应物和产物的状态)。

(b) 对使用戊硼烷作为内燃机燃料而言,除成本高以外还可能存在哪些缺点？

13.16 (a) 从 $B_{10}H_{14}$的化学式确定它属于闭合型、巢形还是蛛网形？

(b) 使用 Wade 规则确定癸硼烷(14)骨架电子对的数目。

(c)通过价电子计数证实 $B_{10}H_{14}$的簇价电子数与(b)中确定的数值相等。

13.17 使用 Wade 规则判断下列化合物的结构:(a) B_5H_{11},(b) $B_4H_7^-$。

13.18 1 mol 硼氢化物水解得到 15 mol 的 H_2和 6 mol 的 $B(OH)_3$,识别该化合物并推断其结构。

13.19 给出 B_4H_{10}、B_5H_9和 1,2-$B_{10}C_2H_{12}$的结构和名称。

13.20 以 $B_{10}H_{14}$和您选择的合适试剂为起始物,写出合成$[Fe(nido\text{-}B_9C_2H_{11})_2]^{2-}$的反应方程式并简要绘出该物种的结构。

13.21 使用 Wade 规则判断 $NB_{11}H_{12}$可能的结构。

13.22 (a) 层状 BN 和石墨(节 14.5)在结构上有哪些相似点和不同？

(b) 对比它们与 Na 和 Br_2的反应性。

(c) 对它们在结构和反应性上的差别做出合理解释。

13.23 以 BCl_3和您选择的其他试剂为起始物,设计下列环硼氮三烯衍生物的合成方法并绘出产物的结构:(a) $Ph_3N_3B_3Cl_3$,(b) $Me_3N_3B_3H_3$。

13.24 按照 Brønsted 酸性增加的顺序排列下列硼的氢化物:B_2H_6、$B_{10}H_{14}$、B_5H_9。选取其中一个化合物给出脱质子后的可能结构。

13.25 硼烷以 B_2H_6形式存在,三甲基硼烷以单体 $B(CH_3)_3$形式存在。此外,中间组成的分子式为 $B_2H_5(CH_3)$、$B_2H_4(CH_3)_2$、$B_2H_3(CH_3)_3$和 $B_2H_2(CH_3)_4$。基于这些事实,描述后面几例取代硼烷可能的结构和成键作用。

13.26 ^{11}B-NMR 是推断硼化合物结构的重要光谱学工具。不考虑^{11}B-^{11}B 偶合,通过共振多重性可能确定所连接的 H 原子的数目:BH 是双峰,BH_2是三重峰,BH_3是四重峰。巢形和蛛网形结构中,闭合一侧的 B 原子比开放一侧的 B 原子受到更多的屏蔽。假定不存在 B-B 或 B-H-B 偶合,判断下列样品^{11}B-NMR 谱图的一般形式:(a) BH_3CO,(b) $[B_{12}H_{12}]^{2-}$。

13.27 从关于第 13 族化学的下列表述中指出不正确的表述,依据化学概念或原理予以改正并给出正确的解释:

(a) 所有第 13 族元素都是非金属。

(b) 本族元素自上而下化学硬度的增加可从较重元素的氧亲和性和氟亲和性得到说明。

(c) 三卤化硼 BX_3的 Lewis 酸性随卤原子从 F 到 Br 逐渐增强，该事实可从 Br—B 更强的 π 成键作用得到解释。

(d) 蛛网形硼的氢化物的骨架电子计数为 $2(n+3)$，蛛网形硼的氢化物比巢形硼的氢化物更稳定。

(e) 在巢形硼的氢化物系列中，酸性随体积的增大而增大。

(f) 层状氮化硼与石墨的结构相似，这是因为其 HOMO 和 LUMO 之间的距离较小，是电的良导体。

辅导性作业

13.1 用合适的分子轨道软件计算闭合型$[B_6H_6]^{2-}$的波函数和能级。根据所得结果绘制主要涉及 B—B 成键作用轨道的分子轨道能量图并绘出其轨道的形式。如何将这些轨道与本章中对阴离子的定性描述作定性比较？在算得的波函数中是否存在 B—H 成键作用与 B—B 成键作用相隔开的情况？

13.2 在论文"Covalent and ionic molecules: why are BeF_2 and AlF_3 high melting point solids whereas BF_3 and SiF_4 are gases?"(*J. Chem. Educ.*, 1998, **75**, 923)中，R. J. Gillespie 设定了一种对化学键的分类法，得出在 BF_3和 SiF_4中以离子键为主。总结作者的观点，描述这与对气态分子传统的成键观点有哪些不同。

13.3 BN 和碳纳米管已经由 C. Colliex 等人所合成(*Science*, 1997, **278**, 653)。(a) BN 纳米管与碳纳米管相比有哪些优点？(b) 概述用于制备这些化合物的方法。(c) 纳米管的主要结构特点是什么，如何能在应用领域利用这些结构特征？

13.4 M. Montiverde 讨论了"Pressure dependence of the superconducting temperature of MgB_2"(*Science*, 2001, **292**, 75)。(a) 描述用以解释 MgB_2超导性所假设的两个理论基础。(b) MgB_2的 T_c如何随压力而变化？这给超导性提供了什么更深入的认识？

13.5 Z. W. Pan, Z. R. Dai, 和 Z. L. Wang 在 *Science*, 2001, 291, 1947 发表了他们的论文。以论文的参考文献为基础，写一篇第 13 族元素金属线纳米材料的综述。指出 In_2O_3纳米带是如何制备的，并给出有代表性的纳米带尺寸。

13.6 在论文"New structural motifs in metallaborane chemistry: synthesis, characterization, and solid-state structures of $[(Cp^*W)_3(\mu\text{-}H)B_8H_8]$, $[(Cp^*W)_2B_7H_9]$ and $[(Cp^*Re)_2B_7H_7(Cp^*=\eta^5\text{-}C_5Me_5)]$"(*Organometallics*, 1999, 18, 853)中，A. S. Weller、M. Shang 和 T. P. Fehlner 讨论了一些新颖的富硼金属硼烷的合成和表征，绘出并解释$(Cp^*W)_2B_7H_9$的^{11}B-NMR 和^1H-NMR 谱。

13.7 硼中子俘获疗法(BNCT)用来治疗某些肿瘤。钆中子俘获疗法(GNCT)正逐渐成为新的替代治疗手段。对比两种疗法的不同。对载药试剂、放射性特征和生物应用做讨论。

(王文渊　译，史启祯　审)

14 章

第 14 族元素

第 14 族元素无疑是所有元素中最重要的:碳是地球上构成生命的基本元素;硅对地壳岩石自然环境的物理结构至关重要。该族元素的性质极具多样性,碳是非金属,而锡和铅则是常见的金属。所有元素能与其他元素形成二元化合物。此外,硅也形成多种网状结构的固体。许多第 14 族元素的有机化合物具有重要的商业价值。

第 14 族元素(碳、硅、锗、锡、铅)的物理性质和化学性质表现出巨大的多样性。碳是生命的基石,也是有机化学的核心。本章着力关注碳的无机化学。硅广泛分布在自然界;工业和制造业中广泛用到锡和铅。

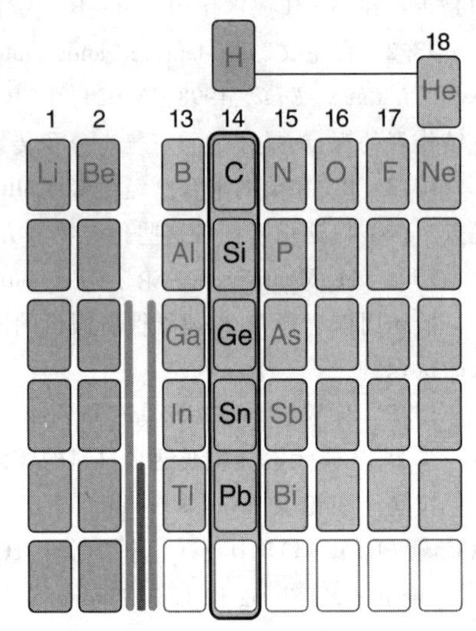

A. 基本面

第 14 族(碳族)元素对工业和自然界都至关重要。本书许多章节涉及碳元素,其中包括第 22 章的金属有机化合物和第 25 章的催化作用。这里讨论第 14 族元素化学的基本内容。

14.1 元素

提要:本族最轻的两个元素是非金属,锡和铅则是金属。除铅之外的其他元素都存在多种同素异形体。

本族最轻的元素碳和硅都是非金属,锗是准金属,而锡和铅则是金属。元素的金属性自上而下增加,这是 p 区元素的一个显著特点。这一现象是可以理解的,因为原子半径自上而下增加,与之相关的电离能按同一方向降低(见表 14.1)。由于较重元素的电离能低,金属自上而下更容易形成阳离子。

表 14.1 第 14 族元素的某些性质

元素	C	Si	Ge	Sn	Pb
熔点/℃	3 730(石墨,升华)	1 410	937	232	327
原子半径/pm	77	117	122	140	154
离子半径,$r(M^{n+})$/pm			73(+2)	93(+2)	119(+2)
			53(+4)	69(+4)	78(+4)
第一电离能,$I/(kJ\cdot mol^{-1})$	1 090	786	762	707	716
Pauling 电负性	2.5	1.9	2.0	1.9	2.3
电子亲和能,$E_a/(kJ\cdot mol^{-1})$	154	134	116	107	35
$E^\ominus(M^{4+},M^{2+})$/V				+0.15	+1.46
$E^\ominus(M^{2+},M)$/V				−0.14	−0.13

由于价层电子构型为 ns^2np^2，该族元素在化合物中以+4 氧化态为主。主要的例外是铅，其常见氧化态为+2（比该族元素最高氧化态值小 2）。低氧化态的相对稳定性是惰性电子对效应的一个例子（节 9.5），最重的 p 区元素均具有这种性质。

碳和硅的电负性与氢接近，能形成多种共价氢化合物和烷基化合物。碳和硅具有强的**亲氧性**（oxophiles）和**亲氟性**（fluorophiles），分别对硬阴离子 O^{2-} 和 F^- 具有高的亲和力（节 4.9）。广泛存在的氧合阴离子（如碳酸根和硅酸根）体现了这种亲氧性。相比之下，Pb^{2+} 与软阴离子（如 I^- 和 S^{2-}）而不是硬阴离子形成更稳定的化合物，因此化学上将其归入软酸。

几乎为纯态的两种碳（金刚石和石墨）都可从自然界开采也可由人工合成。除了许多不纯的形式（如煤热解制得的焦炭和烃类不完全燃烧产生的灯黑）外，碳还存在其他一些纯的形式。硅广泛存在于自然界，占地壳质量组成的 26%。硅以沙子、石英、水晶、玛瑙和猫眼石的形式存在，也分布在石棉、长石、黏土和云母中。锗的丰度很低，自然界以锗石（$Cu_{13}Fe_2Ge_2S_{16}$）形式存在，也存在于锌矿和煤中。锡和铅的矿物分别为锡石（SnO_2）和方铅矿（PbS）。

金刚石和石墨是碳元素两种常见的晶体形式，其性质截然不同：金刚石是电绝缘体，而石墨则是良导体；金刚石是自然界已知最硬的物质，而石墨则很软；金刚石透明，而石墨则为黑色。迥异的物理性质源于两种同素异形体具有不同的结构和成键方式。

金刚石结构中，每个 C 原子与处于正四面体顶角的四个相邻碳原子形成键长为 154 pm 的单键（见图 14.1），成为共价的刚性三维框架。石墨由平面的石墨烯层堆叠而成，层中每个 C 原子有三个间距为142 pm 的最邻近碳原子（见图 14.2）。层内相邻碳原子通过 sp^2 杂化轨道重叠形成 σ 键，剩余的垂直 p 轨道相互重叠形成 π 键，并离域于平面中。原子层之间易于滑裂（主要由存在杂质而引起）造成石墨的滑腻感。金刚石可以被切割，但由于晶体中具有对称性的作用力，这一古老工艺需要专长才能完成。

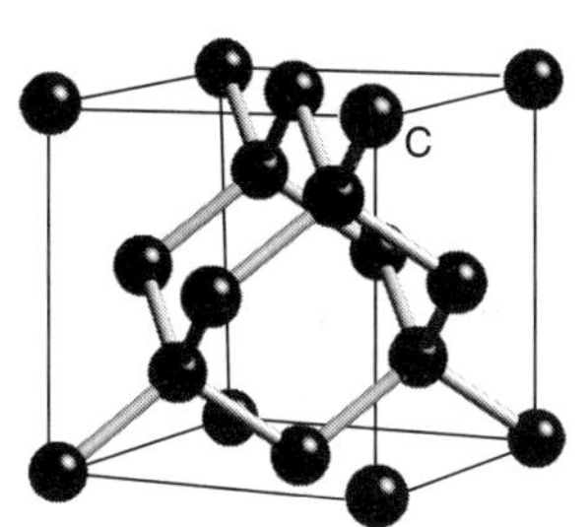

图 14.1* 立方金刚石结构

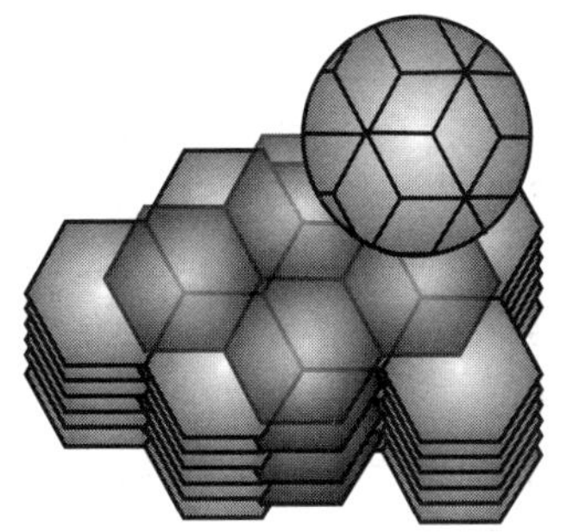

图 14.2* 石墨的结构
碳环是隔层对齐而非邻层对齐

碳的同素异形体不仅有金刚石和石墨。1980 年代发现了富勒烯（非正式地叫作巴基球），从而开辟了碳的无机化学的一个新领域。人们离析出了单层石墨（叫石墨烯），1990 年代前期发现了碳纳米管，后者是由类石墨烯管（具有半球形类巴基球的帽盖）组成的。

除铅外，本族其他元素至少有一种金刚石结构的固相（见图 14.1）。锡的立方相叫灰锡或叫 α-锡（α-Sn），灰锡在室温下不稳定。灰锡会转化为更稳定、更常见的白锡（或叫 β-锡，β-Sn），其中一个锡原子周围有 6 个最邻近的锡原子以高度扭曲的八面体方式排列。白锡冷至 13.2 ℃时转变为质脆的灰锡。欧洲中世纪大教堂里的风琴管上首次意识到这种转化，当时认为是魔鬼造成的。传说拿破仑大军在俄国被击败是由于气温太低、士兵制服上的白锡纽扣转化为灰锡而碎裂脱落造成的。

价带和导带之间的带隙（节 3.19）从金刚石到锡逐渐减小。金刚石被归入宽带隙的半导体，但通常将其看作绝缘体。锡在其转变温度以上为金属。

煤或焦炭中的碳元素通常用作燃料,也可用作还原剂从矿物提取金属。石墨作为润滑剂也用在铅笔中。金刚石在工业上用作切割工具。硅的带隙和由其产生的半导性使它在集成电路、计算机芯片、太阳能电池和其他电子固态设备中获得了广泛应用。二氧化硅(SiO_2)是制造玻璃的主要原料。锗是第一个广泛用于构建晶体管的材料,这是因为它比硅容易纯化、带隙(Ge:0.72 eV;Si:1.11 eV)更小,是个更好的本征半导体。

耐腐蚀的锡用于镀钢以加工成锡罐头盒。青铜是锡和铜的合金,锡的质量分数通常少于12%。含锡量更高的青铜用来铸钟。焊料是锡和铅的合金,从古罗马时期就开始使用。将熔态玻璃浮于熔态锡的表面制成窗玻璃或浮玻璃。窗玻璃受到紫外线照射时,“锡一侧”可看到雾状的氧化锡(Ⅳ)。三烷基和三芳基锡化合物广泛用作杀(真)菌剂和农药。

质软且具有展性的铅曾广泛用于制管业和焊料。鉴于铅的毒性,许多国家已禁止使用。铅的熔点低因而用作焊料;高密度(11.34 $g \cdot cm^{-3}$)这一性质使其用作弹药和屏蔽电离辐射的材料。玻璃中加入氧化铅可以增加折射率,以生产“铅”玻璃或“水晶”玻璃。

14.2　简单化合物

提要:所有第14族元素与氢、氧、卤素和氮形成简单二元化合物。碳和硅也与金属分别形成碳化物和硅化物。

所有第14族元素都可形成四价氢化物(EH_4)。此外,碳和硅可形成一系列链状分子型氢化物。碳形成的烃类化合物数量巨大,在有机化学中进行讨论更好些。

碳形成一系列通式为 C_nH_{2n+2} 的简单烃类化合物(烷烃),它们的稳定性来自C—C键和C—H键的高键焓(见表14.2;节9.7)。碳在不饱和的烯烃和炔烃中(见表14.2)也能形成强的多重键。C—C键的强度和形成多重键的能力是碳化合物显示多样性和稳定性的主要原因。

表14.2　某些化学键的平均键焓,*B*(X—Y)　　单位:$kJ \cdot mol^{-1}$

C—H	412	Si—H	318	Ge—H	288	Sn—H	250	Pb—H	<157
C—O	360	Si—O	466	Ge—O	350				
C═O	743	Si═O	642						
C—C	348	Si—Si	226	Ge—Ge	186	Sn—Sn	150	Pb—Pb	87
C═C	612								
C≡C	837								
C—F	486	Si—F	584	Ge—F	466				
C—Cl	322	Si—Cl	390	Ge—Cl	344	Sn—Cl	320	Pb—Cl	301

表14.2中的数据表明该族E—E键的键焓自上而下是如何下降的,正是这个原因导致从C到Pb的成键趋势逐渐下降。硅能形成类似烷烃的化合物系列叫作硅烷,但最长的链仅含7个硅原子(庚硅烷,Si_7H_{16})。硅烷具有更多的电子数和更强的分子间作用力,其挥发性低于相应的碳氢化合物。例如,丙烷(C_3H_8)在通常条件下为气体,而硅的类似物三硅烷(Si_3H_8)则是沸点为53 ℃的液体。本族元素的氢化物自上而下稳定性降低,从而严重限制了对锡烷和铅烷化学性质的研究。

四卤甲烷(即四卤化碳)是最简单的碳的卤化物,CF_4 为稳定性高的挥发性化合物,CI_4 则是对热不稳定的固体。硅和锗的全部四卤化物均为已知,它们都是挥发性的分子化合物。锗显现出一定的惰性电子对效应(节9.5),也形成不易挥发的二卤化物。惰性电子对效应对锡和铅的影响显著,其+2氧化态越来越稳定。

两种熟悉的碳氧化物是CO和CO_2,而不熟悉的则是低氧化物O═C═C═C═O。所有三个氧化物的物理参数见表 14.3。需要注意的是 CO 中的键更短、更强（键焓为 1 076 kJ · mol^{-1}），键的力常数也更高。这些特性与 CO 具有三重键（见节 2.9 中的 Lewis 结构式：C≡O：）的概念相一致。二氧化碳（CO_2）显著不同于一氧化碳（CO）：键更长、伸缩力常数也更小。这与其含有双键（而非三键）的概念相符合。石墨与强氧化剂（如浓硫酸和高氯酸钾）反应形成氧化石墨，氧化产物中石墨层的表面被环氧基团和羟基基团所修饰。这些基团的存在意味着石墨层容易被劈裂从而生成二维的氧化石墨烯层。将氧化石墨烯还原可以制备类石墨烯材料。

表 14.3　碳的某些氧化物的性质

氧化物	熔点/℃	沸点/℃	(CO)/cm^{-1}	k(CO)/(N · m^{-1})	键长(CO)/pm	键长(CC)/pm
CO	−199	−192	2 145	1 860	113	
CO_2	升华	−78	2 449　1 318	1 550	116	
OCCCO	−111	7	2 290　2 200		128	116

硅与氧具有很高的亲和力，这是自然界存在大量硅酸盐矿物和人工能够合成大量硅氧化合物的原因。它们对矿物学、工业生产和实验室都很重要。硅的最简单的氧化物是化学上稳定的二氧化硅（SiO_2）。二氧化硅以多种形式存在，所有的形式均以 SiO_4 四面体结构单元为基础。抛开罕见的高温相，硅酸盐中的硅都是四配位的四面体。正硅酸根为 $[SiO_4]^{4-}$ **(1)**，二硅酸根为 $[O_3SiOSiO_3]^{6-}$ **(2)**。二氧化硅和很多硅酸盐的结晶过程非常缓慢。叫作**玻璃**（glasses）的无定形固体是以适当速率冷却熔融物（而非通过结晶过程）制得的。玻璃在某些方面类似液体。像液体那样，玻璃的结构仅在几个原子的空间（如在一个 SiO_4 四面体的范围内）是有序的。然而不像液体，它们的黏度非常高，在大多数实际应用中更像固体。

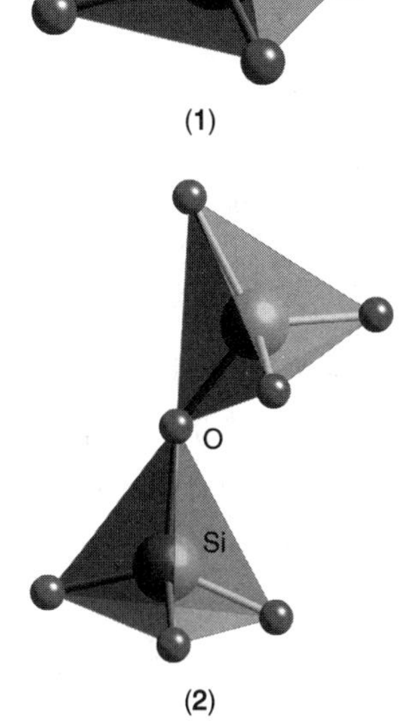

(1)

(2)

锗（Ⅳ）的氧化物（GeO_2）与二氧化硅类似。锗（Ⅱ）的氧化物（GeO）容易歧化为 Ge 和 GeO_2。锡（Ⅱ）的氧化物（SnO）以蓝黑色和红色多晶形存在，两种形式在空气中加热都易氧化为 SnO_2。铅形成棕色的铅（Ⅳ）氧化物（PbO_2）、红色和黄色的铅（Ⅱ）氧化物（PbO）和含有 Pb（Ⅳ）和 Pb（Ⅱ）的混合价氧化物（Pb_3O_4），最后这个氧化物又叫"红铅（铅丹）"。铅（Ⅱ）较铅（Ⅳ）更稳定的现象可由惰性电子对效应（节 9.5）作解释。

碳能形成氰化氢（HCN）、含 CN^- 的离子型氰化物和氰气 $(CN)_2$，它们全都是剧毒性化合物。硅和氮气在高温下直接反应生成氮化硅（Si_3N_4），这种物质非常硬且显惰性，可用作高温陶瓷材料。

碳与金属和准金属形成许多二元碳化物。第 1 族和第 2 族金属与碳形成离子型似盐碳化物，d 区金属形成金属型碳化物，硼和硅形成共价型固体。碳化硅（SiC）也叫金刚砂，被广泛用作磨料。

14.3　扩展的硅氧化合物

提要：硅与氧除形成简单的二元化合物外，还能形成各种扩展的网状固体，这类固体在工业上具有广泛用途。

铝原子取代硅酸盐中的部分 Si 原子后形成铝硅酸盐（如自然界的黏土、矿物和岩石）。铝硅酸盐沸石广泛用作分子筛、微孔催化剂和催化剂载体。因为 Al 以 Al（Ⅲ）的形式存在，所以取代 Si（Ⅳ）后多出了一个单位负电荷。一个 Al 原子取代一个 Si 原子后需要另外的阳离子（如 H^+、Na^+ 或 1/2 Ca^{2+}）平衡电荷。这些阳离子的存在对材料性质具有重大影响。

许多重要矿物也含有像锂、镁、铁等金属的层状铝硅酸盐变体，其中包括黏土、滑石和各种云母。层状铝硅酸盐一个简单例子是矿物高岭土[$Al_2(OH)_4Si_2O_5$]，它在工业上用作瓷土，也用于医疗领域。长期以来高岭土用于治疗腹泻，最近还以高岭土纳米颗粒浸渍的绷带止血。这是因为该矿物能引发血液凝固。

矿物滑石[$Mg_3(OH)_2Si_4O_{10}$]中的 Mg^{2+} 和 OH^- 夹在[Si_4O_{10}]$^{4-}$ 阴离子层之间。这种电中性结构导致滑石层间易于脱裂，也解释了滑石的滑腻感。白云母[$KAl_2(OH)_2Si_3AlO_{10}$]具有带电荷的层状结构，这是因为一个 Al(Ⅲ)原子取代一个 Si(Ⅳ)原子后多出的一个负电荷被位于层间的 K^+ 所平衡。由于靠这种静电力相结合，白云母不像滑石那样柔软，但仍然容易劈裂为层片。还有以三维铝硅酸盐框架为基础的许多矿物，如长石就是最重要的一类成岩矿物。

分子筛(molecular sieves)是晶态微孔铝硅酸盐，具有分子尺度孔径的开放式结构。取名“分子筛”是因为人们看到这种材料只能吸附比其孔径尺寸小的分子，从而可用于分离不同尺寸的分子。分子筛的一个亚类叫沸石(“沸石”一词源自希腊词“沸腾的石头”，地质学家发现有些岩石遇到吹管火焰时似乎在沸腾)。沸石具有铝硅酸盐框架(见图 14.3)，通道或笼中捕获有阳离子(通常是来自第 1 族、第 2 族的阳离子)。除了作为分子筛的功能外，沸石也可用作离子交换树脂将自身所带的离子与周围溶液中的离子进行交换。沸石也用在择形的非均相催化中(第 25 章)。

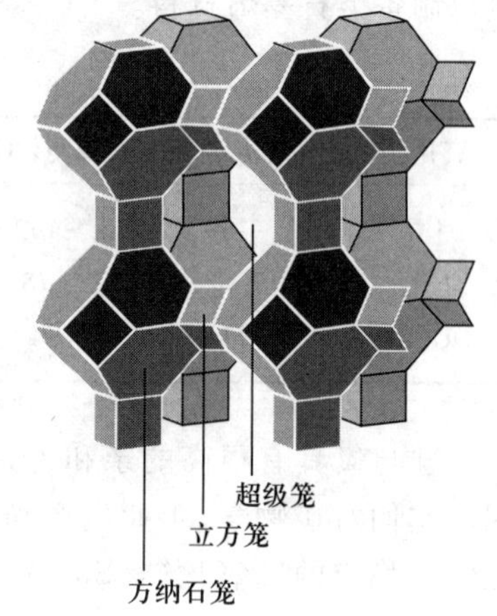

图 14.3　A 型沸石的框架
注意观察方钠石笼(截角八面体)、小的立方笼和中心的超级笼

B. 详述

这里详细讨论第 14 族元素的化学性质，解释成链趋势减弱和金属性逐渐增强的原因。

14.4　存在和提取

提要：元素碳可以石墨和金刚石的形式进行开采；碳弧还原 SiO_2 的方法可以制得元素硅。丰度低得多的锗是在锌矿中发现的。

碳以金刚石、石墨和几种低结晶度的形式存在。1996 年诺贝尔化学奖授予 Richard Smalley、Robert Curl 和 Harold Kroto，表彰他们发现了新的一种碳的同素异形体 C_{60}。为了纪念设计网格形圆屋顶的建筑师 Buckminster Fuller，C_{60} 被命名为富勒烯(节 14.6)。碳以二氧化碳的形式存在于大气中、溶解在天然水体中，也存在于钙和镁的不溶性碳酸盐中。

在高温电弧炉中用碳还原二氧化硅可以制备硅：

$$SiO_2(s)+2\,C(s) \longrightarrow Si(s)+2\,CO(g)$$

锗的丰度低，在自然界一般不富集存在。一氧化碳或氢还原 GeO_2 可以制得锗(见 5.16)。在电炉中用焦炭还原矿物锡石(SnO_2)可以生产锡。铅是由硫化物矿制备的：先在鼓风炉中将其转化为氧化物，接着再用碳还原。

14.5　金刚石和石墨

提要：金刚石具有立方结构。石墨是由碳原子的二维片层堆叠而成的；伴随着电子转移，氧化剂或还原剂可被嵌入片层之间。

由于金刚石结构(见图 14.1)能在三维方向上有效地分配热运动，因而成为已知热导率最高的物质。测量热导率可以识别真假钻石。由于耐久性、透明度和高折射率，金刚石成为最珍贵的宝石之一。

平行的原子层之间存在杂质(见图 14.2)是石墨容易剥离的主要原因,也造成了石墨的滑腻感。这些石墨烯平面彼此间相互远离(335 pm),表明层与层之间的作用力比较弱。有时将其不那么恰当地叫作"van der Waals 力"(这是因为常见杂质的形式为石墨氧化物,它们之间的作用力像分子间作用力一样弱),并因此将平面之间的区域叫 **van der Waals 间隙**(van der Waals gap)。与金刚石不同,石墨质软色黑并略有金属光泽;它既不耐用也不为人们所爱。

室温和常压下金刚石自发转化为石墨($\Delta_{trs}G^{\ominus}=-2.90\ kJ\cdot mol^{-1}$),但在通常条件下不会以可看得出的速率发生:比太阳系还古老的金刚石已从陨星中离析出来。金刚石是个密度更大的物相,密度为 $3.51\ g\cdot cm^{-3}$(石墨为 $2.26\ g\cdot cm^{-3}$),所以高压条件有利于它的生成。大量的金刚石磨料是通过 d 金属催化的高温高压过程生产的(应用相关文段 14.1)。外压可使掺硼金刚石薄膜电阻发生变化,沉积在二氧化硅表面上可用作高温压力传感器。

应用相关文段 14.1　合成的金刚石

人工合成金刚石经历过多次失败。直到 1955 年才首次成功,其方法是石墨与 d 金属在 7 GPa 压力下加热至 1 500~2 000 K 完成的。石墨和金属都必须处于熔融状态才能制得金刚石,因此合成温度依赖于金属的熔点。d 金属(通常为镍)能溶解石墨,溶解度更小的金刚石从液相中结晶出来。金刚石颗粒的大小、形状和颜色取决于反应条件:低温下得到的产品是颜色较深的不纯晶体,高温下合成的产品是颜色较浅的较纯的晶体。常见杂质是能够纳入金刚石晶格使其发生最小畸变的物种。合成金刚石往往也受到石墨和金属催化剂的污染。例如,镍的晶格尺寸与金刚石相似,金刚石晶格中可能包含镍微晶。

金刚石晶体可通过加入小的金刚石晶种引发生长,但生长出来的晶体往往不均匀(具有裂隙和包合现象)。碳源为金刚石并且晶种处在装置中温度较低的部位时得到质量较好的金刚石。改变温度(溶解度发生变化)能使碳以缓慢而受控的方式结晶出来,从而生成高质量的金刚石。以这种方式结晶出 1 克拉(carat,200 mg)钻石可能需要一周时间。

温度和压力足够高时可直接从石墨合成金刚石(不需使用金属催化剂)。将石墨置于高爆炸药产生的强压力下的方法叫冲压合成法(Du Pont 法),石墨只需几毫秒的时间就能达到 1 000 K 的温度和 30 GPa 的压力并部分转变成金刚石。静压法是在高压设备中通过电容器放电加热石墨,于 3 300~4 500 K 和 13 GPa 下形成多晶团块金刚石。这种方法也可用碳氢化合物为碳源:芳香族化合物(如萘、蒽)生成石墨;脂肪族化合物(如固体石蜡、樟脑)则生成金刚石。

高压合成金刚石成本昂贵且烦琐,低压合成法将会更具吸引力。事实上,长期以来人们就知道在隔绝空气的热表面上沉积 C 原子可以生成混有石墨的金刚石微晶。甲烷热解能够产生 C 原子,过程中产生的原子氢也发挥着有利于生成金刚石而不是生成石墨的重要作用。原子氢的一种性质是,更容易与石墨(而不是与金刚石)起反应生成挥发性碳氢化合物,过程中不希望得到的石墨被清除。尽管这种法还不够完善,但合成的金刚石膜已经应用于硬化耐磨表面(如切割工具和钻头)并构建电子设备。例如,掺硼的金刚石膜是良导体,在电化学中用作电极。

用碳化硅合成金刚石比任何高温和高压法都更加环保和更廉价。以 Cl_2 和 H_2 作气氛、接近 1 atm 压力和相对较低的温度(1 300 K)下,碳能以金刚石形态被提取出来。

石墨的导电性和许多化学性质与其离域 π 键的结构密切相关。垂直于片层方向的电导率低(25 ℃时为 $5\ S\cdot cm^{-1}$)并随温度的升高而增大,这一事实表明石墨在该方向上为半导体。平行于片层方向的电导率(25 ℃时为 $30\ kS\cdot cm^{-1}$)高得多并随温度的升高而降低,表明石墨在该方向上的性质像金属,更准确地说是半金属(半金属是一种材料,其中价带和导带之间的能隙为零,但在费米能级的态密度为零,节 3.19)。这种效应在热解石墨(真空炉高温分解烃的气体制造石墨)中更为显著。这样制得的石墨具有非常高的纯度和所需的机械性能、热性能和电性能。热解石墨已用于离子束格栅、绝热体、火箭喷嘴、加热元件并用作电极材料。

对插入层片间的原子和离子而言,石墨既可以是电子给予体也可以是电子接受体,形成所谓的**嵌入化合物**(intercalation compound)。K 原子将价电子给予 π^* 带中的空轨道以还原石墨,所得的 K^+ 插于片层之间(见图 14.4)。加至带中的电子可以流动,因此碱金属石墨嵌入化合物具有高的导电性。化合物的化学计量数取决于碱金属的用量和反应条件。不同的化学计量数与一系列结构相关,其中碱金属离子可以每隔一层或每隔几层的方式插入(见图 14.4)。

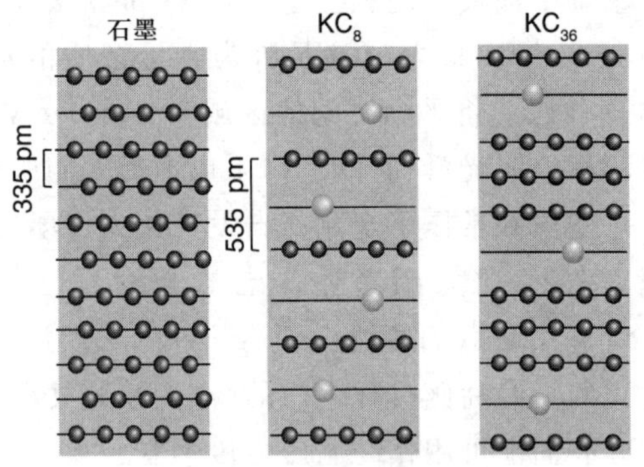

图 14.4　钾的石墨化合物
示出两种类型的原子嵌入方式

从 π 带移去电子使石墨氧化的一个实例是加热石墨与硫酸和硝酸的混合物生成**石墨硫酸氢盐**(graphite bisulfates)。这一反应中从 π 带移除电子,HSO_4^- 插于片层之间得到近似组成为$(C_{24})^+HSO_4^-$的物质。这一氧化性嵌入反应由于从满 π 带中移除了电子,因此比纯石墨具有更高的电导率。该过程与通过接受电子的掺杂剂形成 p 型硅(节 3.20)相类似。用水处理石墨硫酸氢盐时片层遭到破坏;随后在高温下除去水得到高度可柔性的石墨;这种石墨带用于制造密封垫圈、阀门和制动衬片。强氧化剂(如 HNO_3、$KClO_3$ 或 $KMnO_4$)将石墨氧化生成石墨氧化物。石墨氧化物片层的边缘可用环氧基和羧酸基团的羟基进行修饰。石墨氧化物溶解于水溶液时裂分为单层的石墨烯氧化物。作为石墨烯的前体,石墨烯氧化物已经引起人们的关注(应用相关文段 14.2),但目前所生成的石墨烯含有太多杂质和结构上的缺陷。

卤素与石墨形成嵌入化合物时的反应显示出交替效应。石墨与氟反应产生“石墨氟化物”,其化学式为$(CF)_n$($0.59<n<1$)的非化学计量物种。在这一范围内,n 值低时化合物为黑色,n 值接近 1 时化合物为无色。它在高真空装置上用作润滑剂,也用作锂电池的阴极。温度升高时反应产物还包括 C_2F 和 C_4F。氯与石墨之间的反应缓慢并形成 C_8Cl,碘与石墨根本不起反应。相比之下,溴更易发生嵌入反应生成 C_8Br、$C_{16}Br$ 和 $C_{20}Br$。

应用相关文段 14.2　石墨烯:神奇材料

石墨烯是碳原子按六边形排列的单层石墨(见图 B14.1)。曼彻斯特大学的 Andre Geim 和 Konstantin Novoselov 因对石墨烯的开创性工作获得了 2010 年诺贝尔物理学奖。石墨烯具有非凡的性质,往往被称为神奇的材料。它是已知强度最好的材料,断裂强度($\approx 40\ N\cdot m^{-1}$)约为结构钢的 200 倍。石墨烯具有最高的热导率;比其他任何晶体显示出更大的弹性(可拉伸 20%)。石墨烯也展现出一些其他的重要性质。例如,随着温度的升高而收缩,显示柔韧性的同时也显示脆性,因此既可进行折叠,在高应力下也会像玻璃一样碎裂。对气体具有不可透性。石墨烯显示的高电导率引起人们的关注,预计将来可能用在计算机硬件上代替硅。然而,这种应用还有一段路要走,这是因为石墨烯没有带隙,永久性导电不能被切断。

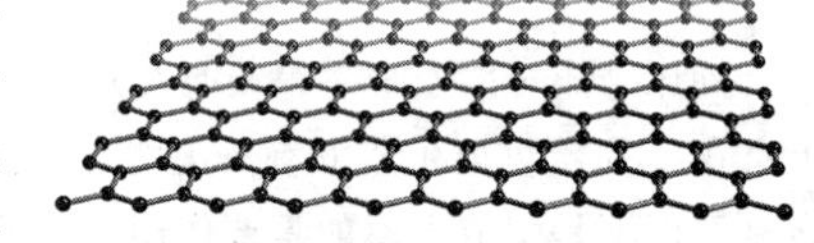
图 B14.1　石墨烯

现在还不能大规模地生产纯石墨烯片,这种现状制约着石墨烯技术的发展。剥离法(即从石墨晶体表面机械地撕裂)得到的石墨烯片最干净,这种方法往往被叫作“苏格兰胶带法”。使用具有黏性的胶带可以非常简单地实现石墨烯片的剥离,但要从石墨碎片剥离出实用的薄片既耗时又低效。如果能提出一条简单而廉价的路线,就可使其应用发生革命性的变化。该领域在工业上和学术上的研究相当活跃,人们正在探索许多新方法。有前途的方法包括将乙醇和金属钠一起加热数天、碳氢化合物为前体的化学气相沉积、石墨棒之间的放电、石墨烯的 Fischer-Tropsch 合成法、石墨烯氧化物的水(而不是通常的烷烃和水)还原,以及打开单壁碳纳米管等。

14.6　碳的其他形态

除形成富勒烯和相关的化合物外,碳还存在几种结晶度较低的形态。

(a) 碳簇

提要:在惰性气氛中,碳电极之间的电弧放电可以形成富勒烯。

金属和非金属簇合物的发现已有数十年历史，但 1980 年代足球形 C_{60} 簇的发现仍然引起科学界和大众媒体极大的兴趣。这种兴趣无疑源自下述事实：碳是普通元素，似乎不太可能发现碳的新型分子结构。

碳电极之间在惰性气氛中触发电弧时，一起形成的有大量的烟灰、相当量的 C_{60} 和量要少得多的相关**富勒烯**(fullerenes)如 C_{70}、C_{76} 和 C_{84}。富勒烯可溶解于烃或卤代烃中，并可通过氧化铝色谱柱进行分离。C_{60} 的结构已在低温下通过固体 X 射线晶体学和气相的电子衍射法所测定。C_{60} 分子由五元和六元碳环组成，在气相的总对称性为二十面体(**3**)。

C_{60} 富勒烯可被还原形成富勒烯阴离子(C_{60}^{n-}，$n=1$ 到 12)的盐。碱金属富勒烯盐是具有组成如 K_3C_{60} 的固体。K_3C_{60} 的结构是由 C_{60} 离子的面心立方点阵组成的，其中 K^+ 占据每个碳离子提供的一个八面体和两个四面体位点(见图 14.5)。该化合物在室温下为金属性导体，低于 18 K 时为超导体。其他超导性的盐包括 Rb_2CsC_{60}($T_c=33$ K)和 Cs_3C_{60}($T_c=40$ K)。化合物 E_3C_{60} 的导电性可以这样解释：传导电子提供给 C_{60} 分子，这些电子由于 C_{60} 分子轨道的重叠而移动(节 24.20)。

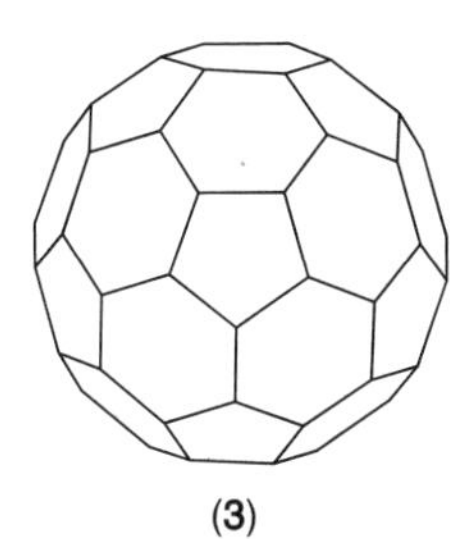

(3)

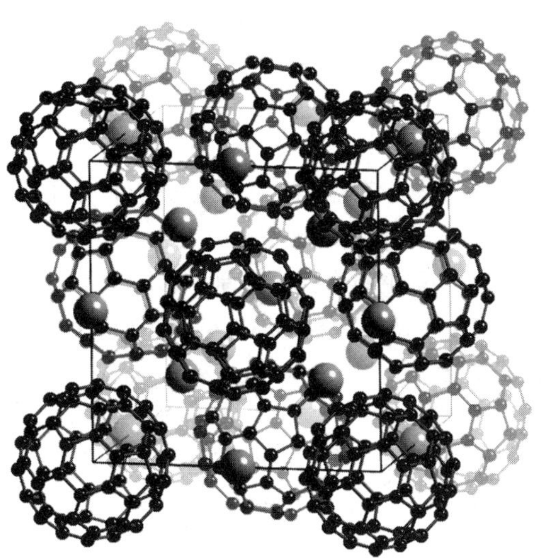

图 14.5* 　K_3C_{60} 的结构

整个晶胞为面心立方(固态 C_{60} 本身的结构见图 3.16)

(b) 富勒烯与金属形成的络合物

提要：多面体富勒烯可发生多电子的可逆性还原，能与 d 金属的金属有机化合物和 OsO_4 形成络合物。

富勒烯的有效合成方法已经建立起来，它们的氧化还原化学和配位化学也得到广泛研究。与形成碱金属富勒烯化物的方法相一致，C_{60} 在非水溶剂中发生五个电化学上可逆的电子转移步骤(见图 14.6)。这些现象表明富勒烯遇到合适的金属时既可作为亲电试剂也可作为亲核试剂。这种能力的一个例子是富电子的 Pt(0)膦络合物进攻 C_{60} 产生诸如(**4**)的化合物，其中的 Pt 原子跨着富勒烯分子中的一对 C 原子。该反应类似于双键配位于 Pt 膦络合物。类比节 22.19 介绍的 η^6-苯铬络合物金属原子似乎可以与 C_{60} 的六元环面相配位，事实上却不能形成这种 C_{60} 的 η^6-络合物。这一事实被归因于 C2pπ 轨道(**5**)的径向排列，这种排列导致与位于富勒烯六元环正上方的金属原子的 d 轨道不能很好地重叠。

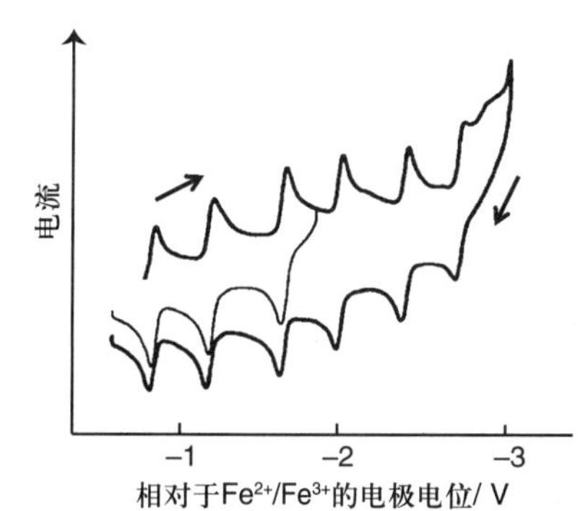

图 14.6　低温下记录的 C_{60} 在 DMF/甲苯溶液中的循环伏安图，参比电极为二茂铁(Fc)

与富勒烯六元环面和单个金属原子间的弱相互作用不同，含多个金属原子的三钌簇合物 $[Ru_3(CO)_{12}]$ 与富勒烯反应形成的化合物中 $[Ru_3(CO)_9]$ 像帽子一样盖在 C_{60} 六元环的面上。过程中三个 CO 配体被取代（**6**）。三个金属组成了相对较大的三角形，这种构型更有利于与径向取向的 C2pπ 轨道重叠。

C_{60} 的化学性质并不局限于与富电子金属络合物之间的相互作用。同样可以与强的亲电试剂和氧化剂反应，如与吡啶溶液中的 OsO_4 反应得到氧桥络合物（**7**），它与 OsO_4 对烯烃的加成产物相类似。

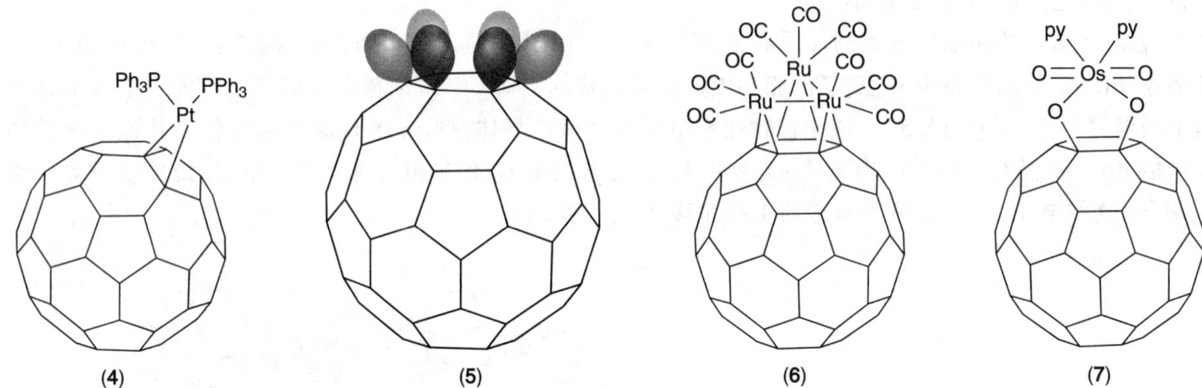

富勒烯除了与金属形成笼外配位化合物外，也能让一个或多个原子嵌入 C_{60} 球壳内部形成**内嵌型富勒烯**（endohedral fullerenes）。这种配位化合物表示为 $M@C_{60}$，意思是 M 原子处在 C_{60} 笼内。在高温（>600 ℃）和高压（>2 000 atm）下，小的惰性气体原子和分子也可进入笼内如形成 $H_3@C_{60}$。形成内嵌碳笼化合物的另一种方法是在电弧法中使用掺有金属的碳棒，这种情况下往往形成较大的碳笼（如 $La@C_{82}$ 和 $La_3@C_{106}$）。

（c）碳纳米管

富勒烯研究最有趣的结果之一是识别出**碳纳米管**（carbon nanotubes）。碳纳米管与富勒烯和石墨烯都密切相关。石墨烯是单层、六角形排列的碳原子（应用相关文段 14.2）。碳纳米管是由一个或多个同心圆柱形管组成的，从概念上讲是由单层石墨烯卷成的。纳米管的末端往往盖有半球形的类富勒烯帽，帽中含有六个由 C 原子组成的五元环（见图 14.7）。单层石墨烯形成的纳米管叫单壁碳纳米管（SWNT），管的直径接近 1 nm，其性质是由石墨烯卷起的方式和管的直径和长度决定的。多壁碳纳米管（MWNT）是由同轴石墨烯管组成的。MWNT 或者可按所谓的“俄罗斯套娃”模型由多层石墨烯的同轴圆柱体制备，或者按“羊皮纸”模型由单层石墨烯绕着管自身卷成。**纳米芽**（nanobuds）是将碳纳米管和富勒烯相结合的结构。它们具有共价接合于碳纳米管外壁的富勒烯，后者起到锚的作用，以减少纳米管相互之间的滑动。石墨烯化了的碳纳米管（g-CNTs）沿着多壁碳纳米管外壁具有小的石墨烯片，这些 g-CNTs 具有高表面积的三维框架。碳纳米管的制备大大促进了研究工作，使这些化合物最终能够找到大范围的实际用途，如储氢、催化及那些基于其高的机械强度的用途（如人体的护甲）。这些将在第 24 章更为详细地做介绍。

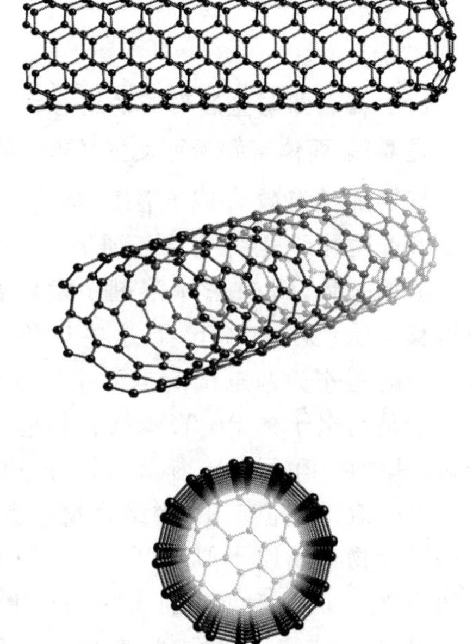

图 14.7　带帽单壁碳纳米管的一段结构

（d）部分结晶的碳

提要：小颗粒形式的无定形碳和部分结晶的碳大规模用作吸附剂和橡胶的增强剂；碳纤维赋予聚合物材料的强度。

低结晶度碳具有多种形式。这些部分结晶的材料（包括炭黑、活性炭和碳纤维等）具有相当大的工业价值。因为没有适于进行全 X 射线分析的单晶，其结构一直不明确。然而有信息表明其结构类似石墨，但结晶度和颗粒形状不同。

炭黑是颗粒度非常小的碳，是在缺氧条件下燃烧烃类制备的（年产量超过 8 百万吨）。对其结构提出了两种假说：一种类似石墨的平面堆叠，另一种是像富勒烯那样的多层球（见图 14.8）。炭黑作为颜料大量用作打印机的墨粉；作为橡胶制品（包括轮胎）的填料能够大大改善橡胶的强度和耐磨性，并有助于保护橡胶免被阳光所降解。

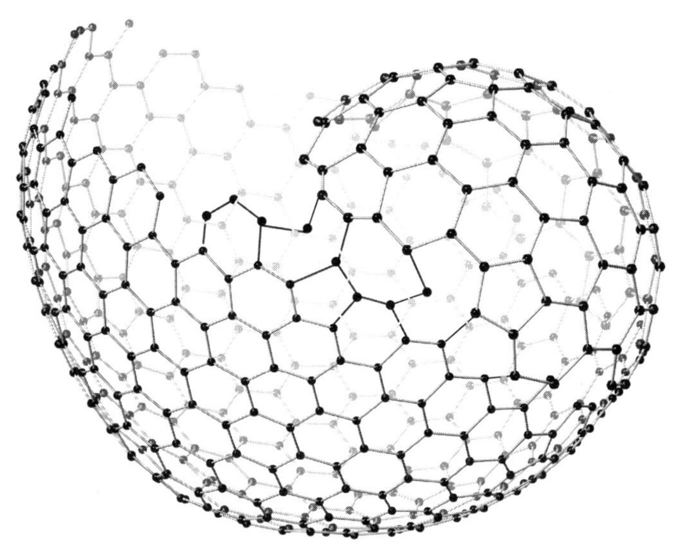

图 14.8　为炭黑粒子建议的结构，弯曲的碳原子网未完全闭合；也提出了类似石墨的结构

活性炭是用有机材料（包括椰壳）的受控热解制备的。活性炭具有因粒度小而导致的高比表面积（有时超过1 000 $m^2 \cdot g^{-1}$）。因此对分子而言是一种非常有效的吸附剂，包括吸附饮用水中的有机污染物、空气中的有毒气体和反应混合物中的杂质。有证据表明：片层（由六元环组成）边缘的部分表面被氧化产物所覆盖，这种氧化产物包括羰基和羟基（**8**）。这种结构能解释它的部分表面活性。

(8)

碳纤维是用沥青纤维或合成纤维在受控热解条件下制备的，可被掺入各种高强度塑料制品（如网球拍和飞机部件）中。碳纤维的结构与石墨结构相类似，但它的层是由平行于纤维轴的带（而不是石墨的扩展层）组成的。面内很强的化学键（这一点与石墨相似）赋予纤维以很高的拉伸强度。

例题 14.1　比较金刚石和硼的成键作用

题目：元素硼中每个硼原子与 5 个其他硼原子成键，但金刚石中每个碳原子键合于相邻最近的 4 个碳原子。请解释成键上的这种差别。

答案：需要考虑每个原子的价电子数和可用于成键的原子轨道数。B 原子和 C 原子都有 4 个可成键的原子轨道（1 个 s 轨道和 3 个 p 轨道）。然而每个 C 原子有 4 个价电子（每个轨道 1 个），因此可用所有的电子和轨道与相邻的 4 个碳原子形成 $2c,2e$ 键。与此不同的是 B 原子仅有 3 个电子，因此利用所有 4 个轨道形成 $3c,2e$ 键。这些三中心键的形成将另一个 B 原子拉至成键距离。

自测题 14.1　叙述石墨分别与下列两物质反应后电子结构的变化：(a)钾；(b)溴。

14.7　氢化物

第 14 族元素与 H 形成四价氢化物 EH_4。碳和硅与 H 形成链状的分子型氢化物。

(a) 烃类

提要:链状烃类化合物的稳定性归因于 C—C 键和 C—H 键的高键焓。

甲烷(CH_4)这一无臭的易燃气体是最简单的烃类化合物。它在自然界存在于大的地下矿床中,并以天然气的形式被开采。作为日用和工业燃料的反应是

$$CH_4(g)+2\ O_2(g) \longrightarrow CO_2(g)+2\ H_2O(g) \qquad \Delta_{comb}H^{\ominus}=+882\ kJ\cdot mol^{-1}$$

除发生燃烧反应外甲烷并不活泼。遇水不发生水解(应用相关文段 14.3),只在受紫外线照射时才与卤素反应:

$$CH_4(g)+Cl_2(g) \xrightarrow{h\nu} CH_3Cl(g)+HCl(g)$$

从甲烷到丁烷(C_4H_{10},沸点-1 ℃)都是气体,含有 5~17 个碳原子的烷烃是液体,更重的烃类则是固体。由于 C—C 键和 C—H 键的键焓高,碳的链状烃非常稳定。

(b) 硅烷

提要:硅烷是还原剂;与醇类反应形成 $Si(OR)_4$;铂络合物作为催化剂时能发生硅氢化反应。

甲硅烷(SiH_4)工业上是在 NaCl 和 $AlCl_3$ 熔盐混合物中于高压 H_2 中用 Al 还原 SiO_2 制备的。理想化的反应方程式是

$$6\ H_2(g)+3\ SiO_2(s)+4\ Al(s) \longrightarrow 3\ SiH_4(g)+2\ Al_2O_3(s)$$

硅烷的反应活性高于烷烃,稳定性随着链长的增加而降低。与烷烃相比,硅烷具有较低的稳定性。这可归因于 Si—Si 键和 Si—H 键的键焓(与 C—C 键和 C—H 键相比)比较低(见表 14.2)。甲硅烷(SiH_4)本身在空气中自燃、与卤素剧烈反应。硅烷的反应活性明显高于烃类化合物是由多种原因造成的:包括 Si 原子半径大,空间上更易受到亲核进攻;Si—H 键的极性更大;具有可利用的低能 d 轨道,从而更易形成加合物。硅烷在水溶液中是还原剂,如将硅烷通入无氧的含 Fe^{3+} 水溶液时可将 Fe^{3+} 还原为 Fe^{2+}。

应用相关文段 14.3　甲烷包合物:海底的化石燃料

甲烷包合物是在低温下水围绕 CH_4 分子结冰而形成的晶状固体。包合物也叫甲烷水合物或天然气水合物。它们的生成在寒冷气候条件下曾是堵塞燃气管道的一个主要问题。水合物中也可能包含其他小的气体分子(如乙烷和丙烯)。已知存在几种不同的包合物结构。最常见的一种晶胞叫结构 I,其中含有 46 个水分子和多达 8 个 CH_4 分子。包合物作为一种可能的能源备受关注,1 m^3 包合物可释放高达 164 m^3 的甲烷气体。

大洋洋底沉积物中发现了包合物,它们被认为是海洋底部沿地质断层迁移的甲烷遇到寒冷的海水结晶形成的。包合物中的甲烷产生于海洋底部低氧环境下细菌对有机物的降解。在沉积速率和有机碳含量都很高的那些地方,沉积物孔隙水中的含氧量很低,甲烷就是在厌氧细菌的作用下产生的。固体包合物沉积带的下方还可能存在大量甲烷以游离气体形式蕴含于沉积物中。甲烷水合物在低温和高压条件下是稳定的。因为这些条件和细菌产生甲烷气体需要相对大量的有机物质,包合物主要限于高纬度和海洋大陆架的边缘。大陆架边缘充分的有机物质能够产生大量甲烷,海水的温度接近凝结温度。在极地区域,甲烷水合物与永久冻土层的存在相关联。北极地区冻土层中储存的甲烷约为 400 Gt 的碳,但现在还没有关于南极地区储量的估计。海洋中的储量估计约为 10 211 Tt 的碳。

近些年来,许多国家对甲烷水合物可能作为化石燃料感到很大兴趣。由于意识到甲烷水合物在海洋底部和永久性冻土层的巨大储量,人们开始对利用水合物作为能源的方法进行研究。在 1960 年代和 1970 年代,苏联尝试从永久冻土层找到天然气水合物但未能成功。对海洋沉积物中甲烷水合物如何产生和存储缺乏足够了解的情况下,人们不能做出进行开采的计划。目前钻探已在极少数几个地方进行。

天然气包合物中甲烷的利用不是没有严重后果。甲烷是一种温室气体,大量释放至大气将会导致全球变暖。冰河期大气中甲烷的浓度低于间冰期。开采造成的干扰可能破坏海底甲烷水合物的稳定性,引发海底滑坡和巨量甲烷的释放。

硅和氢之间的化学键在中性的水中不易水解，但在强酸中或痕量碱存在时反应迅速发生。同样，催化量的烷基氧化物会加速醇解反应：

$$SiH_4+4\ ROH \xrightarrow{\triangle,OR^-} Si(OR)_4+4\ H_2$$

动力学研究表明，反应是通过 OR^- 进攻 Si 原子，同时利用负性氢原子与质子氢（H^+）之间的 H⋯H 氢键形成 H_2。

硅的**硅氢化反应**（hydrosilylation）类似硼的硼氢化反应［节 13.6(c)］，前者是将 SiH 加成到烯烃和炔烃的重键上。既用于工业也用于实验室合成的这个反应能够在一定的条件（300 ℃或紫外线照射）下进行并产生自由基中间体。事实上，以铂络合物作催化剂可在温和得多的条件下实现：

$$CH_2{=}CH_2+SiH_4 \xrightarrow{\triangle,H_2PtCl_6,\text{异丙醇}} CH_3CH_2SiH_3$$

目前认为该反应是通过烯烃和硅烷二者都配位到 Pt 原子上形成中间体而发生的。

硅烷被用来生产半导体器件（如太阳能电池），也用在烯烃的硅氢化反应中。工业上通过氢、二氧化硅和铝的高压反应制备硅烷。

例题 14.2　链状物种的形成

题目：运用表 14.2 的键焓数据和下面给出的数据计算 $C_2H_6(g)$ 和 $Si_2H_6(g)$ 的标准生成焓。

$$\Delta_{vap}H^\ominus(C,\text{石墨}) = 715\ kJ\cdot mol^{-1}$$

$$\Delta_{atm}H^\ominus(Si,s) = 439\ kJ\cdot mol^{-1};B(H—H) = 436\ kJ\cdot mol^{-1}$$

答案：计算生成反应中键断裂能与键形成能之间的差值可以得到化合物的生成焓。$C_2H_6(g)$ 和 $Si_2H_6(g)$ 生成反应的相关方程如下：

$$2\ C(\text{石墨})+3H_2(g) \longrightarrow C_2H_6(g)$$

$$2\ Si(s)+3H_2(g) \longrightarrow Si_2H_6(g)$$

计算得到：

$$\Delta_fH^\ominus(C_2H_6,g) = [2(715)+3(436)]-[348+6(412)]kJ\cdot mol^{-1} = -82\ kJ\cdot mol^{-1}$$

$$\Delta_fH^\ominus(Si_2H_6,g) = [2(439)+3(436)]-[326+6(318)]kJ\cdot mol^{-1} = -48\ kJ\cdot mol^{-1}$$

乙烷的负值更大，这在很大程度上是由于 C—H 键的键焓比 Si—H 键的键焓更大造成的。

自测题 14.2　运用表 14.2 和上面的键焓数据计算 CH_4 和 SiH_4 的标准生成焓。

(c) 锗烷、锡烷和铅烷

提要：从锗烷到锡烷再到铅烷，热稳定性依次降低。

锗烷（GeH_4）和锡烷（SnH_4）可通过相应的四氯化物与 $LiAlH_4$ 在四氢呋喃溶液中合成。人们已通过镁/铅合金的质子转移反应合成了微量铅烷（PbH_4），但铅烷极不稳定。四氢化物的稳定性是交替效应［节 9.2(c)］的一个实例，稳定性的变化趋势是 $SiH_4<GeH_4>SnH_4>PbH_4$。烷基或芳基的存在能稳定所有三个元素的氢化物。例如，三甲基铅烷［$(CH_3)_3PbH$］在 −30 ℃时开始分解，但在室温下只能存在数小时。

14.8　与卤素形成的化合物

硅、锗、锡与所有卤素反应生成四卤化物；碳仅能与氟反应；铅生成稳定的二卤化物。

(a) 碳的卤化物

提要：亲核试剂能够取代碳-卤键中的卤素；金属有机化合物亲核试剂产生新的 M—C 键；多卤代烃与碱金属的混合物具有爆炸危险。

碳的四氟化物为无色气体，CCl_4 为致密的液体，CBr_4 为浅黄色固体，CI_4 为红色固体。四卤甲烷的稳定性从 CF_4 到 CI_4 依次降低（见表 14.4）。

表 14.4 四卤甲烷的性质

性质	CF_4	CCl_4	CBr_4	CI_4
熔点/℃	-187	-23	90	171;分解
沸点/℃	-128	77	190	升华
$\Delta_f G^\ominus/(kJ \cdot mol^{-1})$	-879	-65	148	>0

四氟化碳是任何形式的含碳化合物(包括元素碳)在氟中燃烧制备的。其他四卤甲烷则通过甲烷与卤素之间的反应制备:

$$CH_4(g)+4\ Cl_2(g) \longrightarrow CCl_4(l)+4\ HCl(g)$$

四卤甲烷和类似的部分卤代烷烃提供了制备各种衍生物的途径,主要途径涉及一个或多个卤素原子的亲核取代反应。从无机化学角度看,一些有用和有趣的反应见图 14.9。特别需要注意金属-碳键的形成反应,这种反应是通过卤素的完全置换或通过氧化加成发生的。

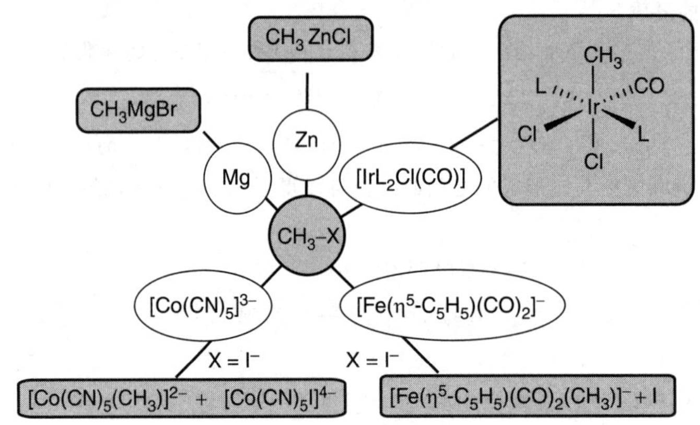

图 14.9 碳-卤键的某些特征反应(X=卤素)

亲核取代的速率从氟到碘显著增加,其顺序为 F≪Cl<Br<I。就水解反应而言,所有四卤甲烷在热力学上不稳定:

$$CX_4(l\ 或\ g)+2H_2O(l) \longrightarrow CO_2(g)+4HX(aq)$$

然而 C—F 键的反应非常缓慢,氟碳聚合物(如聚四氟乙烯)不受水的进攻。

四卤甲烷能被很强的还原剂(如碱金属)所还原。例如,四氯化碳与钠反应时放出大量热:

$$CCl_4(l)+4Na(s) \longrightarrow 4NaCl(s)+C(s) \qquad \Delta_r G^\ominus=-249\ kJ \cdot mol^{-1}$$

CCl_4 和其他多卤代烃发生的这一反应具有爆炸性,所以永远不能用碱金属(如钠)来干燥这类化合物。聚四氟乙烯与碱金属或强还原性的金属有机化合物接触时在其表面发生类似的反应。碳氟化合物连同其他含氟化合物的分子显示出许多有意义的性质,如高的挥发性和强的吸电子特征(应用相关文段 17.2)。

四氯化碳曾广泛用作实验室溶剂、干洗剂、制冷剂,并用于灭火器中,1980 年代以来用量急剧下降,因为它已被确定为温室气体和致癌物。

羰基卤化物(carbonyl halides)的某些性质见表 14.5。它们是平面形分子和有用的化学中间体。这些化合物中最简单的光气($OCCl_2$,**9**)是剧毒性气体。通过氯气与一氧化碳反应大规模制备:

$$CO(g)+Cl_2(g) \xrightarrow{200\ ℃,木炭} OCCl_2(g)$$

表 14.5　羰基卤化物的某些性质

性质	OCF_2	$OCCl_2$	$OCBr_2$
熔点/℃	-114	-128	
沸点/℃	-83	8	65
$\Delta_f G^{\ominus}/(kJ \cdot mol^{-1})$	-619	-205	-111

光气的用途在于其中的 Cl 容易发生亲核取代而得到羰基化合物和异腈酸酯(见图 14.10)。水解产物为 CO_2 而不是碳酸$[(HO)_2CO]$,原因可以追溯至 CO_2 中双键的稳定性。

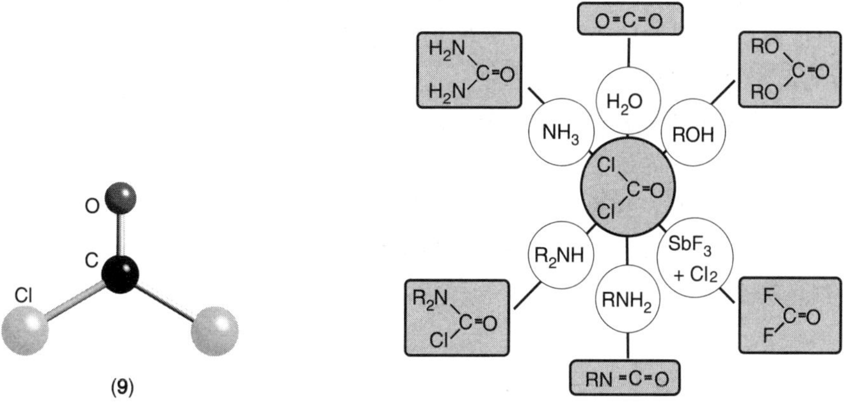

图 14.10　光气 $OCCl_2$ 的特征反应

(b) 硅和锗与卤素形成的化合物

提要:由于硅能形成超价的中间态而碳不能,硅的卤化物比相应碳的卤化物更易发生取代反应。

硅的四卤化物中以四氯化物最重要,它是通过元素直接化合或碳存在下二氧化硅的氯化反应制备的:

$$Si(s)+2Cl_2(g) \longrightarrow SiCl_4(l)$$

$$SiO_2(s)+2Cl_2(g)+2C(s) \xrightarrow{\triangle} SiCl_4(l)+2CO(g)$$

硅和锗的卤化物是温和的 Lewis 酸,加入一个或两个配体后生成五配位或六配位的络合物:

$$SiF_4(g)+2F^-(aq) \longrightarrow SiF_6^{2-}$$

$$GeCl_4(l)+N{\equiv}CCH_3(l) \longrightarrow Cl_4GeN{\equiv}CCH_3(s)$$

Si 和 Ge 的四卤化物的水解反应进行得很快,可简要表示如下:

$$EX_4+2H_2O \longrightarrow EX_4(OH_2)_2 \longrightarrow EO_2+4HX(E=Si 或 Ge, X=卤素)$$

相应的四卤化碳在动力学上更难于发生水解,这是因为空间中被屏蔽的碳原子难以接近而不能形成水配位的中间体。

卤代硅烷的取代反应已得到广泛研究。由于 Si 原子更易扩展其配位层以容纳进入的亲核试剂,卤代硅烷比相应碳的类似物更易发生反应。这些取代反应的立体化学研究表明形成了五配位的中间体,电负性最强的取代基处于轴向位置。此外,取代基也从轴向位置离去。H^-是不良的离去基团,烷基甚至更差:

$$R^1R^2R^3SiH \xrightarrow{MR^4} [R^1R^2R^3Si(H)R^4]^- \rightleftharpoons [R^1R^2R^3Si(H)R^4]^- \xrightarrow{-H^-} R^1R^2R^3SiR^4$$

注意，在这些例子中 R^4 取代基取代 H 后仍保持其构型。

(c) 锡和铅的卤化物

提要：锡可形成二卤化物和四卤化物；对铅而言只有二卤化物是稳定的。

Sn(Ⅱ)盐的水溶液和非水溶液是非常有用的温和还原剂。它们必须保存在惰性气氛下，因为在空气中的氧化反应既自发又迅速：

$$Sn^{2+}(aq)+\frac{1}{2}O_2(g)+2H^+(aq) \longrightarrow Sn^{4+}(aq)+H_2O(l) \qquad E^{\ominus}=+1.08\ V$$

锡的二卤化物和四卤化物都是已知的。四氯化物、四溴化物和四碘化物是分子化合物；但四氟化物是离子型固体，由 SnF_6 八面体密堆积而成。四氟化铅被认为是离子型固体，但作为诠释惰性电子对效应的例子，$PbCl_4$ 则是共价的、很不稳定的黄色油状物，室温下即分解为 $PbCl_2$ 和 Cl_2。四溴化铅和四碘化铅尚属未知，因此铅的卤化物主要是二卤化物。锡和铅的二卤化物中，卤素原子围绕金属中心的排列通常会偏离正常的四面体和八面体构型，这可归因于存在着立体化学活性的孤对电子。结构扭曲的趋势对更小的 F^- 而言更明显，而更大的卤素显示出较小的结构扭曲。

Sn(Ⅳ)和 Sn(Ⅱ)都能形成多种络合物。$SnCl_4$ 在酸性溶液中形成络离子(如 $[SnCl_5]^-$ 和 $[SnCl_6]^{2-}$)。在非水溶液中，许多给予体与中等强度的 Lewis 酸 $SnCl_4$ 形成络合物(如 *cis*-$[SnCl_4(OPMe_3)_2]$)。在水溶液和非水溶液中，Sn(Ⅱ)能形成三卤络合物(如 $[SnCl_3]^-$)，它所具有的角锥形结构表明存在立体化学活性的孤对电子(**10**)。$[SnCl_3]^-$ 可以作为 d 金属离子的软给予体。这种能力的一个不寻常的例子是三角双锥结构(**11**)的红色簇合物 $Pt_3Sn_8Cl_{20}$。

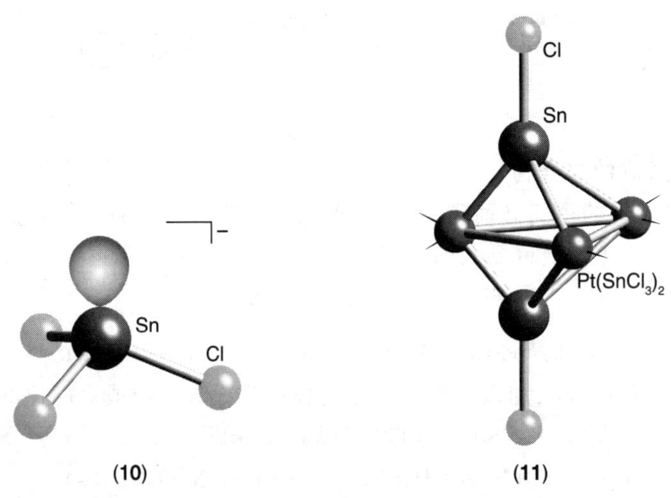

(10)　　(11)

14.9　碳与氧、硫形成的化合物

提要：一氧化碳是炼铁中的重要还原剂和 d 金属化学中常见的配体；二氧化碳作为配体不那么重要，它是碳酸的酸酐；硫化物 CS 和 CS_2 与对应的氧化物具有相似的结构。

碳形成 CO、CO_2 和低价氧化物 O═C═C═C═O(见表 14.3)。CO 的用途包括在鼓风炉中还原金属氧化物(节 5.16)和在水煤气变换反应(节 10.4)中生成 H_2：

$$CO(g)+H_2O(g) \rightleftharpoons CO_2(g)+H_2(g)$$

第 25 章讨论催化时将详细描述一氧化碳转化为醋酸和醛的过程。CO 分子具有非常弱的 Brønsted 碱性；对中性电子对给予体显示出微不足道的 Lewis 酸性。尽管 CO 的 Lewis 酸性很弱，但它在高压和略高的温度下可被强的 Lewis 碱进攻。因此与 OH^- 反应产生甲酸根离子(HCO_2^-)：

$$CO(g)+OH^-(aq) \longrightarrow HCO_2^-(aq)$$

同样地，与甲氧基离子(CH_3O^-)反应生成乙酸根离子($CH_3CO_2^-$)。

一氧化碳是低氧化态 d 金属的良好配体(节 22.5)。CO 的毒性众所周知,与血红蛋白中的铁原子结合阻塞了与氧结合的途径从而导致受害者窒息。有趣的是 B_2H_6 和 CO 在高压下反应制备 H_3BCO,这是难得一见的 CO 与简单 Lewis 酸配位的例子。BF_3 没有得到相似稳定性的络合物;这与 BH_3 被归入软酸而 BF_3 被归入硬酸的事实相一致。

二氧化碳只是个非常弱的 Lewis 酸。例如,在酸性水溶液中只有很小一部分分子被水络合形成 H_2CO_3;但在较高的 pH 下 OH^- 配位于 C 原子形成碳酸氢根离子(HCO_3^-,重碳酸根离子)。这一反应非常缓慢;然而 CO_2 与 HCO_3^- 之间迅速达到平衡对生命而言至关重要。快速平衡是通过一种含锌酶的催化作用实现的,这种酶叫作二氧化碳水合酶[碳酸酐酶,节 26.9(a)],可使反应加速约 10^9 倍。

二氧化碳是导致**温室效应**(greenhouse effect)的多原子分子之一。产生温室效应是因为大气层中的多原子分子允许可见光射至地球表面,却因为对红外振动的吸收而阻拦了从地球表面向外的快速热辐射。强有力的证据表明工业文明以来大气中的 CO_2 浓度显著增加。在过去,大气中 CO_2 的浓度是由自然界本身控制的(部分由于碳酸钙在深海中沉积),但似乎 CO_2 向水体深处扩散的速率太慢而不能抵消大气中 CO_2 浓度的增加(应用相关文段 14.4)。存在令人信服的证据表明温室气体(CO_2、CH_4、N_2O、氟氯烃)的浓度正在增大,而且显然影响着全球的气温。为减慢大气层中 CO_2 增加速率而建议的一个方法是**二氧化碳封存**(carbon dioxide sequestration)技术,相关的介绍参见应用相关文段 14.5。该法首先通过与胺的反应捕获工业烟尘中的二氧化碳,然后将其释放并压缩液化后泵入地下(往往是泵入油井或气田以驱出更多的石油或天然气)。这项技术目前非常昂贵,没有任何大的发电厂在实施。

应用相关文段 14.4 碳循环

人们对碳循环的兴趣是由于地球上所有生命形式都以碳为基础。如果不考虑地球上氧的循环(应用相关文段 16.1),就无法单独讨论碳循环。图 B14.2 示出两个循环之间的密切关系。最近几十年内,地球大气中二氧化碳浓度的增加和日渐增强的温室效应导致气候可能发生变化,从而增大了科学家对碳循环的关注度。

地球表面开始冷却并出现液态水时还不存在氧气,CO_2 是大气中当时的主要气体。早期的微生物也需要能量,它们是将二氧化碳(或碳酸氢根离子)还原产生细胞功能所需的有机分子的。地球上早期微生物所涉及的光合作用是非常简单、不放出 O_2 的光合作用。现在的细菌中仍有这些无氧过程存在,它们用 H_2S、S_8、硫代硫酸盐、H_2 和有机酸这样的分子还原 CO_2。由于这些分子的供应有限,所以不放出 O_2 的光合作用只能还原很小一部分 CO_2。

光合作用后来(最近 20 亿年)发生了变化:水成为电子的来源,氧则成为过程中的副产物。一旦出现了释氧的光合作用,行星产生生物质的能力被维持在高于以前 2~3 个数量级的水平上。

光合作用既能将 CO_2 还原为有机物,也能将水氧化为 O_2(节 26.9 和节 26.10)。释氧的光合作用是在高等植物的叶绿体内、各种水藻和蓝藻细菌体内发生的。事实上,这种光合作用不但将水分解产生了 O_2(作为副产物),也产生了用来还原 CO_2 的"H 原子"。最初产生的活性氧是一种毒素,能够破坏那时的大多数生物分子。

图 B14.2 中生物循环的质量平衡不是定量的。除了火山喷发带入循环的 CO_2 和硅酸盐风化消耗的 CO_2 外,人们迄今仍然关注着不存在涉及氧和有机碳的纯地球化学物质源。因此,真正完全的循环并不积累 O_2:循环图中光合作用产生的全部 O_2 将会被循环图中的呼吸作用和燃烧作用所消耗。然而随着每一次循环的进行,某些还原态的含碳生物质

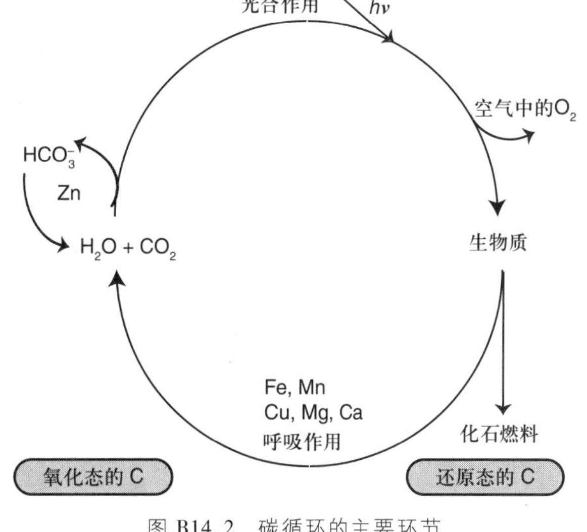

图 B14.2 碳循环的主要环节

（包括大多数陆地植物、浅海盆地和湖泊中的藻类）被埋于沉积中。这种少量埋藏在地下的生物质逐渐变得不再参与氧化过程，有些则转化为烃类化石燃料。经过某个地质年代，这些埋藏的有机质逐渐积累并转化为煤、页岩、石油和天然气，构成当今的化石燃料库。

经过数亿年的演化，产生化石燃料的这一过程中也产生了大气层中的 O_2，并使最初高含量的 CO_2 浓度有所降低。由于海洋中存在大量 Fe(Ⅱ)，早期地球上氧气的积累速率相当缓慢。Fe(Ⅱ)被 O_2 氧化产生不溶性的 Fe(Ⅲ)化合物沉淀下来，从而形成了 Fe(Ⅲ)的矿带。一旦 Fe(Ⅱ)和还原态的硫被耗尽，O_2 开始在大气层中积累，约在 10 亿年前接近了现在的浓度。

当今人们在开采并燃烧着化石燃料，这样就干扰了氧与碳之间的关系。燃烧显然是造成干扰的主要因素，但有些石油或天然气是通过自然界和人类的活动到达地表。未燃烧的石油或天然气通过生物降解作用产生 CO_2，从而完成了图 B14.3 所示的循环过程。生物降解过程几乎完全是由需氧微生物通过含铁酶来完成的。

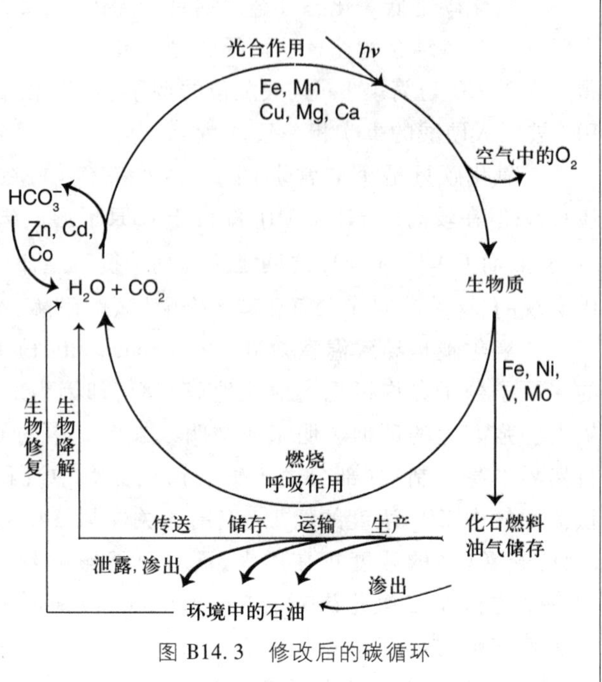

图 B14.3　修改后的碳循环

CO_2 的主要化学性质总结在图 14.11 中。从经济角度看，CO_2 与氨生成碳酸铵 $(NH_4)_2CO_3$ 的反应是个重要的化学反应，升高温度时 $(NH_4)_2CO_3$ 可以直接转化为尿素 $CO(NH_2)_2$，它既是肥料，也是喂牛的饲料添加剂和化学中间体。CO_2 的另一个重要用途涉及软饮料工业，高压将其溶解到饮料中形成碳酸以产生爽口的酸味；解压时 CO_2 从溶液中以气泡形式释放出来。有机化学中一个常见的合成反应是 CO_2 与碳负离子试剂作用生成羧酸。在一个叫作 Calvin 循环的、重要的生物过程中，CO_2 被"固定"于有机分子中（每年达 100 Gt）。有机产物是通过 CO_2 与"核酮糖氧合酶"（节 26.9）中配位于 Mg^{2+} 的戊糖烯醇酯配体中富电子的 C ═C 双键反应产生的。

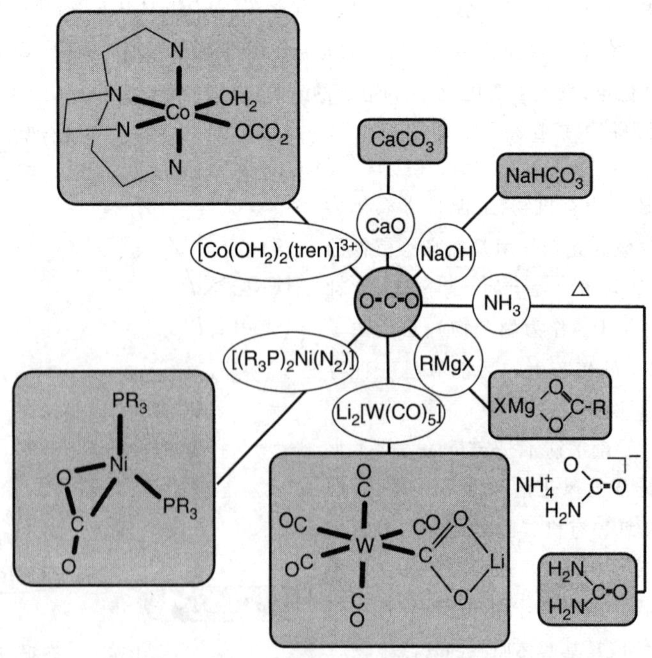

图 14.11　CO_2 的典型反应

应用相关文段 14.5　降低大气中 CO_2 的含量

自工业革命以来，化石燃料的消耗日益增长，导致大气中 CO_2 含量不断增加，从而造成温室效应增大和与之相关的气候变化。21 世纪人们面临的最大挑战之一是寻找一种途径，以最大限度降低大气中二氧化碳含量增加的速率。更高效地使用能源和减少能耗可以降低对碳基化石燃料的依赖；另一条途径则是更多地使用低碳燃料（如核能和可再生能源）。

减少大气中二氧化碳含量的一种方法是将二氧化碳封存，即从大气中分离出二氧化碳然后将其长期储存于地下。大气中的 CO_2 主要来自燃煤和燃气发电站。一个新建的 1 GW 燃煤发电站每年产生约 6 百万吨 CO_2。增设捕获装置从废气中除去 CO_2 可以大大减少 CO_2 的排放，其中的一个过程就是利用各种胺的水溶液从气体中除去 CO_2（和 H_2S）。CO_2 与胺反应生成氨基甲酸铵（NH_2COONH_4）固体。该过程存在的一个问题是，水相会在气体流中蒸发。人们已经开发出非挥发性的 CO_2 捕获材料，其中的方法之一是生产出结合有氨基的离子液体。这些低温下熔融的离子盐与 CO_2 之间发生可逆反应，不需要水的参与并可再循环使用。

尽管有了这种技术，但发电站却尚未使用。二氧化碳封存技术会使发电站的产量减少 25%～40%，使能源生产成本增加 20%～90%，从而需要增加现有发电站的数目。

CO_2 的金属络合物也是存在的(**12**)，但为数不多且远不如金属羰基化合物那么重要。在与低氧化态、富电子金属中心相互作用时，中性的 CO_2 分子作为 Lewis 酸，主要通过将金属原子中的电子投入 CO_2 分子的 π^* 反键轨道来成键。CO_2 侧配于金属原子上，类似于烯烃与富电子金属中心之间的成键(节 22.9)。

超临界流体 CO_2（即高度压缩、但温度处于临界温度以上的二氧化碳）的一个重要用途是用作溶剂。应用范围包括从咖啡豆中分离咖啡因到化学合成中代替常规溶剂，成为实施“绿色化学”战略的重要组成部分。

一氧化碳和二氧化碳的硫类似物（CS 和 CS_2）也是存在的（节 4.13）。前者是个瞬态分子，后者是个吸热化合物。也有一些 CS 和 CS_2 形成的络合物（分别见 **13**、**14**），结构类似于 CO 和 CO_2 形成的化合物。在碱性水溶液中，CS_2 水解生成碳酸根离子（CO_3^{2-}）和三硫代碳酸根离子（CS_3^{2-}）的混合物。

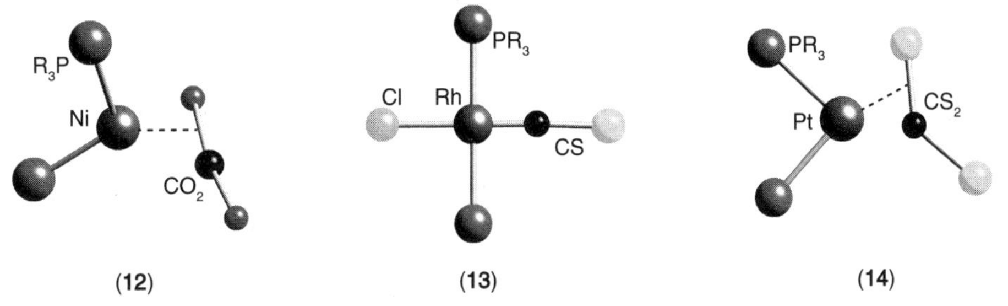

(**12**)　(**13**)　(**14**)

例题 14.3　设计 CO 参与反应的化学合成过程

题目：设计用 ^{13}CO 合成 $CH_3{}^{13}CO_2^-$ 的一种方案，^{13}CO 是合成许多 ^{13}C 标记化合物的主要起始物。

答案：这里需要记住的是，CO_2 容易受到强亲核试剂（如 $LiCH_3$）的进攻生成乙酸根离子。一个恰当的方法是将 ^{13}CO 氧化为 $^{13}CO_2$，然后让后者与 $LiCH_3$ 反应。第一步可使用强氧化剂（如固体 MnO_2）以避免直接氧化时过剩 O_2 带来的问题。

$$^{13}CO(g)+2MnO_2(s) \xrightarrow{\triangle} {}^{13}CO_2(g)+Mn_2O_3(s)$$

$$4\,^{13}CO_2(g)+Li_4(CH_3)_4(et) \longrightarrow 4Li[CH_3{}^{13}CO_2](et)$$

式中，“et”表示乙醚。（另一种方法涉及 $[Rh(I)_2(CO)_2]^-$ 与 ^{13}CO 的反应，第 25 章将会讨论该反应的原理。）

自测题 14.3　设计以 ^{13}CO 为起始物合成 $D^{13}CO_2^-$ 的方案。

14.10 硅与氧形成的简单化合物

提要：Si—O—Si 链存在于二氧化硅、多种金属硅酸盐矿物和硅氧烷聚合物中。

如果将四面体结构的 SiO_4 单元绘制成以 4 个氧原子为顶点、Si 原子为核心的四面体，往往更容易理解复杂的硅酸盐结构。采用的表示方法通常是略去其他原子而只绘出 SiO_4 单元。SiO_4 单元中每个终端 O 原子的电荷为-1，但每个共享 O 原子对电荷的贡献则为 0。这样，正硅酸根是$[SiO_4]^{4-}$(**1**)；二硅酸根是$[O_3SiOSiO_3]^{6-}$(**2**)；因为所有 O 原子被共享，二氧化硅的 SiO_2 单元净电荷为 0。

根据电荷平衡原则，无限的单线链或由 SiO_4 单元形成的环（每个 Si 原子上都有两个共享 O 原子）将具有带电荷的化学式$[(SiO_3)^{2-}]_n$。含环状偏硅酸根离子化合物的一个例子是矿物绿柱石($Be_3Al_2Si_6O_{18}$)，其中含有$[Si_6O_{18}]^{12-}$阴离子(**15**)。绿柱石是铍的主要来源。翡翠绿宝石也是绿柱石，其中的部分 Al^{3+} 被 Cr^{3+} 所取代。链状偏硅酸根(**16**)存在于矿物硬玉$[NaAl(SiO_3)_2]$中，它是两种在售翡翠中的一种，其中的绿色来自痕量的铁杂质。除单链结构外还存在一些双链结构的硅酸盐，其中包括工业上叫作石棉（应用相关文段 14.6）的一族矿物。

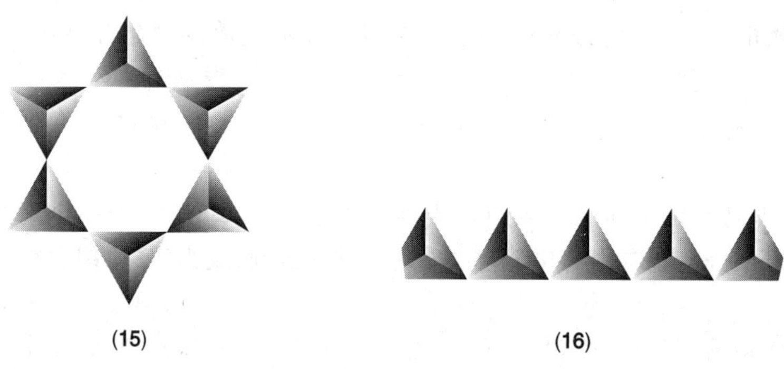

(15)　　(16)

应用相关文段 14.6　石棉

石棉是一个通用术语，它包括六种自然界存在的矿物纤维。其中只有三种找到了商业用途。白石棉（或温石棉）的通式为 $Mg_3Si_2O_5(OH)_4$，具有片状硅酸盐结构，这种纤维在显微镜下是缠在一起的。棕石棉、铁石棉、蓝石棉和青石棉为闪石。闪石为双链硅酸盐结构，在显微镜下似乎为针状。

所有纤维在工业和日常应用中都具有非常引人的性质，包括热稳定性、耐热性、生物难降解性、对化学品的耐腐蚀性和低导电性。石棉应用最多的性质是热稳定性和加固基体的性质。首次使用石棉的记录是公元前 2000 年现今的芬兰地区，当时被用来增强陶器。Marco Polo 用石棉纤维作为耐火焰的材料。工业革命期间石棉的需求量增加，石棉水泥板于 1900 年开始广泛用作建筑材料。20 世纪世界各地的石棉产量都在增加，直到 1960 年代才因出现了健康问题而导致了产量减少或禁止使用。吸入长而细的纤维会导致呼吸系统疾病。石棉沉着病是由石棉造成的，这种病是长期处在高浓度石棉环境中导致的肺纤维化；肺癌往往伴随着石棉沉着病；间皮瘤是一种罕见的胸部和腹腔癌症。每种类型的石棉对健康的影响不同，最有害的品种是针形闪石。

如今石棉仍用在如水泥或有机树脂这样的基体中。用于绝热的石棉替代品包括玻璃纤维和蛭石。纤维素纤维或合成纤维（如聚丙烯）用在纤维水泥中。

硅酸盐玻璃的成分对其物理性质具有强烈影响。例如，熔融石英（非晶态 SiO_2）在约 1 300 ℃软化，硼硅酸盐玻璃（其中含有氧化硼；节 13.8）在约 800 ℃软化，而苏打石灰玻璃的软化温度甚至更低。下述思路可用来理解软化点的变化趋势：硅酸盐玻璃通过 Si—O—Si 链形成框架结构，正是这种结构导致了玻璃的刚性。例如，苏打石灰玻璃中那样，碱性氧化物（如 Na_2O、CaO 等）与熔融的 SiO_2 反应将 Si—O—Si 链转化为终端 SiO 基从而导致软化温度降低。科学家发现硅氧烷聚合物中的—Si—O—Si—骨架有着不同的性质，相关内容将在本章稍后叙述。

14.11　锗、锡和铅的氧化物

提要：从 Ge 到 Pb，+2 氧化态的氧化物越来越稳定。

锗（Ⅱ）氧化物（GeO）是个还原剂并可发生歧化生成 Ge 和 GeO_2。锗（Ⅳ）氧化物（GeO_2）的结构以四配位的四面体 GeO_4 单元为基础。它也存在于具有类金红石结构的六配位晶形物和类似于融合石英的玻璃状物质中，锗的硅酸盐和铝硅酸盐类似物也是已知的（节 14.15）。

蓝黑色 SnO 中的 Sn（Ⅱ）离子为四配位（见图 14.12），但 Sn（Ⅱ）周围的 O^{2-} 处在四方形平面中，Sn 上的孤对电子处在远离四方形平面的方向。这种结构可以认为是 Sn 原子上存在立体化学活性的孤对电子，也可以看作交替缺失阴离子层的萤石结构（节 3.9）。红色 SnO 有着相似的结构，通过加热、加压、用碱处理可转变为蓝黑色的 SnO。

隔绝空气加热时 SnO 发生歧化反应生成 Sn 和 SnO_2。后者在自然界以矿物锡石的形式存在，具有金红石结构（节 3.9）。SnO_2 在玻璃和釉料中的溶解度低，在陶瓷釉料中大量用作遮光剂和颜料载体以降低其透明度。

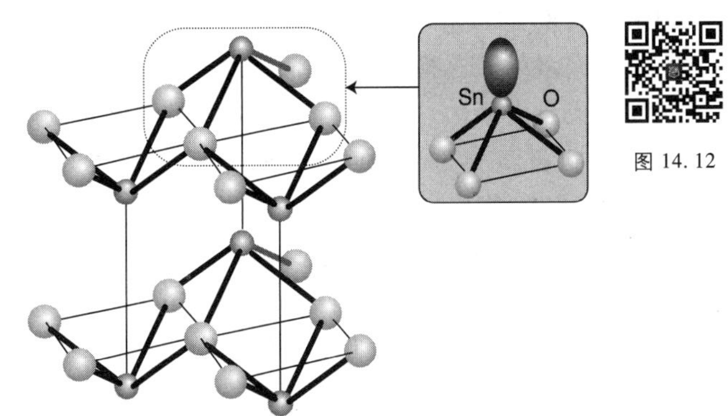

图 14.12　蓝黑色 SnO 的结构

图中示出四方锥形 SnO_4 结构单元平行的层状排布

铅氧化物的结构很有趣。红色 PbO 与蓝黑色 SnO 具有相同的结构，都存在立体化学活性的孤对电子（见图 14.12）。铅也形成混合氧化态氧化物。最著名的是“铅红”Pb_3O_4，其中 Pb（Ⅳ）和 Pb（Ⅱ）分别处在八面体环境和不规则的六配位环境中。两种不同位置上铅的氧化数是根据的 Pb—O 的距离确定的，距 O 较近的 Pb 被看作 Pb（Ⅳ）。红褐色的 PbO_2 以金红石结构结晶，作为氧化剂时被还原为更稳定的 Pb（Ⅱ），这也是惰性电子对效应的体现。该氧化物为铅酸电池阴极的成分（应用相关文段 14.7）。

应用相关文段 14.7　铅酸电池

除了是最成功的可充电电池外，铅酸电池的化学性质也相当重要，因为它可用来说明动力学因素和热力学因素在电池运行中所起的作用。

在电池处于完全充电状态时，阴极和阳极上的活性材料分别为二氧化铅和金属铅；电解质是稀硫酸。这种设计的一个特点是，两个电极上含铅的反应物和产物都是不溶的。电池产生电流时，阴极反应为 PbO_2 中的 Pb（Ⅳ）还原为 Pb（Ⅱ），Pb^{2+} 与硫酸作用生成不溶性的 $PbSO_4$ 沉积在电极上：

$$PbO_2(s)+HSO_4^-(aq)+3H^+(aq)+2e^- \longrightarrow PbSO_4(s)+2H_2O(l)$$

铅在阳极被氧化为 Pb^{2+}，同样也生成不溶的硫酸铅：

$$Pb(s)+SO_4^{2-}(aq) \longrightarrow PbSO_4(s)+2e^-$$

总反应是

$$PbO_2(s)+2HSO_4^-(aq)+2H^+(aq)+Pb(s) \longrightarrow 2PbSO_4(s)+2H_2O(l)$$

对以水溶液为电解质的电池而言，约为 2 V 的电位差属于相当高的电位差，远远超过了水氧化为 O_2 的电势（约为 1.23 V）。该电池之所以取得成功是由于 H_2O 在 PbO_2 上的氧化和 H_2O 在 Pb 上的还原具有较高的超电势（和因此而具有较低的速率）。

14.12 与氮形成的化合物

提要:氰根离子(CN^-)与许多 d 金属离子形成络合物;它的高毒性可用与酶(如细胞色素 *c* 氧化酶)活性部位的配位做解释。

甲烷和氨在高温催化条件下发生的部分氧化能够大量生产氰化氢(HCN),HCN 是合成许多常见聚合物(如聚甲基丙烯酸甲酯和聚丙烯腈)的中间体。氰化氢极具挥发性(沸点 26 ℃),像 CN^-一样有剧毒。CN^-的毒性在某些方面与等电子的 CO 分子相似,因为它们都能与铁卟啉分子配位形成络合物。毒性的不同在于:CO 与血红蛋白中的铁结合后导致缺氧;而 CN^-则与细胞色素 *c* 氧化酶(线粒体中将氧还原为水的酶)中铁活性部位配位从而造成细胞能量生产上快速而灾难性的垮塌。与中性配体 CO 不同,带负电荷的 CN^-是个强 Brønsted 碱($pK_a=9.4$)和弱得多的 Lewis 酸 π 电子接受体。CO 配体能与零氧化态的金属配位形成络合物,这是由于它可通过 π 体系移去电子密度。然而在 CN^-的配位化学中往往与正氧化态的金属离子相结合。例如,与络合物$[Fe(CN)_6]^{4-}$中的 Fe^{2+}相结合,那里金属离子的电子密度更低。

由于与卤素的性质相似,有毒且易燃的气体氰(NC—CN,**17**)被人们叫作**拟卤素**(pseudohalogen)。氰发生解离生成自由基(·CN),然后形成拟卤素化合物(如 FCN 和 ClCN)。同样,CN^-也是**拟卤离子**(pseudohalide ion)的一个例子(节 17.7)。

C N

(17)

Si 和 N_2 在高温下直接反应生成氮化硅(Si_3N_4)。这种物质硬度高并且显示化学惰性,可用作耐高温的陶瓷材料。当前工业上的研究聚焦于使用有机硅氮化合物通过高温分解生产纤维状和其他形貌的氮化硅。三硅基胺$(H_3Si)_3N$(三甲基胺的类似物)具有非常弱的 Lewis 碱性。它具有平面结构,或者由于能垒低而发生瞬变。这种弱碱性和平面结构按传统方式被解释为 d 轨道参与成键,允许 N 原子采用 sp^2 杂化和孤对电子通过 π 键离域。然而量子力学计算表明,d 轨道在离域作用中起着重要作用,但它们不是造成平面结构的原因。因为 Si 的电负性小于 C,Si—N 键的极性比 C—N 键更大。这种差异导致三硅基胺中硅基团之间的长程静电斥力,因而采取平面结构。

14.13 碳化物

碳与金属和类金属形成的许多二元化合物(碳化物)分为三大类:

- **似盐型碳化物**(saline carbides)主要是离子型固体,是碳与第 1 族、第 2 族元素和铝形成的;
- **金属型碳化物**(metallic carbides)具有金属光泽和显示金属导电性,由碳与 d 区元素形成;
- **类金属碳化物**(metalloid carbides)是质硬的共价型固体,由碳与硼、硅形成。

图 14.13 中示出不同类型碳化物在元素周期表中的分布;表中还包括了电负性元素与碳形成的二元分子化合物(它们通常不看作碳化物)。这种分类对了解物质的物理性质和化学性质非常有用,但各类碳化物的边界有时并不明确。

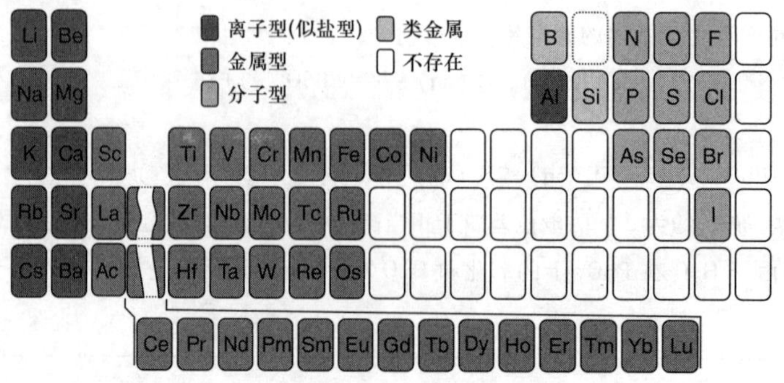

图 14.13

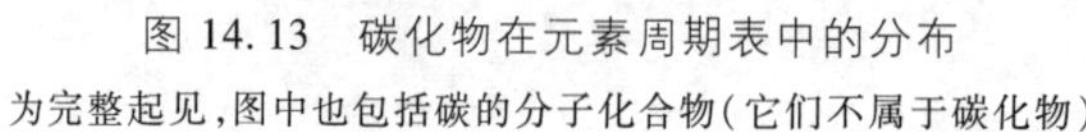

图 14.13 碳化物在元素周期表中的分布

为完整起见,图中也包括碳的分子化合物(它们不属于碳化物)

(a) 似盐型碳化物

提要：高电正性金属与碳形成的化合物是似盐型碳化物。

第 1 族、第 2 族金属的似盐型碳化物可分为三个子类：**石墨嵌入化合物**（graphite intercalation compounds）、**二碳化物**（dicarbides）和**甲烷化物**（methides 或 methanides）。石墨嵌入化合物的一个例子如 KC_8；二碳化物又叫"乙炔化物"，其中含有 C_2^{2-} 阴离子；甲烷化物含有形式上的 C^{4-} 阴离子。

第 1 族金属（节 11.12）形成石墨嵌入化合物。它们是通过氧化还原过程形成的，具体地说是石墨与碱金属蒸气或与金属氨溶液反应形成的。例如，300 ℃下钾蒸气与石墨在密封管中反应生成 KC_8，其中的碱金属离子有序排列在石墨层之间（见图 14.14）。调整金属与碳的比例，可制备一系列碱金属石墨嵌入化合物（包括 KC_8 和 KC_{16}）。

很多电正性金属（包括 11.11 介绍的第 1 族、第 2 族元素和镧系元素）都可形成二碳化物。某些二碳化物中 C_2^{2-} 的 C—C 距离很短（如 CaC_2 中为 119 pm），相当于三键的 $[C{\equiv}C]^{2-}$（与 $[C{\equiv}N]^-$ 和 N≡N 等电子）。一些二碳化物的结构与岩盐相关，但球形的 Cl^- 被拉长了的 $[C{\equiv}C]^{2-}$ 所替代，从而导致晶体沿一个轴伸长得到四方对称性晶体（见图 14.15）。镧系元素二碳化物的 C—C 键比较长，这一事实表明简单的三键结构对它们来说并非一个好的近似模型。

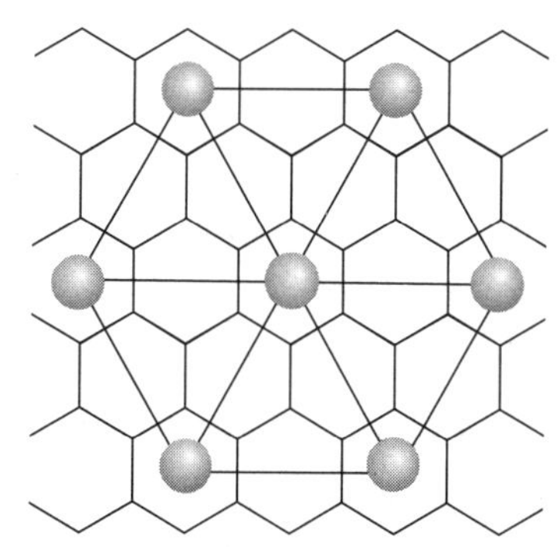

图 14.14　石墨嵌入化合物 KC_8 中层间 K 原子的对称排列（是从平行于层的方向观察的）

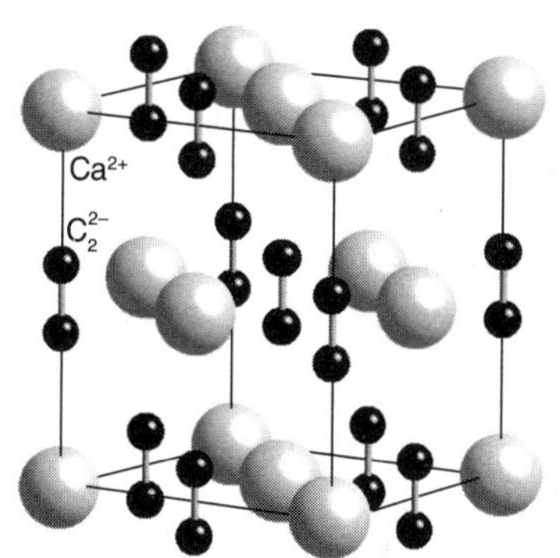

图 14.15　碳化钙的结构

该结构与岩盐型结构相类似；C_2^{2-} 不是球形，晶胞沿一个轴被拉长，形成四方晶体而非立方晶体

> **例题 14.4　判断二碳化物阴离子的键级**
>
> **题目：**用分子轨道法判断 C_2^{2-} 的键级。
>
> **答案：**使用图 2.18 的分子轨道能级图并填入 10 个电子得到的组态为 $1\sigma_g^2 1\sigma_u^2 1\pi_u^4 2\sigma_g^2$，键级 b 由下式给出：
>
> $$b = 1/2(n - n^*) = 1/2(8-2) = 3$$
>
> **自测题 14.4**　如果 C_2^{2-} 被氧化为 C_2^-，判断 C_2^{2-} 的键长和键强度如何变化。

甲烷化物（如 Be_2C 和 Al_4C_3）是似盐型碳化物和类金属碳化物的边界化合物，孤立的碳离子只在形式上为 C^{4-}。甲烷化物的晶体结构（不是人们预料中简单球形离子的堆叠）表明其中碳原子存在定向成键作用（不同于纯离子键的无方向性）。

第 1 族、第 2 族的似盐型二碳化物的主要合成路线非常简单，即两种元素在高温下直接化合。例如：

$$Ca(g) + 2C(s) \xrightarrow{>2\,000\ ℃} CaC_2(s)$$

形成石墨嵌入化合物是直接反应的另一个实例，反应是在低得多的温度下进行的。这种插入反应容易发生是因为离子在石墨层间滑动时不需要断开 C—C 共价键。

金属氧化物与碳在高温下的反应可以制备二碳化物。例如：

$$CaO(s)+3C(s) \xrightarrow{2\ 000\ ℃} CaC_2(s)+CO(g)$$

在电弧炉中使用这种方法可以制备碳化钙的粗制品，碳在反应中除作为还原剂移除氧外同时也是碳化钙中碳的来源。

乙炔与金属的氨溶液反应可以制备二碳化物。例如：

$$2Na(am)+C_2H_2(g) \longrightarrow Na_2C_2(s)+H_2(g)$$

该反应是在温和条件下发生的，完整地保留了起始物中的 C—C 键。由于乙炔分子是非常弱的 Brønsted 酸（$pK_a=25$），反应可视为高活性的金属与弱酸之间的氧化还原反应，反应得到 H_2（H^+作为氧化剂）和金属的二碳化物。

似盐型二碳化物和甲烷化物的 C 原子上有高的电子密度，因而容易被氧化和加合质子。例如，二碳化钙与弱酸性的水反应生成乙炔：

$$CaC_2(s)+2H_2O(l) \longrightarrow Ca(OH)_2(s)+HC{\equiv}CH(g)$$

该反应不难这样去理解：从 Brønsted 酸（H_2O）中将质子转移至更弱的酸（HC≡CH）的共轭碱（C_2^{2-}）。反应可供某些可获得碳化钙的地区在工业上生产乙炔，因为那些地区使用这种方法比从石油制造乙炔更廉价、更便捷。同样，甲烷化铍水解生成甲烷：

$$Be_2C(s)+4H_2O(l) \longrightarrow 2Be(OH)_2(s)+CH_4(g)$$

石墨嵌入化合物 KC_8 的控制水解或氧化可以复得石墨，同时形成金属氢氧化物或金属氧化物：

$$2KC_8(s)+2H_2O(l) \longrightarrow 16C(\text{石墨})+2KOH(aq)+H_2(g)$$

（b）金属型碳化物

提要：d 金属碳化物往往是硬质材料，金属原子按八面体方式绕碳原子排列。

d 金属提供了最大的一类金属碳化物（如 Co_6Mo_6C 和 Fe_3Mo_3C）。它们有时也被称为**填隙型碳化物**（interstícial carbides），这是因为长期认为它们的结构与金属结构相同，是由碳原子插入金属的八面体穴得到的。事实上金属结构与金属碳化物结构往往不同。例如，金属钨为体心立方结构，而碳化钨（WC）则为六方密堆积。"填隙型碳化物"这个名称让人们误认为金属碳化物不是正统的化合物。事实上，金属碳化物的硬度和其他性质表明金属和碳之间存在强的成键作用。一些碳化物在经济上和技术上都是很有用的材料。例如，碳化钨（WC）可用在切割工具和高压设备（如生产钻石的设备）上。渗碳体（Fe_3C）是钢和生铁的主要成分。

组成为 MC 的金属碳化物中金属原子为 fcc 或 hcp 排列，碳原子处在八面体穴中。fcc 排列方式导致盐岩结构。在组成为 M_2C 碳化物中碳原子仅占一半由密堆积金属原子形成的八面体穴。八面体穴中的碳原子被 6 个金属原子所包围，形式上是**超配位**（hypercoordinate）的碳原子（即具有难得一见的高配位数）。然而其成键作用可用离域分子轨道来表达，这种离域分子轨道是由 C2s 轨道、C2p 轨道和周围金属原子的 d 轨道（也可能还有其他价轨道）形成的。

人们发现了一条经验规则：当 $r_c/r_m<0.59$（r_c 是碳的共价半径，r_m 是 M 的金属半径）时形成简单的金属碳化物，即碳原子处在密堆积结构八面体穴中的碳化物。这种关系也适用于含氮和含氧的金属化合物。

（c）类金属碳化物

提要：硼和硅分别与碳形成非常硬的 B_4C 和 SiC。

硅和硼分别与碳形成类金属碳化物。碳化硼是极硬的陶瓷材料，被用作坦克的装甲、防弹背心和许多工业领域（如切割工具和耐磨涂层），也可用作核反应堆的中子吸收剂。在电弧炉中用 C 还原 B_2O_3 制得 B_4C：

$$2B_2O_3(s)+7C(s) \longrightarrow B_4C(s)+6CO(g)$$

碳化硼的化学式通常都被写为 B_4C，但其结构复杂且是个缺碳化合物。一个更好的表示方法是写成 $B_{12}C_3$，缺电子性可用 $B_{12}B_2$ 单元的存在做解释。考虑化合物结构时这种表示的合理性是清楚的。碳化硼结构是二十面体的 B_{12} 单元绕 C—B—C 链的菱形排列(见图 14.16)。C 与 SiO_2 一起加热时生成碳化硅(SiC)并放出 CO_2。非常硬的碳化硅材料被广泛用作磨料(金刚砂)。通过高温处理可将碳化硅颗粒黏结在一起形成硬陶瓷,以用在汽车刹车片、离合器和防弹背心上。碳化硅在电子方面的应用包括发光二极管、高温和高电压的半导体。碳化硅存在 200 种以上不同的晶形。最常见的多晶为 α-SiC,它是在高于 1 700 ℃的温度下形成的,并具有六方纤维锌矿结构(见图 3.35)。低于 1 700 ℃时会形成 β-SiC。β-SiC 具有立方闪锌矿结构(见图 3.6),β-SiC 的比表面积高,用作非均相催化载体方面具有很大的吸引力。

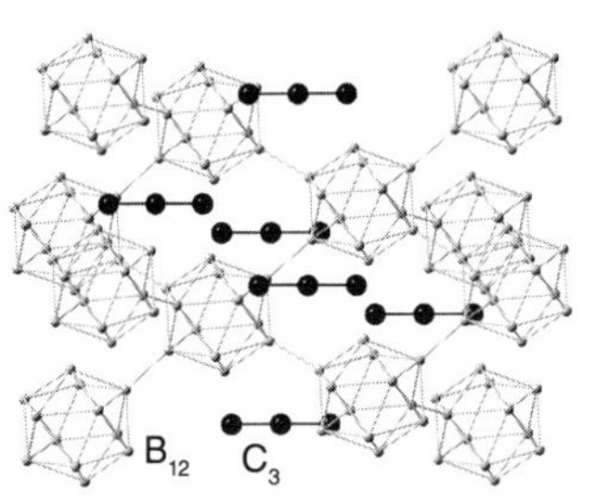

图 14.16　碳化硼的结构
图中示出二十面体的 B_{12} 单元

14.14　硅化物

提要:金属与硅形成的化合物(硅化物)含有孤立的硅原子、四面体的 Si_4 单元或 Si 原子形成的六角形网。

与相邻的硼和碳一样,硅与金属也形成多种二元化合物。有些硅化物中含有孤立的硅原子。例如,在炼钢中起重要作用的硅铁(Fe_3Si)可看作是按面心立方排列的某些 Fe 原子被 Si 所取代。某些化合物(如 K_4Si_4)中含有单独的四面体阴离子簇$[Si_4]^{4-}$,该阴离子簇与 P_4 等电子。许多 f 区元素形成化学式为 MSi_2 的化合物。MSi_2 采取图 13.7 所示的 AlB_2 的六边形层状结构。

14.15　扩展的硅氧化合物

硅与氧除形成简单二元化合物外,还形成工业上具有广泛用途的许多扩展的网状固体。铝硅酸盐以黏土、矿物和岩石的形式存在于自然界。沸石铝硅酸盐广泛用作分子筛、催化剂和催化剂载体材料。这些化合物将在第 24 章和第 25 章进一步做讨论。

(a) 铝硅酸盐

提要:铝可取代硅酸盐骨架中的硅形成铝硅酸盐,脆的、层状的铝硅酸盐是黏土和一些常见矿物的主要成分。

铝原子取代部分 Si 原子形成的铝硅酸盐结构比硅酸盐本身的结构更加多样化。主要由铝硅酸盐构成丰富多彩的矿物世界。前面已经看到 $\gamma-Al_2O_3$ 中的 Al^{3+} 既存在于八面体穴也存在于四面体穴中(节 3.3)。这种多变性延续到硅铝酸盐,Al 可能在那里取代四面体位点的 Si 原子并进入硅酸盐结构以外的八面体环境中,或者出现其他的配位数(这种情况很少见)。由于铝以 Al(Ⅲ)形式存在,铝硅酸盐中的 Si(Ⅳ)换成 Al(Ⅲ)使体系多出了一个负电荷。因此,每个取代了 Si 的 Al 原子需要一个 H^+或一个 Na^+或½个 Ca^{2+}相结合。我们将会看到,这些外来的阳离子对材料性质产生了重大影响。

许多也含有如 Li、Mg 和 Fe 等金属的重要矿物为各种层状铝硅酸盐,其中包括黏土、滑石和各种云母。一类层状硅铝酸盐中的重复单元是由硅酸盐层组成的,其结构如图 14.17 所示。这种类型的简单铝硅酸盐("简单"的意思是指不存在其他元素)的一个例子是矿物高岭石$[Al_2(OH)_4Si_2O_5]$。这种矿物在工业上可用作瓷土。电中性层被相当弱的氢键维系在一起,所以矿物的层间容易劈裂并将水结合进去。

较大的一类铝硅酸盐在硅酸盐层之间夹有 Al^{3+}(见图 14.18)。这样的一个矿物叫叶蜡石$[Al_2(OH)_2Si_4O_{10}]$。矿物滑石$[Mg_3(OH)_2Si_4O_{10}]$是 3 个 Mg^{2+}取代八面体位点的两个 Al^{3+}得到的。如前所述,滑石(和叶蜡石)中的重复层为电中性,因此层间容易劈裂。白云母$[KAl_2(OH)_2Si_3AlO_{10}]$具有带电荷的层,这是因为一个 Al(Ⅲ)原子取代了叶蜡石结构中的一个 Si(Ⅳ)原子。由此产生的负电荷可由 K^+来平衡,K^+处于重复层之间,从而导致较大的硬度。

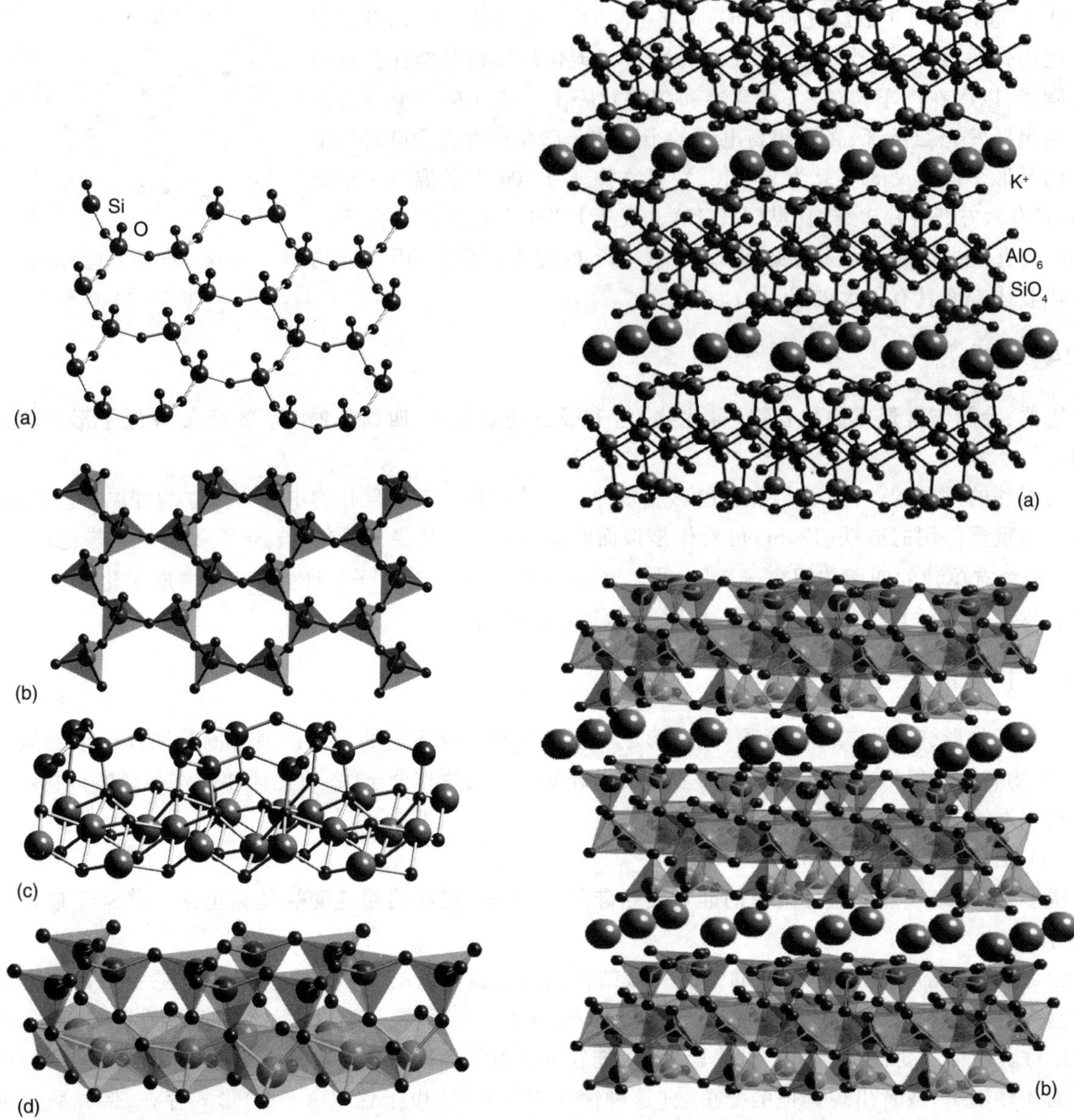

图 14.17　(a)* SiO_4 四面体网状结构;(b)* SiO_4 的四面体表示法;(c)* 上述网状结构的侧视图;(d)* 侧视网状结构的多面体表示法

(c)和(d)表示叶蜡石的双层结构,其 M 为 Mg;当 M 为 Al^{3+} 和底层的阴离子被 OH^- 取代后,该结构接近于 1∶1 黏土高岭石的结构

图 14.18　(a)* 2∶1 黏土矿如白云母 $KAl_2(OH)_2Si_3AlO_{10}$ 的结构,K^+ 位于带电荷层之间(可被交换的阳离子位点),Si^{4+} 处于配位数为 4 的位置,Al^{3+} 处于配位数为 6 的位置;(b)* 多面体表示法:滑石中 Mg^{2+} 占据八面体位置,顶层和底层的 O 原子被 OH 基团所取代,K^+ 位点空着

许多种矿物具有三维铝硅酸盐骨架。例如,长石是最重要的一类造岩矿物(也形成花岗岩)。长石的铝硅酸盐骨架是通过共享 SiO_4 或 AlO_4 四面体所有顶点构建起来的。三维网状骨架的空穴中容纳 K^+ 和 Ba^{2+},如正长石($KAlSi_3O_8$)和钠长石($NaAlSi_3O_8$)。

(b) 微孔固体

提要:沸石铝硅酸盐具有开阔的空腔或通道,使它们具有许多实用性能(如离子交换和对分子的吸附作用)。

分子筛是孔径为分子尺寸、结构开放的晶形铝硅酸盐。这些“微孔”物质[包括铝硅酸盐框架中捕获了阳离子(通常为第 1 族、第 2 族阳离子)的沸石]将具有挑战性的结构测定、富有想象力的合成化学和重要的实际应用相结合,因而代表了固态化学的重大胜利。由于笼是由晶体结构限定的,所以高度规整且具有精准的大小。与硅胶和活性炭等高比表面积的固体(分子可能被小颗粒之间的不规则空隙所捕获)相比,分子筛在捕获分子时具有更高的选择性。

沸石用于择形多相催化。例如,分子筛 ZSM-5 用于合成 1,4-二甲苯(对二甲苯),对二甲苯是汽油的辛烷值增进剂。其他方法不能生产二甲苯类化合物,这是因为催化过程受控于沸石笼和通道的大小和形状。表 14.6 总结了沸石的用途,第 24 章和第 25 章也将进行相关的讨论。

表 14.6　沸石的某些应用

功能	应用
离子交换	洗涤剂中的水软化剂
分子吸附	选择性气体分离、气相色谱法
固体酸	裂解高摩尔质量的碳氢化合物以获得燃料和石油化学的中间体、芳香烃的择形烷基化和异构化以获得石油和聚合物的中间体

人工合成手段也可用于改造自然界存在的沸石。人们已制造出一些沸石,这种沸石具有特殊的笼体积,笼内也具有特殊的化学性质。这些人工沸石有时是在常压下制备的,但更多时候需在高压釜中制造。它们的开放结构似乎是围绕引入反应混合物中的水合阳离子或其他大阳离子(如 NR_4^+)形成的。例如,合成反应可在含有四丙基铵氢氧化物水溶液的高压釜中将硅胶加热到 100~200 ℃进行。微晶产物(有代表性的组成为$[N(C_3H_7)_4]OH(SiO_2)_{48}$)在空气中于 500 ℃进行燃烧以除去季铵阳离子中的 C、H 和 N 后即转化为沸石。铝硅酸盐沸石是由在起始物中加入高比表面积的氧化铝制作的。

迄今已经制备成功了笼和瓶颈大小不同的多种沸石(见表 14.7)。其结构基本上都以 MO_4 四面体单元为基础,大部分是 AlO_4 和 SiO_4 四面体单元。因为沸石结构中包括许多这样的四面体单元,通常不采用多面体表示法以强调 Si 和 Al 原子所处的位置。在这种表示中,Si 或 Al 原子位于四条线段的交点,O 原子桥处于线段上(见图 14.19),这种**框架表示法**(framework representation)能够示出沸石笼和通道的形状,一些示例见图 14.20。

表 14.7　一些分子筛的组成和性质

分子筛	组成	瓶径/pm	化学性质
A	$Na_{12}[(AlO_2)_{12}(SiO_2)_{12}]\cdot xH_2O$	400	吸附小分子、离子交换剂、亲水性
X	$Na_{86}[(AlO_2)_{86}(SiO_2)_{106}]\cdot xH_2O$	800	吸附中等分子、离子交换剂、亲水性
菱沸石	$Ca_2[(AlO_2)_4(SiO_2)_8]\cdot xH_2O$	400~500	吸附小分子、离子交换剂、亲水性、酸催化剂
ZSM-5	$Na_3[(AlO_2)_3(SiO_2)_{93}]\cdot xH_2O$	550	中等亲水性
ALPO-5	$AlPO_4\cdot xH_2O$	800	中等疏水性
硅沸石	SiO_2	600	疏水性

重要的沸石具有以“方钠石笼”为基础的结构(见图 14.3),即切掉八面体的每个顶点而形成的截角八面体(**18**)。截断后每个顶点被正方形面所替代,八面体的三角面变成规则的六边形。以方钠石笼为基础的物质叫“A 型沸石”,方钠石笼被四边形平面之间的氧桥联系在一起。8 个这样的方钠石笼以立方模

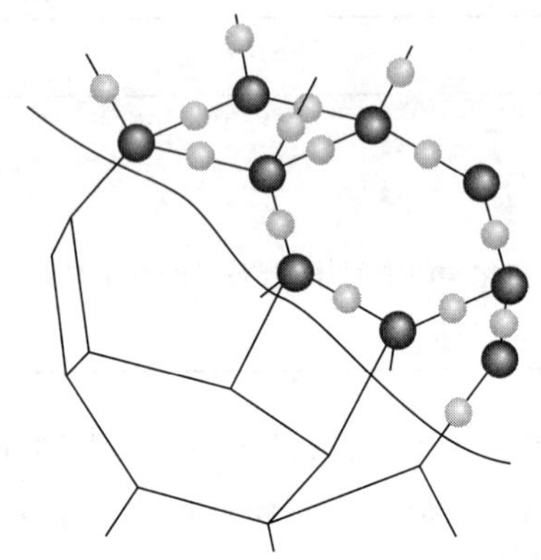

图 14.19　截角八面体的框架表示法和 Si、O 原子与框架的关系

注意：Si 原子处在截角八面体顶点，O 原子大体沿着截角八面体的边

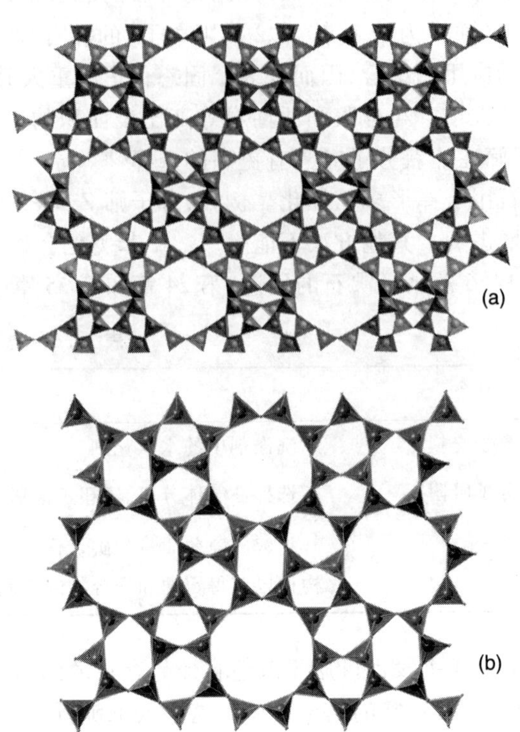

图 14.20　两种沸石框架的结构：(a) * 沸石 X，(b) * ZSM-5

每种形况下只表示出形成框架的 SiO_4 四面体；略去了非框架原子（如用于平衡电荷的阳离子）和水分子

式连接在一起，中央形成的大空腔叫 **α 笼**（α-cages）。α 笼共享着正八边形的面，开口直径为 420 pm。这样，水或其他小分子就能进入并通过正八边形的面进行扩散。然而，由于这些面太小从而不允许 van der Waals 直径大于 420 pm 的分子进入。

铝硅酸盐沸石框架的电荷通过笼中的阳离子得到平衡。A 型沸石中的阳离子为 Na^+，化学式为 $Na_{12}(AlO_2)_{12}(SiO_2)_{12} \cdot xH_2O$。许多其他离子（包括 d 区阳离子和 NH_4^+）可通过水溶液中离子交换的方法引入。因此沸石可用于水的软化，洗衣粉中加入沸石可除去二价和三价阳离子以减小这些离子对表面活性剂的不利影响。沸石已经部分取代了聚磷酸盐，这是因为后者是植物营养素，进入天然水体后会促进藻类生长。

此外，选择合适的空腔和瓶径可对沸石的性质进行控制，根据沸石的极性（见表 14.7）可与极性分子或非极性分子发生选择性相互作用。铝硅酸盐沸石总是含有用于补偿电荷的离子，对极性分子（如 H_2O 和 NH_3）具有较高的亲和力。相比之下，接近纯二氧化硅的分子筛没有净电荷，这种分子筛为非极性物质，表现出轻微的疏水性。另一类疏水沸石以磷酸铝结构框架为基础；$AlPO_4$ 与 Si_2O_4 等电子，其框架同样不带电荷。

沸石化学中一个有趣的方向是大分子可由较小的分子在沸石笼中合成。就像瓶子里造船：一旦组装起来，因为分子太大就无法出来。例如，Y 型沸石中的 Na^+ 可通过离子交换的方法被 Fe^{2+} 取代，Fe^{2+}-Y 型沸石与邻苯二甲腈一起加热，后者扩散进入沸石并绕 Fe^{2+} 形成被缚在笼中的铁酞菁（**19**）。

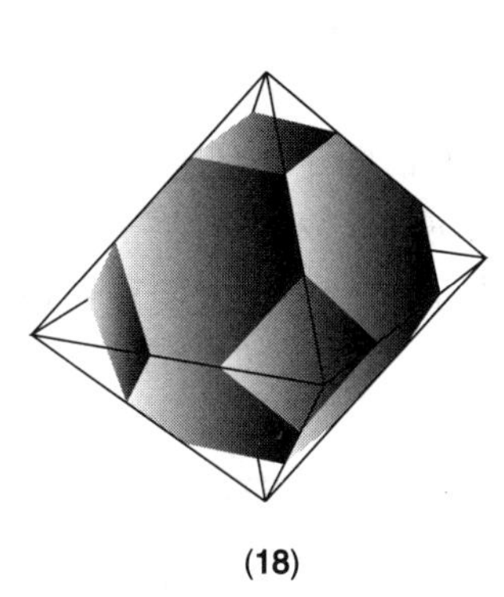

(18)

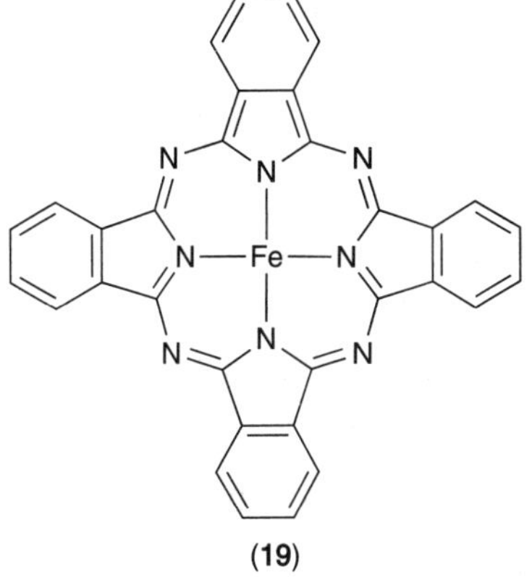

(19)

14.16　有机硅和有机锗化合物

提要：甲基氯硅烷是合成有机硅聚合物的重要起始物；有机硅聚合物的性质视交联度而定，可能是液体、凝胶或树脂。四烷基和四芳基锗(Ⅳ)化合物是化学上稳定的和热稳定的化合物。

所有的四烷基硅和四芳基硅化合物都是以四面体 Si 为中心的单体分子，其中的 C—Si 键很强，化合物相当稳定。与 $Si(SiH_3)_4$ 不同，$Si(CH_3)_4$ 不活泼。不活泼的 $Si(CH_3)_3$ 基团广泛用于那些需要用到不活泼的和空间保护性基团的有机合成中。四烷基硅和四芳基硅化合物的合成方法很多，例如：

$$SiCl_4+4RLi \longrightarrow SiR_4+4LiCl$$

$$SiCl_4+LiR \longrightarrow RSiCl_3+LiCl$$

甲基氯硅烷是合成硅树脂的重要起始物，Rochow 法为其提供了一条经济的工业合成路线：

$$n\text{MeCl}+\text{Si/Cu} \longrightarrow \text{Me}_n\text{SiCl}_{4-n}$$

这些甲基氯硅烷(Me_nSiCl_{4-n}；$n=1\sim3$)可水解为硅树脂或聚硅氧烷：

$$Me_3SiCl+H_2O \longrightarrow Me_3SiOH+HCl$$

$$2Me_3SiOH \longrightarrow Me_3SiOSiMe_3+H_2O$$

反应产生的低聚物含有四面体硅基团和以 Si—O—Si 桥形式存在的 O 原子。Me_2SiCl_2 的水解产物为链状或环状，$MeSiCl_3$ 的水解产物为交联的聚合物(见图 14.21)。有趣的是，大部分硅聚合物以 Si—O—Si 链为主骨架，而碳聚合物通常以 C—C 链为主骨架，这一事实反映了 Si—O 键和 C—C 键的强度(见表 14.2)。

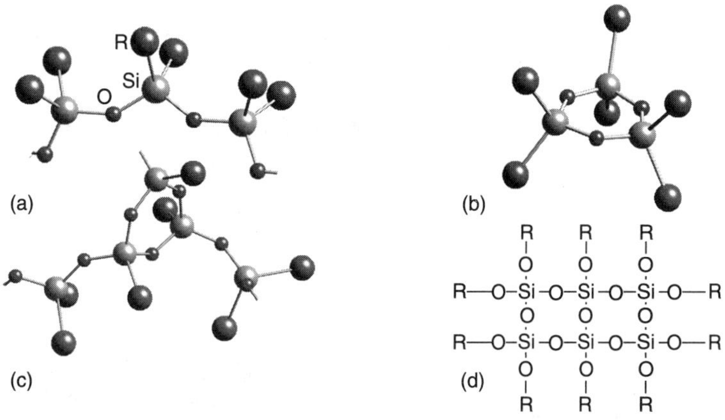

图 14.21　(a) 链状结构；(b) 环状结构；(c) 交联硅树脂的结构；(d) 交联碎片的化学式

硅氧烷聚合物具有多种结构和用途。它们的性质取决于聚合度和交联度，聚合度和交联度受反应物的选择和混合方式的影响，也与脱水剂（如硫酸）的使用和温度有关。液态硅油比烃油更稳定。此外，与碳氢化合物不同，硅油的黏性随温度变化不大，因此可被用作润滑剂和需要惰性液体的场合（如用在液压制动体系中）。硅油具有强的疏水性，在鞋子和其他商品中用作防水喷雾剂。低摩尔质量的硅油在个人护理用品中必不可少（如洗发剂、护发素、剃须泡沫液、发胶和牙膏等），可以增加柔滑感。硅脂、硅油和硅树脂可以用作密封剂、润滑油、上光油、防水剂、合成硅橡胶、修复性假体和液压油等。十甲基环戊硅氧烷液体用作环境友好干洗剂越来越受到欢迎，因为它无味、无毒，并分解为 SiO_2 及痕量的 H_2O 和 CO_2。

有机锗（Ⅳ）化合物以四面体 R_4Ge 分子的形式存在，其合成方法与有机硅化合物的合成方法相类似：

$$GeCl_4+RLi \longrightarrow RGeCl_3+LiCl$$

$$nRCl+Ge/Cu \longrightarrow R_nGeCl_{4-n}$$

锗的四烷基和四芳基化合物是热稳定的和化学上不活泼的化合物。锗由于价格昂贵而用途受到限制，但四甲基和四乙基锗在微电子产业中常被用作化学沉积 GeO_2 的前体。锗也形成有机锗（Ⅱ）化合物。体积很大的 R 基团可使锗烯（R_2Ge）得以稳定：二甲基锗烯 $(CH_3)_2Ge$ 很不稳定，而二（2，4，6-三叔丁基苯基）锗烯（**20**）则是稳定的。虽然大的 R 基团降低了发生聚合的趋势，但锗烯仍有发生聚合的倾向：

(20)

$$nR_2GeCl_2+2nLi \longrightarrow (R_2Ge)_n+2nLiCl$$

锗烯的许多反应与碳烯相类似（节 22.15）。因为它们能插入碳-卤素键和金属-碳键，所以在金属有机化学中非常有用：

$$RX+R_2Ge \longrightarrow R_3GeX$$

$$R_2Ge \xrightarrow{R'Li} R_2R'GeLi \xrightarrow{R'Cl} R_2R'_2Ge$$

14.17　金属有机化合物

提要：锡和铅形成四价有机化合物；有机锡化合物用作杀菌剂和杀虫剂。

第 14 族的许多金属有机化合物在商业上具有重要性，尽管世界上许多地方宣布铅（有毒）的使用为非法。有机锡化合物用于稳定聚氯乙烯（PVC），被用作船舶的防臭剂、木材的防腐剂和农药。第 14 族的金属有机化合物通常呈四价，键的极性较小，稳定性按照从硅到铅的方向减小。

有机锡化合物在多个方面不同于有机硅和有机锗化合物。它们存在更多的+2 氧化态、配位数的范围更大，往往也存在卤离子桥。大部分有机锡化合物是对空气和水稳定的无色液体或固体。R_4Sn 化合物的结构全都非常类似，都是以锡原子为中心的四面体（**21**）。

卤化物的衍生物（R_3SnX）往往含有 Sn—X—Sn 桥并形成链状结构。大体积的 R 基团会影响化合物的形状。例如，$(SnFMe_3)_n$（**22**）中 Sn—F—Sn 骨架为“之”字形，Ph_3SnF 为直链，而 $(Me_3Si)_3C—SnPh_2F$ 则为单体。卤代烷基化合物的活性大于四烷基化合物，用于合成四烷基衍生物。

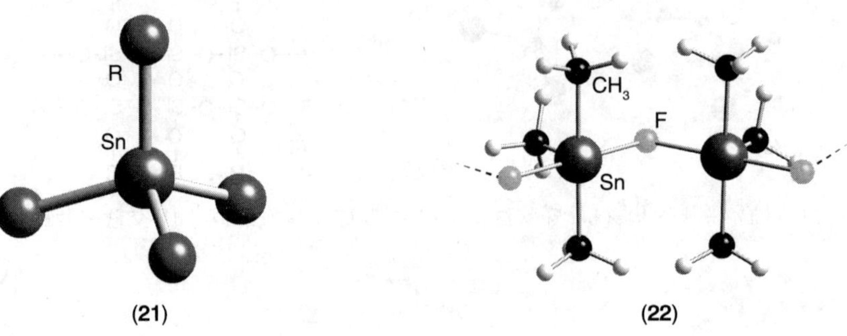

(21)　　(22)

很多方法可用于合成烷基锡化合物，如利用 Grignard 试剂或利用复分解反应进行的合成：

$$SnCl_4+4RMgBr \longrightarrow SnR_4+4MgBrCl$$

$$3SnCl_4+2Al_2R_6 \longrightarrow 3SnR_4+2Al_2Cl_6$$

主族金属有机化合物中以锡化合物的用途最广泛，全球年工业产量超过 5 万吨。它们主要用于稳定 PVC 塑料。不加稳定剂的卤代聚合物很快将会被热、光和空气中的氧所降解，生成褪色的脆性产物。锡稳定剂可以清除活泼的 Cl^-，是这种 Cl^- 引发降解过程的第一步反应：失去 HCl 分子。有机锡化合物也具有与生物杀伤有关的广泛用途，如用作杀菌剂、除藻剂、木材防腐剂和防臭剂。然而在船舶防臭和防甲壳动物附着方面的广泛使用造成了环境问题，这是因为高浓度的有机锡化合物会杀死一些海洋生物，进而影响另一些海洋生物的生长和繁殖。许多国家现在限制长度超过 25 m 的船舶使用有机锡化合物。

四乙基铅曾经作为汽油的抗爆剂而大规模生产。然而由于担心环境中的铅含量升高已经被淘汰。烷基铅化合物（R_4Pb）在实验室可通过 Grignard 试剂或通过有机锂试剂制备：

$$2PbCl_2+4RLi \longrightarrow R_4Pb+4LiCl+Pb$$

$$2PbCl_2+4RMgBr \longrightarrow R_4Pb+Pb+4MgBrCl$$

它们都是围绕 Pb 原子的四面体结构的单体分子。卤代衍生物可能含有形成链状结构的桥卤原子。大体积有机取代基有利于形成单体分子。例如，$Pb(CH_3)_3Cl$（**23**）为含有桥 Cl 原子的链结构，而 2,4,6-三甲基苯基的衍生物 $Pb(Me_3C_6H_2)_3Cl$ 则为单体。

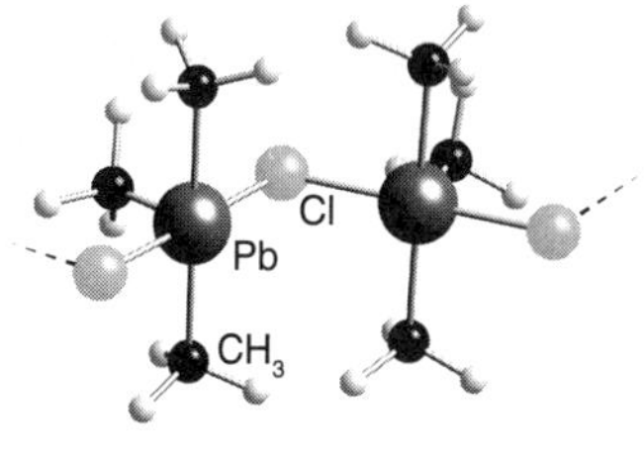

(23)

延伸阅读资料

R. A. Layfield, Highlights in low-coordinate Group 14 organometallic chemistry, *Organomet. Chem.*, 2011, **37**, 133. 该综述总结了硅、锗、锡和铅在元素有机化学方面的重要进展。

M. A. Pitt 和 D. W. Johnson, Main group supramolecular chemistry, *Chem. Soc. Rev.*, 2007, **36**, 1441.

A. Schnepf, Metalloid Group 14 cluster compounds: an introduction and perspectives on this novel group of cluster compounds, *Chem. Soc. Rev.*, 2007, **36**, 745.

H. Berke, The invention of blue and purple pigments in ancient times, *Chem. Soc. Rev.*, 2007, **36**, 15. 关于硅酸盐颜料用途方面有趣的论文。

R. B. King, *Inorganic chemistry of the main group elements*. John Wiley&Sons (1994).

D. M. P. Mingos, *Essential trends in inorganic chemistry*. Oxford University Press (1998). 从结构和成键角度出发的无机化学变化趋势。

N. C. Norman, *Periodicity and the s-and p-block elements*. Oxford University Press (1997). 涵盖了 *s* 区和 *p* 区化学的重要变化趋势和特征。

R. B. King (ed.), *Encyclopedia of inorganic chemistry*. John Wiley&Sons (2005).

P. R. Birkett, A round-up of fullerene chemistry. *Educ. Chem.*, 1999, **36**, 24. 关于富勒烯化学的可读性总结。

J. Baggot, *Perfect symmetry: the accidental discovery of buckminsterfullerene*. Oxford University Press (1994). 发现富勒烯的历史故事。

P. J. F. Harris, *Carbon nanotubes and related structures*. Cambridge University Press (2002).

P. J. F. Harris, *Carbon nanotube science: synthesis, properties and applications*. Cambridge University Press (2011).

P. W. Fowler 和 D. W. Manolopoulos, *An atlas of fullerenes*. Dover Publications (2007).

练习题

14.1　改正下面对第 14 族元素化学描述中不准确的地方：

（a）该族中没有金属元素；

（b）在很高的压力下，金刚石是碳的热力学稳定相；

（c）CO_2 和 CS_2 都是弱的 Lewis 酸，从 CO_2 到 CS_2 化学硬度逐渐增加；

(d) 沸石是仅由铝硅酸盐组成的层状材料;

(e) 碳化钙与水反应生成乙炔,该反应说明碳化钙中存在碱性很高的 C_2^{2-}。

14.2 最轻的 p 区元素往往显示出与较重元素不同的物理性质和化学性质。通过比较讨论它们的相似点和差异:

(a) 碳和硅的结构和电性质;

(b) 碳氧化物和硅氧化物的物理性质和结构;

(c) 碳的四卤化物和硅的四卤化物的 Lewis 酸碱性。

14.3 硅形成氯氟化物 $SiCl_3F$、$SiCl_2F_2$ 和 $SiClF_3$,试描绘这些分子的结构。

14.4 解释 CH_4 能在空气中燃烧而 CF_4 则不能。已知 CH_4 的燃烧焓是 $-888\ kJ\cdot mol^{-1}$,C—H 键和 C—F 键的键焓分别是 $-412\ kJ\cdot mol^{-1}$ 和 $-486\ kJ\cdot mol^{-1}$。

14.5 SiF_4 与 $(CH_3)_4NF$ 反应生成 $[(CH_3)_4N][SiF_5]$。(a) 用 VSEPR 规则确定产物中阴离子和阳离子的形状;(b) 为什么 ^{19}F-NMR 谱显示出氟具有两种不同的环境。

14.6 绘出 $[Si_4O_{12}]^{n-}$ 的结构并确定该环状阴离子的电荷。

14.7 预测 $Sn(CH_3)_4$ 的 ^{119}Sn-NMR 谱的形状。

14.8 预测 $Sn(CH_3)_4$ 的 ^1H-NMR 谱的形状。

14.9 利用表 14.2 中的数据和这里给出的键焓数据计算 CCl_4 和 CBr_4 的水解焓。键焓/$(kJ\cdot mol^{-1})$:O—H,463;H—Cl,431;H—Br,366。

14.10 对化合物 A 到 F 进行识别:

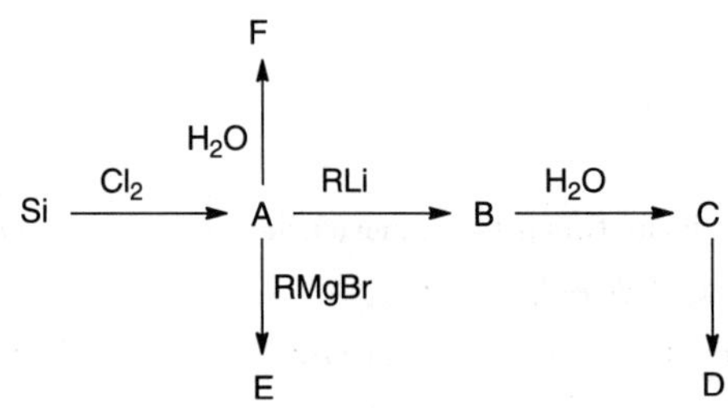

14.11 (a) 总结第 14 族元素氧化态的相对稳定性变化趋势,并指出哪些元素显示惰性电子对效应;(b) 利用这些信息写出配平的化学反应方程式或标注为 NR(不反应),解释您的答案与总结出的上述趋势相符合:

(a) $Sn^{2+}(aq)+PbO_2(s)$(过量) $\xrightarrow{\text{隔绝空气}}$

(b) $Sn^{2+}(aq)+O_2$(空气) $\longrightarrow$

14.12 用资源节 3 的数据确定练习题 14.11(b) 中每个反应的标准电势。用您对这些反应给出的定性判断讨论结果是一致还是不一致。

14.13 给出从相应矿石提取硅和锗的配平的化学方程式和反应条件。

14.14 (a) 说明带隙能量(E_g)从碳(金刚石)到锡(灰色)的变化趋势;(b) 温度从 20 ℃ 升至 40 ℃ 时硅的电导率是增加还是降低?

14.15 不用参考资料的情况下绘出元素周期表框架并标明形成似盐型、金属型和类金属碳化物的元素。

14.16 叙述下列化合物的制备、结构和类型:(a) KC_8;(b) CaC_2;(c) K_3C_{60}。

14.17 写出 K_2CO_3 与 HCl(aq) 及 Na_4SiO_4 和酸性水溶液反应的化学方程式并配平。

14.18 描述硬玉中 $[SiO_3]_n^{2n-}$ 和高岭石中二氧化硅氧化铝骨架的特性。

14.19 (a) 一个方钠石笼的框架中含有多少个桥氧原子? (b) 描述图 14.3 中 A 型沸石中心的(超级笼)多面体的结构。

14.20 阐述叶蜡石和白云母的物理性质,并解释这些性质如何来自这些高度相似的铝硅酸盐的组成和结构。

14.21 半晶态固体和无定形固体具有重要的商业用途,其中许多是由第 14 族元素或其化合物形成的。列举本章介绍过的无定形或部分结晶固体的 4 个例子,并简要陈述它们有用的性质。

14.22 层状硅酸盐化合物 $CaAl_2(Al_2Si_2)O_{10}(OH)_2$ 中含有铝硅酸盐的双层,其中 Al 和 Si 都处在四配位位点上。绘制双层结构的垂视图(仅涉及 SiO_4 和 AlO_4 单元之间顶点共享)。讨论 Ca^{2+} 在二氧化硅氧化铝双层之间可能占据的位置。

辅导性作业

14.1 讨论硅的固态化学(参考二氧化硅、云母、石棉和硅酸盐玻璃)。

14.2 一位朋友正在学习英语并正在上科幻课。课程涉及一个常常谈论的题材即生命以硅为基础。这位朋友好奇为什么选择硅元素,为什么所有的生命都以碳为基础。准备一篇短文阐述支持与反对硅基生命这一观点的理由。

14.3 **Karl Marx** 在《资本论》中说道:"如果我们能够以少量的劳动成本将碳转化为钻石,它们的价值可能会低于砖块。"回顾目前合成钻石的方法,讨论为什么这些进展还没有导致钻石价格大减。

14.4 论文"Mesoporous silica nanoparticles in biomedical applications"(*Chem. Soc. Rev.*,2012,**41**,2590)中 Li 等讨论了利用介孔二氧化硅纳米粒子(MSNP)为载体在人体中传输治疗药物。MSNPs 的何种性质使它们特别适合这种用途?说明药物的释放速率是如何控制的?简要叙述 MSNPs 的合成方法,哪个化学家首次合成了 MSNPs?

14.5 在论文"Developing drug molecules for therapy with carbon monoxide"(*Chem. Soc. Rev.*,2012,**41**,3571)中作者讨论了一氧化碳用作治疗患病组织的治疗剂。简要叙述使用一氧化碳作为治疗剂的相关难题及作者是如何克服这些难题的。

14.6 论文"Metallacarboranes and their interactions:theoretical insights and their applicability"(*Chem. Soc. Rev.*,2012,**41**,3445)讨论了金属碳硼烷的性质及如何用计算方法进行分析。简要叙述文中探讨的金属碳硼烷的性质,描述模拟它们所用的计算方法的原理。

14.7 介孔性和半导性的结合将产生性质有趣的材料。S. Gerasimo 等在论文"Hexagonal mesoporous germanium"(*Science.*,2006,**313**,5788)中讨论了此类材料的合成。预期这类材料可能具有哪些优点,并讨论介孔锗是如何合成的。

14.8 在论文"An atomic seesaw switch formed by tiled asymmetric Sn-Ge dimmers on a Ge(001) surface"(*Science.*,2007,**315**,1696)中 K. Tomatsu 等描述了分子开关的合成和操作。阐述这些分子开关是如何操作的,总结在 Cl_2 和 H_2 氛围下它们现有的和潜在的应用。

(王文渊 译,史启祯 审)

15 章

第 15 族元素

第 15 族元素具有多变的化学性质。尽管仍能明显地看到在第 13 族和第 14 族元素那里看到的简单变化趋势，而下述两个事实则导致第 15 族元素化学性质的变化趋势复杂化：显示多种氧化态；与氧形成多种复杂化合物。氮是大气的主要成分，并广泛分布于生物圈。磷对动物和植物的生命都至关重要，而砷却截然相反，是众所周知的剧毒物质。

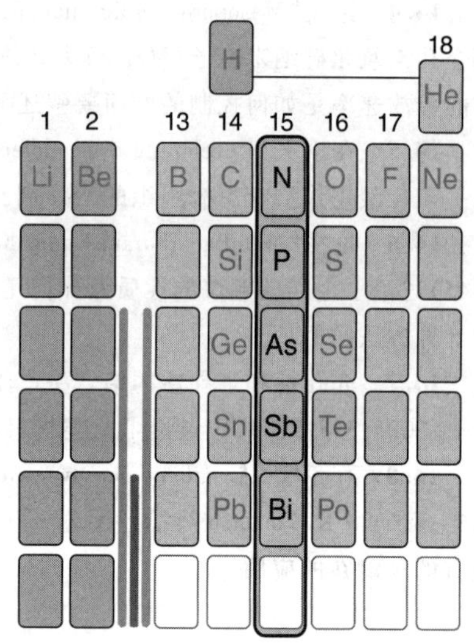

第 15 族元素氮、磷、砷、锑和铋属于生命体、地质学和工业上最重要的元素，其存在状态从气体元素氮一直到金属元素铋。“氮族”元素有时统称为**磷族元素**（pnictogens，该词来自希腊语，意为“窒息”，取意于氮的一种性质）。不过该名词既未被广泛使用，也未得到正式确认。氮是本族的第一个元素，性质上显著有别于其同族元素。这一现象在 p 区其余各族均有体现。氮的配位数一般较低，是第 15 族元素中唯一以气态存在的元素，通常为双原子分子。

A. 基本面

第 15 族元素性质多样，与本书迄今讲过的 p 区元素相比，更难于简单地通过原子半径和电子构型得到合理解释。尽管通常看到的变化趋势（金属性自上而下增大，下部元素的低氧化态更稳定）仍然看得出来，但氧化态的多样性导致这种趋势变复杂。

15.1 元素

提要：氮是气体，而氮下方的元素都是固体，并存在多种同素异形体。

在标准条件下，除氮以外的其他元素都是固体。自上而下金属性增强的趋势并非绝对，电导率从砷到铋实际上依次在减小（见表 15.1）。同族元素的电导率通常自上而下增大，反映了较重元素具有靠得更近的原子能级间距，并因此导致价带与导带间的距离较小（节 3.19）。本族元素电导率相反的变化趋势表明固体状态必定存在更明显的分子特征。事实上在固体结构中，As、Sb 和 Bi 都存在 3 个最邻近的原子和 3 个明显远一些的相邻原子。原子间长距离相互作用与短距离相互作用的比率自上而下减小，表明具有聚合性质的分子型结构在起作用。Bi 的能带结构显示出传导电子和传导空穴的密度较低，最好将其归入类金属而不是归入半导体或真正的金属。

表 15.1　第 15 族元素的某些性质

性质	N	P	As	Sb	Bi
熔点/℃	-210	44（白），590（红）	613（升华）	630	271
原子半径/pm	74	110	121	141	170
第一电离能/($kJ\cdot mol^{-1}$)	1 402	1 011	947	833	704

续表

性质	N	P	As	Sb	Bi
电导率/(10^6 S · m^{-1})		10	3.33	2.50	0.77
Pauling 电负性	3.0	2.2	2.2	2.0	2.0
电子亲和能/(kJ · mol^{-1})	−8	72	78	103	105
B(E—H)/(kJ · mol^{-1})	390	322	297	254	

第 15 族固态元素存在多种同素异形体。类似于气体 N_2 分子，P_2 分子也有一个形式上的三键和短的键长（189 pm）。相对于第二周期元素，第三周期元素形成的 π 键强度较弱，所以同素异形体 P_2 的形成比 N_2 的形成难得多。白磷是由四面体结构的 P_4 分子（**1**）组成的蜡状固体。尽管四面体的 P—P—P 键角很小（60°），在高达约 800 ℃的蒸气中仍以 P_4 分子存在；温度继续升高时 P_2 分子的平衡浓度显著增加。白磷非常活泼，在空气中自燃甚至爆炸生成 P_4O_{10}。将白磷在 300 ℃的惰性气氛中加热数天后转化为红磷。得到的红磷通常是无定形固体，但可以制得具有非常复杂的三维网状结构的晶态物质。与白磷不同，红磷在空气中不易自燃。高压下加热磷得到多种相组分的黑磷，是磷在 550 ℃以下热力学上最稳定的形式。如图 15.1 所示，黑磷的一种相是由锥形三配位磷原子的褶皱层构成的。热力学上通常选取元素的最稳定单质作为进行计算的参考相，但对磷而言选取的却是白磷，这是因为它组分单一，而且比其他形式的磷更易制备和表征。

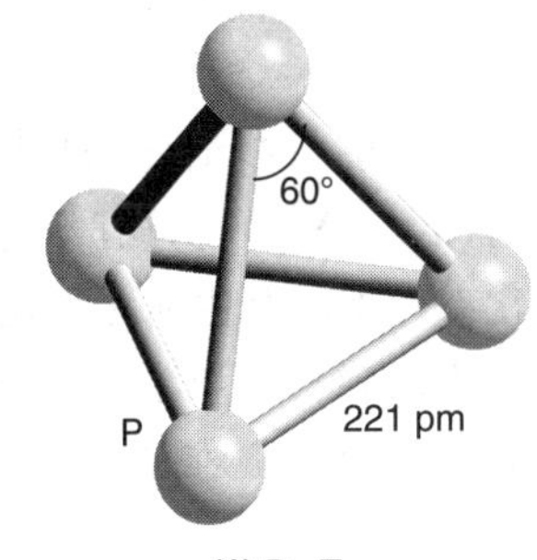

(**1**) P_4, T_d

砷有两种固态形式，即黄砷和灰砷（金属砷）。黄砷和气态砷均由四面体 As_4 分子组成。黄砷经光照转化为更稳定的金属砷。室温下金属砷和锑、铋的结构均由褶皱的六角形层堆积而成，层中每个原子具有 3 个最邻近的原子。如前所述，层与层之间的堆积方式能够使相邻一层中的 3 个原子在较远的距离与中心原子建立弱相互作用（见图 15.2）。

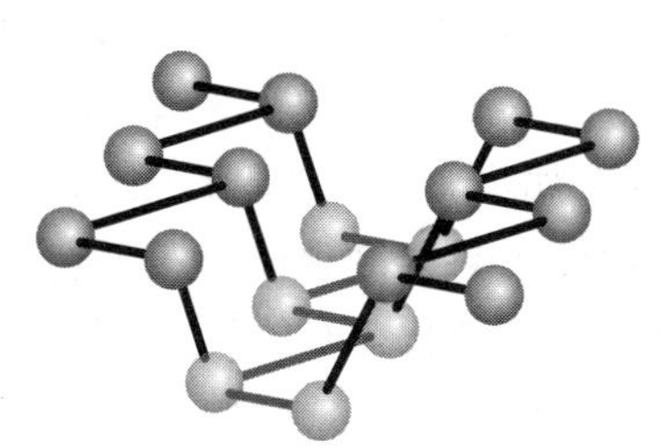

图 15.1　黑磷的一个堆积层

注意原子的三角锥形配位模式

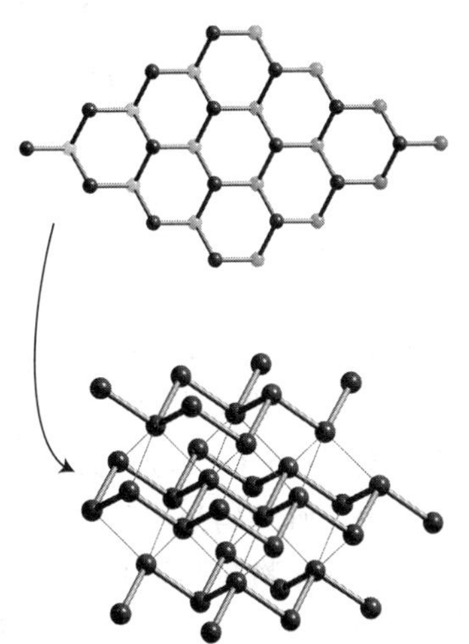

图 15.2　金属铋的结构

在同一褶皱层内（上图），每个 Bi 原子与 3 个最邻近原子键合；该 Bi 原子又与相邻褶皱层的 3 个原子具有弱相互作用

近年来发现铋具有放射性，其 α 衰变的半衰期为 1.9×10^{19} 年，比宇宙当今的年龄还要长得多。

氮以氮分子（N_2）形式存在，占大气体积分数的 78%。提取磷元素的主要原料是磷酸盐矿，它们是不溶于水、被压碎而变得密实的古生物遗存，主要矿物包括氟磷灰石[$Ca_5(PO_4)_3F$]和羟基磷灰石

[$Ca_5(PO_4)_3OH$]。化学上较软的元素砷、锑和铋往往以硫化物矿的形式存在。自然界发现的砷矿往往以雄黄(As_4S_4)、雌黄(As_2S_3)、砷华(As_2O_3)或砷黄铁矿(FeAsS)的形式存在。锑在自然界的存在形式通常为辉锑矿(Sb_2S_3)和锑硫镍矿(NiSbS)。

15.2　简单化合物

提要:第 15 族元素可与许多元素直接反应形成二元化合物。氮只有与氧和氟反应时才能到达+5 氧化数。磷、砷、锑的常见氧化态为+5;但铋很少出现这个氧化态,其+3 氧化态更稳定。

本族元素显示多种可能存在的氧化态,这一事实在很大程度上可从他们的价电子组态(ns^2np^3)得到解释。该组态表明各元素的最高氧化态为+5,事实上也是如此。根据惰性电子对效应(节 9.5)不难推测 Bi 的+3 氧化态更稳定,这也符合实际。

氮的电负性很高(明显超过 N 的只有 O 和 F),并在许多化合物中具有负氧化态,例如氨(NH_3)和氮化物(含有 N^{3-})。只有与电负性更高的元素(O 和 F)形成化合物时氮才显示正氧化态。氮的确能达到族氧化态(+5),但达到此氧化态的氧化性条件比本族其他元素强得多。

氮的独特性质主要是由于其具有高的电负性、小的原子半径及没有可供利用的 d 轨道。因此,N 在简单分子化合物中难得出现大于 4 的配位数,而氮下方元素的配位数频频可以达到 5 和 6(如 PCl_5 和 AsF_6^-)。

氮与几乎所有元素都能形成二元氮化物。氮化物可分为似盐型氮化物、共价型氮化物和填隙型氮化物。氮也形成其中含有 N_3^- 的叠氮化物,其中氮的平均氧化数为-1/3。与氮相类似,磷也能与周期表中几乎所有元素形成化合物。磷形成化学式从 M_4P 到 MP_{15} 的多种磷化物。磷原子可按环状、链状或笼状排列,如 P_7^{3-}(**2**),P_8^{2-}(**3**)和 P_{11}^{3-}(**4**)。第 13 族元素 In 和 Ga 的砷化物和锑化物是半导体。

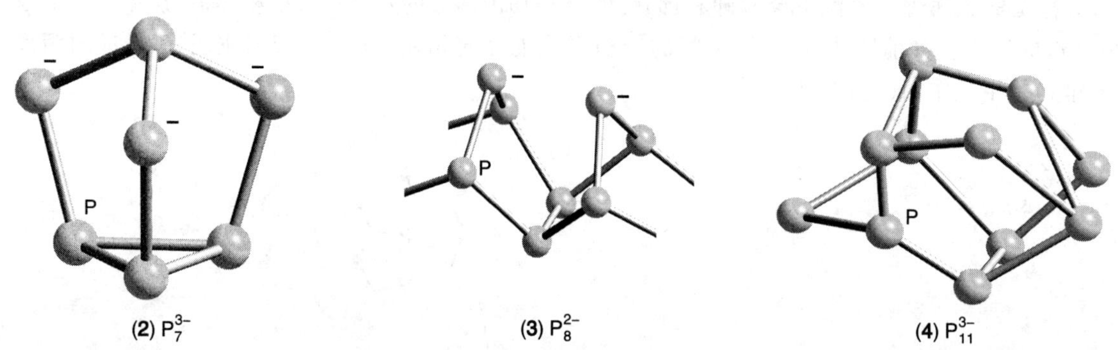

(**2**) P_7^{3-}　(**3**) P_8^{2-}　(**4**) P_{11}^{3-}

本族所有元素都能形成简单氢化物(节 10.6)。氨 NH_3(**5**)是一种有刺激性气味的气体,生物体在高浓度 NH_3 环境中会中毒。氨是第 1 族金属的优良溶剂,如-50 ℃下 100 g 液氨可溶解 330 g Cs。这些深色的导电溶液含有溶剂化电子(节 11.14)。铵盐的化学性质与第 1 族金属离子(特别是 K^+ 和 Rb^+)的化学性质类似。铵盐受热发生分解。硝酸铵是一些炸药的组分,也广泛用作肥料。氮也能形成无色液体联氨(N_2H_4)。第 15 族的其他氢化物包括磷化氢(PH_3,正式的名称叫磷烷)、砷化氢(AsH_3,砷烷)和锑化氢(SbH_3,锑烷),均是有毒气体。这里提醒读者**注意**:虽然磷烷(phosphane)是磷化氢(phosphine)的系统命名,但后者更为常用,本书也使用磷化氢这个名称。然而砷和锑的同类化合物及其衍生物不常见,应该使用其系统名称。

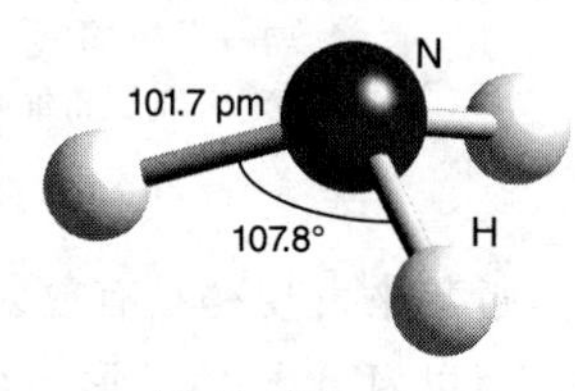

(**5**) 氨,NH_3,C_{3v}

磷、砷、锑的卤化物种类很多,在合成化学上也很重要。第 15 族元素全都形成三卤化物;从磷到铋都形成五氟化物,磷、砷、锑形成五氯化物,只有磷形成五溴化物。氮在电中性二元卤化物中达不到它的族氧化态(+5),但在阳离子 NF_4^+ 中的确可以达到。最可能的原因是 N 原子太小,空间位阻不允许形成

NF_5。氯与溴难以将 Bi(Ⅲ)氧化至 Bi(Ⅴ),这是惰性电子对效应(节 9.5)的一个例子。五氟化铋(BiF_5)事实上是存在的,但不存在 $BiCl_5$ 和 $BiBr_5$。

氮可以形成多种氧化物和氧合阴离子,将单独安排在 15.3 中做介绍。磷、砷、锑、铋能形成氧化数从+1 到+5 的氧化物和氧合阴离子,最常见的氧化态为+5,而铋的+3 氧化态更重要。

磷完全燃烧生成磷(Ⅴ)的氧化物(P_4O_{10})。每个 P_4O_{10}分子具有笼状结构,桥 O 原子将 4 个 P 原子维系在一起形成 P 原子四面体,每个 P 原子还结合一个末端 O 原子(**6**)。磷的不完全燃烧生成磷(Ⅲ)氧化物(P_4O_6),P_4O_6 分子具有与 P_4O_{10}相同的氧桥连的骨架,只是没有末端的 O 原子(**7**)。砷、锑、铋都可形成+3 氧化态的氧化物 As_2O_3、Sb_2O_3 和 Bi_2O_3(节 15.14)。

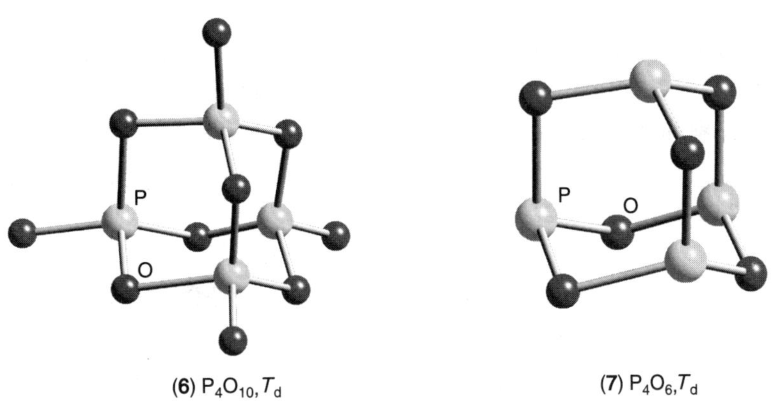

(**6**) P_4O_{10},T_d　　(**7**) P_4O_6,T_d

15.3　氮的氧化物和氧合阴离子

提要:硝酸根离子是一种强而作用缓慢的氧化剂。氮的中间氧化态往往易歧化。二氮氧化物无反应活性。

氮在其氧化物和氧合阴离子中存在从+5 到+1 的所有氧化态。硝酸(HNO_3,其中 N 的氧化态为+5)是生产化肥、炸药和各种含氮化合物的重要化学品。硝酸根离子(NO_3^-)是个中等强度的氧化剂。将浓硝酸和浓盐酸混合形成橙色发烟的王水,后者是能溶解铂和金的少数试剂之一。硝酸的酸酐是 N_2O_5,它是组成为$[NO_2^+][NO_3^-]$的一种晶态固体。

氮(Ⅳ)氧化物(通常叫二氧化氮)以棕色 NO_2 和其无色二聚体 N_2O_4(四氧化二氮)平衡混合物的形式存在。二聚反应

$$2NO_2(g) \rightleftharpoons N_2O_4(g)$$

25 ℃时的平衡常数 $K=0.115$。

亚硝酸(HNO_2)中的氮为 N(Ⅲ),它是个强氧化剂。三氧化二氮 N_2O_3(亚硝酸的酸酐)是个蓝色固体,高于−100 ℃时熔化为蓝色液体,后者分解生成 NO 和 NO_2。

氮(Ⅱ)氧化物 NO 是个含奇数电子的分子。但与 NO_2 不同,NO 在气相不形成稳定的二聚体。这是因为那个单电子几乎同等程度地分布在两个原子上,而不像在 NO_2 中主要局限于 N 原子上。直到 1980 年代末,人们都不了解 NO 对生物体有益的作用。人们后来发现,体内产生的 NO(节 26.2)具有降低血压、传递神经及杀灭细菌的功能。有关 NO 生理功能的科学论文已经发表了数千篇,但有关它的生物化学基础知识人们掌握得仍然相当贫乏。

一氧化二氮(N_2O,原子的排列顺序为 NNO)通常叫作氧化亚氮,其中氮的平均氧化数为+1。N_2O 是一种无色、不活泼的气体,具有惰性的一个标志是用作快速搅打奶油的气体。同样因为惰性而用作温和的麻醉剂已有许多年。然而,由于使用中产生不良生理副作用(特别是可能造成瘾症,正如俗名“笑气”所暗示的那样),所以这种应用已经停止。N_2O 与 O_2 按 50∶50 比例混合的气体仍用于分娩过程和临床医疗

（如伤口缝合）中的止痛剂。有趣的是，现在公认 N_2O 是一种相当于氯氟烃的破坏臭氧层的物质，此外还是一个潜在的温室气体。

B. 详述

以下各节详细讨论第 15 族元素的化学性质。我们将会看到这些元素（特别是氮和磷）能够形成多种氧化态。

15.4　存在和提取

提要：通过分馏液态空气可以制取氮。氮常用作惰性保护气体，并用作工业上合成氨的原料。单质磷是通过焦炭电弧还原氟磷灰石或羟基磷灰石制备的，所得的白磷是分子型固体（P_4）。硫酸处理磷灰石生成磷酸，后者可转化为肥料和其他化学品。

液态空气分馏法用于大规模生产氮。液氮是实验室中 N_2 储存和 N_2 操作的非常方便的一条途径。膜材料（对 O_2 的渗透性高于 N_2）用于室温下实验室规模的空气分离（见图 15.3）。

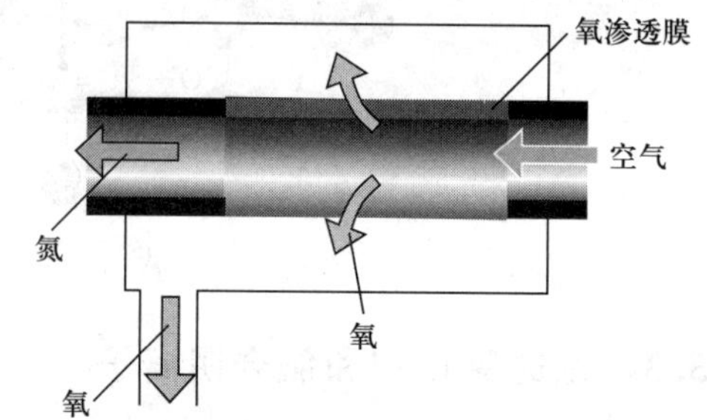

图 15.3　氮和氧的膜分离装置示意图

Hennig Brandt 在 1669 年最先制得磷。误解了尿液和沙石颜色的 Brandt 试图从中提取金，可是提取出一种在黑暗中发光的白色固体。该元素被称之为磷，希腊语的含义为“荷光者”。当今生产磷的方法是先由浓硫酸与氟磷灰石矿物作用产生磷酸，然后从磷酸提取元素磷。

$$Ca_5(PO_4)_3F(s)+5H_2SO_4(l) \longrightarrow 3H_3PO_4(l)+5CaSO_4(s)+HF(g)$$

反应生成的潜在污染物 HF 与矿石中硅酸盐反应产生反应活性较小的 SiF_6^{2-} 络离子而得到清除。

用酸处理磷酸盐矿物时，产物中含有难以彻底除去的 d 金属污染物，因此其用途主要限制在肥料和金属处理方面。大多数纯磷酸和磷化合物仍由元素磷制备，这是因为元素磷容易通过升华来纯化。单质磷的生产方法是在电弧炉中用碳还原磷酸钙粗制品。反应中加入二氧化硅（沙子）产生硅酸钙炉渣：

$$2Ca_3(PO_4)_2(s)+10C(s)+6SiO_2(s) \xrightarrow{1\,500\ ℃} 6CaSiO_3(l)+10CO(g)+P_4(g)$$

高温下处于熔化状态的炉渣容易从炉中排出。汽化后的磷被冷凝为固体放入水中保存，以防止与空气反应。这种方法生产的单质磷大部分通过燃烧转化为 P_4O_{10}，后者水合产生纯磷酸。

砷通常是从铜和铅冶炼厂的烟道尘中提取的（应用相关文段 15.1）。然而也可在无氧条件下加热矿石的方法得到：

$$FeAsS(s) \xrightarrow{700\ ℃} FeS(s)+As(g)$$

辉锑矿与铁一起加热生产锑，反应中产生金属锑和硫化亚铁：

$$Sb_2S_3(s)+3Fe(s) \longrightarrow 2Sb(s)+3FeS(s)$$

铋以铋华（Bi_2O_3）、辉铋矿（Bi_2S_3）的形式存在。其矿石通常是铜、锡、铅、锌等的共生矿，铋是通过还原的方法作为提取这些金属的副产物而提取的。

应用相关文段 15.1　环境中的砷

地下水污染是砷的毒性对环境造成的一个问题。砷污染最严重的地区是在孟加拉及与孟加拉西部相邻的印度省份，那里成千上万的人被确诊为砷中毒。三条主要河流从山上带着含铁的沉积物排入这个地区。这个肥沃三角洲的种植业十分发达，有机质渗入浅层地表造成了还原性土壤。砷的含量与地下水中铁的含量相关联。人们认为砷是从铁的氧化物和氢氧化物矿石中溶解而被释放出来的。

荒唐的是,问题的发展方向偏离了原来的目的。联合国在 1960 年代援助了一个饮用水项目,将水管深入到地下含水层提取清洁饮用水以替代地表污染水。尽管该饮用水管道减少了水生疾病的发病率从而改善了人们的健康状态,但许多年间都未能认识到水中的高含砷量。这些管道的深度通常为 20~100 m,接近地表的地下水没有足够的时间变成高砷浓度的水,100 m 以下沉积物中的砷也随时间而耗尽。孟加拉现有的四百万条地下取水管中,多达一半的管道水含砷量超过该国标准 50 ppb(世界卫生组织的标准是 10 ppb),还有很多污染地区的含量超过 500 ppb。人们提出了管道水除砷的几种方案,新的取水管似乎应深入到更深的非污染含水层。世界银行正在协调一个缓解计划,但大规模的行动可能要花去数年时间。

砷中毒发展长达 20 年。初始症状是皮肤角化,并发展为癌症;肝和肾也会受损。如果中断砷摄入,早期砷中毒是可以医治的。然而一旦发展为癌症,就很难有效治疗。砷中毒的生物化学目前尚不确定。体内的砷酸盐被还原为砷(Ⅲ)络合物,砷(Ⅲ)可能与巯基相结合。

15.5 用途

提要:氮是工业上合成氨和硝酸的关键物质,磷的主要用途是生产肥料。

氮气的主要非化学用途是作为金属加工、石油精炼和食品加工中的惰性气氛。氮气也用于提供实验室的惰性气氛;液氮(沸点-196 ℃,77 K)则是工业上和实验室中一种便捷的制冷剂。氮的主要工业用途是 Haber 法生产氨(节 15.6)和 Ostwald 法合成硝酸(节 15.13)。氨提供了制备众多含氮化合物的途径,其中包括肥料、塑料和炸药(见图 15.4)。氮在生命系统中起着至关重要的作用,因为它是氨基酸、核酸和蛋白质的成分;氮循环是生态系统中最重要的过程之一(应用相关文段 15.2 和节 26.13)。

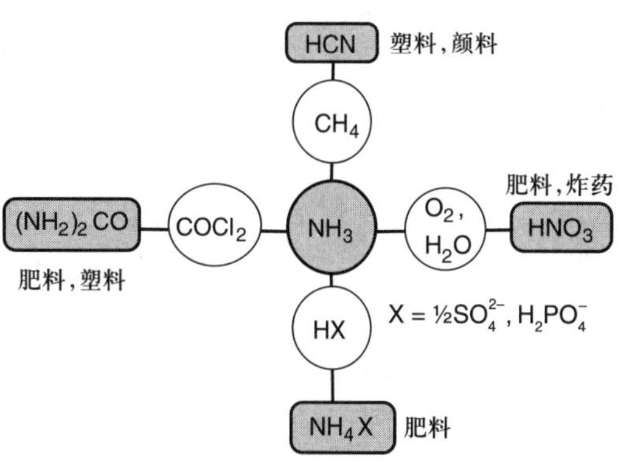

图 15.4 氨的工业用途

应用相关文段 15.2 氮的循环

生物系统的绝大多数分子(包括蛋白质、核酸、叶绿素、各种酶和维生素及许多其他细胞成分)中均含有氮。氮在所有这些化合物中以还原态(氧化数为-3)存在。虽然氮是大气中最丰富的成分,然而它的稳定性极高,用途因而受到限制。生物圈对氮的需求来自固氮过程。生命科学和生物技术面临的一个重大挑战涉及 N_2 的还原,还原后才能被摄取进入上述重要的含氮化合物。

图 B15.1 示出氮循环过程。氮循环可看作一组酶催化的氧化还原反应,这组反应可让减少了的氮化合物得到补充。无机态氮的转化几乎全部由微生物来完成,Fe、Mo、Cu 处于催化这类转化的酶的活性位点上。参与氮循环的酶将在节 26.13 中做讨论。O_2 能够快速且不可逆地破坏固氮酶,所以固氮酶系统需要在厌氧环境下工作。然而,需氧菌也能参与氮的固定。在一些高等植物中,固氮菌生存于植物体内受控的环境中,如生存于根瘤的低 O_2 浓度下。植物通过光合作用为细菌提供还原了的碳化合物,而细菌则把固定了的氮提供给植物。

生物固氮的必要条件是还原电位低于 0.30 V。生物系统中存在着还原态的铁氧还蛋白或黄素蛋白(还原电位处于-0.4 V 到-0.5 V 之间)(第 27 章)。电位数据表明固氮在热力学上可行,但动力学上不可行。还原氮分子的动力学能垒显然来自 N_2 转化为氨过程中需要形成相关的中间体。生物体提供的代谢能来自三磷酸腺苷(ATP)水解($\Delta_r G^\ominus \approx -31$ kJ/mol)转化为二磷酸腺苷(ADP)和无机磷酸根(Pi)的过程,产生 N_2 活化过程的关键中间体。还原一个 N_2 分子需要耗费 16 个 ATP 分子的水解能。如果可能的话,大多数有固氮能力的生物会选择直接利用化合态的氮源(氨、硝酸盐、亚硝酸盐)并抑制复杂的固氮系统。

氮一旦被还原，生物体便将其结合进有机分子，后者即进入细胞的生物合成途径。死亡生物体的生物质发生腐烂，有机氮化合物发生分解，随条件不同以 NH_3 或 NH_4^+ 的形式释放至环境中。

人口的增长及人类对合成肥料的依赖对氮循环产生了巨大影响。Haber 氨合成法（节 25.12）增加了地球上生命体所需的固定氮的总量。当今总固氮量的 1/3 到 1/2 是依靠科技手段和农业而不是依靠天然方法完成的。除氨本身之外，源于氨的硝酸盐也用在工业上生产氮肥。氨和硝酸盐以肥料的形式进入氮循环，增大了自然界氮循环的总量。面对过量输入的氮源，天然湖泊的数量显得不足。在这种条件下，硝酸盐与亚硝酸盐作为令人厌恶的成分污染地下水，导致湖泊、湿地、河流三角洲和沿海地区富营养化。

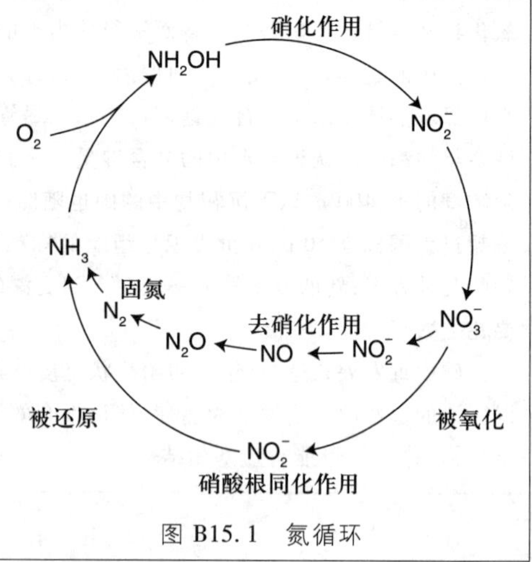

图 B15.1　氮循环

磷用于生产烟火、烟幕弹、炼钢和制造合金。红磷与细沙混合被用作火柴盒的划火带。火柴头部与之摩擦产生足够的热量将一些红磷转化为白磷，后者发生自燃。磷酸钠用作清洗剂、软水剂以防止锅炉和管道结垢。以助洗剂添加至洗涤剂中的缩聚磷酸盐通过与金属离子的络合作用使水软化从而提高洗涤剂的去污能力。天然环境中的磷通常以 PO_4^{3-} 形式存在。磷（与氮和钾一起）是植物必需的营养元素。由于许多金属的磷酸盐水溶性差，土壤中的磷营养素通常被耗尽。因此，酸式磷酸盐成为复合肥料的重要组分。大约 85%的磷酸用于制造化肥。磷也是一系列组织的重要成分，包括骨骼和牙齿（主要是磷酸钙）、细胞膜（脂肪酸的磷酸酯）、核酸（包括 RNA 和 DNA）、三磷酸腺苷（ATP，活生物体的能量转换单元，节 26.2）。各种磷化合物广泛用作配体（节 7.1）。

砷被用作固体器件（如集成电路和激光器）中的一种掺杂元素。GaAs 是一种Ⅲ/V 族半导体（节 13.18），其电子迁移率和热稳定性优于硅。砷化镓用于移动电话、卫星通信、太阳能电池和光学窗口。虽然砷是人们熟知的有毒物质，但也是鸡、大鼠、山羊和猪等动物必需的微量元素，缺乏砷将导致生长缓慢（应用相关文段 15.3）。As_2O_3 也用作抗白血病的一种药物（节 27.1）。

应用相关文段 15.3　砷试剂

“砷试剂”是用来描述含砷化学品的一个术语。砷及其化合物有强毒性，砷试剂的应用大都基于其广谱毒性。

以矿物雄黄（As_4S_4）、砒霜（As_2O_3）形式存在的无机砷试剂在古代被用来治疗溃疡、皮肤病和麻风。1900 年代初，科学家发现一种有机砷化合物是治疗梅毒的有效药物，从而导致该领域的研究快速增多。那时使用的治疗药品现在已被青霉素所取代，但有机砷化合物当今仍然用于治疗枯氏锥虫病或由血液中寄生虫引起的昏睡病。组成为 $C_{11}H_{12}AsNO_5S_2$ 的砷化合物用作兽药治疗狗的心丝虫症。

阿散酸（$C_6H_8AsNO_3$）和阿散酸钠（$NaC_6H_7AsNO_3$）可用作畜禽饲料的抗菌剂，以防止霉菌生长。另一个强的抗菌剂叫 OBPA（化学名为 10,10'-oxybisphenoxarsine），这个化合物被广泛用来制造塑料。

砷试剂亦可用作杀虫剂和除草剂。甲基砷酸钠（MSMA）用来控制棉花和草坪作物的杂草。最早的含砷杀虫剂是 1865 年制造的巴黎绿[化学成分为 $Cu(CH_3CO_2)_2 \cdot 3Cu(AsO_2)_2$]，用来防治马铃薯甲虫。亚砷酸钠（$NaAsO_2$）作为毒饵用来控制蝗虫和作为药水防止家禽寄生虫。

无臭、无味的 As_2O_3 曾经是一种常用的毒药，甚至被称为“遗产粉”。然而，Marsh 试验的出现使砷第一次被检测出来。当砒霜与硫酸和锌一起反应时会产生砷化氢气体，AsH_3 起火生成黑色粉末状砷。

$$As_2O_3+6Zn+6H_2SO_4 \longrightarrow 2AsH_3+6ZnSO_4+3H_2O$$

锑在半导体技术领域用于制造红外探测器和发光二极管。将锑加入合金可改善金属的强度和硬度。锑的氧化物用于增加氯代烃火焰阻燃剂的性能,其作用是释放更多的卤代自由基。

与 p 区其他各族自上而下的性质变化趋势相一致,本族元素从 P 到 Bi,+3 氧化态(相对于+5 氧化态)化合物的稳定性逐渐增加。因此,Bi(Ⅴ)化合物是很实用的氧化剂。铋化合物的另一个重要用途是在医学上(节 27.3),碱式水杨酸铋($HOC_6H_4CO_2BiO$)结合抗生素使用可以治疗消化道溃疡疾病。铋(Ⅲ)氧化物用作痔疮膏。

例题 15.1 考察 P_4 的电子结构和化学性质

题目:绘出 P_4 的 Lewis 结构,并讨论它作为配体时可能的作用。

答案:使用节 2.1 中所描述的书写 Lewis 结构的规则。共有 20(4×5)个价电子。如果每个磷原子与其他三个磷原子各形成一个键,就会占去 12 个电子。剩下的 8 个电子分配给每个磷原子一对孤对(**8**)。这种结构加上磷不大不小的电负性($\chi_P=2.06$),说明 P_4 应该是一种温和的给予配体。事实上,P_4 与 d 金属形成的络合物已经被发现。

自测题 15.1 (a) 讨论图 15.2 中金属铋结构片段的 Lewis 结构。这种褶皱结构是否符合 VSEPR 模型?(b) 用 VSEPR 模型预测 N_2 的键合方式,并以此解释氮气的性质。

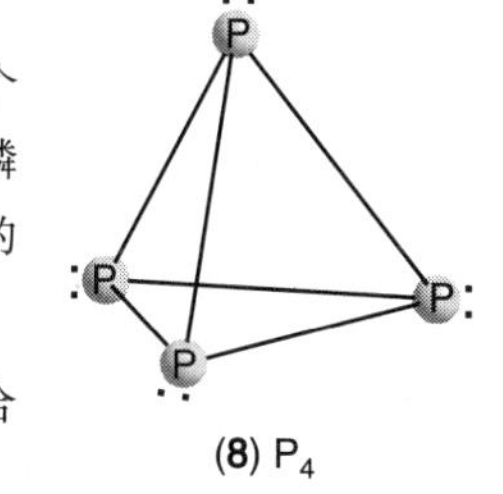

(**8**) P_4

15.6 氮的活化

提要:Haber 法需要高温、高压才能合成氨。氨是肥料的一个主要成分,也是重要的化学中间体。

许多化合物中含有氮,但 N_2 本身(两个原子间有三重键)极不活泼。少数几种强还原剂可在室温下将电子转移给 N_2 分子导致 N—N 键的断裂,但反应通常需要很强的还原剂并在极端条件下才能进行。一个重要例子是金属锂与 N_2 在室温下缓慢发生的反应,产物为 Li_3N。与之相类似,镁(锂的对角线金属)在空气中燃烧时生成氧化镁的同时也生成氮化镁。

多种因素导致 N_2 参与的化学反应比较缓慢。因素之一是 N≡N三键的键能大,需要高活化能才能将其破坏(三键的强度也是氮元素没有同素异形体的原因)。另一因素是 N_2 的 HOMO-LUMO 能隙相对比较大[节 2.8(b)],使分子难以发生简单电子转移的氧化还原过程。第三个因素是 N_2 的极化率低,不利于形成亲电和亲核取代反应往往要涉及的高极性过渡态。

人们非常需要建立活化氮分子的廉价方法,因为这样的方法在经济上(特别是对相对贫困的农业经济区)有重大意义。在合成氨的 Haber 法中,H_2 与 N_2 在高温、高压和铁催化剂存在的条件下发生反应,其具体内容将在节 15.10 中详细介绍。新近研究的主要目标指向以更为经济的方法活化氮分子,其灵感源自下述事实:细菌能在室温下将氮转化为氨。

将 N_2 催化转化为 NH_4^+ 的过程涉及固氮酶(金属酶中的一种),后者存在于固氮菌(如豆科植物中发现的根瘤菌)中。固氮酶在 Fe、Mo、S 活性位点上催化该反应的机理是一个重要的研究课题。金属的 N_2 络合物是 1965 年发现的,几乎与此同时也发现固氮酶内含有钼(节 26.13)。这一发展使人们乐观地认为,金属离子可能与 N_2 配位形成高效均相催化剂并促使 N_2 被还原。事实上已经制备出许多 N_2 的络合物,制备方法有时非常简单,直接将 N_2 通入钌络合物的水溶液即可:

$$[Ru(NH_3)_5(H_2O)]^{2+}(aq)+N_2(g) \longrightarrow [Ru(NH_3)_5(N_2)]^{2+}(aq)+H_2O(l)$$

与等电子体 CO 一样,作为配体的 N_2 分子以端配方式为其典型特征(**9**,节 22.17)。与自由 N_2 分子中的键长相比,Ru(Ⅱ)络合物中的 N—N 键长只略有改变。然而,当 N_2 与还原性更强的金属中心配位时,由于电子密度反馈至 N_2 的 π^* 反键分子轨道,N—N 键会被显著拉长。

在室温和大气压条件下,人们已经用钼催化剂将 N_2 直接还原为氨,使用的钼催化剂中含有四齿的三氨基胺配体$[(HIPTNCH_2CH_2)_3N]^{3-}$(**10**)。氮与中心金属 Mo 配位,遇到质子源和还原剂时即转化为

NH_3。X 射线研究表明，N_2 是在空间上被保护起来的钼中心上被还原的，而钼则在 Mo(Ⅲ)和 Mo(Ⅵ)之间循环。

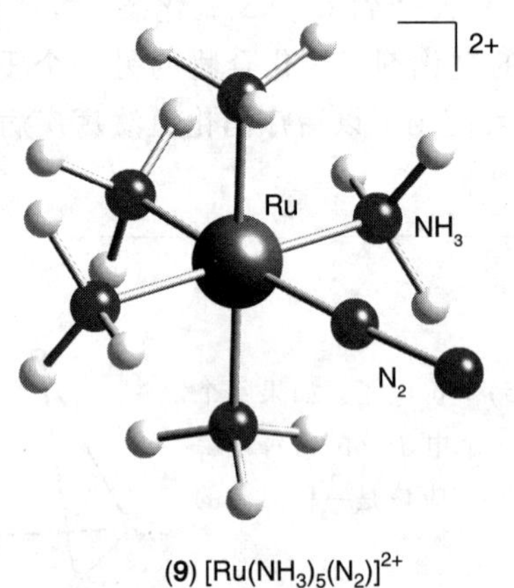

(9) $[Ru(NH_3)_5(N_2)]^{2+}$

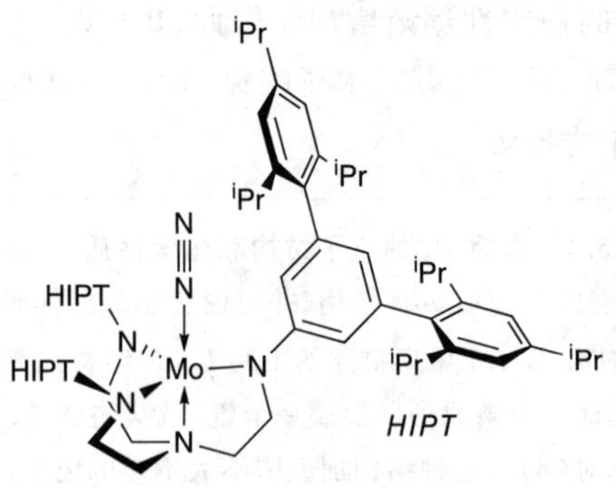

(10) $[(HIPTNCH_2CH_2)_3N]MoN_2$

15.7　氮化物和叠氮化物

氮与其他元素形成简单的二元化合物，它们被分为氮化物和叠氮化物两大类。

(a) 氮化物

提要：氮化物分为似盐氮化物、共价氮化物和填隙式氮化物。

金属氮化物可通过元素与氮(或氨)直接作用制备，也可通过氨基金属化合物热分解：

$$6Li(s)+N_2(g) \longrightarrow 2Li_3N(s)$$

$$3Ca(s)+2NH_3(g) \longrightarrow Ca_3N_2(s)+3H_2(g)$$

$$3Zn(NH_2)_2(s) \longrightarrow Zn_3N_2(s)+4NH_3(g)$$

N 与 H、O、卤素形成的化合物将单独讨论。

似盐氮化物(saline nitrides)可看作是含有 N^{3-} 的化合物。然而 N^{3-} 的高负电荷意味着极易被极化[节 1.7(e)]，很可能具有一定的共价性。与锂形成化学式为 Li_3N 的氮化物，与第 2 族元素形成通式为 M_3N_2 的氮化物，它们都属于似盐氮化物。

共价氮化物(covalent nitrides)中的 E—N 键是共价键。随着与氮键合的元素不同，氮化物性质的变化也十分宽泛。氮化硼(BN)、乙二腈$(CN)_2$、氮化磷(P_3N_5)、氮化硫(S_4N_4)和二氮化二硫(S_2N_2)等均属于共价氮化物，对它们的讨论安排在讨论其他元素的章节中。

最多的一类氮化物是由 d 区元素形成的，通式为 MN、M_2N 或 M_4N 的**填隙式氮化物**(interstitial nitrides)。金属原子按立方晶格或六方紧密堆积晶格排布，氮原子填充在金属晶格的部分或全部八面体空位。这类化合物硬度高、显惰性，且具有金属光泽和导电性。它们被广泛用作耐火材料，如用作坩埚、高温反应容器和热电偶套管等材料。

氮化物离子(N^{3-})往往作为 d 金属络合物的配体。它的负电荷高、体积小、除作为 σ 给予体外还有能力作为良好的 π 给予体，这些性质意味着可以稳定高氧化态金属。N^{3-} 与金属原子之间的短配位键常表示为 M≡N，如锇的络合物$[Os(N)(NH_3)_5]^{2+}$(**11**)。

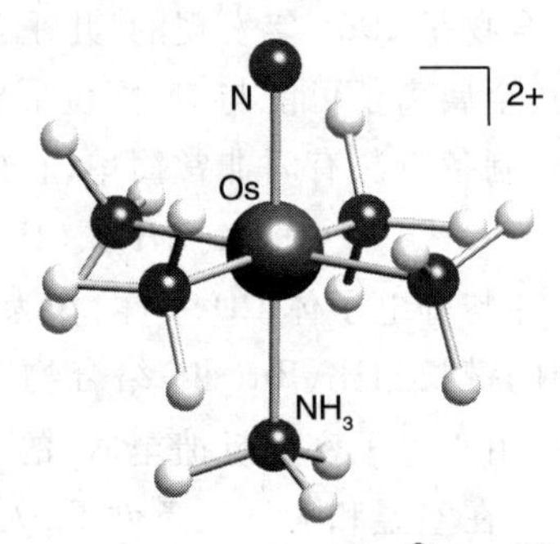

(11) $[Os(NH_3)_5N]^{2+}$

(b) 叠氮化物

提要：叠氮化物有毒且不稳定，用于制作引爆用雷管。叠氮离子可形成多种金属络合物。

叠氮化物(其中氮以 N_3^- 形式存在)用 NO_3^- 或 N_2O 在加热条件下氧化

氨基钠的方法合成：

$$3NH_2^-+NO_3^- \xrightarrow{175\ ℃} N_3^-+3OH^-+NH_3$$

$$2NH_2^-+N_2O \xrightarrow{190\ ℃} N_3^-+OH^-+NH_3$$

叠氮离子中氮的平均氧化数为$-1/3$，与 N_2O 和 CO_2 是等电子体。与 N_2O 和 CO_2 分子一样，均为线形。叠氮根是一个相当强的 Brønsted 碱，其共轭酸叠氮酸（HN_3）的 pK_a 为 4.75。叠氮离子也是 d 金属离子的良好配体。然而，叠氮离子与重金属离子的盐或络合物［如 $Pb(N_3)_2$ 和 $Hg(N_3)_2$］是对撞击敏感的引爆物质，受撞击后立刻分解产生金属和氮气：

$$Pb(N_3)_2(s) \longrightarrow Pb(s)+3N_2(g)$$

离子型叠氮化物（如 NaN_3）热力学不稳定而动力学上则是稳定的，可以在室温下进行操作。叠氮化钠有毒，可用作化学防腐剂和用于防治病虫害。加热或引爆碱金属叠氮化物时迅速放出 N_2：

$$2NaN_3(s) \longrightarrow 2Na(s)+3N_2(g)$$

该反应用于为汽车保护气囊充气，充气是由电加热引发的。一个气囊通常装有约 50 g 叠氮化钠，反应产生的钠与 KNO_3 反应产生更多的氮气，充气形成的高压气囊可使人员得到保护。

含有聚氮阳离子 N_5^+（**12**）的化合物可由含有 N_3^- 和 N_2F^+ 的化合物进行合成。例如，在无水 HF 中由 N_2FAsF_6 与 HN_3 反应制备 N_5AsF_6：

$$N_2FAsF_6(sol)+HN_3(sol) \longrightarrow N_5AsF_6(sol)+HF(l)$$

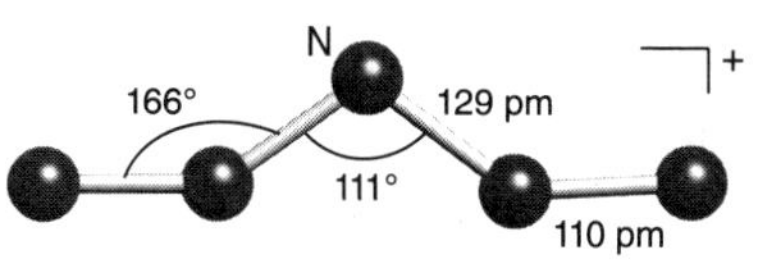

(12) N_5^+

N_5AsF_6 为白色固体，微热即发生爆炸性分解。它是一种强氧化剂，即使在低温下也可使有机材料燃烧。在无水 HF 中，通过一价阴离子盐（$N_5[SbF_6]$）与 $Cs_2[SnF_6]$ 之间的复分解反应能够制得二价阴离子的盐（$(N_5)_2[SnF_6]$）：

$$2N_5[SbF_6](sol)+Cs_2[SnF_6](sol) \longrightarrow (N_5)_2[SnF_6](sol)+2Cs[SbF_6](s)$$

$(N_5)_2[SnF_6]$ 是对摩擦敏感的白色固体，容易分解为 N_5SnF_5。

15.8　磷化物

提要：磷化物可能是富金属化合物或富磷化合物。

磷与氢、氧和卤素形成的化合物将单独讨论。在惰性气氛中将合适的元素与红磷一起加热可以制备其他元素的磷化物：

$$nM+mP \longrightarrow M_nP_m$$

磷化物的组成多种多样，化学式在 M_4P 到 MP_{15} 之间变化。M : P>1 时叫富金属磷化物，M : P = 1 时叫一磷化物，而 M : P<1 时则叫富磷磷化物。富金属磷化物通常是很不活泼的、硬而脆的耐高温材料；与形成化合物原来的金属类似，具有较高的导电性、导热性。其结构为三方棱柱体，磷原子周围排列着六个、七个、八个或九个金属离子（**13**）。一磷化物采取多种结构形式，依赖于键合 M 原子的相对大小。例如，AlP 采取闪锌矿结构，SnP 采取岩盐结构，VP 采取砷化镍结构（节 3.9）。富磷磷化物熔点较低，不如富金属磷化物和单磷化物稳定，它们为半导体而非导体。

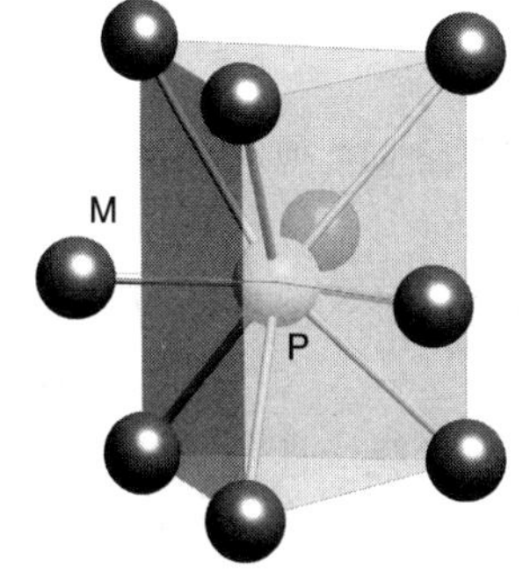

(13)

15.9　砷化物、锑化物和铋化物

提要：镓和铟的砷化物和锑化物为半导体。

金属与砷、锑和铋形成的化合物可由元素间的直接反应制备：

$$Ni(s)+As(s) \longrightarrow NiAs(s)$$

第 13 族元素 Ga 和 In 的砷化物和锑化物是半导体。砷化镓（GaAs）相对更重要，可用来制造如集成电路、发光二极管和激光二极管这样的器件。GaAs 的能带间隙类似硅，但大于其他第 13～15 族半导体（表 13.5，节 24.19）。砷化镓在这方面的应用优于硅，因为它具有较高的电子迁移率，器件产生的电子噪声也更小。然而硅在一些方面仍优于 GaAs：价廉、晶片强度好，所以更易加工。硅带来的环境问题也少于 GaAs。砷化镓集成电路通常用于移动电话、卫星通信和某些雷达系统。

15.10　氢化物

第 15 族所有元素均可与氢形成二元化合物。所有氢化物（EH_3）都有毒。氮还形成链氢化物联氨（N_2H_4）。

(a) 氨

提要：氨是通过 Haber 法生产的，用来制造肥料和许多有用的其他含氮化学品。

全世界氨的年产量非常大。氨既用于生产肥料，也是生产许多含氮化学品的氮源。正如已经提到的那样，氨在全球都是用 Haber 法生产的。Haber 法中 NH_3 是在高温（450 ℃）、高压（100 atm）和铁催化剂存在（并使用助催化剂）条件下由 N_2 和 H_2 直接合成的：

$$N_2(g)+3H_2(g) \rightleftharpoons 2NH_3(g)$$

助催化剂（增强催化剂活性的化合物）包括 SiO_2、MgO 和其他氧化物（节 25.12）。高温和催化剂用以克服 N_2 的动力学惰性，高压是为了克服操作温度下不利的平衡常数在热力学上造成的影响。

高压技术是 20 世纪初大规模化学和工程上的难题，问题的解决既重要又有创新性，从而催生了两项诺贝尔化学奖。一项授予了 Fritz Haber（1918 年），表彰他提出的化学合成方法；另一项授予了化学工程师 Carl Bosch（1931 年），他设计了实现 Haber 法的第一个工厂。后来人们将工业合成氨的方法叫作 Haber–Bosch 法，以纪念 Bosch 做出的贡献。氨的合成对人类文明的发展有重要影响，因为氨是大多数含氮化合物的主要原料，包括肥料和工业上大多数含氮化合物。合成氨的工艺出现之前，肥料中氮的主要来源是鸟粪和南美洲产的硝石。20 世纪初期人们曾经担心饥荒会席卷欧洲，由于合成氮肥料的出现，这一预言没有成为现实。

氨的沸点（-33 ℃）高于本族其他元素氢化物的沸点，这一事实显示了氢键的影响。对醇类化合物、胺类化合物、铵盐、氨基化合物和氰化物等溶质而言，液氨是一种有用的非水溶剂。在液氨中的反应非常类似水溶液中的反应。例如，下面的自质子解平衡：

$$2H_2O(l) \rightleftharpoons H_3O^+(aq)+OH^-(aq) \qquad pK_w=14.00 \quad (25\ ℃)$$

$$2NH_3(l) \rightleftharpoons NH_4^+(am)+NH_2^-(am) \qquad pK_{am}=34.00 \quad (-33\ ℃)$$

许多反应类似在水中进行的反应。例如，可以进行简单的酸碱中和反应：

$$NH_4Cl(am)+NaNH_2(am) \rightleftharpoons NaCl(am)+2NH_3(l)$$

氨是一种水溶性弱碱：

$$NH_3(aq)+H_2O(l) \rightleftharpoons NH_4^+(aq)+OH^-(aq) \qquad pK_b=4.75$$

铵盐的化学性质与碱金属盐（尤其是 K^+ 和 Rb^+ 的盐）非常相似。铵盐溶于水，强酸盐（如 NH_4Cl）的溶液因存在下述平衡而呈酸性：

$$NH_4^+(aq)+H_2O(l) \rightleftharpoons NH_3(aq)+H_3O^+(aq) \qquad pK_a=9.25$$

铵盐受热易分解，许多种盐（如卤化物、碳酸盐、硫酸盐）受热分解都会放出氨：

$$NH_4Cl(s) \longrightarrow NH_3(g)+HCl(g)$$

$$(NH_4)_2SO_4(s) \longrightarrow 2NH_3(g)+H_2SO_4(l)$$

铵盐中的阴离子具有氧化性（如 NO_3^-、ClO_4^- 和 $Cr_2O_7^{2-}$ 等）时，NH_4^+ 被氧化为 N_2 或 N_2O：

$$NH_4NO_3(s) \longrightarrow N_2O(g)+2H_2O(g)$$

加强热或引爆硝酸铵时，2molNH_4NO_3 按反应

$$2NH_4NO_3(s) \longrightarrow 2N_2(g)+O_2(g)+4H_2O(g)$$

分解生成 7 mol 气体分子，体积从 200 cm^3 变成约 140 dm^3，膨胀了 700 倍。这一性质被用作炸药。硝酸盐肥料往往与如碳酸钙或硫酸铵等混合以增加其稳定性。硫酸铵和磷酸氢铵［$NH_4H_2PO_4$ 和 $(NH_4)_2HPO_4$］都可用作肥料，因为磷酸根是植物的一种营养物。高氯酸铵在固体燃料火箭推进剂中用作氧化剂。

(b) 联氨和羟胺

提要：联氨的碱性比氨弱，能形成两个系列的盐。

联氨又名肼(N_2H_4)，是个无色、发烟、具有类似氨的臭味的液体。其液态范围(2~114 ℃)类似水，表明有氢键存在。液相中的分子肼绕 N—N 轴呈扭曲构象(**14**)。

肼是由 Raschig 法制造的，即在稀的水溶液中通过氨与次氯酸钠反应制备。反应的几个步骤可简化为

$$NH_3(aq)+NaOCl(aq) \longrightarrow NH_2Cl(aq)+NaOH(aq)$$

$$2NH_3(aq)+NH_2Cl(aq) \longrightarrow N_2H_4(aq)+NH_4Cl(aq)$$

过程中存在 d 金属离子催化产生的竞争性副反应：

$$N_2H_4(aq)+2NH_2Cl(aq) \longrightarrow N_2(g)+2NH_4Cl(aq)$$

反应混合物中加入明胶后形成络合物，以除去 d 金属离子。通过蒸馏将得到的含肼稀溶液转化为水合肼($N_2H_4 \cdot H_2O$)的浓溶液。商业上往往更喜欢水合肼，因为该产品在液态存在的范围更宽些，而且比纯肼更价廉。纯肼是在干燥剂(如固体 NaOH 或 KOH)存在条件下蒸馏水合物得到的。

肼是个比氨弱的碱：

$$N_2H_4(aq)+H_2O(l) \longrightarrow N_2H_5^+(aq)+OH^-(aq) \qquad pK_{b1}=7.93(pK_{a2}=6.07)$$

$$N_2H_5^+(aq)+H_2O(l) \longrightarrow N_2H_6^{2+}(aq)+OH^-(aq) \qquad pK_{b2}=15.05(pK_{a1}=-1.05)$$

与酸 HX 反应生成两个系列的盐(N_2H_5X 和 $N_2H_6X_2$)。

肼及其甲基衍生物［CH_3NHNH_2 和 $(CH_3)_2NNH_2$］主要用作火箭燃料。肼还用作发泡剂和处理锅炉水以除去其中的溶解氧，防止管道氧化。N_2H_4 和 $N_2H_5^+$ 都是还原剂，用于回收贵金属。

羟胺 NH_2OH(**15**)为无色、易潮解的低熔点(32 ℃)固体。通常以它的一种盐或水溶液的形式获得。羟胺的碱性比氨或肼都要弱：

$$NH_2OH(aq)+H_2O(l) \rightleftharpoons NH_3OH^+(aq)+OH^-(aq) \qquad pK_b=8.18$$

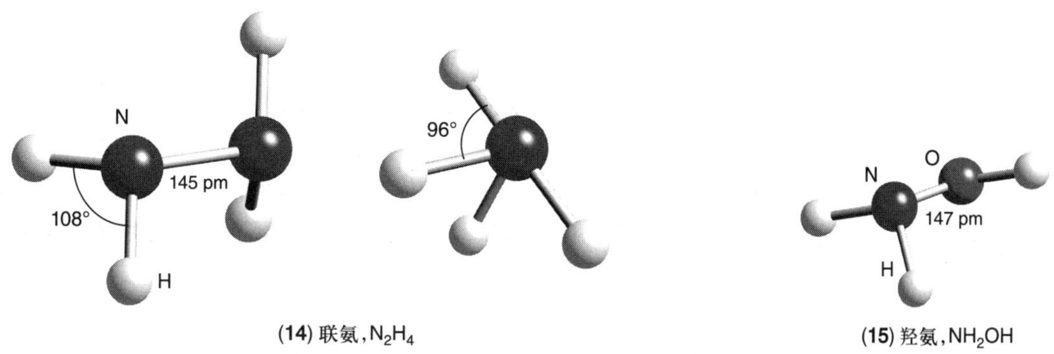

(14) 联氨，N_2H_4

(15) 羟氨，NH_2OH

无水羟胺是在盐酸羟氨的 1-丁醇溶液中加入正丁醇钠($NaOC_4H_9$, NaOBu)制备的。过滤除去生成的 NaCl，滤液中加入乙醚沉淀出羟胺：

$$[NH_3OH]Cl(sol)+NaOBu \longrightarrow NH_2OH(sol)+NaCl(s)+BuOH(l)$$

羟胺的主要工业用途是合成己内酰胺，它是生产尼龙的中间体。

例题 15.2　火箭燃料的评价

题目:肼(N_2H_4)和二甲基肼[$N_2H_2(CH_3)_2$]都用作火箭燃料。根据下表给出的数据,判断哪个是热化学上更高效的燃料。

物质	$\Delta_f H^{\ominus}/(kJ \cdot mol^{-1})$
$N_2H_4(l)$	+50.6
$N_2H_2(CH_3)_2(l)$	+42.0
$CO_2(g)$	-394
$H_2O(g)$	-242

答案:首先计算标准燃烧焓,以评估哪个燃烧反应放出的热量更多。两个燃烧反应

$$N_2H_4(l)+O_2(g) \longrightarrow N_2(g)+2H_2O(g)$$

$$N_2H_2(CH_3)_2(l)+4O_2(g) \longrightarrow N_2(g)+4H_2O(g)+2CO_2(g)$$

的反应焓(即燃烧焓)可用下列公式计算:

$$\Delta_c H^{\ominus} = \sum_{products} \Delta_f H^{\ominus} - \sum_{reactants} \Delta_f H^{\ominus}$$

结果显示 N_2H_4 为-535 kJ/mol,$N_2H_2(CH_3)_2$ 为-1 798 kJ/mol。选择火箭燃料的一个重要参数是比焓(燃烧焓除以燃料质量)。换算为比焓分别是-16.7 kJ/g 和-29.9 kJ/g,表明 $N_2H_2(CH_3)_2$ 是更好的燃料。

自测题 15.2　精炼的烃类和液氢也是火箭燃料,与它们相比,二甲基肼的优点是什么?

(c) 磷化氢、砷烷和锑烷

提要:与液氨不同,液态的磷化氢、砷烷、锑烷不存在氢键相互作用;其烷基和芳基取代物更稳定,是有用的软配体。

与氨在氮化学中所起的重要作用不同,剧毒的第 15 族较重元素的氢化物(特别是磷化氢 PH_3 和砷烷 AsH_3)在各自元素的化学中并不重要。磷化氢和砷烷都用于半导体工业。例如,掺杂硅或通过化学气相沉积制备其他半导体化合物(如 GaAs)。这里发生的热分解反应说明这些氢化物的生成 Gibbs 自由能为正值。

工业上利用白磷在碱性溶液中的歧化反应来制备 PH_3:

$$P_4(s)+3OH^-(aq)+3H_2O(l) \longrightarrow PH_3(g)+3H_2PO_2^-(aq)$$

砷烷和锑烷可由含电正性金属化合物的质子迁移反应来制备:

$$Zn_3E_2(s)+6H_3O^+(l) \longrightarrow 2EH_3(g)+3Zn^{2+}(aq)+6H_2O(l) \qquad (E=As、Sb)$$

磷化氢和砷烷是在空气中容易自燃的有毒气体,但其稳定得多的有机衍生物膦(PR_3)和胂(AsR_3)(R 为烷基或芳基)却是金属配位化学中广泛使用的配体。不同于氨和烷基胺配体的硬碱性质,膦和胂[例如 $P(C_2H_5)_3$ 和 $As(C_6H_5)_3$]都是软配体,往往结合在具有低氧化态中心金属原子的络合物中。这类络合物的稳定性与低氧化态金属的软接受体性质相关,即软给予体-软接受体结合所带来的稳定性(节 4.9)。

本族元素氢化物都是锥形结构,但自上而下键角逐渐减小:

$$NH_3 \quad 107.8° \qquad PH_3 \quad 93.6° \qquad AsH_3 \quad 91.8° \qquad SbH_3 \quad 91.3°$$

键角从 NH_3 到 SbH_3 的巨大变化归因于 sp^3 杂化程度的减少,但空间效应可能也起到一部分作用。E—H 键的键电子对彼此排斥:中心原子(E)的半径小(如 NH_3)时,排斥力最大,氨的 H 原子(接近四面体方式排布)将尽可能远离。随着中心原子半径自上而下增大,键电子对的斥力减小,键角接近 90°。

从图 10.6 给出的沸点可以明显地看出,PH_3、AsH_3 和 SbH_3 中氢键相互作用很小(如果存在的话),但 PH_3 和 AsH_3 可被强酸(如 HI)质子化,分别生成鏻离子(PH_4^+)和钾离子(AsH_4^+)。

15.11　卤化物

本族所有元素都可至少与一种卤素元素形成三卤化物。磷、砷、锑形成稳定的五卤化物。

(a) 氮的卤化物

提要：除 NF_3 外，氮的其他三卤化物不稳定。氮的三碘化物是危险的爆炸物。

三氟化氮(NF_3)是氮唯一的释能二元卤素化合物。这个锥形分子不活泼。不像氨那样，NF_3 不是个 Lewis 碱。这是因为三个强电负性的 F 原子使得孤对电子不能再提供配位。NH_3 分子中 N—H 键的极性是 $^{\delta-}$N—H$^{\delta+}$，而 NF_3 中 N—F 键的极性则是 $^{\delta+}$N—F$^{\delta-}$。三氟化氮可通过下述反应转化为 N(Ⅴ)物种 NF_4^+：

$$NF_3(l)+2F_2(g)+SbF_3(l) \longrightarrow [NF_4^+][SbF_6^-](sol)$$

三氯化氮(NCl_3)是个高吸能的、易爆的、黄色油状物。工业上用电解氯化铵水溶液的方法制备 NCl_3。它曾经用作面粉氧化加工的漂白剂。氮和氯的电负性相近，N—Cl 键极性不强。三溴化氮(NBr_3)是一种爆炸性的深红色油状物。三碘化氮(NI_3)为易爆炸固体。氮的电负性比溴和碘都要大，所以从 $^{\delta-}$N—X$^{\delta+}$ 意义上看，N—X 键具有极性。N 的形式氧化数为-3，溴和碘的形式氧化数为+1。

(b) 重元素的卤化物

提要：虽然氮的卤化物的稳定性有限，但是本族重元素却形成多种系列的化合物。三卤化物和五卤化物是通过卤化物的复分解反应合成衍生物的重要起始物。

本族元素除氮之外的三卤化物和五卤化物广泛用于合成化学。它们简单的化学式掩盖了有趣的结构化学问题。三卤化物的形态从气体到挥发性液体再到固体。例如，PF_3 沸点为-102 ℃，AsF_3 的沸点为 63 ℃，而 BiF_3 的熔点是 649 ℃。制备三卤化物的常用方法是通过单质与卤素的直接化合。三氟化磷不能用直接化合的方法合成，只能通过氟化物与三氯化物的复分解反应制备：

$$2PCl_3(l)+3ZnF_2(s) \longrightarrow 2PF_3(g)+3ZnCl_2(s)$$

三氯化物 PCl_3、$AsCl_3$、$SbCl_3$ 是制备一系列烷基、芳基、烷氧基、氨基衍生物非常有用的起始物，这是因为它们容易发生质子迁移和复分解：

$$ECl_3(sol)+3EtOH(l) \longrightarrow E(OEt)_3(sol)+3HCl(sol) \quad (E=P、As、Sb)$$

$$ECl_3(sol)+6Me_2NH(l) \longrightarrow E(NMe_2)_3(sol)+3[Me_2NH_2]Cl(sol) \quad (E=P、As、Sb)$$

三氟化磷(PF_3)在某些方面与 CO 相似，是个有趣的配体。像 CO 那样，是个弱的 σ 给予体和强的 π 接受体。PF_3 的络合物与羰基化合物相类似，如$[Ni(PF_3)_4]$是$[Ni(CO)_4]$的类似物(节 22.18)。π 接受体性质归因于 P—F 的反键 LUMO，它主要具有磷的 p 轨道性质。三卤化物也可作为温和的 Lewis 酸，与三烷基胺或卤化物离子等 Lewis 碱结合。许多卤离子络合物已被离析出来，如简单的单核物种 $AsCl_4^-$(**16**)和 SbF_5^{2-}(**17**)。由卤离子桥连的更为复杂的双核和多核阴离子也都有发现，如链状聚阴离子($[BiBr_3]^{2-}$)$_n$，其中 Bi(Ⅰ)周围以畸变八面体方式排列着 6 个溴原子。

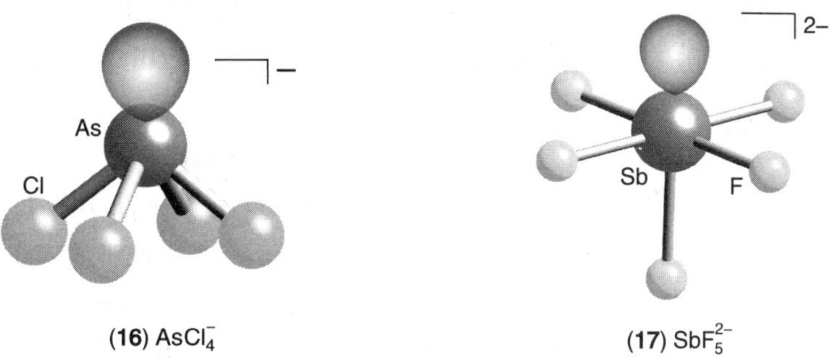

(**16**) $AsCl_4^-$　　(**17**) SbF_5^{2-}

五卤化物存在着从气体(如 PF_5，沸点-85 ℃和 AsF_5，沸点-53 ℃)到固体(如 PCl_5，162 ℃升华和 BiF_5，熔点 154 ℃)的各种形态。五配位的气相分子为三角双锥构型。不同于 PF_5 和 AsF_5，SbF_5 是一种高黏性液体，其分子间通过 F 原子桥聚合在一起。在固态 SbF_5 中，F 原子桥连后形成环状四聚体(**18**)，反映出 Sb(Ⅴ)有实现六配位的倾向。PCl_5 也存在相关现象，在固态以$[PCl_4^+][PCl_6^-]$的形式存在。在这种场合，离子作用力对晶格焓的贡献提供了 Cl^- 从一个 PCl_5 分子转移到另一个 PCl_5 分子的驱动力。另一个贡献因素可能是 PCl_4 和 PCl_6 单元的交错搭建要比 PCl_5 单元的搭建更高效。P、As、Sb、Bi 的五氟化物均是强 Lewis 酸(节 4.6)。SbF_5 是个很强的 Lewis 酸，如要比三卤化铝的酸性强得多。SbF_5 或 AsF_5 加于无水 HF 时形成超强酸(节 4.14)：

$$SbF_5(l)+2HF(l) \longrightarrow H_2F^+(sol)+SbF_6^-(sol)$$

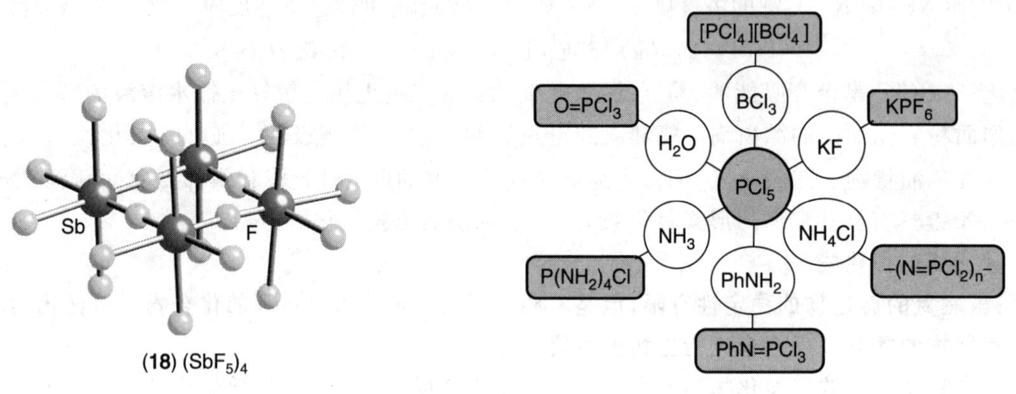

图 15.5　五氯化磷的用途

五卤化物中的 PCl_5 和 $SbCl_5$ 是稳定的，而 $AsCl_5$ 极不稳定。这种差别是交替效应[节 9.2(c)]的一个证明。$AsCl_5$ 的不稳定性归因于 3d 电子的弱屏蔽力而导致有效核电荷增加，后者又导致了"d 区收缩"和 As 的 4s 轨道能量的降低。因此，4s 电子难以被激发而生成 $AsCl_5$。

P 和 Sb 的五氯化物在合成上非常重要。PCl_5 在实验室和工业上广泛用作反应起始物，图 15.5 中给出它的一些特征反应。需要注意的是，PCl_5 与 Lewis 酸反应生成 PCl_4^+ 的盐，与像 F^- 这样的简单 Lewis 碱生成六配位络合物(如 PF_6^-)。PCl_5 遇到含 NH_2 的化合物时形成 P—N 键，遇到 H_2O 或 P_4O_{10} 生成 $O{=}PCl_3$。

15.12　氧卤化物

提要：亚硝基和硝基卤化物常用作卤化试剂。磷酰基卤化物是合成有机膦衍生物的重要工业原料。

氮可以形成所有卤素的亚硝基卤化物(NOX)和硝基卤化物(NO_2X)，化学式中的 X＝F、Cl、Br 和 I。亚硝基卤化物和 NO_2F 由卤素分别与 NO 或 NO_2 直接反应生成：

$$2NO(g)+Cl_2(g) \longrightarrow 2NOCl(g)$$

$$2NO_2(g)+F_2(g) \longrightarrow 2NO_2F(g)$$

两个产物都是活泼气体，氧氟化物和氧氯化物都是有用的氟化试剂和氯化试剂。

室温下用 O_2 与三卤化磷反应不难得到磷酰基卤化物 $POCl_3$ 和 $POBr_3$。氟和碘的类似化合物是由 $POCl_3$ 与金属氟化物或金属碘化物反应制备的：

$$POCl_3(l)+3NaF(s) \longrightarrow POF_3(g)+3NaCl(s)$$

所有这些 P(Ⅴ)分子都为四面体构型，其中含有 P═O 键。POF_3 是气体，$POCl_3$ 是无色液体，$POBr_3$ 是棕色固体，POI_3 是紫色固体。它们均易水解，在空气中发烟，与 Lewis 酸形成加合物。它们提供了一条有机磷化合物的合成路线，这些有机磷化合物用于大规模制造增塑剂、润滑油添加剂、农药和表面活性剂。例如，与醇或酚反应生成 $(RO)_3PO$，与 Grignard 试剂(节 12.13)反应生成 R_nPOCl_{3-n}。

$$3ROH(l)+POCl_3(l) \longrightarrow (RO)_3PO(sol)+3HCl(sol)$$

$$nRMgBr(sol)+POCl_3(sol) \longrightarrow R_nPOCl_{3-n}(sol)+nMgBrCl(s)$$

15.13　氮的氧化物和含氧阴离子

提要：在常温和 pH 为 7 的条件下，释出或消耗 N_2 的氮氧化合物的反应通常都非常缓慢。

从图 15.6 给出的 Frost 图中能够推断第 15 族元素化合物在酸性水溶液中的氧化还原性质。图上最右部各线段斜率的陡度显示出各元素+5 氧化态被还原的热力学趋势。例如，从图可知，Bi_2O_5 可能是个强氧化剂，这一推断与惰性电子对效应和 Bi(Ⅴ)形成 Bi(Ⅲ)的趋势相一致。下一个最强的氧化剂是 NO_3^-。As(Ⅴ)和 Sb(Ⅴ)都是温和的氧化剂，以磷酸形式而存在的 P(Ⅴ)是个非常弱的氧化剂。

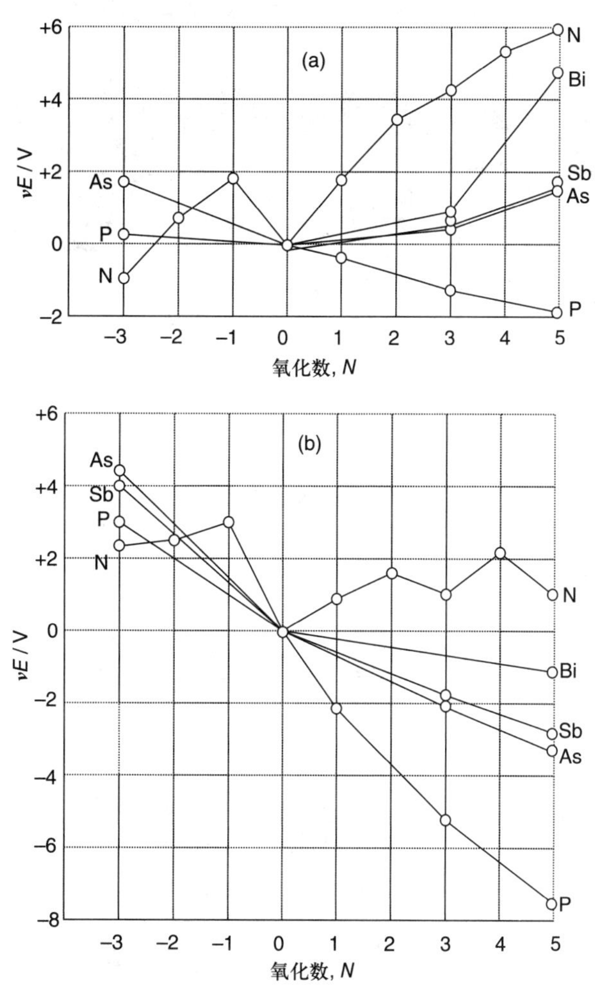

图 15.6　氮族元素在酸性溶液(a)和碱性溶液(b)中的 Frost 图

氮元素广泛存在于大气圈、生物界、工业上和实验室中，所以氮的氧化还原性质很重要。氮化学相当复杂，部分是由于氮的氧化态繁多，也由于热力学允许的反应往往进行得十分缓慢或者严重依赖于反应物本身的反应速率。由于 N_2 分子的动力学惰性，耗 N_2 的氧化还原反应进行缓慢。此外，N_2 的形成往往也缓慢，而且在水溶液中可能就不能形成(见图 15.7)。与几种其他 p 区元素一样，高氧化态含氧阴离子(如 NO_3^-)的反应能垒大于低氧化态含氧阴离子(如 NO_2^-)。也要记住，低 pH 能够增强含氧阴离子的氧化能力(节 5.6)。低 pH 也能通过加合质子使氧化反应加速，这一步可能有利于其后发生的 N—O 键的断裂。

氮的氧化物和含氧阴离子的某些性质分别总结于表 15.2 和表 15.3 中，两张表能够帮助我们掌握性质的细节。

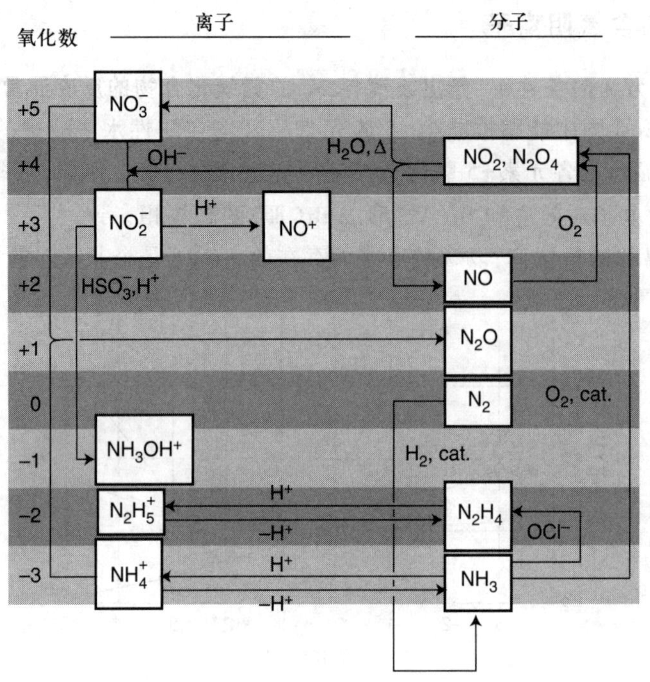

图 15.7　重要氮物种之间的相互转化

表 15.2　氮的氧化物

氧化数	化学式	名称	结构(气相)	备注
+1	N_2O	亚氮氧化物（二氮氧化物）	119 pm	无色、不活泼气体
+2	NO	氮氧化物（一氧化物）	115 pm	无色、活泼的顺磁性气体
+3	N_2O_3	三氧化二氮	平面	蓝色液体(熔点 −101 ℃)，气相中解离为 NO 和 NO_2
+4	NO_2	二氧化氮	119 pm　134°	棕色、活泼的顺磁性气体

续表

氧化数	化学式	名称	结构(气相)	备注
+4	N_2O_4	四氧化二氮	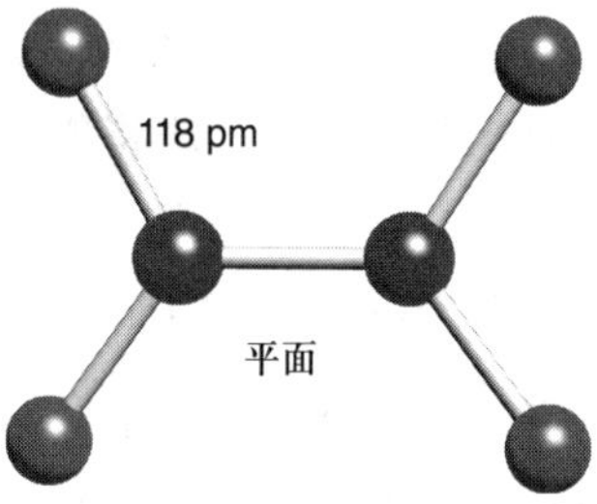 118 pm 平面	无色液体(熔点 -11 ℃),气相中与 NO_2 处于平衡
+5	N_2O_5	五氧化二氮	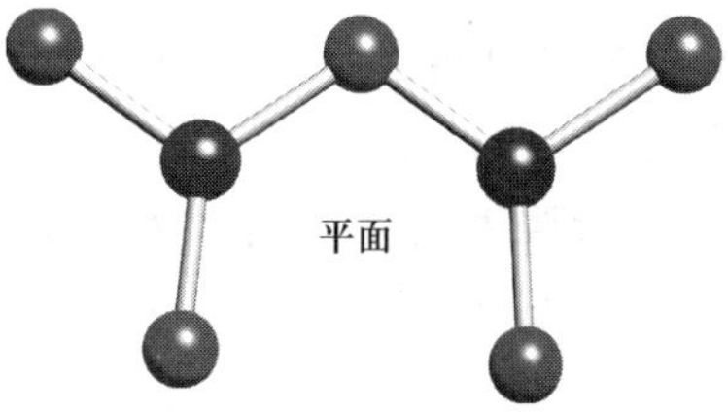 平面	无色、不稳定、结晶为离子型固体[NO_2^+][NO_3^-]

表 15.3　氮 氧 离 子

氧化数	化学式	名称(俗名)	结构	备注
+1	$N_2O_2^{2-}$	连二次硝酸根	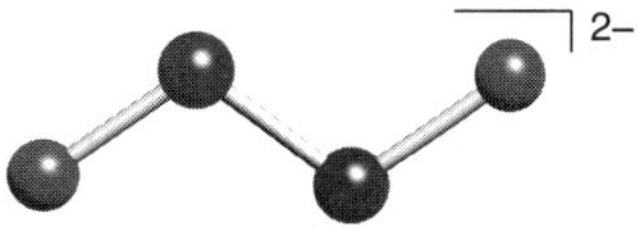 2−	通常用作还原剂
+3	NO_2^-	亚硝酸根	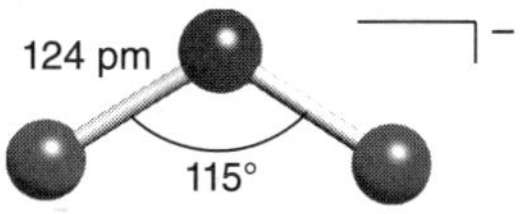 124 pm 115° −	弱碱,用作氧化剂和还原剂
+3	NO^+	亚硝𬭩离子 (亚硝酰阳离子)	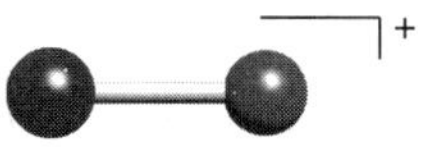 +	氧化剂和 Lewis 碱,π 接受体配体
+5	NO_3^-	硝酸根	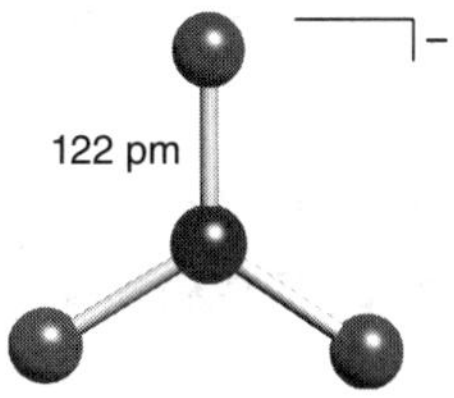 122 pm −	极弱的碱,氧化剂
+5	NO_2^+	硝𬭩离子 (硝酰阳离子)	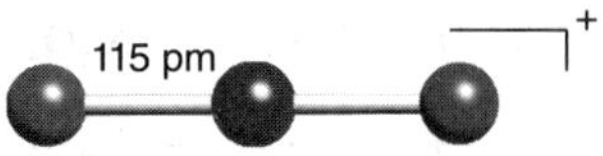 115 pm +	氧化剂,硝化试剂,Lewis 酸

(a) 氮(Ⅴ)的氧化物和含氧阴离子

提要：室温下硝酸根离子是一种强而作用缓慢的氧化剂，强酸和加热可加速反应。

硝酸 HNO_3 是最常见的氮(Ⅴ)化合物，是用来生产肥料、炸药和多种含氮化学品的一种主要工业品。硝酸的生产使用现代版的 Ostwald 法，该法不是直接将 N_2 转化为高氧化态化合物 HNO_3，而是经由最低氧化态化合物(NH_3)实现这一转化。首先利用 Haber 法将 N_2 还原至-3 氧化态(NH_3)，然后将其氧化至+4 氧化态：

$$4NH_3(g)+7O_2(g) \longrightarrow 6H_2O(g)+4NO_2(g) \qquad \Delta_r G^{\ominus}=-308.0\ kJ \cdot (mol\ NO_2)^{-1}$$

加热条件下，NO_2 在水中歧化为 N(Ⅱ)和 N(Ⅴ)：

$$3NO_2(aq)+H_2O(l) \longrightarrow 2HNO_3(aq)+NO(g) \qquad \Delta_r G^{\ominus}=-5.0\ kJ \cdot (mol\ HNO_3)^{-1}$$

所有各步在热力学上都是有利的。副产品 NO 用 O_2 氧化为 NO_2 参与再循环。之所以使用这个间接路线，是因为 N_2 直接氧化为 NO_2 的反应在热力学上不利[$\Delta_r G^{\ominus}(NO_2,g)=+51\ kJ \cdot mol^{-1}$]。这是一个耗能过程，主要原因是 N≡N 键的强度大($950\ kJ \cdot mol^{-1}$)。

标准电位数据显示 NO_3^- 是个中等强度的氧化剂。然而在稀酸溶液中反应通常进行得比较缓慢。由于 O 原子的质子化会促使 N—O 键的断裂，浓硝酸(其中的 NO_3^- 被质子化)的反应快于稀硝酸(其中的 NO_3^- 充分地脱去了质子)。低 pH 条件下，HNO_3 也是个热力学上更有利的氧化剂。作为氧化性的一个标志是浓硝酸呈黄色，这是因为浓硝酸不稳定，分解为 NO_2 所致：

$$4HNO_3(aq) \longrightarrow 4NO_2(aq)+O_2(g)+2H_2O(l)$$

光和热能加速分解。

NO_3^- 的还原很难产生单一产物，而是得到多种低氧化态的氮化合物。例如，强还原剂(如 Zn)可将稀硝酸一直还原至氮的最低氧化态(-3)：

$$HNO_3(aq)+4Zn(s)+9H^+(aq) \longrightarrow NH_4^+(aq)+3H_2O(l)+4Zn^{2+}(aq)$$

较弱的还原剂(如 Cu)只能将浓硝酸还原为+4 氧化态：

$$2HNO_3(aq)+Cu(s)+2H^+(aq) \longrightarrow 2NO_2(aq)+Cu^{2+}(aq)+2H_2O(l)$$

对稀硝酸而言，还原至+2 氧化态(生成 NO)是有利的：

$$2NO_3^-(aq)+3Cu(s)+8H^+(aq) \longrightarrow 2NO(g)+3Cu^{2+}(aq)+4H_2O(l)$$

“王水”是浓硝酸和浓盐酸的混合物，其分解产物 NOCl 和 Cl_2 的存在使液体呈黄色。随着这些挥发性产物的不断离去王水会失效：

$$HNO_3(aq)+3HCl(aq) \longrightarrow NOCl(g)+Cl_2(g)+2H_2O(l)$$

由于能溶解金和铂等贵金属，冶金术士称这种混合物为“王水”(拉丁语为“御水”之意)。金在浓硝酸中仅被少量溶解，但王水中的 Cl^- 可快速与 Au^{3+} 络合生成$[AuCl_4]^-$，从而导致溶液中 Au^{3+} 的浓度极低，进而导致反应继续。

$$Au(s)+NO_3^-(aq)+4Cl^-(aq)+4H^+(aq) \longrightarrow [AuCl_4]^-(aq)+NO(g)+2H_2O(l)$$

硝酸的酸酐是 N_2O_5，它是个晶形固体，更精确地化学式应是$[NO_2^+][NO_3^-]$。N_2O_5 可用 P_4O_{10} 将硝酸脱水的方法制备：

$$4HNO_3(l)+P_4O_{10}(s) \longrightarrow 2N_2O_5(s)+4HPO_3(l)$$

固体 N_2O_5 在 32 ℃升华，气态分子解离为 NO_2 和 O_2。N_2O_5 是一种强氧化剂，可用于合成无水硝酸盐：

$$N_2O_5(s)+Na(s) \longrightarrow NaNO_3(s)+NO_2(g)$$

例题 15.3　N(Ⅴ)、As(Ⅴ)、Bi(Ⅴ)的稳定性变化趋势

题目：N(Ⅴ)、As(Ⅴ)、Bi(Ⅴ)化合物的氧化性强于插入其间的两元素+5 氧化态的化合物。解释周期表中这种变化趋势。

答案：第 9 章讨论了一些周期性变化趋势。p 区轻元素的电负性高于周期表中紧邻的下方元素，因此是很好的氧化剂，本身不易被氧化。正氧化态的氮通常是很好的氧化剂。由于存在交替效应（这种效应产生于 3d 电子弱的屏蔽效应而增加的有效核电荷 Z_{eff}），As(Ⅴ)化合物的稳定性远不及同一氧化态的 P 和 Sb 的化合物。铋的电负性低得多，但由于惰性电子对效应，+3 氧化态要比+5 氧化态稳定得多。

自测题 15.3　从周期表中的变化趋势，判断磷和硫哪个可能是更强的氧化剂？

(b) 氮(Ⅳ)和氮(Ⅲ)的氧化物和含氧阴离子

提要：氮的中间氧化态化合物容易发生歧化反应。

棕色的 NO_2 和它的无色二聚体四氧化二氮 N_2O_4 存在于平衡混合物中：

$$N_2O_4(g) \rightleftharpoons 2NO_2(g) \quad K(25\ ℃)=0.115$$

N_2O_4(**19**)容易解离的事实与其长而弱的 N—N 键相一致。未成对电子占据的分子轨道几乎等同地分布在 NO_2 的三个原子而不是集中在 N 原子上。这种结构不同于与其等电子的草酸根离子($C_2O_4^{2-}$)，后者中的 C—C 键更强些，是因为 CO_2^- 中的电子更多地集中在 O 原子上。

氮(Ⅳ)氧化物是有毒的氧化剂，以低浓度存在于大气中，特别是存在于光化学烟雾中。它在碱性溶液中歧化为 N(Ⅲ)和 N(Ⅴ)，形成 NO_2^- 和 NO_3^-(见图 15.6)：

$$2\ NO_2(g)+2\ OH^-(aq) \longrightarrow NO_2^-(aq)+NO_3^-(aq)+H_2O(l)$$

酸性溶液中(如在 Ostwald 法中)的反应产物是 N(Ⅱ)而不是 N(Ⅲ)，这是因为亚硝酸本身容易歧化：

$$3\ HNO_2(aq) \longrightarrow NO_3^-(aq)+2\ NO(g)+H_3O^+(aq) \quad E^\ominus=+0.05\ V \quad K=50$$

亚硝酸(HNO_2)是个强氧化剂：

$$HNO_2(aq)+H^+(aq)+e^- \longrightarrow NO(g)+H_2O(l) \quad E^\ominus=+1.00\ V$$

作为氧化剂的反应往往比其歧化反应更快速(应用相关文段 15.4)。

由于 HNO_2 能转化为亚硝鎓离子(NO^+)，所以酸能提高亚硝酸氧化反应的速率：

$$HNO_2(aq)+H^+(aq) \longrightarrow H_2NO_2^+(aq) \longrightarrow NO^+(aq)+H_2O(l)$$

亚硝鎓离子是个强 Lewis 酸，能与阴离子和其他 Lewis 碱迅速形成络合物。所得物种本身不易被氧化，如在 SO_4^{2-} 或 F^- 溶液中分别形成$[O_3SONO]^-$(**20**)或 ONF(**21**)。实验表明，HNO_2 与 I^- 反应能够快速生成 INO：

$$I^-(aq)+NO^+(aq) \longrightarrow INO(aq)$$

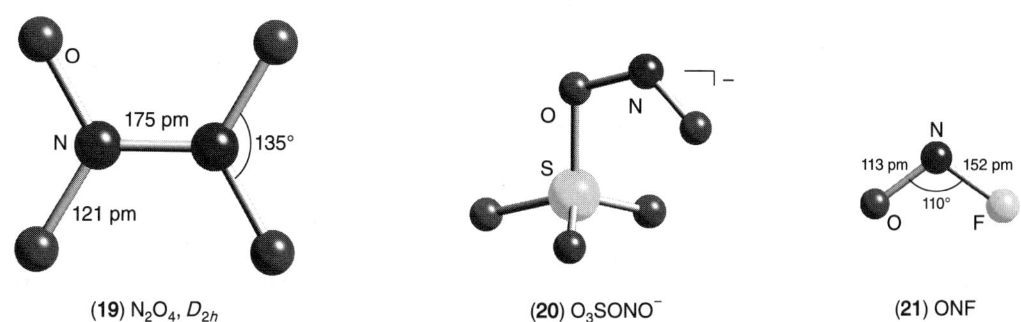

(**19**) N_2O_4, D_{2h}　　(**20**) O_3SONO^-　　(**21**) ONF

接着两个 INO 分子之间发生决定速率的二级反应：

$$2\ INO(aq) \longrightarrow I_2(aq)+2\ NO(g)$$

亚硝鎓盐(如[NO][BF_4])含有弱配位阴离子。这种盐是非常有用的实验室试剂,用作快速氧化剂和NO^+源。

三氧化二氮(N_2O_3)是亚硝酸的酸酐,在约-100 ℃以下为蓝色固体,熔化后生成蓝色液体,后者解离为NO和NO_2

$$N_2O_3(l) \longrightarrow NO(g) + NO_2(g)$$

NO_2显示黄棕色的事实意味着,解离得越多,蓝色液体逐渐透出更多的绿色。

(c) 氮(Ⅱ)氧化物

提要:一氧化氮是个强的π接受体配体,是城市大气中难以处理的一种污染物。一氧化氮分子可作为一种神经递质。

氮(Ⅱ)氧化物与O_2反应生成NO_2,但气相的反应对NO是二级反应。这是因为其后与O_2分子发生碰撞的是瞬间产生的二聚体$(NO)_2$。因为是个二级反应,大气中的NO(由燃煤火力发电厂和内燃机所释放)转化为NO_2的速率较慢。

由于NO是个吸能化合物,应该有可能找到对应的催化剂将污染物NO转化为大气气体N_2和O_2排至自然界。人们已经知道沸石中的Cu^+能催化分解NO,对催化机理也有所了解。然而,因为对副产品二噁英的担心,该体系在世界一些地区未得到使用。

应用相关文段15.4 亚硝酸盐在处理肉品时的作用

几个世纪以来,保存肉类的方法是用食盐腌制以脱去细菌生长所必要的水分。这种方法的一个副作用是某些肉类的色泽变红且味道独特。人们发现这种现象是由亚硝酸盐造成的,亚硝酸盐是由盐中存在的痕量硝酸钠在腌制过程中被细菌还原产生的。当今人们直接使用亚硝酸钠处理肉品(如熏肉、火腿和香肠)。

亚硝酸盐能够延缓肉毒杆菌的发作,减慢肉品腐烂,保持香料的香味。亚硝酸盐转化为NO,后者与肌红蛋白结合呈现的色素即鲜肉的自然红色。肌红蛋白NO复合物为深红色,致使腌肉颜色为典型的亮粉红色。腊肉中有时可看到亚硝酸盐与肌红蛋白反应呈现的绿色。绿色的出现被称为亚硝酸盐灼伤,肌红蛋白中的血红素被亚硝酸盐硝化时发生这种情况。

(d) 低氧化态氮与氧形成的化合物

提要:由于动力学原因,一氧化二氮不活泼。

一氧化二氮N_2O是无色的不活泼气体,由熔融硝酸铵的反歧化反应制备。操作时必须小心谨慎以免发生爆炸,反应中阳离子是被阴离子氧化的:

$$NH_4NO_3(l) \xrightarrow{250\ ℃} N_2O(g) + 2\ H_2O(g)$$

标准电位数据表明,不论在酸性或碱性溶液中,N_2O都是强氧化剂:

$$N_2O(g) + 2\ H^+(aq) + 2e^- \longrightarrow N_2(g) + H_2O(l) \qquad E^\ominus = +1.77\ V \quad pH = 0$$

$$N_2O(g) + H_2O(l) + 2e^- \longrightarrow N_2(g) + 2\ OH^-(aq) \qquad E^\ominus = +0.94\ V \quad pH = 14$$

然而这里起决定作用的是动力学因素,室温下N_2O与许多试剂不发生反应。

例题15.4 比较氮的含氧阴离子和含氧化合物的氧化还原性质

题目:比较(a)用作氧化剂的NO_3^-和NO_2^-,(b)用作还原剂的N_2H_4和H_2NOH。

答案:参考图15.6,并用5.13的叙述做解释。(a) NO_3^-和NO_2^-都是强氧化剂。前者的反应往往较慢,但在酸性溶液中往往会加快。NO_2^-的反应往往比较快,在酸性溶液中甚至更快。NO^+是NO_2^-反应中常见的一种可识别的中间体。(b) 肼和羟胺都是良好的还原剂。在碱性溶液中,肼是个更强的还原剂。

自测题15.4 (a) 比较NO_2、NO、N_2O在空气中被氧化的难易程度。(b) 总结合成肼和羟胺的反应。电子转移过程和亲核取代过程哪一个更适合描述这些反应?

15.14　磷、砷、锑和铋的氧化物

提要：磷的氧化物包括 P_4O_6 和 P_4O_{10}，两者都是具有 T_d 对称性的笼状化合物。从砷到铋，+5 氧化态越来越易被还原至+3 氧化态。

磷可形成磷（Ⅴ）氧化物（P_4O_{10}）和磷（Ⅲ）氧化物（P_4O_6）。也可能离析出一个、两个或三个 O 原子以末端方式结合于 P 原子的中间组分。两个主要的氧化物都能发生水合生成相应的酸：P（Ⅴ）氧化物水合为磷酸（H_3PO_4），P（Ⅲ）氧化物水合为亚磷酸（H_3PO_3）。正如节 4.3 中讨论过的那样，亚磷酸中有一个 H 原子直接与 P 原子键合，因而是个二元酸，最好将其表示为 $O{=}PH(OH)_2$。

与高稳定性的磷（Ⅴ）氧化物不同，砷、锑、铋更易形成氧化数为+3 的氧化物，具体是指 As_2O_3、Sb_2O_3 和 Bi_2O_3。在气相，砷（Ⅲ）和锑（Ⅲ）氧化物的化学式为 E_4O_6，具有像 P_4O_6 那样的四面体结构。砷、锑、铋的确能形成+5 氧化态的氧化物，但铋（Ⅴ）氧化物不稳定，迄今还未能表征其结构。这是惰性电子对效应的又一个实例。

15.15　磷、砷、锑和铋的含氧阴离子

提要：磷的重要含氧阴离子包括 P(Ⅰ)物种的次磷酸根（$H_2PO_2^-$）、P（Ⅲ）物种的亚磷酸根（HPO_3^{2-}）和 P（Ⅴ）物种的磷酸根（PO_4^{3-}）。值得关注的是，两个低氧化态含氧阴离子中存在 P—H 键，并具有高的还原性。磷（Ⅴ）也形成被 O 桥连的多种聚磷酸盐。与氮（Ⅴ）物种不同，磷（Ⅴ）物种不是强氧化剂。As（Ⅴ）比 P（Ⅴ）更易被还原。

从表 15.4 中的 Latimer 图可以看出，除 P（Ⅴ）以外，元素磷及其大多数化合物都是强还原剂。白磷在碱性溶液中歧化为-3 氧化态的磷化氢 PH_3 和+1 氧化态的次磷酸根离子 $H_2PO_2^-$（见图 15.6）：

$$P_4(s)+3OH^-(aq)+3H_2O(l) \longrightarrow PH_3(g)+3H_2PO_2^-(aq)$$

表 15.4　磷的 Latimer 图

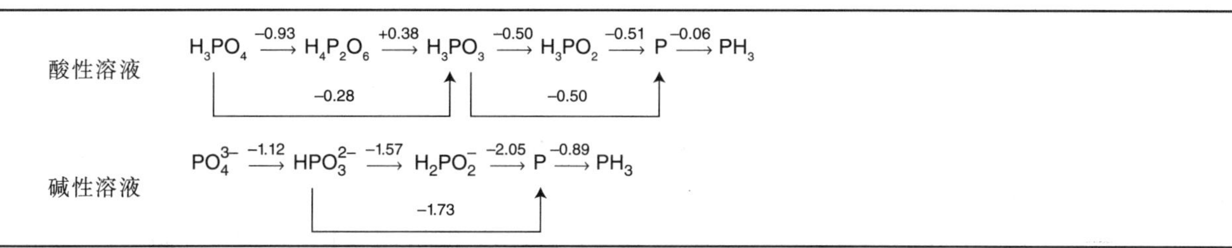

表 15.5 列出了一些常见磷的含氧阴离子（应用相关文段 15.5）。请注意结构中 P 原子的近四面体环境，即使存在 P—H 键的次磷酸根和亚磷酸根阴离子也是这样。各种 P（Ⅲ）氧合酸与含氧阴离子（包括 HPO_3^{2-} 和烷氧基磷烷）可在温和条件下（如在冷的四氯化碳溶液中）通过磷（Ⅲ）氯化物的溶剂解反应方便地进行合成：

$$PCl_3(l)+3\ H_2O(l) \longrightarrow H_3PO_3(sol)+3\ HCl(sol)$$

$$PCl_3(l)+3\ ROH(sol)+3\ N(CH_3)_3(sol) \longrightarrow P(OR)_3(sol)+3[HN(CH_3)_3]Cl(sol)$$

表 15.5　磷的一些含氧阴离子

氧化数	化学式	名称	结构	备注
+1	$H_2PO_2^-$	次磷酸根 （二氢二氧合磷酸盐）	−	快速还原剂

续表

氧化数	化学式	名称	结构	备注
+3	HPO_3^{2-}	亚磷酸根	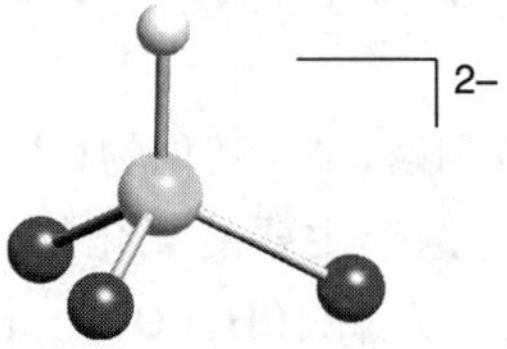	快速还原剂
+4	$P_2O_6^{4-}$	连二磷酸根	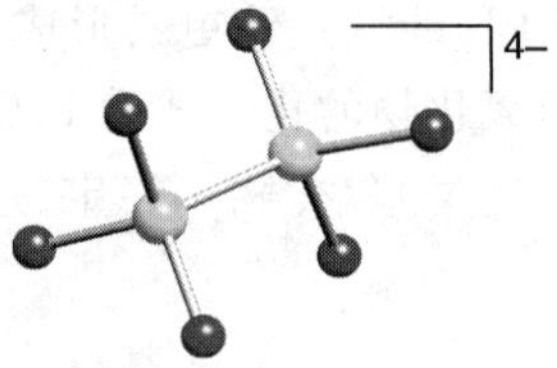	碱性
+5	PO_4^{3-}	磷酸根	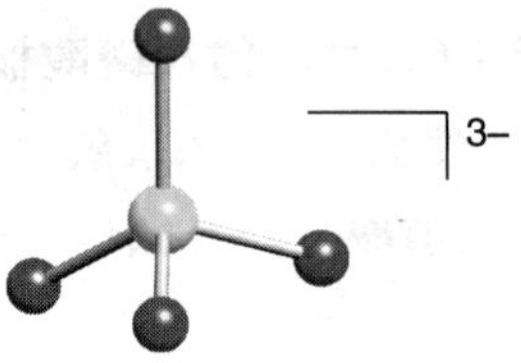	强碱性
+5	$P_2O_7^{4-}$	焦磷酸根	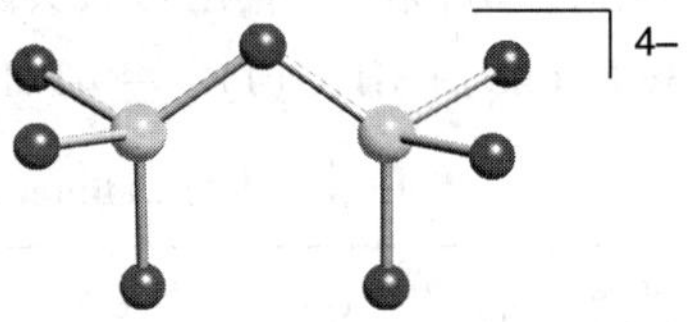	碱性，链状

$H_2PO_2^-$ 和 HPO_3^{2-} 参与的还原反应通常比较快速。这种能力用在工业上一个例子是进行“无极电镀”：用 $H_2PO_2^-$ 还原 $Ni^{2+}(aq)$ 将金属镍镀在物体表面上：

$$Ni^{2+}(aq)+2\ H_2PO_2^-(aq)+2\ H_2O(l) \longrightarrow Ni(s)+2\ H_2PO_3^-(aq)+H_2(g)+2\ H^+(aq)$$

元素的 Frost 图（见图 15.6）揭示了水溶液中类似的变化趋势。AsO_4^{3-} 不论从热力学趋势和动力学因素分析都容易被还原，这一点被看作是砷对动物有毒的关键因素。As(Ⅴ)以 AsO_4^{3-} 的形式模仿 PO_4^{3-} 进入细胞。与磷不同的是，它容易被还原为 As(Ⅲ)物种，后者被认为是实际上的毒剂。As(Ⅲ)物种的毒性可能是 As(Ⅲ)与含硫氨基酸的亲和力造成的。某些细菌能制造亚砷酸氧化酶（其中含有 Mo 辅因子），它可用于将 As(Ⅲ)转化为 As(Ⅴ)以降低砷的毒性。

应用相关文段 15.5　磷酸盐与食品工业

磷酸盐中的磷是生命的必需元素。人们自古以来就用磷酸盐（如骨粉、鱼肥、鸟粪等）作肥料。磷酸盐工业始于 19 世纪中期，那时是用硫酸分解遗骨和磷酸盐矿物的。当今合成路线更为经济，从而导致磷酸和磷酸盐的工业应用多样化。

世界磷酸产量的 90%以上用来制造肥料，但仍有其他一些用途。最重要的用途之一是在食品工业中。磷酸的稀溶液无毒而且有酸味，广泛用于饮料中产生酸味，在果酱和果冻中作为缓冲剂，在制糖业中作为净化剂。

磷酸盐和磷酸氢盐在食品工业上有许多应用。磷酸二氢钠（NaH_2PO_4）加于动物饲料作为食物补充剂。磷酸氢二钠（Na_2HPO_4）用作加工奶酪的乳化剂，与酪蛋白作用可以防止脂肪与水分离。磷酸的钾盐比钠盐易溶而且价格也较高。

磷酸氢二钾（K_2HPO_4）用作咖啡奶精的抗凝剂，与蛋白质的作用可防止咖啡酸凝结。一水合磷酸二氢钙［$Ca(H_2PO_4)_2 \cdot H_2O$］用作面包的发酵剂、蛋糕混合剂和制作自发酵面粉。它与 $NaHCO_3$ 一起在烘烤过程中会产生二氧化碳，也能与面粉蛋白作用以控制面团或混合物的弹性与黏性。磷酸一氢钙（$CaHPO_4 \cdot 2H_2O$）的最大用途是添加到无氟牙膏中用作牙齿抛光剂。焦磷酸钙 $Ca_2P_2O_7$ 用于含氟牙膏。磷酸钙 Ca_3PO_4 添加至糖和食盐中以提升流动性。

15.16　缩聚磷酸盐

提要：磷酸脱水生成链状或环状结构，这种结构可能是由多个 PO_4 单元构建而成的。

磷酸（H_3PO_4）加热至 200 ℃以上时发生缩合，形成两个相邻 PO_4^{3-} 单元之间的 P—O—P 桥（节 4.5）。缩合程度取决于加热的温度和时间：

$$2\ H_3PO_4(l) \longrightarrow H_4P_2O_7(l) + H_2O(g)$$

$$H_3PO_4(l) + H_4P_2O_7(l) \longrightarrow H_5P_3O_{10}(l) + H_2O(g)$$

最简单的缩合磷酸是 $H_4P_2O_7$。工业上最重要的缩合磷酸盐是三聚磷酸钠 $Na_5P_3O_{10}$（**22**），三聚磷酸钠广泛用作洗涤剂（加在洗衣机和洗碗机中），也用于其他清洁产品和水处理（应用相关文段 15.6）。聚磷酸盐也用作各种陶瓷制品和食品的添加剂。三磷酸盐（如三磷酸腺苷，ATP）对生物体至关重要（节 26.2）。

缩合磷酸盐的链长变化范围极大，最短的只含两个 PO_4 单元，长的则多达数千个。二、三、四和五聚磷酸盐已被离析出来，含五个以上 PO_4 单元的物种总是混合物。然而，平均链长可用通常的方法（如聚合物分析法或滴定法）进行测定，正如磷酸具有三个不同的酸性常数那样，多聚磷酸中两种类型 OH 基团的酸性常数也不同。端基 OH 基团（每个分子有两个）呈弱酸性；其余的 OH 基团（每个 P 原子有一个）呈强酸性（这是因为它们与强吸电子基团的═O 基为邻）。弱酸性与强酸性质子数之比给出了平均链长。

如果加热使 NaH_2PO_4 脱水并让水蒸气离开，则形成环状三聚阴离子 $P_3O_9^{3-}$（**23**）。如果反应在封闭体系中进行，产物则为 Maddrell's 盐，它是个含 PO_4 单元长链的晶态物质。P_4O_{10} 与冷的 NaOH 或 $NaHCO_3$ 溶液反应时生成环状四聚阴离子（**24**）。

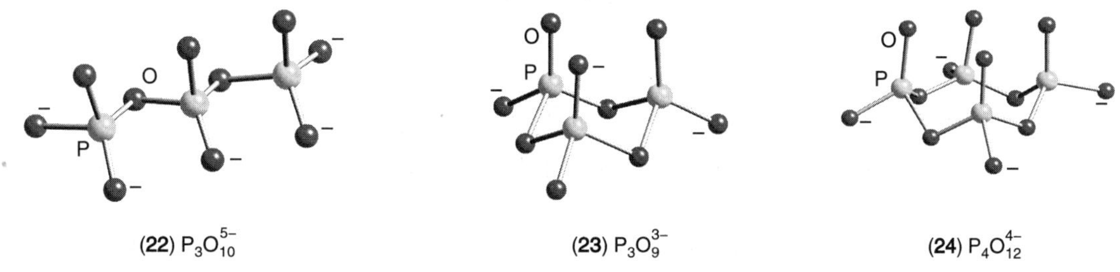

(22) $P_3O_{10}^{5-}$　　**(23)** $P_3O_9^{3-}$　　**(24)** $P_4O_{12}^{4-}$

例题 15.5　滴定法测定聚磷酸链的链长

题目：聚磷酸样品溶于水后用稀 NaOH(aq)进行滴定，两个化学计量点分别出现的碱液消耗 16.8 cm^3 和 28.0 cm^3 的时候，试确定聚磷酸盐链的长度。

答案：首先确定两种不同类型羟基的比例。强酸性的 OH 首先被滴定（16.8 cm^3），剩余两端的两个弱酸性 OH 基是由差值（28.0−16.8）cm^3 = 11.2 cm^3 滴定的。由于每个羟基需要消耗 5.6 cm^3（11.2 cm^3/2）的滴定剂，不难算得每个分子含 3 个（16.8 cm^3/5.6 cm^3）强酸性 OH。所以，含 2 个端羟基和 3 个其他羟基的聚磷酸是三聚磷酸。

自测题 15.5　用碱滴定聚磷酸样品的两个化学计量点消耗的滴定剂分别为 30.4 cm^3 和 45.6 cm^3。链长度是多少？

应用相关文段 15.6　聚磷酸盐

三聚磷酸钠（$Na_5P_3O_{10}$）是使用最广的聚磷酸盐，其主要用途是作为合成洗涤剂的“增效助剂”用于洗衣产品、洗车液和工业清洗剂。其作用是与硬水中的钙离子、镁离子形成稳定的络合物（该过程叫“螯合作用”），有效地使它们不形成沉淀。它也作为缓冲剂，防止污垢结絮和防止土壤颗粒再沉淀。

食品级三聚磷酸钠用于处理火腿和腊肉，它与蛋白质作用以保证加工过程适宜的湿度。它也用来改善加工鸡肉和海产食品的质量。如前所述，工业级三聚磷酸钠可用作软水剂。纸浆工业和纺织工业中用它破坏纤维素。

三聚磷酸钾（$K_5P_3O_{10}$）比相应的钠化合物水溶性更好、价格也更高，用在液体洗涤剂中。对于某些应用而言，权衡溶解性和生产成本，还可选用三聚磷酸钾钠（$K_2Na_3P_3O_{10}$）。

聚磷酸盐的使用已经造成藻类的过度生长，并导致一些天然水体富营养化。许多国家已限制使用这类产品，家用洗涤剂中的使用也有所减少。然而，磷酸盐仍然被广泛用作肥料，从农田流失进入河流和湖泊的量比洗涤剂还要多。

15.17　磷氮烯

提要：磷氮化合物的范畴广泛，包括环状磷氮烯和聚磷氮烯（PX_2N）$_n$。磷氮烯生成高柔韧性的弹性体。

存在许多磷氧化合物的类似化合物，其中的 O 原子被等叶瓣的 NR 或 NH 基团所代替。例如，$P_4(NR)_6$（**25**）可以看作是 P_4O_6 的类似物［节 22.20(c)］。用等叶瓣的 NH_2 或 NR_2 取代 OH 或 OR 基团，则会衍生出另一系列的化合物，如 $P(OMe)_3$ 的类似物为 $P(NMe_2)_3$。学习 PN 化学需要记住的另一个要点是，PN 在结构上等价于 SiO。例如，含有 R_2PN 单元（**26**）的各种链状和环状磷氮烯类似硅氧烷（节 14.16）和其中的 R_2SiO 单元（**27**）。

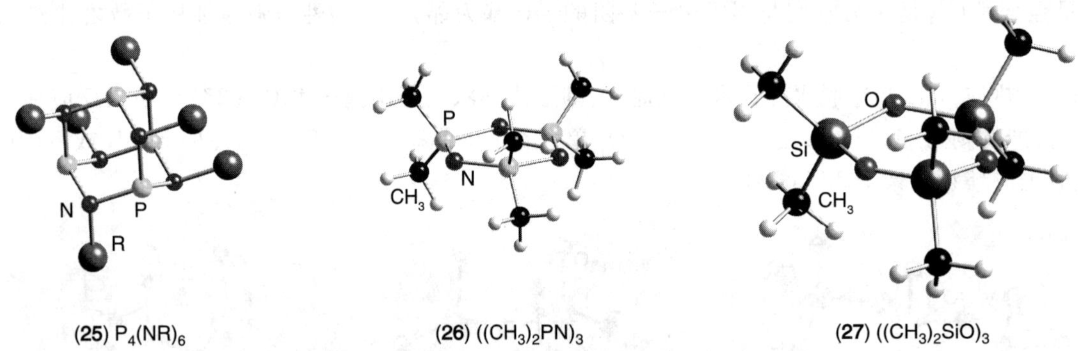

(25) $P_4(NR)_6$　　**(26)** $((CH_3)_2PN)_3$　　**(27)** $((CH_3)_2SiO)_3$

环状磷氮烯的二氯化物是制备更多磷氮烯优良的起始物。它们不难通过下述反应合成：

$$n\ PCl_5 + n\ NH_4Cl \longrightarrow (Cl_2PN)_n + 4n\ HCl \quad n=3、4$$

该反应在氯代烃溶剂中加热到接近 130 ℃时产生环状三聚磷氮烯（**28**）和四聚磷氮烯（**29**）。三聚体加热至约 290 ℃时变成多聚磷氮烯（应用相关文段 15.7）。三聚体、四聚体和多聚体中的 Cl 原子易被其他 Lewis 碱所取代。

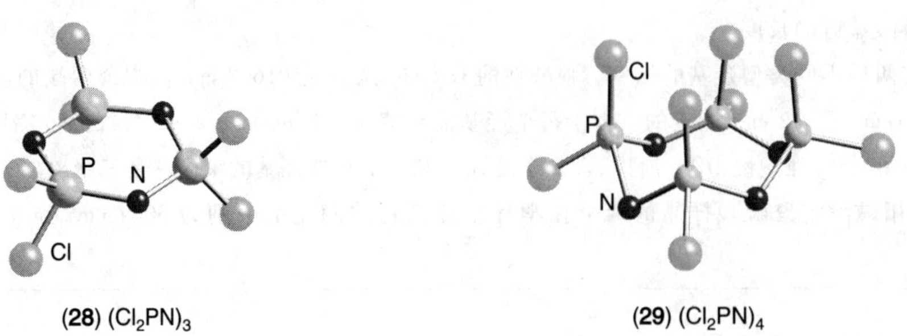

(28) $(Cl_2PN)_3$　　**(29)** $(Cl_2PN)_4$

大阳离子双三苯基膦二亚胺[$Ph_3P=N=PPh_3$]$^+$(通常缩写为 PPN^+)与大阴离子的成盐非常有用。这种阳离子的盐在极性非质子溶剂中通常是可溶的。例如,溶解在 HMPA[六甲基磷酰三胺,$(Me_2N)_3P=O$]、二甲基甲酰胺(DMF)中,甚至能溶于二氯甲烷。

应用相关文段 15.7 聚磷氮烯在生物医学中的应用

可发生生物降解的聚合物是人们感兴趣的生物医学材料,因为这类材料在活体生物体内只能存在一段时间。聚磷氮烯被证明非常有用,这是因为它们可降解生成无害的副产物,而且其物理性质可通过改变 P 原子上的取代基进行调节。它们可以用作生物体植入设备的惰性外壳材料、心脏瓣膜和血管的结构材料,以及体内骨再生期间可降解的支撑材料。适于最后这一用途的最好的聚磷氮烯能够形成纤维,这种纤维的 P—N 骨架是由能够与 Ca^{2+} 形成化学键的烷氧基组成的。该聚合物纤维能与患者的成骨细胞融合在一起。随着成骨细胞的繁殖,聚磷氮烯纤维逐步降解并占据纤维之间的空间。聚磷氮烯是这样设计的:它能以特定的速率发生水解,并在水解过程中保持其强度。

聚磷氮烯也用于药物的传递系统。具有生物活性的分子先被钳入聚合物结构或掺入聚合物的 P—N 骨架中,在随后的降解过程中释放出来。改变聚合物构架的结构可以控制其降解速率,从而控制药物的传递速率。可用这种方式传递的药物包括顺铂、多巴胺和类固醇:

$$(Cl_2PN)_n+2n\ CF_3CF_2O^- \longrightarrow [CF_3CF_2O)_2PN]_n+2n\ Cl^-$$

像硅橡胶那样,聚磷氮烯橡胶在低温下仍然保持着良好的弹性。这是因为像 SiOSi 基团那样,该分子为螺旋状分子,PNP 基团也具有很高的柔性。

15.18 砷、锑和铋的金属有机化合物

砷、锑和铋在许多金属有机化合物中呈现+3 和+5 氧化态。+3 氧化态化合物的一个例子是 $As(CH_3)_3$(**30**),+5 氧化态化合物的例子如 $As(C_6H_5)_5$(**31**)。有机砷化合物曾被广泛用于治疗细菌感染,也用作除草剂和杀菌剂。但由于毒性高,已经不再具有重要的工业用途了。

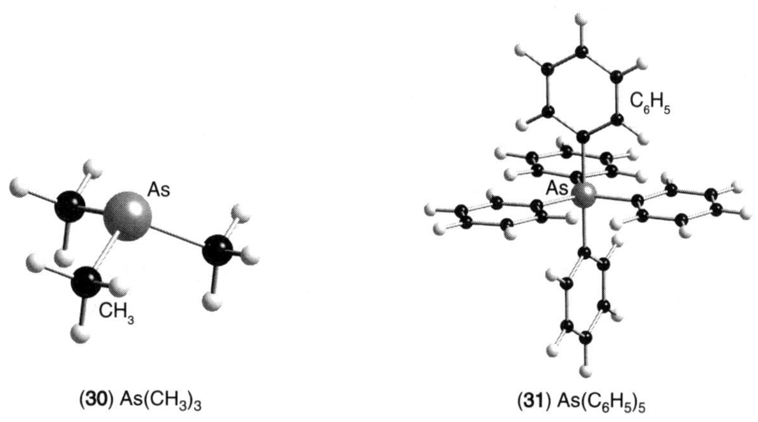

(**30**) $As(CH_3)_3$ (**31**) $As(C_6H_5)_5$

(a) +3 氧化态

提要:金属有机化合物的稳定性按 As>Sb>Bi 的顺序减小;芳基化合物比烷基化合物更稳定。

砷(Ⅲ)、锑(Ⅲ)、铋(Ⅲ)的金属有机化合物可在乙醚溶剂中用 Grignard 试剂、有机锂试剂或有机卤化物制备:

$$AsCl_3(et)+3\ RMgCl(et) \longrightarrow AsR_3(et)+3\ MgCl_2(et)$$

$$AsR_2Br(et)+R'Li(et) \longrightarrow AsR_2R'(et)+LiBr(et)$$

$$2\ As(et)+3\ RBr(et) \xrightarrow{Cu/\triangle} AsRBr_2(et)+AsR_2Br(et)$$

这些化合物都易被氧化,但对水却是稳定的。对给定的 R 基团而言,M—C 键强度降低的顺序为 As>Sb>

Bi。因此,化合物的稳定性按同一顺序降低。另外,芳基化合物[如 $As(C_6H_5)_3$]通常比烷基化合物更稳定。卤素取代的化合物 R_nMX_{3-n} 已被成功地制备和表征。

所有这些化合物都可作为 Lewis 碱并与 d 金属形成络合物。碱性降低的顺序为 As>Sb>Bi。许多烷基和芳基砷烷的金属络合物已经制备出来,但已知的锑烷络合物却不多。一个有用的配体是叫作邻苯二胂(diars,**32**)的二齿化合物,因为具有软给予体的特性,迄今已经制备出软金属离子[Rh(Ⅰ)、Ir(Ⅰ)、Pd(Ⅱ)和 Pt(Ⅱ)]的许多烷基和芳基胂烷络合物。然而硬度的标准比较模糊,如果看到一些高氧化态金属与膦或胂烷形成的络合物,您不要感到惊奇。例如,络合物(**33**)中不常见的+4 氧化态钯就是被 diars 稳定的。

(32) $C_6H_4(As(CH_3)_2)_2$,diars

(33) $[PdCl_2(diars)_2]^{2+}$

邻苯二胂的制备提供了合成有机胂化合物一个良好的实例。起始物$(CH_3)_2AsI$的合成并不方便,由 AsI_3 和 Grignard 试剂(或类似的碳负离子)之间的复分解反应不能有选择性的提供二甲基取代产物。这是因为当有机基团很小时,无法控制反应实现砷原子上的部分取代。所以制备该化合物直接采用单质砷与卤代烷 CH_3I 的反应:

$$4As(s)+6CH_3I(l) \longrightarrow 3(CH_3)_2AsI(sol)+AsI_3(sol)$$

得到的$(CH_3)_2AsI$再与钠反应产生$[(CH_3)_2As]^-$。

$$(CH_3)_2AsI(sol)+2Na(sol) \longrightarrow NaAs(CH_3)_2(sol)+NaI(s)$$

生成的强的亲核试剂$(CH_3)_2As^-$用于取代邻二氯苯中的氯:

$$C_6H_4Cl_2 + 2\,NaAs(CH_3)_2 \longrightarrow C_6H_4(As(CH_3)_2)_2 + 2\,NaCl$$

聚胂烷化合物$(RAs)_n$可用两种方法之一制备:在醚中还原五价金属有机化合物 R_5As,或者在醚中用 Li 处理有机砷化合物:

$$nRAsX_2(et)+2nLi(et) \longrightarrow (RAs)_n(et)+2nLiX(et)$$

As—As 键容易断裂,所以 R_2AsAsR_2 是非常活泼的化合物。它可与氧、硫和含 C=C 双键的物种发生反应,也与 d 金属形成络合物。不同反应中的 As—As 键可能断裂,也可能保持键合态。

$$Me_2AsAsMe_2 + Mn_2(CO)_{10} \longrightarrow (OC)_4Mn(\mu\text{-}AsMe_2)_2Mn(CO)_4$$

多达六个单元的聚胂烷已经被表征。聚甲基胂烷以黄色的、褶皱环状五聚体 $As_5(CH_3)_5$(**34**)和紫黑色的、梯状聚合物$(AsMe)_n$(**35**)存在。M=M 键的强度按 As>Sb>Bi 的顺序减弱。所以砷形成链状金属有机化合物,而铋仅仅离析出 $R_2Bi—BiR_2$。

As、Sb 和 Bi 不仅与碳形成 M—C 单键,而且也可形成 M=C 双键。一个被广泛研究的领域是芳香金属化合物,其中金属原子取代了苯环的一个碳原子而成为六元类苯环的一部分(**36**)。砷苯(C_5H_5As)在

200 ℃以下很稳定，锑苯（C_5H_5Sb）可以离析出来但容易聚合，铋苯（C_5H_5Bi）则很不稳定。这些化合物表现出典型的芳香性，虽然砷苯比苯活泼 1 000 倍以上。另一组相关的化合物是砷咯、锑咯和铋咯（C_4H_4MH，M = As、Sb、Bi），其中金属原子取代了吡咯五元环中的氮（**37**）。

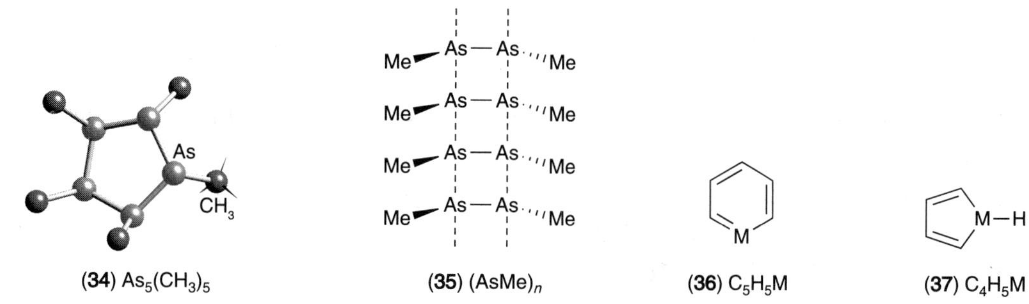

(**34**) $As_5(CH_3)_5$　(**35**) $(AsMe)_n$　(**36**) C_5H_5M　(**37**) C_4H_5M

（b）+5 氧化态

提要：四苯基胂正离子是制备其他 As（Ⅴ）金属有机化合物的起始物。

作为亲核试剂的三烷基胂与卤代烷作用可制备 As（Ⅴ）的四烷基胂盐：

$$As(CH_3)_3(sol) + CH_3Br(sol) \longrightarrow [As(CH_3)_4]Br(sol)$$

这种类型的反应不能用于制备四苯基胂离子（$[AsPh_4]^+$），这是因为三苯基胂是比三甲基胂弱得多的亲核试剂。合成四苯基胂离子合适的反应是

$$Ph_3As{=}O + PhMgBr \longrightarrow [AsPh_4]^+\ Br^- + MgO$$

该反应看上去并不熟悉，但它事实上是个简单的复分解反应。苯基阴离子（Ph^-）取代了结合在 As 原子上的 O^{2-}，产物中的砷维持其+5 氧化态。生成高放能化合物 MgO 也对反应的 Gibbs 自由能有贡献，也是反应的驱动力。

四苯基胂离子、四烷基铵离子和四苯基鏻离子在无机合成化学中作为大阳离子用于稳定大阴离子。四苯基胂离子也是制备其他 As（Ⅴ）金属有机化合物的起始物。例如，苯基锂与四苯基胂盐作用产生 As（Ⅴ）化合物五苯基胂（**31**）：

$$[AsPh_4]Br(sol) + LiPh(sol) \longrightarrow AsPh_5(sol) + LiBr(sol)$$

五苯基胂（$AsPh_5$）为三角双锥结构，与 VSEPR 理论的预期相一致。节 2.3 讲过，四方锥结构在能量上与三角双锥结构接近，五苯基锑（$SbPh_5$）事实上为四方锥结构（**38**）。五甲基胂［$As(CH_3)_5$］是个稳定性更差的 As（Ⅴ）化合物，可通过类似的反应在精密控制的实验条件下合成。

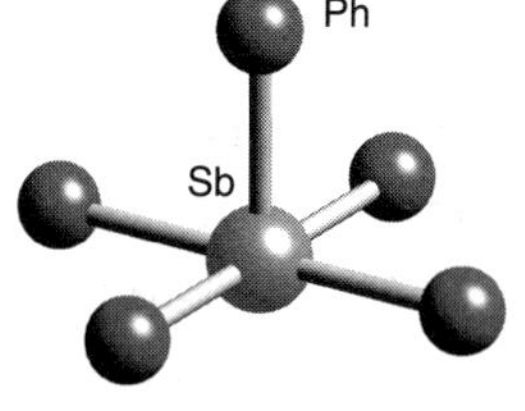

(**38**) $Sb(C_6H_5)_5$

延伸阅读资料

R. B. King, *Inorganic chemistry of the main group elements*. John Wiley&Sons(1994).

D. M. P. Mingos, *Essential trends in inorganic chemistry*. Oxford University Press(1998). 从成键和结构角度讨论无机化学的一本书。

R. B. King(ed.), *Encyclopedia of inorganic chemistry*. John Wiley&Sons(2005).

H. R. Allcock, *Chemistry and applications of polyphosphazenes*. John Wiley&Sons(2002).

J. Emsley, *The shocking history of phosphorus: a biography of the devil's element*. Pan(2001).

W. T. Frankenberger, *The environmental chemistry of arsenic*. Marcel Dekker(2001).

G. J. Leigh, *The world's greatest fix: a history of nitrogen and agriculture*. Oxford University Press(2004).

N. N. Greenwood and A. Earnshaw, *Chemistry of the elements*. Butterworth-Heinemann(1997).

C. Benson, *The periodic table of the elements and their chemical properties*. Kindle edition.MindMelder.com(2009).

练习题

15.1 列出第15族中的元素,并指出哪些元素是(a) 双原子气体,(b) 非金属,(c) 准金属,(d) (真)金属。指出哪些元素表现出惰性电子对效应。

15.2 由羟基磷灰石制备 H_3PO_4,写出生成(a) 高纯磷酸和(b) 肥料级磷酸每一步配平的化学方程式。(c) 说明两种方法为什么存在巨大的成本差异。

15.3 氨可由(a) Li_3N 水解,或(b)高温、高压条件下用 H_2 还原 N_2 的方法制备。用配平的化学方程式表达以 N_2、Li、和 H_2 为起始物合成氨的各种方法。(c)解释第二种方法的成本为什么较低。

15.4 用方程式说明为何硝酸铵水溶液呈酸性。

15.5 一氧化碳是个很好的配体,但是有毒。为什么等电子体 N_2 分子无毒?

15.6 将常见氮氯化物氧化态的化学式和稳定性与磷氯化物进行比较。

15.7 用 VSEPR 理论预测下列物种可能的形状:(a) PCl_4^+,(b) PCl_4^-,(c) $AsCl_5$。

15.8 写出并配平下述反应的化学方程式:(a)过量氧氧化 P_4,(b)(a)的产物与过量水,(c)(b)的产物与 $CaCl_2$ 溶液。并为每一步的产物命名。

15.9 以 $NH_3(g)$ 和您选择的其他试剂为起始物,写出合成下列物质的化学方程式和条件:(a) HNO_3,(b) NO_2^-,(c) NH_2OH,(d) N_3^-。

15.10 写出与 $P_4O_{10}(s)$ 标准生成焓相应的化学方程式。指出反应物的结构、物理状态(固态、液态或气态)和同素异形体。通常是将元素最稳定的同素异形体作为参照物,哪个反应物与习惯做法不一致?

15.11 不参考教材正文,勾画出磷(氧化态0至+5)和铋(0至+5)在酸性溶液中 Frost 图的一般形式,并讨论两种元素+3和+5氧化态的相对稳定性。

15.12 pH 降低时,NO_2^- 作为氧化剂的反应速率是加快还是减慢?机理上如何解释氧化过程中 NO_2^- 对 pH 的依赖关系?

15.13 等体积一氧化氮(NO)和空气在常压下混合时迅速发生反应生成 NO_2 和 N_2O_4。然而汽车尾气中的 NO(浓度为 ppm 级)与空气的反应进行得很缓慢,根据速率定律和可能的机理对此现象进行解释。

15.14 由于在电极上的反应缓慢,氮化合物的大部分氧化还原电位无法在电化学电池中测得,而必须通过其他的热力学数据确定。使用 $\Delta_f G^{\ominus}(NH_3,aq) = -26.5\ kJ \cdot mol^{-1}$ 这一数据计算碱性溶液中 N_2/NH_3 电对的标准电位。

15.15 写出下面所给试剂与 PCl_5 反应的化学方程式,配平方程式并指出产物的结构。(a) 水(1∶1),(b) 过量水,(c) $AlCl_3$,(d) NH_4Cl。

15.16 解释如何用 ^{31}P-NMR 谱区分 PF_3 和 POF_3。

15.17 利用资料节3的数据计算 H_3PO_2 与 Cu^{2+} 反应的标准电位。常用 HPO_3^{2-} 和 $H_2PO_2^-$ 作为氧化剂还是还原剂?

15.18 四面体的 P_4 分子可通过 2*c*,2*e* 定域键进行描述。试确定价电子的数目,并由此确定 P_4 是闭合型、巢形或蛛网形(几个术语的含义参见节13.11)。

15.19 识别图15.8(a)中 A、B、C 和 D 各是何种化合物。

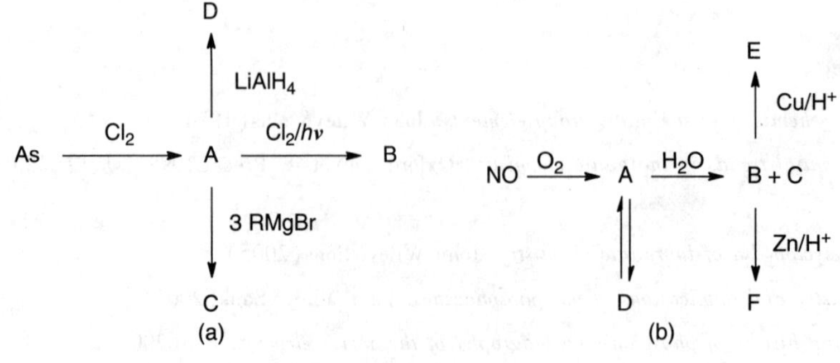

图 15.8 练习题 15.19 附图

15.20　绘出八面体$[AsF_4Cl_2]^-$可能存在的两种几何异构体,并解释如何利用^{19}F-NMR 谱将它们相区分。

15.21　识别图 15.8(b)中氮的化合物 A、B、C、D 和 E。

15.22　用资料节 3 中的 Latimer 图确定哪些氮和磷的物种在酸性溶液中发生歧化。

辅导性作业

15.1　人们发现一氧化二氮在生物体系中起着至关重要的作用。A. W. Carpenter 和 M. H. Schoenfisch 发表的一篇论文(*Chem. Soc. Rev.*,2012,**41**,3742)讨论了 NO 在医疗方面的应用,总结了 NO 气体作为治疗剂的主要用途和缺点。试讨论:NO 给予体分子如何能使 NO 疗法广泛用于医疗。

15.2　试叙述哪些污水处理方法能减少废水中磷酸盐的含量,概略描述监测水中磷酸盐含量的实验室方法。

15.3　含有五配位氮的化合物已经被表征(A. Frohmann,J. Riede,and H. Schmidbaur,*Nature*,1990,**345**,140),试描述它的(a) 合成,(b) 化合物结构,(c) 成键情况。

15.4　A. Lykknes 和 L. Kvittingen 的论文(Arsenic:not so evil after all? *J. Chem. Educ.*,2003,**80**,497;)和 J. Wang 和 C. M. Chien 的论文(Arsenic in drinking water:a global environmental problem. *J. Chem. Educ.*,2004,**81**,207)中对砷的毒性提出了相反的观点。试用文中列出的参考文献对砷的有益的和不利的影响做出评估。

15.5　N. Tokitoh 等人发表的论文(*Science*,1997,**277**,78)介绍了二铋烯(含有 Bi═Bi 双键)的合成与表征。试写出合成该化合物的方程式,命名并绘出空间保护基团的结构。讨论为什么产品的离析方法很简单?使用了什么方法确定该化合物的结构?

15.6　Y. Zhang 等人发表的论文(*Inorg. Chem.*,2006,**45**,10446)描述了磷氮烯阳离子(聚磷氮烯的前体)的合成。聚磷氮烯是通过环状化合物$(NPCl_2)_3$的开环聚合反应制备的,该反应由磷氮烯阳离子引发。试讨论哪些 Lewis 酸可用以制备这种阳离子,并写出$(NPCl_2)_3$开环聚合反应的表达式。

15.7　D. Yandulov 和 R. Schrock 在论文"Catalytic reduction of dinitrogen to ammonia at single molybdenum center"(*Science*,2003,**301**,5629)中描述了室温、常压下使用单核钼络合物催化氮至氨的转化。讨论为什么这种固氮技术具有工业上的重要性?评论非生物方法活化氮的方法。

(王文渊、马佳妮　译,史启祯　审)

16 章

第 16 族元素

除该族最重的钋之外，第 16 族元素都是非金属元素。本族包含两种最重要的生命元素。氧通常存在于大气之中，对高等生物必不可少，氧也以水的形式为所有生命不可或缺。氧分子经光合作用由水产生，并通过高等生物的呼吸作用参与循环。硫同样是所有生命形式的必需元素，甚至微量硒对生命也是需要的。硫和硒具有进入环结构和链结构的趋势。

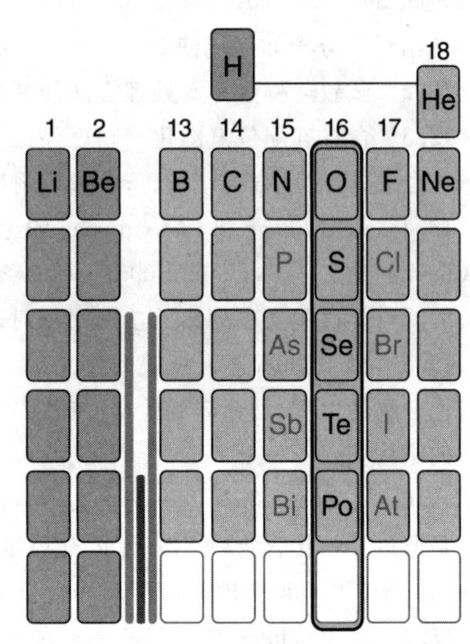

第 16 族元素氧、硫、硒、碲、钋往往又被称为**硫族元素**（chalcogens），该名称源自希腊语“bronze”，意为硫及其同族元素与铜形成铜的金属矿。与 p 区其他元素一样，该族第一个元素（氧）的性质明显不同于该族其他元素。氧在化合物中的配位数通常较低（频频形成双键）。正常条件下，氧是本族元素中唯一以双原子分子存在的元素。

A. 基本面

除氧而外，本族元素的单质通常情况下都是固体。正如我们已经看到的那样，随着原子序数的增加金属性逐渐增强。本部分主要讨论第 16 族元素的基本性质。

16.1 元素

提要：氧是第 16 族元素中电负性最大的元素，也是唯一的气体元素；所有元素都存在同素异形体。

氧、硫、硒是非金属，碲是准金属，而钋是金属。同素异形现象和多晶现象是第 16 族元素的重要特征，硫在这方面较其他元素更突出。

本族元素的电子组态是 ns^2np^4，表明第 16 族元素的最大氧化数为+6（见表 16.1）。虽然其他元素有时能达到最大氧化态，但氧则不能。电子组态同样表明稳定的氧化数是−2，这对 O 而言极为常见。S、Se 和 Te 最显著的特征是它们形成氧化数从−2 到+6 的化合物。

表 16.1 第 16 族元素的一些性质

性质	O	S	Se	Te	Po
共价半径/pm	74	104	117	137	140
离子半径/pm	140	184	198	221	
第一电离能/($kJ\cdot mol^{-1}$)	1310	1000	941	870	812
熔点/℃	−218	113(α)	217	450	254
沸点/℃	−183	445	685	990	960
Pauling 电负性	3.4	2.6	2.6	2.1	2.0
电子亲和能*/($kJ\cdot mol^{-1}$)	141	200	195	190	183
	−844	−532			

* 第一个值对应的是 $X(g)+e^-(g)\rightarrow X^-(g)$；第二个值对应的是 $X^-(g)+e^-(g)\rightarrow X^{2-}(g)$。

除物理性质不同外,O 的化学性质也与同族其他元素显著不同(见节 9.10)。O 是周期表中电负性第二高的元素,比同族其他元素高得多。高电负性对 O 的化学性质具有相当大的影响。O 的原子半径较小并且没有 d 轨道,这一点同样造成 O 显示独特的化学性质。因此,简单化合物中 O 的配位数几乎不会大于 3,而同族其他元素的配位数常为 4 和 6,如 SF_6。

氧气(O_2)能氧化许多元素并在合适的条件下能与许多有机化合物和无机化合物起反应。只有稀有气体 He、Ne、Ar 不能直接形成氧化物。其他元素的氧化物在各自相关的章节做讨论,此处不做赘述。虽然 O═O 键能高达 494 kJ · mol^{-1},但很多放热燃烧反应的发生却是因为得到了 E—O 共价键的焓值或者是因为 MO_n 的晶格焓高的缘故。氧气最重要的反应之一是与氧转移蛋白血红素的配位[节 26.7(b)]。

氧是地壳中丰度最大的元素(质量分数为 46%),存在于所有的硅酸盐物质中。氧构成大洋质量的 86% 和水质量的 89%。人体平均质量的 2/3 为氧。氧气全部由有机体光合作用中水的裂解反应产生,占到大气体积的 21%(应用相关文段 16.1)。太阳中氧的丰度占第三位,月球表面氧的丰度占第一位(质量分数为 46%)。氧也以臭氧(O_3)的形式存在,它是一种高活性、有刺激气味的气体。由于臭氧能屏蔽紫外线对地球表面的直接辐射,因此对地球上的生命至关重要。

硫以元素的沉积物存在于自然界,也以方铅矿(PbS)、重晶石($BaSO_4$)和泻盐($MgSO_4 \cdot 7H_2O$)的形式存在于陨石、火山和温泉中。天然气中存在 H_2S 气体,原油中存在有机硫化物。S—S 单键键能高达 265 kJ · mol^{-1}[仅次于 C—C 单键(330 kJ · mol^{-1})和 H—H 键(436 kJ · mol^{-1})],这一事实解释了硫元素为何具有如此多的同素异形体,即硫原子具有形成链的能力。室温下能够离析出来的所有硫的同素异形体都含有 S_n 环。

O—O 和 S—S 单键键能之间的显著差别具有重要影响。O—O 键键焓为+146 kJ · mol^{-1},因而过氧化物是强氧化剂;与此相反,S—S 键键焓高达+265 kJ · mol^{-1},以致生物体用它来稳定蛋白质结构。这种稳定作用是通过半胱氨酸残基(它们存在于不同蛋白质链和同一蛋白质链的不同区域)间形成永久稳定性链(RS—SR)实现的。键焓的这种差别不难从 O—O 键电子的排斥作用来理解。

化学上的软元素 Se、Te 存在于金属硫化物矿物中,它们主要来源于电解精炼铜的过程。钋具有 33 种已知同位素,这些同位素全部具有放射性。

应用相关文段 16.1　大气中的氧

地球大气演变过程中氧是由光合作用产生的,最终占到大气体积的 21%。早期地球大气中的氧是个有毒成分,曾导致许多物种灭绝。一些物种之所以能够留存到现在,是因为它们生存于无氧环境的深层土壤或水中。另外一些物种选择了适应环境这条路,开始利用现在这种丰度很高的氧化剂并发生进化。我们的祖先就是这些需要氧气生存的一些物种(需氧生物)。水的组成受到这一过程(从无氧环境到需氧环境的转变)的重大影响。大量以硫化物形式存在于厌氧水中的硫元素被氧化成硫酸盐。金属离子的浓度也发生了戏剧性的变化。受到显著影响的两种金属是钼和铁。

钼是现代大洋中丰度最大的 d 区元素(0.01 ppm)。然而在大洋和大气中有氧之前,钼是以不溶性的固体(主要是 MoO_2 和 MoS_2)存在的。这些固体被氧化为可溶性的钼酸根离子:

$$2MoS_2(s)+7O_2(g)+2H_2O(l) \longrightarrow 2[MoO_4]^{2-}(aq)+4SO_2(g)+4H^+(aq)$$

钼酸根离子被水生生物利用并运送至细胞中,运送过程的途径与获取海洋环境中广泛分布的其他 d 区金属阳离子物种的途径完全不同。铁就经历了与钼相反的过程。远古海洋中的铁以铁(Ⅱ)形式存在。铁(Ⅱ)的氢氧化物和硫化物具有可溶性,从而让水生有机体能够去利用。然而,大气的氧化作用将 Fe^{2+} 氧化为 Fe^{3+},使铁(Ⅲ)的氢氧化物和氧化物沉淀下来不再能被利用。生命体对铁的吸收依赖于叫作铁载体(节 26.6)的特殊配体。加拿大和澳大利亚发现磁铁矿(Fe_3O_4)和赤铁矿(Fe_2O_3)的大量沉积带被证明是 2~3 Ga(2×10^9~3×10^9 年)之间从海洋沉积出来的。

16.2　简单化合物

提要：第 16 族元素与氢、卤素、氧和金属元素形成简单二元化合物。

所有元素的氢化物中以氧的氢化物（即水）最重要。水的性质、水的反应和水中发生的反应对无机化学家都极其重要，对此所做的讨论将贯穿全书。

水是第 16 族元素氢化物中唯一一种没有毒性和恶臭的物质。相比于相对分子质量接近的化合物和同族其他氢化物而言，水的熔点和沸点都很高（分别为 0 ℃和 100 ℃）（见表 16.2）。如此高的沸点是因为 H 与高电负性的 O 之间存在大量氢键（O—H…O）（节 10.6）。氧也能形成过氧化氢（H_2O_2），过氧化氢同样形成氢键，因此在-0.4 ℃到 150 ℃区间里为液体。

表 16.2　第 16 族氢化物的部分性质

性质	H_2O	H_2S	H_2Se	H_2Te	H_2Po
熔点/℃	0.0	-85.6	-65.7	-51	-36
沸点/℃	100.0	-60.3	-41.3	-4	37
$\Delta_f H^{\ominus}/(kJ \cdot mol^{-1})$	-285.6(l)	-20.1	+73.0	+99.6	
键长/pm	96	134	146	169	
键角/(°)	104.5	92.1	91	90	
酸度常数					
pK_{a1}	14.00	6.89	3.89	2.64	
pK_{a2}		14.15	11	10.80	

氧与大部分金属元素形成氧化物，与第 1 族和第 2 族金属形成过氧化物和超氧化物。金属氧化数低于+4 时形成的氧化物通常为离子型；氧化数大于+4 时则为分子型。硫与金属形成硫化物（其中硫为 S^{2-}）或二硫化物（其中硫为 S_2^{2-}）。硒、碲则形成硒化物（其中硒为 Se^{2-}）和碲化物（其中碲为 Te^{2-}）。

S、Se、Te、Po 与卤素之间有着非常丰富的化学行为，最常见的一些卤化物总结于表 16.3 中。硫的碘化物不稳定，而 Te 和 Po 的碘化物却很稳定。这是大阴离子稳定大阳离子[节 3.15(a)]的一个例证。卤素中只有 F 能使硫族元素显示最大的族氧化态，但 Se、Te 和 Po 的低氧化态氟化物不稳定，容易歧化为元素和更高氧化态的氟化物。本族重元素能形成一系列链状低价卤化物，如 Te_2I 和 Te_2Br 是由共边的 Te 六边形带和卤素桥构成的（**1**）。

硫的两种常见氧化物的分子（SO_2，沸点-10 ℃；SO_3，沸点 44.8 ℃）在气相时分别为角形（**2**）和平面三角形（**3**）。固态时硫的三氧化物以环状三聚体形式存在（**4**）。硫的二氧化物是一种有刺激性、令人窒息的有毒气体。SO_2 的主要用途是用接触法制硫酸，过程中先将 SO_2 氧化为 SO_3。SO_2 也用作漂白剂、消毒剂和食品防腐剂。SO_3 是由 SO_2 大规模的催化氧化制备的，很少将制得的 SO_3 离析出来，而是立刻将其转化为硫酸（H_2SO_4）。由于强腐蚀性，实验室很少操作无水的 SO_3。实验室的焦硫酸（$H_2S_2O_7$）又叫发烟硫酸，它是浓硫酸中溶入 25%～65%（质量分数）的 SO_3 而制得的油状溶液。三氧化硫与水剧烈反应生成 H_2SO_4 并放出大量热。与金属氧化物反应生成硫酸盐，利用这一反应处理工业过程中产生的三氧化硫废气。Se、Te、Po 都能形成二氧化物和三氧化物。

表 16.3　硫、硒和碲的某些卤化物

氧化数	化学式	结构	备注
$+\frac{1}{2}$	$Te_2X(X=Br,I)$	卤素离子桥	银灰色
+1	S_2F_2	两种异构体	
	S_2Cl_2		活泼
+2	SCl_2		活泼
+4	SF_4 $SeX_4(X=F,Cl,Br)$ $TeX_4(X=F,Cl,Br,I)$		气体 SeF_4 为液体 TeF_4 为固体
+5	S_2F_{10} Se_2F_{10}		活泼
+6	SF_6,SeF_6 TeF_6		无色气体 液体(沸点 368℃)

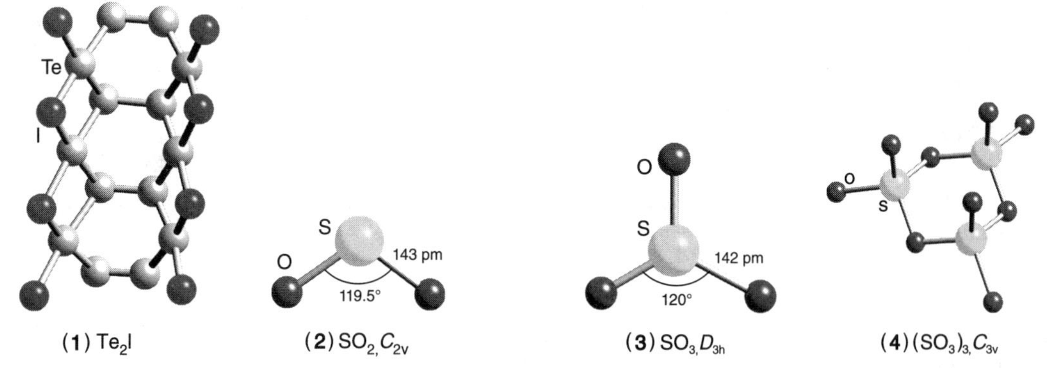

(1) Te_2I　(2) SO_2, C_{2v}　(3) SO_3, D_{3h}　(4) $(SO_3)_3$, C_{3v}

硫酸(H_2SO_4)是一种黏稠液体、强酸(基于第一步去质子)、具有广泛用途的非水溶剂,并显示很强的自质子解作用(节 4.1)。浓硫酸的吸水作用能使有机物碳化生成碳化了的残渣。硫酸有两种盐:硫酸盐(SO_4^{2-})和硫酸氢盐(HSO_4^-)。亚硫酸(H_2SO_3)从未被离析出来。二氧化硫的水溶液被称作亚硫酸,最好将其看作水合物 $SO_2 \cdot nH_2O$。亚硫酸盐也有两种:亚硫酸盐(SO_3^{2-})和亚硫酸氢盐(HSO_3^-)。它们都是中等强度的还原剂,能被氧化为含硫酸根(SO_4^{2-})和连二硫酸根($S_2O_6^{2-}$)的化合物。

16.3　环状化合物和簇化合物

提要：第 16 族元素形成的环状和链状化合物都是阴离子或阳离子。也与 p 区其他元素形成电中性的杂原子环状和链状化合物。

硫能形成多种多酸（$H_2S_nO_6$），n 值可高达 6。例如，连四硫酸根 $S_4O_6^{2-}$（**5**）和连五硫酸根 $S_5O_6^{2-}$（**6**）。许多电正性元素的多硫化物已经被表征，它们都含有 S_n^{2-}（$n=2-6$），如（**7**）。较小的多硒化物和多碲化物与多硫化物相似；大一点的结构较复杂，一定程度上依赖于阳离子的性质。直至 9 个原子（Se_9^{2-}）的多硒化物为链状，更大的多硒化物则为环状（如 Se_{11}^{2-}），给出的例子（**8**）中两个六元环共用着一个 Se 原子，围绕这个 Se 原子以平面四方形方式排列着 4 个 Se 原子。多碲化物可能具有双环结构，如 Te_7^{2-}（**9**）。

p 区元素形成的许多阳离子链、环和簇化合物已被制备出来，它们中大多含有 S、Se 和 Te。从分子轨道角度可以解释平面四方形 E_4^{2+}（E＝S、Se 或 Te，**10**）特有的稳定性。每个 E 原子有 6 个价电子（共有 24－2＝22 个）；每个 E 原子还有两个孤对，这样就有 6 个电子占据可利用的分子轨道。在这些轨道中，一个是成键轨道，两个是非键轨道，还有一个是反键轨道。电子占据前 3 个轨道，反键轨道没有被占据。

p 区元素形成的电中性杂原子环状化合物和簇化合物中包括四氮化四硫 S_4N_4（**11**），该化合物分解时发生爆炸。二氮化二硫（S_2N_2，**12**）甚至更不稳定，但能发生聚合形成显示超导性的（SN）$_n$，后者在 240 ℃以下能稳定存在。

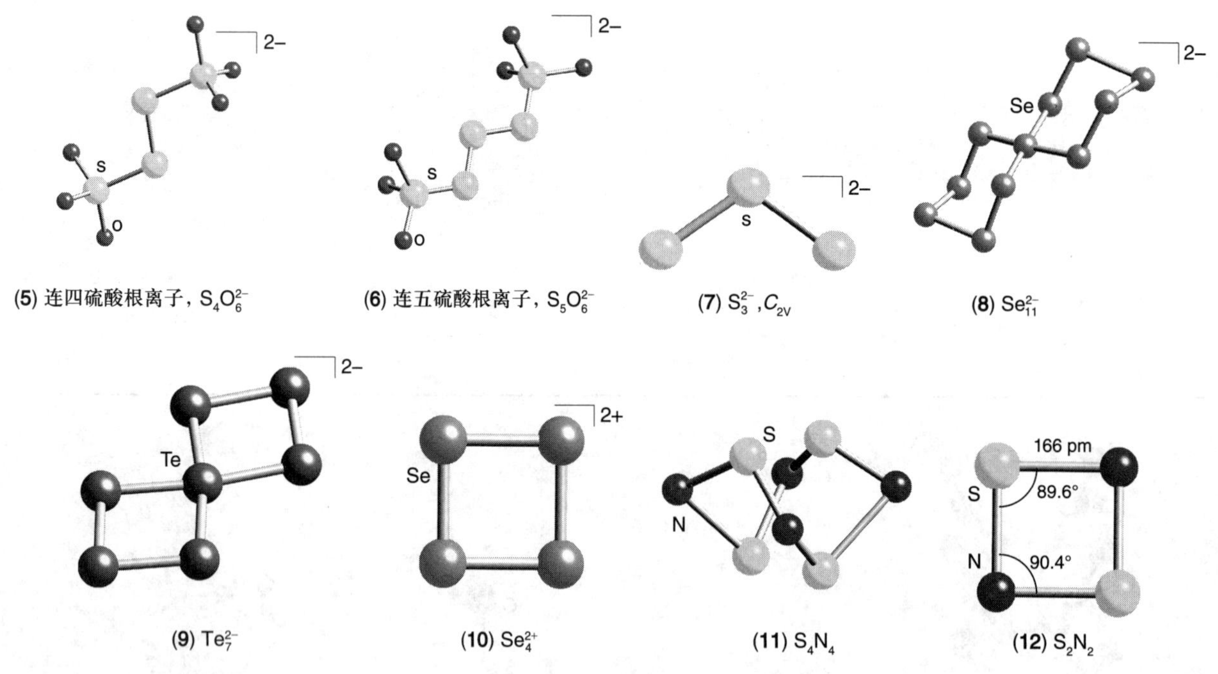

(**5**) 连四硫酸根离子，$S_4O_6^{2-}$　(**6**) 连五硫酸根离子，$S_5O_6^{2-}$　(**7**) S_3^{2-}，C_{2v}　(**8**) Se_{11}^{2-}

(**9**) Te_7^{2-}　(**10**) Se_4^{2+}　(**11**) S_4N_4　(**12**) S_2N_2

B. 详述

这里具体介绍第 16 族元素的化学行为和结构的多样性。

16.4　氧

提要：氧有两种同素异形体：氧气和臭氧。氧分子的基态是三重态，能通过自由基链反应氧化烃类物质。与激发态分子反应能产生长寿命的单重态氧，单重态氧可作为亲电试剂起反应。臭氧不稳定，是个强氧化剂。

氧气是一种生物产气体（即由有机体产生的气体）：除高层大气紫外辐射作用于水蒸气而产生的痕量

氧外，几乎所有的氧分子都是由光合作用产生的。氧气是一种无色、无味、能溶于水的气体。在 25 ℃ 和大气压下，每 100 cm^3 水能溶解 3.08 cm^3 氧气。海水中的溶解度降至 2.0 cm^3 以下，但仍能满足海洋生物生存的需要。O_2 在有机溶剂中的溶解度约为水中的 10 倍。如此之高的溶解度使合成对氧敏感的化合物时必须通过鼓泡从所用溶剂中除去氧。

氧不难以 O_2 的形式从大气中获得，通过空气液化和蒸馏液态空气的方法可从大气中得到大量氧。氧主要的商业用途是炼钢，过程中 O_2 与焦炭（碳）反应（放热）产生一氧化碳。反应必须在高温下完成，从而加快一氧化碳和炭对铁氧化物的还原（节 5.16）。使用纯氧比使用空气更优越，因为不需加热氮而浪费更多能量。制造 1 t 钢（1 t = 10^3 kg）需要 1 t 氧。氧也用在工业上制造白色颜料二氧化钛：

$$TiCl_4(l) + O_2(g) \longrightarrow TiO_2(s) + 2Cl_2(g)$$

小规模制氧（如在家庭为哮喘病人制备）可采用压力摆动吸附法，即空气通过优先吸附氮的沸石从而得到氧。氧被用在许多氧化过程中，如由乙烯制备环氧乙烷。氧同时大量用于污水处理、污染水道的清理、纸浆漂白、医疗和潜水等方面，它也是电解水制备氢的重要副产物（应用相关文段 16.2）。

应用相关文段 16.2　获得可再生能源用的水氧化催化剂

氧不仅在燃烧反应和燃料电池中必不可少，而且也是电化学裂解水制氢的重要副产物。

利用太阳能产生的电力从水制氢是一个重要方案，能够解决两种主要再生能源面临的问题（太阳光和风力的间歇性），也能解决化石能源面临的运输问题。电解过程中，阴极每产生 2 分子的 H_2，阳极就要产生 1 分子的 O_2。节 10.4 中已经提到开发高效制氢催化剂的重要性。直接将水氧化为分子氧（$E^{\ominus} = 1.23$ V）是动力学上更大的挑战，因为这个过程需要从 2 分子水中移出 4 个质子和 4 个电子。这一过程涉及几种不稳定的中间体，因此需要较大的超电位以活化该反应。发展一种能降低超电位的催化剂显得尤为重要。这种催化剂必须要坚固、价格低廉，而且是由丰富存在的元素组成的。目前选择的催化剂是 d 区金属的多核水合/氧合络合物，这种催化剂能够通过偶合质子的电子转移发生连续氧化。

生物光合作用产生氧的过程发生在 Mn—O 簇合物上，每秒产生超过 100 分子的 O_2（见 26.10）。一些有前景的非生物电催化剂基于钴的氧化物。电化学氧化含有硼酸根或磷酸根离子的水合 Co^{2+}，就会沉积出对释 O_2 具有低的超电位的钴的氧化物层。一种可能的机理见图 B16.1，从配位水分子的酸度随着金属氧化数的增加而增加的角度考虑（见节 4.1），这个机理就不难理解。表面的钴离子发生连续的偶合质子的电子转移氧化，导致相邻的一对 Co(Ⅳ) 氧合物种高度缺电子，从而形成 O-O 键，释放出氧分子。

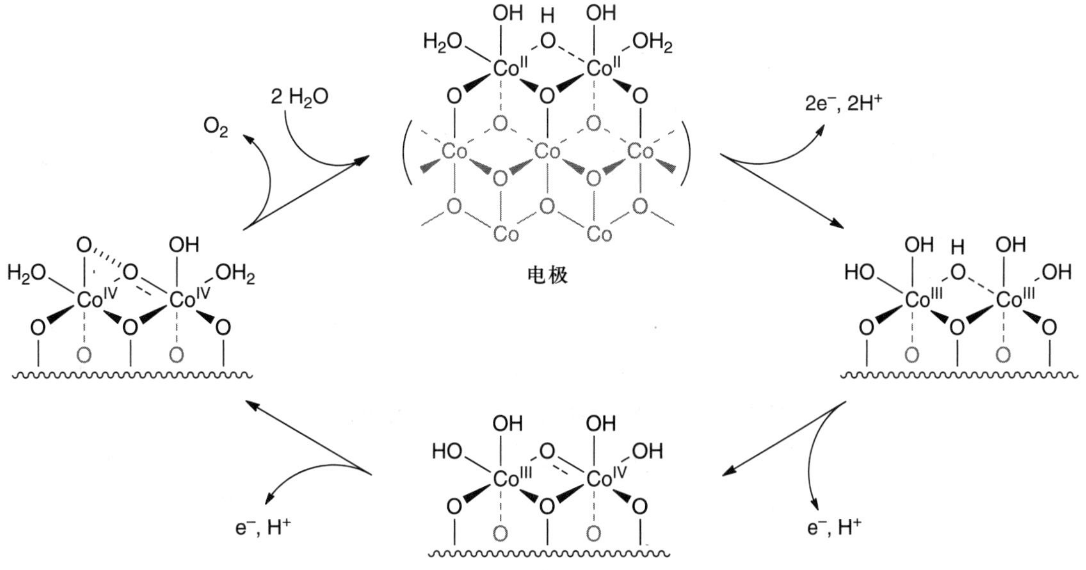

图 B16.1　催化制氧的可能机理

液氧为淡蓝色，沸点-183 ℃。产生这种颜色涉及相邻分子对的电子跃迁：可见光区红-黄-绿波段的一个光子能够将两个氧分子激发形成激发态的分子对。高压下，固态氧的颜色从淡蓝色变到橙色，压力升到 10 GPa 时变为红色。

O_2 的分子轨道暗示氧分子应该存在双键，然而正如节 2.8 看到的那样：最外层两个电子占据两个不同的反键 π 轨道并自旋平行，因而氧分子是顺磁性分子（见图 16.1）。三重态基态的专业符号为 $^3\Sigma_g^-$（符号 Σ、Π 和 Δ 用于像分子氧这样的线性分子，以取代用于原子的符号 S、P、D。这些希腊字母表示围绕核轴的总轨道角动量的大小），今后当指定分子的自旋态时将表示为 $O_2(^3\Sigma_g^-)$。占据同样两个 π^* 轨道但电子自旋方向相反的单线态（$^1\Sigma_g^+$）的能量高出 1.63 eV（158 kJ · mol^{-1}）；另一个单线态 $^1\Delta_g$（单线态 Δ）的两个电子在一个 π^* 轨道上成对，该轨道的能量处于两项之间高于基态 0.98 eV（94 kJ · mol^{-1}）的位置上。两个单线态中后者的激发态寿命长的多，$O_2(^1\Delta_g)$ 的寿命长得足以让它参与化学反应。如果反应需要，光激发分子能够通过能量转移产生 $O_2(^1\Delta_g)$。例如，$[Ru(bpy)_3]^{2+}$ 吸收蓝光（452 nm）到达激发态，该激发态表示为 $^*[Ru(bpy)_3]^{2+}$（见节 20.7），然后将能量转移给 $O_2(^3\Sigma_g^-)$：

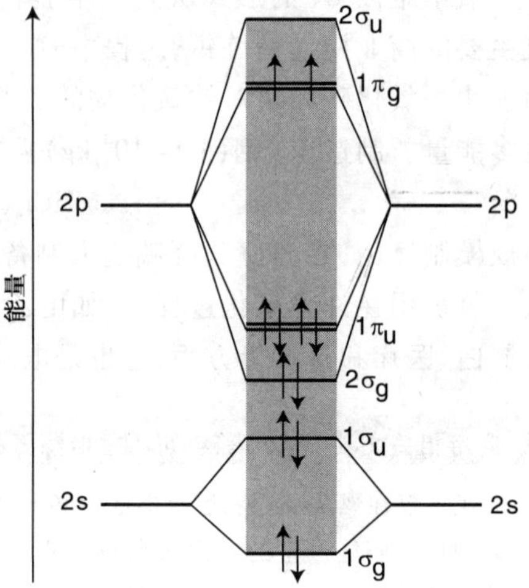

能量　2p　2p　2s　2s　$2\sigma_u$　$1\pi_g$　$1\pi_u$　$2\sigma_g$　$1\sigma_u$　$1\sigma_g$

图 16.1　O_2 的分子轨道图

$$^*[Ru(bpy)_3]^{2+} + O_2(^3\Sigma_g^-) \longrightarrow [Ru(bpy)_3]^{2+} + O_2(^1\Delta_g)$$

另一个产生 $O_2(^1\Delta_g)$ 的有效方法是臭氧化物的热分解：

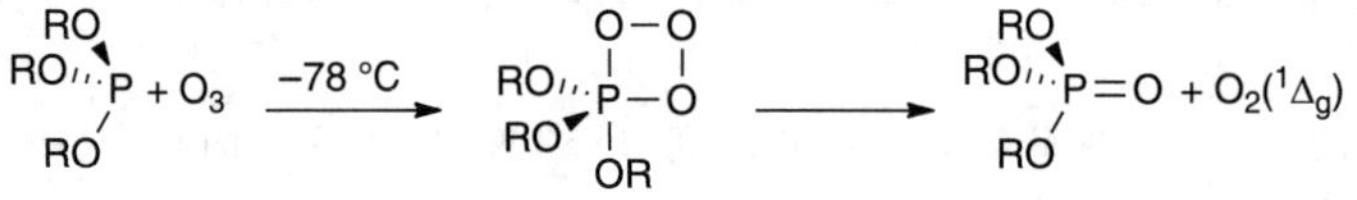

$$(RO)_3P + O_3 \xrightarrow{-78\ ^\circ C} (RO)_3P(O_3) \longrightarrow (RO)_3P{=}O + O_2(^1\Delta_g)$$

与许多 $O_2(^3\Sigma_g^-)$ 反应的自由基特征不同，$O_2(^1\Delta_g)$ 是作为亲电试剂参与反应的。反应能按这一模式进行，是因为 $O_2(^1\Delta_g)$ 有个空的 π^* 轨道，而不是两个轨道都被单电子占据。例如，$O_2(^1\Delta_g)$ 能加合于二烯烃：

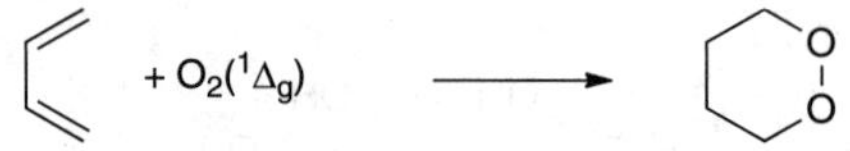

$$\text{丁二烯} + O_2(^1\Delta_g) \longrightarrow \text{环状过氧化物}$$

该反应类似于丁二烯与亲电烯烃的 Diels-Alder 反应。单线态氧被认为是光化学烟雾的危险产物之一。它可能造成细胞程序性死亡，还能用来进行光动力学治疗。

氧的另一个同素异形体是臭氧（O_3），沸点为-112 ℃，是具有爆炸性、高活性和吸能的蓝色气体（$\Delta_f G^\ominus = +163\ kJ \cdot mol^{-1}$）。臭氧能分解为氧气：

$$2O_3(g) \longrightarrow 3O_2(g)$$

但在无催化剂或无紫外线照射的条件下进行得很慢。

臭氧有刺鼻的臭味并因此而得名。其名称来源于希腊语"*ozein*"，意为"闻去吧"。臭氧为角形结构，与 VSEPR 模型（**13**）相一致，键角 117°，反磁性物质。气态臭氧为蓝色，液态为蓝黑色，固态则为紫黑色。臭氧是由 O_2 在放电条件下或紫外线照射下产生的，后一种方法用于产生低浓度臭氧以保存食物。臭氧能够大量吸收太阳光中波长为 220～290 nm 的紫外线，使地球上的生物免受来自太阳的紫外线伤害（应用相关文段 17.2）。臭氧能与不饱和聚合物发生反应产生人们不希望看到的交联和降解反应。

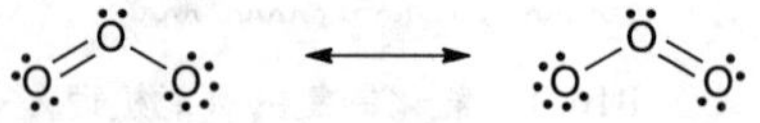

(13) O_3，C_{2v}

臭氧的典型反应涉及氧化和 O 原子转移。臭氧在酸性溶液中很不稳定,碱性条件下则要稳定得多:

$$O_3(g)+2H^+(aq)+2e^- \longrightarrow O_2(g)+H_2O(l) \qquad E^\ominus=+2.08\ V$$

$$O_3(g)+2H_2O(l)+2e^- \longrightarrow O_2(g)+2OH^-(aq) \qquad E^\ominus=+1.25\ V$$

臭氧的氧化能力仅次于 F_2、原子氧、羟基自由基和高氙酸根(节 18.7)。臭氧与第 1 族、第 2 族元素形成臭氧化物(节 11.8 和节 12.8)。它们是在低于-10 ℃的温度下将气体臭氧通过氢氧化物[MOH、$M(OH)_2$]粉末上方制备的。臭氧化物为红棕色固体,温热即分解:

$$MO_3(s) \longrightarrow MO_2(s)+\frac{1}{2}O_2(g)$$

臭氧化物离子 O_3^- 和臭氧一样具有角形结构,但键角略大(119.5°)。

16.5　氧的反应活性

提要:氧的反应往往是热力学上有利的反应,但反应速率较慢。

氧是一种强氧化剂,但大多数反应进行得很慢(与节 5.18 介绍的超电位有关)。例如,Fe^{2+}的溶液只能缓慢地被空气所氧化,虽然此反应是热力学上有利的反应(节 5.15)。很显然(对生命而言也很幸运)的是,有机物质在空气中不发生燃烧(除非有强热源引发),虽然这类反应比 Fe^{2+}的氧化更有利。

多种因素造成涉氧反应具有较大的活化能。第一个因素是 O_2 具有高键能(494 kJ·mol^{-1}),这使得依靠均裂解离的反应活化能很大。维持在高温下按自由基链机理而进行的强放热燃烧反应能够提供上述能量。相反,温和条件下就得依靠 O_2 与反应中其他物质形成化学键的能力。两个 π^* 轨道都被单占了的三线态基态 O_2 既不是有力的 Lewis 酸也不是有力的 Lewis 碱,因此几乎没有与 p 区 Lewis 碱或 Lewis 酸按照能引发热力学上有利的 2 电子或 4 电子转移反应步骤发生反应的趋势。因此,O_2 的这类反应往往叫作“自旋禁阻”反应。与 d 区金属离子(它们含有 1 个或多个未成对电子)的反应不以这种方式禁阻,虽然最简单的这种过程(一个电子转移至 O_2 生成超氧化物)是热力学上不利的过程,需要合适还原剂的参与以达到明显的反应速率:

$$O_2(g)+H^+(aq)+e^- \longrightarrow HO_2(g) \qquad E^\ominus=-0.13\ V(pH=0)$$

$$O_2(g)+e^- \longrightarrow O_2^-(aq) \qquad E^\ominus=-0.33\ V(pH=14)$$

d 区金属对 O_2 的还原涉及重要的催化反应,如将乙烯氧化的 Wacker 法(见 25.6)和燃料电池中氧在阴极转化为水的反应(应用相关文段 5.1)。在金属酶中(见 26.6),O_2 通过与金属(如 Fe、Cu)配位得到活化,这种活化使 O_2 能发生快速的 4 电子还原变成水,或者将一个 O 原子或两个 O 原子插入到有机物中。

O_2 是电化学法从水制氢过程中不可避免的副产物。人们对如何促进 O_2 的快速生成显得很有兴趣,因为它在动力学上显示的惰性,对燃料电池中可再生 H_2 的产生及超电位的降低都是主要障碍。科学家们正在研究释 O_2 催化剂,近期进行的许多研究都是模拟光合作用(应用相关文段 16.2)中释氧的 Mn 氧化物簇。

16.6　硫

提要:硫以元素的形式从地下沉积物中提取。硫有多种同素异形体和多种多晶形式(包括介稳的聚合物),但最稳定的形式则是环状 S_8 分子。

元素硫用 Frasch 法从地下沉积物中提取:用过热水、水蒸气和压缩空气强使地下沉积物上升到地面。提取的硫处于融化状态,然后将其导入大盆中冷却。该过程非常耗能,之所以有商业价值是因为采用了廉价的水和能量。从天然气和原油中提取硫的 Claus 法已经超越了 Frasch 法。在 Claus 法中,H_2S 首先在 1 000~1 400 ℃被空气氧化。该步产生的部分 SO_2 接着与剩下的 H_2S 于 200~350 ℃流过催化剂上方发生反应:

$$2H_2S(g)+SO_2(g) \longrightarrow 3S(l)+2H_2O(l)$$

与 O 不同,S(及本族中所有较重元素)倾向于与它本身形成单键而不是双键。这种成链(形成扩展的链或环)趋势的产生是因为 p—pσ 成键作用相对较强(从 O 到 S 增强)而 p—pπ 成键作用则减弱(节 9.7)。其结果是 S 聚集成大的分子或扩展的结构,从而在室温下以固体形式存在。

常见的黄色正交多晶($\alpha-S_8$)形成类似皇冠状的八元环(**14**),所有其他晶形最终都转化为这种形式。正交 α 硫是热和电的绝缘体。这种 S_8 环加热至 93 ℃时发生变化形成单斜 $\beta-S_8$。加热至 150 ℃以上的熔态硫经缓慢冷却得到单斜 γ 硫,这种晶形同样具有 S_8 环结构(与 α 和 β 硫相同),但环的堆积更有效,因而密度较高。

可以合成和结晶出含 6~20 个硫原子的硫环(见表 16.4)。情况有点复杂的是,一些同素异形体存在多种晶形(S 形成的各种分子实体叫 S 的同素异形体;这些实体存在的各种晶形叫多晶形物)。例如,已知 S_7 有四种晶形,已知 S_{18}有两种晶形。正交硫在 113 ℃熔化,高于 160 ℃时黄色液体会变暗,并且由于硫环被破坏而聚合,液体变得更黏稠。快速冷却从熔体得到的螺旋状 S_n 聚合物(**15**)得到介稳的、类似橡胶的物质,该物质在室温下缓慢转化为 $\alpha-S_8$。气相中观察到 S_2 和 S_3 的存在,S_3 为樱桃红色,具有像臭氧那样的角形结构。更稳定的气相结构是紫色的 S_2 分子,像 O_2 一样具有 σ 成键作用和 π 成键作用生成三重基态,键解离能为 421 $kJ \cdot mol^{-1}$。

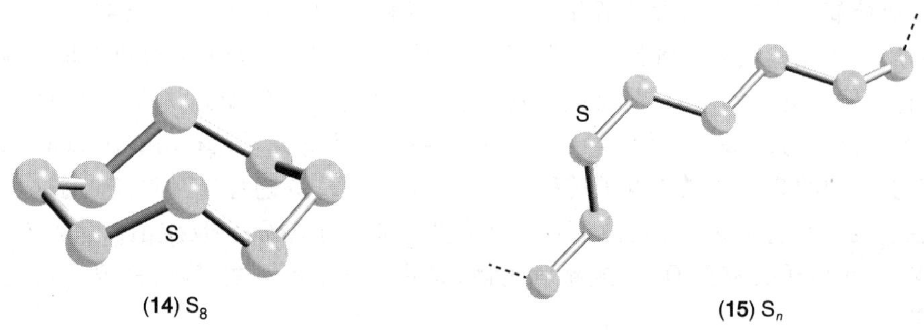

(**14**) S_8　　　(**15**) S_n

硫在室温及加热条件下能与许多元素直接反应。在 F_2 中点燃生成 SF_6,与 Cl_2 快速反应生成 S_2Cl_2,溶解在 Br_2 中得到容易发生解离的 S_2Br_2。硫与液体 I_2 不发生反应,液体 I_2 因而可用作硫的低温溶剂。原子硫(S)极其活泼,像 O 那样,三线态和单线态可能具有不同的反应活性。

工业上生产的大部分硫被用来制造硫酸(H_2SO_4),硫酸是最重要的化学制品之一。硫酸有很多用途,如生产化肥、稀的水溶液用作铅酸电池中的电解质。硫是火药(硝酸钾、炭、硫的混合物)的成分之一,还用于天然橡胶的硫化。

表 16.4　某些硫的同素异形体和多晶形物的性质

性质	熔点/℃	外观	性质	熔点/℃	外观
S_3	气体	桃红色	S_{10}	0(d)*	黄绿色
S_6	50(d)*	橙红色	S_{12}	148	浅黄色
S_7	39(d)*	黄色	S_{18}	128	柠檬黄
$\alpha-S_8$	113	黄色	S_{20}	124	浅黄色
$\beta-S_8$	119	黄色	S_∞	104	黄色
$\gamma-S_8$	107	浅黄色			

* d 表示发生分解。

16.7　硒、碲和钋

提要:Se、Te 结晶为螺旋链状,Po 结晶为简单立方晶形。

Se 可从制备硫酸的残渣沉积物中提取。Se 和 Te 可从硫化铜矿中提取,它们在矿石中以铜的硒化物和碲化物存在。提取方式依赖于矿石中存在的其他化合物或元素。第一步通常涉及碳酸钠存在下发生的氧化过程：

$$Cu_2Se(s)+Na_2CO_3(aq)+2O_2(g) \longrightarrow 2CuO(s)+Na_2SeO_3(aq)+CO_2(g)$$

含有 Na_2SeO_3 和 Na_2TeO_3 的溶液经硫酸酸化后 Te 以氧化物的形式沉淀出来，溶液中留下硒酸（H_2SeO_3）。接下来用 SO_2 处理得到硒：

$$H_2SeO_3(aq)+2SO_2(g)+H_2O(l) \longrightarrow Se(l)+2H_2SO_4(aq)$$

碲可通过将 TeO_2 溶解于氢氧化钠水溶液然后经电解还原得到：

$$TeO_2(s)+2NaOH(aq) \longrightarrow Na_2TeO_3(aq)+H_2O(l) \longrightarrow Te(s)+2NaOH(aq)+O_2(g)$$

与硫一样，硒的三种多晶形物都含有 Se_8 环，唯一不同的是环堆积的方式得到的是红色的 α、β、γ 结构。室温下最稳定的形式是金属灰的硒，它是由螺旋链组成的晶体材料。常见的商业用硒是无定形黑硒，它具有高达 1 000 个硒原子环组成的非常复杂的结构。另一种无定形硒（由硒蒸气沉积得到）用作静电印刷的感光器上。硒是一种人体必需元素，同多种必需元素一样，在每日最小服量和毒性之间的安全浓度范围很小。硒中毒的早期症状是呼出的气体具有大蒜味，这种气味是由甲基化的硒造成的。

硒既具光电特性（光直接转化为电）也具光导特性。灰硒的光导性是由入射光激发电子跨越其窄带隙的能力产生的（晶态时带隙宽度为 2.6 eV，非晶态时为 1.8 eV）。这些性质使得硒在光电池的生产、摄影曝光计、太阳能电池等方面显得有用。硒也是 p 型半导体（节 3.20），用于电子学和固态物理方面。也被用作复印机硒鼓及玻璃工业中制作红色玻璃和瓷釉。

像灰硒结构一样，碲也以链状结构结晶出来。钋以简单立方结构结晶，36 ℃以上结晶为密切相关的高温形式。节 3.5 中曾经指出，简单立方结构是一种低效率堆积，而钋是在通常情况下唯一一种采用这一结构的元素。碲和钋毒性都很大，钋的毒性因其放射性而增大。钋的毒性是氢氰酸的 2.5×10^{11} 倍，它的 33 种同位素都有放射性。钋是烟草中的一种污染物，铀矿中也发现有钋。用中子照射 ^{209}Bi（原子序数 83）能产生少量（克量级）的 ^{210}Po（原子序数 84）：

$$^{209}_{83}Bi+^{1}_{0}n \longrightarrow ^{210}_{84}Po+e^-$$

金属钋可用分馏的方法从剩余的 Bi 中分离出来，或者电沉积在金属表面上。

虽然不如 O 和 S 那么容易，Se、Te 和 Po 还是能与大多数元素直接反应。由于与硫相比更倾向于形成链或环并有多种同素异形体，因而它们形成多重键的趋势低于 O 和 S。Se 很难被氧化为 Se(Ⅵ)（见图 16.2），这是交替效应［节 9.2(a)］的一个例子。交替效应是第四周期元素化学性质的突出特征。

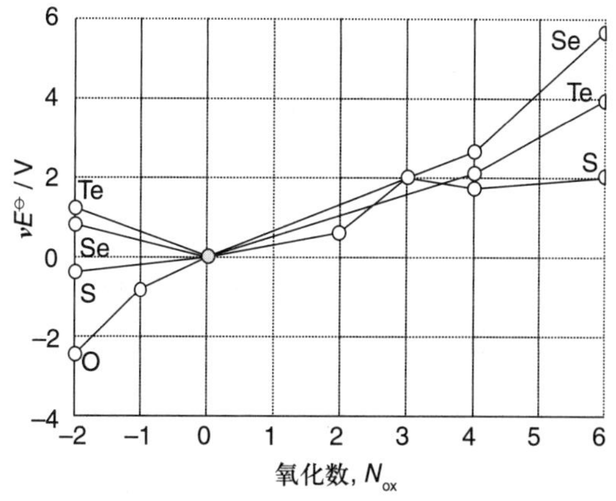

图 16.2　第 16 族元素在酸性溶液中的 Frost 图

氧化数 −2 的物种是 H_2E，氧化数为 −1 的化合物是 H_2O_2；正氧化数指的是氧合酸或氧合阴离子

16.8　氢化物

在第 16 族元素氢化物中氢键的影响看得非常清楚。氧的氢化物是水和过氧化氢,它们都是液体。该族较重元素的氢化物都有毒且有恶臭气味,暴露在高浓度下(或长时间暴露在低浓度下)会损伤嗅觉神经,因此不能采用闻气味的方法确定这些氢化物的存在。

(a) 水

提要:水中的氢键使其成为高沸点液体,导致其固体(冰)呈高度结构化排列。

迄今至少已确认了冰的 9 种不同结构。在 0 ℃和大气压下冰为六角形(I_h,见图 10.7),但在-120 ℃到-140 ℃之间得到立方形(I_c)。更高压力下形成数种密度较高的多晶形物,其中一些基于类二氧化硅的结构。

水由两种元素直接反应得到:

$$H_2(g)+\frac{1}{2}O_2(g) \longrightarrow H_2O(l) \qquad \Delta_f H^\ominus(H_2O,l)=286\ kJ\cdot mol^{-1}$$

该反应大量放热,从而构成氢经济学和氢燃料电池发展的基础(见图 B5.1,应用相关文段 10.2 和节 24.14)。

水是最常用的溶剂,这不仅是因为它随处可得,还因为它具有较高的相对介电常数、较宽的液态范围及较高的溶剂化能力(这种能力是由水的极性和水形成氢键的能力联合造成)的缘故。许多无水和水合化合物溶于水以水合阳离子和水合阴离子的形式存在。许多主要显示共价性的化合物(如乙醇和乙酸)由于与水形成氢键而能溶于水或与水互溶。许多其他共价化合物与水发生水解反应,一些例子将在相应的章节中做讨论。除了简单的溶解和水解反应外,水溶液化学的重要性在氧化还原反应(第 5 章)及酸碱反应(第 4 章)中已经提及。水也在金属络合物中充当 Lewis 碱配体(节 7.1)。去质子的形式(OH^-,特别是氧化物离子 O^{2-})能够用作稳定高氧态的重要配体,这样的例子可在前 d 区元素的氧合阳离子中看到(如 VO^{2+})。

(b) 过氧化氢

提要:升高温度或催化剂存在条件下过氧化氢易于歧化分解。

过氧化氢为淡蓝色的黏稠液体,其沸点(150 ℃)高于水,密度(1.445 g·cm^{-3},25 ℃)大于水,能与水互溶,通常在水溶液中进行操作。氧的 Frost 图表明 H_2O_2 是个好的氧化剂,但不稳定,会歧化分解:

$$H_2O_2(l) \longrightarrow H_2O(l)+\frac{1}{2}O_2(g) \qquad \Delta_f G^\ominus=-119\ kJ\cdot mol^{-1}$$

该反应进行得很慢,但用金属表面或玻璃溶出的碱催化时可发生爆炸。因此,过氧化氢及其溶液用塑料瓶保存,并要加入稳定剂。该反应可通过还原半反应进行讨论:

$$\frac{1}{2}H_2O_2(aq)+H^+(aq)+e^- \longrightarrow H_2O(l) \qquad E^\ominus=+1.68\ V$$

$$H^+(aq)+\frac{1}{2}O_2(g)+e^- \longrightarrow \frac{1}{2}H_2O_2(aq) \qquad E^\ominus=+0.70\ V$$

单电子氧化或还原的标准电位处于 0.7~1.68 eV,有合适结合位点的任何物质都能催化该反应。从上述标准电位推断,酸性溶液中的过氧化氢是个强氧化剂:

$$2Ce^{3+}(aq)+H_2O_2(aq)+2H^+(aq) \longrightarrow 2Ce^{4+}(aq)+2H_2O(l)$$

然而在碱性溶液中,过氧化氢却能充当还原剂:

$$2Ce^{4+}(aq)+H_2O_2(aq)+2OH^-(aq) \longrightarrow 2Ce^{3+}(aq)+2H_2O(l)+O_2(g)$$

过氧化氢具有氧化性的根本原因是 O—O 单键较弱(键能 146 kJ·mol^{-1})。过氧化氢与 d 区元素(如 Fe^{2+})反应生成羟基自由基,该反应叫 Fenton 反应:

$$Fe^{2+}(aq)+H_2O_2(aq) \longrightarrow Fe^{3+}(aq)+OH^-(aq)+OH\cdot(aq)$$

产物 Fe^{3+}能与另一个过氧化氢分子继续反应重新产生 Fe^{2+},所以产生羟基自由基的过程是催化过程。羟基自由基是已知最强的氧化剂之一($E=+2.85$ eV),相关反应被用于氧化有机物。在活体细胞中可与 DNA 反应造成致命后果。

例题 16.1　确定离子物种能否催化 H_2O_2 的歧化

题目:从热力学角度考虑,Pd^{2+}是否能催化 H_2O_2 分解?

答案:Pd^{2+}要催化 H_2O_2 分解就需要发生下述反应:

$$Pd^{2+}(aq)+H_2O_2(aq) \longrightarrow Pd(aq)+O_2(g)+2H^+(aq)$$

然后在下述反应中重新生成 Pd^{2+}:

$$Pd(aq)+H_2O_2(aq)+2H^+(aq) \longrightarrow Pd^{2+}(aq)+2H_2O(l)$$

净反应只是 H_2O_2 的分解:

$$2H_2O_2(aq) \longrightarrow O_2(g)+2H_2O(l)$$

第一个反应是下述两个半反应之差:

$$Pd^{2+}(aq)+2e^- \longrightarrow Pd(aq) \qquad E^\ominus=+0.92\ V$$

$$O_2(g)+2H^+(aq)+2e^- \longrightarrow H_2O_2(aq) \qquad E^\ominus=+0.70\ V$$

因而 $E_{cell}=+0.22$ eV,表明反应为自发反应($K>1$)。第二个反应是下述两个半反应之差:

$$H_2O_2(aq)+2H^+(aq)+2e^- \longrightarrow 2H_2O(l) \qquad E^\ominus=+1.76\ V$$

$$Pd^{2+}(aq)+2e^- \longrightarrow Pd(aq) \qquad E^\ominus=+0.92\ V$$

因而 $E_{cell}=0.84$ eV,表明反应也是自发反应($K>1$)。因为两个反应都是自发反应,因此催化分解反应在热力学上是有利的。

自测题 16.1　使用资源节 3 的数据,确定 H_2O_2 在 Cl^-或 Br^-存在下是否会自发分解。

过氧化氢的酸性稍强于水:

$$H_2O_2(aq)+H_2O(l) \rightleftharpoons H_3O^+(aq)+HO_2^-(aq) \qquad pK_a=11.65$$

在其他碱性溶剂(如液氨)中,过氧化氢也能发生去质子化,产生的 NH_4OOH 已被离析出来。人们发现 NH_4OOH 是由 NH_4^+ 和 HO_2^- 组成的。固体 NH_4OOH 在 25 ℃熔化时,熔体中有氢键键合的 NH_3 和 H_2O_2 分子。

由于过氧化氢的氧化能力强而且副产物无毒害,从而导致多种用途。例如,用于污水的氧化处理、温和的防腐剂、漂白织物和纸张,以及护发行业等(应用相关文段 16.3)。

(c) 硫、硒和碲的氢化物

提要:形成氢键的程度比水小得多;这些氢化物都是气体。

硫化氢(H_2S)有毒。由于具有麻痹嗅觉神经的趋势(使人们无法正确通过气味强度判断其浓度),造成的毒害从而更危险。硫化氢是由火山活动产生的,某些微生物也会产生硫化氢(应用相关文段 16.4)。它是天然气的杂质,使用天然气前必须将其除去。

纯硫化氢通过元素之间在 600 ℃以上直接化合的方法制备:

$$H_2(g)+S(l) \longrightarrow H_2S(g)$$

实验室不难通过 FeS 与稀盐酸(或磷酸)的反应制备:

$$FeS(s)+2HCl(aq) \longrightarrow H_2S(g)+FeCl_2(aq)$$

也能通过 Al_2S_3 的水解反应制备,点燃 Al 和 S 的混合物不难制得 Al_2S_3:

$$2Al(s)+3S(s) \longrightarrow Al_2S_3(s)$$

$$Al_2S_3(s)+3H_2O(l) \longrightarrow Al_2O_3(s)+3H_2S(g)$$

H_2S 可溶于水，是个弱酸：

$$H_2S(aq)+H_2O(l) \rightleftharpoons H_3O^+(aq)+HS^-(aq) \qquad pK_{a1}=6.89$$

$$HS^-(aq)+H_2O(l) \rightleftharpoons H_3O^+(aq)+S^{2-}(aq) \qquad pK_{a2}=19.00$$

H_2S 的酸性溶液是个温和的还原剂，静置时得到元素 S。

同样，H_2Se 也能通过元素直接化合、FeSe 与稀盐酸反应、Al_2Se_3 的水解等方法制备：

$$H_2(g)+Se(s) \longrightarrow H_2Se(g)$$

$$FeSe(s)+2HCl(aq) \longrightarrow H_2Se(g)+FeCl_2(aq)$$

$$Al_2Se_3(s)+3H_2O(l) \longrightarrow Al_2O_3(s)+3H_2Se(g)$$

H_2Te 可由 Al_2Te_3 水解的方法制备，也可由盐酸作用于镁、锌和铝的碲化物得到：

$$Al_2Te_3(s)+6H_2O(l) \longrightarrow 3H_2Te(g)+2Al(OH)_3(aq)$$

$$MgTe(s)+2HCl(aq) \longrightarrow H_2Te(g)+MgCl_2(aq)$$

H_2Se、H_2Te 在水中的溶解度与 H_2S 相近。氢化物（质子酸）的酸性常数从 H_2S 到 H_2Te 逐渐增加（见表 16.2）。类似于 H_2S，H_2Se 和 H_2Te 的水溶液也容易被氧化，静置时得到元素硒和元素碲。

应用相关文段 16.3　环境友好漂白剂

由于过氧化氢对环境无害（只产生水和氧），因而正在迅速取代氯、次氯酸盐在漂白工业中的应用。

过氧化氢漂白主要用于造纸、织物和木浆工业中。废纸的脱墨循环和牛皮纸的制造正在越来越多地使用过氧化氢。大概 85% 的棉、毛织物用过氧化氢漂白。胜过氯基漂白剂的优点之一是它对许多现代染料没有影响。它还用于油和蜡的脱色。

过氧化氢还用于处理家庭及工业污水、污物。流过阴沟和下水管道时发生的厌氧反应阻止了 H_2S 的产生，最大限度地减少 H_2S 的气味。它还在污水、污泥处理厂充作氧的来源。其他工业用途还有对大豆油和亚麻籽油进行环氧化处理以制造塑料工业的增塑剂和稳定剂，并用作鱼雷和火箭推进剂。人们怀疑，俄罗斯潜艇“kursk”在 2000 年发生的爆炸就与作为鱼雷推进剂的过氧化氢有关。

过氧化氢作为绿色氧化剂正在发挥越来越多的作用，如果能够原位产生，过氧化氢就能在水溶液中直接使用，其唯一的副产物就是水。

应用相关文段 16.4　硫循环

硫是所有生命形式的必需元素，因为它存在于半胱氨酸、甲硫氨酸等氨基酸中，出现在许多重要活性位点结构（包括 Fe-S 蛋白的无机硫化物）中及所有的钼酶和钨酶中。此外，许多种生物体通过无机硫化合物的氧化或还原反应获得能量。这些转换就是硫循环。图 B16.2 是硫循环的一部分，重点包括了一些已知的参与循环的分子。

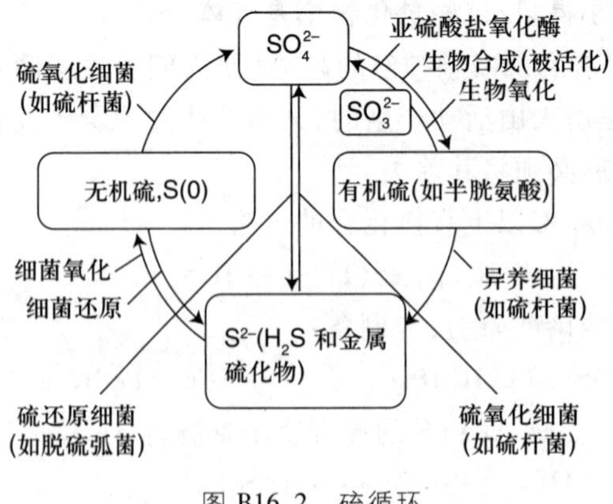

图 B16.2　硫循环

硫化学中氧化还原的最高氧化态是硫酸根，最低还原态是 H_2S 及其电离产生的 HS^- 和 S^{2-}。生物体的许多类型占据着由硫定义的生态链位置。

硫还原细菌（SRBs）使用硫酸根作为它们的电子受体，并在无氧条件下得到硫化物。在硫酸根和还原性有机物共存的地方（如在无氧的海底沉积物中及牛和羊的胃中）发现存在这些厌氧细菌。硫还原细菌的存在对硫化物矿的形成、生物腐蚀、无氧条件下石油的酸化、反刍动物的 Cu-Mo 拮抗作用及许多其他生理、生态和生物地球化学方面都至关重要。

硫酸根的还原按两步进行：

$$SO_4^{2-}+8e^-+10H^+ \longrightarrow H_2S+4H_2O$$

首先，相对惰性的硫酸根必须得到活化。这一步是通过硫酸根与 ATP 反应生成腺苷磷酰硫酸（APS）和焦硫酸根实现的。焦硫酸根进一步的水解（$\Delta_r H^\ominus=-30.5\ kJ\cdot mol^{-1}$）以确保 APS 的形成，使反应向右进行：

$$ATP+SO_4^{2-} \longrightarrow APS+P_2O_7^{4-}$$

APS 还原酶将硫酸根中间体催化还原为亚硫酸根：

$$APS+2e^-+H^+ \longrightarrow AMP+HSO_3^-$$

亚硫酸还原酶将亚硫酸根催化还原为硫化物：

$$HSO_3^-+6e^-+7H^+ \longrightarrow H_2S+3H_2O$$

硫循环的氧化部分是细菌（它们从各种氧化性 S 物种获得能量）存在的区域。某些硫杆菌属可氧化矿石中的硫化物（如硫化铁）。硫化物氧化为硫酸根的过程会产生酸性环境，硫杆菌属能在酸性条件下生存并能改变 pH，产生有利于它们自身代谢过程的酸性条件。微生物作用的酸性矿排水的 pH 可低至 1.5，商业上用硫杆菌属从硫化物矿中富集金属。例如，铁硫杆菌不仅能氧化硫化铁沉积物中的硫，而且能把 Fe（Ⅱ）氧化为低 pH 下可溶解的 Fe（Ⅲ）：

$$4FeS_2+15O_2+2H_2O \longrightarrow 4Fe^{3+}+8SO_4^{2-}+4H^+$$

硫杆菌属只靠无机矿物生存：它们用从硫化物氧化过程中获得能量驱动所有的细胞反应，包括从二氧化碳固定碳。

16.9 卤化物

提要：氧的卤化物稳定性有限，而同族其他元素则形成广泛的系列卤素化合物，有代表性的化学式是 EX_2、EX_4 和 EX_6。

除与氟化合外，O 在与其他卤素的化合物中氧化数都是−2。二氟化氧（OF_2）是氧的最高氟化物，因而化合物中含有最高氧化数的 O（+2）。

硫的卤化物（S_2F_2、SF_4、SF_6、S_2F_{10}）的结构（见表 16.3）全都符合 VSEPR 理论的判断。SF_4 中硫原子周围有 10 个价电子，其中 2 个在三角双锥的赤道位置构成孤对。SF_6 中的 F 原子与中心 S 原子的分子轨道成键主要使用 S 的 4s 和 4p 轨道，3d 轨道所起的作用相对不那么重要（节 2.11），前面已经讲过相关的理论证据。SF_4 和 S_2F_{10} 似乎也是这样。

室温下的 SF_6 是气体。它很不活泼，其惰性很可能是中心硫原子受到空间上的保护造成的。以热力学上有利的水解反应为例：

$$SF_6(g)+4H_2O(l) \longrightarrow 6HF(aq)+H_2SO_4(aq)$$

SeF_6 分子的空间拥挤程度比较小，因而活性大于 SF_6，更易发生水解。与此相类似，SF_4 的空间位阻也较小，活性也较大，能够发生快速的部分水解：

$$SF_4(g)+H_2O(l) \longrightarrow OSF_2(aq)+2HF(aq)$$

SeF_4 和 SF_4 都是选择性氟化剂，能将—COOH 转化为—CF_3，将 C═O，P═O 转化为—CF_2 和—PF_2：

$$2R_2CO(l)+SF_4(g) \longrightarrow 2R_2CF_2(sol)+SO_2(g)$$

硫的氯化物具有重要的商业价值。熔态硫与氯反应得到具有恶臭味的有毒物质二氯化二硫（S_2Cl_2），它在室温下为黄色液体（沸点 138 ℃）。工业上大规模生产二氯化二硫及其进一步的氯化产物二氯化硫 SCl_2（红色的不稳定液体），产物大量用在橡胶硫化过程中。在这一过程中，聚合物链之间引入了硫原子桥，从而使橡胶维持其形状。

16.10　金属氧化物

提要:金属形成的氧化物包括与大多数 M^+ 和 M^{2+} 形成的、氧配位数高的碱性氧化物。中间氧化态的金属氧化物通常结构较复杂,而且显两性。金属的过氧化物和超氧化物是由 O_2 与碱金属、碱土金属反应形成的。末端 E ═O 和 E—O—E 桥通常是由非金属和某些高氧化态金属形成的。d 区元素存在多种不同的氧化物,其结构包括离子型晶格到共价分子。

O_2 分子很容易从金属得到电子形成包括阴离子 O^{2-}(氧离子)、O_2^-(超氧离子)和 O_2^{2-}(过氧离子)在内的金属氧化物。虽然 O^{2-} 的存在可用形成闭壳层稀有气体电子构型来解释,但从 $O_2(g)$ 形成 $O^{2-}(g)$ 是个高吸热过程,O^{2-} 是通过固态时非常有利的晶格能(因为较大的电荷/半径比,节 3.12)的释放而得到稳定的。

碱金属、碱土金属往往形成过氧化物或超氧化物(节 11.8 和节 12.8),然而其他金属的过氧化物和超氧化物却很少见。在金属中,只有一些贵金属不形成热力学上稳定的氧化物。当暴露在痕量氧中时,即使没有形成大量的氧化物相,干净的金属表面(在超高真空下制备)上也很快被氧化物表面层所覆盖。

d 区元素形成许多种不同的氧化物,其结构多种多样。氧有能力将某些元素氧化至最高氧化态,然而某些金属氧化物中的氧化态却很低,如 Cu_2O 中的铜以 Cu(Ⅰ)存在。所有 3d 系金属的一氧化物都是已知的。一氧化物具有离子型固体的岩盐结构特征,但其性质(将在第 24 章详细讨论)却与简单离子模型($M^{2+}O^{2-}$)显著偏离。例如,TiO 具有金属性导电能力,FeO 中的 Fe 原子总是存在缺陷。前 d 区的一氧化物是强还原剂。例如,TiO 容易被水或氧所氧化,MnO 是实验室常用的除氧剂,能将惰性气体中的氧杂质降至 ppb 数量级。

要归纳出金属氧化物结构的变化趋势是不容易的,但对金属氧化数为+1、+2 和+3 的氧化物而言,O^{2-} 通常处在高配位数的位点上:

M(Ⅰ):M_2O 氧化物往往具有金红石或反萤石结构(分别为 6∶8 和 8∶4 配位);

M(Ⅱ):MO 氧化物通常为岩盐结构(6∶6 配位);

M(Ⅲ):M_2O_3 氧化物往往是 6∶4 配位。

另一个极端的 MO_4 化合物是分子型化合物,如四面体的四氧化锇 OsO_4。高氧化态金属氧化物和非金属氧化物往往具有多重键性质,O^{2-} 提供一对电子形成 σ 键,再用一对或两对电子形成 π 键。p 区金属氧化物常常偏离这些简单结构,围绕金属的 O^{2-} 的堆积方式对称性较小,这种堆积方式往往可从存在着具有空间化学活性的孤对电子得到合理解释,如 PbO 中那样(节 14.11)。对非金属和某些高氧化态金属而言,另一种常见结构模式是形成角形或线形的氧原子桥(E—O—E)。

16.11　金属的硫化物、硒化物、碲化物和钋化物

提要:已知以分立离子和配体方式而存在的单原子和多原子硫化物离子。大多数 3d 系金属的单硫化物具有砷化镍结构。4d 系和 5d 系金属往往形成二硫化物,其结构为金属层和硫化物离子层交替排列;前 d 系金属的二元二硫化物往往具有层状结构,而 Fe^{2+} 和许多后 d 系金属的二硫化物含有分立的 S_2^{2-}。螯合的多硫化物配体常见于 4d 系和 5d 系金属形成的金属硫配位化合物。

许多金属以其硫化物矿形式存在于自然界。将矿石在空气中焙烧生成氧化物或水溶性硫酸盐并从中提取金属。实验室和工业上用多种路线制备硫化物,包括元素的直接化合、硫酸盐的还原或通入 H_2S 从溶液中沉淀出不可溶的硫化物:

$$Fe(s)+S(s) \longrightarrow FeS(s)$$

$$MgSO_4(s)+4C(s) \longrightarrow MgS(s)+4CO(g)$$

$$M^{2+}(aq)+H_2S(g) \longrightarrow MS(s)+2H^+(aq)$$

金属硫化物的溶解性差别很大。第 1 族、第 2 族元素硫化物可溶,第 11 族、第 12 族重元素硫化物则是已

知溶解度最小的化合物。硫化物溶解度的这种巨大变化是进行选择性分离的基础。

第 1 族元素的硫化物(M_2S)采取反萤石结构(节 3.9)。第 2 族和 f 区的一些元素形成具有岩盐结构的单硫化物(MS)。3d 区元素形成的单硫化物很常见(见表 16.5),大多具有砷化镍结构(见图 3.36)。d 区金属元素的二硫化物可分为两大类(见表 16.6):一类为层状化合物,结构为 CdI_2 型或 MoS_2 型;另一类含有分立的 S_2^{2-} 基团,结构为硫铁矿和白铁矿。

表 16.5 d 区 MS 化合物的结构*

族	4	5	6	7	8	9	10
砷化镍结构(阴影)	Ti	V		Mn†	Fe	Co	Ni
岩盐结构(无阴影)	Zr	Nb					

* 第 6 族金属的一硫化物没有示出,一些较重金属具有更复杂的结构;

†MnS 有两种多晶形物,一种是岩盐结构,另一种是纤锌矿结构。

表 16.6 d 区 MS_2 化合物的结构*

族	4	5	6	7	8	9	10	11
层状结构(阴影)	Ti			Mn	Fe	Co	Ni	Cu
黄铁矿或白铁矿结构	Zr	Nb	Mo		Ru	Rh		
(无阴影)	Hf	Ta	W	Re	Os	Ir	Pt	

* 没有给出不形成二硫化物或二硫化物具有更复杂结构的金属;引自 A. F. Wells, *Structural inorganic chemistry* .Oxford University Press (1984).

层状二硫化物是这样构建的:两层硫负离子夹着一层金属正离子形成三明治式的硫化物块(如图 16.3),这种硫化物块与毗邻硫化物块中的硫负离子层为邻堆积在晶体中。这种结构显然与简单的离子模型不一致,它的形成是软的硫离子与 d 区金属阳离子间存在共价性的一种标志。这种层状结构中的金属离子围绕着 6 个硫原子。金属离子的配位环境有时是八面体(如 PtS_2,采用如图 16.3 的 CdI_2 结构),有时则是三方棱柱体(如 MoS_2)。正如每个 MoS_2 板层中 S—S 距离较短这一事实所表示的那样,层状 MoS_2 结构有利于形成 S—S 键。有些层状金属硫化物容易发生嵌入反应,即离子或分子穿入毗邻的硫离子层之间(节 24.9)。

含有分立 S_2^{2-} 的硫化物采取黄铁矿(见图 16.4)或白铁矿结构。金属硫化物中 S_2^{2-} 的稳定性比过氧化物中 O_2^{2-} 的稳定性大得多,前者的存在也比后者多。群青(一种蓝色颜料)中存在 S_3^- 自由基阴离子。群青是一种铝硅酸盐,其结构空隙中嵌有 S_3^- 阴离子和 Na^+ 阳离子。用不同的离子取代 Na^+ 时颜色可能发生变化,如 Ag 群青显绿色。

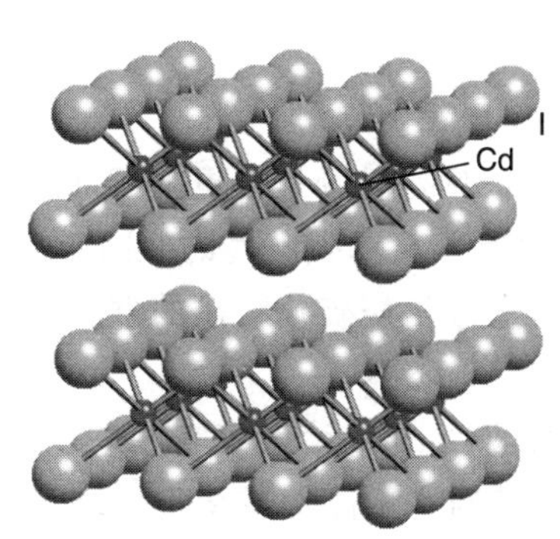

图 16.3 许多二硫化物采用 CdI_2 结构

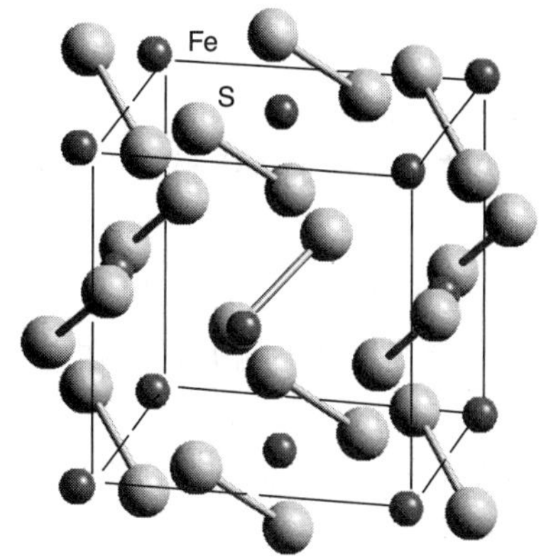

图 16.4 黄铁矿 FeS_2 的结构

简单的硫代金属酸盐络合物（如$[MoS_4]^{2-}$）不难通过将 H_2S 气体通入含有钼酸根离子或钨酸根离子的强碱性水溶液来合成：

$$[MoO_4]^{2-}(aq)+4H_2S(g) \longrightarrow [MoS_4]^{2-}(aq)+4H_2O(l)$$

这些硫代金属酸根阴离子是合成含更多金属原子络合物的基块。例如，这种基块能配位于多种正二价金属离子（如 Co^{2+}、Zn^{2+}）：

$$Co^{2+}(aq)+2[MoS_4]^{2-}(aq) \longrightarrow [S_2MoS_2CoS_2MoS_2]^{2-}(aq)$$

将元素硫加入硫化铵溶液中得到的多硫化物离子（如 S_2^{2-}、S_3^{2-}）也可用作配体。例如，由$[MoS_4]^{2-}$和多硫化铵形成的$[Mo_2(S_2)_6]^{2-}$(**16**)，其中含有横侧键合的 S_2^{2-} 配体。更大的多硫化物离子能与金属原子键合形成螯环，如$[WS(S_4)_2]^{2-}$(**17**)中含有螯合的 S_4^{2-} 配体。

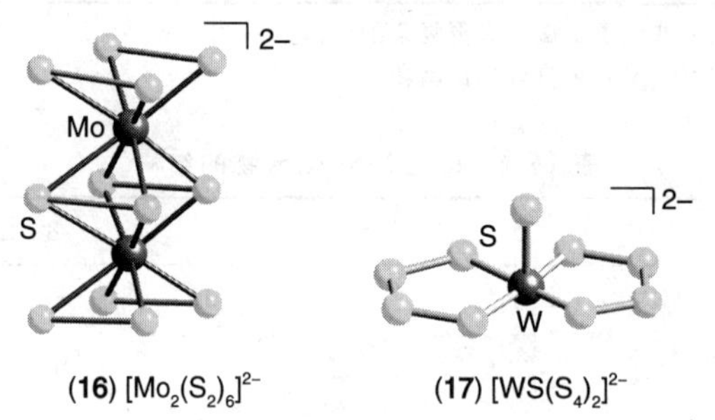

(**16**) $[Mo_2(S_2)_6]^{2-}$　(**17**) $[WS(S_4)_2]^{2-}$

硒化物和碲化物是两元素在自然界最常见的存在形式。第 1 和第 2 族的硒化物、碲化物、钋化物可通过元素在液氨中直接化合得到。除钋化物（该元素最稳定的存在形式）外，它们都是水溶性固体，在空气中迅速被氧化生成各自元素的单质。Li、Na、K 的硒化物和碲化物采取反萤石结构，第 1 族较重元素的硒化物和碲化物则采取岩盐结构。d 区金属的硒化物、碲化物和钋化物也能通过元素间的直接化合反应得到，而且具有非化学计量组成。两个例子是近似化学计量组成的化合物 Ti_2Se 和 Ti_3Se。

第 12 族元素的硫化物、硒化物和碲化物是工业上重要的第 12/16 族半导体（以前叫Ⅱ/Ⅵ族半导体，节 24.19）。这些化合物含有第 12 族阳离子和第 16 族阴离子，比第 13/15 族半导体具有更多的离子性。例如，CdS、CdSe、CdTe 和 ZnSe，它们被用在光电器件（如太阳能电池、发光二极管）上，也用作生物标记物，参见应用相关文段 19.4。

16.12 氧化物

除第 16 族外的其他元素的氧化物在相关族的章节做介绍。本节集中介绍氧与同族其他元素形成的氧化物。

(a) 硫的氧化物和氧卤化物

提要：二氧化硫对 p 区的碱来说是个温和的 Lewis 酸；$OSCl_2$ 用作干燥剂。

二氧化硫和三氧化硫都是 Lewis 酸（硫原子处在接受体部位），只是后者是个更强、更硬的酸而已。在室温和常压下，三氧化硫是个以氧为桥原子的环状三聚体(**4**)，这是其显示强酸性的原因。

工业上大规模制备二氧化硫是通过在空气中燃烧硫或 H_2S，或者焙烧硫化物矿的方法：

$$4FeS(s)+7O_2(g) \longrightarrow 4SO_2(g)+2Fe_2O_3(s)$$

二氧化硫可溶于水，溶于水后生成通常叫作亚硫酸（H_2SO_3）的溶液，然而该溶液事实上是多物种的复杂混合物。二氧化硫与简单的 p 区 Lewis 碱形成弱络合物。例如，虽然与水不能形成稳定的络合物，但与较强的 Lewis 碱（如三甲基氨、F^-）的确形成稳定的络合物。二氧化硫是酸性物质的有用溶剂。

例题 16.2 推断 SO_2 络合物的结构和性质

题目:判断 SO_2F^-、$(CH_3)_3NSO_2$ 的结构,并预测它们与 OH^- 的反应。

答案:讨论形状问题时绘出 Lewis 结构是一个好的切入点。SO_2 的 Lewis 结构如(**18**)所示。我们知道,SO_2 既能充当 Lewis 酸又能充当 Lewis 碱,然而在两个例子中,SO_2 与都是作为 Lewis 酸与 Lewis 碱[F^-、$N(CH_3)_3$]形成络合物。两个络合物中的 S 原子上仍有一孤对,S 原子周围的 4 对电子形成四面体结构,得到三角锥络合物(**19**)和(**20**)。由于 OH^- 的 Lewis 碱性强于 F^- 或 $(CH_3)_3N$,将会优先与 SO_2 起反应。当有 OH^- 出现时,任何一种化合物都将得到亚硫酸氢根,后者存在两种异构体(**21**)和(**22**)。

(**18**) SO_2, C_{2v}

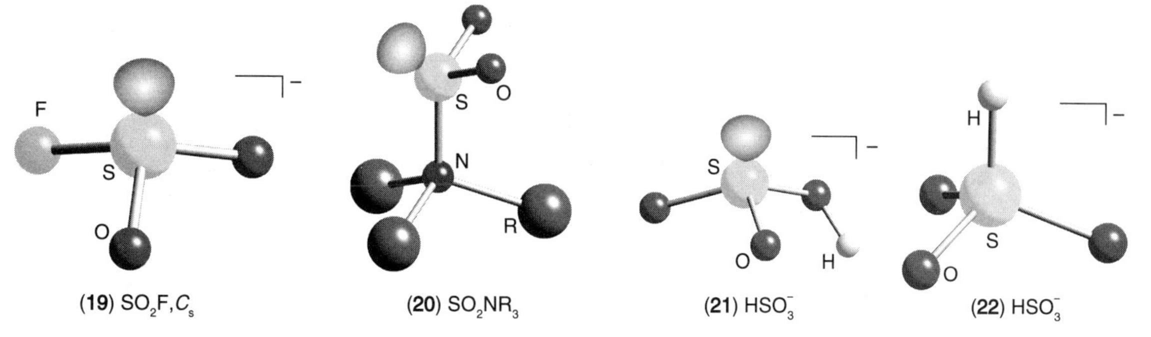

(**19**) SO_2F, C_s (**20**) SO_2NR_3 (**21**) HSO_3^- (**22**) HSO_3^-

自测题 16.2 绘出(a)$SO_3(g)$、(b)SO_3F^- 的 Lewis 结构,并指出其点群。

应用相关文段 16.5 酸雨

酸雨的主要成分是氧化物与羟基自由基反应生成的硝酸和硫酸,羟基自由基是由臭氧光分解产生的 O 原子与水反应生成的:

$$HO\cdot + NO_2 \rightleftharpoons HNO_3$$

$$HO\cdot + SO_2 \rightleftharpoons HSO_3\cdot$$

$$HSO_3\cdot + O_2 + H_2O \rightleftharpoons H_2SO_4 + HO_2\cdot$$

反应中产生的氢过氧自由基($HO_2\cdot$)再产生羟基自由基:

$$HO_2\cdot + X \rightleftharpoons XO + HO\cdot \qquad X = NO \text{ 或 } SO_2$$

硫酸和硝酸分子能形成氢键,自身分子之间、与大气中的金属氧化物和气体之间、与水之间发生强相互作用形成微粒。这些微粒是受污染空气中对健康的主要危害。新近的研究证明,尺度为 2.5 μm 或更小的悬浮微粒浓度的增加会导致肺病、心脏疾病,从而增加了死亡的风险。这种足够小的微粒(而且表面携带有毒化学物质)能被吸至肺部深处。

这些物质不但影响人体健康,而且也影响生态环境(由于含有酸)。随着降水酸度的增加,增加了的质子浓度将会冲刷土壤中的碱金属离子(Na^+、K^+)和碱土金属离子(Ca^{2+}、Mg^{2+}),这些离子原先存在于黏土、腐殖质和石灰岩的离子交换位点上。这些营养元素的流失对植物生长不利。酸雨同样也会腐蚀大理石雕像和建筑物。内衬有花岗岩的湖泊(其缓冲能力较低)的湖水可以被酸化,最终会导致鱼类和其他水生生物的消失。由于燃烧源产生气体可长距离流动,所以酸雨成为区域性问题。大面积区域(尤其是处于火力发电厂下风向的区域)都受到酸雨的威胁(高耸的烟囱排放着 NO 和 SO_2 废气)。鉴于对环境和健康的严重影响,NO 和 SO_2 已成为监管的焦点。

(b) 硒和碲的氧化物

提要:硒和碲的二氧化物是多晶形物。二氧化硒的热力学稳定性不及 SO_2 或 TeO_2;三氧化硒 SeO_3 的热力学稳定性不及 SeO_2。

硒、碲和钋的二氧化物可通过元素直接反应的方法制备。二氧化硒为白色固体,315 ℃升华。固体时呈现多聚结构(**23**)。二氧化硒热力学稳定性不及 SO_2 或 TeO_2,能被 NH_3、N_2H_4、SO_2 水溶液还原成硒:

$$3SeO_2(s)+4NH_3(l) \longrightarrow 3Se(s)+2N_2(g)+6H_2O(l)$$

二氧化硒用作有机化学中的氧化剂。

二氧化碲自然界以黄碲矿(β-TeO_2)形式存在,为层状结构,其中 TeO_4 单元形成二聚体(**24**)。合成的 α-TeO_2 含有类似 TeO_4 的单元,这些单元共享所有顶点形成三维类金红石结构(**25**)。二氧化钋的萤石结构显黄色,四方结构显红色。

不像 SO_3 或 TeO_3,三氧化硒的热力学稳定性不及二氧化硒(见表 16.7)。三氧化硒为白色、易潮解的固体,升华和分解温度分别为 100 ℃和 165 ℃。固态时形成以四聚体 Se_4O_{12}(**26**)为基础的结构,气相中以单体形式存在。三氧化碲以黄色的 α-TeO_3 形式存在,它是通过 $Te(OH)_6$ 脱水制备的。更稳定的 β-TeO_3 可由 α-TeO_3 或者 $Te(OH)_6$ 在氧气中加热得到。

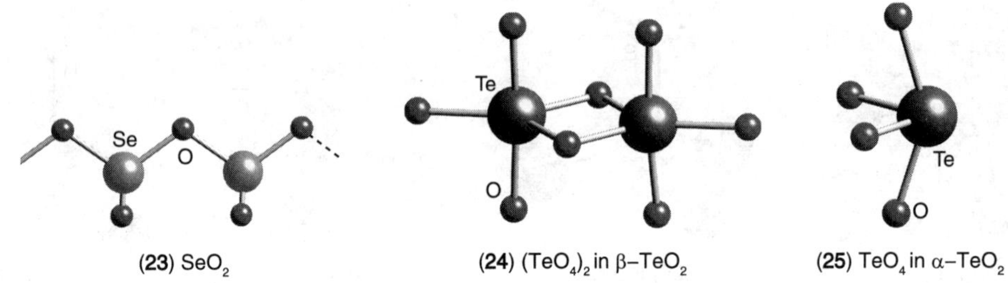

(**23**) SeO_2　(**24**) $(TeO_4)_2$ in β-TeO_2　(**25**) TeO_4 in α-TeO_2

表 16.7　硫、硒、碲氧化物的标准生成焓 $\Delta_fH^\ominus$/(kJ · mol^{-1})

化合物	$\Delta_fH^\ominus$	化合物	$\Delta_fH^\ominus$
SO_2	-297	SO_3	-432
SeO_2	-230	SeO_3	-184
TeO_2	-325	TeO_3	-348

(c) 硫族元素的氧卤化物

提要:最重要的氧卤化物是硫、硒、碲的叫作氧氟化物的氧卤化物,"teflate"离子是一种有用的配体。

已知存在多种硫族元素的氧卤化物。最重要的是亚硫酰二卤(OSX_2)和硫酰二卤(O_2SX_2)。亚硫酰二卤的一种用途是实验室脱去金属氯化物中的水:

$$MgCl_2 \cdot 6H_2O(s)+6OSCl_2(l) \longrightarrow MgCl_2(s)+6SO_2(g)+12HCl(g)$$

已知存在着 $F_5TeOTeF_5$ 和硒的类似物。$OTeF_5^-$ 非正式地叫作"teflate"。它是一种大体积阴离子,其中的电负性氧原子能够提供一对孤对电子形成配位键。这种构筑良好的配体用来与高氧化态 d 区金属和主族元素形成络合物,如形成 $[Ti(OTeF_5)_6]^{2-}$(**27**)、$[Xe(OTeF_5)_6]$ 和 $[M(C_2H_5)_2(OTeF_5)_6]$,后者中的 M = Ti、Zr、Hf、W 和 Mo。

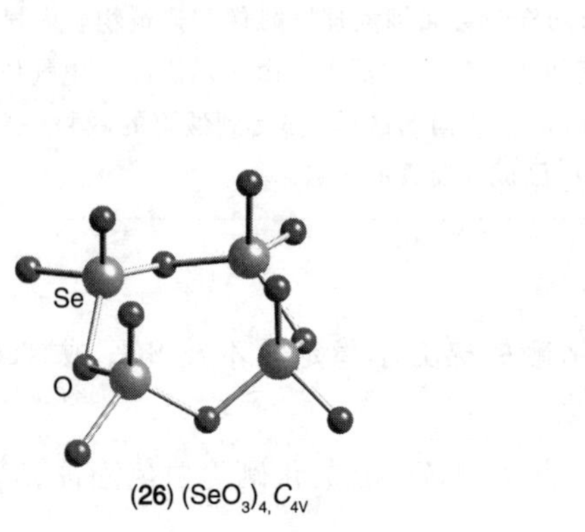

(**26**) $(SeO_3)_4$, C_{4V}

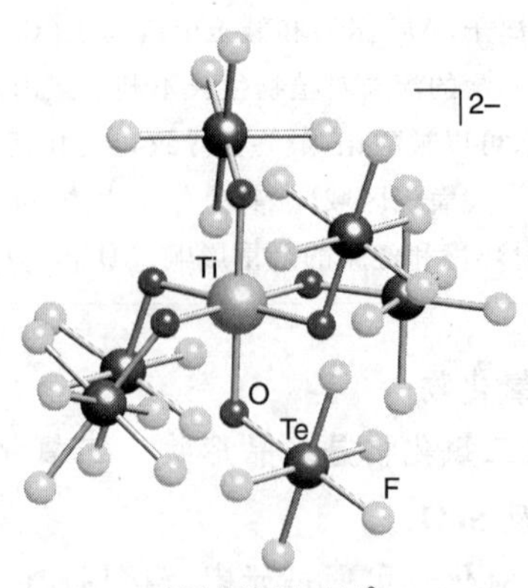

(**27**) $[Ti(OTeF_5)_6]^{2-}$

16.13　硫的氧合酸

硫(与 N、P 相似)能形成多种氧合酸。它们存在于水溶液中或以氧合阴离子形式存在于固态盐中(见表 16.8)。氧合酸中的多种化合物在实验室和工业上都有重要用途。

表 16.8　硫的一些氧合阴离子

氧化数	化学式	名称	结构	备注
一个 S 原子				
+4	SO_3^{2-}	亚硫酸根	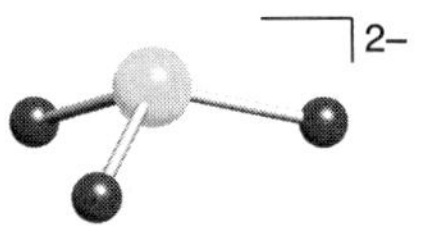 2–	碱性,还原剂
+6	SO_4^{2-}	硫酸根	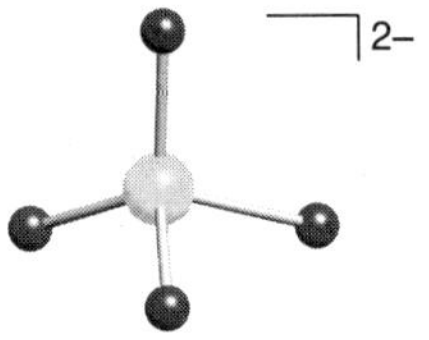 2–	弱碱性
两个 S 原子				
+2	$S_2O_3^{2-}$	硫代硫酸根	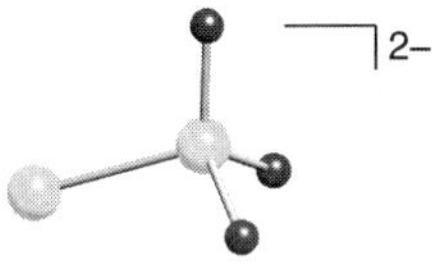 2–	中等强度还原剂
+3	$S_2O_4^{2-}$	连二亚硫酸根	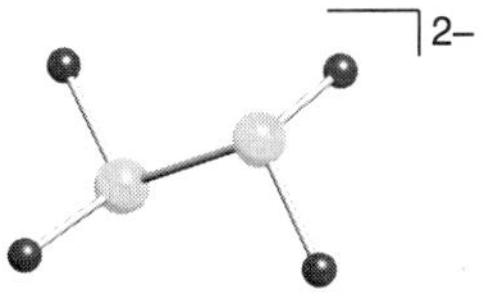 2–	强还原剂
+4	$S_2O_5^{2-}$	二亚硫酸根	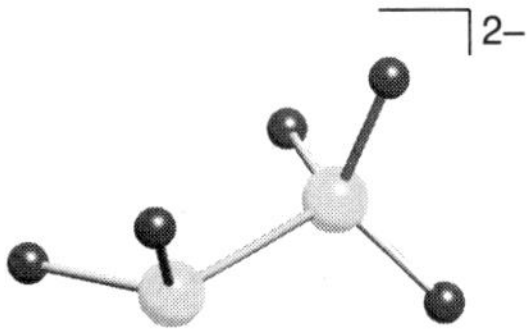 2–	
+5	$S_2O_6^{2-}$	连二硫酸根	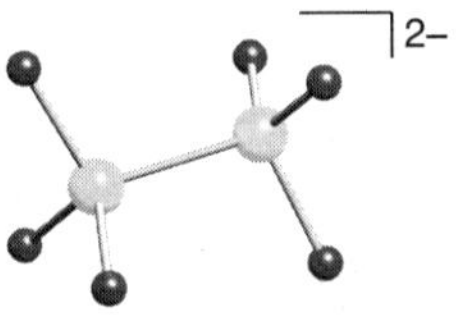 2–	抗氧化和抗还原
硫原子数可变的多硫氧合阴离子	$S_nO_{2n+2}^{2-}$ $3 \leqslant n \leqslant 20$	$n=3$,连三硫酸根	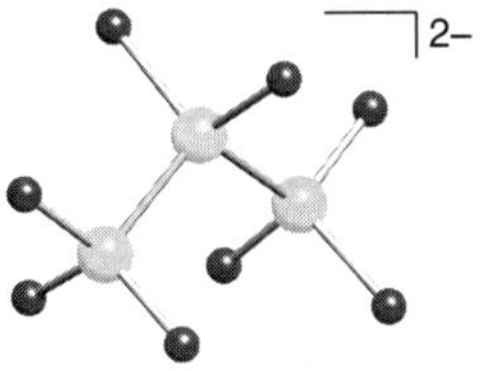 2–	

(a) 氧合阴离子的氧化还原性

提要：硫的氧合阴离子包括还原性的亚硫酸根离子(SO_3^{2-})、反应性相当低的硫酸根(SO_4^{2-})和强氧化性的过氧二硫酸根($O_3SO—OSO_3^{2-}$)。与硫相似，硒和碲的氧合阴离子的氧化还原反应往往较慢。

硫的常见氧化数为-2、0、+2、+4和+6，然而也存在许多S—S键合的物种。一个简单的例子是硫代硫酸根($S_2O_3^{2-}$)，其平均氧化数为+2，但两个S原子的化学环境完全不同。Frost图(见图16.2)总结了氧化态之间的热力学关系。与许多p区其他元素的氧合阴离子一样，元素处在最高氧化态时，许多热力学上有利的反应却很慢(如SO_4^{2-}发生的反应)。人们根据下述事实提出了一个动力学因素：含单个S原子的化合物的氧化数每步通常改变2，从而需要机理中存在O原子转移途径。有些例子中采用自由基机理。例如，硫醇和醇类被过氧二硫酸氧化，过程中O—O键裂解产生瞬态自由基阴离子SO_4^-。

节5.6中曾经看到，溶液的pH对氧合阴离子的氧化还原性质具有显著影响。SO_2和SO_3^{2-}是很好的例证，前者在酸性溶液中容易被还原，因而是个氧化剂，而后者在碱性溶液中是个还原剂：

$$SO_2(aq)+4H^+(aq)+4e^- \longrightarrow S(s)+2H_2O(l) \qquad E^\ominus=+0.50\ V$$

$$SO_4^{2-}(aq)+H_2O(l)+2e^- \longrightarrow SO_3^{2-}(aq)+2OH^-(aq) \qquad E^\ominus=-0.94\ V$$

酸性溶液中存在的主要物种是SO_2而非H_2SO_3。碱性溶液中HSO_3^-是以$H—SO_3^-$和$H—OSO_2^-$平衡存在的。SO_2的氧化性用作中等强度的消毒剂和食物防腐剂，如处理干果和酒类。

过氧二硫酸根离子($O_3SO—OSO_3^{2-}$)是个有用的强氧化剂：

$$[O_3S{-}O{-}O{-}SO_3]^{2-} + 2e^- \longrightarrow 2\,[SO_4]^{2-} \qquad E^\ominus=+1.96\ V$$

如此高的反应性反映了O的而非S的性质，因为它是由于弱的O—O键导致的。这一点在介绍过氧化氢时已经讨论过。

硒酸在热力学上是个强氧化性的酸：

$$SeO_4^{2-}(aq)+4H^+(aq)+2e^- \longrightarrow H_2SeO_3(aq)+H_2O(l) \qquad E^\ominus=+1.15\ V$$

像SO_4^{2-}和其他处于高氧化态元素的氧合阴离子一样，SeO_4^{2-}的还原反应通常较慢。碲酸以$Te(OH)_6$的形式、也以$(HO)_2TeO_2$的形式存在于溶液中。您会再一次看到，其还原反应是热力学有利的反应，而动力学上却很慢。

(b) 硫酸

提要：硫酸是强酸；强的质子自递作用使其成为一种有用的非水溶剂。

硫酸为黏稠液体，溶于水时放出大量热：

$$H_2SO_4(l) \longrightarrow H_2SO_4(aq) \qquad \Delta_rH^\ominus=-95.3\ kJ\cdot mol^{-1}$$

硫酸水溶液是强的Brϕnsted酸($pK_{a1}=-2$)，但不是由二级电离($pK_{a2}=1.92$)造成的。无水硫酸的相对介电常数和导电性都很高，这一事实与其强的质子自递作用相一致：

$$2H_2SO_4(l) \rightleftharpoons H_3SO_4^+(sol)+HSO_4^-(sol) \qquad K=2.7\times10^{-4}$$

质子自递平衡常数比水大10^{10}倍，这一特性使硫酸可以用作非水质子溶剂。

碱(质子接受体)的存在能够增加HSO_4^-的浓度，这里所说的碱包括水和较弱的酸的盐，如硝酸盐：

$$H_2O(l)+H_2SO_4(sol) \longrightarrow H_3O^+(sol)+HSO_4^-(sol)$$

$$NO_3^-(s)+H_2SO_4(l) \longrightarrow HNO_3(sol)+HSO_4^-(sol)$$

另一个例子是浓硫酸与浓硝酸产生硝鎓离子(NO_2^+)的反应，芳香性物种的硝化反应就是由NO_2^+完成的：

$$HNO_3(aq)+2H_2SO_4(aq) \longrightarrow NO_2^+(aq)+H_3O^+(aq)+2HSO_4^-(aq)$$

因为硫酸是个非常弱的质子接受体，在硫酸中显酸性的物种的数目比在水中少得多。例如，氟磺酸

(HSO_3F)在硫酸中是个弱酸：

$$HSO_3F(sol)+H_2SO_4(l) \rightleftharpoons H_3SO_4^+(sol)+SO_3F^-(sol)$$

除能发生质子自递作用外，硫酸还能分解为 H_2O 和 SO_3，后者进一步与 H_2SO_4 反应生成多种产物：

$$H_2O+H_2SO_4 \rightleftharpoons H_3O^+ + HSO_4^-$$

$$SO_3+H_2SO_4 \rightleftharpoons H_2S_2O_7$$

$$H_2S_2O_7+H_2SO_4 \rightleftharpoons H_3SO_4^+ + HS_2O_7^-$$

因此，无水硫酸是由至少 7 个被表征的物种组成的复杂混合物，而非成分单一的物质。

硫酸是按工业规模生产的最重要的化学品之一。超过 80%的硫酸用来与磷矿反应制造磷肥：

$$Ca_5F(PO_4)_3(s)+5H_2SO_4(aq)+10H_2O(l) \longrightarrow 5CaSO_4 \cdot 2H_2O(aq)+HF(aq)+3H_3PO_4(aq)$$

硫酸还用在除去石油中的杂质、电镀前对铁和钢进行浸泡（清洗）、用作铅酸电池的电解质（应用相关文段 14.7），也用于制造其他多种大宗化学品（如盐酸和硝酸）。

浓硫酸的生产是通过接触法完成的。第一步是将硫（或硫的化合物）氧化为 SO_2 的放热反应。大部分工厂使用单质硫，有的也使用金属硫化物和硫化氢：

$$S(s)+O_2(g) \longrightarrow SO_2(g)$$

$$4FeS(s)+7O_2(g) \longrightarrow 2Fe_2O_3(s)+4SO_2(g)$$

$$2H_2S(g)+3O_2(g) \longrightarrow 2SO_2(g)+2H_2O(g)$$

第二步是将 SO_2 氧化为 SO_3。反应在高温和高压下进行，催化剂是二氧化硅小球负载的 V_2O_5：

$$2SO_2(g)+O_2(g) \longrightarrow 2SO_3(g)$$

然后从填充塔底层通入 SO_3，从顶层用发烟硫酸 $H_2S_2O_7$ 淋洗。气体接下来在第二个塔中用 98%硫酸淋洗。SO_3 与 2%的水反应得到硫酸：

$$SO_3(g)+H_2O(sol) \longrightarrow H_2SO_4(l)$$

(c) 亚硫酸和二亚硫酸

提要：亚硫酸和二亚硫酸从来都没有离析出来过，但它们的盐却是存在的。亚硫酸盐是个中等强度的还原剂并用作漂白剂；二亚硫酸盐在酸性条件下迅速分解。

虽然 SO_2 的酸性水溶液被称为亚硫酸，但 H_2SO_3 从来未被离析出来过，主要的存在形式是水合物($SO_2 \cdot nH_2O$)。第一步和第二步给出质子的过程最好表示如下：

$$SO_2 \cdot nH_2O(aq)+2H_2O(l) \rightleftharpoons H_3O^+(aq)+HSO_3^-(aq)+nH_2O(l) \qquad pK_a=1.79$$

$$HSO_3^-(aq)+H_2O(l) \rightleftharpoons H_3O^+(aq)+SO_3^{2-}(aq) \qquad pK_a=7.00$$

无水亚硫酸钠(Na_2SO_3)是按工业规模生产的，在纸浆和造纸工业中用作漂白剂，照相行业中用作还原剂，锅炉处理中用作氧清除剂。

二亚硫酸(**28**，$H_2S_2O_5$)不能以自由状态存在，但其盐可由亚硫酸氢盐的浓溶液制备：

$$2HSO_3^-(aq) \rightleftharpoons S_2O_5^{2-}(aq)+H_2O(l)$$

二亚硫酸盐的酸性水溶液快速分解得到 HSO_3^- 和 SO_3^{2-}。

(d) 硫代硫酸

提要：硫代硫酸易于分解但其盐却是稳定的，硫代硫酸根离子是个中等强度的还原剂。

硫代硫酸($H_2S_2O_3$，**29**)的水溶液发生快速而复杂的分解过程，生成如 S、SO_2、H_2S、H_2SO_4 等多种产物。无水硫代硫酸比较稳定，缓慢分解为 H_2S 和 SO_3。与酸相反，硫代硫酸盐稳定得多，并可通过亚硫酸盐或亚硫酸氢盐与硫共沸的方法制备，也可通过多硫化物的氧化反应制备：

$$8K_2SO_3(aq)+S_8(s) \longrightarrow 8K_2S_2O_3(aq)$$

$$2CaS_2(s)+3O_2(g) \longrightarrow 2CaS_2O_3(s)$$

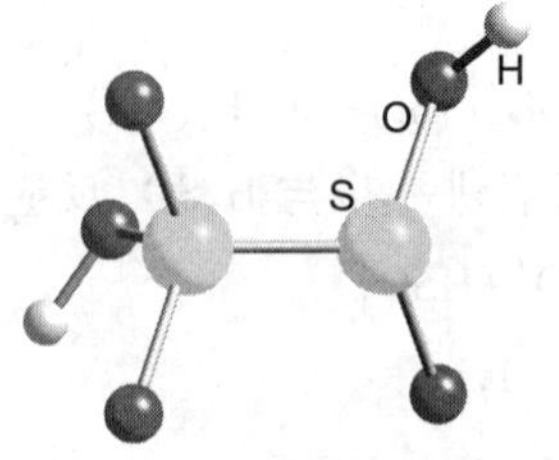

(28) 二亚硫酸，$H_2S_2O_5$

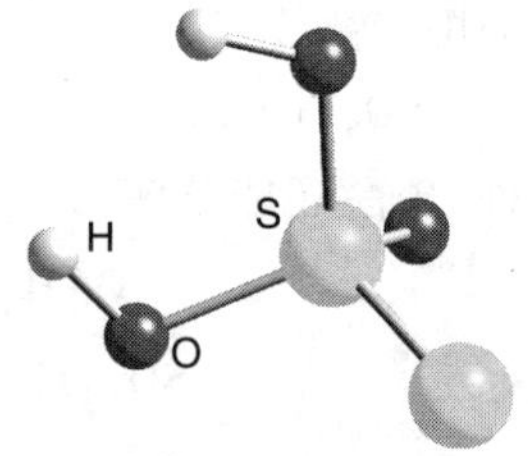

(29) 硫代硫酸，$H_2S_2O_3$

硫代硫酸根离子($S_2O_3^{2-}$)是个中等强度的还原剂：

$$\frac{1}{2}S_4O_6^{2-}(aq)+e^- \longrightarrow S_2O_3^{2-}(aq) \qquad E^{\ominus}=+0.09\ V$$

与碘的反应是分析化学中碘量法滴定的基础：

$$\frac{1}{2}I_2(aq)+e^- \longrightarrow I^-(aq) \qquad E^{\ominus}=+0.54\ V$$

$$2S_2O_3^{2-}(aq)+I_2(aq) \longrightarrow S_4O_6^{2-}(aq)+2I^-(aq)$$

连四硫酸根阴离子($S_4O_6^{2-}$,**5**)有 3 个 S—S 键,这一事实是其稳定存在的原因。强氧化剂(如氯)能将其氧化为硫酸根,漂白工业利用该反应除去过量的氯。

(e) 过氧硫酸

提要:过氧二硫酸盐是强氧化剂。

过氧一硫酸(H_2SO_5,**30**)是晶形固体,可通过硫酸与过氧二硫酸反应制备,或由电解 H_2SO_4 合成 $H_2S_2O_8$ 的副产物得到。其盐不稳定,分解产生过氧化氢。过氧二硫酸($H_2S_2O_8$,**31**)也是晶形固体。工业上利用氧化硫酸铵或硫酸钾的方法制备过氧二硫酸铵或过氧二硫酸钾。它们都是强氧化剂和漂白剂。

$$\frac{1}{2}S_2O_8^{2-}(aq)+H^+(aq)+e^- \longrightarrow HSO_4^-(aq) \qquad E^{\ominus}=+2.12\ V$$

加热过氧二硫酸钾生成臭氧和氧。

(f) 连二亚硫酸和连二硫酸

提要:连二亚硫酸盐和连二硫酸盐含有 S—S 键,易于发生歧化。连二亚硫酸钠是有用的还原剂。

无水连二亚硫酸($H_2S_2O_4$,**32**)和连二硫酸($H_2S_2O_6$,**33**)都未能离析出来,然而它们的盐都是稳定的晶形固体。连二亚硫酸盐可用锌粉或钠汞齐还原亚硫酸盐的反应制得。连二亚硫酸钠是生物化学中的重要还原剂。连二亚硫酸根离子在中性或酸性溶液中发生歧化生成 HSO_3^- 和 $S_2O_3^{2-}$:

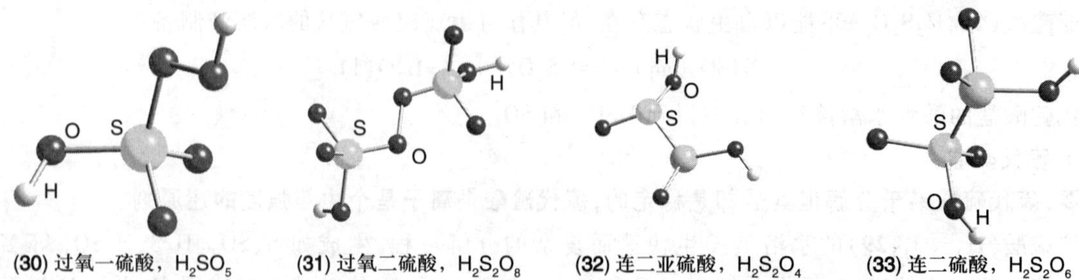

(30) 过氧一硫酸，H_2SO_5　(31) 过氧二硫酸，$H_2S_2O_8$　(32) 连二亚硫酸，$H_2S_2O_4$　(33) 连二硫酸，$H_2S_2O_6$

$$2S_2O_4^{2-}(aq)+H_2O(l) \longrightarrow 2HSO_3^-(aq)+S_2O_3^{2-}(aq)$$

连二硫酸根离子($S_2O_6^{2-}$)可通过氧化相应的亚硫酸盐制备。强氧化剂(如 MnO_4^-)能将连二硫酸根氧化为硫酸根:

$$SO_4^{2-}(aq)+2H^+(aq)+e^- \longrightarrow \frac{1}{2}S_2O_6^{2-}(aq)+H_2O(l) \qquad E^\ominus=-0.25\ V$$

强还原剂(如钠汞齐)能将其还原为 SO_3^{2-}：

$$\frac{1}{2}S_2O_6^{2-}(aq)+2H^+(aq)+e^- \longrightarrow H_2SO_3(aq) \qquad E^\ominus=+0.57\ V$$

连二硫酸盐的中性和酸性溶液缓慢分解为 SO_2 和 SO_4^{2-}：

$$S_2O_6^{2-}(aq) \longrightarrow SO_2(aq)+SO_4^{2-}(aq)$$

(g) 聚硫酸

提要：当今能够制备出多达 6 个 S 原子的聚硫酸。

多种聚硫酸($H_2S_nO_6$)是在研究 Wackenroder's 溶液的过程中最先确认的，该溶液是一种含有 H_2S 的 SO_2 水溶液。最先被表征的是连四硫酸根(**5**，$S_4O_6^{2-}$)和连五硫酸根(**6**，$S_5O_6^{2-}$)离子。近来找到了许多制备路线，其中不少涉及复杂的氧化还原反应和嵌入反应。有代表性的例子是用 I_2 或 H_2O_2 氧化硫代硫酸盐，聚硫烷(H_2S_n)与 SO_3 反应得到 $H_2S_{n+2}O_6$(式中，$n=2\sim6$)：

$$H_2S_n(aq)+2SO_3(aq) \longrightarrow H_2S_{n+2}O_6(aq)$$

16.14　硫、硒和碲的聚阴离子

提要：硫形成高达六个原子链状连接的聚阴离子；聚硒化物为链状和环状；聚碲化物为链状和双环状。

许多电正性元素的多硫化物已经被表征。它们都含有链状 S_n^{2-}($n=2-6$)，如(**7**)、(**34**)、(**35**)所示。典型的例子有 Na_2S_2、BaS_2、Na_4S_4、K_2S_4 和 Cs_2S_6，它们都是通过密封管中加热化学计量比的 S 和其他元素制备的。

较大的聚硫化物阴离子与金属原子成键(如$[WS(S_4)_2]^{2-}$)，其中含有螯合的 S_4 配体。硫化铁矿物(又称"愚人金")的化学式为 FeS_2，具有岩盐结构，是由 Fe^{2+}和分立的 S_2^{2-} 组成的。自由基阴离子 S_3^- 存在于群青矿中，它和 Na^+一起存在于 SiO_4 和 AlO_4 四面体形成的空隙中(节 24.15)。

被表征的聚硒化物和聚碲化物多于聚硫化物。较小聚阴离子的固体结构类似于聚硫化物，较大聚阴离子的固体结构较复杂，某种程度上与阳离子的性质有关。含 Se_9^{2-} 以下的聚硒化物为链状，更大的聚硒化物(如 Se_{11}^{2-})为环状结构，两个六元环共用 1 个 Se 原子，这个 Se 原子周围呈四方平面排列(**8**)。聚碲化物结构更加复杂，更多地呈现双环结构，如 Te_7^{2-}(**9**)和 Te_8^{2-}(**36**)。较大的聚硒阴离子和聚碲阴离子形成的 d 区金属络合物也是已知的，如$[Ti(Cp)_2Se_5]$(**37**)。聚硫化物、聚硒化物和聚碲化物中的电子密度似乎集中在 E_n^{2-}链的尾端，这就解释了为何是通过末端原子配位的，如(**17**)和(**37**)所示。

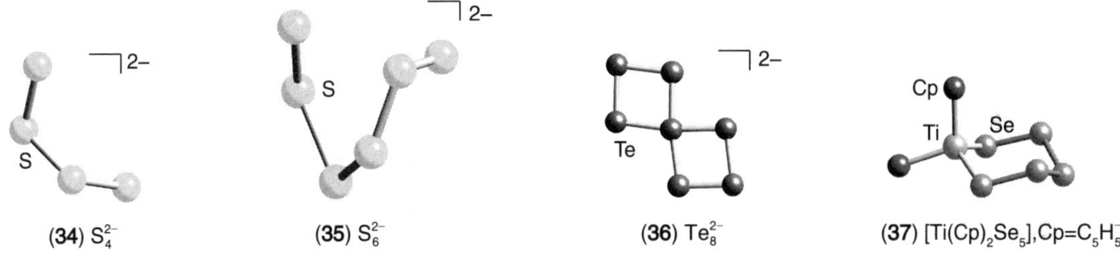

(34) S_4^{2-}　**(35)** S_6^{2-}　**(36)** Te_8^{2-}　**(37)** $[Ti(Cp)_2Se_5]$，$Cp=C_5H_5^-$

16.15　硫、硒和碲的聚阳离子

提要：S、Se 和 Te 的聚阳离子可在强酸介质中用中等强度的氧化剂和元素之间的反应制备。

p 区元素的许多阳离子链、环、簇化合物已制备成功，它们当中的大部分含有 S、Se 或 Te。由于这些阳离子是氧化剂和 Lewis 酸，制备条件完全不同于合成高还原性聚阴离子的条件。例如，S_8^{2+} 是在液态二氧化硫中用 AsF_5 氧化 S_8 得到的：

$$S_8+3AsF_5\xrightarrow{SO_2}[S_8][AsF_6]_2+AsF_3$$

使用的溶剂（如氟磺酸）其酸性比聚阳离子的酸性更大。硫、硒和碲各自都能形成 E_4^{2+} 形式的离子。例如，Se_4^{2+} 是用强氧化性的过氧化合物 FO_2SOOSO_2F 氧化元素 Se 得到的：

$$4Se+S_2O_6F_2\xrightarrow{HSO_3F}[Se_4][SO_3F]_2$$

E_4^{2+} 具有四方平面（D_{4h}）结构（**10**）。在成键作用的分子轨道模型中，阳离子为闭壳层电子组态，其中 6 个电子填充 a_{2u} 和 e_g 轨道，能量高的反键轨道 b_{2u} 空置。相反，大部分更大的环体系可用定域的 $2c,2e$ 键做解释。对这些更大的环而言，失去 2 个电子形成额外的 $2c,2e$ 键，因此每个元素上保留了区域电子数。这种变化在 S_8 氧化为 S_8^{2+}（**38**）的过程中不难看到。X 射线单晶结构测定表明 S_8^{2+} 中的跨环键长于其他键。这类化合物中长的跨环键很常见。

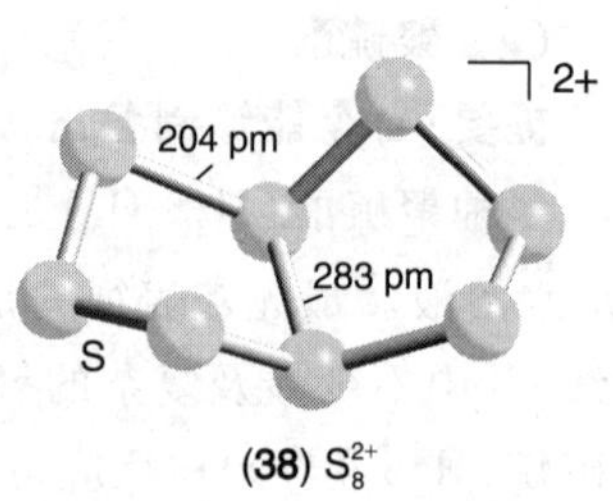

(**38**) S_8^{2+}

16.16　硫氮化合物

提要：p 区元素的电中性杂原子环和簇化物包括 P_4S_{10} 和 S_4N_4。二氮化二硫聚合而成的聚合物在极低温度下是超导体。

硫氮化合物的结构和上节讨论过的聚阳离子有关。最早知道、也是最易制备的硫氮化合物是淡橙黄色的四氮化四硫 S_4N_4（**11**），它是将氨气通入 SCl_2 溶液制备的：

$$6SCl_2(l)+16NH_3(g)\longrightarrow S_4N_4(s)+0.25S_8(s)+12NH_4Cl(sol)$$

四氮化四硫是个吸能化合物（$\Delta_f G^{\ominus}=+536\ kJ\cdot mol^{-1}$），可发生爆炸性分解。篮状分子是个八元环，四个氮原子处在一个平面上，处在平面上方和平面下方的硫原子桥连着四个 N 原子。短的 S—S 距离（258 pm）表明每对硫原子间存在弱相互作用。Lewis 酸（如 BF_3、SbF_5 和 SO_3）与其中的一个 N 原子形成 1 : 1 的络合物（**39**），S_4N_4 环在该过程中发生重排。

S_4N_4 蒸气通过灼热银丝时得到 S_2N_2（同时生成 AgS 和 N_2）。S_2N_2 比其前体甚至更不稳定，室温以上就爆炸。0 ℃下，S_2N_2 静置数天后得到青铜色之字形聚合物 $(SN)_n$（**40**），聚合物较前体稳定得多，加热到 240 ℃以上才发生爆炸。该聚合物沿之字形链显示金属性导电，0.3 K 以下变成超导体。这个发现非常重要，因为它是人们发现的第一个不含金属的超导体。卤化的 S_2N_2 衍生物已经制备出来，其导电性更好。例如，部分溴化产生蓝黑色的单晶 $(SNBr_{0.4})_n$，该化合物在室温的导电性比 $(SN)_n$ 大一个数量级。用 ICl、IBr 或 I_2 处理 S_4N_4 得到导电性的非化学计量聚合物，其导电性比 $(SN)_n$ 大 16 个数量级（应用相关文段 16.6）。

(**39**) $S_2N_4SO_3$

(**40**) $(SN)_n$

120 ℃和加压条件下，在 CS_2 中加热 S_4N_4 和硫得到 S_4N_2：

$$S_4N_4+4S\xrightarrow{CS_2/120\ ℃}2S_4N_2$$

产物为暗红色针状晶体，25 ℃时熔化为暗红色液体，100 ℃时发生爆炸性分解。

例题 16.3 预测硫氮化合物的性质

题目:硫氮化合物有时看作显示无机芳香性的物质,即含有形成 π 键所需要的 $2n+2$ 个电子的无机化合物。假设每个硫原子和氮原子都有一孤对,试预测 S_2N_2 是否显示芳香性。

答案:每个硫原子有 6 个价电子。如果每个硫原子有一孤对电子并且与 2 个氮原子形成 2 个键,那么每个硫原子就留下 2 个电子以形成 π 键。每个氮原子有 5 个价电子:如果每个氮原子有一孤对电子,用 2 个电子与 2 个硫原子成键,那么将有 1 个电子形成 π 键。共有 6 个电子形成 π 键,所以 S_2N_2 被认为具有芳香性。

自测题 16.3 预测 S_4N_4 是否具有芳香性。

应用相关文段 16.6 硫的氮化物用于指纹检测

潜指纹是指偶然留在物体表面的指纹,肉眼无法看到。有时需要看到指纹,传统方法是使用软毛刷和铝粉。多硫化物聚合物$(SN)_n$在指纹可视化方面非常有效。科学家偶然发现:沸石置于$(SN)_n$气体中时,玻璃和其他表面的指纹都变得可以看到。S_2N_2 接触指纹时聚合为蓝黑色的$(SN)_n$,使指纹显示出来。以这种方式聚合而成的聚硫氮化合物较之体相材料更稳定,通常条件下能保存数天,惰性气氛中可以无限期保存。S_2N_2 也能与喷墨印刷机墨水产生的印迹起反应,从而显示出接触过印刷机的各种封袋上的印迹。

S_2N_2 为潜指纹检测提供了一种价廉、无损伤和无溶剂的成像技术。但缺点是不稳定,需要现配现用,从而限制了可携带性。用途的多面性和显示时间短的优点使它与高真空金属沉积技术结合起来(高真空下让金、锌沉积的方法使指纹显形)使用就变得可行。

延伸阅读资料

J. S. Thayer, Relativistic effects and the chemistry of the heaviest main-group elements, *J. Chem. Educ*, 2005, **82**, 1721. 论文用相对论效应解释了各主族原子序数最大的元素与其原子序数较小的诸元素性质为何不同。

R. B. King, *Inorganic chemistry of the main group elements*. John Wiley&Sons(1994).

D. M. P. Mingos, *Essential trends in inorganic chemistry*. Oxford University Press(1998). 从结构和成键角度对无机化学的纵览。

R. B. King(ed), *Encyclopedia of inorganic chemistry*. John Wiley&Sons(2005).

N. Saunders, *Oxygen and the elements of group* 16. Heinemann(2003).

P. Ball, *H_2O: a biography of water*. Phoenix(2004). 对水的化学性质和物理性质做了有趣的阐释。

R. Steudel, *Elemental sulfur and sulfur-rich compounds*. Springer-Verlag(2003).

N. N. Greenwood and A. Earnshaw, *Chemistry of the elements*. Butterworth-Heinemann(1997).

C. Benson, *The periodic table of the elements and their chemical properities*. Kindle edition. MindMelder.com(2009).

P. R. Ogilvy, Singlet oxygen: there is indeed something new under the sun, *Chem. Soc. Rev*, 2010, **39**, 3181.

练习题

16.1 指出下面的氧化物是酸性、碱性、中性和两性中的哪一种:CO_2、P_2O_5、SO_3、MgO、K_2O、Al_2O_3、CO。

16.2 O_2、O_2^+ 和 O_2^{2-} 的键长分别为 121 pm、112 pm 和 149 pm,用分子轨道理论描述这些物质的成键状况,从成键状况解释这些键长不同的原因。

16.3 (a) 用标准电极电位(资源节 3)计算酸性溶液中过氧化氢歧化的标准电极电位。

(b) Cr^{2+}是过氧化氢歧化的催化剂吗?

(c) 已知酸性溶液中的 Latimer 图为

$$O_2 \xrightarrow{-0.13} HO_2 \xrightarrow{+1.51} H_2O_2$$

试计算超氧化氢(HO_2)歧化为 O_2 和 H_2O_2 的 $\Delta_r G^\ominus$,并将所得的结果与 H_2O_2 歧化反应的相应值做比较。

16.4　改正下列陈述中的错误，改正之后举例说明：

(a) 第16族中间的元素比最轻和最重的元素更容易被氧化至该族的最高氧化态。

(b) 基态时 O_2 是三线态，在二烯烃上发生 Diels-Alder 亲电进攻。

(c) 臭氧从平流层向对流层的扩散是主要的环境问题。

16.5　下面两个氢键哪个更强些：S—H…O；O—H…S？

16.6　SO_2(酸性、氧化性)和乙二胺(碱性、还原性)两种溶剂，哪个可能不与下述物质起反应？(a) Na_2S_4，(b) K_2Te_3。

16.7　将下列物种按最强的还原剂到最强的氧化剂排序：SO_4^{2-}、SO_3^{2-}、$O_3SO_2SO_3^{2-}$。

16.8　预测 Mn 的哪个氧化态能被碱性条件下的亚硫酸盐还原。

16.9　(a) 给出 Te(Ⅵ)在酸性水溶液中的化学式并与 S(Ⅵ)的化学式作比较。

(b) 解释这种差别可能的原因。

16.10　使用资源节3中的标准电极电位数据判断硫的氧合阴离子中哪个会在酸性溶液中发生歧化。

16.11　使用资源节3中的标准电极电位数据判断 SeO_3^{2-} 在酸性或碱性溶液中更稳定。

16.12　判断下列物种哪个在酸性条件下可能被硫代硫酸根离子($S_2O_3^{2-}$)还原：VO^{2+}、Fe^{3+}、Cu^+、Co^{3+}。

16.13　SF_4 与 BF_3 反应生成[SF_3][BF_4]，用 VSEPR 理论判断阴、阳离子的形状。

16.14　氟化四甲铵(0.7 g)与 SF_4(0.81 g)反应生成离子型产物：(a) 写出该反应平衡了的化学方程式；(b) 绘出阴离子的示意性结构；(c) 该阴离子的 ^{19}F-NMR 谱图中将能看到多少条线？

16.15　识别含硫化合物 A、B、C、D、E 和 F：

$$F \xleftarrow{O_2} S \xrightarrow{Cl_2} A \xrightarrow{xs\ NH_3} B \xrightarrow{Ag/\Delta} C$$

$$F \xrightarrow{H_2S} E \qquad S \xrightarrow{K_2SO_3} D \qquad D \xrightarrow{I_2} E$$

16.16　判断下列物种哪个显示无机芳香性：(a) $S_3N_3^-$，(b) $S_4N_3^+$，(c) S_5N_5。

16.17　对比硫酸、硒酸和碲酸的性质。

辅导性作业

16.1　在论文"Spiral chain O_4 form of dense oxygen"(*Pro. Nat. Acad. Sci. U.S.A.*，2012，**109**，3751)中，L. Zhu 及其合作者描述了他们预测的氧的链状结构。在什么条件下这种预测的结构可能存在？第16族的其他元素能形成这种结构吗？根据这种结构预测的性质和该元素其他结构的性质有何不同？

16.2　在论文"Oxygen，sulfur，selenium，tellurium and polonium"(*Anunu. Rep. Prog. Chem.*，*Sect. A*：*Inorg. Chem.*，2012，**108**，113)中，作者 L. Myongwon Lee 和 I. Vargas-Baca 总结了2011年对第16族元素化学的研究。参考本文：(a) 简述制备[$Te_5Mo_{15}O_{57}$]$^{8-}$的方法，(b) 绘出芳香性一卤化碲的结构，(c) 绘出 AsSCl 和 AsS_2 的结构，(d) 描述 ClP_4S_3 与硫反应的产物。

16.3　在论文"Formation of tellurium nanotubes through concentration depletion at the surfaces of seeds"(*Adv. Mater*，. 2002，**14**，279)中，作者 B. Mayers 和 Y. Xia 描述了碲纳米管的合成。叙述他们使用的方法与合成碳纳米管的方法有何不同？产生的碲纳米管的维度是多少？作者设想碲纳米管有何用途？

16.4　2006年11月发现前克格勃药剂师 Alexander Litvinenko 为放射性钋210中毒。综述钋的化学和放射性，并讨论其毒性。

16.5　氯胺与亚硫酸盐反应的机理已有报道(B. S. Yin，D. M. Walker 和 D. W. Margerum，*Inorg. Chem.*，1987，**26**，3435)。总结观测到的反应速率和所提出的机理。假定你接受此机理，解释为什么 $SO_2(OH)^-$ 和 HSO_3^- 应该显示不同的反应速率？为什么不可能区分 $SO_2(OH)^-$ 和 HSO_3^- 在活性方面的差别？

16.6　1989年成功制备了四甲基碲[$Te(CH_3)_4$](R. W. Gedrige，D. C. Harris，K. R. Higa 和 R. A. Nissan，*Organometallics*，1989，**8**，2817)，其后不久又制备了六甲基化合物(L. Ahmed 和 J. A. Morrion，*J. Am. Chem. Soc.*，1990，**112**，7411)。解释这些化合物为什么不寻常？给出合成反应的方程式，这些合成方法为什么是成功的？与最后一点有关，解释 TeF_4 与甲基锂反应为什么不能生成四甲基碲？

16.7　节 16.15 讨论了四方平面离子的成键作用。借用计算机详细讨论这个议题,用你选择的软件计算 S_4^{2+},S_4^{2+} 中 S—S 键长为 200 pm(这里推荐硫是因为硫原子的半经验参数比 Se 的更可靠)。从输出结果:(a) 绘出分子轨道能级图,(b) 指出每个能级的对称性,(c) 示意性绘出最高的分子轨道。预测它会是闭壳层分子吗?

16.8　硫循环在古代就被研究过(J. Farquhar, H. Bao,和 M. Thiemen, *Science*, 2000, **289**, 756)。影响现代硫循环的三个因素是什么?作者提出循环何时发生了重大变化?如何解释古代和现代硫循环的差别?

16.9　H. Keppler 研究了火山岩浆中硫的浓度(*Science*, 1999, **284**, 1652)。硫从火山中以什么状态喷出?1991 年从 Pinatubo 火山爆发中喷出的硫的浓度是多少?该浓度与预期值有差别吗?如果有,请做出解释。

(王文渊、马佳妮　译,史启祯　审)

17 章

第 17 族元素

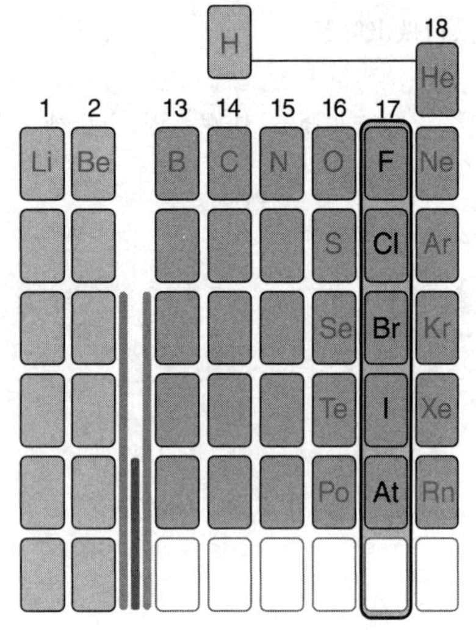

该族所有元素都是非金属。像第 15 族和第 16 族元素一样，卤素的氧合阴离子往往也是通过原子转移发生反应的氧化剂。阴离子中心原子的氧化数和氧化还原反应速率之间存在一种非常有用的关联。大多数卤素存在多种氧化态。单质卤素(X_2)参与的反应往往很快。

第 17 族元素氟、氯、溴、碘、砹统称**卤素**，希腊语意为“成盐元素”。氟和氯是有毒气体，溴为有毒的挥发性液体，碘是可升华的固体，它们都属于最活泼的非金属元素。卤素具有多方面的化学性质，卤素的化合物前面章节已多次提到，节 9.8 还做了评述。因此，本章将扼要介绍性质的规律性和卤素与氧的化合物，并讨论卤素互化物。

A. 基本面

在本章您会发现，讨论 p 区前面各族用到的许多原理在此也适用。例如，VSEPR 模型可用于预言卤素相互之间、卤素与氧、卤素与氙生成的分子的形状。

17.1 元素

提要：除氟和高放射性的砹外，卤素均存在−1 至+7 氧化数；体积小、电负性高的氟原子能将许多元素氧化至高氧化态。

卤素的原子性质见表 17.1，价电子组态全为 ns^2np^5。特别需要指出的是它们具有高电离能、高电负性和高电子亲和能。电子亲和能高是因为进入的是电子占据不完全价层的轨道并受到强的核引力。记住，同一周期元素的 Z_{eff}值自左向右逐渐增大(节 1.4)。

表 17.1 卤素的某些性质

性质	F	Cl	Br	I	At
共价半径/pm	71	99	114	133	140
离子半径/pm	131	181	196	220	
第一电离能/($kJ \cdot mol^{-1}$)	1 681	1 251	1 139	1 008	926
熔点/℃	−220	−101	−7.2	114	302
沸点/℃	−188	−34.7	58.8	184	
Pauling 电负性	4.0	3.2	3.0	2.6	2.2
电子亲和能/($kJ \cdot mol^{-1}$)	328	349	325	295	270
$E^{\ominus}(X_2, X^-)/V$	+3.05	+1.36	+1.09	+0.54	

讨论 p 区前面各族时我们看到，各族第一个元素的性质明显不同于同族下部元素。这种异常现象在卤素族并不明显，最值得注意的差别则是 F 的电子亲和能小于 Cl。这一性质直观上似乎与 F 的高电负性不一致，而 F 原子的这一性质是由于这个密实原子（相对于较蓬松的 Cl 原子而言）电子间斥力较大的原因。F_2 分子中 F—F 键较弱也是这种斥力造成的。尽管电子亲和能存在着这种反常，金属氟化物的生成焓通常却远大于金属氯化物的生成焓。这是因为 F 原子较低的电子亲和能被离子型氟化物（F^- 体积小）较高的晶格焓（见图 17.1）和共价氟化物（如高氧化态金属的氟化物）较高的键强所抵消。

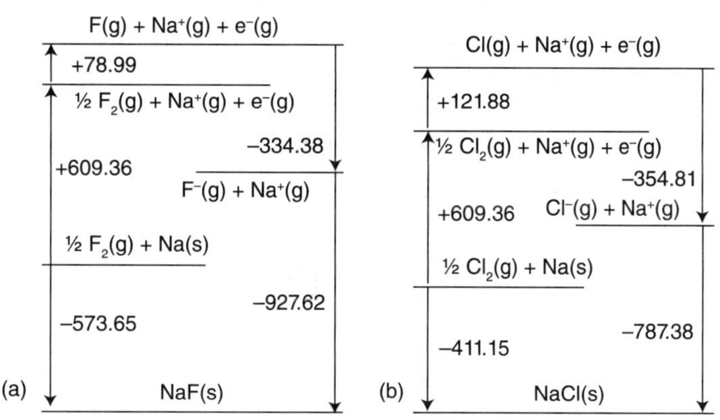

图 17.1　氟化钠（a）和氯化钠（b）的热化学循环

数值单位均为 $kJ \cdot mol^{-1}$

氟是淡黄色气体，能与大多数无机分子、有机分子及稀有气体 Kr、Xe、Rn 起反应（节 18.5），涉及氟的实验操作因此而变得非常困难。不过，氟可用钢制容器或蒙乃尔合金（一种镍/铜合金）制容器储存，这些合金材料遇氟形成钝化的金属氟化物表面膜。氯是黄绿色有毒气体，溴则是暗红色、易挥发的有毒液体，而且是室温常压下唯一的液态非金属元素。碘是紫灰色固体，易升华为紫色蒸气。溶于非极性溶剂（如 CCl_4）后保持紫色不变，溶于极性溶剂则得到红棕色溶液。后一现象表明溶液中存在像 I_3^- 那样的多碘阴离子［节 17.10（c）］。

单质卤素如此活泼，以致在自然界只能以化合物形式存在。卤化物是其主要存在形式，而最易被氧化的元素碘也以碘酸钠或碘酸钾（KIO_3）形态存在于碱金属硝酸盐沉积中。由于氯化物、溴化物和碘化物大都溶于水，其阴离子存在于海水和盐卤中。氟的主要资源是氟化钙，氟化钙在水中难溶解，往往以萤石（CaF_2）形式存在于沉积矿床中。氯还以岩盐（氯化钠）形式存在；盐卤中的 Br^- 被氯取代可制溴。碘原先是从富集有碘的海藻中提取的，现在则从盐沉积中提取，包括那些与油气田相关的盐沉积。

17.2　简单化合物

提要：所有卤素都能形成卤化氢，HF 是液体，HCl、HBr 和 HI 是气体。所有第 17 族元素都能形成氧化物和氧合阴离子。

氟的电负性在所有元素中最高，因而不能以正氧化态存在（瞬态气相物种 F_2^+ 是个例外）。氟、氯、溴、碘都存在从-1 到+7 的各种氧化数，At 可能是个例外。与 Cl（Ⅶ）和 I（Ⅶ）的化合物相比，Br（Ⅶ）的化合物很不稳定，这是交替效应［节 9.2（c）］的另一实例。At 的化学信息之所以缺乏，既是因为它没有稳定同位素；也是因为放射性同位素寿命相对较短。在 33 种已知同位素中，寿命最长的同位素半衰期也不过 8.3 h。砹溶液的放射性很强，只有高度稀释后才能进行研究。砹似乎能以 At^- 阴离子、At（Ⅰ）和 At（Ⅲ）氧合阴离子形式存在，但尚未获得 At（Ⅶ）存在的证据。

F 的高电负性导致含氟化合物的 Brφnsted 酸性高于不含氟的同类化合物。高电负性和小原子半径（这意味着中心原子周围可堆积更多 F 原子）两种因素相叠加，导致 F 能稳定大多数元素的高氧化态，如

UF_6 和 IF_7。（氧往往能稳定更高氧化态的中心原子，因为其氧化数按-2计，而氟只能计为-1。）低氧化态金属氟化物中的化学键主要为离子型，而金属氯化物、溴化物和碘化物则有明显的共价特征。

氟碳化合物（如聚四氟乙烯，PTFE）的合成工艺十分重要，是因为其应用广泛。例如，用作不粘锅涂层和耐卤素腐蚀的实验室器皿，挥发性氟碳化合物还用作空调设备和电冰箱的制冷剂。氟碳化合物的衍生物往往具有某些不同寻常的性质，它们的探索性合成一直是化学家一个重要的研究课题。作为制冷剂和火箭推进剂；氢氟烃被用作氯氟烃的替代物；它们也被用作麻醉剂，较之未氟化的对应物更不易燃。四氟乙烷（CHF_2CHF_2）是提取天然产物的重要溶剂，如提取香草精和紫杉醇，后者是治疗癌症的化疗药。

所有第17族元素都能形成分子型氢化物卤化氢。HF的性质明显不同于其他的卤化氢（见表17.2），主要是由于参与形成氢键的能力不同。由于形成广泛的氢键（节10.6），HF是挥发性液体，而HCl、HBr和HI在室温下都是气体。氟化氢在很宽的温度范围里是液体，具有高的相对介电常数和导电性。所有的卤化氢都是Brϕnsted酸：HF的水溶液（即氢氟酸）是弱酸，而HCl、HBr和HI在水中几乎脱去全部质子（见表17.2）。

表17.2　卤化氢的某些性质

性质	HF	HCl	HBr	HI
熔点/℃	-84	-114	-89	-51
沸点/℃	20	-85	-67	-35
相对介电常数	83.6(0 ℃)	9.3(-95 ℃)	7.0(-85 ℃)	3.4(-50 ℃)
电导/$(S \cdot cm^{-1})$	$c.10^{-6}$(0 ℃)	$c.10^{-9}$(-85 ℃)	$c.10^{-9}$(-85 ℃)	$c.10^{-10}$(-50 ℃)
$\Delta G_f^\ominus/(kJ \cdot mol^{-1})$	-273.2	-95.3	-54.4	+1.72
键解离能/$(kJ \cdot mol^{-1})$	567	431	366	298
pK_a	3.45	$c.$-7	$c.$-9	$c.$-11

氢氟酸虽是弱酸，却是已知毒性最大和腐蚀性最强的物质之一，能够侵蚀玻璃、金属、水泥和有机物。操作氢氟酸的危险性远大于其他氢卤酸，它非常容易穿透皮肤被吸收，甚至短暂接触都能导致皮肤和深层组织的严重灼伤和坏死，并因对钙的脱除作用（与磷酸钙反应生成氟化钙）而伤害骨骼。

卤素与氧形成多种二元化合物，它们大多不稳定，在实验室不常遇到。这里仅提及其中最重要的几种。

二氟化氧（OF_2）是氟最稳定的氧化物，但高于200 ℃即分解。氯在其氧化物中存在多种不同氧化数（见表17.3）。这些氧化物中有的是奇数电子物种，包括 ClO_2 和 Cl_2O_6，前者中的Cl具有反常氧化数+4，后者是个离子型固体（$[ClO_2^+][ClO_4^-]$），其中的Cl以混合氧化态存在。所有氯的氧化物都是吸能化合物（$\Delta_f G^\ominus > 0$）和不稳定化合物，加热时全都发生爆炸。溴的氧化物的种类比氯少，得到充分表征的化合物包括 Br_2O、Br_2O_3 和 BrO_2。卤素氧化物中以碘的氧化物最稳定，其中以 I_2O_5 最重要。BrO和IO是奇数电子物种，产生于自然界火山的活动，科学家认为它们参与了臭氧耗损过程。

表17.3　氯的某些氧化物

氧化数	+1	+3	+4	+6	+7
化学式	Cl_2O	Cl_2O_3	ClO_2	Cl_2O_4	Cl_2O_6	Cl_2O_7
颜色	棕黄	暗棕	黄	淡黄	暗红	无色
状态	气体	固体	气体	液体	液体	液体

所有第17族元素都形成氧合阴离子和氧合酸。卤素广泛形成氧合阴离子和氧合酸的事实对系统命名法提出了挑战。我们将采用俗名,如将 ClO_3^- 叫氯酸根而不叫三氧合氯酸根(Ⅴ)。表17.4给出氯的氧合阴离子的俗名和系统命名。

Pauling 规则[节4.3(b)]可用来预言卤素氧合酸的强度(如高氯酸 $HClO_4$ 可表示为 $O_3Cl(OH)$,根据规则,$pK_a=8-5p$,因为 $p=3$,$pK_a=-7$,从而预言高氯酸是强酸)。所有卤素的氧合阴离子都是强氧化剂。

表17.4 卤素的氧合阴离子

氧化数	化学式	名称*	点群	形状	备注
+1	ClO^-	次氯酸根 [一氧合氯酸根(Ⅰ)]	$C_{\infty v}$	线形	良好氧化剂
+3	ClO_2^-	亚氯酸根 [二氧合氯酸根(Ⅲ)]	C_{2v}	角形	强氧化剂,能发生歧化
+5	ClO_3^-	氯酸根 [三氧合氯酸根(Ⅴ)]	C_{3v}	锥形	氧化剂
+7	ClO_4^-	高氯酸根 [四氧合氯酸根(Ⅶ)]	T_d	四面体	氧化剂,很弱的配体

*方括号中给出IUPAC的名称。

17.3 卤素互化物

提要:所有卤素都能与该族其他成员形成化合物。

卤素互化物是一类有趣的化合物,它们是第17族元素之间以其他族未能观察到的一种方式形成的。二元卤素互化物是分子型化合物,化学式为 XY、XY_3、XY_5 和 XY_7,式中较重的、电负性较小的卤素X是中心原子。它们也形成形式为 XY_2Z 和 XYZ_2 的三元化合物,式中的Z也是卤素原子。卤素互化物的特殊重要性既在于它们是高活性的中间体,还在于能为更深入地了解成键作用提供了有用信息。

已经制备成功该族元素所有结合形式的二元卤素互化物XY,但其中不少不能长时间存活。F的所有卤素互化物都是放能化合物($\Delta_f G^{\ominus}<0$)。最不活泼的卤素互化物是ClF,但也已制得纯晶态的ICl和IBr。它们的物理性质处于其组成元素之间。例如,深红色的α-ICl(熔点27 ℃,沸点97 ℃)处于黄绿色的 Cl_2(熔点-101 ℃,沸点-35 ℃)和暗紫色的 I_2(熔点114 ℃,沸点184 ℃)之间。光电子光谱表明,混合二卤素分子的分子轨道能级顺序为 $3\sigma^2<1\pi^4<2\pi^4$,与同核二卤素分子的能级顺序相同(见图17.2)。一个有趣的历史记录是19世纪早期发现了ICl,后来才制得 Br_2(熔点-7 ℃,沸点59 ℃)的第一个暗红棕色样品,当时还将 Br_2 误认为ICl。

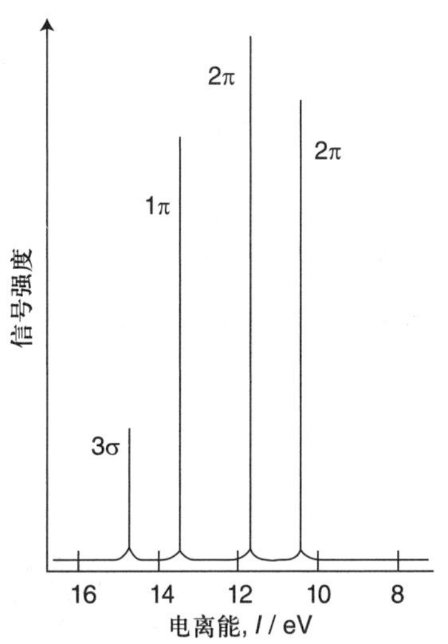

图17.2 ICl的光电子光谱
由于正离子中的自旋-轨道相互作用,2π能级产生两个峰

大多数配位数较高的卤素互化物是氟化物(见表17.5)。中心原子氧化态为+7的唯一电中性卤素互化物是 IF_7,但氯的氧化态为+7的阳离子化合物 ClF_6^+ 也已制备成功。不能制得电中性化合物 ClF_7 的事实反映了氟原子的非键电子之间排斥作用所产生的去稳定效应(实际上,第三周期p区其他中心原子都未观察到配位数大于6的现象)。不存在 BrF_7 的事实可用类似理由做解释,不过稍后还会看到Br难以达到

其最大氧化态的另一个理由,即所谓的交替效应[节 9.2(c)]。从这一角度,溴相似于某些第三周期的其他元素,特别是砷和硒。

表 17.5　有代表性的卤素互化物

XY	XY_3	XY_5	XY_7
ClF	ClF_3	ClF_5	
BrF *	BrF_3	BrF_5	
IF	$(IF_3)_n$	IF_5	IF_7
BrCl			
ICl	I_2Cl_6		
IBr			

* 很不稳定。

卤素互化物分子的形状大体与 VSEPR 模型(节 2.3)的判断相一致,见(**1**)、(**2**)和(**3**)。例如,XY_3 化合物(如 ClF_3)有 5 对价电子,在 X 原子周围以三角双锥方式排布。Y 原子结合在两个轴向位置和一个赤道位置的电子对上,两个轴向成键电子对接下来向远离两个赤道孤对电子的方向移动,导致 XY_3 分子呈 C_{2v} 弯 T 形。然而也有些不符合 VSEPR 模型判断的,如 ICl_3 是个 Cl 桥二聚体。

XF_5 的 Lewis 结构中,中心的 X 原子上有 5 对成键电子和 1 对孤对电子,正如 VSEPR 模型所预期的那样,分子形状为四方锥体。前面提到,唯一已知的 XY_7 化合物是 IF_7,按预判它应为五角双锥体,实际结构却未能得出明确的实验结论。像其他超价分子一样,IF_7 的成键不必求助 d 轨道参与,采用分子轨道模型就能得到解释。按照分子轨道模型,成键和非键轨道被占用,而反键轨道则空着。

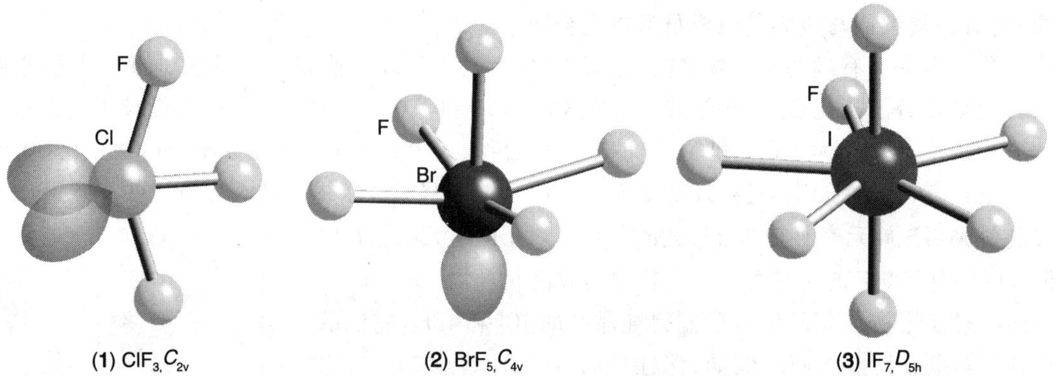

(1) ClF_3, C_{2v}　　(2) BrF_5, C_{4v}　　(3) IF_7, D_{5h}

也可生成多聚卤素互化物,而且可以是阳离子或阴离子。阳离子多卤化物有如 I_3^+(**4**)和 I_5^+(**5**),阴离子多卤化物则以碘最多。多碘阴离子以 I_3^- 最稳定,但也形成通式为$[(I_2)_nI^-]$的其他多碘阴离子。其他阴离子多卤化物包括 Cl_3^- 和 BrF_4^-。

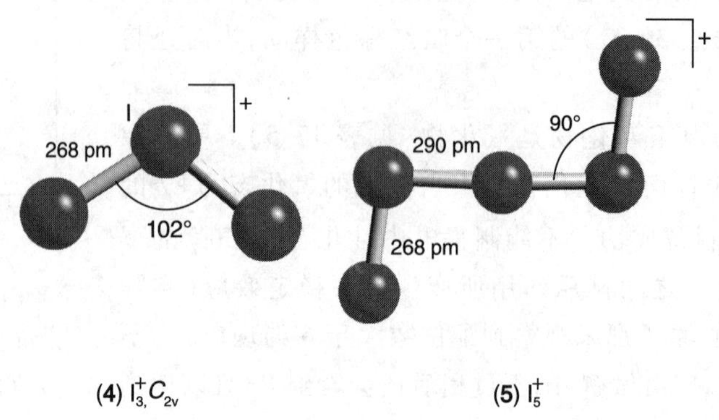

(4) I_3^+, C_{2v}　　(5) I_5^+

B. 详述

这部分较为详细地讨论卤素化学。大多数元素能与卤素形成卤化物,并分别在各族元素那里做了介绍。这里集中讨论卤素互化物和卤素的氧化物。

17.4　存在、提取和用途

提要:氟、氯和溴是用电化学氧化卤化物的方法制备的;Br_2 和 I_2 用氯氧化 Br^-和 I^-制备。

所有的 X_2(放射性的 At_2 例外)都已实现大规模工业生产,迄今为止的产量以氯最大,氟次之。生产这些元素的主要方法是电解卤化物(节 5.18)。标准电势的正值高[$E^{\ominus}(F_2,F^-)=+2.87\ V$、$E^{\ominus}(Cl_2,Cl^-)=+1.36\ V$],表明氧化 F^-和 Cl^-需要使用强氧化剂,而工业上只有电解氧化才是可行的。电解质水溶液不能用来生产 F_2,因为水在低得多的电位(+1.23 V)就会被氧化,过程中产生的氟也会迅速与水起反应。制备元素氟要用熔盐电解法,电解质为 KF 和 HF(比例 1∶2)的熔融混合物,电解池装置见图 17.3。十分重要的是,要让氟与副产品氢隔离,二者相遇会发生剧烈反应。

商用氯主要由电解氯化钠水溶液的方法生产,操作在氯碱池(见图 17.4)中完成。相关的半反应是

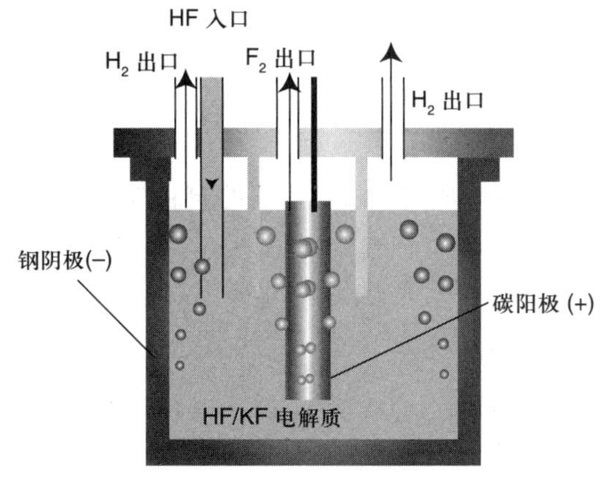

图 17.3　电解池示意图:从溶于液体 HF 中的 KF 生产氟

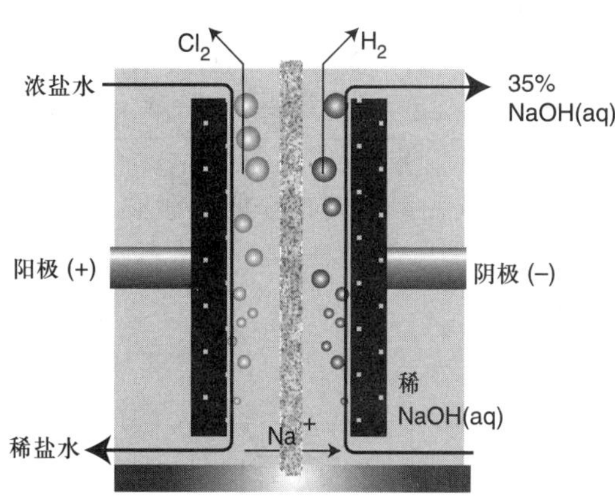

图 17.4　氯碱池示意图
两室之间为一种阳离子迁移膜,这种膜对 Na^+的渗透度高,对 OH^-和 Cl^-的渗透度低

阳极半反应:　$2Cl^-(aq) \longrightarrow Cl_2(g)+2e^-$

阴极半反应:　$2H_2O(l)+2e^- \longrightarrow 2OH^-(aq)+H_2(g)$

电解中使用释氧超电压高于释氯超电压的阳极材料(节 5.18),因而水在阳极不会被氧化。迄今最好的阳极材料似乎是 RuO_2(节 19.8),该过程是氯碱工业(批量生产氢氧化钠)的基础(应用相关文段 11.3):

$$2NaCl(s)+2H_2O(l) \longrightarrow 2NaOH(aq)+H_2(g)+Cl_2(g)$$

溴是由化学氧化海水中的 Br^-生产的,类似过程也用于从某些富含 I^-的天然卤水中制取碘。氯是一种氧化性更强的卤素,作为氧化剂用于制溴和制碘,生成的 Br_2 和 I_2 用空气从溶液中驱出:

$$Cl_2(g)+2X^-(aq) \xrightarrow{\text{空气}} 2Cl^-(aq)+X_2(g) \qquad (X=Br\ 或\ I)$$

例题 17.1　分析从盐卤提取 Br_2 的方法

题目：从热力学观点，Br^- 既可被 Cl_2 也可被 O_2 氧化为 Br_2，试给出不用 O_2 作氧化剂的原因。

答案：除需考虑相关的标准电位外，还要用到一个概念：一个氧化还原电对可在氧化方向上被标准电位正值更大的电对所驱动。对被氯氧化的反应而言，需要考虑的两个半反应是

$$Cl_2(g)+2e^- \longrightarrow 2Cl^-(aq) \qquad E^{\ominus}=+1.358\ V$$

$$Br_2(g)+2e^- \longrightarrow 2Br^-(aq) \qquad E^{\ominus}=+1.087\ V$$

由于 $E^{\ominus}(Cl_2,Cl^-)>E^{\ominus}(Br_2,Br^-)$，氯可通过下述反应氧化 Br^-：

$$Cl_2(g)+2Br^-(aq) \longrightarrow 2Cl^-(aq)+Br_2(g) \qquad E^{\ominus}_{cell}=+0.271\ V$$

为了促进反应向右进行，将生成的 Br_2 以蒸气空气混合物驱离反应体系。从热力学观点，氧能够驱动酸性溶液中的反应：

$$O_2(g)+4H^+(aq)+4e^- \longrightarrow 2H_2O(l) \qquad E^{\ominus}=+1.229\ V$$

$$Br_2(l)+2e^- \longrightarrow 2Br^- \qquad E^{\ominus}=+1.087\ V$$

总反应是

$$O_2(g)+4Br^-(aq)+4H^+(aq) \longrightarrow 2H_2O(l)+2Br_2(l) \qquad E^{\ominus}_{cell}=+0.142\ V$$

然而在 pH=7 的条件下反应不能进行，此时 $E^{\ominus}_{cell}=-0.15$ V。尽管如此，酸性溶液中的反应在热力学上还是有利的。让人怀疑的是反应的速率，因为 O_2 参与的反应涉及约 0.6 V 的超电压（节 5.18）。

即使酸性溶液中用氧氧化在动力学上是有利的，该方法也不具吸引力。这是因为酸化大量盐卤然后又对流出液进行中和造成的成本问题。

自测题 17.1　碘酸钠 $NaIO_3$ 是制备碘的一种起始物，从热力学可行性的标准观点判断，$SO_2(aq)$ 或 $Sn^{2+}(aq)$ 两种还原剂中哪一种更可行？试评判其成本。标准电位数据参见资源节 3。

所有第 17 族元素在气相都能发生热解离和光化学解离生成自由基，生成的自由基参与链反应。例如：

$$X_2 \xrightarrow{\triangle/h\nu} X\cdot + X\cdot$$

$$H_2 + X\cdot \longrightarrow HX + H\cdot$$

$$H\cdot + X_2 \longrightarrow HX + X\cdot$$

氯和甲烷之间这种类型的反应被用于氯仿（CH_3Cl）和二氯甲烷（CH_2Cl_2）的工业合成。

氟化合物的用途遍及工业领域。在某些地区，氟以 F^- 形式加在家用水和牙膏中以预防牙齿腐烂（应用相关文段 17.1）。核动力工业中用 UF_4 分离铀的同位素。氟化氢用于刻蚀玻璃并用作非水溶剂。工业上广泛用氯制造烃的氯化物，并用在需要使用强氧化剂的场合，包括用作消毒剂和漂白剂。然而这类用途的用量在不断下降，因为某些有机氯化合物能致癌，氯氟烃（CFCs）则参与平流层中臭氧的耗损过程（应用相关文段 17.2）。在制冷和空调这样的用途中，CFCs 正在被氢氟烃（HFCs）所取代。有机溴化合物被用于合成有机化学：C—Br 键不像 C—Cl 键那样强，Br 比较容易被取代（和循环再使用）。有机溴化合物是使用最广泛的化学阻燃剂，用于电器材料、衣料和家具中。碘是个重要元素，碘缺乏是造成甲状腺肿、甲状腺肥大的一个原因。正因为如此，食盐中往往添加少量碘化钾（应用相关文段 17.3），二氢碘酸乙二胺则被用作动物饲料添加剂。甲醇生产乙酸的工艺中碘被用作共同催化剂（节 25.9）。

应用相关文段 17.1　水中加氟与牙齿健康

20 世纪上半叶，牙齿腐烂病在发达世界人群中广泛流行。1901 年，卡罗拉多牙医 F. S. McKay 注意到，他的许多病人的牙齿珐琅质上出现斑驳状棕色污点，而这些病人似乎较少发生牙齿腐烂。他怀疑地区饮用水中的某些物质是造成这种状况的原因。直到 1930 年代（在此之前分析科学尚未得到发展），McKay 的猜疑才得到证实，该地区的饮用水中发现高达 12 ppm 的氟离子。

研究证实,出现斑驳状棕色污点(它被称之为"氟中毒")的人数与出现牙齿空洞的人数呈反比关系。研究发现,水中高至 1 ppm 的氟离子会降低牙齿空洞的出现率而不致引起氟中毒。该发现导致西方世界普遍在饮用水中加氟,这一措施急剧降低了各类人群患牙齿腐烂病的人数。使用的第一个化合物是 NaF,它是一种固体,容易操作,现在仍小规模使用着。近些年更多使用 H_2SiF_6 或 Na_2SiF_6,前者是磷酸盐肥料制造过程中的廉价液体副产物,后者是操作和运输更容易的一种固体。含有氟离子的化合物也被加进牙膏和漱口水,甚至加到食盐中。

研究表明,氟离子防止牙齿空洞的功能既是由于抑制了去矿化作用,也是由于抑制了细菌在齿斑区的活动。珐琅质和牙质的组成为羟基磷灰石 $Ca_5(PO_4)_3OH$,它能溶解于食物中存在的或细菌作用于食物而产生的酸。氟离子与珐琅质形成氟磷灰石 $Ca_5(PO_4)_3F$,它在酸中的溶解度小于羟基磷灰石。氟离子也被细菌接纳,破坏了酶的活性从而减少酸的产生。

公共用水中加氟的做法是有争议的。反对者认为它会增大罹患癌症、Down's 综合征和心脏病的风险,虽然迄今仍没有支持这种观点的确凿证据。反对者还认为,大规模加氟不但侵犯了公民的自由权,对江河地区造成的长期效应也属未知。

应用相关文段 17.2　氯氟烃和臭氧洞

臭氧层从地表上方 10 km 处延伸至 50 km 处,对保护人类免受太阳紫外辐射的伤害起着至关重要的作用。臭氧层吸收波长低于 300 nm 的辐射,从而减弱了辐射到地面的太阳光。

来自太阳的 UV 辐射作用于高层大气中的 O_2 分子产生臭氧:

$$O_2 \xrightarrow{h\nu} O+O$$

$$O+O_2 \longrightarrow O_3$$

臭氧分子吸收一个紫外光子发生解离:

$$O_3 \xrightarrow{h\nu} O_2+O$$

反应产生的 O 原子通过下述反应消除臭氧:

$$O_3+O \longrightarrow O_2+O_2$$

这些反应构成氧-臭氧循环的主要步骤,该循环维持了臭氧的平衡浓度(但随季节而变化)。如果将大气中的臭氧聚集为 1 atm(25 ℃)气层,将会以大约 3 mm 的厚度覆盖地球表面。

平流层天然存在的一些物种(如 ·OH、NO)能催化臭氧层遭破坏的过程,例如下述反应:

$$X+O_3 \longrightarrow XO+O_2$$

$$XO+O \longrightarrow X+O_2$$

然而,关于臭氧层耗损的主要注意力却集中在由人类工业活动而引入的 Cl 原子和 Br 原子上,它们能够很有效地催化臭氧层耗损过程。氯和溴作为有机卤素分子(RHal)的组分进入平流层,远紫外光照射 RHal 分子导致 C—Hal 键发生断裂释放出卤素原子。这类分子可能破坏臭氧层的观点是莫利纳(M. Molina)和罗兰(S. Rowland)在 1974 年提出的,他们(与 P. Crutzen 一起)因此获得 1995 年诺贝尔化学奖。

一项跟踪了 13 年之久的国际性研究发现了南极上空的臭氧洞,为大气臭氧层的脆弱性提供了明确的证据。1987 年,以蒙特利尔议定书的形式为这项研究增添了新动力。南极臭氧洞的发现甚至让参加这项研究的科学家吃惊,对其做出解释需要更多的化学知识,包括如何解释冬季在极地平流层形成的云层。云层中的冰晶能吸收氯和溴的硝酸盐($ClONO_2$、$BrONO_2$),这些硝酸盐是平流层的 ClO 和 BrO 与 NO_2 化合形成的。冰粒表面的这种分子与水发生反应:

$$H_2O+XONO_2 \longrightarrow HOX+HNO_3$$

式中,X = Cl 或 Br。它们也与一同被吸收的 HCl 或 HBr(Cl^- 或 Br^- 进攻从对流层逃逸出来的甲烷分子形成的)反应:

$$HX+XONO_2 \longrightarrow X_2+HNO_3$$

具有很强吸湿性的硝酸进入冰晶,HOX 和 X_2 在极地黑暗的冬季被释放出来。春季阳光增强时,释放出来的分子发生光解,生成高浓度的能破坏臭氧的自由基:

$$HOX \xrightarrow{h\nu} HO\cdot + X\cdot$$

$$X_2 \xrightarrow{h\nu} 2X\cdot$$

有机卤素分子既然威胁到臭氧层，其存活的时间必定比它们从地球表面迁移到平流层所用的时间长。那些含有 H 原子的分子在对流层（最低的大气层）与 OH 自由基反应被破坏，但如果有足够多的量，仍可能是个问题。对农业上用作熏蒸剂的溴甲烷（CH_3Br）存在广泛争论，然而破坏臭氧层的最大可能却归于在工业上广泛应用、不含 H 原子的分子氯氟烃（CFCs），以及用作灭火剂的溴化类似物哈龙（the halons）。这些化合物在对流层不受任何阻拦地扩散至平流层，它们是1987年制定的国际公约（1990年和1992年做过修订）的主要关注对象。大部分 CFCs 和哈龙已被禁止生产，它们在大气中的浓度已开始下降。不过 CFCs 还有一个强温室气体的问题。

应用相关文段 17.3　碘：一个重要元素

碘是生产甲状腺素（一种含碘激素）和三碘甲状腺原氨酸（见图 B17.1，产生于甲状腺）的重要元素。这些激素对人体的正常生长、发育和脑功能非常重要，对神经系统和代谢过程也有重要作用。

缺碘既会导致体质问题，也会导致智力问题。缺碘者可能罹患甲状腺肿和智力下降，并出现疲劳、抑郁、体重增加、头发粗糙、皮肤干燥、肌肉痉挛和注意力不集中等甲状腺素下降的征兆。缺碘妇女可能生下有严重出生缺陷的孩子，童年期缺碘会造成智力和体力发育缓慢。

人体所需的全部碘都必须从食物吸收，推荐的日剂量为 150 μg。以碘化物形式存在的碘从血液中被吸收，钠与碘离子一起在吸收过程中被输送至细胞内部，然后在甲状腺囊将其富集至血液中浓度的大约 30 倍。

富碘食物包括海藻、鱼类、奶产品及富碘土壤中长出的蔬菜。碘不能在人体内储存，因此，这些食物不能无规则地过量摄取。许多国家以 KI 或 NaI 的形式将碘加至食盐中，这一措施使缺碘问题变得相对不再多见。然而，近期有证据表明，牛奶消费量减少和强调低盐进食有利健康的宣传可能导致缺碘现象重新发生。

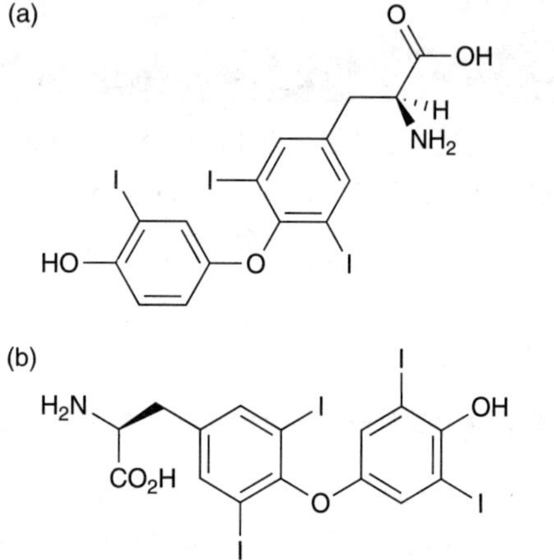

图 B17.1　甲状腺素（a）和三碘甲状腺原氨酸（b）的结构

17.5　分子的结构和性质

提要：F—F 键弱于 Cl—Cl 键；从 Cl_2 开始，本族元素自上而下 X—X 键依次减弱。

颜色是卤素最显著的物理性质。在蒸气状态，从几乎无色的 F_2，经过黄绿色的 Cl_2 和红棕色的 Br_2，变化至紫色的 I_2。最大吸收逐渐移向长波的事实反映出 HOMO—LUMO 之间的能隙自上而下减小。四种元素的吸收光谱产生于同一机制：电子从充满的最高占有轨道 $2\sigma_g$ 和 $1\pi_g$ 激发至空着的反键轨道 $2\sigma_u$（见图 17.5）。

除 F_2 之外，UV 吸收光谱分析给出的 X—X 键的解离能数值都是准确的（见图 17.6）。人们发现，从 Cl_2 开始，自上而下键强度减小。然而，F_2 的 UV 光谱是个没有特征峰的连续宽带，这是由于吸收过程同时伴随着 F_2 分子的解离。由于没有特征吸收峰，光谱法难以用来估算解离能；而 F_2 的强腐蚀性，又使热化学法复杂化。这些问题解决之后，人们发现 F—F 键键焓小于 Br—Br 键键焓，该族键焓自上而下的线性变化趋势不复存在。然而，F—F 键键焓低的事实并不孤立，第二周期元素的 N—N、O—O 单键及 N、F、O 两两结合的单键键焓都较低（见图 17.7）。最简单的解释是，小体积的 F_2 分子中非键电子间的强排斥力使 F—F 键变弱（氟的低电子亲和能也是这样解释的）。用分子轨道的语言，F_2 分子中有众多电子处在强的反键轨道中。

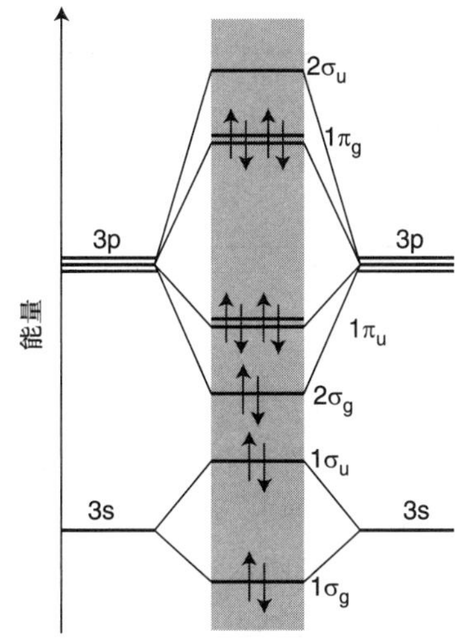

图 17.5　Cl_2 的分子轨道能级示意图

（Br_2 和 I_2 的图与之相似）

对 F_2 而言，π_u 轨道与其上方的 π_g 轨道要颠倒过来

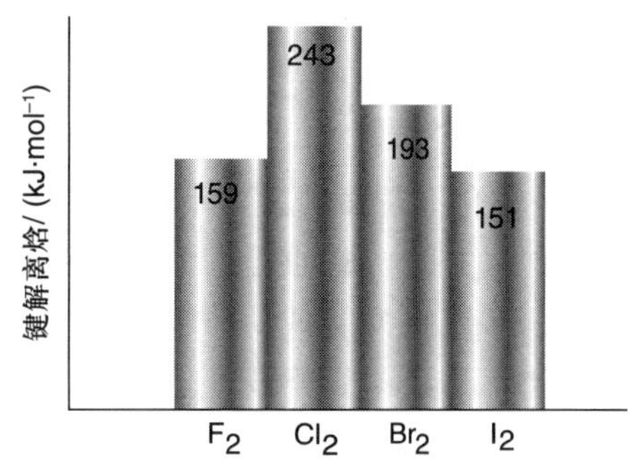

图 17.6　卤素分子的键解离焓

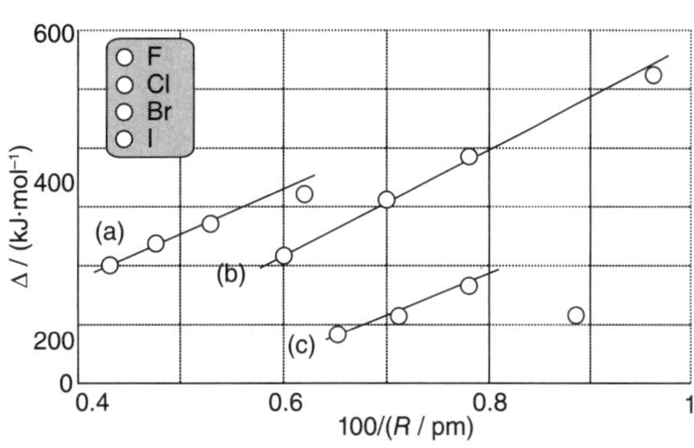

图 17.7

图 17.7　解离焓与键长倒数关系图：

(a) C—X 键，(b) H—X 键，(c) X—X 键（X 表示卤素原子）

氯、溴和碘的晶格具有相同的对称性（见图 17.8），从而提供了一种可能：对其中键合原子与非键合相邻原子间的距离进行详尽比较（见表 17.6）。得出的重要结论是，非键合相邻原子间距离不如键长增加得快。这一现象暗示，从 Cl_2 到 I_2，存在着依次增强的分子间弱成键作用。固态碘是个半导体，高压下显示金属性导电。

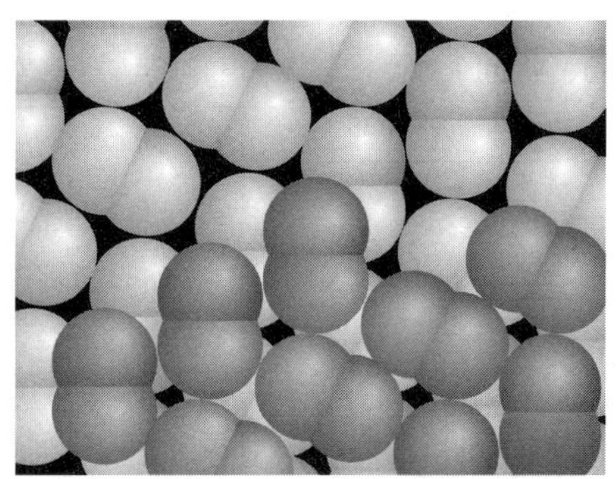

图 17.8　固体氯、溴、碘有相似结构

与 I_2 相比，Cl_2 和 Br_2 中最邻近的非键相互作用压缩得相对较少

表 17.6　固态卤素分子中的键长和最短的非键距离

元素	温度/℃	键长/pm	非键距离/pm	比值
Cl_2	-160	198	332	1.68
Br_2	-106	227	332	1.46
I_2	-163	272	350	1.29

17.6　反应活性变化趋势

提要：氟是氧化性最强的卤素元素，该族元素的氧化能力自上而下依次减弱。

F_2 是最活泼的非金属，也是卤素中最强的氧化剂。氟与其他元素的许多反应进行得很快，部分原因可能与弱 F—F 键相关的低动力学能垒有关。尽管大多数金属氟化物显示热力学稳定性，氟却可以在某些金属（如 Ni）容器中操作。这是因为许多金属与气体氟接触时，表面形成钝化了的金属氟化物薄膜。氟碳聚合物（如聚四氟乙烯，PTFE）也是一种有用材料，用来构筑容纳氟和氧化性氟化合物的装置（见图 17.9）。只有为数不多的实验室具有这种研究 F_2 的装置和专长。

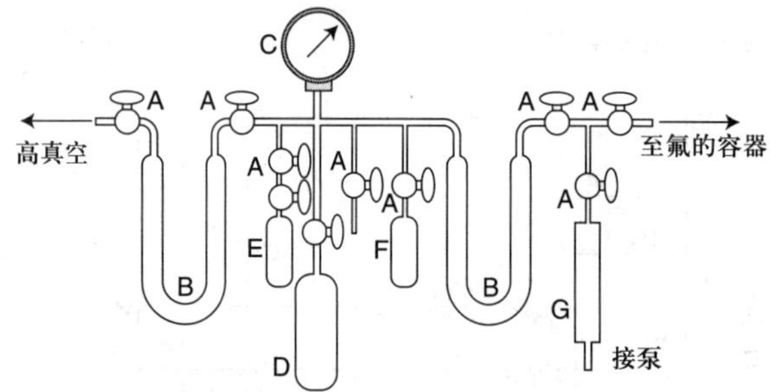

图 17.9　用于操作氟和活泼氟化物的代表性金属真空系统，全部使用镍制金属管线
A. 蒙乃尔阀，B. 镍制 U 形阱，C. 蒙乃尔压力计，D. 镍制容器，E. PTFE 反应管，F. 镍制反应容器，G. 填有碱石灰的镍制罐，用以中和 HF，并与 F_2 和氟化合物反应

卤素的标准电位（见表 17.1）表明，F_2 是比 Cl_2 强得多的氧化剂。从 Cl_2 经 Br_2 到 I_2，氧化能力继续了下降的趋势，但不像由氟到氯下降得那样剧烈（相对平缓得多）。虽然半反应

$$1/2X_2+e^- \longrightarrow X^-(aq)$$

对高电子亲和能的卤素有利（这意味着 F 的标准电位似应低于 Cl），而实际过程却更有利于 F_2 显示低键焓和小体积 F^- 显示高放热水合作用（见图 17.10）。三种竞争因素的净结果是，F 为该族中氧化性最强的元素。

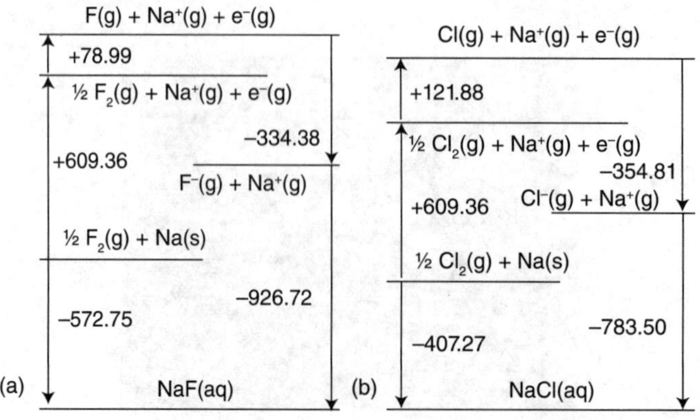

图 17.10　水溶液中生成氟化钠（a）和氯化钠（b）的热化学循环
F^- 水合过程放出的热量比 Cl^- 高得多，数值单位均为 $kJ \cdot mol^{-1}$

17.7　拟卤素

提要：拟卤素和拟卤化物分别相似于卤素和卤化物；拟卤素以二聚体形式存在，与非金属形成分子化合物，与碱金属形成离子化合物。

许多化合物的性质与卤素化合物的性质如此相似，以致称它们为**拟卤素**（见表 17.7）。例如，与二卤素（X_2）相似，气相的氰[$(CN)_2$]能发生热解离和光化学解离，解离产生的自由基（CN）与卤素原子等叶瓣，并发生类似卤素原子的反应，如与氢发生的链反应：

$$NC—CN \xrightarrow{\text{热或光}} 2CN\cdot$$

$$H_2+CN\cdot \longrightarrow HCN+H\cdot$$

$$H\cdot+NC—CN \longrightarrow HCN+CN\cdot$$

$$\text{总反应}:H_2+C_2N_2 \longrightarrow 2HCN$$

另一个相似处是拟卤素的还原过程：

$$1/2(CN)_2(g)+e^- \longrightarrow CN^-(aq)$$

形式上来自拟卤素的阴离子叫**拟卤素离子**，如上面方程式右端的氰阴离子 CN^-。相似于 p 区元素共价卤化物的共价拟卤化物也很常见。它们在结构上往往相似于对应的共价卤化物[比较（**6**）和（**7**）]，也发生相似的复分解反应。

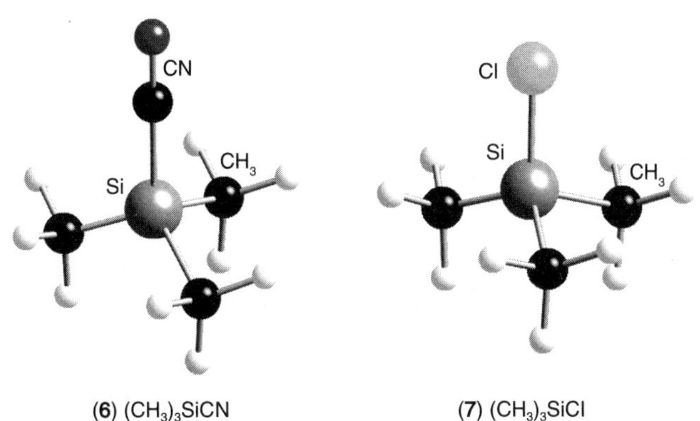

(**6**) $(CH_3)_3SiCN$　　(**7**) $(CH_3)_3SiCl$

像所有类比一样，拟卤素和拟卤化物概念有许多局限。例如，拟卤素离子不是球形，所以它们的离子化合物的结构往往不同：NaCl 是 fcc，而 NaCN 则类似于 CaC_2（节 11.12 和节 14.13）。拟卤素电负性通常小于较轻的卤素，某些拟卤化物具有更为多样性的给予体性质。例如，硫代氰酸根离子（SCN^-）是个两可配体，既有软碱配位原子 S，又有硬碱配位原子 N（节 4.15 和节 7.1）。

表 17.7　拟卤化物、拟卤素和相应的酸

拟卤化物	拟卤素	$E^\ominus$/V	酸	pK_a
CN^-	NCCN	+0.27	HCN	9.2
氰化物	氰		氰化氢	
NCS^-	NCSSCN	+0.77	HNCS	−1.9
硫氰酸盐	二硫代氰		硫代氰酸	
NCO^-			HNCO	3.5
氰酸盐			异氰酸	
CNO^-			HCNO	3.66
雷酸盐			雷酸	
NNN^-			HNNN	4.92
叠氮化物			叠氮酸	

17.8　氟化合物的特殊性质

提要：氟取代基能提高挥发性，提高 Lewis 酸和 Brϕnsted 酸的强度，还能稳定高氧化态。

表 17.8 的沸点数据表明，F 的分子化合物倾向于高挥发性。其挥发性在有些情况下甚至高于相应的氢化合物（比较：PF_3，沸点 −101.5 ℃；PH_3，沸点 −87.7 ℃）；任何情况下，挥发性都比 Cl 的对应化合物大得多。化合物的挥发性是色散作用（瞬时电偶极矩之间的相互作用）强度变化的结果，分子的极化性越高，色散作用就越强。小体积氟原子中的电子被核控制得更紧，氟化合物极化性低，色散作用弱。

表 17.8　氟化合物及其类似物的标准沸点　　单位：℃

化合物	沸点	化合物	沸点	化合物	沸点
F_2	−188.2	H_2	−252.8	Cl_2	−34.0
CF_4	−127.9	CH_4	−161.5	CCl_4	76.7
PF_3	−101.5	PH_3	−87.7	PCl_3	75.5

氢键的形成不利于挥发性。固体 HF 是以 H—F⋯H 为结构单元的平面内锯齿形链聚合物；虽然液体 HF 的密度和黏度低于水，该事实却暗示不存在大范围的三维和二维氢键网；气相 HF 形成由氢键合起来的低聚物 $(HF)_n$，式中的 n 值最高为 5 或 6。像 H_2O 和 NH_3 一样，HF 的性质（例如，在较宽的温度范围内以液态存在）使它成为优良的非水溶剂。

氟化氢能发生自质子解：

$$2HF(l) \rightleftharpoons H_2F^+(sol) + F^-(sol) \qquad pK_{auto} = 12.3$$

其酸性（水中的 $pK_a = 3.45$）较其他卤化氢弱得多。该现象虽然有时被归因于 $H_3O^+F^-$ 离子对的形成，但理论研究表明，弱质子给予体这一性质是 H—F 键极强的直接结果。在无水 HF 中，羧酸作为碱与质子结合：

$$HCOOH(l) + 2HF(l) \longrightarrow HC(OH)_2^+(sol) + HF_2^-(sol)$$

含氟化合物的一个重要特征是 F 原子吸引其他原子中电子的能力，如果化合物是 Brϕnsted 酸，F 原子的存在将会提高其酸性。这种效应的一个例子是，三氟甲基磺酸（$HOSO_2CF_3$）的酸性（在溶剂硝基甲烷中的 $pK_a = 3.0$）比同一溶剂中的甲基磺酸（$HOSO_2CH_3$，$pK_a = 6.0$）提高了 3 个数量级。基于同样原因，分子中 F 原子的存在也导致 Lewis 酸性增高。例如，在 4.14 和 15.11(b) 曾经看到，SbF_5 是最强的 Lewis 酸之一，比对应的 $SbCl_5$ 强得多。

F 与相关元素形成高氧化态化合物，如 IF_7、PtF_6、BiF_5、$KAgF_4$、UF_6 和 ReF_7。七氟化铼（Ⅶ）是唯一热稳定的金属七氟化物，六氟化铀（Ⅵ）在核燃料前处理中用于分离 U 同位素。所有这些化合物都是相关元素所能达到的最高氧化态，其中难得一见的 Ag（Ⅲ）氧化态和 HgF_4 中的 Hg（Ⅳ）氧化态也许最著名，它们是在温度为 4 K、以固体氖为基体的基体隔离研究中发现的。另一个例子是 PbF_4，它比其他 Pb（Ⅳ）卤化物都稳定。

与之相关的一个现象是，氟不利于形成低氧化态化合物。例如，铜（Ⅰ）的固体氟化物不稳定，而 CuCl、CuBr 和 CuI 则是稳定的，不发生歧化反应。节 3.11 用简单的离子模型讨论过类似趋势：小体积的 F^- 与小体积、高电荷的阳离子结合时导致高的晶格焓。这样一来，CuF 就存在发生歧化生成 Cu 和 CuF_2 的热力学趋势（Cu^{2+} 所带电荷高 1 倍，离子半径也小于 Cu^+，CuF_2 具有较高的晶格焓）。

能接受 F^- 的化合物（如 SbF_5）是 Lewis 酸，能给出 F^- 的化合物（如 XeF_6）是 Lewis 碱：

$$SbF_5(s) + HF(l) \longrightarrow SbF_6^-(sol) + H^+(sol)$$

$$XeF_6(s) + HF(l) \longrightarrow XeF_5^+(sol) + HF_2^-(sol)$$

离子型氟化物溶于 HF 得到高导电溶液。氯化物、溴化物和碘化物与 HF 反应生成相应氟化物和 HX，从而提供了制备无水氟化物的一条途径：

$$TiCl_4(l)+4HF(l) \longrightarrow TiF_4(s)+4HCl(g)$$

17.9　卤化物的结构特征

二氟化物 MF_2(M 代表第 2 族元素或 d 区金属)通常以 CaF_2 结构或金红石结构出现，这些结构可很好地用离子模型做描述。第 2 族元素二氯化物、二溴化物和二碘化物的结构可用离子模型描述，而 d 区金属的类似化合物则采取 CdI_2 或 $CdCl_2$ 层状结构，离子模型和共价模型都不能描述其成键作用。许多金属三氟化物具有三维离子结构，而三氯化物、三溴化物和三碘化物则为层状结构。化合物 NbF_3 和 FeF_3(在高温下)采取 ReO_3 结构形式(节 3.6 和图 24.16)，许多其他金属三氟化物(包括 AlF_3、ScF_3 和 CoF_3)则为略有畸变的 ReO_3 结构的变体。

随着金属原子氧化数的增大，卤化物显示更多的共价性。所有金属六卤化物(如 MoF_6 和 WCl_6)都是分子型共价化合物。对中间氧化态(如 MF_4 和 MF_5)而言，结构通常由连接在一起的 MF_6 多面体组成。TiF_4 和 NbF_5 的结构分别由两个不同的结构单元 Ti_3F_{15}(**8**)和 Nb_4F_{20}(**9**)搭建而成，前一结构单元为 3 个 TiF_6 八面体连在一起形成的三角柱，后一结构单元则为 4 个 NbF_6 八面体连在一起形成的四方柱。

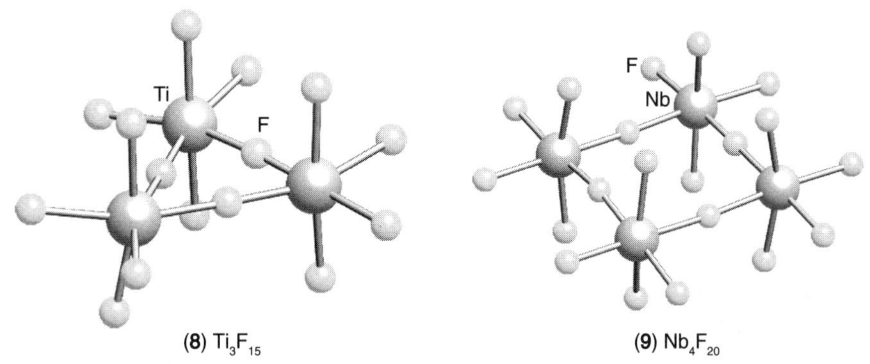

(**8**) Ti_3F_{15}　　(**9**) Nb_4F_{20}

复杂固体氟化物和氯化物(如三元相 $MM'F_n$, $MM'Cl_n$ 和四元化合物 $MM'M''F_n$)用途虽不像复杂氧化物那样重要，其结构却与对应的氧化物类似。由于 F^- 的氧化数(-1)低于 O^{2-} 的氧化数(-2)，与氧化物相比，组成等价的氟化物和氯化物通常含有较低氧化态的 d 金属。这样，当三元化合物 ABF_3 的 A＝K、Rb 或 Cs，B 为二价 d 区金属离子时，则采取尖晶石结构(节 3.9)。氟化钾加于 Mn(Ⅱ)溶液时沉淀出来的 $KMnF_3$ 就是一例。电化学法提铝时用来熔化氧化铝的熔态冰晶石(Na_3AlF_6)，其结构与尖晶石(ABO_3)结构相关：A 位置被 Na 占据，B 位置被 Na 和 Al 混占，化学式为 $Na(Al_{1/2}Na_{1/2})F_3$，与 Na_3AlF_6 等价。含有卤离子的混合阴离子化合物也已被表征，包括显示超导性的酮酸盐 $Sr_{2-x}Na_xCuO_2F_2$。

17.10　卤素互化物

不同卤素元素间形成化学式为 XY 到 XY_7 的许多化合物(见表 17.9)，其结构通常可由 VSEPR 模型准确判断，并通过实验技术(如 ^{19}F-NMR 技术)证实。

表 17.9　卤素互化物的性质

XY	XY_3	XY_5	XY_7
ClF 无色 熔点-156 ℃ 沸点-100 ℃	ClF_3 无色 熔点-76 ℃ 沸点 12 ℃	ClF_5 无色 熔点-103 ℃ 沸点-13 ℃	

续表

XY	XY_3	XY_5	XY_7
BrF*	BrF_3	BrF_5	
亮棕色	黄色	无色	
熔点≈-33 ℃	熔点 9 ℃	熔点-61 ℃	
沸点-20 ℃	沸点 126 ℃	沸点 41 ℃	
IF*	$(IF_3)_n$	IF_5	IF_7
	黄色	无色	无色
	分解:-28 ℃	熔点 9 ℃	熔点 6.5 ℃(三相点)
		沸点 105 ℃	升华:5 ℃
BrCl*			
红棕色			
熔点≈-66 ℃			
沸点 5 ℃			
α-ICl,β-ICl	I_2Cl_6		
宝石红固体,黑色液体	亮黄色		
熔点 27 ℃,14 ℃	熔点 101 ℃(16 atm)		
沸点 97~100 ℃			
IBr			
黑色固体			
熔点 41 ℃			
沸点≈116 ℃			

* 很不稳定。

例题 17.2　核实卤素互化物分子的形状

题目:BrF_5 是个瞬变分子,其结构在四方锥(**10**)和三角双锥(**11**)之间快速来回转化。如果两种结构可以离析出来,试解释 ^{19}F-NMR 如何将二者区分。

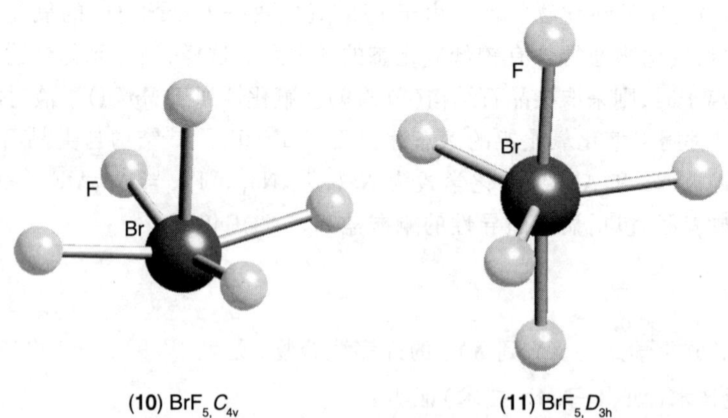

(10) BrF_5, C_{4v}　　**(11)** BrF_5, D_{3h}

答案:我们需要知道 ^{19}F 在每种情况下所处的化学环境的数目,进而考虑每种环境是如何与其他环境偶合的。四方锥结构中 F 有两种不同的环境,分别等价于 4 个和 1 个 F 原子。^{19}F-NMR 应显示两个信号:一个是双重峰信号,由相同环境的 4 个 F 原子与另外一种环境的 F 原子偶合分裂而成;另一个是五重峰信号,由不同环境的那个 F 原子偶合分裂而成。三角双锥结构中 F 也存在两种不同的环境,分别等价于 3 个和 2 个 F 原子,其共振将通过自旋-自旋偶合分裂为一个三重峰和一个四重峰。

自测题 17.2　预言 IF_7 的 ^{19}F-NMR 模式。

(a) 化学性质

提要:含氟卤素互化物是典型的 Lewis 酸和强氧化剂。

所有卤素互化物都是氧化剂,氧化速率与其热力学稳定性之间通常不存在简单对应关系。像所有已知的卤素氟化物一样,ClF_3 是个放能化合物。从热力学观点,它是个弱于 F_2 自身的氟化剂。然而,ClF_3 氟化其他物质的速率通常却超过氟。对许多元素和化合物而言,ClF_3 事实上是个强氟化剂。比起 ClF_5、BrF_5 和 IF_7,ClF_3 和 BrF_3 是强得多的氟化剂。IF_5 是个氟化能力温和、使用方便的氟化剂,如氟化操作可在玻璃装置中进行。作为氟化剂,ClF_3 的一个用途是形成金属氟化物钝化膜,氟化学上用于钝化镍制装置的内壁。

ClF_3 和 BrF_3 能与有机物、水、氨和石棉发生剧烈反应(往往爆炸),能从许多金属氧化物中驱出氧:

$$2Co_3O_4(s)+6ClF_3(g) \longrightarrow 6CoF_3(s)+3Cl_2(g)+4O_2(g)$$

液态 BrF_3 发生自电离:

$$2BrF_3(l) \rightleftharpoons BrF_2^+(sol)+BrF_4^-(sol)$$

这是一种 Lewis 酸碱行为,这种行为也表现在它溶解许多卤化物(盐)的能力:

$$CsF(s)+BrF_3(l) \longrightarrow Cs^+(sol)+BrF_4^-(sol)$$

对那些必须在高氧化性条件下完成的离子反应而言,三氟化溴是个有用的溶剂。其他卤素互化物也具有 BrF_3 的 Lewis 酸特征,都能与碱金属氟化物反应生成阴离子氟络合物。

例题 17.3　判断卤素互化物的形状

题目:判断前述反应的反应物(BrF_3)和产物(BrF_2^+,BrF_4^-)的形状:

$$2BrF_3(l) \rightleftharpoons BrF_2^+(sol)+BrF_4^-(sol)$$

答案:BrF_3(和所有 XY_3 卤素互化物)有 5 个电子对围绕中心原子排布,即三角双锥形排布。两个孤对占据赤道位置,导致形成如(**1**)那样的 T 形分子。BrF_2^+ 有 4 个电子对围绕中心原子排布,其中的 2 对是孤对,形成如(**4**)那样的角形(弯形)分子。BrF_4^- 有 6 对电子围绕中心原子排布,2 个孤对互为反位,是个四方平面形分子(**12**)。

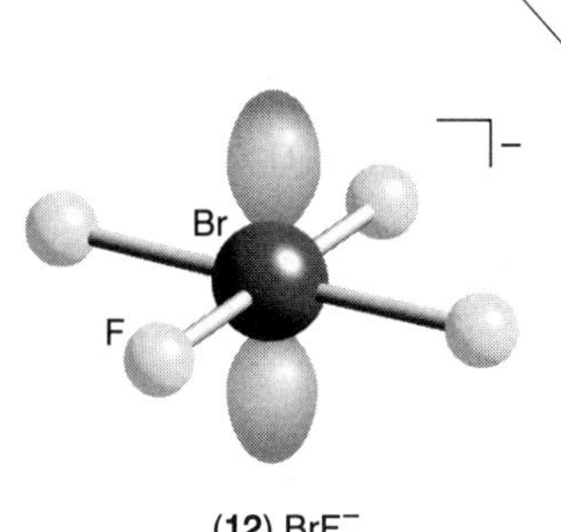

(**12**) BrF_4^-

自测题 17.3　判断下述反应两个反应物和产物中两个离子的形状:

$$ClF_3+SbF_5 \longrightarrow [ClF_2][SbF_6]$$

(b) 阳离子卤素互化物

提要:阳离子卤素互化物的结构与 VSEPR 模型的判断相一致。

在特强氧化性条件下(如在发烟硫酸中),I_2 被氧化为蓝色顺磁性二碘阳离子 I_2^+。二溴阳离子 Br_2^+ 也已为人们所知。这些阳离子中的化学键短于对应电中性卤素分子中的化学键。这是一个预料中的结果,因为从一条 π^* 轨道失去 1 个电子,键级伴随着从 1 增至 1.5(见图 17.5)。已知还存在 Br_5^+、I_3^+、I_5^+ 等 3 个原子数更多的多卤素阳离子,X 射线衍射法确定的两个碘物种的结构示于(**4**)和(**5**)。I_3^+ 的中心 I 原子具有 2 对孤对电子,其角形结构与 VSEPR 模型判断相一致。

化学式为 XF_n 的另一类多卤素阳离子已制备成功,它们是卤素氟化物中的 F^- 被强 Lewis 酸(如 SbF_5)抽走后形成的:

$$ClF_3+SbF_5 \longrightarrow [ClF_2^+][SbF_6^-]$$

这是个理想化的表达式。含这种阳离子的固体化合物的 X 射线衍射研究表明,卤素氟化物中的 F^- 并未彻底被抽走,氟桥仍然较弱地连接着阴、阳两种离子(**13**)。表 17.10 列出用类似方法制得的卤素互化物阳离子。

SbF_5　F　F　SbF_5　243 pm　158 pm　Cl　F　F

(**13**) $(ClF_2)(SbF_6)_2$

表 17.10　有代表性的卤素互化物阳离子

化合物	形状	化合物	形状
ClF_2^+, BrF_2^+, ICl_2^+	弯曲形, C_{2v}	ClF_6^+, BrF_6^+, IF_6^+	八面体, O_h
ClF_4^+, BrF_4^+, IF_4^+	跷跷板, C_{2v}		

(c) 多卤阴离子

提要：多卤阴离子 I_3^- 是将 I_2 加于 I^- 形成的；它们能被大阳离子所稳定。某些最稳定的多卤阴离子含有氟取代基，其结构通常与 VSEPR 模型的判断相一致。

I_2 加于 I^- 溶液时显现深棕色，这是包括 I_3^- 和 I_5^- 在内的多碘阴离子的特征色。这些多碘阴离子是 Lewis 酸碱络合物，其中作为碱的是 I^- 和 I_3^-，而作为酸的则是 I_2（见图 17.11）。I_3^- 的中心碘原子三个赤道位置各有 1 对孤对电子，两个轴向位置各有 1 对键对电子，电子对呈三角双锥排布。这种超价 Lewis 结构与观察到的 I_3^- 的直线结构相一致，下面还将更详细地做描述。

I_3^- 能与其他 I_2 分子作用产生组成为$[(I_2)_nI^-]$的单负电荷多碘阴离子，I_3^- 是其序列中最稳定的成员。与大阳离子（如$[N(CH_3)_4]^+$）结合时，它具有对称的线形结构，I—I 键长大于 I_2 分子中的 I—I 键长。然而，I_3^- 通常情况下像其他多碘阴离子一样，其结构对抗衡离子的性质高度敏感。例如，Cs^+（体积小于四甲基铵离子）能使 I_3^- 发生畸变，导致两个 I—I 键一长一短（**14**）。结构对环境的高度敏感性，反映该离子中的化学键是如此之弱，弱至仅仅能将几个原子维系在一起。对阳离子敏感的一个例子是 NaI_3，它能在水溶液中形成，但水分蒸发时则发生分解：

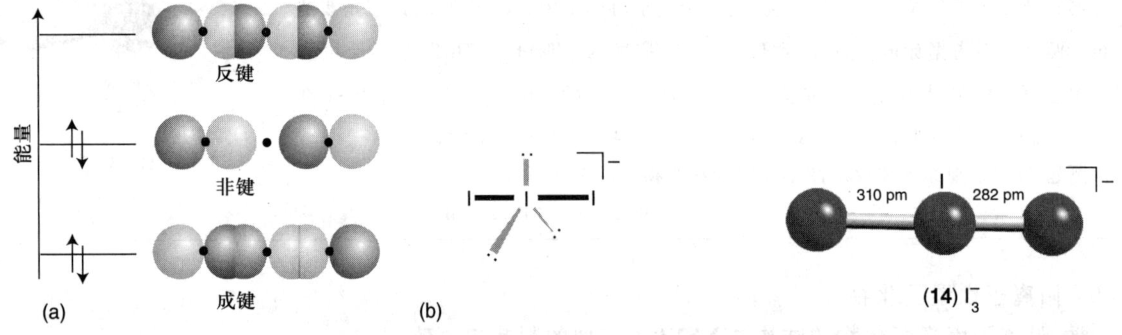

图 17.11　多碘离子 I_3^- 的某些描述方法：(a) σ 相互作用；(b) 线形结构的 Lewis 解释和 VSEPR 解释，5 个电子对围绕中心原子以三角锥方式排列

$$Na^+(aq)+I_3^-(aq) \xrightarrow{\text{除水}} NaI(s)+I_2(s)$$

一个更极端的例子是 $NI_3 \cdot NH_3$，它是碘晶体加于浓氨溶液形成的一种黑色粉末。游离的 NI_3 通过一氟化碘与氮化硼之间的反应制备：

$$3IF(g)+BN(s) \longrightarrow NI_3(s)+BF_3(g)$$

三碘化氮及其氨合物极不稳定，最轻微的触摸或震动都将引发爆炸：

$$2NI_3 \cdot NH_3(s) \longrightarrow N_2(g)+3I_2(s)+2NH_3(g)$$

三碘化氮的化学式通常虽被写成 NI_3，但更精确的式子应为 I_3N。这是因为人们认为该化合物由 I^+ 和 N^{3-} 组成，两个离子的氧化还原不稳定性导致化合物对震动敏感。这一性质也为下述规律提供了一个实例：大阴离子与小阳离子结合的化合物不稳定。正如节 3.15 中看到的那样，该规律可由离子模型得到合理解释。

类似理由可以解释为什么存在着碘原子更多的多碘阴离子，为什么其结构对抗衡离子具有敏感性，为什么在固态需要大阳离子才能将其稳定。事实上已经观察到多碘阴离子与不同大阳离子结合时具有完全不同的形状。这是因为阴离子的结构大部分是由离子在晶体中的堆积方式决定的。多碘阴离子中的键长往往暗示，它们可看作 I^-、I_2、I_3^-（有时还有 I_4^{2-}）等结构单元组成的链（见图 17.12）。含多碘阴离子的固体显示导电性，这既可能产生于电子在空穴中的跳动（或空穴移位），也可能产生于沿多碘阴离子链发生的离子传输（图 17.13）。

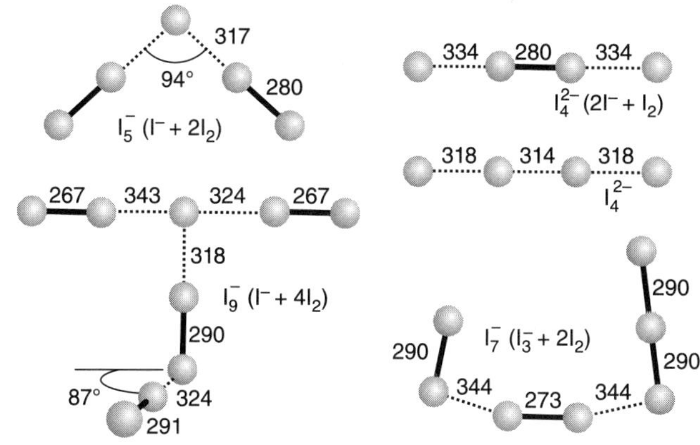

图 17.12 某些代表性多碘离子的结构及用 I^-、I_3^- 和 I_2 构建这些多碘离子的近似描述。

键长和键角随阳离子不同而变化

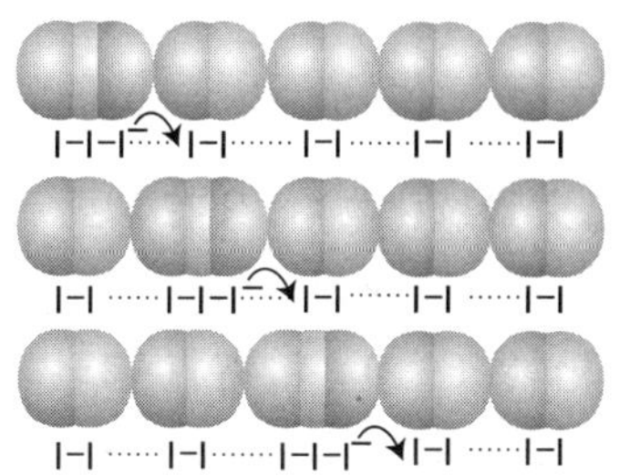

图 17.13 沿多碘阴离子链的电荷转移的一种可能模式是长键和短键的移动，这种移动导致 I^- 沿链发生有效迁移

该图示出连续三步迁移过程；注意，从 I_3^- 左侧迁移了的碘离子与新的 I_3^- 右侧出现的碘离子不是同一个离子

某些负二价多碘阴离子也已被发现，其中的 I 原子数为偶数，通式为 $[I^-(I_2)_nI^-]$。这些负二价阴离子对负一价阴离子敏感的那些抗衡阳离子同样敏感。

尽管多卤离子的形成以碘最特征，其他多卤离子也是已知的。这些离子包括 Cl_3^-、Br_3^- 和 BrI_2^-，不但存在于溶液中，而且与大阳离子为伴存在于固态。在低温惰性基体中，用光谱法甚至检出了 F_3^-。这种叫做基体隔离的技术利用反应物与超过量惰性气体在极低温度下（4~14 K）的共沉积作用。作为惰性基体的是惰性气体固体，F_3^- 则占据着基体中化学隔离的位置。

除卤素分子与卤离子形成的络合物外，某些卤素互化物也可作为 Lewis 酸接受卤离子。反应也形成多卤离子，与多碘阴离子的类链状结构不同，这种多卤离子是围绕高氧化态中心卤素接受体原子组装起来的。例如，前文提到的 BrF_3 与 CsF 反应形成 $CsBrF_4$，其中的 BrF_4^- 阴离子为平面四方形（**12**）。许多这样的卤素互化物阴离子已被合成出来（见表 17.11），其形状通常与 VSEPR 模型的判断相一致。但存在一些有趣的例外，例如，ClF_6^- 和 BrF_6^-，中心卤素原子上有一对孤对电子，而表观结构仍是畸变的八面体。IF_6^- 参与一种扩展型排列，这样的结构是通过 I—F⋯I 相互作用实现的。

表 17.11 有代表性的卤素互化物阴离子

化合物	形状	化合物	形状
ClF_2^-, IF_2^-, ICl_2^-, IBr_2^-	直线形	IF_6^-	三方畸变八面体
ClF_4^-, BrF_4^-, IF_4^-, ICl_4^-	四方平面形	IF_8^-	四方反棱柱体
ClF_6^-, BrF_6^-	八面体		

例题 17.4　提出 I^+ 络合物的成键模型

题目：在某些情况下，I_2 与强给予配体作用形成阳离子络合物，如形成二吡啶碘(+1)([py—I—py]$^+$)。从两种角度提出该线性络合物的成键模型：(a) VSEPR 模型观点，(b) 简单分子轨道理论角度。

答案：(a) Lewis 电子结构安排 10 个电子在[py—I—py]$^+$的中心 I^+ 周围，其中 6 个来自碘阳离子，4 个来自两个吡啶配体的孤对电子。根据 VSEPR 模型，这些电子对应该排列成三角双锥体。孤对电子将占据赤道位置，因而络合物应是线形。(b) 从分子轨道理论观点，N—I—N 轨道模式可看作由碘的一条 5p 轨道和两个配体原子各一条 σ 对称轨道组合而成，共构筑成 3 条分子轨道：1σ(成键轨道)、2σ(近乎非键轨道)和 3σ(反键轨道)。轨道要接纳 4 个电子(每个配位原子 2 个；碘的 5p 轨道空着)，得到 $1\sigma^2 2\sigma^2$ 电子组态，表示净成键作用。

自测题 17.4　从结构和成键观点，写出类似[py—I—py]$^+$的若干种多卤离子，并描述其成键作用。

17.11　卤素氧化物

提要：卤素氧化物中，只有 F 显示负氧化态，生成 OF_2 和 O_2F_2；Cl 的氧化态为+1、+4、+6 和+7；ClO_2 是容易制备的强氧化剂，也是最常使用的卤素氧化物。

二氟化氧(F—O—F，熔点-224 ℃，沸点-145 ℃)是 O 与 F 形成的最稳定的二元化合物，将氟通入 OH^- 稀的水溶液中制备二氟化氧：

$$2F_2(g)+2OH^-(aq) \longrightarrow OF_2(g)+2F^-(aq)+H_2O(l)$$

高于室温时纯二氟化物以气相存在，而且与玻璃无反应。它是个强氟化试剂，但氟化能力弱于 F_2 本身。OF_2 是角形分子，符合 VSEPR 模型的判断。

光解两个元素的液体混合物合成二氟化二氧(FOOF，熔点-154 ℃，沸点-57 ℃)。液态化合物不稳定，100 ℃以上即迅速分解，但可在金属真空线上以低压气体的形态转移(过程中存在一定程度的分解)。二氟化二氧甚至是个比 ClF_3 更强的氟化剂，如能将金属钚和钚的化合物氧化为 PuF_6，后者是核燃料加工过程的中间物。氧化是通过 ClF_3 无法完成的一个反应实现的：

$$Pu(s)+3O_2F_2(g) \longrightarrow PuF_6(g)+3O_2(g)$$

二氧化氯是唯一大规模生产的卤素氧化物，用的是 ClO_3^- 与 HCl 或 SO_2 在强酸性溶液中的反应：

$$2ClO_3^-(aq)+SO_2(g) \xrightarrow{\text{酸}} 2ClO_2(g)+SO_4^{2-}(aq)$$

二氧化氯是个强吸能化合物($\Delta_f G^\ominus=+121\ kJ\cdot mol^{-1}$)，因而必须保持在稀释状态以避免爆炸分解，并在使用的现场进行生产。二氧化氯主要用于纸浆漂白及污水和饮用水消毒。围绕这些用途存在着一些争论，因为氯(或氯的水解产物 HClO)和二氧化氯与有机物作用产生低浓度的含氯烃的化合物，其中有些可能致癌。然而，水消毒所挽救的生命无疑多于致癌副产物夺去的生命。氯漂白剂正在被以氧为基础的漂白剂(如过氧化氢)所代替(应用相关文段 16.3)。

人们最熟知的溴的氧化物如下：

氧化数	+1	+3	+4
化学式	Br_2O	Br_2O_3	BrO_2
颜色	暗棕色	橙色	淡黄色
状态	固体	固体	固体

结构研究表明 BrO_2 是 Br(Ⅰ)/Br(Ⅶ)混合氧化物 $BrOBrO_3$。所有溴的氧化物在-40 ℃以上对热不稳定，加热时发生爆炸。

卤素氧化物中以碘形成的氧化物最稳定。碘的氧化物中以 I_2O_5(**15**)最重要，分析血液中和空气中的 CO 时，能将一氧化碳定量氧化为二氧化碳。它是个白色、易潮解的固体，溶于水生成碘酸 HIO_3。碘的氧化物 I_2O_4 和 I_4O_9 稳定性较低，二者都是黄色固体，加热时都分解生成 I_2O_5：

$$5I_2O_4(s) \longrightarrow 4I_2O_5(s)+I_2(g)$$

$$4I_4O_9(s) \longrightarrow 6I_2O_5(s)+2I_2(g)+3O_2(g)$$

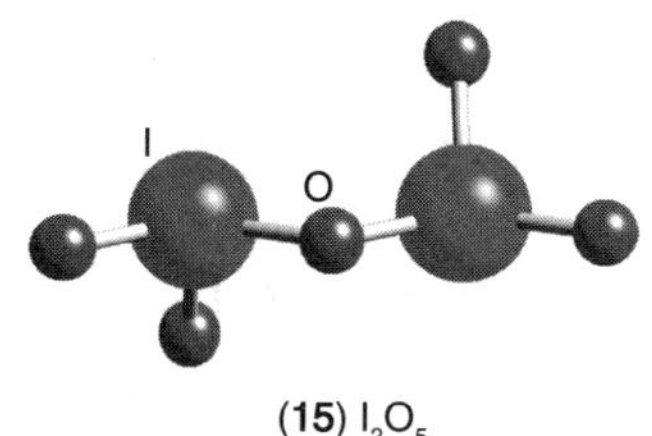

(15) I_2O_5

17.12　含氧酸和氧合阴离子

提要：卤素氧合阴离子是热力学上的强氧化剂，能被氧化的阳离子的高氯酸盐不稳定。

含氧酸的强度随中心原子上 O 原子数目的变化发生有规律地变化[见表 17.12，并参见节 4.2(b)的 Pauling 规则]。与高氯酸对应的高碘酸(H_5IO_6)是个弱酸($pK_{a1}=3.29$)，如果将化学式写成$(HO)_5IO$(式中只有 1 个 I=O 基)，您就会立刻明白其原因。因为存在下述快速平衡，共轭碱 $H_4IO_6^-$ 中的 O 原子具有很高的动力学活泼性：

$$H_4IO_6^-(aq) \rightleftharpoons IO_4^-(aq)+2H_2O(l) \qquad K=40$$

碱性溶液中，占优势的离子是 IO_4^-。与之相类似，相邻的第 16 族元素碲的含氧酸也具有扩大其配位层的趋势，碲在最高氧化态也形成弱酸 $Te(OH)_6$。

表 17.12　氯的氧合酸的酸性

酸	p/q	pK_a	酸	p/q	pK_a
HOCl	0	7.53(弱)	$HOClO_2$	2	−1.2
HOClO	1	2.00	$HOClO_3$	3	−10(强)

像许多氧合阴离子一样，卤素氧合阴离子也能形成金属络合物，包括这里讨论的高氯酸根离子和高碘酸根离子。因为 $HClO_4$ 是很强的酸而 H_5IO_6 是弱酸，不难理解 ClO_4^- 是很弱的碱而 $H_4IO_6^-$ 是相对强的碱。

考虑到 ClO_4^- 的 Brφnsted 碱性低和只带一个负电荷，下述事实就不足为奇了：它在水溶液中是个几乎没有与阳离子形成络合物倾向的弱 Lewis 碱。极弱的配位能力让金属高氯酸盐用于研究溶液中六水合离子的性质；ClO_4^- 也被用做弱配位离子，生成配体易被其他配体所取代的络合物；ClO_4^- 具有中等大小的体积，能够通过取代配阴离子稳定含有大阳离子的固体盐。

然而，ClO_4^- 是强氧化剂，应当避免与可被氧化的配体或离子出现在同一高氯酸盐固体中(常常会遇到这种情况)。ClO_4^- 参与的反应一般很慢，有可能制备出许多容易让人误解为操作安全的介稳高氯酸根络合物和高氯酸盐。一旦反应受到机械作用、热或静电的引发，这些介稳化合物会发生造成灾难性后果的爆炸。这类爆炸曾经伤害过一些化学家，他们在受到伤害之前曾多次操作过、但并未预期会发生爆炸的化合物。某些容易购得且易于控制的弱碱性阴离子可用来代替 ClO_4^-，其中包括三氟甲基磺酸阴离子 $[SO_3CF_3]^-$、四氟硼酸根阴离子 $[BF_4]^-$ 和六氟磷酸根阴离子 $[PF_6]^-$。

许多年间，人们相信不存在高溴酸盐。然而，1968 年由放射化学途径(^{83}Se 的 β 衰变)将其制备成功，现在已设计出化学合成方法来。高溴酸根离子的氧化性强于任何其他卤素氧合阴离子。高溴酸盐不如高氯酸盐和高碘酸盐稳定，提供了后 3d 区元素不易达到其最高氧化态一个实例，也为交替效应[节 9.2(c)]提供了又一个证据。

与高氯酸盐相比，高碘酸盐是个快速氧化剂和较强的 Lewis 碱。这种性质导致高碘酸盐在有机化学中用作氧化剂，并用作稳定高氧化态金属离子的配体。后一种情况下的某些高氧化态很不寻常，其中包括

Cu(Ⅲ)和 Ni(Ⅳ)。Cu(Ⅲ)是在含有$[Cu(HIO_6)_2]^{5-}$的络盐中稳定的,而 Ni(Ⅳ)则靠含有$[Ni(IO_6)]^-$结构单元的扩展型络合物得以稳定。高碘酸根在这些络合物中都是二齿配体;在后一例子中,配体在两个 Ni(Ⅳ)离子之间形成桥。

17.13　氧合阴离子氧化还原反应的热力学趋势

提要:卤素的氧合阴离子是强氧化剂,特别是在酸性溶液中。

卤素氧合阴离子和含氧酸参与氧化还原反应的热力学趋势已得到广泛研究。正如将会看到的那样,化学上可用 Frost 图总结其行为。反应速率(变化范围很宽)问题是个完全不同的故事,尽管研究了许多年,其机理仍只是部分被人们所了解。近些年对某些机理的研究有些进展,得益于快反应测量技术的发展和人们对振荡反应(应用相关文段 17.4)的兴趣。

节 5.13 曾经看到,如果 Frost 图中某物种处于与之紧邻的较高和较低氧化数物种连线的上方,该物种就不稳定,就会歧化为相邻物种。从卤素氧合阴离子和含氧酸的 Frost 图(见图 17.14)不难看到,许多中间氧化态的氧合阴离子易发生歧化反应。例如,亚氯酸 $HClO_2$ 处在两相邻物种连线上方,易于发生歧化:

$$2HClO_2(aq) \longrightarrow ClO_3^-(aq) + HClO(aq) + H^+(aq) \qquad E_{cell}^{\ominus} = +0.52\ V$$

虽然 BrO_2^- 已被很好地做过表征,相应的 I(Ⅲ)物种则是如此不稳定,以致不能在溶液中存在。

图 17.14

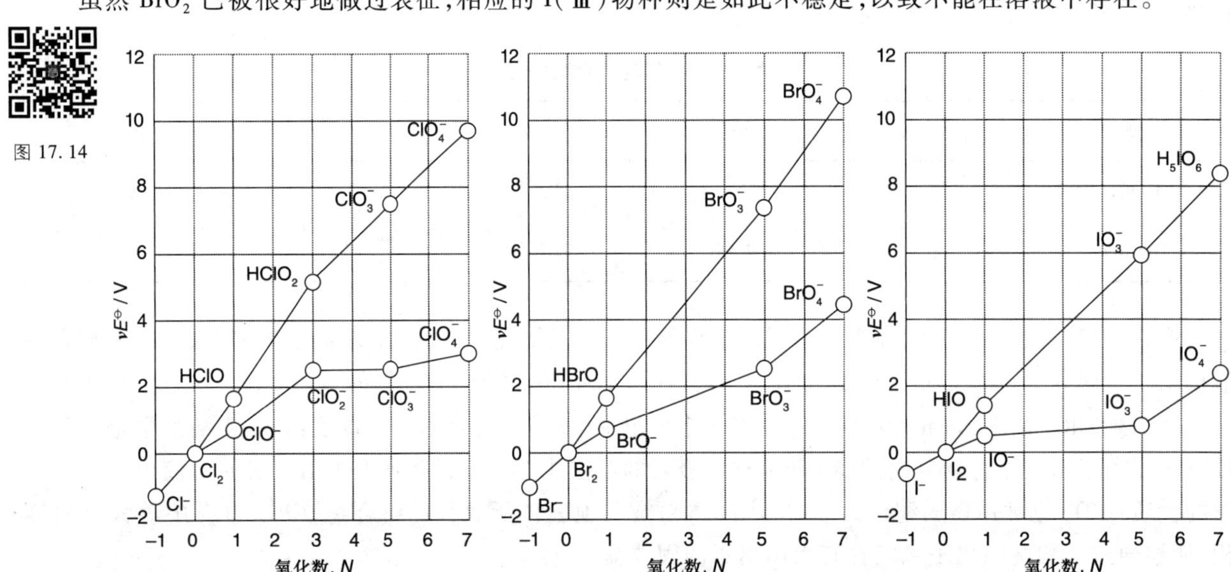

图 17.14　氯、溴、碘在酸性溶液(红线)和碱性溶液(蓝线)中的 Frost 图

节 5.13 也曾看到,Frost 图中高、低氧化态两相邻物种连线的斜率越正,电对的氧化力就越强。一眼看上去,图 17.14 的三张 Frost 图中都有陡的正斜率连线,这直接表明所有氧化态(最低氧化态的 Cl^-、Br^-、I^- 例外)都具强氧化性。

最后,碱性条件使氧合阴离子的还原电位低于其共轭酸(节 5.5 和节 5.15),表现在碱性溶液的 Frost 图中连线陡度下降。通过 1 mol · L^{-1} 酸溶液和 1 mol · L^{-1} 碱溶液中 ClO_4^- $E^{\ominus}$ 值的比较,就不难看清这种关系:

$$pH=0:\quad ClO_4^-(aq) + 2H^+(aq) + 2e^- \longrightarrow ClO_3^-(aq) + H_2O(l) \qquad E^{\ominus} = +1.20\ V$$

$$pH=14:\quad ClO_4^-(aq) + H_2O(l) + 2e^- \longrightarrow ClO_3^-(aq) + 2OH^-(aq) \qquad E^{\ominus} = +0.37\ V$$

还原电位表明,与酸性溶液中相比,碱性溶液中的高氯酸根是个热力学上较弱的氧化剂。

应用相关文段 17.4 振荡反应

时钟反应和振荡反应是个活跃的研究课题，并能提供令人着迷的演示实验。大多数振荡反应以卤素氧合阴离子的反应为基础，显然是因为它们当中的卤素原子存在多种氧化态，以及这类反应对 pH 变化的敏感性。

H. Landot 在 1895 年发现，酸性水溶液中的亚硫酸盐、碘酸盐和淀粉混合物在开始一段时间内维持几乎无色，然后突然变成 I_2-淀粉络合物特有的蓝色。调整到合适浓度时，反应即在近无色和暗蓝色之间振荡。造成振荡的第一步反应是在 $[Fe(CN)_6]^{4-}$ 存在的情况下，亚硫酸盐将碘酸盐还原为碘化物：

$$IO_3^-(aq)+3SO_3^{2-}(aq) \longrightarrow I^-(aq)+3SO_4^{2-}(aq)$$

接着发生 I^- 与 IO_3^- 之间的反歧化反应产生 I_2，后者与淀粉形成深蓝色络合物：

$$IO_3^-(aq)+6H^+(aq)+5I^-(aq) \longrightarrow 3H_2O(l)+3I_2(\text{淀粉})$$

某种条件下，I_2-淀粉络合物是最终形态。如果调节至合适浓度，亚硫酸盐可将碘还原为无色的 $I^-(aq)$ 而将络合物漂白：

$$I_2(\text{淀粉})+SO_3^{2-}(aq)+H_2O(l) \longrightarrow 2I^-(aq)+2H^+(aq)+SO_4^{2-}(aq)$$

随着 I_2/I^- 比值的变化，反应在无色与蓝色之间振荡。$[Fe(CN)_6]^{4-}$ 引发振荡是由于与亚硫酸根竞争发生与 IO_3^- 和 I_2 之间的反应，只是前者的反应明显慢于亚硫酸根的反应：

$$IO_3^-(aq)+6[Fe(CN)_6]^{4-}(aq)+6H^+(aq) \longrightarrow I^-(aq)+6[Fe(CN)_6]^{3-}(aq)+3H_2O(l)$$

$$I_2(\text{淀粉})+2[Fe(CN)_6]^{4-}(aq) \longrightarrow 2I^-(aq)+2[Fe(CN)_6]^{3-}(aq)$$

振荡开始于所有 $[Fe(CN)_6]^{4-}$ 耗尽之后，并通过 $[Fe(CN)_6]^{3-}$ 与 SO_3^{2-} 的反应重新产生：

$$2[Fe(CN)_6]^{3-}+SO_3^{2-}+H_2O \longrightarrow 2[Fe(CN)_6]^{4-}+SO_4^{2-}+2H^+$$

另一个振荡反应叫 Belousov-Zhabotinsky 反应，该反应基于 H_2O_2 的双重作用：既能作氧化剂，又能作还原剂。反应中将 H_2O_2、KIO_3、H_2SO_4 和淀粉混合在一起，过氧化氢将碘酸钾还原为碘，自身则被氧化为氧气：

$$5H_2O_2(aq)+2IO_3^-(aq)+2H^+(aq) \longrightarrow I_2(\text{淀粉})+5O_2(g)+6H_2O(l)$$

过氧化氢也能将碘氧化为碘酸盐：

$$5H_2O_2(aq)+I_2(\text{淀粉}) \longrightarrow 2IO_3^-(aq)+2H^+(aq)+4H_2O(l)$$

反应净结果是碘酸盐催化了过氧化氢的歧化，反应振荡在无色和蓝色之间。

化学家和化学工程师们仍在对振荡反应的动力学条件进行详尽分析。化学家面临的挑战是，如何用反应各步分别测得的动力学数据模拟振荡现象，以检验设计的总反应机理的有效性。由于工业催化过程中已经发现振荡反应，化学工程师们的关注点则是，如何避免生产过程出现大的波动，甚至出现可能破坏生产过程的混沌反应。需要指出，对振荡反应的兴趣超出了工业领域，因为心搏节奏是靠振荡反应维持的，反应中断可能导致纤维性颤动甚至死亡。

例题 17.5 判断氧合阴离子的歧化反应。

题目：根据图 17.4，判断哪些氯物种在碱性溶液中能发生歧化，写出平衡了的反应方程式。

答案：首先要看哪个物种处在与之紧邻的较高和较低氧化数物种连线的上方（节 5.13）。根据此判据，能发生歧化的物种是 Cl_2 和 ClO_2^-。反应方程式如下：

$$Cl_2+2OH^- \longrightarrow ClO^-+Cl^-+H_2O$$

$$2ClO_2^- \longrightarrow ClO_3^-+ClO^-$$

自测题 17.5 判断(a)溴、(b)碘中哪个物种在碱性条件下发生歧化，写出平衡了的反应方程式。

17.14 氧合阴离子氧化还原反应速率的变化趋势

提要：低氧化态卤素氧合阴离子氧化反应进行得更快；酸性介质既有利于提高反应速率，也有利于提高反应的热力学趋势。

研究表明，氧合阴离子的氧化还原反应机理较复杂。尽管如此，仍有为数不多能已辨别出来的模式帮助人们关联反应速率的变化趋势。这种相关性既有实用价值，也能给出与反应机理相关的某些线索。

随着卤素氧化数的下降，许多氧合阴离子和分子的氧化速率逐渐加快。研究中观察到的速率往往有如下顺序：

$$ClO_4^- < ClO_3^- < ClO_2^- \approx ClO^- \approx Cl_2$$

$$BrO_4^- < BrO_3^- \approx BrO^- \approx Br_2$$

$$IO_4^- < IO_3^- < I_2$$

例如，在没有溶存氧的条件下，含 Fe^{2+} 和 ClO_4^- 的水溶液可稳定数月之久。然而，在 HClO 和 Cl_2 处于平衡的水溶液中，Fe^{2+} 则迅速被氧化。

较重卤素的氧合阴离子倾向于更快地反应，特别对最高氧化态卤素形成的物种是如此：

$$ClO_4^- < BrO_4^- < IO_4^-$$

正如已经指出的那样，高氯酸根离子在稀的水溶液中通常没有氧化性，而高碘酸根离子的氧化却快得足以用于滴定。机理方面的详情往往较复杂，但存在四配位和六配位两种高碘酸根离子的事实表明，对高碘酸根中的 I 原子而言，亲核试剂更易与之靠近。

我们已经看到，氧合阴离子以氧化剂起作用时的热力学趋势随 pH 降低而增加，现在则发现它们的反应速率也是如此。因此，动力学和平衡两方面能够联合促成原本难以进行的氧化过程。例如，卤素阴离子被 BrO_3^- 氧化的反应对 H^+ 浓度的二级依赖关系：

$$速率 = k_r[BrO_3^-][X^-][H^+]^2$$

反应速率因之随 pH 下降而增大。酸的作用被认为是使氧合阴离子中的氧基质子化，有助于氧原子与卤素原子之间的化学键断开。质子化的另一个作用是增加卤素的亲电性。例如 HClO，正如下面将要叙述的那样，对进入的还原剂而言，Cl 原子可看作亲电试剂（**16**）。说明酸性影响反应速率的一个例子是，某些分析操作中氧化有机物的最后阶段使用 H_2SO_4 和 $HClO_4$ 的混合物。

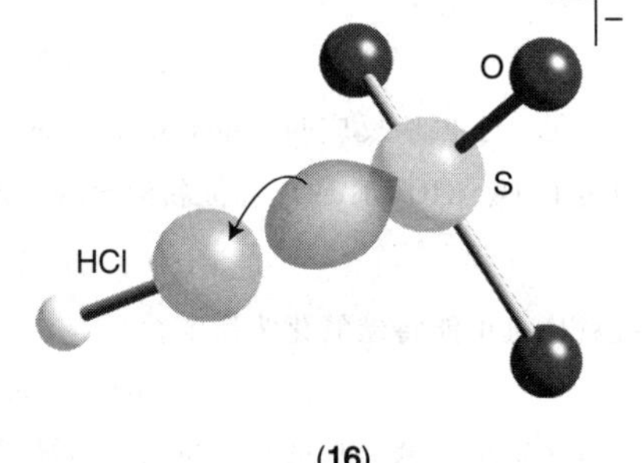

(16)

17.15　各氧化态的氧化还原性质

提要：卤素分子在水溶液中发生歧化，次氯酸盐是个易得氧化剂；次卤酸根和亚卤酸根离子发生歧化。氯酸根离子在溶液中歧化，而溴酸根和碘酸根离子则不能。

本节在图示卤素氧化还原通性的同时，还要讨论各具体氧化态的特征性质和特征反应。虽然这里讨论的是卤素氧化物，为全面起见，也将零氧化态卤素的氧化还原性质包括在内。图 17.15 总结出氯的各种氧化态的氧合阴离子和含氧酸相互转化的反应。需要注意的一点是歧化反应和电化学反应在图中所起的重要作用。例如，图中包含了节 17.4 讨论过的电化学氧化 Cl^- 生产 Cl_2 的反应。

Cl_2、Br_2 和 I_2 在碱性溶液中的歧化反应热力学上是有利的，碱性水溶液中的平衡是

$$X_2(aq) + 2OH^-(aq) \rightleftharpoons XO^-(aq) + X^-(aq) + H_2O(l) \qquad K = \frac{[XO^-][X^-]}{[X_2][OH^-]^2}$$

式中 X = Cl、Br 和 I 时，K 值分别为 7.5×10^{15}、2×10^8 和 30。

酸性溶液中发生歧化的有利程度低得多。这一事实是可以预期的，因为歧化反应产物中包括了 H^+：

$$Cl_2(aq) + H_2O(l) \rightleftharpoons HClO(aq) + H^+(aq) + Cl^-(aq) \qquad K = 3.9 \times 10^{-4}$$

Cl_2 的氧化还原反应速率往往很快，Cl_2 的水溶液被广泛用作廉价强氧化剂。Br_2 和 I_2 在酸性溶液中发生水解的平衡常数比 Cl_2 更小，如果溶解于微酸化的水，则观察不到发生的变化。由于 F_2 是较其他卤素强得多的氧化剂，与水接触时主要生成 O_2 和 H_2O_2，正因为如此，次氟酸（HFO）的发现比其他次卤酸晚得多。

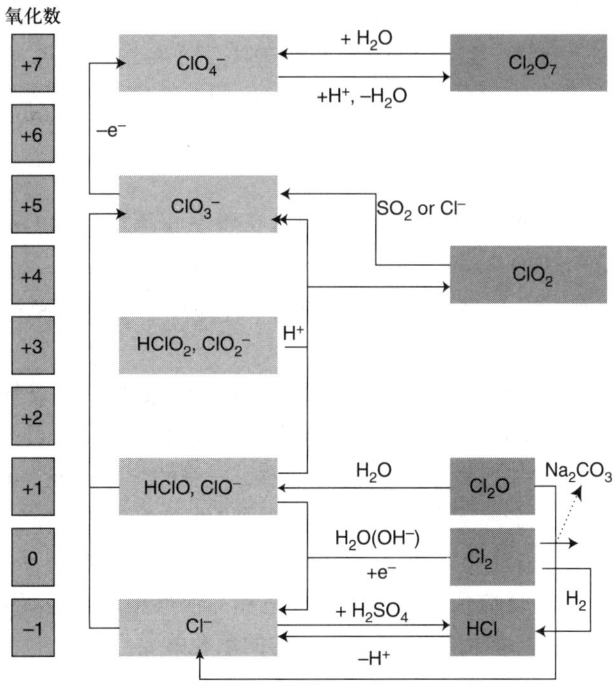

图 17.15 某些重要含氯物种不同氧化态之间的相互转化

水溶液中的Cl(Ⅰ)物种是次氯酸(角形分子物种H—O—Cl)和次氯酸根离子(ClO^-),它们都是易得的氧化剂,家庭中用作漂白剂和杀毒剂,实验室里用作氧化剂(应用相关文段17.5)。该化合物的氧化还原反应速率相当快,似乎是由于还原剂容易无障碍地接近亲电的Cl原子。高氯酸根离子中的Cl原子受周围O原子阻碍而不易接近,其氧化还原反应速率慢得多。不少教科书和化学文献将次卤酸的化学式写成HOX是强调其结构,本书采用HXO这样的化学式则强调与其他氧合酸HXO_n的关系。

次卤酸根离子能发生歧化,如ClO^-歧化为Cl^-和ClO_3^-:

$$3ClO^-(aq) \rightleftharpoons 2Cl^-(aq)+ClO_3^-(aq) \qquad K=1.5\times10^{27}$$

该反应在工业上用于生产氯酸盐。ClO^-在室温或低于室温时反应较慢,而BrO^-的反应则要快得多。IO^-的反应如此之快,以致只能检出该离子的中间体。

亚氯酸根离子(ClO_2^-)和亚溴酸根离子(BrO_2^-)都能发生歧化,然而反应速率强烈依赖于溶液的pH。碱性溶液中ClO_2^-的歧化过程伴随着缓慢分解,BrO_2^-的分解程度低一些。与之形成对照的是,亚氯酸$HClO_2$和亚溴酸$HBrO_2$的歧化都相当迅速。碘(Ⅲ)物种甚至更难捕捉,只在水溶液中识别出亚碘酸HIO_2的瞬态物种。

应用相关文段17.5 氯系漂白剂

用作漂白剂的物质是强氧化剂。正如节17.2中提到的那样,卤素氧合阴离子的氧化能力随卤素原子氧化数的下降而增强,氯系漂白剂中即含有低氧化态的Cl原子。

氯在水中歧化生成氧化性的次氯酸根离子(ClO^-)和氯离子(Cl^-)。造纸工业、纺织工业和洗衣业使用浓度高至15%(质量分数)的次氯酸钠溶液作漂白剂,也用作游泳池的杀菌剂。家用漂白剂中NaClO的浓度较低(5%),牙科医生在根管病治疗中使用0.5% NaClO水溶液,起到杀死病原体和清除坏死组织的作用。

其他次氯酸盐也被用作氧化剂。次氯酸钙$Ca(ClO)_2$在制酪业、酿酒业、食品加工业和装瓶厂用作消毒剂,也是一种家用除霉剂。漂白粉是$Ca(ClO)_2$和$CaCl_2$的混合物,大规模用于海水、水库和污水管道的消毒,也用于清除化学武器(如芥子气)生产场所的污垢。

二氧化氯气体广泛用作木浆工业的漂白剂，比用其他漂白剂生产出来的纸张更白、强度也更大。这是因为不像氯、臭氧和过氧化氢等其他漂白剂那样破坏纤维素，从而维持了纸浆的机械强度。使用氯系漂白剂会产生有毒的有机氯化合物，毒性最大的多氯代酚（如二噁英）主要是使用了 ClO_2 产生的。但如用 Cl_2 代替部分 ClO_2，多氯代酚的含量就会急剧下降。

Cl 的 Frost 图（见图 17.14）表明，氯酸根离子（ClO_3^-）在酸性和碱性溶液中都不稳定，都易发生歧化：

$$4ClO_3^-(aq) \rightleftharpoons 3ClO_4^-(aq)+Cl^-(aq) \qquad \Delta_r G^{\ominus}=-24\ kJ\cdot mol^{-1} \quad K=1.4\times10^{25}$$

由于 $HClO_3$ 是强酸及反应在高、低 pH 条件下都很慢，ClO_3^- 容易在水溶液中操作。溴酸根离子和碘酸根离子热力学上都是稳定的，因而不发生歧化反应。

BrO_4^- 是三个 XO_4^- 中最强的氧化剂。高溴酸根偏离了相邻卤素类似化合物的变化趋势，该事实与第四周期 p 区元素化学往往反常的模式相符合。为了确认高溴酸根是氧化性最强的高卤酸根离子，我们需要考虑 Frost 图中高卤酸根离子与邻居离子间连线的斜率。连线的斜率越正，电对的氧化能力越强。由图不难看出，电对 BrO_4^-/BrO_3^- 连线的斜率是最正的。事实上，酸性溶液中 ClO_4^-/ClO_3^-、BrO_4^-/BrO_3^- 和 IO_4^-/IO_3^- 几个电对的 $E^{\ominus}$值分别为 1.201 V、1.853 V 和 1.600 V，从而表明高溴酸根离子是最强的氧化剂。

然而，稀酸中还原高碘酸根的反应快于还原高氯酸根和高溴酸根的反应，因而分析化学中用高碘酸盐作为滴定剂。IO_4^- 也用于合成反应，如用于二醇类化合物的氧化裂解：

$$HOC(CH_3)_2C(CH_3)_2OH+IO_4^-(aq) \longrightarrow [\text{环状高碘酸酯中间体}] \longrightarrow 2\,(CH_3)_2CO+IO_3^-(aq)+H_2O$$

Me₂C—O, O, OH / I / Me₂C—O, O, OH

17.16　氟碳化合物

提要：氟碳化合物分子和聚合物都能抗氧化。

氟碳化合物用途广泛（应用相关文段 17.6）。脂肪烃与氧化性金属氟化物直接反应形成强 C—F 键（456 $kJ\cdot mol^{-1}$），副产物为 HF：

$$RH(l)+2CoF_3(s) \longrightarrow RF(sol)+2CoF_2(s)+HF(sol) \qquad R=\text{烷基或芳基}$$

R 为芳基时，CoF_3 与之反应得到的是饱和环状氟化物：

$$C_6H_6(l)+18CoF_3(s) \longrightarrow C_6F_{12}(l)+18CoF_2(s)+6HF(l)$$

反应中使用的强氧化性氟化试剂 CoF_3 可通过 CoF_2 与 F_2 之间的反应再生：

$$2CoF_2(s)+F_2(g) \longrightarrow 2CoF_3(s)$$

形成 C—F 键的另一重要方法是在催化剂（如 SbF_3）存在条件下，非氧化性氟化物（如 HF）与碳氯化合物之间发生的卤素交换反应：

$$CCl_4(l)+HF(l) \longrightarrow CCl_3F(l)+HCl(g)$$

$$CHCl_3(l)+2HF(l) \longrightarrow CHClF_2(l)+2HCl(g)$$

这种过程从前被常用于生产氯氟烃（CFCs）和氢氯氟烃（HCFCs），产品被用作制冷剂、喷雾罐里的喷雾剂和制造塑料泡沫产品的发泡剂。有些国家已禁止上述领域的应用，世界范围里也将全面禁止，这是因为 CFCs 和 HCFCs 参与臭氧层耗损过程。CFCs 和 HCFCs 正在被氢氟烃（HFCs）所取代。后者的工业生产需要投入资金，因为与生产 CFCs 和 HCFCs 时简单的一步合成法不同，生产 HFCs 需要多步反应。例如，CF_3CH_2F（CFC 的替代物之一）的合成路线是

$$CCl_2=CCl_2 \xrightarrow{HF+Cl_2} CClF_2CCl_2F \xrightarrow{\text{异构化}} CF_3CCl_3 \xrightarrow{HF} CF_3CCl_2F \xrightarrow{H_2} CF_3CH_2F$$

氯二氟甲烷加热可转化为非常有用的 C_2F_4 单体：

$$2CHClF_2 \xrightarrow{600\sim800\ ℃} C_2F_4+2HCl$$

四氟乙烯单体的聚合需要使用自由基引发剂：

$$nC_2F_4 \xrightarrow{ROO\cdot} (-CF_2-CF_2-)_n$$

市售聚四氟乙烯(PTFE)有多种商标,杜邦公司(DuPont)的商标为 Teflon®(特氟龙)。聚四氟乙烯在高温下进行解聚是实验室制备四氟乙烯最方便的方法：

$$(-CF_2-CF_2-)_n \xrightarrow{600\ ℃} nC_2F_4$$

尽管四氟乙烯毒性不高,反应副产物 1,1,3,3,3-五氟-2-三氟甲基-1-丙烯却有毒,因而操作四氟乙烯粗制产品时需要仔细。

应用相关文段 17.6　PTFE:一种高性能聚合物

聚四氟乙烯(PTFE)是塑料工业中独一无二的产品。PTFE 在化学上显惰性,在很宽的温度区间里(-196~260 ℃)对热稳定,是优良的电绝缘体,而且摩擦系数低,是由四氟乙烯聚合而制成的白色固体：

$$nCF_2{=}CF_2 \longrightarrow (CF_2CF_2)_n$$

PTFE 价格昂贵,是由于单体的成本较高。单体的合成和提纯是经由多步反应完成的：

$$CH_4(g)+3Cl_2(g) \longrightarrow CHCl_3(g)+3HCl(g)$$

$$CHCl_3(g)+2HF(g) \longrightarrow CHClF_2(g)+2HCl(g)$$

$$2CHClF_2(g) \xrightarrow{\triangle} CF_2{=}CF_2(g)+2HCl(g)$$

用到的氟化氢由硫酸作用于氟化物产生：

$$CaF_2(s)+H_2SO_4(l) \longrightarrow CaSO_4(s)+2HF(g)$$

由于过程中用到 HF 和 HCl,反应器必须用铂作内衬。反应生成多种副产物,经过复杂的提纯才能得到终产品。

四氟乙烯用两种方法聚合:一种是剧烈搅拌下的溶液聚合,产生一种叫做“粒状 PTFE”的树脂;另一种是存在分散剂和缓和搅拌下的乳浊液聚合,产生一种叫做“分散状 PTFE”的小颗粒。熔融的聚合物不能流动,因而不能使用常用的加工方法。替代的加工方法相似于加工金属的方法,如将分散状 PTFE 通过冷挤压方法成型,金属铅就是这样加工的。

PTFE 的非凡性质来自 F 原子绕碳骨架形成的护套,F 原子的大小恰恰适合形成平滑护套。这种平滑护套能够减少聚合物表面上分子间力的断裂,从而导致低的摩擦系数和人们熟悉的不黏性。PTFE 用途广泛:低导电性适于制造电绝缘胶布、电缆和同轴电缆;良好的机械性能适于制作密封件、活塞环和轴承;PTFE 也用作包装材料、制作软管和密封螺纹的胶带。人们熟悉的还有不粘锅的涂层和戈尔斯特(Gore-Tex®)多孔纤维面料。

延伸阅读资料

M. Schnürch, M, Spina, A. F. Khan, M. D. Mihovilovic, and P. Stanetty, Halogen dance reactions: a review, *Chem. Soc. Rev.*, 2007, **36**, 1046.

S. Purser, P. R. Moore, S. Swallow, and V. Gouverneur, Fluorine in medicinal chemistry, *Chem. Soc. Rev.*, 2008, **37**, 2, 320.

A. G. Massey, *Main group chemistry*. John Wiley&Son(2000).

D. M. P. Mingos, *Essential trends in inorganic chemistry*. Oxford University Press(1998).

R. B. King(ed), *Encyclopedia of inorganic chemistry*. John Wiley&Son(2005).

N. N. Greenwood and A. Earnshaw, *Chemistry of the elements*. Butterworth-Heinemann(1997).

P. Schmittinger, *Chlorine: principles and industrial practice*. Wiley-VCH(2000).

M. Howe-Grant, *Fluorine Chemistry*. John Wiley&Son(1995).

C. Benson, *The periodic table of the elements and their chemical properties*. Kindle edition. MindMelder.com(2009).

练习题

17.1　不看参考资料,在周期表方框中写出卤素符号,并回答以下几方面的变化趋势:(a)室温常压下的物理状态(固体、液体或气体),(b)电负性,(c)卤素离子的硬度,(d)颜色。

17.2　叙述从自然界存在的卤化物提取卤素的方法，并用标准电位解释提取途径的合理性。给出平衡的化学方程式和反应条件。

17.3　绘出氯碱池略图，写出半反应，标出离子扩散方向。如果 OH^- 迁移透过隔膜进入阳极室，写出将会发生的反应的方程式。

17.4　画出卤素分子 σ^* 空轨道的形式，叙述该轨道在卤素分子显示 Lewis 酸性中所起的作用。

17.5　从热力学观点出发，哪些卤素分子能将 H_2O 氧化产生 O_2？

17.6　三氟化氮（NF_3）在 −129 ℃沸腾，且是个很弱的 Lewis 碱。而相对分子质量较低的 NH_3 却在 −33 ℃沸腾并是个人所共知的 Lewis 碱。(a) 叙述挥发性差别如此之大的原因，(b) 叙述碱性不同的可能原因。

17.7　根据卤素和拟卤素之间的类比：(a) 氰 $(CN)_2$ 与 NaOH 水溶液可能发生反应，写出平衡方程式，(b) 酸性水溶液中过量硫代氰酸盐与氧化剂 $MnO_2(s)$ 可能发生反应，写出化学方程式，(c) 写出三甲基硅氰化物可能的结构。

17.8　1.84 g IF_3 与 0.93 g $[(CH_3)_4N]F$ 反应生成 X，(a) X 是何物，(b) 用 VSEPR 模型预言 IF_3 的形状以及 X 中阳离子和阴离子的形状，(c) 预言 IF_3 和 X 中将会看到多少个 ^{19}F-NMR 信号。

17.9　用 VSEPR 模型预言 $SbCl_5$、$FClO_3$ 和 $[ClF_6]^+$ 的形状。

17.10　给出 ClF_5 与 SbF_5 反应的产物，判断反应物和产物的形状。

17.11　绘出 MCl_4F_2 和 MCl_3F_3 二络合物的所有异构体，指出每种异构体的 ^{19}F-NMR 谱图中氟显示出多少种化学环境。

17.12　(a) 用 VSEPR 模型预言 $[IF_6]^+$ 和 IF_7 可能具有的形状；(b) 写出可能制备出 $[IF_6][SbF_6]$ 的反应方程式。

17.13　用 VSEPR 模型预言双氯桥分子 I_2Cl_6 的形状并指派其点群。

17.14　预言 ClO_2F 的形状并识别其点群。

17.15　判断下述溶质是否可能将液体 BrF_3 当作 Lewis 酸或 Lewis 碱：(a) SbF_5，(b) SF_6，(c) CsF。

17.16　已知 I_5^- 的键长和键角（**5**），试用二中心和三中心 s 键描述其成键作用，并用 VSEPR 模型说明其结构。

17.17　预言 IF_4^+ 的 ^{19}F-NMR 光谱的形貌。

17.18　判断下述化合物与 BrF_3 接触时是否可能存在爆炸危险，并给出你的解释：(a) SbF_5，(b) CH_3OH，(c) F_2，(d) S_2Cl_2。

17.19　由四烷基铵溴化物与 Br_2 生成 Br_3^- 的反应是个略微放能的反应，写出 CH_2Cl_2 溶液中 $[NR_4][Br_3]$ 与 I_2 相互作用的方程式（不反应时写 NR），并做出解释。

17.20　解释为什么 $CsI_3(s)$ 不易分解而 $NaI_3(s)$ 易分解。

17.21　写出 (a) ClO_2，(b) I_2O_6 似乎合理的 Lewis 结构，并预言它们的形状和相关的点群。

17.22　(a) 写出高溴酸和高碘酸的化学式并给出可能的相对酸性。(b) 哪一个更稳定？

17.23　(a) 叙述溶液中氧合阴离子标准电位随 pH 下降而变化的趋势。(b) 计算 pH = 7 时 ClO_4^- 的还原电位并与表中 pH = 0 时的数值做比较，以证明答案 (a) 所述的现象。

17.24　根据 pH 影响氧合阴离子标准电位的一般规律，解释低 pH 环境往往更有利于氧合阴离子的歧化反应。

17.25　高氯酸和高碘酸两个氧化剂，哪一个在稀水溶液中更容易起反应？从机理上解释其差别。

17.26　利用图 17.4 中的 Frost 图或资料节 3 中的 Latimer 图，计算下列电对在碱性溶液中的标准电位，并论述还原反应的相对可行性。(a) ClO_4^-/ClO^-，(b) BrO_4^-/BrO^-，(c) IO_4^-/IO^-。

17.27　(a) ClO^-、ClO_2^-、ClO_3^- 和 ClO_4^- 四个阴离子中，哪种在酸性溶液中的歧化反应在热力学上有利（如果您不知道这些离子的性质，请从资料节 3 中的标准电位表确定）？(b) 上述热力学上有利的物种中，哪一个在室温下反应很慢？

17.28　下列化合物中哪个（哪些）存在爆炸危险？(a) NH_4ClO_4，(b) $Mg(ClO_4)_2$，(c) $NaClO_4$，(d) $[Fe(OH_2)_6][ClO_4]_2$。

17.29　用标准电位判断下列离子中哪个（哪些）在酸性条件下能被 ClO^- 氧化？(a) Cr^{3+}，(b) V^{3+}，(c) Fe^{2+}，(d) Co^{2+}。

17.30　识别从 A 到 G 的所有化合物。

17.31　正氧化态卤素的许多酸和盐未被列入主要的国际商品目录。(a) $KClO_4$ 和 KIO_4 可买到，而 $KBrO_4$ 不能，(b) $KClO_3$、$KBrO_3$ 和 KIO_3 都可买到，(c) $NaClO_2$ 和 $NaBrO_2 \cdot 3H_2O$ 可买到，而 IO_2^- 的盐不能，(d) 只有 ClO^- 的盐可买到，而溴和碘的对应物则不能。几种氧合阴离子的盐不能从市场购得，试说明可能是什么原因。

17.32　指出下列叙述中哪些是错的，并给出正确的叙述：(a) 卤化物的氧化是制备从 F_2 到 I_2 所有卤素元素唯一的工业方法。(b) ClF_4^- 和 I_5^- 是等叶瓣、同结构化合物。(c) 被卤素氧合阴离子氧化的机理中，原子转移过程都是共同的。例如，ClO^- 氧化 SO_3^{2-} 时发生的氧原子转移。(d) 高碘酸根似乎是个较高氯酸根更快捷的氧化剂，因为前者的中心原子 I(Ⅶ) 易与还原剂配位，而还原剂更难接近后者的中心原子 Cl(Ⅶ)。

辅导性作业

17.1　卤素键的现象已经知道一个世纪以上。M. Erdelyi 在他的论文"The halogen bond in solution"(*Chem. Soc. Rew.*, 2012, **41**, 3547) 中总结了这方面知识的现状。"halogen bonding"的意思是什么？关于卤素键的工作获得了 1969 年诺贝尔化学奖，谁是该奖项的获得者？叙述卤素成键作用对生物学的意义。列出已用于研究卤素成键相互作用的方法，简要给出这种化学键的分子轨道描述。说明二碘化物碱性大小尺度被用来量度什么，并给出基于这一尺度的假定。给出最先提出这一尺度的参考文献。

17.2　R. Berger 及其合作者在一篇论文中讨论了有机氟化合物在材料化学中的潜在价值(*Chem. Soc. Rew.*, 2011, **40**, 3496)。氟化富勒烯是他们讨论的一组化合物。给出最常使用的氟化富勒烯与一个有机物种反应形成反式轮烯[18]的反应方程式，并绘出产物的草图。论文也描述了氟在药物学中的应用，试总结氟为什么在制药化学中有广泛用途。

17.3　I^- 的反应往往用于滴定 ClO^-，生成深色 I_3^- 及 Cl^- 和 H_2O。虽然从未得到证实，人们过去还是认为开始发生的反应是从 Cl 到 I 的氧原子转移。然而现在则认为，反应中发生的是 Cl 原子的转移，生成 ICl 作为反应中间体(K. Kumar, R. A. Day, and D. W. Margerum, *Inorg. Chem.*, 1986, **25**, 4344)，试总结发生 Cl 原子转移的证据。

17.4　K. O. Christe 的研究成果(*Inorg. Chem.*, 1986, **25**, 3721) 发表之前，F_2 一直是用电化学方法制备的，写出克里斯特制备反应的化学方程式，并归纳出背后的原因。

17.5　文献(A. J. Blake *et al.*, *Chem. Soc. Rev.*, 1998, **27**, 195) 叙述了模板法合成长链多碘离子的方法。(a) 根据作者的说法，已表征的最长链的多碘离子是什么？(b) 阳离子的性质怎样影响多阴离子的结构？(c) I_7^- 以 I_{12}^- 的合成中使用的模板剂是什么？(d) 这项研究中是用何种光谱方法表征多阴离子的？

17.6　评论我国已经发表的关于饮用水加氟的研究工作。总结继续使用加氟方法处理饮用水的原因和反对这种方法的主要观点。

17.7　工业上使用氯系漂白剂，请写一篇与此有关的环境问题的评论，并提出解决问题可能使用的方法。

17.8　写出一篇评论，评述人体碘过量造成的生物学效应。讨论碘如何能用于治疗甲状腺作用不足(a) 和甲状腺作用过度(b) 的处方。

(李　珺　译，史启祯　审)

18 章

第 18 族元素

p 区最后一族包括 6 个元素，其性质是如此不活泼，以致只形成数目有限的化合物。直到 19 世纪末，人们才不再怀疑第 18 族元素的存在。它们的发现不但导致周期表的重构，对成键理论的发展也起过关键作用。

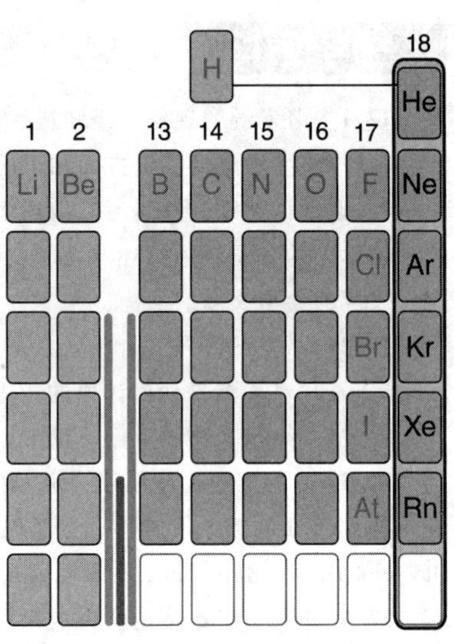

第 18 族 6 个元素（氦，氖，氩，氪，氙，氡）都是单原子气体，是周期表中反应活性最低的元素。随着某些性质确认后又否定的反复，这些元素的族名在过去多年间经历了给了又改的过程。它们曾被叫做“rare gases”和“inert gases”，现在的名称则是“noble gases”（译注：中译名为“稀有气体”，请读者留意这个译名的含义，它不是译自“rare gases”）。第一个名称被放弃，是因为氩并不稀有（氩在大气中的丰度大大高于 CO_2）；氙的化合物发现后，“惰性气体”这个名称也不再适用了。科学界现在接受了“noble gases”这个名称，是因为它更符合实际：反应活性低，但仍具反应活性。

A. 基本面

这里介绍稀有气体有限的化学行为，着力介绍表征较完全的氙化合物。

18.1 元素

提要：稀有气体中，只有氙能在较大范围里与氟和氧形成化合物。

所有第 18 族元素的反应活性都很低，这可从它们的原子性质（见表 18.1）、特别是从它们的基态价电子组态（ns^2np^6）得到解释。值得注意的特征包括高电离能和负的电子亲和能，第一电离能高是由于周期右端元素具有高的有效核电荷；电子亲和能为负值是由于再进入的电子需要占据的轨道属于新的电子层。

表 18.1　元素的某些性质

性质	He	Ne	Ar	Kr	Xe	Rn
共价半径/pm	99	160	192	197	217	240
熔点/℃	−272	−249	−189	−157	−112	−71
沸点/℃	−269	−246	−186	−152	−108	−62
电子亲和能/($kJ \cdot mol^{-1}$)	−48.2	−115.8	−96.5	−96.5	−77.2	
第一电离能/($kJ \cdot mol^{-1}$)	2 373	2 080	1 520	1 350	1 170	1 036

氦在宇宙和太阳中的质量分数高达 2.3%，其丰度仅次于氢而高居第二位。大气中氦的含量极少，是因为氦原子运动速度快，以致能逃逸地球引力场。其他 5 种稀有气体元素在大气中都存在，地壳中氩和氖的丰度（体积分数分别为 0.94 和 1.5×10^{-3}）比人们熟悉的许多元素（如砷和铋，见图 18.1）都要高。氙和

氡是该族最稀少的元素。氡是放射性衰变产物，其本身也不稳定(原子序数在铅之后)，本底放射线约 50%是氡产生的。

18.2　简单化合物

提要：氙形成氟化物、氧化物和氟氧化物。

化合物中 Xe 最重要的氧化数是+2、+4 和+6。含有 Xe—F 键、Xe—O 键、Xe—N 键、Xe—H 键、Xe—C 键、Xe—M(金属)键的化合物都已制备出来。Xe 还以配体出现在化合物中。人们对氡的化学性质的了解比 Xe 少得多；像砹一样，氡的放射性高，对其化学行为难以进行研究。

氙与氟直接反应生成 XeF_2(**1**)、XeF_4(**2**)和 XeF_6(**3**)。固体 XeF_6 的结构较其气相单体的结构要复杂，其中含有氟离子桥连的 XeF_5^+ 阳离子。氙的氟化物是强氧化剂，并能与 F^- 形成络合物(如 XeF_5^-)。

氙形成三氧化氙 XeO_3(**4**)和四氧化氙 XeO_4(**5**)，二者都发生爆炸性分解。碱金属的高氙酸盐已制备成功，这种白色晶体中的阴离子为 XeO_6^{4-}。氙也形成若干种氟氧化物，$XeOF_2$(**6**)和 XeO_3F_2(**7**)分别为 T 形和三角双锥结构。四方锥分子 $XeOF_4$(**8**)的物理性质和化学性质酷似 IF_5。

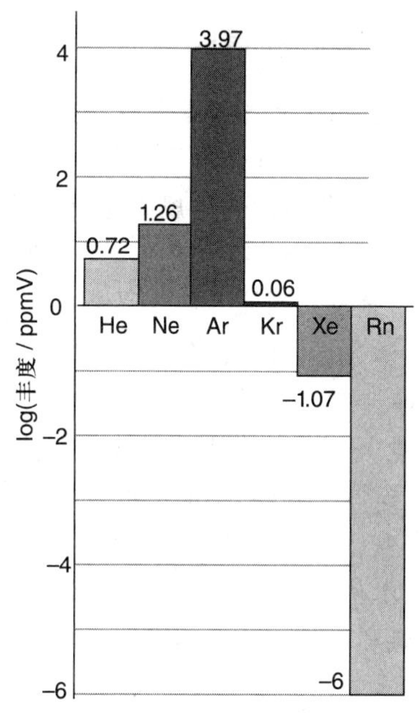

图 18.1　稀有气体在地壳中的丰度
纵坐标为大气中 ppm(按体积计)的对数值

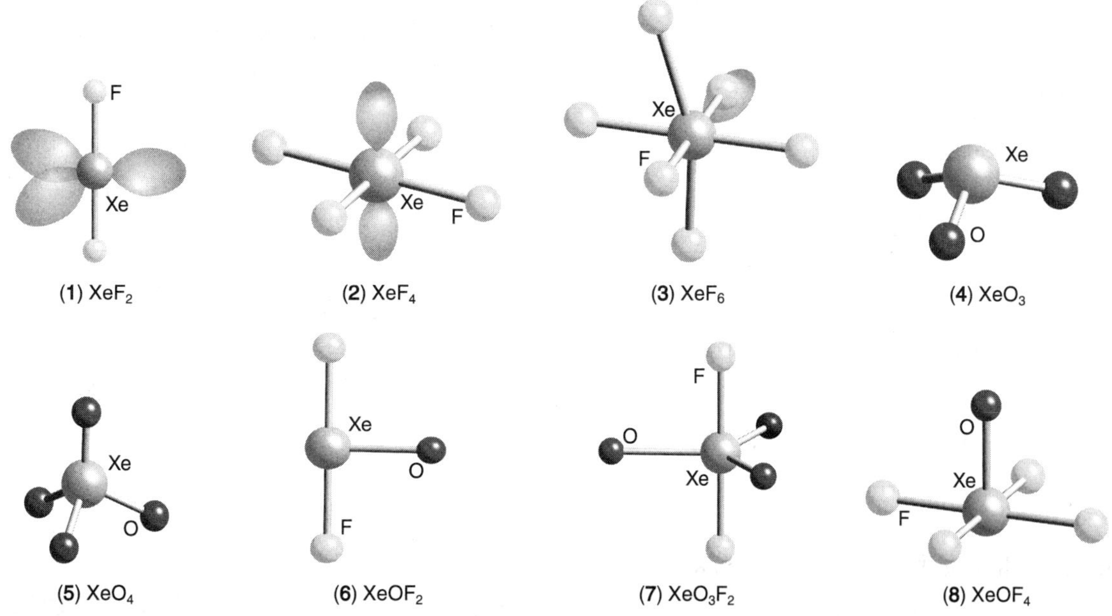

氙形成多种氢化物，如 HXeH、HXeOH 和 HXeOXeH。在冰冻和高压条件下，氙、氩和氪与水能形成包合物(参见应用相关文段 14.3)。稀有气体还以客体原子存在于冰的三维结构中，其组成为 $E \cdot 6H_2O$。包合物的形成为操作氡和氙的放射性同位素提供了一种方便的方法[节 10.6(a)]。

B. 详述

这里详细叙述第 18 族元素的化学。该族元素虽属最不活泼的元素，它们(特别是氙)与氢、氧和卤素形成化合物的范围之广仍出乎人们的想象。

18.3 存在和提取

提要：稀有气体是单原子分子；氡是放射性元素。

由于稀有气体不活泼并难以在自然界富集，人们直到19世纪末才认识到它们的存在。门捷列夫根据其他元素化学性质的规律性设计了周期表，这些性质未能暗示可能存在稀有气体，因而表中没有为它们留下空位。1868年，太阳光谱中发现了当时已知元素都不存在的一条新谱线，人们最终认识到它是由氦产生的，氦及其同族元素才逐渐在地球上被发现。

稀有气体的名称反映了性质的奇特性。氦的名称来自希腊语"helios"，意为"太阳"；氖来自希腊语"neos"，意为"新"；氩来自"argos"，意为"不活泼"；氪来自"kryptos"，意为"隐藏"；氙来自"xenos"，意为"陌生"；氡是镭发生放射性衰变的产物，故随镭（Radium）而命名。

氦原子太轻，不能被重力场维持在地球上。因此，地球上的He（按体积计约5 ppm）主要是放射性元素衰变（α辐射）的产物。某些天然气沉积（主要在美国和东欧）中氦的质量分数高达7%，可利用低温蒸馏技术从天然气中提取该元素（应用相关文段18.1）。地球上的氦有些来自太阳的太阳风（α粒子）。氖、氩、氪和氙是用低温蒸馏技术从液态空气提取的。

应用相关文段18.1　氦：需求正在增加的一种稀有气体

通过三步操作将氦从天然气中分离出来：第一步，脱除H_2O、CO_2和H_2S等杂质；第二步，脱除相对分子质量高的烃；第三步，低温蒸馏法除净甲烷。上述步骤得到的产品为粗制氦，其中含有N_2和含量少于N_2的Ar、Ne和H_2。氦的提纯或在液氮温度和高压下用活性炭处理，或用压力摆动吸附技术（pressure-swing adsorption）处理。

液氦用于冷却核反应堆、红外检测器和磁共振成像（MRI）中使用的超导磁体。设在欧洲核子研究中心的大型强子对撞机使用96 t液氦维持其磁体的低温，航天工业中用氦清洗火箭中剩余的燃料，氦3同位素（^3He）用于中子检测器和肺部成像，氦在核聚变反应堆中也显示出潜在用途。

氦的需求量正在超过供应量，有科学家预言，全部氦将在20~30年内用尽。美国曾在地下大规模储存氦，但1996年立法要求耗尽该储存，市场因而受到廉价氦的冲击，导致氦的耗量增加，人们也不再关心循环使用问题。目前氦的价格正快速上涨，人们正在寻找新资源，各种循环使用方法也受到鼓励。

该族所有元素室温下都是单原子气体，液态时则靠色散力形成低浓度的二聚体。位置靠上的稀有气体元素沸点很低（见表18.1），也是由于原子之间的色散力弱，而且不存在其他作用力。氦（具体指^4He，而不是含量更少的同位素^3He）冷至2.178 K以下时转化为第二液相（氦Ⅱ）。氦Ⅱ能发生无黏度流动，因而是一种超流体。固体氦只能在高压下才能形成。

18.4 用途

提要：氩用作惰性气体，也用作激光和放电灯的光源。液体氦是极低温制冷剂。

凭借低密度和不可燃性，氦用于气球和轻于空气的航空器。极低的沸点让它广泛用于低温实验，并用作产生极低温度的制冷剂。它还是超导磁体的冷却剂，超导磁体用在NMR光谱和磁共振成像。半导体材料（如Si）的晶体生长中以氦为惰性气氛。He与O_2按4∶1比例混合制造供潜水员使用的人工大气，由于氦的溶解度低于氮，能使发生减压症（沉箱病）的危险降至最低。该气体混合物的密度低于氧空气混合物，吸入肺部后受到的阻力较小，因此用于治疗急性气喘。

氩最广泛的用途是为制造空气敏感化合物提供惰性气氛，并为金属焊接提供氩弧以防止氧化。它也用作制冷剂。由于导热性低，密封的两层窗玻璃之间充氩以减少热散失。

氙具有麻醉性，但并未广泛用于临床，这是因为其价格比N_2O高出大约2 000倍。氙的同位素在医学上用于成像（应用相关文段18.2）。

应用相关文段 18.2　^{129}Xe-NMR 用于医疗和材料化学研究

磁共振成像(MRI)在医疗上广泛用于人体内部软物质的高质量成像。这项技术依赖组织中水分子的质子提供 MRI 信号,但某些部位(特别是肺部和脑部)的质子却难以成像。幸运的是,其他 NMR 活性核也能用于 MRI,如^{129}Xe(丰度 26.4%,$I=1/2$)。^{129}Xe 核自旋的极化程度太低而无法给出良好信号,信号质量往往通过使用低温或增大外磁场的方法来改善。通过与极化了的碱金属之间的自旋交换可将极化程度提高 10^5 数量级,将这种超极化的^{129}Xe 吸入肺里,就能获得肺部的 MRI 图像。吸入肺部的氙经血液转移到其他组织,从而也能获得循环系统、脑部和其他活体器官的图像。超极化的^{129}Xe-NMR 也用于材料化学研究,如考察介孔材料(如沸石、水泥等)和软物质(如高分子物质熔体、弹性体等)的结构。

^{129}Xe 的丰度为 26.4%这一事实意味着,它在氙化合物的光谱表征中可用于记录常规 NMR。该过程在其他 NMR 核的谱图(见 8.6)中产生相对强度为 13 : 74 : 13 的卫星峰。

氡既是核电厂的产物,也是自然界 U 和 Th 发生放射性衰变的产物。氡产生的电离核辐射对人体健康存在危险。宇宙射线产生的氡和地球本身的氡通常不是环境本底辐射的主要来源,然而一些地域的土壤、岩石或建筑材料含有足够浓度的铀,使建筑物中出现过量气体氡。

由于化学反应活性极低,稀有气体被广泛用作各种光源,包括霓虹灯、荧光灯(氖和氦分别产生红光和黄光)和氙闪光灯(产生短暂的突发性可见光和紫外光)等传统光源。它们也用作激光光源,如氦氖激光、氩离子激光和氪离子激光。氩作为惰性气氛用在白炽灯灯泡中减弱灯丝的燃烧。不论是哪种场合,都是通过气体放电使其中的一些原子电离、并让离子和中性原子处于激发态,后者在返回较低能态的过程中发射出电磁波。

18.5　氙的氟化物的合成和结构

提要:氙与氟反应生成 XeF_2、XeF_4和 XeF_6。

发现稀有气体之后,人们就对其反应活性进行着零散的研究,但早期迫使它们形成化合物的尝试都不成功。直到 1960 年代,才用光谱方法检测到 He_2^+、Ar_2^+等不稳定双原子物种的存在。1962 年 3 月,N.巴利特(University of British Columbia)观察到稀有气体的反应。巴利特的报道和 R. Hoppe 研究组(University of Munster)在此后几周的报道掀起的热潮遍及全世界。一年之内合成并表征了一系列氙的氟化物和氧化物。该领域的发展从某种意义上讲仍然有限,但稀有气体与氮、与碳、与金属形成的化合物都已制备成功。

巴利特研究氙的意念来自一个现象和一个事实。一个现象是 PtF_6能将 O_2氧化生成固体 O_2PtF_6,一个事实是氙的电离能与氧分子电离能相近。实际上氙与 PtF_6反应的确生成固体物质,但产物组成因反应复杂而仍不清楚。氙与氟直接反应则生成氧化数为+2(XeF_2)、+4(XeF_4)和+6(XeF_6)的系列化合物。

XeF_2和 XeF_4的结构已由衍射法和光谱法所确定,然而在气相对 XeF_6进行的类似测定则得出这样的结论:XeF_6是瞬变分子。红外光谱法和电子衍射法研究表明,XeF_6的结构在三重轴方向发生畸变,表明张开的 F 原子三角面接纳了一对孤对电子(**3**)。一种解释是,瞬变产生于孤对电子从一个三角面移到另一个。固态 XeF_6由 F^-桥连的 XeF_5^+单元组成,溶液中则形成 Xe_4F_{24}四聚体。气相和固态的分子结构和电子结构都相似于与之等电子的多卤阴离子 I_3^-和 ClF_4^-[节 17.10(c)]。

氙的氟化物由元素直接反应的方法合成。反应通常在镍制容器中完成,容器事先用 F_2钝化使表面生成 NiF_2保护层。这种处理方法也是为了除去金属表面的氧化物,否则氧化物会与生成的氙的氟化物起反应。下列反应式中标出的合成条件表明,较高的氟/氙比和较高的总压力有利于生成较高氧化态的氟化物:

$$Xe(g)+F_2(g) \xrightarrow{400\ ℃,1\ atm} XeF_2(g) \qquad (Xe\ 过量)$$

$$Xe(g)+2F_2(g) \xrightarrow{600\ ℃,6\ atm} XeF_4(g) \qquad (Xe : F_2=1 : 1.5)$$

$$Xe(g)+3F_2(g) \xrightarrow{300\ ℃,60\ atm} XeF_6(g) \qquad (Xe : F_2=1 : 2.0)$$

也可用简单的“窗台”合成法进行合成。氙和氟被密封于玻璃球(预先严格干燥,以防止生成 HF 和 HF 对玻璃的腐蚀)中并将其置于太阳光下,球中即缓慢生成美丽的 XeF_2 晶体。您应当记得 F_2 会发生光分解(节 17.5),“窗台”合成法中正是光化学产生的 F 原子与 Xe 原子发生反应。

18.6 氙的氟化物的反应

提要:氙的氟化物是强氧化剂,能与 F^- 形成络合物(如 XeF_5^-、XeF_7^- 和 XeF_8^{2-});还被用来制备含 Xe—O、Xe—N 键的化合物。

氙的氟化物的反应类似于高氧化态卤素互化物的反应(节 17.10),其主要反应类型包括氧化还原和复分解。XeF_6 的一个重要反应是与氧化物之间的复分解:

$$XeF_6(s)+3H_2O(l) \longrightarrow XeO_3(aq)+6HF(g)$$

$$2XeF_6(s)+3SiO_2(s) \longrightarrow 2XeO_3(s)+3SiF_4(g)$$

氙的氟化物另一引人注目的性质是强氧化性:

$$2XeF_2(s)+2H_2O(l) \longrightarrow 2Xe(g)+4HF(g)+O_2(g)$$

$$XeF_4(s)+Pt(s) \longrightarrow Xe(g)+PtF_4(s)$$

类似于卤素互化物,氙的氟化物与强 Lewis 酸反应生成氟化氙阳离子:

$$XeF_2(s)+SbF_5(l) \longrightarrow [XeF]^+[SbF_6]^-(s)$$

这些阳离子能被 F^- 桥连于相反离子。

与卤素互化物的另一相似性表现在:在乙腈(CH_3CN)溶液中,XeF_4 与作为 Lewis 碱的 F^- 反应生成 XeF_5^-:

$$XeF_4+[N(CH_3)_4]F \longrightarrow [N(CH_3)_4]^+[XeF_5]^-$$

XeF_5^- 具有五角平面结构(**9**),根据 VSEPR 模型,Xe 原子上的两个电子对占据轴向位置分布在平面两侧。与之相类似,多年来人们就知道,随着 F^- 用量比的不同,XeF_6 与 F^- 离子源反应分别生成 XeF_7^- 或 XeF_8^{2-}。人们只知道 XeF_8^{2-} 的形状为四方反棱柱体(**10**),这种形状难以与简单的 VSEPR 模型一致起来,因为它不能给 Xe 原子上的孤对电子提供位置。

作为起始物,氙的氟化物也用来制备稀有气体与 F 和 O 之外的元素形成的化合物。对这类化合物而言,一个有用的合成策略是利用亲核试剂与氟化氙之间的反应。例如:

$$XeF_2+HN(SO_2F)_2 \longrightarrow FXeN(SO_2F)_2+HF$$

反应向右进行的驱动力来自产物 HF 的稳定性和 Xe—N 键(**11**)的生成能。强 Lewis 酸(如 AsF_5)能从该反应产物中抽取 F^- 得到阳离子 $[XeN(SO_2F)_2]^+$。获得 Xe—N 键化合物的另一途径是先让氟化物与强 Lewis 酸反应:

$$XeF_2+AsF_5 \longrightarrow [XeF]^+[AsF_6]^-$$

接着引入 Lewis 碱(如 CH_3CN)得到 $[CH_3CNXe]^+[AsF_6]^-$。

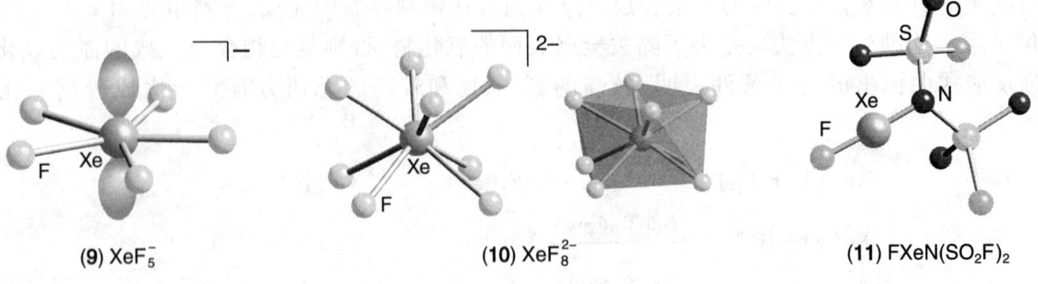

(**9**) XeF_5^-　(**10**) XeF_8^{2-}　(**11**) $FXeN(SO_2F)_2$

18.7　氙氧化合物

提要：氙的氧化物不稳定，具有高爆炸性。

氙的氧化物是吸能化合物（$\Delta_f G^\ominus>0$），不能通过元素直接反应的方法制备。氧化物和氧氟化物是用氟化物水解的方法制备的：

$$XeF_6(s)+3H_2O(l) \longrightarrow XeO_3(s)+6HF(aq)$$

$$3XeF_4(s)+6H_2O(l) \longrightarrow XeO_3(s)+2Xe(g)+3/2O_2(g)+12HF(aq)$$

$$XeF_6(s)+H_2O(l) \longrightarrow XeOF_4(s)+2HF(aq)$$

XeO_3具锥形结构(**4**)，这个吸能化合物具有高爆炸性，因而存在严重危险。它在酸性溶液中是个很强的氧化剂，$E^\ominus(XeO_3,Xe)=+2.10$ V。在碱性水溶液中，Xe(Ⅵ)的氧合阴离子 $HXeO_4^-$以歧化和水氧化相偶合的反应缓慢分解生成高氙酸根离子(XeO_6^{4-}，其中 Xe 的氧化数为+8)和氙：

$$2HXeO_4^-(aq)+2OH^-(aq) \longrightarrow XeO_6^{4-}(aq)+Xe(g)+O_2(g)+2H_2O(l)$$

碱性条件下用臭氧处理 XeO_3能制备碱金属的高氙酸盐，这些化合物为白色晶形固体，其中含有八面体 XeO_6^{4-}单元(**12**)。在酸性溶液中，它们是强的氧化剂：

$$XeO_6^{4-}(aq)+3H^+(aq) \longrightarrow HXeO_4^-(aq)+1/2O_2(g)+H_2O(l)$$

用浓硫酸处理 Ba_2XeO_6 产生唯一已知的、爆炸性的、不稳定气体的氙氧化物 XeO_4(**5**)。很多氙化合物的分子结构可以用 VSEPR 模型成功预测。高氙酸盐离子的 Lewis 结构见(**13**)，Xe 原子周围有 6 对电子。VSEPR 模型能成功判断许多氙化合物的结构，根据此模型，成键电子对应该按八面体方式排布，整体结构也应是八面体。

氙的氧氟化物包括 $XeOF_2$(**6**)、XeO_3F_2(**7**) 和 $XeOF_4$(**8**)。将碱金属氟化物溶于 $XeOF_4$，生成组成为 $F^- \cdot 3XeOF_4$的溶剂化氟离子。从溶剂化物脱除 $XeOF_4$的尝试却得到五方锥的 $XeOF_5^-$(**14**)。

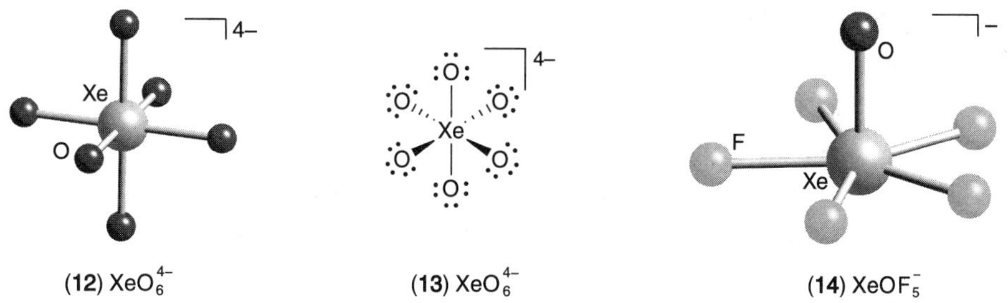

(**12**) XeO_6^{4-}　　(**13**) XeO_6^{4-}　　(**14**) $XeOF_5^-$

^{129}Xe-NMR 谱可用来研究氙化合物的结构。例如，$XeOF_4$(**8**)的^{129}Xe-NMR 谱为五重峰，相应于 Xe 原子与 4 个等价^{19}F 原子偶合而形成的单一化学环境。

例题 18.1　稀有气体化合物的合成

题目：以氙和您选用的其他试剂为起始物，叙述高氙酸钾的合成步骤。

答案：氙氧化合物是吸能化合物，不能通过氙与氧直接反应合成，需要找到一个间接方法。如课文所述，XeF_6水解生成 XeO_3，后者在碱性溶液中发生歧化生成高氙酸根离子 XeO_6^{4-}。XeF_6可由氙与过量氟在 300 ℃和 6 MPa 条件下于镍制容器中合成。制得的 XeF_6可转化为高氙酸钾。这种转化可将 XeF_6置于 KOH 水溶液中一步完成，以水合物形式析出的高氙酸钾通过结晶进行提纯。

自测题 18.1　写出氙酸根离子在碱性溶液中分解制备高氙酸根离子、氙和氧的化学方程式并配平。

18.8 氙的插入化合物

提要：氙能插入 H—Y 键。

低温下能离析出通式为 HEY 的多种稀有气体氢化物，通式中的 E 代表第 18 族元素，Y 代表电负性元素或碎片。最早确认的插入化合物包括 HXeCl、HXeBr、HXeI 和 HKrCl，新近表征的化合物有 HKrCN 和 $HXeC_3N$。它们全部经由低温下 UV 光解固态稀有气体中 HY 前体的方法制备（应用相关文段 18.3）。如果用此法让 Xe 与 H_2O 反应，则产生 HXeOH（**15**）和 HXeO 自由基，后者再与另一 Xe 原子和氢反应生成 HXeOXeH（**16**）。HXeOXeH 相对于 H_2O 和 2 个 Xe 原子而言是个介稳物种，却比 HXeOH、HXeH 和 HXeBr 更稳定。对 C_2H_2和 Xe 的固体混合物进行光解和退火操作，已成功将 Xe 原子插入烃类化合物的 C—H 键。利用这种方法还制得了稀有气体的氢化物 HXeCCH（**17**）和 HXeCCXeH（**18**）。

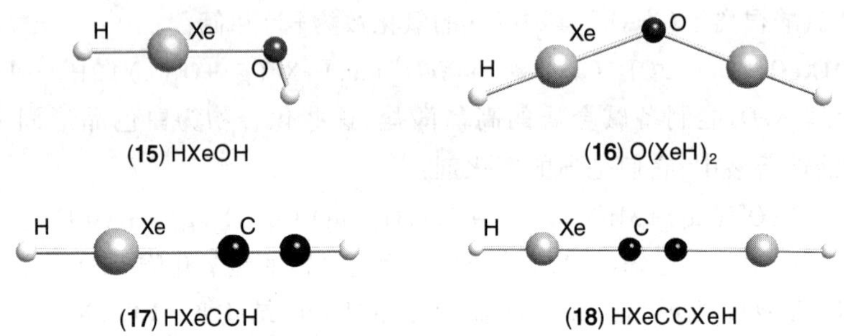

(**15**) HXeOH

(**16**) $O(XeH)_2$

(**17**) HXeCCH

(**18**) HXeCCXeH

插入反应可能握有解释所谓“氙迷失”现象的钥匙。相对于其他稀有气体元素，大气中氙的含量偏低 20 倍。一种理论认为，地球内部的氙能形成稳定化合物。形成插入化合物的事实暗示，极端条件下的确存在形成氙化合物的可能性。新近的研究表明，高温和高压条件下氙能与硅酸盐矿物中的 Si 发生交换。

应用相关文段 18.3 基体隔离中的稀有气体

术语“基体隔离”原被用来描述将活泼物种捕集至任何惰性基体（如高分子和树脂类物质）的技术，但更多是指将活泼物种捕集于稀有气体基体或氮基体中。使用稀有气体作为基体是基于它们的两种性质：低反应活性和固态的光学透明度。基体隔离法使各种光谱技术能用来研究非常活泼或非常不稳定的物种。在低温和高真空条件下，将活泼物种捕集至大体积的惰性基体中，低温条件确保了基体的刚性。为了进行研究，需要先将基体和样品凝结至某种表面或光池上。客体物种被镶嵌于固态主体基体之中，并保持足够稀释的状态以确保相互分隔。以稀有气体为主体的“基体隔离”也被用来研究活泼的含稀有气体的物种，如在 Xe 中已经研究了 HXeI，在 Kr 中已经研究了 HKrCN。

18.9 有机氙化合物

提要：通过有机硼化合物的氙去硼作用制备有机氙化合物。

第一个含 Xe—C 键的化合物是 1989 年报道的。自那时以来，已制备出多种有机氙化合物。对有机氙化合物的合成而言，最有用的路线是以 XeF_2和 XeF_4为起始物的路线。

有机氙（Ⅱ）的盐类可由有机硼烷的**氙去硼作用**（xenodeborylation，即硼被氙取代）制备。例如，三（五氟苯基）硼烷与 XeF_2在二氯甲烷中反应生成芳基氙（Ⅱ）的氟硼酸盐（**19**）：

$$(C_6F_5)_3B+XeF_2 \xrightarrow{CH_2Cl_2} [C_6F_5Xe]^+ + [(C_6F_5)_nBF_{4-n}]^- \quad n=1,2$$

如果反应在无水 HF 中进行，所有的 C_6F_5基则被转移至 Xe：

$$(C_6F_5)_3B+3XeF_2 \xrightarrow{HF} 3[C_6F_5Xe]^+ + [BF_4]^- + 2[F(HF)_n]^-$$

如果以有机二氟硼烷（RBF_2）为起始物，则能引入其他有机基团：

$$RBF_2+XeF_2\xrightarrow{CH_2Cl_2}[RXe]^++[BF_4]^-$$

除氙去硼作用外，有机氙（Ⅱ）化合物（**20**）也可由 $C_6F_5SiMe_3$ 制备：

$$3C_6F_5SiMe_3+2XeF_2\xrightarrow{CH_2Cl_2}Xe(C_6F_5)_2+C_6F_5XeF+3Me_3SiF$$

有机氙（Ⅱ）化合物对热不稳定，高于 -40 ℃即分解。

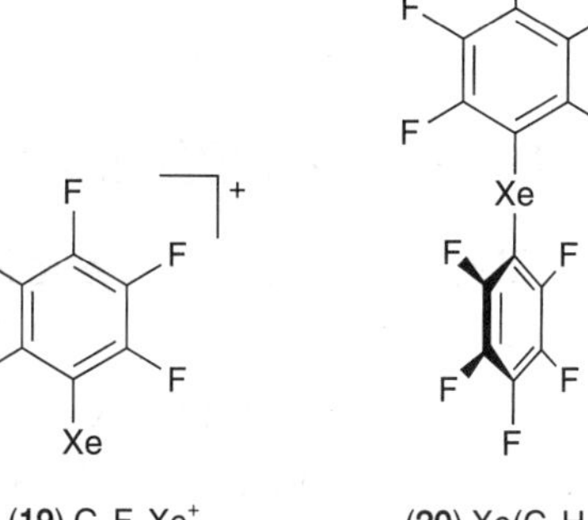

(**19**) $C_6F_5Xe^+$　(**20**) $Xe(C_6H_5)_2$

第一个有机氙（Ⅳ）化合物是在 CH_2Cl_2 溶液中通过 XeF_4 与 $C_6H_5BF_2$ 之间的反应制备的：

$$C_6H_5BF_2+XeF_4\xrightarrow{CH_2Cl_2}[C_6H_5XeF_2][BF_4]$$

有机氙（Ⅳ）化合物的热稳定性不如类似的有机氙（Ⅱ）化合物。所有有机氙（Ⅱ）和有机氙（Ⅳ）的盐中，Xe 原子都与 π 体系中的 C 原子键合。扩展的 π 体系（如芳基中的 π 体系）能增加 Xe—C 键的稳定性，如果芳基上存在吸电子取代基（如氟），稳定性则会进一步增加。

18.10　配位化合物

提要：氩、氙和氪形成配位化合物，这些化合物通常是用基体隔离法进行研究的；络合物的稳定性顺序是 Xe>Kr>Ar。

1970 年代中期制备出稀有气体的配位化合物。第一个合成的稀有气体的稳定配位化合物是 $[AuXe_4]^{2+}[Sb_2F_{11}]^{2-}$，其中的阳离子 $[AuXe_4]^{2+}$ 为四方平面形结构（**21**）。该化合物是在气体氙中用 HF/SbF_5 还原 AuF_3 的方法制备的，反应中生成在 -78 ℃以下能稳定存在的暗红色晶体。也可采用加氙于 Au^{2+} 的 HF/SbF_5 溶液的方法制备，此时生成 -40 ℃以下能稳定存在的暗红色溶液。如果气体氙的压力提高至 1 MPa（约 10 atm），该溶液在室温也是稳定的。HF/SbF_5 体系极强的 Brφnsted 酸性（节 15.11）对 Au^{3+} 还原为 Au^{2+} 的过程至关重要，下述总反应显示出质子所起的作用：

$$AuF_3+6Xe+3H^+\xrightarrow{HF/SbF_5}[AuXe_4]^{2+}+Xe_2^++3HF$$

-60 ℃时同时还产生绿色晶体 $[Xe_2]^+[Sb_4F_{21}]^-$，其中 Xe—Xe 键键长为 309 pm。蓝色线形 Xe_4^+ 阳离子也已被表征，两种键的键长分别为 353 pm 和 319 pm（**22**），是同核主族元素之间最长的化学键。用基体隔离技术已经研究了 $[HXeXe]^+F^-$，$[HArAr]^+F^-$ 和 $[HKrKr]^+F^-$。

许多稀有气体形成的络合物是用基体隔离法表征的瞬态物种。固体氙中的 $[Fe(CO)_5]$ 于 12 K 发生光解生成 $[Fe(CO)_4Xe]$。与之相类似，固体氩、氪和氙中的 $M(CO)_6$（M=Cr，Mo，W）于 20 K 发生光解生成 $[M(CO)_5E]$（E=Ar，Kr，Xe）。合成上述络合物的另一种方法是在氩、氪或氙的气氛中完成的，氙的络合物也能在液体氙中离析出来。络合物的稳定性按 W>Mo≈Cr 和 Xe>Kr>Ar 的顺序下降。它们都为八面体结构（**23**），人们认为其成键涉及稀有气体 p 轨道与赤道位置 CO 基团轨道之间的相互作用。因此，稀有气体被认为是潜在配体，事实上，它们形成的络合物已被包括 NMR 在内的方法充分地表征（节 22.18）。

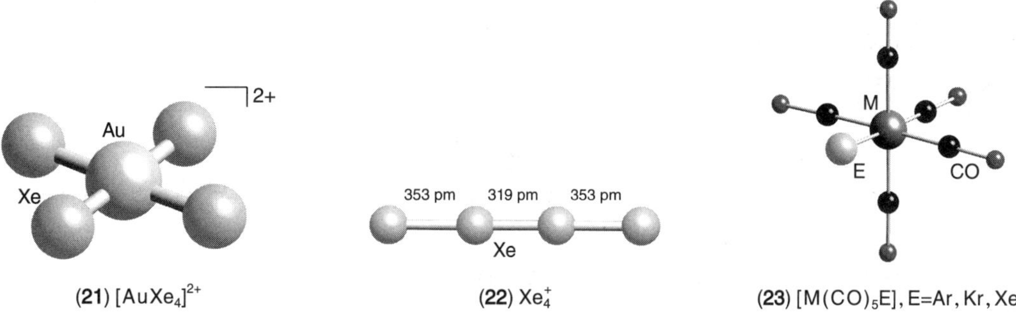

(**21**) $[AuXe_4]^{2+}$　(**22**) Xe_4^+　(**23**) $[M(CO)_5E]$，E=Ar，Kr，Xe

在超临界氙或氪中和室温条件下，光解[Rh(η^5-Cp)(CO)$_2$]或[Rh(η^5-Cp*)(CO)$_2$]生成络合物[Rh(η^5-Cp)(CO)E]或[Rh(η^5-Cp*)(CO)E]，式中 E=Xe 或 Kr。η^5-Cp* 为配体的络合物不如配体 η^5-Cp 形成的络合物稳定，Kr 的络合物不如 Xe 的络合物稳定。

18.11　稀有气体的其他化合物

提要：氡和氪都能形成氟化物，但对其化学性质的了解远不如氙的氟化物。

氡的电离能低于氙，人们甚至指望它更易形成化合物。有证据表明它能形成 RnF_2 和阳离子化合物(如[RnF^+][SbF_6^-])，但因放射性太强而难以进行详尽表征。氪的电离能比氙高得多(见表 18.1)，形成化合物的能力因而受到更多限制。氪的二氟化物(KrF_2)是在低温条件下(-196 ℃)让氟和氪的混合物通过放电或电离辐射的方法制备的。像 XeF_2 那样，KrF_2 也是挥发性无色固体，其分子也是线形的。KrF_2 是个吸能的、反应活性很高的化合物，必须储存在低温条件下。

固体氩中的单体 HF 发生光解并在 18 K 淬火生成 HArF。该化合物在 27 K 以下稳定，其中含有 HAr^+ 和 F^-。光谱方法已观察到与之相关的分子离子 HHe^+、HNe^+、HKr^+ 和 HXe^+。

较重的稀有气体能形成包合物。氩、氪和氙与对苯二酚[1,4-$C_6H_4(OH)_2$]生成包合物，气体原子与对苯二酚分子之比为 1∶3。它们也形成包合水合物，气体原子与 H_2O 分子之比为 1∶46。氦和氖因体积太小而不能形成稳定的包合物。泰坦(土星的卫星)周围有一层浓密的大气，其中 Kr 和 Xe 的含量与 Ar 相比明显偏低，人们认为这是由于包合物捕集了 Kr 和 Xe，而体积较小的 Ar 则较难被有效捕集。

实验上观察到了 C_{60}^{n+} 和 C_{70}^{n+}(n=1、2 或 3)与 He、C_{60}^+ 与 Ne 形成的内嵌式富勒烯络合物，内嵌式富勒烯络合物是指"客体"原子或离子处在富勒烯笼内部的络合物[节 14.6(b)]。分子轨道计算表明 Ar 能够穿透 C_{60}^+ 笼，但实验上还未观察到络合物的生成。

除富勒烯络合物、高能分子束中瞬间识别到的络合物和气相中的范德华络合物外，还没有发现已知的 He 化合物。然而，理论计算却表明 HeBeO 是个放能化合物。

延伸阅读资料

W. Grochala, Atypical compoumds of gases which have been called'noble', *Chem. Soc. Rev.*, 2007, **36**, 1632.

A. G. Massey, *Mian group chemistry*. John Wiley&Sons(2000).

D. M. P. Mingos, *Essential trends in inorganic chemistry*. Oxford University Press(1998).

M. S. Abert, G. D. Cates, B. Driehuys, W. Happer, B. Saam, C. S. Springer, and A. Wishnia, Biological magnetic resonance imaging using laser-polarized ^{129}Xe, *Nature*, 1994, **370**, 199-201.

R. B. King(cd), *Encyclopedia of inorganic chemistry*. John Wiley&Sons(2005).

M. Ozima and F. A. Podosec, *Noble gas geochemistry*. Cambridge University Press(2002).

P. Lazlo and G. J. Schrobilgen, *Angew, Chem. Int. Ed. Engl.*, 1988, **27**, 479. 有关稀有气体化合物研究过程中早期的失败和最后成功的一篇令人愉悦的叙述。

J. Holloway, Twenty-five years of noble gas chemistry. *Chem. Br.*, 1987, 658. 该领域发展过程的一篇好综述。

H. Frohn and V. V. Bardin, *Organometallics*, 2001, **20**, 4750. 关于稀有气体有机化合物的一篇可读性很强的评论。

C. Benson, *The periodic table of the elements and their chemical properties*. Kindle edition. MindMelder. com(2009).

练习题

18.1　氦在大气中的浓度为什么很低，而在宇宙中的丰度却高居第二位？

18.2　您会选用哪种稀有气体作为(a) 制冷温度最低的液体制冷剂，(b) 电离能最低、使用又安全的放电光源气体，(c) 最价廉的惰性气氛？

18.3　下列化合物是怎样合成的？用平衡了的化学方程式表达并标注反应条件。(a) 二氟化氙，(b) 六氟化氙，(c) 三氧化氙。

18.4　绘出下列物种的 Lewis 结构：(a) $XeOF_4$，(b) XeO_2F_2，(c) XeO_6^{2-}。

18.5　给出与下列物种同结构的稀有气体物种的式子并描述其结构：(a) ICl_4^-，(b) IBr_2^-，(c) BrO_3^-，(d) ClF。

18.6　(a) 给出 XeF_7^-的 Lewis 结构，(b) 用 VSEPR 模型推测其可能的结构，并与其他氙的氟化物阴离子做比较。

18.7　用分子轨道理论计算双原子物种 E_2^+(E=He,Ne)的键级。

18.8　用 VSEPR 模型判断下列物种的结构：(a) XeF_3^+，(b) XeF_3^-，(c) XeF_5^+，(d) XeF_5^-。

18.9　指出 A，B，C，D 和 E 各是氙的哪种化合物。

$$\mathrm{D} \xleftarrow{H_2O} \mathrm{C} \xleftarrow{\text{过量}F_2} \mathrm{Xe} \xrightarrow{F_2} \mathrm{A} \xrightarrow{MeBF_2} \mathrm{B}$$

$$\mathrm{Xe} \xrightarrow{2\,F_2} \mathrm{E}\ (\downarrow)$$

18.10　判断 $XeOF_3^+$的 ^{129}Xe-NMR 谱的形状。

18.11　判断 $XeOF_4$的 ^{19}F-NMR 谱的形状。

辅导性作业

18.1　在一篇题为"Predicted chemical bonds between rare gases and Au"的论文(*J. Am. Chem. Soc.*，1995，**117**，2067)中，P. Pyykkii 用计算方法预言了 $RgAuRg^+$和 $AuRg^+$(化学式中的 Rg 代表"稀有"气体)中 Au—Rg 键的键能和键长。作者为什么将 Au—Rg 键等同于 H—Rg 键？给出几种稀有气体 Au—Rg 键键能和键长的数值，如何判断这些数值不同于 Cu—Rg^+键的值？列出 Cu—Rg^+键的相关值，并解释其差别。

18.2　论文"Atyoical compounds of gases which have been called 'noble'"(*Chem. Soc. Rev.*，2007，**36**，1632)叙述了 XeF_5Cl、HXeOOXeH 和 $ClXeFXeCl^+$等化合物。阅读该论文，绘出上述几个分子的草图；概略说明作者将稀有气体原子归入 Lewis 碱的理由；说明 XeF_2为什么能作为金属阳离子的配体。论文只描述了氙与汞的一个化合物，给出该化合物的化学式，简要叙述其合成途径，给出 Hg—Xe 键的键能和键长。

18.3　R. D. LeBlond 和 K. K. DesMarteau 报道了含 Xe—N 键的第一个化合物(*J. Chem. Soc.*，*Chem. Commun.*，1974，**14**，554)。简要叙述其合成和表征方法。(作者建议的结构后来得到 X 射线晶体结构测定的确认。)

18.4　(a) 参考 O. S. Jina，X. Z. Sun 和 M. W. George 的论文(*J. Chem. Soc.*，***Dalton Trans.***，2003，1773)，写出用基体隔离法表征金属有机稀有气体络合物的一段评论。(b) 作者使用的方法与常用的基体隔离技术有何不同？(c) 按照对 CO 取代稳定性增大的顺序排列下述络合物：[$MnCp(CO)_2Xe$]、[RhCp(CO)Xe]、[$MnCp(CO)_2Kr$]、[$Mo(CO)_5Kr$]和[$W(CO)_5Kr$]。

18.5　S. Seidel 和 K. Seppelt 在题为"Xe as a complex ligand：the tetra xenon gold(Ⅱ) cation in $AuXe_4^{2+}(Sb_2F_{11}^-)_2$"的论文(*Science*，2000，**290**，117)中叙述了首个稳定的稀有气体配位化合物的合成。详细描述该化合物的合成和表征方法。

18.6　A. Ellern 和 K. Seppelt 在他们的论文(*Angew. Chem.*，*Int. Ed. Engl.*，1995，**34**，1586)中描述了 $XeOF_5^-$阴离子的合成和表征。(a) 总结 $XeOF_4$和 IF_5之间的相似性，(b) 为 $XeOF_5^-$和 IF_6^-之间在结构上的差别给出可能的原因，(c) 总结制备 $XeOF_5^-$的方法。

18.7　W. Koch 及其合作者在题为"Helium chemistry：theoretical predictions and experimental challenge"的论文(*J. Am. Chem. Soc.*，1987，**109**，5917)中用量子力学计算证明氦能与碳以强键结合为阳离子。(a) 给出这些 He-C 阳离子计算得到的键长范围，(b) 元素与 He 形成强键的必要条件是什么？(c) 作者认为本工作与哪个学科分支密切相关？

18.8　E. Kim 和 M. Chan 在题为"Observation of superflow in solid helium"的论文(*Science*，2004，**305**，5692，1941)中描述了他们观察到的固体氦的超流动性。请定义超流动性，描述作者为证明这种性质而进行的实验，并总结作者对超流动性所做的解释。

(李　珺　译，史启祯　审)

19 章

d 区元素

d 区元素全部为金属元素，其化学性质对生物学、工业及当代研究工作的许多领域都至关重要。前面介绍过 d 区各周期元素性质自左至右和各族元素自上而下的变化趋势，本章较详细地介绍单个金属及其化合物的性质。

d 区金属(d-block metal)和**过渡金属**(transition metal)两个术语往往交替使用，然而它们的确不是一回事。“过渡金属”这一术语最早表达的含义是，它们的化学性质是 s 区元素和 p 区元素之间的过渡。然而，IUPAC 现在则将**过渡元素**(transition element)定义为中性原子或其离子的 d 亚层未被电子填满的元素。这样一来，第 12 族的两个元素(Zn，Cd)虽是 d 区的成员，但不再是过渡元素了，因为它们的确不生成不完全 d 亚层的任何化合物。本族第 3 个元素(汞)的情况有所不同：有人报道了 Hg(Ⅳ)化合物(HgF_4)，其中汞的电子组态为 d^8，从而取得了过渡金属的资格。为方便起见，下面将 d 区的横排叫作“系”(series)，第一横排(第四周期)叫 3d 系，第二横排(第五周期)叫 4d 系，等等。提醒读者注意一个重要事实：5d 系之前插进了 f 区元素(即镧系元素)，它们属**内过渡元素**(inner transition elements)。d 区左部和右部元素通常又分别叫作前过渡元素和后过渡元素。

本章和接下来的三章都讨论 d 区元素(又叫 d 金属)的化学性质。第 9 章曾介绍过发生在 d 区的各种变化趋势，学生们学习从本章开始的 4 章教材时，始终要记着元素性质的变化趋势及性质与电子结构之间的相关性，也要记住元素在周期表中的位置。在分族讨论各金属及其化合物的性质前，先简要地总体介绍它们在自然界的存在状况和通性。

A. 基本面

19.1 存在和提取

提要：化学上的“软”d 区元素以硫化物矿存在，其中一些矿物可通过在空气中进行焙烧的方法得到金属；电正性较高的“硬”金属以氧化物形式存在，金属提取则用还原法。

3d 系左部元素在自然界主要以金属氧化物或金属阳离子与氧合阴离子结合的方式存在(见表 19.1)。钛的矿物最难还原，金属钛的制取通常分两步进行：先将 TiO_2 与氯气和碳一起加热生成 $TiCl_4$，再将后者在惰性气氛和约 1 000 ℃ 条件下用熔融的金属镁还原。Cr、Mn 和 Fe 的氧化物用碳还原(节 5.16)，碳是个廉价的还原剂。3d 系中处于 Fe 右方的几个元素(Co、Ni、Cu 和 Zn)主要以硫化物和砷化物形式存在，这是因为其正二价离子的 Lewis 酸“软”度较高之故。通常是将硫化物矿在空气中进行焙烧，或者直接生成金属(如 Ni)，或者生成氧化物后再还原(如 Zn)。铜大量用作导电材料，粗铜通过电解精炼以达到高导电性所需的纯度。

由于发生了亲氧到亲硫的转变，第二排和第三排过渡金属矿物中只有第 3 族和第 4 族金属在地壳中主要以含氧化合物形式存在。从表 19.1 不难看出，用还原法制备前 d 区的 Mo(4d)和 W(5d)时较为困难，该事实反映了这些元素高氧化态较稳定的趋势(参见节 9.5)。处在 d 区偏右下位置的铂系金属(Ru 和 Os，Rh 和 Ir，Pd 和 Pt)通常以硫化物或砷化物与宏量的 Cu、Ni、Co 共存，它们是从电解精炼铜和镍过程中形成的泥状物中提取的。金(一定程度上还有银)在自然界以元素状态存在。

表 19.1　具有工业重要性的某些 d 区金属的矿物资源和提取方法

金属	主要矿物	提取方法	备注
钛	钛铁矿，$FeTiO_3$ 金红石，TiO_2	$TiO_2+2C+2Cl_2 \longrightarrow TiCl_4+2CO$， 继之用 Na 或 Mg 还原 $TiCl_4$	
铬	铬铁矿，$FeCr_2O_4$	$FeCr_2O_4+4C \longrightarrow Fe+2Cr+4CO$	(a)
钼	辉钼矿，MoS_2	$MoS_2+7O_2 \longrightarrow 2MoO_3+4SO_2$ 继之用 Fe 或 H_2 还原： $MoO_3+2Fe \longrightarrow Mo+Fe_2O_3$ $MoO_3+3H_2 \longrightarrow Mo+3H_2O$	
钨	白钨矿，$CaWO_4$ 钨锰铁矿，$FeMn(WO_4)_2$	$CaWO_4+2HCl \longrightarrow WO_3+CaCl_2+H_2O$ 继之以 $WO_3+3H_2 \longrightarrow W+3H_2O$	
锰	软锰矿，MnO_2	$MnO_2+2C \longrightarrow Mn+2CO$	(b)
铁	赤铁矿，Fe_2O_3 磁铁矿，Fe_3O_4 褐铁矿，FeO(OH)	$Fe_2O_3+3CO \longrightarrow Fe+3CO_2$	
钴	CoAsS 砷钴矿，$CoAs_2$ 硫钴矿，Co_3S_4	生产铜和镍的副产品	
镍	镍黄铁矿，$(Fe,Ni)_6S_8$	$NiS+O_2 \longrightarrow Ni+SO_2$	(c)
铜	黄铜矿，$CuFeS_2$ 辉铜矿，Cu_2S	$2CuFeS_2+2SiO_2+5O_2 \longrightarrow 2Cu+2FeSiO_3+4SO_2$	

(a) 制造不锈钢时直接使用铬铁合金。(b) 与 Fe_2O_3 一起在鼓风炉中生产合金。(c) 先将矿物熔化制得 NiS，再用物理方法分离；NiO 与氧化铁一起在鼓风炉中生产钢；用电解法或通过 $Ni(CO)_4$（即 Mond 法，参见应用相关文段 22.1）提纯镍。

19.2　化学和物理性质

提要：3d 金属的化学和物理性质往往明显不同于 4d 和 5d 金属，后二者彼此间显得非常相似。d 金属及其化合物在颜色、导电性、磁性和金属有机化学方面的特征都与价层 d 电子的存在有关。

表 19.2 列出全部 d 金属的电负性和原子半径。不难看出，3d 金属的数值明显小于 4d 和 5d 同族元素。4d 和 5d 金属原子半径的相似性是镧系收缩（节 9.3 和节 23.4）造成的。体积较大的 4d 和 5d 金属配位数相对较大，也能显示不大常见的几何形状（如四方反棱柱体）。d 金属从左向右过渡时电负性显示增大的趋势，从而导致软 Lewis 酸行为逐渐增大。表 19.3 给出 d 金属在常见化合物（不是金属有机化合物）中的常见氧化态和最大氧化态。从表中不难看出氧化态的变化趋势：同族元素高氧化态的稳定性自上而下增大（节 9.5），最大氧化态的峰值出现在系列中部（节 9.5）。d 金属在化学上也表现出硬/软特征：较硬的第一排过渡金属和前 4d、5d 元素显示与氧结合的化学行为，既能生成简单氧化物，也能生成复合氧化物，这些氧化物形成许多固体功能材料（如非均相催化剂材料、电子材料和光学材料）；后 4d、5d 元素结合软配体（如 S^{2-} 配体）的化学行为更特征。

表 19.2　d 金属的原子半径和电负性

族号	3	4	5	6	7	8	9	10	11	12
金属	Sc	Ti	V	Cr	Mn	Fe	Co	Ni	Cu	Zn
Pauling 电负性	1.3	1.5	1.6	1.6	1.5	1.9	1.9	1.9	1.9	1.6
原子半径/pm	164	147	135	129	137	126	125	125	128	137
金属	Y	Zr	Nb	Mo	Tc	Ru	Rh	Pd	Ag	Cd
Pauling 电负性	1.2	1.4	1.6	1.8	1.9	2.2	2.2	2.2	1.9	1.7
原子半径/pm	182	160	140	140	135	134	134	137	144	152
金属	La	Hf	Ta	W	Re	Os	Ir	Pt	Au	Hg
Pauling 电负性	1.0	1.3	1.5	1.7	1.9	2.2	2.2	2.2	2.4	1.9
原子半径/pm	187	159	141	141	137	135	136	139	144	155

表 19.3　d 金属在常见化合物中的氧化态(括号中为非常见氧化态)*

族号	3	4	5	6	7	8	9	10	11	12
	Sc	Ti	V	Cr	Mn	Fe	Co	Ni	Cu	Zn
	3	(2)	(2)	2	2	2	2	2	1	2
		3	(3)	3	3	3	3	(3)	2	
		4	4	(4)	4	(4)	(4)	(4)	(3)	
			5	(5)	(5)	(5)			(4)	
				6	(6)	(6)				
					7					
	Y	Zr	Nb	Mo	Tc	Ru	Rh	Pd	Ag	Cd
	3	(2)	(3)	(2)	(3)	2	1	2	1	2
		(3)	4	(3)	4	3	(2)	(3)	(2)	
		4	5	4	5	4	3	4	(3)	
				5	6	5	4			
				6	7	(6)	(5)			
						(7)	(6)			
						(8)				
	La	Hf	Ta	W	Re	Os	Ir	Pt	Au	Hg
	3	(2)	(3)	(2)	(3)	(2)	1	2	1	2
		(3)	4	(3)	4	3	(2)	(3)	(2)	4
		4	5	4	5	4	3	4	3	
				5	6	5	(4)		(5)	
				6	7	(6)	(5)			
						(7)	(6)			
						(8)				

* 译者注:2014 年,科学家首次用实验确定了 Ir(8) 和 Ir(9) 氧化态的存在。铱是元素周期表中继钌、锇和氙之后第 4 个氧化态为 8 的元素,9 则是迄今发现的最高氧化态。

将 d 金属与 s 区元素(第 11 章和第 12 章)和 p 区元素(第 11 章至第 16 章)的化学性质做对照,不难看出其差别最终在于是否存在价层 d 电子。第 20 章详尽讨论 d 金属络合物的电子结构,这里需要提醒的是,络合物中的金属 d 轨道是非简并轨道。这些轨道之间可能发生电子跃迁,跃迁所需的能量相应于可见光,导致 $d^1 \sim d^9$ 组态金属形成有色络合物。d 轨道中的未成对电子使某些化合物具有导电性,未成对电子也是产生磁性的原因;还有一些组态中的未成对电子数可以变化。络合物可能存在高自旋和低自旋,尽管体积较大的第二和第三排 d 金属主要还是形成低自旋络合物。第 22 章详尽讨论 d 区元素的金属有机化学,这里仅需指出:由于存在可供利用的 d 轨道,才允许某些物种(如烯烃、芳烃和羰基)与金属结合。因此,d 金属的金属有机化学比其他区的金属丰富得多。

与化学性质一样,d 金属的物理性质也与 d 电子的存在和数目密切相关。各系列开始阶段,其金属键强度从左至右逐渐增大,于系列中部达到峰值(节 9.4),表现为熔点、密度和原子化焓最高。在历史上,过渡金属的用途与多种不起眼的物理性质有关:矿物(有些是天然存在的金属)易得、矿物容易被还原、金属易加工等。例如,金(自然界以游离状态存在,延展性强)已使用了数千年,由于缺乏强度,限于用作装饰品和货币。铜(矿物易得且易被还原)至少已使用了 5000 年,金属的强度足以使它用作结构材料。然而人们发现青铜合金(铜与锡的比例约为 2 : 1)的强度比铜大得多,从而用于制造最早的金属工具(和武器)。青铜的发现使人类渐渐远离石器时代而走向现代文明。随着熔炼技术的发展,铁(强度更大,准确地说应为钢)的冶炼才成为可能。铁的出现使金属在结构材料和工具制造中的应用得到巨大发展,从而产生了现代文明。铁的应用涉及诸多方面,在所有金属中占着至高无上的地位。正如后面将会提到的那样,在当今冶炼的金属中,铁的份额超过 90%。20 世纪发展了特种合金(如用于航天工业的轻质材料)和复合材料,与金属相关的工艺技术将会以更快的步伐发展。d 区每种金属当今至少都有一种特殊应用(尽管是小规模应用),如用于功能合金、电子材料,还用作高温超导材料的成分。

在生物学上,d 金属是酶的活性中心,这些酶能够催化许多生物化学反应。

B. 详述

不可能利用一章篇幅对 30 个元素的化学做全面介绍,以下各节仅提供 d 金属化学的关键特征,并在章末给出延伸阅读材料。

19.3 第 3 族:钪、钇、镧

(a) 存在和用途

提要:第 3 族金属全部是在镧系元素的矿物中发现的,以小量掺入其他金属可以制造特种合金,并能用作光学上的基质材料。

钪是银白色金属,化学性质与镧系金属十分相似。它以低含量存在于许多镧系元素矿物之中,产量很小的钪也是从这些矿物提取的。钪的商业用途有限,部分是因为提取过程价格昂贵。铝中掺入少量钪以制造航天工业所需的合金,当今的年产量约为 2 t。少量碘化钪用于某些高强度水银蒸气放电灯,产生的光类似太阳光。尚未发现钪有毒性,但也未发现其生物学功能。钇也存在于大多数镧系元素矿物之中,也是从这些矿物中分离的(节 23.2)。钇化合物的用途是多方面的,年产量约 600 t。常见用途包括以镧系元素离子掺杂的钇化合物(基质化合物)制作的光学元件。掺杂后的复合氧化物(如 Eu:YVO_4)用于显示装置、引发荧光和 LED(节 23.5)的磷光体,钇铝石榴石(YAG,$Y_3Al_5O_{12}$)用作多种激光的元件,钇钡铜氧化物($YBa_2Cu_3O_7$)用于高温超导体(节 24.6)。尚未确认钇具有生物功能,但它却富集在肝和骨中;钇的可溶盐被认为具有温和的毒性。镧存在于许多镧系元素矿物之中,其中独居石[(Ce,La,Th,Nd,Y)PO_4]和氟碳铈镧矿[(Ce,La,Y)CO_3F]是主要工业资源。镧最初用作汽灯纱罩的成分(其中 La_2O_3 约占 20%),随着时代的变迁,该项用途大部分已被制造闪烁计数器这一用途所代替。金属镧本身是**稀土金属混合物**

(又叫商品镧)的一种成分,它被用作镍金属氢化物多次充电电池阳极的成分。迄今尚未发现镧具有生物学功能,但患有慢性肾机能障碍的人群服用碳酸镧能防止血液中的磷酸根含量升得过高。这是因为 $LaPO_4$ 极难溶解,溶度积常数仅为 3.7×10^{-23}。

(b) 二元化合物

提要:第 3 族金属全都形成氧化态为+3 的化合物,也形成一些低卤化物。

钪、钇、镧全是电正性金属,在其化合物中几乎只以+3 氧化态存在。钪在化学上更相似于铝和铟,而不是更相似于其他 d 金属。通式为 M_2O_3 的氧化物是白色固体,不溶于水但溶于稀酸。尽管某些碘化物发生水解沉淀为 MO(OH),但仍可将所有卤化物(MX_3)看作离子型化合物。已经制备出多个次卤化物(如 Sc_7Cl_{10} 和 Sc_7Cl_{12}),其链状结构中含有多重金属-金属键(见图 19.1)。高温下,金属钪和钇与 N_2 反应生成化学式为 MN 的氮化物。

(c) 复合氧化物和复合卤化物

提要:以氧化钇为基础掺杂镧系元素离子制成的材料在光学上具有重要应用价值。

Y^{3+} 的半径(配位数为 8 的化合物中为 102 pm)与许多三价镧系元素阳离子(Ln^{3+})相似(节 23.3)。与镧系元素离子不同,Y^{3+} 没有未成对的 f 电子。这意味着,钇的复合氧化物和复合卤化物是多种 Ln^{3+} 阳离子进行掺杂(用量仅为几个百分数)的优质基质材料。这些用镧系元素掺杂的钇化合物在光学元件中有重要用途。它们的这类性质与 Ln^{3+} 带入的 f 电子(在没有其他未成对电子的基质中相互远离)有关。

这类化合物的一个例子是掺杂了镧系元素离子的钇铝石榴石(用在高强度激光器中)。钇铝石榴石(YAG, $Y_3Al_5O_{12}$)的结构见图 19.2,钇周围以立方体形式配位着 8 个氧离子。该结构中 1% 的钇被钕置换后得到一种材料(通常表示为 Nd∶YAG),该材料经闪光灯的高强度闪光照射时产生波长为 1 064 nm 的高强度激光辐射。改用其他镧系元素掺杂时可产生不同波长辐射的激光:Er∶YAG 产生波长为 2 940 nm 的辐射,用于牙科学和医学。钇的复合氟化物 $LiYF_4$ 也用作基质,掺杂镧系元素离子后用于产生激光;$LiYF_4$ 中的钇采取畸变立方体配位方式,4 个氟离子距离 Y^{3+} 222 pm,另外 4 个氟离子距离 Y^{3+} 230 pm。

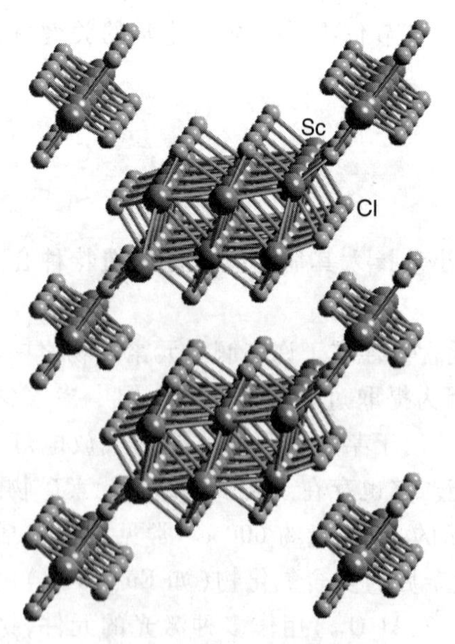

图 19.1* Sc_7Cl_{10} 的结构

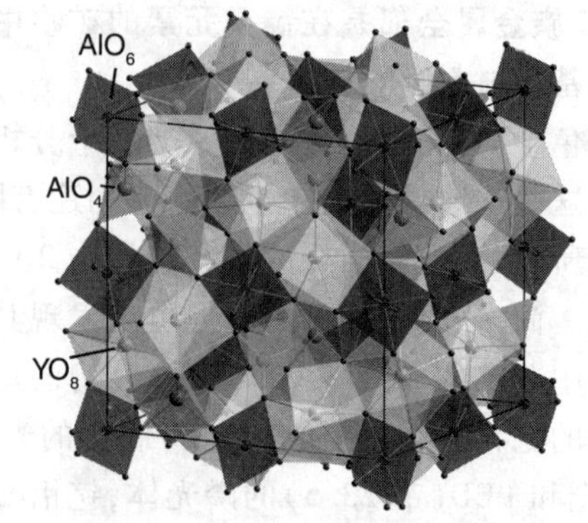

图 19.2* 钇铝石榴石(YAG, $Y_3Al_5O_{12}$)

钇的复合氧化物也能用作镧系离子的基质得到将紫外光转化为可见光的磷光体。掺铒的 YVO_4 具有锆石($ZrSiO_4$)结构,产生的红光用于显示装置和引发荧光。钇铁石榴石(YIG, $Y_3Fe_5O_{12}$)的结构与钇铝石榴石相同，只是后者的 Al^{3+} 被 Fe^{3+} 所取代。YIG 是个居里温度为 500 K 的铁磁材料，在磁光方面有许多应用。外加于 YIG 样品上的磁场变化时能改变穿过样品的微波频率，这一性质对移动电话技术非常重要。

ZrO_2 中掺入少量 Y_2O_3 能在氧化物亚格子中引入空穴，形成一种叫做“被氧化钇稳定的氧化锆”的材料，该材料具有萤石结构（节 3.9）。因为 Y^{3+} 置换 Zr^{4+} 引入了 O^{2-} 空穴，将 $(Zr,Y)O_{2-x}$ $(0 \leqslant x \leqslant 0.08)$ 加热至 800 ℃以上时，氧离子迅速迁移穿过该固体结构，使这种材料可用于氧气体传感器和固体氧化物燃料电池（参见 24.4 和应用相关文段 24.1）。

(d) 配位络合物

提要：第 3 族金属与硬配体形成络合物，配位数等于 6 或大于 6。

钪的络合物大多是八面体，六配位的硬配体络合物有 $[ScF_6]^{3-}$ 和 $[ScCl_3(OH_2)_3]$。更高配位数也有可能，已经表征的络合物有 $[Sc(H_2O)_9]^{3+}$。钇和镧采取高配位数的倾向更大些；镧和镧系元素的六配位络合物不多见（节 9.6 和节 23.8）。

(e) 金属有机化合物

提要：第 3 族元素的金属有机化学与镧系元素非常相似，且内容不多。

第 3 族元素的金属有机化学与镧系元素大体相同，将在节 23.9 做介绍。由于+3 氧化态没有向有机碎片反馈的 d 电子，从而使所需的那种成键模式受到限制。钪、钇和镧具有强电正性，这一事实意味着它们需要良好的给予体作为配体，而不是需要接受体配体。这样，它们的金属有机化合物中的常见配体有烷氧基、氨基和卤离子（它们既是 σ 给予体，也是 π 给予体）；很少看到 CO 配体和膦配体（二者都是 σ 给予体，但却是 π 接受体）。第 3 族元素的金属有机化合物对空气和湿气都极为敏感。

钇只有一种天然同位素（^{89}Y）：其自旋为 1/2，这一性质使它用于金属有机化合物的 NMR 研究。钇络合物也用作研究镧系元素络合物的模型，从钇络合物的 NMR 谱图能够洞察镧系元素络合物的反应性能和结构。镧系元素络合物不可能得到这样的图谱，因为其离子具有顺磁性。

19.4 第 4 族：钛、锆、铪

(a) 存在和用途

提要：纵使钛的提纯过程价格不菲，但资源分布较广，用途仍然广泛。锆和铪都用在核电厂。

钛在地壳中的丰度仅次于铁，是丰度第二的 d 金属。其主要矿物为金红石（TiO_2）和钛铁矿（$FeTiO_3$），二者的分布都很广泛。钛具有许多人们希望的性质：强度像钢，但密度只有钢的一半，还具有抗腐蚀性和高熔点。钛在质量因素非常重要的场合（如航天工业）有许多用途。尽管具有这些优良性质，但提取和精炼过程费用高昂。Kroll 法是使用最广的方法，在碳存在的条件下将氯气与原料 TiO_2 一起加热生成 $TiCl_4$。生成的 $TiCl_4$ 经分馏制得纯液体，后者在氩气氛中用熔融的金属镁进行还原。二氧化钛掺入油漆广泛用作白色颜料和防晒，甚至用作食品着色剂。迄今未发现钛在生物体内的作用，人们认为它无毒；金属本身被用于固定骨骼、髋骨和膝盖骨的替代物，还用作头盖骨板和牙齿。

锆主要以硅酸盐矿物（锆石，$ZrSiO_4$）存在，澳大利亚和南非占全球开采量的 80%。大量锆石直接用于装饰性陶瓷，用作陶瓷釉料时掺入 V^{4+}、Pr^{3+} 和 Fe^{3+} 生成蓝色、黄色和橙色化合物。小量锆石经由 Kroll 法转化为金属。金属锆容易被中子穿透，可用作核电厂燃料棒的包层材料。现在还未发现锆在生物学和医药上的功能。锆石（和锆）中含有百分数不高的铪，而且是铪的主要来源。铪是通过液液萃取方法从溶液中制备的，主要用在白炽灯灯泡中（有助于保护钨丝）。铪还是非常有效的中子吸收剂，用来制作核电厂的控制棒。迄今尚未发现铪在生物体中的作用，它被认为无毒。

(b) 二元化合物

提要：第 4 族元素是电正性金属，+4 氧化态支配其化学行为。

钛、锆、铪都是电正性金属，正常情况下为+4 氧化态。MO_2 为高熔点固体，室温下 MF_4 和 $ZrCl_4$ 是结构复杂的固体（金属离子被卤素负离子所桥连）。与之形成对照的是，MX_4（X=Cl、Br、I；$ZrCl_4$例外）则是挥发性共价液体或具有四面体几何构型的低熔点固体。这些 MX_4（X=Cl、Br、I）化合物是强 Lewis 酸，遇水快速水解。小心还原正常卤化物或正常氧化物可以制备低氧化态化合物（如 MCl_3、M_2O_3、MO）。高温下于密封管中用金属锆还原四氯化锆可以制得锆的一卤化物：

$$3Zr(s)+ZrCl_4(g) \longrightarrow 4ZrCl(s)$$

ZrCl 的结构见图 19.3，相邻两层金属原子夹在两层 Cl^-之间，Zr^+相互间处在成键距离之内。

与钛形成单一氢化物（TiH_2）不同，锆形成通式为 $ZrHx$（$1<x<4$）的多种氢化物，这些不同组成的氢化物显示多种各自独立的相和结构。所有已知氢化物都能与水猛烈反应。在 Zr(Ⅳ)形成的硼氢化物络合物中，1 个 Zr 原子配位了 12 个氢原子（**1**）。

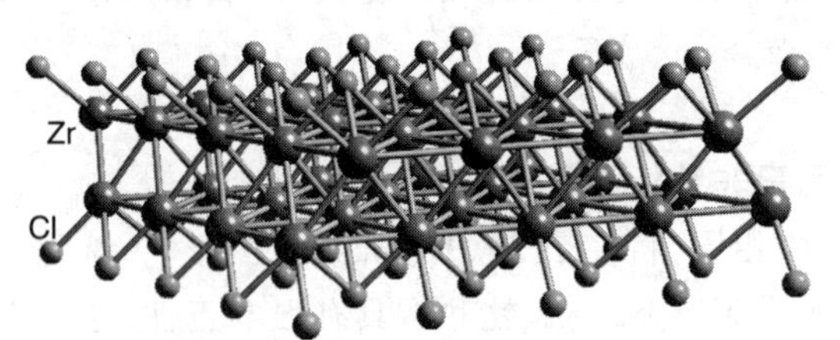

图 19.3* 　ZrCl 结构由类石墨的六方网状金属原子层组成

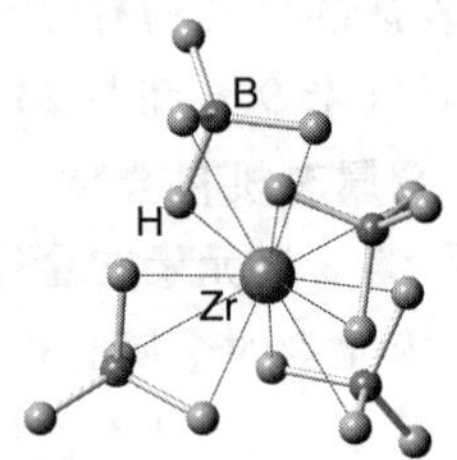

(**1**) $[Zr(BH_4)_4]$

(c) 复合氧化物和复合卤化物

提要：以钙钛矿为基础的第 4 族金属复合物在技术上用途广泛；氧化锆中引入氧空穴可得到氧负离子发生迁移的固体材料。

第 4 族金属形成多种复合氧化物，与第 2 族和第 14 族体积较大的二价阳离子（Ca^{2+}，Sr^{2+}，Ba^{2+}；Pb^{2+}）形成技术上重要的、具有钙钛矿结构的物相（节 3.9）。按照钙钛矿的化学计量数（ABO_3），第 4 族金属阳离子相当于阳离子 B 的部位，具有理想的八面体配位方式（6 配位）。$BaTiO_3$的钙钛矿结构从正常的立方体排布畸变为四方相，围绕 Ti^{4+} 的环境中有 1 个键长短的键（Ti—O，199.8 pm）和 1 个键长长的键（Ti—O，211 pm）。前 d 区元素高氧化态配位几何体的这种不对称性是其结构化学的共同特征，这一特征导致 $BaTiO_3$具有高介电常数（约为空气的 2 000 倍），从而用于储存电荷的电容器。铅的锆钛酸盐［PZT，$Pb(Zr_xTi_{1-x})O_3$，$0 \leqslant x \leqslant 1$］显示很强的压电效应，该性质用在转换器中完成声电或电声转换。

ZrO_2采取萤石结构的畸变形式，如果用不多百分数的 Y^{3+} 代替 Zr^{4+}，得到一种叫做“被氧化钇稳定的氧化锆”（YSZ），后者具有理想的立方萤石结构。这种材料（$Zr_{1-x}Y_xO_{2-x/2}$）在高于 750 ℃ 的氧化物亚晶格中含有空穴，允许氧负离子快速扩散穿过该结构。氧负离子的这种移动性使该材料在机动车和燃料电池中用作氧气传感器。

硅酸锆（$ZrSiO_4$）结构（见图 19.4）中含有氧原子八配位的 Zr^{4+}，Zr^{4+}的部位可用多种金属阳离子掺杂，得到自然色的氧化锆宝石（应用相关文段 3.6）或者亮色的陶瓷釉料。一些化合物（如 $BaTiF_6$和 K_2HfF_6）中发现了$[MX_6]^{2-}$八面体离子，后者的一种多晶物中，$[MX_6]^{2-}$形成反萤石排布。

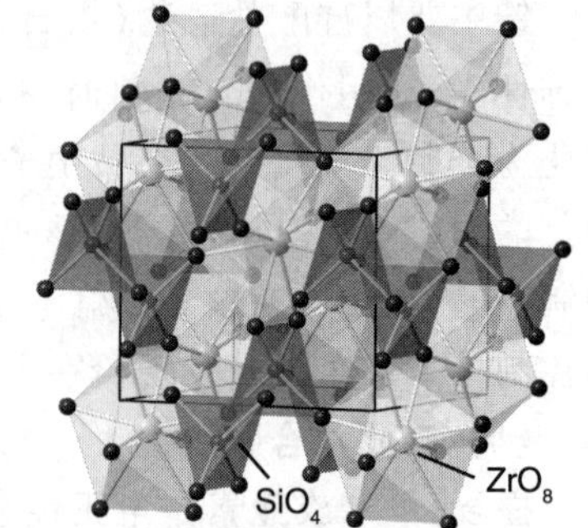

图 19.4* 　锆石（$ZrSiO_4$）的结构

(d) 配位络合物

提要：第 4 族金属的络合物为八面体，六水合离子酸性高。

M^{4+}主要与硬给予体配体形成络合物，而且都是八面体。迄今尚不知简单六水合离子$[M(H_2O)_6]^{4+}$的存在，高的电荷/体积比导致其高酸性。水溶液中主要存在的络合物为$[M(H_2O)_4(OH)_2]^{2+}$和$[M(H_2O)_3(OH)_3]^+$等物种。金属氟化物没有发生水解的趋势，过量氟离子存在下能够形成

$[MF_6]^{2-}$;否则即生成像$[MF_4(OH)_2]^{2-}$或$[MF_4(H_2O)(OH)]^-$这样的物种。金属(特别是钛)的烷氧基化合物$[M(OR)_4]$的可控水解提供了一种溶胶-凝胶法(节 24.1)制备复合材料和纳米金属氧化物的路线。

(e) 金属有机化合物

提要:第 4 族金属的大多数金属有机化合物是少于 18 电子的化合物,对空气和湿气敏感。

电正性 d 金属 Ti、Zr 和 Hf 的金属有机化合物通常是缺电子化合物;全羰基化合物$[M(CO)_6]$应该是 16 电子物种,迄今只制得 Ti 的这种络合物。$[Ti(CO)_6]$相对不稳定,容易还原为 18 电子阴离子$[M(CO)_6]^{2-}$,已经离析出 Zr 的相关阴离子。二(环戊二烯基)络合物的形式通常为$[M(Cp)_2XY]$(X,Y=H,Cl,R),其中的两个环不平行(**2**)。该化合物仍然是 16 电子化合物。这种形式的化合物是具有活性的烯烃聚合催化剂,用于合成高度有规立构聚合物(节 25.18)。其他烃类络合物包括 Zr 的 16 电子环戊二烯基环庚三烯基络合物(**3**,其中两环平行);也包括 Ti、Zr 和 Hf 与空间位阻很大的三(叔丁基)苯配体形成的二(芳烃)络合物(**4**)。第 4 族金属的大多数金属有机化合物对空气和湿气敏感,但这种性质并未阻碍其化学研究的快速发展。

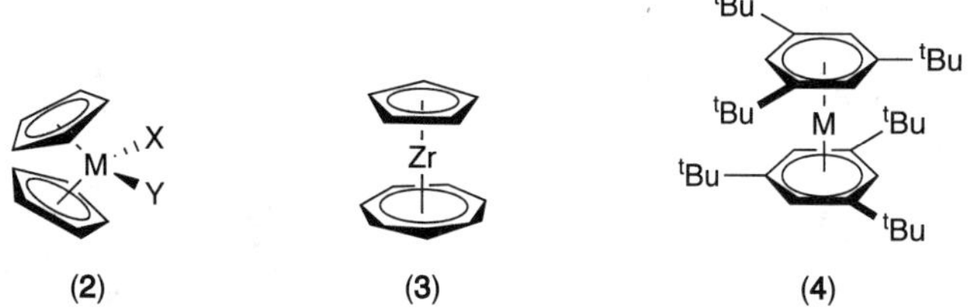

(2)　(3)　(4)

19.5　第 5 族:钒、铌、钽

(a) 存在和用途

提要:钒在自然界分布较广,用于制造硬化钢;自然界的铌和钽则要少得多,而且只有某些特殊用途。

钒在自然界的矿物在 60 种以上,也存在于化石燃料沉积中。某些国家从炼钢的炉渣中提取,另一些国家则从燃烧重油的烟道灰提取,或者以开采铀矿的副产物获得。钒主要用于硬化钢,也用于生产合金(如制造高速工具的合金)。V_2O_5是最重要的工业化合物,用作生产硫酸的催化剂。钒是第 5 族金属中唯一明确具有生物功能的。它对包括人类在内的许多物种至关重要,管控着生物体中控制钠离子浓度的某些酶。钒是卤代过氧化物酶中起催化作用的中心部位,该酶与海藻作用产生卤代天然产物。钒还在另一类固氮酶(氨的生物合成的一种微生物酶)中替代钼。

铌和钽的化学性质和物理性质非常相似,因而难以区分和分离。1801 年报道了一种新元素并将其命名为钶,后来又得出"它就是钽"的错误结论。1846 年,发现了另一个"新"元素并命名为铌;1865 年,实验证明铌和钶是同一元素(而不是钽)。1949 年起,铌才成为 41 号元素的正式名称,在此之前两名称可交换使用。铌和钽都是从钽铁矿和铌铁矿提取的,巴西供应了全世界用量的 75%。分离铌和钽依赖其复合氟化物在水中溶解度的差别。虽然人们认为铌有毒,但却未发现它具有生物学功能。

铌主要用于特种钢合金,铌的掺入(掺入量很低)增加了钢的硬度和强度。其他合金(掺入量高得多)在液氦温度(4.2 K)下具有超导性(纯金属也具有超导性),这些合金(如铌锡合金,Nb_3Sn)广泛用于 NMR 光谱仪和 MRI 扫描器的超导磁体。钽也能掺入钢中(掺入量很低),从而增加金属的硬度和抗腐蚀性。迄今尚不知道钽具有生物学功能。人们认为钽无毒,外科手术中用到钽的板材、线材和螺栓。

(b) 二元化合物

提要:钒形成+3、+4 和+5 氧化态的二元化合物,+5 氧化态具有氧化性;铌和钽的二元化合物以+5 氧化态最稳定。

钒形成多种氧化态的稳定化合物,而铌和钽的化学则被+5 氧化态支配。钒(Ⅴ)的化合物具有明显的氧化性,而铌(Ⅴ)和钽(Ⅴ)的化合物则否。三种金属在空气中燃烧都能生成通式为 M_2O_5 的氧化物。V_2O_5 为层状结构(见图 19.5),每层均由化学组成为 V(═O)O_4 的四方锥体共用锥体底面 4 个氧原子组成。该氧化物为高熔点固体,在酸碱度为中性的水中只能微溶。随着 pH 的变化,氧化物在溶液中的形式由 $[MO_4]^{3-}$ 变化至 $[MO_2]^+$,其间形成多种聚氧合金属酸盐(应用相关文段 19.1)。所有第 5 族金属的较低氧化物(MO_2)都是已知的,它们具有畸变的金红石结构,但只有钒能形成稳定的 M_2O_3。VO_2 的物相与温度有关:室温下为半导体相,68 ℃以上转变为金属相。室温结构含有弱的 V—V 键,电子对定域于两个 V 原子之间;加热时 V—V 键被破坏,从而产生高的电子传导性。

在卤素中,只有氟能与钒形成 VX_5 使钒达到+5 氧化态,然而,Cl、Br、I 与铌和钽都能形成 MX_5 化合物。所有 MX_5 化合物都是挥发性固体,易于发生水解并对氧敏感。第 5 族 3 个成员都存在较低卤化物 MX_4 和 MX_3。NbF_3 采取 ReO_3 结构类型,只有钒形成 MX_2 化合物。

用激光熔化第 5 族金属与硼的混合物样品时,铌和钽也形成 $[MB_{10}]^-$ 平面形离子(**5**)。

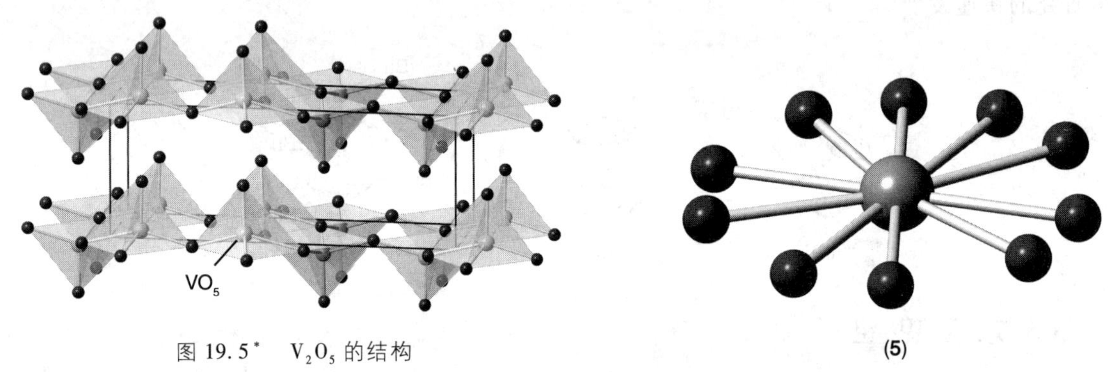

图 19.5*　V_2O_5 的结构

(**5**)

应用相关文段 19.1　多金属氧酸根(盐)

多金属氧酸根是指含一个以上金属原子的氧合阴离子。低 pH 条件下,单核氧合金属酸根离子的 O 配体加合质子变成 H_2O 配体,后者从中心原子消除后导致单核物种发生缩合形成多氧合阴离子。一个熟悉的例子是,碱性溶液中的铬酸根(黄色)与酸反应形成 O 桥连的重铬酸根离子(橙色):

$$2[CrO_4]^{2-}(aq)+2H^+(aq) \longrightarrow [Cr_2O_7]^{2-}(aq)+H_2O(l)$$

溶液酸性更高时形成链更长的 Cr(Ⅵ)物种。Cr(Ⅵ)形成多氧合物种的趋势受限于氧四面体的联结方式,它的氧四面体只能以顶点相连,棱桥连和面桥连将会导致金属原子靠得过近。然而五配位和六配位的氧合络合物(半径较大的 4d 和 5d 金属原子常形成这种络合物)则可共享多面体棱边两端的 2 个 O 配体或三角面顶角的 3 个 O 配体。结构上的这种可能性导致 4d 和 5d 多金属氧酸根的化学性质比 3d 金属更丰富多彩。

第 5 族、第 6 两族中铬附近的元素(见图 B19.1)形成六配位的多氧合络合物。第 5 族中以钒形成的多金属氧酸根数目最多,包括许多 V(Ⅴ)络合物、为数不多的 V(Ⅳ)或 V(Ⅳ)-V(Ⅴ)混合氧化态络合物。两族元素中以 V(Ⅴ)、Mo(Ⅵ)和 W(Ⅵ)形成的多金属氧酸根最著称。

多金属氧酸根离子的结构可用多面体方便地表示出来。金属原子处于多面体中心,氧原子处于多面体顶端。例如,共享氧原子的重铬酸根离子($[Cr_2O_7]^{2-}$)既可用传统方法表示(**B1**),也可用多面体表示(**B2**)。同样,$[Nb_6O_{19}]^{8-}$、$[Ta_6O_{19}]^{8-}$、$[Mo_6O_{19}]^{2-}$ 和 $[W_6O_{19}]^{2-}$ 中非常重要的 M_6O_{19} 结构也可用上述两种方法表示(见图 B19.2)。这些多金属氧酸根结构中含有终端氧原子和两种类型的桥氧原子:两个金属原子之间的氧桥(M—O—M)和超级配位的氧原子。后者处于结构的中心位置,为全部 6 个金属原子所共用。该结构由 6 个 MO_6 八面体组成,每个八面体与邻近的 4 个八面体分别共用棱边。M_6O_{19}结构的总对称性为 O_h。多金属氧酸根的另一个例子是$[W_{12}O_{40}(OH)_2]^{10-}$(**B3**)，如化学式所示，该聚氧阴离子发生了部分质子化。

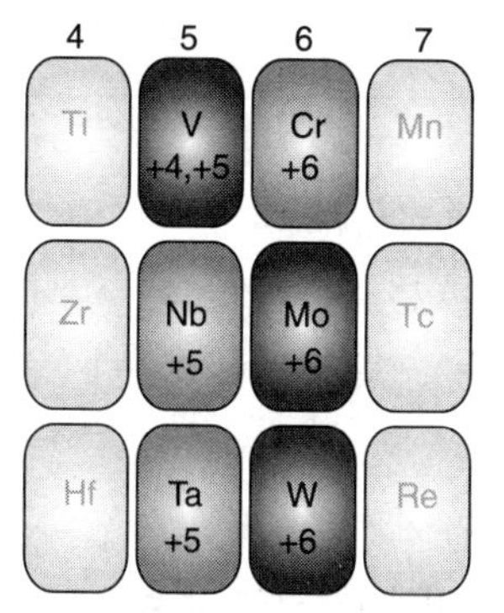

图 B19.1 形成多金属氧酸盐的前 d 区元素的符号为黑体
方框底色为红色的元素形成的多金属氧酸盐最多

B19.1

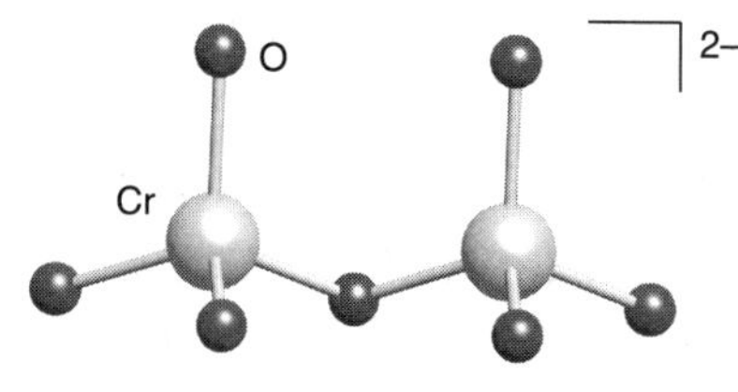

(**B1**) $[Cr_2O_7]^{2-}$

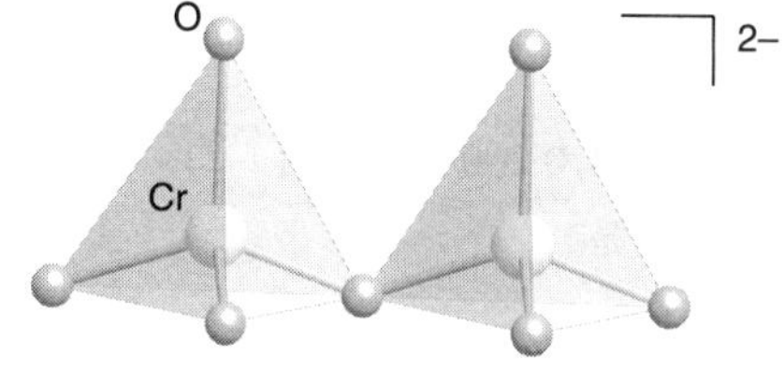

(**B2**) $[Cr_2O_7]^{2-}$

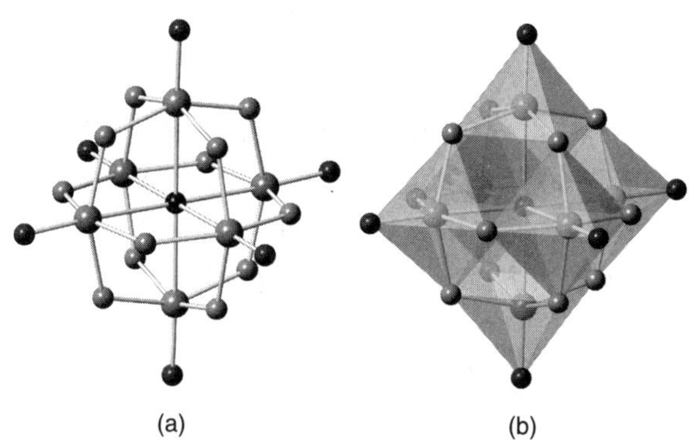

图 B19.2* $[M_6O_{19}]^{2-}$结构中共享 6 个棱边的八面体:(a) 传统表示法,(b) 多面体表示法

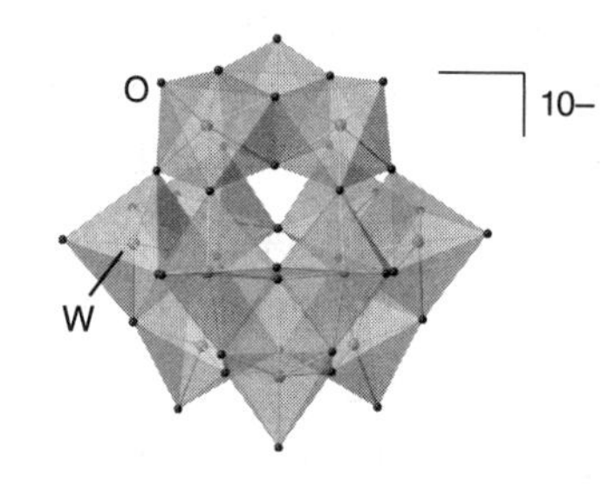

(**B3**) $[W_{12}O_{40}(OH)_2]^{10-}$

多金属氧酸根离子能发生质子转移平衡，而且可能伴随缩合反应和碎裂反应。多金属氧酸根阴离子可通过仔细调节 pH 和浓度的方法制备。例如，将含有简单钼酸根或钨酸根离子的溶液酸化可以制得多金属氧酸根离子或多金属氧钨酸根离子:

$$6[MoO_4]^{2-}(aq)+10H^+(aq) \longrightarrow [Mo_6O_{19}]^{2-}(aq)+5H_2O(l)$$

$$8[MoO_4]^{2-}(aq)+12H^+(aq) \longrightarrow [Mo_8O_{26}]^{4-}(aq)+6H_2O(l)$$

混合金属的多金属氧酸根也很常见，如$[MoV_9O_{28}]^{5-}$。还存在一大类叫做杂多金属氧酸根的化合物，如含有 P、As 或其他杂原子的钼酸盐和钨酸盐。$[PMo_{12}O_{40}]^{3-}$含有 1 个 PO_4^{3-} 四面体，该四面体与周围 MoO_6 基团的八面体共用 O 原子(**B4**)。多种不同杂原子可进入这种结构，生成的物种用通式$[X(+N)Mo_{12}O_{40}]^{(8-N)-}$表示，式中 X(+*N*)代表杂原子 X 和它的氧化态，如 As(Ⅴ)、Si(Ⅳ)、Ge(Ⅳ)和 Ti(Ⅳ)。钨的类似杂多氧合阴离子甚至含有范围更广的杂原子。钼和钨的杂多氧合阴离子能在结构不变的前提下发生一电子还原而变成深蓝色。这种蓝色似乎产生于这个外加的电子从 Mo(Ⅴ)或 W(Ⅴ)激发至与之邻接的 Mo(Ⅵ)或 W(Ⅵ)。

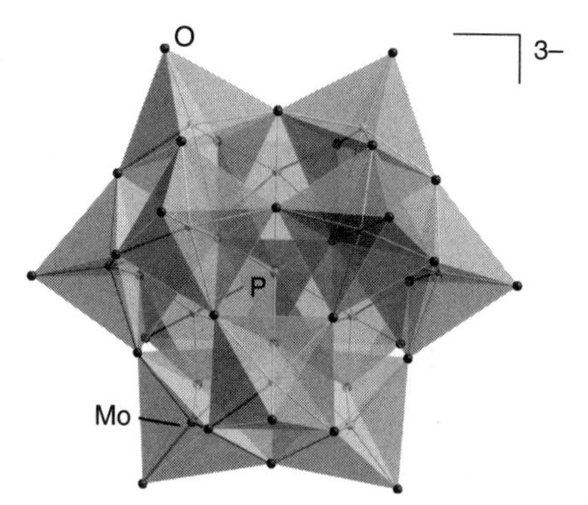

(**B4**) $[PMo_{12}O_{40}]^{3-}$

聚氧合金属酸盐具有多种用途。其中有些能被逆向还原（从而用作许多有机反应的催化剂）；有些能发光；有些含未成对电子的物种具有不同寻常的磁性质（正在用此性质研究制造纳米计算机储存装置的可能性）。此外，人们还在药学领域提出许多潜在应用，如抗肿瘤和抗病毒方面的治疗。

例题 19.1　溶液中钒物种的氧化还原稳定性

题目：酸性水溶液中的 V^{2+} 遇氧形成一种热力学上稳定的物种，给出其化学式和氧化态。

答案：钒在酸性水溶液中的 Latimer 图如下（参见资源节 3，还原电位的单位为 V）：

$$\overset{+5}{VO_2^+} \xrightarrow{+1.000} \overset{+4}{VO^{2+}} \xrightarrow{+0.337} \overset{+3}{V^{3+}} \xrightarrow{-0.255} \overset{+2}{V^{2+}}$$

$$VO_2^+ \xrightarrow{+0.668} V^{3+}$$

由于电对 O_2/H_2O 的还原电位为 1.229 V，V^{2+} 易被氧化为 V^{3+}；只要存在足够的 O_2，还会被一直氧化至 VO_2^+（钒为+5 氧化态）。净反应是

$$4V^{2+}+3O_2+2H_2O \longrightarrow 4VO_2^++4H^+$$

自测题 19.1　利用相关的 Latimer 图，评估 V^{2+} 在碱性溶液中的稳定性。

（c）复合氧化物和复合卤化物

提要：第 5 族金属的复合氧化物用在高技术上。

$LiNbO_3$ 和 $LiTaO_3$ 能生长出大晶体，两个化合物显示铁电效应、压电效应及非线性光学极化率。晶体结构由 $Nb(Ta)O_6$ 和 LiO_6 八面体组成。$LiNbO_3$ 用于光导波器和移动电话的表面声波（SAW）过滤器。钒具有多种氧化态，从而提供了高储能容量的可能性，科学家正在研究锂和钒的复合氧化物（如 Li_xVO_2 和 $Li_xV_6O_{13}$）用作多次充电电池材料的可能性。YVO_4 用作镧系离子的基质材料，这种材料能产生磷光。

（d）配位络合物

提要：钒形成氧钒基离子的许多络合物；铌和钽形成大配位数络合物。

氧化态为+4 的氧钒基离子（VO^{2+}）支配着钒的配位化学，氧钒基离子再与 4 个配体（或 2 个螯合配体）配位形成四方锥络合物。$[V(H_2O)_6]^{3+}$ 的水溶液可作为制备为数众多的其他八面体络合物的前体。虽然通过还原钒的高氧化态化合物也能在溶液中形成 $[V(H_2O)_6]^{2+}$，然而该溶液是强还原剂，必须隔绝空气才能稳定。铌和钽能与硬给予体形成许多络合物，常见配位数为 6、7（五角双锥体，**6**）和 8（十二面体，**7**）。

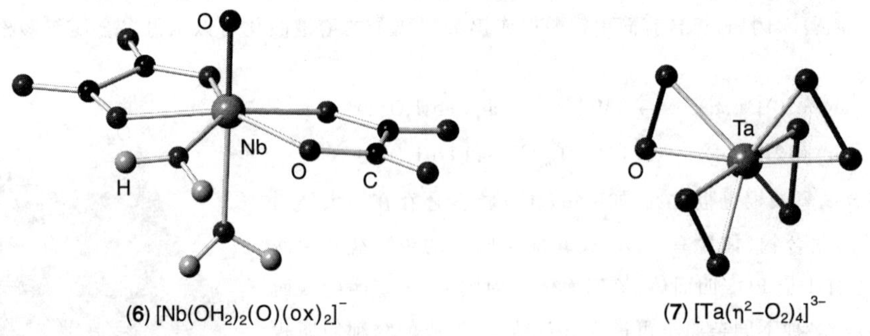

(6) $[Nb(OH_2)_2(O)(ox)_2]^-$　　**(7)** $[Ta(\eta^2\text{-}O_2)_4]^{3-}$

（e）金属有机化合物

提要：第 5 族金属与大多数金属有机配体形成络合物；但许多络合物具有顺磁性，从而成为对其进行表征的障碍。

第 5 族金属的金属有机化学未能得到充分发展，相当大的一部分原因是大多数络合物具有顺磁性，难以用 NMR 进行表征；金属有机化学的发展虽然面临挑战，但频频会有一些令人吃惊的结果。二

元羰基化合物[M(CO)$_6$]是 17 电子物种，而且只有钒离析出了这种化合物。然而，所有第 5 族金属的 18 电子阴离子[M(CO)$_6$]$^-$都是已知的；它们是用金属盐进行还原羰基化反应的产物(节 22.18)。事实上，电中性的[V(CO)$_6$]只能从[V(CO)$_6$]$^-$阴离子合成。简单的 15 电子物种[M(Cp)$_2$]也只有 M=V 时才能离析出来。混合配体 18 电子络合物[CpM(CO)$_4$]容易制备，为合成[CpM(CO)$_3$L]型或[CpM(CO)$_2$LL′]型的许多其他络合物提供了一条途径。几乎每一种金属有机配体的络合物都属已知，Nb 和 Ta 的一些络合物已在 Fischer-Tropsch 法中得到应用。钽能形成 η^8-COT 络合物(如 **8**)，这在 d 金属中很不寻常，可能是因为体积较大的缘故。即使如此，这些 COT 配体却能互变为络合物(**9**)中看到的并环戊二烯配体。

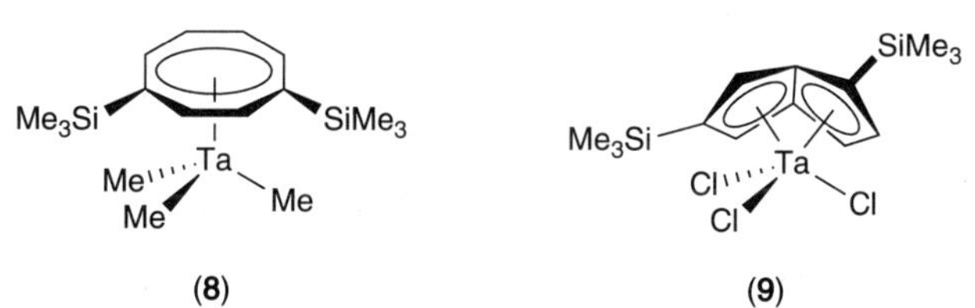

19.6　第 6 族：铬、钼、钨

(a) 存在和用途

提要：本族三种金属在钢中有广泛用途，能增加钢的硬度和抗腐蚀性；三种金属都具有生物功能。

铬广泛散布在地壳中，主要以氧化物矿的形式(如铬铁矿，$FeCr_2O_4$)存在，偶然也以金属形式出现。当今，南非以还原铬铁矿的方式生产全世界供应量的 40%。铬不但硬，而且抗腐蚀性极强，这些性质决定了其用途：用作钢的成分，特别是生产不锈钢，其中铬的含量在 10%至 40%之间。铬镀层也被用来保护钢，同时增加表面的光亮度。用电弧炉熔炼的方法还原铬铁矿生产铬铁合金，后者直接用来生产钢。如果需要制得纯铬，先将铬铁矿在空气中焙烧，然后将可溶性的铬(Ⅵ)盐与不溶性的 Fe_2O_3分离，最后用碳或铝将铬盐还原。多种铬的盐被用作染料、颜料和防腐剂；铬的化合物如固载 CrO_3(本身发生原位还原)或茂铬用作烯烃聚合催化剂。铬(通常是+3 氧化态)对人体也至关重要，它涉及体内葡萄糖水平的控制，虽然尚不清楚其作用机理。+6 氧化态的铬(或过量使用+3 氧化态的铬)对人体有毒且能致癌。

钼和钨都是很硬的金属，都被广泛用作钢的成分。钼在钢中的用量超过其产量的 80%，有些钢中含钼量高达 10%。用来提取金属钼的主要矿物是辉钼矿(MoS_2)，先将矿物在空气中焙烧得到氧化物，接下来如果用于制钢则用铁还原，如果是其他用途则用氢还原。钼对所有物种都至关重要，已知植物和动物体里至少有 20 种酶含有钼。作为酶的活性中心，其主要作用是催化氧原子转移，这种作用利用了钼具有较高氧化态的这一性质。钼也是固氮酶的活性中心(FeMo 辅酶)，豆科植物根瘤菌中的固氮酶能将 N_2转化为氨。

所有金属中以钨的熔点为最高，正因为如此，它被用做白炽灯的灯丝。除用于制钢外，钨还以碳化钨的形式广泛使用。碳化钨是一种硬度极高的材料，用于制作钻头和锯条。钨是从钨锰铁矿[(Fe,Mn)WO_4]或白钨矿($CaWO_4$)提取的，首先经焙烧生成氧化物，然后再用碳或氢还原。当今全球用量的 75%以上是由中国提供的。钨是第三横排 d 金属中唯一具有生物功能的元素，人们发现它在某些微生物体里处于酶的活性部位。与对应的钼酶相比，这种酶催化的是需要更强还原性条件的那些反应。含钨的甲酸脱氢酶能催化 CO_2转化为甲酸的反应。

(b) 二元化合物

提要：铬形成强氧化性的+6 氧化态化合物，而钼和钨的对应化合物却不具明显的氧化性。

第 6 族 3 种金属都能形成三氧化物(MO_3)。CrO_3(及它在水溶液中的存在形式[CrO_4]$^{2-}$和[Cr_2O_7]$^{2-}$)具

有很强的氧化性，MoO_3和 WO_3的氧化性则要弱得多。这种行为部分是 d 区第 2 排和第 3 排金属高氧化态稳定性增大（与第 1 排相比）的一种反映，部分则是三氧化物结构导致的结果。CrO_3为共享四面体顶点的链结构，而 MoO_3和 WO_3的结构则由连接起来的 MO_6八面体组成；WO_3采取 ReO_3结构（节 3.9）的畸变形式。固体 WO_3还能发生还原插入反应，在 W(Ⅵ)还原为 W(Ⅴ)的过程中，小阳离子（如 Li^+或质子）插入到结构中：

$$2n\text{-BuLi(sol)}+2WO_3\text{(s)} \longrightarrow 2LiWO_3\text{(s)}+(n\text{-Bu})_2\text{(sol)}$$

用氢谨慎还原 MO_3可以制备较低氧化态的钼、钨氧化物（如 MO_2），然而，采用温和还原剂还原 CrO_3时则得到稳定的+3 氧化态（或者是 Cr_2O_3，或者是 Cr^{3+}）。高温高压条件下在水中还原 CrO_3，可以制得长棒形 CrO_2晶体，该晶体采取金红石结构。CrO_2显示出优良的铁磁性，1970—1980 年代在高质量（低噪声）音频磁带和视频磁带中得到广泛使用，当今仍用于数据储存。Cr_2O_3广泛用作绿色颜料，这种颜料对对太阳光显示惰性和稳定性。铬也能形成还原性的黑色氧化物 CrO。

已经制备出化学式为 Cr_2S_3和 MS_2（M = Mo, W）的硫化物。MS_2为层状结构（见图 19.6），这种结构让它们用作固态润滑剂。本族所有 3 种金属都能形成 X = F 的六卤化物（MX_6），但只有 Mo 和 W 形成六氯化物和六溴化物。所有六卤化物都是挥发性液体，遇水发生迅速而猛烈的水解。较低的离子型卤化物（如 CrX_3）容易制备，Cr 与 HX 谨慎反应还可制得强还原性盐 CrX_2。钼、钨与除氟之外的其他卤素都能形成固体盐 MX_3，但它们往往具有层状结构或者形成簇，如 W_6Cl_{18}(**10**)。

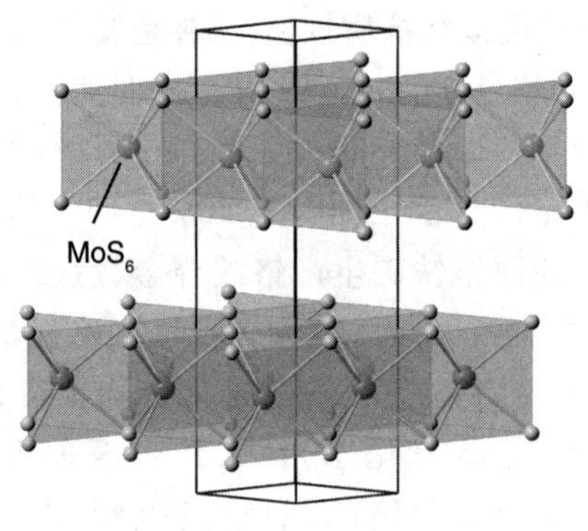

图 19.6* 　MoS_2 的层状结构

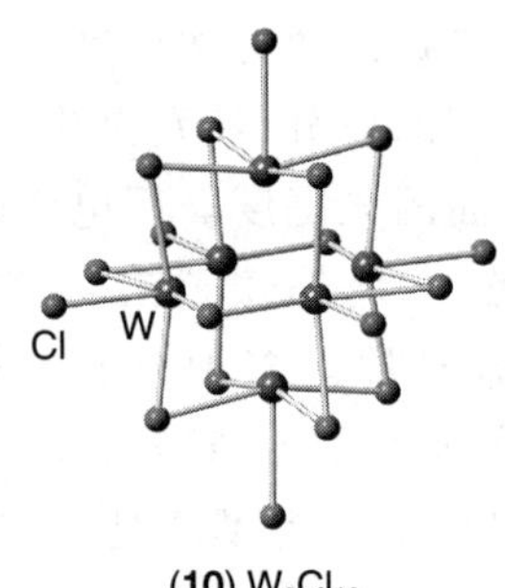

(**10**) W_6Cl_{18}

(c) 复合氧化物

提要：钨和钼能与其他金属形成导电的复合氧化物，如钨青铜和钼青铜。

钨青铜和钼青铜最早是由 Wöhler 在 1824 年发现的，它们是通式为 M_xWO_3或 M_xMoO_3（M 通常为碱金属，$0<x\leqslant 1$）的非化学计量数化合物。钒、铌、钛制备出了类似的化合物，也具有相似的性质。"青铜"这一术语现在用于通式为 $M'_xM''_yO_z$的三元复合氧化物，式中：（ⅰ）M″是个过渡金属，（ⅱ）M''_yO_z是它的最高二元氧化物，（ⅲ）M′是第 2 种金属，通常具有电正性，（ⅳ）x 是个可变数字，变化范围为 $0<x<1$。

出于电子结构的原因，这些化学上显示惰性的钨和钼的青铜化合物表现出一些特有的性质。电子组态为 d^0的 WO_3和 MoO_3是绝缘体，青铜中数量可变的碱金属将过渡金属还原，并将电子引入导带（导带被 x 个电子部分填充）。这一过程使青铜具有金属性（包括高导电性），晶体形式具有光泽，从而有了"青铜"这个商品名。钨青铜可通过电解反应制备：碱金属钨酸盐和 WO_3的熔融混合物在铂电极上被还原。这种方法制备的 $NaWO_3$（$x=1$ 的青铜）可以长成很大的（大至 1 cm^3）金棕色立方晶体。该化合物采取钙钛矿结构（节 3.9），电性质类似金属性的 ReO_3（节 24.6）。

(d) 配位络合物

提要:第 6 族金属形成众多多金属氧酸盐,也形成含四重 M—M 键的二聚体。

应用相关文段 19.2　金属-金属键

d 区中第一个被确认含金属-金属键的物种是 Hg(Ⅰ)化合物(如 Hg_2Cl_2)中的 Hg_2^{2+},大多数 d 金属现在都能制得含金属金属键的化合物和簇化物。它们的基本结构包括类乙烷结构(**B5**)、共边双八面体结构(**B6**)、共面双八面体结构(**B7**)和$[Re_2Cl_8]^{2-}$的四方棱柱体结构(**B8**)。

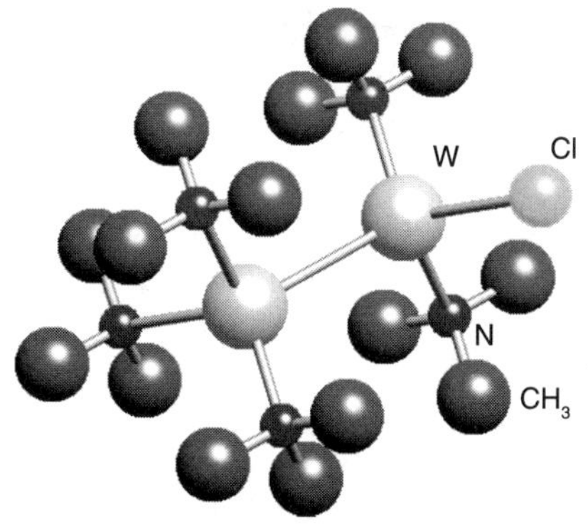

(**B5**) $[(Me_2N)_3W-WCl(NMe_2)_2]$

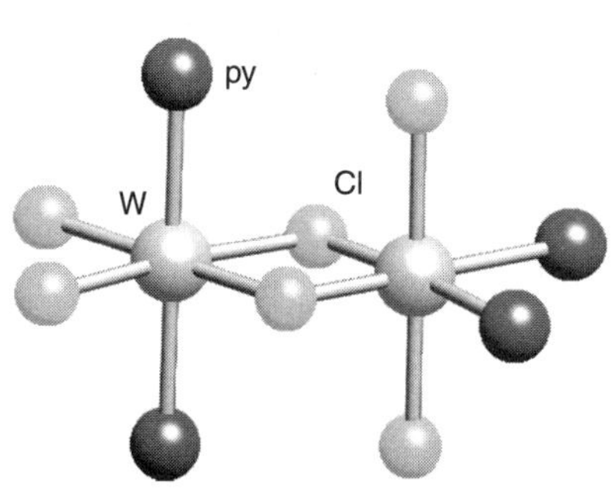

(**B6**) $[(py)_2Cl_2W(\mu-Cl)_2WCl_2(py)_2]$

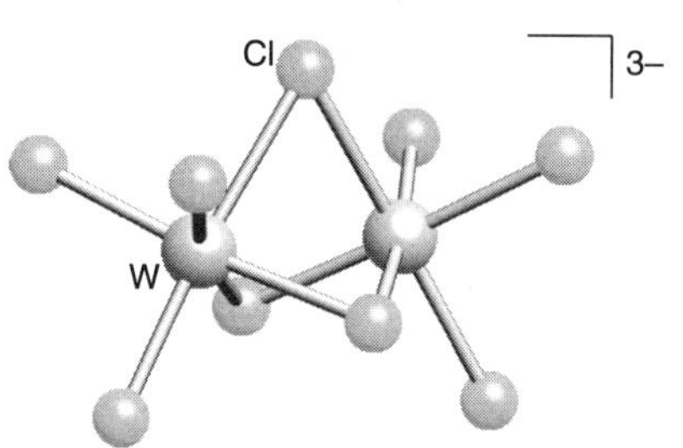

(**B7**) $[Cl_3W(\mu-Cl)_3WCl_3]^{3-}$

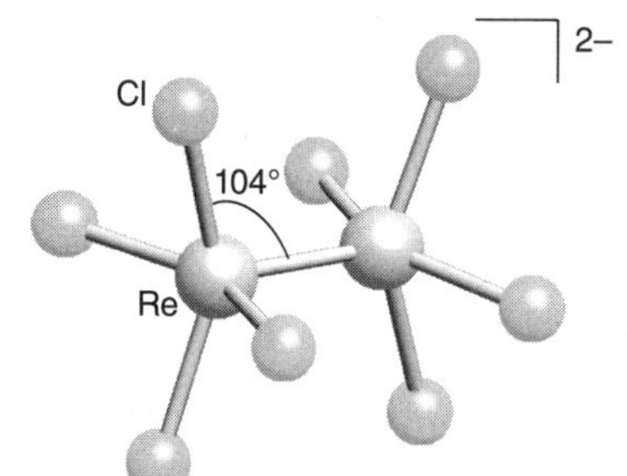

(**B8**) $[Re_2Cl_8]^{2-}$

如果考虑邻近金属原子上 d 轨道之间可能发生的重叠,则不难看到(见图 B19.3):

- 两个金属原子间的 σ 键是由各原子的一条 d_{z^2}轨道重叠形成的;
- 两个 π 键是由 d_{zx}轨道或 d_{yz}轨道重叠形成的;
- 两个 δ 键是由两个面对面的 d_{xy}轨道或 $d_{x^2-y^2}$轨道重叠形成的。

如果所有成键轨道被占用,就形成电子组态为 $\sigma^2\pi^4\delta^4$的五重键(见图 B19.4)。

形成五重键的每个金属原子需要有 5 个 d 电子,d^5组态的中心原子 Cr(Ⅰ)恰好符合该要求(**18**)。分子中的两个 Cr 原子相隔的距离很短(183.5 pm,可供比较的一个数据是,大块金属中铬原子间的距离为 258 pm),没有任何额外的桥配体支撑。Re 的化合物(**B8**)中也没有桥配体,但两个 d^4Re(Ⅲ)原子之间只能形成四重键。化合物(**B8**)中每个 Re 原子的 4 个 d 电子导致电子组态为 $\sigma^2\pi^4\delta^2$,与 Cl^-配体成键的轨道被认为是 $d_{x^2-y^2}$轨道。存在四重成键作用的证据来自下述实验观察:$[Re_2Cl_8]^{2-}$采用重叠方式排布,这种排布从空间拥挤程度讲是不利的。人们认为是 δ 键将络合物锁定在重叠构象,而这种键只有在 d_{xy}轨道共面的情况下才能形成。

已知存在着许多含金属-金属多重键的物种(与配体物种成键所涉及的金属轨道是 $d_{x^2-y^2}$轨道),所有这类络合物适于使用图 B19.5 所示的分子轨道图,最大键级可达 4。最著名的一个例子是四重键合的醋酸钼(Ⅱ)(**11**),它是 $Mo(CO)_6$与醋酸一起加热制备的:

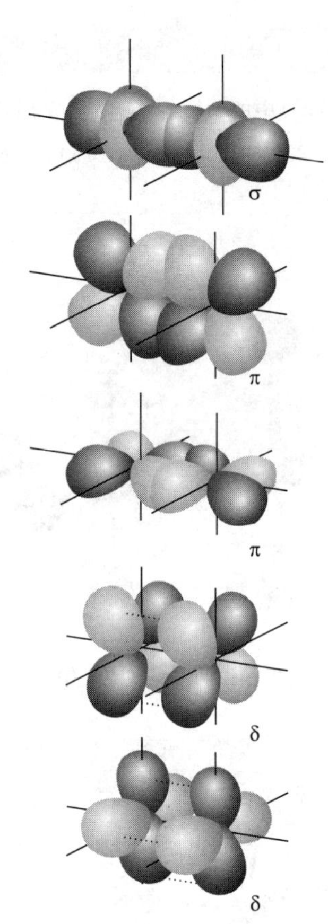

图 B19.3* 两个 d 金属原子 d 轨道之间沿 z 轴的 σ、π 和 δ 相互作用
图中只给出成键结合

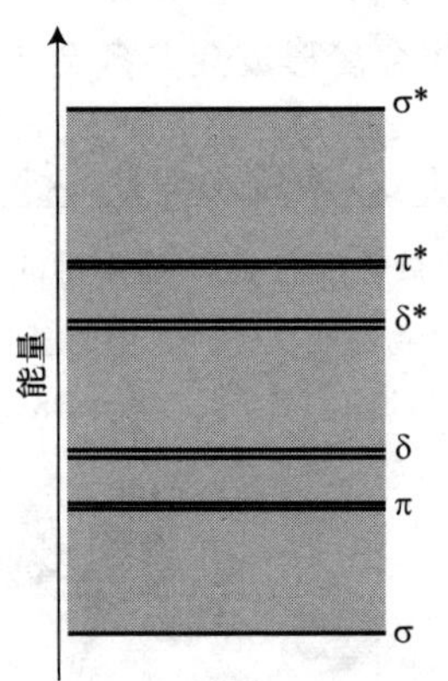

图 B19.4 M—M 相互作用的近似分子轨道能级示意

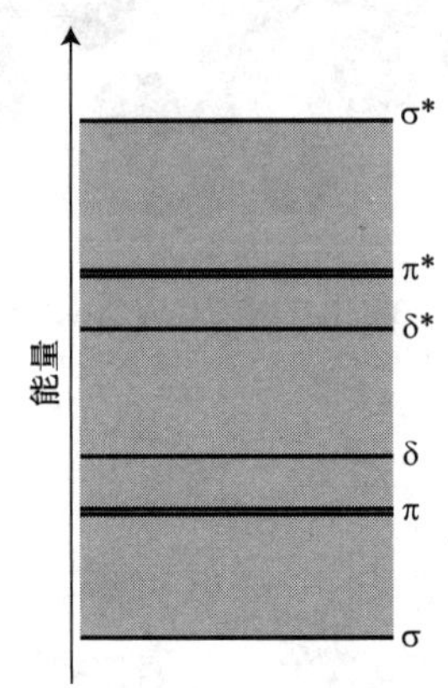

图 B19.5 四重成键体系中 M—M 相互作用的近似分子轨道能级示意，在与配体的成键中只利用了 $d_{x^2-y^2}$ 轨道

$$2[Mo(CO)_6]+4CH_3COOH \longrightarrow [Mo_2(O_2CCH_3)_4]+2H_2+12CO$$

双钼络合物是制备其他 Mo—Mo 化合物优良的起始物。例如，在低于室温条件下，浓盐酸与醋酸络合物反应可以制备四重键合的氯配位络合物：

$$[Mo_2(O_2CCH_3)_4](aq)+4H^+(aq)+8Cl^-(aq) \longrightarrow [Mo_2Cl_8]^{4-}(aq)+4CH_3COOH(aq)$$

如表 B19.1 所示，成键轨道未被完全占据时能使形式键级降至 3.5，或者降至 M≡M 三重成键体系。三重键络合物的数目多于四重键络合物，由于 δ 键是弱键，M≡M 键键长往往类似四重键键长。键级的下降也可能是因为电子占据了 δ^* 轨道，一旦这些轨道被填满，电子还会接着占据上部的两个 π^* 轨道，导致键级进一步从 2.5 降至 1。

多重碳-碳键是有机反应的枢纽，多重金属-金属键同样也是反应的枢纽。然而，与前者生成的有机化合物相比，金属-金属多重键化合物的反应产物的结构更加多样化。例如：

$$Cp(CO)_2Mo{\equiv}Mo(CO)_2Cp + HI \longrightarrow Cp(CO)_2Mo(\mu\text{-}H)(\mu\text{-}I)Mo(CO)_2Cp$$

上述反应中，HI 以 H 桥和 I 桥的形式代替三重键桥架在两个金属原子之间；完全不像 HX 与炔烃加合生成取代烯烃的反应。上述反应产物可看作含一个 3*c*,2*e*M—H—M 桥和一个 I^- 阴离子桥，后者与两个 Mo 原子之间的化学键是传统的 2*c*,2*e* 键。

通过加合于多重金属-金属键的方法可合成出较大的金属簇。例如，[Pt(PPh$_3$)$_4$]加合于 Mo≡Mo 三键时失去 2 个三苯基膦配体生成一个三金属簇：

$$Cp(CO)_2Mo\equiv Mo(CO)_2Cp + [Pt(PPh_3)_4] \longrightarrow (Ph_3P)_2Pt[Cp(CO)_2Mo{=}Mo(CO)_2Cp]$$

表 B19.1　含金属-金属键的四棱柱络合物举例*

络合物	组态	键级	M—M 键键长/pm
$[Mo_2(SO_4)_4]^{4-}$	$\sigma^2\pi^4\delta^2$	4	211
$[Mo_2(SO_4)_4]^{3-}$	$\sigma^2\pi^4\delta^1$	3.5	217
$[Mo_2(HPO_4)_4]^{2-}$	$\sigma^2\pi^4$	3	222
$[Ru_2Cl_2(O_2CCH_3)_4]^{-}$	$\sigma^2\pi^4\delta^2\delta^{*1}\pi^{*2}$	2.5	227
$[Ru_2(O_2CC_2H_5)_4(OCMe_2)_2]$	$\sigma^2\pi^4\delta^2\delta^{*2}\pi^{*2}$	2	238

续表

络合物	组态	键级	M—M 键键长/pm
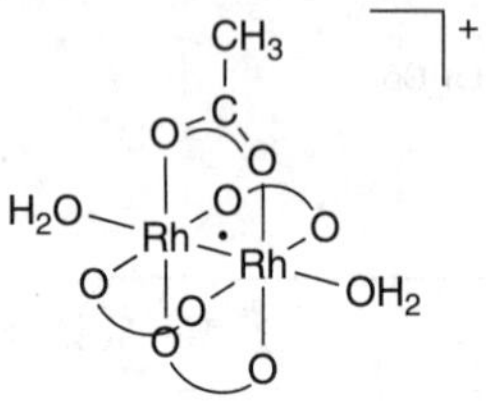	$\sigma^2\pi^4\delta^2\delta^{*2}\pi^{*3}$	1.5	232
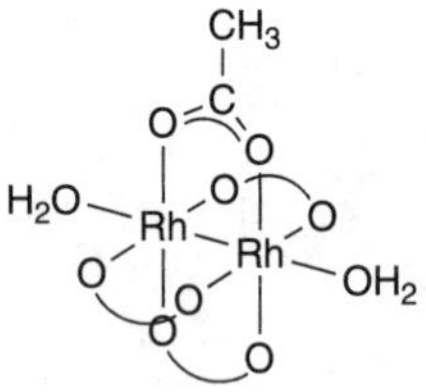	$\sigma^2\pi^4\delta^2\delta^{*2}\pi^{*4}$	1	239

* 如果存在多重桥配体，图中只表示出其中的一种。

第 6 族金属氧合络合物最典型的基本单元为 MO_4^{2-} 四面体，但也形成多种多金属氧酸盐（应用相关文段 19.1），它们可看作共享棱边的 MO_6 八面体。水溶液中的低氧化态金属离子也是八面体。Cr^{3+} 阳离子的 d^3 络合物具有大的配位场稳定能（LFSE，节 20.1），一般情况下显惰性，高自旋 d^4 组态的 Cr^{2+} 形成 Jahn-Teller 畸变（节 20.1）络合物，通常是非常活泼的络合物（节 21.1）。

所有三种金属的+2 氧化态都形成含四重 M—M 键的二聚体。以羧酸盐（**11**）为例，这种络合物的化学键中包含 1 个 σ 键、2 个 π 键和 1 个 δ 键（应用相关文段 19.2）。

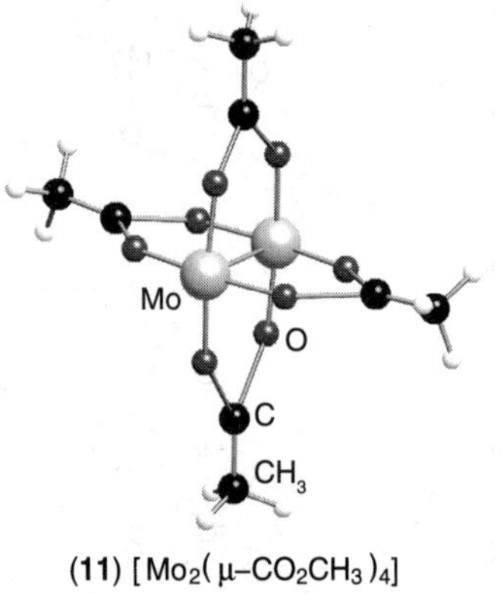

(11) $[Mo_2(\mu\text{-}CO_2CH_3)_4]$

(e) 金属有机化合物

提要：18 电子络合物支配着第 6 族金属的金属有机化学；电中性的 $[M(CO)_6]$ 对空气稳定，电中性的二（芳烃）络合物研究得较透彻。

第 6 族金属的金属有机化学内容丰富，而且完全被容易制备出来的 18 电子络合物所支配。18 电子电中性的六羰基化合物（$[M(CO)_6]$）都是极为稳定的白色固体，在空气和湿气存在下操作不存在任何困难。羰基化合物的取代反应是制备其他配体络合物的重要途径，如制备烯烃配体、炔烃配体、NHCs、膦配体、二烯配体、三烯配体和芳烃配体的络合物。Cr 和 Mo 形成 18 电子的二（芳烃）络合物（**12**）。有代表性的环戊二烯基络合物的衍生物有 $[(Cp)_2MH_2]$（**13**）、所谓的柄形络合物（**14**）和半夹心络合物 $[CpML_3Cl]$（**15**）。被称之为茂铬（$[(Cp)_2Cr]$）的 16 电子化合物是个强还原剂。

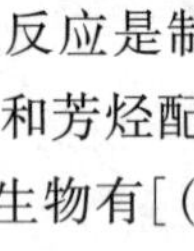

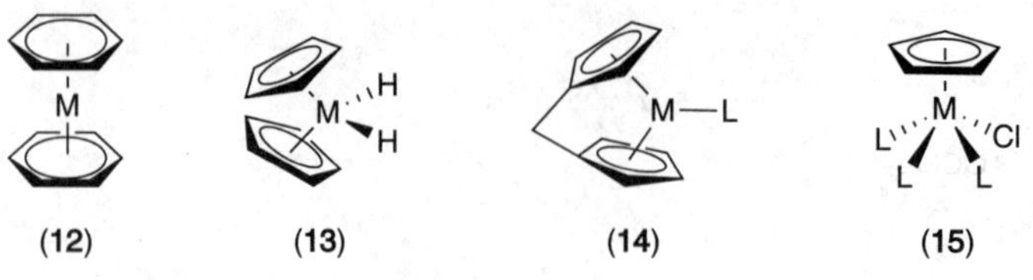

(12) 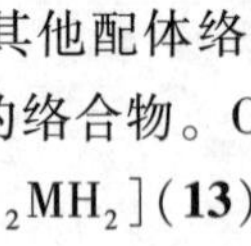　(13) 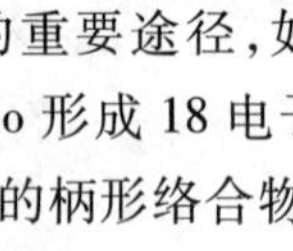　(14) 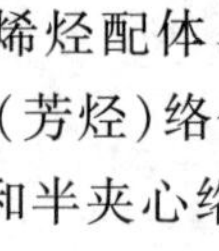　(15)

钨能形成许多亚烷基络合物和次烷基络合物,如(**16**)和(**17**),形式上的金属碳键分别为双键和三键。金属原子间形成重键也是可能的(见应用相关文段 19.2),新近离析出来的一个化合物(**18**)是第一次明确获得五重键的稳定络合物。

(16) (17) (18)

19.7 第 7 族:锰、锝、铼

(a) 存在和用途

提要:锰广泛散布在地球上,其化合物具有多种用途;锝虽然没有稳定同位素,但用途广泛。铼很少见。

虽然约 80%已知的锰资源以软锰矿(MnO_2)形式存在于南非,但却广泛分布在行星上。据估计,大洋洋底约有 5 000 亿吨锰结核,经济上可行的提取路线正在研究之中。金属锰本身比较脆,但钢中加入锰(1%~13%)则可改善金属的强度。锰也用于铝合金(如制造饮料罐的铝合金),加入约 1%即可改善金属的抗腐蚀性。MnO_2是碱性蓄电池的主要成分,电池运行时 MnO_2被还原为 Mn_2O_3,而金属锌则被氧化至 ZnO,产生 1.5 V 的电压。锰盐的其他用途包括用作陶瓷和玻璃的颜料。锰是生物学上的重要元素,它在所有生命形式的多种酶中处于活性部位。最引人注目的是,它是光合作用中唯一的释 O_2酶的活性中心。锰(Ⅱ)化合物无毒,但锰(Ⅶ)化合物具有高氧化性且有毒。

1936 年,通过中子轰击钼得到锝的第一个样品,成为第一个人工合成的放射性元素。它不存在稳定同位素,自然界发现的放射性锝也极少。它是铀裂变的副产物,当今从废的核燃料棒中批量提取。^{99m}Tc 是个介稳同位素,发生衰变的半衰期为 6 h。医疗上利用这一性质作为放射性示踪剂,它的化合物(如 Cardiolyte®)被广泛用于心脏成像(节 27.9)。^{98}Tc 和^{97}Tc 是两个寿命最长的同位素,半衰期超过 200 万年。红巨星探测中证实,星体中发生着重原子的核合成反应。锝的化学性质因其放射性而被迟滞,但有人认为,Tc 的化学行为与 Re 很相似。

铼是 1925 年在硅铍钇矿(镧系元素的一种矿物,其中含铼仅 10 ppm)中发现的,它是最晚发现的一个非放射性元素。铼是地壳中最稀有的元素之一,不过钼矿中发现有铼,当今即从钼熔炼炉的烟道尘中提取。铼用于制造喷气发动机的高温合金,与铂一起用作重整烷烃的催化剂。迄今尚不知道铼的生物功能,它被认为是无毒的。

(b) 二元化合物

提要:锰形成多种氧化态的稳定化合物,锝和铼的化学则受较高氧化态化合物的支配。

锰形成的氧化物包括 MnO、Mn_2O_3、MnO_2和 Mn_2O_7,而锝和铼只形成 MO_2、MO_3和 M_2O_7。节 3.5 中已介绍过立方体的 ReO_3结构,ReO_2则属金红石结构类型。三种金属的+7 氧化态氧化物 M_2O_7都具有挥发性,都能溶于水生成$[MO_4]^-$阴离子。人们熟悉的紫色“高锰酸根”离子是锰的络合物,它是个很强的氧化剂,Tc 和 Re 的对应络合物的氧化性则较弱。单个金属周围难以达到七配位的事实导致一个现象:二元 MX_7型卤化物中只看到过有关 ReF_7的报道。然而,Re 和 Tc 能形成 MF_6、MF_5和所有四种 MX_4(X = F, Cl, Br, I)型卤化物。铼与 Cl、Br 和 I 形成 MX_3(实际上是化学式为 M_3X_9的三聚体,**19**);锰形成 MnF_4、MnF_3和所有四种 MX_2型卤化物。MnF_3与 MnF_4之间的平衡被用来

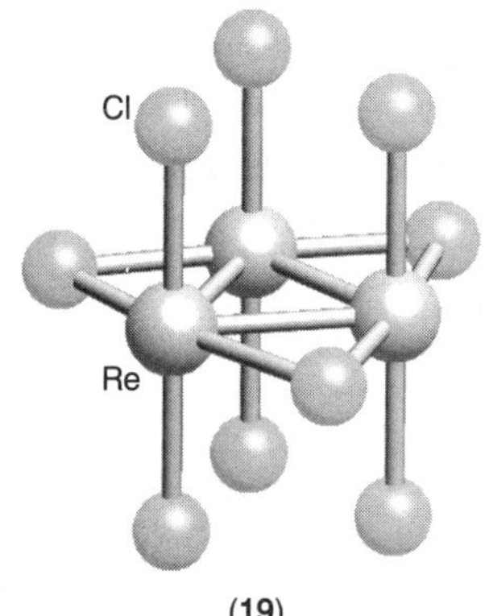

(19)

纯化氟：MnF_3与不纯的$F_2(g)$反应生成 $MnF_4(s)$，后者加热至 400 ℃以上即释放出纯的气体氟。

(c) 复合氧化物和复合卤化物

提要：锰形成多种具有有用磁性质的复合氧化物和复合卤化物。

通式为$(Ln_{1-x}Sr_x)MnO_3$的复合氧化物（Ln 代表三价镧系元素阳离子，有代表性的是 Pr^{3+}）显示一种叫做巨磁阻（colossal magnetoresistance）的性质（置于磁场中时，电阻发生几个数量级的巨大变化）。这类材料采取钙钛矿结构，Mn^{3+}和 Mn^{4+}的混合物占着 B 阳离子的位置。一种叫作锰紫的颜料被描述为焦磷酸铵锰的化合物，其中含有 Mn^{3+}。具有尖晶石结构的 $LiMn_2O_4$用作某些充电电池的正极。锰锌铁混合存在的尖晶石类化合物$[(Mn_{1-x}Zn_x)Fe_2O_4]$作为软铁氧体用于变压器芯。

KF 加于 Mn^{2+}溶液制备的 $KMnF_3$采取钙钛矿结构（节 3.9），Mn^{2+}占着 B 阳离子的部位，以八面体方式配位着 F^-；K^+则占着 A 阳离子的部位。该化合物作为 Ln^{3+}的主体用于成像中。在碱金属氟化物存在条件下将 MnF_2进行氟化，生成组成为 M_2MnF_6(M＝K，Rb，Cs）的 Mn(Ⅳ)的氟络合物。

(d) 配位络合物

提要：Mn(Ⅱ)是 Mn 在水溶液中最稳定的存在形式，具有高自旋 d^5电子组态；锝和铼的溶液化学受较高氧化态支配。

Mn(Ⅶ)和 Mn(Ⅵ)络合物（形式电子组态分别为 d^0和 d^1）具有以四面体 MO_4单元为基础的结构（在某些络合物中，1 个氧被 1 个卤素所代替），在溶液中都是强氧化剂。其他氧化态中，只有+3 态（高自旋，发生了 Jahn-Teller 畸变的 d^4八面体络合物）和+2 态的溶液化学有重要意义。两种氧化态中，+2 态起着支配作用：络合物（甚至包括氰络合物）总是高自旋，半充满的 d^5组态显著地被量子力学交换能（节 1.5）所稳定。Mn(Ⅱ)络合物不存在配位场稳定能，对配位几何形状几乎不显示偏爱，与小体积配位物种（如 OH_2，O^{2-}，F^-）结合时，Mn^{2+}（离子半径 65 pm）通常形成八面体络合物。由于不能发生电子跃迁，Mn(Ⅱ)络合物基本上为无色。

与之形成对照的是，锝和铼的+2 氧化态没有溶液化学，与氧配体和氮配体形成的高氧化态络合物支配着它们的配位化学。这些络合物具有多种几何形状，八面体和四方形底面的锥体（氧配体和氮配体占据顶点位置）最常见。与高锰酸根阴离子的深色不同，Tc 和 Re 相应的阴离子（高锝酸根和高铼酸根）为无色，这是因为电荷转移过程所需的能量在 UV 吸收区。与 Mn(Ⅶ)相比，Tc(Ⅶ)和 Re(Ⅶ)的氧化性也要弱得多。

(e) 金属有机化合物

提要：第 7 族金属的大多数金属有机化合物是含有羰基配体的 18 电子物种。

含有羰基配体的化合物构成所有 3 个第 7 族金属已知金属有机化合物的主体。所有 3 个金属都形成电中性 18 电子双金属羰基络合物$[M_2(CO)_{10}]$，其中的 M—M 键容易断裂，不论被氧化（如用 Br_2）还是被还原（如用 Na），都得到单核的八面体络合物（如$[BrMn(CO)_5]$或$[MeMn(CO)_5]$）。通过这些络合物的取代反应可以制备单环戊二烯基络合物（如$[CpM(CO)_3]$）；芳烃络合物和分子氢络合物(**20**)也已被合成出来。

二（环戊二烯基）络合物应是 17 电子络合物，但已知只有锰形成单体物种。由于强烈选择形式氧化态为+2 的 Mn^{2+}而保持高自旋（$S=5/2$）（节 20.1 和节 22.19），单体$[(Cp)_2M]$的结构难以解得，只有那些具有更大空间要求的环戊二烯基（预期自旋 $S=1/2$）的结构被解出，它们容易还原为 18 电子物种。锝形成化学式为$[(Cp)_4Tc_2]$的二聚化合物，但结构尚属未知。光照产生的 16 电子物种$[(Cp)_2Re]^+$(**21**)经由氧化加成反应生成 18 电子的芳基氢化物(**22**)，该化合物能够活化苯。

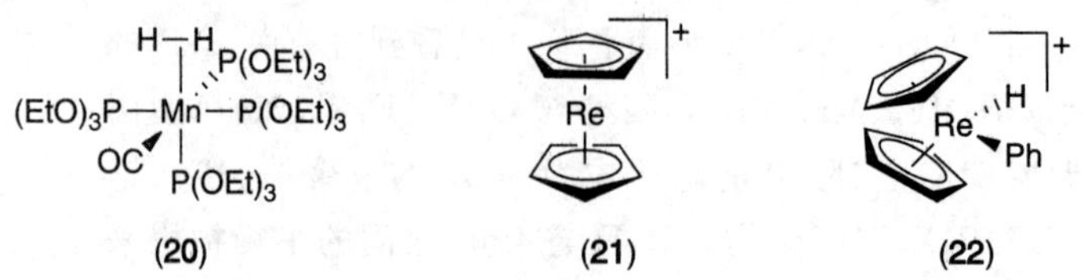

(20)　(21)　(22)

19.8　第 8 族：铁、钌、锇

(a) 存在和用途

提要：地球上丰度很高的铁不但广泛为人类所使用，而且是生物学上利用最多的 d 区元素。自然界的钌和锇非常稀有，它们只有某些特殊用途，而且不具生物学功能。

按质量计，铁是整个地球（包括外层和内核）中最常见的元素，在地壳中的丰度排在第 4 位。所有同位素中以 ^{56}Fe 的核最稳定，是所有核融合过程的最终结果。在人类文明中，金属铁的重要性独一无二：每年生产和使用的铁超过 10 亿吨，占全部金属产量的 90% 以上。铁矿分布广泛，大部分铁是在鼓风炉中用焦炭和石灰石还原生产出来的。人类用铁的历史至少已有 3000 年。实际上，纯的铁相当软，使用中与其他金属（V，Cr，Mo，W，Co，Ni）和碳一起构成各种钢。铁构成地球的内核（应用相关文段 3.1），铁在肥料的工业制备中至关重要，是哈伯法由氮和氢制备氨的催化剂。

铁是生物体内丰度最高的过渡金属，人体里 Fe 的平均含量超过 4 g。其众多作用包括以血红蛋白形式输氧、电子转移、以多种酶的形式起催化作用（酸碱催化、自由基催化和氧化还原催化）、控制基因表达，甚至包括感知地球磁场。

钌资源极端稀有，工业上以精炼镍和钴的副产物制备，也从铂族金属矿物的加工过程中获得。钌用于铂和钯的合金，这种硬质合金用于制作耐磨的电接触器件，二氧化钌、铅和铋的钌酸盐用于制作片状电阻器。上述两项电器方面的用途占钌耗量的 50% 以上，其余部分用于多种化学过程，如用作电解法生产氯的阳极材料。

锇的密度（$22.6\ g \cdot cm^{-3}$）为铅的 2 倍，是所有元素中密度最大的一个。锇是自然界丰度最低的元素，自然界中发现它以金属形态（和铱一起）存在。不过，作为精炼镍的副产品而提取锇更经济，年产量约 100 kg。锇的熔点（3 054 ℃）很高而且特硬，因而很难加工。其用途主要依赖它的硬度和耐磨性：较老的用途包括钢笔尖、钟表和指南针的轴承、留声机的针头，现代一些的用途包括电接触器件，四氧化物用于有机合成。现在尚不了解钌和锇的生物学功能；其大多数盐类被认为无毒，挥发性的四氧化物（MO_4）具有高毒性。

(b) 二元化合物

提要：铁的已知最高氧化态低于钌和锇，铁的低氧化态（+2 和 +3）化合物最稳定。

铁形成许多氧化物，包括 $Fe_{1-x}O$（$x \approx 0.04$，氧化态主要为 +2）、Fe_2O_3（氧化态为 +3）和具有尖晶石结构的 Fe_3O_4［混合氧化态，1/3 铁原子为 Fe(Ⅱ)，2/3 铁原子为 Fe(Ⅲ)］。Fe_3O_4 以磁铁矿形式存在于自然界，可被永久磁化（因此又叫天然磁石）；用作海上航行罗盘至少已有 800 年。虽然铁在含 $[FeO_4]^{2-}$ 阴离子的化合物中以 Fe(Ⅵ) 存在，同样氧化态的 FeO_3 却属未知。与之类似的是，Fe(Ⅳ) 与 F^- 的络合物（如 $[FeF_6]^{2-}$）是存在的，却不存在简单的 FeF_4。所有卤素都能形成化学式为 FeX_3 和 FeX_2 的二元卤化物。铁既形成硫化物（FeS）也形成二硫化物（FeS_2），后者是自然界发现的黄铁矿（又叫"愚人金"），它是二硫化物离子（S_2^{2-}）形成的一种络合物（节 16.14）。

金属钌在室温下被空气氧化生成 RuO_2 钝化膜，需要更高温度才能将金属完全氧化为 RuO_2。与钌不同，锇被空气非常缓慢地氧化为挥发性的 OsO_4。氧化剂不过量的情况下生成二氧化锇（OsO_2）的黑色晶形粉末。Ru 和 Os 的二氧化物都采取金红石结构。使用强氧化剂可以制得 RuO_4，虽然该氧化物不稳定，分解生成 RuO_2 和 O_2。RuO_4 和 OsO_4 都是黄色的、挥发性的极毒物质。RuO_2 在燃料电池的释氧过程中用作电催化剂（节 25.16）。

Ru 和 Os 都能形成六氟化物、五氟化物和四氟化物，Os 也形成四氯化物和四溴化物。对 +3 氧化态而言，Ru 能形成所有四种卤化物，锇只形成溴化物和碘化物。

(c) 复合氮族化物、复合氧化物和复合卤化物

提要:第 8 族金属形成多种复合物固体;铁形成的复合物固体具有重要的电性质和磁性质。

多种二价阳离子(A)形成具有尖晶石结构(AB_2O_4,式中 B 的典型物种为 Fe^{3+})的复合铁氧体氧化物,包括 $ZnFe_2O_4$及 A 部位为混合阳离子的材料(如锰锌铁氧体 $Mn_{1-x}Zn_xFe_2O_4$和镍锌铁氧体 $Ni_xZn_{1-x}Fe_2O_4$)。这些叫做软铁氧体的材料被用做变压器芯材(利用其铁磁性和容易可逆磁化的性质),也用作棕色和黑色颜料。硬铁氧体(如组成为 $AFe_{12}O_{19}$的锶和钡铁氧体)是优异的永久磁体。钇铁石榴石($Y_3Fe_5O_{12}$)用于各种基于磁光性质的场合。

铁基超导体包括 Ln(O,F)FeAs(Ln = La,Ce,Sm,Nd,Ga)和两种砷化物 LiFeAs 和 NaFeAs;前者的超导临界温度(T_c)高达 53 K,两种砷化物的 T_c分别为 18 K 和 25 K。在这些氮族化物和氧合磷族化物中,铁与层状排列的砷相配位,而电正性更强的阳离子和氧负离子(如果存在的话)则形成相互隔离的层。

中间氧化态的锇和钌形成复合氧化物,如具有烧绿石结构的 $Pb_2Os(+5)_2O_7$。在较高氧化态,所有第 8 族金属都能形成具有独立氧合阴离子的复合氧化物,如 $BaFeO_4$(FeO_4^{2-}四面体)、Na_4FeO_4(Fe^{4+},d^4,发生了偏离理想四面体的 Jahn-Teller 畸变,形成扁平的 FeO_4^{4-}四面体)和 K_2OsO_5(OsO_5^{2-}三角双椎体)。

(d) 配位络合物

提要:在水溶液中,所有第 8 族金属都以八面体络合物最常见,铁的高自旋络合物和低自旋络合物之间存在着脆弱的平衡。

虽然存在着由 FeO_4^{2-}和 FeO_4^{4-}阴离子而得到的高氧化态络合物,溶液中仍以 Fe(Ⅱ)和 Fe(Ⅲ)形成的络合物最常见。有代表性的铁(Ⅲ)络合物为八面体并可能具有氧化性。高自旋络合物和低自旋络合物之间存在着脆弱平衡,低场配体(如水分子和卤离子)形成高自旋络合物,高场配体(如氰离子和联吡啶)络合物则为低自旋。调整温度、压力、溶剂等条件,可能制备从低自旋变化到高自旋的 Fe(Ⅲ)络合物("自旋交叉络合物")。铁(Ⅲ)相对较硬,更倾向于结合氧给予体配体;较强的极化力意味着$[Fe(H_2O)_6]^{3+}$的溶液显酸性,溶液中存在像$[Fe(H_2O)_5(OH)]^{2+}$和$[(H_2O)_5Fe(\mu\text{-}O)Fe(H_2O)_5]^{4+}$这样的物种。铁(Ⅱ)络合物通常为八面体并可能具有还原性,$[Fe(H_2O)_6]^{2+}$因而可被氧化为 Fe(Ⅲ)化合物。Fe(Ⅱ)与强场配体(如氰离子或菲咯啉)发生络合时,络合物变成具有 d^6 电子组态的低自旋,从而显著地被稳定,并显示惰性。

在较高氧化态的配位化学中,钌和锇都与卤离子形成八面体阴离子$[MX_6]^{2-}$,氧阴离子参与配位形成复杂结构,$[Ru_4O_6(H_2O)_{12}]^{4+}$(**23**)是一个例子。低自旋八面体络合物支配着两元素较低氧化态的化学,+2 氧化态的钌形成稳定络合物的数目非常大。络合物$[Ru(bpy)_3]^{2+}$是个有代表性的感光剂,可见光可将中心原子 Ru 上的 1 个电子激发至 bpy 配体的反键轨道,从而将钌氧化至+3 氧化态。

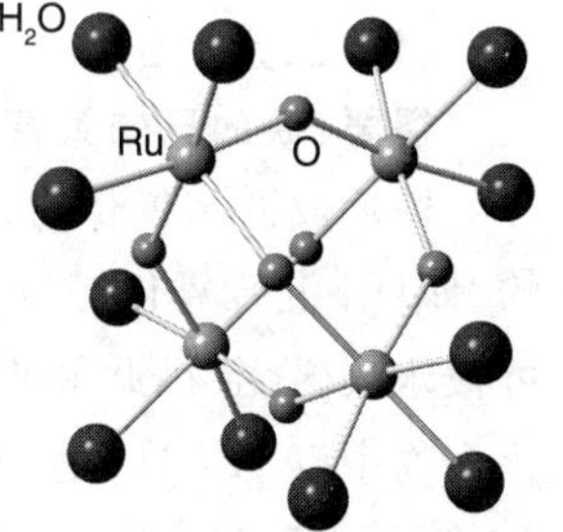

(**23**) $[Ru_4O_6(H_2O)_{12}]^{4+}$

(e) 金属有机化合物

提要:第 8 族金属形成稳定的二(环戊二烯基)络合物和多种羰基簇化合物。

第 8 族金属的金属有机化合物包括了二茂铁(**24**)这个所有金属有机络合物中最神奇的化合物。正是 1950 年代发现的 18 电子的二茂铁和其后对成键作用的解释,开启了现代金属有机化学的新时代(第 22 章)。钌和锇形成叫做二茂钌和二茂锇的类似化合物;所有 3 个化合物都非常稳定,都可在空气中无顾忌地进行升华操作。金属铁粉与一氧化碳反应形成 18 电子的三角双锥羰基化合物$[Fe(CO)_5]$(**25**)。$[Fe(CO)_5]$失去一氧化碳可以生成像$[Fe_2(CO)_9]$(**26**)和$[Fe_3(CO)_{12}]$这样的簇化合物(节 22.20)。事实上,钌和锇形成的最简单的羰基化合物就是簇化合物$[M_3(CO)_{12}]$(**27**)。结合羰基、环戊二烯基和许多其他配体的第 8 族金属的金属有机络合物容易制备,一大批簇化合物中都含有第 8 族金属。

钌的卡宾络合物(**28**)是烯烃复分解反应中的活性物种,Grubbs、Chauvin 和 Schrock 因发现该反应而获得 2005 年诺贝尔化学奖(节 25.3)。

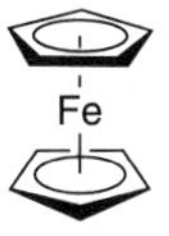

(**24**) 二茂铁 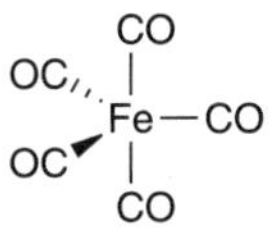　(**25**) 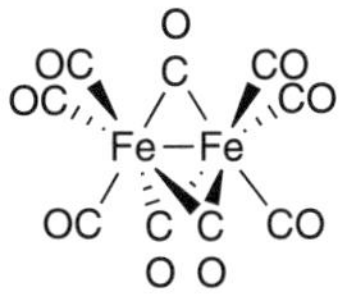　(**26**) 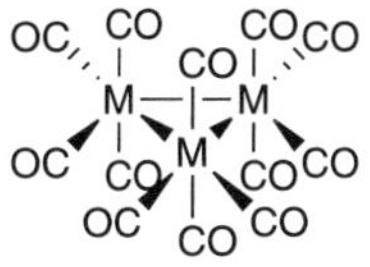　(**27**) 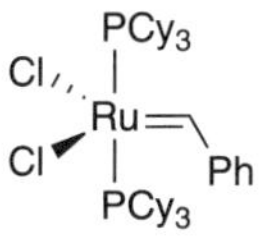　(**28**)

19.9　第 9 族:钴、铑、铱

(a) 存在和用途

提要:钴是多个钢种的重要成分,其盐类用作颜料的历史已有数千年。铑和铱的资源非常稀有,但在催化上有重要用途。

大多数岩石和土壤中存在低含量的钴,它是 1819 年从陨石中离析出来的。钴在经济上相当重要,资源主要来自开采铜矿和镍矿的副产物。与用于钢中(增加硬度)同样重要的是,它也广泛用于制造磁体。钴化合物可使玻璃、釉料和陶瓷产生浓艳的蓝色,用作颜料的历史已有数千年。从公元前 300 年的埃及雕塑品、波斯珠宝饰物和公元 79 年遭到破坏的庞贝遗迹中都检出了钴。维生素 B_{12}(也叫钴胺素)的核心是金属有机钴。痕量钴胺素对所有动物维持生命都至关重要。含有钴胺素的酶能催化自由基重排和甲基迁移反应,其活性中心是第一批用 X 射线测定的结构之一。大多数钴盐被认为无毒。

铑是地球上丰度最低的元素之一,是以非常小量的游离金属的形式发现的。通常是由开采铜矿和镍矿的副产物获得,年产量约为 20 t。金属铑抗氧化性高,且具有很强的反射性,以薄膜形式用于覆镀光学纤维、某种镜面和汽车前灯的反射镜。铑主要用在汽车废气处理系统的催化转化器中,这种用途约占总产量的 80%。在孟山都法(节 25.9)中,铑化合物用于催化甲醇羰基化反应生成醋酸。

铱是已知抗腐蚀性最强的金属,但其存在量如此之少,以致年提取和使用量仅约 3 t。虽然主要工业资源来自精炼铜过程中形成的阳极泥,但自然界发现的多数铱却以锇铱合金(osmiridium)存在。铱的用途与其硬度和抗腐蚀性有关:铱和锇的合金用于轴承、钢笔尖,也用于 X 射线望远镜的反射镜。铱盐用于甲醇羰基化反应的 Cativa 法中,该法正在逐渐替代铑基催化剂的孟山都法(节 25.9)。不论是铑还是铱,都没有发现任何生物功能,但吞入体内的盐类有温和毒性。

(b) 二元化合物

提要:第 9 族金属的最高氧化态是在氟化物中发现的,铑和铱为+6,钴为+4;钴最稳定的氧化态为+2,铑和铱则为+3。

第 9 族金属的高氧化态化合物局限于氟化物(RhF_6,IrF_6,RhF_5,IrF_5,MF_4)和氧化物(RhO_2,IrO_2,均为金红石型结构);氟化物具有强氧化性而且往往不稳定。铱的稳定氧化物是 IrO_2,而铑则更多形成 Rh_2O_3。钴的+3 氧化态形成相对少的二元氟化物,氧化物 Co_3O_4 中的部分钴为+3 氧化态。溶液中更多地形成配位络合物。对铑和铱而言,+3 氧化态是最稳定的氧化态,所有 4 种卤化物都存在,氧化物也是一样。钴的+2 氧化态化合物多得多,氧化物和所有 4 种卤化物都为已知化合物。

(c) 复合氧化物和复合卤化物

提要:深色钴颜料中的 Co^{2+} 为四面体配位。

$LiCoO_2$ 为层状结构,被锂离子隔开的 Co(Ⅲ)O_6 八面体连接在一起。其中部分锂离子可用电化学方法抽取出来,这一性质导致该材料在多次充电电池系统中得到应用(节 24.6)。$CoAl_2O_4$ 中的 Co(Ⅱ)处于四面体部位,这个具有尖晶石结构的化合物能产生深的品蓝色,广泛用作颜料。其他复合氧化物和化合物也能含有四面体配位的钴(Ⅱ),如硅酸盐中加入 Co^{2+} 化合物可形成亮蓝色的钴玻璃。

(d) 配位络合物

提要:钴比其他任何 d 金属形成更多的四面体络合物,而铑和铱则主要形成八面体络合物。

Co(Ⅱ)和 Co(Ⅲ)支配着钴的水溶液的配位化学,两种氧化态的络合物之间存在着平衡,这种平衡依赖于络合物的配体:$[Co(H_2O)_6]^{3+}$能将水氧化放出氧、本身还原为$[Co(H_2O)_6]^{2+}$;而$[Co(NH_3)_6]^{2+}$则能被空气氧化生成$[Co(NH_3)_6]^{3+}$。钴(Ⅱ)既能形成八面体络合物,也能形成四面体络合物。钴(Ⅱ)形成的四面体络合物比其他所有 d 金属都要多,这是因为对 d^7组态而言,八面体几何体与四面体几何体之间的配位场稳定能之差处在最小值(节 20.1)。像大多数八面体络合物一样,所有四面体络合物均为高自旋。一般说来,八面体络合物为粉红色或红色,四面体络合物则为深蓝色。钴(Ⅲ)络合物通常为八面体,它们当中的大多数为低自旋 d^6组态,而且显惰性。

铑和铱的配位化学完全由 M^{3+}阳离子形成的八面体低自旋 d^6组态络合物所支配。将 MCl_3溶解于 HCl 水溶液,依赖于 Cl^-浓度的变化,可能形成$[M(H_2O)_6]^{3+}$和$[MCl_6]^{3-}$之间的所有络合物。与硬给予体配体(如氨配体)形成的许多其他络合物也是已知的。

(e) 金属有机化合物

提要:第 9 族金属形成具有催化活性的 16 电子四方平面络合物,也形成 18 电子络合物。

对第 9 族金属而言,已知最小的电中性羰基化合物是二聚化合物$[Co_2(CO)_8]$(**29**)、四聚化合物$[Rh_4(CO)_{12}]$和$[Ir_4(CO)_{12}]$(**30**),其他更高的簇化合物也是已知的。这些羰基化合物是非常有用的前体,以它们为起始物制备对氢甲醛化反应(节 25.5)和羰基化反应(节 25.9)具有催化活性的络合物。

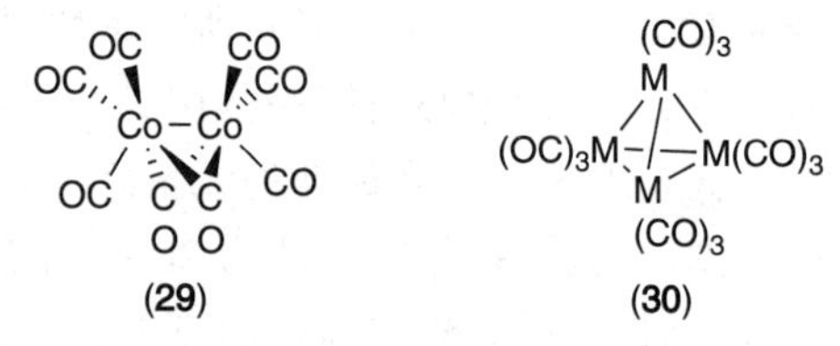

(29)　(30)

电中性二(环戊二烯基)络合物应是 19 电子化合物,不过只有钴形成简单的单体物种。铑被认为在低于−196 ℃的气相中形成单体物种,但通常条件下明确无误地形成二聚物(每个 Rh 原子的形式电子计数为 18)。

然而,所有 3 种金属都能形成非常稳定的 18 电子物种$[(Cp)_2M]^+$。一(环戊二烯基)物种(如 **31** 和 **32**)的化学内容非常丰富,包括烷烃活化领域的化学。

形式上的+1 氧化态形成 16 电子四方平面 Rh(Ⅰ)和 Ir(Ⅰ)络合物。这类络合物(如有历史意义的 Vaska 络合物,**33**)是通过氧化加成反应得到 M(Ⅲ)18 电子八面体络合物的理想起始物。容易实现氧化加成反应的催化剂包括均相加氢催化剂(Wilkinson 催化剂,节 25.4)和经由甲醇羰基化反应合成醋酸的催化剂(节 25.9)。有趣的是,甲醇羰基化反应最早的工业方法使用了钴催化剂,第二代使用了铑催化剂,当今则使用铱催化剂。

(31)　(32)　(33)

19.10　第 10 族：镍、钯、铂

(a) 存在和用途

提要：第 10 族所有 3 个金属都有重要用途：镍主要掺于钢中，钯和铂主要用作催化剂。

镍在地壳中有广泛分布，地心中的含量大约为 10%。虽然加拿大发现了巨大的针镍矿（NiS）资源（据认为由巨大陨星撞击形成），但通常是与铁一起在砖红色矿物[如含镍的褐铁矿（Ni,Fe）O（OH）]或糊状硫化物[如镍黄铁矿$(Ni,Fe)_9S_8$]中发现的。利用传统方法在空气中焙烧接着用碳还原可得到纯度约 75%的镍，这种镍适于制造大多数合金。高纯度镍是用电解法或蒙德法生产的，1890 年实现商业化的蒙德法基于$[Ni(CO)_4]$的挥发性，$[Ni(CO)_4]$的化学式在此之前不多几年才确定，但其成键作用当时并未得到解释（节 22.5）。简单地说，一氧化碳通过磨得很细的镍粉上方即可得到羰基化合物，后者流经高温区即重新分解为镍和一氧化碳，得到的一氧化碳进入再循环。该法也适于制造镀镍物件，将待镀物件置于$[Ni(CO)_4]$气流中，$[Ni(CO)_4]$在物件表面发生分解并沉积出镍。全部镍产量的约 60%用于制造抗腐蚀的钢合金，其余用于制造其他合金或制造镀件。镍在高级生命形式中少有重要作用，但却是微生物界的一个重要元素，以酶的形式催化 H_2的氧化、H_2的产生和 CO_2的还原，这些都是与新能源有关的备受关注的反应。作为生物学上一个臭名昭著的事实，镍是脲酶中有催化活性的金属。脲酶是由胃病原体幽门螺杆菌（*Helicobacter pylori*）产生的一种酶，这种酶导致胃溃疡和胃癌。虽然大多数镍盐无毒，但一些接触金属镍的人会罹患皮炎。即使在很低剂量，$[Ni(CO)_4]$也极毒。

钯不是特别稀有，在自然界与金和铂一起存在。钯主要是从精炼镍的副产物中提取的，当今大部分纯钯用于汽车废气的催化转化器中，帮助氧化发生部分燃烧的烃类化合物。其余部分用于牙科、宝石业，也用于制作微电容器。合成化学家或者用钯作为加氢催化剂（通常悬浮于碳上），或者用于一系列由钯催化的碳-碳键的形成反应（该工作获得 2010 年诺贝尔化学奖，节 25.8）。现在尚不知钯的生物功能，但 $PdCl_2$一度被写进治疗肺结核的处方，没有发现它的任何有害效果（实际上可能还有好效果）。

铂虽属于稀有资源，但全球均有发现。虽然在 1750 年左右才将铂确认为一个新元素，但多处古代文明遗迹都发现了由铂加工的物件。南非、俄国和加拿大当今都在开采铂矿，但通常是从铜和镍的精炼过程中提取的。纯铂是银白色、有光泽、具有延性（所有纯金属中以其延性为最强）和展性的金属。铂在任何温度下都不会被空气所氧化，对大多数化学品耐腐蚀，并有很高的熔点（1 768 ℃）。如果反应条件需要，实验室通常会使用铂制器皿（如坩埚、电极等）。这些性质也能解释它的第二大主要用途：珠宝。铂制珠宝是一种尊贵的标志，往往比金更受尊敬。当今铂主要用在催化转化器中。铂的生物功能尚属未知，但从 *cis*-$[PtCl_2(NH_3)_2]$（顺铂）（节 27.1）制得的化合物却广泛用于治疗癌症。据认为顺铂治癌是铂结合于细胞的 DNA，从而阻止了细胞的复制过程。

(b) 二元化合物

提要：第 10 族金属最常见的氧化态为+2。

所有 3 种第 10 族金属都生成氧化态为+2 的化合物，这些化合物在正常条件下都十分稳定。对铂而言，进一步氧化至+4 氧化态相对容易些，甚至能氧化至+6 氧化态。所有金属和所有卤素都存在化合物 MX_2；所有卤素都形成 PtX_4；但 Ni 和 Pd 只形成 MF_4。氧化性很强的 PtF_6既能将 O_2氧化，也能将 Xe 氧化。3 种金属的氧化物（MO）和硫化物（MS）都属已知，铂的二氧化物（PtO_2）和混合价态氧化物（Pt_3O_4）也能离析出来。虽然 PdO 和 PtO 中的金属原子采取四方平面配位结构，而 NiO 却为岩盐结构（Ni^{2+}和 O^{2-}均为八面体配位）。

钯在室温下容易吸收氢气形成间充型氢化物，其氢的密度大于固态氢本身。镍可以制成叫做 Raney 镍的多孔镍，这种镍吸收氢的能力很强，然后将其释放至有机底物。

(c) 氢氧化物、复合氢化物和复合氧化物

提要：镍的氢氧化物用于电池，复合氧化物用于固体燃料电池。

镍金属氢化物充电电池用的是 $Ni(OH)_2$和 NiO(OH) 轮换充作正极的原理，使用的 α-$Ni(OH)_2$为层

状结构,该结构是由共享三角面的 $Ni(OH)_6$ 八面体形成的。

合金 $LaNi_5$ 与氢气反应生成复合氢化物 $LaNi_5H_6$,单位体积的含氢量高于液氢。该材料在减压条件下加热时放出氢,人们有兴趣在质量因素不很重要情况下将其用作储氢材料。

在固体氧化物燃料电池中,用 NiO 和被钇稳定的氧化锆组成的复合物作为阳极(这种阳极具有高催化活性),用作阴极的则是镧的镍酸盐($La_2NiO_{4+\delta}$,$0 \leqslant \delta \leqslant 0.2$)。用镍氧化物和锑氧化物掺杂的二氧化钛[$(Ti_{0.85}Ni_{0.05}Sb_{0.10})O_2$]用作塑料和陶瓷釉料的黄色颜料(应用相关文段 24.1)。

(d) 配位络合物

提要:镍络合物具有多种几何体,Pd(Ⅱ)和 Pt(Ⅱ)络合物为四方平面形。

溶液中的 Ni^{2+} 络合物具有多种几何体,包括八面体(如$[Ni(H_2O)_6]^{2+}$)、三角双锥体(如$[Ni(CN)_5]^{3-}$和某些阳离子)、四方锥体(如$[Ni(CN)_5]^{3-}$和某些阳离子)、四面体(如$[NiCl_4]^{2-}$)和平面四方形(如$[Ni(CN)_4]^{2-}$)。与之形成对照,Pd^{2+} 和 Pt^{2+} 络合物几乎不变地显示平面四方形几何体,这与它们的 d^8 电子组态相一致(节 7.7 和节 20.1)。铂(较小程度上还有钯)显示出多组+4 氧化态的络合物,这些络合物全为低自旋八面体 d^6 组态,也是典型的惰性络合物。

(e) 金属有机化合物

提要:镍形成全羰基化合物$[Ni(CO)_4]$,但钯和铂却不形成对应的络合物。钯的四方平面金属有机络合物广泛用于催化过程。

第 10 族金属的金属有机化合物包括两个有历史意义的化合物,一个是四羰基镍,一个是叫做蔡氏盐的 $K[(CH_2{=\!=}CH_2)PtCl_3]$(节 22.9)。$[Ni(CO)_4]$是个四面体的 18 电子物种,一直被用作合成许多其他形式上的镍(0)络合物的前体。但在正常条件下,Pd 和 Pt 却不形成相应的络合物。+2 氧化态的第 10 族金属形成最大数目的络合物,它们几乎全是像 Zeise's 盐那样的 16 电子四方平面化合物。这些络合物往往容易发生氧化加成反应(节 22.22)生成 18 电子八面体络合物[往往继之以还原消除反应,产生另一个 M(Ⅱ)物种]。同样,形式上的 M(0)络合物也可能发生氧化加成反应,钯存在许多利用这种途径的催化反应实例,如加氢反应(节 25.4)、Wacker 法(节 25.6)及形成碳-碳键的一些方法(节 25.8)。科学家对用铂活化简单烷烃抱有很大兴趣,因为铂的金属有机化合物的性质似乎有能力实现烷烃的官能化。镍的金属有机络合物可用作加氢反应和聚合反应催化剂,也可用在炔烃生成芳烃的环三聚反应中。

19.11　第 11 族:铜、银、金

(a) 存在和用途

提要:人类使用第 11 族金属的历史至少已有 5 000 年,3 种金属的展性都极高。

本族 3 种金属为人所知并进行加工的历史至少已有 5 000 年。金属铜质软,显淡红色,导电性和导热性都很高。虽然金属表面没有光泽并在潮湿空气中变成松软状绿色(铜绿,碱式碳酸铜),但正常条件下的确不被腐蚀。铜易于加工制成柔韧的线材,这种材料具有高导热性和高导电性。当今年产量约为 1 500 万吨,有经济价值的资源只能持续 15~20 年。硫化矿经焙烧、石灰石处理、加热分解生成有杂质的铜,后者通过电解将纯度提高至 99.99%。粗铜中其他金属的泥状物沉落在阳极下方,从中可以提取 Ag、Au、Ir、Os、Pd、Pt、Rh、Ru 等多种金属。铜主要用于电器器材和管件(包括热交换器),约 5%用于制造合金(如黄铜)。铜在生物学上非常重要:至少有 10 种酶与铜有关,其中包括所有高级生命形式都离不开的细胞色素 *c* 氧化酶(一种产生能量的酶,节 26.8)。蓝色的血蓝蛋白中也含铜,它是节肢动物和软体动物体里的一种 O_2 转移蛋白。铜盐用作杀真菌剂,大量摄入体内的铜盐有毒。

银虽然也从电解精炼铜的副产物中提取,但仍以辉银矿(Ag_2S)、氯银矿(AgCl)和深红银矿(Ag_3SbS_3)的形式广泛分散在自然界并被人们所开采。金属银具有很高的延性和展性,也具有能够磨得特亮的白色金属光泽(虽然在大气中的确会变暗)。它的导电性和导热性在所有金属中是最高的。除了用在人们熟

悉的珠宝业外,也用在制镜业和电器工业,最后这项用途靠的是它优良的传导性。随着数字摄影技术的不断改善,银盐在胶卷制造业中的用量逐渐下降。尚不知道银在生物学上的作用,但 Ag^+ 阳离子对细菌和病毒都是致命的,某些医药敷料和制品中也含银。利用这种性质的世俗方法是在衣物(如袜子)中塞进少量金属银以防止细菌生长,这种细菌能让衣物产生令人作呕的臭味。

金的价格在所有金属中虽然并不总是最贵的,传统上却曾经价格最高。金在许多场合以金属形式存在,年产量约为 2 000 t。金不会变暗的亮黄色为人们所熟悉。所有金属中以金的展性为最高,1 g 金(一粒大米的大小)可被捶打成面积 1 m^2以上的薄片。珠宝方面的传统用途约占当今金产量的 75%,其余部分的大多数用于投资,相当一部分用作电接触器件。随着颗粒大小的变化,金的胶态纳米微粒的颜色从红色变到紫色,数百年来一直被用作玻璃和瓷器的颜料。虽然尚不知道金有生物功能,其盐类却被用于治疗风湿性关节炎,金属本身用于牙科的历史至少已有 2500 年。

(b) 二元化合物

提要:铜的+2 氧化态最稳定,银和金在多数化合物中分别为+1 和+3 氧化态。

第 11 族金属全都形成+1 和+2 氧化态的二元化合物,金和银也显示+3 氧化态,金还能形成 AuF_5。虽然存在某些+3 氧化态铜的复合氟化物和复合氧化物,但却不形成二元化合物。铜最稳定的氧化态为+2,Cu(Ⅱ)形成的氧化物、硫化物和除碘化物以外的其他卤化物都是已知的。正常情况下,溶液中的 Cu(Ⅰ)化合物不稳定,能发生歧化反应,但配体的存在却能影响反应的平衡位置。还原溶液中的 Cu^{2+} 而形成的 Cu_2O(见图 19.7)是个稳定的红色固体,其中含有线性配位于氧的 Cu^+。Cu_2O 用作颜料,也用作船舶防污漆的成分。CuO 是含有四方平面 Cu^{2+}结构的暗棕色固体。

相反,银和金的+2 氧化态并不常见。Ag(Ⅱ)具有强氧化性,但化合物 AgF_2 却是已知的。银和金的+3 氧化态卤化物(AgF_3、AuF_3、$AuCl_3$和 $AuBr_3$)也已知其存在。金的稳定氧化物是 Au_2O_3,而银的稳定氧化物则是 Ag_2O。Ag_2O 用于银氧化物电池,在那里是被锌还原的。硫化物也是已知的,它们是小带隙的半导体。

(c) 复合硫属化物和复合卤化物

提要:第 11 族金属的高氧化态复合物可被 F^- 阴离子和 O^{2-} 阴离子所稳定;铜的复合氧化物能形成高温超导体。

Cu(Ⅲ)氧化态可被稳定在复合氧化物(如 $LiCuO_2$)和复合氟化物(如 $CsCuF_4$)中,Cs_2CuF_6中还存在氧化性很强的 Cu(Ⅳ)氧化态。金和银的高氧化态复合氟化物也可合成出来,如 $KAgF_4$、$La(AuF_4)_3$和 $KAuF_6$。

高温超导体是一组铜的复合氧化物。Bednorz 和 Muller 于 1986 年发现 $La_{2-x}Ba_xCuO_4$之后,50 种以上的复合铜氧化物的组成和结构已经被发现,其中包括得到广泛研究的两个物相 $YBa_2Cu_3O_{7-d}$(YBCO)和 $Bi_2Sr_2CaCu_2O_8$(BISCO)。这些化合物(全与钙钛矿结构相关)中铜的平均氧化态在+2.15 和+2.35 之间。对这些超导体而言,一个关键的结构特征是通过顶点全部连接起来的四方平面 CuO_4层,其总组成为 CuO_2(见图 19.8)。

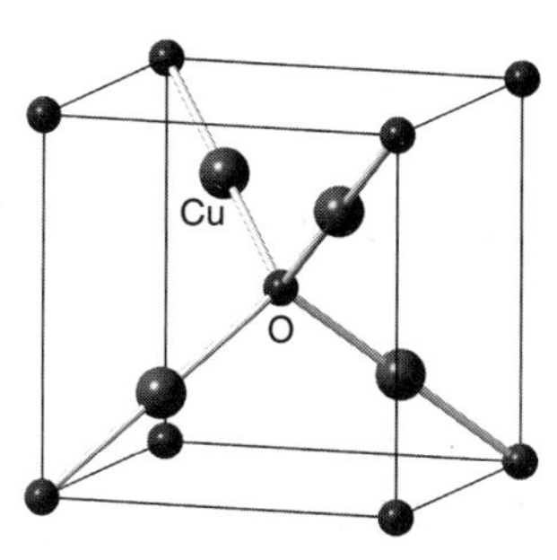

图 19.7* Cu_2O 的结构

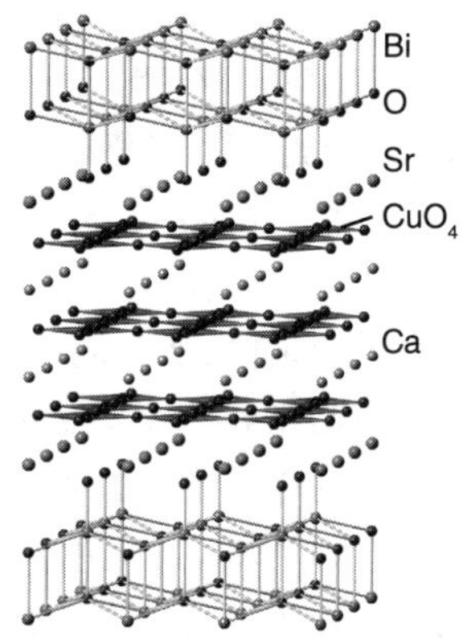

图 19.8* BISCO 的结构,绘出了连在一起的 CuO_4 四方形平面

二硒化铜铟(CIS,$CuInSe_2$)及其掺镓的铜铟镓的硒化物(CIGS,$CuIn_{1-x}Ga_xSe_2$)是光伏电池中的重要半导体,这是由于它们对能量高于 1.5 eV 的光子具有高吸收系数,从而导致太阳能电池的效率接近 20%。

(d) 配位络合物

提要:铜(Ⅱ)络合物发生 Jahn-Teller 畸变;银络合物几乎没有配位几何体的偏爱;Au(Ⅲ)络合物为四方平面形,而 Au(Ⅰ)络合物为线形。

发生 Jahn-Teller 畸变的 d^9Cu^{2+} 的配位化学支配了铜的配位化学:铜的八面体络合物中,相对位置上的 2 个配体或者更远离或者更靠近其他 4 个配体。六水合离子为蓝色,水分子被氨配体取代后变为深蓝色。溶液中的铜(Ⅰ)盐不稳定,容易歧化为 Cu(0) 和 Cu(Ⅱ)。银的配位化学主要是 $d^{10}Ag^+$ 络合物的配位化学,对配位几何体几乎没有偏爱。例如,$[Ag(NH_3)_2]^+$ 为线形,$[Ag(NH_3)_3]^+$ 为三角形,$[Ag(NH_3)_4]^+$ 为四面体。Au(Ⅲ)d^8 络合物总是四方平面形(如$[AuCl_4]^-$),而 Au(Ⅰ)络合物通常为线形。

(e) 金属有机化合物

提要:除金以外,第 11 族金属的金属有机化学被研究得非常少。

第 11 族金属的金属有机化学相当有限,主要由于金属有机络合物中 d^{10} 组态的+1 氧化态占支配地位。铜的金属有机化合物主要限于形式上的 Cu(Ⅰ)氧化态形成的简单的 η^1-烷基和 η^1-芳基络合物,为数不多不稳定的羰基化合物和个别烯烃和芳烃配位的络合物也有所报道。文献报道的 Ag(Ⅲ)四方平面形 d^8 络合物的化学性质很有限(这些络合物全部不稳定而且具有氧化性),银的金属有机化合物同样主要是 η^1-烷基和 η^1-芳基络合物。作为一种碱,银的氧化物新近流行的一种用途是将咪唑鎓盐去质子,生成经由碳与银结合的 NHC 配体(节 22.15),从而形成大数目的、新的、形式上的金属有机化合物。但实际上,银的作用只是传送 NHC 配体的一个方便管道。在所有第 11 族金属中,金的金属有机化学发育最快,除了研究较透彻的 Au(Ⅰ)化学外,还有许多活泼的和具有催化活性的四方平面 Au(Ⅲ)络合物。已知存在着 η^2-烯烃络合物,但较高配位点的络合物尚无报道。仅有的两个具有一定稳定性的羰基化合物是 [Au(CO)Cl] 和 [Au(CO)Br]。

19.12 第 12 族:锌、镉、汞

(a) 存在和用途

提要:锌在工业上和生物学上都很重要,镉用于电池,汞因其毒性高,其应用正在被禁止。

虽然迟迟没有意识到锌是个独立的元素,但人类用锌的历史至少已有 2 300 年,当时的罗马人就知晓黄铜(铜锌合金)。锌是地球上第四位广泛使用的金属(处在铁、铝、铜之后),年产量约为 1 000 万吨。锌的主要矿物为闪锌矿和纤锌矿(二者的成分都是 ZnS),提取金属时先将矿物焙烧得到氧化物,接着用焦炭还原。生产的锌一半以上用于锌镀以保护钢(镀锌),其余大部分或以纯金属和氧化物使用,或用于制造合金(如黄铜)。氧化锌(ZnO)用于橡胶硫化,也用在多种药物(如炉甘石洗液和抗菌膏)中。它也用作白色颜料(如涂在纸面),添加于塑料以阻拦紫外光。硫化锌(ZnS)用作许多磷光体的基质和活化剂。受 UV 或 X 射线激发的掺锰 ZnS 发橙光,掺银后则发蓝光。掺铜 ZnS 是一种磷光材料,黑暗处用作辉光涂料。

锌在生物学上是丰度占第二位的 d 金属,存在于 200 种以上的各种酶中。其主要作用是作为多种酸碱催化酶(如碳酸酐酶,节 26.9)活性部位的金属,也是“锌指”转录因子中的结构金属。“锌指”转录因子是一种能识别 DNA 特殊序列的蛋白,从而能调控基因序列。锌也在神经化学中起着极其重要的作用。锌盐大部分无毒,氧化物用于防晒霜和治疗皮肤传染病。

镉是质软的银蓝色金属,在空气中失去光泽。它以杂质存在于大多数锌矿中,这类资源中提取的镉足够当今的全部耗量而有余。大约 90% 的镉用于充电电池,其余大部分用做特种钢涂层。土壤中的镉被许多植物吸收,除了在海生硅藻中的作用(碳酸酐酶中发现了镉)外,尚不了解存在其他任何有益的作用。镉能不可逆地取代酶中的锌并破坏酶的功能,因而是大多数动物体内的一种积累性毒物。

汞是所有金属元素在室温下唯一以液体存在的元素,这是充满的电子亚层、相对论效应和镧系收缩共

同作用的结果。汞是一种令人着迷的、明白无误的金属性流体(铅可以浮于其上)。汞最重要的矿物是辰砂(HgS),500 ℃焙烧时金属汞即被蒸馏出来。汞以金属形式用于温度计,以金属蒸气形式用于白炽灯管,汞的各种合金(汞齐)用途广泛,如用于修复牙齿。长期以来辰砂(又叫朱砂)被用作红色颜料:在西班牙和法国的洞穴中发现,约 3 万年前的古代绘画就是由朱砂绘制的。由于环境因素,汞的多数用途正在被废止。汞的毒性很强(应用相关文段 19.3),迄今尚不知道汞在生物学上的功能。

应用相关文段 19.3 环境中的有毒金属

周期表所有元素参与了生物圈的演化,并在演化过程中逐渐适应环境。气候变化导致金属从岩石中释放出来,并接受生物学机理和其他多种机理的处置。事实上,许多金属因具有重要的生物化学功能而成为生物体的一部分(第 26 章和第 27 章),同时也发育起另一些生物化学体系将金属排除在生物体之外,使之不能起到伤害作用。采矿业的发展严重扰乱了自然界原来的生物地质化学循环,从前工业时代开始,多种金属的循环水平急剧扩大。

许多金属和准金属(包括 Be、Mn、Cr、Ni、Cd、Hg、Pb、Se 和 As)对职业和环境构成危险。生物体接触这些元素的机会依赖于元素的应用模式和它们的环境化学行为。最受关注的是那些能与蛋白质中的硫醇基牢固结合的重金属,如化学上的软金属:汞。

科学家往往采用剂量-响应度曲线表达某物质对生命体的影响,如图 B19.6。受生物体生理敏感程度和金属本身化学行为的影响,不同金属的曲线形状各不相同。例如,铁和铜都是生命必需元素,却具有形状完全不同的曲线:铜开始产生毒性的浓度比铁低得多。有理由将铜的毒性与铜离子对硫配体和氮配体显示出较高亲和力相联系,这种亲和力使铜更易对蛋白质关键部位造成干扰。铁在更高的剂量才造成危害,铁的催化作用能产生氧自由基,过量铁还能刺激细菌生长。

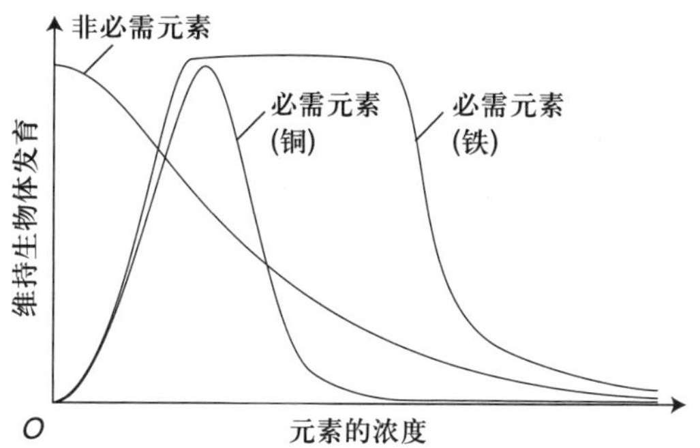

图 B19.6 非必需元素和两种必需元素的剂量-响应度理想曲线。

元素对生物体是否存在危害,可能与其氧化还原状态有关。对特定金属而言,不同氧化态化合物的溶解度往往差别甚大。许多金属在地壳中以不溶性硫化物形式存在而难以发生迁移;但接触空气被氧化后情况就会发生变化。例如,暴露在空气中的硫化汞(Ⅱ)会被氧化为可迁移的硫酸汞(Ⅱ)。

铁在很多场合以黄铁矿(FeS_2)形式存在,开采过程中往往被某些细菌催化,通过下述反应而排出酸性污水:

$$FeS_2+(15/4)O_2+(7/2)H_2O \longrightarrow Fe(OH)_3+2SO_4^{2-}+4H^+$$

S_2^{2-} 在反应中被氧化为硫酸,Fe^{2+} 则被氧化为 Fe^{3+},后者水解生成 $Fe(OH)_3$。矿区排出的酸性污水是反应产物中的 H^+ 造成的。

对金属而言,氧化还原状态对溶解度可能产生相反的效果。锰的还原状态可迁移,其他金属则需要在氧化状态下才能发生迁移。例如,还原状态的 Cr(Ⅲ)不能发生迁移,因为它或者形成不溶性氧化物,或者与土壤成分形成动力学上显惰性的络合物。况且,Cr(Ⅲ)的自由离子也不能发生跨生物膜的传递。然而,一旦被氧化为 Cr(Ⅵ)离子(CrO_4^{2-}),即成为可溶性物种。铬(Ⅵ)物种毒性高,且能致癌。CrO_4^{2-} 与 SO_4^{2-} 具有相同的形状和电荷,能被硫酸根转移蛋白摆渡穿过生物膜。一旦进入细胞内部,铬酸根就会被内源还原剂(如抗坏血酸)转化为 Cr(Ⅲ)络合物。该过程产生反应性强、能破坏 DNA 的氧物种。此外,还原产物 Cr(Ⅲ)还能络合 DNA 并使 DNA 发生交联。Cr(Ⅲ)不能穿过生物膜,只能蓄积在细胞内部。

对其他金属而言，其毒性受两种因素相互作用的控制：一种因素是跨膜传输，另一种因素是细胞内部与该氧化还原状态的结合状况。例如，汞盐相对无害，是因为细胞膜对离子物种存在能垒，不允许 Hg^{2+} 透过。同样，吞咽下去的汞也没有毒性，因为金属汞不能被内脏吸收。然而，汞蒸气毒性很高（洒落的汞珠需要彻底清除的原因所在），因为中性原子容易穿过肺膜并能跨越血脑障。一旦进入脑部，Hg(0)就会被具有强氧化活性的脑细胞线粒体氧化为 Hg(Ⅱ)，后者则能与神经元蛋白关键部位的硫醇基牢固结合。汞是很强的神经毒素，但只有进入神经细胞内部才是这样。有机汞化合物（特别是甲基汞）甚至比汞蒸气更危险。CH_3Hg^+ 能被胃液中的氯离子络合形成 CH_3HgCl，这个电中性物种具有穿过细胞膜的能力，因而在通过内脏时能够被吸收。一旦进入细胞内部，CH_3Hg^+ 则与硫醇基结合并在那里蓄积下来。

汞对环境的毒性几乎全都和吃鱼有关。硫酸盐还原菌与淤泥中的 Hg^{2+} 反应生成甲基汞，并通过水生食物链得到富集。任何地方的鱼体中都存在一定量级的汞。如果淤泥受到汞污染，鱼体中汞的量级就会显著增加。最糟的汞中毒事件于 1950 年代发生在日本渔村水俣镇，当地一生产聚氯乙烯的企业（该企业将 Hg^{2+} 用作催化剂）将含汞废水排入水俣湾，那里鱼体中蓄积的甲基汞接近 100 ppm。数千人因以鱼为食而中毒，许多儿童出生前因为母亲食用这些鱼而患上弱智和运动神经失调症。这一灾难导致政府开始建立严格的鱼类消费标准，限制了对食物链顶端鱼类的消费，如淡水鱼中的狗鱼和鲈鱼，大洋中捕捞的剑鱼和金枪鱼。

建章行动已开始指向汞排放源，工厂选址也受到限制。生产 Cl_2 和 NaOH 的氯碱企业是汞的主要排放源之一，那里利用汞池电极将金属钠转化为氢氧化钠。汞池电解法正在被淘汰，现代氯碱厂采用阳离子交换膜隔开的电极室。如果燃料中含有汞化合物，燃烧过程中会将汞排放至大气中。垃圾焚化装置和医院的焚化炉已开始安装过滤设备以减少汞的排放。煤中含有少量汞矿物，但因煤的耗量巨大，也成为汞进入环境的一个主要来源。

汞蒸气和挥发性有机汞化合物能在大气中长距离漂移，导致汞污染成为全球性问题。元素汞被臭氧或大气中的羟基自由基、卤素自由基等氧化为 Hg^{2+}，有机汞化合物分解的最终产物也是 Hg^{2+}。遇到水分子的 Hg^{2+} 发生溶剂化，随降水一起落至地面。落汞可发生在远离排放源的地方并分布在全球各地。据估计，北美洲排放的汞实际上只有大约三分之一落在美国，占美国落汞的一半。巴西的炼金场用生成汞齐的方法提取金，然后加热汞齐将汞驱出以回收。这种过程排放的汞估计占全球排放总量的 2%（占南美洲排放量的一半）。其实，准确估算排放量是困难的，因为很大一部分落汞形成挥发性化合物和汞蒸气而参与再循环。例如，硫酸盐还原菌具有生物甲基化活性，甲基化产生的挥发性二甲基汞 $(CH_3)_2Hg$ 会进入大气。有些细菌含有甲基汞裂解酶，这种酶能破坏甲基与汞之间的化学键。另一种酶叫甲基汞还原酶，它可将得到的 Hg(Ⅱ)还原至 Hg(0)；这是一种保护性机制，使微生物免受挥发性 Hg(0)的危害。

(b) 二元化合物

提要：+2 氧化态支配着锌和镉的化学性质；汞也形成 Hg_2^{2+} 阳离子（其中含 Hg—Hg 单键）的络合物。

锌和镉的化学性质非常相似，它们也相似于第 2 族金属的化学性质。锌与镉之间的主要差别都可归因于镉有较大的体积；它们的化学行为（包括已知的所有氧化物、硫化物和卤化物）几乎是这些 d^{10} 电子组态的 M^{2+} 独有的化学行为。锌形成稳定的氢化物 ZnH_2。汞形成数目庞大的 Hg^{2+} 化合物，但也形成 $[Hg_2]^{2+}$ 阳离子（其中两个 Hg 离子彼此键合在一起）的化合物。最近文献报道了低温下存在于基体中的化合物 HgF_4（其 d^8 组态暗示汞是个过渡金属），但却未能离析出独立的化合物。

锌的氧化物存在两种多晶，分别采取纤锌矿和闪锌矿结构，前者在热力学上更稳定。这两种 4∶4 配位结构在大于 10 GPa 的高压下都转变为岩盐结构。白色 ZnO 加热时可逆地失去少量氧生成亮黄色的 $Zn_{1+x}O$，其中多出的 Zn 原子以 Frenkel 缺陷形式存在，填充在晶格间隙中（节 3.16）。CdO 中较大的 Cd^{2+} 形成岩盐结构。HgO 采取由线形 O—Hg—O 单元连接而成的链结构（见图 19.9）。其多晶形式为红色固体，但从溶液中快速沉淀出来的微粒为黄色。HgO 受热分解为金属汞和氧气，Joseph Priestley 于 1774 年用此方法第一次制得纯氧。

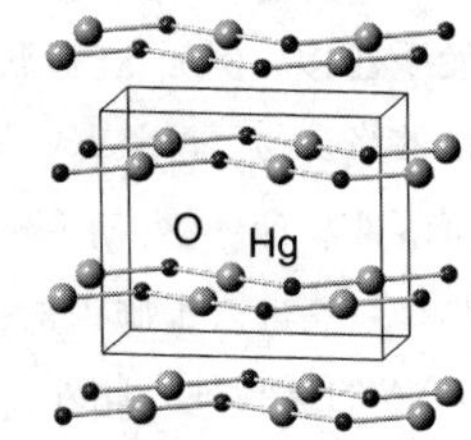

图 19.9* HgO 的结构

像 ZnO 一样，ZnS 也具有多晶，两种结构形式也随自然界存在的矿物命名（六方纤锌矿结构和立方闪锌矿结构）。CdS 显示与 ZnS 同样的多晶行为，形成

4 : 4 配位结构。CdS 为黄色并用作颜料(镉黄)。CdSe 是一种更稳定的多晶物;纤锌矿结构的 CdSe 为红色,也用作颜料(镉红)。CdTe 是个小带隙半导体,用于光伏电池。红色 HgS 的结构中含有由线性 S—Hg—S 单元形成的螺旋线。应用相关文段 19.4 中较详细地讨论了第 12 族硫属化物半导体的性质和用途。

应用相关文段 19.4 第 12 族的硫属化物:半导体、颜料和太阳能电池

第 12 族与第 16 族元素形成的化合物因其半导性和相关的光学性质而具有许多重要应用。这些金属硫属化物(MX)中的价带主要来自 X^{2-} 的轨道,而导带则来自 M^{2+} 的轨道,它们形成的带结构的简明图见图 B19.7。

体系中的带隙依赖于轨道(分别由 M 和 X 贡献给带)的相对能量,这种相对能量既决定着带宽,也决定着 M^{2+} 和 X^{2-} 能级之间的距离。对某一特定的硫属化物(如硒化物)而言,随着由 Zn 到 Cd 到 Hg 向下的方向,轨道能量变得更匹配,带隙也变得越来越小。而对 MO→MS→MSe→MTe 这个系列而言,逐个上升的硫属化物轨道能量也减小带隙。实验观察到的第 12 族 MX 化合物的带隙见表 B19.2。

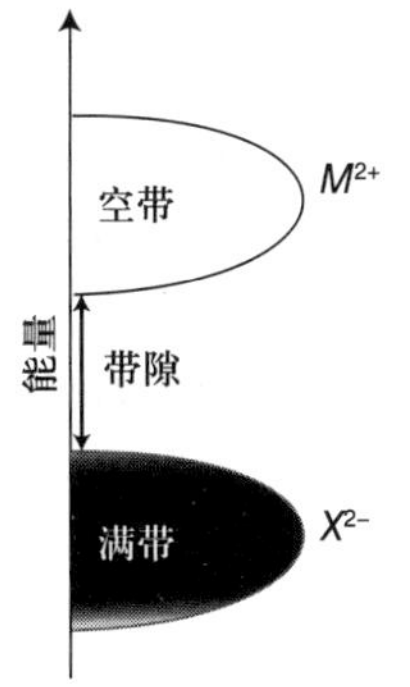

图 B19.7 MX 盐的简明带结构

表 B19.2 温度为 300 K 时的带隙 单位:eV

MX	O	S	Se	Te
Zn	3.37	3.54/3.91*	2.7	2.25
Cd	2.37	2.42	1.84	1.49
Hg/Cd	2.15	2.1(α)	0.8	-0.1

* 依赖于多晶形物:闪锌矿/纤锌矿。

光与这些不同带隙的材料的相互作用导致若干重要用途。可见光覆盖着1.76 eV(红光)至 3.1 eV(蓝光)之间的能量区间,能量足够的光子会将化合物 MX 中的 1 个电子从价带激发至导带。大带隙半导体(如 ZnO,其带隙大于 3.1 eV)只能吸收紫外光,利用这一性质制造防晒膏;ZnO 和 ZnS 在可见光区无吸收,也被用作白色颜料。随着材料(如 CdS 和 CdSe)带隙的减小,光的吸收移入可见区。CdS 吸收蓝光,CdSe 则吸收除红光之外的所有光。正因为如此,CdS 为亮黄色固体(蓝色的互补色,参见图 8.14)而 CdSe 为红色。相关材料因此而用作镉黄颜料和镉红颜料。中间色调(如橙色)可由固溶体 $CdS_{1-x}Se_x$ 得到。对带隙较小的材料[如 CdTe 和第 12 族金属构成的混合体系(Cd,Hg)Te]而言,带隙变得非常小,材料能够吸收从紫外到可见再到近红外区的整个光谱,这一性质被用在太阳能电池中,这种电池基于 CdTe 和镉汞碲化物做成的红外辐射检测器。

气相的卤化锌(ZnX_2)虽为线形 X—Zn—X 分子,但室温下全为固体。氟化锌(ZnF_2)熔点高,采取金红石结构,而其余三种卤化物则为层状结构,熔点很低且易溶于水。镉同样形成高熔点的氟化物(萤石结构),而氯化物、溴化物和碘化物则为层状结构。汞形成两种卤化物 HgX_2 和 Hg_2X_2,除了 Hg_2I_2,Hg_2X_2 容易歧化为 Hg 和 HgX_2。Hg_2I_2 又叫碘化亚汞,是碘含量最小的碘化物。19 世纪用作治疗从痤疮到肾病等无所不治的药物,特别是治疗梅毒。不过其副作用也很强烈,以致"治疗"引起的恐惧超过疾病本身的危害。

例题 19.2 金属金属成键作用和簇

题目:哪种作用力将$[Hg_2]^{2+}$中的两个 Hg 原子结合在一起?并给出其中金属金属键的键级。

答案:首先需要从每个金属原子可供利用的原子轨道判断出能够形成的化学键类型,再从轨道占有情况判断键级。$[Hg_2]^{2+}$中汞的氧化态为 Hg(Ⅰ),因而电子组态为 $d^{10}s^1$。虽然 d 轨道可能按图 B19.3 绘出的方式发生重叠,两个 Hg 离子的 20 个 d 电子将会填满成键和反键两种轨道，从而不存在有效成键。因此，成键作用必定来自各离子的 s 轨道的重叠和两个 s 电子：重叠构成了 σ 成键轨道和 σ 反键轨道，σ 成键轨道被占据的情况下形成 Hg—Hg 单键。即使涉及一定程度的 sd 杂化，描述成键作用时仍然离不开 s 轨道，键级仍然是 1。

自测题 19.2 Re_3Cl_9 溶于含 PPh_3 的溶剂时形成一种化合物，试描述该化合物可能存在的结构。

(c) 复合氧化物和复合卤化物

提要：四面体配位的锌离子形成类似沸石的多孔结构。

氧化锌是个两性化合物，在碱性条件下，形成含有四面体离子 $[Zn(OH)_4]^{2-}$ 的溶液。这些离子与其他四面体物种（如磷酸根）可缩合为一种叫做锌磷酸盐（类似于铝硅酸盐沸石，见 14.15）的多孔网状结构。磷酸锌（$Zn_3(PO_4)_2$）涂于金属表面用作防腐剂，也用作牙科的黏固粉。

虽然 $HgBa_2Ca_2Cu_3O_{8-x}$（$0 \leqslant x \leqslant 0.35$）创造了高温超导临界温度的记录（133 K），但合成出来的汞的复合氧化物却相对较少。

(d) 配位络合物

提要：M^{2+} 阳离子存在四面体和八面体络合物，$[Hg_2]^{2+}$ 阳离子的络合物为线形。

第 12 族 M^{2+} 阳离子既形成四面体络合物，也形成八面体络合物。由于 d^{10} 组态没有晶体场稳定能，意味着对任何几何体都没有强的选择性。例如，镉在稀氨溶液中形成四面体 $[Cd(NH_3)_4]^{2+}$，在浓氨溶液中却形成八面体 $[Cd(NH_3)_6]^{2+}$；汞甚至形成如 $[HgI_3]^-$ 这样的三角形络合物。Zn^{2+} 处于软、硬酸的交界处，容易与软、硬两类给予体形成络合物，而 Cd^{2+} 和 Hg^{2+} 两个阳离子明显属软酸。$[Hg_2]^{2+}$ 阳离子的络合物通常为线形（X—Hg—Hg—X）。

(e) 金属有机化合物

提要：第 12 族元素形成金属有机络合物的能力有限，但具有重要用途。

虽然 1848 年就第一次离析出二乙基锌，但很晚才被确立下来作为试剂的二烷基锌和二芳基锌（R_2Zn）及其衍生物在合成中的用途，它们都是在合成中代替格氏试剂或锂试剂的一种选择。实际上，锌的金属有机化学内容非常有限。其金属有机络合物的配位数不超过 4，而且不存在 π 相互作用。因此，没有制备出锌的 η^2-烯烃化合物和 η^5-环戊二烯基化合物；同样，其羰基化合物也属未知。与之相类似，镉和汞的金属有机化合物只限于 σ 键合的烷基和芳基化合物。有机镉络合物少有让人感兴趣的特征，实际用途也不大。有机汞化合物（如二烷基汞和二芳基汞）对水和空气具有显著的稳定性（这一点不像对应的锂试剂、镁试剂和锌试剂），因而用于小规模的实验室合成，尽管它们具有毒性。

延伸阅读资料

J. Emsley, *Nature's building blocks*. Oxford University Press(2011). 按英文字母顺序排序的元素化学导读。

J. A. McCleverty and T. J. Meter(eds), *Comprehensive coordination chemistry Ⅱ*. Elsevier(2004).

R. H. Crabtree, *The organometallic chemistry of the transition metals*. John Wiley&Sons(2009).

C. Elschenbroich, *Organomrtallics*. Wiley-VCH(2006).

R. J. P. Williams and R. E. M. Rickaby, *Evolution's destiny*. RSC Publishing(2012). 讨论生活与环境如何共同发展的一本令人振奋的书。

练习题

19.1 写出第一横排过渡金属已观察到的最高族氧化态，给出这些金属离子族氧化态氧合物种的一个实例。写出第二横排和第三横排过渡金属已观察到的最高族氧化态，比较同族最高氧化态自上而下的稳定性。

19.2 利用“资源节 3”给出的信息构筑第 6 族元素（Cr、Mo 和 W）在酸性条件下的 Frost 图，并通过构筑的图形判断：(a) 各元素哪种氧化态的氧化性最强？(b) 是否有哪种氧化态易发生歧化反应？

19.3 绘出下列离子的结构示意图：(a) 重铬酸根(Ⅵ)，(b) 氧钒根基，(c) 正钒酸根，(d) 锰酸根(Ⅵ)。

19.4 为什么 TiO_2、V_2O_5 和 CrO_3 是人们熟知的化合物，而 FeO_4 和 Co_2O_9 却未能制备出来？

19.5 下列说法中哪一个是错的：

(a) 钼在化学上更像钨而不是更像铬；

(b) 第二和第三横排过渡元素较高氧化态占优势；

(c) 过渡金属原子体积大，因而密度不很高；

(d) 同一横排中部金属的原子化焓达到最大值。

19.6 查找 Cu、Ag、Au 的得电子焓和第 1 族金属的电离能，根据相关数据讨论：化合物 $M^+M'^-$ 可能是稳定的(化学式中的 M 为第 1 族金属，M' 为第 11 族金属)。

19.7 试解释：HfO_2 和 ZrO_2 是同结构化合物，为什么密度(分别为 9.68 g · cm^{-3} 和 5.73 g · cm^{-3})却差别如此之大？

19.8 利用“资源节 3”给出的信息构筑汞在酸性溶液中的 Frost 图，讨论 $[Hg_2]^{2+}$ 发生歧化的倾向。

19.9 许多 d 金属化合物用作颜料，除颜色外，对颜料这一用途而言还必须有哪些有用的性质？

辅导性作业

19.1 叙述并解释从过渡系的第二横排向第三横排过渡时，离子半径和高氧化态稳定性的变化趋势。

19.2 讨论在下述两种制造业中用轻质钛合金代替传统钢材带来的好处：(a) 小汽车；(b) 飞机。

19.3 TiO_2 可由氯化物法和硫酸盐法制造，从使用的原材料、生产出来的颜料的性质、生产过程对环境的影响等三个方面简要评述两种方法的优缺点。

19.4 铁对所有生命形式都至关重要。评估 Fe 的+2 和+3 氧化态的稳定性；将您的评估与正常条件下可能稳定的氧化态结合在一起，评述铁的生物可利用性。涉及氧的光合作用发生时(应用相关文段 14.4)大气是如何变化的，评述该过程如何影响铁的生物可利用性。

19.5 多年来一直使用附着在二氧化硅上的铬化合物作为烯烃聚合催化剂，请为铬化学在这方面的应用写一篇评述。(包括讨论 Phillips and Union Carbide 公司的体系，也包括讨论最近两年发表的与该主题相关的一篇论文。)

19.6 金、铂和钯都是价格昂贵的金属，评述它们在技术领域和其他领域的用途，并讨论不同时期的价格为什么在变化。

19.7 讨论纳米金微粒的生产历史，说明纳米金微粒的颜色。

19.8 M. Grzelczak 及其合作者在他们的论文“Shape control in gold nanoparticle synthesis”(*Chem. Soc. Rev.* 2008, **37**, 1783)中从形态学角度讨论了纳米金微粒的合成。试描述论文总结出来的不同形态，并简要叙述存在银离子和不存在银离子两种情况下论文为纳米粒子的生长机理提出的建议。

19.9 讨论服用碘化亚汞(Hg_2I_2)产生的副作用和过量服用可能造成的危险。

(李 珺 译，史启祯 审)

20 章

d 金属络合物:电子结构和性质

d 金属络合物在无机化学领域扮演着重要角色。本章通过两种理论模型讨论金属-配体之间成键作用的本质。从简单但却实用的晶体场理论开始,然后深入到较为复杂的配位场理论。晶体场理论基于成键作用的静电模型,但两种模型求助同一个参数(配位场分裂参数)解释光谱性质和磁性质。接下来考察络合物的电子光谱,了解配位场理论如何用来解释电子跃迁的能量和强度。

现在详细考察第 7 章介绍过的 d 金属络合物的成键作用、电子结构、电子光谱和磁性质。当 Werner 阐释过渡金属络合物的结构时,许多络合物的颜色让他感到困惑。从 1930 年至 1960 年这段时间内,使用轨道描述的电子结构对物质的颜色产生机理做出了很好的阐释。四面体络合物和八面体络合物是最重要的络合物,本章的讨论从它们开始。

电子结构

广泛使用两种模型讨论 d 金属络合物的电子结构。一种是晶体场理论,这种理论产生于对固体中 d 金属离子光谱进行的分析;另一种是配位场理论,产生于分子轨道理论的应用。晶体场理论比较原始,严格地说只适用于晶体中的离子;然而,它可用来直接获得络合物电子结构的实质。配位场理论是在晶体场理论的基础上建立的:它可更完善地描述络合物电子结构并解释更多的性质。

20.1 晶体场理论

晶体场理论(crystal-field theory)将配体孤对电子当作能对中心金属离子 d 轨道中的电子产生排斥力的点负电荷(或者看作电偶极子的部分负电荷)。这种排斥力使 d 轨道分裂为几个组,化学家通过这种分裂来说明络合物的光谱、热力学稳定性和磁性质。

(a) 八面体络合物

提要:在八面体晶体场中,d 轨道分裂为能量较低的三重简并组(t_{2g})和能量较高的二重简并组(e_g),两组能量之差为 Δ_O;配位场分裂参数沿配体光谱化学序列而增加,也随中心金属离子的性质和电荷而变化。

八面体络合物的晶体场理论模型将 6 个负电荷(代表配体)安排在围绕中心金属离子以八面体方式排列的点上。这些电荷(后面我们都将其叫作"配体")与金属离子发生强相互作用,络合物的稳定性在很大程度上源自这种相反电荷之间的吸引力。然而,这样一个小得多(但却非常重要)的二级作用则产生于不同 d 轨道上的电子与配体之间发生不同程度的作用。虽然这种作用小于中心金属-配体作用总能量的 10%,但却是影响络合物性质的重要因素。这也是本节的重要聚焦点。

d_{z^2}和 $d_{x^2-y^2}$轨道(对称类型为 e_g,节 6.1)上的电子集中在沿坐标轴的方向上并靠近配体,而 d_{xy}、d_{yz}和 d_{zx}轨道(对称类型为 t_{2g})上的电子则集中在配体之间的区域(见图 20.1)。结果导致前者较后者受到配体负电荷更强的排斥而处于相对较高的能级。群论表明两个简并的 e_g轨道具有相同的能量(虽然两条轨道的形状不同),三个简并的 t_{2g}轨道也具有相同的能量。这一简单模型能够导出图 20.2 的能级图,其中 t_{2g}轨道的能级低于 e_g轨道。两组轨道之间的能级差叫**配位场分裂参数**(ligand-field splitting parameter),符号为 Δ_O,下角"o"表示八面体晶体场。(晶体场理论中将配位场分裂参数叫晶体场分裂参数,这里统一叫作配位场分裂参数以避免命名复杂化。)

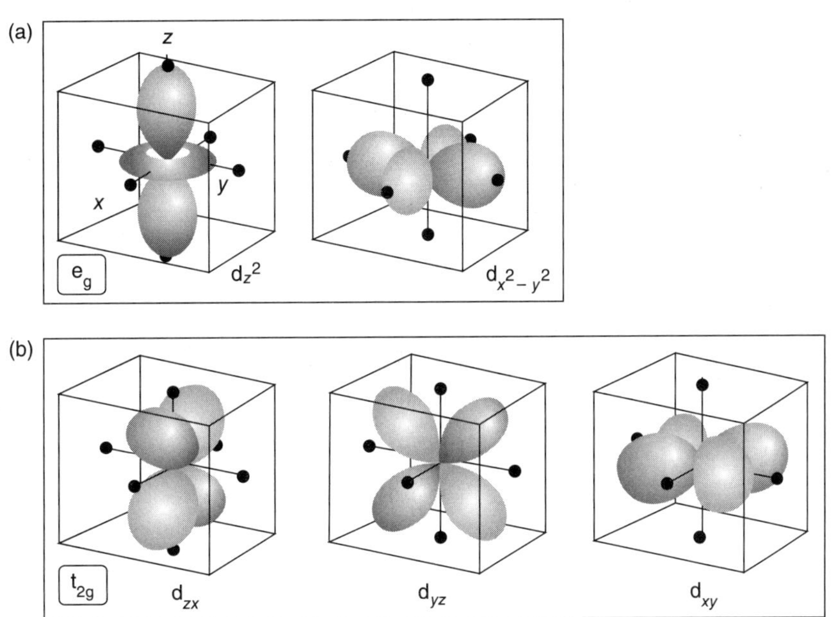

图 20.1　5 个 d 轨道相对于八面体方式排列的配体的取向:(a) 二重简并 e_g 轨道;(b) 三重简并 t_{2g} 轨道

与假想中的球形对称环境(配体的负电荷在球体上平均分布,而不是定域在 6 个点)相应的能级限定了能级排布的**重心**(barycentre),两个 e_g 轨道位于重心之上 $(3/5)\Delta_0$ 处,而三个 t_{2g} 轨道则位于重心之下 $(2/5)\Delta_0$ 处。像表示原子组态一样,轨道上角标用来表示占据这组轨道的电子数(如 t_{2g}^2)。

一电子络合物的吸收光谱是能用晶体场理论做解释的最简单的性质。图 20.3 示出 d^1 六水合钛离子 $[Ti(H_2O)_6^{3+}]$ 的吸收光谱。晶体场理论很好地解释了 493 nm(20 300 cm^{-1})处的最大吸收,这一吸收相应于 $e_g \leftarrow t_{2g}$ 电子跃迁(传统光谱符号将跃迁表示为[高能态]←[低能态]),该络合物的 Δ_0 为 20 300 cm^{-1}。

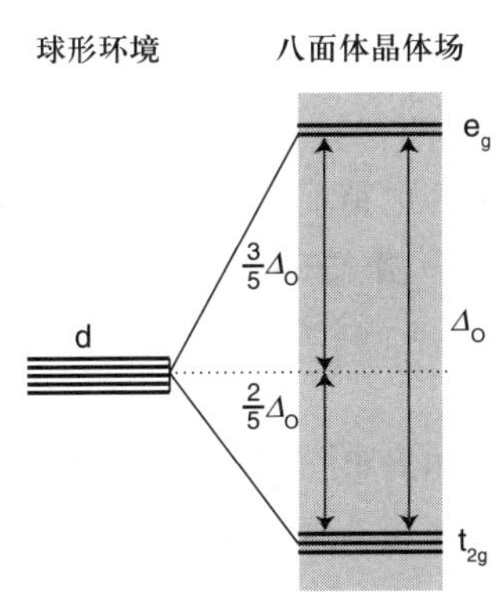

图 20.2　八面体晶体场中 d 轨道的能量

注意,相对于球形对称环境(如自由原子中的环境)中 d 轨道的平均能量保持不变

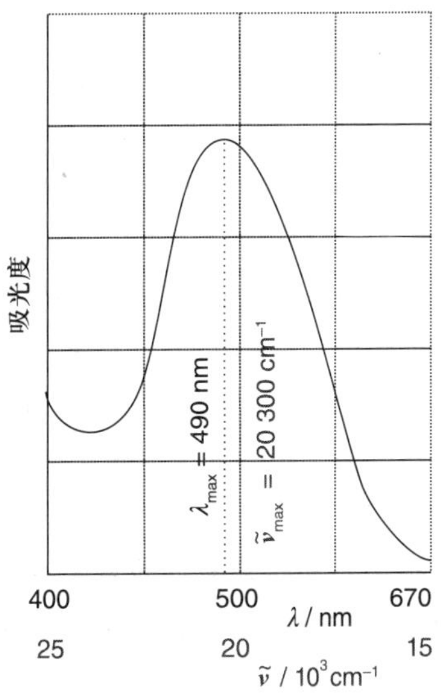

图 20.3　$Ti(H_2O)_6^{3+}$ 的吸收光谱

对 d 轨道电子超过一个的金属离子的络合物而言，不能这样直接得到 Δ_O 值。这是由于那种情况下的跃迁能不仅依赖于轨道的能量，还依赖于电子间的排斥能。这部分内容将在节 20.4 详细讨论，根据那里的分析得到表 20.1 中的 Δ_O 值。

表 20.1　络合物 $[ML_6]$ 的配位场分裂参数 Δ_O^*

	离子	配体				
		Cl^-	H_2O	NH_3	en	CN^-
d^3	Cr^{3+}	13 700	17 400	21 500	21 900	26 600
d^5	Mn^{2+}	7 500	8 500		10 100	30 000
	Fe^{3+}	11 000	14 300			(35 000)
d^6	Fe^{2+}		10 400			(32 800)
	Co^{3+}		(20 700)	(22 900)	(23 200)	(34 800)
	Rh^{3+}	(20 400)	(27 000)	(34 000)	(34 600)	(45 500)
d^8	Ni^{2+}	7 500	8 500	10 800	11 500	

* 数值的单位为 cm^{-1}，括号内为低自旋络合物的数据。

配位场分裂参数(Δ_O)随配体性质而变化。例如，当 $X=I^-$、Br^-、Cl^-、H_2O 和 NH_3 的络合物$[CoX(NH_3)_5]^{n+}$序列中，络合物从紫色($X=I^-$)到粉红色($X=Cl^-$)最后变为黄色($X=NH_3$)。这种变化表明能量最低的电子跃迁能(因此也包括 Δ_O)随配体沿序列变化而增加，遵循的顺序与中心金属离子的性质无关。因此，配体可按**光谱化学序列**(spectrochemical series)进行排列。光谱化学序列中的配体是按它们出现在络合物中时跃迁能增加的顺序排列的：

$$I^- < Br^- < S^{2-} < \underline{S}CN^- < Cl^- < N\underline{O}_2^- < N_3^- < F^- < OH^- < C_2O_4^{2-} < O^{2-} < H_2O <$$
$$\underline{N}CS^- < CH_3C\equiv N < py < NH_3 < en < bpy < phen < \underline{N}O_2^- < PPh_3 < \underline{C}N^- < CO$$

两可配体中有下划线的原子是给予体原子。上述顺序表明：对相同的金属而言，氰合络合物较氯合络合物的光吸收发生在更高的能量。产生高能跃迁的配体(如 CO)叫**强场配体**(strong-field ligand)；而产生低能跃迁的配体(如 Br^-)则叫**弱场配体**(weak-field ligand)。只靠晶体场理论不能解释这种强度，但正如 20.2 将会看到的那样，配位场理论则能做出解释。

配位场强度也依赖于中心金属离子的性质，其顺序大致如下：

$$Mn^{2+} < Ni^{2+} < Co^{2+} < Fe^{2+} < V^{2+} < Fe^{3+} < Co^{3+} < Mo^{3+} < Rh^{3+} < Ru^{3+} < Pd^{4+} < Ir^{3+} < Pt^{4+}$$

Δ_O 值随着中心金属离子氧化态的增加而增大(如比较 Co 和 Fe 两栏)。同一族金属离子自上而下也增大(如比较 Co、Rh 和 Ir 的位置)。随氧化态而变化的事实表明较高电荷的阳离子其半径也较小，金属与配体之间的距离变短，因而相互作用的能量也较强。同一族自上而下增大的事实反映了 4d 和 5d 轨道较密实的 3d 轨道更伸展，因此与配体的作用也更强。

(b) 配位场稳定化能

提要：络合物的基态组态能够反映配位场分裂参数和成对能的相对值。对 $n=4\sim7$ 的八面体 $3d^n$ 物种而言，弱场和强场环境分别存在高自旋和低自旋络合物，而 4d 和 5d 系金属有代表性的八面体络合物为低自旋。

由于八面体络合物中的 d 轨道并非全都具有相同的能量，因此不能立即从直观上判断络合物的基态电子组态。为了做出判断，常用图 20.2 给出的轨道能级图作为使用构建原理的基础。也就是说，需要根据两条原则来识别能量最低的组态：一条是 Pauli 不相容原理(一个轨道最多占据 2 个电子)，一条是电子优先占据不同轨道且自旋平行(如果存在 2 条或多于 2 条简并轨道)。

先讨论3d系元素形成的络合物。在八面体络合物中，前3个电子分别占据t_{2g}非键轨道且自旋平行。例如，Ti^{2+}和V^{2+}的电子组态分别为$3d^2$和$3d^3$。d电子占据较低的t_{2g}轨道，分别见(**1**)和(**2**)。相对于八面体离子的重心，t_{2g}轨道的能量为$-0.4\Delta_O$。因此，Ti^{2+}络合物和V^{2+}络合物被稳定的能量分别为$2\times(-0.4\Delta_O)=-0.8\Delta_O$和$3\times(-0.4\Delta_O)=-1.2\Delta_O$。相对于重心而言，这一额外的稳定性叫**配位场稳定化能**(ligand-field stabilization energy)，缩写为LFSE。

对$3d^4$离子Cr^{2+}而言，第4个电子可能进入三个t_{2g}轨道之一与那里已经存在的另一个电子成对(**3**)。然而这样成对会产生强烈的库仑排斥，这种库仑排斥能叫**成对能**(pairing energy)，符号为P。另一种方式是第4个电子进入e_g轨道之一(**4**)。这种方式虽然没有成对能，但轨道的能量高出Δ_O。第一种情况(t_{2g}^4)下，稳定化能($-1.6\Delta_O$)部分被成对能所抵消，净$LFSE=-1.6\Delta_O+P$。第二种情况($t_{2g}^3e_g^1$)下不存在成对能，$LFSE=3\times(-0.4\Delta_O)+0.6\Delta_O=-0.6\Delta_O$。采取哪种电子组态取决于$(-1.6\Delta_O+P)$和$(-0.6\Delta_O)$哪个数值更大些。

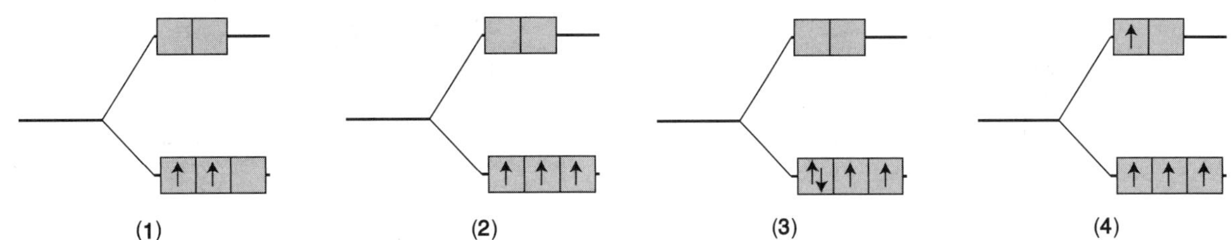

配位场分裂参数小于成对能时叫**弱场情况**(weak-field case)。如果$\Delta_O<P$，占据高位轨道形成$t_{2g}^3e_g^1$组态的能量更低。配位场分裂参数大于成对能时叫**强场情况**(strong-field case)。如果$\Delta_O>P$，尽管要付出成对能的代价，电子仍只占据低位轨道从而得到t_{2g}^4组态。例如，$[Cr(H_2O)_6]^{2+}$为$t_{2g}^3e_g^1$组态，而相对的强场配体(见光谱化学序列)形成的$[Cr(CN)_6]^{4-}$则为t_{2g}^4组态。弱场情况下所有电子占据不同轨道且自旋平行，获得的自旋相关效应有助于抵消电子占据高位轨道所付出的代价。

因为不存在占据t_{2g}轨道而产生的额外稳定化能与成对能之间的竞争，$3d^1$、$3d^2$和$3d^3$八面体络合物的基态电子组态是明确的，分别为t_{2g}^1、t_{2g}^2和t_{2g}^3，每个电子占据不同的轨道。如前所述，d^4络合物存在两种可能的组态，$n=5$、6和7的$3d^n$络合物也是如此。强场情况下优先占据低位轨道，弱场情况下电子占据高位轨道从而避免了成对能。

如果组态存在两种可能性，则平行自旋电子数较小的物种叫**低自旋络合物**(low-spin complex)，平行自旋电子数较大的物种叫**高自旋络合物**(high-spin complex)。正如已经看到的那样，八面体$3d^4$络合物在强晶体场中可能是低自旋，在弱场中则可能是高自旋(见图20.4)。同样的叙述也适用于$3d^5$、$3d^6$和$3d^7$络合物。

	弱场配体		强场配体	
	组态	未成对电子	组态	未成对电子
$3d^4$	$t_{2g}^3e_g^1$	4	t_{2g}^4	2
$3d^5$	$t_{2g}^3e_g^2$	5	t_{2g}^5	1
$3d^6$	$t_{2g}^4e_g^2$	4	t_{2g}^6	0
$3d^7$	$t_{2g}^5e_g^2$	3	$t_{2g}^6e_g^1$	1

$3d^8$、$3d^9$和$3d^{10}$络合物的基态电子组态是明确的，分别为$t_{2g}^6e_g^2$、$t_{2g}^6e_g^3$和$t_{2g}^6e_g^4$。

不考虑成对能的一般情况下，$t_{2g}^xe_g^y$组态相对于重心的净能量为$(-0.4x+0.6y)\Delta_O$。只有出现额外的成对现象(与球形场中的成对现象相比)时则需考虑成对能。图20.5示出d^6离子的情况：无论是自由离子还是高自旋络合物都是 2 个电子成对,而低自旋络合物中 6 个电子都成对(3 对)。所以,高自旋络合物中不需要考虑成对能,因为相对于自由离子没有额外的成对作用。但低自旋络合物中多了两对成对电子,所以必须考虑两对电子成对能的贡献。高自旋络合物总是与球形场(自由离子)具有相同数目的未成对电子,所以不需要考虑电子的成对能。表 20.2 列出了八面体离子各种组态的 LFSE 值及低自旋络合物需要考虑的成对能。需要提醒的是,LFSE 在金属离子与配体相互作用的总能量中只占很小的一部分。

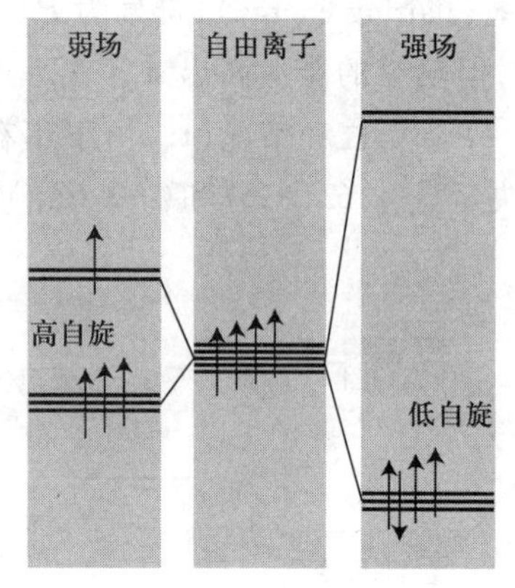

图 20.4　弱配位场和强配位场对 d^4 络合物轨道占据情况的影响

前者导致高自旋组态,后者导致低自旋组态

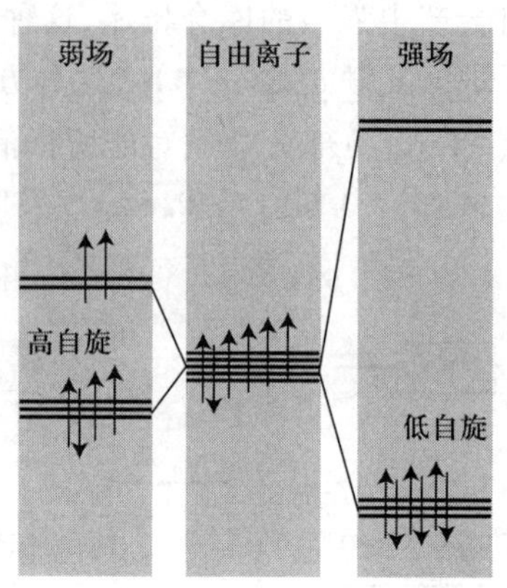

图 20.5　弱配位场和强配位场对 d^6 络合物轨道占据情况的影响

前者导致高自旋组态,后者导致低自旋组态

晶体场的强度(用 Δ_0 度量)和自旋成对能(用 P 度量)不仅与配体的性质有关,还与中心金属离子的性质有关。因此不可能完全用配体的光谱化学序列来解释络合物电子组态采取高自旋或低自旋。对 3d 金属离子而言,低自旋络合物往往形成于光谱化学序列强场配体的一端(如 CN^-),而高自旋络合物通常是由光谱化学序列中的弱场配体(如 F^-)形成的。有些 d^n 络合物($n=1\sim3$ 和 $n=8\sim10$)的组态是明确的(如表 20.2),不以“高自旋”和“低自旋”进行区分。

表 20.2　八面体络合物的配位场稳定化能*

d^n	例子	N(高自旋)	LFSE/Δ_0	N(低自旋)	LFSE
d^0		0	0		
d^1	Ti^{3+}	1	−0.4		
d^2	V^{3+}	2	−0.8		
d^3	Cr^{3+}, V^{2+}	3	−1.2		
d^4	Cr^{2+}, Mn^{3+}	4	−0.6	2	$-1.6\Delta_0+P$
d^5	Mn^{2+}, Fe^{3+}	5	0	1	$-2.0\Delta_0+2P$
d^6	Fe^{2+}, Co^{3+}	4	−0.4	0	$-2.4\Delta_0+2P$
d^7	Co^{2+}	3	−0.8	1	$-1.8\Delta_0+P$
d^8	Ni^{2+}	2	−1.2		
d^9	Cu^{2+}	1	−0.6		
d^{10}	Cu^+, Zn^{2+}	0	0		

* N 是未成对电子数。

正如我们已经看到的那样,4d 和 5d 系金属络合物的 Δ_0值通常大于 3d 系金属络合物。4d 和 5d 系金属络合物的成对能可能较 3d 系金属低,这是因为轨道较离散,也是因为电子-电子之间的排斥力较弱。结果导致这些金属的组态具有强晶体场的特征,络合物通常为低自旋。例如,具有 t_{2g}^4组态的 $4d^4$络合物 $[RuCl_6]^{2-}$,尽管光谱化学序列中的 Cl^-是弱场配体,但却表现为强场行为。同样 $[Ru(ox)_3]^{3-}$具有低自旋组态 t_{2g}^5,而 $[Fe(ox)_3]^{3-}$则为高自旋组态 $t_{2g}^3e_g^2$。

例题 20.1　计算 LFSE

题目: 根据第一原理计算下列八面体离子的 LFSE,并确认计算值与表 20.2 的值相匹配:(a) d^3,(b) 高自旋 d^5,(c) 高自旋 d^6,(d) 低自旋 d^6,(e) d^9。

答案: 先考虑每种情况下的总轨道能量,需要时再考虑成对能。(a) d^3离子的组态为 t_{2g}^3(不存在成对能),因此 LFSE = 3×(−0.4Δ_0) = −1.2Δ_0。(b) 高自旋 d^5离子的组态为 $t_{2g}^3e_g^2$(不存在成对能),因此 LFSE = 3×(−0.4Δ_0)+2×0.6Δ_0 = 0。(c) 高自旋 d^6离子的组态为 $t_{2g}^4e_g^2$(有 2 个电子成对);然而由于这两个电子在球形场中已经成对,不存在人们关心的额外成对能,因此 LFSE = 4×(−0.4Δ_0)+2×0.6Δ_0 = −0.4Δ_0。(d) 低自旋 d^6离子的组态为 t_{2g}^6(有 3 对成对电子);由于一对电子在球形场中已经成对,额外的成对能为 2P。因此 LFSE = 6×(−0.4Δ_0)+2P = −2.4Δ_0+2P。(e) d^9离子的组态为 $t_{2g}^6e_g^3$(有 8 个电子成对);由于所有 4 对电子在球形场中已经成对,不存在额外的成对能。因此 LFSE = 6×(−0.4Δ_0)+3×0.6Δ_0 = −0.6Δ_0。

自测题 20.1　计算高自旋和低自旋 d^7组态的 LFSE。

(c) 磁性测量

提要:磁性测量用于确定络合物中的未成对电子数,进而确定其基态组态。不过这种唯自旋计算对低自旋 d^5和高自旋 d^6、d^7络合物可能失败。

根据磁性质的测定从实验上区分八面体络合物是高自旋或低自旋。化合物分为两类:受磁场排斥的性质叫**抗磁性**(diamagnetic),受磁场吸引的性质叫**顺磁性**(paramagnetic)。实验上区分两类物质的方法是磁量法(第 8 章)。络合物顺磁性的大小通常用磁偶极矩来表示:磁偶极矩越高,样品的顺磁性就越强。

在自由离子或原子中,磁矩是由轨道角动量和自旋角动量共同产生并贡献于顺磁性。原子或离子作为络合物的一部分时,由于非球形环境中电子间相互作用的结果,任何轨道角动量通常都会被**淬灭**(quenched)或者叫做被抑制。然而如果存在未成对电子,净的电子自旋角动量仍会保存下来并产生**唯自旋顺磁性**(spin-only paramagnetism),这是许多 d 金属络合物的特征。总自旋量子数为 S 的络合物的唯自旋磁矩(μ)为

$$\mu=2[S(S+1)]^{1/2}\mu_B \tag{20.1}$$

式中,μ_B为**玻尔磁子**(Bohr magneton),$\mu_B=e\hbar/2m_e$,一个电子的磁矩为 9.274×10^{-24} J·T^{-1}。因为 $S=½N$(N 为未成对电子数),每个电子的自旋 $s=½$,

$$\mu=[N(N+2)]^{1/2}\mu_B \tag{20.2}$$

d 区络合物磁矩测量的结果通常可用它所拥有的未成对电子数做解释。因此可用测量结果来区分高自旋和低自旋络合物。例如,d^6金属络合物的磁性测量很容易区分它是高自旋 $t_{2g}^4e_g^2$($N=4$,$S=2$,$\mu=4.90\ \mu_B$)组态还是低自旋 t_{2g}^6($N=0$,$S=0$,$\mu=0$)组态。

表 20.3 列出一些电子组态的唯自旋磁矩,并与许多 3d 络合物的实验值进行了比较。大多数 3d 络合物(及某些 4d 络合物)的实验值与唯自旋磁矩计算值很接近,因此可以用来确定未成对电子数,进而用于确定基态组态。例如,$[Fe(H_2O)_6]^{3+}$是磁矩为 5.9 μ_B的顺磁性物种。如表 20.3 所示,该物种与存在 5 个未成对电子($N=5$,$S=5/2$)相一致,意味着它为高自旋 $t_{2g}^3e_g^2$组态。

表 20.3 计算得到的唯自旋磁矩

离子	电子组态	N	S	μ/μ_B计算值	实验值
Ti^{3+}	t_{2g}^1	1	1/2	1.73	1.7~1.8
V^{3+}	t_{2g}^2	2	1	2.83	2.7~2.9
Cr^{3+}	t_{2g}^3	3	3/2	3.87	3.8
Mn^{3+}	$t_{2g}^3e_g^1$	4	2	4.90	4.8~4.9
Fe^{3+}	$t_{2g}^3e_g^2$	5	5/2	5.92	5.9

对磁矩测量结果的解释有时也不像例子中判断的那样直观。例如,$[Fe(CN)_6]^{3-}$的钾盐的实验磁矩$\mu=2.3\ \mu_B$,该值位于一个未成对电子和两个未成对电子的唯自旋磁矩值(分别为1.7 μ_B和2.8 μ_B)之间。这种情况下唯自旋的假定是失败的(轨道的贡献很显著);然而该数值仍可能用来区分d^5Fe^{3+}的两种可能性:低自旋络合物将只有1个未成对电子(1.7 μ_B),而高自旋络合物将具有5个未成对电子(5.9 μ_B)。

对轨道角动量的贡献而言(也是顺磁性显著偏离唯自旋值的现象),必定存在一个或多个未充满或半充满轨道,这些轨道的能量接近未成对自旋占据的轨道并具有相关的对称性(这种对称性与轨道绕外磁场方向旋转而导致被占有关)。如果是那样,外磁场可迫使电子在低能级轨道上绕金属离子旋转,产生轨道角动量及总磁矩的轨道贡献部分(见图20.6)。对低自旋d^5和高自旋$3d^6$、$3d^7$络合物而言,偏离唯自旋磁矩的程度通常比较大。金属离子的电子态也可能随条件(如温度)变化而变化,导致高自旋转变为低自旋和磁矩的变化。这种络合物叫**自旋交叉**(spin-crossover)络合物,这方面的内容将和协同磁效应一起在节20.8和节20.9做详细讨论。

例题 20.2 由磁矩推断电子组态

题目:某八面体Co(Ⅱ)络合物的磁矩为4.0 μ_B,试推断其电子组态。

答案:首先需要将络合物可能的电子组态与实验观测到的磁矩匹配起来。Co(Ⅱ)络合物是d^7络合物。两种可能的组态是具有3个未成对电子的$t_{2g}^5e_g^2$(高自旋,$N=3,S=3/2$)和具有1个未成对电子的$t_{2g}^6e_g^1$(低自旋,$N=1,S=1/2$)。唯自旋磁矩分别为3.87 μ_B和1.73 μ_B(见表20.3)。因此,络合物应该是高自旋$t_{2g}^5e_g^2$组态。

自测题 20.2 络合物$[Mn(\underline{N}CS)_6]^{4-}$的磁矩为6.06$\mu_B$,试推断其电子组态。

(d) 热化学相关性

提要:实验水合焓的变化趋势反映了金属离子半径线性变化趋势和LFSE锯齿状变化趋势的结合。

配位场稳定化能的概念有助于解释高自旋八面体3d金属M^{2+}水合焓变化的双峰曲线(见图20.7)。二价离子的水合焓是下述反应的焓变:

$$M^{2+}(g)+6H_2O \longrightarrow [M(H_2O)_6]^{2+}$$

本可预期周期表从左到右随着金属离子半径的减小导致金属离子与H_2O的成键作用增强,从而导致水合焓近乎线性增加的趋势(见图20.7中的实心圆)。水合焓偏离了这条直线,这是从自由离子形成八面体络合物过程中额外的配位场稳定化能引起的。如表20.2所示,LFSE从d^1到d^3增加,从d^3到d^5减小,从d^5到d^8再次增加。图20.7中的实心圆是从水合焓$\Delta_{hyd}H$扣除高自旋的LFSE(来自表20.1给出的光谱值Δ_O)得到的。此例不难看出,由光谱数据算得的LFSE能够说明络合物额外的配体结合能。

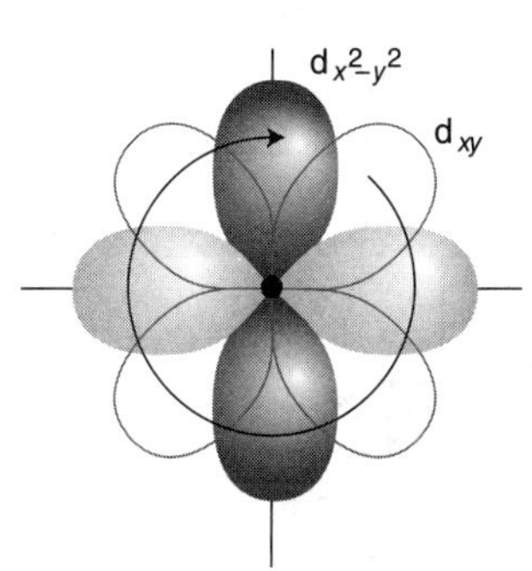

图 20.6* 如果存在对称性匹配的低能级轨道,外加磁场则可能影响络合物中电子绕核的旋转进而产生轨道角动量。此图给出外加磁场垂直于 xy-面(即垂直于纸面)时可能产生的绕核旋转的运行方式

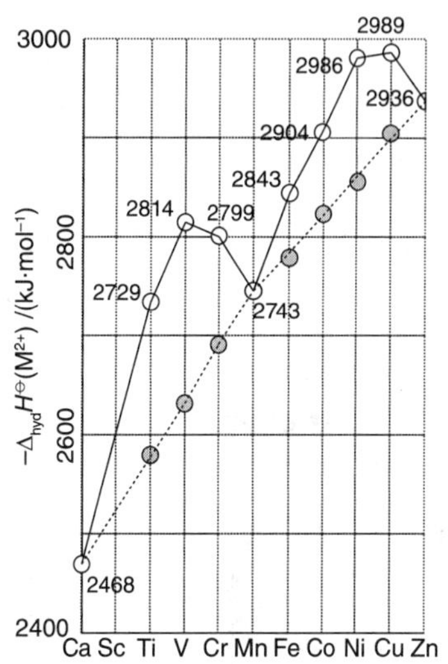

图 20.7 第一过渡系金属 M^{2+} 的水合焓 虚线表示扣除配位场稳定化能后焓变呈现线性增加的趋势;注意,从左到右焓变的总趋势是增大的(水合过程放热更多)

例题 20.3　用 LFSE 解释热化学性质

题目:化学式为 MO 的下列氧化物(金属离子全为八面体配位,岩盐结构)的晶格焓(单位:kJ · mol^{-1})如下:

CaO	TiO	VO	MnO
3 460	3 878	3 913	3 810

试用 LFSE 解释这种变化规律。

答案:首要考虑因离子半径变化而造成的简单变化趋势,然后考虑 LFSE 造成的偏离。一般情况下,MO 晶格能的大小随 M 离子从 CaO(d^0)到 MnO(d^5)半径减小而线性增加(晶格焓正比于 $1/(r_1+r_2)$,节 3.12)。Ca^{2+}(没有 d 电子)的 LFSE 为 0,高自旋 Mn^{2+}(O^{2-} 为弱场配体)的 LFSE 也为零。对 Ca^{2+}、Sc^{2+}、Ti^{2+}、V^{2+} 和 Mn^{2+} 这个系列的氧化物而言,可以预期晶格能从 Ca^{2+} 到 Mn^{2+} 大约按[(3 810−3 460)/5] kJ · mol^{-1} 的步长线性增加。由此可以预期 TiO 和 VO 的晶格能分别应为 3 600 和 3 670 kJ · mol^{-1},事实上 TiO(d^2)的晶格能为 3 878 kJ · mol^{-1},差值 278 kJ · mol^{-1} 可以看作来自 LFSE 的 $-0.8\Delta_O$。同样,VO(d^3)实际的晶格能为 3 913 kJ · mol^{-1},高出的 243 kJ · mol^{-1} 可以看作来自 LFSE 的 $-1.2\Delta_O$。

自测题 20.3　解释下述八面体氟化物晶格能的变化规律:MnF_2(2 780 kJ · mol^{-1}),FeF_2(2 926 kJ · mol^{-1}),CoF_2(2 976 kJ · mol^{-1}),NiF_2(3 060 kJ · mol^{-1})和 ZnF_2(2 985 kJ · mol^{-1})。

(e) 四面体络合物

提要:四面体络合物中的 e 轨道能级低于 t_2 轨道;通常只会遇到高自旋络合物。

对 3d 金属而言,四配位四面体络合物的数量仅次于八面体络合物。像用于八面体络合物那样,晶体场理论也适用于讨论四面体络合物。

四面体晶体场也将 d 轨道分裂为两组,不同的是两个 e 轨道($d_{x^2-y^2}$ 和 d_{z^2})的能量低于三个 t_2 轨道(d_{xy}、d_{yz} 和 d_{xz}),见图 20.8(四面体络合物没有反演中心,因而轨道符号下标没有 g 和 u)。e 轨道能量低于 t 轨道的事实可从轨道空间排布方面去理解:e 轨道指向配体和配体部分负电荷之间的位置,而 t 轨道则较为直接地指向配体(见图 20.9)。另一个差别是四面体络合物的配位场分裂参数 Δ_T 小于 Δ_O[事实上 $\Delta_T \approx (4/9)\Delta_O$],这是因为配体数目少,没有配体完全指向 d 轨道。成对能总是不如 Δ_T 那么大,通常只会遇到高自旋络合物。

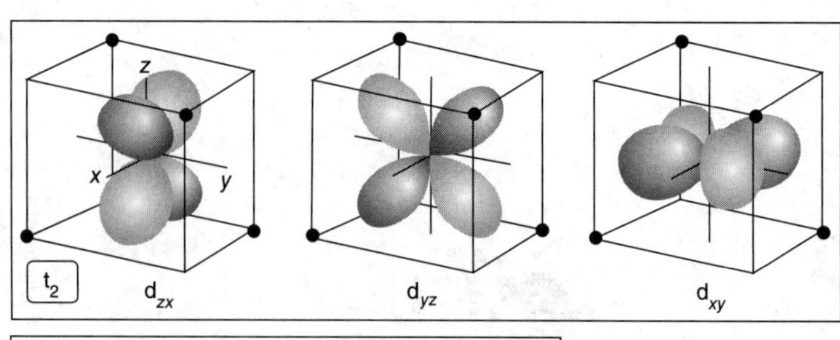

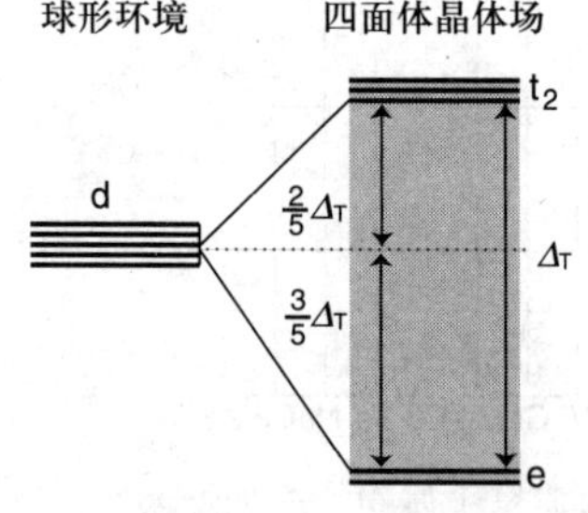

图 20.8 分析四面体络合物中构建原理时使用的晶体场轨道能级图

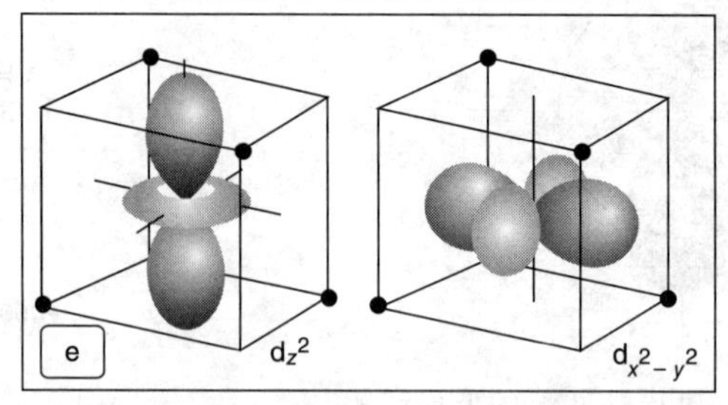

图 20.9* 四面体晶体场将一组 d 轨道分裂为两组;一对 e 轨道(指向配体的程度小)的能级低于三重简并的 t_2 轨道

按照八面体络合物中使用的方法可以准确计算四面体络合物的配位场稳定化能。由于四面体络合物总是高自旋,因而不用考虑 LFSE 中的成对能。唯一的区别是轨道占据的先后(e 轨道先于 t_2轨道)和每个轨道对总能量的贡献[每条 e 轨道和每条 t_2轨道分别为$(-3/5)\Delta_T$和$(+2/5)\Delta_T$]。表 20.4 列出四面体 d^n 络合物的组态和 LFSE 的计算值。表 20.5 列出一些络合物 Δ_T的实验值。

表 20.4 四面体络合物的配位场稳定化能*

d^n	组态	N	LFSE/Δ_T
d^0		0	0
d^1	e^1	1	-0.6
d^2	e^2	2	-1.2
d^3	$e^2t_2^1$	3	-0.8
d^4	$e^2t_2^2$	4	-0.4
d^5	$e^2t_2^3$	5	0
d^6	$e^3t_2^3$	4	-0.6
d^7	$e^4t_2^3$	3	-1.2
d^8	$e^4t_2^4$	2	-0.8
d^9	$e^4t_2^5$	1	-0.4
d^{10}	$e^4t_2^6$	0	0

* N 是未成对电子数。

表 20.5 某些四面体场络合物的 Δ_T 值

络合物	Δ_T/cm^{-1}
$[VCl_4]$	9 010
$[CoCl_4]^{2-}$	3 300
$[CoBr_4]^{2-}$	2 900
$[CoI_4]^{2-}$	2 700
$[Co(NCS)_4]^{2-}$	4 700

(f) 四方平面络合物

提要:d^8组态在强晶体场条件下容易形成四方平面络合物。4d 和 5d 金属这种趋势更明显,这是由它们较大的体积和电子更易成对导致的。

尽管四面体排布是四个配体空间需求最小的排布方式,但还是存在一些能量明显较高的四方平面四配位络合物。如果只考虑静电相互作用,四方平面排布形成如图 20.10 所示的 d 轨道分裂($d_{x^2-y^2}$轨道的能量高于其他轨道)。当存在 8 个 d 电子及晶体场强得足以有利于低自旋 $d_{yz}^2d_{xz}^2d_{z^2}^2d_{xy}^2$ 组态时,上述排布方式可能在能量上变得更有利。在这种组态中,电子的稳定化能能够补偿任何不利的空间相互作用。因此,半径大的 $4d^8$ 和 $5d^8$ 离子[Rh(Ⅰ),Ir(Ⅰ),Pt(Ⅱ),Pd(Ⅱ)和 Au(Ⅲ)]发现了许多四方平面络合物,这些络合物中不利空间张力的影响较小,却存在与 4d 和 5d 系金属有关的大的配位场分裂。与之形成对照的是,半径小的 3d 金属形成的络合物(如$[NiX_4]^{2-}$,X 为卤素离子)通常为四面体,这是因为其配位场分裂参数通常相当小,不足以补偿不利的空间相互作用。只有当配体在光谱化学序列中的位置高,产生的 LFSE 才能大得足以形成平面四方络合物(如$[Ni(CN)_4]^{2-}$)。我们注意到 4d 和 5d 金属离子比 3d 金属离子倾向于具有更低的成对能,这一差别是他们有利于形成低自旋四方平面络合物的另一个重要因素。

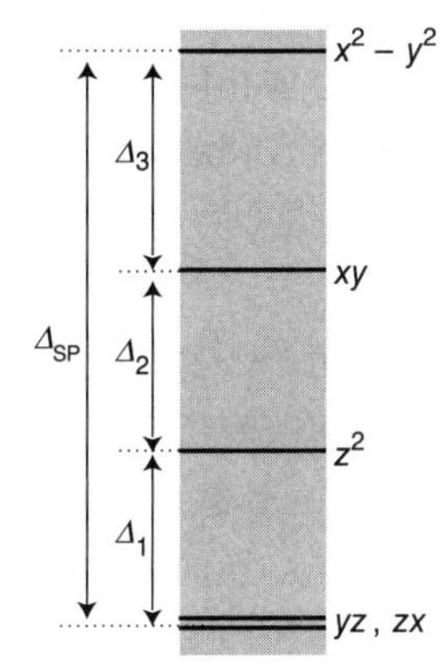

图 20.10　四方平面络合物的轨道分裂参数

(g) 四方畸变的络合物:Jahn-Teller 效应

提要:如果络合物基态电子组态出现轨道简并,就可能发生四方畸变。络合物畸变是为了消除简并从而达到较低的能量。

六配位 d^9 Cu(Ⅱ)络合物常常严重偏离八面体几何形状,显示出明显的四方畸变(见图 20.11)。高自旋 d^4(Cr^{2+}和 Mn^{3+})和低自旋 d^7(Ni^{3+})六配位络合物也存在类似的畸变,但这些络合物并不常见,畸变程度也不像 Cu(Ⅱ)络合物那样明显。这类畸变用 **Jahn-Teller 效应**(Jahn-Teller effect)表述:如果一个非线性络合物的基态电子组态是简并的且电子在轨道中的占据不对称,络合物就会发生畸变消除简并性从而使能量变得更低。

Jahn-Teller 效应在物理意义上是容易理解的。正八面体通过四方畸变(相应于沿 z 轴方向拉长和沿 x、y 轴方向压缩)降低了 $e_g(d_{z^2})$ 轨道的能量而提高了 $e_g(d_{x^2-y^2})$ 轨道的能量(见图 20.12)。因此,如果一个

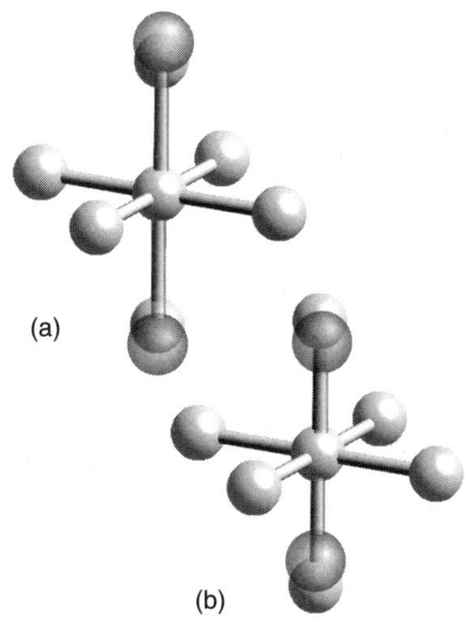

图 20.11　(a)两个配体远离中心离子的四方畸变络合物;(b)两个配体更接近中心离子的四方畸变络合物

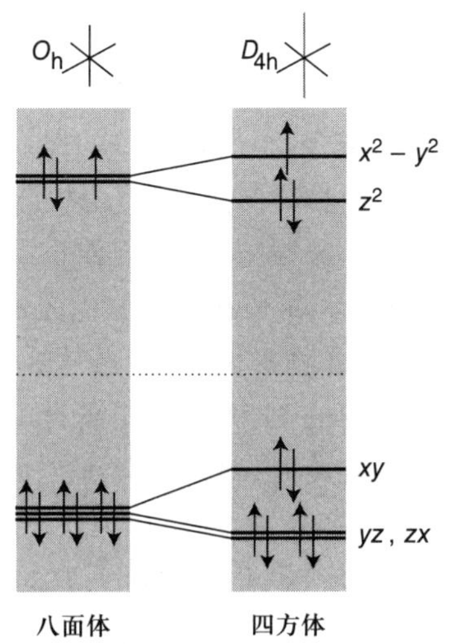

图 20.12　四方畸变(x,y 方向压缩和 z 方向拉长)对 d 轨道能量的影响

或三个电子占据该 e_g 轨道(如高自旋的 d^4、低自旋的 d^7 络合物,以及 d^9 络合物),发生四方畸变可能在能量上有利。例如,O_h 场中组态为 $t_{2g}^6e_g^3$ 的 d^9 络合物发生四方畸变后,能量更低的 d_{z^2} 轨道上留下两个电子,另一电子则占据能量较高的 $d_{x^2-y^2}$ 轨道。

Jahn-Teller 效应识别出一种不稳定的几何体(具有轨道简并基态的非线性络合物),但却不能判断优先发生哪种畸变。例如,对八面体络合物而言,轴向拉长和平伏方向压缩可以消除简并性,但这种方式可被轴向压缩和平伏方向伸长所代替。究竟发生哪种畸变实际上是个能量问题而不是对称性问题。然而由于轴向拉长会弱化两个键而平伏方向拉长会弱化四个键,轴向拉长比轴向压缩更常见。

八面体络合物的其他电子组态(d^1、d^2、低自旋 d^4 和 d^5、高自旋 d^6、d^7 组态)和四面体络合物的一些电子组态(d^1、d^3、d^4、d^6、d^8 和 d^9 组态)可能存在 Jahn-Teller 效应。然而,无论是八面体络合物的 t_{2g} 轨道还是四面体络合物的任何 d 轨道都不直接指向配体,因此 Jahn-Teller 效应通常小得多(正如可测得的任何畸变所看到的那样)。四面体 Cu^{2+} 化合物往往显示略微“压扁了的”的四面体几何形状,如 Cs_2CuCl_4 中的 $[CuCl_4]^{2-}$ 阴离子(**5**)。

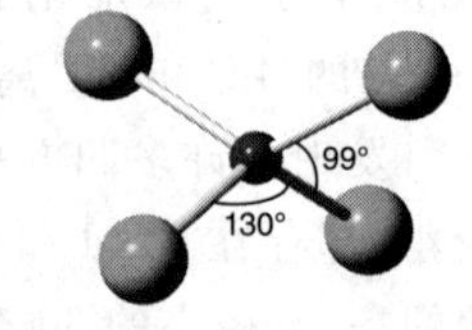

(5) 压扁了的 $[CuCl_4]^{2-}$ 阴离子

畸变方向变换的现象叫**动态 Jahn-Teller 效应**(dynamic Jahn-Teller effect)。例如,温度低于 20 K 时 $[Cu(OH_2)_6]^{2+}$ 的 EPR 谱上观察到静态畸变(准确地说,是在共振实验时标内的一种有效静止)。然而温度高于 20 K 时这种畸变就会消失,这是因为畸变方向发生了快于 EPR 观测时标的变换。

(h) 八面体配位和四面体配位的竞争

提要:从 LFSE 角度判断,d^3 和 d^8 离子强烈选择八面体的趋势超过了选择四面体;其他组态的选择性没有那么显著;LFSE 对 d^0、高自旋 d^5,以及 d^{10} 组态的几何形状没有影响。

八面体络合物有 6 个 M—L 成键作用,在没有显著的空间和电子效应的情况下,这种排布的能量低于只有 4 个 M—L 成键作用的四面体。我们已经讨论过空间位阻对络合物的影响(节 7.3),也看到过有利于形成四方平面络合物电子方面的理由。现在介绍更有利于形成八面体络合物(与形成四面体络合物相比)的电子效应以完成整个讨论。

图 20.13 给出四面体络合物和高自旋八面体络合物的 LFSE 随电子组态变化而发生的变化。可以明显地看出,对 d^3 和 d^8 电子组态而言,八面体络合物显著优先于四面体络合物:电子组态分别为 d^3 和 d^8 的铬(Ⅲ)和镍(Ⅱ)的确显示出对八面体几何体的特殊优先选择。同样,分别为 d^4 和 d^9 的电子组态也优先选择八面体几何体[如 Mn(Ⅲ)和 Cu(Ⅱ),注意:Jahn-Teller 效应提高了这一优先性];然而 d^1、d^2、d^6 和 d^7 离子的四面体络合物将不是太不利,所以 V(Ⅱ)(d^2)和 Co(Ⅱ)(d^7)与氯离子、溴离子和碘离子配体形成四面体络合物($[MX_4]^{2-}$)。d^0、d^5 和 d^{10} 离子络合物的几何形状将不受电子数目的影响,因为这些物种不存在 LFSE。

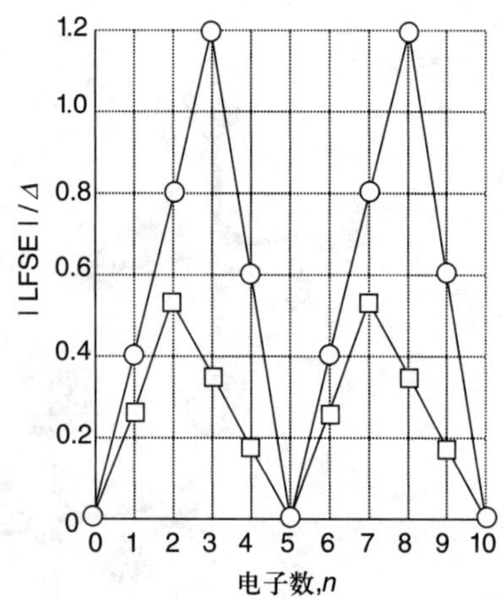

图 20.13 八面体(高自旋,圆圈)和四面体(方框)d^n 络合物的配位场稳定化能 LFSE 用关系式 $\Delta_T=(4/9)\Delta_O$ 得到的 Δ_O 表示

由于 d 轨道分裂的程度(因而也是由于 LFSE 的大小)依赖于配体,因而弱场配体对八面体配位优先的程度最不显著。对强场配体而言,低自旋络合物可能优先,虽然成对能使情况变得复杂化,低自旋八面体络合物的 LFSE 将大于高自旋络合物的 LFSE。所以当八面体络合物为低自旋时,对八面体配位的优先程度将大于对四面体的配位。

由于影响 d 金属化合物所采取的结构,对八面体配位的优先在固态起着重要作用。这种影响以下述方式得到证明:各种尖晶石[化学式为 AB_2O_4;节 3.9(b)和节 24.6]中的不同金属离子 A 和 B 占据着八面体或四面体的位置。因此,Co_3O_4 是正常尖晶石,因为低自旋

$d^6 Co$(Ⅲ)离子强烈有利于八面体配位,从而导致生成$(Co^{2+})_T(2Co^{3+})_O O_4$;而$Fe_3O_4$(磁铁矿)是反尖晶石,因为Fe(Ⅱ)[而不是 Fe(Ⅲ)]占据八面体位置能够获得更大的 LFSE。因此磁铁矿的式子应表示为$(Fe^{3+})_T(Fe^{2+}Fe^{3+})_O O_4$。

(i) Irving-Williams 序列

提要:Irving-Williams 序列总结了 M^{2+} 形成的络合物的相对稳定性,反映了静电效应和 FLSE 的联合作用。

图 20.14 给出 3d 系 M^{2+} 八面体络合物的 $\lg K_f$ 值(节 7.12)。形成常数的变化可总结为下述 **Irving-Williams 序列**(Irving-Williams series):

$$Ba^{2+} < Sr^{2+} < Ca^{2+} < Mg^{2+} < Mn^{2+} < Fe^{2+} < Co^{2+} < Ni^{2+} < Cu^{2+} > Zn^{2+}$$

该顺序对配体的选择相对不敏感,但由于形成常数指的是由水合离子形成络合物的形成常数,因此相关的配体必需能够置换与中心离子配位的 H_2O 分子。

一般来说,稳定性的增大与离子半径具有反相关关系,这表明Irving-Williams 序列是静电效应的反映。然而除 Mn^{2+} 外,具有强场配体的 d^6Fe(Ⅱ)、d^7Co(Ⅱ)、d^8Ni(Ⅱ)和 d^9Cu(Ⅱ)络合物的 K_f 均出现锐增。这些离子经受着额外的稳定化作用(这种作用正比于络合物中的 LFSE,比水分子被置换而产生的 LFSE 强得多,参见表 20.2)。一个重要例外是 Cu(Ⅱ)络合物的稳定性大于 Ni(Ⅱ)络合物,尽管Cu(Ⅱ)有额外的一个反键 e_g 电子。这一反常现象是由 Jahn-Teller 效应的稳定化影响造成的,该效应导致四方畸变 Cu(II)络合物处在同一平面上的四个配体的结合力增强,这种稳定化作用提高了 K_f 值。Zn(Ⅱ)络合物的形成常数(既未被 Jahn-Teller 效应所提高,也不存在 LFSE 因素的影响)通常大于 Mn(Ⅱ)和 Fe(Ⅱ)的形成常数,而小于 Co(Ⅱ)、Ni(Ⅱ)和 Cu(Ⅱ)络合物的形成常数。

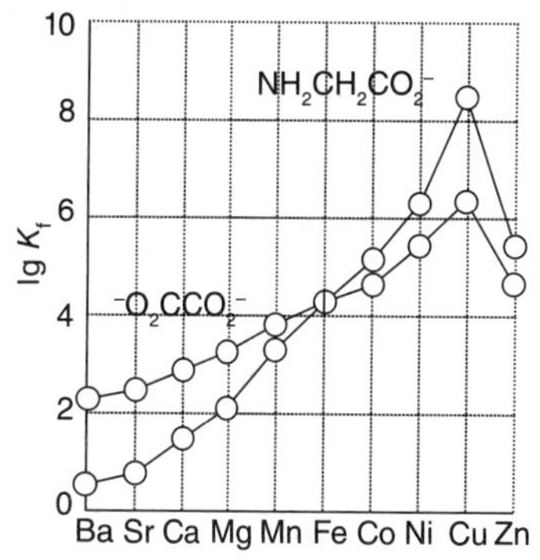

图 20.14 Irving-Williams 序列中 M^{2+} 离子络合物的形成常数。

20.2 配位场理论

晶体场理论提供了一种简单的概念模型,只用实验上测得的 Δ_O 值就能对磁性、光谱和热化学数据做解释。然而这种理论是有缺陷的,它将配体视为点电荷或偶极,没有考虑配体和金属原子轨道的重叠。这种过度简单化的结果之一是晶体场理论不能解释配体的光谱化学系列。**配位场理论**(ligand-field theory)为理解 Δ_O 的大小提供了更具实质性的框架,是分子轨道理论(集中关注中心金属原子的 d 轨道)的应用。

描述 d 金属络合物分子轨道的基本方法与第 2 章描述多原子分子成键作用的方法相类似:金属和配体的价轨道用于形成对称性匹配的线性组合(SALCs;节 6.6),然后用经验能值并考虑重叠因素以估出分子轨道的相对能级。通过与实验数据(特别是紫外-可见吸收光谱和光电子能谱的实验数据)的比较可对估出的相对能级进行核实并将其调整得更精确。

首先讨论八面体络合物。先讨论只存在金属-配体 σ 成键作用的八面体,然后讨论 π 成键效应,我们将会看到这种讨论对理解 Δ_O 至关重要。最后讨论具有不同对称性的络合物,了解类似的论据为什么适用于这些络合物。本章稍后将会看到从光谱学得到的信息如何用于完善这种讨论并提供配位场分裂参数和电子-电子排斥能的定量数据。

(a) σ 成键作用

提要:在配位场理论中,构建原理与分子轨道能级图(从金属原子轨道与对称性匹配的配体轨道线性组合构建而成)结合使用。

从讨论八面体络合物着手,络合物中每个配体(L)只有一条指向中心金属原子(M)的价轨道;这些轨道中的每一条都具有相对于 M–L 轴的局域 σ 对称性。这种配体的例子包括 NH_3分子和 F^-。

在八面体(O_h)环境中,中心金属原子轨道按对称性被分为四个组(见图 20.15 和资源节 4):

金属轨道	对称性标记	简并度
s	a_{1g}	1
p_x, p_y, p_z	t_{1u}	3
$d_{x^2-y^2}, d_{z^2}$	e_g	2
d_{xy}, d_{yz}, d_{zx}	t_{2g}	3

如 6.10 所解释的那样,6 个配体 σ 轨道也能形成 6 个对称性匹配的线性组合。这种组合方式可由资源节 5 查得,同时表示在图 20.15 中。一个(非归一化的)SALC 具有对称性 a_{1g}:

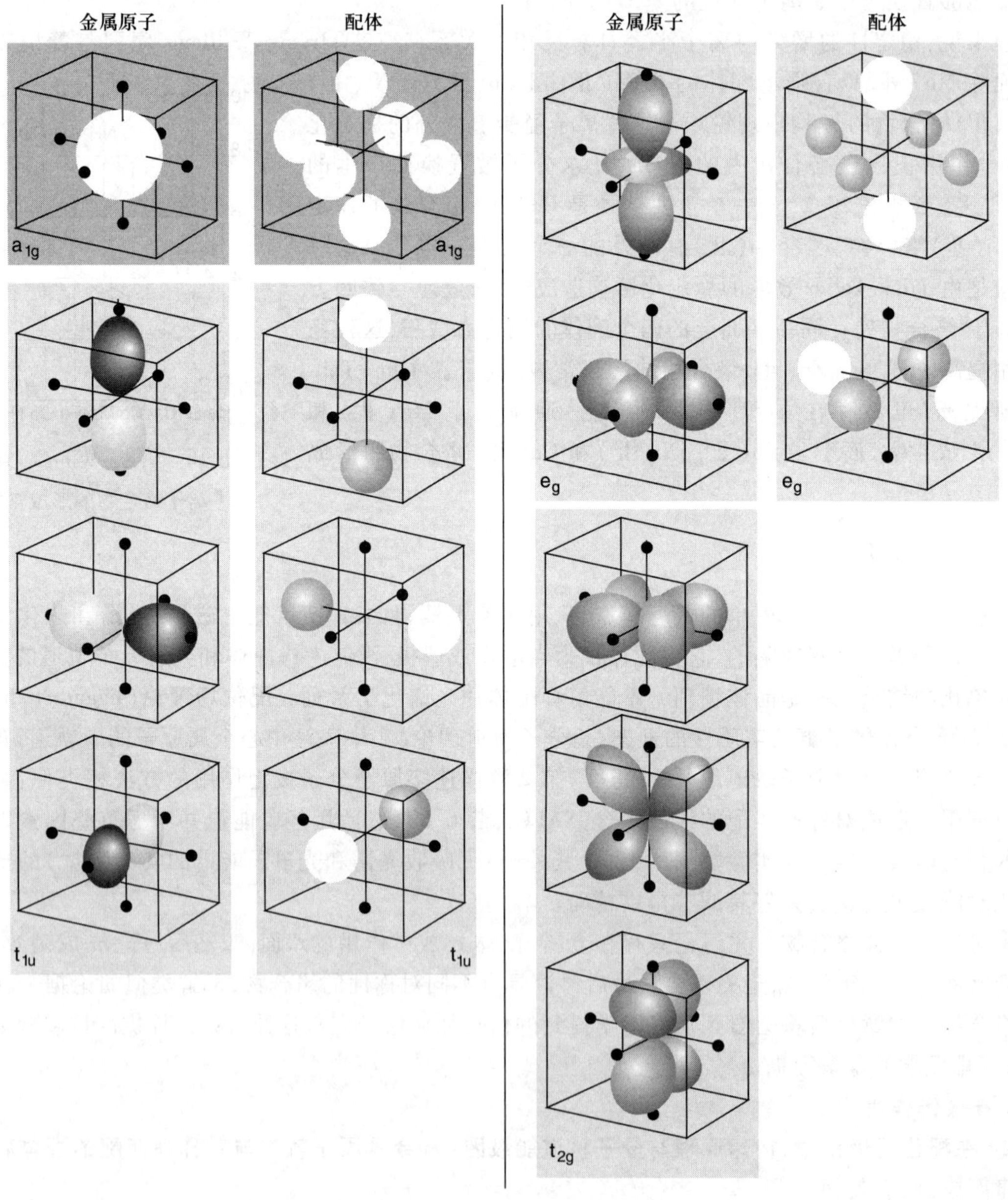

图 20.15* 　八面体络合物中配体 σ 轨道(这里用球体表示)的对称性匹配组合

其他点群的对称性匹配轨道参见资源节 5

$$a_{1g}:\sigma_1+\sigma_2+\sigma_3+\sigma_4+\sigma_5+\sigma_6$$

列中 σ_i表示配体 i 的 σ 轨道。存在 3 个对称性为 t_{1u}的 SALCs:

$$t_{1u}:\sigma_1-\sigma_3,\sigma_2-\sigma_4,\sigma_5-\sigma_6$$

和两个对称性为 e_g的 SALCs:

$$e_g:\sigma_1-\sigma_2+\sigma_3-\sigma_4,2\sigma_6+2\sigma_5-\sigma_1-\sigma_2-\sigma_3-\sigma_4$$

这 6 个 SALCs 能够解释具有 σ 对称性的所有配体轨道:不存在配体 σ 轨道与金属 t_{2g}对称性轨道的组合,因此后者不能参与 σ 成键作用。

分子轨道是由 SALCs 与相同对称性的金属原子轨道组合而成的。例如,a_{1g}分子轨道的形式 $c_M\psi_{Ms}+c_L\psi_{La_{1g}}$(非归一化的)是 ψ_{Ms}是金属原子 M 的 s 轨道,La_{1g}是配体具有 a_{1g}对称性的 SALC。金属的 s 轨道与配体的 a_{1g}SALC 重叠生成两个分子轨道(一个成键轨道和一个反键轨道)。同样,二重简并的金属 e_g轨道和配体的 e_gSALCs 重叠生成 4 个分子轨道(两个简并的成键轨道和两个简并的反键轨道);三重简并的金属 t_{1u}轨道和配体的 t_{1u}SALCs 重叠生成 6 个分子轨道(三个简并的成键轨道和三个简并的反键轨道)。因此总计存在 6 种成键组合和 6 种反键组合。3 个三重简并的金属 t_{2g}轨道保持非键状态,且完全定域在金属原子上。得到的能量的计算结果(调整至与 20.4 中讨论的各种光谱数据相一致)绘制出图 20.16 所示的分子轨道能级图。

对最低能量分子轨道的最大贡献来自最低能量原子轨道(节 2.9)。对 NH_3、F^-及其他大多数配体而言,配体 σ 轨道来自其能量显著低于金属 d 轨道能量的原子轨道。因此,络合物的 6 个成键分子轨道主要具有配体轨道的特征(即 $c_L^2>c_M^2$)。这 6 个成键轨道可以容纳由 6 个配体孤对提供的 12 个电子。因此可以认为配体提供的电子主要局限在络合物的配体上,这正是晶体场理论的假设。然而因为 c_M是个非零系数,成键分子轨道的确具有某些 d 轨道特征,"配体电子"部分离域到中心金属原子上。

可以容纳的电子总数除了那些由配体提供的电子外,还取决于金属原子提供的 d 电子数 n。这些额外的电子占据非键 d 轨道(t_{2g}轨道)和 d 轨道与配体轨道的反键组合轨道(上部的 e_g轨道)。t_{2g}轨道完全局限于金属原子上(按照当今的近似处理),反键 e_g轨道主要具有金属轨道的特征,所以中心原子提供的 n 个电子仍然主要在那个原子上。所以络合物的前线轨道是非键的金属 t_{2g}轨道和反键轨道(主要是金属 e_g轨道)。这样一来就得到与晶体场理论定性上相同的结果。在配位场方法中,八面体配位场分裂参数(Δ_O)相应于前线轨道之间的分离能,而不是完全局限于金属原子(见图 20.16)。

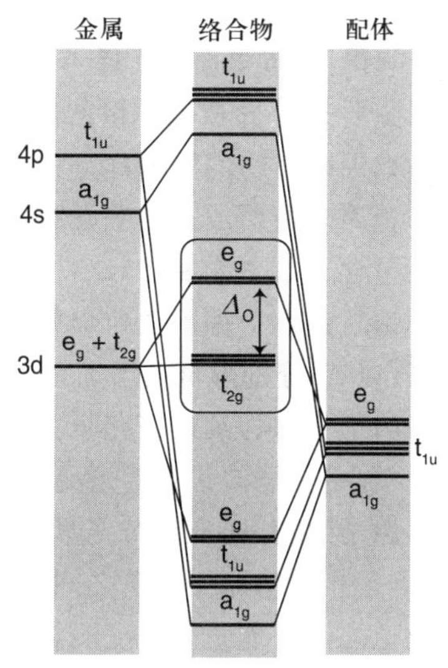

图 20.16 典型八面体络合物的分子轨道能级

方框中的轨道为前线轨道

分子轨道能级图确立后,就可用构建原理去构建络合物的基态电子组态。对六配位的 d^n络合物而言,存在$(12+n)$个电子待容纳。6 个成键分子轨道容纳配体提供的 12 个电子,剩余的 n 个电子被放置在非键 t_{2g}轨道和反键 e_g轨道中。现在这种说法在本质上与晶体场理论相同,所得到的络合物类型(如高自旋或低自旋)取决于 Δ_O和成对能 P 的相对值。与晶体场讨论的主要差别是,配位场理论对配位场分裂的原因给出了更深层次的理解,我们开始理解为什么一些配体强而另一些配体弱。例如,一个好的 σ 配体应该导致强的金属-配体重叠和更强的反键 e_g轨道组,从而导致较大的 Δ_O值。然而在得出进一步的结论之前,必须继续讨论晶体场理论完全忽略了的部分:π 成键所起的作用。

例题 20.4 使用光电子能谱获得关于络合物的信息

题目:图 20.17 给出了气相$[Mo(CO)_6]$的光电子能谱,使用该谱图推断络合物分子轨道的能量。

答案：需要确定该络合物的电子组态，然后将电离能的顺序与电子可能出现的轨道顺序相匹配。12 个电子由 6 个 CO 配体（以“:CO”的方式）提供；它们进入成键轨道并导致 $a_{1g}^2t_{1u}^6e_g^4$ 组态。第 6 族钼的氧化数为 0，所以 Mo 能提供另外 6 个价电子。配体和金属的价电子分布在图 20.16 方框中显示的轨道上；由于 CO 是强场配体，可以预期络合物的基态电子组态为低自旋的 $a_{1g}^2t_{1u}^6e_g^4t_{2g}^6$。HOMOs 是主要局限于 Mo 原子上的三个 t_{2g} 轨道，它们的能量能够通过最低电离能（接近 8 eV）的峰值来识别。14 eV 左右的一组电离能很可能是由于 Mo—CO 的 σ 成键轨道。14 eV 的数值接近 CO 本身的电离能，所以在那个能量的各种峰也来自 CO 的成键轨道。

自测题 20.4　解释图 20.18 中[$Fe(C_5H_5)_2$]和[$Mg(C_5H_5)_2$]的光电子能谱。

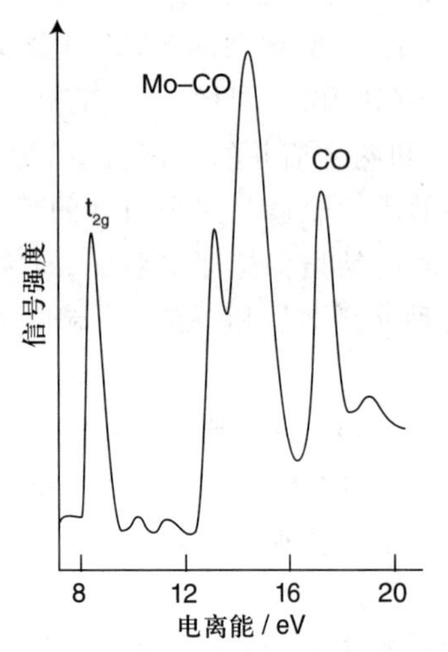

图 20.17　[Mo(CO)6]的光电子能谱

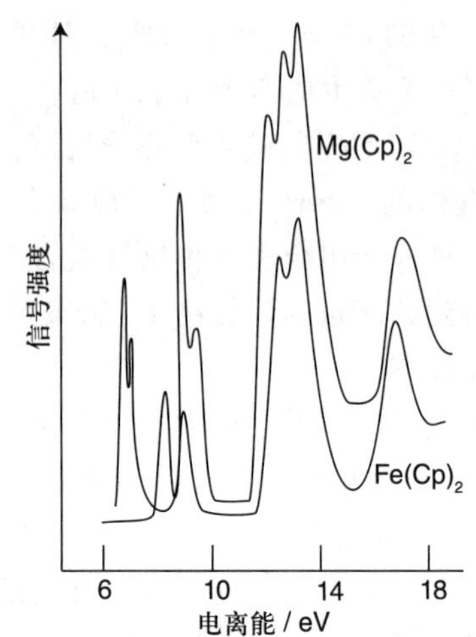

图 20.18　二茂铁和二茂镁的光电子能谱

(b) π 成键作用

提要：π 给予体配体使 Δ_O 值降低，然而 π 接受体配体则是 Δ_O 值增大；如果这种成键可行，光谱化学序列则主要来自 π 成键作用的影响。

如果络合物的配体具有相对于 M—L 轴的局域 π 对称轨道（像卤离子配体的两个 p 轨道），它们则可能与金属轨道形成成键或反键 π 轨道（见图 20.19）。对八面体络合物而言，这种可从配体 π 轨道形成的组合包含了 t_{2g} 对称的 SALCs。这种配体组合与金属 t_{2g} 轨道具有净重叠，t_{2g} 轨道因此不再是金属原子上的纯非键轨道。根据配体和金属轨道的相对能量，分子 t_{2g} 轨道的能量高于或低于非键原子轨道所具有的能量，所以 Δ_O 分别降低或增加。

为了更为详细地探究 π 成键所起的作用，需要用到第 2 章叙述过的两个一般原理。首先需要用到这样的概念：原子轨道有效重叠时强烈混合，得到的成键分子轨道能量显著低于原子轨道，而反键分子轨道能量则显著高于原子轨道。其次需要注意：能量相近的原子轨道之间产生强相互作用，而那些能量相差较大的原子轨道之间只能发生轻度混合，即使它们的重叠程度比较大。

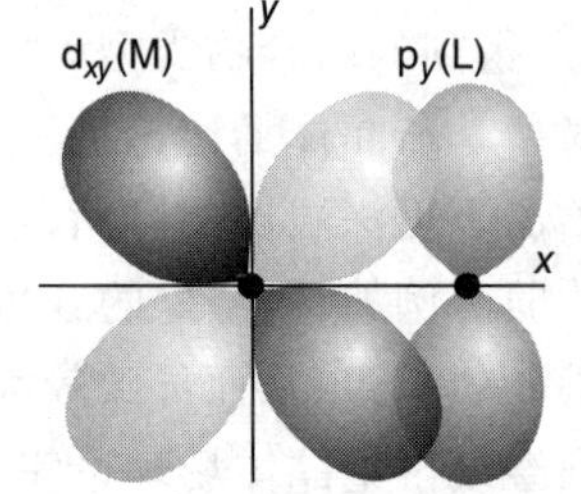

图 20.19* 可能发生在垂直于 M—L 轴的配体 p 轨道与金属 d_{xy} 轨道之间的 π 重叠

π 给予体配体（π-donor ligand）是在考虑任何成键作用之前具有充满的 π 对称（相对于 M—L 轴）轨道的配体。这样的配体包括 Cl^-、Br^-、OH^- 和 O^{2-}，甚至还有 H_2O。Lewis 酸碱术语中（节 4.6）将 π 给予体配体叫 **π 碱**（π base）。配体上满 π 轨道的能量通常不会高于它们的 σ 给予体轨道（HOMO）的能量，因此也必定低于金属 d 轨道的能量。因为 π 给予体配体的满 π 轨道能量低于部分充满的金属 d 轨道，当它们与金属 t_{2g} 轨道形成分子轨道时,成键组合的能量低于配体轨道,反键组合则高于自由金属原子 d 轨道的能量(见图 20.20)。配体 π 轨道提供的电子占据并充满成键组合,留下原来在中心金属原子 d 轨道中的电子占据反键 t_{2g}轨道。净结果是之前的非键金属 t_{2g}轨道成为反键轨道,因此能量被提升至更接近反键 e_g轨道。结果是 π 给予体配体减少了 Δ_O。

π 接受体配体(π-acceptor ligand)是具有能用于占据的空 π 轨道的配体。Lewis 酸碱术语将 π 接受体配体叫 **π 酸**(π acid)。典型的 π 接受体轨道是配体上空的反键轨道(通常是 LUMO,如在 CO 和 N_2 中),它们的能量高于金属 d 轨道。例如,CO 的两个 π^* 轨道在 C 原子上具有最大的振幅,并具有与金属 t_{2g}轨道重叠的、匹配的对称性,所以 CO 可作为 π 接受体(节 22.5)。膦类化合物(PR_3)也可接受 π 电子密度,并且也可作为 π 接受体(节 22.6)。

由于大多数配体 π 接受体轨道的能量高于金属 d 轨道能量,它们形成分子轨道中的成键 t_{2g}组合主要具有金属 d 轨道的特征(见图 20.21)。这些成键组合的能量低于它们 d 轨道本身的能量。净结果是 π 接受体配体增加了 Δ_O。

现在我们可以正确地解释 π 成键所起的作用。光谱化学序列中配体的顺序部分是这些配体参与 M—L σ 成键作用强度的顺序。例如,CH_3^-与 H^-都是很强的 σ 给予体,因而处在光谱化学序列的高位(与 NCS^-类似)。然而当 π 成键作用显著时则对 Δ_O显示强烈的影响:π 给予体配体减少了 Δ_O,π 接受体配体增加了 Δ_O。这种影响解释了 CO(强 π 接受体)处于光谱化学序列的高位,而 OH^-(强 π 给予体)处于光谱化学序列的低位。光谱化学序列的总体顺序也可通过 π 效应的支配作用做解释(存在极少数重要的例外)。一般来说该序列可解释如下:

Δ_O值增大的方向→

π 给予体　　弱的 π 给予体　　无 π 效应　　π 接受体

各类中有代表性的配体是

π 给予体	弱的 π 给予体	无 π 效应	π 接受体
I^-, Br^-, Cl^-, F^-,	H_2O	NH_3	PR_3, CO

σ 成键效应占主导地位的著名例子包括胺类(NR_3)、CH_3^-和 H^-。三种配体都不具有能量合适的 π 对称性轨道,因此既不是 π 给予体配体也不是 π 接受体配体。重要的是需要注意,将配体按强场或弱场分类对 M—L 键强度的解释没有提供任何帮助。

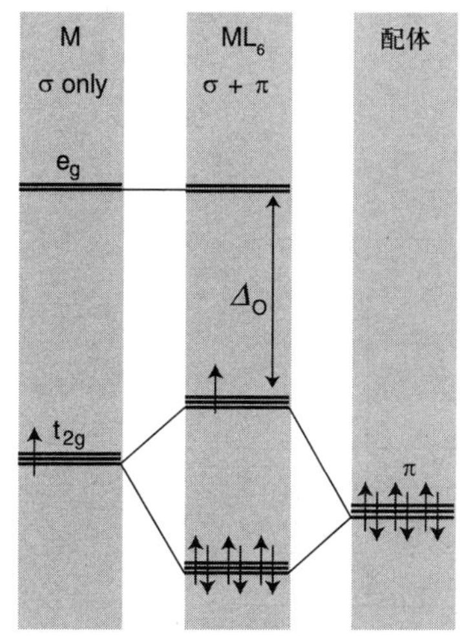

图 20.20　π 成键作用对配位场分裂参数的影响
作为 π 给予体的配体减少了 Δ_O,图上只给出配体的 π 轨道

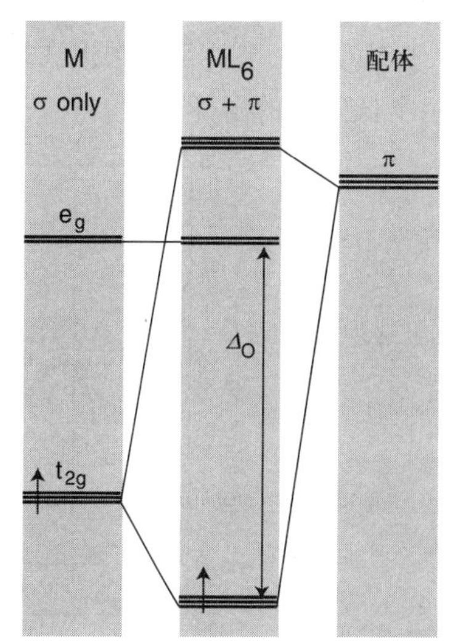

图 20.21　作为 π 接受体的配体增大了 Δ_O
图上只给出配体的 π 轨道

π 成键作用对八面体之外的几何体的影响从定性上讲是类似的，尽管我们注意到四面体几何体中是 e 轨道形成 π 相互作用。在四方平面络合物中，某些想象中的金属 d 轨道顺序与纯晶体场给出的顺序会发生变化。图 20.22 给出金属 d 轨道（这些轨道考虑具有 π 相互作用）的排列；如果将该图给出的顺序与图 20.10（晶体场理论只考虑了静电相互作用）做比较，就会发现两种情况下都是 $d_{x^2-y^2}$ 轨道的能量最高，因此 d^8 金属离子络合物的 $d_{x^2-y^2}$ 轨道没有被占据。

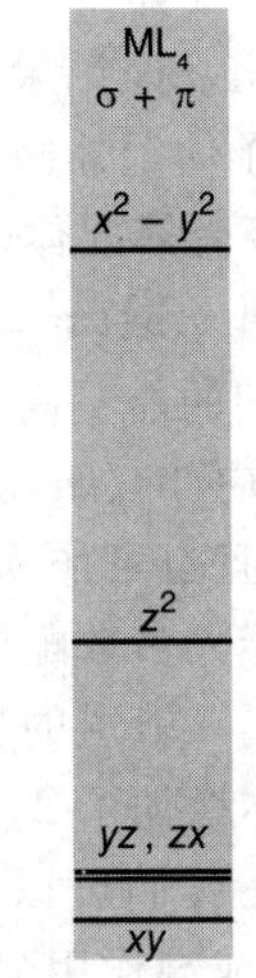

图 20.22　考虑 π 相互作用的四方平面络合物的轨道分裂模式

电子光谱

既然已经讨论过 d 金属络合物的电子结构，这里则要讨论它们的电子光谱并利用电子光谱提供的数据完善对结构的讨论。配位场分裂的大小指的是紫外-可见吸收的电子跃迁能。然而金属轨道内部电子-电子排斥作用的存在意味着吸收频率通常不是配位场分裂的直接描述。电子-电子排斥作用最初是通过分析气相中球形对称的原子和离子确定的，那里提供的信息很多可用于分析金属络合物（这些络合物具有较低的对称性）的光谱。

记住，以下各节的目的是要从络合物（它们含有 1 个以上的 d 电子，电子-电子排斥作用在这样的络合物中才显得重要）的电子吸收光谱找到获取配位场分裂参数值的一种方法。首先讨论自由原子的光谱，看看如何将电子-电子排斥作用考虑在内。然后讨论原子嵌入八面体场时采用何种能态。最后介绍在各种场强和电子-电子排斥能［节 20.4(e) 中的 Tanabe-Sugano 图］的条件下如何表示这些状态的能量及如何利用这些图获取配位场分裂参数的值。

20.3　原子的电子光谱

提要：电子-电子排斥造成电子光谱中的多重吸收。

从对图 20.23 的考察开始本节的讨论。该图示出水溶液中 d^3 络合物 $[Cr(NH_3)_6]^{3+}$ 的电子吸收光谱。能量最低（波长最长）的吸收带非常微弱；后面我们将会明白它是“自旋禁阻”跃迁的一个实例。能量较高的两个谱带具有中等强度；它们是络合物 t_{2g} 和 e_g 轨道（这种轨道主要来自金属的 d 轨道）之间的“自旋允许”跃迁。谱图的第三个特征是在短波长处有一个强的电荷转移吸收带（标记为 CT，表示“电荷转移”），图上只显示出低能量的尾部曲线。

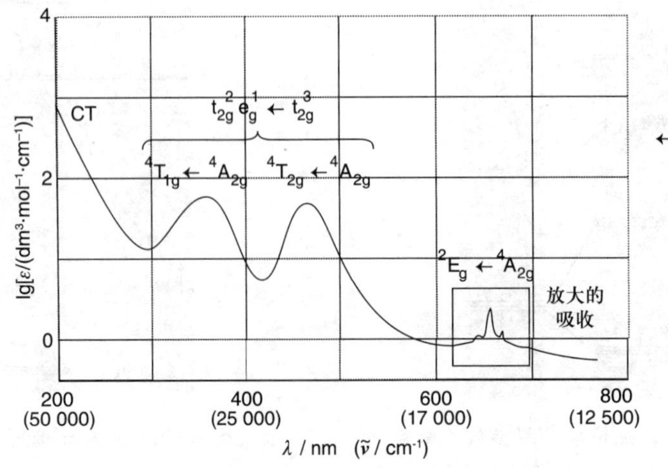

图 20.23　d^3 络合物 $[Cr(NH_3)_6]^{3+}$ 的谱图

吸收峰的归属在课文中有说明

立即面临的问题是，同一种跃迁（$t_{2g}^2e_g^1 \leftarrow t_{2g}^3$）为什么会得到能量不同的两个吸收带？跃迁分裂为两个吸收带的事实是由上面提到的电子-电子排斥造成的。为了弄明白它是如何产生及如何获取其中所包含的信息，这里需要讨论自由原子和离子的光谱。

（a）光谱项

提要：同一电子组态存在不同的微状态；Russell-Saunders 偶合用于描述轻原子的光谱项，光谱项符号中的 *L* 值表示为 S，P，D，…符号之一，2*S*+1 值表示为左上角标。

第 1 章中用电子组态（即给出每条轨道中电子的数目）表示原子的电子结构（如 Li 的电子组态为 $1s^22s^2$）。然而，组态是原子中电子排列的不完全描述。例如，在 $2p^2$ 组态中，两个电子可能占据轨道角动量取向不同的轨道（即 $l=1$ 时，m_l 值可以是+1、0 和-1 的不同值）。同样，$2p^2$ 没有告诉我们两个电子的自旋取向（m_s 可能是$+\frac{1}{2}$或$-\frac{1}{2}$）。实际上，原子的总轨道和自旋角动量可能具有数种不同的状态，每一种状态对应于着 m_s 值不同的电子占据不同 m_l 值的轨道。用组态表示的电子占据轨道的不同方式叫组态的**微状态**（microstates）。例如，$2p^2$ 组态的一种微状态是（$1^+,1^-$）；这一标记表示两个电子占据 $m_l=+1$ 的同一轨道但自旋相反，上标"+"表示 $m_s=+\frac{1}{2}$，"-"表示 $m_s=-\frac{1}{2}$。同一组态的另一种微状态是（$-1^+,0^+$）。这一微状态中的两个电子都占据 $m_s=+\frac{1}{2}$ 的轨道，但一个占据 $m_l=-1$ 的 2p 轨道，另一个则占据 $m_l=0$ 的轨道。

如果将原子中电子-电子排斥力忽略不计，给定组态的微状态则具有相同的能量。然而因为原子和大多数分子比较密实，电子间的排斥力很强而不能忽略。其结果是微状态（对应于电子不同的相对空间分布）具有不同的能量。如果考虑电子-电子排斥的情况下合并具有相同能量的微状态，就会得到用光谱方法能够区分出来的叫作**光谱项**或**谱项**（terms）的能级。

对轻原子和 3d 系原子而言，对确定能量有帮助的最重要的微状态性质是电子自旋的相对取向。其次重要的才是该电子轨道角动量的相对取向。这就是说，我们可以确定轻原子的光谱项并根据它们的总自旋量子数 *S*（决定于单个自旋的相对取向）然后根据它们的总轨道角动量量子数 *L*（决定于该电子单个轨道角动量的相对取向）按照能量升高的顺序排列微状态。这种首先加合自旋角动量、然后加合轨道角动量，最后将两者组合在一起的过程叫 **Russell-Saunders 偶合**（Russell-Saunders coupling）。

对重原子（如 4d 和 5d 系原子）而言，轨道角动量或自旋角动量的相对取向不是那么重要。这些原子中单个电子的自旋和轨道角动量通过**自旋-轨道偶合**（spin-orbit coupling）强烈地偶合在一起，以致每个电子自旋和轨道角动量的相对取向成为决定能量最重要的特征。因此，重原子光谱项的分类是基于每一微状态中电子的总角动量量子数 *j* 值。这种组合叫 ***j,j*-偶合**（*j,j*-coupling），这里不做进一步讨论。

回到 Russell-Saunders 偶合在 3d 金属中的应用。首先要做的是确定单个电子轨道和自旋角动量组合得到的 *L* 值和 *S* 值。假定两个电子的量子数为 l_1、s_1 和 l_2、s_2；然后根据 **Clebsch-Gordan 系列**（Clebsch-Gordan series），*L* 和 *S* 的可能值为

$$L=l_1+l_2,l_1+l_2-1,\cdots,|l_1-l_2| \qquad S=s_1+s_2,s_1+s_2-1,\cdots,|s_1-s_2| \tag{20.3}$$

（模量符号出现是因为根据定义 *L* 或 *S* 不可能为负值）。例如，组态为 d^2（$l_1=2,l_2=2$）的原子可能具有如下 *L* 值：

$$L=2+2,2+2-1,\cdots,|2-2|=4,3,2,1,0$$

总自旋（因为 $s_1=\frac{1}{2},s_2=\frac{1}{2}$）可能值为

$$S=\tfrac{1}{2}+\tfrac{1}{2},\tfrac{1}{2}+\tfrac{1}{2}-1,\cdots,|\tfrac{1}{2}-\tfrac{1}{2}|=1,0$$

为了找到含三个电子原子的 *L* 和 *S* 值，我们继续使用这个方法将 l_3 与刚刚得到的 *L* 值相组合，将 s_3 与刚刚得到的 *S* 值相组合。

一旦找到了 *L* 与 *S*，就能写出量子数 M_L 和 M_S 的允许值：

$$M_L=L,L-1,\cdots,-L \qquad M_S=S,S-1,\cdots,-S$$

这些量子数能够给出相对于任意轴的角动量取向：对给定的 L 值而言，M_L有 $2L+1$ 个值；对给定的 S 值而言，M_S有 $2S+1$ 个值。对给定的微状态而言，将每个电子的 m_l或 m_s值加在一起就不难确定 M_L和 M_S值。因此，如果一个电子的量子数为 m_{l1}而另一个电子的量子数为 m_{l2}，那么

$$M_L=m_{l1}+m_{l2}$$

类似的表达式也适用于总自旋：

$$M_S=m_{s1}+m_{s2}$$

例如，$(0^+,-1^+)$是 $M_L=0-1=-1$ 和 $M_S=\frac{1}{2}+(-\frac{1}{2})=0$ 的微状态，并可能有助于这两个量子数适用的任何光谱项。

前面曾用 s、p、d 等符号表示 $l=0$、1、2 等轨道，原子光谱项的总轨道角动量也可用相应字母的大写来表示：

$L=0$　1　2　3　4
　S　P　D　F　G　后面按照字母顺序表示（但不用 J）

总自旋通常报道为 $2S+1$ 值，此值叫作光谱项的**多重度**（multiplicity）：

$S=$	0	½	1	3/2	2
$2S+1=$	1	2	3	4	5

多重度写在表示 L 值的字母的左上角，光谱项的整个标记叫**光谱项符号**（term symbol）。例如，光谱项符号^{3}P 表示 $L=1$ 和 $S=1$ 的光谱项（近乎简并态的集合），^{3}P 叫三重态光谱项。

例题 20.5　推导光谱项符号

题目：给出下列组态的原子光谱项符号：(a) s^1，(b) p^1，(c) s^1p^1。

答案：这里需要用 Clebsch–Gordan 系列偶合任意角动量，从上表识别光谱项符号，然后将多重度加为左上角标。(a) 单个 s 电子的 $l=0$，$s=\frac{1}{2}$。因为只有一个电子，所以 $L=0$（S 谱项）。$S=s=\frac{1}{2}$，$2S+1=2$（双重谱项），谱项符号为 ^2S。(b) 单个 p 电子的 $l=1$，故 $L=1$，谱项符号为^{2}P（这些谱项出现在碱金属原子如 Na 原子的光谱中）。(c) 对一个 s 和一个 p 电子的体系而言，$L=0+1=1$（P 谱项）。由于电子可能成对（$S=0$）或平行（S=1），因而^{1}P 和^{3}P 谱项都是可能的。

自测题 20.5　p^1d^1组态可能产生哪些谱项?。

(b) 微状态的分类

提要：识别原子微状态能够提供的 L 值和 S 值以确定组态的允许谱项。

Pauli 原理限制了组态中能够存在的微状态并最终影响能够存在的光谱项。例如，两个电子不可能具有相同的自旋，也不可能处于 $m_l=+2$ 的 d 轨道中，因此微状态$(2^+,2^+)$是被禁阻的。通过对 d^2组态的讨论我们将会说明如何确定哪一种光谱项是允许的，所得的结果将有助于本章稍后关于络合物的讨论。具有 d^2组态物种的一个例子是 Ti^{2+}。

从建立 d^2组态的微状态表（表 20.6）开始做分析；该表只包括了 Pauli 原理允许的微状态。下面使用消去法对所有微状态进行分类。首先讨论 d^2组态 M_L的最大值（+4）。这个微状态必定属于 $L=4$ 的谱项（G 谱项）。与之相应的唯一的 M_S值为 0，所以 G 谱项为单重态。此外，由于 $L=4$ 时有 9 个 M_L值，因而表中位于$(2^+,2^-)$下方一列中与每个 M_L值对应的位置上各有一个微状态属于这个谱项。因此可从表 20.6 中间一列中的每一行消去一个微状态（包括 $M_L=-1$ 到 -4 的微状态），消去后留下 36 个微状态待归属。

表 20.6　d^2 组态的微状态.

M_L	M_S		
	-1	0	+1
+4		$(2^+,2^-)$	
+3	$(2^-,1^-)$	$(2^+,1^-)(2^-,1^+)$	$(2^+,1^+)$
+2	$(2^-,0^-)$	$(2^+,0^-)(2^-,0^+)(1^+,1^-)$	$(2^+,0^+)$
+1	$(2^-,-1^-)(1^-,0^-)$	$(2^+,-1^-)(2^-,-1^+)$	$(2^+,-1^+)(1^+,0^+)$
		$(1^+,0^-)(1^-,0^+)$	
0	$(1^-,-1^-)(2^-,-2^-)$	$(1^+,-1^-)(1^-,-1^+)$	$(1^+,-1^+)(2^+,-2^+)$
		$(2^+,-2^-)(2^-,-2^+)$	
		$(0^+,0^-)$	
-1 到-4*			

* 表的下半部是上半部反射得到的镜像。

次大的 M_L 值为+3,它应该属于 $L=3$ 的 F 谱项。相应的 M_S 的最大值为+1(即 $S=1$),所以该谱项为三重态谱项,微状态属于 ^{3}F。该谱项包含 $(2L+1)\times(2S+1)=7\times3=21$ 个微状态。如果从这 21 个位置上分别消去一个微状态,则待归属的微状态还剩 15 个。

在 $M_L=+2$(即 $L=2$)的横行与 $M_S=0$(即 $S=0$)的直列相交叉的位置上的那个微状态必定属于 ^{1}D 谱项。^{1}D 谱项有 5 个 M_L 值。将其从 $M_S=0$、$M_L=+2$ 至 -2 的位置上消去后留下 10 个待归属的微状态。在留下的 10 个微状态中 M_L 最大值和相应的 M_S 最大值均为+1,因而有 9 个微状态属于 ^{3}P 谱项。最后剩下的一个微状态($M_L=0$,$M_S=0$)属于 ^{1}S 谱项($L=0$,$S=0$)。

至此可以得出结论:$3d^2$ 组态的谱项是 ^{1}G,^{3}F,^{1}D,^{3}P 和 ^{1}S。容许的微状态总数为 45 个:

谱项	状态的数目
^{1}G	$9\times1=9$
^{3}F	$7\times3=21$
^{1}D	$5\times1=5$
^{3}P	$3\times3=9$
^{1}S	$1\times1=1$
总计	45

(c) 谱项的能量

提要:Hund 规则给出气相原子或离子的基谱项。

一旦知道了给定组态的 L 和 S 值,就可用 Hund 规则识别最低能量的谱项。节 1.5 介绍了 Hund 的第一规则(经验规则),那里将其表述为"如果电子自旋是平行的,就能获得最低能量的组态"。因为高的 S 值来自电子自旋平行,另一种表述则是:

1. 对给定的组态而言,最大多重度的谱项能量最低。

该规则意味着组态三重态谱项的能量低于相同组态单重态谱项的能量。例如,根据该规则判断,d^2 组态的基态可能是 ^{3}F 或 ^{3}P。

Hund 通过对光谱数据的考察也对给定多重度谱项的相对能量提出了第二规则。

2. 对给定多重度的谱项而言，L 值最大的谱项能量最低。

该规则的物理意义是，L 值高时电子之间相互远离，相互间排斥力较低；L 值低时电子之间可能靠得更近，因此会产生强烈排斥。第二规则意味着，d^2 组态的两个三重态谱项中 ^3F 谱项的能量低于 ^3P 谱项。由此得出的结论是，可以预言，d^2 组态物种（如 Ti^{2+}）的基谱项是 ^3F。

用自旋多重度规则预言谱项的能级顺序相当可靠，但“最大 L”规则只在判断基谱项（能量最低的谱项）时可靠；由于电子之间的相互排斥作用更为复杂，L 值与较高谱项的能级顺序通常几乎没有关联。对 d^2 组态而言，该规则判断的顺序为

$$^3F<{}^3P<{}^1G<{}^1D<{}^1S$$

但光谱学观察到 Ti^{2+} 的顺序为

$$^3F<{}^1D<{}^3P<{}^1G<{}^1S$$

造成这种差异的原因将在下一节做探讨。

通常想要知道的信息不过是原子或离子基谱项的性质，其方法可简化、归纳如下：

1. 找出具有最高 M_S 值的微状态。该步告诉我们该组态的最高多重度。

2. 确定该多重度下允许的最高 M_L 值。该步告诉我们与最高多重度一致的最高 L 值。

例题 20.6　识别组态的基谱项

题目：下列两种组态的基谱项是什么？(a) $3d^5$ Mn^{2+}，(b) $3d^3$ Cr^{3+}

答案：首先需要识别最大多重度的谱项，因为该谱项将是基谱项。然后需要识别具有最大多重度的任意谱项的 L 值，因为具有最高 L 值的谱项将会是基谱项。(a) 因为 d^5 组态允许自旋平行的电子单占 d 轨道，最大值 S 是 5/2，多重度为 $2×5/2+1=6$，即六重态谱项。如果每个电子具有相同的自旋量子数，所有这些电子应当占据不同的轨道并具有不同的 M_L 值。因而被占轨道的 M_L 值将是 +2，+1，0，−1 和 −2。这种组态对六重态谱项而言是唯一可能的。因为 M_L 的总和是 0，结论是 $L=0$，谱项为 ^6S。(b) 对 d^3 组态而言，最大多重度对应于所有 3 个电子具有相同的自旋量子数，所以 $S=3/2$。多重度为 $2×(3/2)+1=4$，即四重态谱项。同样，如果这些电子全都自旋平行，3 个 M_L 值必定不同。产生四重态谱项的可能排布有数种，但产生 M_L 最大值的那一种具有 $M_L=+2$、+1、0 的 3 个电子，总和为 +3，其必定源于 $L=3$ 的谱项（即 F 谱项）。因此 d^3 的基谱项是 ^4F。

自测题 20.6　识别 (a) $2p^2$ 和 (b) $3d^9$ 的基谱项。[提示：因为 d^9 是闭壳层（$L=0$，$S=0$）缺少一个电子的组态，处理方法与处理 d^1 组态的方法相同。]

图 20.24 示出自由原子 d^2 和 d^3 组态谱项的相对能量。随后我们将会看到如何将这些图扩展至将配位场效应包括在内（节 20.4）。

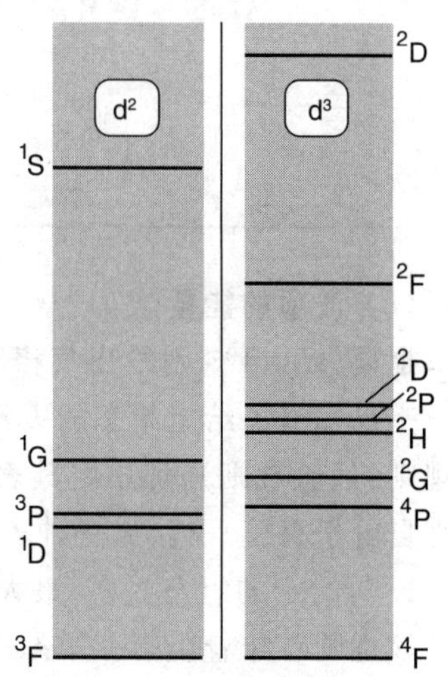

图 20.24　自由原子 d^2（左）和 d^3（右）组态谱项的相对能量

(d) Racah 参数

提要：Racah 参数总结了电子–电子排斥作用对由一个组态产生的谱项能量的影响；参数定量表达了在 Hund 规则基础上产生的概念并解释了对概念的偏离。

组态的不同谱项因电子之间的排斥作用而具有不同的能量。为了计算这些谱项的能量，我们必须对被电子占据的轨道进行复杂的积分以求得电子间的排斥能。然而幸运的是，给定组态的所有积分能够在三种特定的组合中整合在一起，任何谱项的排斥能均可表示为这三个量的总和。三种积分的组合叫 **Racah 参数**（Racah parameters），表示为 A、B 和 C。参数 A 相应于电子间总排斥能的平均值，B 和 C 将个体 d 电子之间的排斥能关联在一起。我们甚至不需要知道这些参数的理论值或它们的理论表达式，因为由气相原子光谱得到的 A、B、C 的经验值使用起来

更可靠。

给定组态每个谱项的能量可表述为三个 Racah 参数的线性组合。例如,对 d^2 组态的详细分析如下:

$$E(^1S)=A+14B+7C \qquad E(^1G)=A+4B+2C$$

$$E(^1D)=A-3B+2C \qquad E(^3P)=A+7B \qquad E(^3F)=A-8B$$

通过这些表达式与谱项能量的观测值相拟合,可以确定 A、B 和 C 值。注意,A 对所有谱项来说是共同的(如前所述,它是总电子间排斥能的平均值);因此如果只对它们的相对能量感兴趣,就不需要知道其数值。由于它们表示电子-电子间的排斥,所有三个 Racah 参数都是正值。因此,如果 $C>5B$,d^2 组态的谱项能量顺序则为

$$^3F<^3P<^1D<^1G<^1S$$

该顺序与 Hund 规则得到的顺序几乎相同。然而如果 $C<5B$,则轨道角动量大的谱项就比自旋多重度大的谱项更有利,从而使 ^3P 高于 ^1D(参见上述 Ti^{2+} 谱项的实际顺序)。表 20.7 给出 B 和 C 的一些实验值。括号中的数值表明 $C\approx 4B$,所以表列离子处在 Hund 规则预言不可靠的区域(Hund 规则只能预言组态的基谱项)。

表 20.7　某些 d 区离子的 Racah 参数 B 和 B/C*

	1+	2+	3+	4+
Ti		720(3.7)		
V		765(3.9)	860(4.8)	
Cr		830(4.1)	1 030(3.7)	1 040(4.1)
Mn		960(3.5)	1 130(3.2)	
Fe		1 060(4.1)	600(5.2)	
Co		1 120(3.9)		
Ni		1 080(4.5)		
Cu	1 220(4.0)	1 240(3.8)		

* 表值是单位为 cm^{-1} 的参数 B(括号中是 C/B 的值)。

参数 C 只出现在不同于基态多重度的能态表达式中。因此,如果像通常那样只对基态(即自旋态没有变化的激发)相同多重度谱项的相对能量感兴趣,就不需要知道 C 值。最有趣的是参数 B,将在节 20.4(f)讨论影响 B 值的因素。

20.4　络合物的电子光谱

之前的讨论只与自由原子相关,下面将讨论延伸至将络离子包括进来。图 20.23 的 $[Cr(NH_3)_6]^{3+}$ 谱图中有两条中等强度的主要谱带,像我们很快将会解释的那样,其能量与电子-电子排斥所产生的能量有所不同。因为两个跃迁都主要是金属 d 轨道之间的跃迁(分离能由配位场分裂参数 Δ_0 的强度表征),因而被称为 **d-d 跃迁**(d-d transitions)或**配位场跃迁**(ligand-field transitions)。

(a) 配位场跃迁

提要:电子-电子排斥作用将配位场跃迁分裂为能量不同的部分。

根据 20.1 的讨论,八面体 d^3 络合物 $[Cr(NH_3)_6]^{3+}$ 的基态组态应该是 t_{2g}^3。$t_{2g}^2e_g^1\leftarrow t_{2g}^3$ 的激发能够识别靠近 25 000 cm^{-1} 处发生的吸收,因为对应的能量在络合物的配位场分裂中具有代表性。

开始对跃迁进行类 Racah 分析之前,从分子轨道理论角度定性了解跃迁为什么产生两个谱带将是有益的。首先要注意的是,$d_{z^2}\leftarrow d_{xy}$ 跃迁(它是实现 $e_g\leftarrow t_{2g}$ 跃迁的一种途径)将一个电子从 xy 面激发至已经富电子的 z 方向:z 轴富电子是因为 d_{yz} 和 d_{zx} 轨道都已被占据(见图 20.25)。然而 $d_{z^2}\leftarrow d_{zx}$ 跃迁(实现 $e_g\leftarrow t_{2g}$ 跃迁的另一种途径)只不过是将已经主要沿 z 轴集中的一个电子重置。前一种情况下(而不是后一种情况)电子排斥作用明显增加,结果导致两个 $e_g\leftarrow t_{2g}$ 跃迁处于不同的能量。存在 6 个 $t_{2g}^2e_g^1\leftarrow t_{2g}^3$ 跃迁,所有跃

迁都像两种情况中的一种或另一种：三种属于第一种情况，其余三种属于第二种情况。

(b) 光谱项

提要：八面体络合物的谱项用其总轨道状态的对称物种标记；左上角标表示该谱项的多重度。

图 20.23 所讨论的两条谱带被标记为$^4T_{2g} \leftarrow {}^4A_{2g}$(21 550 cm^{-1})和$^4T_{1g} \leftarrow {}^4A_{2g}$(28 500 cm^{-1})。这种符号叫**分子光谱项符号**(molecular term symbols)，标记的目的与原子光谱项标记的目的相类似。左上角标表示多重度，所以左上角标“4”表示 $S=3/2$ 的四重态。这正是存在 3 个未成对电子时所预期的多重态。光谱项符号的其余部分是该络合物总电子轨道状态的对称性标记。例如，d^3络合物（三个 t_{2g}轨道上各有一个电子）几乎完全对称的基态表示为 A_{2g}。我们说“几乎”完全对称是因为：对三个被占 t_{2g}轨道行为的详细考察显示，O_h点群的 C_3旋转将乘积 $t_{2g} \times t_{2g} \times t_{2g}$变换为它本身，它能确定该络合物为 A 对称物种（见资源节 4 中的特征标表）。此外，由于每个轨道都有偶宇称(g)，所以总宇称也是 g。然而，每个 C_4旋转将一个 t_{2g}轨道变换为它本身的负值，其余两个 t_{2g}轨道则相互变换（见图 20.26），所以这种操作下总符号发生变化，其特征标为-1。因此谱项是 A_{2g}而不是闭壳层完全对称的 A_{1g}。

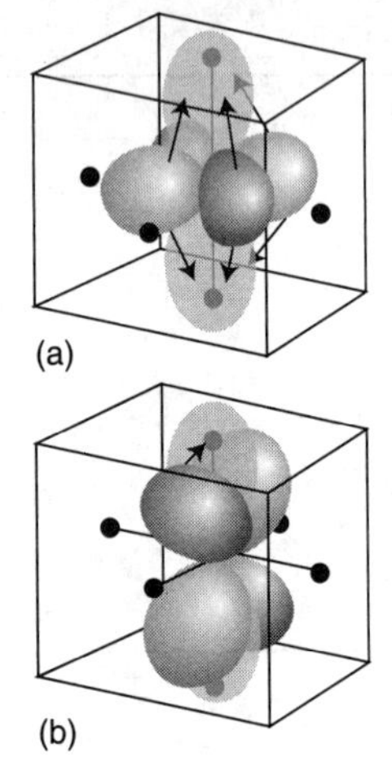

图 20.25* 与课文讨论的两种跃迁相伴随的电子密度转移：(a) 对 z 轴上的配体具有相当大的电子密度重置，(b) 重置要少得多

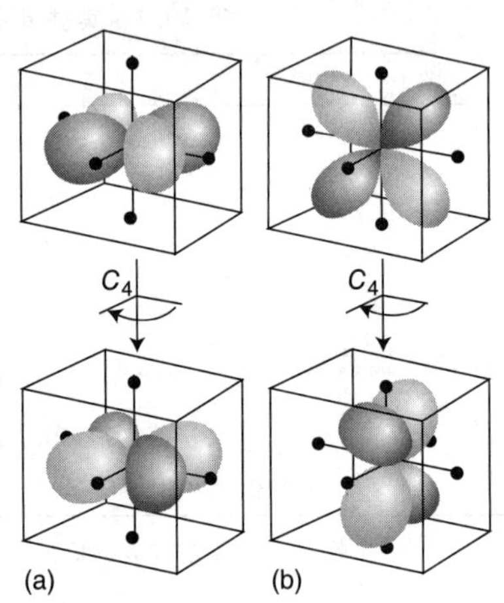

图 20.26* 绕 z 轴 C_4 旋转条件下发生的符号改变：(a) d_{xy}轨道旋转为本身的负值，(b) d_{yz}轨道旋转为 d_{zx}轨道

确立由四重 $t_{2g}^3e_g^1$被激发的组态而产生的光谱项($^4T_{2g}$和$^4T_{1g}$)更为困难，这里将不讨论这方面的问题。上角标“4”意味着，上面的组态仍具有和基态一样的未成对自旋数，下角标“g”是因为所有参与的轨道具有偶宇称。

(c) 谱项相关

提要：在八面体络合物的配位场中，自由原子谱项发生分裂然后用它们的对称性种类进行标记，像表 20.8 中列举的那样。

表 20.8　O_h 络合物中 d 电子谱项的相关

原子的光谱项	状态的数目	O_h 对称性的光谱项
S	1	A_{1g}
P	3	T_{1g}
D	5	$T_{2g}+E_g$
F	7	$T_{1g}+T_{2g}+A_{2g}$
G	9	$A_{1g}+E_g+T_{1g}+T_{2g}$

在自由原子中,壳层中的所有 5 个 d 轨道是简并的。我们只需要考虑电子-电子排斥作用就能得出给定 d^n 组态谱项的相对排序。络合物中的 d 轨道不都是简并的,除了考虑电子-电子排斥作用外还得考虑 t_{2g} 和 e_g 轨道能量的差异。

这里讨论原子或只有 1 个价电子的离子这种最简单的情况。因为一种环境中完全对称的轨道会变成另一种环境中完全对称的轨道,自由原子中的 s 轨道会变成八面体场中的 a_{1g} 轨道。我们用下面的说法表达这种改变:原子的 s 轨道与络合物的 a_{1g} 轨道"相关"。同样,自由原子中的 5 个 d 轨道与八面体络合物中的三重简并 t_{2g} 轨道和二重简并 e_g 轨道组相关。

现在讨论多电子原子。与单电子的方式完全相同,多电子原子完全对称的总 S 谱项与八面体络合物完全对称的 A_{1g} 谱项相关。同样,原子 D 谱项分裂为 O_h 对称性中的 T_{2g} 谱项和 E_g 谱项。同样的分析也适用于其他状态,表 20.8 总结了自由原子谱项与八面体络合物谱项之间的相关性。

例题 20.7　确定谱项之间的相关性

题目: 对称性为 O_h 的络合物中哪些谱项与 d^2 组态自由原子的 ^3P 谱项相关?

答案: 通过类比可知:如果知道 p 轨道与络合物的轨道如何相关,就可用将小写字母改变为大写字母的简单方法利用那些信息去表达如何将其与总状态相关起来。自由原子的 3 个 p 轨道成为八面体络合物中的三重简并 t_{1u} 轨道。因此,如果不考虑该动量的宇称,多电子原子的 P 谱项就变成点群 O_h 的 T_1 谱项,因为 d 轨道具有偶宇称,所有的谱项必然都为 g,具体为 T_{1g}。多重度在相关过程中不发生变化,所以 ^3P 谱项即成为 $^3T_{1g}$ 谱项。

自测题 20.7　O_h 对称的 d^2 络合物中哪些谱项与自由原子的 ^3F 和 ^1D 谱项相关?

(d) 谱项的能量:弱场极限和强场极限

提要:对于给定的金属离子,单个谱项的能量对场强增加着的配体的响应是不同的,用 Orgel 图显示自由原子谱项和络合物谱项之间的相关性。

具体讨论电子-电子之间的排斥作用非常困难,但可通过对两种极端情况的讨论得以简化。以 Δ_O 量度的弱场极限的配位场是如此之弱,以致只需考虑电子间的排斥作用。由于 Racah 参数 B 和 C 能够充分描述电子间的排斥,所以它们是这种极限情况下所需的唯一参数。强场极限的配位场是如此之强,以致电子-电子间的排斥作用可忽略不计,只用 Δ_O 能项就可表达谱项的能量。确定了两个极端情况之后,就能绘出两者之间的相关图以讨论各种中间状态。我们将通过 d^1 和 d^2 这两种最简单情况的讨论说明所要涉及的内容,然后说明如何用同样思路处理更复杂的情况。

自由原子 d^1 组态产生的唯一谱项是 ^2D。八面体络合物中这种组态或者是 t_{2g}^1(生成 $^2T_{2g}$ 谱项),或者是 e_g^1(生成 ^2E_g 谱项)。由于不存在电子间的排斥作用,$^2T_{2g}$ 和 ^2E_g 谱项的分裂能应等于 t_{2g} 和 e_g 轨道的分裂能(Δ_O)。因此,d^1 组态的相关图相似于图 20.27 中的相关图。

之前看到自由原子 d^2 组态能量最低的谱项是三重态的 ^3F。我们只需要考虑由基态开始的电子跃迁,本节将只讨论自旋没有变化的跃迁。存在一个附加的三重态谱项(^3P);相对于能量较低的谱项(^3F),这些谱项的能量是 $E(^3F)=0$ 和 $E(^3P)=15B$。两个谱项标在图 20.28 的左侧。极强场极限下 d^2 原子的组态如下:

$$t_{2g}^2<t_{2g}^1e_g^1<e_g^2$$

八面体场中的这些组态具有不同的能量;也就是说像我们早些时候看到的那样,^3F 谱项分裂为三个谱项。从图 20.2 的信息可以写出它们的能量为

$$E(t_{2g}^2)=2[-(2/5)\Delta_O]=-0.8\Delta_O$$

$$E(t_{2g}^1e_g^1)=[-(2/5)+(3/5)]\Delta_O=+0.2\Delta_O$$

$$E(e_g^2)=2(3/5)\Delta_O=+1.2\Delta_O$$

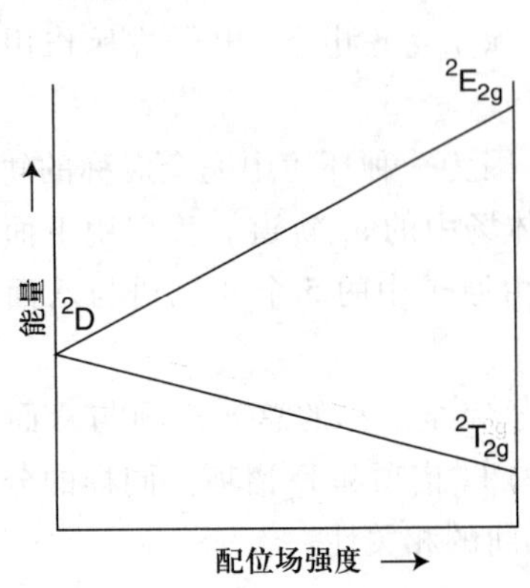

图 20.27　自由离子(左)和 d^1 组态强场谱项(右)的相关图

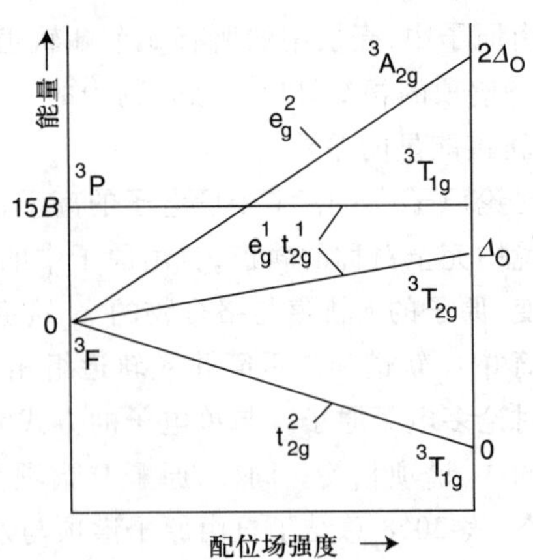

图 20.28　自由离子(左)和 d^2 组态强场谱项(右)的相关图

因此,它们相对于最低谱项的能量是

$$E(t_{2g}^2, T_{1g}) = 0 \quad E(t_{2g}^1 e_g^1, T_{2g}) = \Delta_O \quad E(e_g^2, A_{2g}) = 2\Delta_O$$

这些能量标记在图 20.28 的右侧。

现在的问题是要说明无论配位场还是电子间排斥两项都不占主导地位时的能量。为此,需要将两个极端情况的谱项相关联。三重态 t_{2g}^2 组态生成 $^3T_{1g}$ 谱项,这与自由原子的 ^3F 谱项相关。与此相类似也可建立其余的相关性,我们看到 $t_{2g}^1e_g^1$ 组态生成 $^3T_{2g}$ 项,e_g^2 组态生成 $^3A_{2g}$ 项;两个谱项均与自由原子的 ^3F 项相关。需要注意的是,某些谱项(如与 ^3P 相关的 $^3T_{1g}$ 谱项)与配位场强度无关。所有这些相关性见图 20.28,它是 **Orgel 图**(Orgel diagram)的简化形式。任何 d 电子组态都能构筑起 Orgel 图,而且多个电子组态能够表示在同一张图上。如果要对络合物的电子光谱进行简单的讨论,Orgel 图是很有价值的;然而它们只讨论一些可能的跃迁(即自旋允许的跃迁,这就是我们为什么只讨论三重态谱项的原因),且不能用来获取配位场分裂参数 Δ_O 值。

(e) Tanabe-Sugano 图

提要:Tanabe-Sugano 图是一种相关图,这种图描述络合物电子态的能量随配位场强度的变化。

任何电子组态和配位场强度都能构建显示所有谱项相关性的相关图。用得最广泛的形式叫 **Tanabe-Sugano 图**(Tanabe-Sugano diagram),它是以设计这种图的科学家的名字命名的。图 20.29 给出了 d^2 组态的图,图上能看到发生分裂的所有原子谱项的分裂能;如 ^3F 分裂为 3 个,^1D 分裂为 2 个,^1G 分裂为 4 个。此类图中的谱项能量 E 表示为 E/B,以 E/B 对 Δ_O/B 作图(B 是 Racah 参数)。来自给定组态的谱项的相对能量与 A 值无关,通过选择 C 值(通常设定 $C \approx 4B$)可将所有谱项的能量绘制在相同的图上。Tanabe-Sugano 图中的一些线是弯曲的,这是因为具有相同对称类型的谱项相混合而造成的。相同对称性的谱项服从**不相交规则**(noncrossing rule),该规则称:如果配位场增加造成两个相同对称性的弱场谱项相互靠近,这时它们不会相交而是彼此弯离(见图 20.30)。图 20.29 中两个 ^1E 谱项、两个 $^1T_2$ 谱项和两个 $^1A_1$ 谱项中能够看到不相交规则的影响。

资源节 6 给出了 d^2 至 d^8 组态 O_h 络合物的 Tanabe-Sugano 图。Tanabe-Sugano 图中的零能量总是取自最低谱项的能量。因此,随着场强增大(如 d^4 组态的图)由高自旋变为低自旋而导致基谱项性质发生变化时,图中线的斜率会发生突然变化。

之前讨论的目的一直是找到一种方法来获取多于 1 个 d 电子的络合物的电子吸收光谱的配位场分裂参数值(当电子-电子排斥作用显得重要时,如图 20.23 所示的情况)。这一目的涉及将观察到的跃迁与 Tanabe-Sugano 图中的相关线相拟合,并确定与观察到的跃迁能模式相匹配的 Δ_O 值和 B 值,这个过程在例题 20.8 中做了说明。

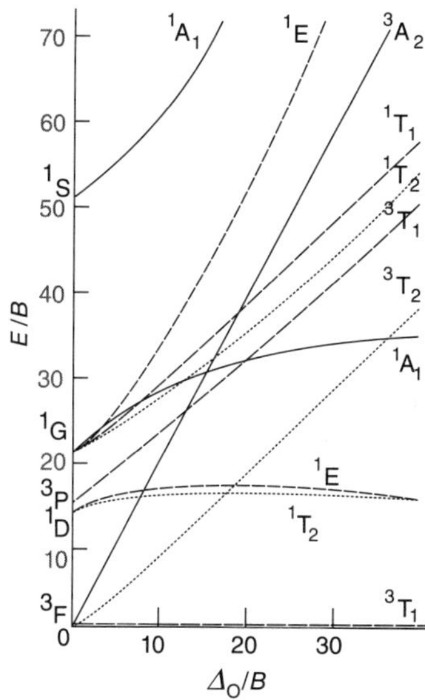

图 20.29　d^2 组态的 Tanabe-Sugano 图

注意,左侧轴对应于图 20.24(左);资源节 6 给出了所有 d^n 组态的图;为清晰起见,省略了谱项的宇称下标 g

图 20.30

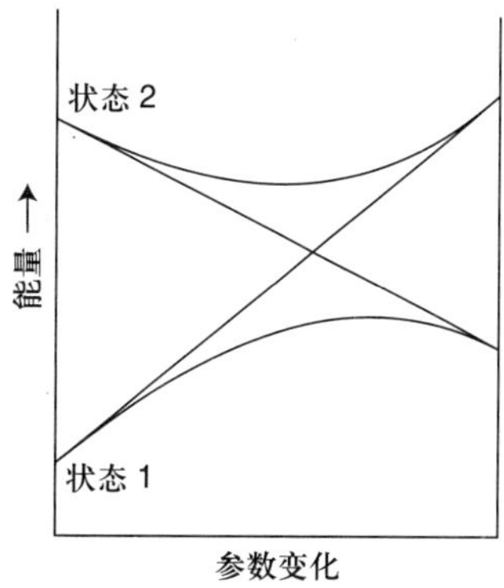

图 20.30　不相交规则称:对称性相同的两个状态随着参数的变化看起来要相交(如图中蓝线所示),实际上却发生混合从而避免相交(如图中褐色线所示)

正如节 20.6 中将会看到的那样,有些跃迁是允许跃迁而有些跃迁是禁阻跃迁。特别是对应于自旋态改变的跃迁是禁阻跃迁而不是允许跃迁。一般来说,自旋允许跃迁在紫外-可见吸收光谱中占主导地位;因此预期只能看到三种 d^2 离子的跃迁,即 $^3T_{2g}\leftarrow{}^3T_{1g}$、$^3T_{1g}\leftarrow{}^3T_{1g}$ 和 $^3A_{2g}\leftarrow{}^3T_{1g}$。然而,某些络合物(如高自旋 d^5 离子 Mn^{2+} 的络合物)不具有任何自旋允许跃迁,而且在 11 种可能的跃迁中没有一种占主导地位。

Tanabe-Sugano 图也能为某些吸收线的宽度提供解释。让我们讨论图 20.29 和 $^3T_{2g}\leftarrow{}^3T_{1g}$、$^3A_{2g}\leftarrow{}^3T_{1g}$ 跃迁。Franck-Condon 原理说,电子跃迁是如此之快,以致这种跃迁的存在不伴随有核运动(振动);相反,在各种处于振动状态的分子中,任何电子跃迁将会瞬间检测所有这些状态。如果振动影响那个跃迁的能量,则会导致宽泛的电子跃迁。因此,由于表示 $^3T_{2g}$ 的线不平行于表示基态 $^3T_{1g}$ 的线,所以 Δ_O 值的任何变化(如由分子振动引起的变化)将会导致电子跃迁能的变化和吸收谱带的加宽。表示 $^3A_{2g}$ 的线甚至更不平行于表示 $^3T_{1g}$ 的线;这种跃迁的能量将会更多地受到 Δ_O 值变化的影响,吸收谱带甚至会更宽。相比之下,表示能量较低的 $^1T_{2g}$ 谱项的线几乎平行于表示 $^3T_{1g}$ 的线,因此这种跃迁的能量基本上不受 Δ_O 值变化的影响,吸收峰非常尖锐(虽然很弱,因为它是禁阻的)。

例题 20.8　利用 Tanabe-Sugano 图计算 Δ_O 和 B 值

题目: 根据图 20.23 中的谱图和 Tanabe-Sugano 图推断 $[Cr(NH_3)_6]^{3+}$ 的 Δ_O 和 B 值。

答案: 首先需要识别相关的 Tanabe-Sugano 图,然后在图上找到跃迁能(以波数表示)观察到的比值与理论比值相匹配的位置。与 d^3 组态相关的图见图 20.31。我们只需要关注自己关心的自旋允许跃迁,其中 d^3 离子有三种跃迁(一种是 $^4T_{2g}\leftarrow{}^4A_{2g}$ 跃迁,两种是 $^4T_{1g}\leftarrow{}^4A_{2g}$ 跃迁)。在图 20.23 的谱图中已经看到 21 550 cm^{-1} 和 28 500 cm^{-1} 处的两个低能配位场跃迁,它们相应于两个最低能量的跃迁($^4T_{2g}\leftarrow{}^4A_{2g}$ 和 $^4T_{1g}\leftarrow{}^4A_{2g}$)。跃迁能的比值为 1.32,图 20.31 中满足这一能量比的唯一一点处在右部偏远处。我们能从该点的位置读出 $\Delta_O/B=33.0$。表示较低能量跃迁的箭头尖端在纵轴的 32.8B 处,由于 $32.8B=21\ 550\ cm^{-1}$,所以 $B=657\ cm^{-1}$。因此 $\Delta_O=21\ 700\ cm^{-1}$。

自测题 20.8　$[Cr(OH_2)_6]^{3+}$ 谱图中的 $\Delta_O=17\ 600\ cm^{-1}$ 和 $B=700\ cm^{-1}$,使用相同的 Tanabe-Sugano 图预言前两个自旋允许的四重态谱带的能量。

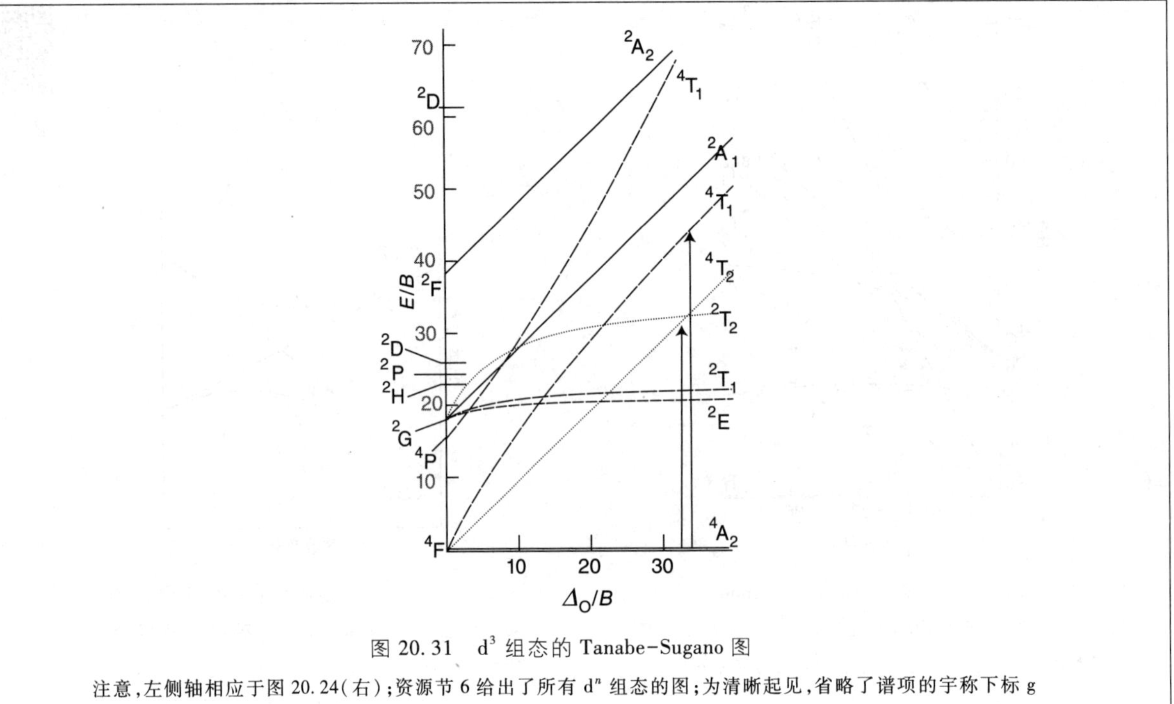

图 20.31　d^3 组态的 Tanabe-Sugano 图

注意,左侧轴相应于图 20.24(右);资源节 6 给出了所有 d^n 组态的图;为清晰起见,省略了谱项的字称下标 g

(f) 电子云重排序列

提要:由于电子的离域作用,络合物中的电子-电子排斥作用低于自由离子中的电子-电子排斥作用;电子云重排参数是 d 电子向络合物配体离域程度的量度;配体越软,电子云重排参数越小。

在例题 20.8 中我们求得$[Cr(NH_3)_6]^{3+}$的 $B=657\ cm^{-1}$,该值仅是气相中 Cr^{3+} B 值的 64%。这种下降是普遍现象,它表明络合物中电子间的排斥作用弱于自由原子和离子中的排斥作用。这种弱化的发生是因为被占分子轨道离域于配体且远离金属。离域作用增加了电子的平均间距,因而减少了它们的相互排斥。

自由离子 B 值的下降通常记录为**电子云重排参数**(nephelauxepic parameter,该名称源自希腊语单词"cloud-expanding"),用符号 β 表示:

$$\beta=B(\text{络合物})/B(\text{自由离子}) \tag{20.4}$$

β 值依赖于金属离子和配体的性质,按 β 值顺序排列的配体顺序即**电子云重排序列**(nephelauxepic series):

$$Br^- < CN^- < Cl^- < NH_3 < H_2O < F^-$$

β 值小说明 d 电子离域到配体的程度大,因而络合物具有更显著的共价特征。该序列显示配体 Br^- 比 F^- 更有效地减小中心离子中电子间的排斥作用,这与溴络合物比对应的氟络合物共价特征更明显的事实相一致。作为一个例子,请对$[NiF_6]^{4-}$($B=843\ cm^{-1}$)和$[NiBr_4]^{2-}$($B=600\ cm^{-1}$)做比较。电子云重排序列表示的趋势也可用另一种方式描述:配体越软,电子云重排参数就越小。

20.5　电荷转移带

提要:电荷转移带是由配体性质占主导的轨道和金属性质占主导的轨道之间的电子运动引起的;这种跃迁通过两个特点做识别:高强度和能量对溶剂极性的敏感性。

$[Cr(NH_3)_6]^{3+}$谱图(见图 20.23)中仍然需要解释的另一特征是图上非常强的肩峰(最大值似乎远超过 50 000 cm^{-1})。高强度表明这种跃迁不是简单的配位场跃迁,但却符合**电荷转移跃迁**(charge-transfer transition),又叫 CT 跃迁。在 CT 跃迁中,电子在由配体性质占主导的轨道和金属性质占主导的轨道之间跃迁。如果电子跃迁是从配体到金属,跃迁被归为**配体到金属的电荷转移跃迁**(ligand-to-metal charge-transfer transition),即 LMCT 跃迁。如果电子转移发生在相反的方向,跃迁则被归为**金属到配体的电荷转移跃迁**(metal-to-ligand charge-transfer transition),即 MLCT 跃迁。MLCT 跃迁的一个例子是红色的三(联吡啶)铁(Ⅱ)络合物[该络合物用于 Fe(Ⅱ)的比色分析]产生的跃迁。在这个例子中,电子发生从中心金属 d 轨道到配体 π^* 轨道的跃迁。图 20.32 总结了对电荷转移跃迁的分类。

多种证据用于识别由 CT 跃迁而产生的谱带。谱带的高强度(这一点在图 20.23 中是显著的)是一种很强的迹象,因为 CT 跃迁是完全被允许的跃迁(节 20.6)。另外一种迹象是,如果一个配体被另一个配体取代之后出现了这样的谱带,则意味着该谱带强烈依赖于配体。通常是通过**溶剂化显色**(solvatochromism)的方法来识别 CT 特征的(并与配体的 $\pi^* \leftarrow \pi$ 跃迁相区别),跃迁频率随溶剂介电常数的变化而变化。溶剂化显色表明跃迁导致电子密度发生了大的转移,它更符合金属-配体跃迁而不是配体-配体跃迁或金属-金属跃迁。

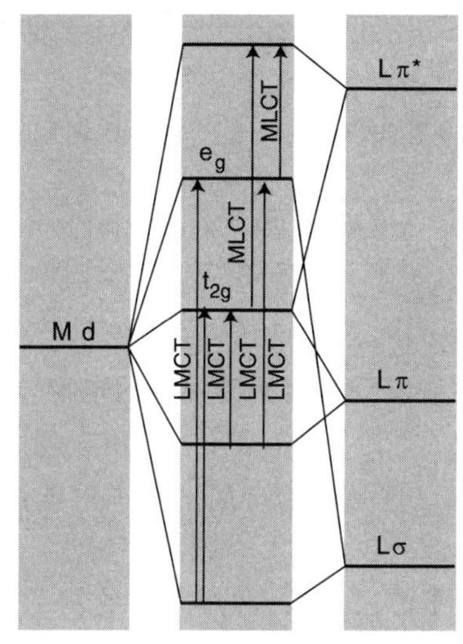

图 20.32　八面体络合物中的电荷转移跃迁

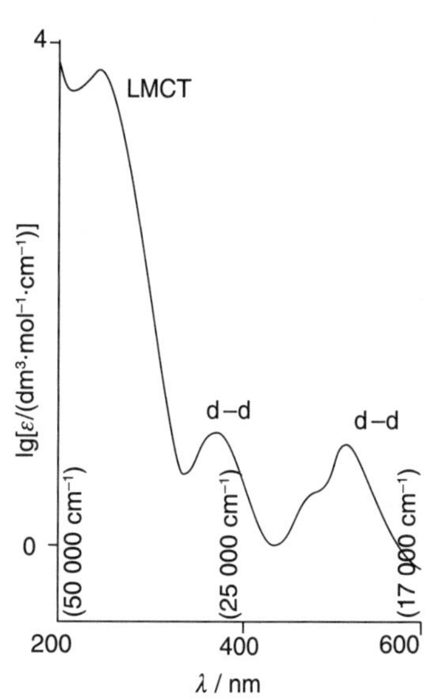

图 20.33　水溶液中$[CrCl(NH_3)_5]^{2+}$在紫外-可见区的吸收光谱图

该放大图上看不到对应于$^2E \leftarrow {}^4A$ 跃迁的峰

图 20.33 给出$[CrCl(NH_3)_5]^{2+}$(**6**)紫外-可见谱图上的另一种 CT 跃迁。如果将这一谱图与图 20.23 中的$[Cr(NH_3)_6]^{3+}$谱图做比较,就会辨认出可见区的两个配位场谱带。一个 NH_3配体被场强较弱的 Cl^- 配体所取代将最低能量的配位场谱带移至比$[Cr(NH_3)_6]^{3+}$谱带能量更低的位置。在配位场谱带之一的高能量一侧也出现一个肩峰,它是对称性降低(从 O_h降至 C_{4v})而产生的另一种跃迁。谱图中这一重要的新特征是在紫外区靠近 42 000 cm^{-1}处出现强吸收最大值。该谱带能量低于$[Cr(NH_3)_6]^{3+}$谱图中对应谱带的能量,它是由 Cl^-配体到金属的 LMCT 跃迁产生的。$[CoX(NH_3)_5]^{2+}$中类似谱带的 LMCT 特征被下述事实所证实:随着 X 从 Cl 变为 Br 再变为 I,在 8 000 cm^{-1}附近出现能量的分步降低。在这一 LMCT 跃迁中,卤离子配体的孤对电子被激发至占主导的金属轨道。

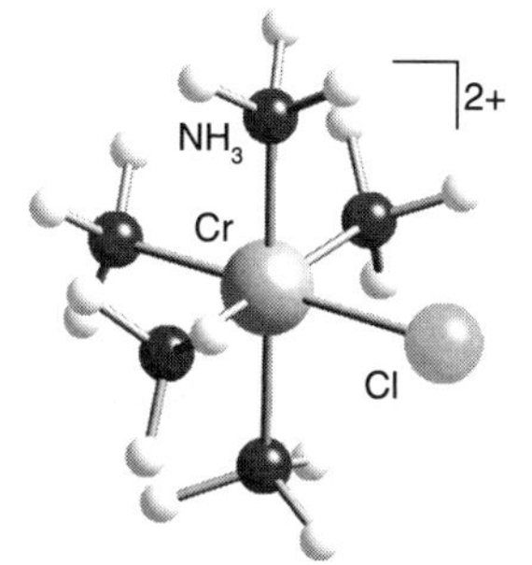

(**6**) $[CrCl(NH_3)_5]^{2+}$

(a) LMCT 跃迁

提要:金属处于高氧化态及配体包含非键电子时,谱图可见区能观察到配体到金属的电荷转移跃迁;LMCT 谱带位置的变化可能与电化学序列的顺序有关。

如果配体具有能量相对较高(如硫和硒中)的孤对电子或金属原子具有位置低的空轨道,谱图的可见区就可能产生电荷转移带(许多络合物因此而具有强的颜色)。

金属具有高氧化数的四氧合阴离子(如$[MnO_4]^-$)提供了我们可能最熟悉的 LMCT 谱带的例子。这些例子中,O 的孤对电子被激发至能量低的金属 e 空轨道。金属氧化数高相应于占据 d 轨道的电子数目少(许多在形式上是d^0),所以接受体能级低、能量低。LMCT 能量的变化趋势是

氧化数	
+7	$[MnO_4]^- < [TcO_4]^- < [ReO_4]^-$
+6	$[CrO_4]^{2-} < [MoO_4]^{2-} < [WO_4]^{2-}$
+5	$[VO_4]^{3-} < [NbO_4]^{3-} < [TaO_4]^{3-}$

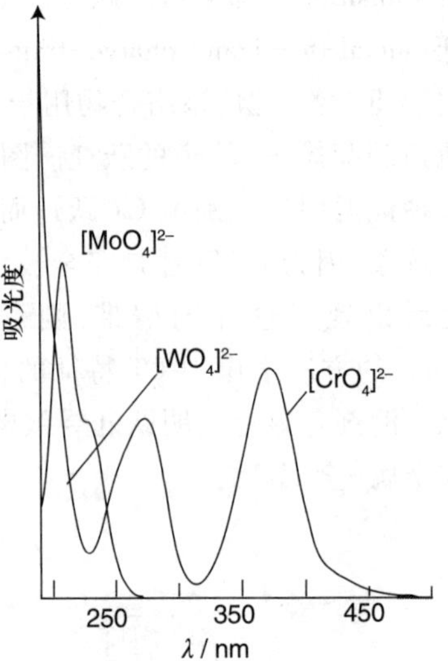

图 20.34　$[CrO_4]^{2-}$、$[MoO_4]^{2-}$和$[WO_4]^{2-}$离子的吸收光谱

沿该族向下,最大吸收移向波长较短的方向,表明 LMCT 谱带能量的增加

图 20.34 给出第 6 族金属四氧合阴离子($[CrO_4]^{2-}$、$[MoO_4]^{2-}$、$[WO_4]^{2-}$)的紫外-可见谱图。跃迁能与电化学序列的顺序(节 5.4)有关,最易被还原的金属离子跃迁能最低。这种相关性与电子从配体到金属离子的跃迁相一致,实际上对应于金属离子被配体所还原。聚离子和单体氧合阴离子遵循相同的变化趋势,金属氧化态是决定性因素。这种相似性暗示这些 LMCT 跃迁是发生在孤立分子片上的局部过程。

(b) MLCT 跃迁

提要:金属处于低氧化态且配体具有低的接受体轨道时能够观察到从金属到配体的电荷转移跃迁。

从金属到配体的电荷转移跃迁常见于具有低的π^*轨道配体(尤其是芳香配体)的络合物中。如果金属离子处于低氧化态,就会发生低能量处的跃迁并出现在可见区。这是因为金属 d 轨道的能量与空的配体轨道能量相对较近。

涉及 MLCT 跃迁最常见的一组配体是具有两个 N 给予体原子的二亚胺:两个重要的例子是 2,2′-联吡啶(联吡啶,**7**)和 1,10-邻二氮杂菲(邻二氮杂菲,**8**)。具有强 MLCT 谱带的二亚胺络合物包括三(二亚胺)物种,如橙色的三(2,2′-联吡啶)钌(Ⅱ)(**9**)。二亚胺配体也容易引入含有其他配体(这些配体要有利于金属处于低氧化态)的络合物(如$[W(CO)_4(phen)]$和$[Fe(CO)_3(bpy)]$)中。然而能发生 MLCT 跃迁的物种不限于二亚胺配体。显示典型 MLCT 跃迁的另一类重要配体是二硫纶离子 $S_2C_2R_2^{2-}$(**10**)。共振Raman 光谱(节 8.5)是研究 MLCT 跃迁的强有力的技术。

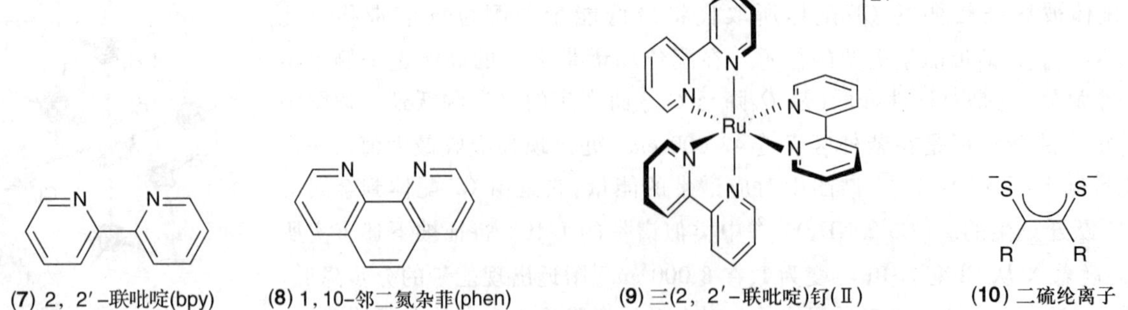

(**7**) 2, 2′-联吡啶(bpy)　(**8**) 1, 10-邻二氮杂菲(phen)　(**9**) 三(2, 2′-联吡啶)钌(Ⅱ)　(**10**) 二硫纶离子

三(2,2′-联吡啶)钌(Ⅱ)的 MLCT 激发一直是个热门研究课题,因为由电荷转移形成的激发态具有微秒级寿命,并且该络合物是一种多用途的光化学氧化还原试剂。许多相关络合物的光化学行为也已经被研究,原因是它们的激发态寿命相对比较长。

20.6　选律和谱带强度

提要：电子跃迁的强度是由跃迁偶极矩决定的。

将典型电荷转移谱带与典型配位场谱带进行比较时会产生一个疑问：什么因素支配着吸收谱带的强度？八面体、近似八面体和四方平面络合物中最大的摩尔吸收系数 ε_{max}（度量吸收强度的物理量）通常小于或接近配位场跃迁的 100 $dm^3 \cdot mol^{-1} \cdot cm^{-1}$。在四面体络合物（没有对称中心）中，配位场跃迁的 ε_{max} 可能超过 250 $dm^3 \cdot mol^{-1} \cdot cm^{-1}$。相比之下，电荷转移谱带的 ε_{max} 值通常在 1 000~50 000 $dm^3 \cdot mol^{-1} \cdot cm^{-1}$。

为了理解络合物的跃迁强度，必须考察该络合物与电磁场相偶合的强度。强跃迁表示强偶合；弱跃迁表示弱偶合。当电子从波函数为 ψ_i 的状态跃迁至波函数为 ψ_f 的状态时，偶合强度用**跃迁偶极矩**（transition dipole moment）测定。跃迁偶极矩定义为积分

$$\boldsymbol{\mu}_{fi} = \int \psi_f{}^* \boldsymbol{\mu} \psi_i \mathrm{d}\tau \qquad (20.5)$$

式中，$\boldsymbol{\mu}$ 是电子偶极矩算子（$-e\boldsymbol{r}$）。跃迁偶极矩可看作是跃迁施加到电磁场的冲量的量度：大冲量相应于强跃迁；零冲量相应于禁阻跃迁。跃迁强度正比于跃迁偶极矩的平方。

光谱学**选律**（selection rule）陈述了哪些跃迁是允许跃迁和哪些跃迁是禁阻跃迁。**允许跃迁**（allowed transition）是具有非零跃迁偶极矩的跃迁，因此具有非零强度。**禁阻跃迁**（forbidded transition）是跃迁偶极矩的计算值为零的跃迁。如果计算跃迁偶极矩的假设无效（如对称性低于假设值的络合物），形式上的禁阻跃迁就可能出现在谱图上。电荷转移跃迁是完全允许的跃迁，因而与强吸收相关。

（a）自旋选律

提要：多重度发生变化的电子跃迁是禁阻的；与 3d 系金属类似的络合物相比，4d 或 5d 系金属络合物自旋禁阻跃迁的强度更大。

入射光的电磁场不能改变络合物中电子自旋的相对取向。例如，起始的反平行电子对不能转换成平行的电子对，所以单重态（$S=0$）不能跃迁至三重态（$S=1$）。这种限制可以归纳为，**自旋允许跃迁**（spin－allowed transition）的选律是 $\Delta S=0$（见图 20.35）。

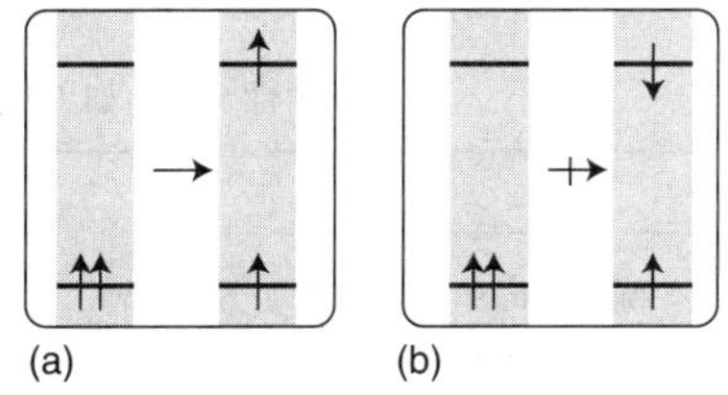

图 20.35　（a）自旋允许跃迁不改变多重度；（b）自旋禁阻跃迁导致多重度发生变化

自旋与轨道角动量的偶合可以放宽自旋选律，但这种 $\Delta S \neq 0$ 的**自旋禁阻**（spin－forbidden）跃迁通常远弱于自旋允许跃迁。因为重原子自旋－轨道偶合的强度大于轻原子，自旋禁阻谱带的强度随着原子序数的增加而增大。自旋选律被自旋－轨道偶合所破坏的现象往往叫作**重原子效应**（heavy－atom effect）。3d 系元素的自旋－轨道偶合比较弱，自旋禁阻谱带的 ε_{max} 小于 1 $dm^3 \cdot mol^{-1} \cdot cm^{-1}$；然而，自旋禁阻谱带却是 d 区重元素络合物光谱的重要特征。

图 20.23 中标记为 $^2E_g \leftarrow {}^4A_{2g}$ 非常弱的跃迁是自旋禁阻跃迁的一个实例。一些金属离子（如高自旋的 d^5 Mn^{2+}）不具有自旋允许跃迁，因而颜色很淡。

（b）Laporte 选律

提要：八面体络合物中 d 轨道之间的跃迁是禁阻的；非对称振动放宽了这一限制。

Laporte 选律（Laporte selection rule）表述为，具有中心对称的分子或离子中只有伴随着宇称改变的跃迁才是允许跃迁。也就是说，谱项 g 和谱项 u 之间的跃迁是允许的，而两个 g 谱项或两个 u 谱项之间的跃迁则是禁阻的：

$$g \leftrightarrow u \qquad g \not\leftrightarrow g \qquad u \not\leftrightarrow u$$

足够多的例子中注意到，在中心对称络合物中，如果量子数 l 没有改变，宇称也不会发生改变。因此 s－s、p－p、d－d 和 f－f 跃迁是禁阻的。因为 s 和 d 轨道是 g 谱项，p 和 f 轨道是 u 谱项，因此 s－p、p－d 和 d－f 跃迁

是允许的，而 s-d 和 p-d 跃迁则是禁阻的。

Laporte 选律更正式的论述基于跃迁偶极矩的性质，跃迁偶极矩与 $\boldsymbol{r}$ 成正比。因为 $\boldsymbol{r}$ 经反演（从而是 u 对称）会改变符号，如果 ψ_i 和 ψ_f 宇称相同，则由于

$$g \times u \times g = u \quad 和 \quad u \times u \times u = u$$

使方程(20.5)的整个积分经反演也改变符号。因此，由于积分值又与坐标的选择无关（积分的结果是面积，而面积与积分运算所采用的面积无关），如果 ψ_i 和 ψ_f 具有相同的宇称，积分值就会为零。然而如果 ψ_i 和 ψ_f 宇称相反，由于

$$g \times u \times u = g$$

使坐标反演不改变积分的符号，积分就不需为零。

中心对称络合物中的 d-d 配位场跃迁是 g↔g，因而是禁阻的。禁阻特征导致中心对称的八面体络合物的这种跃迁相对弱于四面体络合物。Laporte 选律不适用于四面体络合物（它们没有对称中心，轨道不具有 g 或 u 的下标）。

紧接着提出的一个问题是，为什么八面体络合物的 d-d 配位场跃迁尽管很弱却总是会发生？Laporte 选律可通过两种方式放宽。首先，晶体中络合物分子的环境畸变或多原子配体固有的不对称性使络合物的基态可能略微偏离完美的中心对称。另一种方式是，络合物可能发生不对称振动从而破坏其反演中心。两种情况都会导致 Laporte 禁阻 d-d 配位场谱带的强度远远超过自旋禁阻跃迁。

表 20.9　3d 络合物的谱带强度

谱带类型	$\varepsilon_{max}/(dm^3 \cdot mol^{-1} \cdot cm^{-1})$
自旋禁阻	<1
Laporte 禁阻 d-d	20～100
Laporte 允许 d-d	～250
对称性允许（如 CT）	1 000～50 000

例题 20.9　用选律归属谱带

题目：根据强度对图 20.33 中的谱带进行归属。

答案：如果假定络合物为近似八面体，考察 d^3 离子的 Tanabe-Sugano 图就会发现基谱项是 $^4A_{2g}$。至较高谱项 ^2E_g、$^2T_{1g}$ 和 $^2T_{2g}$ 的跃迁是自旋禁阻的，其 ε_{max} 将小于 1 $dm^3 \cdot mol^{-1} \cdot cm^{-1}$。由此不难预期这些跃迁的谱带将会很弱，而且将难以识别。随后两个具有相同多重度的较高谱项是 $^4T_{2g}$ 和 $^4T_{1g}$。向这些谱项的跃迁是自旋允许而 Laporte 禁阻的配位场跃迁，$\varepsilon_{max} \approx 100\ dm^3 \cdot mol^{-1} \cdot cm^{-1}$：它们是 360 nm 和 510 nm 处的两个谱带。近紫外区 $\varepsilon_{max} \approx 10\ 000\ dm^3 \cdot mol^{-1} \cdot cm^{-1}$ 的那个谱带相应于 LMCT 跃迁，Cl 的 π 孤对电子跃升到以金属 d 轨道特征为主的分子轨道中。

自测题 20.9　$[Cr(\underline{N}CS)_6]^{3-}$ 的谱图在靠近 16 000 cm^{-1} 处有一条非常弱的谱带，17 700 cm^{-1} 处谱带的 $\varepsilon_{max} = 160\ dm^3 \cdot mol^{-1} \cdot cm^{-1}$，23 800 cm^{-1} 处谱带的 $\varepsilon_{max} = 130\ dm^3 \cdot mol^{-1} \cdot cm^{-1}$，32 400 cm^{-1} 处有一条非常强的谱带。用 d^3 Tanabe-Sugano 图和选律归属这些跃迁。（提示：NCS^- 具有低的 π^* 轨道。）

20.7　发光现象

提要：发光络合物是受到电子激发后再次发出辐射的络合物。多重度不变时产生荧光；激发态系间跨越至不同多重态，随后经历辐射衰变时产生磷光。

发光（luminescent）是指通过光吸收使络合物受到激发后再发光。发光现象与非辐射衰变（将热能衰

减至环境中)相竞争。室温下 d 金属络合物通常很少发生相对快速的辐射衰变,所以强发光体系比较少见。不过这种体系的确存在,其发光过程可分为两大类。习惯上将迅速衰减的发光称"荧光",而将激发光源撤去后仍能持续一段时间的发光称"磷光"。这种以寿命为判据进行的分类不可靠,两种发光现象的现代定义以发光过程明显不同的机理为依据。与基态具有相同多重度的激发态发生辐射衰减回到基态时发射**荧光**(fluorescence)。这种跃迁属自旋允许跃迁因而一般都很快;荧光的半衰期为纳秒级。**磷光**(phosphorescence)是从不同多重度的状态回到基态的辐射衰变。因为是自旋禁阻过程而往往较缓慢。磷光现象应用于荧光粉(应用相关文段 24.3)。

因为磷光络合物的起始激发通常都经过自旋允许跃迁增加了一个态的粒子布居,所以磷光机理还涉及**系统间过渡**(intersystem crossing),即初始激发态至不同多重度的另一激发态的非辐射转化。第二种态的作用相当于一种能量库,因为从它向基态的辐射衰变属自旋禁阻过程。然而正如自旋-轨道偶合允许发生系统间过渡那样,这里也会突破自旋选律的限制而发生辐射衰变。返回至基态的辐射衰变很慢,所以 d 金属络合物的磷光态可存活数微秒甚至更长。

红宝石为磷光现象提供了一个重要实例。氧化铝中的 Al^{3+} 被低浓度的 Cr^{3+} 取代形成红宝石,每个 Cr^{3+} 周围以八面体方式排列着 6 个 O^{2-}。初始激发是自旋允许过程:

$$t_{2g}^2e_g^1 \leftarrow t_{2g}^3: {}^4T_{2g} \leftarrow {}^4A_{2g} \text{和} {}^4T_{1g} \leftarrow {}^4A_{2g}$$

这些吸收发生在光谱的绿色区和紫色区,因而使宝石显红色(见图 20.36)。向 t_{2g}^3 组态的 ^2E 谱项发生的系统间过渡只需几皮秒甚至更短的时间,然后由此二重态衰变返回四重基态发出 627 nm 的红色磷光。这种红光辐射与由白光减去绿色和紫色光后呈现的红色加在一起产生了宝石的光泽。该效应用于构建第一个激光器(1960 年)。

多种溶液中的 Cr(Ⅲ)络合物可以观察到类似的 $^2E \rightarrow {}^4A$ 磷光。^2E 谱项来自 t_{2g}^3 组态(与基态相同),因此配位场强度并不重要,而且谱带很窄。这种发射总是红色(并接近红宝石发射的波长)。如果是刚性配体(如 $[Cr(bpy)_3]^{3+}$ 中的配体),则 ^2E 谱项在溶液中的寿命可达数微秒。

磷光态另一个有趣的例子是在 $[Ru(bpy)_3]^{2+}$ 中发现的。这一 d^6 络合物中自旋允许的 MLCT 跃迁产生的激发单重态通过系统间过渡到达组态相同($t_{2g}^5\pi^{*1}$)但能量较低的三重态,然后发射出寿命约为 1 ms 的亮橘红色的光(见图 20.37)。其他分子(淬灭剂)对发射寿命的影响可用于监控电子从激发态转移的速率。

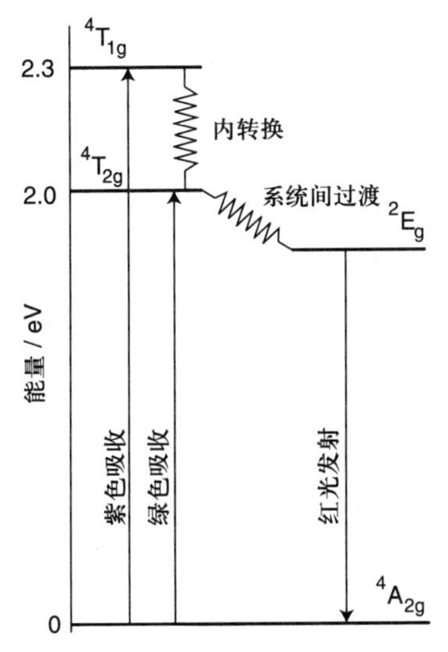

图 20.36　红宝石中导致 Cr^{3+} 产生吸收和发光作用的跃迁

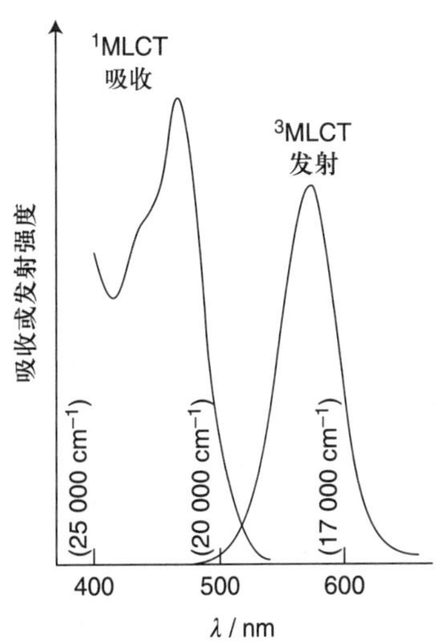

图 20.37　$[Ru(bpy)_3]^{2+}$ 的吸收光谱和磷光光谱

磁性

20.1(c)介绍了络合物的抗磁性和顺磁性,但对络合物磁性的讨论仅局限于磁性弱的物种。在这些物种中,单个顺磁性中心(具有未成对 d 电子的原子)之间相互分离。这里进一步从两个方面讨论磁性,一个方面是磁性中心之间发生的相互作用,另一个方面是自旋态可能发生的改变。

20.8　协同磁性

提要:在固体中,相邻金属中心的自旋可能发生相互作用而产生磁行为,如整个固体显示的铁磁性和反铁磁性。

在固态中,单个磁性中心往往靠近在一起,也通过原子(尤其是 O 原子)相隔离。这种排列中的协同性质可能是由不同原子电子自旋之间的相互作用产生的。

材料的**磁化率**(magnetic susceptibility)用符号χ表示。磁化率是电子自旋排列难易程度随外加磁场变化的量度,χ是感生磁场正比于外加磁场的比例常数。顺磁性材料的磁化率为正值,抗磁性材料的磁化率为负值。协同现象导致的磁效应远大于单个原子和离子导致的磁效应。不同类型磁性材料的磁化率及其随温度的变化是不同的,见表 20.10 和图 20.38。

表 20.10　材料的磁性行为

磁性行为	有代表性的χ值	χ值随温度的变化	场依赖性
抗磁性(无未成对自旋)	-8×10^{-6}(Cu)	无	否
顺磁性	$+4\times10^{-3}$($FeSO_4$)	下降	否
铁磁性	5×10^{3}(Fe)	下降	是
反铁磁性	$0\sim10^{-2}$	增加	(是)

顺磁性材料在磁场中的平行自旋部分沿外场排列。将顺磁性材料冷却时,热运动产生的无序化效应减少,更多的自旋变得有序并导致磁化率增大。**铁磁性物质**(ferromagnetic substance)是协同磁性质的一个实例,不同金属中心的自旋偶合为平行取向,将千万个原子维系在一起形成**磁畴**(magnetic domain),见图 20.39。净磁矩(因此磁化率)可能很大,这是单个自旋磁矩彼此叠加造成的。磁性一旦建立并将温度维持在 **Curie 温度**(Curie temperature,T_c)以下时,因为自旋被锁定在一起,外磁场撤去后磁化仍将维持。d 轨道(或很少数 f 轨道)中含有未成对电子的材料显示铁磁性,这种轨道上的未成对电子能与周围原子类似轨道上的未成对电子相偶合。关键的特征是,这种相互作用强得足以让自旋取向,但却不足以形成共价键(共价键的电子应该成对)。在温度高于 T_c的情况下,由于热运动的无序化效应胜过相互作用的有序化效应,材料变为顺磁性(图 20.38)。

铁磁体的磁化强度 M(即宏观磁矩)与外加磁场强度(H)不成正比,而是出现如图 20.40 所示的"滞后回线"。**硬铁磁体**(hard ferromagnet)的回线宽,外加磁场降为零时 M 值仍然大。硬铁磁体用在磁化方向不需要逆转的永久磁体中。**软铁磁体**(soft ferromagnet)的回线窄,因此对外加磁场的响应容易得多。软铁磁体用在对快速振动场作出响应的变压器中。

在**反铁磁性材料**(antiferromagnetic material)中,邻近的自旋被锁入反平行排列(见图 20.41)。因此,单个磁矩的集合体消失,样品具有低的磁矩和磁化率(实际上趋于零)。顺磁性材料冷却至较低温度时往往会观察到反铁磁性,其标志为磁化率在 **Neel 温度**(Neel temperature,T_N)(见图 20.38)急剧下降。温度高于 T_N时的磁化率就是顺磁性物质的磁化率,随温度的升高而降低。

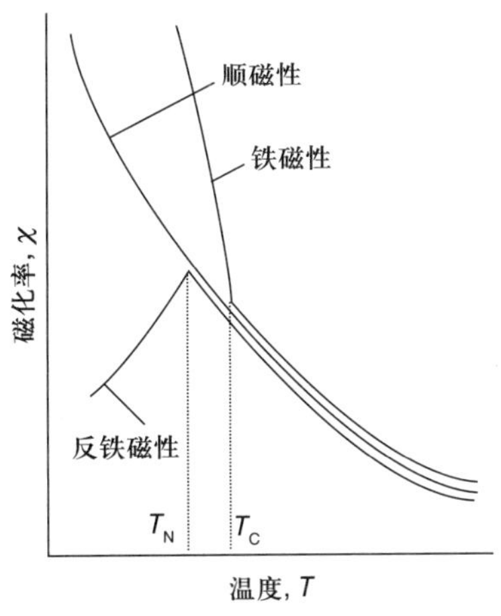

图 20.38　顺磁性、铁磁性和反铁磁性物质的磁化率对温度的依赖关系

图 20.39　铁磁性材料中单个磁矩的平行排列

图 20.40

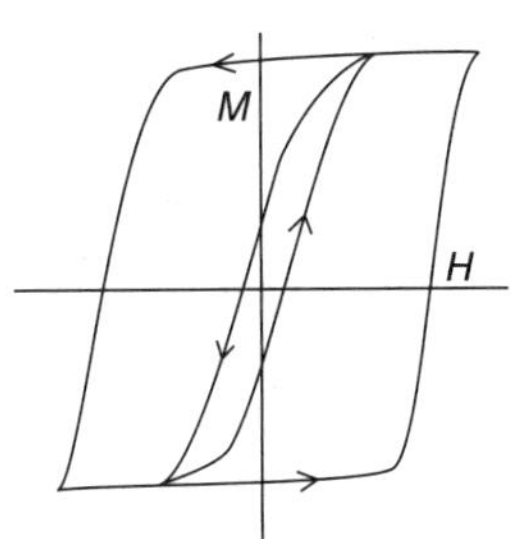

图 20.40　铁磁性材料的磁化曲线

得到滞后回线是因为样品的磁化随着磁场的增加(→)不能按磁场降低(←)的路线折返;蓝线:硬铁磁体;红线:软铁磁体。

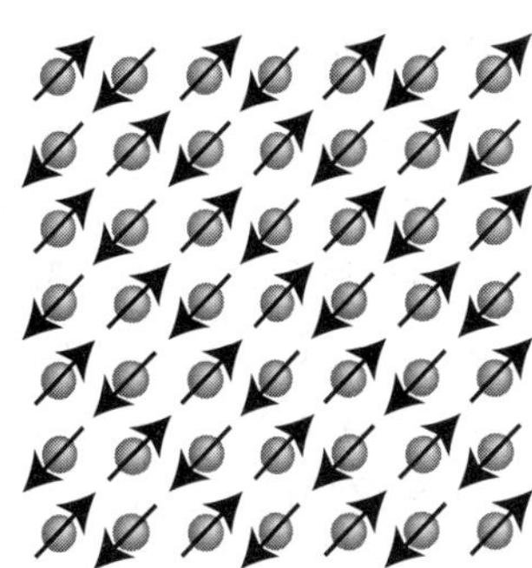

图 20.41　反铁磁性材料中单个磁矩的反向平行排列

造成反铁磁性的自旋偶合一般通过插入配体而产生,其机理叫作**超交换**(superexchange)。如图 20.42 所示的那样,一个金属原子上的自旋诱发了配体被占轨道小的自旋极化,该自旋极化导致了邻近金属原子上自旋的反平行排列。这种交替出现的自旋排列(…↑↓↑↓…)随后传播到整个材料中。许多 d 金属氧化物显示出反铁磁性行为,这种行为可用涉及 O 原子的超交换机理来描述。例如,MnO 和 Cr_2O_3分别在 122 K 以下和 310 K 以下显示反铁磁性。含有被配体桥连的两个金属离子的分子型络合物中频频观察到通过插入配体而发生的自旋偶合,但这种自旋偶合弱于金属间被 O^{2-} 连接的自旋偶合,这是有序化温度低得多(通常低于 100 K)所造成的结果。

在**亚铁磁性**(ferrimagnetism)中,低于 Curie 温度时也能观察到具有不同单个磁矩离子净的磁有序。这些离子可能像反铁磁性物质中那样按相反的自旋进行排序,但因为单个磁矩不同,不能完全抵消而使样品具有净的总磁矩。像反铁磁性一样,这种相互作用通常通过配体进行传递,如磁铁矿 Fe_3O_4。

大量分子体系中也观察到磁偶合作用。有代表性的体系含有以配体(它们能够传递偶合)桥连起来的两个或多个金属原子。简单的例子包括醋酸铜(**11**),它是两个 d^9 中心之间反铁磁性偶合的二聚体。许多金属酶(节 26.8 至节 26.15)也具有显示磁偶合现象的多金属中心。

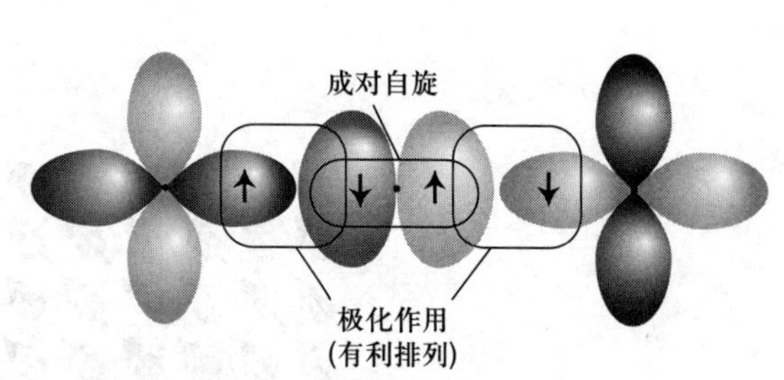

图 20.42* 桥配体自旋极化引起两个金属中心之间的反铁磁性偶合

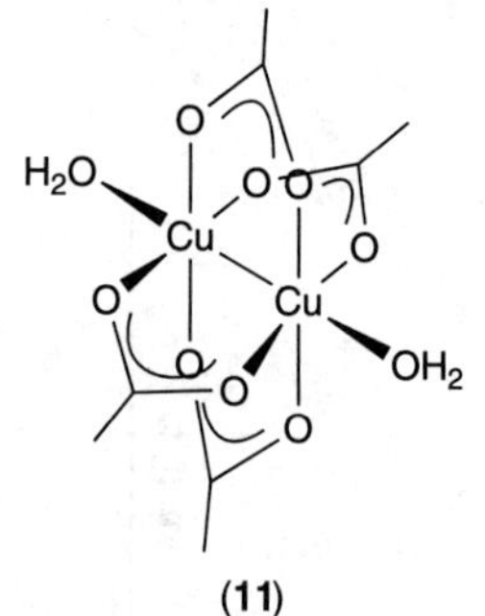

20.9 自旋交叉络合物

提要:决定 d 金属中心自旋状态的因素密切匹配时,络合物为响应这种外部刺激而可能改变其自旋状态。

我们已经看到多种因素(如氧化态和配体类型)决定络合物为高自旋或低自旋。一些络合物(通常是 3d 金属络合物)两种状态间的能量差别很小,从而导致可能出现**自旋交叉**(spin-crossover)络合物。这种络合物改变其自旋状态以应对外部刺激(如热或压力),进而导致其宏观磁性的改变。例如,两个二苯基三联吡啶配体(**12**)的 d^6 铁络合物,低于 300 K 时为低自旋($S=0$),高于 323 K 时则为高自旋($S=2$)。这种从一种自旋态到另一种自旋态的转化可能是急剧的、平缓的或者甚至是阶梯式的(见图 20.43)。在固态,自旋交叉络合物的另一特征是磁性中心之间存在协同性,从而导致如图 20.44 中所示的滞后现象。

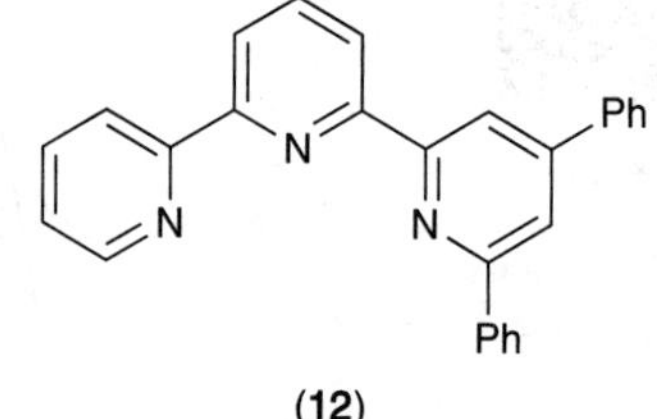

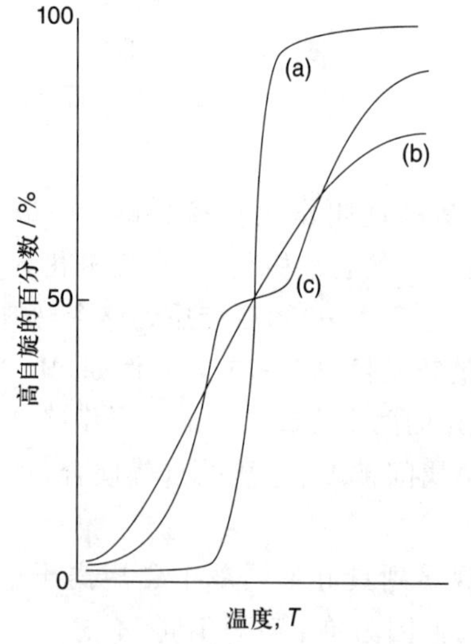

图 20.43　改变到高自旋可能是急剧的(a),平缓的(b),或阶梯式的(c)

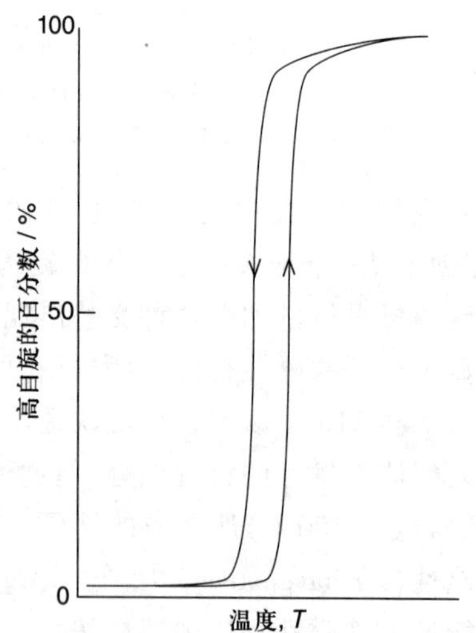

图 20.44　发生在一些自旋交叉体系中的滞后回线

低自旋态通常更倾向于在高压和低温条件下存在。这种倾向可在如下的基础上作理解:e_g轨道(该轨道在高自旋态更多地被占据)具有显著的金属-配体反键特征,低压和高温才有利于占较大分量的高自旋形式。

自旋交叉络合物存在于许多地质环境系统中,还与 O_2 键合于血红蛋白有关,并且可能用于磁信息储存和压敏器件中。

延伸阅读资料

E. I. Solomon and A. B. P. Lever, *Inorganic electronic structure and spectroscopy*. John Wiley&Sons(2006).对本章涉及的材料做了透彻的说明,包括对溶剂化显色现象所做的有益讨论

S. F. A. Kettle, *Physical inorganic chemistry: a co-ordination chemistry approach*. Oxford University Press(1998).

B. N. Figgis and M. A. Hitchman, *Ligand feld theory and its applications*. John Wiley&Sons(2000).

E. U. Condon and G. H. Shortley, *The theory of atomic spectra*. Cambridge University Press(1935). E. U. Condon and H. Odabasi, *Atomic structure*. Cambridge University Press(1980).原子光谱方面的标准参考教科书。

A. F. Orchard, *Magnetochemistry*. Oxford University Press(2003).用配位场理论对络合物和材料中磁效应做了详尽的说明。

练习题

20.1　利用光谱化学序列确定下列络合物哪些可能是高自旋?哪些可能是低自旋?并确定电子组态(用 $t_{2g}^x e_g^y$ 或 $e^x t_2^y$ 的形式)、未成对电子数和配位场稳定化能(以 Δ_O、Δ_T 和 P 为单位)。(a) $[Cr(NH_3)_6]^{3+}$, (b) $[Fe(OH_2)_6]^{2+}$, (c) $[Fe(CN)_6]^{3-}$, (d) $[Cr(NH_3)_6]^{3+}$, (e) $[W(CO)_6]$, (f) 四面体 $[FeCl_4]^{2-}$, (g) 四面体 $[NiCl_4]^{2-}$。

20.2　配体 H^- 和 $P(C_6H_5)_3$ 的场强相近,均处于光谱化学序列的高场位置。试回答:只有 π 酸配体(膦配体显示 π 酸性)才可能是强场配体吗?怎样解释上述每种配体的场强?

20.3　估算练习题 20.1 的络合物中唯自旋对磁矩的贡献。

20.4　$[Co(NH_3)_6]^{2+}$、$[Co(OH_2)_6]^{2+}$(两者均为 O_h 对称), $[CoCl_4]^{2-}$ 的水溶液都有颜色。一个是粉红色(吸收蓝光),另一种是黄色(吸收紫光),第三种是蓝色(吸收红光)。根据光谱化学序列以及 Δ_O 和 Δ_T 的相对大小确定每种颜色所对应的络合物。

20.5　从下列每对络合物中确定具有较大 LFSE 的那一个:

(a) $[Cr(OH_2)_6]^{2+}$ 或 $[Mn(OH_2)_6]^{2+}$

(b) $[Fe(OH_2)_6]^{2+}$ 或 $[Fe(OH_2)_6]^{3+}$

(c) $[Fe(OH_2)_6]^{3+}$ 或 $[Fe(CN)_6]^{3-}$

(d) $[Fe(CN)_6]^{3-}$ 或 $[Ru(CN)_6]^{3-}$

(e) 四面体 $[FeCl_4]^{2-}$ 或四面体 $[CoCl_4]^{2-}$

20.6　下列氧化物都为岩盐结构,试解释其晶格焓($kJ \cdot mol^{-1}$)的大小。回答该问题时不要忽略了 3d 元素自左向右性质的变化趋势: CaO(3 460), TiO(3 878), VO(3 913), MnO(3 810), FeO(3 921), CoO(3 988), NiO(4 071)。

20.7　下表给出一些以八面体方式配位的离子的水合焓和配位场分裂参数 Δ_O 的值。(a) 以水合焓对 d 电子数作图。(b) 计算高自旋组态的 LFSE 值(Δ_O)。用给定的 Δ_O 值求算每一种离子的 LFSE($kJ \cdot mol^{-1}$)。(c) 将这种能量用作水合焓的矫正项,并标出没有配位场效应时 ΔH 的估算值。对此作讨论($1\ kJ \cdot mol^{-1} = 83.7\ cm^{-1}$)。

离子	$\Delta_{hyd}H/(kJ \cdot mol^{-1})$	Δ_O/cm^{-1}
Ca^{2+}	2 478	0
V^{2+}	2 789	12 600
Cr^{2+}	2 806	13 900
Mn^{2+}	2 747	7 800
Fe^{2+}	2 856	10 400
Co^{2+}	2 927	9 300
Ni^{2+}	3 007	8 300
Cu^{2+}	3 011	12 600
Zn^{2+}	2 969	0

20.8　如果阴离子是配位能力弱的 ClO_4^-,则含四个配位原子的电中性大环配体与 Ni(Ⅱ)形成一反磁性的低自旋 d^8 红色络合物。如果高氯酸根离子被两个 SCN^- 所代替,该络合物则变成含两个未成对电子的高自旋紫色络合物。试从结构上对此变化做解释。

20.9　用 Jahn-Teller 效应判断 $[Cr(OH_2)_6]^{2+}$ 的结构。

20.10　$d^1 Ti^{3+}$(aq)的光谱是由 $e_g \leftarrow t_{2g}$ 单电子跃迁产生的。图 20.3 中的不对称谱带表明所涉及的态数大于 1。可否用 Jahn-Teller 效应解释这一现象?

20.11　写出下列给定角动量量子数(L,S)的 Russell-Saunders 符号:(a) (0,5/2),(b) (3,3/2),(c) (2,1/2),(d) (1,1)。

20.12　从下列各组谱项中选出基谱项:(a) ^1P,^3P,^3F,^1G;(b) ^3P,^5D,^3H,^1I,^1G;(c) ^6S,^4P,^4G,^2I。

20.13　给出下列组态的 Russell-Saunders 谱项并确定基谱项:(a) $4s^1$,(b) $3p^2$。

20.14　气相 V^{3+} 的基谱项为 ^3F。^1D 和 ^3P 谱项分别比它高 10 642 cm^{-1} 和 12 920 cm^{-1}。这些谱项的能量由 Racah 参数表示如下:$E(^3F)=A-8B$,$E(^3P)=A+7B$,$E(^1D)=A-3B+2C$。试计算 V^{3+} 的 B 值和 C 值。

20.15　写出下列络合物的 d 轨道组态并用 Tanabe-Sugano 图(资源节 6)确定基谱项:(a) 低自旋 $[Rh(NH_3)_6]^{3+}$,(b) $[Ti(OH_2)_6]^{3+}$,(c) 高自旋 $[Fe(OH_2)_6]^{3+}$。

20.16　利用 Tanabe-Sugano 图(资源节 6)估算下列络合物的 Δ_O 值和 B 值:

(a) $[Ni(OH_2)_6]^{2+}$(吸收带位于 8 500,15 400 和 26 000 cm^{-1})

(b) $[Ni(NH_3)_6]^{2+}$(吸收带位于 10 750,17 500 和 28 200 cm^{-1})

20.17　$[Co(NH_3)_6]^{3+}$ 的电子光谱在红色区有一条非常弱的吸收带,而在可见到近紫外区有 2 个中等强度的吸收带。应该如何归属这些跃迁?

20.18　为什么 $[FeF_6]^{3-}$ 几乎无色而 $[CoF_6]^{3-}$ 有色但在可见区只有一条吸收带?

20.19　$[Co(CN)_6]^{3-}$ 和 $[Co(NH_3)_6]^{3+}$ 的 Racah 参数 B 分别为 460 cm^{-1} 和 615 cm^{-1}。试讨论这两种配体成键作用的性质并解释电子云重排效应的差别。

20.20　Co(Ⅲ)与氨配体和氯配体形成的近似"八面体"络合物生成下列谱带:ε_{max} 在 60~80 $dm^3 \cdot mol^{-1} \cdot cm^{-1}$ 的两个谱带;$\varepsilon_{max}=2$ $dm^3 \cdot mol^{-1} \cdot cm^{-1}$ 的一个弱带;$\varepsilon_{max}=2\times10^4$ $dm^3 \cdot mol^{-1} \cdot cm^{-1}$ 的一个高能量强谱带。你认为这些谱带是由哪种跃迁产生的?

20.21　普通玻璃瓶在透过瓶壁看去几乎无色,但从瓶底看去(光线透过玻璃的光程较长)则显绿色。这种颜色与硅酸盐基质中 Fe^{3+} 的存在有关。试解释这一现象。

20.22　$[Cr(OH_2)_6]^{3+}$ 的溶液为淡蓝绿色而铬酸根离子 $[CrO_4]^{2-}$ 则为深黄色。试说明这些吸收来自何种跃迁并解释其相对强度。

20.23　试确定四方 C_{4v} 对称性络合物(如 $[CoCl(NH_3)_5]^{2+}$,其中 Cl 位于 z 轴上)中 d 轨道的对称类型。

(a) 八面体分子轨道图中的哪些轨道会因金属与配体(Cl^-)孤对电子的 π 相互作用而移动位置?

(b) 哪一个轨道将因 Cl^- 配体不像 NH_3 配体 σ 碱性那样强而移动?

(c) 绘出 C_{4v} 络合物定性的分子轨道图。

20.24　试讨论四面体络合物(根据图 20.8)的分子轨道图和相关的 d 轨道组态。说明 $[MnO_4]^-$ 的紫色不可能由配位场跃迁所产生。已知 $[MnO_4]^-$ 两种跃迁的波数是 18 500 cm^{-1} 和 32 200 cm^{-1},试说明如何由这两个电荷转移跃迁的归属估算 Δ_T 值(Δ_T 不能直接观测)。

辅导性作业

20.1　在能结晶出硅酸盐矿物的熔浆中,金属离子可能为四配位。橄榄石晶体中 M(Ⅱ)的配位结构是八面体。分配系数(定义为 $K_p=[M(Ⅱ)]_{橄榄石}/[M(Ⅱ)]_{熔体}$)的大小顺序是 Ni(Ⅱ)>Co(Ⅱ)>Fe(Ⅱ)>Mn(Ⅱ)。试用配位场理论对该顺序做解释。(参阅:I. M. Dale and P. Henderson, *24th Int. Geol. Congress*, *Sect. 10*, 1972, 105.)

20.2　在辅导性作业 7.12 中我们看到了三种不同金属与 1,2-乙二胺形成络合物的逐级形成常数。用相同的数据讨论金属对形成常数的影响。如何利用 Irving-Williams 序列理解这些形成常数?

20.3　考虑到对称性降低时八面体轨道的分裂,绘出 *trans*-$[ML_4X_2]$ 中 σ 成键作用的对称性匹配线性组合和分子轨道能级图(假定配体 X 在光谱化学序列中的位置低于配体 L)。

20.4　参考资源节 5,绘出平面四方形络合物中 σ 成键作用的对称性匹配线性组合和分子轨道能级图。该络合物为 D_{4h}群。要注意配体与 d_{z^2}轨道小的重叠。什么叫 π 成键效应?

20.5　从图 20.12 入手并使用晶体场方法,说明极端的四方畸变如何得到图 20.10 中的轨道能级图。对二配位的线性络合物进行类似的分析。

20.6　讨论 D_{3h}对称的三棱柱形六配位 ML_6络合物。假设配体相对于 *xy* 平面的角度相同(就像四面体络合物那样),试通过 D_{3h}特征标表(资源节 4)按对称类型将金属原子 d 轨道分组。

20.7　三角双锥络合物中的轴向和赤道位点与中心金属离子具有不同的空间和电子相互作用。考虑一些常见配体并决定这些配体在三角双锥络合物的哪类位点配位更有利。(参阅:A. R. Rossi and R. Hoffmann, *Inorg. Chem.*, 1975, **14**, 365.)

20.8　含 V═O 基的 V(Ⅳ)物种具有非常清晰的光谱。V(Ⅳ)的 d 电子组态是什么?这类络合物对称性最高的物种为[VOL_5](C_{4v}对称,O 原子位于 *z* 轴),[VOL_5]络合物中 5 个 d 轨道的对称物种是什么?据您判断这些络合物的光谱中有多少个 d-d 谱带?这些络合物在 24 000 cm^{-1}附近的一个谱带显示出 V═O 振动的振动行为,这一事实暗示存在涉及 V═O 成键的轨道。这是哪种 d-d 跃迁造成的?(参阅:C. J. Ballhausen and H. B. Gray, *Inorg. Chem.*, 1962, **1**, 111.)

20.9　能量敏感于溶剂极性(因为激发态的极性大于基态)这一事实能够用来识别 MLCT 谱带。图 20.45 给出两个简化的分子轨道图。(a) 中的配体 π 能级高于金属 d 轨道,(b) 中的金属 d 轨道能级与配体能级相同。两个 MLCT 谱带中哪一个对溶剂更敏感?两种情况的例子分别为[$W(CO)_4(phen)$]和[$W(CO)_4(^iPr\text{-}DAB)$],式中 DAB=1,4-二氮杂-1,3-丁二烯(参阅:P. C. Servas, H. K. van Dijk, T. L. Snoeck, D. J. Stufkens, and A. Oskam, *Inorg. Chem.*, 1985, **24**, 4494)。讨论跃迁的 CT 特征与金属原子反馈程度的关系。

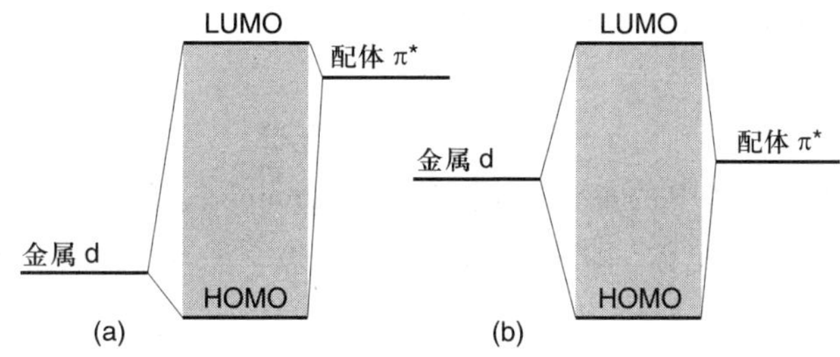

图 20.45　涉及 MLCT 跃迁的轨道表示

配体 π* 轨道的能量相对于金属 d 轨道的能量发生了变化

20.10　讨论自旋交叉络合物并确定络合物在下述两种场合所需具有的特征:(a) 用于实用性压力传感器,(b) 用于实用性信息储存设备。(参阅:P. Gütlich, Y. Garcia, and H. A. Goodwin, *Chem. Soc. Rev.*, 2000, **29**, 419.)

(刘　斌　译,史启祯　审)

21 章

配位化学:络合物的反应

本章介绍研究金属络合物反应途径的证据和实验,从而对反应机理有更多的理解。不过始终应当记住:由于反应机理难以明确确定,同样的证据可能支持不同的机理。本章先讨论配体交换反应并介绍反应机理的分类,讨论反应发生的步骤和形成过渡态的细节。然后用所得的概念讨论络合物氧化还原反应的机理。

并非 d 区元素才有配位化学问题。第 20 章的内容只涉及 d 区金属,而本章则是在第 7 章(配位化合物导论)的基础上展开并适用于所有金属元素,不管这些金属元素属于周期表的哪个区。

配体取代反应

络合物最基本的反应是**配体取代**(ligand substitution)反应:一个 Lewis 碱在反应中取代了与 Lewis 酸结合的另一个 Lewis 碱。

$$\mathrm{Y+M{-}X \longrightarrow M{-}Y+X}$$

这类反应包括络合物形成反应,其中的**离去基团**(leaving group)是溶剂分子(即被取代的碱 X),**进入基团**(entering group)是某种其他配体(即发生取代的碱 Y)。一个例子是配体水分子被 Cl^- 取代的反应:

$$[\mathrm{Co(OH_2)_6}]^{2+}(\mathrm{aq})+\mathrm{Cl^-}(\mathrm{aq}) \longrightarrow [\mathrm{CoCl(OH_2)_5}]^{+}(\mathrm{aq})+\mathrm{H_2O(l)}$$

节 7.12 至节 7.15 中讨论了络合物形成的热力学问题。

21.1 配体取代反应的速率

提要:取代反应的速率跨度很大,而且与络合物结构有关;反应快的络合物叫活泼络合物;反应慢的络合物叫惰性络合物或不活泼络合物。

配位化学中的反应速率与反应平衡同等重要。Co(Ⅲ)和 Pt(Ⅱ)氨络合物的许多异构体在配位化学发展过程中起过至关重要的作用,然而如果配体取代反应和异构体相互转换的速率非常快,会导致难以离析出这些异构体。下面探讨何种因素决定了某些络合物能够稳定较长一段时间,而另外一些络合物则发生快速反应。

一种络合物转换为另一种络合物的速率是由二者之间活化能垒的高度决定的。能够稳定较长时间(按传统至少稳定 1 min)的热力学上不稳定的络合物通常称之为“惰性”络合物,但使用**不活泼**(non-labile)这一术语表达这种惰性可能更合适。发生快速平衡的络合物叫**活泼**(labile)络合物。例如,$[\mathrm{Ni(OH_2)_6}]^{2+}$是个活泼络合物,在配位 H_2O 分子被另一个 H_2O 分子或其他更强的碱取代时,半衰期仅为毫秒级;而不活泼络合物$[\mathrm{Co(NH_3)_5(OH_2)}]^{3+}$中的配位 H_2O 分子被更强的碱所取代的半衰期长达数小时。

图 21.1 示出一些重要水合金属离子络合物的特征寿命。跨度一端物种的寿命只有 1 ns(大体相当于分子在溶液中扩散一个分子直径距离所需的时间),另一端物种的寿命则长达数年。即使如此,该图也并未显示出寿命最长的时间(相应于地质年代的时间)。

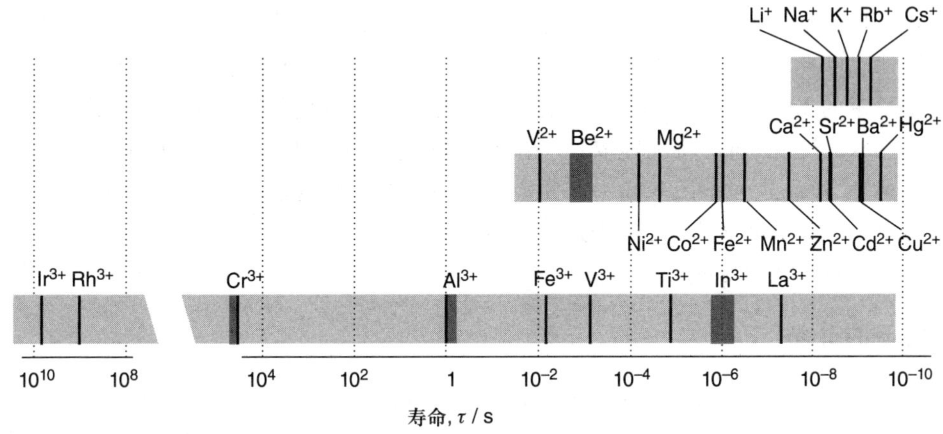

图 21.1 水合络合物中 H_2O 分子交换的特征寿命

本节后面讨论反应机理时将会更详细地讨论络合物的活泼性,不过现在可以归纳出以下两点。第一,没有其他额外稳定因素[如**配位场稳定化能**(LFSE)和螯合效应]的金属络合物是最活泼的络合物。任何额外的稳定因素都会增大配体取代反应的活化能,从而减小络合物的活泼性。第二,非常小的离子往往不活泼。这不但是因为 M—L 键的强度比较大;从空间角度考虑,进入的配体也更难靠近金属原子。

可以归纳出来的其他要点如下:

- 除最小的离子(Be^{2+}和 Mg^{2+})形成的络合物外,所有 s 区离子的络合物都极为活泼。
- f 区 M(Ⅲ)离子的络合物都很活泼。
- d^{10}离子(Zn^{2+}、Cd^{2+}及 Hg^{2+})的络合物通常很活泼。
- d 区 3d 系 M(Ⅱ)离子的络合物通常显示中等活泼性,其中畸变的 Cu(Ⅱ)络合物最活泼。
- d 区 M(Ⅲ)离子的络合物明显不如 d 区 M(Ⅱ)离子的络合物活泼。
- 具有 d^3和低自旋 d^6组态[如 Cr(Ⅲ)、Fe(Ⅱ)和 Co(Ⅲ)]的 d 金属络合物通常不活泼,这是因为它们具有较大的 LFSE。具有相同组态的金属螯合络合物(如$[Fe(phen)_3]^{2+}$)尤其不活泼。
- 4d 和 5d 系金属的络合物通常不活泼,这一事实反映他们具有高的 LFSE 和强的金属-配体键合力。

表 21.1 给出若干反应的时间标度。

表 21.1 化学和物理过程有代表性的时间标度

时间标度*	过程	举例
10^8 s	配体交换(惰性络合物)	$[Cr(OH_2)_6]^{3+}$—H_2O(约 32 年)
60 s	配体交换(不活泼络合物)	$[V(OH_2)_6]^{3+}$—H_2O(50 s)
1 ms	配体交换(活泼络合物)	$[Pt(OH_2)_4]^{2+}$—H_2O(0.4 ms)
1 μs	价态间电荷转移	$(H_3N)_5Ru^{II}$—N⟨吡嗪⟩N—$Ru^{III}(NH_3)_5$ (0.5 μs)
1 ns	配体交换(活泼络合物)	$[Ni(OH_2)_5(py)]^{2+}$—H_2O(1 ns)
10 ps	配体结合	$Cr(CO)_5$+THF(10 ps)
1 ps	液体中的旋转	CH_3CN(1 ns)
1 fs	分子振动	Sn—Cl 伸展(300 fs)

* 室温下的近似时间。

络合物中配体的性质也会影响反应的速率。进入配体的影响最大,取代反应的平衡常数能够用来对配体按 Lewis 碱性强度大小进行排序。然而,如果按碱置换出中心金属离子上另一配体的速率衡量,就可能得到不同的顺序。因此,动力学上用**亲核性**(nucleophilicity)这一动力学概念代替"碱性"这一平衡概念。亲核性是指给定的 Lewis 碱进攻络合物的速率(相对于 Lewis 碱参照物进攻络合物的速率)。为了强调从平衡至动力学这一变化,通常将配体取代叫作**亲核取代**(nucleophilic substitution)。

在控制反应速率方面,进入基团和离去基团以外的其他配体也起着重要作用;这些配体被称为**旁观配体**(spectator ligand)。例如,实验观察到,四方平面络合物中反位于离去基团(X)的配体对 X 被进入基团 Y 取代的反应速率具有很大的影响。

21.2　反应机理的分类

反应的**机理**(mechanism)是指反应的基元步序列。一旦识别了合适的反应机理,人们会转而更加关注决速步活化过程的细节。有些情况下得不到反应的总机理,唯一可以获得的是关于决速步的信息。

(a) 缔合,解离,交换

提要:亲核取代反应的机理是指反应过程中基元步骤的序列,这些基元步骤被分为缔合、解离或交换三大类;缔合机理区别于交换机理的判据是前者具有寿命相对较长的中间体。

研究反应动力学总是从研究反应物浓度变化对反应速率的影响开始的,目的在于确定**速率定律**(rate laws),速率定律是支配反应物(或产物)浓度变化速率的一种微分方程。例如,实验观察到$[Ni(OH_2)_6]^{2+}$生成$[Ni(NH_3)(OH_2)_5]^{2+}$的速率与NH_3和$[Ni(OH_2)_6]^{2+}$的浓度均成正比,这意味着对每种反应物而言均属一级,反应的总速率是

$$速率=k[Ni(OH_2)_6^{2+}][NH_3] \tag{21.1}$$

k 为速率常数,方括号表示物质的量浓度,书写速率方程时略去作为络合物一部分的那个方括号。

反应序列中,控制着总反应速率和总速率定律的最慢基元步骤叫**决速步**(rate-determining step)。然而一般来说,反应中的所有步骤都可能贡献于速率定律并影响反应速率。因此,确定速率定律并与立体化学研究和同位素标记方法相结合,是研究反应机理的基本途径。

已经识别出反应机理的三种主要类型。**解离机理**(dissociative mechanism)用 D 表示,是指通过离去基团的离去而形成配位数减少的中间体的反应序列:

$$ML_nX \longrightarrow ML_n+X$$

$$ML_n+Y \longrightarrow ML_nY$$

式中,ML_n(金属原子与旁观配体的结合体)是真正的**中间体**,它们原则上可以被检测、甚至可以被离析出来。有代表性的反应剖面见图 21.2。例如,六羰基钨(0)与 PPh_3之间的取代反应就是按解离机理发生的。络合物先解离一个 CO:

$$[W(CO)_6] \longrightarrow [W(CO)_5]+CO$$

接着是膦的配位:

$$[W(CO)_5]+PPh_3 \longrightarrow [W(CO)_5(PPh_3)]$$

中间体$[W(CO)_5]$先被溶剂迅速捕获,如被四氢呋喃捕获形成$[W(CO)_5(THF)]$。后者又转变为含膦产物,这里可能发生了第二次解离。

缔合机理(associative mechanism)用 A 表示,过程中形成一个较初始络合物配位数更高的中间体:

$$ML_nX+Y \longrightarrow ML_nXY$$

$$ML_nXY \longrightarrow ML_nY+X$$

与解离机理一样,中间体 ML_nXY 原则上至少可以被检测出来。该机理在 Au(Ⅲ)、Pt(Ⅱ)、Pd(Ⅱ)、Ni(Ⅱ)和Ir(Ⅰ)的 d^8 四方平面络合物的反应中起作用。典型的反应剖面形式与解离机理的剖面相类似(见图 21.3)。

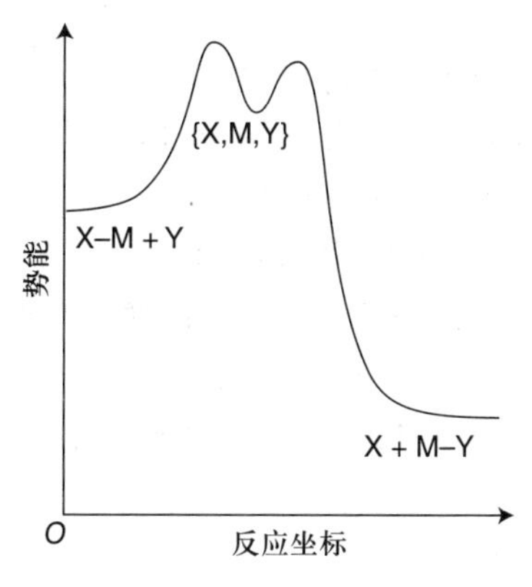

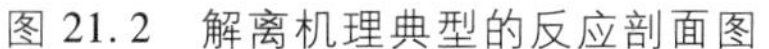
图 21.2　解离机理典型的反应剖面图

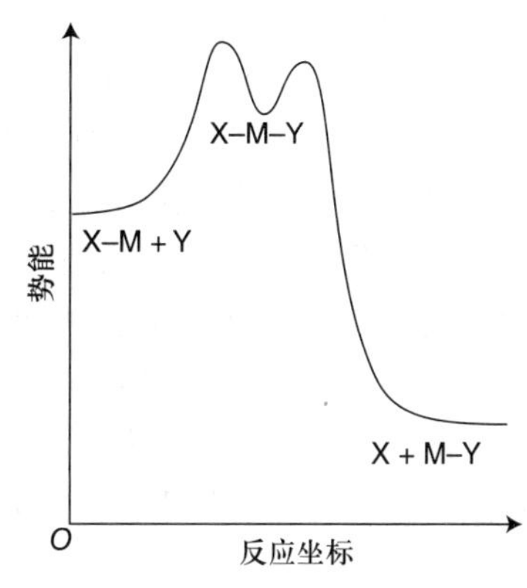

图 21.3　缔合机理典型的反应剖面图

例如,$^{14}CN^-$与四方平面络合物$[Ni(CN)_4]^{2-}$中配体发生交换的第一步是$^{14}CN^-$与络合物配位:

$$[Ni(CN)_4]^{2-}+{}^{14}CN^- \longrightarrow [Ni(CN)_4({}^{14}CN)]^{3-}$$

接着失去一个CN^-配体:

$$[Ni(CN)_4({}^{14}CN^-)]^{3-} \longrightarrow [Ni(CN)_3({}^{14}CN^-)]^{2-}+CN^-$$

C14 的放射性提供了跟踪这一反应的方法,中间体$[Ni(CN)_5]^{3-}$已被检测和离析出来。

交换机理(interchange mechanism)用 *I* 表示,它是一步发生的机理:

$$ML_nX+Y \longrightarrow X\cdots ML_n\cdots Y \longrightarrow ML_nY+X$$

与形成中间体的前两种机理不同,交换机理只形成过渡态而非真正的中间体。也就是说,离去基团(X)与进入基团(Y)通过一步反应发生了交换。这种交换机理在许多六配位络合物的反应中较常见。典型的反应剖面形式见图 21.4。

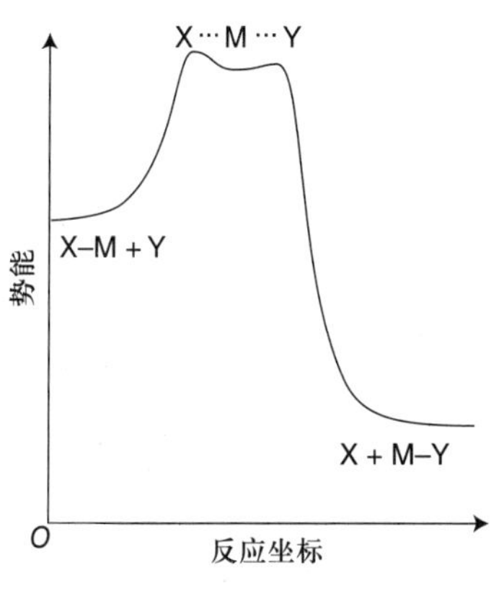

图 21.4　交换机理典型的反应剖面图

A 机理和 *I* 机理的区别在于中间体的存活时间是否长得能被检测出来。也可采用这种类型的证据:在与其相关的反应中或在不同条件下的反应中离析出中间体。如果外推至实际反应条件下的证据能够表明所讨论的那个反应存在寿命适当较长的中间体,则表明此反应是按 *A* 路径发生的。例如,人们能够合成出三角双锥 Pt(Ⅱ)络合物$[Pt(SnCl_3)_5]^{3-}$,这一事实即表明四方平面 Pt(Ⅱ)氨络合的取代反应中形成五配位铂络合物的假定是合理的。同样,溶液中的光谱测定显示存在着$[Ni(CN)_5]^{3-}$,该物种也可离析为晶态。这一事实支持下述观点:CN^-与四方平面络合物四氰基合镍酸根(Ⅱ)离子的交换过程中涉及$[Ni(CN)_5]^{3-}$。

中间体持久性的另一类证据来自对立体化学变化的观察,持久性象征着中间体的存活时间长得足以发生重排。某些 Pt(Ⅱ)四方平面膦络合物的取代反应中观察到 *cis* 至 *trans* 的异构化现象,而不同于通常看到的组态保持。这一差别暗示三角双锥中间体存活的时间足够长,允许轴向配体与平伏配体之间发生交换。

如果能积累到足够的量(即反应按 *A* 路径而不是按 *I* 路径发生),对中间体进行直接光谱检测则是可能的。然而,这种直接证据只有对非常稳定并具有特征光谱的中间体才能获得。

(b) 决速步

提要:根据速率对进入基团性质的依赖关系,决速步被分为缔合决速步和解离决速步。

我们现在讨论反应的决速步和形成决速步的细节。如果决速步的速率强烈依赖于进入基团的性质,该步则是**缔合**(associative)决速步,并用 *a* 表示。Pt(Ⅱ)、Pd(Ⅱ)、Au(Ⅲ)d^8四方平面络合物的反应中可

以找到实例，一个例子是

$$[PtCl(dien)]^{+}(aq)+I^{-}(aq) \longrightarrow [PtI(dien)]^{+}(aq)+Cl^{-}(aq)$$

式中，dien 是二乙三胺（$NH_2CH_2CH_2NHCH_2CH_2NH_2$）。研究发现，用 I^- 代替 Br^- 时速率常数增大一个数量级。四方平面络合物取代反应的实验研究支持决速步是缔合决速步这一观点。

决速步对进入基团强烈的依赖关系表明过渡态必定涉及对 Y 的强结合力。如果 Y 与起始反应物（ML_nX）的结合是决速步，具有缔合机理（A）的反应将会以缔合方式被活化（a）；这样的反应标示为 A_a，这样的中间体（ML_nXY）将检测不到。如果 Y 与中间体（ML_n）的结合是决速步，具有解离机理（D）的反应将会以缔合方式被活化（a）；这样的反应标示为 D_a。图 21.5 给出 A 机理和 D 机理被缔合活化的反应剖面。为了使这类反应能够进行，必须在预平衡步设定一个邂逅络合物{X—M，Y}。

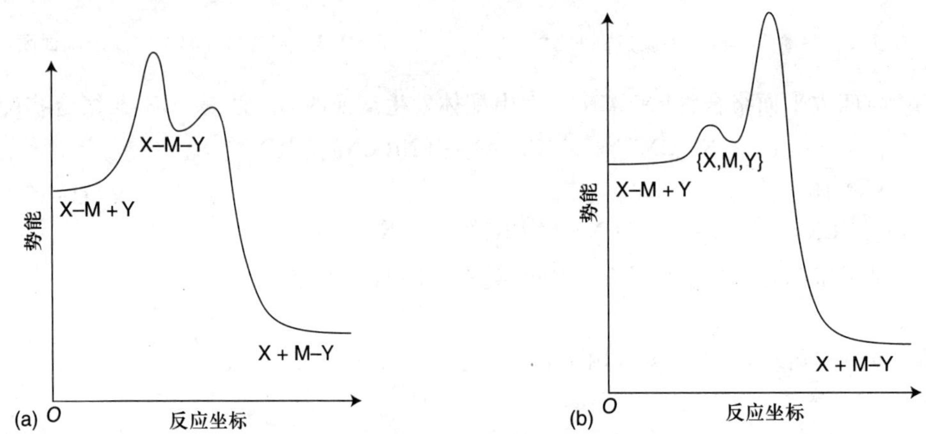

图 21.5　含缔合方式活化步的反应典型的反应剖面形状：(a) 缔合机理，A_a；(b) 解离机理，D_a

如果决速步的反应速率很大程度上不受 Y 性能的支配，决速步就是**解离**（dissociative）过程，用 d 表示。一些八面体 d 金属络合物的配体交换是按这种机理进行的。例如：

$$[Ni(OH_2)_6]^{2+}(aq)+NH_3(aq) \longrightarrow [Ni(NH_3)(OH_2)_5]^{2+}(aq)+H_2O(l)$$

研究发现，吡啶代替 NH_3 作为进入配体时反应速率最多变化几个百分数。

解离性活化反应对 Y 的依赖性较弱，这一事实表明，过渡态的形成速率很大程度上决定于离去基团（X）配位键的断裂速率。如果从中间体（YML_nX）失去 X 是反应的决速步，缔合机理（A）的反应将会发生解离性活化（d）；这样的反应标记为 A_d。如果从起始的反应物（ML_nX）失去 X 是反应的决速步，解离机理（D）的反应将会发生解离性活化（d）；这样的反应标记为 D_d。在这种情况下，中间体 ML_n 是检测不到的。图 21.6 示出 A 机理和 D 机理解离性活化反应的剖面。

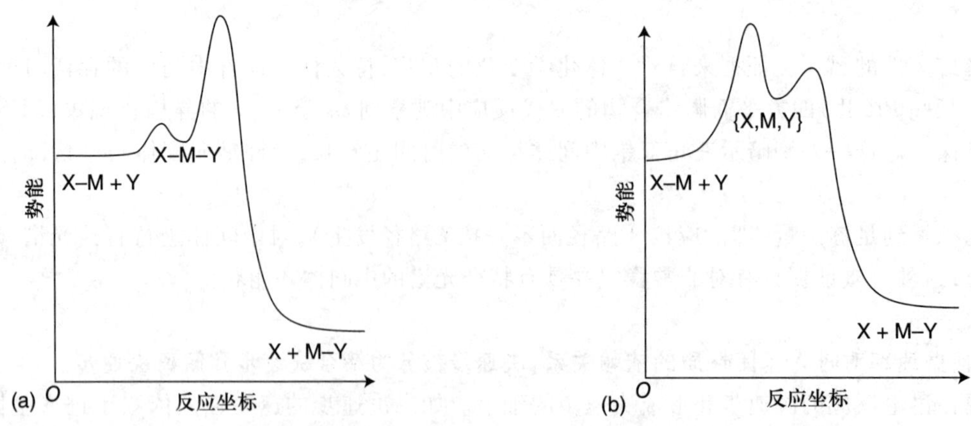

图 21.6　解离性活化反应的典型剖面：(a) 缔合机理，A_d；(b) 解离机理，D_d

具有交换机理的反应或者被缔合活化,或者被解离活化,分别标记为 I_a 和 I_d。在 I_a 机理中,反应速率取决于 M···Y 键的形成速率,而在 I_d 机理中,反应速率则取决于 M···X 键的断裂速率(见图 21.7)。

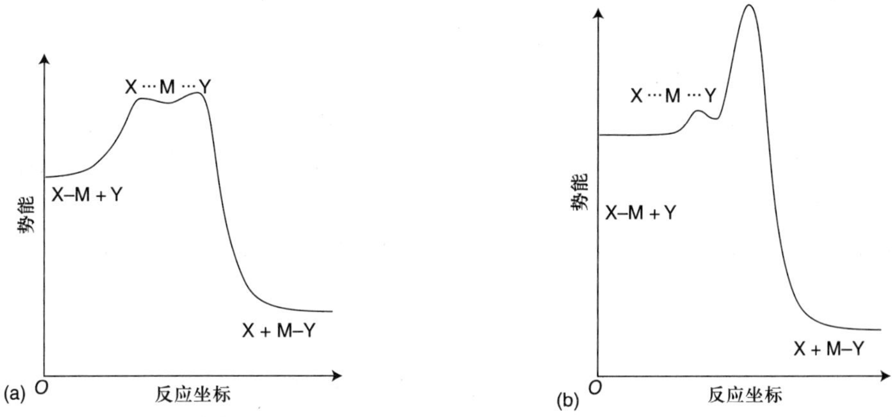

图 21.7　交换机理反应的典型剖面:(a) 缔合性活化,I_a;(b) 解离性活化,I_d

这些可能性之间的区别总结如下,其中 ML_nX 代表起始络合物:

四方平面络合物的配体取代反应

机理	*A*		*I*		*D*	
活化方式	*a*	*d*	*a*	*d*	*a*	*d*
决速步	Y 结合于 ML_nX	从 YML_nX 中失去 X	Y 结合于 ML_nX	从 YML_nX 中失去 X	Y 结合于 ML_n	从 ML_nX 中失去 X
中间体可否检测到?	不能	ML_nXY 可检测	不能	不能	ML_n 可检测	不能

四方平面 Pt 络合物的配体交换机理已经得到广泛研究,这主要是因为反应正好发生在容易测量的时标区间里。人们往往认为四方平面络合物容易按缔合机理发生配体交换反应,这是因为这种络合物在空间上不拥挤(四方平面络合物被看作失去两个配体的八面体络合物),而实际情况却不那么简单。由于存在不同的反应途径,对四方平面络合物取代反应的机理的阐明往往比较复杂。例如:反应

$$[\mathrm{PtCl(dien)}]^+(\mathrm{aq})+\mathrm{I}^-(\mathrm{aq}) \longrightarrow [\mathrm{PtI(dien)}]^+(\mathrm{aq})+\mathrm{Cl}^-(\mathrm{aq})$$

对络合物为一级,而与 I^- 的浓度无关,反应速率等于 $k_1[\mathrm{PtCl(dien)}^+]$。如果一个反应途径的速率定律对络合物和进入基团都为一级(即总级数为二级),则速率应等于 $k_2[\mathrm{PtCl(dien)}^+][\mathrm{I}^-]$。如果两个反应途径的速率相当,则速率定律具有如下形式:

$$\text{速率}=(k_1+k_2[\mathrm{I}^-])[\mathrm{PtCl(dien)}^+] \tag{21.2}$$

这类反应通常是在 $[\mathrm{I}^-]>>[\text{络合物}]$ 的条件下进行研究的,以保持反应过程中 $[\mathrm{I}^-]$ 不发生明显变化。这就简化了数据处理($k_1+k_2[\mathrm{I}^-]$ 实际上是个常数),速率定律变为拟一级:

$$\text{速率}=k_{\mathrm{obs}}[\mathrm{PtCl(dien)}^+] \qquad k_{\mathrm{obs}}=k_1+k_2[\mathrm{I}^-] \tag{21.3}$$

以表观拟一级速率常数对 $[\mathrm{I}^-]$ 作图,图上的斜率为 k_2,截距为 k_1。

下面各节先讨论影响二级反应的因素,然后再讨论一级过程。

21.3　进入基团的亲核性

提要:进入基团的亲核性用亲核参数表示,亲核参数是以特定四方平面铂络合物的取代反应为基准定

义的;其他铂络合物对进入基团变化的敏感性用亲核性识别因子表示。

先讨论反应速率随进入基团 Y 的改变而发生的变化。Y 基团的反应性(如上例中的 I^-)用**亲核参数**(nucleophilicity parameter)n_{Pt}表示:

$$n_{Pt}=\log(k_2(Y)/k_2^{\circ}) \tag{21.4}$$

式中,$k_2(Y)$是反应

$$trans\text{-}[PtCl_2(py)_2]+Y \longrightarrow trans\text{-}[PtClY(py)_2]^+ + Cl^-$$

的二级速率常数,k_2°是参考亲核试剂(甲醇)同一反应的速率常数。如果 n_{Pt}值大,则进入基团是高度亲核的,或者说具有高的亲核性。

表 21.2 给出了部分的 n_{Pt}值。一个显著的特征是,虽然表中的进入基团全都相当简单,但速率常数跨度达 9 个数量级。另一个特征是,进入基团对 Pt 的亲核性似乎与 Lewis 碱性(见 4.9)有关:$Cl^- < I^-$,$O < S$,$NH_3 < PR_3$。

表 21.2　部分亲核试剂的 n_{pt}值

亲核试剂	给予体原子	n_{Pt}
CH_3OH	O	0
Cl^-	Cl	3.04
Br^-	Br	4.18
I^-	I	5.42
CN^-	C	7.14
SCN^-	S	5.75
N_3^-	N	3.58
C_6H_5SH	S	4.15
NH_3	N	3.07
$(C_6H_5)_3P$	P	8.93

亲核性参数用特定 Pt 络合物的反应速率来定义。当络合物本身改变时,反应速率对进入基团变化显示出不同的敏感性。为了表示这种敏感性,可将方程(21.4)改写为

$$\lg k_2(Y)=n_{Pt}(Y)+C \tag{21.5}$$

式中,$C=\lg k_2^{\circ}$。现在讨论通式为$[PtL_3X]$的类似络合物的取代反应:

$$[PtL_3X]+Y \longrightarrow [PtL_3Y]+X$$

若用式

$$\lg k_2(Y)=Sn_{Pt}(Y)+C \tag{21.6}$$

代替式(21.5),则这些反应的相对速率也能用相同的亲核性参数 n_{Pt}表示。参数 S(用来表征速率常数对亲核性参数的敏感性)叫**亲核识别因子**(nucleophilic discrimination factor)。能够看出,以 $\lg k_2(Y)$ 对 n_{Pt} 作图得到的是直线。Y 与 *trans*-$[PtCl_2(PEt_3)_2]$反应所得的直线(图 21.8 中的圆圈)要比与 *cis*-$[PtCl_2(en)]$反应所得的直线(图 21.8 中的方块)更陡。因此前一反应的 S 值更大,表明反应速率对进入基团亲核性的变化更敏感。

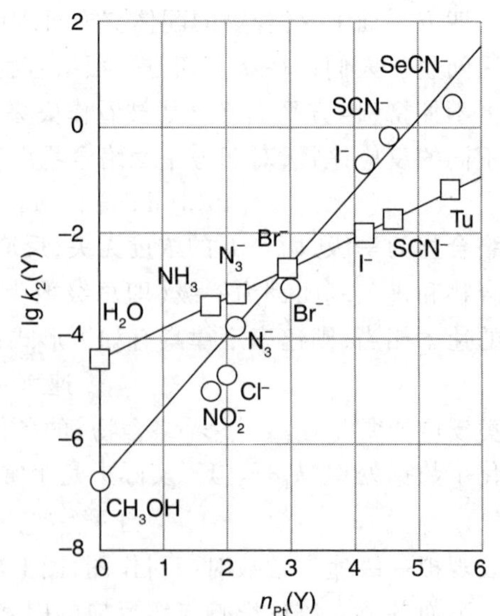

图 21.8　$\lg k_2(Y)$对不同配体的亲核性参数 $n_{Pt}(Y)$作图所得直线的斜率是对络合物对进入基团亲核性响应度的量度

表 21.3 给出一些 S 值。注意:所有 S 值都接近 1,表明所有络合物对 n_{Pt}都相当敏感。这种敏感性就是我们对以缔合方式活化的反应所预期的性质。需要注意到的另一个特征是,更软配体形成的 Pt 络合物 S 值更大。

表 21.3　亲核识别因子

络合物	S
trans-$[PtCl_2(PEt_3)_2]$	1.43
trans-$[PtCl_2(py)_2]$	1.00
$[PtCl_2(en)]$	0.64
trans-$[PtCl(dien)]^+$	0.65

例题 21.1　学会应用亲核性参数

题目: 在 30 ℃条件下,甲醇溶剂中 I^- 与 *trans*-$[Pt(CH_3)Cl(PEt_3)_2]$反应的二级速率常数为 40 $dm^3 \cdot mol^{-1} \cdot s^{-1}$。与 N_3^-反应的相应二级速率常数 $k_2 = 7.0\ dm^3 \cdot mol^{-1} \cdot s^{-1}$。试估算反应的 S 值和 C 值,两个亲核试剂的 n_{Pt}值分别为 5.42 和 3.58。

答案: 为了确定 S 值和 C 值,我们需要利用两个信息去建立和求解以方程式(21.6)为基础的联立方程式。将两个 n_{Pt}值带入方程(21.6)中:

$$160 = 5.42S + C \quad (I^-\text{的方程})$$

$$0.85 = 3.58S + C \quad (N_3^-\text{的方程})$$

解联立方程得 $S = 0.41$, $C = 20.62$。S 值相当小,表明这种络合物对不同亲核试剂的区别不是很大。缺乏敏感性的事实与较大的 C 值有关,这相应于较大的速率常数和络合物的反应活性较高。人们通常发现,高活性络合物往往与低选择性有关。

自测题 21.1　计算同一络合物与 NO_2^-反应的二级速率常数,NO_2^-的 $n_{Pt} = 3.22$。

21.4　过渡态的形状

仔细研究四方平面络合物反应速率随反应络合物组成及反应条件变化而发生的变化,能够阐明过渡态的一般形状。它们也能证实取代过程几乎总有一个缔合决速步,因此很少能检测到中间体。

(a) 反位效应

提要:强 σ 给予体配体或 π 接受体配体能够大大加速四方平面络合物中处于反位位置配体的取代过程。

四方平面络合物中反位于离去基团的旁观配体(T)影响着取代反应的速率,这种现象叫**反位效应**(*trans* effect)。人们通常接受反位效应由两方面原因分别造成的观点:一个来自基态,另一个则来自过渡态本身。

反位影响(*trans* influence)是指配体 T 对络合物基态中反位于自身的那个化学键的弱化程度。反位影响与配体 T 的 σ 给予能力有关,这是因为从广义上说,相互处于反位的配体使用金属原子的同一轨道成键。因此,如果配体是强的 σ 给予体,处于其反位的配体就不能向金属原子很好地提供电子,与金属原子的相互作用就会较弱。反位影响的大小可通过测量键长、伸缩振动频率,以及金属-配体

NMR 偶合常数(节 8.6)的方法做出定量估量。**过渡态效应**(transition-state effect)与配体的 π 接受能力有关。人们认为它源自进入基团增加了金属原子上的电子密度。因此,能接受这种增加了电子密度的配体有利于稳定过渡态(**1**)。反位效应是两种效应的结合;应该注意的是,同样的因素对大的配位场分裂能有贡献。反位效应列于表 21.4 并遵循下列顺序:

对 Tσ 给予体而言:$OH^- < NH_3 < Cl^- < Br^- < CN^-, CH_3^- < I^- < SCN^- < PR_3, H^-$

对 Tπ 接受体而言:$Br^- < I^- < \underline{N}CS^- < NO_2^- < CN^- < CO, C_2H_4$

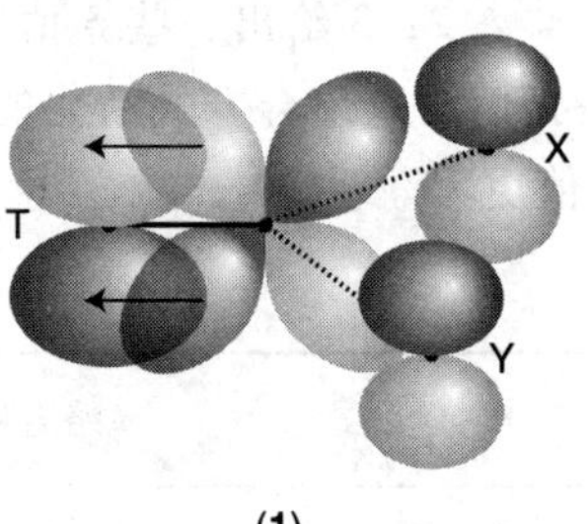

(1)

表 21.4 反位配体对 *trans*-$[PtCl(PEt_3)_2L]$ 反应的影响

L	k_1/s^{-1}	$k_2/(dm^3 \cdot mol^{-1} \cdot s^{-1})$
CH_3^-	1.7×10^{-4}	6.7×10^{-2}
$C_6H_5^-$	3.3×10^{-5}	1.6×10^{-2}
Cl^-	1.0×10^{-6}	4.0×10^{-4}
H^-	1.8×10^{-2}	4.2
PEt_3	1.7×10^{-2}	3.8

例题 21.2 反位效应在合成中的应用

题目:利用反位效应序列提出从$[Pt(NH_3)_4]^{2+}$和$[PtCl_4]^{2-}$合成 *cis*-$[PtCl_2(NH_3)_2]$和 *trans*-$[PtCl_2(NH_3)_2]$的路线。

答案:先让$[Pt(NH_3)_4]^{2+}$与 HCl 反应,生成$[PtCl(NH_3)_3]^+$。因为 Cl^-的反位效应强于 NH_3的反位效应,第二步取代应优先发生在 Cl^-的反位上,与 HCl 反应生成 *trans*-$[PtCl_2(NH_3)_2]$:

$$[Pt(NH_3)_4]^{2+}+2Cl^- \longrightarrow [PtCl(NH_3)_3]^+ \longrightarrow trans\text{-}[PtCl_2(NH_3)_2]$$

起始物为$[PtCl_4]^{2-}$时,与 NH_3反应先生成$[PtCl_3(NH_3)]^-$。与 NH_3的第二步取代应该发生在相互处于反位的 Cl^-配体上,从而生成 *cis*-$[PtCl_2(NH_3)_2]$:

$$[PtCl_4]^{2-}+NH_3 \longrightarrow [PtCl_3(NH_3)]^- \longrightarrow cis\text{-}[PtCl_2(NH_3)_2]$$

自测题 21.2 已知反应物为 PPh_3、NH_3和$[PtCl_4]^{2-}$,提出合成 *cis*-和 *trans*-$[PtCl_2(NH_3)(PPh_3)]$的路线。

(b) 空间效应

提要:反应中心周围的空间拥挤现象通常会抑制缔合反应并促进解离反应的发生。

大体积基团能够阻塞进攻性亲核试剂接近反应中心,从而抑制缔合反应的发生。在 25 ℃条件下,*cis*-$[PtClL(PEt_3)_2]^+$络合物中 H_2O 取代 Cl^-的速率常数能够对此做说明:

L	吡啶	2-甲基吡啶	2,6-二甲基吡啶
k/s^{-1}	8×10^{-2}	2.0×10^{-4}	1.0×10^{-6}

与 N 配位原子相邻的甲基基团极大地降低了反应速率。它们在 2-甲基吡啶络合物中阻断了平面上方或平面下方的位置。在 2,6-二甲基吡啶络合物中平面上方和下方的位置都被阻断(**2**)。也就是说,系列中的甲基基团增加了 H_2O 进攻的障碍。

如果 L 处于 Cl^-的反位,这种效应则会较小。对此所做的解释是:如果吡啶配体处在三角平面上(**3**),三角双锥过渡态中的进入基团和离去基团离甲基比较远。相反,解离反应中配位数减少(空间拥挤程度减小),解离反应的速率就会增大。

(c) 立体化学

提要:四方平面络合物的取代保持了原来的几何构型,这一事实表明过渡态为三角双锥体。

四方平面络合物的取代过程保持了原来的几何构型(*cis* 络合物生成 *cis* 产物,*trans* 络合物生成 *trans*

产物),这一现象被解释为形成了近似于三角双锥体的过渡态,其中进入基团、离去基团和反位基团处在三角平面上(**4**)。这类三角双锥中间体是两个 *cis* 旁观配体对取代速率影响相对较小的原因,因为反应过程基本不影响它们的成键轨道。

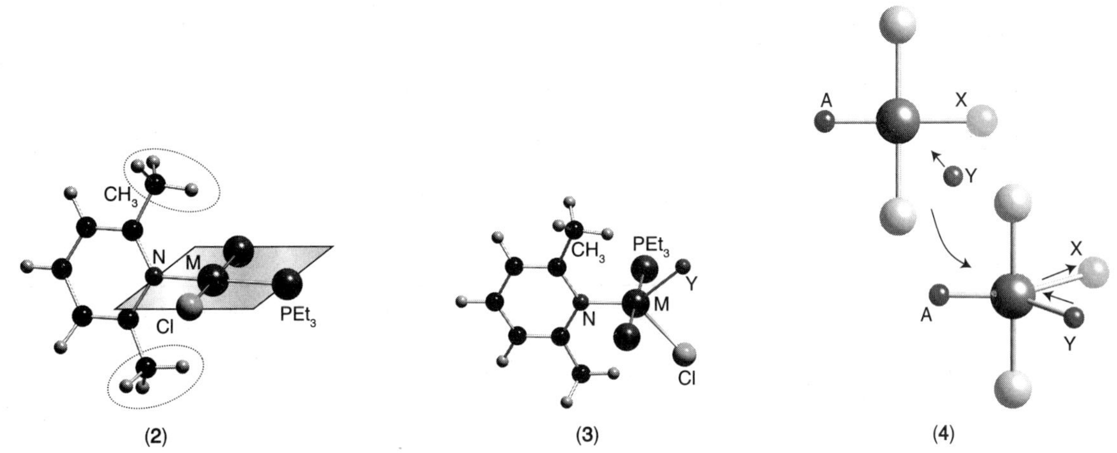

图 21.9 给出反应的立体过程。可以预期,只有寿命长得足以在空间发生移动的中间体才能发生 *cis* 配体与三角平面中 T 配体之间的位置交换。也就是说,它必须是一个长寿命的缔合的(A)中间产物,从五配位中间体释出配体将成为决速步。

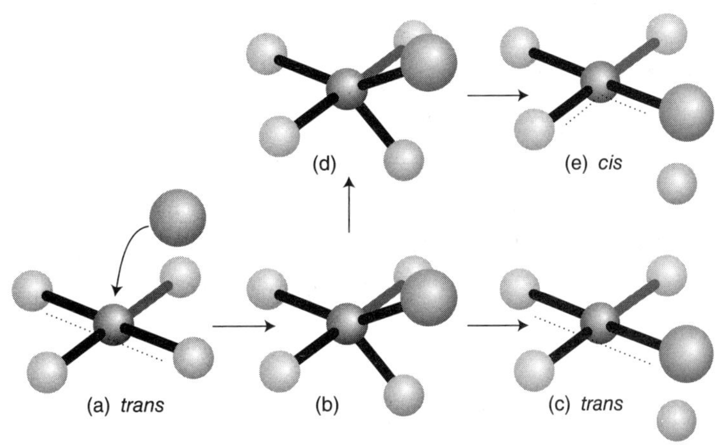

图 21.9* 　四方平面络合物取代过程的立体化学

正常途径(结构保持)是从(a)到(c);然而如果中间体(b)的存活时间足够长,它会经历到(d)的假回旋,形成异构体(e)

(d) 与温度和压力的依赖关系

提要:活化体积和活化熵为负值的事实支持一种观点:四方平面 Pt(Ⅱ)络合物的决速步是缔合步。

了解过渡态性质的另一线索来自 Pt(Ⅱ)和 Au(Ⅲ)络合物反应的活化熵和活化体积(见表 21.5)。活化熵得自速率常数对温度的依赖关系图,表示过渡态形成时反应物和溶剂混乱度的改变。与之相类似,活化体积(用特殊装置测定)得自速率常数对压力的依赖关系图,表示过渡态形成时体积发生的改变。配体取代反应中,活化体积的极限相应于离去配体(对解离反应而言)摩尔体积的增加和进入配体(对缔合反应而言)摩尔体积的减少。例如,H_2O 的摩尔体积是 18 mL(0.018 dm^3),因此,对 H_2O 配体完全解离形成过渡态的反应而言,活化体积将接近 0.018 dm^3。

表 21.5　四方平面络合物取代反应的活化参数(在甲醇中)*

反应 †	k_1			k_2		
	$\Delta^{\ddagger}H$	$\Delta^{\ddagger}S$	$\Delta^{\ddagger}V$	$\Delta^{\ddagger}H$	$\Delta^{\ddagger}S$	$\Delta^{\ddagger}V$
trans-$[PtCl(NO_2)(py)_2]$+py				50	−100	−38
trans-$[PtBrP_2(mes)]+SC(NH_2)_2$	71	−84	−46	46	−138	−54
cis-$[PtBrP_2(mes)]+I^-$	84	−59	−67	63	−121	−63
cis-$[PtBrP_2(mes)]+SC(NH_2)_2$	79	−71	−71	59	−121	−54
$[AuCl(dien)]^{2+}+Br^-$				54	−17	

* 单位:焓单位为 $kJ\cdot mol^{-1}$,熵单位为 $J\cdot K^{-1}\cdot mol^{-1}$,体积单位为 $cm^3\cdot mol^{-1}$;†$[PtBrP_2(mes)]$为$[PtBr(PEt_3)_2(2,4,6\text{-}Me_3C_6H_2)]$。

表 21.5 中数据最显著的两个特点是,两个物理量都具有较大的负值。最简单的解释是,混乱度和体积的减少是由于进入配体插入过渡态时不涉及离去基团的释放。也就是说,我们可以得出这样的结论:决速步为缔合步。

(e) 一级途径

提要:对速率定律的一级贡献是有溶剂参与的拟一级过程。

在完成影响二级途径因素的讨论后,现在能够讨论四方平面络合物取代反应的一级途径了。首先需要弄清楚速率方程的一级途径,必须确定方程(21.2)和其通式

$$\text{速率}=(k_1+k_2[Y])[PtL_4] \tag{21.7}$$

中 k_1是否的确代表了一种完全不同的反应机理。研究表明并非如此,因为 k_1可以代表涉及溶剂的缔合反应。甲醇作溶剂用吡啶取代 Cl^-的过程分两步进行:

$$[PtCl(dien)]^+ + CH_3OH \longrightarrow [Pt(CH_3OH)(dien)]^{2+} + Cl^- \quad (\text{慢})$$

$$[Pt(CH_3OH)(dien)]^{2+} + py \longrightarrow [Pt(py)(dien)]^{2+} + CH_3OH \quad (\text{快})$$

其中第一步为决速步。两步机理的证据来自上述反应的速率与溶剂分子的亲核性参数有关,实验观察到进入基团和溶剂络合物之间的反应比溶剂取代配体的反应快。因此,四方平面铂络合物的配体取代反应是由两个互相竞争的缔合反应导致的。

八面体络合物的配体取代反应

多种氧化态的不同金属离子均能形成八面体络合物,而且具有各种各样的成键模式。本来可以指望存在多种多样的取代反应机理;然而,几乎所有八面体络合物都是按**交换机理**(I)发生反应的。需要解决的唯一问题是决速步是缔合步还是解离步。按这种机理发生反应时,对速率定律进行分析有助于找到区分两种可能性的精确条件,以区别取代过程是按 I_a机理(缔合交换)或按 I_d机理(解离交换)发生。两类反应之间的区别在于决速步是形成新的 Y…M 键还是破坏旧的 M…X 键。

21.5　速率方程及其解释

由于建议的任何机理都必须符合测得的速率定律,在这种意义上,速率定律能够帮助人们深入了解反应机理的详情。随后各节中我们将会明白,实验测得的配体取代速率定律是如何解释的。

(a) Eigen-Wilkins 机理

提要:在 Eigen-Wilkins 机理中,预平衡中生成一个邂逅络合物,邂逅络合物在随后的决速步中生成产物。

作为配体取代反应的一个例子,我们讨论下述反应:

$$[Ni(OH_2)_6]^{2+}+NH_3 \longrightarrow [Ni(NH_3)(OH_2)_5]^{2+}+H_2O$$

Eigen–Wilkins 机理(Eigen–Wilkins mechanism)的第一步是形成邂逅络合物,邂逅络合物是络合物 ML_6,(此时为$[Ni(OH_2)_6]^{2+}$)和进入基团 Y(此处为 NH_3)扩散到一起而相互接触:

$$[Ni(OH_2)_6]^{2+}+NH_3 \longrightarrow \{[Ni(OH_2)_6]^{2+},NH_3\}$$

邂逅对{A,B}的两个组分也可在其能力支配下以一定的速率在溶剂中通过扩散迁移而分开:

$$\{[Ni(OH_2)_6]^{2+},NH_3\} \longrightarrow [Ni(OH_2)_6]^{2+}+NH_3$$

由于邂逅对在水溶液中的寿命约为 1 ns,邂逅对的形成可认为是所有长于几个纳秒才能发生的反应的预平衡。因此可用预平衡常数 K_E表示浓度:

$$ML_6+Y \rightleftharpoons \{ML_6,Y\} \qquad K_E=\frac{[\{ML_6,Y\}]}{[ML_6][Y]}$$

机理的第二步是邂逅络合物生成产物的决速步:

$$\{[Ni(OH_2)_6]^{2+},NH_3\} \longrightarrow [Ni(NH_3)(OH_2)_5]^{2+}+H_2O$$

通式为

$$\{ML_6,Y\} \longrightarrow ML_5Y+L \qquad 速率=k[\{ML_6,Y\}]$$

不能简单地将$[\{ML_6,Y\}]=K_E[ML_6][Y]$代入该表达式,这是因为 ML_6的浓度应该考虑到下述事实:部分 ML_6是以邂逅对的形式存在的。也就是说,络合物的总浓度$[M]_{总}=[\{ML_6,Y\}]+[ML_6]$。因此,

$$速率=\frac{kK_E[M]_{tot}[Y]}{1+K_E[Y]} \tag{21.8}$$

在浓度足够宽的范围内实验检测等式(21.8)几乎不可能。然而,进入基团为低浓度时(即 $K_E[Y]<<1$),速率方程可简化为

$$速率=k_{obs}[M]_{总}[Y] \qquad k_{obs}=kK_E \tag{21.9}$$

正如下面将要叙述的那样,k_{obs}可测,K_E既可测也可估算,k_{obs}/K_E能够用来获得速率常数。表 21.6 给出 Ni(Ⅱ)六水合络合物与各种亲核试剂反应的结果。k 的变化非常小,表明反应是按 I_d模式进行的,对进入基团亲核性的敏感度很弱。

表 21.6　由$[Ni(OH_2)_6]^{2+}$离子形成络合物

配体	$k_{obs}/(dm^3\cdot mol^{-1}\cdot s^{-1})$	$K_E/(dm^3\cdot mol^{-1})$	$(k_{obs}/K_E)/s^{-1}$
$CH_3CO_2^-$	1×10^5	3	3×10^4
F^-	8×10^5	1	8×10^3
HF	3×10^3	0.15	2×10^4
H_2O*			3×10^3
NH_3	5×10^3	0.15	3×10^4
$[NH_2(CH_2)_2NH_3]^+$	4×10^2	0.02	2×10^4
SCN^-	6×10^3	1	6×10^3

* 溶剂分子总是与离子相遇,以致 K_E值无法确定,永远是一级速率。

当 Y 是溶剂分子时,在络合物通常被溶剂分子所包围这个意义上讲,邂逅平衡是“饱和的”,总会有一个溶剂分子代替离开络合物的那个溶剂分子。在这种情况下,$K_E[Y]>>1$,$k_{obs}=k$。因此,与溶剂的反应可以和与其他进入基团的反应进行直接比较,而无须去估算 K_E值。

(b) Fuoss-Eigen 方程

提要:Fuoss-Eigen 方程用来估算预平衡常数,这种估算依据的是反应物之间的距离和电荷间库仑作用力的大小。

邂逅平衡常数 K_E 可通过 R. M. Fuoss 和 M. Eigen 各自独立提出的方程进行估算。两人都考虑了络合物体积的大小和电荷,认为电荷相反的较大离子比相同电荷的小离子相遇更频繁。Fuoss 用的是统计热力学的方法,Eigen 用的则是基于动力学的方法。他们所得的结果叫 **Fuoss-Eigen 方程**(Fuoss-Eigen equation):

$$K_E = \frac{4}{3}\pi a^3 N_A e^{-V/k_B T} \tag{21.10}$$

式中,a 是电荷数为 z_1 和 z_2 的离子在介电常数 ε 的介质中最接近的距离,V 是此距离下离子的库仑势能 $(z_1z_2e^2/4\pi\varepsilon a)$,$N_A$ 是 Avogadro's 常量。虽然方程的预测值很大程度上依赖于离子的电荷和半径,但如果反应物大(即 a 值大)或者带相反电荷(即 V 为负值),显然更容易相遇。

举个例子。如果反应物之一不带电荷(如被 NH_3 取代的情况),这时 $V=0$,$K_E=4/3\times(\pi a^3 N_A)$,电中性物种的邂逅距离为 200 pm,可以得到:

$$K_E = 4\pi/3\times(2.00\times10^{-10}\ \text{m})^3\times(6.022\times10^{23}\ \text{mol}^{-1}) = 2.02\times10^{-5}\ \text{m}^3\cdot\text{mol}^{-1}$$

或 $2.02\times10^{-2}\ \text{dm}^3\cdot\text{mol}^{-1}$。

21.6　八面体络合物的活化

八面体络合物的许多取代反应研究支持决速步是解离过程这一观点,我们将首先总结这些研究。然而,在中心离子体积大(如 4d 和 5d 金属的中心离子)或金属 d 电子密度低(如前 d 区元素)的情况下,八面体络合物的反应显示出明显的缔合特征。更多的进攻空间或较低的 π^* 电子密度似乎有利于亲核性进攻,因而允许发生缔合。

(a) 离去基团的影响

提要:人们预期 I_d 反应中离去基团 X 的影响较大;速率常数的对数与平衡常数的对数之间存在线性关系。

人们预期离去基团 X 的性质在解离活化的反应中起重要作用,这是因为这种反应的速率取决于 M…X 键的断裂。当 X 是唯一变量时,如反应

$$[CoX(NH_3)_5]^{2+} + H_2O \longrightarrow [Co(NH_3)_5(H_2O)]^{3+} + X^-$$

的速率常数与平衡常数存在下述关系:

$$\ln k = \ln K + c \tag{21.11}$$

图 21.10 表明这种相关性。因为两个对数值都与 Gibbs 自由能成正比($\ln k$ 与活化 Gibbs 自由能 $\Delta^{\ddagger}G$ 近似成正比,$\ln K$ 与标准反应 Gibbs 自由能 $\Delta_r G^{\ominus}$ 成正比),因而可以写出下列**线性自由能关系**(linear free-energy relation,LFER):

$$\Delta^{\ddagger}G = p\Delta_r G^{\ominus} + b \tag{21.12}$$

p 和 b 是常数($p\approx1$)。

LFER 的斜率为 1(就像 $[CoX(NH_3)_5]^{2+}$ 的反应那样)的事实表明,改变 X 对两个过程的 Gibbs 自由能(Co-X 转化为过渡态的 $\Delta^{\ddagger}G$ 和完全消除 X^- 的 $\Delta_r G^{\ominus}$)具有同样的影响(见图 21.11)。该现象还表明,以交换机理和解离决速步进行的反应(I_d)中,离去基团(一种阴离子配体)已经成为过渡态中的溶剂化离子。相应 Rh(Ⅲ)络合物的反应观察到斜率小于 1 的 LFER(表明反应具有一定的缔合特征)。Co(Ⅲ)络合物的反应速率顺序为 $I^- > Br^- > Cl^-$,然而 Rh(Ⅲ)络合物的反应速率顺序则相反:$I^- < Br^- < Cl^-$。这种差别是在预料之中,因为与 Br^-、Cl^- 形成的络合物相比,较软的 Rh(Ⅲ)中心与 I^- 形成更稳定的络合物,而较硬的 Co(Ⅲ)中心则与 Cl^- 形成更稳定的络合物。

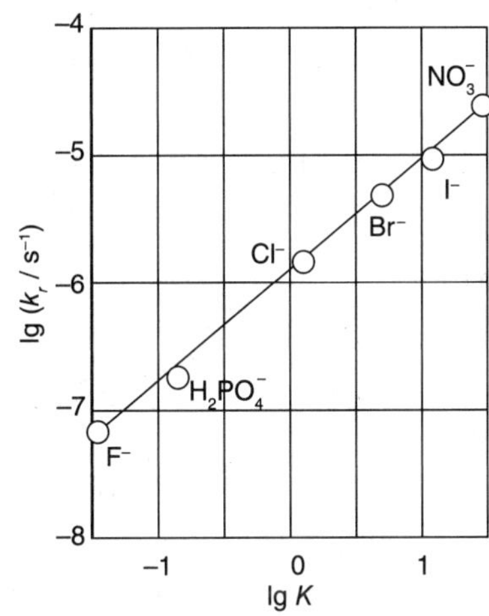

图 21.10　速率常数的对数对平衡常数的对数作图所获得的直线表明存在线性自由能关系

本图所涉及的反应是 $[CoX(NH_3)_5]^{2+}+H_2O \longrightarrow [Co(NH_3)_5(H_2O)]^{3+}+X^-$,X 代表不同的离去基团

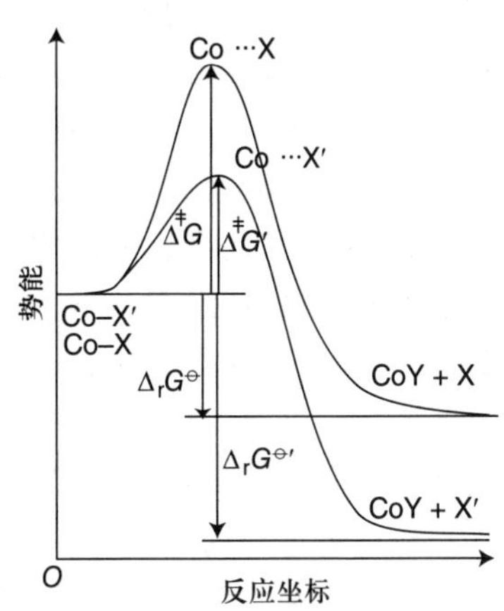

图 21.11　LFER 的斜率为 1 的事实表明,改变 X 对两个过程的 Gibbs 自由能(Co—X 转化为过渡态的 $\Delta^{\ddagger}G$ 和完全消除 X^- 的 $\Delta_rG^{\ominus}$)具有同样的影响

反应剖面表示将离去基团从 X 改变为 X' 造成的影响

(b) 旁观配体的影响

提要:旁观配体影响着八面体络合物取代反应的速率;这种影响与金属-配体相互作用的强度有关,作用力更强的给予配体通过稳定过渡态而增大了反应速率。

在 Co(Ⅲ)、Cr(Ⅲ)及相关的八面体络合物中,*cis* 和 *trans* 配体都影响着取代反应的速率。这种影响与它们各自和金属原子形成的键的强度成正比。水解反应例如:

$$[NiXL_5]^+ + H_2O \longrightarrow [NiL_5(OH_2)]^{2+} + X^-$$

的 L 为 NH_3时比 L 为 H_2O 时的速率快得多。这是因为 NH_3是比 H_2O 更强的 σ 给予体,增大了金属原子上的电子密度,从而有利于 M—X 键的断裂和形成 X^-。在过渡态中,更强的给予体能够稳定配位数减少了的络合物。

(c) 空间效应

提要:拥挤的空间有利于解离活化,因为过渡态的形成能够缓解张力。

空间因素对解离式决速步反应的影响可通过考察两个络合物($[CoCl_2(bn)_2]^+$)中第一个 Cl^- 的水解速率来说明:

$$[CoCl_2(bn)_2]^+ + H_2O \longrightarrow [CoCl(OH_2)(bn)_2]^+ + Cl^-$$

配体 bn 是 2,3-丁二胺,可以手性(**5**)或非手性(**6**)的方式配位。一个重要现象是,配体以手性形式形成的络合物的水解速率要比非手性配位的络合物慢 30 倍。这两种配体有着非常相似的电子效

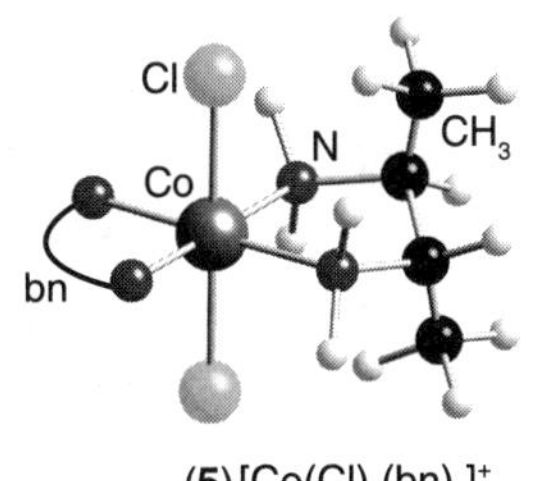

(**5**) $[Co(Cl)_2(bn)_2]^+$

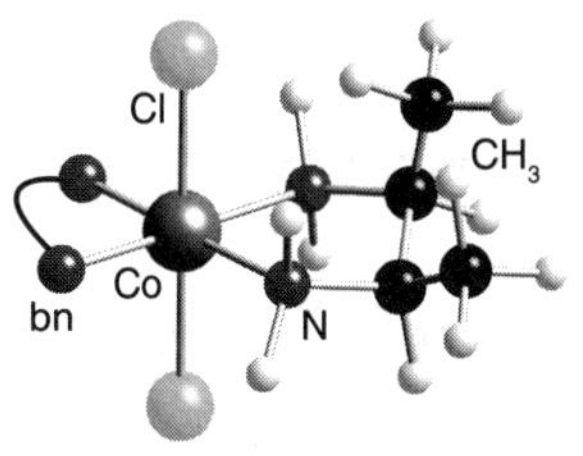

(**6**) $[Co(Cl)_2(bn)_2]^+$

应，但(**5**)中的 CH_3基团处于螯环的对侧，而(**6**)中则相互邻近并且更拥挤。后一种排列的反应活性更大，因为伴随配位数减少而形成的解离过渡态中的张力得到释放。一般来说，更大的空间拥挤程度有利于 I_d 过程，因为五配位的过渡态能够缓解张力。

以 van de Waals 作用力为基础而建立的分子模型计算机程序软件的使用发展了配体空间效应的定量处理。然而 C. A. Tolman 建立了一种更为直观的半定量方法。在这种方法中，用配体锥角的概念近似估计络合物中各种配体(特别是膦配体)之间的拥挤程度，确定这些锥角时假定膦络合物中的 M—P 键长为 228 pm(Tolman 研究的是镍络合物，严格说来是 Ni—P 的距离为 228 pm)，见图 21.12 和表 21.7。从具有小锥角的意义上说，CO 是个小配体；$P(^tBu)_3$被认为是个大体积配体，因为它的锥角大。堆积在金属中心周围的大体积配体相互间具有相当大的空间排斥力。它们有利于解离活化而不利于缔合活化。

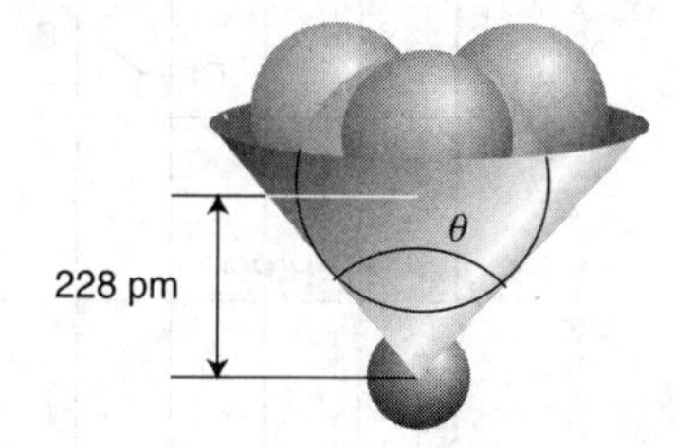

图 21.12* 从配体的空间模型确定配体的锥角(假定 M—P 键长为 228 pm)

表 21.7 各种配体的 Tolman 锥角

配体	θ/(°)	配体	θ/(°)
CH_3	90	$P(OC_6H_5)_3$	127
CO	95	PBu_3	130
Cl, Et	102	PEt_3	132
PF_3	104	η^5-C_5H_5(Cp)	136
Br, Ph	105	PPh_3	145
I, $P(OCH_3)_3$	107	η^5-C_5Me_5(Cp*)	165
PMe_3	118	2,4-$Me_2C_5H_3$	180
t-Butyl	126	$P(t\text{-}Bu)_3$	182

作为一个说明，$[Ru(CO)_3(PR_3)(SiCl_3)_2]$(**7**)与 Y 反应生成 $[Ru(CO)_2Y(PR_3)(SiCl_3)_2]$的反应速率与 Y 的性质无关，这一事实说明决速步是解离步。而且人们发现，用相似锥角的配体代替 Y 时速率变化较小而 pK_a值却显著不同。这一事实意味着可将速率的变化归因于空间效应，而 pK_a 值的变化应当与配体中电子分布的变化有关。

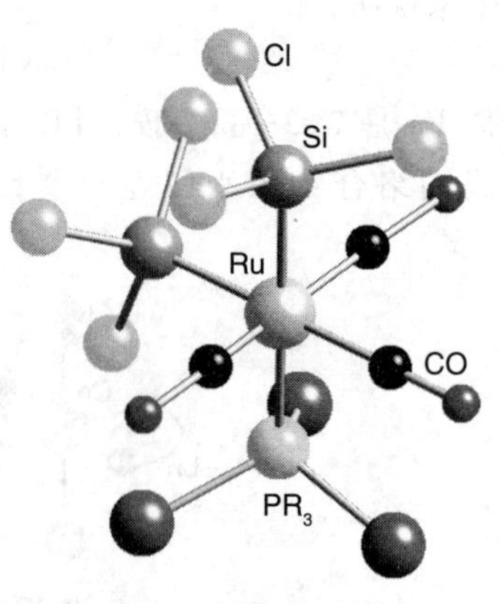

(7) $[Ru(CO)_3(SiCl_3)_2(PR_3)]^+$

(d) 活化过程的能量关系

提要：从起始络合物变到过渡态的过程中 LFSE 显著减小，这种减小导致形成不活泼的络合物。

对络合物的活化具有强烈影响的一个因素是反应络合物配位场稳定化能(LFSE，节 20.1)与过渡态配位场稳定化能($LFSE^{\ddagger}$)之差。这一差值叫**配位场活化能**(Ligand field activation energy，LFAE)：

$$LFAE = LFSE^{\ddagger} - LFSE \tag{21.13}$$

表 21.8 给出了六水合离子中 H_2O 被取代的 LFAE 的计算值(假定过渡态为四方锥体,即以解离方式被活化的反应),数据显示大的 $\Delta^{\ddagger}H$ 和大的 LFAE 之间存在相关性。于是就会明白 Ni^{2+} 和 V^{2+} 络合物为什么很不活泼:它们具有大的活化能,这种大活化能部分产生于从八面体络合物到过渡态过程中 LFSE 发生的显著减少。

表 21.8 H_2O 交换反应$[M(OH_2)_6]^{2+}+H_2^{17}O \longrightarrow [M(OH_2)_5(^{17}OH_2)]^{2+}+H_2O$ 的活化参数

M	$\Delta^{\ddagger}H/(kJ\cdot mol^{-1})$	$LFSE/\Delta_0$†	$LFSE^{\ddagger}/\Delta_0$♀	$LFAE/\Delta_0$	$\Delta^{\ddagger}V/(cm^3\cdot mol^{-1})$
$Ti^{2+}(d^2)$		−0.8	−0.91	−0.11	
$V^{2+}(d^3)$	68.6	−1.2	−1	0.2	−0.41
$Cr^{2+}(d^4, hs^*)$		−0.6	−0.91	−0.31	
$Mn^{2+}(d^5, hs^*)$	33.9	0	0	0	−5.4
$Fe^{2+}(d^6, hs^*)$	31.2	−0.4	−0.46	−0.06	+3.8
$Co^{2+}(d^7, hs^*)$	43.5	−0.8	−0.91	−0.11	+6.1
$Ni^{2+}(d^8)$	58.1	−1.2	−1	0.2	+7.2

* hs=高自旋;† 八面体;♀ 四方锥体。

(e) 缔合活化

提要:活化体积为负值表明进入基团缔合于过渡态。

正如已经看到的那样,反应物形成过渡态时活化体积反映了空间密实度(包括围绕着的溶剂的密实度)的变化。表 21.8 中最后一列给出了某些 H_2O 配体自交换反应的 $\Delta^{\ddagger}V$。活化体积的负值可被解释为 H_2O 分子成为过渡态一部分时发生收缩(暗示显著的缔合性质)的结果;而活化体积为正值可被解释为 H_2O 分子的离开,从而导致形成过渡态时发生膨胀,膨胀暗示显著的解离性质($\Delta^{\ddagger}V$ 的极限值约为±18 $cm^3\cdot mol^{-1}$,即水的摩尔体积;A 反应中为负值,D 反应中为正值)。可以看到,$\Delta^{\ddagger}V$ 从 V^{2+} 的 −4.1 $cm^3\cdot mol^{-1}$到 Ni^{2+}的+7.2 $cm^3\cdot mol^{-1}$正值变大,这一事实相应于 3d 系列自左至右缔合性减少。造成这一结果的部分原因是向右横穿该系列时离子半径减小,部分原因则是按 3d 系列同一方向从 d^3到 d^8非键 d 电子数目的增加:缔合活化需要金属中心容易受到亲核试剂的进攻,要么是金属中心大,要么是非键或 π^* 轨道具有低的 d 电子分布(以致进入的孤对电子能够投进这些轨道)。较大的 4d 和 5d 离子[如 Rh(Ⅲ)]也观察到负的活化体积,表明在反应过渡态中进入基团表现出缔合相互作用。

表 21.9 给出$[Cr(OH_2)_6]^{3+}$、$[Cr(NH_3)_5(OH_2)]^{3+}$形成 Br^-、Cl^-、NCS^-络合物的一些数据。与六水络合物的强依赖性相比,五氨络合物只显示出对亲核试剂的弱依赖性,这表明从 I_a到 I_d机理的过渡。除此之外,Cl^-、Br^-、NCS^-取代$[Cr(OH_2)_6]^{3+}$中的 H_2O 的速率常数要小于类似$[Cr(NH_3)_5(OH_2)]^{3+}$反应中取代 H_2O 的速率常数约 10^4倍。这种差异表明 NH_3比 H_2O 是更强的 σ 给予体,能够有效地促进第 6 个配体的解离。正如上面所看到的那样,这种行为在解离式活化反应中是不难理解的。

表 21.9　阴离子进攻 Cr(Ⅲ)的动力学参数*

X	$k/(10^{-8}\ mol^{-1}\cdot s^{-1})$	$L=H_2O\ \Delta^{\ddagger}H/(kJ\cdot mol^{-1})$	$\Delta^{\ddagger}S/(J\cdot K^{-1}\cdot mol^{-1})$	$L=NH_3/\ k/(10^{-4}dm^3\cdot mol^{-1}\cdot s^{-1})$
Br^-	0.46	122	8	3.7
Cl^-	1.15	126	38	0.7
NCS^-	48.7	105	4	4.2

* 反应是$[CrL_5(OH_2)]^{3+}+X^-\rightarrow[CrL_5X]^{2+}+H_2O$

例题 21.3　用机理解释动力学数据

题目：$[V(OH_2)_6]^{2+}$与X^-(依次为Cl^-，NCS^-，N_3^-)反应形成$[VX(OH_2)_5]^+$的二级速率常数的比值为 1 : 2 : 10。取代反应中决速步的数据表明了什么？

答案：需要考虑可能影响反应速率的因素。由于三个配体都是大小相似的单电荷离子，可以预料它们的邂逅平衡常数类似。因此，二级速率常数正比于邂逅络合物取代反应的一级速率常数。二级速率常数等于K_Ek_2，K_E是预平衡常数，k_2是邂逅络合物取代反应的一级速率常数。NCS^-的速率常数大于Cl^-的速率常数，特别是NCS^-的速率常数是N_3^-(结构类似于NCS^-)的 5 倍。相比之下，Ni(Ⅱ)络合物与这些阴离子的反应则没有这种系统变化的模式，它们被认为是按解离机理进行的。

自测题 21.3　用表 21.8 中的数据估算出合适的K_E值，并计算 V(Ⅱ)与Cl^-反应的k_2值(假定表观二级速率常数为$1.2\times10^2\ dm^3\cdot mol^{-1}\cdot s^{-1}$)。

21.7　碱解

提要：当带有酸性氢的配体存在时，OH^-能够大大加快八面体的取代反应。这是因为OH^-导致反应物种电荷的减少和脱质子配体稳定过渡态的能力增大。

让我们讨论配体带有酸性质子的配体取代反应，如

$$[CoCl(NH_3)_5]^{2+}+OH^-\longrightarrow[Co(OH)(NH_3)_5]^{2+}+Cl^-$$

一系列研究显示，尽管速率方程(速率$=k[CoCl(NH_3)_5^{2+}][OH^-]$)总体为二级，但机理却非$OH^-$对络合物简单的双分子进攻。例如，$OH^-$取代$Cl^-$的速率较快，而$F^-$取代$Cl^-$的速率却较慢；尽管就大小和亲核性而言$F^-$与$OH^-$更相似。有关此问题的间接证据相当多，其中只有一个重要实验指向解决问题的关键。确凿的证据来自产物$[Co(OH)(NH_3)_5]^{2+}$中$^{18}O/^{16}O$同位素分布的研究。众所周知，平衡状态下H_2O与OH^-的$^{18}O/^{16}O$比率不同，这一事实可用来判断进入基团是H_2O还是OH^-。研究发现钴产物中同位素$^{18}O/^{16}O$的比值与H_2O而不是与OH^-相对应，从而证明进入基团是H_2O分子。

考虑到这些实验现象，人们假定OH^-在机理中只起 Brϕnsted 碱的作用而不是进入基团：

$$[CoCl(NH_3)_5]^{2+}+OH^-\rightleftharpoons[CoCl(NH_2)(NH_3)_4]^++H_2O$$

$$[CoCl(NH_2)(NH_3)_4]^+\longrightarrow[Co(NH_2)(NH_3)_4]^{2+}+Cl^-\qquad(慢，决速步)$$

$$[Co(NH_2)(NH_3)_4]^{2+}+H_2O\longrightarrow[Co(OH)(NH_3)_5]^{2+}\qquad(快)$$

第一步反应中，配位NH_3分子的作用是个 Brϕnsted 酸，起始络合物与其共轭碱(其中含有一个氨基NH_2^-配体)之间建立起来一个快速平衡。络合物的去质子化形式具有较低的电荷，它比质子化形式的络合物更易失去Cl^-，因此加速了反应进程。此外，氨基配体是个较NH_3配体更强的 σ 给予体，也是一个良好的 π 给予体。NH_2^-的强给予作用使占据反位的Cl^-更易离去并能稳定五配位的过渡态(参见 21.8 中对立体化

学结果的讨论)。最后一步是快速结合进入的 H_2O 分子,H_2O 分子的一个质子转移到氨基上。

21.8　立体化学

提要:形成四方锥中间体的反应保留了原来的几何结构,形成三角双锥中间体的反应则导致异构化。

Co(Ⅲ)络合物为八面体取代反应的立体化学提供了典型实例。表 21.10 给出 *cis*-$[CoAX(en)_2]^+$(**8**)和 *trans*-$[CoAX(en)_2]^+$(**9**)水解的一些数据,X 为离去基团(Cl^-或 Br^-),A 为 OH^-、NO_2^-、NCS^-或 Cl^-。八面体络合物取代反应的立体化学结果比四方平面络合物更复杂。*cis* 络合物在取代反应中不发生异构化,而 *trans* 络合物则按 $NO_2^-<Cl^-<NCS^-<OH^-$ 的顺序表现出异构化趋势。

表 21.10　$[CoAX(en)_2]^+$(X 为离去基团)水解反应的立体化学结果

	A	X	*cis* 产物百分数/%
cis	OH^-	Cl^-	100
	Cl^-	Cl^-	100
	NCS^-	Cl^-	100
	Cl^-	Br^-	100
trans	NO_2^-	Cl^-	0
	NCS^-	Cl^-	50~70
	Cl^-	Cl^-	35
	OH^-	Cl^-	75

通过 I_d 机理并认识到下述事实就能理解这些实验数据:过渡态中的五配位金属中心可能类似于两种稳定的五配位几何结构(四方锥体和三角双锥体)中的任一种。从图 21.13 可以看到,通过形成四方锥络合物的反应保留了原来的几何结构,通过形成三角双锥络合物的反应则能导致异构化。*cis* 络合物产生四方锥中间体,*trans* 异构体则产生三角双锥中间体。对 d 金属而言,当平伏位置的配体是良好的 π 给予体时有利于形成三角双锥络合物,反位于离去基团(Cl^-)的良好 π 给予体则有利于异构化(**10**)。

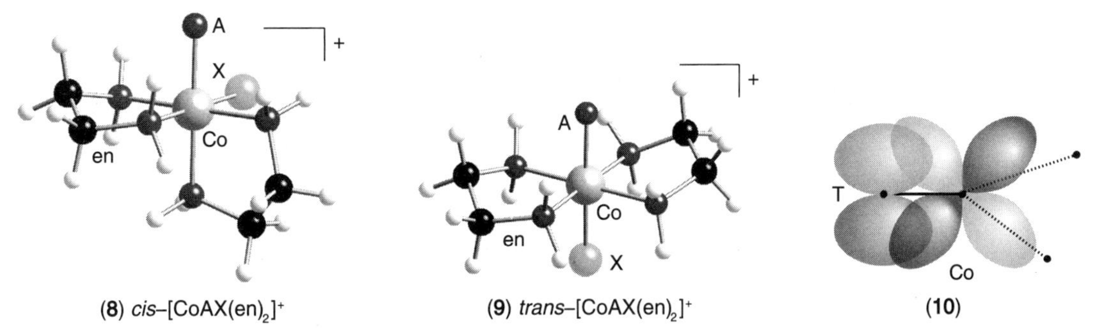

(**8**) *cis*-$[CoAX(en)_2]^+$　(**9**) *trans*-$[CoAX(en)_2]^+$　(**10**)

$[CoAX(en)_2]^+$型 Co(Ⅲ)络合物的取代反应只有在反应被碱催化的情况下才会导致 *trans* 至 *cis* 的异构化。在碱水解反应中,en 配体的一个 NH_2R 基失去质子变成它的共轭碱(:NHR^-)。这个:NHR^-配体基团是个强的 π 给予体,倾向于形成图 21.13 中的三角双锥类型,此三角双锥可能会受到图中所示的进攻。如果进入配体的进攻方向是随机的,就会形成 33%*trans* 产物和 67%*cis* 产物。

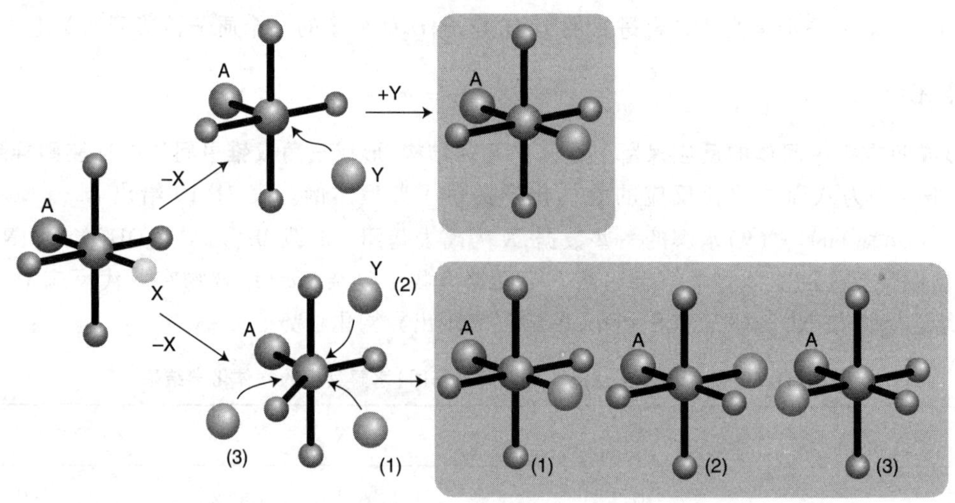

图 21.13* 　通过形成四方锥络合物(上部途径)的反应保留了原来的几何结构，但是通过形成三角双锥络合物(下部途径)的反应则导致异构化

21.9　异构化反应

提要:络合物的异构化过程按照取代、键断裂和重新形成的机理发生,或通过扭转机理发生。

异构化反应与取代反应密切相关;实际上,异构化的主要路径往往经由取代过程。前面已经讨论过的四方平面 Pt(Ⅱ)络合物和八面体 Co(Ⅲ)络合物能够形成五配位的三角双锥过渡态,三角双锥络合物中轴向配体和平伏配体的互变能够用经过一个四方锥构象的 **Berry 假旋转**来描述(节 7.9 和图 21.14)。正如已经看到过的那样,三角双锥络合物增加一个配体形成六配位络合物时,进入基团新的进攻方向能够导致异构化。

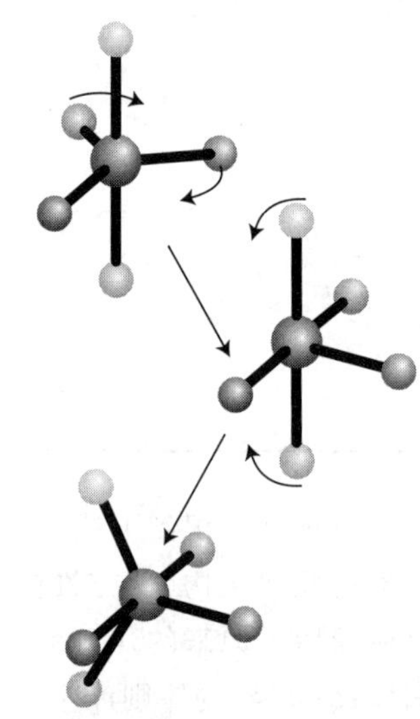

图 21.14* 　通过扭转(经由四方锥构象络合物)而发生的轴向配体和平伏配体的互换

如果存在螯合配体,异构化能够以金属-配体键断裂的结果而发生,不需要发生取代。例如,取代的三(乙酰丙酮)Co(Ⅲ)络合物(**11**)至(**12**)的异构化过程中"外侧"CD_3基团与"内侧"CD_3基团发生了交换。

(**11**)

(**12**)

八面体络合物也能发生异构化,这种异构化是通过分子内的扭转实现的,不需要失去一个配体或键的断裂。例如,有证据表明$[Ni(en)_3]^{2+}$通过这种内旋转发生了外消旋化。两种可能的路径是 **Bailar 扭转**(Bailar twist)和 **Ray-Dutt 扭转**(Ray-Dutt twist),见图 21.15。

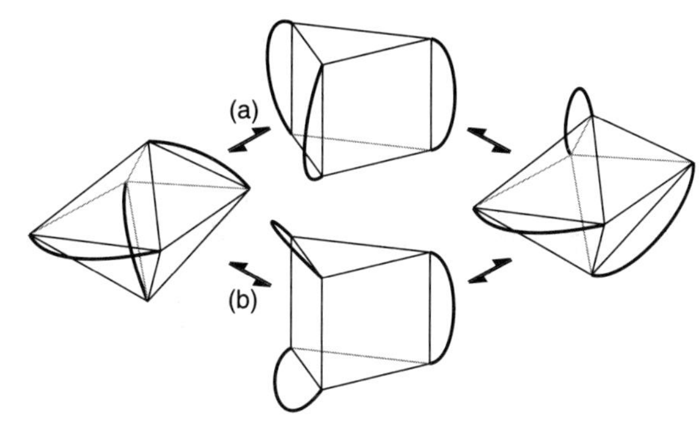

图 21.15* Bailar 扭转(a)和 Ray-Dutt 扭转(b)
八面体络合物能够通过这种扭转发生异构化,而不需通过失去配体和键断裂

氧化还原反应

第 5 章提到,氧化还原反应可通过电子的直接转移(如一些电化学电池中的反应和许多溶液中的反应)及原子和离子的转移(如氧合阴离子的反应中 O 原子的转移)实现。由于溶液中的氧化还原反应涉及氧化剂和还原剂,因而通常具有双分子反应的特性。但有例外:同一个分子既有氧化中心也有还原中心。

21.10 氧化还原反应的分类

提要:内层氧化还原反应通过共享一个配体形成过渡态;外层氧化还原反应中反应物种之间不形成桥配体。

Henry Taube 于 1950 年代识别出金属络合物氧化还原反应的两种机理。一种是包括原子转移过程的**内层机理**(inner-sphere mechannism),另一种是包括许多简单电子转移的**外层机理**(outer-sphere mechannism)。在内层机理中,反应物的配位层短暂共享一个配体并形成桥式过渡态;在外层机理中,络合物以没有桥配体的方式相互接触,也没有从一个金属原子到另一个金属原子的电子通道。

有些氧化还原反应被明确指定为内层或外层机理,然而大量反应的机理仍不清楚。这是因为对活泼络合物进行明确分类是很困难的。对明确确定了机理的反应而言,大量研究针对如何鉴别区分两种路径的参数,其目的是对那些难以确定的机理做出正确的分类。

21.11 内层机理

提要:内层氧化还原反应的决速步可能是反应的任一过程,但通常是电子转移过程。

内层机理是在活泼的$Cr^{2+}(aq)$还原不活泼的$[CoCl(NH_3)_5]^{2+}$的反应中首次确认的。反应产物既包括活泼的$Co^{2+}(aq)$,也包括不活泼的$[CrCl(OH_2)_5]^{2+}$。溶液中加入$^{36}Cl^-$并未导致该同位素进入 Cr(Ⅲ)产物。电子转移步大大快于从不活泼 Co(Ⅲ)移去Cl^-的反应,也大大快于将Cl^-掺入不活泼$[Cr(OH_2)_6]^{3+}$络合物的反应。这些现象表明反应中Cl^-从一种络合物的配位层直接转移到另一种络合物的配位层。既然结合于不活泼 Co(Ⅲ)络合物的Cl^-能够容易地进入$[Cr(OH_2)_6]^{2+}$的活泼配位层产生桥式络合物(**13**),就表明此种类型的络合物是反应中间体。

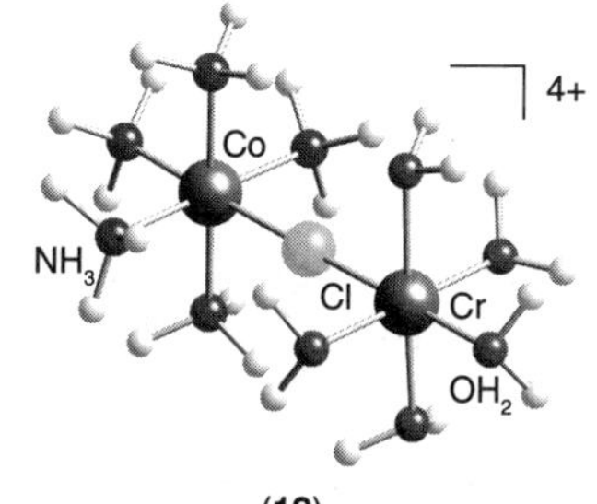

(13)

虽然内层反应比外层反应涉及更多的步骤,但却进行得相当快。图 21.16 总结了发生这类反应所必要的步骤。内层反应的前两步是形成前体络合物和形成桥连的双核中间体。第一步等同于 Eigen-Wilkins 机理(节 21.5)的第一步;最后一步是通过桥式配体发生电子转移生成后继络合物并继而发生解离生成产物。

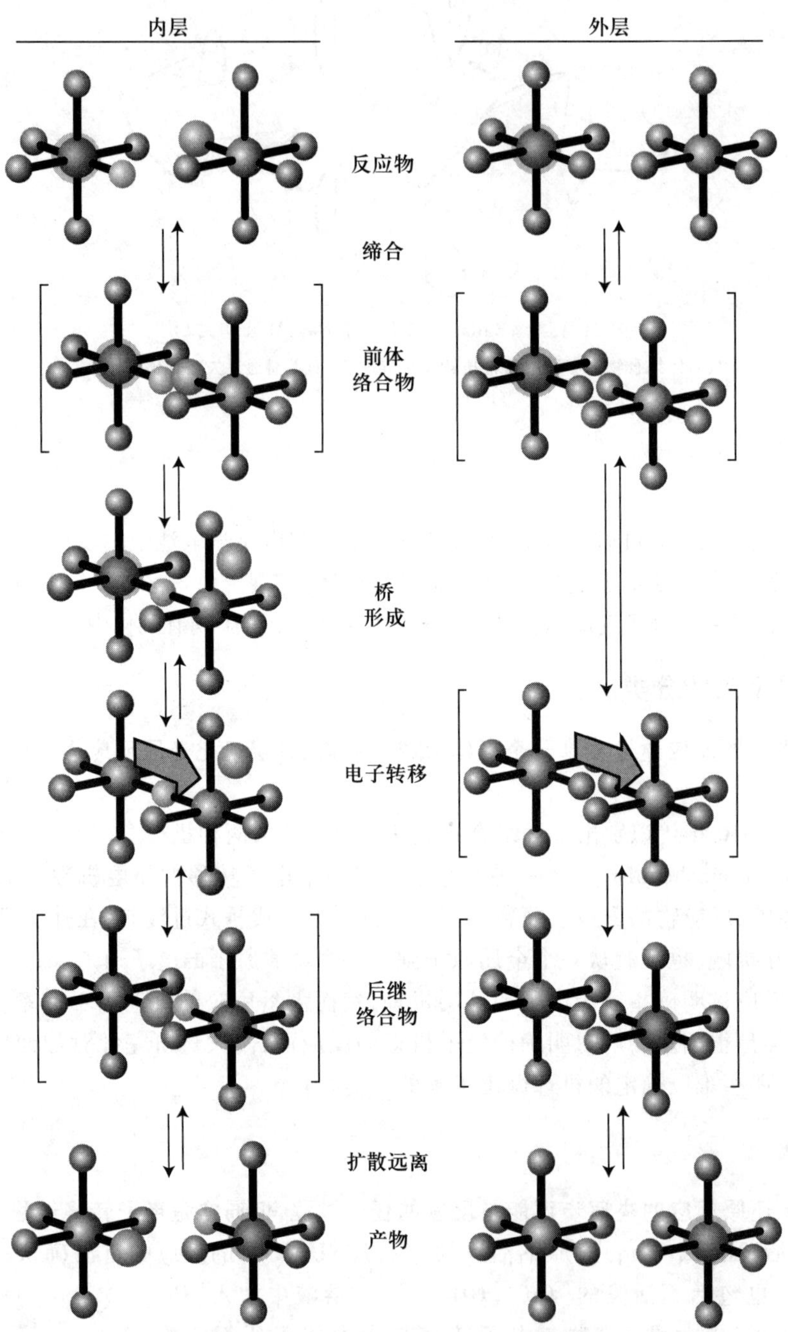

图 21.16* 　内层机理和外层机理遵循的不同路径

总反应的决速步可能是这些过程中的任一过程,但最常见的是电子转移步。然而,如果两个金属离子在电子转移之后都具有不活泼的电子组态,桥式络合物的断开就是决速步。例如,$[Cr(OH_2)_6]^{2+}$ 还原 $[RuCl(NH_3)_5]^{2+}$ 的反应中,Cl^- 桥络合物 $[Ru^{II}(NH_3)_5](\mu\text{-}Cl)Cr^{III}(OH_2)_5]^{4+}$ 的断裂就是决速步。对给定物种相似络合物的系列而言,决速步为桥式络合物形成的反应倾向于具有相似的速率常数。例如,具有不同桥式配体的 Co(Ⅲ)系列氧化剂氧化 V^{2+} 的反应具有相近的速率常数。对此所作的解释是,决速步是从 V(Ⅱ)的配位层取代一个 H_2O 分子,这一步相当缓慢(见表 21.8)。

决速步为电子转移步的许多反应不显示这种简单的规律,其速率随金属离子和桥式配体的变化而变化很大。表 21.11 列出随桥式配体、氧化性金属和还原性金属的改变而发生的一些典型变化。

表 21.11　某些内层机理反应的二级速率常数随桥式配体不同而发生的变化

氧化剂	还原剂	桥式配体	$k/(dm^3 \cdot mol^{-1} \cdot s^{-1})$
$[Co(NH_3)_6]^{3+}$	$[Cr(OH_2)_6]^{2+}$		8×10^{-5}
$[CoF(NH_3)_5]^{2+}$	$[Cr(OH_2)_6]^{2+}$	F^-	2.5×10^5
$[Col(NH_3)_5]^{2+}$	$[Cr(OH_2)_6]^{2+}$	Cl^-	6.0×10^5
$[Col(NH_3)_5]^{2+}$	$[Cr(OH_2)_6]^{2+}$	I^-	3.0×10^6
$[Co(NCS)(NH_3)_5]^{2+}$	$[Cr(OH_2)_6]^{2+}$	NCS^-	1.9×10^1
$[Co(SCN)(NH_3)_5]^{2+}$	$[Cr(OH_2)_6]^{2+}$	SCN^-	1.9×10^5
$[Co(OH_2)(NH_3)_5]^{2+}$	$[Cr(OH_2)_6]^{2+}$	H_2O	1.0×10^{-1}
$[CrF(OH_2)_5]^{2+}$	$[Cr(OH_2)_6]^{2+}$	F^-	7.4×10^{-3}

表 21.11 中所有反应导致氧化数的改变为±1。这种反应往往仍被叫作**一当量过程**(one-equivalent processes),该名称反映了"化学当量"这一过时的术语。与此相类似,导致氧化数变化±2 的反应往往叫作**二当量过程**(two-equivalent processes),该过程可能与亲核取代过程相似。这种相似性可通过对反应

$$[Pt^{II}Cl_4]^{2-}+[Pt^{IV}Cl_6]^{2-} \longrightarrow [Pt^{IV}Cl_6]^{2-}+[Pt^{II}Cl_4]^{2-}$$

的讨论看得出来,反应是通过 Cl^- 桥(**14**)发生的。该反应取决于后继络合物断裂时 Cl^- 的转移。

当反应涉及配体从起始不活泼的反应物转移到不活泼的产物时,指认内层反应机理不存在困难。对比较活泼的络合物而言,除电子转移外还存在配体转移,并且存在良好的桥基团[如 Cl^-、Br^-、I^-、N_3^-、CN^-、SCN^-、吡嗪(**15**)、4,4'-联吡啶(**16**)、4-二甲氨吡吡(**17**)]时,内层反应机理总被认为是可能的。虽然这些配体都有形成桥的孤对电子,但拥有孤对电子并非必要条件。例如,在碘甲烷的水解反应中,甲基的碳原子能够充当 OH^- 与 I^- 之间的桥,所以它能在 Cr(Ⅱ)还原甲基钴物种的反应中充当 Cr(Ⅱ)与 Co(Ⅲ)之间的桥。

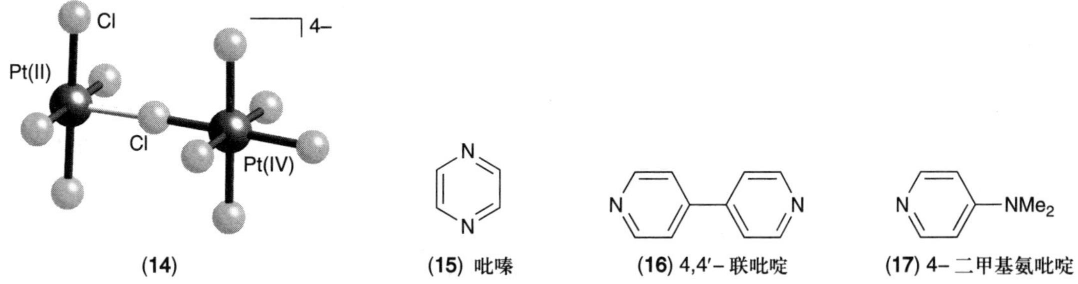

(**14**)　(**15**) 吡嗪　(**16**) 4,4'-联吡啶　(**17**) 4-二甲基氨吡啶

含氧阴离子氧化金属中心也是内层反应机理的一个例子,这在一些酶(节 26.12)中比较重要。例如,NO_3^- 氧化 Mo(Ⅳ),它的 O 原子与 Mo 原子结合促进了 Mo 到 N 的电子转移,然后仍结合在 Mo(Ⅵ)

产物中。

$$Mo(\text{IV})+NO_3^- \longrightarrow Mo—O—NO_2^- \longrightarrow Mo=O+NO_2^-$$

双金属络合物(**18**)中 Co(Ⅲ)中心氧化 Ru(Ⅱ)中心的速率常数为 $1.0\times10^2\ dm^3\cdot mol^{-1}\cdot s^{-1}$,而络合物(**19**)的速率常数则为 $1.6\times10^{-2}\ dm^3\cdot mol^{-1}\cdot s^{-1}$。两个络合物中都由吡啶羧酸基团桥连两个金属中心。这些基团与两个金属原子相结合,并能通过形成的桥促进电子转移过程,从而表明反应为内层机理。由于两个络合物之间的差异仅在于吡啶环上的取代模式,两者速率常数的不同证实了桥在电子转移过程中发挥着作用。

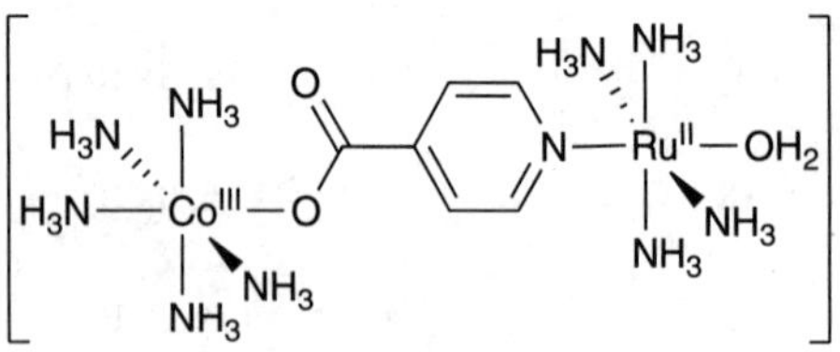

(18) 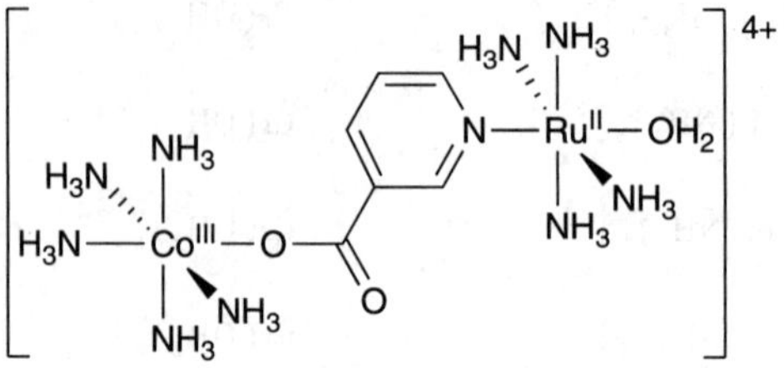　　(19)

21.12　外层机理

提要:外层氧化还原反应涉及两个反应物之间的电子隧穿,共价成键或内配位层没有显著干扰;速率常数取决于反应物的电子结构和几何结构,也取决于反应的 Gibbs 自由能。

理解外层电子转移原理的概念性出发点是容易使人产生误解的、叫作**电子自交换**(electron self-exchange)的简单反应。一个典型的例子是水中的两个离子 $[Fe(OH_2)_6]^{3+}$ 与 $[Fe(OH_2)_6]^{2+}$ 之间的电子交换:

$$[Fe(OH_2)_6]^{3+}+[Fe(OH_2)_6]^{2+} \longrightarrow [Fe(OH_2)_6]^{2+}+[Fe(OH_2)_6]^{3+}$$

自交换反应能够在宽的动态范围里进行研究,采用的技术包括从同位素标记到 NMR,EPR 甚至可用于研究更快的反应。25 ℃时,Fe^{3+}/Fe^{2+} 反应的速率常数大约为 $1\ dm^3\cdot mol^{-1}\cdot s^{-1}$。

为了给上述反应的机理建立一个方案,我们假定 Fe^{3+} 和 Fe^{2+} 靠近形成一个弱的外层络合物(见图 21.17)。我们需要在各自的接受体轨道和给予体轨道发生足够重叠形成合理隧穿(根据经典物理概念,隧穿是指电子因为没有足够能量翻越能垒从而穿入或穿过能垒的过程)可能性的基础上,讨论两个金属离子之间的电子转移有多快。为了探究这一问题,需要求助于 **Franck-Cotton 原理**:电子跃迁是如此快速,以致它们能在静止核的框架下发生。Franck-Cotton 原理最先是为了解释光谱学中电子跃迁的振动结构而提出的。图 21.18 中,与“反应物”(Fe^{3+})及其“共轭产物”(Fe^{2+})相关的核运动表示为沿坐标轴方向的取代。如果 $[Fe(OH_2)_6]^{3+}$ 位于其能量最低值,瞬间电子转移将会生成 $[Fe(OH_2)_6]^{2+}$ 的压缩态。同样,从 Fe^{2+} 的能量最低值状态移去一个电子会生成 $[Fe(OH_2)_6]^{3+}$ 的扩展态。前体络合物中电子能够转移的唯一瞬间是当 $[Fe(OH_2)_6]^{3+}$ 和 $[Fe(OH_2)_6]^{2+}$ 通过热诱导起伏获得相同核结构的时刻。该结构相应于两条曲线的交点,达到这一位置所需的能量是活化 Gibbs 自由能 $\Delta^{\ddagger}G$。如果 $[Fe(OH_2)_6]^{3+}$ 和 $[Fe(OH_2)_6]^{2+}$ 的核结构不同,$\Delta^{\ddagger}G$ 则更大,电子交换更慢。穿过邂逅络合物发生电子转移的速率由下述方程定量表述:

$$k_{ET}=v_N\kappa_e e-\Delta^{\ddagger}G/RT \tag{21.14}$$

式中,k_{ET} 是电子转移速率常数,$\Delta^{\ddagger}G$ 由 **Marcus 方程**(Marcus equation)给出:

$$\Delta^{\ddagger}G=\frac{1}{4}\lambda\left(1+\frac{\Delta_r G^{\ominus}}{\lambda}\right)^2 \tag{21.15}$$

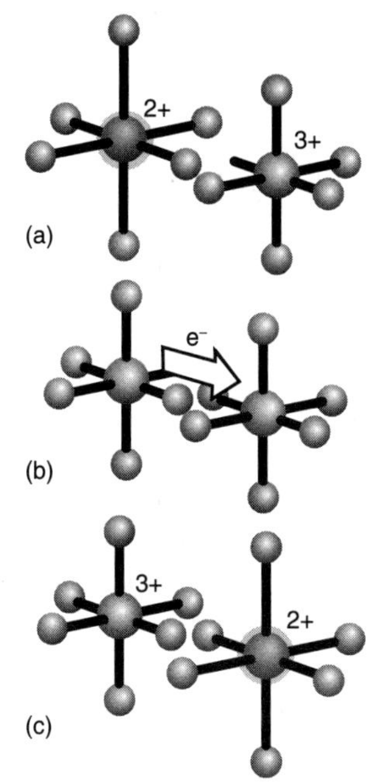

图 21.17* 　前体络合物中两个金属离子之间的电子转移直到它们的配位壳层重组至同等大小时才产生:(a) 反应物,(b) 反应络合物已经扭曲至相同的几何体,(c) 产物

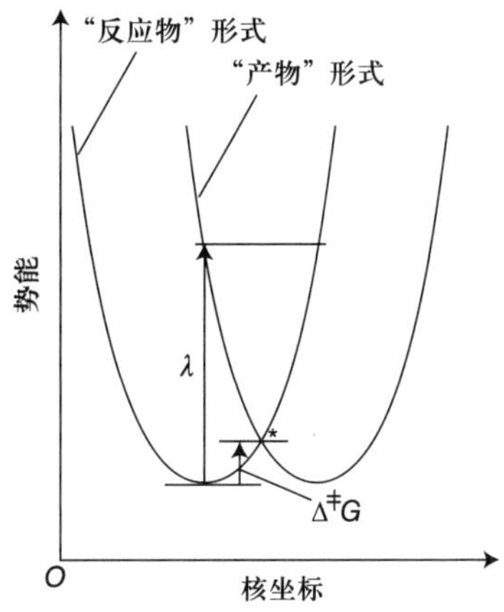

图 21.18　电子自交换的势能曲线

氧化态物种、还原态物种(沿反应坐标位移)和周围溶剂的核运动用势阱表示;一旦内配位壳层和外配位壳层起伏至其能量面(该能量面与还原态(右)的能量面恰好相一致)上的一个点(图上用*表示),即发生至氧化态金属离子(左)的电子转移;该点是两条曲线的交点;活化能取决于两条曲线(表示氧化型和还原型体积的不同)的水平位移

式中,$\Delta_r G^\ominus$是标准反应 Gibbs 自由能(由氧化还原电对的标准电位差获得),λ 为**重组能**(reorganization energy),即需要将与反应物相关的所有核移到它们能够接纳产物但却没有电子转移的位置所需的能量。这个能量依赖于金属-配体键键长的改变(所谓的内层重组能)及溶剂极化作用的改变,后者主要是溶剂分子围绕络合物的取向(外层重组能)。

方程(21.14)的指前因子有两部分:**核频率因子**(nuclear frequency factor)ν_N 和**电子因子**(electronic factor)κ_E。前者是在溶液中相遇了的两个络合物到达过渡态的频率。电子因子的大小可能变化在从 0 到 1 的区间,达到过渡态时转移 1 个电子;其精确值取决于给予体和接受体轨道重叠的程度,并且随轨道重叠程度的增加而增加。

重组能较小和 κ_E值接近 1 的事实相应于氧化还原电对具有快速电子自交换的能力。如果被转移的电子是从非键轨道移除或添加到非键轨道中(金属-配体键键长的变化减至最低),此时第一个需求就能实现。也可能有这样的情况:金属离子被屏蔽而不能接近溶剂(溶剂分子在空间上很难接近金属离子),这是因为溶剂的极化作用通常是重组能的主要组成部分。简单金属离子(如水合金属离子)的 λ 值通常远超过 1 eV,而埋在酶中的氧化还原中心受到强屏蔽而无法与溶剂分子接近,λ 值低至 0.25 eV。

自交换反应的 $\Delta_r G^\ominus=0$,因此从方程(21.15)可知 $\Delta^\ddagger G=(1/4)\lambda$,电子转移速率是由重组能控制的[图 21.19(a)]。自交换速率在很大程度上可用转移所涉及的轨道类型做解释(表 21.12)。$[Cr(OH_2)_6]^{3+/2+}$自交换反应的电子转移发生在反键轨道 σ^* 之间,因而金属-配体键键长发生的变化较大,从而造成内层重组能较大并导致反应变慢。$[Co(NH_3)_6]^{3+/2+}$的重组能甚至更大,这是因为随着重组的发生两个电子被转入 σ^* 轨道,反应甚至更慢。对表中其他六水合和六氨合络合物而言,电子转移发生

在弱反键或非键 π 轨道之间，内层重组能较小，反应较快。大体积的疏水性螯合配体联吡啶可充当溶剂的屏蔽物，从而降低了外层重组能。

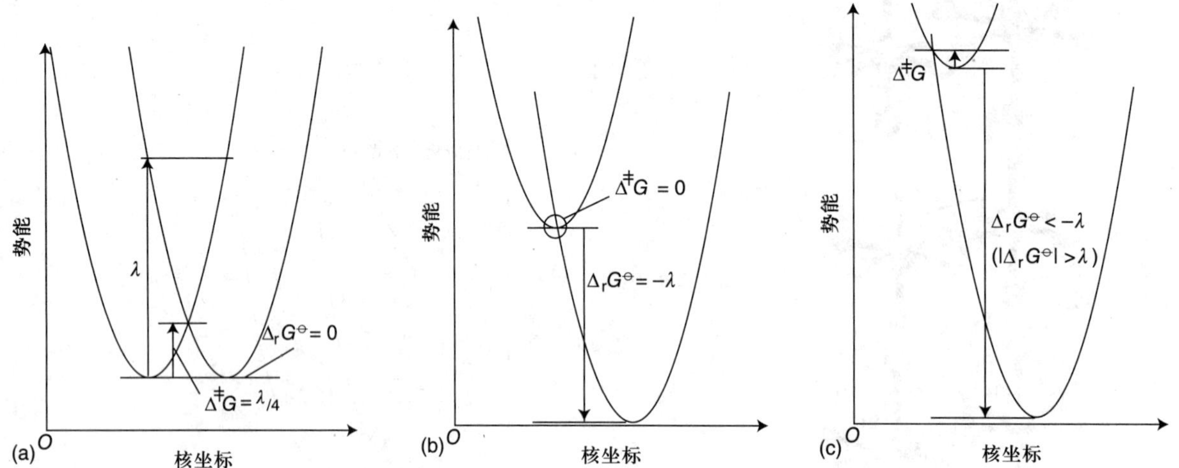

图 21.19　活化 Gbbis 自由能（$\Delta^\ddagger G$）随标准反应 Gibbs 自由能（$\Delta_r G^\ominus$）的变化

（a）自交换反应中 $\Delta_r G^\ominus = 0$，$\Delta^\ddagger G = (1/4)\lambda$；（b）$\Delta_r G^\ominus = -\lambda$ 时，反应"无活化"；

（c）随着 $\Delta_r G^\ominus$ 变得更负超过 $\Delta_r G^\ominus = -\lambda$，$\Delta^\ddagger G$ 增加（速率减小）

表 21.12　电子自交换反应中速率常数与电子组态的关系

反应	电子组态	Δd/pm*	k_{11}/(dm^3·mol^{-1}·s^{-1})
$[Cr(OH_2)_6]^{3+/2+}$	$t_{2g}^3/t_{2g}^3e_g^1$	20	1×10^{-5}
$[V(OH_2)_6]^{3+/2+}$	t_{2g}^2/t_{2g}^3	13	1×10^{-5}
$[Fe(OH_2)_6]^{3+/2+}$	$t_{2g}^3e_g^2/t_{2g}^4e_g^2$	13	1.1
$[Ru(OH_2)_6]^{3+/2+}$	t_{2g}^5/t_{2g}^6	9	20
$[Ru(NH_3)_6]^{3+/2+}$	t_{2g}^5/t_{2g}^6	4	6.6×10^3
$[Co(NH_3)_6]^{3+/2+}$	$t_{2g}^6/t_{2g}^5e_g^2$	22	6×10^{-6}
$[Fe(bpy)_3]^{3+/2+}$	t_{2g}^5/t_{2g}^6	0	3×10^8
$[Ru(bpy)_3]^{3+/2+}$	t_{2g}^5/t_{2g}^6	0	4×10^8
$[Ni(bpy)_3]^{3+/2+}$	$t_{2g}^6e_g/t_{2g}^6e_g^2$	12	1.5×10^3

* Δd 是平均 M—L 键键长的改变量。

联吡啶和其他 π 接受体配体允许金属离子 π 轨道中的电子离域至该配体。当电子在 π 轨道之间转移时，这种离域有效地降低了重组能。例如，Fe 和 Ru 发生的那样，电子转移发生在 t_{2g} 轨道之间（如节 20.2 中解释的那样，t_{2g} 轨道能参与 π 成键作用）。但对 Ni 而言，其电子则在 e_g 轨道之间转移。离域作用也会增大电子因素。

自交换反应有助于说明电子转移中所涉及的概念，但化学上有用的氧化还原反应发生在不同物种之间，并涉及净的电子转移。对这类反应而言，$\Delta_r G^\ominus$ 不是零，并通过方程（21.14）和方程（21.15）影响着反应速率。如果 $|\Delta_r G^\ominus| << |\lambda|$，方程（21.15）变为

$$\Delta^\ddagger G = \frac{1}{4}\lambda\left(1+\frac{\Delta_r G^\ominus}{\lambda}\right)^2 \approx \frac{1}{4}\lambda\left(1+\frac{2\Delta_r G^\ominus}{\lambda}\right) = \frac{1}{4}(\lambda+2\Delta_r G^\ominus)$$

根据方程(21.14),

$$k_{\mathrm{ET}} \approx \nu_{\mathrm{N}} \kappa_{\mathrm{e}} \mathrm{e}^{-(\lambda+2\Delta_{\mathrm{r}}G^{\ominus})/4RT}$$

因为热力学可行反应的 $\lambda>0$ 和 $\Delta_{\mathrm{r}}G^{\ominus}<0$,如果 $|\Delta_{\mathrm{r}}G^{\ominus}| << |\lambda|$,随着 $\Delta_{\mathrm{r}}G^{\ominus}$变得更有利(即更负),速率常数以指数方式增加。但当 $|\Delta_{\mathrm{r}}G^{\ominus}|$ 变得与 $|\lambda|$ 相近时,该方程不成立,可以看到由于 $|\Delta_{\mathrm{r}}G^{\ominus}| > |\lambda|$,反应速率在降低之前达到峰值。

方程(21.15)表明 $\Delta_{\mathrm{r}}G^{\ominus}=-\lambda$ 时,$\Delta^{\ddagger}G=0$。即标准反应 Gibbs 自由能与重组能抵消时[图 21.19(b)]反应变得"无活化"。活化能现在则随 $\Delta_{\mathrm{r}}G^{\ominus}$变得更负而增大,反应速率减小。随反应的标准 Gibbs 自由能变得更放能而导致反应变慢的现象叫**逆转行为**(inverted behaviour),见图 21.19(c)。逆转行为具有重要后果,一个著名的后果与光合作用中的长程电子转移有关。光合系统是含有由光激活的色素(如叶绿素)的复杂蛋白质,氧化还原中心链具有低的重组能。在此链中,光电子与氧化态叶绿素之间一个高放能的重新结合充分被迟滞(30 ns)以允许电子逃逸(在 200 ps 内)并沿光合系统的电子传递链向下传递,最终生成还原态的碳化合物(节 26.10)。图 21.20 绘出反应速率对标准 Gibbs 自由能在理论上的依赖关系,图 21.21 给出从铱络合物(**20**)观察到的反应速率随 $\Delta_{\mathrm{r}}G^{\ominus}$的变化。图 21.21 所描绘的结果为合成络合物给出了逆转区域的第一个实验观察。实际上,因为速率不受扩散作用的限制,研究分子内的电子转移反应更直接。

Marcus 方程能够用来预言不同物种之间外层电子转移反应的速率常数。让我们讨论氧化剂 $\mathrm{Ox_1}$和还原剂 $\mathrm{Red_2}$之间的电子转移反应:

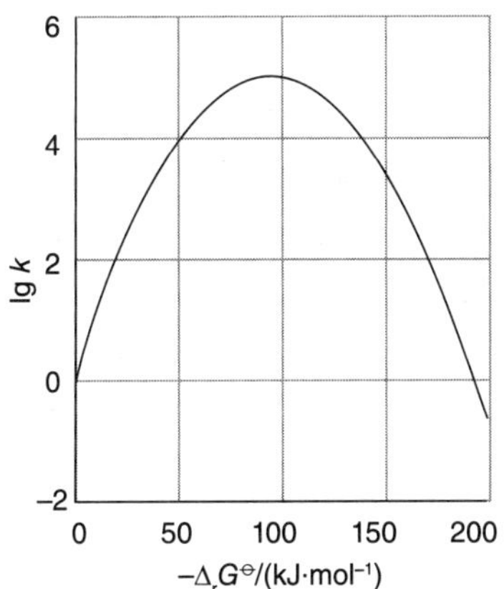

图 21.20　$\lambda=1.0$ eV(100 kJ·mol^{-1})的氧化还原反应的 $\Delta_{\mathrm{r}}G^{\ominus}$与反应速率(任意单位)的对数在理论上的依赖关系

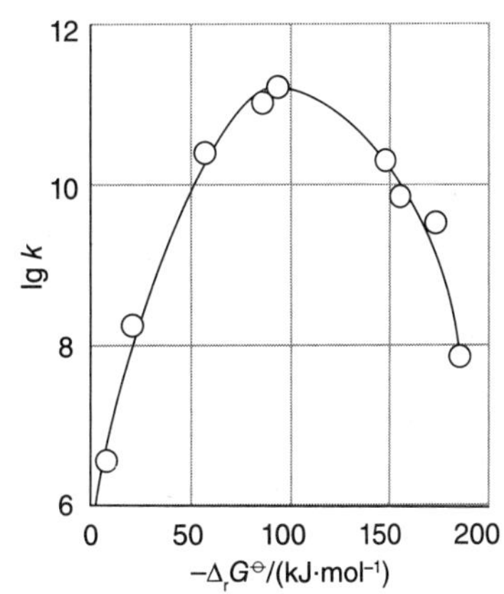

图 21.21　室温下乙腈溶液中铱络合物(**20**) $\lg k$ 对$-\Delta_{\mathrm{r}}G^{\ominus}$的曲线,用刚性络合物中不同的 R 基团改变反应的自由能

(**20**)

$$\mathrm{Ox_1+Red_2 \longrightarrow Red_1+Ox_2}$$

如果假设该反应的重组能是两个自交换过程重组能的平均值,则能写出 $\lambda_{12}=(\lambda_{11}+\lambda_{22})/2$,然后处理方程(21.14)和方程(21.15)可得 **Marcus 交叉关系**(Marcus cross-relation):

$$k_{12}=(k_{11}k_{22}K_{12}f_{12})^{1/2} \tag{21.16}$$

式中,k_{12}为速率常数,K_{12}是由 $\Delta_{\mathrm{r}}G^{\ominus}$获得的平衡常数,$k_{11}$和 k_{22}分别是两个伙伴反应各自的自交换速率常数。

对溶液中简单离子之间的反应而言，如果标准反应 Gibbs 自由能不是太大，$\Delta^{\ddagger}G$ 和 $\Delta_r G^{\ominus}$ 之间存在方程(21.12)所表示的这种 LFER 关系，f_{12} 通常可设定为 1。然而，热力学上高度有利的反应(即 $\Delta_r G^{\ominus}$ 为大的负值)不存在这种 LFER 关系。f_{12} 将采取 $\Delta^{\ddagger}G$ 和 $\Delta_r G^{\ominus}$ 之间的非线性关系并由下式给出：

$$\log f_{12} = \frac{(\log K_{12})^2}{4\log(k_{11}k_{22}/Z)} \tag{21.17}$$

式中，Z 为溶液的邂逅密度(单位为 $mol^{-1} \cdot dm^3 \cdot s^{-1}$)与反应物物质的量浓度之间的比例常数；往往取值 $10^{11}\ mol^{-1} \cdot dm^3 \cdot s^{-1}$。

举个例子：钴的联吡啶(bpy)、三吡啶(terpy)络合物各自反应

$$[Co(bpy)_3]^{2+} + [Co(bpy)_3]^{3+} \longrightarrow [Co(bpy)_3]^{3+} + [Co(bpy)_3]^{2+}$$

$$[Co(terpy)_2]^{2+} + [Co(terpy)_2]^{3+} \longrightarrow [Co(terpy)_2]^{3+} + [Co(terpy)_2]^{2+}$$

的速率常数分别为 $k_{11} = 9.0\ dm^3 \cdot mol^{-1} \cdot s^{-1}$ 和 $k_{22} = 48\ dm^3 \cdot mol^{-1} \cdot s^{-1}$，而 $K_{12} = 3.57$。对 $[Co(terpy)_2]^{2+}$ 外层还原 $[Co(bpy)_3]^{3+}$ 而言，上述 $f_{12} = 1$ 的方程(21.16)可以给出：

$$k_{12} = (9.0 \times 48 \times 3.57)^{1/2}\ dm^3 \cdot mol^{-1} \cdot s^{-1} = 39\ dm^3 \cdot mol^{-1} \cdot s^{-1}$$

实验值为 $64\ dm^3 \cdot mol^{-1} \cdot s^{-1}$，与上述结果符合得较好。

光化学反应

络合物吸收紫外或可见辐射光子后能量可提高至 $170\ kJ \cdot mol^{-1}$ 和 $600\ kJ \cdot mol^{-1}$ 之间。因为这种能量大于典型的活化能，打开新的反应通道就不足为奇。然而，当光子的高能量用来提供主要的正反应能量时，逆反应几乎总是非常有利的。设计有效光化学体系的不少努力花在试图避免逆反应发生上。

21.13　瞬发反应和缓发反应

提要：被电子激发的物种的反应分为瞬发和缓发两大类。

有些情况下，吸收光子而形成的激发态在形成之后几乎立即解离。例子包括作为金属羰基化合物配体取代反应第一步而形成的五羰基中间体：

$$[Cr(CO)_6] \xrightarrow{h\nu} [Cr(CO)_5] + CO$$

和 Co—Cl 键的断裂：

$$[Co^{III}Cl(NH_3)_5]^{2+} \xrightarrow{h\nu(\lambda = 350\ nm)} [Co^{II}(NH_3)_5]^{2+} + Cl\cdot$$

两个过程发生的时间都短于 10 ps，因此被叫作**瞬发反应**(prompt reaction)。

在第二个反应中，**量子产率**(quantum yield)是指被吸收的每摩尔光子引发反应的数量，它随辐射波长的降低(和光子能量 $E_{光子} = hc/\lambda$ 的增加)而增加。超出键能的那部分能量用于形成新的碎片，从而增加了碎片在溶液中重新结合之前彼此逃逸的机会。

有些激发态的寿命比较长，可将它们看作能够参与**缓发反应**(delayed reaction)的基态能量异构体。$[Ru^{II}(bpy)_3]^{2+}$ 中金属至配体的电荷转移带(节 20.5)吸收光子而产生的激发态可看作是与配体的自由基阴离子相络合的 Ru(Ⅲ)阳离子。在基态的还原电位加上激发能(用 $-FE = \Delta_r G$ 表达为电位形式，$\Delta_r G$ 为摩尔激发能)即可对氧化还原反应作解释(见图 21.22)。

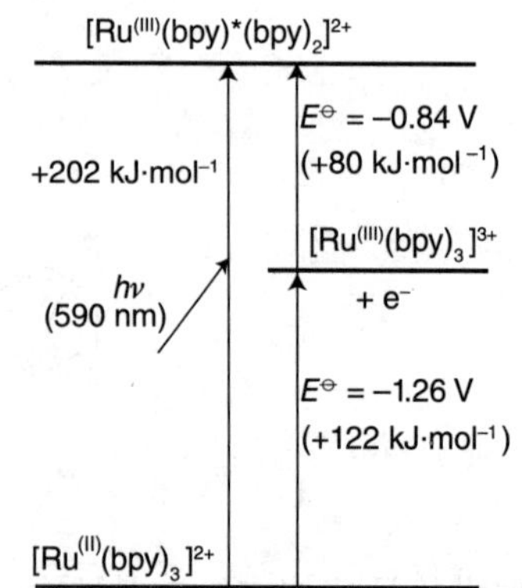

图 21.22　$[Ru^{II}(bpy)_3]^{2+}$ 的光激发可处理为仿佛激发态是络合于配体自由基阴离子的 Ru(Ⅲ)阳离子

21.14　d-d 跃迁和荷移反应

提要:一个有用的一级近似是分别将光取代和光异构化与 d-d 跃迁、光氧化还原反应与电荷转移相联系,但这一规则并非绝对正确。

光谱上可观察到的 d 金属络合物的两类主要形式的电子激发包括 d-d 跃迁和电荷转移跃迁(节 20.4 和节 20.5)。d-d 跃迁相应于 d 壳层内部电子角度的重新分布。在八面体络合物中,这种重新分布往往对应于占据 M—L 反键 e_g轨道。例如,$[Cr(NH_3)_6]^{3+}$络合物中的$^4T_{1g}\leftarrow{}^4A_{2g}(t_{2g}^2e_g^1\leftarrow t_{2g}^3)$跃迁。在光取代反应

$$[Cr(NH_3)_6]^{3+}+H_2O \xrightarrow{h\nu} [Cr(NH_3)_5(OH_2)]^{3+}+NH_3$$

中,占据反键 e_g轨道导致量子产率接近 1(具体数值为 0.6)。这是个瞬发反应,反应发生的时间不超过 5 ps。

电荷转移跃迁相当于电子密度的自由基重新分布。如果跃迁是从金属到配体,电荷转移跃迁相应于将电子激发至主要为配体轨道特征的轨道;如果跃迁是从配体到金属,则相应于将电子激发至主要为金属轨道特征的轨道。前一过程相应于金属中心的氧化;而后一过程则相应于金属中心的还原。这种光激发通常能引发像已经讲过的 Co(Ⅲ)和 Ru(Ⅲ)那样的光氧化还原反应。

尽管将光取代和光异构化与 d-d 跃迁相联系、将光氧化还原反应与电荷转移相联系是个有用的一级近似,但这一规则并非绝对正确。例如,通过间接路径的电荷转移跃迁导致光取代反应的例子并非少见:

$$[Co^{III}Cl(NH_3)_5]^{2+}+H_2O \xrightarrow{h\nu} [Co^{II}(NH_3)_5(OH_2)]^{2+}+Cl\cdot$$

$$[Co^{II}(NH_3)_5(OH_2)]^{2+}+Cl\cdot \longrightarrow [Co^{III}(NH_3)_5(OH_2)]^{3+}+Cl^-$$

在这个例子中,通过 Co—Cl 键均裂而形成的水合络合物被 Cl 原子重新氧化,净结果是 Co(Ⅲ)络合物中的 Cl^-被取代。相反,某些激发态的取代反应活性与基态相比没有差别:$[Cr(bpy)_3]^{3+}$的长寿命^2E 激发态是由纯 d-d 跃迁形成的,几个微秒的寿命允许它将过多的能量用来促进它的氧化还原反应。由基态还原电位加上激发能而算得的标准电位(+1.3 V)说明它是个好的氧化剂,自身在反应中还原为 $[Cr(bpy)_3]^{2+}$。

应用相关文段 21.1 叙述了过渡金属离子在太阳能电池中的应用。

应用相关文段 21.1　钌染料和太阳能电池

将太阳能转化为电能的商业太阳能电池主要仍以硅为基础,然而以半导体氧化物(如 TiO_2)为基础的体系正在开发之中。吸收阳光通常涉及将半导体中的一个电子从价带激发至导带;价带与导带之间的能量差控制着能被转化为电能的阳光的波长。纯 TiO_2的带隙大(>3 eV),所以只有紫外光能够直接被这种材料所吸收,从而导致只有百分之几的低转化效率。如果使用能吸收可见光的染料,获取阳光的比例就会显著增加。TiO_2与染料结合起来的电池叫 Gratzel 电池或染料太阳能电池(DSCs),这种电池已经证实具有约为 11%的光电转化效率。效率增加的关键是染料,最常使用的是以钌(Ⅱ)为基础的染料。

像 **S1** 中这个化合物(叫作 N-3 染料)的络合物那样,除显示金属至配体的电荷转移(MLCT)跃迁(4d-π^*)外,也显示配体中心的电荷转移(LCCT)跃迁(π-π^*)。这些跃迁能在 400~600 nm 产生强的光吸收(图 B21.1)。在 Gratzel 电池中,阳光是通过涂覆在 TiO_2纳米晶薄膜表面的染料单分子层吸收的。吸收的光子促进一个电子从 Ru^{2+}化合物的基态跃迁至激发态$(Ru^{2+})^*$。然后这个被激发的电子在 1 ps 之内转移至 TiO_2的导带。这种转移导致有效的电荷分离,即 TiO_2中的电子和 Ru^{3+}染料分子表面吸收的正电荷相分离。Ru^{3+}物种然后在数纳秒之内被电池电解质体系中的碘化物(I^-)还原。射入 TiO_2的电子扩散至导体表面以收集电流和发电。

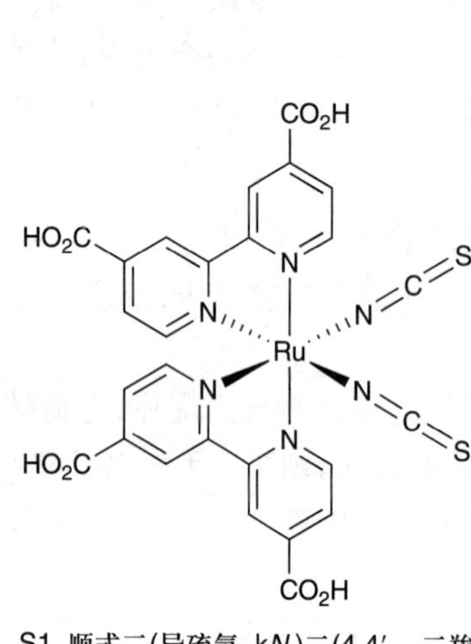

S1　顺式二(异硫氢-kN)二(4,4′-二羧基-2,2′-联吡啶)合钌(Ⅱ)

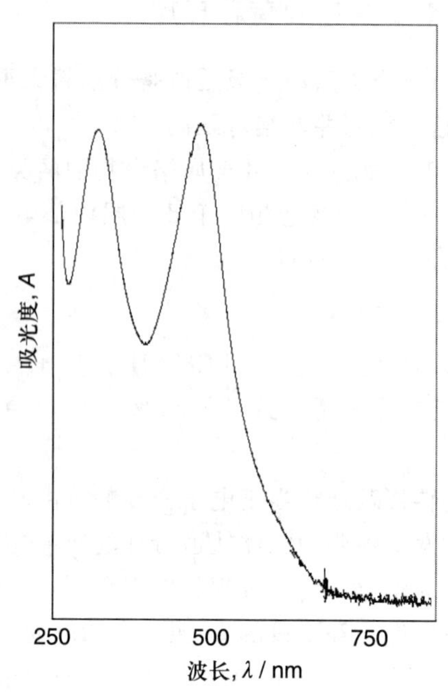

图 B21.1　**S1** 的吸收光谱

DSCs 中的光转化效率依赖于各种动力学过程。电子从钌染料的激发态转移至 TiO_2 导带的速率比电子弛豫回到基态或其他化学副反应的速率都要快得多。而且,I^- 对氧化态染料(Ru^{3+})的还原也显著快于入射电子与 Ru^{3+} 之间的直接重新结合的反应。

21.15　金属-金属键体系的跃迁

提要:金属-金属反键轨道的排布有时可引发光解离;已经证明这样的激发态能引发多电子氧化还原光化学过程。

人们也许可以预期金属-金属键合体系中的 $\delta^* \leftarrow \delta$ 跃迁能引发光解离;因为这种跃迁能导致金属-金属体系反键轨道的电子排布。更有趣的是这种激发态能够引发多电子氧化还原光化学过程。

表征得最透彻的化合物之一是铂的双核络合物$[Pt_2(\mu\text{-}P_2O_5H_2)_4]^{4-}$,该化合物非正式地称之为"PtPOP"(**21**)。这个 Pt(Ⅱ)-Pt(Ⅱ)d^8-d^8物种在基态时不存在金属-金属成键作用。图 21.23 中的 HOMO-LUMO 模式表明,通过激发将占据两个金属原子之间的一个成键轨道。最低位置激发态的寿命为 9 μs,它是个强还原剂,可通过电子转移和卤素原子转移的方式发生反应。最有趣的氧化产物是Pt(Ⅲ)-Pt(Ⅲ)物种,其中含有一个金属-金属单键而且两端都结合有 X^- 配体(X^- 代表预先存在于溶液中的卤素或拟卤素)。$(Bu)_3SnH$ 存在时通过光照射可得到一种含两个配位 H 的产物,该产物能够消除 H_2。

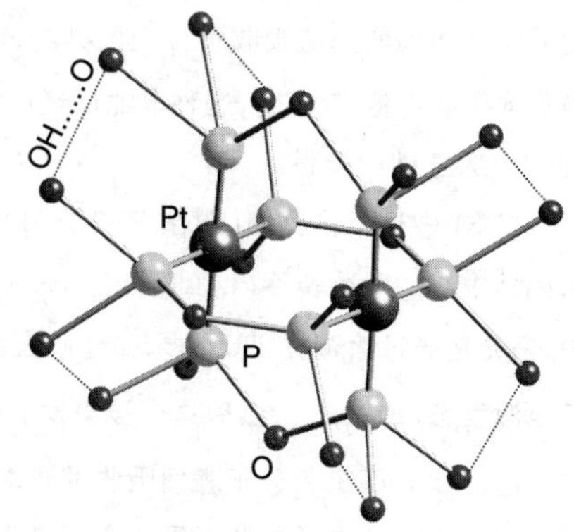

(21) $[Pt_2(\mu\text{-}P_2O_5H_2)_4]^{4-}$,PtPOP

含四重键的双核簇化合物$[Mo_2(O_2P(OC_6H_5)_2)_4]$(**22**)在 $ClCH_2CH_2Cl$ 存在的情况下用 500 nm 的光进行照射生成乙烯,并将两个 Cl 原子加到两个 Mo 原子上伴随发生二电子氧化。反应按单电子过程分步进行,而且要求络合物中的金属原子被空间位阻大的配体所屏蔽。如果配体比较小,代之发生的则是有机分子的光化学氧化加成。

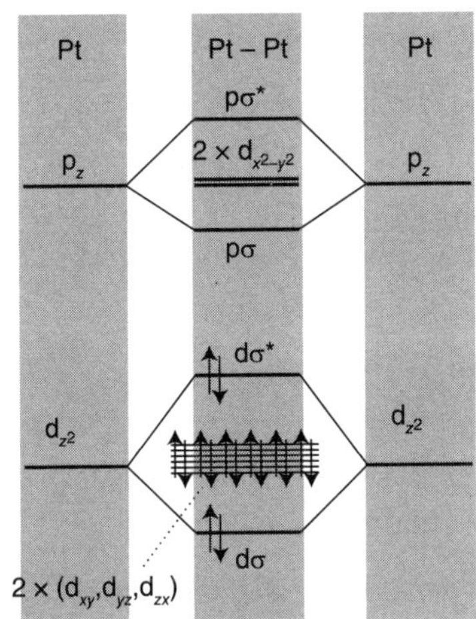

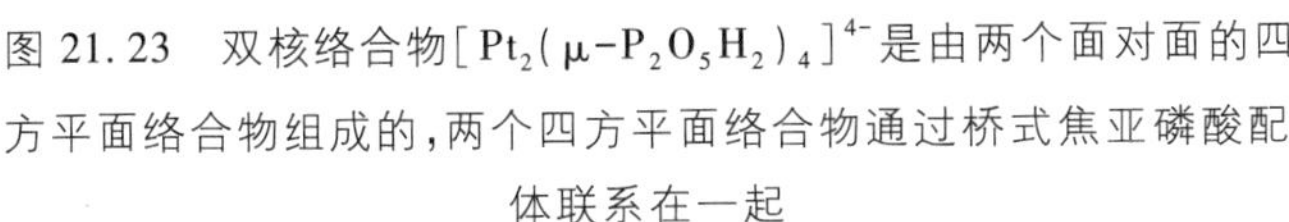
图 21.23　双核络合物$[Pt_2(\mu\text{-}P_2O_5H_2)_4]^{4-}$是由两个面对面的四方平面络合物组成的,两个四方平面络合物通过桥式焦亚磷酸配体联系在一起

金属的 p_z 和 d_{z^2}轨道沿 Pt—Pt 轴方向相互作用;其他 p 轨道和 d 轨道被看作非键轨道;光激发导致反键 σ* 轨道中的一个电子转移到成键 σ 轨道

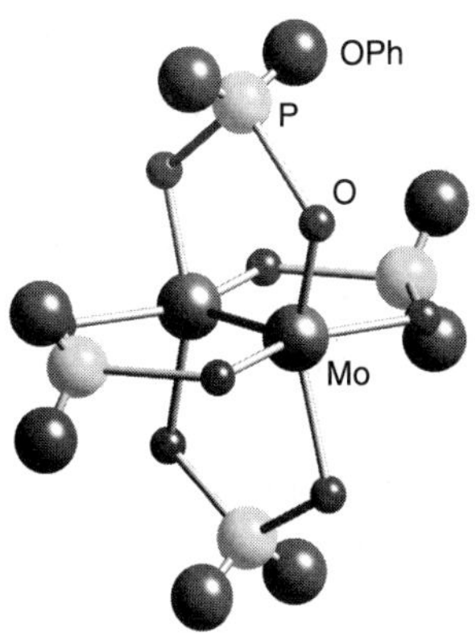

(22) $[Mo_2(O_2P(OPh)_2)_4]$

延伸阅读资料

G. J. Leigh and N.Winterbottom(ed.),*Modern coordination chemistry:the legacy of Joseph Chatt*. Royal Society of Chemistry(2002).该领域一本具有可读性的历史问题讨论。

M. L.Tobe and J. Burgess,*Inorganic reaction mechanisms*.Longman(1999).

R. G. Wilkins,*Kinetics and mechanism of reactions of transition metal complexes*.VCH(1991).

A special issue of *Coordination Chemistry Reviews* has been dedicated to the work of Henry Taube.See *Coord.Chem.Rev.*,2005, **249**.

两篇可读性的关于氧化还原过程的讨论参见:(1) Taube 获得 1983 年诺贝尔化学奖后发表的演讲(由 *Science*,1984, **226**,1028 重印);(2) Marcus 获得 1992 年诺贝尔化学奖后发表的演讲,发表于 *Nobel lectures:chemistry 1991-1995*,World Scientifc(*1997*).

练习题

21.1　$[Co(NH_3)_5(OH_2)]^{3+}$生成$[CoX(NH_3)_5]^{2+}$($X=Cl^-,Br^-,N_3^-,SCN^-$)的速率常数相差不到两倍,给出取代反应的机理。

21.2　如果取代过程按缔合机理进行,为什么难以表征一种水合离子是活泼还是不活泼?

21.3　取代反应$[Ni(CO)_4]+L \longrightarrow [Ni(CO)_3L]+CO$对不同 L(膦或亚磷酸酯)均有相同的反应速率,试判断反应类型是 *d* 还是 *a*?

21.4　写出水合离子与 X^-反应生成$[MnX(OH_2)_5]^+$的速率定律,如何确定反应类型是 *d* 还是 *a*?

21.5　高氧化态金属中心和第 2、第 3 系列 d 金属的八面体络合物不如低氧化态金属中心和第 1 系列 d 金属中心的八面体络合物活性大,试根据解离式决速步解释此现象。

21.6　Pt(Ⅱ)的四甲基二亚乙基三胺络合物与它的二乙三胺类似物相比被 Cl^-进攻的速率低 10^5倍。试用缔合式决速步解释这种现象。

21.7　从$[W(CO)_4L(PhCl)]$失去氯苯(PhCl)的速率随 L 锥角的增大而增大。这种现象对机理而言说明什么?

21.8　人们研究了络合物$[W(CO)_4L(PhCl)]$中氯苯(PhCl)被哌啶取代时对压力的依赖关系,活化体积为 $+11.3\ cm^3 \cdot mol^{-1}$。活化体积的测定结果表明过程为何种机理?

21.9　通过实验可以离析出$[Ni(CN)_5]^{3-}$物种,这一事实有助于解释$[Ni(CN)_4]^{2-}$的取代反应速率为什么快的事实吗？

21.10　$[Pt(Ph)_2(SMe_2)_2]$与二齿配体 1,10-邻二氮菲(phen)作用生成$[Pt(Ph)_2(phen)]$。已知活化参数 $\Delta^{\ddagger}H=+101\ kJ\cdot mol^{-1}$和 $\Delta^{\ddagger}S=+42\ J\cdot K^{-1}\cdot mol^{-1}$。试建议一种机理。

21.11　以$[PtCl_4]^{2-}$为起始物,设计出 *cis*-和 *trans*-$[PtCl_2(NO_2)(NH_3)]^-$的两步合成法。

21.12　下列改变是如何影响四方平面络合物的取代反应速率的？

(a) 将 *trans* 配体从 H^-改变为 Cl^-;

(b) 将离去基团从 Cl^-改变为 I^-;

(c) 向 *cis* 配体中添加一个大体积取代基;

(d) 给络合物增加一个正电荷。

21.13　进入基团进攻$[Co(OH_2)_6]^{3+}$的反应速率几乎与 Y 的性质无关,一个引人注目的例外是与 OH^-的反应特别快,试解释这种反常现象。对没有 Brϕnsted 酸性配体形成的络合物而言,你的解释意味着什么？

21.14　预测下列反应的产物:

(a) $[Pt(PR_3)_4]^{2+}+2Cl^-$

(b) $[PtCl_4]^{2-}+2PR_3$

(c) *cis*-$[Pt(NH_3)_2(py)_2]^{2+}+2Cl^-$

21.15　排列下列络合物被 H_2O 取代时速率增大的顺序:

(a) $[Co(NH_3)_6]^{3+}$

(b) $[Rh(NH_3)_6]^{3+}$

(c) $[Ir(NH_3)_6]^{3+}$

(d) $[Mn(OH_2)_6]^{2+}$

(e) $[Ni(OH_2)_6]^{2+}$

21.16　陈述下列各种变化对 Rh(Ⅲ)络合物解离活化速率的影响:

(a) 增加络合物的总电荷;

(b) 将离去基团从 NO_3^-换成 Cl^-;

(c) 将进入基团从 Cl^-换成 I^-;

(d) 将 *cis* 配体 NH_3换成 H_2O。

21.17　写出 $V^{2+}(aq)$还原$[Co(N_3)(NH_3)_5]^{2+}$的内层机理和外层机理。什么样的实验数据可用来区分这两种路径？

21.18　在$[Fe(NCS)(NH_3)_5]^{2+}$与 $Fe^{2+}(aq)$反应生成 $Fe^{3+}(aq)$和 $Co^{2+}(aq)$的反应中能够检出$[Co(SCN)(OH_2)_5]^{2+}$中间体。这一事实能够表明反应是何种机理吗？

21.19　Cr(Ⅱ)还原$[Co(NH_3)_5(OH_2)]^{3+}$的反应速率比 Cr(Ⅱ)还原其共轭碱$[Co(NH_3)_5(OH)]^{2+}$的反应速率慢 7 个数量级,对于$[Ru(NH_3)_6]^{2+}$相应的还原反应而言,两者速率的差别小于 10 倍。这一事实能够表明反应是何种机理吗？

21.20　计算$[V(OH_2)_6]^{2+}[E^{\ominus}(V^{3+}/V^{2+})=-0.225\ V]$被下列两种氧化剂氧化的电子转移速率常数:

(a) $[Ru(NH_3)_6]^{3+}[E^{\ominus}(Ru^{3+}/Ru^{2+})=+0.07\ V]$

(b) $[Co(NH_3)_6]^{3+}[E^{\ominus}(Co^{3+}/Co^{2+})=+0.10\ V]$

对速率常数的相对大小做讨论。

21.21　计算$[Cr(OH_2)_6]^{2+}[E^{\ominus}(Cr^{3+}/Cr^{2+})=-0.41\ V]$被下列各氧化剂氧化的电子转移速率常数:$[Ru(NH_3)_6]^{3+}[E^{\ominus}(Ru^{3+}/Ru^{2+})=+0.07\ V]$,$[Fe(OH_2)_6]^{3+}[E^{\ominus}(Fe^{3+}/Fe^{2+})=+0.77\ V]$和$[Ru(bpy)_3]^{3+}[E^{\ominus}(Ru^{3+}/Ru^{2+})=+1.26\ V]$。对速率常数的相对大小做讨论。

21.22　$[W(CO)_5(py)]$(py=吡啶)与 PPh_3之间的光化学取代反应生成$[W(CO)_5(PPh_3)]$。过量膦配体存在下的量子产率约为 0.4。闪光光解研究表明存在$[W(CO)_5]$中间体。如果体系中存在过量的三乙胺,你能判断$[W(CO)_5(py)]$取代反应的产物和量子产率吗？该反应能否被络合物的配位场或 MLCT 激发态引发？

21.23　根据图 20.33 中$[CrCl(NH_3)_5]^{2+}$的谱图提出一种合适的波长以引发 Cr(Ⅲ)还原为 Cr(Ⅱ)的反应(伴随着一个配体被氧化)。

辅导性作业

21.1 假定螯合物的形成具有下述机理:

$[Ni(OH_2)_6]^{2+}+L—L \rightleftharpoons [Ni(OH_2)_6]^{2+},L—L$ K_E,快

$[Ni(OH_2)_6]^{2+},L—L \rightleftharpoons [Ni(OH_2)_5L—L]^{2+}+H_2O$ k_a,k'_a

$[Ni(OH_2)_5L—L]^{2+} \rightleftharpoons [Ni(OH_2)_4L—L]^{2+}+H_2O$ k_b,k'_b

试写出螯合物形成反应的速率定律,并讨论用两个单齿配体2L代替L—L时所产生的不同的反应步骤。研究发现,与结合力强的配体形成螯合物的反应速率与类似单齿配体的速率相同,但结合力弱的螯合配体的反应速率往往慢得多。假定反应为I_d机理,试解释这种实验现象。(参阅:R. G. Wilkins,*Acc. Chem. Res.*,1970,**3**,408.)

21.2 在氘代丙酮溶液中对络合物$[PtH(PEt_3)_3]^+$在PEt_3存在下进行的研究表明,配体不过量时^1H-NMR光谱的H^-区出现两个三重线。加入过量PEt_3时三重线开始衰减,产生的谱线形状与配体浓度有关。试给出反应机理以说明过量PEt_3所造成的影响。

21.3 溶液中存在$[PtH_2(PMe_3)_2]$的*cis*和*trans*异构体的混合物。加入过量PMe_3生成能由NMR光谱检测出来的$[PtH_2(PMe_3)_3]$。该络合物能与*trans*异构体但却不能与*cis*异构体发生膦配体快速交换。试提出一种反应路径并讨论H对PMe_3产生的反位效应。(参阅:D. L. Packett and W. G. Trogler,*Inorg.Chem.*,1988,**27**,1768.)

21.4 图21.24(J. B. Goddard and F. Basolo,*Inorg.Chem.*,1968,7,936)示出$[PdBrL]^+$与各种Y^-反应生成$[PdYL]^+$(反应物和产物中的L为$Et_2NCH_2CH_2NHCH_2CH_2NEt_2$)的表观一级速率常数。注意$S_2O_3^{2-}$的大斜率和$Y^-=N_3^-$、$I^-$、$NO_2^-$和$SCN^-$时的零斜率。试提出一种反应机理。

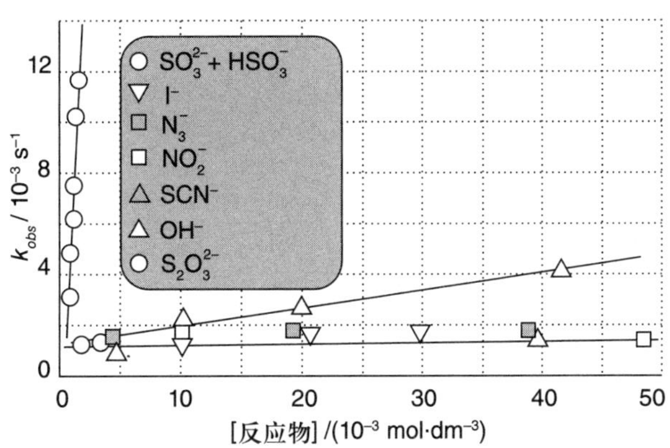

图21.24 辅导作业21.4所需的数据

21.5 $Cr^{2+}(aq)$还原*cis*-$[CoCl_2(en)_2]^+$时反应的活化焓为$-24\ kJ\cdot mol^{-1}$。解释活化焓为什么是负值。(参阅:R. C. Patel,R. E. Ball,J. F. Endicott,and R. G. Hughes,*Inorg.Chem.*,1970,**9**,23.)

21.6 讨论21.11中的络合物(**18**)和(**19**)。讨论两个络合物电子转移的可能路径,并解释为什么两个络合物之间会有如此不同的电子转移速率。

21.7 从下列数据计算外层反应的速率常数。将你的计算结果与最后一列的测量值进行比较。

反应	$k_{11}/(dm^3\cdot mol^{-1}\cdot s^{-1})$	$k_{22}/(dm^3\cdot mol^{-1}\cdot s^{-1})$	$E^{\ominus}/V$	$k_{obs}/(dm^3\cdot mol^{-1}\cdot s^{-1})$
$Cr^{2+}+Fe^{2+}$	2×10^{-5}	4.0	+1.18	2.3×10^3
$[W(CN)_8]^{4-}+Ce(Ⅳ)$	$>4\times10^4$	4.4	+0.54	$>10^8$
$[Fe(CN)_6]^{4-}+[MnO_4]^-$	7.4×10^2	3×10^3	+1.30	1.7×10^5
$[Fe(phen)_3]^{2+}+Ce(Ⅳ)$	$>3\times10^7$	4.4	+0.66	1.4×10^5

21.8 在催化量的$[Pt(P_2O_5H_2)_4]^{4-}$(**21**)和光存在的条件下2-丙醇生成H_2和丙酮(E. L. Harley,A. E. Stiegman,A. Vlcek,Jr. ,and H. B. Gray,*J. Am. Chem. Soc.*,1987,**109**,5233;D. C. Smith and H. B. Gray,*Coord. Chem. Rev.*,1990,**100**,169):

(a) 写出总反应方程;

(b) 给出该四方棱柱络合物的金属-金属成键作用合理的分子轨道图,并给出被认为是导致光化学过程的激发态的性质;

(c) 给出该金属络合物的中间体和中间体存在的证据。

(刘　斌　译,史启祯　审)

22 章

d 区元素金属有机化学

金属有机化学是研究含有 M—C 键化合物的化学。早在 20 世纪初期，人们就对 s 区和 p 区的基本金属有机化学知识有所了解，本书第 11 章至第 16 章对此做了讨论。d 区和 f 区元素金属有机化学的研究近些年才发展起来。1950 年代中期该领域开始兴旺，发现了一些新的反应类型和不同寻常的结构，并在有机合成和工业催化方面找到实际应用。我们将在本章和接下来的一章分别讨论 d 区和 f 区元素的金属有机化学。金属有机化合物在合成中的广泛应用（催化过程）被安排在第 25 章。

早在 19 世纪，人们就合成出为数不多的 d 区金属有机化合物并部分进行了表征。W. C. Zeise 于 1827 年合成了铂（Ⅱ）的乙烯络合物，这是第一例合成的 d 区金属有机化合物（**1**，俗称 Zeise's 盐），P. Schützenberger 随后于 1868 年第一次报道了铂（Ⅱ）的金属羰基络合物 $[PtCl_2(CO)_2]$ 和 $[PtCl_2(CO)]_2$。接下来的一个重要发现是四羰基镍（**2**），它是由 L. Mond、C. Langer 和 F. Quinke 于 1890 年合成的。1930 年代初，W. Hieber 合成了一系列金属羰基簇合物，其中许多是阴离子（如（**3**）中的 $[Fe_4(CO)_{13}]^{2-}$）。显而易见，这一工作使金属羰基化合物化学成为一个潜在的重要领域。由于它们和其他 d 区和 f 区金属有机化合物的结构很难（或者不可能）仅用化学方法推断出来，只能等待 X 射线衍射技术（获得固体样品的精确结构信息）以及 IR 和 NMR 光谱技术（获得溶液中的结构信息）的发展。相当稳定的金属有机化合物 $[Fe(C_5H_5)_2]$（**4**）就是在有了这些技术之后发现的（1951 年）。二茂铁的“夹心”结构很快通过其红外光谱正确地推导了出来，接着才用 X 射线晶体衍射技术测定其细节。

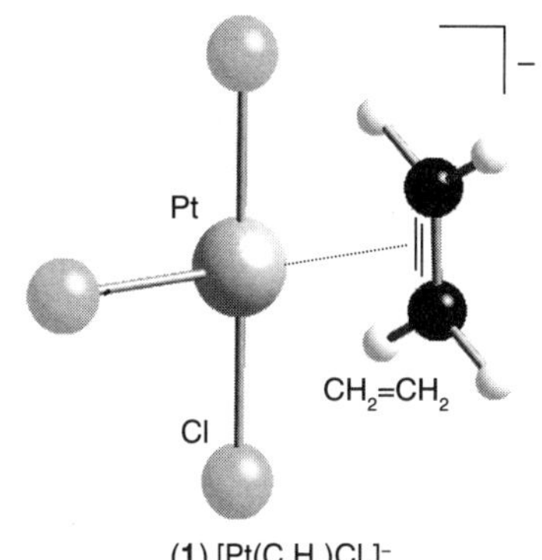

(**1**) $[Pt(C_2H_4)Cl_3]^-$

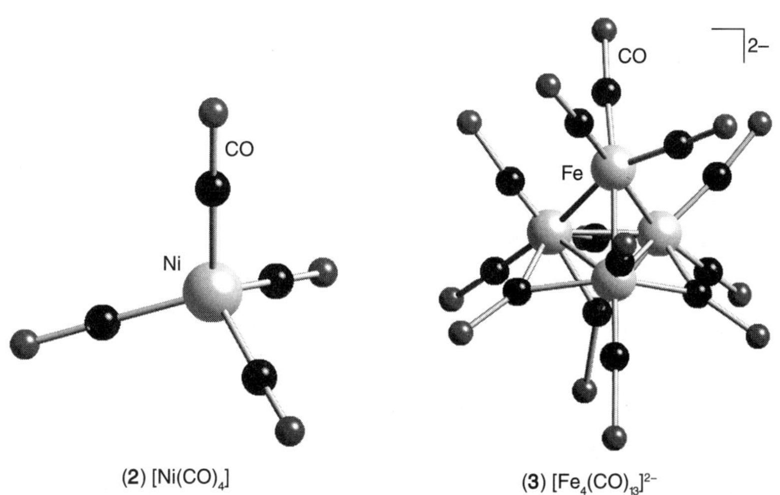

(**2**) $[Ni(CO)_4]$

(**3**) $[Fe_4(CO)_{13}]^{2-}$

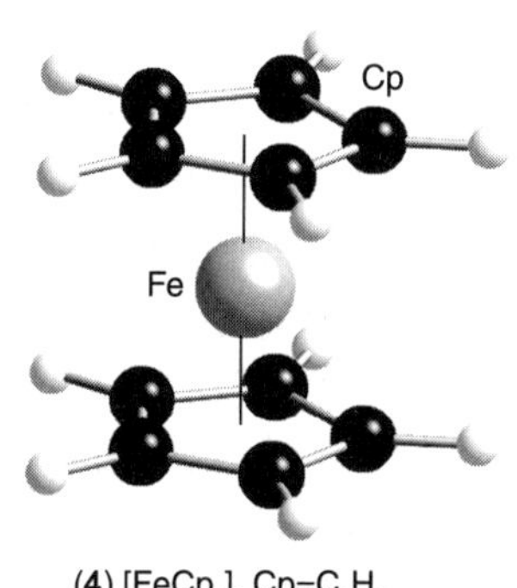

(**4**) $[FeCp_2]$, $Cp=C_5H_5$

二茂铁的结构、稳定性和成键状况不符合经典的 Lewis 规则，从而超出了化学家的想象力。这一难题又启动了合成、表征和理论人才的培养，进而导致 d 区金属有机化学的快速发展。该领域发展的初期阶段，开展先导性研究的两位伦敦化学家 Ernst-Otto Fischer 和 Geoffrey Wilkinson 共同获得 1973 年诺贝尔化学奖。同样，f 区元素的金属有机化学是在 1970 年代后期发现五甲基环戊二烯配体形成稳定的 f 区化合物(**5**)之后才蓬勃发展起来的。

本书依然遵循传统的原则:金属有机化合物是至少含有一个金属-碳键(M—C)的化合物。因此,化合物(**1**)至(**5**)都是金属有机化合物,而像$[Co(en)_3]^{3+}$这样的络合物则不是。后者尽管含有碳原子,但却不含 M—C 键。氰络合物(如$[Fe(CN)_6]^{2-}$)含有 M—C 键,但由于性质更类似于传统络合物,通常也不把它们看作金属有机化合物。与此相反,CN^-配体的等电子配体 CO 形成的络合物却被认为是金属有机化合物。这样认定多少有些任意性,那是因为羰基络合物无论在物理性质还是在化学性质上都与传统络合物不同。

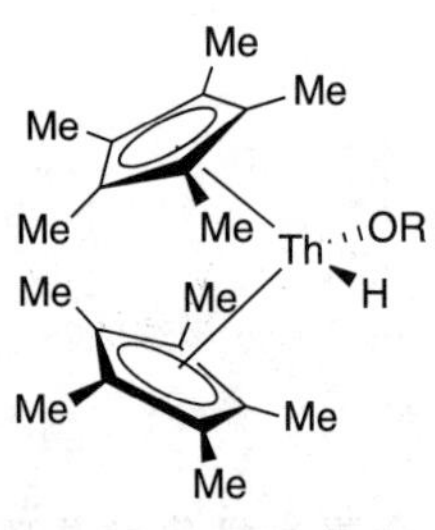

(**5**) $[Th(Cp^*)_2(H)(OR)]$

总体上说,两类化合物的区别还是清晰的:配位络合物通常带有电荷、拥有可变的 d 电子数、溶于水;金属有机化合物通常为电中性、拥有固定的 d 电子数、溶于有机溶剂(如四氢呋喃)。在性质上,绝大多数金属有机化合物更接近有机化合物而不是接近无机盐,许多金属有机化合物拥有低熔点(有些在室温下为液体)。

成键

尽管存在 s 区和 p 区的许多金属有机化合物,但其成键方式相对较简单,通常只用 σ 键进行描述也就足够了。与此形成对照的是,d 金属则以不同的成键方式形成大量的金属有机化合物。例如,为了充分描述二茂铁中环戊二烯基与铁成键的状况,则需求助于 σ 键、π 键和 δ 键。

不同于配位化合物,d 区元素金属有机化合物的稳定电子组态相对较少,金属原子周围往往含有 16 或者 18 个价电子。对电子组态数的这种限制是由金属和含碳配体之间强的 π 成键作用(有时也可能是 σ 成键作用)造成的。

22.1　稳定的电子组态

我们将从研究成键模式开始,以便能够意识到 π 键的重要性和 d 金属的金属有机化合物电子组态受到限制的真正原因。

(a) 18 电子化合物

提要:八面体络合物中可能存在 6 个 σ 成键作用。当 π 接受体配体存在时,t_{2g}轨道组的 3 条轨道参与成键组合形成 9 条成键分子轨道,共容纳 18 个电子。

1920 年代,N. V. Sidgwick 就认识到这样的事实:简单金属羰基化合物(如$[Ni(CO)_4]$)的价电子数为 18,与金属所在长周期末尾那个稀有气体元素的价电子数相同。Sidgwick 提出了"稀有气体规则"这一术语用来判断化合物的稳定性。该规则现在通常称为 **18 电子规则**(18-electron rule),有时也叫"有效原子序规则"(或简称为 EAN 规则)。众所周知,第二周期元素的化合物遵守 8 电子规则,而 d 区元素的金属有机化合物显然不完全遵守 18 电子规则。我们需要更为仔细地了解成键模式,以确定两类化合物(遵守和不遵守 18 电子规则的化合物)显示稳定性的原因。

图 22.1 示出强场配体(如一氧化碳)与 d 金属原子键合而产生的能级(节 20.2)。尽管一氧化碳是个弱的 σ 电子给予体,但仍然是一种强场配体。这是因为它可利用其空的 π^* 轨道作为一个良好的 π 接受体。按照这种成键图像,金属原子的 t_{2g}轨道不再是非键轨道而是成键轨道。能级图显示出 6 个成键分子轨道(来自配体与金属之间的 σ 相互作用)和由 π 相互作用产生的 3 个分子轨道。因此,9 个成键分子轨道中可以容纳高达 18 个电子。具有这种电子组态的化合物很稳定,如 18 电子的$[Cr(CO)_6]$为无色、对空气稳定的化合物。化合物为无色的事实暗示着 HOMO-LUMO 能隙(Δ_O)比较大,光谱可见区不存在电子跃迁;或者说,Δ_O如此之大,以致这种跃迁移到紫外区。

强场配体形成的正八面体络合物中,如果要容纳的价电子超过 18 个,唯一的方法是利用反键轨道。这样的络合物不稳定,倾向于作为还原剂失去电子。少于 18 电子结构的络合物不一定非常不稳定,但从能量角度倾向于通过反应获得电子,以便达到分子轨道的全充满状态。后面将会看到,此类少于 18 电子的化合物往往以中间体形式出现在反应过程中。

其他配体(往往是弱 σ 配体,但却是良好的 π 接受体配体)的成键特征类似于羰基配体。因此,中心金属原子周围价电子总数为 18 的八面体金属有机化合物多是稳定的。

相似的理由也可用来解释 18 电子组态的其他几何形状(如四面体和三角双锥体)的稳定性。由于空间因素的限制,d 区元素金属有机化合物的配位数通常不会大于 6。

(b) 16 电子平面四方形化合物

提要:强场配体形成的平面四方形络合物只有 8 个成键分子轨道,所以能量上最有利的组态是 16 电子组态。

节 20.1 从配位化学角度讨论了由 4 个配体按平面四方形排列的几何构型,那里已经注意到这种构型多是 d^8 金属离子与强场配体形成的。由于金属有机配体往往产生强的配位场,所以形成许多平面四方形金属有机化合物。稳定的平面四方形络合物的价电子总数通常为 16,16 个电子填满了所有成键分子轨道,而反键分子轨道上则没有电子填充(见图 22.2)。

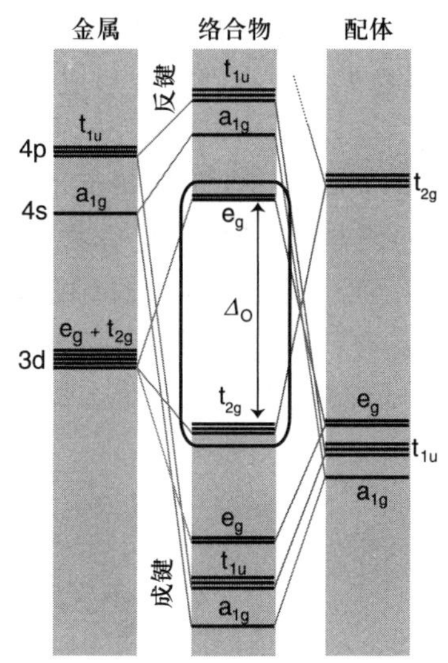

图 22.1　强场配体正八面体络合物的分子轨道能级图

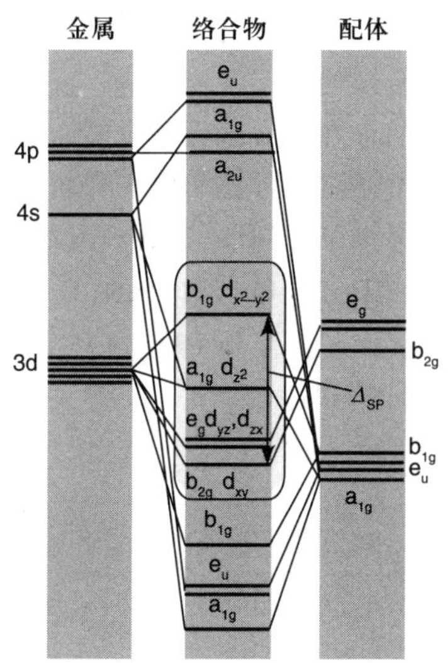

图 22.2　强场配体平面正方形络合物的分子轨道能级

四个最低分子轨道相应于成键相互作用;最高轨道相应于反键相互作用;这些分子轨道是由得到它们的 d 轨道标记的

平面四方形络合物的每个配体通常只能提供 2 个电子(共提供 8 个电子);为了达到 16 个电子,金属离子必须提供其余 8 个电子。正因为如此,具有 16 个价电子的金属有机化合物仅常见于 d 区右部的金属,特别是第 9 族和第 10 族元素(见表 22.1)。此类络合物的例子包括 $[IrCl(CO)(PPh_3)_2]$(**6**)和 Zeise's 盐阴离子 $[Pt(C_2H_4)Cl_3]^-$(**1**)。平面四方形 16 电子络合物特别常见于第 9 族和第 10 族的重元素,尤其是 Rh(Ⅰ)、Ir(Ⅰ)、Pd(Ⅱ)和 Pt(Ⅱ)。这是因为配位场分裂大,这些络合物的配位场稳定化能有利于采用平面四方形构型。

表 22.1　16/18 电子规则对 d 区金属有机化合物的有效性

通常小于 18 电子			通常为 18 电子			18 或 16 电子	
Sc	Ti	V	Cr	Mn	Fe	Co	Ni
Y	Zr	Nb	Mo	Tc	Ru	Rh	Pd
La	Hf	Ta	W	Re	Os	Ir	Pt

22.2　电子计数的选择

提要：在 d 区左部，空间因素的限制可能意味着中心金属周围不可能安排足够多的配体以达到 16 或 18 个价电子。

一个金属原子对某种几何构型和电子计数的选择专一性不是强到足以使其他几何构型无法存在的程度。例如，尽管 16 电子的平面四方形络合物支配着 Pd(Ⅱ)和 Rh(Ⅰ)的化学，而(**7**)中 Pd(Ⅱ)的环戊二烯基络合物和(**8**)中的 Rh(Ⅰ)络合物都是 18 电子化合物。

空间因素会限制金属原子周围配体的数目，并能使低于预期电子计数的化合物得以稳定。例如，三方铂(0)络合物$[Pt(PCy_3)_3]$，其中的三环己基膦配体(**9**)是如此之大，以致金属原子周围只能安排 3 个配体，从而导致只有 16 个价电子。对金属中心的空间稳定化作用在一定程度上是一种动力学效应，大的配位基团可保护金属使之不参与反应。许多络合物在反应过程中容易失去或得到配体形成其他瞬时组态，正是这些组态的存在使 d 区元素金属有机化学变得如此有趣。

非常规的电子组态常见于电子数较少的 d 区左部元素，金属原子周围往往不能挤下足够多的配体以达到 16 或 18 个电子。例如，第 5 族最简单的羰基化合物$[V(CO)_6]$是个 17 电子化合物，其他例子包括 12 电子的$[W(CH_3)_6]$和 17 电子的$[Cr(Cp)(CO)_2(PPh_3)]$(**10**)。后一化合物为立体位阻效应提供了一个很好的例证。大位阻配体 PPh_3 被密实配体 CO 取代时，二聚化合物(**11**)在其固态或溶液状态都能观察到较长的、但却十分明确的 Cr—Cr 键。$[Cr(Cp)(CO)_3]_2$中，Cr—Cr 键的形成使每个金属原子的电子计数达到 18。

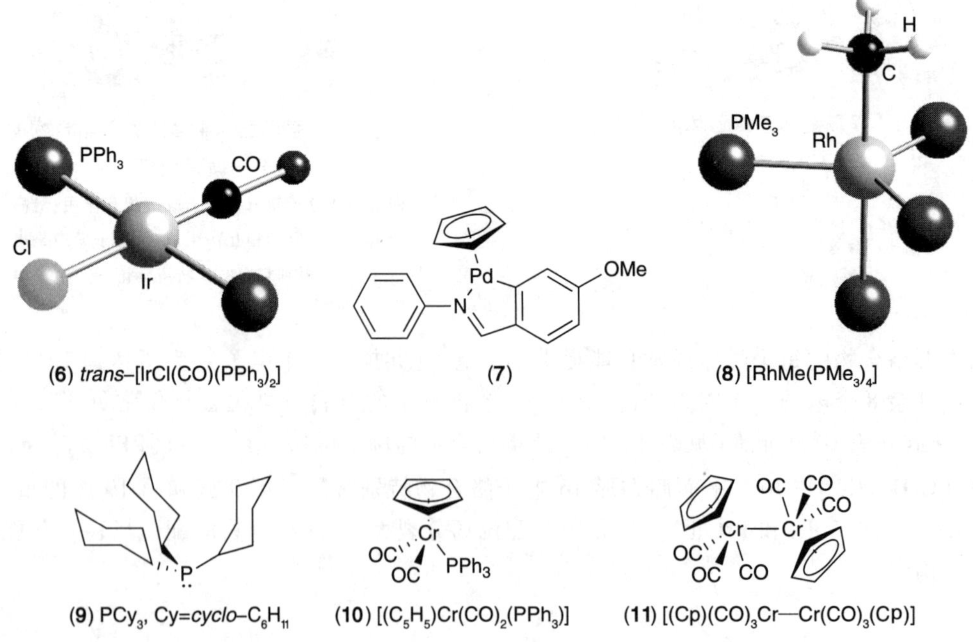

(**6**) *trans*-$[IrCl(CO)(PPh_3)_2]$　(**7**)　(**8**) $[RhMe(PMe_3)_4]$

(**9**) PCy_3, Cy=*cyclo*-C_6H_{11}　(**10**) $[(C_5H_5)Cr(CO)_2(PPh_3)]$　(**11**) $[(Cp)(CO)_3Cr—Cr(CO)_3(Cp)]$

22.3 电子计数和氧化态

16 和 18 电子组态在金属有机化学中占据着支配地位，从而使得计算中心金属原子的价电子数成为必需，这是因为通过这种计算可以预测化合物的稳定性和反应模式。虽然对金属有机化合物而言“氧化态”的概念脆弱无力，但学术界仍然认为它是描述电子组态的一个传统而方便的方法。氧化态（和相应的氧化数）可以帮助人们对反应（如 22.22 将要介绍的氧化加成反应）进行归类，也可用来类比金属有机络合物和配位络合物的化学性质。幸运的是，计算电子数和确认氧化数的工作可合并进行。

通常采用两种模式计算电子数：即所谓的**中性—配体法**（neutral-ligand method）和**给予体（电子）对法**（donor-pair method）。前者和后者有时各自也叫**共价法**（covalent method）和**离子法**（ionic method）。这里对两种方法（它们给出相同的电子计数）都要做简要介绍，但本章后续课文使用的却是给予体（电子）对法，因为它也可用来确认氧化数。

(a) 中性配体法

提要：所有配体都被看作中性配体，并按其提供的电子数来分类。

为了电子计数，每个金属原子和配体都被看作电中性。金属原子的所有价电子和配体提供的所有电子都将计算在内。如果络合物带电荷，将要从电子总数中简单地加上或减去相应的电子数。中性二电子给予体（如 CO 和 PMe_3）定义为 **L 型**（L type）配体；被看作电中性的一电子自由基给予体（如卤素原子、H 和 CH_3）则定义为 **X 型**（X type）配体。例如，$[Fe(CO)_5]$共 18 个价电子，其中包括 Fe 原子的 8 个价电子和 5 个 CO 配体提供的 10 个电子。有些被看作两种类型相组合的配体；如环戊二烯基被看作是 5 电子的 L_2X 给予体（参见表 22.2）。中性配体法的优点（相关信息见表 22.2）是确定电子计数并不十分困难；缺点是过高估计了共价性，从而低估了金属上的电荷。此外还会使金属原子氧化数的确定变得混乱，某些配体的重要信息被丢失。

例题 22.1 用中性配体法计数电子

题目：络合物(a) $[IrBr_2(CH_3)(CO)(PPh_3)_2]$ 和(b) $[Cr(\eta^5\text{-}C_5H_5)(\eta^6\text{-}C_6H_6)]$是否遵守 18 电子规则？

答案：(a) 铱有 9 个价电子，Br 原子和 CH_3各自都是单电子给予体，CO 和 PPh_3各自都是二电子给予体，金属原子上的价电子总数为 9+(3 × 1)+(3 × 2)= 18。(b) 按照同样的方法，Cr 原子有 6 个价电子，$\eta^5\text{-}C_5H_5$配体提供 5 个电子，$\eta^6\text{-}C_6H_6$配体提供 6 个电子，金属原子上的价电子总数 6+5+6=17。该络合物不遵守 18 电子规则，并且不稳定。与之相关，而且稳定的化合物是$[Cr(\eta^6\text{-}C_6H_6)_2]$。

自测题 22.1 $[Mo(CO)_7]$是否稳定？

(b) 给予体（电子）对法

提要：配体都被看作成对提供电子，人们需要将有些配体看作电中性，有些看作带电荷的配体。

给予体（电子）对法需要计算氧化数。计算金属有机化合物中元素氧化数的规则与传统配位化合物中的计算规则相同。中性配体（如 CO 和膦）是二电子给予体，被指定的形式氧化数为 0。配体（如卤素、H 和 CH_3）被认为形式上从金属原子得到一个电子，看作卤离子（如 Cl^-）、H^-和 CH_3^-（氧化数因此为-1）。在阴离子状态下它们都是二电子给予体。环戊二烯基配体 C_5H_5(Cp)被视为 $C_5H_5^-$（氧化数为-1）；在阴离子状态下是个六电子给予体。综上所述：

- 金属原子的氧化数是络合物的总电荷数减去配体的总电荷；
- 金属提供的电子数是族数减去其氧化数；
- 总电子计数是金属原子上的电子数与配体提供的电子数之和。

该法的主要优点是，通过少许训练就可同时确定电子计数和氧化数。主要缺点是，高估了金属原子上的电荷，据此提出的反应活性可能不正确（参见节 22.7 关于氢化物的讨论），表 22.2 给出常见配体可向金属原子提供的最大电子数。

表 22.2　有代表性的配体及其提供的电子数

配体	化学式	配体类型	提供的电子数
(a) 中性配体法			
羰基	CO	L	2
膦	PR_3	L	2
氢负离子	H	X	1
氯负离子	Cl	X	1
二氢	H_2	L	2
η^1-烷基，η^1-烯基，η^1-炔基，η^1-芳香基	R	X	1
η^2-烯烃	$CH_2{=}CH_2$	L	2
η^2-炔烃	$RC{\equiv}CR$	L	2
二氮	N_2	L	2
二丁烯	$CH_2{=}CH{-}CH{=}CH_2$	L_2	4
苯	C_6H_6	L_3	6
η^3-烯丙基	CH_2CHCH_2	LX	3
η^5-环戊二烯基	C_5H_5	L_2X	5
(b) 给予体(电子)对法*			
羰基	CO		2
膦	PR_3		2
氢负离子	H^-		2
氯负离子	Cl^-		2
二氢	H_2		2
η^1-烷基，η^1-烯基，η^1-炔基，η^1-芳香基	R^-		2
η^2-烯烃	$CH_2{=}CH_2$		2
η^2-炔烃	$RC{\equiv}CR$		2
二氮	N_2		2
二丁烯	$CH_2{=}CH{-}CH{=}CH_2$		4
苯	C_6H_6		6
η^3-烯丙基	$CH_2CHCH_2^-$		4
η^5-环戊二烯基	$C_5H_5^-$		6

* 本书使用这种方法。

例题 22.2 用给予体(电子)对法指定氧化数和计数电子

题目:指定下列络合物中金属原子的氧化数并计数价电子:(a) $[IrBr_2(CH_3)(CO)(PPh_3)_2]$,(b) $[Cr(\eta^5\text{-}C_5H_5)(\eta^6\text{-}C_6H_6)]$,(c) $[Mn(CO)_5]^-$

答案:(a) 将两个 Br 和 CH_3看作三个带负电荷的二电子给予体,CO 和两个 PPh_3配体是三个二电子给予体,它们共提供了 12 个电子。整个络合物为中性,第 9 族的 Ir 原子必须为+3 价(即氧化数为+3)以平衡三个阴离子配体所带的电荷,从而贡献了 9-3=6 个电子。通过这种分析得知 Ir(Ⅲ)共有 18 个价电子。(b) 将 $\eta^5\text{-}C_5H_5$配体看作 $C_5H_5^-$,它提供 6 个电子,$\eta^6\text{-}C_6H_6$配体提供另外 6 个电子。为了保持络合物为中性,铬原子必须为+1 价(氧化数为+1),贡献 6-1=5 个电子。Cr(Ⅰ)的价电子总数为 12+5=17。该络合物不遵循 18 电子规则,可能不稳定。(c) CO 是中性配体,可提供 2 个电子,共提供 10 个电子。化合物的总电荷为-1;因为所有配体都为中性,所以这个电荷处在金属原子上,金属的氧化数为-1。第 7 族的 Mn 原子提供(7+1)个电子,Mn(-1)络合物是 18 电子络合物。

自测题 22.2 铂的 Zeise's 盐阴离子$[Pt(CH_2{=\!=}CH_2)Cl_3]^-$的电子计数和氧化数各是多少?(提示:将 $CH_2{=\!=}CH_2$看作电中性二电子给予体。)

22.4 命名法

提要:金属有机化合物的命名与配位化合物的命名相似,但某些具有多重配位模式的配体使用 η 和 μ 标明。

根据推荐,本书对金属有机化合物命名与节 7.2 介绍的配位络合物命名采用相同的命名系统。在金属之后按字母顺序列出配体的名称,金属名称后面要在括号中给出氧化数。然而,期刊中的命名法不总是遵守这些规则,通常将金属名称放在化合物名称的中间,而且省略了氧化数。例如,(**12**)有时被称为苯钼三羰基,而不是苯(三羰基)钼(0)。

IUPAC 建议采用与书写配位络合物化学式相同的方式书写金属有机化合物的化学式:先写金属的化学符号,随后写配体,配体按化学符号的先后排序。本书将遵循这些惯例,除非不同的配体顺序有助于阐述某种特点。

以碳为给予体原子的配体往往显示出多种键合模式。例如,环戊二烯基通常可以以三种不同的方式键合到一个 d 金属原子,因此我们需要一些额外的命名方法。此处不需要关注各种配体的键合细节(本章稍后将介绍这方面的内容),需要的额外信息倒是描述键合模式中键合点的数量。这里出现了**齿合度**(hapticity)的概念,齿合度是指配体中与金属原子直接键合的原子数。齿合度用 η^n(η 的读音为 eta)表示,其中 n 为原子数。例如,以单键(M—C)与金属原子键合的 CH_3是单齿合配体,表示为 η^1。如果乙烯的两个 C 原子都在与金属键合的距离之内,该配体就是二齿合配体,表示为 η^2。环戊二烯基的三种络合物可描述为具有 η^1(**13**)、η^3(**14**)或 η^5(**15**)的环戊二烯基。

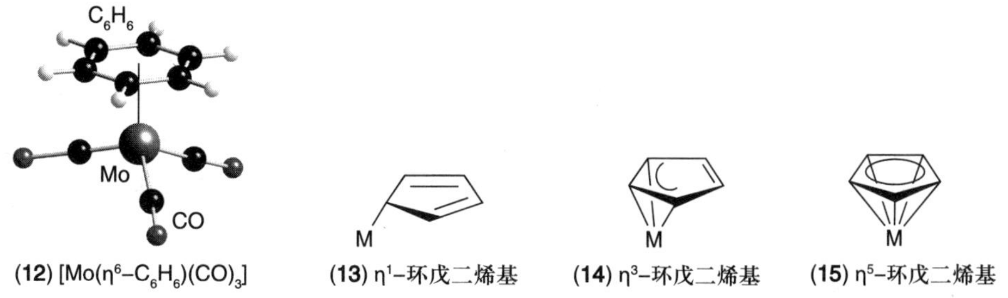

(**12**) $[Mo(\eta^6\text{-}C_6H_6)(CO)_3]$ (**13**) η^1-环戊二烯基 (**14**) η^3-环戊二烯基 (**15**) η^5-环戊二烯基

有些配体(包括所有配体中最简单的配体,H^-)在同一化合物中可键合一个以上的金属原子,这种配体叫**桥式配体**(bridging ligands)。我们不需要任何新概念(与节 2.11 叙述的概念相比)去理解桥式配体。

回顾节 7.2 讲述的内容,希腊字母 μ(读 mu)用于表示该配体桥连的原子数。μ^2-CO 表示羰基桥连 2 个金属原子;μ^3-CO 表示羰基桥连 3 个金属原子。

例题 22.3　命名金属有机化合物

题目:正确命名(a)二茂铁(**4**)和(b)[RhMe(PMe$_3$)$_4$](**8**)。

答案:(a) 二茂铁含两个环戊二烯基,都通过 5 个碳原子与金属原子键合,两个环戊二烯基都被标为 η^5。因此,二茂铁的全称应为双(η^5-环戊二烯基)铁(Ⅱ)。(b) 这个铑化合物含 1 个形式上为阴离子的甲基和 4 个中性的三甲基膦配体,正式名称应为甲基四(三甲基膦)铑(Ⅰ)。

自测题 22.3　给出[Ir(Br)$_2$(CH$_3$)(CO)(PPh$_3$)$_2$]的正式名称。

配体

金属有机络合物中发现具有不同键合模式的多种配体。因为金属原子和配体的反应性能受 M—L 成键作用的影响,对每种配体做详细了解是非常重要的。

22.5　一氧化碳

提要:一氧化碳的 3σ 轨道可以用作非常弱的给予体,π^* 轨道可以用作接受体。

一氧化碳是金属有机化学中一个非常常见的配体,金属有机化学中叫**羰基**(carbonyl group)。一氧化碳稳定低氧化态金属的能力非常强,许多化合物(如[Fe(CO)$_5$])中金属原子的氧化态为零。节 2.9 中介绍过 CO 分子轨道的结构,这里从实用角度作个回顾。

一氧化碳与金属原子间一种简单的成键图像可以描述为,碳原子上的孤对电子作为 Lewis σ 碱(电子对给予体);CO 分子中空的反键轨道作为 Lewis π 酸(电子对接受体)接受金属原子满 d 轨道上的 π 电子密度。按照这种图像,键合作用可看作由两个部分组成:一是从配体到金属的 σ 键(**16**);一是从金属到配体的 π 键(**17**)。后者有时被称为 **π 反馈成键作用**(π-backbonding)。

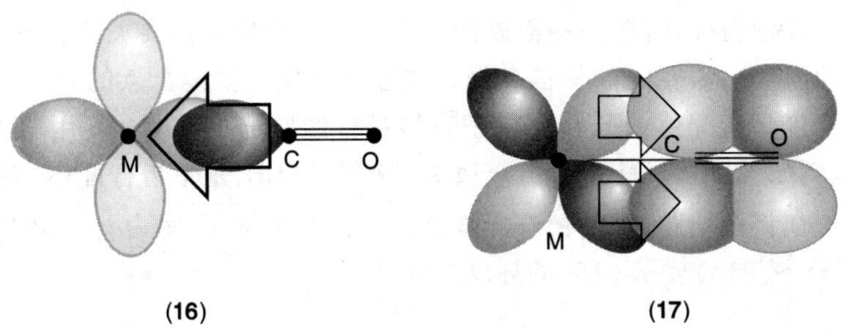

(16)　　(17)

一氧化碳的亲核性不强,这意味着与 d 金属原子形成的 σ 键是弱键。由于许多 d 金属的羰基化合物都很稳定,不难推断 π 反馈成键作用较强,羰基络合物的稳定性主要是由 CO 的 π 接受体性质产生的。支持这一观点的其他证据是,只有满 d 轨道和与 CO 反键轨道能量匹配的金属原子才能形成稳定的羰基络合物。例如,s 区和 p 区元素不能形成稳定的羰基络合物。最好将 CO 与 d 金属原子的成键看成 σ 和 π 两种成键作用协同的(即相互增强的)结果:从金属到 CO 的 π 反馈成键增加了 CO 上的电子密度,反过来又增强了 CO 与金属原子形成 σ 键的能力。

一种更为正式的描述可由 CO 分子轨道示意图(见图 22.3)得到。从图可以看出 HOMO 具有 σ 对称性,轨道波瓣从 C 原子向外伸展。当 CO 作为配体时,这个 3σ 轨道作为一个非常弱的给予体向金属原子提供电子,与中心金属原子形成 σ 键。CO 的 LUMOs 是反键 2π 轨道,两个反键 2π 轨道起着重要作用,因为它们可与金属具有局部 π 对称性的 d 轨道(如 O_h 络合物中的 t_{2g} 轨道)相互重叠。这种 π 相互作用可使金属原子满 d 轨道中的电子向 CO 上空的 π^* 轨道离域,导致该配体也可作为 π 接受体。

这种成键模式的一个重要结果是影响了 CO 分子中三重键的强度:金属原子将电子密度推入 2π 轨道导致 M—C 键变得更强,因为电子密度进入了 CO 的反键轨道,C—O 键就会变得更弱。金属原子完全给出两个电子的极端情况下,就形成真正的 M ═C 双键;由于两个电子占据了 CO 的反键轨道,从而导致 CO 的键级降低为 2。

络合物中的实际成键状况处于 M—C ≡O(无反馈成键)和 M ═C ═O(完全反馈成键)之间的某种状态,红外光谱可用来方便地估计 π 成键作用的程度。人们可以清楚地辨认出 CO 的伸缩振动峰,这不但因为峰的强度大,而且因为通常情况下不与其他吸收峰重叠。气体 CO 三重键吸收峰的位置在 2 143 cm^{-1},但羰基络合物的特征吸收峰却为 2 100~1 700 cm^{-1}(见表 22.3)。具体羰基化合物中 IR 吸收峰的数目将在节 22.18(g)中做介绍。

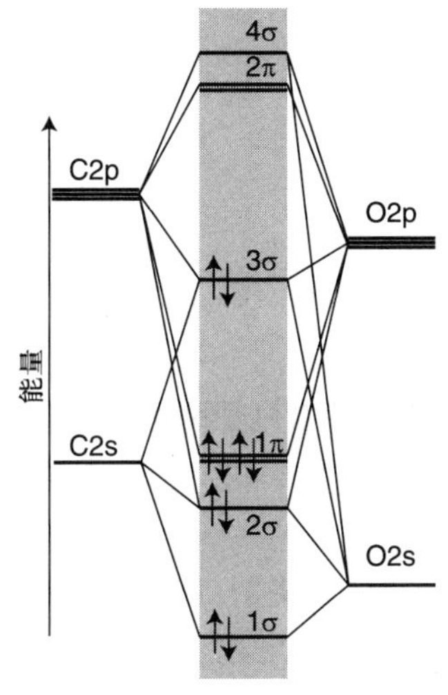

图 22.3　CO 分子轨道示意图

HOMO 具有 σ 对称性,轨道波瓣从碳原子向外伸展;LUMO 具有 π 对称性

表 22.3　配位作用和电荷对 CO 伸缩带的影响

化合物	$\tilde{\nu}/cm^{-1}$
CO	2 143
$[Mn(CO)_6]^+$	2 090
$Cr(CO)_6$	2 000
$[V(CO)_6]^-$	1 860
$[Ti(CO)_6]^{2-}$	1 750

对络合物中的其他配体而言,羰基的伸缩振动频率往往也用来确定接受体或给予体强弱的顺序。这种方法的原理是,CO 作为 π 接受体时它的吸收频率会降低。但当同一络合物中含有其他 π 接受体争夺金属原子的 d 电子时,CO 的吸收频率就会升高。这种情况恰好与从给予配体那里看到的情况相反:给予配体导致 CO 的伸缩频率下降,因为它们向金属原子提供电子,从而向 CO π^* 轨道间接提供了电子。因此,不论是金属羰基络合物中存在强的 σ 给予体配体,还是金属羰基络合物阴离子的形式负电荷,都会导致 CO 键稍稍拉长和伸缩频率明显降低。

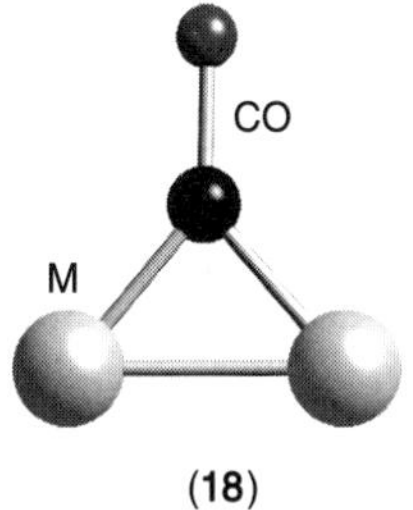

(18)

一氧化碳是个具有多种配位方式的配体,除了上面所描述的成键模式(往往叫“末端”配位)外,还可以桥连两个(**18**)或三个(**19**)金属原子。尽管对其成键作用的描述比较复杂,但提出 σ 给予体配体和 π 接受体配体的概念仍然是有用的。CO 的伸缩频率通常遵循以下顺序:MCO > M_2CO > M_3CO。这种顺序表明:CO 键合的金属原子越多,就有越多的电子密度从金属原子进入 CO π^* 轨道。一个经验规则是,对桥连两个金属原子的羰基而言,典型的伸缩带频率的范围为 1 900~1 750 cm^{-1};对桥连三个金属原子的羰基而言,典型的伸缩带频率的范围为 1 800~

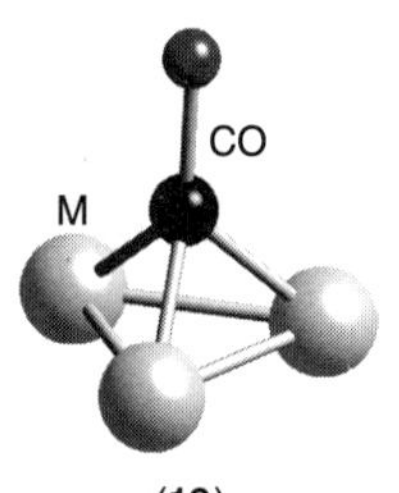

(19)

1 600 cm^{-1}(见图 22.4)。当 CO 为末端配位或桥式配位时,可将其看作二电子中性配体(桥连两个金属原子时向每个金属原子提供一个电子)。

有时也可以观察到 CO 的其他成键模式,与一个金属原子以末端方式配位的 CO 配体同时其 C ≡O 三键以侧向方式键合于另外一个金属原子(**20**),这种描述最好被理解为两种独立的相互作用:一种是前面介绍过的末端键合;另一种则是后面要讨论的本质上类似于其他侧向 π 给予体(如炔和 N_2)的成键。

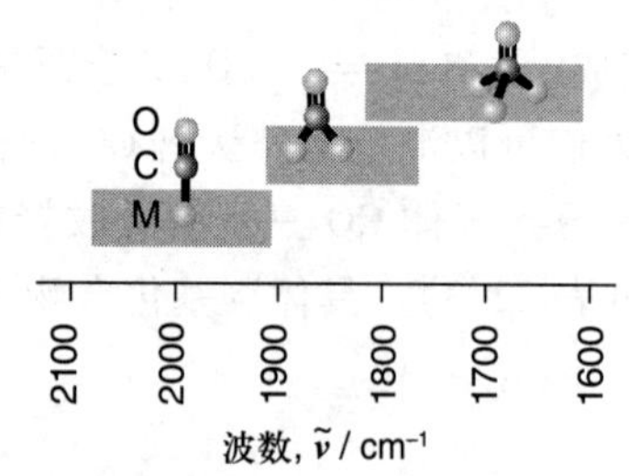

图 22.4　中性金属羰基化合物中 CO 伸缩带的近似区域

注意:高波数(即高频率)在左边,与红外光谱通常采用的表达方式相一致

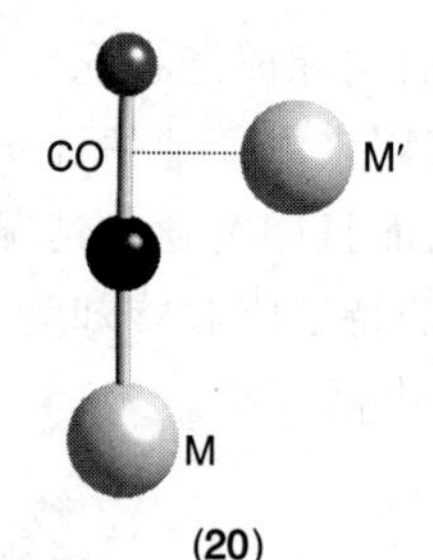

(**20**)

节 22.18 将详细讨论羰基化合物的合成、性质、反应性能。

22.6　膦

提要:膦与金属的键合包括从 P 原子到金属原子的 σ 给予和从金属原子到配体的 π 成键作用。

膦配体不是以碳原子与金属键合的,其络合物不是金属有机化合物。我们仍然在这里对其做讨论,是因为它们的成键方式与一氧化碳有很多相似之处。

磷化氢(PH_3,形式上的磷烷)是一种活泼、令人厌恶且有毒的可燃烧的气体(节 15.10)。与氨一样,磷化氢是个 Lewis 碱,并利用其孤对电子向 Lewis 酸提供电子密度,因而可用作配体。然而由于存在操作方面的问题,作为配体实际上用得很少。另一方面,磷化氢的取代物三烷基膦(如 PMe_3、PEt_3)、三芳基膦(如 PPh_3)、三烷基和三芳基亚磷酸酯[如 $P(OMe)_3$、$P(OPh)_3$,**21**]及大量的二膦和三膦(如 dppe = $Ph_2PCH_2CH_2PPh_2$,**22**)容易操作(事实上它们当中的一些是对空气稳定、无臭和没有显著毒性的固体),被广泛用作配体并总称为“膦”。

膦中的 P 原子含一对孤对电子,因此具有碱性和亲核性并可用作 σ 给予体。膦同时也是 π 接受体,因为其中的 P 原子有空轨道,这些轨道可与 3d 金属离子的满 d 轨道发生重叠(**23**)。膦与金属原子的键合作用(包括从膦配体到金属的 σ 键和从金属反馈至配体的 π 键)完全类似于 CO 与 d 金属原子的键合。P 原子究竟以哪个轨道作为 π 接受体轨道,过去曾有过相当激烈的争论。有人认为是 P 原子的 3d 空轨道,有人则认为是 P—R 的 σ^* 轨道;当今一致支持后一观点。在任何场合,价电子计数中膦都提供 2 个电子。

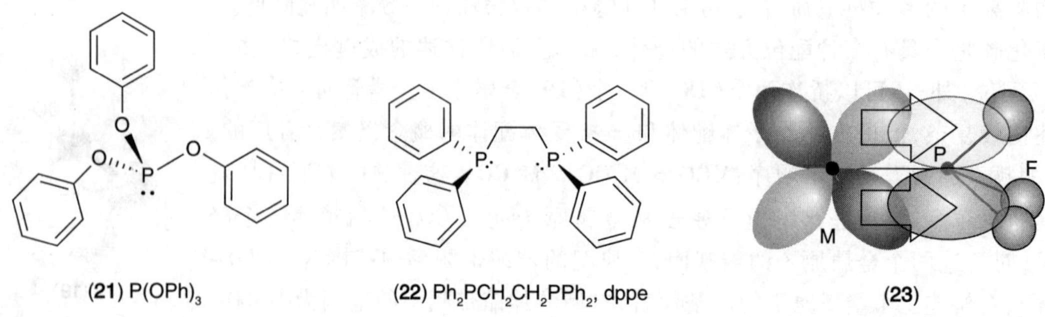

(**21**) $P(OPh)_3$　　(**22**) $Ph_2PCH_2CH_2PPh_2$, dppe　　(**23**)

正如已经讲过的那样,可能形成和可以获得多种多样的膦配体,包括像 2,2′-二(双苯膦基)-1,1′-联萘(BINAP,**24**)这样的手性体系。在讨论含膦络合物的反应活性时,膦配体的两种性质比较重要:体积的大小和提供(与接受)电子的能力。

节 21.6 中曾经介绍过如何用锥体概念表示膦配体空间位阻的大小,表 22.4 列出了一些配体的锥角。正如前面看到的那样,膦配体与 d 金属原子的键合作用是由两部分组成的:从配体到金属原子的 σ 键合和从金属原子到配体的 π 反馈成键。富电子膦(如 PMe_3)是强 σ 给予体和弱的 π 接受体,而贫电子膦(如 PF_3)是弱的 σ 给予体和强的 π 接受体;从这个意义上,膦的 σ 给予能力和 π 接受能力反相关。因此,膦的 Lewis 碱性可当作判断其提供/接受电子能力的单一尺度。人们广泛接受的膦的碱性顺序如下:

$$PCy_3 > PEt_3 > PMe_3 > PPh_3 > P(OMe)_3 > P(OPh)_3 > PCl_3 > PF_3$$

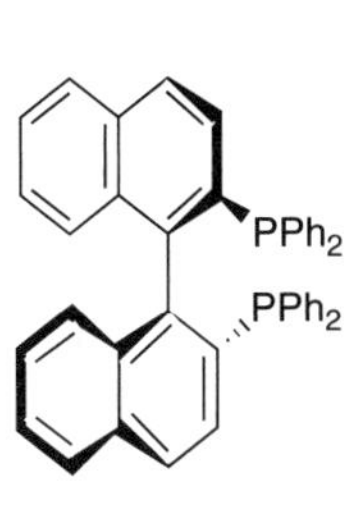

(**24**) BINAP

表 22.4 部分膦化合物的 Tolman 锥角(°)

PF_3	104
$P(OMe)_3$	107
PMe_3	118
PCl_3	125
$P(OPh)_3$	127
PEt_3	132
PPh_3	145
PCy_3	169
P^tBu_3	182
$P(o\text{-tolyl})_3$	193

从 P 原子上取代基电负性的大小不难理解这一顺序。络合物中 M—P 键的强度不能简单地与膦配体的碱性相关联;例如,贫电子金属原子能与富电子膦(碱性的)形成较强的键,富电子金属原子也可与贫电子膦形成较强的键。

如果金属膦络合物中存在羰基,该羰基的伸缩频率就可用来评估膦配体的碱性:利用该法可以得出结论,PF_3是个与 CO 相当的 π 接受体。

膦在金属有机化学中的广泛应用是对其用作多功能配体的最好证明:对络合物中的金属原子而言,通过审慎选择膦配体既可控制其立体性质,也可控制其电子性质。^{31}P(自然丰度为 100%)容易通过 NMR 进行检测,^{31}P 的化学位移和与金属原子的偶合常数都可用来了解络合物的成键和反应情况。与羰基一样,膦也可桥连两个或者三个金属原子,从而提供不同的键合模式。

例题 22.4 解释络合物中一氧化碳的伸缩频率和 M—C 键的键长

题目:(a) 在$[Cr(CO)_6]$和$[V(CO)_6]^-$两个等电子体中,哪个络合物的 CO 伸缩频率更高?(b) 在铬的两个化合物$[Cr(CO)_5(PEt_3)]$和$[Cr(CO)_5(PPh_3)]$中,哪个的 CO 伸缩频率更低?哪个 M—C 键的键长更短?

答案:我们需要考虑对配体 CO 的反馈成键是增强还是减弱了:更多的反馈将导致更弱的 C—O 键。(a) 与 Cr 络合物相比较,V 络合物所带的负电荷将导致向 CO π^* 轨道更大的反馈。这种较大程度的反馈将降低 C—O 键的强度,从而导致 CO 的伸缩频率降低。所以 Cr 络合物具有较高的 CO 伸缩频率。(b) 相对于 PPh_3,PEt_3具有较强的碱性,因而 PEt_3 络合物的金属原子上电子密度较高,从而会产生对 CO 较多的反馈。反馈得越多,CO 的伸缩频率越低,M—C 键的键长越短。

自测题 22.4 $[Fe(CO)_5]$和$[Fe(CO)_4(PEt_3)]$中,哪个络合物的 CO 伸缩频率更高?哪个络合物的 M—C 键更长?

22.7　氢化物络合物和氢分子络合物

提要:氢原子与金属原子的键合是σ相互作用,而氢分子与金属原子的键合涉及π反馈成键。

氢原子与金属原子直接键合在金属有机络合物中很常见,这里的氢原子叫作**氢化物配体**(hydride ligand)。“氢化物”这个名称或许具有一定的误导性,实际上它指的是H^-配体。尽管大多数氢化物(如[$CoH(PMe_3)_4$])中的“H”表达为“H^-”是合适的,然而有些氢化物明显显酸性,其行为更像含有H^+。例如,在乙腈溶液中,[$CoH(CO)_4$]是$pK_a=8.3$的酸。节22.18中将会讨论金属有机羰基化合物的酸性。在电子计数的给予体(电子)对法中,将氢化物配体贡献的电子数看作2,即看作带有一个负电荷的H^-。

氢原子与金属原子之间的键合比较简单,因为氢原子中能量匹配的唯一轨道是H1s轨道,形成的M—H键可看作两个原子之间的σ相互作用。氢化物不难用NMR进行识别,因为其化学位移很特殊,通常为$-50<\delta<0$。红外光谱对金属氢化物的识别也非常有用,它们的伸缩振动谱带通常在2 250~1 650 cm^{-1}。X射线衍射法对鉴定晶体材料的结构很有价值,但并非总是能鉴定氢化物。这是因为衍射与电子密度相关,氢化物配体最多有两个电子,比其他配体少得多(如Pt原子核周围有78个电子)。探测氢化物配体时更多地使用中子衍射法,特别是氢原子被氘原子取代时。这是因为氘原子具有更大的中子散射截面。

M—H键有时可通过金属有机化合物[如中性的和阴离子的羰基化合物,节22.18(e)]加合质子的方法产生。例如,强酸可将二茂铁质子化产生Fe—H键:

$$[Cp_2Fe]+HBF_4 \longrightarrow [Cp_2FeH]^+[BF_4]^-$$

桥氢化物中的氢原子可以桥连两个或三个金属原子。处理二硼烷(B_2H_6)成键作用的方法(见节2.11)可用来处理桥氢化物。

尽管1931年就报道了金属有机氢化物,但氢分子(H_2)络合物仅于1984年才被确认。氢分子络合物中H_2与金属原子侧向键合(过去的化学文献有时也将其称为非经典氢化物)。二氢与金属原子的成键作用由两部分组成:H_2中两个电子对金属原子的σ给予(**25**)和金属原子向H_2 σ^*反键轨道的π反馈(**26**)。这种成键图像带来很多有趣的问题,特别是H—H键的强度在反馈增强时会减弱,结构会向氢化物转化:

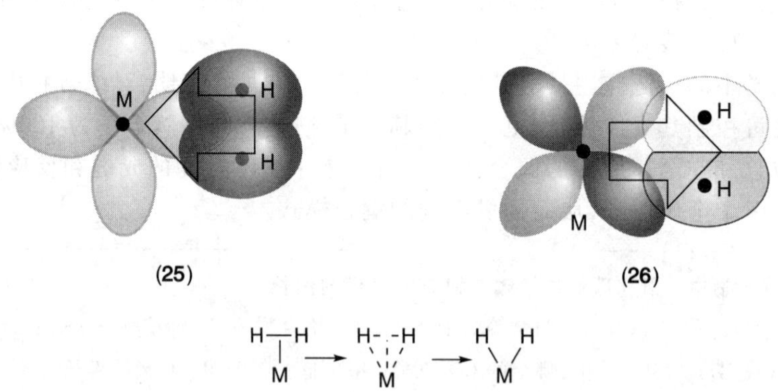

二氢分子可被当作二电子给予体。二氢配体转化为两个氢化物配体(各自带一个负电荷、贡献一对电子)要求金属原子的形式电荷升高2,即金属原子被氧化2个单位(H_2被还原)。尽管金属原子的这种氧化作用可被看作电子计数方法导致的非正常变化,金属原子上的2个电子已被用于与氢分子形成反馈键,不可能参与新的成键。氧化加成是二氢配体向氢化物配体转化的一个例子,我们将在节22.22对其进行详细讨论。

现在人们知道络合物的结构可存在于两个极限结构之间的任合状态,两种结构之间有时处于平衡。G. Kubas关于钨络合物的研究表明,可能通过H—D偶合常数检测二氢络合物(**27**,$^1J_{HD}=34$ Hz)和氢化物络合物(**28**,$^2J_{HD}$< 2 Hz),并可跟踪从一个到另一个的转化过程。某些微生物体内存在氢化酶,这种酶以 Fe 和 Ni 为催化中心催化 H_2的快速氧化和 H^+的还原,过程中经历了金属二氢络合物和氢化物络合物中间体(节 26.14)。

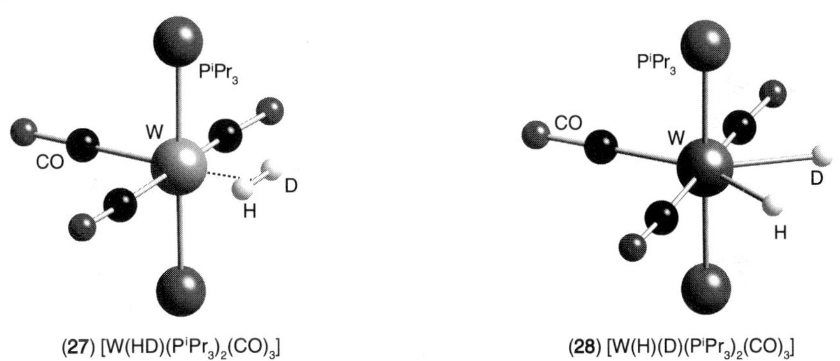

(**27**) $[W(HD)(P^iPr_3)_2(CO)_3]$　　(**28**) $[W(H)(D)(P^iPr_3)_2(CO)_3]$

22.8　η^1-烷基、η^1-烯基、η^1-炔基和 η^1-芳基配体

提要:η^1-碳氢化合物配体与金属的成键是 σ 相互作用。

烷基往往会作为 d 区元素金属有机化学中的配体出现,其成键作用没有新特征,最好看作有机碎片中的碳原子与金属原子之间简单的共价 σ 相互作用。如果与金属键合的那个 C 原子的相邻 C 原子上氢原子有通过 β-H 消除反应(节 22.25)导致配位烷基发生分解的可能性,则不能发生这类反应的烷基[如甲基、苄基($CH_2C_6H_5$)、新戊基(CH_2CMe_3)和三甲基硅基甲基(CH_2SiMe_3)]络合物比能发生这类反应的烷基(如乙基)络合物更稳定。

烯基(**29**)、炔基(**30**)和芳基(**31**)都能以相同的方式和金属原子键合。通过一个碳原子与金属原子键合的方式叫单齿键合,表示为 η^1。尽管以上三种基团都有可能接受电子密度进入其反键轨道,但是很少有证据表明这种作用的存在。例如,尽管人们认为 η^1-炔基基团类似于 CO 基团,但炔基络合物中炔基三重键伸缩频率的变化却很小。桥烷基和桥芳基基团也是存在的,成键方式与我们讨论过的其他桥配体一样,都采用 3*c*,2*e* 键方式。

R
M　　M　　M
(**29**)　(**30**)　(**31**)

烷基、烯基、炔基和芳基通常利用锂试剂或格氏试剂取代金属中心上卤素原子的方法引入金属有机化合物中。例如:

$$[PdCl_2(PPh_3)_2] \xrightarrow{2\ PhLi} [PdPh_2(PPh_3)_2] + 2\ LiCl$$

电子计数法将烷基、烯基、炔基和芳基配体都看作负一价(如 Me^-和 Ph^-)的二电子给予体。

22.9　η^2-烯烃和 η^2-炔烃配体

提要:烯烃或炔烃与金属原子的键合作用最好被描述为从多重键到金属原子的 σ 相互作用和从金属原子到烯烃或炔烃 π^* 反键轨道的反馈作用。

烯烃能与金属中心原子相键合,第一个离析出来的金属有机化合物(Zeise's 盐)是个乙烯络合物。烯烃通常侧向键合到金属原子上,金属与双键上的两个碳原子等距,烯烃上的其他基团与金属原子和两个碳原子构成的平面基本垂直(**32**)。按照这种排布,C ═C π 键的电子密度提供给金属原子的空轨道形成 σ 键;与此同时,金属原子的满 d 轨道将其电子密度反馈给烯烃空着的 π^* 轨道形成 π 键。这种描述被称为 **Dewar-Chatt-Duncanson 模型**(Dewar-Chatt-Duncanson model),见图 22.5。η^2-烯烃被看作二电子中性配体。

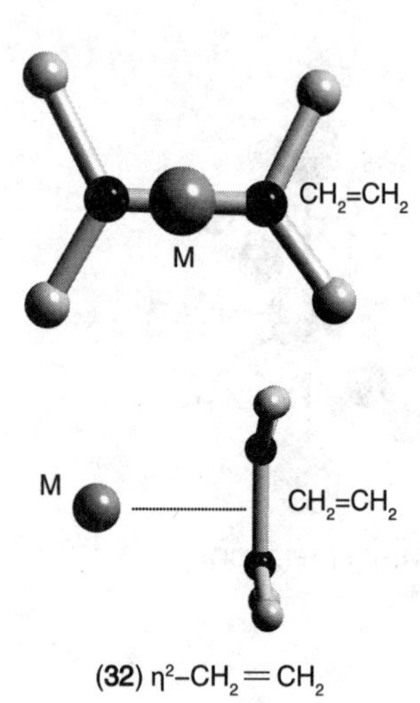

(32) η^2-$CH_2=CH_2$

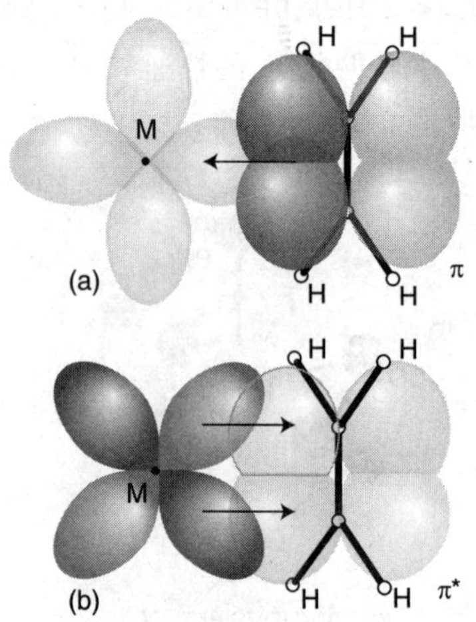

图 22.5* 　乙烯与金属原子之间的相互作用:(a) 乙烯分子中充满的 π 分子轨道上的电子密度投向金属空的 σ 轨道;(b) 乙烯分子中空的 π^* 轨道接受金属充满的 dπ 轨道上的电子密度

d 金属的大多数乙烯络合物中,电子给予体特征和电子接受体特性大体均衡,但金属原子和烯烃分子上的取代基可以改变电子给予和电子反馈的程度。金属原子的 π 反馈成键作用增加时,因为电子密度处于 C ═C 反键轨道而导致 C ═C 键强度减弱,结构趋向于 C—C 以单键相结合的结构,从而形成金属环丙烷:

M → M → M

从金属原子那里只得到很小程度电子反馈的二齿烯烃将其取代基向远离金属原子的方向稍稍弯曲,C ═C 键键长也稍长于自由烯烃的键长(134 pm)。随着反馈程度的增大,烯烃上的取代基向远离金属原子的方向发生更大弯曲,C ═C 键键长接近单键键长。空间应力也可导致烯烃上的其他基团向远离金属原子的方向弯曲。

炔烃有两个 π 键,因此可能是四电子给予体。侧向键合于一个金属原子时,η^2-碳-碳三键最好被看成二电子给予体,以烯烃那样的方式用 π^* 轨道接受来自金属原子的电子密度。炔烃上结合有强吸电子基团时,配体就会变成一个优良的 π 接受体从而能取代其他配体(如膦)。乙炔二甲酸二甲酯($CH_3OCOC\equiv CCOOCH_3$)就是此类化合物一个很好的例子。

取代的炔烃可形成非常稳定的多金属络合物,其中的炔烃可看作四电子给予体。一个例子是 η^2-二苯基乙炔(六羰基)二钴(0),我们不妨将成键看成一个 π 键为一个 Co 原子提供电子,第二个 π 键与另一个 Co 原子实现有效交盖(**33**)。这个例子中,炔分子上烷基或芳基的存在降低了配位乙炔发生副反应(如乙炔失去弱酸性的炔基 H 原子并投给金属原子)的趋势,从而增加了络合物的稳定性。

Ph　Ph
OC　Co—Co　CO
OC　CO
OC　CO

(**33**) $[Co_2(PhC\equiv CPh)(CO)_6]$

22.10　非共轭的二烯和多烯配体

提要:非共轭烯烃与金属原子的键合作用可很好地描述为多个独立烯烃与金属中心的成键。

非共轭的二烯(—C ═C—X—C ═C—)和多烯配体也可与金属原子成键。可以简单地将它们看作连接在一起的烯烃,因此不存在新的成键概念。由于配位络合物中存在螯合效应,熵效应导致多烯络合物通常比单烯配体(与多烯含有等量烯键)形成的络合物更稳定。例如,双(η^4-环辛-1,5-二烯)镍(0)(**34**)比含有四个乙烯配体的络合物更稳定。环辛-1,5-二烯(**35**)是金属有机化学中相当常见的配体,人们给其一个叫"cod"的爱称。通常可通过简单的配体置换反应引入金属的配位层。例如:

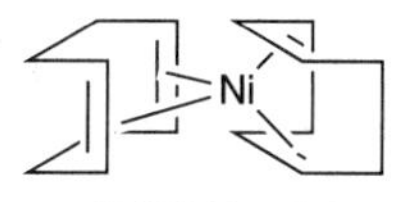

(34) $[Ni(cod)_2]$

(35) 环辛-1,5-二烯,cod

Cl　NCPh
Pd
Cl　NCPh
—— cod ——→
Cl
Pd
Cl
+ 2 PhCN

金属环辛二烯络合物具有中等稳定性,因而常被用作起始物。许多金属环辛二烯络合物较稳定,因而易于操作并能被离析出来。但环辛二烯配体也可被其他许多配体所取代。例如,如果反应过程中需要剧毒的$[Ni(CO)_4]$分子,就可在反应瓶中由$[Ni(cod)_2]$原位制备:

$$[Ni(cod)_2](soln)+4\ CO(g) \longrightarrow [Ni(CO)_4](soln)+2\ cod(soln)$$

22.11　丁二烯、环丁二烯和环辛四烯

提要:如果将丁二烯和环丁二烯看作两个烯烃单元,就可对其成键状况有一定程度的了解;然而充分了解则需考虑其分子轨道。环辛四烯能以多种不同方式成键;在 d 金属化学中最常见的模式是作为类似于丁二烯的 η^4 给予体。

尽管有诱惑力将丁二烯和环丁二烯都看作含有两个孤立的双键,然而想要充分了解其成键作用仍需要用到分子轨道法,这是因为配体与金属原子之间的相互作用在两种情况下都是不同的。

图 22.6 给出了丁二烯中 π 体系的分子轨道。两个被占的低能分子轨道(最低的 σ 给予体轨道和次低的 π 给予体轨道)可以作为投向金属的给予体轨道。下一个较高的未占分子轨道(LUMO)可作为 π 接

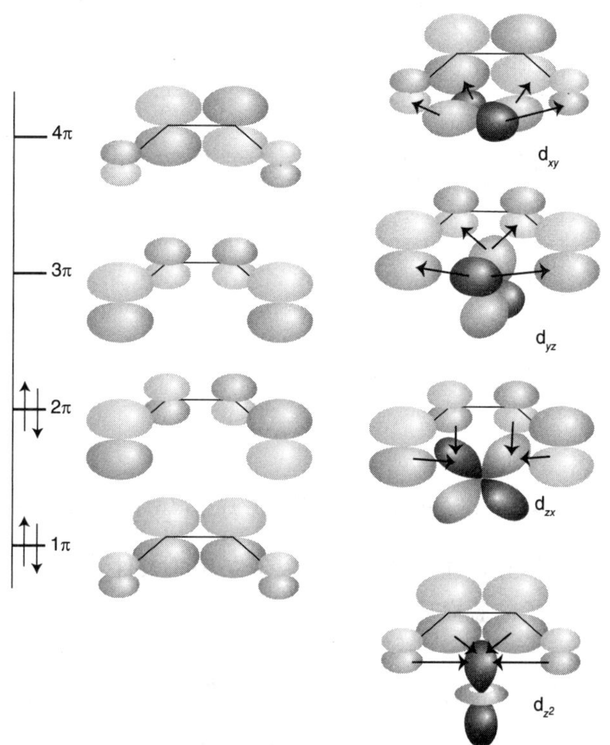

图 22.6*　丁二烯中 π 体系的分子轨道,同时也给出形成成键相互作用时对称性合适的金属 d 轨道

受体从金属原子接受电子。因此，丁二烯分子与金属原子的结合占据的是两个中心 C 原子间（表面上以单键相连）的成键轨道和表观上由双键结合起来的两个 C 原子间的反键轨道。电子密度的改变导致中心 C—C 单键的缩短和 C ═C 双键的拉长；有些络合物中，中心碳-碳键甚至比其他两个碳-碳键更短。从理论上讲，金属原子的 d_{xy} 轨道与丁二烯分子轨道中最强反键轨道之间的 δ 相互作用是可能的，但并没有明确证据表明它会发生。因此，电子计数法中将丁二烯看作四电子中性配体。

作为键角应力和四电子反芳香组态的结果，环丁二烯自由分子为矩形对称（D_{2h}）的不稳定分子。然而它能形成稳定的络合物如[$Ru(\eta^4-C_4H_4)(CO)_3$]（**36**），这是通过与金属原子配位来稳定自身不稳定分子的一个例子。

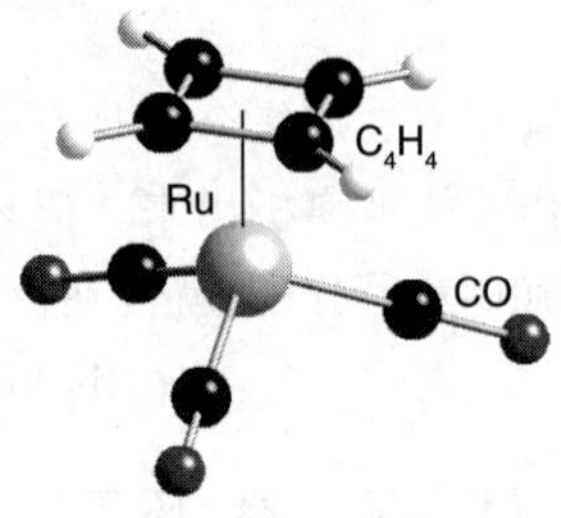

(**36**) [$Ru(C_4H_4)$][$(CO)_3$]

由于四方形结构扭曲[我们可将其看作 Jahn-Teller 效应[节 20.1(g)]在有机化学中的一个实例]的结果，环丁二烯的分子轨道图与丁二烯类似（见图 22.7）。LUMO 通过反馈成键作用被占据，导致矩形环丁二烯分子中长边的键合作用更大，从矩形排布向正方形排布（D_{4h}）变化。如果环丁二烯接受金属原子的两个电子，它将会有 6 个 π 电子（排布在三条分子轨道上），正方形就不再有发生扭曲的动力。在此组态中，三个分子轨道中的两个是简并轨道。人们发现所有金属环丁二烯络合物中的环丁二烯都为正方形，表明六电子的芳香组态比四电子组态更能准确地描述碳环内的成键作用。这种成键观点导致一些人将环丁二烯络合物看作二价阴离子 $R_4C_4^{2-}$（六电子给予体）的络合物。不过为了方便，大多数人仍将环丁二烯看作四电子中性配体。这里再一次看到：金属原子的 d_{xy} 轨道与丁二烯分子轨道中最强反键轨道间存在 δ 成键相互作用的可能性。也再一次看到没有明确证据表明这种作用的存在。

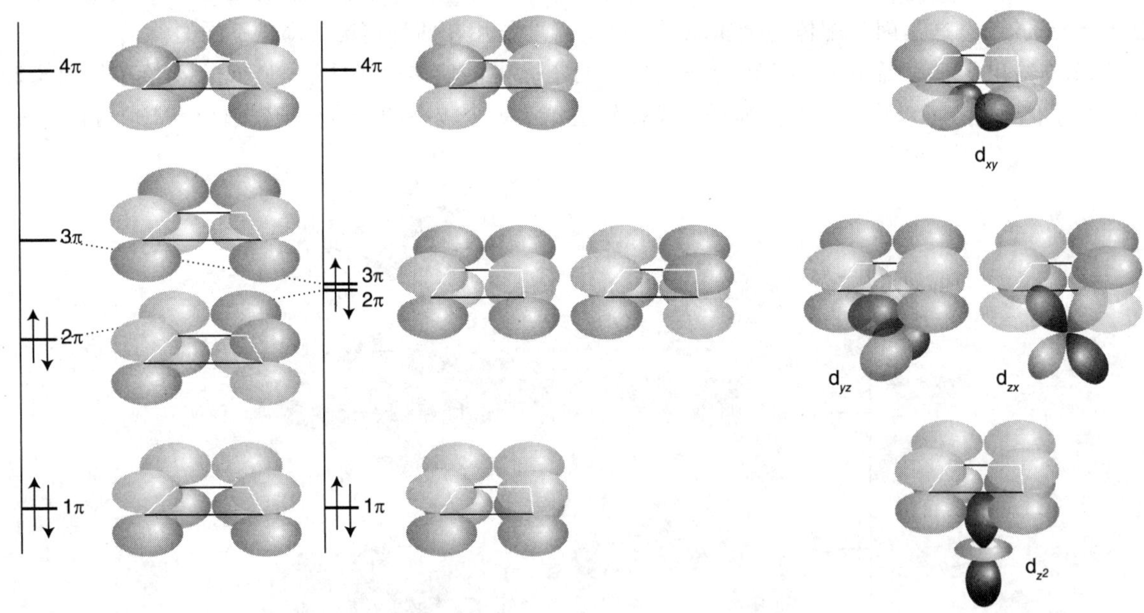

图 22.7*　环丁二烯中 π 体系的分子轨道，同时也给出形成成键相互作用时对称性合适的金属 d 轨道

由于环丁二烯不稳定，该配体必须在与其配位的金属存在的条件下制备。这种合成可通过多种途径完成，其中一种是通过卤代环丁烯的脱卤反应：

$$\text{C}_4\text{H}_4\text{Cl}_2 + Fe_2(CO)_9 \longrightarrow [Fe(\eta^4\text{-}C_4H_4)(CO)_3] + FeCl_2 + 6\ CO$$

另一条途径是通过取代乙炔的二聚反应：

环辛四烯(**37**)是个具有多种成键方式的大配体。与环丁二烯一样，环辛四烯自由分子是反芳香性分子。以 η^8 方式与金属原子配位的环辛四烯为平面结构，其中所有 C—C 键的键长都相等。与环丁二烯相似，这种组态中的环辛四烯得到 2 个电子，形式上变成芳香性的负二价配体 $[C_8H_8]^{2-}$(即 10 电子给予体)。d 金属化合物中很少看到这种配位模式，这种模式通常出现在与镧系元素和锕系元素形成的络合物中(节 23.9)。例如，两个负二价环辛四烯配体出现在通常称之为茂铀的双(η^8-环辛四烯基)合铀(Ⅳ)($[U(\eta^8\text{-}C_8H_8)_2]$)中。

d 金属化合物中更常见的成键模式是环辛四烯以皱褶的 η^4-C_8H_8 配位(**38**)，配体的成键部分可以看作丁二烯。环辛四烯的桥式配位也是可能的，如(**39**)和(**40**)。

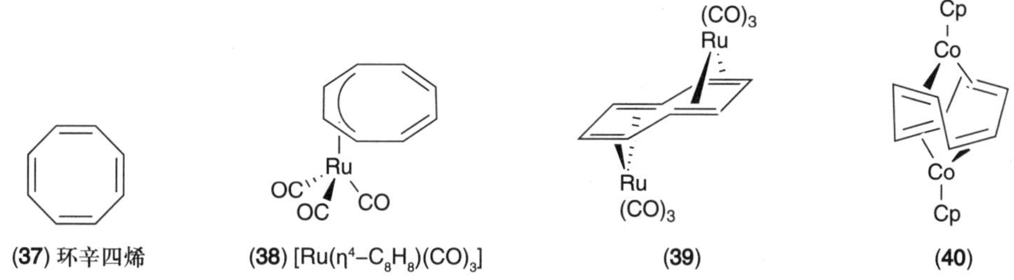

(**37**) 环辛四烯　(**38**) $[Ru(\eta^4\text{-}C_8H_8)(CO)_3]$　(**39**)　(**40**)

22.12　苯和其他芳烯

提要：根据苯分子的分子轨道，苯与金属原子的成键图像中包括了非常重要的 δ 反馈成键相互作用。

如果将苯看作含有 3 个定域双键(每个双键可以充当一个配体)，它则是个三齿的 η^6-配体。如二(η^6-苯基)铬(0)(**41**)这样的化合物可认为是由 6 个配位的双键形成的，每个双键向 d^6 金属原子提供 2 个电子形成总数为 18 个价电子的八面体络合物。二(η^6-苯基)铬(0)这个化合物的确是存在的，而且相当稳定(可在空气中进行操作，升华时也不会分解)。对成键作用的这种描述只是了解其结构的第一步，真实的成键图像则需要更深层次地考虑所涉及的分子轨道。

苯的 π 成键分子轨道中有 3 个成键轨道和 3 个反键轨道。如果只考虑一个苯分子与一个金属原子的键合并且只考虑 d 轨道，最强的相互作用则是苯分子轨道中最强的成键 a_2 轨道与金属原子的 d_{z^2} 轨道间的 σ 相互作用。苯分子的其他 2 个成键分子轨道与 d_{zx} 和 d_{yz} 轨道之间形成 π 键也是可能的。由于 $d_{x^2-y^2}$ 和 d_{xy} 轨道与苯分子空的反键 e_2 轨道之间的 δ 相互作用(见图 22.8)，可能存在从金属原子到苯的反馈成键作用。η^6-芳烯被看作是提供 6 个电子的中性配体，且通常认为占据金属的 3 个配位点。

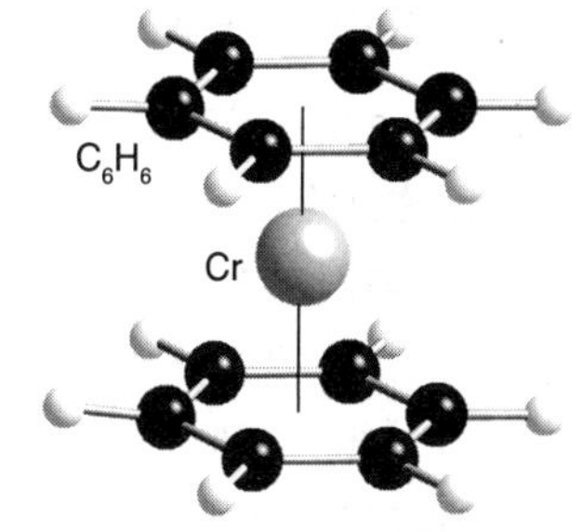

(**41**) $[Cr(C_6H_6)_2]$

六齿的 η^6-芳烯络合物非常容易合成，通常只需将含有 3 个可取代配体的络合物溶解在芳烃中并回流该溶液即可：

η^6-芳烃络合物一种常见的活性中间体是 η^4-络合物，后者中的芳烃只提供 4 个电子给金属，因而允许发生不丢失原来配体的取代反应：

OMe / Mo / OC CO CO　$\xrightarrow{+PR_3}$　OMe / R_3P Mo / OC CO CO　$\xrightarrow{-CO}$　OMe / Mo / R_3P CO CO

η^6-芳烯　　η^4-芳烯　　η^6-芳烯

一些 η^4-芳烃络合物（如 **42**）事实上已被离析出来并进行了晶体学表征。

η^2-芳烃与 η^2-烯烃类似，它们在利用金属络合物活化芳烃的过程中起着重要作用；我们再次看到已经离析出来的某些实例，如（**43**）。

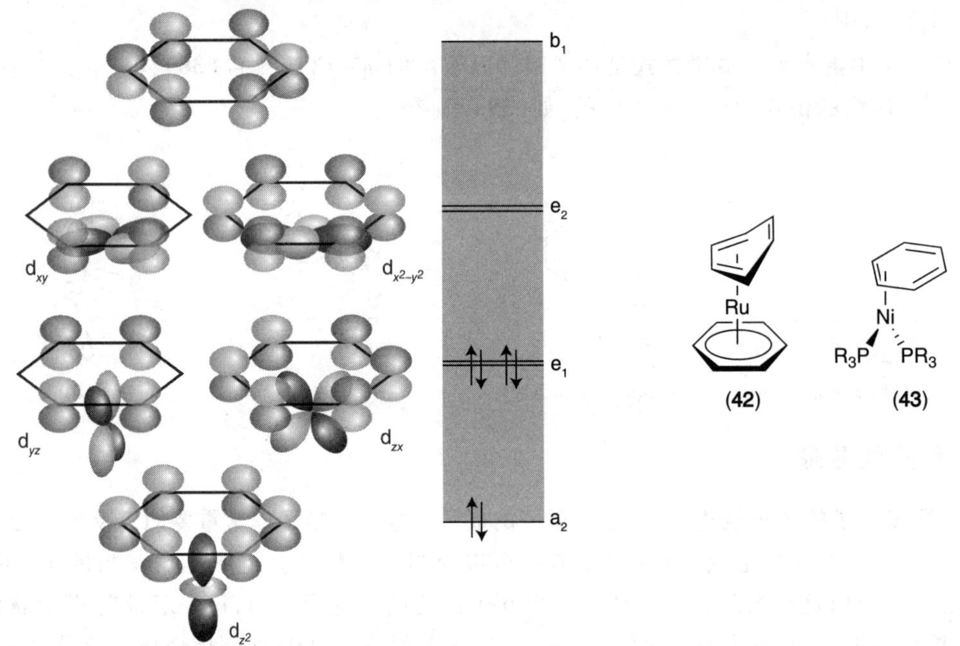

图 22.8* 　苯分子中 π 体系的分子轨道，同时也给出形成成键相互作用时对称性合适的金属 d 轨道

22.13　烯丙基配体

提要：对 η^3-烯丙基络合物的分子轨道进行分析得知其中两个 C—C 键等长的成键模式；由于烯丙基配体成键方式多变，所以 η^3-络合物通常具有高反应活性。

烯丙基配体（$CH_2{=}CH{-}CH_2$）可通过两种结构中的任何一种与金属原子键合。以 η^1-配体（**44**）方式配位时可与 η^1-烷基作相同看待（即负一价的二电子给予体）。然而烯丙基配体也可以其双键作为额外的二电子给予体，起到 η^3-配体（**45**）的作用。这种情况下它是带一个负电荷的四电子给予体。可将 η^3-烯丙基配体看作处于两种共振形式之间的结构（**46**），因为所有证据都指向对称结构，往往用曲线来表示所有的成键电子（**47**）。

M　　M ⟷ M　　M

（**44**）η^1-($CH_2CH{=}CH_2$)　　（**45**）　　（**46**）　　（**47**）η^3-(CH_2CHCH_2)

与苯一样，对烯丙基成键状况的深入了解需要讨论有机碎片的分子轨道（见图 22.9），这样才能明白为什么对称排布才能准确地描述 η^3-成键模式。烯丙基上充满的 1π 轨道充当 σ 给予体（进入 d_{z^2}轨道），2π 轨道充当 π 给予体（进入 d_{zx}轨道），3π 轨道充当 π 接受体（电子来自 d_{yz}轨道）。因此，金属原子与每个端基碳原子的作用完全相同，从而导致对称结构。

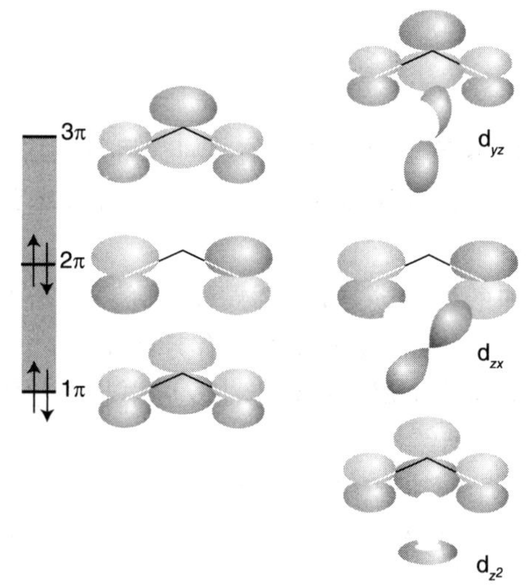

图 22.9* 烯丙基负离子中 π 体系的分子轨道，同时也给出形成成键相互作用时对称性合适的金属 d 轨道

η^3-烯丙基的端位取代基稍微弯离三个碳原子构成的骨架平面，形成相对于中心氢原子的顺式（**48**）或反式（**49**）结构。通常可观察到两种基团的交换，这种交换有时进行得很快（NMR 时间标度）。可以利用 η^3到 η^1再到 η^3转化的机理解释这种交换。

(**48**) *syn*　　(**49**) *anti*

R_{syn} → R / M → R / M → R_{anti} / M

成键作用的这种瞬变性导致 η^3-烯丙基络合物往往具有高反应活性。这是因为当转化为 η^1形式时，络合物容易键合另外一个配体。

烯丙基络合物有多种合成路线。其中一条路线是用烯丙基格氏试剂亲核进攻金属卤化物：

$$2C_3H_5MgBr+NiCl_2 \longrightarrow [Ni(\eta^3\text{-}C_3H_5)_2]+2MgBrCl$$

低氧化态金属原子亲核进攻卤代烯烃也可生成烯丙基络合物：

$[Mn(CO)_5]^- + CH_2{=}CHCH_2Cl \longrightarrow$ (CO)₅Mn–CH₂CH=CH₂ $+ Cl^- \longrightarrow$ $(CO)_4Mn(\eta^3\text{-}C_3H_5)$ $+ CO$

在金属中心不被直接质子化的络合物中，丁二烯配体的质子化也可形成 η^3-烯丙基络合物：

22.14　环戊二烯和环庚三烯

提要：可根据有机碎片对金属的 σ 给予和 π 给予的共同作用及金属对有机碎片的 δ 反馈成键理解环戊二烯基常见的 η^5-成键模式；环庚三烯通常或者形成 η^6-络合物，或者形成芳香性环庚三烯基阳离子 $(C_7H_7)^+$ 的 η^7-络合物。

环戊二烯(C_5H_6)是个具有温和酸性的碳氢化合物，可以脱去质子形成环戊二烯基阴离子($C_5H_5^-$)。不难理解后者的稳定性是因为 π 体系中 6 个电子使之具有芳香性。6 个电子的离域分布导致形成 5 个键等长的环结构。作为配体，环戊二烯基在金属有机化学的发展中起了重要作用[前面已经提到二茂铁(**4**)在金属有机化学发展中的作用]，并将继续作为环多烯配体的原始模型。众多的金属环戊二烯基化合物和金属取代的环戊二烯基化合物已为人们所熟知。某些化合物以 $C_5H_5^-$ 作为 η^1-配体(**13**)，这种情况下它就像是 η^1-烷基基团；有些化合物以 $C_5H_5^-$ 作为 η^3-配体(**14**)，这种情况下它就像是 η^3-烯丙基基团。通常情况下 $C_5H_5^-$ 会作为 η^5-配体(**15**)，环中的 5 个碳均与金属原子键合。有些化合物中同时包含 η^1-和 η^5-环戊二烯基基团，如(**50**)；(**51**)中则同时包含 η^3-和 η^5-环戊二烯基基团。

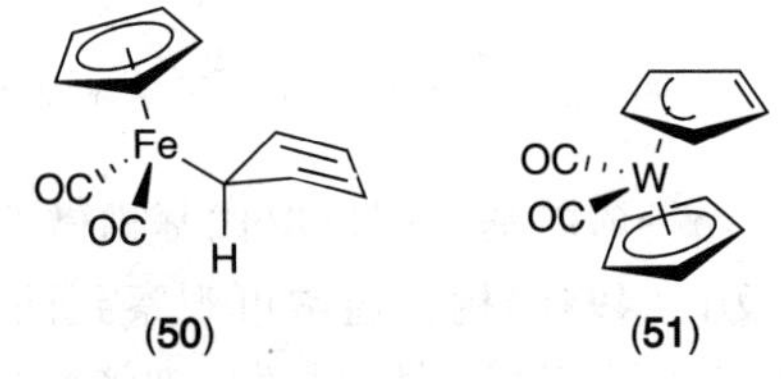

我们将 η^5-$C_5H_5^-$ 基团看作 6 电子给予体。从形式上看，是分子轨道中充满的 1π(σ 成键)和 2π(π 成键)(见图 22.10)向金属中心提供电子，同时还有金属原子 d_{xy} 和 $d_{x^2-y^2}$ 轨道指向配体的 δ 反馈成键作用。节 22.19 将会讲到，配位的 Cp 配体保持 6 电子芳香结构。

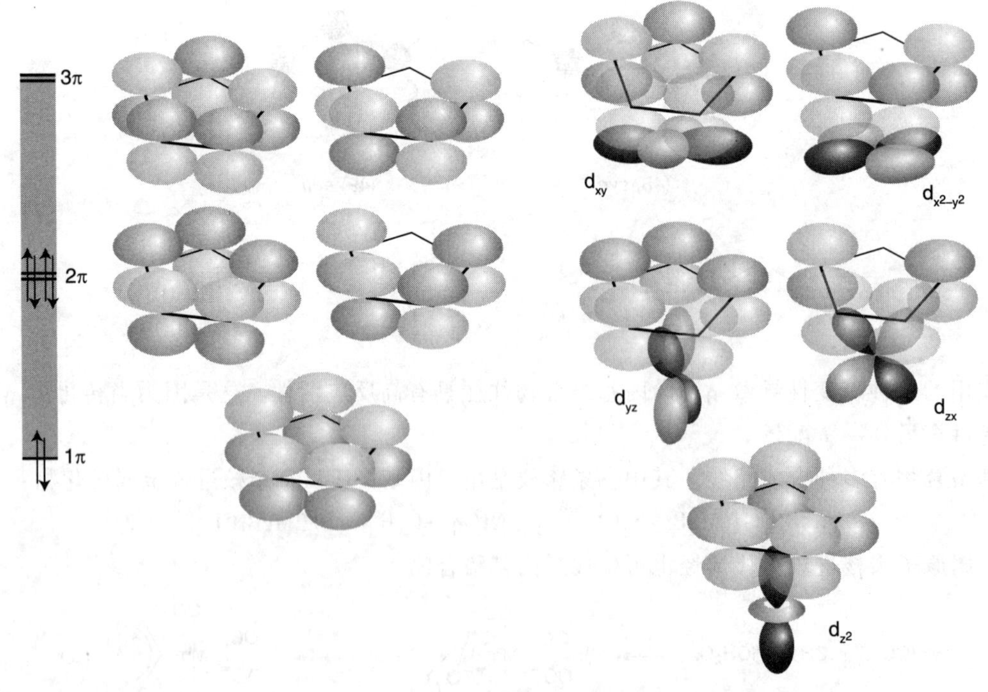

图 22.10*　环戊二烯基负离子中 π 体系的分子轨道，同时也给出形成成键相互作用时对称性合适的金属 d 轨道

环戊二烯的电子和立体性质不难进行调节:吸电子和给电子基团可以接到五元环上以改变电子性质,取代基可以提高空间位阻。五甲基环戊二烯基(Cp^*)常被用来提高金属原子的电子密度和空间保护作用。手性基团连接到 Cp 上可使络合物用在立体选择反应中,最常用的基团见(**52**)。环戊二烯基络合物的合成、性质和反应性能将在节 22.19 中详细讨论。

环庚三烯 C_7H_8(**53**)可形成如(**54**)的 η^6络合物,可将其看作 3 个 η^2-烯烃分子与金属原子配位。从络合物中抽取氢负离子可形成六电子芳香阳离子$(C_7H_7)^+$(**55**)的 η^7络合物,如(**56**)。η^7-环庚三烯络合物中所有的 C—C 键等长;配体与金属原子的成键和金属的反馈成键与芳烯、环戊二烯基络合物中的成键方式相似。

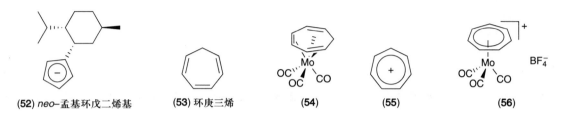

Mo　OC　OC　CO　Mo　OC　OC　CO　BF_4^-

(**52**) *neo*-孟基环戊二烯基　(**53**) 环庚三烯　(**54**)　(**55**)　(**56**)

22.15　卡宾

提要:人们认为 Fischer 型和 Schrock 型卡宾络合物含有金属-碳双键,而 *N*-杂环卡宾则含有金属-碳单键和 π 反馈键。

卡宾(CH_2)碳原子周围有 6 个电子并因此具有高反应活性。其他取代卡宾的反应活性明显低一些,可以充当金属的配体。

卡宾原则上可采取下述两种结构之一:一种是键合在碳原子上的两个基团线性排布,剩下两个 p 轨道中的两个电子不成对(**57**);另一种是两个基团弯曲排布,剩下的两个电子成对,留下一个空的 p 轨道(**58**)。前一种组态的卡宾称为“三重态卡宾”(因为两个电子未成对,而且 $S=1$),卡宾碳上接有空间位阻很大的基团时容易形成这种排布。后一种是卡宾的常规组态,叫作“单线态卡宾”(因为两个电子已成对,而且 $S=0$)。单线态卡宾碳原子上的电子对适于与金属原子结合生成配体-金属键。碳原子上的空 p 轨道可接受金属原子的电子密度从而稳定贫电子的碳原子(**59**)。由于历史原因,以这种形式与金属成键的卡宾叫 **Fischer 卡宾**(Fischer carbenes),并被表示为金属-碳双键。Fischer 卡宾中碳原子贫电子,因此容易受到亲核进攻。对碳的反馈成键作用很强时变成富电子卡宾,因此容易受到亲电进攻。这类卡宾发现之后,人们将其叫作 **Schrock 卡宾**(Schrock carbenes)。**亚烷基**(alkylidene)这一术语仅指带有烷基取代基的卡宾(CR_2),但有时也指 Fischer 卡宾和 Schrock 卡宾。

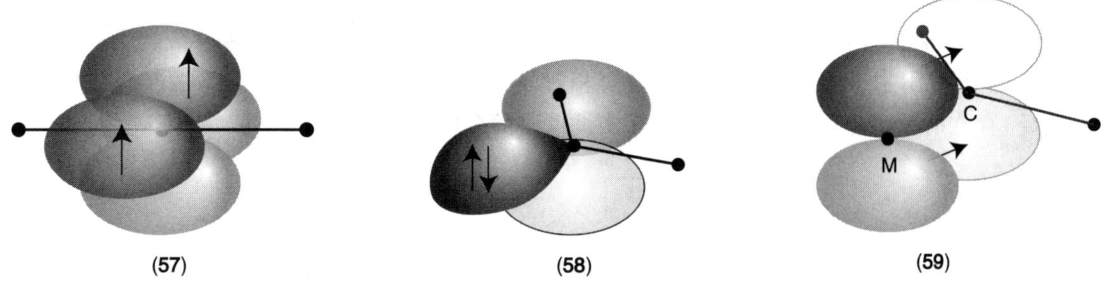

(**57**)　(**58**)　(**59**)

最近,多种 ***N*-杂环状卡宾**(*N*-heterocyclic carbenes,NHCs)的衍生物被用作配体。大多数 NHCs 中的两个氮原子与卡宾碳原子相邻,如果认为氮原子上的孤对电子主要在 p 轨道上,那么两个氮原子的强 π 给予体相互作用就有助于稳定该卡宾(**60**)。卡宾碳原子和两个氮原子在一个环(通常为五元环)时有利于稳定该卡宾(**61**)。环上引入双键可以提高卡宾的稳定性,双键额外提供的两个电子可视为 6 电子芳香共振结构的一部分(**62**)。NHC 配体被看作二电子 σ 给予体,最初关于成键作用的描述认为金属原子只有很小的 π 反馈成键作用,然而现在认为这种 π 反馈成键作用很强。

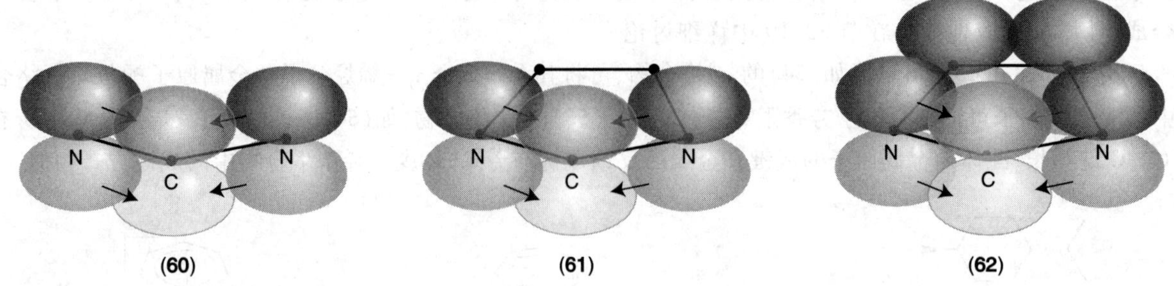

(60)　(61)　(62)

22.16　烷烃、抓氢和稀有气体

提要:烷烃可将 C—H 单键的电子密度提供给金属原子;没有其他给予体存在时甚至稀有气体原子的电子密度也能使它充当配体。

通过光解作用可以生成高反应活性的金属中间体,如果没有其他配体存在,人们发现烷烃和稀有气体可配位于金属原子。1970 年代,在固体甲烷和稀有气体基体中首次发现了这类物种,这一发现最初仅出于好奇心。然而,溶液中的两类物种近来都做了充分的表征,而且被认为是一些反应的重要中间体。

像二氢那样(节 22.7),烷烃将其 C—H σ 键的电子密度提供给金属原子(**63**),并接受从金属原子反馈的 π 电子密度进入相应的 σ* 轨道(**64**)。尽管大多数烷烃络合物是短命的而且烷基容易被取代,但环戊烷络合物(**65**)于 1998 年仍然成为第一个烷烃络合物(用 NMR 法从溶液中得到明确确认);2009 年,用 NMR 表征了最简单烃(甲烷)的络合物(**66**);2012 年报道了烷烃络合物的晶体结构。

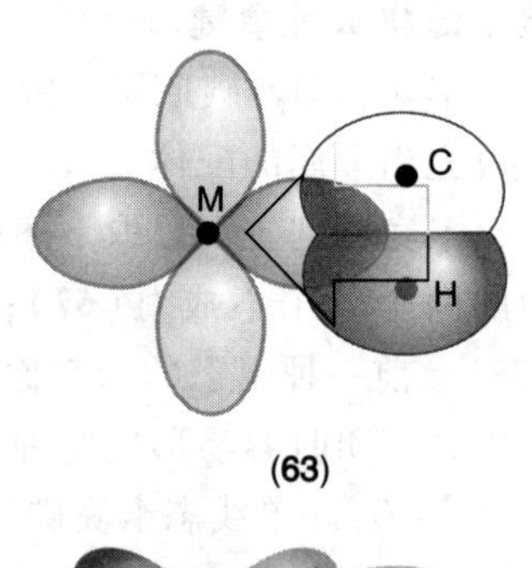

(63)

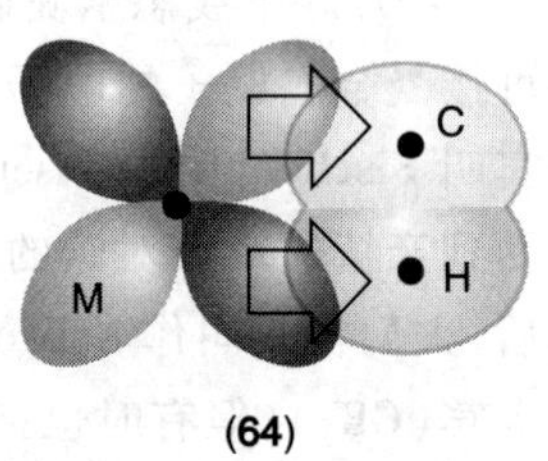

(64)

人们也观察到业已配位的配体中的 C—H 键与金属原子之间的相互作用。这些物种具有**抓**(agostic)C—H 相互作用,“agostic”一词来自希腊文,意为“抓住并使之靠近自己”,就像握住盾牌那样。人们还认为螯合效应进一步增加了物种的稳定性(节 7.14)。已经发现了具有抓氢键的多种络合物,如(**67**)。尽管每个 C—H 键与金属原子的作用都很弱,然而是否存在抓氢键的依据仍然是,该 C—H 键是否能让金属原子分享自身的两个电子。(译注:1983 年发现的抓氢键是指氢原子共价键合于一个 C 原子和一个过渡金属原子。)

超出想象的是,稀有气体原子也可充当金属中心原子的配体。Kr 和 Xe 的多种络合物已为 IR 所确认。2005 年,通过 NMR 技术在溶液中表征了寿命相对较长的 Xe 络合物(**68**)。这些络合物仅在没有更好配体(如烷烃)存在时才稳定。通常认为稀有气体是提供两个电子的中性配体。

(65)　(66)　(67)　(68)

例题 22.5　络合物中的电子计数

题目:下列络合物中哪些是 18 电子化合物:(a) 具有抓氢键的 Pt 化合物(**67**),(b) [Re(^{i}Pr-Cp)(CO)(PF_3)Xe](**68**)?

答案:(a) η^1-芳基和氯配体是负一价的二电子给予体,吡啶基也被看作中性二电子给予体。因此,化合物是 Pt(Ⅱ)络合物,Pt(Ⅱ)提供 8 个电子。在考虑抓氢键之前,电子总数是(3×2)+8=14。抓氢键可认为提供了另外两个电子,所以是 16 电子络合物。事实上(**67**)的晶体结构表明,一个甲基上氢原子中的两个氢原子间存在相互作用,这意味着该络合物是 18 电子化合物。(b) ^{i}Pr—Cp 配体被看作负一价的六电子配体,CO、PF_3、Xe 都是中性的二电子配体,这意味着 Re 的氧化数必为+1,提供 6 个电子。因此,总电子计数为 6+2+2+2+6=18。

自测题 22.5　说明(a) [Mo(η^6-C_7H_8)(CO)$_3$](**54**)和(b) [Mo(η^7-C_7H_7)(CO)$_3$]$^+$(**56**)都是 18 电子物种。

22.17　二氮和一氧化氮

提要:尽管二氮与金属原子的成键作用很弱,但仍包含 σ 给予和 π 接受两部分;一氧化氮以两种方式与金属键合:弯曲方式或直线方式。

尽管二氮和 NO 有时出现在金属有机化合物中,但它们并非严格意义上的金属有机配体。二氮是个很受关注的配体,因为络合物的 N_2配体有可能被还原成更有用的氮物种。二氮能以多种方式与金属成键。大多数络合物采取端位单齿连接(η^1-N_2)的方式,可将这种方式看作类似于它的等电子体 CO 配体(**69**)。与 CO 相比,二氮既是较弱的 σ 给予体,也是较弱的 π 接受体,因而成键作用相当弱;事实上,只有强 π 给予体的金属原子才能与 N_2结合。像 CO 一样,N_2配体在 2 150~1 900 cm^{-1}存在明显的 IR 伸缩振动带。

二氮分子能参与两个成键作用从而桥连两个金属原子(**70**)。这种络合物中如果金属至氮的反馈作用很强,形式上可认为氮分子已被还原为肼(**71**)。二氮配体偶然也会发现以 η^2方式侧向键合于金属原子(**72**)。这些络合物中的二氮配体最好被看作 η^2-炔烃。这种侧向键合模式在 f 金属络合物中似乎特别常见(第 23 章)。

一氧化氮是个具有 11 个价电子的自由基。配位状态的 NO 叫作亚硝酰配体,以两种方式(弯曲方式和直线方式)之一与金属原子成键。直线方式(**73**)中的配体可看作 NO^+阳离子。NO^+阳离子与 CO 互为等电子体,可认为成键方式与 CO 相似(具有强 π 接受能力的二电子 σ 给予体)。可将弯曲方式(**74**)中的 NO 看作提供两个电子 NO^-。许多络合物中的 NO 可改变其配位模式;直线模式转换为弯曲模式后,金属上的电子数实际减少了 2。

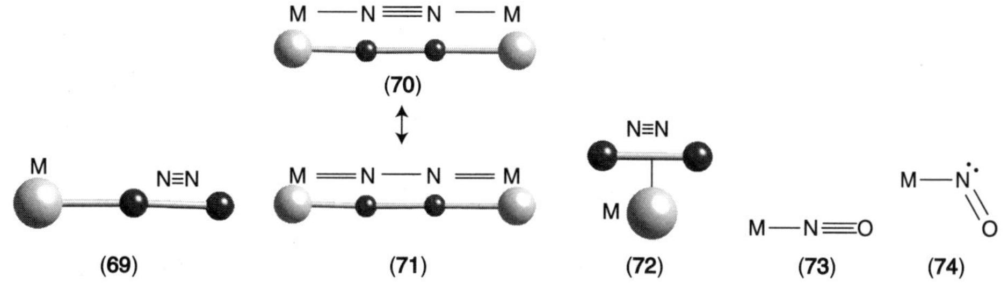

化合物

前面讨论的配体及其键合方式表明,可能存在大量 16 个或 18 个价电子的金属有机化合物。详细讨论所有这些化合物远远超出了本书的范围。然而还是应当考察一些不同类型的化合物,它们可为理解其他化合物的结构和性质提供帮助。首先讨论金属羰基化合物的结构、成键和反应，这类化合物在历史上曾经构成 d 区元素金属有机化学的基础。接着介绍一些夹心化合物，最后介绍金属簇化合物的结构和反应。

22.18　d 区金属羰基化合物

从 1890 年发现四羰基镍开始，d 区元素的金属羰基化合物得到广泛研究。由于许多重要工业过程有赖于羰基化合物中间体，人们对羰基化合物的兴趣一直未减。

(a) 同种配体金属羰基化合物

提要：第四周期第 6 至第 10 族元素的金属羰基化合物服从 18 电子规则；化学式中交替出现一个和两个金属原子，CO 配体数目也在减少。

同种配体络合物(homoleptic complex)是仅有一种配体的络合物。多数 d 金属可以制得简单的同种配体金属羰基化合物，但 Pd 和 Pt 的这类化合物如此不稳定，以致只能在低温条件下存在。Cu、Ag、Au 及第 12 族元素不形成简单的中性金属羰基化合物。金属羰基化合物是合成其他金属有机化合物有用的前体，也可用于有机合成和用作工业催化剂。

18 电子规则有助于将金属羰基化合物的化学式变得系统化。如表 22.5 所示，第四周期第 6 到第 10 族金属元素羰基化合物的化学式中交替出现一个和两个金属原子，CO 配体的数目也在减少。族号为奇数的元素形成双核羰基化合物，这是因为它们的价电子为奇数，通过金属-金属键(M—M)的形成(每形成一个 M—M 键，金属的价电子数增加 1)发生双聚。同一周期自左至右 CO 配体数目减少与达到 18 个价电子所需 CO 配体数目的减少相匹配。钒的简单羰基化合物[$V(CO)_6$]是个例外，它只有 17 个价电子，空间位阻使其不能发生二聚。然而它却容易被还原为 18 电子的 [$V(CO)_6$]$^-$ 阴离子。

表 22.5　部分 3d 系羰基化合物的化学式和电子计数

族	化学式	价电子		结构
6	[$Cr(CO)_6$]	Cr	6	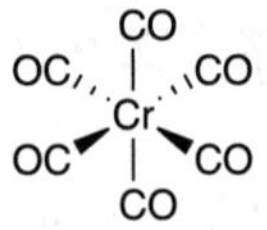
		6(CO)	12	
		总数	18	
7	[$Mn_2(CO)_{10}$]	Mn	7	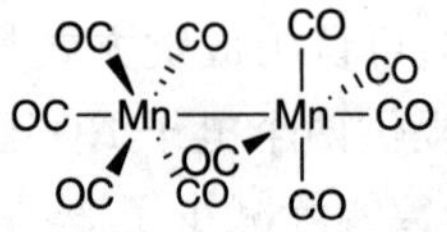
		5(CO)	10	
		M—M	1	
		总数	18	
8	[$Fe(CO)_5$]	Fe	8	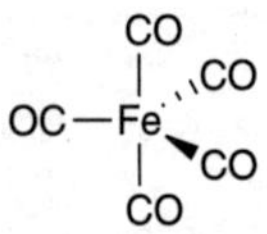
		5(CO)	10	
		总数	18	
9	[$Co_2(CO)_8$]	Co	9	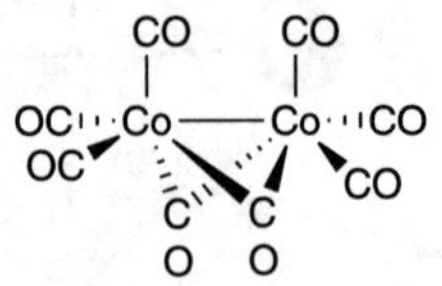
		4(CO)	8	
		M—M	1	
		总数	18	
10	[$Ni(CO)_4$]	Ni	10	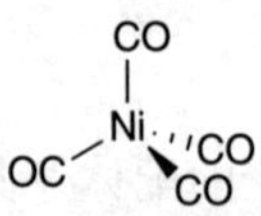
		4(CO)	8	
		总数	18	

简单的金属羰基化合物分子往往具有明确、简单、对称的形状,这种形状相应于 CO 占据彼此距离最远的区域(VSEPR 模型)。因此,第 6 族元素的六羰基化合物为八面体构型,五羰基合铁(0)为三角双锥结构,四羰基合镍(0)为四面体构型,十羰基合二锰(0)由金属-金属键连接在一起的两个 $Mn(CO)_5$ 四方锥组成。桥连的金属羰基合物也较为常见,如八羰基二钴(0)的一种异构体就含有被两个 CO 桥连着的金属-金属键。

(b) 同种配体金属羰基络合物的合成

提要:一些金属羰基络合物可用直接反应的方法合成,然而这类反应大多要在高温、高压条件下进行;合成金属羰基化合物通常采用还原羰基化反应。

合成单金属羰基化合物的两个主要方法是,一氧化碳与金属粉末直接化合;金属盐在高压一氧化碳条件下进行还原。许多多金属羰基化合物是由单金属羰基化合物合成的。

1890 年,Mond、Langer 和 Quinke 发现镍与一氧化碳直接化合生成四羰基合镍(0)($[Ni(CO)_4]$)。Mond 法(应用相关文段 22.1)精制镍就是利用这一反应:

$$Ni(s)+4\ CO(g) \xrightarrow{50\ ℃,1\ atm} [Ni(CO)_4](g)$$

实际上,四羰基合镍(0)是最易利用该法进行合成的羰基化合物,其他金属羰基化合物[如 $Fe(CO)_5$]相应的反应则比较缓慢,需要在高压和加热条件下进行(见图 22.11):

$$Fe(s)+5\ CO(g) \xrightarrow{200\ ℃,200\ atm} [Fe(CO)_5](l)$$

$$2\ Co(s)+8\ CO(g) \xrightarrow{150\ ℃,35\ atm} [Co_2(CO)_8](s)$$

直接反应法不适用于其余大多数 d 金属,合成这些化合物通常采用**还原羰基化法**(reductive carbonylation):在 CO 存在条件下还原金属盐或金属络合物。还原剂可以是活泼金属(如铝、钠)、烷基铝化合物、H_2 及 CO 本身:

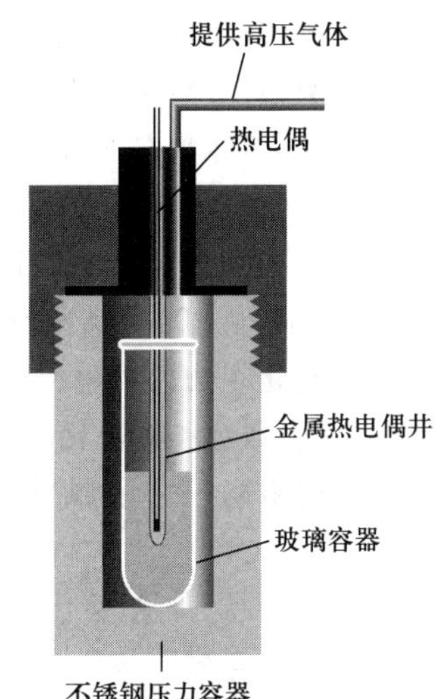

图 22.11 高压反应器
反应混合物装在玻璃容器中

$$CrCl_3(s)+Al(s)+6\ CO(g) \xrightarrow{AlCl_3,苯} AlCl_3(soln)+[Cr(CO)_6](soln)$$

$$3\ Ru(acac)_3(soln)+H_2(g)+12\ CO(g) \xrightarrow{150\ ℃,200\ atm,CH_3OH} Ru_3(CO)_{12}(soln)+\cdots$$

$$Re_2O_7(s)+17\ CO(g) \xrightarrow{250\ ℃,350\ atm} Re_2(CO)_{10}(s)+7\ CO_2(g)$$

应用相关文段 22.1 Mond 法

1890 年,Ludwig Mond、Carl Langer 和 Friederich Quinke 在研究 CO 气体存在下镍制阀门腐蚀过程中发现了 $[Ni(CO)_4]$。他们无法充分表征这个新的化合物(将其称之为"镍-碳-氧化物"),评论说:"目前我们不知道这个引人注目的化合物的构成"。然而他们给出了新化合物的化学式"$Ni(CO)_4$",并很快将其发现用于精制镍的工业过程(Mond 法)。这个方法非常成功,以致人们不远万里将镍从加拿大运到威尔士 Mond 的工厂。

Mond 法依赖的是 $[Ni(CO)_4]$ 容易合成:在一个大气压的一氧化碳氛围下,金属镍在大约 50 ℃时就能反应得到 $[Ni(CO)_4]$:

$$Ni+4\ CO \longrightarrow [Ni(CO)_4]$$

$[Ni(CO)_4]$ 在该温度下为气体(沸点 34 ℃)并易与镍残渣分离,并在 220 ℃分解放出一氧化碳得纯镍。过程中释放的一氧化碳可循环利用。所用的不纯镍原料通常是利用氢和一氧化碳的混合物还原氧化镍矿石得来的。

Mond、Langer 和 Quinke 也曾尝试合成类似的其他金属羰基化合物,但都没有成功。然而却成功地从钴样品中除去镍污染物,发现了一种精制钴的方法。

为庆祝发现四羟基镍一百周年,J. Organomet. Chem.杂志发行了专刊(*J. Organomet. Chem.*,1990,383)献给金属羰基化合物化学。

(c) 同种配体金属羰基化合物的性质

提要：所有的单核金属羰基化合物都具挥发性；所有的单核和许多多核金属羰基化合物能溶于烃类溶剂；多核金属羰基合物有颜色。

铁和镍的金属羰基化合物在室温常压下是液体，而其他所有常见的金属羰基化合物则是固体。所有的单核金属羰基化合物具有挥发性；室温下的蒸气压范围介于四羰基合镍(0)(约 50 kPa)和六羰基合钨(0)(约 10 Pa)之间。[$Ni(CO)_4$]的强挥发性和极大的毒性要求操作起来必须非常小心。虽然其他金属羰基化合物低毒，但也不能吸入体内或接触皮肤。

它们是非极性化合物，所有单核和很多多核金属羰基化合物能溶于烃类溶剂。九羰基合二铁(0)([$Fe_2(CO)_9$])是一个特例，其蒸气压非常低，在不与其反应的溶剂中不溶解。

大部分单核金属羰基化合物为无色或浅色。多核金属羰基合物有颜色，其颜色随着金属原子数的增加而加深。例如，五羰基合铁(0)是个淡黄色液体，九羰基合二铁(0)为金黄色，十二羰基合三铁(0)是个深绿色化合物，固体状态下看起来呈黑色。多核金属羰基化合物的颜色产生于不同轨道之间的电子跃迁，而这些轨道主要定域在金属骨架上。

简单金属羰基化合物金属中心的主要反应包括取代反应(节 22.21)、氧化反应、还原反应、缩合为簇合物的反应(节 22.20)。某些情况下，CO 配体本身也可受到亲核试剂或亲电试剂的进攻。

(d) 羰基化合物的氧化和还原反应

提要：大多数金属羰基化合物可被还原为金属羰基阴离子；某些金属羰基化合物在强碱性配体存在下歧化为配位的阳离子和金属羰基阴离子；金属羰基化合物容易被空气氧化；金属-金属键能发生氧化断裂。

大多数中性金属羰基化合物可被还原为阴离子形式，这种形式叫作**金属羰基阴离子**(metal carbonylate)。单金属羰基化合物的二电子还原通常伴随着失去二电子 CO 配体，从而保持电子计数为 18：

$$2Na+[Fe(CO)_5] \xrightarrow{THF} (Na^+)_2[Fe(CO)_4]^{2-}+CO$$

该金属羰基阴离子中 Fe 的氧化数为 -2，容易被空气氧化。实验发现 CO 的 IR 伸缩频率很低(约为 1 785cm^{-1})，这一事实表明负电荷主要离域在 CO 配体上。多核金属羰基化合物(通过形成 M—M 键实现 18 电子结构)中的 M—M 键遇到强还原剂通常会断裂。还原产物同样遵循 18 电子规则并生成负一价单核金属羰基阴离子的盐：

$$2Na+[(OC)_5Mn—Mn(CO)_5] \xrightarrow{THF} 2Na^+[Mn(CO)_5]^-$$

强碱性配体存在时，有些金属羰基化合物会歧化生成配位阳离子与金属羰基阴离子的盐。该过程的驱动力为金属阳离子被强碱性配体包围时所显示的稳定性。Lewis 碱(如吡啶)存在时，八羰基合二钴(0)极易发生此类反应：

$$3[Co_2^{(0)}(CO)_8]+12py \longrightarrow 2[Co^{(+2)}(py)_6][Co^{(-1)}(CO)_4]_2+8CO$$

强碱性配体 OH^- 存在时，配体 CO 也可能被氧化，净结果是中心金属被还原：

$$3[Fe^{(0)}(CO)_5]+4OH^- \longrightarrow [Fe_3^{(-2/3)}(CO)_{11}]^{2-}+CO_3^{2-}+2H_2O+3CO$$

具有 17 个价电子的羰基化合物很易被还原为 18 电子的金属羰基阴离子。

金属羰基化合物易被空气所氧化。尽管非控制性氧化过程导致生成金属氧化物、CO 或 CO_2，而对金属有机化学更有意义的则是生成金属有机卤化物的可控氧化反应。这类反应中最简单的一类反应是 M—M 键的氧化断裂：

$$[(OC)_5Mn^{(0)}—Mn^{(0)}(CO)_5]+Br_2 \longrightarrow 2[Mn^{(+1)}Br(CO)_5]$$

卤素原子与金属键合导致金属电子密度降低，产物中 CO 的伸缩频率明显高于[$Mn_2(CO)_{10}$]。

(e) 金属羰基化合物的碱性

提要：大多数金属有机羰基化合物的金属中心可被质子化；质子化的金属羰基化合物的酸性取决于金

属中心上的其他配体。

许多金属有机羰基化合物的金属中心可以质子化。金属羰基阴离子能为这种碱性提供许多实例：

$$[Mn(CO)_5]^-(aq)+H^+(aq) \longrightarrow HMn(CO)_5(s)$$

金属羰基阴离子对质子的亲和力差别很大(见表 22.6)。根据实验观察,金属中心的电子密度越大,Brønsted 碱性就越强,因而其共轭酸(金属羰基氢化物)的酸性就越低。

表 22.6 d 金属氢化物在乙腈溶液中的酸性常数(25 ℃)

氢化物	pK_a
$[CoH(CO)_4]$	8.3
$[CoH(CO)_3P(OPh)_3]$	11.3
$[Fe(H)_2(CO)_4]$	11.4
$[CrH(Cp)(CO)_3]$	13.3
$[MoH(Cp)(CO)_3]$	13.9
$[MnH(CO)_5]$	15.1
$[CoH(CO)_3PPh_3]$	15.4
$[WH(Cp)(CO)_3]$	16.1
$[MoH(Cp^*)(CO)_3]$	17.1
$[Ru(H)_2(CO)_4]$	18.7
$[FeH(Cp)(CO)_2]$	19.4
$[RuH(Cp)(CO)_2]$	20.2
$[Os(H)_2(CO)_4]$	20.8
$[ReH(CO)_5]$	21.1
$[FeH(Cp^*)(CO)_2]$	26.3
$[WH(Cp)(CO)_2PMe_3]$	26.6

正如节 22.7 中看到的那样,d 区元素 M—H 络合物通常被称之为“氢化物”,这表示与金属相连接的 H 原子的氧化数被指定为-1。然而,d 区右部的大多数金属羰基氢化物是 Brønsted 酸。金属羰基氢化物的 Brønsted 酸性反映了 CO 配体(能够稳定共轭碱)作为 π 接受体的强度。因此,$[CoH(CO)_4]$显酸性,而$[CoH(PMe_3)_4]$则显强碱性。与 p 区元素氢化合物截然相反,d 区同族中 M—H 化合物的 Brønsted 酸性自上而下减弱。

中性金属羰基化合物(如$[Fe(CO)_5]$)在排除空气的浓酸中可被质子化;氧化数为零的金属原子的 Brønsted 碱性与非键 d 电子的存在有关。含金属 - 金属键的化合物(如节 22.20 中介绍的簇合物)甚至更易质子化;这里的 Brønsted 碱性与 M—M 键易被质子化生成类似于乙硼烷中形式上的 $3c,2e$ 键有关：

$$[Fe_3(CO)_{11}]^{2-}+H^+ \longrightarrow [Fe_3H(CO)_{11}]^-$$

M—H—M 桥是簇合物中氢原子迄今最常见的成键模式。

金属的碱性可用于合成各种各样的金属有机化合物。例如,利用卤代烷烃或酰卤与金属羰基化合物阴离子反应可使烷基和酰基与金属原子相结合：

$$[Mn(CO)_5]^-+CH_3I \longrightarrow [(H_3C)Mn(CO)_5]+I^-$$

$$[Co(CO)_4]^-+CH_3COI \longrightarrow [Co(CO)_4(COCH_3)]+I^-$$

利用金属有机卤化物的类似反应可以合成 M—M 键化合物：

$$[Mn(CO)_5]^-+[ReBr(CO)_5] \longrightarrow [(OC)_5Mn—Re(CO)_5]+Br^-$$

(f) CO 配体的反应

提要：　CO 与贫电子金属原子结合时，其上的 C 原子容易受到亲核试剂的进攻；对富电子金属羰基化合物而言，CO 的 O 原子容易受到亲电试剂的进攻。

与 CO 键合的原子不是富电子金属原子时，CO 的 C 原子容易受到亲核试剂的进攻。因此，CO 伸缩频率高的末端羰基易受亲核试剂的进攻。中性或阳离子金属羰基化合物中金属中心 d 电子没有向羰基 C 原子广泛离域，因此 CO 的碳原子容易受到富电子试剂的进攻。例如，强亲核试剂（如甲基锂，见节 11.17）可以进攻许多中性金属羰基化合物中的 CO：

$$(1/4)Li_4(CH_3)_4+[Mo(CO)_6] \longrightarrow Li[Mo(COCH_3)(CO)_5]$$

生成的酰基阴离子化合物与碳正离子试剂反应生成稳定且易于操作的中性产物：

$$Li^+[Mo(C(O)CH_3)(CO)_5]^- \xrightarrow{Et_3O^+BF_4^-} [Mo(C(OEt)CH_3)(CO)_5] + LiBF_4 + Et_2O$$

该反应产物具有直接的 M ═C 键，属于 Fischer 卡宾（节 22.15）。亲核试剂进攻 C 原子对金属羰基化合物的羟基诱导解离机理也是重要的：

$$[(OC)_nM(CO)]+OH^- \longrightarrow [(OC)_{n-1}M(COOH)]^-$$

$$[(OC)_{n-1}M(COOH)]^-+3OH^- \longrightarrow [M(CO)_{n-1}]^{2-}+CO_3^{2-}+2H_2O$$

在富电子金属羰基化合物中，相当大的电子密度离域到 CO 配体上。这种离域作用导致某些例子中 CO 配体的 O 原子容易受到亲电试剂的进攻。我们再一次会看到，IR 数据能够提供此类反应是否可能发生的暗示。由于低的 CO 伸缩频率表示向 CO 有强的反馈作用，因而 O 原子上具有相当可观的电子密度。因此桥羰基的氧原子特别容易受到进攻：

$$[Cp_2Fe_2(CO)_2(\mu\text{-}CO)_2] + 2\,AlEt_3 \longrightarrow [Cp_2Fe_2(CO)_2(\mu\text{-}COAlEt_3)_2]$$

亲电试剂与 CO 氧原子的连接（如上述方程式右边的结构）能够促进迁移插入反应（节 22.24）和 C—O 键断裂反应。

节 22.24 将详细讨论一些烷基取代的金属羰基化合物发生迁移插入反应生成酰基配体[—(CO)R]的能力。

例题 22.6　CO 转化为卡宾或酰基配体

题目：请设计一组反应，以六羰基合钨(0)和你选择的其他试剂为起始物合成$[W(C(OCH_3)Ph)(CO)_5]$。

答案：我们知道六羰基合钨(0)中的 CO 配体易受亲核试剂的进攻，因此与苯基锂的反应应能生成 C-苯基中间体：

$$W(CO)_6 + PhLi \longrightarrow Li^+[W(C(O)Ph)(CO)_5]^-$$

上述反应的阴离子与碳亲电试剂反应在 CO 配体的 O 原子上引入一个烷基：

Li⁺ [W(CO)₅(C(O)Ph)]⁻ $\xrightarrow{Me_3O^+BF_4^-}$ [W(CO)₅(C(OMe)Ph)] + $LiBF_4$ + Me_2O

自测题 22.6　以$[Mn_2(CO)_{10}]$、PPh_3、Na、CH_3I 为原料，提出合成$[Mn(COCH_3)(CO)_4(PPh_3)]$的路线。

(g) 羰基化合物的光谱性质

提要：CO 作为 π 接受体时，其伸缩频率会降低；给电子配体能够向金属提供电子，因而也能导致 CO 伸缩频率降低。^{13}C-NMR 谱较少用于研究羰基化合物，这是由于许多羰基化合物在 NMR 时标具有瞬变性。

IR 光谱和^{13}C-NMR 谱广泛用于确定金属羰基化合物的原子排布，这是因为不等价的 CO 配体可以观察到不同的独立信号。如果分子不具瞬变性（NMR 和 IR 跃迁的时标不同，参见节 8.5 和节 8.6），NMR 谱比起 IR 光谱通常含有更为详尽的结构信息。然而 IR 光谱通常更易得到，特别适用于反应过程的跟踪。大多数 CO 伸缩谱带出现在 2100~1700cm^{-1}，该区域通常不会出现有机基团的谱带。CO 伸缩频率的范围（见图 22.4）和谱带的数目（见表 22.7）二者都是推断结构的重要依据。

群论能判断 IR 和 Raman 光谱的活性 CO 伸缩振动的数目（节 6.5）。如果 CO 配体不涉及反演对称或者三重及其他高次轴对称性，分子中 N 个 CO 配体将会有 N 个独立的伸缩吸收带。因此，弯曲的 OC—M—CO 基团（只有一个二次对称轴）将有两个 IR 吸收带，这是因为对称的（**75**）和反对称的（**76**）伸缩振动都能引起电偶极矩变化而显示 IR 活性。高对称性分子的谱带数少于含有的 CO 配体数目。因为对称伸缩振动不能引起偶极矩的变化，线性 OC—M—CO 基团在 CO 伸缩振动区只观察到一个 IR 带（该谱带对应于两个 CO 配体的异相伸缩振动）。如图 22.12 所示，金属羰基化合物中 CO 配体位置的对称性比整个化合物点群所表明的对称性更高。因此，观察到的吸收带数目少于总点群所预言的数目。由于 Raman 光谱的选律补充了 IR 光谱的选律，前者对确定结构非常有用（节 6.5 和节 8.5）。Raman 光谱中能观察到线性 OC—M—CO 基团两个 CO 配体的对称伸缩振动。

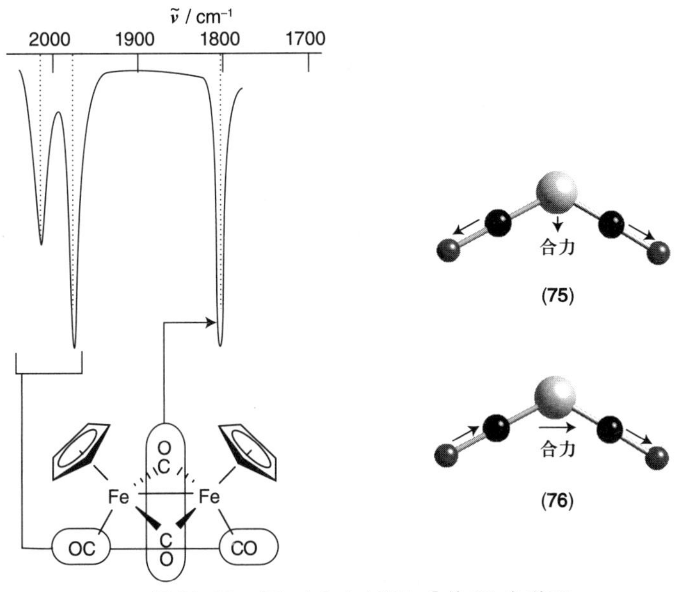

图 22.12　$[Fe_2(Cp)_2(CO)_4]$的 IR 光谱图

说明：2 个高频吸收为端基 CO、低频吸收为桥式 CO 的伸缩振动；虽然桥式 CO 按照预期应该出现两个吸收峰（因为络合物的低对称性），但实际上只看到一个单峰，这是因为两个桥式 CO 几乎是共线的

正如节 22.5 中提到的那样，IR 光谱也是将末端 CO(MCO)与桥式 CO(μ_2-CO)和面桥 CO(μ_3-CO)区分开来的有效手段。它也可用来确定络合物中其他配体的 π 接受体强度的顺序。

当分子的结构变化快于该技术的解析能力时，图上会观察到一个均化的 NMR 信号(节 8.6)。尽管这种现象在金属有机化合物的 NMR 谱中很常见，但在 Raman 谱图或 IR 谱图中却不常出现。例如，$Fe(CO)_5$的^{13}C-NMR 信号出现 $\delta = 210$ 的一条线，而 IR 和 Raman 光谱信号则符合三角双锥体结构。

例题 22.7　利用 IR 光谱数据确定羰基化合物的结构

题目：络合物[$Cr(CO)_4(PPh_3)_2$]在 CO 伸缩振动区有一个很强的(1 889 cm^{-1})和两个很弱的 IR 吸收带，该化合物可能具有何种结构？(与 CO 相比，PPh_3是个较强的 σ 给予体和较弱的 π 接受体，所以化合物中 CO 的振动波数低于相应的六羰基化合物。)

答案：二取代六羰基化合物可能存在顺式或反式，顺式异构体中 4 个 CO 处于低对称性环境(C_{2v})，应该出现 4 个 IR 带(如表 22.7 所示)。反式异构体中 4 个 CO 配体以平面四方形排布(D_{4h})，应出现 1 个 CO 吸收峰(表 22.7)。题中所给信息表明该络合物为反式结构，两个弱吸收带是由于 PPh_3配体导致 CO 配体稍稍偏离正常的 D_{4h}对称性。

自测题 22.7　络合物[$Ni_2(\eta^5-C_5H_5)_2(CO)_2$]的 IR 谱上出现一对 CO 伸缩振动谱带：1 857cm^{-1}(强)和 1 897cm^{-1}(弱)。该络合物分子中的羰基是桥式还是端式？或者是两者都有？($\eta^5-C_5H_5$取代 CO 配体会导致端式 CO 伸缩频率的微小移动。)

表 22.7　羰基络合物的结构与 CO 的 IR 光谱谱带之间的关系

络合物	异构体	结构	点群	带数*
[$M(CO)_6$]		CO, OC, CO, M, OC, CO, CO	O_h	1
[$M(CO)_5L$]		L, OC, CO, M, OC, CO, CO	C_{4v}	3+
[$M(CO)_4L_2$]	*trans*	L, OC, CO, M, OC, CO, L	D_{4h}	1
[$M(CO)_4L_2$]	*cis*	CO, OC, L, M, OC, L, CO	C_{2v}	4‡
[$M(CO)_3L_3$]	*mer*	L, OC, L, M, L, CO, CO	C_{2v}	3‡

续表

络合物	异构体	结构	点群	带数*
$[M(CO)_3L_3]$	*foc*	L, OC, L, OC, M, L, CO	C_{3v}	2
$[M(CO)_5]$		CO, CO, OC—M, CO, CO	D_{3h}	2
$[M(CO)_4L]$	*ax*	L, CO, OC—M, CO, CO	C_{3v}	3[§]
$[M(CO)_4L]$	*eq*	CO, CO, L—M, CO, CO	C_{2v}	4
$[M(CO)_3L_2]$	*trans*	L, CO, OC—M, CO, L	D_{3h}	1
$[M(CO)_3L_2]$	*cis*	L, CO, L—M, CO, CO	C_s	3
$[M(CO)_4]$		CO, M, OC, CO, CO	T_d	1

* 在 CO 的伸缩区域,IR 谱带的数量基于正常的选律。某些情况下出现的带数较少,节 22.18(g)中解释了这个现象。+ 如果配体 CO 中的四个 CO 与金属原子共平面,则出现两个带。‡ 如果反式 CO 配体几乎共线,则会少出现一个带。§ 如果赤道上的三个 CO 几乎共平面,仅仅出现两个带。

22.19　金属茂

我们知道,环戊二烯基化合物相当稳定。1951 年,二茂铁($[(Cp)_2Fe]$)的发现重新点燃了人们对整个 d 区元素金属有机化合物的兴趣。许多 Cp 络合物是金属夹在两环之间的二环体系。由于对此类所谓“夹心化合物”(即金属茂类化合物)的研究,Wilkinson 和 Fischer 获得了 1972 年诺贝尔化学奖。

根据金属茂是指金属原子夹在两个平面碳环之间化合物这个标准,可将 η^4-环丁二烯、η^5-环戊二烯基、η^6-芳烃、η^7-环庚三烯基阳离子($C_7H_7^+$)、η^8-环辛四烯及 η^3-环丙烯阳离子($C_3H_3^+$)形成的类似化合物都看作金属茂。此类配位了的配体中所有碳-碳键键长都相等,因此可将配体视作芳香体系。其中包括:

	η^3-环丙烯$^+$	η^4-环丁二烯$^{2-}$	η^8-环辛四烯基$^{2-}$
		η^5-环戊二烯基$^-$	
		η^6-芳烃	
		η^7-环庚三烯基$^+$	
π 电子数：	2	6	10

金属茂结构的电子计数方式与其他体系不完全相同，但更接近于给予体（电子）对法的计数方式。

讨论配体（如环戊二烯基配体）的成键模式时已经接触到一些金属茂的结构和反应活性，这里将从其他方面进一步介绍其成键特征和反应活性。

（a）环戊二烯基化合物的合成和反应活性

提要：通过环戊二烯去质子化可方便地获得制备许多环戊二烯基化合物的前体；键合的环戊二烯基环为芳香化合物，能发生 Friedel-Crafts 亲电反应。

环戊二烯钠（NaCp）是制备环戊二烯基化合物的常用起始物。它可从四氢呋喃溶液中由金属钠和环戊二烯反应方便地制得：

$$2Na+2C_5H_6 \xrightarrow{THF} 2Na[C_5H_5]+H_2$$

接着再用环戊二烯钠与 d 金属卤化物反应制得金属茂化合物。溶液中环戊二烯本身的酸性足以与氢氧化钾反应脱去质子，如二茂铁可通过下述反应顺利地制备出来：

$$2KOH+2C_5H_6+FeCl_2 \xrightarrow{DMSO} [Fe(C_5H_5)_2]+2H_2O+2KCl$$

由于高稳定性，18 电子的第 8 族元素茂合物（茂铁、茂钌和茂锇）在相当苛刻的条件下也能维持金属与配体之间的化学键，而且环戊二烯基配体上可以发生多种化学转化。例如，发生类似于简单芳烃的反应（如 Friedel-Crafts 酰基化反应）：

Fe —MeCOCl + $AlCl_3$→ Fe

还可发生 C_5H_5环上 H 被 Li 取代的反应：

Fe —BuLi→ Fe（Li） + BuH

不难想象，类似于简单的有机锂化合物（节 11.17），锂代产物是合成多种环取代化合物非常好的起始物。其他金属的大多数 Cp 络合物能发生类似于上述两类反应的反应，其中的五元环为芳香体系。

应用相关文段 27.1 中描述了二茂铁在葡萄糖传感器中的应用。

（b）二（环戊二烯基）金属络合物的成键作用

提要：二（环戊二烯基）金属络合物成键分子轨道图像表明，其前线轨道既不是强成键轨道，也不是强反键轨道；因此可能存在不服从 18 电子规则的络合物。

让我们从二茂铁谈起。尽管二茂铁的成键细节并未完全敲定，但图 22.13 所示的分子轨道能级图能够解释很多实验现象。络合物的这个重叠式（D_{5h}）构象能级图表明，气相中的能量比交叉式构象［节 22.19（c）］的能量约低 4 kJ · mol^{-1}。我们将集中关注前线轨道。如图 22.13 所示，e_1''轨道是对称性匹配线性组合的配体轨道，与金属原子的 d_{zx} 和 d_{yz} 轨道具有相同的对称性。低能前线轨道（a_1'）是由 d_{z^2}轨道和配体相应的 SALC（对称匹配线性组合）轨道组合而成的。然而，由于配体 π 轨道碰巧处在金属原子 d_{z^2}轨道的圆锥节面，因而配体与金属轨道之间几乎没有相互作用。二茂铁和其他 18 电子二（环戊二烯基）络合物的 a_1'前线轨道和所有能量更低的轨道都是充满轨道，而其 e_1''前线轨道和能量更高的轨道都是空轨道。

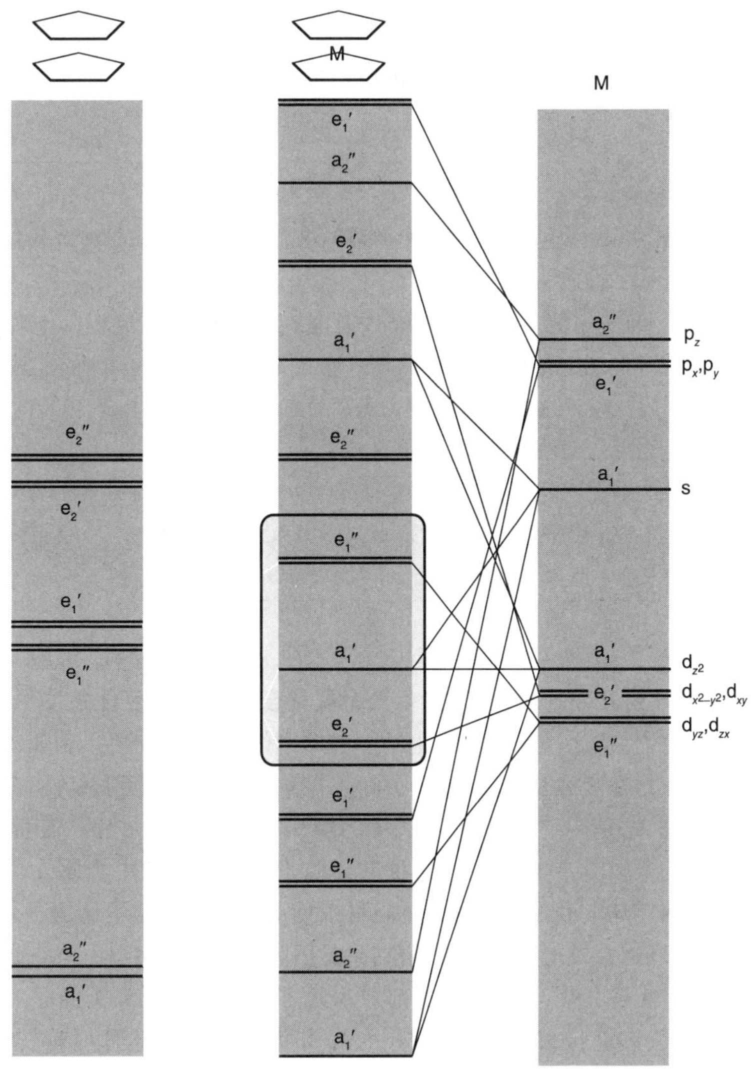

图 22.13　具有 D_{5h} 对称性的[M(cp)$_2$]分子轨道能级图

左边是对称性匹配的 C_5H_5 配体 π 轨道能级，右边是该金属相关的 d 轨道，中间是形成的分子轨道能级；包括方框内的 a_1' 轨道在内的分子轨道全部充满时正好为 18 电子，方框表示这类分子的前线轨道

前线轨道既不是强成键轨道，也不是强反键轨道。这一特点使违背 18 电子规则的二(环戊二烯基)络合物有了存在的可能。因此，二茂铁容易被氧化为 17 电子络合物[Fe(η^5-Cp)$_2$]$^+$，相应于从非键轨道 a_1' 移走一个电子。如果 e_1'' 轨道填充电子，则可生成 19 电子络合物[Co(η^5-Cp)$_2$]和 20 电子络合物[Ni(η^5-Cp)$_2$]。然而，偏离 18 电子规则的确能显著改变与分子轨道排布密切相关的 M—C 键的键长(表 22.8)。

表 22.8　络合物[M(η^5-Cp)$_2$]的电子构型和 M—C 键键长

络合物	价电子表	电子组态	M—C 键键长/pm
[V(η^5-Cp)$_2$]	15	$e_2'^2 a_1'^1$	228
[Cr(η^5-Cp)$_2$]	16	$e_2'^3 a_1'^1$	217
[Mn(η^5-Me—C_5H_4)$_2$]*	17	$e_2'^3 a_1'^2$	211
[Fe(η^5-Cp)$_2$]	18	$e_2'^4 a_1'^2$	206
[Co(η^5-Cp)$_2$]	19	$e_2'^4 a_1'^2 e_1''^1$	212
[Ni(η^5-Cp)$_2$]	20	$e_2'^4 a_1'^2 e_1''^2$	220

* 由于[Mn(η^5-Cp)$_2$]具有高自旋组态，导致 M—C 键反常的长，所以这里引用了此络合物的数据。

与八面体络合物进行比较是有益处的。金属茂合物的 e_1'' 前线轨道类似于八面体络合物的 e_g 轨道；a_1' 轨道加上 e_2' 的两个轨道类似于八面体络合物的 t_{2g} 轨道。形式上的这种相似性使二(环戊二烯基)络合物出现高自旋和低自旋。

例题 22.8　识别金属茂合物的电子结构和稳定性

题目：参考图 22.13，讨论 $[Co(\eta^5-C_5H_5)_2]^+$ 中 HOMO 轨道的填充情况和性质。相对于中性二茂钴而言，$[Co(\eta^5-C_5H_5)_2]^+$ 中配体与金属的成键作用有何变化？

答案：如果将 $[Co(\eta^5-C_5H_5)_2]^+$ 看作离子，它则含有 18 个价电子[6 个来自 Co(Ⅲ)，12 个来自两个 Cp^- 配体]。如果茂铁的分子轨道能级图同样适用于茂钴络合物，按照 18 电子规则，a_1' 及其以下轨道都应填充有 2 个电子。19 电子的中性茂钴分子多出来的一个电子应填在 e_1'' 轨道上，该轨道对金属和配体而言属反键轨道，因而电子容易失去(二茂钴比二茂铁更易被氧化)。因此相对 $[Co(\eta^5-C_5H_5)_2]$ 而言，$[Co(\eta^5-C_5H_5)_2]^+$ 中的金属与配体之间的键应该更强更短。结构数据也证实了这一点。

自测题 22.8　使用相同的分子轨道图预测：从 $[Fe(\eta^5-Cp)_2]$ 中移去一个电子产生 $[Fe(\eta^5-Cp)_2]^+$，相对于中性二茂铁而言，络合物中 M—C 键键长会有明显变化。

(c) 茂金属的瞬变性

提要：由于各种形式间发生互变的能垒低，许多茂金属化合物显示瞬变性并发生内旋转。

环状多烯络合物最显著的性质之一是其立体化学上的非刚性(即瞬变性)。例如，室温下二茂铁中的两个环彼此相对发生快速转动，这是因为交错式构象与重叠式构象之间的转换能垒低。这种类型的瞬变过程叫作**内旋转**(internal rotation)，这是一个类似于乙烷中两个甲基相对旋转的过程。然而我们已经注意到下述事实：气相二茂铁的重叠式构象较交错式稍稳定；这种差异源于重叠式构象中金属 d 轨道与 Cp 环轨道之间交盖程度的提高。然而，金属茂环上取代基的空间位阻可以使重叠构象变得不稳定，形成空间位阻较小的交错构象。金属茂类化合物的环通常被绘成交错式构象，只是因为这样可以多出一点空间以表明取代的情况。

更有趣的立体化学瞬变性是共轭环多烯通过部分碳原子(而不是全部碳原子)与金属原子相键合。此类络合物中的金属-配体成键部位可以绕环跳跃；金属有机化学家将这种内旋转非正式地称为“环旋离”。一个简单的例子是 $[Ge(\eta^1-Cp)(CH_3)_3]$，化合物中的 Ge 原子与环戊二烯环的一个碳原子连接，但连接部位以一系列 **1,2-迁移**(1,2-shift)的方式绕环跳跃，即一个 C—M 键被环上相邻碳原子形成的另一个 C—M 键所代替。这种移动被称为 1,2-迁移是因为从 1 号原子开始，结束于相邻的 2 号原子(图 22.14)。迄今研究过的瞬变性共轭多烯络合物中，绝大多数都以 1,2-迁移方式发生迁移，但不清楚这种移动方式究竟受制于最小移动原理，还是受制于轨道对称性的某些方面？

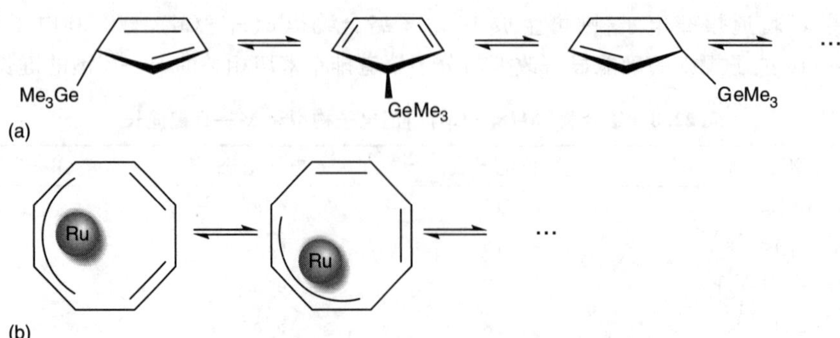

图 22.14　(a) $[Ge(\eta^1-Cp)(Me)_3]$ 中通过一系列 1,2-迁移而发生的瞬变过程；(b) $[Ru(\eta^4-C_8H_8)(CO)_3]$ 的瞬变性可用类似的方式描述

我们需要想象 Ru 原子离开此纸面，为清楚起见可不绘出 CO 配体

核磁共振能为这种迁移的存在和机理提供主要证据,因为发生这种迁移的时标在 $10^{-2} \sim 10^{-4}$ s,可以用 ^{1}H-NMR 和 ^{13}C-NMR 进行研究。以化合物[$Ru(\eta^4-C_8H_8)(CO)_3$](**77**)为例作说明:室温下的 ^{1}H-NMR 谱上出现一个尖峰,它可解释为产生于对称性的 $\eta^8-C_8H_8$ 配体。然而,单晶 X 射线衍射研究明确显示 C_8H_8 为四齿配体。这种矛盾可以通过低温 ^{1}H-NMR 谱得到解决。温度逐渐降低时谱图上的单峰开始变宽并接着分裂为四个峰,它们对应于 $\eta^4-C_8H_8$ 配体的四对质子。低温谱图上的四个峰不难理解:室温下环绕金属原子的"旋离"快于 NMR 实验中的时标(节 8.6),因而只能观察到一个均化信号。低温下环运动减慢,不同构象存在的时间足以被分辨出来。对 NMR 谱线形状的详细分析可用于测量迁移过程的活化能。

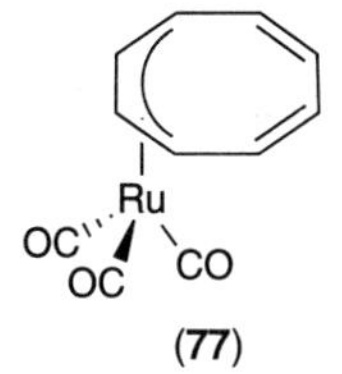

(77)

(d) 弯曲的金属茂络合物

提要:弯曲夹心化合物的结构可用统一的模型做解释:金属的三个原子轨道伸向弯曲 Cp_2M 碎片空着的方向。

除了简单的具有平行环结构的双(环戊二烯基)和双(芳烃)络合物外,还存在许多与之相关的结构。业内称其为"弯曲夹心化合物"(**78**),"半夹心"或"琴凳式"化合物(**79**)及"三层平台化合物"(**80**)。弯曲夹心化合物在前 d 区和中 d 区元素的金属有机化学中起着重要作用,如[$Ti(\eta^5-Cp)_2Cl_2$]、[$Re(\eta^5-Cp)_2Cl$]、[$W(\eta^5-Cp)_2(H)_2$]和[$Nb(\eta^5-Cp)_2Cl_3$]。

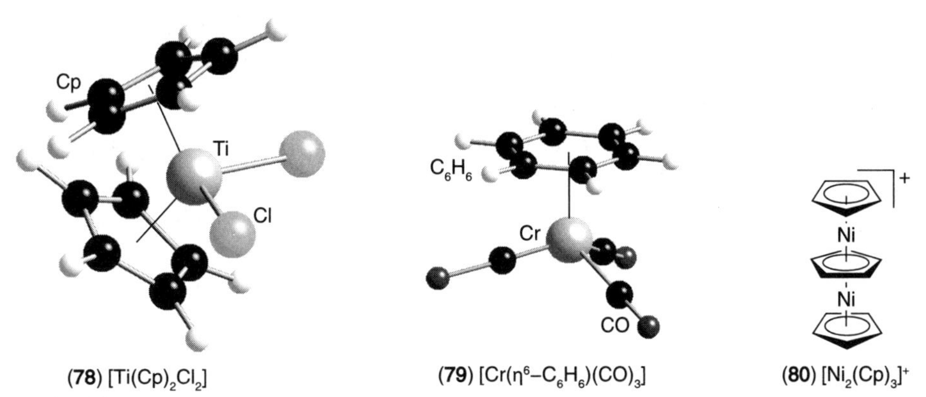

(**78**) [$Ti(Cp)_2Cl_2$] (**79**) [$Cr(\eta^6-C_6H_6)(CO)_3$] (**80**) [$Ni_2(Cp)_3$]$^+$

如图 22.15 所示:这些弯曲夹心化合物可以具有不同的电子计数和立体化学结构。这些结构可看做是金属原子的 3 条轨道伸向弯曲 Cp_2M 碎片空着的空间。根据这种模型,电子数小于 18 的金属原子往往会通过与配体上的孤对电子或抓 C—H 基团的作用来满足自身的缺电子状况。

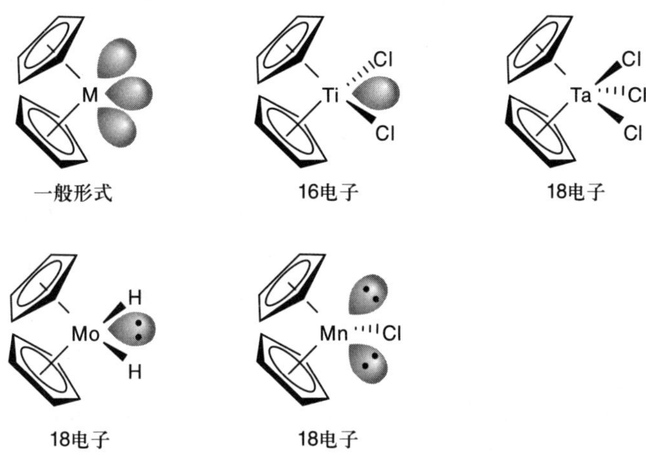

图 22.15* 弯曲夹心化合物和它们的电子数

22.20　金属间的成键作用和金属簇化合物

有机化学家为了合成像立方烷(**81**)那样的笼状化合物付出了惊人的努力,而与之形成鲜明对照的是,无机化学本身的特点之一就是存在为数众多的闭合多面体分子。例如,四面体 P_4分子(节 15.1)、含卤桥的前 d 区金属八面体原子簇化合物(应用相关文段 19.2)、多面体的碳硼烷(节 13.12)及本节将要讨论的金属有机簇化合物。簇化合物的结构往往类似于金属本身的密堆积结构,这种相似性为研究簇化合物提供了主要的基础理论——簇化合物配体的化学性质反映了金属表面的属性。近些年来,各种不同原因激发了人们研究簇化合物的兴趣,如量子点和纳米颗粒材料(节 24.22)的电性质依赖于簇自身的大小。

(a) 簇的结构

提要:簇包括所有利用金属-金属键形成的三角形或更大的环状结构。

金属簇(metal clusters)的严格定义将其限制在利用金属-金属键形成的三角形或更大环状结构的分子络合物。该定义既排除了线性 M—M 化合物,也排除了仅由桥配体将多个金属原子相连接的笼形化合物。然而,这一严格定义执行得比较宽松,我们将把任何通过 M—M 键键合的体系作为簇来讨论。笼形化合物与簇络合物的区别似乎带有任意性。例如,化合物(**82**),簇中同时存在桥配体的事实提出了一种可能性:金属原子是被 M—L—M 相互作用而不是被 M—M 键维系在一起。键长数据一定程度上有助于解决这一争议:如果 M—M 之间的距离远大于金属半径的 2 倍,则可合理地认为 M—M 键极弱或者不存在。然而,即使金属原子处在合理的成键距离之内,也无法明确回答 M—M 之间的成键有多少成分是由 M—M 直接相互作用引起的。例如,自从 1938 年分离出[$Fe_2(CO)_9$](**83**)以来,关于 Fe—Fe 之间在多大程度上成键一直存在争议。最初认为 Fe—Fe 之间不存在相互作用的观点后来被普遍承认存在 M—M 键的观点所代替;然而现在一些成键理论在不求助任何 M—M 成键作用的条件下就能解释[$Fe_2(CO)_9$]的结构(参见辅导作业 22.12)。

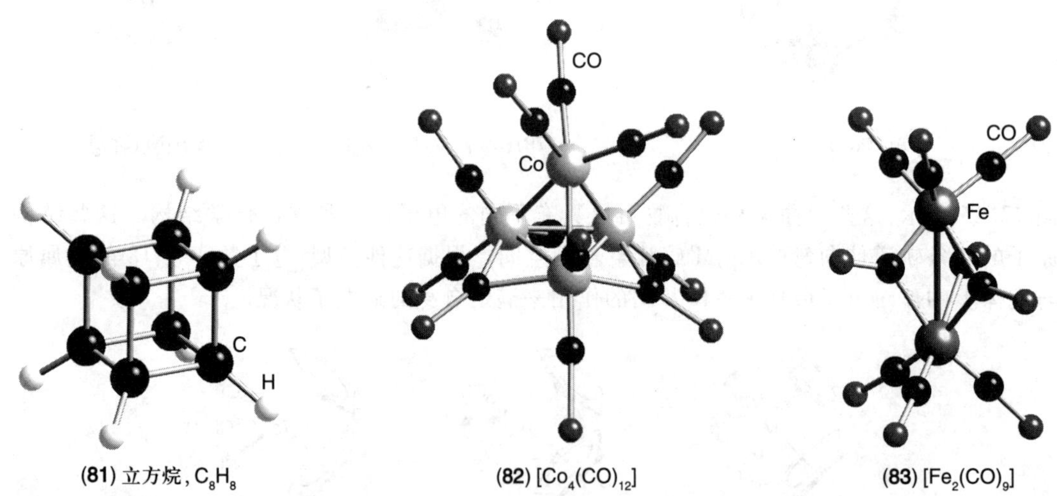

(**81**) 立方烷,C_8H_8　　(**82**) [$Co_4(CO)_{12}$]　　(**83**) [$Fe_2(CO)_9$]

金属络合物中金属-金属键的强度不能准确测定,但有证据(如化合物的稳定性和 M—M 键的力常数)表明 d 区同族金属所形成的 M—M 键自上而下依次增强。这种趋势相反于 p 区元素。对后者而言,同族中较重元素之间的化学键较弱。这种变化趋势导致 4d 和 5d 金属元素通过 M—M 键形成的化合物为数众多。

(b) 簇化合物的电子计数

提要:18 电子规则适用于少于六个金属原子的簇化合物;而 Wade-Mingos-Lauher 规则适用于确定更大金属有机络合物的价电子计数与结构之间的关系。

前 d 区金属形成的金属有机簇合物很少,f 区元素的金属有机簇合物尚属未知。但是第 6~10 族 d 区元素存在大量金属簇羰基化合物。对金属原子数较少的簇合物而言,其成键作用不难用 M-M 定域键和 M-L 电子对键以及 18 电子规则做解释。

如果以[$Mn_2(CO)_{10}$](**84**)和[$Os_3(CO)_{12}$](**85**)为例,则可得到一个简单但却具有说明性的图像。在考虑 Mn—Mn 键之前,[$Mn_2(CO)_{10}$]中每个锰原子与五个羰基端位键合,因此每个锰原子有 17 个价电子(7 个来自于锰,10 个来自 5 个羰基)。Mn—Mn 键中两个电子由两个金属原子共享,因此每个原子的电子数增加 1,两个金属原子都是 18 电子结构,但总电子数只有 34 而非 36。[$Os_3(CO)_{12}$]中每个锇原子与四个羰基配位,在考虑金属与金属的键合之前,一个[$Os(CO)_4$]碎片中有 16 个电子(8 个来自金属,8 个来自 4 个羰基)。每个金属中心与其他两个金属中心相键合,形成三角形金属原子排列(簇中有三个 M—M 键),使每个金属原子的价电子数增加 2,总数变成 18。但是总电子数只有 48 而非 54。这里讨论的成键电子被称为**簇价电子**(cluster valence electrons,缩写为 CVEs)。显然,一个含有 x 个金属原子和 y 个金属-金属键的簇合物需要 $18x-2y$ 个电子。正八面体的 M_6和更大的簇合物不符合这一模式;被称为 Wade's 规则(节 13.11)的多面体骨架电子对规则已被 D. M. P. Mingos 和 J. Lauher 所改进以适用于金属簇合物。表 22.9 总结了 **Wade-Mingos-Lauher 规则**(Wade-Mingos-Lauher rules),这些规则用于第 6~9 族金属簇合物时相当可靠。一般情况下,簇价电子计数较高时容易形成更开放的结构(其中的 M—M 键较少),这种情况与硼氢化物相类似。

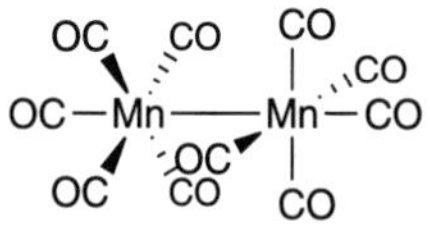

OC CO CO
OC—Mn——Mn—CO
OC CO OC CO CO

(**84**) [$Mn_2(CO)_{10}$]

$(CO)_4$
Os
$(OC)_4Os$—$Os(CO)_4$

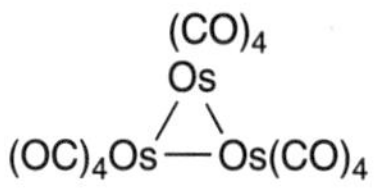

(**85**) [$Os_3(CO)_{12}$]

表 22.9 簇化合物的价电子(CVE)数与结构的关系

金属原子数目	金属骨架结构		CVE 数	举例
1	单原子	M	18	[$Ni(CO)_4$](**2**)
2	线形	M—M	34	[$Mn_2(CO)_{10}$](**84**)
3	密封三角形	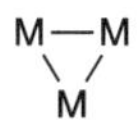 M—M \\ / M	48	[$Os_3(CO)_{12}$](**85**)
4	四面体	 M M M M	60	[$Co_4(CO)_{12}$](**82**)
	蝶形	 M M M—M	62	[$Fe_4(CO)_{12}C$]$^{2-}$
	四方形	M—M | | M—M	64	[$Os_4(CO)_{16}$]
5	三角双锥形	 M M M M M	72	[$Os_5(CO)_{16}$]
	四方锥	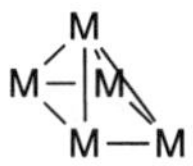 M M M M—M	74	[$Fe_5C(CO)_{15}$]

续表

金属原子数目	金属骨架结构	CVE 数	举例
6	八面体 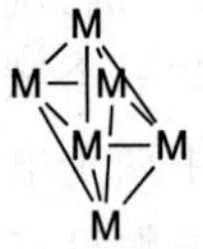	86	$[Ru_6C(CO)_{17}]$
	三棱柱体 	90	$[Rh_6C(CO)_{15}]^{2-}$

例题 22.9 光谱数据、簇价电子数和结构之间的关联

题目：$CHCl_3$与$[Co_2(CO)_8]$反应生成$[Co_3(CH)(CO)_9]$，NMR 和 IR 光谱数据均表明分子中只有端羰基配体和一个 CH 基团。试提出一个与光谱数据相符合的结构并将此结构与 CVE 相关联。

答案：这里假定 CH 配体只有 C 成键：C 上一个电子用于形成 C—H 键，其余 3 个电子用于簇化合物中的成键。簇化合物可用的价电子数：3 个 Co 提供的 27 个电子，9 个 CO 提供的 18 个电子，CH 提供的 3 个电子。得到的 CVE 总数为 48，这表明该化合物为三角形簇合物（见表 22.9）。符合以上要求的结构见（**86**）。

自测题 22.9 $[Fe_4Cp_4(CO)_4]$为一暗绿色固体，IR 谱上只出现一个羰基峰（1 640 cm^{-1}），即使在低温，^1H-NMR 谱图上也只有一个单线。根据这些光谱信息和 CVE 数提出该化合物的结构。

（c）等叶瓣相似

提要：等叶瓣用来描述分子中结构类似的碎片，等叶瓣分子碎片基团用来判断看似无关的碎片间的成键模式，从而解释多种结构的合理性。

我们能够识别表面上无关联的分子在结构上的相似性。例如，$N(CH_3)_3$可以看作是由NH_3分子中的每个 H 原子被碎片CH_3取代而来的。化学术语中将结构上类似的碎片叫作**等叶瓣**，等叶瓣之间的关系用符号 ←O→ 表示。名字起源于分子碎片杂化轨道类似叶片的形状。如果两个碎片的最高能级轨道具有相同的对称性（如H_{1s}和Csp^3杂化轨道的 σ 对称性）、相似的能量和相同的电子填充（如H_{1s}和Csp^3轨道都填充一个电子），它们则是等叶瓣碎片。表 22.10 选列了一些等叶瓣碎片，第一行示出具有一个前线轨道的等叶瓣碎片。认识该组碎片让我们通过与 H—H 类比的方法预期能够形成像$H_3C—CH_3$和$(OC)_5Mn—CH_3$这样的分子；表 22.10 第二行列出了具有两个前线轨道的一些等叶瓣碎片；第三行为一些具有三个前线轨道的等叶瓣碎片。

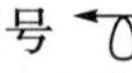

表 22.10 部分等叶瓣碎片

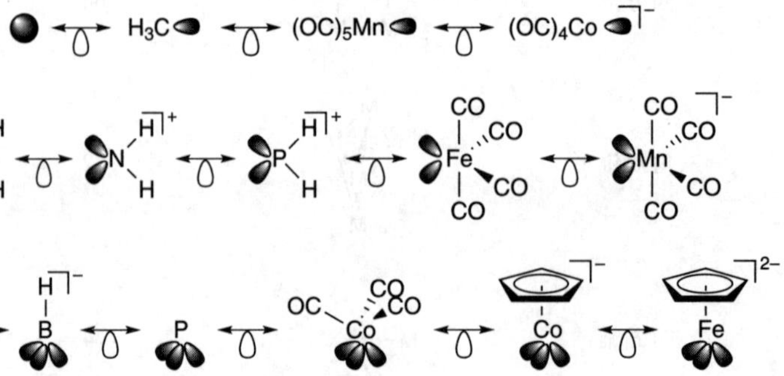

H ←O→ H_3C ←O→ $(OC)_5Mn$ ←O→ $[(OC)_4Co]^-$

CH_2 ←O→ $[NH_2]^+$ ←O→ $[PH_2]^+$ ←O→ $Fe(CO)_4$ ←O→ $[Mn(CO)_4]^-$

CH ←O→ $[BH]^-$ ←O→ P ←O→ $Co(CO)_3$ ←O→ $[CpCo]^-$ ←O→ $[CpFe]^{2-}$

说明：各组等叶瓣的每个叶瓣可以添加或移除电子，等叶瓣保持不变。

等叶瓣类似法提供了一种很好的方式来描述掺入杂原子的金属簇。这种方法能将 $Co_3(CO)_9(CH)$（**86**）与 $Co_4(CO)_{12}$（**82**）的结构相关联：两个分子的结构可分别看做三角形 $Co_3(CO)_9$ 碎片的一侧帽盖了 CH 或 $Co(CO)_3$。这种类比中有点复杂的是 $Co_4(CO)_{12}$ 中 $Co(CO)_2$ 基团与桥 CO 配体一起出现，这是因为桥式和端位配体往往具有相似的能量。从表 22.10 不难看出 P 原子与 CH 互为等叶瓣，因此存在与（**86**）相似的一个簇合物，但一侧帽盖的是 P 原子。同样，配体 CR_2 和 $Fe(CO)_4$ 都能与簇合物中的两个金属原子成键；CH_3 和 $Mn(CO)_5$ 能与一个金属原子键合。

等叶瓣类比的最后一个例子是锰和铂的混合金属络合物（**87**）：{Mn，Pt，P} 三元环可看作是由配位双键（**88**）转化而来的金属环丙烷。如果把磷和锰两部分处理为 PR_2^+ 和 $Mn(CO)_4^-$，则 Mn ═P 碎片的两半个都是 CH_2 的等叶瓣；整个碎片则可看类似于乙烯分子。这样处理意味着可将（**87**）看作双（乙烯）羰基铂（0）（**89**）的类似物，它是一个已知的 16 电子简单化合物。

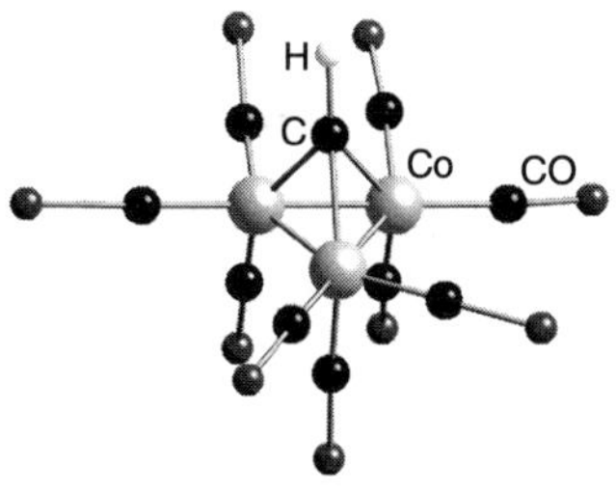

(**86**) $[Co_3(CH)(CO)_9]$

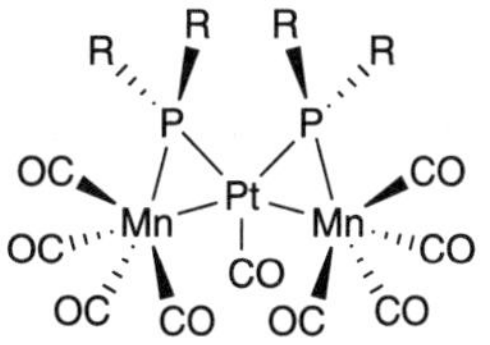

(**87**)

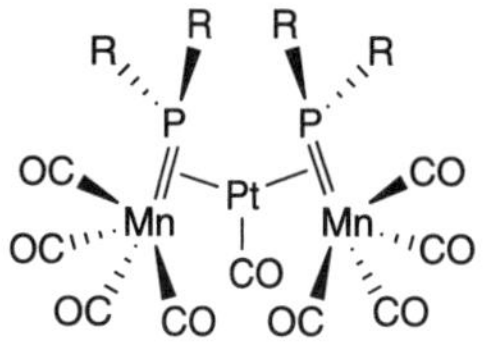

(**88**)

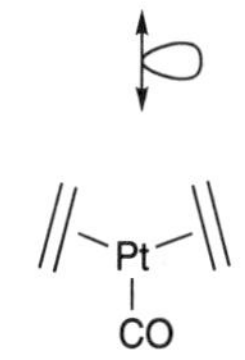

(**89**)

（d）簇的合成

提要：制备金属簇化合物通常采用三种方法：加热金属羰基化合物驱出 CO；羰基化合物阴离子与中性金属有机化合物缩合；金属有机络合物与不饱和金属有机化合物之间的缩合。

人们最早用加热金属羰基化合物驱出部分 CO 的方法合成金属簇合物。我们可从电子计数的角度来看通过热解形成金属簇合物：失去 CO 导致金属周围价电子数减少，这种减少由 M—M 键的形成得到补偿。例如，加热 $[Co_2(CO)_8]$ 合成 $[Co_4(CO)_{12}]$：

$$2[Co_2(CO)_8] \longrightarrow [Co_4(CO)_{12}]+4CO$$

该反应在室温也能缓慢进行，因而 $[Co_2(CO)_8]$ 样品通常会被 $[Co_4(CO)_{12}]$ 所污染。

应用广泛而且较易控制的一类反应基于羰基化合物阴离子与中性金属有机化合物之间的缩合：

$$[Ni_5(CO)_{12}]^{2-}+Ni(CO)_4 \longrightarrow [Ni_6(CO)_{12}]^{2-}+4CO$$

Ni_5 络合物的 CVE 是 76，而 Ni_6 络合物的电子计数则是 86。人们往往给此类反应一个描述性的名称：**氧化还原缩合**（redox condensation），这类方法对制备金属羰基簇合物阴离子非常有用。在这个例子中，镍（氧化数为 -2/5）的三角双锥簇合物与 Ni(0) 化合物 $[Ni(CO)_4]$ 反应生成镍（氧化数为 -1/3）的八面体簇合物。簇合物 $[Ni_5(CO)_{12}]^{2-}$ 较三角双锥结构所预期的 72 个 CVE 多出 4，这里显示出第 10 族金属簇合物一个相当普遍的趋势：电子计数超过了 Wade-Mingos-Lauher 规则的预期。

F. G. A. Stone 最先发展起来第三类方法，这类方法基于含可置换配体的金属有机络合物与不饱和金属有机化合物之间的缩合反应。不饱和络合物可以是金属亚烷基化合物（$L_nM{=}CR_2$）、金属次烷基化合物（$L_nM{\equiv}CR$）或含金属-金属多重键的化合物：

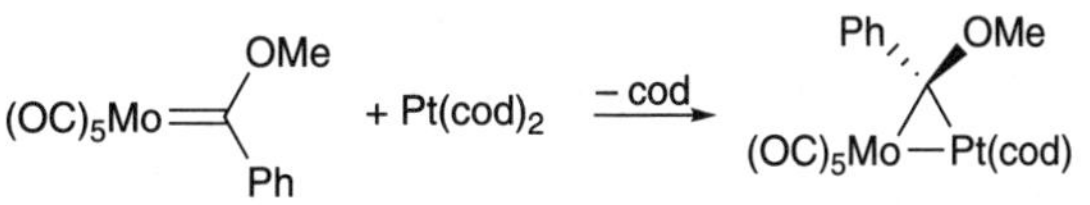

$$(OC)_5Mo{=}C(OMe)Ph + Pt(cod)_2 \xrightarrow{-cod} (OC)_5Mo{-}Pt(cod)\ \text{（以 C(Ph)(OMe) 桥连）}$$

$$(Cp)(CO)_2W{\equiv}Ph + Co_2(CO)_8 \xrightarrow{-2\,CO}$$ (CO)$_3$ Co, Ph, $(Cp)(CO)_2W$—$Co(CO)_3$

$$(Cp^*)Rh(\mu\text{-}CO)_2Rh(Cp^*) + Pt(PR_3)_2(CH_2CH_2)_2 \xrightarrow{-2\,C_2H_4}$$ (Cp*)Rh, CO, PR_3, Pt, (Cp*)Rh, PR_3, CO

$$(Cp)(CO)_2Mo{\equiv}Mo(CO)_2(Cp) + Pt(PPh_3)_4 \xrightarrow{-2\,PPh_3}$$ Ph_3P, PPh_3, Pt, $(Cp)(CO)_2Mo$—$Mo(CO)_2(Cp)$

反应

事实上,大多数金属有机化合物能够通过多种方式参与反应,这也是它们常被用作催化剂的原因。我们在前面介绍了配体及如何将它们引入到金属中心;这一节将介绍配体如何进一步反应或者互相反应。接下来的讨论中一个不必言明的事实是,配位饱和络合物的反应活性不如配位不饱和络合物。

22.21　配体取代反应

提要:金属有机络合物的配体取代反应与配位络合物中的配体取代反应非常相似,都受到金属原子价电子计数不超过 18 的约束;配体的空间位阻将增加解离过程的速率和降低缔合过程的速率。

对简单羰基络合物的 CO 取代反应进行了广泛研究,这类研究揭示了机理与速率方面的系统性变化趋势;由此发现的规律性在很大程度上适用于所有的金属有机络合物。金属有机络合物中一个配体被另一配体取代的简单反应与配位化合物中看到的取代反应非常相似,即反应通过缔合方式、解离方式或互换方式进行,反应以缔合方式或解离方式被活化(节 21.2)。

取代反应最简单的例子涉及 CO 被其他电子对给予体(如膦)所取代。如果[$Ni(CO)_4$]、[$Fe(CO)_5$]和铬族元素六羰基化合物中的 CO 被三烷基膦和其他配体取代的速率对进入基团相对不敏感,即表明解离活化机理在过程中起作用。某些情况下已检测到溶剂化的中间体(如[$Cr(CO)_5(THF)$]),这类中间体进而通过双分子过程与进入基团相结合:

$$Cr(CO)_6 + sol \longrightarrow [Cr(CO)_5](sol) + CO$$

$$Cr(CO)_5(sol) + L \longrightarrow [Cr(CO)_5L] + sol$$

当缔合活化要求中间体的价电子数超过 18 时(这意味着形成中间体时电子要占据高能级的反键分子轨道),金属羰基化合物预期将会发生解离活化的取代反应。

[$Ni(CO)_4$]非常容易解离其第一个 CO 基团,室温下就能很快被取代;但第 6 族羰基化合物中的 CO 配体结合得较牢固,往往需要加热或光化学激发才能促使其离去。例如,CH_3CN 取代 CO 要在乙腈回流的条件下进行,并且要用氮气流吹走一氧化碳才能使反应趋于完全。为了实现光解,单核羰基化合物(在可见区没有强吸收)需要暴露在近紫外辐射中(装置如图 22.16 所示)。如同加热过程一样,强有力的证据表明光助取代反应也生成含有溶剂的活性中间体络合物,溶剂分子接下来被进入配体所取代。人们已经检测到金属羰基化合物在光解作用下形成的溶剂化中间体:不仅在像 THF 这样的极性溶剂中,而且对已经试验过的每一种溶剂(甚至包括烷烃和稀有气体)都不例外。

16 电子络合物的配体取代反应速率敏感于进入基团的性质和浓度,表明反应为缔合活化。例如,[Ir

$(CO)Cl(PPh_3)_2$]与三乙基膦的反应是通过缔合活化进行的：

$$[Ir(CO)Cl(PPh_3)_2]+PEt_3 \longrightarrow [Ir(CO)Cl(PPh_3)_2(PEt_3)] \longrightarrow [Ir(CO)Cl(PPh_3)(PEt_3)]+PPh_3$$

16 电子金属有机化合物似乎倾向于发生缔合活化的取代反应，这是因为形成 18 电子活化络合物比通过解离机制形成的 14 电子活化络合物在能量上更有利。

与配位络合物发生的反应相类似，可以预期配体间较高的空间位阻能加速解离过程、降低缔合过程的速率(节 21.6)。配体相互拥挤的程度可用 Tolman 锥角(表 21.7)大致判断出来。通过对 $Ni(PR_3)_4$解离常数的考察(表 22.11)，能够了解锥角是如何影响配体配位反应的平衡常数的。小锥角膦配体[如锥角为 118°的 $P(CH_3)_3$]形成的络合物在溶液中微弱解离，大锥角配体 $P(t\text{-}Bu)_3$(182°)形成的络合物[$Ni(P^tBu_3)_4$]在溶液中高度解离。

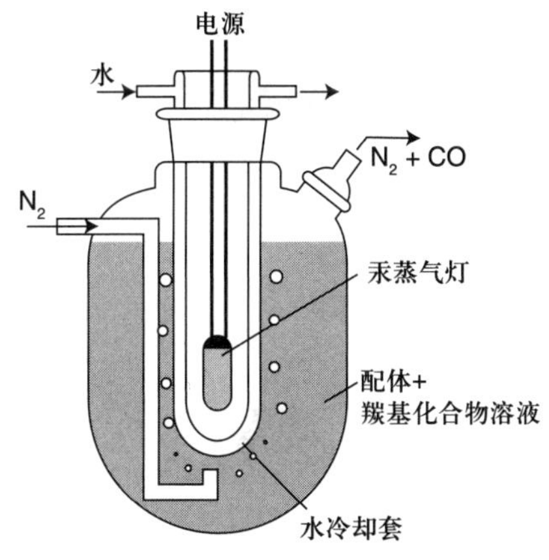

图 22.16　金属羰基化合物的光化学配体取代反应装置

表 22.11　锥角和某些 Ni 络合物的解离常数*

L	θ/(°)	K_d
PMe_3	118	$<10^{-9}$
PEt_3	137	1.2×10^{-5}
$PMePh_2$	136	5.0×10^{-2}
PPh_3	145	大
P^tBu_3	182	大

* 数据取自 25 ℃苯溶液中的反应：$NiL_4 \rightleftharpoons NiL_3+L$。

六配位金属羰基化合物 CO 取代反应的速率随着 CO 被碱性更强的配体取代而减小，烷基膦配体往往只能取代两个或三个羰基配体。对于大体积膦配体而言，热力学上可能不利于发生进一步的取代(由于空间位阻较大)，而金属原子上增大了的电子密度(它产生于 π 接受体配体被单纯的给予体配体所取代)似乎能够更紧地结合剩余的 CO 配体，从而降低了 CO 解离取代的速率。σ 给予体配体影响 CO 键合作用的解释如下：膦配体增大了中心金属的电子密度，进而增强了金属原子对剩余 CO 配体的 π 反馈成键作用，从而强化了 M—CO 键。M—C 键的增强减弱了 CO 从金属原子离去的倾向，从而降低了解离取代的速率。观察到的另一个现象是，第二个被取代的羰基通常处于第一个被取代羰基的顺位；第三个羰基被取代后生成面式络合物。这种区域化学行为产生于 CO 配体强的反位效应(节 21.4)。

例题 22.10　制备取代的金属羰基化合物

题目：以 MoO_3为 Mo 源、CO 和 PPh_3为配体，加上你选用的其他试剂，写出制备 $Mo(CO)_5(PPh_3)$的反应式并注明反应条件。

答案：一个可行的方法是先合成 $Mo(CO)_6$，然后利用配体取代反应合成目标产物。在一定的 CO 压力下，以 $Al(CH_2CH_3)_3$为还原试剂对 MoO_3进行还原羰基化反应。该反应所需的温度和压力低于 Mo 与 CO 直接化合的相应条件：

$$MoO_3+Al(CH_2CH_3)_3+6CO \xrightarrow{50\ atm,150\ ℃,庚烷} Mo(CO)_6+Al(CH_2CH_3)_3\text{的氧化产物}$$

接着用图 22.16 所示的装置进行光化学取代反应：

$$Mo(CO)_6+PPh_3 \longrightarrow Mo(CO)_5(PPh)_3+CO$$

每隔一段时间从反应器中取出少量样品用红外光谱的 CO 伸缩带跟踪反应进程。

自测题 22.10　对高取代络合物 $Mo(CO)_3L_3$的合成而言，配体 $P(CH_3)_3$和 $P(t\text{-}Bu)_3$哪个更合适？说明理由。

尽管上述总结的规律具有广泛的适用性，但仍然存在例外，特别是在环戊二烯基和亚硝酰基配体存在的情况下。这些情况下，甚至对 18 电子络合物也能看到缔合活化的证据。通常认为这是由于 NO 的配位模式可由直线形（如 **73** 中）转变为角形（如 **74** 中），提供的电子数相应减少 2（节 22.17）。与此相类似，η^5-Cp^- 六电子给予体相对于金属发生滑移变成 η^3-Cp^- 四电子给予体。这种情况下人们认为 $C_5H_5^-$ 配体中三个碳原子与金属相互作用，剩余两个电子形成一个简单的 C═C 双键与金属原子之间没有相互作用（**90**），电子数的相对减少导致中心金属更易发生取代反应：

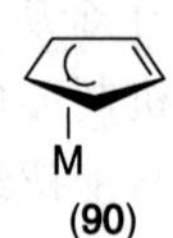

$$[V(CO)_5(NO)]+PPh_3 \longrightarrow [V(CO)_4(NO)(PPh_3)]+CO$$

$$[Re(\eta^5\text{-}Cp)(CO)_3]+PPh_3 \longrightarrow [Re(\eta^3\text{-}Cp)(CO)_2(PPh_3)]+CO$$

研究发现产生阴离子或阳离子自由基的电子转移过程能催化某些金属羰基化合物的羰基取代反应。这些自由基不具有 18 电子结构，图 22.17 给出这类反应有代表性的一个过程。由图可以看出，这种过程的关键特征是，19 电子自由基阴离子中的 CO 较之金属羰基化合物起始物中的 CO 更具不稳定性。同样，不常见的 19 电子或 17 电子金属化合物更易发生取代反应。

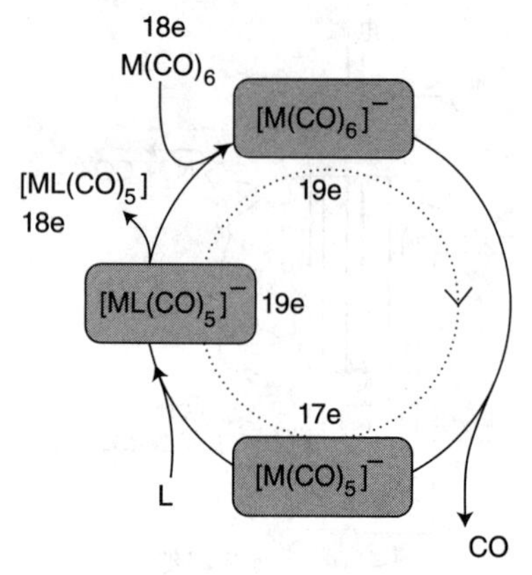

图 22.17　电子转移催化的 CO 取代示意图

加入少量还原性引发剂，可使催化循环一直持续下去直至 $M(CO)_6$ 或 L 被耗尽

由于分子碎片化较常见，所以簇合物中的配体取代往往不是一个直接过程。簇合物容易碎片化是因为其中 M—M 键的强度与 M—L 键相当，而且断开 M—M 键能为反应提供一条活化能更低的反应路径。例如，十二羰基铁(0)与三苯基膦在温和条件下反应会生成简单的单取代、二取代产物及某些簇碎片化产物：

$$3[Fe_3(CO)_{12}]+6PPh_3 \longrightarrow [Fe_3(CO)_{11}PPh_3]+[Fe_3(CO)_{10}(PPh_3)_2]+$$
$$[Fe(CO)_5]+[Fe(CO)_4PPh_3]+[Fe(CO)_3(PPh_3)_2]+3CO$$

然而，适当延长反应时间或提高反应温度就只能得到单核铁原子产物。由于同族元素 M—M 键的强度自上而下增大，所以制备较重元素簇合物的取代产物（如 $[Ru_3(CO)_{10}(PPh_3)_2]$ 或 $[Os_3(CO)_{10}(PPh_3)_2]$）时不会显著碎片化为单核络合物。

例题 22.11　评估取代活性

题目：化合物（**91**）和（**92**）中哪一个的 CO 配体更容易被膦配体所取代？

答案：18 电子化合物（**92**）中包含茚基配体。茚基配体比正常的环戊二烯基配体更容易发生环滑移形成 16 电子的 η^3 化合物（**93**），这是因为形成的双键成为六元芳香环的一部分。通过环滑移提供了一条形成配位不饱和物种的低能量途径，因此茚基化合物比 Cp 化合物更易发生反应。

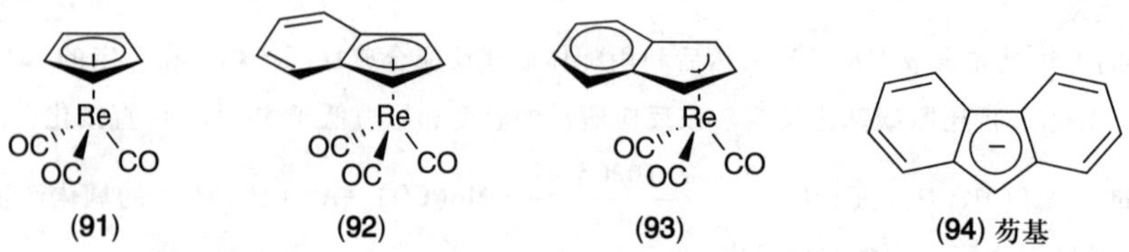

自测题 22.11　评估茚基化合物和芴基化合物（**94**）的相对取代活性。

22.22 氧化加成和还原消除

提要:氧化加成是指分子 X—Y 加合于金属原子时,随着 X—Y 键的断裂形成新的 M—X 和 M—Y 键的过程。氧化加成导致金属原子的配位数和氧化数都增加 2;还原消除是氧化加成的逆过程。

节 22.7 中讨论金属原子与二氢之间的成键时曾经注意到,二氢反应生成两个负氢离子化合物时金属原子的氧化数增加 2:

$$M(N)+H_2 \longrightarrow [M(N+2)(H)_2]$$

式中,N 代表氧化数。金属的氧化数增加 2,是因为虽然将二氢看作一个中性配体,但氢离子配体却被看作 H^-。从 H_2 分子形成两个 M—H 键相应于金属原子的形式电荷增加 2。金属原子的这种氧化似乎只是电子计数方式的考虑,其实金属原子的两个电子已被用于与二氢形成反馈键,不再可能利用它们参与新的成键作用。这种类型的反应相当常见,并被称之为**氧化加成**(oxidative addition)。多种分子能氧化性地加于金属原子上,包括烷基和芳基卤化物、二氢和简单的碳氢化合物。一般来说,任何 X—Y 分子加合于金属原子生成 M(X)(Y) 都可归入氧化加成。因此,金属络合物 $[ML_n]$ 与酸(如 HCl) 反应生成 $[ML_n(H)(Cl)]$ 的反应就是氧化加成反应。氧化加成反应不仅局限于 d 区金属,镁生成格氏试剂的反应(节 12.13) 就是一种氧化加成反应。

氧化加成反应导致金属原子上增加两个配体,电子计数也增加 2。因此通常需要一个配位不饱和的金属中心,特别常见的是四方平面形 16 电子金属络合物:

Me, Me, PEt3, PEt3 —Pt— $\xrightarrow{\text{MeI}}$ Pt(Me)(Me)(PEt3)(I)(Me)(PEt3)

16e Pt(II) 18e Pt(IV)

氢的氧化加成是个协同反应:二氢配位于金属形成 σ 键合的 H_2 配体,然后金属的反馈成键作用导致 H—H 键断裂形成顺式双氢化物:

Cl, PPh3, Ph3P, PPh3 —Rh $\xrightarrow{H_2}$ (H—H)Rh(Cl)(PPh3)(Ph3P)(PPh3) $\longrightarrow$ Rh(H)(Cl)(PPh3)(Ph3P)(H)(PPh3)

四配位 16e Rh(I) 五配位 18e Rh(I) 六配位 18e Rh(III)

其他分子(如烷烃和芳基卤化物)都以协同方式反应。所有这些情况下,两个进入配体最终彼此处于顺位。

一些氧化加成反应不是通过协同机制,而是经由自由基中间体或者最好将其看作 S_N2 取代反应。自由基氧化加成反应极为少见,这里不再进一步讨论。S_N2 氧化加成反应中,金属上的孤对电子进攻 X—Y 分子将 Y^- 取代,随后 Y^- 再键合到金属原子上:

Cl, PPh3, Ph3P, CO —Ir $\xrightarrow{\text{MeI}}$ [Ir(Me)(Cl)(PPh3)(Ph3P)(CO)]$^+$ + I^- $\longrightarrow$ Ir(Me)(Cl)(PPh3)(Ph3P)(CO)(I)

这种反应造成两种立体化学结果。首先,两个进入配体不需要最终相互处于顺位;第二,不同于协同反应,不论基团 X 是何种手性,都会发生反演。S_N2 氧化加成常见于像烷基卤化物这样的极性分子。

与氧化加成相反,中心金属上两个配体发生偶合然后离开金属原子的反应叫**还原消除**(reductive elimination):

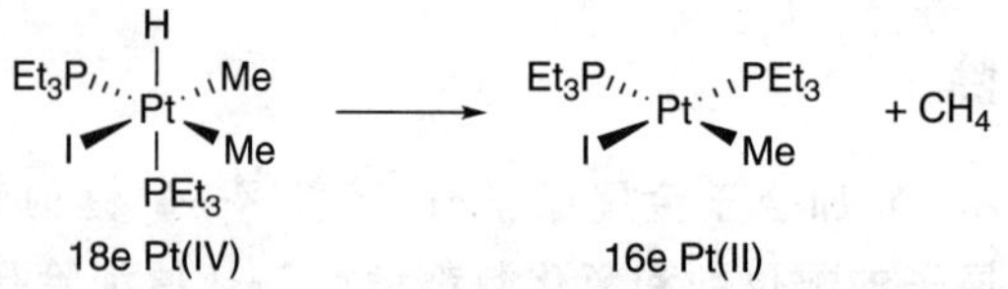

18e Pt(IV)　→　16e Pt(II) + CH_4

还原消除反应要求消除的片段彼此相互处于顺位，最好将其理解为协同形式氧化加成的逆反应。

氧化加成和还原消除反应原则上是可逆的。实际上，一个方向通常比另一个方向在热力学上更有利。氧化加成和还原消除反应在许多催化过程中发挥着重要作用（第 25 章）。

例题 22.12　识别氧化加成和还原消除

题目：说明下述反应是一例氧化加成反应：

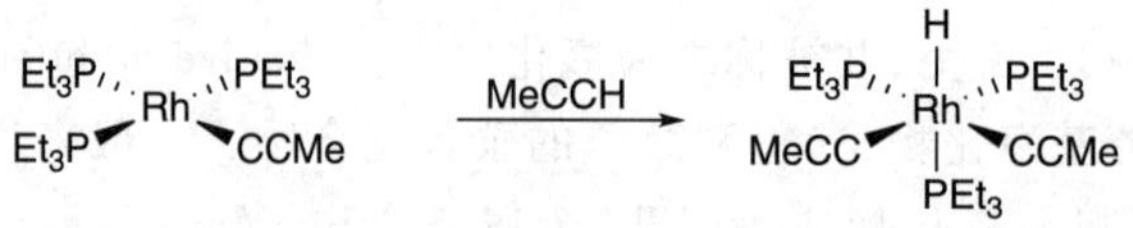

$(Et_3P)_3Rh(CCMe) \xrightarrow{MeCCH} (Et_3P)_3RhH(CCMe)_2$

答案：为了识别氧化加成反应，需要确定原料和产物的价电子计数和氧化态。四配位 Rh 的平面正方形起始物含有一个 η^1-炔基配体和三个中性膦配体，因而是个 16 电子的 Rh(Ⅰ)物种；六配位的八面体产物包含两个 η^1-炔基配体，一个氢化物配体和三个中性膦配体，因而是个 18 电子的 Rh(Ⅲ)物种。配位数和氧化数均增加了 2，故可认为是氧化加成反应。

自测题 22.12　说明下述反应是一例还原消除反应：

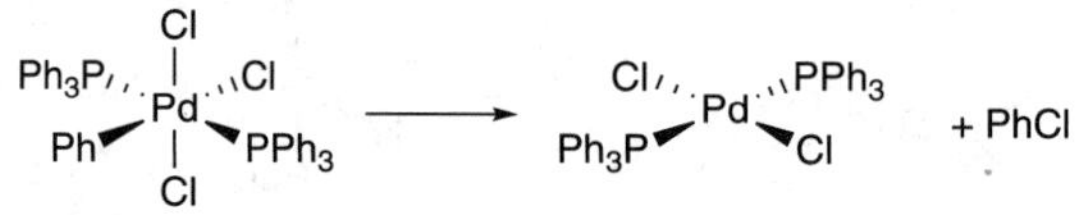

$(Ph_3P)_2PdCl_2(Ph) \longrightarrow (Ph_3P)_2PdCl_2 + PhCl$

22.23　σ 键复分解

提要：σ 键复分解是个有时（即不能发生氧化加成时）会发生的协同过程。

反应过程表面上似乎是氧化加成-还原消除反应，而实际上可能是通过一种叫做 **σ 键复分解**（σ-bond metathesis）的过程实现两物种交换的。σ 键复分解反应通常发生在前 d 区金属的络合物，这是由于金属原子没有足够的电子参与氧化加成。例如，16 电子化合物[$(Cp)_2ZrHMe$)不能与 H_2 反应生成三氢化物，因为其所有的电子都参与了与现有配体的成键。化学家为此提出了一个四元环过渡态，通过成键、断键的协同过程导致甲烷的消除：

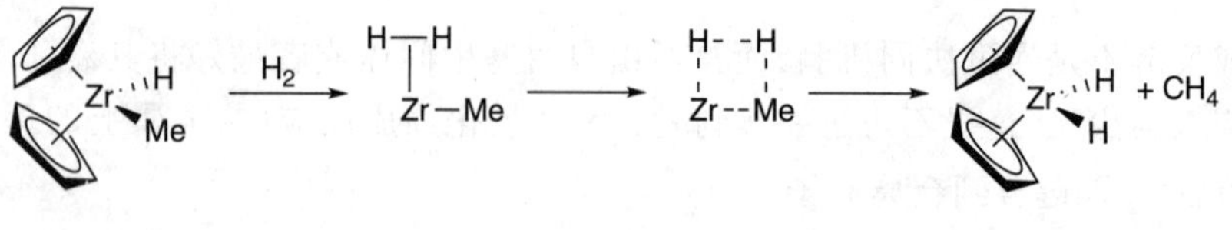

$Cp_2ZrHMe \xrightarrow{H_2}$ H—H / Zr—Me → H- -H / Zr- -Me → $Cp_2ZrH_2 + CH_4$

22.24　1,1-迁移插入反应

提要：1,1-迁移插入反应是指一物种（如氢化物或烷基）迁移至相邻配体（如羰基）生成金属原子上少两个电子的金属络合物的反应。

1,1-迁移插入反应（1,1-migratory insertion reaction）的一个例子是 η^1-CO 配体上发生的如下反应：

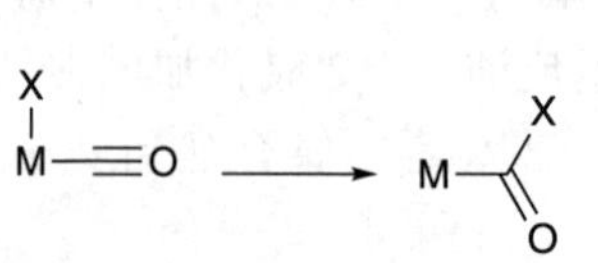

M(X)—C≡O → M—C(=O)X

该反应之所以被称为"1,1-反应",是因为与金属原子一键之遥的 X 基团最终结合在与金属原子也是一键之遥的原子上。X 通常是烷基或芳基物种,产物则含有一个酰基。这种反应原则上可通过 X 基团的迁移或 CO 插入 M—X 键实现,但实际机理的不确定性导致出现**迁移插入**(migratory insertion)这样一个明显矛盾的术语。然而,术语"迁移插入"中的"迁移"和"插入"在口头上可以互换使用。反应导致金属原子上的总电子数减少 2,氧化态不发生变化。因此,引入可作为配体的另一个物种可能诱导 1,1-迁移插入反应的发生:

$$[Mn(Me)(CO)_5]+PPh_3 \longrightarrow [Mn(MeCO)(CO)_4PPh_3]$$

对$[Mn(Me)(CO)_5]$的 CO 迁移插入反应的研究能够阐明此类反应的许多重要特点。首先,反应

$$[Mn(Me)(CO)_5]+{}^{13}CO \longrightarrow [Mn(MeCO)(CO)_4({}^{13}CO)]$$

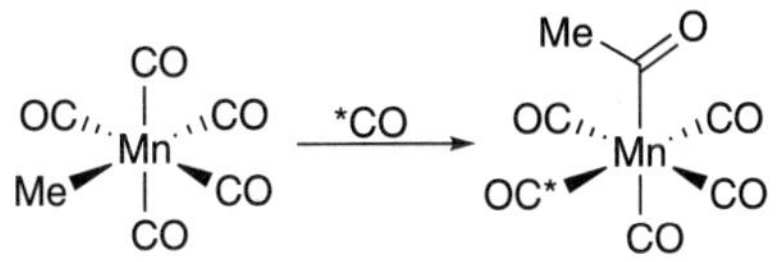

产物中只有一个标记的 CO,而且这个 CO 处于新形成的酰基的顺位。这种立体化学现象表明进入的 CO 基团并未插入 Mn—Me 键,或者是甲基迁移到相邻的一个 CO 配体,或者是一个与甲基相邻的 CO 配体插入 Mn—Me 键。其次,通过逆反应

$$cis\text{-}[Mn(MeCO)(CO)_4({}^{13}CO)] \longrightarrow [Mn(Me)(CO)_5]+CO$$

可能区分是甲基的迁移还是 CO 的插入(根据微观可逆性原理,逆反应和正反应的机理相同)。为了反应能够进行,*cis*-$[Mn(MeCO)(CO)_4({}^{13}CO)]$必须失去与酰基处于顺位的 CO。下面列出了可能的反应途径:失去标记 CO 配体的概率是 25%,如果失去标记的 CO,将不能获得任何重要信息。失去与标记 CO 配体和酰基基团都处于顺式的未标记 CO 配体的概率为 50%。这种情况下存在两种可能之一:甲基迁移回金属原子(a);CO 被逐出(b)。两种情况下都使甲基和^{13}CO 相互处于顺位,因而不能获得任何信息。然而,剩下 25%的概率是失去与标记 CO 处于反位的 CO。这种情况下则可将 CO 的逐出(c)与甲基迁移(d)相区分:如果是甲基的迁移,则其与标记 CO 处于反位;如果是 CO 的逐出,则甲基与标记 CO 处于顺位。

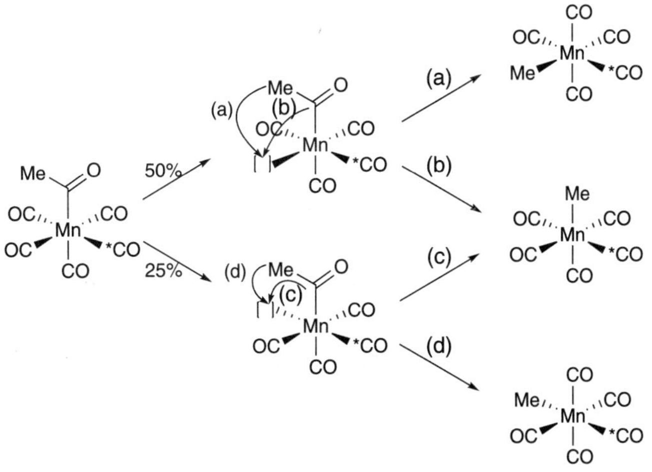

因为有大约 25%的产物是甲基与^{13}CO 处于反位,因此可以断定甲基确实发生了迁移。应用微观可逆性原理便可得出结论:正向反应是通过甲基迁移反应进行的。所有的 1,1-迁移插入反应现在都被认为是通过 X 基团的迁移进行的。此类反应途径的一个重要推论是,相对于迁移原子,迁移基团上其他原子的相对位置都保持不变。因此,X 基团在上述过程中的立体化学保持不变。

22.25　1,2-插入和 β-H 消除

提要：1,2-插入反应常见于 η^2 配位的配体（如烯烃）。反应生成 η^1 配位的配体，金属的氧化数则不变。β-H 消除是 1,2-插入的逆反应。

1,2-插入反应常见于 η^2 配位的配体（如烯烃和炔烃）。实例如下：

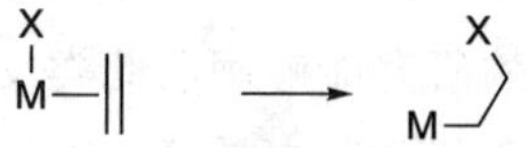

反应之所以定义为 **1,2-插入**（1,2-insertion）是因为起始物中的 X 基团与金属原子只有一键之遥，产物中则位于与金属原子相距两个化学键的原子上。X 基团通常是 H^-、烷基或芳基物种。在这种情况下，产物含有一个（取代的）烷基基团。与 1,1-插入反应相似，总反应导致金属原子的电子数减少 2，而氧化态不变。

如果上面反应中的 X 为 H，另外一个配体是乙烯分子，则得到的乙基基团能够通过迁移生成丁基基团：

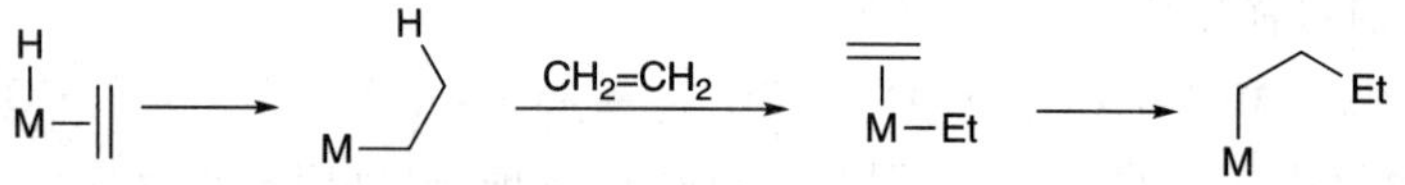

$CH_2{=}CH_2$

重复上述过程便可得到聚乙烯。这种类型的催化反应在工业生产中非常重要，将安排在第 25 章中做讨论。

1,2-插入的逆过程也可以发生，但这样的例子非常少见，除非 X 为 H。X 为 H 时该反应称为 **β-H 消除**（β-hydride elimination）：

实验证据表明，1,2-插入和 β-H 消除都是通过顺式（*syn*）中间体进行的：

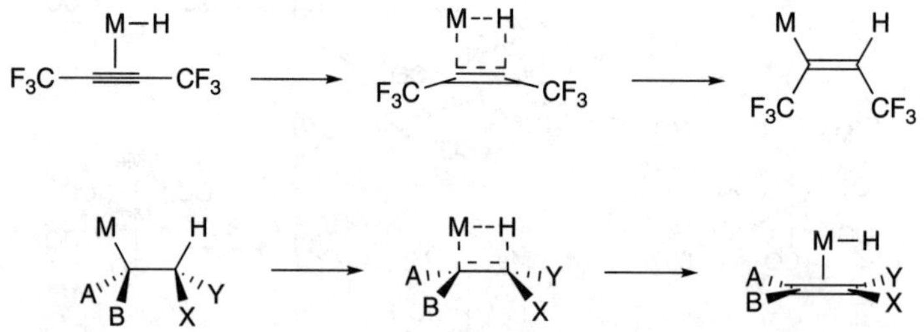

如节 22.8 中看到的那样，β-H 消除反应可为含烷基化合物的分解提供一条方便的路径。1,2-插入和 β-H 消除相结合的过程也可为烯烃异构化提供一条低能途径：

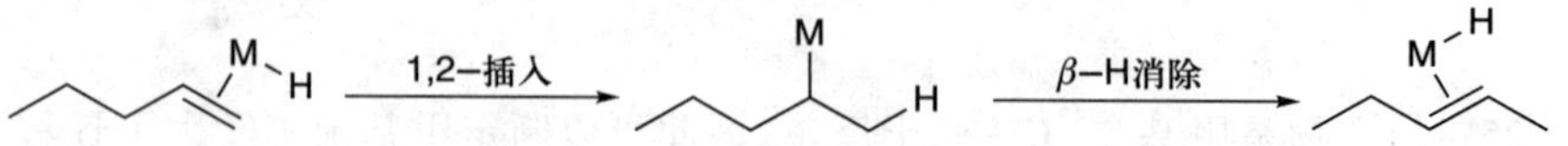

1,2-插入　　β-H消除

22.26　α-，γ-，δ-H 消除和环金属化

提要：环金属化反应（即金属插入一个远端 C—H 键）相当于 H 消除反应。

叫作 β-H 消除的原因是被消除的氢原子处在离开金属原子的第 2 个 C 原子上。对 α-、γ-、δ-H 消除

而言，被消除的氢原子则处在离开金属原子的第 1 个、第 3 个和第 4 个 C 原子上。α-H 消除反应偶然发生在没有 β-氢的络合物中，这类反应的产物是非常活泼的碳烯：

$$M—CH_3 \xrightarrow{\alpha\text{-H消除}} \overset{\displaystyle H}{\overset{|}{M}}{=}CH_2$$

γ-H 消除和 δ-H 消除较常见。由于产物含有**金属环**（metallocycle，即有金属原子插入的环结构），这类反应通常称为**环金属化**（cyclometallation）反应：

δ-H消除

环金属化反应往往也被看作远端 C—H 键的氧化加成反应。α-和 β-H 消除也都可看作环金属化反应。如果将烯烃看作金属环丙烷的形式，β-H 消除的环金属化特征更明显：

例题 22.13 判断插入和消除反应的结果

题目：试判断 $[Mn(Me)(CO)_5]$ 与 PPh_3 反应的产物（包括产物的立体化学）。

答案：$[Mn(Me)(CO)_5]$ 与 PPh_3 之间的反应不可能是膦配体与羰基配体之间的简单取代反应，因为这样的反应需要结合牢固的羰基配体发生解离。一个可能发生的反应是甲基迁移到相邻的 CO 配体上生成酰基，然后由膦配体填补空出来的配位位置。这一反应的活化能垒较低，产物应该是顺式 $[Mn(MeCO)(PPh_3)(CO)_4]$。

自测题 22.13 解释 $[Pt(Et)(Cl)(PEt_3)_2]$ 为什么容易分解而 $[Pt(Me)(Cl)(PEt_3)_2]$ 却不易分解。

延伸阅读资料

J. F. Hartwig, *Organotransition metal chemistry: from bonding to catalysis*. University Science Books (2010). 该课题最好的单卷本书籍。

R. H. Crabtree, *The organometallic chemistry of the transition metals*. John Wiley & Sons (2009).

C. Elschenbroich, *Organometallics*. Wiley-VCH (2006).

R. H. Crabtree and D. M. P. Mingos (eds), *Comprehensive organometallic chemistry III*. Elsevier (2006).

G. J. Kubas, *Chem. Rev.*, 2006, **107**, 4152. 全面介绍二氢络合物历史和发现。

D. M. P. Mingos and D. J. Wales, *Introduction to cluster chemistry*. Prentice Hall (1990); J. W. Lauher, *J. Am. Chem. Soc.*, 1978, **100**, 5305. 叙述簇合物成键的某些概念。

R. Hoffmann, *Angew. Chem.*, *Int. Ed. Engl.*, 1982, **21**, 711. 等叶瓣类似在金属簇合物中的应用，本文为 Hoffmann 获得诺贝尔化学奖的获奖演说。

练习题

22.1 给下列化合物命名，绘出其结构，并给出金属原子的价电子计数：(a) $[Fe(CO)_5]$，(b) $[Mn_2(CO)_{10}]$，(c) $[V(CO)_6]$，(d) $[Fe(CO)_4]^{2-}$，(e) $[La(\eta^5-Cp^*)_3]$，(f) $[Fe(\eta^3-allyl)(CO)_3Cl]$，(g) $[Fe(CO)_4(PEt_3)]$，(h) $[Rh(Me)(CO)_2(PPh_3)]$，(i) $[Pd(Me)(Cl)(PPh_3)_2]$，(j) $[Co(\eta^5-C_5H_5)(\eta^4-C_4Ph_4)]$，(k) $[Fe(\eta^5-C_5H_5(CO)_2]^-$，(l) $[Cr(\eta^6-C_6H_6)(\eta^6-C_7H_8)]$，(m) $[Ta(\eta^5-C_5H_5)_2Cl_3]$，(n) $[Ni(\eta^5-C_5H_5)NO]$。上述络合物中有无偏离 18 电子规则的？如果有，请说明这种偏离如何反映在络合物的结构和化学性质上。

22.2　绘出1,3-丁二烯与金属原子两种相互作用的图形：(a) η^2相互作用，(b) η^4相互作用。

22.3　给出下列配体与d金属原子(如Co)间可能的齿合度：(a) C_2H_4，(b) 环戊二烯基，(c) C_6H_6，(d) 环辛二烯，(e) 环辛四烯。

22.4　绘出下列络合物合理的结构并给出电子计数：(a) $[Ni(\eta^3-C_3H_5)_2]$，(b) $Co(\eta^4-C_4H_4)(\eta^5-C_5H_5)$，(c) $[Co(\eta^3-C_3H_5)(CO)_2]$。如果电子计数偏离18，能根据周期性变化趋势予以解释吗？

22.5　叙述制备简单金属羰基化合物的两种常用方法，并用化学方程式说明你的答案。所选用的方法是基于热力学还是动力学的考虑？

22.6　在没有参考资料的情况下判断：对称性分别为C_{2v}、D_{3h}和C_s的三个金属三羰基化合物中哪个的红外谱图上CO伸缩带最多？参考表22.7，核对你的答案并给出每个化合物可能的谱带数。

22.7　对下列每对化合物中各化合物之间IR伸缩频率的差别做出合理解释：(a) $[Mo(CO)_3(PF_3)_3]$(2040, 1 991 cm^{-1})/$[Mo(CO)_3(PMe_3)_3]$(1945, 1 851 cm^{-1})，(b) $[Mn(Cp)(CO)_3]$(2023, 1 939 cm^{-1})/$[Mn(Cp^*)(CO)_3]$(2017, 1 928 cm^{-1})。

22.8　络合物$[Ni_3(C_5H_5)_3(CO)_2]$只有一个CO伸缩振动谱带1 761 cm^{-1}。IR数据表明所有的C_5H_5都是五齿配体，而且可能具有相同的化学环境。(a) 根据这些信息给出该化合物的结构；(b) 在给出的结构中，是否每一金属原子都服从18电子规则？如果不服从，周期表中这一区域的Ni违背18电子规则的现象普遍吗？

22.9　下列络合物中哪一个与^{13}CO的交换最快？并做出说明。(a) $[W(CO)_6]$，(b) $[Ir(CO)Cl(PPh_3)_2]$。

22.10　下列两组络合物中哪一个对质子表现出的碱性更强？并说明理由。(a) $[Fe(CO)_4]^{2-}$/$[Co(CO)_4]^-$，(b) $[Mn(CO)_5]^-$/$[Re(CO)_5]^-$。

22.11　以18电子规则为指导，指出下列络合物中n可能具有的值：(a) $[W(\eta^6-C_6H_6)(CO)_n]$，(b) $Rh(\eta^5-Cp)(CO)_n]$，(c) $[Ru_3(CO)_n]$。

22.12　写出两种以$[Mn_2(CO)_{10}]$为原料合成$[MnMe(CO)_5]$的方法：一种方法用到Na；另一种用到Br_2。自选用到的其他试剂。

22.13　$[Mo(CO)_6]$先与LiPh，再与强碳正离子试剂$CH_3OSO_2CF_3$反应，写出产物可能的结构。

22.14　$Na[W(\eta^5-C_5H_5)(CO)_3]$与3-氯-1-丙烯反应生成固体A，A分子的化学式为$[W(C_3H_5)(C_5H_5)(CO)_3]$。化合物A在光照下失去CO生成化合物B，B分子的化学式为$[W(C_3H_5)(C_5H_5)(CO)_2]$。化合物A依次用氯化氢和六氟磷酸钾($K^+PF_6^-$)处理生成盐C，C的化学式为$[W(C_3H_6)(C_5H_5)(CO)_3]PF_6$。利用以上信息和18电子规则，对化合物A、B和C进行识别，并给出它们的结构(提示：特别注意烃类化合物的齿合度)。

22.15　(a) 从$[Mo(CO)_6]$合成$[Mo(\eta^7-C_7H_7)(CO)_3]BF_4$，(b) 从$[Ir(CO)Cl(PPh_3)_2]$合成$[Ir(COMe)(CO)(Cl)_2(PPh_3)_2]$。

22.16　$[Fe(CO)_5]$在环戊二烯中回流时形成化合物A，其经验式为$C_8H_6O_3Fe$，但^1H-NMR谱复杂。化合物A容易失去CO形成化合物B，B的^1H-NMR谱有两个共振信号：一个信号的化学位移为负值(相对强度为1)；另一个在5 ppm附近(相对强度为5)。接着加热B失去H_2生成化合物C，C的^1H-NMR谱只有一个信号，经验式为$C_7H_5O_2Fe$。化合物A、B和C都具有18个价电子。对各物质进行识别，并解释你所观察到的谱图数据。

22.17　低温下$TiCl_4$与EtMgBr反应得到一种在−70 ℃以上不稳定的金属有机化合物，而低温下$TiCl_4$与MeLi或$LiCH_2SiMe_3$反应得到的金属有机化合物在室温下则是稳定的。对上述现象给出一个合理的解释。

22.18　$TiCl_4$与4个当量的NaCp反应生成单一的金属有机化合物(同时生成副产物NaCl)。室温下^1H-NMR谱显示一个锐单峰；冷却至−40 ℃时该单峰分裂成两个强度相等的峰；进一步冷却时，其中一个单峰分裂为信号强度比为1 : 2 : 2的三个峰。解释这些结果。

22.19　写出将$[Fe(\eta^5-C_5H_5)_2]$分别转换为下列两个化合物的反应方程式：(a) $[Fe(\eta^5-C_5H_5)(\eta^5-C_5H_4COCH_3)]$，(b) $[Fe(\eta^5-C_5H_5)(\eta^5-C_5H_4CO_2H)]$。

22.20　绘出两个具有D_{5h}对称性的重叠式C_5H_5配体堆砌在一起的a_1'对称性匹配轨道图。列出位于两环之间的金属原子可能的非零重叠的s、p和d轨道。说明可能形成几条a_1'分子轨道。

22.21　化合物$[Ni(\eta^5-C_5H_5)_2]$容易加合一个HF分子生成$[Ni(\eta^5-C_5H_5)(\eta^4-C_5H_6)]^+$，而$[Fe(\eta^5-C_5H_5)_2]$与强酸反应则生成$[Fe(\eta^5-C_5H_5)_2H]^+$。后一化合物中H与Fe相结合。试为这种差别提供合理的解释。

22.22　写出下列反应可能的机理并说明原因：

(a) $[Mn(CO)_5(CF_2)]^+ + H_2O \longrightarrow [Mn(CO)_6]^+ + 2\ HF$

(b) $[Rh(CO)(C_2H_5)(PR_3)_2] \longrightarrow [RhH(CO)(PR_3)_2] + C_2H_4$

22.23　提出$[Mo(Cp)(CO)_3Me]$中 CO 配体可与膦发生交换的两条合理的路线，两条路线都不能从 CO 的解离开始。

22.24　(a) 八面体和三棱柱体簇合物的簇价电子(CVE)计数有何特征？(b) 这些 CVE 值能否从 18 电子规则推导出来？(c) 确定$[Fe_6(C)(CO)_{16}]^{2-}$和$[Co_6(C)(CO)_{16}]^{2-}$可能的几何构型(正八面体或三棱柱体)。(两个分子中的 C 都处于簇合物中心，且可看作四电子给予体。)

22.25　根据等叶瓣类似法，从给定基团中选择可以替换下列化合物中用黑体表示的基团：

(a) $[Co_2(CO)_9\mathbf{CH}]$：OCH_3，$N(CH_2)_2$或 $SiCH_3$

(b) $[(OC)_5Mn\mathbf{Mn(CO)_5}]$：I，$CH_2$或 CCH_3

22.26　金属簇合物的配体取代反应往往按缔合机理进行。通常假定先发生 M—M 键的断裂过程，从而为进入配体提供一个开放的配位位置。如果这一机理适用，$[Co_4(CO)_{12}]$和$[Ir_4(CO)_{12}]$哪个化合物加合^{13}CO 的速率最快？

辅导性作业

22.1　为$[Re(CO)(\eta^5\text{-}C_5H_5)(PPh_3)(NO)]^+$与 $Li[HBEt_3]$(含一个亲核性很强的 H^-)反应所得的产物提出一个结构。详情可参阅：W. Tam，G. Y. Lin，W. K. Wong，W. A. kid，V. Wong，J. A. Gladysz，*J. Am. Chem. Soc.*，1982，**104**，141.

22.2　如果金属羰基化合物中存在多个 CO 配体，每个羰基与金属之间的键强可由力常数(来自实验测得的 IR 频率)确定。$[Cr(CO)_5(PPh_3)]$中 *cis*-CO 有较高的力常数，而$[Ph_3SnCo(CO)_4]$中则是 *trans*-CO 有较高的力常数。为什么？并解释两种情况下哪一种的 CO 碳原子更易受到亲核进攻。参阅：D. J. Darensbourg，M. Y. Darensbourg，*Inorg. Chem.*，1970，**9**，1691.

22.3　金属有机化合物往往可能指定不同的共振结构，如卡宾与两性离子形式之间的竞争关系。提出区分两种形式的方法，并简述可能有利于形成某一种形式的条件。参阅：N. Ashkenazi，A. Vigalok，S. Parthiban，Y. Ben-David，L. J. W. Shimon，J. M. L. Martin，D. Milstein，*J. Am. Chem. Soc.*，2000，**122**，8797；C. P. Newman，G. J. Clarkson，N. W. Alcock，J. P. Rourke，*Dalton Trans.*，2006，3321.

22.4　往往认为抓氢作用很弱，试举例说明抓氢作用也可取代其他配体的相互作用。参阅：B. L. Conley，T. J. Williams，*J. Am. Chem. Soc.*，2010，**132**，1764；S. H. Crosby，G. J. Clarkson，R. J. Deeth，J. P. Rourke，*Dalton Trans.*，2011，**40**，1227.

22.5　说明如何用 NMR 技术对 d 金属的烷烃络合物进行明确的识别。X 射线衍射可以获得哪些额外的信息。参阅：S. Geftakis and G. E. Ball，*J. Am. Chem. Soc.*，1998，**120**，9953；W. H. Bernskoetter，C. K. Schauer，K. I. Goldberg，M. Brookhart，*Science*，2009，**326**，553；S. D. Pike，A. L. Thompson，A. G. Algarra，D. C. Apperley，S. A. Macgregor，A. S. Weller，*Science*，2012，**337**，1648.

22.6　有可能区分两种概念上不同的抓氢作用：抓和反抓。试描述两种类型之间的区别。参阅：M. Brookhart，M. L. H. Green，G. Parkin，*Proc. Nat. Acad. Sci.* U. S. A.，2007，**104**，6908.

22.7　二氮络合物$[Zr_2(\eta^5\text{-}Cp^*)_4(N_2)_3]$已被成功分离出来，并用单晶 X 射线衍射测定了其结构。每个 Zr 原子与两个 Cp^* 和一个端基 N_2键合，第三个 N_2配体桥连于两个 Zr 原子之间(ZrNNZr 近乎呈直线)。阅读参考资料前，先写出该化合物可能具有的结构，并使之符合样品在 27 ℃测得的^1H-NMR 谱。谱图显示两个单峰，意味着 Cp^* 环具有两种不同的化学环境；而高于室温时，这些环在 NMR 时标上是等价的。^{15}N-NMR 表明端基 N_2与溶解的 N_2分子之间的交换与 Cp^* 配体位置的转换过程有关。试提出一种 Cp^* 配体配位位置相互转换的方式。参阅：J. M. Marnriquez，D. R. McAlister，E. Rosenberg，H. M. Shiller，K. L. Williamson，S. I. Chan，J. E. Berrcaw，*J. Am. Chem. Soc.* 1978，**108**，3078.

22.8　如何明确地识别金属有机络合物中含有稀有气体原子配体？参阅：G. E. Ball，T. A. Darwish，S. Geftakis，M. W. George，D. J. Lawes，P. Portius，J. P. Rourke，*Proc. Natl Acad. Sci.*，2005，**102**，1853.

22.9　从二氢与低氧化态 d 区金属的成键情况和反应活性，你可得出适用于烷烃与金属成键的什么结论？这对碳氢化合物与金属原子的氧化加成有什么意义？可供参阅的资料有如：R. H. Crabtree，*J. Organomet. Chem.*，2004，**689**，4083.

22.10　比较和对照 Fischer 卡宾与 Schrock 卡宾。参阅：E. O. Fischer，*Adv. Organomet. Chem.*，1976，**14**，1；R. R. Schrock，*Acc. Chem. Res.*，1984，**12**，98.

22.11　造成不同数目碳原子与中心金属原子配位的配体重排叫齿合点重排。(芴基)(环戊二烯基)铁络合物存在哪些可能的齿合点重排异构体？参阅 E. Kirillov，S. Kahlal，T. Roisnel，T. Georgelin，J. Saillard，J. Carpentier，*Organometallics*，

2008,**27**,387.

22.12　桥羰基配体可能以不同的方式实现桥连,不同的桥连方式则向金属原子提供数目不同的电子。试叙述不存在Fe—Fe键的情况下,[$Fe_2(CO)_9$]的结构如何实现每个Fe原子都满足18电子。参阅 J. C. Green,M. L. H. Green,G. Parkin, *Chem. Comm.*, 2012,**48**,11481.

（曾凡龙　译,史启祯　审）

23 章

f 区元素

f 区是周期表中引人入胜的一个区。从总体上讲，该区元素涉及原子结构和成键方面许多最重要的规则；但对单个元素而言，这些规则也存在如何运用和面临挑战的问题。4f 元素（镧系元素 Ln）特有的相似性是下述事实的反映：原子填充电子的 4f 轨道是类芯层轨道，这种轨道与给予体原子轨道几乎不重叠。镧系元素是电正性金属，许多性质与第 2 族元素性质类似。例如，$6s^2$ 和 $5d^1$ 电子发生电离生成稳定的阳离子（Ln^{3+}），后者以离子方式与其他物种相作用。能量相对有利时，具有 $4f^n/5d^1$ 电子组态的元素也能合成 Ln(Ⅱ)和 Ln(Ⅳ)化合物，这些不常见的物种往往具有高反应活性。具有电子部分充满 f 轨道的 Ln(Ⅲ)离子显示出良好的电性质、光学性质和磁性质，并在技术上得到广泛应用。5f 元素（锕系元素，An）分为两组。前六种元素（Th～Am）能够用其 6d 和 5f 轨道成键，与许多 d 金属的性质（丰富的氧化还原性质和配位化学行为）相类似。U、Np、Pu 和 Am 化学的一个重要特性是具有稳定的、共线结构的 AnO_2^{n+} (n=1,2) 单元。后锕系元素的性质更像镧系元素，这是因为 5f 轨道更深地向芯层收缩。后锕系元素的原子核不稳定，其化学性质很难进行研究。

f 区元素因电子分别填充 7 个 4f 轨道和 7 个 5f 轨道而分为两个系列。占据从 f^1 到 f^{14} 的 f 轨道分别对应于从铈（Ce）到镥（Lu）的第六周期元素和从钍（Th）到铹（Lr）的第七周期元素。然而鉴于化学性质的相似性，通常将元素镧（La）和锕（Ac）也包括在 f 区一起讨论。4f 区元素统称为**镧系元素**（lanthanoids，以前叫“lanthanides”，后一名称现仍在用），5f 区元素统称为**锕系元素**（actinoids，以前叫“actinides”）。镧系元素有时被称为“稀土元素”；然而这个名称并不恰当，因为除钷（不存在稳定同位素）之外，它们并非特别稀有。镧系元素通常用符号 Ln 表示，锕系元素用符号 An 表示。

镧系元素与锕系元素的化学性质明显不同，在一般性介绍之后将分别进行讨论。正如我们将会看到的那样，除了一些有趣的例外，镧系元素在性质上具有惊人的一致性。然而锕系元素却显示更大的多样性，许多化合物类似于 d 区元素。

元素

本章的讨论从 f 区元素的通性和提取方法开始。

23.1 价轨道

提要：4f 轨道很少参与成键：它的径向分布函数处在 6s 和 5d 轨道之内，容易失去 6s 和 5d 轨道上的电子形成 3+离子。因此镧系元素主要显示离子型成键。5f 轨道略微向外更多的伸展，所以锕系前几种元素的化学性质较为丰富，包括形成共价键和形成多种氧化态。

为了对镧系元素和锕系元素的性质进行比较，首先需要考虑 4f 和 5f 轨道是怎样从芯层伸展到各自的外层轨道（包括 s、p 和 d 轨道）所占的区域的。正如第 1 章看到的那样，f 轨道的角度波函数和由这些轨道形成的共价键应该是高度定向的。然而，除前几种锕系元素（Th～Pu）外，人们发现 f 轨道对共价成键作用的贡献相对较小。为理解这一事实，需要考虑它们在芯层之外的径向投射。如果把 f 和 d 轨道都比作花的瓣，f 轨道的波瓣就是雏菊的花瓣，而 d 轨道则像是巨大的罂粟花瓣！这一比喻可在图 23.1 中得到说明，该图给出有代表性的镧系离子（Sm^{3+}）和与其对应的锕系离子（Pu^{3+}）外层轨道的径向分布函数。两种情况下，f 轨道的收缩程度都比 d 轨道大得多。

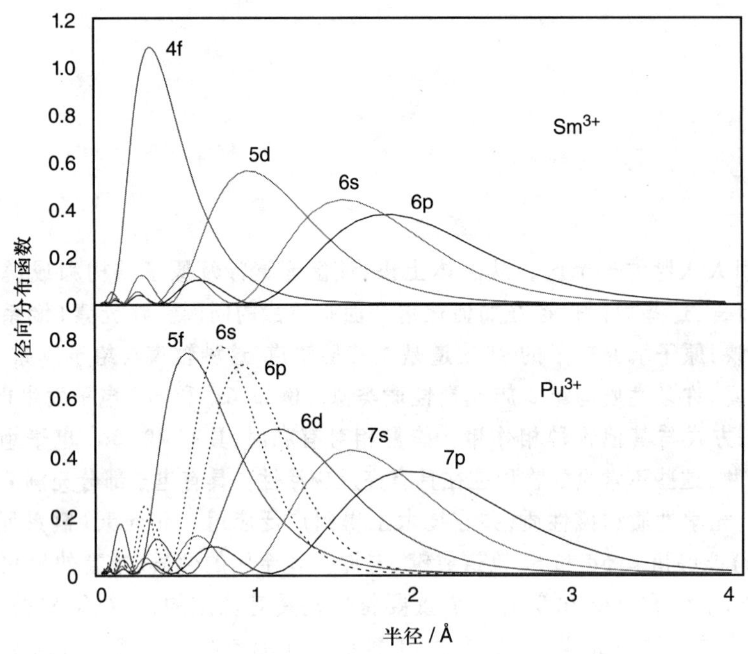

图 23.1　Sm^{3+} 和 Pu^{3+} 的径向分布函数对照图

Pu^{3+} 的图上也给出 6s 和 6p 轨道，它们被认为恰好处在芯层中

镧系元素的 4f 轨道没有靠内的峰值，受到核电荷较为强烈的吸引；因而被深埋在 5d 和 6s 轨道下方并大幅收缩，甚至对核电荷增加的最微小变化也变得像芯层那样做出响应。锕系元素的 5f 轨道具有靠内的峰值（更具穿透力），对核电荷形成较好的屏蔽。因此 5f 轨道比 4f 轨道向外更扩展，更可能与配体轨道有效重叠。6d 轨道比 5d 轨道向外更为扩展的事实延续了第 20 章看到的 3d 至 5d 轨道向外扩展的趋势，可以预计 6d 轨道将更为有效地形成共价键。事实上将会看到，前锕系元素像 d 金属那样显示丰富多样的络合物和氧化态。与此相反，镧系元素的表现更像第 2 族金属，几乎完全以非定向的静电模式相键合。

23.2　存在和提取

提要：镧系元素的主要矿物是磷酸盐矿；最重要的锕系元素铀是从其氧化物中提取的。

除钷（Pm）之外，其他镧系元素在地壳中相当常见；事实上，即使是"最稀有"的镧系元素铥，在地壳中的丰度也大于银（见表 23.1）。前镧系元素的主要矿物为独居石[$(Ln,Th)PO_4$]，该矿物是含有镧系元素和钍的混合物。另一种磷酸盐矿物叫磷钇矿（类似的组成为 $LnPO_4$），是重镧系元素的主要来源。氟碳铈镧矿（$LnCO_3F$）是一种碳酸盐氟化物矿，它是轻镧系元素（特别是 Ce 和 La）的另一个主要来源。图 23.2

表 23.1　镧系元素（加黑）与其他一些广泛使用的金属元素在地壳中丰度的比较

元素	丰度/ppm	元素	丰度/ppm	元素	丰度/ppm	元素	丰度/ppm
Fe	43 200	Pb	15	**Eu**	**1.3**	Ag	0.07
Cr	126	**Pr**	**6.7**	Mo	1.1	Hg	0.04
Ce	**60**	**Sm**	**5.3**	W	1.0	Au	0.002 5
Ni	56	**Gd**	**4.0**	**Ho**	**0.8**	Pt	0.000 4
La	**30**	**Dy**	**4.0**	**Tb**	**0.7**	Rh	0.000 06
Nd	**27**	**Er**	**2.1**	**Lu**	**0.35**		
Co	24	**Yb**	**2.0**	**Tm**	**0.30**		

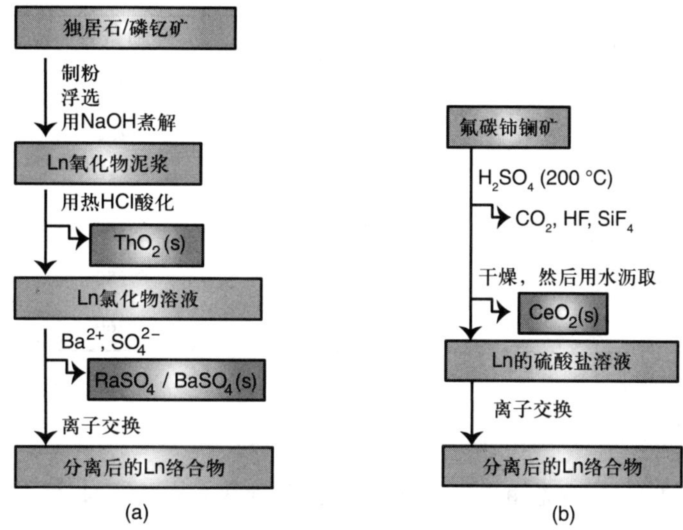

图 23.2　从矿石中分离镧系元素的简要步骤

示出提取镧系元素的简化流程。所有镧系元素主要显示 3+氧化态的事实导致其相互分离较困难,尽管铈[可被氧化为铈(Ⅳ)]和铕[可被还原为 Eu(Ⅱ)]可利用其氧化还原性质从其他镧系元素中分离出来。其余镧系元素(Ln^{3+}离子)的大规模分离是通过多级液液萃取实现的。在液液萃取体系中,离子分布在水相和含有络合剂的有机相。如果需要高纯度的单一镧系元素,则用离子交换色谱法来分离。纯的和混合的镧系金属可由镧系元素卤化物熔融电解法制备。

铅($Z=82$)之后的所有元素都不存在稳定同位素,只是钍(Th,$Z=90$)和铀(U,$Z=92$)两个锕系元素具有量大(与 Sn 和 I 相当)且寿命足够长的同位素,太阳形成之前已存在于作为恒星的超新星中(应用相关文段 1.1)。较轻的超铀元素是由中子轰击的方法合成的(应用相关文段 1.1),而微量的重锕系元素(通常只有几个原子)则由轻原子(O,C)轰击的方法产生:

$$^{238}_{92}U+^{1}_{0}n \longrightarrow ^{239}_{92}U \longrightarrow ^{239}_{93}Np+e^{-}+v$$

$$^{239}_{93}Np \longrightarrow ^{239}_{94}Pu+e^{-}+v$$

$$^{249}_{97}Bk+^{18}_{8}O \longrightarrow ^{260}_{103}Lr \longrightarrow ^{4}_{2}He+3^{1}_{0}n$$

表 23.2 给出锕系元素最稳定同位素的半衰期。人们对元素镧的关注是由于它是自然界存在的最重元素,以痕量存在于富铀沉积物(连续多步中子俘获和 β 衰变过程的产物)中。

表 23.2　锕系元素最稳定同位素的半衰期

Z	名称	符号	质量数	$t_{1/2}$
89	锕	Ac	227	21.8 a
90	钍	Th	232	1.41×10^{10} a
91	镤	Pa	231	3.28×10^{4} a
92	铀	U	238	4.47×10^{9} a
93	镎	Np	237	2.14×10^{6} a
94	钚	Pu	244	8.1×10^{7} a
95	镅	Am	243	7.38×10^{3} a
96	锔	Cm	247	1.6×10^{7} a
97	锫	Bk	247	1.38×10^{3} a

续表

Z	名称	符号	质量数	$t_{1/2}$
98	锎	Cf	251	900 a
99	锿	Es	252	460 d
100	镄	Fm	257	100 d
101	钔	Md	258	55 d
102	锘	No	259	1.0 h
103	铹	Lr	260	3 min

23.3　物理性质和应用

提要：镧系元素是活泼金属，少量用在专业领域；锕系元素具有放射性，其用途受到限制。

镧系元素是软的白色金属，其密度与 3d 金属的密度（$6\sim10\ g\cdot cm^{-3}$）差不多。金属本身的导热性和导电性相对较差，分别低于铜的 25 倍和 50 倍。金属能与水蒸气和稀酸起反应，但表面氧化物层使其有所钝化。虽然许多元素采取立方密堆积结构（尤其是在高压下），但大多数镧系金属则采取六方密堆积结构。

商业上将前镧系金属的混合物（包括铈）叫**混合金属**（mischmetal），炼钢过程中加入混合金属以去除如氧、氢、硫、砷等杂质，这些杂质的存在会降低钢的机械强度和韧性。钐和钴的合金（$SmCo_5$ 和 Sm_2Co_{17}）具有很高的磁强度，超过铁和一些磁性铁氧化物（Fe_3O_4）的 10 倍。温度升高时它们还具有优良的耐腐蚀性和良好的稳定性。钕铁的硼化物（$Nd_2Fe_{14}B$）显示出类似的磁性质而且生产成本较低，但因为易受腐蚀，磁体往往需要镀锌或镀镍或涂以环氧树脂。这类高强度磁性材料的应用范围包括耳机、麦克风、磁性开关、粒子束制导部件的成分、制造电动汽车节能装置（制动能量回收）及制造风力涡轮发电机等。

镧系元素化合物具有广泛用途，其中许多用途与这些化合物的磁性和光学性质有关（节 23.5）：氧化铕和铕的钒酸盐用作显示屏和照明中的红色荧光粉，钕（Nd^{3+}）、钐（Sm^{3+}）和钬（Ho^{3+}）用于固体激光器。精心设计并巧妙选择有机配体的镧系络合物正在医学科学中找到应用，如用作对不同组织具有选择性的磁共振成像剂和用作生物分析筛选的发光材料。镧系元素发光体的多种广告牌利用了这样的性质：如果配体能引入"天线"功能（强吸光性）或用电化学方法激发的功能，发光强度和可控性就会大大提高。作为一系列有机反应的催化剂，镧系元素络合物也具有重要用途。

锕系元素的密度从锕（$10.1\ g\cdot cm^{-3}$）至镎（$20.4\ g\cdot cm^{-3}$）逐渐增加，之后逐渐下降。金属钚在大气压下至少有 6 个晶相，其密度之差超出 20%。锕系元素的许多物理性质和化学性质仍不清楚，主要是由于离析出来的量太少，也由于它们具有放射性和许多锕系元素具有化学毒性而属于危险物品。它们最主要的和平用途是用在核反应堆中，但极少量也用于各种日常技术。例如，铀被用于制造某些玻璃，镅被用在烟雾报警器中。

镧系元素化学

镧系元素都是化学性质极为相似的电正性金属。两个镧系元素之间的主要差别往往只是其尺寸大小不同，选择其中一个特定大小的元素往往可对化合物的性质进行"微调"。例如，材料的磁性质和电性质往往取决于相关原子的精确距离和各种原子轨道的重叠程度。选择一个适当大小的镧系元素即可控制这一距离，从而影响其电导率和磁有序温度。

23.4　一般变化趋势

提要：镧系元素是高电正性的金属，Ln(Ⅲ)化合物最常见；只有当 f 亚层全空、半满或全满状态时其他氧化态才是稳定的。

镧系元素最常见的氧化态是 Ln(Ⅲ)，这种一致性在周期表中绝无仅有。在许多其他方面，它们的化学性质类似于第 2 族元素。所有金属与稀酸溶液反应放出氢。Ln^{3+}是硬 Lewis 酸，优先与 F^-或含氧配体结合，最常见的矿物是磷酸盐矿。

镧系元素（不论原子序数是多少）优先选择+3 氧化态，最根本的原因在于其 4f 轨道的类芯性，即 4f 轨道相对较深地埋在原子内层，与相邻原子的轨道只存在弱相互作用。随着原子序数自左至右增加，电子主要填充在 4f 亚层中，从而导致其化学性质变化很小。本书从简要描述自由原子或离子开始来了解镧系元素的化学性质，从描述中将会看到，每个镧系元素性质之间差异细微是由电离能、原子化能和键形成之间存在有趣平衡造成的，其中键的形成几乎不受配位场效应的影响。下面讨论这些属性。

(a) 电子结构和电离能

表 23.3 给出镧系元素原子和相应 Ln^{3+}的电子组态。除 5d 轨道占有 1 个电子的 Ce、Gd 和 Lu 外，所有 Ln^{3+}的电子组态均为$[Xe]4f^n6s^2$。如图 23.1 中看到的那样，4f 轨道没有径向节点；其结果是 4f 轨道电子受到核电荷较强的引力。一旦移去 2 个 6s 价电子和从 4f 轨道或 5d 轨道移去其他 1 个电子，其余 4f 电子将被原子核紧紧地吸引而不会扩展到类氙芯层之外。图 23.3 示出镧系元素的电离能是如何变化的。

表 23.3　镧系元素的原子性质

Z	名称	符号	电子组态	
			M	M^{3+}
57	镧	La	$[Xe]5d^16s^2$	$[Xe]$
58	铈	Ce	$[Xe]4f^15d^16s^2$	$[Xe]4f^1$
59	镨	Pr	$[Xe]4f^36s^2$	$[Xe]4f^2$
60	钕	Nd	$[Xe]4f^46s^2$	$[Xe]4f^3$
61	钷	Pm	$[Xe]4f^56s^2$	$[Xe]4f^4$
62	钐	Sm	$[Xe]4f^66s^2$	$[Xe]4f^5$
63	铕	Eu	$[Xe]4f^76s^2$	$[Xe]4f^6$
64	钆	Gd	$[Xe]4f^75d^16s^2$	$[Xe]4f^7$
65	铽	Tb	$[Xe]4f^96s^2$	$[Xe]4f^8$
66	镝	Dy	$[Xe]4f^{10}6s^2$	$[Xe]4f^9$
67	钬	Ho	$[Xe]4f^{11}6s^2$	$[Xe]4f^{10}$
68	铒	Er	$[Xe]4f^{12}6s^2$	$[Xe]4f^{11}$
69	铥	Tm	$[Xe]4f^{13}6s^2$	$[Xe]4f^{12}$
70	镱	Yb	$[Xe]4f^{14}6s^2$	$[Xe]4f^{13}$
71	镥	Lu	$[Xe]4f^{14}5d^16s^2$	$[Xe]4f^{14}$

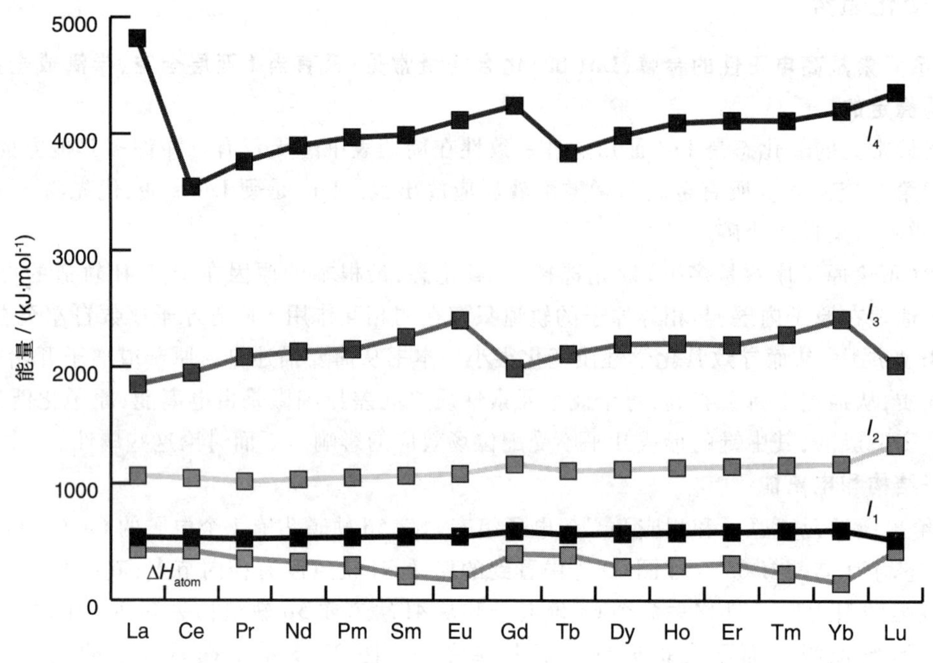

图 23.3　镧系元素电离能和原子化能的变化趋势

作为一种粗略近似，第四电离能 I_4 约为前三个电离能之和（$I_4=I_1+I_2+I_3$）。这一事实在很大程度上解释了很难看到 Ln(Ⅳ)化合物的现象。镧系元素自左至右核的吸引力增大，导致电离能（它是由电子结构和本章后面将要讨论的基态项总轨道角动量 L 的变化调节的）按同一方向逐渐增大。第三电离能 I_3 的连续性变化趋势存在三处中断，最大的中断发生在 Eu 和 Gd 之间。Eu^{2+}（[Xe]$4f^7$）的电离必须克服高能级的自旋相关能[节 1.5(a)]，而 Gd^{2+}（[Xe]$4f^7 5d^1$）的电离则涉及束缚得不很紧的一个 d 电子。其他两个中断点不明显，发生在 Pm 和 Nd 之间（四分之一亚层效应）及 Ho 和 Er 之间（四分之三亚层效应）：这些效应是由轨道角动量（L）的变化（包括损失、无变化或增加）造成的，这种变化将在节 23.5 做概述。除了中断点向后移动一个原子序数外，I_4 的变化趋势类似于 I_3。

(b) 原子化能

镧系元素原子化焓（$\Delta_a H^\ominus$）自左至右的变化趋势几乎与 I_3 的变化趋势成镜像关系。金属性成键几乎不涉及类芯层 4f 电子，但随着 5d 轨道填充状况的变化，可以重叠形成包含离域（“巡游的”）电子的一个带。当原子凝聚为金属状态时，大多数情况下能量上有利于将 4f 电子激发至 5d 轨道。对 Gd（[Xe]$4f^7 5d^1 6s^2$）而言不需要这种激发，但对 Eu（[Xe]$4f^7 6s^2$）而言，则需要消耗较大的能量（这是因为每个 Eu 原子都含有一个稳定的半满 4f 亚层）。因此看到 $\Delta_a H^\ominus$ 值在 Eu 和 Gd 之间出现增加，Yb 和 Lu 之间也看到类似现象。

(c) 半径

金属半径从 La 到 Lu 平滑减小，只有 Eu 和 Yb 例外（见图 23.4）。两处例外是由于两个金属为保留 $4f^7$ 或 $4f^{14}$ 的电子组态而

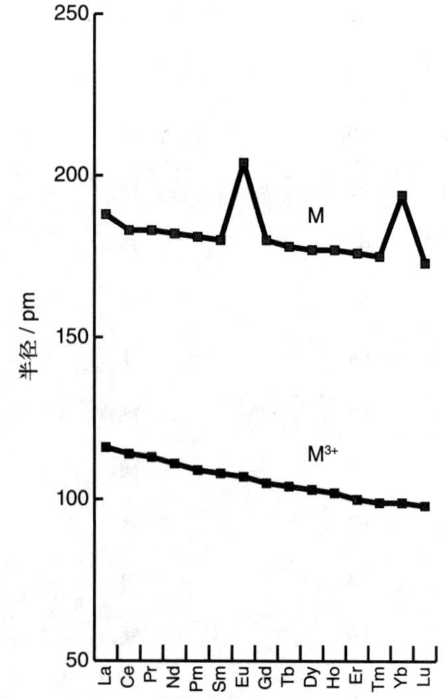

图 23.4　Ln 的金属半径和 Ln^{3+} 的离子半径的变化

选择将一个电子激发到 5d 轨道。正如刚才提到的那样，这样将导致较强的金属性成键作用，M—M 的距离较小。因此，Eu 和 Yb 的金属半径分别对应于[Xe]$4f^7$和[Xe]$4f^{14}$电子组态[$Ln^{2+}(e^-)_2$]，其他镧系元素的电子组态则对应于[Xe]$4f^n5d^1$[$Ln^{3+}(e^-)_3$]。$(e^-)_n$是巡游着的 s 和 d 电子的数目，它们在形式上占据着形成的那个带[参见节 23.4(b)]。

所有 Ln^{3+}的电子组态为[Xe]$4f^n$，其八配位半径从 La^{3+}的 116 pm 平稳收缩至 Lu^{3+}的 98 pm。如前所述（第 19 章），镧系收缩对 4d 和 5d 前过渡金属有重要影响：尽管主量子数有所增加，但半径和化学性质却非常相似。所以，两对元素（Zr 和 Hf，Nb 和 Ta）几乎显示出相同的性质。离子半径从左到右平缓下降的现象在周期表中绝无仅有：尽管详细的计算表明相对论效应对半径收缩具有实质性贡献，但主要归因于电子填充在被屏蔽得较弱的 4f 亚层而导致的有效原子序数（Z_{eff}）的增大（节 1.4）。所以与 d 区元素不同，配位场效应的影响很小，接下来将会进行讨论。

(d) 配位场效应

f 轨道被深埋内层的一个结果是，Ln^{3+}的前线轨道不存在方向特异性；因此配位场效应足够小，以致确保了自由离子所有态的热分配（节 23.5），对化学性质也没有显著影响。图 23.5 显示出 Ln^{3+}的水合焓是逐渐增加的（伴随一些起伏），没有出现 3d M^{2+}所清晰显示的“双峰”图（节 20.1）。水溶液中[$Ln(OH_2)_n]^{3+}$的配位数仅由离子大小控制：前镧系元素配位数为 9，采取三帽三角棱柱几何形状（**1**）；随后连续失去帽位上的 H_2O（**2**，**3**）或重组为四方反棱柱体（**4**），使其配位数减小到 7~8。由于大的阳离子没有足够的配位场稳定化能，可以预期这些水合离子具有高活泼性（图 21.1）。它们也显示弱酸性，pK 值从 La^{3+}(aq) 的 8.5 到 Lu^{3+}(aq) 的 7.6。

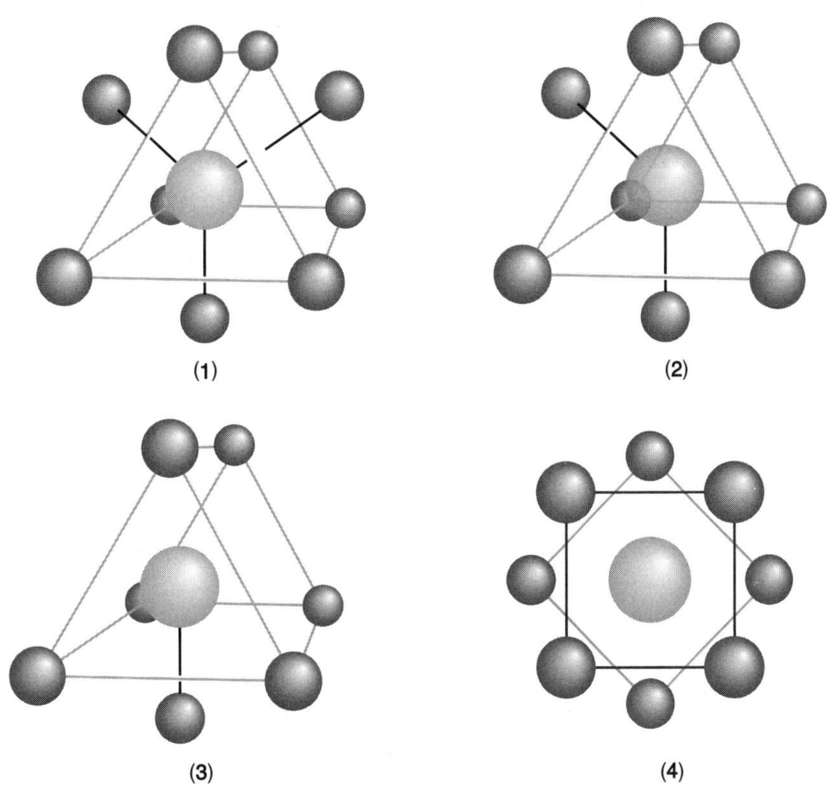

(e) 标准电位和氧化还原化学

Ln(Ⅲ)氧化态在 4f 元素中占绝对优势，这主要是由于形成 Ln^{3+}的前三步电离能之和（$I_1+I_2+I_3$）（见图 23.3）被 Ln^{3+}强烈的水合作用或晶格能所抵偿。因此，形成 Ln^{3+}比形成 Ln^{2+}更有利，而形成 Ln^{4+}的电离能 I_4通常则不能被抵偿。离子半径从 La^{3+}到 Lu^{3+}下降了 18%，这种下降导致整个系列的水合焓增加，抵消

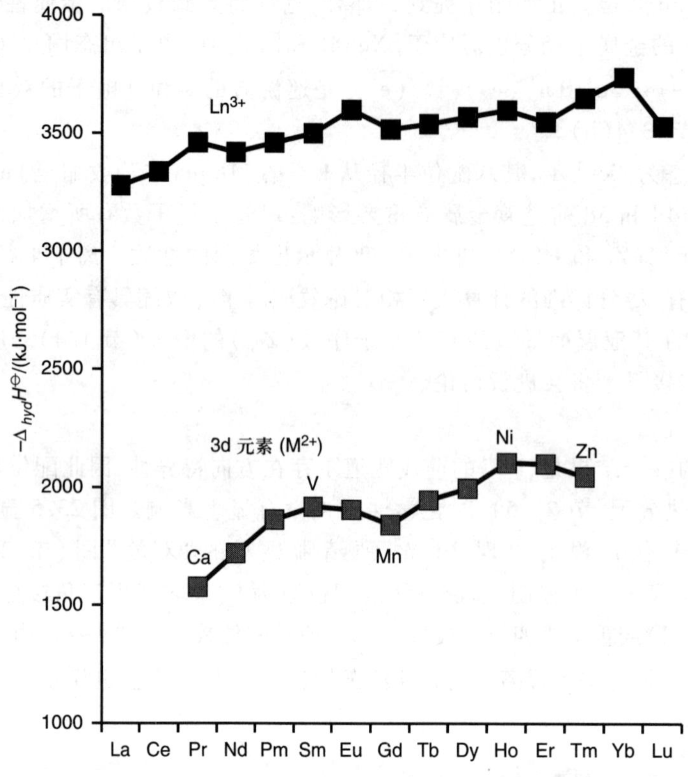

图 23.5　Ln^{3+}的水合焓及与 3d 金属 M^{2+}阳离子水合焓的比较

了($I_1+I_2+I_3$)的增加值,也反映了原子化能的变化趋势。因此,镧系元素的标准电位(见表 23.4)都非常接近[$E^{\ominus}(La^{3+}/La)=+2.38$ V 与系列另一端的 $E^{\ominus}(Lu^{3+}/Lu)=+2.30$ V 几乎相同],并接近于 Mg^{2+}/Mg 电对的 $E^{\ominus}$值。

表 23.4　镧系元素的标准电位、离子半径和氧化数(O.N.)

元素	$E^{\ominus}(Ln^{3+}/Ln)$	$r(Ln^{3+})$/pm	O.N.*
La	−2.38	116	**3**,
Ce	−2.34	114	**3**,**4**
Pr	−2.35	113	**3**,4
Nd	−2.32	111	2,**3**,4
Pm	−2.29	109	**3**
Sm	−2.30	108	2,**3**
Eu	−1.99	107	**2**,**3**
Gd	−2.28	105	**3**
Tb	−2.31	104	**3**,4
Dy	−2.29	103	2,**3**,4
Ho	−2.33	102	**3**
Er	−2.32	100	**3**
Tm	−2.32	99	2,**3**
Yb	−2.22	99	2,**3**
Lu	−2.30	98	**3**

* 加黑数字为主要氧化数。

Ln(Ⅲ)之外的其他氧化态在镧系元素化学中也很重要。如果离子达到相对更为稳定的全空亚层(f^0)、半满亚层(f^7)或全满亚层(f^{14})(见表 23.3)时(最优化的自旋相关能),便能形成这些非典型的 Ln(Ⅱ)和 Ln(Ⅳ)氧化态。就水溶液化学而言,元素 Ce 和 Eu 显示出最重要和最有用的氧化还原性质。因此,Ce^{3+}(f^1)可以被氧化为 Ce^{4+}(f^0),后者是个强而有用的氧化剂。Eu^{2+}的水溶液足够稳定,是一种方便的一电子还原剂。金属 Eu 和 Yb 与液氨反应除生成 Eu^{2+}和 Yb^{2+}外还得到含有溶剂化电子的蓝色溶液,类似于第 2 族元素的化学性质。水溶液中的 Sm^{2+}和 Yb^{2+}能迅速将水还原放出氢。

越来越多的 Ln(Ⅳ),尤其是 Ln(Ⅱ)的分子化合物正在被合成。Ln(Ⅳ)主要限于 Ce,而 Ln(Ⅱ)除 Eu^{2+}和 Yb^{2+}外,还包括 Sm^{2+}、Tm^{2+}、Dy^{2+}和 Nd^{2+}的许多络合物可在非还原性溶剂(如醚)中合成。Ln(Ⅱ)络合物的发展在金属有机化学领域特别兴旺。

许多氧化态为"2+"和"4+"的镧系离子出现在固体状态。Ln(Ⅳ)著名的例子包括 Pr(Ⅳ)和 Tb(Ⅳ),它们在空气中分别形成 Pr_6O_{11}和 Tb_4O_7,两者都是 Ln(Ⅲ)和 Ln(Ⅳ)的混合物。在非常强的氧化性条件下也可制得 Dy(Ⅳ)和 Nd(Ⅳ)。容易形成 Ln(Ⅳ)化合物的事实与 I_4有关。许多 Ln(Ⅱ)的二元化合物(包括硫化物)是电子导体,这是因为它们的 5d 电子进入了导带。

23.5 电子性质、光学性质和磁性质

镧系元素的许多商业和技术价值源于它们的电子性质、光学性质和磁性质。

(a) 电子吸收光谱

提要:由于 f 轨道很少受配体的影响,镧系离子通常显示微弱而尖锐的吸收光谱。

镧系离子(Ⅲ)为浅色,其吸收通常与 f-f 跃迁相关(见表 23.5)。一般说来,其络合物光谱较 d 金属络合物光谱显示出更窄、更特征的吸收带。两个特征(峰的狭窄性和对配体性质的不敏感性)都是由于 4f 轨道的径向延伸不如充满电子的 5s 轨道也不如 5p 轨道。与 Ln(Ⅲ)络合物的浅色相反,许多 Ln(Ⅱ)和 Ln(Ⅳ)络合物的颜色则较深,这是光谱可见区发生荷移跃迁的结果。

由于 f-f 跃迁的复杂性(例如,f^2组态有 91 个微态),我们不会像第 20 章分析 d-d 跃迁那样去分析 f-f 跃迁。然而,由于 f 轨道位于原子相对较深的内层而且与配体轨道只发生弱重叠,从而可以简化对光谱的讨论。作为一级近似,我们可以当作自由离子来讨论它们的电子态(即电子光谱);Russel-Saunders 偶合模式也是一个很好的近似方法,尽管这些元素具有高的原子序数。

例题 23.1 推导镧系离子基态项的符号

题目:Pr^{3+}(f^2)基态项的符号是什么?

答案:节 20.3 中总结了 d 区元素基态项符号(其通式为$^{2S+1}\{L\}_J$)的推导程序,我们可用类似的途径进行。根据 Hund's 规则,基态将有两个电子(每个的 $l=3$)占据不同的 f 轨道,所以 $M_L=M_{l1}+M_{l2}$的最大值将是 $M_L=(+3)+(+2)=+5$,这必定来自 $L=5$ 的态,即 H 项。不同轨道上两个电子的低自旋排列是一个 $S=1$ 的三重态,所以这个项将是^3H。根据 Clebsch-Gordan 系列(节 20.3),$L=5$ 和 $S=1$ 的项的总角动量将为 $J=6$、5 或 4。根据 Hund's 规则,对不到半满状态的壳层而言,J 值最低(此例中 $J=4$)的能级处在最低处,故可预期项符号为$^3H_4$。

自测题 23.1 导出 Tm^{3+}的基态。

每个电子组态存在大数量的微态,这意味着相应地存在大数量的项,因此它们之间存在很多个可能发生的跃迁。由于这些项几乎完全是由 f 轨道导出的(很少有 d-f 轨道混合或与配体轨道混合),所以跃迁属 Laporte 禁止跃迁(节 20.6)。此外,4f 轨道电子与配体只有弱相互作用,所以电子跃迁与分子振动几乎没有偶合,导致频带很窄,几乎没有从振动偶合获得增强。因此与 d 金属(通常显示中等强度的一个或两个宽带)不同,镧系元素的可见光谱通常由多个尖锐的、低强度的峰组成,几乎不受配位环境改变的影响。与八面体 d 金属络合物的摩尔吸收系数 ε(振动偶合将其增高至接近 100 $dm^3\cdot mol^{-1}\cdot cm^{-1}$)不同,镧系

元素络合物的 ε 值通常为 $1\sim10\ dm^3\cdot mol^{-1}\cdot cm^{-1}$。

表 23.5 中给出所有 Ln^{3+} 的基态项,图 23.6 为激发态能级的简化图。吸收光谱是电子由基态激发到激发态上产生的,图 23.7 为 Pr^{3+}(aq)从近红外区到紫外区的实验吸收光谱。吸收(图 23.6 中向上的箭头)主要发生在 450 nm 和 500 nm 之间(蓝色)和 580 nm(黄色)附近,所以从 Pr^{3+} 化合物反射到达人眼的剩余光主要是绿色和红色,使 Pr^{3+} 产生特征的绿色。Gd^{3+} 为无色,从它具有大的能隙不难解释这一事实。Nd^{3+} 在 580 nm 处有一尖锐的吸收峰,它是由 ${}^4I_{9/2}\leftarrow{}^4F_{3/2}$ 跃迁产生的。这一波长几乎精确地对应于激发态钠原子发射的黄色(节 11.1)。钕是玻璃工用护目镜的成分,主要用来减少热的硅酸钠玻璃产生的刺目的光。某些情况下可以发生 4f 和 5d 轨道之间的跃迁,但一般发生在光谱的高能紫外区;如 Er^{3+} 的 $4f^{10}5d^1\leftarrow 4f^{11}$ 跃迁发生在约 150 nm 处。

表 23.5　Ln^{3+} 的颜色、项符号和磁矩

	在水溶液中的颜色	基态	μ/μ_B	
			理论值	观测值*
La^{3+}	无色	${}^1S_0$	0	0
Ce^{3+}	无色	${}^2F_{5/2}$	2.54	2.46
Pr^{3+}	绿色	${}^3H_4$	3.58	3.47~3.61
Nd^{3+}	紫色	${}^4I_{9/2}$	3.62	3.44~3.65
Pm^{3+}	粉红色	${}^5I_4$	2.68	—
Sm^{3+}	黄色	${}^6H_{5/2}$	0.84(1.55~1.65)†	1.54~1.65
Eu^{3+}	粉红色	${}^7F_0$	0(2.68~3.51)†	3.32~3.54
Gd^{3+}	无色	${}^8S_{7/2}$	7.94	7.9~8.0
Tb^{3+}	粉红色	${}^7F_6$	9.72	9.69~9.81
Dy^{3+}	黄绿色	${}^6H_{15/2}$	10.65	10.0~10.6
Ho^{3+}	黄色	${}^5I_8$	10.60	10.4~10.7
Er^{3+}	淡紫色	${}^4I_{15/2}$	9.58	9.4~9.5
Tm^{3+}	绿色	${}^3H_6$	7.56	7.0~7.5
Yb^{3+}	无色	${}^2F_{7/2}$	4.54	4.0~4.5
Lu^{3+}	无色	${}^1S_0$	0	0

* 得自如 $Ln_2(SO_4)_3\cdot 8H_2O$ 和 $Ln(Cp)_2$ 这样的化合物;† 括号内的值包括了来自除基态外的项的预期贡献。

(b) 发光

提要:镧系元素离子显示出有用的发射光谱,可用于磷光体、激光器和成像。

镧系元素一些最重要的应用源于 f 轨道电子激发(用高能光子或电子束)后产生的发射光谱。"发光"一词通常用来描述两种类型的发射:荧光发射和磷光发射。荧光是指从高能态向具有相同多重度($\Delta S=0$)的低能态的跃迁,而磷光则指从高能态向具有不同多重度($\Delta S\neq0$)的低能态的、较长寿命的跃迁。发射光谱显示出吸收光谱的许多特征,这些吸收光谱主要是由镧系阳离子特征频率的锐锋组成,与配体基本无关。

自然发光受到低概率吸收的限制,低概率吸收意味着激发态不易被占据。即便如此,除 $La^{3+}(f^0)$ 和 $Lu^{3+}(f^{14})$ 外的其他所有镧系离子都显示固有发光,其中最强的和最有用的发射是与 Eu^{3+}(${}^7F_{0-6}\leftarrow{}^5D_0$,产生红光)和 Tb^{3+}(${}^7F_{6-0}\leftarrow{}^5D_4$,产生绿光)相关的发射(图 23.6 中向下的箭头所示)。Eu^{3+} 和 Tb^{3+} 显示较强的发光,部分是由于存在大量的激发态,这种存在增加了从基态通过系统间过渡至不同自旋多重度激发态的概率,从而导致发磷光。更为常见的是,由于被激发的电子与其环境只有弱相互作用(由于 f 轨道收缩),

发射强度从而具有长的无辐射寿命(毫秒到纳秒)。然而,鉴于自然发射受限于通过吸收只略微允许产生激发这一事实,在络合物的配体上或在固体材料上引入一个吸光基团("天线")可使发光大大增强。天线基团通过允许跃迁被激发,并将能量直接或间接(经由系统间过渡)转移到镧系元素的激发态上。这一过程通常可用 Jablonski 图表示(图 23.8)。在电致发光中,镧系元素化合物受到电化学方法的激发,通过电极将电子注入配体上合适的有机基团的较高轨道上,并从被占轨道上移走电子。电致发光构成发光二极管(LEDs)的基础。

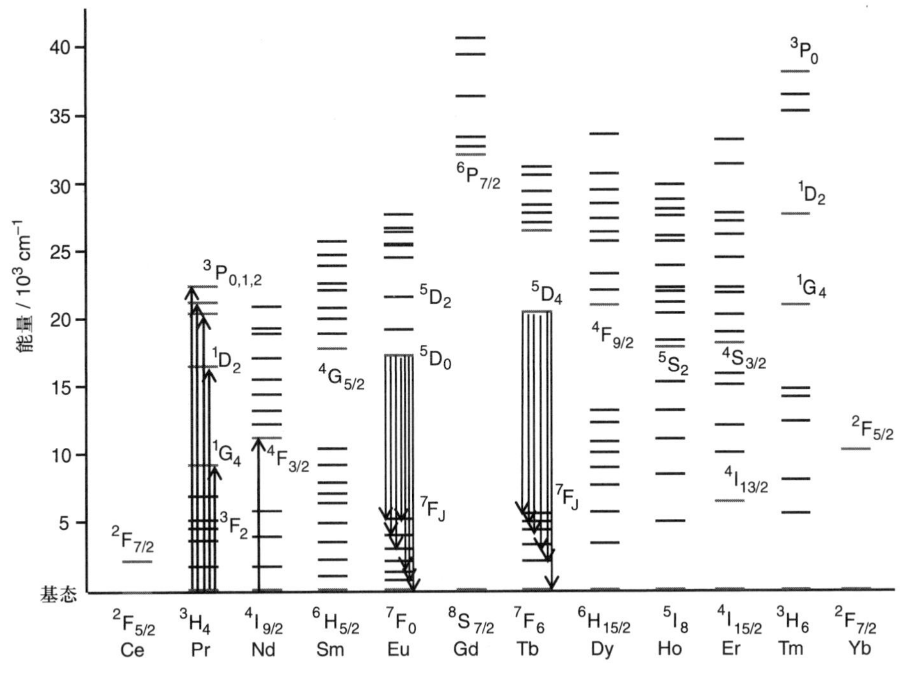

图 23.6 镧系元素的简化能级图

向上的箭头代表 Pr^{3+} 和 Nd^{3+} 的主要吸收线;向下的箭头代表 Eu^{3+} 和 Tb^{3+} 的主要发射线

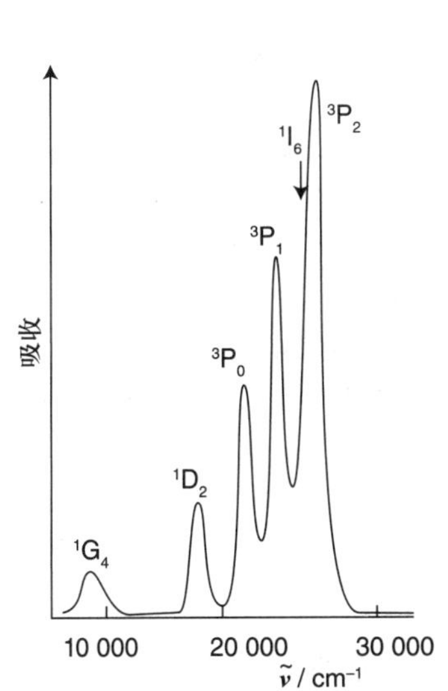

图 23.7 Pr^{3+} 的吸收光谱

能量显示在图 23.6 中

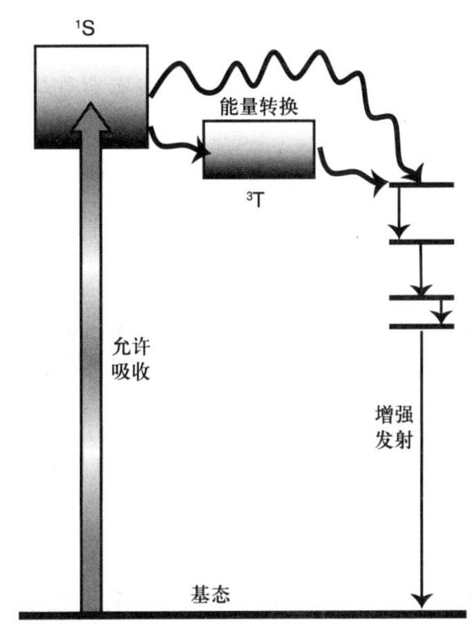

图 23.8 Jablonski 图

表示出能量从光吸收天线转移至发光中心发射能级的过程

利用镧系元素及其化合物的发光特性是一个兴旺的高技术发展领域,其应用范围涉及从医疗成像到平板屏幕电子显示系统。通过激发激发态的发射可以获得高强度的激光辐射,如钕钇铝石榴石(Nd:YAG)激光器(应用相关文段 23.1)。

应用相关文段 23.1　以镧系元素为基础的荧光粉和激光器

荧光粉是将高能光子(通常在电磁谱的紫外区)转化为低能量可见光波长的荧光材料。很多荧光材料以 d 金属体系(如以 Cu 和 Mn 掺杂的硫化锌)为基础,而一些含镧系元素的材料则能提供最佳的性能。特别是制造显示屏所需的红色荧光粉(如等离子显示屏)和荧光照明[利用 Eu^{3+}在 580 nm(橙色)到 700 nm(红色)之间出现的一系列发射谱线]。铽(以 Tb^{3+}形式)也广泛应用于类似的荧光粉,产生 480~580 nm 的发射谱线(绿色)。磷光化合物(如 Eu^{3+}掺入 YVO_4 得到的化合物)涂覆于荧光灯管的内部,并将汞放电产生的紫外辐射转化为可见光。荧光灯管通过可见光谱不同区域发射的荧光相混合产生白光(见图 B23.1)。

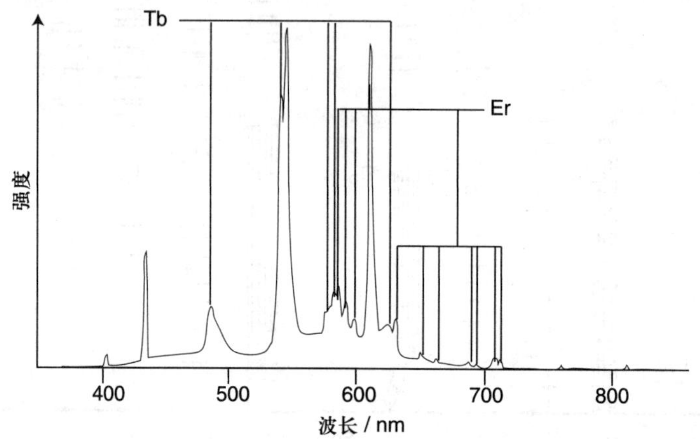

图 B23.1　荧光灯的光谱。图上的线是由磷光体中的镧系元素离子产生的

钕可以 Y 含量的 1%掺入钇铝氧化物石榴石($Y_3Al_5O_{12}$)结构中得到一种用于 Nd:YAG 激光器的材料。Nd^{3+}强烈吸收波长在 730~760 nm 和 790~820 nm 的光(如由含氪闪光灯产生的高强度光)。Nd^{3+}从基态($^4I_{9/2}$)被激发至多个激发态,这些激发态然后转移到寿命相对较长的$^4F_{3/2}$激发态。后者受到同一频率光子的激发辐射衰变为$^4I_{11/2}$态(仅位于基态$^4I_{9/2}$之上),从而导致激光辐射。一旦激发态存在大量 Nd^{3+},它们全都受到激发而同时发光,从而产生非常强的辐射。

Nd:YAG 通常在电磁波谱的近红外区以脉冲和连续模式发射 1.064 μm 的激光。在 0.940 μm、1.120 μm、1.320 μm 和 1.440 μm 处有较弱的跃迁。高强度的脉冲可能使频率倍增以产生波长为 532 nm(可见光区域)、甚至是 355 nm 和 266 nm 高谐振波激光。Nd:YAG 激光器的应用包括除去白内障和多余毛发,用在测距仪中,也用于塑料和玻璃的制造。后一应用是将红外区有强吸收(处于 Nd:YAG 的主要发射线 1.064 μm 附近)的一种白色颜料加进透明塑料中,激光照射在塑料上时,照射点的颜料将能量吸收并将塑料加热至足以燃烧的温度,使其成为除不掉的标记。

也存在以其他镧系元素作为掺杂剂的 YAG 增益介质。例如,Yb:YAG 在 1.030 μm(最强线)或 1.050 μm 的波长产生发射,并往往用在所需的激光薄盘上;Er:YAG 激光器在 2.94 μm 的波长产生发射,并用于牙科医疗和皮肤修复。

(c) 磁性质

提要:镧系元素化合物中未成对 4f 电子的类芯性质导致它们显示磁矩,其磁矩数值与根据 Russel-Saunders 偶合对自由离子的预测值相接近。

镧系元素络合物的磁性质明显不同于 d 区元素[节 20.1(d)]并相对容易预测和解释。正如已经看到的那样,4f 轨道中未成对电子的自旋与轨道角动量强烈偶合但与配体环境的相互作用很弱;其结果是,

一个给定 $4f^n$ 组态的磁矩接近自由离子的计算值(不管化学上多么复杂)。磁矩 μ 用总角动量量子数 J 表示:

$$\mu = g_j\{J(J+1)\}^{1/2}\mu_B$$

式中,μ_B 为玻尔磁子,Landé g 因子为

$$g_j = 1+\frac{S(S+1)-L(L+1)+J(J+1)}{2J(J+1)}$$

基态 Ln^{3+} 磁矩的理论值汇总在表 23.5 中;这些数值通常较好地与实验数据相吻合。

下面举个计算 g_j 和计算 μ 值的例子。前面已经看到,$Pr^{3+}(f^2)$ 的基态项符号是 $^3H_4$,$L=5$、$S=1$、$J=4$。由此可得

$$g_j = 1+\frac{1(1+1)-5(5+1)+4(4+1)}{2\times4(4+1)} = 1+\frac{2-30+20}{40} = \frac{4}{5}$$

因此

$$\mu = g_j\{J(J+1)\}^{1/2}\mu_B = \frac{4}{5}\{4(4+1)\}^{1/2}\mu_B = 3.58\mu_B$$

上例分析中假定实验温度下只有一个 $^{2S+1}\{L\}_J$ 能级被占用,对大多数镧系元素离子而言这是一个很好的假定。例如,$Ce^{3+}(^2F_{7/2})$ 的第一激发态高于基态($^2F_{5/2}$)1 000 cm^{-1},当 $kT\approx200$ cm^{-1} 时室温下几乎没有布居。高能量项的微小贡献导致观测值对基于单一项数量值发生了小的偏离。对 Eu^{3+}(在较小程度上也对 Sm^{3+})而言,第一激发态接近于基态(Eu^{3+} 的 $^7F_1$ 仅仅高于基态 $^7F_0$300 cm^{-1}),甚至在室温下也只是部分被布居。虽然基于只占据基态的 μ 值为零(因为 $J=0$),实验观测值却为非零,其值随温度而变化(根据较高激发态的 Boltzmann 分布)。

许多镧系元素化合物中观察到长程磁有序效应、铁磁性和反铁磁性(节 20.8),虽然一般说来金属原子之间的偶合比 d 区化合物弱得多,这是配置电子的 4f 轨道发生收缩造成的。这种弱偶合作用的结果是镧系元素化合物的磁有序温度非常低。在 $BaTbO_3$ 中,Tb^{3+} 的磁矩在温度低于 36 K 时成为反铁磁有序。镧系元素的络合物处在单分子磁体研究的中心位置,单分子磁体为分子水平存储信息提供了重要的新的可能性。一个特别特殊的例子是本章末尾辅导作业 23.5 中提到的三角形 Dy(Ⅲ)络合物。

23.6 二元离子型化合物

提要:离子型镧系元素化合物的结构是由镧系离子的大小决定的;二元氧化物、二元卤化物、二元氢化物和二元氮化物都是已知的。

镧系元素(Ⅲ)离子的半径变化在 116 pm 到 98 pm 之间;作为比较,高自旋六配位的 Fe^{3+} 半径仅为 65 pm。因此,一个 Ln^{3+} 占据的体积通常是 3d 典型金属离子所占体积的 3 到 4 倍。与配位数很少超过 6(也常见配位数为 4 的)的 3d 金属不同,镧系元素化合物往往具有高配位数(通常在 6 到 12 之间),且有多种不同的配位环境。

所有镧系元素在高温下与 O_2 反应生成氧化物:大多数情况下生成倍半氧化物 Ln_2O_3,但若第四电离能 I_4 低到一定程度,则可形成较高氧化态的氧化物,如二氧化物 CeO_2 和非化学计量氧化物 Pr_6O_{11} 与 Tb_4O_7。后者在高压下与 O_2 进一步发生反应生成 PrO_2 和 TbO_2。

$$4\ Ln(s)+3\ O_2(g) \longrightarrow 2\ Ln_2O_3(s)$$

$$Ce(s)+O_2(g) \longrightarrow CeO_2(s)$$

工业上广泛使用二氧化铈作为催化剂和催化剂载体。在太阳能生产氢的应用中也具前景,因为它在非常高的温度(如太阳炉产生的温度)下能失去 O_2,并在冷却时与水反应产生 H_2 的同时使 CeO_2 得到再生(应用相关文段 10.3)。所有二氧化物采取半径比规则所预期的萤石结构(节 3.10),然而倍半氧化物的结构却较复杂,Ln^{3+} 的平均配位数通常为 7。已知存在三种主要的结构类型($A-Ln_2O_3$、$B-Ln_2O_3$ 和

C-Ln_2O_3),而且其许多氧化物为多晶,随温度变化发生结构之间的转换。配位几何体是由镧系离子半径决定的,结构中阳离子的平均配位数随着离子半径的减小而降低。例如,La_2O_3 中 La^{3+}的配位数为 7,而在 Lu_2O_3 中 Lu^{3+}的配位数则为 6。Nd、Sm、Eu、Yb 的单质与对应的氧化物 Ln_2O_3 反应生成具有岩盐结构的一氧化物 LnO。例如:

$$Eu_2O_3(s)+Eu(s) \longrightarrow 3\ EuO(s)$$

NdO 和 SmO 都是电子导体(因为它们容易被一个巡游的 5d 电子[表示为 $Ln^{3+}(O^{2-})(e^-)$]占据形成导带),而 EuO 和 YbO 则是白色的绝缘性固体。

具有岩盐结构的化学计量硫化物 LnS 可在 1 000 ℃下通过元素间的直接反应来获得。除 SmS、EuS 和 TmS 外的其他的硫化物都是电导体,并表示为 $Ln^{3+}(S^{2-})(e^-)$,硒和碲也形成类似的化合物。组成为 Ln_2S_3 的物相也可通过镧系元素氯化物与 H_2S 反应得到;因其具有强的红/橙/黄色,已被作为颜料进行研究以代替有毒的 CdS 和 CdSe。镧系元素通常直接与卤素反应形成三卤化物 LnX_3,它们具有复杂的结构特征(由于这些大离子具有高的配位数)。例如,LaF_3 中的 La^{3+}处在一个不规则的 11 配位环境中,而 $LaCl_3$ 中的 La^{3+}则处在一个 9 配位的三帽三方棱柱体环境中(见图 23.9)。系列末端较小镧系元素的三卤化物具有不同的结构类型,其中 LnF_3 为畸变的三帽三棱柱体(**5**),$LnCl_3$ 则为六配位的立方密堆积层状结构。除氧之外,氟离子是唯一能够稳定 Ln(Ⅳ)化合物的元素。铈与 F_2 在室温下反应生成 CeF_4,其晶体结构为共享顶点而形成的 CeF_8 多面体(见图 23.10)。与之形成对照的是 PrF_4 和 TbF_4,它们显示高活性,只有在极端条件下(溶剂采用液态 HF,紫外光照射,以 Pr_6O_{11}或 Tb_4O_7 与 F_2 反应数天)才能合成。二碘化物 LnI_2 是合成 Ln(Ⅱ)络合物有用的起始物,尤其是 SmI_2 被用作有机合成试剂(见后)。二碘化物通常是在惰性气氛、高温条件下(600 ℃)由 LnI_3 与粉末状 Ln 之间的反歧化反应得到的:

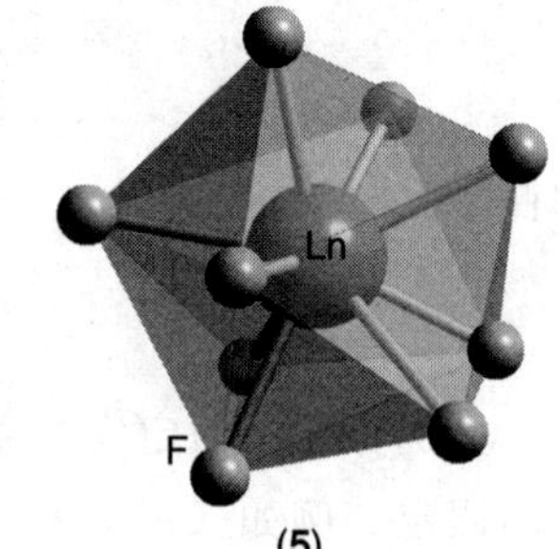

(**5**)

$$2\ LnI_3(s)+Ln(s) \longrightarrow 3\ LnI_2(s)$$

此外,实验室中也可通过 Sm 粉与二碘乙烷反应方便地制得 SmI_2:

$$Sm(s)+ICH_2CH_2I(l) \longrightarrow SmI_2(s)+C_2H_4(g)$$

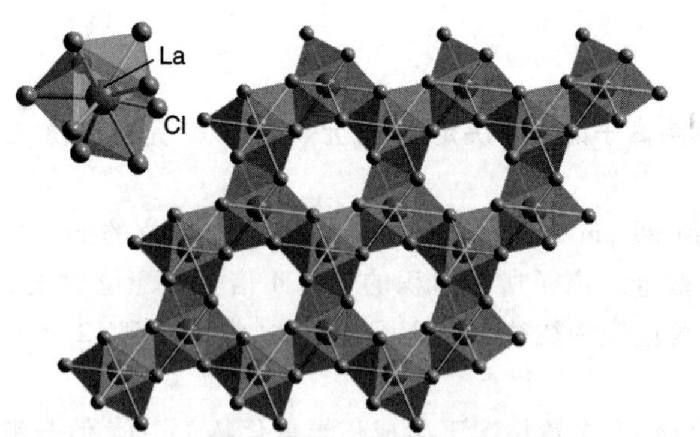

图 23.9* $LaCl_3$ 结构,主图示出的是顶点相连的盖帽反棱柱体 $LaCl_9$;简单单元示在插图中

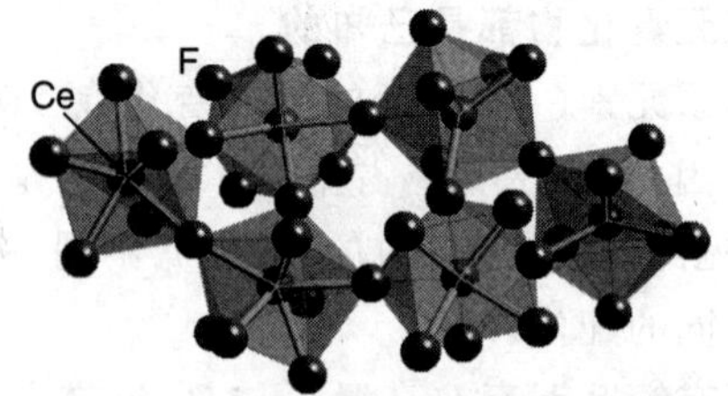

图 23.10* CeF_4 的结构含有共享顶点的 CeF_8 反棱柱体

所有镧系金属与 H_2 反应得到二元氢化物,其化学计量在 LnH_2 和 LnH_3 之间变化。二氢化物是萤石结构[节 3.9(a)],其中镧系离子采取立方密堆积形式,氢负离子处于四面体空隙中。这些化合物大多为黑色,并显示金属的性能。这是因为松散的 5d 轨道上保留了一个电子,从而在固体中形成导带。值得注意的例外出现在 Eu、Gd 和 Yb 那里:EuH_2 和 YbH_2(Ln^{2+}的电子组态分别为 $4f^7$和 $4f^{14}$)是白色绝缘固体,而 GdH_2 则高度不稳定(Ln^{2+}的电子组态为 $4f^75d^1$)。一些较小的镧系元素(如 Dy、Yb 和 Lu)形成具有化学计

量组成的三氢化物 LnH_3。含镧的复合金属氢化物（如 $LaNi_5H_6$）已被作为可能的储氢材料进行了深入研究。

所有镧系元素形成组成为 LnN 的氮化物，采用预期中的岩盐结构（Ln^{3+} 与 N^{3-} 交替排列）。已知的镧系元素碳化物有三种，化学计量分别为 M_3C、M_2C_3 和 MC_2。重镧系元素形成的物相 M_3C 含有孤立的间隙 C 原子，遇水发生水解产生甲烷。轻镧系元素（La ~ Ho）形成的物相 M_2C_3 含有 CaC_2（节 3.9）中看到的那种二碳化物阴离子 C_2^{2-}。物相 MC_2 显示金属性，除了能形成稳定的二价阳离子的元素（如 Yb）外，由于 d 电子进入导带，可将它们表示为 $Ln^{3+}(C_2^{2-}, e^-)$；MC_2 与水反应生成乙炔。镧系元素的镍硼碳化物（$LnNi_2B_2C$）具有化学计量组成分别为 LnC 和 Ni_2B_2 的交替层结构。这些硼碳化物在低温下是超导体，如 $LuNi_2B_2C$ 的转变温度为 16 K。

23.7 三元氧化物和复杂氧化物

提要：镧系离子往往在钙钛矿和石榴石中被发现，选择不同大小的阳离子可对材料性质进行调节。

镧系元素是大的、稳定的三价阳离子的良好来源，离子半径在相当宽的范围里发生变化，而无须依赖于某种配位场。它们因此可在三元和更复杂的氧化物中占据一个或多个阳离子位置。例如，ABO_3 型的各种钙钛矿结构容易被制备。一个例子是 $LaFeO_3$，La 在其中处于阳离子 A 的位置。事实上，某些扭曲的结构类型就是以镧系元素命名的；如 $GdFeO_3$ 的结构类型（见图 23.11），这种结构中的 Gd^{3+} 周围是以顶点相连的 FeO_6 八面体（像母体钙钛矿结构那样，见图 3.42），只是八面体彼此相对倾斜。这种倾斜使其能够更好地配位于中心 Gd^{3+}。以人们能够控制的方式改变 $LnBO_3$ 系列化合物中 B^{3+} 的大小可以调节复杂氧化物的物理性质。例如，对系列化合物 $LnNiO_3$（Ln = 从 Pr 至 Eu）而言，随着镧系离子半径的减小，绝缘性-金属性的转变温度（T_{IM}）增高（见表 23.6）。

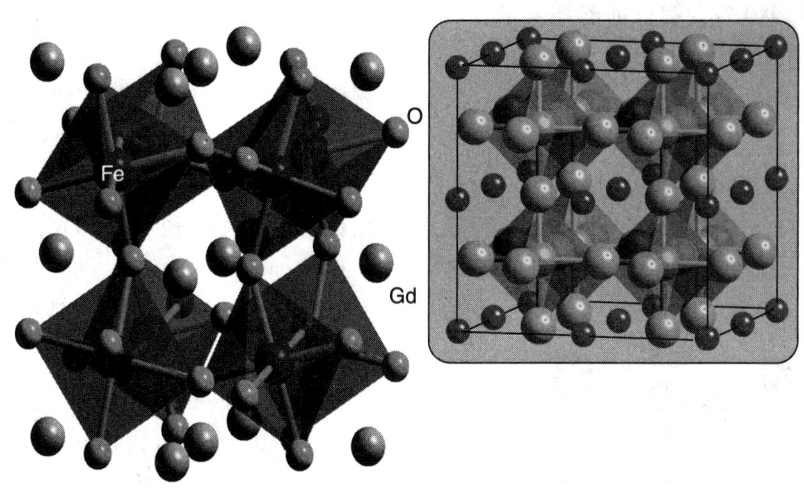

图 23.11* $GdFeO_3$的结构类型

FeO_6八面体只给出轮廓，插图显示 $GdFeO_3$结构如何与钙钛矿结构相关

表 23.6 几种三元氧化物的性质

性质	$PrNiO_3$	$NdNiO_3$	$EuNiO_3$
$r(Ln^{3+})$/pm	113	111	107
T_{IM}/K	135	200	480

更复杂的氧化物结构中往往会发现钙钛矿型晶胞的结构构建基块，镧系元素在材料中频频以这种方式被使用。众所周知的例子是最初的高温超导铜酸盐 $La_{1.8}Ba_{0.2}CuO_4$ 和“123”复合氧化物系列（$LnBa_2Cu_3O_7$），

它们在低于 93 K 显示超导性。这些高温超导体中最著名的是 d 区元素(钇)的化合物 $YBa_2Cu_3O_7$,但所有镧系元素都发现了这种化合物(节 24.6)。为了获得人们所要求的某种性质的其他材料,选择合适的镧系元素至关重要。例如,制备复杂的亚锰酸盐 $Ln_{1-x}Sr_xMnO_3$(其抗阻效应强烈依赖于外加磁场和温度),选择 Ln 为 Pr 时性能最好。

尖晶石结构(如图 3.44)只含有 O^{2-} 密堆积排列而产生的小的四面体和八面体空隙,因而容纳不下大体积的镧系元素离子。然而,化学计量为 $M_3M'_2(XO_4)_3$(式中的 M 和 M′通常为正二价和正三价阳离子,X 为 Si、Al、Ga 和 Ge)的材料采取石榴石结构,有八配位位置可供镧系元素离子占据。除钇铝石榴石(激光材料 Nd:YAG 中钕离子为主体材料)外,一种叫作钇铁石榴石(YIG)的材料在微波和光通信器件中用作重要的铁磁体(见图 23.12)。

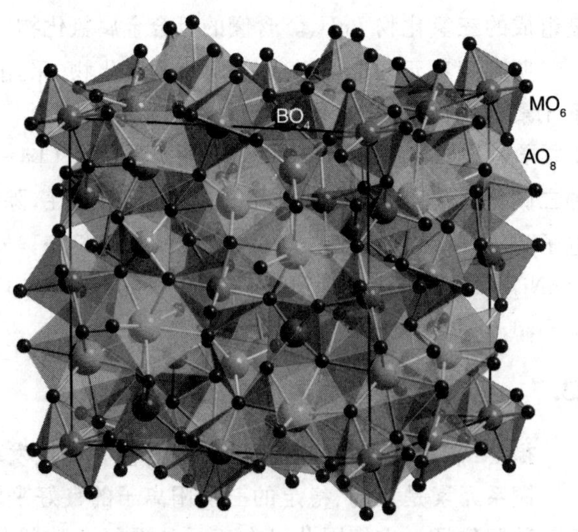

图 23.12* 石榴石结构,示为连接在一起的 AO_8、BO_4和 MO_6多面体

常被钇占据的八配位 A 位置可由其他镧系元素占据

23.8 配位化合物

提要:镧系元素(Ⅲ)与含有氧原子给予体(这种给予体适合于静电键合)的阴离子多齿配体形成众多络合物。中心原子的配位数通常超过 6,络合物采取配体间斥力最小的几何构型。Ln(Ⅱ)络合物具有强还原性。镧系元素(Ⅳ)络合物以铈的许多络合物为代表。

(a) Ln(Ⅲ)络合物

由于不存在轨道的强重叠,Ln^{3+}与配体之间靠静电作用成键,并且只能与多齿螯合配体形成稳定络合物。空间上深埋的 f 电子没有明显的立体化学影响,因此配体占据配体间斥力最小的位置。多齿配体必须满足自己的立体化学限制,非常类似于 s 区离子和 Al^{3+}的络合物。像其水合离子$[Ln(OH_2)_n]^{3+}$(**1~4**)那样,络合物的配位数和结构也是跨系列变化的。例如,半径小的 Yb^{3+}形成七配位络合物$[Yb(acac)_3(OH_2)]$,而较大的 La^{3+}则形成八配位络合物$[La(acac)_3(OH_2)_2]$。两个络合物的结构分别近似为单帽三棱柱体(**6**)和四方反棱柱体(**7**)。与立方几何体相比,四方反棱柱体配体间的斥力较小。

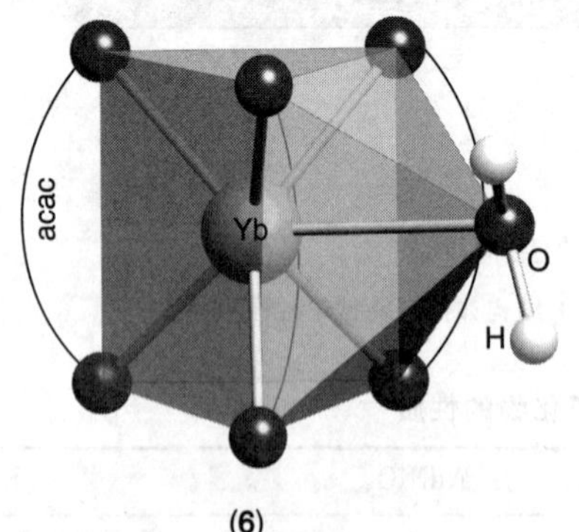

(6)

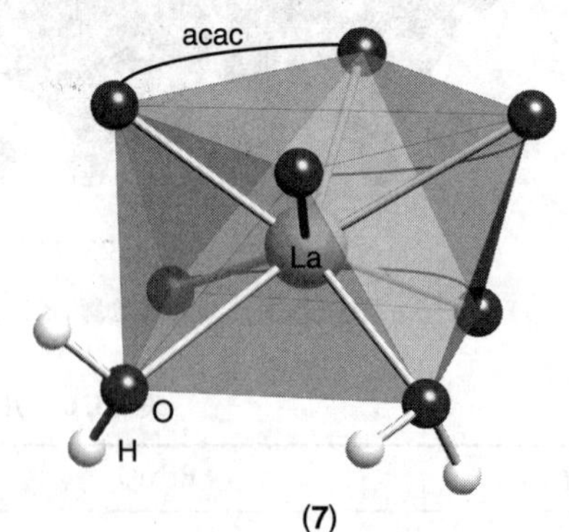

(7)

许多镧系元素络合物是由冠醚和 β-二酮配体形成的。部分氟化的 β-二酮配体$[CF_3COCHCOCF_3]$(绰号叫“fod”)与 Ln^{3+}生成的络合物具有挥发性并可溶于有机溶剂。由于具有挥发性,这些络合物可用作前体通过气相沉积法合成含镧系元素的超导体(节 24.24)。

带电荷的配体对最小的镧系离子通常具有最高的亲和力,从而导致从半径较大、较轻的 Ln^{3+}(系列的左部)到半径较小、较重的 Ln^{3+}(系列的右部)络合物的形成常数逐渐增大,这一事实为镧系离子的色谱纯化提供了一种方便的方法(见图 23.13)。在镧系元素化学的早期年代(离子交换色谱法发展起来之前),镧系元素是用烦琐重复的结晶法分离的。

镧系元素的配位化学是一个蓬勃发展的研究领域,这在很大程度上要归功于其在生物成像中的应用(作为光学或磁性示踪剂)。这里的诀窍是在多齿/大环配体上接上一个具有目标功能(如天线或生物接受基团)的基团,以便能与镧系元素形成一个牢固的惰性络合物。许多牢固的络合物是由大环骨架形成的。例如,将荧光素接到大环多胺上(**8**)。其他的例子将在节 27.9 中提到,在那里将会更为详细地讨论生物成像。不同于水合离子(交换水分子的时标在纳秒级),许多大环络合物的交换半衰期以年来衡量。

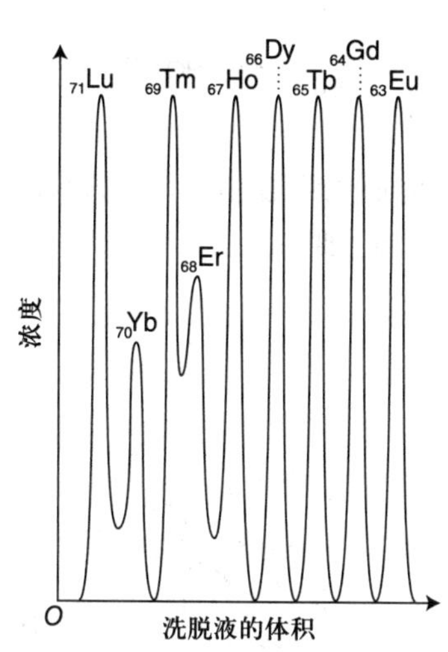

图 23.13　用 2-羟基异丁酸铵作为淋洗液从阳离子交换柱洗脱重 Ln(Ⅲ)离子

注意,较高原子序数的镧系元素首先被洗脱,因为它们具有较小的半径并能与络合剂发生更强的络合

(8)

(b) Ln(Ⅱ)和 Ln(Ⅳ)的络合物

在表 23.7 中给出的 Ln^{3+}/Ln^{+2} 氧化还原电对的标准电位为预测 Ln(Ⅱ)络合物的稳定性提供了一个很好的实用指南。铕是 2+氧化态中水溶液化学性质做过广泛研究的唯一镧系元素。这一属性源于相对较高的 I_3值(见图 23.3),最根本的原因在于 $4f^7$组态的相对稳定性。事实上,通过将聚阴离子配体加进 Eu^{2+}溶液的方法或通过电化学还原 Eu(Ⅲ)络合物的方法可在水溶液中方便地制得许多 Eu(Ⅱ)络合物。EGTA[乙二醇双(2-氨基乙基)-*N*,*N*,*N′*,*N′*-四乙酸(4-)]或 DTPA[二乙三胺-*N*,*N*,*N′*,*N″*-五乙酸(5-)]的 Eu(Ⅱ)络合物是在水溶液中使用的一种强的单电子还原剂;由于聚阴离子配体更偏好 3+氧化态,它们比 Eu^{2+}(aq)具有负得多的还原电位,不过也能缓慢地放出 H_2并持续很长时间。

表 23.7　电对 Ln^{3+}/Ln^{2+} 在 H_2O 中的标准电位,$E^{\ominus}$/V

Eu	−0.35
Yb	−1.15
Sm	−1.55
Tm	−2.3
Dy	−2.5
Nd	−2.6

除金属有机化合物外，其他最重要的 Ln(Ⅱ)络合物是用非还原性螯合醚作为溶剂合成的。从成功合成 LnI_2 开始，多种高活性的 Ln(Ⅱ)乙氧基络合物被合成出来，其稳定性顺序为 Sm>Tm>Dy，与表 23.7 中给出的标准电位变化趋势相一致。二碘化钐(SmI_2)从市场上可以以深蓝色四氢呋喃溶液(其中所含的物种被写为 $[SmI_2(THF)_n]$(**9**))形式购得，SmI_2 中的两个碘离子配体占据轴向位置。暗绿色晶体 $[TmI_2(DME)_3]$(**10**)是由 TmI_3 与粉末状 Tm 在二甲氧基乙烷(DME)中通过反歧化过程生成的：

$$TmI_3 + Tm \xrightarrow{DME} [TmI_2(DME)_3]$$

这些络合物在非水醚类溶剂中是强的单电子还原剂，也是还原性 C—C 偶联反应的有用试剂。例如，从卤代烷和酮形成叔醇的反应：

$$\text{4-}^t\text{Bu-cyclohexanone} \xrightarrow[\text{(Ln = Sm, Tm)}]{\text{Rx, 2 LnI}_2} \text{R(OH)C}_6\text{H}_{9}\text{-}^t\text{Bu} + \text{HO(R)C}_6\text{H}_{9}\text{-}^t\text{Bu}$$

碳-碳偶联反应也可发生在配体之间。TmI_2 与吡啶反应形成络合物$[((Py)_4TmI_2))_2(\mu\text{-}C_{10}H_{10}N_2)]$(**11**)，其中偶联产物(1,1-二氢-4,4′-联吡啶)桥连着两个 Tm(Ⅲ)。

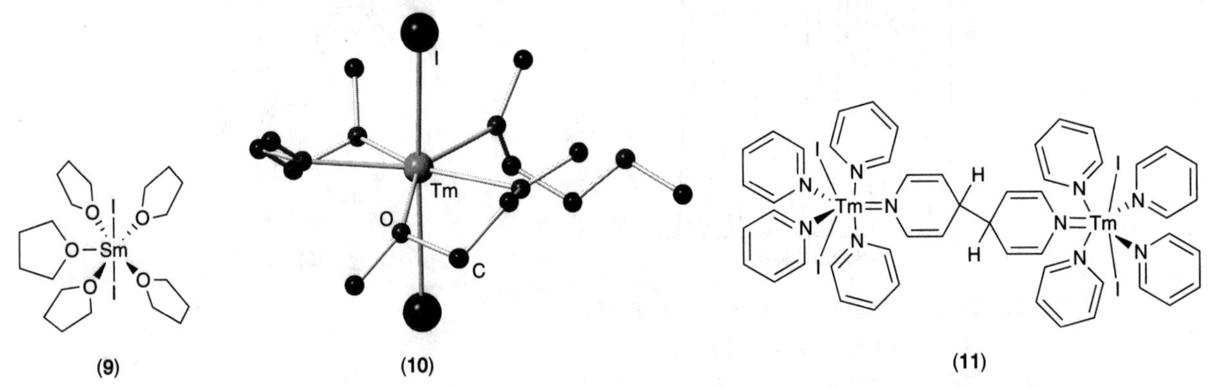

(9)　(10)　(11)

Ce(Ⅳ)的配位化学研究得相当广泛。除$[Ce(NO_3)_6]^{2-}$外，多数 Ce(Ⅳ)络合物是由烷氧化物或羧酸配体形成的。与桥连氧合配体形成的双核 Ce(Ⅳ)络合物是通过前体 3-(氨基)Ce(Ⅲ)与 O_2 反应形成的。

$$Ce(NR_2)_3 \xrightarrow[\text{hexane}]{O_2,\ -27\ ^\circ C} (R_2N)_2Ce(\mu\text{-}O)_2Ce(NR_2)_2$$

23.9　金属有机化合物

提要：镧系元素的金属有机化学以 Ln(Ⅲ)化合物为主导，主要涉及离子型成键或被强给予体配体稳定而成键。18 电子规则不适用于镧系元素的金属有机化合物，它们与那些电正性强的前 d 区金属的金属有机化合物较相似。空间效应比电子效应更重要，一些 Ln(Ⅲ)的环戊二烯基化合物在立体选择性催化领域具有重要应用。Ln(Ⅱ)的金属有机化合物是强还原剂。

镧系元素金属有机化学的发展程度不如 d 区元素。大多数镧系元素金属有机化合物形式上含有 Ln(Ⅲ)，没有任何能参与至有机碎片的 π 反馈成键轨道(5d 轨道是空的，4f 轨道也被深埋)，从而限制了可利用的共价成键模式的数目。

镧系元素的第一个 η^2-烯烃络合物$[(Cp^*)_2Yb(C_2H_4)Pt(PPh_3)_2]$(**12**)是 1987 年才被表征的，较分离出第一个 d 金属烯烃络合物(Zeise 盐)晚了一个半世纪。在这个络合物中，由于烯烃配体已经键合到一个 π 给体 Pt(0)中心使其特别富电子，所以来自 Yb 原子的反馈键对稳定该络合物并非必要。镧系元素的强电正性意味着它们需要好的给予体配体而不是好的接受体配体。因此，镧系元素化学中很少看到

CO、膦和烯烃这样的配体，而在多种络合物中却发现了像 N 杂卡宾（节 22.15）这样的强给予体配体。例如，双卡宾及含有五个金属-碳键的三烷基 Er 络合物（**13**）。

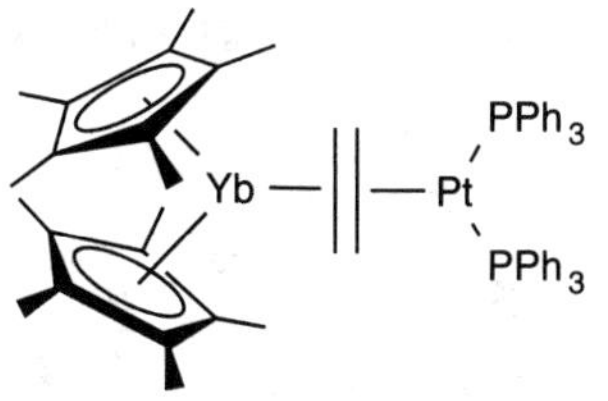

(12)

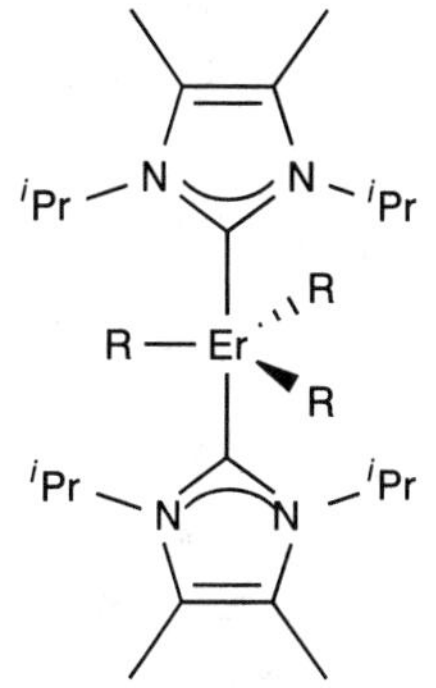

(13)

18 电子规则不适用于镧系元素金属有机化合物的事实不足为奇，这与前 d 区化合物有些相似之处。可以预料，第 3、4 两族元素也是高电正性、d 电子数少的元素，几乎没有 d 电子对配体 π 反馈。一般来说，镧系元素金属有机化合物比 d 区金属有机化合物更多地依赖于离子性成键作用，它们对空气和湿气都很敏感。从 La 到 Lu 随着离子半径的减小，其化学性质更多地受到空间张力的影响而不是受电子组态的控制。

到目前为止，镧系元素数目最多的金属有机化合物是由环戊二烯基阴离子（Cp^-）配体形成的，将它们看作 Cp^- 基团靠静电力结合于 Ln^{3+}（或 Ln^{2+}）阳离子的化合物是合适的。较大的镧系元素离子可以轻松容纳三个环戊二烯基配体，它们甚至趋向于发生低聚，表明还有可容纳额外配体的空间。利用五甲基环戊二烯基（Cp^*）配体的空间需求能够大大提高对络合物反应性能的控制，虽然制得化合物 $[Ln(Cp^*)_3]$ 的时间与最初离析出化合物 $[Ln(Cp)_3]$ 的时间过去了将近 40 年，甚至它们在 η^5 和 η^1 两种形式之间存在如下平衡：

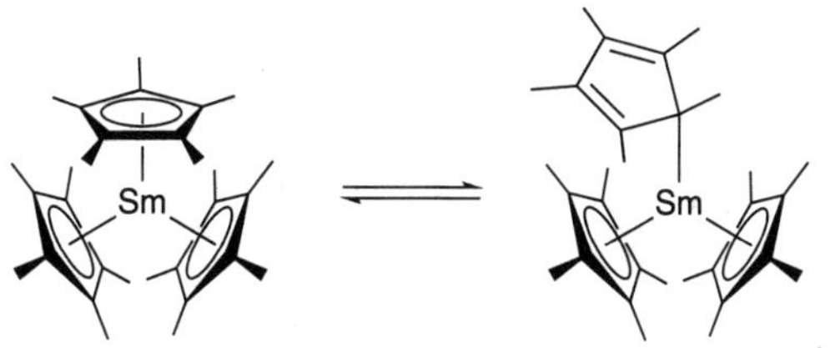

目前对镧系元素金属有机化合物的研究主要涉及 $[(Cp)_2LnR]_2$、$[(Cp)_2LnR(sol)]$、$[(Cp^*)LnRX(sol)]$ 和 $[(Cp^*)LnR_2(sol)]$ 等几种类型。常见的有 σ 键合的烷基基团，含环戊二烯基配体的化合物占支配地位。已知存在含 η^8-环辛四烯配体的化合物，如 $[Ce(C_8H_8)_2]$（**14**）。正如节 22.11 中提到的那样，最好将其看作富电子的 $C_8H_8^{2-}$ 配体形成的络合物。许多芳烃络合物也是已知的，如 $[(C_6Me_6)Sm(AlCl_4)_3]$（**15**），人们认为这种络合物主要是 Sm^{3+} 与富电子环之间静电诱导偶极成键的结果。

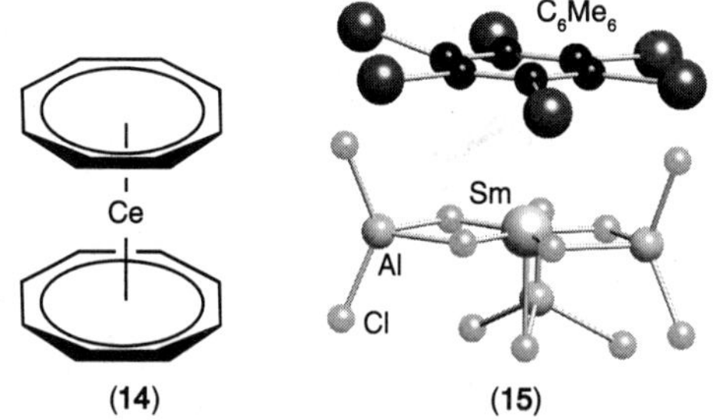

(14)　(15)

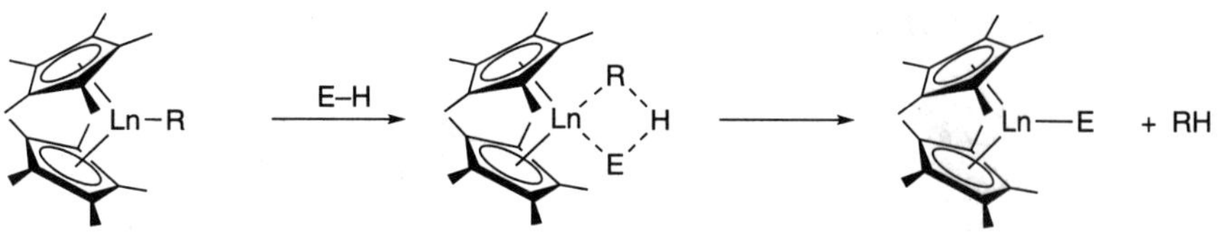

已合成的多数 Ln(Ⅱ)分子化合物含有 Cp* 配体。一个典型的例子是[Sm(Cp*)$_2$(THF)$_2$](**16**),其中含有配位的溶剂分子。正如所预期的那样,Ln(Ⅱ)金属茂络合物的存在和反应活性与较低的 I_3值存在很好的相关性。因此,容易制得 Eu(Ⅱ)、Yb(Ⅱ)和 Sm(Ⅱ)的化合物,而制备 Tm(Ⅱ)和 Dy(Ⅱ)的化合物则较难。然而,甚至是 Er(Ⅱ)和 Ho(Ⅱ)的茂金属也是已知的。Ln(Ⅱ)的茂金属是有用的单电子还原剂,它们显示不同的反应活性。茂钐[Sm(Cp*)$_2$]与 N_2反应生成暗红色晶体[Sm(Cp*)$_2N_2$](**17**),这是人们发现的第一个含分子 N_2配体的 f 区化合物;与之形成对照的是,还原性更强的铥(Ⅱ)化合物[Tm(Cp*)$_2$]与N_2发生还原反应得到一个结构相似、苍白色的含$(N_2)^{2-}$桥连配体的双核 Tm(Ⅲ)络合物。

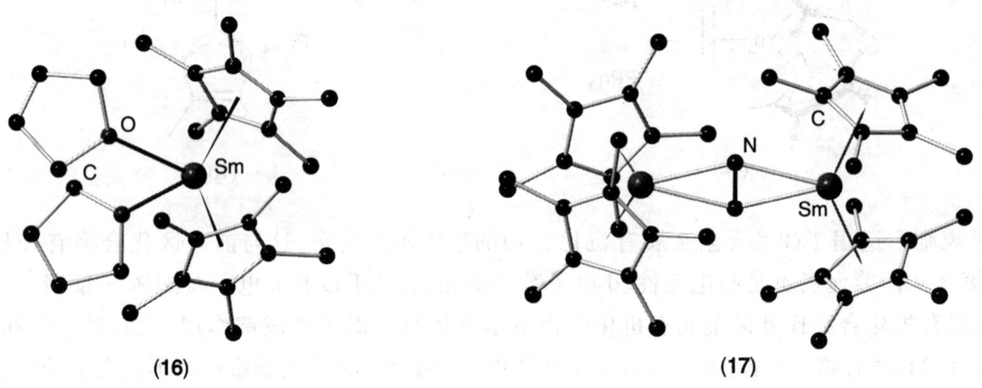

(16)　　**(17)**

镧系元素金属有机化合物是重要的均相催化剂。不像 d 区元素,它们不能催化氧化加成或还原消除反应,这是因为没有哪个 f 区元素具有相差 2 的两个氧化态。但 Ln(Ⅲ)金属有机化合物(特别是[Ln(Cp*)X]络合物)是碳-碳插入反应和 σ 键复分解反应的高活性催化剂。不像多数 d 区化合物,它们不会发生 CO 或硫化物中毒。人们熟悉的一类碳-碳插入反应是烯烃的 Ziegler-Natta 聚合(也见节 25.18):

Ln−E → Ln(CH$_2$CH$_2$E) → Ln(CH$_2$CH$_2$CH$_2$CH$_2$E) ⇢ Polymer

另一个反应(σ 键复分解)表示如下:

Lu−CH$_3$ + $^{13}CH_4$ → [Lu⋯H$_3$C⋯H⋯^{13}CH$_3$] → Lu−^{13}CH$_3$ + CH$_3$—H

镧系元素金属有机化学引人关注的另一个重要事件是人们发现它们可以活化甲烷中的 C—H 键。人们发现,$^{13}CH_4$可与连接在 Lu 上 CH_3基团交换^{13}C。

例题 23.2　解释镧系元素金属有机反应的活性

题目:为下述转化建议一个可能的反应途径:

Ln−Bu + H$_2$ → Ln−H + BuH

答案:由于镧系元素化合物不能催化氧化加成反应,所以与 H_2 的反应不能通过形成二氢络合物的途径(先氧化加成为二氢化物,然后还原消除丁烷)进行。一个可能的中间体见右图。

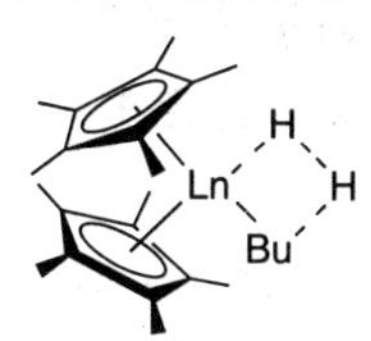

自测题 23.2 在上面的反应中,如果 Cp^* 配体被 Cp 取代,你预期得到什么样的产物?

锕系元素化学

锕系元素化学性质整系列的一致性不如镧系元素,从显示多种氧化态这一角度看,前锕系元素(Ac~Am)类似于前 d 区金属。然而,大多数锕系元素的放射性阻碍了对它们的研究。因为可获得的后锕系元素的量非常少,有关它们的反应几乎无人所知。镅后元素(跟在 95 号元素之后的元素)的大多数化学性质是在微克量级甚至只有数百个原子的实验基础上建立的。例如,锕系离子络合物是被吸附到直径为 0.2 mm 的单珠离子交换材料上并从那里洗脱的。最重的和最不稳定的锕系后元素(如 Hs, $Z=108$)应该属于 d 区元素,因寿命太短而不能用化学方法分离,元素的性质完全是基于它发出的射线性质鉴定的。前锕系元素(特别是铀和钚)在核裂变发电中有着重要意义(应用相关文段 23.2)。

应用相关文段 23.2 核裂变

中子轰击可以引发重元素(如 ^{235}U)的裂变。热中子(低速中子)引发 ^{235}U 裂变产生中等质量的两个核素。裂变过程中释放大量能量,这是因为原子序数超过约 26(Fe)时,每个核子的平均结合能稳步下降。裂变产物的双驼峰分布表明了铀核的不对称裂变(见图 B23.2),其最大值接近质量数 95(钼的同位素)和 135(钡的同位素)。几乎所有裂变产物都是不稳定核素。最难处理的是那些裂变半衰期在数年至数百年的核素:这些核素因衰变速率快而具有高放射性,但又快得不足以在有限时间内消失。

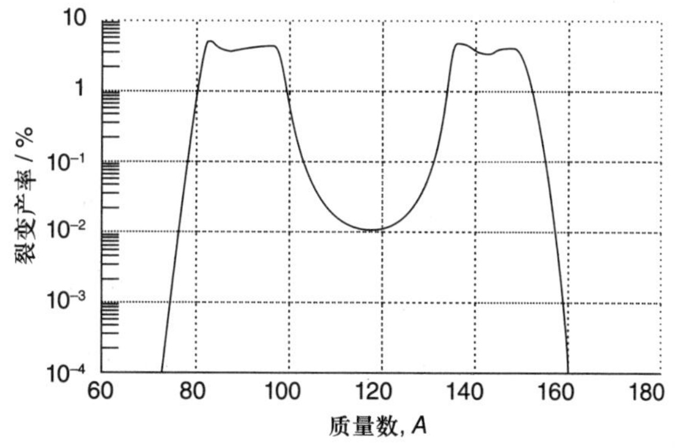

图 B23.2 铀裂变产物的双驼峰分布

第一个核电站就是依靠 U 裂变释放的热量。放出的热量用来产生蒸气从而驱动涡轮机发电,发电原理与燃烧燃料产生热量的传统发电厂相类似。然而,由重元素裂变产生的能量比传统燃料燃烧产生的能量大得多:例如,1 kg 辛烷完全燃烧产生约 50 MJ 的热量,而 1 kg ^{235}U 裂变释放的能量约为 2 TJ($1\ TJ=10^{12}\ J$),约为前者的 40 000 倍。后来设计的核电厂以钚为燃料,通常是与铀混合使用的。虽然核动力提供了大量低成本能源的潜力,但迄今尚未找到如何处理由它产生的放射性废物的满意方法。

23.10 一般变化趋势

提要:前锕系元素(Th~Pu)没有表现出镧系元素化学性质的一致性,而更像 d 区元素。一个普

遍的模式是形成共线的 O—An—O 单元，这样的单元是通过向金属 6d 轨道和 5f 轨道的强 σ 给予和 π 给予稳定的。5f 区元素自左至右 3+氧化态变得越来越占主导地位，重的超铀元素与镧系元素相似。

从锕(Ac,$Z=89$)到铹(Lr,$Z=103$)的 15 个元素涉及 5f 亚层电子的逐个填充，在这个意义上他们类似于镧系元素。然而，锕系元素不具有镧系元素化学性质的一致性。许多锕系元素以 An(Ⅲ)存在(类似于镧系元素)；但前锕系元素也存在多种其他氧化态。这种差异的根本原因在于 4f 和 5f 轨道具有不同的贯穿性。如图 23.1 中看到的那样，5f 轨道有一个靠内的峰，它屏蔽了靠外轨道受到的核电荷引力；因此至少直到 Pu 那里，5f 轨道的类芯性都比 4f 轨道小得多。此外，6d 轨道也比 5d 轨道更扩展。

表 23.8 列出了所有锕系元素的电子组态和所遇到的氧化态(主要氧化态加黑)。与镧系元素(表 23.4)相比，我们立即看到锕系元素如何更多地利用了 d 轨道和为何具有多种氧化态；我们也看到，前锕系元素保留了这些特征。对镅(Am,$Z=95$)和镅以后的元素而言，锕系元素的性质开始与镧系元素性质靠近。随着原子序数的增加，相对于较高氧化态，An(Ⅲ)逐渐变得更稳定，并且是 Cm、Bk、Cf 和 Es 的主要氧化态。后面的元素因此相似于镧系元素。2+氧化态最初出现在 Am，反映了半充满壳层($5F^7$)的特殊稳定性，然后从 Cf 开始持续出现。

表 23.8　锕系元素的电子组态和氧化态(O.N)

Z	名称	符号	金属的电子组态	O.N.*
89	锕	Ac	[Rn]$6d^17s^2$	**3**
90	钍	Th	[Rn]$6d^27s^2$	**4**
91	镤	Pa	[Rn]$5f^26d^17s^2$	3,**4**,**5**
92	铀	U	[Rn]$5f^36d^17s^2$	3,**4**,5,**6**
93	镎	Np	[Rn]$5f^46d^17s^2$	**3**,**4**,**5**,6,7
94	钚	Pu	[Rn]$5f^67s^2$	**3**,**4**,5,**6**,7
95	镅	Am	[Rn]$5f^77s^2$	2,**3**,4,5,6
96	锔	Cm	[Rn]$5f^76d^17s^2$	**3**,4
97	锫	Bk	[Rn]$5f^97s^2$	**3**,4
98	锎	Cf	[Rn]$5f^{10}7s^2$	2,**3**,4
99	锿	Es	[Rn]$5f^{11}7s^2$	2,**3**
100	镄	Fm	[Rn]$5f^{12}7s^2$	2,**3**
101	钔	Md	[Rn]$5f^{13}7s^2$	2,**3**
102	锘	Nb	[Rn]$5f^{14}7s^2$	2,**3**
103	铹	Lu	[Rn]$5f^{14}6d^17s^2$	2,**3**

* 主要的氧化态加黑。

镧系元素和前锕系元素之间化学性质的显著差异引起了锕系元素在周期表中最合适位置的争议。1945 之前,周期表通常将 U 放在 W 的下方,这是由于两元素的最大氧化数均为+6。后锕系元素氧化态 An(Ⅲ)的出现是确定目前布局的关键。重锕系元素与镧系元素在离子交换分离中相似的洗脱行为说明了它们的相似性(比较图 23.13 和图 23.14)。

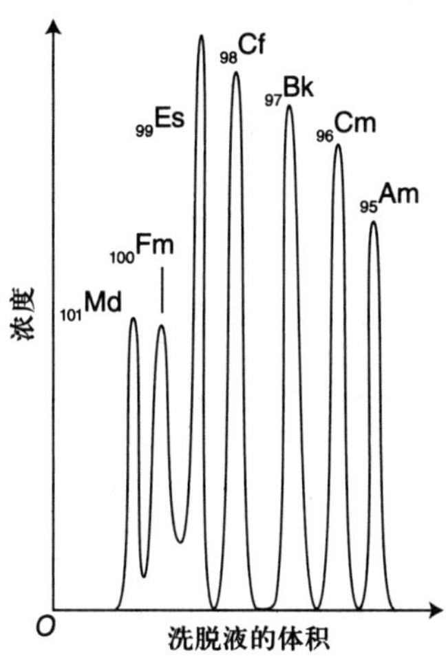

图 23.14 以 2-羟基异丁酸铵作洗脱剂从阳离子交换柱上淋洗重锕系离子的洗脱曲线

注意:洗脱顺序与图 23.13 的相似性:较重的(较小的)An^{3+}先被洗脱

图 23.15 的 Frost 图显示出锕系元素序列中不同氧化态水合物种的稳定性是如何变化的。

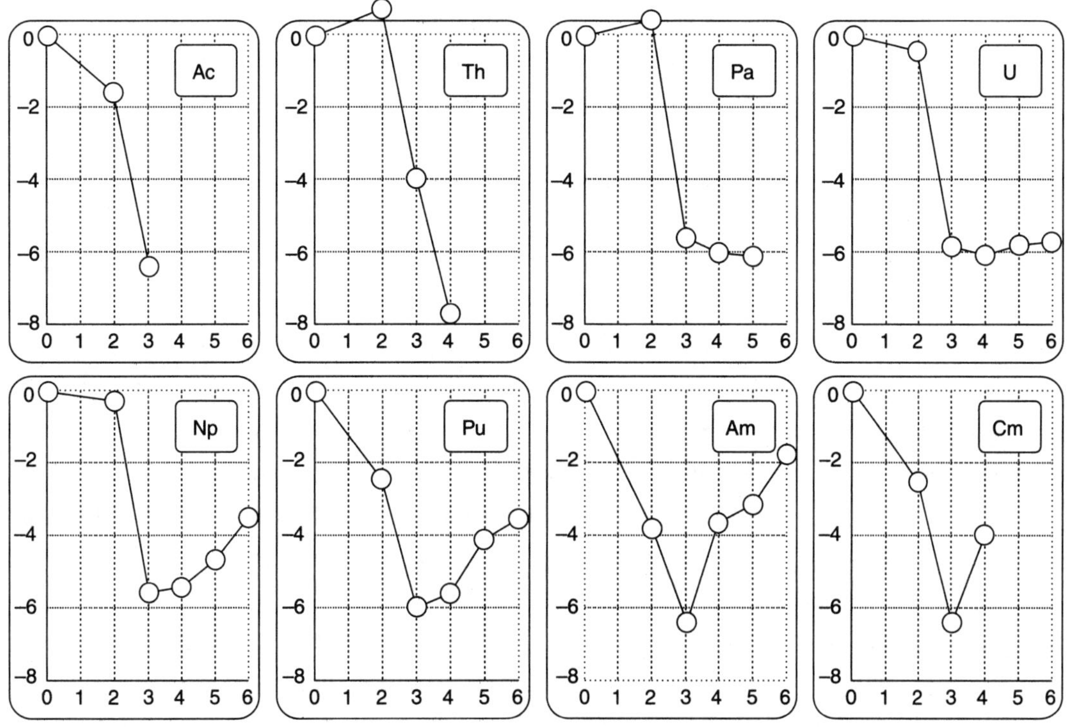

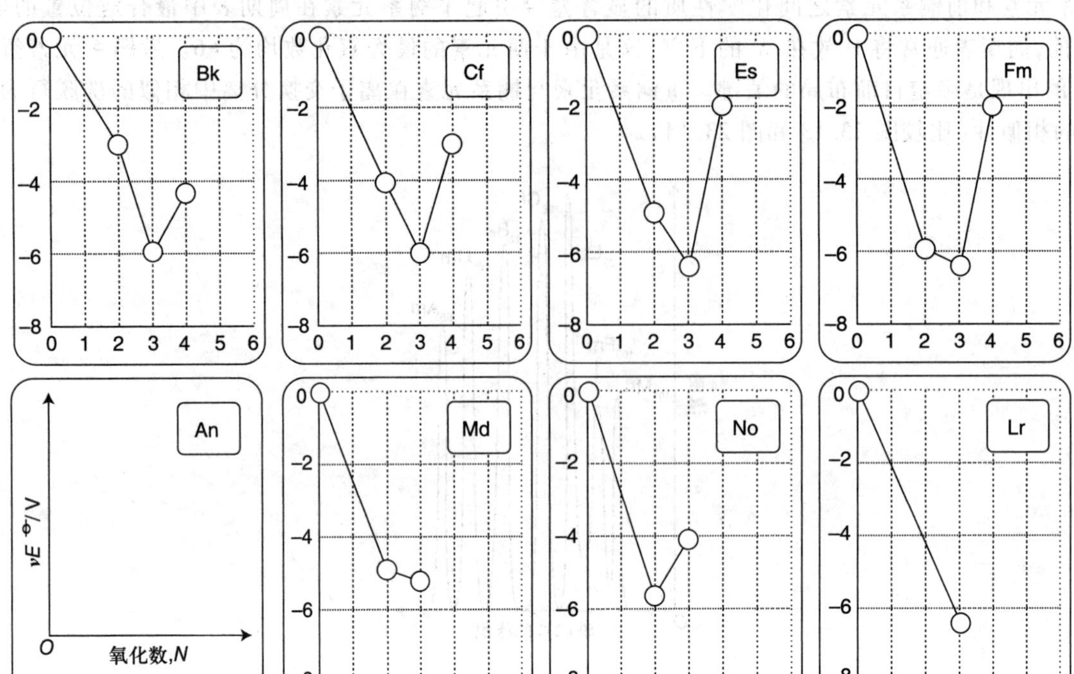

图 23.15　锕系元素在酸性溶液中的 Frost 图

（引自 J. J. Katz, G. T. Seaborg, and L. Morss, *Chemistry of the actinide elements*. Chapman and Hall(1986)）

例题 23.3　评估锕系离子的氧化还原稳定性

题目：通过钍的 Frost 图（图 23.15）描述 Th(Ⅱ)和 Th(Ⅲ)的相对稳定性。

答案：这里需要用到节 5.13 中描述的 Frost 图。Frost 图中最左方的斜率表明 Th^{2+} 也许容易成为温和的氧化剂。然而，它位于 Th(0)与较高氧化态之间的连接线上方，所以容易发生歧化。Th(Ⅲ)容易被氧化为 Th(Ⅳ)，陡峭的负斜率表明它容易被水氧化：

$$Th^{3+}(aq)+H^{+}(aq) \longrightarrow Th^{4+}(aq)+1/2\ H_2(g)$$

从资源节 2 确知，由于 $E^{\ominus}=+3.8$ V，所以该反应是非常有利的。因此，Th(Ⅳ)将是水溶液中的唯一氧化态。

自测题 23.3　使用 Frost 图和资源节 2 中的数据，确定空气存在条件下酸性水溶液中铀离子最稳定的氧化数。

线性或近似线性的二氧合单元（AnO_2^{+} 和 AnO_2^{2+}）主导着前锕系元素（U、Np、Pu 和 Am）氧化数为+5 和+6 的化学性质。其余的配体占据平伏位置或平伏位置附近的位置。共线的 An—O 键非常强：An 为 U、Np 和 Pu 时 AnO_2^{2+} 的气相解离能分别为 618 kJ · mol^{-1}，514 kJ · mol^{-1} 和 421 kJ · mol^{-1}，而且氧原子交换极为缓慢（酸性水溶液中，UO_2^{2+} 的半衰期约为 10^9 s 数量级）。前锕系元素化学中线性二氧合单元显示出明显优势，这一事实是 5f 和 6d 轨道成键作用具有共价性质的强有力证明。这种性质完全不同于镧系元素展现出的无方向性的静电键合。为了理解 AnO_2^{2+} 单元中的成键作用，不妨看看图 23.16 所示的分子轨道。我们认为，AnO_2^{2+} 单元具有 $D_{\infty h}$ 对称性。

反式几何构型使 σ 成键作用最大化，2 个 σ 键是通过 O 2p 的 σ 轨道与锕系元素的 $6d_{z^2}$(g 对称性)及一个杂化轨道（u 对称性，由 $5f_{z^3}$ 和 $6p_z$ 混合）形成的。这种成键作用既使用了对称性轨道(g)，也使用了反对称性(u)的 O σ SALCs。四个 An—O π 键是通过 O 2p π 轨道与锕系元素的两个 6d π 轨道（xz, yz）和两个具有 π 对称性的 5f 轨道相结合而形成的。因为 5fδ 和 5fϕ 是非键轨道，所以这种模式适用于所有轻锕系元素。

图 23.16

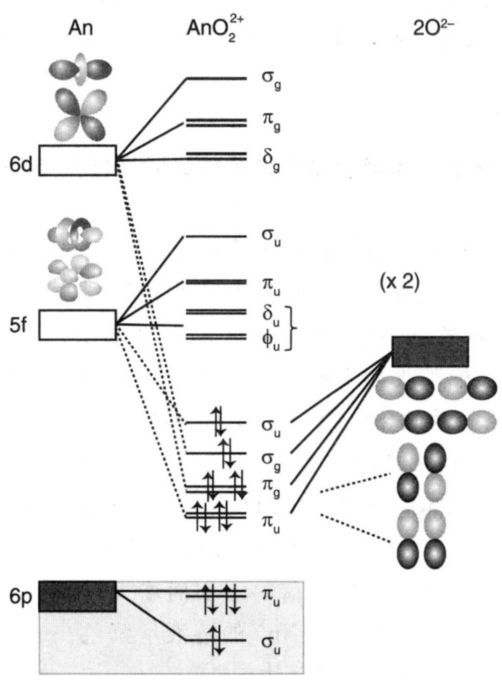

图 23.16　AnO_2^{2+} 单元的分子轨道图，展示出 An 的 6d(红色)和 5f(紫红色)轨道是如何与具有 s 和 p 对称性的 O 2p 原子轨道相互作用的

相比于镧系元素 4f 轨道的类芯性，前锕系元素的 5f 轨道更发散(图 23.1)。其结果是，锕系元素络合物的光谱受配体的影响更强烈。Pu^{3+}掺杂的 CaF_2的 EPR 谱(图 23.17)为 5f 轨道延伸至成键区域提供了有力的证据，其中 Pu^{3+}占据一部分立方位置。超精细二重峰(由未成对电子与^{239}Pu 核($I=1/2$)相互作用产生)的每一组通过该电子与八个等价^{19}F($I=1/2$)的相互作用进一步分裂为 9 条线。

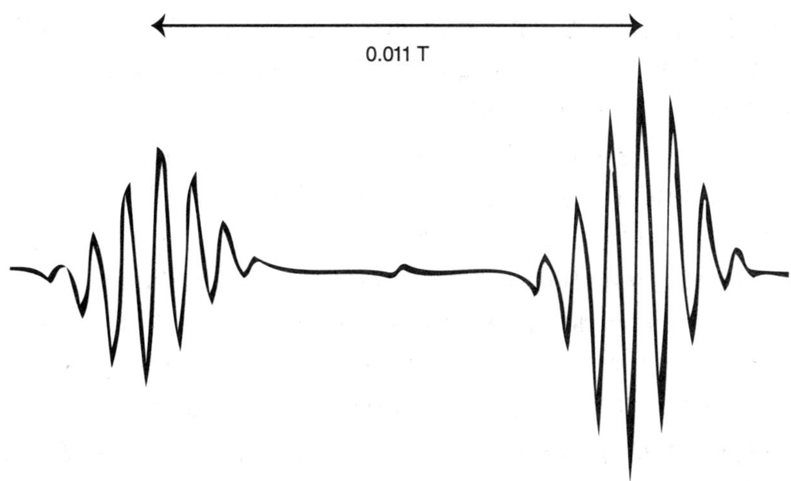

图 23.17　用 Pu^{3+}掺杂 CaF_2的 EPR 谱，展示了由于与^{239}Pu($I=1/2$)的超精细偶合和与 8 个等价 F^-($I=1/2$)的极超精细偶合而产生的二重峰

锕系收缩也是存在的。但不像镧系收缩，锕系收缩对紧随其后的 d 区元素的性质没有任何实际影响。锕系元素的原子半径和离子半径较大(An^{3+}半径比对应 Ln^{3+}半径通常大出约 5 pm)且预期具有较高的配

位数。像较大的镧系元素一样,3+锕系水合阳离子为 9 配位。固体 UCl_4 中的铀为 8 配位,固体 UBr_4 中的铀为 7 配位(以五角双锥体方式排列),但在固态结构中也观察到高达 12 的配位数(节 8.3)。

23.11　锕系元素的电子光谱

提要:前锕系元素的电子光谱有配体至金属的电荷转移跃迁(5f→6d 和 5f→5f)的贡献。铀酰离子强烈发荧光。

对锕系离子而言,仅仅涉及 f 轨道间、5f 和 6d 轨道间,以及配体至金属的电荷转移(LMCT)等电子态之间的跃迁全都是可能的。由于 5f 轨道与配体的相互作用更强烈,因而 f-f 跃迁比镧系元素的更宽、更强,摩尔吸收系数通常在 $10 \sim 100\ dm^3 \cdot mol^{-1} \cdot cm^{-1}$。最强的吸收与 LMCT 跃迁有关。例如,LMCT 跃迁导致铀酰离子 UO_2^{2+} 溶液及其化合物呈亮黄色。含有振动精细结构的光谱说明在 UO_2^{2+} 单元中键合作用的强度。物种[如 $U^{3+}(f^3)$]的跃迁(如 $5f^2 6d^1 \leftarrow 5f^3$)发生在波数为 20 000~33 000 cm^{-1}(500~300 nm),使得这种离子的溶液和化合物呈深橙红色。对 Np^{3+} 和 Pu^{3+} 而言,5f 和 6d 能级间的距离随有效核电荷的增加而增大,相应的跃迁移向更高的能量,进入光谱的紫外区。Np^{3+} 的溶液呈紫色,而 Pu^{3+} 的溶液呈亮紫蓝色,主要是由于 f-f 跃迁产生的。

铀酰离子 UO_2^{2+} 也强烈发荧光,紫外光激发时在 500~550 nm 产生强的发射峰(图 23.18)。这一性质已被用于玻璃着色,加入 0.5%~2%的铀盐会产生明亮的金黄色(产生于前面讨论过的荷移吸收)。这种玻璃在阳光下具有明亮的黄绿色荧光,从而增加了对外界吸引力;紫外光下还能看到强绿色。然而由于这种玻璃具有放射性,工业化生产近些年已经基本被淘汰。

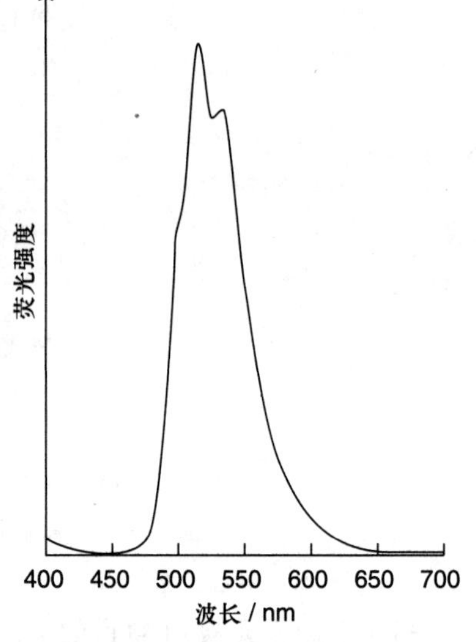

图 23.18　铀酰离子 UO_2^{2+} 在紫外辐射下的发射光谱

23.12　钍和铀

提要:钍和铀的常见核素只具有低的放射性,所以化学性质得到广泛研究;许多具有不同配体给予原子的络合物中发现了铀酰阳离子;这些元素的金属有机化合物主要是五甲基环戊二烯基络合物。

由于钍和铀容易购得且放射性较低,因而可用普通的实验室技术操作。如图 23.15 所示,钍在水溶液中最稳定的氧化态为 Th(Ⅳ)。这种氧化态在钍的固态化学中也占主导地位。钍在简单 Th(Ⅳ)化合物中的配位数通常为 8,如 ThO_2 的萤石结构(Th 原子处于立方体顶角 8 个 O^{2-} 的中央)。$ThCl_4$ 和 ThF_4 中钍的配位数也是 8,分别为十二面体和四方反棱柱体。$[Th(NO_3)_4(OPPh_3)_2]$(**18**)中 Th 的配位数为 10,NO_3^- 和三苯基膦氧化物基团以盖帽立方阵列排列在 Th 原子周围。水合硝酸盐 $Th(NO_3)_4 \cdot 5H_2O$(**19**)中的 Th 原子出现难得一见的配位数 11,其中 Th^{4+} 与二齿方式配位的 4 个 NO_3^- 和 3 个 H_2O 分子配位。

U 比 Th 的化学性质更丰富,它能形成从 U(Ⅲ)到 U(Ⅳ)的全部氧化态,其中以 U(Ⅳ)和 U(Ⅵ)最常见。正如 Frost 图所显示的那样,U^{3+} 水合离子显强还原性,而以 UO_2^+ 形式存在的 U(Ⅴ)则会发生歧化。金属铀不会形成钝化的氧化物层,长时间暴露于空气的金属铀被腐蚀形成组成复杂的混合氧化物(包括 UO_2、U_3O_8 和几种化学计量组成的多晶形 UO_3)。UO_2 采取萤石结构,但其间隙位置也能吸纳 O 原子形成非化学计量组成的系列化合物 UO_{2+x}($0<x<0.25$)。最重要的氧化物为 UO_3,其中一种形式(δ-UO_3)采取 ReO_3 的结构类型(节 24.6)。UO_3 溶于酸得到非常稳定的 UO_2^{2+} 阳离子,后者与多种阴离子(如 NO_3^- 和 SO_4^{2-})形成络合物,其中阴离子占据平伏位置。线性 UO_2^{2+} 单元在固体状态仍被保持;如 UO_2F_2,6 个 F^- 以微皱环的形式绕 UO_2^{2+} 单元排布。

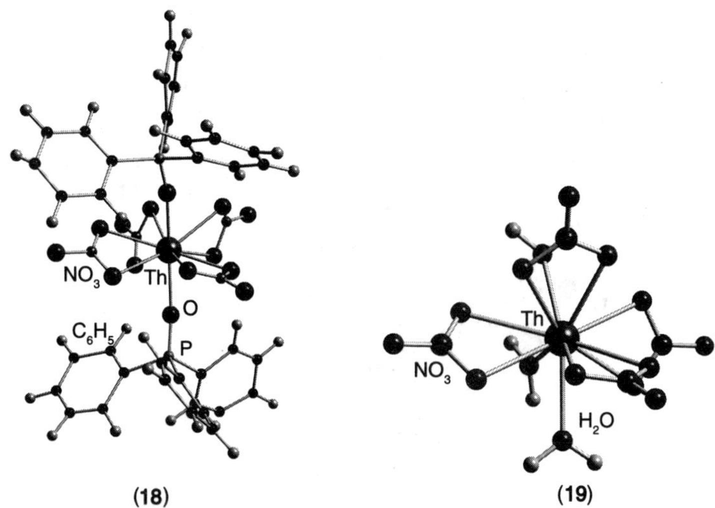

铀卤化物具有从 U(Ⅲ)到 U(Ⅵ)的全部氧化态,配位数具有随氧化数增加而减少的趋势。最重要的氟化物是 UF_6,它可由 UO_2大规模合成:

$$UO_2+4\ HF \longrightarrow UF_4+2H_2O$$

$$3\ UF_4+2\ ClF_3 \longrightarrow 3\ UF_6+Cl_2$$

UF_6的高挥发性(在 57 ℃升华)用于铀同位素的分离(通过气体扩散或离心)。四氯化物 UCl_4[合成多种 U(Ⅳ)化合物的一种有用的起始物]是由 UO_3 与六氯丙烯反应制备的。固体 UCl_3 中的 U 原子为 9 配位,UCl_4中为 8 配位,而在 U(Ⅴ)和 U(Ⅵ)的氯化物(U_2Cl_{10}和 UCl_6)中则是 6 配位,U_2Cl_{10}和 UCl_6都是分子化合物(图 23.19)。

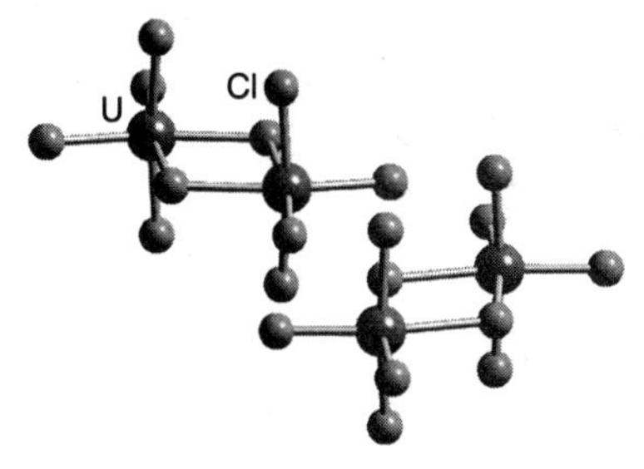

图 23.19* 由孤立分子组成的 U_2Cl_{10}的晶体结构,孤立分子是由共边的 UCl_6 八面体对形成的

从大多数其他金属中分离铀是通过从水相将中性硝酸铀酰络合物$[UO_2(NO_3)_2(OH_2)_4]$萃取到极性有机相(如磷酸三丁酯溶于烃类溶剂而得到的溶液)完成的。溶剂萃取法也用于从核工业乏燃料裂变产物中分离锕系元素。

U 和 Th 的金属有机化学得到了较好的发展。除存在多种氧化态和半径大于有代表性的 Ln 离子外,Th 和 U 的金属有机化学与镧系元素有许多类似性。因此,那些含有良好的给予体配体(如 σ 键合的烷基、环戊二烯基及含氮杂环卡宾)的化合物占主导。与典型镧系元素相比,Th 和 U 半径的增大意味着可离析出四面体物种$[Th(Cp)_4]$和$[U(Cp)_4]$(**20**)单体来,不仅能离析出$[U(Cp^*)_3]$,而且能离析出$[U(Cp^*)_3Cl]$(**21**)。正如镧系元素金属有机化合物那样,锕系元素的金属有机化合物也不服从 18 电子规则(节 22.1)。

与 η^8-环辛四烯配体可以形成夹心化合物,典型的例子是茂钍$[Th(C_8H_8)_2]$和茂铀$[U(C_8H_8)_2]$(**22**),两者都具有重叠环 D_{8h}对称性。其成键轨道示于图 23.20。来自两个 $C_8H_8^{2-}$的 20 个电子填充在成键轨道,

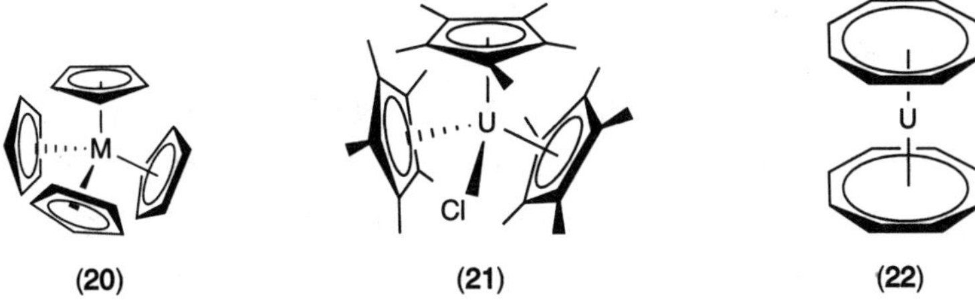

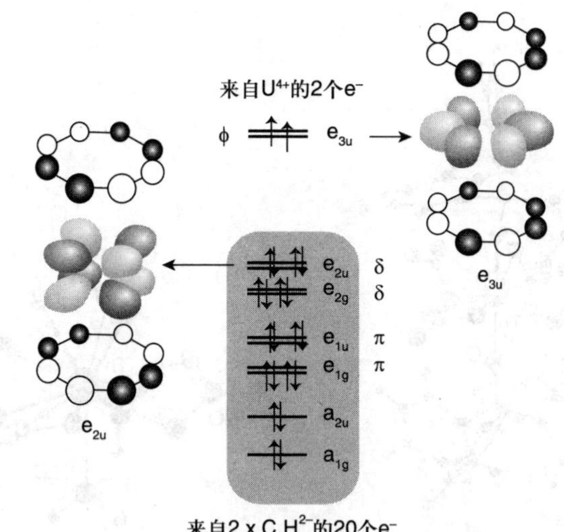

图 23.20　锕系元素的 η^8-环辛四烯夹心化合物的部分分子轨道图，展示出 6d 和 5f 原子轨道如何与 C p_z轨道相互作用（只显示了一个波瓣）

留下一个具有锕系特征的弱成键 e_{3u}(fϕ) 轨道。茂铀(e_{3u}^2)有一个三重基态。迄今为止，锕系元素的环辛四烯化合物是可能包含 ϕ 成键贡献的仅有的"真正"化合物(与气相的金属二聚体相反)。

例题 23.4　η^8-环辛四烯络合物的磁性质

题目：推测[$Th(C_8H_8)_2$]、[$Np(C_8H_8)_2$]和[$Pu(C_8H_8)_2$]中的未成对电子数，以及这些化合物各自为反磁性或顺磁性。

答案：Th^{4+} 为 $5f^0$ 组态，所以[$Th(C_8H_8)_2$]中没有未成对电子且为反磁性；Np^{4+} 为 $5f^3$ 组态，所以[$Np(C_8H_8)_2$]中有一个未成对电子且为顺磁性；Pu^{4+} 为 $5f^4$ 组态，所以[$Pu(C_8H_8)_2$]中没有未成对电子且为反磁性。

自测题 23.4　根据图 23.20 所示的部分分子轨道图，简要描述 e_{2g}轨道的锕系元素与 $C_8H_8^{2-}$ 成键相互作用。

23.13　镎、钚和镅

提要：钚的几种不同氧化还原态可以共存于水溶液中。前锕系元素电子光谱有来自配体到金属荷移跃迁(5f→6d 和 5f→5f)的贡献。

Np、Pu 和 Am 三种元素形成含有类似物种的化合物，虽然其主要氧化态的稳定性显著不同。图 23.15 的Frost 图总结了其行为。镎溶于稀酸生成 Np^{3+}，后者易被空气氧化为 Np^{4+}。强氧化剂会将其氧化产生 NpO_2^+[Np(Ⅴ)]和 NpO_2^{2+}[Np(Ⅵ)]。钚的四种常见氧化态[Pu(Ⅲ)、Pu(Ⅳ)、Pu(Ⅴ)和 Pu(Ⅵ)]彼此差别不到 1 V，Pu 的溶液往往是 Pu^{3+}、Pu^{4+} 和 PuO_2^{2+}(PuO_2^+ 倾向于歧化为 Pu^{4+} 和 PuO_2^{2+})的混合物。碱性条件下(>1 mol · L^{-1}NaOH)可氧化形成氧化态为 7+的物种[$NpO_4(OH)_2$]$^{3-}$ 和[$PuO_4(OH)_2$]$^{3-}$，二物种各自含有处于平伏位置的 4 个强结合的氧原子(**23**)。Am^{3+} 是水溶液中最稳定的镅物种，这一事实反映出 An(Ⅲ)在高原子序数的锕系元素化学中开始占主导地位。强氧化条件下可以形成 AmO_2^+ 和 AmO_2^{2+}；Am(Ⅳ)在酸性溶液中发生歧化。

An(Ⅳ)的氧化物 NpO_2、PuO_2和 AmO_2(由各自的单质或盐在空气中加热形成)都采取萤石结构。低价氧化物包括 Np_3O_8、Pu_2O_3和 Am_2O_3。三氯化物($AnCl_3$)可在 450 ℃温度下由元素间的直接反应制得，且与 $LnCl_3$的结构相类似，其中 An 原子为 9 配位。虽然只有 Np 和 Pu 形成四氯化物，将镅氧化到 Am(Ⅳ)更困难，但所有三个锕系元素的四氟化物都已制得。Np 和 Pu 都形成六氟化物，它们像 UF_6一样，都是挥发性固体。

所有三种金属的化学性质都与铀的化学性质相类似,形成类似于铀酰离子的 NpO_2^{2+}、PuO_2^{2+} 和 AmO_2^{2+},都可通过与三丁基磷酸酯形成 $AnO_2(NO_3)_2\{OP(OBu)_3\}_2$的形式从水溶液中萃取。四卤化物都是 Lewis 酸,能与电子对给予体(如 DMSO)形成加合物[如 $AnCl_4(Me_2SO)_7$]。镎形成许多类似于铀金属有机化合物那样的金属有机化合物,如[$Np(Cp)_4$]。

对核加工厂附近的地区而言,钚具有潜在的环境危害,总是存在钚被沥取进入地下水源和污染土壤的可能性。因此,人们对由 Pu 的不同氧化态与无处不在的配体(如氯离子、硝酸根离子、碳酸根离子或磷酸根离子)形成的络合物的性质有很大兴趣。碳酸根离子通过形成六方双锥体的[$PuO_2(CO_3)_3$]$^{4-}$阴离子(**24**)使 Pu(Ⅵ)得以稳定。正如节 27.8 将要看到的那样,特殊的络合剂已用于除去以某种途径进入人体中的钚。

延伸阅读资料

N. Kaltsoyannis and P. Scott, *The felements*, Oxford University Press (1999).

J. Katz, G. Seaborg and L. R. Morss, *Chemistry of the actinide elements*, Chapman and Hall (1986).超铀化学奠基人写的一本早期的教科书。

D. L. Clarke, The chemical complexities of plutonium.*Los Alamos Sci.*, 2000, **26**, 364.一篇关于 Pu 的配位化学的指导性论文。

D. M. P. Mingos and R. H. Crabtree (eds), *Comprehensive organometallic chemistry Ⅲ*.Elsevier (2006).M.Bochmann 编辑的第 4 卷讨论第 3 族、第 4 族以及镧系和锕系元素。

W. J. Evans, The importance of questioning scientific assumptions: some lessons from f element chemistry.*Inorg. Chem.*, 2007, **46**, 3435.论文描述 Ln^{2+}络合物的发现、表征和重要性。

P. L. Arnold and I. J .Casely, f-Block '*N*-heterocyclic carbene complexes'.*Chem. Rev.*, 2009, **109**, 3599.关于 f 区金属有机化合物的综合性评述,内容聚焦在强给予体配体形成的金属有机化合物。

M. L. Neidig, D. L. Clarke and R. L. Martin, Covalency in f-element complexes.*Coord. Chem. Rev.*, 2013, 257, 394.解释锕系元素络合物中共价成键作用的好论文。

R. Sessoli and A. K. Powell, Strategies towards single molecule magnets based on lanthanide ions.*Coord. Chem. Rev.*, 2009, **253**, 2328.对含有几种镧系离子的分子的磁性质作了很好的说明。

G. J. Stasiuk, S. Faulkner and N. J. Long, Novel imaging chelates for drug discovery.*Curr. Opin. Pharmacol.*, 2012, **12**, 576.一篇有意义的文章,内容涉及 Ln^{3+}配位化学用到的配体的设计。

J. -C. G. Bünzli and S. V. Eliseeva, Basics of lanthanide photophysics.In Lanthanide Luminescence: *Photophysical, Analytical and Biological Aspects* (eds P. Hänninen and H. Härmä), Volume 7 in the Springer Series on Fluorescence, Springer (2011), pp.1-46.关于镧系元素光学性质的叙述。

J. -C. G. Bünzli, Lanthanide luminescence for biomedical analyses and imaging.*Chem. Rev.*, 2010, **110**, 2729.有关 Ln 化合物生物医学应用的综合性评述。

X. Huang, S. Han, W. Huang and X. Liu, Enhancing solar cell efficiency: the search for luminescent materials as spectral converters. *Chem. Soc. Rev.*, 2013, **42**, 173.叙述镧系材料的"量子切割"和其他光物理性质的论文。

练习题

23.1　(a) 写出所有镧系元素与水溶液酸反应的平衡方程式。(b) 用还原电位和镧系元素最稳定的氧化态判断你的答案。(c) 给出最易偏离正常氧化态的两个镧系元素的名称并给出这种偏离与电子结构的相关性。

23.2　解释 La^{3+} 和 Lu^{3+} 离子半径之间的变化。

23.3　根据化学性质的有关知识推断离子交换色谱发展起来之前铈和铕为什么是最易分离的镧系元素。

23.4　解释为什么 UF_3 和 UF_4 是高熔点固体，而 UF_6 在 57 ℃就能升华。

23.5　判断金属 Pu 溶解在稀盐酸中会生成什么物种，以及随后加入 HF 时生成的固体产物的性质。

23.6　判断下列 AnO_2^{2+}(aq) 阳离子中 An—O 键的平均键级，并解释这些阳离子为什么都为线性排列：

$$UO_2^{2+}、NpO_2^{2+}、PuO_2^{2+}、AmO_2^{2+}$$

23.7　导出下列离子基态项的符号：Tb^{3+}、Nd^{3+}、Ho^{3+}、Er^{3+}、Lu^{3+}。

23.8　判断以下陈述可能正确、不正确或部分正确：

(a) Gd^{3+} 的磁矩是由唯自旋公式给出的（节 20.1）；

(b) Ln^{3+}(aq) 的水取代速率低于 3d 元素 M^{3+}(aq) 的取代速率；

(c) An^{3+} 在水中与多齿配体只能形成不活泼络合物。

23.9　文献报道了一个镧系元素化合物，其中的 Ln 似乎呈 5+氧化态。解释这样的发现（此例是不真实的）为什么非常重要，并推测该镧系元素最可能的性质。

23.10　元素 Eu 和 Gd 与 Mn 和 Fe 显示出一定的相似性，试解释这一陈述。

23.11　为什么稳定的和可离析出来的羰基化合物对镧系元素而言尚属未知？

23.12　提出从 $NpCl_4$ 合成茂镎的一种方法。

23.13　Eu^{3+} 与各种配体的络合物具有相似的电子光谱，而 Am^{3+} 络合物的电子光谱则随配体的变化而变化，试说明原因。

23.14　根据离子半径 [$r(Bk^{3+})$ = 96 pm, $r(N^{3-})$ = 146 pm] 预判 BkN 的结构类型。

辅导性作业

23.1　镧系元素络合物在溶液中很少出现同分异构现象，提出可能导致这种现象的两个因素，解释你的推理。（参阅 D. Parker, R. S. Dickins, H. Puschmann, C. Crossland, and J. A. K. Howard, *Chem. Rev.*, 2002, **102**, 1977.）

23.2　镧系元素和锕系元素的金属有机化合物都不服从 18 电子规则，以 Ln 和 An 的三(Cp)和三(Cp*)络合物结构为例讨论其原因。（参阅 W. J. Evans and B. L. Davis, *Chem.Rev.*, 2002, **102**, 2119.）

23.3　许多有机镧系元素化合物的催化活性受控于 Ln^{3+} 离子半径。一般说来，作为烯烃聚合催化剂的络合物 [$Ln(Cp^*)_2X$] 中的 La 被 Lu 取代后反应活性降低，但有些反应进行得更快。请从速率和选择性两个方面讨论调节有机镧系元素催化剂催化活性的原理。（参阅 C. J. Weiss and T. J. Marks, *Dalton Trans.*, 2010, **39**, 6576.）

23.4　“量子切割”是单一高能量光子吸收的过程（相当于在紫外光谱区的入射光），它能导致可见光区发射两个低能量的光子。这是个高效过程，在提高太阳能光伏电池的光谱范围和提供高效的室内照明方面有重要用途。参阅 X.Huang, et al.(*Chem. Soc. Rev.*, 2013, **42**, 173) 和 C. Lorbeer, et al.(*Chem. Comm.*, 2010, **46**, 571) 的文章，解释为什么 Gd（与其他镧系元素一起）对发展这项技术非常重要。

23.5　单分子磁体(SMMs)提供了诱人的新的存储和数据处理的可能性：镧系元素因具有大量的未成对电子而吸引了人们的极大兴趣。三角形络合物 [$Dy_3(OH)_2(o\text{-van})_3(H_2O)_5Cl]^{3+}$ (**25**) 由 3 个 Dy^{3+} 组成，每个配位一分子香草醛，3 个 Dy^{3+} 之间通过氢氧根离子连接。参阅 R. Sessoli 和 A. K. Powell 的论文（*Coord.Chem.Rev.*, 2009, **253**, 2328），解释 Dy(Ⅲ)三角对 SMM 领域的工作者为什么特别值得关注。

23.6　受到 U 和 W 在早期周期表中位置的提示，铀(Z=92)和钨(Z=74)都存在最大氧化数+6。1940 年发现铀后面的元素镎(Z=93)以后，其性质与铼(Z=75)的性质并不对应，这一发现使人们对起初铀的位置产生了怀疑[参见 G. T. Seaborg and W. D. Loveland, *The elements beyond uranium*.Wiley-Interscience (1990), pp.9 ff]。利用资源节 2 的标准电极电位数据讨论 Np 和 Re 之间氧化态稳定性的差异。

23.7　24 元环 U 化合物(**26**)因显示刚性和含有桥叠氮和桥氮配体而很不寻常。请描述这个络合物是如何合成的，并叙述所看到的这种成键作用的意义（参阅 W. J. Evans, S. A. Kozimor, and J. W. Ziller.*Science*, 2005, **309**, 1835）。

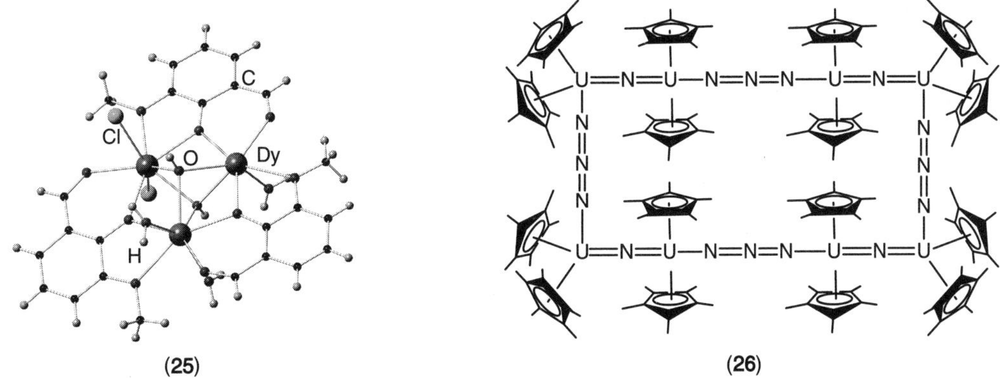

(25)　(26)

23.8　核工业乏燃料的处理和轻锕系元素 U、Np 和 Pu 的分离是一个重要的工业过程。讨论用于提取和分离这些元素的各种方法中的化学问题。

（刘　斌　译，史启祯　审）

第三篇　前沿

无机化学的前沿研究正在快速发展之中，特别是无机化学与其他学科（如生命科学、凝聚态物理学、材料科学和环境化学）的交叉。这种发展也为无机化学本身建立了某些新领域，一些新的化合物被用于催化过程、电子产品和药物中。本篇目的是在第一篇（导论性章节）和第二篇（描述性章节）的基础上展示当代无机化学在这些方面的魅力。

本篇的讨论从材料化学（第 24 章）开始。材料化学主要涉及固态化合物，包括固态化合物的合成、结构及电子性质、磁性质和光学性质。纳米材料也安排在这一章，这方面的研究在过去 10 年中取得许多进展。本章也将介绍在产能、储能和能源利用方面的新材料和纳米材料（其中包括从可再生资源制得的材料），这类研究聚焦了世界范围里的注意力。第 25 章介绍与无机化合物相关的催化作用，讨论与金属中心发生的催化反应相关的基本概念。最后两章介绍无机化学与生命科学的交叉。第 26 章介绍不同元素在活体组织中的作用及它们各自被活体组织摄入的途径。生物演化过程为每种元素选择了各自最合适的用途（包括输送、信号传递、传感和催化），并产生了结构精巧和性质独特的分子和物质。第 27 章介绍医学上是如何利用某些无机元素（如铂、金、锂、砷和放射性锝）治疗和诊断疾病的。

24 章

材料化学和纳米材料

材料化学主要关注显示出有用性能固体的研究，其中包括合成和表征。它是一个发展非常迅速的无机化学领域，本章介绍当今人们感兴趣的和新近取得进展的领域。从叙述块状固体无机材料的合成开始。缺陷在固体的离子迁移中起着重要作用，第 3 章做了简要描述。接着讨论无机材料的主要分类，包括嵌入型化合物、复合氧化物、磁性化合物、框架结构、颜料和分子材料。最后讨论纳米材料，它是一维方向上小于 100 nm 的一类无机固体。

当前对固态化学的研究多是受到商业上的启发，人们一直在寻找具有商业用途的固体材料。最近的一个焦点是在发电、存储、能源利用方面的研究，其中包括从可再生能源获得新的固体材料。人们正在寻求高效光伏材料和光催化分解水的材料，这些材料可将太阳能分别转化为电能和燃料（氢）。为了寻找用于储存和运输的可移动动力（用于便携式电子产品和电动汽车），需要研究可充电电池和燃料电池组件中使用的新材料。用于信息处理、信息存储和信息显示的电子设备和光学设备的多种组件也正在通过开发新的固态材料而处在改善之中。工业化学中，用于分子分离和非均相催化的新微孔固体也在开发之中。

固态化学是一个充满活力和令人兴奋的研究领域，部分是由于这类材料潜在的技术应用，也是由于了解它们的属性具有挑战性。本章将借鉴第 3 章中关于固体的一些概念，如晶格能和能带结构。我们也会介绍一些新概念，它们对理解固体内部发生的事件和讨论有用的固体性质（这些性质是由非化学计量和离子迁移引起的）显然是需要的。事实上在固体材料中，原子和离子可以通过协同方式相互作用产生许多引人注目且非常有用的化学性质。

合成新无机固体的范围非常巨大。例如，虽然已经知道当今存在的约 100 种结构类型中有 95% 为已知的二元（A_aB_b，如黄铜 CuZn）和三元（$A_aB_bC_c$）金属间化合物，但仍有很多机会将研究扩展到 4、5 及 6 组分系统（所谓的多元组分系统）的合成和表征。过渡金属离子与阴离子形成化合物（如氧化物、氮化物和氟化物）的多组分结合尤其如此。此外，一旦得到一个新的功能性无机固体，人们就会试图合成不同形式（如薄层或纳米粒子）的一些潜在产物。纳米材料颗粒小（小于 100 nm），可能会显示新的效应和性能从而导致新的用途。

材料的合成

很多合成无机化学（包括金属的配位化学和金属有机化学）利用溶液中的取代反应（一种配体取代另一种配体）实现分子的转化。这类方法的活化能通常比较小，并可在低温（通常在 0 ℃ 到 150 ℃ 之间）和某种溶剂（允许反应物种迁移）中进行。溶剂中分子的快速迁移导致反应时间相当短。然而，通过固体反应形成固体材料则涉及全然不同的反应，有些反应需要克服固体扩展结构的高晶格能（往往大于 2 000 $kJ \cdot mol^{-1}$），有些固态中离子迁移的速率通常较缓慢（很高温度下除外）。有些无机材料可在低得多的温度下从溶液中制备，材料的构建单元凝聚起来形成扩展结构。这部分内容聚焦块状单相材料的合成而不是控制晶粒尺寸、颗粒形态和制造薄膜；材料化学中这些方面的内容与纳米材料化学密切相关，将安排在节 24.22 至节 24.26 做介绍。

24.1 材料的形成

新材料可通过两种主要方法制备。一种是通过两个或两个以上固体的直接反应（涉及破坏原有的晶格和重新形成新结构);另一种是将多面体单元在溶液中连接起来并沉积出新形成的固体。

(a) 直接合成方法

提要:许多复合型固体可由高温下组分之间的直接反应得到。开始阶段可通过在溶液中或溶胶凝胶法将各组分在原子尺度上相混合。

合成块状无机固体最广泛使用的方法涉及在高温下(通常在500~1 500 ℃)长时间加热固体反应物。加热各种金属氧化物的混合物可以得到复合氧化物;有些简单化合物(它们通过分解能够产生所需的氧化物)可用来代替氧化物本身。三元氧化物(如 $BaTiO_3$)和四元氧化物(如 $YBa_2Cu_3O_7$)可用数天时间加热氧化物(或简单化合物)的混合物来合成:

$$BaCO_3(s)+TiO_2(s)\xrightarrow{1\,000\ ℃}BaTiO_3(s)+CO_2(g)$$

$$(1/2)Y_2O_3(s)+2BaCO_3(s)+3CuO(s)+(1/4)\ O_2(g)\xrightarrow{930\ ℃/空气;450\ ℃/氧气}YBa_2Cu_3O_7(s)+2CO_2(g)$$

为了加速固体中原本缓慢的离子扩散速率和克服离子间强大的库仑吸引力,上述反应需要高温合成。反应物通常为粒径小于10 μm的粉末,加热前需要一起充分研磨以降低离子的扩散路径。直接法适用于许多其他类型的无机材料,如合成复合氯化物和致密且无水的金属铝硅酸盐:

$$3\ CsCl(s)+2\ ScCl_3(s)\longrightarrow Cs_3Sc_2Cl_9(s)$$

$$NaAlO_2(s)+SiO_2(s)\longrightarrow NaAlSiO_4(s)$$

大多数简单二元氧化物的纯品(颗粒大小为数个微米的多晶粉末)可从市场购得。另一种方法(即碳酸盐、氢氧化物、草酸盐和硝酸盐等前驱体的热分解)也能得到颗粒很细的氧化物。许多氧化物具有吸湿性并能吸收空气中的二氧化碳,而前驱体在空气中通常则是稳定的。在钛酸钡($BaTiO_3$)的合成中,碳酸钡 $BaCO_3$(900 ℃以上开始分解为BaO)和 TiO_2 以合适的化学计量比混合后用研钵(或球磨机)一起研磨,然后将混合物转移至坩埚(通常由惰性材料如石英玻璃、重新结晶的氧化铝或铂制造)并将坩埚置于炉中加热。即使在高温下反应也很慢,通常需要数天才能完成。

可以通过多种方法提高反应速率,其中包括,让反应混合物在高压下结成小球以增加反应物颗粒之间的接触;每隔一段时间将混合物再研磨以引入新的反应界面,使用合适的“助溶剂”(有助于离子扩散过程的低熔点固体)。反应物颗粒大小是控制反应所需时间的一个主要因素。颗粒越大,其总表面积越小,能发生反应的面积也越小。此外对大颗粒而言,所需要的离子扩散距离也要大得多。对多晶材料的大小而言通常为几个微米。为了提高反应速率并让固态反应在较低温度下发生,反应物往往需要小的颗粒(10 nm和1 μm之间)和大的表面积。

改善反应物种的混合程度也可在反应过程的早期阶段利用溶液来实现。例如,图24.1示意性描述的**溶胶凝胶法**(sol-gel process,有时也叫Pechini法)。溶胶凝胶法可用于制备晶形的复合金属氧化物、陶瓷、纳米颗粒(节24.23和节24.24)和高表面积的化合物(如硅胶和玻璃,节24.7)。开始阶段使用溶液的优点是反应物以溶剂化物的形式在原子水平上相混合,使两个或两个以上固相组成的微米级颗粒直接反应带来的问题得以克服。在这类最简单的反应中,溶液中(如金属硝酸盐溶液)的金属离子通过多种方法(如将溶剂蒸发或作为简单的混合金属盐而沉淀)转化为固体,然后将固体加热以得到目的产物。制备复合氧化物 La_2CuO_4 和 $ZnFe_2O_4$ 的两个反应分别是

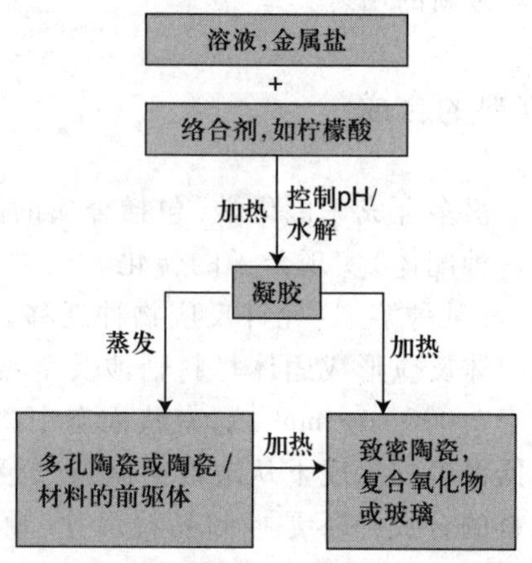

图24.1 Pechini溶胶凝胶法示意图
凝胶在高温下干燥时形成致密的陶瓷或玻璃;高于水的临界压力下低温干燥时,产生的多孔固体叫干凝胶或气凝胶

$$2\ La^{3+}(aq)+Cu^{2+}(aq)\xrightarrow{OH^-(aq)}2\ La(OH)_3\cdot Cu(OH)_2(s)$$

$$\xrightarrow{600\ ℃}La_2CuO_4(s)+4\ H_2O(g)$$

$$Zn^{2+}(aq)+2\ Fe^{2+}(aq)+3\ C_2O_4{}^{2-}(aq) \longrightarrow ZnFe_2(C_2O_4)_3(s) \xrightarrow{700\ ℃} ZnFe_2O_4(s)+4\ CO(g)+2\ CO_2(g)$$

典型的溶胶凝胶法涉及先制备各种金属盐的水溶液、再加入络合剂(如羧酸或醇)、然后缓慢蒸发掉水分以得到黏稠的溶液或凝胶。另外一种方法是将金属的烷基氧化物前驱体溶解在乙醇中,然后加水导致其发生水解而得到稠凝胶。高温下干燥这些凝胶(由烷氧基和羧酸根连接的金属物种组成)导致固体可在相对低的温度下(300~600 ℃)分解产生目的复合氧化物产品。由于反应物混合得较好,还可减少反应时间,最终的分解温度也低于氧化物直接反应的温度。使用较低温度也可减小最终分解反应中形成的颗粒。这种方法也用于合成纳米粒子(节 24.23)。

如果要求特定的氧化态或反应物之一具有挥发性,则可能需要控制反应环境。固态反应可在受到控制的气氛中进行:在管式炉中让气体通过被加热的反应混合物上方。例如,制备 $TlTaO_3$时使用惰性气体以防止氧化:

$$Tl_2O(s)+Ta_2O_5(s) \xrightarrow{N_2/600\ ℃} 2\ TlTaO_3(s)$$

避免 Tl(Ⅰ)在空气中被氧化为 Tl(Ⅲ)。

高压气体也可用于控制产物的组成。例如,Fe(Ⅲ)通常是在氧气或接近常压下得到的,但也可以形成 Fe(Ⅳ)。例如,在数百个大气压氧气下由 SrO 和 Fe_2O_3的混合物可以制得 Sr_2FeO_4。对挥发性反应物而言,通常是将反应混合物密封在真空玻璃管中进行加热。例如:

$$Ta(s)+S_2(l) \xrightarrow{500\ ℃} TaS_2(s)$$

$$Tl_2O_3(s)+2\ BaO(s)+3\ CaO(s)+4\ CuO(s) \xrightarrow{860\ ℃} Tl_2Ba_2Ca_3Cu_4O_{12}(s)$$

硫和铊(Ⅲ)氧化物在各自的反应温度下具有挥发性,在敞口容器中会从反应混合物中丢失,从而导致产物错误的化学计量比。

也可通过高压影响固态化学反应的结果。专业化的设备(大型压力机)使固体之间的反应在压力高达约 100 GPa(1 Mbar)、温度接近 1 500 ℃下发生。这样的反应条件能够促成形成致密的、高配位数结构。例如,这样制得的 $MgSiO_3$具有类钙钛矿结构(节 3.9)和八面体 SiO_6单元中的六配位 Si 原子,而不是大多数硅酸盐中看到的正常四面体 SiO_4单元。这样的装置也可用于由石墨制造金刚石(应用相关文段 14.1)。小规模的反应可在压力非常高的"金刚石砧盒"中进行,盒中两个面对面的钻石面被虎钳般的装置推在一起产生的压力高达 100 GPA。

(b) 溶液法

提要:利用溶液中的缩合反应可以获得由多面体物种形成的框架结构。

许多无机材料(特别是框架结构的材料)可通过溶液中的结晶作用合成。虽然使用的方法多种多样,下面给出发生在水中的典型化学反应,反应中形成由阴离子连接金属中心而组成的、具有扩展结构的材料:

$$ZrO_2(s)+2\ H_3PO_4(l) \longrightarrow Zr(HPO_4)_2 \cdot H_2O(s)+H_2O(l)$$

$$3\ KF(aq)+MnBr_2(aq) \longrightarrow KMnF_3(s)+2\ KBr(aq)$$

$KMnF_3$采取钙钛矿结构类型(节 3.9)。

水热法(hydrothermal techniques)可以扩展溶液法的应用范围,它是在密封容器中于正常沸点以上将反应溶液进行加热的一种方法。这种反应对以下各种结构的合成非常重要:具有开放式结构的铝硅酸盐(分子筛)、以含氧多面体为基础而连接起来的类似多孔结构、金属离子通过配位的有机物种(如羧酸根)连接起来的**金属有机框架**(metal-organic frameworks, MOF, 节 24.12)。然而一些沸石可在低于水沸点的温度下合成,如沸石 LTA 的合成:

$$12\ NaAlO_2(s)+12\ Na_2SiO_3(s)+(12+n)H_2O \xrightarrow{90\ ℃} Na_{12}[Si_{12}Al_{12}O_{48}] \cdot nH_2O(\text{沸石 LTA})(s)+24\ NaOH(aq)$$

LTA 是由国际沸石协会用来识别不同铝硅酸盐沸石结构的、由三个字母代码组成的一个例子。其他沸石的合成则需要更高的温度并加入**结构导向剂**(structur-directing agent,SDA)以控制框架的拓扑结构。因此,沸石 BEA($Na_{0.92}K_{0.62}(TEA)_{7.6}[Al_{4.53}Si_{59.47}O_{128}]$,式中的 TEA 为四乙基铵阳离子)的合成涉及铝酸钠、二氧化硅、NaCl、KCl 和 SDA 四乙基铵氢氧化物之间的反应。这些多孔结构通常在热力学上处于介稳状态(相对于更致密结构的转化),所以不能通过高温反应直接制备。例如,在溶液中形成的钠铝硅酸盐沸石 LTA($Na_{12}[Si_{12}A_{12}O_{48}]\cdot nH_2O$)加热超过 800 ℃时将转化为致密的铝硅酸盐 $NaSiAlO_4$。最近,有些溶剂(如液氨、超临界二氧化碳和有机胺)已被用于所谓的**溶剂热反应**(solvothermal reactions)。离子液体(往往是具有低熔点[低于或接近室温,节 4.13(g)]的有机阳离子的盐)中的反应也可以合成沸石,并被称之为**离子热**(ionothermal)反应。

虽然高温直接合成法和溶剂热合成技术是材料化学中最常使用的方法,如果在结构上不发生重大变化,涉及固体的一些反应会在低温下发生。这些所谓的“嵌入反应”将在节 24.9 做讨论。

例题 24.1　合成复合氧化物

题目:怎样合成高温超导体样品 $ErBa_2Cu_3O_{7-x}$?

答案:参考类似化合物的合成方法制备该化合物。可以采用制备 $YBa_2Cu_3O_7$的同样方法进行制备,只是需要选用适当的镧系元素氧化物。即使用氧化铒(Er_2O_3)、碳酸钡和铜(Ⅱ)氧化物在 940 ℃下进行反应,然后在 450 ℃的纯氧中退火。

自测题 24.1　如何制备下列样品? (a) $SrTiO_3$,(b) $Sr_3Ti_2O_7$。

缺陷和离子迁移

正如节 3.16 所讨论的那样,所有固体在 $T=0$ 以上都含有缺陷(结构或组成的不完善性)。也可通过一些机制(如掺杂)将缺陷(外赋缺陷)故意引入材料中。缺陷(主要包括填隙型和空穴型两大类)的重要性在于它们影响导电性和化学反应活性。电导产生于固体中离子的运动,这种运动往往因缺陷的存在而增强。具有高的离子电导率的材料在各种传感器和燃料电池中有重要应用。

24.2　扩展缺陷

提要:Wadsley 缺陷是将缺陷沿一定的结晶方向而集中起来的剪切面。

第 3 章中讨论的缺陷是点缺陷。这种缺陷造成局部结构明显变形(某些情况下局部电荷也不平衡)和高的生成焓。因此不足为奇的是,缺陷可能聚集在一起形成线和面,从而降低平均生成焓。

以钨的氧化物为例说明缺陷面的形成。如图 24.2 所示,WO_3的理想结构[通常称之为“ReO_3结构”;见节 24.6(b)]由 WO_6八面体共享所有顶点组成。为了形象地描述缺陷平面的形成,不妨想象沿对角线移去共享的 O 原子。然后相邻的板块相互滑动,导致每个 W 原子周围的空位完成配位。这种剪切运动产生沿对角线共享棱边的八面体。A.D.Wadsley 将由此产生的结构叫作**晶体的剪切面**(crystallographic shear plane),是他最先设计出这种方法描述扩展的面缺陷。固体中随机分布的晶体剪切面叫 **Wadsley 缺陷**(Wadsley defects)。这样的缺陷导致组成在连续范围内变化,如钨的氧化物(加热金属钨还原 WO_3的反应得到)从 WO_3变化到 $WO_{2.93}$。然而,如果该晶体剪切面以非随机的、周期性方式分布并由此产生新的晶胞,那么就应该把该材料看作一种新的化学计量相。因此,如果更多的 O^{2-} 从钨的氧化物中被移除,就会观察到一系列具有有序晶体剪切面和组成为 W_nO_{3n-2}($n=20$、24、25 和 40)的离散相。含有剪切平面的、组成间隔紧密的化合物有 W、Mo、Ti、V 的氧化物和它们的某些复合氧化物,如钨青铜 $M_8W_9O_{47}$($M=Nb$、Ta)和“Magnéli 相”,V_nO_{2n-1}($n=3-9$)。电子显微镜

(节 8.17)在实验上为观察这些缺陷提供了一种好方法,它能揭示剪切平面的有序阵列和随机阵列(见图 24.3)。

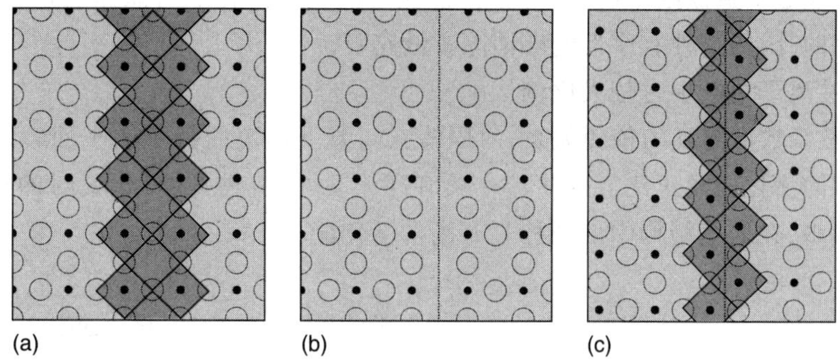

图 24.2　以 ReO_3 结构的(100)平面为例说明晶体剪切面的概念:(a) 金属(Re)和氧(O)原子的平面,图上示出围绕每个金属原子的八面体是由其上和其下的氧原子平面完成的,阴影的八面体阐明了接下来的过程;(b) 垂直于页面的平面氧原子被移除,留下金属原子(没有第 6 个氧配体)的两个平面;(c) 如图所示,金属原子两个平面的八面体配位通过右方平板的平移而恢复,这样就产生了一个垂直于页面的平面(称为剪切面),其中 MO_6 八面体共享着棱边

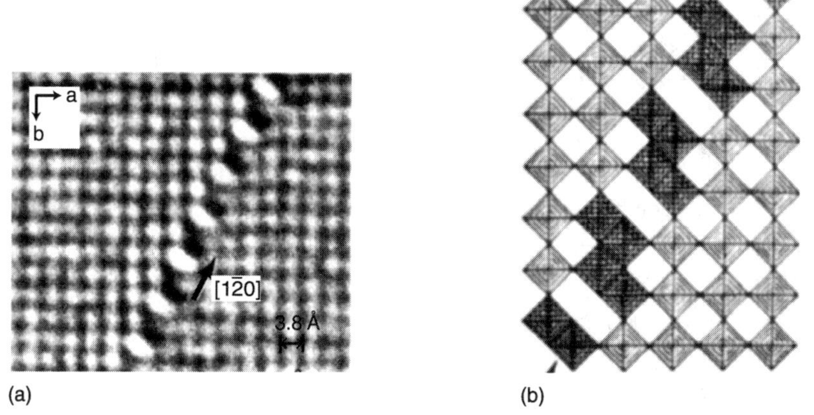

图 24.3　(a) WO_{3-x} 中晶体剪切平面的高分辨电子显微晶格照片;(b) 氧原子在 W 原子周围以八面体方式配位而得的电子显微成像,注意沿晶体剪切面共用棱边的八面体

复制本图取得了版权持有人的许可:S. Iijima, *J. Solid State Chem.* 1975, **14**, 52

24.3　原子和离子扩散

提要:固体中离子的扩散强烈依赖于缺陷的存在。

室温下原子或离子在固体中的扩散比气体和液体中的扩散过程缓慢得多。高温下离子的迁移率显著增加,这就是为什么大多数固态反应要在高温下才能进行(节 24.1)。然而这一结论存在一些引人注目的例外。事实上,固体中原子或离子的扩散在固态技术的许多领域非常重要,如半导体制造、新固体的合成、燃料电池、传感器、冶金学和非均相催化。

离子在固体中的运动速率往往可根据它们的迁移机理和离子运动时遇到的活化能垒来解释。如图 24.4 所示,能量最低的途径通常涉及缺陷部位。适当温度下表现出高扩散速率的材料具有以下特点:

- 低能垒:温度在 300 K(或略高于 300 K)时足以使离子从一个位置快速移动到另一位置。
- 低电荷和小半径:如最具移动性的阳离子(除质子外)和阴离子分别是 Li^+ 和 F^-。Na^+ 和 O^{2-} 也显示一定的移动性。电荷较高的离子因较强的静电相互作用而不易移动。

- 高浓度的本征或外赋缺陷：缺陷通常通过一种结构（这种结构不涉及与从正常的、有利的离子部位将离子连续取代在能量上造成的不利后果）提供低能量的扩散途径。对晶体剪切面（节 24.2）而言，这些缺陷应该不是有序的，因为这种有序性能够消除扩散路径。
- 可移动离子在离子总数中占较大比例。

图 24.5 示出扩散系数对温度的依赖关系，对固体在高温下选定的特定离子而言，其流动性的一种量度。线的斜率与迁移的活化能成正比。因此，Na^+具有高流动性，流过 β-氧化铝时的活化能低，然而 CaO 中 Ca^{2+}的流动性低得多，在岩盐结构中的迁移具有高的活化能。

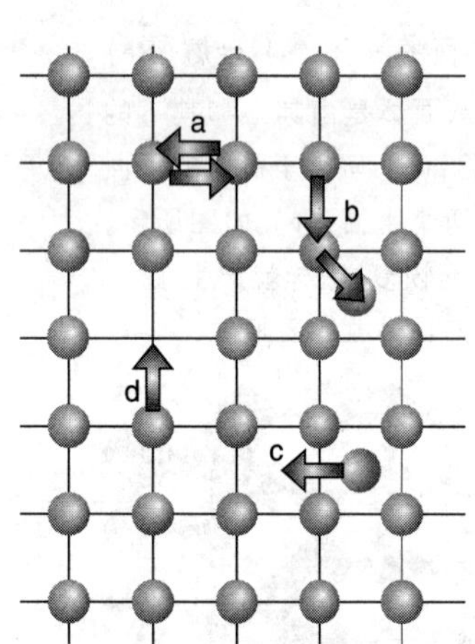

图 24.4　固体中离子或原子的扩散机理：(a) 两个原子或离子交换位置；(b) 结构中离子从正常占据的位置跳跃到间隙位置并产生空位，然后另一位置的离子通过运动占据这个空位；(c) 离子在两个不同间隙位置间的跳跃；(d) 离子或原子从正常占据的位置移动到一个空位从而产生一个新空位

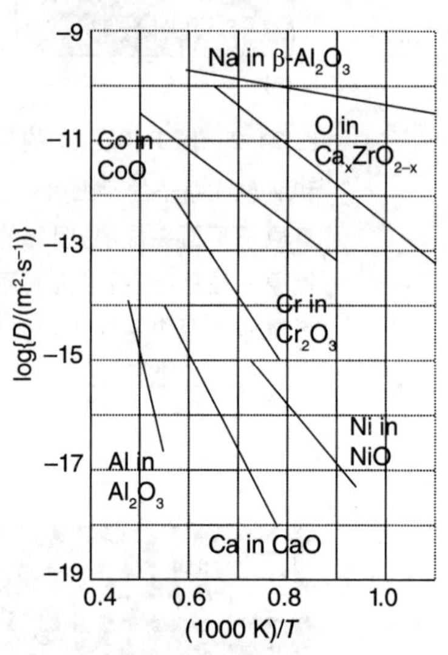

图 24.5　选定固体中可移动离子的扩散系数（对数刻度）对温度倒数的函数

24.4　固体电解质

任何电化学电池（如普通电池、燃料电池、电致变色显示器或电化学传感器）都需要电解质。在许多应用中，离子的溶液（如铅酸蓄电池中的稀硫酸）是可以接受的电解质，但为了避免液相溢出的可能性，人们对发展固体电解质产生了很大兴趣。两个重要的、进行过深入研究的、具有移动阳离子的固体电解质是四碘合汞酸（Ⅱ）银（Ag_2HgI_4）和组成为 $Na_{1+x}Al_{11}O_{17+x/2}$的 β-氧化铝钠。其他重要的快阳离子导体包括组成为 $Na_{1+x}Zr_2P_{3-x}Si_xO_{12}$的 NASICON（从“Na 超离子导体”英文字母形成的名字），锂石榴石（如 $Li_{7-x}La_3Zr_{2-x}Ta_xO_{12}$）和许多在室温（或高于室温不多）运行的质子导体（如在高于 160 ℃运行的 $CsHSO_4$）。

具有高流动性的阴离子固体比阳离子导体少，一般情况下只在高温下才具有高导电性：阴离子通常大于阳离子，在固体中扩散的能垒高。因此，固体中的快阴离子传导只限于 F^-和 O^{2-}（离子半径分别为 133 pm 和 140 pm）。尽管有这些限制，阴离子导体仍在传感器和燃料电池中起着重要作用，其中一个有代表性的材料是被钇稳定的氧化锆（YSZ），其组成为 $Y_xZr_{1-x}O_{2-x/2}$。表 24.1 归纳了一些典型固体电解质的离子电导率值和其他一些离子导电介质。

表 24.1　离子和电子电导率的比较值

材料	电导率*/($S\cdot m^{-1}$)
离子导体	
离子晶体	$10^{-16}\sim10^{-2}$
实例:LiI (298 ℃)	10^{-4}
固体电解质	$10^{-1}\sim10^{3}$
实例:YSZ (600 ℃)	1
AgI (500 ℃)	10^{2}
强(液体)电解质	$10^{-1}\sim10^{3}$
实例:1 $mol\cdot L^{-1}$ NaCl(aq)	10^{2}
电子导体	
金属	$10^{3}\sim10^{6}$
半导体	$10^{-3}\sim10^{2}$
绝缘体	$>10^{-7}$

*符号 S 表示西门子;1 S=1 Ω^{-1}。

(a) 固体阳离子电解质

提要:固体无机电解质往往具有一个低温形式,结构子集合中离子的排列是有序的;温度升高后离子的位置变得无序,导致离子电导率增加。

随着越来越多不同组成和结构在接近或略高于室温下具有较高的阳离子迁移率,这种属性的基础不难以两种研究得较为充分的材料(Ag_2HgI_4和 β-氧化铝钠)为例做说明。

低于 50 ℃时 Ag_2HgI_4的晶体结构为有序排列,其中 Ag^+和 Hg^{2+}与 I^-以四面体方式配位并具有空着的四面体穴[图 24.6(a)],这种结构的离子电导率低。高于 50℃时 Ag^+和 Hg^{2+}随机分布在四面体位置[图 24.6(b)],其结果是结构内部银离子可以占据的位置比存在的银离子多很多。此温度下的材料是很好的离子导体,这在很大程度上是由银离子在不同可利用位置之间的流动性造成的。密堆积排列的、易被极化的 I^-容易变形,导致银离子从一个位置到另一位置的活化能较低。许多相关的固体电解质具有含软阴离子的类似结构。例如,AgI 和 $RbAg_4I_5$,它们都具有高流动性的 Ag^+,$RbAg_4I_5$在室温下的电导率大于氯化钠水溶液的电导率。

β-氧化铝是物理学概念上硬材料的一个例子,它是个很好的离子导体。其中刚性和致密的 Al_2O_3层被稀疏排列的 O^{2-}所桥连(图 24.7)。含有这些桥 O^{2-}的平面也含有 Na^+,因为不存在任何重要的、瓶颈式的障碍阻碍其运动,Na^+可从一个位置移到另一个位置。许多类似的刚性材料(具有能够让离子移动的平面或通道)被称之为**框架电解质**(framework electrolytes)。另一个与之密切相关的材料(β′-氧化铝钠)对离子运动的限制少于 β-氧化铝,并且发现有可能用双电荷离子(如 Mg^{2+}、Ni^{2+})取代 Na^+。甚至可将大的镧系离子(Eu^{2+})引入 β′-氧化铝,尽管这种离子的扩散比较小的镧系离子慢。前面提到的材料 NASICON 是一种非化学计量的、由 ZrO_6八面体和 PO_4四面体构筑起框架的固溶系统,相应的母体相组成为 $NaZr_2P_3O_{12}$(图 24.8)。用 Si 取代部分 P 可以得到固溶体 $Na_{1+x}Zr_2P_{3-x}Si_xO_{12}$,物种的电荷被增加的 Na^+所平衡。材料中所有可能的 Na^+位点只是部分被填充,这些位点处于由通道(允许剩余的钠离子快速迁移)组成的三维网状结构中。当前正在研究的其他类型材料(如快阳离子导体)包括具有锂离子晶格空位的锂离子导体[将 V 掺杂到 Li_4GeO_4中 Ge 的位置,组成为 $Li_{4-x}(Ge_{1-x}V_x)O_4$]、具有钙钛矿结构的 $La_{0.6}Li_{0.2}TiO_3$和钠离子导体硅酸钇钠 $Na_5YSi_4O_{12}$。室温下最好的锂离子电导率(1.1×10^{-3} $S\cdot cm^{-1}$)已有报道,其材料组成为 $Li_{6.4}La_3Zr_{1.4}Ta_{0.6}O_{12}$;人们对具有高锂离子电导率固体的兴趣在于用其作为锂离子电池的电解质。

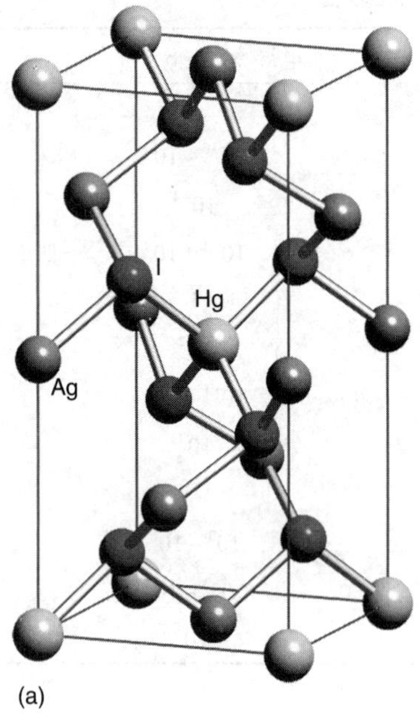

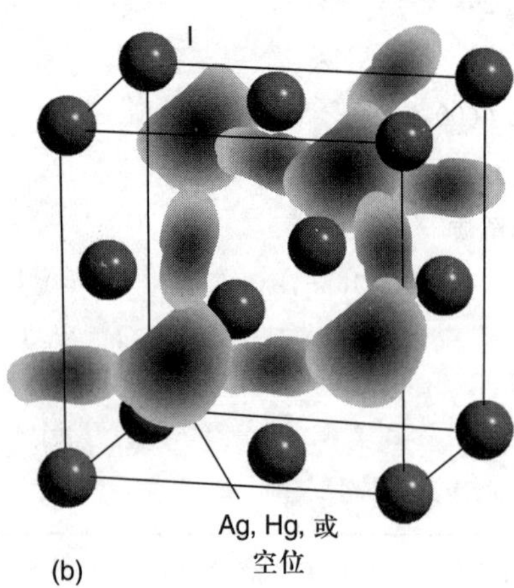

图 24.6* （a）Ag_2HgI_4的低温有序结构；（b）高温无序结构显示出阳离子的无序排布 Ag_2HgI_4的高温形式是 Ag^+导体

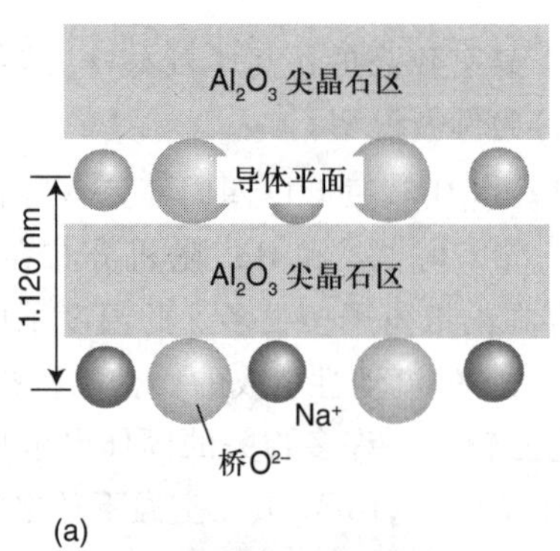

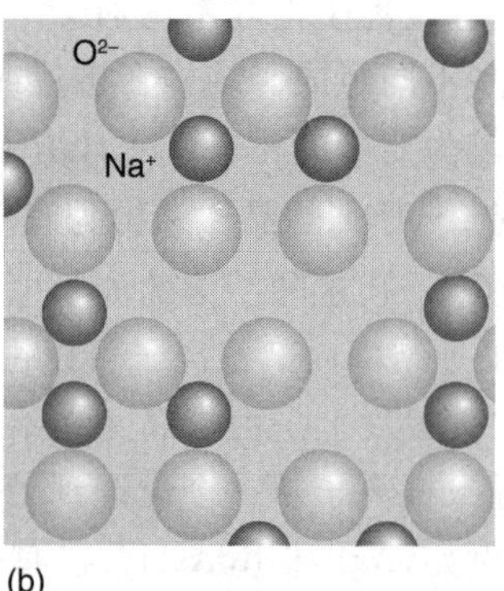

图 24.7 （a）β-氧化铝侧视示意图，示出 Al_2O_3片层之间的 Na_2O 传导平面，平面中的 O 原子桥连着两个片层；（b）传导平面的视图，注意可移动离子和可让它们移动的空位的丰度

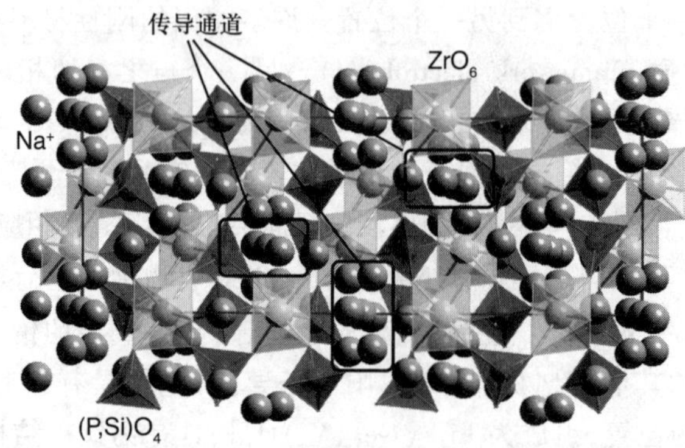

图 24.8* 用$(P,Si)_4$四面体和 ZrO_6相连接的方法表示的 $Na_{1+x}Zr_2P_{3-x}Si_xO_{12}$（NASICON）的结构

例题 24.2 框架电解质中电导率与离子体积的关系

题目:含有半径不同的一价正离子的β-氧化铝的电导率数据表明,Ag^+和Na^+(两者半径都接近100 pm)的活化能接近17 kJ·mol^{-1},然而Tl^+(半径接近149 pm)约为35 kJ·mol^{-1}。请对这种差异做解释。

答案:首先需要想到离子迁移受到离子大小的限制。在β-氧化铝钠和相关的β-氧化铝中,具有相当高刚性的框架提供了允许离子迁移的二维网状通道。从实验结果看,离子运动的瓶颈似乎是足以让Na^+或Ag^+(半径接近100 pm)相当容易地通过(具有较低的活化能),但对较大的Tl^+(半径约为149 pm)而言通道太小则不能轻易通过。

自测题 24.2 增加压力时,β-氧化铝中K^+的电导率为什么比Na^+的电导率降低得多?

(b) 固体阴离子电解质

提要:高温下,离子迁移可发生在含高浓度阴离子空位的某些结构中。

Micheal Faraday 于1834年报道称红热的固体PbF_2是良好的电导体。人们后来很晚才认识到其导电性是由F^-通过固体迁移产生的。具有萤石结构的其他晶体也显示这种负离子的导电性。人们认为这种固体中离子的输送是通过**间隙机理**(interstitial mechanism)进行的,即F^-先从正常位点迁移至间隙位点(Frenkel 型缺陷,节3.16),进而迁移到一个空着的F^-位点。

具有大量空位点的结构通常表现出最高的离子电导率,这是因为它们能够提供离子运动的路径(尽管缺陷浓度很高时缺陷或空缺形成簇的作用仍可降低电导率)。选择合适的、具有不同氧化态的金属离子进行掺杂可将这些空位(相当于外赋缺陷)以相当高的数量引入许多简单的氧化物和氟化物中。氧化锆(ZrO_2)在高温下具有萤石结构,但将纯物质冷却到室温时畸变为单斜多晶。用其他离子(如类似大小的Ca^{2+}和Y^{3+})更换部分Zr^{4+}可使立方萤石结构在室温下得以稳定。掺杂低氧化态的这种离子导致在阴离子位点上引入空位从而保持材料的电中性,并产生例如先前提到的被钇稳定的氧化锆$Y_xZr_{1-x}O_{2-x/2}$(YSZ)材料。这种材料的萤石结构中的阳离子位点已完全被占据,但却具有高浓度的阴离子空位点($0 \leqslant x \leqslant 0.15$),这些空位点为$O^{2-}$穿越结构的扩散提供了一条路径,因此具有典型的导电性(如$Ca_{0.15}Zr_{0.85}O_{1.85}$在1 000 ℃下的电导率为5 S·$cm^{-1}$)。注意,由于阴离子的体积较大,即使在这样非常高的温度下,电导率也远低于典型的固态阳离子的电导率。

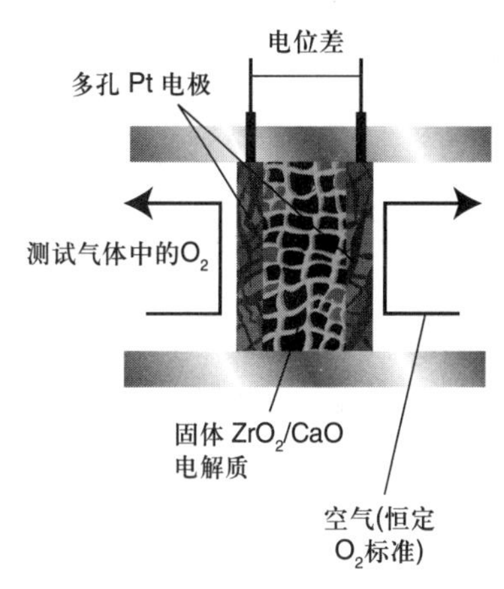

图 24.9 以固体电解质 $Zr_{1-x}Ca_xO_{2-x}$ 为基础的氧传感器

用钙和O^{2-}掺杂的氧化锆具有高的O^{2-}导电性,用作汽车废气系统中测量氧分压的固体电化学传感器(见图24.9)。这种电池中的铂电极吸附氧原子,如果样品和参照侧之间的氧分压不同,氧就会有以O^{2-}形式发生迁移穿越电解质的热力学趋势。热力学上有利的过程是

$p(O_2)$高的一侧:

$$\frac{1}{2}O_2(g)+Pt(s) \longrightarrow O(Pt,表面)$$

$$O(Pt,表面)+2e^- \longrightarrow O^{2-}(ZrO_2)$$

$p(O_2)$低的一侧:

$$O^{2-}(ZrO_2) \longrightarrow O(Pt,表面)+2e^-$$

$$O(Pt,表面) \longrightarrow \frac{1}{2}O_2(g)+Pt(s)$$

从 Nernst 方程(节5.5)可知电池的电位与氧的两个分压(p_1,p_2)有关,对发生在两个电极上的半电池反应

$O_2+4e^-\longrightarrow 2O^{2-}$而言：

$$E_{cell}=\frac{RT}{4F}\ln\frac{p_1}{p_2} \tag{24.1}$$

因此，简单地测量电位差就能提供废气中氧的分压。例如，温度为 1 000 K 时空气一侧的 $p(O_2)=0.2$ atm，燃烧后的燃料/空气混合物一侧的 $p(O_2)=0.001$ atm，废气系统中由氧传感器运行产生的电位差约为 0.1 V。

前面提到即使在高温下阴离子电导率仍然很低。因此，许多复合金属氧化物目前正在研究之中，其目标是实现低温下的高迁移率。前景良好的化合物包括 $La_2Mo_2O_9$、铟酸钡（$Ba_2In_2O_5$）、BIMEVOX（掺杂 d 金属的铋钒氧化物）、$La_{9.33}Si_6O_{26}$ 的磷灰石结构及用锶和镁掺杂的镓酸镧（Sr、Mg 掺杂的 $LaGaO_3$，或 LSGM）。除用于传感器外，含 O^{2-} 和质子的导电材料对一些类型的燃料电池也很重要（应用相关文段 24.1）。

（c）离子电子混合导体

提要：固体材料可以显示出离子和电子两种导电性。

大多数离子导体（如 β′-氧化铝钠和 YSZ）具有低的电子导电性（即靠电子传导而非靠离子运动）。作为固体电解质（如在传感器中），其应用需要这种性质以避免电池短路。在某些情况下，人们需要将电子和离子导电性相组合；例如，有缺陷的某些 d 金属化合物（传导 O^{2-}）和金属 d 轨道提供的导带（传导电子）之间的组合。许多这样的材料（如 $La_{1-x}Sr_xCoO_{3-y}$ 和 $La_{1-x}Sr_xFeO_{3-y}$）是在 B 阳离子位点具有混合氧化态的钙钛矿结构（节 3.9）。这些氧化物体系是导带部分充满（d 金属非整数氧化数导致的结果）的良好的电子导体，并可通过 O^{2-} 迁移流过钙钛矿型 O^{2-} 位点进行传导。这类材料用于固体氧化物燃料电池（应用相关文段 24.1），它是应用相关文段 5.1 中提到的燃料电池类型之一，其中一个电极必须允许离子通过导电电极进行扩散。

应用相关文段 24.1　固体氧化物燃料电池

燃料电池由夹在两个电极之间的电解质组成；氧流过一个电极，燃料流过另一个电极，产生电力、水和热。本书已在应用相关文段 5.1 中描述了燃料电池的构建和运行程序，它是将燃料（如氢、甲烷或甲醇）通过与氧的反应转化为电能（以及燃烧产物水和二氧化碳）的一种装置。多种材料可被用作这种电池的电解质，包括磷酸、质子交换膜或固体氧化物燃料电池（SOFCs）中的 O^{2-} 导体。

SOFCs 在高温下运行，并用 O^{2-} 导体作为电解质。SOFC 的典型设计如图 B24.1 所示。每个单元产生有限的电位差，但与蓄电池一样，可以串联起来增加电位差并供电。各个小电池单元靠“互连件”接在一起，“互连件”也可用来将每个小电池的燃料源和空气源隔开。

人们对 SOFCs 产生兴趣的原因包括几个方面：以清洁的方式将燃料转化为电力、低噪音污染、与不同燃料电池的竞争力，最重要的一点是高效率。运行温度高（通常在 500～1 000 ℃）是效率高的原因。高温 SOFCs 中的相互连接可以靠陶瓷（如钙钛矿型的亚铬酸镧 $LaCrO_3$）；温度低于 1 000 ℃时也可使用合金（如 Y/Cr 合金）。通常用 YSZ 作为这类很高温度的 SOFCs 电解质的 O^{2-} 导体。

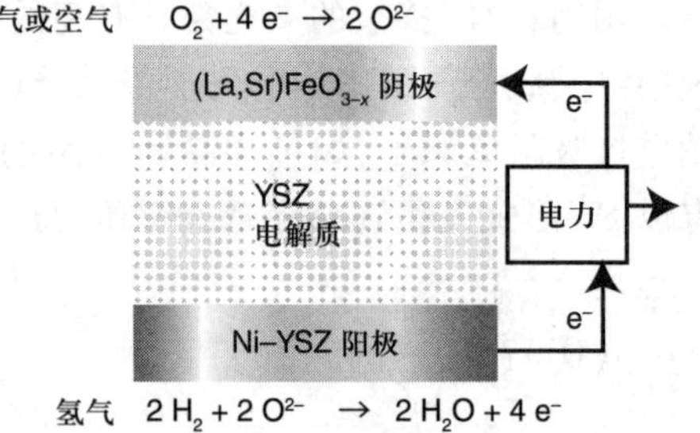

图 B24.1　固体氧化物燃料电池的结构

与很高温度运行的设备相比，中间温度运行（通常在 500～700 ℃）的设备有许多优点：减少腐蚀、设计简单、大大减少将体系加热至运行温度所需的时间。然而，这种设备要求在较低温度下具有优异的 O^{2-} 电导率的材料作为电解质。研究得最好的中间温度（约低于 600 ℃）SOFCs 的阳极为以 Gd 掺杂的 CeO_2（CGO）/Ni，电解质为以 Gd 掺杂的氧化铈，阴极为钙钛矿型的 LSCF[$(La,Sr)(Fe,Co)O_3$]。电解质材料 CGO 在较低温度下比 YSZ 的离子电导率高得多。然而不幸的是其电子导电性也较高，使用 CGO 作为电解质时会因电子流过电解质而导致效率降低和能源浪费。如正文中提到的那样，人们正在寻求新的、更好的 O^{2-} 导体。

与其他类型的燃料电池相比较，SOFCs 的主要优点之一是操作碳氢化合物燃料时更方便：其他类型燃料电池在运行中必须依赖清洁氢的供应。高温下运行的 SOFCs 有机会在体系内将烃类催化转化为氢和碳的氧化物。由于体积大、需要加热及运行温度高，SOCFs 主要用在中型或大型的静态系统，包括产生约 2 kW 电力的小型家用发电系统。

金属氧化物、氮化物及氟化物

本部分讨论 O、N 及 F 与金属形成的二元化合物。这些化合物（特别是氧化物）对固态化学至关重要，这是因为它们的稳定性、容易合成，以及存在多种多样的组成和结构。这些属性导致大量的化合物已经被合成，并根据具体应用领域（电子、磁性或光学方面）的要求对化合物性质进行了调整。正如我们将要看到的那样，对其化学性质的讨论也有助于深入了解缺陷、非化学计量、离子扩散及这些特征对物理性质的影响。

金属氟化物的化学性质与金属氧化物非常相似，但 F^- 电荷较低意味着能够产生等化学计量数的较低电荷的阳离子，如 KMn(Ⅱ)F_3与 SrMn(Ⅳ)O_3相比就是这样。在过去的 20 年中，氮离子（N^{3-}）与一个或多个金属离子化合而形成的化合物的研究取得显著进展。混合阴离子（过渡金属与一种以上阴离子形成化合物，如氧化物-氮化物和氧化物-氟化物）固态化学领域在新材料和新结构类型方面是一个正在迅速取得进展的领域。

24.5　3d 金属的一氧化物

虽然通常制得的这些看似简单的 3d 金属一氧化物与形式上的化学计量 MO 存在显著偏差，但它们当中的大多数采取岩盐结构（见表 24.2）。

表 24.2　3d 金属的一氧化物

化合物	结构	组成，x	电学特征
CaO_x	岩盐	1	绝缘体
TiO_x	岩盐	0.65～1.25	金属性导体
VO_x	岩盐	0.79～1.29	金属性导体
MnO_x	岩盐	1～1.15	半导体
FeO_x	岩盐	1.04～1.17	半导体
CoO_x	岩盐	1～1.01	半导体
NiO_x	岩盐	1～1.001	绝缘体
CuO_x	PtS（被 CuO_4四方平面所连接）	1	半导体
ZnO_x	纤维锌矿	Zn 稍过量	宽带隙 n 型的半导体

(a) 缺陷和非化学计量

提要：$Fe_{1-x}O$ 的非化学计量是由 Fe^{2+} 八面体位点上的空位产生的，两个 Fe^{2+} 转变为两个 Fe^{3+} 补偿了每个空位的电荷。

FeO 中非化学计量的来源比大多数其他 MO 化合物研究得更详细。实验发现事实上不存在符合化学计量的 FeO，通过 Fe(Ⅱ)氧化物的高温淬火（迅速冷却）得到的是范围相当大的一系列缺 Fe 的化合物 $Fe_{1-x}O$（$0.13 < x < 0.04$）。化合物 $Fe_{1-x}O$ 在室温下实际上是**介稳的**（metastable），这意味着它在热力学上不稳定（可歧化为金属 Fe 和 Fe_3O_4），只是动力学上的原因使其不能实现这种转化。当前取得的共识是，$Fe_{1-x}O$ 的结构是从理想的“FeO”岩盐结构派生的，Fe^{2+}的八面体位点存在空位，每个空位的电荷因相邻

两个 Fe^{2+} 转化为两个 Fe^{3+} 而得到补偿。$Fe_{1-x}O$ 具有相当宽泛的组成，是因为 Fe(Ⅱ)相对容易氧化为 Fe(Ⅲ)。在高温下，间隙型 Fe^{3+} 与 Fe^{2+} 空位（或缺陷）相互交结成簇分布于整个结构中（图 24.10）。

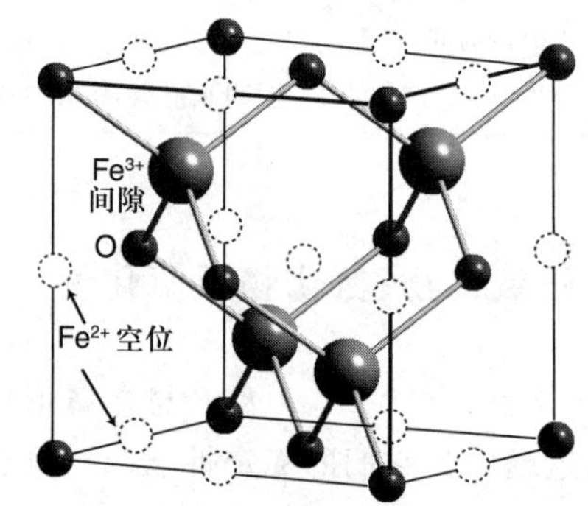

图 24.10　为 $Fe_{1-x}O$ 建议的缺陷位点

注意：四面体的 Fe^{3+} 间隙（灰色球）和八面体的 Fe^{2+} 空位（圆圈）是聚集成簇

类似的缺陷和缺陷聚簇现象似乎存在于其他所有 3d 金属一氧化物中，CoO 和 NiO 可能是例外。$Ni_{1-x}O$ 的非化学计量范围极为狭窄，但电导率和离子扩散速率以某种方式随氧分压的改变而变化，这种方式表明存在孤立的点缺陷。如水溶液中标准电位所表明的那样，Fe(Ⅱ)比 Co(Ⅱ)或 Ni(Ⅱ)更容易被氧化；溶液中的氧化还原化学与 CoO 和 NiO 中更小范围的缺氧行为密切相关。与 $Fe_{1-x}O$ 一样，Cr(Ⅱ)的氧化物能够自发地发生歧化：

$$3\ Cr(\text{Ⅱ})O(s) \longrightarrow Cr(\text{Ⅲ})_2O_3(s) + Cr(0)(s)$$

然而，通过在铜(Ⅱ)氧化物基质中的结晶可使材料得以稳定。

CrO 和 TiO 结构中阳离子和阴离子位点都存在高浓度缺陷，形成富金属或缺金属的化学计量式 $Ti_{1-x}O$ 和 TiO_{1-x}。事实上，TiO 在阳离子和阴离子亚晶格中形成相同数量的大量空位，而不是人们预想的完美的无缺陷结构。

(b) 电子性质

提要：3d 金属的一氧化物 MnO、FeO、CoO 和 NiO 是半导体；TiO 和 VO 是金属性导体。

3d 金属的一氧化物 MnO、$Fe_{1-x}O$、CoO 和 NiO 的电导率低并随温度升高而增大（对应于半导体行为），或具有大的带隙以致成为绝缘体。这些氧化物半导体中的电子或空穴迁移是通过跳跃机理完成的。按照这一模型，电子从一个定域金属原子位置跳跃到下一个定域金属原子位置。移动到新的位置后，会导致周围的离子调整自己的位置，电子或空穴会被这种扭曲产生的势阱暂时所捕获。这个电子会停留在新位置，直到它被热激发迁移至附近另一个位置。电荷跃迁机理的另一个方面是，电子或空穴倾向于与定域缺陷相结合，因此电荷传输的活化能可能包括从紧靠缺陷的位置释放出空穴的能量。

跳跃模型不同于半导性的能带模型。如节 3.20 所述，传导作用和价电子占据了分布在整个晶体的轨道。这种差异源于中、后区 3d 金属一氧化物不那么松散的 d 轨道，它们过于密实而不能形成金属性导电所需的宽带。在 O_2 气氛下用 Li_2O 掺杂 NiO 时得到组成为 $Li_x(Ni^{2+})_{1-2x}(Ni^{3+})_xO$ 的固溶体，能够大大增加导电性，其原因类似于掺杂 In 能够提高 Si 的导电性（节 3.20）。金属氧化物半导体电子导电性随温度升高而显著增大的性质用于“热敏电阻”以测量温度。

与中部和右部 3d 系金属一氧化物的半导性相反，TiO 和 VO 具有高的电子导电性，并随温度升高而降低。在宽泛的组成范围里（从富氧的 $Ti_{1-x}O$ 到富金属的 TiO_{1-x}）都存在这种金属性导电。这些化合物中的导带是由邻近八面体位点上金属离子 t_{2g} 轨道互相重叠形成的，如图 24.11 所示，这些轨道相互朝对方取向。这些前 d 区元素 d 轨道的径向延伸大于该周期后面的元素，它们能够重叠形成部分被充满的能带（图 24.12）。TiO 组成在宽范围里变化的事实似乎与电子离域相关：导带作为可快速接近的聚拢源，将电子（它们容易补偿空位的形成）聚拢在一起。

(c) 磁性质

提要：3d 金属一氧化物 MnO、FeO、CoO 和 NiO 的 Néel 温度按照从 Mn 到 Ni 的顺序升高。

除了 d 电子之间相互作用产生的电子性质外，d 区金属一氧化物还具有由单个原子磁矩协同作用产生的磁性（节 20.8）。MnO 和其他 3d 金属一氧化物的总磁结构如图 24.13 所示。d 金属氧化物系列的 **Néel 温度**（T_N，顺磁性/反铁磁性的转变温度；节 20.8）如下：

MnO	FeO	CoO	NiO
122 K	198 K	271 K	523 K

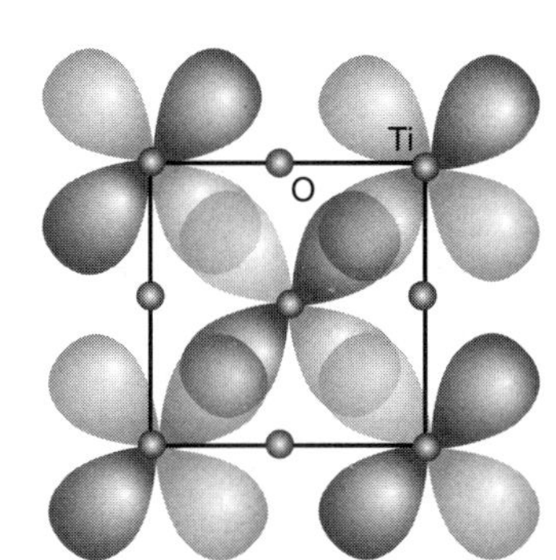

图 24.11　TiO 中 d_{zx} 轨道重叠产生 t_{2g} 能带
垂直方向上 d_{yx} 和 d_{zy} 轨道以相同的方式重叠

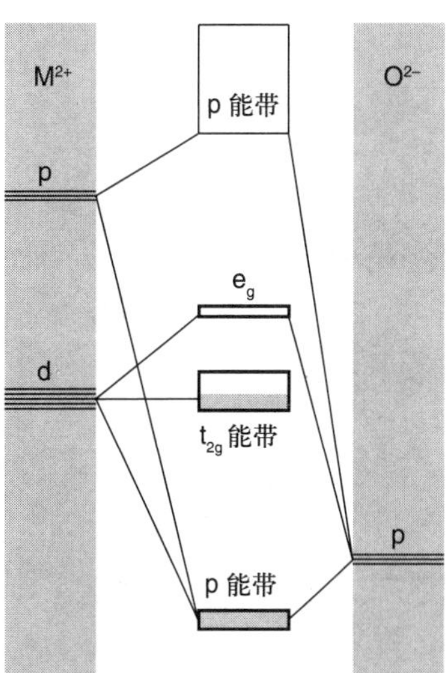

图 24.12　前 d 区金属一氧化物的分子轨道能级图
t_{2g} 能带仅部分填充并导致金属性传导

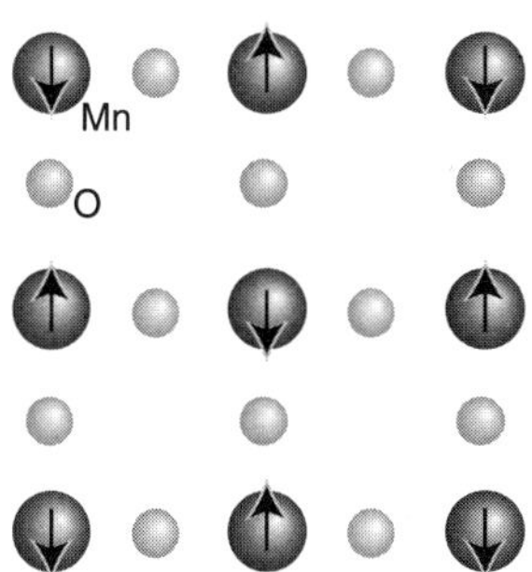

图 24.13　MnO 和其他 3d 金属一氧化物的总磁结构

这些值反映了沿 M—O—M 方向超交换自旋相互作用的强度(节 20.8),岩盐结构中这种作用在晶胞的所有三个方向上传播。随着 M^{2+} 体积从 Mn 到 Ni 减小,超交换机理变得更强。这是因为金属-氧轨道重叠程度的增大和 T_N 增加造成的。

24.6　高等氧化物和复合氧化物

金属与氧的比例不是 1∶1 的二元金属氧化物被叫作**高等氧化物**(higher oxides)。含有一种以上金属离子的化合物往往被称为**复合氧化物**(complex oxides)或**混合氧化物**(mixed oxides),包括含有三种元素的化合物(三元氧化物,如 $LaFeO_3$)、四种元素的化合物(四元氧化物,如 $YBa_2Cu_3O_7$)或更多种元素的化合物。本节介绍一些较重要的复合氧化物(混合金属氧化物)的结构和性质。

(a) M_2O_3 刚玉结构

提要:化学计量式为 M_2O_3 的许多氧化物采取刚玉结构,包括掺铬的铝氧化物(红宝石)。

α-氧化铝(矿物刚玉)采取这样一种结构模式:O^{2-} 按六方密堆积方式排列,阳离子占据三分之二的八面体穴(图 24.14)。+3 氧化态的 Ti、V、Cr、Rh、Fe、Ga 氧化物也采取刚玉结构。其中两种氧化物 Ti_2O_3 和 V_2O_3 分别在低于 410 K 和 150 K 时显示出金属性到半导性的转变(图 24.15)。在 V_2O_3 中,这种转变伴随着自旋的反铁磁有序。两个绝缘体 Cr_2O_3 和 Fe_2O_3 也显示反铁磁有序。

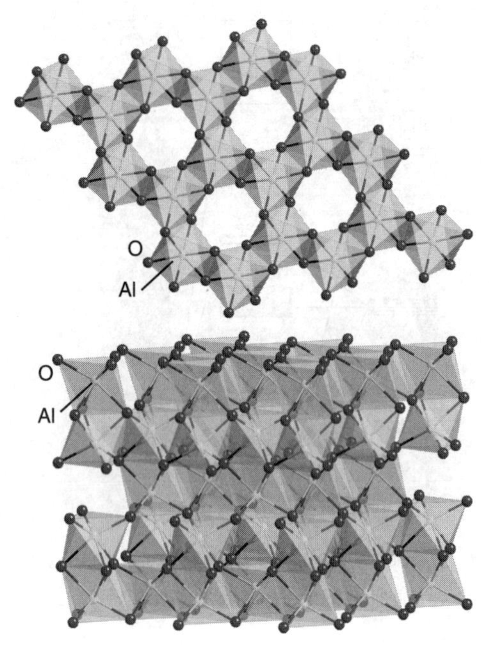

图 24.14　刚玉的结构

像 Al_2O_3 采取的结构那样，阳离子占据 O^{2-} 密堆积层之间 2/3 的八面体穴

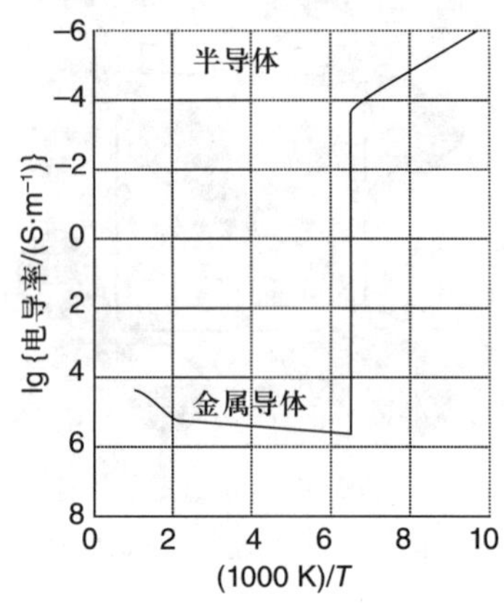

图 24.15　V_2O_3 电导率对温度的依赖关系，示出金属导体向半导体的转变

M_2O_3 化合物另一有趣的方面是暗绿色的 Cr_2O_3 和无色的 Al_2O_3 固溶体形成明亮的红宝石。如节 20.7 中所述，Cr^{3+} 的配位场跃迁中的这种转变是由 Al_2O_3 宿主结构中围绕 Cr^{3+} 的 O^{2-} 的压缩造成的（在 Al_2O_3 中，晶格常数 $a = 475$ pm，$c = 1\ 300$ pm，而在 Cr_2O_3 中相应的值较大，分别为 493 pm 和 1 356 pm）。随着配位场强度的增大，这种压缩转移为对蓝光的吸收，固体显示出白光中的红色。Cr^{3+} 吸收光谱（和荧光光谱）对压缩作用的响应性有时用在高压实验中测量压力。在这种应用中，样品一个碎片中红宝石的微小晶体受到可见光的照射，荧光光谱的变化提供晶胞中压力方面的信息。

(b) 三氧化铼结构

提要：三氧化铼结构是由 ReO_6 八面体构建而成的，这些八面体在三维方向上共享所有顶点。

三氧化铼结构类型非常简单，它由立方晶胞构成，Re 原子位于晶胞的角上，O 原子位于晶胞棱边的中点（图 24.16）。换一种说法，该结构可看作共享所有顶点的 ReO_6 八面体。这种结构也与钙钛矿结构（节 3.9）密切相关，可以看作是从晶胞中移除了 A 型阳离子的钙钛矿结构。采用三氧化铼结构的材料相对少见，其部分原因是受到与氧结合时 M 的氧化态为 M(Ⅵ) 的限制。Re(Ⅵ) 氧化物（ReO_3）本身和一种形式的 UO_3（δ-UO_3）具有这种类型的结构，WO_3 的这种结构则稍微被扭曲。在 WO_3 中，WO_6 八面体略有扭曲并彼此相对倾斜，以致 W—O—W 键角不是 180°。

三氧化铼本身是个亮红色有光泽的固体。室温下的导电性类似于金属铜。该化合物的能带结构包含来自 Re t_{2g} 轨道和 O 2p 轨道的能带（图 24.17）。该能带每个 Re 原子最多含有 6 个电子，但对 Re^{6+} d^1 组态而言只是部分充满，所以产生了人们看到的金属特性。

(c) 尖晶石

提要：许多 d 金属尖晶石不具正常尖晶石的结构，这种现象是由于配位场稳定化能影响着离子在选择位置方面偏好性。

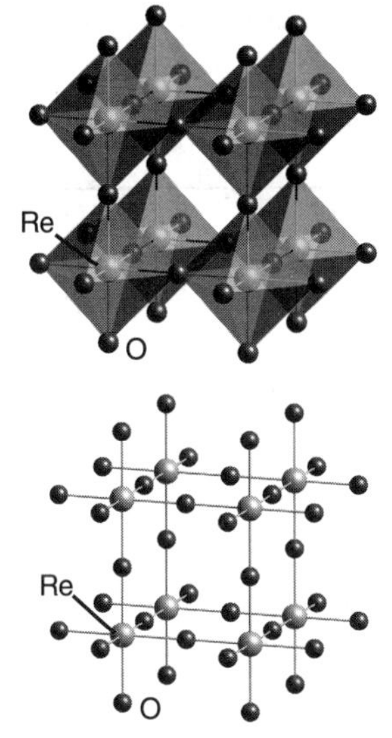

图 24.16* 以晶胞方式表示的 ReO_3 结构和形成晶胞的 ReO_6 八面体

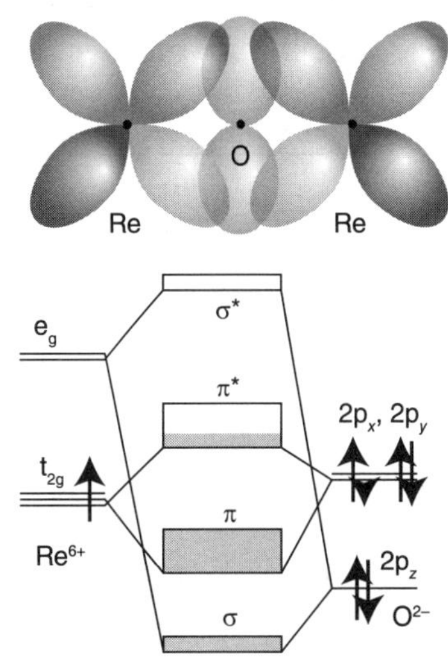

图 24.17 ReO_3 的能带结构

d 区元素的高等氧化物(如 Fe_3O_4、Co_3O_4、Mn_3O_4)和许多相关的混合金属氧化物(如 $ZnFe_2O_4$)显示出非常有用的磁性质。它们全都采取尖晶石矿物($MgAl_2O_4$)的结构类型,通式为 AB_2O_4。虽然有些尖晶石可由 A^{4+} 和 B^{2+} 阳离子组成(即 $A^{4+}B_2^{2+}O_4$,如 $Ge^{4+}[Co^{2+}]_2O_4$),但大多数氧化物尖晶石是由 A^{2+} 和 B^{3+} 阳离子形成的(即 $A^{2+}B_2^{3+}O_4$,如 $Mg^{2+}[Al^{3+}]_2O_4$)。节 3.9 中简要描述了尖晶石的结构,在那里我们看到,它由 fcc 排列的 O^{2-} 组成,其中 A 离子占据八分之一的四面体穴,B 离子占据了一半八面体穴(图 24.18)。这种结构通常表示为 $A[B_2]O_4$,其中方括号内的原子类型表示它们占据着八面体穴。反尖晶石结构中的阳离子排布为 $B[AB]O_4$,其中 B 阳离子分布在两种配位几何位置上。基于简单离子模型计算出来的晶格焓表明,阳离子为 A^{2+} 和 B^{3+} 的正常尖晶石结构 $A[B_2]O_4$ 应该更稳定。许多 d 金属尖晶石不符合这种预期,这种现象是由于配位场稳定化能影响着离子在选择位置方面偏好性。

尖晶石的**占有因子**(occupation factor, λ)是指四面体位点上 B 原子的分数:正常尖晶石的 $\lambda = 0$,而反尖晶石($B[AB]O_4$)的 $\lambda = 0.5$。处于 0~0.5 的 λ 值表明分布的无序程度,那里的 B 阳离子占据了四面体的部分位点。以(A^{2+}, B^{3+})型阳离子尖晶石(表 24.3)的分布为例做说明:d^0 组态的 A 和 B 离子优先采取正常尖晶石结构(如从静电因素所预言的那样)。表 24.3 表明,当 A^{2+} 为 d^6、d^7、d^8 或 d^9 离子和 B^{3+} 为 Fe^{3+} 时,通常有利于形成反尖晶石结构。这种偏好性是由下述因素导致的:不论处在八面体位或四面体位的高自旋 d^5Fe^{3+} 都不存在配位场稳定化作用(节 20.1 和图 24.13),而处在八面体位点的其他 d^n 离子都有配位场稳定化作用。对 A、B 位点上 d 金属离子的其他组合而言,与两种离子在八面体位点和四面体位点的不同排列相对应的配位场稳定化能需要进行计算。同样重要的是需要注意,简单的配位场稳定化作用似乎彻底改变了这一有限范围内的阳离子。如果存在不同半径的阳离子或存在的任何离子不采取高自旋

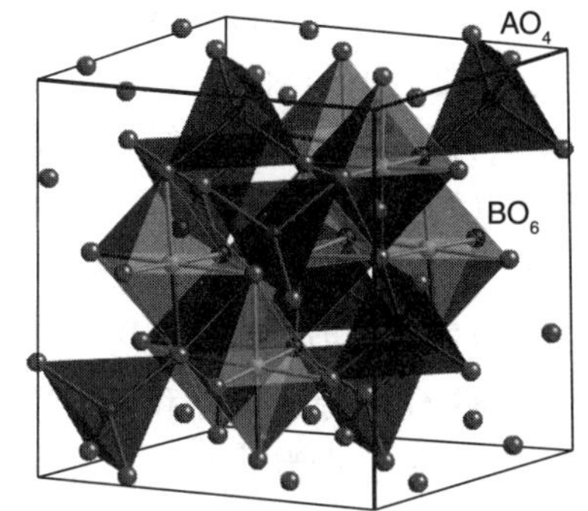

图 24.18* 尖晶石(AB_2O_4)晶胞的一部分,示出 A 离子的四面体环境和 B 离子的八面体环境(与图 3.44 比较)

组态（尖晶石中的大多数金属是如此，如 Co_3O_4 中 Co^{3+} 为低自旋 d^6 组态），则必须进行更详细的分析。此外，由于 λ 往往依赖于温度，合成具有特定阳离子分布方式的尖晶石时必须小心，从高的反应温度将样品缓慢冷却或淬火可能产生完全不同的阳离子分布。

表 24.3　某些尖晶石中的占有因子 λ*

	A	Mg^{2+}	Mn^{2+}	Fe^{2+}	Co^{2+}	Ni^{2+}	Cu^{2+}	Zn^{2+}
	B	d^0	d^5	d^6	d^7	d^8	d^9	d^{10}
Al^{3+}	d^0	0	0	0	0	0.38	0	
Cr^{3+}	d^3	0	0	0	0	0	0	0
Mn^{3+}	d^4	0						0
Fe^{3+}	d^5	0.45	0.1	0.5	0.5	0.5	0.5	0
Co^{3+}	d^6					0		0

* $\lambda=0$ 相应于正常尖晶石；$\lambda=0.5$ 相应于反尖晶石。

例题 24.3　判断尖晶石型化合物的结构

题目：$MnCr_2O_4$ 可能是正常尖晶石结构还是反尖晶石结构？

答案：这里需要考虑是否存在配位场稳定化能。因为 Cr^{3+}（d^3）在八面体位点的配位场稳定化能大（从表 20.2 可知为 $1.2\Delta_O$）（但在四面体场中的配位场稳定化能小得多），而高自旋 d^5 组态的 Mn^{2+} 没有任何 LFSE，故可判断化合物为正常尖晶石结构。表 24.3 显示，这一判断得到实验验证。

自测题 24.3　表 24.3 表明 $FeCr_2O_4$ 为正常尖晶石。解释实验结构的合理性。

化学式为 AFe_2O_4 的反尖晶石有时被归入**铁氧体**（ferrites，同一术语也适用于不同情况下的其他铁氧化物）。$RT>J$（J 是不同离子自旋相互作用的能量）时铁氧体具有顺磁性，然而当 $RT<J$ 时铁氧体可能是铁磁性或反铁磁性。$ZnFe_2O_4$ 是具有反铁磁性、自旋特征反平行取向的一个例子，其中阳离子配布方式为 Fe[ZnFe]O_4。该化合物中四面体位和八面体位存在的 Fe^{3+}（$S=5/2$）为反铁磁偶合，通过超交换机理（节 20.8），该固体作为一个整体在低于 9.5 K 时生成接近于零的净磁矩；注意，作为 d^{10} 组态的离子，Zn^{2+} 对材料的磁矩无贡献。

表 24.3 中的化合物 $CoAl_2O_4$ 为正常尖晶石结构（$\lambda=0$），因此 Co^{2+} 处在四面体位。可以预料，$CoAl_2O_4$ 的颜色（深蓝色）是四面体位 Co^{2+} 的颜色。这个属性再加上易于合成和尖晶石结构的稳定性，导致铝酸钴被用作颜料（“钴蓝”）。其他显示强烈色彩的混合型 d 金属尖晶石[如绿色的 $CoCr_2O_4$、黑色的 $CuCr_2O_4$ 和橙棕色的（Zn，Fe）Fe_2O_4]也被用作颜料（节 24.15），也用于为各种建筑材料（如混凝土）着色。

（d）钙钛矿结构和与之相关的相

提要：钙钛矿的通式为 ABX_3，其中 BX_3 结构（ReO_3 型）的 12 配位穴被大的 A 离子所占据；钙钛矿型钛酸钡 $BaTiO_3$ 显示铁电性和压电性，这种性质与离子的协同位移有关。

钙钛矿的通式为 ABX_3，其中 BX_3 结构的 12 配位穴被大的 A 离子所占据（图 24.19；该结构的不同视图见图 3.42）。虽然也可合成出含氮负离子和含氢负离子的钙钛矿（如 $LiSrH_3$），但更多出现的 X 离子是 O^{2-} 或 F^-（如在 $NaFeF_3$ 中）。“钙钛矿”的名称来自自然界存在的氧化物矿 $CaTiO_3$，最大的一类钙钛矿是那些以 O^{2-} 为阴离子的钙钛矿。人们发现，形成固溶体和非化学计量化合物（如形成 $Ba_{1-x}Sr_xTiO_3$ 和 $SrFeO_{3-y}$）是钙钛矿结构的共同特征。一些富金属材料采用阳离子和阴离子部分倒置的正态分布钙钛矿结构（如 $SnNCo_3$）。人们往往能看到钙钛矿结构的畸变，以致晶胞不再具有中心对称，并且一部分晶体获得了整体的、永久性的电极化作用（这是那部分晶体内部离子位移方向调整的结果）。从类似于铁磁体这个意义上讲，一些极性晶体具有**铁电性**（ferroelectric），但不是晶体部分区域（往往被称为"畴"）电子自旋排布造成的，许多晶胞的电偶极矩都是一致的。因此，反映化合物极性的相对介电常数对于铁电材料而言通常会超过 1×10^3，并可高达 1.5×10^4；相比之下，液体水在室温的相对介电常数约为 80。钛酸钡（$BaTiO_3$）是这种材料研究得最多的一个例子。该化合物在 120 ℃以上具有完美的立方钙钛矿结构。室温下它采用对称性较低的四方晶胞，其中各种离子可被认为已从它们正常的高对称性位置发生了位移（图 24.20）。这种位移导致晶胞的自发极化和电偶极的形成；这些离子位移之间（以及引起的诱导偶极之间）的偶合非常弱。应用外电

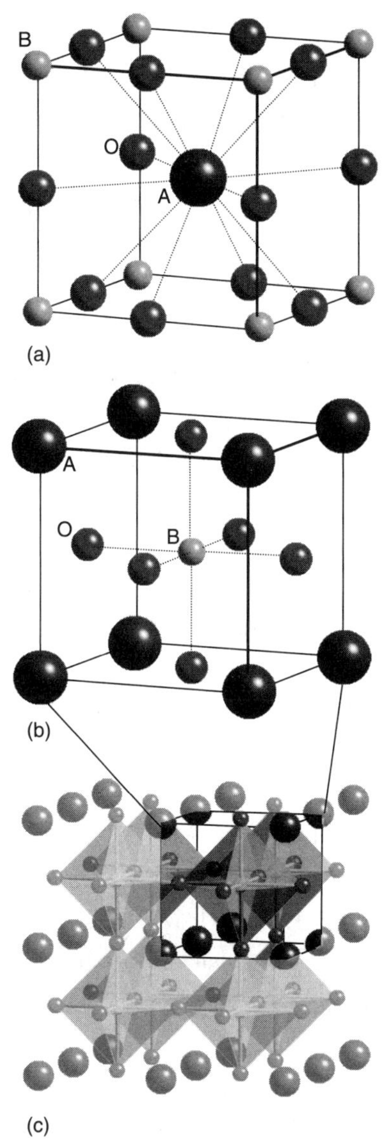

图 24.19* 钙钛矿（ABO_3）结构视图：(a) 强调了大阳离子的 12 配位并显示出与图 23.22(b) 中 ReO_3 结构的关系；(b) 简要给出 B 阳离子的八面体配位；(c) 突出了 BO_6 八面体的多面体表示法

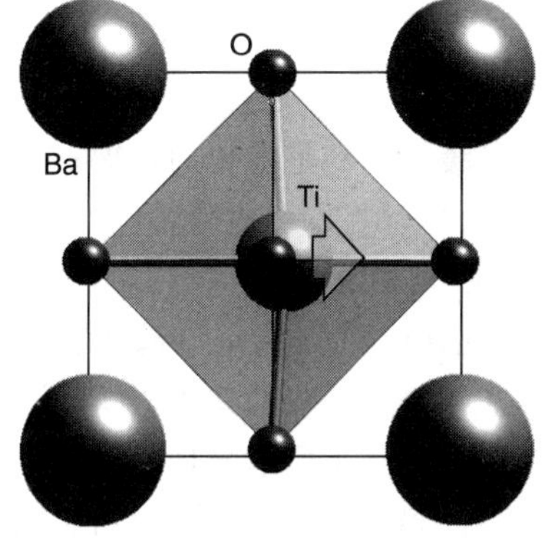

图 24.20* 四方 $BaTiO_3$ 的结构

图上显示出局域 Ti^{4+} 位移导致材料的铁电行为

场将这些偶极子的排布遍及整个材料导致在特定方向上的体极化，这种极化在移去外电场后继续存在。低于某一温度时可发生这种自发极化作用导致材料表现出铁电体行为，该温度叫**居里温度**（Curie temperature，T_C），参见节 20.8。$BaTiO_3$的 $T_C = 120$ ℃。钛酸钡高的相对介电常数导致其用在电容器中。与平板之间的空气电容器相比，它能存储高达 1 000 倍的电荷。将掺杂剂引入钛酸钡结构后形成固溶体从而调节了该化合物的各种性质。例如，用 Sr 置换 Ba，或用 Zr 置换 Ti 可导致 T_C大幅降低。

许多晶体材料（包括许多没有对称中心的钙钛矿晶体材料）的另一特征是它们的**压电性**（piezoelectricity），它是指晶体受到外压或在外电场下改变尺寸而产生电场的现象。压电材料具有多种用途，如用于压力转换器（如燃气灶具和火灾报警的机械点火装置）、超微操控装置（控制非常小的移动）、声音检测器，也用作扫描隧道显微镜（节 8.16）的探针支架。一些重要材料包括 $BaTiO_3$、$NaNbO_3$、$NaTaO_3$和 $KTaO_3$。

另一个常见的结构类型[四氟合镍酸（Ⅱ）钾 K_2NiF_4所采用的结构类型，见图 24.21]与钙钛矿有关。该化合物可认为是含有钙钛矿结构的单个片层，共享了层内八面体的四个 F 原子，但在层的上方和下方具有末端 F 原子。这些层相互之间发生了相对位移，并被 K^+隔开（K^+9 配位于一个层的 8 个 F^-和邻近一层的末端 F^-）。人们正在重新研究具有 K_2NiF_4结构类型的化合物，因为某些高温超导体（如 $La_{1.85}Sr_{0.15}CuO_4$）是以这种结构结晶的。除超导性方面的重要性外，具有 K_2NiF_4结构的化合物也提供了研究二维磁畴的可能性，这是因为连接在一起的八面体层内的电子自旋偶合作用比层间强得多。

我们已经介绍过作为来自钙钛矿结构单片层的 K_2NiF_4结构；其他相关的结构也可能存在，两个或两个以上的钙钛矿层彼此间发生了水平方向的位移。处在一端的 K_2NiF_4结构（一个钙钛矿层）和处在另一端的钙钛矿本身（无限数量的这种层）被称为 **Ruddlesden-Popper 相**（Ruddlesden-Popper phases），它们包括具有两个层的 $Sr_3Fe_2O_7$和具有三个层的 $Ca_4Mn_3O_{10}$（图 24.22）。

（e）高温超导体

提要：高温铜酸盐超导体的结构与钙钛矿结构相关。

钙钛矿结构的多样性延伸至超导性，因为 1986 年首次报道的大部分高温超导体可看作是钙钛矿结构的变体。超导体有两个显著的特征：它们在低于临界温度 T_C（注意不要与铁电体的居里温度 T_C相混淆）时进入超导状态并具有零电阻；超导状态也显示 **Meissner 效应**（Meissner effect），即排斥磁场的性质。教师们用 Meissner 效应向学生演示超导性，演示实验中一小粒超导体可悬空于磁体上方。Meissner 效应也是超导体许多潜在应用的基础，包括磁悬浮（如“磁悬浮”列车）。

继 1911 年发现汞在低于 4.2 K 时显示超导性之后，物理学家和化学家在寻找具有较高 T_C值的超导体方面取得了缓慢但却是稳定的进展；75 年之后，Nb_3Ge 的 T_C值已微升至 23 K。大多数这样的超导材料是金属的合金，尽管在许多氧化物和硫化物中也发现了超导性（表 24.4）；二硼化镁在低于 39 K 时显示超导性（见应用相关文段 13.4）。然后（1986 年）发现了第一个**高温超导体**（high-temperature superconductor，HTSC）。现在已知存在 T_C值远高于 77 K（液氮的沸点，液氮是相对廉价的制冷剂）的数种材料，并在为数不多的几年里将最大的 T_C值增加了 5 倍以上（约 134 K）。

已知存在两种类型的超导体：

- 第Ⅰ类超导体：外磁场超过材料的特征值时突然丧失超导性的超导体。
- 第Ⅱ类超导体：高于临界磁场（H_C）时超导性逐渐丧失的材料（包括高温材料）。

图 24.23 表明显示超导性的元素具有一定程度的周期性。特别需要注意的是铁磁性金属（Fe、Co、Ni）不显示超导性，碱金属或货币金属（Cu、Ag、Au）也不显示超导性。

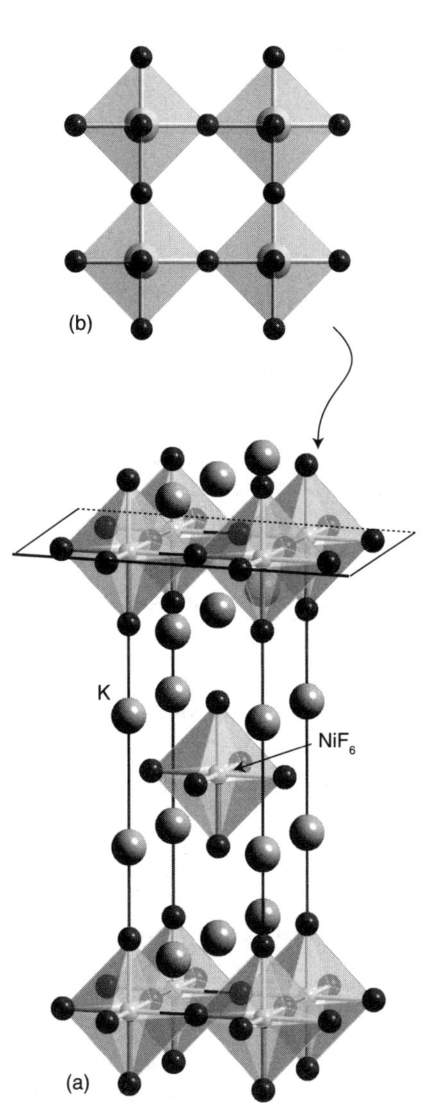

图 24.21* 　K_2NiF_4的结构：(a) NiF_6八面体位移了的层(K^+散布其中)；(b) 组成为 NiF_4的一个层，显示出通过 F 连接在一起的共角八面体

图 24.22* 　化学计量式为 $A_3B_2O_7$(a) 和 $A_4B_3O_{10}$(b) 的 Ruddlesden-Popper 相，它们分别是由两个和三个钙钛矿层(被 A 阳离子隔开的、连接在一起的 BO_6八面体)形成的

表 24.4　低于临界温度 T_C 时显示超导性的一些材料

元素	T_C/K	化合物	T_C/K
Zn	0.88	Nb_3Ge	23.2
Cd	0.56	Nb_3Sn	18.0
Hg	4.15	$LiTi_2O_4$	13.7
Pb	7.19	$K_{0.4}Na_{0.6}BiO_3$	29.8
Nb	9.50	$YBa_2Cu_3O_7$	93
		$Tl_2Ba_3Ca_3Cu_4O$	134
		MgB_2	40
		K_3C_{60}	39
		$PbMo_6S_8$	15.2
		NbPS	12

图 24.23

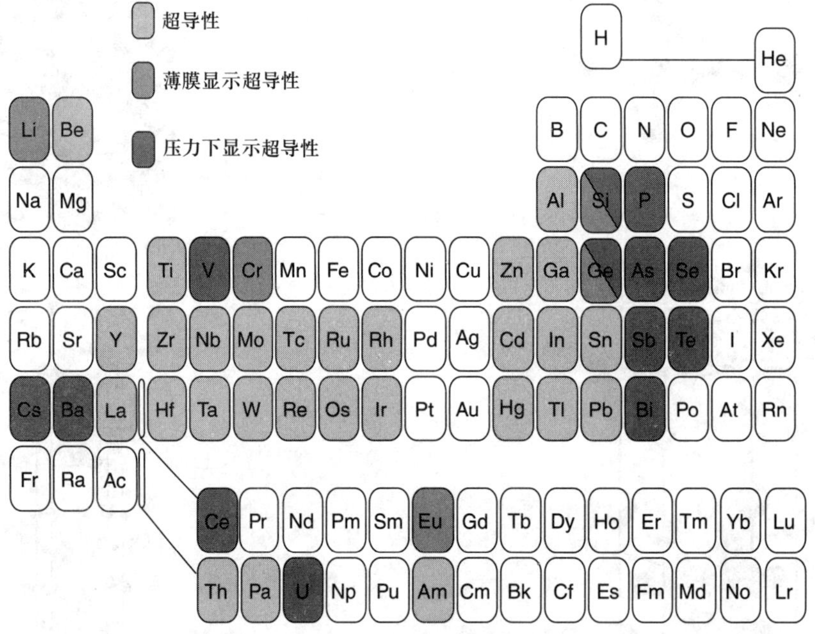

图 24.23　指定条件下显示超导性的元素

第一个报道的 HTSC 是 $La_{1.8}Ba_{0.2}CuO_4$(T_C = 35 K)，它是固溶体系列 $La_{2-x}Ba_xCuO_4$ 中的一个，其中 Ba 代替了 La_2CuO_4 中部分 La 的位点。这种材料具有 K_2NiF_4 结构类型，共享着棱边的 CuO_6 八面体层被阳离子 La^{3+} 和 Ba^{2+} 所隔开，尽管 Jahn-Teller 畸变在轴向上拉长了八面体[节 20.1(g)]。一个类似的化合物 $La_{1.8}Sr_{0.2}CuO_4$(T_C = 38 K)也具有这种结构，其中钡被锶所取代。

研究得最广泛的 HTSC 氧化物材料为 $YBa_2Cu_3O_{7-x}$(T_C = 93 K)，其结构类似于钙钛矿，但缺失了 O 原子。该化合物非正式地被称为“123”化合物(化学式前三个元素的原子比)或“YBCO”(四种元素英文名称首字母的缩写，读作“ib-co”)。图 24.24 所示的结构中，化学计量的 $YBa_2Cu_3O_7$ 晶胞由三个简单钙钛矿立方体组成(垂直堆叠在一起)，Y 和 Ba 处在原始钙钛矿的 A 位点，铜原子处在 B 位点。然而与真正的钙钛矿结构不同，B 位点没有被氧原子八面体所包围：123 结构具有大量通常会被 O 占据但实际上空着的位点。因此，四方锥排列中的一些铜原子有 5 个邻近 O 原子，而其他一些铜原子只有 4 个，从而形成四方平面 CuO_4单元。同样，A 位点的 Y 和 Ba 达不到 12 配位。化合物 $YBa_2Cu_3O_7$容易从 CuO_4平面内的一些位点失去氧而形成 $YBa_2Cu_3O_{7-x}(0\leqslant x\leqslant 1)$。但随着 x 增加至 0.1 以上，临界温度则从 93 K 迅速下降。实验室制备的“123”材料样品（制备过程的最后阶段是在纯氧中于 450 ℃加热）一般处于 $x<0.1$ 的缺氧状态。

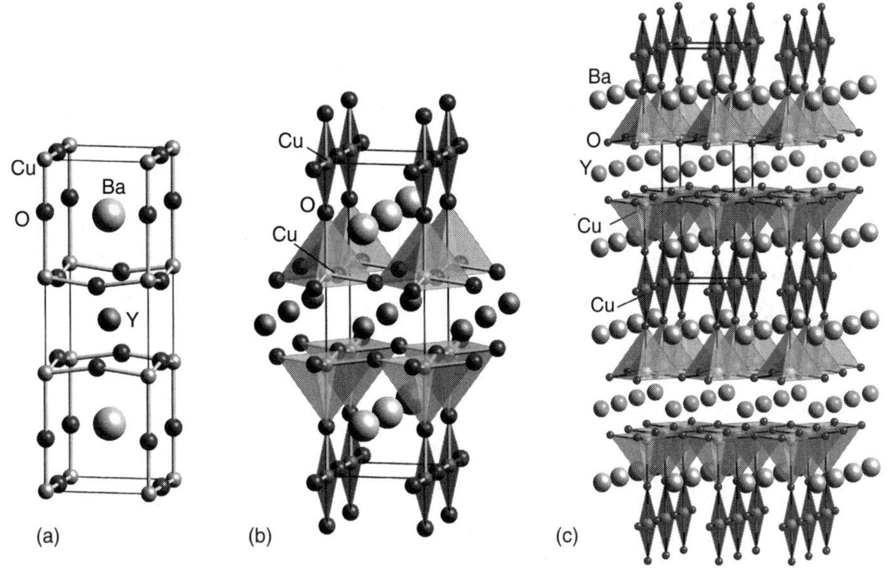

图 24.24* $YBa_2Cu_3O_7$超导体的结构：(a) 晶胞；(b) 围绕铜离子的氧多面体；(c) 示出连接 CuO_5四方锥形成的层和以顶角相连的 CuO_4平面四方形形成的链

如果按通常规则指定氧化数 $N_{ox}(Y)=+3$、$N_{ox}(Ba)=+2$ 和 $N_{ox}(O)=-2$，那么铜的平均氧化数就是 2.33。因此可以推断 $YBa_2Cu_3O_{7-x}$是个含有 Cu^{2+}和 Cu^{3+}的混合氧化态材料。注意，直到 x 增加至 0.5 以上，$YBa_2Cu_3O_{7-x}$材料在形式上都含有一些 Cu^{3+}。另一种观点是，$YBa_2Cu_3O_{7-x}$中的电子数导致存在部分充满的能带：这种观点与室温下这种氧化物的高电导率和金属性行为相一致（节 3.19）。如果该能带被看作是由 Cu 3d 轨道构建的，那么能带的部分充满就是这种浓度的空穴（相应于 Cu^{3+}的浓度）造成的结果。

$YBa_2Cu_3O_{7-x}$中的四方形平面 CuO_4单元按链状排列，而 CuO_5单元连接在一起形成无限个层。共享顶点的 CuO_4四方形平面无限层的化学计量为 CuO_2。在层（这些层分别是由连接在一起的、以四方形为基础的棱锥体或八面体构建的）中添加一个或两个额外的顶端 O 原子以维持 CuO_2层。这种结构特点在所有其他 HTSCs 中也可看到，并且被认为是超导机理的一个重要组成部分。

表 24.4 列出一些 HTSC 和其他超导材料。它们全都可以被看作至少部分结构来自钙钛矿结构，因为连接在一起的 $CuO_n(n=4,5,6)$多面体层是这种结构类型的一部分。处在这些铜酸盐层（它们可能含有多达六个由钙钛矿衍生的 CuO_2层）之间可以是由 s 和 p 区金属与氧结合而形成的各种其他简单的结构单元（如岩盐和萤石结构）。因此，$Tl_2Ba_2Ca_2Cu_3O_{10}$可看作是以 Cu、O、Ca 为基础的三个钙钛矿层形成的，三个钙钛矿层被 Tl 和 O 构建的岩盐结构的双重层分隔；Ba 位于岩盐和钙钛矿层之间（图 24.25）。

各种定性考虑已用于指导高温超导体的合成。例如，层状结构的思路和与重 p 区元素结合而形成的混合氧化态 Cu 的思路被证明是成功的。其他因素还包括离子半径及离子对某种配位环境的偏好。许多这样的材料是用相当简单的方法制备的，即在敞口的氧化铝坩埚中将直接混合的金属氧化物加热到 900~800 ℃。其他超导材料的合成反应（如合成含汞和含铊的复合铜氧化物需要涉及挥发性和毒性氧化物 Tl_2O 和 HgO 的反应）通常是在密封的金管或银管中进行的（节 24.1）。

高温超导性迄今尚无固定的解释。人们认为,产生传统超导性的电子对("Cooper 对")的运动在高温材料中也很重要,但成对机理仍处在激烈争论之中。

(f) 其他具有超导性的氧化物和相

提要:许多复合氧化物在低温下显示超导性。

就达到高临界温度这一点而言,复合铜酸盐显示超导性的现象是不寻常的,但许多其他氧化物和氧化物相显示出向零电阻过渡的性质(尽管这种过渡通常是在相当低的温度下出现的)。某些成分简单的例子包括固溶相 $Li_{1+x}Ti_{2-x}O_4$(尖晶石结构,$x=0$ 时 $T_C=13.7$ K)和 $T_C\approx<5$ K 的 $Na_{0.35}CoO_2\cdot H_2O$(表 24.4)。

组成为$(K_{0.87}Bi_{0.13})BiO_3$($T_C=10.2$ K)和$(Ba_{0.6}K_{0.4})BiO_3$($T_C=30$ K)的复合铋氧化物(钙钛矿结构,Bi 为 B 阳离子)是许多具有超导性的类似铋酸盐中的两个。采取烧绿石结构、组成为 $M_{2-x}B_2O_{7-x}$[M 为第 1 族、第 2 族或后过渡金属阳离子(如 Cs、Ca、Cd),B 为重 d 金属]的几种复合氧化物(图 24.26)显示超导性。例如,$Cd_2Re_2O_7$在 1.4 K 以下是超导体,KOs_2O_6低于 10 K 是超导体。最近,人们的兴趣主要集中在临界温度接近最佳铜酸盐的新超导体家族。这些组成为 $LnFeAs(O,F)_{1-x}$新的镧系元素铁砷氧化物中首个被报道的 La 化合物是 $LaFeAsO_{1-x}F_x$($T_C=26$ K),组成相似的 Pr 和 Sm 的化合物(临界温度分别为 52 K 和 55 K)已合成成功。这些化合物的结构以组成为 LnO 和 FeAs 的交替层为基础(图 24.27)。具有超导性的相关材料还包括 LiFeAs($T_C=18$ K)和 AFe_2As_2(A = Ca、Sr、Ba;T_C达 38 K)。

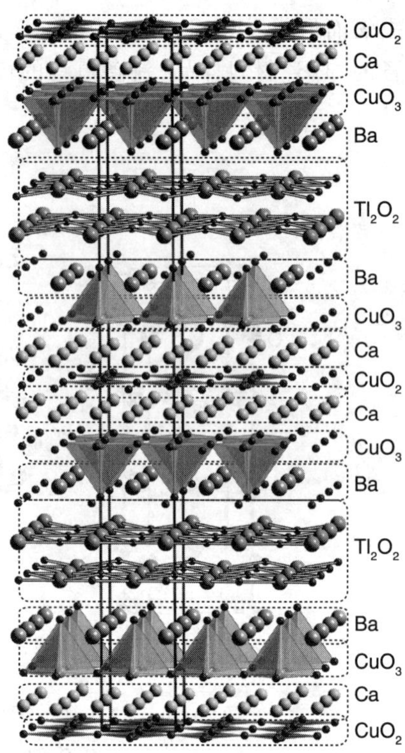

图 24.25* $Tl_2Ba_2Ca_2Cu_3O_{10}$的结构

它是由三个缺氧的钙钛矿层形成的,而钙钛矿层则是由连接在一起的 CuO_4四方平面和以四方平面为基础的棱锥体(被 A 阳离子位点上的 Ca^{2+}分开)产生的,由 Tl 和 O 原子按岩盐结构排列的、化学计量式为 Tl_2O_2的双重层插在多重钙钛矿层之间

(g) 巨磁阻

提要:B 阳离子位点为 Mn 的钙钛矿结构在磁场中的电阻显示出很大变化,这种变化叫巨磁阻效应。

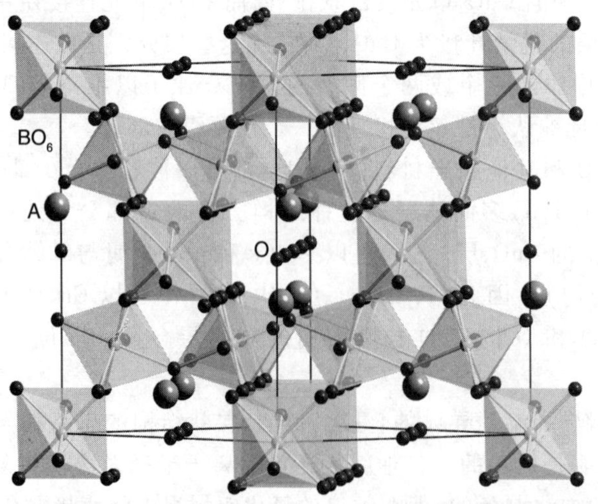

图 24.26* 化学计量式为 $A_2B_2O_7$的许多化合物采取烧绿石结构

图上给出 BO_6八面体和形成的含有 A 阳离子和氧离子的通道

亚锰酸盐[Mn(Ⅲ)和 Mn(Ⅳ)的复合氧化物]形成通式为 $Ln_{1-x}A_xMnO_3$(A=Ca、Sr、Pb、Ba;有代表性的 Ln 为 La、Pr、Nd)的固溶体,冷却至室温以下(Curie 温度通常在 100 K 到 250 K 之间)时按铁磁有序排列,同时由较高温度下的绝缘体转换为弱的金属性导体。这些材料也表现出**磁阻效应**(magnetoresistance),磁阻效应是接近或刚刚高于居里温度时在外磁场中电阻显著降低的现象(图 24.28)。最近的研究表明这些亚锰酸盐电阻的下降可多达 11 个数量级。这些化合物因而被叫作**巨磁阻锰酸盐**(gaint magnetoresistance manganites 或 colossal magnetoresistance manganites)。A. Fert 和 P. Grünberg 因发现这一现象荣获 2007 年度诺贝尔物理学奖。

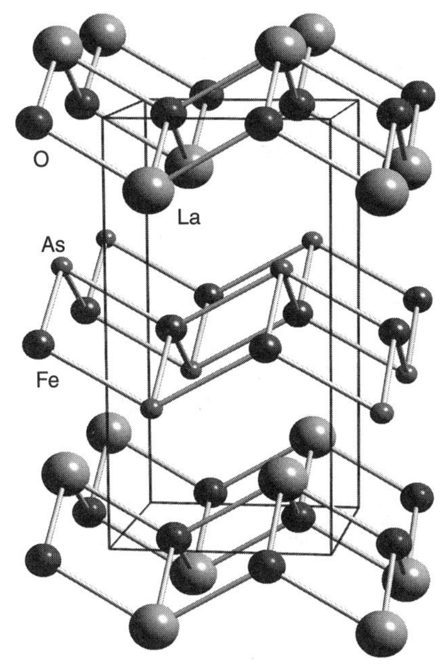

图 24.27* 超导体 LaFeAsO 的结构,绘出了两种类型的层

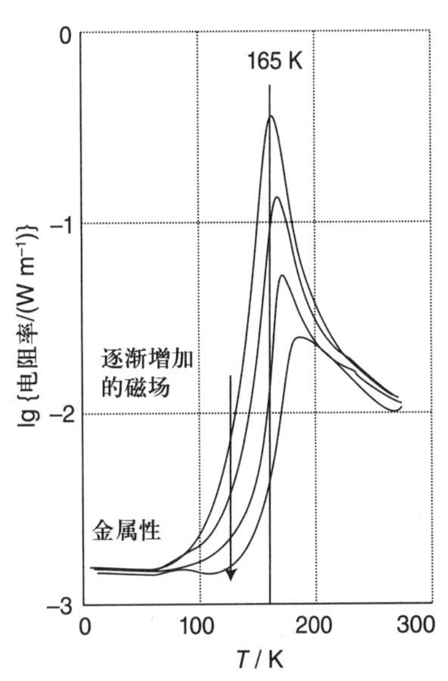

图 24.28 显示巨磁阻的材料在不同磁场下电阻率随温度的变化

165 K 时,外磁场会造成电阻率变化约两个数量级

巨磁阻(GMR 或 CMR)亚锰酸盐具有钙钛矿型结构,其中 A 阳离子位点被 Ln^{3+} 和 A^{2+} 阳离子混合占据,B 位点被 Mn 占据。随着 A^{2+} 比例的改变,这些固溶体中 Mn 的氧化数在+3 和+4 之间变化。低于 Néel 温度(T_N=150 K)时纯 $LaMnO_3$ 为反铁磁性排列,但随着 $Ln_{1-x}A_xMnO_3$ 中 x 值的增大(相应于 Mn^{4+} 含量的增加),亚锰酸盐随温度降低而变为铁磁性排列。

人们并不完全理解实验上观察到的传导电子行为的变化和亚锰酸盐($Ln_{1-x}A_xMnO_3$)冷却时同时发生的铁磁性,也不完全理解 CMR 效应的原因,但却知道它们是基于材料中 Mn(Ⅲ)和 Mn(Ⅳ)物种之间所谓的**双交换**(double exchange,DE)机理。这一机理的基本过程是通过 O 原子而发生的从 $Mn^{3+}(t_{2g}^3e_g^1)$ 到 $Mn^{4+}(t_{2g}^3)$ 的电子转移,使 Mn(Ⅲ)和 Mn(Ⅳ)位置发生改变。高温下的亚锰酸盐体系中电子有效地被特定位点所俘获[导致 Mn(Ⅲ)和 Mn(Ⅳ)物种有序化];即俘获导致了**电荷有序**(charge ordering)。这种电荷有序状态通常与绝缘性和顺磁性有关,而电荷无序状态(电子可在位点之间移动)则与金属性和铁磁性相关。高温电荷有序态只需通过外加磁场就可转化为金属性的、自旋有序的(铁磁性的)状态;因此在刚刚高于临界温度时,将磁场外加于亚锰酸盐就能使电荷有序状态变为电子离域状态,因而大大降低了电阻。

GMR 效应被用于磁数据存储设备(如计算机硬件装置,应用相关文段 24.2),人们已经对显示 CMR 的亚锰酸盐进行了这样的应用研究。其他研究目标包括**自旋学**(spintronics)的研究:不再用电子移动来传递信息,而是在电子学和硅芯片功能化的基础上通过材料的自旋运动以类似方式传递信息。由于自旋转移比电子运动快得多,以及没有因电阻效应而产生的热,以自旋学为基础的计算设备应当具有更高的处理能力并且不需要冷却。由于晶体管越来越密集地安装在计算机上,发热现象给半导体技术造成越来越多的问题。

应用相关文段 24.2　磁阻材料和硬盘数据存储

计算机硬盘装置(HDDs)上的信息利用微小的磁畴(其磁化方向表示逻辑上的 0 和 1)进行编码。这种信息可用简单的铁尖晶石[节 24.6(c)]磁"头"和线圈读取,通过编码表面上方的磁头在线圈中产生小的电流。然而这种装置的灵敏度低,不但需要相对较大的磁性材料,而且在设备上存储的信息量也有限。

1990 年代 HDDs 开始利用磁阻效应,这种效应允许的灵敏度大得多,因而数据存储密度也要高得多。基于 HDD 的巨磁阻(GMR)本质上是由隔离层(导致层间的弱偶合)隔开的两个铁磁层组成的;反铁磁性材料层固定住(或叫"别住")一个铁磁层的取向。这一整体结构叫作**自旋阀**(spin valve)。当弱磁场(如来自硬盘编码位的磁场)通过这种结构下方时,未被别住的磁层的磁取向(相对于被别住的磁层的取向)发生了改变,这种重新取向导致装置的电阻因磁阻效应而发生了显著变化。从而容易用电的方法测出编码表面的读数结果。

用于这种 SDDs 的材料大多是简单的铁磁性金属或合金(如 FeCr)层,然而由于开发更为灵敏的设备的兴趣,人们正在研究显示 CMR 效应的材料,如正文中叙述的亚锰酸盐材料。

(h) 可充电电池材料

提要:与从氧化物结构中抽取和将金属离子插入氧化物结构有关的氧化还原化学被用在可充电电池中。

复合氧化物相的存在(这种存在显示出与 d 金属离子氧化态变化能力相关的、良好的离子性导电)导致了用作可充电电池阴极材料的发展(参见应用相关文段 11.2)。实例包括 $LiCoO_2$(棱边相连的 CoO_6 八面体层状结构,层与层之间被锂离子隔开;图 24.29)和各种锂锰尖晶石(如 $LiMn_2O_4$)。在每个这样的化合物中,电池都是通过从复合金属氧化物中移去可移动的锂离子而充电的:

$$LiCoO_2 \longrightarrow CoO_2 + Li^+ + e^-$$

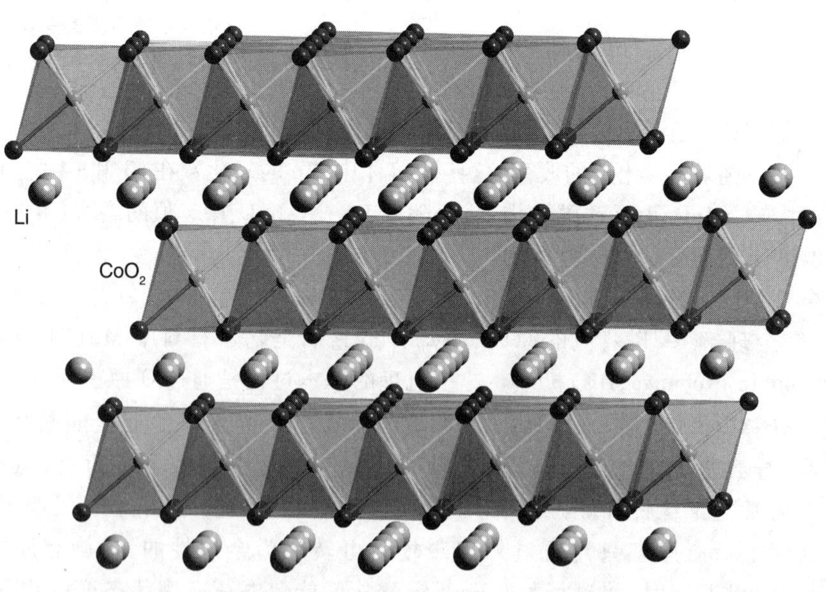

图 24.29　$LiCoO_2$ 结构

CoO_6 八面体连在一起形成层,层与层被锂离子隔开;锂可用电化学方法从层间脱出

放电是通过上述电化学反应的逆过程进行的。用在许多商业锂离子电池中的锂钴氧化物具有这种应用所需要的许多特性。使用轻元素(如锂和钴)可使 $LiCoO_2$ 的比能量(储存的能量除以质量,140 $Wh \cdot kg^{-1}$)

最大化；这样的应用中几乎总是使用 3d 金属，这是因为它们是具有可变氧化态的、密度最低的元素。锂离子高的迁移率和良好的电化学充、放电可逆性源自较小的半径和 $LiCoO_2$ 的类层状结构，这让锂离子可在结构不发生重大破坏的情况下被抽取。由于化合物中存在大量的（每个 $LiCoO_2$ 单元存在一个锂离子）、能够可逆抽取（约 500 次放/充电循环）的 Li，人们能够得到高容量电池。这种电池能够提供恒定的、高电位差（3.5~4 V）的电流。高电位差部分是由于涉及高氧化态（+3 和+4）的钴造成的。

由于钴价格昂贵并具有相当的毒性，人们正在寻找比 $LiCoO_2$ 更好的氧化物材料。新材料要求具有比钴酸锂更好的可逆性，人们将相当大的精力放在掺杂的 $LiCoO_2$ 和 $LiNiO_2$、$LiMn_2O_4$ 尖晶石及纳米结构的复合氧化物（节 24.23），后者由于粒径小而能提供优良的可逆性。$LiFePO_4$ 具有阴极材料所需的优良特性并且含有价廉且无毒的铁。$LiFePO_4$ 具有天然矿物橄榄石［$(Mg,Fe)_2SiO_4$］的结构，它由围绕锂离子的、连接在一起的 FeO_6 八面体和 PO_4 四面体组成（图 24.30），锂离子在电池充电产生 $FePO_4$ 的过程中从结构中被抽走。由于电导率低，$LiFePO_4$ 通常以小颗粒形态使用，并涂以能导电的石墨质碳。然而与 $LiCoO_2$ 相比，$LiFePO_4$ 的能量密度较低，它提供了更高的峰功率额定值，其商业应用包括了动力工具和电动汽车。用作可反复充电锂离子电池阴极的、处在研究中的其他类似材料包括第一行过渡金属的硫酸盐和氟化物。

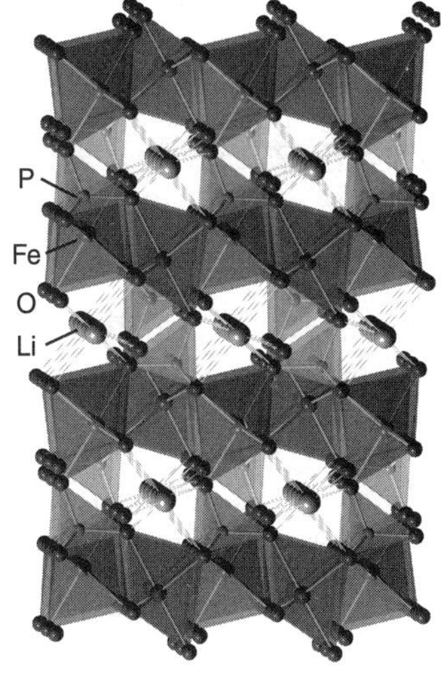

图 24.30　$LiFePO_4$ 的结构

图上给出了连接在一起的 FeO_6 八面体和 PO_4 四面体形成的含有 Li^+ 阳离子的通道

可反复充电的锂离子电池中的其他电极可以简单地使用金属锂，通过 $Li(s)\rightarrow Li^+ + e^-$ 这一过程完成电池总反应。锂离子通过电解质迁移到阴极，电解质常用溶解在聚合物［如聚（碳酸丙烯酯）］中的无水锂盐［如 $LiPF_4$ 或 $LiC(SO_2CF_3)_3$］。然而电池中使用金属锂会带来许多问题，这些问题都与锂的活泼性和锂在电池中发生的体积变化相关。因此，经常用于可充电电池的一种替代性阳极材料是石墨碳，其中可用电化学方法嵌入大量锂以形成 LiC_6（节 14.5）。电池放电时，锂从阳极的碳层之间被转移并嵌入阴极的金属氧化物（相反的过程是充电），总过程（图 24.31）如下：

$$Li_yC_6 + Li_{1-x}CoO_2 \underset{\text{充电}}{\overset{\text{放电}}{\rightleftharpoons}} C_6 + Li_{1-x+y}CoO_2$$

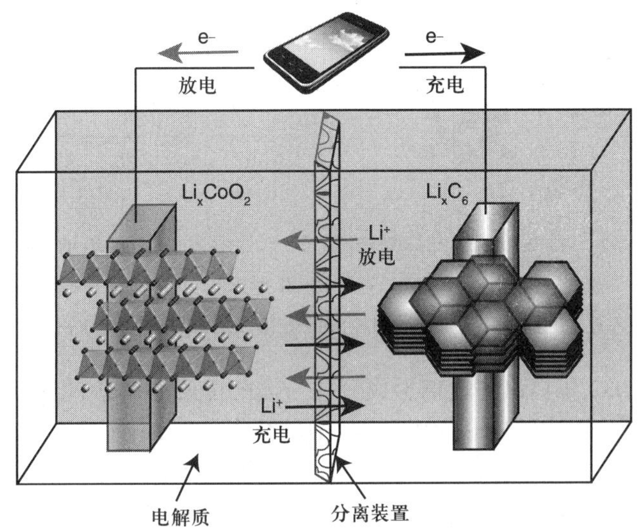

图 24.31　可反复充电的锂离子电池充电和放电原理示意图

阴极为 $LiCoO_2$，阳极为石墨

24.7 氧化物玻璃

陶瓷(ceramic)这个术语往往用于所有的无机非金属材料和非分子材料(包括晶态和无定形),但更多用于描述经过热处理和烧结而形成的致密复合氧化物(包括化合物和混合物)。**玻璃**(glass)这一术语适用于多种场合,但本书用于描述黏度很高的非晶态陶瓷。这种陶瓷的黏度是如此之高,以致可将其看作刚性材料。玻璃形式的物质被认为处于其**玻璃状态**(vitreous state)。虽然人们自古以来就在使用陶瓷和玻璃,但它们的发展仍是当前科学和技术快速进步的一个领域。这种热情不但来自人们对新型高性能材料合成路线的兴趣,也来自进一步了解其性质的科学基础。本节将注意力集中在玻璃上。人们最熟悉的玻璃是碱金属或碱土金属硅酸盐玻璃和硼硅酸盐玻璃。

(a) 玻璃的形成

提要:二氧化硅很容易形成玻璃,这是由于熔体中强共价性 Si—O 键的三维网状结构在冷却时不易破裂和重组;Zachariasen 规则总结了可能导致玻璃形成的一些性质。

玻璃是通过冷却熔体制备的,熔体冷却的速率比玻璃结晶的速率快得多。例如,冷却熔融的二氧化硅形成玻璃态石英。在这种条件下因为没有 X 射线衍射峰,人们不能做出玻璃为长程有序固体的判断;但光谱和其他数据表明,每个硅原子被周围按四面体排布的 O 原子所包围。不存在长程有序的现象是由变化着的 Si—O—Si 角导致的。用图 24.32(a)来说明:二维结构中局部配位环境如何能够被维持,但以 O 为中心的键角的变化导致长程有序不能存在。玻璃散射 X 射线的事实表明它不再是长程有序[图 24.32(b)]:不同于长程的、周期性排列的晶体材料(衍射产生一系列的衍射极大值,节 8.1),玻璃的 X 射线衍射图只显示宽峰(由于不具长程有序)。二氧化硅容易形成玻璃,是因为熔体三维网状结构中的强共价 Si—O 键冷却时不易破裂和重组。金属和简单的离子型物质中没有强的定向键,使它们难以形成玻璃。然而,最近已经开发了超快速冷却技术,可使多种金属和简单的无机材料冻结为玻璃态。

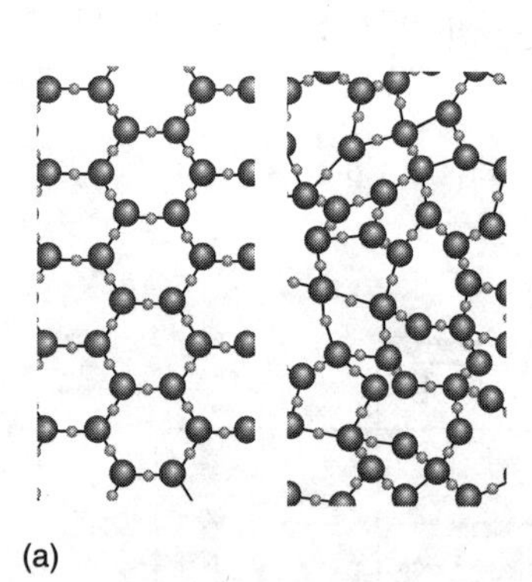

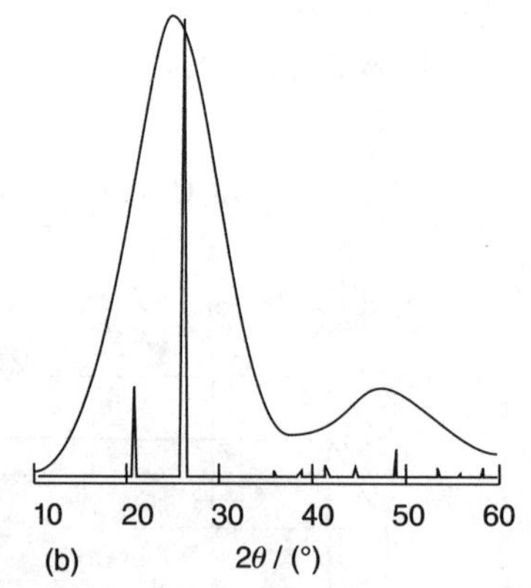

图 24.32 (a) 二维晶体(左)与二维玻璃(右)对照示意图,(b) 玻璃(SiO_2,橙色线)与晶形固体(石英 SiO_2,蓝色线)X 射线粉末衍射图的对照

石英中的长程有序(形成尖锐的最大衍射峰)在无定形 SiO_2 中不再存在(仅出现宽的衍射峰)

W. H. Zachariasen 于 1932 年提出了玻璃形成元件局部配位层的概念,但围绕 O 的键角是可变的。他推测,这些条件会导致玻璃与相应的晶形物质具有类似的摩尔 Gibbs 自由能和类似的摩尔体积。他还提出,共享角氧原子(而不是共享棱边或面,因为这样将导致更大的有序性)的多面体结构对玻璃态的形成有利。这些概念和其他的 **Zachariasen 规则**(Zachariasen rule)对常见形成玻璃的氧化物都适用,但也存在例外。

玻璃和晶体材料之间的一个有指导意义的比较从体积随温度的变化可以看得出来(图 24.33)。

熔料结晶时体积突然发生变化(通常是下降),这一现象表明熔体中的原子、离子或分子在固相中采取更有效、更紧密的堆积。相比之下,形成玻璃的材料在足够快速冷却时以介稳态过冷液体而存在。过冷液体在低于**玻璃化转变温度**(glass transition temperature, T_g)继续冷却时会变硬,而这种变化只伴随着冷却曲线出现的拐点而不是斜率的突然变化;这一现象说明玻璃态固体的结构与其液体的结构相类似。许多复杂的金属硅酸盐、磷酸盐、硼酸盐的结晶速率很慢,正是这些化合物往往能形成玻璃。

与从简单氧化物生成陶瓷的温度相比,含有 TiO_2 和 Al_2O_3 的玻璃或陶瓷可在低得多的温度下通过溶胶凝胶法(节 24.1)制备。特定的形状往往可在形成凝胶的阶段成型。凝胶被制成纤维状然后加热脱水;这样可在低得多的温度下(与从相关成分的熔体制备相比)制成玻璃纤维或陶瓷纤维。

(b) 玻璃的组成、生产和应用

提要:往往将低价金属氧化物(如 Na_2O 和 CaO)加入二氧化硅中通过破坏硅氧框架以降低软化温度。其他阳离子也可引入玻璃,使其用在尽可能多的领域(如用于激光和盛装核废料的容器)。

尽管石英玻璃是一种强质玻璃(能够承受快速冷却并在加热时不开裂),但玻璃化转变温度高,必须在不易实现的高温下才能加工。通常是将像 Na_2O 和 CaO 这样的**改性剂**(modifier)加于 SiO_2 中。改性剂破坏了部分 Si—O—Si 键合关系,代之以与阳离子相关的末端 $Si—O^-$ 基(图 24.34)。部分 Si—O 网的断裂导致玻璃的软化温度降低。人们称普通玻璃(瓶玻璃和窗玻璃)为"苏打石灰玻璃",使用的改性剂含有 Na_2O 和 CaO。用 B_2O_3 作为改性剂而生产的玻璃为"硼硅酸盐玻璃"。与苏打石灰玻璃相比,硼硅酸盐玻璃的热膨胀系数较低,因而在加热时不易破裂。硼硅酸盐玻璃(如 Pyrex®)因此广泛用于烤箱和实验室玻璃器皿。

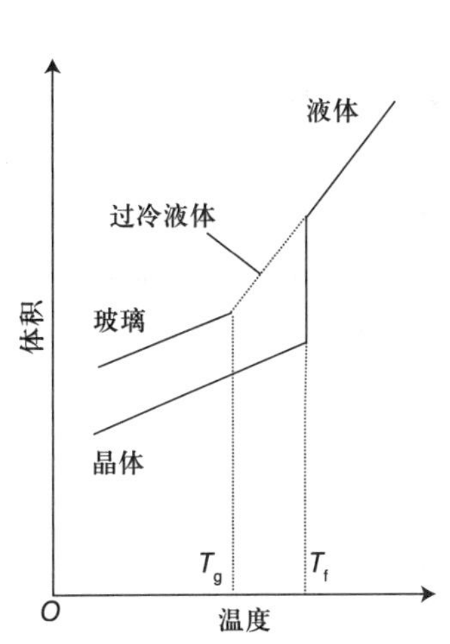

图 24.33 用于结晶材料的过冷液体和玻璃体积变化的比较。T_g 为玻璃化转变温度,T_f 为熔点。

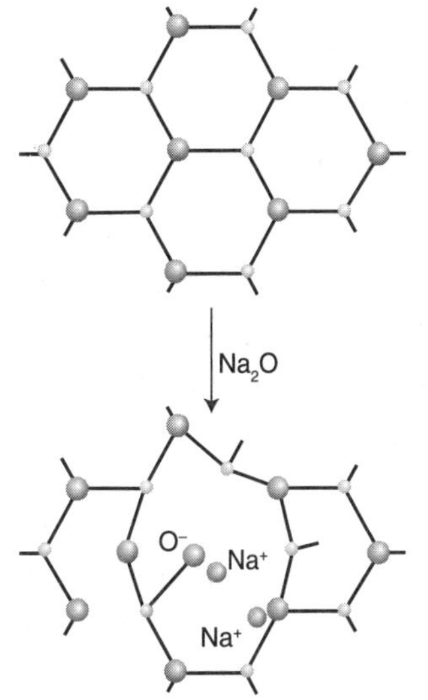

图 24.34 改性剂的作用是引入从能破坏晶格的 O^{2-} 离子和阳离子。

玻璃是由多种氧化物形成的,实用玻璃中含有硫化物、氟化物和其他阴离子成分。某些最好的玻璃是由周期表中靠近硅的元素的氧化物(B_2O_3、GeO_2、P_2O_5)形成的,但大多数硼酸盐和磷酸盐玻璃在水中的溶解性及锗的高成本限制了其应用。

用于光传输和光处理的透明晶体和玻璃材料的发展已导致信号传输的一场革命。例如,目前生产的光学纤维,其组成从内部到表面呈现梯度式变化。这种梯度式的组成能够改变折射率,从而降低了光的损失。人们正在研究可能替代氧化物玻璃的氟化物玻璃,氧化物玻璃中含有少量能吸收近红外辐射的 OH 基团,这种基团能导致信号衰减。玻璃纤维中掺杂镧系元素离子产生的材料能够通过激光效应放大信号

[节 23.5(b)]。正在开发的光学电路元件有可能最终取代电子集成电路中的所有组件,从而生产出非常快的光学计算机。

作为玻璃有效改性剂的阳离子应当具有高度的化学惰性和热力学稳定性,这种热力学稳定性使其难以转化为可溶性的结晶相。这种玻璃质材料("人造岩石")为储存核废料提供了一条潜在的途径。含有放射性物种的金属氧化物与形成玻璃的氧化物结合为稳定的玻璃材料,可以长期存放让放射性核素发生衰变。

所谓的"智能玻璃"是将功能无机化合物掺入玻璃制备的。智能玻璃具有可被转换的性能,其中包括**电致变色**(electrochromism)和可逆性的**光致变色**(photochromism)。前者是指响应外加电位差而改变颜色或改变光传输特性的能力;后者是指在一定的光照条件下改变颜色的能力。电致变色玻璃通常由涂有无色三氧化钨 WO_3 的玻璃组成,或者具有上述两种成分构成的、类似三明治那样的层结构。施加电位差于 WO_3 层时阳离子被插入,W 部分被还原形成深蓝色的 $M_xW(Ⅵ, Ⅴ)O_3$。这种涂层一直保持其暗色,直到电位差颠倒过来后才变为无色。电致变色玻璃的应用包括隐私玻璃、汽车中自动调光后视镜和飞机的窗户。用作自洁玻璃的类似涂层是将玻璃上的金属氧化物涂层作为分解玻璃表面有机污垢的光催化剂(见节 24.17 中的应用相关文段 24.4)。光致变色玻璃是在玻璃中添加少量无色的卤化银(通常为 AgCl)制备的。暴露于紫外辐射时(如在阳光的照射下)氯化银分解形成小簇团的银原子吸收光谱可见区域的光导致玻璃呈灰色。移去紫外辐射后重新形成氯化银,导致玻璃变回其光透明状态。光致变色玻璃广泛用于眼镜和太阳镜的镜片。

24.8　氮化物、氟化物和混合阴离子相

金属与其他阴离子形成的化合物的固态化学不像复合氧化物那样得到高度发展。然而复合氮化物、氟化物和混合阴离子化合物(氮氧化物、硫氧化物及氟氧化物)正在变得越来越重要。

(a) 氮化物

提要:复合金属氮化物和氮氧化物是含 N^{3-} 阴离子的材料;最近已合成许多这种类型的新化合物。

人们知道主族元素简单金属氮化物(如 AlN、GaN 和 Li_3N)的历史已有数十年。氮化物化学的许多最新进展集中在 d 金属化合物和复合氮化物。氮化物的种类少于氧化物,这一事实部分是由于 N^{3-} 的生成焓高于 O^{2-} 的生成焓。此外,由于许多氮化物对氧和水敏感,合成和操作也较为困难。一些简单的金属氮化物可由元素直接反应得到;如 Li_3N 是在 400 ℃的氮气流中加热锂得到的。氮化钠的不稳定性使叠氮化钠用作氮化剂:

$$2\ NaN_3(s)+9\ Sr(s)+6\ Ge(s) \xrightarrow{750\ ℃,\text{密封在 Nb 管中}} 3\ Sr_3Ge_2N_2(s)+2\ Na(g)$$

氧化物的氨解作用(氧化物导致 NH_3 的脱氢,形成的副产物为水)为合成某些氮化物提供了一条方便的途径。例如,在快速流动的氨气流中加热五氧化二钽可以得到氮化钽:

$$3\ Ta_2O_5(s)+10\ NH_3(g) \xrightarrow{700\ ℃} 2\ Ta_3N_5(s)+15\ H_2O(g)$$

移去气流中的水蒸气可使上述反应的平衡向产物方向移动。类似的反应也可用于从复合氧化物制备复合氮化物,虽然涉及金属氧化物被氨部分还原的竞争反应也可能发生。形成的氮化物也存在一种倾向:其中的金属性元素处于较低的氧化态。这是因为化合物的键能高,氮作为氧化剂不如氧或氟那样有效。因此,在氧气中加热钛容易生成 TiO_2,而氮化物的存在形式却是 Ti_2N 和 TiN,难以制备和表征 Ti_3N_4。同样,V_3N_5 尚属未知,而 V_2O_5 却不难通过在空气中分解多种钒盐的方法获得。

许多前 d 金属的氮化物是间隙化合物,并被用作高温耐火陶瓷。同样,硅和铝的氮化物(如 Si_3N_4,图 24.35)在很高的温度下是稳定的(特别是在非氧化性环境中),被用作坩埚和炉子的元件。由于 GaN(可以纤锌矿和闪锌矿两类结构形式存在)具有半导性,人们在近期对其进行着大量研究。Li_3N 的结构不同寻常:六边形的 Li_2N^- 层被 Li^+ 所隔开(图 24.36)。正如从层间存在自由空间的事实所预期的那样,这些

锂离子具有高的流动性。人们正在研究这种化合物和结构与之相关的其他化合物用作可充电电池材料的可能性。已合成的许多复合氮化物是化学计量式为 AMN_2（如 $SrZrN_2$ 和 $CaTaN_2$）和 A_2MN_3 的材料，AMN_2 的结构以共享棱边的 MN_6 八面体形成的片层为基础[见节 24.6(h)中关于 $LiCoO_2$ 的讨论]。

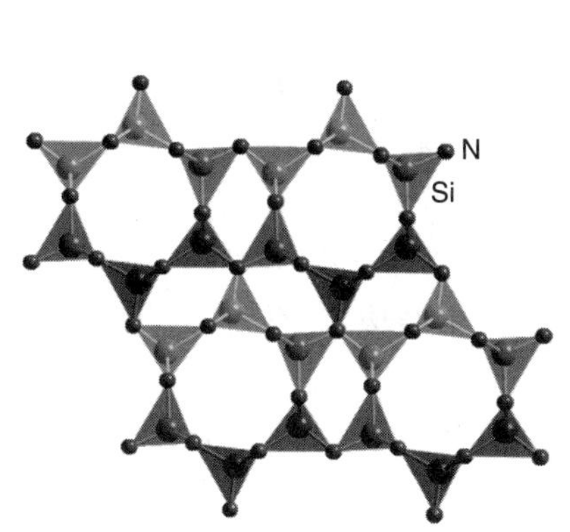

图 24.35* Si_3N_4 的结构

图上示出连接在一起的 SiN_4 四面体

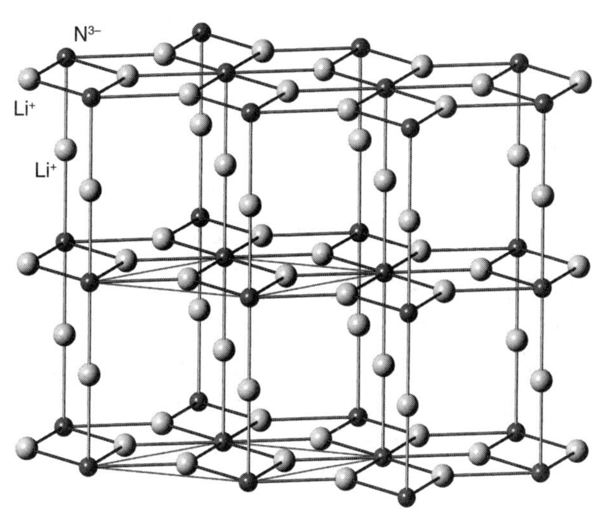

图 24.36* Li_3N 的结构

图上示出被 Li^+ 阳离子隔开、组成为 $[Li_2N]^-$ 的六边形层结构

(b) 氧化物-氮化物

提要：用氧化物部分取代固体中的氮化物可以控制其带隙，使其在颜料和光催化剂中得到应用。

如上所述，在氨气中加热氧化物会导致氮化物取代全部或部分氧化物。一般来说，从产物中完全消除 O^{2-} 可能很困难，因此反应产物中既含有 O^{2-} 也含有 N^{3-}：

$$Ca_2Ta_2O_7(s)+2\ NH_3(g) \xrightarrow{800\ ℃} 2\ CaTaO_2N(s)+3\ H_2O(g)$$

与 O^{2-} 比较，N^{3-} 较高的电荷导致在成键作用中存在更大程度的共价性，因此氮化物[特别是电正性较低的元素（如 d 金属）形成的氮化物]不应该在纯离子性成键的条目下来讨论。在能带结构中，由于氮化硅价带的能量较高，氧化物-氮化物的带隙与纯氧化物相比带隙变窄。带隙变窄的能力在吸收可见光的材料设计中相当重要（从价带到导带的电子跃迁或从 N^{3-} 到金属的电荷转移电子跃迁更有效）。许多氧化物（如 TiO_2 和 Ta_2O_5）由于其大的带隙而只能吸收紫外区的光。因此，钛和钽的氧化物-氮化物（如上面合成的 $CaTaO_2N$）具有深颜色（通常为黄色、橙色和红色），并已被用作颜料。人们认为氧化物-氮化物也可用作光催化剂（节 24.17）。

(c) 氟化物和其他卤化物

提要：由于氟和氧的离子半径相近，氟化物的固态化学与氧化物非常相似。

F^- 和 O^{2-} 的半径非常接近（都处在 130 pm 到 140 pm 之间），因此金属氟化物不论在化学计量关系上还是在结构上都显示出许多与复合氧化物的类似性。不同的是金属离子具有较低的电荷，这是 F^- 电荷较低的一种反映。许多二元金属氟化物采取根据半径比规则预期的简单结构类型（节 3.10）。例如，FeF_2、PdF_2 具有金红石结构，AgF 具有岩盐结构；同样，NbF_3 采取 ReO_3 结构。对复合氟化物而言，已知其存在与典型氧化物结构类型类似的结构，包括钙钛矿结构（如 $KMnF_3$），Ruddlesden-Popper 相（如 $K_3Co_2F_7$）和尖晶石结构（Li_2NiF_4）[节 24.6(c)和节 24.6(d)]。复合氟化物的合成路线也与氧化物类似。例如，由两种金属氟化物直接反应产生复合氟化物：

$$2\ LiF(s)+NiF_2(s) \longrightarrow Li_2NiF_4(s)$$

与某些复合氧化物一样，某些复合氟化物也可从溶液中沉淀出来：

$$MnBr_2(aq) + 3\ KF(aq) \longrightarrow KMnF_3(s) + 2\ KBr(aq)$$

像氧化物氨解生成氮化物和氧化物-氮化物那样，适当处理复合氧化物也可能生成氧化物-氟化物。例如：

$$Sr_2CuO_3(s) \xrightarrow{F_2, 200\ ℃} Sr_2CuO_2F_{2+x}(s)$$

$Sr_2CuO_2F_{2+x}$是个超导体(T_c=45 K)。

硅酸盐玻璃(以连接在一起的 SiO_4四面体为基础)的氟化物类似物以下述形式存在：形成四面体单元的小阳离子与 F^-结合，如 $LiBF_4$中含有连接在一起的 BF_4四面体。锂的硼氟化物玻璃用于盛装 X 射线研究工作的样品，这是因为它们具有低电子密度而使其对 X 射线高度透明。前面已经介绍过以连接在一起的 MF_4(M=Li,Be)四面体为基础的框架结构和层结构。某些金属氟化物被用作有机化学中的氟化剂。然而与类似复合氧化物众多的用途相比，固体复合金属氟化物在技术上的用途却不多。

金属氯化物结构中的成键作用具有更大的共价性：氯化物的离子性小于氟化物，在结构中的配位数也较低。因此，简单的金属氯化物、溴化物和碘化物通常采取氯化镉或碘化镉结构，这类结构是以共享棱边的 MX_6八面体片层为基础形成的。复合氯化物往往含有相同的结构单元；例如，$CsNiCl_3$具有共享棱边的 $NiCl_6$八面体链，链与链被 Cs^+分隔。许多氧化物结构的类似物也出现在复合氯化物中，如具有钙钛矿结构的 $KMnCl_3$、K_2MnCl_4和 Li_2MnCl_4和具有尖晶石结构的 K_2NiF_4。

硫化物、嵌入化合物和富金属相

软硫族元素(S、Se 和 Te)与金属形成的二元化合物通常与相应氧化物、氮化物和氟化物具有不同的结构。正如节 3.9、节 16.11 和节 19.2 中看到的那样，这种差异与硫及其同族更重元素的化合物具有较大的共价性相一致。例如，MO 化合物一般采用岩盐结构，而 ZnS、CdS 则结晶为闪锌矿或纤锌矿结构，其中的低配位数表示存在着定向键合。同样，d 区的硫化物一般采用更具特征的共价砷化镍结构，而不是采取碱土金属氧化物(如 MgO)的盐岩结构。更为令人诧异的是，许多 d 区元素形成 MS_2层状化合物，而不是形成萤石结构和许多 d 金属二氧化物形成的金红石结构。

24.9　层状 MS_2化合物及其嵌入

节 16.11 介绍了层状金属硫化物及其嵌入化合物。本节将介绍有关其结构和性质的更为广泛的概念。

(a) 合成与晶体生长

提要：d 金属硫化物是通过密封管中元素的直接反应合成的，并利用与碘之间的化学气相转移法来提纯。

硫属元素与 d 金属的化合物是通过密封管中(防止挥发性元素的损失)加热元素的混合物制备的。以这种方式获得的产物可能具有多种组分。如下所述，适用于进行化学和结构研究的晶态硫化物往往是通过**化学气相转移**(chemical vapour transport, CVT)法制备的。某些情况下只要将化合物进行升华就能制得样品，但固态化学中的 CVT 技术也可用于各种非挥发性化合物。

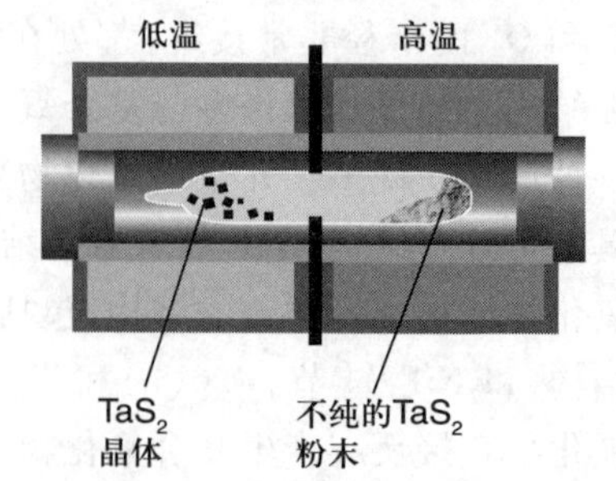

图 24.37　TaS_2的气相转移晶体生长和纯化用少量 I_2作为转移试剂

典型的做法是将粗产物装入硼硅酸盐玻璃管或熔融石英管的一端。抽真空后引入少量 CVT 试剂、将管密封并放进具有温度梯度的炉子里。多晶形的、可能带有杂质的金属硫属化合物从一端蒸发，纯晶体则在另一端重新沉积(图 24.37)。因为体系中存在 CVT 试剂，这种方法被称作化学气相“转移”而不叫升华，CVT 试剂往往是一种卤素，过程中产生一种挥发性的中间物（如金属卤化物）。通常只需要少量转移试剂，因为它在晶体形成过程中会重新释放出来并扩散至管子的另一端转移更多的反应物。例如，在某一温度梯度下 TaS_2 可用碘转移。与 I_2 生成气态产物的反应

$$TaS_2(s)+2\ I_2(g) \longrightarrow TaI_4(g)+S_2(g)$$

是个吸热反应，其平衡常数随温度上升而增大。850 ℃时挥发性产物的分压比 750 ℃时大，因而 TaS_2 在温度较低的一端沉积。如果偶尔遇到放热反应，固体则从温度较低的一端向较热的一端转移。

(b) 结构

提要：d 区左侧元素形成的硫化物是由金属与 6 个 S 离子配位的类三明治层状结构；层间的成键作用非常弱。

正如节 16.11 中看到的那样，d 区元素的二硫化物可分为两大类：一类是由 d 区左侧金属形成的层状材料，一类是由该区中部和右侧金属形成的、含有形式上的 S_2^{2-} 的化合物（如黄铁矿 FeS_2）。这里集中介绍层状材料。

在 TaS_2 和许多其他层状硫化物中，d 金属离子位于密堆积 AB 层之间的八面体穴［图 24.38(a)］。Ta 离子形成用 X 表示的密堆积层，因此金属和毗邻的硫化物层可描述为 AXB 三明治。这种类型的三明治板层以…AXBAXBAXB…的顺序堆叠起来形成三维晶体，其中强结合的 AXB 板层与邻近板层通过弱的色散力维系在一起。关于这些 MS_2 结构（金属离子处于八面体穴中）的另一种观点是将其看作共享棱边的 MS_6 八面体［图 24.39(a)］。这种观点加强了一种看法：更大程度的共价成键作用存在于这些材料中，而不是存在于如具有反萤石结构的 Li_2S 中。

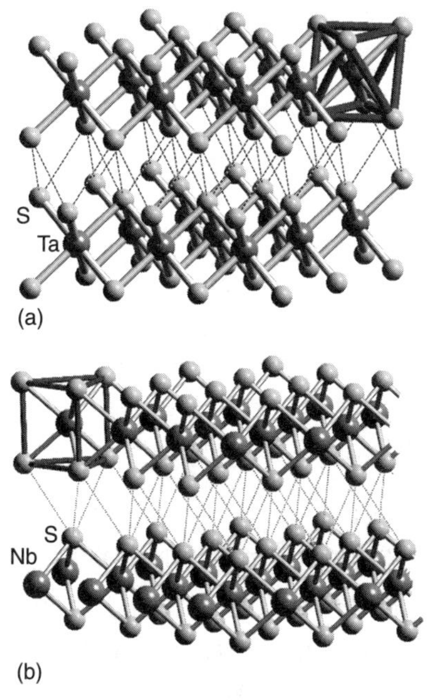

图 24.38* (a) TaS_2(CdI_2 型)的结构，Ta 原子位于 S 原子 AB 层之间的八面体位点；(b) NbS_2 的结构，Nb 原子位于 S^{2-} 层之间的三棱柱位点

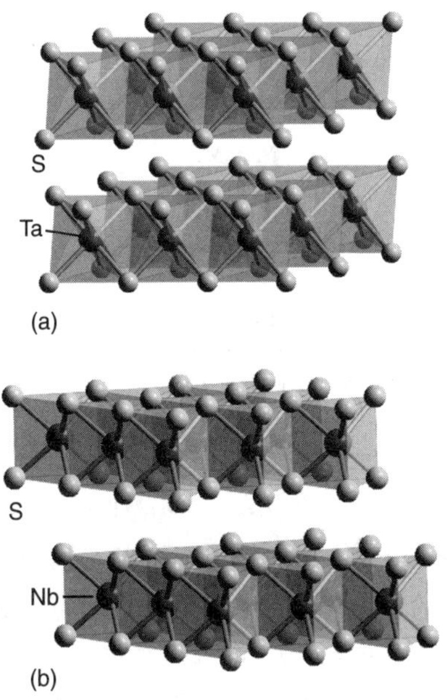

图 24.39* 图 24.38 中金属二硫化物的结构绘作共享棱边的 MS_6 多面体：(a) TaS_2 的八面体，(b) NbS_2 的三棱柱体

在 NbS_2 中 Nb 原子位于上下不发生错位的两层 S^{2-}［AA，图 24.38(a) 和图 24.39(b)］之间的三棱柱穴中。强烈键合于毗邻 S^{2-} 层的 Nb 原子形成密堆积排列（表示为 *m*），所以我们可将每个板层表示为 A*m*A 或 C*m*C。这些板层以…A*m*AC*m*CA*m*AC*m*C…的模式堆叠起来形成三维晶体，A*m*A 和 C*m*C 板层

之间也靠弱的色散力相维系。二硫化物也存在多型体，这种多型体仅在垂直于板层平面的那个方向上以不同的方式堆积。例如，NbS_2 和 MoS_2 形成数种多型体，其中一种多型体的排列顺序为…$CmCAmABmB$…。二硫化钼（MoS_2）用作高性能的润滑剂（如用在赛车上）；与润滑油相比，这种润滑剂可在更高的温度和压力下使用。这种材料的干涂层也有润滑作用：因为层间的相互作用力比较弱，MoS_2层能够轻易地互相滑动。

(c) 嵌入和插层

提要：插层化合物可由 d 金属二硫化物通过直接反应或电化学反应形成；插层化合物也可由分子客体形成。

前面介绍过嵌入化合物的概念，那些嵌入化合物是由碱金属离子插入石墨层之间（节 14.5）、金属二硫化物夹心板层之间（节 16.11）和金属氧化物层［如 Li_xCoO_2；节 24.6(h)］之间形成的。对有资格称作嵌入反应或**插层反应**（insertion reaction）的反应而言，宿主的基本结构在反应过程中应该保持不变。反应中固体起始物料之一的结构不发生根本性改变的反应叫**局部规整反应**（topotactic reaction）。这类反应不限于此处讨论的插层化学，如水合反应、脱水反应和离子交换反应也可能是局部规整反应。

石墨 π 导带的能量与价带的能量是连续的（实际上石墨在表观上是个半金属；节 3.19），碱金属原子的电子转移至石墨导带使嵌入过程具有有利的 Gibbs 自由能。碱金属原子插入二硫（属）化物与上述过程相类似：不同的是电子被 d 带所接受，用来补偿电荷的碱金属离子扩散至各块夹心层之间的位置上。某些有代表性的碱金属插层化合物列于表 24.5。

表 24.5 硫属化物中的一些碱金属嵌入化合物

化合物	Δ/pm*
$K_{1.0}ZrS_2$	160
$Na_{1.0}TaS_2$	117
$K_{1.0}TiS_2$	192
$Na_{0.6}MoS_2$	135
$K_{0.4}MoS_2$	214
$Rb_{0.3}MoS_2$	245
$Cs_{0.3}MoS_2$	366

* 与母体相 MS_2 相比层间距的变化。

碱金属与二硫化物的直接化合可将碱金属离子插入宿主结构中：

$$TaS_2(s)+xNa(g) \xrightarrow{800\ ℃} Na_xTaS_2(s)$$

式中，$0.4<x<0.7$。还原性很强的碱金属化合物（如丁基锂）与二硫化物作用或运用叫作**电嵌入**（electrointercalation）的电化学技术（图 24.40）均可实现上述目的。电嵌入技术的优点之一是通过检测合成过程中的电流 I（利用 $n_e=It/F$）可测得被掺入的碱金属量。它也可能区分过程中是形成固溶体还是形成离散相。如图 24.41 表示的那样，电位发生渐变是嵌入过程中形成固溶体的标志。与之相反，形成新的离散相时产生一个稳定的电势，在该电势范围内一个固相转变为另一个，反应完成后才发生突变。

插层化合物属于离子和电子混合型导体。一般来说，通过化学方法或电化学方法可以实现插入过程的逆过程。这就使得通过从化合物中移去 Li 的方法使 Li 电池重新充电成为可能。这些概念已被巧妙地应用于合成。例如，先在高温下制备已知的层状化合物 $LiVS_2$，然后由其成功地制备出新的层状二硫化物 VS_2。除去 Li 的过程是通过与 I_2的反应完成的，生成的亚稳态层状化合物 VS_2具有 TiS_2结构：

$$2\ LiVS_2(s)+I_2(s) \longrightarrow 2\ LiI(s)+2\ VS_2(s)$$

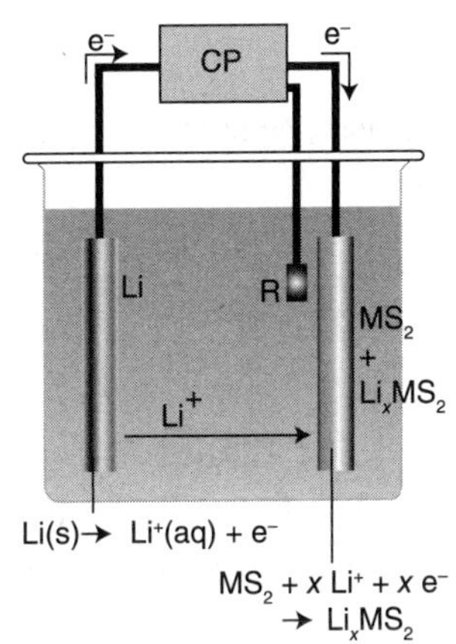

图 24.40 电嵌入实验装置示意图

含有无水锂盐的极性有机溶剂(如聚丙烯碳酸酯)作为电解质,R 为参比电极,CP 是库仑计(测量通过的电荷)和电位控制计

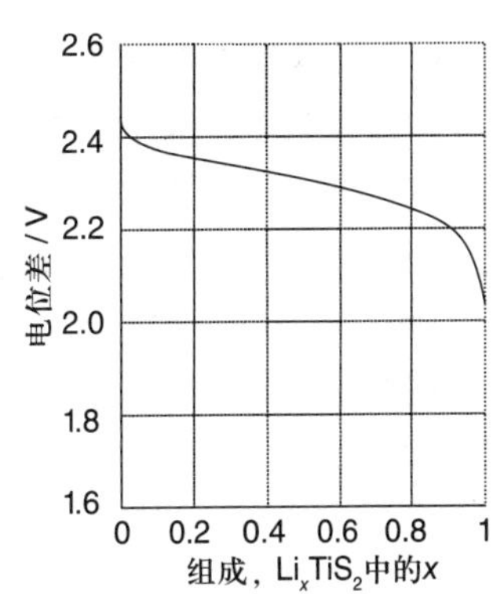

图 24.41 用电嵌入法将 Li 掺入 TiS_2 时电位差与组成的关系

组成(Li_xTiS_2 中 x)是根据电嵌入过程中流过的电荷数推算出来的

插层化合物也可通过分子客体形成。最有趣的客体或许是茂金属[$Co(\eta^5-Cp)_2$](式中 $Cp = C_5H_5^-$,节22.14)作为客体分子掺入如 TiS_2、$TiSe_2$ 和 TaS_2 等基质,每个 MS_2 或 MSe_2 分子的掺入量约达 0.25 个[$Co(\eta^5-Cp)_2$]。这个限量似乎与形成完整的[$Co(\eta^5-Cp)_2$]$^+$层时可供利用的空间相对应。这个金属有机化合物在嵌入时似乎发生了氧化,反应中产生有利的 Gibbs 自由能的原因相同于碱金属的嵌入过程。[$Fe(\eta^5-Cp)_2$]不能被嵌入是它比 Co 的类似物难氧化(节 22.19),这一现象与上述解释相一致。

可以想象,离子能够插入一维通道、插入我们正在讨论的二维平面之间,或者插入交叉形成的三维网状通道(图 24.42)。除了具有可供进入客体利用的空间外,基质还必须能够提供一个能量合适的、可接受电子的导带(或者在某些情况下可将电子给予基质)。表 24.6 说明多种化合物可能用作基质,包括金属氧化物及各种三元和四元化合物。这里可以看出,嵌入化学绝非只限于石墨和层状二硫化物。

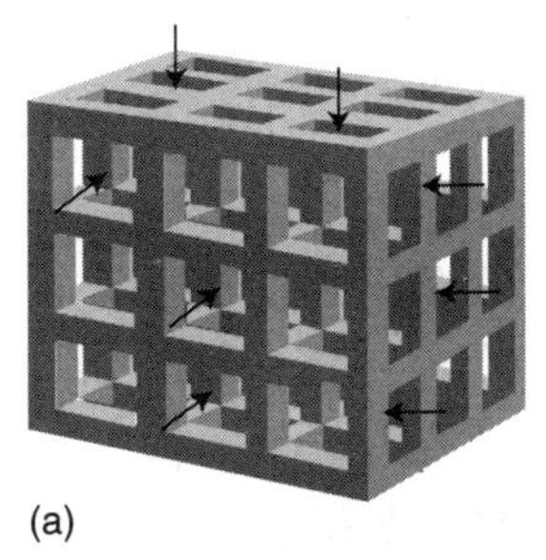

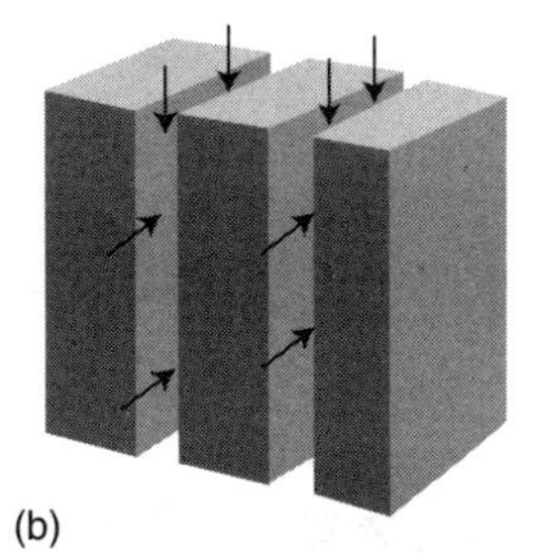

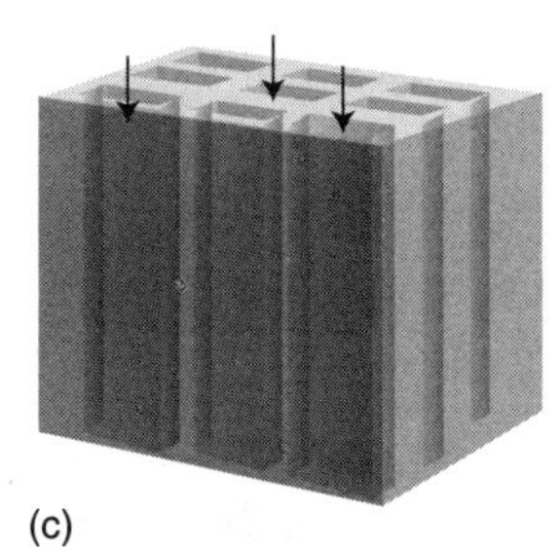

图 24.42 嵌入反应中的基质材料示意图:(a) 具有交叉通道的三维基质,(b) 二维层状化合物,(c) 含有一维通道的基质

表 24.6 一些三维嵌入化合物

相	组成,x	相	组成,x
$Li_x[Mo_6S_8]$	0.65~2.4	H_xWO_3	0~0.6
$Na_x[Mo_6S_8]$	3.6	H_xReO_3	0~1.36
$Ni_x[Mo_6Se_8]$	1.8		

24.10　Chevrel 相和硫属化物热电材料

提要：Chevrel 相具有如 Mo_6X_8 或 $A_xMo_6S_8$ 这样的化学式，其中 S 的位置可被 Se 或 Te 所占据，嵌入原子 A 可以是各种金属，如 Li、Mn、Fe、Cd 或 Pb。

R. Chevrel 于 1971 年首次报道 Chevrel 相能形成一类有趣的三元化合物。作为三维嵌入化合物的实例，它们具有如 Mo_6X_8 或 $A_xMo_6S_8$ 这样的化学式；式中的 S 可被 Se 或 Te 所代替，嵌入原子 A 可以是各种金属如 Li、Mn、Fe、Cd 或 Pb。母体化合物（Mo_6Se_8 和 Mo_6Te_8）可在约 1 000 ℃加热其元素的方法制备。该系列共同的结构单元是 M_6S_8，这种结构单元或可看作面桥 S 原子相连的 M 原子的八面体，或看作 S 原子立方体中由 M 原子构成的八面体（图 24.43）。第四周期和第五周期前 d 区元素的某些卤化物中也能看到这种类型的簇合物，如在 Mo 和 W 的二氯化物、二溴化物和二碘化物中发现的 $[M_6X_8]^{4-}$ 簇。

图 24.44 显示三维固体中的 Mo_6S_8 簇不但彼此相对倾斜，而且也相对于嵌入离子占据的位置倾斜。这种倾斜有利于 Mo 的 $4d_{z^2}$ 空轨道（该轨道从 Mo_6S_8 立方体的二个面向外伸展）与毗邻簇中充满的 S 原子给予体轨道之间发生次级给予体-接受体相互作用。

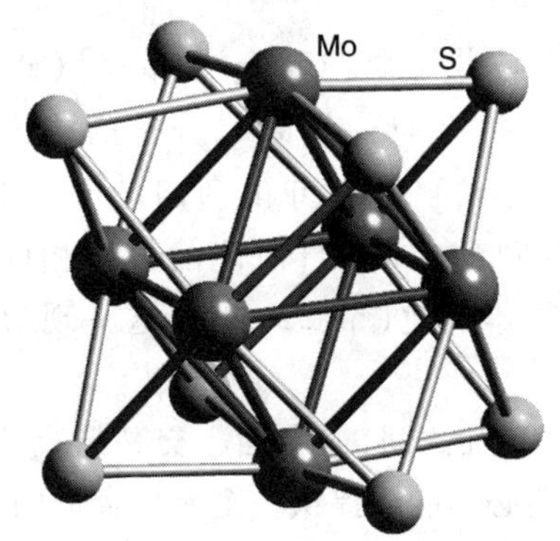

图 24.43* 存在于 Chevrel 相 $Pb_xMo_6S_8$ 中的 Mo_6S_8 单元

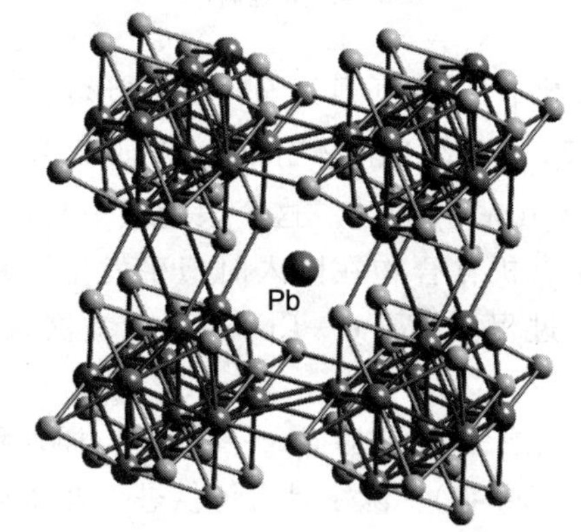

图 24.44* Chevrel 相的结构
示出了倾斜的 Mo_6S_8 单元在铅原子周围形成一个稍有畸变的立方体，一个立方体中的 Mo 原子可作为接受体接受邻近笼中 S 原子给予的电子对

Chevrel 相的超导性是引起人们关注的物理性质之一。$PbMo_6S_8$ 具有超导性，不但临界温度高达 14 K，并且能够适应很高的磁场。后一性质具有相当重要的实际意义，因为许多超导体都是在高磁场（超过 25 T）中使用的（如下一代的 NMR 仪）。从这一角度讲，Chevrel 相似乎显著优于氧合铜酸盐高温超导体。

Chevrel 相其他可能的应用包括用于热电装置中（将热能转换为电能）或者用于以电能直接进行冷却为目的的装置中。理想的热电材料具有良好的导电性和低的热导率。这一要求往往涉及设计不同结构单元相组合的材料：一种单元能够快速传输电子（这是与晶形固体相关的一种性质，晶形固体几乎不会通过正常的原子取代而散射电子）；第二种单元具有无序的或玻璃状的结构特征（这种结构能够散射产生热传输的振动模式从而获得低的热导率）。在 Chevrel 相中，M_6X_8 单元之间插入各种阳离子的能力能够降低材料的热导率但不会消耗电导性。用于热电装置的许多其他金属的硫属化物相正在研究之中。与许多金属硫属化合物一样，化合物 Bi_2Te_3 和 Bi_2Se_3 具有类层状结构［与节 24.9(b) 中描述的 MS_2 相相似］。人们能够设计出以这些材料构筑起来的装置：层内显示良好的导电性，但在垂直于层的方向上显示弱的导热性，从而导致有用的热电效率。另一类重要的热电材料是所谓的“方钴矿”（以矿物方钴矿 $CoAs_3$ 取名），通式为具有各种被插入阳离子的 M_x(Co，Fe，

Ni)(P,As,Sb)$_3$,其中的 M 为 Ln 或 Na(如 $Na_{0.25}FeSb_3$)。方钴矿的结构与 ReO_3的结构(节 24.6)相似,尽管 $CoAs_6$八面体发生倾斜在结构中产生允许阳离子插入的空腔。这些阳离子能够降低结构的导热性(通过绕空腔内部的快速移动而吸收热),而(Co,Fe,Ni)(P,As,Sb)$_3$网状物仍然维持了高的电导率。

框架结构

本章前面主要关注由密堆积的阴离子形成的结构(伴随有配位数通常为 6 的 d 金属离子)。许多这样的结构(如 ReO_3、钙钛矿和 MS_2结构)也可用连接在一起的多面体(其中 MX_6八面体通过连接顶点或棱边形成各种阵列)来描述。大多数典型氧化态的 d 金属优先选择六配位,但体积较小的金属物种[如靠后的 3d 金属和较轻的 p 区金属和类金属(如 Al 和 Si)]与 O 的四面体配位也是常见的,因而最好用连接在一起的 MO_4四面体为基础来描述它们的结构。这种四面体单元可能是唯一存在的结构单元(如在沸石中),或者是与金属-氧八面体连接起来形成新的结构类型(图 24.45)。许多这样连接起来的多面体在三维方向上再连接形成的结构叫**框架结构**(framework structures)。

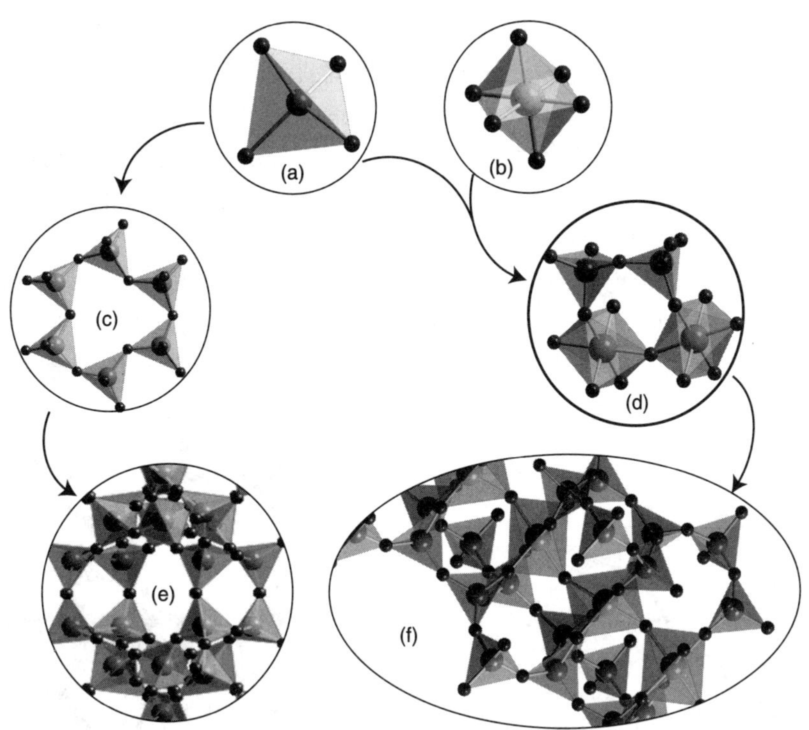

图 24.45　四面体(a)和八面体(b)单元通过其顶点连接起来形成人们称之为二级构筑单元的大单元[如(c)和(d)],这些大单元又通过顶点桥连形成框架结构[如(e)和(f)]

24.11　以四面体氧合阴离子为基础的结构

如前所述,能形成非常稳定的四面体 MO_4物种(这些物种能够连接到框架结构中)的元素是靠后的 3d 系金属和较轻的 p 区金属和类金属。这些离子是如此之小,以致它们以较高的配位数与 4 个 O 原子强配位。尽管这种结构中已知存在 GaO_4、GeO_4、AsO_4、BO_4、BeO_4、LiO_4、Co(Ⅱ)O_4和 ZnO_4,但主要的例子则是 SiO_4、AlO_4和 PO_4。框架结构中很少发现包括 Ni(Ⅱ)O_4,Cu(Ⅱ)O_4和 InO_4等其他四面体单元。我们将注意力放在沸石(大孔的硅铝酸盐框架)、铝磷酸盐和磷酸盐结构中最常见的单元。

沸石(只由 SiO_4 和 AlO_4 四面体相连而形成的三维框架)的通式为 $(M^{n+})_{x/n}[(AlO_2)_x(SiO_2)_{2-x}]\cdot mH_2O$,式中的 M 为阳离子(通常为 Na^+、K^+ 或 Ca^{2+});这些阳离子和水分子占据着框架的孔隙或通道。对溶液中合成的沸石(SiO_4 和 AlO_4 结构单元的所有顶点为两个四面体所共享)而言,**Lowenstein 规则**(Lowenstein's rule)指出,不存在两个 AlO_4 四面体共享的 O 原子。Lowenstein 规则只适用于从溶液中合成的框架,高温反应产生的化合物中容易获得直接连接的 AlO_4 四面体。这一事实表明,在水溶液中以氧桥连的[$O_3Al—O—SiO_3$]单元与[$O_3Al—O—AlO_3$]单元相比相对更稳定,这大概是因为 Si 具有更高的形式电荷造成的。

另一个极端是沸石只由 SiO_4 四面体构建而成,不需要阳离子平衡框架的电荷($x=0$)。这些材料往往是疏水的,沸石的总化学式变为简单的"SiO_2"。

(a) 现代沸石和铝磷酸盐化学

提要:通过复杂的模板分子能够合成新型的沸石骨架结构;沸石的重要应用包括气体的吸收和离子交换。铝磷酸盐的结构和物理性质与沸石相同。

节 14.15 介绍了结构导向剂在合成沸石材料中的作用。自 1950 年代发现大量新的微孔结构以来,实验室中使用有机模板制备出许多多孔化合物,最近沸石方面更多的工作指向了模板与框架关系的系统研究。这些研究可分为两大类。一类是通过计算机模拟和实验来了解框架和模板之间的相互作用;另一类是设计具有特定几何构型的模板以直接形成具有特定孔径和连通性的沸石。

备受关注的一个特定领域是用大体积有机和有机金属分子作为模板以寻找新的大孔隙结构。这种方法已用于制造含 14 元环通道的第一批沸石材料。人们通过大体积的双五甲基环戊二烯基合钴(Ⅱ)[$Co(Cp^*)_2$]制备了微孔二氧化硅 UTD-1(图 24.46),通过多环胺和锂制备了硅质的 CIT-5(CFI 结构,图 24.47)。其他更复杂的胺也已被合成,其目的是以其作为沸石合成中的模板以获得所希望得到的孔隙的几何体。将氟化物加入沸石前驱体凝胶可以提高反应速率,并可用作某些较小笼单元的模板。例如,连接在一起的 TO_4($T=Si$、Al、P 等)四面体排列在环绕中心 F^- 的立方体的角上。

图 24.46* 　合成沸石 UTD-1 中由连接起来的四面体形成的主通道

图 24.47* 　合成沸石 CIT-5 中由连接起来的四面体形成的主通道

合成沸石中采用纯二氧化硅(基本上)的比例正在显著增加,目前已知存在 20 种以上结构类型的硅多晶沸石。生产这些材料的关键因素是使用低的 H_2O/SiO_2 比,得到的新的"二氧化硅"相具有很低的密度。例如,具有相同拓扑结构的一个纯硅质框架的天然矿物菱沸石[$Ca_{1.85}(Al_{3.7}Si_{8.3}O_{24})$]是已知密度最小的硅多晶,根据正常的原子半径,只占晶胞体积的 46%。它们在吸附低极性分子和催化方面的应用(节

25.14)就是基于这种纯硅沸石的疏水性。

用作小分子吸收剂和用作离子交换是沸石的两种主要用途。沸石是大多数小分子(如 H_2O、NH_3、H_2S、NO_2、SO_2和 CO_2、直链和支链烃、芳香烃、醇及气相或液相中的酮)的优良吸收剂。不同孔径的沸石被用来根据体积大小分离分子混合物,正是这种用途让沸石被称作**分子筛**(molecular sieves)。正确选择沸石的孔径可以控制具有不同有效直径的各种分子的扩散速率,使它们得到分离和纯化。图 24.48 给出此类应用的示意性说明。

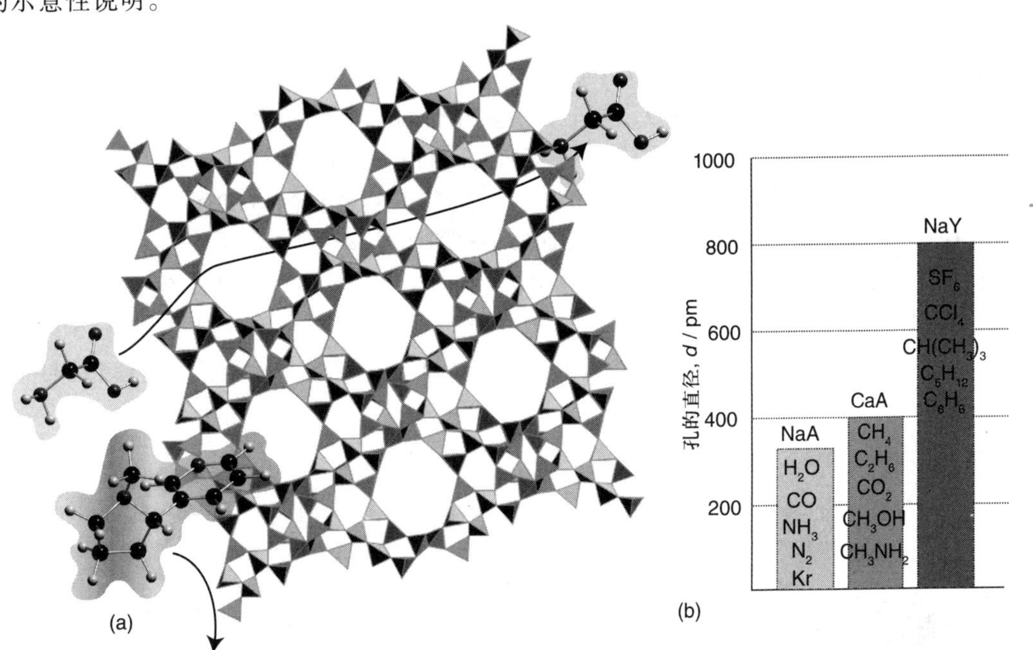

图 24.48* 利用多孔沸石的结构分离各种尺寸的分子:(a) 只有较小的分子可以扩散进入沸石孔道然后从孔道中出来,所以沸石膜可用于分离这种混合物;(b) 可被吸收进入不同直径孔道沸石的分子的最大体积,NaY 是八面沸石,它是个中等大小孔径的沸石

沸石在分离和提纯方面的工业应用包括石油精制(除去水、CO_2、氯化物和汞)、天然气脱硫(去除 H_2S 和其他含硫化合物以保护输送管道)、消除家庭用品的不良气味、低温蒸馏法液化和分离空气前去除其中的 H_2O 和 CO_2、干燥医药产品并去除其臭味等。重要性正在不断增大的一个领域是用不同于低温法的一种方法将空气分离为它的主要成分。许多脱水沸石吸收 N_2进入孔隙的能力强于吸收 O_2,这被认为是由于 N_2比 O_2具有更高的四极矩,与那里存在的阳离子有更强的相互作用力。控制压力的条件下将空气流过沸石床能够产生纯度超过 95%的氧。沸石如 NaX(结构为 X 的、钠交换的富铝沸石)和 CaA(骨架为 A 型的钙交换沸石,也称为 LTA)最初就是为此目的开发的。将挑选的阳离子交换到沸石孔中能够改变氮和氧分子吸附位点的尺寸,从而改善该过程的选择性。八面沸石(FAU 沸石,X 型)和 Linde A 型沸石(LTA)用锂、钙、锶、镁交换的形式被非常有效地用于这一过程。

沸石具有优良的离子交换性能,这种性能来自其开放的结构和其孔隙选择性地捕获大量阳离子的能力。高容量来自大量可被交换的阳离子。框架中 Al 比例高的沸石包括具有 LTA 和水钙沸石(GIS)拓扑类型的沸石,其最高的 Si : Al 比值可达 1 : 1。离子交换的选择性导致沸石的一个主要应用是作为洗衣用洗涤剂中的"助剂",其作用是用"软"离子(如 Na^+)代替水中的"硬"离子(Ca^{2+}和 Mg^{2+})。用作洗涤剂助剂的磷酸盐一直是人们关注的环境问题的主题,它会导致藻类的快速生长和自然水域的富营养化(节 5.15)。球形的 Na 型 LTA 沸石颗粒(直径仅为几微米)小得足以通过服装织物的微孔,故可添加到洗涤剂中以除去天然水中的硬离子,然后被无害地冲到环境中。

利用沸石的离子交换性能的另一个重要领域是捕获和去除核废料中的放射性核素。几种沸石(包括广泛使用的斜发沸石)对较大的碱金属和碱土金属阳离子(核废料中包括^{137}Cs和^{90}Sr)具有较高的选择性(图 24.49)。如节 24.7 中讨论过的那样,这些沸石可与形成玻璃的氧化物进一步发生反应形成玻璃状材料。

二硅酸盐四面体单元$(SiO_4)_2$在结构和电子数方面与铝磷酸盐单元(AlO_4PO_4)相同,它们存在于简单化合物SiO_2和$AlPO_4$中(二者均采取类似的致密多晶结构,包括石英结构)。硅含量很高的沸石是二氧化硅的多晶体,这类沸石的发展导致了铝磷酸盐(ALPO)框架结构(AlO_4和PO_4四面体为 1∶1 的混合结构)的发现。$AlPO_4$本身与石英(SiO_2)同结构,其中 Al 原子和 Si 原子交替排列在四面体的中心。人们已经开发出多种 ALPO,它们在许多方面与沸石相类似。例如,都是在水热条件下(虽然是在酸性条件下而不是用于合成沸石的碱性条件)合成的,也具有吸附和催化方面的性能。同样,人们设计了一些有机模板分子并将其用于制备多种不同结构的 ALPO,如代码为 VPI(具有由 18 个 AlO_4/PO_4四面体形成的大通道)、DAF、BOZ 和 STA 的结构(图 24.50)。虽然铝磷酸盐框架为电中性,用较低电荷的金属离子取代 Al(Ⅲ)或 P(Ⅴ)可以生成所谓的"固体酸催化剂"。这些固体酸催化剂能够选择性地将甲醇转化为烃类化合物,虽然铝硅酸盐沸石(特别是 ZSM-5)仍是这种应用中最好的材料(节 25.14)。将具有氧化还原性的 Co 和 Mn 掺入 ALPO 框架能够得到用于烷烃氧化的材料。

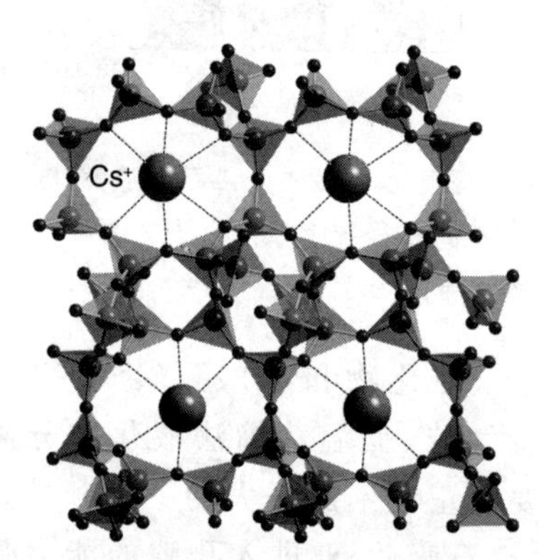

图 24.49* 斜发沸石结构,简要表示出被捕获的Cs^+(表示为半径 180 pm 的圆球)和框架之间的关系

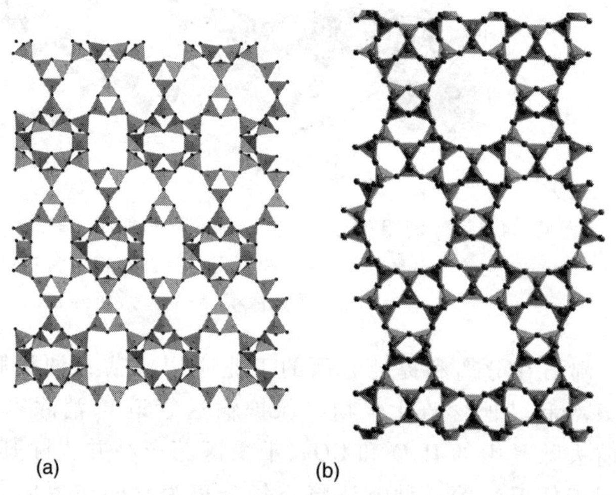

图 24.50 由氧合四面体连接形成的 (a) BOZ 和(b)* CIT 的框架
两图都突出了主通道,它们都是沿主通道方向的视图

(b) 磷酸盐

提要:磷酸氢钙是形成骨骼的无机材料。

磷酸根基团(PO_4^{3-})是常被纳入框架材料的另一个四面体氧合阴离子,虽然许多其他四面体单元也能形成这样的结构(见下节)。

节 15.15 中描述的简单磷酸盐结构一般是由PO_4四面体以链、交联链和环单元形成的。这里只讨论一种金属的磷酸盐材料(磷酸氢钙)和与之密切相关的材料。骨骼和牙齿中的主要成分是羟基磷灰石$Ca_5(OH)(PO_4)_3$,其结构为Ca^{2+}与PO_4^{3-}和OH^-配位产生的三维刚性结构(图 24.51)。矿物磷灰石是部分羟基被氟取代的羟基磷灰石,其组成为$Ca_5(OH,F)(PO_4)_3$。与之相关的生物矿物是$Ca_8H_2(PO_4)_6$和无定形磷酸钙本身。生物矿物将在节 26.17 中详细做讨论。

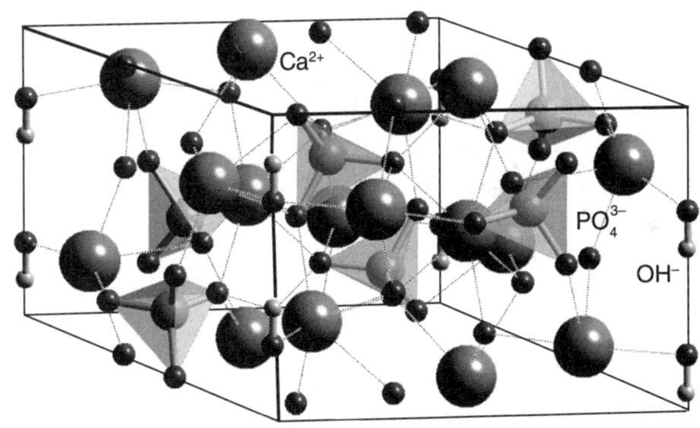

图 24.51* 　羟基磷灰石 $Ca_5(OH)(PO_4)_3$的结构,显示出被磷酸根和 OH^-配位的 Ca^{2+}产生的三维结构

单独的 O 原子实际上是 H 处在晶胞之外的 OH^-

24.12　以连接起来的八面体和四面体中心为基础而形成的结构

许多金属在氧合化合物中采取 MO_6的八面体配位。这种结构单元可看成是金属离子位于由 O^{2-}密堆积排列而产生的八面体穴中形成的(如岩盐结构的 MgO)。构建单元 MO_6多面体往往与氧合四面体物种一起被纳入框架结构。

(a) 黏土,柱状黏土和层状双氢氧化物

提要:许多金属氢氧化物和黏土中发现的类片状结构可由连接起来的金属氧合四面体和八面体构筑而成。

合成沸石中发现的最大孔隙直径为 1.2 nm。为了增大孔径以允许更大的分子被吸附在无机结构中,化学家已转向研究介孔材料(节 24.29)和"成柱作用"(即将二维材料相堆积和连接)而产生的结构。节 16.11 和节 24.9 中讨论了许多 d 金属二硫化物和嵌入化合物的二维性质。相似的嵌入反应可用于合成大孔隙材料。

天然界存在的黏土矿物(如高岭石、锂蒙脱石和蒙脱石)具有如图 24.52 所示的层状结构。其中的层是由共享顶点和共享棱边的八面体(MO_6)和四面体(TO_4)构筑的,并以双层体系和三层体系的形式存在。前者包括两层:一层由八面体形成,一层由四面体形成(图 24.52),如高岭石。后者包括三层:中间为八面体层,被两边的四面体层夹在中间,如膨润土。包含在层(整体显示负电荷)内的原子(M 和 T)通常为 Si(占据四面体位点)和 Al(占据八面体和四面体位点)。小的单电荷和双电荷离子(如 Li^+和 Mg^{2+})占据层间的位点。这些层间阳离子往往是水合离子,容易通过离子交换被置换。其他类似结构的材料有结构类似于 $Mg(OH)_2$的层状双氢氧化物水镁石(它是自然界存在的一种矿物)。

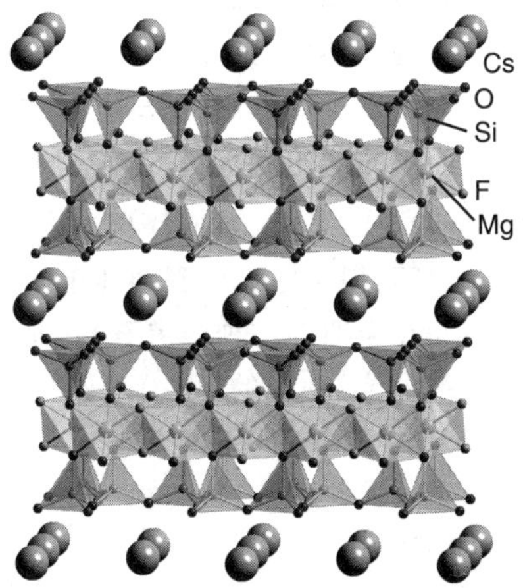

图 24.52*　黏土锂蒙脱石的类片状结构,它由连接在一起的八面体和四面体(中心通常为 Al、Si 或 Mg)层组成、层间被阳离子(如 K^+、Cs^+)隔开

黏土成柱时根据大小选择被交换进入层间区域的物种。如图 24.53 所示意的那样,像烷基铵离子和多核羟合金属离子这样的离子可以代替碱金属。使用最广泛的成柱物种是多核羟基型物种,例子包括$[Al_{13}O_4(OH)_{28}]^{3+}$、$[Zr_4(OH)_{16-n}]^{n+}$和 $Si_8O_{12}(OH)_8$。上述例子中第一个物种是由以八面体方式配位于 Al^{3+}的物种$[Al(O,OH)_6]$围绕中心的 AlO_4四面体组成的。成柱过程可通过 X 射线粉末衍射来跟踪,因为该过程会导致层间距的扩大,相应于晶格参数 c 的增大。

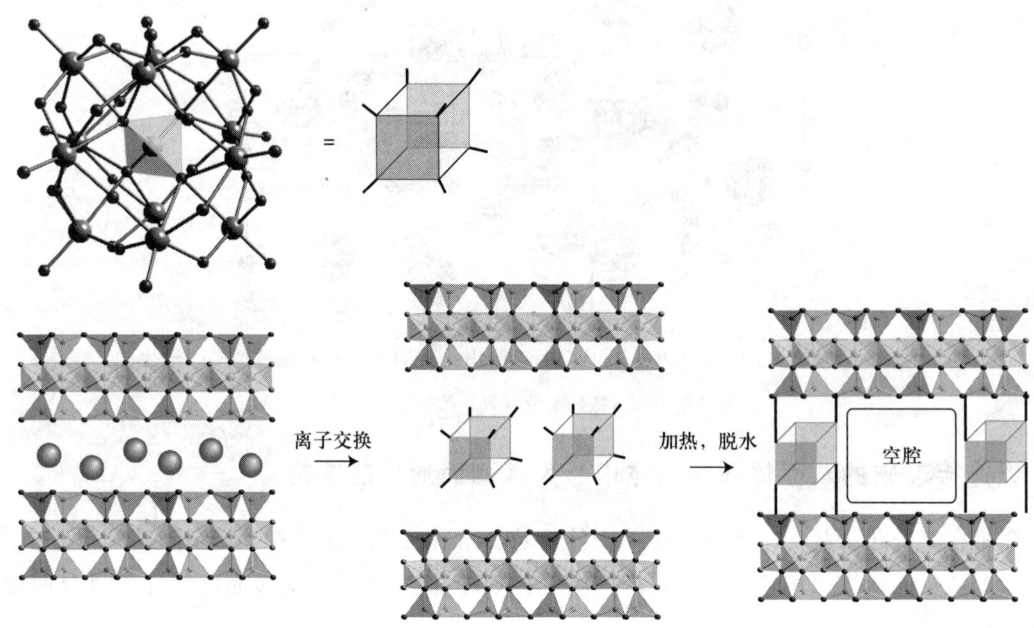

图 24.53　黏土成柱的示意图

将简单的单原子层间阳离子通过离子交换交换为大的多核羟基金属酸盐，接着进行脱水和层的交联形成空腔

一旦离子[如 $Al_{13}O_4(OH)_{28}{}^{3+}$]被掺入层间，加热改性了的黏土会导致其发生脱水和离子与层的交连(图 24.53)。得到的产物是柱状黏土，这种材料至少在 500 ℃下具有优良的热稳定性。扩大了的层间区域现在可以像沸石那样吸收大分子。然而由于成柱离子在层间的分布难以控制，柱状黏土的结构没有沸石那样规则。尽管缺乏均一性，由于柱状黏土具有作为催化剂的潜力而得到广泛研究。这是因为它们以类似于沸石的方式作为酸催化剂促进异构化和脱水过程。

(b) 无机框架化学

提要：连接起来的多面体可以形成众多结构上的多样性，使用模板导致产生多孔框架。

铝硅酸盐和沸石的快速发展启发合成无机化学家寻找由其他多面体(四面体和八面体)构建而成的、相似的结构类型以用于离子交换、吸附和催化。使用不同的、更大的多面体为框架拓扑学提供了更大的灵活性。也出现了这样的机会：将具有相关性质(颜色、氧化还原性和磁性)的 d 金属离子掺入框架结构。除了前面提到的铝酸根、硅酸根和磷酸根基团外，已被掺入框架结构的四面体物种还包括 ZnO_4、AsO_4、CoO_4、GaO_4和 GeO_4。八面体单元主要是以 d 金属、第 13 族和第 14 族较重、较大的金属为基础形成的。也存在其他的、但不常见的多面体单元(如五配位的四方锥单元)。

与沸石类似的物种叫**沸石型**(zeotypes)。金属磷酸盐体系中最先发现超过 12 个原子(这些原子以四面体方式配位)构成的环，20 个和 24 个四面体连接起来的结构也已制备成功。铝磷酸盐是最先合成的微孔框架，其中含有配位数大于 4 的多面体。人们还合成了其他所谓的**超四面体框架**(hyrertetrahedral frameworks)，如钛硅酸盐系列(Si 为四配位，Ti 为五配位和六配位)和一系列由 MnO_6单元连接而形成的八面体分子筛。

这种结构系列的实例是由 SiO_4四面体和各种 TiO_n($n=4\sim6$)多面体构筑的硅酸盐沸石型。这些化合物可在水热条件(类似于合成许多沸石的条件)下制备，但使用了以钛化合物[如 $TiCl_4$或 $Ti(OC_2H_5)_4$]为原料、在高压釜中于碱性条件下进行水解的反应。模板也可用于这样的介质并作为结构导向单元，从而产生特定的孔径和几何形状。人们通过一个典型反应[$TiCl_4$、硅酸钠、氢氧化钠、有时还有用于形成模板的化合物(如四乙基铵溴化物)于密封的、聚四氟乙烯(PTFE)为内衬的高压釜中的反应，反应温度处于150～230 ℃］制备了钛硅酸盐 ETS-10（Engelhard TitanoSilicate 10）。钛硅酸盐材料的种类正在持续增加，但其中两种（ETS-10 和 $Na_2Ti_2O_3SiO_4 \cdot 2H_2O$）值得作为进一步讨论的实例。

ETS-10 是由 TiO_6 八面体和 SiO_4 四面体构成的微孔材料，其中 TiO_6 基团连接起来形成链［图 24.54(a)］。该结构在所有三个方向上具有 12 元环（即其中的孔是由 12 个多面体形成的）。$Na_2Ti_2O_3SiO_4 \cdot 2H_2O$ 也含有 TiO_6 八面体，但这些八面体在这种结构中形成簇［4 个 TiO_6 单元被四面体 SiO_4 单元所连接，如图 24.54(a)］。这种连接性产生含水合 Na^+ 的、大的八角形孔。该化合物与几种其他钛硅酸盐［如 $K_3H(TiO)_4(SiO_4)_3 \cdot 4H_2O$，自然界毒铁矿的人工合成类似物］一样［图 24.54(b)］，具有优良的离子交换性能（特别是对大阳离子）。这些大离子对 Na^+ 的取代具有很高的选择性，如可从 Cs^+ 和 Sr^{2+} 的稀溶液中将其引入钛硅酸盐结构。这种能力使这类材料用于从核废料（其中 ^{137}Cs 和 ^{90}Sr 具有高放射性）中除去放射性核素。

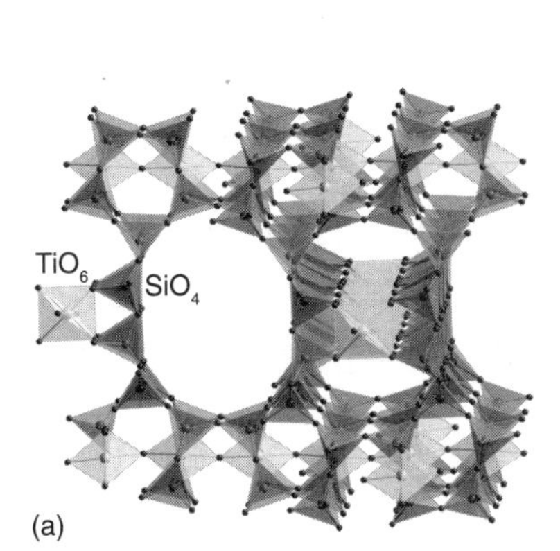

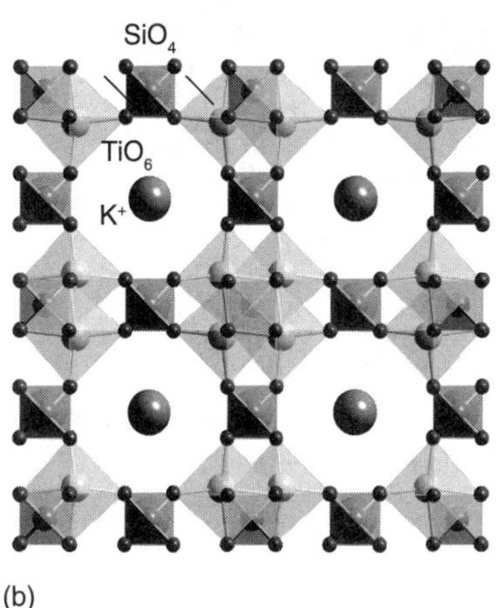

图 24.54　(a) * 由 SiO_4 四面体连接的 TiO_6 八面体链构建而成的钛硅酸盐 ETS-10 的结构，(b) * $K_3H(TiO)_4(SiO_4)_3 \cdot 4H_2O$（天然矿物毒铁矿的合成类似物）的结构

多孔框架结构最新工作的目标是引入 d 金属离子。已合成的材料中包括 Néel 温度在 10～40 K 的反铁磁性多孔铁(Ⅲ)氟磷酸盐。磷酸根基团连接的铁的簇合物的 Néel 温度相对较高，而且显示出中等强度的磁相互作用。人们已经制备出钴(Ⅱ)、钒(Ⅴ)、钛(Ⅳ)、镍(Ⅱ)磷酸盐的沸石类材料，其中包括叫作 VSB-1（Versailles-Santa Barbara）的材料。VSB-1 是具有 24 元环通道的第一个微孔固体，并且是多孔的、具有磁性的、可作为离子交换介质的材料（图 24.55）。

正如在纤锌矿和闪锌矿中对 ZnS 讨论（节 3.9）中看到的那样，简单金属硫化物化学中的四面体配位很常见，某些化合物可被看作含有被称之为**超级四面体簇**（supertetrahedral clusters）结构的碎片连接在一起。例如，$[N(CH_3)_4]_4[Zn_{10}S_4(SPh)_{16}]$ 中含有分立的超级四面体单元 $Zn_{10}S_{20}$（苯基处于末端位置），见图 24.56。

(c) 金属有机框架（MOFs）

提要：金属中心之间使用有机交联剂（如羧酸根）可生成具有高孔隙率的无机-有机杂化材料。

金属有机框架（有时也被叫作配位聚合物）的结构基于处在金属原子之间的二齿或多齿有机配体。构建这类结构（往往具有多孔性）的简单配体的例子包括 CN^-、腈类、胺类、咪唑类，尤其是羧酸类化合物（图 24.57）。迄今已制备出成千上万种这样的化合物，包括带有正电荷的框架［如 $Ag(4,4'\text{-bpy})NO_3$］和电中性的框架［如 Zn_2(1,3,5-benzenetricarboxylate)$NO_3 \cdot H_2O \cdot C_2H_5OH$，其中的 H_2O 分子可以可逆地被除去］。正电荷框架的电荷被处在空腔中的阴离子所平衡。

图 24.55* 由 NiO_6八面体和 PO_4四面体连接组成的 VBS-1 的框架结构

主通道由 24 个这样的单元组成,可使直径高达 0.88 nm 的分子通过

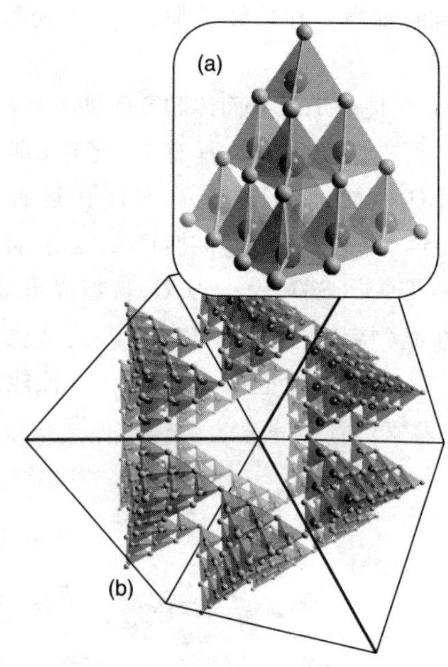

图 24.56* (a)由单个 ZnS_4四面体形成的化学计量为 $Zn_{10}S_{20}$ 的分立的超级四面体单元,(b)这些超级四面体单元可作为基块连接在一起形成大的、多孔的三维结构

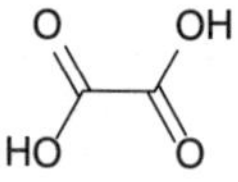

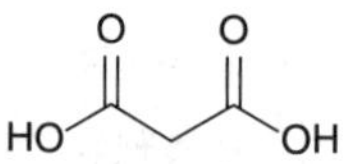

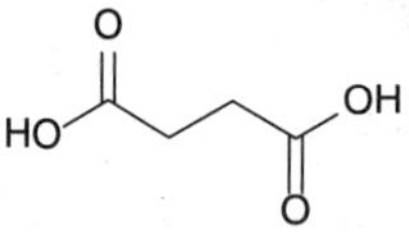

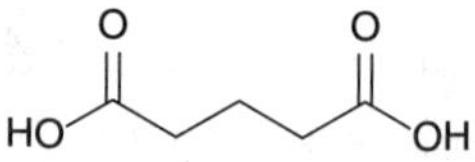

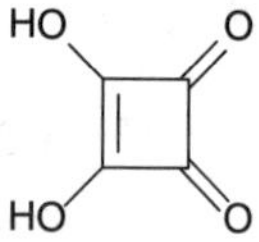

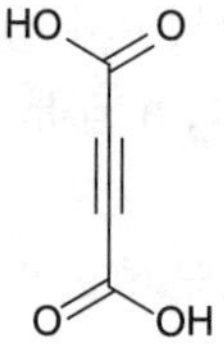

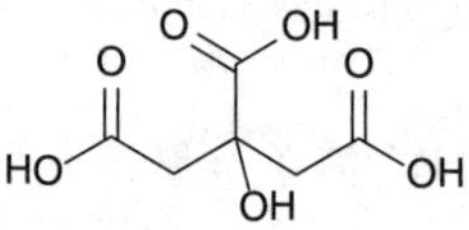

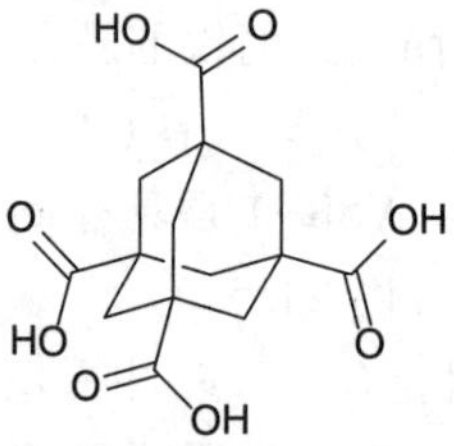

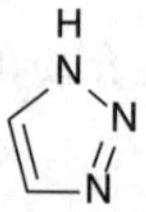

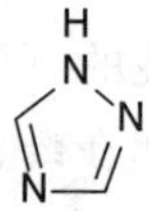

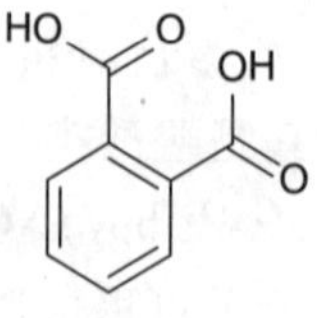

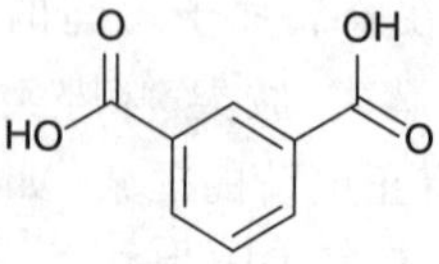

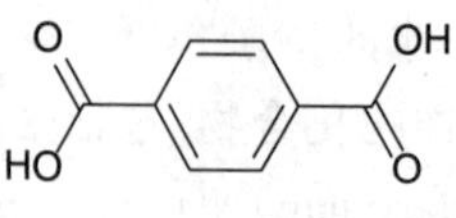

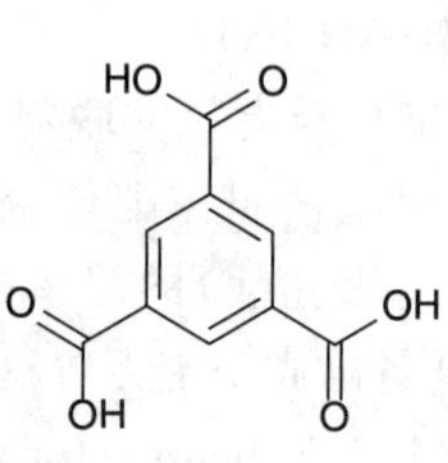

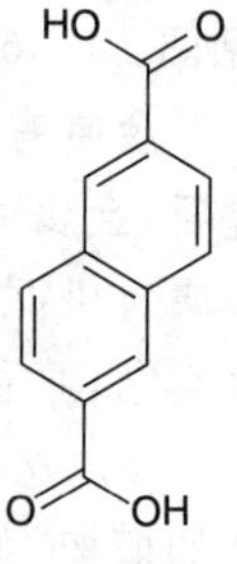

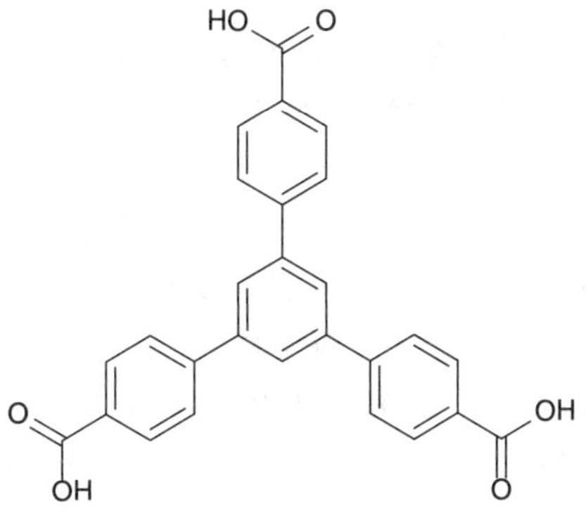

(p)

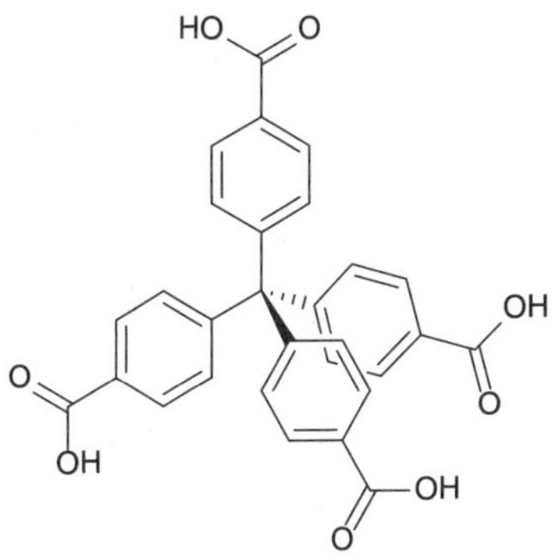

(q)

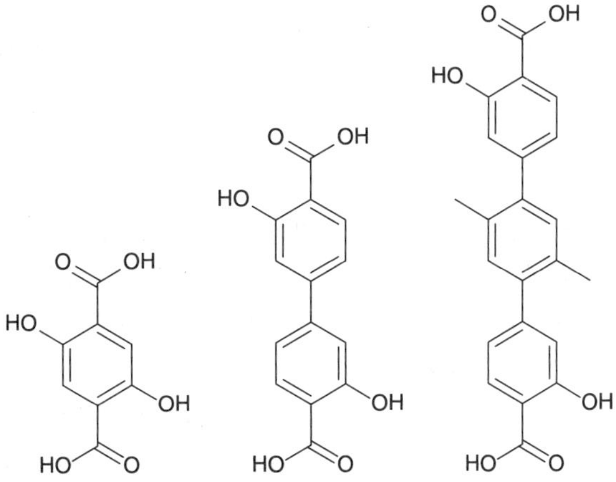

(r)

图 24.57　用于构筑金属有机框架(MOFs)常用的有机配体:(a) 乙二酸,(b) 丙二酸,(c) 丁二酸,(d) 戊二酸,(e) 3,4-二羟基-3-环丁烯-1,2-二酮,(f) 丁炔二羧酸,(g) 柠檬酸,(h) 金刚烷四甲酸,(i) 1*H*-1,2,3-三唑,(j) 1*H*-1,2,4-三唑,(k) 苯基-1,2-二羧酸(邻苯二甲酸),(l) 苯基-1,3-二羧酸(间苯二甲酸),(m) 苯基-1,4-二羧酸(对苯二甲酸),(n) 苯基-1,3,5-三羧酸(间苯三甲酸),(o) 2,6-萘羧酸,(p) 苯三苄基酸,(q) 甲烷四苄基酸,(r) 2,5-二羟基对苯二甲酸(DOT)及其扩展形式

MOF 中通常用作连接物种的是相应酸的羧酸根阴离子

MOFs 材料通常是在溶剂热条件下通过金属盐和有机阴离子(用于连接)之间的反应制备的。与沸石化学不同,它们的合成没有必要使用 SDA,而且框架结构的孔隙中往往含有溶剂的分子。合成之后的 MOFs 也可进行修剪,特别是对桥连配体上连接的基团进行修剪(通过有机基团改性化学)。改性化学的目的往往是通过裁剪产生能吸附气体或催化作用的位点,或改善 MOF 的热稳定性和化学稳定性。

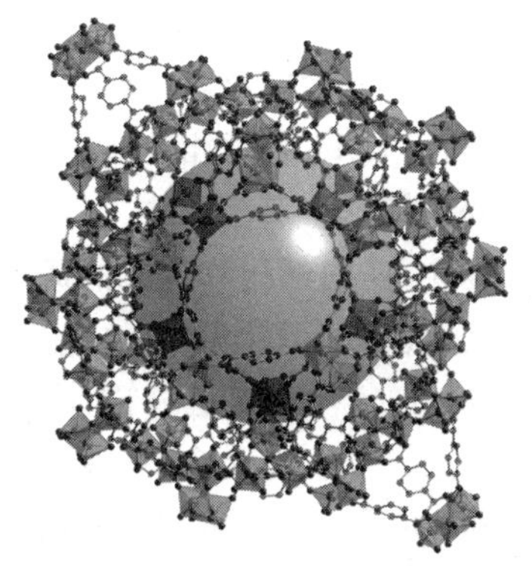

图 24.58*　由铬的对苯二酸盐单元形成的金属有机框架(MOF),图上显示出由有机阴离子连接的 CrO_6 八面体

中心大球表示该材料孔隙大小的程度,可被溶剂或气体分子所填充

MOFs 具有类似于沸石的性能,高的孔隙率导致它们在多个方面(如气体的吸附、分离和存储及那些发生在沸石孔穴和通道内部的催化反应)显示出潜在的应用价值(节 25.14),人们正在积极地研究这些用途。与沸石相比,MOFs 材料的潜在优势包括非常多的结构多样性(由于使用各种各样用于连接的有机基团而产生)和非常高的多孔结构(芳香族羧酸根这种长的连接基团所导致)。其中需要注意的是铬的对苯二酸盐(1,4-苯二羧酸盐)的框架,这种框架的孔直径约为 3 nm,对 N_2 的比内表面积超过 5 000 $m^2 \cdot g^{-1}$(图 24.58)。通过选择

连接配体和后合成中的修剪也可调节 MOFs 材料的性质，使其更强地吸附一种分子而超过另一种。作为碳捕获计划的一部分，人们正在研究优先于其他分子（特别是 N_2和 O_2）而吸附 CO_2分子的材料，以封存空气和发电厂废气中的二氧化碳。

这种材料也在气体存储中具有潜在应用，如 H_2和碳氢化合物的存储。虽然对 H_2分子而言，液氮温度下的物理吸附在一定程度上只发生在内部表面。因此，MOFs 材料最可能用来在液化天然气储存过程中降低压力。MOFs 很大的孔径允许大的、复杂的分子（如许多药用活性化合物）插入其中，进一步的潜在应用涉及将 MOFs 作为药物投送剂：将活性化合物（如止痛药布洛芬）吸附于 MOF 孔内，人体摄入 MOF 后活性药物成分会缓慢释放至人体需要的地方。人们提出 MOFs 材料的其他应用是在催化领域，这种材料具有控制孔隙尺寸和形状的能力，也可通过手性有机连接单元在其中引入手性。

与沸石和其他纯无机纳米多孔材料相比，MOFs 的一个缺点是热稳定性和化学稳定性小得多。这是因为结构中存在有机组分，虽然有些材料能在 500 ℃以上使用并在强酸或强碱条件下稳定。

氢化物和储氢材料

开发以氢为基础的能源经济中使用的材料是无机化学家面临的一个关键性挑战，储氢新材料是重要领域之一。由于质量和安全方面的问题，采用高压气体钢瓶和氢液化的方法不可能满足某些储氢应用（如运输和分散能源供应）的要求。储氢新材料在体积和质量方面都要求有较高的容量，当然也要求较为廉价。当今为运输用途而提出的技术目标是材料储氢的质量为系统质量的 6%～9%，所储存能量的价格为每千瓦时的几个美元。进一步的要求是，储氢系统中的氢应该能在 60 ℃到 120 ℃之间可为人们所利用。当今寻找这些新材料的两个主要途径是以化学方式结合的氢（如金属氢化物）和能够物理吸附氢的新的、多孔性或高表面积的化合物。这里讨论与两种方法有关的无机化学问题，并介绍这种材料研究中取得的最新进展。

24.13　金属氢化物

氢与许多金属和金属合金反应形成金属氢化物[节 10.6(b)和(c)]。这种反应过程在许多情况下可以倒过来进行：加热金属氢化物（或复合氢化物）释放出 H_2 并重新产生金属或合金。比起高压气体钢瓶和液化的氢（和许多物理吸附氢的系统）来，这些金属氢化物的一个重要优势是其安全性。安全性也被认为是储氢可行性的一个因素，人们十分关注氢的快速和不受控制地释放造成的问题（应用相关文段 10.4 和应用相关文段 13.1）。在储氢应用方面，轻元素（如 Li、Be、Na、Mg、B 和 Al）与氢形成的含氢化合物提供了一些最有前途的材料，特别是 H∶M 比可达 2 或比 2 更高的材料。简单金属氢化物体系已在第 10 章、第 11 章和第 12 各章相关节中做了适当介绍，这里扩大介绍这些化合物和相关的复合金属氢化物的化学。

(a) 镁基金属氢化物

提要：镁的氢化物含氢的质量分数比高，是潜在的储氢材料。

氢化镁（MgH_2，金红石结构，图 24.59）可能提供一个含氢 7.7%（按质量计）的高容量储氢材料，高温下具有良好的吸氢和释氢可逆性，镁的成本也较低。然而它在1 atm氢气压力下的分解温度高达经济上难以承受的 300 ℃，科学家花了相当大的精力来开发新的、释氢温度较低的材料。用各种金属掺入 MgH_2 可以得到组成为 $Mg_{1-x}M_xH_{2\pm y}$（M＝Al、V、Ni、Co、Ti，Ge 和 La/Ni 混合物）的固溶体，其中一些固溶体的分解温度稍低些。较有希望的是由球磨造成的 MgH_2 微结构的变化（节 24.1），特别是与其他材料（如金属 Ni、Pd 和金属氧化物 V_2O_5、Cr_2O_3）一起球磨时。球磨使 MgH_2 增大了约 10 倍的固体表面积和微晶中的缺陷数，有助于氢的吸附和解吸附。

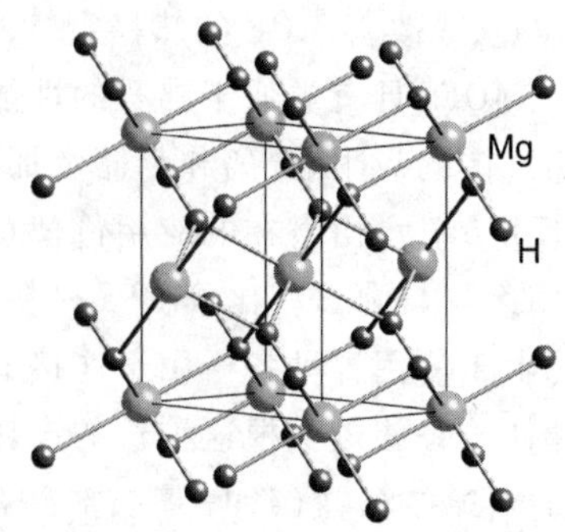

图 24.59*　MgH_2的结构

(b) 复合氢化物

提要:复合金属氢化物[如氢合铝酸盐(又叫铝氢化物)、氨化物和四氢合硼酸盐]加热时释放 H_2。

复合氢化物包括四氢合铝酸盐(含 AlH_4^-)、氨化物(NH_2^-)和硼氢化合物(应用相关文段 13.1,包括含有 BH_4^- 的四氢合硼酸盐),它们可能具有非常高的氢含量;如 $LiBH_4$ 中氢的质量百数可达 18%。但这类体系的分解释氢是个问题:如四氢合硼酸盐在 500 ℃左右才分解。对那些不要求可逆性的应用(即所谓的"一过性储氢系统")而言,用水进行处理可以释放氢。

$NaAlH_4$ 和 Na_3AlH_6 都具有良好的理论储氢能力(分别为 7.4% 和 5.9%)而且成本低,其结构基于四面体 AlH_4^- 和八面体 AlH_6^{3-} 络合阴离子(图 24.60)。这些体系的分解反应显示出较差的可逆性而且是分阶段进行的,这些缺点对应用而言不理想,特别是 400 ℃以上才能最终释放出全部的氢含量(汽车氢燃料系统的目标是低于 100 ℃释放氢,并在低于 700 bar 的条件下再充氢):

$$3\ NaAlH_4(s) \xrightleftharpoons{200\ ℃} Na_3AlH_6(s) + 2\ Al(s) + 3\ H_2(g)$$

$$2\ Na_3AlH_6(s) \xrightleftharpoons{260\ ℃} 6\ NaH(s) + 2\ Al(s) + 3\ H_2(g)$$

$$2\ NaH(s) \xrightleftharpoons{425\ ℃} 2\ Na(s) + H_2(g)$$

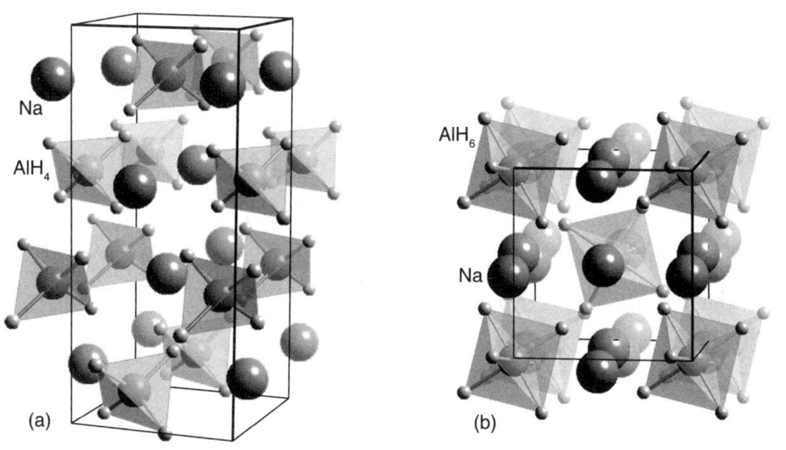

图 24.60　(a)* $NaAlH_4$ 和(b)* Na_3AlH_6 的结构,绘出了氢负离子在铝周围的配位

三步反应分别释出的氢相当于原始样品($NaAlH_4$)质量的 3.6%、1.8% 和 2.0%。各种添加剂(如 Ti 和 Zr)已被用于制备掺杂材料,这些材料在某些情况下能够提高加氢和脱氢的速率。产生较小颗粒尺寸的球磨材料似乎也可改善释氢速率。

与相应的钠的化合物相比,锂的氢合铝酸盐 $LiAlH_4$ 和 Li_3AlH_6 含氢的质量分数更高,除化学上不稳定外将对储氢具有吸引力;$LiAlH_4$ 最初容易分解,只是分解产物不能重新加氢回到 $LiAlH_4$。而且,LiH(初始产物之一)在 680 ℃以上才能失去氢。

氮化锂(Li_3N)与氢反应形成 $LiNH_2$ 和 LiH:

$$Li_3N(s) + 2\ H_2(g) \longrightarrow LiNH_2(s) + 2\ LiH(s)$$

产物混合物在 230 ℃以上放出氢(也产生 Li_2NH),理论上储氢容量为 6%(质量分数)。氮化物的一个问题是发生部分分解产生氨。

四氢合硼酸锂($LiBH_4$)理论上是个有前景的储氢材料(氢的质量占 18%),但它不发生涉及释氢和吸氢的可逆反应。氢合铍酸锂($Li_3B_2H_7$)仅在 150 ℃以上具有良好的可逆性。其他复合的锂的氨化物硼氢酸盐[如 $Li_3(NH_2)_2BH_4$(图 24.61)和 $Li_4(NH_2)_2(BH_4)_2$]已被建议用作储氢

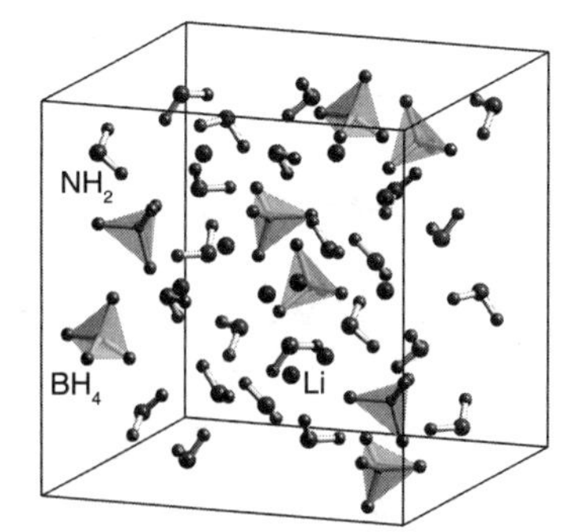

图 24.61*　$Li_3(NH_2)_2BH_4$ 的结构

材料，这些化合物与 $LiNH_2$ 相比似乎减少了氨的放出，但可逆性却是有限的（应用相关文段 10.4）。因为含氢量高，相关的金属氨络合物[如 $Mg(NH_3)_6Cl_2$]也被建议用作“间接”储氢材料（释放出的氨可能会在另一个反应中转化为氢）。

(c) 金属间化合物

提要：金属间相是由第一过渡系金属与氢通过可逆性反应形成的。

作为潜在储氢系统的几类金属间化合物正在研究之中，它们通常在低压（1～20 bar）和刚刚高于室温的条件下具有优良的可逆性吸氢能力（表 24.7）。然而因为金属的摩尔质量高，这些材料可吸附的氢的质量分数相对较低。被表示为 $LaNi_5$ 的一个系统（AB_5 型相）能够吸收氢生成 $LaNi_5H_6$，但氢在其中的质量分数仅为 1.5%。

表 24.7　用于储氢的金属间化合物的结构类型*

类型	金属	有代表性的氢化物组成	H_2 质量分数/%	p_{eq}, T*
元素	Pd	$PdH_{0.6}$	0.56	0.020 bar, 298 K
AB_5	$LaNi_5$	$LaNi_5H_6$	1.5	2 bar, 298 K
AB_2(Laves)	ZrV_2	$ZrV_2H_{5.5}$	3.0	10^{-8} bar, 323 K
AB	FeTi	$FeTiH_2$	1.9	5 bar, 303 K
A_2B	Mg_2Ni	Mg_2NiH_4	3.6	1 bar, 555 K
BCC	TiV_2	TiV_2H_4	2.6	10 bar, 313 K

* p_{eq} 和 T 的值是相形成/分解的压力和温度条件。

化学计量关系为 AB_2（A = Ti、Zr 或 Ln，B 是 3d 区金属如 V、Cr、Mn、Fe）的某些金属间化合物采取被称之为 **Laves 相**（Laves phases）的一系列合金相。这些材料具有高的容量和良好的氢吸附动力学，形成的化合物（如 $ZrFe_2H_{3.5}$ 和 $ErFe_2H_5$）中氢的质量分数高达 2%。然而这些 Laves 相的氢化物室温下在热力学上很稳定，从而制约了氢的反向解吸附。

化合物 Mg_2NiH_4（氢的质量分数为 3.6%）是在 25 kbar 的氢气压力下将合金 $MgNi_2$ 加热至 300 ℃形成的：

$$Mg_2Ni(s) + 2\,H_2(g) \longrightarrow Mg_2NiH_4(s)$$

Mg_2NiH_4 结构在低温下由有序排列的 Mg、Ni 和 H 组成，但在高温或延长球磨时间时 H^- 会随机分布在由 Mg 和 Ni 原子排列而成的立方相中（图 24.62）。

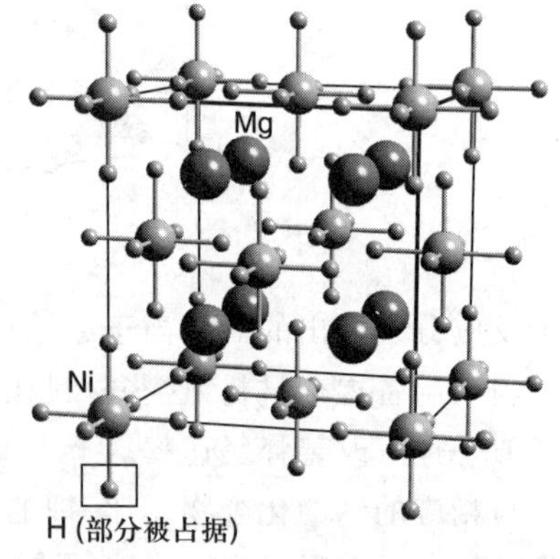

图 24.62*　立方体 Mg_2NiH_4 的理想结构；氢的位点只是部分被占据

第三类正在研究的金属间化合物是所谓的“Ti 基 BCC 合金”，如 FeTi 和具有相似组成的合金（它们由不同量的其他 d 金属如 Ti、V、Cr 或 Mn 所组成）。这些合金可以达到几乎 2.5 %的氢容量，但需要在高温和压力下才能达到这样的值。

24.14　其他无机储氢材料

提要：高表面积和多孔无机化合物吸附的氢可以达到高容量。

在非常高的表面积材料表面上（包括任何内部孔隙表面）发生的物理吸附能够产生高的储氢容量。然而这种高容量只有在将系统冷却或使用非常高的压力才能达到（这样两个条件都不适于应用）。当今处于研究中的一些无机体系包括对合成沸石、无机包合物或金属有机框架[MOFs；节 24.12(c)]进行模拟的方法制备金属合金，所有这些合金都是由相对较轻的元素形成的具有高度多孔性的结构。

各种形式的碳也在研究用作储氢材料。虽然由被活化的炭/石墨材料开发的表面单层相当于质量分数为 1.5% 到 2.0% 的含氢量，但纳米结构形式的石墨本身（节 24.27 和节 24.28）在 1 MPa（10 bar）的氢气压力下吸附氢的质量分数为 7.4%。与片状石墨相比，具有弯曲表面的碳纳米管（节 24.27）倾向于显示出更强的吸附氢的能力，有报道称 77 K 时吸氢的质量分数高达 8%。

沸石（节 24.11）也被建议作为可能的储氢材料，迄今已对许多不同的拓扑结构进行了研究。最好的框架类型包括八面沸石（FAU，沸石 X 和 Y）、沸石 A（LTA）和菱沸石，最大容量的氢质量分数约为 2.0%。这些沸石中存在相对较重的元素 Si 和 Al，从而限制了它们吸氢的质量分数。以较轻元素（Li、Be、B）形成的其他相关的沸石类型也在研究之中。

无机材料的光学性质

许多无机固体具有强烈的色彩，在油墨、塑料、玻璃和釉料的着色中用作颜料。尽管许多不溶性有机化合物（例如，C.I. 颜料红 48，其成分为钙 4-((5-氯-4-甲基-2-磺苯基)氮)-3-羟基-2-萘羧酸）也被用作颜料，但无机材料在与化学稳定性、光稳定性和热稳定性相关的应用中往往占据优势。颜料最初是由天然存在的化合物［如水合氧化铁、氧化锰、碳酸铅、朱砂（HgS）、雌黄（As_2S_3）和铜的碳酸盐］开发的，这些化合物甚至被用于史前洞穴壁画中。合成色素（通常是天然化合物的类似物）被一些早期化学家和炼金术士所发展，最早的合成化学家可能是那些参与制作颜料的人。早在 3 000 年前，人们就用沙子、碳酸钙和铜矿物制成了颜料埃及蓝（$CaCuSi_4O_{10}$）。该化合物及其结构类似物中国蓝（$BaCuSi_4O_{10}$）大约在 2 500 年前第一次被合成。中国蓝采取的结构见图 24.63，其中含有被 Si_4O_{10} 围绕的四方平面铜（Ⅱ）离子。无机颜料现在还是重要的商业材料，本节总结了这一领域的某些新进展。

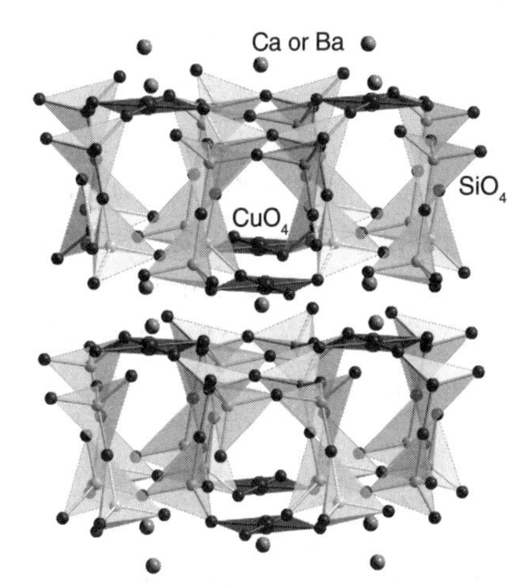

图 24.63* 埃及蓝（$CaCuSi_4O_{10}$）和中国蓝（$BaCuSi_4O_{10}$）中由 Si_4O_{10} 基团形成的平面四方形铜/氧环境

除了吸收和反射可见光而产生的无机颜料外，一些固体还能吸收其他波长（如电子束）的能量并发射可见光。无机荧光粉（应用相关文段 24.3）的性质就是由这种**发光现象**（luminescence）产生的。

最近开发了通过吸收太阳光发电或分解水产生氢的材料，它已成为一个新的研究领域。节 24.19 介绍了光伏半导体系统，那里将对无机光催化剂进行讨论。

应用相关文段 24.3 无机荧光粉

发光现象是指材料因吸收某种形式的能量而发射出光的现象。光致发光现象的能量来源是光子（通常为电磁波谱的紫外区），输出的通常则是可见光。阴极发光现象以电子束作为能量来源，而电致发光现象则使用电能。需要区分两类不同的光致发光：荧光是指光子吸收和发射之间的时间不超过 10^{-8} s 的发光，磷光的延迟时间则要长得多（节 20.7）。

光致发光材料（常被称之为荧光粉）通常由主体结构［如 ZnS（纤锌矿结构；节 3.9）、$CaWO_4$（白钨矿结构，离散的 WO_4^{2-} 四面体被 Ca^{2+} 分开）或 Zn_2SiO_4］掺入激活剂离子组成。激活剂离子是某些 d 金属离子（如 Mn^{2+}、Cu^{2+}）或某些镧系元素离子（如 Eu^{2+}），它们具有吸收和发射所需波长的光的能力。某些情况下添加第二掺杂剂作为敏化剂以帮助吸收所需波长的光。这种材料的应用包括荧光灯和电视机屏幕，这种应用中需要在可见光区具有发出特定荧光的材料。

作为潜在的荧光材料，人们正在研究主体/激活剂的多种组合方式，其目的是得到一种材料能将紫外辐射或阴极射线(电子束)有效地转换为所需颜色的单色光。这些性质可通过改变主体结构和改变活化剂离子的性质和环境进行调整：

荧光粉主体	活化剂	颜色
Zn_2SiO_4	Mn^{2+}	绿色
$CaMg(SiO_3)_2$	透辉石 Ti	蓝色
$CaSiO_3$	Mn	橘黄色
$Ca_5(PO_4)_3(F,Cl)$	Mn	橘色
ZnS	Ag^+, Cu^{2+}, Mn^{2+}	蓝、绿、黄色

在许多荧光灯中，汞放电在 254 nm 和 185 nm 产生紫外辐射，接着由掺杂各种活化剂的 ZnS 涂层产生几种波长的荧光，这些荧光结合在一起产生白光。

彩色电视需要三种基本色，通常包括 ZnS：Ag^+(蓝色)、ZnS：Cu^+(绿色)和 YVO_4：Eu^{3+}(红)。YVO_4：Eu^{3+} 中的钒酸根基团吸收入射电子的能量，活化剂是 Eu^{3+}。发光机制涉及钒酸根基团和 Eu^{3+} 之间的电子转移，这一过程的效率以与反铁磁体中的超交换过程相类似方式依赖于 M—O—M 键角(节 20.8)。M—O—M 键角越接近 180°，电子转移过程就越快、越有效。YVO_4：Eu 中的键角为 170°，因而是一种高效荧光粉。

反斯托克斯荧光粉将两个或多个较低能量的光子转换为更高能量的光子(如将红外光转换为可见光)。它们是在发射一个光子之前在激发过程中吸收两个或多个光子而发生作用的。最好的反斯托克斯荧光粉具有离子性主体结构[如 YF_3、$NaLa(WO_4)_2$ 或 $NaYF_4$]，掺入 Yb^{3+} 作为敏化剂离子(吸收红外辐射)和 Er^{3+} 作为活化剂(发射可见光，应用相关文段 23.1)。应用包括夜视双筒望远镜。

24.15　有色固体

提要：无机固体的强烈色彩可通过 d-d 跃迁、电荷转移(和类似的带间电子转移)或价间电荷转移来产生。

$CoAl_2O_4$ 和 $CaCuSi_4O_{10}$ 的蓝色产生于电磁波谱可见光区的 d-d 跃迁。铝酸钴特征的深色是由金属离子具有非中心对称的四面体位点造成的，它消除了 Laporte 选律对中心对称性环境的约束(节 20.6)。化学稳定性和热稳定性是由于 Co^{2+} 处于密堆积排列的 O^{2-} 环境中。其他基于 d-d 跃迁的无机有色颜料包括掺杂 Ni 的 TiO_2(黄色)、$Cr_2O_3 \cdot nH_2O$(绿色)和 $YIn_{1-x}Mn_xO_3$(蓝色)。

许多无机化合物的电荷转移(节 20.5)或电子在固体中的等效过程(将电子从主要来自阴离子轨道的价带激发至主要来自金属轨道的导带)也可产生颜色。由电荷转移产生的颜料包括如 $PbCrO_4$[其中含有橘黄色的铬酸根(Ⅵ)阴离子]和 $BiVO_4$[其中含有黄色的钒酸根(Ⅴ)阴离子]这样的化合物。化合物 CdS(黄色)和 CdSe(红色)均采取纤锌矿结构，其颜色来自从充满的价带(主要来自硫属化物阴离子的 p 轨道)至主要为 Cd 的轨道的跃迁(应用相关文段 19.4)。对带隙为 2.4 eV 的材料(300 K 时的 CdS)而言，这些跃迁对应于波长小于 515 nm 的宽吸收；CdS 因可见光谱的蓝色部分被完全吸收而显亮黄色。对 CdSe 而言，由于 Se 的 4p 轨道能量较高且带隙较小，吸收边界移向较低的能量。因此只有红色的光不被材料所吸收。某些混合价化合物中不同电荷金属中心之间的电子转移也可发生在可见光区，由于这种转移往往是完全允许的，因而会产生强烈的颜色。普鲁士蓝$[Fe(Ⅲ)]_4[Fe(Ⅱ)(CN)_6]_3$(图 24.64)就是这样的化合物，它所呈现的深蓝色使其在油墨中得到广泛应用。深颜色(往往是暗棕色、蓝色或黑色)的 Ru 化合物(如三羧基三吡啶络合物$[Ru(2,2',2''-(COOH)_3\text{-terpy})(NCS)_3]$)能够有效地吸收光谱中从可见区跨越到近 IR 区的光，被用作 Grätzel 型太阳能电池的光敏剂（应用相关文段 21.1）。

无机自由基往往具有发生在可见光区的、能量相当低的电子跃迁。两个众所周知的例子是 NO_2（棕色）和 ClO_2（黄色）。一种无机颜料以无机自由基为基础，但因为具有高反应活性（通常与含有未成对电子的主族化合物相关），该物种被沸石笼捕获在笼的内部。因此，品蓝颜料群青（人工合成的、存在于自然界的次珍贵的天青石的模拟物）具有理想的化学式 $Na_8[SiAlO_4]_6\cdot(S_3)_2$，其中含有 S_3^- 聚阴离子自由基（占据着铝硅酸盐框架形成的钠沸石笼），见图 24.65。

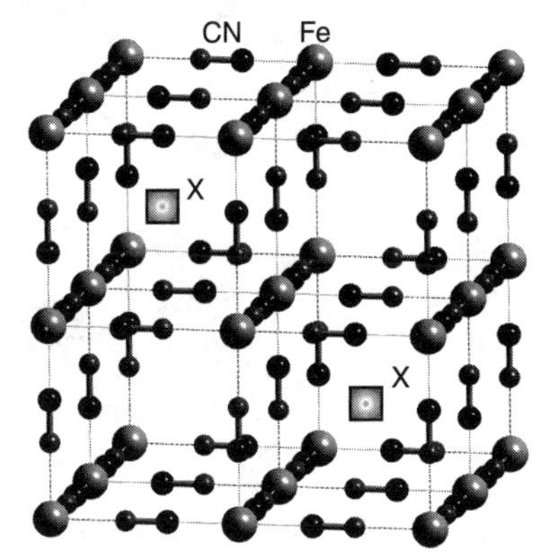

图 24.64* 普鲁士蓝 $[Fe(Ⅲ)]_4[Fe(Ⅱ)(CN)_6]_3$

铁离子通过氰根连接起来形成立方晶胞，结构中的正方形阴影（X）表示的区域可能驻留有阳离子或水分子

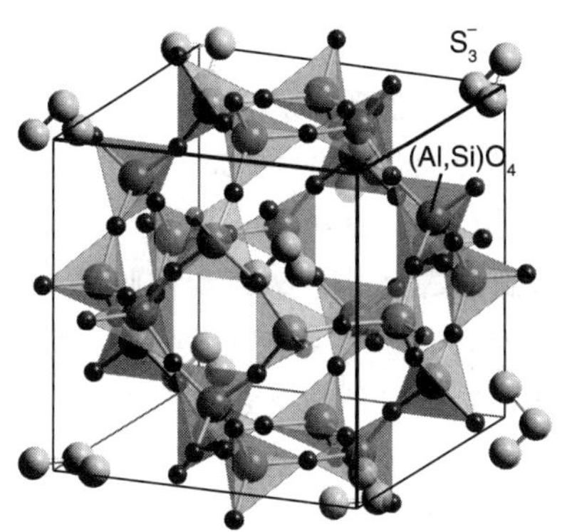

图 24.65* 存在于群青 $Na_8[SiAlO_4]_6\cdot(S_3)_2$ 中的一个钠沸石笼

骨架是由连接在一起的 SiO_4 和 AlO_4 四面体环绕空穴（含有多硫化物自由基 S_3^- 和 Na^+）组成的（为清晰起见，Na^+ 离子被省略）

无机颜料化学的发展当今主要集中在寻找一些含有重金属（如 Pd 和 Cd）黄色和红色材料的替代品。已经研究出取代硫属化镉和铅基颜料的化合物包括镧系元素硫化物（如红色的 Ce_2S_3）和前 d 金属氮化物-氧化物（如橙色的 $Ca_{0.5}La_{0.5}Ta(O_{1.5}N_{1.5})$。这里举出的两个例子中，由 S^{2-} 或 N^{3-} 代替 O^{2-} 具有缩小固体带隙的效果（相比于无色固体 CeO_2 和 $Ca_2Ta_2O_7$，它们具有大的带隙并只在光谱的紫外区发生吸收）并将电子激发能转化为可见光。然而两种材料都不具有镉基和铅基颜料的稳定性。

24.16 白色和黑色颜料

改变塑料和涂料视觉特征的某些最重要的化合物能够导致它们呈现白色（在可见区无吸收）或黑色（在 380 nm 和 800 nm 之间全吸收）。

(a) 白色颜料

提要：二氧化钛广泛用作白色颜料。

白色无机材料也可被归入颜料，这些化合物被大量合成以用于白色塑料和涂料的生产。历史上广泛使用的这类重要的商业化合物包括 TiO_2、ZnO、ZnS、碳酸铅（Ⅱ）和锌钡白（ZnO 和 $BaSO_4$ 的混合物）。注意，这些材料中没有任何一个金属具有不完全的 d 电子层，否则就可能通过 d-d 跃迁产生颜色。无论是金红石型或锐钛矿型 TiO_2（图 24.66），都是由钛矿石（通常为钛铁矿，$FeTiO_3$）通过硫酸盐法或氯化法生产的。硫酸盐法涉及在浓 H_2SO_4 中分解和随后通过水解而发生的沉淀作用；氯化物法则是基于混合复合钛氧化物与氯气反应产生 $TiCl_4$，后者在超过 1 000 ℃的温度下与氧发生燃烧反应。两种方法都能生产出高质量的 TiO_2，不但无杂质（这对亮白色颜料必不可少），而且可以控制颗粒的大小。作为白色颜料的 TiO_2，人们向往的质量源自多种因素：大的带隙（大于 3 eV，故不发生吸收可见光的跃迁）、优良的光散射能力[这种能力又是高折射率（$n_r=2.70$）造成的结果]、成为所需颗粒大小的高纯材料的能力、光照时的不褪色性和耐天气变化的能力良好、无毒（与以前使用的碳酸铅相比）。二氧化钛目前主导着白色颜料的市场，其用途包括油漆、涂料、印刷油墨（通常与彩色颜料组合使用以增加其亮度和遮盖力）、塑料、纤维、纸张、白水泥，甚至食料（用于糖霜、糖果、加工鱼片并加于面粉以提高亮度）。

（b）黑色颜料、吸光颜料和专用颜料

提要：特殊颜色、光吸收和干扰效应可以引入作为颜料的无机材料。

最重要的黑色颜料是炭黑，工业上是从煤烟制造的。炭黑是通过碳氢化合物部分燃烧或热解（隔绝空气的情况下加热）获得的。这种材料正好在可见光谱区具有优良的吸收性能，其应用领域包括印刷油墨、油漆、塑料和橡胶。具有尖晶石结构的铜（Ⅱ）亚铬酸盐（$CuCr_2O_4$，图 24.18）不经常用作黑色颜料。这些黑色颜料也吸收可见光区以外的光（包括红外光），意味着在阳光照射下容易升温。由于这种升温在许多应用中显示其缺点，人们有兴趣开发能吸收可见光但反射红外波长的新材料；$Bi_2Mn_4O_{10}$是具有这种属性的一种化合物。

更专业的无机颜料的例子包括磁性颜料和防腐蚀颜料，前者基于有色的铁磁性化合物（如 Fe_3O_4和 CrO_2），后者的例子如磷酸锌。以薄层方式沉积在物体表面上的无机颜料可以产生不同于光吸收的其他光学效应。以层厚度为数百纳米的方式将 TiO_2或 Fe_3O_4沉积在云母薄片上可以得到有光泽的或珠母般的珠光颜料，不同表面和不同层的散射光之间的干涉效应能够产生闪闪发光的彩虹般的颜色。

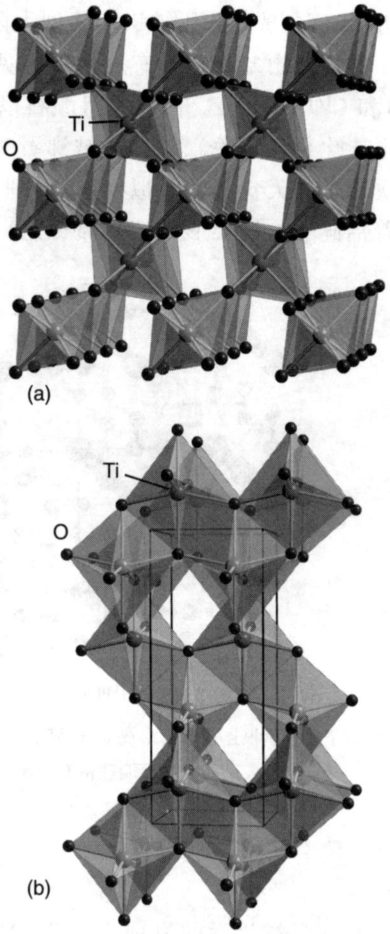

图 24.66 TiO_2存在多种晶形，都可描述为连接在一起的 TiO_6八面体，包括（a）*金红石型和（b）*锐钛矿型

24.17 光催化剂

被无机颜料吸收的光通常会被重新发射出来或转化为固体中的振动能（或热能）。光伏材料（节 3.20 和节 24.18）中光能的激发作用不但产生电子而且产生电子离开后留下的空穴，如果两者不立即重新结合，就会产生电流。化学过程中的催化作用（如将水分解为 H_2和 O_2，以及分解有机分子）是利用被吸收光能的另一种方法，加速这种过程的材料叫**光催化剂**（photocatalysts）。

研究最多的光催化剂之一是 TiO_2，前面已经讨论过光学方面的性质［节 24.16（a）］。TiO_2的宽带隙（锐钛矿型为 3.2 eV；金红石型为 3.1 eV）导致光吸收的波长低于 390 nm，即处在电磁波谱的紫外区。从图 24.67 的流程不难看出，这种能量明显大于分解水所需的能量（1.23 eV）；被激发的电子与 H^+结合产生 H_2，OH^-与空穴作用产生氧。因此，置于水中的 TiO_2表面受到紫外光或阳光（其中含有 5%的紫外光）照射时会通过光催化作用产生 H_2和 O_2。然而多种原因导致这类过程获得太阳能的效率不高。其中包括光吸收效率低，电子－空穴分

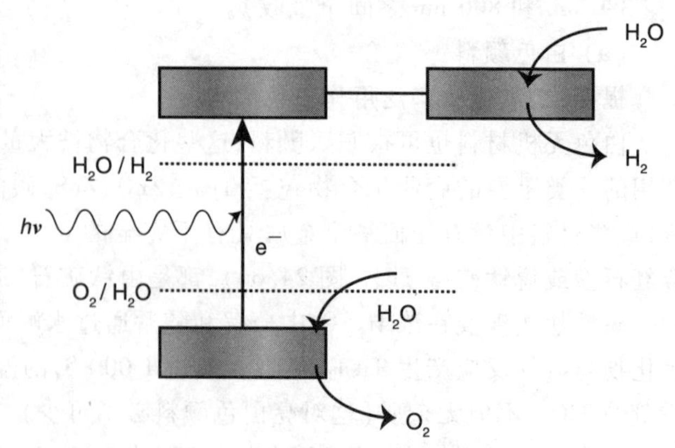

图 24.67 用于水分解的光催化剂原理

离过程的效率低，以及大块 TiO_2 表面（光催化反应发生在这里）的表面积小。各种改善光催化电池效率的方法正在研究之中，其中包括使用燃料以扩大太阳光被吸收的波长范围（如 Grätzel 电池中那样；应用相关文段 21.1）、形成具有高表面积的 TiO_2 纳米粒子（节 24.23），以及开发涂在 TiO_2 表面的、能促进催化作用的涂料[如 NiO 和 $(CH_3NH_2)PbI_3$]。除 TiO_2 外，具有光催化作用的其他材料也在积极研究之中，其中包括带隙较窄的其他过渡金属氧化物（如 Fe_2O_3）和化合物（这些化合物如 TiO_2 能够通过掺入掺杂剂的方法将带隙变窄）及阴离子取代物（如氧化物-氮化物 $TiO_{2-x}N_y$ 和金属氧化物-硫化物中发生的阴离子取代）。复合氧化物（如 $NaTaO_3$ 和 $SnWO_4$）也在研究之中。

光催化作用除了分解水外，光能也可用来催化氧化和分解有机分子。这类反应包括破坏污染物或表面自洁反应（应用相关文段 24.4）。

应用相关文段 24.4　自洁玻璃

自洁窗玻璃（图 B24.2，如 Pilkington Active）是涂有透明锐钛矿型二氧化钛薄层的玻璃，它是通过二氧化钛的两种性质来清洁玻璃表面的：光催化作用和亲水性。阳光中的紫外线照射自洁窗的 TiO_2 涂层时产生可流动的电子（如图 24.67 所示），并在 TiO_2 表面与水分子反应形成羟基自由基。羟基自由基进攻脂肪族有机分子在玻璃表面形成油腻沉积物，减少了有机分子的链长并产生亲水性更强的含氧有机物种。玻璃外表面被雨水湿润时，TiO_2 表面的亲水性使水滴的接触角降至很低的值，导致水形成薄层并将残留的有机物冲走。由于光催化反应发生在表面上的二氧化钛涂层，对疏松的最底层油腻沉积非常有效，所有的污物都会被冲走。

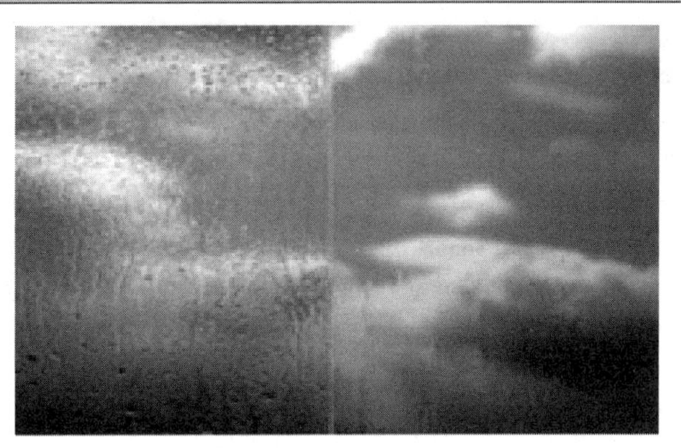

图 B24.2　存在和不存在光催化自洁层的窗玻璃

半导体化学

第 3 章介绍了半导体材料的基础无机化学，特别是它们的电子能带结构。这里的目的是更详细地讨论无机半导性化合物本身，并介绍通过化学方法控制电子性能的一些应用。

半导体是根据其组成分类的。为了产生具有半导体典型带隙（为数不多的几个 eV，该数值相应于 $100 \sim 200\ kJ \cdot mol^{-1}$）的材料，涉及的化合物通常包括 p 区金属和第 13/14 族的准金属，它们往往与较重的第 15 族和第 16 族元素组合在一起。这种组合中由原子轨道形成具有一定能量的能带，其价态和导带之间的带隙通常为 0.2~4 eV。影响半导体材料带隙的另一个因素是它的尺寸，纳米粒度半导体材料的形成（如第 13/15 族或第 12/16 族元素的组合）是当今研究的热点（节 24.30）。

24.18　第 14 族半导体

提要：晶形和非晶形硅是廉价的半导体材料，广泛用于电子器件。

硅是最重要的半导体材料，纯晶体形式（金刚石结构）的带隙为 1.1 eV。正如从多种因素（原子半径、轨道能量和轨道重叠程度）预期的那样，Ge 的带隙较小（0.66 eV），金刚石 C 的带隙则较大（5.47 eV）。第 13 族或第 15 族元素掺杂后的 Si（实际上还有 C 和 Ge）成为外赋半导体。纯硅（本征半导体）的电导率在室温下约为 $10^{-2}\ S \cdot cm^{-1}$，但掺杂第 13 族元素（成为 p 型半导体）或第 15 族元素（成为 n 型半导体）后增加了数个数量级。为了某种特定用途，可通过掺杂对半导体硅的性质进行调整。

非晶硅可通过化学气相沉积、SiH_4的热分解或重离子轰击结晶硅的方法获得。沉积出来的材料中含有小比例的 H，它们以 Si—H 基团的形式存在于许多 Si—Si 键的三维类似于玻璃的结构中。不规则的结构和 Si—H 基团的存在大幅度地改变了材料的半导性。非晶硅的主要应用之一是在硅的太阳能电池中。形成 p-n 结的 p 型和 n 型非晶硅薄层受到光照时产生电流（应用相关文段 24.5）。由于正常 p-n 结造成的趋势（电子流向 p 型硅、空穴流向 n 型硅的趋势），入射光子提供的能量导致电子和空穴相互分开而不是重新结合在一起。如果将负载连接在结的两端，电流就会流过负载，从而由电磁辐射产生电能。设备的效率取决于多种因素。例如，就吸收太阳辐射的效率而言，非晶硅比单晶硅高出 40 倍，厚度约为 1 μm 的薄膜可吸收 90%可被利用的太阳能。此外，非晶硅中电子和空穴的寿命和流动性也更长，从而导致光电效率（入射能转化为电能的比例）高达约 10%。经济上的优势是，非晶硅可在较低的温度下进行生产，并可沉积在低成本的基质上。非晶硅太阳能电池广泛用于袖珍计算器。由于生产成本低，在可再生能源设备方面可能找到更广泛的用途。

应用相关文段 24.5　p-n 结和 LEDs

p-n 结由 n 型和 p 型两个硅片构成（图 B24.3），图中给出结的能带结构。不同掺杂材料的 Fermi 能级不同，但当它们接触时电子将会跨越结点从 n 型（高电位）流向 p 型（低电位），从而达到 Fermi 能级相等的平衡分布。如果按正确方向在 p-n 结两端施加一定电位差，这个过程将会继续，电子从 n 型流向 p 型，在此方向上产生电流。然而电子只能在这个方向上流动，p-n 结从而成为整流器的基础：只让电流在一个方向上通过。

发光二极管（LED）是电流通过时能发光的 p-n 结半导体二极管。从 n 型材料导带到 p 型半导体价带发生的电子转移伴随着光的发射。LEDs 发出的光具有高度单色性（很窄频率范围内的单一色）。颜色是由带隙控制的：小带隙产生电磁波谱红外区和红色区的辐射；较大带隙则产生蓝色和紫外区的辐射。

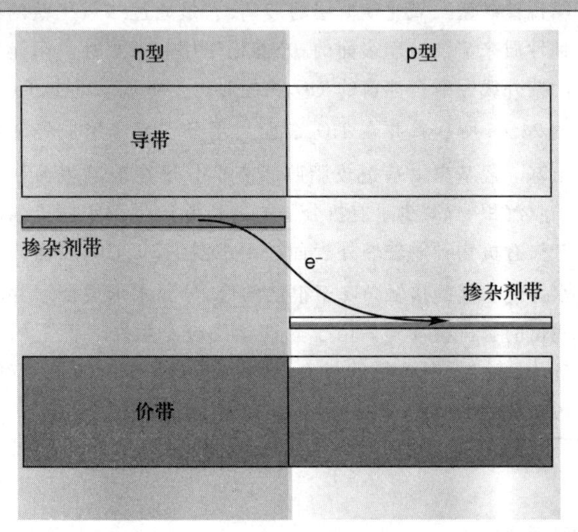

图 B24.3　p-n 结的结构

LED 的颜色	芯片材料	
	低亮度	高亮度
红色	GaAsP/GaP	lInGaP
橙色	GaAsP/GaP	AlInG P
琥珀色	GaAsP/GaP	AlInGaP
黄色	GaP	—
绿色	GaP	GaN
青绿色	—	GaN
蓝色	—	GaN

蓝色（氮化镓）LED 表面上通过荧光层（钇铝石榴石，应用相关文段 23.1）能够产生白光。白光 LEDs 能够高效地将电转化为光，远远超过白炽灯甚至超过节能荧光灯（应用相关文段 24.3）。当今的生产成本仍高于荧光灯泡，仅限于小规模地用在以电池驱动的设备上。不过很可能成为未来许多照明产品的基础。

能够产生蓝光的 LEDs 的另一个优点是作为激光用在高容量的光电存储设备（如蓝光光盘）上。由这些 LEDs 产生的蓝光波长（405 nm）短于 DVD 模式设备中产生的波长（红光，650 nm），从而允许在光盘上以较小的“比特”写入数据。

24.19 与硅等电子的半导体体系

提要:由相等数量的第 13/15 族或第 12/16 族元素形成的半导体与硅等电子,通过改变电子结构和电子的运动可以提高其性能。

砷化镓(GaAs)是许多所谓的“第 13/15 族半导体”(或人们仍然称谓的“Ⅲ/Ⅴ族半导体”)之一,其中也包括由第 13 族和第 15 族元素等量组合而形成的 GaP、InP、AlAs 和 GaN。也可形成三元和四元的第 13/15 族化合物(如 $Al_xGa_{1-x}As$、$InAs_{1-y}P_y$和 $In_xGa_{1-x}As_{1-y}P_y$),其中许多具有有价值的半导性质。注意:这些化合物的组成与纯第 14 族元素等电子,但元素电负性的变化和因此而发生的成键类型的变化(如纯硅可视为具有纯粹的共价键,而 GaAs 由于 Ga 和 As 电负性的差异而具有很小的离子性)导致其能带结构和与电子结构相关的基本性质也发生变化。

砷化镓性质的优点之一是由它制作的半导体器件对电信号的响应更迅速(与硅的半导体器件相比)。这种性质使 GaAs 在一些应用中优于硅,如放大卫星电视的高频(1~10 GHz)信号。砷化镓可用于高达约 100 GHz 的信号频率,甚至可用更高频率的材料如磷化铟(InP)。目前商业上很少用到超过 50 GHz 的频率,因此世界上大多数电子产品往往倾向于使用硅基材料,一些地方使用 GaAs,只有极少数采用 InP 器件。无论就原材料还是生产纯材料所需化学过程的成本而言,砷化镓也比硅更昂贵。

某些第 13/15 族半导体材料(如 GaN)中,立方的、类金刚石的闪锌矿结构只是介稳态,而稳定的多晶形则是六方纤锌矿结构。两种结构都可通过改变合成路线和合成条件的方法生长出来。由于它们大而直接的能带带隙,这些半导体可用于制造产生高强度蓝光的发光器件(应用相关文段 24.5),对高温显示的稳定性和良好的热传导能力也使它们具有制造高功率晶体管的价值。

第 12/16 族(Ⅱ/Ⅵ)半导体包括 Zn、Cd、Hg 阳离子和 O、S、Se、Te 阴离子形成的化合物。这些半导体材料既能以立方闪锌矿相也能以六方纤维锌矿相结晶出来,合成的形式都具有半导性质。例如,立方 ZnS 的带隙为 3.64 eV,而六方 ZnS 的带隙则为 3.74 eV。这些第 12/16 族化合物较第 13/15 族半导体和第 14 族元素具有更强的离子性(特别是对较轻的元素而言),ZnO 和 ZnS 的带隙为 3~4 eV,而 CdTe 则为 1.475 eV。虽然非晶硅是主导薄膜光伏(PV)的材料,碲化镉(CdTe)的类似应用也处在研究之中。

节 3.20 中已经提及一些具有半导性的其他氧化物和硫化物,其他性质更好的复合金属氧化物和硫属化物也在继续研究之中。例如,当今薄膜太阳能电池效率的世界纪录高达 17.7%,该项纪录是由以铜铟的二硒化物($CuInSe_2$;CIS)为基础的装置保持的。该化合物的结构类似于立方 ZnS,但 Cu 和 In 原子有序分布在四面体穴中。硫化锡(SnS_2)也具有制造光伏器件的伏良特性,这种化合物含有廉价、易得和无毒的元素。

分子材料和富勒化物

到目前为止,本章中讨论的大部分化合物都是具有扩展结构的材料,离子性或共价性相互作用将所有原子和离子结合在一起形成三维结构。例如,以离子键为基础而形成的无限结构(如 NaCl)或以共价相互作用为基础而形成的化合物(如 SiO_2)。由于结构造成的化学稳定性和热稳定性,这些材料得到广泛应用(如用于多相催化、充电电池和电子设备中)。人们也能通过掺杂、引入缺陷或形成固溶体等手段对固体的许多性质进行精确调节。然而,让原子排列得像分子系统那种程度结构的固体是不可能实现的。在配位化学或金属有机化学领域工作的化学家们通过引入不同配体的方法(往往是经由简单的置换反应而引入)可对络合物或分子进行修饰。人们产生了将合成化学与经典固态材料性质在化学上的可修饰性相结合的愿望,这种愿望导致**分子材料化学**(molecular materials chemistry)这一领域的迅速兴起。功能性固体是由连接起来的、相互作用的分子或分子离子形成的。

24.20　富勒化物

提要：固体 C_{60} 可看作只由弱 van der waals 作用力相维系的、按密堆积方式排列的富勒烯分子；C_{60} 分子排列产生的空穴可由简单阳离子、溶剂化阳离子或无机小分子所填充。

C_{60} 的化学性质跨越了传统化学的许多界线，其中包括 C_{60} 作为配体的化学行为（节 14.6）。本节描述固体富勒烯（$C_{60}(s)$）的固态化学和化学式为 M_nC_{60}（其中含有离散的 C_{60}^{n-} 分子离子）的富勒化物衍生物。更为复杂的碳纳米管的合成和化学性质将在节 24.27 中做讨论。

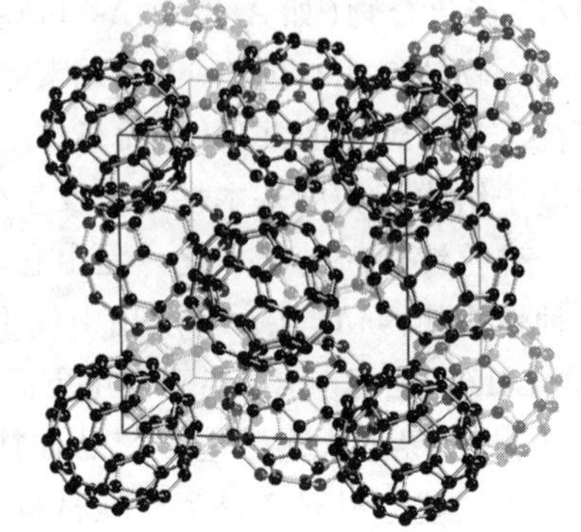

图 24.68* 晶态材料面心立方格子中 C_{60} 分子的排列

溶液中生长出来的 C_{60} 晶体可能含有包含于其中的溶剂分子，但采用正确的结晶和纯化方法（如用升华法消除溶剂分子）可以长出纯的 C_{60} 晶体。如图 24.68 所示，其固体结构具有 C_{60} 分子的面心立方阵列。对近乎呈球形的这类分子而言，采取这种结构完全在人们预料之中。室温下分子可在晶格位置自由旋转，从 C_{60} 晶体收集的 X 射线粉末衍射数据表明它是典型的面心立方晶格（晶格参数为 1 417 pm）。分子之间的距离为 296 pm，接近石墨层间距离的值（335 pm）。固体一经冷却旋转即停止，相邻分子的排列方式是一个 C_{60} 分子的富电子区接近邻近一个分子的缺电子区。

固体 C_{60} 与碱金属蒸气反应形成一系列分子式为 M_xC_{60} 的化合物，产物的精确化学计量取决于反应混合物的组成。与过量碱金属反应形成组成为 M_6C_{60}（M = Li、Na、K、Rb、Cs）的化合物。K_6C_{60} 为体心立方结构；C_{60}^{6-} 分子离子占据晶胞角和晶胞体心的位点，K^+ 填充部分位点，与大约 4 个 C_{60}^{6-} 分子离子（它们接近每个面的中心）以四面体方式配位（图 24.69）。令人感兴趣的是化学计量为 M_3C_{60} 的化合物，这类化合物随金属类型不同在 10~40 K 的温度区间显示超导性。化学计量为 K_3C_{60} 的化合物是填满 C_{60}^{3-} 立方密堆积排列而产生的所有四面体穴和所有八面体穴而获得的（图 24.70）。K_3C_{60} 被冷却到 18 K 时显示超导性，以较大的碱金属离子逐渐取代 K 时能够提高 T_c（Rb_3C_{60} 的 T_c = 29 K，$CsRb_2C_{60}$ 的 T_C = 33 K）。注意，Cs_3C_{60} 不会与其他 M_3C_{60} 一样形成相同的 fcc 结构（事实上 C_{60}^{3-} 阴离子按体心结构排列）并且在常压下也不显超导性。然而在 12 kbar 压力下可以制成临界温度为 40 K 的超导体。

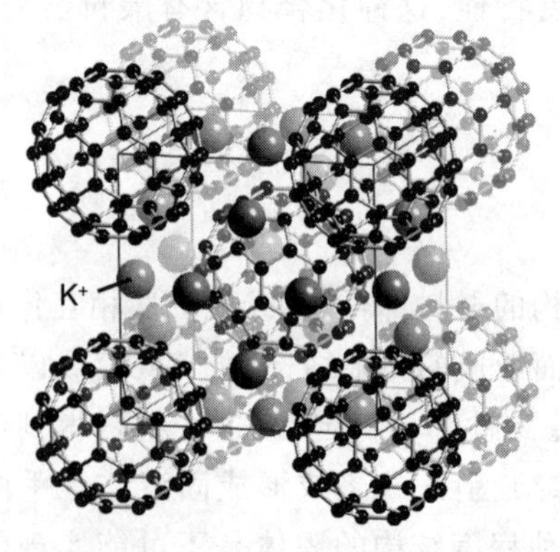

图 24.69* K_6C_{60} 的体心立方晶胞结构

分子离子 C_{60}^{6-} 占据体心和顶角，K^+ 占据晶胞面中位点的一半，与四个 C_{60}^{6-} 分子离子近似地形成四面体配位

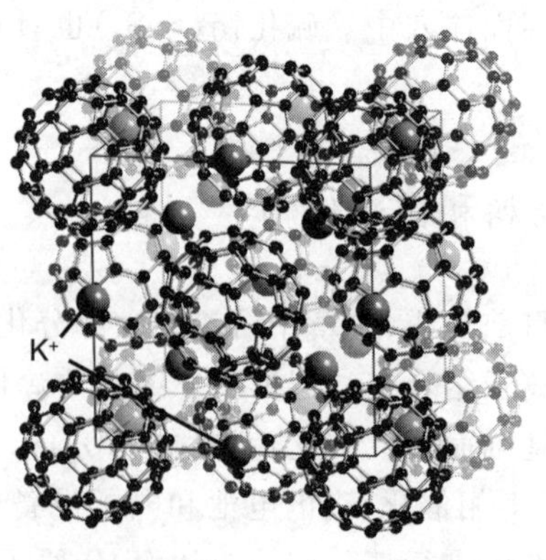

图 24.70* K_3C_{60} 的结构

K^+ 填充了由 C_{60}^{3-} 密堆积排列而产生的全部四面体穴和八面体穴

其他更复杂的物种可被掺入 C_{60}单元的基质。分子物种如碘(I_2)或磷(P_4四面体)可填入 C_{60}分子密堆积而产生的空间。溶剂化阳离子也可以以类似于简单碱金属阳离子的方式占据四面体和八面体穴。由 Na_2CsC_{60}与氨反应得到的 $Na(NH_3)_4CsNaC_{60}$在八面体位点含有被氨分子溶剂化了的 Na^+,在分子离子 C_{60}^{6-}以 fcc 排列而产生的四面体位点(数量为八面体位点的两倍)被未配位的 Cs^+和 Na^+占据。

24.21　分子材料化学

改变形状(从而改变无机分子在固体中的堆积和排列方式)的能力是分子材料化学值得研究的一个方面。当这种能力与一些无机化合物某种特定性质(如 d 金属未成对 d 电子)有关时,则可用来控制磁性质和电子性质。本节讨论学科前沿正在开发的一些无机分子材料。

(a) 一维金属

提要:沿着一维方向相互作用的分子堆积(如许多晶态铂配合物中发生的那样)可以显示出那个方向的导电性;Peierls 畸变使得一维固体在低于临界温度时为非金属性导体。

一维金属是沿晶体的一个方向显示金属性而在垂直于该方向的方向上显示非金属性的材料。这种材料应该不同于节 24.27 中将要讨论的一维结构和纳米材料。如 VO_2中发生的那样,轨道沿晶体的单一方向发生重叠时一维金属性则显示出来。已知存在几种类型的一维金属,包括$(SN)_x$和有机聚合物(如掺杂的聚乙炔$[(CH)I_{0.25}]_n$)。但本节主要关注 d 金属(特别是 Pt)相互作用形成的链。

这种材料中,一个平面正方形络合物堆积在另一个之上而满足了对一维金属在结构上的要求(图 24.71)。金属原子周围的配体确保了链之间的距离较大(至少 900 pm),而链内金属-金属的平均距离则小于 300 pm。d^8组态金属离子通常形成平面四方形络合物,第六周期重 d 金属(使用 5d 轨道)d^8物种轨道间的重叠也是最大的。因此,人们感兴趣的化合物主要与 Pt(Ⅱ)和 Ir(Ⅰ)相关(其能带是由 d_{z^2}和 p_z轨道重叠形成的)。对 Pt(Ⅱ)而言 d_{z^2}能带是充满的,特别是满能级是通过铂的氧化实现的。许多 d^8四氰合铂(Ⅱ)酸盐络合物是 $d_{Pt-Pt}<310$ pm 的半导体,这种盐的部分氧化导致 Pt—Pt 距离小于 290 pm,也导致化合物显示金属性。将链进行氧化的常用方法是在结构中加进额外的阴离子或去除阳离子。第一个一维金属铂络合物是在 1846 年用溴氧化 $K_2Pt(CN)_4 \cdot 3H_2O$ 的溶液制得的,蒸发溶液得到晶体 $K_2Pt(CN)_4Br_{0.3} \cdot 3H_2O$,人们将其称为 KCP(见图 24.71)。

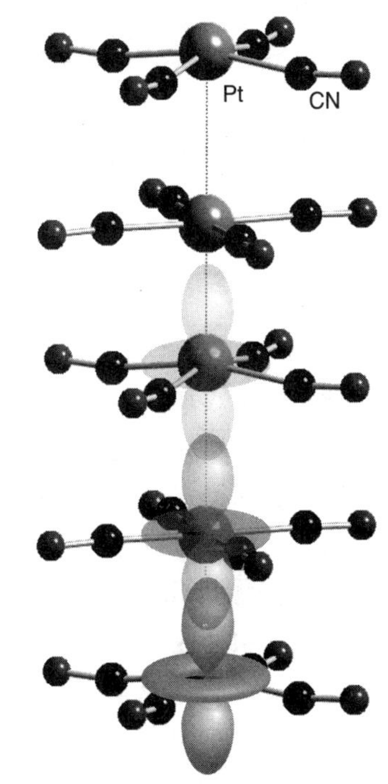

图 24.71* KCP($K_2Pt(CN)_4Br_{0.3} \cdot 3H_2O$)无限链结构的图示及其 d 能带示意图

一维金属的电子性质不像到目前为止的讨论所暗示的那样简单,R. Peierls 提出的一个定理是这样表述的:$T=0$ 时没有一维固体是金属! Peierls 定理的由来可追溯到迄今为止在讨论中隐藏起来的一个假设:化合物中的原子等距离地处在一条线上。然而,一维固体(和任何固体)中的实际间距是由电子的分布确定的,不能保证最低的能量状态是晶格间距相同的固体。事实上,$T=0$ 的一维固体总是存在畸变即 **Peierls 畸变**(Peierls distortion),这种畸变导致固体的能量低于理想的等距离固体。

这里讨论 N 个原子和 N 个价电子形成的一维固体,通过讨论可以获得 Peierls 畸变起源和影响的概念(图 24.72)。原子线通过畸变扭曲为长短交替的键。尽管长键在能量上是不利的,强的短键则弥补了长键显示的弱点而有余,净结果是能量低于等长化学键的固体。现在不是 Fermi 面附近的电子自由移动穿过固体，而是被陷在距离较长的键合原子之间（这些电子具有反键特征，因此处在强键合原子之间的核间区之外）。Peierls 畸变在原来导带的中心引入一个带隙，将满轨道与空轨道分开。因此，这种畸变导致产生半导体或绝缘体，而不是金属性导体。

KCP 中的导带主要是由 Pt 的 $5d_{z^2}$ 轨道重叠形成的 d 带。化合物中存在的少量 Br（以 Br^- 形式存在）从满 d 带移除少数电子使它变成导带。事实上室温下被掺杂的 KCP 为有光泽的青铜色，沿着 Pt 链轴具有最高的传导性。然而由于开始发生 Peierls 畸变，低于 150 K 时传导性急剧下降。较高的温度下原子的运动将畸变均化为零，原子间的距离相同（从平均意义上），不存在能隙，该固体是一维金属。人们能够离析出混合价的铂链络合物（如 $[Pt(en)_2][PtCl_2(en)_2](ClO_4)_4$），这是因为 Pt 链的一维线被电子惰性的分子套（如阴离子脂质）所包围。这种类型的纳米线将在节 24.27 中更充分地做讨论。

由分子相互作用形成的一维固体显示金属性行为，这一现象反过来又促进了对此类材料超导性的研究。人们发现显示超导性的一类材料是由有机金属形成的一系列金属络合物和以 π 体系相互作用堆叠起来的分子形成的超导体。TCNQ（7,7,8,8-四氰合-*p*-醌二甲烷，**1**）与 TTF（四硫富瓦烯，**2**）的盐显示出一些金属性性质，能传导和吸收一定范围波长的光。四甲基四硒基富瓦烯（TMTSF，**3**）的盐［如 $(TMTSF)_2ClO_4$］显示超导性，虽然只在低于 10 K 的温度，而且往往在压力下才显示这种性质。涉及含硫配体如 dmit（**4**）（$dmit^{2-}$ = 1,3-二巯基-2-硫酮-4,5-硫基）的分子金属络合物也显示超导性。由 TTF 和 $[Ni(dmit)_2]$ 组成的化合物 $[TTF][Ni(dmit)_2]_2$ 在 10 bar 压力和低于 2 K 时显示超导性。

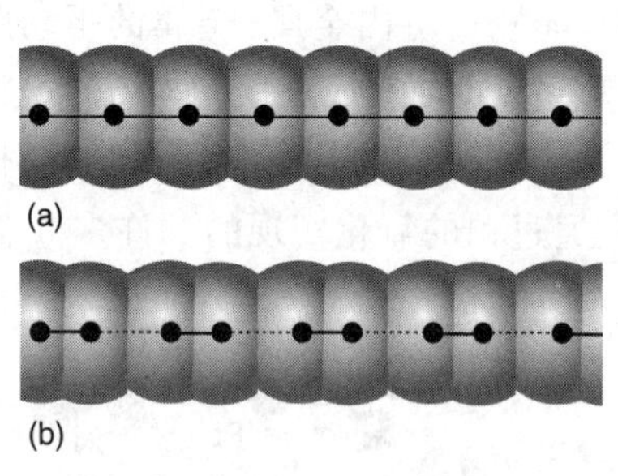

图 24.72　Peierls 畸变的形成

交替键长的原子线（b）的能量低于均匀分布的原子（a）的能量

NC　CN　NC　CN

(1) TCNQ(7,7,8,8-四氰基-p醌二甲烷)

S　S　S　S

(2) TTF(四硫富瓦烯)

Se　Se　Se　Se

(3) 四甲基四硒基富瓦烯(TMTSF)

S　S　S　S^-　S^-

(4) $dmit^{2-}$

(b) 分子磁体

提要：含有单个分子、簇或连接起来的分子链的分子固体显示出体磁效应（如铁磁性）。

人们越来越感兴趣的一类化合物是分子无机磁性材料，它们是以单个分子、或由这种含有未成对电子的 d 金属原子分子单元形成的材料。与电子自旋长程相互作用有关的这种现象（如铁磁性和反铁磁性）在通常情况下要弱得多，这是因为不存在短的、在金属氧化物中发现的那种超交换方式的路径。然而与所有的分子系统一样，通过对配体性质进行裁剪的方法可以调节金属中心之间的相互作用。

铁磁性分子无机化合物的例子包括十甲基二茂铁四氰基乙烯化物 TCNE（$[Fe(\eta^5\text{-}Cp^*)_2](C_2(CN)_4)$，$Cp^* = C_5Me_5$；**5**）和锰的同类物。这些材料的结构以交替出现的两种离子（$[M(\eta^5\text{-}Cp^*)_2]^+$ 和 $TCNE^-$）链为基础，在 T_c 低于 4.8 K（M = Fe）或 6.2 K（M = Mn）时沿着链的方向显示铁磁性。另一种方法也可用于构筑以分子为基础的磁有序化合物，这种方法是对磁相互作用中心的链进行组装。例如，MnCu（2-羟基-1,3-丙烯双草

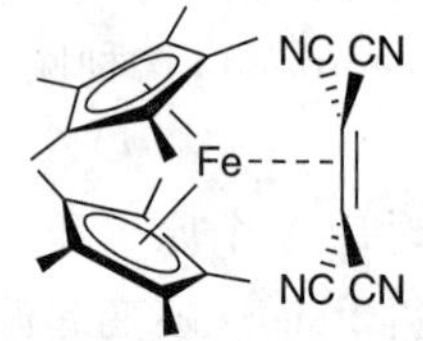

(5) 十甲基二茂铁四氰基乙烯化物 (TCNE)，$[Fe(\eta^5\text{-}Cp^*)_2(C_2(CN)_4)]$。

胺酸)·$3H_2O$(**6**)就是通过配体桥连交替出现的 Mn(Ⅱ)和 Cu(Ⅱ)离子链组成的。低于 115 K 时链中金属离子的磁矩为铁磁有序。这种铁磁有序最初只沿链发生(即发生在一个维度),然而一旦单个链彼此间发生磁相互作用,该材料在 4.6 K 时在三维方向完全有序。这是由配体和短距离 Mn—Cu 的强相互作用造成的。

将数种 d 金属离子掺入简单络合物分子的方法为络合物提供了作为小磁铁分子的机会。这样的化合物叫作**单分子磁体**(single-molecule magnets,SMMs)。例如,醋酸锰络合物$[Mn_{12}O_{12}](O_2CMe)_{16}(H_2O)_4 \cdot 2MeCO_2H \cdot 4H_2O$,其中含有 12 个 Mn(Ⅲ)和 Mn(Ⅳ)离子(它们是通过以乙酸根基团为端基的金属氧化物单元的氧原子连接起来的)组成的簇(图 24.73)。另一个例子是$[Mn_{84}O_{72}(O_2CMe)_{78}(OMe)_{24}(MeOH)_{12}(H_2O)_{42}(OH)_6 \cdot xH_2O \cdot yCHCl_3$,其中含有 84 个 Mn(Ⅲ)离子,它们形成直径为 4 nm 的大圆环形分子。磁化这种单个 SMMs 的能力提供了一条在极高密度下存储信息的一条路径,这是因为它们的尺寸(仅为几个纳米)远小于传统磁数据存储介质的磁畴尺寸。

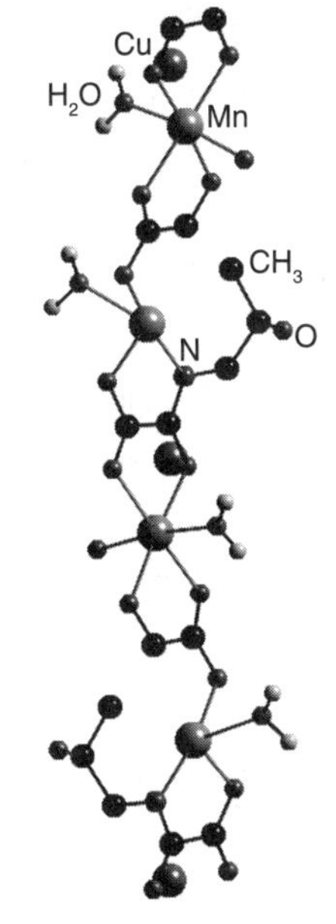

(**6**) MnCu(2−羟基−1,3−丙烯双草胺酸)·$3H_2O$

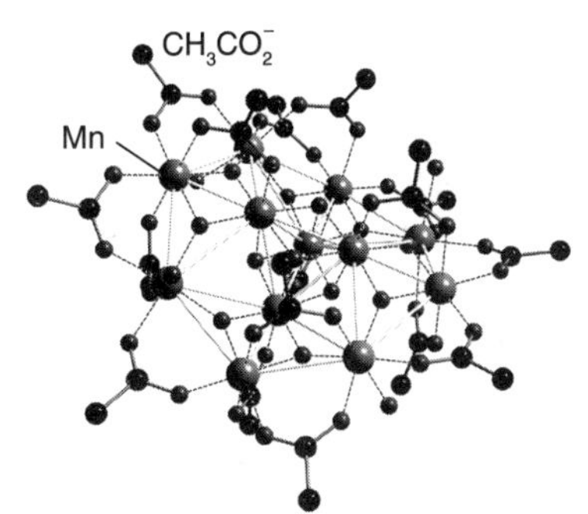

图 24.73* 含有 12 个 Mn(Ⅲ)和 Mn(Ⅳ)中心的单分子磁性化合物$[Mn_{12}O_{12}](O_2CMe)_{16}(H_2O)_4 \cdot 2MeCO_2H \cdot 4H_2O$ 的核心

(c) 普鲁士蓝类似物

提要:普鲁士蓝类化合物是具有相同结构的一类材料,其中的过渡金属通过氰离子连接在一起,它们显示出有用的光学和磁学性质。

前面(节 24.15,图 24.64)简单讨论过普鲁士蓝 $Fe(III)_4[Fe(II)(CN)_6]_3 \cdot xH_2O$,它由于显示深蓝色而用作无机颜料。沉积在基质上的普鲁士蓝薄膜还显示电致变色现象,即通过电压可以改变薄膜的颜色。普鲁士蓝具有将大离子引入立方形空腔并困住或隔离这些大离子的能力,可用它治疗铊(Tl^+)或放射性铯$^{137}Cs^+$引起的中毒。

人们当今对普鲁士蓝和与之相关的相(与普鲁士蓝成分不同但结构相似)的兴趣已经超越了光学性能,如这种材料在低于 5.6 K 时还显示出铁中心的铁磁有序。取代铁离子可能发生在 $Fe(III)_4[Fe(II)(CN)_6]_3 \cdot nH_2O$ 的三价和二价离子位点;阳离子可与水分子一起引入空腔,过渡金属位点可能存在不同能级的空位。这样能够产生组成通式为 $A_y^{n+}(M', M''\cdots)^{2+}[M^{3+}(CN)_6] \cdot xH_2O$ 的一组材料,人们将其称之为

普鲁士蓝类似物(Prussian blue analogues);如人们已经合成出通式为 $M^{2+}_{1.5}[Cr^{3+}(CN)_6]\cdot xH_2O$(M = V、Cr、Mn、Ni、Cu)的系列化合物(如 KV(Ⅱ)[Cr(Ⅲ)(CN)$_6$])。由于金属中心之间较强的相互作用,这些化合物的铁磁有序温度(即 Curie 温度,T_C)比普鲁士蓝高得多。组成为 V(Ⅱ)[Cr(Ⅲ)(CN)$_6$]$_{0.86}$·2.8H$_2$O 的材料的 T_C = 315 K,组成为 KV(Ⅱ)[Cr(Ⅲ)(CN)$_6$]的材料的 T_C = 385 K;也就是说,这些材料在室温下显示铁磁性。

磁光效应基于光与磁性材料之间的相互作用。例如,偏振光穿过磁有序材料进行传播时可以看到 **Faraday 效应**(Faraday effect)。偏振光的偏振面发生了旋转,这种旋转以线性方式正比于传播方向上磁场的分量。在普鲁士蓝类似物(因为其中存在过渡金属离子和金属中心之间的价间电子转移而往往显示深颜色)中,Faraday 效应是依赖于波长的。这种行为在光磁数据存储设备中具有潜在的应用价值,特定波长的光可以写入或读取存储在局部磁矩取向材料中的信息。

(d) 无机液晶

提要:具有盘状或棒状几何形状的无机金属络合物可能显示液晶的性质。

液晶化合物是指性质处于液体性质和固体性质之间并包括两种性质的化合物。例如,它们虽是液体,但至少在一个维度上具有位置上的有序性。这类材料已广泛用于显示器。形成液晶材料的分子通常为棒状或盘状,这种形状导致分子在特定方向上排列形成有序的液体结构(图 24.74)。尽管大多数液晶材料总体上为有机材料,但基于金属配位化合物和基于金属有机化合物的无机液晶的数目却在与日俱增。这些含金属的液晶显示出与纯有机体系类似的性质,但却能够提供与 d 金属中心有关的其他性质(如氧化还原性质和磁效应)。

由于液晶行为要求分子的形状为棒状或盘状,许多含金属的体系以后 d 区金属低配位几何构型为基础,特别是以第 10 族和第 11 族的平面四方形络合物为基础。β-二酮络合物(**7**)具有与四个 O 原子以四方平面方式配位的 Cu^{2+},四个 O 原子来自两个 β-二酮(它们带有长而悬垂其上的烷基)。这种铜(Ⅱ)材料具有顺磁性,但也形成**向列相**(nematic phase),其中棒状分子主要按一个方向排列(见图 24.74)。

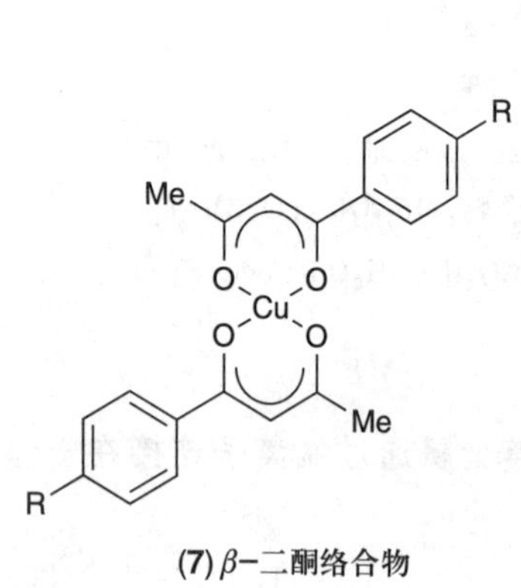

(7) β-二酮络合物

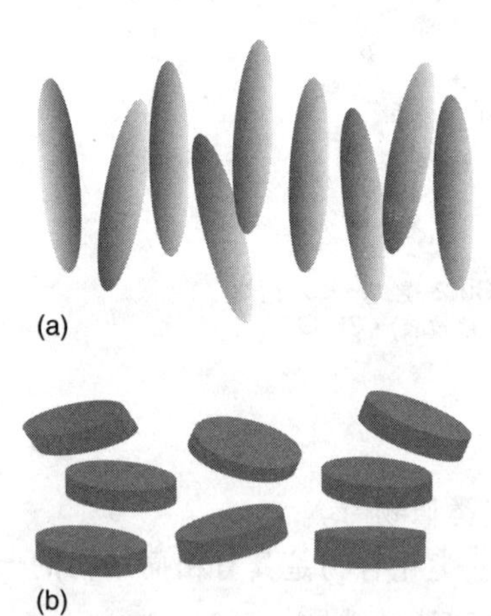

图 24.74　基于(a)棒状和(b)盘状分子的液晶材料示意图

纳米材料

以下各节集中讨论纳米材料,即能够合成为至少一个维度处在 1~100 nm 的粒状或层状材料。这里将介绍基本的物理和化学原理(这些原理能够说明纳米材料为什么让人们产生如此强烈和广泛的兴趣),也要介绍用来制备和利用纳米材料的技术。首先(节 24.22)通过定义和实例介绍纳米材料、纳米科学和纳米技术。接下来的三节(节 24.23、节 24.24 和节 24.25)讨论高质量纳米材料的制备方法和表征这些纳米材料所需的专业技术。节 24.26 至节 24.29 举出不同维度纳米材料的实例,以说明纳米体系中的化学原理和材料的性质是多么的不同,正是这些不同导致了纳米技术的新用途。

24.22 术语和历史

提要:纳米材料是指尺度范围在 1~100 nm 的任何材料。一个更为专业的定义认为:纳米材料是一种物质,这种物质因为具有纳米范围的尺度而显示出分子材料和大块固体材料不能显示的性质。纳米材料的制备方法包括"从大到小"法和"从小到大"法:前者是通过物理方法将块材变成纳米尺度的材料,后者是以可控制的方式将原子或分子进行组装以构建纳米材料的方法。

纳米材料(nanomaterial)是一种固体材料,其尺寸范围在 1~100 nm,并能显示出与尺寸有关的新性能。同样,**纳米科学**(nanoscience)有时也仅限于研究那些只在纳米尺寸材料中显示的新效应。**纳米技术**(nanotechnology)同样仅限于开发只有纳米尺寸才能具有的功能的新方法。

尽管纳米粒子的化学只在近些年才引起人们高度兴趣并获得如此多的研究基金,但几个世纪以来人类实际上已经在运用纳米技术。例如,金和银的化合物一直用来分别生产红色和黄色的染色玻璃。金和银的金属原子在染色玻璃中以纳米粒子(以前叫作"胶体粒子")的形式存在,这些粒子的光学性质强烈依赖于粒子的大小。金属性的纳米色素正在成为生物医学纳米技术的焦点,因为它们能够将 DNA 连接到其他活性纳米粒子上。纳米技术其他典型的例子包括卤化银乳剂(用于摄影)中的光敏纳米粒子、纳米颗粒状 TiO_2 颜料、"炭黑"中纳米尺度的碳粒(用于加固轮胎和制作打印机的墨水)。

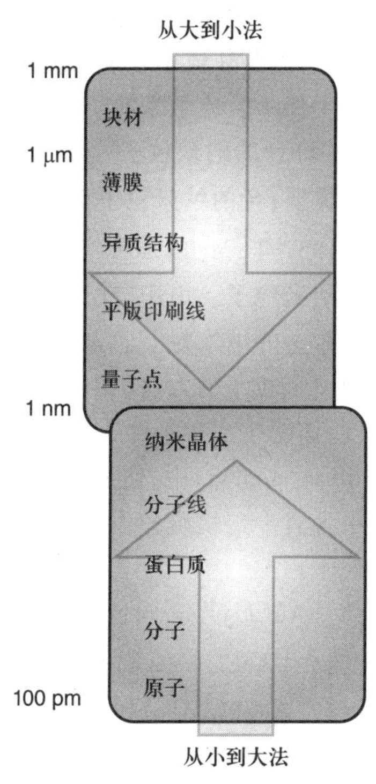

图 24.75 制备纳米结构的两种方法:从大到小法将大物体切分为纳米级物体,从小到大法将更小的物体组合为纳米尺寸的物体

制备纳米级实体的基本方法有两类(图 24.75)。第一种方法是将大尺度(或微尺度)的物体分成纳米尺度,这类方法被称之为**从大到小法**(top-down approaches)。从大到小法靠的是物理作用,如光印刷术、电子束印刷术和软印刷术;光印刷术用来制造大的集成电路,这种集成电路具有尺度范围在 1~100 nm 的维度。第二种方法叫**从小到大法**(bottom-up approaches),这种方法是以可控制的方式将较小尺度的组分进行组装以构建较大的纳米尺度的材料。这里主要介绍后一种方法,因为这种方法着力于原子和分子的化学相互作用,通过化学过程有控制地将原子和分子进行排列形成大的功能性结构。两种基本方法广泛用于制备纳米材料,从小到大法则是在溶液和气相中进行的方法。

24.23 溶液法合成纳米粒子

提要:从小到大法中的溶液法是合成纳米粒子的主要方法,这是因为这种方法是在原子级别进行混合的,而且试剂流动性也较高。溶液中的结晶过程涉及成核和生长两个阶段。

正如节 24.1 中讨论的那样,生成无机固体的两种基本方法包括直接化合法和溶液法。前一种方法不能很好地合成纳米粒子,那是因为反应物可能是微米级粒子,反应需要长时间才能达到平衡。除此之外,由于反应中粒子的生长需要在高温条件下进行,从而导致生成大的(通常大于 1 μm)微晶。然而有实例表明,低温下通过球磨法可将微米大小的粉末磨成纳米粒子;这种方法已用于生产非常重要的金属氢化物纳米粒子(用作储氢材料,节 24.13)。溶液法可以很好地控制无机材料的结晶过程并广泛用于纳米化学中。仔细调节从溶液中结晶的过程,能够制备出高度单分散、形状均匀的各种不同组成的纳米粒子。

由于溶液法中反应物在原子水平相混合并在液体介质中发生了溶剂化,扩散进行得很快、扩散距离通常也较小。因此反应可在低温下进行(将热驱动的粒子生长过程减到最小),这在直接化合法(节 24.1)中是难以做到的。虽然不同反应的具体情况可能有很大不同,但溶液化学的基本阶段却包括

1. 反应物种和添加物的溶剂化;

2. 从溶液中形成稳定的固体晶核;

3. 加入控制量的反应物种,控制从固体晶核生长为特定尺寸的纳米粒子。

溶液合成的基本目标是以一种可控制的方式产生大量稳定的晶核,这种晶核几乎不会进一步生长。如果生长,只会是独立于成核步骤的生长。因为只有这样,所有的粒子才有机会长成同样的大小。如果能够顺利完成这一过程,将形成单分散的粒子:即所有粒子都在纳米范围内具有类似的大小。溶液法的缺点是粒子会发生 **Ostwald 熟化**(Ostwald ripening)。熟化过程中较小的粒子重新溶解、溶剂化粒子随后重新沉淀在较大的粒子上,从而导致平均粒径的增大和粒子总数的减少。为了防止这种人们不希望发生的熟化过程,需要往体系中加入**稳定剂**(stabilizers)。稳定剂是一种表面活性剂分子,有助于防止小粒子的溶解和生长。合成纳米粒子的方法很多,下面的讨论仅限于几个著名的例子。

(a)金的纳米粒子

提要:金的纳米粒子能在稳定剂存在条件下通过溶液中$[AuCl_4]^-$的控制还原来获得。

1857 年,M. Faraday 发现在 CS_2中用磷还原水溶液中的$[AuCl_4]^-$生成深红色的悬浊液;此溶液中含有金的纳米粒子。由于硫配体与金形成稳定的络合物(软软相互作用;节 4.9),因而含硫物种是良好的稳定剂。对金的纳米粒子而言,用得最广泛的是含有硫醇基团(—SH)的稳定剂。人们建立了从$[AuCl_4]^-$制备金的纳米粒子的方法(该法与 Faraday 方法的实质相同),用硫醇作为稳定剂以控制纳米粒子的大小和分散度;该法生成直径在 1.5~5.2 nm、对空气稳定的金的纳米粒子。在所谓的 **Brust-Schiffren 法**(Brust-Schiffrin method)中,使用相转移催化剂(四辛基铵溴化物)第一次将$[AuCl_4]^-$从水溶液中转移至甲苯。甲苯中含有十二烷硫醇作为稳定剂,转移之后用 $NaBH_4$作为还原剂沉淀出具有十二烷硫醇表面基团的金纳米粒子:

转移:$[AuCl_4]^-(aq)+N(C_8H_{17})_4^+(sol) \longrightarrow N(C_8H_{17})_4^+(sol)+[AuCl_4]^-(sol)$

沉淀:$m\ [AuCl_4]^-(sol)+nC_{12}H_{25}SH\ (sol)+3me^- \longrightarrow 4mCl^-(sol)+[Au_m(C_{12}H_{25}SH)_n](sol)$

沉淀为$[Au_m(C_{12}H_{25}SH)_n]$纳米粒子,“sol”为甲苯。稳定剂($C_{12}H_{25}SH$)与金属(Au)的比值控制着粒子的尺寸,较高的比值导致形成较小的金属粒子。快速加入还原剂($NaBH_4$)并在反应完成之后尽快地将系统冷却可形成较小的、单分散的纳米粒子。还原剂的快速加入增加了所有晶核同时形成的机会。溶液的快速冷却可将粒子在成核之后的生长和溶解减至最小。相似的方法可用于制备其他金属的纳米粒子。

(b)半导体和氧化物纳米粒子

提要:从溶液中进行控制沉淀的方法可制备金属氧化物和半导体纳米粒子。

由于带间吸收和荧光发生在可见光谱区,对光学性质而言(节 24.17 和 24.30;应用相关文段 19.4 和 24.6),材料(如 GaN、GaP、GaAs、InP、InAs、ZnO、ZnS、ZnSe、CdS 和 CdSe)的量子点已经得到研究。制备 CdSe 纳米粒子的早期描述如下:在室温下将二甲基镉$[Cd(CH_3)_2]$溶解在三辛基膦(TOP)和三辛基膦氧化物(TOPO)的混合物中,并加入溶解于 TOP 或 TOPO 的 Se 溶液。然后将溶液混合物在剧烈搅拌下注入含有热 TOPO 的反应物容器中,导致被 TOPO 稳定的 CdSe 纳米粒子(也叫量子点 QDs:参见节 24.30)的成核作用。小心冷却和加热溶液以控制成核和粒子生长的速率,导致形成粒径分布窄和粒径大小在 2~12 nm 的粒子。近期研制出另外一条危险性少的合成方法,避免使用高毒性的 $Cd(CH_3)_2$。

通过加入含硫化合物的方法能够在 pH 受到控制的 Cd(Ⅱ)盐水溶液中(以聚磷酸盐为稳定剂)长出硫化镉纳米颗粒。例如,在 pH=10.3 的条件下往含有 $Cd(NO_3)_2$和聚磷酸钠的水溶液中加入 Na_2S 得到 CdS 纳米粒子沉淀。这些量子点的尺寸范围从 1 nm 到 10 nm,颗粒的大小可通过反应物浓度和加入反应物的速率来控制。

胶体氧化物粒子(如 SiO_2和 TiO_2)的用途涉及食品、墨水、油漆和涂料等多个方面,它们也可通过溶液法进行生长。实现可控条件下生长纳米氧化物的努力许多来自传统陶瓷和胶体应用方面的早期工作。二氧化硅(SiO_2)和二氧化钛(TiO_2)可能是人所共知的、从溶液中生长出来的纳米氧化物,制备方法通常涉及金属醇盐的控制水解。为了控制粒子最终的大小和形状,所有情况下都需要对 pH、前体化学、反应物浓度、添加反应物的速率和温度进行严格监控。

使用纳米氧化物的一个重要例子是叫作 **Grätzel 电池**(Grätzel cell)的光电化学太阳能电池(应用相关文段 21.1)。在剧烈搅拌下将异丙氧基钛逐滴加至 $0.1\ mol \cdot L^{-1} HNO_3(aq)$溶液中,成核作用就发生在异丙氧基钛的水解过程中。过滤后的纳米粒子在水热条件下进行生长,粒子的大小、形状和聚集状态通过两个阶段(成核和生长)对 pH、温度和反应时间的控制进行调整。

24.24 经由溶液或固体的纳米粒子的气相合成

提要:另一种合成纳米粒子的方法是气相合成法,这种方法可经由溶液或固体实现。

与溶液法合成中成核和生长相关的基本原理也适用于气相合成法。气相需要对某一点(在该点爆发性的产生高密度的均匀成核现象产生固体粒子)达到过饱和;后续发生的粒子生长步骤也必须进行限制和控制。工业上用气相合成法大量生产纳米级炭黑和雾状二氧化硅,气相法也不难制备金属、氧化物、氮化物、碳化物和硫属化合物。

气相法和溶液法之间存在显著差异。溶液法中的稳定剂以直接的和可控制的方式加入,粒子之间仍然保持分散和相互独立。然而气相法中不易加入表面活性剂或稳定剂,没有表面稳定剂的纳米粒子倾向于凝聚成更大的粒子。溶液法与气相法相比,前者得到的纳米粒子分散得更好些。

气相法按照前体(作为试剂)的物理状态或按照反应方法(如等离子体合成或火焰裂解)进行分类。任何例子中都要将试剂转化为过饱和或过热蒸气,从而能够通过反应的方法或冷却的方法以强制成核。固体试剂先进行汽化,然后以气体凝聚、激光烧蚀、溅射、火花放电等方法再凝聚。喷雾热解法、火焰合成法、激光热解法、等离子体合成法和化学蒸气沉积法中使用液体或蒸气前体。喷雾裂解法中溶液被直接喷到热的表面上(使溶剂得以快速蒸发)并将固体产物留在表面;而在火焰合成法或热解法中,液体或溶液直接进入火焰发生热分解生成细颗粒产品。激光热解法直接使用激光束快速加热溶液以造成溶剂的蒸发和和剩余固体分解为纳米颗粒。化学蒸气沉积法是将蒸气转移到底物上,在那里发生反应和成核(图 24.76)。由化学蒸气沉积法变化而来的一种方法是将气态前体送入热壁反应器,在那里发生均匀反应(从气相生成有核固体)并在下游收集产生的粒子。粒子的大小受到反应器中流动速率、前体化学、浓度和滞留时间的控制。**等离子体合成法**(plasma synthesis)除了用于合成核壳纳米粒子[参见节 24.30(b)]外,还可用于合成元素组成的固体、合金和氧化物。在这种方法中,气体或固体粒子被送入等离子体,在那里蒸发并电离为高能量的带电荷物种。等离子体内部的温度可超过 10 000 K。离开等离子体后,温度快速下降并在远离平衡的条件下发生结晶。纳米粒子是在等离子区的下游收集的。依赖载气(即氧化条件)的不同,可以形成元素型固体、核壳结构或化合物粒子。通过气相法合成其他材料的例子包括金属、氧化物、氮化物和碳化物,如 SiC、SiO_2、Si_3N_4、$SiC_xO_yN_z$、TiO_2、TiN、ZrO_2和 ZrN。

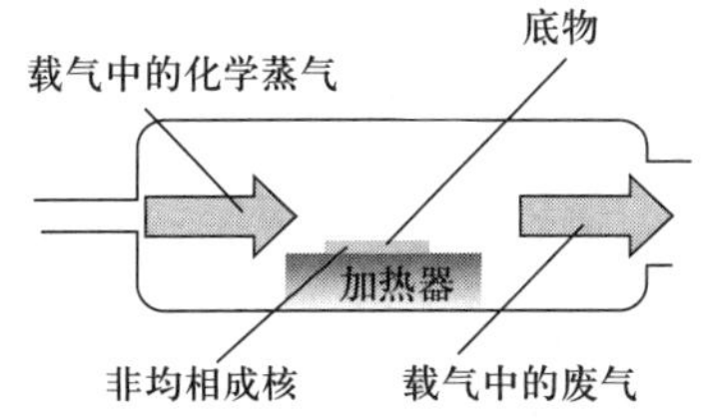

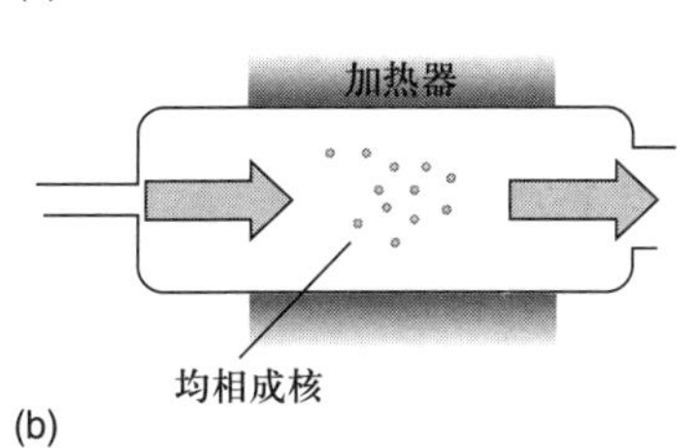

图 24.76 化学蒸气法实现薄膜生长(a)和纳米粒子的生产(b)

溶液法和气相法都可用来制备复合纳米粒子,如制备核壳纳米复合材料。两种方法的制备途径都是在初始形成的核或初始形成的纳米粒子上产生第二相。如果两种材料的溶液具有相似的特征,溶液法设计生成核壳纳米复合材料的反应则比较简单。然而,实际上很难发现重叠的材料合成条件。气相法提供了设计核壳粒子的其他途径，即在生长阶段向反应器中注入第二种蒸气。

24.25　通过框架、载体和底物的纳米材料模板合成法

异相成核作用(heterogenious nucleation)是指发生在现成表面上的成核作用，它可用来生成包括零维、一维和二维材料在内的各种重要的纳米结构。该法与那些已介绍过的方法相似：它们要么是物理方法要么是化学方法，并且都涉及从液体或从蒸气的结晶过程。主要差别在于外部试剂也涉及其中，外部试剂也对纳米材料的形成进行直接控制。这种外部试剂可能是框架结构或载体结构，它们能够限制纳米粒子合成中反应体积的大小(如使用反向胶束框架)。外部试剂在二维薄膜生长过程中起到底物的作用。

(a) 纳米尺度的反应容器

提要：纳米级反应容器中进行反应时固体产物的最终尺寸受容器大小的限制；反向胶团具有能在其中发生反应的水质芯。

在纳米容器中进行粒子合成时，粒子最终的大小受制于容器的大小。一个流行的方法是**反向胶团合成**(inverse micelle synthesis)法。反向胶团是由不相混溶的液体(如水和非极性的油)的两相分散而成的。通过两亲性表面活性分子(具有极性和非极性末端的分子)可将水相稳定为分散了的球体，球体的大小用水与表面活性剂的比值来表示(图24.77)。晶形粒子的大小受限于胶团的体积，后者可在纳米尺度上进行控制。

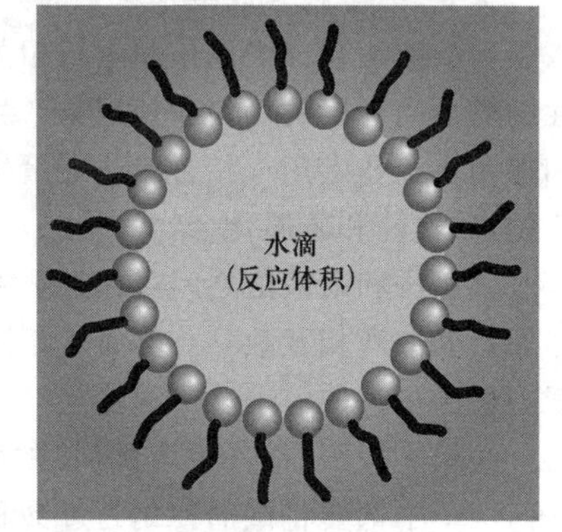

图24.77　反向胶团示意图

分子的亲水端围绕水滴，疏水尾端与作为分散介质的非极性溶剂相接触；反应物在水滴中发生溶剂化，然后引发在受限容器空间中发生的反应

使用这种方法形成的纳米粒子包括Cu、Fe、Au、Co、CdS、CdSe、ZrO_2、各种铁素体和核壳粒子(如Fe/Au)。

(b) 物理气相沉积

提要：在物理气相沉积法中，以蒸气存在的原子、离子或簇合物吸附在表面上并在那里与其他物种结合为固体；分子束取向生长是一种技术，这种技术中从初始进料蒸发出来的物种形成指向底物的束并在那里得到生长。

在**物理气相沉积**(physital vapour deposition; PVD)法中，蒸气从其源头被送至它们结晶出来的固体底物上。送来的气态物种通常是元素的原子、离子或原子簇。广泛使用的几种PVD形式包括**分子束取向生长**(molecular beam epitaxy; MBE)、溅射和**脉冲激光沉积**(pulsed-laser deposition; PLD)。气相物种到达时可能具有相对低的动能(如在MBE法中)或者具有相对高的动能(如在溅射法和PLD法中)。所有PVD法共同具有的最重要的特征在于实现化学计量的复合薄膜的能力；这是因为蒸气沉积方法能让单原子层在载体或底物上以一种可控的方式进行沉积，用从小到大的方法构建纳米级结构。

分子束取向生长(MBE)是一种用于长出薄的**取向生长膜**(epitaxial films)的超高真空技术，这种膜与处在下方的底物具有明确的结晶学关系。在MBE中，分子束是通过加热初始源使原子蒸发而形成的，并在低压下发射至底物表面。薄膜的化学计量和薄膜的生长速率高度依赖于束的流量，束的流量通过对初始源温度的调节来控制。**同质取向生长**(homoepitaxy)是指材料薄膜在相同材料底物上的取向生长；**异质取向生长**(heteroepitaxy)则指材料薄膜在不同材料底物上的取向生长。异质取向生长使材料和底物之间产生张力，这种张力是由晶格参数不相匹配造成的。

脉冲激光沉积(PLD)是通用型的一种PVD技术，能够用来合成各种高质量薄膜(图24.78)。在PLD中，脉冲激光使靶蒸发，靶的表面释放出由原子化并电离了的粒子组成的羽状物，并凝聚到邻近的靶上。PLD法通常会产生与底物具有相同组成的薄膜，这种方法与需要进行调节的技术或需要昂贵的控制设备去实现特定化学计量的技术相比简单得多。PLD已用于生长各种高质量的超晶格，如生长出$SrMnO_3$和

$PrMnO_3$交叠层(每层厚度只有 1 nm)的晶格。

(c) 化学蒸气沉积

提要:在化学蒸气沉积法中,底物上(或底物附近)靠化学分解而产生的蒸气分子吸附在底物表面并与其他物种化合生成固体(和残余气体产物)。

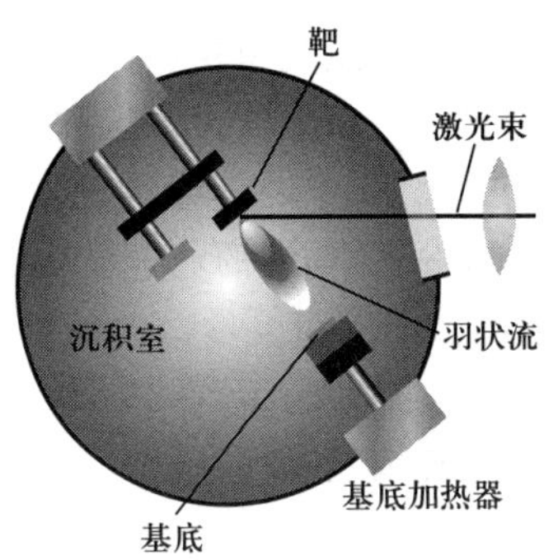

图 24.78 用于产生纳米结构的超晶格和人工层状薄膜的脉冲激光沉积室

不只是物理气相沉积法能够通过对复杂化学计量的控制实现一层紧随一层生长的高质量薄膜,化学技术也能提供这样的控制。例如,**金属有机化学蒸气沉积**(metal-organic chemical vapour deposition;MOCVD)和**原子层沉积**(atomic layer deposition;ALD)都属于这种化学技术。与物理技术(物种直接凝聚在底物上并相互反应)不同,化学法需要将前体在底物或邻近底物处进行分解,以便将反应物物种输送至生长着的薄膜上。因此,化学蒸气方法必须考虑被选用的前体的分解过程的热力学,这是因为蒸气通常含有不能掺入生长着的薄膜中的元素。图 24.76 给出有代表性的化学蒸气沉积(CVD)系统的布局。这种系统通常是在不高的真空度甚至是在大气压下(通常在 0.1~100 kPa)运行的。其生长速率可能相当高,大于 MBE 法或 PLD 法生长速率的 10 倍。CVD 技术中前体分子的分解发生在底物表面的上游,在底物表面长出目的产物。高温、激光或等离子体能够活化气体反应物的分解过程。各种材料已用 CVD 法大量生长出来。对第 13/15(Ⅲ/Ⅴ)族半导体(如 GaAs)而言,有代表性的原材料是第 13 族元素的金属有机前体[如 $Ga(CH_3)_3$]和第 15 族元素的氢化物或卤化物(如 AsH_3)。一个有代表性的反应

$$Ga(CH_3)_3(g) + AsH_3(g) \xrightarrow{550\sim650\ ^\circ C} GaAs\ (s) + 3\ CH_4(g)$$

是在氢气氛中进行的。对例如超导性铜酸盐($YBa_2Cu_3O_7$)这样的复合氧化物而言,每种金属都需要找到合适的前体;科学家面临的挑战是找到正电性元素 Ba 和 Y(它们通常形成离子型化合物)的挥发性分子。科学家发现在这方面可使用金属的β-二酮类化合物(如钇的 2,2,6,6-四甲基-3,5-庚二酮络合物)在约 150 ℃进行升华。该法潜在的优势是能够改善对产物化学计量的控制。硫化锌能够从各种锌的硫代络合物[如 $Zn(S_2PMe_2)_2$]中沉淀出来;下一步的目标是研究出复杂的挥发性分子,如含有能同时沉积出几种不同金属原子从而得到复合氧化物的分子。

CVD 技术可通过微调生产出高质量的薄膜。该法的缺点包括需要使用有毒的化学品、反应室中发生的湍流,以及由于分解不完全而需要加入人们不希望存在的化学物质。这种技术可在没有底物的情况下通过蒸气的热解生成纳米粒子。此外,MOCVD 和 MBE 联合使用能够对粒子的生长进行原位监控,这种技术被称为**化学束取向生长**(chemical beam epitaxy; CBE)。

最后一种化学方法旨在控制发生在表面的精确的化学相互作用。在这种叫作**原子层沉积**(atomic layer deposition; ALD)的方法中,化学物种随后被送至底物并在底物上发生单分子层的沉积,过量的反应物被移除。反复进行单层覆盖、后续反应和移除过量反应物的操作能够对复合材料的生长进行精确控制。这种方法必须控制反应物种和它们的相互作用以确保只有单层覆盖和快速的后续反应。这样做意味着每种试剂的蒸气必须以一种适当的方式与之前沉积的膜层发生相互作用。这种方法能够得到平坦而均匀的涂层。用 ALD 法生长的纳米材料包括 Al_2O_3、ZrO_2、HfO_2、CuS 和 $BaTiO_3$。

24.26 使用显微技术表征和形成纳米材料

如果不能表征纳米材料的结构、化学性质和物理性质,就不会有纳米科学和纳米技术所取得的巨大进步。此外,直接观察纳米结构能够让人们了解加工过程与性质之间的重要联系。节 8.16 讨论了扫描探针显微技术这一重要的表征技术。与之相关的一种方法叫**笔尖纳米光刻术**(dip-pen nanolithography,DPN;

图 24.79)。这种技术以 AFM 的尖作为墨水笔,经由从纳米油墨(包含分子实体)到固体底物表面的分子传输形成**自组装单层**(self-assembled monolayers; SAMs)。这些单层往往涉及有机硫醇中的 S 原子与 Au 的表面之间特定的共价相互作用。

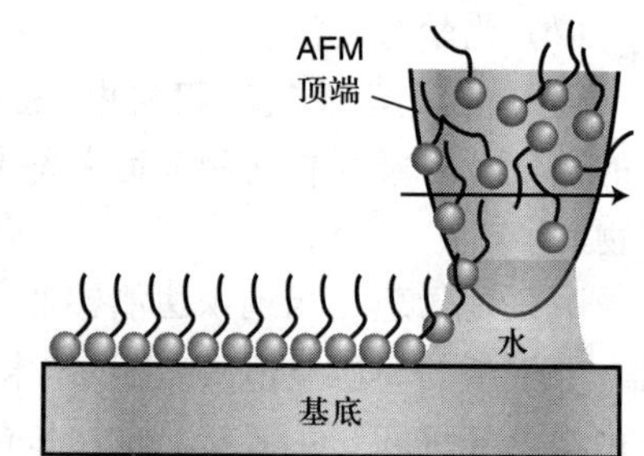

图 24.79　笔尖纳米光刻术
有机硫醇从 AFM 尖端移至水的弯月面,在 Au 底物表面形成自组装的单层(引自 C. Mirkin, Nanoscience Boot Camp at Northwestern University 2001.)

节 8.17 描述的电子显微术(TEM 和 SEM)对纳米粒子的可视化观察至关重要。

纳米结构及其性质

控制材料的维度可以控制材料的物理性质,如维度对电子态密度具有显著影响。在为数不多的后面几节中,我们通过几个具体实例介绍如何控制维度和维度产生的新性质。

24.27　一维控制:碳纳米管和无机纳米线

提要:维度在决定材料性质方面起着关键作用。

科学家们广泛研究了纳米棒、纳米线、纳米纤维、纳米须晶、纳米带和纳米管等悠长的一维形态,这是因为一维系统是可用于有效传递电子和光激发的最低维度的结构。一维纳米结构还有其他许多用途,包括纳米电子学、非常牢固结实的复合材料、功能性纳米结构材料,以及新型扫描探针显微技术的尖。

一类重要的纳米材料为**碳纳米管**(carbon nanotubes; CNTs)。碳纳米管也许是用从小到大的化学合成法制备的新型纳米材料的最好例子。它们的化学组成和原子间成键模式都非常简单,但却显示出多种多样的结构和前所未有的物理性质。这类新的纳米材料已经得到应用,如用于化学传感器、燃料电池、场效应晶体管、电的相互连接和机械增强剂。碳纳米管为柱状壳体,从概念上讲是由石墨烯片卷成的、封闭的管状纳米结构,直径与 C_{60}(0.5 nm)相当,但长度高达数微米。单壁纳米管(SWNT)是由石墨烯片沿石墨烯平面(图 24.80)的晶格矢量(m,n)卷成的圆柱体。指数(m,n)决定了 CNT 的直径和手性,而直径和手性又控制着 CNT 的物理性质。大多数 CNTs 的末端是闭合起来的、半球状单元帽盖着的空心管。碳纳米管自组装为两种不同的类型,即单层碳纳米管(SWNTs)和多层碳纳米管(MWNTs)。MWNTs 的管壁是由多个石墨烯片同心缠绕而成的。

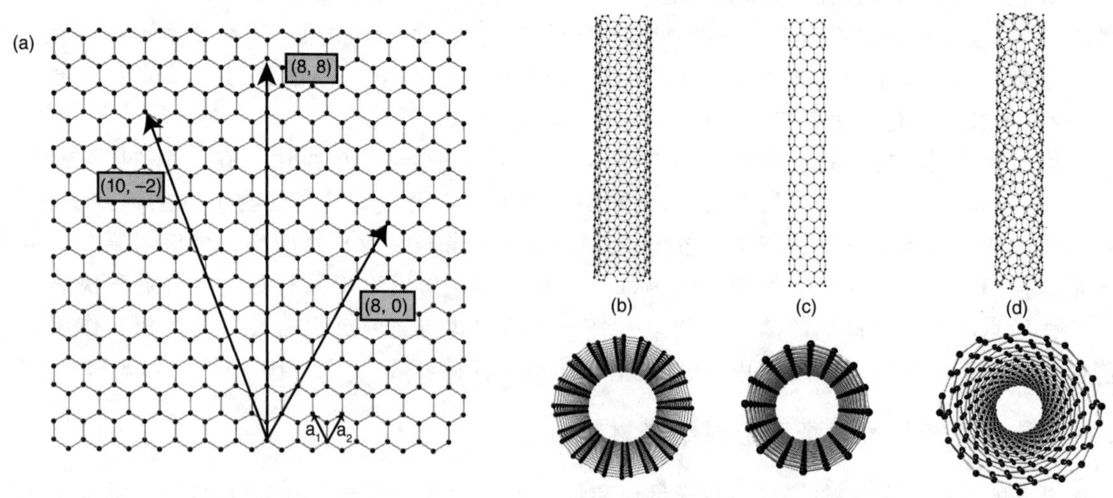

图 24.80　石墨烯片的蜂窝状结构(a),沿晶格矢量折叠石墨片可形成单层碳纳米管,两个晶格矢量表示为 a_1 和 a_2;沿矢量(8,8),(8,0)和(10,−2)折叠分别生成扶手椅形(b)、之字形(c)和手性(d)纳米管(引自 H, Dai, *Acc. Chem. Res.*, 2002, **35**, 1035;此处转载得到美国化学会的许可)

CNTs 可通过多种方法进行合成。激光汽化技术通常用于相对少量的碳纳米管的制备，而专门的 CVD 技术已能合成出数量超过数毫克的 CNTs。在 CVD 法中，碳氢化合物（如甲烷）气体在高温下分解，C 原子在冷的底物（可能含有各种不同的催化剂，如 Fe）上凝聚。这种 CVD 技术具有吸引力，它能够生成开口式纳米管（其他方法不能生成这种纳米管）、能够连续制备、并容易放大至大规模生产。因为生产的纳米管为开口式，因而可用作模板剂。弧放电法是通过两根碳棒短路造成等离子放电以产生极高的温度。弧放电法需要低电压和比较高的电流，但这里的等离子体容易达到超过碳蒸发（大约 4 500 K）所需的温度。弧放电法或 CVD 法形成的 CNT 通常是多层管。为了有利于 SWNT 的形成，碳源中需要加入金属催化剂（如 Co，Fe，Ni）。金属催化剂粒子阻断了每个纳米管的半球形端盖的形成，从而有利于生长成 SWNT。此外，碳纳米管的生长方向受到多种因素的控制，这些因素包括 van der Waals 力、外电场和不同底物中金属催化剂的模式。这种模式化的生长方法可用于离散的、催化的纳米粒子，得到可称量的、大阵列的纳米线（图 24.81）。

CNTs 六边形图案来自石墨结构；然而纳米管的电性质取决于六边形的相对取向。纳米管既可以是半导体，也可以是金属性导体。采取椅形取向时，CNTs 显示出显著的高导电性。电子能够流过零散射和零散热的微米长度的纳米线。CNTs 也有非常高的热导率，能与已知最好的热导体（如金刚石、石墨和石墨烯）相提并论。与石墨烯一样，纳米管被看作集成电路连接器最理想的纳米材料。这种材料可能会解决计算机产业中两个关键性挑战：散热和提高处理速度。

除 CNTs 外，人们也已找到类似的方法制备与 C 具有共同成键特性的纳米管，包括半导体和金属氧化物。具体地说，BN、ZnO、ZnSe、Zn、InP、GaAs、InAs 和 GaN 都能制成纳米管。这些纳米管由于具有新的电性质和小的尺寸，使它们成为受到人们关注的无机纳米线。

芯鞘（core-sheath）纳米线也引起人们的极大兴趣，它们在概念上类似于宏观的同轴电缆。例如，人们已经制备出有序排列的 Au/TiO_2 芯鞘纳米线，它是基于层叠和煅烧（空气中加热除去易挥发的模板试剂）的新型纳米线模板技术制备的。生长成模板的金纳米线阵列被用作阳性模板，阳离子聚合电解质和无机前体通过层叠技术在金纳米线上进行组装，然后通过煅烧将无机前体转化为二氧化钛（图 24.82）。

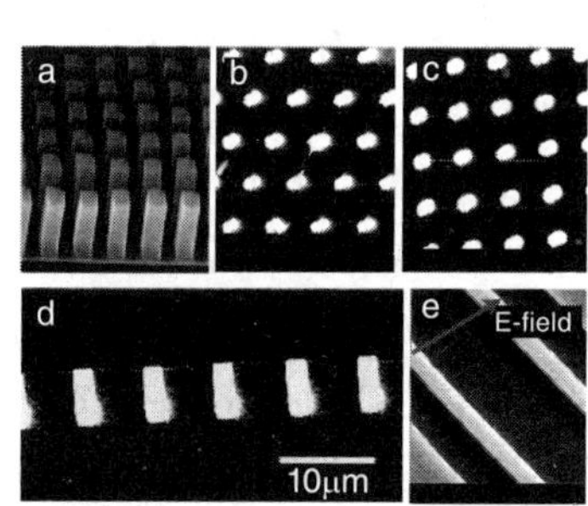

图 24.81　直接化学气相沉积合成法获得的碳纳米管的有序结构：(a) 自我取向排列的 MWNT 的 SEM 照片；每个塔形结构都由许多密堆积的多层纳米管形成，每个塔中的纳米管按垂直于底物的方向取向；(b) 悬浮在硅柱（亮点）顶端的 SWNTs（线状结构）六方网俯视图；(c) 悬浮的 SWNTs 平面四方形网络的 SEM 俯视图；(d) 硅柱（亮线）上悬浮的 SWNTs 线的侧视图；(e) 被硅结构（亮区）悬浮的 SWNTs，纳米管沿电场方向取向（H. Dai, *Acc. Chem. Res.*, 2002, **35**, 1035；此处转载得到美国化学会的许可）

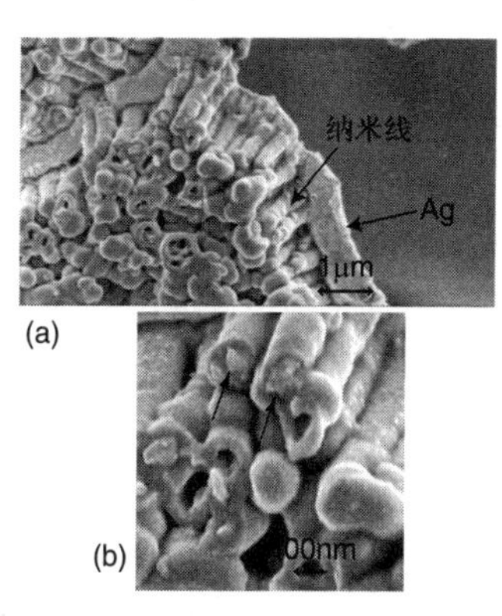

图 24.82　Au/TiO_2 芯鞘纳米线排列的 SEM 照片：(a) 低倍放大，(b) 高倍放大（Y.-G. Guo, et al., *J. Phys. Chem. B*, 2003, **107**, 5441.）

24.28　二维控制：石墨烯，量子阱，固态超晶格

最著名的二维结构或许是石墨烯，它是像单层石墨结构那样由碳原子形成的单层六边形网格。然而人们对石墨烯的兴趣集中在它极不寻常和非常有用的物理（而非化学）性质。制备石墨烯的多种路径都是值得讨论的。其他一些形成层状结构的材料（如节 24.9 讨论过的某些金属硫化物）也能生成宽度小于纳米的单层形式。节 24.25 介绍的各种加工方法只能沉积出一个原子（或一个晶胞）层厚度的薄膜。通过依次改变被沉积的原子（或晶胞）层的类型，有可能沿亚纳米尺度生长的方向上控制纳米材料的结构，从而允许采用从小到大的方法发展人造层状纳米结构。量子阱（QW）指的是一种材料的薄层夹在另一种材料的两个厚层之间的材料，是对应于零维量子点（QD；节 24.30）的二维结构。在超晶格中，两种（或多种）材料沿生长方向以人工诱导的周期性方式交替生长。超晶格的重复周期往往为 1.5～20 nm 或更大，子层的厚度变化在两个晶胞到数十个晶胞之间。人工晶体结构的重复距离通常类似于大块晶体（0.3～2.0 nm），子层厚度变化在一个原子层和两个晶胞（约 1 nm）之间。人们发现这些结构有广泛的商业用途，如在计算机芯片制造中用作关键的单元器件（包含硬盘读出磁头）。

（a）石墨烯和其他单层纳米材料

提要：单层石墨叫作石墨烯，可能通过剥离大块石墨的方法或化学蒸气沉积法获得。

石墨烯是单层石墨（参见应用相关文段 14.2）。用摩擦石墨块的方法就能得到石墨烯，如用铅笔在石墨表面上划痕就能产生石墨烯片。2004 年，曼彻斯特大学（UK）和微电子技术研究所（Russia）的物理学家用胶带粘贴的方法从石墨得到石墨烯，他们是用黏性胶带将石墨逐步剥离为石墨烯薄片的，这种方法有时叫作 Scotch®-tape 法。重复进行这种操作最终得到厚度小于 0.05 mm 的石墨粒子，其中包括一些单分子层。为分离出石墨烯片而将胶带溶解于丙酮中，石墨烯片悬浮在溶剂中；然后将石墨烯片通过沉降进行沉积或蒸发沉积在底物（如硅片）上。在最初的实验中，石墨烯片是用光学显微镜识别的。类似的剥离方法已经用于大量生产，现在市场上可以买到数克的石墨烯。这种方法生产的石墨烯是具有不同粒子形状和粒子大小的材料，对仔细研究和应用而言不够理想。在底物上沉积石墨烯片的其他方法主要包括 CVD 法［节 24.25(c)］。经由 CVD 法进行的取向生长可能使用不同的含碳源在金属底物上进行，一个有代表性的沉积过程是用 CH_4/H_2 的混合物在 ≥1 000 ℃ 的条件下进行的。使用铜箔作为底物并在非常低的压力下，单层石墨烯形成之后石墨烯的生长即自动停止。在铜箔上沉积之后，石墨烯薄膜在卷动过程中被转移至聚合物底衬上。这一过程中聚合物薄膜被压至由石墨烯覆盖的铜箔的顶端，然后用酸刻蚀掉金属。这种方法能够生产出尺寸大小超过 50 cm 的单层石墨烯薄膜，在电子工业的许多应用中具有潜在重要性。

从石墨剥离得到薄膜的方法数十年来就为人们所熟知，但 A. Geim 和 K. Novoselov 却因发现石墨烯具有高度不寻常和非常有用的物理性质获得 2010 年度诺贝尔物理学奖。石墨烯是个非常好的电导体，理论电阻率低于最好的简单金属（如银）的电阻率。石墨烯在室温下也显示出非常高的热导率（>5 000 $W \cdot m^{-1} \cdot K^{-1}$），此值高于碳纳米管（节 24.27）、石墨和金刚石的热导率。这些性质对含石墨烯成分的电子方面的应用具有潜在的重要性。由于电子设备的体积继续缩小和线路密度不断增加，低电阻产生的热量损失和高的热导率（消散产生的热量）会使设备具有更高的可靠性。

在垂直于层的方向上，石墨烯是已知最强和最硬的材料之一，而且它也非常轻；即便如此，它在沿着层方向的伸展可达初始长度的 20%。这些性质意味着石墨烯可添加至聚合物中制成复合材料（节 24.29），使复合材料具有良好的比物理性质（如单位质量的强度）。因为石墨烯也能导电，掺入聚合物也可在一定程度上增大聚合物的导电性。这样的复合塑料不能积存摩擦产生的静电荷；已被用于静电放电可能造成危害的场合，如用在电路板的包装上。

光透过石墨烯时只有 2.3% 被吸收，因而肉眼可以看到单层膜。然而，高透光性和高导电性结合起来导致石墨烯在显示器（尤其是折叠式电子显示屏和“智能窗”）方面的潜在应用。在这种类型的智能窗中，一层极性的液晶分子［节 24.21(d)］被夹在两个由石墨烯和透明聚合物组成的折叠式电极中。设备不存

在外加电压时，随机排列的液晶将光散射使智能窗不透明。在石墨烯层两端加上电压就会导致极性分子定向排列，从而允许部分光通过设备从而导致智能窗变得透明。

类似于大多数金属和石墨（节 25.10）的表面，石墨烯也可吸附各种原子和分子，如吸附 NO_2、NH_3、K 和 H_2O/OH。这些吸附物作为石墨烯层的给予体或接受体，导致膜中可移动的电子数发生变化。可用被吸附物种的传感器测量导电性的变化。点缺陷可以多种形式引入石墨烯，这些形式包括碳空位、位点被取代（如以氮取代碳）和在其表面上添加原子。点缺陷的引入会导致生成“磁性石墨烯”，从而导致在自旋电子学[节 24.6(g)]领域的应用。最后，石墨作为电池材料（图 24.31）具有重要的应用，高表面积的石墨烯在这种应用中可能显示出更好的性质。

自从发现石墨能够被剥离、沉积为单分子层以来，化学家们转向研究其他具有层状结构的化合物，一旦研究出这种形式的化合物之后就会继续研究它们的性质。这样的化合物包括金属二硫化物 MS_2（M = Ti，Nb，Ta，Mo，W；节 24.9）和层状氧化物（如 V_2O_5）。

(b) 量子阱

提要：量子阱由夹在两个厚层大带隙材料之间的薄层小带隙材料组成。阱与阱之间不发生相互作用时多重量子阱会增强量子阱的效果。

量子阱通常由两个具有不同带隙的半导体材料（如 $Al_{1-x}Ga_xAs$ 和 GaAs）组成。小带隙材料（GaAs）夹在大带隙材料（$Al_{1-x}Ga_xAs$）的层间，小带隙材料层的厚度限制在纳米尺度（图 24.83）。量子阱的光学性质能够被裁剪，带间（指价带和导带之间）和带内（指量子化的子带之间，这种子带的存在是因为材料纳米尺度的厚度导致的）的吸收和发射可以被控制。两个量子阱 $In_{1-x}Ga_xAs$/GaAs 和 $Al_{1-x}Ga_xAs$/GaAs 都得到广泛研究，当厚度下降至大约 20 nm 时，观察到的光跃迁相对大块材料移至更高的能量。量子阱主要用在半导体激光器中，小带隙的量子阱是设备中的活性层。

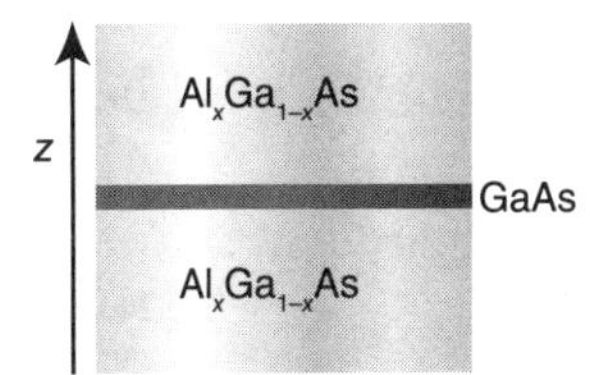

图 24.83　($Al_xGa_{1-x}As$)-(GaAs)-($Al_xGa_{1-x}As$) 量子阱

GaAs 层的厚度限制在纳米范围内

超晶格结构（superlattice structures）是指量子阱沿一个方向的周期性重复，这种结构能够增强发生在量子阱中的许多效应。这种超晶格在半导体中叫作**多重量子阱**（multiple quantum well，MQW）结构。如果活性层（小带隙层）之间不发生相互作用，电子就会限制在给定的层中而不能在层间隧穿。在这种情况下使用 MQW 结构就会增加给定设备的吸收和发射。例如，与相应的单量子阱激光器相比，MQW 激光器具有更高的输出功率。

如果大带隙层足够薄，一个 QW 与邻近的 QW 发生相互作用，电子就会在它们之间隧穿。这一现象被用于**量子级联**（quantum cascade；QC）激光器中，这种激光器是在红外区高功率运转的。这种材料的激光特征从根本上不同于由半导体二极管和各种 MQW 激光器产生的激光特征。QC 激光器实现激光作用只需要一种类型的载体（电子），对其他两种激光器而言则需要电子和空穴两类载体。此外，QC 激光器中跃迁是由价带量子化所引起的带内跃迁。QC 激光器是由第 13/15（Ⅲ/Ⅴ）族半导体材料（如 GaAs、InAs 和 AlAs）构建的。所有这些超晶格体系都已通过固体源分子取向法在单晶底物上生长出来。

(c) 固态超晶格

提要：人工层状材料沿着薄膜的生长方向存在周期性重复；这种周期性重复受控于按顺序沉积的子层的数量和类型。

超晶格中沿薄膜生长方向的周期性重复受控于按顺序沉积的子层数量和类型。然而侧向周期性则决定于子层之间的内聚性：晶格特性的匹配（图 24.84 和图 24.85）。这种超晶格是用从小到大的方法构建的，在纳米范围内具有周期性，产生了微米范围内的总厚度。

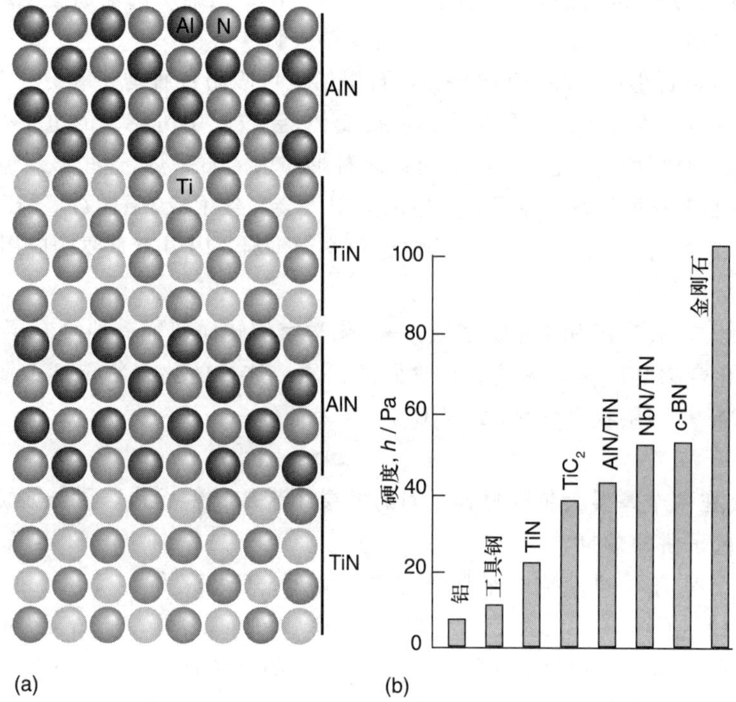

图 24.84　(a) 超硬 AlN/TiN 超晶格的结构;(b) 常用作硬质材料的氮化物超晶格的硬度(引自 S. A. Barnett and A. Madan, *Physics World*, 1998, **11**, 45.)

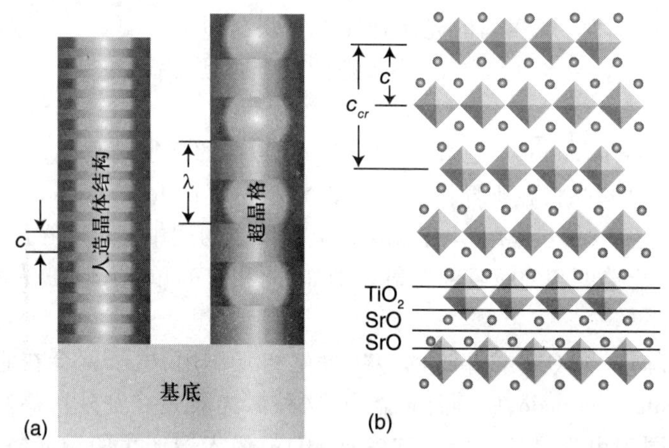

图 24.85　(a) AB 型人工晶体和 AB 型超晶格的结构,c 和 λ 分别代表人工结构生长期间的重复周期和超晶格的周期;(b) 人工层状氧化物 Sr_2TiO_4 的结构,多面体表示 Ti 为中心的共角 TiO_6 八面体,球体表示 Sr^{2+} 阳离子,这种层结构中 SrO 和 TiO_2 子层之间的侧向内聚性非常好,晶体学重复参数(c_{cr})是生长重复周期(c)的二倍

超晶格氮化物是已知材料中最硬的材料。超晶格周期和化学组成在决定这类化合物的力学性能方面起着重要作用,这是因为高硬度是由两个氮化物层间的面产生的。如图 24.86 显示,周期性为 5~10 nm 时常见的超晶格出现最大的硬度。这些超晶格已成功地用于溅射沉积、脉冲激光沉积和分子束取向生长技术沉积。对生产非常硬的刀具来说,溅射技术是一种非常经济的方法,该法中材料源以薄膜形式平置于底物上,用电子或离子轰击以产生气相物种。

钙钛矿型氧化物(节 24.6)因其铁电性、声学、微波学、电子学、磁学和光学方面的性质而用在许多场合。用得最广的钙钛矿型材料是 $BaTiO_3$，它是个非常重要的介电材料。人们发现层状铁电性 $BaTiO_3$（用同结构的钙钛矿 $SrTiO_3$ 掺杂）会因晶格畸变而导致介电性能增强。PLD 法、MBE 法和 CVD 法都已用于生产 $SrTiO_3/BaTiO_3$ 超晶格薄膜（图 24.87）。虽然两个晶体结构之间的错配度小得足以允许取向生长和每个双层之间形成内聚表面，但与未掺杂的 $BaTiO_3$ 相比，界面处产生的应力足以改善介电的响应，尤其是对超晶格的剩余极化强度（不存在外加场的极化作用）而言是如此。

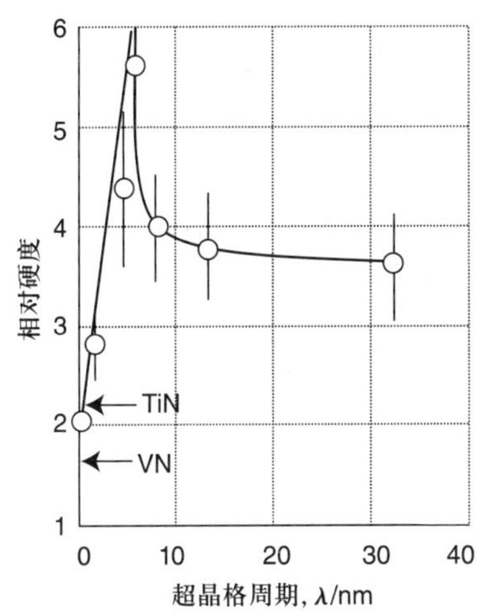

图 24.86 $(TiN)_m(VN)_m$ 超晶格的硬度对超晶格周期的依赖关系（引自 U. Helmersson, et al., *J. Appl. Phys.*, 1987, **62**, 481.）

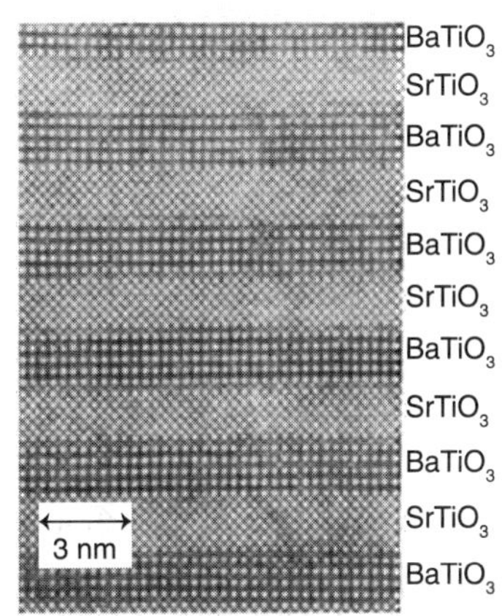

图 24.87 $SrTiO_3/BaTiO_3$ 超晶格的 TEM 图像（引自 D. G. Schlom, et al., Oxide nano－engineering using MBE. *Mater. Sci. Eng. B*, 2001, **87**, 282；转载此图获得 Elsevier 出版社的许可）

以钙钛矿为基础的结构也显示出有趣的磁效应。尤其是锰基钙钛矿薄膜[如$(La,Sr)MnO_3$]具有有用的铁磁性和磁阻性质（节 24.6）。PLD 法已被用来沉积 $LaMnO_3/SrMnO_3$ 的超晶格；在 $LaMnO_3$ 层中发现了 Mn^{3+} 阳离子，在 $SrMnO_3$ 层中发现了 Mn^{4+} 阳离子。因此，对 A 位点阳离子（La, Sr）而言，薄膜超晶格技术允许进行精确排序，这种排序又会造成不同氧化态 Mn 的排序。在 $(LaMnO_3)_m(SrMnO_3)_m$ 的超晶格中，$m\leqslant 4$ 的样品具有如同固溶体 $La_{0.5}Sr_{0.5}MnO_3$ 一样的磁性质，然而拥有较大周期的超晶格却具有显著较高的电阻率和较低的 Curie 温度。层厚度不相等的超晶格中也观察到相似的效应，如用激光 MBE 技术（图 24.88）制备的两个体系 $(LaMnO_3)_m(SrMnO_3)_m$ 和 $(PrMnO_3)_m(SrMnO_3)_m$。

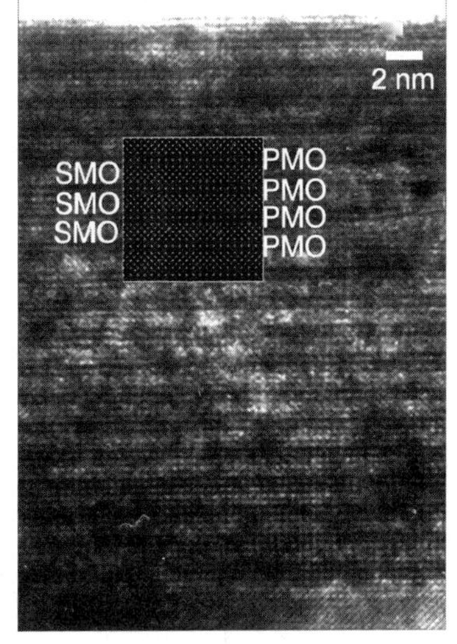

图 24.88 用激光 MBE 技术制备的 $SrMnO_3$ 和 $PrMnO_3$ 的 2×2 超晶格 TEM 图像的截面图，插图示出确认 $(SrMnO_3)_2(PrMnO_3)_2$ 结构计算的图像（引自 B. Mercey et al, *J. Appl. Phys.*, 2003, **94**, 2716；转载此图获得 American Institute of Physics 的许可）

24.29 三维控制：介孔材料和复合材料

由于在分子筛、传感器、尺寸选择性分离和催化剂方面的潜在应用，具有可调的、纳米孔径的、开放式通道的三维（3D）超分子结构的设计和合成已经引起人们很大的关注。制备孔隙远大于沸石（节 24.11，孔径充其量～1 nm）的多孔材料的能力是纳米材料领域的一个重要进展。

(a) 介孔材料

提要：介孔材料是有序的孔隙结构，空隙的大小定义在纳米

尺度范围内;这类材料的合成是受自组装控制的;客体物种可被引入无机主体框架中。

一类重要的三维有序纳米材料是包括介孔材料在内的**介孔结构纳米材料**(mesostructured nanomaterials)。介孔材料在多相催化(第 25 章)中为人所共知,人们对其感到很大兴趣是因为这种材料的孔径能从现有的 1.5 nm 调整到 10 nm(图 24.89)。

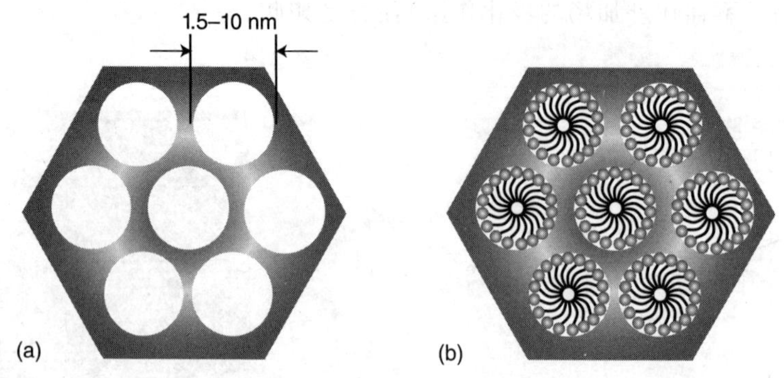

图 24.89　(a)可控纳米孔隙度的六方介孔结构;(b)功能化孔隙的六方介孔结构

介孔无机纳米材料的合成涉及多步过程,这种过程包括表面活性剂分子的自组装和大块共聚物自组装为超分子结构(圆柱状、球状或薄片状胶束的液态晶体组装件;图 24.90)。这些超分子框架的作用是充当介孔无机材料(通常为二氧化硅或二氧化钛)生长的结构导向模板。在溶剂热反应一步中,氧化物粒子(二氧化硅,图 24.90)是在六方形棒的表面形成的,组装绕着超分子结构进行。模板试剂可通过酸洗或煅烧的方法移除,从而得到均一的、维度可控的六边形孔隙无机材料。这种孔度为催化作用和包合物化学提供了独特的性能。

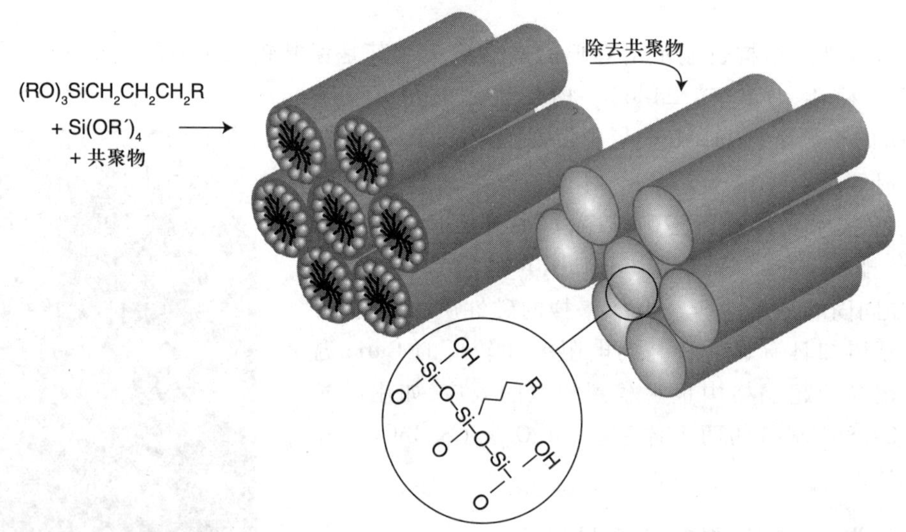

图 24.90　大块共聚物结构导向剂自组装为六方排列的胶束棒,移除共聚物后得到纳米孔径的二氧化硅基体材料,这种材料可用于包合物化学和催化化学(引自 M. E. Davis, *Chem. Rev.*, 2002, **102**, 3601.)

选择不同的模板试剂和反应条件已经制备出多种具有介稳结构和介孔的无机材料。例如,叫作 M41S 的一族材料中含有二氧化硅或氧化铝二氧化硅无机相和不同的阳离子表面活性剂,后者导致形成六角片状(MCM-50)、立方(MCM-48)和六方(MCM-41)三种不同类型的结构(图 24.91)。从图可以看到,合成中使用的表面活性剂形状和含水量控制着最终的纳米结构。表面活性剂也可用来对结构进行裁剪。例如,表面活性剂十六烷基三甲基铵阳离子(C_{16}TMAC)可用来制备具有六边形孔的二氧化硅纳米纤维。

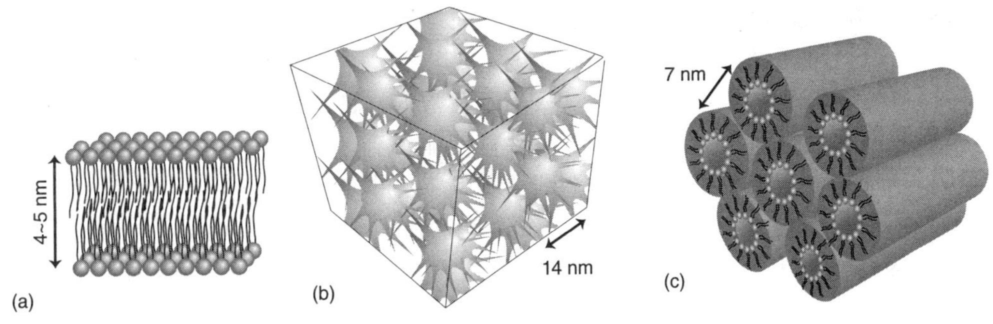

图 24.91　三类有序介孔固体图：(a) 六方片状(层状材料)，(b) 立方形，(c)六方形(蜂窝状)
(引自 A. Mueller and D. F. O'Brien, *Chem. Rev.*, 2002, **102**, 729.)

介孔纳米材料也能通过孔隙功能化提供增强催化活性和选择性的方法。它们作为宿主材料受到人们的重视，是因为这些宿主材料能够包含多种客体材料，如金属有机络合物、聚合物、d 金属络合物、大分子和光学激光染料。图 24.92 所示的二氧化硅纳米纤维甚至能够作为宿主材料生长出其他各种氧化物材料的纳米线。

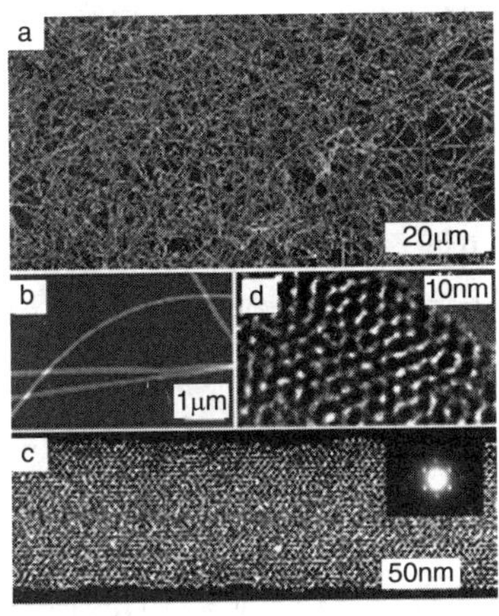

图 24.92　(a) 介孔二氧化硅纳米纤维的 SEM 照片；(b) 低倍放大的纳米纤维 TEM 照片；(c) 一根纳米纤维高倍放大的 TEM 照片，插图是纳米纤维某选择性区域的电子衍射图案；(d) 从一根纳米纤维边缘记录的高分辨率 TEM 照片(J. Wang, et al., *Chem. Mater.*, 2004, **16**, 5169.)

例题 24.4　控制分子筛中的纳米孔隙度

题目：(a) 比较 ZSM-5 沸石和 MCM-41 的纳米结构(包括通道维数和孔隙相对大小的比较)。(b) 表面活性剂十六烷基三甲基铵硝酸盐阳离子[$C_{16}H_{33}N(CH_3)_3$]$^+$和四丙基铵阳离子[$N(CH_2CH_2CH_3)_4$]$^+$是用于合成这些材料的表面活性剂，哪一种表面活性剂是合成 MCM-41 的最佳选择？

答案：(a) 从考虑两种催化材料孔隙的相对大小入手。ZSM-5 是一种微孔沸石，孔隙大小约为 0.5 nm。它具有类似于立方介孔相的三维交叉孔，但尺寸较小。MCM-41 是六方形介孔固体，具有可在 2 nm 至 10 nm 之间进行调节的一维孔隙。(b) 表面活性剂的选择必须与固体的孔径相匹配。对 MCM-41 材料的自组装而言，长链表面活性剂(十六烷基三甲基铵阳离子)是个更好的选择，因为它具有较长的碳氢化合物尾巴和较大的自发曲率。尾的增长促进了更大孔径尺寸的生成，这是胶束棒内部表面活性剂堆积(这种堆积生成六边形介稳相)的直接结果。

自测题 24.4　MCM-41 或 ZSM-5 两种材料中哪一种更有可能用作捕获 QDs 的宿主材料？

(b) 无机-有机纳米复合材料

提要：第 I 类无机-有机材料具有非共价相互作用，第 II 类无机-有机材料具有一定的共价相互作用；

对杂化型纳米复合材料的设计和合成而言,溶胶凝胶法和自组装法是重要的化学方法。

无机-有机纳米复合材料是一类三维、有序的材料,其化学和物理性质可通过纳米尺度的无机和有机组分来调整。这类杂化材料是从油漆和高分子行业发展起来的,将无机填料和无机颜料分散在有机材料(包括溶剂、表面活性剂和高分子)中以制造材料性能得到改善的商业产品。杂化纳米材料为材料化学家提供了新的途径,即利用合理的材料设计来优化结构和性质的关系。它们的纳米结构和纳米结构导致的性能取决于组分的化学性质和组分之间的协同效应,如这种效应能够增加材料的强度和牢固性。设计这种杂化材料的关键是选择性调节无机和有机基块间界面的性质、延伸性和可及性。

纳米复合材料已经进入遮光剂、防火纤维,热塑性塑料、滤水器和汽车零件市场。例如,涂有靛蓝染料的电视屏幕嵌入二氧化硅/氧化锆的基体、有机物掺杂的溶胶凝胶玻璃器皿、溶胶凝胶包埋的酶等。

聚合物纳米复合材料(polymer nanocomposites,PNCs)是将无机纳米粒子分散在聚合物基体中形成的。早期的商业性 PNCs 使用二维有序的或层状的黏土,如将钠蒙脱土(Na-MMT)分散在聚合物基体中。这样的分散剂(或填充剂)具有夹心结构(层间存在通道),每层的总厚度为 0.3~1 nm,长度为 50~100 nm;这些夹心结构通常形成微米尺寸的团聚体。PNC 中无机相在有机聚合物基体中的分散是通过嵌入作用(黏土层之间插入聚合物)完成的。嵌入作用涉及层间距的扩张,这是有机胺或季铵盐离子交换的结果。剥离作用是通过强的化学作用或通过黏土与聚合物相强烈熔融混合实现的。

填充剂(分散剂)的性质和存在于 PNC 中的任何腔体(孔隙)都能显著影响复合材料的力学性质,这是因为它们能够控制通过复合物基体的应力分布。纳米复合材料的屈服强度(材料抗永久变形能力的量度)和韧性(断裂之前被吸收的能量的量度)都受控于纳米粒子的大小和分散情况,也受控于纳米粒子与聚合物相互接触而产生的相互作用。因此,控制纳米粒子的分散情况和填充物的取向为裁剪纳米复合材料的力学性质提供了一种方法。

一类重要的 PNCs 使用纳米碳作为分散剂。SWNTs(单壁纳米管)具有优越的力学性质;非常高的杨氏模量(抗力学应力)、低密度,以及高的长宽比使它们在用作提高聚合物强度的填充剂时具有很大的吸引力。SWNTs 具有高的抗拉强度(几乎是钢的 100 倍),而密度却只有钢的 1/6。用 SWNT 增强的复合材料的制备方法是,SWNTs 在聚合物溶液中进行物理混合、在 SWNTs 存在的条件下发生原位聚合、在表面活性剂辅助下加工 SWNT/高分子复合材料、对掺入的 SWNTs 进行化学修饰。在高温高压下将熔体压模,然后快速淬火。所谓的**电纺丝法**(electrospinning method)是用静电力将聚合物的液滴扭成细长的丝,然后将其沉积在底物上(图 24.93)。通过静电纺丝制造出的纳米纤维能够成型为各种形式(包括膜、涂层和细丝),并可沉积在不同形状的靶上。已经制备出直径小于 3 nm 的纤维,这种纤维具有高的表面积体积比和高的长度直径比,也具有可控制的孔隙大小。SWNTs 均匀分散在其中的电纺聚合物纳米复合材料也已制备成功,材料的力学强度显著地得到改善。

通过氧化反应共价结合在纳米管上的不同的有机官能团(图 24.94)已用于改善与特定聚合物之间的化学兼容性。使用不同功能的 SWNTs 可以研究填充剂和聚合物基体之间的界面相互作用。这种以化学方法实现的功能化为改善纳米复合材料的可加工性和材料成分的兼容性提供了一条有效的途径。特定的功能化可用于分离 SWNT 束并防止其凝聚。

金属氧化物填充剂也可用来优化聚合物的强度和热性质。一个特别有趣的例子是制造出靠粒子与聚合物之间弱相互作用的分布来控制氧化铝/聚甲基丙烯酸甲酯(PMMA)的力学性质。填充剂纳米粒子(氧化铝)以“类网状”结构形式(不是以“孤岛”结构形式)分散在聚合物基体中。与微粒/高分子复合材料相比,这种类网状结构会阻止裂纹的产生,负载时承受的张力会阻止微观裂纹的传播。氧化铝/PMMA 复合材料也显示出较高的屈服强度,掺入氧化铝纳米粒子也会将脆性变为可延展性(图 24.95)。这种延展

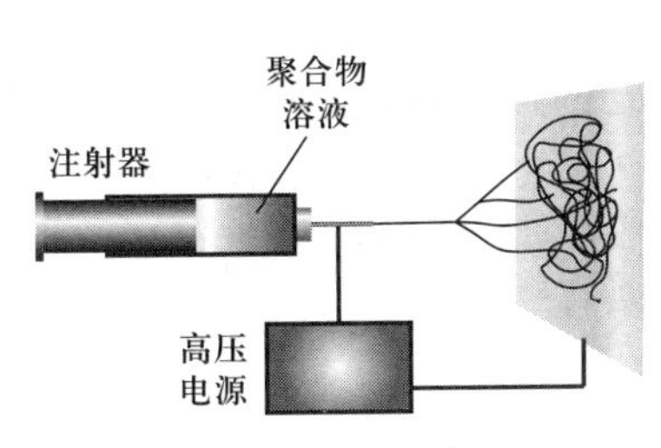

图 24.93 电纺丝装置
(引自 R. Sen, et al., *Nano Lett.*, 2004, **4**, 459.)

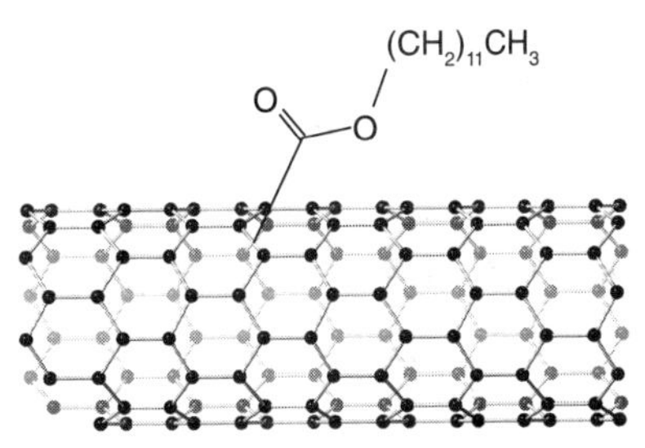

图 24.94 用酯功能化了的 SWNT
($SWNT-COO(CH_2)_{11}CH_3$)(引文同上)

性对复合材料而言显然是有利的,它使复合材料能够拉成细线并能承受突然的撞击,从而提高了机械弹性。加入纳米氧化铝和防聚剂(甲基丙烯酸)能够足够多地降低玻璃的转变温度以改变复合材料的应力-张力曲线,使负载承受张力时从脆性变为可延展性。

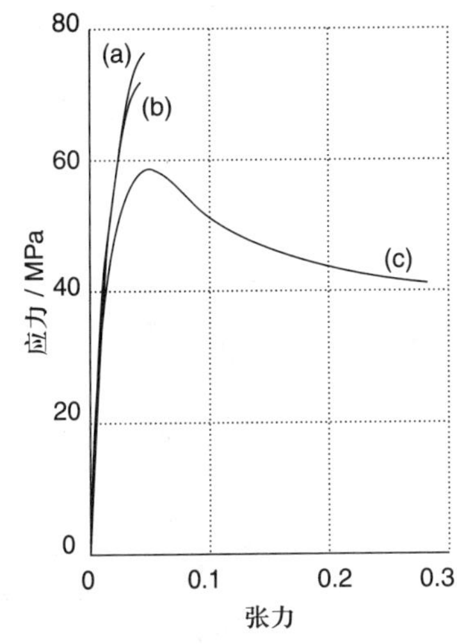

图 24.95 典型的应力-张力曲线;(a)纯 PMMA,(b)添加氧化铝(质量分数为 2%,微米级大小)的 PMMA 复合材料,(c)添加 2.2%、38 nm(MMA)的氧化铝/PMMA 纳米复合物材料

对(c)而言虽然强度略有减小(与应力曲线最大值的下降有关),总的延展性(与总张力有关)和韧性(与曲线下方的面积有关)却大大提高(引自 B. J. Ash, et al., *Macromolecules*, 2004, **37**, 1358;转载此图得到美国化学学会的许可)

24.30 纳米材料的特殊光学性质

量子限制效应导致材料纳米现象出现一些最基本表现形式,并常常作为研究纳米科学的出发点。纳米粒子新颖的光学性质是量子限制效应的结果,并在信息、生物传感和能源技术方面得到应用。

(a) 半导性纳米粒子

提要:量子限制现象和粒子定域化作用支配着量子点的颜色;HOMO-LUMO 带的量子化导致了涉及带间和带内跃迁的新的光学效应。

人们着力研究了半导性纳米粒子的光学性能。因为量子效应在这些三维边界粒子(点)中变得非常重要,通常将这些粒子叫作**量子点**(quantm dots;QD)。当电子被限在极小的区域时,半导体中发生了两种重要效应。首先是从大块晶体中观察到的 HOMO-LUMO 的能隙增大;其次是 LUMOs(和 HOMOs 中的空穴,那里没有电子)中的电子能级量子化。两种效应在决定 QD 的光学性质方面起着重要作用。

在狭小区域内捕获电子和空穴的**量子限制**(quantum confinement)提供了一种裁剪和设计材料带隙的方法。材料显示的重要特征是带隙随着临界尺寸的降低而增加。价带态(所谓的 HOMO 态)和导带态(LUMO 态)之间的电子跃迁叫**带间跃迁**(interband transition),相对于大块半导体而言,QDs 中这种跃迁的最低能量增大。带间跃迁的波长取决于点的尺寸,只要改变点的尺寸就能对发光性能进行裁剪。这种 QD 材料一个重要的例子是 CdSe,只要改变 CdSe 纳米粒子的尺寸,就能在整个可见光谱区对发光进行调节,使 LED 和荧光显示技术更为理想(应用相关文段 24.6)。量子点另一激动人心的应用是作为"生物标签"的发色团,将不同尺寸的点官能化从而可检测不同的生物分析物。结果表明,尽管它们以可调的特定波长发射,但对高于带隙的能量而言,QDs 却显示出宽吸收带。对生物应用而言令人好奇的一点是,用单一的宽带激发不同的 QD 发色团,可通过不同的光发射同时检测多个分析物。这种材料已用于乳腺癌细胞和神经活细胞的成像,以跟踪小分子向特定细胞类脂质的转移。

量子限制的第二种现象是,QD 内部的量子化能级没有净的线性动量,所以它们之间的跃迁不需要任何动量传递。因此,任何两个态之间发生跃迁的概率较高。与动量无关的事实也能解释 QDs 显示的宽带吸收性质,这是因为从被占价带态到未占导带态的大多数跃迁的概率较高。**带内跃迁**(intraband transitions)是指 LUMO 带中不同态之间的电子跃迁或 HOMO 带中空穴之间的跃迁。这种跃迁的概率也很高。这些相对强的带内跃迁通常发生在光谱的红外区,目前正在利用这种性质制作一些装置,如红外的光检测器、红外传感器和红外激光。

应用相关文段 24.6 用于 LEDs 的 CdSe 纳米晶体

硒化镉(CdSe)纳米晶体可用在各种商业场所,这些场所包括 LEDs、太阳能电池、荧光显示器和活细胞的癌细胞成像。两种性质(光致发光效率高;纳米晶体发射颜色的可调性)使得它们在全色显示器方面具有吸引力。采用软纳米光刻术接触印刷来获得发光设备(图 B24.4)的密堆积 QD 单分子层已经实现自组装。在软纳米光刻中,光刻或电子束光刻用于在硅片表面得到光刻胶层的图案。然后将聚二甲基硅氧烷(PDMS)的化学前体(一种自由流动的液体)浇注在图案化的表面并固化为橡胶状固体。固化之后,与原始图案匹配的 PDMS 印记与主体一样只有几个纳米那样小。制作主体非常昂贵,然而复制 PDMS 印记上的图案却要便宜和容易得多。复制的印记能以各种廉价的方法使用,包括微接触印刷和微模塑制备纳米结构。这些技术可用于生产亚波长的光学设备(设备元件的尺寸小于所使用的电磁辐射的波长)、波导管、光纤网络的光学偏振器,并最终或许会能用于全光学计算机。

图 B24.4

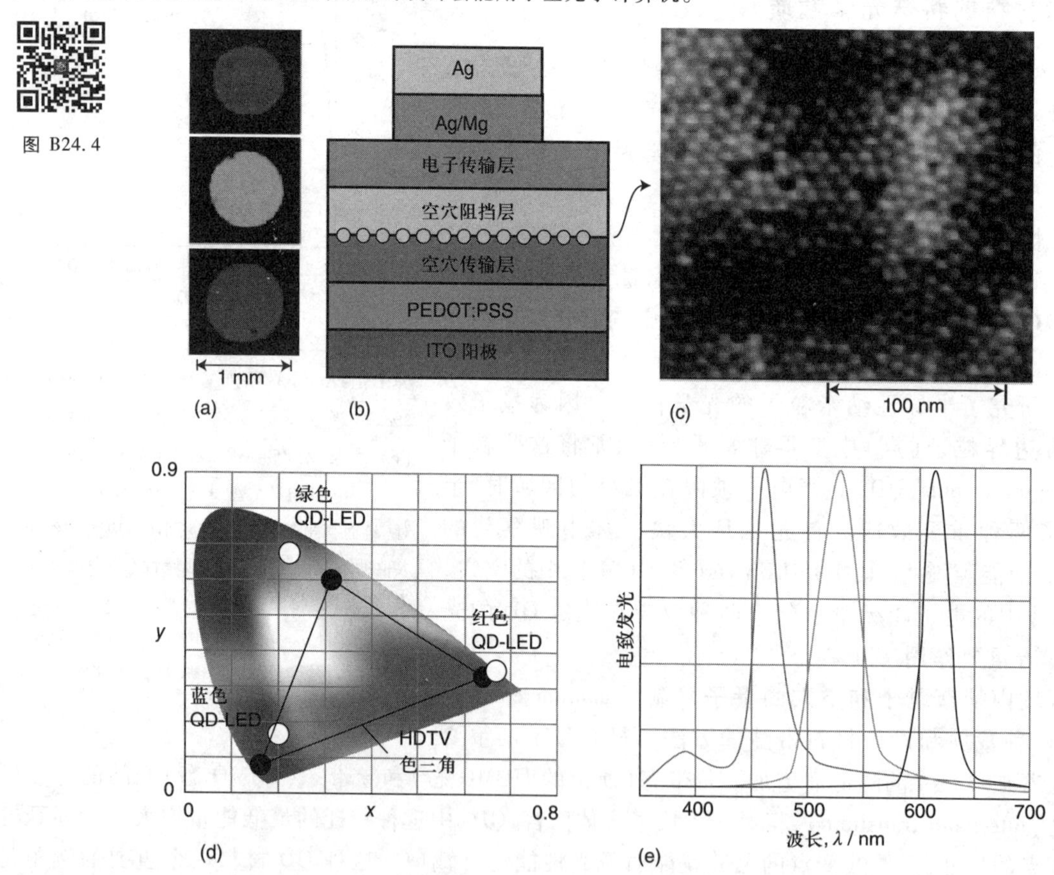

图 B24.4 (a) 电致发光(EL)的红、绿、蓝色 QD-LED 像素;(b) 有代表性的 QD-LED 横截面示意图;(c) 高分辨的 AFM 显微照片,该图显示出沉积在空穴传输聚合物层顶端的密堆积单层 QDs,这种沉积先于空穴阻塞和电子传输层的沉积;(d) 色度图,该图显示出红、绿、蓝 QD-LED 颜色的位置,同时给出的 HDTV 色三角供比较;(e) 制作的 QD-LEDs 产生的规范化 EL 光谱,对应于(d)中的色坐标

QD-LED 图像和 EL 光谱取自视频亮度(100 cd · m^{-2}),红色 QD-LEDs 对应的外加电流密度为 10 mA · cm^{-2},绿色 QD-LEDs 对应的外加电流密度为 20 mA · cm^{-2},蓝色 QD-LEDs 对应的外加电流密度为 100 mA · cm^{-2}(引自 L Kim, et al., *Nano lett.*, 2008, **8**, 4513.)

(b) 金属性纳米粒子

提要：分散在电介质中的金属性纳米粒子的颜色受到局域化表面等离子激光吸收的控制，表面等离子激光是指金属介质界面上发生的电子的集体性振荡。

金属性纳米粒子的光学性质产生于复杂的电动效应，这种效应受到周围电介质的强烈影响。光线照射金属性粒子造成金属性粒子中电子的光激发。发生的光激发的主要类型是金属价带中电子的集体性振荡。这种相干性振荡发生在金属与电介质的界面上，并被称之为**表面等离子激光**(surface plasmons)。

大颗粒中的表面等离子激光是流动波，并用线性动量进行表征。为了用光子激发大块金属中的等离子激光，它的动量必须与光子的动量相匹配。这种匹配只有在光与物质间相互作用非常特殊的几何体中才有可能，而且对金属的光学性质只有很弱的贡献。然而纳米粒子中表面等离子激光被定域并且没有特征的动量。因此，等离子激光和光子的动量不需要相匹配，而且发生等离子激光激发时具有更大的强度。金和银的表面等离子激光吸收的峰值强度发生在光谱的光学区域，因此这种金属性纳米粒子与颜料一样是有用的。

除了依赖于纳米粒子的尺寸和形状外，等离子激光的吸收特征还强烈依赖于金属和介电环境。为了控制介电环境，人们设计出所谓的**核壳复合纳米粒子**(core-shell composite nanoparticles)，这种粒子中的介电质纳米粒子被纳米级厚度的金属性外壳所囊包。金属性纳米粒子和金属性壳被用于介电传感器，这是因为它们与不同介电材料接触时其光学性质会发生改变。人们尤其对生物传感有兴趣，因为生物分析物可能结合在纳米粒子表面，造成等离子激光吸收带可检测出位移。

金的纳米粒子是常见金属性纳米粒子的一个例子。人们已经为它找到一些实际应用，例如，用于生物传感器和化学传感器、治疗癌症的“智能弹”、光开关和荧光显示材料。由于光敏性发色团结合到纳米粒子表面的技术的发展，这样的许多应用将成为可能。金的纳米粒子能够用生物分子进行标记进而传送到特定的细胞中，当今已经制成用于疾病早期检测的免疫探针。纳米材料在新一代太阳能材料中可用作重要的电子转移试剂，这种太阳能材料是将光敏性、π 共轭的聚芳香分子偶合至金纳米粒子表面形成的。发色团功能化的金纳米粒子提供了一种独特的设备结构和设计的灵活性，这是因为这些杂化材料能够共价偶合至充当电极的导电玻璃基体中，从而改善电荷输送和发光效率。

在稀的溴化十六烷基三甲胺[CTAB，$(C_{16}H_{33})(CH_3)_3NBr$]存在的条件下，通过简单的室温液相化学还原法合成了尺寸在 40~300 nm 的银纳米片。这些纳米片是具有像银的面心立方(111)平面基面那样的单晶。CTAB 在(111)基面上的吸收强于在纳米片(100)侧平面上的吸收，这可能会解释纳米片的各向异性生长。正如本节前面所讨论的那样，金属纳米粒子具有与其表面等离子激光激发相关的有趣的光学性质。当纳米片的纵横比(长轴与短轴的比，或宽度与厚度的比)达到 9 时，光学(面内偶极)等离子激光共振峰能够移动至近红外 1 000 nm 波长处。对简单金属光学性质的这种控制打开了包括遥感在内的各种近红外应用的可能性。

延伸阅读资料

A. R. West, *Basic solid state chemistry*. John Wiley&Sons (1999). 从无机化学家角度看，这是一本有关固体化学的基础性指导书。

A. K. Cheetham and P. Day (eds), *Solid state chemistry: compounds*. Oxford University Press (1992). 一本有用的文集，其中介绍了材料化学方面重要的化合物类型。

R. M. Hazen, *The breakthrough: the race for the superconductor*. Summit Books (1988). 一本可读性很强的叙述，内容涉及高温超导体的发现。

R. C. Mehrotra, Present status and future potential of the sol-gel process. *Struct. Bonding*, 1992, 77, 1. 溶胶凝胶法的化学评述。

Cheetham, A. K., Férey G., and T. Loiseau, Open-framework inorganic materials. *Angew. Chem.*, *Int. Ed. Engl.*, 1999, **38**,

3268. 框架固体结构化学和进展方面的一篇优秀评述。

D. W. Bruce and D. O' Hare, *Inorganic materials*. John Wiley&Sons (1997). 评述性论文集:内容涉及材料化学的各种主题,简要介绍了分子体系。

L. E. Smart and E. A. Moore, *Solid state chemistry: an introduction*. CRC Press (2012).

D. K. Chakrabarty, *Solid state chemistry*. New Age Science Ltd (2010). 以简单而易懂的方式介绍了固态科学的许多概念。

M. T. Weller, *Inorganic materials chemistry*. Oxford Chemistry Primers, vol 23. Oxford University Press (1994). 导论性教科书:内容包括固态化学和材料表征的某些方面。

D. W. Bruce, D. O' Hare and R. I. Walton (eds), *Inorganic Materials series*. Wiley-Blackwell. 涉及单一主题的系列丛书:功能性氧化物(2010),低维固体(2010),分子材料(2010),多孔材料(2010),能源材料(2011)。

C. N. R. Rao and J. Gopalakrishnan, *New directions in solid state chemistry*. Cambridge University Press (1997). 评述固态化学研究的新领域。

L. V. Interrante, L. A. Casper, and A. B. Ellis (eds), *Materials chemistry: an emerging discipline*, Advances in Chemistry Series, no. 245. American Chemical Society (1995). 内容涉及无机和有机固体的一本文集。

S. E. Dann, *Reactions and characterization of solids*. Royal Society of Chemistry (2000). 固态化学方面一本不错的导论性教材。

A. F. Wells, *Structural inorganic chemistry*. Oxford University Press (1985). 以结构固态化学为内容的综合性和系统性论述。

U. Müller, *Inorganic structural chemistry*. John Wiley&Sons (1993). 结构固态化学方面一本有用的教科书,其中有很多图形。

B. D. Fahlman, *Materials chemistry*. Springer (2007). 介绍半导体、金属和合金、表征方法。

P. Day, *Molecules into materials; case studies in materials chemistry: mixed valency, magnetism and superconductivity*. World Scientifc Publishing (2007). 论文集:内容涉及材料化学的重要领域。

P. Ball, *Made to measure: new materials for the 21st century*. Princeton University Press (1997). 涉及材料的一篇可读性评述,内容包括燃料电池、超硬材料和智能材料在内的应用方面的展望。

J. N. Lalena and D. A. Cleary, *Principles of inorganic materials design*. John Wiley&Sons (2005).有关无机材料理论概念方面的评述。

A. Züttel, A. Borgschulte, and L. Schlapbach, *Hydrogen as a future energy carrier*. Wiley-VCH (2008). 氢能源经济的进展和思考。

M. D. Hampton, D. V. Schur, S. Yu. Zaginaichenko, 和 V. I. Treflov, *Hydrogen materials science and chemistry of metal hydrides*. Kluwer Academic Publishers (2002). 有关储氢材料的综合性论述。

G. A. Ozin and A. C. Arsenault, *Nanochemistry: a chemical approach to nanomaterials*. Springer (2005). 该书讨论化学方法、自组装和纳米材料合成方面的进展,是大学生和研究生一本非常宝贵的参考书。

C. P. Poole and F. J. Owens, *Introduction to nanotechnology*. Wiley Interscience (2003). 涉及多种纳米材料体系(包括量子结构、磁性纳米材料、纳米电机械体系(NEMS)、碳纳米管、纳米复合材料)的重要论述,重点介绍表征与合成策略。

M. Wilson, K. Kannangara, G. Smith, M. Simmons, and B. Raguse (eds), *Nanotechnology: basic science and emerging technologies*. CRC Press (2002). 这是另一本导论性好书,介绍了多方面的纳米技术。

Inorganic-organic nanocomposites. Special issue of Chemistry of Materials (October 2001). 文集:介绍在光学、电子学和化学传感器方面具有广泛应用的纳米复合物。

J. Hu, T. W. Odom, and C. M. Leiber, Chemistry and physics in one dimension: synthesis and properties of nanowires and nanotubes. *Acc. Chem. Res.*, 1999, **32**, 435. 纳米材料控制维度方面一篇优秀的评述,包括碳纳米管性质方面重要的先导性工作。

M. Meyyappan, *Inorganic nanowires: applications, properties, and characterization*. CRC Press (2012). 综合性论述:内容涉及纳米制造、表征手段、无机纳米线(INWs)等方面的进展。

T. K. Sau and A. L. Rogach (eds), *Complex-shaped metal nanoparticles: bottom-up syntheses and applications*. Wiley-VCH (2012). 包括了制备和表征纳米粒子的方法和所有的重要方面。

W. Choi and J. -W. Lee (eds), *Graphene: synthesis and applications*. CRC Press (2012). 评述了石墨烯合成和性质方面的进展和未来研究的方向,探讨了诸如电子学、散热、场发射、传感器、合成材料、能源等方面的应用。

C. Altavilla and E. Ciliberto, *Inorganic nanoparticles: synthesis, applications, and perspectives*. CRC Press (2012). 对无机纳米材料的总体评述，探讨了涉及应用的许多方法。

练习题

24.1 简要叙述如何制备下述样品的方法：(a) $MgCr_2O_4$，(b) $LaFeO_3$，(c) Ta_3N_5，(d) $LiMgH_3$，(e) $KCuF_3$，(f) $Na_{12}[Si_{12}Ga_{12}O_{48}]\cdot nH_2O$(用 Ga 取代 Al 的沸石 A 类似物)。

24.2 给出下列反应可能的产物：

(a) $Li_2CO_3 + CoO \xrightarrow{800\ ℃, O_2}$

(b) $2\ Sr(OH_2) + WO_3 + MnO \xrightarrow{900\ ℃, O_2}$

24.3 NiO 中掺杂少量 Li_2O 时导致固体的导电性增加。从化学上为此现象提出一种合理的解释。(提示：Li^+ 存在于 Ni^{2+} 位点。)

24.4 化合物 Fe_xO 中的 x 通常小于 1。叙述导致 x 小于 1 的可能的金属离子缺陷。

24.5 如何用实验方法从似乎具有可变组成材料的一系列晶体剪切面结构中区分出固溶体的存在？

24.6 根据离子半径数据(资源节 1)提出可能增大下述化合物阴离子导电性的掺杂剂：(a) PbF_2；(b) Bi_2O_3(六配位 Bi^{3+})。

24.7 绘出 ReO_3 结构的一个晶胞，标示出 M 原子和 O 原子。这种结构开放得足以允许 Na^+ 嵌入吗？如果答案是肯定的，Na^+ 可能处于何种位置？描述 Na∶Re 为 1∶1 时材料可能具有的结构类型。

24.8 判断 CrO 的 Néel 温度。

24.9 写出采取尖晶石结构的硫化物和氟化物可能的化学式。

24.10 在含有化学计量 CuO_2 层的下列化合物中，哪种材料有望成为高温超导体？(a) $YBa_2Cu_4O_8$，(b) $Ca_{1.8}Na_{0.2}CuO_2Cl_2$，(c) $Gd_2Ba_2Ti_2Cu_2O_{11}$，(d) $SrCuO_{2.12}$。

24.11 Ta_2O_5 在 NH_3 气流中加热时从白色变为红色，为什么？

24.12 陈述 Zachariasen 的两条有利于形成玻璃的规则，利用这些规则解释为什么冷却熔化的 CaF_2 生成晶形固体，而以相同速率冷却熔化的 SiO_2 时却生成玻璃。

24.13 按形成玻璃体和不形成玻璃体将下列氧化物分类：(a) BeO，(b) TiO_2，(c) La_2O_3，(d) B_2O_3，(e) GeO_2。

24.14 哪种金属硫化物可能形成玻璃体？

24.15 描述能够用来制备嵌入化合物 $LiTiS_2$ 的两种方法。

24.16 解释下述现象：ZrS_2(c 晶格参数为 583 pm)与 $[Co(\eta^5\text{-}C_5H_5)_2]$ 反应生成晶格参数 c 为 1 164 pm 的化合物；ZrS_2 与 $[Co(\eta^5\text{-}C_5Me_5)_2]$ 反应生成晶格参数 c 为 1 161 pm 的产物；ZrS_2 与 $[Fe(\eta^5\text{-}C_5H_5)_2]$ 不发生反应。

24.17 描述 Chevrel 相中 Mo_6S_8 单元之间的相互作用。

24.18 在 Be、Mg、Ga、Zn、P、Cl 中，哪一种元素可能形成元素被插入到框架中的氧合四面体结构？

24.19 写出与 SiO_2 同晶形结构、Si 被 Al、P、B、Zn 或元素混合物所取代、相同化学计量的沸石的化学式。

24.20 形成 MOFs 需要哪种配体？

24.21 计算 $NaBH_4$ 中氢的质量分数，陈述这种材料是否适于用作储氢材料。

24.22 少量 Li 和 Al 取代 Mg 进入 MgH_2 中提高了 MgH_2 的储氢性能。写出这种镁铝锂二氢化物的化学式并且解释 Li 和 Al 为何能进入这种结构？

24.23 为什么 BeH_2 不能被认为是合适的储氢材料？

24.24 埃及蓝($CaCuSi_4O_{10}$)为淡蓝色而尖晶石 $CuAl_2O_4$ 是深蓝绿色，试解释这种不同。

24.25 将 Na_2S_9 溶于极性溶剂最初产生了深蓝色溶液，这种颜色在空气中几分钟后会褪去，试解释这种现象。

24.26 描述用于水裂解的理想的光催化剂性能。

24.27 按带隙顺序排列半导体 AlP，BN，InSb 和 C(金刚石)。

24.28 用富勒烯化物分子离子密堆积中空穴填充方式描述 Na_2C_{60} 和 Na_3C_{60} 的结构。

24.29 (a) 比较两种球形物体的表面积：一种直径为 10 nm，另一种直径为 1 000 nm；(b) 根据对纳米材料尺寸的定义叙述这两种物体是否可看作纳米粒子。

24.30 （a）解释材料制备中“从大到小”和“从小到大”两种方法的不同，各举出一个例子。（b）列出每种合成方法的优点和缺点。

24.31 （a）描述从溶液中形成纳米粒子的三个基本步骤；（b）为了实现均匀的尺寸分布，为什么两个步骤应该独立发生？（c）纳米粒子合成中使用的稳定剂分子有哪些？

24.32 叙述 Ostwald 熟化过程。

24.33 （a）绘出核壳纳米粒子示意图；（b）简述用气相法或溶液法制备核壳纳米粒子；（c）人们期望核壳纳米粒子用于何种目的？

24.34 除石墨外，哪些无机材料具有强的层内键合和弱得多的层间相互作用，并因此可能会剥离为单片？

辅导性作业

24.1 描述汽车引擎中传感器（废气氧传感器）运行的无机化学过程。

24.2 为了获得复合氧化物中高氧化态的 d 金属，化合物通常要在尽可能低的温度下制备。对反应使用这些条件的热力学原因进行讨论，并且解释为什么生产 YBCO 的最佳温度涉及最后阶段在约 450 ℃和纯氧条件下的退火操作？

24.3 在氨中加热复合氧化物可能导致氮化或还原过程。$SrWO_4$在氨气中加热时可能形成何种产物？反应温度如何影响反应结果？

24.4 与直接的高温反应法相比，溶胶凝胶法合成复合金属氧化物的优点是什么？

24.5 描述铜铁矿（delafossite）的结构类型。已知何种元素结合形成了这种结构类型？讨论它们的电子性质及作为光催化剂的潜在应用。

24.6 超导体往往被分类为类型Ⅰ和类型Ⅱ。叙述决定这种分类的物理特征。

24.7 讨论各种不同的化学取代如何导致 LnFeOAs 结构类型半导体材料的发现和随后的优化。描述最近发现的其他含铁超导材料的组成和结构。

24.8 讨论沸石、沸石类型（除 AlO_4和 SiO_4之外的氧合四面体物种构建的框架）和金属有机框架（MOFs）在性质上的差别。

24.9 用于运输的储氢材料的标准之一是应该含 10%（质量分数）的氢。哪一类材料在这项应用中最有前景？可能用于从可再生能源产生的静态储氢系统有哪些不同的要求？

24.10 理想无机颜料的性质是什么？

24.11 对光催化分解水方面最近发现的、性能得到改善的材料研究工作进行总结。

24.12 比较石墨和 C_{60}与碱金属形成化合物的化学行为。

24.13 对下述说法进行评论：“分子单元材料设计与合成方面反应活性的增加也意味着这些化合物不适于目前使用无机材料的许多应用领域。”

24.14 解释气相法或溶液法是否会导致：（a）在纳米粒子合成中更大的粒径分布，（b）在所谓的硬团聚体中彼此强烈键合形成团聚粒子。

24.15 （a）讨论气相法中均相成核和异相成核之间的差别。（b）对该过程中薄膜的生长而言，哪一种成核现象优先发生？（c）对该过程中纳米粒子的生长而言，哪一种成核现象优先发生？

24.16 从气相物种的类型和稳定性方面描述物理气相法和化学气相法之间的差异。

24.17 （a）为扫描探针显微法下定义，定义需要明确什么是扫描探针显微法和为什么被称为扫描探针显微法。（b）选用你感兴趣的一种材料，描述如何用任何一种扫描探针显微法表征材料的一些重要性质。

24.18 比较量子点纳米晶体和大块半导体的频带能量。

24.19 （a）给出量子阱的两例应用。（b）为什么使用量子阱？分子材料和传统的固态材料是否能显示相似的性质？（c）如何制得量子阱？

24.20 （a）自组装与纳米粒子的制备有何相关？（b）它在纳米技术中起什么作用？

24.21 （a）根据成键类型描述两类无机-有机复合纳米材料。（b）举出每类复合纳米材料的一个例子。

24.22 本章关于 CdSe 量子点的合成方法中用到有毒化合物。查阅化学文献找到最近使用的、毒性较小的物质的例子。描述每个例子中的溶剂化步、成核步和生长步。评论每例中颗粒尺寸的分散情况（参考论文：G.C.Lisensky and E.M. Boatman，*J.Chem.Educ.*，2005，**82**，1360；W.William Yu and X.-G.Peng，*Angew.Chem.*，*Int.Ed.Engl.*，2002，**41**，2368.）

24.23 Grätzel 电池已被描述为一种有用的光电化学电池，光电化学电池与光伏电池有何不同？为什么 TiO_2纳米结构对性能的改善是重要的？其他无机物种在功能化 Grätzel 电池方面起何种作用？（参见 M.Grätzel,*Nature*,2001,**414**,338.）

24.24　石墨烯的各种物理性能如何导致它可用于未来技术？

24.25　人们已经建议用碳纳米管作为分子电子学中的电缆,连接两个功能性电子设备时使用碳纳米管作为电缆面临何种挑战？对可能克服这些难题的方法进行讨论。

24.26　对碳而言纳米管已广为人知。给出非碳无机纳米管的一个实例,并描述其合成和性质。将其结构与本章讨论的碳纳米管的结构进行比较。

（刘　斌　译,史启祯　审）

25章

催化

本章将金属有机化学、配位化学和材料化学的诸多概念运用于催化。侧重介绍催化作用的一般原理，如催化循环的特征。催化循环包括反应中活性物种或表面的再生，以及维持有效循环所要求的脆弱的平衡。我们将会了解到有效催化循环所必须满足的多种条件：被催化的反应在热力学上必须是有利的，而且被催化了的反应进行得足够快；催化剂必须有较高的选择性（以生成目的产物）且寿命足够长（以保证经济上可行）。接下来简要介绍均相催化反应及如何提出相关的反应机理。最后讨论非均相催化，我们将会发现均相催化与非均相催化之间存在许多相似之处。不论是均相催化还是非均相催化，科学界尚未完全了解其机理，许多未解之谜等待人们去探索。

催化剂是指能增加反应速率但本身却未被消耗的物质，广泛涉及自然界的过程、并广泛用于工业界及实验室中。据统计，工业化国家工业总产值的1/6与催化过程相关。如表25.1所示，美国产量最大的20种合成化学产品中，16种是直接或间接通过催化过程生产的。例如，生产举足轻重的工业品硫酸时，关键步骤就是将SO_2催化氧化为SO_3。另一个例子如氨，这个对工业和农业都至关重要的化学产品是通过催化用H_2还原N_2的反应获得的。无机催化剂也用于生产重要的有机化学品和石油产品，如生产燃料、石油化学产品和聚烯塑料。催化剂在净化环境中的作用也与日俱增，如污染物的分解（如汽车排放系统中的催化转化器）；催化剂在开发新的工业过程（效率更高、不受欢迎的副产物更少）和通过燃料电池产生清洁能源方面也起着重要作用。酶是一类生化催化剂（往往是含有金属中心的复杂分子），这方面的讨论将安排在第26章。

表25.1　美国产量最大的20种合成化学品（按质量计）

排序	品名	催化过程	排序	品名	催化过程
1	硫酸	SO_2氧化，非均相	11	氢氧化钠	电解，非催化过程
2	乙烯	烃类裂解，非均相	12	硝酸铵	前体涉及催化
3	丙烯	烃类裂解，非均相	13	尿素	前体NH_3涉及催化
4	聚乙烯	聚合，非均相	14	乙基苯	苯的烷基化，均相
5	氯	电解，非催化过程	15	苯乙烯	乙苯催化脱氢
6	氨	N_2+H_2，非均相	16	HCl	非均相
7	磷酸	非催化过程	17	异丙苯	苯的烷基化
8	1,2-二氯乙烷	乙烯$+Cl_2$，非均相	18	环氧乙烷	乙烯$+O_2$，非均相
9	聚丙烯	聚合，非均相	19	硫酸铵	非均相
10	硝酸	NH_3+O_2，非均相	20	碳酸钠	前体涉及催化

注：引自Facts & Figures for the Chemical Industry, *Chem. Eng. News*, 2009, **87**, 33.

除了经济上的价值以及对提高人类生活质量的贡献外，催化剂的魅力还在于它可能完全改变反应的结果。近年来，随着同位素分子标记、反应速率测定方法、光谱和衍射技术的改善以及更可靠的分子轨道计算法的发展，人们对催化机理的了解也取得了显著的进步。

一般原理

对同一反应而言,催化过程要快于非催化过程,这是因为催化剂能够提供一条活化能更低的反应途径。“负催化剂”这一术语有时用于描述能使反应减慢的物质。催化反应中能阻碍一个或多个基元步骤的物质叫**催化剂毒物**(catalyst poisons)。

25.1　催化术语

在讨论催化反应机理之前,我们需要介绍一些用来描述催化反应速率及其机理的术语。

(a) 能量学

提要:催化剂之所以能增加反应速率,是由于提供了一条 Gibbs 活化能更低的反应路径。催化反应 Gibbs 自由能的剖面上既没有未催化反应的那个高峰,也没有低于产物能量的深谷。

催化剂能增大反应速率,是由于它能提供一条 Gibbs 活化能($\Delta^{\ddagger}G$)更低的反应路径。由于催化过程中新的基元步骤可能具有完全不同的活化熵,因而需要关注催化反应 Gibbs 自由能的剖面图,而不仅仅关注焓值或能值的剖面图。由于 G 是状态函数,催化剂不会影响总反应的 Gibbs 自由能($\Delta_r G^{\ominus}$)。图 25.1 示出了这种差别,两个剖面上总反应的 Gibbs 自由能是相同的。催化剂不能将热力学上不能发生的反应变成热力学上可以发生的反应。

图 25.1 还示出,催化反应 Gibbs 自由能的剖面上既没有未催化反应的那个高峰,也没有低于产物能量的深谷。催化剂改变了反应的机理,新机理的剖面图具有完全不同的形状和较低的最大值。然而同等重要的一点是,催化循环中不能存在稳定的(或不活泼的)催化中间体。同样,产物必须在热力学上可行的步骤中释放出来。如果与催化剂形成了稳定的络合物(如图 25.1 中的蓝色线所示),该物质就是反应产物且催化循环到此中断。同样,杂质配位于催化剂的活性位点也能抑制催化过程,其作用相当于“催化剂毒物”。

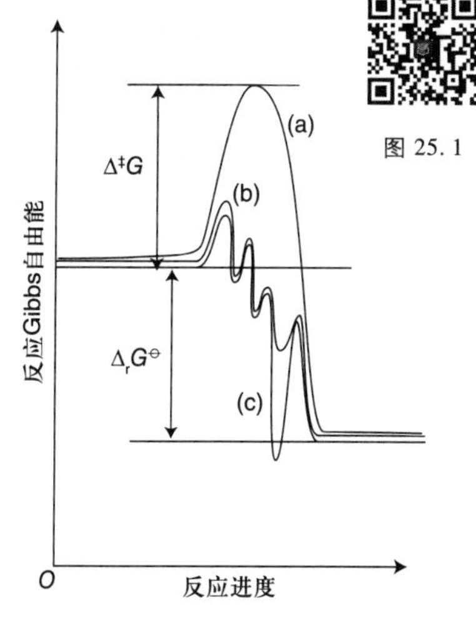

图 25.1　催化循环的能量示意图:非催化反应(a)比催化反应(b)每一步的 $\Delta^{\ddagger}G$ 都更高,路径(a)和路径(b)总反应的 Gibbs 自由能($\Delta_r G^{\ominus}$)是相同的,曲线(c)给出一种反应机理的剖面图,在这种机理中,反应中间体比产物更稳定

(b) 催化循环

提要:催化循环是一个反应序列,序列中包括了反应物的消耗、产物的生成及循环结束后催化剂的再生。

催化过程的实质是反应物的消耗、产物的形成,以及催化物种再生的过程。涉及均相催化剂催化循环的一个简单例子是以 $[Co(CO)_3H]$ 为催化剂催化 2-丙烯基-1-醇(烯丙醇,$CH_2{=}CHCH_2OH$)异构化为 1-丙烯基-1-醇($CH_3CH{=}CHOH$)的反应。第一步是反应物配位于催化剂,接着发生络合物在催化剂配位层的异构化,继而释出产物,同时完成催化剂的再生(图 25.2)。1-丙烯基-1-醇一旦被释放,即发生互变异构生成 CH_3CH_2CHO。像所有机理一样,该催化循环也是根据所能掌握的信息(如图 25.3 所列)提出的。图 25.3 中的许多概念在第 21 章介绍取代反应机理时已经遇到过。然而,如果催化循环包含几个脆弱的平衡反应(这些反应往往难以分别做研究),想要阐明催化机理还是相当复杂的。

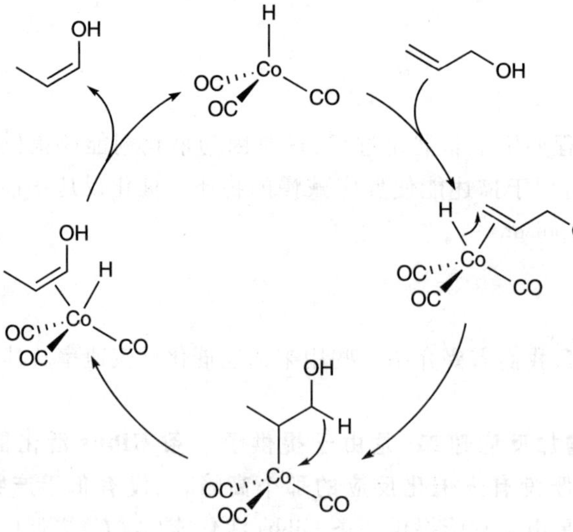

图 25.2　2-丙烯基-1-醇异构化为 1-丙烯基-1-醇的催化循环

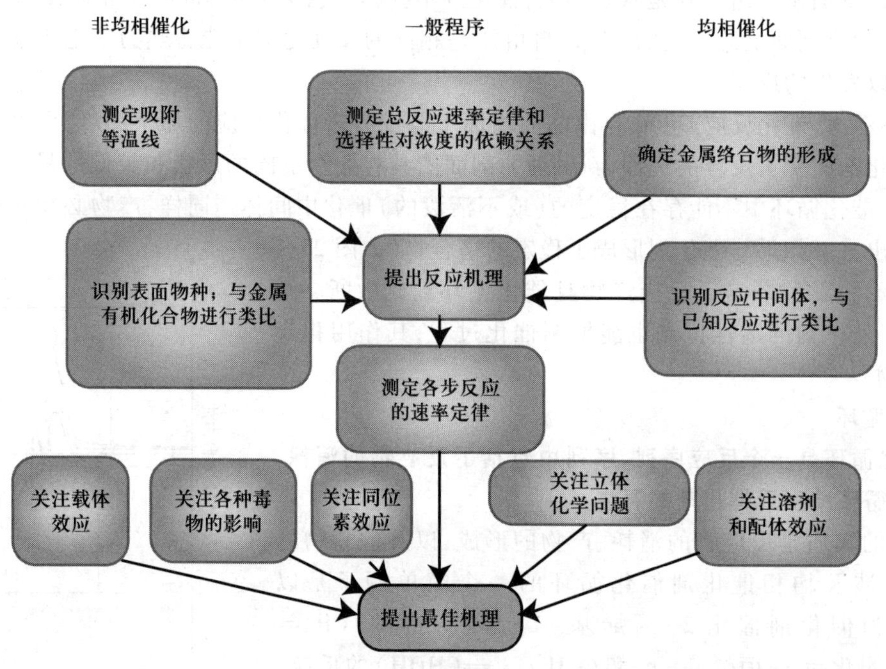
非均相催化
一般程序
均相催化
测定吸附等温线
测定总反应速率定律和选择性对浓度的依赖关系
确定金属络合物的形成
识别表面物种；与金属有机化合物进行类比
提出反应机理
识别反应中间体，与已知反应进行类比
测定各步反应的速率定律
关注载体效应
关注各种毒物的影响
关注同位素效应
关注立体化学问题
关注溶剂和配体效应
提出最佳机理

图 25.3　确定催化机理的步骤

测定速率定律和说明立体化学是检验反应机理的两种有效方法。如果假定形成了某种中间体，NMR、IR、UV-Vis 光谱也能提供支持(第 8 章)。如果建议的催化循环中包括了具体的原子转移步骤，则可采用同位素示踪法进行研究。不同配体和不同底物所造成的影响有时也可提供有效信息。尽管许多催化循环总反应的速率数据和相应的速率定律已经被测知，但测定基元反应的速率定律对提高机理的可信度仍然十分必要。事实上，由于实验工作的复杂性，做过如此详尽研究的催化循环少之又少。

(c) 催化效率和寿命

提要：高活性催化剂(即使在低浓度下也能使反应快速的催化剂)具有较大的转化频率。实用催化剂必须能经得住许多次催化循环。

转化频率(turnover frequency,f)往往被用来表示催化剂的效率。如果催化剂 Q 使 A 转化为 B 的反应速率为 v,即

$$A \xrightarrow{Q} B \quad v=\frac{d[B]}{dt} \tag{25.1}$$

如果非催化反应的速率可忽略不计,转化频率则可由下式表示:

$$f=v/[Q] \tag{25.2}$$

高活性催化剂(即使在低浓度下也能使反应快速的催化剂)具有较高的转化频率。

在非均相催化中,反应速率是用产物的量(代替浓度)的变化来表达的;催化剂的浓度则用加入催化剂的量代替。确定催化剂活性位点的数目是非常困难的,等式(25.2)中的分母通常用催化剂的表面积代替。

转化数(turnover number)是指催化剂能进行有效催化的循环次数。只有当催化剂具有很大的转化数时,经济上才是可行的。然而,催化剂可能会被副反应(对主循环而言)或原料中含有的少量杂质所破坏。例如,多种乙烯聚合催化剂都可被 O_2所破坏。因此在合成聚乙烯或聚丙烯时,原料乙烯或丙烯中 O_2的浓度应该低于几个 ppb。

有些催化剂非常容易被再生。例如,烃类重整反应(将烃类转化为高辛烷值的燃料)中所使用的固载金属催化剂会被碳(产生于伴随重整反应的少量脱氢反应)所覆盖。定期中断催化过程,通过燃烧除去积炭的方法可对固载金属颗粒进行净化。

(d) 选择性

提要:选择性催化剂能提高目标产物的产量,并将副产物减至最少。

发展**选择性催化剂**(selective catalysts)在工业上具有很大的吸引力,这些催化剂能提高目标产物的产量,并将副产物减至最少。例如,以金属银为催化剂用 O_2氧化乙烯生产环氧乙烷(**1**,乙烯氧化物)的过程,反应过程伴随生成热力学上更有利、但却是人们不希望得到的副产物 CO_2和 H_2O。这种没有选择性的催化剂增加了乙烯的消耗,化学家正在为合成乙烯氧化物不懈地寻找选择性更高的催化剂。为数不多的几个简单无机反应不必考虑催化剂的选择性,因为这些反应只形成一种热力学上有利的产物,如 H_2和 N_2合成 NH_3 的反应。催化剂的选择性在不对称合成领域中尤为重要,此时只需要得到特定化合物的一种对映异构体,因而需要设计一种催化剂,选择性地生产其中的一种手性异构体。

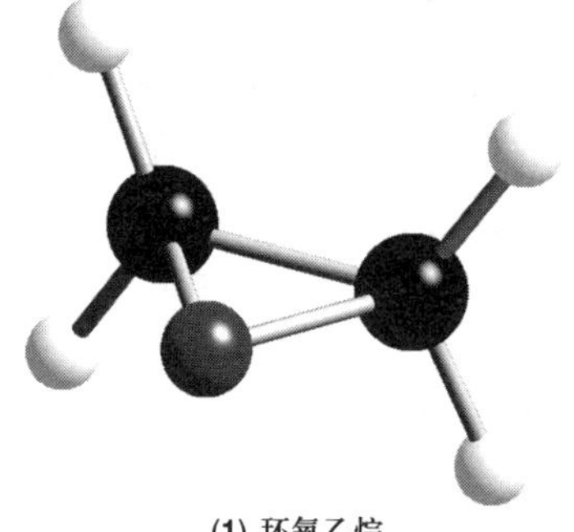

(1) 环氧乙烷

应用相关文段 25.1 原子经济性

"原子经济性"是绿色化学中最重要的概念之一,它是从多少起始物进入产物的角度看待化学反应效率的。在一个理想的反应中,起始物的所有原子都应转到产物中。原子经济性表达式为

$$原子经济性=\frac{目标产物的相对分子质量}{所有反应物的相对分子质量}\times 100\%$$

高效率反应的原子经济性高,产生的废物少,被视为环境可持续反应。不要将原子经济性与产率相混淆,百分产率不能反映废物或副产物的量。产率高的反应其原子经济性也可能很差。例如,如果目标产物是对映体的一种,该对映体的产率可能会接近 100%,但反应的原子经济性却很低。

催化剂在提高反应的原子经济性方面起关键作用。催化路线通常反应步骤少,选择性强,而且催化剂可再生。例如,过去全世界每年有超过 1 500 万吨的环氧乙烷(**1**)是通过非催化路线生产的,原子经济性仅为 26%,每生产 1 kg 环氧乙烷就要产生 3.5 kg 废物 $CaCl_2$。而当采用催化路线(使用非均相的银催化剂)时,乙烯和氧通过一步加成反应得到环氧乙烷,原子经济性高达 100%。

25.2　均相催化剂和非均相催化剂

提要：均相催化剂与反应物处于同一相，通常容易界定；非均相催化剂与反应物处于不同的相。

如果催化剂与反应物处于同一相，则称为**均相**（homogeneous）催化剂，通常意味着催化剂作为溶质溶于液态反应混合物中。如果催化剂与反应物处在不同的相中，则称为**非均相**（heterogeneous）催化剂，通常意味着催化剂为固体，而反应物则为气体或处于溶液中。本章讨论此两类催化剂，您会发现它们本质上是相似的。

从实用角度，均相催化剂的吸引力在于对目的产物具有更高的选择性。对工业上的大规模反应而言，均相催化剂是放热反应的首选。这是因为溶液比非均相催化的固体反应床散热更快。原则上，溶液中的每个均相催化剂分子都可以接触到反应物，从而可能导致非常高的活性。同时也要意识到，均相催化机理较非均相催化机理易于进行仔细研究。这不仅是由于前者的速率数据通常更易解释，而且由于溶液中的物种较固体表面的物种更易表征。均相催化剂的主要缺点是需要采取分离步骤。

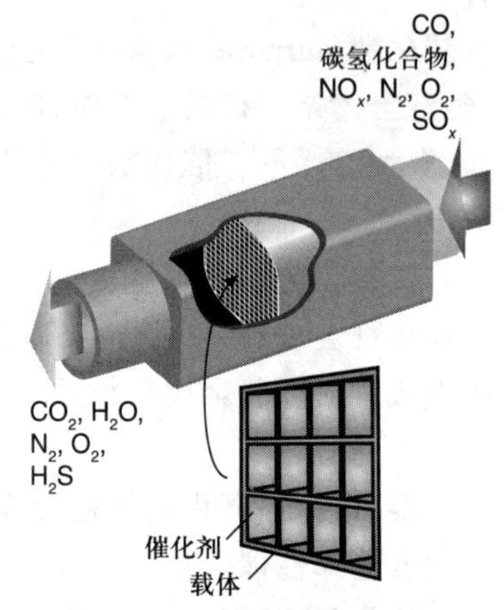

图 25.4　运转中的非均相催化剂：汽车的催化转化器氧化 CO 和碳氢化合物，还原氮和硫的氧化物；金属催化剂颗粒被担载于结实而耐用的陶瓷蜂窝体上

非均相催化剂在工业上应用广泛，而且较均相催化剂具有更高的经济价值。非均相催化剂一个有魅力的特点是许多固体催化剂具有很好的高温耐受性，因而对操作条件的适应性比较强。反应在高温下进行得更快，在催化剂用量和反应时间给定的条件下，高温下使用固体催化剂通常较低温下在溶液中使用均相催化剂的产量更高。非均相催化剂获得广泛应用的另一个原因是不需要额外的步骤去分离催化剂和产物，从而使反应过程更加高效和环保。常见的操作是让气体或液体反应物从管式反应器的一端进入、流经管内的催化床，从另一端收集产物。非常简单的设计适用于制造处理汽车尾气的催化转化器：尾气流过催化转化器时 CO 和碳氢化合物被氧化，而氮氧化物则被还原［图 25.4；也可参见节 25.10(c)中的应用相关文段 25.4］。

均相催化

这里着重介绍一些金属有机化合物和配位络合物的重要的均相催化反应，同时介绍目前获得大多数人认可的一些反应机理。但应当指出，像所有建议的其他机理一样，催化机理也随着人们获得更多的实验细节而处在不断修正或改变之中。不像简单反应，催化过程常包含实验者几乎无法控制的许多步骤。此外，高活性中间体往往因浓度太低而不能通过光谱法进行测定。对待这些催化机理最好的态度是学习各种转化模式，并接受、理解它们，同时也要随时准备接受基于未来工作所提出的新机理。

均相催化涉及加氢、氧化及许多其他过程。对某一特定反应而言，同一族金属原子的络合物往往都会显示出催化活性，但 4d 金属比处于其上方或下方金属的络合物催化活性更高。在某些情况下，这种差异可能与下述事实有关：4d 元素的金属有机化合物较 3d 和 5d 金属类似化合物具有更大的取代活性。相较于廉价金属，价格高的金属的络合物往往具有更好的催化性能，因而常被用作催化剂。

第 21 章和第 22 章讨论了发生在金属中心上的反应：这些反应恰恰是现在讨论的催化过程的核心。我们往往需要求助于那里所介绍的一系列过程，因此做些回顾将会有助于学习：

- 配体取代反应：节 21.5~21.9，节 22.21；
- 氧化还原反应：节 21.10~21.12；
- 氧化加成和还原消除反应：节 22.22；

- 迁移插入反应:节 22.24;
- 1,2-插入和 β-H 消除:节 22.25。

与配体上发生的直接进攻一起,上述这些反应类型(有时是它们的逆反应)往往是相互组合起来说明当今为有机反应建议的大部分均相催化循环的。尚待深入研究的反应毫无疑问将用到其他的反应步骤。

25.3 烯烃复分解

提要:烯烃复分解反应是由金属有机络合物均相催化的,这些金属有机络合物能够很好地控制产物的生成。反应机理的关键步骤是配体从金属中心的解离,这种解离产生的空位导致烯烃配位。

像交叉复分解反应一样,**烯烃复分解**(alkene metathesis)反应导致碳-碳双键重新分配:

$$R_1CH{=}CH_2 + R_2CH{=}CH_2 \rightleftharpoons R_1CH{=}CHR_2 + CH_2{=}CH_2$$

烯烃复分解反应于 1950 年代第一次见诸报道。当时使用了非常不明确的混合试剂(如 WCl_6/Bu_4Sn 和 MoO_3/SiO_2),从而出现了很多不同的反应(表 25.2)。近些年引入了多种新催化剂,其中影响最深远的两个例子是结构明确的亚烷基钌化合物(**2**,1992 年由 Grubbs 报道)和亚氨基亚烷基钼化合物(**3**,1990 年由 Schrock 报道)。由于对复分解催化剂研究的贡献,Robert Grubbs、Yves Chauvin 和 Richard Schrock 共同获得了 2005 年的诺贝尔化学奖。

表 25.2 烯烃复分解反应的范围

反应	名称
n 环烯(含 X) → 聚合物$_n$	开环复分解聚合 (ROMP)
n 二烯(含 X),$-n$ 乙烯 → 聚合物$_n$	非环二烯复分解聚合 (ADMET)
二烯(含 X),− 乙烯 → 环烯	二烯关环复分解 (RCM)
烯炔(含 X) → 环状二烯	烯炔关环复分解 (RCM)
环烯(含 X) + 烯烃-R → 开环二烯-R	开环复分解 (ROM)
烯烃-R_1 + 烯烃-R_2,− 乙烯 → R_1CH=CHR_2	交叉复分解 (CM 或 XMET)

(2)　　(3)

烯烃复分解反应进行过程中经历了金属环丁烷中间体：

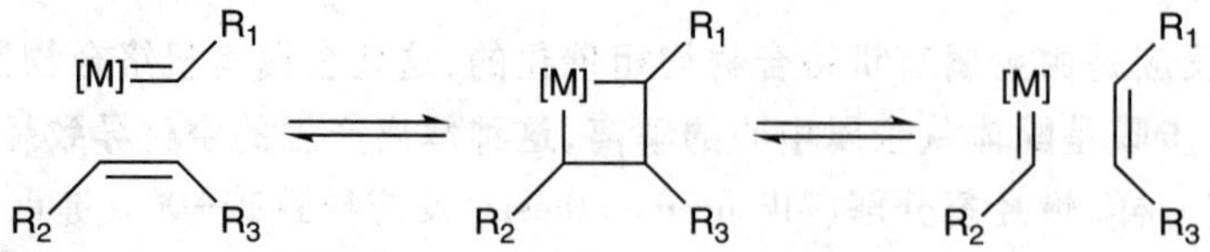

在 Grubbs 催化剂催化的例子中，配体 PCy_3(Cy =cyclohexyl)从金属中心 Ru 上的解离是关键步骤，这一步骤为后续的烯烃分子与 Ru 的配位提供了可能。烯烃配位后才能形成金属环丁烷。

对反应机理的确认导致 Grubbs 用 *N* 杂环卡宾配体(NHC)更换了一个 PCy_3 膦配体，NHC 具有更强的 σ 给予体能力和更弱的 π 接受体能力，两种因素都能更好地促使 PCy_3的解离并稳定烯烃络合物。根据这一理念设计了活性较双膦络合物更高的所谓**第二代 Grubbs 催化剂**(second generation Grubbs' catalyst)，其结构见(**4**)。第二代 Grubbs 催化剂对含有许多不同功能基的底物及许多种溶剂体系都能保持高的催化活性。该催化剂已有商品出售并获得了广泛应用(包括许多天然产物的全合成)。第三代 Grubbs 催化剂能够缩短引发时间，催化剂中的膦配体被杂环化合物(如吡啶)所取代。

Shrock 发展了钨和钼的次烷基络合物作为烯烃复分解反应的催化剂，并于 1990 年商业化。随后于 1993 年开发了首例手性烯烃复分解催化剂(**5**)。这些手性钼催化剂可以实现 ROMP 过程(见表 25.2)中的立体化学控制，即通常所说的立构规正度(见节 25.18)。这些手性催化剂很快也被用于有机小分子的对映选择性合成(见节 25.4)。

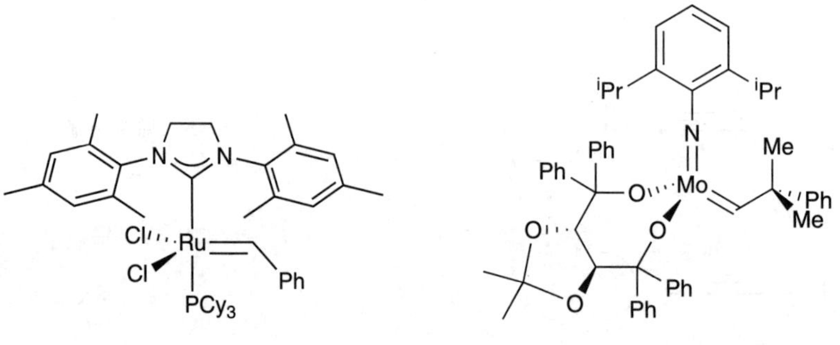

(4)　　(5)

烯烃复分解反应的驱动力各不相同。在 ROM 和 ROMP(见表 25.2)中，起始物环张力的释放促进反应进行。对于释出乙烯的复分解反应(如 RCM 或 CM)而言，释出乙烯促进了目标产物的生成。如果反应中没有明确清晰的热力学上有利的产物时，则形成多种烯烃的混合物。这种情况下，可用统计学的方法确定各自可能生成的相对比例。

25.4　烯烃加氢

提要：Wilkinson 催化剂($[RhCl(PPh_3)_3]$)和相关络合物能在接近或低于 1 atm 的氢气压力下对多种多样的烯烃加氢；合适的手性配体可以实现对烯烃的对映选择性加氢。

烯烃加氢生成烷烃的过程在热力学上是有利的(乙烯转化为乙烷的 $\Delta_r G^\ominus = -101\ kJ\cdot mol^{-1}$)。然而在通常条件和没有催化剂的情况下，反应的速率微不足道。许多高效均相和非均相烯烃加氢催化剂已为人们所熟知，并在人造奶制品、医药制品和石油化学品等许多生产领域获得应用。

研究最多的烯烃加氢催化体系之一是 Rh(Ⅰ)络合物[$RhCl(PPh_3)_3$],该化合物通常叫作 **Wilkinson 催化剂**(Wilkinson's catalyst)。室温和接近或小于 1 atm 的氢气压力条件下,该催化剂可让多种烯烃和炔烃加氢。Wilkinson 催化剂催化端烯烃加氢的主要循环过程见图 25.5。H_2 与 16 电子络合物[$RhCl(PPh_3)_3$](A) 发生氧化加成生成 18 电子的二氢络合物(B)。(B) 中的一个膦配体发生解离形成配位不饱和络合物(C),后者接着形成烯烃络合物(D)。(D) 中的氢原子从 Rh 上转移至配位烯烃,形成瞬态的 16 电子烷基络合物(E)。(E) 与膦配体配位形成(F),后者的氢原子迁移至碳导致烷基发生还原消除并重新生成(A),催化剂(A) 开始重复下一次循环。已知还存在另一个与之平行、但速率较慢的催化循环(循环中 H_2 和烯烃与金属配位的次序相反),但图中未示出。一个基于 14 电子中间体[$RhCl(PPh_3)_2$]的催化循环已知也是存在的。尽管该中间体在反应中存在得非常少,但对催化循环有显著贡献。这是因为它与 H_2反应的速率比[$RhCl(PPh_3)_3$]快很多。在这个循环中,(E) 会直接消除烷烃再生[$RhCl(PPh_3)_2$],后者与 H_2快速反应生成(C)。

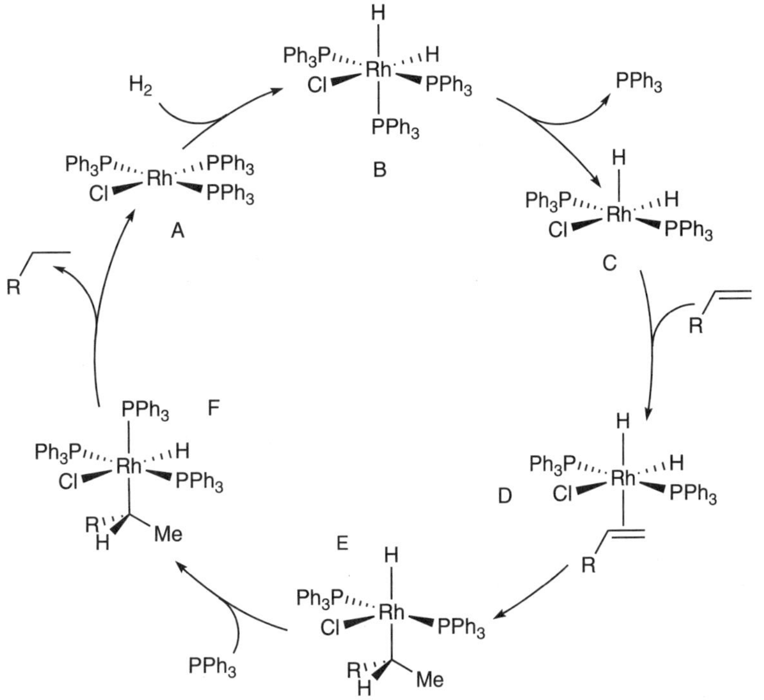

图 25.5　Wilkinson 催化剂催化端烯烃加氢的催化循环

Wilkinson 催化剂对膦配体和底物烯烃的性质高度敏感。类似的烷基膦配体络合物没有催化活性,多半是由于配体与金属原子之间的结合力较强而导致不易解离。与此相类似,烯烃的尺寸也要合适:Wilkinson 催化剂无法催化加氢大位阻的烯烃和完全没有空间位阻作用的乙烯,可能是由于空间位阻太大的烯烃无法与金属配位,而乙烯的配位能力太强导致无法进一步反应。这些现象说明了早前的结论:催化循环是一组保持着脆弱平衡的系列反应,任何打乱这个正常平衡的因素都会阻碍催化反应的进行或改变反应的机制。

Wilkinson 催化剂既可用于实验室规模的有机合成,也可用于精细化学品的生产。**对映选择性反应**(enantioselective reaction)是合成特定手性产物的反应,反应中利用含有手性膦配体的相关 Rh(Ⅰ)催化剂合成具有光学活性的产物。被加氢的烯烃必须是**前手性**(prochiral)烯烃,这意味着该烯烃必须具有一种结构,这种结构在与金属配位时能够产生 *R* 或 *S* 手性。依赖于烯烃以不同的面配位于金属原子,形成两种非对映形络合物。一般来说,非对映体具有不同的稳定性和不稳定性。在有利的情况下,一种或另一种作用将会导致产物的对映选择性。对映选择性通常用**对映过量**(enantiomeric excess,ee)来量度,它定义为主对映产物百分产率与副对映产物百分产率之差。例如,如果反应中两个对映体的产率分别为 51% 和 49%,对映过量则为 2%;如果反应中两个对映体的产率分别为 99% 和 1%,ee 则为 98%。

含有手性膦配体(DiPAMP,**6**)的一种催化剂用于合成 L-多巴胺(**7**),它是用来治疗帕金森氏症的一种手性氨基酸。该过程一个有趣的细节是,溶液中次要的非对映体生成了主产物。次要异构体具有更大转化频率的事实在于 Gibbs 活化能的差别(图 25.6)。受益于巧妙的配体设计和多种多样的金属,该领域的发展非常迅速并提供了许多临床上有用的化合物,其中需要特别一提的是 Ru(Ⅱ)的 BINAP 络合物(**8**)。由于在不对称加氢方面的突出贡献,Ryoji Noyori 和 William Knowles 共同获得了 2001 年诺贝尔化学奖。Barry Sharpless 与他们一起分享了这项奖,他的贡献在不对称氧化(节 25.7)领域。

(**6**) DiPAMP　　(**7**) L–dopa

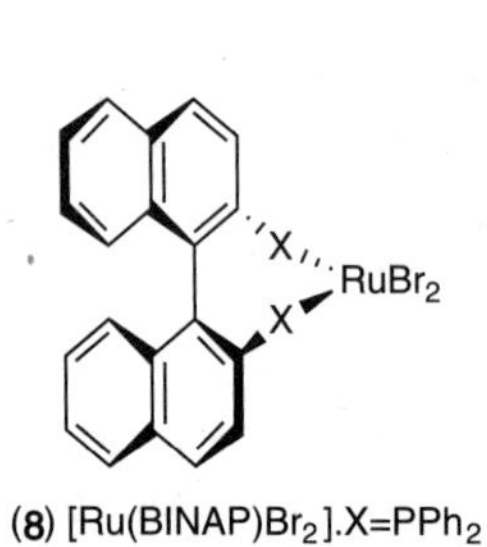

(**8**) [Ru(BINAP)Br$_2$].X=PPh$_2$

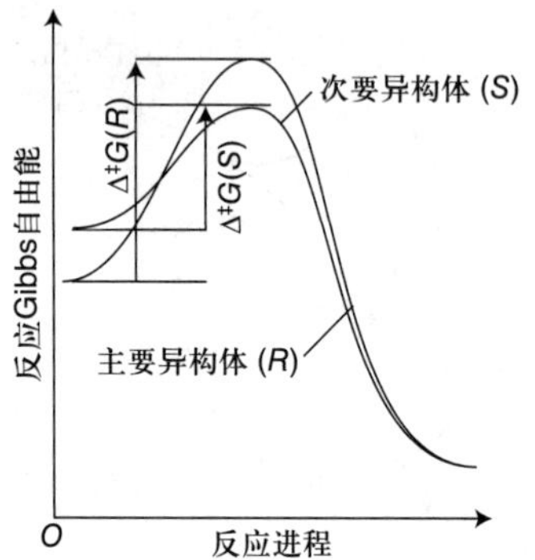

图 25.6　动力学控制的立体选择性

注意 $\Delta^{\ddagger}G(S)<\Delta^{\ddagger}G(R)$,所以次要异构体比主要异构体反应更快

25.5　氢甲酰化

提要:一般认为氢羰基化反应的机理涉及一个预平衡,预平衡中八羰基二钴(0)在高压下与氢结合生成一种单金属物种,正是这个物种参与实际上的氢羰基化反应。

在氢甲酰化反应中,烯烃、CO 和 H_2 反应生成比原来烯烃多一个碳原子的醛:

$$RCH{=}CH_2+CO+H_2 \longrightarrow RCH_2CH_2CHO$$

“氢甲酰化”这个术语源于下述概念:产物是由甲醛(HCHO)加合于烯烃得到的。尽管实验结果显示此类反应具有不同的机理,但该名称却被沿用下来。一个更合适的名称是**氢羰基化**(hydrocarbonylation),虽然人们不常使用它。钴和铑的络合物均可用作氢羰基化反应的催化剂。氢甲酰化合成的醛通常会被还原为醇,后者可用作溶剂、增塑剂,也用于合成洗涤剂。生产规模十分庞大,每年达数百万吨。

通过与他们熟悉的金属有机化学反应进行类比,Heck 和 Breslow 于 1961 年提出了由钴的羰基化合物催化的氢甲酰化反应的总机理(图 25.7)。他们提出的机理虽然一直被引用,但很难对每一步都进行确认。机理中存在八羰基二钴(0)和四羰基氢合钴(A)之间的预平衡,八羰基二钴(0)与高压氢作用形成四羰基氢合钴(图 25.7):

$$[Co_2(CO)_8]+H_2 \longrightarrow 2\,[Co(CO)_4H]$$

建议的这个络合物失去一个 CO 形成配位不饱和的$[Co(CO)_3H]$(B):

$$[Co(CO)_4H] \longrightarrow [Co(CO)_3H]+CO$$

一般认为,$[Co(CO)_3H]$与烯烃配位形成(C),Co 原子上的 H 接着迁移到烯烃上,CO 重新与 Co 配位。此阶段生成烷基络合物(D)。在高压 CO 存在条件下,(D)发生迁移插入并与另一个 CO 配位生成酰基络合物(E),催化反应条件下通过红外光谱已经观测到这个化合物。产物醛的生成通常认为是由于 H_2 的进攻(如图 25.7)或强酸性络合物[$Co(CO)_4H$]的进攻形成的。同时生成了[$Co(CO)_4H$]或[$Co_2(CO)_8$],它们当中的任一个都可以再生成配位不饱和的[$Co(CO)_3H$]。

钴催化的氢甲酰化反应中也生成相当量的支链醛。这可能是由于(C)可形成 2-烷基钴中间体,继而形成(D)的异构体,最后加氢形成支链醛,如图 25.8 所示。如果所需要的产品为直链醛(如合成可生物降解洗涤剂时),则可通过向反应化合物中加入烷基膦配体来抑制上述异构化。这可能是由于 CO 被大位阻配体取代后,不利于形成空间更拥挤的 2-烷基络合物:

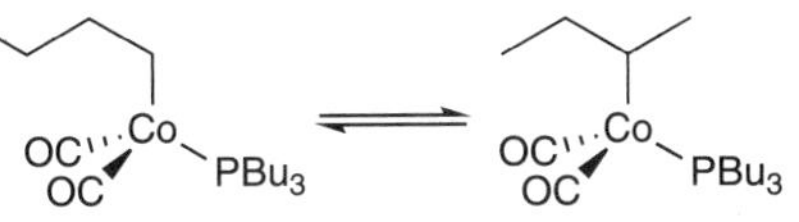

$K \ll 1$

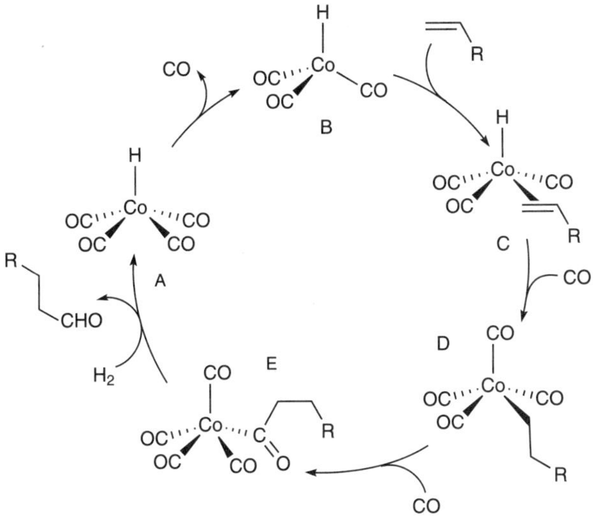

图 25.7　羰基钴催化剂催化烯烃氢甲酰化反应的催化循环

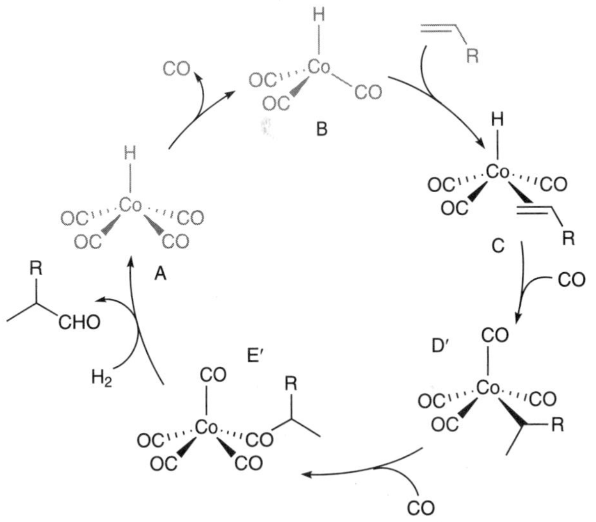

图 25.8　氢甲酰化反应中,烷基不是以末端方式与钴键合时形成支链醛

在此,我们又一次看到辅助配体强烈影响催化过程的例子。

另一个有效的氢甲酰化催化剂前体是[$Rh(CO)H(PPh_3)_3$](**9**)。它在反应中先失去一个膦配体形成配位不饱和的 16 电子络合物[$Rh(CO)H(PPh_3)_2$],后者可在中等温度、1 atm 条件下催化氢甲酰化反应。这种行为与钴羰基化合物催化剂形成鲜明对比,钴催化剂通常需要在 150 ℃和 250 atm 压力下进行。由于使用条件方便,铑催化剂在实验室合成中非常有用。由于有利于生成直链醛,因而在工业上与膦配体修饰的钴催化剂形成了竞争。钴催化剂主要用于中、长链醛的合成,铑催化剂主要用于 1-丙烯的氢甲酰化。

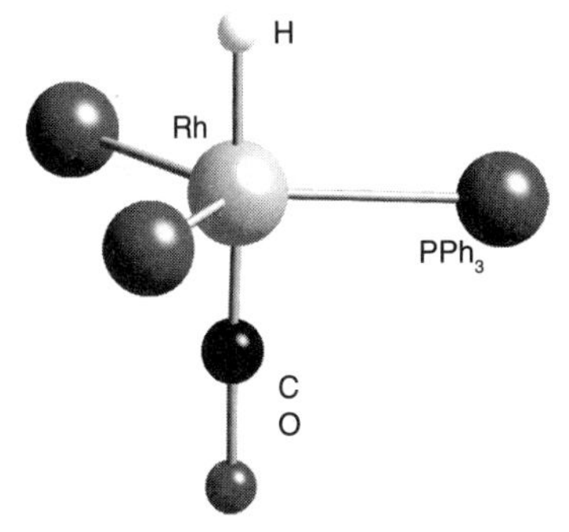

(**9**) [$Rh(CO)H(PPh_3)_3$]

例题 25.1　预测氢甲酰化反应的产物

题目:预测[$Co_2(CO)_8$]催化 1-戊烯与 CO 和 H_2 反应的产物,讨论反应体系中加入 PMe_3 或 PPh_3 所产生的影响。增加 CO 的分压是如何影响直链醛与支链醛产品比例的?

答案:与图 25.7 和图 25.8 中的循环进行类比,可以指望烯烃配位和氢迁移后形成如下两个可能的中间体:

（结构式：两种烷基钴羰基配合物，Co 上连有三个 CO）和

催化循环完成后分别生成两种产物：直链产物 $CH_3CH_2CH_2CH_2CH_2CHO$ 和支链产物 $CH_3CH_2CH_2CH(CHO)CH_3$。加入的膦配体与催化剂配位后增加了空间拥挤的程度，从而能够抑制支链产物的生成。PPh_3 的这种抑制效果比 PMe_3 更强。增加 CO 压力会使配位不饱和物种 $[Co(CO)_3H]$ 的浓度降低。与该物种配位的烯烃能够通过 β-H 消除过程发生异构化。因而增加 CO 压力将有利于直链产物的形成。

自测题 25.1　预测环己烯氢甲酰化反应的产物。

例题 25.2　解释化学变量对催化循环的影响

题目：增加 CO 分压超过某一临界值时，钴催化 1-戊烯氢甲酰化反应的速率会下降。请解释这一现象。

答案：增加 CO 分压导致反应速率下降的事实表明作为催化物种之一的浓度被降低。CO 分压增大导致下述平衡中 $[Co(CO)_3H]$ 的浓度下降：

$$[Co(CO)_4H] \rightleftharpoons [Co(CO)_3H]+CO$$

尽管没有用光谱手段检测到反应混合物中存在 $[Co(CO)_3H]$，上面观察到现象仍然是假定 $[Co(CO)_3H]$ 为催化过程中重要中间体的基础。

自测题 25.2　预测体系中加入 PPh_3 对 $[Rh(CO)H(PPh_3)_3]$ 催化的氢甲酰化反应速率的影响。

25.6　Wacker 法氧化烯烃

提要：Wacker 法是用氧和乙烯生产乙醛的工艺；最为成功的体系是用钯催化剂氧化烯烃，以铜为第二催化剂将钯重新氧化。

Wacker 法（Wacker process）主要用于从乙烯和氧得到乙醛：

$$C_2H_4+\tfrac{1}{2}O_2 \longrightarrow CH_3CHO \qquad \Delta_r G^{\ominus}=-197\ kJ \cdot mol^{-1}$$

该法是 1950 年代末期在瓦克电化学工业公司发明的，这一发明标志着由石化原料合成化学品时代的到来。虽然 Wacker 法已不再是工业界重要的关注点，但仍有一些值得讨论的机理特征。

目前所知，烯烃是被钯(Ⅱ)盐氧化的：

$$C_2H_4+PdCl_2+H_2O \longrightarrow CH_3CHO+Pd(0)+2\ HCl$$

虽然对 Pd(0) 物种的准确性质仍不清楚，但大概是以混合化合物的形式存在的。氧将 Pd(0) 缓慢地氧化至 Pd(Ⅱ) 是由 Cu(Ⅱ) 催化的。在这一过程中，铜在 Cu(Ⅱ) 和 Cu(I) 之间往复穿梭：

$$Pd(0)+2\ [CuCl_4]^{2-} \longrightarrow Pd^{2+}+2\ [CuCl_2]^-+4\ Cl^-$$

$$2\ [CuCl_2]^-+1/2\ O_2+2\ H^++4\ Cl^- \longrightarrow 2\ [CuCl_4]^{2-}+H_2O$$

总的催化循环如图 25.9 所示。对相关体系详尽的立体化学研究显示：烯烃/Pd(Ⅱ)络合物(B)通过溶液中的 H_2O 分子进攻配位乙烯、而不是通过配位羟基的插入发生水合的。形成水合产物(C)后又通过两个步骤将配位了的醇异构化：第一步通过 β-H 消除反应生成(D)；接着发生氢迁移反应得到(E)。消除乙醛和质子后生成 Pd(0)，后者又被 Cu(Ⅱ)催化的空气氧化辅助循环转化成 Pd(Ⅱ)。

该机理需要解释的一个重要实验现象是，如果反应在 D_2O 存在的条件下进行，最终产物中没有发现氘。这一实验现象说明或者是中间体(D)的寿命非常短，Pd—H 来不及被 Pd—D 所交换；或者是中间体(C)直接发生重排形成(E)。

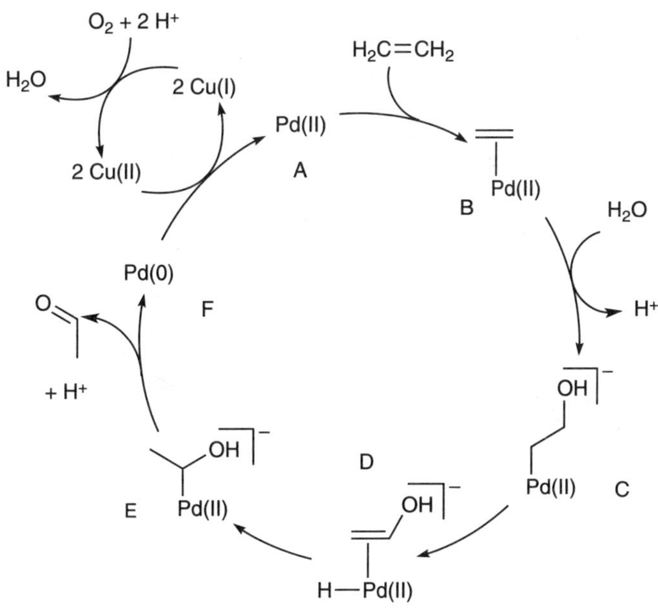

图 25.9　钯催化烯烃氧化为醛的催化循环

配位于 Pt(Ⅱ)的烯烃配体同样敏感于亲核进攻,但只有钯建立了成功的催化体系。钯表现出独特性质的主要原因似乎是 4d 的 Pd(Ⅱ)络合物较之 5d 的 Pt(Ⅱ)对应络合物更具动力学活泼性。此外,Pd(0)氧化为 Pd(Ⅱ)的电位较对应 Pt 电对的电位更有利。

25.7　不对称氧化

提要:适当的手性配体和 d 金属催化剂联合使用,可将手性引入有机底物的氧化产物。

除催化还原外,d 金属络合物也具有氧化活性。例如 **Sharpless 环氧化作用**(Sharpless epoxidation),即在钛催化剂和酒石酸二乙酯手性配体共同存在的条件下,2-烯-1-丙醇(烯丙醇)或其衍生物被叔丁基过氧化氢氧化生成环氧化合物:

OH + ${}^tBuOOH$ —[$Ti(OR)_4$; EtO_2C, CO_2Et, HO, OH]→ O, OH + ${}^tBuOH$

通常认为该反应经历了过氧化物和烯丙醇都通过其氧原子配位于 Ti 原子的过渡态。每个 Ti 原子都有一个酒石酸二乙酯与之结合,酒石酸二乙酯在 Ti 原子周围产生的手性环境足以区分烯丙醇的两种前手性面。进一步的实验证据指向一种二聚中间体(**10**)。Sharpless 环氧化作用 ee 值超过 98%的例子已见诸报道。

Jacobsen 氧化作用(Jacobsen oxidation)是以 Mn 络合物为催化剂的一种反应,作为催化剂的 Mn 络合物涉及 2N,2O 给予配体(叫作 salen)对 Mn 原子的混合配位(图 25.10)。次氯酸根离子(ClO^-)的作用是将 Mn(Ⅲ)络合物氧化为 Mn(Ⅴ)氧化物,后者能将自身的 O 原子传递给烯烃生成环氧化合物。Jacobsen 氧化作用已广泛用于多种底物,ee 值通常都超过 95%。迄今尚未给出精确的反应机理,但建议的机理包括存在二聚形式的催化剂或一个自由基氧转移步骤。

${}^tBu$, EtO_2C, CO_2Et, O, Ti, Ti, O, ${}^tBu$, EtO_2C, CO_2Et

(10)

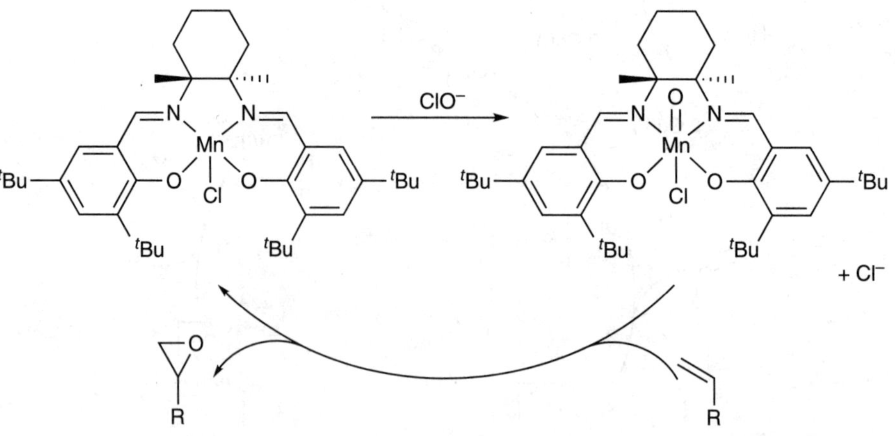

图 25.10 Jacobsen 环氧化作用是依靠 Salen 配体的锰络合物和次氯酸根完成的

25.8 钯催化的 C—C 键形成反应

提要：存在许多钯催化的偶联反应，这类反应都经过试剂对金属中心的氧化加成，接着发生两个碎片的还原消除。

存在许多钯催化的 C—C 键形成反应（又叫偶联反应），其中包括 Grignard 试剂与卤代芳烃的偶联、Heck 偶联、Stille 偶联和 Suzuki 偶联：

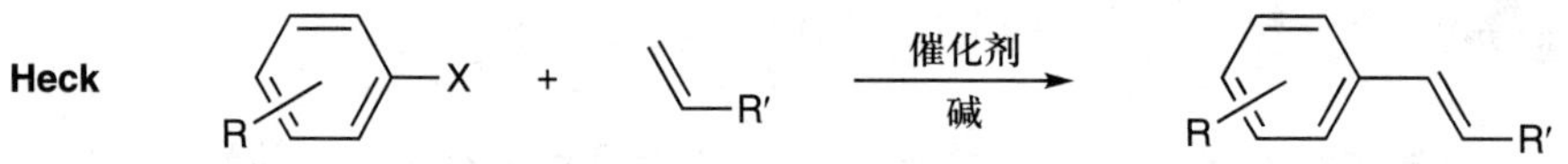

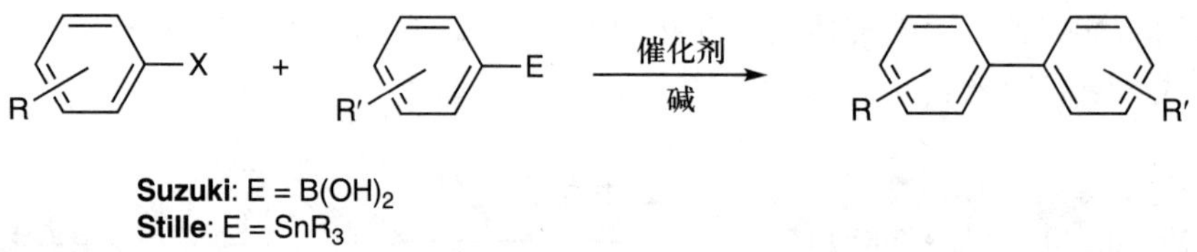

Heck

催化剂

碱

催化剂

碱

Suzuki: E = $B(OH)_2$
Stille: E = SnR_3

由于在钯催化偶联反应领域的贡献，Richard Heck、Akira Suzuki 和 Ei-ichi Negishi 获得了 2010 年诺贝尔化学奖。

尽管多种 Pd/配体组合都具催化活性，但通常还是使用 Pd(Ⅱ)络合物（如在外加膦配体存在下的 $[PdCl_2(PPh_3)_2]$）或 Pd(0)化合物（如 $[Pd(PPh_3)_4]$）作为催化剂。尽管精确的反应路径尚不清楚（也可能因 Pd/配体/底物的组合的不同而不同），但这些反应显然都遵循相同的总循环。图 25.11 示出乙烯基与卤代芳烃偶联时理想化的催化循环。碳（芳基）-卤键与配位不饱和的 Pd(0)化合物（A）发生氧化加成形成 Pd(Ⅱ)物种（B）；烯烃与其配位生成络合物（C）；通过 1,2-插入生成烷基络合物（D）；后者去质子化同时失去相应的卤素离子生成与钯结合的有机产物（E）。

其他钯催化的偶联反应中（如 Grignard 试剂与卤代芳烃偶联），起始的氧化加成按图 25.11 那样进行。人们认为第二种有机基团是通过 Grignard 试剂引入的。Grignard 试剂就像亲核的 R^- 一样，取代了（B）的金属中心上的卤素离子，得到连接于 Pd 原子的两个有机碎片（如图 25.12）。两个相邻的碎片随后发生偶联，还原性消除反应使起始的 Pd(0)物种（A）得到再生。

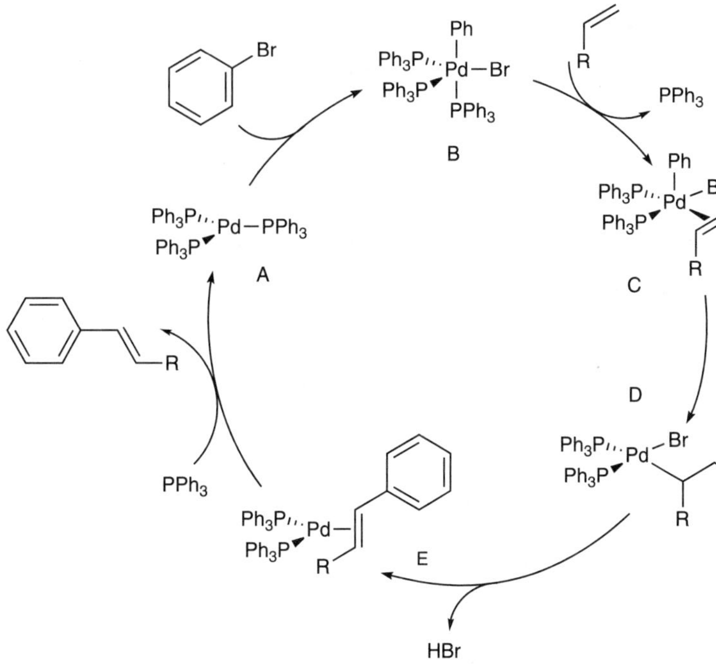

图 25.11　Heck 反应中取代 1-丙烯基与卤代芳烃偶联的理想催化循环

所有钯催化的偶联反应中，只有当连接在中心金属上的两个碎片相互处于顺位时才能发生插入或还原消除反应。这一条件让人们想到使用螯合双膦配体，如 dppe(**11**)和二茂铁衍生物(**12**)。

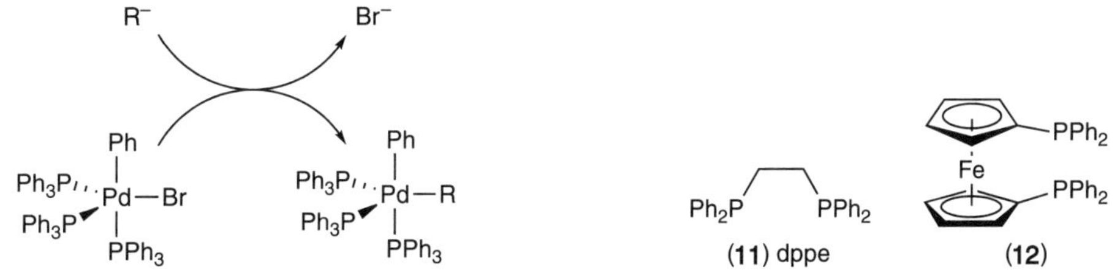

图 25.12　发生在 Pd 中心上卤素与有机碎片的交换可认为是亲核取代

钯催化的偶联反应容许两个碎片上发生多种不同的取代。一个非常有用的反应是在室温和水溶液中进行的 Sonogashira 偶联反应：

$$\text{HC}{\equiv}\text{CR}+\text{R}'\text{X} \xrightarrow[\text{碱}]{\text{Pd(0)/Cu(I)催化剂}} \text{R}'\text{C}{\equiv}\text{CR}+\text{HX}$$

两个催化剂为 Pd(0)络合物(如$[PdCl_2(PPh_3)_2]$，该络合物容易转化为相应的 Pd(0)物种)和 Cu(Ⅰ)卤化物。该反应可用来合成多种药物，包括治疗银屑病、帕金森氏症、图雷特综合征和阿兹海默病的药物。Heck 偶联可用来合成甾体、马钱子碱和已经大规模工业化生产的除草剂 Prosulfuron ®。合成中的 C—C 偶联步如下所示：

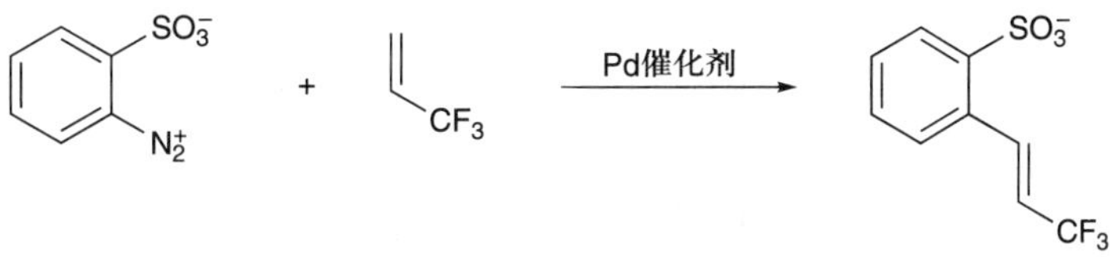

25.9 甲醇羰基化:乙酸的合成

提要:铑和铱的络合物在甲醇羰基化制乙酸的反应中具有高活性和选择性。

合成乙酸的传统方法是在稀的乙醇溶液中利用需氧细菌的作用生产醋。然而这种方法在工业上生产高浓度乙酸时不经济。一种十分成功的工业生产方法是通过甲醇羰基化反应实现的:

$$CH_3OH+CO \longrightarrow CH_3COOH$$

第 9 族三种元素(Co、Rh 和 Ir) 都能催化这一反应。起初用的是 Co 络合物,Monsanto 公司后来开发了 Rh 催化剂,通过降低反应压力极大地降低了生产成本,导致世界范围内广泛使用 Rh 催化剂催化的 **Monsanto 法**(Monsanto process)。英国石油(现在的 BP)其后又开发了 **Cativa 法**(Cativa process),该法使用铱催化剂。两种方法都具有很高的选择性,生产出的乙酸都足够纯(可直接用作人类的食物)。

Monsanto 法和 Cariva 法本质上遵循相同的反应顺序,所以这里介绍的铑催化剂的循环(图 25.13)也呈现了铱催化剂循环的主要特征。在反应条件下,第一步是碘离子与甲醇反应得到一定浓度的碘甲烷。循环始于四配位的 16 电子络合物$[Rh(CO)_2I_2]^-$(A)。随后通过碘甲烷的氧化加成生成六配位的 18 电子络合物$[Rh(Me)(CO)_2I_3]^-$(B)。接下来发生甲基迁移形成 16 电子的酰基络合物(C)。CO 的配位再次形成 18 电子络合物(D),后者通过还原消除生成碘乙酰,同时伴随着$[Rh(CO)_2I_2]^-$的再生。碘乙酰水解生成醋酸,并完成 HI 的再生。在正常操作条件下,铑催化体系的决速步是碘甲烷的氧化加成,然而铱催化体系的决速步却是甲基迁移。一个重要的特点就是中性中间体的形成有利于铱上的甲基迁移,在与(B)类似的铱络合物中,碘离子受体促进剂有助于碘离子被 CO 所取代。

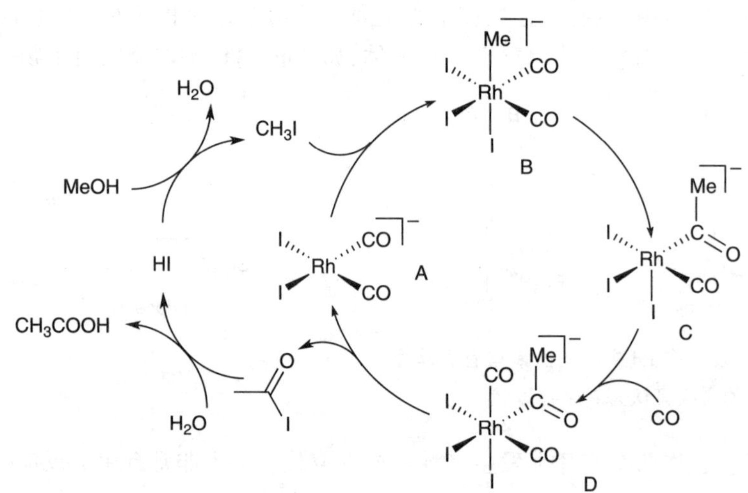

图 25.13 铑催化剂合成醋酸的催化循环,其中的氧化加成步骤(A→B)是决速步

非均相催化

许多工业生产过程得益于非均相催化。实用的非均相催化剂是具有高比表面积的材料,这种材料可能具有若干种不同的相态,且可在 1 atm 或更高压力条件下操作。许多情况下以这种高比表面积材料的宏观体充当催化剂,这样的材料叫**均一催化剂**(uniform catalyst)。一个简单的例子如骨架镍(又叫阮内镍,其组成为多孔结构的镍铝合金)这样高度分散的金属。另一个例子如用于催化的沸石 ZSM-5,它具有分子能在其中扩散的通道或孔,为反应的发生提供了巨大的内表面。更常使用的是**多相催化剂**(multiphasic catalyst),它们是由活性催化剂沉积到具有高比表面积载体材料上制成的(图 25.14)。根据活性表面位置的不同通常可将非均相催化剂分为两类。许多非均相催化剂为高度分散的固体,活性位点处于

颗粒表面;另一类具有孔状结构(特别是微孔沸石类材料和介孔材料),活性位点处于微晶粒的内表面(如孔或孔腔的表面)。这里讨论一些能诠释非均相催化剂范畴的例子,但首先需要说明它们所显示的独特的机理特征。我们将注意力放在表面反应中涉及的无机化学问题,而不是放在吸附和反应的物理化学知识。

25.10　非均相催化剂的性质

非均相和均相催化的单个反应步骤之间有许多共同点,不过我们需要考虑更多方面的问题。

(a) 表面面积和孔隙率

提要:非均相催化剂属于高表面面积的材料;这类材料或者由高度分散的基质构成,或者由内部具有可进入孔隙的微晶构成。

普通致密固体的表面积很低,因而不适于用作催化剂。例如,α-氧化铝比具有微晶结构的 γ-氧化铝更致密,比表面积也更低,因而很少用作催化剂载体。微晶固体 γ-氧化铝可以制成具有很小颗粒尺寸的结构,因而具有很高的比表面积(表面积除以样品质量)。高的表面积是由众多小而相互连接的粒子构成的结构(如图 25.14 所示)造成的。1 g 左右典型催化剂载体的表面积相当于一个网球场那么大。同样,多晶石英不能用作催化剂载体,而表面积大的 SiO_2 则被广泛使用。在典型非均相催化剂中,或者是基质表面布覆着活性位点,或者微粒(如金属或金属氧化物微粒)产生大量的活性位点。

γ-氧化铝和高表面积的 SiO_2 属介稳材料,但在通常条件下不会转化为更稳定的相(分别为 α-氧化铝和多晶石英)。γ-氧化铝的制备涉及氢氧化氧铝的脱水:

$$2AlO(OH) \xrightarrow{\Delta} \gamma\text{-}Al_2O_3 + H_2O$$

与此相似,高表面积的二氧化硅是通过如下方法制备的:首先将硅酸盐酸化得到 $Si(OH)_4$,后者迅速形成水合硅胶,继而通过加热除去水合硅胶中吸附的大部分水[参见节 24.1(a)]。在电子显微镜下,二氧化硅与氧化铝看起来都如同粗糙的鹅卵石床,相互连接的微粒之间形成形状不规则的空隙(见图 25.14)。用作非均相催化剂载体的高表面积材料包括 TiO_2、Cr_2O_3、ZnO、MgO 和碳。

沸石(节 24.11)是均一催化剂的实例。它们被制成微细的晶体,其中含有由晶体结构决定的、大而规则的通道与笼穴(图 25.15)。通道的孔径随沸石类型不同而不同,但通常介于 0.3 到 2 nm 之间。沸石可以吸附小到足以进入通道的分子而将大的分子排斥在外。这种尺度上的选择性与孔穴中的催化位点相结合,对催化反应提供了一种用硅胶或 γ-氧化铝达不到的控制效果。合成新型沸石和与之类似的择形固体及在其中引入催化位点是当前研究的热门领域(见节 24.12)。

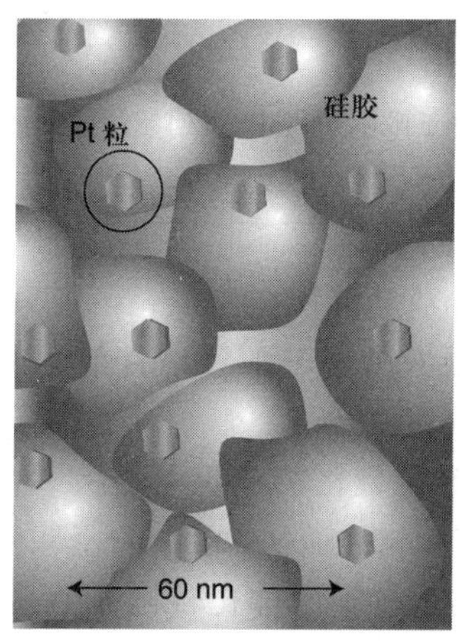

图 25.14　担载在微细二氧化硅颗粒(如硅胶)上的金属微粒示意图

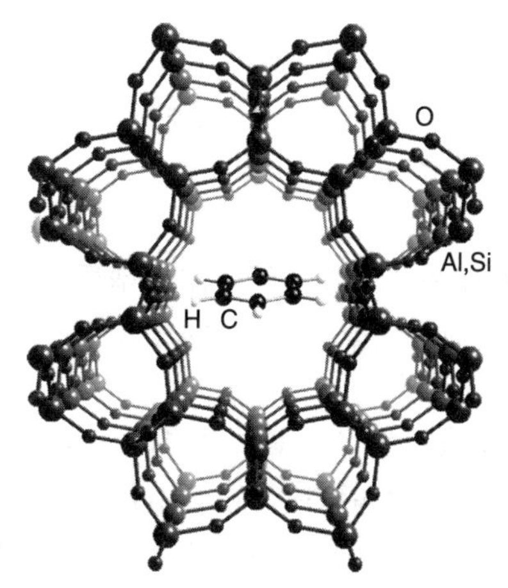

图 25.15*　THETA-1 沸石吸附了苯分子的中央大通道视图(引自 A. Dyer, *An introduction to molecular sieves*. John Wiley & Sons (1988))

(b) 表面的酸性和碱性位点

提要:表面酸和表面碱对某些催化反应具有高活性,如醇的脱水和烯烃的异构化。

暴露在潮湿大气中的 γ-氧化铝表面被吸附的水分子所覆盖。100~150 ℃脱水导致水分发生解吸附,但表面的 OH 基团却留下来并充作弱的 Brønsted 酸:

OH OH OH / Al Al Al ⟶ Al(O)Al, OH / Al + H_2O

温度更高时,相邻 OH 基团缩合释放更多 H_2O,并生成裸露的 Lewis 酸位点(Al^{3+})和 Lewis 碱位点(O^{2-}),参见(**13**)。表面具有的刚性允许这些强 Lewis 酸碱位点共存,否则它们将立即结合形成 Lewis 酸碱络合物。表面酸碱位点在某些催化反应中具有高活性,如醇的脱水和烯烃的异构化。某些沸石的内部存在类似的 Brønsted 和 Lewis 酸位点。不同氧化物和它们的混合物会显示不同的表面酸性;SiO_2/TiO_2混合物的酸性比 SiO_2/Al_2O_3 的酸性强,可用来加速不同的催化反应。

H B O Al

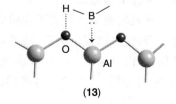

(13)

例题 25.3　用 IR 光谱探查分子与表面之间的作用

题目:以氢键键合的吡啶络合物(X—H ···Py)的红外特征吸收带在 1 540 cm^{-1}附近;而吡啶的 Lewis 酸络合物(如 Cl_3Alpy)的特征吸收谱带(对应于 Al—Py 之间的 Lewis 酸碱相互作用)则在 1 465 cm^{-1}附近。加热至 200 ℃预处理过的 γ-氧化铝冷却后与吡啶蒸气作用,其 IR 光谱吸收带接近 1 540 cm^{-1}而不是接近 1 465 cm^{-1}。另一个加热至 500 ℃预处理的 γ-氧化铝冷却后与吡啶作用的样品在 1 540 cm^{-1}和 1 465 cm^{-1}都有吸收带。试用课文中关于 γ-氧化铝加热时表面结构的变化来解释上述光谱结果(关于 γ-氧化铝表面化学性质的大部分证据都来自类似的实验)。

答案:红外谱图中吸收带的位置是分子中所含不同官能团的特征。将谱图中观测到的吸收带指认给这些官能团,可以推测反应在每个阶段所包含的物种类型。课文中提到加热至 150 ℃时失去表面水,而 OH 基仍然与 Al^{3+}相键合。这种基团(变色指示剂判断它们显示温和的酸性)与吡啶作用在 1 540 cm^{-1}附近产生吸收带,表明反应中形成了氢键键合的吡啶络合物:

OH + py / Al ⟶ O—H···py / Al

加热至 500 ℃时大部分 OH 基团以 H_2O 的形式离去,留下 O^{2-} 和裸露的 Al^{3+}。1 465 cm^{-1}处出现的吸收带表明存在着 $Al^{3+}—NC_5H_5$,1 540 cm^{-1}的吸收带来自 O—H ···Py 氢键相互作用。

自测题 25.3　如果将 γ-氧化铝样品加热至 900 ℃并在无水条件下冷却后暴露于吡啶蒸气中,试问制得样品的红外特征谱带强度如何变化?

高活性的酸性和碱性表面可以作为基质用于沉积其他催化中心,特别是沉积金属颗粒。用 H_2PtCl_6 处理 γ-氧化铝继而在还原性环境中加热,可以得到覆盖在氧化铝表面的、尺寸介于 1~50 nm 的 Pt 颗粒。

(c) 表面金属位点

提要:担载于陶瓷氧化物基质上的细小金属颗粒是一系列反应的高活性催化剂。

沉积在载体上的金属微粒往往可以作为催化剂。例如,分散在 γ-氧化铝表面的 Pt/Re 合金颗粒可以催化碳氢化合物的转化反应。担载在 γ-氧化铝上的 Pt/Rh 合金微粒用于车辆的催化转换器中,以促进 O_2与 CO 和碳氢化合物的混合物转化为 CO_2,同时将氮的氧化物还原为氮(应用相关文段 25.2)。直径约 2.5 nm 被担载的金属微粒约 40%的原子处于微粒表面,这些微粒由于彼此处于分离状态从而避免了积聚成大块金属。高比例外露原子是此类被担载微粒的一大优势,特别是像铂和甚至更为贵重的金属铑。

应用相关文段 25.2　催化转化器

催化转化器用于减少内燃机排放的毒物，这些毒物包括氮氧化物（NO_x）、一氧化碳和未燃烧的碳氢化合物（HC）。按照 2009 年在欧洲实行的"欧 V"排放标准，尾气中这些化合物的排量分别被限制在 0.50（CO）、0.23（NO_x+HC）和 0.18（HC） $g \cdot km^{-1}$；这些限值与加利福尼亚州的限制标准相似。这种催化转化器的构成方法如下：首先将二氧化硅和氧化铝沉积到蜂窝状不锈钢或陶瓷结构的表面，随后将铂/铑/钯混合物的纳米颗粒（直径介于 10～50 nm）沉积上去。汽油发动机所使用的三段转化器催化下列三个反应：

$$2NO_x(g) \longrightarrow xO_2(g)+N_2(g)$$

$$2CO(g)+O_2(g) \longrightarrow 2\ CO_2(g)$$

$$2C_xH_{2x+2}(g)+(3x+1)\ O_2(g) \longrightarrow 2x\ CO_2(g)+(2x+2)\ H_2O(g)$$

催化转化器工作的第一个阶段涉及还原催化剂对 NO_x 的还原，该催化剂为铂/铑混合物；铑对 NO 有很高的还原活性。第二阶段涉及催化氧化，使用铂/钯混合金属催化剂氧化除去未燃烧的烃和一氧化碳。与大多数柴油发动机搭配使用的二段式催化转化器仅仅利用了这些氧化反应（上述第二和第三个反应）。

为了使发动机所产生的气体能被几近完全转化，空气/燃料初始比例必需得当。进入发动机的空气/燃料理想的化学计量比应为 14.7∶1；只有这样，燃烧后进入催化转化器的气体中约含 0.5% 的氧。如果混合燃料中空气过多或过少（即更高或更低的空气含量），则导致进入转化器的气流中氧的含量高于或低于恰好使催化剂有效运行的氧浓度。由于这些原因，多种金属氧化物（特别是 Ce_2O_3 和 CeO_2）被掺入催化涂层中，在发动机排出的气体中氧含量发生变化时，实现对氧的存储和释放。

金属簇表面的金属原子能够形成诸如 M—CO、M—CH_2R、M—H 和 M—O 之类的化学键（表 25.3）。表面配体的性质往往是根据与金属有机或无机络合物的红外光谱比较而推断出来的。表面上的端位和桥连的 CO 基团均可用 IR 光谱识别。表面上许多烃类配体的红外光谱也与未被吸附的金属有机合物的谱图相类似。N_2配体是个有趣的对照：二氮络合物被合成之前，配位于金属表面的 N_2分子就已能用红外光谱识别了。

表 25.3　化学吸附在表面上的配体

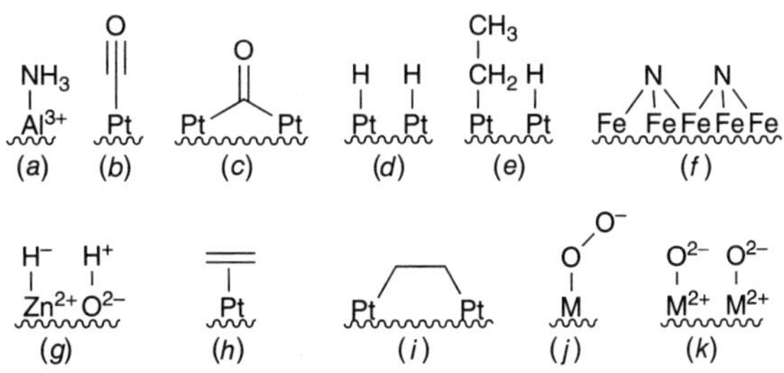

（*a*）γ-氧化铝的 Lewis 酸（Al^{3+}）位点上吸附的 NH_3

（*b*,*c*）与金属 Pt 配位的 CO

（*d*）金属 Pt 表面上 H_2 的解离性化学吸附

（*e*）金属 Pt 表面上乙烷的解离性化学吸附

（*f*）金属 Fe 表面上 N_2 的解离性化学吸附

（*g*）ZnO 表面上 H_2 的解离性化学吸附

（*h*）与单个 Pt 原子 η^2 配位的乙烯

（*i*）与两个 Pt 原子键合的乙烯

（*j*）以超氧化物形式键合于金属表面的 O_2

（*k*）金属表面上 O_2 的解离性化学吸附

注：引自 R. L. Burwell, Jr., Heterogeneous catalysis. *Surv. Prog. Chem.* 1977, **8**, 2.

单晶表面研究技术的发展大大扩展了人们对催化过程中存在的表面物种的知识。例如,研究分子从表面的脱附(通过加热方式或离子、原子撞击的方式)并结合对脱附物质的质谱分析能够让人们更深入地了解表面物种的化学属性。与此相类似,Auger 能谱和 X 射线光电子能谱(XPS)则能提供表面元素组成的信息。低能电子衍射(LEED)能够提供单晶表面结构的信息;当存在被吸附的分子时,还能提供这些分子在表面排布情况的信息。从 LEED 研究得到的一个重要发现是,小分子在表面上的吸附可能使表面结构发生变化,脱附后往往能观察到表面结构回复到原来状态。扫描隧道显微镜(STM,见节 8.16)为确定表面上吸附物种位置提供了一种独一无二的方法。这一惊人技术手段能以原子级或接近原子级的分辨率给出单晶表面的等高图。

尽管大多数近代表面技术无法用来研究担载的多相催化剂,但仍有助于揭示表面物种可能的范围和限定非均相催化机理中可能求助到的结构。这些技术在研究非均相催化中的应用类似于用 X 射线衍射和光谱技术表征金属有机均相催化剂前体化合物和模型化合物。

(d) 化学吸附和脱附

提要:吸附对非均相催化的发生至关重要,但也不能太强,否则会堵塞催化位点,限制反应的进一步发生。

分子在表面的吸附往往能导致分子活化,就像络合物中的配位作用能导致分子活化一样。非均相催化中产物分子的脱附对活性位点的复原必不可少,这与均相催化中络合物的解离相类似。

非均相催化剂使用前通常要进行“活化”。活化是个包罗万象的术语:有些情况下是指被吸附的分子(如水分子)从表面脱附(如 γ-氧化铝的脱水),有些情况下则指通过化学反应制备活性位点(如通过还原金属氧化物得到活性的金属微粒)。

被活化的表面可通过吸附各种惰性和活性气体的方法进行表征。吸附既可能是**物理吸附**(physisorption)也可能是**化学吸附**(chemisorption),它们分别是指不形成新的化学键的吸附和表面与被吸附物之间形成化学键的吸附(图 25.16)。气体(如 N_2)的低温物理吸附可用来测定固体的总表面积,而化学吸附可用来测定暴露在表面上的活性位点的数目。例如,化学吸附在担载的 Pt 微粒上的 H_2的脱附可揭示暴露于表面的 Pt 原子的数目。

小分子与金属表面之间作用与它们在低氧化态金属络合物中的相互作用相类似。表 25.4 表明许多种金属对 CO 发生化学吸附,但对 N_2发生化学吸附的金属则要少得多。这就如同能形成羰基络合物的金属要比能形成 N_2络合物的金属多得多。而且像金属羰基化合物那样,红外光谱表明 CO 的表面物种也存在桥连与端位两种形式。H_2的解离性学吸附与 H_2对金属络合物的氧化加成相类似(节 10.5 和节 22.2)。

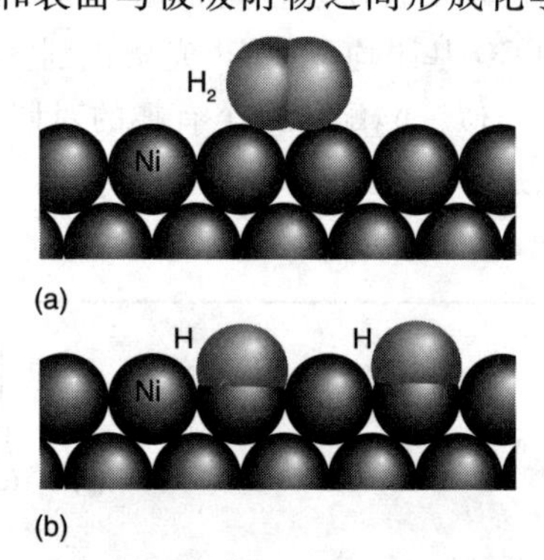

图 25.16 H_2 在金属 Ni 表面的物理吸附(a)和化学吸附(b)示意图

表 25.4 金属对简单气体分子发生化学吸附的能力*

金属	O_2	C_2H_2	C_2H_4	CO	H_2	CO_2	N_2
Ti,Zr,Hf,V,Ta,Cr,Mo,W,Fe,Ru,Os	+	+	+	+	+	+	+
Ni,Co	+	+	+	+	+	+	+
Rh,Pd,Pt,Ir	+	+	+	+	+	+	+
Mn,Cu	+	+	+	+	±	+	+
Al,Au	+	+	+	+	−	−	−
Na,K	+	+	−	−	−	−	−
Ag,Zn,Cd,In,Si,Ge,Sn,Pb,As,Sb,Bi	+	−	−	−	−	−	−

*(+)强化学吸附,(±)弱化学吸附,(−)未观察到化学吸附;引自 G. C. Bond, *Heterogeneous catalysis*, Oxford University Press (1987).

尽管吸附对催化作用的发生至关重要，但吸附作用不能太强，否则将会堵塞活性位点，限制反应进一步发生。这是只有为数不多的金属可用作有效催化剂的部分原因。甲酸在金属表面上的催化分解反应

$$HCOOH \xrightarrow{M} CO + H_2O$$

是对吸附与催化活性之间平衡的一个很好的诠释。

研究发现，使用甲酸盐稳定性适中的金属作为催化剂时催化最有效（图 25.17）。图 25.17 中的图形是所谓"火山图"的一个例子，它对许多催化反应具有代表性。其含义是，前 d 区金属形成非常稳定的表面化合物，而偏后的贵金属（如银和金）则形成作用非常弱的表面化合物。两类情况都对催化过程不利。处于两个极端之间的第 8～10 族金属（特别是铂系金属）具有较高的催化活性。节 25.4 中看到过这些金属的络合物在碳氢化合物转化的均相催化体系中表现出类似的高活性。

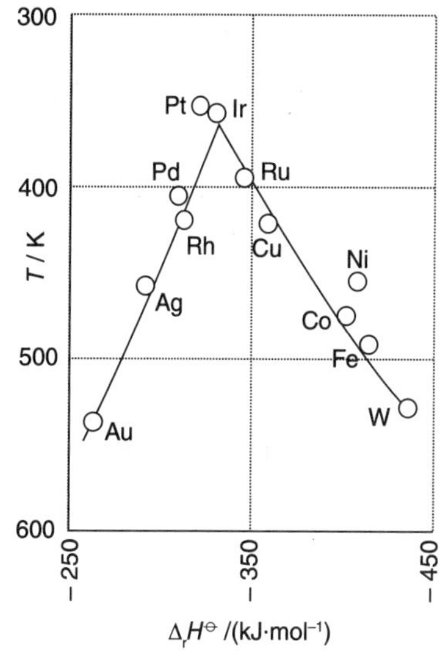

图 25.17　火山图

固定甲酸的分解速率，反应温度和相应金属甲酸盐的稳定性（以生成焓为判据）分别为纵坐标和横坐标；引自 W. J. M. Rootsaert, W. M. H. Sachtler, *Z. Phyzik. Chem.* 1960, **26**, 16.

非均相催化剂的活性位点彼此不完全相同，许多不同的位点暴露在晶形差的固体（如 γ-氧化铝）或非晶固体（如硅胶）表面。然而，即使是晶形好的金属微粒，其活性位点也不尽相同。晶形固体通常有一种以上不同的外露面，每种表面都有本身特有的原子排列方式（图 25.18）。此外，单晶金属的表面也显示出不规则性，如台阶上的原子显示出较低的配位数（图 25.19）。这些高度暴露且配位不饱和的位点恰恰显示出特别高的活性。因此，表面上不同位点在催化反应中可能具有不同的功能。表面活性位点的多样性也是许多非均相催化剂的选择性不如同类均相催化剂的原因。

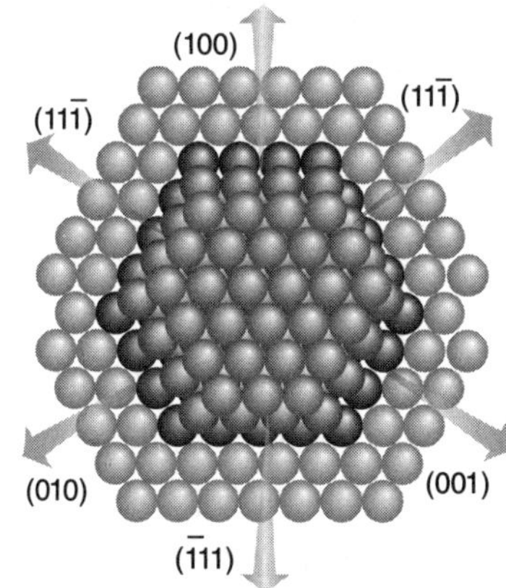

图 25.18　暴露在金属表面可能与反应气体接触的晶面：用（$\bar{1}$ 1 1），（1 $\bar{1}$ 1）等标记的晶面为六方密堆积平面；用（000），（010）等表示的晶面为四方形原子阵列

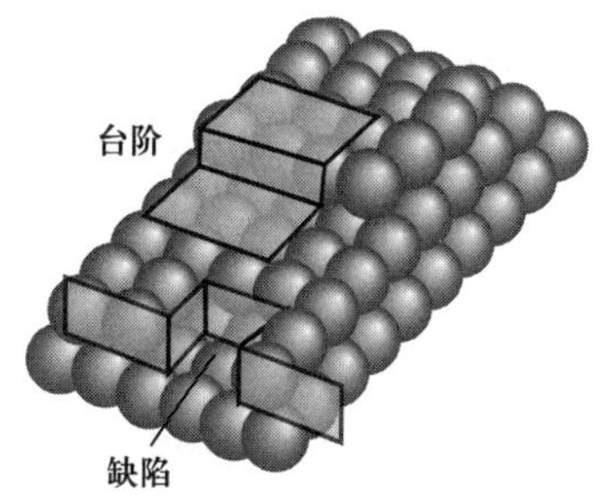

图 25.19　表面不规则性（台阶与缺陷）示意图

（e）表面迁移

提要：被吸附于金属表面的分子或原子可在金属表面迁移。

表面扩散与簇中的瞬变性流动相类似。大量证据表明化学吸附于金属表面上的分子或原子可以发生扩散，如被吸附的 H 原子和 CO 分子在金属微粒表面的移动。扩散路径通常为金属表面上各种不同配位点之间，如一氧化碳在金属表面的移动。该过程的能垒相对较低（数十 $kJ \cdot mol^{-1}$），因此在催化反应条件下的迁移速率非常高。这种流动性对催化反应非常重要，因为它能使原子或分子彼此发现并迅速靠近。

25.11　加氢催化剂

提要：烯烃在担载的金属微粒表面上的加氢过程涉及 H_2 的解离和 H· 自由基向被吸附乙烯分子的迁移。骨架镍可用于将烷基醛还原为烷基醇。

P. Sabatier 于 1890 年发现镍能催化烯烃加氢，这是非均相催化的一个里程碑。Sabatier 受到 Mond、Langer 和 Quinke 合成 $[Ni(CO)_4]$（见节 22.18）的启发，事实上本想合成 $[Ni(C_2H_4)_4]$。然而，当将乙烯气体流过加热的金属镍时，却检测到了乙烷。他重复进行了实验并将氢引入乙烯的反应体系，果然得到高产率的乙烷。

烯烃在担载的金属粒子表面的加氢反应被认为类似于金属络合物的加氢。如图 25.20 所示，通过解离性化学吸附结合于固体表面的 H_2 迁移到被吸附的乙烯分子上，首先生成表面烷基，然后生成饱和碳氢化合物。依据图 25.20 中所示的简单机理，D_2 与乙烯在铂表面反应的产物应该是 $CH_2D—CH_2D$，但事实上观察到了氘代乙烷全系列的物种 $C_2H_nD_{6-n}$。正因为如此，才将中间一步写成可逆过程；逆反应速率必须大于乙烷分子的生成速率和最后一步脱附的速率。

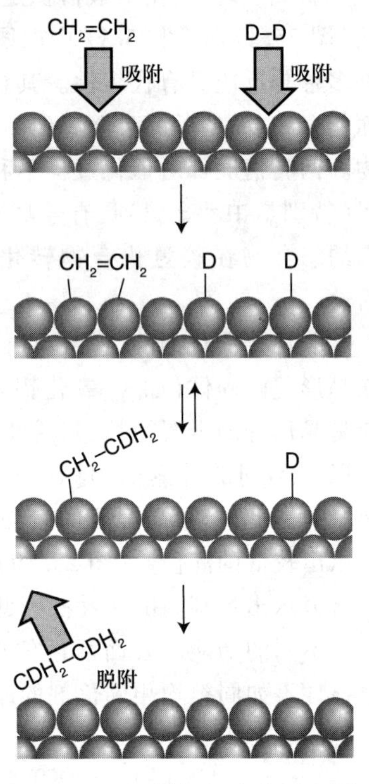

图 25.20　乙烯与氘在金属表面发生加氢反应的不同阶段示意图

“骨架镍”是最重要的非均相加氢催化剂之一，用于许多反应过程，如将烷基醛（即醛）转化为烷基醇（即醇）：

$$CH_3CH_2CH_2CHO + H_2 \longrightarrow CH_3CH_2CH_2CH_2OH$$

也用于将烷基硝基氯代苯胺还原为相应的胺。骨架镍和具有类似催化活性的金属合金是通过如下方法制备的：首先在高温下制成与铝的合金（如 NiAl 合金）；然后用 NaOH 选择性地溶解其中大部分的铝。其他金属（如钼和铬）可加入到最初的合金中，作为促进剂以影响某些反应催化剂的活性和选择性。此类海绵状或多孔的金属富含有镍（>90%），高表面积导致高的催化活性。这类催化剂的另一个应用是将天然的多不饱和油脂（通常是液体）转化为固态的氢化油脂，用作非奶制涂抹食品。

25.12　合成氨

提要：铁基催化剂用于以氮和氢合成氨。

前面已从不同角度讨论了氨的合成（节 15.6），本节主要介绍催化步骤。25 ℃时氨的生成是放能和放热过程，相关的热力学数据为 $\Delta_rG^\ominus = -116.5\ kJ \cdot mol^{-1}$，$\Delta_rH^\ominus = -146.1\ kJ \cdot mol^{-1}$，$\Delta_rS^\ominus = -199.4\ J \cdot K^{-1} \cdot mol^{-1}$。生成熵为负值反映了一个事实：形成 2 个产物分子则消耗了 4 个反应物分子。

N_2 的巨大惰性（H_2 的惰性稍小）要求反应必须使用催化剂。实际使用的催化剂为含少量氧化铝、钾盐及其他促进剂的金属铁。对合成氨机理进行的大量研究表明：常规操作条件下的决速步为配位于催化剂表面的 N_2 分子的解离。另一反应物（H_2）在金属表面上的解离要容易得多。被吸附物种之间的一系列插入反应导致 NH_3 的生成：

$$N_2(g) \longrightarrow \underset{\sim\sim}{N_2(g)} \longrightarrow \underset{\sim\sim}{N\ N}$$

$$H_2(g) \longrightarrow \underset{\sim\sim}{H_2(g)} \longrightarrow \underset{\sim\sim}{H\ H}$$

$$\underset{\sim}{N} + \underset{\sim}{H} \longrightarrow \underset{\sim}{NH} \xrightarrow{\underset{\sim}{H}} \underset{\sim}{NH_2} \xrightarrow{\underset{\sim}{H}} \underset{\sim}{NH_3} \longrightarrow NH_3(g)$$

由于 N_2 解离得比较慢，合成氨的反应必须在高温下进行（通常为 400 ℃）。但由于反应放热，提高温度会降低反应的平衡常数。为了挽回产率上的部分损失，通常会将压力提高至约 100 atm，以促进产物的生成。人们一直在探寻像固氮酶（节 26.13）那样在室温下就能给出较好平衡产率的催化剂。

在对合成氨的方法进行的早期研究中，Haber、Bosch 及他们的合作者考察了周期表中大多数金属的催化活性，发现以 Fe、Ru、U 三种金属的活性为最佳（添加了少量氧化铝和钾盐进行促进）。基于价格和毒性的综合考虑，工业上选择铁作为工业催化剂的基础。各种促进剂（尤其是 K）在 Fe 催化剂中所起的作用一直曾是科学研究的重要主题。G. Ertl 发现有钾存在时，N_2 分子更容易吸附到金属表面上，吸附焓形成过程中多放热约 12 kJ · mol^{-1}，这多半是 Fe/K 表面给电子能力的增加引起的。被吸附得更强的 N_2 在反应的这一决速步中更易解离。由于在研究固体表面化学过程方面所作的贡献，G. Ertl 被授予 2007 年诺贝尔化学奖。

25.13 SO_2 的氧化

提要：担载在高表面积二氧化硅上的熔融钒酸钾是将 SO_2 氧化为 SO_3 过程中用得最广泛的催化剂。

生产硫酸的关键步骤是将 SO_2 氧化为 SO_3（节 16.13）。硫与氧生成 SO_3 虽然是个放能反应（$\Delta_r G^{\ominus}$ = −371 kJ · mol^{-1}），但速率却很慢。因而硫燃烧的主要产物为 SO_2：

$$S(s)+O_2(g) \longrightarrow SO_2(g)$$

燃烧后再将 SO_2 催化氧化为 SO_3：

$$SO_2(g)+1/2\ O_2(g) \longrightarrow SO_3(g)$$

该反应也是放热的。因此与氨的合成反应相类似，升高温度对平衡常数不利。SO_3 的生产过程通常是分段进行的：第一阶段是硫的燃烧，燃烧过程中体系温度升高至 600 ℃左右；但催化反应之前，要对 SO_2 进行冷却和加压，从而驱动 SO_2 氧化为 SO_3 的平衡向右移动，以提高转化率。

用于催化 SO_2 与 O_2 的化合的催化体系有多种。用得最为广泛的是覆于高表面积二氧化硅上熔化的钒酸钾或钒酸铯催化剂。根据现在的观点，反应机理中的决速步是 O_2 将 V(Ⅳ) 氧化为 V(Ⅴ)（图 25.21）。在熔体中，钒和氧离子都是聚钒酸盐络合物的一部分（参见应用相关文段 19.1），但人们迄今对这种氧合物种的情况知之甚少。

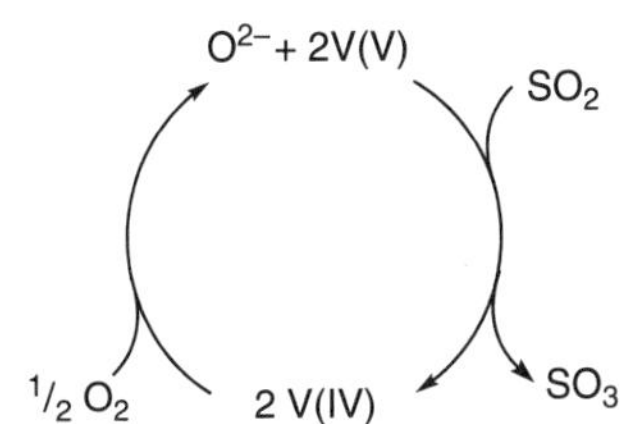

图 25.21 此循环展示了 V(Ⅴ) 化合物催化二氧化硫氧化的关键要素

25.14 沸石催化芳香化合物的裂解和相互转化

提要：沸石催化剂含有强酸性位点，此类位点可以促进反应（如通过碳正离子促进异构化反应）进行。由于沸石通道与反应物、中间体和产物分子之间的相对尺寸，择形选择性可能在不同反应阶段都在起作用。

基于沸石（节 14.15 和节 24.12）的非均相催化剂在碳氢化合物的相互转化和芳基化合物的烷基化、氧化、还原反应中发挥着重要作用。用于此类反应的两种重要的沸石是八面沸石（图 25.22）和沸石 ZSM-5。前者也称为沸石 X 或沸石 Y（术语 X 和 Y 是依据 Si : Al 比定义的，沸石 X 中 Al 的含量较高）；后者则是一种硅含量较高的铝硅酸盐沸石，其相互交叉的通道（图 25.23）看上去好似三维迷宫。ZSM（Zeolite Socony-Mobil 的缩写）催化剂是美孚石油公司（Mobil Oil）的研究实验室开发的。与其他铝硅酸盐催化剂一样，铝原子位点显示强酸性。Al^{3+} 取代四面体配位的 Si^{4+} 所造成的电荷失衡需要存在一个额外的阳离子。当这个阳离子为 H^+ 时（图 25.24），这一铝硅酸盐的 Brønsted 酸性比浓 H_2SO_4 的酸性还要强，因而被称为超强酸（节 4.14）。这些位点上发生的烃类反应其周转频率会很高。

原油中仅含约 20%适合作为汽油或柴油使用的烷烃，其链长介于 C_5H_{12}（戊烷）和 $C_{12}H_{26}$ 之间。如果要将摩尔质量高的烃转化为有价值的较轻烃，不仅涉及断开 C—C 键，还涉及通过脱氢、异构化和芳构化反应实现结构的重排。所有这些过程都是由以氧化铝、二氧化硅和沸石为基础的固体酸催化剂催化的。1940 年代，酸性黏土和混合的 Al_2O_3/SiO_2 开始用于这一过程，但自 1960 年代以来，则在很大程度上被沸

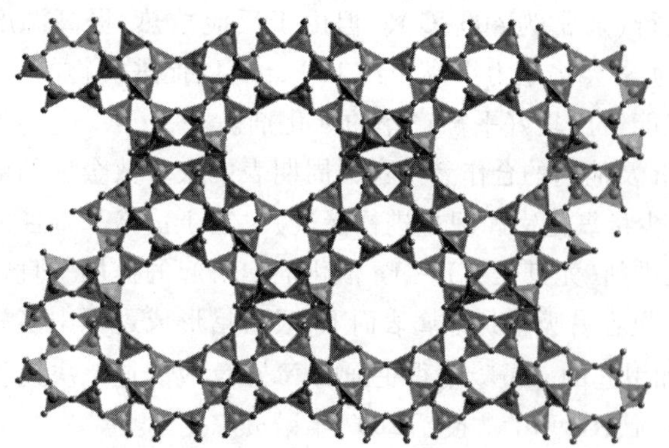

图 25.22　沸石 X 或 Y 的结构框架，示出在其中发生催化裂解的大空穴
图中的四面体是 SiO_4 或 AlO_4

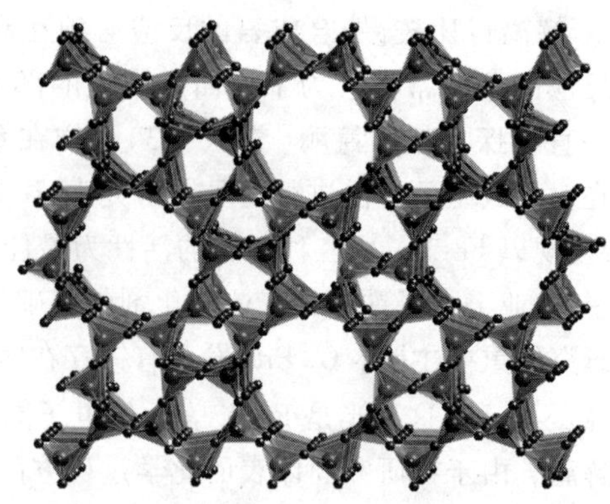

图 25.23　沸石 ZSM-5 的结构
图中示出了可能允许小分子沿其扩散的通道，四面体是 SiO_4 或 AlO_4

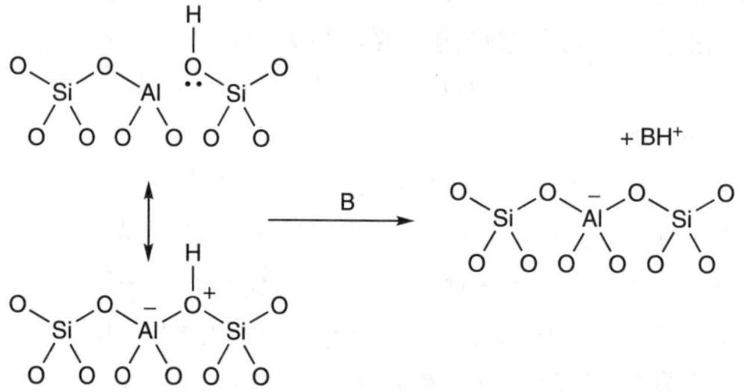

图 25.24　HZSM-5 中的 Brønsted 酸位点及其与碱（有代表性的有机分子）的相互作用（引自 W. O. Haag, R. M. Lago, P. B. Weise, *Nature*, 1984, **309**, 589.）

石所取代。用于裂解催化的主要沸石是沸石 Y，其骨架外的阳离子被替换为镧系元素阳离子（通常是 La、Ce 和 Nd 离子的混合物）。催化裂解机理的初始步骤涉及烷烃或烯烃在沸石空穴中被 Brønsted 酸位点质子化；继之以 β 位上 C—C 键的断裂生成 C 原子带正电荷的物种。例如：

$$RCH_2C^+HCH_2(CH_2)_2R' \longrightarrow RCH_2CH{=}CH_2 + {}^+CH_2CH_2R'$$

酸性沸石催化剂也能促进经由碳正离子的重排反应。例如，1,3-二甲基苯异构为 1,4-二甲基苯可能就是按下述步骤进行的：

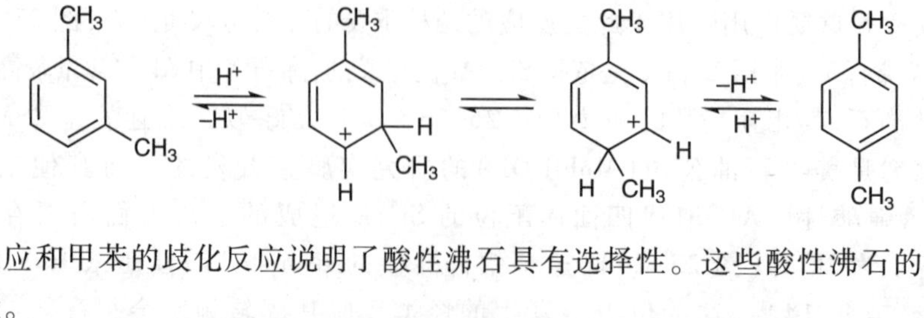

二甲苯的异构化反应和甲苯的歧化反应说明了酸性沸石具有选择性。这些酸性沸石的择形选择性已对很多过程做出了贡献。

在反应物的选择性方面，沸石对分子的筛选能力非常重要。这是因为只有尺寸和形状合适的分子才能进入沸石的空穴并发生反应。在产物的选择性方面，那些在外形和尺寸上与沸石通道相匹配的分子扩散较快并从孔道逃逸；外形和尺寸与通道不匹配的分子扩散速率慢。这些扩散慢的分子在沸石内部的滞留时间长，有充分的机会转化为流动性大、逃逸快的异构体。目前，人们更倾向于从过渡态选择性的角度去理解沸石的选择性：活性中间体在沸石通道中的取向促成了特定产物的生成。例如二甲苯异构化这个例子，在产生 1,4-二烷基苯分子的过程中，相对较窄的中间体更适合沸石的空穴。另一个沸石催化的常见反应是芳烃与烯烃之间的烷基化反应。

例题 25.4　为苯的烷基化反应提出一种机理。

题目：质子化的 ZSM-5 能催化乙烯与苯反应生成乙苯，试为该反应提出一个可能的机理。

答案：质子化的 ZSM-5 是非常强的酸。因此，体系中有机物种的质子化应该是一个可能的途径。质子化 ZSM-5 的酸性强得足以使脂肪烃生成碳正离子，所以起始步骤应该是：

$$CH_2{=}CH_2+H^+\longrightarrow CH_2{-}CH_3^+$$

正如在节 4.10 中看到的那样，作为强亲电试剂的碳正离子能够进攻苯。随后中间体发生去质子化生成乙苯：

$$CH_2CH_3^++C_6H_6\longrightarrow C_6H_5CH_2CH_3+H^+$$

自测题 25.4　可以制得只含二氧化硅的 ZSM-5 类似物。根据你的判断，该化合物能否作为苯的烷基化反应的活性催化剂？阐述理由。

1990 年代发现的介孔硅酸盐（节 24.29）具有大而有序排列的空穴，孔径介于 12 nm 到 20 nm 之间并具有很高的比表面积（超过 1 000 m^2/g）。虽然酸性弱于沸石，但大的空穴允许更大的分子参与催化过程。更为重要的是金属、合金、金属氧化物（如铂、铂/锡的氧化物）等其他催化中心的纳米粒子可以沉积在介孔结构的通道内。例如，沉积在介孔二氧化硅载体 MCM-41 上的金属 Co 可以促进炔烃与烯烃和 CO 的环加成反应生成环戊烯酮。这是 Pauson-Khand 反应的一个实例，在这种反应中，烯烃、炔烃和 CO 一起反应生成不饱和的五元环状酮：

EtO₂C, EtO₂C (diyne-ene substrate) —— 20 atm CO / 130 °C ——→ EtO₂C, EtO₂C (bicyclic enone, =O)

作为可能的催化剂（或者单独用作催化剂，或者作为其他活性物种的载体），其他多孔的无机骨架材料（节 24.14）也在研究之中。例如，d 金属构成的金属有机骨架材料可以参与氧化还原反应，并具有能够掺入金属（如 Pt）纳米粒子的大空穴。

25.15　Fischer-Tropsch 合成

提要：氢和一氧化碳在铁或钴催化剂上方反应可转化为烃和水。

合成气（syngas）是 CO 和 H_2 的混合物，合成气流过金属催化剂上方转化为烃的反应是 F. Fischer 和 H. Tropsch 于 1923 年发现的。在 Fischer-Tropsch 反应中，CO 与 H_2 反应生成烃（象征性地表示为 $—CH_2—$）和水：

$$CO+2\,H_2\longrightarrow —CH_2—+H_2O$$

这是一个放热反应（$\Delta_rH^\ominus=-165\ kJ\cdot mol^{-1}$）。产物是多种直链脂肪烃的混合物，包括甲烷（$CH_4$）、乙烷、液化石油气（$C_3\sim C_4$）、汽油（$C_5\sim C_{12}$），柴油（$C_{13}\sim C_{22}$）及轻型和重型石蜡（$C_{23}\sim C_{32}$ 和 $>C_{33}$）。副反应主要是形成醇类和其他含氧产品。产品的构成取决于催化剂、温度、压力及驻留时间等因素。Fischer-Tropsch 合成的典型条件是温度在 200~350 ℃，压力介于 15~40 atm。

普遍同意此类烃合成反应的第一个步骤是 CO 在金属表面的吸附，随后断裂生成表面碳化物（和水），生成的物种继续加氢形成表面次甲基（CH）、亚甲基（CH_2）和甲基（CH_3）。仍然存在争论的是，接下来发生了什么和链是如何增长的。一种观点认为，表面$—CH_3$ 基团引发了桥连表面$—CH_2—$的聚合。然而事实（分离出了许多这样的物种，而且都是稳定的金属络合物）表明反应机理可能没有那么简单。对过程进行的其他机理研究提出了烃类合成中碳链增长的另一种可能性：过程中发生了表面桥接的$—CH_2—$与烯烃链（M—C ═CHR）相结合，而不是烷基链（$M—CH_2—CH_2R$）与表面亚甲基相结合。

多种催化剂已用于 Fischer-Tropsch 合成，最重要的是基于 Fe 和 Co 的催化剂。钴催化剂的优点是转化速率更高、寿命也更长（超过 5 年）。对加氢反应而言，钴催化剂通常比铁催化剂活性更高，产生的不饱和烃和醇也更少。铁催化剂对硫的耐受性更高，更廉价，产生更多的烯烃类和醇类产物。铁催化剂的寿命虽短，但其工业安装通常能在八周之内完成。

25.16　电催化和光催化

提要：超电位代表电化学反应的动力学能垒，电催化剂可能用于增加电化学反应的电流密度。光催化剂能提高光反应（如水分解为氢和氧）的速率。

如节 5.18 中所述，溶液与电极界面发生的电化学反应普遍存在着动力学能垒。动力学能垒通常用超电位（η）表示，超电位是指为驱动电池内的慢反应而必须施加于零电流电位（emf）之上的附加电位。超电位大小与通过电池的电流密度 j（单位面积电极上的电流）有关：

$$j = j_0 e^{a\eta} \tag{25.3}$$

这里的 j_0 和 a 最好被看作经验常数。常数 j_0 叫作**交换电流密度**（exchange current density），是处于动态平衡的正向和逆向电极反应速率的量度。对遵循这类关系式的反应体系而言，当 $a\eta>1$ 时，反应速率（用电流密度来衡量）随外加电位差的增加而迅速增大。如果交换电流密度高，只需较小的超电位就能达到显著的反应速率。如果交换电流密度低，则需较高的超电位。因此，提升交换电流密度十分受关注。工业过程中的超电位意味着能量的浪费，因而需要超电位的合成步骤不经济。

具有催化性质的电极表面可以提高交换电流密度，从而大大降低缓慢电化学反应（如 H_2、O_2 和 Cl_2 的逸出和消耗）所需的超电位。例如，"铂黑"（细碎了的铂）能有效提高交换电流密度，从而降低涉及消耗 H_2 或逸出 H_2 的那些反应所需的超电位。铂的作用是使强的 H—H 键发生解离，从而降低了那些涉及 H_2 反应中由 H—H 键解离所产生的高的能垒。对 H_2 的逸出和消耗而言，Pd 也具有很高的交换电流密度（因此也只需要很小的超电位）。

图 25.25 可用来判断各种金属的催化效率，同时也能窥探相关的反应过程。这种火山图是通过交换电流密度对 M—H 键的键焓作图得到的，它表明 M—H 键的形成和断裂对催化过程都很重要。M—H 键键能适中时，可以提供催化循环得以存在所需的适当的平衡。电催化最有效的金属都聚集在第 10 族周围。

二氧化钌是逸出 O_2 和 Cl_2 的有效催化剂，也是电的良导体。电流密度高时，RuO_2 作为 Cl_2 逸出催化剂的效果比作为 O_2 逸出催化剂的效果更好，因而广泛用作工业化生产 Cl_2 的电极材料。迄今人们仍不十分了解电极过程中这种微妙的催化作用。

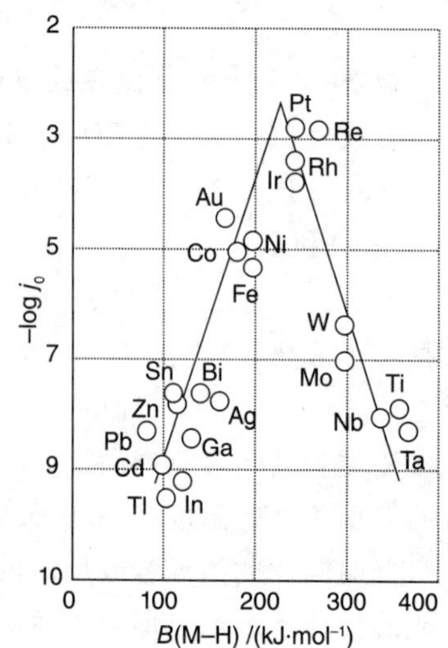

图 25.25　以交换电流密度的对数表示的释 H_2 速率对 M—H 键键能作图

人们对设计新的催化电极（特别是能降低 O_2 的表面超电位的电极，如石墨电极）具有很大兴趣。在石墨电极（O_2 在其上的还原超电位很高）暴露的边缘上沉积一层四（4-*N*-甲基吡啶基）卟啉铁（Ⅱ）络合物（$[Fe(TMPyP)]^{4+}$，**14**）则能催化 O_2 的电化学还原。对这一催化作用可能的解释如下：附着在电极上的[Fe(Ⅲ)(TMPyP)]（以下用"*"标出）先发生电化学还原：

$$[Fe(III)(TMPyP)]^* + e^- \longrightarrow [Fe(II)(TMPyP)]^*$$

生成的[Fe(Ⅱ)(TMPyP)]与 O_2 形成络合物：

$$[Fe(II)(TMPyP)]^* + O_2 \longrightarrow [Fe(II)(O_2)(TMPyP)]^*$$

铁(Ⅱ)卟啉的氧络合物然后被还原为水和过氧化氢：

$$[Fe(II)(O_2TMPyP)]^* + ne^- + nH^+ \longrightarrow [Fe(II)(TMPyP)]^* + (H_2O_2, H_2O)_n$$

尽管该机理的细节仍然难以捉摸，但上述一组总反应与电化学测量的结果和铁卟啉的已知性质相一致。以铁卟啉为催化剂研究的对象,显然是受到自然界中金属卟啉化合物活化氧分子这一现象的启发(参见节 26.10)。

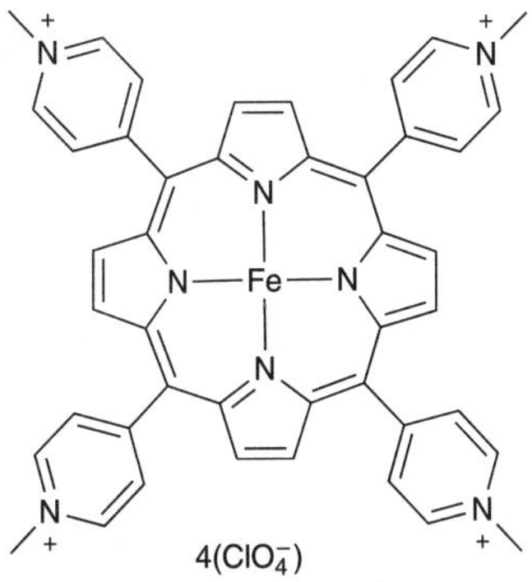

PEM(指质子交换膜,有时也指聚合物电解质膜;参见应用相关文段 5.1)燃料电池急需价廉、高效的电催化剂。此类体系能在相当低的温度下(50~100 ℃)运行,适合作为便携式和移动式电源(如手机电源)。电解质(能传输质子但不能传输电子的一种聚合物)将阳极(与氢气接触)和阴极(流过氧气)分隔开来。如上所述,氢气在使用了铂金属催化剂的阳极上容易解离,而氧在阴极上的还原却呈现出不少问题。由于还原过程具有相当高的超电位(电池效率大大降低),导致工作电压在 0.7 V 左右,比理论电压(1.23 V)低得多。或许可以使用铂来催化该反应,但即使如此,反应的效率仍不高,况且还使用了大量的高成本的铂。人们在寻找更好的电催化剂方面付出了很大努力,最近发现 Pt_3Ni(111 表面)合金在性能方面有很大提升。

$4(ClO_4^-)$

(14) $[Fe(TMPyP)]^{4+}$

光具有驱动无机化学反应的能力,如在 CO 的取代反应(节 22.21)中紫外光能促使 CO 分子从金属中心解离。然而许多原本可被光驱动的反应事实上并未发生,这是由于光能未被很好地吸收,或者被吸收后又被重新发射出去,或者是直接转化为热能。

非均相的**光催化材料**(photocatalytic material)往往通过电子从价带跃迁至导带而强烈吸收某一特定波长的光。如果被激发的电子和价层留下的空穴能够很快分离(而不是结合),它们就可转移到光催化剂表面,并与其他分子(如 H_2O、O_2 或有机物)反应产生自由基。尽管对其他氧化物(和复杂氧化物)的研究也在进行之中,但 TiO_2 仍是目前研究得最广泛的非均相光催化剂(应用相关文段 25.3)。

应用相关文段 25.3 二氧化钛光催化剂

光催化作用是指光反应的催化作用。催化剂吸收紫外辐射在表面形成游离的自由基,后者参与进一步的反应。最广为人知的光催化剂是 TiO_2。数百年来 TiO_2 一直被用作白色颜料(节 24.16),白漆的剥落和聚氯乙烯窗框变色的现象就是 TiO_2 光催化作用的结果。自然界中的 TiO_2 存在金红石和锐钛矿两种晶形,锐钛矿型具有更好的光学活性。两种晶形都有宽的带隙(锐钛矿型为 3.2 eV,金红石型为 3.1 eV),都能吸收波长低于 390 nm 的紫外辐射。这种吸收导致形成成对的电子和空穴。空穴迁移至 TiO_2 表面并与表面吸附的水反应形成羟基自由基(·OH),电子通常会与氧分子反应形成超氧自由基负离子 $O_2^{\cdot-}$。然后由这些非常活泼的物种参与催化反应。

沉积有 Pt 的 TiO_2 电极表面在电解水时可以产生氢,这一事实深深地吸引着研究人员对 TiO_2 作为光催化剂的兴趣。任何有机化合物均可被氧化,这种氧化能力导致 TiO_2 在处理污染物和净化水方面的应用。虽然应用中往往将 TiO_2 载于固体载体上以方便操作与分离,但仍可直接使用 TiO_2 粉末和水的浆状物。由于氧化反应只发生在 TiO_2 表面上,因而薄膜比粉末具有更好的效果和更高的效率。锐钛矿薄膜可以用作窗玻璃和百叶帘的自净化光催化涂层(应用相关文段 24.4)。只有当入射光子的数量远远大于抵达表面的有机物分子的数量时,自净化过程才能有效运转。所以自净化程度在某些天气条件下是有限的。

光催化的分解过程也可用于微生物。TiO_2 表面上的大肠杆菌细胞在阳光照射 1 h 后即可被破坏。由于白炽灯、荧光灯及进入室内的太阳光的强度远小于直射的阳光,所以直到现在 TiO_2 的这种特性在室内的应用都十分有限。然而掺杂有 Cu 或 Ag 的 TiO_2 的光催化抗菌活性得以提高。TiO_2 表面产生的活泼物种进攻细胞膜,铜或银离子随后进入细胞将细菌杀死。

TiO_2 光催化剂的其他应用还包括手术设备的灭菌、清除敏感光学部件上的指纹、防污船舶漆、原油的清理、水的净化,以及多环芳烃污染物的分解等。

25.17 非均相催化剂研究的新动向

提要:非均相催化持续发展的方向包括发展选择性氧化催化剂,以催化碳氢化合物受控的部分氧化。

随着具有催化作用新组分的不断涌现,开发固相催化剂(特别石油化学品)已成为无机化学最前沿的课题之一。其中一个非常活跃的领域是对选择性氧化催化剂的研究,以实现碳氢化合物的部分氧化,从而得到高分子和医药工业中非常有用的许多中间体。此类反应的例子包括烯烃环氧化,芳基羟化,烷烃、烯烃和烷基芳烃的氨氧化反应(氨存在条件下制备腈的氧化反应)。在这些例子中都希望得到部分氧化的产物,而不是把碳氢化合物彻底氧化为二氧化碳。

处于研究之中的另一个例子是能够将苯部分氧化为苯酚的新型催化剂。**异丙苯法**(cumene process)当今生产着约占全球耗量95%的苯酚并以丙酮为副产物,而其他工艺过程的丙酮产量已高于市场的需求。异丙苯法包含三个步骤:苯和丙烯通过烷基化反应合成异丙苯(该过程用磷酸或氯化铝催化);用分子氧直接氧化异丙苯合成过氧氢异丙苯;后者在硫酸催化下裂解为苯酚与丙酮。一个更好的方法是一步实现下述转化:

$$C_6H_6+1/2O_2 \longrightarrow C_6H_5OH$$

为该过程或类似过程研究的催化剂包括具有二氧化硅骨架的含铁沸石(节24.12)、$FeCl_3/SiO_2$ 混合物、基于 $Pt/H_2SO_4/TiO_2$ 的光催化剂及多种钒盐。

非均相化的均相与杂化催化

化学家们已开始研究很难被简单地归于均相或非均相的催化体系。研究工作的注意力集中在如何将两者的优点结合起来,即将均相催化剂的高选择性与非均相催化剂的易分离性结合起来。这种方法有时被称为"非均相化的"均相催化。

25.18　齐聚和多聚

提要:使用均相催化的镍催化剂可将乙烯齐聚为线形烯烃。非均相 Ziegler-Natta 催化剂可用于烯烃的聚合反应;Cossee-Arlman 机理描述了这种作用;相对分子质量低的均相催化剂也可用于催化烯烃的聚合反应;巧妙设计的配体在很大程度上可以控制聚合物的立构规正度。

20世纪下半叶,烯烃聚合催化剂的发展(生产如聚丙烯和聚苯乙烯这样的聚合物)在建筑材料、织物和包装业等领域引发了一场革命。聚烯烃往往是利用金属有机催化剂合成的。使用的催化剂可以是均相催化剂、非均相化的均相催化剂或非均相催化剂。聚合反应提供的实例很好地说明:均相催化是如何影响具有重要工业价值的非均相催化剂的设计的。本节将讨论上述所有三种类型的催化剂。

乙烯非常容易从天然气和通过重烃蒸气裂解的方法从石油得到。通过相关工艺(如 Shell Higher Olefin Process,SHOP)可将乙烯转化为价值高得多的长链烯烃(有时也叫 olefins)。SHOP 将乙烯转化为链长为 C10~C14 的内烯烃(即双键不在碳链末端的烯烃)。所得烯烃产品主要用来转化为生产洗涤剂用的链状伯醇,但也可通过改变工艺条件生产不同链长的烯烃。SHOP 工艺分三个步骤。第一步是均相催化的烯烃**齐聚**(oligomerization),得到不超过10个单体的短链。催化剂是用双(环辛二烯)镍(0)和双齿的膦羧酸盐配体原位产生的。镍氢络合物是利用进入的乙烯分子置换环辛二烯而形成的。经过氢转移(1,2-插入反应,见节22.25)和随后连续发生的烯烃迁移形成齐聚体:

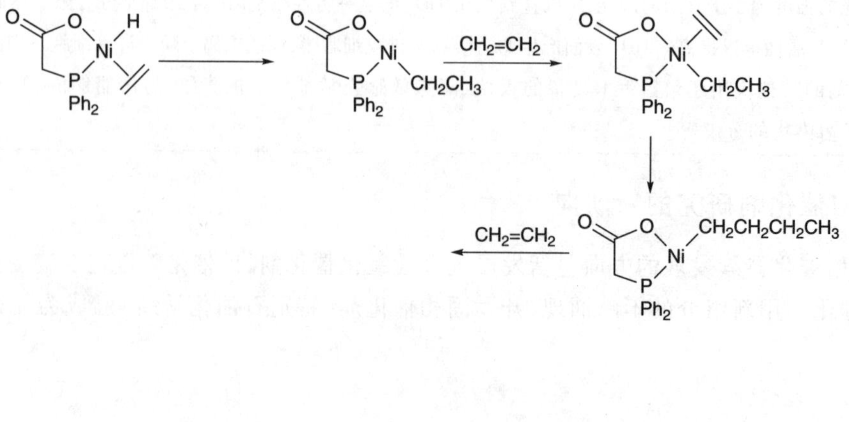

O　O　H　Ni　P　Ph2 ⟶ O　O　Ni　P　Ph2　CH2CH3 —CH2=CH2⟶ O　O　Ni　P　Ph2　CH2CH3
↓
⟵CH2=CH2— O　O　Ni　CH2CH2CH2CH3　P　Ph2

碳氢链的增长最终被 β-H 消除反应所终止，从而形成端烯烃：

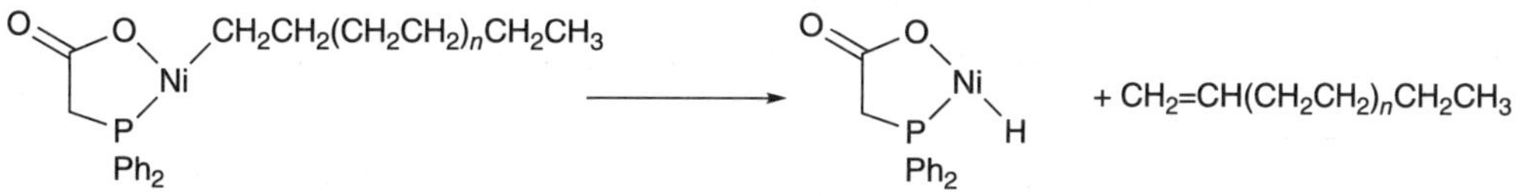

产物为含有 4～20 个碳原子的链状 α-烯烃（双键处在第一和第二碳原子之间），用分馏法进行分离。

产物然后可经异构化或复分解反应形成内烯烃（节 25.3），或者通过氢甲酰化反应进一步转化成醛和醇（节 25.5）。但是 SHOP 体系的选择性不高（产品不得不进行分离），某些其他催化剂对选择性齐聚则非常有效。例如，将 Cr（Ⅱ）或 Cr（Ⅲ）的卤化物与所谓的 PNP 膦（**15**）相混合而原位生成的铬的均相催化剂。该催化剂在乙烯氛围中被甲基铝氧烷（MAO）活化后得到活性非常高的乙烯三聚催化体系，对 1-己烯的选择性可以达到 99.9%。催化体系没有聚合物副产品，这一点对工业生产中保持反应器无固体附着物具有重要意义。改变 PNP 配体可实现对产物的调节，使用 $Ph_2PN(iPr)PPh_2$ 作为配体时的主产物为 1-辛烯和 1-己烯。

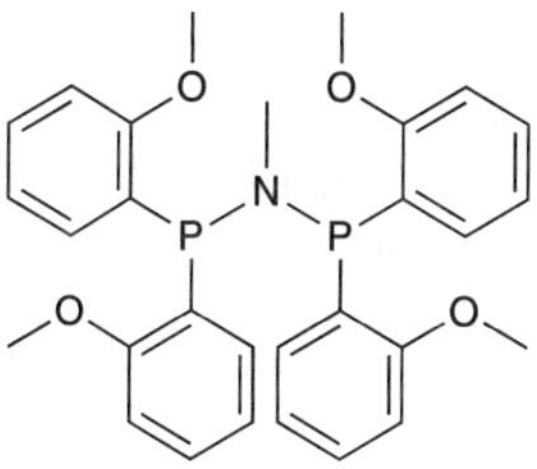

(15)

1950 年代 J. P. Hogan 和 R. L. Banks 发现，硅胶担载的铬氧化物即所谓的 **Philips 催化剂**（Philips catalyst）可将烯烃聚合为长链多烯。也是 1950 年代，在德国工作的 K. Ziegler 发展了由 $TiCl_4$ 和 $Al(C_2H_5)_3$ 形成的乙烯聚合催化剂。此后不久，意大利的 G. Natta 发现使用这种催化剂可以实现丙烯的立体定向聚合。**Ziegler-Natta 催化剂**（Ziegler-Natta catalysts）和铬基非均相聚合催化剂当今均获得广泛应用。

虽然至今对 Ziegler-Natta 催化剂作用机理的详情仍不确定，但 **Cossee-Arlman 机理**（Cossee-Arlman mechanism）则被认为是高度可信的（图 25.26）。该催化剂是由 $TiCl_4$ 和 $Al(C_2H_5)_3$ 制备的，两者反应生成混有 $AlCl_3$ 的 $TiCl_3$ 聚合物细粉。烷基铝首先将固体表面的 Ti 原子烷基化，乙烯随后在相邻的空位上配位。在聚合反应的链增长步骤中，配位的烯烃发生迁移插入反应并腾出相邻的空位，使反应得以继续进行并实现链的增长。最后聚合物经 β-H 消除从金属原子上释放出来，链增长终止。虽然聚合物中残留了一些催化剂，但催化过程是如此有效，以致这些残留可忽略不计。

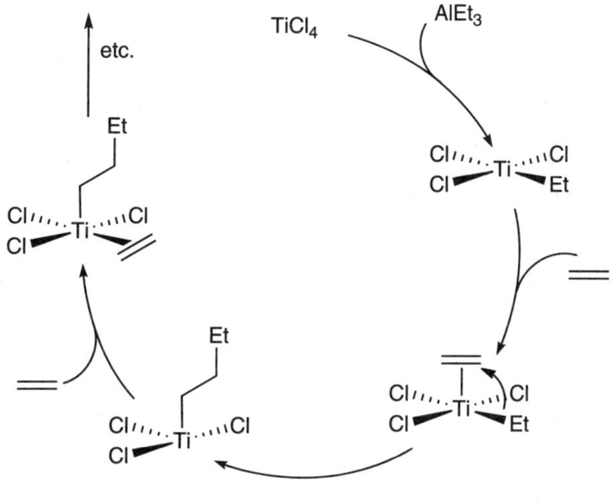

图 25.26　催化乙烯聚合反应的 Cossee-Arlman 机理

注意：钛原子不是裸原子，而是包含桥氯原子的扩展结构的一部分

为 Philips 催化剂建议的烯烃聚合反应机理包括：一个或多个烯烃分子首先与表面的 Cr(Ⅱ)位点配位；接着在形式上的 Cr(Ⅳ)位点重排形成环金属烷。不同于 Ziegler-Natta 催化剂，该固相催化剂不需要烷基化试剂引发聚合反应；相反，烷基化试剂被认为是由环金属烷直接产生的或者是通过铬位点上 C—H 键的断裂而形成的乙烯基氢化物。

与 Philips 和 Ziegler-Natta 催化剂相关的均相催化剂让人们对反应过程有了更为深入的了解。这些催化剂以自己的方式彰显出工业上的重要性：用于合成特定聚合物。Kaminsky 催化剂是基于第 4 族金属(Ti,Zr,Hf)的双环戊二烯基金属络合物体系，一个很好的例子是具有倾斜环结构的络合物$[Zr(\eta^5-Cp)_2(CH_3)L]^+$(**16**)。第 4 族茂金属络合物催化烯烃聚合反应是通过连续的插入步骤完成的，包含烯烃与亲电金属中心的预先配位。此类催化剂需要与共催化剂甲基铝氧烷(MAO)一起使用。MAO 是一种成分复杂的化合物，近似化学式为$(MeAlO)_n$，其作用之一是使氯络合物(反应的起始物)甲基化。Kaminsky 催化剂也可担载在硅胶上，并在工业上用于 α-烯烃和苯乙烯的聚合。这些都是**非均相化的均相催化剂**(heterogenized homogeneous catalysts)的例子。

与乙烯相比，其他烯烃的聚合反应更复杂。这里仅讨论端烯烃(如丙烯和苯乙烯)，因为它们相对简单些。第一个需要考虑的复杂因素是由烯烃两端的差异引起的。原则上，聚合物可在不同端形成，如头对头(**17**)、头对尾(**18**)，或者无序。对催化剂(如 **16**)的研究表明，不断增长的链偏向于迁移到烯烃上取代较多的 C 原子上，形成的聚合物链只含有头尾相连的取向：

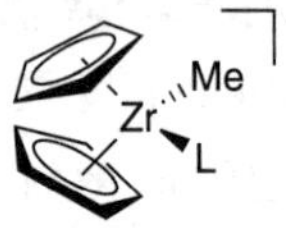

(16) $[Zr(\eta^5\text{-}Cp)_2(CH_3)L]^+$ 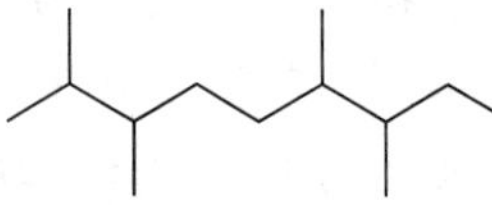　　**(17)** 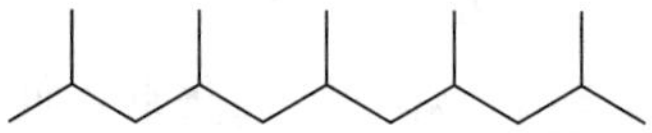　　**(18)**

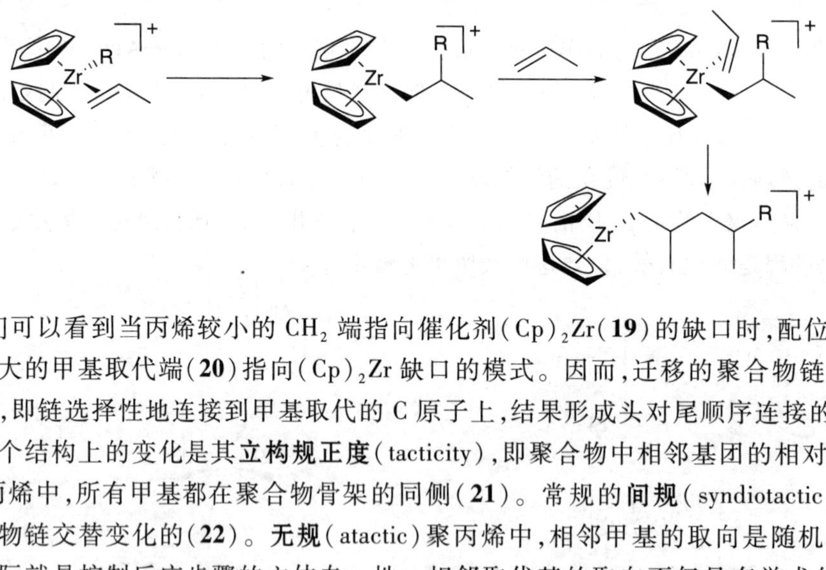

以丙烯为例，我们可以看到当丙烯较小的 CH_2 端指向催化剂$(Cp)_2Zr$(**19**)的缺口时，配位所产生的空间张力要小于采用较大的甲基取代端(**20**)指向$(Cp)_2Zr$ 缺口的模式。因而，迁移的聚合物链则与丙烯分子的甲基取代端相邻，即链选择性地连接到甲基取代的 C 原子上，结果形成头对尾顺序连接的聚合物链。

聚丙烯另一个结构上的变化是其**立构规正度**(tacticity)，即聚合物中相邻基团的相对取向。常规的**等规**(isotactic)聚丙烯中，所有甲基都在聚合物骨架的同侧(**21**)。常规的**间规**(syndiotactic)聚丙烯中，甲基的取向是沿聚合物链交替变化的(**22**)。**无规**(atactic)聚丙烯中，相邻甲基的取向是随机的(**23**)。控制聚合物的规正度实际就是控制反应步骤的立体专一性。相邻取代基的取向不仅具有学术价值，它对聚合物的宏观性质也有重大影响。例如，等规、间规和无规聚丙烯的熔点分别为 165 ℃、130 ℃和低于 0 ℃。

使用像(**19**)这样的 Zr 催化剂无法控制聚丙烯的立构规正度，只能形成无规聚丙烯。但使用其他催化剂则可能实现对立构规正度的控制。能控制立构规正度的催化剂通常具有这样的结构：一个金属原子与两个茚基基团键合，而两种茚基基团之间通过 CH_2CH_2 链相桥连。此类二茚基碎片与金属盐反应生成三个化合物：两种具有 C_2 对称性的对映异构体(**24** 和 **25**)和一个非手性化合物(**26**)。这些化合物被称为柄形茂金属(名字来源于拉丁语“手柄”，这里用来表示“桥”)。有可能将两种对映异构体与非手性化合物相分离，柄形茂金属的两种对映异构体都可催化丙烯的有规聚合反应。

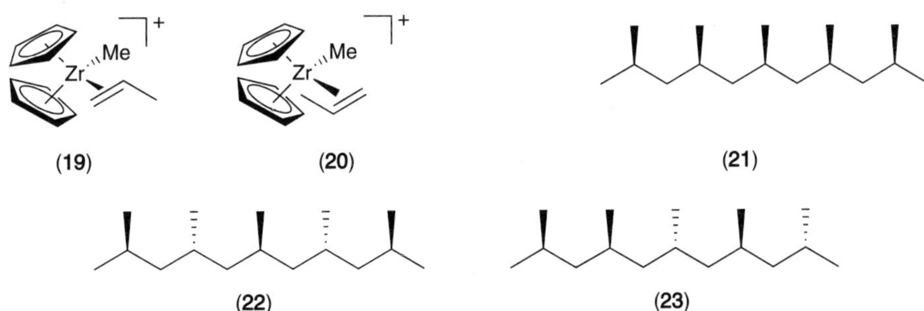

如果现在讨论丙烯与对映体催化剂(**24** 或 **25**)中任何一个的配位情况就会发现,除上面提及的空间因素[即 CH_2 指向催化剂$(Cp)_2Zr$ 的缺口]外还有第二个限制因素。(**27**)和(**28**)示出的甲基的两种可能排布中,构型(**28**)更不利(由于茚基苯环的空间相互作用)。聚合反应过程中,R 基团选择性地向丙烯分子的一侧迁移;随后是另外一分子烯烃的迁移,等等。图 25.27 示出最终得到等规聚丙烯的过程。

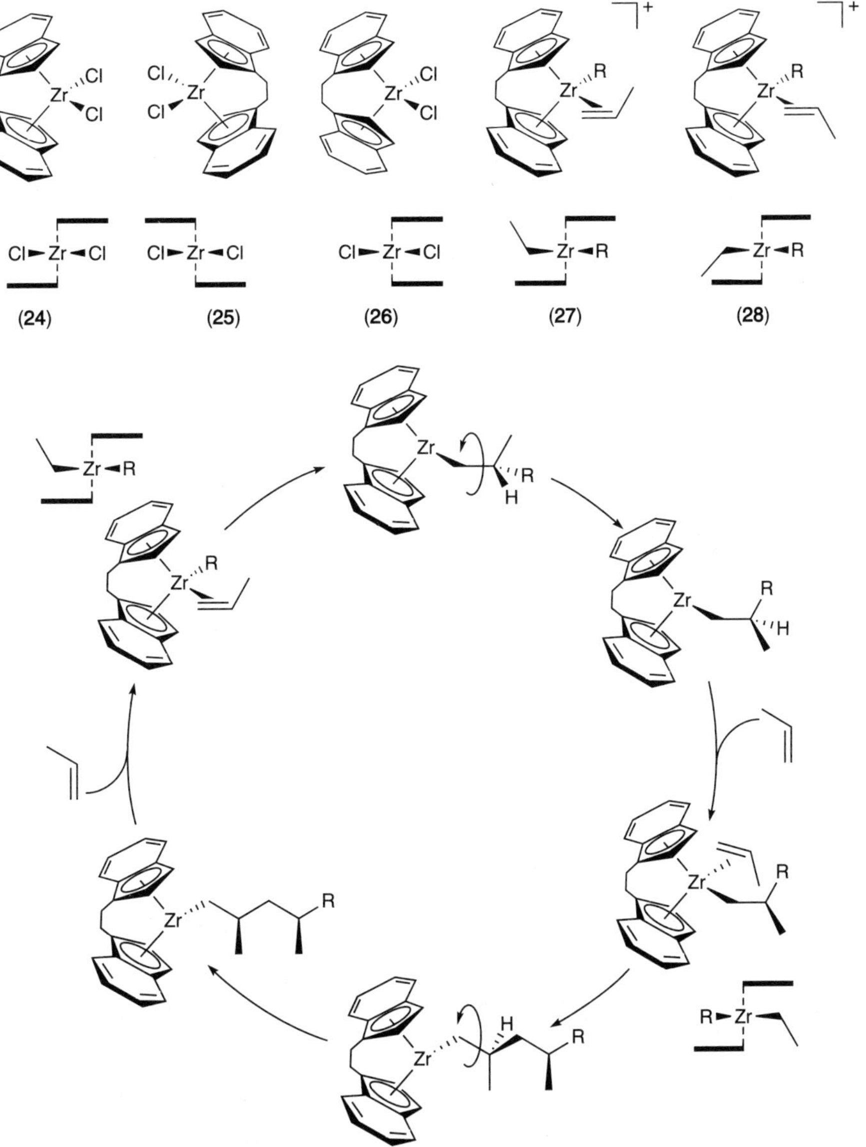

图 25.27　用茚基茂金属催化剂催化丙烯聚合反应时生成等规聚丙烯

图中的锆物种全都带单位正电荷,为清晰起见被省略

例题 25.5　控制聚丙烯的规正度

题目:使用以 CH_2CH_2 连接芴基和环戊二烯基的催化剂(**29**)催化丙烯聚合反应的产物为间规聚丙烯,试说明之。

Zr R Cl

Cl Zr R

(29)

答案:应从丙烯与催化剂配位模式的角度进行分析:在络合物(**29**)中,丙烯的配位模式总是以甲基端朝向环戊二烯基环而远离芴基。随后是烯烃的一系列连续的插入反应(如图 25.28)得到间规聚丙烯产物。

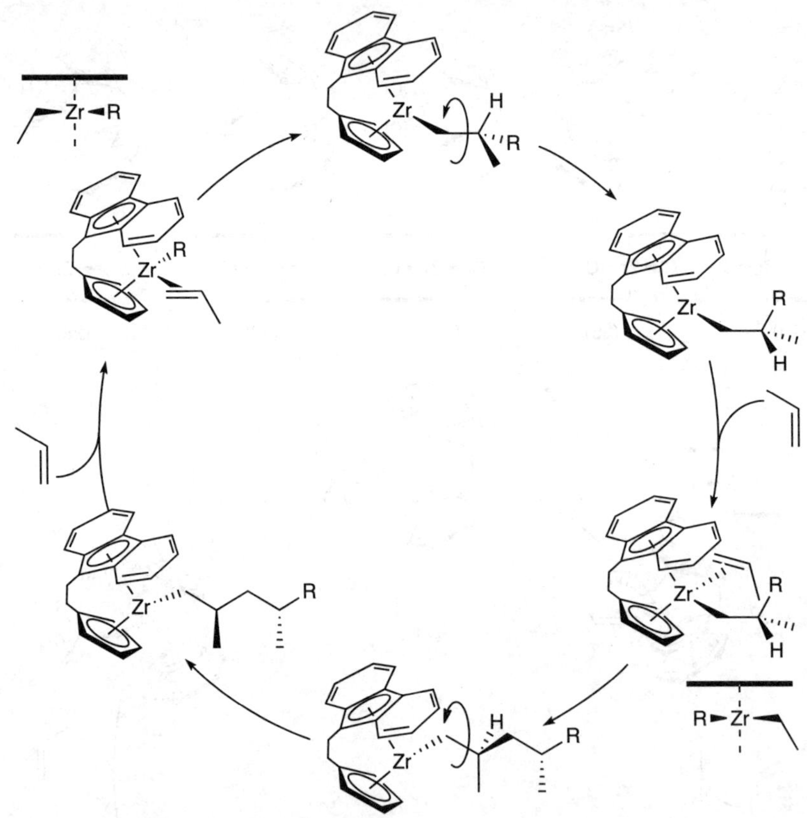

图 25.28　用芴基茂金属催化剂催化丙烯聚合反应时生成间规聚丙烯

图中的锆物种全都带单位正电荷,为清晰起见被省略

自测题 25.5　使用简单催化剂[$Zr(Cp)_2Cl_2$]时丙烯聚合反应为什么得到无规聚丙烯?

对烯烃聚合反应而言,尽管最常用的是第 4 族金属的催化剂,但其他过渡金属和镧系元素的活性催化剂也有报道。由于热不稳定性,第 5 族金属络合物很少用作聚合反应的催化剂。但也有例外:巧妙地设计配体使得人们能够合成出对热稳定的催化剂(**30**),这种催化剂在共催化剂(有机氯化铝)存在的条件下对乙烯聚合反应展现出很高的催化活性。Pd-和 Ni-二亚胺络合物(**31**)的催化活性受配体中 N 原子上芳基取代基的影响:芳基上带有给电子基团时能稳定阳离子的金属中心,得到高相对分子质量的聚合物。工业上使用各种钕基催化剂催化 1,3-丁二烯的聚合反应。

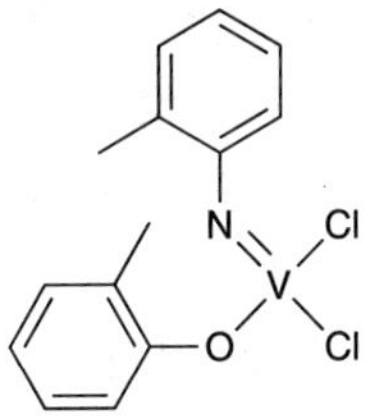

(30)

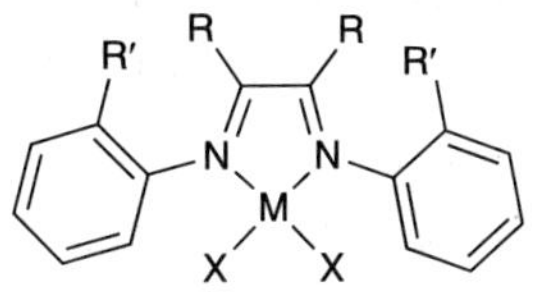

(31)

25.19 被系留的催化剂

提要:将催化剂“栓”在固体载体上可以容易地将催化剂分离,仅仅损失些许催化活性。

被系留的催化剂即通常所谓的固载催化剂。一种流行的技术是将均相催化剂栓(tethering)于固体载体上,如利用一个长的烃链将加氢反应催化剂(如 Wilkinson 催化剂)接到二氧化硅表面上:

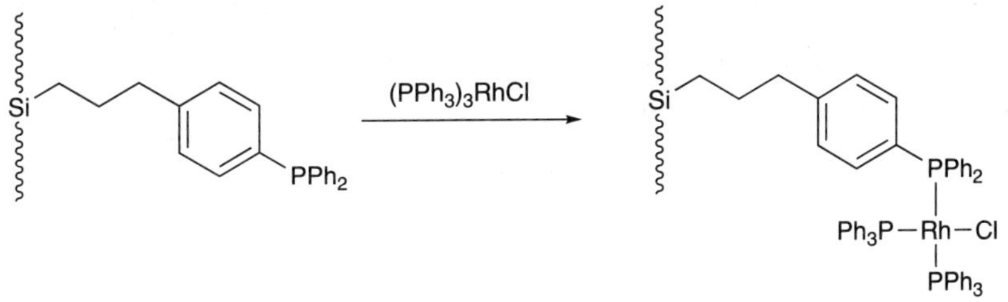

$(PPh_3)_3RhCl$

二氧化硅整体浸入溶液时,铑基催化位点的行为就像它在溶液中的行为一样,反应活性并未受到大的影响。产物与催化剂分离时,仅需轻轻倒出上部的溶液即可。市售官能团化的二氧化硅前体包括氨基、丙烯酸酯、烯丙基、苄基、溴、氯、氰基、羟基、碘、苯基、苯乙烯基和乙烯基等基团取代的试剂。通过相对简单的反应便可制得下一步所需的试剂(如上面的膦化合物)。除二氧化硅外,聚苯乙烯、聚乙烯、聚丙烯及多种类型的黏土都可用作固体载体,迄今已经报道过许多成功的例子利用这些载体将可溶性金属络合物用于非均相催化反应。

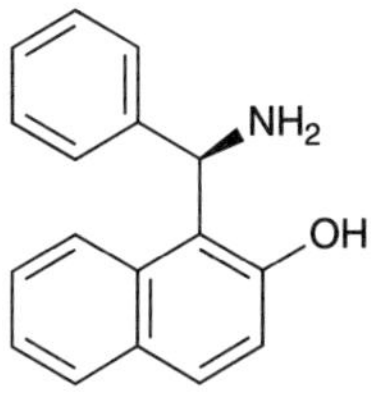

固载催化作用最新一个应用实例是将双阳离子的离子液体栓到超顺磁性氧化铁纳米颗粒上作为催化剂,并有效地合成了 Betti 碱(**32**)。该碱是对对映选择性反应有吸引力的手性配体,同时也是合成目前已在评估疗效阶段的治疗心率过缓和低血压病药物分子的前体。由于催化剂具有磁性,故可利用简单的外部磁体成功回收催化剂,从而免除过滤操作。

(32)

许多情况下固载催化剂的活性高于非担载类似物的活性。这种改善通常体现在两方面:一是提高了选择性,这是由于接近捆在表面的催化剂时有一定的空间要求;二是增加了催化剂的周转频率,这是由于载体对催化剂提供了保护。然而,固载催化剂往往受制于催化剂流失和活性降低两个问题。

25.20 两相体系

提要:两相体系能够提供将两方面优势(均相催化剂的选择性优势和非均相催化剂易于分离的优势)结合起来的另一条途径。

为了同时利用均相催化剂和非均相催化剂的优点,一个通行的做法是使用两个液相(室温下不相混溶,但在较高温度下相互混溶)组成的体系。人们熟悉的是添加了相转移催化剂的水相/有机相两相体系;两个值得讨论的两相体系是离子液体和“含氟的两相”体系。

离子液体通常是由 1,3-二烷基咪唑盐阳离子(**33**)和相反离子(如 PF_6^-,BF_4^-,$CF_3SO_3^-$)组成的。这些体系的熔点低于 100 ℃(往往比 100 ℃ 低很多),黏度高,并且蒸气压接近零。如果能将催化剂选择性地溶于离子相[节 4.13(g)](如将其离子化),不

(33)

相混溶的有机溶剂则可萃取有机产物。以含有膦配体的 Rh 催化剂催化烯烃氢甲酰化反应的例子做说明。如果以 PPh_3 作为配体,催化剂和产物一起从离子液体中被萃取;然而如果以离子型的磺化三苯基膦作为配体,催化剂则留在离子液体中,从而实现产物与催化剂的完全分离。应当时刻记着:离子液体并不总是惰性的,可能会诱导其他反应。

含氟的两相体系一般由氟代烃和"正常的"有机溶剂(如甲苯)组成。与传统的水/有机物两相体系相比,此类体系具有两个主要优点:含氟相是惰性的,敏感基团(如因水解而不稳定的基团)在其中稳定;多氟代烃与烃类在常温下不混溶,加热时逐步变成真正的均相体系。含有多氟代基团的催化剂倾向于保留在含氟溶剂中,而反应物(与产物)则倾向于溶解在烃类相里。图 25.29 给出此类体系的工作流程。催化剂与产物的分离就变成像倾倒液体这样的区区小事。迄今已发展了许多具有氟溶性催化剂的配体体系。它们通常含有如(**34**)、(**35**)和(**36**)这样的膦,并且已经制备了这些配体的铑基和钯基催化剂。含氟溶剂(如全氟代 1,3-二甲基环己烷,**37**)在 70 ℃时可实现与有机相的互溶,这类催化剂已用于催化加氢反应(节 25.4)、氢甲酰化反应(节 25.5)和硼氢化反应。

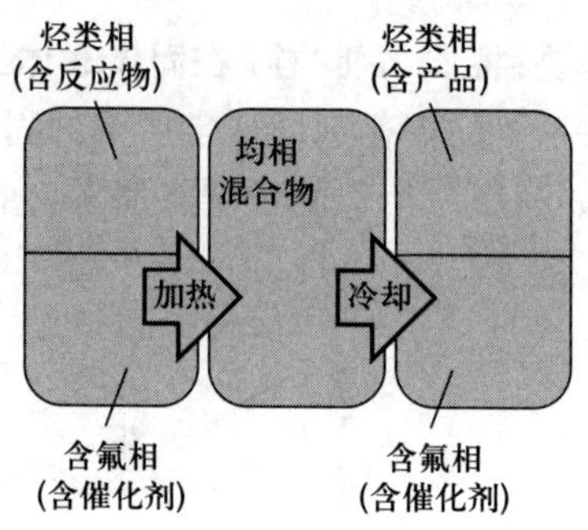

图 25.29 含氟两相体系运转过程示意图

$(C_6F_{13}-C_6H_4-O)_x-PPh_{3-x}$

(34)

$(C_6F_{13}-C_2H_4-O)_x-PPh_{3-x}$

(35)

$(C_6F_{13}-C_6H_4-O)_2P-CH_2CH_2-P(O-C_6H_4-C_6F_{13})_2$

(36)

(37)

延伸阅读资料

R. Whyman, *Applied organometallic chemistry and catalysis*. Oxford University Press (2001).

G. W. Parshall and S. D. Ittle, *Homogeneous catalysis*. John Wiley &Sons (1992).

H. H. Brintzinger, D. Fischer, R. Mülhaupt, B. Rieger, and R. M. Waymouth, *Angew. Chem.*, *Int. Ed. Engl.*, 1995, **34**, 1143.控制聚合物立构规正度领域的一篇综述。

P. Espinet and A. M. Echavarren, *Angew. Chem.*, *Int. Ed. Engl.*, 2004, **43**, 4704.一篇很好的综述,内容涉及钯催化偶合反应机理的 Stille 反应。

Chem. Rev., 2002, **102**, 3215.本期杂志讨论固载的均相催化剂。

E. G. Hope and A. M Stuart, *J. Fluorine Chem.*, 1999, **100**, 75.详细讨论了含氟的两相体系。

T. M. Trnka and R. H. Grubbs, *Acc. Chem. Res.*, 2001, **34**, 18. 关于烯烃复分解催化剂发展状况的一篇综述。

V. Ponec and G. C. Bond, *Catalysis by metals and alloys*. Elsevier (1995).综合讨论了化学吸附和金属催化作用的基础。

R. D. Srivtava, *Heterogeneous catalytic science*. CRC Press (1988).简要叙述了实验方法和几种主要的非均相催化过程。

M. Bowker, *The basis and applications of heterogeneous catalysis*. Oxford Chemistry Primers vol. 53. Oxford University Press (1998).简要介绍了非均相催化过程。

J. M. Thomas and W. J. Thomas, *Principles and practice of heterogeneous catalysis*. VCH (1997).由世界著名专家执笔的一本

可读性很强的著作，内容涉及介绍非均相催化的基本原理。

K. M. Neyman and F. Illas, Theoretical aspects of heterogeneous catalysis: applications of density functional methods. *Catalysis Today*, 2005, **105**, 15. 用于非均相催化的模型方法。

M. A. Keane, Ceramics for catalysis. *J. Mater. Sci.*, 2003, **38**, 4661. 用三种方法说明非均相催化作用：(i) 沸石的催化作用，(ii) 催化转化器，(iii) 固体氧化物燃料电池。

F. S. Stone, Research perspectives during 40 years of the Journal of Catalysis. *J. Catal.*, 2003, **216**, 2. 催化发展史。

G. Rothenberg, *Catalysis: concepts and green applications*. Wiley-VCH (2008). 催化与可持续发展。

D. K. Chakrabarty and B. Viswanathan, *Heterogeneous catalysis*. New Age Science Ltd (2008).

D. Takeichi, Recent progress in olefin polymerization catalysed by transition metal complexes: new catalysts and new reactions, *Dalton Trans.*, 2010, **39**, 311-328.

D. Astruc, The metathesis reactions: from a historical perspective to recent developments, *New J. Chem.*, 2005, **29**, 42-56. 有关该领域一篇可读性很高的说明。

练习题

25.1　下列实例哪些是催化反应，哪些不是？并阐述理由。

(a) H_2 和 C_2H_4 的混合物与细碎铂粉接触发生 H_2 对 C_2H_4 的加成反应；(b) 电弧引发 H_2-O_2 混合气体所发生的反应；(c) 气体 N_2 与金属 Li 反应生成 Li_3N，后者又与 H_2O 反应生成 NH_3 和 LiOH。

25.2　定义下列术语：

(a) 周转频率，(b) 选择性，(c) 催化剂，(d) 催化循环，(e) 催化剂载体。

25.3　将下列体系按均相催化和非均相催化分类，并阐述理由。

(a) NO (g) 存在时 SO_2(g) 被 O_2(g) 氧化为 SO_3(g) 的反应速率增加，(b) 使用 Ni 粉催化剂使液态植物油加氢，(c) 用HCl(aq)催化将 D-葡萄糖的水溶液转化为 D-和 L-葡萄糖的混合物溶液。

25.4　某企业家请你开发催化剂，期望能在 80 ℃且没有电能或者电磁辐射输入的情况下实现下列转化：

(a) 水分解为 H_2 和 O_2，

(b) CO_2 分解为 C 和 O_2，

(c) N_2 和 H_2 生成 NH_3，

(d) 植物油的双键加氢。

该企业家的公司将建立工厂去实施生产，你将平分所得的利润。你认为哪一项容易实施？哪一项值得研究？哪一项不可能？给出每个结论的化学依据。

25.5　向 Wilkinson 催化剂[$RhCl(PPh_3)_3$]的溶液中加入 PPh_3，会使丙烯加氢反应的周转频率降低，从机理方面解释这一现象。

25.6　25°C 苯溶液中[$RhCl(PPh_3)_3$]催化下列烯烃吸收 H_2 的速率（单位：$L \cdot mol^{-1} \cdot s^{-1}$）分别为：己烯 2910；顺-4-甲基-2-戊烯 990；环己烯 3160；1-甲基环己烯 60。解释产生这种变化趋势的原因，并指出建议的机理（图 25.5）中哪一步反应受到了影响。

25.7　绘出利用 1-丙烯生产丁醛的催化循环图，并指出是哪一步决定正或异异构体的选择性。

25.8　绘出丙烯 Ziegler-Natta 聚合的催化循环图，解释该聚合反应涉及的每一步骤，并预测所得聚合物的物理性质。

25.9　红外光谱研究显示：在氢甲酰化反应条件下，CO、H_2 和 1-丁烯的混合物中存在图 25.7 中的化合物（E）；而添加了三丁基膦的相同体系中却未观察到（E）或类似膦取代物的存在。当不存在膦配体时，哪一步反应是决速步？假定反应顺序保持不变，三丁基膦存在时体系中可能的决速步反应是什么？

25.10　在 Monsanto 制备乙酸的工艺条件下，如何让 MeCOOMe 与 CO 反应生成乙酸酐？

25.11　阐述为什么（a）烯烃开环复分解聚合反应和（b）闭环复分解反应能够进行？

25.12　(a) 用 *trans*-DHC ═CHD 代替图 25.9 中的乙烯，并假定溶解的 OH^- 从与金属相反的一侧发生进攻，给出所得化合物的立体化学结构图。(b) 假定与 Pd 配位的 OH^- 进攻配位的反式 DHC ═CHD，试绘出所得化合物的立体化学结构。(c) 这些产物的立体化学是否与 Wacker 法中建议的步骤不同？

25.13　沸石中的硅铝酸盐表面充作强 Brønsted 酸位点，而硅胶则是非常弱的酸。(a) 二氧化硅晶格中有 Al^{3+} 存在时酸性为什么会增强？(b) 写出可以提高二氧化硅酸性的其他三种离子的名称。

25.14 为什么汽车催化转化器里的铂/铑催化剂要分散在陶瓷表面上，而不使用相应金属薄片的形式？

25.15 某些金属铂催化剂上可以观察到烷烃中的氢原子与 D_2 之间存在交换。当 3,3-二甲基戊烷和 D_2 的混合物暴露于 Pt 催化剂时，反应早期阶段体系中主要存在 $CH_3CH_2C(CH_3)_2CD_2CD_3$ 和未反应的 3,3-二甲基戊烷。试为上述现象设计一个合理的机理。

25.16 CO 存在时 Pt 催化反应 $2H^+(aq)+2e^- \rightarrow H_2(g)$ 的效率大大降低，为什么？

25.17 简述燃料电池中电催化剂对降低氧还原反应超电位所起的作用。

25.18 下列说法是否正确，如果错误请改正：

(a) 催化剂开辟了活化焓更低的一条新的反应路径。

(b) 当催化反应的 Gibbs 自由能更有利时，催化可以提高产物的产率。

(c) 均相催化剂的一个例子是由 $TiCl_4(l)$ 和 $Al(C_2H_5)_3(l)$ 制得的 Ziegler-Natta 催化剂。

(d) 反应物和产物附着于均相或多相催化剂上的 Gibbs 自由能有利，这一条件是高催化活性的关键。

辅导性作业

25.1 催化剂不只是降低活化焓，而且还可能使活化熵发生显著变化，试讨论这种现象。参阅：A. Haim, *J. Chem., Educ.*, 1989, **66**, 935.

25.2 助剂的加入可进一步提高催化反应的速率。叙述甲醇羰基化反应中助剂是如何使铱基 Cativa 工艺可与铑基工艺竞争的。参阅：A. Haynes, P. M. Maitlis, G. E. Morris, G. J. Sunley, H. Adams, and P. W. Badger, *J. Am. Chem. Soc.*, 2004, **126**, 2847.

25.3 当无法获得反应机理的直接证据时，化学家常常借助与其类似的体系做对比。试描述 J. E. Bäckvall, B. Åkermark 和 S. O. Ljunggren 是怎样推断 Wacker 法中是未配位的水分子对 η^2-C_2H_4 进攻的。参阅：*J. Am. Chem. Soc.*, 1979, **101**, 2411.

25.4 尽管许多对映选择性催化剂需要底物的预配位，但也并非总是如此。以不对称环氧化反应为例证明这一说法的有效性，并指出这类催化剂比需要底物预配位的催化剂所显示的优点。参阅：M. Palucki, N. S. Finney, P. J. Pospisil, M. L. Güler, T. Ishida, and E. N. Jacobsen, *J. Am. Chem. Soc.*, 1998, **120**, 948.

25.5 讨论沸石在催化过程中的择形选择性。

25.6 总结化学中非均相氧化催化剂的潜在影响。参阅：J. M. Thomas and R. Raja, Innovations in oxidation catalysis leading to a sustainable society. *Catalysis Today*, 2006, **117**, 22.

25.7 讨论氧化和氨氧化催化剂（如钼酸铋）的应用和机理。参阅：R. K. Grasselli, *J. Chem. Educ.*, 1986, **63**, 216.

25.8 参考烯烃异构化反应中使用 $[Ni(POEt)_3]_4$，讨论催化过程中固体载体的好处。参阅：A. J. Seen, *J. Chem. Educ.*, 2004, **81**, 383; K. R. Birdwhistell and J. Lanza, *J. Chem. Educ.*, 1997, **74**, 579.

25.9 J. A. Botas 等人讨论了将植物油催化转化为适合用作生物燃料的烃（*Catalysis Today*, 2012, **195**, 1, 59）。这些反应的催化剂最重要的特点是什么？人们指望过渡金属的何种参与来改变催化剂的性能？概述如何制备和表征这些改良的催化剂。除催化裂化外，反应器中还发生了什么反应？哪个反应导致芳香产物？哪些改良的催化剂产生焦炭聚积？这种焦炭聚积为什么没有使催化剂失去活性？

25.10 α-蒎烯是天然松节油的主要组分，它的聚合物无毒并获得了多种工业用途（如黏合剂、清漆、食品包装和口香糖）。基于铌、钽五卤化物的 α-蒎烯聚合反应的新型催化剂（M. Hayatifar, et al., *Catalysis Today*, 2012, **192**, 1, 177）已开始生产。哪种催化剂对聚合反应最有效？为什么此类反应的条件会有如此大的吸引力？试描述催化剂与 α-蒎烯之间相互作用的实质。

25.11 A. Arbaoui 和 C. Redshaw（*Polym. Chem.*, 2010, **1**, 801）对利用开环复分解聚合反应合成可生物降解聚合物的催化剂进行了综述，总结了对可生物降解聚合物的需求及为什么需要发展新型催化剂。利用文中给出的细节，判断哪族金属与哪些类型的配体共同作用可得到高活性催化剂？举例说明。

25.12 Schrock 催化剂和 Grubbs 催化剂广泛用于催化烯烃复分解反应。写一篇关于如何将这些均相催化剂非均相化的综述。

（曾凡龙 译，史启祯 审）

26 章

生物无机化学

有机体以引人注目的方式利用了无机元素的化学性质，提供了远高于简单化合物中观察到的配位专一性。本章介绍不同元素是如何被选择性地摄入不同细胞和细胞内部不同部位的，也将介绍有机体利用这些元素的各种方式。我们还将讨论生物环境下形成的络合物(和材料)的结构和功能，相关的化学问题已在前面章节中做过介绍。

生物无机化学(biological inorganic chemistry 或"bioinorganic chemistry")是研究生物体如何利用"无机"元素的化学。主要关注点放在金属离子上，介绍我们所感兴趣的金属离子与生物配体的相互作用，以及这些金属离子能够对有机体产生影响的重要化学性质，包括键合配体的性质、催化性质、信息传递性质、调控性质、传感性质、防御性质和结构支撑的性质。

细胞组织

为了了解这些元素(除 C，H，O 和 N 之外)在有机体结构和功能方面所起的作用，需要了解一点有关细胞(人称生物学上的"原子")组织及细胞器(人称构成细胞的"基本粒子")方面的有关知识。

26.1 细胞物质的结构

提要：活体细胞和类脂质由细胞膜所包裹；由于离子泵和门控通道的存在，特定元素浓度在不同隔区之间的变化可能很大。

细胞是构成生命有机体的基本单元，依据复杂程度分为简单细胞和复杂细胞(体积大得多)两大类，分别存在于原核生物(细菌和类细菌的有机体，现在归类为古细菌)和真核生物(包括动物和植物)体内。图 26.1 给出了真核细胞的主要构成。至关重要的细胞膜将细胞内部与膜外的水和离子隔离开来，管控着细胞内所有可流动物种和电流。细胞膜是厚约 4 nm 的脂质双层膜，其中嵌有蛋白分子和其他组分。虽然双层膜的横向强度比较大，但却易于弯曲。类脂的烃链长，使膜表现出很强的疏水性而且不允许离子通过。离子通过细胞膜需要借助特殊的通道、泵和特殊膜蛋白提供的其他受体。细胞的结构也与渗透压有关，渗透压是由包括离子在内的高浓度溶质维持的，离子经由泵的主动输送进入细胞。

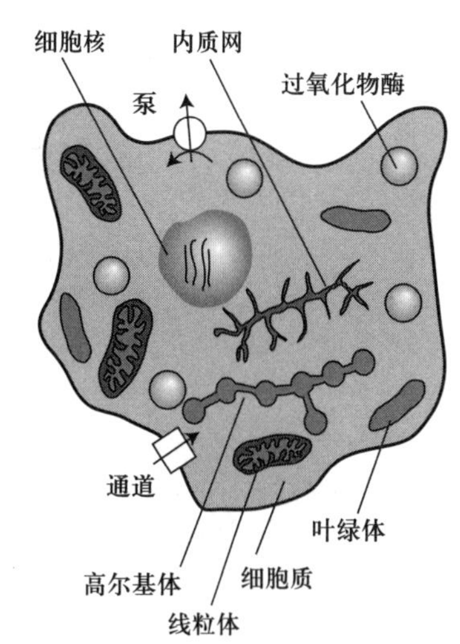

图 26.1 真核细胞结构：包括细胞膜、各种隔室(胞器)、与结合在细胞膜上的泵和通道(泵和通道控制着隔室之间离子的流动)

原核细胞由封闭的水相(即细胞质)组成，其中含有 DNA 和生化反应中使用和转移的大多数物质。细菌的划分要看它是被单细胞膜所封闭，还是在外膜和胞质膜之间还存在一个额外的水层即**细胞周质**(the periplasm)。人们熟知的"革兰阳性菌"和"革兰阴性菌"就是依据它们对结晶紫(染料)的着色反应不同的响应划分的。真核细胞的细胞质中含有各种称作**细胞器**(organelles)的亚单元(也密封在脂质的双层细胞膜内部)，这些亚单元的功能具有高度专一性。细胞器包括 DNA 藏身之所的**细**

胞核(nucleus)。负责呼吸功能的"燃料细胞"**线粒体**(mitochondria),负责光能利用的"光细胞"**叶绿体**(chloroplasts),负责蛋白质合成的**内质网**(endoplasmic reticulum),负责输出的含蛋白质的囊泡**高尔基体**(Golgi)、含有降解酶并帮助清除细胞垃圾的**溶酶体**(lysosomes),负责除去有害过氧化氢的**过氧物酶体**(peroxisomes),以及其他的专门加工区。

26.2　活体组织的无机成分

提要:主要生物元素包括氧、氢、碳、氮、磷、硫、钠、镁、钙和钾。微量元素除了硒、碘、硅、硼外,还包括许多 d 区金属。活体组织中含金属的物种和非金属微量元素合称为金属组。

金属组学(metallomics)是系统研究金属组的学科,金属组则是活体组织中含金属物种及一些非金属微量元素的总称。多种分析技术可用来测定金属离子的存在形态、分布、含量、调控、动力学性能和致病原因,图 26.2 给出相关的流程图。金属组学研究的主要目的是确定某个金属离子或微量元素键合的位置:即键合在哪些细胞里,哪个细胞器里,哪个生物分子上,以及生物分子的哪些配体基团上。进一步研究的目的是建立每个金属离子的动力学机理(流动机理)。金属组学研究一般是从器官或组织上取样开始,经过细胞破碎,不同组分的分离,之后利用仪器进行分析。常用方法有质谱法、超灵敏吸收和发射光谱方法、高分辨成像法、蛋白和核酸测序等。计算方法可作为实验方法的补充。金属组学研究在药物发展中起着非常重要的作用,这一点将在第 27 章中讨论。

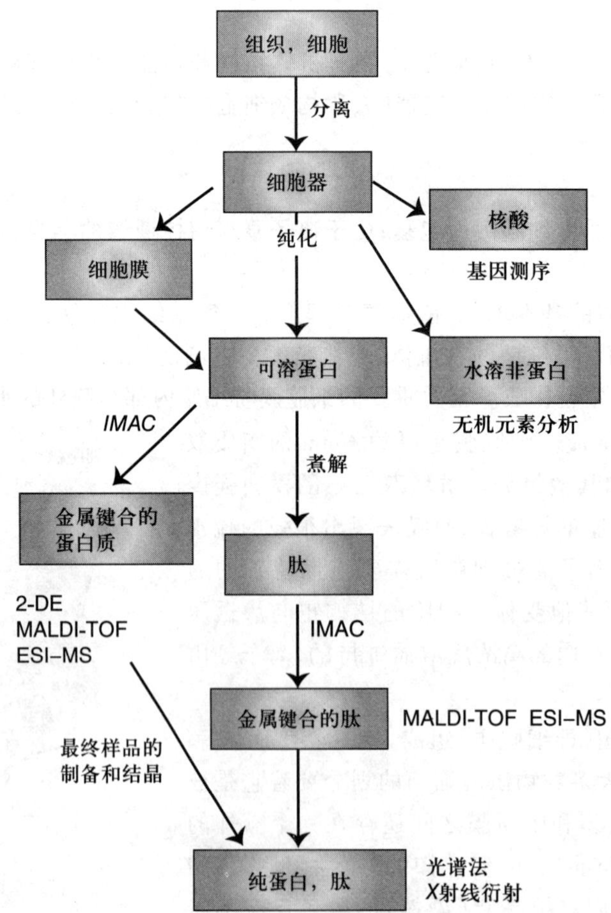

图 26.2　金属组学研究流程图

图中显示了生物材料中金属键合的蛋白如何通过系统的分离和分析程序进行分离和鉴定的;IMAC:固定化金属亲和色谱法;2-DE:二维凝胶电泳法;MALDI-TOF:基质辅助激光解吸电离飞行时间质谱;ESI-MS:电喷雾质谱

表 26.1 中列出生物体中存在的多种元素，虽然对高等生物而言并非表列元素都必须。除 Be、Al 和稀有气体外，所有第二、第三周期元素都为生物体所利用。大多数 3d 元素也被生物体吸收，而只有 Cd、Br、I、Mo 和 W 是迄今已证实具有生物学功能的较重元素。人们逐渐认识到其他一些元素（如 Li，Ga，Tc，Ru，Gd，Pt 和 Au）在医药领域的重要性（见第 27 章）。

表 26.1　元素（不包括 C，H，O，N，P，S，Se）在生物体不同区域的近似浓度，$\log\{[J]/(mol \cdot dm^{-3})\}$

元素	外液（海水）	外液中的自由离子（血浆）	细胞质（自由离子）	在细胞中的状态
Na	$>10^{-1}$	10^{-1}	$<10^{-2}$	不键合
K	10^{-2}	4×10^{-3}	$\leqslant 3\times10^{-1}$	不键合
Mg	$>10^{-2}$	10^{-3}	c. 10^{-3}	以 ATP 络合物的形式弱键合
Ca	$>10^{-3}$	10^{-3}	c. 10^{-7}	浓集于某些囊泡中
Cl	10^{-1}	10^{-1}	10^{-2}	不键合
Fe	$>10^{-17}$（Fe（Ⅲ））	10^{-16}（Fe（Ⅲ））	$<10^{-7}$（Fe（Ⅱ））	细胞内外太多未键合的铁是有毒的（Fenton 化学）
Zn	$<10^{-8}$	10^{-9}	$<10^{-11}$	全部键合，但可能发生交换
Cu	$<10^{-10}$（Cu（Ⅱ））	10^{-12}	$<10^{-15}$（Cu（Ⅰ））	全部键合，不流动，大多在细胞质外
Mn	10^{-9}		c.10^{-6}	在叶绿体和囊泡中浓度高
Co	10^{-11}		$<10^{-9}$	全部键合（钴胺素）
Ni	10^{-9}		$<10^{-10}$	全部键合
Mo	10^{-7}		$<10^{-7}$	大部分键合

生物必需元素分为“主要”元素和“痕量”元素，但生物体之间及生物体不同部位中的元素含量相差可以很大。例如，Ca 在微生物中几乎不起作用，但在高等生物中含量却很高。然而，只有微生物将 Co 结合到特殊的辅酶（钴胺素）后才能被高等生物所吸收。K、Mg、Fe、Mo 可能是生物普遍需要的元素，V 主要被低等动植物和一些细菌所利用。镍是多数微生物（包括像幽门螺杆菌这样的病原体，见节 27.3）的必需元素；它也能被植物所用，但没有证据证明对动物有直接作用。对不同元素的利用很大程度上依赖于元素的丰度。例如，Zn 被生物广泛利用（与 Fe 一起被列为最丰的生物微量元素），而 Co（相对稀有的元素）主要则限于钴胺素中。超过 2.3×10^9 年之前的早期大气层具有很高的还原性［当今地质和地球化学证据表明，大气中 O_2 出现在 $(2.2\sim2.4)\times10^9$ 年之前，可能是节 26.10 中叙述的 Mn 簇合物的光合催化作用产生的］。Fe 能以水溶性 Fe（Ⅱ）盐的形式被利用，而 Cu（像 Zn 一样）则被结合在不溶性硫化物中，从而限制了生物上的可利用性。实际上，古生菌（这种菌被认为是有氧前时期进化而来的）中并未发现 Cu，包括高于 100 ℃ 温度下还能活存的超级嗜热菌。这些超级嗜热菌生存在深海热液喷口和地热温泉处，是含 W（已知最重的生命必需元素）金属酶不错的来源。人们发现大多数情况下 W、Co、Ni 仅被较原始的生物所利用，这一事实可能反映了它们在早期生命进化阶段的特殊作用。

（a）区室化

提要：不同要素被分隔在细胞内外及细胞内的不同隔室。

区室化（compartmentalization）是指元素在细胞内外和细胞内不同隔室之间进行分布。离子浓度在生物体的不用区域维持恒定，这是**体内平衡**（homeostasis）的一个实例。这种平衡是由于膜阻止了离子的被动流动实现的。例如，细胞膜内外 K^+ 和 Na^+ 两种离子的浓度有很大不同。K^+ 在细胞质中的浓度可高达

0.3 mol·L^{-1},而在细胞外的浓度通常小于 5×10^{-3} mol·L^{-1}。相反,Na^+在细胞外的浓度较高,但在细胞内的浓度则很低。这一事实说明 Na^+与配体的结合较弱,在生物化学中很少有特殊作用。另一个重要例子是 Ca^{2+},它几乎不存在于细胞质中(浓度低于 1×10^{-7} mol·L^{-1}),然而在细胞外环境中却是一种常见的阳离子,在某些细胞器(如线粒体)中浓度较高。不同隔室间 pH 的变化也可以很大。这一事实具有特别重要的意义,因为在光合作用和呼吸作用中,pH 是维持跨膜质子梯度是一个重要特征。

铜和铁的分布提供了另一个例子:铜金属酶往往是**细胞外**(extracellular)酶,也就是说它们合成于细胞内部然后分泌到细胞之外,在细胞外催化涉及 O_2的反应。相反,铁金属酶是被包在细胞内的。这种差别可以得到合理解释:Fe(Ⅲ)和 Cu(Ⅰ)(甚至金属 Cu)处于非活性的被束缚状态,生物体的进化已确保 Fe 处于相对具有还原性的环境,而 Cu 则处于相对具有氧化性的环境。

生物对金属离子的选择性摄入可应用于工业。许多生物体和器官能够浓缩特定的元素。例如,肝细胞是钴胺素(Co)的良好来源,牛奶中富含 Ca 元素。某些细菌富集 Au 元素,从而提供了获取这一贵重金属的一种特殊方法。在药物的金属络合物设计中,区室化是一个重要的考虑因素(见 27 章)。

体积很小的细菌和细胞器提出了一个与尺寸相关的有趣观点,这是因为以很低浓度存在于极小空间中的物种只能由为数不多的原子或分子组成。例如,在细菌细胞(体积为 10^{-15} dm^3)的细胞质(pH=6)中,将包含不到 1 000 个“游离”H^+。事实上在个别情况下,名义上浓度以低于 1 nmol·dm^{-3}而存在的任何元素可能完全不存在。“游离”二字是有意义的,特别是对于那些位于 Irving-Williams 序列中较高位置的金属离子(如 Zn^{2+})更是如此(见节 20.1);即使是在 Zn 的总浓度为 0.1 mmol·dm^{-3}的真核细胞中,未络合的 Zn^{2+}可能极少。

区室化引出两个重要问题。第一是该过程需要能量,因为离子必须逆化学势方向被泵送。然而,一旦建立了浓度差,将两个区域分隔开来的膜的两侧就会存在电位差。例如,如果细胞膜内、外的 K^+浓度分别为$[K^+]_{in}$和$[K^+]_{out}$,跨膜电位差可表示为

$$\Delta\phi=\frac{RT}{F}\ln\frac{[K^+]_{in}}{[K^+]_{out}} \tag{26.1}$$

这种电位差是储存能量的一种方式,当离子流返回到它们原来的浓度时,储存的能量就会被释放出来。第二是离子的选择性传输必须通过由跨膜蛋白构建的离子通道进行,其中一些跨膜蛋白接收到电信号或化学信号时会释放离子,其他跨膜蛋白称作**转运蛋白**(transporter)和**离子泵**(pump),它们是通过三磷酸腺苷(ATP)水解提供的能量逆浓度梯度转移离子的。这类离子通道的选择性可由通道对 K^+和 Na^+高度不同的对待方式得到证明(见节 26.3)。

蛋白质是金属离子配位最重要的位点,但却不是恒定不变的物种。酶(蛋白酶)的作用使它不断发生降解释放出氨基酸和金属离子,从而为新分子的合成提供原料。

例题 26.1　评估磷酸根离子的作用

题目:磷酸根是细胞质中含量最大的小阴离子,它的大量存在对 Ca^{2+}的生物化学有何含义?

答案:从 Ca^{2+}如何被区室化来考虑此问题。在真核细胞中,Ca^{2+}是利用 ATP 水解提供的能量从细胞质中泵出的(泵至细胞外或进入如线粒体的细胞器中)。Ca^{2+}会通过特殊通道(或细胞边界有破损)发生自发性流入。$Ca_3(PO_4)_2$的溶度积很小,如果 Ca^{2+}浓度上升至临界值以上,就会在细胞内沉淀出来。

自测题 26.1　Fe(Ⅱ)会以未络合的离子形式存在于细胞中吗?

(b) 生物体中金属的配位点

提要:组成蛋白质分子的氨基酸是金属离子的主要键合部位,金属离子可与肽骨架上的羰基发生络合,也可与提供更特殊配位方式的侧链相配位。核酸和脂类端基部位通常也是金属离子的配位位置。

金属离子能够与蛋白质、核酸、脂类及多种其他分子配位。例如,ATP 是个四元质子酸,总是以 Mg^{2+}

络合物的形式存在(**1**),DNA 的稳定得益于它的磷酸根与 K^+ 和 Mg^{2+} 的弱配位,软金属离子[如 Cu(Ⅰ)]配位于 DNA 碱基时则使其失去稳定性。核糖酶可以代表早期生命进化的重要阶段,它们是由 RNA 和 Mg^{2+} 组成的催化分子。Mg^{2+} 与磷脂头基的键合对膜的稳定十分重要。除水和游离氨基酸外,还有很多重要的小配体(包括硫化物、硫酸盐、碳酸盐、氰化物、一氧化碳、一氧化氮及像柠檬酸一类的有机酸)都能与 Fe(Ⅲ)形成足够稳定的多齿络合物。

蛋白质是由以肽键(**2**)连接的氨基酸按照一定序列形成的聚合物。"小"蛋白质一般是指摩尔质量小于 20 kg·mol^{-1} 的蛋白质,而"大"蛋白质则指摩尔质量大于 100 kg·mol^{-1} 的蛋白质。表 26.2 中列出了主要的氨基酸。合成蛋白质的过程叫**翻译**(translation),这是 DNA 携带的遗传密码的转化。合成是在**核糖体**(ribosome)上进行的特殊组装。接下来进行**翻译后修饰**(post-translational modification),修饰中包括键合像金属离子这样的**辅助因子**(cofactors)。

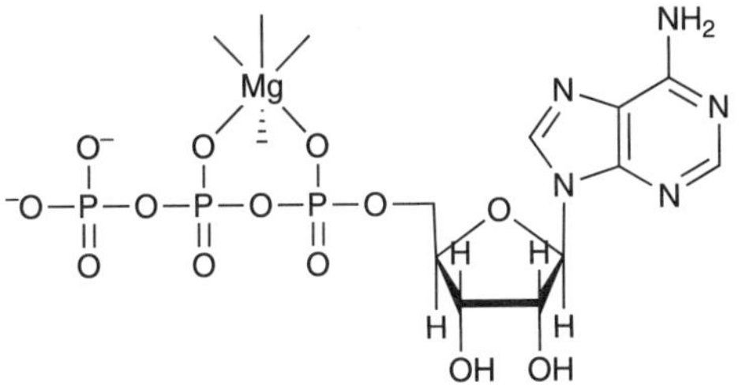

(1) Mg-ATP络合物

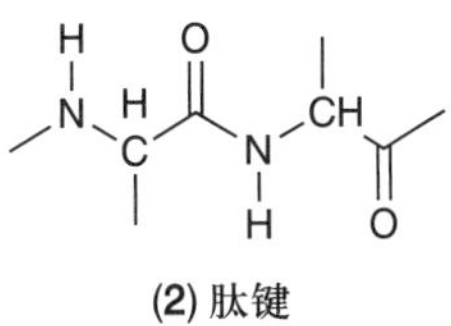

(2) 肽键

表 26.2

表 26.2　氨基酸及其代码

氨基酸	肽链结构(侧链用蓝色显示)	三字母缩写	一字母缩写
丙氨酸	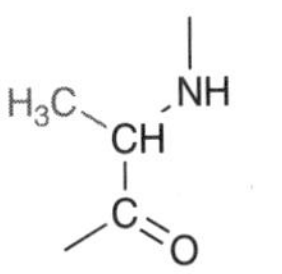	Ala	A
精氨酸	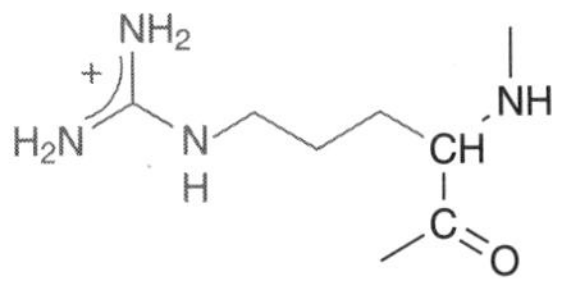	Arg	R
天冬酰胺	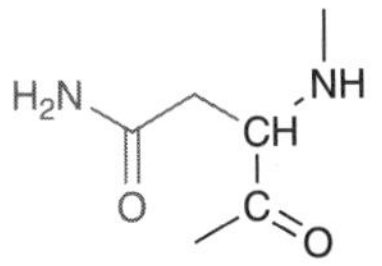	Asn	N
天冬氨酸	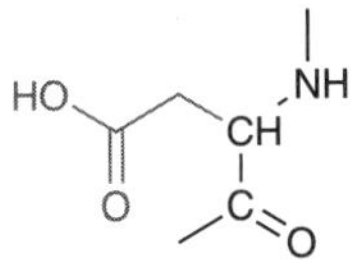	Asp	D
半胱氨酸	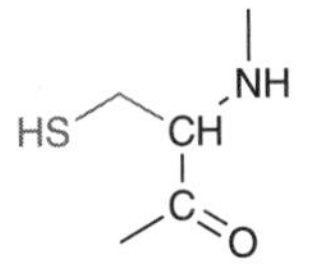	Cys	C

续表

氨基酸	肽链结构(侧链用蓝色显示)	三字母缩写	一字母缩写
谷氨酸		Glu	E
谷氨酰胺		Gln	Q
甘氨酸		Gly	G
组氨酸		His	H
异亮氨酸		Ile	I
亮氨酸		Leu	L
赖氨酸		Lys	K
蛋氨酸		Met	M
苯丙氨酸		Phe	F

续表

氨基酸	肽链结构(侧链用蓝色显示)	三字母缩写	一字母缩写
脯氨酸	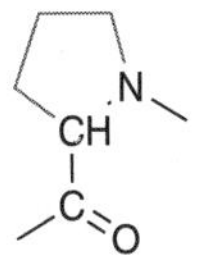 N, CH, C=O	Pro	P
丝氨酸	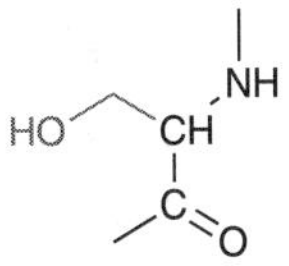 NH, HO, CH, C=O	Ser	S
苏氨酸	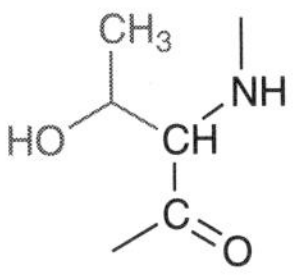 CH_3, NH, HO, CH, C=O	Thr	T
色氨酸	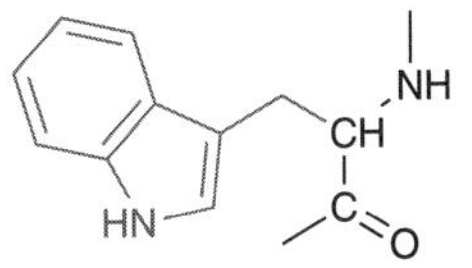 NH, HN, CH, C=O	Trp	W
络氨酸	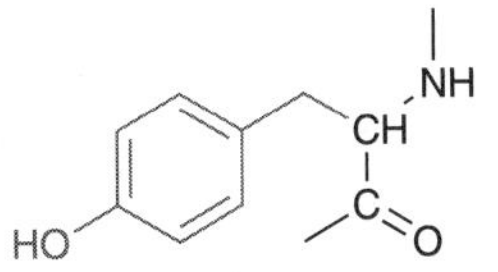 NH, CH, HO, C=O	Tyr	Y
缬氨酸	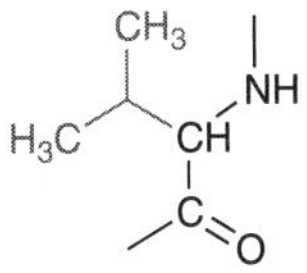 CH_3, NH, H_3C, CH, C=O	Val	V

金属蛋白(metalloproteins)是指含有一个或多个金属离子的蛋白,它们具有广泛而特殊的功能。这些功能包括氧化和还原(最重要的元素是 Fe,Mn,Cu 和 Mo)、基于自由基的重排反应(Fe,Co)和甲基转移(Co)、水解(Zn,Fe,Mg,Mn,Ni)和 DNA 加工(Zn)。传输和储存不同的金属原子需要特殊的蛋白质。Ca^{2+}的作用是改变蛋白质的构象(形状),改变构象则是信号传递(描述细胞间和细胞内信息转移的术语)的一个步骤。这类蛋白质通常叫作**金属离子激活蛋白**(metal ion-activated proteins)。蛋白质主链上不同氨基酸的-NH 与 CO 基团之间的氢键形成了如图 26.3 所示的蛋白质**二级结构**(secondary structure)。多肽的**α 螺旋**(α-helix)区提供了像弹簧那样的柔性移动性,这种移动性对发生在金属键合部位的构象变化转换过程非常重要。相反,**β 折叠**(β-sheet)区则具有一定的刚性,以支撑适于特定金属离子的预组织配位层(节 7.14 和节 11.16)。蛋白质的二级结构主要取决于氨基酸的序列:含有丙氨酸和赖氨酸的链有利于形成 α 螺旋,而甘氨酸和脯胺酸则能使其去稳定。没有其辅助因子(如保证蛋白正常活性所需的金属离子)的蛋白质叫**脱辅基蛋白**(apoprotein);带有完整辅助因子的酶叫**全酶**(holoenzyme)。

蛋白质中影响金属离子配位的一个重要因素是,带电荷的金属离子在低介电常数蛋白质介质中找到自己位置所需的能量。按一级近似处理,可将蛋白质分子看作油滴,其内部的相对介电常数(约为4)大大低于水的介电常数(约为78)。这种差异导致蛋白质中金属部位保持电中性的强烈趋势,从而影响金属配体的氧化还原化学和Brϕnsted酸性。

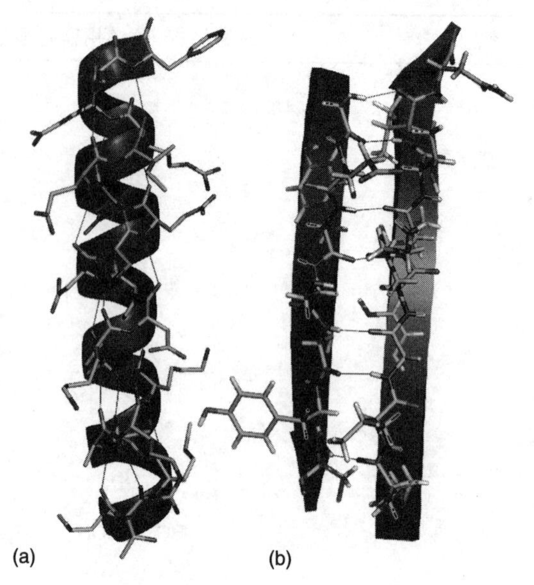

图 26.3 二级结构最重要的区域,(a) * α 螺旋,(b) * β 折叠

图中示出主链氨基和羰基间的氢键以及相应的表示法

所有的氨基酸残基可用其肽羰基(或酰胺基 N)作为给予体,但侧链通常才能提供更具选择性的配位。参考表 26.2 和节 4.9 的讨论,我们能够判断给体基团是硬碱还是软碱,从而能够判断对哪些金属离子具有特别的亲和性。天冬氨酸和谷氨酸各自都提供一个硬的羧基,可以使用一个或两个氧原子作为给予体(**3**)。Ca^{2+}具有高配位数,易于与硬给予体原子配位。例如,与Ca^{2+}结合的某些蛋白质含有特殊的氨基酸(如 γ-羧基谷氨酸和羟基天冬氨酸),由转化后修饰产生的这种氨基酸能够增加键合能力。组氨酸含有咪唑基,其上的两个 N 原子,即 ε-N 原子(较常见)和 δ-N 原子,都能进行配位,是 Fe,Cu 和 Zn(**4**)的重要配体(**4**)。半胱氨酸含有硫醇 S 原子,人们认为这个 S 原子以硫醇盐(脱质子的)的形式与金属配位,是 Fe、Cu、Zn 的良好配体(**5**),也能与有毒金属 Cd 和 Hg 配位。蛋氨酸含有一个软的硫醚硫原子给予体,能够稳定Fe(Ⅱ)和Cu(Ⅰ)(**6**)。酪氨酸通过去质子化提供酚盐 O 给予体原子,是 Fe(Ⅲ)的良好配体(**7**)。硒代半胱氨酸(Se 取代 S 的一个特殊编码的氨基酸)也可作为配体,如人们发现它在一些氢化酶中与 Ni 配位(见节 26.14)。赖氨酸经过修饰的一种形式(即侧链—NH_2与CO_2反应形成的氨基甲酸酯)在非常重要的光合酶(二磷酸核酮糖羧化酶,见节 26.9)中是 Mg 的配体,在其他酶(如脲酶)中是 Ni(Ⅱ)的配体。

(3) Ca^{2+}配位

(4) Cu-咪唑配位

(5) Zn-半胱氨酸配位

(6) Fe-蛋氨酸配位

(7) Fe-酪氨酸配位

蛋白质表现出不同寻常的金属配位几何构型和活性,这在小络合物中很少遇到。图 26.3 示出表示肽的两种方法,这种方法都未给出组成整体蛋白质的侧链,即未给出全部结构信息。事实上,一旦将各种侧链包括在结构之内,就很难“看到”其中的金属原子(即使这些金属原子处于蛋白质的近表面)。蛋白质为金属配位层提供了非常特殊的位阻效应,一般有机配体很难模拟。因此,化学家试图用大体积配体模拟金属酶的活性部位,以保护未饱和的配位点。另一种重要的可能性是发生蛋白诱导的应变。例如,蛋白质可以影响金属离子的配位几何结构,实际构型就像具体过程中的过渡态。本章给出的许多活性部位结构是根据 X 射线衍射数据通过商业软件 Pymol® 构建的。这些结构不像化学家熟悉的、高对称性的、漂亮的小络合物,频频会看到严重的畸变,看到的大扭曲角和不寻常的键长是由围绕金属原子的蛋白质支撑的。

(c) 特殊配体

提要:金属离子可通过特殊有机配体(如卟啉,蝶呤二硫纶)键合于蛋白质。

卟啉基(**8**)最初是在血红蛋白(Fe)中发现的,一个与其类似的大环出现在叶绿素(Mg)中。依据侧链的不同,可将这种疏水大环分为几类。咕啉配体(**9**)环的尺寸略小些,与钴胺素中的 Co 配位(节 26.11)。往往用简单符号表示大环与金属形成的络合物,而不必绘出整个大环,如(**10**)。几乎所有 Mo 酶和 W 酶中的金属都与叫做蝶呤(**11**)的特殊配体配位。与金属配位的给予体是来自共价连接到蝶呤上的二硫纶基团的一对 S 原子。磷酸根基团常常连接一个核苷碱 X[如鸟苷 5′-磷酸(GMP)]形成二磷酸酯键。Mo 和 W 与该复杂配体配位的原因尚不清楚,但蝶呤基能够提供一个良好的电子渠道,并促进氧化还原反应。

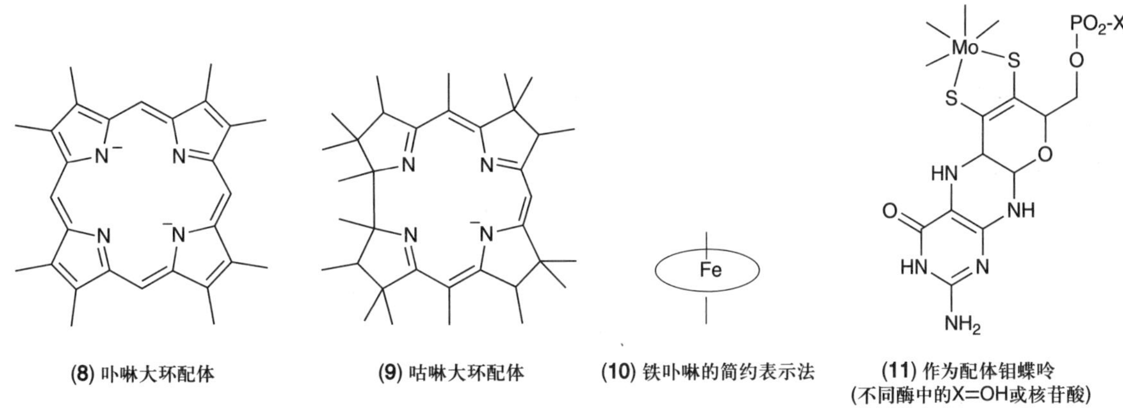

(**8**) 卟啉大环配体　(**9**) 咕啉大环配体　(**10**) 铁卟啉的简约表示法　(**11**) 作为配体钼蝶呤(不同酶中的X=OH或核苷酸)

(d) 金属配位位点的结构

提要:蛋白质配位于特定种类金属中心的可能性是由氨基酸序列推断的,最终还是决定于蛋白本身的基因。

金属配位位点的结构主要由 X 射线衍射法测定(当今主要使用同步加速器,节 8.1),有时则用 NMR 光谱法(节 8.6)①。尽管因分辨率低而不能揭示金属配位位置的细节,但却可以确定蛋白质的基本结构。与简单表示法的图形相比,蛋白质中氨基酸的堆积图要密集得多,图 26.4 可以清楚地看出 K^+通道结构的两种表示法。因此,甚至距金属中心很远的氨基酸取代也会使配位层结构和性质发生显著改变。科学家特别关注的问题包括:允许底物选择性接近活性位点的隧道或缝隙;长程电子转移路径(金属中心之间的距离小于 1.5 nm);长程质子转移路径(由 Brϕnsted 酸碱基团(如羧酸盐和水分子)组成的链,它们贴得很近,距离通常小于 0.3 nm),以及气体小分子通道(将晶体放到富电子气体 Xe 的气氛下能够展现这种通道)。

① 蛋白质和其他生物大分子的原子坐标储存于名为蛋白质数据库的公共库中,网址:www.rcsb.org/pdb/home/home.do。每套坐标都与相应的结构测定相对应,用其蛋白质数据库码(即 pdb 码)表示。许多软件包可用来构建和考查由这些坐标数据而产生的蛋白质结构。

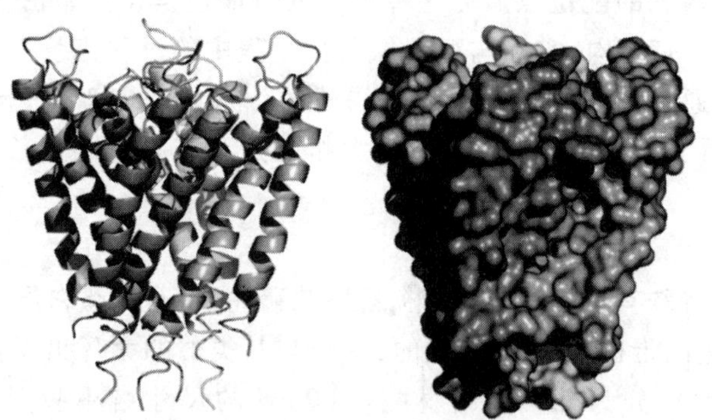

图 26.4　蛋白结构表示图:(左)* 二级结构;(右)* 非氢原子空间填充结构。
这里给出的是 K^+ 通道蛋白的 4 个亚单元,发现它们主要嵌入在细胞膜中

例题 26.2　解释金属离子的配位环境

题目:简单铜(Ⅱ)络合物是含有 4 个到 6 个配体的三角双锥或四方形几何构型;而简单铜(Ⅰ)络合物则含有 4 个或少于 4 个配体,几何构型变化在四面体和线形之间。预测结合有 Cu 的蛋白如何演化才能使铜作为有效的电子转移位点。

答案:这里要用到 Marcus 理论(节 21.12)。尽管驱动力可以很小,但有效的电子转移反应一定是快速反应。Marcus 平衡告诉我们,有效电子转移位点的重组能小。这样,蛋白质施加在 Cu 原子配位层的力不能够使 Cu(Ⅱ)和 Cu(Ⅰ)的几何构型发生明显的改变(节 26.8)。

自测题 26.2　在某些叶绿素的辅助因子中,蛋氨酸的 S 原子轴向配位于 Mg,这种现象在简单络合物中极不寻常。解释蛋白质配体这一出人意料的选择是如何实现的。

第 8 章介绍的其他物理方法虽对蛋白质整体结构提供的信息很少,但对识别配体却非常有用。EPR 光谱对研究 d 区金属(尤其是那些参与氧化还原行为的金属离子)非常重要,因为至少一种氧化态通常会含有未成对电子。NMR 的用途通常仅限于摩尔质量小于 20~30 $kg \cdot mol^{-1}$ 的小蛋白质分子,因为大蛋白质分子旋转速率很慢,也因为 ^1H 共振峰太宽而难以识别,除非通过顺磁金属中心将其位移至远离通常范围($\delta \approx 1 \sim 10$)的区域。扩展的 X 射线吸收精细结构光谱(EXAFS;节 8.10)可以提供无定形固体样品和冷冻溶液中金属位点的结构信息。振动光谱(节 8.5)越来越多地被使用:红外光谱对像 CO 和 CN^- 这样的配体特别有用;金属中心有较强的电子跃迁(如 Fe 卟啉中发生的那样)时,共振拉曼光谱就很有帮助。穆斯堡尔谱(节 8.8)在研究 Fe 部位时有重要作用。面临的最大挑战也许是 Zn^{2+},它的电子组态为 d^{10},不能提供有用的磁信号或电子信号(见本章的辅导作业)。

金属离子的结合位点往往可从基因序列来预测。**生物信息学**(bioinformatics)是通过软件的开发和使用对 DNA 序列进行分析和比较的学科。这一工具非常强大,因为在细胞水平上,键合金属离子或含金属辅助因子的许多蛋白中,金属离子的浓度低于通常分析和分离可直接检测的水平。**锌指结构域**(Zn finger domain)是个常见的人类基因组编码序列,它是键合在 DNA 上的一种识别蛋白(节 26.5)。它同样能预测编码蛋白质是否可能与 Cu、Ca、Fe 卟啉或不同类型的 Fe—S 簇发生键合。基因可以被克隆,编码蛋白在合适宿主(如常见的肠道细菌大肠杆菌或酵母)中"过度表达"而大量产生,从而使其能够被表征。利用基因工程改变蛋白中氨基酸的技术叫**定点诱变**(site-directed mutagenesis)技术,也是生物无机化学研究中一个强有力的工具。这个技术往往用来鉴别键合于特定金属离子上的配体,以及发挥蛋白质功能(如底物键合或质子转移)时需要其他残基参与的情况。

尽管结构和光谱研究对金属中心的基本配位环境能够给出一个良好的图像,但并不意味着催化循环的关键阶段(该阶段以中间体形式形成不稳定态)还能保持相同的配位环境。酶的最稳定状态称作"休眠

状态”(通常处于隔离状态)。许多处于隔离状态的酶没有催化活性,需要经历激活程序才能使其具有催化活性。激活程序可以是重新插入一个金属离子(或其他辅助因子),或者移走一个起抑制作用的配体。

科学家采用合成模拟物的方法在模拟金属蛋白的活性位点方面做了大量工作。模拟研究工作分为两大类:一类是设计那些能模拟真实活性部位结构和光谱性质的方案,另一类是合成那些能模拟功能活性(多数是催化活性)的化合物。合成模型不仅能够说明显示生物活性的化学原理,而且还能产生配位化学的新方向。本章自始至终都会看到的困难是,酶不仅对金属原子配位层施加了应力(卟啉环在多数情况下甚至是折皱的),而且在一定距离上还能提供功能基团,这些基团能额外提供对键合底物和激活底物所必需的库仑力和氢键作用力。金属酶的活性部位是超分子化学研究的最终目标。

输送、转移和转录

这里介绍含金属离子的生物分子具有的三个相关功能,了解这些生物分子在离子跨膜输送、在有机体中的输送和分布及在电子转移中的作用。金属离子在基因转录中也起着重要作用。

26.3　钠和钾的输送

提要:跨膜输送包括主动输送(需能过程)和被动输送(自发过程),离子的流动是由叫作离子泵(主动输送)和通道(被动输送)的蛋白质完成的。

第 11 章讨论了 Na^+ 和 K^+,两种离子除半径不同(r_{Na^+} = 102 pm,r_{K^+} = 138 pm)外,其他性质都非常相似。正是不同的尺寸使离子只能与特定的配体(如具有合适环尺寸的冠醚和穴醚)发生络合。以该原理运行的生物分子叫**离子载体**(ionophores),离子载体的疏水表面导致其易溶于脂类中。抗生素缬氨霉素(节 11.16)是一种离子载体,它对 K^+ 显示高的选择性。缬氨霉素是通过 6 个羰基基团与 K^+ 配位的,可使 K^+ 穿过细菌的细胞膜导致电位差消失,最终使细菌死亡。

结构更复杂的离子通道是一种跨膜大蛋白分子,它不仅能够选择性地输送 K^+ 和 Na^+(也能输送 Ca^{2+} 和 Cl^-),而且承担着神经系统电传导和溶质偶合输送的职责①。图 26.5 示出电位门控 K^+ 通道的重要结构。该酶膜的内侧有一个通向中央空腔(直径约为 1 nm)的小孔(接到信号后打开或关闭),K^+ 在这一阶段仍保持水合状态。指向空腔的多肽螺旋链将其部分电荷以有利于阳离子聚集的方式排布,导致 K^+ 局部浓度接近 2 mol · L^{-1}。

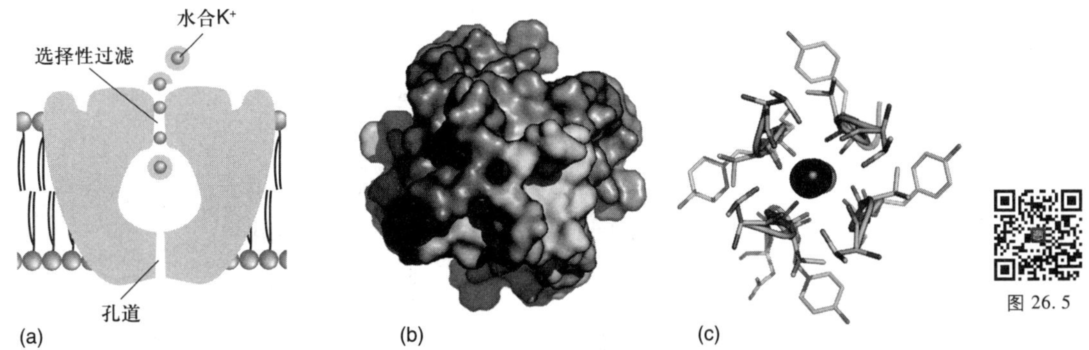

图 26.5　(a) K^+ 通道结构示意图,给出了不同组件和 K^+ 的输送过程:蓝色光环表示水合作用;(b)* 从细胞内部观察该跨膜酶,图上示出允许水合离子进入的小孔;(c)* 了解选择性过滤:四个亚基中肽的羰基 O 原子配位于脱水的可流动 K^+

注意,这里几乎具有四重对称轴结构

① Roderick MacKinnon 阐明了离子通道的结构和机理,与 Peter Agre 分享了 2003 年诺贝尔化学奖。

中央空腔上方收缩为一个**选择性滤器**(selectivity filter)通道,滤器是由密集排布的肽羰基 O 给体(这些 O 给体形成四个八配位点的立方序列)螺旋梯组成的。通道运转的任何时刻,这些位点都被 2 个 K^+ 和 2 个 H_2O 分子组成的序列($\cdots K^+ \cdots H_2O \cdots K^+ \cdots H_2O \cdots$)轮换占据。$K^+$ 通过选择性滤器的速率接近扩散控制速率的极限。图 26.6 给出选择性 K^+ 输送机理,机理涉及 K^+ 在相邻立方羰基 O 位点之间的协同取代。这种取代是通过中间体发生的,中间体具有不稳定的八面体构型:K^+ 在赤道面上与 4 个羰基 O 原子配位,轴向上与 2 个介入的 H_2O 分子配位。因为空腔体积过大,该机理不适合 Na^+。这就解释了通道对 K^+ 的选择性高出 Na^+ 10^4 倍的事实。与 K^+ 的结合既微弱又快速,因为这里涉及的只是输送而不是捕获 K^+。

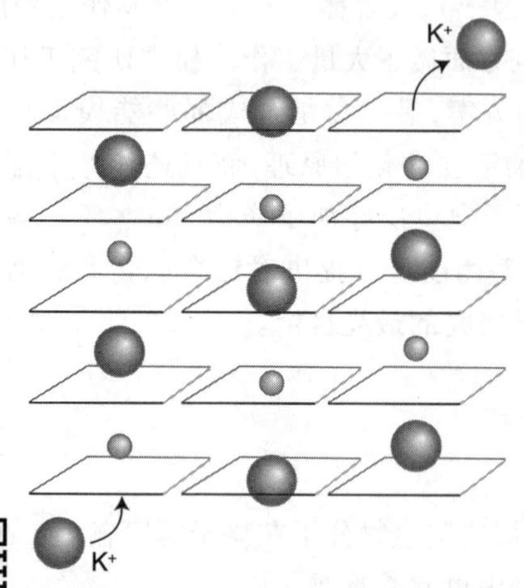

图 26.6

图 26.6　K^+ 通过 K^+ 通道选择性滤器的输送机理(绿色小球代表水分子)

K^+ 通道的作用机理见图 26.7。分子上的荷电基团随膜电位变化而移动,导致细胞内的孔打开,从而允许水合 K^+ 进入。脱了水的 K^+ 在滤器区域发生选择性结合,跨膜电位的下降被感知,空腔随之关闭。滤器此时向 K^+ 浓度低的外部表面打开,让 K^+ 发生水合并释放出来。这种释放导致蛋白质回到原来构象,K^+ 再次进入滤器。

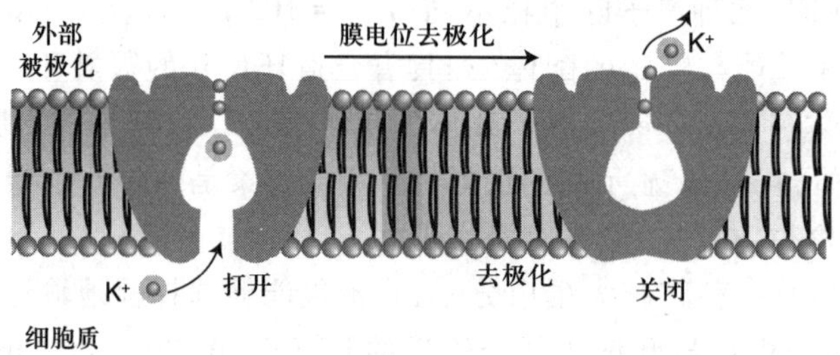

图 26.7　为 K^+ 通道建议的作用机理:跨膜电位差被蛋白质所感知,导致孔打开并允许水合离子进入空腔;脱去水合层后,K^+ 以接近扩散控制的速率通过选择性滤器

Na^+/K^+ 泵(Na^+/K^+—ATP 酶)是维持细胞内外 Na^+ 和 K^+ 浓度不同的酶,它由生物配体发育而来,是能够分辨不同碱金属离子的另一个实例。通过与 ATP 水解过程相偶合,使碱金属离子逆浓度梯度而泵入。图 26.8 中概略描述的机理涉及由 ATP 驱动而诱发的蛋白质磷酸化作用的构象变化。

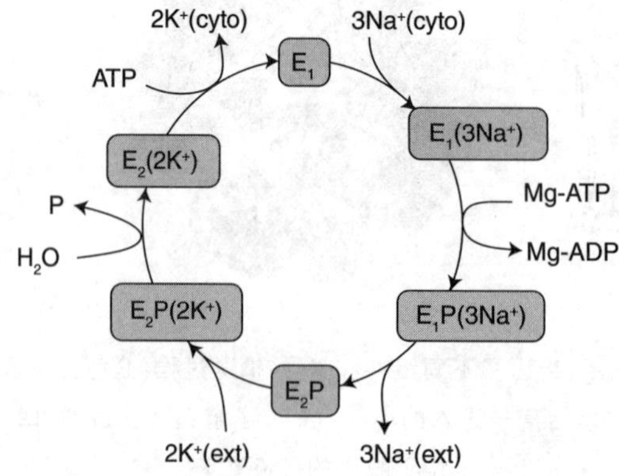

图 26.8　Na^+/K^+—ATP 酶(Na 泵)的一般原理:伴随键合 ATP(来源于细胞质)和酶转化至状态 1(这种状态结合了细胞质中的 3 个 Na^+),两个 K^+ 释放至细胞质中;一个磷酸基团(P)转移至酶,酶向外打开,驱除 3 个 Na^+ 然后结合 2 个 K^+;释放磷酸基团导致 K^+ 进入到细胞质中,周而复始

例题 26.3 评估离子在主动输送和被动输送中的作用

题目: 有毒物种 Tl^+(半径 150 pm)在核磁共振中用作键合于蛋白质的 K^+探针。解释 Tl^+物种为什么适用于这一目的,并对其高毒性做出说明。

答案: 回答此问题前需要复习第 13 章的内容。铊与其他 d 区后重金属元素类似,具有惰性电子对效应,即容易形成比所在族氧化数低 2 的化合物。因此,铊(第 13 族)与第 1 族重元素相似(TlOH 事实上为强碱),它能取代络合物中的 K^+,因而能用 NMR 光谱进行研究(^{203}Tl 和^{205}Tl 的 $I=1/2$)。由于与 K^+的相似性,有毒元素 Tl^+能够轻易地进入细胞,被 Na^+/K^+—ATP 酶所"识别"。一旦进入细胞内部,Tl^+与 K^+在化学性质上的微小差别(如前者倾向于与软配体形成更稳定的络合物)就能显示出来,并变得具有致死性。

自测题 26.3 试解释:医院中用于静脉注射的液体中为何含有 NaCl?

26.4 钙信号蛋白

提要:钙离子容易发生快速配体交换反应,也具有体积较大和具有柔性的配位几何体,因而适于进行信号传输。

作为细胞信使,钙离子在高等生物体内起着关键作用。它提供了一个很好的实例,从而能够用来说明生物体是如何利用该元素最基本的化学性质的。Ca^{2+}流能够激活细胞中酶的行为,从而响应来自生物体其他部位的激素或电信号。钙具有快速的配体交换速率、中等大小的结合常数和大而灵活的配位层,因而特别适合信号传输。

钙信号蛋白是一类小蛋白质,这种蛋白质通过一个或多个部位键合 Ca^{2+}以改变其构象;因此也属于之前提到过的金属离子激活蛋白质。人类各种肌肉运动都是受 Ca^{2+}与蛋白质(肌钙蛋白 C)结合的刺激形成的。研究得最为透彻的 Ca^{2+}调控蛋白是钙调蛋白(17 $kg\cdot mol^{-1}$;图 26.9):其作用包括激活蛋白激酶(负责催化蛋白质磷酸化)和 NO 合成酶[负责产生用于细胞间信号传递分子(NO)的一种含铁酶]。钙调蛋白有 4 个 Ca^{2+}结合位点(其中一个示于 **12**),其解离常数近似为 10^{-6}①。Ca^{2+}与 4 个位点的键合改变了钙调蛋白的构象,从而被靶酶所识别。

钙的信号传输需要特殊的 Ca^{2+}泵。Ca^{2+}泵是一类大的跨膜酶,这种酶能将 Ca^{2+}泵出细胞质:或者全部泵出细胞,或者泵入储存 Ca^{2+}的细胞器(如内质网、线粒体)中。像 Na^+/K^+—ATP 酶一样,泵送 Ca^{2+}的能量来自 ATP 的水解。激素或电刺激能够打开让钙离子进入细胞的特定通道(类似于 K^+通道)。由于受到刺激之前的细胞质中 Ca^{2+}浓度较低,大量 Ca^{2+}的涌入容易使其浓度高于 Ca^{2+}结合蛋白(如钙调蛋白或肌肉中的肌钙蛋白 C)所需的浓度。这种作用在短时间内完成,在一个 Ca^{2+}脉冲之后,细胞内的 Ca^{2+}被 Ca^{2+}泵迅速排空。

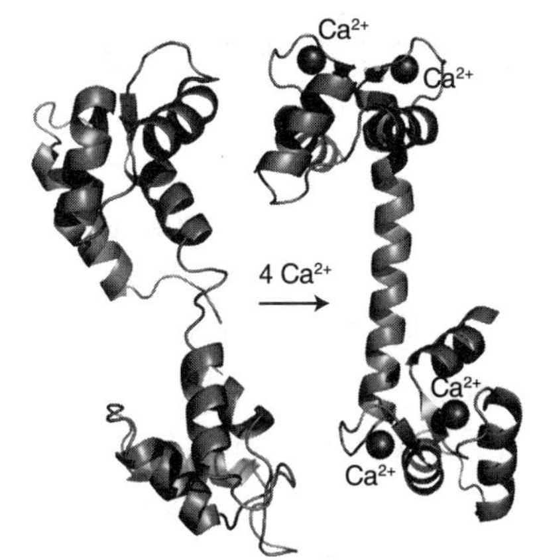

图 26.9* 4 个 Ca^{2+}结合于脱钙钙调蛋白改变了蛋白质的构象,使其转变为能被许多酶所识别的一种形式;高比例的 α 螺旋是典型的被金属离子活化的蛋白质

尽管大多数光谱方法不能显示 Ca^{2+},但一些 Ca 蛋白(如钙调蛋白和肌钙蛋白 C)的分子足够小,以致可用 NMR 对其进行研究。由于镧系元素离子易与大体积的多羧酸根配体相键合,这些显示顺磁性(作为 NMR 光谱的化学位移试剂)和荧光的镧系离子可被用来作为钙键合蛋白的探针(第 23 章)。细胞内的

① 物种浓度(单位为 $mol\cdot dm^{-3}$)等于解离常数(缔合常数的倒数)时,结合位点的占有率为 50%。

钙离子浓度采用特定的多羧酸荧光配体(**13**)进行监测。多羧酸荧光配体以疏水的酯形式(能够穿越细胞膜的脂质屏障)引入细胞。一旦进入细胞内部,酯形式将会在酯酶帮助下发生水解并释放出原来的配体。配体对 Ca^{2+} 浓度响应的范围是 $10^{-7} \sim 10^{-9}$ mol · L^{-1}。

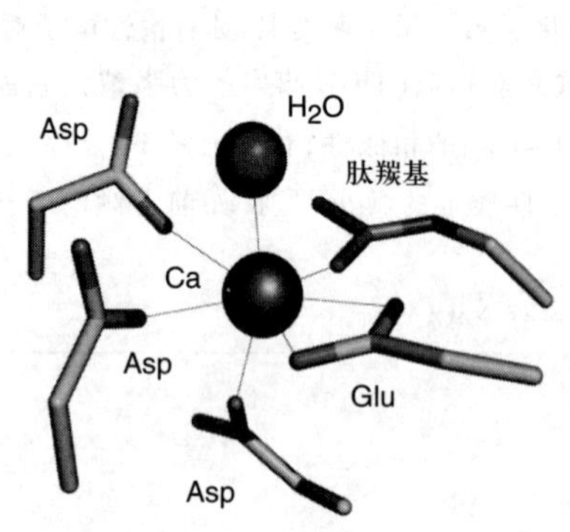

(**12**)* 钙调蛋白中的一个 Ca^{2+} 结合位点

$N(CH_2CO_2^-)_2$　$N(CH_2CO_2^-)_2$　CO_2^-

(**13**) FURA-2, Ca^{2+} 的一种荧光配体

例题 26.4　解释 Ca^{2+} 为什么适合进行信号传输

题目: 细胞中的 Ca^{2+} 为什么比 Mg^{2+} 更适合快速信号传输过程?

答案: 从节 21.1 可知,s 区各族金属离子的配体交换速率自上而下增大。Ca^{2+} 交换配位 H_2O 分子的速率比 Mg^{2+} 快 $10^3 \sim 10^4$ 倍。Ca^{2+} 摆脱其配体并与靶蛋白结合的速率是保证快速信号传递的关键。例如,保护生物体快速肌肉收缩(以防突然袭击)是由 Ca^{2+} 结合到肌钙蛋白 C 产生的。

自测题 26.4　Ca^{2+} 泵是被钙调蛋白活化的,解释这一现象的意义。提示:请考虑反馈机制是如何能控制细胞质中 Ca^{2+} 浓度的。

26.5　转录作用中的锌

提要:锌指是 Zn 配位于特定组氨酸和半胱氨酸残基而产生的具有指状结构特征的蛋白质结构基元;锌指序列能够使蛋白质识别并精准结合到 DNA 碱基对序列上,在基因信息传递中起着至关重要的作用。

锌在生命体中的作用有二:一是后面将要介绍的催化作用,一是结构和调控作用。与 Ca、Mg 不同,Zn 与软给予体形成更稳定的络合物,所以 Zn 通常通过组氨酸残基和半胱氨酸残基与蛋白质配位。有代表性的催化位点(**14**)通常涉及 3 个固定的蛋白质配体和 1 个可交换的配体(H_2O),起结构作用的 Zn 位点(**15**)则与 4 个"恒定的"蛋白质配体配位。

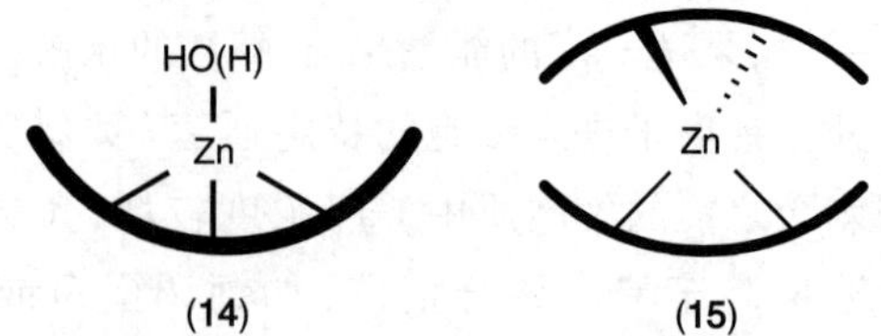

(**14**)　(**15**)

转录因子(transcription factors)是能够识别某些 DNA 片段、控制遗传密码如何被表达为 RNA 的蛋白质。许多 DNA 结合蛋白含有重复的结构域,这些结构域通过与 Zn 的结合在适当部位被折叠形成称之为"锌指"的特征折叠体(图 26.10)。有代表性的例子是,锌指一侧提供两个半胱氨酸 S 给体,另一侧提供两个组氨酸 N 给体与 Zn 配位,并折叠成 α 螺旋。每种"锌指"与特定的 DNA 碱基进行识别性接触。如图 26.11 所示的那样,锌指缠绕着能够被识别的 DNA 序列。转录因子的高度精确性是在 DNA 链被转录的序列始端一系列识别性接触的结果。

锌指结构域的特征残基序列如下:

—(酪氨酸,苯丙氨酸)—X—半胱氨酸—X_{2-4}—半胱氨酸—X_3—苯丙氨酸—X_5—亮氨酸—X_2—组氨酸—X_{3-5}—组氨酸—

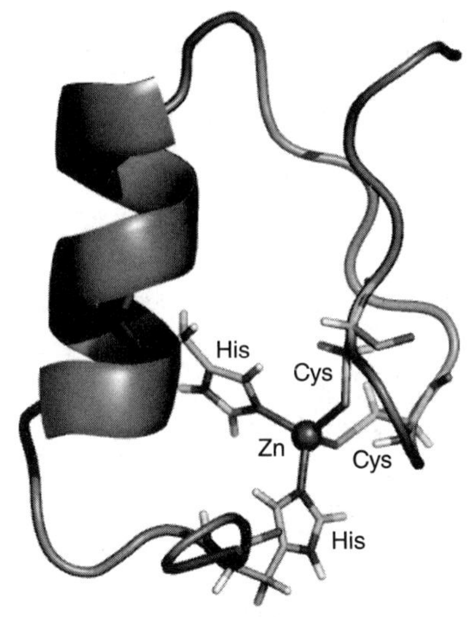

图 26.10* 锌指是能够键合到 DNA 上的一段折叠蛋白序列;典型的锌指是由锌(Ⅱ)配位于"指尖"两侧的两对氨基酸支链形成的

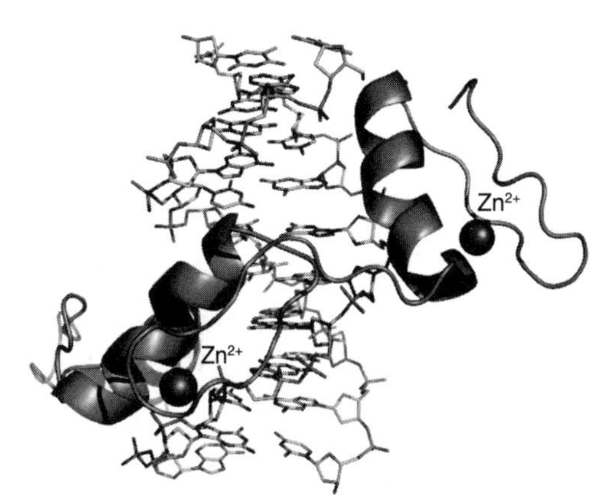

图 26.11* 一对锌指与 DNA 片段的相互作用

其中氨基酸 X 是可变的。除"典型的"(半胱氨酸)$_2$(组氨酸)$_2$锌指外,其他被发现的还有(半胱氨酸)$_3$(组氨酸)或(半胱氨酸)$_4$配位的锌指及更为复杂的具有"锌硫醇盐簇合物"的锌指。后者如所谓的 GAL4 转录因子,其中两个 Zn 原子通过半胱氨酸 S 配体桥连在一起(**16**)。各种各样的蛋白质折叠体(人们给它们起了"锌指关节"这样一个形象而含义不清的名称)都被归入一个大的蛋白质家族。金属硫蛋白和某些锌传感蛋白(参见节 26.16)中发现了高度有序的锌硫醇盐簇合物。

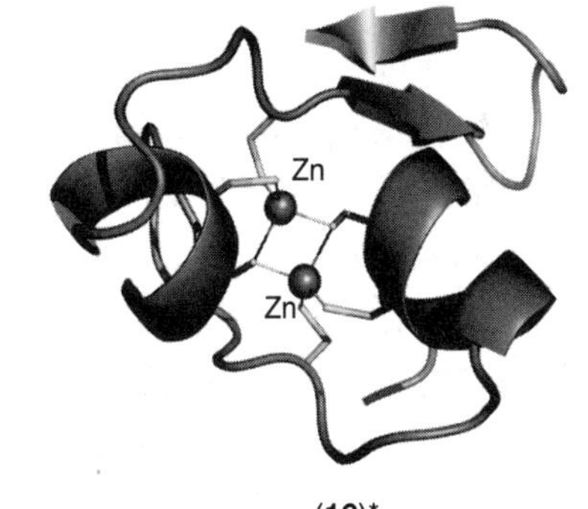

(16)*

锌尤其适合与蛋白质结合,使蛋白质保持特定的构型。Zn^{2+}处于 Irving-Williams 序列(节 21.1)中较高的位置,因而能够形成稳定的络合物,特别是与给予体原子 S 或 N 结合。Zn^{2+}不易发生氧化还原反应,这是避免 DNA 氧化损伤的一个重要因素。起结构作用的锌蛋白的其他例子还包括胰岛素和乙醇脱氢酶。然而 Zn 没有好的光谱探针。这一事实意味着:在没有 X 射线衍射、NMR 等直接结构信息的情况下,即使它紧紧结合在蛋白质中,证实它的键合或推断它的配位几何构型将是困难的。不过还是发展了一些不错的测量方法以获得其配位环境的结构信息。这类方法的原理是利用 Co^{2+}(带颜色、顺磁性)和 Cd^{2+}(提供有用的核磁性质)取代位点上 Zn^{2+}的能力。取代作用的发生有赖于金属离子之间强烈的相似性:Co^{2+}像 Zn 那样容易形成四面体络合物,Cd 在元素周期表中与 Zn 处于同一族。

26.6 铁的选择输送和储存

提要:生物体对 Fe 的摄取涉及叫作铁载体的特殊配体;铁在高等生物体循环性体液中的输送需要一种叫做铁传递蛋白的蛋白质;储存铁的蛋白质则叫铁蛋白。

对几乎所有生命形态而言,铁都是必需元素;然而 Fe 既难以被生命体所摄取,Fe 过量也会导致一系列中毒风险。大自然对该元素的利用至少需要解决两个问题。第一个问题是 Fe(Ⅲ)(大多数矿物中的稳定氧化态)的不溶性。随着 pH 的提高,Fe(Ⅲ)会发生水解、聚合、生成水合氧化物沉淀。正如 Pourbaix 图

(节 5.14)中看到的那样,聚合态氧桥连的 Fe(Ⅲ)是有氧铁化学热力学上的稳定态。铁锈的不溶性使细胞很难摄取它。第二个问题是"游离 Fe"物种的毒性,特别是由它产生的自由基 OH。为了防止 Fe 与氧物种之间发生这种不可控的反应,需要一个保护性的配位环境。大自然已发育了一套复杂的化学体系,这套体系包括 Fe 的摄取及随后在组织中的输送、存储和利用。图 26.12 简要示出"铁循环"及它对人类的影响。

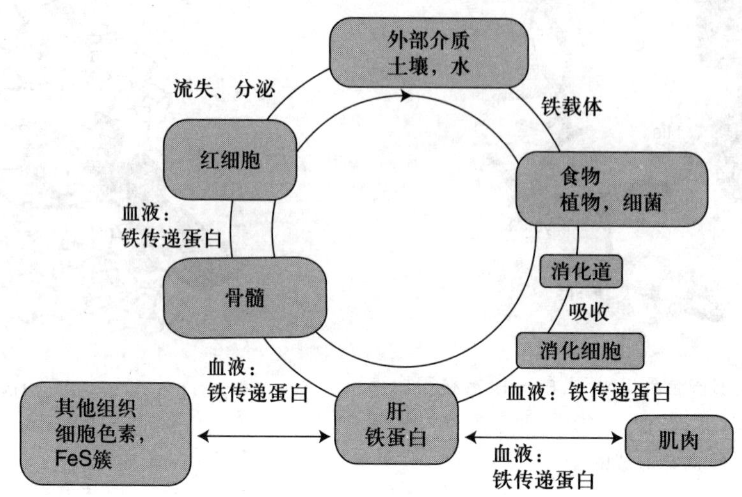

图 26.12　铁的生物循环

示出生物体从外部环境如何摄取 Fe 及铁流经生物体各部位时是如何被仔细保护的

(a) 铁载体

铁载体(siderophores)是对 Fe(Ⅲ)具有高度亲和力的多齿小配体。铁载体从多种细菌细胞中分泌出来进入外部介质,在那里与 Fe 形成可溶络合物并以这种形式重新进入有机体的特定受体。一旦进入细胞内部,Fe 就被释放出来。

除柠檬酸盐[柠檬酸铁(Ⅲ)络合物是生物学中最简单的输铁物种]外还有两种主要类型的铁载体。第一种是以酚盐或邻苯二酚盐配体为基础的铁载体,如肠杆菌素(**17**),它与 Fe(Ⅲ)离子的缔合常数为 10^{52}。肠杆菌素对铁的亲和性如此之强,以致细菌能够腐蚀钢制桥梁!第二种是以异羟肟盐配体为基础的铁载体。例如高铁色素(**18**),它是由 3 个甘氨酸和 3 个 *N*-羟基鸟氨酸组成的一个环状六肽。

(17) 肠杆菌素

(18) 高铁色素

所有 Fe(Ⅲ)的铁载体络合物都是高自旋八面体络合物。由于给予体原子是硬的、带负电荷的 O 原子或 N 原子，因而对 Fe(Ⅱ)的亲和性相对较低。有证据表明合成铁载体是控制“铁过载”非常有用的药剂，铁过载综合征影响着世界上很多人口，尤其是南亚的人群(节 27.8)。

(b) 高等生物体中的铁转运蛋白

几种重要而结构相似的铁转运蛋白统称为**铁传递蛋白**(transferrins)。表征得最好的例子包括血浆中的血清铁传递蛋白、蛋清中的卵铁传递蛋白及牛奶中的乳铁蛋白。脱辅基蛋白能夺去细菌中的铁，因而是有效的抗菌药。铁传递蛋白也存在于眼泪中，受到刺激后可清洁眼部。所有的铁传递蛋白都是摩尔质量约为 80 $kg \cdot mol^{-1}$ 的糖蛋白(与糖类共价键合而修饰了的蛋白质分子)，都包含两个独立而等同的 Fe 键合位点。每个位点上 Fe(Ⅲ)的络合作用都涉及键合 HCO_3^-(或 CO_3^{2-})并同时释出 H^+：

$$\text{Apo—TF} + \text{Fe(Ⅲ)} + HCO_3^- \longrightarrow \text{TF—Fe(Ⅲ)—}CO_3^{2-} + H^+$$

式中，TF 表示铁传递蛋白。生理条件(pH=7)下每个位点的缔合常数变化范围在 $10^{22} \sim 10^{26}$间。然而缔合常数强烈依赖于 pH，这种依赖性是控制 Fe 吸收和释放的主要因素。

铁传递蛋白由分别叫作 **N 叶瓣**(N-lobe)和 **C 叶瓣**(C-lobe)的两个非常相似的部分组成(图 26.13)。蛋白质是基因复制的产物，因为分子前一半的结构几乎被第二半结构所覆盖。每一半由两个结构域(结构域 1 和结构域 2)组成，它们共同与 Fe(Ⅲ)的一个键合位点键合形成一个裂口。很大一部分为 α 螺旋链，从而使其具有柔性。与 Fe(Ⅲ)络合后引起蛋白构象改变，形成一个涉及结构域 1 和结构域 2 的铰链移动。Fe(Ⅲ)的络合使两个域结合到一起。

在每个活性位点(**19**)，一个铁原子与两个结构域和连接区都广泛存在的氨基酸侧链配位，从而导致构象的改变。蛋白质的配体是羧酸 O 原子(天冬氨酸)，两个酚盐 O 原子(酪氨酸)及咪唑 N 原子(组氨酸)。天冬氨酸羧基上只有一个 O 原子发生配位。蛋白质配体形成了部分畸变的八面体配位环境。外来碳酸根通过二齿配位完成了铁的六配位环境(虽然某些情况下可能代之以磷酸根配位)。正如预期的那样，这些阴离子配体与 Fe(Ⅲ)的结合比与 Fe(Ⅱ)结合得更牢固。然而，与 Fe(Ⅲ)类似的离子[尤其是 Ga(Ⅲ)和 Al(Ⅲ)]同样能够牢固结合，从而使它们可以利用相同的输送体系进入组织。

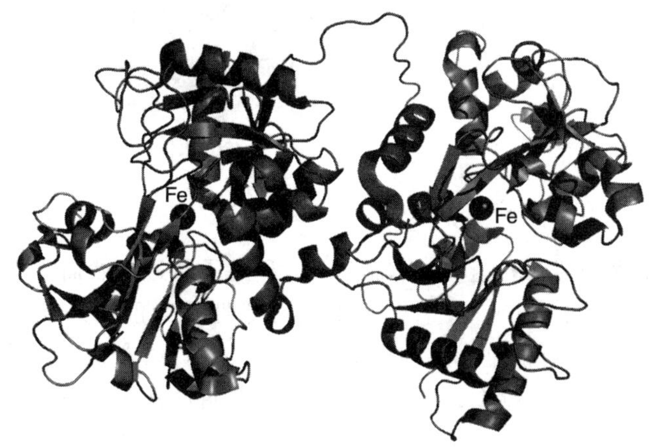

图 26.13* 　铁传递蛋白的结构：分子中相同的两部分各自配位于处在两叶瓣之间的一个 Fe(Ⅲ)原子(黑色小球)；配位导致蛋白构象改变，从而允许铁传递蛋白被铁传递蛋白受体所识别

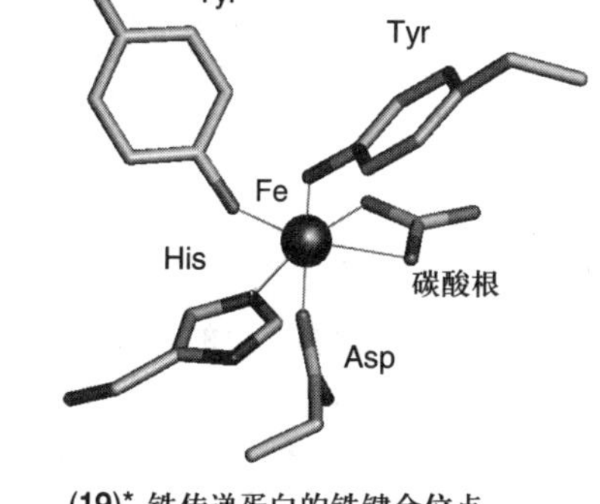

(19)* 铁传递蛋白的铁键合位点

(c) 从铁传递蛋白释放铁

需 Fe 细胞会产生大量叫作铁传递蛋白受体(transferrin receptor)的蛋白(180 $kg \cdot mol^{-1}$)，这种蛋白结合在血浆膜上，并能键合载铁的铁传递蛋白。人们认可的铁摄入机理涉及载铁的铁传递蛋白受体复合物通过所谓的**胞吞作用**(endocytosis)进入细胞。在胞吞作用中，细胞膜的一部分连同膜键合的蛋白

质一起被壁所吞食形成一个囊泡。在膜键合的 H^+ 泵酶（一起被细胞吞食）作用下，囊泡内的 pH 会降低。后继发生的 Fe（Ⅲ）的释放可能与碳酸盐配位有关。从某种意义上说，碳酸盐的配位是一种**协同**（synergistic）作用，因为铁需要与碳酸盐配位，但这种配位在低 pH 条件下不稳定。体外研究表明的确如此，血清铁传递蛋白的 pH 降至 5 左右（乳铁蛋白降至 2～3）铁就会释放出来。囊泡随后破裂，铁传递蛋白受体络合物在**胞吐作用**（exocytosis）下返回血浆膜。Fe（Ⅲ）这时可能与柠檬酸盐配位，被释放至细胞质。

（d）铁蛋白：细胞的储铁库

铁蛋白（ferritin）是动物体内非血红素铁（血红蛋白和肌红蛋白占了多数铁）的主要储存库，铁在满载状态下可达 20%（按质量计）！铁存在于所有类型的生物体（从哺乳动物到原核生物），哺乳动物体内主要发现于脾和血液中。铁蛋白由两部分组成，一部分是包含高达 4 500 个铁原子（对哺乳动物的铁蛋白而言）的"矿物"核，一部分是蛋白质外壳。去铁铁蛋白（不含铁的蛋白质外壳）能够通过铁蛋白与还原剂及 Fe（Ⅱ）的螯合配体（如 1，10-邻二氮杂菲或 2，2′-联吡啶）之间的反应制备，透析后可得到完整的蛋白外壳。

去铁铁蛋白的摩尔质量为 460～550 kg · mol^{-1}。其蛋白质外壳（图 26.14）由 24 个互相连接的亚基组成一个具有二重、三重和四重对称轴的中空层。每个亚基由一束四长一短的 α 螺旋和一个连接邻近亚基的 β 折叠环构成。矿物核由水合 Fe（Ⅲ）氧化物和数量不定的磷酸根组成，磷酸根的作用是将铁固定在蛋白壳的内表面。X 射线衍射或电子衍射表明其结构类似于水铁矿（$5Fe_2O_3 \cdot 9H_2O$）的结构：O^{2-} 和 OH^- 按六方最密堆积（hcp）排列，Fe（Ⅲ）分层堆积于八面体和四面体的空位（**20**）。

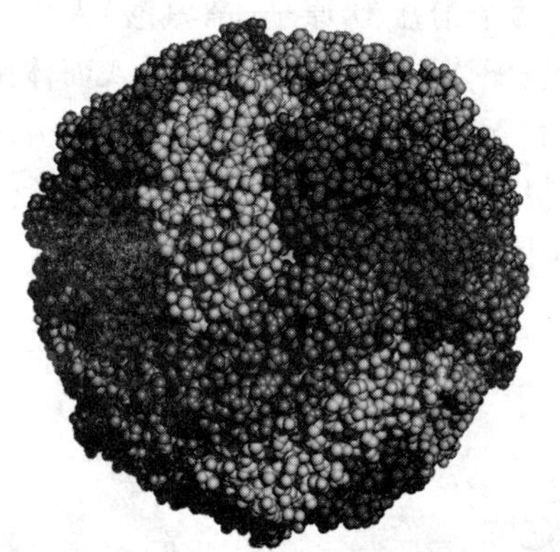

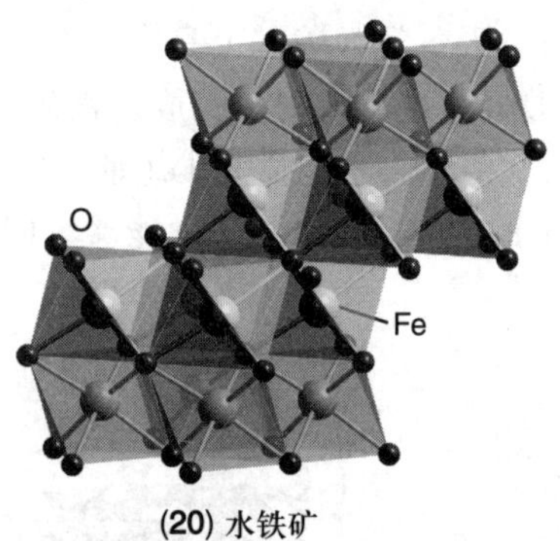

(20) 水铁矿

图 26.14*　铁蛋白的结构，展现了组成蛋白质外壳的亚甲基排列

去铁铁蛋白的三重和四重对称轴分别是亲水和疏水孔道，三重轴孔道适和离子通过。然而水铁矿核不溶，而铁必须是可移动的。对铁蛋白中铁的可逆结合而言，迄今提出的可能性最大的机理认为铁以 Fe（Ⅱ）形式通过孔道（pH 为中性时，Fe^{2+} 可溶），但更可能是以某种类型的"分子伴侣"络合物进出的。机理认为 Fe（Ⅱ）氧化至 Fe（Ⅲ）的过程发生在双铁结合位点上，这种双铁结合位点叫作**铁氧化酶中心**（ferroxidase centres），存在于每个亚基上。氧化至 Fe（Ⅲ）的过程涉及 O_2 的配位和内层电子转移：

$$2\,Fe(Ⅱ) + O_2 + 2H^+ \longrightarrow 2\,Fe(Ⅲ) + H_2O_2$$

铁的释出机理几乎无疑涉及的过程是，Fe（Ⅲ）被还原至容易移动的 Fe（Ⅱ）。

26.7　氧的输送和储存

二氧（O_2）并不总是能被生物体利用的一种特殊分子；对许多生命形式而言，它事实上具有高毒性。远在超过 2×10^9 年以前由蓝藻细菌的光合作用开始产生 O_2，它在当时还是一种无用之物。由于生物体捕获太阳能才有了 O_2 的存在，O_2 因而是生物产生的物质（节 16.4）。正如节 26.10 中将会看到的那样，能有这样一个强氧化剂带来的巨大热力学利好，无疑会导致高等生物（正是他们主导着当今的地球）的进化过程。对 O_2 的需求事实上变得如此重要，以致需要特殊的系统对它进行输送和储存。除了向深埋在生物体内部的组织难以提供 O_2 外，从水环境中取得足够的高浓度 O_2 也是个难题。不过，叫作**氧载体**（O_2 carriers）的金属蛋白解决了这一难题。在哺乳动物、多数其他动物及植物体内，这类蛋白质（肌红蛋白和血红蛋白）含有叫作 Fe 卟啉的辅因子。软体动物和节肢动物利用铜蛋白（血蓝蛋白）为氧载体，某些低等无脊椎动物利用的氧载体为包含双核 Fe 位点的铁蛋白（蚯蚓血红蛋白）。

(a) 肌红蛋白

提要：肌红蛋白的脱氧形式含有高自旋五配位 Fe(Ⅱ)，这种形式能够快速而可逆地与 O_2 发生反应产生低自旋 Fe(Ⅱ)-O_2 络合物；缓慢的自氧化反应释放超氧化物并产生 Fe(Ⅲ)，后者没有与 O_2 结合的活性。

肌红蛋白①（17 $kg \cdot mol^{-1}$，图 26.15）是个能与 O_2 可逆配位并控制组织中 O_2 浓度的铁蛋白。肌红蛋白分子包含数个区域的 α 螺旋（暗示分子具有柔性），铁卟啉基团处于 E 和 F 两个螺旋之间的沟壑中。卟啉上的两个丙酸取代基与蛋白质表面的溶剂水分子相互作用。Fe 上的第五个配体是由 F 螺旋上的组氨酸 N 提供的，而第六个配位位置则是 O_2 的结合位点。将键合有可交换配体的血红素平面的侧边区域叫做**远端区域**（distal region），而将血红素平面之下的区域叫做**近端区域**（proximal region）。F 螺旋上近端的组氨酸是两个组氨酸（所有物种都存在）中的一个。这种“力争保留下来的”氨基酸强烈地暗示，进化状态已经表明这种氨基酸对相关功能而言是必不可少的。另一个保留的组氨酸处在 E 螺旋上。

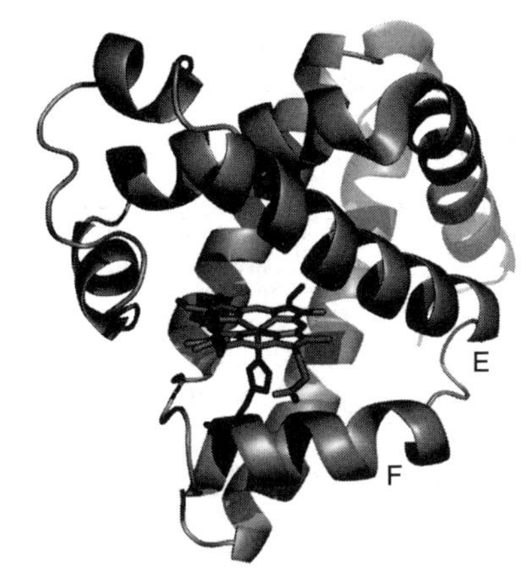

图 26.15* 　肌红蛋白的结构，铁卟啉基团位于螺旋 E 和螺旋 F 之间

脱氧肌红蛋白（Mb）为蓝红色并含有 Fe(Ⅱ)，后者是与 O_2 结合形成人们熟悉的亮红色氧合肌红蛋白（oxyMb）的氧化态。有些情况下脱氧肌红蛋白被氧化为 Fe(Ⅲ)，生成不能结合 O_2 分子的高铁肌红蛋白。该氧化反应可能是按配体取代诱导的氧化还原反应发生的，其中 Cl^- 取代了以超氧离子形式键合的 O_2 分子：

$$\mathrm{Fe(II)O_2 + Cl^- \longrightarrow Fe(III)Cl + O_2^-}$$

健康组织中存在的酶（高铁血红蛋白还原酶）能将无活性的 Fe(Ⅲ) 形式还原为具有活性的 Fe(Ⅱ) 形式。

脱氧肌红蛋白中的 Fe 为五配位的高自旋 Fe。O_2 分子以远端方式配位于 Fe 原子时，Fe 原子的电子结构就会被 F 螺旋上的近端组氨酸所微调（图 26.16）。O_2 分子的未键合端通过氢键与 E 螺旋上远端组氨酸的咪唑 NH 相结合。O_2 分子是个强的 π 接受体配体，它的配位导致 Fe(Ⅱ) 由高自旋（相当于 $t_{2g}^4e_g^2$）转换为低自旋（t_{2g}^6）。反键轨道上此时不再有 d 电子，Fe 原子发生轻微收缩移入卟啉环平面。氧的键合通常表示为单线态 O_2 与 Fe(Ⅱ) 配位，单线态 O_2 分子中被 2 个电子占据的反键 $2\pi_g$ 轨道作为 σ 给予体，O_2 分子中空的 $2\pi_g$ 轨道则接受来自 Fe 的一对电子（图 26.17）。也可以描述为超氧化物离子（O_2^-）配位于低自旋的 Fe(Ⅲ)。按照这个模型，与阴离子反应形成高铁肌红蛋白则是一个简单的配体取代反应。

① 肌红蛋白是第一个用 X 射线衍射表征的三维结构蛋白质，John Kendrew 由于这一成就与 Max Perutz 分享了 1962 年的诺贝尔化学奖，后者解析了血红蛋白的结构。

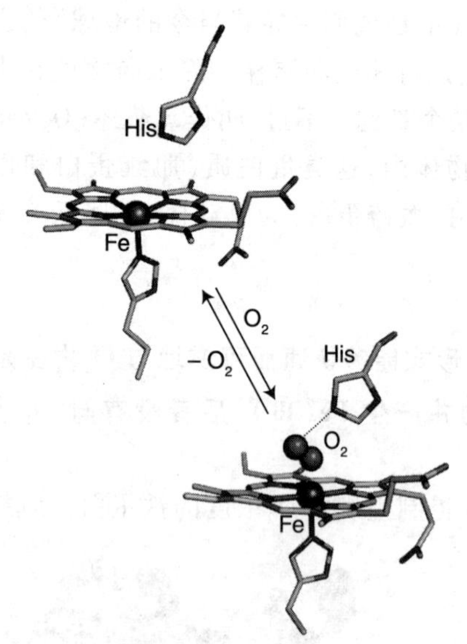

图 26.16* 肌红蛋白与 O_2 分子的可逆结合：与 O_2 分子的配位导致 Fe 成为低自旋并移入卟啉环平面

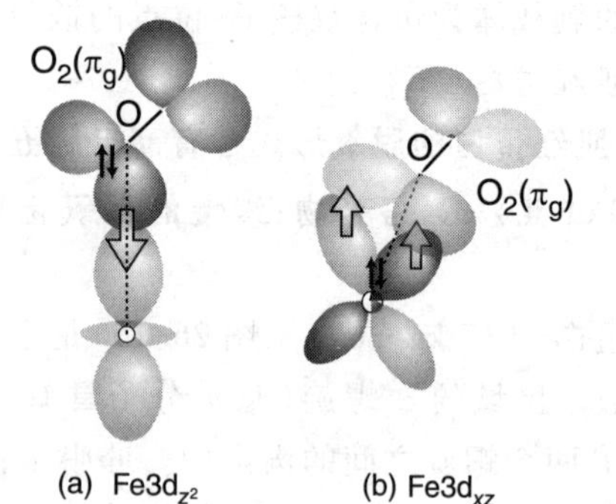

图 26.17　用于形成肌红蛋白和血红蛋白 Fe—O_2 加合物的轨道

这个模型考虑了 O_2 分子的单线态形式：充满的 $2\pi_g$ 轨道供给一对电子，另一个 $2\pi_g$ 轨道作为 π 电子对接受体

(b) 血红蛋白

提要：血红蛋白由类似肌红蛋白的亚基四聚体组成，有四个协同键合 O_2 的 Fe 位点。

血红蛋白（Hb，68 kg · mol^{-1}；图 26.18）是存在于红血球（红细胞）中的输 O_2 蛋白：人类 1 L 血液中含有 150 g 血红蛋白。简单地说，血红蛋白可被看作是由类似肌红蛋白的亚基组成的、中间有个空穴的四聚体。事实上存在两类与肌红蛋白类似的亚基，这些亚基的结构有微小差别，血红蛋白可被看作 **$\alpha_2\beta_2$ 四聚体**（$\alpha_2\beta_2$ tetramer）。

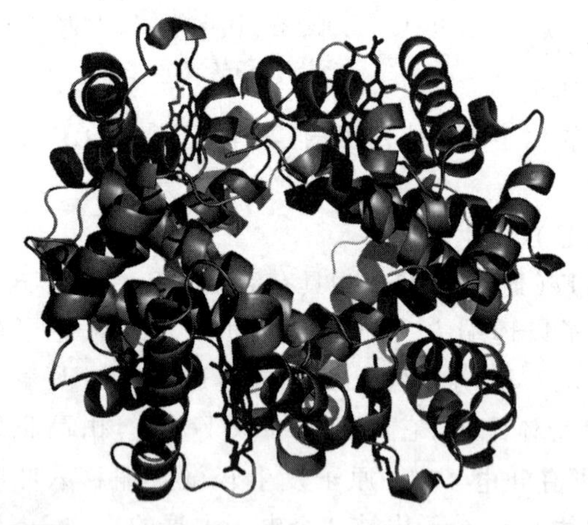

图 26.18* 血红蛋白是个 $\alpha_2\beta_2$ 四聚体，其 α 和 β 亚基与肌红蛋白非常相似；血红素基团用黑色标出

图 26.18

图 26.19 中对照给出了 Mb 和 Hb 的氧键合曲线：血红蛋白的 S 形曲线表明，O_2 分子的连续性吸收和释放是协同的。在低氧分压和较高酸性的条件下（静脉血和高强度锻炼的肌肉组织中的环境），血红蛋白的低亲和性使它能够将结合的 O_2 分子输送至 Mb。随着压力的增大，血红蛋白对 O_2 分子的亲和性也增大，结果导致血红蛋白在肺部捡起 O_2 分子。亲和性的改变是由于 Hb 存在两种不同的构象。**紧束状态**（tensed state，T）亲和性低，而**松弛状态**（relaxed state，R）亲和性高。脱氧的血红蛋白为 T 型，满载氧的血红蛋白则为 R 型。

科学家为协同性的分子基础提出一种模型，模型考虑到 T 型分子与第一个 O_2 分子的结合力较弱，导致 Fe 的半径减小从而允许其进入卟啉环平面（图 26.16）。这种移动对血红蛋白尤为重要，因为它能继续拉动邻近组氨酸配体和 F 螺旋的移动。这种移动被传输至其他 O_2 结合位点，这种效应推动其他 Fe 原子更为接近各自的环平面，从而使蛋白质转变为 R 型。其他亚单元结合 O_2 的通道被打开，对 O_2 的键合变得更容易，尽管在接近氧饱和时统计学上的概率是减小的。

(c) 其他输氧系统

提要:节肢动物和软体动物利用血蓝蛋白输氧,某些海生蠕虫利用蚯蚓血红蛋白输氧。

在许多有机体(如节肢动物和软体动物)中,O_2的输送是依靠铜蛋白(即血蓝蛋白)实现的。与血红蛋白不同,血蓝蛋白是细胞外蛋白(铜蛋白普遍存在这种现象)。血蓝蛋白是低聚蛋白质,每个单体含有距离靠得很近的一对 Cu 原子。脱氧血蓝蛋白[(Cu(I)]为无色,结合 O_2之后变为亮蓝色。

活性位点如图 26.20 所示。脱氧状态下,每个 Cu 原子与 3 个组氨酸残基以锥形排列。两个 Cu 原子离得如此之远(460 pm),以致它们之间没有直接的相互作用。Cu(Ⅰ)的配位数通常为 2 至 4,低配位数对 Cu(Ⅰ)而言具有代表性。O_2分子以桥连二齿(μ-η^2,η^2)的方式快速而可逆地配位于两个 Cu 原子之间,配位 O_2分子的振动波数(750 cm^{-1})较低,表明它已被还原为过氧化物离子(O_2^{2-}),并伴随着键级从 2 降低到 1。为了适应 O_2的键合,蛋白质调节其构象使两个 Cu 原子靠得更近。Cu 位点变为对 Cu(Ⅱ)有代表性的五配位。

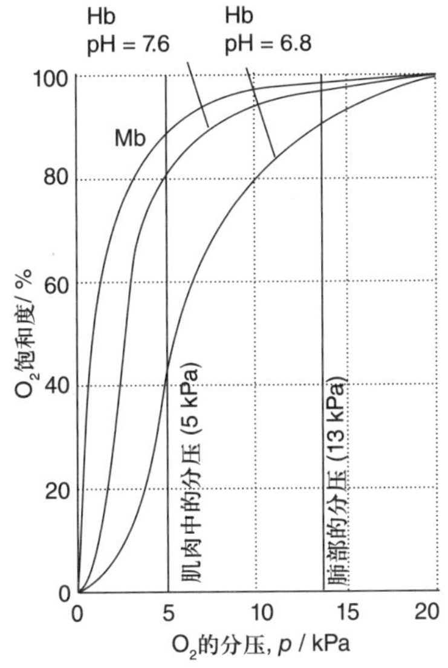

图 26.19 肌红蛋白和血红蛋白的氧键合曲线,示出血红蛋白中 4 个亚基的协同性是如何产生 S 形曲线的

血红蛋白不易结合第 1 个 O_2 分子,但这种结合使后继 O_2 分子的亲和力大大增强

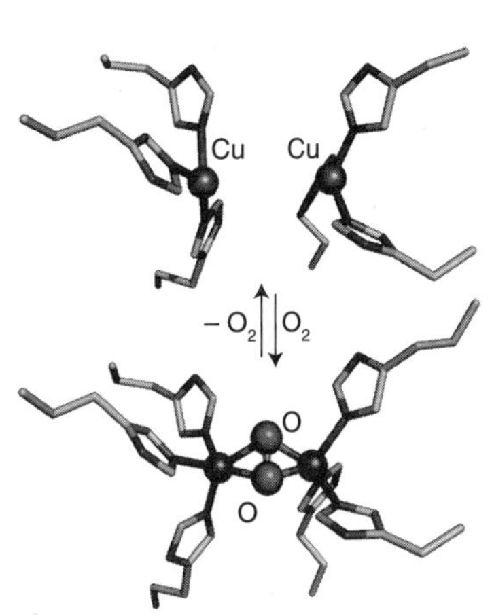

图 26.20* O_2 在血蓝蛋白活性位点的结合拉近了两个 Cu 原子的距离

这个 O_2 络合物可看作是个双核 Cu(Ⅱ)中心的化合物,两个 Cu 原子被 η^2,η^2-过氧化物离子桥连

蚯蚓血红蛋白是含双核铁中心的特殊蛋白家族中的一个。许多蛋白(如甲烷单加氧酶、某些核苷酸还原酶和酸性磷酸酶)具有双核 Fe 中心,其功能也多种多样。位于蚯蚓血红蛋白(**21**)两个活性位点的铁原子分别被氨基酸侧链配位,但也与两个桥羧基及一个小配体连接。在能够可逆地与 O_2 分子结合的还原形式[Fe(Ⅱ)]中,这个小配体是 OH^-。O_2分子只与两个 Fe 原子中的一个配位,O_2的末端 O 原子与桥羟基的 H 原子形成氢键。

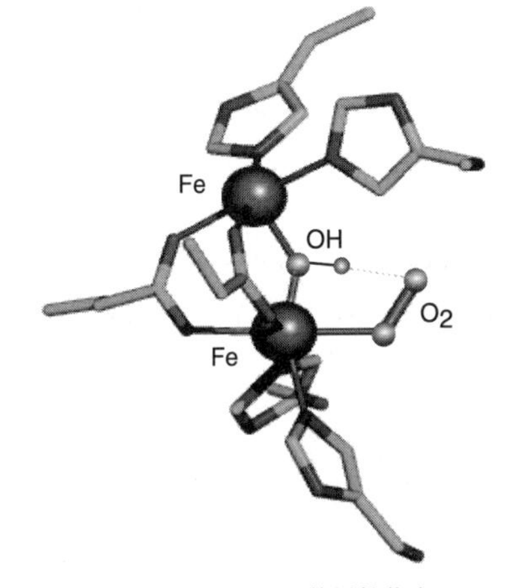

(21)* 蚯蚓血红蛋白的活性位点

(d) 小分子类似物与 O_2的可逆性结合

提要:蛋白质以可逆方式与 O_2结合,能够防止 O_2的还原和 O—O 键最终被断开。小分子难以实现这种保护。某些复杂的大环 Fe(Ⅱ)络合物能够可逆地结合 O_2,这种能力是通过设置空间位阻以防止对配位 O_2分子的进攻实现的。

人们已经做出很大努力去合成能够可逆结合 O_2分子的简单络合物，以便在特殊场合（如紧急外科手术）用作血液的替代品。但问题在于：尽管 O_2分子与 d 区金属离子反应能够形成络合物并保留 O—O 键（以过氧化物离子和超氧化物离子的形式），但产物倾向于发生不可逆分解，O—O 键迅速断裂并生成水或氧化物。解决这个问题需要设计能保护配位 O—O 配体的络合物，阻止 O—O 配体进一步发生反应。空间位阻很大的 Fe(Ⅱ)络合物（如"篮子"状的卟啉络合物，**22**）能够阻止第二个 Fe(Ⅱ)络合物进攻超氧化物种的末端 O 原子形成桥连的过氧中间体，从而实现这种保护。节 26.10 将会看到，Fe(Ⅲ)的过氧络合物趋向于发生 O—O 键快速的蛋白质水解作用形成 H_2O 和 Fe(Ⅳ)=O。

能与 O_2可逆配位的简单 Cu 络合物也很少，但研究揭示了这种 Cu 络合物有趣的化学行为，特别是与发展加氧反应催化剂有关的化学行为。与血蓝蛋白双核 Cu(Ⅰ)中心类似的化合物能与 O_2发生反应，但有进一步发生涉及 O—O 键断裂反应的强烈趋势，例如，μ-η^2,η^2过氧二铜(Ⅱ)和二(μ-氧)铜(Ⅲ)络合物之间的快速平衡（图 26.21）。

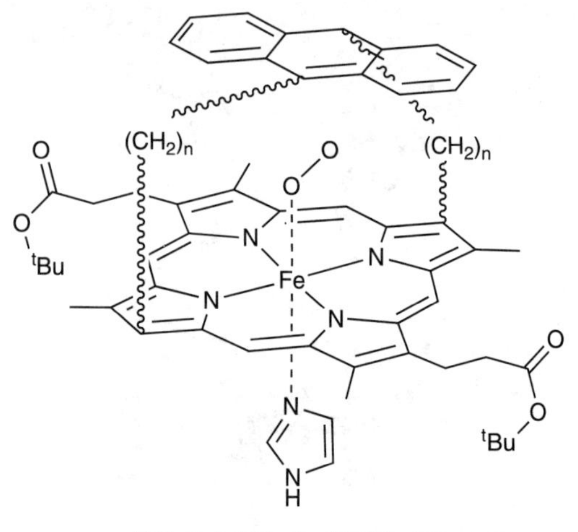

(22) 结合有O_2的"篮子"状Fe卟啉

图 26.21　血蓝蛋白活性位点的模型络合物中 μ-η^2,η^2 过氧二铜(Ⅱ)和二(μ-氧)铜(Ⅲ)络合物之间的快速平衡

例题 26.5　说明生物体如何补偿 CO 强有力的竞争

题目：众所周知，一氧化碳强烈抑制肌红蛋白和血红蛋白与 O_2的结合，然而相对于 O_2而言，它在蛋白质中的结合力就很弱了（与简单 Fe 卟啉络合物相比）。对 CO 的抑制非常重要，因为即使痕量的 CO，也会对需氧生物造成严重后果。请给出解释。

答案：CO 和 O_2都是 π 接受体配体，但与金属原子成键的轨道不同。O_2的键合是非线性的（图 26.16 和 26.17），末端 O 原子通过与远处的咪唑形成氢键被很好地固定下来。相反，CO 采取线性 Fe—C—O 键合方式（节 22.5），不能参与额外的成键作用。

自测题 26.5　提出一个反应系列，以说明简单铁卟啉络合物为什么不能与 O_2发生可逆结合，而是生成包括氧桥连双核 Fe(Ⅲ)卟啉物种在内的产物。

26.8　电子转移

绝大多数情况下，生命过程所需能量终极的来源是太阳：或者直接源自光合作用，或者间接源自光合作用生物体形成的富能化合物（燃料）。能量可通过电子流（从燃料流向氧化剂）的形式来获得，重要的燃料包括脂肪、糖类和 H_2，重要的生物氧化剂包括 O_2、硝酸盐，甚至 H^+。如图 26.22 中看到的那样，糖类被 O_2 氧化提供了大量能量（四电子反应可获得的能量高达 6 eV），这就是需氧生物胜过厌氧生物而主导地球的原因。

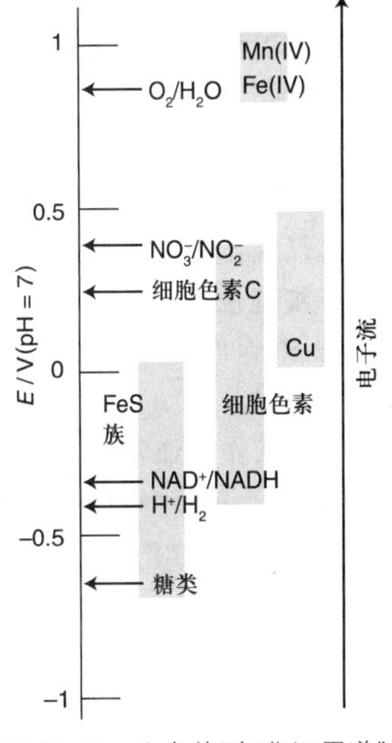

图 26.22　生命的"氧化还原谱"

(a) 总论

提要：沿电子传输链运动的电子流伴有离子（特别是 H^+）的迁移，最简单的电子转移中心已经进化为优化了的快速电子转移。

在生物体中，电子是从食物（燃料）提取的，提取的电子流向氧化剂，降低了由受体和供体序列形成的电位梯度，这种序列叫作**呼吸链**（respiratory chain）①（图 26.23）。除了对氧化还原反应活泼的黄素和醌类辅因子外，其他受体和供体都是含金属的电子转移（ET）中心。ET 中心主要分三类：FeS 簇、细胞色素和蛋白质的 Cu 部位。这些酶一般结合在细胞膜中，膜两侧由电子转移获得的能量用来维持跨膜的质子浓度梯度：这是**化学渗透理论**（chemiosmotic theory）的基础。H^+ 逆向流过旋转酶（叫作 ATP 合成酶），驱动 ADP 的磷酸化以合成 ATP。结合在膜上的许多氧化还原酶是**电致质子泵**（electrogenic proton pumps），这意味着它们通过特定的内部通道直接将长程电子转移偶合至质子转移。

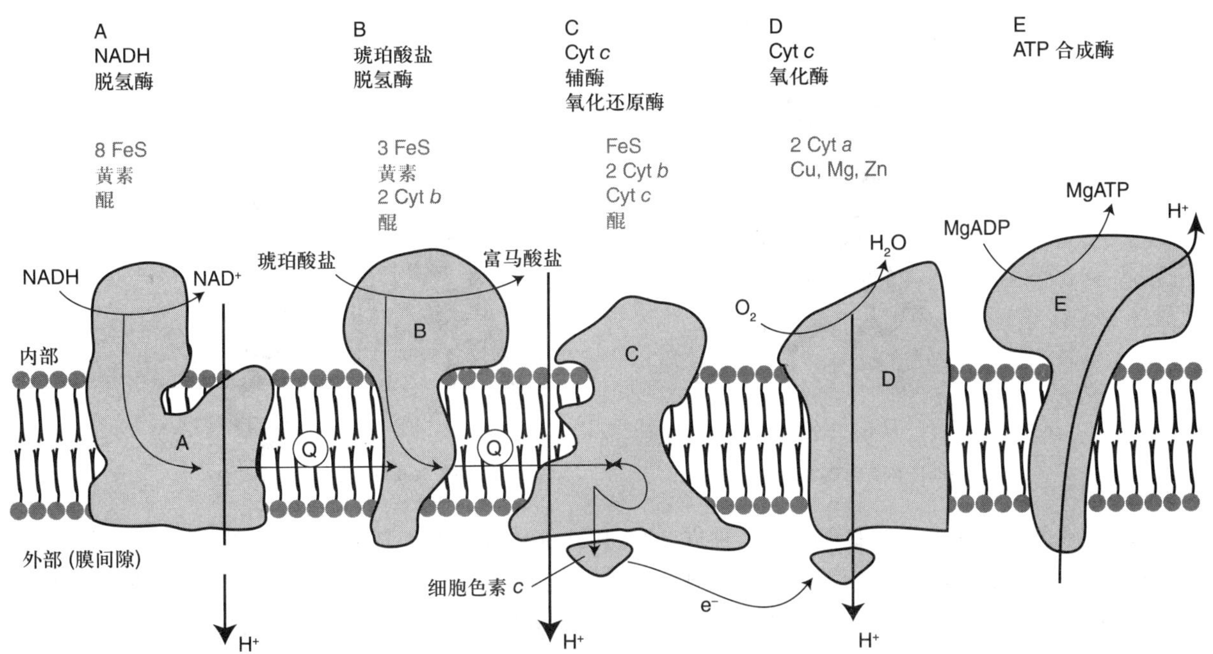

图 26.23　线粒体呼吸电子转移（ET）链由数个金属酶分子组成，这些酶分子利用电子输送的能量跨膜输送质子；质子梯度用于驱动 ATP 的合成

下面考察三种主要类型 ET 中心的性质。节 21.12 中讨论的关于外层电子转移的相同规则适用于蛋白质的中心金属。需要注意的是，生物体已经优化了这些中心的结构和性质以实现高效的长程电子转移。

第 5 章讲过还原电位取决于多种因素，记住这一事实对下面的讨论将会有帮助。除了电离能和配体环境（强给予体能稳定高氧化态并降低还原电位；弱给予体、π 接受体和质子能稳定低氧化态并提高还原

---

① 平常人身体里，流经线粒体呼吸链的整个电流大约为 80 A！

电位)外,蛋白质的活性位点也受相对介电常数(能稳定总电荷低的活性中心)、附近存在电荷(包括键合的其他金属离子的电荷)及存在氢键相互作用(也能稳定还原态)等因素的影响。

牢记以下概念对讨论电子转移动力学问题同样将是有用的:“效率”是指电子转移速率快,即使反应 Gibbs 自由能较低[因而 Marcus 理论(节 21.12)中的重组能 λ 低]的情况下也是如此。通过两个措施能使这一条件得到满足:一是加上一个电子时配体环境不发生显著改变,二是将此位点埋藏起来使水分子无法接近。为了有利于电子隧穿,位点间的距离通常要小于 1.4 nm。尽管仍旧存在着争论:蛋白质中电子转移是否仅仅主要取决于距离,还是蛋白能提供特殊的路径。

(b) 细胞色素

提要:细胞色素在电位为−0.3 到+0.4 V 的区间运转,它们通过离域轨道将低的重组能和扩展的电子偶合结合起来。

细胞色素作为细胞颜料(现在的名称也因此而得)多年前就已被发现。它们含有一个 Fe 卟啉基团,“细胞色素”这一术语可以指单独的蛋白,也可以指含有辅基的、较大的酶中的一个亚单元。细胞色素利用的是 Fe^{3+}/Fe^{2+} 电对,通常为六配位(**23**,**24**):轴向与两个氨基酸配体形成稳定的化学键,两种氧化态的 Fe 都为低自旋。这一事实不同于与其他配体键合的 Fe 卟啉蛋白(如血红蛋白),血红蛋白的第六个配位位点或者空着,或者被 H_2O 分子所占据。

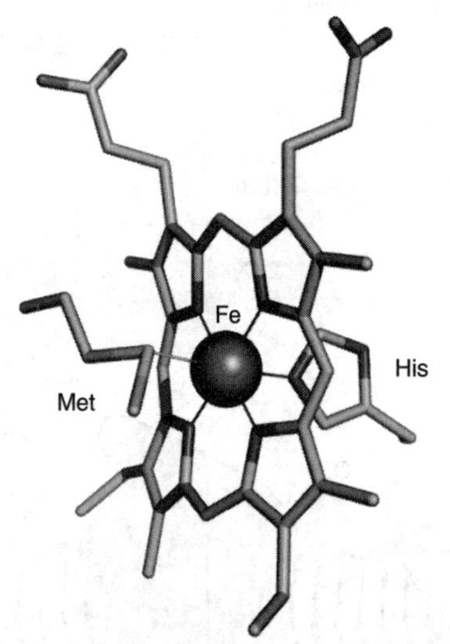

(23)* 细胞色素c的活性位点

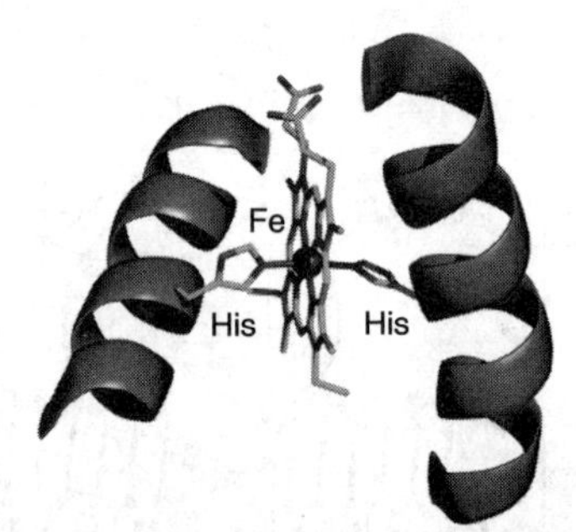

(24)* 两个组氨酸与Fe卟啉的轴向配位

讨论细胞色素快速电子转移能力的一种方法是,用八面体配位场处理 Fe(Ⅲ)和 Fe(Ⅱ)的 d 轨道,并考虑富电子的、但几乎是非键的 t_{2g} 轨道[Fe(Ⅲ)和 Fe(Ⅱ)的构型分别是 t_{2g}^5 和 t_{2g}^6]与卟啉轨道之间的重叠。电子进入或离开的轨道是一个具有 π 重叠(与环体系中的 π^* 反键轨道重叠)的轨道。这种安排增强了电子转移,因为 Fe 原子的 d 轨道能有效地延伸出卟啉环的边缘,减小了电子必须在氧化还原电对间转移的距离(图 26.24)。

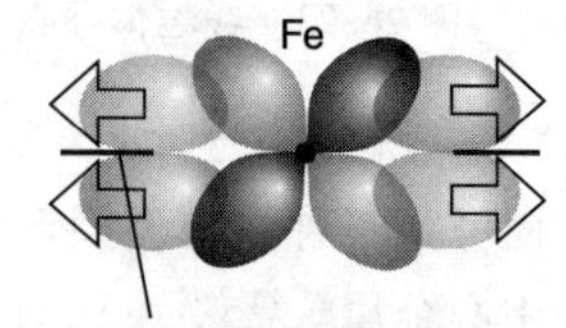

图 26.24　Fe 的 t_{2g} 轨道和卟啉的最低未占据 π^* 轨道之间重叠有效地扩展了 Fe 的轨道延伸,使其伸出环的周边

细胞色素的典型例子是**线粒体细胞色素** *c*(mitochondrial cytochrome *c*),参见图 26.25,其摩尔质量为 12 kg · mol^{-1}。这个水溶性蛋白质存在于线粒体膜内空间,它在那里将电子供给细胞色素 *c* 氧化酶,后者在能量转导呼吸链的末端将 O_2 分子还原至 H_2O(节 26.10)。细胞色素 *c* 中 Fe 的第 5 和第 6 配体分别是组氨酸(咪唑 N)和蛋氨酸(硫醚 S,**23**)。蛋氨酸在金属蛋白中不是一个常见配体,但由于它是个中性的、软配体,因此更能稳定 Fe(Ⅱ)而不是稳定 Fe(Ⅲ)。细胞

色素 c 的还原电位为+0.26 V,该值处于一般细胞色素的高端。细胞色素的性质随轴向配体和卟啉配体结构的不同而变化(符号 $a,b,c,d,\cdots$ 定义了它们在可见区最大吸收的波长,同时也与卟啉环上取代基的变化有关)。许多细胞色素(尤其是夹在跨膜螺旋之间的细胞色素)有双组氨酸轴向配体(**24**)。

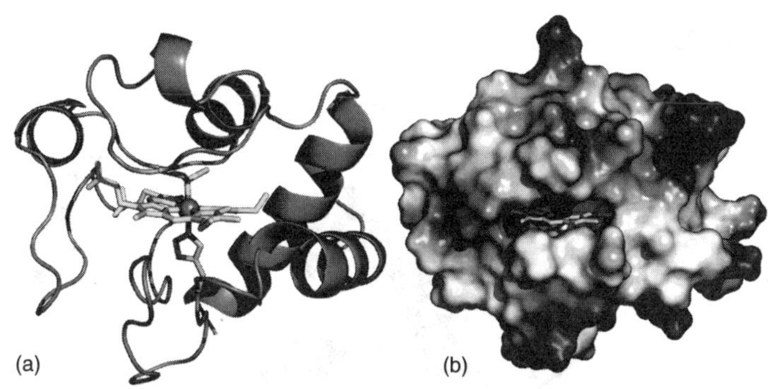

图 26.25* 线粒体细胞色素 c 不同的视图(从同一视角):(a) 二级结构和血红素辅因子的位置;(b) 引导天然氧化还原对对接的表面电荷分布(红色和蓝色分别表示负电荷和正电荷片区)

细胞色素 c 中卟啉环的边缘暴露在溶剂中,也是电子最可能进入或离开的位点。对获得有效的电子转移而言,特定的蛋白-蛋白相互作用很重要。细胞色素 c 中卟啉环暴露的边缘区域能够提供电荷的分布模式,这种模式能够被细胞色素 c 氧化酶和其他氧化还原伙伴所识别。细胞色素 c 与酵母细胞色素 c 过氧化物酶是个研究得较为清楚的典型例子。电子从过氧化物酶(节 26.10)两个催化中间体的任何一个转移到每个还原态细胞色素 c,过程的驱动力大约为 0.5 V。图 26.26 示出细胞色素 c 和细胞色素 c 过氧化物酶组成的双分子络合物的结构。静电相互作用使两个蛋白互相靠近到一定距离之内,从而有利于建立起细胞色素 c 与过氧化物酶的两个氧化还原中心(血红素辅因子与色氨酸 191)之间的快速电子隧道。

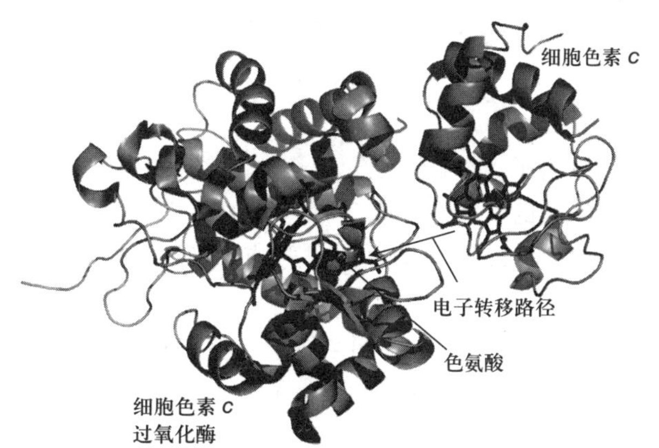

图 26.26* 细胞色素 c 和细胞色素 c 过氧化物酶形成的双分子电子转移络合物

细胞色素 c 过氧化物酶是由细胞色素 c 与细胞色素 c 过氧化物酶的 Zn 衍生物共结晶产生的,图的取向表明发生在细胞色素 c 的血红素基团和含有色氨酸的细胞色素 c 过氧化物酶之间的电子转移路径

(c) 铁-硫簇

提要:比起细胞色素,铁硫簇通常在更负的电位运行;它们是由高自旋的 Fe(Ⅲ)或 Fe(Ⅱ)与主要处在四面体环境中的硫配体组成的。

铁硫簇在生物体中普遍存在,由于缺乏与众不同的光学特征,人们对其重要性的认识晚于细胞色素。FeS 簇习惯上一般用方括号表示出该“无机核”中有多少个 Fe 原子和非蛋白硫原子,如[2Fe—2S](**25**)、[4Fe—4S](**26**)和[3Fe—4S](**27**)。铁硫簇作为快速 ET 中心的功效主要是由于它们能够不同程度地离域加入的电子,从而将键长变化减到最小并减小重组能。硫配体的存在也非常重要,它能提供良好的导入基团。含有 FeS 簇的小 ET 蛋白叫**铁氧化还原蛋白**(ferredoxins),然而在许多大酶中,多个 FeS 簇在小于 1.5 nm 的距离排成一列,连通到同一分子中远处的氧化还原活性位点。图 26.27 给出**氢化酶**(hydrogenases)中 FeS 簇排成一列的情况,我们将在节 26.14 中进一步讨论氢化酶。

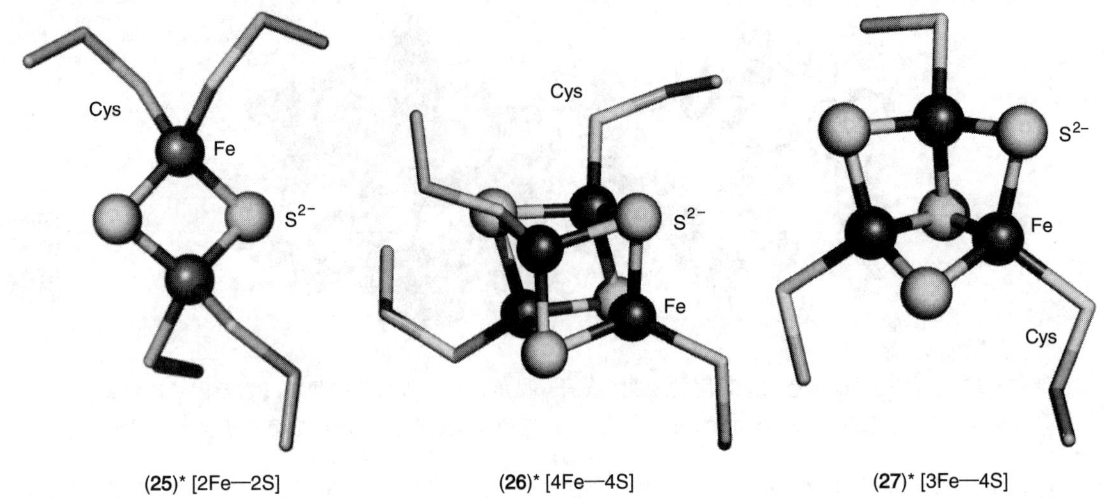

(25)* [2Fe—2S]　　**(26)*** [4Fe—4S]　　**(27)*** [3Fe—4S]

几乎所有情况下,Fe 原子都是被半胱氨酸硫醇盐基团(RS^-)以四面体方式配位的。包括蛋白质配体在内的总组合体叫做"FeS 中心"。已知在一些例子中,一个或多个 Fe 原子被非硫醇盐的氨基酸配体(如羧酸根、咪唑和丝氨酸的烷氧基)或外源配体(如 H_2O、OH^-)配位,Fe 的配位数会增至 6。立方烷[4Fe—4S]簇(**26**)和立方形[3Fe—4S]簇(**27**)明显密切相关,甚至可以通过在蛋白质中加进或除去一个 Fe 原子的方法相互转换。更大的簇也存在,如固氮酶中发现的[8Fe—7S]和[Mo7Fe—9S, C]"超级簇"(节 26.13)。

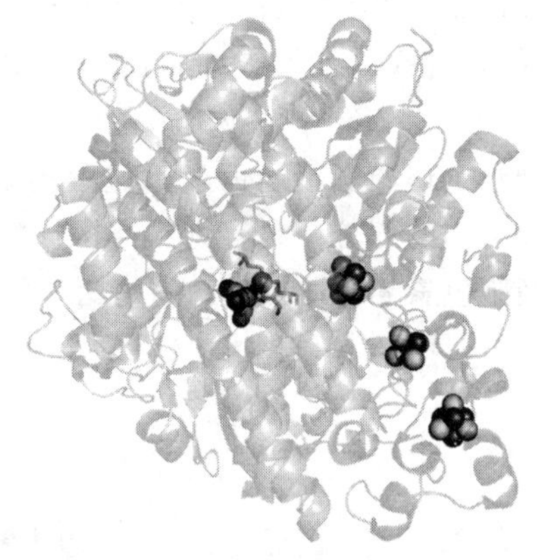

图 26.27* 三个 FeS 簇构成的系列提供了到埋藏起来的氢化酶活性位点的长程电子转移路径

铁硫簇是混合价体系很好的例子,铁硫簇的氧化还原状态标在方括号右上角处,其数值等于 Fe 的价态(3+或 2+)和 S 的价态(2-)的总和,并称之为**氧化级位**(oxidation level)。尽管有些 FeS 簇中的 Fe 原子不止 1 个,但通常只限于进行单电子转移。

$$[2Fe—2S]^{2+} + e^- \longrightarrow [2Fe—2S]^{+} \qquad E^{\ominus} = 0 \sim -0.4\ V$$

2Fe(Ⅲ)　　{Fe(Ⅲ):Fe(Ⅱ)}

$S=0$　　$S=\frac{1}{2}$

$$[3Fe—4S]^{+} + e^- \longrightarrow [3Fe—4S] \qquad E^{\ominus} = +0.1 \sim -0.4\ V$$

3Fe(Ⅲ)　　{2Fe(Ⅲ):Fe(Ⅱ)}

$S=\frac{1}{2}$　　$S=2$

$$[4Fe—4S]^{2+} + e^- \longrightarrow [4Fe—4S]^{+} \qquad E^{\ominus} = -0.2 \sim -0.7\ V$$

{2Fe(Ⅲ):2Fe(Ⅱ)}　{Fe(Ⅲ):3Fe(Ⅱ)}

$S=0$　　$S=\frac{1}{2}$

上面写出的是包括 FeS 簇自旋状态在内的半反应:单独 Fe 原子为高自旋(如 S^{2-} 以四面体方式配位所预期的那样),不同的磁性状态是由铁磁性和反铁磁性偶合引起的(节 20.8)。这些磁性质非常重要,这些让人们可以通过 EPR(节 8.7)研究这些中心。

大多数 FeS 簇中心具有负的还原电位(一般比 0 V 更负),因此其还原态是良好的还原剂。例外的是一种[4Fe—4S]簇,其运行在+3 氧化态和+2 氧化态之间(它们被叫作"HiPIP"中心,最初是从叫作"高电位铁蛋白"的蛋白中发现的,其还原电位为 0.35 V)。例外的还有所谓的 **Rieske 中心**(Rieske centres),Rieske 中心是[2Fe—2S]簇,其中与一个 Fe 原子配位的是两个中性的咪唑(而不是半胱氨酸)配体(**28**)。

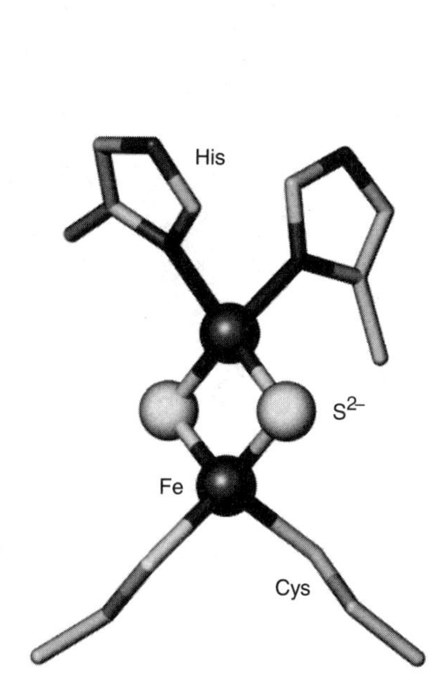

(**28**) 带有两个咪唑(组氨酸)配体的[2Fe—2S]簇

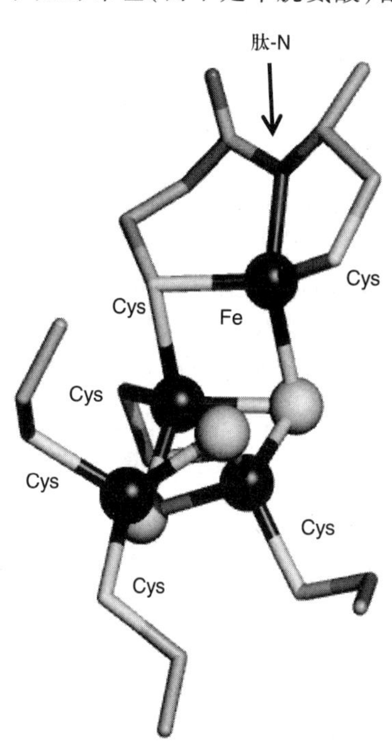

(**29**) 过度氧化的[4Fe—3S]簇

一个重要疑问是,FeS 中心是怎样合成并且镶嵌入蛋白质的?这一过程主要是在原核生物中进行研究的。从这些研究可知,由特定蛋白质提供和输送 Fe 原子和 S 原子,组装成簇后转移到目标蛋白质。细胞中游离的硫化物(H_2S、HS^-或 S^{2-})有剧毒,所以只有当半胱氨酸脱硫酶需要时才会产生,该脱硫酶将半胱氨酸分解为 S^{2-}和丙氨酸。

例题 26.6　了解促成连续二电子转移的因素

题目:近期发现了一类有趣的 FeS 簇,这类簇具有不同寻常的[4Fe—3S]核(与 6 个而不是 4 个半胱氨酸配位)。其中两个额外的半胱氨酸之一的硫原子桥连了两个 Fe 原子,代替了通常情况下出现的 μ_3-硫桥原子。得到的 Fe—S 簇更具柔韧性,除了正常的氧化还原对,在稍高的电位还发生第二个完全可逆的电子转移。这个簇的"过度氧化"形式(**29**)含有一个定域的 Fe(Ⅲ),它是与临近的、在氧化过程中去质子的肽 N 原子配位的。试解释:这种情况下为什么允许有第二个氧化还原电对,而正常情况下不允许。

答案:需要考虑的是,库仑力严格限制着蛋白质分子内的氧化还原活性中心。改变 1 个单位的电荷是可行的,但在如此低的介电介质中,改变 2 个单位的电荷却是禁止的。[4Fe—3S]簇能够避免这个问题,因为移去第二个电子产生的静电变化可通过移走相同位置上的一个质子得到补偿。去质子的肽 N 原子是个能够稳定 Fe(Ⅲ)的良好给予体配体。

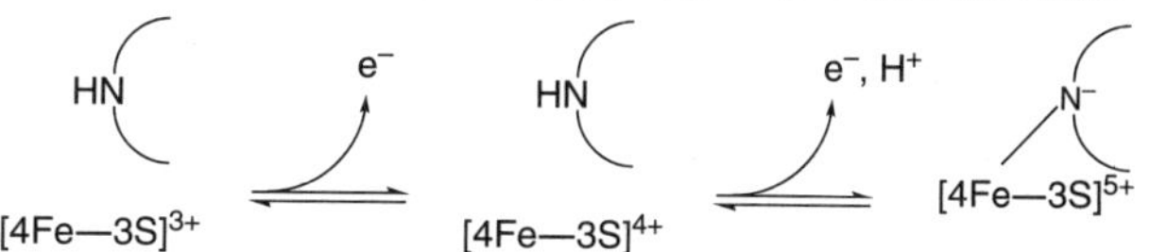

自测题 26.6　下列哪个因素能提高蛋白质中 FeS 簇的还原电位:是相邻侧链和簇 S 原子之间的氢键,是附近存在的荷负电的侧链,还是一个半胱氨酸被组氨酸取代?

(d) 铜电子转移中心

提要：通过对配位环境（电子转移后不发生变化）中 Cu 的抑制，蛋白质能够克服 Cu(Ⅱ)和 Cu(Ⅰ)在优先选择几何构型中固有的巨大差异。

所谓的"蓝"Cu 中心是许多电子转移小蛋白和含有其他 Cu 位点的较大酶（蓝铜氧化酶）的活性位点。蓝铜中心 Cu(Ⅱ)/Cu(Ⅰ)氧化还原电对的还原电位在 0.15 ~ 0.7 V，因此氧化性通常强于细胞色素。该名称源于氧化态的纯样品显示深蓝色，蓝色产生于配体（硫醇）至金属的电荷转移。所有情况下 Cu 被屏蔽不能接触溶剂水，并与 2 个咪唑 N 原子和 1 个半胱氨酸 S 原子以近乎平面三角形的方式配位，与轴向配体间有一个或两个较长的化学键。研究最多的例子是图 26.28 所示的质体蓝素（叶绿体中的一个小的电子载体蛋白）和天青蛋白（细菌电子载体）。这些小蛋白质具有"β 桶"结构，其中 β 折叠构成的桶使 Cu 维持刚性几何体的配位层。实际上，氧化形式、还原形式(**30**)和脱辅基形式的晶体结构表明，配体在所有情况下大体上保持在相同位置。其结果是，蓝铜中心因为重组能小而适于发生快速和有效的电子转移。

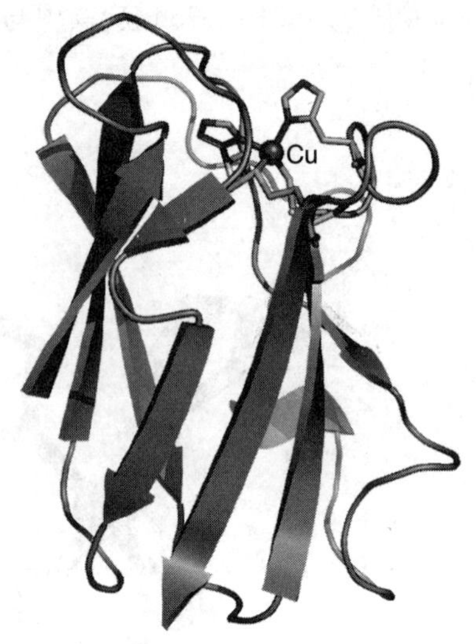

图 26.28* 质体蓝素分子

叫作 Cu_A 的双核 Cu 中心存在于细胞色素 *c* 氧化酶（节 26.10）和 N_2O 还原酶（节 26.13）中。两个 Cu 原子(**31**)各自与一个咪唑基配位，一对半胱氨酸硫醇配体为桥配体。还原态中的两个 Cu 原子都是 Cu(Ⅰ)。这种形式发生一电子氧化得到紫色的顺磁性物种，其中未成对的电子在两个 Cu 原子之间共享。在此我们又一次看到，电子离域由于降低了重组能而有助于电子转移。

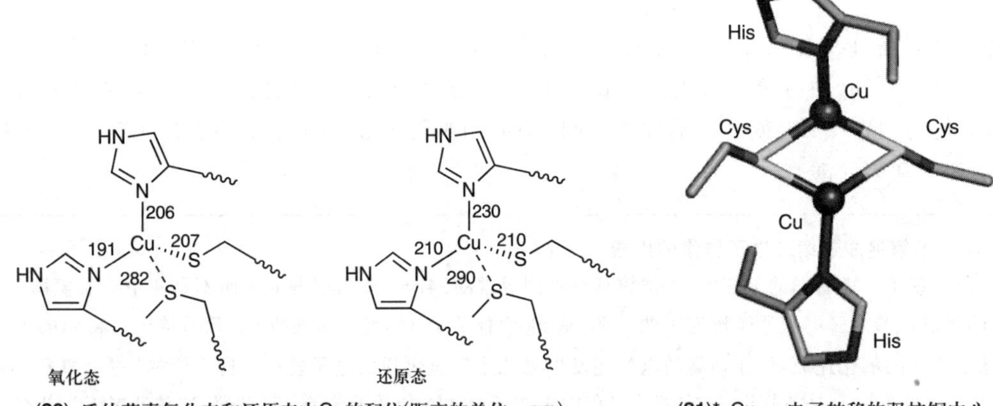

(**30**) 质体蓝素氧化态和还原态中Cu的配位(距离的单位：pm)　　(**31**)* Cu_A，电子转移的双核铜中心

例题 26.7　解释电子转移中心的功能

题目：与只有硫醇配体的标准 FeS 中心不同，Rieske 蛋白 FeS 中心的还原电位强烈依赖于 pH。请给出解释。

答案：这里需要参考节 5.6 和节 5.14，看看质子化平衡是如何影响还原电位的。Rieske 蛋白的[2Fe—2S]簇中，配位于一个 Fe 原子的两个咪唑配体在 pH=7 的条件下都是电中性，处在非配位 N 原子上的质子容易被移去。其 pK_a 值取决于簇的氧化级位，簇的还原形式中的咪唑配体在一个大的 pH 范围内被质子化，而氧化态形式则不能。其结果是，还原电位依赖于 pH。

自测题 26.7　简单的 Cu(Ⅱ)化合物表现出对 Cu 核（对 ^{65}Cu 和 ^{63}Cu 而言，$I=3/2$）大的 EPR 超精细的偶合，而蓝铜蛋白 EPR 谱显示的超精细偶合则要小得多。这说明在蓝铜中心配位的配体具有什么样的性质？

催化过程

酶的主要作用是用作高选择性催化剂,催化生物体内发生的种种化学反应并维持生命的正常活动。这里介绍一些最重要的例子。

26.9　酸碱催化

生物体系很少在极端 pH 条件下发生被游离 H^+或 OH^-催化的反应;这样的反应没有选择性,所有可被水解的化学键都会被当做催化目标。生物体解决这个问题的一种方式是利用某些金属离子的性质,将其构建到蛋白结构中以催化特定的(Brϕnsted)酸碱反应(节 4.1)。

Zn 被广泛用来实现酸碱催化,但是也不排除其他金属。例如,除了众多含 Fe(Ⅱ)和 Fe(Ⅲ)的酶外,丙酮酸激酶(催化磷酸酯水解)和二磷酸核酮糖羧化酶(催化 CO_2固定到有机分子)含有 Mg(Ⅱ)、精氨酸酶(催化精氨酸水解,产生尿素和 L-鸟氨)中含有 Mn、脲酶(催化尿素水解,生成氨并最终生成二氧化碳)含有 Ni(Ⅱ)作为活性金属,最后提到的这种酶是幽门螺旋杆菌(一个臭名昭著的人类病原体)产生毒性的关键(节 27.3)。由于在工业和医药方面的重要性,已对多种酶做过详细研究,还合成了多种模型体系以图再现它们的催化性能和对抑制剂作用模式的了解。多种位点(包括精氨酸酶的[Mn,Mn]位点和脲酶的[Ni,Ni]位点)有两个或多个金属离子结合在特定蛋白质中,很难用简单配体来模拟。

(a) 锌酶

提要:锌非常适于催化酸碱反应,这是因为其丰度高、无氧化还原活性、与氨基酸残基的给体基团键合强、与外来配体(如 H_2O)发生交换的速率快。

Zn^{2+}有很高的配体交换效率,它的极化能力意味着配位 H_2O 分子的 pK_a值相当低。Zn 与蛋白质配体的键合力强、配体(配位水或底物分子)交换速率快、较高的电子亲和力、柔性的配位几何体、氧化还原化学行为简单,所有这些因素使 Zn 适于催化特定的酸碱反应。Zn 酶家族中包括碳酸酐酶、羧肽酶、碱性磷酸酯酶、β-内酰胺酶和乙醇脱氢酶。Zn 在酶中有代表性的配位方式是与三个氨基酸配体(不同于 Zn 指蛋白中的四配位)和一个可被交换的 H_2O 分子配位(**14**)。

Zn 酶的作用机理通常取两种极端状态做讨论。在 **Zn-氢氧化物机理**(Zn-hydroxide mechanism)中,Zn 的作用是促进键合的水分子脱质子,以便产生一个位置优化的 OH^-亲核试剂进攻羰基 C 原子:

O　HO–Zn

在 **Zn-羰基机理**(Zn-carbonyl mechanism)中,Zn 离子作为一个路易斯酸直接接受羰基 O 原子的一对电子,其作用类似于 H^+的酸催化:

Nu　O---Zn

类似的反应也出现在其他 X ═O 基团,特别是磷酸酯基的 P ═O 基团上。对固定在立体选择性环境中的 Zn 和其他酸性物种而言,具有实现这类催化反应的明显优势。

CO_2的生成和转移是生物界一个十分重要的过程。CO_2在水中的溶解度取决于它的水合作用和去质子化生成 HCO_3^-。然而在 pH=7 的条件下,未催化的反应进行得很慢,正反应的速率常数低于 $10^{-3}\ s^{-1}$。因为生物体系对 CO_2的转化数非常高,这样的速率慢得太多,以致无法维持复杂有机体剧烈的需氧活动。在光合作用中，只有 CO_2 能够被二磷酸核酮糖羧化酶（*rubisco*）所转化[节 26.9(b)]，因而 HCO_3^- 迅速脱水至关重要，这是生产生物质最先的步骤之一。CO_2/HCO_3^- 平衡也很重要（除了它在 CO_2 转运过程中的作用外），因为它提供了调节组织 pH 的一种方式。

碳酸酐酶（CA，或叫二氧化碳脱水酶）以速率超过 10^6 催化这个反应。CA 有几种形式，所有形式都是包含一个 Zn 原子、摩尔质量大约 30 $kg \cdot mol^{-1}$ 的单体。研究最透彻的酶是来自红血细胞的 CA Ⅱ，它对 CO_2 水合的催化周转次数约为 $10^6\ s^{-1}$，是所有酶中活性最高的酶。人类 CA Ⅱ 的晶体结构显示，Zn 位于深约 1.6 nm 的圆锥形空腔，与几个组氨酸残基键合。Zn 与三个 His-N 配体和一个 H_2O 分子配位形成四面体几何结构（图 26.29）。中性 N 配体使配位 H_2O 的 pK_a 值降低了大约 3 个单位（相对于水合离子），造成一个局部很高的 OH^- 浓度用作进攻的亲核试剂。活性位点周围的其他基团（包括未配位的组氨酸和有序的水分子）对于调节质子转移（决速因素）和键合 CO_2 底物（它不与 Zn 配位）也十分重要。Zn 在不同来源的碳酸酐酶中的配位环境有些变化，高等植物的一些 CAs 中，Zn 周围有两个半胱氨酸和一个组氨酸。

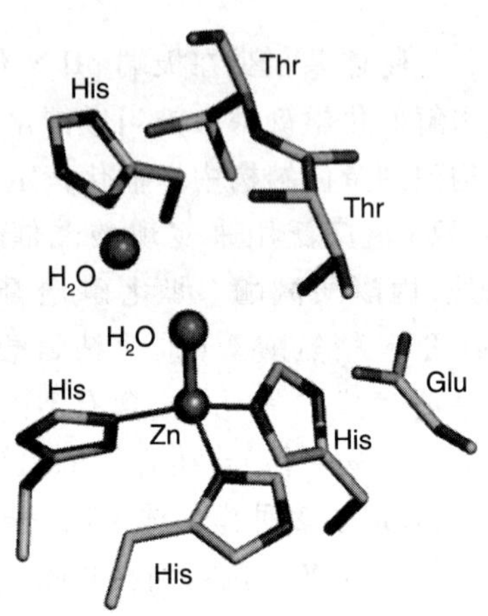

图 26.29* 　碳酸酐酶的活性位点

CA 的作用机理可用 Zn-羟基机理得到很好的说明（图 26.30）。从蛋白质表面扩展至活性位点的氢键网协助了质子的快速转移。关键特性是与 Zn 配位的 H_2O 的酸性，这是由于去质子化产生的配位 HO^- 有足够的亲核性进攻附近非共价键合的 CO_2 分子。进攻的结果是产生配位的 HCO_3^-，它在之后被释放出来。一些研究过的小的 CA 类似物（如 **32**）复制了碳酸酐酶底物的键合和酸碱性质，但其催化活性低了几个数量级。

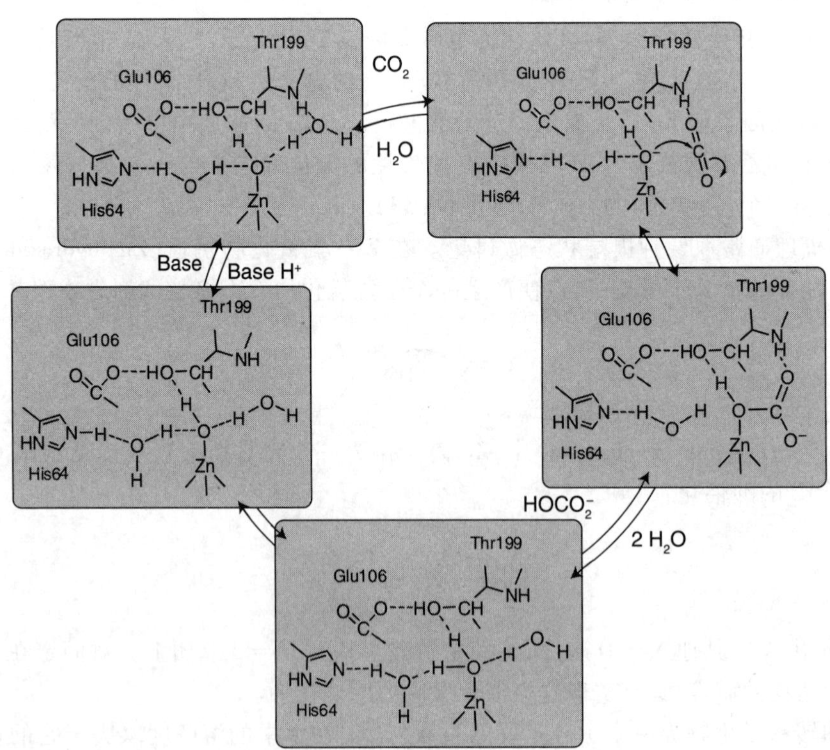

图 26.30　碳酸酐酶的作用机理，表明质子转移路径在这一快反应中的重要性

羧肽酶(CPD,34.6 kg·mol^{-1})是一种肽链端解酶,它能催化含有芳香族或大的脂肪族支链的 C 末端氨基酸的水解。存在两类含 Zn 酶,它们都是在分泌进入消化道之前以非活性前体的形式在胰中合成的。CPD A(研究得比较清楚)作用于末端芳香性残基,而 CPD B 则作用于碱性残基。CPD 的 X 射线结构表明,Zn 位于与底物相键合的凹槽一侧。Zn 与两个组氨酸 N 配体、一个谷氨酸—CO_2^-(双齿配位)及一个弱键合的 H_2O 分子配位(图 26.31)。甘氨酰抑制剂存在下得到的酶的结构表明,H_2O 分子已经从 Zn 原子上移走,取而代之的是甘氨酸的羰基 O 配位,说明过程是按 Zn-羰基机理进行的。附近精氨酸的胍基与末端羧基相键合,而酪氨酸则提供了芳香性/疏水性识别。

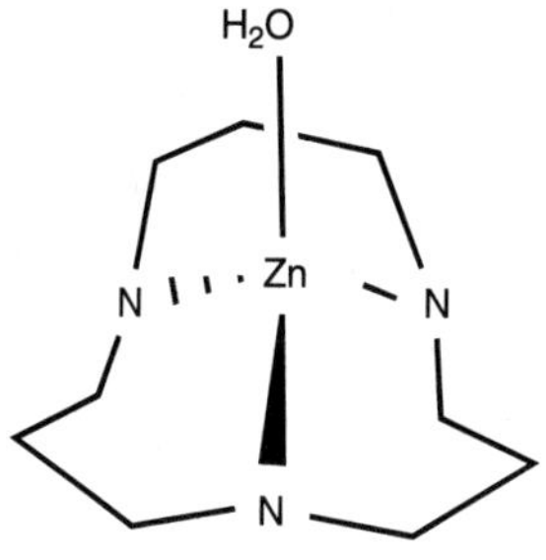

碱性磷酸酶(AP)向我们展示了多于一个金属原子的、具有催化性能的 Zn 中心:它存在于多种组织中(如小肠和骨骼组织),骨骼组织中发现于成骨细胞(形成羟基磷灰石晶核的细胞)的细胞膜中。碱性磷酸酶催化有机磷酸酯(包括 ATP)的断裂,提供骨生长所需的磷酸盐:

$$R—OPO_3^{2-}+H_2O \longrightarrow ROH+HOPO_3^{2-}$$

顾名思义,它的最佳 pH 是在温和的碱性区域。AP 的活性位点包含两个相距仅约 0.4 nm 的 Zn 原子和附近的一个 Mg 离子。酶-磷酸盐络合物的晶体结构(**33**)显示,磷酸离子(正常反应的产物)桥连了两个 Zn 原子。

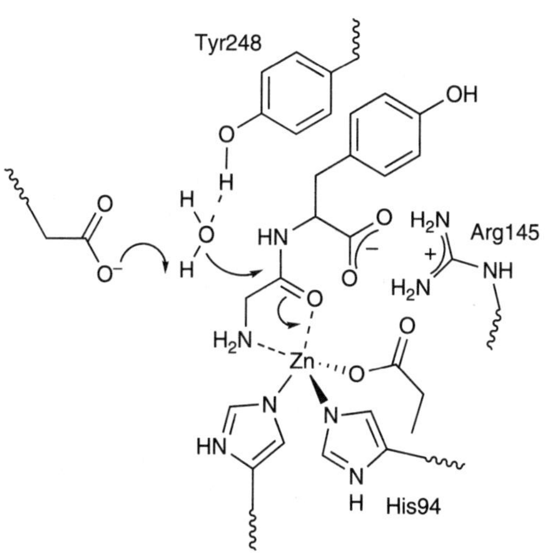

图 26.31　带一个肽抑制剂(红色)的羧肽酶活性部位的结构

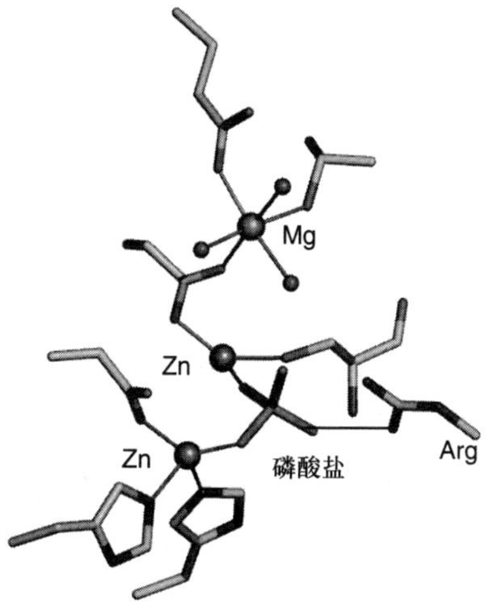

(33)* 碱性磷酸(酯)酶的活性部位

图 26.31

尽管乙醇脱氢酶(ADH)被归入氧化还原酶,但因为我们再次看到 Zn 起着 Lewis 酸的作用,所以也在此一起做讨论。催化的反应是乙醇还原 NAD$^+$:

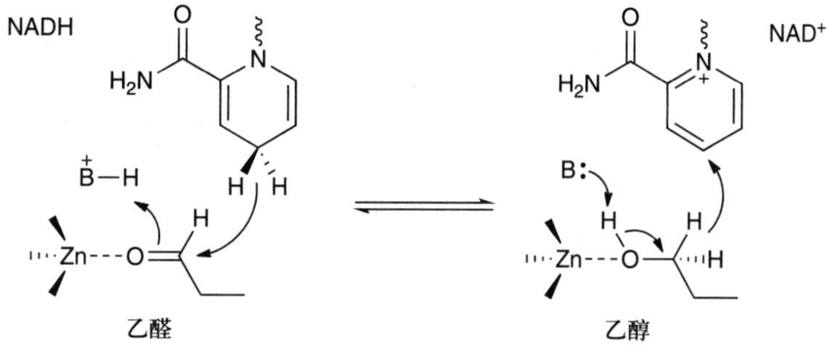

Zn 对 C—OH 基团的活化作用有助于 H 以氢化物形式转移至 NAD^+ 分子。从逆反应方向不难想象这一反应:Zn 原子使羰基极化,从而诱发来自 NADH 氢负离子的亲核进攻。乙醇脱氢酶是一个包含催化功能和结构功能 Zn 位点的 α_2 二聚体。

镉是第 12 族中位于锌下方的元素,通常认为具有高毒性;但现在认识到它是某些生物体必不可少的营养物。2005 年,从海洋浮游植物海链藻中分离出来碳酸脱水酶,研究发现这种酶的活性位点含有 Cd。Cd 在这里不是简单地取代 Zn,酶中的 Cd^{2+} 具有特异性。生长的地表水体中的海链藻的 Zn^{2+} 浓度非常低,实验室通过添加 Cd^{2+} 能够刺激其生长。

(b) 镁酶

提要:Mg 主要的直接催化作用是作为核酮糖-1,5-二磷酸羧化酶的催化活性中心。

与 Zn^{2+} 相比,Mg^{2+} 阳离子对已配位的配体极化作用较小(即 Mg^{2+} 的酸性比 Zn^{2+} 弱);然而它的流动性更高,而且细胞中含有高浓度的游离 Mg^{2+}。它在酶催化中主要以 Mg-ATP 络合物(**1**)的形式起作用。Mg-ATP 络合物是**激酶**(kinases,又名致活酶)的底物,激酶是传递磷酸基从而能够激活目标化合物或使其改变构象的酶。激酶受钙调蛋白(节 26.4)和其他蛋白质的调控,因而是高等生物体内信号传递能力的一部分。

与 ATP 分开起作用的一个重要的 Mg 酶是二磷酸核酮糖羧化酶(1,5-二磷酸羧化酶)。生物圈中含量最丰的这个酶通过释氧的光合生物体产生生物质,同时除去大气中的 CO_2(全球范围内,每年吸收超过 10^{11} t CO_2)。二磷酸核酮糖羧化酶是个 **Calvin 循环**(Calvin cycle)酶,在光合作用的暗反应阶段催化 CO_2 进入核糖酮 1,5-二磷酸盐分子(图 26.32)。

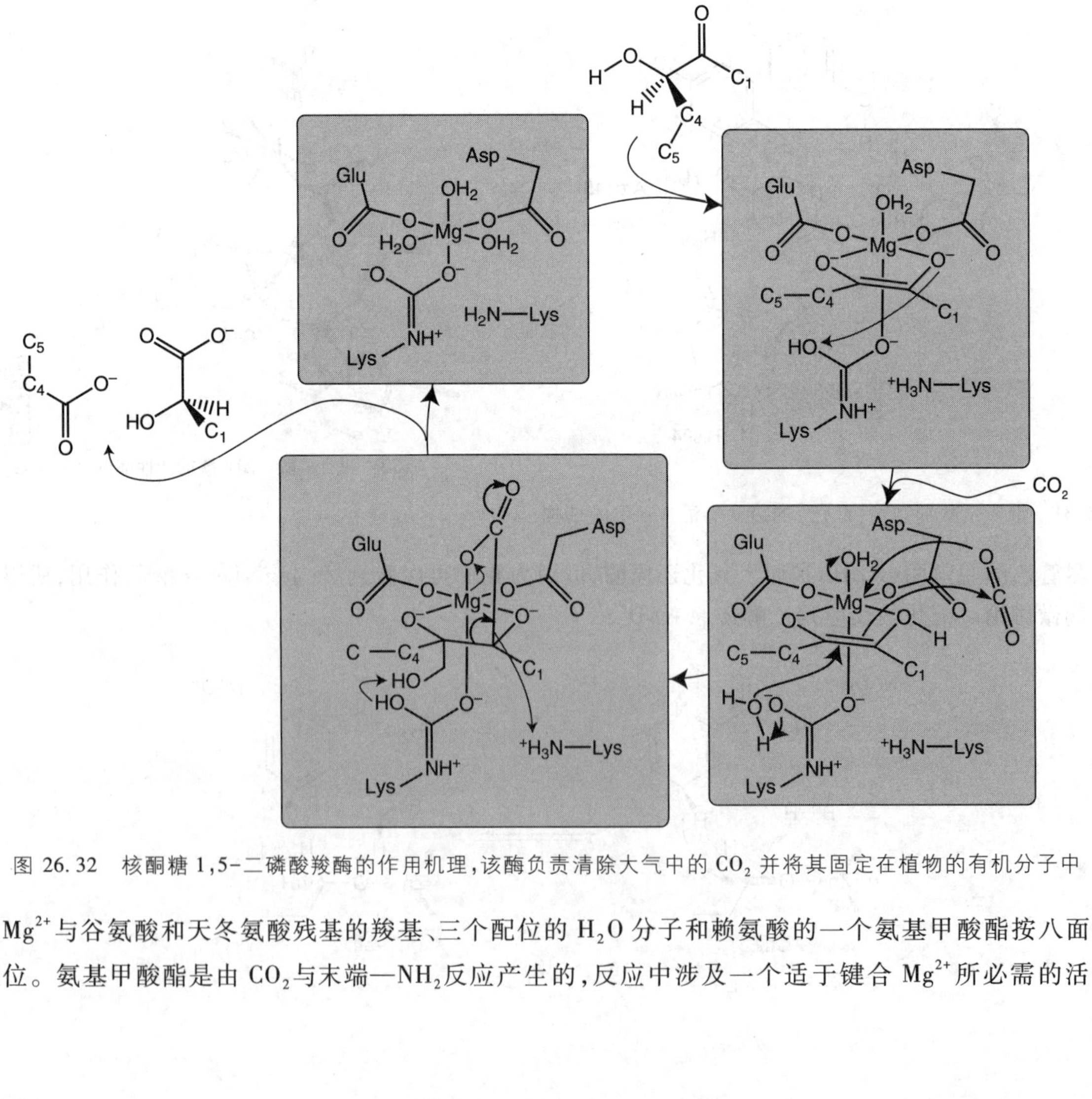

图 26.32 核酮糖 1,5-二磷酸羧酶的作用机理,该酶负责清除大气中的 CO_2 并将其固定在植物的有机分子中

Mg^{2+} 与谷氨酸和天冬氨酸残基的羧基、三个配位的 H_2O 分子和赖氨酸的一个氨基甲酸酯按八面体方式配位。氨基甲酸酯是由 CO_2 与末端—NH_2 反应产生的,反应中涉及一个适于键合 Mg^{2+} 所必需的活化过

程。在催化循环中，核糖酮 1,5-二磷酸盐取代两个水分子与 Mg^{2+} 键合，在氨基甲酸酯帮助下夺去质子形成一个配位的烯醇盐。该中间产物和 CO_2 反应形成一个新的 C—C 键，然后产物断裂形成两个新的三碳化合物，并继续其循环。活泼的烯醇也与 O_2 反应，使底物氧化降解：正是这个原因，该酶通常也被称为二磷酸核酮糖加氧酶。人们注意到与 Zn 不同（它倾向与较软的配体配位，配位数也较低），磷酸核酮糖羧化酶要求金属离子兼备良好的 Lewis 酸性、较弱的键合力和高的丰度。

(c) 铁酶

要点：酸性磷酸酶是个含 Fe(Ⅲ) 的双核金属酶，另一个金属是 Fe 或 Zn 或 Mn；顺乌头酸酶含有 [4Fe—4S] 簇，其中一个被修饰的亚位点控制底物。

酸性磷酸酶有时因其鲜艳的颜色而被称为“紫”酸性磷酸酶（PAPs），存在于多种哺乳类动物器官中，特别是牛的脾和猪的子宫中。酸性磷酸酶催化磷酸酯类的水解，在温和的酸性条件下显示最佳活性。它们涉及骨的修复和磷酸化蛋白质的水解（因此在信息传递方面有重要作用），也可能还有其他功能（如 Fe 的输送）。酸性磷酸酶的粉色或紫色是由酪氨酸到 Fe(Ⅲ) 的荷移跃迁（510 ~ 550 nm，$\varepsilon = 4000\ dm^3 \cdot mol^{-1} \cdot cm^{-1}$）导致的。类似于蚯蚓血红蛋白（**21**），其活性位点含有两个通过配体相连的 Fe 原子。酸性磷酸酶的氧化状态（{Fe(Ⅲ)Fe(Ⅲ)}）无活性（往往能够被离析出来），活性状态下一个 Fe 被还原为 Fe(Ⅱ)。两个 Fe 原子都为高自旋，而且在反应的各个阶段都保持高自旋。

酸性磷酸酶也存在于植物体中，不同的是酶中可被还原的 Fe 原子被 Zn 或 Mn 所代替。甘薯中酸性磷酸酶的活性位点（**34**）显示出磷酸盐是如何与 Fe(Ⅲ) 和 Mn(Ⅱ) 离子配位的。如图 26.33 中的机理所示那样，酯的磷酸根基团与酶中 M(Ⅱ) 亚位点快速键合，然后由酸性较强的 Fe(Ⅲ) 亚位点形成的 OH^- 进攻 P 原子。在一个重要的钙调磷酸酶中也发现存在 FeZn 中心，它催化某些蛋白表面丝氨酸或苏氨酸残基的磷酸化作用，特别是控制免疫响应的转录因子。钙调磷酸酶是由键合 Ca^{2+} 而激活的，可以是直接键合或通过钙调蛋白键合。

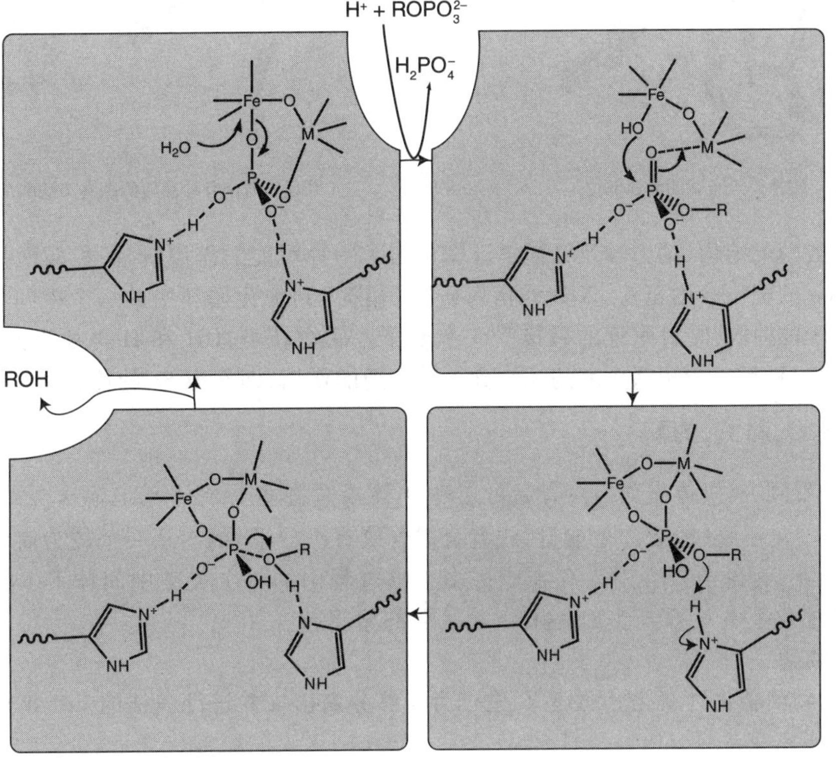

图 26.33　酸性磷酸酶可能的作用机理，占据金属位点 M(Ⅱ) 的是 Fe（常见于多数动物体中）或 Mn 或 Zn

顺乌头酸酶是三羧酸循环(tricarboxylic acid cycle)中必不可少的酶,三羧酸循环也叫 Krebs 循环或柠檬酸循环,是产生高等生物能量的主要来源。它在形式上发生了脱水和再水合的反应中催化柠檬酸和异柠檬酸的相互转化,过程中产生少量乌头酸盐中间体。

柠檬酸盐 → 乌头酸盐 → 异柠檬酸盐

酶的活性状态含有[4Fe—4S]簇,暴露于空气中会降解为[3Fe—4S]簇。具体的催化位点是 Fe 原子,它在氧化后即消失。这个独特的亚位点不是被蛋白质配体配位而是被 H_2O 分子配位的,这就解释了为什么 Fe 较容易被除去。

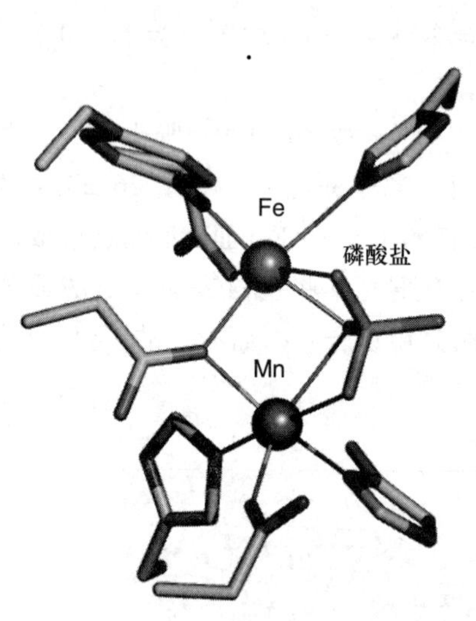

(34)* 酸性磷酸酯酶的活性部位

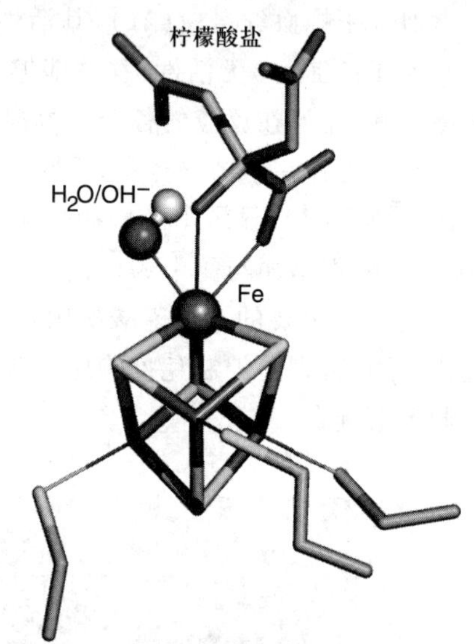

(35)* 结合有柠檬酸的顺乌头酸酶活性部位

根据顺乌头酸酶的结构、动力学及光谱学证据提出了一种可能的作用机理:柠檬酸盐与活性的 Fe 亚位点相键合,使 Fe 的配位数增至 6。X 射线衍射研究"捕捉"到催化循环中的一个中间体(**35**)。Fe 原子极化 C—O 键,OH 被抽取,同时附近的碱接受一个质子。底物转身,OH 和 H 再插入到不同的位置。此外,细胞质中发现一种形式的顺乌头酸酶还起到一种有趣的作用,即作为 Fe 的传感器(节 26.15)。

26.10　涉及 H_2O_2和 O_2的酶

节 26.7 曾经看到,有机体是如何发育起可逆输 O_2体系并将 O_2原封不动地输送至需氧部位的。本节介绍 O_2是如何被催化还原(或者产生能量,或者合成含氧有机分子)的。从一个较为简单的例子(过氧化氢的还原反应)开始,讨论中将会引入存在于许多生物过程中的一个关键中间体 Fe(Ⅳ)。最后介绍在[4MnCa—5O]簇催化下由 H_2O 产生 O_2这样一个著名的循环。

(a) 过氧化物酶

要点:过氧化物酶催化过氧化氢的还原,它们为能够分离出来并进行表征的 Fe(Ⅳ)中间体提供了重要实例。

含有血红素的过氧化物酶[如辣根过氧化物酶(HRP)和细胞色素 *c* 过氧化物酶(CcP)]催化过氧化氢的还原:

$$H_2O_2(aq)+2e^-+2H^+(aq) \longrightarrow 2H_2O$$

化学上对过氧化物酶具有浓厚的兴趣，是因为它们是 Fe(Ⅳ)络合物最好的例子。众多生物涉氧反应中铁(Ⅳ)是一种重要的催化中间体。过氧化氢酶催化 H_2O_2的歧化反应(这一反应在热力学上是有利的)，是已知最具活性的酶之一，也是一种过氧化物酶。图 26.34 给出酵母细胞色素 *c* 过氧化物酶的活性部位，它显示出催化循环中的底物是如何被操控的。近端配体是组氨酸的咪唑侧链，远端口袋(类似肌红蛋白)也含有一个咪唑侧链，但也含有来自精氨酸的一个胍基。

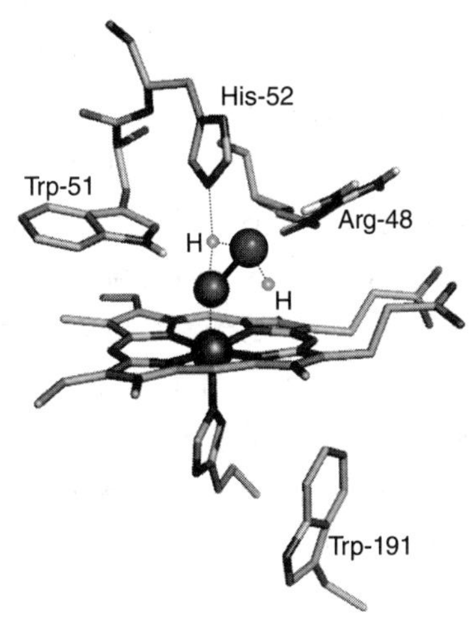

图 26.34　酵母细胞色素 *c* 过氧化物酶的活性部位，显示氨基酸对活性是必需的，并示出过氧化物是如何键合在末端口袋的

如图 26.35 所示，催化循环始于 Fe(Ⅲ)形式。H_2O_2分子与 Fe(Ⅲ)配位，末端组氨酸传递质子转移以便两个 H 原子都放到远端 O 原子上。胍基支链同时引发的键极化导致 O—O 键发生异裂：一半以 H_2O 分子形式离去，另一半则仍键合在 Fe 原子上产生一个高氧化性的中间体。尽管将该体系看作是捕获了一个 O 原子[或看作键合于 Fe(Ⅴ)的 O^{2-}]，但 EPR 和 Mössbauer 谱的详细研究则表明，这个高氧化性的中间体(曾被称为"化合物I")是带一个有机阳离子自由基的 Fe(Ⅳ) ═ O (高价铁)。HRP 中的自由基处在卟啉环上，而在 CcP 中则处在附近肽残基色氨酸-191 上。从 Fe(Ⅳ) ═ O(多重键)到 Fe(Ⅳ)—O···H(O 原子要么质子化，要么通过氢键连接到一个给予体)的范围内描述 Fe—O 之间的成键作用。化合物 I 或者通过有机底物或者通过细胞色素 *c* 经过两个 1 电子转移还原至休眠状态的 Fe(Ⅲ)(图 26.26)。

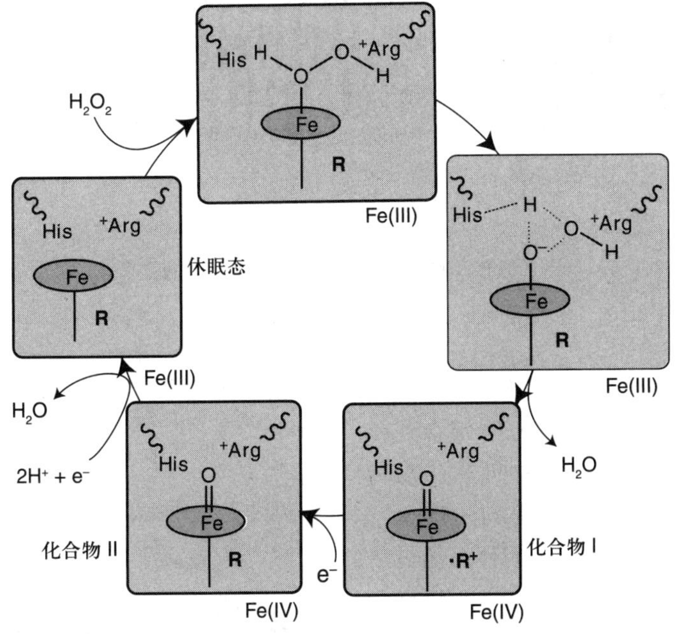

图 26.35　含血红素的过氧化物酶的催化循环

(36) 溴代过氧化物酶的活性部位

过氧化氢在生物体内用于合成卤代化合物。该过程对藻类(海藻)特别重要，它是由一类不含 Fe 但含有钒的过氧化物酶[利用 V(Ⅴ)的 Lewis 酸性]催化的。溴代过氧化物酶(**36**)的活性位点由与一个组氨酸 N 原子配位的 O—V(Ⅴ)单元组成。催化机理涉及 $\eta^1\eta^2$-配位的过氧化物的活化，一个氧原子转移到进入的 Br^-生成能进攻有机底物的活泼物种 BrO^-。

(b) 氧化酶

提要：氧化酶是在 O 原子不与可被氧化的底物结合的情况下，催化 O_2还原为水或过氧化氢的酶。它们包括细胞色素 *c* 氧化酶，这种酶是所有高等生命形式的基础。

细胞色素 *c* 氧化酶是一种膜包覆酶，它以细胞色素 *c* 为电子给体，催化 O_2生成水的四个电子还原。两个半电池反应的电位差超过 0.5 V，但该数值并不能反映其真正的热力学趋势，因为被细胞色素 *c* 氧化酶催化的实际反应是

$$O_2(g)+4e^-+8H^+(\text{内部}) \longrightarrow 2H_2O(l)+4H^+(\text{外部})$$

该反应包含 4 个 H^+，它们不是化学消耗的，而是逆浓度梯度被“泵”穿膜的。这样的酶被称为**电致离子泵**（electrogenic ion pump）或**质子泵**（proton pump）。虽然某些细菌能够产生较简单的酶，但在真核生物中，细胞色素氧化酶处于线粒体内膜中并且有许多的亚单元（图 26.36）。它包含三个 Cu 原子和两个血红素 Fe 原子，一个 Mg 原子和一个 Zn 原子可能在结构上是重要的。Cu 和 Fe 原子被安排在三个主要位点上。O_2还原的活性位点是由类肌红蛋白的 Fe 卟啉（血红素 a_3）组成的，与其相邻的是与三个组氨酸配位的“半类血蓝蛋白”中的 Cu（被称为 Cu_B）（**37**），其中一个组氨酸配体的咪唑基与相邻的酪氨酸形成共价键被修饰。电子是由第二个六配位的 Fe 卟啉（血红素 *a*）供给这个双核单元的，如所预料，它是一个电子转移中心。所有这些中心都位于亚基 1 上。来自细胞色素 *c* 的电子最初被位于亚基 2 的双核 Cu_A中心接收（节 26.8）。因此，电子转移的序列是

$$\text{细胞色素 } c \rightarrow Cu_A \rightarrow \text{血红素 } a \rightarrow \text{双核位点}$$

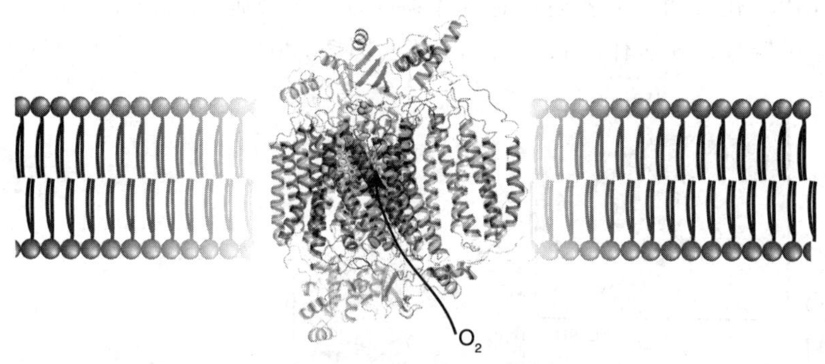

图 26.36　膜中细胞色素 *c* 氧化酶的结构，示出了氧化还原中心的位置和与 O_2 反应的位点，细胞色素 *c* 通过键合在顶部的分子传递电子，活性部位的详情见（**37**）

细胞色素 *c* 氧化酶含有两个质子转移通道，一个用于供给生成 H_2O 所需要的质子，另一个质子跨膜泵出。图 26.37 给出人们为之建议的催化循环。首先是 O_2键合到 Fe(Ⅱ)—Cu(Ⅰ)活性位点生成类似肌红蛋白的氧合中间体。与肌红蛋白不同的是，这个中间体吸收另一个即刻可以得到的电子生成过氧物种，后者即刻分解为一种被称为 P 物种的中间体。通过旋光和 EPR 谱捕捉到了 P 物种并进行了研究，研究显示它含有 Fe(Ⅳ)═O 和一个有机自由基(Y·)，后者可能位于不寻常的组氨酸-酪氨酸对上。Fe(Ⅳ)═O 中间体是由 O_2发生异裂形成的，同时也产生一分子的水。人们再次注意到阳离子自由基的作用：如果没有这个自由基，Fe 将必须指定为Fe(Ⅴ)。

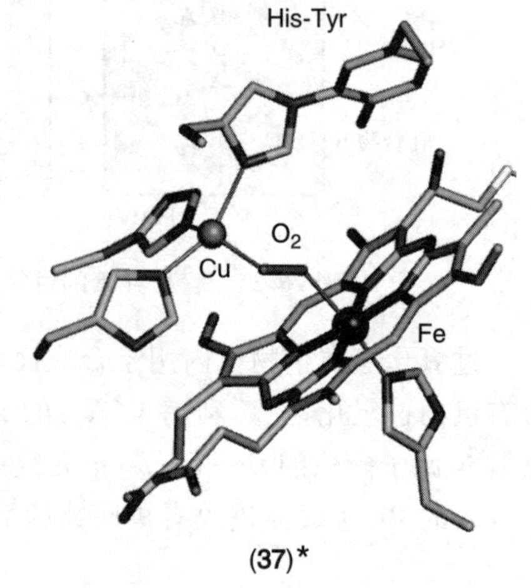

(37)*

在 O_2转化为水的过程中，不释放出过氧化氢这样的中间体是非常重要的。人们精心设计了一个能够附着在电极上的模型络合物（**38**），对其进行的研究表明酚的存在至关重要。酚的存在能使

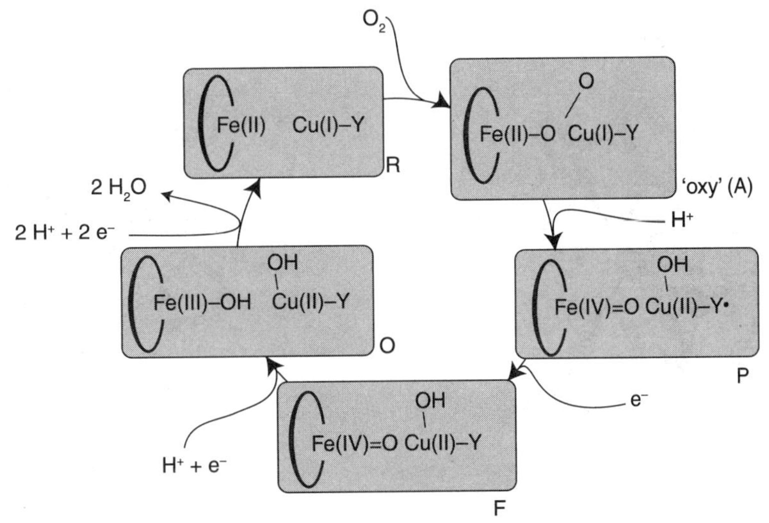

图 26.37　细胞色素 *c* 氧化酶的催化循环，中间体是根据当今的习惯标记的；电子是由其他血红素中心和 Cu_A 提供的。在催化循环中，额外的 4 个 H^+ 是穿膜泵入的

O_2 还原过程所需的四个电子迅速被提供，而不需通过长脂肪链缓慢的长程电子转移。如果酚的—OH 基团被—OCH_3所取代，O_2还原过程中过氧化氢就会释放出来。这是因为甲氧基衍生物无法形成一个被氧化的自由基。

蓝铜氧化酶的蓝 Cu 中心能从底物中移走一个电子传递到三核 Cu 位点，该三核 Cu 位点能催化 O_2还原至 H_2O 的反应。做过较好表征的两个例子分别是抗坏血酸氧化酶和漆酶类，然而对哺乳动物组织中的血浆铜蓝蛋白了解得却不多。抗坏血酸氧化酶存在于如黄瓜和南瓜等果蔬的表皮中，其作用可能是双重的：一是保护果蔬不被 O_2氧化以保持新鲜；一是将酚类氧化为形成果蔬表皮所需要的中间体。漆酶分布广泛，尤其是在植物和霉菌中。植物和霉菌分泌漆酶以催化酚类底物的氧化。O_2还原的活性位点(**39**)被包埋：该活性位点含有由 O 原子桥连的一对氧化态 Cu 原子，第三个 Cu 原子靠得非常近，形成近乎三角形的排列。

(**38**)

胺氧化酶催化将胺氧化为醛，其活性位点是在 Cu(Ⅱ)和 Cu(Ⅰ)间穿梭转换的一个 Cu 原子。该酶进行 O_2的二电子还原，产生一分子的 H_2O_2。这个问题能够被解决，是因为类似于细胞色素 *c* 过氧化物酶和细胞色素 *c* 氧化酶，胺氧化酶在金属附近存在另一个氧化源，此例中是一个叫做一羟基多巴醌(TPQ)的特殊辅因子，它是酪氨酸的后转移氧化形成的(**40**)。

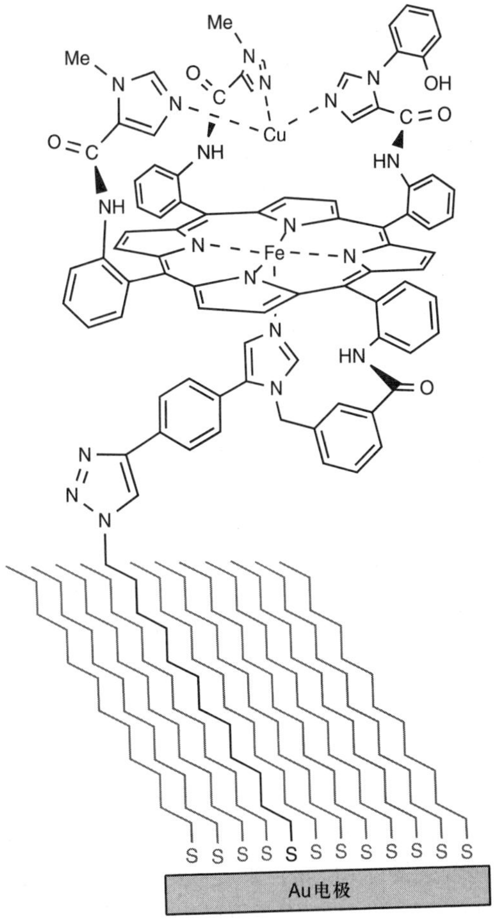

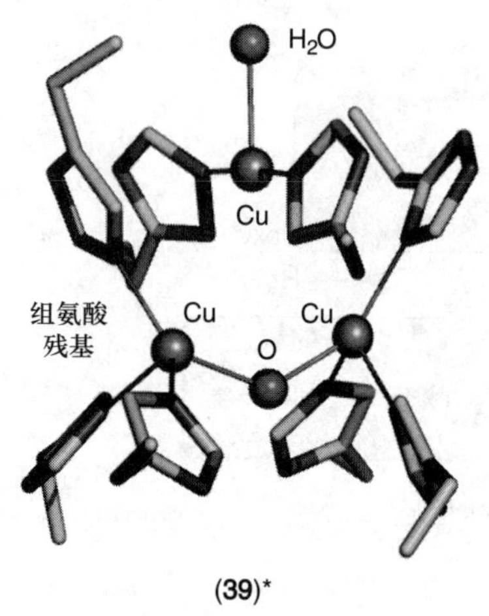

(39)*

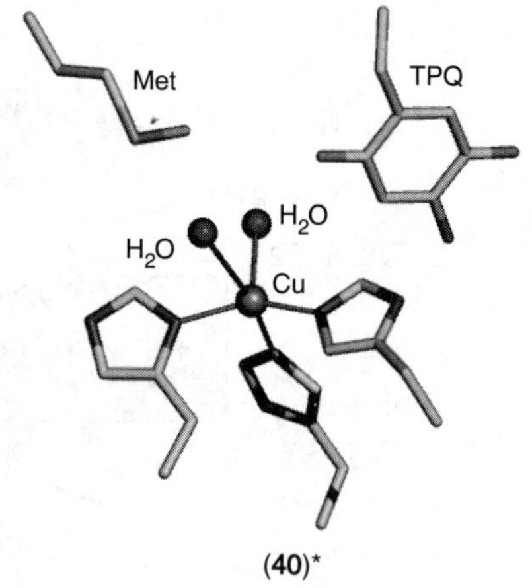

(40)*

例题 26.8　解释还原电势

题目:O_2在 pH=7 时的四电子还原电势为+0.82 V。细胞色素 *c*(为细胞色素 *c* 氧化酶提供电子的电子给予体)的还原电位为+0.26 V,而霉菌漆酶的有机底物电势往往高达+0.7 V。从能量守恒的角度,这些数据有什么意义?

答案:尽管细胞色素 *c* 氧化酶和漆酶都能高效催化 O_2的四电子还原,但需要考虑它们不同的生物功能。漆酶是酚氧化的高效催化剂,其驱动力小;细胞色素 *c* 氧化酶是个质子泵,氧化细胞色素 *c* 得到的 Gibbs 自由能恰恰超出 2 eV(4×0.56 eV),从而驱动穿过线粒体内层细胞膜的质子转移。

自测题 26.8　在胺氧化酶和被称为半乳糖氧化酶的铜酶中不寻常的活性中心结构被发现前,Cu(Ⅲ)被建议为催化的中间体。请预言这种状态可能具有的性质。

(c) 加氧酶

提要:加氧酶催化将 O_2生成的一个或全部两个 O 原子插入到有机底物中:单加氧酶催化将一个 O 原子插入有机底物,另一个 O 原子则被还原为 H_2O;双加氧酶催化将两个 O 原子都插入底物。

加氧酶催化将 O_2的一个或两个 O 原子插入底物,而氧化酶的两个 O 原子则生成 H_2O(或 H_2O_2)。O 原子插入 C—H 键的加氧酶通常叫做羟化酶。多数加氧酶含有 Fe,另外一些含有 Cu 或黄素(一种有机辅助因子)。加氧酶多种多样。单加氧酶催化下述类型的反应:

$$R—H+O_2+2H^++2e^- \longrightarrow R—O—H+H_2O$$

反应中的电子是由像 FeS 蛋白这样的电子给予体提供的。单加氧酶也能催化烯烃的环氧化。双加氧酶将 O_2的两个 O 原子插入到底物中,而且不需要其他电子给予体。同一分子中的两个 C—H 键可能加合氧:

$$H—R—R'—H+O_2 \longrightarrow H—O—R—R'—O—H$$

Fe 酶分为两个主要类型:血红素和非血红素。这里先讨论血红素酶,其中最重要的是细胞色素 P450。

细胞色素 P450(或称"P450")是一类非常重要而且分布广泛的一类含血红素的单加氧酶。真核生物中主要存在于线粒体,而高等动物体中则主要集中在肝组织中。它们在生物合成(如甾类化合物的转换)中起着关键作用,如合成黄体酮。"P450"得名于光谱图上强吸收带的位置,含该酶溶液的最大吸收出现在 450 nm 处,甚至用还原剂和 CO 处理粗制的组织提取物而产生的 Fe(Ⅱ)—CO 络合物也在同样的位置出现强吸收。大多数 P450 酶是难以离析出来的、复杂的膜键合酶。人们对它们的认识多数来自对 P450cam 的研究,P450cam 是从 ***Psuedomonas putida* 细菌**分离出来的。这种细菌以樟脑为其唯一的碳源,反应的第一阶段是 5 位上发生的环外加氧:

$$\text{樟脑} \xrightarrow[\text{细胞色素P450}]{O_2,\ 2H^+,\ 2e^-} \text{5-羟基樟脑} + H_2O$$

通过动力学和光谱相结合的方法研究了相关的催化循环(图 26.38)。循环从休眠状态的 Fe(Ⅲ)开始,底物键合到活性位口袋里(1)诱导释放出配位的水分子。这一步是从自旋态的变化[由低自旋($S=1/2$)变为高自旋($S=5/2$)]和还原电位的增大[导致一个电子从小的、含有[2Fe—2S]的、叫作假单孢氧还蛋白的蛋白中转移至(2)]检测出来的。形成五配位的 Fe(Ⅱ)与脱氧肌红蛋白的情况以及键合 O_2(3)的情况相类似。不同于肌红蛋白的是,第二个电子的加入在热力学上和动力学上都是有利的。接下来的反应(4~6)都很快,然而据认为生成一个 Fe(Ⅲ)过氧化物中间体,中间体发生 O—O 键异裂产生类似于过氧化物酶中化合物 I 的高价铁物种。在一个叫做**氧回弹的机理**(oxygen rebound mechanism)中,Fe(Ⅳ)═O 基团从底物抽取一个 H 原子,然后以 OH 自由基插回。这个过程是值得关注的,它相当于通过与 Fe 键合"驯服"了一个 O 原子或 OH 自由基。

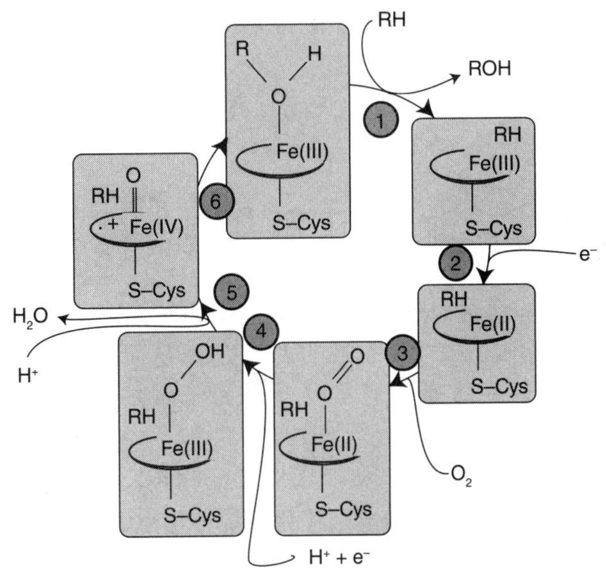

图 26.38　细胞色素 P450 酶的催化循环

人们认为其他 P450 有着类似的作用机理,但其活性位点口袋的结构有所不同。不同于过氧化物酶,P450 活性位点是明显疏水的,具体的极性基团是为了有机底物定向,以便把要被插入的 R—H 键基团带到 Fe ═ O 附近。

非血红素加氧酶分布广泛,而且通常是双加氧酶。多数这类酶的活性位点包含一个 Fe 原子,可通过蛋白中活性位点是 Fe(Ⅲ)还是 Fe(Ⅱ)来分类。含 Fe(Ⅲ)的加氧酶历史上也叫**内二醇加氧酶**(intradiol oxygenases),Fe 原子的功能是作为 Lewis 酸催化剂,活化有机底物被非配位的 O_2进攻:

CO_2^-　　CO_2^-　　CO_2^-

Fe^{III} ⟶ Fe^{III} ⟶ Fe^{III} ⟶ 产物

相反，含 Fe(Ⅱ)的加氧酶历史上也叫**外二醇加氧酶**(extradiol oxygenases)，Fe 直接与 O_2键合并将其活化以进攻有机底物：

产物

Fe(Ⅲ)加氧酶的一个例子是原儿茶酸 3,4-双加氧酶：Fe 为高自旋，与蛋白质配体中的两个组氨酸 N 和两个酪氨酸 O 紧密配位；酪氨酸 O 是硬给体原子，相对于 Fe(Ⅱ)而言它特别适于稳定 Fe(Ⅲ)。Fe(Ⅲ)酶为深红色，是由酪氨酸向 Fe(Ⅲ)的强荷移跃迁造成的。Fe(Ⅱ)加氧酶的一个例子是邻苯二酚 2,3-双加氧酶，高自旋态的 Fe(Ⅱ)与蛋白质配体的两个组氨酸 N 原子和一个羧基配位。Fe 相当活泼，反映了 Fe(Ⅱ)在 Irving-Williams 序列(节 20.1)中处于低位。由于 Fe(Ⅱ)键合较弱，加上很难观察到有用的光谱(如 EPR 谱)特征，使得对 Fe(Ⅱ)加氧酶的研究难度比 Fe(Ⅲ)酶大得多。

特别重要的一类 Fe(Ⅱ)加氧酶是以 2-酮戊二酸分子作为第二底物：

$$RH + O_2 + {}^{-}O_2C\text{-}CH_2CH_2\text{-}CO\text{-}CO_2^{-} \longrightarrow ROH + {}^{-}O_2C\text{-}CH_2CH_2\text{-}CO_2^{-} + CO_2$$

氧合戊二酸依赖的加氧酶(oxo-glutarate-dependent oxygenases)的作用原理是将 O_2中的一个 O 原子转移到 2-酮戊二酸(也叫 α-酮戊二酸)使其发生不可逆的去羰基化，从而促使另一个 O 原子插入到主要底物中。这样的例子还包括一些酶，这些酶通过对某些转录因子氨基酸的修饰来完成细胞的信息传输(节 26.15)。

加氧酶在甲烷(一种温室气体)的代谢中起着至关重要的作用。烃类化合物中以甲烷的 C—H 键最强也最难被活化。甲烷代谢菌产生两种类型的酶来催化甲烷转化为甲醇(一种更有用的化学品和燃料)，因此在工业上也受到极大关注。其中一种是含有 Cu 的膜结合酶，这种酶被称作“粒状”甲烷单氧酶(p-mmo)，能在高浓度 Cu 存在的情况下被表达。另一种是可溶性甲烷单加氧酶(s-mmo)，这种酶含有一个双核 Fe 活性位点(**41**)，与蚯蚓血红蛋白(**21**)和酸性磷酸酶(**34**)相关。其作用机理还未确定，图 26.39 给出 s-mmo 一个可能的催化循环。为之建议的中间体 Fe(Ⅳ)物种与前面遇到过的不同，因为 O_2产生的氧配体是桥配体而不是端位配体。

尽管作为酶中间体的 Fe(Ⅳ)很重要，但能提供重要模型以了解这种酶的小分子 Fe(Ⅳ)络合物却难以理解。最易制备的是血红素类似物(Fe 被卟啉在赤道上配位)，以 Fe(Ⅱ)或 Fe(Ⅲ)形式与过氧酸反应生成。非血红素 Fe(Ⅳ)物种的小分子模型化合物已被制备出来。这个含有五齿五氮配体[*N*,*N*-二(2-吡啶甲基)-*N*-二(2-吡啶)甲胺]的单核络合物(**42**)是用氧转移试剂亚碘酰苯处理 Fe(Ⅱ)络合物得到的。这是一个室温下相当稳定的化合物，其结构也为 X 射线衍射法所表征。这种强氧化剂也可通过有水存在的条件下在乙腈溶液中电解 Fe(Ⅱ)络合物的方法来制备。相对于$[Cp_2Fe]^+/[Cp_2Fe]$电对，Fe(Ⅳ)/Fe(Ⅲ)电对的标准电极电位估计约为+0.9 V。络合物(**42**)及其类似物种具有顺磁性($S=1$)，在近红外区显示特征吸收带。Fe—O 键键长为 164 pm，与 O 原子作为 π 给体而形成的多重键完全相符合。络合物(**42**)可以氧化多种烃类化合物(包括环己烷)的 C—H 键。科学家已经建议用二(μ-O)Fe(Ⅳ)络合物(**43**)作为 s-mmo 中形成的活性中间体的结构类似物。

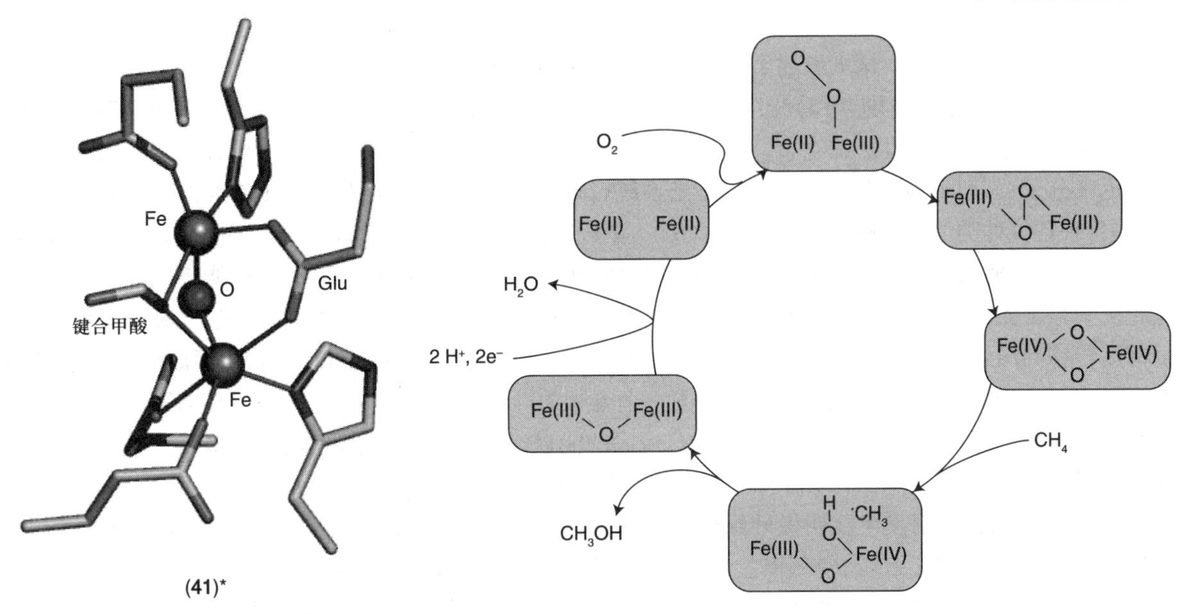

图 26.39 甲烷单加氧酶可能的催化循环

酪氨酸酶和邻苯二酚酶都是产生黑素型颜料的酶，各自都含有强偶合的双核 Cu 中心，双核 Cu 中心与 O_2的配位模式类似于血蓝蛋白中的模式（O_2^{2-}）。然而与血蓝蛋白不同，配体的 σ^* 到 Cu 的电荷转移显著增强，从而使配位 O_2^{2-} 得到活化使其能够在底物的酚环上发生亲电进攻。邻苯二酚氧化酶（结合有抑制剂酚基硫脲）活性位的结构见（**44**），结构图显示出如何将底物的酚环进行定向使其靠近桥 O_2。铜酶也负责产生重要的神经递质和激素（如多巴胺和去甲肾上腺素）。这些酶含有两个在空间上相互远离的 Cu 原子，而且没有磁偶合。

(42)

(43)

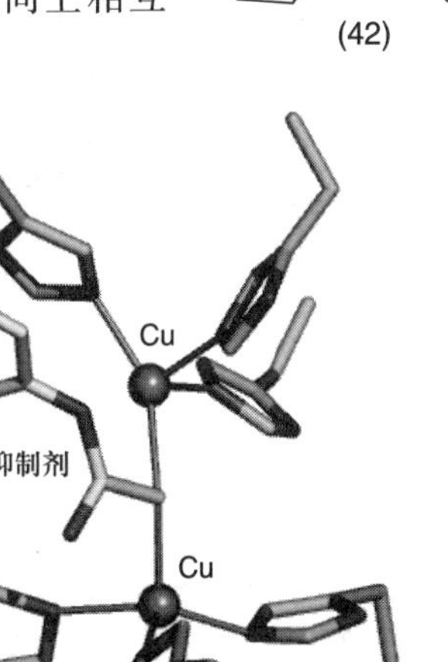

(44)*

(d) 光合产 O_2

提要：生物体通过光活性中心捕获太阳能，产生还原电位很负的物种将 CO_2和 H_2O 中的 H^+还原生成有机分子。在高等植物和蓝藻细菌中，来自水的电子通过一个复杂的催化中心（该中心含有四个 Mn 原子和一个 Ca 原子）转移至 O_2。

光合作用（photosynthesis）是利用太阳能生产有机分子的过程。它可方便地分为**光反应**（light reactions）和**暗反应**（dark reactions）两大类。前者是捕获电磁能的过程，后者则利用亮反应获得的能量将 CO_2 和 H_2O 转化为碳水化合物。前面已经讲到最重要的暗反应（将 CO_2结合进有机分子的反应）需要用二磷酸核酮糖羧化酶进行催化。这里叙述金属在光反应中所起的某些作用。

第10章中(应用相关文段10.3)介绍了光化学捕获能量(用于从水产生H_2的技术)的基本原理。可将光合作用看做是通过与CO_2反应"储存"H_2相类似的过程。来自太阳的光子激发生物体中存在于巨大膜结合蛋白中的色素分子,人们将这种膜结合蛋白叫作**光系统**(photosystems)。最重要的一种色素是我们熟悉的绿色的叶绿素,它是一种类似于卟啉的Mg络合物(**8**)。多数叶绿素存在于叫作**捕光天线**(light-harvesting antennae)的巨蛋白中,捕光天线这一名称充分描述了它们的功能:将光子收集起来并汇集至能将光能转化为电化学能的酶。当被光激活后,这种能量转化使用了成为强还原剂的叶绿素复合物。激发态叶绿素释放的每个电子迅速转移到结合了蛋白质的受体(包括FeS簇),并且(通过铁氧还蛋白和其他氧化还原酶)最终用于还原H^+(来自H_2O)和CO_2生成碳氢化合物。失去一个电子的叶绿素阳离子是强氧化剂,必须用其他位置的电子迅速还原,以避免重新结合(即电子流的逆转)造成的能量浪费。发生在绿藻、蓝藻及多数重要的绿色植物中的"产氧"光合作用中,这种用于"修补"的每个电子是由H_2O分子提供并产生O_2的。

绿色植物的光合作用发生在叫做叶绿体的细胞器中。植物的叶绿体有两个光系统(光系统Ⅰ和光系统Ⅱ),它们以串联的方式运行,使低能量的光(680~700 nm,>1 eV)跨越大的电位范围(>1 V,此范围内水保持稳定)。图26.40描绘了光合作用中蛋白质的排列。光合作用电子转移链的一些能量用于产生跨膜质子梯度,跨膜质子梯度反过来又驱动ATP的合成,就像线粒体中发生的那样。光系统Ⅰ处于低电位端,它的电子给体(蓝Cu蛋白质体蓝素)能被光系统Ⅱ中产生的电子还原;光系统Ⅱ中的电子给体则是H_2O。这样一来,绿色植物就通过将H_2O转化为O_2的过程解决了氧化能力的问题。这个四电子反应是值得关注的,因为它没有释放出中间体。这里涉及的催化剂(叫做"释氧中心",OEC)也有特殊的意义,因为早于二十亿年前就在释氧中心的作用下开始为地球大气层提供全部的O_2。OEC是已知催化两分子H_2O形成O—O键的唯一酶活性位点,人们对模拟这个酶催化剂光化学裂解水的功能(应用相关文段16.1)表现出极大的兴趣。

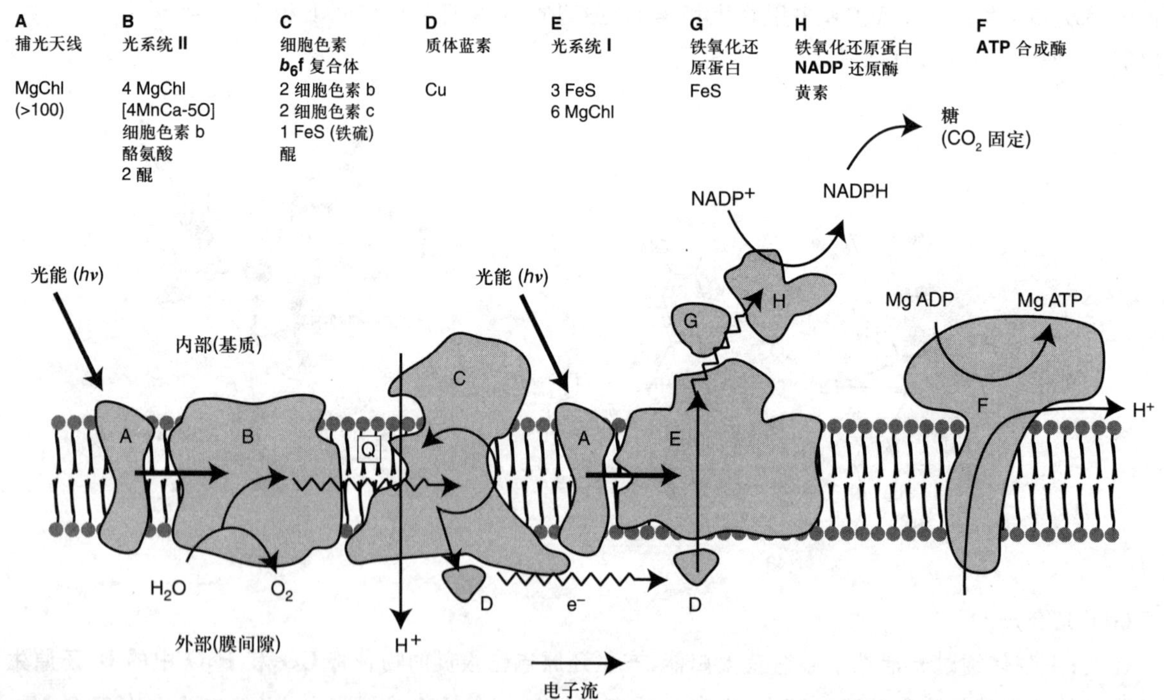

图 26.40

图26.40 光合作用电子传递链中蛋白质的排列("MgChl"代表Mg-叶绿素复合物):A. 捕光天线复合物;B. 光系统Ⅱ;C. "细胞色素b_6f复合物"(它相似于线粒体ET链中的复合物Ⅲ);D. 质体蓝素(可溶);E. 光系统Ⅰ;F. ATP酶;G. 铁氧还蛋白(Fe—S);H. 铁氧还蛋白$NADP^+$还原酶(黄素)蓝色箭头表示能量转移;注意电子如何从Mn(高电位)转移到FeS(低电位):这个明显的"爬坡"流反映了每个光系统的能量输入至关重要

OEC 是包含四个 Mn 原子和一个 Ca 原子的金属氧化物簇合物,位于光系统Ⅱ的 D1 亚基上。亚基 D1 受到人们长期的关注,研究中要用细胞经常更换,因为它容易受到氧化损伤变得不能再用。同步辐射 X 射线衍射数据表明金属原子以[3MnCa—4O]立方烷连接第四个 Mn 原子,从而产生了"椅式"[4MnCa—5O]簇(图 26.41)。人们对于这一结构可能被 X 射线损坏而改变的可能性一直存在争议,因为处于高氧化态的 Mn 原子容易被光电子还原,所以短的 X 射线曝光时间非常关键。OEC 利用 Mn(Ⅳ)和 Mn(Ⅴ)的氧化能力,加上附近的酪氨酸残基将 H_2O 氧化生成 O_2。光系统Ⅱ连续接收的光子导致 OEC 通过一系列的从 S0 到 S4 状态逐步被氧化(接受体是被称为 $P680^+$ 的氧化叶绿素,其还原电位在 pH = 7 时约为 1.3 V,图 26.42)。除了能快速释放 O_2 的 S4 未能离析出来外,其他状态已在动力学研究中通过特有的光谱性质识别出来。例如,S2 显示出复杂多重线的 EPR 光谱。注意,与 Mn 配位的是硬的 O 原子给予体,Mn(Ⅲ)(d^4),Mn(Ⅳ)(d^3)和 Mn(Ⅴ)(d^2)都是硬的金属离子。

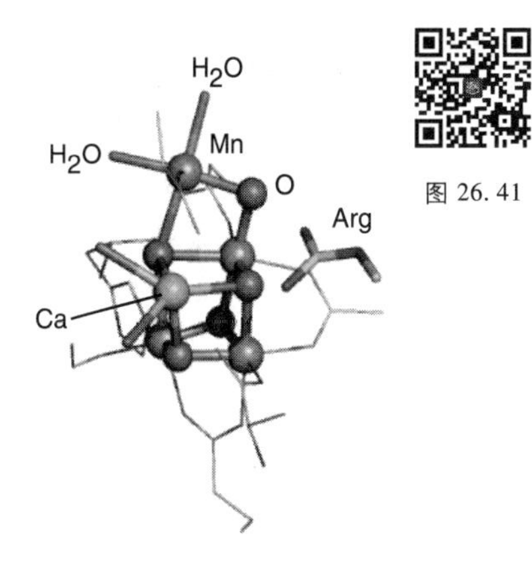

图 26.41　光合产 O_2 的[4MnCa-5O]活性部位

绿色代表 Ca 原子,淡紫色代表 Mn 原子,红色代表 O 原子

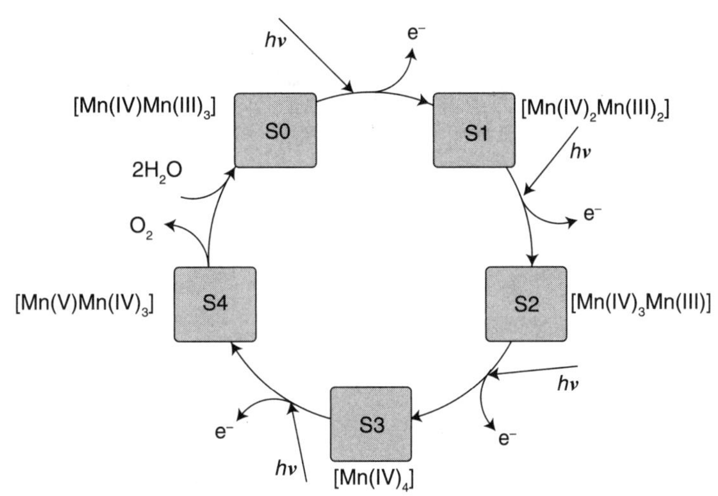

图 26.42　光系统Ⅱ中[4MnCa—5O]簇连续一电子氧化放出 O_2 的"S 循环"

标出了 Mn 的形式氧化态,但略去了 H^+ 的转移;在适应了暗环境的叶绿体中,S1 态的循环处在"休眠"状态

根据已有的结构证据,人们为两分子 H_2O 释放出 O_2 的机理提出了不同的模型。O_2 形成过程中最大的能垒可能是弱过氧键(O—O)的形成,其后形成 O ═ O 双键从能量上讲倒是容易的(节 16.5 和资源节 3)。首先,随着 Mn 位点逐渐被氧化,配位 H_2O 分子酸性增加并失去质子,从 H_2O 经 OH^- 最后变化为 O^{2-}。第二,计算研究表明,最好将"Mn(Ⅴ)═ O"看作 Mn(Ⅳ)—O·,因为缺电子的氧配体具有自由基的明显特性。一种建议是,位于"椅"的背部并与两个水分子配位的 Mn 原子被氧化至 Mn(Ⅳ)—O·自由基,Mn(Ⅳ)—O·与邻近的桥 O^{2-}(连接 Ca)反应产生短暂存在的 Mn(Ⅲ)过氧化物,后者利用簇上聚集起来的氧化能力不难转化为 O_2。Ca^{2+} 的存在至关重要,唯一能取代它的金属离子是 Sr^{2+}。Ca 可能起到的作用是提供一个能永久保持+2 氧化态的位点,从而为进入的 H_2O 分子提供一个迅速而稳定的键合点。如果这个亚位点被第五个 Mn 原子所占据,后者无疑将会被氧化从而失去其功能。

应用相关文段 26.1 自由基反应中的 FeS 酶

赖氨酸 2,3-氨基变位酶发现于 1970 年,它在没有辅酶 B_{12}参与的情况下催化氨基酸自由基重排。这一发现导致生物化学发展起一个新领域,使得 B_{12}在催化自由基重排反应方面的地位降至第二位。赖氨酸 2,3-氨基变位酶是一大类 FeS 酶中的一员,这类 FeS 酶是现在称作自由基 S-腺苷甲硫氨酸(SAM)的超级大家族。自由基 SAM 酶包括那些负责合成必需维生素[如维生素 H(生物素)、维生素 B_1(硫胺素)、血红素和钼蝶呤(节 26.12)]的酶,也包括常规修复 DNA 的酶。

L-赖氨酸的 α-氨基转移到 β-C 原子上实现了 L-赖氨酸和 L-β-赖氨酸的相互转化。L-β-赖氨酸为某些细菌合成抗生素时所必需。

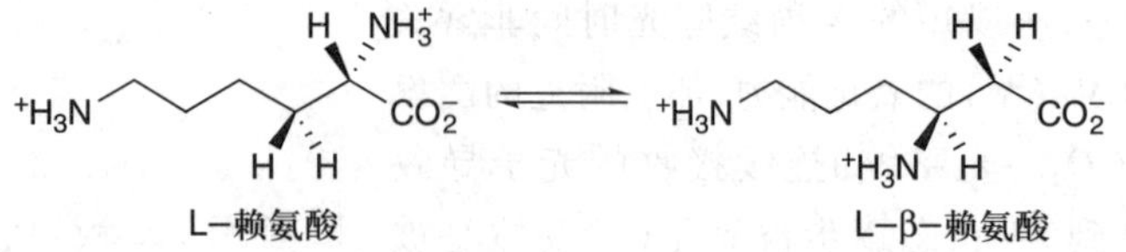

L-赖氨酸 ⇌ L-β-赖氨酸

像 B_{12}酶那样,该反应涉及一个 5′-脱氧腺苷基自由基,而在自由基 SAM 酶中,自由基是使用[4Fe—4S]簇使 S-腺苷甲硫氨酸阳离子发生还原裂解产生的。反应序列从[4Fe—4S]簇的还原开始:$[4Fe—4S]^+$是个强还原剂,SAM 在第三 S^+上发生还原裂解生成蛋氨酸,蛋氨酸这时仍然配位在这个簇的 Fe 原子上,脱氧腺苷基自由基从赖氨酸上抽取一个 H 原子并诱导发生重排。前驱体的 X 射线结构(图 B26.1)示出不同基团在空间的排布。以多种谱学证据为基础提出了形成 5′-脱氧腺苷基自由基可能的机理(图 B26.2):第三 S 进攻独特的 Fe 亚位点(a)或簇的一个 S 原子(b),不论进攻哪个原子都会导致快速的电子转移和键的断裂。

氨基酸序列—C*xxx*C*xx*C—(C 为半胱氨酸,*x* 为另一种氨基酸)是自由基 SAM 酶蛋白中[4Fe—4S]簇的特征配位模式。通过搜寻基因中出现的相同碱基序列的方法已经识别了 2 000 余种蛋白。

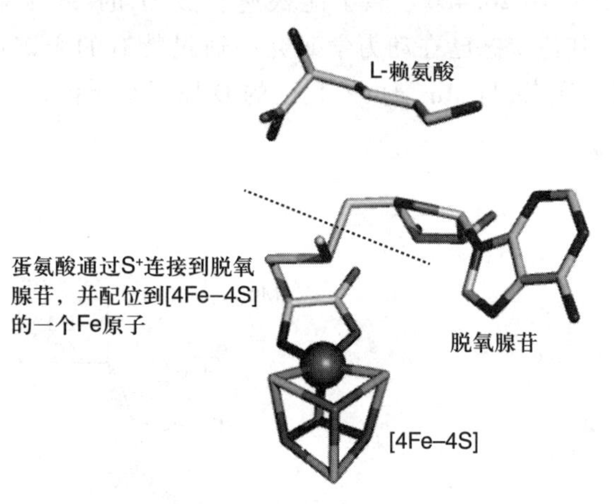

图 B26.1 赖氨酸 2,3-氨基变位酶活性部位的结构
图上示出前体态(其中 S-腺苷甲硫氨酸配位于[4Fe—4S]簇)的排列,底物赖氨酸靠近活性部位

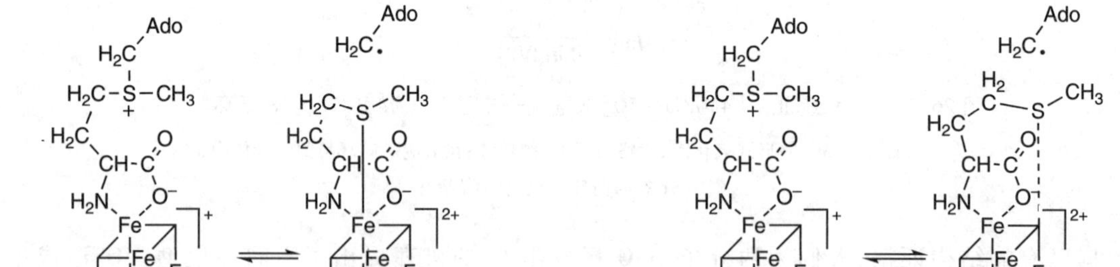

图 B26.2 自由基 SAM 酶中[4Fe—4S]簇产生具有反应活性的 5′-脱氧腺苷基自由基可能的两种机理

26.11 含 Co 酶的反应

提要:大自然以大环配体(咕啉)与之形成络合物的方式利用 Co。这类络合物叫作钴胺素,其第五配体是以共价键与咕啉环相连的苯并咪唑。钴胺素酶催化甲基转移和脱卤反应。辅酶 B_{12}中的第六配体是通过 Co—C 键配位的脱氧腺苷;含有辅酶 B_{12}的酶能催化自由基重排反应。

Co 的大环络合物是催化甲基转移反应的酶的辅因子,这种酶对于脱卤和自由基重排反应(如异构化)也非常重要。咕啉环(**9**)相似于卟啉环(**8**),只是共轭程度和环原子数(15 元环而非卟啉的 16 元环)小一些。叫作**钴胺素**(cobalamin)的五配位配合物包含一个轴向位置的给予体 N 原子,通常情况下这个 N 原子来自核苷酸与咕啉环共价键合的二甲基苯并咪唑,但来自组氨酸残基的也常遇到。**辅酶 $\mathbf{B_{12}}$**(coenzyme B_{12},**45**)的精细结构表明它是自由基重排反应重要的酶辅因子:第六配体 R 是 5′-脱氧腺苷,它通过—CH_2—基团与 Co 原子键合,使辅酶 B_{12}成为自然界中少见的金属有机化合物①。第六配体可以被交换,得到的络合物取名为水合钴胺素、羟钴胺素、氰钴胺素(即维生素 B_{12})等。钴胺素对高等生物非常重要(人体的日需求量仅为几个毫克),但它只能通过微生物来合成。像 Fe 卟啉一样,Co 咕啉也是酶的辅因子,与蛋白质键合后才能发挥其作用。

Co 在生理条件下能以三种氧化态存在:Co(Ⅲ)、Co(Ⅱ)和 Co(Ⅰ),三种氧化态都是低自旋。Co 的电子结构对其生物活性至关重要。如所预料,Co(Ⅲ)(d^6)形式是 18 电子的六配位物种(**46**)。Co(Ⅱ)(**47**)是 17 电子的五配位物种,一个未成对电子处在 d_{z^2}轨道上。这些物种因第五个 N 配体的配位而被称为"base-on"形式。Co(Ⅰ)形式(**48**)的轴向配体都已解离,因而是经典的 16 电子四配位的平面正方形物种。这种平面四方形结构是"base-off"形式。

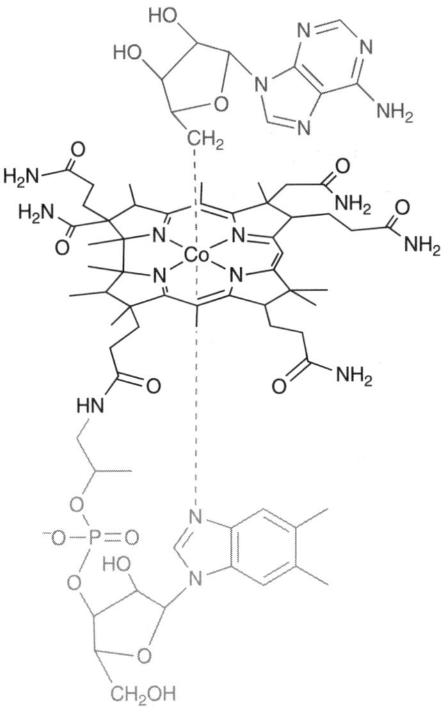

(45) 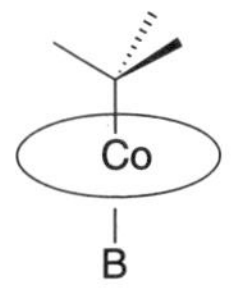　**(46)** 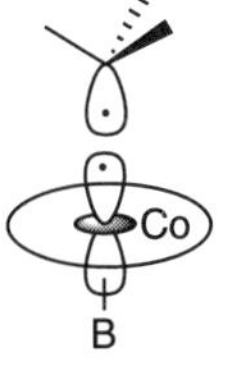　**(47)** 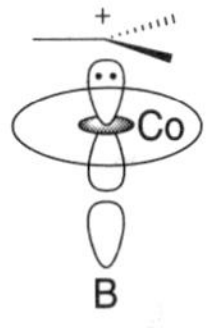　**(48)**

钴胺素的甲基转移反应利用了平面正方形 Co(Ⅰ)的强亲核性。一个特别重要的例子是蛋氨酸合成酶(生物合成蛋氨酸的酶)。蛋氨酸是由甲基载体甲基四氢叶酸将—CH_3基团转移到高半胱氨酸上生成的。不仅蛋氨酸是个必需的氨基酸,高半胱氨酸的积累(活性受到损伤时产生这种积累)也与严重的医学问题有关。其机理涉及"base-on/base-off"循环,Co(Ⅰ)从 N^5-四氢叶酸的季 N 原子上抽取一个亲电的—CH_3基团(CH_3^+)形成甲基钴胺素,后者再将—CH_3转移给高半胱氨酸(图 26.43)。甲基钴胺素是个转移甲基的辅因子,出现在多种生物合成(包括抗生素的生产)路线

① 辅酶 B_{12}是最早通过 X 射线衍射表征结构的分子之一(Dorothy Crowfoot Hodgkin,1964 年诺贝尔化学奖)。1973 年,Robert Woodward 和 Albert Eschenmoser 发表了包含几乎 100 步的 B_{12}全合成路线,当时这是合成的最复杂天然产物。

中。在厌氧微生物体中，甲基钴胺素涉及乙酰辅酶 A 的合成，后者是由甲烷菌产生甲烷过程中的一个基本代谢物。

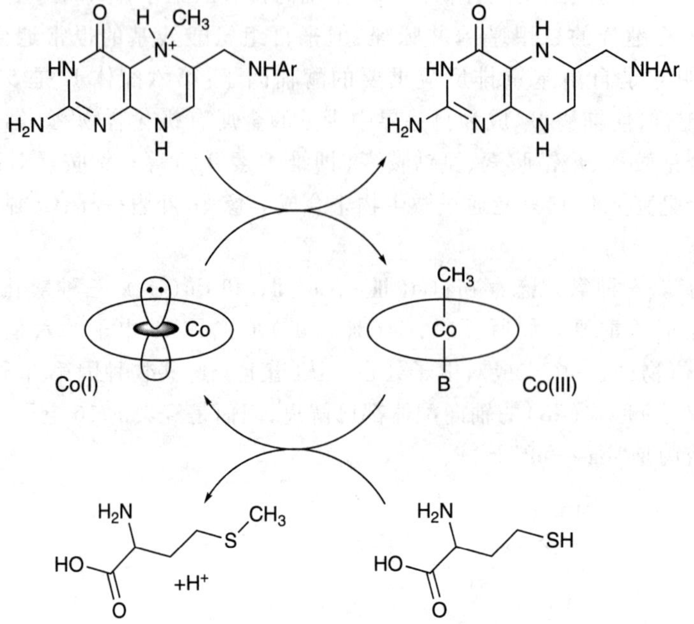

图 26.43　蛋氨酸合成酶机理：Co(Ⅰ)是个强的亲核试剂，进攻甲基载体四氢叶酸上亲电的季—CH_3 基团，得到的 Co(Ⅲ)甲基络合物将 CH_3^+ 转移给高半胱氨酸

由辅酶 B_{12} 催化的自由基重排反应包括异构化过程(变位酶)、脱水或脱氨过程(裂解酶)，同属反应是

脱水和脱氨发生在两个—OH 或一个—OH 和一个 NH_2 被放到同一个碳原子上之后，因此是由异构化作用触发的：

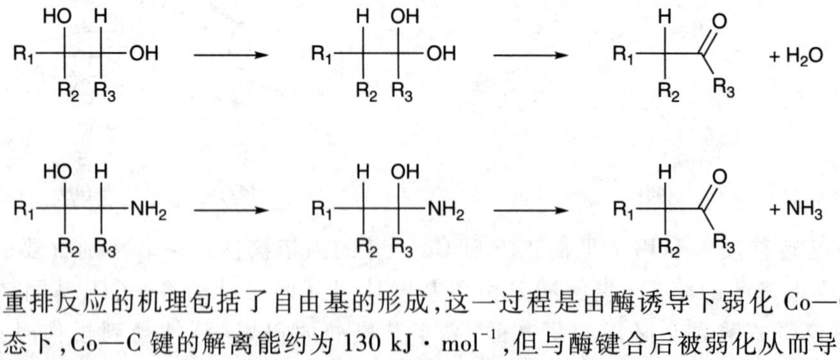

发生自由基重排反应的机理包括了自由基的形成，这一过程是由酶诱导下弱化 Co—C(腺苷)键而引发的。在自由状态下，Co—C 键的解离能约为 130 kJ · mol^{-1}，但与酶键合后被弱化从而导致 Co—CH_2R 键发生均裂。这一步骤生成五配位低自旋 Co(Ⅱ)和 CH_2R 自由基，该自由基引发了酶活性位口袋的可控自由基化学过程(图 26.44)。甲基丙二酰辅酶 A 变位酶和二醇脱水酶是两个重要的例子。

1970 年发现了另一个不依赖 Co 的自由基重排的催化体系。如应用相关文段 26.1 所叙述的那样，催化过程涉及的酶为一个[4Fe—4S]簇，催化过程通过酶的甲硫氨酰基衍生物还原裂解产生活性的脱氧腺苷自由基。

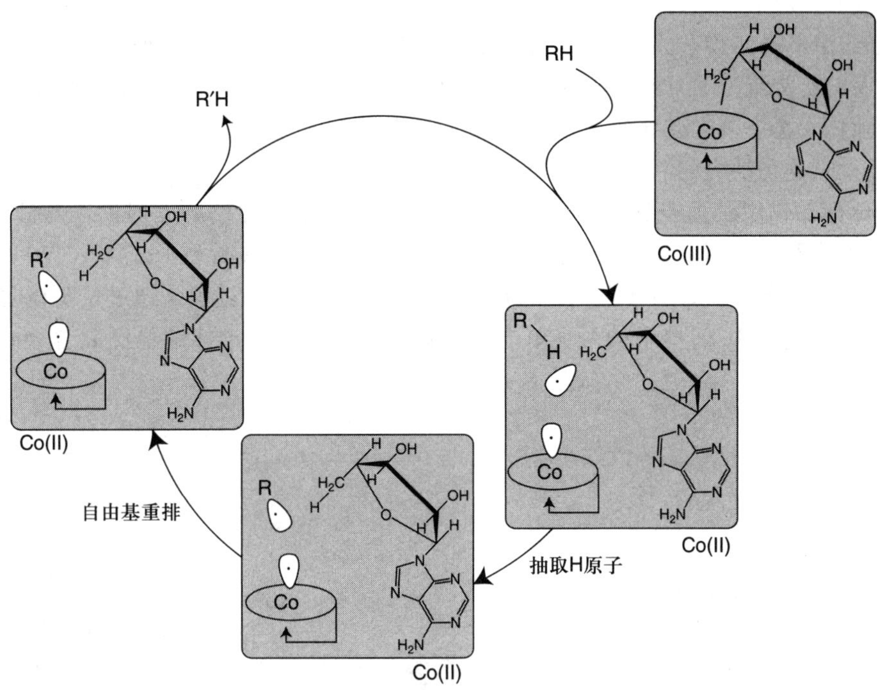

图 26.44 由辅酶 B_{12} 催化的自由基重排原理：Co—C 键均裂生成低自旋 Co(Ⅱ)($d_{z^2}^1$)和一个碳自由基，该自由基从基质 RH 中抽取一个 H 原子；基质自由基留在活性部位，并在 H 原子转移回来之前发生重排(从 R 到 R')

例题 26.9 认识钴胺素 d 电子组态的重要性

题目：为什么 Co 的大环络合物(而不是如血红素那样的 Fe 络合物)适于催化自由基重排反应？

答案：为了回答这个问题，我们需要考虑 Co(Ⅱ)络合物(其中存在一个强的赤道配位场)的电子组态。自由基重排依赖于 Co—C 键的均裂。这种均裂产生腺苷自由基，并将一个电子留在 Co 的 d_{z^2}轨道上。这是低自旋 Co(Ⅱ)(d^7)络合物的稳定组态，但对 Fe 而言，Fe(Ⅰ)氧化态才能得到这样的组态，而 Fe(Ⅰ)氧化态在没有合适配体存在的情况下不稳定。

自测题 26.9 含钴胺素的酶的作用下汞的毒性为什么大大增加？

26.12 催化氧原子转移的钼酶和钨酶

提要：Mo 催化水分子中 O 原子的转移；在还原性更强的环境下，相关的化学过程被 W 所取代。

Mo 和 W 是生物体内迄今已知有特殊作用的、仅有的两个较重的金属元素。Mo 广泛存在于所有生命形态中，本节介绍除固氮酶(节 26.13)之外的其他 Mo 酶；相比之下，W 迄今只在一些原核生物中被发现。Mo 酶催化小分子(特别是无机物种)的氧化和还原。被催化的反应包括亚硫酸盐、亚砷酸盐、黄嘌呤、醛和一氧化碳的氧化，以及硝酸盐和二甲亚砜(DMSO)的还原。

研究发现 Mo 和 W 都是与一种不常见的辅酶(**11**)相结合，辅酶中的金属离子被二硫纶基所配位。在高等生物体内，Mo 与蝶呤二硫纶和其他配体(通常含有半胱氨酸)配位。这可以通过亚硫酸盐氧化酶的活性位点来说明，在那里我们也能看到蝶呤是如何被扭曲的(**49**)。原核生物中的 Mo 酶有两个蝶呤辅因子与金属原子配位，尽管这种精细安排的配体的作用还不完全清楚，但是它可能具有氧化还原活性并可能作为长程电子转移的媒介。Mo 通常是由来自 H_2O 的各种配体(特别是 H_2O 本身、OH^- 和 O^{2-})完成配位的。Mo 适于作为催化剂是因为它能提供三种稳定的氧化态[Mo(Ⅳ)、Mo(Ⅴ)、Mo(Ⅵ)]，这些氧化态与偶合有质子转移的单电子转移有关。具有代表性的是，Mo(Ⅳ)和 Mo(Ⅵ)之间的不同在于它们具有不同数目的含氧基，人们通常认为 Mo 酶将 O 原子转移与单电子转移反应相偶合。人类和其他哺乳动物没有能力合成钼的辅因子，这一事实会导致严重的后果。亚硫酸盐氧化酶缺乏是十分罕见的先天性缺失(亚硫酸根离子毒性大)，这种缺失的后果往往是致命的。

通常认为 Mo 酶的作用机理涉及直接的 O 原子转移，亚硫酸盐氧化酶的作用机理见图 26.45。亚硫酸根离子的 S 原子进攻配位于 Mo(Ⅵ)的缺电子 O 原子，导致 Mo—O 键断裂形成 Mo(Ⅳ)并解离出 SO_4^{2-}。重新获得可转移的氧原子的同时 Mo(Ⅳ)被重新氧化回Mo(Ⅵ)。这一过程是通过位于该酶(图 26.46)中移动的“细胞色素”结构域中 Fe 卟啉的两个单电子转移实现的。EPR 谱能够检测到含 Mo(Ⅴ)(d^1)的中间体。

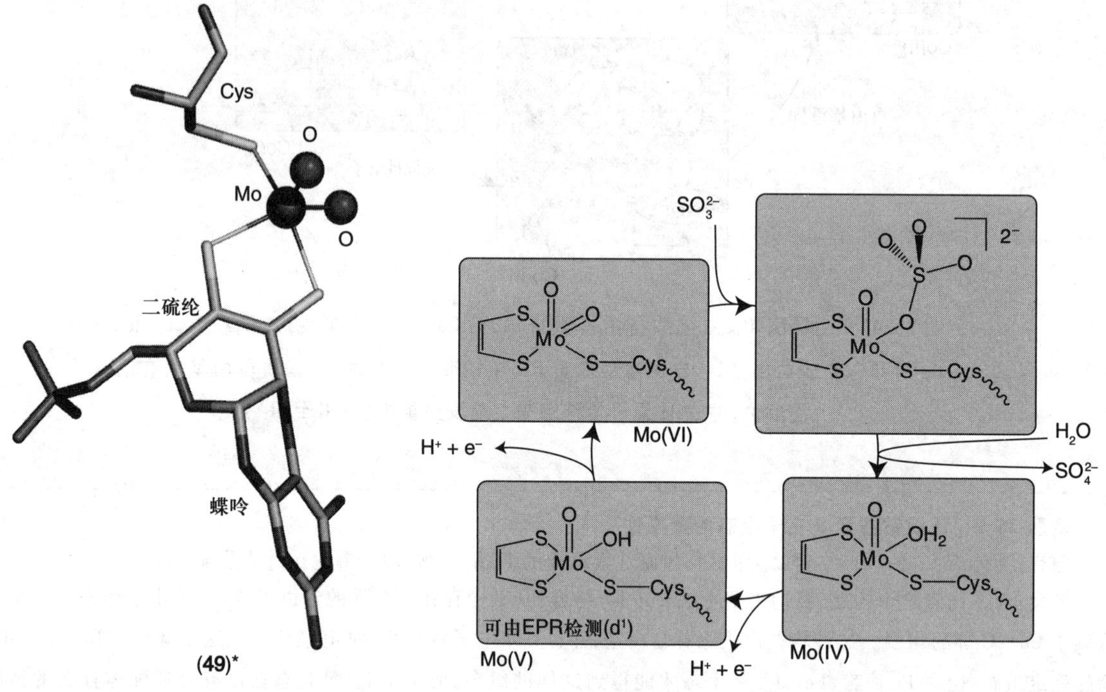

图 26.45　亚硫酸盐氧化酶将亚硫酸酯氧化至硫酸酯，图上给出钼酶的直接 O 原子转移机理

这种氧化反应与之前讲到的 Fe 酶和 Cu 酶的氧化反应可以区分开来，因为 Mo 酶转移的含 O 基团不是来自分子 O_2而是来自水。Mo(Ⅵ) ═ O 单元可以直接(内层机理)或间接地把一个 O 原子转移到还原性的(亲氧的)底物(如 SO_3^{2-}或 AsO_3^{2-})上，但不能氧化 C—H 键。图 26.47 给出 O 原子转移的反应焓：我们可以看到与 O_2反应形成的高氧化性 Fe 物种可以氧化所有的底物，而 Mo(Ⅵ)含氧物种只能氧化还原性稍强的物质，Mo(Ⅳ)能从硝酸盐中抽取一个 O 原子。

W 在第 6 族中处于 Mo 的下方，不难判断其低氧化态不如 Mo 的低氧化态稳定，所以 W(Ⅳ)物种通常是强还原剂。这种能力可通过某些原始生物体中含 W 的甲酸脱氢酶来说明，这种酶能催化 CO_2还原为甲酸盐，该过程是非光合的碳同化作用的第一阶段。该反应不涉及 O 原子的插入，但却形成了新的 C—H 键。人们为此反应提出了与氢负离子转移相当的一种机理：

$$\text{H—O—W}^{\text{IV}}\text{---O=C=O} \xrightarrow[\text{2e}^-\text{迁移}]{\text{HO}^-,\ \text{H}^+} \text{H}^+ + \text{O=W}^{\text{VI}}\text{—OH} + \text{H—C(=O)O}^-$$

微生物氧化是一个重要过程,因为大气中每年约 100 Mt 有毒的 CO 被转化为 CO_2。如应用相关文段 26.2 中表述的那样,该反应是酶(Mo 蝶呤/Cu 辅酶或对空气敏感的[Ni—4Fe—4S]簇)催化下实现的。

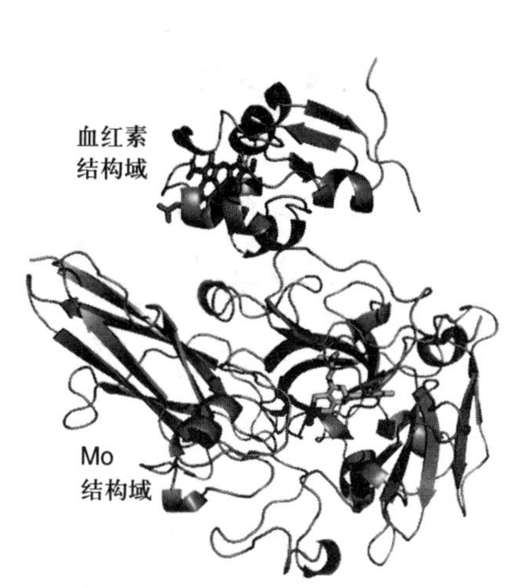

图 26.46* 亚硫酸盐氧化酶的结构:图上给出 Mo 结构域和血红素结构域,连接两个结构域的多肽区是高度易变的,晶体学尚未解出其结构

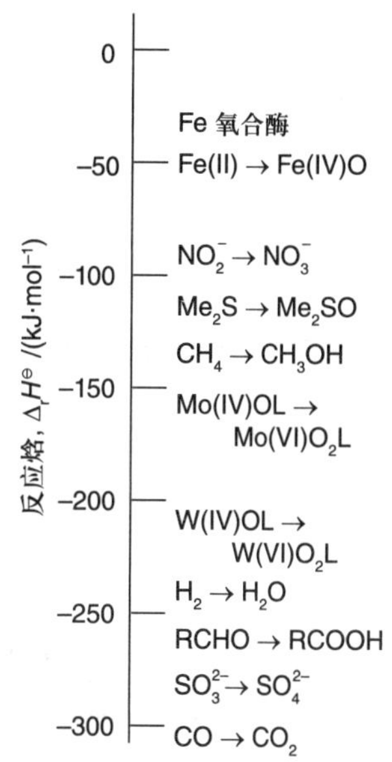

图 26.47 坐标示出氧原子转移的相对焓

Fe(Ⅳ)氧合物种是强的 O 原子给予体,而 Mo(Ⅳ)和 W(Ⅳ)是良好的 O 原子接受体

应用相关文段 26.2　生命依赖一氧化碳

与其众所周知的毒性相反,一氧化碳是自然界最重要的小分子之一。甚至大气中 CO 含量低到 0.05~0.38 ppm 的情况下仍能被多种微生物所摄取,作为其生长所需要的 C 源和作为能源的"燃料"(CO 是比 H_2 更强的还原剂)。两种不寻常的、叫作一氧化碳脱氢酶的酶催化 CO 迅速氧化至 CO_2。需氧菌用的是含有不寻常的 Mo-蝶呤基团的酶(图 B26.3)。Mo 原子上的一个 S 配体与 Cu 原子共享,Cu 原子还与另一个半胱氨酸的 S 原子配位形成 Cu(Ⅰ)常见的线性排列。形成 CO_2 一种可能的机理是,Mo(Ⅵ)的氧基之一进攻与 Cu(Ⅰ)配位的 CO 的 C 原子。相反,以 CO 为其生存唯一能源和 C 源的某些厌氧菌则含有不寻常的[Ni4Fe—4S]簇的酶。对 Ni 酶晶体(它是在不同电位下有 HCO_3^- 存在时培养出来的)进行的 X 射线衍射研究显示,中间体可能的结构是 CO_2 被 Ni 或 Fe 配位(图 B26.4)。该中间体支持下述机理:在 CO 转化为 CO_2 的过程中,CO 在 Ni 位点[为 Ni(Ⅱ)平面四方形构型]键合,C 原子受到配位于 Fe 原子的 OH^- 的进攻。

哺乳动物体内的 CO 是由血红蛋白携带的。据估计,一个健康的成人体内平均约有 0.6% 的血红蛋白以羰基化的形式与 CO 结合。血红素氧化酶作用下能产生游离的 CO,血红素氧化酶是一种 P450 型的酶,催化血红素降解的第一步反应。血红素被破坏后除了释放 Fe 和 CO 外,还会产生胆绿素和胆红素(人们熟悉的擦伤引起周围皮肤发绿和发黄)。像 NO 那样,CO 似乎是个细胞信号分子,并且在低浓度下有治疗作用,治疗包括高血压和保护组织器官移植后的排斥反应。因此引起科学家开发此类药物的兴趣,如水溶性化合物[$Ru(CO)_3Cl$(glycinate)]能缓慢释放 CO 以补充血红素加氧酶的作用(节 27.7)。

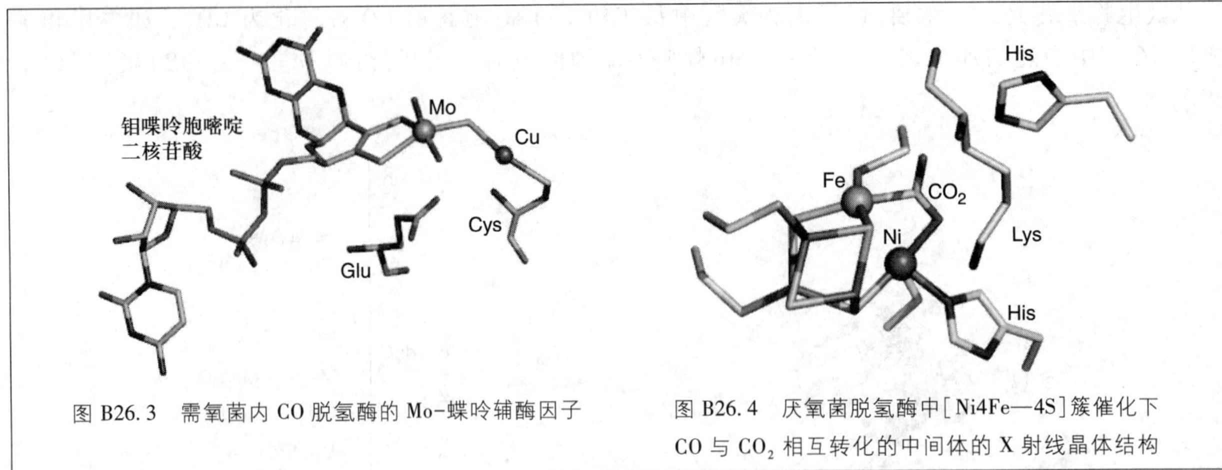

图 B26.3　需氧菌内 CO 脱氢酶的 Mo-蝶呤辅酶因子

图 B26.4　厌氧菌脱氢酶中[Ni4Fe—4S]簇催化下 CO 与 CO_2 相互转化的中间体的 X 射线晶体结构

生物循环

生物体从矿物中最大限度地吸收营养元素往往很不易，已经知道 Fe 是通过特殊配体才被吸收并储存在铁蛋白的。大自然懂得节约，将有用物种再循环而不是返回到生物体以外的自然环境中去。这里介绍氮循环和氢循环：N_2的气体资源难以被直接吸收，大气中 H_2的含量极少而且缥缈不定，其快速循环是由微生物通过类似于电解和燃料电池那样的过程实现的。

26.13　氮循环

提要：氮循环涉及含 Fe、含 Cu 和含 Mo 的酶，其辅酶往往具有不同寻常的结构；固氮酶包含三种不同类型的 FeS 簇，其中一种也含 Mo 和一个小的填隙原子。

地球上的生物氮循环涉及各类型生物体和多种多样的金属酶（图 26.48 和应用相关 15.2）。这种循环可分为同化和异化两种过程：前者是从硝酸盐或 N_2中摄取可用氮的过程，后者则指脱氮过程。氮循环涉及许多不同的生物体和多种金属酶。许多化合物有毒或对环境具有挑战性。氨是生物合成氨基酸的一个关键化合物，而 NO_3^-则被用作氧化剂。过程中产生少量分子（如 NO）作为细胞信号传递媒介，这种分子在生理机能和健康方面起着重要作用。N_2O（与 CO_2等电子）是潜在的温室气体：能否释放至大气，取决于整个生物界中两种酶（NO 还原酶和 N_2O 还原酶）活度和丰度之间的平衡。

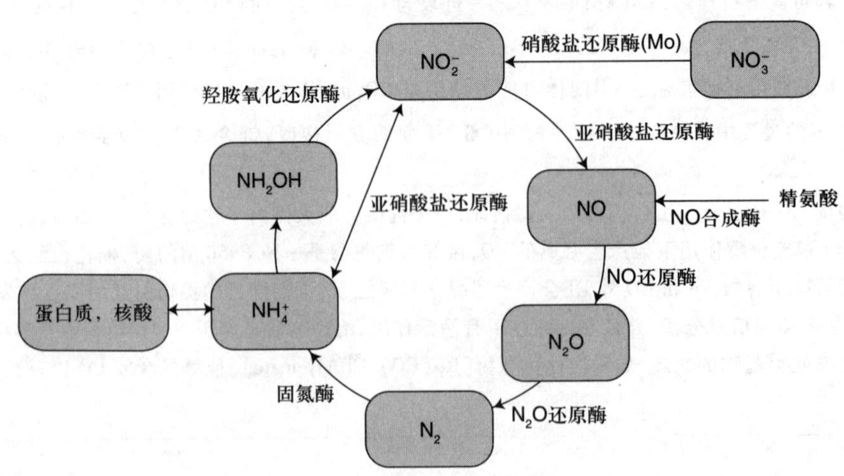

图 26.48　生物氮循环所涉及的酶

土壤和某些植物根瘤中发现的“固氮”菌含有一种叫做固氮酶的酶，它能催化将 N_2 还原为 NH_3 的反应，该反应偶合了 16 个 ATP 分子通过水解并产生 H_2 的反应：

$$N_2+8H^++8e^-+16ATP \longrightarrow 2NH_3+H_2+16ADP+16P_i$$（P_i 表示无机磷酸盐）

合成氨基酸和核酸需要用到“被固定的”氮，它因此是农业生产的核心问题。工业上用 Haber 法生产氨涉及高温、高压下 N_2 和 H_2 的反应；相比之下固氮酶则在温和条件下生产 NH_3。它能引起如此大的关注就不足为奇了。事实上，配位化学家数十年来一直潜心研究着固氮酶活化 N_2 分子的机理。对一个热力学上是不利的反应而言，这项研究从能量角度很有价值。然而正如节 15.6 看到的那样：N_2 是个不活泼分子，它的还原需要能量以克服高活化能垒。

固氮酶是由两种类型蛋白质组成的复合酶，二者中大的叫“MoFe 蛋白”，小的叫“Fe 蛋白”（图 26.49）。Fe 蛋白含有一个[4Fe—4S]簇，它是由来自两个亚单元的两个半胱氨酸残基配位的。Fe 蛋白在反应中的作用是将电子转移至 MoFe 蛋白。相关反应远未为人们所了解，特别是不了解为什么每转移一个电子总要两个 ATP 分子（它们原先结合在该 Fe 蛋白上）的水解相伴随。

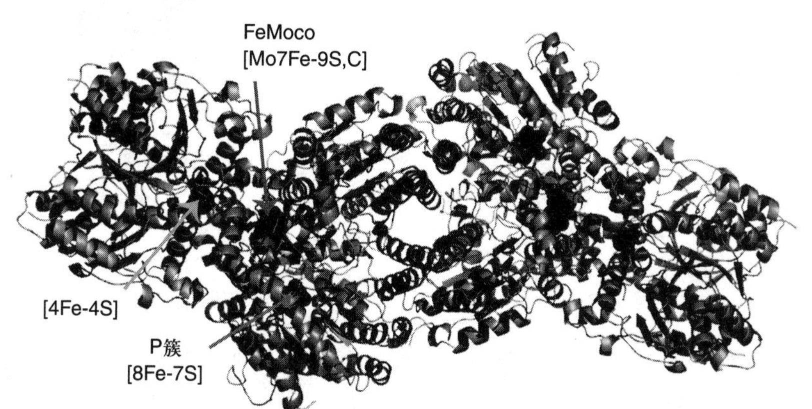

图 26.49

图 26.49　示出 Fe 蛋白和 MoFe 蛋白彼此复合在一起的固氮酶结构

图上示出金属中心（黑色）的位置；MoFe 蛋白是不同亚单元（红色和蓝色）的 $\alpha_2\beta_2$ 四聚物，它含有两个“p 簇”和两个 MoFe 辅酶；Fe 蛋白（绿色）具有一个[4Fe—4S]簇，也是 Mg-ATP 被绑定和发生水解的位点

MoFe 蛋白是个 $\alpha_2\beta_2$ 四聚物，其中的每个 $\alpha\beta$ 对含有两种类型的超级簇。[8Fe—7S]簇（**50**）叫“P 簇”，P 簇被认为是电子转移中心。然而科学家认为另一个簇（**51**）是 N_2 被还原为 NH_3 的位点；将其叫作“FeMoco”（FeMo 辅酶）的簇表示为[Mo7Fe—9S，C]。簇中与 Mo 原子配位的是 1 个咪唑 N 原子（来自组氨酸）和 2 个 O 原子（来自外源分子 *R*-高柠檬酸）。1 个 C 原子处在 6 个 Fe 原子笼的中心。这个酶的晶体结构的测定是在将近 10 年前完成的，在提高分辨率的基础上，这个小体积的中心原子第一次被确定。C 原子是通过 X 射线发射光谱和详细模拟 X 射线干涉特征的方法确定的，人们为此几乎花费了 10 年时间。中心碳原子的一个作用可能是稳定 6Fe 笼，否则它会朝中心方向坍塌。

科学家尚不了解 N_2 的还原机理。主要的疑问是，N_2 是在 Mo 原子上还是在一个或多个不同寻常的 Fe 部位上被绑定和还原的，可能作为中间体而产生的活性金属氢合物种的作用是什么。一个有重要意义的发现是固氮酶的 Mo 原子可被 V 或 Fe 原子所取代，这一事实不利于 Mo 起到特殊作用的判断。长期以来人们就知道一氧化碳是固氮酶的抑制剂，新近发现它是一种底物，以一种可能类似于 Fischer-Tropsch 反应（见节 25.15）的方式缓慢地转变成碳氢化合物。

Mo 酶的另一个例子是硝酸盐还原酶，它涉及一个 O 原子的转移。这种情况下催化的是还原反应（pH=7 时电对 NO_3^-/NO_2^- 的标准电是+0.4 V；因此 NO_3^- 是很强的氧化剂）。氮循环中的其他酶以血红素或

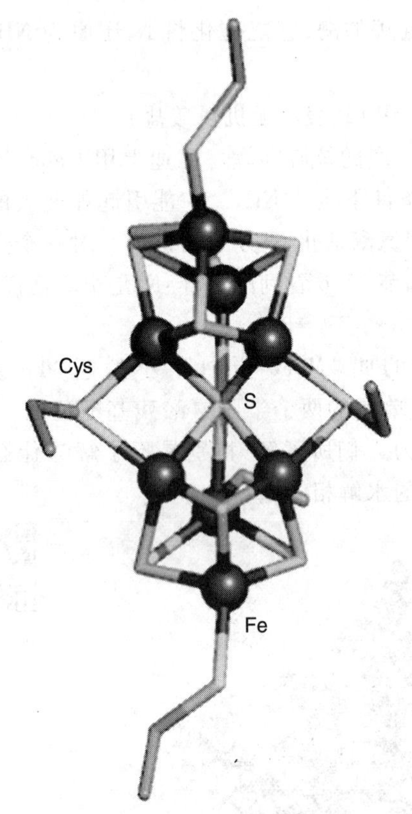

(50)* 固氮酶的"p簇"[8Fe—7S]

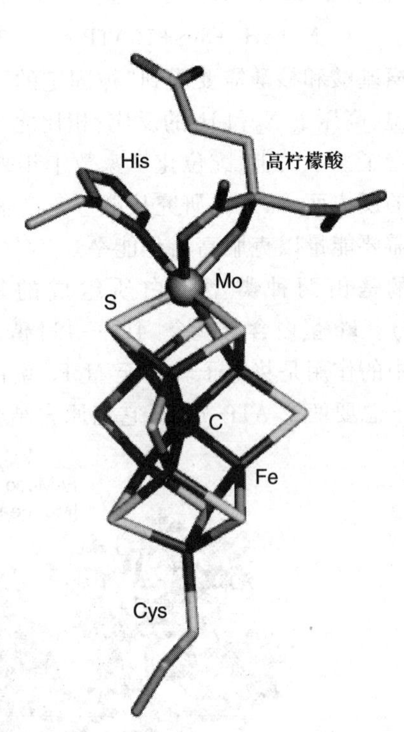

(51)* 固氮酶的"FeMoco"[Mo7Fe—9S,C]

Cu 作为其活性部位。亚硝酸盐还原酶有两种不同类型。一类是多血红素酶,这种酶能将亚硝酸盐一直分解直到 NH_3。另一类含 Cu 酶承担一电子转移产生 NO:它是相同亚单元的三聚物,每个单元都含有一个"蓝"Cu[调节至电子给予体(通常是一个小的"蓝"Cu 蛋白)的长程电子转移]和一个具有传统四方几何体的 Cu 中心,这种几何体被认为是结合亚硝酸盐的位点。

氮循环受到注意是因为它涉及一些最不寻常的氧化还原中心和一些稀奇的反应。另一个有趣的辅因子是叫做 Cu_Z的[4Cu—2S]簇,它是在 N_2O 还原酶中发现的。具有很大挑战性的一个问题是如何绑定和激活 N_2O 这一弱配体,因而下述事实相当有趣:N_2O 压力为 15 bar 时得到的酶晶体结构显示,N_2O 分子占据的是与 Cu_Z相距刚刚超过 3 Å 的非配位位点(**52**)。[4Cu—2S]簇中的 4 个 Cu 原子通过咪唑配体与蛋白配位,并被两个无机硫化物离子连接在一起。与细胞色素 *c* 氧化酶中发现的一样,N_2O 还原酶的长程电子转移也是通过 Cu_A 中心(**31**)完成的。

控制 NO 的两种酶对人类特别重要。一种是 NO 合成酶,它是一个血红素酶,该酶负责产生 NO,NO 是收到信号后通过 L-精氨酸的氧化产生的。酶的活性由钙调蛋白(节 26.4)控制。另一种是鸟苷酸环化酶,它催化从鸟苷三磷酸生成重要调节剂环鸟苷一磷酸(cGMP)的反应。NO 键合在鸟苷酸环化酶的血红素 Fe 上,取代了组氨酸配体并将酶激活。另一种有趣的结合 NO 的蛋白是载氮蛋白,它是在一些吸血寄生生物(特别是锥鼻虫)中发现的。载氮蛋白紧紧地绑定 NO,直到注入受害者体内后因 pH 变化才释放出来。游离 NO 引起周围血管的扩张,使受害者成为更有效的血供体。

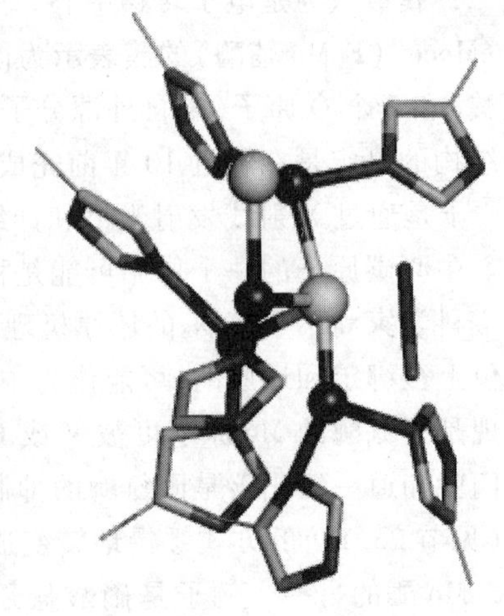

(52)* Cu_Z, 示出N_2O的位置

例题 26.10 识别 N_2 还原为 NH_3 过程中形成的中间体

题目：给出从 N_2 到 NH_3 的 6 电子还原过程中可能形成的中间体。

答案：第 5 章提到，p 区元素一般发生伴随有质子转移的二个电子转移。因为 N_2 具有三键，在 6 电子还原的大部分过程中两个 N 原子仍能键合在一起。可能形成的中间体是二氮烯（N_2H_2）、肼（N_2H_4）及它们脱去质子的共轭碱。

自测题 26.10 MoFe 辅酶可用二甲基甲酰胺（DMF）从固氮酶中提取，虽然这种状态下无催化活性。请提出能够确定物种在 DMF 溶液中的结构是否与酶中存在的结构相同的实验方案。

26.14 氢循环

提要：氢化酶的活性部位含有 Fe 或 Ni，还有 NO 和 CN 配体。

估计有 99% 的生物利用 H_2。即使这些物种几乎全部是微生物，但事实仍然是，几乎所有细菌和古生菌具有极其活泼的叫做氢化酶的金属酶，氢化酶能催化 H_2 和 H^+（如水的 H^+）的相互转化。缥缈不定的分子 H_2 由一些生物体作为废物而产生，又被其他一些生物体当燃料。这一事实有助于解释为什么大气中几乎检测不到 H_2（见应用相关文段 10.1）。由于肠道细菌的作用，人类呼出的气体中含有可测量出的 H_2。氢化酶是非常活泼的酶，其周转频率（每个酶分子每秒转化为基质分子的次数）超过 10 000 s^{-1}。氢化酶因此而受到极大关注，这是因为人们洞悉到氢化酶可能用于 H_2 的清洁生产（见节 10.4，应用相关文段 10.3）和燃料电池中 H_2 的氧化。当今这项技术很大程度上是靠 Pt 完成的（见应用相关文段 5.1）。

根据活性部位结构的不同可将氢化酶分为三类：所有氢化酶都含 Fe，有些也含 Ni。表征得最好的两种活性部位分别叫 [NiFe]（**53**）和 [FeFe]（**54**），它们至少都含一个 CO 配体，其余的配位作用是由 CN^- 配体和半胱氨酸（有时是硒代半胱氨酸）配体完成的。[FeFe] 氢化酶的活性部位（该部位从前叫 H 簇）含有一个不寻常的双齿配体。该配体被指定为氮杂二硫醇盐 [adt，$(SCH_2)_2NH$]，它在 Fe 原子间形成桥，并通过一个桥式半胱氨酸硫醇盐配体将 [4Fe—4S] 簇连接于一个 Fe 原子。这些弱的活性位点深埋在酶内，需要特殊孔道和路径传导 H_2 和 H^+，FeS 簇传导长程电子转移（见图 26.27）。

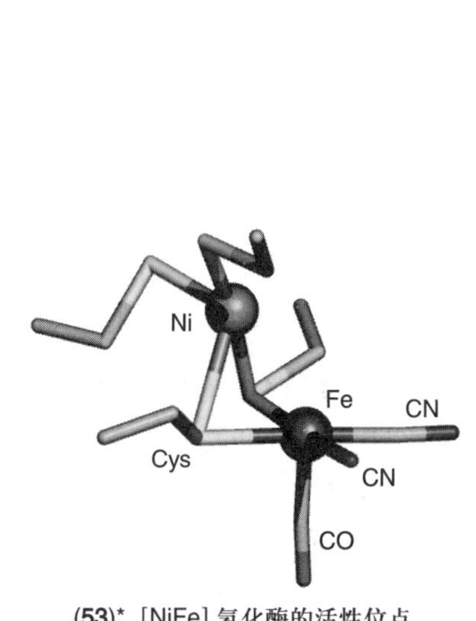

(**53**)* [NiFe] 氢化酶的活性位点

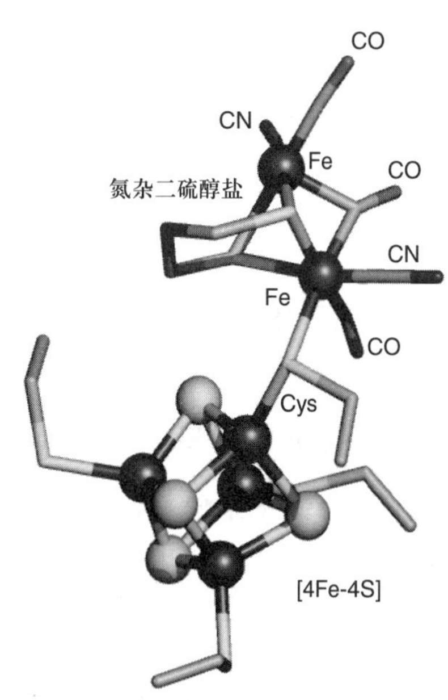

(**54**)* [FeFe] 氢化酶的活性位点

看似合理的 [FeFe] 氢化酶催化机理涉及 Fe 的低氧化态和 Fe—H（氢化物）物种的参与（图 26.50）。从氧化过程的方向看，H_2 以类似于二氢络合物的方式（见节 10.6 和节 22.7）首先结合一个“远端”Fe（距

[4Fe—4S]簇最远的一个 Fe);这种进攻符合预期,因为这个远端 Fe 具有空配位点和 16 个价电子,是形式上的低自旋 Fe(Ⅱ)。接着发生异裂,H^+被氮杂二硫醇盐配体上最佳位置的“桥头”N 原子所夺取,留下的 Fe(Ⅱ)氢络合物通过两个相继的电子转移被氧化。中间体可能涉及 Fe(Ⅰ),也可能涉及电子离域到[4Fe—4S]簇。相似的原理可能适用于[NiFe]酶。

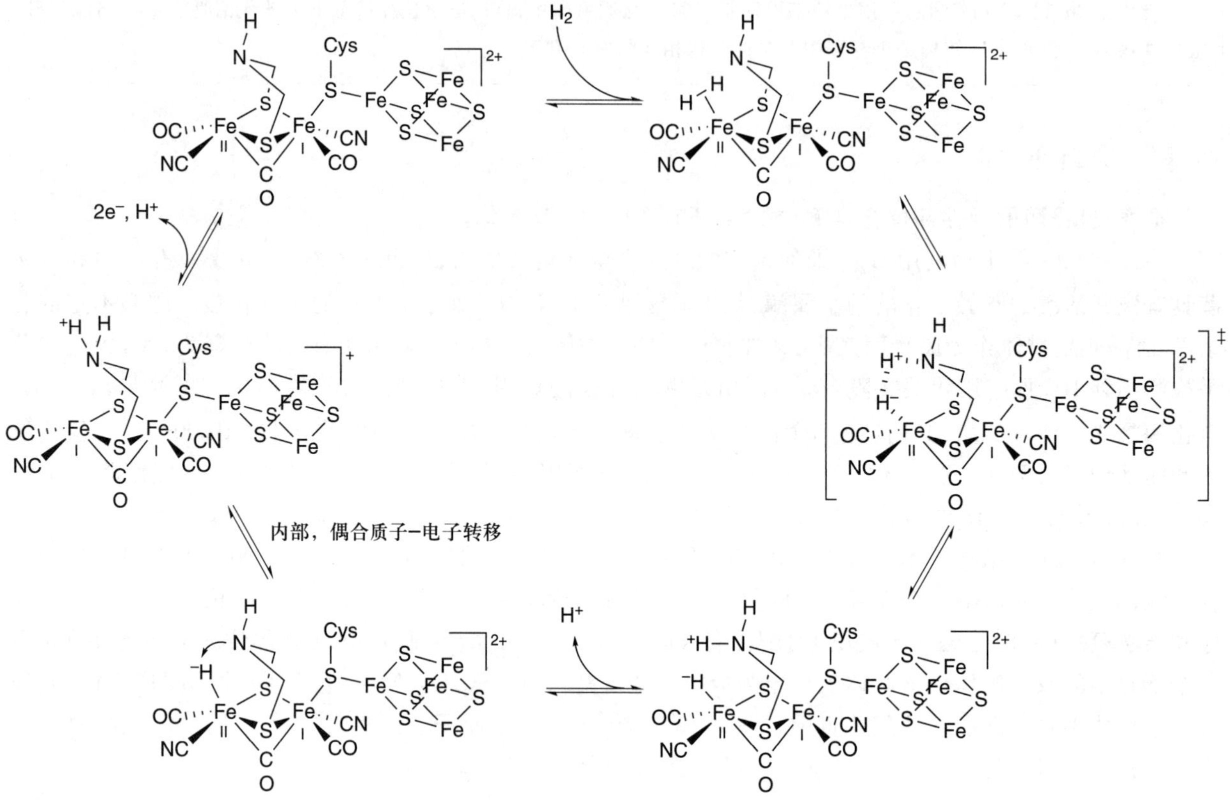

图 26.50 为氢化酶建议的催化循环

传感器

许多金属蛋白被用来检出和确定小分子(特别是 O_2、NO 和 CO)的含量。因此,这些蛋白质可以作为传感器给有机体发出警报:特定物种是否过量或不足,从而开启采取补救行动的扳机。特定蛋白也被用来自动检测金属(如铜和锌)的量级。

26.15 作为传感器的铁蛋白

提要:生物体利用铁蛋白成熟的管理系统以快速适应细胞中 Fe 浓度和 O_2浓度的变化。

我们已经了解 FeS 簇是如何用于电子转移和多类催化过程的。FeS 簇与蛋白质的配位将蛋白质的不同部位紧紧联系在一起,从而控制了蛋白质的三级结构。FeS 簇对 O_2、对电化学电位、对铁和硫的浓度显示出敏感性,这一性质使它成为一种重要的传感装置。O_2或其他强氧化剂存在的情况下,[4Fe—4S]簇具有降解为物种[3Fe—4S]和[2Fe—2S]的趋势,而这种趋势是受控于蛋白的。在某些条件下,FeS 簇也可被完全移除(图 26.51)。生物体利用 FeS 簇作为传感器的原理是,存在或不存在一种其结构对 Fe 和氧非常敏感的簇来改变蛋白质的构象并决定其键合核酸的能力。

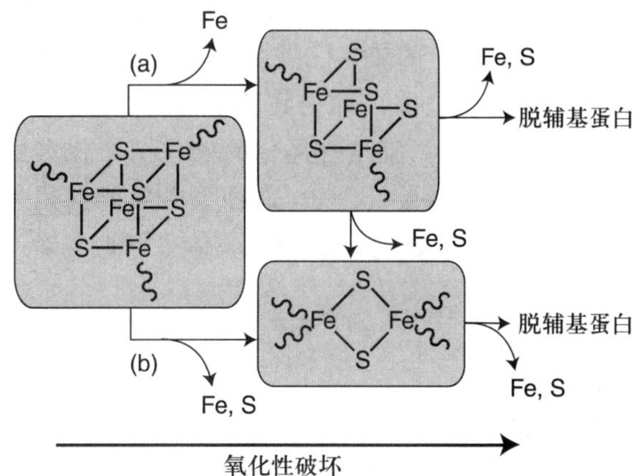

图 26.51　FeS 簇的降解形成感知系统的基础：[4Fe—4S]簇不能支持所有的 Fe 处于 Fe(Ⅲ)状态；强氧化环境下(包括暴露于 O_2)分解为[3Fe—4S]、[2Fe—2S]，最终完全分解；降解为[3Fe—4S](a) 仅需移除 1 个 Fe 的亚配位点，降解为[2Fe—2S](b) 则可能涉及配体(半胱氨酸)的重排，导致蛋白构象发生重要变化；这些过程将簇状态与 Fe、O_2 及其他氧化剂的存在联系在一起，从而提供了传感器和反馈控制运行的基础

高等生物体里负责调节铁吸收(铁传递蛋白)和铁存储(铁蛋白)的蛋白质是一种叫作**铁调节蛋白**(iron regulatory protein, IRP)的 FeS 蛋白，这种蛋白质与乌头酶(节 26.9)密切相关，但却是在细胞质中而不是在线粒体中发现的。蛋白质被绑定在信使核糖核酸(mRNA)的特定区域而起作用，信使核糖核酸携带着合成铁传递蛋白受体或铁蛋白的遗传指令(转录自 DNA)。RNA 上这种特定相互作用的区域叫**铁响应元素**(iron-responsive element, IRE)。图 26.52 概略表示出过程的原理。铁的量级高时 FeS 簇以[4Fe—4S]簇的形式存在，该蛋白质不能绑定到控制铁蛋白转移的 IRE 上。这种情况下，绑定将会处在"停止"指令上，细胞以合成铁蛋白响应。同时，负载有[3Fe—4S]簇的蛋白质绑定于铁传递蛋白受体 IRE 上稳定 RNA，从而合成铁传递蛋白受体。净结果是，如果细胞中铁的量级足够高(形成了[4Fe—4S]簇)，合成铁蛋白的机制就会被激活，合成铁传递蛋白受体的机制就会被关闭(被压制)。

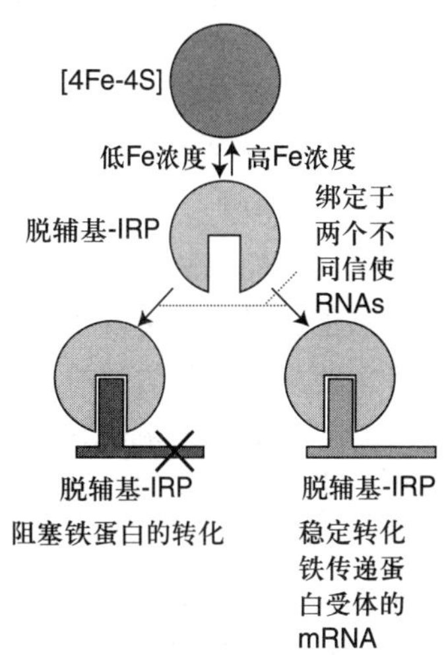

图 26.52　铁调节蛋白和 RNAs 上铁响应元素之间的相互作用：RNAs 是合成铁蛋白还是合成转铁蛋白受体，依赖于 FeS 簇是否存在并形成调节细胞 Fe 含量的基础

常见的肠道细胞(*E.coli*)既可通过有氧呼吸(用一个与细胞色素 *c* 氧化酶有关的终端氧化酶，节 26.10)获取能量，也可通过与氧化剂(如富马酸或硝酸盐)发生的无氧呼吸(用钼酶硝酸盐还原酶，节 26.12 和节 26.13)获取能量。生物体面临的问题是，如何感知究竟是氧含量足够低从而保证有氧呼吸基因功能被灭活？还是低效率无氧呼吸所必需的、产生酶的基因被激活？这一检测是由叫作延胡索酸盐-硝酸盐调节因子(FNR)的 FeS 蛋白完成的。图 26.53 概略介绍了基本原理。厌氧条件下的 FNR 是二聚蛋白，每个亚单元带有一个[4Fe—4S]簇。[4Fe—4S]簇绑定于 DNA 上的特定区域，抑制了需氧酶的转录，激活了像硝酸盐还原酶这类酶的转录。有氧时[4Fe—4S]簇降解为[2Fe—2S]簇，二聚体发生破裂以致不能绑定于 DNA。编码为有氧呼吸酶的基因从而能够被转录，而编码为无氧呼吸酶的基因被抑制。

在高等动物体内，是一种铁加氧酶调节着细胞应对缺氧能力的系统。节 26.10 中曾经提到脯氨酰羟化酶，这种酶能够催化蛋白质中脯氨酸残基羟基化，从而改变其性质。高等动物体里，这样的一种靶蛋白是叫做**缺氧诱导因子**(hypoxia inducible factor，HIF)的转录因子，它能够传递基因(这种基因负责细胞适应低氧条件)的表达。需要记住的是，细胞和细胞隔室的内部环境通常具有明显的还原性(相当-0.2 V 以下的电极电位)，即使我们认为 O_2为高等生物体所必需，但 O_2的实际量级可能相当低。当 O_2的量级超出安全阈值时，脯氨酰羟化酶催化两个保藏的脯氨酸残基[它们是转录因子(HIF_a)的一部分]发生加氧反应，导致它能被蛋白质(这种蛋白质能够诱发蛋白酶对它的降解作用)所识别。因此，那些最终负责产生更多红血细胞(它们能帮助个体更好地应对 O_2供应的难题)的基因不能被激活。其原理概要参见图 26.54。

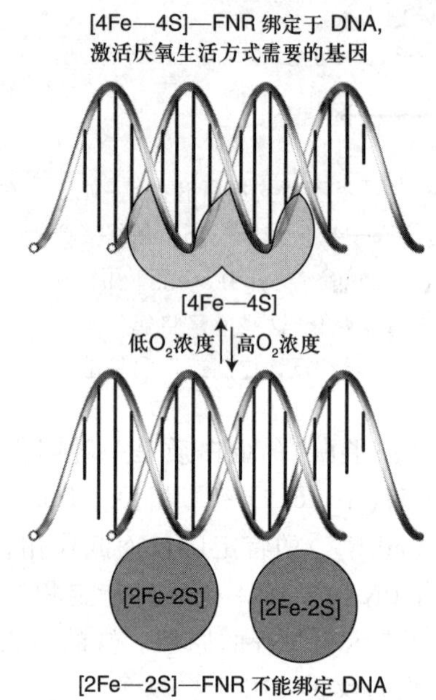

图 26.53　延胡索酸盐-硝酸盐调节系统的运转原理：控制细菌的有氧呼吸和无氧呼吸

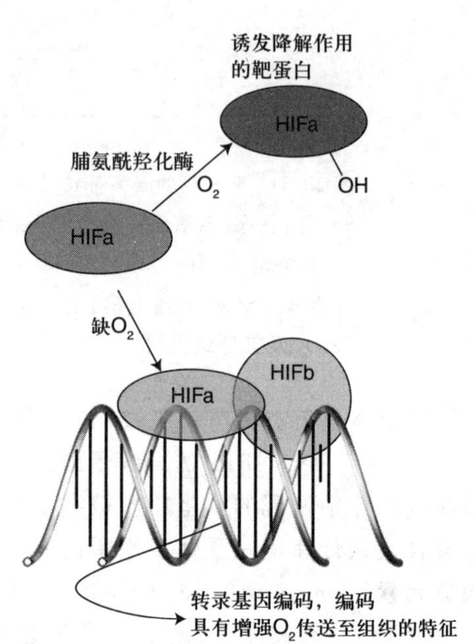

图 26.54　脯氨酸加氧酶感知 O_2 的原理

尽管氧为高等生物体所必需，但 O_2仍需严格控制其四电子还原。日益增多的研究工作正在进行，目的是防止和治疗正常 O_2消耗所引起的故障。科学家采用“氧化应激”这一术语描述一种环境，在这种环境中，O_2被部分还原至它的中间体(如超氧化物、过氧化物和羟基自由基)，生物体的正常功能受到这些中间体积累所造成的威胁。这些中间体总称为**活性氧物种**(reactive oxygen species，ROS)。长时间暴露于活性氧物种可能会导致早衰或某些癌症。为了避免或减少氧化应激，细胞必须首先感知到活性氧物种的存在，然后产生能将其破坏的物质。传感剂和攻击剂都是携带活性基团的蛋白质，如金属离子(特别是 Fe、Cu 离子)及裸露的、具有氧化还原活性的半光氨酸硫醇。

血红素传感器所依据的基本原理是，被感知的小分子是能较强绑定到 Fe 上并取代固有配体的 π 受体。这种绑定导致构象发生变化，从而改变催化活性或改变蛋白质绑定到 DNA 上的能力。固有配体中两个典型例子是 NO 和 CO，虽然人们一直认为这些分子对高等生命形式有毒，但却被明确地确定为激素(节 27.7)。事实上有证据表明，感知痕量 CO 对控制哺乳动物生理节律的节奏非常重要。

已经证实 NO 分子是细胞间传递信息的一种激素，它可被鸟苷酰基环化酶所感知。甲脒基环化酶能够催化一磷酸胍(GMP)转变为环状 GMP(cGMP)的过程，后者对激活许多细胞过程非常重要。NO 绑定到血红素时，鸟苷酸环化酶的催化活性大大增强(约 200 倍)，尽管 CO 与血红素的绑定仍十分重要，但催化活性只增大 4 倍。

能够感知 CO 的一个极好的例子是由叫做转录因子 CooA 的提供的。这个含有血红素的蛋白是在某些细菌中发现的，而这些细菌在无氧条件下以 CO 为其生长的唯一能量来源。能否依靠 CO 生长取决于环境中 CO 的含量。不存在合成所必需的底物时，生物体将不会浪费合成所需的酶的资源。CooA 是个二聚体，每个亚基含有一个单一的 *b* 型细胞色素（传感器），还有一个折叠起来的“螺旋线－回转－螺旋线”蛋白质连接在 DNA 上（图 26.55）。没有 CO 时每个 Fe(Ⅱ)都是六配位，两个轴向配体都是该蛋白质的氨基酸，一个是组氨酸咪唑，另一个有点异乎寻常，是脯氨酸（也是另一个亚单元上的 N 末端残基）的主链—NH_2。在此形式中，CooA 不能绑定到特定的 DNA 系列以转录用于合成 CO 氧化酶的基因。当结合于 Fe 的 CO 存在时，取代远端脯氨酸残基并造成 CooA 采用能绑定到 DNA 上的一种构象。NO 绑定代替 CO 绑定导致虚假转录响应的可能性被阻止，因为 NO 不仅能够取代脯氨酸，而且能导致最邻近的组氨酸解离。NO 络合物因此不能被识别。

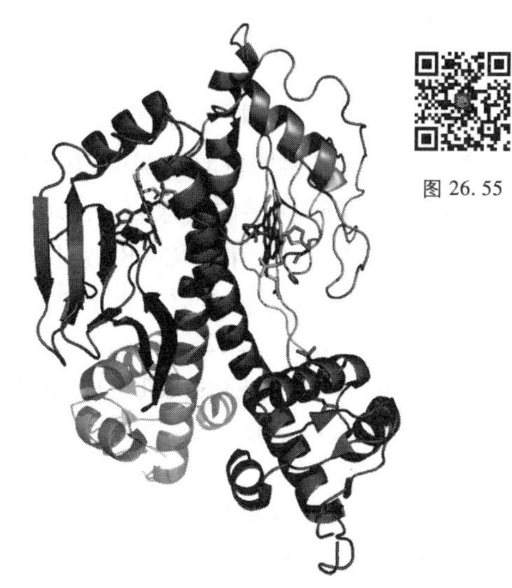

图 26.55* 　CooA 的结构，细菌的 CO 传感器和转录因子：两个相同亚基（分别用红色和蓝色表示）的二聚体分子拥有用于识别 DNA 片段的两个结合血红素的区域和两个“螺旋线－回转－螺旋线”区域；Fe 原子的蛋白质配体是一个亚基上的组氨酸和另一个亚基上的 N 末端脯氨酸；结合 CO 和取代脯氨酸能够破坏自组装，并允许 CooA 结合于 DNA

26.16　感知 Cu 和 Zn 的蛋白

提要：Cu 和 Zn 可被蛋白质所感知，这种蛋白质具有特别裁剪的结合位点以满足每种金属原子特有的配位选择性。

细胞中 Cu 的量级被控制得如此严格，以致几乎不存在未络合的 Cu。Cu 量级的失衡与严重的健康问题（如缺铜导致的 Menkes 病和铜聚集导致的 Wilson’s 病）联系在一起。人们所知的关于铜量级如何被感知及如何转化为细胞信号的多数知识来源于对 *E.coli* 系统的研究，该系统包含一个叫做 CueR（图 26.56）的转录因子。该蛋白虽然也与 Ag(Ⅰ)和 Au(Ⅰ)键合，但与 Cu(Ⅰ)是以高选择性键合的。金属配位造成蛋白质构型发生变化，从而使得 CueR 能在控制 CopA 酶（ATP 驱动的 Cu 泵）转录的受体位点结合 DNA。CopA 酶处在细胞膜上，将铜外输进入细胞周质。CueR 中的 Cu(Ⅰ)按线性几何构型被两个半胱氨酸硫原子配位。以 CN^- 作为缓冲剂进行的滴定表明，Cu^+ 被键合物种的解离常数约为 10^{-21}！参考节 7.3 您

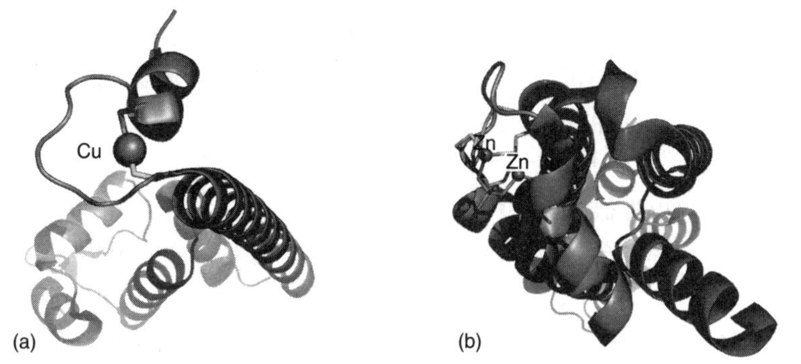

图 26.56　各自的转录因子（CueR 和 ZntR）中的 Cu 结合部位（a）* 和 Zn 结合部位（b）* 的比较

注意：Cu(Ⅰ)如何被线性结合到两个半胱氨酸的位点识别，而 Zn 则被结合到半胱氨酸和组氨酸配体序列的两个 Zn(Ⅱ)原子（它们由磷酸根基团桥连在一起）所识别

就会明白，是该配体的环境导致它选择性地与 d^{10} 离子结合。测定表明，配体对 Ag 和 Au 两个金属离子显示出相似的亲和力。

像 Cu 一样，人们对 Zn 传感的了解主要也是细菌体系的研究结果提供的。与 Cu 的主要区别是，虽然 Zn 主要也与半光氨酸硫醇盐配位，几何构型却不是线性而是四面体。*E.coli* 系统包括叫做 ZntR（与 CueR 密切相关）的 Zn^{2+} 传感的转录因子。ZntR 因子含有两个键合 Zn 的区域，每个区域都以半胱氨酸和组氨酸配体配位一对 Zn。为了与 CueR 做对比，图 26.56 示出 Zn 周围的折叠蛋白。迄今尚不了解的是，这些动态的、结合 Zn 的位点能在多大程度上可被锌指结构域识别出来。

例题 26.11　认识氧化还原化学与金属离子感知之间的联系

题目：Cu 或 Zn 与它们各自的传感蛋白结合后可以感知细胞的 O_2 量级，试为此提出一条途径。

答案：第 16 章中讲过，强 S—S 键来自 S 原子或自由基的结合。配位于金属离子或能够彼此接近到一定距离的一对半胱氨酸能够被 O_2 或其他氧化剂所氧化，导致形成二硫化物键（胱氨酸）。该反应能够防止半胱氨酸 S 原子作为配体，并能提供一条感知 O_2 的途径，即使其中的金属（如 Zn）不具备氧化还原活性。

自测题 26.11　Cu 传感器为什么具有结合 Cu(Ⅰ)而不是 Cu(Ⅱ)的功能？

生物矿石

除了金属离子和有机分子之间形成的络合物外，生物学上还可利用不同元素合成**生物矿石**（biominerals），生物矿石往往是不含有机物或几乎不含有机物的固态材料和纳米粒子。生物矿石能够提供机械支持，也被用来构建精巧的防卫和传感设备。生物矿石是在活体细胞内部或外部以一种高度特殊的形状和模式形成的，其结构可在生物死亡之后留存很长时间并形成化石。

26.17　常见生物矿石实例

提要：钙化合物用于形成外甲、骨骼、牙齿和其他器官；某些有机体用磁铁矿（Fe_3O_4）晶体作为罗盘；植物能够形成以氧化硅为基础的保护性装置。

生物矿石可以是无限的共价网状结构，也可以是离子结构。前者包括广泛存在于植物界的硅酸盐。叶子（甚至整个植株）上往往覆有氧化硅毛或氧化硅刺，以保护它们不受外敌侵害。离子型生物矿石主要由钙盐构成，形成这类矿石利用的是这些化合物的高晶格能和低溶解度。碳酸钙（方解石或霰石，应用相关文段 12.4）存在于贝壳和蛋壳中，生物死亡之后可以长时间存留；白垩实际上是一种生物矿石，它是史前生物**钙化**（calciferation）的结果。磷酸钙（羟基磷灰石，节 15.15）是骨骼和牙齿的矿物质成分，骨骼和牙齿则是用来说明生物体如何制造"活体"复合材料的特好实例。事实上，不同物种的骨骼具有不同性质（如坚硬度）的事实是由不同数量的有机成分（主要是纤维状蛋白质骨胶原）造成的。科学家在大型海生动物体里发现羟基磷灰石与骨胶原的比值较高，而这一比值在要求敏捷性和伸缩性的动物体里则较低。

生物矿化（biomineralization）是由生物体控制的结晶过程。一些著名的实例没有实验室复本。最熟悉的例子也许是海胆的外甲，它由类似海绵一样的多个平盘（含有直径 15 μm 的连续大孔）组成，每个平盘都是富镁的方解石单晶。大单晶支持着其他一些生物体（如硅藻类和放射虫类），这些生物体具有二氧化硅笼骨架（图 26.57）。

生物矿物展现了一些令人好奇的小玩意。图 26.58 展示的方解石晶体是内耳中重力传感器装置的一部分。这些晶体处在感觉细胞上方的膜上，能引起它们发生移动的任何姿势的加速或变化都会导致电信号传至大脑。晶体大小均匀且呈纺锤形，以致能够平滑移动而不会勾连在一起。各种趋磁性细菌（图 26.59）中看到的磁铁矿（Fe_3O_4）晶体也具有相同的性能。不同物种中晶体的大小和形状具有相当大的差异，然而同一物种磁小体囊泡中形成的晶体却是均匀的。趋磁性细菌生活在海洋淤泥和淡水环境中，人们认为体内的微罗盘使它们只能向下游动，以保持它们在湍流条件下的化学环境。

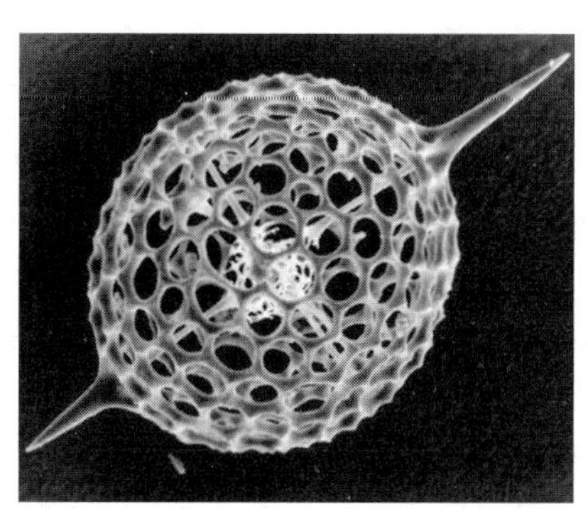

图 26.57　放射虫微骨架的多孔氧化硅结构，图上示出了大径向的脊骨
图片是由 Bristol 大学的 S.Mann 教授提供的

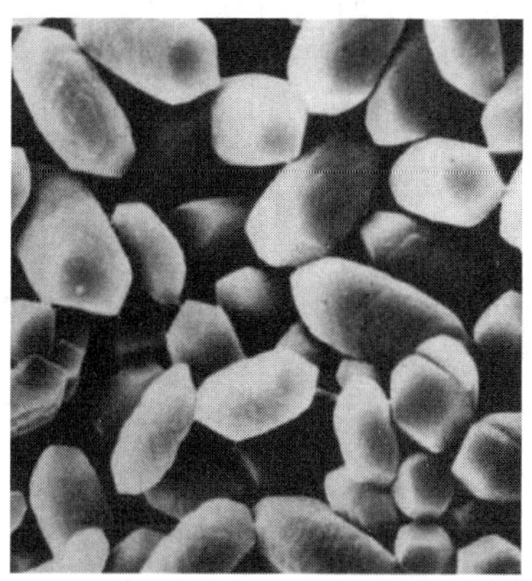

图 26.58　人体的重力传感器，内耳中形成的生物方解石晶体
图片是由 Bristol 大学的 S.Mann 教授提供的

人们对生物矿物的形成机制产生了很大兴趣，尤其是因为它们为纳米技术（第 24 章）提供的灵感。生物矿物的形成涉及以下层次的控制机制：

1. 化学控制因素（溶解度、过饱和现象、晶核的形成）；
2. 空间控制因素（边界限制了晶体的生长，例如细胞边界、分隔亚单元的边界，甚至是铁蛋白的边界；节 26.6）；
3. 结构控制因素（特定晶面上有利于晶核形成）；
4. 形态学控制因素（随时间而积累起来的有机物限制了晶体边界的生长）；
5. 建造控制因素（有机物和无机物交织形成高度有序的结构，如骨骼）。

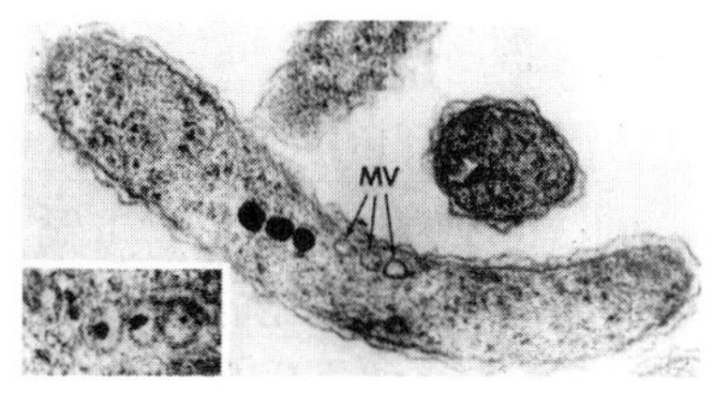

图 26.59　趋磁性细菌中的磁铁矿晶体：它们都是微小的罗盘，指引着这些有机体在河床淤泥里垂直移动；MV 表示空泡囊
图片是由 Bristol 大学的 S.Mann 教授提供的

骨骼不断溶解和重新形成，其功能不仅作为结构上的支撑，也是钙元素的仓库。怀孕期间，骨骼中的钙质会在一种叫做**去矿化作用**（demineralization）的过程中脱落，该过程发生在叫做“破骨细胞”的特殊细胞中。耗损或受损的骨骼通过矿化作用进行修复，该过程是在“造骨细胞”中发生的。磷酸酶参与了这些过程（节 26.9）。

展望

本章最后将从个体元素角度和生物无机化学对解决当前紧急社会问题的贡献角度做出全面展望。

26.18　各个元素的作用

提要：元素因各自固有的性质和容易获得的程度而被生物体选择吸收。

本节总结单个元素的主要作用并与本章前面介绍的内容相关联，重点放在元素而不是元素所参与的反应上。

Na、K 和 Li　这些元素离子以与硬配体弱结合为特征，三种离子的个性产生于各自体积大小不同和因低电荷密度而导致疏水性的不同。与 Na^+ 相比，K^+ 更容易与蛋白质配位和脱去周围的水分子。Na^+ 和

K^+都是通过渗透压控制细胞结构的重要物质，不同的是 Na^+会从细胞流出而 K^+则会积累在细胞中，从而产生相当大的跨细胞膜电位差。这一差别是由离子泵（Na^+/K^+-ATP 酶）维持的，这种泵也叫 Na 泵。由特殊门控制的离子通道能释放电能，这些通道中研究最多的是 K^+通道（节 26.3）。Li 面临的一个重要争论是广泛使用 Li 的简单化合物（特别是 Li_2CO_3）作为治疗精神病的药物（主要是躁狂抑郁症），相关内容见节 27.4。

Mg　镁离子是细胞质中主要的+2 价离子，是浓度高于毫摩尔量级的、以自由状态（未络合状态）存在的唯一一种离子。为酶催化传播能量的 ATP 总是以其 Mg^{2+}络合物的形式存在。镁在利用光能的叶绿素分子中具有特殊作用，因为它是一个小的+2 价阳离子，从而能够采用八面体几何形状，并在不助长荧光过程能量损失的情况下稳定其结构。Mg^{2+}是个弱酸催化剂，也是 1,5-二磷酸核酮糖羧化酶（加氧酶）中的活性金属离子，这种酶是一种丰度很高的酶，每年约有 100×10^9 t 的二氧化碳是靠它从大气中清除的。1,5-二磷酸核酮糖羧化酶通过 Mg^{2+}与配体之间的弱键合而被激活：它与两个羧酸根和一个特殊的氨基甲酸酯配体相结合，脱去三个可被交换的水分子。

Ca　钙离子只在真核生物中有重要作用。大量生物 Ca 用于结构性支撑及如牙齿这样的部件，这类功能基于钙的碳酸盐和磷酸盐的不溶性。然而，很少量的 Ca 也是细胞内复杂的信号传导系统的基础。这是由于 Ca 适于快速配位于硬酸配体（特别是蛋白质侧链上的羧酸根），而且不偏爱任何特定的配位几何形状。

Mn　锰具有多种氧化态，其中多数极具氧化性。对还原电位为正值的反应而言，Mn 适于用作氧化还原催化剂。H_2O 可作为光合作用中反应的电子给予体，该反应涉及特殊的[4MnCa—5O]簇，地球大气层中的 O_2是通过该反应产生的。Mn（Ⅱ）化合物也用作某些酶中的弱酸碱催化剂。光谱法检测 Mn 的能力随氧化态的变化而不同：EPR 适于检测 Mn（Ⅱ）和[4MnCa—5O]簇中的特定氧化态。

Fe　具有多种功能的铁对几乎所有生物体都必不可少，而且无疑是生物学中很早知道的一种元素。铁存在三种重要的氧化态，即 Fe（Ⅱ）、Fe（Ⅲ）和 Fe（Ⅳ）。铁的活性位点能催化多种氧化还原反应：从电子转移到氧合作用，还有可逆性与氧键合的酸碱反应、脱水/水合反应和酯的水解反应。含铁的活性部位包括了从软给体（如 FeS 簇中的 S^{2-}）到硬给体（如羧酸根）在内的配体。卟啉大环是个特别重要的配体。各种配位环境中的铁（Ⅱ）用来键合 O_2（或可逆键合，或作为活化的前置条件）。铁（Ⅲ）是个良好的 Lewis 酸，而 Fe（Ⅳ）═O 基可能被认为是大自然赐予人们控制活性 O 原子插入 C—H 键的一种方法。细胞中几乎不含未络合的 Fe（Ⅱ）和含有量级极低的 Fe（Ⅲ）。这些离子有毒，特别是当它们与羟基自由基产生的过氧化物反应的时候。生物体主要从矿物中摄取 Fe 的观点受到质疑，因为 Fe 主要以Fe（Ⅲ）存在，而 Fe（Ⅲ）的盐类在 pH 为中性的溶液中不溶解（见图 5.11）。铁的摄取、转移和储存由复杂的运输系统所调控，其中包括叫做铁蛋白的一种特殊的存储蛋白。铁卟啉（如细胞色素中发现的铁卟啉）显示出强的 UV-Vis 吸收带，带有未成对电子的多数活性部位给出特有的 EPR 谱。

Co　钴和镍属于最古老的生物催化剂。钴只能被微生物加工，高等生物必须以"维生素 B_{12}"（其中的钴以一种叫做咕啉的特殊大环化合物存在）的形式将其摄入体里。相关的一类络合物叫钴胺素，其中第 5 个配体是共价连接于咕啉环的苯并咪唑。钴胺素是酶中的辅酶因子，这种酶能催化烷基转移反应和基于自由基的重排反应。烷基转移反应利用了 Co（Ⅰ）的高亲核性。在叫做辅酶 B_{12}的特殊辅因子中，Co（Ⅲ）的第 6 配体是脱氧腺苷中的碳负离子给体原子。基于自由基的重排反应涉及温和条件下辅酶 B_{12}中 Co—C 键发生快速均裂的能力，这种均裂产生低自旋 Co（Ⅱ）和能从底物中抽取一个氢原子的碳自由基。含钴胺素的酶显示出强的 UV-Vis 吸收带。EPR 谱可用于研究 Co（Ⅱ）。钴蛋白中不含咕啉大环的例子很少，其中一个叫腈脱水酶。

Ni　镍是细菌酶（特别是氢化酶）中的一种重要元素，酶中的 Ni 也显示传统化学中很少见到的+3 和+1 氧化态。特别著名的一种酶叫辅酶 A 合成酶，它用 Ni 产生 CO，然后让 CO 与 CH_3—（由一种钴胺素酶提供）反应生成乙酰酯中的 C—C 键。植物中发现镍还是脲酶的活性点。脲酶是第一个结晶出来的酶

(1926 年),然而直到 1976 年才发现其中含有镍。

Cu 与铁不同,铜也许是地球大气中确定有 O_2存在之后才变得重要的,而且人类最先得到的是可溶性 Cu(Ⅱ)盐,而不是难溶性的硫化物(Cu_2S)。Cu 的主要作用是在电子转移反应中催化有 O_2参与的氧化还原反应。它也被用于 O_2的可逆键合。Cu(Ⅱ)和 Cu(Ⅰ)都能与生物配体(特别是软碱)强结合。游离 Cu 离子毒性强,细胞中几乎不存在。

Zn 锌是很好的 Lewis 酸,与配体(如 N 和 S 这样的给体原子)形成稳定络合物,并能催化如酯和肽的水解这样的反应。锌在生物学上的重要性主要来自它没有氧化还原化学行为,尽管它通常采取与二硫醇盐、三硫醇盐、四硫醇盐形成络合物的方式为半胱氨酸/胱氨酸相互转换的氧化还原化学提供链接。锌还被用作能与 DNA 结合的酶和蛋白质的结构模型。一个重要的问题是没有研究这个 d^{10}离子的好的光谱方法。有些情况下,Zn 酶是在将 Zn 用 Co(Ⅱ)取代后再用 EPR 进行研究的。细胞中 Zn^{2+}的浓度是通过金属硫蛋白缓冲的,金属硫蛋白是一种富含半胱氨酸的蛋白质。显然,各种组织(包括脑组织)中细胞与细胞之间的通信涉及受到刺激或压力后从细胞中排出的可流动 Zn^{2+}(参见章末的辅导性作业)。

Mo 和 W 钼可能是所有生物体都会用到的一种元素,是使生物体内 H_2O 中 O 原子发生转移的氧化还原催化剂。在这类氧原子转移酶中,Mo 总是辅酶(含蛋白)的一部分。在这类辅酶中,与 Mo 配位的是一种特殊的二硫纶。Mo(Ⅳ)和 Mo(Ⅵ)之间的相互转换通常导致末端氧配体数目的改变,恢复到起始物只有通过以 Mo(Ⅴ)为中间体的单电子转移反应才能发生。除氧转移和相关反应外,Mo 还担当着固氮这一有趣的角色,它在该角色中是 FeS 簇的成分。W 的存在仅限于原核细胞,它在原核细胞中也被用作氧化还原催化剂,但反应中需要一个更强的还原剂。

Si 硅在生物元素中往往被忽略,但它在某些生物体中的周转与碳相当。硅是构建外甲和多刺植物防御体系的重要材料。

26.19 未来方向

提要:生物金属和金属蛋白未来在医学、能的产出、绿色合成和纳米技术上都很重要。

节 26.3 中介绍了关于离子通道结构和机理的开创性研究,这些研究在神经生理学领域(包括理性地设计药物)提供了重要的新范例。钙的新功能不断在涌现,有趣的是它在决定高等生物左右不对称性(典型的例子有如体腔里心脏和肝的位置)中所起的作用。胚胎细胞中存在所谓的 **Notch 信号传导通路**(Notch signalling pathway),这种通路依赖于钙的胞外瞬间爆发(它又以某种方式与 H^+/K^+-ATP 酶的活性有关)。Zn 和 Zn 转运蛋白在细胞活性调控和神经传递方面起着作用,科学家对这种作用的认识正在不断提高。事实上已经出现了**金属神经化学**(metalloneurochemistry)这一术语,其任务是在分子水平上研究金属离子在脑和神经系统的功能。一个重要挑战是绘制锌在脑组织中的分布和流向图。设计荧光配体的努力正在取得进展,这种配体能够在细胞水平上选择性地结合锌并记录 Zn 的跨区域运输(如突触接合点)。蛋白质折叠涉及金属离子,人们相信 Cu 在致命的神经退化性错乱病中有重要作用。这些作用包括控制病人的行为,这些病人涉及组织呈海绵状的脑病(Creuzfeldt-Jakob 病,即人类所患的“疯牛病”)的传染性疾病和造成 Alzheimer’s 病的淀粉样蛋白肽。

世界上许多地区以大米为主食,但住在这里的人群却属于低铁人群。因此,转基因技术被用于改善稻谷中 Fe 的含量,以生产更好的植物铁载体并通过增强铁蛋白基因表达的方式改善 Fe 的储藏库。

酶表现出更高的催化速率,其选择性也比合成催化剂高得多;这自然会导致更高的效率和更低的能源成本。以酶作为工业催化剂的主要缺点是其较低的热稳定性、对溶剂和 pH 条件提出的限制,以及每个活性单元大的质量。科学家对于具有酶一样的催化性能的合成小分子存在很大兴趣,这一概念叫“仿生催化”。仿生催化是利用所有的合成化学手段复制酶的性质,并将酶裁剪至具有全部酶功能的最小组件。前面已经介绍过仿生催化剂的实例,工业生产特感兴趣的领域是甲烷转化为甲醇(节 26.10)、将 N_2活化以生产廉价肥料,还有生产氢。

化石燃料将要耗尽的不久将来，H_2将成为重要的能源载体，直接或间接（转化为像醇那样的能源）用作各种动力车辆的能源。人们面临的重大科学挑战之一是如何有效地用电解法或光解法从水生产 H_2（太阳光被认为是一种取之不竭的资源，而电力可从多种资源获得）。电解过程需要满足所要求的温度和超电位条件（节 10.4），还需要以铂或其他贵重金属作为催化剂。然而，大自然已经向人们表明，温和条件下仅用普通金属 Fe 和 Ni 就能实现快速氢循环。与之相关的一个挑战是合成有效的电催化剂，这种催化剂在超电位不大的条件下就可将水转化为氧。这样做并非因为人类对 O_2本身的需求，而因为 O_2是电解或光解产氢的主要副产物（参见应用相关文段 10.3）。让我们再次转回生物圈找灵感，通过对锰催化剂作用机理的阐释，也许可以合成出既便宜又耐用的新催化剂（见应用相关文段 16.2）。

生物体材料形成的精巧结构给科学家指出了纳米技术的新方向（第 24 章）。例如，人们已经制得具有复杂形态特征的方解石海绵状单晶，制作过程是在将海胆骨架板模板化而形成的聚合物膜上完成的。新近的另一进展是用氢进行氧化的细菌生产出 Pd 的纳米簇，利用氢化酶造成的可控电子流将 Pd 电镀到微小的位点上。

延伸阅读资料

S. Mounicou, J. Szpunar and R. Lobinski, Metallomics: the concept and methodology. *Chem. Soc. Rev.* 2009, **38**, 1119.

J. J. R. Frausto da Silva and R.J.P. Williams, *The biological chemistry of the elements*. Oxford University Press (2001). 这是一本叙述详尽的优秀著作，从更宽的视野观察元素与生命之间的关系。

L. Que Jr. and W.B. Tolman, *Bio-coordination chemistry*. Comprehensive coordination chemistry, vol. 8. Elsevier (2004). 对模型化合物提供具体而详尽讨论的一本教材。

R. R. Crichton, F. Lallemand, I. S. M. Psalti, and R. J. Ward. *Biological inorganic chemistry*. Elsevier (2007). 关于生物无机化学的导论性介绍。

E. Gouaux and R. MacKinnon, Principles of selective ion transport in channels and pumps. *Science*, 2005, **310**, 1461. 该论文将大蛋白分子的 3D 结构数据和生理功能与第 1、2 族金属离子及 Cl^- 的化学联系在一起。

R. K. O. Sigel and A. M. Pyle. Alternative roles for metal ions in enzyme catalysis and the implications for ribozyme chemistry. *Chem. Rev.*, 2007, **107**, 97. 一篇叙述金属离子（特别是镁）作为催化剂活性中心所起作用的评述性论文，涉及的催化剂是基于 RNA 代替蛋白质形成的。

E. Kimura. Model studies for molecular recognition of carbonic anhydrase and carboxypeptidase. *Acc. Chem. Res.*, 2001, **34**, 171. 一篇叙述 Zn 的小络合物的酸碱性质和催化性质的评论，目的是帮助理解 Zn 酶的功能。

L. Que Jr. The road to non-heme oxoferryls and beyond. *Acc. Chem. Res.*, 2007, **40**, 493. 一篇不错的论文，试图阐明 Fe(Ⅳ) 物种的化学，并产生了有机加氧反应的新催化剂。

E. A. Lewis and W. B. Tolman. Reactivity of dioxygen-copper systems. *Chem. Rev.*, 2004, **104**, 1047. 关于含 Cu 酶小分子模拟物的评述。

S. C. Wang and P. A. Frey. S-adenosylmethionine as an oxidant: the radical SAM superfamily. *Trends Biochem. Sci.*, 2007, **32**, 101. 关于发现自由基 SAM 酶的一篇权威性论文。论文将这种酶分为不同类型，并提出[4Fe—4S]簇劈裂 SAM 引发自由基反应的机理。

H. B. Gray, B. G. Malmström and R.J.P. Williams, Copper coordination in blue proteins. *J. Biol. Inorg. Chem.*, 2000, **5**, 551. 文章总结了有关蓝 Cu 中心 30 多年的理论研究工作。

P. J. Kiley and H. Beinert, The role of Fe-S proteins in sensing and regulation in bacteria. *Curr. Opin. Chem. Biol.*, 2003, **6**, 182. 关于 FeS 簇如何参与感知的一篇评述。

J. Green and M. S. Paget, Bacterial redox centres. *Nat. Rev.*, 2004, **2**, 954. 关于感知细胞中活性氧物种的评述。

S. Mann, *Biomineralisation: principles and concepts in bioinorganic materials chemistry*. Oxford University Press (2001).

M. D. Archer and J. Barber (ed.), *Molecular to global photosynthesis*. Imperial College Press (2004).

H. Dau, I. Zaharieva and M. Haumann, Recent developments in research on water oxidation by photosystem II. *Curr. Opin. Chem. Biol.*, 2012, **16**, 3.

C. W. Cady, R. H. Crabtree and G. W. Brudvig, Functional models for the oxygen-evolving complex of photosystem II. *Coord. Chem. Rev.*, 2008, **252** 444. 这篇评述涉及理解和模拟 Mn_4Ca 簇(将水转化为 O_2)的化学行为。

B. M. Hoffman, D .R. Dean, and L. C. Seefeldt, Climbing nitrogenase: toward a mechanism of enzymatic nitrogen fixation. *Acc. Chem. Res.*, 2009, **42**, 609.

A. Pomowski, W. G. Zumft, P. M. H. Kroneck, and O. Einsle, N_2O binding at a [4Cu:2S] copper-sulphur cluster in nitrous oxide reductase. *Nature*, 2011, **477**, 234.

E. M. Nolan and S. J. Lippard , Small-molecule luorescent sensors for investigating zinc metalloneurochemistry. *Acc. Chem. Res.*, 2009, **42**, 193. 介绍激动人心的新领域。

练习题

26.1 参考节 26.3 中关于 K^+通道的叙述,预测 Na^+、Ca^{2+}和 Cl^-结合位点的性质(这种结合位点对各自跨膜离子传输装置的选择性而言非常重要)。

26.2 用镧系金属离子(Ln^{3+})能够研究与钙键合的蛋白质。比较两类金属离子的配位参数,并提出用镧系金属离子研究 Ca^{2+}的一种技术。

26.3 Co(Ⅱ)往往能保持其活性,通常用 Co(Ⅱ)取代锌酶中"光谱上无反应"的 Zn(Ⅱ)以获得相关的结构和机理信息。试解释这种取代所依据的原理。

26.4 比较 Zn(Ⅱ)、Fe(Ⅲ)和 Mg(Ⅱ)的酸碱催化活性。

26.5 请提出一种方法,让您能够测定用快速冻结淬火法分离的反应中间体是否含 Fe(Ⅴ)。

26.6 图 26.60 是从叶绿素中提取的铁氧还蛋白样品在 77 K 时的 Mössbauer 光谱。参考节 8.8,解释与两个铁原子氧化态和自旋状态相关的数据,讨论该温度下的电子离域状态。

26.7 固氮酶中 P 簇氧化态和还原态之间的结构明显不同。用它参与长程电子转移时提议的观点评论观察到的实验事实。

26.8 微生物可通过甲基与 CO 直接结合的方法合成乙酰基(CH_3CO—),对参与该反应的金属作一些预测。

26.9 微波检测发现另一个太阳系的行星上发现大量 O_2,发表你对这一发现的含义的评论。

26.10 除了直接的氧原子转移(图 26.45)外,为 Mo 酶提出的另一种机理是间接氧原子转移(也叫偶合的电子质子转移)。在图 26.61 为亚硫酸氧化酶建议的这一机理中,被转移的氧原子来自未配位的水分子。试为区分直接氧原子转移和间接氧原子转移机理提出一种方法。

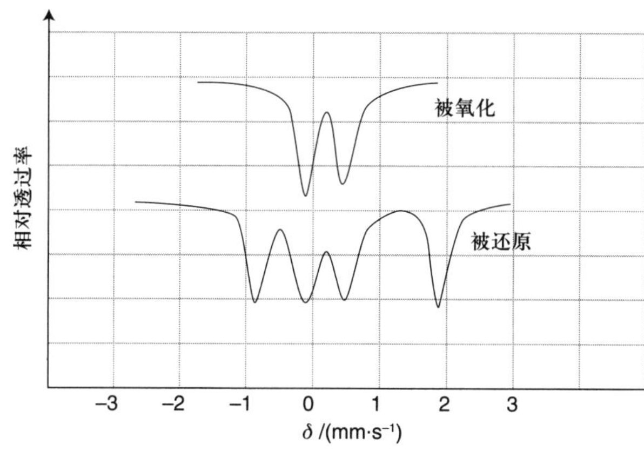

图 26.60 从叶绿素提取的铁氧还蛋白样品在 77 K 时的 Mössbauer 谱

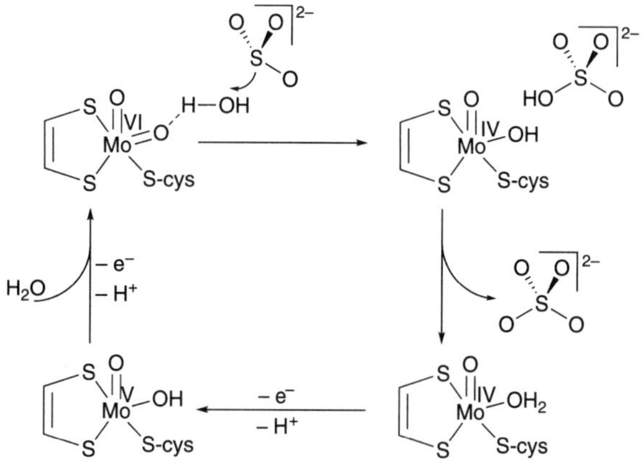

图 26.61 练习题 26.10 涉及的机理

辅导性作业

26.1　在检测外伤后由神经细胞(脑,神经)释放的Zn(Ⅱ)的一篇论文中,E.Tomat和S.J.Lippard描述了特殊配体(这种配体对锌有高度选择性)的发现过程并通过叫作共焦显微技术进行成像(*Curr. Opin. Chem. Biol.*,2010,**14**,225)。用你所学的关于Zn的配位化学知识对这一研究的原理做解释。

26.2　在一项关于由N_2生成NH_3的小分子催化剂的判定性研究中,有时会说固氮酶是一种"有效"酶:这种说法在多大程度上正确?对"固氮酶的三维结构未能为反应机理提供启示"的论据进行评论。

26.3　"Mo酶中末端氧合阴离子与Mo(Ⅵ)之间的键通常被写成双键,然而指派为三键应该较正确。"对这一陈述进行讨论。指出末端氧配体是如何影响Mo原子上其他配位点的反应性能的,解释末端硫配体(如黄嘌呤氧化酶中的硫配体)是如何改变活性点的性质的。

(李　珺　译,史启祯　审)

27章

药物无机化学

医学上会用到一些不被生物体所吸收的所谓有毒元素。这些元素几乎存在于从锂到铋的整个周期表。一种新药进入市场是一个漫长而耗资巨大的过程。新药的发现往往带有偶然性。例如,一个看似无关的实验导致顺铂和之后其他铂的络合物成为治疗多种癌症的药物。药物会干扰生物体的一些部位,导致这些部位受到抑制或遭破坏。因此,确保干扰行动有选择性地对准病变组织非常关键。含金属药物在到达分子靶部位的途中可能发生许多化学变化,以致很难确定它们是如何工作的。与碳(有机化合物)的立体化学不同,无机络合物的单个位点可能显示立体化学多样性,从而在药物设计中显示出重要性。除作为药物外,无机化合物也用于疾病诊断和人体内基本物质(特别是葡萄糖)的快速分析。

成药元素的化学

偶然性在药物发现过程中起着重要作用,许多有效的治疗药物都源自偶然发现。生物体本身不含某些金属(如 Li, Pt, Au, Ag, Ru, As 和 Bi),而这些金属的化合物似乎却有着特殊作用。许多治疗方法都涉及杀灭由细菌、寄生虫或癌带来的入侵细胞。显然,某一外来元素如果能穿透活体细胞的细胞壁,将会有效显示出对该细胞的致死性质:**细胞毒性**(cytotoxity)。元素穿透细胞膜只是攻击过程中的一个阶段,接下来元素或分子"相似物"会几乎无困难地进入靶细胞,像木马病毒一样发挥"杀灭"作用。

药理学的主要挑战之一是在分子水平上确定其作用机理。需要提醒,最终在靶位执行反应的可能不是最初的药物分子,原来的药物分子运行于体液的过程中可能发生了变化。金属络合物药物尤为如此,因为这类化合物通常比有机化合物更易水解。一般来说,一个貌似有理的作用机理往往是根据体外研究结果推得的,其中包括使用金属组学的分析策略(参见节 26.2)。人们更喜欢口服药物,以免对人体造成创伤和注射造成的潜在危害。人们遇到的问题是,口服药物可能无法穿透肠壁,或在水解酶的作用下无法存活。

无机化合物也用于疾病或损伤诊断,一个特别有趣的例子是使用放射性锝成像。人们会面临药物的水溶性和对氧的稳定性这样两个重要问题,然而,与脱氧有机溶剂一起服用的金属有机化合物药物也在增多。药物的药效是由其 IC_{50} 值来衡量的,它是指某一生物活性被抑制 50% 所需的浓度。药物通常只是包装药(成品药)的一部分,成药中还含有其他辅助成分。

药物开发是一个漫长且耗资巨大的过程,有代表性的一种时间轴示于图 27.1。第一阶段是"发现",首先确定目标化合物,然后对该化合物及与之密切相关的类似物进行合成和测试。第二阶段是"发展",调查

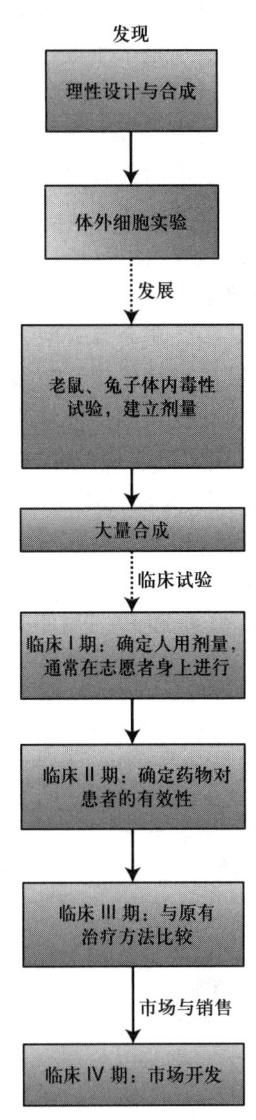

图 27.1　药物开发过程的时间轴

该化合物对患者是否安全,以何种形式和剂量可能较合适。第三阶段是"临床试验",该阶段通常分为三期:临床Ⅰ期是将新药施于人体(通常是健康的志愿者),以确定药物的耐受性,并观察这些早期实验是否达到预期效果;临床Ⅱ期在为数不多的想要从药物得益的患者身上施药;临床Ⅲ期施药于一个更大的患者群体,与当时已在使用的其他药物或对照剂(安慰剂)进行比较。如果临床Ⅲ期能够证明某化合物是成功的,管理部门将会颁发许可证。药物开发的第四阶段是由从事营销和销售的制药公司进行投资。本章介绍多个国家已广泛使用的几种化合物,同时介绍一些尚未进入临床应用的药物并说明其重要原理。

27.1 治疗癌症的无机络合物

提要:*cis*-[$PtCl_2(NH_3)_2$](顺铂)能够成功地治疗多种癌症,这是由于它能与DNA键合以防止其复制,阻止癌细胞不受控制地分裂和增殖。副作用较小的其他铂络合物紧接着也被开发出来。人们表现出极大兴趣的开发方向是只破坏癌细胞的药物,这里涉及一些带有独创性的化学问题。

"癌"是一个涵盖了大量不同类型疾病的体系,其特征是扰乱身体正常运作的变态细胞发生了无控制的复制过程。治疗原则是利用药物破坏有害细胞而不损害健康细胞。

1964年,科学家在研究电场影响细菌生长的实验过程中发现了著名的络合物 *cis*-[$PtCl_2(NH_3)_2$](**1**,顺铂)。实验观察到两个铂电极之间的溶液中悬浮着一些菌群,这些菌群可以继续生长为长丝状,但却停止了复制。这是由于电化学过程中Pt电极部分溶解于含NH_4Cl的电解质溶液中,形成了一种络合物。从那时起,顺铂在多种癌症的治疗中取得了很高的成功率。特别是治疗睾丸癌,成功率接近100%,而顺铂的几何异构体 *trans*-[$PtCl_2(NH_3)_2$]则无效。

就分子层面而言,顺铂及其相关药物的化疗作用是基于铂(Ⅱ)与DNA之间形成络合物。因为血浆中含有高浓度的氯离子,顺铂药物进入病人血液后倾向于以电中性二氯物种存在,而电中性二氯络合物容易穿过细胞膜(图27.2)。进入细胞后,细胞内浓度较低的Cl^-被H_2O取代形成阳离子(电荷+1或+2),生成的阳离子被带负电荷的DNA所吸引,通过碎片[—$Pt(NH_3)_2$]与核苷酸碱基的N原子配位形成内层络合物。某些经典研究表明,优先选择的配位靶标是处于同一链上的鸟嘌呤碱基中的一对氮原子。科学家已对该碎片与寡聚核苷酸形成的络合物进行了X射线晶体衍射和核磁共振光谱表征(图27.3)。与铂配位导致螺旋扭曲和部分解旋,从而使DNA无法复制或修复。这种变形也能被结合在弯曲DNA上的"高移动基团"蛋白键合使DNA得以识别,从而引发细胞死亡。作为抗癌药物发挥作用的一种重要模式,改变癌细胞的DNA使其不能复制的理念已为当今科学界广泛所接受。

尽管顺铂药物治疗癌症有效,但副作用也较大,特别是严重损害肾。为降低顺铂的副作用,人们合成并发现了一些副作用较小的铂络合物。例如,已用于临床的卡铂(**2**)和奥沙利铂(**3**)。有效药物还包括三核铂(Ⅱ)(**4**)和Pt(Ⅳ)络合物,如可以口服的赛特铂(**5**)。六配位Pt(Ⅳ)化合物是前体药物的一个例子,

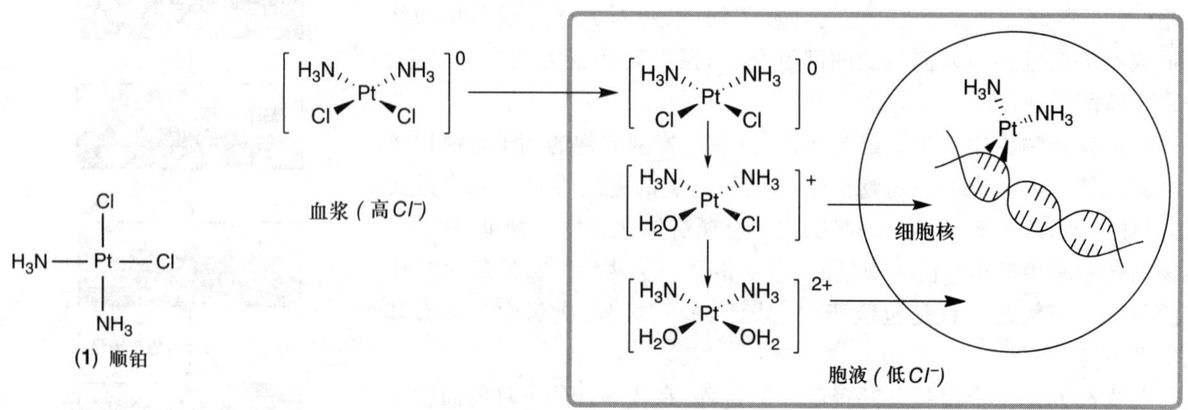

图27.2 顺铂在患者血液中迁移至癌细胞DNA的机理

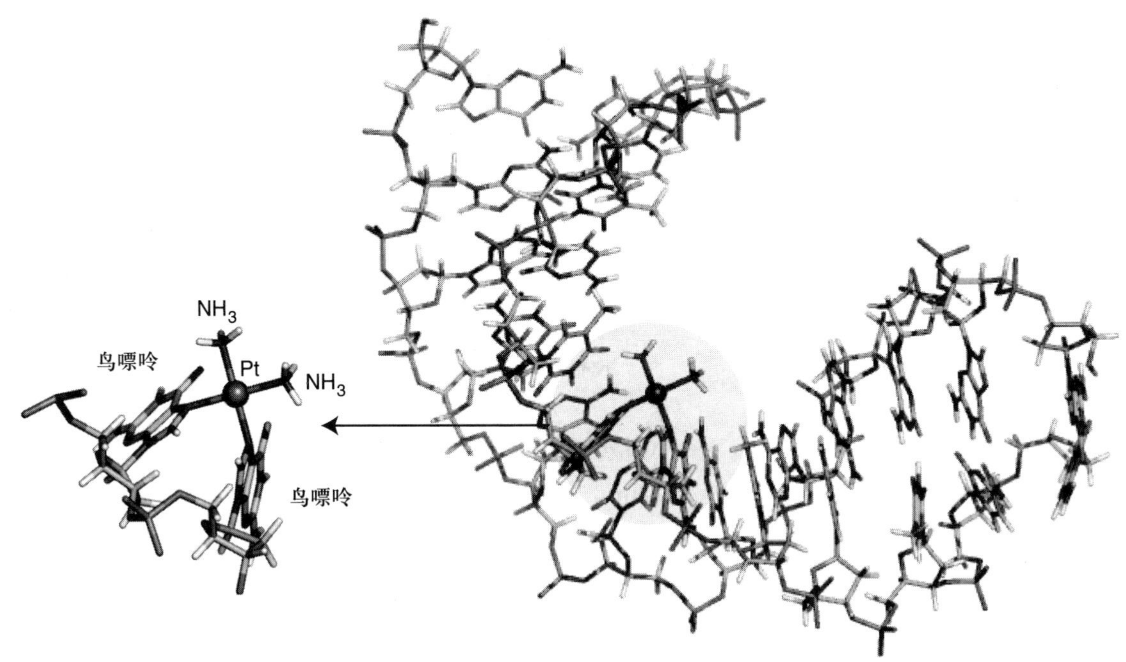

图 27.3　碎片—$Pt(NH_3)_2$与一个寡核苷酸上两个相邻鸟嘌呤碱基形成的络合物结构

左:Pt 原子周围配体为平面四边形配位;右:Pt 的配位使 DNA 螺旋弯曲

(2) 卡铂　**(3)** 奥沙利铂　**(4)** 三核 Pt(II) 抗癌络合物　**(5)** 赛特铂

它本身不具活性,活性出现在进入靶环境之后。恶性肿瘤组织中的氧含量较低:在 3 mmHg(相当于 0.004 atm 或 400 Pa)以下,远低于正常组织的 20~80 mmHg(相当于 0.026~0.11 atm 或 2.6~10.5 kPa)。氧含量低是由血液供应受到限制及癌细胞代谢活性较高造成的。铂(Ⅳ)络合物穿透细胞膜后容易被还原,失去两个轴向配体成为具有活性的平面正方形铂(Ⅱ)络合物。

其他金属药物也在大力研究之中,这类研究提供了不同的细胞靶向、不同的 DNA 键合机理或其他细胞毒性作用,从而扩大了抗癌药物库。一种名为 NAMI-A(新抗癌转移抑制剂)的 Ru(Ⅲ)络合物(**6**)对原发肿瘤蔓延侵入而转移的二级癌细胞有特效灭杀作用。另一个 Ru(Ⅲ)络合物(**7**,简称为 KP1019)对原发肿瘤具有更高的活性。二者都是在进入靶细胞后被还原而表现出活性的,这一事实也促使科学家进一步研究 Ru(Ⅱ)络合物是如何杀灭癌细胞的。半夹心 Ru(Ⅱ)芳烃络合物(**8**)以类似于 Pt 络合物的方式与鸟嘌呤上的 N 配位,但前者除了乙二胺中的—NH_2基团与鸟嘌呤之间具有氢成键作用外,其联苯基也插入到 DNA 的疏水核心。其他金属络合物也可能通过插入 DNA 内部从而提供比铂药物更好的疗效。将金属离子置于特殊配体的任一端而形成的金属超分子"圆柱体"(**9**)具有较大的体积,可用来模拟锌指蛋白(节 26.5)。该圆柱体络合物键合于 DNA 的大沟从而形成小螺圈。

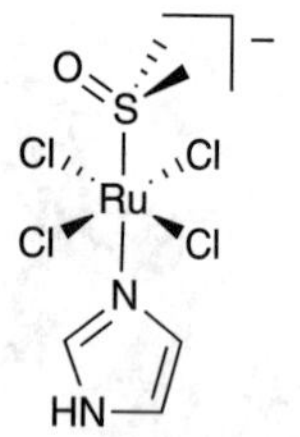

(**6**) NAMI–A 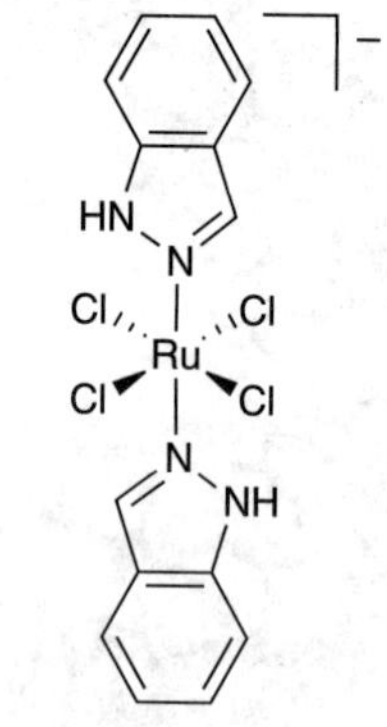 (**7**) KP1019 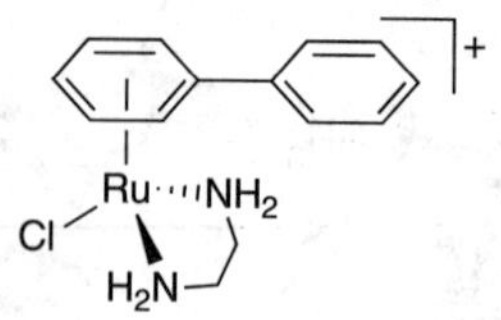 (**8**) 半夹心 Ru(II) 芳烃络合物

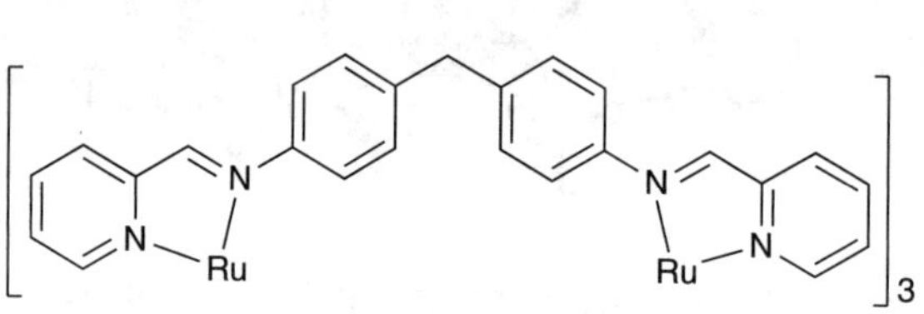

(**9**) Ru 圆柱体络合物 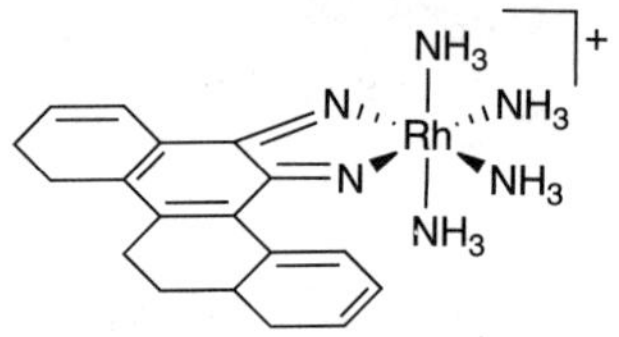 (**10**) 光敏的 Rh 络合物

使用前体药物的另一种策略是对其进行光活化(络合物在光照下变为活性物质)。治疗癌症的这种方法叫**光疗法**(phototherapy)。例如,含有光敏二亚胺配体的 Rh(Ⅲ)络合物(**10**)和反式二叠氮基铂(Ⅳ)络合物。如下式所示,反式二叠氮基铂(Ⅳ)络合物受光照发生分解,形成活性 Pt(Ⅱ)络合物并释放出非常活泼的 N_3 自由基,后者进一步分解为 N_2:

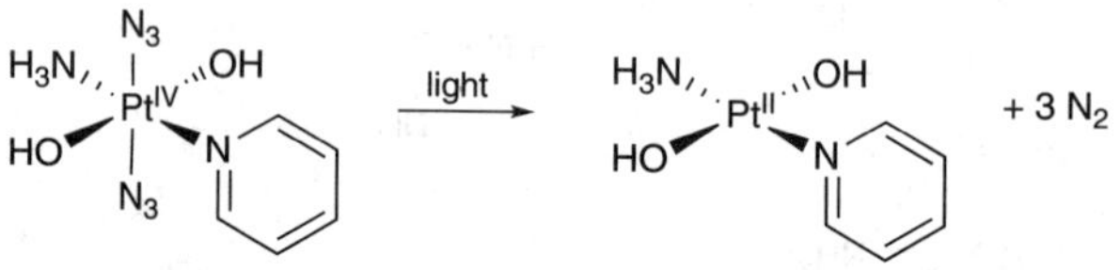

light + 3 N_2

利用癌细胞对特定生物物质的亲和性,可使其成为选择性攻击的靶标。一种叫作**生物偶联**(bioconjugation)的概念是将上述生物物质与金属络合物"打包"进入癌细胞,进入细胞后再释放出来。例如,通过端羧基(连接基团)将两个雌二醇基团以反位结合于 Pt(Ⅳ)而形成的络合物(图 27.4)。该络合物进入乳腺癌或卵巢癌细胞后经还原生成活性 Pt(Ⅱ)络合物,同时释放出 2 分子的雌激素衍生物,从而诱导形成一种能抑制修复结合了铂的 DNA 蛋白。一种叫作 Ferrocifen(**11**)的化合物是它莫昔芬(**11** 中蓝色部分)的二茂铁衍生物,它是治疗乳腺癌的一种药物,具有抑制更多种类恶性细胞的活性,而且副作用似乎小于它莫昔芬本身。

利用放射性杀灭癌细胞的方法叫**放射疗法**(radiotherapy),该法面临的一个重要挑战是如何确保只有癌组织被破坏。选择合适的放射性核素并为之设计一个选择性传递路径可以实现此目标。一个具体例子是由半硫卡巴腙配体与放射性 ^{64}Cu 形成的一大类络合物(**12**),放射性核素 ^{64}Cu 的半衰期为 12.7 h,其衰变路径依次为 β 衰变、正电子发射、电子捕获和 γ 辐射。^{64}Cu 同位素通常是在反应堆中由 ^{63}Cu 捕获中子产生,然后立即使用。治疗利用的是 ^{64}Cu 发射的 β 粒子,其平均路径长度仅约 1 mm,从而确保高选择性地杀灭吸收了 ^{64}Cu 的细胞。选择性传递基于以下原理:电中性的 Cu(Ⅱ)-半硫卡巴腙络合物扩散进入肿瘤细胞,低氧环境使其还原为 Cu(Ⅰ)形式,这种致命的核素随之被捕获。改变配体上的 R 取代基可用于调节络合物的性质。

图 27.4

连接基团

trans Pt(IV)

雌二醇

图 27.4　一例生物偶联 Pt(Ⅳ)药物：两个雌二醇基团(以蓝色表示的部分)通过端羧基反位接合于 Pt 原子

11

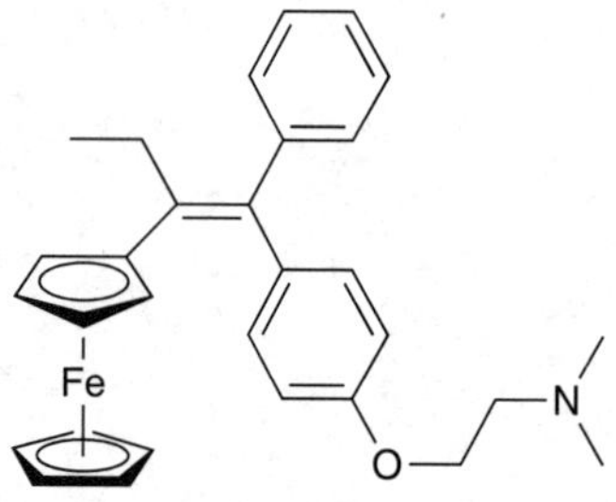

(11) Ferrocifen

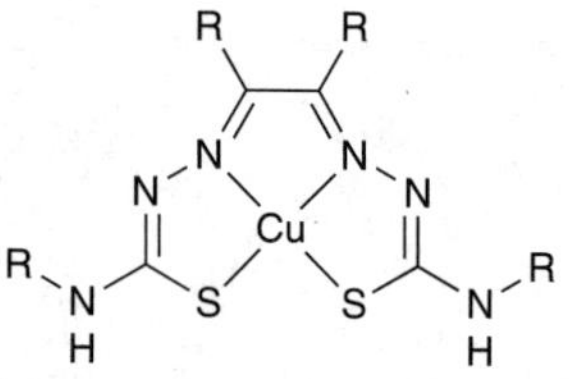

(12) Cu半硫卡巴腙络合物

镓(Ⅲ)络合物是研究中的一类抗癌药物。类似于 Fe(Ⅲ),Ga(Ⅲ)是个硬 Lewis 酸,离子半径与 Fe(Ⅲ)相近,然而却不能还原为 Ga(Ⅱ)。以 Ga 代替 Fe 的任何氧化还原蛋白或 O_2结合蛋白都无活性。人们认为 Ga(Ⅲ)进入细胞时采用了与 Fe(Ⅲ)相同的传输系统。Ga^{3+}的靶标为含铁的核糖核苷酸还原酶,这种酶对合成 DNA 碱基必不可少。试验中的化合物从简单盐(如硝酸镓)到可以穿过肠壁的电中性络合物(如 GaKP46,**13**)。

含砷化合物(砷制剂)有毒且能致癌,但古代中医却用砷制剂治疗包括癌症在内的重病。三氧化二砷(**14**)是当今治疗急性早幼粒细胞白血病(APL)的一种非常有效的药物,这种疾病曾被认为无法治愈。有代表性的施药方案除 As_2O_3外还应包括全反式维生素 A 酸,经治疗的 APL 患者五年生存率高达 90%。As 具有复杂且不止一种的作用机理,其中包括:(a) As 与暴露在外部的线粒体膜蛋白的巯基结合,从而诱导细胞死亡(凋亡);(b) 形成既有害且活泼的氧物种;(c) 干扰了基因表达,这种干扰在细胞变异期更为严重。

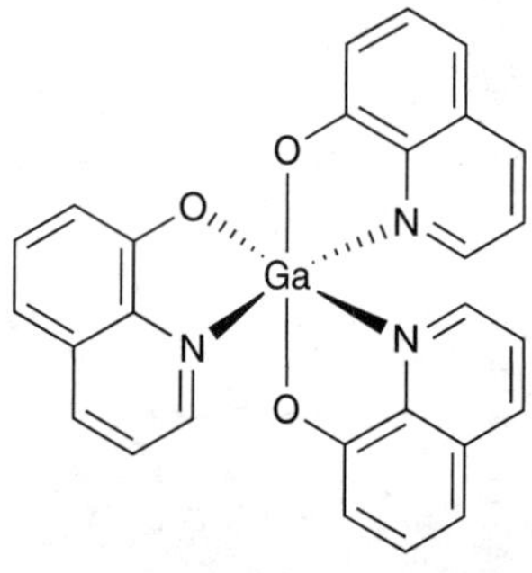

(13) 电中性Ga络合物(GaKP46)

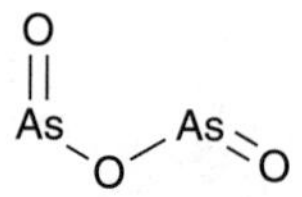

(14) 三氧化二砷,As_2O_3

例题 27.1 识别 Pt 络合物用作抗癌药物所具有的化学性质

答案:Pt(Ⅱ)和 Pt(Ⅳ)都能生成不活泼的、能以纯净形式结晶出来的络合物。它们与 N 给予体配体(如 DNA 上的碱基 N 配体)配位的亲和力强于与 O 配体和 Cl 配体的亲和力,在药物运送至 DNA 特定阶段时,Cl 配体容易被取代并形成终态络合物。在氧含量较低的癌细胞中,八面体 Pt(Ⅳ)络合物(d^6)还原为平面四方形 Pt(Ⅱ)络合物(d^8),轴向配体的离去有利于 Pt(Ⅱ)络合物进入细胞。

自测题 27.1 Cu-半硫卡巴腙络合物如何通过改变还原电位以调节优化其活性?

27.2 治疗关节炎的药物

提要:Au(Ⅰ)络合物对治疗风湿性关节炎非常有效,作用机理可能涉及 Au 与含硫羟蛋白质的键合。

含金药物用来治疗风湿性关节炎,这种疾病是影响关节周围组织的一种炎症。炎症是由于细胞室内水解酶的作用造成的，这种酶叫溶酶体，与高尔基体（参见图 26.1）相关。常用治疗药物包括亚金硫代苹果酸钠（myochrisin，**15**）、亚金硫代葡萄糖钠（solganol，**16**，单元间的连接关系尚不确定）和金诺芬（**17**），三者之中的 Au（Ⅰ）都具有预期中的线性配位。显然，Au（Ⅰ）比氧化性较强的 Au（Ⅲ）更易在生物环境中存在。含金药物的副作用涉及皮肤过敏，也会给肾和肠胃带来问题。许多含金药物（包括亚金硫代苹果酸钠和亚金硫代葡萄糖钠）都是水溶性聚合物，可直接进行肌肉注射。它们在胃部发生酸解，因而不能口服。金诺芬中含一个膦配体，因而是个单体，可口服。但据相关报道，不如直接注入肌肉效果更好。

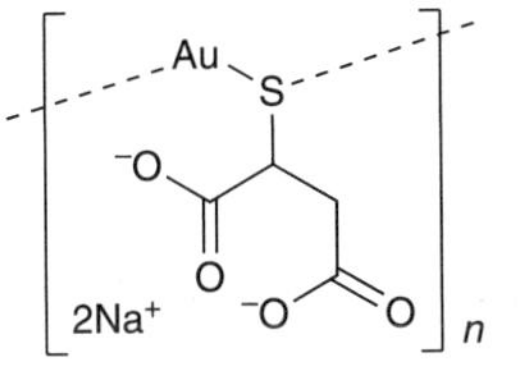

(15) Myochrisin 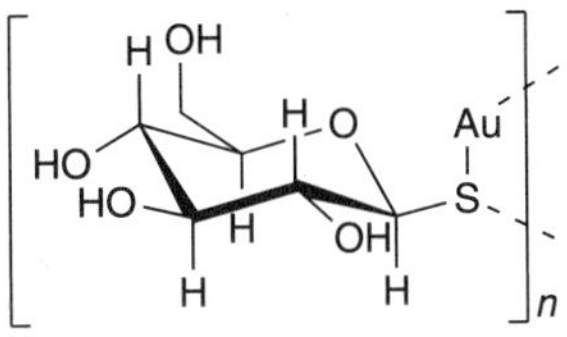　**(16)** Solganol 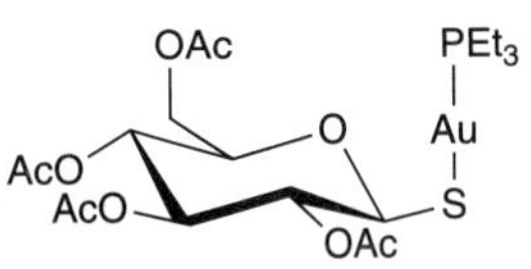　**(17)** Auranofin

含金药物的作用机理一直备受争议，这种争议涉及难以确定的许多不同的蛋白质靶点。作为软金属离子，Au（Ⅰ）能与蛋白质的半胱氨酸或蛋氨酸侧链上的 S 给予体配体形成稳定的络合物。事实上，Au（Ⅰ）能够键合或起抑制作用的主要考虑对象涉及半胱氨酸为活性部位的几种酶。

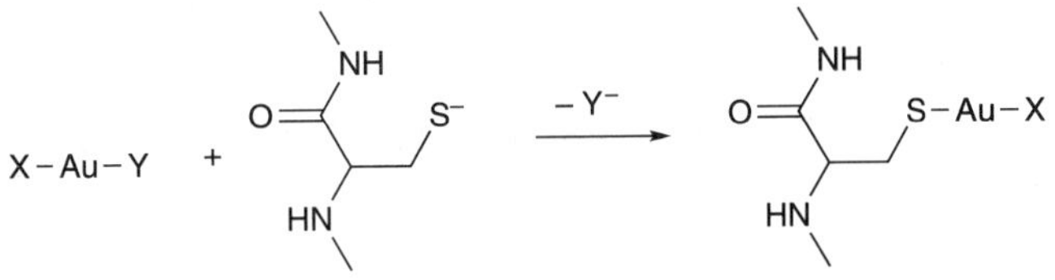

这些酶包括硫氧还蛋白还原酶（细胞中维持恒定还原环境的一种酶）、组织蛋白酶和与炎症有关的半胱氨酸蛋白酶。

27.3　含铋药物用于治疗胃溃疡

提要：含铋药物长期用于对付幽门螺杆菌（*Helicobacter pylori*，引起胃溃疡和胃癌的一种病原体）的感染。Bi（Ⅲ）与羧酸根配位后在胃壁上生成难溶膜，然后 Bi^{3+} 从膜中缓慢释放出来并被细菌细胞所吸收。一旦进入细胞内部，铋（Ⅲ）就会干扰酶的活性，病原体在酸性胃环境下能够存活，酶活性是必不可少的条件。

臭名昭著的幽门螺杆菌会引起胃溃疡和十二指肠溃疡，也是造成胃癌的主要原因。幸运的是，铋（Ⅲ）化合物可有效治疗由幽门螺杆菌引起的感染。最著名的药物有铋的碱式水杨酸盐（BSS，商品名为 Pepto-Bismol®）和胶状次柠檬酸铋（CBS），两种药物均与抗生素一起口服（鸡尾酒疗法）。多核不溶性的（或胶态的）Bi—O 或 Bi 羧酸盐物种支配着 Bi（Ⅲ）在水溶液中的化学过程（见第 15 章），这种特性使 Bi（Ⅲ）在强酸环境（pH = 3）和富含有机酸的胃中得以较长时间存留。例如，双核物种 $[Bi_2(cit)_2]^{2-}$（**18**）、以 Bi_2O_2 环（**19**）和不规则 Bi_6O_7 八面体（**20**）为基础的多聚水杨酸盐片层物种能被胃黏膜吸收，在溃疡处形成保护层，从而限制幽门螺杆菌的黏附。

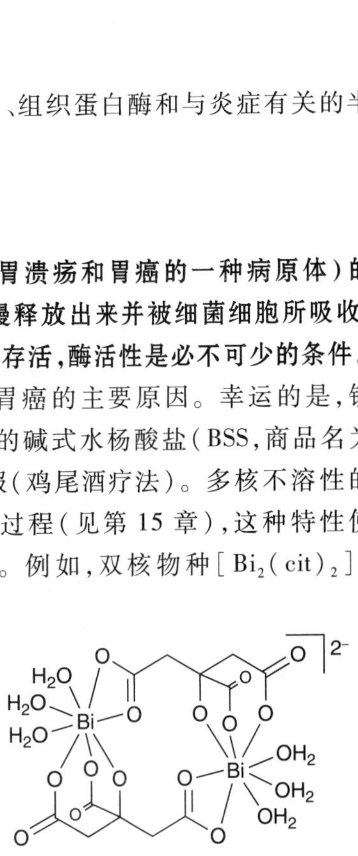

(18) $[Bi_2(cit)_2]^{2-}$

接下来的治疗作用似乎涉及铋从这些聚合物种的储存部位缓慢释放出来[可能是以 $Bi^{3+}(aq)$ 的形式]，并利用细菌的金属离子摄入系统进入病原体。一旦进入细胞内部，铋就靶向病原体生存必需的蛋白。

Bi（Ⅲ）的氧合胶体 $\rightleftharpoons$ Bi^{3+} ⟶ Bi^{3+}-蛋白

平稳释放　被病原体吸收

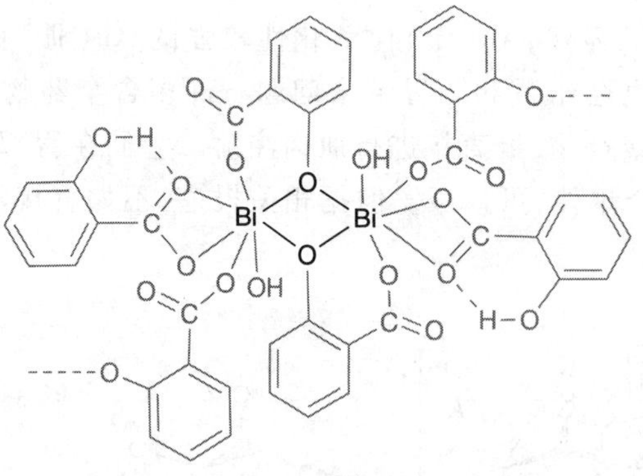

(19) Bi_2O_2 水杨酸盐络合物

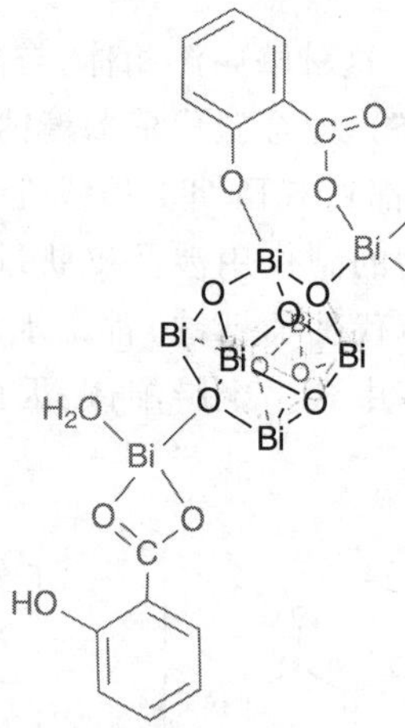

(20) 基于 Bi_6O_7 八面体的水杨酸盐络合物

铋(Ⅲ)与多种蛋白质配体的给予体原子(特别是 O、N 和 S 原子)形成稳定络合物,它们之间的相互作用是用金属组学方法进行研究的(参见节 26.2)。铋对重要的金属-离子键合蛋白质造成干扰,如干扰铁转移蛋白(参见节 26.6)阻止了铁的摄入。也干扰富含组氨酸的蛋白(称为 Hpn),它是运送镍的蛋白酶(Ni 是氢化酶和脲酶的活性金属)。铋本身是脲酶的有效抑制剂,脲酶约占幽门螺杆菌蛋白总量的 10%,这样大的量是中和胃酸(将尿素转化为氨和氨基甲酸酯)所必需的。铋还能抑制延胡索酸酶,该酶是催化延胡索酸酯发生水合形成苹果酸(产生能量的必要反应)的一种蛋白质。铋也能与硫氧还蛋白的活性巯基反应并阻断其活性,硫氧还蛋白能还原活泼的氧物种(如过氧化物)。

除了抗菌活性外,铋化合物在抗真菌、抗病毒和抗癌药物方面也具有诱人前景,科学家对进一步扩大研究这一非常活跃的研究领域表现出极大兴趣。

27.4 锂用于治疗抑郁躁狂型抑郁症

提要:长期以来,锂一直用于治疗躁郁症,但迄今仍不清楚它是如何工作的。人们为锂提出了几种靶向,特别是通常含有 Mg^{2+} 的酶。这是因为锂和镁在周期表中处于对角线位置,具有相似性。

水合锂离子(通常以氯化物或碳酸盐形式给药)是治疗狂躁型抑郁症最简单而有效的药物。这种病也叫躁郁症,以严重的情绪波动为特征。锂是一种情绪稳定剂,尽管已使用了 50 年以上,其作用机理仍不清楚。但有相当多的证据表明,Li^+ 通过干扰糖原合成酶激酶(GSK)的活性而阻碍了细胞的信号传导。动力学研究表明,Li^+ 可能取代了 Mg^{2+}(或者从这种酶本身,或者从涉及信号传输的蛋白质-蛋白质复合体)。锂和镁在周期表中处于对角线位置,性质具有相似性(节 9.10)。

27.5 用于治疗疟疾的金属有机药物

提要:病体对奎宁的耐药性及开发治疗疟疾的相关新药,是全球亟待解决的一个医学问题。疟疾是由一种叫作疟原虫的寄生虫引起的。奎宁干扰了寄生虫应对羟高铁血红素的能力,后者是血红蛋白降解的 Fe 卟啉产物,是由 O_2 产生的活性物种。将奎宁与金属键合改变其结构,是解决耐药性的一条途径。

疟疾是由疟原虫(由蚊子传播给人类的一种寄生虫)引起的疾病,是全球 5 亿人的主要杀手,每年造成超百万人死亡。病毒一旦进入受害者血流,寄生虫就会为获得它生存所需的铁而攻击红细胞(红血球)。这是一个血红蛋白的降解过程,降解过程经由 Fe(Ⅲ)卟啉中间体,即俗称为羟高铁血红素(**21**)的水合铁原卟啉 IX。对疟原虫而言,避免羟高铁血红素的积累非常重要。这是因为羟高铁血红素具有高毒

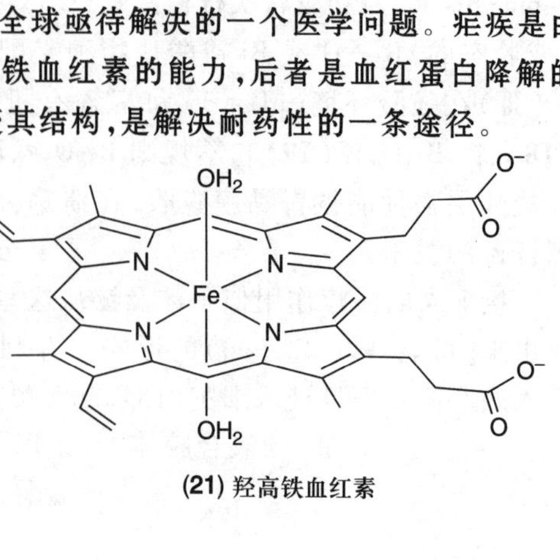

(21) 羟高铁血红素

性,能催化产生活泼的氧物种(特别是能氧化脂质的过氧化物),从而导致细胞膜的损伤。疟原虫能够生存,是依靠将羟高铁血红素转换成一种叫疟色素的难溶微晶物质(图 27.5)。喹啉家族药物("奎宁")是最重要的抗疟药,能干扰疟色素的产生和稳定性,从而将疟原虫暴露于自身造成的 Fe 过载。许多疟原虫表现出对奎宁的抗药性,一种巧妙的方式是设计出能够攻破疟原虫免疫防御体系的新衍生物。新药设计的一个重要策略是将金属络合物连接在奎宁基团上,从而使其骗过机体的防御路径。当今抗击疟疾的领头药物是二茂铁氯喹(**22**),它是带有二茂铁基团的氯喹类似物。

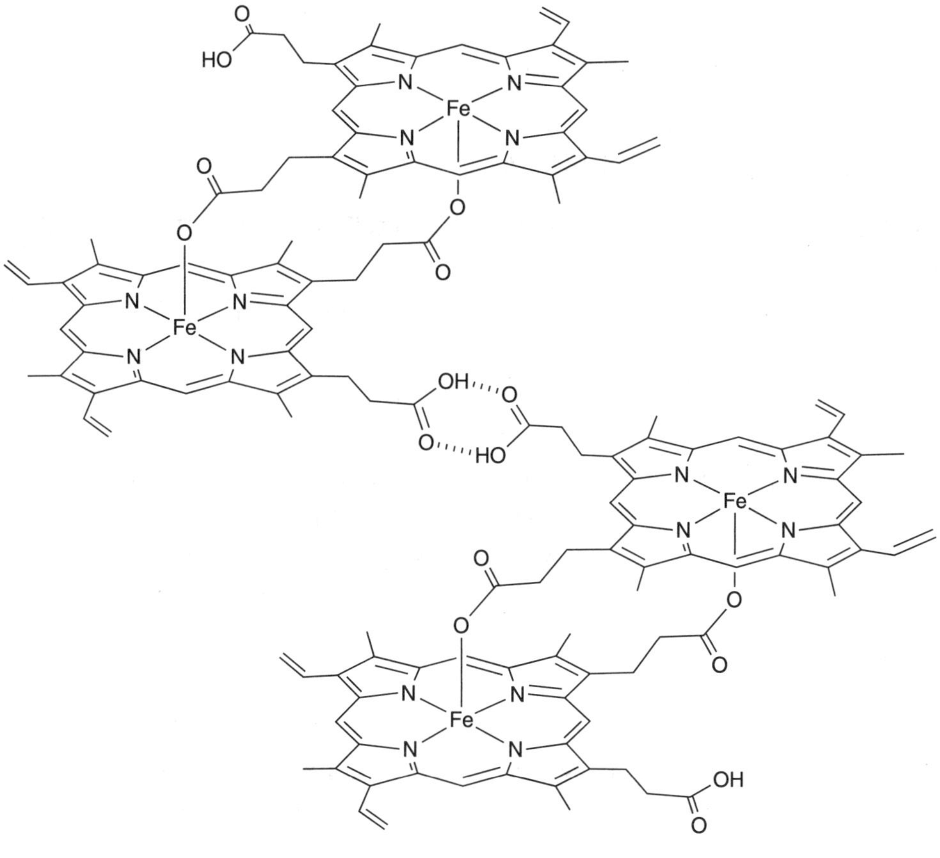

图 27.5 疟色素:一种由疟原虫产生的不溶性化合物

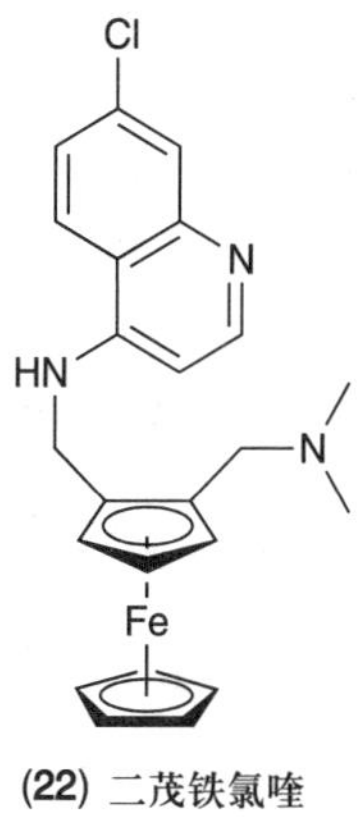

(22) 二茂铁氯喹

27.6 四氮杂环十四烷类化合物用做抗艾滋病病毒试剂

提要:四氮杂环十四烷类化合物(Cyclams)是有效的抗 HIV 药物。这可能是由于它们能够与生物体中的 d 金属离子(特别是 Zn^{2+})形成强络合物,而这些络合物则能与 HIV 细胞发作所需的受体蛋白质上的一段特殊序列发生作用。

作为抗 HIV 疗法,四氮杂环十四烷类衍生物(能与 d 区元素形成强络合物的大环配体)仍处于研究之中。HIV 病毒能入侵细胞并利用这些细胞进行复制。艾滋病病毒进入细胞是由病毒的糖蛋白与一种叫作 CD4 受体蛋白质(这种蛋白质存在于靶细胞膜上)之间的相互作用开始,并由此引发包括其他受体蛋白质在内的一系列反应。Cyclams 能够中断这些反应,虽然目前还不清楚它们的作用机理。一种假设是,Cyclams 与低浓度(10^{-9} mol · L^{-1})的游离 Zn^{2+}结合,形成的大环络合物与被称为 CXCR4 的特殊受体蛋白质上的半胱氨酸硫醇盐(RS^-)形成了三分子加合物。HIV 进入细胞时需要这些受体,这表明 Zn-cyclams 干扰了病毒的入侵过程。Bicyclams 和著名的抗 HIV 药物 AZT 形成的生物偶联体(**23**)特别有效,显示出了大有希望的结果。

(23) Bicylam–AZT偶联体

27.7　缓慢释放 CO 的无机药物:应对术后紧张感的药剂

提要:像 NO 一样,CO 也是一种传递信息的试剂,痕量 CO 对缓解术后创伤非常有益。金属络合物是能以可控方式让少量 CO 缓慢进入血流的最好方式。

CO 是著名的有毒性气体,然而新近发现它像 NO 一样,也是一种有益的信号试剂。通过血红蛋白的降解作用,小量 CO 在体内不断被释放,释放至体内的 CO 是由血红素加氧酶作用于卟啉产生的。人们现在知道,CO 是血管扩张剂和消炎药,对缓解术后创伤非常有用。科学家发现,可通过"CO 释放分子"(CORMs)将 CO 以低浓度方式连续引入体内,而不是直接让患者服药。这类试剂不仅能保护细胞,还具有抑制病原菌(包括大肠杆菌、葡萄球菌、铜绿假单胞菌和导致胃肠炎的弯曲杆菌)活性的作用。研究得较多的一种水溶性"CO 释放分子"是[$Ru(CO)_3Cl$(glycinate)](**24**),它是通过与生物配体(如半胱氨酸)反应释放出 CO 的。

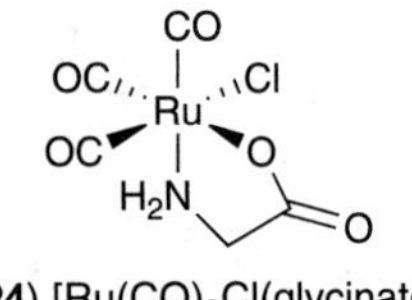

(24) [$Ru(CO)_3Cl$(glycinate)]

27.8　螯合疗法

提要:尽管铁对生命有机体具有独特的重要性,但如果未与蛋白质络合,则是一种毒性很强的元素。未配位的 Fe 物种(即过量 Fe)能够催化一些反应(如 Fenton 反应)产生有害的羟基自由基,后者则能进攻像 DNA 那样的敏感分子。通过 Fe 的螯合作用可以治疗 Fe 过载,螯合剂使用一种叫做铁载体的细菌配体。

Fe 过载(iron overload)显示多种严重症状,影响着全世界相当一部分人的健康。我们在此重申:尽管 Fe 相当重要,但仍是一种潜在的高毒性物质,尤其是它与 O_2 反应产生有毒自由基的能力。铁在体内的浓度通常严格受控于调节系统。不少人群因基因缺陷导致调节系统被破坏,主要表现为世界某些地区流行的地中海贫血(*thalassemia*)。铁过载中的一种是由于患者没有能力产生足够的卟啉造成的,其他铁过载问题是由产生铁蛋白或铁转移蛋白过程中铁浓度调节系统的错误造成的(节 26.6 和节 26.15)。

治疗铁过载采用**螯合疗法**(chelation therapy),即服用一种配体与铁配位,将其隔离并排出体外。一种叫做去铁胺(去铁灵,**25**)的配体类似于节 26.6 中描述的铁载体。除静脉注射会造成创伤的缺点外,对治疗铁过载而言,它的确是个非常成功的药剂。其后人们将关注点放在开发像地拉罗司(**26**)和去铁酮(**27**)这样的口服药。这些小的、亲脂的配体能穿过肠壁进入血流。二分子地拉罗司与 Fe(III)的络合物方式见(**28**)。

螯合疗法的一个特例是治疗被核材料钚(Pu)污染的个体。钚的常见氧化态钚(Ⅳ)和钚(Ⅲ)与铁(Ⅲ)和铁(Ⅱ)具有相似的电荷密度,类似于含铁细胞的螯合配体[如含有 4 个邻苯二酚基团的 3,4,3-LI-MACC(**29**)]已开发出来。

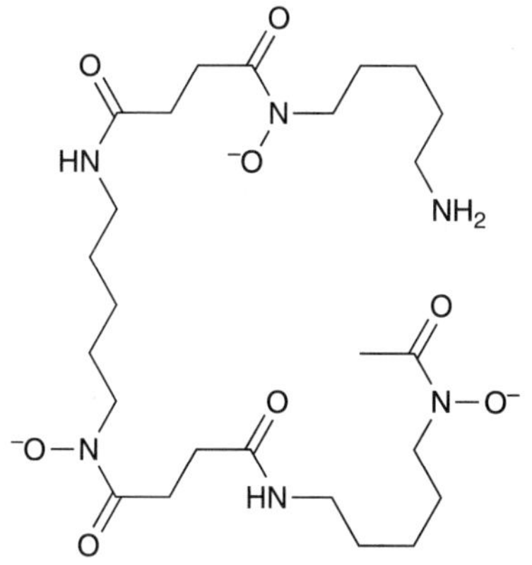

(25) 去铁灵

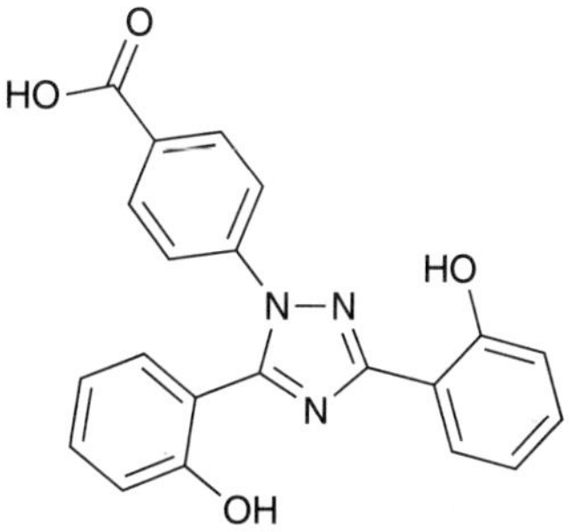

(26) 地拉罗司

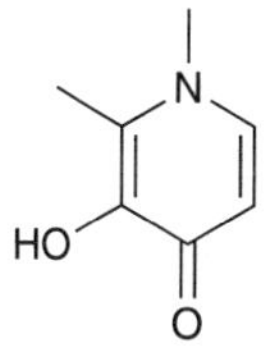

(27) 去铁酮

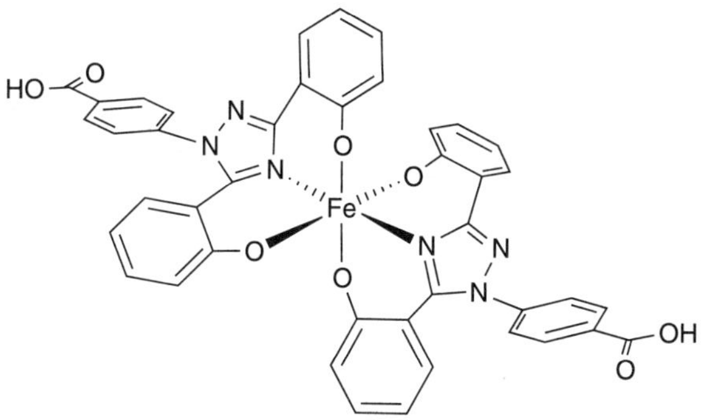

(28) $[Fe(III)(deferasirox)_2]^-$

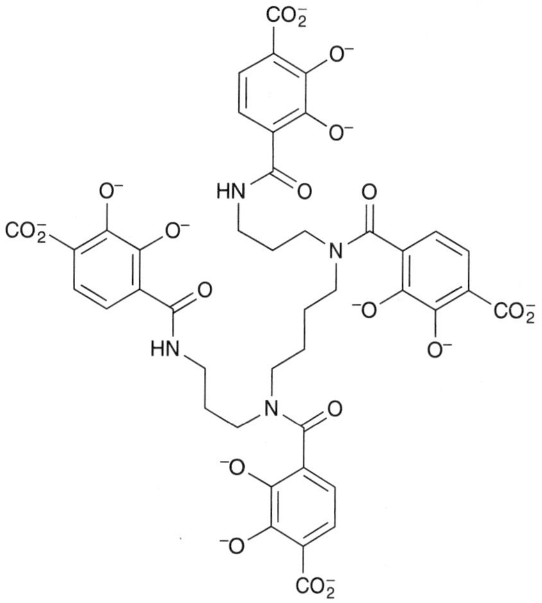

(29) 3,4,3–LIMACC

应用相关文段 27.1　葡萄糖传感器:二茂铁的一个用途

糖尿病是日趋增加的健康问题,特别在西方国家,Ⅰ型糖尿病人不得不注射叫作胰岛素的激素以控制体内的血糖水平。便携式传感器(血糖仪)能够迅速而准确地即时测得患者的血糖水平,对患者控制疾病、保证正常生活具有重要意义。英国牛津大学 H.A.O. Hill 及其同事发明出一种非常成功的血糖仪,他们以二茂铁作为万用电子转移试剂,用葡萄糖氧化酶(其中含有一种叫作黄素的有机辅酶)催化葡萄糖的空气氧化。这种袖珍式电化学传感器是一个碳电极,葡萄糖氧化酶固定于电极的二茂铁涂层上。二茂铁涂层的功能为优化还原电势、溶解性、稳定性和电荷[图 B27.1(a)]。通过针刺从人体取得少量血样置于传感器表面,血液中葡萄糖氧化产生的电子传递到二茂铁(比 O_2 更好的电子接受体),后者与电极作用产生电流[图 B27.1(b)]。从显示屏上读出的电流数值与血样中葡萄糖的浓度直接相关[图 B27.1(c)]。

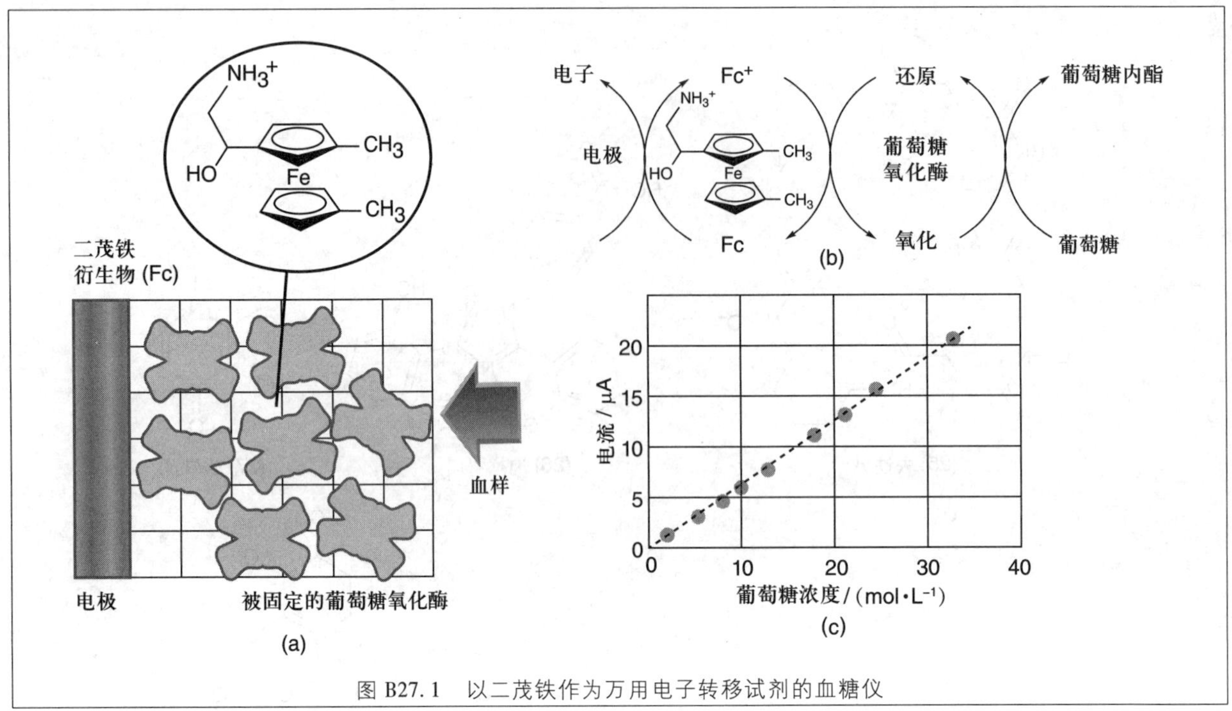

图 B27.1　以二茂铁作为万用电子转移试剂的血糖仪

27.9　造影剂

提要：通过干扰水的质子核弛豫或发射 γ 射线的方法进行断层扫描，可以找到浓集于受损或病变组织的化合物，从而进行病变部位的非侵袭性定位。根据配体存在的位置，就能对准特定器官和组织进行治疗。

用钆(f^7)络合物实行磁共振成像(MRI)已成为一种重要的医疗诊断技术。通过对^{1}H-NMR 谱共振弛豫时间的影响，Gd(Ⅲ)络合物可提高不同类型组织之间的对比度，突出显示出像血脑障异常这样的细节。许多钆(Ⅲ)络合物已用于临床，每种钆(Ⅲ)络合物都会不同程度地被某些组织排斥或滞留，都会显示出不同的稳定性、不同的水交换速率和不同的弛豫参数。所有络合物都是由螯合配体形成的，特别是具有多个羧酸根基团的配体。例如，叫作 Dotarem 的络合物(**30**)，它是由大环氨基羧酸盐配体 DOTA 与钆配位生成的。MRI 示踪剂正在开发之中，这些示踪剂中的金属处于一种稳定的配位环境中，相应的络合物则以共价方式连接于具有生物活性的碎片。Gd 造影剂 EP-210R (图 27.6)提供了一个实例，4 个 Gd^{3+} 络合物与多肽相连，多肽则能识别并键合到由凝血酶(血凝块)产生的血纤维蛋白分子上。

(30) Dotarem

锝是个由核反应产生的人造元素，但却作为单光子发射计算机断层 X 射线照相技术(SPECT)的显像剂，在医疗上找到重要用途。活性放射性核素^{99m}Tc(m 指亚稳态)释放出 γ 射线，衰变半衰期为 6 h。^{99m}Tc 是用中子轰击^{98}Mo，经过不稳定的^{99}Mo 而产生的。一旦产生，即尽快分离出来：

$$^{98}\mathrm{Mo}\xrightarrow{\text{中子俘获}}{}^{99}\mathrm{Mo}\xrightarrow[\text{半衰期 90 h}]{\beta\text{ 衰变}}{}^{99m}\mathrm{Tc}\xrightarrow[\text{半衰期 6 h}]{\gamma\text{ 辐射}}{}^{99}\mathrm{Tc}\xrightarrow[\text{半衰期 200 000 y}]{\beta\text{ 衰变}}{}^{99}\mathrm{Ru}$$

高能 γ 射线对组织的伤害比 α 或 β 粒子小。除较高氧化态的氧化性较小外，锝的化学性质与锰相似。

为了得到 Tc 示踪剂，可让放射性的$[^{99}MoO_4]^{2-}$通过阴离子交换柱。直到核衰变产生高锝酸根$[^{99}TcO_4]^-$之前，$[^{99}MoO_4]^{2-}$都被紧紧结合于柱上。衰变产生的$[^{99}TcO_4]^-$电荷较低，因而容易洗脱(图 27.7)。洗脱液用还原剂(通常是 Sn(Ⅱ))处理，加入必需的配体将其转化为显像剂。得到的化合物以低浓度($c.10^{-8}$ mol·L^{-1})施于病体。

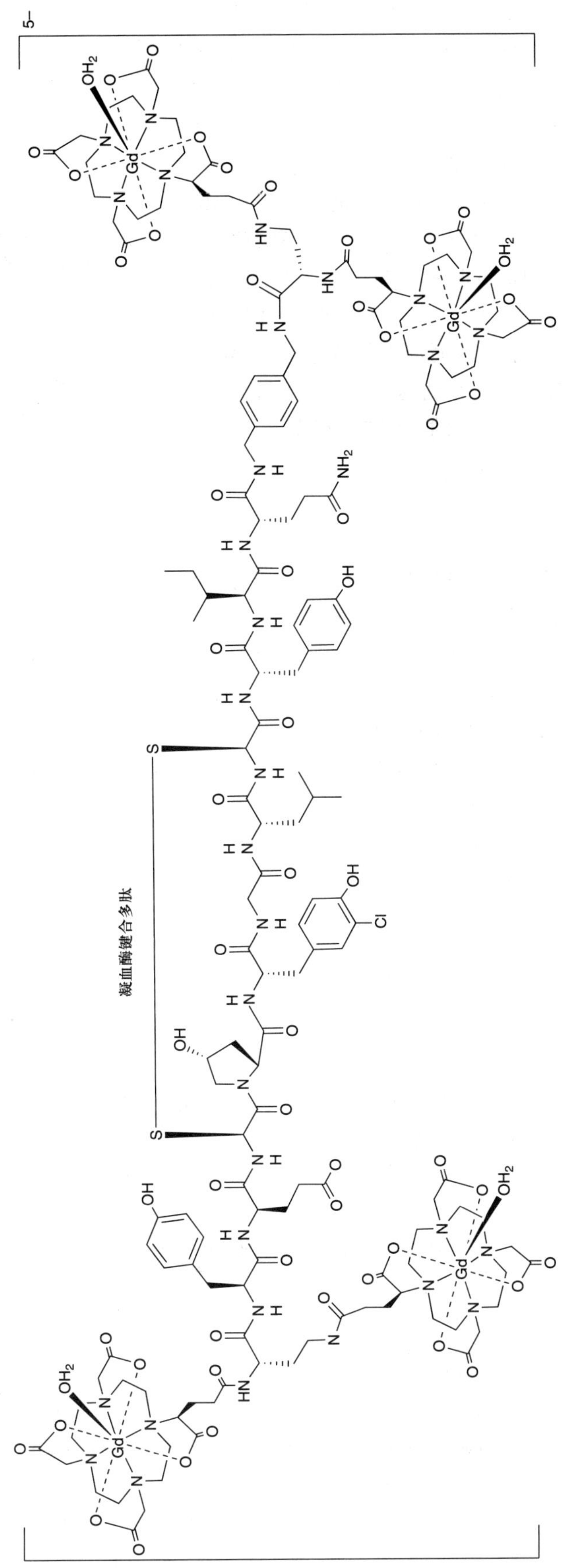

图 27.6　钆造影剂 EP-210R：4 个 Gd^{3+} 络合物连接于一个多肽，多肽则能识别并键合到由血栓产生的纤维蛋白分子上

已经制得不发生取代的多种 Tc 络合物,将其注射到患者体内即能靶向特定组织并提供组织状态的信息。已经开发了一些靶向特定器官的络合物,如靶向心脏(揭示心脏病发作的组织损伤)、肾(肾功能成像)或骨(揭示癌病灶和骨折线)的络合物。靶向似乎与络合物所带电荷有关:阳离子络合物倾向于靶至心脏,电中性络合物靶至大脑,阴离子络合物则靶至骨和肾。在各种显像剂中,被称为 cardiolyte 的 Tc(Ⅰ)异腈络合物$[Tc(CNCH_2(C)(CH_3)_2OCH_3)_6]^+$(**31**)研究得最透彻,并广泛用作心脏显像剂。Cardiolyte 积聚在心肌组织(心脏肌肉)中,但两天内就能从体内排出。Tc(Ⅴ)与巯乙酰三甘氨酸形成的化合物(**32**,叫 Tc-MAG3)因排泄迅速而用于肾显像。Tc(Ⅶ)与二磷酸配体的络合物(**33**)是有效的骨显像试剂:硬原子 O 与活泼而暴露于表面的位点相结合,定位应力性骨折和其他骨异常。叫作 ceretec 的电中性化合物(**34**)用于脑成像。

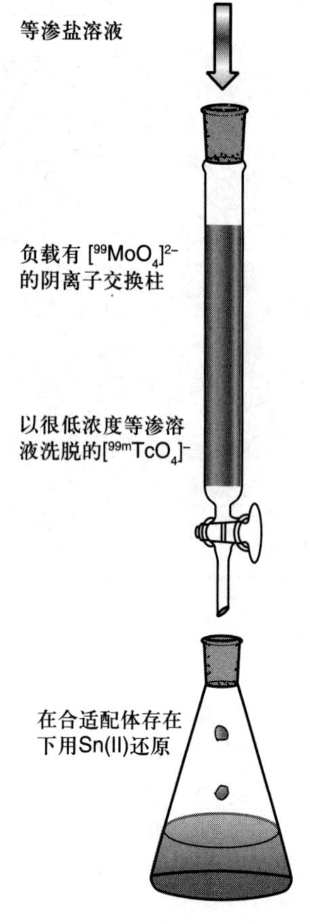

图 27.7 Tc-99 络合物制备原理

27.10 展望

提要:未来医学将因无机化学领域科学家的工作而大大受益。

本章概述的内容仅代表无机化学在医学上发挥重要作用的"冰山一角"。许多其他例子仍处在研究的早期阶段。例如,锌用作荧光显像剂和用于电化学传感器的金属络合物。固体化合物在医学上的应用还有扩大的余地,作为药物输送载体的无机层状氢氧化物材料正在研究之中。无机物也用于化妆品、预防、保健等更为广泛的领域,如将银的纳米粒子作为抗菌剂掺入服装。正如本章所强调的那样,一个主要的挑战是建立这些化合物详尽的作用机理,化合物的活性形式可能大不相同于使用的(服用的)形式。

(**31**) Cardiolyte (心脏)　(**32**) Tc–MAG3 (肾)　(**33**) Tc(VII)的二磷酸盐络合物(骨)　(**34**) Ceretec(脑)

延伸阅读资料

H. Li and H. Sun, Recent advances in bioinorganic chemistry of bismuth. *Curr. Opin. Chem. Biol.*, 2012, **16**, 74.

C. G. Hartinger and P. J. Dyson, Bioorganometallic chemistry: from teaching paradigms to medicinal applications. *Chem. Soc. Rev*., 2009, **38**, 391.

J. J. R. Frausto da Silva and R. J.P. Williams, *The biological chemistry of the elements*. Oxford University Press (2001). 一本极好的详细介绍元素和生命间相互关系的书.

R. R. Crichton, F. Lallemand, I. S. M. Psalti, and R. J. Ward, *Biological inorganic chemistry* . Elsevier (2007). 一本现代生物无机化学的介绍.

M. J. Hannon, Supramolecular DNA recognition. *Chem. Soc. Rev.* , 2007, **36**, 280. 内容涉及识别某些 DNA 序列的金属络合物的制备.

M. A. Jakupec, M. Galanski, V. B. Arion, C. G. Hartinger, and B. Keppler, Antitumour metal compounds: more than theme and variations. *Dalton Transactions* , 2008, 183.

P. C. A. Bruijnincx and P. J. Sadler, New trends for metal complexes with anticancer activity. *Curr. Opin. Chem. Biol* ., 2008, **12**, 197. 有关改善金属络合物抗癌药物效能的一篇综述.

P. Caravan, Strategies for increasing the sensitivity of gadolinium-based MRI contrast agents. *Chem. Soc. Rev.*, 2006, **35**, 512. 有关 Gd 磁共振成像剂的一篇综述.

B. E. Mann and R. Motterlini, CO and NO in medicine. *Chem. Commun.*, 2007, 4197. 有关生物学和医学中 CO 和 NO 所起作用的综述.

C. Biot, W. Castro, C. Botte, and M. Navarro, The therapeutic potential of metal-based antimalarial agents: implications for the mechanism of action. *Dalton Transactions* 2012, **41**, 6335.

练习题

27.1　Au(Ⅲ)化合物是处在研究中的一类抗癌药物。预测其与 Pt(Ⅱ)化合物的相似性并进行比较。

27.2　铜手镯据说对风湿病有治疗作用。不必推测它对靶位置可能存在的分子机理,描述铜如何进入身体并传递到组织中可能的化学原理。

27.3　硼烷碳酸盐$[H_3BCO_2]^{2-}$是个有前景的 CORM,它在碱性溶液中是稳定的。然而一旦进入中性或温和的酸性溶液(如血流)时即缓慢分解释放出 CO。预测硼烷碳酸盐的分解产物并为之建议一个机理。

27.4　选取周期表中一些元素,就它们在药物中的用途写一篇短文。

27.5　从化学的角度评述 Ga(Ⅲ)化合物经由抑制某类含铁酶的方式用作药物的可能性。

27.6　铋在治疗胃病方面有特殊作用,指出其特殊的化学性质。注意,胃内为高酸性环境。

辅导性作业

27.1　X. Wang 和 Z. Guo 在他们的论文"Targeting and delivery of platinum-based anticancer drugs"(*Chem. Soc. Rev.* 2012, **42**, 202)中综述了一个正在扩展中的研究领域:基于纳米粒子的药物传递。试总结含金属药物结合于纳米结构上的各种方式以及以这种方式修饰药物带来的好处。

27.2　金属茂络合物以不同方式用于医学,写出一篇有关这方面的短文。

27.3　J. R. Dilworth 和 R. Hueting 在他们的论文"Metal complexes of thiosemicarbazones for imaging and therapy"(*Inorg. Chim. Acta* 2012, **389**, 3)中综述了金属络合物在成像和医疗方面[特别是^{64}Cu 络合物用作 SPECT 成像和正电子发射 X 断层显像(PET)方面]的研究进展。用论文中提供的信息,比较 SPECT 和 PET 成像的原理,并总结在组织中确定 Cu-缩氨基硫脲络合物命运的困难所在。

(李珺　译,史启祯　校)

资源节

资源节1

离子半径选录

这里给出最常见氧化态和最常见配位数的离子半径(单位:pm),配位数给在括号中。除了标记有符号'†'的物种(高自旋状态)外,给出的所有 d 区其他物种都是低自旋状态数据。大多数数据引自 R. D. Shannon,*Acta Cryst.*, 1976, **A32**, 751. 从那里您可以找到其他配位几何体的数值。缺乏 Shannon 数据的物种采用 Pauling 离子半径,并用符号"＊"标记。

1	2	3	4	5	6	7	8	9	10	11	12	13	14	15	16	17	18
Li^{+}	Be^{2+}											B^{3+}	C^{4+}	N^{3-}	O^{2-}	F^{-}	Ne^{+}
59(4)	27(4)											11(4)	15(4)	146(4)	138(4)	131(4)	112*
76(6)	45(6)											27(6)	16(6)		140(6)	133(6)	
92(8)															142(8)		
														N^{3+}			
														16(6)			
Na^{+}	Mg^{2+}											Al^{3+}	Si^{4+}	P^{5+}	S^{2-}	Cl^{-}	Ar^{+}
99(4)	49(4)											39(4)	26(4)	29(4)	184(6)	181(6)	154*
102(6)	72(6)											53(6)	40(6)	38(6)			
32(8)	103(8)																
														P^{3+}	S^{6+}	Cl^{7+}	
														44(6)	12(4)	8(4)	
															29(6)	27(6)	
															S^{4+}		
															37(6)		
K^{+}	Ca^{2+}	Sc^{3+}	Ti^{4+}	V^{5+}	Cr^{6+}	Mn^{7+}	Fe^{6+}	Co^{4+}	Ni^{4+}	Cu^{3+}	Zn^{2+}	Ga^{3+}	Ge^{4+}	As^{5+}	Se^{2-}	Br^{-}	Kr^{+}
137(4)	100(6)	75(6)	42(4)	36(4)	26(4)	25(4)	25(4)	40(4)	48(6)	54(6)	60(4)	47(4)	39(4)	34(4)	198(6)	196(6)	169*
138(6)	112(8)	87(8)	61(6)	54(6)	44(6)	46(6)		53(6)†			74(6)	62(6)	53(6)	46(6)			
151(8)			74(8)								90(8)						
			Ti^{3+}	V^{4+}	Cr^{5+}	Mn^{6+}	Fe^{4+}	Co^{3+}	Ni^{3+}	Cu^{2+}			Ge^{2+}	As^{3+}	Se^{6+}	Br^{7+}	
			67(6)	58(6)	49(6)	26(4)	58(6)	55(6)	56(6)	57(4)			73(6)	58(6)	28(4)	39(6)	
				72(8)						73(6)					42(6)		
			Ti^{2+}	V^{3+}	Cr^{4+}	Mn^{5+}	Fe^{3+}	Co^{2+}	Ni^{2+}	Cu^{+}					Se^{4+}		
			86(6)	64(6)	41(4)	33(4)	49(4)†	58(4)†	55(4)	60(4)					50(6)		
					55(6)	63(6)	55(6)	65(6)	69(8)	77(6)							
							78(8)†	90(8)									

续表

1	2	3	4	5	6	7	8	9	10	11	12	13	14	15	16	17	18
				V^{2+} 79(6)	Cr^{3+} 62(6)	Mn^{4+} 37(4) 53(6)	Fe^{2+} 63(4)$^{+}$ 61(6) 92(8)$^{+}$										
					Cr^{2+} 73(6)	Mn^{3+} 65(6)											
						Mn^{2+} 67(6) 96(8)											
Rb^{+} 148(6) 160(8)	Sr^{2+} 118(6) 126(8)	Y^{3+} 90(6) 102(8)	Zr^{4+} 59(4) 72(6) 84(8)	Nb^{5+} 48(4) 64(6) 74(8)	Mo^{6+} 41(4) 59(6)	Tc^{7+} 37(4) 56(6)	Ru^{8+} 36(4)	Rh^{5+} 55(6)	Pd^{4+} 62(6)	Ag^{3+} 67(4) 75(6)	Cd^{2+} 78(4) 95(6) 110(8)	In^{3+} 62(4) 80(6) 92(8)	Sn^{4+} 55(4) 69(6) 81(8)	Sb^{5+} 60(6)	Te^{6+} 43(4) 56(6)	I^{-} 220(6)	Xe^{+} 190*
				Nb^{4+} 68(6) 79(8)	Mo^{5+} 46(4) 61(6)	Tc^{5+} 60(6)	Ru^{7+} 38(4)	Rh^{4+} 60(6)	Pd^{3+} 76(6)	Ag^{2+} 79(4) 94(6)			Sn^{2+} 102(6)	Sb^{3+} 76(6)	Te^{4+} 66(4) 97(6)	I^{7+} 42(4) 53(6)	Xe^{8+} 40(4) 48(6)
				Nb^{3+} 72(6)	Mo^{4+} 65(6)	Tc^{4+} 66(6) 95(8)	Ru^{5+} 71(6)	Rh^{3+} 67(6)	Pd^{2+} 64(4) 86(6)	Ag^{+} 67(2) 100(4) 115(6)							
					Mo^{3+} 69(6)		Ru^{4+} 62(6)		Pd^{+} 59(2)								
							Ru^{3+} 68(6)										
Cs^{+} 167(6) 174(8)	Ba^{2+} 135(6) 142(8)	La^{3+} 103(6) 116(8)	Hf^{4+} 58(4) 71(6) 83(8)	Ta^{5+} 64(6) 74(8)	W^{6+} 42(4) 60(6)	Re^{7+} 38(4) 53(6)	Os^{8+} 39(4)	Ir^{5+} 57(6)	Pt^{5+} 57(6)	Au^{5+} 57(6)	Hg^{2+} 96(4) 102(6) 114(8)	Tl^{3+} 75(4) 89(6) 98(8)	Pb^{4+} 65(4) 78(6) 94(8)	Bi^{5+} 76(6)	Po^{6+} 67(6)	At^{7+} 62(6)	
				Ta^{4+} 68(6)	W^{5+} 62(6)	Re^{6+} 55(6)	Os^{7+} 53(6)	Ir^{4+} 63(6)	Pt^{4+} 63(6)	Au^{3+} 68(4) 85(6)	Hg^{+} 119(6)	Tl^{+} 150(6) 159(8)	Pb^{2+} 119(6) 129(8)	Bi^{3+} 103(6) 117(8)	Po^{4+} 94(6) 108(8)		
				Ta^{3+} 72(6)	W^{4+} 66(6)	Re^{5+} 58(6)	Os^{6+} 55(6)	Ir^{3+} 68(6)	Pt^{2+} 60(4) 80(6)	Au^{+} 137(6)							
						Re^{4+} 63(6)	Os^{5+} 58(6) Os^{4+} 63(6)										
Fr^{+} 196(6)	Ra^{2+} 170(8)																

Lanthanoids

Ce^{4+}	Pr^{4+}	Nd^{3+}	Pm^{3+}	Sm^{3+}	Eu^{3+}	Gd^{3+}	Tb^{4+}	Dy^{3+}	Ho^{3+}	Er^{3+}	Tm^{3+}	Yb^{3+}	Lu^{3+}

续表

1	2	3	4	5	6	7	8	9	10	11	12	13	14	15	16	17	18
87(6)	85(6)	98(6)	97(6)	96(6)	95(6)	94(6)	76(6)	91(6)	90(6)	89(6)	88(6)	87(6)	86(6)				
97(8)	96(8)	111(8)	109(8)	108(8)	107(8)	105(8)	88(8)	103(8)	102(8)	100(8)	99(8)	99(8)	98(8)				
Ce^{3+}	Pr^{3+}	Nd^{2+}		Sm^{2+}	Eu^{2+}		Tb^{3+}	Dy^{2+}			Tm^{2+}	Yb^{2+}					
101(6)	99(6)	129(8)		127(8)	117(6)		92(6)	107(6)			103(6)	102(6)					
114(8)	113(8)				125(8)		104(8)	119(8)			109(8)	114(8)					
Actinoids																	
Th^{4+}	Pa^{5+}	U^{6+}	Np^{7+}	Pu^{6+}	Am^{4+}	Cm^{4+}	Bk^{4+}	Cf^{4+}	Es	Fm	Md	No^{2+}	Lr				
94(6)	78(6)	52(4)	72(6)	71(6)	85(6)	85(6)	63(6)	82(6)				110(6)					
110(8)	95(8)	73(6)			95(8)	95(8)	93(8)	92(8)									
		100(8)															
	Pa^{4+}	U^{5+}	Np^{6+}	Pu^{5+}	Am^{3+}	Cm^{3+}	Bk^{3+}	Cf^{3+}									
	90(6)	76(6)	72(6)	74(6)	98(6)	97(6)	96(6)	95(6)									
	101(8)				123(8)												
	Pa^{3+}	U^{4+}	Np^{5+}	Pu^{4+}	Am^{2+}												
	104(6)	89(6)	75(6)	86(6)	126(8)												
		100(8)		96(8)													
		U^{3+}	Np^{4+}	Pu^{3+}													
		103(6)	87(4)	100(6)													
			98(6)														
			Np^{3+}														
			101(6)														
			Np^{2+}														
			110(6)														

资源节2

元素的电子性质

原子的基态电子组态是由光谱学和磁学实验测定的，下面列出测定结果。它们可由构造原理得到合理解释，根据构造原理，电子按照一定顺序添加到符合 Pauli 不相容原理的轨道上。d 区和 f 区的添加顺序会有一些微小变化，以便更好适应电子－电子相互作用产生的效应。氦的 $1s^2$ 闭合壳层组态表示为 [He]，类似方法用来表示其他稀有气体元素的电子组态。下面列出的基态电子组态引自 S. Fraga, J. Karwowski, and K. M. S. Saxena, *Handbook of atomic data*. Elsevier, Amsterdam (1976).

元素 E 的前三步电离能是指下述过程所需的能量：

$$I_1:\quad E(g) \longrightarrow E^{+}(g) + e^{-}(g)$$

$$I_2:\quad E^{+}(g) \longrightarrow E^{2+}(g) + e^{-}(g)$$

$$I_3:\quad E^{2+}(g) \longrightarrow E^{3+}(g) + e^{-}(g)$$

电子亲和能 E_{ea} 是电子加至气相原子时*释放*的能量：

$$E_{ea}:\quad E(g) + e^{-}(g) \longrightarrow E^{-}(g)$$

其数值引自不同来源，特别是引自 C. E. Moore, Atomic energy levels, NBS Circular 467, Washington (1970) 和 W. C. Martin, L. Hagan, J. Reader, and J. Sugar, *J. Phys. Chem. Ref. Data*, 1974, 3, 771.锕系元素数据引自 J. J. Katz, G. T. Seaborg, and L. R. Morss (eds), *The chemistry of the actinide elements*. Chapman & Hall (1986).电子亲和能引自 H. Hotop and W. C. Lineberger, *J. Phys. Chem. Ref. Data*, 1985, **14**, 731.

原子	电离能/eV			电子亲和能
	I_1	I_2	I_3	E_{ea}/eV
1 H $1s^1$	13.60			+0.754
2 He $1s^2$	24.59	54.51		−0.5
3 Li [He]$2s^1$	5.320	75.63	122.4	+0.618
4 Be [He]$2s^2$	9.321	18.21	153.85	≤0
5 B [He]$2s^2 2p^1$	8.297	25.15	37.93	+0.277
6 C [He]$2s^2 2p^2$	11.257	24.38	47.88	+1.263
7 N [He]$2s^2 2p^3$	14.53	29.60	47.44	−0.07
8 O [He]$2s^2 2p^4$	13.62	35.11	54.93	+1.461
9 F [He]$2s^2 2p^5$	17.42	34.97	62.70	+3.399
10 Ne [He]$2s^2 2p^6$	21.56	40.96	63.45	−1.2
11 Na [Ne]$3s^1$	5.138	47.28	71.63	+0.548
12 Mg [Ne]$3s^2$	7.642	15.03	80.14	≤0
13 Al [Ne]$3s^2 3p^1$	5.984	18.83	28.44	+0.441
14 Si [Ne]$3s^2 3p^2$	8.151	16.34	33.49	+1.385
15 P [Ne]$3s^2 3p^3$	10.485	19.72	30.18	+0.747
16 S [Ne]$3s^2 3p^4$	10.360	23.33	34.83	+2.077
17 Cl [Ne]$3s^2 3p^5$	12.966	23.80	39.65	+3.617
18 Ar [Ne]$3s^2 3p^6$	15.76	27.62	40.71	−1.0
19 K [Ar]$4s^1$	4.340	31.62	45.71	+0.502
20 Ca [Ar]$4s^2$	6.111	11.87	50.89	+0.02
21 Sc [Ar]$3d^1 4s^2$	6.54	12.80	24.76	
22 Ti [Ar]$3d^2 4s^2$	6.82	13.58	27.48	
23 V [Ar]$3d^3 4s^2$	6.74	14.65	29.31	
24 Cr [Ar]$3d^5 4s^1$	6.764	16.50	30.96	
25 Mn [Ar]$3d^5 4s^2$	7.435	15.64	33.67	
26 Fe [Ar]$3d^6 4s^2$	7.869	16.18	30.65	
27 Co [Ar]$3d^7 4s^2$	7.876	17.06	33.50	
28 Ni [Ar]$3d^8 4s^2$	7.635	18.17	35.16	
29 Cu [Ar]$3d^{10} 4s^1$	7.725	20.29	36.84	
30 Zn [Ar]$3d^{10} 4s^2$	9.393	17.96	39.72	

续表

原子	电离能/eV I_1	I_2	I_3	电子亲和能 E_{ea}/eV
31 Ga [Ar]$3d^{10}4s^24p^1$	5.998	20.51	30.71	+0.30
32 Ge [Ar]$3d^{10}4s^24p^2$	7.898	15.93	34.22	+1.2
33 As [Ar]$3d^{10}4s^24p^3$	9.814	18.63	28.34	+0.81
34 Se [Ar]$3d^{10}4s^24p^4$	9.751	21.18	30.82	+2.021
35 Br [Ar]$3d^{10}4s^24p^5$	11.814	21.80	36.27	+3.365
36 Kr [Ar]$3d^{10}4s^24p^6$	13.998	24.35	36.95	-1.0
37 Rb [Kr]$5s^1$	4.177	27.28	40.42	+0.486
38 Sr [Kr]$5s^2$	5.695	11.03	43.63	+0.05
39 Y [Kr]$4d^15s^2$	6.38	12.24	20.52	
40 Zr [Kr]$4d^15s^2$	6.84	13.13	22.99	
41 Nb [Kr]$4d^45s^1$	6.88	14.32	25.04	
42 Mo [Kr]$4d^55s^1$	7.099	16.15	27.16	
43 Tc [Kr]$4d^55s^2$	7.28	15.25	29.54	
44 Ru [Kr]$4d^75s^1$	7.37	16.76	28.47	
45 Rh [Kr]$4d^85s^1$	7.46	18.07	31.06	
46 Pd [Kr]$4d^{10}$	8.34	19.43	32.92	
47 Ag [Kr]$4d^{10}5s^1$	7.576	21.48	34.83	
48 Cd [Kr]$4d^{10}5s^2$	8.992	16.90	37.47	
49 In [Kr]$4d^{10}5s^25p^1$	5.786	18.87	28.02	+0.3
50 Sn [Kr]$4d^{10}5s^25p^2$	7.344	14.63	30.50	+1.2
51 Sb [Kr]$4d^{10}5s^25p^3$	8.640	18.59	25.32	+1.07
52 Te [Kr]$4d^{10}5s^25p^4$	9.008	18.60	27.96	+1.971
53 I [Kr]$4d^{10}5s^25p^5$	10.45	19.13	33.16	+3.059
54 Xe [Kr]$4d^{10}5s^25p^6$	12.130	21.20	32.10	-0.8
55 Cs [Xe]$6s^1$	3.894	25.08	35.24	
56 Ba [Xe]$6s^2$	5.211	10.00	37.51	
57 La [Xe]$5d^16s^2$	5.577	11.06	19.17	
58 Ce [Xe]$4f^15d^16s^2$	5.466	10.85	20.20	
59 Pr [Xe]$4f^36s^2$	5.421	10.55	21.62	
60 Nd [Xe]$4f^46s^2$	5.489	10.73	20.07	
61 Pm [Xe]$4f^56s^2$	5.554	10.90	22.28	
62 Sm [Xe]$4f^66s^2$	5.631	11.07	23.42	
63 Eu [Xe]$4f^76s^2$	5.666	11.24	24.91	
64 Gd [Xe]$4f^75d^16s^2$	6.140	12.09	20.62	
65 Tb [Xe]$4f^96s^2$	5.851	11.52	21.91	
66 Dy [Xe]$4f^{10}6s^2$	5.927	11.67	22.80	
67 Ho [Xe]$4f^{11}6s^2$	6.018	11.80	22.84	
68 Er [Xe]$4f^{12}6s^2$	6.101	11.93	22.74	
69 Tm [Xe]$4f^{13}6s^2$	6.184	12.05	23.68	
70 Yb [Xe]$4f^{14}6s^2$	6.254	12.19	25.03	
71 Lu [Xe]$4f^{14}5d^16s^2$	5.425	13.89	20.96	
72 Hf [Xe]$4f^{14}5d^26s^2$	6.65	14.92	23.32	
73 Ta [Xe]$4f^{14}5d^36s^2$	7.89	15.55	21.76	
74 W [Xe]$4f^{14}5d^46s^2$	7.89	17.62	23.84	
75 Re [Xe]$4f^{14}5d^56s^2$	7.88	13.06	26.01	
76 Os [Xe]$4f^{14}5d^66s^2$	8.71	16.58	24.87	
77 Ir [Xe]$4f^{14}5d^76s^2$	9.12	17.41	26.95	
78 Pt [Xe]$4f^{14}5d^96s^1$	9.02	18.56	29.02	
79 Au [Xe]$4f^{14}5d^{10}6s^1$	9.22	20.52	30.05	
80 Hg [Xe]$4f^{14}5d^{10}6s^2$	10.44	18.76	34.20	
81 Tl [Xe]$4f^{14}5d^{10}6s^26p^1$	6.107	20.43	29.83	
82 Pb [Xe]$4f^{14}5d^{10}6s^26p^2$	7.415	15.03	31.94	
83 Bi [Xe]$4f^{14}5d^{10}6s^26p^3$	7.289	16.69	25.56	
84 Po [Xe]$4f^{14}5d^{10}6s^26p^4$	8.42	18.66	27.98	
85 At [Xe]$4f^{14}6d^{10}6s^26p^5$	9.64	16.58	30.06	
86 Rn [Xe]$4f^{14}5d^{10}6s^26p^6$	10.75			
87 Fr [Rn]$7s^1$	4.15	21.76	32.13	
88 Ra [Rn]$7s^2$	5.278	10.15	34.20	
89 Ac [Rn]$6d^17s^2$	5.17	11.87	19.69	
90 Th [Rn]$6d^27s^2$	6.08	11.89	20.50	
91 Pa [Rn]$5f^26d^17s^2$	5.89	11.7	18.8	
92 U [Rn]$5f^36d^17s^2$	6.19	14.9	19.1	
93 Np [Rn]$5f^46d^17s^2$	6.27	11.7	19.4	
94 Pu [Rn]$5f^67s^2$	6.06	11.7	21.8	
95 Am [Rn]$5f^77s^2$	5.99	12.0	22.4	
96 Cm [Rn]$5f^76d^17s^2$	6.02	12.4	21.2	
97 Bk [Rn]$5f^97s^2$	6.23	12.3	22.3	
98 Cf [Rn]$5f^{10}7s^2$	6.30	12.5	23.6	
99 Es [Rn]$5f^{11}7s^2$	6.42	12.6	24.1	
100 Fm [Rn]$5f^{12}7s^2$	6.50	12.7	24.4	
101 Md [Rn]$5f^{13}7s^2$	6.58	12.8	25.4	
102 No [Rn]$5f^{14}7s^2$	6.65	13.0	27.0	
103 Lr [Rn]$5f^{14}6d^17s^2$	4.6	14.8	23.0	

注：kJ/mol 和 cm^{-1} 的转换关系参见书末的换算因子表。

资源节3

标准电位

这里引用的标准电位数据采用 Latimer 图(节 5.12)的形式,并按周期表中 s 区、p 区、d 区和 f 区的先后排序。放在括号中的是不确定的数据和物种。大部分数据(和偶然修正的数据)引自 A. J. Bard, R. Parsons, and J. Jordan (eds), *Standard potentials in aqueous solution*. Marcel Dekker (1985).锕系元素数据引自 L. R. Morss,*The chemistry of the actinide elements*, Vol. 2 (eds J. J. Katz, G. T. Seaborg, and L. R. Morss). Chapman & Hall (1986).$[Ru(bpy)_3]^{3+/2+}$的数据引自 B. Durham, J. L. Walsh, C. L. Carter, and T. J. Meyer, *Inorg. Chem.*, 1980, **19**, 860.碳物种和某些 d 区元素的电位引自 S. G. Bratsch, *J. Phys. Chem. Ref. Data*, 1989, **18**, 1.不稳定的自由基物种标准电位的更多信息参见 D. M. Stanbury, *Adv. Inorg. Chem.*, 1989, **33**, 69.文献偶尔也报道以甘汞电极(SCE)为参照电极的电位数据,这种数据加上 0.241 2 V 就转化为标准氢电极的数据。关于其他参考电极的详细讨论参见 D. J. G. Ives and G. J. Janz, *Reference electrodes*. Academic Press (1961).

s区 • 族1

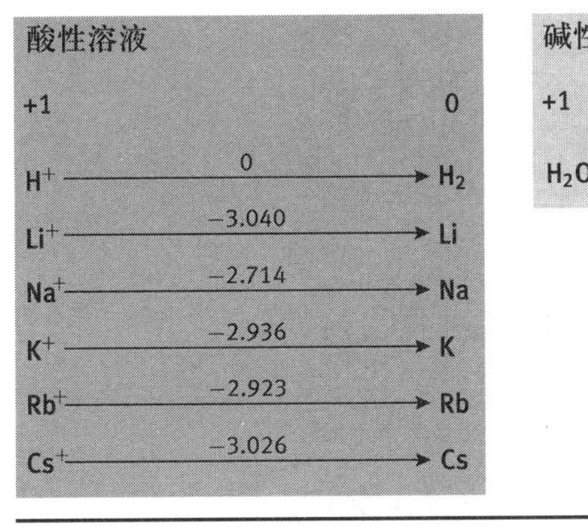

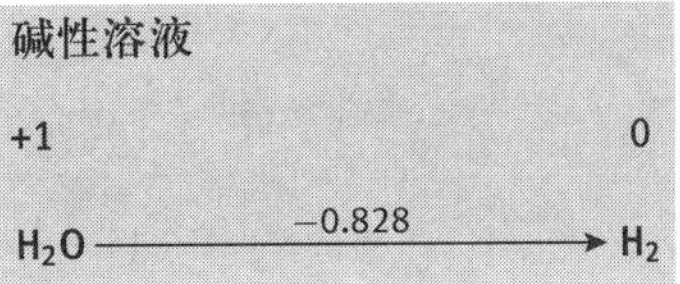

s区 • 族2

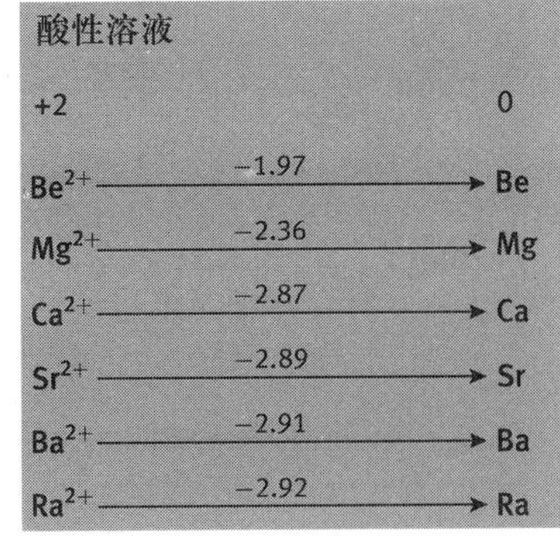

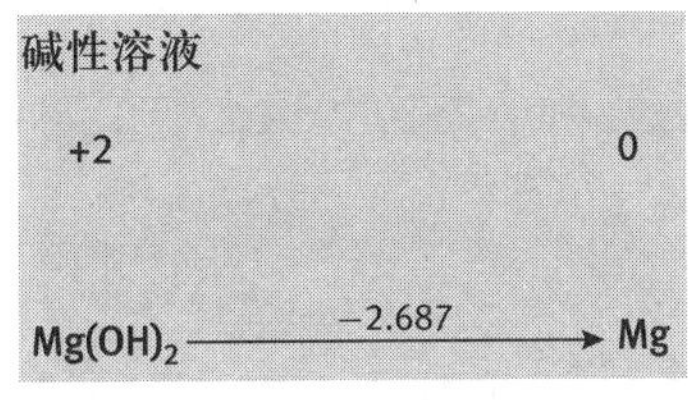

p区 • 族13

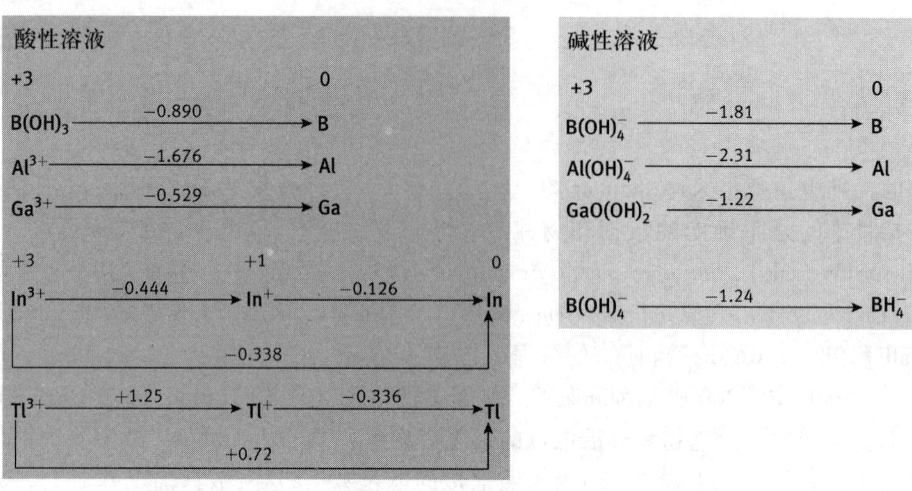
酸性溶液
+3
0
B(OH)3 −0.890 B
Al3+ −1.676 Al
Ga3+ −0.529 Ga
+3
+1
0
In3+ −0.444 In+ −0.126 In
−0.338
Tl3+ +1.25 Tl+ −0.336 Tl
+0.72
碱性溶液
+3
0
B(OH)4− −1.81 B
Al(OH)4− −2.31 Al
GaO(OH)2− −1.22 Ga
B(OH)4− −1.24 BH4−

p区 • 族14

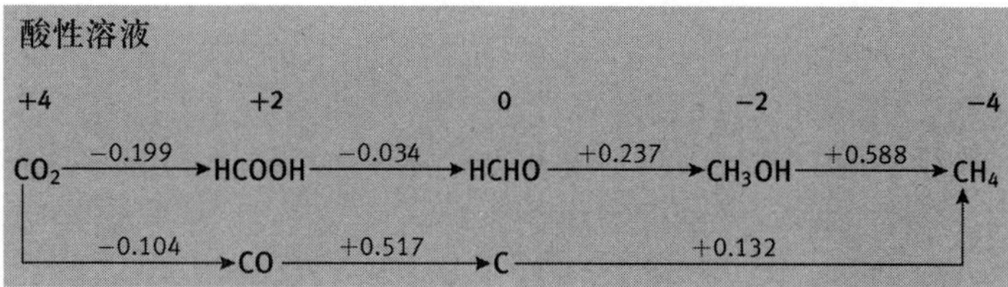
酸性溶液
+4
+2
0
−2
−4
CO2 −0.199 HCOOH −0.034 HCHO +0.237 CH3OH +0.588 CH4
−0.104 CO +0.517 C +0.132
碱性溶液
CO3 2− −0.930 HCO2− −1.160 HCHO −0.591 CH3OH −0.245 CH4
C −1.148

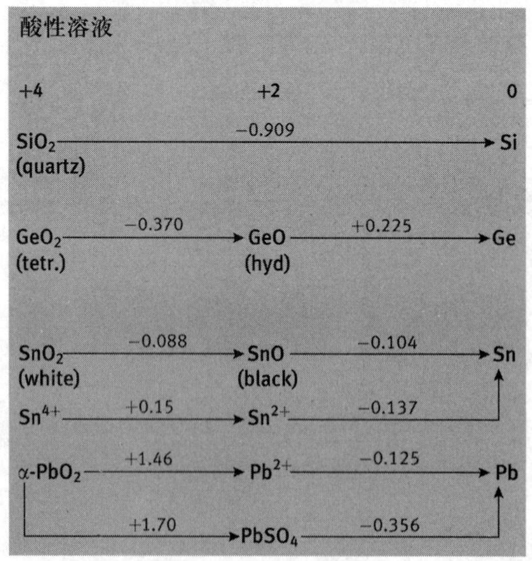
酸性溶液
+4
+2
0
SiO2 (quartz) −0.909 Si
GeO2 (tetr.) −0.370 GeO (hyd) +0.225 Ge
SnO2 (white) −0.088 SnO (black) −0.104 Sn
Sn4+ +0.15 Sn2+ −0.137
α-PbO2 +1.46 Pb2+ −0.125 Pb
+1.70 PbSO4 −0.356

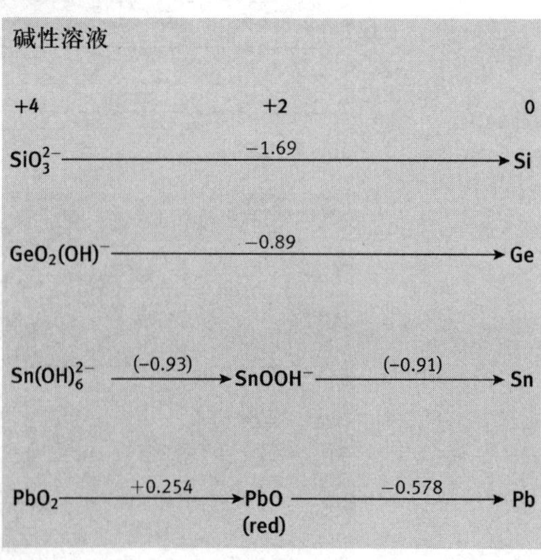
碱性溶液
+4
+2
0
SiO3 2− −1.69 Si
GeO2(OH)− −0.89 Ge
Sn(OH)6 2− (−0.93) SnOOH− (−0.91) Sn
PbO2 +0.254 PbO (red) −0.578 Pb

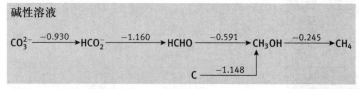

p区 • 族15

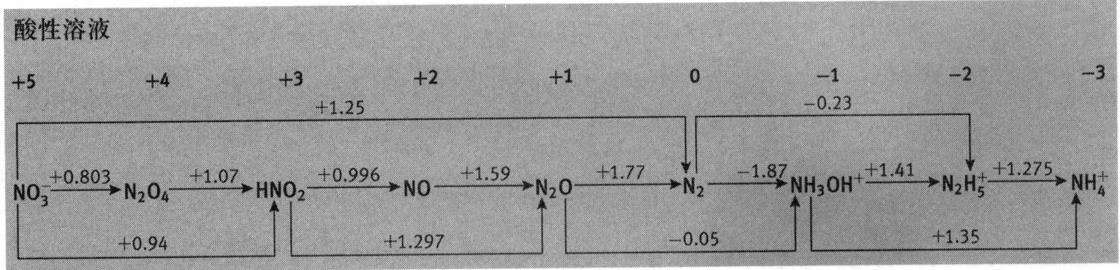
酸性溶液
+5
+4
+3
+2
+1
0
−1
−2
−3
+1.25
−0.23
NO3−
+0.803
N2O4
+1.07
HNO2
+0.996
NO
+1.59
N2O
+1.77
N2
−1.87
NH3OH+
+1.41
N2H5+
+1.275
NH4+
+0.94
+1.297
−0.05
+1.35

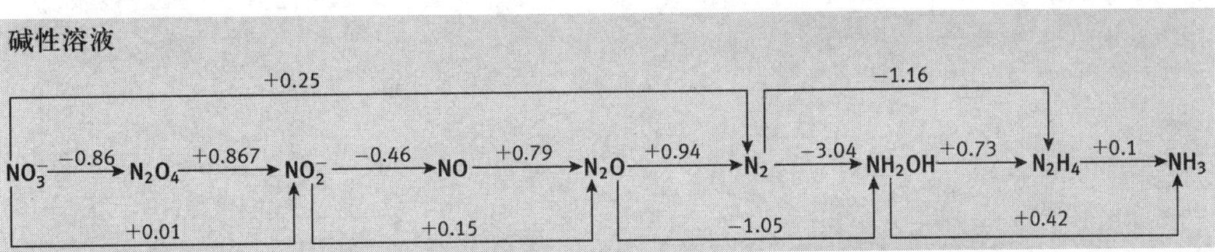
碱性溶液
+0.25
−1.16
NO3−
−0.86
N2O4
+0.867
NO2−
−0.46
NO
+0.79
N2O
+0.94
N2
−3.04
NH2OH
+0.73
N2H4
+0.1
NH3
+0.01
+0.15
−1.05
+0.42

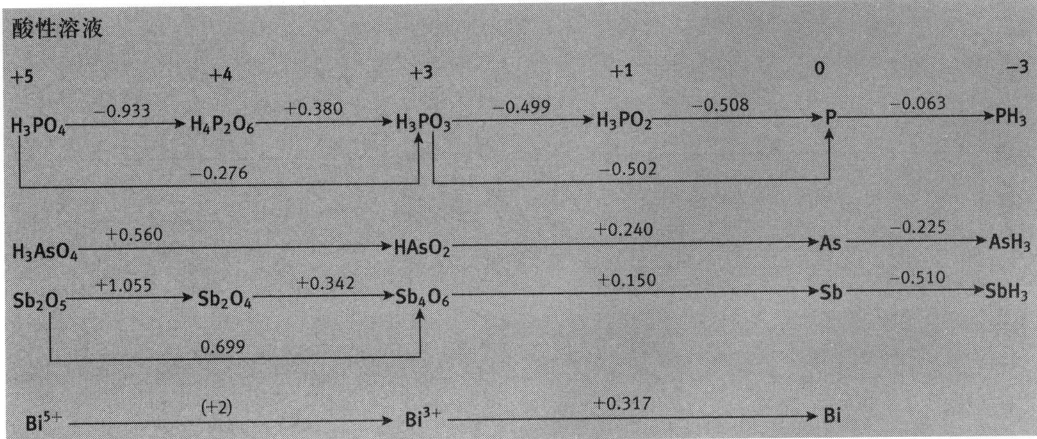
酸性溶液
+5
+4
+3
+1
0
−3
H3PO4
−0.933
H4P2O6
+0.380
H3PO3
−0.499
H3PO2
−0.508
P
−0.063
PH3
−0.276
−0.502
H3AsO4
+0.560
HAsO2
+0.240
As
−0.225
AsH3
Sb2O5
+1.055
Sb2O4
+0.342
Sb4O6
+0.150
Sb
−0.510
SbH3
0.699
Bi5+
(+2)
Bi3+
+0.317
Bi

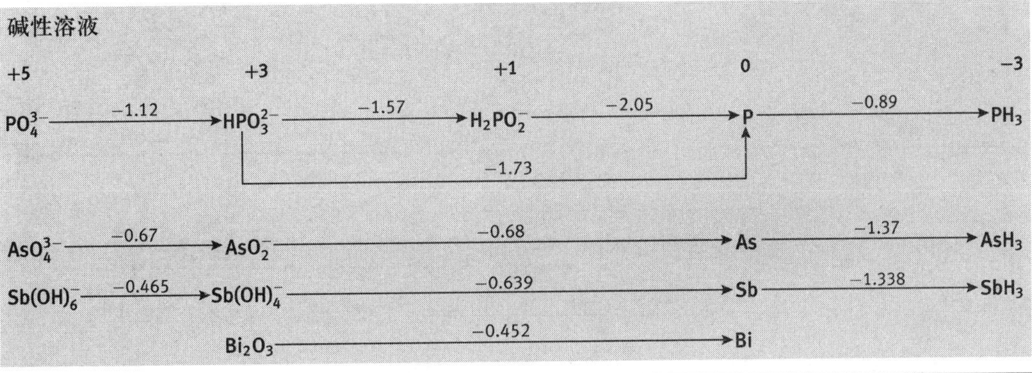
碱性溶液
+5
+3
+1
0
−3
PO43−
−1.12
HPO32−
−1.57
H2PO2−
−2.05
P
−0.89
PH3
−1.73
AsO43−
−0.67
AsO2−
−0.68
As
−1.37
AsH3
Sb(OH)6−
−0.465
Sb(OH)4−
−0.639
Sb
−1.338
SbH3
Bi2O3
−0.452
Bi

p区 • 族16

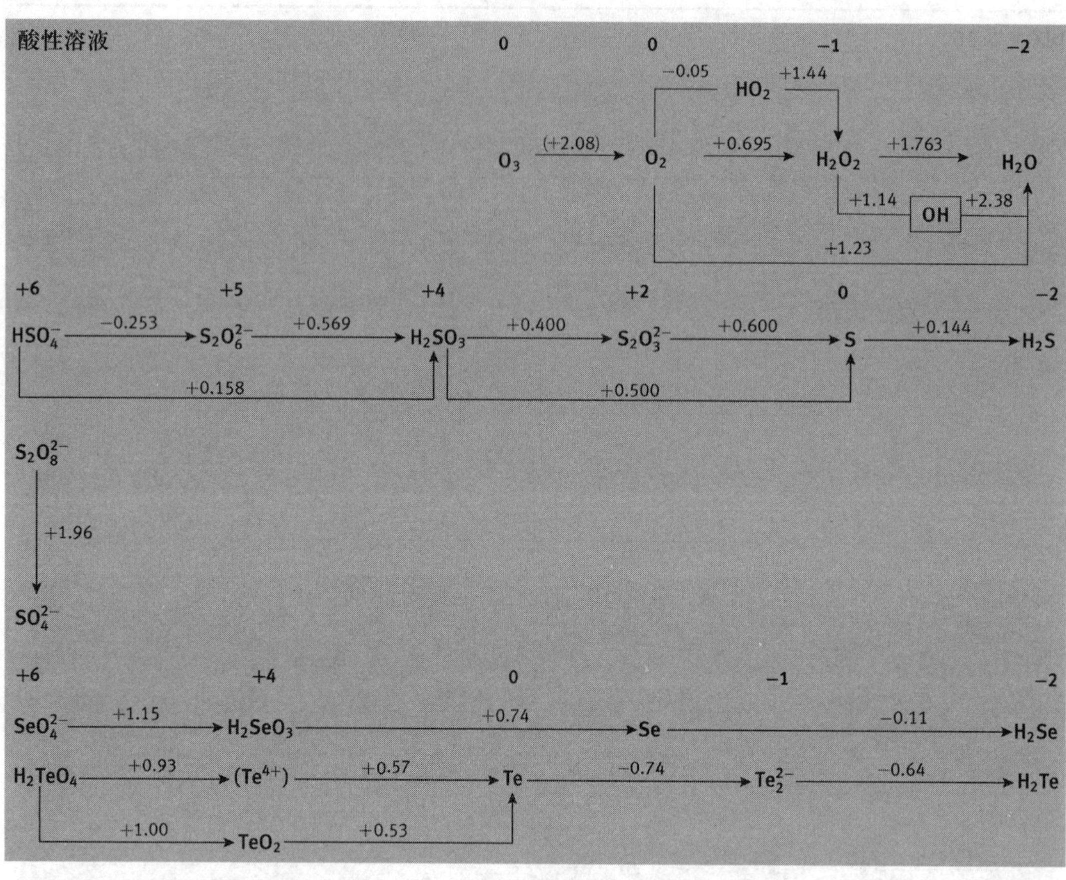

酸性溶液
0 0 −1 −2
O_3 (+2.08) O_2 +0.695 H_2O_2 +1.763 H_2O
−0.05 HO_2 +1.44
+1.14 OH +2.38
+1.23
+6 +5 +4 +2 0 −2
HSO_4^- −0.253 $S_2O_6^{2-}$ +0.569 H_2SO_3 +0.400 $S_2O_3^{2-}$ +0.600 S +0.144 H_2S
+0.158
+0.500
$S_2O_8^{2-}$
+1.96
SO_4^{2-}
+6 +4 0 −1 −2
SeO_4^{2-} +1.15 H_2SeO_3 +0.74 Se −0.11 H_2Se
H_2TeO_4 +0.93 (Te^{4+}) +0.57 Te −0.74 Te_2^{2-} −0.64 H_2Te
+1.00 TeO_2 +0.53

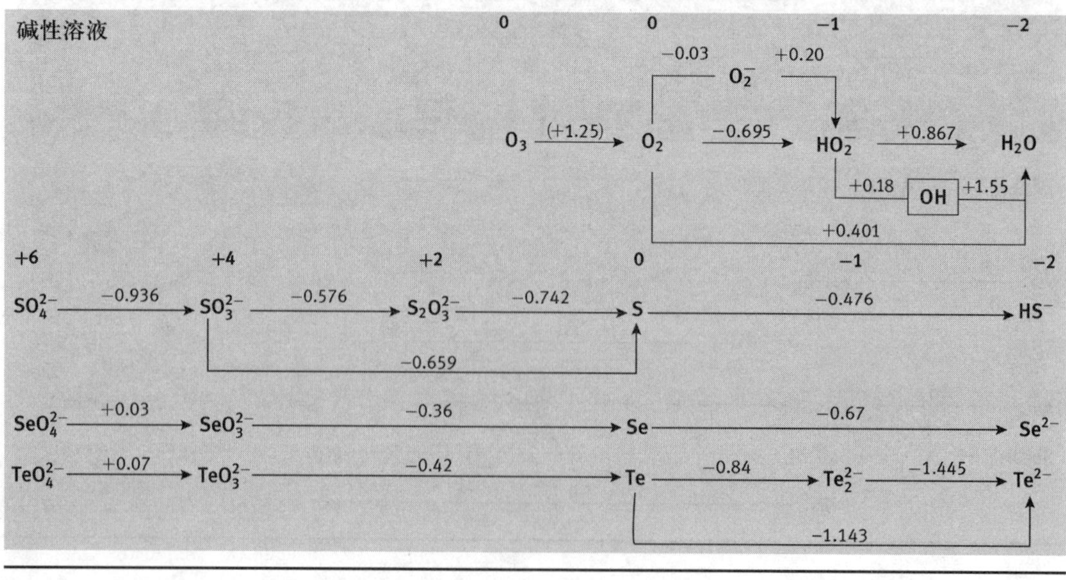

碱性溶液
0 0 −1 −2
O_3 (+1.25) O_2 −0.695 HO_2^- +0.867 H_2O
−0.03 O_2^- +0.20
+0.18 OH +1.55
+0.401
+6 +4 +2 0 −1 −2
SO_4^{2-} −0.936 SO_3^{2-} −0.576 $S_2O_3^{2-}$ −0.742 S −0.476 HS^-
−0.659
SeO_4^{2-} +0.03 SeO_3^{2-} −0.36 Se −0.67 Se^{2-}
TeO_4^{2-} +0.07 TeO_3^{2-} −0.42 Te −0.84 Te_2^{2-} −1.445 Te^{2-}
−1.143

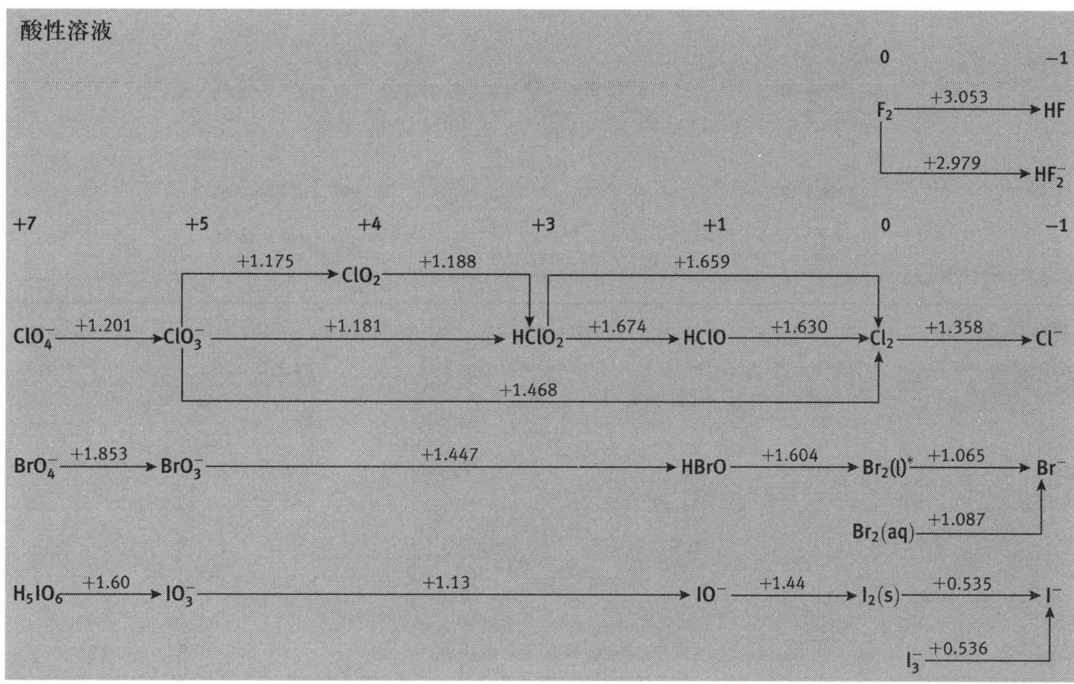

* 溴在室温下不能充分溶于水而达到 $1\ mol\cdot dm^{-1}$的酸度。因此，$Br_2(l)$在标准溶液中的值应使用实际计算值。

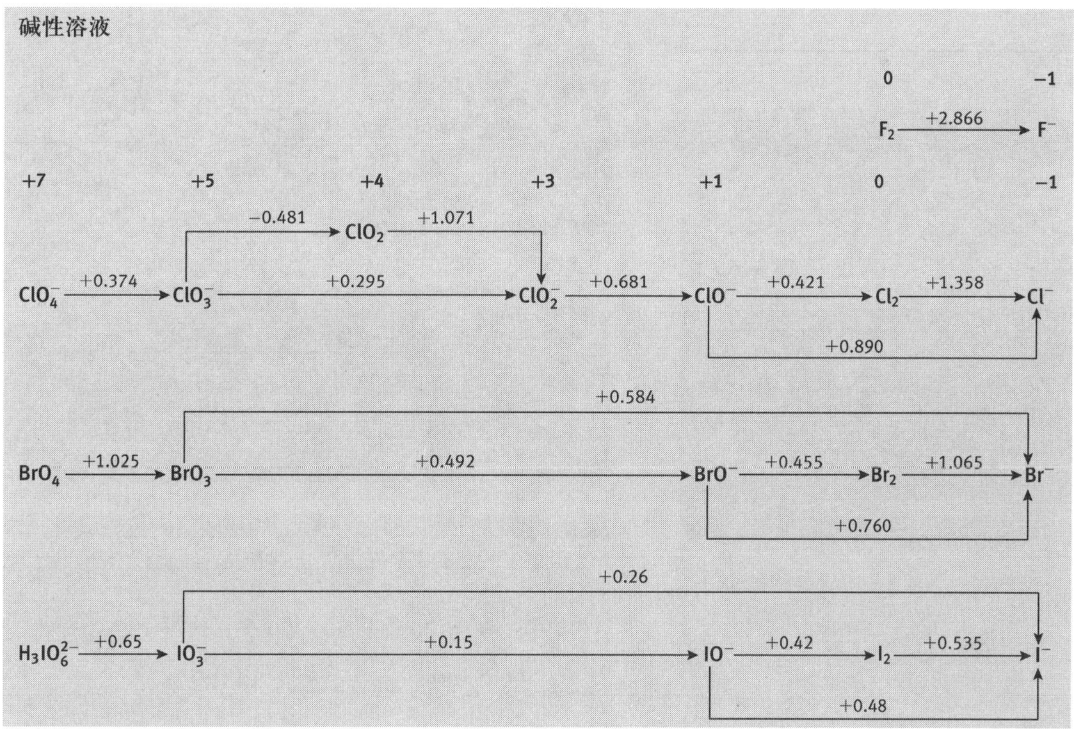

p区 ● 族18

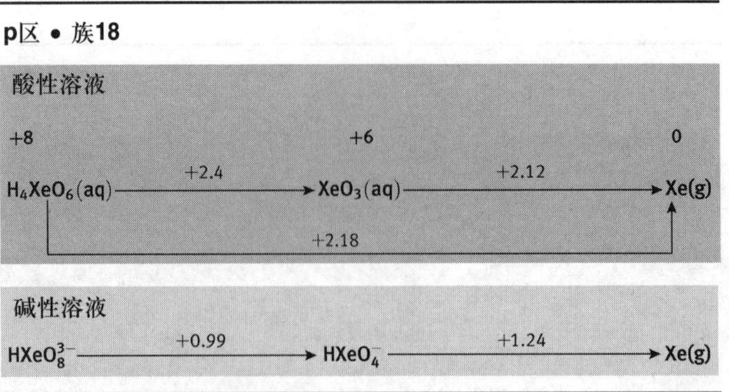

d区 ● 族3

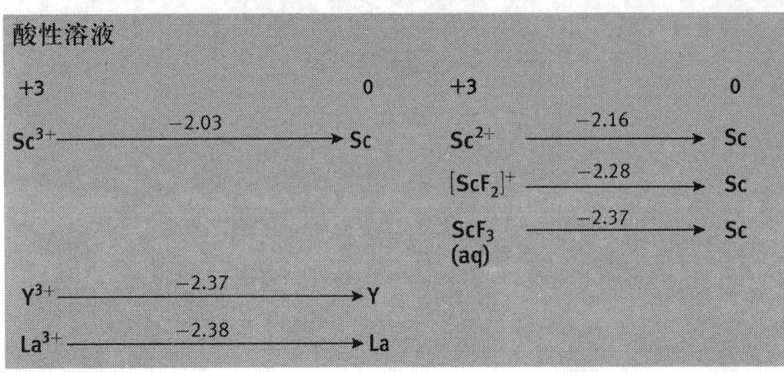

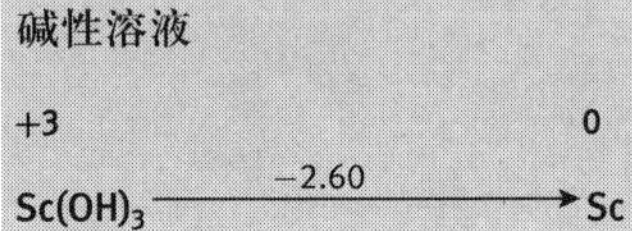

d区 ● 族4

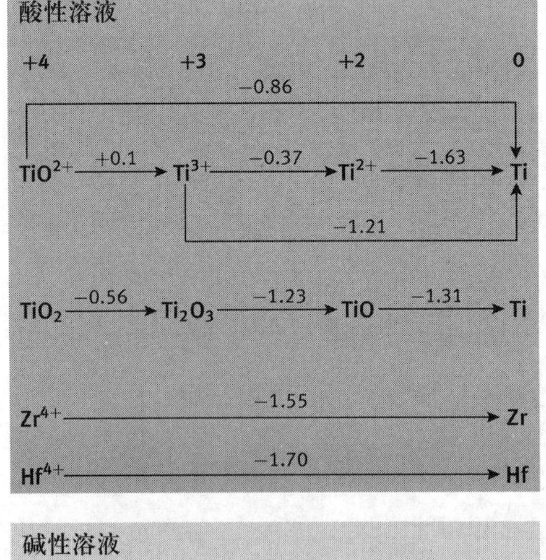

碱性溶液

+4 +3 +2 0

TiO_2 —(−1.38)→ Ti_2O_3 —(−1.95)→ TiO —(−2.13)→ Ti

d区 ● 族5

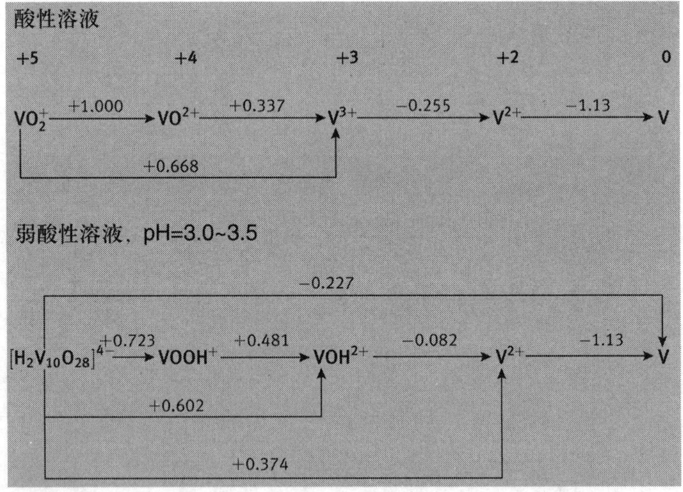

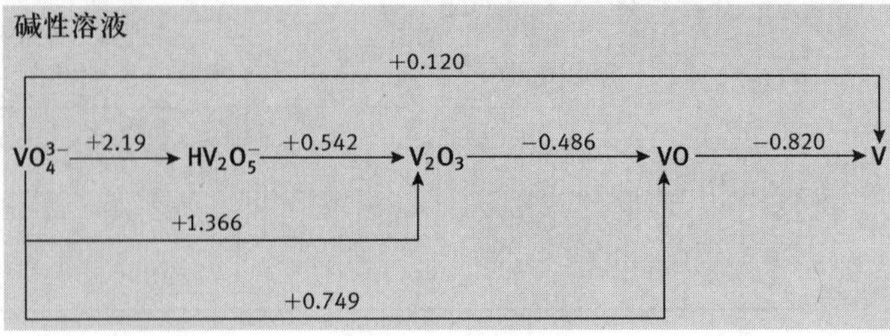

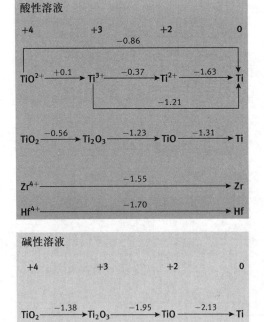

d区 • 族5 (续)

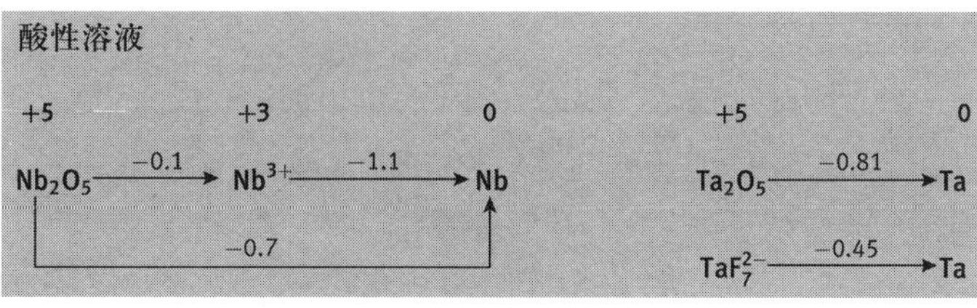
酸性溶液
+5 +3 0
Nb_2O_5 −0.1 Nb^{3+} −1.1 Nb
−0.7
+5 0
Ta_2O_5 −0.81 Ta
TaF_7^{2-} −0.45 Ta

d区 • 族6

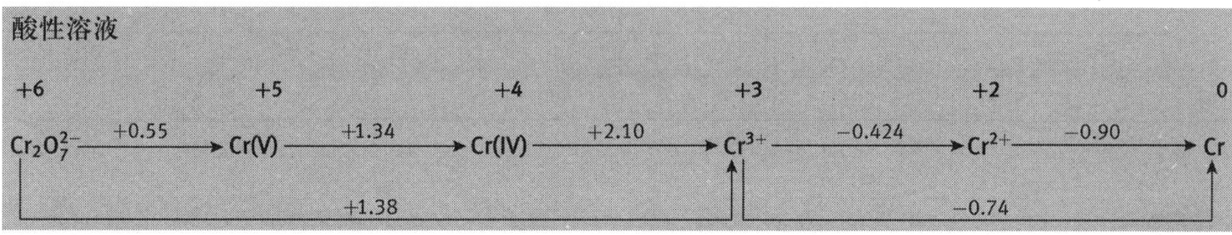
酸性溶液
+6 +5 +4 +3 +2 0
$Cr_2O_7^{2-}$ +0.55 Cr(V) +1.34 Cr(IV) +2.10 Cr^{3+} −0.424 Cr^{2+} −0.90 Cr
+1.38
−0.74

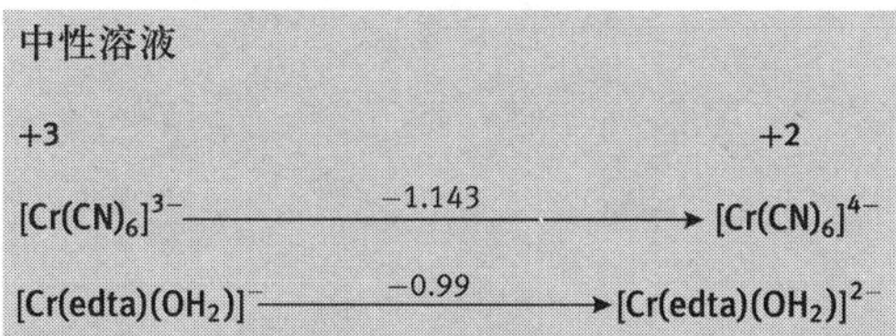
中性溶液
+3 +2
$[Cr(CN)_6]^{3-}$ −1.143 $[Cr(CN)_6]^{4-}$
$[Cr(edta)(OH_2)]^-$ −0.99 $[Cr(edta)(OH_2)]^{2-}$

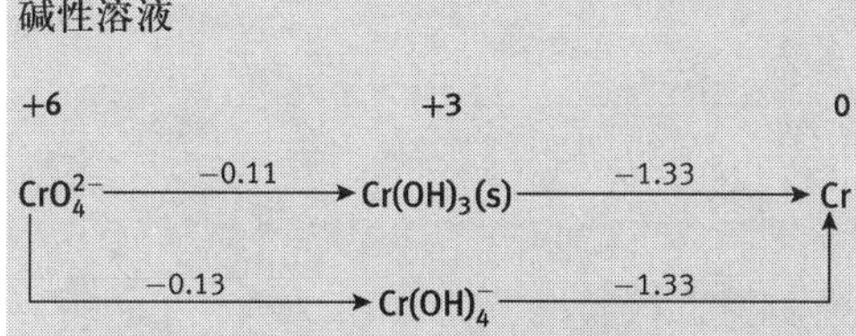
碱性溶液
+6 +3 0
CrO_4^{2-} −0.11 $Cr(OH)_3(s)$ −1.33 Cr
−0.13 $Cr(OH)_4^-$ −1.33

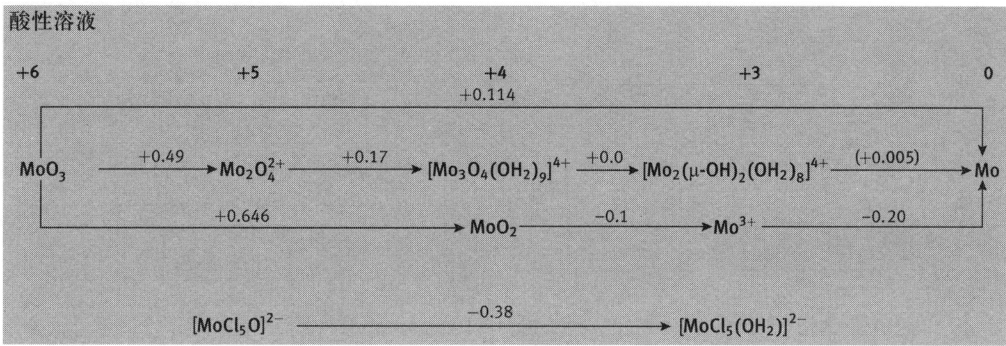
酸性溶液
+6 +5 +4 +3 0
+0.114
MoO_3 +0.49 $Mo_2O_4^{2+}$ +0.17 $[Mo_3O_4(OH_2)_9]^{4+}$ +0.0 $[Mo_2(\mu\text{-}OH)_2(OH_2)_8]^{4+}$ (+0.005) Mo
+0.646 MoO_2 −0.1 Mo^{3+} −0.20
$[MoCl_5O]^{2-}$ −0.38 $[MoCl_5(OH_2)]^{2-}$

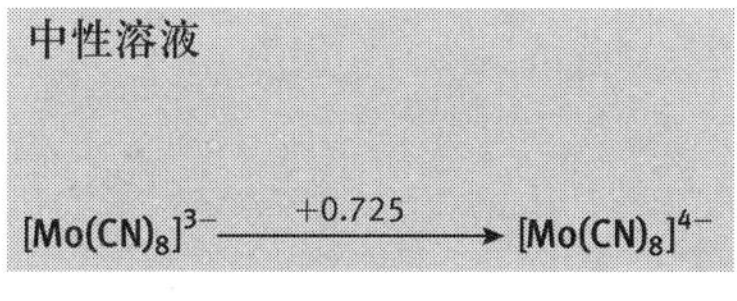
中性溶液
$[Mo(CN)_8]^{3-}$ +0.725 $[Mo(CN)_8]^{4-}$

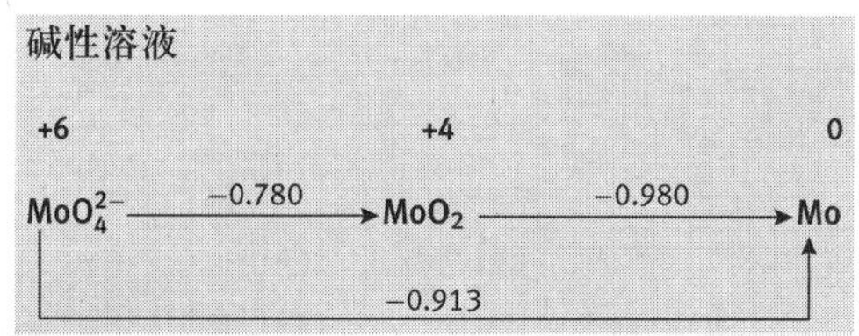
碱性溶液
+6 +4 0
MoO_4^{2-} −0.780 MoO_2 −0.980 Mo
−0.913

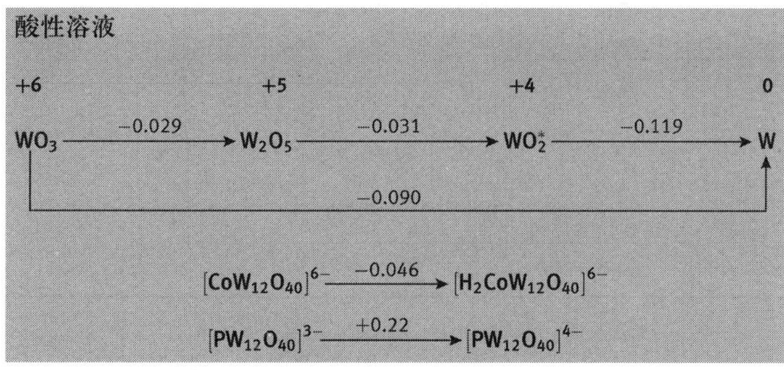
酸性溶液
+6 +5 +4 0
WO_3 −0.029 W_2O_5 −0.031 WO_2^* −0.119 W
−0.090
$[CoW_{12}O_{40}]^{6-}$ −0.046 $[H_2CoW_{12}O_{40}]^{6-}$
$[PW_{12}O_{40}]^{3-}$ +0.22 $[PW_{12}O_{40}]^{4-}$

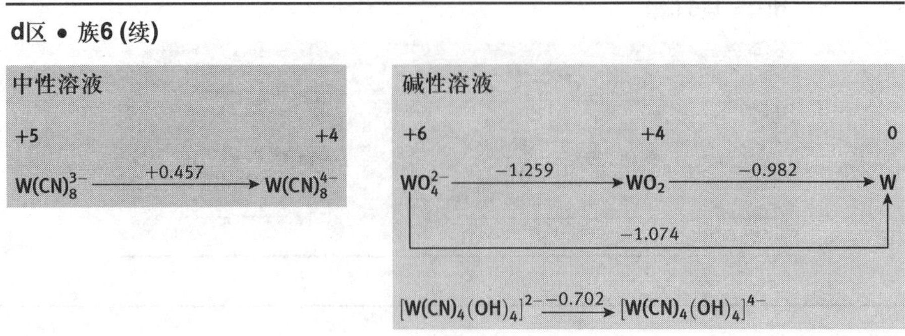

注：可能是$[W_3(\mu_3\text{-}O)(\mu\text{-}O)_3(OH_2)_9]^{4+}$. 参见S. P. Gosh, E. S. Gould, *lnorg chem*., 1991, **30**, 3662.

d区 • 族7

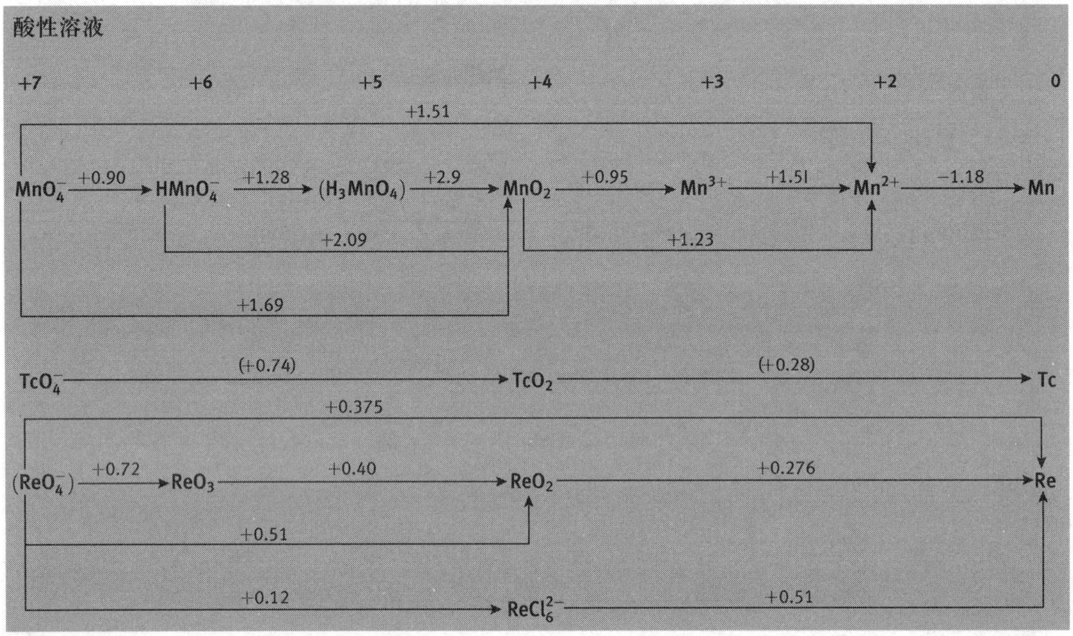

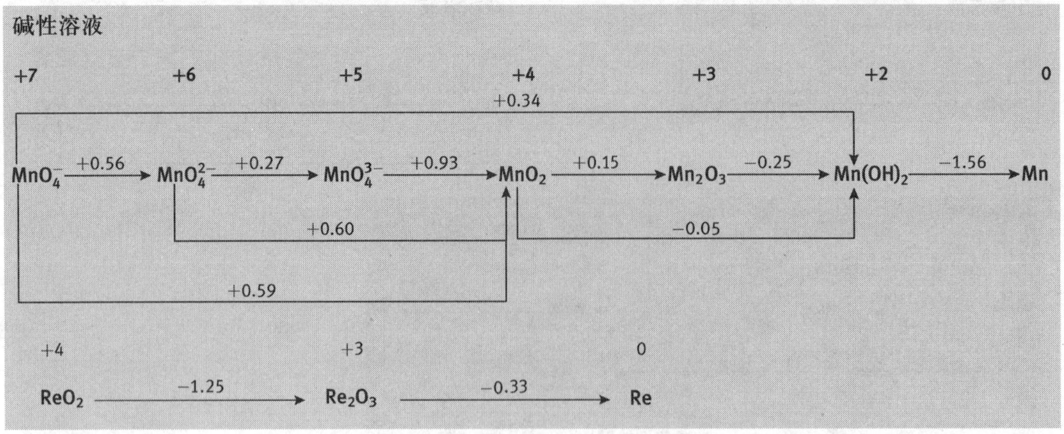

酸性溶液

+7 +6 +5 +4 +3 +2 0

MnO_4^- —+0.90→ $HMnO_4^-$ —+1.28→ (H_3MnO_4) —+2.9→ MnO_2 —+0.95→ Mn^{3+} —+1.51→ Mn^{2+} —−1.18→ Mn

MnO_4^- —+1.51→ Mn^{2+}

$HMnO_4^-$ —+2.09→ MnO_2

MnO_2 —+1.23→ Mn^{2+}

MnO_4^- —+1.69→ MnO_2

TcO_4^- —(+0.74)→ TcO_2 —(+0.28)→ Tc

(ReO_4^-) —+0.72→ ReO_3 —+0.40→ ReO_2 —+0.276→ Re

(ReO_4^-) —+0.375→ Re

(ReO_4^-) —+0.51→ ReO_2

(ReO_4^-) —+0.12→ $ReCl_6^{2-}$ —+0.51→ Re

碱性溶液

+7 +6 +5 +4 +3 +2 0

MnO_4^- —+0.56→ MnO_4^{2-} —+0.27→ MnO_4^{3-} —+0.93→ MnO_2 —+0.15→ Mn_2O_3 —−0.25→ $Mn(OH)_2$ —−1.56→ Mn

MnO_4^- —+0.34→ $Mn(OH)_2$

MnO_4^{2-} —+0.60→ MnO_2

MnO_2 —−0.05→ $Mn(OH)_2$

MnO_4^- —+0.59→ MnO_2

+4 +3 0

ReO_2 —−1.25→ Re_2O_3 —−0.33→ Re

d区 • 族8

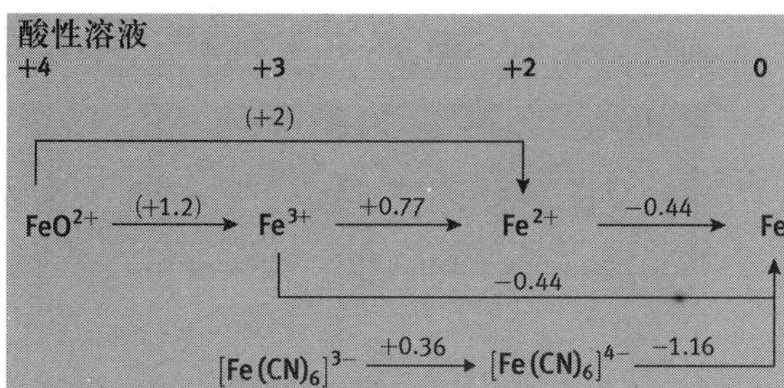

碱性溶液

+6　　+3　　+2　　0

FeO_4^{2-} —(+0.55)→ FeO_2^- —(−0.69)→ $Fe(O)OH^-$ —(−0.8)→ Fe

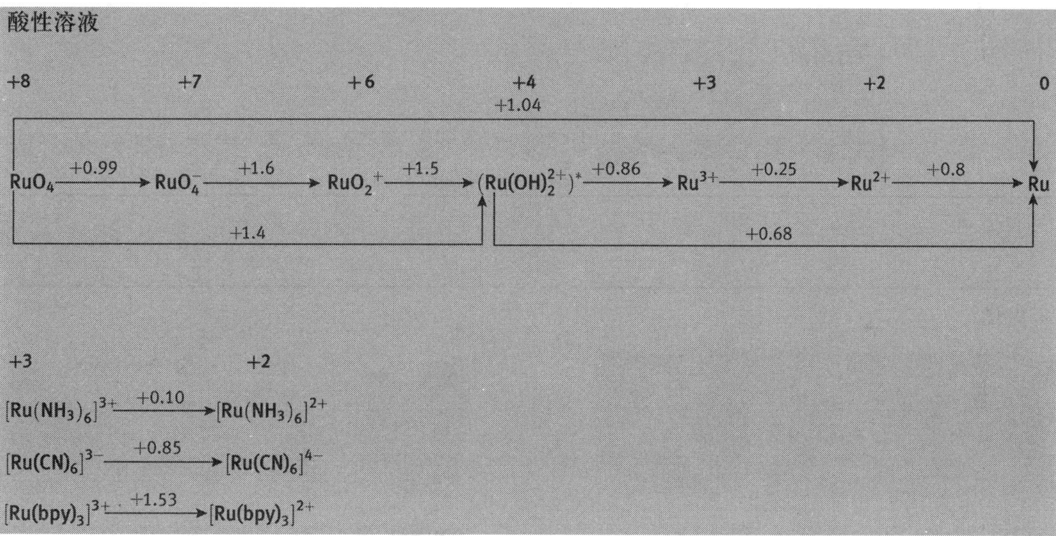

注：可能是$Hn[Ru_4O_6(OH_2)_{12}]^{(4+n)+}$. 参见A. Patel, D. T. Richen，*Inorg Chem.*, 1991, **30**, 3792.

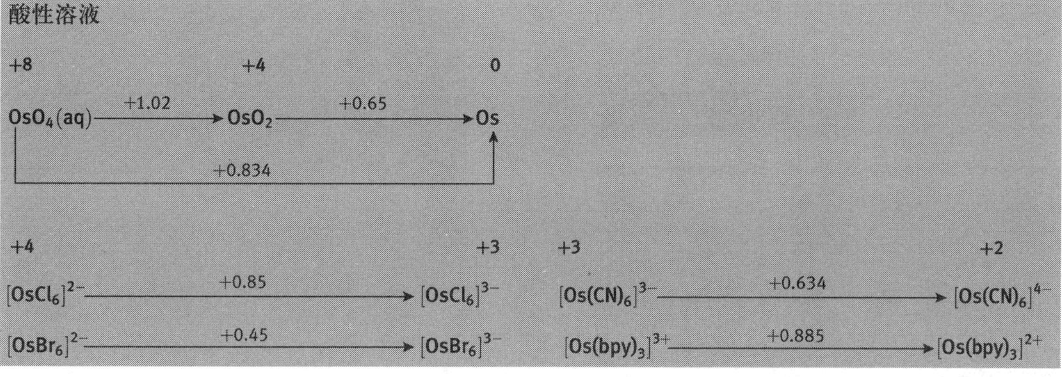

d区 • 族9

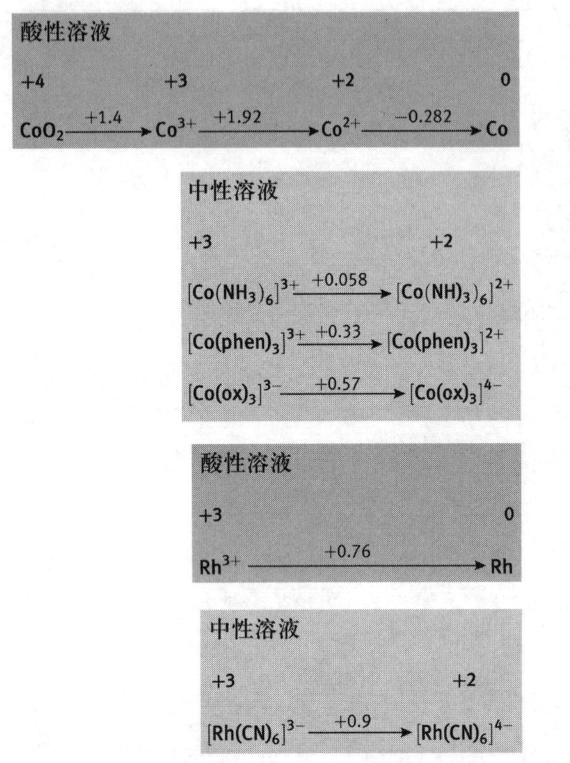
酸性溶液
+4
+3
+2
0
CoO2 +1.4 Co3+ +1.92 Co2+ −0.282 Co
中性溶液
+3
+2
[Co(NH3)6]3+ +0.058 [Co(NH3)6]2+
[Co(phen)3]3+ +0.33 [Co(phen)3]2+
[Co(ox)3]3− +0.57 [Co(ox)3]4−
酸性溶液
+3
0
Rh3+ +0.76 Rh
中性溶液
+3
+2
[Rh(CN)6]3− +0.9 [Rh(CN)6]4−

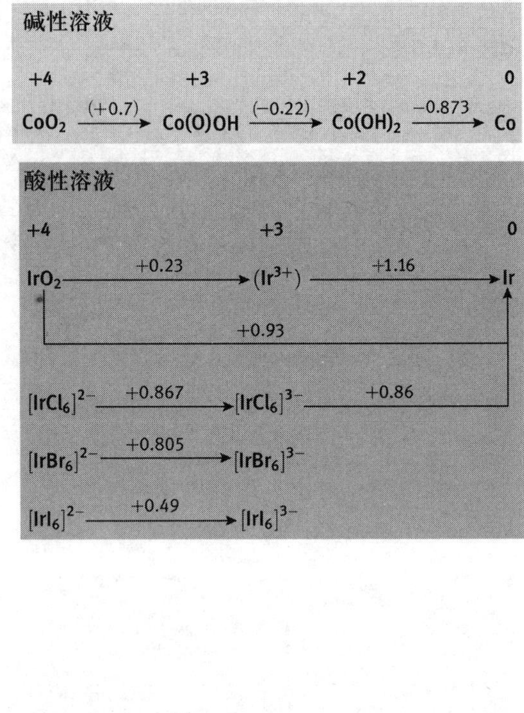
碱性溶液
+4
+3
+2
0
CoO2 (+0.7) Co(O)OH (−0.22) Co(OH)2 −0.873 Co
酸性溶液
+4
+3
0
IrO2 +0.23 (Ir3+) +1.16 Ir
+0.93
[IrCl6]2− +0.867 [IrCl6]3− +0.86
[IrBr6]2− +0.805 [IrBr6]3−
[IrI6]2− +0.49 [IrI6]3−

d区 • 族10

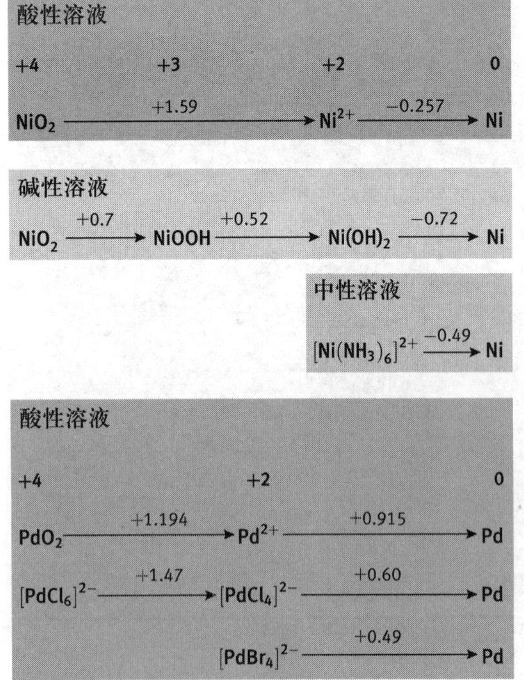
酸性溶液
+4
+3
+2
0
NiO2 +1.59 Ni2+ −0.257 Ni
碱性溶液
NiO2 +0.7 NiOOH +0.52 Ni(OH)2 −0.72 Ni
中性溶液
[Ni(NH3)6]2+ −0.49 Ni
酸性溶液
+4
+2
0
PdO2 +1.194 Pd2+ +0.915 Pd
[PdCl6]2− +1.47 [PdCl4]2− +0.60 Pd
[PdBr4]2− +0.49 Pd

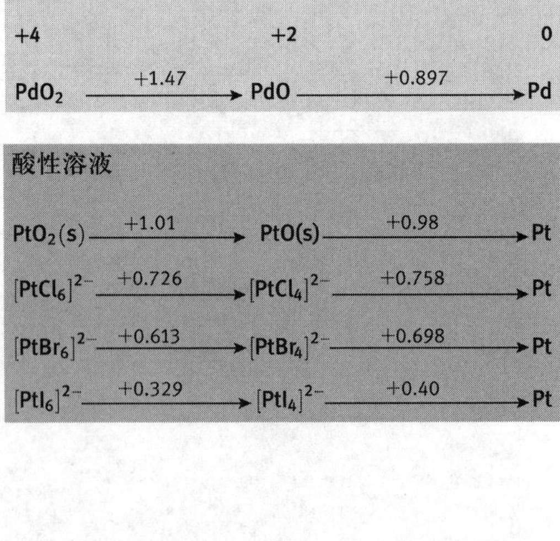
碱性溶液
+4
+2
0
PdO2 +1.47 PdO +0.897 Pd
酸性溶液
PtO2(s) +1.01 PtO(s) +0.98 Pt
[PtCl6]2− +0.726 [PtCl4]2− +0.758 Pt
[PtBr6]2− +0.613 [PtBr4]2− +0.698 Pt
[PtI6]2− +0.329 [PtI4]2− +0.40 Pt

d区 • 族11

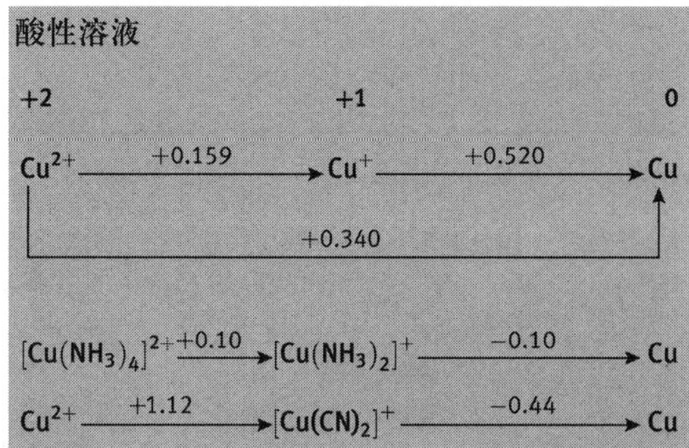
酸性溶液
+2
+1
0
Cu2+ +0.159 Cu+ +0.520 Cu
+0.340
[Cu(NH3)4]2+ +0.10 [Cu(NH3)2]+ −0.10 Cu
Cu2+ +1.12 [Cu(CN)2]+ −0.44 Cu

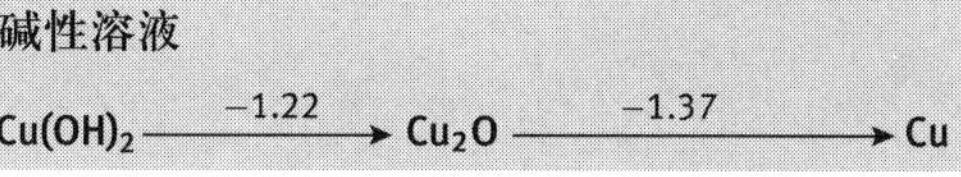
碱性溶液
Cu(OH)2 −1.22 Cu2O −1.37 Cu

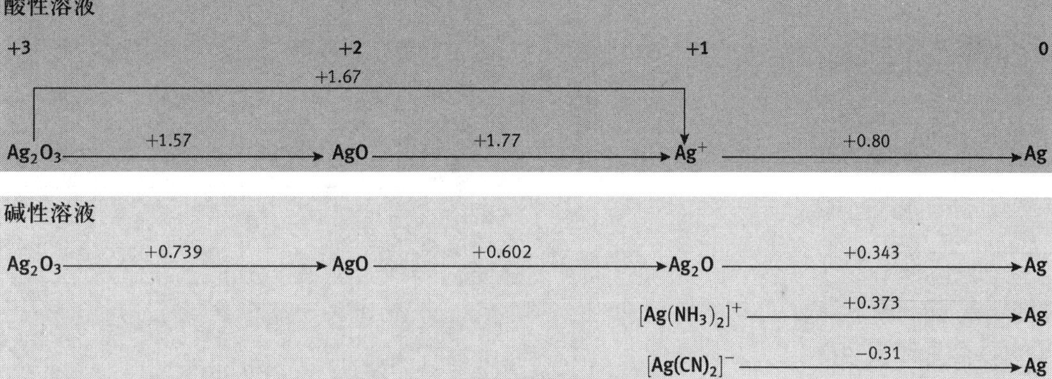
酸性溶液
+3
+2
+1
0
+1.67
Ag2O3 +1.57 AgO +1.77 Ag+ +0.80 Ag
碱性溶液
Ag2O3 +0.739 AgO +0.602 Ag2O +0.343 Ag
[Ag(NH3)2]+ +0.373 Ag
[Ag(CN)2]− −0.31 Ag

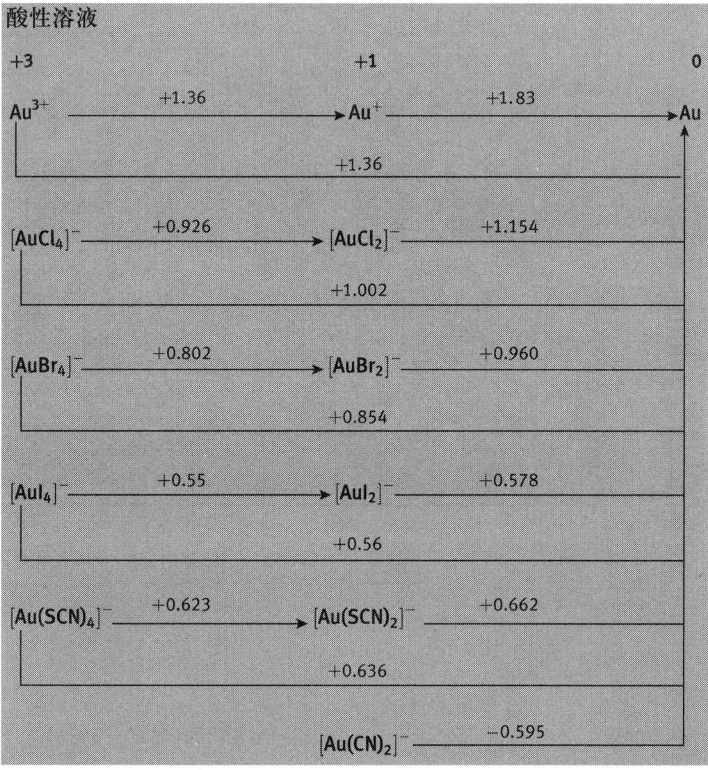
酸性溶液
+3
+1
0
Au3+ +1.36 Au+ +1.83 Au
+1.36
[AuCl4]− +0.926 [AuCl2]− +1.154
+1.002
[AuBr4]− +0.802 [AuBr2]− +0.960
+0.854
[AuI4]− +0.55 [AuI2]− +0.578
+0.56
[Au(SCN)4]− +0.623 [Au(SCN)2]− +0.662
+0.636
[Au(CN)2]− −0.595

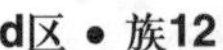

d区 • 族12

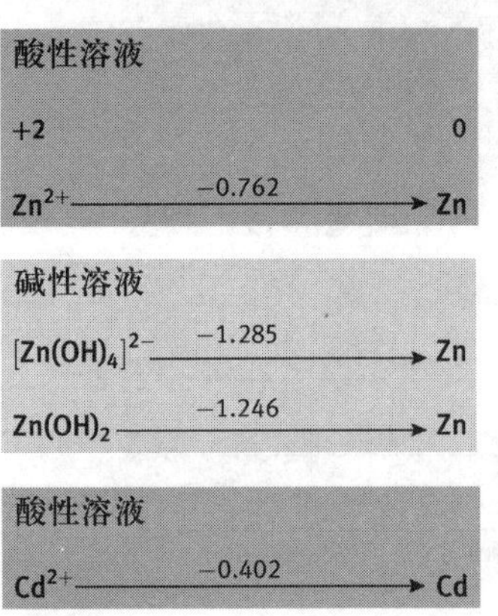

酸性溶液

Cd^{2+} —(−0.402)→ Cd

碱性溶液

$Cd(OH)_2(s)$ —(−0.824)→ Cd

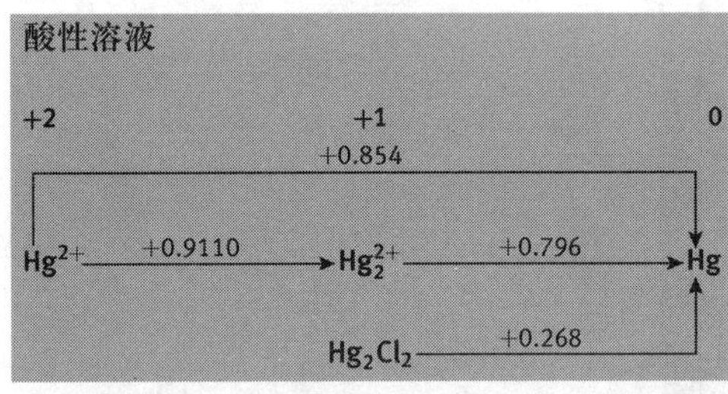

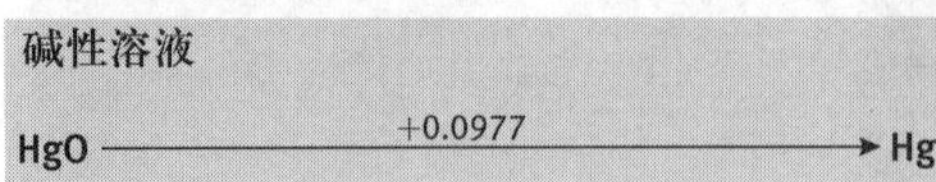

f区 • 镧系元素

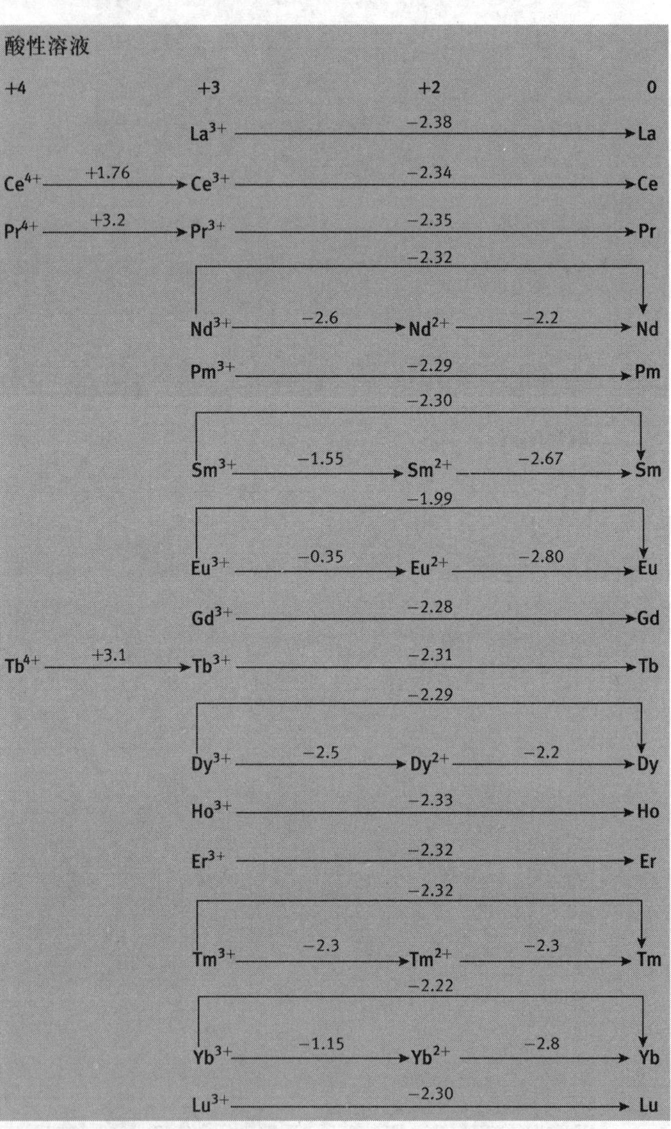

f区 • 锕系元素

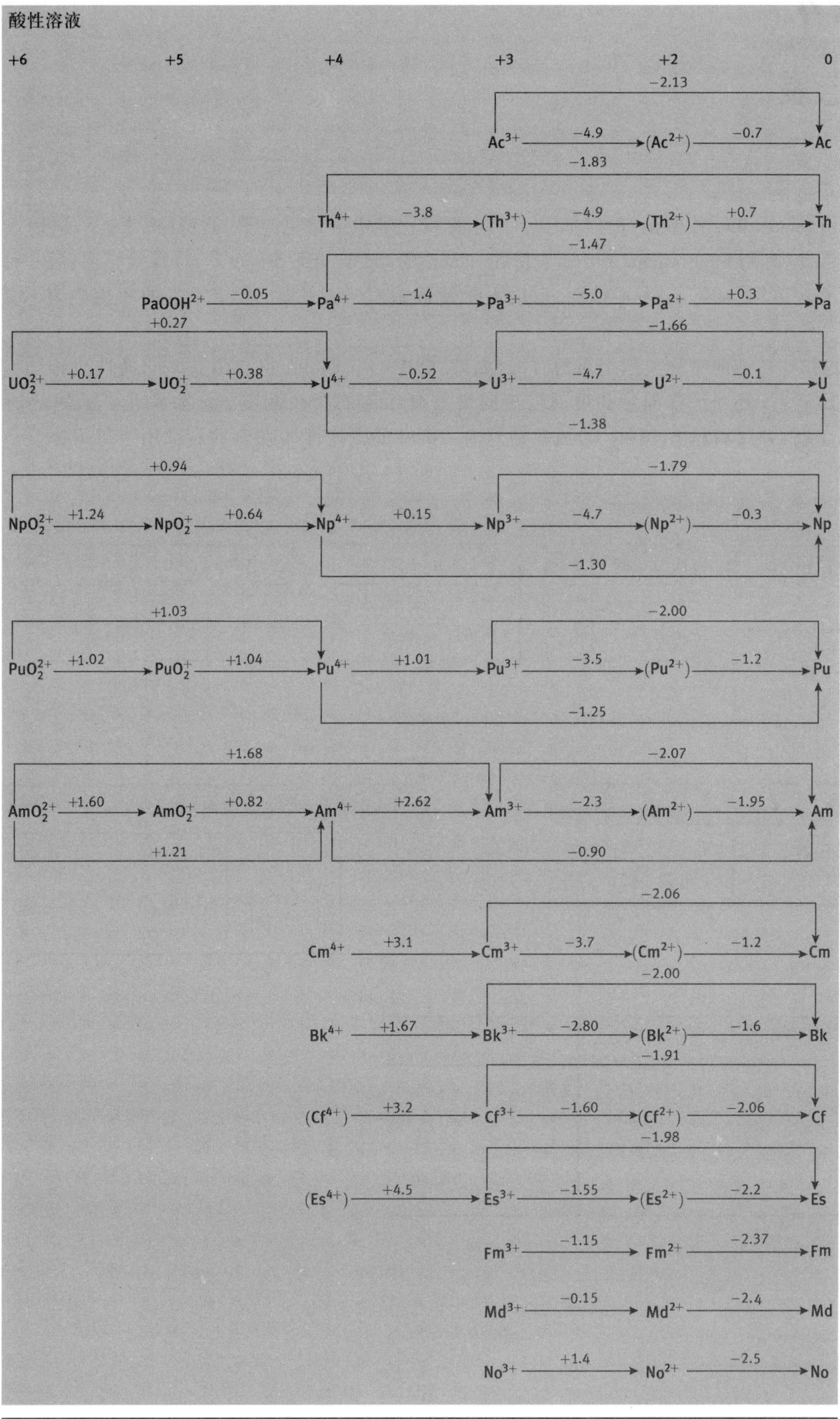
酸性溶液
+6
+5
+4
+3
+2
0
−2.13
Ac^{3+} −4.9 (Ac^{2+}) −0.7 Ac
−1.83
Th^{4+} −3.8 (Th^{3+}) −4.9 (Th^{2+}) +0.7 Th
−1.47
$PaOOH^{2+}$ −0.05 Pa^{4+} −1.4 Pa^{3+} −5.0 Pa^{2+} +0.3 Pa
+0.27
−1.66
UO_2^{2+} +0.17 UO_2^{+} +0.38 U^{4+} −0.52 U^{3+} −4.7 U^{2+} −0.1 U
−1.38
+0.94
−1.79
NpO_2^{2+} +1.24 NpO_2^{+} +0.64 Np^{4+} +0.15 Np^{3+} −4.7 (Np^{2+}) −0.3 Np
−1.30
+1.03
−2.00
PuO_2^{2+} +1.02 PuO_2^{+} +1.04 Pu^{4+} +1.01 Pu^{3+} −3.5 (Pu^{2+}) −1.2 Pu
−1.25
+1.68
−2.07
AmO_2^{2+} +1.60 AmO_2^{+} +0.82 Am^{4+} +2.62 Am^{3+} −2.3 (Am^{2+}) −1.95 Am
+1.21
−0.90
−2.06
Cm^{4+} +3.1 Cm^{3+} −3.7 (Cm^{2+}) −1.2 Cm
−2.00
Bk^{4+} +1.67 Bk^{3+} −2.80 (Bk^{2+}) −1.6 Bk
−1.91
(Cf^{4+}) +3.2 Cf^{3+} −1.60 (Cf^{2+}) −2.06 Cf
−1.98
(Es^{4+}) +4.5 Es^{3+} −1.55 (Es^{2+}) −2.2 Es
Fm^{3+} −1.15 Fm^{2+} −2.37 Fm
Md^{3+} −0.15 Md^{2+} −2.4 Md
No^{3+} +1.4 No^{2+} −2.5 No

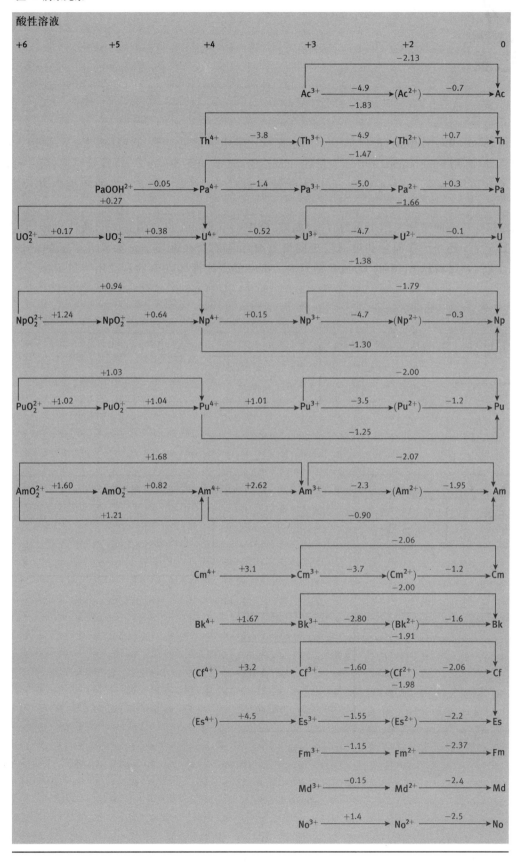

资源节 4

特征标表

这里用 Schoenflies 体系的符号(如 C_{3v})给出无机化学中最常见点群的特征标表。对适用于晶胞的那些点群而言,同时用 International system (或 Hermann-Mauguin system, 如 $2/m$)符号标记,后一种标记中的数字 n 表示 n 重轴,字母 m 表示镜面,斜线表示镜面垂直于对称轴,数字上方的短横则表示旋轴-反演组合。

p 轨道和 d 轨道的对称类列于表的右部,如 C_{2v} 群中的 p_x 轨道(它与函数 x 变换性质相同)具有 B_1 对称性。函数 x,y,z 还与平移向量和电偶极矩向量具有相同的变换性质。作为简并表示的基的一组函数(如 x 和 y,它们连带跨越 C_{3v} 中的 E)放在括号内。旋转的变换性质在表的右部用字母 R 表示。h 值是该群的阶。

群 C_1, C_s, C_i

C_1 (1)	E	$h=1$
A	1	

$C_s=C_h$ (m)	E	σ_h	$h=2$	
A′	1	1	x, y, R_z	x^2, y^2, z^2, xy
A″	1	−1	z, R_x, R_y	yz, zx

$C_i=S_2$ (1)	E	i	$h=2$	
A_g	1	1	R_x, R_y, R_z	$x^2, y^2, z^2, xy, zx, yz$
A_u	1	−1	x, y, z	

群 C_n

C_2 (2)	E	C_2	$h=2$	
A	1	1	z, R_z	x^2, y^2, z^2, xy
B	1	−1	x, y, R_x, R_y	yz, zx

C_3 (3)	E	C_3	C_3^2	$\varepsilon=\exp(2\pi i/3)$	$h=3$
A	1	1	1	z, R_z	x^2+y^2, z^2
E	$\begin{Bmatrix}1 \\ 1\end{Bmatrix}$	$\begin{matrix}\varepsilon \\ \varepsilon^*\end{matrix}$	$\begin{matrix}\varepsilon^* \\ \varepsilon\end{matrix}$	$(x, y)(R_x, R_y)$	$(x^2-y^2, xy)\ (yz, zx)$

C_4 (4)	E	C_4	C_2	C_4^3	$h=4$	
A	1	1	1	1	z, R_z	x^2+y^2, z^2
B	1	−1	1	−1		x^2-y^2, xy
E	$\begin{Bmatrix}1 & i & -1 & -i \\ 1 & -i & 1 & i\end{Bmatrix}$				$(x, y)(R_x, R_y)$	(yz, zx)

群 C_{nv}

C_{2v} (2*mm*)	E	C_2	$\sigma_v(xz)$	$\sigma_v'(yz)$	$h=4$	
A_1	1	1	1	1	z	x^2, y^2, z^2
A_2	1	1	−1	−1	R_z	xy
B_1	1	−1	1	−1	x, R_y	zx
B_2	1	−1	−1	1	y, R_x	yz

C_{3v} (3*m*)	E	$2C_3$	$3\sigma_v$	$h=6$	
A_1	1	1	1	z	x^2+y^2, z^2
A_2	1	1	−1	R_z	
E	2	−1	0	$(x, y)(R_x, R_y)$	$(x^2-y^2, xy)(zx, yz)$

C_{4v} (4*mm*)	E	$2C_4$	C_2	$2\sigma_v$	$2\sigma_d$	$h=8$	
A_1	1	1	1	1	1	z	x^2+y^2, z^2
A_2	1	1	1	−1	−1	R_z	
B_1	1	−1	1	1	−1		x^2-y^2
B_2	1	−1	1	−1	1		xy
E	2	0	−2	0	0	$(x, y)(R_x, R_y)$	(zx, yz)

C_{5v}	E	$2C_5$	$2C_5^2$	$5\sigma_v$	$h=10, \alpha=72°$	
A_1	1	1	1	1	z	x^2+y^2, z^2
A_2	1	1	1	−1	R_z	
E_1	2	$2\cos\alpha$	$2\cos 2\alpha$	0	$(x, y)(R_x, R_y)$	(zx, yz)
E_2	2	$2\cos 2\alpha$	$2\cos\alpha$	0		(x^2-y^2, xy)

C_{6v} (6*mm*)	E	$2C_6$	$2C_3$	C_2	$3\sigma_v$	$3\sigma_d$	$h=12$	
A_1	1	1	1	1	1	1	z	x^2+y^2, z^2
A_2	1	1	1	1	−1	−1	R_z	
B_1	1	−1	1	−1	1	−1		
B_2	1	−1	1	−1	−1	1		
E_1	2	1	−1	−2	0	0	$(x, y)(R_x, R_y)$	(zx, yz)
E_2	2	−1	−1	2	0	0		(x^2-y^2, xy)

$C_{\infty v}$	E	$2C_\phi$	$\infty\sigma_v$	$h=\infty$	
$A_1(\Sigma^+)$	1	1	1	z	x^2+y^2, z^2
$A_2(\Sigma^-)$	1	1	−1	R_z	
$E_1(\Pi)$	2	$2\cos\phi$	0	$(x, y)(R_x, R_y)$	(zx, yz)
$E_2(\Delta)$	2	$2\cos 2\phi$	0		(xy, x^2-y^2)

群 D_n

D_2 (222)	E	$C_2(z)$	$C_2(y)$	$C_2(x)$	$h=4$	
A	1	1	1	1		x^2, y^2, z^2
B_1	1	1	−1	−1	z, R_z	xy
B_2	1	−1	1	−1	y, R_y	zx
B_3	1	−1	−1	1	x, R_x	yz

D_3 (32)	E	$2C_3$	$3C_2$	$h=6$	
A_1	1	1	1		x^2+y^2, z^2
A_2	1	1	1	z, R_z	
E	2	−1	0	$(x, y)(R_x, R_y)$	$(x^2-y^2, xy)(zx, yz)$

群D_{nh}

D_{2h} (*mmm*)	E	$C_2(z)$	$C_2(y)$	$C_2(x)$	i	$\sigma(xy)$	$\sigma(xz)$	$\sigma(yz)$	$h=8$	
A_g	1	1	1	1	1	1	1	1		x^2, y^2, z^2
B_{1g}	1	1	−1	−1	1	1	−1	−1	R_z	xy
B_{2g}	1	−1	1	−1	1	−1	1	−1	R_y	zx
B_{3g}	1	−1	−1	1	1	−1	−1	1	R_x	yz
A_u	1	1	1	1	−1	−1	−1	−1		
B_{1u}	1	1	−1	−1	−1	−1	1	1	z	
B_{2u}	1	−1	1	−1	−1	1	−1	1	y	
B_{3u}	1	−1	−1	1	−1	1	1	−1	x	

D_{3h} ($6m^2$)	E	$2C_3$	$3C_2$	σ_h	$2S_3$	$3\sigma_v$	$h=12$	
A_1'	1	1	1	1	1	1		x^2+y^2, z^2
A_2'	1	1	−1	1	1	−1	R_z	
E'	2	−1	0	2	−1	0	(x, y)	(x^2-y^2, xy)
A_1''	1	1	1	−1	−1	−1		
A_2''	1	1	−1	−1	−1	1	z	
E''	2	−1	0	−2	1	0	(R_x, R_y)	(zx, yz)

D_{4h} (4/*mmm*)	E	$2C_4$	$C_2(=C_4^2)$	$2C_2'$	$2C_2''$	i	$2S_4$	σ_h	$2\sigma_v$	$2\sigma_d$	$h=16$	
A_{1g}	1	1	1	1	1	1	1	1	1	1		x^2+y^2, z^2
A_{2g}	1	1	1	−1	−1	1	1	1	−1	−1	R_z	
B_{1g}	1	−1	1	1	−1	1	−1	1	1	−1		x^2-y^2
B_{2g}	1	−1	1	−1	1	1	−1	1	−1	1		xy
E_g	2	0	−2	0	0	2	0	−2	0	0	(R_x, R_y)	(zx, yz)
A_{1u}	1	1	1	1	1	−1	−1	−1	−1	−1		
A_{2u}	1	1	1	−1	−1	−1	−1	−1	1	1	z	
B_{1u}	1	−1	1	1	−1	−1	1	−1	−1	1		
B_{2u}	1	−1	1	−1	1	−1	1	−1	1	−1		
E_u	2	0	−2	0	0	−2	0	2	0	0	(x, y)	

D_{5h}	E	$2C_5$	$2C_5^2$	$5C_2$	σ_h	$2S_5$	$2S_5^2$	$5\sigma_v$	$h=20, \alpha=72°$	
A_1'	1	1	1	1	1	1	1	1		x^2+y^2, z^2
A_2''	1	1	1	−1	1	1	1	−1	R_z	
E_1'	2	$2\cos\alpha$	$2\cos 2\alpha$	0	2	$2\cos\alpha$	$2\cos 2\alpha$	0	(x, y)	
E_2'	2	$2\cos 2\alpha$	$2\cos\alpha$	0	2	$2\cos 2\alpha$	$2\cos\alpha$	0		$(x-y^2, xy)$
A_1''	1	1	1	1	−1	−1	−1	−1		
A_2''	1	1	1	−1	−1	−1	−1	1	z	
E_1''	2	$2\cos\alpha$	$2\cos 2\alpha$	0	−2	$-2\cos\alpha$	$-2\cos 2\alpha$	0	(R_x, R_y)	(zx, yz)
E_2''	2	$2\cos 2\alpha$	$2\cos\alpha$	0	−2	$-2\cos 2\alpha$	$-2\cos\alpha$	0		

群D_{nh}(续)

D_{6h} (6/*mmm*)	E	$2C_6$	$2C_3$	C_2	$3C_2'$	$3C_2''$	i	$2S_3$	$2S_6$	σ_h	$3\sigma_d$	$3\sigma_v$	$h=24$	
A_{1g}	1	1	1	1	1	1	1	1	1	1	1	1		x^2+y^2, z^2
A_{2g}	1	1	1	1	−1	−1	1	1	1	1	−1	−1	R_z	
B_{1g}	1	−1	1	−1	1	−1	1	−1	1	−1	1	−1		
B_{2g}	1	−1	1	−1	−1	1	1	−1	1	−1	−1	1		
E_{1g}	2	1	−1	−2	0	0	2	1	−1	−2	0	0	(R_x, R_y)	(zx, yz)
E_{2g}	2	−1	−1	2	0	0	2	−1	−1	2	0	0		(x^2-y^2, xy)
A_{1u}	1	1	1	1	1	1	−1	−1	−1	−1	−1	−1		
A_{2u}	1	1	1	1	−1	−1	−1	−1	−1	−1	1	1	z	
B_{1u}	1	−1	1	−1	1	−1	−1	1	−1	1	−1	1		
B_{2u}	1	−1	1	−1	−1	1	−1	1	−1	1	1	−1		
E_{1u}	2	1	−1	−2	0	0	−2	−1	1	2	0	0	(x, y)	
E_{2u}	2	−1	−1	2	0	0	−2	1	1	−2	0	0		

$D_{\infty h}$	E	$\infty C_2'$	$2C_\phi$	i	$\infty\sigma_v$	$2S_\phi$	$h=\infty$	
$A_{1g}(\Sigma_g^+)$	1	1	1	1	1	1		z^2, x^2+y^2
$A_{1u}(\Sigma_u^+)$	1	−1	1	−1	1	−1	z	
$A_{2g}(\Sigma_g^-)$	1	−1	1	1	−1	1	R_z	
$A_{2u}(\Sigma_u^-)$	1	1	1	−1	−1	−1		
$E_{1g}(\Pi_g)$	2	0	$2\cos\phi$	2	0	$-2\cos\phi$	(R_x, R_y)	(zx, yz)
$E_{1u}(\Pi_u)$	2	0	$2\cos\phi$	−2	0	$2\cos\phi$	(x, y)	
$E_{2g}(\Delta_g)$	2	0	$2\cos 2\phi$	2	0	$2\cos 2\phi$		(xy, x^2-y^2)
$E_{2u}(\Delta_u)$	2	0	$2\cos 2\phi$	−2	0	$-2\cos 2\phi$		
⋮	⋮	⋮	⋮	⋮	⋮	⋮		

群D_{nd}

$D_{2d}=V_d$ (42*m*)	E	$2S_4$	C_2	$2C_2'$	$2\sigma_d$	$h=8$	
A_1	1	1	1	1	1		x^2+y^2, z^2
A_2	1	1	1	−1	−1	R_z	
B_1	1	−1	1	1	−1		x^2-y^2
B_2	1	−1	1	−1	1	z	xy
E	2	0	−2	0	0	(x, y) (R_x, R_y)	(zx, yz)

D_{3d} (3*m*)	E	$2C_3$	$3C_2$	i	$2S_6$	$3\sigma_d$	$h=12$	
A_{1g}	1	1	1	1	1	1		x^2+y^2, z^2
A_{2g}	1	1	−1	1	1	−1	R_z	
E_g	2	−1	0	2	−1	0	(R_x, R_y)	(x^2-y^2, xy) (zx, yz)
A_{1u}	1	1	1	−1	−1	−1		
A_{2u}	1	1	−1	−1	−1	1	z	
E_u	2	−1	0	−2	1	0	(x, y)	

群D_{nh}(续)

D_{4d}	E	$2S_8$	$2C_4$	$2S_8^3$	C_2	$4C_2'$	$4\sigma_d$	$h=16$	
A_1	1	1	1	1	1	1	1		x^2+y^2, z^2
A_2	1	1	1	1	1	−1	−1	R_z	
B_1	1	−1	1	−1	1	1	−1		
B_2	1	−1	1	−1	1	−1	1	z	
E_1	2	$\sqrt{2}$	0	$-\sqrt{2}$	−2	0	0	(x, y)	
E_2	2	0	−2	0	2	0	0		(x^2-y^2, xy)
E_3	2	$-\sqrt{2}$	0	$\sqrt{2}$	−2	0	0	(R_x, R_y)	(zx, yz)

立方群

T_d (43m)	E	$8C_3$	$3C_2$	$6S_4$	$6\sigma_d$	$h=24$	
A_1	1	1	1	1	1		$x^2+y^2+z^2$
A_2	1	1	1	−1	−1		
E	2	−1	2	0	0		$(2z^2-x^2-y^2, x^2-y^2)$
T_1	3	0	−1	1	−1	(R_x, R_y, R_z)	
T_2	3	0	−1	−1	1	(x, y, z)	(xy, yz, zx)

O_h (m3m)	E	$8C_3$	$6C_2$	$6C_4$	$3C_2(=C_4^2)$	i	$6S_4$	$8S_6$	$3\sigma_h$	$6\sigma_d$	$h=48$	
A_{1g}	1	1	1	1	1	1	1	1	1	1		$x^2+y^2+z^2$
A_{2g}	1	1	−1	−1	1	1	−1	1	1	−1		
E_g	2	−1	0	0	2	2	0	−1	2	0		$(2z^2-x^2-y^2, x^2-y^2)$
T_{1g}	3	0	−1	1	−1	3	1	0	−1	−1	(R_x, R_y, R_z)	
T_{2g}	3	0	1	−1	−1	3	−1	0	−1	1		(xy, yz, zx)
A_{1u}	1	1	1	1	1	−1	−1	−1	−1	−1		
A_{2u}	1	1	−1	−1	1	−1	1	−1	−1	1		
E_u	2	−1	0	0	2	−2	0	1	−2	0		
T_{1u}	3	0	−1	1	−1	−3	−1	0	1	1	(x, y, z)	
T_{2u}	3	0	1	−1	−1	−3	1	0	1	−1		

二十面体群

I	E	$12C_5$	$12C_5^2$	$20C_3$	$15C_2$	$h=60$	
A_1	1	1	1	1	1		$x^2+y^2+z^2$
T_1	3	$\frac{1}{2}(1+\sqrt{5})$	$\frac{1}{2}(1-\sqrt{5})$	0	−1	(x, y, z) (R_x, R_y, R_z)	
T_2	3	$\frac{1}{2}(1-\sqrt{5})$	$\frac{1}{2}(1+\sqrt{5})$	0	−1		
G	4	−1	−1	1	0		
H	5	0	0	−1	1		$(2z^2-x^2-y^2, x^2-y^2, xy, yz, zx)$

资源节5

对称性匹配的轨道

表 RS5.1 给出指定点群的 AB_n 型分子中中心原子 s，p，d 轨道对称性类型，多数情况下分子的主轴为 z 轴，C_{2v} 点群的 x 轴垂直于分子平面。

轨道图示出指定点群的 AB_n 型分子中周边原子原子轨道的线性组合。如果给出从上方观察的图形，表示中心原子的圆点或者处于纸面内（对 D 群而言），或者处于纸面上方（对相应的 C 群而言）。原子轨道的不同位相（即“+”振幅或“-”振幅）用不同颜色区别。如果某一特定组合中轨道系数差别很大，则绘出原子轨道的大小以表示它们对线性组合的相对贡献。如果是简并线性组合（用 E 或 T 标示的组合），简并对的任何线性独立组合也都具有合适的对称性。实际上，这些不同的线性组合看上去就像本节给出的线性组合，但节面绕 z 轴旋转了一定角度。

表 RS5.1 中的中心原子轨道与具有相同对称性的周边原子线性组合轨道形成分子轨道。

表 RS5.1　中心原子上轨道的对称性类型

	$D_{\infty h}$	C_{2v}	D_{3h}	C_{3v}	D_{4h}	C_{4v}	D_{5h}	C_{5v}	D_{6h}	C_{6v}	T_d	O_h
s	Σ	A_1	A_1'	A_1	A_{1g}	A_1	A_1'	A_1	A_{1g}	A_1	A_1	A_{1g}
p_x	Π	B_1	E'	E	E_u	E	E_1'	E_1	E_{1u}	E_1	T_2	T_{1u}
p_y	Π	B_2	E'	E	E_u	E	E_1'	E_1	E_{1u}	E_1	T_2	T_{1u}
p_z	Σ	A_1	A_2''	A_1	A_{2u}	A_1	A_2''	A_1	A_{2u}	A_1	T_2	T_{1u}
d_{z^2}	Σ	A_1	A_1'	A_1	A_{1g}	A_1	A_1'	A_1	A_{1g}	A_1	E	E_g
$d_{x^2-y^2}$	Δ	A_1	E'	E	B_{1g}	B_1	E_2'	E_2	E_{2g}	E_2	E	E_g
d_{xy}	Δ	A_2	E'	E	B_{2g}	B_2	E_2'	E_2	E_{2g}	E_2	T_2	T_{2g}
d_{yz}	Π	B_2	E''	E	E_g	E	E_1''	E_1	E_{1g}	E_1	T_2	T_{2g}
d_{zx}	Π	B_1	E''	E	E_g	E	E_1''	E_1	E_{1g}	E_1	T_2	T_{2g}

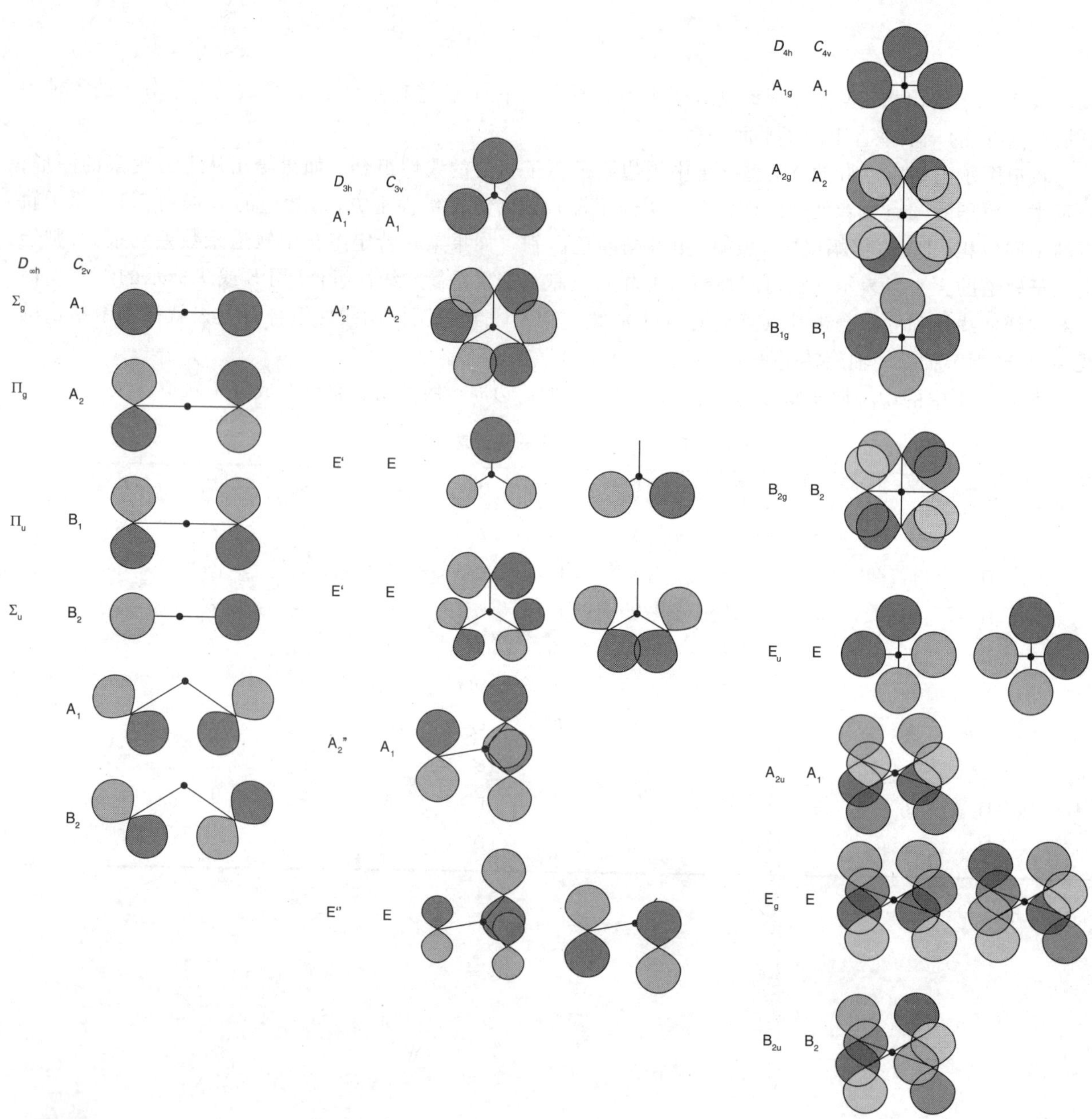

$D_{\infty h}$ C_{2v}
Σ_g A_1
Π_g A_2
Π_u B_1
Σ_u B_2
A_1
B_2
D_{3h} C_{3v}
A_1' A_1
A_2' A_2
E' E
E' E
A_2'' A_1
E'' E
D_{4h} C_{4v}
A_{1g} A_1
A_{2g} A_2
B_{1g} B_1
B_{2g} B_2
E_u E
A_{2u} A_1
E_g E
B_{2u} B_2

图 1

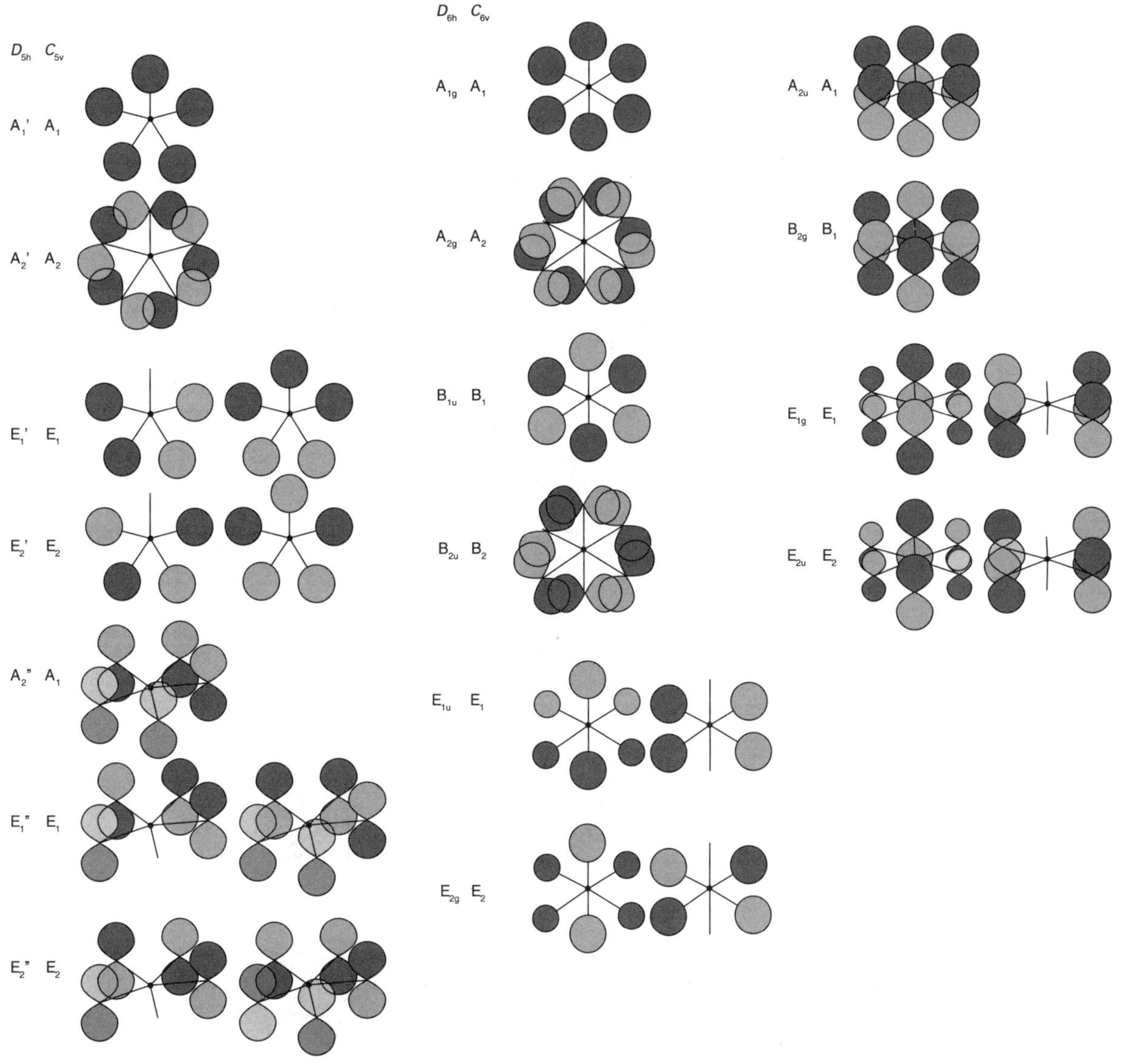

D_{5h}　C_{5v}

A_1'　A_1

A_2'　A_2

E_1'　E_1

E_2'　E_2

A_2''　A_1

E_1''　E_1

E_2''　E_2

D_{6h}　C_{6v}

A_{1g}　A_1

A_{2g}　A_2

B_{1u}　B_1

B_{2u}　B_2

E_{1u}　E_1

E_{2g}　E_2

A_{2u}　A_1

B_{2g}　B_1

E_{1g}　E_1

E_{2u}　E_2

图 2

图 3

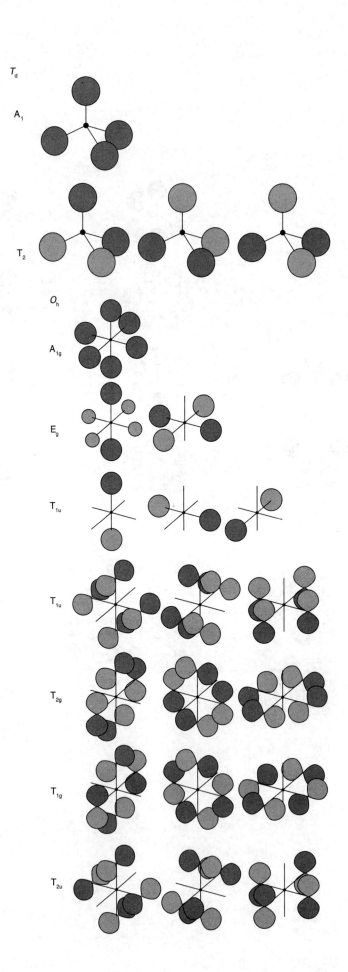

T_d

A_1

T_2

O_h

A_{1g}

E_g

T_{1u}

T_{1u}

T_{2g}

T_{1g}

T_{2u}

资源节 6

Tanabe-Sugano 图

本节收集了电子组态为 $d^2 \sim d^9$ 的八面体配合物的 Tanabe-Sugano 图，这种图（参见节 20.4 的介绍）表示出谱项能量与配位场强度之间的关系。谱项能 E 表示为比值 E/B（B 为 Racah 参数），配位场分裂能（Δ_o）用类似方式表示为 Δ_o/B。合理地具体选定 Racah 参数可将多重性不同的谱项放在同一张图上。由于总是从最低的能量项测定谱项能，因而对 $d^4 \sim d^8$ 组态而言，配位场强度足够高的条件下由低自旋谱项代替高自旋谱项时，图上线的斜率出现转折。而且，不相交规则要求对称性相同的谱项混合而不相交。这种混合能够说明为什么许多情况下得到曲线而得不到直线。谱项符号使用 O_h 点群的符号。

这种图最先是由 Y. Tanabe 和 S. Sugano 提出的，参见 J. Phys. Soc. *Japan*, **9**, 753 (1954). 它们可用来求出 Δ_o 和 B；如果配位场参数为已知，也可反过来预言配位场光谱。

1. d^2 with $C = 4.428B$

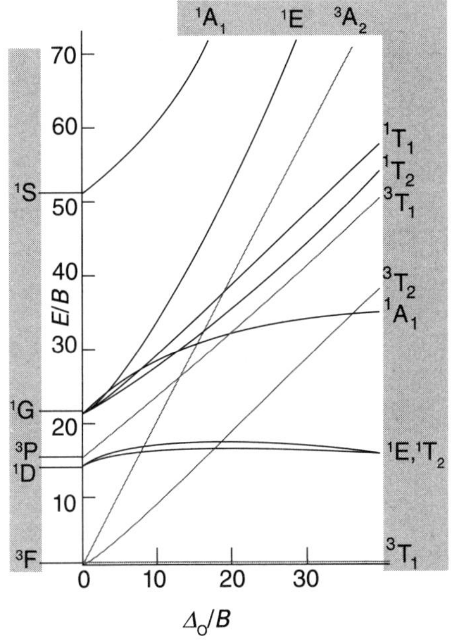

2. d^3 with $C = 4.502B$

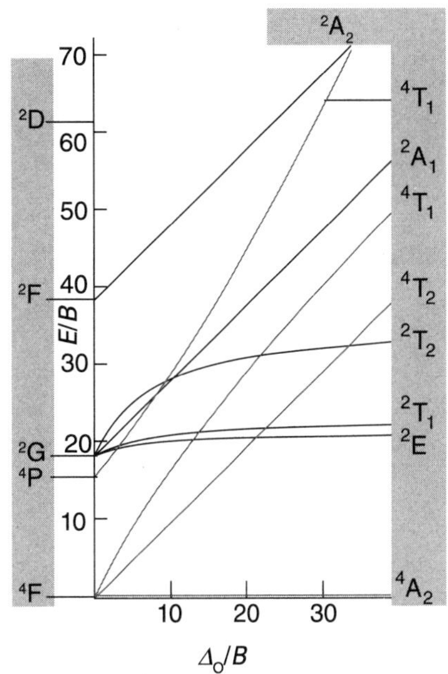

3. d^4 with $C = 4.611B$

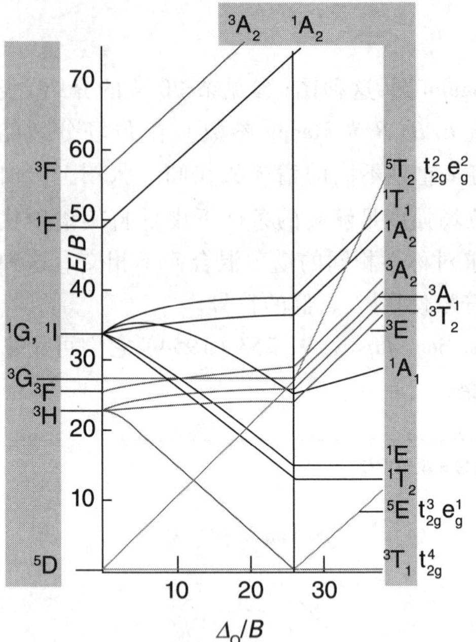

4. d^5 with $C = 4.477B$

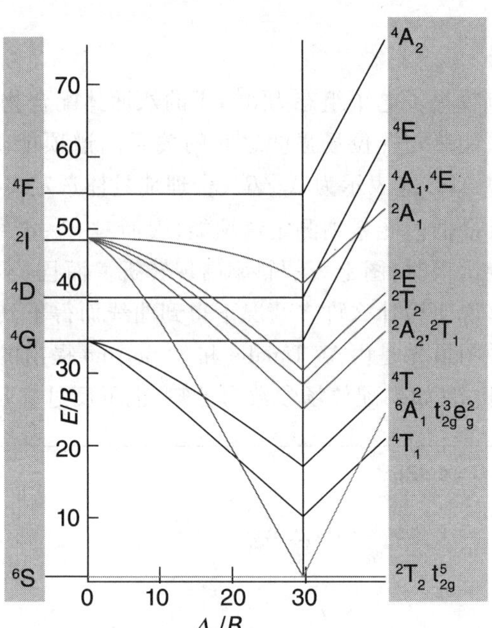

5. d^6 with $C = 4.808B$

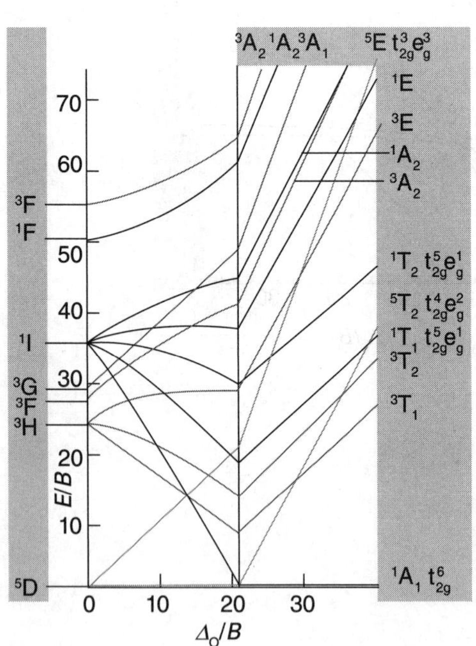

6. d^7 with $C = 4.633B$

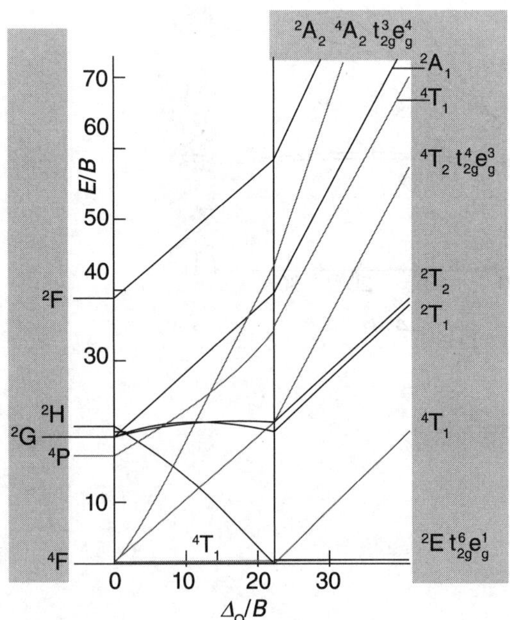

7. d^8 with $C = 4.709B$

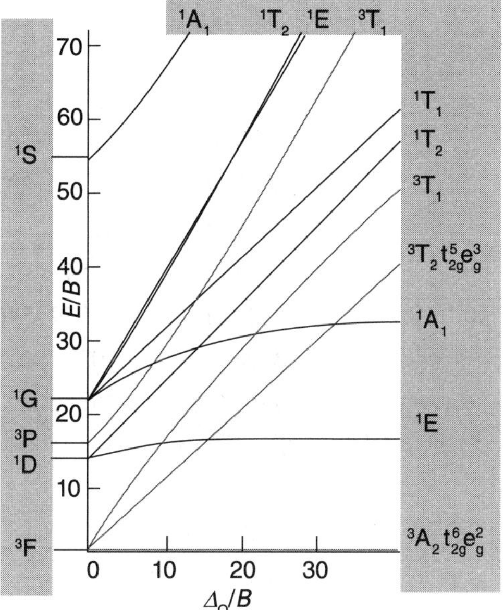

索引

D

E

F

G

H

I

J

K

L

M

N

O

P

Q

R

S

T

V

W

X

Y

Z

郑重声明

读者意见反馈

为收集对教材的意见建议，进一步完善教材编写并做好服务工作，读者可将对本教材的意见建议通过如下渠道反馈至我社。

咨询电话　400-810-0598

反馈邮箱　hepsci@pub.hep.cn

通信地址　北京市朝阳区惠新东街4号富盛大厦1座

高等教育出版社理科事业部

邮政编码　100029